K. SIMONYI

Kulturgeschichte
der Physik

K. SIMONYI

Kulturgeschichte
der Physik

URANIA-VERLAG LEIPZIG · JENA · BERLIN

Titel der ungarischen Originalausgabe:
Simonyi Károly, „A fizika kultúrtörténete", 3., átdolgozott kiadás
Gondolat Kiadó. Budapest, 1986
© Simonyi Károly, 1978, 1986

Aus dem Ungarischen von Klara Christoph, Dresden
Wissenschaftliche Redaktion der deutschen Fassung: Dr. Martin Franke, Leipzig

Simonyi, Károly:
Kulturgeschichte der Physik / Károly Simonyi. [Aus d. Ungar. von Klara Christoph]. — 1. Aufl.
— Leipzig; Jena; Berlin: Urania-Verlag, 1990 — 576 S. 597 Ill. (z. T. farb.)
EST: A fizika kultúrtörténete (dt.)
    ISBN 3-332-00254-6

NE: Verf.: EST

ISBN 3-332-00254-6

1. Auflage 1990
Redaktionsschluß 31. 12. 1987

© Károly Simonyi, 1990

© deutsche Übersetzung: Klara Christoph, 1990

Gemeinschaftsausgabe zwischen dem Urania-Verlag, Leipzig/Jena/Berlin, dem Akadémiai
Kiadó, Budapest, und dem Verlag Harri Deutsch, Thun/Frankfurt am Main
Lektor: Manfred Quaas
VLN 212−475 · LSV 1109

Printed in Hungary
Gesamtherstellung: Athenaeum Nyomda, Budapest
Best.-Nr.: 654 261 4
06400

Inhalt

VORWORT 11

EINFÜHRUNG 15

  0.1 Zur Rolle der Physikgeschichte in der modernen Gesellschaft 15
  0.2 Bewertung und Periodisierung 17
    0.2.1 Eine historische Gliederung, ausgehend von der Intensität des wissenschaftlichen Schaffens 17
    0.2.2 Die wissenschaftliche Erkenntnis aus dem Blickwinkel der Physiker von heute 18
    0.2.3 Periodisierung anhand der theoretischen Synthese 21
    0.2.4 Die Rolle der Modellfindung 22
  0.3 Elemente der Wissenschaftstheorie 24
    0.3.1 Trügerische Einfachheit 24
    0.3.2 Theorie und Erfahrung 26
    0.3.3 Die Fallen der induktiven Methode 28
  0.4 Dynamik der Physikgeschichte 29
    0.4.1 Die bewegenden Kräfte 29
    0.4.2 Grenzen, Möglichkeiten und Gefahren 32
    0.4.3 Ungewisses in den exakten Naturwissenschaften 34
    0.4.4 Die Physik in einer neuen Rolle 35
    0.4.5 Die grundlegenden Charakteristika der einzelnen Epochen 36

TEIL 1

Das antike Erbe 43

  1.1 Das Erbteil der Griechen 43
    1.1.1 Die Anfänge der Wissenschaften 43
    1.1.2 Ägypten und Mesopotamien 44
  1.2 Die harmonische, schöne Ordnung 56
    1.2.1 Einleitende Übersicht: zeitliche, räumliche und ursächliche Zusammenhänge 56
    1.2.2 Mystik und Mathematik: Pythagoras 61
    1.2.3 Idee und Realität 66
    1.2.4 Platon über Erkenntnis und Ideen 68
  1.3 Materie und Bewegung. Die aristotelische Synthese 71
    1.3.1 Atome und Elemente 71
      1.3.1.1 Platon und die „Elementarteilchen" 73
    1.3.2 Bewegung unter irdischen Bedingungen. Peripatetische Dynamik 76
    1.3.3 Die Himmelsbewegungen 81
    1.3.4 Das aristotelische Weltbild 84
    1.3.5 Ein Ausschnitt aus der Metaphysik des Aristoteles 86
  1.4 Spitzenleistungen der antiken Fachwissenschaften 88
    1.4.1 Archimedes 88
    1.4.2 Das ptolemäische System zur Beschreibung der Himmelsbewegungen 97
    1.4.3 Die Abmessungen des Kosmos. Geographie 99
    1.4.4 Geometrie 102
    1.4.5 Instrumente, Technik 105
  1.5 Der Niedergang des Hellenismus 106
    1.5.1 Pessimismus in der Philosophie 106
    1.5.2 Augustin über die Absurdität der Astrologie 112
    1.5.3 Augustin über die Zeit 113

TEIL 2

Die Hüter des Erbes 119

- 2.1 Die Bilanz von tausend Jahren 119
  - 2.1.1 Warum geht die Entwicklung nicht weiter? 119
  - 2.1.2 Europa nimmt Gestalt an 121
  - 2.1.3 Die technische Revolution 127
  - 2.1.4 Klöster und Universitäten 129
- 2.2 Überlieferer des antiken Wissensgutes 135
  - 2.2.1 Der unmittelbare Weg 135
  - 2.2.2 Byzanz 137
  - 2.2.3 Die arabische Vermittlung 138
  - 2.2.4 Zurück zu den Quellen 139
- 2.3 Inder und Araber 141
  - 2.3.1 Das Dezimalsystem 141
  - 2.3.2 Algebra – Algorithmus 142
  - 2.3.3 Herausragende Ergebnisse der arabischen Wissenschaften 143
- 2.4 Europa findet zu sich 144
  - 2.4.1 Fibonacci – ein Rechenkünstler 145
  - 2.4.2 Jordanus Nemorarius, der Statiker 146
  - 2.4.3 Beschreibende Bewegungslehre: Nicole d'Oresme und das Merton College 148
  - 2.4.4 Die reformierte peripatetische Dynamik 149
  - 2.4.5 Die Impetustheorie von Buridan 150
  - 2.4.6 Die Physik in der Astronomie 151
  - 2.4.7 Ergebnisse 152
  - 2.4.8 Nicole d'Oresme über die Bewegung der Erde 153
- 2.5 Die mittelalterliche Naturphilosophie 155
  - 2.5.1 Glaube, Autorität und Wissenschaft 155
  - 2.5.2 Glaube und Erfahrung 158
- 2.6 Renaissance und Physik 160
  - 2.6.1 Kunst, Philologie und Naturwissenschaft 160
  - 2.6.2 Fortschritte in der Mechanik 162
  - 2.6.3 Die Wissenschaft der Künstler 164
  - 2.6.4 Leonardo da Vinci 165
  - 2.6.5 Die Berufsastronomen treten in den Vordergrund 167
  - 2.6.6 Das gedruckte Buch gewinnt an Bedeutung 169

TEIL 3

Ende und Neubeginn 173

- 3.1 Die Welt um 1600 173
- 3.2 Zahlenmystik und Wirklichkeit 178
  - 3.2.1 Im neuen Geiste zurück zu Platon 178
  - 3.2.2 Der rückwärts schauende Revolutionär: Kopernikus 178
  - 3.2.3 Ein Kompromiß: Tycho de Brahe 187
  - 3.2.4 Die Weltharmonie: Kepler 190
- 3.3 Galilei und die in seinem Schatten Stehenden 195
  - 3.3.1 Die Einheit der himmlischen und irdischen Welten 195
    - 3.3.1.1 Aus dem Dialogo 199
  - 3.3.2 Schiefe Ebene, Pendel und Wurfbewegung 201
  - 3.3.3 Galileis Größe 208
  - 3.3.4 Im Hintergrund: Stevin und Beeckman 210
  - 3.3.5 Anschlußmöglichkeiten 212
- 3.4 Die neue Philosophie: Der Zweifel wird zur Methode 213
  - 3.4.1 Francis Bacon und die induktive Methode 213
  - 3.4.2 Eine Methode zum Auffinden sicherer Wahrheiten: Descartes 216
  - 3.4.3 Die kartesianischen Bewegungsgesetze 218
  - 3.4.4 Die erste Kosmogonie 219
  - 3.4.5 An der Peripherie des westlichen Kulturkreises 223
- 3.5 Licht, Vakuum und Materie zur Mitte des 17. Jahrhunderts 226
  - 3.5.1 Das Snellius-Cartesius-Gesetz 226
  - 3.5.2 Das Fermatsche Prinzip 230
  - 3.5.3 Vakuum und Luftdruck 232
  - 3.5.4 Die ersten Schritte auf dem Wege zur modernen Chemie 236
- 3.6 Nach Descartes und vor Newton: Huygens 239

    3.6.1 Huygens' Axiome zur Dynamik 239
    3.6.2 Das mathematische Pendel 243
    3.6.3 Das Zykloidenpendel 245
    3.6.4 Das physikalische Pendel 247
    3.6.5 Die Stoßgesetze als Schlußfolgerungen aus der Äquivalenz der Inertialsysteme 249
    3.6.6 Die Bewegung auf einer Kreisbahn 251
3.7 Newton und die Principia. Das Newtonsche Weltbild 252
    3.7.1 Die auf Newton wartenden Aufgaben 252
    3.7.2 Eine Kraft wird nicht zur Aufrechterhaltung, sondern zur Veränderung des Bewegungszustandes benötigt 254
    3.7.3 Das allgemeine Gravitationsgesetz 257
    3.7.4 Auszüge aus den Principia 261
    3.7.5 Newton als Philosoph 266

TEIL 4

Die volle Entfaltung der klassischen Physik 275

4.1 Das Ausgangskapital für das 18. Jahrhundert 275
    4.1.1 Ergebnisse, über die schon berichtet und über die bisher noch nicht berichtet wurde 275
    4.1.2 Welle oder Teilchen 275
    4.1.3 Die analytische Geometrie 282
    4.1.4 Differential- und Integralrechnung: Der Streit der „Größten" 284
    4.1.5 Für und wider Descartes 290
    4.1.6 Voltaire und die Philosophen 293
4.2 Würdige Nachfolger: d'Alembert, Euler und Lagrange 294
    4.2.1 Mögliche Wege für die Weiterentwicklung der Mechanik 294
    4.2.2 Die Ergebnisse der Statik 297
    4.2.3 Die Newtonsche Mechanik in der Bearbeitung Eulers 297
    4.2.4 Das erste Variationsprinzip in der Mechanik: Maupertuis 302
    4.2.5 Der erste „Positivist": d'Alembert 304
    4.2.6 Moderne Gedanken 306
    4.2.7 Die Mechanik als Poesie 308
4.3 Das Jahrhundert des Lichts 311
    4.3.1 Die Aufklärung 311
    4.3.2 Die Große Enzyklopädie 312
    4.3.3 d'Alembert: Vorwort zur Enzyklopädie 313
    4.3.4 Das für unerschütterlich gehaltene Fundament der klassischen Physik: die Kantsche Philosophie 317
4.4 Vom Effluvium zum elektromagnetischen Feld 320
    4.4.1 Petrus Peregrinus und Gilbert 320
    4.4.2 Chronologie des Fortschritts 321
    4.4.3 Qualitative Elektrostatik 323
    4.4.4 Die quantitative Elektrostatik 329
    4.4.5 Strömung elektrischer Ladungen 333
    4.4.6 Das Magnetfeld der Ströme: der befruchtende Einfluß der Naturphilosophie 336
    4.4.7 Die Wechselwirkung der Ströme – eine Verallgemeinerung Newtonscher Ideen 337
    4.4.8 Faraday – der größte Experimentator 340
    4.4.9 Maxwell: die Grundgesetze des elektromagnetischen Feldes 344
    4.4.10 Die elektromagnetische Theorie des Lichts 349
    4.4.11 Die Lorentzsche Elektronentheorie 354
4.5 Wärme und Energie 355
    4.5.1 Das Thermometer 355
    4.5.2 Progressiv zu ihrer Zeit: die Caloricum-Theorie von Joseph Black 357
    4.5.3 Rumford: Und die Wärme ist doch Bewegung! 358
    4.5.4 Die Theorie der Wärmeleitung von Fourier 360
    4.5.5 Das Caloricum und die Zustandsgleichung 362
    4.5.6 Der Carnot-Prozeß 363
    4.5.7 Die kinetische Theorie der Wärme: die ersten Schritte 365
    4.5.8 Der Energieerhaltungssatz 366
    4.5.9 Die kinetische Theorie der Gase 368

4.5.10 Der zweite Hauptsatz der Wärmelehre 369
4.5.11 Entropie und Wahrscheinlichkeit 371
4.6 Der Aufbau der Materie und die Elektrizität: das klassische Atom 376
4.6.1 Chemie: Argumente für die atomische Struktur der Materie 376
4.6.2 Das Elektron: J. J. Thomson 377
4.6.3 Und wieder ein Beitrag der Chemie: das Periodensystem 382
4.6.4 Die ersten Vorstellungen über den Aufbau der Atome 384
4.6.5 Das Linienspektrum und das erneute Auftreten der ganzen Zahlen 386
4.6.6 Abschied vom 19. Jahrhundert 388

TEIL 5

Die Physik des 20. Jahrhunderts 393

5.1 Die Jahrhundertwende 393
5.1.1 „Wolken am Himmel der Physik des 19. Jahrhunderts" 393
5.1.2 Mach und Ostwald 395
5.2 Die Relativitätstheorie 397
5.2.1 Gescheiterte Versuche zur Messung der absoluten Geschwindigkeit 397
5.2.2 Erklärungsversuche im Rahmen der nichtrelativistischen Physik 400
5.2.3 Die Väter der Relativitätstheorie: Lorentz, Einstein und Poincaré 404
5.2.4 Die Längen- und Zeitmessung 410
5.2.5 Die Äquivalenz von Energie und Masse 412
5.2.6 Materie und die Geometrie des Raumes 416
5.2.7 Das Raum-, Äther- und Feld-Problem der Physik 420
5.2.8 Newton, Einstein und die Gravitation 422
5.3 Die Quantentheorie 425
5.3.1 Die schwarze Strahlung in der klassischen Physik 425
5.3.2 Planck: Die Entropie weist den Weg zur Lösung 428
5.3.3 Das Erscheinen des Wirkungsquantums 431
5.3.4 Einstein: Das Licht ist auch gequantelt 435
5.3.5 Die „klassische" Bohrsche Atomtheorie 435
5.3.6 Die statistische Ableitung der Strahlungsformel als Auftakt zur Quantenelektronik 438
5.3.7 Die Heisenbergsche Matrizenmechanik 439
5.3.8 Einstein und Heisenberg 443
5.3.9 Die Schrödingersche Wellenmechanik 444
5.3.10 Heisenberg: Die Kopenhagener Deutung der Quantentheorie 450
5.3.11 Operatoren. Quantenelektrodynamik 454
5.3.12 Das Kausalitätsproblem 459
5.3.13 Johann von Neumann über Kausalität und verborgene Parameter 463
5.3.14 Quantenmechanik als Arbeitsgerät und als Philosophie der Physiker 466
5.3.15 Was ist von der klassischen Physik übriggeblieben? 469
5.4 Kernstruktur und Kernenergie 472
5.4.1 Ein Rückblick auf die ersten drei Jahrzehnte 472
5.4.2 Die wichtigsten Etappen bei der Erforschung des Atomkerns 477
5.4.3 Becquerel: Warum fluoreszieren die Uransalze? 479
5.4.4 Das Ehepaar Curie und Rutherford 481
5.4.5 Das Rutherford-Bohrsche Modell zeichnet sich ab 485
5.4.6 Die erste künstliche Kernreaktion 487
5.4.7 Die Quantenmechanik kann auch auf die Erscheinungen der Kernphysik angewendet werden 487
5.4.8 Von Rutherford vorhergesagt, von Chadwick gefunden: das Neutron 488
5.4.9 Kernstruktur und Kernmodelle 489
5.4.10 Die Kernspaltung: experimentelle Evidenz und theoretische Zweifel 493

5.4.11 Die Kettenreaktion und die Freisetzung der Kernenergie im großen Maßstab   498
5.4.12 Die Energieerzeugung durch Kernfusion — die Energiequellen der Sterne in den Händen des Menschen   501
5.4.13 Die Verantwortung des Physikers   502

5.5 Gesetz und Symmetrie   503
5.5.1 Probleme des Historikers bei der Darstellung der jüngsten Erfolge und Zielsetzungen der Physik   503
5.5.2 Die Entdeckungsgeschichte der Elementarteilchen   504
5.5.3 Einige Worte zur kosmischen Strahlung   508
5.5.4 Teilchenbeschleuniger und Detektoren   509
5.5.5 Grundlegende Wechselwirkungen   512
5.5.6 Die Erhaltungssätze   515
5.5.7 Symmetrie — Invarianz — Erhaltung   516
5.5.8 Spiegelungssymmetrie   519
5.5.9 „Die kleine Asymmetrie vergrößert das Ästhetikum"   522
5.5.10 Zurück zum Apeiron?   524
5.5.11 Energie mit Hilfe von Elementarteilchen?   526
5.5.12 An der Schwelle des dritten Jahrtausends   527

5.6 Mensch und Kosmos   528
5.6.1 Neue Informationskanäle   528
5.6.2 Der Energiehaushalt der Sterne   532
5.6.3 Geburt, Leben und Tod in kosmischen Maßstäben   534
5.6.4 Die Entstehung des Universums   537
5.6.5 „Zwischen Nichts und Unendlich"   542

Literatur   545

Personenregister (zusammengestellt von Ildikó Csurgay)   549

Register arabischer Namen und Begriffe   565

Sachregister   567

Vorwort

Die Wissenschaftsgeschichte ist heute bereits eine selbständige wissenschaftliche Disziplin mit eigener Thematik und Arbeitsmethodik, der eigene Zeitschriften sowie an den Universitäten besondere Lehrstühle gewidmet sind. Natürlich hat sie ihre berufenen Vertreter, zu denen der Verfasser dieses Buches nicht gehört; er hat lediglich bei seiner Beschäftigung mit der Physik und den technischen Wissenschaften in Lehre und Forschung Freude am Studium ihrer Geschichte gefunden, die er gern mit anderen teilen möchte. Der Leser kann folglich die Teile des Buches, die sich auf Physik und Technik beziehen, als authentisch ansehen − soweit sich überhaupt einem Buch dieser Art ein solches Prädikat geben läßt −, die Deutung des historischen und philosophischen Hintergrundes trägt aber bereits etwas den Stempel des Subjektiven und bis zu einem gewissen, vielleicht noch erlaubten Grade, auch den des Dilettantismus.

Dieses Buch ist für einen breiten Leserkreis geschrieben. Der Autor hofft, daß der nicht fachkundige Leser den Darlegungen − freilich nicht ohne gewisse Bemühungen und gedankliche Mitarbeit − folgen können wird und daß andererseits das Buch auch dem Berufsphysiker etwas geben kann. Diese doppelte Zielstellung sollte nicht um den Preis eines Kompromisses erreicht werden: Es war nicht beabsichtigt, das Niveau der Darstellung irgendwo zwischen den Kenntnissen der gebildeten Laien und denen der Berufsphysiker festzulegen. Vielmehr sollten nach Absicht des Autors nach Möglichkeit − auch typografisch − die allgemeinverständlichen Teile von den Abschnitten abgesetzt werden, deren Verständnis fachspezifische Kenntnisse erfordert. Diese letztgenannten Abschnitte erscheinen im vorliegenden Buch im Kleindruck, und sie können beim Lesen des Haupttextes überschlagen werden, ohne daß der Zusammenhang verlorengeht. Die fachspezifischen Einschübe sind jedoch auch für den physikalischen Laien gedacht, denn die im kleingedruckten Text zu findenden Formeln und Abbildungen sollen − selbst bei einer flüchtigen Durchsicht des Textes − dazu verhelfen, falsche Vorstellungen zu beseitigen. Es werden nämlich die bekannten Vertreter der griechischen Literatur und darstellenden Kunst nicht nur als in ihrer Zeit, sondern zeitlos bedeutsam angesehen, weil sie auch für uns heute noch Gültiges auszusagen haben. Bei den Großen der antiken Wissenschaft erachten wir es hingegen als selbstverständlich, daß sie weitgehend ihrer Zeit verhaftet gewesen sind und daß heute bereits der geistige Horizont eines Schulkindes über den eines Gelehrten der griechischen Antike, so z. B. des ARCHIMEDES, hinausreichen kann. Vielleicht würden wir Ähnliches auch von den antiken Künstlern annehmen, wenn wir nicht die Statuen von PRAXITELES und MYRON in Originalen oder Kopien selbst bewundern, den HOMER zu Hause lesen oder den EURIPIDES im Theater sehen könnten. Beschäftigen wir uns aber nun genauso eingehend − um bei obigem Beispiel zu bleiben − mit den Gedankengängen des ARCHIMEDES, dann bemerken wir, daß ihr Nachvollziehen auch dem naturwissenschaftlich Gebildeten eine geistige Anstrengung abverlangt und einen intellektuellen Genuß vermittelt. Der Leser möge also diese Abschnitte als die Gegenstücke der in kunstgeschichtlichen Abhandlungen unentbehrlichen Illustrationen oder Textauszüge ansehen.

Das vorliegende Buch ist somit eine populärwissenschaftliche Lektüre, es sollte aber auch Studenten als Lehrbuch dienen. Es ist die Absicht des Autors gewesen, diesen beiden Zielstellungen noch eine weitere hinzuzufügen, wobei er sich voll und ganz der Gefahr bewußt ist, bei der Vielzahl der Aufgaben keiner gerecht zu werden. Dieses Buch soll nämlich, da es Zitate in einem dem Haupttext vergleichbaren Umfang enthält, auch als physikgeschichtliches Lesebuch dienen. Um den Zitatenteil des Buches vom Haupttext möglichst wenig abzusondern und letzteren dabei nicht mehr als nötig zu unterbrechen, werden die Zitate − in Farbe gedruckt − parallel zum Haupttext gebracht. Sie beziehen sich auf den danebenstehenden Haupttext und sind zuweilen sogar in ihn eingegliedert.

Lebensläufe, die in den Haupttext nicht organisch eingebaut werden konnten, sowie weitere bloße Fakten, die keines besonderen Kommentars bedürfen, sind in den Abbildungsunterschriften zu finden. Damit zeigt sich eine vierte Art der − mit Hilfe der Personen- und Sachregister möglichen − Verwendung des Buches, nämlich als Lexikon.

Hier sei noch auf einige Eigenarten hingewiesen.

Das Buch beginnt mit den Flußtalkulturen des Nahen Ostens und endet mit den Ergebnissen der letzten Jahre: Die Nobelpreisträger vom Jahre 1988 und das Wesentliche ihrer Entdeckung sind in ihm noch zu finden.

Viele Faksimile-Abbildungen mögen dem gebildeten Leser bekannt vorkommen, aber er findet auch solche, deren Aufnahme in Bücher dieser Art noch nicht üblich geworden ist: Faksimile-Seiten moderner Artikel − manchmal in vollem Umfang −, die als Seiten eines Minibuches zu lesen sind, wie z. B. der Artikel EINSTEINS über die Massen-Energie-Äquivalenz oder HILBERTS Artikel über die Gravitationsgleichung, möchten auch dem Fachwissenschaftler etwas Interessantes bieten.

Die Farbtafeln sollen − nach der Absicht des Verfassers − außer ihrer dekorativen und informationsvermittelnden Funktion auch zu einer Übersicht über die kulturelle Entwicklung vom Gesichtspunkt des Physikers verhelfen: In ihrer abgestimmten Gesamtheit zeigen sie die wichtigsten Schritte auf, die für die Physik und − mit etwas Übertreibung − für die Ganzheit der menschlichen Kultur maßgebend waren.

Der Autor eines Buches wie des vorliegenden muß − bereits durch die Aufgabenstellung bedingt − auf eine Vielzahl anderer Bücher zurückgreifen. Einige der im Literaturverzeichnis angeführten Werke haben als anregende Quellen gedient; andere ermöglichen dem Leser ein einführendes, wieder andere ein weiterführendes Studium. Der Autor ist bestrebt gewesen, die Herkunft seiner Gedankengänge, der Abbildungen und Zitate genau nachzuweisen; dort, wo es möglich war, hat er auf die Originalarbeiten zurückgegriffen. Die Abbildungen sind − wiederum nach Möglichkeit − den Erstveröffentlichungen, hauptsächlich denen, die in ungarischen Bibliotheken aufzufinden waren, entnommen.

In den Fällen, in denen die Übersetzung einer Originalarbeit ins Deutsche vorlag bzw. aufzutreiben war, ist sie auch − natürlich mit Angabe des Übersetzers − verwendet worden, und zwar − schon wegen des historischen Interesses − ohne Umsetzung in die heute gebräuchliche Fachsprache. Texte, bei denen der Übersetzer nicht angegeben ist, sind von DR. OTTO HAIMAN übersetzt worden, fallweise aufgrund einer Rohübersetzung des Autors. Solche Übersetzungen erheben keine höheren Ansprüche hinsichtlich philologischer Exaktheit und stilistischer Vollendung, sie sollen einfach dem gezielten Erwecken des fachlichen Interesses dienen.

Der Autor möchte sich schließlich bei all denen, die zum Entstehen dieses Buches beigetragen haben, bedanken. In erster Linie gebührt sein Dank seiner Mitarbeiterin, Oberassistentin Frau ILDIKÓ CSURGAY, die in mühevoller Arbeit das Manuskript für den Druck vorbereitet sowie zur Klärung einer Reihe fachlicher und stilistischer Fragen beigetragen hat. Die Zusammenstellung des lexikonartigen Namensverzeichnisses ist völlig ihr Verdienst.

Der Dank des Autors gilt außerdem den ungarischen Bibliotheken − der Bibliothek der Technischen Universität Budapest, der Universitätsbibliothek Budapest, der Széchényi-Landes-Bibliothek, der Hauptbibliothek der Benediktiner in Pannonhalma, der Bistumsbibliothek in Székesfehérvár, der Gedenkbibliothek der Universität für Schwerindustrie in Miskolc und der Bibliothek der Ungarischen Akademie der Wissenschaften, Budapest − für die Hilfe beim Auffinden alter Werke und die Erlaubnis zur Anfertigung von Fotokopien als Illustrationen des vorliegenden Buches.

Der Dank des Autors gebührt auch den Museen und Institutionen, die in ihrem Besitz befindliches Bildmaterial ohne Entgelt zur Verfügung gestellt haben (CERN, Genf; Stiftskirche Zwettl; Musée de la Ville de Paris; Musée de Versailles; Museo di Napoli; Augustbibliothek, Wolfenbüttel; Staatliche Museen, Berlin).

Die deutsche Ausgabe ist im wesentlichen mit der 3. ungarischen Ausgabe identisch. Fortgelassen wurden lediglich Bemerkungen, Bilder und Zitate, die nach dem Ermessen des Autors nur bei ungarischen Lesern einen Widerhall finden; sie wurden meist durch ähnliches Material ersetzt, das für den internationalen, insbesondere deutschsprachigen Leser von Interesse sein mag. Es war dies verhältnismäßig wenig, da das Buch von vornherein eine europäische Sicht der Physikgeschichte vermitteln wollte.

Der Autor dankt dem Urania-Verlag in Leipzig und dem Verlag Akadémiai Kiadó in Budapest für eine angenehme und verständnisvolle Zusammenarbeit, Herrn DR. MARTIN FRANKE für die Hilfe bei der Aufsuchung einiger authentisch-deutscher Übersetzungen, die in den ungarischen Bibliotheken nicht zu finden waren. Es sind außerdem seine wertvollen Bemerkungen sowie die von DR. OTTO HAIMAN bei der endgültigen Gestaltung des Textes mitberücksichtigt worden.

Der Autor war bestrebt, jegliche Verpflichtung zu Dank, besonders für Anregungen, anzuerkennen und alle seine Angaben möglichst exakt zu machen. Er ist sich dessen bewußt, daß er diese Absichten sicher nicht vollständig verwirklichen konnte. Er spricht all jenen im voraus seinen Dank aus, die ihn auf Unzulänglichkeiten aufmerksam machen.

Schließlich gilt der Dank des Verfassers auch seiner Frau, die ihm bei der Anfertigung des Manuskriptes, bei den bibliothekarischen Arbeiten, bei der Diskussion stilistischer und pädagogischer Fragen unermüdlich Hilfe leistete.

DER VERFASSER

Einführung

0.1 Zur Rolle der Physikgeschichte in der modernen Gesellschaft

1. Die entwickelten Industriegesellschaften ermöglichen es immer mehr Menschen, ein von finanziellen Sorgen freies Leben zu führen. Sie stützen sich dabei auf eine wachsende Zahl von Spezialisten, die auf engbegrenzten Fachgebieten tätig sind. Der Mensch strebt zur Entwicklung seiner Persönlichkeit jedoch nach einem möglichst umfassenden Kennenlernen der von der Menschheit insgesamt geschaffenen kulturellen Werte, und wenn dieses Streben nicht ausgeprägt ist, dann sollte es wachgerufen werden. Ist es aber möglich, „Fachbarbaren" für die Kunst, für die Literatur zu begeistern? Und umgekehrt: Können die in den Humanwissenschaften Tätigen davon überzeugt werden, daß auch die Ergebnisse der einzelnen Naturwissenschaften einen integrierenden Bestandteil der universellen menschlichen Kultur darstellen? Oder — allgemeiner formuliert und mit einer vor kurzem Mode gewordenen Redewendung ausgedrückt: Ist es möglich, die Kluft zwischen den zwei Kulturen, nämlich der naturwissenschaftlichen und der humanistischen *(Abbildung 0.1 – 1, Zitat 0.1 – 1a)* zu überbrücken? Ist der einzelne dazu imstande, ist es für die Gesellschaft möglich und notwendig, die Synthese anzustreben? Es ist ja einerseits die intellektuelle Aufnahmefähigkeit des Individuums gewiß endlich, andererseits der wirklich gute Fachmann dadurch gekennzeichnet, daß für ihn sein Fachgebiet Lebenszweck, Quelle der Genugtuung und Gelegenheit zur Selbstverwirklichung ist.

Was darf in dieser Beziehung von der Physikgeschichte erwartet werden? Für den Physiker könnten die Erfolge in der Geschichte seiner Wissenschaft Bezugspunkte und Bewertungsmaßstäbe für große Leistungen auf den übrigen Teilgebieten der Kultur darstellen. Menschen mit humanwissenschaftlicher Ausbildung oder Neigung hingegen können in der Geschichte der Naturwissenschaften, insbesondere der Physik, jene Elemente — Forschungsmethoden, Methoden zur Kontrolle der Richtigkeit von Ergebnissen sowie auch die Ergebnisse selbst — finden, die im Laufe der Geschichte zu wesentlichen Bestandteilen der universellen Kultur wurden und oft auch fördernde Wirkung auf sie hatten. Eines ist jedenfalls festzustellen: *Die Kultur ist ein einziges, einheitliches Ganzes und nur für uns, die sie aufnehmenden Individuen, ergibt sich das Problem, wie ihre wesentlichen Elemente ausgewählt, angeeignet und weitergegeben werden können (Zitat 0.1 – 1b, c, d).* Es muß allerdings auch zur Kenntnis genommen werden, daß die großen schöpferischen Persönlichkeiten — Künstler ebenso wie Gelehrte — notwendigerweise eigengesetzlich wirken und diese Eigengesetzlichkeit in manchen Fällen eine völlige Einseitigkeit bedeutet.

2. In der Geschichte der Physik ist vieles zu finden, womit der Unterricht auf allen Stufen von der Grundschule bis zur Universität interessant, ja spannend gemacht werden kann: Anekdoten, aber auch tragische Konflikte, unterhaltsame naive Bezeichnungsweisen, aber auch die Geburtswehen der Klärung von Begriffen und Methoden, an denen auch die Philosophie interessiert ist — all dies ist geeignet, das Interesse der Studierenden wachzurufen und ihnen Erlebnisse zu vermitteln. Es sind in ihr auch Beispiele für Lebensideale und für ethische Verhaltensweisen zu finden.

Was sollte nun — im Gegensatz zu allgemein verbreiteten Erwartungen — vom Unterricht der Physikgeschichte nicht erwartet werden? Es ist heutzutage in der pädagogischen Literatur viel von der Erziehung zum selbständigen Denken die Rede. In der naturwissenschaftlichen Ausbildung sucht man oft, dieses Ziel zu erreichen, indem man die Naturgesetze den Schülern nicht als vollendete Tatsachen oder längst bekannte Aussagen vermittelt, sondern ihnen Hilfsmittel zur Verfügung stellt, um die Gesetze

Abbildung 0.1 – 1
Gelehrter in der Ekstase der Heiligen oder Künstler (Statue des *Ptolemäus* im Ulmer Dom, geschaffen 1470 von *Jörg Syrlin d. Ä.*). Dieses Antlitz eines griechischen Gelehrten in einer mittelalterlichen Kathedrale — Symbol der Einheit der menschlichen Kultur. [2.2]

Zitat 0.1 – 1a
Ich glaube, das geistige Leben der gesamten westlichen Gesellschaft spaltet sich immer mehr in zwei diametrale Gruppen auf. …

Literarisch Gebildete auf der einen Seite — auf der anderen Naturwissenschaftler, als deren repräsentativste Gruppe die Physiker gelten. Zwischen beiden eine Kluft gegenseitigen Nichtverstehens, manchmal — und zwar vor allem bei der jungen Generation — Feindseligkeit und Antipathie, in erster Linie aber mangelndes Verständnis. Man hat ein seltsam verzerrtes Bild voneinander. …

Die Gegenspieler der Naturwissenschaftler haben die tiefeingewurzelte Vorstellung, jene seien immer seichte Optimisten, die nicht merken, wo die Menschheit steht. Andererseits glauben die Naturwissenschaftler, den literarisch Gebildeten gehe jede Voraussicht ab, sie kümmerten sich kaum um ihre Mitmenschen und sie seien in einem tieferen Sinne antiintellektuell und eifrig darauf bedacht, Kunst und Denken auf das existentielle Moment zu beschränken. …

[Es war ein weniger bedeutender Wissenschaftler,] der auf die Frage nach seiner Lektüre antwortete: „Bücher? Ich ziehe es vor, meine Bücher als Werkzeuge zu benutzen." Man war tatsächlich versucht, sich auszumalen, als was für ein Werkzeug ein Buch sich wohl verwenden lasse — vielleicht als Hammer? Vielleicht auch als primitive Schaufel? ...

Nicht, daß es ihnen an Interesse mangelte. Vielmehr scheint ihnen die Literatur der überkommenen Kultur dieses Interesse nicht befriedigen zu können. Natürlich befinden sie sich da in einem grundlegenden Irrtum. Die Folge ist, daß ihr Einfühlungsvermögen schwächer ausgebildet ist, als es sein könnte. Das ist eine selbstverschuldete Verarmung.

Aber wie steht es auf der anderen Seite? Auch hier herrscht Verarmung — und vielleicht ist sie noch bedenklicher, weil mehr Eitelkeit dabei ist. ...

Wie unmusikalische Menschen wissen auch sie nicht, was sie entbehren. Sie lächeln mitleidig, wenn sie von Naturwissenschaftlern hören, die bedeutende Werke der englischen Literatur nie gelesen haben. Sie tun diese Leute als ungebildete Spezialisten ab. Dabei ist ihre eigene Ignoranz und Spezialisierung genau so erschreckend. Wie oft bin ich in größerem Kreise mit Leuten zusammengewesen, die, an den Maßstäben der überkommenen Kultur gemessen, als hochgebildet gelten, und die mit beträchtlichem Genuß ihrem ungläubigen Staunen über die Unbildung der Naturwissenschaftler Ausdruck gaben. Ein- oder zweimal habe ich mich provozieren lassen und die Anwesenden gefragt, wie viele von ihnen mir das zweite Gesetz der Thermodynamik angeben könnten. Man reagierte kühl — man reagierte aber auch negativ. Und doch bedeutete meine Frage auf naturwissenschaftlichem Gebiet etwa dasselbe wie: „Haben Sie etwas von *Shakespeare* gelesen?" Ich glaube heute, daß auch bei einer einfacheren Frage — etwa: „Was verstehen Sie unter Masse?" oder „Was verstehen Sie unter Beschleunigung?", die für den Naturwissenschaftler dasselbe bedeutet wie „Können Sie lesen?" — höchstens einer unter zehn hochgebildeten Menschen das Gefühl gehabt hätte, daß ich dieselbe Sprache spreche wie er. So wird das großartige Gebäude der modernen Physik errichtet, und die Mehrzahl der gescheitesten Leute in der westlichen Welt verstehen ungefähr genausoviel davon wie ihre Vorfahren in der Jungsteinzeit verstanden hätten.

Unsere Gesellschaft (das heißt die hochentwickelte westliche Gesellschaft) gibt nicht einmal mehr vor, eine gemeinsame Kultur zu besitzen. Menschen, die eine höchst intensive Bildung genossen haben, können sich auf der Ebene ihrer wichtigsten geistigen Anliegen nicht mehr verständigen. Das ist bedenklich für unser schöpferisches geistiges und vor allem auch für unser alltägliches Leben. Es bringt uns dazu, die Vergangenheit falsch zu beurteilen und unserer Hoffnung auf die Zukunft zu entsagen. Es erschwert uns oder macht es überhaupt unmöglich, richtige Maßnahmen zu ergreifen. ...

Es gibt natürlich keine vollkommene Lösung. Unter den Bedingungen unseres Zeitalters oder jeder anderen Zeit, die wir voraussehen können, ist der Renaissancemensch nicht möglich. Aber wir können etwas tun. Der Hauptweg, der uns offensteht, ist das Bildungswesen — Bildung vor allem in den Grund- und höheren Schulen, aber auch in den Colleges und Universitäten. Es gibt keine Rechtfertigung dafür, daß eine weitere Generation auf so vielen Gebieten unwissend und so bar jeden Verständnisses oder jeder Sympathie bleiben sollte, wie wir selbst es sind. ...

C. P. SNOW: *Die zwei Kulturen.* Aus dem Englischen übersetzt von *Grete* und *Karl-Eberhardt Felten.* Stuttgart 1967, S. 11, 12, 20, 21, 22, 64

Zitat 0.1 — 1b

Schließlich ist die Wissenschaft ein Teil der Literatur; und wissenschaftliche Arbeit ist eine menschliche Tätigkeit wie das Bauen eines Domes. Sicher gibt es in der heutigen Wissenschaft zuviel Spezialisierung und Professionalismus, wodurch

selbst entdecken zu können. Tatsächlich sind Versuche dieser Art aber oft nur dazu angetan, den Schülern eine völlig unzutreffende Vorstellung von der Einfachheit des Entdeckens neuer Gesetze zu vermitteln, so daß sie die Arbeit bedeutender Gelehrter falsch einschätzen. Nur eine historische Darstellung kann aufzeigen, worin eigentlich der entscheidende Schritt bei einer Entdeckung besteht, der übrigens neben Genialität sehr oft auch eine außergewöhnliche Zivilcourage erfordert hat.

Als Beispiel soll hier die schiefe Ebene erwähnt werden, an der die Schüler die Gesetze der gleichförmig beschleunigten Bewegung nachentdecken und damit einen Schritt GALILEIS reproduzieren können. Geben wir aber den Schülern schiefe Ebenen und glatte Kugeln, *dann haben wir das einzige entscheidend neue Element, das die Entdeckung ausmacht, vorweggenommen.* Alles weitere ist lediglich eine mechanische Tätigkeit, die sich auch vom Standpunkt der experimentellen Psychologie her nicht wesentlich vom Verhalten eines Versuchstieres unterscheidet, das in eine gegebene Situation gebracht worden ist. Die große Leistung GALILEIS ist es nämlich gewesen, experimentelle Hilfsmittel so ausgewählt zu haben, wie sie in der Natur in dieser Form nirgends und niemals anzutreffen sind. *Die Vorgabe der Versuchsanordnung ist hier der entscheidende Schritt,* der durch Abstraktion aus der Realität das Problem so vereinfacht, daß es mit den Mitteln der Mathematik untersucht werden kann. Natürlich sind auch Aufgabenstellungen der oben erwähnten Art von Bedeutung, sie erfüllen jedoch einen völlig anderen pädagogischen Zweck. Das Nachbilden der von GALILEI benutzten Meßgeräte bringt dem Schüler im eigenen Erleben sowohl das untersuchte Naturphänomen als auch den historischen Hintergrund näher; es vermag sogar mittelbar Ideen anzuregen: GALILEI hat seinerzeit Zeitspannen über die Massenbestimmung ausgeflossener Wassermengen gemessen; ähnlich dient in der heutigen Meßtechnik die gespeicherte elektrische Ladung als Maß für (sehr kleine) Zeitintervalle.

Auch beim Aufzeigen von Lebensidealen, beim Anführen von Entdeckern als Vorbildern muß umsichtig vorgegangen werden: Es sollte nicht vergessen werden, daß die Gegner eines Gelehrten, der mit einem neuen Gedanken hervortritt, hinsichtlich ihres geistigen Horizontes durchaus an ihn heranreichen und menschlich-moralisch sogar über ihm stehen können. Wenn wir behaupten, daß diese Gegner offensichtlichen Unsinn vertreten und sie als Dunkelmänner diffamieren, dann mindern wir auch den Wert der jeweiligen wissenschaftlichen Entdeckung.

3. Vorstellbar wäre auch, daß anstelle des Physikstudiums ein Studium „Geschichte der Physik" treten könnte, sowohl in den unteren Jahrgängen der angehenden Physiker und Ingenieure als auch bei den Studenten humanistischer Fächer als weltanschaulich ausgerichtete Untersuchung einer naturwissenschaftlichen Disziplin.

4. Die Geschichte der Physik kann auch dem zeitgenössischen Physiker fruchtbare Anregungen geben.

Wir möchten uns auf zwei bekannte Gelehrte unserer Epoche berufen, um nachzuweisen, daß die antike griechische Wissenschaft auch heute noch lebendig ist. Der eine ist BERTRAND RUSSELL, der seine eigenen zahlentheoretischen Arbeiten sowie die von FREGE und WHITEHEAD über den Zahlbegriff auf PLATON zurückgeführt hat, der andere ist HEISENBERG mit seiner Aussage, den grundlegenden Einfall zu seiner einheitlichen Feldtheorie ebenfalls PLATON zu verdanken (Zitat 1.3 — 3a).

Die Physikgeschichte kann dem schöpferisch tätigen Physiker auch noch in anderer Hinsicht unmittelbar von Nutzen sein. Wird nämlich eine neue physikalische Theorie aufgestellt, so ist es üblich, die Grundvoraussetzungen ausführlich zu diskutieren; die Gegner dieser Theorie bringen dabei eine Vielzahl von Argumenten vor, die zu widerlegen sind, und Fragen, auf die befriedigende Antworten gegeben werden müssen. Eine neue Generation wird die Theorie aber bereits als gegeben akzeptieren, so daß die Zweifel an ihr in Vergessenheit geraten. Bedarf ein weiterer Fortschritt der Wissenschaft aber gerade einer Überprüfung der Grundlagen, dann können die alten Streitfragen nützliche Denkanstöße liefern.

Wir dürfen aber nicht vergessen, daß umwälzende neue Gedanken aus der Revolte des schöpferisch tätigen Genies gegen das Überlieferte geboren werden *(Zitate 0.1 — 2a, b).*

5. Fragen der Physikgeschichte können den menschlichen Intellekt vor neue Herausforderungen stellen. Selbst in unseren Tagen noch kommen immer wieder neuere Dokumente zum Vorschein, aufgrund deren nicht nur in der Physikgeschichte – bzw., etwas allgemeiner, in der Geschichte der Wissenschaften – Ansichten revidiert werden müssen, sondern auch in der Kulturgeschichte, ja selbst der Weltgeschichte Tatbestände in einem anderen Lichte als bisher erscheinen.

So hat man zu Beginn unseres Jahrhunderts einen Brief des ARCHIMEDES auf einem Palimpsest – einem abgeschabten und erneut beschriebenen Pergament – entdeckt. In diesem Brief beschreibt ARCHIMEDES seine Forschungsmethodik und gibt Ratschläge, die auch dem heute wissenschaftlich Tätigen von Nutzen sein können. Wir werden darüber weiter unten (Kapitel 1.4) noch ausführlicher berichten.

Ebenfalls in der jüngsten Vergangenheit ist es gelungen, den Sinn einer Vorrichtung zu deuten, die zu Beginn unseres Jahrhunderts aus einem Schiffswrack geborgen worden ist. Diese in der Presse mit einiger Übertreibung als antiker Computer bezeichnete Vorrichtung ist in dem Sinne tatsächlich revolutionär, als sie uns die hellenische Technologie in einem ganz anderen Licht erscheinen läßt (Kapitel 1.4).

6. Gerade jetzt sind wir Zeugen eines Beispiels für die wesentliche Umbewertung ganzer geschichtlicher Epochen, die von der Physikgeschichte ausgegangen ist. Nach der Sichtung einer Vielzahl von Manuskripten aus dem Mittelalter, das gemeinhin als finstere Epoche eingestuft wird, neigt man dazu, die Anfänge der modernen Naturwissenschaften etwa um drei Jahrhunderte gegenüber der bisher üblichen Auffassung vorzudatieren. Von alledem wird im späteren noch ausführlich die Rede sein (Kapitel 2.4).

7. Die Physikgeschichte hilft schließlich auch dabei, die Leistungen unserer eigenen Epoche richtig einzuschätzen. Wir sprechen gern von einem Zuwachs an wissenschaftlichen Erkenntnissen mit einer nie dagewesenen Geschwindigkeit, von einem sich ständig verschärfenden „Zeitproblem" und sorgen uns darüber, wie die Schüler und Pädagogen mit der anwachsenden Wissensmenge fertig werden sollen. Dieser Einstellung liegen die beachtlichen Fortschritte der Technik in unserer Zeit zugrunde; für den Fortschritt in der Erkenntnis grundlegender Zusammenhänge, die die innere Struktur unserer physikalischen Welt widerspiegeln, gilt jedoch ein anderer Zeitmaßstab. Es wird – unter anderem auch vom Verfasser dieses Buches – die Meinung vertreten, daß die in den letzten Jahren auf diesem Gebiet erzielten Ergebnisse nicht vergleichbar sind mit den Erkenntnisfortschritten in den ersten Jahrzehnten des 20. oder in den letzten Jahrzehnten des 17. Jahrhunderts. In diesen Zeitspannen haben wir es mit einer revolutionären Entwicklung zu tun, bei der neue Erkenntnisse in einem atemberaubenden Tempo geboren worden sind.

0.2 Bewertung und Periodisierung

0.2.1 Eine historische Gliederung, ausgehend von der Intensität des wissenschaftlichen Schaffens

Historische Ereignisse fallen nicht unbedingt mit runden Jahreszahlen zusammen, greift man aber einen beliebigen Zeitabschnitt heraus, dann läßt sich ihm gewiß eine Anzahl bedeutsamer Ereignisse zuordnen. Eine gleichförmige Einteilung der Zeitskala hat bei der Darstellung historischer Prozesse den Vorteil, daß geschichtliche Zeitabschnitte mit einer Häufung von Ereignissen sich von anscheinend ereignisarmen Zeitabschnitten deutlich erkennbar abheben, wobei diese als Zeiten der Vorbereitung, des Heranreifens und der Aufarbeitung verstanden werden müssen. SARTON, einer der bedeutendsten Wissenschaftshistoriker unserer Zeit, wählt in einem seiner Bücher diese Beschreibungsmethode.

So ergibt sich ein zwangloses Verfahren zur historischen oder genauer zur chronologischen Periodisierung: Es wird die Intensität des wissenschaftlichen Schaffens als Funktion der Zeit untersucht. Die auf der *Abbildung 0.2–1* dargestellte Abhängigkeit weist überraschende charakteristische Merkmale auf. Auf den ersten Blick sehen wir, daß das wissenschaftliche Schöpfertum im Verlauf der vergangenen zweieinhalb Jahrtausende nur zwei Intensitätsmaxima mit einer Breite von wenigen Jahrhunderten aufweist. Das Maximum, das sich etwa vom Jahre 500 bis zum Jahre 200 v. u. Z. erstreckt, fällt in jene Epoche, die als „griechisches Wunder" der Mensch-

sie unmenschlich wird; doch das gilt leider von der heutigen Geschichtswissenschaft oder Psychologie fast im gleichen Maße wie für die Naturwissenschaften. ...

Es ist lange Mode gewesen und nachgerade langweilig geworden, auf dem Unterschied zwischen Geistes- und Naturwissenschaften herumzureiten.
POPPER [0.27] S. 206

Zitat 0.1–1c
Ich glaube, es gab immer zwei Kulturen, und es wird sie auch immer geben. Und wenn wir es für noch so unerwünscht halten, wird sich daran auch in Zukunft nichts ändern. ...
LASKY [0.33] p. 484

Zitat 0.1–1d
... und ferner wollten wir durch die Zusammenfassung aller unserer Kenntnisse bezüglich Wissenschaft, Kunst und Gewerbe in einer Enzyklopädie die wechselseitige Hilfe aufzeigen, die sie einander leisten.
D'ALEMBERT: *Programm der Enzyklopädie*

Zitat 0.1–2a
Große Kriegshelden sind, wie man aus sichern Nachrichten weiß, durch das Lesen der Heldentaten ehemaliger Eroberer sowohl ermuntert als auch gar sehr gebildet worden. Warum sollte von der Geschichte der Philosophie nicht ebendergleichen Wirkung auf Philosophen zu erwarten stehen? Sollte man in diesem Falle nicht sogar noch ein mehreres erwarten können? Die Kriege verschiedener dieser Helden, welche dergleichen Vorteil von der Geschichte hatten, standen in keiner eigentlichen Verbindung mit ehemaligen Kriegen: sie hatten bloß eine Ähnlichkeit damit. Das ganze Geschäft der Philosophie hingegen, so verschieden und mannigfaltig dasselbe auch ist, ist nur ein einziges; es ist nur ein und ebenderselbe große Entwurf, den alle Philosophen zu allen Zeiten und unter allen Völkern, vom Anfange der Welt her, geführt haben, so daß, da das Werk ein und ebendasselbe ist, die Arbeiten des einen den Arbeiten eines andern nicht nur ähnlich sind, sondern ihnen auch auf eine unmittelbare Art zustatten kommen; und ein Philosoph folgt dem andern in demselben Felde, so wie ein römischer Prokonsul einem andern in Führung desselben Krieges folgte und dieselben Eroberungen in demselben Lande fortsetzte. In diesem Falle muß eine genaue Kenntnis desjenigen, was vor uns geschehen ist, notwendig unsern künftigen Fortgang gar sehr erleichtern, wofern sie nicht schlechterdings dazu unentbehrlich ist.

Dergleichen Geschichten sind unstreitig alsdann, wenn die Wissenschaft bereits etwas weit gebracht worden ist, weit nötiger, als wenn sich dieselbe noch in ihrer Kindheit befindet. Zu unsern Zeiten sind der philosophischen Entdeckungen so viele, und die Nachrichten davon dermaßen zerstreut, daß es nicht in eines jeden Vermögen steht, zur Kenntnis alles dessen, was bereits geschehen ist, zu gelangen, um es bei seinen eigenen Untersuchungen zugrunde legen zu können; und dieser Umstand hat, meines Erachtens, den Fortgang der Entdeckungen gar sehr aufgehalten.

Nicht daß ich glaubte, als wenn philosophische Entdeckungen jetzt einen Stillstand hätten; vielmehr scheinen dieselben vor etlichen Jahren in einem ebenso schnellen Fortgang wie in irgend einer gleichen Periode voriger Zeiten gewonnen zu haben; ja, meinem Bedünken nach, ist sogar derselbe wirklich beschleunigt worden.
J. PRIESTLEY: *Geschichte und gegenwärtiger Zustand der Elektrizität, nebst eigenthümlichen Versuchen.* Berlin und Stralsund 1772, S. XI f.
Nach der zweiten vermehrten und verbesserten Ausgabe aus dem Englischen übersetzt und mit Anmerkungen begleitet von *D. Johann Georg Krünitz*

Zitat 0.1 – 2b
Ich möchte jetzt über die Kunst des Auffindens von Naturgesetzen sprechen – ja, es ist eine Kunst! Wie wird das gemacht? Sie könnten vielleicht daran denken, die Geschichte zu Hilfe zu rufen, um zu sehen, wie andere es vollbracht haben. Gut, schauen wir in der Geschichte nach!
[Es folgt jetzt ein kurzer Überblick über die Methoden, die von *Newton*, *Maxwell* und den Pionieren der Relativitätstheorie, der Quantentheorie und der Theorie der Elementarteilchen angewandt worden sind.]

Ich bin davon überzeugt, daß sich die Geschichte nie wiederholt, wie Sie selbst aus den angeführten Beispielen ersehen können. Die Ursache ist einfach. Alle Schemata wie z. B. „Denke an Symmetriegesetze!" oder „Füge die Informationen in mathematischer Form zusammen!" oder „Erfinde Gleichungen!" sind heute schon allgemein bekannt, und es wird immer versucht, sie anzuwenden. Wenn wir stecken bleiben, kann der Ausweg von keinem aufgezeigt werden, da sie schon beim Probieren versagt haben. Es muß also ein neuer Weg gefunden werden. Jedesmal, wenn wir in ein Wirrwarr allzu vieler Probleme und zu vieler Schwierigkeiten geraten, kommt das gerade davon, daß wir früher bewährte Methoden angewendet haben. Das nächste Schema, die neue Entdeckung muß auf einem völlig neuen Wege gesucht werden. Die Geschichte kann uns also nicht viel weiterhelfen.
FEYNMAN: *The Character of Physical Law.* 1965, pp. 156, 173

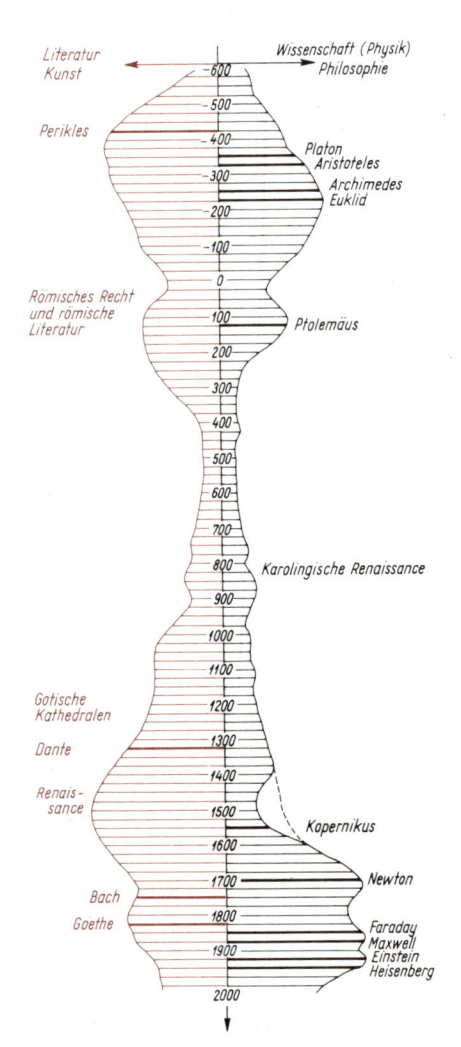

Abbildung 0.2 – 1
Intensität des intellektuellen Schaffens von den ionischen Weisen bis zur Gegenwart

heitsgeschichte bezeichnet wird. In der Abbildung ist nach rechts die Intensität des wissenschaftlichen Schaffens und nach links die Schaffensintensität in den anderen Bereichen (Literatur, darstellende Kunst) eingetragen. Wir sehen, daß sich beide mehr oder weniger synchron zueinander entwickelt haben, obwohl natürlich auch bedeutende zeitliche Verschiebungen zu beobachten sind. So wurden z. B. in der römischen Antike auf einigen Gebieten der menschlichen Kultur Leistungen erreicht, die jene der Griechen weit übertreffen. Wir denken hier vor allem an die römische Rechtswissenschaft, die den Normen zur Regelung des gesellschaftlichen Lebens bis zum heutigen Tage ihren Stempel aufgedrückt hat, wir denken aber auch an die herausragenden Werke der römischen Literatur (VERGIL, HORAZ). Zur gleichen Zeit haben die Römer aber auf dem Gebiet der Physik und Mathematik keine originellen Ergebnisse hervorgebracht, wobei wir vielleicht als einzige Ausnahme die Weiterentwicklung des griechischen Atomismus durch LUKREZ gelten lassen wollen. Ähnlich ist die Lage auch in der Renaissance, die dem großen Aufschwung in den Naturwissenschaften im 17. Jahrhundert vorausgegangen ist. Wie aus der Abbildung ersichtlich ist, treten auch hier die Naturwissenschaften im Vergleich zu der einmaligen Aktivität auf künstlerischem Gebiet zurück.

Den nahezu 2000 Jahre währenden Zeitabschnitt zwischen der Blütezeit des antiken Griechenlands und dem 17. Jahrhundert können wir als Epoche des Übergangs und der Neuentdeckung bezeichnen, in der nur gelegentlich eigenständige Erkenntnisfortschritte gelungen sind. Wir verweisen hier vor allem auf die in der arabischen Welt und in Byzanz sowie auf die von der späten Scholastik erzielten neuen Ergebnisse.

Es bietet sich somit zur Gliederung der Wissenschaftsgeschichte eine Einteilung in folgende Kapitel an: Epoche der antiken griechischen Wissenschaften, Periode des Überganges und Wissenschaft der Neuzeit.

Der vielleicht interessanteste und den Leser am stärksten fesselnde Teil der Physikgeschichte ist jener Zeitabschnitt, in dem das klassische Erbe überwunden und ein neues Fundament gelegt worden ist. Die aus der Antike bewahrten bzw. zum Teil auch wiederentdeckten Erkenntnisse waren als ein in sich geschlossenes Ganzes zu einer Weiterentwicklung nicht geeignet gewesen. Es ist also berechtigt, diesem Zeitabschnitt ein eigenes Kapitel zu widmen. Die Physik der Neuzeit wird weiter in die klassische Physik und die Physik des 20. Jahrhunderts unterteilt. So sehr diese beiden Bereiche der Physik auch in den Details unterschiedlich sind, so verlangen sie doch vom Physiker die gleiche Einstellung hinsichtlich der bei der Erkenntnisfindung anzuwendenden Methoden.

0.2.2 Die wissenschaftliche Erkenntnis aus dem Blickwinkel der Physiker von heute

Auch eine völlig objektiv scheinende chronologische Aufzählung ist – bewußt oder unbewußt – mit einer Wertung verbunden. Während bei der Wertung historischer Fakten aber auch übergeordnete weltanschauliche und ethische Anschauungsweisen eine Rolle spielen, scheint die Situation bei der Geschichte der Physik einfacher zu sein: Wir haben von der heute existierenden Physik auszugehen und an ihr die Physik der vergangenen Epochen zu messen. Dieses Vorgehen wäre tatsächlich ausreichend, wenn die Physik nur aus einer Ansammlung von Fakten bestünde. Die Aufgabe der Physik ist aber nicht nur die Beobachtung und Beschreibung, d. h., die Physik gibt nicht nur eine Antwort auf die Frage „Was gibt es in der Natur?", sondern die Beobachtungen sind auch zu deuten und Zusammenhänge sind aufzudecken, d. h., es wird eine Antwort auf die Frage „Warum ist es so?" gesucht. In der Physik werden Begriffe sowohl für die Beschreibung als auch für die Deutung gebildet, und es werden Methoden gesucht, mit denen sich sowohl die Wahrheit von Erkenntnissen überprüfen als auch bisher Unbekanntes aufspüren läßt. Die Methode, die Stellungnahme zum Wahrheitsgehalt der Erkenntnis, ist über die Besonderheiten des jeweiligen Wissenschaftszweiges hinaus philosophisch und sogar weltanschaulich beeinflußt, und sie kann in der Physikgeschichte eine bedeutendere Rolle spielen als die konkreten Teilerkenntnisse. Daraus folgt aber auch, daß es dann wenig sinnvoll ist, eine Wertung nur auf der Intensität des wissenschaftlichen Schaffens aufzubauen. Da wir im folgenden die verwendete

Methode bei unserer Einschätzung wissenschaftlicher Arbeiten sehr stark berücksichtigen wollen, fassen wir zunächst kurz die Grundprinzipien zusammen, die von einem heute tätigen Physiker − und zwar unabhängig davon, ob er experimentell oder theoretisch arbeitet − bewußt oder unbewußt einzuhalten sind.

Als Beispiel betrachten wir ein nicht allzu kompliziertes, aber auch nicht völlig triviales Problem und untersuchen an ihm, auf welche Fragen die Physik eine Antwort gibt und welche Begriffe und Methoden dabei verwendet werden.

Das zu untersuchende Problem ist das folgende: Gegeben sei ein Zylinder, der durch einen reibungsfrei beweglichen Kolben verschlossen ist. Der Kolben wird in den Zylinder hineingestoßen und das im Zylinder befindliche Gas dadurch schnell komprimiert. Wir beobachten eine Erwärmung des Gases *(Abbildung 0.2−2)*. Es ist die Frage zu beantworten, wie dieser Vorgang erklärt werden kann, und es sind quantitative Beziehungen zwischen den physikalischen Größen, die den Vorgang charakterisieren, zu finden. Es ist so z. B. zu berechnen, wie groß der Druck und die Temperatur im Gas bei gegebenem Verhältnis des Endvolumens zum Ausgangsvolumen sein werden. Das untersuchte Problem − das Verhalten eines Gases bei einer adiabatischen Zustandsänderung − ist allgemein bekannt.

Wie wir sehen, wird zunächst eine konkrete physikalische Situation oder eine Tätigkeit vorgegeben, d. h., es werden die Versuchsbedingungen sowie das zu deutende Versuchsergebnis beschrieben. Die qualitative Erklärung des hier betrachteten Phänomens ist, wie wir wissen, sehr einfach. Wird das Gas mit Hilfe des Kolbens zusammengepreßt, dann leisten äußere Kräfte − im gegebenen Falle Muskelkräfte − eine Arbeit. Diese Arbeit vergrößert die innere Energie des Gases, wenn wir annehmen, daß die Kompression so schnell vor sich geht, daß das Gas keine Wärme an die Umgebung abgeben kann, d. h., daß die Kompression *adiabatisch* ist. Das Anwachsen der inneren Energie äußert sich aber in einer Zunahme der Temperatur des Gases.

Zur quantitativen Deutung benötigen wir den Energieerhaltungssatz, die allgemeine Zustandsgleichung der Gase sowie den Zusammenhang zwischen innerer Energie und Temperatur. Ausgehend von diesen Beziehungen leiten wir in dem nachfolgend angegebenen Schema unter der Annahme, daß die Zustandsgleichung adiabatisch ist, d. h., $\Delta Q = 0$ gilt, die Gleichung für die adiabatische Zustandsänderung ab.

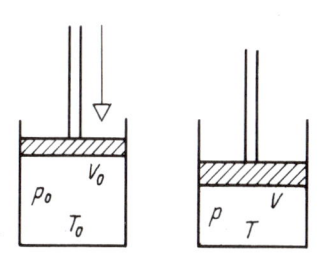

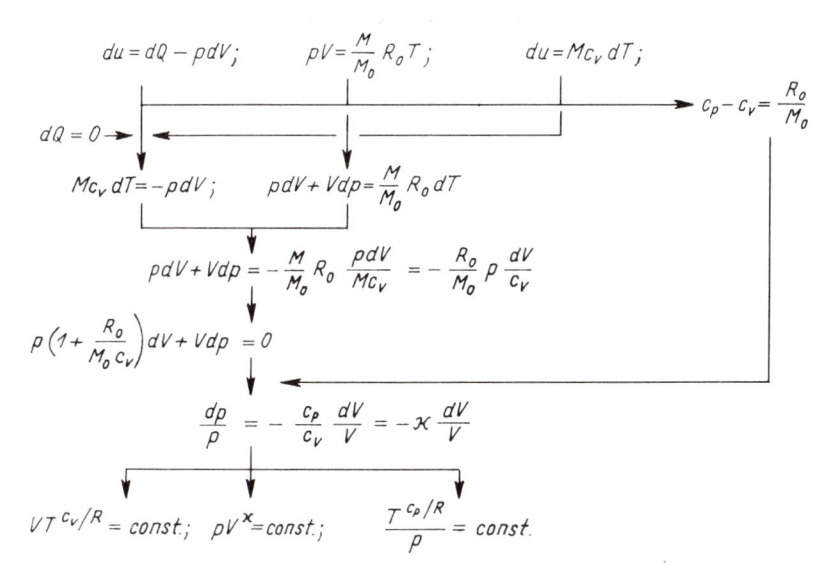

Abbildung 0.2−2
Ein Modell zur Illustration des Vorgehens bei der physikalischen Erklärung eines Phänomens: Warum steigt die Temperatur in einem Gas, wenn dieses schnell komprimiert wird?

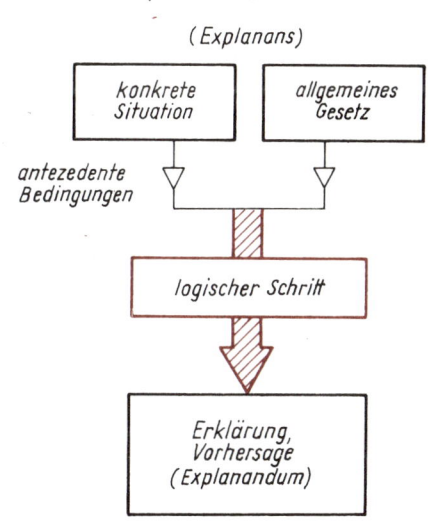

Abbildung 0.2−3
Logisches Schema, das der Erklärung eines physikalischen Phänomens zugrundegelegt wird.

Die drei wesentlichen Elemente der Wissenschaft: 1. Sie bemüht sich um das Verständnis der Erscheinungen, 2. aufgrund allgemeingültiger Gesetze und Prinzipien, 3. die experimentell überprüfbar sind.
M. Goldstein − I. F. Goldstein: How we know. p. 91

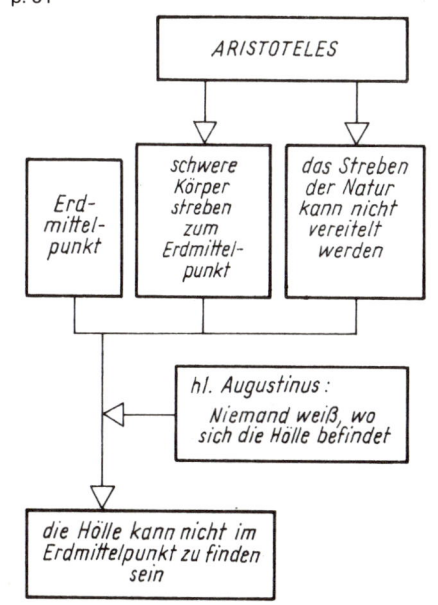

$$du = dQ - pdV; \quad pV = \frac{M}{M_0} R_0 T; \quad du = M c_V dT;$$

$$c_p - c_v = \frac{R_0}{M_0}$$

$$dQ = 0$$

$$M c_V dT = -pdV; \quad pdV + Vdp = \frac{M}{M_0} R_0 dT$$

$$pdV + Vdp = -\frac{M}{M_0} R_0 \frac{pdV}{Mc_V} = -\frac{R_0}{M_0} p \frac{dV}{c_V}$$

$$p\left(1 + \frac{R_0}{M_0 c_V}\right) dV + Vdp = 0$$

$$\frac{dp}{p} = -\frac{c_p}{c_V} \frac{dV}{V} = -\varkappa \frac{dV}{V}$$

$$VT^{c_V/R} = \text{const.}; \quad pV^\varkappa = \text{const.}; \quad \frac{T^{c_p/R}}{p} = \text{const.}$$

Die drei erwähnten Ausgangsgleichungen stehen in der obersten Zeile des Schemas, wobei hier die folgenden Bezeichnungen verwendet worden sind: Q − vom Gas aufgenommene Wärmemenge, V − Gasvolumen, u − innere Energie, R_0 − universelle Gaskonstante, M − Masse des Gases, M_0 − Masse eines Kilomols des betreffenden Gases, T − absolute Temperatur, c_p, c_v − spezifische Wärmemengen bei konstantem Druck bzw. konstantem Volumen, p − Druck, $\varkappa = c_p/c_v$, $R = R_0/M_0$ − Gaskonstante bezogen auf die Masseneinheit.

Wie wir sehen, müssen selbst zur Erklärung einer alltäglich zu beobachtenden Erscheinung mehrere Gesetze herangezogen und verhältnismäßig komplizierte logische Schritte abgearbeitet werden.

Aus den Endformeln folgt nicht nur qualitativ, daß die Temperatur bei der Kompression ansteigt, sondern die Temperaturzunahme kann auch quantitativ bestimmt werden. Das bedeutet

Abbildung 0.2−4
Zur Antwort von *Thomas von Aquino* auf die Frage, ob die Hölle sich im Mittelpunkt der Erde befindet. Es ist zu beachten, daß sich die Begründung sogar auf zwei „Autoritäten" stützt *(Declaratio 36 quaestionum)*

19

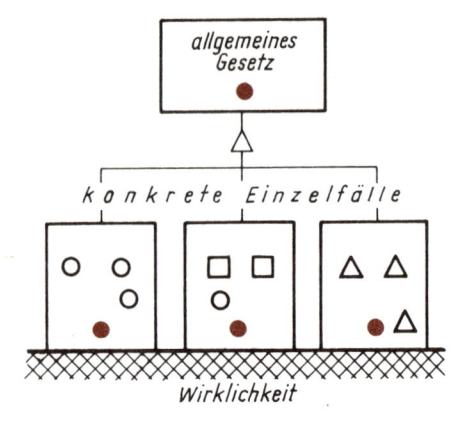

Abbildung 0.2–5a
Mit der induktiven Methode läßt sich aus vielen Einzelbeobachtungen das Allgemeine herausfiltern

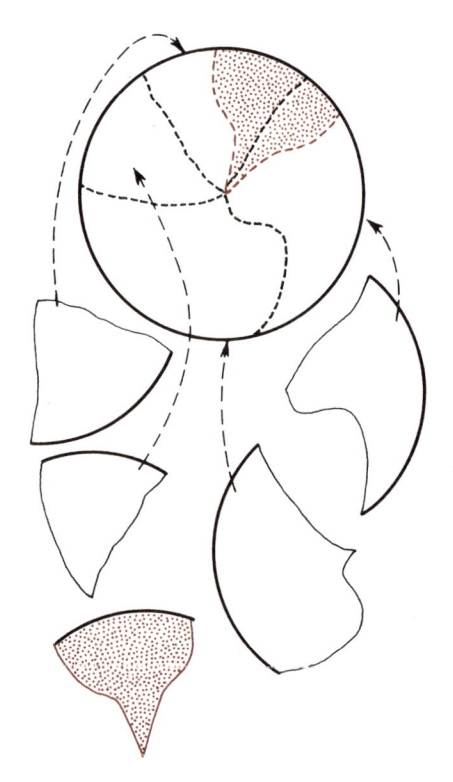

Abbildung 0.2–5b
Eine vielleicht wirklichkeitsnähere Darstellung des Prozesses, wie sich aus der Zusammenfassung von konkreten Einzelfällen ein allgemeines Gesetz ergibt. Das Verfahren gleicht dem Zusammenfügen eines „Zickzackpuzzle". Das farbige Segment deutet an, wie aus dem allgemeinen Gesetz wieder ein neuer konkreter Fall herausgegriffen werden kann

mit anderen Worten aber, daß wir die Beobachtung nicht nur gedeutet haben, sondern auch, daß wir bei einer gegebenen physikalischen Situation das Endergebnis im voraus kennen, denn eine quantitative Erklärung befähigt uns, Abläufe vorauszusagen.

Die einzelnen Schritte zur Erklärung eines physikalischen Phänomens können wir wie folgt zusammenfassen *(Abbildung 0.2–3)*:

1. Wir gehen von einer konkreten Situation aus und beschreiben sie. In der Wissenschaftstheorie werden die hier anzugebenden Voraussetzungen als *Antezedenzen* bezeichnet.

2. Wir suchen die physikalischen Gesetze auf, die für das gegebene Problem eine Rolle spielen. Durch diese Gesetze und die Antezedenzen ist – in der Nomenklatur der Wissenschaftstheorie – das *Explanans* (Antezedenz im allgemeineren Sinn) vorgegeben.

3. Wir gehen von den in den ersten beiden Schritten erworbenen Erkenntnissen aus und leiten auf deduktivem Wege die zu erklärende Erscheinung ab, die in der Sprache der Wissenschaftstheorie als *Explanandum* bezeichnet wird. Dabei bedienen wir uns lediglich der Gesetze der Logik sowie der ihnen gleichgestellten mathematischen Sätze.

Um die Erklärung eines physikalischen Phänomens als befriedigend ansehen zu können, müssen die in ihr vorkommenden Begriffe und Größen bestimmten Forderungen genügen. Ein Problem kann z. B. überhaupt nur als physikalisches Problem angesehen werden, wenn sowohl in den Ausgangsannahmen als auch in den Schlußfolgerungen nur Aussagen enthalten sind, die sich mit Hilfe von Beobachtungen nachprüfen lassen. Diese Forderung müssen wir stellen, um aus der Vielzahl der möglichen Fragestellungen die physikalischen auszusondern und sie gegen andere, z. B. logische, mathematische oder gar gegen metaphysische und theologische Fragestellungen, abzugrenzen. So können wir z. B. den auf der *Abbildung 0.2–4* dargestellten Gedankengang nicht als physikalisches Problem und auch nicht als Erklärung eines physikalischen Problems ansehen.

Eine weitere wichtige Forderung ist, daß die Antezedenzen eine allgemeine Gesetzmäßigkeit beinhalten müssen.

Betrachten wir nämlich die folgenden Aussagen:
Die im Schrank S befindlichen Uhren ticken.
Die Uhr U befindet sich im Schrank.
Folglich tickt die Uhr U.

Diese Folge von Aussagen genügt allen weiter oben gestellten Bedingungen, denn es wird eine konkrete physikalische Situation beschrieben, die rein empirisch erfaßt werden kann, und auch der logische Schluß ist richtig. Dennoch ist wohl niemand der Meinung, daß man auf diese Weise erklärt hätte, warum die Uhr U tickt.

Gerade um solche Klippen umgehen zu können, müssen wir die Bedingung stellen, daß in den Antezedenzen auch ein allgemeines Gesetz (Naturgesetz) vorkommen muß. Die Aussage, daß die im Schrank S befindlichen Uhren ticken, ist sicher kein allgemeines Naturgesetz.

Natürlich ist es auch eine entscheidende Bedingung, daß das Explanandum aus dem Explanans lediglich unter Verwendung logischer Schlüsse ableitbar sein muß. Auf diese Weise erfüllen wir nicht nur den Wunsch nach einer logisch einwandfreien Erklärung eines physikalischen Phänomens, sondern ermöglichen auch naturwissenschaftliche Voraussagen und damit letzten Endes die technische Planung.

Wir haben oben nicht erwähnt, daß es sehr wichtig ist, sowohl zur Beschreibung einer konkreten physikalischen Situation – in unserem Beispiel zur Angabe der physikalischen Eigenschaften von Zylinder und Kolben (geometrische Abmessungen, Ausgangszustand des eingeschlossenen Gases usw.) – als auch zur Darstellung der Gesetze meßbare physikalische Größen zu verwenden. Bevor man überhaupt von quantitativen Gesetzen reden kann, ist es notwendig, daß die in diesen Gesetzen auftauchenden Größen als physikalische Größen definiert worden sind und ihre Meßvorschrift eindeutig gegeben ist. Man kann das hierbei erreichte Niveau einer Bewertung und Periodisierung physikgeschichtlicher Vorgänge zugrundelegen, d. h., man kann sich bei der Einteilung der Physikgeschichte in Entwicklungsabschnitte davon leiten lassen, wann bestimmte physikalische Begriffe entstanden sind und inwieweit eine quantitative Definition gegeben worden ist. Stellen wir diesen Gesichtspunkt in den Vordergrund, dann muß die späte Scholastik von der heutigen Wissenschaftstheorie neu bewertet werden, denn zu dieser Zeit ist das Problem der Intensität der *Qualitäten* aufgeworfen, und es ist damit begonnen worden, diese Größen *quantitativ zu fassen*.

Wir haben noch nicht davon gesprochen, wie wir zu den Gesetzen kommen, die den Ausgangspunkt unserer Betrachtungen bilden. Offenbar ist dazu aus der Vielfalt des empirischen Materials mit Hilfe der induktiven Methode das Allgemeine herauszuschälen *(Abbildungen 0.2–5a, b)*. Die induktive Methode wird heute zwar anerkannt, sie hat aber ihrer Natur nach nur eine kleine Reichweite. Das Ergebnis eines Induktionsschlusses kann aber schließlich mit der gebotenen Vorsicht in Form einer Hypothese auch auf solche Phänomene angewendet werden, die nicht identisch mit den Phänomenen sind, die dem Induktionsschluß zugrunde liegen, d. h., die z. B. zu anderen Werten der Variablen oder gar zu anderen Wertebereichen gehören. Bei einer experimentellen Bestätigung der Hypothese wird diese schließlich zum Gesetz, das entweder als allgemeingültig postuliert wird oder für das Gültigkeitsgrenzen angegeben werden können.

Das auf den Abbildungen 0.2–5a, b gezeigte Schema muß noch ergänzt werden: Wir haben oben von Gesetzen gesprochen, die die verschiedenen Bereiche der Realität beschreiben sowie die Erfahrungen (Empeira) unmittelbar wiedergeben. Diese Gesetze lassen sich schließlich wieder zu allgemeineren Gesetzen zusammenfassen *(Abbildung 0.2–6)*. Geben wir den allgemeineren Gesetzen den Rang von Grundgesetzen oder Axiomen, dann lassen sich aus ihnen Aussagen über Erscheinungen aus den betreffenden Bereichen der Realität ableiten, wobei jetzt deduktiv vom Allgemeinen auf das Einzelne zu schließen ist.

In der *Abbildung 0.2–7* ist vereinfacht schematisch dargestellt, wie physikalische Forschung betrieben wird und wie sich z. B. auch der Wahrheitsgehalt von Behauptungen physikalischen Inhalts finden läßt. Entscheidend ist, daß wir von der physikalischen Realität ausgehen und zu ihr wieder zurückkehren müssen. Eine Behauptung, die sich an irgendeiner Stelle in dieses Schema einfügen läßt, ist wahr.

Wir dürfen aber nicht vergessen, daß das Schema nur etwas über *Mitteilung* und *Überprüfung* einer Erkenntnis, nichts aber darüber aussagt, wie eine physikalische Idee das Licht der Welt erblickt.

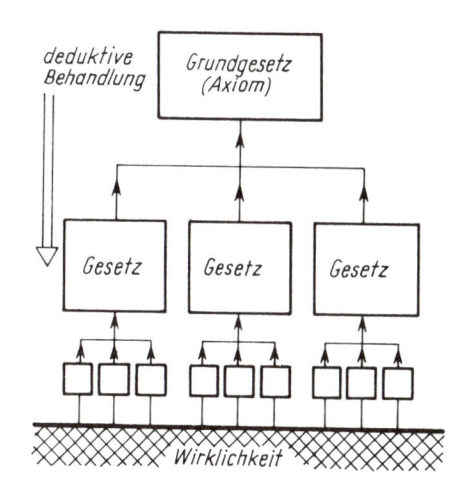

Abbildung 0.2–6
Zur Hierarchie der Gesetze. Übergeordnete Gesetze umfassen größere Bereiche von Erscheinungen.
Francis Bacon hat Anfang des 17. Jahrhunderts das Wesen dieser Methode folgendermaßen zusammengefaßt:

… aus den Experimenten Axiome ergründen und formulieren… aus den Axiomen auf neue Experimente schließen und diese ableiten… Der Weg führt uns nämlich nicht auf gleicher Höhe weiter, sondern aufwärts und abwärts: empor zu den Axiomen, herab zu den Experimenten…

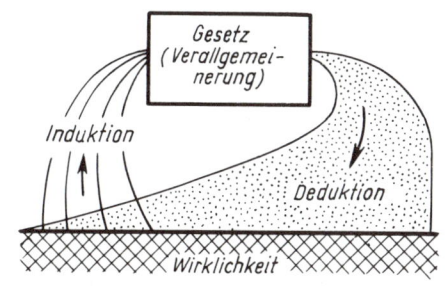

Abbildung 0.2–7
Vereinfachte schematische Darstellung der wissenschaftlichen Methode. Ein Gesetz geht in seinem Gültigkeitsbereich über die Einzelbeobachtungen hinaus, aus denen es hergeleitet wurde. Die Beschränktheit des Gültigkeitsbereiches ist in der Zeichnung angedeutet

0.2.3 Periodisierung anhand der theoretischen Synthese

Die Physikgeschichte läßt sich auch anhand jener Erkenntnisse gliedern, die für Erscheinungen aus scheinbar voneinander völlig unabhängigen Zweigen der Physik eine gemeinsame Erklärung gegeben und so dazu geführt haben, daß diese Zweige miteinander verschmolzen sind.

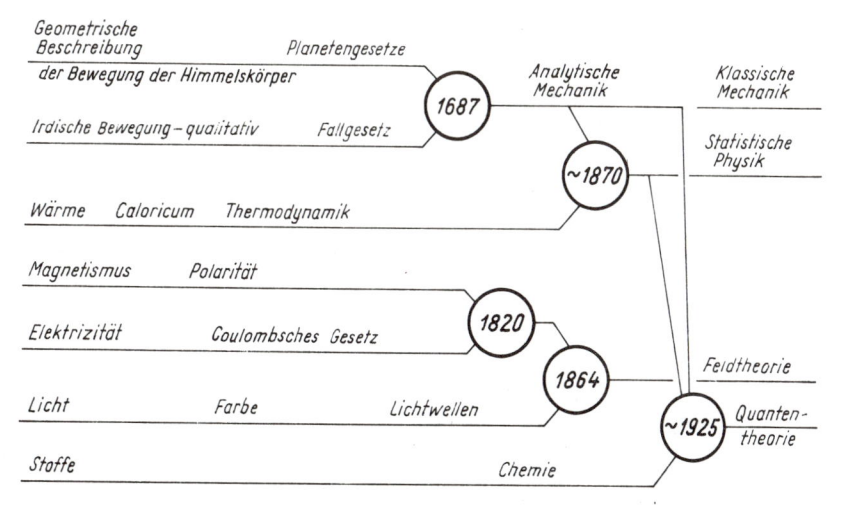

Abbildung 0.2–8
Knotenpunkte der Physikgeschichte. Es sind die Zeitpunkte angegeben, zu denen die inneren Zusammenhänge zwischen bestimmten Erscheinungsgruppen erkannt worden sind. HUND [0.8] S. 16
Bedeutung der einzelnen Jahreszahlen:
1687: Erscheinen der *Principia* von Newton
1820: Entdeckung der magnetischen Wirkung elektrischer Ströme durch Ørsted
1864: *Maxwells* Elektrodynamik
1870: Entwicklung der statistischen Mechanik
1925: Geburt der Quantenmechanik

In der *Abbildung 0.2–8* haben wir nach HUND eine logische und mögliche chronologische Einteilung der Physikgeschichte in Abschnitte angegeben, wobei das Verschmelzen von Teilgebieten deren Knotenpunkte liefert.

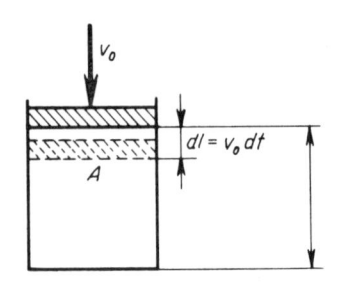

Wenden wir uns an dieser Stelle wieder der oben betrachteten konkreten physikalischen Aufgabenstellung zu und untersuchen im einzelnen, welche theoretischen und ästhetischen Konsequenzen ein solches Verschmelzen zweier Teilgebiete hat und zu welchem praktischen Ergebnis es führt. Wir stellen uns z. B. vor, daß die im Zylinder eingeschlossenen Gasteilchen kleine Kügelchen seien, die beim Aufprall auf die Gefäßwand einen Druck hervorbringen. Bewegt sich der den Zylinder abschließende Kolben, dann ist die Geschwindigkeit der Kügelchen nach dem Aufprall auf den Kolben eine andere als zuvor. Daraus folgt eine Änderung (im konkreten Falle ein Anwachsen) der kinetischen Energie, und das Anwachsen der kinetischen Energie äußert sich in einer Temperaturerhöhung des Gases *(Abbildung 0.2−9)*.

In Form eines Schemas läßt sich die Lösung quantitativ wie folgt finden:

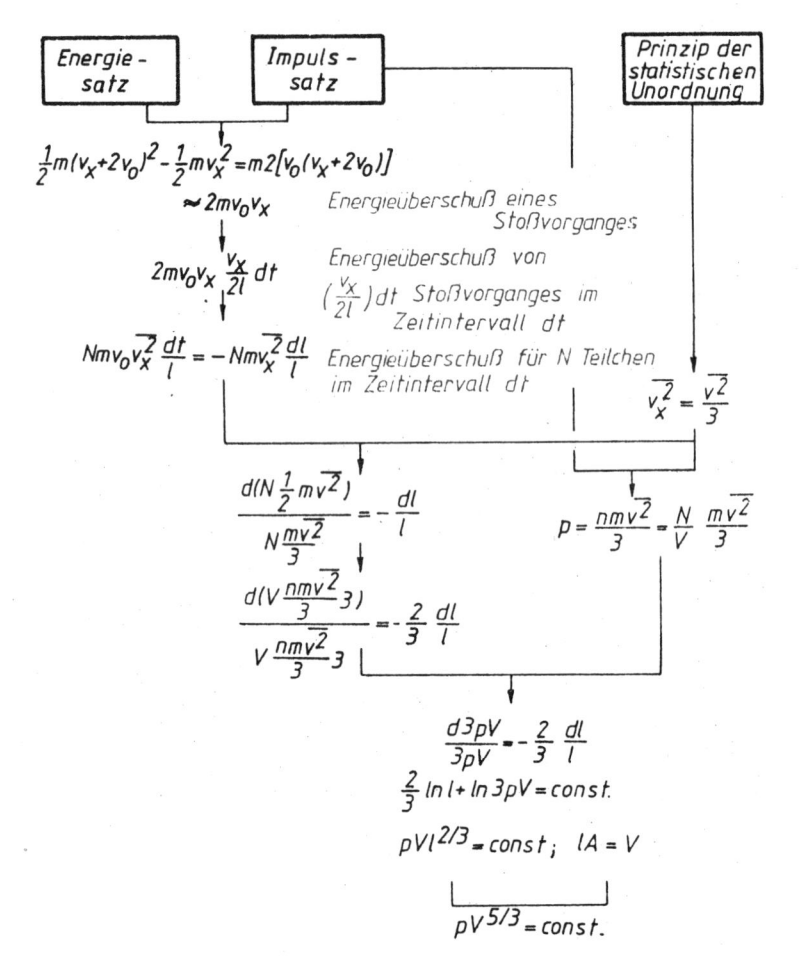

Abbildung 0.2−9
Zur Deutung der adiabatischen Zustandsänderung, ausgehend von der kinetischen Gastheorie

$$\boxed{\text{Energiesatz}} \quad \boxed{\text{Impulssatz}} \quad \boxed{\text{Prinzip der statistischen Unordnung}}$$

$$\tfrac{1}{2}m(v_x+2v_0)^2 - \tfrac{1}{2}mv_x^2 = m2[v_0(v_x+2v_0)]$$

$$\approx 2mv_0v_x \quad \text{Energieüberschuß eines Stoßvorganges}$$

$$2mv_0v_x \cdot \frac{v_x}{2l}dt \quad \text{Energieüberschuß von } \left(\frac{v_x}{2l}\right)dt \text{ Stoßvorganges im Zeitintervall } dt$$

$$Nmv_0\overline{v_x^2}\frac{dt}{l} = -Nm\overline{v_x^2}\frac{dl}{l} \quad \text{Energieüberschuß für N Teilchen im Zeitintervall } dt$$

$$\overline{v_x^2} = \frac{\overline{v^2}}{3}$$

$$\frac{d(N\tfrac{1}{2}m\overline{v^2})}{N\frac{m\overline{v^2}}{3}} = -\frac{dl}{l} \qquad p = \frac{nm\overline{v^2}}{3} = \frac{N}{V}\frac{m\overline{v^2}}{3}$$

$$\frac{d(V\frac{nm\overline{v^2}}{3}3)}{V\frac{nm\overline{v^2}}{3}3} = -\frac{2}{3}\frac{dl}{l}$$

$$\frac{d\,3pV}{3pV} = -\frac{2}{3}\frac{dl}{l}$$

$$\tfrac{2}{3}\ln l + \ln 3pV = const.$$

$$pVl^{2/3} = const; \quad lA = V$$

$$\boxed{pV^{5/3} = const.}$$

Wie wir sehen, finden wir unter den verwendeten Grundgesetzen ein von seinem Charakter her neues Gesetz, ein Wahrscheinlichkeitsgesetz. Das Ergebnis dieser Herleitung beinhaltet mehr als das Endergebnis der vorangegangenen, denn wir haben nun auch einen Zahlenwert für die Größe κ gefunden. Dieser Zahlenwert ist im übrigen in guter Übereinstimmung mit dem experimentell gefundenen Wert.

Auch in allgemeinerer Hinsicht ist die obige Ableitung befriedigender, denn wir haben das Gefühl, daß das Zurückführen makroskopischer Erscheinungen auf Prozesse in der Welt der Mikroteilchen (Atome), die auch den von der makroskopischen Physik her bekannten Gesetzmäßigkeiten genügen sollen, einen tieferen Einblick in die Werkstatt der Natur gestattet.

0.2.4 Die Rolle der Modellfindung

Wenn wir uns anschauen, wann die quantitative Beschreibung der Phänomene in den einzelnen Zweigen der Physik gelungen ist, so finden wir, daß diese Zeitpunkte über eine Spanne von nahezu 2000 Jahren verstreut sind. Es taucht nun die Frage auf, warum im antiken Griechenland in bestimmten Problemkreisen bereits das heutige Niveau der Physik erreicht worden ist, wobei wir vor allem die Hebelgesetze, die Hydrostatik und die kinematische Beschreibung der Bewegung der Himmelskörper im Auge haben, anderseits aber andere, ebenfalls einfache und bedeutsame Erkenntnisse, wie die über die Bewegungsabläufe unter irdischen Bedingungen, erst Errungenschaften des 17. Jahrhunderts gewesen sind.

Es ist offensichtlich, daß durch die Rolle, die ein bestimmtes Phänomen im täglichen Leben spielt, ein entscheidender Anreiz für seine Untersuchung gegeben ist. In erster Näherung läßt sich sagen, daß für die Herausbildung einer beliebigen Wissenschaft die Erfordernisse der Praxis von herausragender Bedeutung sind. Diese Aussage trifft aber nur im großen und ganzen zu, und gerade auf die antiken Griechen, die Begründer der Wissenschaft, kann sie in dieser Form keine Anwendung finden. Die Griechen waren bestrebt, ihren Ergebnissen keine praktische Nutzanwendung zu geben, weil sie sich nur mit Wissenschaften, „die einem freien Menschen zukommen", beschäftigen wollten.

Betrachten wir nun noch einmal unser letztes ausführlich untersuchtes Beispiel sowohl in der einen als auch in der anderen Beschreibungsform, dann stellen wir fest, daß die Idealisierung und somit die Abstraktion aus der Wirklichkeit von entscheidender Bedeutung ist. Bereits die Versuchsanordnung ist eine künstliche, denn in der Natur findet man keinen Zylinder, der durch einen Kolben verschlossen wird. Aber selbst bei dieser durch den Menschen geschaffenen Anordnung kommen wir ohne weitere Idealisierungen nicht aus. So soll der Kolben vollkommen dicht abschließen, er soll sich reibungsfrei bewegen können, und es soll so *schnell* komprimiert werden, daß keine Wärme nach außen übertragen wird. Außerdem soll es sich um ein ideales Gas handeln, d. h., seine innere Energie soll ausschließlich von der Temperatur abhängen. Nach einer so weitgehenden Abstraktion taucht natürlich die Frage auf, ob dabei nicht irgendein wesentliches Element außer acht gelassen worden ist, so daß ein Vergleich des Ergebnisses mit der Erfahrung, d. h. mit den Meßergebnissen, völlig sinnlos wird. Denken wir z. B. an die Abhandlung der adiabatischen Kompression im atomaren Bild, bei dem wir angenommen haben, daß das Gas unendlich *langsam* komprimiert wird, und mit dieser Annahme zu einem Ergebnis gekommen sind, das mit dem bei der makroskopischen Beschreibung (schnelle Kompression) erzielten übereinstimmt. Hier müssen wir uns fragen, ob die zwei Idealisierungen, d. h. die unendlich langsame und die unendlich schnelle Prozeßführung, miteinander überhaupt in Einklang zu bringen sind.

Obwohl es speziell für die weiteren Darlegungen nicht allzu wichtig ist, wollen wir der Vollständigkeit halber noch erwähnen, daß man bei der Verwendung von Ausdrücken wie „sehr schnell" und „sehr langsam" in der Physik immer angeben muß, *worauf man sich dabei bezieht.* Offenbar haben wir es bei den beiden Beschreibungen der Kompression mit zwei verschiedenen Zeitkonstanten zu tun. Die eine ist die Zeitkonstante für die Wärmeübertragung vom Gas an die Umgebung, und die zweite ist die Zeitkonstante der Relaxationsprozesse im Gas selbst. Die Bewegungszeit des Kolbens soll hinsichtlich der ersten Zeit klein, in bezug auf die zweite Zeit jedoch groß sein. Eine gründliche Untersuchung des Prozesses zeigt, daß beide Annahmen miteinander gut verträglich sind.

Naturphänomene haben im allgemeinen ein komplexes Erscheinungsbild, unabhängig davon, ob sie mit der Tätigkeit des Menschen in Verbindung stehen oder nicht. Denken wir nur an die oben betrachteten Gasgesetze, die – in komplizierterer Form und gemeinsam mit den Bewegungsgesetzen – z. B. den atmosphärischen Prozessen oder den bei der Atmung ablaufenden Vorgängen, die auch chemische Reaktionen einschließen, zugrunde liegen. Entscheidende Faktoren beim Herausbilden einer quantitativen Wissenschaft sind die praktische Relevanz der Erscheinungen oder die Möglichkeit einer Abstraktion, wobei schließlich auch noch das durch verschiedene (z. B. religiöse, mystische) Motive ausgelöste intellektuelle Interesse von Bedeutung sein kann. Die Wissenschaften als solche haben sich in der Reihenfolge herausgebildet, in der sich die in der Natur oder im menschlichen Tätigkeitsbereich anzutreffenden Situationen auf entsprechende abstrakte Anordnungen abbilden ließen, die einer wissenschaftlichen Betrachtungsweise zugänglich waren. In der Wissenschaftsgeschichte scheint die Abstraktion der am schwersten zu bewältigende Schritt zu sein. Die Abstraktion muß eine solche Vereinfachung der Phänomene zum Ziele haben, die ihre quantitative Untersuchung ermöglicht, gleichzeitig aber an ihren grundlegenden Charakteristika nichts ändert. Im übrigen versetzen auch Schriftsteller ihre Helden oft in eine abstrakte, paradoxe Lage, um so ihren eigenen Standpunkt möglichst prägnant zu verdeutlichen.

Die Waage wird von den Menschen schon seit Urzeiten genutzt. Auf ihr haben die Götter der Unterwelt den Wert menschlichen Tuns und die Könige dieser Welt Gold oder seltene Gewürze gewogen (*Abbildungen 0.2–10a, b*). Die Waage ist schon immer ein praktisch wichtiges Instrument gewesen, und außerdem stimmen die „abstrakte Waage", d. h. ein in einem Punkt unterstützter starrer zweiarmiger Hebel, der sich um den Unterstüt-

Abbildung 0.2–10a, b
Die Waage und die Harfe, wie sie im Alltag benutzt werden, sind fast identisch mit der „abstrakten" Waage und Harfe, welche der mathematischen Behandlung zugänglich sind. Kein Zufall, daß gerade für diese Geräte zuerst Naturgesetze in quantitativer Form gefunden werden konnten.
Naunes Totenbuch. XXI. Dynastie. Metropolitan Museum, New York. – Aus dem Grabe des Feldherrn *Rekhmirè,* XVIII. Dynastie

Zitat 0.3–1a
Ist es doch eine höchst wunderliche Forderung, die wohl manchmal gemacht, aber auch selbst von denen, die sie machen, nicht erfüllt wird: Erfahrungen solle man ohne irgendein theoretisches Band vortragen, und dem Leser, dem Schüler überlassen, sich selbst nach Belieben irgendeine Überzeugung zu bilden. Denn das bloße Anblicken einer Sache kann uns nicht fördern. Jedes Ansehen geht über in ein Betrachten, jedes Betrachten in ein Sinnen, jedes Sinnen in ein Verknüpfen, und so kann man sagen, daß wir schon bei jedem aufmerksamen Blick in die Welt theoretisieren. Dieses aber mit Bewußtsein, mit Selbstkenntnis, mit Freiheit, und um uns eines gewagten Wortes zu bedienen, mit Ironie zu tun und vorzunehmen, eine solche Gewandtheit ist nötig, wenn die Abstraktion, vor der wir uns fürchten, unschädlich, und das Erfahrungsresultat, das wir hoffen, rechtlebendig und nützlich werden soll.
GOETHE: *Zur Farbenlehre.* Vorwort

Die schlußfolgernde Erkenntnis liegt in jedem Menschen wie in einem Samenbehälter. Durch das Betrachten der Dinge gelangen wir dann zum Bewundern; vom Bewundern zum Schließen und durch Schließen kommen wir zum wirklichen Erkennen.
ALBERTUS MAGNUS
Rhaban Liertz: *Die Naturkunde von der menschlichen Seele.* Köln 1932, S. 15

Zitat 0.3—1b
Jedes Jahrhundert machte sich über das vorhergehende lustig, indem es das letztere beschuldigte, zu schnell und zu unbefangen verallgemeinert zu haben. *Descartes* belächelte die Ionier, wir lächeln über *Descartes;* ohne Zweifel werden unsere Söhne über uns lächeln.

Aber können wir nicht gleich bis ans Endziel gehen? Ist das nicht das Mittel, um diesen Spöttereien, die wir voraussehen, zu entgehen? Können wir uns nicht mit dem völlig nackten Experimente begnügen?

Nein, das ist nicht möglich; das hieße den wahren Charakter der Wissenschaft völlig verkennen. Der Gelehrte soll anordnen; man stellt die Wissenschaft aus Tatsachen her, wie man ein Haus aus Steinen baut; aber eine Anhäufung von Tatsachen ist so wenig eine Wissenschaft, wie ein Steinhaufen ein Haus ist.

Und vor allem: Der Forscher soll voraussehen. *Carlyle* hat irgendwo folgendes geschrieben: „Nur die Tatsache hat Bedeutung; *Johann ohne Land* ist hier vorbeigegangen; das ist bemerkenswert, das ist eine tatsächliche Wahrheit, für die ich alle Theorien der Welt hergeben würde". *Carlyle* war ein Landsmann von *Bacon;* wie der letztere, so legte auch *Carlyle* Gewicht darauf, seinen Kultus „for the God of Things as they are" zu betonen; aber doch würde *Bacon* dergleichen nicht gesagt haben. Das ist die Sprache des Historikers. Der Physiker würde vielleicht sagen: „*Johann ohne Land* ist hier vorbeigegangen; das ist mir sehr gleichgültig, weil er nicht wieder vorbeikommt".
H. POINCARÉ: *Wissenschaft und Hypothese.* Deutsch von *F.* und *L. Lindemann.* 1914

Zitat 0.3—1c
Naturwissenschaft besteht darin, daß man Phänomene beobachtet und das Ergebnis anderen mitteilt, damit sie es kontrollieren können. Erst wenn man sich darüber geeinigt hat, was objektiv geschehen ist oder immer wieder regelmäßig geschieht, hat man eine Grundlage für das Verständnis. Und dieser ganze Prozeß des Beobachtens und Mitteilens geschieht faktisch in den Begriffen der klassischen Physik...

Mit dem Geschirrwaschen ist es doch genau wie mit der Sprache. Wir haben schmutziges Spülwasser und schmutzige Küchentücher, und doch gelingt es, damit die Teller und Gläser schließlich sauberzumachen. So haben wir in der Sprache unklare Begriffe und eine in ihrem Anwendungsbereich in unbekannter Weise eingeschränkte Logik, und doch gelingt es, damit Klarheit in unser Verständnis der Natur zu bringen.
BOHRS Gedanken. HEISENBERG [5.26]

zungspunkt reibungsfrei drehen kann, und die für praktische Zwecke genutzte Waage in einer sehr guten Näherung überein. Denken wir aber nun an die Bewegungsgesetze der durch Menschen- oder Tierkräfte bewegten Gegenstände. Wollen wir hier, um eine abstrakte Behandlung zu ermöglichen, von allen nebensächlichen Effekten absehen, dann müssen wir Bedingungen konstruieren, die von den ursprünglich vorhandenen sehr verschieden sind, so daß das schließlich untersuchte Problem kaum noch etwas mit der ursprünglich betrachteten praktischen Fragestellung zu tun zu haben scheint. Denken wir nur daran, daß ARISTOTELES aus der unmittelbaren täglichen Erfahrung das Bewegungsgesetz abgeleitet hat, daß zwei Pferde einen Wagen mit einer größeren Geschwindigkeit ziehen können als nur ein Pferd. Um ein richtiges Bewegungsgesetz abzuleiten, mußte GALILEI auf die in der Natur nirgends realisierte schiefe Ebene sowie auf glatte Kugeln zurückgreifen, und eigentlich hätte er den Bewegungsablauf sogar im Vakuum untersuchen müssen.

Eine der inneren Struktur der Wissenschaft vielleicht besser als die bisher erwähnten Periodisierungen angepaßte Unterteilung in Epochen könnte davon ausgehen, wann in einem Zweig der Physik eine solche Abstraktionsstufe erreicht ist, daß sich bereits Gesetze formulieren lassen.

Die Erkenntnis, daß man zu Gesetzen nicht ohne Abstraktion und Idealisierung gelangt, müssen wir den antiken Griechen ungeachtet aller ihrer Übertreibungen in dieser Hinsicht als großes Verdienst anrechnen. Ihre Übertreibung hat darin bestanden, daß sie die durch Abstraktion gewonnenen Begriffe sowie die für sie gültigen Gesetzmäßigkeiten als das wahre Wesen der Dinge angesehen und so schließlich das Modell über die Wirklichkeit gestellt haben. Diese heute in ihrer Grundkonzeption überlebte Auffassung hat in der Wissenschaftsgeschichte eine entscheidende Rolle gespielt: Sie hat die Herausbildung einer engen Kopplung der Physik mit der Mathematik als eines entscheidenden Charakteristikums der modernen Naturwissenschaften begünstigt.

0.3 Elemente der Wissenschaftstheorie

0.3.1 Trügerische Einfachheit

Von der Realität mittels Abstraktion zum Gesetz und vom Gesetz wieder zurück zur Realität — auf diesem in sich geschlossenen Weg werden in der modernen Naturwissenschaft Erkenntnisse gewonnen. Um die Richtigkeit einer Theorie, aber auch der Arbeitsmethode selbst zu überprüfen, bedarf es gerade dieser zweifachen Anknüpfung an die Realität.

Wie wir sehen werden, hat diese Erkenntnis lange auf sich warten lassen, und sie hat sich auch erst im Verlaufe bedeutender geistiger Auseinandersetzungen durchgesetzt. Wir halten die heute angewandte Methode der wissenschaftlichen Arbeit zwar bereits für recht selbstverständlich, in der Physikgeschichte ist sie es aber keineswegs immer gewesen. Schauen wir uns die einzelnen Schritte im Erkenntnisprozeß näher an, so stoßen wir auch heute noch auf eine Reihe von Fragen, auf die wir nur eine mehr oder weniger befriedigende Antwort geben können.

In der *Abbildung 0.3—1* ist das bereits von der Abbildung 0.2—7 her bekannte einfache Schema detailliert dargestellt. Die im Zusammenhang damit auftauchenden Probleme können wir wie folgt zusammenfassen:

1. Die Realität ist für die wissenschaftliche Untersuchung ein gestaltloser Rohstoff. Jede Messung bedeutet hier einen Eingriff, wobei wir nicht einmal an die für die Mikrowelt typischen Gesetze der Quantenmechanik denken, sondern lediglich beachten, daß die Meßinstrumente Zahlenwerte nur für Größen liefern, die vor der Messung bereits begrifflich fixiert worden sind, d. h., als Grundlage der Messung dient meist ein vor der Messung aufgestelltes Modell und somit eine vereinfachte Struktur. Selbst wenn wir eine konkrete Situation in der „unverfälschten Wirklichkeit" selbst beschreiben wollen, erscheint uns diese doch stets in der Verschlüsselung der jeweiligen experimentellen Fragestellung *(Abbildung 0.3—2; Zitate 0.3—1a, b).*

2. Zur Deutung einer Erscheinung haben wir die Existenz allgemeiner Gesetzmäßigkeiten vorausgesetzt. Zu diesen Gesetzen sind wir natürlich auch ausgehend von der Realität mit Hilfe der induktiven Methode gelangt. Somit extrapolieren wir von einer in der Vergangenheit gesammelten endlichen Menge von Erfahrungen auf zukünftige Wahrnehmungen, deren Zahl im Prinzip unendlich groß ist. Wodurch wird ein solches Vorgehen abgesichert?

3. Ausgehend von einer konkreten Situation und allgemeinen Gesetzmäßigkeiten gelangen wir unter Verwendung der Logik — der Mathematik und der Geometrie — zu neuen Aussagen, die wir mit der Realität vergleichen wollen. Wodurch ist aber die Anwendbarkeit der Mathematik und der Geometrie auf die Realität gesichert?

4. Die abgeleiteten Ergebnisse sind natürlich wieder mit der Realität zu konfrontieren, die auch hier als Rohstoff zu betrachten und aufzuarbeiten

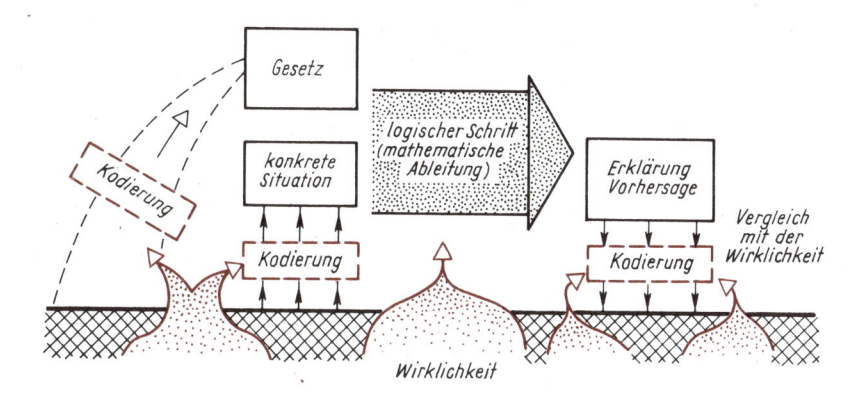

Abbildung 03-1
Detaillierte Darstellung des geschlossenen Weges der Erkenntnis von der Realität zur Realität

ist. Die aus der Theorie abgeleiteten Aussagen können nämlich lediglich mit anderen Aussagen verglichen und dadurch bestätigt oder widerlegt werden.

5. Im Zusammenhang damit tauchen die Begriffe Subjekt und Objekt auf, die mit der Trennung des Beobachters von der beobachteten Erscheinung verknüpft sind. Es gibt bei den Physikern keinen Zweifel an der objektiven Existenz einer vom Beobachter unabhängigen Außenwelt, aber sie sehen auch die experimentellen Hilfsmittel als organischen Bestandteil dieser Außenwelt an. Darüber hinaus läßt sich natürlich auch nicht leugnen, daß der Physiker selbst und sein Begriffssystem ein Teil der Realität ist.

Der Physiker sieht die objektive Existenz der Physik als Wissenschaft darin, daß in ihr in bezug auf die Naturerscheinungen solche Behauptungen aufgestellt werden, die „intersubjektiv", d. h. in einer solchen Form mitteilbar sind, daß sie von jedem Menschen, der über einen gesunden Verstand und eine entsprechende Vorbildung verfügt, verstanden werden können. Die Behauptungen müssen weiter so abgefaßt sein, daß sie von jedem — entsprechende geistige Fähigkeiten und Vorbildung vorausgesetzt — überprüft, von neuem bewiesen und reproduziert werden können. So kommt die gesellschaftliche Praxis beim Nachweis der Objektivität einer Aussage und bei der Aufstellung eines Wahrheitskriteriums zur Geltung *(Zitat 0.3 – 1c).* Die gesellschaftliche Praxis ist aber leider ein langwieriger Prozeß; er bestätigt in der Gegenwart die Behauptungen der Vergangenheit. Aber was dann, wenn wir Behauptungen bezüglich der Zukunft aufstellen und dabei den Anspruch auf Sicherheit erheben?

6. Wir müssen noch einen weiteren Punkt beachten: Um ein der Abbildung 0.3 – 1 entsprechendes Schema aufbauen zu können, müssen wir annehmen, daß aus den globalen Erscheinungsbildern der objektiven Realität erkennbare Teilphänomene ausgesondert werden können und daß sich für diese die gleichen Randbedingungen immer wieder von neuem realisieren lassen. Das heißt aber auch, daß es zur Verknüpfung eines ausgewählten Teilsystems mit dem Rest der Welt genügt, zu einem einzigen Zeitpunkt bestimmte charakteristische Größen anzugeben.

Mit den hier aufgeführten Problemen beschäftigt sich einerseits die klassische Erkenntnistheorie, andererseits die moderne Wissenschaftstheorie. Es kann natürlich nicht unser Ziel sein, jede der aufgeworfenen Fragen ausführlich zu besprechen; einige Probleme müssen wir aber doch berühren, da wir uns im folgenden noch darauf beziehen werden.

Abbildung 0.3 – 2
Konfrontation mit der Realität: Mit dieser Anlage wird unmittelbar das magnetische Moment eines bestimmten Teilchens ermittelt. Ein Kontakt mit der „unverfälschten (rauhen) Wirklichkeit" ist nur möglich, wenn ein gut entwickeltes System von Begriffen und Gesetzen vorliegt *(Brookhaven National Laboratory. Nach L'ère atomique)*

Einerseits dient der Meßprozeß der operativen Definition derjenigen Begriffe, mit denen die wissenschaftliche Sprache aufgebaut ist, und gehört damit methodisch nicht zur Theorie; andererseits ist aber der Meßprozeß ein realer physikalischer Vorgang und als solcher selbst Gegenstand der vollständigen Theorie. Dadurch, daß ein und derselbe Vorgang sowohl Voraussetzung als auch Ergebnis einer Theorie ist, besitzt die Sprache der Physik eine in anderen Formalsprachen unbekannte zyklische Struktur, die als Selbstkonsistenz bezeichnet wird.

P. Mittelstaedt: Die Sprache der Physik. BI, 1972, S. 85

Zitat 0.3 – 2a
Unsere Vorfahren stellten das Axiom auf, daß alle unsere Begriffe aus unseren Sinnesempfindungen entstehen; und niemand wird heute diese große Wahrheit in Zweifel ziehen …

Immerhin, es stützen sich die verschiedenen Wissenschaften nicht in gleichem Maße auf die Erfahrung: reine Mathematik am wenigsten, die mathematische Physik etwas mehr, dann kommt die Physik …

Es würde uns zweifelsohne zur Zufriedenheit gereichen, wenn wir in jeder Wissenschaft den Punkt aufzeigen könnten, wo sie aufhört experimentell zu sein um ganz rational zu werden, d. h. ableitbar aus rationalen Prinzipien, die selbst aus der Erfahrung abstrahiert wurden. Oder mit anderen Worten: Wenn wir sie auf eine sich zwangsläufig aus den Beobachtungen ergebende Mindestzahl von Behauptungen reduzieren könnten, die, einmal festgestellt, dazu genügen, die betreffende Wissenschaft in ihrer Gesamtheit, unter alleiniger Benutzung rationaler Argumentation zu umfassen. Es dünkt uns aber sehr schwer, dies zu verwirklichen. Wenn wir versuchen, uns rationellen Gedankengängen anzuvertrauen, so setzen wir uns der Gefahr aus, obskure Definitionen und unpräzise Beweise zu geben.

> Wir können dies vermeiden, wenn wir aus der Erfahrung mehr schöpfen, als vielleicht, genau genommen, nötig wäre; unsere Behandlungsweise mutet damit eventuell weniger elegant an, wird aber solider und gründlicher ...
> LAZARE CARNOT: *Principes généraux de l'équilibre et du mouvement.* [0.11] p. 309

Zitat 0.3–2b
Wir wollen hier einen flüchtigen Blick auf die Entwicklung des theoretischen Systems werfen und dabei unser Hauptaugenmerk auf die Beziehung des theoretischen Inhaltes zur Gesamtheit der Erfahrungstatsachen richten. Es handelt sich um den ewigen Gegensatz der beiden unzertrennlichen Komponenten unseres Wissens, Empirie und Ratio, auf unserem Gebiet.

Wir verehren in dem alten Griechenland die Wiege der abendländischen Wissenschaft. Hier wurde zum erstenmal das Gedankenwunder eines logischen Systems geschaffen, dessen Aussagen mit solcher Schärfe auseinander hervorgingen, daß jeder der bewiesenen Sätze jeglichem Zweifel entrückt war – *Euklids* Geometrie. Dies bewunderungswürdige Werk der Ratio hat dem Menschengeist das Selbstvertrauen für seine späteren Taten gegeben. Wen dies Werk in seiner Jugend nicht zu begeistern vermag, der ist nicht zum theoretischen Forscher geboren.

Um aber für eine die Wirklichkeit umspannende Wissenschaft reif zu sein, bedurfte es einer zweiten Grunderkenntnis, die bis zu *Kepler* und *Galilei* nicht Gemeingut der Philosophen geworden war. Durch bloßes logisches Denken vermögen wir keinerlei Wissen über die Erfahrungswelt zu erlangen; alles Wissen über die Wirklichkeit geht von der Erfahrung aus und mündet in ihr. Rein logisch gewonnene Sätze sind mit Rücksicht auf das Reale völlig leer. Durch diese Erkenntnis und insbesondere dadurch, daß er sie der wissenschaftlichen Welt einhämmerte, ist *Galilei* der Vater der modernen Physik, ja, der modernen Naturwissenschaft überhaupt geworden.

Wenn nur aber Erfahrung Anfang und Ende all unseres Wissens um die Wirklichkeit ist, welches ist dann die Rolle der Ratio in der Wissenschaft?

Ein fertiges System der theoretischen Physik besteht aus Begriffen, Grundgesetzen, die für jene Begriffe gelten sollen, und aus durch logische Deduktion ableitenden Folgesätzen. Diese Folgesätze sind es, denen unsere Einzelerfahrungen entsprechen sollen; ihre logische Ableitung nimmt in einem theoretischen Buch beinahe alle Druckseiten in Anspruch.

Dies ist eigentlich genau wie in der euklidischen Geometrie, nur daß die Grundgesetze dort Axiome heißen und man dort nicht davon spricht, daß die Folgesätze irgendwelchen Erfahrungen entsprechen sollen. Wenn man aber die euklidische Geometrie als die Lehre von den Möglichkeiten der gegenseitigen Lagerung praktisch starrer Körper auffaßt, sie also als physikalische Wissenschaft interpretiert und nicht von ihrem ursprünglichen empirischen Gehalt absieht, so ist die logische Gleichartigkeit der Geometrie und theoretischen Physik eine vollständige.
EINSTEIN [5.4] S. 114, 115

0.3.2 Theorie und Erfahrung

Wir haben es als selbstverständlich angenommen, daß eine Wissenschaft immer von der Realität auszugehen und auf empirischem Wege schließlich zu Grundgesetzen oder Axiomen zu gelangen hat, in denen sich die höchste Stufe der Abstraktion verkörpert *(Zitat 0.3–2a)*. In der Wissenschaftsgeschichte ist dies zum ersten Mal in der Geometrie möglich gewesen: Die Euklidische Geometrie hat diese Struktur *(Zitat 0.3–2b)*. Sie hat 2000 Jahre hindurch als Muster einer exakten Wissenschaft gegolten, so daß die Verfahrensweise „more geometrico" das Ideal jeder anderen Wissenschaft gewesen ist. Wie wir noch sehen werden, war SPINOZA bestrebt, selbst die Ethik „more geometrico" darzulegen. Wie denken wir heute nun über die Stellung der Geometrie zur Realität? Es ist offensichtlich, daß die Grundbegriffe der Geometrie, genauer der Euklidischen Geometrie, wie Gerade, Ebene, Dreieck usw., aus entsprechenden, im täglichen Leben zu beobachtenden Formen abstrahiert worden sind. Die praktische Bedeutung der Geometrie und die verhältnismäßig einfache Möglichkeit der Abstraktion haben beide der Geometrie den Rang einer Musterwissenschaft eingebracht. Die Geometrie hat sich dann jedoch von der Realität losgesagt und nach EUKLID hat man seine Axiome schließlich deshalb als wahr angesehen, weil sie unmittelbar einzusehen und evident sind, so daß sie keines Beweises bedürfen.

An dieser Stelle soll sogleich angemerkt werden, daß die Ausgangsgleichungen oder Axiome der axiomatisierten Teilgebiete der Physik, wie z. B. der Mechanik oder der Elektrodynamik – das sind für die Mechanik die Newtonschen Axiome und für die Elektrodynamik die Maxwellschen Gleichungen –, nicht wegen ihrer unmittelbaren Evidenz wahr sind, sondern weil die aus ihnen gezogenen Schlußfolgerungen mit der Wirklichkeit übereinstimmen *(Abbildungen 0.3–3a, b, c)*.

Es hat sich dann aber – unter anderem auch aufgrund der Untersuchungen von JÁNOS BOLYAI – gezeigt, daß die Euklidischen Axiome nicht völlig evident sind, d. h., daß sie nicht logisch zwingend vorausgesetzt werden müssen und daß man eine ebenso widerspruchsfreie Geometrie auch dann aufbauen kann, wenn man eines der Axiome wegläßt. Später wurde dieses Problem dann mit einem physikalischen Inhalt versehen; es wurde untersucht, ob in der Natur die Euklidische Geometrie realisiert ist. Dadurch hat sich aber notwendigerweise die Stellung der geometrischen Axiome verändert. Sie fungieren nun nicht mehr als unantastbare Wahrheiten, sondern beschreiben Relationen zwischen den in den Axiomen auftretenden und vorher nicht festgelegten Begriffen. Da die Axiome, die allen weiteren Überlegungen zugrunde liegen, den Charakter von Definitionen haben, läßt sich ihre Wahrheit nicht weiter in Frage stellen. Die Sätze der Geometrie haben keinen assertorischen oder bestimmt behauptenden Charakter, sondern sie stellen Aussagen vom Typ „wenn – dann" dar. Natürlich lassen sich auch jetzt noch interessante Fragen aufwerfen, z. B., ob die so erhaltene logische Struktur in sich widerspruchsfrei ist und ob jede beliebige vernünftige, innerhalb dieser Struktur stellbare Frage entschieden werden kann, d. h., ob das Axiomensystem vollständig ist. Von größter Bedeutung für die Naturwissenschaften ist natürlich die Frage, warum das gesamte Gebäude der Geometrie, das lediglich eine logische Konstruktion ist, sich auf die Wirklichkeit anwenden läßt.

Lassen sich die Ausgangsaxiome völlig willkürlich wählen und wird jede beliebige so erzeugte Struktur als Wissenschaft bezeichnet – und sehr viel spricht für eine solche Bezeichnung –, dann kann dasselbe auch von der Theorie verschiedener Spiele gesagt werden, wobei die Spielregeln die Rolle der Axiome übernehmen. In der Struktur können auch persönlichkeitsgebundene, autoritäre Anschauungen berücksichtigt werden *(Abbildung 0.3–4)*.

Im folgenden skizzieren wir als Beispiel hierzu kurz einen Gedankengang von MCKINSEY und SUPPES, wie sich die Newtonsche Mechanik formal von der Wirklichkeit abstrahiert axiomatisieren läßt. Die Autoren haben untersucht, wie die logische Struktur aussehen muß, für die eines der Modelle oder Realisierungsmöglichkeiten gerade die klassische Mechanik ist. Diese logische Struktur wird durch die folgenden Axiome definiert:
1. P ist eine nichtleere endliche Menge.
2. T ist eine nichtleere endliche Menge.
3. Ist p ein Element der Menge P und t ein Element der Menge T, dann sei $s(p, t)$ ein dreidimensionaler Vektor, so daß $\frac{d^2}{dt^2} s(p, t)$ existiert.

4. Ist *p* ein Element der Menge *P*, dann existiert eine positive reelle Zahl *m(p)*.

5. Ist *p* ein Element der Menge *P* und *t* ein Element der Menge *T*, dann sind die Größen

$$f(p, t, 1), f(p, t, 2), \ldots f(p, t, i)$$

dreidimensionale Vektoren, wobei $\sum_{i=1}^{\infty} f(p, t, i)$ absolut konvergent ist.

6. Ist *p* ein Element der Menge *P* und *t* ein Element der Menge *T*, dann gilt die Beziehung

$$m(p) \frac{d^2}{dt^2} s(p, t) = \sum_{i=1}^{\infty} f(p, t, i).$$

Die oben dargestellte abstrakte Struktur wird mit Leben erfüllt, wenn wir den in ihr vorkommenden Größen nach dem folgenden Schema bestimmte Größen der physikalischen Realität zuordnen:

P: Menge der als punktförmig vorausgesetzten Massen;
T: Zeitintervall; *t*: ein Zeitpunkt in diesem Intervall;
m: Masse; *s*: Weg; *f*: Kraft.

Zu diesen logisch-theoretischen Strukturen sollen noch zwei Bemerkungen gemacht werden.

Zunächst möchten wir die Frage beantworten, wie man sich davon überzeugen kann, daß sich eine vorgegebene Struktur auf die objektive Realität anwenden läßt und wo die Grenzen dieser Anwendbarkeit liegen. Denken wir hier z. B. an die Euklidische Geometrie. Eine Antwort könnte lauten, daß offensichtlich alle in der abstrakten logischen Struktur erhaltenen Gesetzmäßigkeiten dann auch in der Wirklichkeit (objektive Realität) wiederzufinden sein werden, wenn es gelingt, die Elemente der abstrakten Struktur den Elementen der Realität zuzuordnen, und experimentell bewiesen werden kann, daß zwischen beiden die gleichen Grundrelationen bestehen. Die Übereinstimmung der Gesetzmäßigkeiten ist um so vollkommener, je genauer die Elemente der logischen Struktur und die der objektiven Realität übereinstimmen. In unserem obigen konkreten Beispiel aus der theoretischen Mechanik bedeutet das, daß wir uns auf Punktmassen und auf Geschwindigkeiten, die klein sind gegen die Lichtgeschwindigkeit, beschränken müssen.

Wir möchten die Situation mit dem in der *Abbildung 0.3 − 5* dargestellten Vergleich veranschaulichen. Die Anfertigung einer genauen Karte eines tief unter der Erdoberfläche gelegenen Bergwerkes ist eine praktisch wichtige Aufgabe. Der Anschluß an das Koordinatennetz auf der Erdoberfläche ist lediglich durch eine Strecke einer bestimmten Länge gegeben, die in den Schacht hinabprojiziert wird. Auf dieser Strecke baut das gesamte Kartennetz im Bergwerk auf. Wird nun irgendwo von der Erdoberfläche eine Bohrung niedergebracht, dann möchte man natürlich zu einer bestimmten Stelle im Bergwerk gelangen. In unserem Vergleich kann jedes der beiden Netze als abstrakte Struktur betrachtet werden; wählen wir das Netz auf der Erdoberfläche als solche. Die einander entsprechenden Strukturelemente sind die im Oberflächenkoordinatennetz integrierte Strecke und ihr Abbild auf der Schachtsohle. Die Forderung, daß jeder im Rahmen der abstrakten Struktur abgeleiteten These eine These in der objektiven Realität entsprechen soll, wird in unserem Beispiel zu der Forderung, daß die markanten Punkte im Stollensystem des Bergwerks möglichst genau unter den entsprechenden Punkten auf der Erdoberfläche liegen sollten. Die markanten Punkte beider Netze weichen jedoch mit wachsender Entfernung vom Ausgangsschacht zunehmend voneinander ab, wobei z. B. Meßfehler die Ursache sein können. Die Ursache der Abweichung kann aber auch die Nichtbeachtung von Besonderheiten der Erdoberfläche sein; denken wir nur daran, daß die Oberflächenkarte der Erdkrümmung folgt, während in der Bergwerkstiefe fälschlicherweise davon abgesehen worden sein könnte.

Nun zu unserer zweiten Anmerkung hinsichtlich der Anwendbarkeit der abstrakten Strukturen. Die Tatsache, daß bestimmte Zweige der Physik, wie z. B. Mechanik, Elektrodynamik oder Quantenmechanik, sich unabhängig voneinander axiomatisieren lassen, erweckt den Anschein, als ob die Naturphänomene unabhängig voneinander in logische Strukturen gezwängt werden könnten. Bis zu einem gewissen Grade ist das tatsächlich so, aber in dem Moment, in dem wir die Strukturen mit einem physikalischen Inhalt versehen, kommen bestimmte Querverbindungen zum Vorschein, die auch zuvor vorhanden gewesen, aber als solche nicht wahrgenommen worden sind. Denken wir z. B. an die Gesetze der Mechanik. Bei der in Punkt 6 angegebenen Definition kann die rechte Seite gleich der auf die Punktmasse wirkenden Gesamtkraft gesetzt werden, die sich aus einer Gravitationskraft,

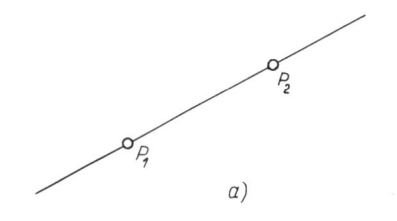

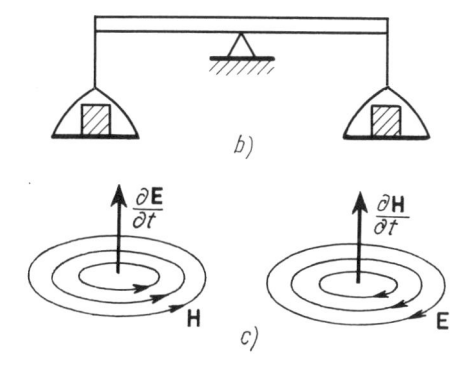

Abbildung 0.3−3
Axiome und ihr Wahrheitsgehalt

a) Das erste Euklidische Postulat: Es existiert eine Gerade, die einen Punkt mit einem beliebigen anderen Punkt verbindet. Dieser Satz ist leicht einzusehen, aber hinter der Einsicht steht die Erfahrung

b) Das Archimedische Axiom zur Statik: Gleichgewicht herrscht, wenn an gleichen Hebelarmen gleiche Gewichte angebracht sind. Auch dieses Axiom ist offensichtlich richtig, weil nicht begründet werden kann, warum der Hebel nach einer bestimmten Seite ausgelenkt werden sollte

c) Die erste Maxwellsche Gleichung: Hier zeigt sich, daß die Natur das letzte Wort zu sprechen hat, denn diese Gleichung ist richtig, unabhängig davon, ob wir dies einsehen oder nicht

einer makroskopischen elektrodynamischen Kraft und einer elastischen Kraft, die ein phänomenologischer Ausdruck für mikroskopische Kräfte ist, zusammensetzen kann. Denken wir weiter daran, daß bei konkreten Anwendungen in Physik und Technik numerische Ergebnisse, d. h. Zahlenwerte, benötigt werden. Die numerischen Ergebnisse enthalten aber auch die Maßeinheiten der physikalischen Größen, und bei jeder Definition einer Einheit einer physikalischen Größe, so z. B. bei der Definition der Zeiteinheit, der Sekunde, wird gewissermaßen die gesamte Physik benötigt. Es wird nämlich definiert:

Die Einheit der Zeit ist die Sekunde. Die Sekunde ist die Dauer von 9 192 631 770 *Perioden der Strahlung, die beim Übergang eines Cäsium-133-Atoms zwischen den beiden Hyperfeinstrukturniveaus mit* $F=4$, $M_F=0$ *und* $F=3$, $M_F=0$ *des Grundzustandes* $^2S_{1/2}$ *emittiert wird.*

Offenbar werden zur Messung grundlegender physikalischer Größen sowohl die Kern- als auch Quantenphysik sowie natürlich die gesamte klassische Physik benötigt. Daraus folgt aber auch, daß letztlich ein herausgegriffener Satz der Physik für sich allein weder auf logischem noch auf experimentellem Wege bewiesen werden kann. Um den Wahrheitsgehalt eines jeden beliebigen Satzes finden zu können, müssen das gesamte zum jeweiligen historischen Zeitpunkt vorliegende Begriffssystem, die verwendeten Methoden sowie das System der physikalischen Theorien berücksichtigt werden. Für den Physiker wird hier die Einheit der objektiven Realität offensichtlich.

0.3.3 Die Fallen der induktiven Methode

Es scheint uns eine Binsenwahrheit zu sein, daß man physikalische Gesetze auf dem folgenden Wege abzuleiten hat: Man sucht aus der Menge von Informationen, die durch Erfahrung und Experiment gegeben sind, auf induktivem Wege — also durch ein Herausfiltern gemeinsamer charakteristischer Eigenschaften — das Allgemeine und Gesetzmäßige heraus. Wir wollen an dieser Stelle nicht untersuchen, ob die Physiker tatsächlich auf diese Weise zu neuen Naturgesetzen kommen, darüber werden wir noch sprechen; wir werden sehen, daß nicht der Weg, auf dem eine neue Erkenntnis gefunden wurde, von Bedeutung ist, sondern die Methode, wie man die Wahrheit einer Behauptung oder eines physikalischen Gesetzes überprüft.

Es ist leicht einzusehen, daß es bei Gesetzen, die durch Induktion abgeleitet wurden, niemals völlige Sicherheit bezüglich ihrer Gültigkeit in aller Zukunft geben kann. Ein Gesetz bezieht sich aber — gerade wegen seiner Allgemeingültigkeit — auf unendlich viele Einzelfälle, für die alle der Versuch offensichtlich nicht ausgeführt werden kann. Das pflegt man folgendermaßen auszudrücken: Ein Naturgesetz kann nicht als richtig, wohl aber als falsch befunden werden, oder anders ausgedrückt: Ein Naturgesetz ist nicht verifizierbar, wohl aber widerlegbar („falsifizierbar") — ein einziges, dem Gesetz widersprechendes Versuchsergebnis genügt, um es zu widerlegen. Feststellungen dieser Art stammen jedoch aus einer Zeit, da man die Aufgabe der Physik darin sah, *ewig gültige Wahrheiten* zu finden; heute hingegen leben wir im Zeitalter der Approximationen. Ein Versuch, der etwas „widerlegt", führt u. U. nicht zum Sturz der Theorie, sondern verhilft dazu, die Grenzen ihrer Gültigkeit abzustecken *(Zitat 0.3–3).*

Zum Zusammenhang zwischen Allgemeinem und Besonderem sollen hier zwei Paradoxa erwähnt werden. Paradoxa scheinen häufig an den Haaren herbeigezogen zu sein und sind uns deshalb meist lästig. Wir sollten aber nicht vergessen, daß die Untersuchung von Widersprüchen, auf die man bei Aussagen des Typs „Ein Kreter sagt, daß jeder Kreter lügt" stößt – wenn zu entscheiden ist, ob der Kreter die Wahrheit gesagt oder gelogen hat –, zur Klärung der Grundlagen der Mathematik beigetragen hat.

Das Paradoxon, das sich ergibt, wenn ein allgemeiner Satz aus Aussagen über einzelne Fälle hergeleitet wird, wird häufig als „Rabenparadoxon" bezeichnet.

Die Aufgabe soll darin bestehen, den allgemeinen Satz „Jeder Rabe ist schwarz" experimentell zu beweisen. Offensichtlich ist die Beobachtung eines schwarzen Raben als ein Einzelfall anzusehen, der einen Teilbeweis des allgemeinen Satzes darstellt. Viele solcher Einzelbeobachtungen ergeben dann eine allgemeine Wahrheit. Die Aussage „Jeder Rabe ist schwarz" ist aber logisch gleichwertig zu der Aussage „Jeder nicht schwarze Gegenstand ist kein Rabe". Der Beweis dieser Aussage ist ebenfalls logisch äquivalent zum Beweis der Ausgangsaussage, „jeder Rabe schwarz ist". Nehmen wir z. B. wahr, daß eine Seite des vor uns liegenden Buches weiß ist, dann haben wir damit die Aussage, daß „jeder nicht schwarze Gegenstand kein Rabe ist", bewiesen, denn ein Blatt Papier ist nicht schwarz und auch kein Rabe. Da diese Behauptung zur Ausgangsbehauptung äquivalent ist, folgt aus der Erfahrungstatsache, daß ein Blatt Papier weiß ist, auch ein Beweis dafür, daß ein Rabe schwarz ist, und das ist natürlich absurd.

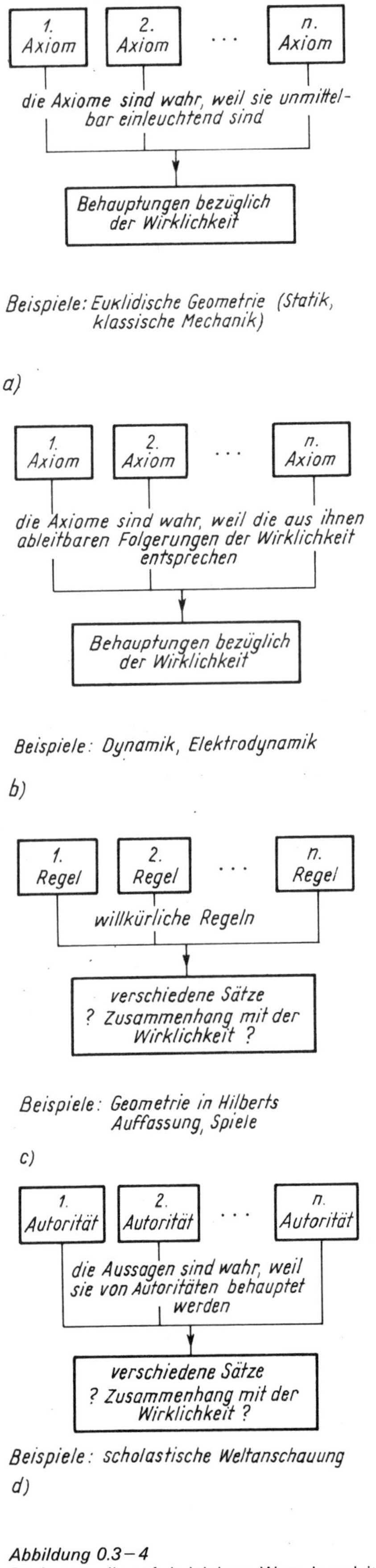

---

a) 1. Axiom, 2. Axiom, ... n. Axiom
die Axiome sind wahr, weil sie unmittelbar einleuchtend sind
→ Behauptungen bezüglich der Wirklichkeit
Beispiele: Euklidische Geometrie (Statik, klassische Mechanik)

b) 1. Axiom, 2. Axiom, ... n. Axiom
die Axiome sind wahr, weil die aus ihnen ableitbaren Folgerungen der Wirklichkeit entsprechen
→ Behauptungen bezüglich der Wirklichkeit
Beispiele: Dynamik, Elektrodynamik

c) 1. Regel, 2. Regel, ... n. Regel
willkürliche Regeln
→ verschiedene Sätze ? Zusammenhang mit der Wirklichkeit ?
Beispiele: Geometrie in Hilberts Auffassung, Spiele

d) 1. Autorität, 2. Autorität, ... n. Autorität
die Aussagen sind wahr, weil sie von Autoritäten behauptet werden
→ verschiedene Sätze ? Zusammenhang mit der Wirklichkeit ?
Beispiele: scholastische Weltanschauung

Abbildung 0.3–4
Strukturen, die auf deduktivem Wege hergeleitet werden können

Ein weiteres Paradoxon wird als *Goodman-Paradoxon* bezeichnet. GOODMAN hat dieses Paradoxon bei seinen Untersuchungen über die Zusammenhänge zwischen den Induktionsschlüssen und der Semantik gefunden.

Wir gehen von der Aussage aus: „Jeder Smaragd ist grün". Wir können feststellen, daß jeder bislang gefundene Smaragd tatsächlich grün gewesen ist, also sollten auch die in Zukunft aufzufindenden Smaragde grün sein. Wir definieren nun einen Begriff, dem wir einen eigenen Namen geben. Dazu bilden wir aus den Wörtern grün und rot das neue Wort „grot". Definitionsgemäß sind alle die Gegenstände grot, die bei einer zum Zeitpunkt t abgeschlossenen Untersuchung grün gewesen sind. Allen anderen Gegenständen, deren Farbe bis zum Zeitpunkt t nicht untersucht worden ist, können wir das Attribut grot dann zuordnen, wenn sie sich bei den auf den Zeitpunkt t folgenden Untersuchungen als rot herausstellen. (Der Begriff grot scheint recht willkürlich eingeführt worden zu sein, das Leben kann aber noch weit willkürlichere Begriffe hervorbringen!)

Untersuchen wir nun den Wahrheitsgehalt der Aussage, daß jeder Smaragd grot ist. Wir haben ja bis zum gegenwärtigen Zeitpunkt t jeden Smaragd als grün empfunden, und nach der Definition erhält ein Gegenstand gerade dann das Attribut grot, wenn er bei einer Farbuntersuchung grün gewesen ist. Daraus folgt aber, daß der Satz – „Jeder Smaragd ist grot" – durch Induktionsschluß bewiesen ist und somit auch für die Zukunft als richtig angenommen werden kann. Mit anderen Worten, dieser Satz muß auch durch die Ergebnisse später auszuführender Untersuchungen bestätigt werden. Nach der Definition des Begriffes bezeichnen wir einen Gegenstand für Zeiten größer als t aber dann als grot, wenn er bei Farbuntersuchungen dann rot erscheint. Das heißt mit anderen Worten aber, daß wir aus der Tatsache, daß Smaragde in der Vergangenheit grün gewesen sind, schlußfolgern müssen, daß jeder in der Zukunft untersuchte Smaragd rot sein wird, was natürlich absurd ist.

0.4 Dynamik der Physikgeschichte

0.4.1 Die bewegenden Kräfte

Wir haben weiter oben schon betont, daß wir vorerst von der heutigen Physik reden. Abbildung 0.3 – 1 kann als eine „lehrbuchreife" Struktur einer konkreten Teildisziplin der Physik aufgefaßt werden, wie sie sich also in den Lehrbüchern verschiedener Stufen darbietet, d. h. wie sie heutzutage gelernt bzw. gelehrt wird. Die Experimentalphysik hebt Themenkreise hervor, die in unmittelbarer Verbindung zur Realität stehen, der Theoretiker bevorzugt die deduktive Behandlung des Wissensgebietes. Das Niveau, auf dem der Lehrstoff in den Schulen verschiedener Stufen behandelt wird, ist dadurch gekennzeichnet, wie detailliert die zur Verfügung stehenden Mittel – wir denken dabei sowohl an die Mittel der Experimentierkunst als auch an die der Mathematik – zur Anwendung kommen. Die Fachbücher der unteren Stufen betonen auf beiden Seiten (der induktiven und der deduktiven) die der Realität näheren Teile, die popularisierenden Werke hingegen das Allgemeine und prinzipiell Wichtige, wobei üblicherweise etwas großzügig verfahren wird.

Wir könnten nun auch so formulieren: Die physikalische Theorie – oder vielleicht, etwas konkreter, ein „erklärendes Schema", wie das auf Abbildung 0.3 – 1 – bietet sich in den Lehrbüchern sozusagen als verknöchertes, statisch erstarrtes Bild je eines der Einzelgebiete der Physik dar; es werden Methoden angegeben, die die Auffindung und Bestätigung richtiger Aussagen ermöglichen, sowie innerhalb dieser Struktur die vernünftigen – soll sagen: beantwortbaren – Fragestellungen umrissen.

Wir haben im Vorhergehenden auch den Satz niedergeschrieben, nach dem alle Behauptungen richtig sind, die irgendwo in das obige Schema hineinpassen. Es möge z. B. die gezeichnete Struktur die klassische Elektrodynamik darstellen. Der Leser möge versuchen, folgende Fragen und die darauf gegebenen Antworten in dieses Schema einzugliedern:

Warum halten Sie – man überhaupt – folgende Relationen für richtig:

Zwischen dem einen Widerstand R durchfließenden Strom I und an beiden Klemmen des Widerstands abgreifbaren Spannung U besteht die Relation $U = I \cdot R$.

Die Änderung der magnetischen Induktion in einem geschlossenen Stromkreis bringt eine Spannung zustande.

An einen stofffreien Punkt des Raumes ist die Wirbelstärke des magnetischen Feldes gleich der zeitlichen Änderung der dielektrischen Verschiebung.

Die Einheit der Stromstärke, nämlich 1 Ampere, fließt in einem Leiter, wenn auf ein 1 m langes Stück dieses Leiters seitens eines ebenfalls von 1 Ampere durchflossenen parallelen Leiters – falls der senkrecht gemessene Abstand der beiden Leiter 1 m beträgt – eine Kraft von genau $2 \cdot 10^{-7}$ Newton wirkt.

Überlegen Sie, falls Sie die Richtigkeit obiger Behauptungen bezweifeln, bitte auch, was für Beweise für ihre Richtigkeit Sie akzeptieren würden.

Eine kleine Abschweifung von unserem Thema gibt uns Gelegenheit, uns Gedanken zu machen über die Unterschiede zwischen Behauptungen der Naturwissenschaften und ethischen oder ästhetischen Werturteilen. Überdenken wir beispielsweise, warum wir uns einem Urteil folgender Art anschließen: „Der schönste Teil in J. S. BACHS *Matthäus-Passion* ist die h-moll-Arie" bzw. auf welche Art wir überzeugt werden müßten, wenn wir nicht von vornherein dieser Meinung wären.

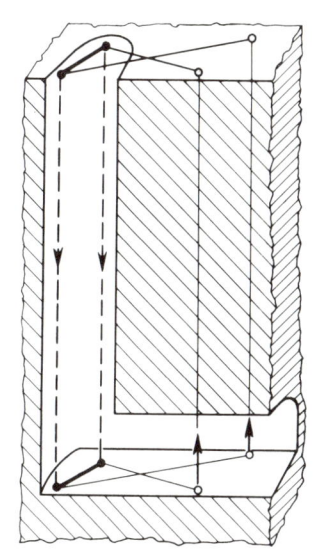

Abbildung 0.3 – 5
Zur Veranschaulichung der Aussage, daß die in der abstrakten Struktur erhaltenen Gesetzmäßigkeiten dann in der Realität wiedergefunden werden, wenn es gelingt, die Elemente der Struktur denen der Realität zuzuordnen und wenn zwischen beiden die gleichen Relationen bestehen. Die abstrakte Struktur wird durch die Oberflächenkarte dargestellt, die Realität durch das Stollensystem des Bergwerks

Zitat 0.3 – 3
Unter dem traditionellen philosophischen Problem der Induktion verstehe ich eine Formulierung wie die folgende (die ich mit „Tr" bezeichne):
Tr. Was ist die Rechtfertigung für den Glauben, die Zukunft werde der Vergangenheit (weitgehend) ähnlich sein? Oder: Was ist die Rechtfertigung für induktive Schlüsse?
Solche Formulierungen sind aus verschiedenen Gründen abwegig...
Doch jede Handlung setzt gewisse Erwartungen voraus, das heißt Theorien über die Welt. Welche Theorie soll nun der Praktiker wählen? Gibt es so etwas wie eine vernünftige Entscheidung?
Das führt uns zu den pragmatischen Induktionsproblemen:
Pr_1. Auf welche Theorie sollten wir uns vernünftigerweise für unsere praktischen Handlungen verlassen?
Pr_2. Welche Theorien sollten wir vernünftigerweise für praktische Handlungen vorziehen?
Meine Antwort auf Pr_1: Vernünftigerweise sollten wir uns auf gar keine Theorie „verlassen", denn keine ist als wahr erwiesen oder erweisbar.
Meine Antwort auf Pr_2: Vorziehen als Grundlage für unsere Handlungen sollten wir die bestgeprüfte Theorie.
Mit anderen Worten, es gibt keine „absolute Verläßlichkeit"; doch da wir wählen müssen, ist es vernünftig, die bestgeprüfte Theorie zu wählen.
POPPER [0.27] S. 14, 39 ff.

Zitat 0.4 – 1
Was wissenschaftliche Methode ist, läßt sich in den Arbeitsmethoden der schaffenden Wissenschaftler erkennen und nicht in den Äußerungen seitens anderer oder auch seitens der Wissenschaftler selbst...
Ich glaube, gemeinsam ist im Bestreben der Wissenschaftler das folgende: Ein jeder will eine richtige Antwort auf das Problem erhalten, an dem er gerade arbeitet. Diese Tatsache kann auch in einer anspruchsvolleren Sprache ausgedrückt werden: Er ist auf der Suche nach der Wahrheit. Nun muß es, wenn die Antwort auf das gestellte Problem richtig ist, offensichtlich eine Methode geben, diese Richtigkeit festzustellen und zu be-

stätigen – es gehört nämlich zum Wesen der Wahrheit auch die Möglichkeit der Kontrolle und Verifizierung.
[Die üblichen Methoden und Kriterien der Wahrheit und ihrer Bestätigung – die induktive Methode, das Verwerfen aller Autoritäten, das Vermeiden aller möglichen Fehlerquellen usw.] sind für einen Wissenschaftler völlig triviale Banalitäten. Das Wesentliche einer Situation besteht für ihn darin, daß er bewußt keinen vorgeschriebenen Plan verfolgt; er fühlt sich völlig frei in seiner Wahl der Methode und der Instrumente, die ihm am besten dazu geeignet erscheinen, zu einer Antwort in der konkreten Situation zu führen. Kein Außenstehender kann vorhersagen, was ein Wissenschaftler tun und was für eine Methode er anwenden wird. Kurz gefaßt: Wissenschaft ist das, was die Wissenschaftler treiben, und es gibt ebenso viele wissenschaftliche Methoden wie Wissenschaftler.
BRIDGMAN: *Reflections of a Physicist.* 1965

Zitat 0.4–2
Gauß soll einmal einem Freunde auf die Frage nach den Fortschritten einer dringenden Arbeit geantwortet haben: „Alle Formeln und Resultate sind fertig, nur den Weg muß ich noch finden, auf dem ich dazu gelangen werde". Ich glaube nicht, daß *Gauß* dies gesagt hat, er war nicht so aufrichtig; gedacht hat er es gewiß oft.
BOLTZMANN: *Vorlesung über Maxwells Theorie der Elekrizität und des Lichtes.* Vorwort

Zitat 0.4–3
Nach *Kuhns* Auffassung wird jede Periode der Entwicklung einer wissenschaftlichen Disziplin durch ein „Paradigma" oder – nach seiner neueren Terminologie – durch eine „disziplinare Matrix" geprägt. Das Paradigma umfaßt nicht nur die Begriffsstruktur der akzeptierten Theorien, sondern auch die von der wissenschaftlichen Gemeinschaft ausgearbeiteten und gebilligten Problemlösungen, die bei der Ausbildung der Studenten benützt werden, sowie Gesichtspunkte bzw. ein Kriteriensystem, wonach entschieden wird, was für Probleme und Lösungen als wissenschaftlich annehmbar gelten können.
BRUSH [4.22] S. 5

Zitat 0.4–4
In den letzten Jahren aber fanden es einige Historiker der Wissenschaft immer schwieriger, die ihnen durch den Begriff der „Entwicklung durch Anhäufung" übertragenen Aufgaben auszuführen. Als Chronisten eines Zuwachsprozesses entdecken sie, daß zusätzliche Forschung es schwerer, nicht leichter macht, Fragen wie diese zu beantworten: Wann wurde der Sauerstoff entdeckt? Wer kam zuerst auf die Energieerhaltung? In zunehmendem Maße gelangen manche von ihnen zu der Vermutung, daß es einfach die falsche Art zu fragen ist. Vielleicht entwickelt sich die Wissenschaft doch nicht aufgrund der Anhäufung einzelner Entdeckungen und Erfindungen. Gleichzeitig sehen sich dieselben Historiker wachsenden Schwierigkeiten gegenüber, wenn sie zwischen dem „wissenschaftlichen" Bestandteil vergangener Beobachtungen und Anschauungen und dem, was ihre Vorgänger so schnell mit „Irrtum" und „Aberglauben" bezeichnet hatten, unterscheiden sollen. Je sorgfältiger sie, sagen wir, Aristotelische Dynamik, Phlogistonchemie oder Wärmestoff-Thermodynamik studieren, desto sicherer sind sie, daß jene einmal gültigen Anschauungen über die Natur, als Ganzes gesehen, nicht weniger wissenschaftlich oder mehr das Produkt menschlicher Subjektivität waren als die heutigen. Wenn man diese veralteten Anschauungen Mythen nennen will, dann können Mythen durch Methoden derselben Art erzeugt und aus Gründen derselben Art geglaubt werden, wie sie heute zu wissenschaftlicher Erkenntnis führen. Wenn man sie hingegen Wissenschaft nennen will, dann hat die Wissenschaft Glaubens-

Nach unseren bisherigen Ausführungen kann der Eindruck entstehen, als ob das geistige Rüstzeug unserer Physiker und Ingenieure, mit dem sie nach dem Diplom ihre Arbeit beginnen, aus erstarrtem Wissen bestünde. Wo bleibt innerhalb dieses Schemas Platz für schöpferische Tätigkeit? Es darf nicht vergessen werden, daß die meisten unserer Physiker und Ingenieure sich bei ihrer täglichen Arbeit auf fertig übernommenes Wissen dieser Art stützen. Neue Aufgaben, die sich in solchen Fällen ergeben, sind in unserer Abbildung links umrahmt zu sehen: Die kennengelernten Strukturen müssen auf immer neue konkrete Situationen zur Anwendung kommen. Wir bleiben wiederum bei der Elektrodynamik und stellen fest: Die Maxwellschen Gleichungen müssen fortlaufend für neue geometrische Konfigurationen oder für Medien mit immer neueren stofflichen Besonderheiten gelöst werden, wenn neue Geräte für die Praxis (Antennen mit neuen Richtungscharakteristiken, Richtschalter, Hohlraumresonatoren usw.) entstehen sollen.

In Kenntnis der Problematik der Gegenwart können wir jetzt das Programm der Physikgeschichte – oder, besser gesagt, das Problem des Schreibens der Physikgeschichte – detaillierter formulieren. Wir haben im wesentlichen auf die Frage zu antworten, wie die in den Lehrbüchern aufgezeichnete und auf diese Weise Gemeingut gewordene Physik zu einem lebendigen, sich entwickelnden Organismus wird, oder – wiederum anders ausgedrückt – warum und wann ein altes Physikbuch eingestampft und statt seiner ein völlig neues geschrieben werden muß.

1. Es ist möglich und auch durchaus üblich, geschichtliche Prozesse von verschiedenen Blickpunkten aus darzustellen. Nach der einen Auffassung sind die Akzente mit dem Wirken der großen Persönlichkeiten, der großen Gelehrten gesetzt; wir lernen die Entwicklung der Physik verstehen, wenn wir begreifen lernen, wie sich die großen Gedanken der großen Persönlichkeiten herausbilden. Die Physikgeschichte reduziert sich jedoch auf diese Weise im wesentlichen auf die individualpsychologische Untersuchung der Kreativität. Es würde die Zielsetzung dieses Buches, aber auch die Kräfte des Verfassers übersteigen, wollte er solche Untersuchungen in allen ihren Einzelheiten anstellen. Es ist aber sehr lehrreich, einige Momente festzuhalten. So z. B. die zu bedenkende Feststellung BRIDGMANS *(Zitat 0.4–1)*, nach der die Suche nach der Wahrheit auf ebenso vielen verschiedenen Wegen erfolgt, als es Forscher gibt. Der Verfasser steht auch unter dem Eindruck, den das Bekenntnis eines großen Dichters (das nebenbei auch die Parallelität des schöpferischen Prozeßablaufs bei Künstlern und Wissenschaftlern aufzeigt) auf ihn machte. Danach wird die Eingebung, Erleuchtung dem Schöpfenden nicht in einem Zustand der intellektuellen Anspannung zuteil, sondern in dem einer völlig leeren, aber hochgespannten *Erwartung*; es ist ähnlich wie beim Jäger, der dem Wild auflauert. Er denkt an nichts Bestimmtes, er wartet nur gespannt und wenn ihm *der* Gedanke kommt, so erfolgt dies genau so, wie das Wild aus dem Wald bricht: Es war zur Gänze schon vorher vorhanden und hatte nur zu erscheinen. Diese Aussage eines Dichters reimt sich ausgezeichnet auf die Feststellung in einem auf GAUSS bezüglichen Zitat *(Zitat 0.4–2)*: Ergebnisse oder Antworten auf Fragen werden in irrationalen Akten gefunden, und die Rolle der Logik ist nur bei der Kommunikation eine wesentliche. Damit wollen wir nicht gesagt haben, daß die Entdeckung, der schöpferische Akt gänzlich eine Resultante irrationaler Komponenten ist: Zur Vorbereitung, zum Hervorbringen des hochgespannten, leeren Bereitschafts- und Erwartungszustandes gehört auch das mühsame Wandern auf den ausgetretenen Pfaden der Logik.

Nach dieser Betrachtungsweise ist die Physikgeschichte nichts anderes als die Geschichte der großen Physiker, und die einzelnen Kapitel müßten nach großen Physikern benannt werden. Die interessantesten Fragen einer solchen Geschichtsschreibung wären also, wer (und wann) dieses oder jenes Gesetz entdeckte und zu ihren spannendsten Einzelheiten würden Prioritätsstreitigkeiten gehören. Die Physik müßte als Akkumulationsvorgang gewertet werden: Ein Riese stellt sich auf die Schultern des anderen, und so werden immer weitere Räume überschaubar.

2. Heutzutage kommt man – in erster Linie aufgrund der Untersuchungen von KUHN – jedoch immer mehr zu der Meinung, daß die Fragen des letzten Punktes nicht die wesentlichen sind. Wir können versuchen, die Abbildung 0.3–1 mit KUHNS *Paradigma (Zitat 0.4–3)* zu identifizieren und die Entwicklung der Physik als Umwandlungsprozeß solcher Paradigmen aufzufassen. Der Schwerpunkt verlagert sich also von der Psychologie der Kreativität auf die Entwicklungsgesetze der Strukturen der Physik. Aus diesen Strukturen lassen sich Einzelleistungen und Einzelgesetze nur schwer herauslösen. Aus alledem ergibt sich zwanglos die Kuhnsche Theorie, nach der die Geschichte der Physik die Chronik einer Serie von revolutionären Umwälzungen ist, in denen ein Paradigma vom anderen abgelöst wird. Typische Beispiele solcher Umwälzungen sind diejenigen, die mit den Namen KOPERNIKUS, NEWTON und EINSTEIN in Verbindung gebracht werden *(Zitat 0.4−4)*. Nach dieser Theorie ist die Entwicklung der Physik keine fortgesetzte Addition; auch die Subtraktion spielt eine bedeutende Rolle. Oder − wie es die Anhänger dieser Theorie anschaulich ausdrücken − der schöpferisch tätige Physiker ist nicht nur ein Baumeister, sondern auch ein Fachmann im Abreißen von Bauwerken.

3. Es gibt Meinungen − wie sie von STEPHEN TOULMIN und auch vom Verfasser selbst vertreten werden −, nach denen in der Entwicklung der Physik die Addition und Subtraktion tatsächlich eine Rolle spielen, dies jedoch nicht im Rahmen revolutionärer Umwälzungen, sondern irgendwie so ähnlich, wie es in der Zoologie bei der Auslese der Arten vor sich geht: Im Laufe der Geschichte entstehen neue Theorien im Überfluß; von diesen werden die lebenstüchtigen von der Geschichte ausgelesen und die übrigen ausgemerzt, nachdem sie ihre Funktion in der Gesellschaft erfüllt haben − etwa aufgezeigt haben, daß eine vermeintlich progressive Strömung in eine Sackgasse führt, oder nachdem sie ihrem Schöpfer zu einem entsprechenden wissenschaftlichen Ansehen oder einem Universitätslehrstuhl verholfen haben.

Zu welch großem Teil die wissenschaftlichen Errungenschaften weit zurückliegender Epochen − sozusagen ohne nennenswerte Änderungen − den gegenwärtig auf der Mittelstufe gebotenen Lehrstoff ausmachen, wird vielsagend von *Abbildung 0.4−1* verdeutlicht.

Der Gedanke der Evolution läßt auch einen anderen Zusammenhang als naheliegend erscheinen. Genau so, wie der menschliche Embryo in neun Monaten die Entwicklungsgeschichte von vielleicht Milliarden Jahren durchläuft, so spielt sich − entsprechend beschleunigt − in der Entwicklung der physikalischen Begriffe eines Kindes die Physikgeschichte ab. Anhänger dieser Theorie können in den Werken von PIAGET Richtungsweisendes finden.

Wenn wir uns die − etwas zugespitzten − ersten beiden Betrachtungsweisen der Historiographie der Physik vornehmen, um ihre Problemstellungen mit denen der allgemeinen Geschichtsschreibung zu vergleichen, kann vielleicht eine gesunde Tendenz beobachtet werden, nämlich die Auffassung, nach der das alltägliche Leben der großen Massen und seine Veränderungen die wesentliche Rolle in der Geschichte spielen, verglichen mit der Tradition, Könige, Feldherren und Staatsmänner in den Vordergrund zu stellen bzw. große Schlachten und Friedensabschlüsse als entscheidende Ereignisse darzustellen.

4. Verlassen wir nun den Problemkreis der Untersuchungen über die innere Genesis der großen Gedanken hervorragender Physiker und über die eigengesetzlichen Änderungen der Paradigmen. Einen Schritt weitergehend wollen wir untersuchen, welchen günstigen oder ungünstigen Einwirkungen der große Physiker als Mitglied einer Gesellschaft ihrerseits ausgesetzt ist und ob diese Einflüsse der Ausbildung neuer Gedanken zuträglich oder abträglich sind, wobei wir in erster Linie an Einwirkungen philosophischer oder künstlerischer Natur denken. Aus einer Menge von Beispielen und Gegenbeispielen wollen wir nur einige herausgreifen. Anfang des 19. Jahrhunderts verkündete die romantische Naturphilosophie die Einheit der Welt und befürwortete damit die Integration verschiedener Erscheinungsgruppen (Entdeckung der magnetischen Wirkung des elektrischen Stromes durch ØRSTED) oder half bei der Suche nach gemeinsamen Prinzipien in Gruppen von Phänomenen verschiedener Art (Entdeckung der Erhaltung der Energie). Im Laufe der eingehenderen Behandlung werden wir allerdings auch sehen, wie dasselbe Prinzip ØRSTED bei seiner Entdeckung auch hinderlich war und geniale Köpfe wie FARADAY irreführte. Das zweite Beispiel − und gleichzeitig auch Gegenbeispiel − ist das EINSTEINS, auf den MACHS Philosophie großen Einfluß ausübte (obwohl EINSTEIN in seinen späteren Jahren MACH als überholt ansah) und der sich andererseits beim Aufbau seiner Gravitationstheorie von ästhetischen Gesichtspunkten leiten ließ, die aber im Falle der Quantenmechanik versagten *(Zitat 0.4−5)*.

elemente eingeschlossen, die mit den heute vertretenen völlig unvereinbar sind. Für diese Alternative gestellt, muß der Historiker die letztere These wählen. Veraltete Theorien sind nicht prinzipiell unwissenschaftlich, nur weil sie ausrangiert wurden. Diese Wahl macht es aber schwer, die wissenschaftliche Entwicklung als Wachstumsprozeß zu betrachten. Die gleiche historische Forschung, welche die Schwierigkeiten bei der Isolierung einzelner Erfindungen und Entdeckungen hervorkehrt, gibt auch Anlaß zu tiefgehendem Zweifel an dem kumulativen Prozeß, von dem man glaubte, er habe die einzelnen Beiträge zur Wissenschaft zusammengefügt.

Das Ergebnis all dieser Zweifel und Schwierigkeiten ist eine historiographische Revolution in der Untersuchung der Wissenschaft, auch wenn sie sich noch im Frühstadium befindet...

Die deutlichsten Beispiele für wissenschaftliche Revolutionen sind jene berühmten Episoden der wissenschaftlichen Entwicklung, die auch früher oft als Revolutionen bezeichnet worden sind, die mit den Namen *Kopernikus, Newton, Lavoisier* und *Einstein* verbunden sind. Sie zeigen deutlicher als die meisten anderen Episoden, wenigstens in der Geschichte der Physik, worum es bei allen wissenschaftlichen Revolutionen geht. Jede von ihnen forderte von der Gemeinschaft, eine altehrwürdige wissenschaftliche Theorie zugunsten einer anderen, nicht mit ihr zu vereinbarenden, zurückzuweisen. Jede brachte eine Verschiebung der für die wissenschaftliche Untersuchung verfügbaren Probleme und der Maßstäbe mit sich, nach denen die Fachwissenschaft entschied, was als zulässiges Problem oder als legitime Problemlösung gelten sollte. Und jede wandelte das wissenschaftliche Denken in einer Weise um, die wir letztlich als eine Umgestaltung der Welt, in welcher wissenschaftliche Arbeit getan wurde, beschreiben müssen. Derartige Änderungen sind, zusammen mit den Kontroversen, die sie fast immer begleiten, die bestimmenden Charakteristika wissenschaftlicher Revolutionen.

KUHN [0.34]

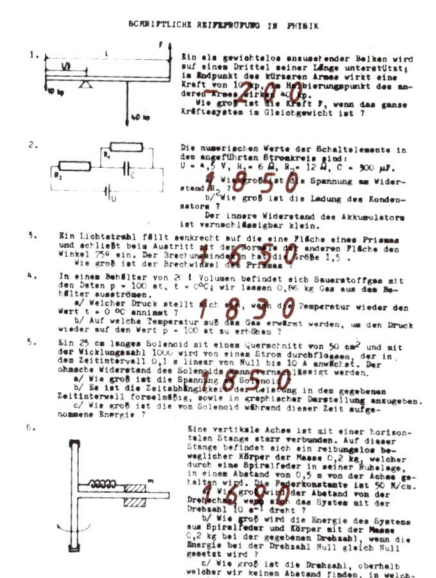

Abbildung 0.4−1
Nach erfolgreicher Lösung solcher Aufgaben kann man in einigen Ländern das Studium der Physik oder einer Ingenieurwissenschaft aufnehmen. Bei den Aufgaben ist angegeben, in welchem Jahr die zur Lösung notwendigen physikalischen Gesetze bereits bekannt waren. Im Jahre 1690 hätte ein sehr gebildeter junger Mann bereits 50% der erreichbaren Punkte erhalten können und wäre nach heutigen Maßstäben bei einer nicht zu großen Zahl von Bewerbern zum Studium zugelassen worden (nach internationalen Quellen, zusammengestellt vom Verfasser)

Zitat 0.4—5
H. L. ANDERSON: ...Für *Einstein* zum Beispiel gab es keinen logischen Weg, der zur Aufstellung der Relativitätstheorie führte. Auf seinen Gedanken mag ihn ein Gefühl gebracht haben, es sei hier im Grunde ein vereinheitlichendes Prinzip tätig. Er war fest überzeugt davon, daß die Art und Weise, wie das Universum organisiert ist, von einem einfachen Gesetz genauer beschrieben wird...
R. C. HENRY: Was Ihre Bemerkung hinsichtlich *Einsteins* betrifft, ist es, glaube ich, bemerkenswert, daß dasselbe Gefühl — nämlich daß die Natur auf eine bestimmte Weise funktionieren muß, also das Gefühl, welches *Einstein* letzten Endes zur Aufstellung der Relativitätstheorie führte — *Einstein* auch zur Verwerfung der statistischen Deutung der Quantenmechanik gedrängt hat. Seither scheint alles zu bestätigen, daß die Quantenmechanik und ihre statistische Deutung richtig ist und *Einstein* sich geirrt hat.

Es scheint mir daher nicht so, als ob in Wirklichkeit hinter der Natur ein „lieber Gott" tätig sei und man „seinem" Weg zu folgen habe, um die Gesetzmäßigkeiten des Universums aufzufinden. Wenn ein Mensch eine bestimmte geistige Einstellung oder Denkweise besitzt, die mit dem Geist des gegebenen Zeitalters harmoniert, wird er Erfolge erzielen, wenn überhaupt der Geist der Zeit Erfolge zu zeitigen imstande ist. Dies bedeutet jedoch nicht, daß dieselbe Idee oder Arbeitsmethode sich auch in größeren Bereichen als wirksam erweist.
GINGERICH [0.33] p. 495

5. Schließlich muß zur Kenntnis genommen werden, daß die Physik ein Phänomen des Gesellschaftslebens ist, ihre Entwicklung also im engsten Zusammenhang mit der *Gesamtheit* solcher Phänomene steht. Zu ihrem vollständigen Verständnis bedürfte es also der Erkenntnis ihrer Relationen — genauer gesagt, der geschichtlichen Entwicklung dieser Relationen — zu den Produktionsmethoden, zur Technik, Kunst und Philosophie.

Der Marxismus tritt mit diesem anspruchsvollen Programm auf den Plan. Nach dieser Lehre bildet nämlich die Gesamtheit der Produktionsverhältnisse — also die wirtschaftliche Struktur — die Basis der Gesellschaft einer gegebenen geschichtlichen Epoche, und diese Basis ist im Endergebnis bestimmend für den Überbau, d. h. die rechtlichen, politischen, ideologischen Formen und Verhältnisse, wie z. B. den Staat, das Recht, die Moral, Religion, Philosophie, Kunst. Dementsprechend ist die bewegende Kraft jeder grundlegenden Änderung in der Gesellschaft die Entwicklung der Produktionsmethoden, insbesondere die Vervollkommnung der Produktionstechniken. Bei Betonung des bestimmenden, primären Charakters der Basis ist sich aber der historische Materialismus der Rückwirkung des Überbaus auf die Basis bewußt, d. h., er erkennt die aktive Rolle des Überbaus im gesellschaftlichen Fortschritt an. Ein recht großes Problem der Verwirklichung dieses Programmes ist die Stellung der Physik und allgemein der Naturwissenschaften im obigen vereinfachten Schema: *Sie gehören weder zur Basis noch zum Überbau.*

Die Menschheitsgeschichte ist ein einmaliger, nicht wiederholbarer Prozeß. Wir finden hier die unterschiedlichsten menschlichen Tätigkeiten in engem Zusammenhang mit natürlichen Gegebenheiten (geographische Faktoren, Naturkatastrophen); beide sind voneinander kaum zu trennen. In diesem Wechselspiel steht die Physik einerseits mit der Technik in einem engen Zusammenhang, andererseits ist sie mit der Mathematik und der Philosophie und etwas mittelbarer auch mit der religiösen Ideologie verknüpft. Die Physik ist über die Technik und die Produktionsweise unmittelbar mit der Basis einer jeden Gesellschaftsordnung verbunden; über die Philosophie und die religiöse Ideologie ist sie jedoch auch mit dem Überbau verflochten. Wenn wir noch berücksichtigen, daß die Persönlichkeiten, die zur Entwicklung der Physik beigetragen haben, im Verlaufe der Physikgeschichte durch ihre Zugehörigkeit zu bestimmten gesellschaftlichen Klassen und deren Organisationen einen festen Platz in der jeweiligen Gesellschaftsordnung eingenommen haben, dann können wir ermessen, mit wie vielen Fäden die Physik mit den anderen gesellschaftlichen Prozessen, die die Geschichte der Menschheit bestimmen, verknüpft ist. Es ist das Verdienst des Marxismus, die oft vernachlässigten ökonomischen Faktoren hervorgehoben zu haben.

6. Wir werden uns in diesem Buch auch nicht an irgendein starres System halten; wir hoffen, mit unserer eklektischen Methode die von uns als wesentlich erachteten Momente besser betonen zu können.

Jede der oben aufgezählten Darstellungsweisen versucht naturgemäß, die Geschichte der Physik in irgendein Schema, den Rahmen einer Gesetzmäßigkeit — man könnte fast sagen, in ein Prokrustesbett — zu zwängen. Zum Begriff der Gesetzmäßigkeit gehört jedoch die Forderung nach Reproduzierbarkeit, Wiederholbarkeit. Wenn einmalig ablaufende Vorgänge untersucht werden — und die Geschichte der Physik, der Menschheit und des Universums sind solche Vorgänge —, so muß dem Begriff der Gesetzmäßigkeit ein von dem üblichen abweichender Inhalt gegeben werden. Die Gesetzmäßigkeit ist in solchen Fällen der Vorgang selber, besser gesagt, seine möglichst getreue Beschreibung. Die Möglichkeit der Prophezeiung — das Hauptkriterium der Richtigkeit naturwissenschaftlicher Aussagen — entfällt hier prinzipiell.

Wenn wir statt von Gesetzmäßigkeiten bescheidener von Analogien reden, so können uns diese sicherlich beim Ordnen unserer Kenntnisse behilflich sein, und daher ist ihr pädagogischer Nutzen nicht zu bezweifeln. Es können auch Prophezeiungen gewagt werden, allerdings nur mit dem Zuverlässigkeitsgrad von Wettervorhersagen.

0.4.2 Grenzen, Möglichkeiten und Gefahren

Die Frage nach den Grenzen der physikalischen Forschung kann in mehrerer Hinsicht gestellt werden. Einerseits *zeitlich*: Hat der Fortschritt in der

Physik seine Grenzen, mit anderen Worten, kommt vielleicht einmal die Zeit, von der an nichts (Wesentliches) mehr zu erforschen übrigbleibt? Ist der Ablauf der physikalischen Forschungstätigkeit ein ähnlicher, wie der der geographischen Entdeckungen, wo ein Objekt endlicher Abmessungen — nämlich die Erdoberfläche — zu erforschen ist, wofür eine endliche Zeit benötigt wird und wozu überdies bemerkt werden kann, daß diese Arbeit heute schon mehr oder weniger abgeschlossen ist?

Andererseits kann die Frage nach den Grenzen der Anwendbarkeit physikalischer *Methodik* zur Sprache kommen: In welchem Maße — wenn überhaupt — bewähren sich die erfolgreichen Forschungsmethoden der Physik auf anderen Gebieten der menschlichen Erkenntnis, etwa in der Biologie, der Soziologie usw.?

Schließlich kann man noch fragen, ob *ethische* Gesichtspunkte nicht dazu drängen, die Forschungstätigkeit auf bestimmten Gebieten der Physik in Schranken zu weisen.

1. Im Laufe der Physikgeschichte hat es schon oft den Anschein gehabt, als ob ein Endzustand erreicht oder zumindest annähernd erreicht worden wäre. Erinnern wir uns doch des aristotelischen Weltbildes, in dessen Rahmen nach allgemeinem Dafürhalten auf jede wesentliche Frage eine Antwort zu finden war. Wie wir sehen werden, war an der Wende vom 19. zum 20. Jahrhundert die Ansicht weit verbreitet, man habe den größten Teil der Arbeit auf dem Gebiete der physikalischen Forschung schon hinter sich. Es haben sogar in der jüngsten Vergangenheit auch Autoritäten wie EINSTEIN oder HEISENBERG die Vision einer allumfassenden, einheitlichen Feldtheorie oder einer anschreibbaren Weltgleichung für realistisch gehalten, womit die Entwicklung der Physik ebenfalls einen Abschluß gefunden hätte. Die Geschichte hat aber gezeigt, daß dies nur Wunschträume waren, und zur Zeit glaubt wohl niemand an die Möglichkeit eines Abschlusses.

Es scheint zwar durchaus denkbar, daß auf jede von der Wissenschaft formulierte Frage — es scheinen dies endlich viele zu sein — früher oder später eine Antwort gefunden wird. Wir wissen jedoch, daß jede neue Antwort immer wieder neue Fragen aufwirft, von deren Natur wir gegenwärtig vielleicht gar keinen Begriff haben. Und schließlich darf nicht vergessen werden, daß die physikalische Erkenntnis eine Wechselwirkung zwischen Mensch und Natur bedeutet. Es ist beispielsweise vorstellbar, daß Physiker Elementarteilchen so großer Energien aufeinanderprallen lassen, wie sie in der Natur nicht vorkommen. Die Untersuchung solcher Phänomene kann also zum Erschließen immer neuerer Gebiete führen.

2. Die spektakulären Erfolge physikalischer Forschungsmethoden lassen es verständlich erscheinen, daß man bemüht ist, ihre Anwendung auch auf anderen Gebieten der menschlichen Erkenntnis zu versuchen. Ähnlich wie früher die Geometrie als Musterbeispiel einer exakten Wissenschaft galt, so gilt in den letzten zwei Jahrhunderten die Physik als ein solches. Es wird sogar oft übertrieben und behauptet, daß in einer Wissenschaft nur so viel eigentliche Wissenschaft stecke, als mit eben diesen Methoden erreicht bzw. überprüft werden könne. Ihre Erfolge sind zweifellos bedeutende, in der Biologie ebenso wie in der Soziologie, um Beispiele zu nennen. Zu welchen Auswüchsen das aber führt, zeigt vielleicht am besten das Gebets-Experiment *(prayer test)*, das von BRUSH [4.22] eingehend beschrieben worden ist. In der zweiten Hälfte des vorigen Jahrhunderts wurde vorgeschlagen, die Wirksamkeit des Betens für die Gesundung von Kranken mit den Methoden der Experimentalphysik zu untersuchen. (Es mag vielleicht von Interesse sein zu erwähnen, daß 100 Jahre später, also praktisch in unseren Tagen ähnliche Versuchsreihen durchgeführt worden sind.) Kein Wunder also, daß seitens der Vertreter anderer Wissenschaften leidenschaftliche Proteste gegen das Überhandnehmen der Physikerattitüde laut geworden sind *(Zitate 0.4–6, 0.4–7)*.

3. Die Frage nach ethischen Schranken läßt sofort an die Existenz der die gesamte Menschheit gefährdenden Kernwaffen, chemischen und bakteriologischen Waffen denken. Es ist nun eine Tatsache, daß trotz der moralischen Bedenken des Individuums die Wissenschaft — unter offener oder stillschweigender Duldung durch die Gesellschaft — diese Schranken längst überschritten hat. In der Genchirurgie bestehen für die Biologie weitere Möglichkeiten, gegen unsere ethischen Normen zu verstoßen. Die Vergangenheit lehrt, daß Wissenschaftler trotz jeglicher Verbote stets alles erforschten, worin sie eine Herausforderung sahen. Es darf auch nicht vergessen

Zitat 0.4–6
Ich ehre die Mathematik als die erhabenste und nützlichste Wissenschaft, solange man sie da anwendet, wo sie am Platze ist; allein ich kann nicht loben, daß man sie bei Dingen mißbrauchen will, die gar nicht in ihrem Bereich liegen, und wo die edle Wissenschaft sogleich als Unsinn erscheint. Und als ob alles nur dann existierte, wenn es sich mathematisch beweisen läßt. Es wäre doch töricht, wenn jemand nicht an die Liebe seines Mädchens glauben wollte, weil sie ihm solche nicht mathematisch beweisen kann! Ihre Mitgift kann sie ihm mathematisch beweisen, aber nicht ihre Liebe.
ECKERMANN: *Gespräche mit Goethe.* 20. Dezember 1826

Zitat 0.4–7
„Big Science" ist keineswegs etwa die Wissenschaft von den größten und höchsten Dingen auf unserem Planeten, ist keineswegs die Wissenschaft von der menschlichen Seele und dem menschlichen Geiste, sondern vielmehr ausschließlich das, was viel Geld oder große Energiemengen einbringt oder aber große Macht verleiht, und sei es auch nur die Macht, alles wahrhaft Große und Schöne zu vernichten.

Der Primat, der unter den Naturwissenschaften der Physik tatsächlich zusteht, soll keineswegs geleugnet werden. In dem widerspruchsfreien Schachtelsystem der Naturwissenschaften bildet die Physik die Basis....

Wir betonen auch, daß die Physik ihrerseits auch auf einer Grundlage ruht und daß diese Grundlage eine biologische Wissenschaft, nämlich die Wissenschaft vom lebendigen menschlichen Geiste ist....

Bekannte Aussprüche, wie etwa der, daß jede Naturforschung so weit Wissenschaft sei, als sie Mathematik enthalte, oder daß Wissenschaft darin bestehe, „zu messen, was meßbar ist, und meßbar zu machen, was nicht meßbar ist", sind erkenntnistheoretisch wie menschlich der größte Unsinn, der je von den Lippen derer kam, die es besser hätten wissen können.

Obwohl nun diese Pseudo-Weisheiten nachweisbar falsch sind, beherrschen ihre Auswirkungen auch heute noch das Bild der Wissenschaft. Es ist jetzt Mode, sich möglichst physikähnlicher Methoden zu bedienen, und zwar gleichgültig, ob diese für die Erforschung des betreffenden Objektes Erfolg versprechen oder nicht.
KONRAD LORENZ: *Die acht Todsünden der zivilisierten Menschheit*

werden, daß einerseits die Ethik sich epochenweise ändert, andererseits — mit den Worten des heiligen THOMAS VON AQUINO ausgedrückt — jede Kenntnis, selbst die der schwarzen Magie, nützlich ist; ob gut oder böse, hängt davon ab, zu welchen Zwecken sie angewandt wird.

0.4.3 Ungewisses in den exakten Naturwissenschaften

Untersuchen wir etwas näher, woraus der Physiker seine Überzeugung ableitet, die Methodik und damit auch die Ergebnisse seiner Wissenschaft seien verläßlich und richtig. Die Antwort auf diese Frage lautet einfach: Er hat diese Überzeugung ja gar nicht! Im Gegensatz zur allgemeinen Meinung ist der Physiker gar nicht so sicher, daß seine Behauptungen richtig sind, wie — insbesondere aufgrund der Erfolge der angewandten Physik mit gewissem Recht — gefolgert werden könnte. Die Geburt und die Entwicklung der abendländischen Wissenschaften, und ganz besonders der Physik, ist der Überzeugung zu verdanken, daß die Welt irgendwie geordnet, rationell und daher von der menschlichen Vernunft erfaßbar ist. In der Natur offenbaren sich also nicht launische — und daher unberechenbare — Spiele der Götter, sondern Gesetzmäßigkeiten, die erforschbar sind. Dieser Glaube an die Ordnung in der Welt gerät im Laufe des Studiums angehender Physiker oder Ingenieure etwas ins Wanken. Erst glauben sie nämlich, durch Kenntnis der allgemeingültigen, schönen Theorien im Besitze all jener Mittel zu sein, deren sie zur Lösung jeglicher theoretischen und praktischen Aufgabe auf ihrer Laufbahn bedürfen. Dann aber stellt sich heraus, daß sie in ihrer alltäglichen Arbeit vor allem Datentabellen, Sammlungen empirischer Daten und Diagramme benötigen, die in dicken Büchern zu finden sind und scheinbar bloß in entferntem Zusammenhang mit den universalen, schönen Theorien stehen. Trotz alledem ist es in der Geschichte der Physik nie dazu gekommen, daß der Glaube an die Rationalität und Ordnung in der Welt ernstlich erschüttert worden wäre. Ja, die scheinbaren Abweichungen, so z. B. die statistische Natur der fundamentalen Gesetze, haben heftigste Ablehnung gerade seitens der größten Geister des 20. Jahrhunderts ausgelöst. Es soll aber auf BOHRS diesbezügliche Zweifel aufmerksam gemacht werden, die von HEISENBERG zitiert werden *(Zitat 0.4–8)*. Auf ähnliche Gedanken wie BOHR kommt man, wenn man sich die Entwicklung der Physik nach dem Paradigmenschema von KUHN vorstellt. Wie schon erwähnt, wird die Entwicklung der Physik vorangetrieben, indem man Altes abreißt und Neues aufbaut. Aber was dann, wenn die Fachleute der Demontage ihre Tätigkeit aufnehmen, bevor die Baumeister mit ihrer Arbeit fertig geworden sind? Ein solcher Fall liegt praktisch dann vor, wenn die Experimentalphysik allzu rasch vorwärts drängt und den Theoretikern nicht Zeit läßt, die früher gewonnenen experimentellen Daten zu analysieren und eine umfassende Theorie auszuarbeiten. In Situationen wie dieser ist keine allein anzuerkennende und umfassende Theorie verfügbar, die die Ordnung und Vernunft in der Natur widerspiegelt, wobei noch dazu dieser Zustand im Prinzip zu einem permanenten werden kann.

Die Physik gehört zu den exakten Naturwissenschaften. In der Tat steht sie, was Exaktheit anbelangt, an erster Stelle. Logisch und exakt — wird gesagt, und das seitens der Humanwissenschafter oft mit Vorwurf in der Stimme. Die Physiker sind, so heißt es, im Besitze ihrer sicheren Erkenntnisse hochmütig geworden und von ihren Meinungen nicht abzubringen. Der Verfasser möchte aber hoffen, den Leser davon überzeugt zu haben, daß das nur so scheint. Der Physiker ist sich dessen zur Genüge bewußt, daß der Ausgangspunkt logischen Denkens irgendeine Annahme ist, deren Richtigkeit immer in Frage gestellt werden kann. Es birgt also auch die Folgerung mit der stärksten Logik die ursprüngliche Unsicherheit der Ausgangshypothese in sich. Mit einer gewissen Übertreibung könnte man sagen, das logische Denken sei der ausgetretene Pfad, der mit Sicherheit und Eindeutigkeit von einem sumpfigen Gelände zum anderen führt. Es gereicht jedoch dem Physiker zur Beruhigung zu wissen, daß er vielleicht nicht im Besitz sicherer Kenntnisse ist, wohl aber Modelle zum Gebrauch bei seiner Arbeit geschaffen hat, deren Anwendungsbereich sich soweit erstreckt, wie die Gültigkeit der Theorie. So z. B. sind auf elastische Kugeln endlicher, makroskopischer Abmessungen die Gesetze der klassischen Mechanik mit Sicherheit anwendbar.

Zitat 0.4–8
HEISENBERG: Ich erinnere mich an ein Gespräch mit *Niels Bohr,* wobei er sogar bezweifelte, überhaupt eine adäquate Beschreibung der [Quanten]-Phänomene finden zu können. Er hatte nämlich das Gefühl, die Natur sei derart irrational, daß sich für sie überhaupt keine entsprechende mathematische Beschreibung finden ließe. So war er völlig überrascht, als sich herausstellte, daß es dennoch eine mathematische Beschreibung gibt.
GINGERICH [0.33] p. 568

Leider ist damit immer noch nicht alle Problematik eliminiert. Eine sichere Behauptung kann nur dann aufgestellt werden, wenn im voraus feststeht, daß das untersuchte Phänomen tatsächlich mit dem gegebenen Modell beschrieben werden kann. Betrachten wir als Beispiel folgenden einfachen Fall: Einem Experimentalphysiker werden zwei regelmäßig kugelförmige Körper mit Durchmessern in der Größenordnung von 10 cm übergeben und die Frage gestellt, wie wohl der Stoßprozeß abläuft, wenn sie aufeinanderzu geschleudert werden. Der Experimentalphysiker konstatiert, daß beide Kugeln aus demselben, homogenen Metall bestehen und zögert nicht, das Ergebnis des Zusammenstoßes vorherzusagen, da ja alle Bedingungen für die Anwendung der Gesetze der klassischen Physik erfüllt sind. Er kann selbst über die Genauigkeit des Ergebnisses, d. h. der Geschwindigkeitsänderungen bestimmte Aussagen machen, wenn er die Genauigkeit der Ausgangsdaten kennt. Wird das Experiment nun durchgeführt, so findet man, daß sich nicht nur der Experimentalphysiker, sondern auch das ganze Laboratorium sich in Plasma der Temperatur von mehreren Millionen Grad verwandelt haben. Es hatten nämlich beide Kugeln aus dem Metall U-235 bestanden, und ihre Größe lag nur so weit unter der kritischen, daß bei ihrem Zusammenstoß die kritische Masse überschritten wurde. Nachträglich ist natürlich alles einfach zu erklären: Die Erscheinung liegt außerhalb des Rahmens der klassischen Physik. Die Gewißheit der Sätze der Physik hätte aber eine richtige Prophezeiung möglich machen sollen.

Der Physiker wird aber auch durch folgende Tatsache verunsichert: Nehmen wir an, es könnte ein Erscheinungsgebiet, als Gültigkeitsbereich einer Theorie, genau umrissen werden. Wir wären also im Besitz eines logischen Systems zur Beschreibung gegebener Erscheinungen, dessen Behauptungen, Folgerungen usf. eindeutig einem bestimmten Erscheinungsgebiet der Realität entsprechen. Nun hat aber bezüglich solcher logischer Systeme GÖDEL im Jahre 1931 einen Satz aufgestellt, der auch in der Mathematik einen Meilenstein darstellt: Innerhalb jedes entsprechend gehaltvollen, widerspruchsfreien logischen Systems kann immer eine Aussage gemacht werden, über deren Richtigkeit im gegebenen System nicht entschieden werden kann. In die Sprache der Physik übersetzt bedeutet dies, daß selbst die Beschreibung im Rahmen eines gegebenen Modells nicht die eindeutige Beantwortung jeder Frage sicherstellt.

All diese Überlegungen sind – so scheint es – sehr erkünstelt und liegen weit abseits der Problematik von Realität und Alltagsleben, wo doch überall zu sehen ist, daß die Sicherheit der Feststellungen der Wissenschaft, die Genauigkeit ihrer Vorhersagen Wirklichkeit geworden ist. Zugegeben, es sind obige Fragen in erster Linie die des weltanschaulich anspruchsvollen, nicht aber die des praktisch tätigen Physikers. Allerdings stellt sich auch im Alltagsleben manchmal heraus, daß der Physiker nicht in der Lage ist, seine Behauptungen stichhaltig zu beweisen. Dieser Ausdruck ist nicht zufällig gewählt. Stellen wir uns beispielsweise vor, ein Erfinder wolle ein Gerät zum Patent anmelden lassen, das nach dem Verdacht der Bewerter ein Perpetuum mobile darstellt. Das Patentamt erwartet in solchen Fällen vom Sachverständigen, daß er Beweise für die Unmöglichkeit des Funktionierens erbringe. Im Endergebnis muß sich aber jeder Beweis auf den Erhaltungssatz der Energie stützen. Was nun die Richtigkeit dieses Satzes betrifft, so berufen sich auch die Physikbücher immer nur darauf, er werde von aller Erfahrung bestens bekräftigt und es hätte bisher noch niemand ein Perpetuum mobile herstellen und betreiben können. Der Leser dürfte sofort spüren, wie schwach sich dieses Argument – gerade gegenüber dem Erfinder – anhört.

Im bisherigen haben wir versucht, den Leser davon zu überzeugen, daß der Physiker kein aggressives Wesen ist, drauf und dran, die Welt nach seinen Vorstellungen umzugestalten – wozu er keinesfalls das Recht hat –, selbstherrlich und verblendet vom Irrglauben an die Unanfechtbarkeit der Ergebnisse seiner eigenen Tätigkeit.

Die Gefahren der Überbewertung der Ratio werden immer klarer erkannt, aber gleicherweise auch die Gefährlichkeit des Gegenteils, nämlich der Verlagerung des Schwerpunkts vom Vernunftmäßigen auf das Gefühlsmäßige *(Zitat 0.4–9)*.

Viele suchen ihr Lebensideal in anderen Richtungen. Vielleicht gelingt es der Menschheit, zu einer Kultur zu finden, die mehrere Grundelemente für miteinander vereinbar hält und in der auch die Attitüde des Physikers ihren Platz hat *(Zitate 0.4–10, 0.4–11)*.

0.4.4 Die Physik in einer neuen Rolle

Für den Physiker ist die Physik mitsamt ihrer Zweifel und Ungewißheiten, ungeachtet einer eventuell unrühmlichen Rolle in der zukünftigen Geschichte der Menschheit, dennoch das wundervollste Werk des menschlichen Geistes und fähig, ein tätiges Menschenleben mit Gehalt zu erfüllen. Die Physik allein ist nicht imstande, in den großen Fragen des menschlichen Lebens die Richtung zu weisen. Die Physik ist ethisch neutral, obwohl der Physiker es nicht ist. Der Physiker ist jedoch überzeugt davon, daß auf physikalische Theorien zwar keine ethischen, wohl aber ästhetische Kategorien anwendbar sind.

Zitat 0.4–9
HEISENBERG: Nun, es ist durchaus möglich, daß die Überbetonung des Rationalismus in der Wissenschaft für eine Gefahr gehalten wird. Man fühlt etwa, daß durch diese Überrationalisierung jede Art von Stabilität gefährdet wird, und so strebt man zum Irrationalismus.
Jederman weiß natürlich, wie gefährlich politische Bewegungen sein können, wenn sie irrational werden. Ich denke jetzt an die nahe Vergangenheit meines Vaterlandes, es lassen sich aber natürlich auch andere aktuelle Beispiele anführen. Es ist also das Einbeziehen irrationaler Motive in die Politik sehr gefährlich, doch kann es vielleicht notwendig zur Erreichung der Stabilität sein, da der Rationalismus – soweit er als beurteilen kann – nicht allein als solide Grundlage einer sozialen Gemeinschaft dienen kann. Das ist einfach deswegen so, weil wir beim rationalen Argumentieren unsere Endkonklusion erreichen, indem wir von Annahmen ausgehen, aber von diesen Annahmen nie bewiesen werden kann, ob sie richtig sind.
GINGERICH [0.33]

Zitat 0.4–10
Das Festhalten an Wissenschaft, Logik und Rationalismus ist in der Wirklichkeit nur ein mehr oder minder dogmatisches Festhalten an einer gewissen westlichen Lebensform, welche ihren Ursprung in der griechischen Philosophie hat. ...Die Wissenschaft kann nicht alle Fragen beantworten; sie kann nicht sagen, was gut und schön ist, und kann so keine Methoden zur Lösung ethischer und ästhetischer Probleme bieten, dabei sind diese Probleme vielleicht mindestens ebenso wichtig, wie die wissenschaftlichen Erklärungen für Phänomene oder ihre Vorhersage.
FEYERABEND [0.31] p. 5

Zitat 0.4–11
... Und eben deswegen behaupte ich, daß wir aus dieser heutigen Krise nicht herauskommen, ja die Katastrophe nicht vermeiden können, wenn wir uns nicht in einen alle Nationen, alle Rassen, alle Kontinente umfassenden kulturellen Dialog einlassen.
Es gibt keinen Frieden, keine Kultur, keine echte Zivilisation ohne Austausch der Ideen. Betrachten wir die großen Zivilisationen der Geschichte: Ja, es waren alle gemischte Zivilisationen. Gemischt im biologischen und gemischt im kulturellen Sinne.
Die Schranken Ihrer abendländischen Kultur sind doch klar sichtbar. Diese Kultur allein kann die Welt nicht glücklich machen. Mag diese Kultur noch so viele Verdienste haben, es steht jetzt fest, daß die Einseitigkeit, mit der sie im wesentlichen die technische Herrschaft über die Natur zum Ziel setzt, unseren ganzen Planeten gefährdet. Diese Kultur inspiriert eine blinde Entwicklung, ohne irgendein wirklich humanes Ziel, eine Entwicklung, welche nur aus dem endlosen Wachstum der Produktion und des Verbrauches besteht.
Für uns bedeutet Kultur etwas ganz anderes.
Seit Aristoteles betonen Sie die Rolle und Wichtigkeit der argumentierenden Vernunft. Gott bedeutet für Sie vor allem „die Vernunft". Für uns ist er vor allem die „Kraft", die große „Lebenskraft", die Quelle alles Lebens und aller Lebenskräfte, in die auch dieselben Kräfte zurückgießen. Sie legen den Akzent auf den *Gedanken*, wir auf das *Gefühl*; bei Ihnen dominiert die *Ratio*, bei uns die *Intuition*.
Eine wirklich universelle Zivilisation muß das Gleichgewicht dieser zwei Tendenzen anstreben.
LÉOPOLD SENGHOR: Interview. 1980

Es ist heutzutage noch so, daß die Nützlichkeit der Wissenschaften den Vorrang unter den für sie sprechenden Argumenten hat.

Wohin wir auch immer schauen – in die Leitartikel der Zeitungen, in Akademiemitteilungen oder in Perspektivpläne –, überall ist von der Nutzung wissenschaftlicher Ergebnisse die Rede. Selbst die Institute in aller Welt, die sich mit Grundlagenforschung beschäftigen, bemühen sich, ihre Existenzberechtigung daraus herzuleiten, daß ihre Ergebnisse früher oder später in der materiellen Produktion eine konkrete praktische Anwendung finden werden. All das ist richtig, und bei dem heutigen technischen Entwicklungsstand ist der Nutzen einer Erkenntnis tatsächlich von erstrangiger Bedeutung. Nach und nach sollte aber gerade in den am höchsten entwickelten Gesellschaftssystemen der Physik – und allgemein auch den anderen Wissenschaften – eine Rolle zuerkannt werden, die im wesentlichen der der Künste entspricht. Neben dem Nutzen muß auch das *Ästhetikum* der Wissenschaft an Bedeutung gewinnen, d. h., wir sollten auch der Schönheit wissenschaftlicher Erkenntnisse mehr Beachtung schenken *(Zitate 0.4–12, 0.4–13)*. Wir können natürlich auch den Begriff der Nützlichkeit weit umfassender sehen als bisher: Die Wissenschaft wurde bislang deshalb als nützlich angesehen, weil sie zum Erreichen des materiellen Wohlstands beigetragen und unmittelbar materielle Bedürfnisse zu befriedigen geholfen hat. Über die Befriedigung materieller Bedürfnisse hinaus soll sie aber auch eine entscheidende gesellschaftliche Bedeutung bei der Befriedigung geistiger und kultureller Bedürfnisse erhalten. Das Streben nach der Erkenntnis unserer Welt ist, völlig unabhängig von der Nutzanwendung der Erkenntnisse, dem Menschen eigen; Freude und Genuß beim Erkenntnisprozeß entsprechen in vielem dem Genuß, der von einem Kunstwerk vermittelt wird. Wenn wir uns selbst oder anderen die Frage vorlegen, ob Halbleiteruntersuchungen oder theoretische Betrachtungen zur Krümmung des Kosmos von größerem Nutzen sind, dann wird die Antwort sicher eindeutig zugunsten der Halbleiter ausfallen. Zur Begründung wird vorgebracht werden, daß sich mit besseren Bauelementen, zu deren Entwicklung letztlich auch Halbleiteruntersuchungen nötig sind, billigere Rundfunkempfänger herstellen lassen. Wozu werden die Radioapparate aber schließlich genutzt? Wir benötigen sie auch, um uns über die hochinteressanten Theorien über den Aufbau des Kosmos und dessen Krümmungverhältnisse informieren zu lassen.

Die Freude an einer neuen Erkenntnis brauchen wir wohl nicht weiter zu analysieren. Nicht zu leugnen ist, daß man eine gewisse Vorbildung und eine „Ader" für die Wissenschaft haben muß, um sich an ihr erfreuen zu können. Dies gilt natürlich auch für den ästhetischen Genuß eines Kunstwerks. In den *Abbildungen 0.4–2a, b, c* sind die Grundgleichungen der allgemeinen Relativitätstheorie, eine moderne Plastik sowie ein Gedicht unserer Epoche gegenübergestellt. Die meisten Physiker sehen in den aus der dargestellten Einsteinschen Grundgleichung ableitbaren Gesetzmäßigkeiten, die eine über das Newtonsche Weltbild hinausgehende Vorstellung vom Kosmos vermitteln und Physik und Geometrie eng miteinander verknüpfen, nicht nur ein konkretes wissenschaftliches und logisches System, sondern auch ein in seiner ästhetischen Aussage bedeutsames Kunstwerk. Offenbar bedarf es aber intensiver geistiger Anstrengungen, um das Ästhetikum aus den Symbolen herauszulösen. Aber auch das Verständnis abstrakter Kunstwerke erfordert von einem Laien, der der Kunst aufgeschlossen gegenübersteht, eine bestimmte Vorbildung sowie ein gewisses Bemühen. Es ist dann nur noch eine Frage der besonderen Neigungen des einzelnen, von welcher intellektuellen Tätigkeit er befriedigt wird.

0.4.5 Die grundlegenden Charakteristika der einzelnen Epochen

Fassen wir die obigen Darlegungen zusammen, dann lassen sich in der Physikgeschichte die folgenden entscheidenden Fortschritte hervorheben:

Wie wir bereits erwähnt haben, ist einer der bedeutsamsten Schritte vollzogen worden, als die Menschen aus eigenem Antrieb begonnen haben, Fragen an die Natur zu stellen und Antworten von ihr zu erwarten. Sowohl dieser als auch ein anderer entscheidender Schritt – die Verknüpfung von Mathematik und Physik – ist von den Griechen bereits etwa 600 Jahre vor unserer Zeitrechnung getan worden. Allerdings hat man zu dieser Zeit und

---

Zitat 0.4–12
Wenn man sagt, daß die mathematischen Wissenschaften nicht das Schöne oder Gute behandeln, so ist dies unwahr; denn schön und gut sind nicht dasselbe. (Letzteres gibt es nur bei Handlungen: Schönes findet sich aber auch in dem Unbeweglichen). Vielmehr besprechen und beweisen diese Wissenschaften das Schöne am meisten; denn wenn sie auch nicht dieses Wort gebrauchen, aber doch die Dinge und die Begriffe des Schönen beweisen, so besprechen sie es doch. Die vornehmsten Bestimmungen des Schönen sind aber die Ordnung, die Übereinstimmung und das Maß, und mit deren Beweisen beschäftigen sich die mathematischen Wissenschaften am meisten. Da nun die Ordnung und das Maß sich als die Ursache von Vielem zeigt, so erhellt, daß diese Wissenschaften auch eine solche Ursache besprechen, die als das Schöne in gewisser Weise Ursache ist.
ARISTOTELES: *Metaphysik.* 13. Buch, Kap. 3. Deutsch von *J. H. von Kirchmann.* Berlin 1871

Zitat 0.4–13
Die wahren Weisen fragen, wie sich die Sache verhalte, in sich selbst und zu andern Dingen, unbekümmert um den Nutzen, das heißt, um die Anwendung auf das Bekannte und zum Leben Notwendige, welche ganz andere Geister, scharfsinnige, lebenslustige, technisch geübte und gewandte, schon finden werden.
GOETHE: *Sprüche*

auch in den folgenden Jahrhunderten die philosophische Prämisse zugrunde gelegt, daß der menschliche Verstand fähig ist, die grundlegenden Naturgesetze durch Nachdenken allein erkennen und mit diesen Gesetzen dann die Naturphänomene erklären zu können. Wir sollten hier anmerken, daß eine derartige Auffassung sehr vielen (vor allem theoretischen) Physikern des 20. Jahrhunderts so fremd nicht ist und daß sie sich im Verlaufe der gesamten Wissenschaftsgeschichte als fruchtbringend erwiesen hat.

Nach dem griechischen bzw. hellenischen Zeitalter sind im Mittelalter bei der Entfaltung der Qualität zur Quantität bedeutende Fortschritte erreicht worden. Der Beginn der Neuzeit in der Wissenschaftsgeschichte fällt mit dem Zeitpunkt zusammen, in dem man zu bezweifeln begonnen hat, daß die grundlegenden Naturgesetze durch Nachdenken allein erkennbar sind. Ein ungemein wichtiger Faktor, der die Entwicklung der europäischen Naturwissenschaften ermöglicht hat, ist aber die Überzeugung, daß eine rationale, d. h., für menschlichen Verstand faßbare, und mit dem mathematischen Begriffssystem beschreibbare Weltordnung dennoch existiert. Vom 17. Jahrhundert an finden wir jenes Zusammenspiel zwischen Experiment und Theorie, das für unsere Epoche so charakteristisch ist. Im weiteren werden wir allerdings sehen, welche Mühen es GALILEI bereitet hat, sich aus dem Bannkreis der aristotelischen Denkweise zu befreien.

Der Beginn des 17. Jahrhunderts, d. h. das Jahr 1600, markiert keinen Wendepunkt, obwohl der in diesem Jahr für GIORDANO BRUNO entzündete Scheiterhaufen das Signal für den Beginn grundsätzlicher Veränderungen zu sein scheint. Zu dieser Zeit liegt ein abgeschlossenes Weltbild vor, das das gesamte antike Erbe in einer solchen Version umfaßt, die sich im Einklang mit dem christlichen Dogma befindet. Dieses in der Menschheitsgeschichte einzigartige homogene Weltbild vereinigt in sich Wissenschaft, Glaube und Philosophie, wobei ein jedes – Gott, Mensch und Materie – in gleicher Weise seinen Platz hat. In ihm kann kein einziges Detail verrückt werden, weil selbst ein völlig bedeutungslos scheinendes Phänomen der physikalischen Welt sich nahtlos in ein allgemeines Prinzip einfügt, das seinerseits aber mit dem Glauben und so mit der Allmacht der Kirche verbunden ist. Aber gerade die kleinen konkreten und sich allmählich mehrenden Fakten sind es, die schließlich Risse und innere Spannungen hervorgerufen und so letztlich ein halbes Jahrhundert später zum Einsturz des imposanten, von ARISTOTELES und THOMAS VON AQUINO errichteten Gebäudes geführt haben.

Um 1650 haben geistig aufgeschlossene Menschen bereits Fragestellungen bearbeitet, die den heute untersuchten entsprechen, und dabei auch moderne Methoden verwendet. Von DESCARTES ist ein erster, vorzeitiger Versuch unternommen worden, eine von der Vormundschaft des Glaubens freie Synthese von Physik und Philosophie zu verwirklichen. Zum Ende des 17. Jahrhunderts sind alle Voraussetzungen für die Geburt des neuen, des Newtonschen Weltbildes erfüllt. Von nun an fällt die weitere Darstellung der Physikgeschichte mit einer Darstellung der heute gelehrten Physik in historischer Reihenfolge zusammen. Ein bedeutender Teil der heute in unseren Oberschulen vermittelten Physik, so die Gesetze von KEPLER, DESCARTES, SNELLIUS, NEWTON und BOYLE-MARIOTTE, ist zu dieser Zeit bereits bekannt gewesen. Selbst die theoretischen Grundlagen für das Apollo-Mondflugprogramm sind durch die Newtonschen Gravitations- und Bewegungsgesetze gegeben.

Noch wichtiger ist, daß zu jener Zeit die auch heute gültigen methodischen Prinzipien der wissenschaftlichen Forschung, die durch ein produktives Zusammenspiel von Theorie und Experiment gekennzeichnet sind, festgelegt worden sind, wobei dem Experiment die größere Bedeutung zuerkannt wurde.

Die geistige Revolution im Europa des 17. Jahrhunderts ist auch weltweit ohnegleichen. Vergleichende Wertungen der antiken griechischen, indischen und chinesischen Kultur *(Abbildung 0.4–3)* oder auch der Leistungen der europäischen und außereuropäischen Kulturen zur Zeit der Renaissance sind möglich, obwohl diese Vergleiche beim Fehlen eines objektiven Maßstabes nationalen oder rassischen Voreingenommenheiten einen weiten Spielraum lassen. Über die Venus von Milo, den David des MICHELANGELO, über ARISTOTELES und THOMAS VON AQUINO kann man ganz unterschiedlicher Meinung sein; die naturwissenschaftliche Kultur des 17. Jahrhunderts hingegen ist, obwohl sie aus der europäischen Kultur hervorgegangen ist, unabhängig von Europa zum Allgemeingut der gesamten Menschheit geworden. Ein Ja zu dieser Kultur ist nicht eine Frage des Geschmacks, der

$$R_{ik} - \frac{1}{2} R g_{ik} = -\varkappa T_{ik}$$

a)

Abbildung 0.4–2
Um sich an der Schönheit der allgemeinen Relativitätstheorie, einer Statue oder eines Gedichtes erfreuen zu können, ist ein bestimmtes Aufnahmevermögen und eine gewisse Vorbildung unabdingbar.

a) Aus der obigen Gleichung, durch die die Geometrie des Raumes mit den Massen in einen Zusammenhang gebracht wird, folgen erstaunliche Erkenntnisse über unser Universum als Ganzes.

b) Eine Statue des ungarischen Bildhauers *Miklós Borsos* mit der Benennung *Warten auf Godot* (unter Bezug auf den Titel des Dramas von *Samuel Beckett*)

c) Rainer Maria Rilke: *Archaischer Torso Apollos*

Wir kannten nicht sein unerhörtes Haupt,
darin die Augenäpfel reiften. Aber
sein Torso glüht noch wie ein Kandelaber,
in dem sein Schauen nur zurückgeschraubt,

sich hält und glänzt. Sonst könnte nicht der Bug
der Brust dich blenden, und im leisen Drehen
der Lenden könnte nicht ein Lächeln gehen
zu jener Mitte, die die Zeugung trug.

Sonst stünde dieser Stein entstellt und kurz
unter der Schultern durchsichtigem Sturz
und flimmerte nicht so wie Raubtierfelle;

und bräche nicht aus allen seinen Rändern
aus wie ein Stern: denn da ist keine Stelle,
die dich nicht sieht. Du mußt dein Leben ändern.

vom jeweiligen Kulturkreis bestimmt wird, sondern stellt für jedes Volk die notwendige – leider aber nicht auch die hinreichende – Bedingung des Überlebens dar.

Das größte Verdienst des folgenden Jahrhunderts ist die Verbreitung der neuen Denkweise und der mit ihr erzielten Ergebnisse. Die Physik und mit ihr die Wissenschaft im allgemeinen wird zur Mode, vor allem zu einer Mode der Salons. Die Enzyklopädie von DIDEROT ist ein einzigartiger Versuch, dem Menschen, der nun nicht mehr im Mittelpunkt des Weltalls steht, einen neuen, mit den wissenschaftlichen Erkenntnissen im Einklang stehenden Platz zuzuweisen. Bis zum Ende des Jahrhunderts wird die Newtonsche Mechanik auch in ihren Details ausgearbeitet, und das Weltbild der Physik wird vereinfacht. LAPLACE konnte noch allen Ernstes glauben, daß ein Supergehirn Gegenwart und Zukunft der Menschheit aus einer Kenntnis des Bewegungszustandes der Urnebel hätte vorausberechnen können.

In der ersten Hälfte des 19. Jahrhunderts wird das elektromagnetische Feld Gegenstand der Untersuchungen, und man bekommt es so mit physikalischen Phänomenen zu tun, die sich nicht mit einem System von Hebeln und Zahnrädern und auch nicht mit der Gravitationswechselwirkung deuten lassen. Mit dem gewaltigen Aufschwung in der zweiten Hälfte des Jahrhunderts ist zur Jahrhundertwende das Gebäude der klassischen Physik vollendet. Mechanik und Elektrodynamik als gleichberechtigte Partner erheben den Anspruch, alle Gebiete der Physik zu integrieren. Das gilt sowohl für die Optik als auch für die Thermodynamik, die sich mit Hilfe der statistischen Mechanik verstehen läßt. Hinsichtlich seiner Bedeutung für die Physik muß MAXWELL an die Seite NEWTONS gestellt werden.

Zum Ende des 19. Jahrhunderts gibt es nur noch einige kleinere „renitente" Phänomene, die in den klassischen Rahmen schwer einzufügen sind. Dazu gehören die Lichtausbreitung in strömenden Medien, die Strahlung des schwarzen Körpers und die Radioaktivität. Diese Phänomene haben den Anlaß zur Entwicklung der Relativitäts- und der Quantentheorie sowie der gesamten atomaren Physik in unserem Jahrhundert gegeben. Diese neuen Theorien haben die Grundkonzeptionen der klassischen Physik – die Vorstellungen über Raum und Zeit sowie über die Kausalität – verändert oder doch zumindest dazu geführt, daß wir sie heute in einem andern Licht sehen.

Die neue Revolution der Physik unterscheidet sich jedoch grundlegend von der des 17. Jahrhunderts. Sie hat keine Scherbenhaufen hinterlassen, die wegzuräumen waren, sondern lediglich alle früheren Erkenntnisse auf den ihnen zukommenden Platz gerückt, d. h., ihre Gültigkeitsbereiche aufgezeigt. Das Vertrauen in die Newtonsche Mechanik ist, soweit überhaupt möglich, dadurch noch größer geworden. Sie hat nun zwar das Attribut „uneingeschränkt richtig" verloren, aber dieses Attribut werden auch neuere Theorien nicht erhalten. Von nun an gelten in den historischen Entwicklungsabschnitten der Physik Gesetze, die immer tiefere Einblicke in die Natur ermöglichen, aber einen beschränkten Gültigkeitsbereich haben. Innerhalb der festgelegten Grenzen des Gültigkeitsbereiches können diese Gesetze aber überleben.

Die Wissenschaft wird in ihren Details immer komplizierter, vereinfacht sich jedoch immer mehr in den Grundlagen. Das Streben nach dem Endzustand *(causa finalis)* sowie nach einer vollkommenen Harmonie, das in der Antike und im Mittelalter zur Deutung physikalischer Erscheinungen herangezogen worden ist, wurde durch die wirkenden Ursachen und schließlich durch einen funktionalen Raum-Zeit-Zusammenhang ersetzt. Heute werden Wahrscheinlichkeitsprozesse, die in einem durch die Erhaltungssätze abgesteckten Rahmen ablaufen, als grundlegend angesehen.

In *Tabelle 0.4 – 1* haben wir die charakteristischen Züge der einzelnen Epochen zusammengefaßt.

Die *Farbtafel I* zeigt die Bühne, auf der die Physikgeschichte abgelaufen ist. Mit Worten ließe sich wohl schwerlich treffender darstellen, wie sich das menschliche Tun in kosmische Dimensionen einfügt.

Abbildung 0.4 – 3
Die Chinesen sind zu Recht auf ihre alte Kultur stolz. In einem 1978 erschienenen Buch über die Geschichte der antiken chinesischen Wissenschaft und Technik finden wir eine Darstellung des Pascalschen Dreiecks, die lange vor *Pascal* entstanden ist. In einem modernen Lehrbuch der Elektrodynamik werden jedoch die Gleichungen von *Maxwell* und *Faraday* abgehandelt und ihre Namen angegeben. Die von uns unterstrichenen Zeichen können nach den offiziellen chinesischen Transkriptionsregeln wie folgt in lateinische Buchstaben übertragen werden: fa la di *(Faraday)* und ma ke si wei *(Maxwell)*

	−600	+529	1543	1687	1900
Epoche	DAS ANTIKE ERBE	DIE HÜTER DES ERBES	ENDE UND NEUBEGINN	DIE ENTFALTUNG DER KLASSISCHEN PHYSIK	PHYSIK DES 20. JAHRHUNDERTS
Verhältnis der Wissenschaft zur Religion	unabhängig	„Magd der Theologie"	unabhängig		
Verhältnis zwischen Idee und Realität	DER MENSCHLICHE VERSTAND IST FÄHIG, DIE WELT ZU ERKENNEN				
	auch die Grundprinzipien	mit Hilfe des Glaubens	mit Hilfe der Empirie		
Wichtige Ergebnisse	Geometrie, Statik, beschreibende Astronomie	Qualität → Quantität Impetus-Theorie	Vereinigung irdischer und himmlischer Gesetze, Klärung der Methode	klassische Mechanik, Elektrodynamik	Relativitätstheorie, Quantenmechanik
Zentrale Persönlichkeiten	ARISTOTELES	THOMAS VON AQUINO	GALILEI DESCARTES	NEWTON MAXWELL	PLANCK EINSTEIN HEISENBERG
Charakter der Naturgesetze	EWIGE WAHRHEITEN deterministisch		APPROXIMATIONEN statistisch		

Tabelle 0.4−1
Charakteristika der Epochen in stark vereinfachter Darstellung
  Die Bedeutung der (willkürlich gewählten) Epochengrenzen:
−600 Beginn der Lehrtätigkeit ionischer Philosophen
+529 Kaiser *Justinian* läßt die letzten Philosophenschulen in Athen schließen.
    Im selben Jahre gründet der heilige *Benedikt* seinen Mönchsorden
1543 Erscheinen des Buches *De revolutionibus...* von *Kopernikus*
1687 Erscheinen der *Principia Newtons*
1900 Geburt der Planckschen Quantentheorie

Teil 1

Berühmte Sportler, die in Olympia, an den Pythien, Isthmien und Nemeen Siege errungen hatten, haben die Vorfahren der Griechen mit so hohen, ehrenvollen Auszeichnungen bedacht, daß sie nicht nur in der Festversammlung mit Siegespalme und Siegerkranz stehend Ruhm ernten, sondern auch, wenn sie siegreich in ihre Stadt zurückkehren, im Triumphzug auf einem Viergespann in ihre Heimstadt und zu ihrem Vaterhaus gefahren werden und in den Genuß eines von der Bürgerschaft beschlossenen lebenslänglichen Ehrensoldes kommen. Wenn ich also dies betrachte, muß ich mich wundern, warum die gleichen ehrenvollen Auszeichnungen und sogar noch größere nicht auch den Schriftstellern zuteil geworden sind, die aller Welt für alle Ewigkeit unendliche, gute Dienste leisten. Es wäre nämlich würdiger gewesen, diese Einrichtung zu treffen, weil die Sportler durch Training ihre eigenen Körper stählen, die Schriftsteller aber nicht nur ihren eigenen Geist, sondern das allgemeine Geistesleben bereichern, da sie durch ihre Bücher Lehren bereithalten, damit man durch sie Kenntnisse erwirbt und den Geist schärft. Was nützen nämlich *Milon aus Kroton,* weil er unbesiegt geblieben ist, oder die übrigen, die auf demselben Gebiet Sieger waren, den Menschen? Nur zu ihren Lebzeiten genossen sie unter ihren eigenen Mitbürgern Wertschätzung. Die auf das tägliche Leben bezüglichen Lehren des *Pythagoras* aber und die des *Demokrit,* des *Platon,* des *Aristoteles* und der übrigen Philosophen, mit unermüdlichem Fleiß gepflegt, bringen nicht nur ihren Mitbürgern, sondern auch der ganzen Menschheit frische und lieblich duftende Früchte hervor. Diejenigen, die sich von frühester Jugend an aus diesen Schriften mit einem Übermaß gelehrten Wissens erfüllen, haben die besten, klugen Gedanken und werden in ihren Gemeinden zu den Schöpfern menschlich-sittlichen Verhaltens, der Rechtsgleichheit, der Gesetze, ohne die kein Staat sicher bestehen kann. Da also von den weisen Schriftstellern den Menschen sowohl im privaten wie im öffentlichen Leben so bedeutungsvolle Gaben geschenkt sind, muß man ihnen nach meiner Meinung nicht nur Palmen und Kränze verleihen, es müßten ihnen sogar Triumphe beschlossen werden, und sie müßten für würdig befunden werden, daß man ihnen einen Platz unter den Göttern anwiese.

VITRUV: *Zehn Bücher über Architektur.* 9. Buch. Vorrede
Deutsch von *Dr. Curt Fensterbusch.* Darmstadt 1981

Das antike Erbe

1.1 Das Erbteil der Griechen

Als die Griechen begannen, die Grundlagen der Naturwissenschaft im heutigen Sinn zu legen, d. h., als sie anfingen, die Natur aufgrund der ihr innewohnenden Gesetzmäßigkeiten, ohne Einbeziehung himmlischer Mächte, zu erklären und den Anspruch auf Richtigkeit und Nachprüfbarkeit ihrer Erklärung zu erheben, da stand ihnen bereits als Material und Ausgangspunkt eine Wissensmenge zur Verfügung, die von der Menschheit im Verlaufe von Jahrtausenden gesammelt, mehr oder weniger geordnet und in einigen Details schon erstaunlich gut bearbeitet worden war. AISCHYLOS gibt − eher im übertragenen als im eigentlichen Sinne des Wortes − eine Inventur des geistigen Ausgangskapitals, wobei er mit dem Hinweis auf den göttlichen Ursprung des Wissens lediglich seinen Wert hervorzuheben bestrebt ist *(Zitat 1.1−1)*. Die Griechen sind sich über die wahren Quellen sehr wohl im klaren gewesen, auch wenn sie nach unseren heutigen Kenntnissen Ägypten auf Kosten von Mesopotamien eine unangemessen große Rolle zuerkannt haben. So wurden nach HERODOT die Grundlagen von Geometrie und Astronomie von den Ägyptern gelegt. Die griechischen Philosophen, die z. T. recht selbstbewußt gewesen sind und sich zuweilen an ihren Ergebnissen berauschen konnten, haben sich zum Herausstreichen ihrer eigenen Leistungen mit ägyptischen Priestern oder Seilspannern (Harpenodapten) verglichen.

Im folgenden wollen wir ein wenig ausführlicher untersuchen, auf welchem Erbe an Wissen die Griechen aufbauen konnten.

1.1.1 Die Anfänge der Wissenschaften

Erkenntnisse lassen sich unter Verwendung abstrahierter Begriffe zu einer Wissenschaft ordnen, doch kann das Auftauchen solcher Begriffe noch nicht als Anfang einer Wissenschaft gelten *(Zitat 1.1−2)*, denn bereits der Gebrauch der Sprache setzt abstrahierte Begriffe voraus. In ihnen sind aber schon wesentliche Elemente der Wissenschaft, nämlich Abstraktion und Klassifizierung, enthalten. Der abstrakte Begriff „Büffel" enthält bereits ein Ordnungsprinzip, das über die Bezeichnung „Büffel" für ein einzelnes konkretes Lebewesen hinausgeht. Mit dem Verteilen der Beute und der Organisation der Arbeit hat sich im Menschen völlig unbewußt eine Klassifizierung der Dinge seiner Umgebung und schließlich eine gegenseitige Zuordnung dieser Klassen herausgebildet. In der Sprache der Mathematik bedeutet das, daß im Verlaufe dieses Prozesses zunächst jene Elemente zu Mengen zusammengefaßt wurden, die in einer bestimmten Beziehung zueinander stehen, und dann Relationen zwischen den Mengen aufgestellt wurden. Ein Schritt von größter Bedeutung für die Entwicklung der Wissenschaften ist die Abbildung von Mengen unterschiedlicher Gegenstände (Pflanzen, Tieren, Menschen u. a.) auf eine einzige Menge, z. B. auf eine Anzahl von Strichen. Mit diesem Schritt bildete sich der Zahlenbegriff heraus *(Abbildung 1.1−1)*.

Ein ähnlich bedeutsamer Schritt ist die Zuordnung des abstrakten Begriffes der Linie zu den Konturen von Gegenständen, zu Spuren im Sand oder zur Sehne eines Bogens. Dabei bildete sich die Geometrie heraus, wohl auch die Geometrie als Selbstzweck und die Geometrie der Ornamente. Von ihr ist weit später ein sehr moderner Zweig der Geometrie ausgegangen, der in der Neuzeit bei der Untersuchung der für die Physik sehr wichtigen Symmetrien Bedeutung erlangt hat *(Abbildung 1.1−2)*.

Betrachtet man die Zeichnungen oder Kleinplastiken der Urmenschen, dann liegt die Frage nach dem wissenschaftlichen Niveau nahe, das bei

Zitat 1.1−1
Versunken hausten sie wie die windfüßigen Ameisen tief in ihrer Gruben Finsternis.
Fehlt' ihnen jedes Zeichen, wann der Winter kam,
Wann Frühling blühend anhub, wann die reife Frucht
Des Sommers; jeder Einsicht bar vertaten sie
Ihr Tun, eh' ich sie nicht das schwere Wissen lehrt'
Vom Aufgehn der Gestirn' und ihrem Niedergehn.
Die Zahl erfand ich ihnen, jeder Kenntnis Kern,
Die Schrift setzt' ich zusammen, die Bewahrerin
Von allem, Meisterin, die der Musen Mutter ist.
Ich beugt' als erster Tiere unters Joch, daß sie
Dem Zaumzeug sich, dem Sattel fügten und würden so
Träger der größten Lasten für die Sterblichen;
Die Rosse schirrt' ich zum Gespann, daß willig sie
Dem Zügel folgen, ein Kleinod in des Reichen Prunk;
Ich war es, der die meerhin Fliegenden erschuf,
Die Linnenflügel, karge Hut der Schiffenden.
Doch der ich mit so vieler Kunst die Sterblichen
Beschenkt', weiß, Unglückseliger, selbst mir keinen Rat,
mich aus der Not zu lösen, die mich jetzt bedrängt.
AISCHYLOS: *Der gefesselte Prometheus*. Deutsch von *L. Wolde*

Zitat 1.1−2
Tief ist der Brunnen der Vergangenheit. Sollte man ihn nicht unergründlich nennen?

Dies nämlich dann sogar und vielleicht eben dann, wenn nur und allein das Menschenwesen es ist, dessen Vergangenheit in Rede und Frage steht: dies Rätselwesen, das unser eigenes natürlich--lusthaftes und übernatürlich-elendes Dasein in sich schließt und dessen Geheimnis sehr begreiflicherweise das A und das O all unseres Redens und Fragens bildet, allem Reden Bedrängtheit und Feuer, allem Fragen seine Inständigkeit verleiht. Da denn nur gerade geschieht es, daß, je tiefer man schürft, je weiter hinab in die Unterwelt des Vergangenen man dringt und tastet, die Anfangsgründe des Menschlichen, seiner Geschichte, seiner Gesittung, sich als gänzlich unerlotbar erweisen, um vor unserem Senkblei, zu welcher abenteuerlichen Zeitenlänge wir seine Schnur auch abspulen, immer wieder und weiter ins Bodenlose zurückweichen. Zutreffend aber heißt es hier „wieder und weiter"; denn mit unserer Forscherangelegentlichkeit treibt das Unerforschliche eine Art von foppendem Spiel: Es bietet ihr Scheinhalte und Wegesziele, hinter denen, wenn sie erreicht sind, neue Vergangenheitsstrecken auftun, wie es dem Küstengänger ergeht, der des Wanderns kein Ende findet, weil hinter jeder lehmigen Dünenkulisse, die er erstrebte, neue Weiten zu neuen Vorgebirgen vorwärtslocken.
THOMAS MANN: *Joseph und seine Brüder*

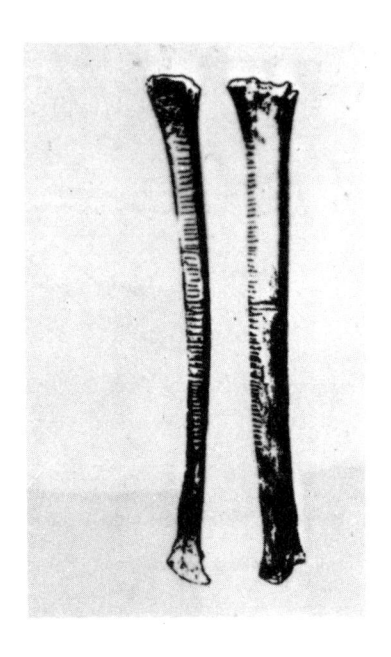

Abbildung 1.1 – 1
Die Anordnung der Striche in Gruppen beweist, daß der Zahlenbegriff bereits bekannt gewesen sein muß (einmal 25 und einmal 30 Kerben auf einem Schienbeinknochen eines Wolfes. Věstonice, ČSSR).
KOLMAN: *Istorija matematiki v drevnosti*

Abbildung 1.1 – 2
Der Sinn für die Symmetrie geometrischer Figuren hat sich früh herausgebildet. Die Abbildung zeigt ein Gefäß aus der neolithischen Yang-shao-Kultur etwa 2000 v. u. Z.
Ergebnisse der alten chinesischen Wissenschaft und Technik. Peking 1978

diesen künstlerischen Leistungen vorauszusetzen sein könnte. Eine zweidimensionale Darstellung räumlich ausgedehnter Körper erfordert nämlich bereits eine sehr hohe Abstraktionsstufe, und die Abstraktion ist hier auch mit einer scharfen Beobachtungsgabe verknüpft, die ebenfalls eine notwendige Voraussetzung für wissenschaftliche Forschung ist *(Abbildung 1.1 – 3)*. Der in den Tierzeichnungen oft — ebenfalls in abstrakter Darstellung — eingezeichnete Pfeil weist darauf hin, daß der Urmensch das in seiner Vorstellung existierende allgemeine Bild mit der Wirklichkeit zu verknüpfen verstanden hat. Er ist dabei nicht nur den uns heute geläufigen Weg gegangen, das Allgemeine aus dem konkreten Einzelfall zu abstrahieren, sondern hat auch in der anderen Richtung angenommen, daß die erdachten und auf abstrakte Weise realisierten Geschehnisse auf die Wirklichkeit zurückwirken. Das Töten des abstrakten Büffels mit dem abstrakten Pfeil soll den Tod des wirklichen Büffels durch den wirklichen Pfeil nach sich ziehen oder zumindest begünstigen. Der Urmensch hat die Welt wohl noch mehr als Einheit gesehen und daran geglaubt, abstrakte Darstellung und Realität mystisch aufeinander wirken lassen zu können. Wir können hier gewissermaßen den Ausgangspunkt für einen seit langem andauernden Streit sehen, der um das Verhältnis zwischen allgemeinem Begriff und konkretem Objekt oder zwischen Idee und Realität entbrannt ist. Er beginnt mit PARMENIDES, führt über die Auseinandersetzungen der Nominalisten und Realisten im Mittelalter bis hin zu HEGEL.

Es sind natürlich nicht nur Vorstellungen über das Sein und Bewußtsein des Urmenschen erarbeitet worden, die der Phantasie einen breiten Raum lassen, sondern es ist auch mit den modernen Mitteln der Naturwissenschaften nach Spuren gesucht worden, die eindeutig auf das Vorliegen wissenschaftlicher Erkenntnisse in der Urgemeinschaft hinweisen. Oft scheinen auch diese Untersuchungen mit nicht weniger Phantasie ausgewertet worden zu sein. So sehen wir auf *Abbildung 1.1 – 4* einen Versuch, eine Reihe von Zeichen auf einem Knochen, die bislang als Verzierung angesehen worden war, als Darstellung der periodischen Änderung der Mondphasen zu deuten. Der Beweis ist zwar nicht so recht überzeugend, die Methode aber kann in der Zukunft noch manche Überraschung bringen.

Aus den ältesten schriftlich überlieferten Mythen können wir entnehmen, daß die Menschen seit Urzeiten das Wissen als einen großen Schatz angesehen haben, der nur göttlichen Ursprungs sein kann. Dieser Wertschätzung entspricht nicht nur der Mythos von der überirdischen Herkunft des Wissens, sondern auch die Überlieferung, daß die Götter den Wissensschatz stets eifersüchtig bewacht haben. Um dieses Schatzes teilhaftig zu werden, mußte entweder ein Gott oder der Mensch selbst gegen die Götterwelt aufbegehren. Die Strafe ist weder für PROMETHEUS noch für das erste Menschenpaar nach dem Sündenfall ausgeblieben *(Zitat 1.1 – 3)*. Am einsichtigsten haben sich vielleicht die Götter Mesopotamiens verhalten. Sie haben erkannt, daß sie die Menschen benötigen, um sich verehren, anbeten und mit Opfergaben versorgen zu lassen. Aus diesem Grunde haben die Götter die Menschen all das gelehrt, was für eine gebührende Anbetung nötig ist *(Zitat 1.1 – 4)*.

Etwa im fünften Jahrtausend vor unserer Zeitrechnung haben sich in einigen Stromtälern bedeutende Reiche herauszubilden begonnen. Längs des Nils, des Euphrats und Tigris, des Indus sowie des Gelben Flusses sind ungefähr zur gleichen Zeit Staaten mit hochentwickeltem städtischem Leben entstanden. Sie wurden zentral verwaltet, und ihre Bevölkerung war bereits in Klassen gegliedert *(Abbildungen 1.1 – 5a, b)*. Auf die Herausbildung der griechischen Kultur und damit letztlich die der europäischen Kultur hatten nur das ägyptische und die mesopotamischen Reiche einen unmittelbaren Einfluß. Wir werden uns deshalb im weiteren auch nur mit diesen beiden Kulturen beschäftigen, wobei wir jedoch betonen, daß auch in den Staaten längs des Indus' und des Gelben Flusses gleichwertige Leistungen hervorgebracht worden sind.

1.1.2 Ägypten und Mesopotamien

Die Kulturen entlang der Ströme weisen in ihrer geschichtlichen Entwicklung eine große Ähnlichkeit auf. Die Ströme boten der an ihren Ufern lebenden Bevölkerung überall die gleichen Möglichkeiten zum Fischfang und zur Bewässerung der fruchtbaren Flußauen, und es gab auch überall die gleichen Schwierigkeiten. Zu bestimmten Zeiten mußte man sich gegen verheerende Überschwemmungen, zu anderen Zeiten gegen die Trockenheit schützen. All das erforderte einen gewissen Entwicklungsstand der Technologie sowie der Arbeitsorganisation und damit auch eine bestimmte soziale Organisation. Da die Probleme sich jedoch Jahr für Jahr oder auch in jeder Generation wiederholten, neigten sowohl die entstandenen Technologien als auch die damit verbundenen Organisationsstrukturen zur Erstarrung. Bis zu einem gewissen Grade lag darin natürlich auch ihre Stärke und Festigkeit. Wir können so z. B. verstehen, daß die ägyptische Kultur nahezu vier Jahrtausende überlebt hat und dabei auf einem verhältnismäßig früh erreichten Niveau stehengeblieben ist.

Die Kulturen von Ägypten und Mesopotamien zeigen neben ihrer Ähnlichkeit in bestimmten Hinsichten auch wesentliche Unterschiede, die aus den unterschiedlichen geographischen Gegebenheiten resultieren. Ägypten stellt eine in sich geschlossene Einheit dar, da der größte Teil seiner Grenzen, wenn wir von der offenen Südgrenze absehen, durch unbesiedelte Wüsten gebildet wird. Von außen konnte es also weder durch andere Zivilisationen befruchtet noch durch Angriffe in seiner staatlichen Existenz gefährdet werden. Es existierte nur ein einziges, militärisch leicht zu verteidigendes Tor, das Ägypten mit den anderen Zivilisationen verband, die Halbinsel Sinai. So ist es einfach zu verstehen, daß Ägypten, wenn wir von dem Einfall der Hyksos einmal absehen, nicht unter Fremdherrschaft geraten ist. Ganz anders ist die Situation in Mesopotamien. Im Zwischenstromland am

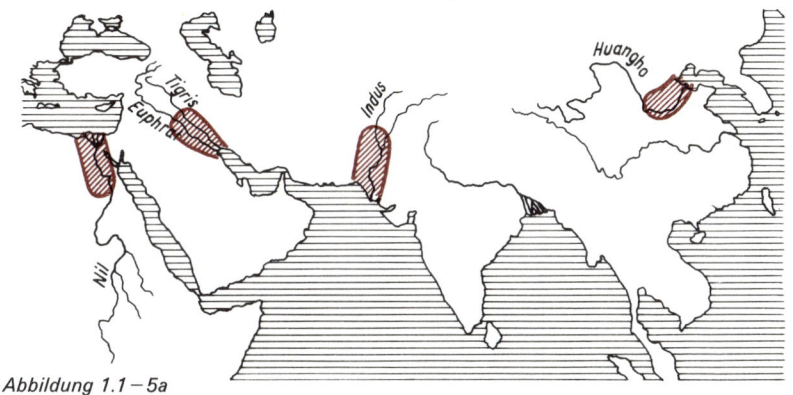

Abbildung 1.1–5a
Flußtal-Kulturen, etwa 2000 v. u. Z.

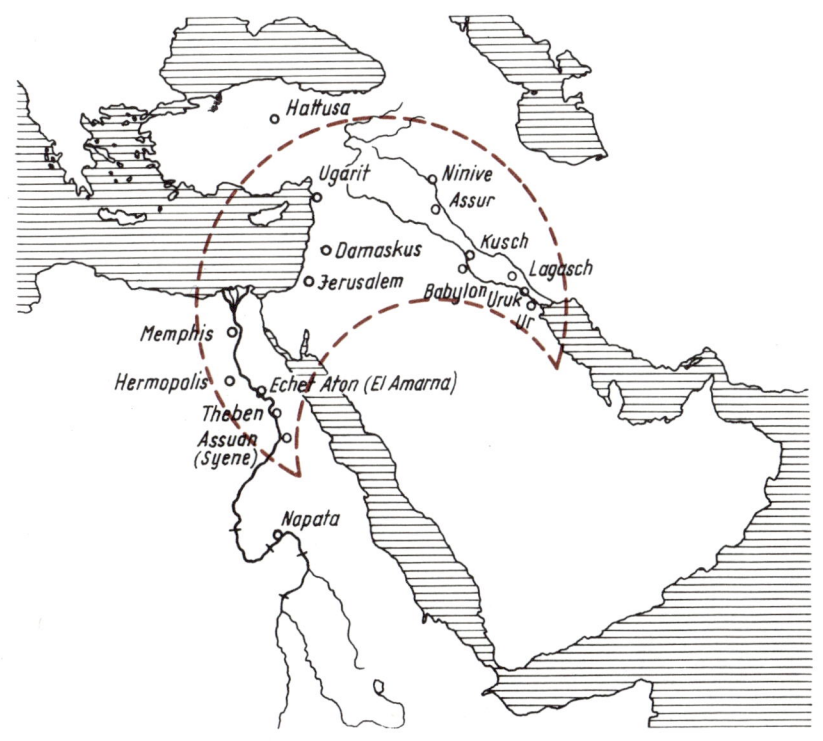

Abbildung 1.1–5b
Ägypten und Mesopotamien (der fruchtbare Halbmond)

Abbildung 1.1–3
Über die künstlerischen Merkmale hinaus zeigt dieses Bild auch zwei Elemente der Wissenschaft: Abstraktion und realistische Beobachtung. Teil einer Knochen-Schnitzerei aus Lortet *(nach Breuil)*

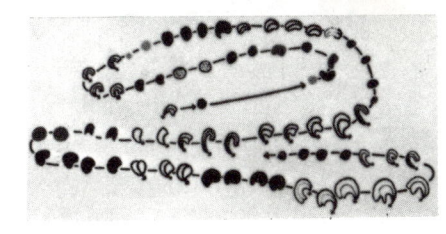

Abbildung 1.1–4
Erste Ergebnisse astronomischer Beobachtungen (?): *Alexander Marshack* deutet die Zeichen auf diesem nahezu 30 000 Jahre alten Knochen als Darstellungen der Mondphasen durch den Cro-Magnon-Menschen. [1.3]

Zitat 1.1–3
Und Gott der Herr ließ aufwachsen aus der Erde allerlei Bäume, verlockend anzusehen und gut zu essen, und den Baum des Lebens mitten im Garten und den Baum der Erkenntnis des Guten und Bösen...

Und Gott der Herr nahm den Menschen und setzte ihn in den Garten Eden, daß er ihn bebaute und bewahrte. Und Gott der Herr gebot dem Menschen und sprach: Du darfst essen von allen Bäumen im Garten, aber von dem Baum der Erkenntnis des Guten und Bösen sollst du nicht essen; denn an dem Tage, da du von ihm issest, mußt du des Todes sterben...

Und das Weib sah, daß von dem Baum gut zu essen wäre und daß er eine Lust für die Augen wäre und verlockend, weil er klug machte. Und sie nahm von der Frucht und aß und gab ihrem Mann, der bei ihr war, auch davon, und er aß...

Siehe, der Mensch ist geworden wie unsereiner und weiß, was gut und böse ist. Nun aber, daß er nur nicht ausstrecke seine Hand und breche auch

Ägypten	Mesopotamien
−2000 Hieroglyphen	Hexagesimal-Zahlensystem
Moskauer Papyrus	Multiplikations- und Divisionstafeln
Papyrus Rhind	
−1700 (Ahmes)	Hammurapi
−1500	
Echnaton	
hieratische Schrift	
−1000 Verwendung des Eisens	Assyrer
	Beobachtung von Sonnen- und Mondfinsternissen
−650	Bibliothek des Assurbanipal
−500	Chaldäer / Meder / Perser
	Beobachtung der Planetenbewegung
−332	Alexander der Große
Hellenismus	
−30 / 0	
+100 römische	Parther
200	
300 Kultur	
400	
500 Byzanz	
	Sassaniden
600	
640	
700 Islam	
800	

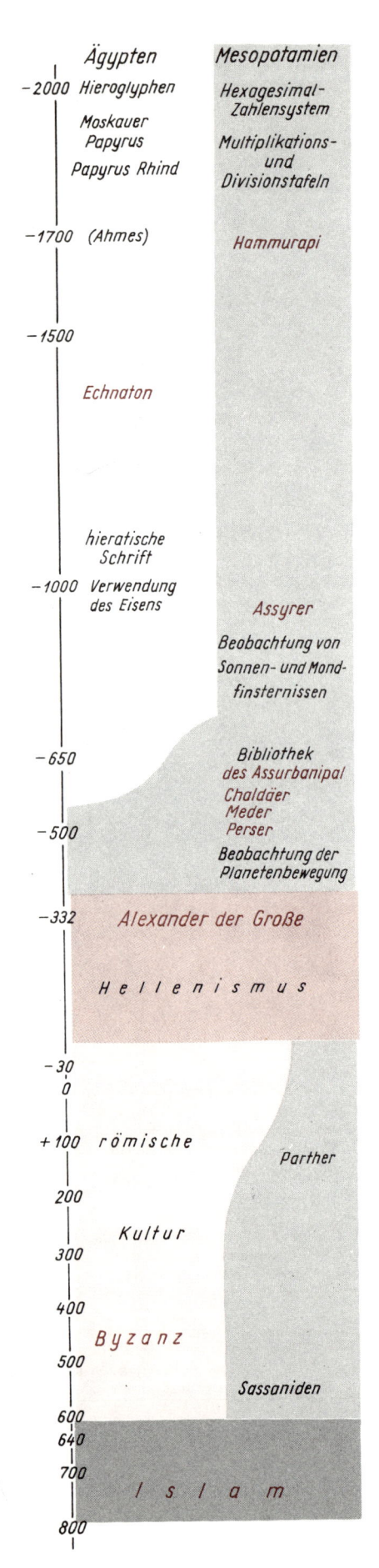

Abbildung 1.1−5c
Aus unserer Sicht wichtige Ereignisse in der Geschichte Ägyptens und Mesopotamiens

Euphrat und Tigris haben nacheinander verschiedene lebenskräftige Nomadenstämme versucht, mit den Stadtstaaten, die auf einer höheren Kulturstufe gestanden haben, entweder auf friedlichem Wege Waren auszutauschen oder durch Überfälle zu den begehrten Reichtümern zu gelangen und schließlich auch sie zu erobern. Deshalb ist die Geschichte des Zwischenstromlandes bewegter und farbiger. Immer wieder neue Eroberer haben das Erbe ihrer Vorgänger übernommen und dieses um ihre Besonderheiten bereichert. In diesem Sinne können wir auch hier von einer stetigen Entwicklung einer einheitlichen Kultur sprechen.

Ein anderer Unterschied beider Kulturkreise resultiert aus den verwendeten Rohmaterialien. In Ägypten sind zum Bauen der Stein und zum Schreiben der Papyrus vorrangig verwendet worden. Mesopotamien jedoch ist arm an Holz und natürlichen Steinvorkommen, deshalb sind zum Bauen gebrannte Lehmziegel und zum Schreiben Schrifttafeln, die ebenfalls aus Lehm oder Ton gefertigt wurden, benutzt worden. Die ägyptischen Baudenkmäler haben sich besser erhalten als die im gleichen Zeitraum errichteten mesopotamischen, was wegen der verwendeten Baumaterialien verständlich ist. Hingegen sind uns weit mehr Schriftzeugnisse auf gebrannten Tontafeln erhalten geblieben als Papyrusrollen. Sie füllen ganze Bibliotheken von mehreren tausend Bänden mit Berichten vom Alltagsleben, den Wissenschaften und der Kultur des Zwischenstromlandes. Natürlich vermitteln auch die erhaltengebliebenen Aufschriften auf Grabmälern und Tempeln wertvolle Informationen über die Kultur Ägyptens, aber sie sind doch vor allem dazu gedacht gewesen, ruhmreiche Feldzüge sowie lobenswerte Taten der verstorbenen Angehörigen der herrschenden Klasse zu verewigen und dies alles einem göttlichen Richter zu übermitteln. Dieses Ziel schließt aber aus, daß auf den Inschriften wissenschaftliche Probleme systematisch abgehandelt werden.

Noch eine Besonderheit müssen wir erwähnen, die das Leben in Ägypten bestimmt und sich auf die Wissenschaften ausgewirkt hat. Der Nil hat mit der Pünktlichkeit eines Kalenders die Felder überflutet und auf ihnen Jahr für Jahr den aus Innerafrika mitgeführten Schlamm abgelagert. Durch die Schlammschicht wurden die Grenzmarkierungen der Ländereien unkenntlich gemacht, so daß sie jedes Jahr neu zu vermessen waren. Aus diesem Grunde haben die Landmesser, die von den Griechen als Seilspanner (Harpenodapten) bezeichnet worden sind, eine so große Bedeutung erlangt. Natürlich ist auch sehr wichtig gewesen, den Beginn der Überschwemmungen vorauszusagen. Die astronomischen Beobachtungen haben in Ägypten also nicht nur die Aufgabe gehabt, die Zeitpunkte religiöser Feiertage festzulegen, sondern sie haben auch der „Produktionsplanung" gedient.

Das Kupfer finden wir in beiden Kulturkreisen vom 4. Jahrtausend ab, vielleicht infolge bestimmter Kontakte, vielleicht aber auch deshalb, weil allgemein bei gleichen Bedürfnissen und ähnlichen Bedingungen ähnliche Lösungen gefunden werden. Ein Jahrtausend später ist mit der Bronzeverarbeitung und wiederum ein Jahrtausend später mit der Verarbeitung des Eisens begonnen worden. Zur gleichen Zeit ist im Ackerbau der Pflug und zum Lastentransport neben Lasttieren auch der Radkarren eingeführt worden. Segelschiffe sind gebaut worden, und die Handwerker, so z. B. die mit der Töpferscheibe arbeitenden Töpfer und die Schmiede, haben begonnen, eine eigene Schicht der Bevölkerung zu bilden. Als Überbau der so entstandenen Produktionsverhältnisse hat sich im 4. Jahrtausend v. u. Z. die Sklavereigesellschaft herausgebildet. Es sind Städte mit Tempeln, der dazugehörigen Priesterkaste, königlichen Residenzen und der in ihrem Umkreis lebenden Aristokratie entstanden. Die Städte haben sich fortlaufend vergrößert und den Handel sowie das Handwerk an sich gezogen.

In der *Abbildung 1.1−5c* sind die wichtigsten historischen und kulturellen Ereignisse in Ägypten und Mesopotamien zusammenfassend nebeneinander dargestellt. Wir können der Tabelle auch Angaben entnehmen, die für die Wissenschaftsgeschichte von Interesse sind, so z. B., daß die Schrift bereits 2000 Jahre vor unserer Zeitrechnung bekannt gewesen ist. Außerdem ist die Entstehungszeit der Papyri angegeben, denen wir unsere Kenntnisse über die altägyptische Mathematik und Geometrie verdanken. Über die mesopotamischen Wissenschaften gibt uns unter anderem die Bibliothek des ASSURBANIPAL (Assurbanapli) in Ninive Auskunft.

Da der Mittelpunkt der hellenistischen Kultur in Alexandria, auf dem Gebiet des ägyptischen Reiches, gelegen hat, lohnt es sich, auch die letzte Epoche der Geschichte Altägyptens etwas genauer zu betrachten und die politischen Umwälzungen bis zur Eroberung durch die Araber um das Jahr 640 kurz darzustellen.

Nach nahezu 4000 Jahren eigenstaatlicher Existenz wurde Ägypten im 6. Jahrhundert v. u. Z. zunächst von den mit den Assyrern verwandten Chaldäern und dann von den Persern erobert. Nach dem Zusammenbruch des persischen Reiches wurde Ägypten im Jahre 332 ein Teil des Reiches ALEXANDERS DES GROSSEN. Nach ALEXANDERS Tode hat PTOLEMÄUS, einer seiner Generäle, dieses Gebiet „geerbt". Er ist der erste Herrscher der über Ägypten herrschenden Dynastie der Ptolemäer. Unter dieser Dynastie hat das von ALEXANDER DEM GROSSEN gegründete Alexandria im 3. Jahrhundert v. u. Z. seine Blütezeit erlebt. Im Jahre 30 v. u. Z. ist Ägypten römische Provinz geworden. Nach der Teilung des Römischen Reiches gehörte es bis zur Eroberung durch die Araber zum Oströmischen Reich.

Wie wir oben schon erwähnt haben, verdanken wir unsere Kenntnisse über die ägyptische Wissenschaft zwei größeren Papyri sowie einigen Bruchstücken. Der eine Papyrus ist der Papyrus Rhind (benannt nach dem schottischen Archäologen HENRY RHIND, der ihn 1858 gefunden hat) und der andere ist der Moskauer Papyrus. Der Papyrus Rhind wird auch als Papyrus AHMES bezeichnet, da der Schreiber auf dem Papyrus seinen Namen so mitteilt und zudem noch verspricht, alle existierenden geheimen Kenntnisse zu offenbaren. Der Papyrus Rhind dürfte gegen 1700 v. u. Z. geschrieben worden sein, die auf ihm mitgeteilten Erkenntnisse sind aber mit großer Wahrscheinlichkeit weit älter.

Im folgenden wollen wir einige charakteristische Züge der altägyptischen Mathematik und die von ihr erzielten herausragenden Ergebnisse darstellen.

Die Ägypter haben ein Dezimalsystem verwendet, in dem sie den Einern, Zehnern, Hundertern usw. besondere Symbole *(Abbildungen 1.1−6a, b)* zugeordnet haben. Die Zahl 7 wurde z. B. mit Hilfe von sieben Einer-Zeichen dargestellt, wobei die Zeichen nebeneinander, untereinander oder auf irgendeine andere, nicht immer gleiche Art angeordnet worden sind. Analog dazu wurde z. B. die Zahl 60 aus sechs neben- oder untereinander angeordneten Zehner-Zeichen, die in ihrer Form einem auf dem Kopf gestellten U ähneln, zusammengesetzt *(Abbildung 1.1−7)*.

Eine sehr große Rolle hat in der ägyptischen Mathematik der Stammbruch (Reziprokwert einer ganzen Zahl) gespielt *(Abbildung 1.1−8 und Abbildung 1.1−9)*. Es wurden spezielle Tabellen benutzt, um beliebige Brüche als Summe von Stammbrüchen darzustellen. Dabei waren z. B. folgende Zerlegungen bekannt:

$$\frac{2}{5} = \frac{1}{3} + \frac{1}{15},$$

$$\frac{2}{43} = \frac{1}{42} + \frac{1}{86} + \frac{1}{129} + \frac{1}{301}.$$

Eine charakteristische Aufgabe aus dem Papyrus Rhind und ihre Lösung lautet:

Eine Zahl von Gegenständen, vermehrt um ein Siebentel dieser Zahl, ergibt 19 Gegenstände. Wie lautet die Zahl?

Heute läßt sich diese Aufgabe mit den elementaren Mitteln der Algebra wie folgt lösen:

$$x + \frac{x}{7} = 19,$$

woraus

$$x = \frac{7 \cdot 19}{8}$$

folgt.

Die ägyptischen Mathematiker haben diese Aufgabe auf folgendem Wege gelöst: Anstelle der noch nicht bekannten Lösung geben wir uns eine beliebige Zahl als Probelösung vor, wonach wir mit dieser Zahl die nach der Aufgabenstellung erforderlichen Operationen ausführen. Nehmen wir z. B. an, daß die Lösung, d. h. die gesuchte Zahl von Gegenständen, gleich 7 sei. Berechnen wir den siebenten Teil dieser Zahl, so erhalten wir 1. Daraus folgt, daß die Anzahl der Gegenstände, vermehrt um ein Siebentel der Zahl gleich 8 ist, denn es gilt $7 + 1 = 8$. Nach der Aufgabenstellung sollte sich

von dem Baum des Lebens und esse und lebe ewiglich! Da wies ihn Gott der Herr aus dem Garten Eden, daß er die Erde bebaute, von der er genommen war. Und er trieb den Menschen hinaus und ließ lagern vor dem Garten Eden die Cherubim- mit dem flammenden, blitzenden Schwert, zu bewachen den Weg zu dem Baum des Lebens.
DIE BIBEL. 1. Mose 1.2 und 2.3
Nach der deutschen Übersetzung *Martin Luthers*.
Evangelische Haupt-Bibelgesellschaft zu Berlin. 1965

Zitat 1.1 − 4
... lasset uns Menschen erschaffen.
Ihre Pflicht sei den Göttern zu dienen,
Für alle Zeiten
die Fluren zu bewahren.
Lasset uns Hacke und Korb in ihre Hände geben,
um ein Gebäude zu errichten,
würdig, als erhabenes Heiligtum,
als Wohnsitz der Götter zu dienen.
Ihre Pflicht sei, Feld von Feld abzugrenzen,
für alle Zeiten
die Fluren zu bewahren,
den Kanälen den richtigen Lauf zu geben,
die Grenzsteine zu bewahren,
das Feld der Annunaki-Götter zu bebauen
und reiche Ernte zu ernten,
um die Fülle im Lande zu erhöhen.
Die Feste zur Ehre der Götter zu feiern
und kaltes Wasser auf den Altarstein
im großen erhabenen Heiligtum der Götter zu gießen.
ALEXANDER HEIDEL: *The Babylonian Genesis*.
Phoenix Books. The University of Chicago Press.
III, pp. 68 − 70

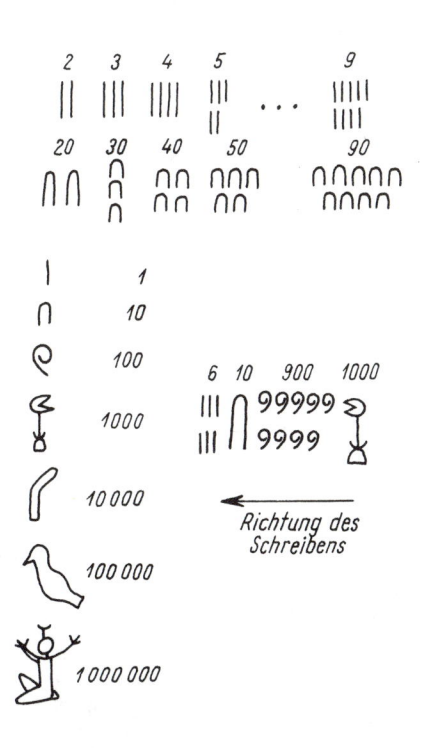

Abbildung 1.1 − 6a
Hieroglyphische Zahlzeichen. Es wurden zunächst die großen, dann die kleinen Einheiten einer Zahl notiert, und da von rechts nach links geschrieben wurde, finden wir auf den Papyri die großen Einheiten rechts. In den heutigen Büchern wird zwar im allgemeinen die heute übliche Schreibrichtung verwendet, die Zahlen also in der gewohnten Reihenfolge geschrieben, es zeigen aber auch in diesem Falle die Zahlenzeichen entgegengesetzt zur Schreibrichtung

aber eigentlich 19 ergeben, und wir sehen, daß die vorgegebene Zahl 7 keine richtige Lösung ist. AHMES belehrt seine Schüler nun völlig richtig wie folgt: Wir müssen die von uns als Lösung angenommene Zahl in dem Verhältnis anwachsen lassen, in dem sich der geforderte Wert 19 von dem erhaltenen Wert 8 unterscheidet. Damit kommt der ägyptische Verfasser natürlich auch zu der Zahl, die wir mit Hilfe algebraischer Methoden erhalten haben.

Im übrigen wird dieses Verfahren auch heute noch, vor allem in der Elektrotechnik, zur Berechnung linearer Netzwerke verwendet. Es sei z. B. der Strom in irgendeinem Zweig eines komplizierten Netzwerkes bei gegebener Erregerspannung gesucht. Zur Lösung dieser Aufgabe ist es oft leichter anzunehmen, daß der Strom bekannt ist, und dann aus der als bekannt vorausgesetzten Stromstärke die anderen Ströme und Spannungen einschließlich der Erregerspannung zu berechnen. Diese wird im allgemeinen einen anderen Wert haben, als in der Aufgabenstellung vorgegeben. Den richtigen Wert für die gesuchte Stromstärke erhalten wir, wenn wir alle Größen oder auch das gesamte Diagramm − wenn wir mit einem graphischen Verfahren gearbeitet haben − entsprechend dem Verhältnis der berechneten zur vorgegebenen Erregerspannung verändern.

Das bedeutendste Ergebnis der ägyptischen Mathematik finden wir auf dem Moskauer Papyrus. Es handelt sich um die Berechnung des Volumens eines Pyramidenstumpfes mit quadratischen Grund- und Deckflächen. Auf dem Papyrus sind natürlich konkrete Zahlenwerte angegeben, aus der Rechnung ist aber eindeutig ersichtlich, daß mit

$$V = \frac{h}{3}(a^2 + ab + b^2)$$

gearbeitet worden ist, d. h. mit der richtigen Formel für das Volumen eines Pyramidenstumpfes. (Dieser Zusammenhang gehört heute zum elementaren Schulstoff, seine Ableitung wird meist jedoch nicht angegeben.) Es gibt keinen Hinweis darauf, wie die Ägypter zu einer solchen Stufe geometrischer Erkenntnisse vorgedrungen sind. Von den Babyloniern, deren mathematische Kenntnisse sonst eine höhere Stufe erreicht haben, können die Ägypter diese Beziehung bestimmt nicht übernommen haben, da im Zwischenstromland mit einer fehlerhaften Formel gearbeitet worden ist, obwohl die richtige Formel für das Volumen des Pyramidenstumpfes für den Dammbau sicher von Vorteil gewesen wäre.

In den *Abbildungen 1.1−10a, b, c* sind der Teil des Papyrus mit der Pyramidenstumpfberechnung sowie unsere heutige Deutung der ausgeführten Rechnung dargestellt.

Auch die sehr genaue Nord-Süd-Ausrichtung der großen Pyramiden ist als herausragende Leistung der Astronomie und der Geometrie anzusehen. Bei der Chephren-Pyramide beträgt die Abweichung lediglich 2′28″!

Wie wir ihren Aufgaben entnehmen können, haben die Ägypter für das Verhältnis des Kreisumfanges zum Kreisdurchmesser, d. h. für die Zahl π, den Wert

$$\pi = 4\left(\frac{8}{9}\right)^2 = 3{,}1605$$

benutzt (wobei der richtige Wert $\pi = 3{,}14159\ldots$ ist).

Die mesopotamische Mathematik hat in vieler Hinsicht ein höheres Niveau erreicht. So haben z. B. die Babylonier ein Verfahren zum Aufsuchen Pythagoreischer Zahlentripel gekannt, d. h. von Zahlentripeln, für die der Zusammenhang $a^2 + b^2 = c^2$ erfüllt ist und die als Maßzahlen für die Katheten und die Hypotenuse eines rechtwinkligen Dreiecks dienen können. Den Ägyptern ist hier nur das Zahlentripel 3, 4, 5 bekannt gewesen *(Abbildung 1.1−11)*. Die Babylonier haben, wenn wir uns der modernen Schreibweise bedienen wollen, aus den Beziehungen

$$x = p^2 - q^2; \quad y = 2pq; \quad z = p^2 + q^2 \qquad (1)$$

(p und q ganzzahlig; $p > q$) ganzzahlige pythagoreische Zahlentripel abgeleitet. Setzt man z. B. $p = 2$ und $q = 1$, dann ergibt sich $x = 3$, $y = 4$ und $z = 5$. Mit $p = 3$ und $q = 2$ erhält man das Zahlentripel 5, 12, 13, für das ebenfalls der pythagoreische Zusammenhang

$$5^2 + 12^2 = 13^2$$

erfüllt ist.

Es kann durch Einsetzen leicht nachgewiesen werden, daß für alle mit

Abbildung 1.1−6b
Zahlen aus dem Jahrbuch von *Thutmosis III*. (Louvre). TATON [0.3]

Abbildung 1.1−7
So wurde in Ägypten multipliziert. Um die Aufgabe 12 · 15 zu lösen, wurden die Zahlen schrittweise verdoppelt, d. h., sie wurden der Reihe nach mit 1, 2, 4, 8... = 1, 2, 2^2, 2^3, ... multipliziert. Die Ägypter haben so mit einer Art Binärsystem gearbeitet, das auch in den modernen Computern verwendet wird. Auch die Division wurde auf diese Form der Multiplikation zurückgeführt: Der Nenner wurde schrittweise mit den Potenzen von 2 multipliziert (also schrittweise verdoppelt) und dann geprüft, wie der Zähler als Summe der erhaltenen Zahlen dargestellt werden kann. Untersuchen wir z. B. die Aufgabe 45 : 5. Wird der Nenner fortlaufend verdoppelt, so erhält man die Zahlenreihe 1 · 5 = 5, 2 · 5 = 10, 4 · 5 = 20, 8 · 5 = 40. Wir sehen, daß 1 · 5 + 8 · 5 = 45 ist, somit ergibt sich im Ergebnis der Division die Zahl 9

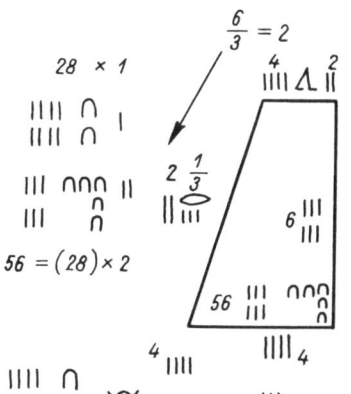

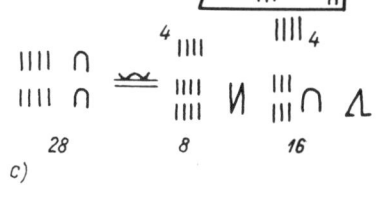

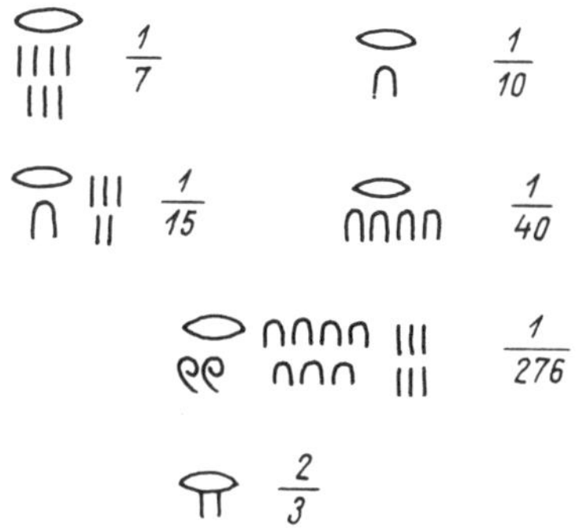

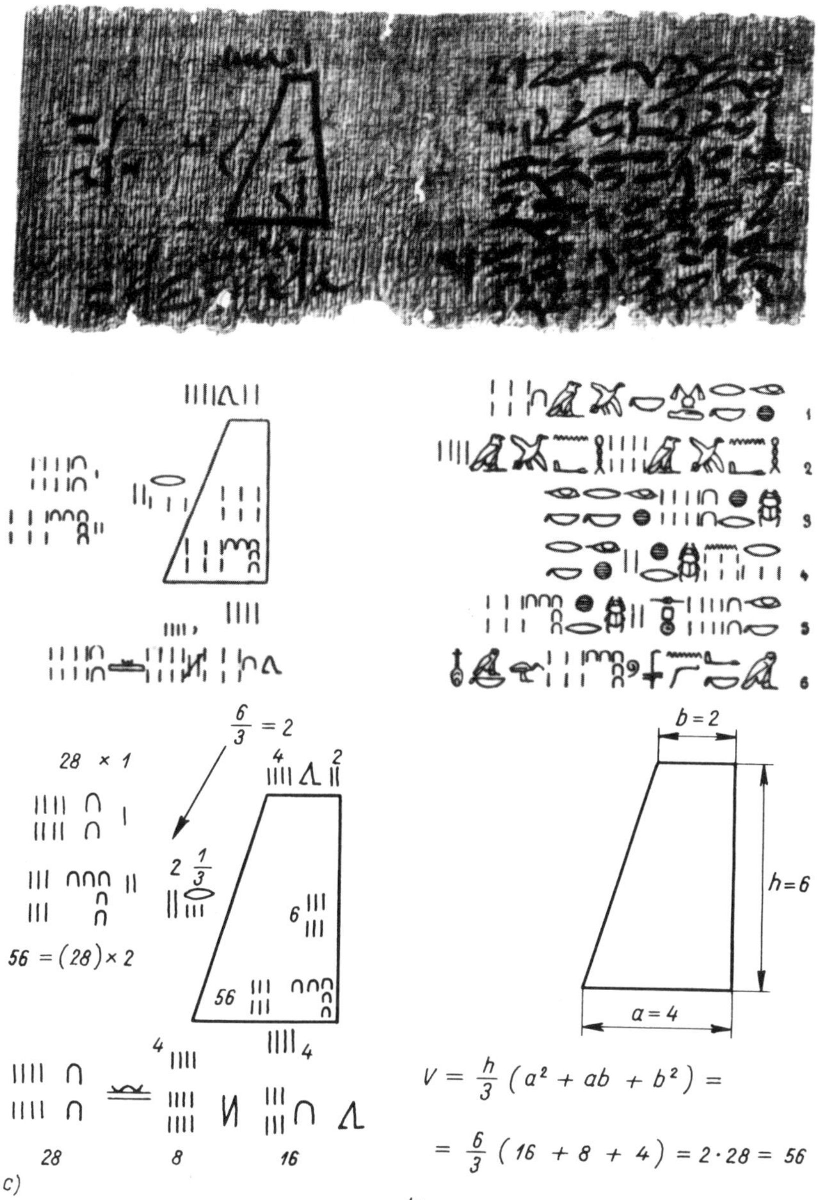

Abbildung 1.1−8
Zur Darstellung der Brüche: Über der Zahl steht das Zeichen „Teil", so daß die Brüche in der Form 1/n (Stammbruch) erhalten werden. Von den Brüchen, die nicht die Form 1/n haben, hat nur der Bruch 2/3 ein eigenes Zeichen

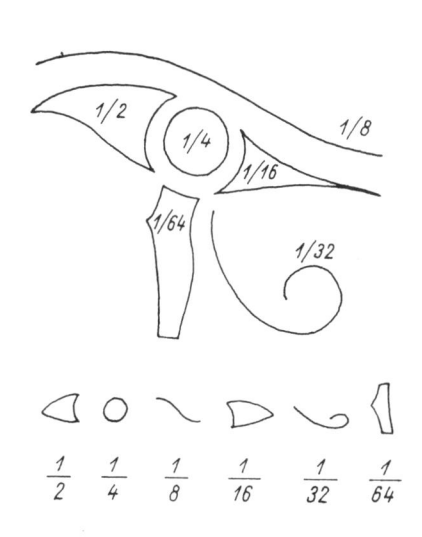

$$V = \frac{h}{3}(a^2 + ab + b^2) =$$
$$= \frac{6}{3}(16 + 8 + 4) = 2 \cdot 28 = 56$$

Abbildung 1.1−10
Zur Bestimmung des Volumens eines Pyramidenstumpfes:
a) auf dem Originalpapyrus, b) die heute übliche Lösung, c) zur Deutung der Symbole

Abbildung 1.1−9
Eine alte Bezeichnungsweise für Brüche, die bei der Bemessung von Getreidemengen verwendet wurde; die Zeichen symbolisieren Teile des Auges des Falkengottes *Horus*, das von *Seth* in Stücke gerissen wurde

Hilfe der Formeln (1) gefundenen Zahlen x, y, z der Zusammenhang

$$x^2 + y^2 = z^2$$

erfüllt ist.

In Mesopotamien sind die Regel zur Berechnung des Quadrates einer Summe

$$(a+b)^2 = a^2 + 2ab + b^2$$

sowie der Zusammenhang

$$(a+b)(a-b) = a^2 - b^2$$

bekannt gewesen.

Die Gleichung zweiten Grades mit einer Unbekannten

$$x^2 + ax = b$$

konnte gelöst werden, und man hat sich auch mit Gleichungssystemen mit zwei Unbekannten der Form

$$x + y = a \quad xy = b$$

beschäftigt.

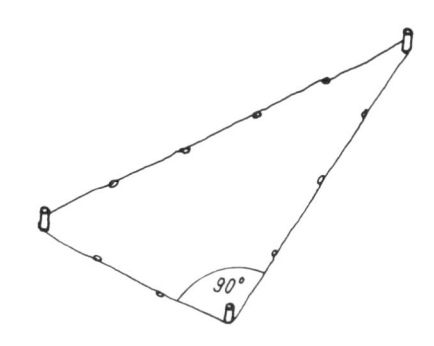

Abbildung 1.1−11
Vielleicht haben die ägyptischen Seilspanner rechte Winkel auf diese Weise konstruiert: Es wird ein Seil der Gesamtlänge von 5+4+3 Einheiten verwendet und ein Dreieck mit den Seitenlängen 5, 4 und 3 gespannt. Der der längsten Seite (5) gegenüberliegende Winkel ist ein rechter. Die Auffassung, daß die Seilspanner so vorgegangen sind, wurde von *Cantor* zum Ende des vorigen Jahrhunderts vertreten; aus den ursprünglichen Quellen ist jedoch nicht ersichtlich, ob dieses Verfahren tatsächlich verwendet worden ist

Zitat 1.1–5
Und er machte das Meer, gegossen, von einem Rand zum andern zehn Ellen weit rundherum und fünf Ellen hoch und eine Schnur von dreißig Ellen war das Maß ringsherum. Und um das Meer gingen Knoten an seinem Rand ringsherum, je zehn auf eine Elle; es hatte zwei Reihen Knoten, die beim Guß mitgegossen waren. Und es stand auf zwölf Rindern, von denen drei nach Norden gewandt waren, drei nach Westen, drei nach Süden und drei nach Osten, und das Meer stand obendrauf, und ihre Hinterteile waren alle nach innen gekehrt. Die Wanddicke des Meeres aber war eine Hand breit, und sein Rand war wie der Rand eines Bechers, wie eine aufgegangene Lilie, und es gingen zweitausend Eimer hinein.
DIE BIBEL. I. Könige 7

Bemerkenswert ist, daß für das Verhältnis des Kreisumfanges zum Kreisdurchmesser der recht grobe Wert $\pi = 3$ verwendet worden ist. Nach einem 1950 entdeckten Dokument war der Wert $\pi = 3 + 1/8 = 3{,}125$ bekannt; in den geometrischen Berechnungen ist aber der Kreisumfang gleich dem Sechsfachen des Radius und die Fläche gleich dem Dreifachen des Radiusquadrates gesetzt worden, d. h., es wurde der Wert $\pi = 3$ benutzt.

Erwähnenswert ist, daß nach Aussage des Alten Testaments auch die Juden — vor allem die, die mit der mesopotamischen Kultur in Berührung gekommen sind — mit dem Wert $\pi = 3$ gerechnet haben *(Zitat 1.1–5)*.

Bei der Berechnung des Flächeninhaltes des Kreises hat man offenbar den Kreisumfang mit dem Radius multipliziert und das Ergebnis dann durch 2 dividiert. Dieses Vorgehen scheint uns heute selbstverständlich zu sein. Die Mesopotamier sind zu ihm vermutlich auf dem folgenden Wege gelangt: Wir zerlegen den Kreis in Sektoren mit immer kleinerem Öffnungswinkel und ordnen sie dann gemäß *Abbildung 1.1–12* nebeneinander an. Es ist dann leicht ersichtlich, daß sie tatsächlich die Hälfte der Fläche eines Rechtecks ausfüllen, dessen Länge gleich dem Durchmesser und dessen Höhe gleich dem Radius ist. Wir merken hier an, daß im Tagebuch von LEONARDO DA VINCI, der in der Mathematik ein Autodidakt gewesen ist, eine Zeichnung zu finden ist, die einen ähnlichen Gedankengang illustriert.

Wie wir schon erwähnt hatten, haben die Babylonier für die Volumina von Pyramidenstumpf und Kegelstumpf die unrichtigen Beziehungen

$$V = \frac{h}{2}(a^2 + b^2)$$

und

$$V = \frac{h}{2}(3R^2 + 3r^2)$$

benutzt. Die Herkunft dieser Formeln ist offensichtlich. Man geht von der scheinbar vernünftigen und plausiblen, aber für das gegebene Problem nicht zutreffenden Annahme aus, daß das Volumen des Pyramidenstumpfes sich als arithmetisches Mittel aus den Volumina zweier quadratischer Prismen ergibt, deren Querschnittsfläche gleich der Grund- bzw. Deckfläche des Pyramidenstumpfes ist und die die gleiche Höhe wie der Pyramidenstumpf haben.

Die bedeutendsten Beiträge der Babylonier zur Mathematik, die bis zum heutigen Tage verwendet werden, sind das Sexagesimalsystem (Basiszahl 60) und das Positionssystem (Stellenwertsystem).

Die Babylonier haben nach *Abbildung 1.1–13* ähnlich wie die Ägypter die Zahlen bis zur 9 durch die entsprechende Anzahl von Strichen dargestellt. Diese Striche sind in den weichen Tontafeln als keilförmige Vertiefungen markiert worden. Für die 10 wurde ein besonderes Zeichen verwendet. Die Zahlen 20, 30, 40 und 50 wurden durch eine entsprechende Anzahl von nebeneinander angeordneten Zehner-Zeichen dargestellt. Für die 60 hingegen ist wieder das gleiche Zeichen wie für die 1 verwendet worden. Die in einer Zahl vorn stehenden Zeichen sind somit mit 60 zu multiplizieren, ebenso wie wir heute in einer zweistelligen Zahl die links stehende Ziffer mit 10 multiplizieren und dann die rechts danebenstehende Ziffer hinzuaddieren. Betrachten wir in unserem Dezimalsystem eine dreistellige Zahl, z. B. die 346, dann bedeutet diese Schreibweise, daß die 3 mit 100, d. h. mit der zweiten Potenz der 10 als der Basiseinheit unseres Zahlensystems, und die 4 mit der ersten Potenz der 10, d. h. mit 10 selbst, zu multiplizieren ist und daß dann beide Ergebnisse sowie die an letzter Stelle stehende 6 addiert werden müssen:

$$346 = 3 \cdot 10^2 + 4 \cdot 10 + 6.$$

In einem Sexagesimalsystem wird die betrachtete Zahl 346 durch zwei Ziffern dargestellt, denn es gilt

$$346 = 5 \cdot 60 + 46,$$

und die Babylonier haben diese Zahl folglich als

𒐊 𒌋𒌋𒐊
𒐖 𒌋𒌋𒐖

geschrieben.

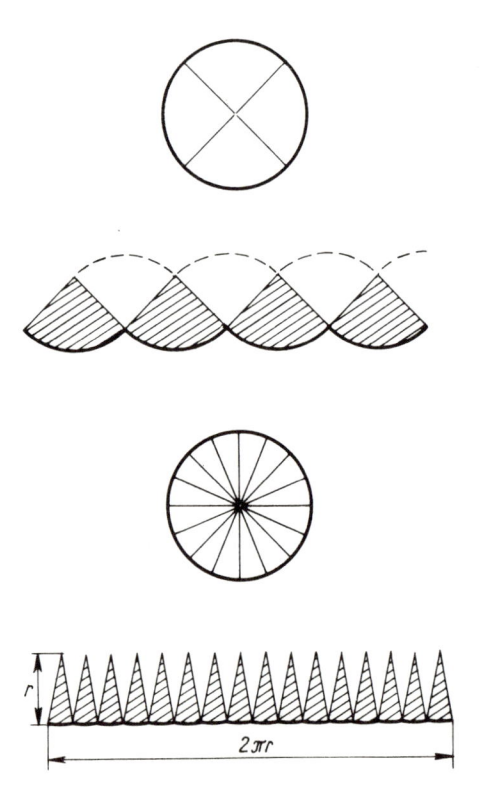

Abbildung 1.1–12
So mag in der Antike die Formel für die Kreisfläche hergeleitet worden sein

In der *Abbildung 1.1–14* ist die Notation einiger weiterer Zahlen angegeben. Diese Abbildung stellt zugleich je eine Reproduktion *a)* von einem Amateur, *b)* von Fachleuten angefertigter mathematischer Texte aus dem Zwischenstromland bzw. Ägypten dar.

Die Einführung des Positionssystems hat jedoch eine Schwierigkeit mit sich gebracht. Soll die Zahl 60 geschrieben werden, dann wird das gleiche Zeichen dafür verwendet wie für die 1. Über den Wert einer Ziffer informiert im allgemeinen ihre Stellung, aber wie steht es damit bei der Zahl 60 selbst? Mit anderen Worten, es fehlte den Babyloniern ein Zeichen für die Null, die erst später zur Kennzeichnung des leeren Platzes eingeführt worden ist. In den babylonischen Texten ist aus dem jeweiligen Zusammenhang zu entnehmen, welcher Stellenwert einer Ziffer in einem bestimmten Text zuzuordnen ist.

Die auf der *Abbildung 1.1–15* dargestellte Figur kann als Spitzenleistung der babylonischen Mathematik angesehen werden. Wir erkennen ein Quadrat, auf dessen Diagonale gut sichtbar die Zeichen

angegeben sind, die in der heutigen Notation den Zahlen

$$1, 24, 51, 10$$

entsprechen. Wenn wir diese als Ziffern im Sexagesimalsystem deuten und die Stellenwerte entsprechend der Anordnung wählen, dann erhalten wir

$$1 \cdot 60^0 + 24 \cdot 60^{-1} + 51 \cdot 60^{-2} + 10 \cdot 60^{-3} = 1{,}4142,$$

d. h. die Länge der Diagonalen eines Quadrates mit der Seitenlänge 1 oder den Wert der Wurzel aus der Zahl 2, mit einer Genauigkeit bis zur vierten Stelle. Es taucht hier natürlich die Frage auf, wie die Babylonier die Wurzel aus einer Zahl, die keine Quadratzahl ist, bestimmen konnten. Sie haben dazu möglicherweise ein Näherungsverfahren verwendet, das sich unter Verwendung der heute üblichen Schreibweise vereinfacht wie folgt darstellen läßt: Bezeichnen wir den zu bestimmenden Wert der Wurzel mit *a*, dann ist die Gleichung

$$a \cdot a = 2$$

zu lösen. Diese kann in

$$a = \frac{2}{a}$$

umgeformt und dann in die folgende Identität eingesetzt werden:

$$a = \frac{a+a}{2} = \frac{1}{2}\left(a + \frac{2}{a}\right). \tag{2}$$

Wir geben nun einen Näherungswert für *a* vor, etwa $a = 1{,}5$. Dieser Wert ist größer als der gesuchte Wert, weil sein Quadrat (2,25) größer ist als die vorgegebene Zahl 2. Der zweite Summand in der Klammer der Gleichung (2), die Größe $2/a$, ist jedoch kleiner als ihr Sollwert. Berechnen wir nun die Größe $\frac{1}{2}\left(a + \frac{2}{a}\right)$, dann liegt der so berechnete Mittelwert aus der zu großen und der zu kleinen Zahl näher am richtigen Wert als der Ausgangswert. Bereits der erste Näherungs- oder Iterationsschritt führt uns von dem sehr groben Ausgangswert 1,5 zum Wert $a = 1{,}415$ anstelle des richtigen Wertes 1,414. Wird die oben dargestellte Rechnung noch einmal wiederholt, dann ergibt sich ein weit besserer Näherungswert.

Die *Abbildung 1.1–16* zeigt, über welche Umwege die mit Stellenwerten arbeitende Zahlendarstellung nach Europa gelangt ist. Der Weg führt von Babylon nach Alexandria, wo PTOLEMÄUS das Sexagesimalsystem verwendet und die Null durch einen leeren Platz gekennzeichnet hat. Von Alexandria ist das System nach Indien gelangt. Hier wurde das Stellensystem dezimal aufgebaut, die Null eingeführt und gedeutet. Der Weg des Stellenwertsystems führt dann schließlich über die Araber nach Europa, wo

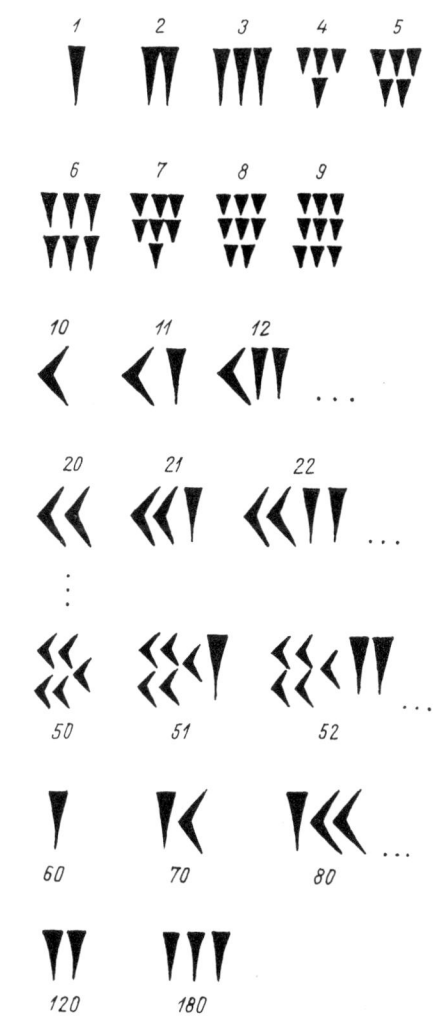

Abbildung 1.1–13
Die Ziffernzeichen der Babylonier. Im Sexagesimalsystem bedeutet das Zeichen 1 an der entsprechenden Stelle eine 60, es kann jedoch auch für $60^2 = 3600$ usw. und selbst für $60^{-1} = 1/60$, $60^{-2} = 1/3600$ stehen

Abbildung 1.1–14
a) Faksimile-Ausgabe des Rhind-Papyrus. Von der ägyptischen Herstellerfirma — nach eigener Bescheinigung — nach uraltem Verfahren angefertigt aus Pflanzen derselben Spezies wie das seinerzeitige Papyrusrohr

b) Eine heutige Nachbildung einer babylonischen Multiplikationstafel. In die noch weichen Tontafeln lassen sich mit Stäbchen von dreieckigem Querschnitt die Keilschriftzeichen leicht eindrücken. Auf der obigen Tafel stehen die folgenden Zeichen:

7 a ra	1	7
a ra	2	14
a ra	3	21
a ra	19	133 (= 2·60+13)
a ra	20	140 (= 2·60+20)
a ra	30	210 (= 3·60+30)
a ra	40	280 (= 4·60+40)

Es handelt sich somit um eine Multiplikationstabelle mit dem konstanten Faktor 7. Das Zeichen a ra ist das Multiplikationszeichen „mal"

Abbildung 1.1–15
Eine Spitzenleistung der babylonischen Mathematik: Es wird die Länge der Diagonalen eines Quadrates mit der Seitenlänge 1, d. h. die Zahl $\sqrt{2}$, mit einer Genauigkeit bis zur vierten Stelle angegeben

wir es zum ersten Mal vollständig in einer im Jahre 1202 erschienenen Arbeit von FIBONACCI finden.

Die astronomischen Untersuchungen haben sowohl in Ägypten als auch in Mesopotamien der Anfertigung von Kalendern gedient. Mit ihnen sind die Zeitpunkte für die religiösen Feiertage sowie die Termine für bestimmte landwirtschaftliche Arbeiten bestimmt worden. Wir haben schon erwähnt, daß es zur Nilüberschwemmung in Ägypten unmittelbar nach dem Erscheinen der Sothis (Sirius oder Hundsstern) am Firmament gekommen ist. Die Ägypter haben im übrigen das Jahr in 12 Monate zu je 30 Tagen unterteilt. Außerdem haben sie noch 5 zusätzliche Tage eingeführt. Das von ihnen so erhaltene Jahr ist jedoch um etwa einen viertel Tag kürzer als das tatsächliche, woraus sich eine Verschiebung des Jahresbeginns von einem viertel Tag pro Jahr ergab. Das ägyptische Reich hat lange genug bestanden, so daß sich der Einfluß dieser Verschiebung bemerkbar gemacht hat und die Jahreszeiten durch das gesamte Kalenderjahr hindurchgewandert sind. Nach jeweils $4 \times 365 = 1460$ Jahren sind sie wieder an ihren ursprünglichen Platz gelangt. Die Ägypter haben diesen Zyklus gekannt und ihn nach dem Stern Sothis als Sothis-Zyklus bezeichnet. Das ägyptische Kalendersystem ist auf Anregung des ägyptischen Astronomen SOSIGENES von JULIUS CAESAR verbessert worden, indem er jedes vierte Jahr zum Schaltjahr erklärt hat. Der Julianische Kalender ist in Europa bis zum 16. Jahrhundert (in Rußland sogar bis zum Jahre 1923) angewandt worden.

Die Entwicklung der Astronomie in Mesopotamien ist wesentlich weiter gegangen, was unter anderem darauf zurückzuführen ist, daß der Erkenntnisfortschritt weder durch die persische noch durch die griechische Eroberung unterbrochen wurde und daß gerade in dieser letzten Epoche besonders viele Fortschritte erreicht werden konnten. Die astronomischen Kenntnisse haben auch eine sehr große Bedeutung für die Astrologie gehabt. Sowohl in der Bibel als auch bei den Griechen und sogar noch im Römischen Reich ist die Astrologie mit den Chaldäern verknüpft worden. Sie haben die Positionen der Sonne und der Planeten mit sehr hoher Genauigkeit bestimmt. Auf sie gehen auch die Einteilung der Ekliptik, d. h. der scheinbaren Sonnenbahn, in 12 Tierkreiszeichen sowie deren Bezeichnungen zurück. Die Chaldäer haben gewußt, daß 235 Mondmonate fast genau 19 (tropische) Jahre ergeben, eine Tatsache, die im antiken Griechenland später noch einmal entdeckt und nach ihrem Entdecker als Meton-Zyklus bezeichnet worden ist. Aus den Meßwerten der Chaldäer ist ablesbar, daß ihnen die Jahreslänge mit einer Genauigkeit von 4,5 Minuten bekannt gewesen ist.

Wenn von astronomischen Spitzenleistungen der Völker Mesopotamiens die Rede ist, müssen die chaldäischen Tabellen erwähnt werden. Die Chaldäer, ein semitisches Volk, waren die Begründer des neubabylonischen Reiches. Aber auch später, unter der Herrschaft der Meder, Perser, Griechen und auch Parther bekleideten sie führende Positionen in den verschiedensten Intelligenzler-Berufen, so vor allem in der Astronomie, die Unterlagen für Aufgabenbereiche des Priesterstandes zu liefern hatte. Die wertvollsten, uns überlieferten Teile ihrer Beobachtungen stammen aus der hellenistischen und noch späteren Zeiten, lassen jedoch keinerlei griechischen Einfluß erkennen. Es kann vielmehr festgestellt werden, daß die Chaldäer — im Gegensatz zu den Griechen mit ihrer Vorliebe für die Geometrie — bei der Suche nach Gesetzmäßigkeiten und bei ihrer Beschreibung die arithmetischen Methoden entschieden bevorzugten.

Verständlicherweise beziehen sich ihre Tabellen in erster Linie auf die auffallendsten Himmelskörper, also Sonne, Mond und die Wandelsterne, d. h. die Planeten. Ziel der Tabellen war das Aufzeigen von Regelmäßigkeiten und Periodizitäten, auf deren Grundlage es möglich wurde, Ereignisse vorauszusagen bzw. in der Vergangenheit zu lokalisieren, und die maßgebend waren für die Festlegung von Kalenderdaten oder für die Astrologie, also z. B. Konjunktionen, Oppositionen, Sonnen- und Mondfinsternisse.

Es sind vor allem die Mondtabellen, deren außergewöhnliche, bis ins einzelne gehende Minutiösität uns mit Achtung vor ihren Kompilatoren, aber auch vor ihren Entzifferern erfüllen.

Wir wollen ihre Methoden anhand einer verhältnismäßig einfachen, auf den Planeten Jupiter bezüglichen Tabelle kennenlernen. Auf *Abbildung 1.1–17a* ist eine von J. N. STRASSMAIER nach dem Original kopierte Tafel dargestellt. Weder auf dieser Tafel noch auf anderen ähnlichen sind Legenden oder erläuternde Anmerkungen zu finden.

Die Tabelle gibt die Änderungen der Geschwindigkeit an, mit der Jupiter die verschiedenen Zeichen des Tierkreises durchläuft. Das Hauptmerkmal der Tabelle ist, daß aufeinanderfolgende Positionsdaten des Planeten arithmetische Folgen bilden, deren Differenz an gewissen Punkten sprunghaft das Vorzeichen wechselt. Wenn wir also — wie wir es gewohnt sind — die Tabellenwerte graphisch darstellen, so erhalten wir einen Funktionsverlauf mit geradlinigen Abschnitten gleicher, aber abwechselnd positiver bzw. negativer Steilheit. Der wesentliche Inhalt der Tabelle soll anhand der *Abbildung 1.1–17b* (sie stellt einen Teil der Abbildung 1.1–17a vergrößert dar, mitsamt der vom Jesuitenpater KUGLER gegebenen Entzifferung) erläutert werden. Der Leser ist aufgrund der im Vorhergehenden erworbenen Kenntnisse der Zahlenzeichen in der Lage, die Zahlen der Tafel selber zu entziffern, so daß die Transskription der Rubriken A, C und D keiner weiteren Erklärung bedarf. Nehmen wir uns nun die Rubriken einzeln vor. In der Rubrik A stehen Jahreszahlen — selbstverständlich im Sexagesimalsystem geschrieben —, und zwar nach der Zeitrechnung, die der Thronbesteigung der Seleukiden-Dynastie (311 v. u. Z.) die Jahreszahl 1 zuordnet. Das Zahlenpaar 3 und 10 bezeichnet also das 3 · 60 + 10 = 190ste Jahr der Herrschaft der Seleukiden. Entsprechend bezeichnen so die weiteren Zahlen die Jahre 191, 193, 194 usf. Die rechte Spalte der Rubrik B enthält – für den Leser ebenfalls leicht zu entziffern – einfache Zahlen, die den Tagen der verschiedenen Monate entsprechen. Die linke Spalte derselben Rubrik bezeichnet den Monat. So steht z. B. in der ersten Zeile die Bezeichnung des Monats Adaru, an ihrer Stelle wollen wir aber – wie heutzutage üblich – römische Zahlen benutzen. Auffallend ist, daß auch ein dreizehnter Monat vorkommt. Die Verfertiger der Tabelle rechneten nämlich mit Monaten zu je 30 Tagen und deren 12 im Jahr, also mit Jahren von 360 Tagen Dauer. Zur Vermeidung von Verschiebungen muß von Zeit zu Zeit (durchschnittlich alle 6 Jahre) ein dreizehnter Monat von ebenfalls 30 Tagen eingefügt werden. Was bedeutet nun ein bestimmtes Datum nach Rubrik A und B, beispielsweise der 11. Tag des XII. Monats im Jahre 190? Was geschah an diesem Tag? Die Antwort ist in Rubrik F zu finden: Das dort stehende Zeichen (ush) weist darauf hin, daß es sich um den Zeitpunkt eines sogenannten zweiten Stillstands des Planeten Jupiter handelt. Wir wissen, daß die von der Erde aus beobachteten Planeten vor dem Hintergrund des Fixsternhimmels eine komplizierte Bahn (vgl. Abbildung 1.3 – 10) durchlaufen: vorrücken, still stehen, sich rückläufig bewegen, abermals stille stehen und dann wiederum vorwärts eilen. Ein solcher zweiter Stillstand erfolgt also zum angegebenen Zeitpunkt. Sehen wir uns jetzt das Datum 22. XII. 191 an, so finden wir auch ebenfalls das Zeichen ush und ebenso auch bei den folgenden Daten. Die Daten der Rubriken A und B sind also die der zweiten Stillstände des Jupiters. Rubrik E und D geben nun Auskunft darüber, wo zu diesen Zeitpunkten der Jupiter zu sehen war. Die genaue Festlegung seiner Position geschieht durch Angabe des entsprechenden Zeichens im Tierkreis sowie des genauen Ortes innerhalb des Zeichens (das in 30 Längengrade eingeteilt ist). So z. B. ist der Ort des zweiten Stillstandes des Planeten Jupiter am 11. XII. 190 im Zeichen des Krebses, auf 21° 49′ Länge zu finden. Ähnlich sind die zu den übrigen zweiten Stillständen bzw. Daten gehörigen Positionen angegeben, wobei natürlicherweise die Skala von 30 Winkelgraden beim Eintritt in das nächste Tierzeichen von vorn beziffert wird. Schließlich gibt Rubrik C an, wie weit voneinander entfernt (entlang der Ekliptik gemessen) zwei aufeinanderfolgende zweite Stillstände des Jupiters zu beobachten sind. Die Daten der Rubrik C ergeben sich also einfach als Differenzen zweier aufeinanderfolgenden Daten der Rubrik D, wobei natürlich nicht außer acht gelassen werden darf, daß – wie erwähnt – die Winkelskala nach dem Eintritt in ein neues Tierzeichen umzubeziffern ist. Die erste Winkelangabe in Rubrik C könnte nur in Kenntnis einer in der Tafel nicht enthaltenen Zahlenangabe der Rubrik D berechnet werden. Die nächste Winkelangabe, nämlich 29° 41′ wird folgendermaßen aus Angaben der Rubrik D berechnet: Vom Positionswinkel 21° 49′ im Krebs sind es 30° – 21° 49′ = 8° 11′ bis zum Skalennullpunkt im Löwen; zusammen mit dem im Löwen gemessenen Winkel 21° 30′ also insgesamt 8° 11′ + + 21° 30′ = 29° 41′.

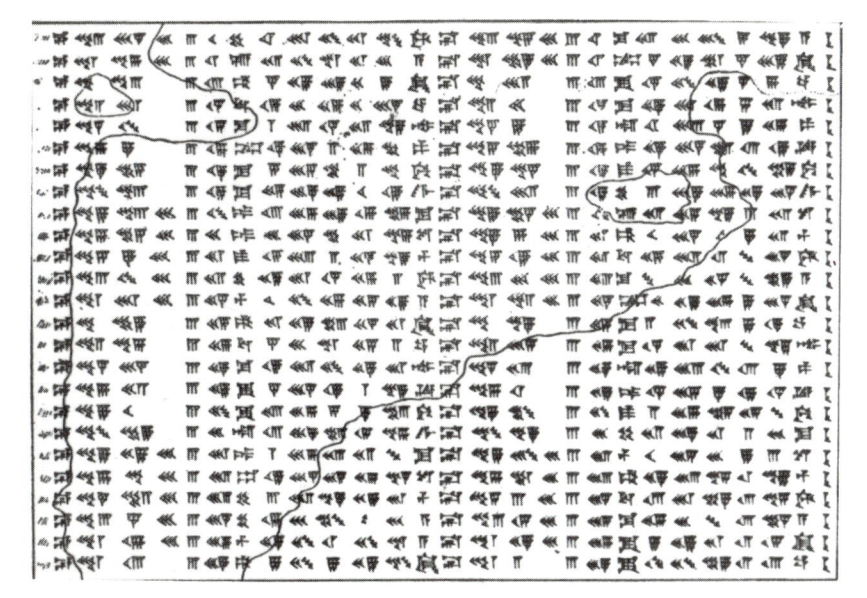

In *Abbildung 1.1 – 17c* ist auf der Abszissenachse die Zeit aufgetragen und auf der Skala die einzelnen Daten der Tafel als Zeitpunkte eingezeichnet. Wie wir sehen, liegen letztere im wesentlichen äquidistant, nämlich 402 Tage voneinander entfernt. Das ist nicht verwunderlich: Es handelt sich um die sogenannte synodische Periode des Jupiters. (Die synodische Periode eines Planeten ist die Zeitspanne, nach deren Verstreichen er für den irdischen Beobachter ungefähr in derselben Position relativ zur Sonne zu sehen ist.) Weiter haben wir in Abbildung 1.1 – 17c als Ordinaten die entsprechenden Positionswerte aus Rubrik C aufgetragen. Es ist nun möglich, das anfangs erwähnte Hauptmerkmal quantitativ zu überprüfen: Aufeinanderfolgende Werte unterscheiden sich um genau 1° 48′, sowohl beim Vorwärtseilen als auch bei der rückläufigen Bewegung.

Auf *Abbildung 1.1 – 17d* ist skizzenhaft dargestellt, was (nach unseren heutigen Vorstellungen) die chaldäischen Priester in ihren Tabellen beschrieben haben. In der Skizze ist die Bahn des Jupiters zu sehen sowie für einige der Tabelle entnommenen Zeitpunkte die Positionen dieses Planeten und der Erde. Auf Abbildung 1.1 – 17e sind schließlich die Zeichen des Tierkreises und die (in späteren Zeiten vereinbarten) Symbole der wichtigsten Himmelskörper zu sehen.

Eigentlich haben wir keine Kunde davon, wie die chaldäischen Priester diese Tabellen angefertigt haben. Unmittelbare Beobachtung kann nicht die Grundlage dieser linearen Beschreibung gewesen sein: Der empirische Befund ist in Wirklichkeit nicht so einfach. Es sind offenbar aufgrund irgendwelcher prinzipieller Überlegungen Zickzack-Linien zur Darstellung periodischer Vorgänge gewählt worden.

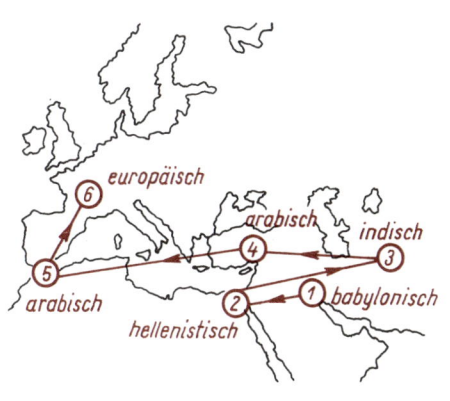

Abbildung 1.1 – 16
Der wahrscheinliche Weg des Stellenwertsystems von Babylon nach Europa

Abbildung 1.1 – 17a
Tabelle der aufeinanderfolgenden zweiten Stillstände des Planeten Jupiter (Marduk). Kopie einer Tontafel nach *Straßmaier*

A	B		C	D	E	F
3	10	XII	11	31	29	21 49	♋	ush
3	11	XIII	22	29	41	21 30	♌	ush
3	13	II	4	28	38	20 8	♍	ush
				30	26	20 20	♎	ush
				32	14	22 48	♏	ush
3	16	V	17	34	2	26 50	♐	ush
3	17	VII	5	35	50	2 40	♒	ush
3	18	VII	25	37	38	10 18	♓	ush
3	19	IX	13	36	38	16 56	♈	ush
3	20	IX	30	34	50	21 46	♉	ush
3	21	XI	15	33	2	24 48	♊	ush
3	22	XII	28	31	14	26 2	♋	ush
3	24	I	10	29	26	25 28	♌	ush

Abbildung 1.1 – 17b
Interpretation nach *Kugler* eines Teils der vorigen Abbildung

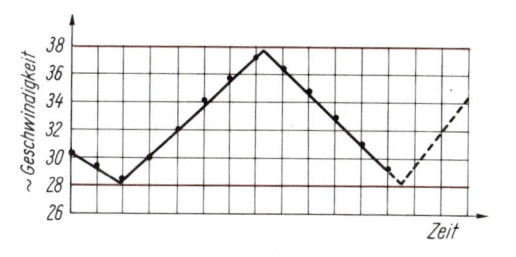

Abbildung 1.1 – 17c
Graphische Darstellung der Tabellenwerte

53

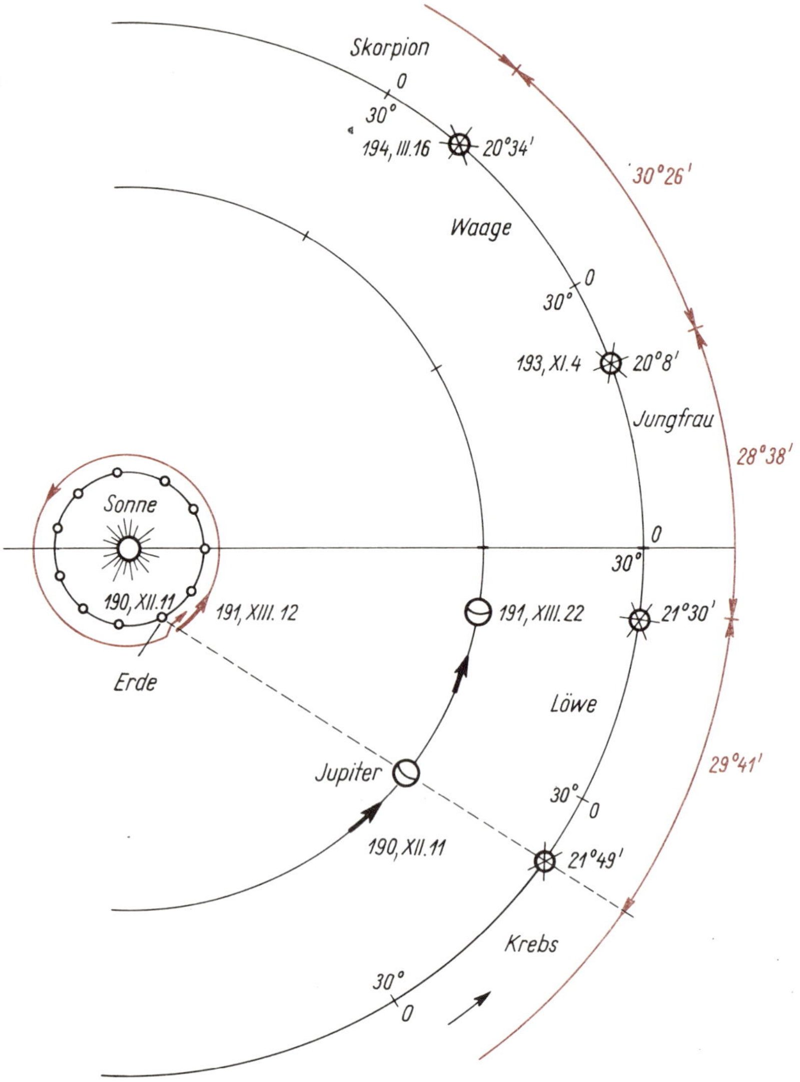

Abbildung 1.1 – 17d
Deutung der Daten in der Tabelle nach unseren heutigen Kenntnissen: Man könnte daraus fast das zweite Keplersche Gesetz (den Flächensatz) ablesen

♈	*Aries (Widder)*	*21. März – 20. April*
♉	*Taurus (Stier)*	*21. April – 20. Mai*
♊	*Gemini (Zwillinge)*	*21. Mai – 21. Juni*
♋	*Cancer (Krebs)*	*22. Juni – 22. Juli*
♌	*Leo (Löwe)*	*23. Juli – 23. August*
♍	*Virgo (Jungfrau)*	*24. August – 23. September*
♎	*Libra (Waage)*	*24. September – 23. Oktober*
♏	*Scorpius (Skorpion)*	*24. Oktober – 22. November*
♐	*Sagittarius (Schütze)*	*23. November – 21. Dezember*
♑	*Capricornus (Steinbock)*	*22. Dezember – 20. Januar*
♒	*Aquarius (Wassermann)*	*21. Januar – 19. Februar*
♓	*Pisces (Fische)*	*20. Februar – 20. März*

Sonne	*Merkur*	*Venus*	*Erde*	*Mond*	*Mars*	*Jupiter*	*Saturn*
☉	☿	♀	⊕	☽	♂	♃	♄

Abbildung 1.1 – 17e
Die Zeichen des Tierkreises (Zodiacus) und der wichtigsten Himmelskörper. Sie knüpfen an die griechische und lateinische Mythologie an

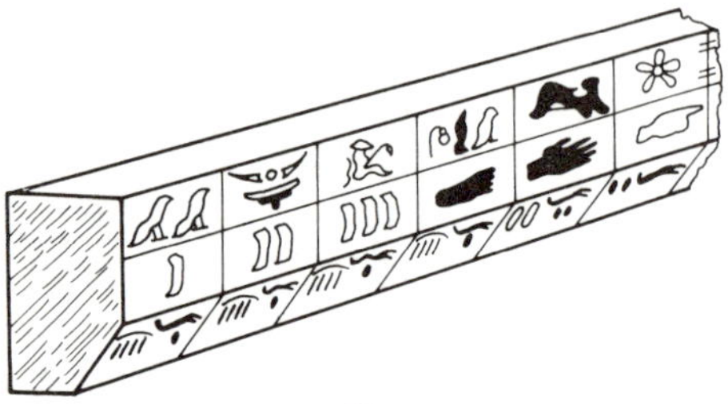

Abbildung 1.1 – 18a
Den Ägyptern standen bereits Meßvorrichtungen zur Bestimmung der drei Grundgrößen Länge, Masse und Zeit zur Verfügung. Teil eines königlichen Meßstabs, etwa 1500 v. u. Z. Seine Gesamtlänge beträgt etwa 52 cm (1 Elle = 28 Zoll). Bild

Die Spitzenleistungen der Ägypter und Mesopotamier auf den Gebieten der Mathematik und Astronomie können unmittelbar aus schriftlichen Quellenmaterialien ersehen werden. Auf ihre Kenntnisse in der Physik – im wesentlichen mechanische Kenntnisse – können nur indirekte Schlüsse gezogen werden *(Abbildungen 1.1 – 18a, b)*, hauptsächlich aufgrund der im Bauwesen vollbrachten mechanischen Leistungen. Wenn man bedenkt, daß es nötig war, Steinblöcke mit einem Gewicht von etwa 50 Tonnen auf Höhen von mehreren Dutzend Metern anzuheben und an genau bezeichneten Stellen niederzulegen, Felsblöcke von mehreren hundert oder tausend Tonnen in Bewegung zu setzen und unter ausschließlicher Benutzung von Schlittenkufen fortzutransportieren, so erscheint es unvorstellbar, daß sich bei den die Arbeiten leitenden Gelehrten nicht ein praktischer Sinn für Begriffe entwickelt hätte,die wir heute als Reibung, Drehmoment, Zusammensetzung von Kräften bezeichnen. Noch staunenswerter ist aber die Organisation dieser Arbeitsleistungen. Abbildung 1.1 – 18b soll das Gesagte veranschaulichen. Kein Wunder, wenn LEWIS MUMFORD in seinem Buch *Der Mythos der Maschinen* (The Myth of the Machines) in solchermaßen zur Arbeitsverrichtung organisierten Kollektiven die Prototypen der modernen komplexen Maschinen sieht. Es handelt sich tatsächlich um Maschinen im engeren Sinne des Wortes, denn die Funktion des einzelnen Menschen ist auf die eines Bestandteiles in einer Maschine reduziert; die Systeme der Kraftübertragung, die Zahnräder, Gelenke, Antriebswerke sind hier durch menschliche Knochen und Muskeln ersetzt. Regler in dieser Riesenmaschine sind die Peitschen der Arbeitsaufseher. Die Bezeichnung als Riesenmaschine ist angebracht, da Aufgaben ähnlicher Dimensionen erst mit den Maschinen des 20. Jahrhunderts lösbar wurden.

einer Waage in einem Totenbuch aus der Zeit der XXI. Dynastie. Wasseruhr (Klepsydra): Markierungen an der Innenwand des unten mit einer kleinen Ausflußöffnung versehenen Gefäßes gestatteten, die Zeit abzulesen

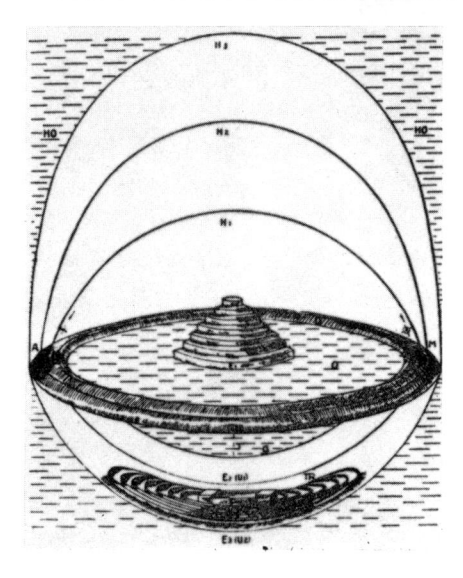

Abbildung 1.1–18b
Die mesopotamische „Riesenmaschine", wie *Mumford* den so organisierten und koordinierten Einsatz menschlicher Muskelkraft nennt. Reibung, Vektoraddition der Kräfte, Stabilität – die theoretische Klärung dieser Begriffe liegt noch in ferner Zukunft, aber es mußte bei der Bewältigung solcher Aufgaben schon ein Sinn für sie vorhanden gewesen sein

Die Vorstellungen der Ägypter und Mesopotamier über das Weltall gehen nicht über Mythen hinaus *(Abbildungen 1.1 – 19a, b)*. Das Himmelsgewölbe, die Sterne, Sonne, Mond und Planeten sind Gottheiten, die in Himmelsbarken fahren; es kommt zum Verschlingen und zur Wiedergeburt der einen durch die andere – wie beispielsweise die Himmelsgöttin Nut allabendlich den Sonnengott Ré verschlingt und ihn jeden Morgen neu gebiert.

Die Götter haben aber mehr getan: Sie inspirierten den großen König des Neubabylonischen Reiches, HAMMURAPI (1728 – 1686 v. u. Z.), Gesetze zu erlassen, die Rechtssicherheit in seinem Reich schufen. Damit eröffnet HAMMURAPI die Reihe der großen Gesetzgeber der Menschheitsgeschichte *(Abbildung 1.1 – 20d)*.

Wenn angeführt werden soll, wem die Griechen die Kenntnisse zu verdanken haben, die ihnen am Beginn ihrer großen Zeit zur Verfügung standen, so haben wir auch die Phönizier, ein Volk von Seefahrern, Kolonisatoren und Kaufleuten zu erwähnen. Als solche haben sie sich unvergängliche Verdienste um die Vereinfachung und Vermittlung der im Alltagsleben wichtigsten Kenntnisse – insbesondere der Schriftzeichen – erworben. Bis in die jüngste Zeit wurde allgemein angenommen, ihre phonetische Schrift sei eine Weiterentwicklung einer vereinfachten Abart der offiziellen ägyptischen Keilschrift, nämlich der demotischen Schrift *(Abbildung 1.1 – 20a)*. Die Griechen hatten dann nur mehr die Selbstlaute hinzuzufügen, wodurch das Alphabet, die Urform aller europäischer Schriften entstand. Diese Auffassung erscheint heutzutage vielen fraglich *(Abbildung 1.1 – 20b)*. Abbildung 1.1 – 20c zählt uns die klassischen griechischen Buchstaben auf, die wir heute noch in der Geometrie, der Mathematik oder z. B. in der Physik der Elementarteilchen benutzen.

Ägypter und Babylonier haben zwar über eine Vielzahl konkreter mathematischer Kenntnisse verfügt, jedoch die Rechenregeln nicht allgemein formuliert, sondern ein bestimmtes Verfahren immer an einem Zahlenbeispiel demonstriert. Ihre Pädagogik hat somit immer den Charakter von Anweisungen, und von einem Beweis oder dem Anspruch darauf ist keine Spur zu finden. Sie haben auch nicht versucht, ihre astronomischen Beobachtungen mit Hilfe eines physikalischen Modells zu deuten. Hier erhebt sich die Frage, ob es nicht etwa eine geheime, tiefere Wissenschaft gegeben haben könnte, die uns nicht überliefert worden ist. Zur Beantwortung dieser Frage hat ein namhafter Wissenschaftshistoriker darauf hingewiesen, daß der heutige Entwicklungsstand einer Wissenschaft auch den Handbüchern entnommen werden kann, die für Ingenieure geschrieben sind. Ebenso läßt sich aus den Kenntnissen, die den Schreibern anvertraut worden sind, darauf schließen, daß wahrscheinlich weder die ägyptischen noch die chaldäischen Priester über eine solche geheime Wissenschaft verfügt haben.

Abbildung 1.1 – 19
a) Die Himmelskönigin *Nut* spannt das Himmelsgewölbe auf und trägt die Gestirne (Sakkara, XXX. Dynastie. Metropolitan Museum, New York)
b) Etwas sachlicher: das mesopotamische Weltall (nach *Meißner: Babylonien und Assyrien,* 1925, S. 109)

Abbildung 1.1 – 20
a) So mag sich der Buchstabe A herausgebildet und entwickelt haben
b) Tatsächlich sind jedoch die heutigen europäischen Schriftzeichen als Ergebnis komplizierter Wechselwirkungen zustandegekommen (nach der Großen Sowjet-Enzyklopädie)
c) Die in diesem Buche oft gebrauchten griechischen Buchstaben

A	α	άλφα	Alpha
B	β	βῆτα	Beta
Γ	γ	γάμμα	Gamma
Δ	δ	δέλτα	Delta
E	ε	ἒψιλόν	Epsilon
Z	ζ	ζῆτα	Zeta
H	η	ἦτα	Eta
Θ	θ ϑ	θῆτα	Theta
I	ι	ἰῶτα	Iota
K	κ	κάππα	Kappa
Λ	λ	λάμβδα	Lambda
M	μ	μῦ	My
N	ν	νῦ	Ny
Ξ	ξ	ξεῖ	Xi
O	ο	ὂ μικρόν	Omikron
Π	π	πεῖ	Pi
P	ϱ	ῥῶ	Rho
Σ	σ ς	σῖγμα	Sigma
T	τ	ταῦ	Tau
Y	υ	ῦ ψιλόν	Ypsilon
Φ	φ	φεῖ	Phi
X	χ	χεῖ	Chi
Ψ	ψ	ψεῖ	Psi
Ω	ω	ὦ μέγα	Omega

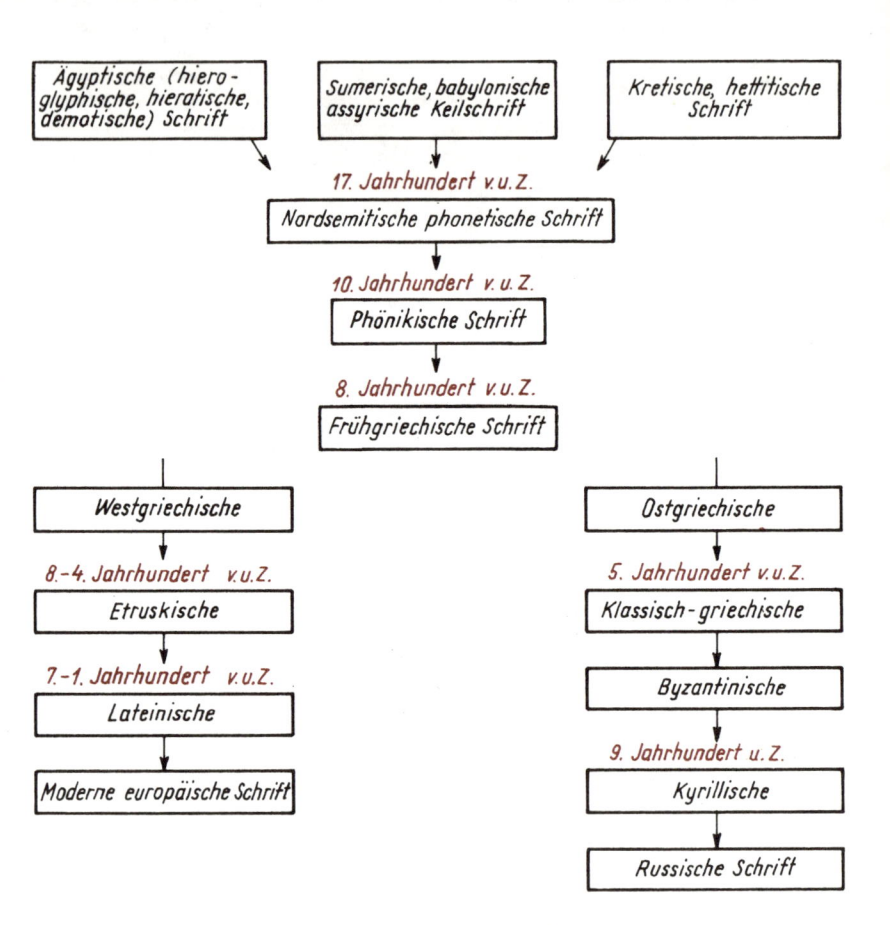

1.2 Die harmonische, schöne Ordnung

1.2.1 Einleitende Übersicht: zeitliche, räumliche und ursächliche Zusammenhänge

In der Wissenschaftsgeschichte wird der Beitrag der Griechen meistens vom 6. Jahrhundert v. u. Z. an ausführlicher untersucht. Zu dieser Zeit hatte Griechenland aber schon eine lange historische Entwicklung hinter sich. Die von HOMER geschilderten Ereignisse sowie die Blütezeit von Mykene lagen ein halbes Jahrtausend zurück. Die Griechen hatten bereits die Küsten des Mittelmeeres und die Inseln der Ägäis kolonisiert. Blühende Stadtstaaten gab es nicht nur im Mutterland, sondern auch in Kleinasien, Süditalien und Sizilien, Siedlungen an den Ufern des Schwarzen Meeres und in der Nähe des heutigen Marseille. Den miteinander wetteifernden Städten hat das antike Griechenland neben den Wissenschaften und Künsten noch eine weitere bedeutende Errungenschaft zu verdanken, die Demokratie (die natürlich eine Demokratie der Sklavenhalter gewesen ist). Als Seefahrer, Händler und Eroberer sind die Griechen mit den hochentwickelten Kulturen im Süden und Osten, so auch mit der ägyptischen und der mesopotamischen, in Berührung gekommen. Von beiden, vor allem aber von Ägypten, wurden bereits seit Jahrhunderten häufig griechische Söldner in Dienst genommen, die bei ihrer Rückkehr ins Mutterland Kenntnisse mitbrachten. Auch die griechischen Kaufleute haben sich Informationen verschafft, vor allem natürlich die für einen vorteilhaften Handel nötigen. Darüber hinaus gab es in jener Zeit aber auch bereits Menschen, die materiell dazu in der Lage waren, Reisen lediglich zum Zwecke der Bildung und der Zerstreuung zu unternehmen, und die wir heute als Touristen bezeichnen würden.

Im 5. Jahrhundert v. u. Z. haben die Griechen nur zu einem Großreich, dem persischen, Beziehungen unterhalten. Von ihm haben sie wissenschaftliche Erkenntnisse und zivilisierte Lebensformen übernommen, andererseits hat Persien Griechenland aber auch in seiner staatlichen Existenz bedroht. Im Westen, in Italien, hat eine kleine, kulturell verhältnismäßig wenig entwickelte Bauernrepublik mit Konsequenz und Härte sich nach und nach die Nachbarn unterworfen und durch Übernahme ihrer Kulturen, so vor allem der Kultur der Etrusker, das Niveau der eigenen erhöht. Noch hat aber nichts darauf hingedeutet, daß dieser Staat einst ein ernster Rivale werden und dann sogar das Erbe des persischen und schließlich auch des hellenischen Reiches antreten würde. An den Küsten des Mittelmeeres sowie auf der fernen iberischen Halbinsel haben phönizische Kolonien, von denen das punische Karthago die bekannteste ist, in Blüte gestanden. Auch sie haben noch nicht die tödliche Gefahr geahnt, die von Rom für sie ausgehen sollte.

Im Inneren des europäischen Kontinents, vom Atlantischen Ozean bis zu den südrussischen Steppen, haben recht verschiedene Völker (Kelten, Skythen) z. T. auf einer verhältnismäßig hohen Kulturstufe gelebt; sie haben aber nicht die Stufe der Organisiertheit erreicht, um die historische Entwicklung am Mittelmeer beeinflussen zu können. Die Griechen haben jedoch mit ihnen einen lebhaften Handel getrieben.

Es ist leicht einzusehen, daß die Griechen keine eingehendere Kenntnis von den anderen großen Kulturen, insbesondere von den kulturellen und wissenschaftlichen Leistungen der Inder und Chinesen, haben konnten. Doch ist etwa im 5. Jahrhundert nahezu gleichzeitig in den verschiedenen Kulturkreisen zu beobachten, daß verstärkt Fragen aufgeworfen werden, die die Stellung des Menschen zu den himmlischen Mächten und zur Natur sowie des Individuums zur Gesellschaft zum Gegenstand haben. Diese Fragen haben die Menschen schon seit Urzeiten beschäftigt, und sie sind bis zum heutigen Tage aktuell geblieben. So hat zur gleichen Zeit, in der THALES die Beziehungen zwischen Mensch und Natur unter Ausklammerung überirdischer Kräfte betrachtet hat, in Judäa der Prophet EZECHIEL die unmittelbare Verantwortlichkeit des einzelnen, des Individuums, betont; sein Wort erreicht durch das Alte Testament auch heute noch Millionen *(Zitat 1.2 – 1a)*. Zu eben dieser Zeit hat BUDDHA das Glück des Individuums in der vollständigen Abkehr von der irdischen Welt gesehen; seiner Lehre folgen heute hunderte Millionen Menschen. Und schließlich hat KONFUZIUS (Kung-fu-tse) die Stellung des Individuums in der Gesellschaft sowie die Normen richtigen Handelns untersucht; seine Lehren – ob sie nun gepriesen oder verurteilt werden – beeinflussen heute noch die Lebensweise von Millionen *(Zitate 1.2 – 1b, c)*. Auch unter dem Blickwinkel der Wissenschaftsgeschichte ist der Inhalt dieser Lehren von Bedeutung. So wird z. B. häufig angenommen, daß die feste Verknüpfung von Ursache und Wirkung auf die Kopplung von Sünde und Buße zurückgeführt werden kann.

Die Griechen haben ihre Freiheit gegen das expansive, von Osten her andrängende Persische Großreich im Kampfe verteidigen müssen. Dieser alle Griechen vereinende erfolgreiche Kampf – mit dem in die Legende eingegangenen Sieg bei Marathon und der Seeschlacht bei Salamis – hat sie in ihrem Glauben an die eigene physische, moralische und geistige Kraft ungemein bestärkt und sie letztlich befähigt, das eine führende Rolle spielende Athen zum Perikleischen Goldenen Zeitalter zu führen *(Tabelle 1.2 – 1, Farbtafel II)*.

PERIKLES hat lange genug gelebt, um den Ausbruch des Bruderkrieges nach dem Goldenen Zeitalter (Peloponnesischer Krieg, Auseinandersetzung zwischen Sparta und Athen um die Hegemonie) und damit den Beginn des Niederganges zu erleben. Die Blütezeit der Philosophie und der Wissenschaften fällt aber gerade in das 4. Jahrhundert v. u. Z., das Jahrhundert von PLATON und ARISTOTELES. Das letzte Drittel des Jahrhunderts steht bereits unter dem Zeichen PHILIPPS, der als mazedonischer König nach und nach ganz Griechenland unter seine Gewalt brachte. Sein Sohn, ALEXANDER DER GROSSE, der von ARISTOTELES erzogen wurde, ist im Jahre 334 v. u. Z. darangegangen, das Persische Reich zu unterwerfen und die gesamte, den Griechen zu jener Zeit bekannte und politisch bedeutsame Welt zu erobern. Dank der herausragenden Fähigkeiten ALEXANDERS sowie der inneren Schwäche des Persischen Reiches wegen wurde der Feldzug ein voller Erfolg. ALEXANDER DER GROSSE ist im Osten bis nach Indien und im Norden bis nach Baktrien gekommen; im Süden hat er das gesamte ägyptische Reich unterworfen. Die kulturhistorische Bedeutung seiner militärischen Eroberungen läßt sich kaum ermessen. Mit ihnen wurde die griechische Kultur in allen eroberten Ländern verbreitet, ja, wir können sogar griechische Einflüs-

Abbildung 1.1 – 20d
Auf einer 225 cm hohen Dioritstele ist uns die wichtigste Gesetzessammlung des Alten Orients, der *Kodex Hammurabi*, (um 1700 v. u. Z.) erhalten geblieben. Auf dem Reliefbild steht der König *Hammurapi* vor dem Gott Schamasch, der ihm das Gesetzbuch überreicht.

Die gerechten Gesetze, die *Hammurabi*, der weise König, errichtete und (durch die) er dem Lande eine dauernde Stütze und reine Regierung gab... Ich bin der Wächter-Statthalter... In meiner Brust trug ich das Volk aus dem Lande von Sumer und Akkad... In meiner Weisheit hielt ich es zurück, damit die Starken die Schwachen nicht unterdrücken und damit sie der Waise und Witwe Gerechtigkeit widerfahren lassen... Jeder unterdrückte Mann, der einen Grund zur Klage hat, soll vor mein Bildnis treten, bin ich doch ein König der Gerechtigkeit! Lasset ihn die Inschrift auf meinem Denkmale lesen! Lasset ihn meine schwerwiegenden Worte befolgen! Möge meine Bildsäule Licht bringen in seinen (verworrenen) Handel, möge er Recht finden und sein Herz beruhigen (indem er ausruft): „Hammurabi, wahrhaftig, er ist ein Herrscher, der wie ein wirklicher Vater zu seinem Volke ist... Er hat für alle Zeit den Wohlstand seines Volkes begründet und seinem Lande eine weise Regierung gegeben"... In den Tagen, die da noch kommen werden, für alle zukünftige Zeit, möge der König, der da im Lande herrscht, die Worte der Gerechtigkeit beobachten, die ich auf mein Denkmal geschrieben.

R. F. Harper: *The Code of Hammurabi*. Univ. of Chicago 1904. Zitiert nach [0.24] Bd. 1/259

Zitat 1.2 – 1a

Und des Herrn Wort geschah zu mir: Was habt ihr unter euch im Lande Israel für ein Sprichwort: „Die Väter haben saure Trauben gegessen, aber den Kindern sind die Zähne davon stumpf geworden"? So wahr ich lebe, spricht Gott der Herr: Dies Sprichwort soll nicht mehr unter euch umgehen in Israel. Denn siehe alle Menschen gehören mir; die Väter gehören mir so gut wie die Söhne; jeder, der sündigt, soll sterben.

se in der indischen Kunst erkennen. Aber auch die griechische Kultur selbst ist durch den unmittelbaren Kontakt mit den alten mesopotamischen und ägyptischen Kulturen befruchtet worden. Das Ergebnis all dieser Prozesse ist der Hellenismus, dessen vom Standpunkt der Wissenschaft bedeutendsten Ergebnisse nicht auf griechischem Boden, sondern in Ägypten, in der von ALEXANDER DEM GROSSEN gegründeten Stadt Alexandria entstanden sind.

Auf die Blütezeit des Hellenismus im 3. und 2. Jahrhundert v. u. Z. folgte dessen langsamer Verfall, wobei es im 1. und 2. Jahrhundert u. Z.

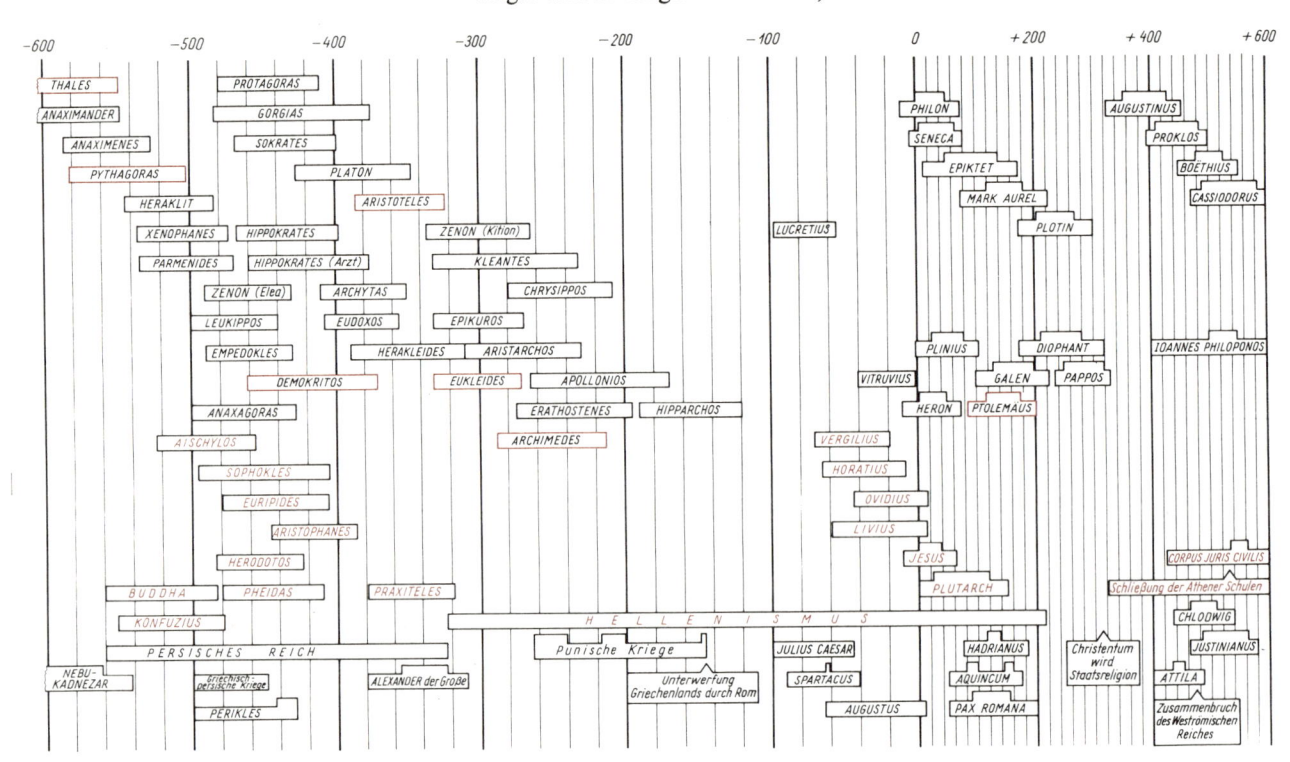

Wenn nun einer gerecht ist und Recht und Gerechtigkeit übt, der von den Höhenopfern nicht ißt und seine Augen nicht aufhebt zu den Götzen des Hauses Israel, der seines Nächsten Weib nicht befleckt und nicht liegt bei einer Frau in ihrer Unreinheit, der niemand bedrückt, der dem Schuldner sein Pfand zurückgibt und niemand etwas mit Gewalt nimmt, der mit dem Hungrigen sein Brot teilt und den Nackten kleidet, der nicht auf Zinsen gibt und keinen Aufschlag nimmt, der seine Hand von Unrecht zurückhält und rechtes Urteil fällt unter den Leuten, der nach meinen Gesetzen lebt und meine Gebote hält, daß er danach tut; das ist ein Gerechter, der soll das Leben behalten, spricht Gott der Herr.

Wenn er aber einen gewalttätigen Sohn zeugt, der Blut vergießt oder eine dieser Sünden tut, während der Vater all das nicht getan hat, wenn er von den Höhenopfern ißt und seines Nächsten Weib befleckt, die Armen und Elenden bedrückt, mit Gewalt etwas nimmt, das Pfand nicht zurückgibt, seine Augen zu den Götzen aufhebt und Greuel begeht, auf Zinsen gibt und einen Aufschlag nimmt — sollte der am Leben bleiben? Er soll nicht leben, sondern, weil er alle diese Greuel getan hat, soll er des Todes sterben; seine Blutschuld komme über ihn.

Wenn der dann aber einen Sohn zeugt, der alle diese Sünden sieht, die sein Vater tut, wenn er sie sieht und doch nicht so handelt, nicht von den Höhenopfern ißt, seine Augen nicht aufhebt zu den Götzen des Hauses Israel, nicht seines Nächsten Weib befleckt, niemand bedrückt, kein Pfand fordert, nichts mit Gewalt nimmt, sein Brot mit dem Hungrigen teilt und den Nackten kleidet, seine Hand von Unrecht zurückhält, nicht Zinsen noch Aufschlag nimmt, sondern meine Gebote

Tabelle 1.2 – 1

Chronologie bedeutender Persönlichkeiten der griechisch-römischen und der hellenischen Welt

Die Namen der Gelehrten, die in unserem Buch eine besondere Rolle spielen, sind farbig umrahmt, die Namen anderer bedeutender Persönlichkeiten aus den Bereichen Kunst, Literatur und Religion sind farbig gesetzt. Die Tabelle umfaßt je 6 Jahrhunderte vor und nach Beginn unserer Zeitrechnung, bei letzteren mit einem auf die Hälfte verkürzten Zeitmaßstab, so daß hier bereits die Stagnation des Geisteslebens in diesem Zeitraum im Vergleich zu den 6 Jahrhunderten v. u. Z. ins Auge fällt.

Zu den Namen in dieser Tabelle, die im Haupttext nur beiläufig oder gar nicht erwähnt sind, sollen einige kurze Anmerkungen folgen.

Xenophanes kam aus dem kleinasiatischen Kolophon nach dem süditalienischen Elea und gründete dort die eleatische Schule, so daß er als Lehrer von *Parmenides* gelten kann. Er wandte sich mit Spott gegen den Mystizismus des *Pythagoras* und den Anthropomorphismus der Götter *Homers*:

Doch wenn die Ochsen und Rosse und Löwen Hände hätten oder malen könnten mit ihren Händen und Werke bilden wie die Menschen, so würden die Rosse roßähnliche, die Ochsen ochsenähnliche, die Löwen löwenähnliche Göttergestalten malen und solche Körper bilden, wie jede Art gerade selbst ihre Form hätte.

Für *Xenophanes* gab es nur einen einzigen Gott, der weder in seinem Äußeren noch seiner Denkweise dem Menschen ähnlich ist. Ein Namensvetter des *Eleaten Zenon* (der jede Veränderung als unmöglich ansah) ist *Zenon aus Kition*, der Begründer des Stoizismus. Ausgebaut und weitergeführt wurde seine Schule von *Kleantes* und *Chrysippos*. Mehr oder weniger eng an die stoische Schule schließen auch *Epikur, Lukrez, Seneca*, der Sklave *Epiktet* sowie der Kaiser *Mark Aurel* an.

Anaxagoras (500 – 428 v. u. Z.), ein Freund von *Perikles*, äußerte die Auffassung, daß die Sonne ein glühender Stein sei, der vielleicht größer als der gesamte Peloponnes sein könne. Er erkannte richtig die Ursache der Sonnen- und Mondfinsternisse.

Der Arzt *Hippokrates* ist von größerer Bedeutung als der Mathematiker gleichen Namens; auf ihn geht der Hippokratische Eid zurück. Sein Werk wurde fortgesetzt von *Galen (Claudius Galenus)*, dessen Lehre die Medizin in Europa bis zum 16./17. Jahrhundert beeinflußt hat.

Diophantos, Pappos und *Proklos* waren bedeutende Mathematiker, an sie erinnern die diophantischen Gleichungen sowie die Pappos-Guldinsche Regel. Von großer Bedeutung für die Wissenschaftsgeschichte sind die Kommentare des *Proklos* zu Werken von *Platon* und *Euklid*.

Der in Alexandria tätige Gelehrte jüdischer Herkunft, *Philon*, versuchte, die platonische und die stoische Philosophie mit dem Alten Testament in Einklang zu bringen. *Boëthius, Cassiodorus* und *Philoponus* werden in späteren Kapiteln dieses Buches noch eine Rolle spielen.

Vitruvius Pollio lebte kurz vor Beginn unserer Zeitrechnung; er war ein hervorragender

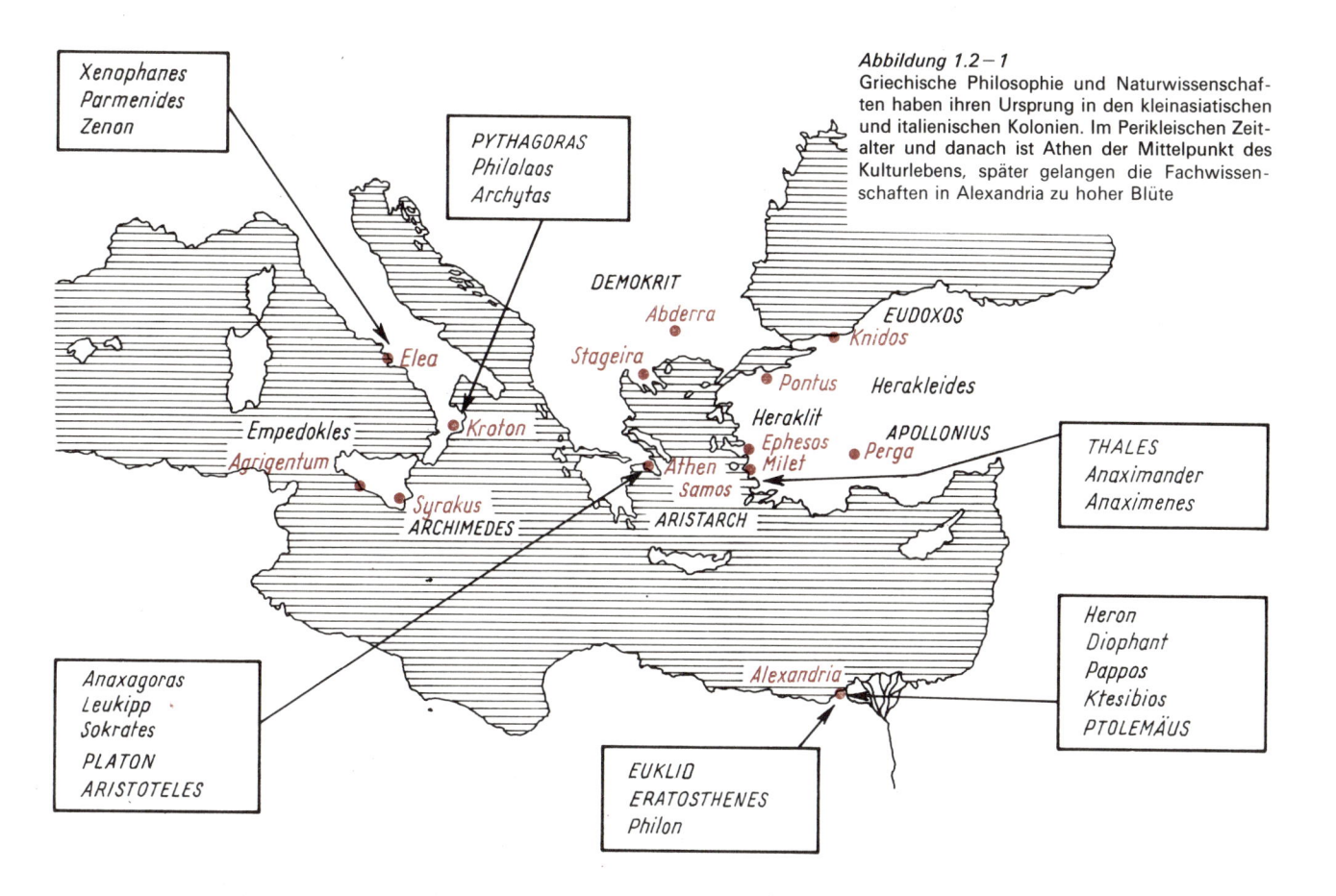

Abbildung 1.2−1
Griechische Philosophie und Naturwissenschaften haben ihren Ursprung in den kleinasiatischen und italienischen Kolonien. Im Perikleischen Zeitalter und danach ist Athen der Mittelpunkt des Kulturlebens, später gelangten die Fachwissenschaften in Alexandria zu hoher Blüte

Architekt. Von ihm stammt das zehnbändige Werk mit dem Titel *De architectura*. In seiner italienischen Übersetzung war es selbst im 16. Jahrhundert noch von sehr großer Bedeutung. Neben *Vitruvius* waren *Sextus Julius Frontinus* (40−113 u. Z., *De aquaeductibus urbis Romae*) und der Damaszener *Apollodorus* (1. Jahrhundert u. Z., ein berühmter Brückenbaumeister) namhafte Vertreter des römischen Ingenieurbauwesens.

Das Römische Reich hat keine bedeutenden Naturwissenschaftler aufzuweisen; wir sollten aber weder das Straßennetz mit seinen 80 000 km Länge, einer Straßenbreite von 6−7 m und zahlreichen Brücken und Tunneln noch die Wasserversorgungs- und Kanalisationssysteme vergessen, von denen manche Teile auch heute noch genutzt werden. Für 50 Millionen Menschen wurden einheitliche Rechtsnormen geschaffen. Bereits 451 v. u. Z., zu einer Zeit, als in Griechenland *Perikles* herrschte, zeigten sich die besonderen juristischen Fähigkeiten der Römer in den Zwölftafelgesetzen der Decemvirn (Zehnmännerkollegium). Von den bedeutenden Rechtsgelehrten erwähnen wir nur *Gaius* (etwa 140−180) und sein Lehrbuch *Institutiones* sowie *Ulpianus* (170−228). Von letzterem stammen die Definitionen des Rechtsverhaltens: *honeste vivere, alterum non laedere, suum cuique tribuere* (ehrenhaft leben, niemanden verletzen, jedem das geben, was ihm zukommt). *Tribonian* (gest. etwa 545) war Minister des Kaisers *Justinian* und hat als Vorsitzender des Kodifizierungskollegiums die Ausarbeitung des *Corpus Iuris Civilis* geleitet, das bis zum heutigen Tage das europäische Rechtssystem beeinflußt hat.

Interessante Synchronismen

407 v. u. Z.: *Platon* schließt sich *Sokrates* an; Aufführung der Dramen *Orest* und *Iphigenie in Aulis* von *Euripides*; Bau des Erechtheion.

387 v. u. Z.: *Platon*: *Symposion*, Gründung der Akademie. Der Wahlspruch der Akademie: „Nur ein der Geometrie Kundiger trete ein". *Brennus*, Führer der Gallier, ruft den besiegten Römern sein „Vae victis" zu.

201 v. u. Z.: Kampf auf Leben und Tod zwischen *Hannibal* und den Römern; Ende des Zweiten Punischen Krieges; *Apollonius* untersucht die Kegelschnitte, *Eratosthenes* mißt bei Alexandria den Erddurchmesser.

170 u. Z.: *Mark Aurel* kämpft gegen die Markomannen, er schreibt in Pannonien seine *Selbstbetrachtungen*; *Ptolemäus* arbeitet in Alexandria an seinem *Almagest* und seiner *Geographia*

noch zu einigen herausragenden Leistungen kam. Dem allmählichen Hinsterben des Hellenismus − zunächst im einheitlichen Römischen Reich, dann im Oströmischen Reich − setzte die arabische Eroberung ein Ende.

Zur Ergänzung der chronologischen Tabelle 1.2−1 ist die Darstellung der geographischen Lage der Kulturzentren in *Abbildung 1.2−1* von Inter-

hält und nach meinen Gesetzen lebt, der soll nicht sterben um der Schuld seines Vaters willen, sondern soll am Leben bleiben. Aber sein Vater, der Gewalt und Unrecht geübt und unter seinem Volk getan hat, was nicht taugt, siehe, der soll sterben um seiner Schuld willen.

Doch ihr sagt: Warum soll denn ein Sohn nicht die Schuld seines Vaters tragen? − Weil der Sohn Recht und Gerechtigkeit geübt und alle meine Gesetze gehalten und danach getan hat, soll er am Leben bleiben. Denn nur wer sündigt, der soll sterben. Der Sohn soll nicht tragen die Schuld des Vaters, und der Vater soll nicht tragen die Schuld des Sohnes, sondern die Gerechtigkeit des Gerechten soll ihm allein zugute kommen, und die Ungerechtigkeit des Ungerechten soll auf ihm allein liegen.

DIE BIBEL. Hesekiel 18

· Zitat 1.2−1b

1. Dies, ihr Mönche, ist die heilige Wahrheit vom Leiden: Geburt ist Leiden, Alter ist Leiden, Krankheit ist Leiden, Tod, mit Unliebem vereint sein, von Liebem getrennt sein, nicht erlangen, was man begehrt... sind Leiden.

2. Dies, ihr Mönche, ist die heilige Wahrheit von der Entstehung des Leidens: es ist der Durst (nach Sein), der von Wiedergeburt zu Wiedergeburt führt, samt Lust und Begier, der hier und dort seine Lust findet: der Durst nach Lüsten, der Durst nach Werden, der Durst nach Macht.

3. Dies, ihr Mönche, ist die heilige Wahrheit von der Aufhebung des Leidens: die Aufhebung dieses Durstes durch gänzliche Vernichtung des Begehrens, ihn fahren lassen, sich seiner entäußern, sich von ihm lösen, ihm keine Stätte gewähren.

4. Dies, ihr Mönche, ist die heilige Wahrheit von dem Wege zur Aufhebung des Leidens: es ist dieser heilige achtteilige Pfad, der da heißt: rechtes

Glauben, rechtes Entschließen, rechtes Wort, rechte Tat, rechtes Leben, rechtes Streben, rechtes Gedenken, rechtes Sichversenken.
BUDDHA
DURANT–DURANT [0.24] 1/472

Zitat 1.2–1c
Wenn die Große Wahrheit (der großen Gemeinsamkeit) siegt, dann wird die Erde allgemeines Eigentum sein. Man wird die Weisesten und Tüchtigsten wählen, um Friede und Eintracht aufrechtzuerhalten. Dann werden die Menschen nicht mehr nur ihre Nächsten lieben, nicht mehr nur für ihre eigenen Kinder sorgen, so daß alle Alten ein friedliches Ende haben, alle Kräftigen eine nützliche Arbeit leisten, alle Jungen in ihrem Wachstum gefördert werden, Witwer und Witwen, Waisen und Einsame, Schwache und Kranke ihre Fürsorge finden, die Männer ihre Stellung und die Frauen ihr Heim haben.

Die Güter will man nur nicht verderben lassen, aber man will sie nicht für sich privatim aufstapeln. Die Arbeit will man nur nicht ungetan lassen, aber man will sie nicht um des eignen Gewinns willen tun.

Darum bedarf es keiner Absperrung und keines Schlosses, denn Räuber und Diebe treten nicht auf. So läßt man die äußeren Tore unverschlossen: das heißt die große Gemeinsamkeit.
KONFUZIUS
Richard Wilhelm: Übersetzungen aus dem Chinesischen. 1910

esse. Wir sehen, daß die Entwicklung der Wissenschaften zu Beginn des 5. Jahrhunderts v. u. Z. mit den auf dem kleinasiatischen Küstenstreifen lebenden ionischen Naturphilosophen begonnen hat. Das ist verständlich, denn hier sind die unmittelbaren kulturellen Einflüsse aus dem Osten und Süden am stärksten gewesen. Von Kleinasien aus hat sich der Schwerpunkt auf die pythagoreische Schule sowie auf die Schule von Elea, geographisch im Westen des Mutterlandes liegend, verschoben. Danach hat die Philosophie mit der großen Triade SOKRATES – PLATON – ARISTOTELES in Athen ihre Blütezeit erlebt.

Mit Ausnahme von ARISTOTELES haben alle Gelehrten, deren Ideen von der arabischen Wissenschaft übernommen worden sind und die dann einen ungemein großen Einfluß auf die europäische Wissenschaft gehabt haben, in Alexandria gelebt und gelehrt. Wir denken vor allem an EUKLID, ERATOSTHENES und PTOLEMÄUS, um nur die wichtigsten zu nennen.

An die Blütezeit von Alexandria schließt die römische Epoche – auch in der Wissenschaftsgeschichte – an. Sie begann zunächst mit einem tragischen Ereignis: Bei ihrem Kampf um die Vorherrschaft auf dem Mittelmeer waren die Römer bestrebt, das erste große, ihrer Weltherrschaft im Wege stehende Hindernis, Karthago, zu beseitigen. Ein Streitobjekt der beiden Großmächte, Rom und Karthago, war Sizilien. Hier lebte zu jener Zeit der bedeutendste griechische Mathematiker und Physiker, ARCHIMEDES, der mit den Gelehrten in Alexandria in unmittelbarer Verbindung gestanden und wahrscheinlich auch dort gearbeitet hat. Er wurde bei der Einnahme von Syrakus von römischen Legionären getötet.

Auf der *Abbildung 1.2–2* sind die von der griechischen Wissenschaft bearbeiteten Themenkomplexe, einschließlich ihrer Repräsentanten sowie

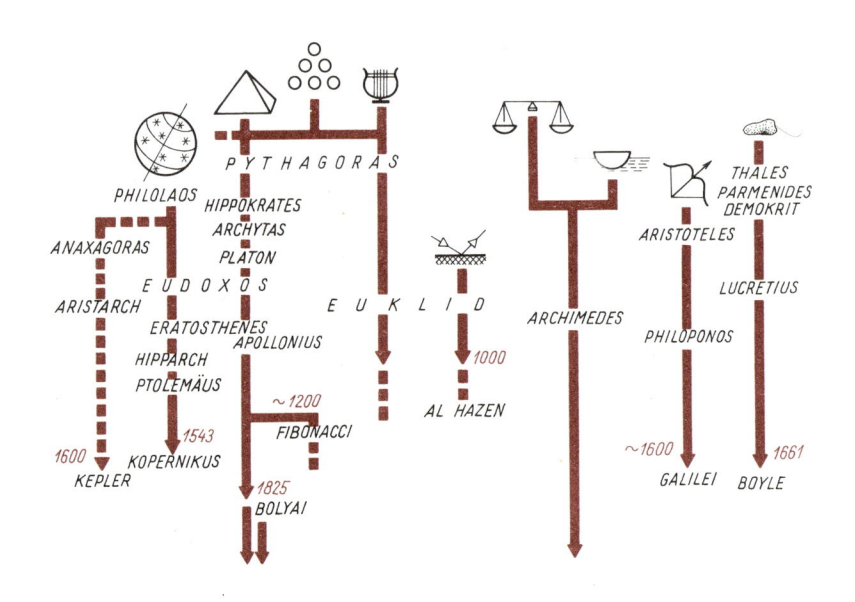

Abbildung 1.2–2
Themenkreise der griechischen Naturwissenschaft. Durch Pfeilspitzen angegeben sind auch die Zeitpunkte, bis zu denen die antiken Aussagen von der Wissenschaft akzeptiert worden sind

nach Möglichkeit auch die zeitlichen Zusammenhänge, dargestellt, wobei wir uns natürlich auf die Mathematik und Physik beschränkt haben. Es ist auch angemerkt, bis zu welcher Zeit die von der antiken griechischen Wissenschaft erzielten Ergebnisse als richtig akzeptiert worden sind, d. h., wann sie verworfen wurden, ihre Gültigkeit in Frage gestellt oder wann über sie hinausgegangen wurde. Die unvergängliche Bedeutung der griechischen Wissenschaft äußert sich auch darin, daß einige ihrer Ergebnisse bis zum heutigen Tage als richtig gelten und in der Oberstufe unserer Schulen, in einigen Fällen sogar an den Hochschulen, gelehrt werden. Es handelt sich dabei um bestimmte Gebiete der Geometrie, der Hydrostatik sowie der Statik starrer Körper. Aber auch Erkenntnisse zur Astronomie, zur Bewegungslehre und zum Aufbau der Materie gelten nun schon über zwei Jahrtausende hinweg – sowohl im allgemeinen als auch im besonderen unter Wissenschaftlern – als Spitzenleistungen des menschlichen Verstandes auf diesen Gebieten.

Wenn wir uns die Frage vorlegen, warum gerade die Ergebnisse zur Geometrie und zur Statik bis zum heutigen Tage lebendig geblieben sind, dann sollten wir uns an die in der Einleitung zu diesem Buch angeführten Überlegungen erinnern, denen zufolge Modellfindung und Abstraktion die schwierigsten Schritte zu Beginn einer jeden wissenschaftlichen Behandlung sind. In der Statik und in der Geometrie ist das abstrakte, einer mathematischen Behandlung zugängliche Modell sozusagen von Natur aus gegeben. Bei der Beschreibung der Bewegung unter irdischen Bedingungen hingegen und besonders bei der Frage nach den Bestandteilen der Materie muß in weit höherem Maße abstrahiert werden. Es ist wiederum nicht zufällig, daß die Griechen mit dem ptolemäischen System eine genaue und quantitative Beschreibung der Bewegung der Himmelskörper geben konnten, denn hier ist die Abstraktion leicht möglich, da Störeinflüsse unbedeutend sind. Wir können sogar sagen, daß das ptolemäische System als Beschreibung der Bewegung der Himmelskörper auch heute noch als richtig angesehen werden kann, wobei der Gültigkeitsbereich natürlich beschränkt ist, aber das trifft auch für jede beliebige moderne Theorie zu. Das ptolemäische System ist im 16. und vor allem im 17. Jahrhundert nur deshalb verdrängt worden, weil es kein physikalisches Bild der beobachteten Phänomene lieferte und somit zu keiner dynamischen Weiterentwicklung fähig war.

Vom Gesichtspunkt der Wissenschaftsgeschichte aus ist es bemerkenswert, mit welcher Kühnheit, die ihrem Kampfesmut zumindest gleichkommt, die Griechen komplizierteste Fragen angegangen haben. Eine dieser Fragen ist die nach dem Wesen der Dinge, oder – ein wenig simplifiziert und vulgarisiert – die Frage nach dem Urstoff bzw. den Urstoffen, aus denen sich die Vielfalt unserer Welt aufbaut. Als Antwort auf diese Frage konnten natürlich nur qualitative Bilder angegeben werden, und das qualitative Bild, das ARISTOTELES der Nachwelt hinterließ, konnte unmittelbar nicht als Grundlage weiterführender Erkenntnisse dienen. Es mußte völlig verworfen werden, um anderen Vorstellungen über den Aufbau der Materie den Weg freizumachen. Die antike Atomtheorie hingegen war zwar auch nur qualitativ, ihre Weitereintwicklung zu einem quantitativen Modell war jedoch möglich.

Im folgenden werden alle hier aufgezählten Entwicklungslinien dargestellt, wobei wir freilich nicht jeder bis in die letzte Einzelheit folgen wollen. Im allgemeinen werden wir uns damit begnügen – wie wir das schon im Abschnitt über ägyptische und babylonische Wissenschaft getan haben – die herausragenden Ergebnisse ausführlich darzustellen. Daneben soll aber nicht vergessen werden aufzuzeigen, wie bestimmte Ideen sich herausgebildet und vervollkommnet haben, da wir nur so den Entwicklungsprozeß der großen Gedanken erkennen können.

1.2.2 Mystik und Mathematik: Pythagoras

Aus dem Leben des PYTHAGORAS ist nicht viel bekannt, ja, es wird sogar zuweilen in Frage gestellt, daß er je gelebt hat. Nach dieser Auffassung wären seine Gestalt, sein Leben, seine Taten und Aussagen nur Phantasieprodukte seiner Anhänger, ähnlich wie bei anderen Religions- oder Sektenstiftern *(Abbildung 1.2–3)*. Nach neueren Forschungsergebnissen können wir aber annehmen, daß PYTHAGORAS tatsächlich gelebt hat. Er wurde etwa 580 v. u. Z. auf der Insel Samos geboren und flüchtete dann wahrscheinlich vor dem Tyrannen POLYKRATES nach Kroton in Süditalien, wo sich seine Schüler um ihn scharten und eine Art religiöser Sekte bildeten.

So wenig zuverlässig die Angaben über die Lebensdaten des PYTHAGORAS sind, so weit gehen auch die Bewertungen seines Werkes auseinander. Von manchen Autoren wird die Auffassung vertreten, daß er den Titel des Begründers der modernen Naturwissenschaften verdient, andere wiederum sehen in ihm eher einen Poeten, Mystiker und Propheten. Seine gesellschaftliche Rolle wird von den einen als reaktionär verschrieen („idealistischer Philosoph, Handlanger der Aristokratie"), von anderen aber als fortschrittlich („plebejischer Herkunft, vertrat die Interessen der Handwerker") angesehen.

Abbildung 1.2–3
PYTHAGORAS und die Musik (Buchminiatur, um 1210; Bayrische Staatsbibliothek).

Pythagoras ist eine der interessantesten und rätselhaftesten Figuren der Geschichte. Das über ihn Überlieferte besteht aus einem unentwirrbaren Gemisch von Wahrheit und Phantasmagorie; selbst wenn man es in seiner reinsten und am wenigsten anfechtbaren Form betrachtet, kann man auf eine ganz außergewöhnliche Persönlichkeit schließen. Wir können *Pythagoras* kurz als *Einstein* und *Mrs. Eddy* in einer Person charakterisieren. Er gründete eine Religion, die an Seelenwanderung glauben ließ und ihren Anhängern verbot, Bohnen zu essen. Sie wurde von einem Priesterorden getragen, der in manchen Gegenden die Kontrolle über den Staat erlangte und den Kult eigener Heiligen einführte. Die in ihrem Glauben weniger Festen wollten jedoch ihre Bohnen nicht missen und lehnten sich früher oder später auf.
RUSSELL [0.28] p. 49

Zitat 1.2–2
Enthalte dich der Bohnenspeisen
Hebe nicht auf, was zu Boden gefallen ist
Berühre keinen weißen Hahn
Brich das Brot nicht
Steige über keinen Zaun
Schüre das Feuer nicht mit dem Eisen
Iß von keinem ganzen Laib Brot
Pflücke keine Blumen von einem Kranz
Setze dich nicht auf Hohlmaße
Iß von keinem Tierherzen
Wandere nicht auf Landstraßen
Laß keine Schwalben unter deinem Dach nisten
Wenn der Topf vom Feuer genommen ist, vertilge seine Spuren in der Asche, streiche sie glatt
Besieh dich nicht im Spiegel mit einer Lampe daneben
Wenn du vom Lager aufstehst, rolle das Bettzeug zusammen und gleiche den Abdruck deines Leibes aus
RUSSELL [0.28] p. 50

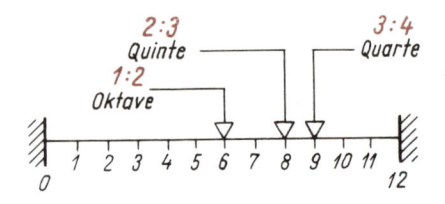

Abbildung 1.2−4a
Das erste konkrete, quantitativ formulierte Naturgesetz: Eine Harmonie der Töne wird dann erhalten, wenn sich die Saitenlängen wie kleine ganze Zahlen zueinander verhalten. Wahrscheinlich haben die Pythagoreer auch experimentiert, um zu diesem Gesetz zu kommen

Abbildung 1.2−4b
Orpheus kann wilde Tiere zähmen, weil auch sie mit den Harmonien in Resonanz geraten. Die Harmonie aber ist eine Zahl, und so ist auch das Wesen der Welt durch Zahlen gegeben.
Was wir heutzutage aus der Sprache der Spektren heraushören, ist eine wirkliche Sphärenmusik des Atoms, ein Zusammenklingen ganzzahliger Verhältnisse, eine bei aller Mannigfaltigkeit zunehmende Ordnung und Harmonie.
Sommerfeld: Atombau und Spektrallinien. 1919, Vorwort

Zitat 1.2−3
Die weisen Männer behaupten, Kallikles, daß Himmel und Erde, Götter und Menschen durch die Gemeinschaft und die Freundschaft, durch Ordnung, Besonnenheit und Gerechtigkeit zusammengehalten werden, und dieses Ganze nennen sie deswegen Weltordnung.
PLATON: *Gorgias.* Deutsch von *Rudolf Rufener.* Zürich−München 1974

Da es sehr schwer ist, das Werk des Meisters von dem seiner Schüler zu trennen, sollten wir in der folgenden Darstellung statt von PYTHAGORAS eher von den Pythagoreern sprechen.

Wenn wir uns die Ergebnisse des PYTHAGORAS in der Mathematik und die naturwissenschaftlichen Aussagen zu Musik sowie zum Kosmos anschauen, dann können wir nicht umhin, das Werk des PYTHAGORAS als bedeutsam einzustufen. Wir wollen dabei jedoch davon absehen, wie diese Ergebnisse entstanden sind, und ebenso auch von ihrer Einbettung in einen religiös-mystischen Rahmen.

Die neuen Ideen sind nämlich einem solchen Wirrwarr von religiöser Mystik und Aberglauben entsprungen, der eine Fortsetzung kultischer Vorschriften längst vergangener Zeiten, ja selbst der Urgemeinschaft zu sein scheint, daß die Attitüde und das Schaffen der Pythagoreer unter diesem Blickwinkel schwerlich als das angesehen werden können, was heute üblicherweise als wissenschaftlich bezeichnet wird. Wir können uns davon anhand einiger im *Zitat 1.2−2* wiedergegebener Regeln überzeugen, deren Beachtung für die Pythagoreer Pflicht war. Vielleicht versteht es sich aber von selbst, daß es am Anfang des wissenschaftlichen Erkenntnisprozesses zu derartigen Erscheinungen kommen mußte; es kann eigentlich nicht erwartet werden, daß gleich zu Beginn der Wissenschaftsgeschichte sowohl richtige Erkenntnisse gefunden als auch die „richtigen" Methoden zur Erkenntnisgewinnung benutzt wurden. Im einleitenden Kapitel dieses Buches ist betont worden, daß eine Wissenschaft zu wahren Erkenntnissen führen soll, wobei sie eine Methode haben muß, um ihre Wahrheit zu überprüfen. Der Weg, auf dem eine wahre Erkenntnis gewonnen worden ist, ist für die Wissenschaft irrelevant. Ist z. B. einem Mathematiker eine Aussage im Traum eingefallen und kann er deren Wahrheit mit den allgemein akzeptierten mathematischen Hilfsmitteln beweisen, dann hat diese Aussage vom Standpunkt der Wissenschaft den gleichen Wert wie eine systematisch hergeleitete. Es soll damit natürlich nicht gesagt werden, daß es für die Wahrheitsfindung keine wissenschaftlichen Methoden gibt. Wie wir noch sehen werden (Kapitel 1.4), gibt ARCHIMEDES selbst Hinweise dafür, wie man neue wahre Erkenntnisse auf wissenschaftlichem Wege „erahnen" kann.

Für die Wissenschaftsgeschichte besonders interessant und für heute forschende Wissenschaftler lehrreich ist es natürlich, den Weg nochmals zu beschreiben, der zu einer heute objektiv als richtig erkannten wissenschaftlichen Erkenntnis geführt hat, mag dieser Weg auch noch so verworren und phantastisch erscheinen.

Die ganze Anschauungsweise des Pythagoreismus läßt sich in folgendem Satz zusammenfassen:

Die Zahl ist die Natur und das Wesen der Dinge.

Unter Zahlen haben die Pythagoreer natürlich stets die positiven ganzen Zahlen verstanden. In der Physik ist dieses allgemeine Prinzip im Zusammenhang der Harmonie in der Musik mit den Längen der Saiten, die unter ansonsten gleichen Bedingungen (Spannung der Saiten und Masse je Längeneinheit) diese zueinander harmonischen Töne erzeugen, verwirklicht. Bei einer Oktave verhalten sich die Längen der Saiten wie 1 : 2, bei der Quinte wie 2 : 3, bei der Quarte wie 3 : 4. Die Harmonien stehen folglich mit den kleinen ganzen Zahlen in einem unmittelbaren Zusammenhang *(Abbildungen 1.2−4a, b).*

Andererseits mögen die Pythagoreer gerade über diese Harmonie zu ihrem allgemeinen Satz gelangt sein. Es sollten die kleinen ganzen Zahlen im Kosmos von besonderer Bedeutung sein, ein Gedanke, der eng mit dem zu jener Zeit in Süditalien verbreiteten orphischen Kult verknüpft ist. ORPHEUS konnte mit seiner Musik nur deshalb Lebende und Tote beeinflussen, weil die gesamte Welt nach bestimmten Harmonien aufgebaut ist und deshalb durch die Töne der Musik zur Resonanz kommt. Die Pythagoreer haben die Welt als Kosmos bezeichnet, was soviel wie schöne Ordnung bedeutet *(Zitat 1.2−3).* Die harmonische schöne Ordnung aber kann − wie z. B. das Verhältnis von Saitenlängen − durch ganze Zahlen ausgedrückt werden. Somit steht letztlich der Kosmos als harmonische schöne Ordnung mit den ganzen Zahlen in einem unmittelbaren Zusammenhang.

Es wird häufig die Meinung vertreten, daß die obige Erkenntnis über die Längenverhältnisse der Saiten das erste Naturgesetz (im heutigen Sinne) in der Geschichte der Physik sei, denn durch sie wird eine mathematische Beschreibung eines physikalischen Sachverhaltes gegeben.

Geht man von dem oben Dargelegten aus, dann führt die Untersuchung des Kosmos auf eine Untersuchung der ganzen Zahlen. Die damit verknüpfte Zahlenmystik hat, wenn wir sie ihres mystischen Beiwerks entkleiden, eine Vielzahl positiver Ergebnisse erbracht.

Die Phythagoreer haben die Zahl 10 als einer besonderen Verehrung würdig erachtet, weil sie sich als Summe der ersten vier Zahlen darstellen läßt ($10 = 1+2+3+4$), die ihrerseits von besonderer Bedeutung sind. Das heilige Zeichen der Phythagoreer, die Tetraktys, auf die sie bei Aufnahme in die Sekte einen Eid abzulegen hatten (Zitat 1.2−3), hat die Form eines gleichseitigen Dreiecks *(Abbildung 1.2−5)*, das aus Zeilen mit der entsprechenden Zahl von Punkten aufgebaut ist.

Um die besondere Stellung der Zahl 10 zu betonen, haben die Pythagoreer genau zehn charakteristische Paare von Gegensätzlichkeiten unterschieden, und sie haben der Zehn auch eine besondere Rolle in ihrer Astronomie zuerkannt *(Zitat 1.2−4)*.

Die Pythagoreer haben den verschiedenen Zahlen verschiedene Eigenschaften zugeordnet und umgekehrt. Diese Zuordnung ist durchaus von Interesse, in gewisser Hinsicht führt sie auf heute noch aktuelle zahlentheoretische Probleme. So sind z. B. die Zahlen als vollkommen bezeichnet worden, die gleich der Summe aller ihrer eigenen Teiler, einschließlich der 1, sind. Eine solche vollkommene Zahl ist die 6 wegen

$$6 = 1+2+3$$

oder die 28 wegen

$$28 = 1+2+4+7+14.$$

Für die vollkommenen Zahlen gilt der folgende Satz, den wir bei EUKLID finden: Gilt

$$1+2+\ldots+2^n = 2^{n+1}-1 = p,$$

wobei p eine Primzahl ist, dann ist die Zahl $2^n p = 2^n(2^{n+1}-1)$ eine vollkommene Zahl. Die größte heute bekannte Zahl ist

$$2^{126}(2^{127}-1).$$

Noch interessantere Eigenschaften haben die befreundeten Zahlen. Zwei Zahlen sind dann miteinander befreundet, wenn jede der Zahlen gleich der Summe der Teiler der anderen ist. Ein solches befreundetes Zahlenpaar ist durch 220 und 284 gegeben, denn als Summe der Teiler der Zahl 220 erhalten wir wegen

$$1+2+4+5+10+11+20+22+44+55+110 = 284$$

die Zahl 284, und die Summation der Teiler der Zahl 284 liefert

$$1+2+4+71+142 = 220.$$

Die Pythagoreer haben den Zahlen auch geometrische Figuren zugeordnet und mit den sogenannten figurierten Zahlen die Arithmogeometrie, eine Synthese von Arithmetik und Geometrie, ins Leben gerufen. So haben sie unter anderem Dreieck- und Viereckzahlen unterschieden *(Abbildung 1.2−6)* und aus dieser Zahlendarstellung interessante Zusammenhänge abgeleitet. Als ein Beispiel wollen wir ihre Erkenntnis anführen, daß die Summe zweier aufeinanderfolgender Dreieckzahlen eine Viereckzahl ergibt. Mit Hilfe dieser Zusammenhänge sind verschiedene Summenformeln von Reihen abgeleitet oder − vom Standpunkt der heutigen Pädagogik − veranschaulicht worden.

Es wird zuweilen die Auffassung vertreten, daß die Pythagoreer zeichnerisch dargestellte Punkte als real, existent und letztlich als die elementaren Bausteine der Materie angesehen hätten. Das heißt aber mit andern Worten, daß sich in die pythagoreische Zahlenmystik die Anfänge einer Atomtheorie hineindeuten lassen.

Als bedeutendstes Ergebnis der Pythagoreer auf dem Gebiet der Zahlentheorie muß die Entdeckung der irrationalen Zahlen angesehen werden. Diese Entdeckung hat jedoch, da sie den Zusammenbruch der gesamten Zahlenmystik bedeutet, auf die Sekte wie ein Schock gewirkt, von dem sich die griechische Wissenschaft auch später niemals völlig erholt hat. Einer Legende nach haben die Pythagoreer den Entdecker ins Meer gestürzt, weil mit seiner Entdeckung ihr Glaube an die kosmische schöne, harmonische Ordnung einen Riß bekommen hatte.

Zur Entdeckung der irrationalen Zahlen hat die Frage nach der Länge

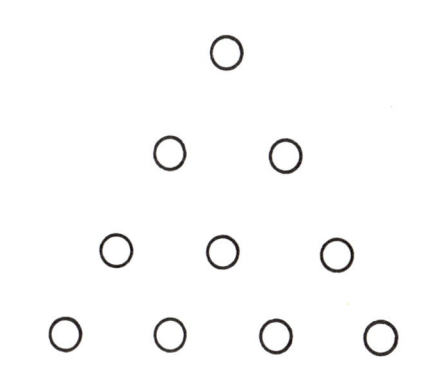

Abbildung 1.2−5
Die „heilige Tetraktys". Die Zahl Zehn ist von magischer Bedeutung, weil sie sich als Summe der ersten vier Zahlen darstellen läßt

Zitat 1.2−4
Gleichzeitig mit diesen Männern und auch noch vor ihnen wendeten die sogenannten Pythagoreer sich der Mathematik zu und führten zuerst diese weiter fort − indem sie ganz darin aufgingen, hielten sie die Anfänge in ihr auch für die Anfänge aller Dinge. Da nun in dem Mathematischen die Zahlen von Natur das Erste sind, und sie in den Zahlen viel Ähnliches mit den Dingen und dem Werdenden zu sehen glaubten, und zwar in den Zahlen mehr als in dem Feuer, der Erde und dem Wasser, so galt ihnen eine Eigenschaft der Zahlen als die Gerechtigkeit, eine andere als die Seele und der Geist, wieder eine andere als die Zeit und so fort für alles Übrige. Sie fanden ferner in den Zahlen die Eigenschaften und die Verhältnisse der Harmonie, und so schien alles andere seiner ganzen Natur nach Abbild der Zahlen und die Zahlen das Erste in der Natur zu sein. Deshalb hielten sie die Elemente der Zahlen für die Elemente aller Dinge und den ganzen Himmel für eine Harmonie und eine Zahl. Alles in den Zahlen und Harmonien, von dem sie die Übereinstimmung mit den Zuständen und Teilen des Himmels und der ganzen Weltordnung aufzeigen konnten, das nahmen sie zusammen und paßten es einander an. Wo etwas fehlte, halfen sie nach, um Vollständigkeit in die Darstellung zu bringen. Ich meine dies so: Da die Zehn als das Vollendete erscheint und sie die ganze Natur der Zahlen umfaßt, so erklärten sie auch die am Himmel kreisenden Körper für zehn; weil aber deren bloß neun ersichtlich sind, so setzten sie als zehnten die Gegenerde.

Andere von ihnen setzten zehn Anfänge, die sie in zwei parallelen Reihen einander gegenüberstellten; nämlich das Begrenzte und das Unbegrenzte, das Ungerade und das Gerade, die Eins und die Menge, das Rechte und das Linke, das Männliche und das Weibliche, das Ruhende und das Bewegte, das Gerade und das Krumme, das Licht und die Finsternis, das Gute und das Schlechte, endlich das gleichseitige und das ungleichseitige Viereck.
ARISTOTELES: *Die Metaphysik.* 1. Buch, Kap. 5. Übersetzt, erläutert von *J. H. v. Kirchmann.* Berlin 1871

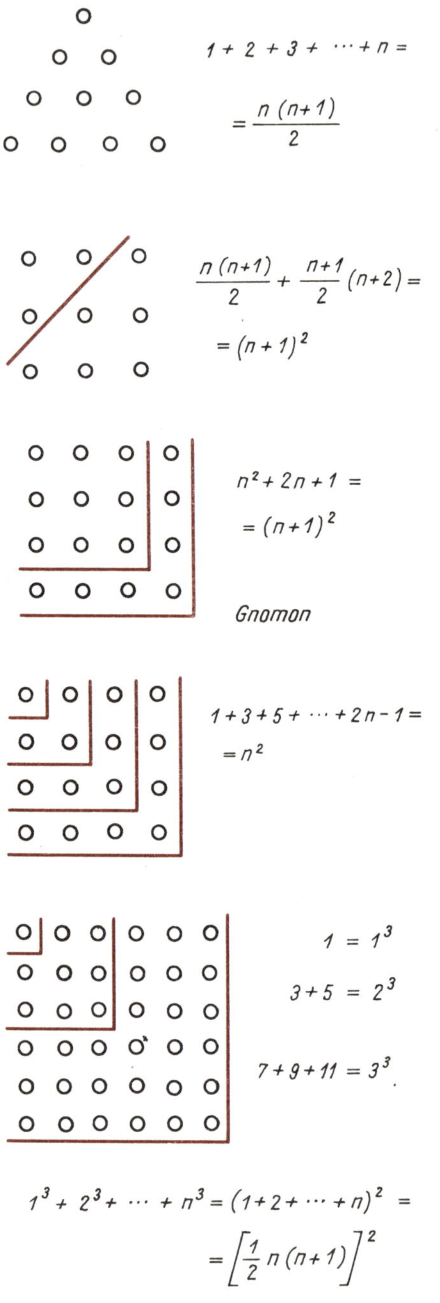

$$1 + 2 + 3 + \cdots + n =$$
$$= \frac{n(n+1)}{2}$$

$$\frac{n(n+1)}{2} + \frac{n+1}{2}(n+2) =$$
$$= (n+1)^2$$

$$n^2 + 2n + 1 =$$
$$= (n+1)^2$$

Gnomon

$$1 + 3 + 5 + \cdots + 2n - 1 =$$
$$= n^2$$

$$1 = 1^3$$
$$3 + 5 = 2^3$$
$$7 + 9 + 11 = 3^3$$

$$1^3 + 2^3 + \cdots + n^3 = (1 + 2 + \cdots + n)^2 =$$
$$= \left[\frac{1}{2} n(n+1)\right]^2$$

Abbildung 1.2–6
Aus der figurativen Anordnung der Zahlen lassen sich interessante und bedeutsame Zusammenhänge ableiten

Arithmetisches Mittel $A = \frac{p+q}{2}$

Geometrisches Mittel $G = \sqrt{pq}$

Harmonisches Mittel $H = \frac{2pq}{p+q}$ $(G = \sqrt{AH})$

Vollkommene Proportion $A : G = G : H$

Musikalische Proportion $p : A = H : q$

Tabelle 1.2–2
Die von den Pythagoreern eingeführten Mittelwerte und Proportionen

der Diagonalen eines Quadrats mit der Seitenlänge 1 geführt *(Abbildung 1.2–7)*. Den Pythagoreern ist der Zusammenhang zwischen der Länge der Hypotenuse und der Länge der Katheten eines rechtwinkligen Dreiecks bekannt gewesen; dieser Satz wird auch heute noch nach PYTHAGORAS benannt. Folglich haben sie gewußt, daß das obige Problem durch die Beziehung

$$a^2 = 1^2 + 1^2 = 2$$

gelöst wird, in der die Zahl a gesucht ist. Offenbar — so haben die Pythagoreer argumentiert — ist diese Zahl eine gebrochene Zahl, die zwischen 1 und 2 liegt. Sie sollte durch

$$a = \frac{m}{n}$$

dargestellt werden können, wobei entweder eine der beiden Zahlen m, n ungerade ist oder beide ungerade sind. Wären nämlich beide gerade, dann könnten beide so lange durch 2 dividiert werden, bis zumindest eine der beiden ungerade wird. Die Beziehung $a^2 = 2$ kann folglich in der Form

$$\frac{m^2}{n^2} = 2; \quad m^2 = 2n^2$$

geschrieben werden. Es ist offensichtlich, daß m gerade ist, denn nur die Quadrate gerader Zahlen können gerade sein, d. h., wegen der obigen Annahme muß n ungerade sein. Wird nun $m = 2p$ gesetzt, um m als gerade Zahl zu kennzeichnen, dann ergibt sich aus obiger Beziehung

$$(2p)^2 = 2n^2$$

oder nach Division durch 2

$$2p^2 = n^2.$$

Aus dieser Beziehung kann aber geschlußfolgert werden, daß im Widerspruch zur Ausgangsannahme n eine gerade Zahl ist. Aus diesem Widerspruch folgt weiter, daß die Zahl a nicht als Quotient zweier ganzer Zahlen dargestellt werden kann. Das bedeutet mit anderen Worten aber, daß man die Diagonale nicht als Folge aneinandergereihter Punkte darstellen kann. Die Griechen haben dann auch bald erkannt, daß die Länge einer Kathete, d. h. einer Seite des Quadrates, durch eine irrationale Zahl (ἄλογος) gegeben ist, wenn für die Diagonale ein ganzzahliger Wert vorgegeben wird. Somit haben — gleich zu Beginn der Entwicklung — Geometrie und Arithmetik in der griechischen Wissenschaft zwei verschiedene Wege beschritten. Da ihnen eine Begründung der irrationalen Zahlen in der von ihnen geforderten logischen Strenge nicht gelungen ist, haben die antiken Gelehrten im weiteren entweder angenommen, daß die Zahlen als Brüche darstellbar sind, oder sie haben sich geometrischer Beweise bedient *(Abbildung 1.2–8)*.

Auch die große Bedeutung, die die Pythagoreer den verschiedenen Mittelwerten beigemessen haben, folgt aus ihrer Zahlenmystik. So haben sie die auch heute noch verwendeten Begriffe des arithmetischen und geometrischen Mittels sowie des harmonischen Mittels eingeführt. Mit Hilfe dieser Mittelwerte haben sie die vollkommene und die musikalische Proportion definiert *(Tabelle 1.2–2)*. Diese Proportionen sollten später in der Kunst eine Rolle spielen, sie begegnen uns aber auch in unserem täglichen Leben, so z. B. bei den Papier- und Buchformaten.

Das bedeutendste Ergebnis der Pythagoreer auf dem Gebiet der Geometrie ist der Satz des PYTHAGORAS. Nach diesem Satz ist in einem rechtwinkligen Dreieck die Summe der Quadrate der Katheten gleich dem Quadrat der Hypotenuse. Nur wenige Sätze der Mathematik haben die Popularität des Satzes des PYTHAGORAS erreicht. Von Schülern und Studenten ist er im Verlaufe von zweieinhalb Jahrtausenden oft als Reim abgefaßt worden, manchmal im Scherz und manchmal auch, um ihn einprägsamer zu formulieren. Von seiner Entstehung sind Legenden überliefert; so wird berichtet, daß PYTHAGORAS aus Freude über seine Entdeckung den Göttern 100 Ochsen geopfert habe. (Es wird meist nicht vergessen anzumerken, daß hier die Ursache für die Furcht aller Ochsen vor neuen wissenschaftlichen Erkenntnissen zu suchen ist!)

Diese Legende kann aber sicher in das Reich der Fabel verwiesen werden, denn die Pythagoreer waren Vegetarier, und sie haben darüber hinaus jedes Leben, so auch das tierische, geachtet und an eine Seelenwanderung geglaubt.

Es ist nicht bekannt, wie PYTHAGORAS seinen Satz bewiesen hat. Von einigen Autoren wird die Meinung vertreten, daß ein Beweis im heutigen Sinne nicht angegeben worden ist. Der erste uns überlieferte Beweis stammt aus dem Buch des EUKLID; er ist auf der *Abbildung 1.2−9* dargestellt.

Eine besondere Rolle in der pythagoreischen Geometrie hat der Fünfstern (Pentagramm, Drudenfuß) *(Abbildung 1.2−10)* gespielt, da seine Seiten einander nach dem goldenen Schnitt unterteilen. Das Pentagramm hat den Pythagoreern als Erkennungszeichen gedient.

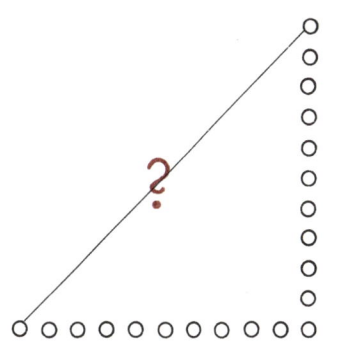

Abbildung 1.2−7
Welche Maßzahl hat die Hypotenuse eines rechtwinklig gleichschenkligen Dreiecks, wenn die Katheten durch ganze Zahlen gegeben sind? Die Pythagoreer haben diese Frage richtig beantwortet: Die Hypotenuse kann weder durch eine ganze Zahl noch durch einen Quotienten aus ganzen Zahlen dargestellt werden. Die Antwort zeigt aber die Hinfälligkeit der gesamten Zahlenmystik auf

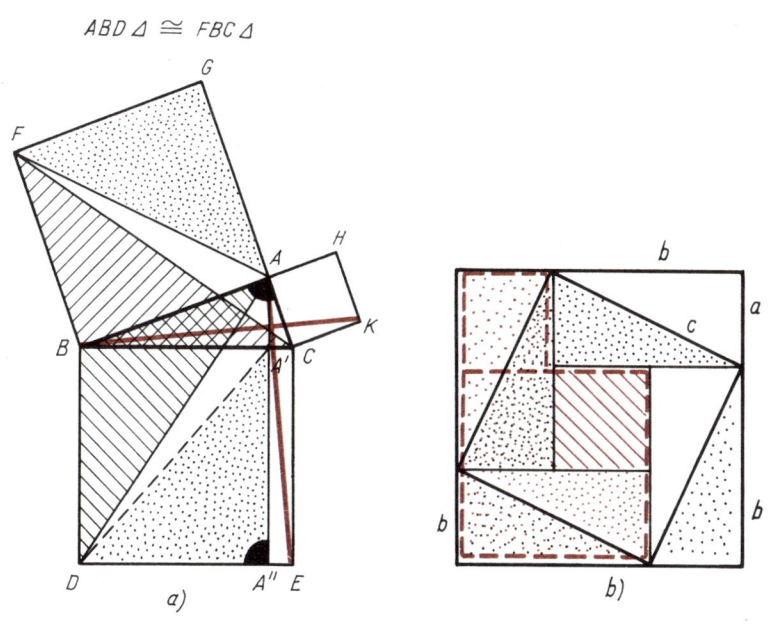

Abbildung 1.2−9
a) Der Satz des *Pythagoras* in der von *Euklid* angegebenen Form. (*Proklos* hat diesen Beweis dem *Euklid* selbst zugeschrieben.)
Die Dreiecke *BFC* und *BAD* sind kongruent (es ist nämlich $BA = BF$; $BC = BD$ und $\angle DBA = \angle CBF$); die Fläche des Dreiecks *BFC* ist gleich der der Dreiecks $BFA \equiv FAG$; die Fläche des Dreiecks *BFC* ist gleich der der Dreiecke $BAD = DA'A''$, da ihnen Basis und Höhe gemeinsam sind. So ist also die Fläche des Quadrats *BAGF* gleich der des Parallelogramms *BA'A''D*. Auf ähnliche Weise kann bewiesen werden, daß der übrigbleibende Teil des Quadrats *BCED*, nämlich das Parallelogramm *A'CEA''* flächengleich ist mit dem Quadrat *AHKC*
b) Der Satz des *Pythagoras*, wie er von den Chinesen bewiesen wurde

Abbildung 1.2−8
Die Bevorzugung der Geometrie durch die Griechen auf Kosten der Arithmetik kommt u. a. auch in ihrem schwerfälligen Zahlensystem zum Ausdruck. Zur Bezeichnung von Zahlen dienten auch drei altertümliche Buchstaben: das Vau (6), das Koppa (90), das dem lateinischen q entspricht, und das Sampei (900). Zahlen ohne eigene Buchstabenzeichen werden folgendermaßen geschrieben: $\iota\alpha' = 11$; $\iota\beta' = 12$; $\iota\gamma = 13$; ...; die Tausender: $,\alpha = 1000$; $,\beta = 2000$; $,\gamma = 3000$; ...; $,\iota = 10\,000$; $,\iota\alpha = 11\,000$; $,\kappa = 20\,000$; ...

Von den fünf regelmäßigen Körpern sind den Pythagoreern vier − Tetraeder, Würfel, Oktaeder und Dodekaeder − bekannt gewesen. Auch die Entdeckung des Ikosaeders wird ihnen zugeschrieben, obwohl wir es explizit erwähnt erst bei PLATON finden.

Die größte Tat der Pythagoreer auf dem Gebiet der Astronomie ist ihre Behauptung von der Kugelgestalt der Erde. Zu dieser Auffassung sind sie jedoch nicht durch konkrete physikalische Beobachtung gelangt, sondern aufgrund von Erwägungen über Symmetrie und Vollkommenheit, was aber an der Tragweite der Aussage nichts ändert *(Farbtafel I)*. In diesem Bild ist es nicht mehr notwendig, sich irgendwelche Stützen der Erde in der Form von Elefanten, Schildkröten oder des Atlas vorzustellen; im Gegenteil, die im All frei schwebende Erde sollte sich bewegen können. In der Tat haben die Pythagoreer diese Möglichkeit in Betracht gezogen. Nach ihrer Auffassung kreist die Erde um ein Zentralfeuer, das aber nicht identisch mit der Sonne ist. Um die Zahl der Himmelskörper auf die heilige Zahl 10 zu bringen, haben sie die Existenz eines weiteren Himmelskörpers, der Gegenerde, postuliert, die weder sichtbar noch durch ihre Wirkungen auffindbar sein sollte. Ungeachtet all seiner phantastischen Züge wurde dieses Bild zum Ausgangspunkt aller späteren, von griechischen Gelehrten erarbeiteten Vorstellungen über die Struktur des Weltalls, d. h. über die Beziehungen zwischen Erde, Sonne und Planeten (Kapitel 1.4).

Mystik, kultische Vorschriften und Verbote sind in Vergessenheit geraten, der Glaube an die „harmonische, schöne Ordnung" ist uns aber geblieben. Noch 2000 Jahre später hat sich KOPERNIKUS mit Stolz auf PYTHAGORAS als seinen Lehrmeister berufen.

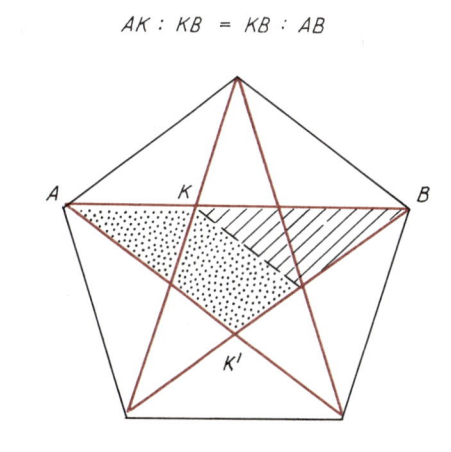

Abbildung 1.2−10
Der fünfzackige Stern, das Erkennungszeichen der Pythagoreer. Der Punkt *K* teilt die Strecke *AB* nach dem goldenen Schnitt: die kleinere Strecke verhält sich zur größeren, wie diese zur ganzen Strecke, d. h., $AK : KB = KB : (AK + KB)$; im Hinblick auf

später zu Erwähnendes merken wir an, daß diese Beziehung für $KB/AK = x > 1$ auf die Gleichung $x^2 - x - 1 = 0$ führt, deren eine Wurzel $x_1 = (1 + \sqrt{5})/2 = 1{,}618\ldots$, die sog. *goldene Zahl* ist.

Zitat 1.2 – 5
Alles fließt.
Man kann nicht zweimal in denselben Fluß steigen; immer strömen andere und wieder andere Wasserfluten zu.
  Weder ein Gott noch ein Mensch hat das Weltall gemacht, sondern es war von jeher und ist und wird sein ewig lebendiges Feuer, welches nach Maßen sich entzündet und nach Maßen erlischt.
  Alles ist Umsatz des Feuers und Feuer ist Umsatz von allem.
  Krieg ist aller Dinge Vater, aller Dinge König. Die einen erweist er als Götter, die anderen als Menschen, die einen macht er zu Sklaven, die anderen zu Freien.
  HERAKLEITOS: *Fragmente.* (Nach *Glockner* und *Durant*)

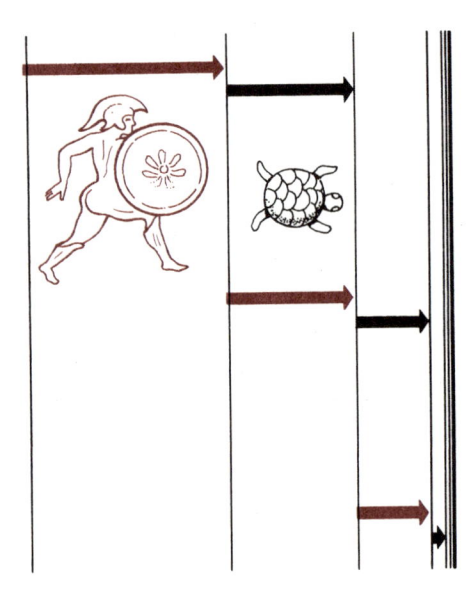

Abbildung 1.2 – 11
Das berühmteste Paradoxon des *Zenon:* Der schnellfüßige *Achill* kann die Schildkröte niemals einholen (nach *Russell*)

Zitat 1.2 – 6
Chor.
O Sterblicher, der du der Weisheit Schatz dir erflehst von den ewigen Wolken,
Wie wirst in Athen und in Hellas' Gefild glückseligen Ruhms du gepriesen,
Wenn du wohl aufmerkst und ein Grübler du wirst und ein standhaft duldendes Herz dir
In dem Busen bewahrst, wenn du nimmer erschlafft, nicht stehenden Fußes noch wandelnd:
Wenn dem Froste du beutst kühntrotzige Stirn und bezähmst die Begierde des Frühstücks
Und des Weins dich enthältst und den Turnplatz fliehst und der sonstigen Possen du lässest;
Wenn den Preis, wie es ziemt dem verständigen Mann, nur in folgende Tugend du setzest:
Durch Rat, durch Tat, durch Zungengewalt als Sieger das Feld zu behaupten!
ARISTOPHANES: *Wolken.* Deutsch von *Dr. Johannes Minckwitz.* 1853 – 1880

Der Glaube an einen Zusammenhang zwischen Realität und Mathematik ist durch die Erfahrung bestens gestützt worden. An konkreten Ergebnissen verdanken wir PYTHAGORAS und seiner Schule vor allem den nach ihm benannten Satz für das rechtwinklige Dreieck, den Existenzbeweis für die irrationalen Zahlen, das Bild der im All schwebenden kugelförmigen Erde sowie den Zusammenhang zwischen musikalischen Tönen und Saitenlängen.

1.2.3 Idee und Realität

Für die Entwicklung der Wissenschaften sind zwei charakteristische Eigenheiten des griechischen Denkens von Bedeutung gewesen. Als erste fällt die große Vielzahl der im antiken Griechenland entwickelten Anschauungen und Weltbilder auf. Es gibt wohl kaum eine, vielleicht sogar gar keine im Verlaufe der Philosophiegeschichte bedeutsam gewordene Strömung, deren Wurzeln nicht in den Gedanken eines bestimmten antiken griechischen Philosophen zu suchen sind. Zum anderen ist es für die griechischen Gelehrten charakteristisch, daß sie alle Möglichkeiten der von ihnen selbst entdeckten formalen Logik tatsächlich genutzt und ausgelotet haben. Mit eigensinniger Konsequenz haben sie jeden Gedankengang bis zum Ende verfolgt und sich dabei nicht von den absurden Aussagen schrecken lassen, zu denen sie gelangt sind. Es hat ihnen im Gegenteil Freude bereitet, sich selbst und andere mit paradoxen Schlußfolgerungen zu verblüffen. Sind sie mit Hilfe ihrer logischen Schlußfolgerungen einmal zu einer Aussage gelangt, dann haben sie kühn selbst die einfachsten Tatsachen verneint, so z. B. die Existenz von Bewegungen. Der Hinweis, daß Bewegungen tatsächlich zu beobachten sind, ist als Gegenargument nicht akzeptiert worden. Sie haben gewußt, daß man Aussagen nicht mit Sinneseindrücken widerlegen kann, sondern nur durch andere Aussagen, was im übrigen heute häufig vergessen wird.

Einer der griechischen Philosophen hat jegliche Bewegung verneint, ein anderer hingegen hat behauptet, daß nur die Bewegung existiert. So ist das Motto des HERAKLIT: alles fließt *(panta rhei, πάντα ῥεῖ)*. Dieses bedeutet, daß die Realität als ein Ergebnis des Kampfes der Gegensätze und ihres Gleichgewichts verstanden werden kann. Aber auch HERAKLIT weist auf die Fallstricke hin, die die unmittelbaren Sinneseindrücke für uns bereithalten: „Schlechte Zeugen sind Augen und Ohren für Menschen, wenn sie Barbarenseelen haben". Es ist kein Zufall, daß HERAKLIT das Feuer, das Symbol der Bewegung, als den Urgrund *(arché, ἀρχή)* aller Dinge angesehen hat *(Zitat 1.2–5)*.

PARMENIDES ist im Ergebnis seiner Betrachtungen zu den Problemen des Werdens, der Existenz und des Vergehens zu dem Schluß gelangt, daß alles Sein eine Einheit und unteilbar ist. Es gibt keine Veränderung, und unsere sinnliche Welt ist nur eine scheinbare. Bei PARMENIDES begegnen wir zum ersten Mal einem Gedanken, der sich durch die gesamte Philosophiegeschichte hindurch verfolgen läßt: Ein Ding ist nur so weit existent, wie es sich widerspruchsfrei denken läßt.

Für uns ist die Philosophie des PARMENIDES in erster Linie deshalb von Bedeutung, weil sich an sie der Atomismus DEMOKRITS am ehesten anschließen läßt.

Der Antisensualismus, dessen bekanntester Vertreter ZENON ist, tritt gegen den Anspruch auf, daß die von den Sinnesorganen vermittelten Erkenntnisse unmittelbar wahr sein müssen. Weiter oben haben wir ihn im Auge gehabt, als wir von der Negation jeder Bewegung gesprochen haben. Seine Aporien *(ἀπορία)*, d. h. seine unlösbar zu sein scheinenden logischen Schwierigkeiten und Widersprüche, sind wohlbekannt. Eine von ihnen ist die Aporie vom Wettlauf zwischen ACHILL und der Schildkröte: Der schnellfüßige ACHILL kann die Schildkröte nie einholen *(Abbildung 1.2–11)*, weil diese in der Zeit ein Stück vorrückt, in der ACHILL die zu Beginn des Wettlaufes vorgegebene Strecke durchläuft. Hat nun ACHILL aber jene zweite Strecke durchlaufen, dann ist die Schildkröte unterdessen wieder ein, wenn auch kleineres Stück, vorgerückt. Wie wir wissen, besteht das Wesen der Aporie darin, daß ZENON den Zeitraum, in dem ACHILL die Schildkröte einholt, in unendlich viele Intervalle zerlegt und aus der Existenz unendlich vieler Zeitintervalle schlußfolgert, daß die Schildkröte nicht eingeholt wird. Es ist aber bekannt, daß die Summation der unendlich vielen Zeitintervalle hier schließlich ein endliches Zeitintervall liefert.

Bei dem Problem haben wir es nämlich mit der unendlichen geometrischen Reihe

$$t = \frac{l}{v_A} + \frac{v_S(l/v_A)}{v_A} + \frac{v_S(l/v_A)}{v_A}\frac{v_S}{v_A}... = \frac{l}{v_A}\left[1 + \frac{v_S}{v_A} + \left(\frac{v_S}{v_A}\right)^2 + ...\right]$$

zu tun, deren Summe durch

$$t = \frac{l}{v_A}\frac{1}{1 - \frac{v_S}{v_A}} = \frac{l}{v_A - v_S}$$

gegeben ist. Dieses Ergebnis liegt natürlich auf der Hand.

PROTAGORAS ist ein herausragender Vertreter des Relativismus.

Der Mensch ist das Maß aller Dinge (πάντων χρημάτων μέτρον ἄνθρωπος), der seienden ihrem Sein nach, der nichtseienden ihrem Nichtsein nach. Sein ist soviel wie jemandem erscheinen. ... Von den Göttern kann ich nicht wissen, ob sie sind oder ob sie nicht sind, denn vieles hindert uns, das zu wissen, sowohl die Unklarheit der Sache als die Kürze des menschlichen Lebens.

GORGIAS hat schließlich die letzten Konsequenzen gezogen:

Es ist nichts;
wäre etwas, so wäre es unerkennbar;
wäre es erkennbar, so doch nicht mitteilbar.

In der Demokratie Athens „wurde die Logik zur Ware", denn im täglichen Leben konnten Argumente und Rethorik durchaus einen Vorteil einbringen *(Zitat 1.2−6)*. Der Aufgabe, für ein Entgelt die Kunst des Argumentierens zu vermitteln, hatten sich die Sophisten verschrieben. Damit ist es natürlich auch zu einem Mißbrauch der Logik gekommen, der im übrigen bis zum heutigen Tage zu beobachten ist. Auch heute werden noch logische Argumente herangezogen, um Wahrheit oder Unwahrheit einer Schlußfolgerung zu beweisen. Häufig wird dabei aber die einfache Tatsache vergessen, daß ein logischer Schluß immer von gegebenen Ausgangsannahmen, den Prämissen, ausgeht. Für logische Operationen ist es gerade charakteristisch, daß sie den Wahrheitsgehalt von Behauptungen unverändert (invariant) lassen oder auf bestimmte Weise transformieren. Der Wahrheitsgehalt von Schlußfolgerungen wird folglich bei der schärftsten Logik nicht größer sein als der der Prämissen, d. h. der Ausgangsbehauptungen.

Aus der Antike sind mehrere Beispiele für sophistisches Argumentieren bekannt, die heute als Vorlage für Kabarettszenen dienen könnten.

ARISTOPHANES verspottet in seinem Stück *Wolken* die Sophisten, wählt aber als Zielscheibe seines Spottes recht unbegründet SOKRATES *(Abbildung 1.2−12)*, der selbst die Sophisten angegriffen hat. Es wird behauptet, daß ARISTOPHANES mit diesem Stück zur Verurteilung des SOKRATES beigetragen habe. Noch bemerkenswerter sind aber einige Zeilen des Stückes, die ironisch gemeint gewesen sind, durch die aber SOKRATES den Physikern heute bedeutend nähergebracht wird als durch den besten Dialog PLATONS *(Zitat 1.2−7)*. Das Zitat ist besonders interessant, da es hier um einen Meßprozeß geht. Auch wenn es hier nur um eine Entfernungsmessung mit Hilfe eines „Flohfußes" geht − wobei ein geschicktes technologisches Verfahren angegeben wird, wie einem Flohfuß Maß zu nehmen ist −, weist jedoch alles darauf hin, daß SOKRATES sich offenbar nicht nur mit Problemen der Ethik auseinandergesetzt hat. Es ist wahrscheinlich, daß dieser ironische Hinweis sich auf Vorstellungen über die Messung von Entfernungen − möglicherweise in der Astronomie − bezieht.

Von noch größerem Interesse ist der andere Abschnitt *(Zitat 1.2−8)*. Hier geht es um die mit dem Blitz verbundenen Erscheinungen, und selbst aus der verzerrten Darstellung des ARISTOPHANES ist die wahre Erkenntnis herauszulesen, daß der Blitz von einer Luftkompression begleitet ist. All das weist darauf hin, daß SOKRATES sich mit den unterschiedlichsten Naturerscheinungen, und zwar recht eingehend, beschäftigt hat. Bei seiner Verurteilung könnte, wenn das Stück des ARISTOPHANES damit wirklich etwas zu tun gehabt hat, gerade der Abschnitt über den Blitz eine Rolle gespielt haben. Der Blitz ist hier nicht die Waffe, mit der ZEUS im Zorn den Meineidigen straft, denn dieser Blitz schlägt blindlings auch in Korkeichen, obwohl

Abbildung 1.2−12
SOKRATES (469−399 v. u. Z.) wurde zehn Jahre nach der Seeschlacht von Salamis geboren. Sein Vater war Bildhauer, seine Mutter Hebamme. Er lernte bei *Anaxagoras* und später bei *Archelaos*. 399 wurde er angeklagt, die Götter seiner Stadt mißachtet und die Jugend sittlich gefährdet zu haben. 280 Mitglieder des Gerichtes haben ihn als schuldig, 220 als unschuldig bezeichnet. Diese Zahlen haben sich jedoch wegen seiner zu selbstbewußten Verteidigung bis zur Abstimmung über sein Todesurteil noch weiter zu seinen Ungunsten verschoben, so daß er den Giftbecher leeren mußte.

Über das Verhältnis von *Sokrates* zu den Naturwissenschaften können wir in *Platons „Phaidon"* nachlesen:

So höre also, was ich sagen werde. Als ich nämlich, sagte er, o Kebes, noch jung war, hatte ich ein wunderbares Verlangen nach jener Weisheit, welche man Naturkunde nennt. Denn überaus erhaben dünkte sie mir zu sein, als Wissenschaft von den Ursachen von jedem, weswegen jedes entsteht, weswegen es vergeht, und weswegen es ist; und oftmals habe ich mich nach oben und nach unten gewandt, indem ich zuerst folgendes in Betrachtung zog, ob, wenn das Warme und das Kalte in eine gewisse Fäulnis gerät, dann wirklich, wie einige behauptet haben, die lebenden Geschöpfe mit erwachsen. Und ob das Blut das sei, durch welches wir vernünftig sind, oder die Luft, oder das Feuer, oder keines von diesen, ob vielmehr das Gehirn das sei, was die Wahrnehmungen des Hörens und Sehens und Riechens bewirke, und ob aus diesen dann Erinnerung und Vorstellung entstehe, und aus Erinnerung und Vorstellung aber, wenn sie Stetigkeit gewonnen haben, auf diese Weise Wissen entstehe. Hinwiederum wenn ich die Zerstörungen von diesen betrachtete, und die Erscheinungen am Himmel und auf der Erde, kam es zuletzt dahin mit mir, daß ich für diese Untersuchung mir schlechthin nicht genaturt zu sein schien. Ich will dir hiervon einen schlagenden Beweis anführen. Was ich nämlich schon klar wußte, wie es wenigstens mir selbst und anderen dünkte, darin erblindete ich damals in Folge dieser Untersuchung so sehr, daß ich auch das, was ich vordem zu wissen meinte, verlernte.
PLATONS *Werke. Phaidon.* Übersetzt von *L. Georgii.* Stuttgart 1874

Zitat 1.2–7
Schüler
Wohlan! Allein betracht' es als Mysterium!
Soeben fragte Sokrates den Chärephon,
Wie weit ein Floh nach Flöheschuhen springen kann.
In Chärephons Augenbraue nämlich stach ein Floh
Und hüpfte dann auf Sokrates' Haupt im Sprung davon.
Strepsiades
Wie könnt' er die Sach' ausmessen?
Schüler
  Auf das geschickteste!
Er schmolz ein Wachsstück und ergriff alsdann den Floh
Und tauchte die beiden Füßchen des Tiers in das Wachs hinein;
Als dies gerann, trug Perserschuhe der Floh am Fuß,
Und diese darauf ablösend, maß er den Zwischenraum.
Strepsiades
O, König Zeus, welch' tiefer feiner Kunstverstand!
ARISTOPHANES: *Wolken.* Deutsch von *Dr. Johannes Minckwitz.* 1853–1880

Zitat 1.2–8
Strepsiades
Drum sind auch gleich miteinander an Klang die Benennungen „Donner und Brummer". –
Nun aber der Blitz, sag' weiter, woher schießt dieser, von Feuer umleuchtet?
Bald röstet er uns hinschmetternden Strahls, bald sengt er lebendigen Leib's uns.
Denn sicherlich doch mit des Blitzes Geschoß straft Zeus meineidige Frevler.
Sokrates
Was faselst du, Tor, urweltlicher Tropf, vormondlicher Märchenerzähler!
Wenn Zeus mit dem Blitz Meineidige straft, wie geschieht's dann,
Den Theoros zugleich und Kleonymos nicht schon längst mit der Flamme verzehrt hat?
Meineidige sind's von der häßlichsten Art! Statt dessen zerschmettert er blindlings
Sein eigenes Dach und der attischen Flur Strandspitze, den Suniontempel,
Und die Eichen im Hain: was denkt er dabei? Nie schwören die Eichen ja Meineid!
Strepsiades
Weiß nicht, wie es kommt; recht hast du gewiß. Doch sage, wie steht's um den Blitzstrahl?
Sokrates
Wenn ein trockener Wind in den Höh'n aufsteigt, sich verfängt in den Wolken und einsperrt,
Dann schwellt er, versackt in dem Inner'n, sie gleich Harnblasen und sprengt das Gefängnis
Allmächtigen Drucks, schießt wieder heraus, zu gewaltiger Säule verdichtet,
Und entzündet sich selbst, aufflammend im Stoß und im luftdurchpfeifenden Zickzack.
Strepsiades
Bei dem Zeus, jüngsthin am Diasienfest ist just mir dasselbe begegnet!
Für die Meinen daheim Wurst bratend, vergaß ich die Wurst rechtzeitig zu stechen:
Da schwoll sie denn auf und zerbarst jählings mit entsetzlichem Krachen und spritzte
In die Augen mir stracks den abscheulichen Dreck und verbrannte das ganze Gesicht mir.
ARISTOPHANES: *Wolken.* Deutsch von *Dr. Johannes Minckwitz.* 1853–1880

„Eichen keine falschen Eide leisten". Diesem Satz können wir noch einmal in einem Gedicht des LUCRETIUS (Kapitel 1.5) begegnen.

Daß jedoch auch der wirkliche SOKRATES etwas „sophistisch" argumentiert hat, können wir am besten dem *Zitat 1.2–9* entnehmen. Hier läßt PLATON den SOKRATES aussagen, daß die Philosophen den Staat regieren sollten. Mit der sokratischen „Hebammenmethode" läßt er Stück für Stück aus dem Munde seiner Zuhörer die eigene Meinung zutage treten. Der von ADEIMANTOS geäußerte Vorbehalt ist auch heute noch bei vielen Diskussionen angebracht.

Die Argumentierkunst hat sich so als Mittel der Überzeugung ebenso wie die Logik als die Wissenschaft der richtigen Schlußfolgerungen durchgesetzt. Dabei ist man auf die inneren Widersprüche der in der Umgangssprache verwendeten Begriffe gestoßen und hat die Notwendigkeit einer sauberen Begriffsbildung eingesehen.

Über PLATON *(Abbildung 1.2–13)*, den bedeutendsten idealistischen Denker der Philosophiegeschichte, müssen wir gesondert berichten. Die Bewertung seiner Arbeiten übersteigt die Kräfte eines Fachphysikers; auch von seiner Erkenntnistheorie können nur einige Gemeinplätze angeführt werden: Das wahre Sein (τὸ ὄντως ὄν) liegt in der Welt der Ideen, es kann nur vom Geist erfaßt werden. Erkenntnis ist somit Erinnerung (ἀνάμνησις), und die Sinneswahrnehmungen helfen als unvollkommene Schattenbilder bei der Erkenntnis der hinter ihnen verborgenen primären Ideen (Originale). So steht hinter dem unvollkommenen, schlecht dargestellten Dreieck die Idee des Dreiecks, und auf diese, mit keinem realen Dreieck völlig zu realisierende Idee, bezieht sich der Satz, daß die Summe der Innenwinkel gleich 180° ist. Die Erscheinungen der Sinnenwelt sollen zwar weitgehend richtig beschrieben werden („die Erscheinungen müssen gerettet werden"), den in der Sinnenwelt zu beobachtenden Abweichungen von dem Urbild der Ideen darf man jedoch keine zu große Bedeutung beimessen *(Zitat 1.2–10)*. Die Gedankengänge PLATONS lassen wir am besten von ihm selbst darstellen.

1.2.4 Platon über Erkenntnis und Ideen

SOKRATES: ... Da die Seele also unsterblich ist und immer wieder ersteht, und da sie alles gesehen hat, was hier und was im Hades ist, so gibt es auch nichts, was sie nicht kennt; es ist deshalb nicht verwunderlich, daß sie sich sowohl hinsichtlich der Tugend als auch anderer Dinge an das erinnern kann, was sie schon gewußt hat. Denn da die ganze Natur in sich zusammenhängt und die Seele sich an alles erinnert, so steht dem nichts entgegen, daß jemand, der sich zunächst an *eine* Sache erinnert – was die Leute dann Lernen nennen –, auch alles andere findet, wenn er nur mutig ist und im Suchen nicht müde wird; das Suchen aber und das Lernen sind ganz und gar ein Sicherinnern. Jenem spitzfindigen Streitsatze darf man also nicht Gehör geben; denn er würde uns sicher träge machen und ist nur für weichliche Menschen angenehm zu hören; dieser andere aber macht sie regsam und eifrig zu suchen. Im Vertrauen darauf, daß das richtig sei, will ich mit dir zusammen erforschen, was Tugend ist.

MENON: Ja, SOKRATES. Aber wie meinst du das, daß wir nicht lernen, sondern daß das, was wir Lernen nennen, ein Sicherinnern sei? Kannst du mir beweisen, daß dem so ist?

SOKRATES: Eben stellte ich fest, MENON, wie schlau du bist. Jetzt fragst du mich, ob ich dich lehren könne, während ich doch behaupte, daß es kein Lehren gebe, sondern bloß ein Sicherinnern; damit soll ich natürlich gleich als einer dastehen, der sich selber widerspricht.
PLATON: *Menon.* Deutsch von *Rudolf Rufener.* Zürich–München 1974

Hierauf vergleiche nun, fuhr ich fort, unsere Natur in bezug auf Bildung und Unbildung mit folgendem Erlebnis. Stelle dir die Menschen vor in einer unterirdischen, höhlenartigen Behausung; diese hat einen Zugang, der zum Tageslicht hinaufführt, so groß wie die ganze Höhle. In dieser Höhle sind sie von Kind auf, gefesselt an Schenkeln und Nacken, so daß sie an Ort und Stelle bleiben und immer nur geradeaus schauen; ihrer Fesseln wegen können sie den Kopf nicht herumdrehen. Licht aber erhalten sie von einem Feuer, das hinter ihnen weit oben in der Ferne brennt. Zwischen dem Feuer und den Gefesselten aber führt oben ein Weg hin; dem entlang denke dir eine kleine Mauer errichtet, wie die Schranken, die die Gaukler vor den Zuschauern und über die hinweg sie ihre Kunststücke zeigen.

„Ich sehe es vor mir", sagte er.

Stelle dir nun längs der kleinen Mauer Menschen vor, die allerhand Geräte vorübertragen, so, daß diese über die Mauer hinausragen, Statuen von Menschen und anderen Lebewesen aus Stein und aus Holz und in mannigfacher Ausführung. Wie natürlich, redet ein Teil dieser Träger, ein anderer schweigt still.

„Ein seltsames Bild führst du da vor und seltsame Gefesselte", sagte er.

Sie sind uns ähnlich, erwiderte ich. Denn erstens: Glaubst du, diese Menschen hätten von sich selbst und voneinander je etwas anderes zu sehen bekommen als die Schatten, die das Feuer auf die ihnen gegenüberliegende Seite der Höhle wirft?

„Wie sollten sie", sagte er, „wenn sie zeitlebens gezwungen sind, den Kopf unbeweglich zu halten?"

Was sehen sie aber von den Dingen, die vorübergetragen werden? Doch eben dasselbe?

„Zweifellos."

Wenn sie nun miteinander reden könnten, glaubst du nicht, sie würden das als das Seiende bezeichnen, was sie sehen?

„Notwendig."

Und wenn das Gefängnis von der gegenüberliegenden Wand her auch ein Echo hätte und wenn dann einer der Vorübergehenden spräche – glaubst du, sie würden etwas anderes für den Sprechenden halten als den vorbeiziehenden Schatten?

„Nein, beim Zeus", sagte er.

Auf keinen Fall, fuhr ich fort, könnten solche Menschen irgend etwas anderes für das Wahre halten als die Schatten jener künstlichen Gegenstände.

„Das wäre ganz unvermeidlich", sagte er.

Überlege dir nun, fuhr ich fort, wie es wäre, wenn sie von ihren Fesseln befreit und damit auch von ihrer Torheit geheilt würden; da müßte ihnen doch naturgemäß folgendes widerfahren: Wenn einer aus den Fesseln gelöst und genötigt würde, plötzlich aufzustehen, den Hals zu wenden, zu gehen und gegen das Licht zu schauen, und wenn er bei all diesem Tun Schmerzen empfände und wegen des blendenden Glanzes jene Dinge nicht recht erkennen könnte, deren Schatten er vorher gesehen hat – was meinst du wohl, daß er antworten würde, wenn ihm jemand erklärte, er hätte vorher nur Nichtigkeiten gesehen, jetzt aber sei er dem Seienden näher und so, dem eigentlichen Seienden zugewendet, sehe er richtiger? Und wenn der ihm dann ein jedes von dem Vorüberziehenden zeigte und ihn fragte und zu sagen nötigte, was das sei? Meinst du nicht, er wäre in Verlegenheit und würde das, was er vorher gesehen hat, für wahrer (wirklicher) halten als das, was man ihm jetzt zeigt?

„Für viel wahrer (wirklicher)", erwiderte er.

2. Und wenn man ihn gar nötigte, das Licht selber anzublicken, dann schmerzten ihn doch wohl die Augen, und er wendete sich ab und flöhe zu den Dingen, die er anzuschauen vermag, und glaubte, diese seien tatsächlich klarer als das, was man ihm jetzt zeigt?

„Es ist so", sagte er.

Schleppte man ihn aber von dort mit Gewalt den rauhen und steilen Aufgang hinauf, fuhr ich fort, und ließe ihn nicht los, bis man ihn an das Licht der Sonne hinausgezogen hätte – würde er da nicht Schmerzen empfinden und sich nur widerwillig so schleppen lassen? Und wenn er ans Licht käme, hätte er doch die Augen voll Glanz und vermöchte auch rein gar nichts von dem zu sehen, was man ihm nun als das Wahre bezeichnete?

„Nein", erwiderte er, „wenigstens nicht im ersten Augenblick." Er müßte sich also daran gewöhnen, denke ich, wenn er die Dinge dort oben sehen wollte. Zuerst würde er wohl am leichtesten die Schatten erkennen, dann die Spiegelbilder der Menschen und der andern Gegenstände im Wasser und dann erst sie selbst. Und darauf hin könnte er dann das betrachten, was am Himmel ist, und den Himmel selbst, und zwar leichter bei Nacht, indem er zum Licht der Sterne und des Mondes aufblickte, als am Tage zur Sonne und zum Licht der Sonne.

„Ohne Zweifel."

Zuletzt aber, denke ich, würde er die Sonne, nicht ihre Spiegelbilder im

Zitat 1.2–9

3. Da sagte *Adeimantos:* „Das kann dir wohl niemand bestreiten, *Sokrates.* Doch wer dir jeweils zuhört, wenn du diese Meinung äußerst, dem ergeht es etwa so: er hat den Eindruck, daß er infolge seiner Unerfahrenheit im Fragen und Antworten durch deine Beweisführung mit jeder Frage ein wenig weiter abseits gelockt wird. Wenn sich dann diese kleinen Fehler am Ende des Gespräches summieren, so zeigt sich ein ganz falsches Ergebnis, das mit den Ausgangspunkten völlig im Widerspruch steht. Wie beim Brettspiel die Anfänger von den gewiegten Spielern eingeschlossen werden und kein Feld mehr haben, wohin sie ziehen können, so würden auch sie schließlich eingeschlossen und wüßten nichts mehr zu sagen bei dieser anderen Art von Brettspiel, das nicht mit Steinen, sondern mit Worten gespielt wird. Die Wahrheit aber bleibt nichtsdestoweniger bestehen. Ich sage das im Hinblick auf unser Gespräch. Denn jetzt müßte dir wohl einer zugeben, daß er mit Worten gegen alle deine einzelnen Fragen nichts einwenden könne. In Wirklichkeit aber sehe er doch folgendes: Alle, die sich der Philosophie zuwenden und sich nicht nur um ihrer Bildung willen in der Jugend mit ihr befassen, um sie nachher dann aufzugeben, sondern die länger bei ihr verweilen, die werden zumeist recht sonderbare, um nicht zu sagen ganz und gar verdorbene Menschen. Und die noch den Eindruck machen, daß sie am anständigsten denken, tragen von dieser Beschäftigung, die du so empfiehlst, doch das davon, daß sie für die Stadt unbrauchbar werden."

Als ich das hörte, sagte ich: Nun, glaubst du, daß die Leute, die so reden, die Unwahrheit sagen?

„Ich weiß nicht", erwiderte er; „doch möchte ich gern deine Ansicht darüber vernehmen."

PLATON: *Der Staat.* Sechstes Buch. Deutsch von *Rudolf Rufener.* Zürich – München 1974

Abbildung 1.2–13
PLATON (427–347 v. u. Z.): Schüler des *Sokrates* und Lehrer des *Aristoteles.* Mit zwanzig Jahren kam er nach Athen, um bei *Sokrates* zu lernen. Nach dem Tode seines Lehrers bereiste er den zu seiner Zeit bekannten Teil der Welt. In Süditalien wurde er mit den Lehren der Pythagoreer bekannt, und wahrscheinlich kam er auch nach Ägypten. Nach seiner Rückkehr eröffnete er am Hain des Heros Akademos eine Schule (daher der Name Akademie). 368 v. u. Z. versuchte er, in Syrakus am Hofe von *Dionysos II.,* der sein Schüler war, seine politischen Vorstellungen in die Wirklichkeit umzusetzen, allerding ohne jeden Erfolg. *Platon* schrieb seine Werke in Dialogform; die Hauptperson der Dialoge ist in nahezu allen Werken *Sokrates* (eine Ausnahme macht nur sein letztes Werk,

die *Gesetze*). Der 374 v. u. Z. geschriebene *Staat* erlaubt vielleicht den umfassendsten Überblick über die Philosophie *Platons*. Seine naturphilosophischen Gedanken sind im *Timaios* dargelegt.

Nach *Platons* Tod wurde sein Neffe *Speusippos* Leiter der Akademie. Auch der Astronom *Herakleides Ponticus* ist aus ihr hervorgegangen

Zitat 1.2 – 10

Stellen wir uns jetzt den Fall vor, daß eine bestätigte und begründete Diskrepanz zwischen der allgemeinen Relativitätstheorie und der Beobachtung vorliegt. Was für einen Standpunkt hätten wir einzunehmen? Was wäre *Einsteins* Standpunkt in dieser Frage? Müßten wir die Theorie als grundsätzlich falsch betrachten?

Ich möchte sofort feststellen, daß die Antwort auf die letzte Frage nur ein kategorisches „Nein" sein kann. Jedermann, der die intellektuelle Harmonie zwischen der Arbeitsweise der Natur und den allgemeinen mathematischen Prinzipien würdigen kann, fühlt, daß eine Theorie mit der Schönheit und Eleganz der Einsteinschen Theorie im wesentlichen richtig sein muß. Wenn bei der Anwendung der Theorie eine Diskrepanz zu Tage kommt, kann dies nur eine Folge eines sekundären, nicht genügend berücksichtigten Effekts sein, nicht aber das Versagen der allgemeinen Prinzipien der Theorie bedeuten.

DIRAC. UNESCO-Courier, 1978

Wasser oder anderswo, sondern sie selbst, an sich, an ihrem eigenen Platz ansehen und sie so betrachten können, wie sie wirklich ist.

„Ja, notwendig", sagte er.

Und dann würde er wohl die zusammenfassende Überlegung über sie anstellen, daß sie es ist, die die Jahreszeiten und Jahre herbeiführt und über allem waltet in dem sichtbaren Raume, und daß sie in gewissem Sinne auch von allem, was sie früher gesehen haben, die Ursache ist.

„Offenbar", sagte er, „würde er nach alledem so weit kommen".

Wenn er nun aber an seine erste Behausung zurückdenkt und an die Weisheit, die dort galt, und an seine damaligen Mitgefangenen, dann wird er sich wohl zu der Veränderung glücklich preisen und jene bedauern – meinst du nicht?

„Ja, gewiß."

Die Ehren aber und das Lob, das sie einander dort spendeten, und die Belohnungen für den, der die vorüberziehenden Schatten am schärfsten erkannte und der sich am besten einprägte, welche von ihnen zuerst und welche danach und welche gleichzeitig vorbeizukommen pflegten, und daraus am besten vorauszusagen wußte, was jetzt kommen werde – glaubst du, er sei noch auf dieses Lob erpicht und beneide die, die bei jenen dort in Ehre und Macht stehen? Oder wird es ihm so gehen, wie Homer sagt, daß er viel lieber *auf dem Acker bei einem armen Mann im Taglohn arbeiten* und lieber alles mögliche erdulden will, als wieder in jenen Meinungen befangen sein und jenes Leben führen?

„Ja, das glaube ich", sagte er. „Lieber wird er alles andere ertragen als jenes Leben."

Denke dir nun auch folgendes, fuhr ich fort: Wenn so ein Mensch wieder hinunterstiege und sich an seinen alten Platz setzte, dann bekäme er doch seine Augen voll Finsternis, wenn er so plötzlich aus der Sonne käme?

„Ja, gewiß", erwiderte er.

Wenn er dann aber wieder versuchen müßte, im Wettstreit mit denen, die immer dort gefesselt waren, jene Schatten zu beurteilen, während seine Augen noch geblendet sind und sich noch nicht wieder umgestellt haben (und diese Zeit der Umgewöhnung dürfte ziemlich lange dauern), so würde man ihn gewiß auslachen und von ihm sagen, er komme von seinem Aufstieg mit verdorbenen Augen zurück, und es lohne sich nicht, auch nur versuchsweise dort hinaufzugehen. Wer aber Hand anlegte, um sie zu befreien und hinaufzuführen, den würden sie wohl umbringen, wenn sie nur seiner habhaft werden und ihn töten könnten.

„Ja, gewiß," sagte er.

3. Dieses ganze Gleichnis, mein lieber GLAUKON, fuhr ich fort, mußt du nun an das anknüpfen, was wir vorhin besprochen haben. Die durch das Gesicht uns erscheinende Region setze dem Wohnen im Gefängnis und das Licht des Feuers in ihr der Kraft der Sonne gleich. Und wenn du nun den Aufstieg und die Betrachtung der Dinge dort oben für den Aufstieg der Seele in den Raum des Einsehbaren nimmst, so wirst du meine Ahnung nicht verfehlen, die du doch zu hören wünschest. Gott aber mag wissen, ob sie richtig ist. Meine Ansicht darüber geht jedenfalls dahin, daß unter dem Erkennbaren als letztes und nur mit Mühe die Idee des Guten gesehen wird; hat man sie aber gesehen, so muß man die Überlegung anstellen, daß sie für alles die Urheberin alles Richtigen und Schönen ist. Denn im Sichtbaren bringt sie das Licht und seinen Herrn hervor; im Einsehbaren aber verleiht sie selbst als Herrin Wahrheit und Einsicht. Sie muß man erblickt haben, wenn man für sich oder im öffentlichen Leben vernünftig handeln will.

„Ich bin derselben Ansicht", sagte er, „soweit ich zu folgen vermag."

Wohlan denn, fuhr ich fort, schließe dich auch im folgenden meiner Meinung an. Wundere dich nicht: Wer dahin gelangt ist, will vom menschlichen Treiben nichts mehr wissen, sondern seine Seele hat den Drang, für immer hier oben zu verweilen. Das ist auch ganz natürlich, wenn es dem vorhin beschriebenen Gleichnis entsprechen soll.

„Ja, freilich", sagte er.

Glaubst du nun aber, fuhr ich fort, man dürfe sich darüber wundern, daß, wenn einer von der Betrachtung des Göttlichen in das menschliche Elend versetzt wird, er sich dann ungeschickt benimmt und höchst lächerlich erscheint? Denn während sein Auge noch geblendet ist und bevor er sich noch recht an die herrschende Finsternis gewöhnt hat, muß er vor Gericht oder anderswo über die Schatten des Gerechten streiten oder über die Bildwerke, deren Schatten sie sind, und muß sich mit den Vermutungen herumschlagen, die jene Leute darüber anstellen, die die Gerechtigkeit selbst nie zu sehen bekommen haben.

„Nein, das ist gar nicht zu verwundern", sagte er.

Ein Einsichtiger, fuhr ich fort, würde vielmehr bedenken, daß es für die Augen zwei Arten und zwei Ursachen von Störungen gibt: die eine, wenn man aus dem Licht in das Dunkel, die andere, wenn man aus dem Dunkel in das Licht versetzt wird. Erkennt er nun an, daß dasselbe auch mit der Seele vor sich geht, so wird er nicht unüberlegt lachen, wenn er eine Seele sieht, die verwirrt ist und etwas nicht zu erkennen vermag. Sondern er wird prüfen, ob sie aus einem helleren Leben kam und jetzt von der Finsternis, an die sie nicht gewöhnt ist, umhüllt wird, oder ob sie aus größerer Unwissenheit in größere Klarheit gekommen ist und nun vom helleren Glanze geblendet wird. Und so wird er die eine um ihres Zustandes und ihres Lebens willen glücklich preisen und die andere bedauern; und wollte er über diese lachen, so wäre sein Lachen hier weniger lächerlich als das über die andere, die von oben aus dem Licht kommt.
PLATON: *Der Staat.* Siebentes Buch. Übertragen von *Rudolf Rufener.* Zürich – München 1974

1.3 Materie und Bewegung. Die aristotelische Synthese

1.3.1 Atome und Elemente

Bereits von den Anfängen an haben griechische Gelehrte Antworten auf schwierigste Fragen zu geben versucht, so auf die Frage nach dem Baustoff der Welt, nach dem Urprinzip, das die Welt zusammenhält, dem Urprinzip alles Seins (ἀρχή τῶν ὄντων). Die frühesten Versuche, Antworten auf diese Fragen zu geben, erwecken den ersten Eindruck, daß die Wissenschaft bei weitem nicht den Stand erreicht habe, um Fragen zum Aufbau der Materie richtig stellen, geschweige denn sie beantworten zu können. Zu den ersten Versuchen zählt der von THALES, demzufolge der stoffliche Urgrund alles Seins das Wasser ist, aus dem alles Existierende entsteht und in das es auch wieder übergeht. Fragestellung und Antwort der ionischen Naturphilosophen, zu denen THALES zu zählen ist, bergen jedoch ein sehr wichtiges, ja sogar entscheidendes Element der Wissenschaftlichkeit in sich: Die Natur sollte aus sich selbst heraus, ohne ein Hinzuziehen himmlischer Mächte oder mythischer Elemente, gedeutet und verstanden werden.

ANAXIMANDER, ein an THALES anschließender ionischer Naturphilosoph, geht bereits nicht mehr von einer Substanz als Urstoff aus, sondern bezeichnet den Urstoff als Apeiron (τὸ ἄπειρον), etwas Unendliches und Formloses, woraus sich die konkreten Dinge unserer Welt aufbauen lassen. ANAXIMENES kehrt wieder zu einem einzigen Urstoff zurück, findet diesen aber in der Luft. Es ist verständlich, daß HERAKLIT, dessen Motto „Alles fließt" gewesen ist, das Urprinzip (Arché) im Feuer gesehen hat, während der jede Veränderung verneinende PARMENIDES von der Welt und dem Sein als einer homogenen Kugel spricht.

Den aristotelischen vier Elementen begegnen wir zuerst bei EMPEDOKLES. Die Vielfalt unserer Welt erklärt sich aus einer Mischung der vier Elemente Erde, Luft, Wasser und Feuer zu unterschiedlichen Teilen.

Wir dürfen nicht vergessen, daß der Zweig der Physik, der die Struktur der Materie zum Gegenstand hat, mit der Philosophie sehr eng verflochten war. Mit all diesen Theorien sollte in erster Linie auf philosophische Fragen zum Sein, zur Konstanz und zur Veränderung eine Antwort gegeben werden. Von unserem heutigen Standpunkt, oder eher, vom Standpunkt des 19. Jahrhunderts aus gesehen, hat DEMOKRIT mit seiner Atomtheorie am besten die Beständigkeit im Wandel, d. h. die Möglichkeit von Veränderungen bei Wahrung der Unveränderlichkeit insgesamt, darzustellen vermocht. Es gibt Wissenschaftshistoriker, die den Atomismus DEMOKRITS als voreiliges und unausgereiftes geistiges Abenteuer ansehen und die Kritik des ARISTOTELES, derentwegen die Theorie DEMOKRITS 2000 Jahre lang unbeachtet geblieben ist, für berechtigt halten. Andere aber sehen in ihr einen der genialsten Denkansätze sowohl der Physik- als auch der Philosophiegeschichte, aus dem heraus sich unser modernes Weltbild mit seiner Synthese von Atomtheorie und naturwissenschaftlicher Betrachtungsweise herausgebildet hat.

Die philosophischen Grundgedanken des Atomismus lassen sich am besten verstehen, wenn sie in ihrer logischen Verknüpfung mit den bereits

Zitat 1.3–1
Ich aber bin von meinen Zeitgenossen am meisten auf der Erde herumgekommen, wobei ich am weitgehendsten forsche, und habe die meisten Himmelsstriche und Länder gesehen und die meisten gelehrten Männer gehört; und in der Zusammensetzung der Linien mit Beweis hat mich noch keiner übertroffen, auch nicht die sogenannten Seilknüpfer (Landvermesser) der Ägypter. Mit diesen bin ich nach allen andern(?) fünf (?) Jahre auf fremdem Boden zusammen gewesen, ...

Ich entdeckte lieber einen einzigen (geometrischen) Beweis, als daß ich den Thron Persiens gewänne. ...

Der gebräuchlichen Redeweise (nómos) nach gibt es Farbe, Süßes, Bitteres, in Wahrheit aber nur Atome und Leeres. ...

In Wirklichkeit aber wissen wir nichts; denn in der Tiefe liegt die Wahrheit... Wir aber erfassen in Wahrheit nichts Untrügliches, sondern nur was wechselt, entsprechend der Verfassung unseres Körpers und der ihm zuströmenden oder entgegenwirkenden Atome. ...

Kultur ist besser denn Reichtum... Keine Macht und kein Schatz können die Ausweitung unseres Wissens wettmachen.
DEMOKRITOS: *Fragmente.* H. Diels: *Die Fragmente der Vorsokratiker.* 3 Bände, Berlin 1935–1937

Zitat 1.3–2
Dagegen behaupten *Leukipp* und sein Freund *Demokrit,* daß das Volle und das Leere die Elemente seien, indem sie das Seiende und das Nicht-Seiende aufstellen und das Volle und Dichte für das Seiende, das Leere und Lockere für das Nicht-Seiende erklären. (Deshalb sagen sie auch, daß das Seiende nicht mehr sei als das Nicht-Seiende, weil auch das Leere nicht mehr sei als der Körper.) Diese Elemente sollen nach Art des Stoffes die Ursachen der Dinge sein; und wie die, welche das unterliegende Seiende nur als Eins annehmen und alles andere aus dessen Zuständen ableiten und das Lockere und das Dichte als Anfänge der Eigenschaften ansehen, so erklären auch diese auf gleiche Art die Unterschiede für die Ursachen von allen anderen. Solcher Unterschiede erkennen sie drei an: die Gestalt, die Ordnung und die Lage; weil das Seiende sich nur durch Form, durch Berührung und durch Richtung unterscheide. Von diesen ist die Form die Gestalt, die Berührung die Ordnung, und die Richtung die Lage. So unterscheide sich der Buchstabe A von N durch die Gestalt, das A N von dem N A durch die Ordnung, das Z von dem N durch die Lage. Über die Bewegung, woher und wie und wie sie den Dingen einwohnt, sind aber auch diese, wie die Frühern, leichtfertig hinweggegangen. Über die obigen beiden Ursachen sind die Untersuchungen der Frühern so weit, wie erwähnt, gegangen.
ARISTOTELES: *Die Metaphysik.* Buch I, Kap. 4. Deutsch von *J. H. Kirchmann.* 1871

existierenden Systemen dargestellt werden. Die Eleaten (PARMENIDES und seine Schule) haben recht überzeugend mit ihren Paradoxien nachgewiesen, daß jede Veränderung logisch absurd ist. Damit sind sie zu einem Modell der Welt in der Form einer homogenen Kugel gekommen, das uns heute aber völlig absurd zu sein scheint. DEMOKRIT hat – mit den Worten der Philosophen – auch das Nichtexistierende als existent angenommen, oder physikalisch gesprochen, die Leere oder das Vakuum (τὸ κένον) als Seinsform akzeptiert. Damit wird aber die homogene Welt des PARMENIDES zerlegbar, weil auch Teile des Ganzen einen Platz haben. Im Weltmodell DEMOKRITS zerfällt die homogene parmenidessche Welt in Atome, die aus einer homogenen Substanz bestehen, und die Leere zwischen ihnen. Die Vielfalt der Welt wird realisiert durch verschiedene Kombinationen und Bewegungsformen der Atome. Die Atome selbst unterscheiden sich auch untereinander hinsichtlich ihrer Form, ihrer Lage und ihrer Geschwindigkeit *(Zitate 1.3 – 1, 1.3 – 2)*.

Der demokritsche Atomismus ähnelt qualitativ ungemein dem Bild, das von der kinetischen Gastheorie vermittelt wird. Im Bereich der Philosophie sind zwei Schlußfolgerungen naheliegend. Die eine, ebenfalls auf DEMOKRIT zurückgehende, lautet, daß aus dem Nichts nichts entstehen und sich auch nichts in Nichts verwandeln kann. Zum anderen legt die Einführung des leeren Raumes die Hypothese von der Unendlichkeit der Welt nahe. Diese wird von DEMOKRIT als erstem in der Wissenschaftsgeschichte eindeutig und bestimmt formuliert, wobei er eine überraschende Begründung angibt: Die Welt ist unendlich, da sie von keiner außerweltlichen Macht geschaffen worden ist. DEMOKRIT hat sich auch mit erkenntnistheoretischen Fragen auseinandergesetzt. Nach seiner Auffassung werden uns von der Außenwelt deshalb wahre Erkenntnisse vermittelt, weil sich von den Dingen feine Atomschichten (εἴδωλα, eidola) ablösen, die in unseren Sinnesorganen dann den Sinneseindruck auslösen. Die Sinneseindrücke vermitteln so zwar reale Erkenntnisse, aber diese können auch trügen oder so verschlüsselt sein, daß wir sie nur mit Hilfe von Konventionen erfassen können.

DEMOKRIT ist auch auf das Verhältnis von Körper und Seele eingegangen. Er hat angenommen, daß die Seele aus feuerartigen, besonders glatten Atomen besteht, die von den Körperatomen umgeben sind. Beim Zerfall des Körpers werden die Seelenatome ebenso wie die Körperatome freigesetzt, so daß die individuelle Seele ebenso in ihre Atome zerfällt wie der individuelle Körper.

Der Atomismus DEMOKRITS ist von LUKREZ propagiert, dargelegt und weiterentwickelt worden. In seinem Lehrgedicht *De rerum natura* hat er mit dichterischem Schwung ausführlich und sehr anschaulich beschrieben, wie wir mit unseren Sinnen die wimmelnde Vielfalt der Atome als unbewegliche oder sich langsam bewegende makroskopische Körper wahrnehmen (Kapitel 1.5). Es ist eine Ironie der Geschichte, daß Europa von LUKREZ' Lehrgedicht bis zu GASSENDI keine Notiz genommen hat, obwohl dieses unmittelbar in Latein überliefert worden ist, so daß man es nicht von den Arabern zu übernehmen brauchte. Die Ursache dafür ist zu einem geringeren Teil in der atheistischen Grundhaltung des Lehrgedichts, vor allem aber in der im Nachlaß des ARISTOTELES zu findenden Verurteilung des Atomismus zu suchen, obwohl hier auch einige positive Seiten anerkannt werden.

Von einer ganz anderen Seite geht PLATON an das Problem von Beständigkeit und Wandel heran. Bei ihm werden alle wahren Erkenntnisse, auch die über die Struktur der Materie, in die Welt der Ideen projiziert. Die unseren Sinnesorganen zugänglichen vier Elemente des EMPEDOKLES, Erde, Wasser, Luft und Feuer, nehmen in der Welt der Ideen abstrakte und möglichst vollkommene Formen an. Die vier Elemente sind somit lediglich die unseren Sinnen zugänglichen Abbilder der vier regelmäßigen Körper als der zugrundeliegenden Ideen. So ist das Tetraeder die dem Feuer zugrundeliegende Idee, das Hexaeder gehört zur Erde, das Oktaeder zur Luft und das Ikosaeder zum Wasser. Der fünfte regelmäßige Körper, das Dodekaeder, ist die Idee, die dem Aufbau des Kosmos zugrunde liegt *(Abbildung 1.3 – 1)*. Die Zuordnung der regelmäßigen Körper zu den vier von ARISTOTELES und EMPEDOKLES postulierten Elementen wurde 2000 Jahre über beibehalten. Die Abbildung 1.3 – 1 stammt z. B. aus einem Buch KEPLERS. PLATON hat die Elemente nun noch weiter zerlegt. Er hat erkannt, daß man ihre Oberflächen aus rechtwinkligen Dreiecken zusammensetzen kann, wobei bei Tetraeder, Oktaeder und Ikosaeder für jede Teilfläche jeweils sechs Dreiecke mit einem Winkel von 30°, beim Hexaeder aber vier Dreiecke mit zwei Winkeln von 45° benötigt werden *(Abbildungen 1.3 – 2, 1.3 – 3)*.

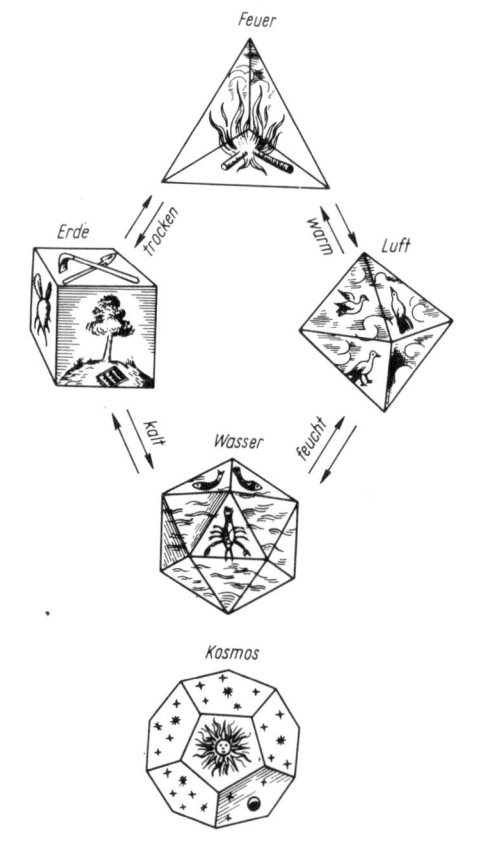

Abbildung 1.3 – 1
Die Zuordnung der Parmenidischen vier Elemente zu den Platonischen vier regelmäßigen Körpern. Der fünfte regelmäßige Körper stellt die Idee des Kosmos dar (nach *Kepler*)

In der abstrakten Welt der Ideen lassen sich zwischen den verschiedenen Elementen Beziehungen finden. So können acht gleichseitige Dreiecke ein Luftatom, aber auch zwei Feueratome aufbauen, was in einer Formelsprache als $L = F_2$ dargestellt werden kann. Aus zwanzig gleichseitigen Dreiecken kann das Ikosaeder als Idee des Wassers zusammengesetzt werden, wir können aus ihnen aber auch zwei Luftatome und ein Feueratom aufbauen, d. h. aber in der Formelsprache $W = L_2F$. So absurd diese Gedanken auch zu sein scheinen, sie haben, wie alle Gedanken PLATONS, einen wahren oder zumindest zur Wahrheit führenden Kern. Hier können wir diesen Kern in dem Bestreben sehen, ein solches abstraktes Modell der Wirklichkeit aufstellen zu wollen, das eine Beschreibung der Realität mit Hilfe numerischer Proportionen ermöglicht. Der Weg, der schließlich zu der Strukturformel H_2O geführt hat, ist zwar sehr lang, zumindest der Ausgangspunkt dieses Weges ist aber bei PLATON zu suchen. Die Vorstellung, daß die Strukturelemente der Stoffe durch regelmäßige Körper und darüber hinaus durch deren Flächenelemente darstellbar sein sollten, ist gerade für die moderne Elementarteilchenphysik keineswegs absurd. Zu den wichtigsten, auch makroskopisch darstellbaren Eigenschaften der Elementarteilchen gehört ihre Symmetrie, und hier liegt eine Veranschaulichung gerade mit Hilfe der regelmäßigen Körper, die ebenfalls durch ihre Symmetrieeigenschaften charakterisierbar sind, sehr nahe. HEISENBERG selbst hat die Verwandtschaft zwischen den Grundgedanken seiner Feldtheorie und dem Gedankengebäude PLATONS hervorgehoben *(Zitate 1.3 – 3a, b)*.

ARISTOTELES behält die vier Elemente des EMPEDOKLES bei. Er ordnet den Elementen Erde, Wasser, Luft und Feuer je zwei Eigenschaften aus den Paarungen trocken − naß und kalt − warm zu. So ist nach der Abbildung 1.3 − 1 die Erde trocken und kalt, das Feuer trocken und warm, die Luft warm und naß und das Wasser kalt und naß. Nach ARISTOTELES können sich die Elemente unter bestimmten Bedingungen auch ineinander umwandeln, vor allem jene, die ein Charakteristikum gemeinsam haben. In der Abbildung sind diese einfachen und naturgegebenen Umwandlungsmöglichkeiten durch Pfeile markiert.

Der real existierenden Welt liegen die vier Elemente in verschiedenen Kombinationen oder Gemischen (Mixtio, μῖξις) zugrunde. Die Schriften ARISTOTELES' lassen der Auslegung durch spätere Kommentatoren einen weiten Spielraum hinsichtlich der Eigenschaften der Elemente im Gemisch, d. h. hinsichtlich der Frage, ob die Elemente im Gemisch ihre ursprünglichen Eigenschaften beibehalten oder andersartige Substanzen formen. Von der aristotelischen Chemie wird angenommen, daß die Stoffe beliebig teilbar sind und daß jeder Teil die gleiche Struktur hat wie das Ganze. Von den späten Scholastikern ist eine Grenze der Teilbarkeit, die *minima naturalia*, diskutiert worden, was aber keineswegs eine Entwicklung der aristotelischen Theorie in Richtung auf eine Atomtheorie bedeutet hat.

1.3.1.1 Platon und die „Elementarteilchen"

Daß zunächst nun Feuer und Erde und Wasser und Luft Körper sind, das ist wohl jedem klar; zum Wesen jedes Körpers gehört es aber, daß er räumliche Ausdehnung besitzt. Und ferner muß die räumliche Ausdehnung unbedingt eine Oberfläche um sich herum haben; jede geradlinige Grundfläche aber besteht aus Dreiecken. Alle Dreiecke jedoch gehen ursprünglich auf zwei zurück, von denen jedes einen rechten und zwei spitze Winkel hat. Von diesen zeigt das eine auf beiden Seiten die Hälfte eines rechten Winkels, der durch zwei gleiche Seiten auseinandergehalten ist; das andere hat ungleiche Teile eines rechten Winkels, zugeteilt an ungleiche Seiten. Diesen Ursprung nehmen wir also an für das Feuer und für die übrigen Körper, indem wir dem Gedankengang folgen, der sich aus der Wahrscheinlichkeit und der Notwendigkeit ergibt. Ihre Ursprünge aber, so weit sie noch weiter zurückliegen, kennt Gott allein und von den Menschen nur, wer ihm lieb ist. Wir müssen nun also erklären, dank welcher Beschaffenheit gerade vier Körper zu den schönsten werden, die sich zwar unähnlich sind, aber doch, indem sie sich auflösen, die Möglichkeit haben, der eine aus dem anderen zu entstehen; denn wenn wir so weit gelangt sind, besitzen wir auch schon die Wahrheit über die Entstehung von Erde und Feuer und von den Elementen, die sich in entsprechenden Abständen zwischen diesen befinden. Und wir werden niemandem einräumen, daß irgendwo schönere Körper als diese zu

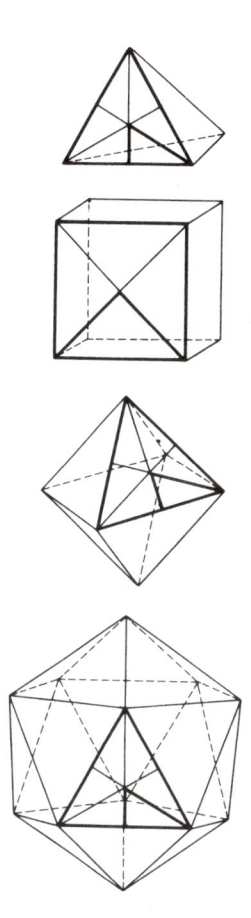

Abbildung 1.3 − 2
Die den vier Elementen zugeordneten regelmäßigen Körper und die sie aufbauenden „Elementarteilchen". *Platon* untersucht die Möglichkeit, sich die regelmäßigen Körper (bzw. die Elemente) aus zweierlei Dreiecken (bzw. noch elementareren Einheiten) aufgebaut vorzustellen. Die Dreiecke der ersten Art sind rechtwinklige Dreiecke mit gleichen Katheten, die der zweiten Art ebenfalls rechtwinklig, mit Hypotenusen, die doppelt so lang sind wie die kürzeren Katheten, also Dreiecke, die durch Halbierung von gleichseitigen erhalten werden. Die regelmäßigen Körper entsprechen etwa unseren chemischen Elementen, die Dreiecke unseren Elementarteilchen.

Wie schon früher erwähnt, wußten die Pythagoreer, daß es mindestens fünf regelmäßige Körper gibt; der Beweis dafür, daß es gerade fünf sind, ist dem *Theaitos* zu verdanken, dem Freunde *Platons*, der in den *Dialogen* des letzteren einer der Gesprächspartner ist. *Euklid* gibt in seinen *Elementen* einen Beweis an, der auf einem vorher bewiesenen Satz beruht, nämlich daß die Summe der Flächenwinkel an der Spitze eines Raumwinkels kleiner sein muß als 360°. Wenn wir nun einen regelmäßigen Körper mit gleichseitigen Dreiecken als Begrenzungsflächen erhalten wollen, können wir drei, vier oder − höchstens − fünf dieser Dreiecke an jeder Ecke des Körpers zusammenstoßen lassen und erhalten so das Tetraeder, das Oktaeder bzw. das Ikosaeder. Bei Quadraten als Begrenzungsflächen können es nur drei sein, weder weniger, noch mehr, und wir erhalten den Würfel. Endlich können nur drei regelmäßige Fünfecke an einer Körperecke aneinandergrenzen, womit das Pentagon-Dodekaeder erhalten wird.

Heutzutage geht man beim Beweis von einem Eulerschen Satz aus dem Jahr 1758 aus: Für die Anzahl v der Ecken, e der Kanten und f der Flächen eines konvexen Körpers gilt

$$v - e + f = 2$$

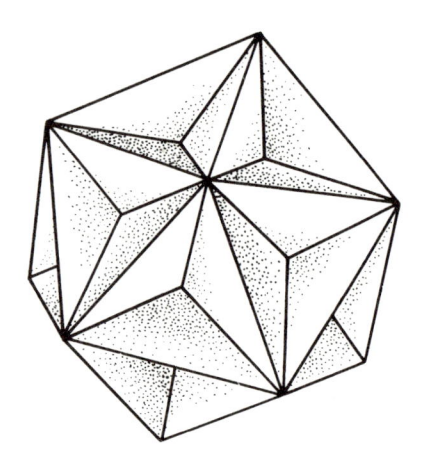

Abbildung 1.3–3
Euklid erwähnt nur konvexe regelmäßige Körper. 1809 gelang es *Poinsot*, vier regelmäßige nichtkonvexe Polyeder zu konstruieren. *Cauchy* bewies dann 1811, daß es ihrer genau vier gibt. Unsere Abbildung zeigt eines von ihnen (nach der *Großen Sowjet-Enzyklopädie*)

sehen sind, ein jeder seiner besonderen Gattung gemäß. Wir müssen uns also bemühen, diese vier Gattungen von Körpern, die sich durch ihre Schönheit auszeichnen, miteinander in Verbindung zu bringen und zu beweisen, daß wir ihre Natur hinlänglich begriffen haben. Bei diesen beiden Dreiecken nun hat das gleichschenklige nur eine Beschaffenheit, das ungleichschenklige dagegen zahllose. So müssen wir denn unter diesen unendlich vielen das schönste aussuchen, wenn wir auf die richtige Weise beginnen wollen. Falls nun aber jemand zur Zusammensetzung dieser Körper etwas Besseres auswählen und nennen kann, so sehen wir in ihm, wenn er sich uns überlegen zeigt, nicht unseren Feind, sondern einen Freund. – Nun also, wir setzen von den vielen Dreiecken eines als das schönste und lassen die anderen beiseite; es ist das, aus deren zwei das gleichseitige Dreieck als drittes entstanden ist. Warum das so ist, dafür brauchte es eine zu lange Erklärung; wer aber nachweist und herausfindet, daß sich das so verhält, dem gehört in aller Freundschaft der Kampfpreis. Es sollen also zwei Dreiecke ausgewählt werden, aus denen die Körper des Feuers und der übrigen Elemente gebildet sind; eines davon ist das gleichschenklige, das andere ist jenes, bei dem stets das Quadrat über der größeren Seite das Dreifache ist von dem Quadrat über der kleineren Seite. Was wir aber vorhin nur ungefähr gesagt haben, das müssen wir jetzt genauer bestimmen. Es hatte nämlich den Anschein, als würden die vier Gattungen alle eine aus der anderen entstehen; das war aber ein falscher Eindruck. Denn es entstehen wohl die vier Gattungen aus den Dreiecken, die wir ausgewählt haben, drei davon aus dem einen, das ungleiche Seiten hat, aber nur die vierte allein ist aus dem gleichschenkligen Dreieck zusammengefügt. Es ist also nicht möglich, daß alle sich gegenseitig ineinander auflösen und daß aus vielen kleinen ein paar wenige große entstehen und umgekehrt, sondern das ist nur bei den ersten drei möglich; denn da diese alle aus *einer* Art Dreieck entstanden sind, werden durch Auflösung der größeren viele kleine aus ihnen entstehen und die Formen annehmen, die ihnen zukommen. Und umgekehrt, wenn zahlreiche kleine Körper in Dreiecke zerlegt sind, so wird daraus eine einzige Zahl entstehen, die *einer* Masse entspricht, und diese würde schließlich wieder *eine* andere große Gestalt ausmachen.

So viel soll also gesagt sein über ihre Entstehung aus einander; wie aber jede ihrer Arten und aus dem Zusammentreffen wie vieler Zahlen sie entstanden sind, das wäre nun anschließend zu erklären. Den Anfang wird denn also die erste Art machen, diejenige, die aus den kleinsten Teilen zusammengesetzt ist; ihr Bauelement ist das Dreieck, dessen Hypotenuse doppelt so lang ist wie die kleinere Kathete. Wenn nun je zwei dieser Art mit der Hypotenuse als Diagonale zusammengelegt werden und wenn das dreimal in der Weise gemacht wird, daß die drei Diagonalen und die drei kurzen Katheten alle in einem Punkt wie in einem und demselben Zentrum zusammenstoßen, so hat sich damit aus den sechs Dreiecken ein einziges, gleichseitiges ergeben. Vier solche gleichseitige Dreiecke aber, mit je drei Flächenwinkeln zusammengefügt, bilden zusammen einen stereometrischen Winkel, der unmittelbar auf den stumpfsten der vier flächenhaften Winkel folgt. Sind nun aber vier solche Winkel gebildet, so ergibt sich daraus die erste Art eines stereometrischen Gebildes, das die Eigenschaft hat, die gesamte Oberfläche einer Kugel in gleiche und ähnliche Stücke zu teilen.

Die zweite Raumfigur ergibt sich aus denselben Dreiecken, wobei sich aber je acht zu einem gleichseitigen Dreieck vereinigt und zusammen einen einzigen stereometrischen Winkel aus vier flächenhaften gebildet haben; hat man dann sechs dieser Art entstehen lassen, so wurde damit der zweite Körper vollendet. Der dritte aber ergab sich aus der Zusammenfügung von zweimal sechzig Grunddreiecken und zwölf stereometrischen Winkeln, wobei jeder von fünf Flächen aus gleichseitigen Dreiecken umfaßt wird; er bekam so zwanzig gleichseitige Dreiecke als Grundflächen.

Nachdem nun das eine der beiden Grunddreiecke diese drei Körper hervorgebracht hatte, war es seiner Aufgabe ledig. Dagegen brachte nun das gleichschenklige Dreieck die Natur des vierten Körpers hervor; je vier solche traten zusammen; ihre rechten Winkel vereinigten sich im Mittelpunkt und bildeten so ein einziges gleichseitiges Viereck. Wenn man aber sechs dieser Art zusammenfügte, ergaben sich acht stereometrische Winkel, deren jeder aus drei rechtwinkligen Flächen zusammengefügt war. Die Form aber des Körpers, der so entstand, war ein Kubus, dessen Grundflächen sechs gleichseitige Vierecke sind. ...

Verteilen wir nun die vier Gattungen, wie sie sich jetzt durch unsere

Untersuchung ergeben haben, auf Feuer und Erde und Wasser und Luft. Der Erde wollen wir also die kubische Form zuweisen; denn sie ist die unbeweglichste von den vier Gattungen und der bildsamste von allen Körpern; mit aller Notwendigkeit kann aber nur der so beschaffen sein, der auch die festesten Grundlagen hat, und von den Dreiecken, die wir zu Beginn angenommen haben, ist dasjenige mit zwei gleichen Seiten von Natur aus eine sicherere Grundlage als jenes mit ungleichen Seiten, und auch die gleichseitige Fläche, die aus diesen beiden zusammengesetzt ist, hat als Viereck sowohl in ihren Teilen als im Ganzen notwendig einen festeren Stand, als wenn die Oberfläche ein gleichseitiges Dreieck ist. Wenn wir daher diese Form der Erde zuweisen, bleiben wir damit bei der Aussage, die die Wahrscheinlichkeit für sich hat. Dem Wasser dagegen geben wir die Gestalt, die von den drei noch übrigen die schwerbeweglichste ist; die am leichtesten bewegliche geben wir dem Feuer und die mittlere der Luft. Und den kleinsten Körper geben wir dem Feuer, den größten dem Wasser und den mittleren der Luft; ferner den spitzigsten dem Feuer, den zweitspitzigsten der Luft und den dritten dem Wasser. Bei diesen allen muß also dasjenige, was von Natur die kleinsten Grundflächen hat, das beweglichste sein; es ist auch das in jeder Hinsicht am besten teilbare und spitzigste von allen, zudem auch das leichteste, weil es aus den wenigsten gleichen Teilen besteht; das zweite aber muß das alles in geringerem Maße zeigen und das dritte noch weniger. Wenn wir das richtig überlegen und dabei die Wahrscheinlichkeit berücksichtigen, so muß also die körperhafte Form der Pyramide Baustein und Same des Feuers sein; diejenige Gestalt, die sich uns anschließend als die zweite ergab, bezeichnen wir als Baustein der Luft, und die dritte sei der des Wassers. Diese alle müssen wir uns nun aber so klein denken, daß jedes einzelne von jeder Gattung wegen seiner Kleinheit für uns nicht sichtbar ist, daß wir aber wohl, wenn sie in großer Zahl versammelt sind, ihre Massen wahrnehmen können. Und was im besonderen die Verhältnisse hinsichtlich ihrer Menge und ihrer Bewegungen und ihrer übrigen Eigenschaften betrifft, so hat Gott diese Teile überall, soweit es die Natur der Notwendigkeit, freiwillig oder von ihm überredet, zuließ, ganz genau ausgeführt und sie in richtiger Proportion harmonisch zusammengefügt.

Nach alledem dürfte es sich mit den Gattungen, die wir vorhin beschrieben haben, wahrscheinlich wie folgt verhalten: Wenn Erde beim Zusammentreffen mit Feuer durch dessen Spitzigkeit aufgelöst wurde – mag das nun im Feuer selbst geschehen sein oder in einer Masse von Luft oder Wasser –, so wird sie wohl so lange umhergetrieben, bis ihre Teile wieder irgendwo zusammentreffen und sich miteinander verbinden und so wieder zu Erde werden – denn in eine andere Erscheinungsform könnten sie nie übergehen. Wasser aber, das von Feuer oder auch von Luft in Stücke geteilt wird, läßt es zu, daß, wenn die Teile wieder zusammentreten, ein Körper von Feuer und zwei von Luft entstehen; wenn aber Luft aufgelöst wurde, so dürften die Teile von *einem* Stück wohl zwei Körperchen Feuer ergeben. Und umgekehrt, wenn ein kleines Stück Feuer von einer Masse Luft oder Wasser oder irgend von Erde umschlossen wird und von deren Bewegung mitgerissen und im Kampfe überwältigt und in Stücke geschlagen wird, so verdichten sich zwei Körperchen Feuer zu einem Gebilde von Luft. Und wenn die Luft überwältigt und zerstückelt wird, so wird sich aus zwei ganzen und einem halben Teil davon ein ganzes Gebilde Wasser zusammengesetzt haben. Wir wollen uns das nämlich auch folgendermaßen überlegen: Wenn im Feuer irgendeine der anderen Gattungen von diesem ergriffen wird und daran ist, durch die Schärfe von dessen Ecken und Kanten zerschnitten zu werden, so wird sie, wenn sie die Natur des Feuers annimmt, nicht länger zerschnitten; denn keine Gattung, die sich ähnlich oder mit sich selbst identisch ist, kann eine Veränderung bei etwas bewirken oder etwas erleiden, durch das, was ebenfalls mit sich identisch und sich ähnlich ist.
PLATON: *Timaios*. Übertragen von *Rudolf Rufener*. Zürich – München 1969

Zitat 1.3 – 3a
„Am Anfang war die Symmetrie", das ist sicher richtiger als die Demokritsche These „Am Anfang war das Teilchen". Die Elementarteilchen verkörpern die Symmetrien, sie sind ihre einfachsten Darstellungen, aber sie sind erst eine Folge der Symmetrien. In der Entwicklung des Kosmos kommt später der Zufall ins Spiel. Aber auch der Zufall fügt sich den zu Anfang gesetzten Formen, er genügt den Häufigkeitsgesetzen der Quantentheorie...

Die Elementarteilchen können mit den regulären Körpern in *Platos „Timaios"* verglichen werden. Sie sind die Urbilder, die Ideen der Materie.
HEISENBERG [5.26]

Zitat 1.3 – 3b
Überhaupt ist es unsinnig, Formen für die einfachen Körper zu geben; erstens, weil dann das Ganze nicht ausgefüllt sein wird. Denn unter den Flächenformen scheinen nur drei ihren Ort auszufüllen, das Dreieck, das Viereck und das Sechseck, unter den Körperformen aber nur zwei, die Pyramide und der Würfel. Man muß aber mehr als diese annehmen, weil man auch mehr Elemente annimmt.

Ferner erweisen sich alle einfachen Körper als geformt durch den umgebenden Raum, vor allem das Wasser und die Luft. Es ist also unmöglich, daß die Form des Elements beharren kann. Denn sonst würde das Ganze nicht allseitig das Umgreifende berühren. Und wenn es dann eine andere Gestalt erhielte, so wäre es ja nicht mehr Wasser, da ja der Unterschied gerade in der Form bestand. Also ist es klar, daß ihre Formen nicht bestimmt sind, sondern die Natur scheint uns eben das anzudeuten, was auch vernunftgemäß ist: Wie nämlich auch sonst das Substrat gestaltlos und formlos sein muß (denn nur so kann das Allaufnehmende, wie es im *Timaios* heißt, gestaltet werden), so muß man auch die Elemente als eine Art von Materie für das Zusammengesetzte auffassen. Darum können sie ineinander übergehen, indem die Unterschiede ihrer Eigenschaften sich von ihnen trennen.
ARISTOTELES: *Vom Himmel*. Übertragen von *Olof Gigon*. Zürich – München 1950

1.3.2 Bewegung unter irdischen Bedingungen. Peripatetische Dynamik

Die Dynamik und die Lehre von der Struktur der Materie sind die beiden Wissenschaftszweige, bei denen hinter dem alltäglichen Erscheinungsbild das Wesen der Erscheinungen, zu dessen Beschreibung mathematisch einfach handhabbare Modelle herangezogen werden könnten, am schwersten zu erkennen ist. Ausgehend von der unmittelbaren Anschauung läßt sich der Kern der Erscheinungsbilder nicht einmal durch schärfste Beobachtung und angestrengtestes Nachdenken herausschälen, sondern dazu müssen Versuchseinrichtungen geschaffen werden, die mit den in der Natur anzutreffenden Studienobjekten nur wenig gemein haben. Auch bei der Begriffsbildung muß man kühn vom allgemeinen Sprachgebrauch abweichen. So ist es verständlich, daß im antiken Griechenland auf den angeführten Gebieten kaum Ergebnisse erzielt werden konnten. Selbst ARISTOTELES hat ungeachtet seiner Fähigkeiten als sehr scharfsinniger Beobachter, denen die Biologie einige heute noch gültige Erkenntnisse verdankt, keinerlei Versuche unternommen, die Grundgesetze der Bewegung unter irdischen Bedingungen zu deuten. Dazu fehlte ihm offenbar die hochfliegende Phantasie seines Lehrmeisters PLATON sowie dessen abstrakt-mathematische Anschauungsweise. Die Dynamik des ARISTOTELES ist folglich nur eine Summe alltäglicher Beobachtungen, die nur deshalb als Wissenschaft angesehen werden kann, weil ARISTOTELES über eine herausragende Fähigkeit zum Systematisieren verfügte und seine Dynamik in ein geschlossenes Weltbild eingebaut hat. Das aristotelische Weltbild, das ein organisches Ganzes bildet, ist aber gerade wegen seiner Einheitlichkeit von so großer Ausstrahlungskraft gewesen, daß selbst fehlerhafte Details von der Nachwelt übernommen werden mußten. Wir werden diesen Umstand im weiteren noch ausführlicher darlegen.

Die aristotelische Dynamik, die nahezu über 2000 Jahre den Erkenntnisstand auf diesem Gebiet repräsentiert hat, konnte nur gemeinsam mit dem gesamten aristotelischen Weltbild überwunden werden. Allgemein läßt sich also sagen, daß die peripatetische Lehre von den Bewegungen, die die Phänomene zwar auf den ersten Blick richtig wiedergibt und systematisch zusammenfaßt, jedoch überhaupt nicht in die Tiefe eindringt, die Entwicklung der Dynamik als Wissenschaft eher gehemmt als gefördert hat.

Im folgenden wollen wir zeigen, von welchen richtigen Erwägungen ARISTOTELES sich beim Aufstellen seiner Grundgesetze der Dynamik hat leiten lassen, so daß einige seiner Aussagen als Grenzfälle auch heute noch gültig sind. Zum anderen wollen wir untersuchen, welcher entscheidende Schritt weder von ARISTOTELES noch von den vielen Generationen von Physikern nach ihm vollzogen werden konnte *(Farbtafel III)*.

Nehmen wir an, wir hätten unsere Schulkenntnisse über die Newtonschen Grundgesetze der Bewegung vergessen und sollten aus unseren Alltagsbeobachtungen ohne Zuhilfenahme von Experimenten irgendeine Systematik in die Vielfalt der Bewegungsformen bringen sowie irgendeinen Zusammenhang zwischen einem beliebigen Charakteristikum der Bewegung, z. B. der Geschwindigkeit, und einer wirkenden Ursache finden müssen. Wir versetzen uns in Gedanken auf eine Promenade am Ufer des Plattensees, wo wir alle Bewegungen, die durch die Menschen sowie durch die Dynamik der Natur verursacht werden, beobachten wollen. Im seichten Wasser des Sees schwimmen viele kleine Fische, in der Luft fliegen Möwen umher, und Spaziergänger gehen an uns vorbei. Allen diesen Bewegungen ist etwas gemeinsam: Die Ursache für die selbständige Bewegung ist offenbar darin zu suchen, daß es sich hier um Lebewesen handelt.

Lassen wir nun einen Gegenstand aus der Hand gleiten, dann ist es natürlich, daß dieser auf die Erde fällt. Aus dem Schornstein eines vorüberfahrenden Schiffes steigt Rauch nach oben auf, was wir auch als naturgegeben ansehen. Ein Kind zieht hinter sich einen kleinen Handwagen, vor einem anderen Kind fährt ein modernes Spielzeugauto von allein, ohne daß ein unmittelbarer Kontakt zwischen Kind und Auto zu sehen ist. Diese beiden Bewegungen sehen wir nicht als naturgegeben an; wir suchen bei jeder nach der Ursache der Bewegung, nach dem Antrieb. Offenbar werden beide Bewegungen erzwungen, einmal von dem Kind, also einem Lebewesen, das andere Mal durch einen im Auto eingebauten Motor.

Es ist Abend, die Sonne versinkt langsam hinter dem Horizont, und die Sterne werden sichtbar. Die Uferpromenade entvölkert sich, der Wind weht

---

Zitat 1.3–4
Die Pythagoreer waren die ersten, die solchen Fragen nachgingen; sie nahmen an, daß Sonne, Mond und die 5 Planeten sich in Kreisen gleichförmig bewegten. Denn sie konnten den Gedanken einer solchen Unordnung in göttlichen und ewigen Dingen nicht fassen, daß diese zu der einen Zeit schneller, zu einer anderen aber langsamer laufen sollten und wieder zu anderen Zeiten still ständen, welch letzterer Ausdruck sich auf die Stillstände bei den 5 Planeten bezieht. Niemand würde eine solche Unregelmäßigkeit einem gebildeten und ordentlichen Manne bei seinem Gange zutrauen. Zweifelsohne sind die Bedürfnisse des täglichen Lebens oft der Grund von Langsamkeit und Schnelligkeit bei der Bewegung der Menschen; aber wenn die Sterne mit ihrer Unzerstörbarkeit in Frage stehen, so kann kein Grund für eine schnellere oder langsamere Bewegung gefunden werden. Aus diesem Grunde stellten sie die Frage in dieser Form: wie sich wohl bei Annahme kreisförmiger Bahnen und gleichförmiger Bewegung die Himmelserscheinungen erklären ließen.
GEMINOS VON RHODOS. *H. Balss: Antike Astronomie.* München 1949

jedoch weiter, und auch die Dynamik der Wellen bleibt unverändert. Am Himmel beobachten wir etwas völlig anderes, als wir es von den irdischen Bewegungen her gewohnt sind. Die langsamen und gleichförmigen Bewegungen am Firmament stehen in einem scharfen Gegensatz zu all den schnell veränderlichen, unruhigen und schließlich abklingenden Bewegungen auf der Erde. Es ist offensichtlich, zumindest ist es unser unmittelbarer Eindruck, daß in den himmlischen Sphären andere Bewegungsgesetze gelten müssen als auf der Erde.

Und damit sind wir bei der aristotelischen Klassifizierung der Bewegungen angelangt:

1. Die Bewegungen nach einer ewigen Ordnung: Bewegungen der Himmelssphären *(motus a se)*;

2. irdische Bewegungen:

a) Bewegungen der Lebewesen *(motus a se)*;

b) natürliche Bewegungen oder Wiederherstellung einer gestörten Ordnung: Schwere Körper fallen nach unten, leichte bewegen sich nach oben *(motus secundum naturam* oder *motus naturalis)*;

c) die erzwungene Bewegung *(motus violentus)*.

Da die Himmelskörper sich von allein bewegen, müssen sie über eine Seele verfügen, und da sie sich – anders als die Menschen im Alltagsleben – auf vollkommenen Bahnen bewegen, müssen sie folglich göttliche Wesen einer höheren Ordnung als die Menschen sein. Nur solchen Wesen sind gleichförmige Kreisbewegungen und die aus gleichförmigen Kreisbewegungen zusammengesetzten Bewegungen adäquat *(Zitat 1.3 – 4)*.

Für die Bewegungen der irdischen Lebewesen können solch einfache Gesetzmäßigkeiten nicht gefunden werden. Damit sind wir zur ersten charakteristischen Aussage der peripatetischen Dynamik gekommen:

Für die Himmelskörper einerseits und die irdischen Erscheinungen (die sublunare Welt) anderseits gelten grundlegend andere Gesetze. Wie wir noch sehen werden, ist die Unterscheidung von irdischen und himmlischen Sphären in jeder Hinsicht von Bedeutung.

Die zweite charakteristische Aussage der peripatetischen Dynamik ergibt sich aus der ersten: Da im Kosmos eine bestimmte Ordnung existiert, die schweren Körper unten und die leichten oben ihren Platz haben, weshalb auch die Himmelskörper am Firmament angeordnet sind, folgt aus dem Wesen der Körper auch die von ihnen ausführbare Bewegung.

So wie wir im Alltag nach der Ursache für eine Bewegung suchen, wird diese Frage auch von der aristotelischen Dynamik gestellt. Auf sie wird von der dritten These eine Antwort gegeben:

Jeder Bewegung liegt eine wirkende Ursache, wir würden heute sagen, eine Kraft zugrunde *(omne quod movetur ab alio movetur)*. Die Bewegung ist somit ein Prozeß und kein Zustand, das bedeutet aber, daß die Bewegung aufhört, wenn keine Kraft mehr wirkt.

In der peripatetischen Dynamik wird weiter angenommen, daß die wirkende Ursache oder Kraft ausschließlich durch unmittelbaren Kontakt übertragen werden kann, d. h., bei jeder Bewegung kann die dazugehörige antreibende Kraft *(motor conjunctus)* gefunden werden. In der aristotelischen Dynamik wird die bewegende Ursache oder Kraft mit der Geschwindigkeit des Körpers in einen Zusammenhang gebracht. Natürlich sind hier sowohl Geschwindigkeit als auch Kraft nur als qualitative Kenngrößen anzusehen. Die Proportionalität zwischen beiden wurde erst von den späteren ARISTOTELES-Kommentatoren in die Theorie eingebaut *(Zitat 1.3 – 5a)*. Aus der Anschauung folgt unmittelbar, daß ein Körper bei seiner Bewegung auch Widerstände überwinden muß und daß die Geschwindigkeit umgekehrt proportional zur Widerstandskraft ist. Wir gehen weit sowohl über ARISTOTELES als auch über seine Kommentatoren hinaus, wenn wir im folgenden das Grundgesetz der peripatetischen Dynamik unter Verwendung heute üblicher Beziehungen und Begriffe angeben.

Die Geschwindigkeit des Körpers wird von der antreibenden Kraft und dem Widerstand bestimmt. Geschwindigkeit und antreibende Kraft sind unmittelbar miteinander verknüpft, denn zu einer großen Kraft gehört eine große Geschwindigkeit und zu einer kleinen Kraft eine kleine. In der heute üblichen Schreibweise folgt daraus:

$$\text{Geschwindigkeit} \sim \frac{\text{wirkende Ursache}}{\text{Widerstand}} \rightarrow v \sim \frac{F}{R}.$$

Wir betonen noch einmal, daß dieses Gesetz sich folgerichtig aus den

---

Zitat 1.3 – 5a

Wie wir es jederzeit sehen können, gibt es zwei Gründe dafür, warum eine und dieselbe Gewichtsgröße und ein Körper eine höhere Bewegungsgeschwindigkeit erhalten kann, entweder weil das Medium der Bewegung ein anderes wird, z. B. Wasser-Erde oder Wasser-Luft, oder aber, weil der bewegte Gegenstand selbst (anderen gegenüber) einen Unterschied aufweist, nämlich – bei sonst gleichen Verhältnissen – eine größere Schwere oder auch eine größere Leichtheit.

Das Medium der Bewegung ist nun ein Grund (für geringere Geschwindigkeit), weil es Widerstand leistet, am meisten im Fall eigener Gegenbewegung, aber auch im Fall eigener Ruhe; ein Medium, das schwer zu durchteilen ist, leistet dabei mehr Widerstand; es ist das Dichtere. Ein Körper A soll das Medium B in der Zeit C durchlaufen, das dünnere Medium D jedoch in der Zeit E; dann sind, wenn die Erstreckungen der Medien B und D gleich groß sind, die Durchlaufzeiten C und E proportional zu den spezifischen Widerständen der Medien. Es sei B Wasser, D Luft; im nämlichen Verhältnis, als Luft dünner und unkörperlicher als Wasser ist, ist die Geschwindigkeit von A im Medium D größer als im Medium B. Es soll also Geschwindigkeit zu Geschwindigkeit im nämlichen Verhältnis stehen wie Luft zu Wasser, d. h., wenn etwa die Luft doppelt so dünn ist, dann durchläuft der Körper das Medium B in doppelt so langer Zeit als das Medium D, und ist die Zeit C also doppelt so lang als die Zeit E. Und dies ganz allgemein, je unkörperlicher, widerstandsärmer und leichter durchteilbar das Medium, desto schneller die Bewegung in ihm. Das Leere nun könnte zum Körpermedium in keinerlei Verhältnis größerer oder geringerer Dichte stehen, wie ja auch das Nichts zur Zahl in keinerlei Verhältnis steht.

ARISTOTELES: *Physikvorlesung.* Deutsch von *Hans Wagner.* Buch IV, Kap. 8

Alltagsbeobachtungen ergibt, obwohl es als Grundgesetz der Dynamik völlig falsch ist. Es drückt jedoch die simple Erfahrungstatsache aus, daß ein Wagen um so schneller fährt, je mehr Pferde wir vor ihn spannen, und daß ein Steinblock eines gegebenen Gewichts von einer größeren Zahl von Sklaven schneller gezogen werden kann als von wenigen.

Wir stellen nun dieser Dynamik die Newtonsche Dynamik gegenüber, über deren Richtigkeit zumindest in der makroskopischen uns umgebenden Welt kein Zweifel besteht *(Tabelle 1.3–1)*. In der Newtonschen Dynamik

Tabelle 1.3–1
Peripatetische und Newtonsche Dynamik

Peripatetische Dynamik	*Newtonsche Dynamik*
Zur Aufrechterhaltung der Bewegung wird eine Kraft benötigt	*Zur Veränderung des Bewegungszustandes wird eine Kraft benötigt*
$v \sim F$	$\frac{d}{dt} v \sim F$
wenn $F=0$	*wenn* $F=0$
dann $v = 0$	*dann* $v = $ konstant
Bewegung ist ein Prozeß	*Bewegung ist ein Zustand*

ist die Bewegung ein Zustand, zu dessen Aufrechterhaltung keine besondere wirkende Ursache oder Kraft vonnöten ist. Wir formulieren das Bewegungsgesetz heute so:

$$\frac{\text{Geschwindigkeitsänderung}}{\text{Zeit}} = \frac{\text{Kraft}}{\text{Masse}} \rightarrow \frac{dv}{dt} = \frac{F}{m}.$$

Eine äußere Kraft wird also lediglich benötigt, um den Bewegungszustand zu verändern. In welchem Maße abstrahiert werden mußte, um zu dieser heutigen Auffassung zu kommen, zeigt die Neigung selbst naturwissenschaftlich gebildeter Menschen, bei einer Bewegung eines Körpers nach der Ursache für die Bewegung und nicht nach der Ursache für die Veränderung des Bewegungszustandes zu fragen. Wenn jemand von einer makroskopischen, unter irdischen Bedingungen arbeitenden Anlage behauptete, daß diese sich ewig bewegt, ohne daß irgendeine äußere Kraft angreift, dann würden wir nicht nur an seinen naturwissenschaftlichen Kenntnissen, sondern an seinem Verstand schlechthin zweifeln.

Es ist aufschlußreich, nach den Berührungspunkten zwischen der peripatetischen Dynamik und der heute als richtig erkannten Newtonschen Dynamik zu suchen, d. h. zu betrachten, unter welchen Voraussetzungen von der Newtonschen Dynamik die durch die tägliche Anschauung gegebenen Bewegungsgesetze oder die Gesetze der peripatetischen Dynamik reproduziert werden.

Nehmen wir an, daß auf einen Körper neben einer konstanten Kraft auch eine Reibungskraft wirkt, die zur Geschwindigkeit des Körpers proportional sein soll. Als Beispiel könnte der freie Fall eines Körpers in der Luft oder in einem anderen Medium mit größerer innerer Reibung dienen. Die Bewegungsgleichung lautet

$$\frac{dv}{dt} = \frac{F - Rv}{m}.$$

Beginnt der Körper seine Bewegung zur Zeit $t=0$ mit der Geschwindigkeit $v=0$, dann lautet die Lösung dieser Differentialgleichung

$$v = \frac{F}{R}\left(1 - e^{-\frac{R}{m}t}\right).$$

Führen wir nun mit $\tau = m/R$ eine Zeitkonstante ein, dann ist die Geschwindigkeit durch

$$v = \frac{F}{R}\left(1 - e^{-\frac{t}{\tau}}\right) \tag{1}$$

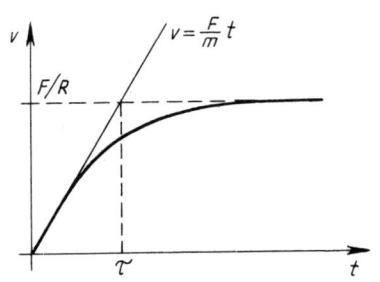

Abbildung 1.3–4
Wirkt auf einen Körper eine konstante Kraft und eine zur Geschwindigkeit proportionale Reibungskraft, dann stimmt die nach der Newtonschen Dynamik erhaltene Endgeschwindigkeit mit der Geschwindigkeit überein, die man aus der aristotelischen Dynamik erhält

gegeben. In der *Abbildung 1.3–4* ist die Geschwindigkeit als Funktion der Zeit dargestellt. Wir sehen, daß die Geschwindigkeit zunächst eine bestimmte Zeit über schnell anwächst und dann aber asymptotisch einem konstanten Wert zustrebt: $v \rightarrow F/R$. Dieser Endwert entspricht dem durch die peripatetische Dynamik bestimmten Wert, d. h., zumindest unter der getroffenen Voraussetzung einer zur Geschwindigkeit proportionalen Reibungskraft ist die aus den heutigen Bewegungsgesetzen folgende stationäre Endgeschwindigkeit gleich der Geschwindigkeit, die aus der peripatetischen Dynamik folgt.

Um einen Überblick zu erhalten, wollen wir uns anschauen, inwieweit man bei den in der heutigen Physik eine Rolle spielenden Bewegungsabläufen mit dem asymptotischen Endwert rechnen kann. Dies hängt natürlich von dem Zahlenwert für die Zeitkonstante $\tau = m/R$ ab. Betrachten wir z. B. den Millikan-Versuch, einen für die moderne Physik grundlegenden Versuch, mit dem die Elektronenladung unabhängig von den anderen atomaren Konstanten bestimmt werden kann (Kapitel 4.6). Bei diesem Versuch wird von einer mit konstanter Geschwindigkeit erfolgenden Bewegung elektrisch geladener Öltröpfchen unter dem Einfluß einer konstanten Gravitationskraft und einer konstanten elektrostatischen Kraft ausgegangen. Mit anderen Worten wird bei der Messung der Geschwindigkeit der Öltröpfchen vorausgesetzt, daß diese den asymptotischen Geschwindigkeitswert schon erreicht haben. Die Geschwindigkeit ergibt sich aber aus der Lösung der Bewegungsgleichung

$$m\frac{dv}{dt} = mg - Rv \quad \left(m = \frac{4\pi r_0^3}{3}\varrho; \quad R = 6\pi\eta r_0 \right), \qquad (2)$$

und die Zeitkonstante hat hier den Wert

$$\tau = \frac{m}{R} = \frac{2}{9}\frac{r_0^2 \varrho}{\eta} \approx 10^{-5} \text{ s},$$

so daß die Öltröpfchen praktisch sofort ihre Endgeschwindigkeit annehmen.

Bisher haben wir nur die asymptotische Lösung der Gleichung (2), d. h. Zeiten $t \gg \tau$, untersucht. Die Lösung ist jedoch auch für Zeiten $t \ll \tau$ von Interesse. Mit Hilfe einer Reihenentwicklung in der Beziehung (1) erhält man

$$v \approx \frac{F}{R}\frac{t}{\tau} = \frac{F}{R}\frac{R}{m}t = \frac{F}{m}t.$$

Wir fassen nun beide Grenzfälle wie folgt zusammen:

$$v = \frac{F}{R}\left(1 - e^{-\frac{t}{\tau}}\right)$$

$t \gg \tau$ $\qquad\qquad\qquad$ $t \ll \tau$

$v \approx \dfrac{F}{R}$ $\qquad\qquad\qquad$ $v \approx \dfrac{F}{m}t.$

Die Geschwindigkeit ist $\qquad$ Die Geschwindigkeit
proportional zur Kraft. $\qquad$ wächst gleichmäßig an.

Daraus folgt aber, daß ein zunächst ruhender Körper unter der Einwirkung einer konstanten Kraft für kleine Zeiten (im Vergleich zur Zeitkonstanten τ) eine gleichmäßig beschleunigte Bewegung ausführt, daß aber für große Zeiten (im Vergleich zur Zeitkonstanten) die Bewegungsgeschwindigkeit konstant ist, wie das von der peripatetischen Dynamik gefordert wird. Für die weitere Diskussion lohnt es sich, auf die folgende Eigenschaft der Zeitkonstanten hinzuweisen. Wird der Bewegungswiderstand nach dem Stokeschen Reibungsgesetz berechnet, dann findet man den Zusammenhang

$$\tau = \frac{2r_0^2 \varrho}{9\eta}$$

zwischen der Zeitkonstanten, den Abmessungen und der Dichte eines kugelförmigen Körpers sowie der Dichte und Zähigkeit des Mediums. Bei den im täglichen Leben anzutreffenden Größenverhältnissen, so z. B. bei Steinen oder Metallkörpern mit Linearabmessungen von einigen Zentimetern, ist für die bei Fallversuchen leicht zu verwirklichenden Fallhöhen die Fallzeit sehr klein im Vergleich zur Zeitkonstante τ. Wollten wir also bei Fallversuchen von Türmen, z. B. bei dem bekannten schiefen Turm von Pisa, die peripatetische Auffassung bestätigt finden, dann müßten Körper verwendet werden, die in Zeiten klein im Vergleich zur Fallzeit, d. h. in Bruchteilen einer Sekunde, ihre stationäre Endgeschwindigkeit annehmen und für die bei gleichen äußeren Abmessungen die Geschwindigkeit dann tatsächlich proportional zu ihrem Gewicht wäre. Solche Körper wären z. B. dünnwandige Hohlkugeln, bei denen jedoch wiederum das erwartete Versuchsergebnis von unvermeidbaren Störungen, wie z. B. Luftströmungen, überdeckt würde. Für die Physikgeschichte ist es ein glücklicher Umstand gewesen, daß beim freien Fall makroskopischer Körper der aus der Newtonschen Dynamik für $t \ll \tau$ folgende Bewegungstyp einfacher realisiert werden kann als der Bewegungstyp, der aus der aristotelischen Auffassung folgt.

Die konsequente Anwendung der peripatetischen Dynamik hat eine Reihe von Schwierigkeiten mit sich gebracht, die später den Aristoteles-Kommentatoren sehr viel zu schaffen gemacht haben. Schließlich haben gerade die unbefriedigenden Deutungsversuche zu einer Umbewertung geführt. So ist es ein Hauptproblem gewesen, die Ursache für die weitere Bewegung eines Pfeils anzugeben, nachdem dieser einmal die Bogensehne verlassen hat, d. h., die Frage nach dem *motor conjunctus* in diesem Falle zu beantworten. Nach der aristotelischen Auffassung muß die wirkende Ursache nämlich in unmittelbarem Kontakt mit dem bewegten Körper stehen. Für dieses Problem haben die Kommentatoren bis zum Mittelalter die folgende Auffassung erarbeitet: Solange der Pfeil die Bogensaite berührt, ist ohne Zweifel die Spannkraft des Bogens der *motor conjunctus*. Die bewegende Kraft hat aber drei Funktionen:

Sie versetzt den Pfeil in Bewegung.
Sie versetzt die umgebende Lufthülle in Bewegung.

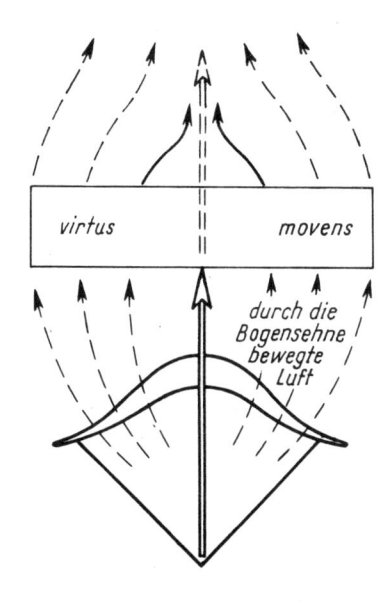

Abbildung 1.3−5a
Warum bewegt sich der Pfeil weiter, nachdem er die Sehne verlassen hat?

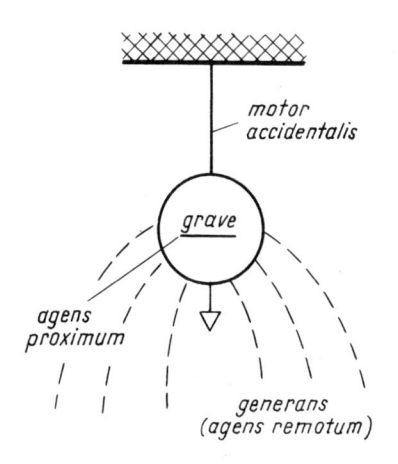

Abbildung 1.3−5b
Zu der von den Aristoteles-Kommentatoren gegebenen scholastischen Antwort auf die Frage, was einen Körper beim freien Fall bewegt

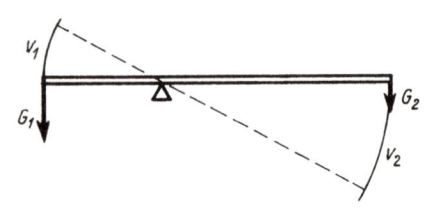

Abbildung 1.3−6
Zur Ableitung des Hebelgesetzes. Eine Überlegung von *Aristoteles*, die an das Prinzip der virtuellen Verrückungen erinnert

Zitat 1.3−5b
Es wäre unerfindlich, wie (in einem Leeren) ein einmal in Bewegung gekommener Körper an irgendeiner Stelle wieder zur Ruhe kommen könnte. Denn welche Stelle sollte in einem Leeren eine solche Auszeichnung vor den übrigen Stellen besitzen können? Es bliebe also nur die Alternative: entweder ständige Ruhe oder aber, sofern nicht etwa eine überlegene Gegenkraft hemmend ins Spiel treten sollte, unendlich fortgehende Bewegung.
ARISTOTELES: *Physikvorlesung.* Deutsch von *Hans Wagner.* Buch IV, Kap. 8

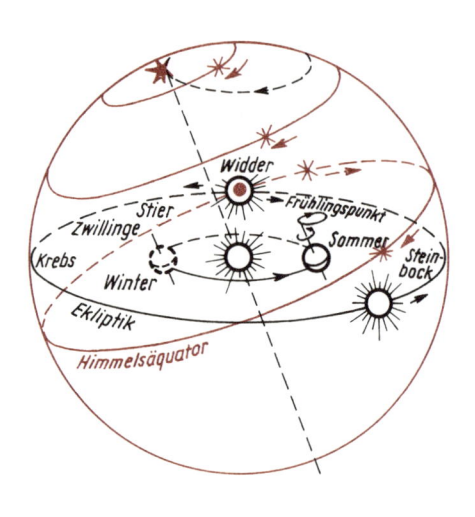

Abbildung 1.3−7a
Die Bewegungen am Sternenhimmel sind von der Erde aus zu beschreiben, die selbst eine mehrfach zusammengesetzte Bewegung ausführt

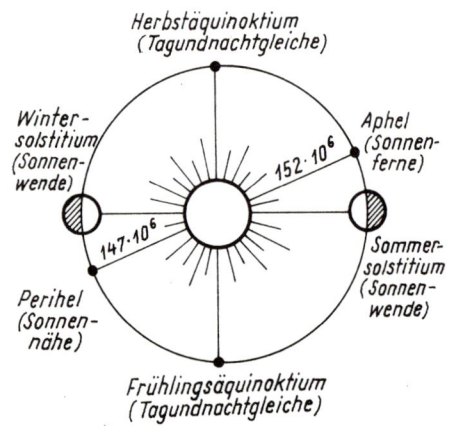

Abbildung 1.3−7b
Die Erde läuft auf einer nahezu kreisförmigen Ellipsenbahn um, auf der wir einige wichtige Punkte angemerkt haben. Die genaue Definition der Zeitdauer eines Tages oder eines Jahres ist für die Kalendermacher immer schon ein ernstes Problem gewesen. Der Rhythmus des Lebens auf der Erde

Sie vermittelt der umgebenden Luft eine Bewegungsenergie *(virtus movens).*

Im weiteren Bewegungsablauf übernimmt die umgebende Luft die Rolle des *motor conjunctus*, da sie jetzt mittels ihres *virtus movens* den Pfeil in Bewegung hält. Dabei wird die Bewegung auf weitere Luftmassen übertragen und ihnen ebenfalls ein *virtus movens* übermittelt. Dieser Prozeß wiederholt sich stetig und hält die Bewegung aufrecht. Der Pfeil bleibt auf diese Weise immer im Kontakt mit dem Medium, das seine Bewegung verursacht. Mit der *Abbildung 1.3−5a* soll diese Auffassung veranschaulicht werden.

Noch komplizierter ist die Situation bei der natürlichen Bewegung. Betrachten wir z. B. einen fallenden Körper. Von allein kann er sich offenbar nicht bewegen, da er nicht belebt ist, keine *res animata* ist; eine Fernwirkung kennt die aristotelische Dynamik aber nicht. Was ist hier also der *motor conjunctus*? Die Scholastiker mußten das gesamte aristotelische Begriffssystem aufbieten, um diese Prozesse mit der peripatetischen Dynamik in Einklang bringen zu können. Bei der Deutung spielt ein *generans*, eine wirkende, erregende Ursache, eine Rolle. Was man auch immer darunter verstanden haben mag, sie soll einer Masse ihre Schwere geben und so die Gravitation erzeugen. Dieses *generans* kann nicht als der *motor conjunctus* angesehen werden, weil es nicht in einem unmittelbaren Kontakt mit dem fallenden Körper steht. Die von dem *generans* erzeugte substantielle Form ist das Wirkende, das *agens proximum*. Die substantielle Form wirkt aber nicht unmittelbar, sondern nur über die *accidentia*. Das bei dem betrachteten Problem eine Rolle spielende *accidens*, d. h. das wirkende *accidens (agens instrumentale)*, ist das Gravitationsaccidens, durch das die natürliche Lage des Körpers in der Nähe des Erdmittelpunktes vorgeschrieben wird. Um die Bewegung aber auch tatsächlich zustandekommen zu lassen, ist es notwendig, daß bewegungshindernde Faktoren, die *impedimenta*, beseitigt werden. Diese Aufgabe wird vom *motor accidentalis* übernommen. Mit der *Abbildung 1.3−5b* soll versucht werden, dieses komplizierte Begriffssystem unserer Anschauung näherzubringen. Dabei müssen wir uns jedoch darüber klarwerden, daß jede Darstellung durch Formeln und erklärende Abbildungen die ursprünglichen Vorstellungen sicher verfälscht, und das um so mehr, als weder über die Erklärung der Phänomene noch über die dabei verwendeten Begriffe scharfe und bestimmte Auffassungen existiert haben.

Im folgenden legen wir zwei Anwendungen der peripatetischen Dynamik dar.

Schauen wir uns zunächst an, wie ARISTOTELES das Hebelgesetz abgeleitet hat. Der auf der *Abbildung 1.3−6* dargestellte zweiarmige Hebel soll aus der Gleichgewichtslage ausgelenkt worden sein. Drehen wir ihn nun um einen bestimmten Winkel, dann ist offensichtlich, daß in gleichen Zeiten der kürzere Hebelarm zu seiner Länge proportionale kürzere Kreisbögen beschreibt als der längere. Demzufolge ist auch seine Geschwindigkeit kleiner.

Die Geschwindigkeiten verhalten sich so zueinander wie die Längen der Hebelarme. ARISTOTELES leitet daraus die folgenden Gleichungen ab:

$$G_1 v_1 = G_2 v_2, \qquad G_1 l_1 = G_2 l_2, \qquad \frac{G_1}{G_2} = \frac{l_2}{l_1}.$$

Es überrascht uns zunächst, daß bei der Ableitung das Produkt aus Gewicht bzw. Kraft und Geschwindigkeit eine Rolle spielt. Nach ARISTOTELES läßt sich das jedoch so deuten, daß das Gewicht auf der einen Seite des Hebels das Gewicht auf der anderen Seite zu bewegen versucht und daß das Gegengewicht somit als Bewegungswiderstand für die Eigenbewegung eines Gewichtes wirkt. Somit übernimmt das neben der Geschwindigkeit als Faktor auftretende G in der Gleichung

Wirkung = Widerstand · Geschwindigkeit

die Rolle des Widerstandes. Die obige Gleichung läßt sich also folgendermaßen verstehen: Gleichgewicht besteht dann, wenn die Wirkung auf der linken Seite des Hebels von der Wirkung auf der rechten Seite gerade kompensiert wird.

Wie man sich auch immer zu diesem Gedankengang stellen mag, er führt jedenfalls zum richtigen Ergebnis. Von wesentlich größerer Bedeutung ist jedoch die Tatsache, daß ARISTOTELES ein Problem der Statik mit den Mitteln der Dynamik untersucht hat. Dieses Vorgehen erinnert einerseits an Stabilitätsuntersuchungen, weitaus mehr jedoch an das Prinzip der virtuellen Verrückungen, das früher auch als Prinzip der virtuellen Geschwindigkeiten bezeichnet worden ist. Als Ausgangspunkt dieses ungemein nützlichen Verfahrens kann somit der Gedankengang von ARISTOTELES angesehen werden.

Aus den Grundprinzipien der peripatetischen Dynamik folgt zwangsläufig auch die Stellungnahme der aristotelischen Physik zum Vakuum, die durch die folgende These charakterisiert wird: Ein Vakuum kann nicht existieren, weil dies sowohl logisch als auch physikalisch absurd wäre. Der *horror vacui* hat im übrigen selbst im 17. Jahrhundert noch in den Köpfen herumgespukt. Für ARISTOTELES war das Vakuum als ein Ort, an dem sich nichts befindet *(locus sine locuto)*, ein Widerspruch in sich selbst. Vom Standpunkt der Physik her hat er eine Reihe von Argumenten für die Unmöglichkeit eines Vakuums vorgebracht:

Für einen im Vakuum befindlichen Körper wäre wegen des Fehlens eines Bezugsmediums nicht feststellbar, ob dieser Körper schwer oder leicht ist, und folglich würde dieser Körper die Richtung seiner natürlichen Bewegung nicht erkennen können. Dies ist aber eine absurde Situation, die nicht auftreten kann. Für sich genommen ist der Teil des Arguments, daß Objekte in der Natur immer in einem eindeutig bestimmbaren Zustand sein müssen, auch der modernen Physik nicht fremd. Eine solche Forderung wird für stehende Wellen sowohl in der Quantenmechanik als auch in der Elektrodynamik gestellt, um die Eindeutigkeit der charakteristischen Größen zu sichern und daraus gegebenenfalls Quantisierungsbedingungen abzuleiten.

Ein Vakuum verursacht keinerlei Bewegungswiderstand, weshalb die Geschwindigkeit aufgrund des Zusammenhanges $v = F/R$ unendlich groß werden müßte. In der peripatetischen Physik wird argumentiert, daß ein Körper im Vakuum „keine Zeit" benötigte, um von einem Punkt zu einem anderen zu gelangen. In einem reibungsfreien Medium würde die Geschwindigkeit auch nach der Newtonschen Dynamik unendlich große Werte annehmen, dazu aber auch eine unendlich große Zeit benötigen.

An anderer Stelle lehnt ARISTOTELES mit einer überraschenden Begründung die Existenz des Vakuums ab. Er behauptet nämlich nicht, daß im Vakuum die Geschwindigkeit unendlich groß sei, sondern daß ihr Wert für alle Zeiten konstant bleiben müsse *(Zitat 1.3 – 5b)*. ARISTOTELES spricht hier nahezu wortwörtlich das Inertialgesetz der Newtonschen Dynamik aus, benutzt es aber als absurde Prämisse, um eine für ihn absurde Behauptung, nämlich die Existenz des Vakuums, zu widerlegen. Nach unseren heutigen Kenntnissen ist aber gerade seine „absurde" Prämisse, das Newtonsche Inertialgesetz, eine der großartigsten Erkenntnisse der Physikgeschichte.

1.3.3 Die Himmelsbewegungen

Von der Astronomie als Wissenschaft wurde in der Vergangenheit und wird auch noch in der Gegenwart die Lösung einer Reihe von Fragen erwartet. Wir beschäftigen uns mit ihnen der Reihe nach, wobei dargestellt werden soll, wie weit die antiken Griechen bei der Lösung gekommen sind.

Die erste Aufgabe der Astronomie ist es, alle am Himmel zu beobachtenden Erscheinungen zu beschreiben, so z. B. Auf- und Untergang von Sonne und Mond, die Mondphasen sowie die Bewegungen der Planeten und Fixsterne. Zur Beschreibung können Tabellen benutzt werden, wie das die Babylonier getan haben, man kann sich aber auch irgendeines geometrischen Modells bedienen. Wir können sagen, daß den Griechen eine perfekte Beschreibung der am Himmel zu beobachtenden Bewegungen mit Hilfe von geometrischen Modellen gelungen ist, weshalb der Hauptteil dieses Abschnittes auch der beschreibenden oder geometrischen Astronomie gewidmet sein wird.

Von den Astronomen erwarten wir natürlich auch ein physikalisches Bild der beobachteten Phänomene. Sie sollten nicht nur ein mathematisches Modell für die Bewegungsabläufe liefern, wie sie der irdische Beobachter sieht, sondern auch hinter dem Erscheinungsbild die physikalische Realität aufzeigen. Auch auf diesem Wege sind einige griechische Gelehrte, wie ANAXAGORAS, HERAKLEIDES und ARISTARCH, zu Aussagen gekommen, die heute unangefochten sind; sie haben sich jedoch in der griechischen Astronomie nicht allgemein durchgesetzt.

Von einer physikalischen Deutung der Bewegungen ist bei den Griechen keine Spur, ja es ist im wesentlichen nicht einmal versucht worden, die Beschreibung der Bewegung mit einer Dynamik zu verbinden.

Hinsichtlich ihrer Leistungen bei der Bestimmung der kosmischen Entfernungen, des Erdradius, der Abstände Erde – Mond und Erde – Sonne sowie der Anwendung der gewonnenen Erkenntnisse zur Anfertigung von Kalendern und Karten verdienen die Griechen hingegen unsere volle Bewunderung.

---

ist der Sonne angepaßt: von einer Mittagskulmination bis zur nächsten Mittagskulmination, von einem Frühlingspunkt zum nächsten – das sind die Definitionen des Sonnentages (dessen Länge nicht konstant ist) bzw. des tropischen Jahres (1 tropisches Jahr = 365,2422 mittlere Sonnentage = 365 d 5 h 48 min 46,98 s). Die Zeitdauer zwischen zwei aufeinanderfolgenden Kulminationen eines beliebigen Fixsterns wird siderischer Tag genannt; dieser ist um 3 min 56,5 s kürzer als der mittlere Sonnentag (wegen des Umlaufs der Erde um die Sonne). Dagegen ist das tropische Jahr um rund 20 min kürzer als das siderische Jahr, d. h. die Zeit, in der die Erde zu einem auf die Fixsterne bezogenen, bestimmten Punkt der Ekliptik zurückkehrt (1 siderisches Jahr = 365,2565 mittlere Sonnentage = 365 d 6 h 9 min 9,54 s), und zwar wegen der Frühlingspunktverschiebung (50,256 Bogensekunden im Jahr), die ihrerseits der Präzession der Erdachse zuzuschreiben ist

Zitat 1.3 – 6

Es ist in der Geometrie und Musik unmöglich, die Folgerungen aus ihren Prinzipien abzuleiten, ohne Hypothesen zu machen; genau so ist es notwendig, in der Astronomie unsere Annahmen kundzutun, bevor wir über die Bewegungen der Planeten sprechen können. In erster Linie müssen – womit jedermann einverstanden ist – solche Prinzipien gewählt werden, die sich bei mathematischen Untersuchungen bewährt haben.

Das erste Prinzip ist, daß der Bau der Welt wohlgeordnet ist und von einem einzigen Prinzip beherrscht wird, daß eine Wirklichkeit den Dingen zugrunde liegt, die tatsächlich oder scheinbar existieren; und daß dort, wo sich die Welt bis über die Grenzen unseres Gesichtskreises erstreckt, wir eher behaupten, sie sei begrenzt, als sie sei unendlich.

Das zweite Prinzip ist, daß Aufgang und Untergang der Himmelskörper nicht einem Wechsel von Aufleuchten und Erlöschen dieser Körper zuzuschreiben sind. Wenn ihre Zustände nicht ewig wären, herrschte keine Ordnung in Weltall.

Das dritte Prinzip ist folgendes: es gibt sieben bewegte (Himmels) Körper, nicht mehr und nicht weniger – eine Wahrheit, die von langen Beobachtungen bestätigt wird.

Das vierte ist das folgende: da es gegen die Vernunft verstieße, wenn alle Körper in Bewegung wären oder alle in Ruhe … muß untersucht werden, was notwendigerweise in Ruhe beharrt und was in Bewegung sein muß. Es muß angenommen werden, … daß sich die Erde, der Feuerherd der Götter in Ruhe befindet, wie es auch von Platon behauptet wird, und daß sich die Planeten zusammen mit dem ganzen sie einhüllenden Himmelsgewölbe bewegen. Es müssen – als den Grundlagen der Mathematik widersprechend – jegliche Meinungen derer zurückgewiesen werden, die alle Körper, die als bewegt erscheinen, zur Ruhe bringen möchten und die Körper, die entweder ihrer Natur oder ihrer Lage nach (wie die Erde) unbeweglich sind, in Bewegung setzen.

EUDEMOS VON RHODOS: *Über astronomische Hypothesen.* [1.10] pp. 253 – 255

Abbildung 1.3−8
Antike Vorstellungen über den Kosmos. Wir finden unter ihnen auch das kopernikanische System.

Da die Zehn als das Vollendete erscheint und sie die ganze Natur der Zahlen umfaßt, so erklärten sie (die Pythagoreer) auch die am Himmel kreisenden Körper für zehn; weil aber deren bloß neun ersichtlich sind, so setzten sie als zehnten die Gegenerde.
Aristoteles: Über Philolaos

Eudoxos setzte den Umlauf der Sonne und des Mondes in drei Hohlkugeln; die erste davon sollte die der Fixsterne sein; die andere sollte sich nach der Richtung eines durch die Mitte des Tierkreises gehenden Kreises bewegen, und die dritte nach der Richtung eines die Breite des Tierkreises schräg durchschneidenden Kreises; doch sollte dieser Durchschnitt für den Kreis der Mondbewegung schräger sein als für den der Sonnenbewegung. Die Planeten sollten sich dagegen jeder in vier Hohlkugeln bewegen, von denen die beiden ersten mit jenen übereinstimmen (denn die Hohlkugel der Fixsterne solle alle anderen mit sich herumführen, und ebenso solle, die nächste innerhalb ihrer, welche durch die Mitte des Tierkreises gehe, ebenfalls allen übrigen gemeinsam sein); die Pole an der dritten Hohlkugel befänden sich für jeden Planeten in der Mittellinie des Tierkreises, und der Umlauf der vierten Hohlkugel geschieht in einem gegen jene Mittellinie schiefen Kreise; die Pole der dritten Hohlkugel seien für jeden der übrigen Planeten besondere, für Venus und Merkur aber dieselben. *Kallipos* nahm die Lage der Hohlkugeln, d. h. die Ordnung ihrer Abstände, ebenso an wie *Eudoxos*; auch nahm er die Anzahl dieser Hohlkugeln für Jupiter und Saturn ebenso groß an; aber bei der Sonne und dem Mond meinte er, daß noch zwei Hohlkugeln zugesetzt werden müßten, wenn man die Erscheinungen erklären wolle, und den übrigen Planeten müsse noch eine zugesetzt werden.

Es ist indes notwendig, wenn diese Zusammenstellung den Erscheinungen entsprechen soll, noch anzunehmen, daß auf jeden Planeten eine um eins geringere Anzahl von anderen Hohlkugeln komme, welche die unterste Hohlkugel jedes Planeten umzuwenden und auf den richtigen Stand zurückzuführen haben; nur so ist es möglich, daß der Umlauf der Planeten alle Erscheinungen darstellt. Da nun der Hohlkugeln, durch welche die Umläufe geschehen, einesteils 8, andernteils 25 sind, und von diesen nur diejenigen keiner Zurückführung bedürfen, in denen das zu unterst Gestellte sich bewegt, so werden in bezug auf die beiden ersten Planeten 6, und in bezug auf die vier folgenden 16 Hohlkugeln der Zurückführung zusammen vorhanden sein, und so steigt die Zahl der sämtlichen Hohlkugeln, welche den Umlauf bewirken oder zurückführen, auf 55. Wenn man aber bei dem Monde und der Sonne die vorhin erwähnten Bewegungen nicht hinzusetzt, so wird die Anzahl sämtlicher Hohlkugeln 49 sein. Ist nun dies die Anzahl der Hohlkugeln, so ist auch mit Wahrscheinlichkeit anzunehmen, daß ebenso viel Anfänge und unbewegliche und sinnliche Wesen bestehen. Etwas Sicheres hierüber zu bestimmen, überlasse ich denen, die in diesem Fache festere Kenntnisse besitzen.

Aristoteles: Die Metaphysik. Buch X, Kap. 8. Deutsch von *J. H. Kirchmann*. 1871

Es gibt Leute, König Gelon, die der Meinung sind, die Zahl des Sandes sei unendlich groß, und ich meine mit dem Sande nicht nur den, der sich bei Syrakus und im übrigen Sizilien befindet, sondern auch den in allen möglichen bewohnten oder unbewohnten Gegenden. Andere gibt es, die ihn zwar nicht für unendlich halten, aber doch meinen, daß noch keine Zahl genannt worden sei, die seine Menge zu übertreffen imstande wäre. Und es ist klar, wenn die Anhänger dieser Meinung sich eine aus Sand bestehende Masse dächten, die der Erdmasse im übrigen gliche, und alle Meere und Vertiefungen der Erde bis zur Höhe der höchsten Berge mit Sand aufgefüllt, daß sie dann noch viel

Um die von den Griechen in der geometrischen Astronomie erzielten Ergebnisse richtig einschätzen zu können, schauen wir uns an, welche Bewegungsabläufe zu beschreiben waren. Dazu erinnern wir uns unserer Kenntnisse über die Bewegung der Erde bzw. des gesamten Sonnensystems *(Abbildungen 1.3−7a, b).*

Zunächst stellen wir fest, daß die Bewegungen von der Erde aus beobachtet werden, d. h. von einem Bezugssystem aus,

das sich im Verlaufe von 24 Stunden einmal um seine Achse dreht,

das um die Sonne umläuft, wobei die Bahn nicht einmal eine Kreis-, sondern eine Ellipsenbahn ist, die mit einer veränderlichen Geschwindigkeit durchlaufen wird,

das eine Drehachse aufweist, die nicht senkrecht auf der Bahnebene der Erde um die Sonne steht, wobei der Neigungswinkel der Drehachse nicht einmal konstant ist, sondern eine Präzessionsbewegung mit einer Periode von 26 000 Jahren ausführt.

Von einem solchen Koordinatensystem aus muß die scheinbare Bewegung der Planeten, die selbst ähnlich komplizierte Bahnen durchlaufen, die scheinbare Bewegung der Sonne sowie die scheinbare Bewegung des Fixsternhimmels beschrieben werden. Wenn wir nun noch berücksichtigen, daß die Griechen aufgrund verschiedener grundsätzlicher Erwägungen nur Bewegungen auf Kreisbahnen oder Kombinationen von Kreisbahnen mit der Erde als Mittelpunkt zugelassen und somit ihre Beschreibungsmöglichkeiten weitgehend eingeschränkt haben, dann können wir die von ihnen zu überwindenden Schwierigkeiten ermessen und die Lösung gebührend würdigen *(Zitat 1.3–6)*.

In der *Abbildung 1.3–8* sind die Vorstellungen zur Beschreibung der Lage und der Bewegung der Planeten sowie des Fixsternhimmels bezüglich der Erde zusammenfassend dargestellt; es ist auch angegeben, wann sie entstanden sind. Über das Modell des PHILOLAOS, das im Sinne der pythagoreischen Schule von bestimmten zahlenmystischen Vorstellungen ausgeht, haben wir bereits gesprochen. Die im Weltraum frei schwebende Erde kann hier bereits jede beliebige Bewegung ausführen, und so konnte dieses Weltmodell späteren Überlegungen als Ausgangspunkt dienen. Es ist denkbar, daß das System des HERAKLEIDES mit einer um ihre Achse rotierenden Erde aus dem System des PHILOLAOS hervorgegangen ist, indem HERAKLEIDES im Modell des PHILOLAOS die Erde mit der ihr diametral gegenüberstehenden Gegenerde unter Einschluß des Zentralfeuers hat verschmelzen lassen. Eine weitere Besonderheit des Modells von HERAKLEIDES ist die Annahme, daß die Sonne um die Erde kreist, die inneren Planeten, d. h. Merkur und Venus, aber die Sonne umlaufen. Dieses System ähnelt dem gegen 1600 von TYCHO DE BRAHE aufgestellten Weltsystem. Das System des HERAKLEIDES ist durch ARISTARCH zu einem heliozentrischen System weiterentwickelt worden, das dem 1543 von KOPERNIKUS publizierten System vollständig entspricht. Der Unterschied besteht lediglich darin, daß ARISTARCH, anders als KOPERNIKUS, sein System nicht weiter präzisiert hat.

Vielleicht hat gerade das von HERAKLEIDES stammende System HIPPARCH auf den Gedanken gebracht, daß die Bewegung der Planeten um die ruhende Erde als gleichförmige Bewegung auf einer Kreisbahn beschrieben werden kann, wenn deren Mittelpunkt seinerseits auf einer Kreisbahn um die Erde umläuft. Diese Vorstellung ist dann von PTOLEMÄUS zu einem Weltsystem verfeinert worden, das anderthalb Jahrtausend hindurch allgemein akzeptiert worden ist (Kapitel 1.4).

Ein anderer Gedankengang hat zu den homozentrischen Sphären des EUDOXOS, eines Freundes von PLATON, geführt. Sein Weltsystem ist auch von ARISTOTELES weiterentwickelt worden. Wenn im Mittelalter vom einfachen Weltbild gesprochen wurde, hat man eine einfache Variante dieses aristotelischen Bildes im Auge gehabt. Von den Astronomen wurde jedoch stets das ptolemäische System verwendet. Im Spätmittelalter hat man versucht, beide Systeme zu einem physikalischen Modell zusammenzufassen.

Nach dieser kurzen Übersicht soll zunächst das System des EUDOXOS beschrieben und im folgenden Kapitel dann das ptolemäische System, das bis zu seiner Ablösung durch das kopernikanische System verwendet worden ist, dargelegt werden.

EUDOXOS hat mit seinem System versucht, den Prinzipien PLATONS bis zur letzten Konsequenz Geltung zu verschaffen.

Die Himmelskörper sind göttliche Wesen, deshalb kommt ihnen nur die vollkommene Bewegung, d. h. die gleichförmige Kreisbewegung, zu. Um aber, wie PLATON sich ausdrückt, die Erscheinungen zu retten, müssen mehrere gleichförmige Kreisbewegungen mit gemeinsamem Mittelpunkt, aber unterschiedlichen Drehachsen verwendet werden, deren Resultierende dann die tatsächliche Bewegung liefert. Dieses Verfahren läßt sich mit der Fourierreihenentwicklung periodischer Funktionen vergleichen, bei der diese durch eine Summe von harmonischen Funktionen dargestellt werden.

Die *Abbildungen 1.3–9a, b* zeigen, daß es zur Beschreibung der Bewegung von Sonne und Fixsternen genügt, zwei Kugeln mit einem gemeinsamen Mittelpunkt einzuführen. Die Drehung der einen Kugel entspricht dem täglichen Umlauf der Sterne, die andere Kugel liefert die Bewegung der Sonne entlang der Ekliptik durch die Sternbilder des Tierkreises. Die Dreh-

weniger einsehen würden, daß man eine die Menge dieses Sandes übertreffende Zahl angeben könne. Aber ich will Dir durch geometrische Beweise, denen Du folgen kannst, zu zeigen suchen, daß unter den von mir benannten und in dem an *Zeuxippus* gesandten Werke angegebenen Zahlen einige nicht nur größer sind als die Zahl der Sandmasse, die der in der beschriebenen Weise vollgefüllten Erde an Größe gleich ist, sondern auch als die einer Masse, die an Größe dem Weltall gleich ist. Nun weißt Du, daß die meisten Astronomen mit „Weltall" die Kugel bezeichnen, deren Mittelpunkt der Mittelpunkt der Erde und deren Radius die Strecke zwischen dem Mittelpunkte der Sonne und dem Mittelpunkte der Erde ist. Das hast Du aus den von den Astronomen geschriebenen Darlegungen gelernt. *Aristarch von Samos* hat nun ein aus gewissen Hypothesen bestehendes Buch herausgegeben, in dem die Annahmen zu dem Ergebnis führen, daß das Weltall vielemal so groß ist wie das, was ich eben so genannt habe. Er setzt voraus, daß die Fixsterne und die Sonne unbeweglich seien, daß die Erde sich in einer Kreislinie um die Sonne bewege, die im Mittelpunkte der Bahn liege, und daß die Kugel der Fixsterne, um denselben Mittelpunkt wie die Sonne gelegen, so groß sei, daß der Kreis, den er sich von der Erde durchlaufen denkt, sich zu der Entfernung der Fixsterne verhält wie der Mittelpunkt der Kugel zu ihrer Oberfläche. Nun ist leicht zu sehen, daß das nicht möglich ist; denn da der Mittelpunkt der Kugel keine Größe hat, können wir nicht sagen, daß er zu der Oberfläche der Kugel irgend ein Verhältnis habe. Wir müssen jedoch annehmen, daß *Aristarch* folgendes meint: Da wir uns die Erde gewissermaßen als Mittelpunkt des Weltalls denken, ist das Verhältnis der Erde zu dem, was wir „Weltall" nennen, dasselbe wie das Verhältnis der Kugel, die den Kreis enthält, den er sich von der Erde durchlaufen denkt, zu der Kugel der Fixsterne. Denn die Beweise seiner Ergebnisse paßt er einer solchen Voraussetzung an und insbesondere scheint er vorauszusetzen, daß die Größe der Kugel, auf der er die Erde sich bewegend denkt, dem gleich sei, was wir das „Weltall" nennen.

Die Sandrechnung. Sir Th. L. Heath: Archimedes' Werke. Deutsch von Dr. Fritz Kliem. 1914

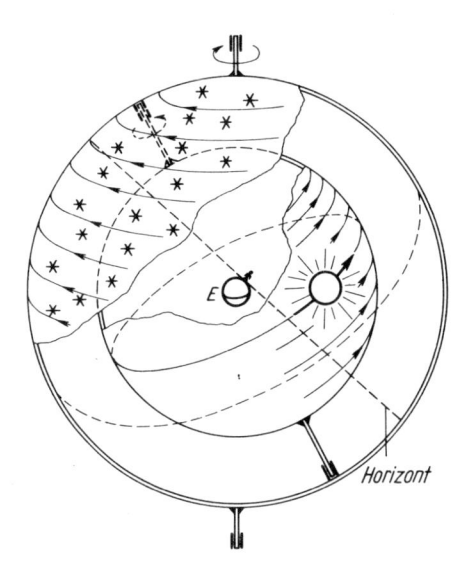

Abbildung 1.3–9a
Das einfachste Weltmodell, das die jährliche Änderung der Mittagshöhe der Sonne berücksichtigt

achse der zweiten Kugel schließt mit der Drehachse der ersten einen Winkel ein, der sich aus der Schiefe der Ekliptik ergibt.

Das größte Problem für die geometrische Astronomie ist die richtige Beschreibung der Planetenbahnen, die unregelmäßig zu sein scheinen. Werden nämlich die um die Sonne führenden Planetenbahnen von der Erde aus betrachtet *(Abbildung 1.3–10)*, dann erscheinen die Planetenbewegungen wegen der Eigenbewegung der Erde auf ihrer Bahn um die Sonne bezüglich des Fixsternsystems mitunter verlangsamt oder auch rückwärts gerichtet. EUDOXOS hat diese Rückwärtsbewegung eines Planeten durch Einführung zweier weiterer Sphären beschrieben. Die Drehachse dieser beiden Sphären liegt in der Ebene der Ekliptik; sie schließen miteinander einen sehr kleinen Winkel ein. Die Winkelgeschwindigkeiten beider Sphären sind betragsmäßig gleich, haben aber eine entgegengesetzte Richtung. In der *Abbildung 1.3–11* ist die so entstehende resultierende Bewegung dargestellt; sie wird der mittleren Bewegung entlang der Ekliptik hinzugefügt oder von ihr abgezogen. Mit einer geeigneten Wahl der Drehachsen und der Winkelgeschwindigkeiten können die Beobachtungen gut reproduziert werden. EUDOXOS hat schließlich 27 Sphären benötigt, um die Ergebnisse der Beobachtungen am Sternenhimmel zu beschreiben *(Abbildung 1.3–12)*.

1.3.4. Das aristotelische Weltbild

In der *Tabelle 1.3–2* sind die charakteristischen Aussagen des aristotelischen Weltbildes zusammengefaßt wiedergegeben. Dieses einheitliche Gedankengebäude hat über einen sehr langen Zeitraum von mehr als 2000 Jahren die bedeutendsten Gelehrten fasziniert. Wie wir sehen werden, ist es bald nach seiner Vollendung heftig angegriffen worden; die Angriffe haben

Abbildung 1.3–9b
Die Lage der Erde und der Ekliptik, wie sie in der Sicht der geozentrischen Systeme – noch bis ins 16. Jahrhundert – dargestellt wurde. *Petrus Apianus: Cosmographia*
Bibliothek der Ungarischen Akademie der Wissenschaften

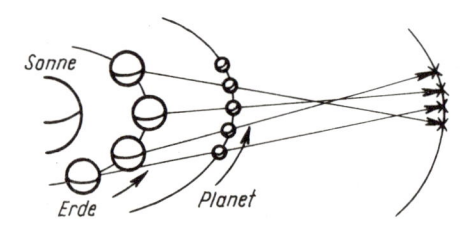

Abbildung 1.3–10
In bezug auf den Hintergrund des Fixsternhimmels beschreiben die Planeten komplizierte Schleifenbahnen

Tabelle 1.3–2
Charakteristika des aristotelischen Weltbildes

Kosmos abgeschlossen, hierarchisch	Bewegung ein Prozeß, kein Zustand	Stoff stetig, nicht atomar
Alle Dinge haben ihren Platz, den sie ihrer Natur gemäß einzunehmen bestrebt sind		
Himmelssphären, die von der Fixsternsphäre eingeschlossen werden	Bewegung nach einer ewigen Harmonie: gleichförmige Kreisbewegung oder Resultierende aus gleichförmigen Kreisbewegungen	Unveränderlich, nicht entstehend und nicht vergehend: quinta essentia
Sublunare Welt Luft Wasser	Natürliche Bewegung: schwere Körper streben nach unten, leichte nach oben. Erzwungene Bewegung: zu jeder Bewegung gehört ein Beweger, der mit dem Körper in unmittelbarem Kontakt stehen muß	Welt der Veränderungen, die sich aus der Mischung und Entmischung der Urelemente Erde, Wasser, Luft und Feuer ergeben
Ein Vakuum ist sowohl physikalisch als auch begrifflich eine Unmöglichkeit		

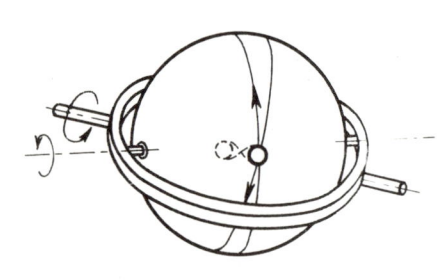

Abbildung 1.3–11
Nach *Eudoxos* kann die schleifenförmige Bewegung durch zwei Sphären mit zueinander nahezu parallelen Drehachsen beschrieben werden, wenn der Drehsinn beider entgegengesetzt ist

sich jedoch stets gegen Detailaussagen gerichtet, und da schließlich auf andere Lösungen von Detailfragen kein ähnlich umfassendes Bild gegründet werden konnte, haben die folgenden Generationen eher äußerst bedeutsame Fortschritte bei Einzelproblemen außer acht gelassen, als das aristotelische Weltbild aufzugeben, das den Anspruch auf eine Synthese und auf ein Verständnis des Ganzen erfüllt hat. Die Stärke des aristotelischen Weltbildes ergibt sich daraus, daß es letztlich an die nüchternen Alltagsbeobachtungen anknüpft, wenngleich damit oft auch nur die Oberfläche der Erscheinungen erfaßt wird.

Nachdem im Mittelalter THOMAS VON AQUINO das aristotelische Weltbild auch mit der christlichen Ideologie in Einklang gebracht hatte und damit das Weltbild des ARISTOTELES und des THOMAS VON AQUINO zur offiziellen Ideologie werden konnte, stützte sich dieses nicht nur auf seine eigene innere Logik, sondern auch auf die Autorität von Kirche und Staat.

Die Welt des ARISTOTELES *(Abbildungen 1.3 – 13* und *1.3 – 14)* ist der Kosmos, der, wie in der Antike üblich, als schöne Ordnung verstanden wird. In ihm hat alles seinen natürlichen Platz; alle Dinge und Körper, die Menschen und die Götter sind in eine hierachische Ordnung eingefügt. Die himmlische und die irdische Welt sind in dieser hierarchischen Ordnung streng voneinander getrennt. Die himmlische Welt ist die Welt der vollkommenen Ordnung und der vollkommenen Harmonie, in der alles ewig und unvergänglich ist. Die Substanz der himmlischen Sphären ist der von den irdischen Stoffen verschiedene Äther, die Quintessenz. Die Bewegungen der Himmelskörper sind gleichförmige Kreisbewegungen um einen Mittelpunkt oder ihre Resultierenden. Die den Himmel bewohnenden Wesen sind vollkommene, göttliche Geschöpfe.

Für die sublunare oder irdische Welt sind Veränderung, Entstehen und Vergehen charakteristisch. Aber auch hier haben die Dinge und Menschen ihren natürlichen Platz: Der Platz der der schweren Erdsphäre angehörenden Körper ist unten, darüber lagert sich die Wassersphäre, darauf die Luft- und schließlich folgt die Feuersphäre. Jede Abweichung von dieser Ordnung ist naturwidrig, und einem jeden Körper ist das Streben inhärent, seinen von der Natur vorgeschriebenen Platz einzunehmen.

Der Kosmos ist endlich und in sich geschlossen. Außerhalb der Sphäre des Sternenhimmels gibt es nichts, auch keinen leeren Raum. Im Mittelpunkt der endlichen Welt befindet sich die Erde, da sie aus dem schwersten Stoffe besteht und da der schwerste Stoff seine natürliche Lage in der Mitte des Kosmos hat.

Wie schwierig es ist, ein derartig einheitliches naturwissenschaftliches Weltbild abzuändern, können wir am ehesten ermessen, wenn wir versuchen, irgendeine seiner konkreten Aussagen entweder auf theoretischem oder auf experimentellem Wege zu widerlegen. Wir können z. B. nicht behaupten, daß die Erde ein Planet wie jeder andere ist, weil damit die gesamte Hierarchie umgestoßen wird. Bereits die Aussage, daß der Mond hinsichtlich seines Aufbaus der Erde ähnelt, bedeutet einen Umsturz der Hierarchie. Untersuchen wir nun noch ein weit einfacheres Problem. Wir können nicht einmal aussagen, daß Körper unterschiedlichen Gewichts im wesentlichen die gleichen Bewegungen ausführen, wenn sie fallen gelassen werden, da nach dem aristotelischen Weltbild im schwereren Körper das Bestreben größer ist, den ihm von der Natur zugewiesenen Platz einzunehmen, als im leichteren. Selbst ein Vakuum ist im Rahmen des Weltbildes unmöglich, weil sich mit der Annahme eines Vakuums die Endlichkeit der Welt in Frage stellen läßt und von einem Mittelpunkt einer unendlichen, unbegrenzten Welt nicht gesprochen werden kann. Das aristotelische Weltbild muß man entweder als Ganzes akzeptieren oder als Ganzes verwerfen. Das entscheidende Wagnis der Gelehrten des 17. Jahrhunderts bestand unter anderem darin, das gesamte aristotelische Weltbild verworfen zu haben, noch bevor es gelungen war, an seine Stelle ein neues Weltbild zu setzen. Man vertraute darauf, daß es schließlich gelingen müsse, die Vielzahl der Teilergebnisse zu einem einheitlichen Bild zusammenzufügen.

Zur Ehre der Antike müssen wir hier anmerken, daß man sich mit Bestimmtheit und in einem überraschend modernen Sinne sehr vielen Detailbehauptungen des aristotelischen Weltbildes widersetzt hat. Die Pioniere des 16. und 17. Jahrhunderts hätten in ihren 2000 Jahre früher lebenden Wissenschaftlerkollegen sehr gute Kampfgefährten gefunden. Wir möchten hier nur zwei Gelehrte, STRATON und PLUTARCH, anführen. STRATON hat experimentelle Beweise für die Existenz des Vakuums erbracht *(Zitat 1.3 – 7)*. Er hat sehr scharf die „Logiker" angegriffen, die das Wort so lange hin und her wenden, bis sie schließlich alle Gegner überwältigen, die aber vor den experimentellen Tatsachen – so hofft STRATON – doch die Waffen strecken müssen. Die Art und Weise, in der STRATON die Experimente beschreibt, entspricht völlig der Beschreibung einer Versuchsdurchführung, wie sie heute ein Experimentalphysiker geben würde oder wie sie in einem Lehrbuch der Experimentalphysik zu finden ist.

Die Feststellungen PLUTARCHS sind in anderer Hinsicht von besonderer Bedeutung. In seinem Werk *Das Mondgesicht (De facie in orbe lunae)* wird eine Unterhaltung gebildeter Laien wiedergegeben. Das bedeutet aber, daß derartige Gedanken zu jener Zeit bereits allgemeiner Gesprächsstoff gewesen sein müssen *(Zitat 1.3 – 8)*. Von Interesse ist auch, daß hier die heliozentrische Theorie von ARISTARCH eine Rolle spielt; KOPERNIKUS aber hat das

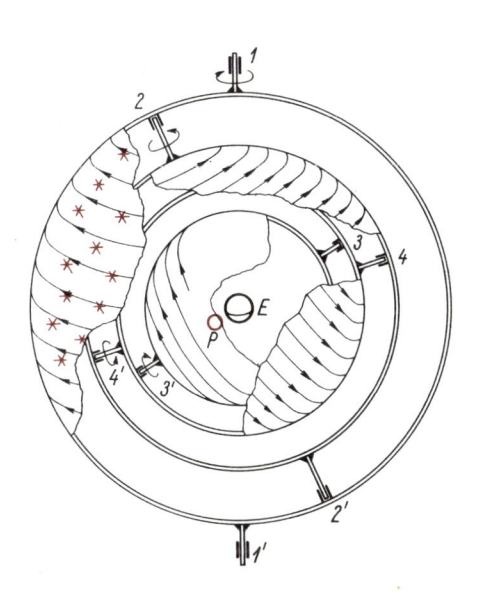

Abbildung 1.3 – 12
Die nach *Eudoxos* für die richtige Beschreibung der Bewegung eines einzigen Planeten notwendigen Sphären.
1 – 1': Umdrehung in 24 Stunden
2 – 2': mittlere Verschiebung des Planeten bezüglich der Fixsternsphäre
3 – 3' und 4 – 4': gegenläufig rotierende Sphären zur Verwirklichung der Schleifenbahn

Zitat 1.3 – 7

Die Pneumatik ist eine von den alten Philosophen und Technikern seit je her hochgeschätzte Wissenschaft; die ersteren leiteten ihre Prinzipien mit Hilfe von logischen Schlüssen her, die letzteren bestimmten sie auf experimentellem Wege. Bei dem Schreiben dieses Buches fühlten wir uns veranlaßt, eine wohlgeordnete Darstellung der bisher bestätigten Prinzipien dieser Wissenschaft zu geben und die Ergebnisse unserer eigenen Untersuchungen hinzuzufügen. Wir hoffen, damit allen künftigen Studierenden dieser Disziplin einen Dienst zu erweisen.

Bevor wir aber auf die Einzelheiten unserer Darlegung eingehen, haben wir noch ein allgemeines Problem zu besprechen, nämlich die Natur des Vakuums. Einige Autoren leugnen nämlich mit Nachdruck seine Existenz. Andere behaupten, daß es unter normalen Umständen kein kontinuierliches Vakuum gebe, es existierten jedoch kleine Vakua verstreut in der Luft, im Wasser, im Feuer und in anderen Körpern. Dieser Meinung wollen wir uns im folgenden anschließen und möchten jetzt experimentell nachweisen, daß dies tatsächlich die richtige Vorstellung ist.

Zuerst müssen wir einen weitverbreiteten Irrtum berichten. Man muß es klar begreifen, daß ein Gefäß, das im gewöhnlichen Sinne als leer betrachtet wird, in Wirklichkeit gar nicht leer, sondern mit Luft gefüllt ist. Die Luft besteht nun nach der Meinung der Naturphilosophen aus winzigen Teilchen der Materie, die für uns größtenteils unsichtbar sind. Dementsprechend also, wenn man in ein scheinbar leeres Gefäß Wasser schüttet, entweicht Luft des gleichen Volumens, wie das eingegossene Wasser. Um dies zu beweisen, mache man das folgende Experiment. Man nehme ein scheinbar leeres Gefäß, drehe es um, so daß die Öffnung unten ist und tauche es in Wasser, wobei man sorgfältig darauf achte, daß es immer lotrecht bleibt. Wenngleich es so tief in Wasser gedrückt wird, daß es ganz von ihm bedeckt ist, wird kein Wasser eindringen. Dies beweist, daß die Luft ein stoffliches Ding ist, das den Eintritt des Wassers in das Gefäß verhindert, da es das ganze zur Verfügung stehende Volumen eingenommen hat. Nun bohre man ein Loch in den Boden des Gefäßes; jetzt wird das Wasser an der unten befindlichen Öffnung eintreten, da die Luft oben durch das Loch ausströmen kann. Wenn man aber das Gefäß — noch bevor das Loch gebohrt ist — aus dem Wasser heraushebt, es fortwährend lotrecht hält und es zurückdreht, kann man bemerken, daß das Innere des Gefäßes vollkommen trocken geblieben ist.

Damit haben wir den Beweis erbracht, daß die Luft eine körperliche Substanz ist.

Jetzt wenden wir uns an jene, die die Existenz der Leere kategorisch leugnen. Es ist natürlich möglich, daß sie viele Argumente zur Widerlegung des bisher gesagten anführen und ohne experimentelle Beweise würde ihre Logik vielleicht einen leichten scheinbaren Sieg erringen können. Darum werden wir ihnen — an Erscheinungen, die einer Beobachtung zugänglich sind — zwei Tatsachen zeigen: erstens, daß es so etwas gibt, was als kontinuierliches Vakuum bezeichnet werden kann, daß es aber nur gegen die Natur existiert. Zweitens, daß Vakuum auch in Einklang mit der Natur existiert, obzwar nur in kleinen Mengen und verstreut. Wir werden im weiteren auch zeigen, daß diese verstreuten Vakua unter Druck durch Körper ausgefüllt werden. Unsere Demonstration wird den Wörterverdrehern alle Ausreden unmöglich machen.

Zur Demonstration benötigen wir eine Metallkugel mit einem Rauminhalt von etwa vier Pinten und einer Wanddicke, die stark genug ist, um sie vor dem Zusammendrücken zu bewahren. Sie muß luftdicht sein. Ein Kupferrohr mit einer dünnen inneren Bohrung sei in die Kugel in solcher Weise eingeführt, daß es die der Einführungsstelle diametral gegenüberliegende Innenfläche der Kugel nicht berührt, damit der Raum für den Durchfluß von Wasser frei bleibt. Das Rohr möge etwa drei Zoll aus der Kugel herausragen. Wo das Kupferrohr in die Kugel eingefügt ist, muß mit Lötzinn dafür gesorgt werden, daß das Rohr und die Kugel eine einzige, starke und kontinuierliche Fläche darstellen. Es muß jede Möglichkeit ausgeschlossen werden, daß die in die Kugel eingepreßte Luft durch irgend eine Undichtigkeit entweicht.

Analysieren wir jetzt ausführlich die Umstände des Versuchs. Zu Beginn befindet sich Luft in der Kugel, wie sonst in allen Gefäßen, die gemeiniglich als leer bezeichnet werden; diese Luft erfüllt den ganzen eingeschlossenen Raum und drückt fortwährend auf die Begrenzungswände. Da nun, nach der Meinung der Logiker bestimmt kein unbesetzter Raum existieren, müßte es unmöglich sein, Wasser oder mehr Luft einzuführen, ohne einen Teil der schon im Gefäß enthaltenen Luft zu entfernen. Und weiter: wenn wir versuchten, Wasser oder Luft gewaltsam einzubringen, müßte das Gefäß auch explodieren, als das zuzulassen. Sehr wohl! Und was geschieht in der Tat? Wenn man das freie Ende des Rohres in den Mund nimmt, kann man eine größere Menge Luft in die Kugel einblasen, ohne den geringsten Teil der eingeschlossenen Luft entweichen zu lassen. Das ist so oft möglich, wie das Experiment wiederholt wird und stellt einen klaren Beweis dafür dar, daß die Teilchen der Luft in der Kugel in das Vakuum zwischen den Teilchen eingepreßt werden. Dies ist gegen die Natur, eine Folge einer gewaltsamen Einführung der Luft.

Wenn man jetzt, nach dem Einblasen, mit dem Finger schnell die Öffnung des Rohres verschließt, bleibt die Luft in der Kugel zusammengedrückt. Wenn man aber die Öffnung wieder freigibt, strömt die eingepreßte Luft mit heftigem Geräusch heraus, in Bewegung gesetzt durch das von ihrer Elastizität herrührenden Expansion der inneren Luft.

STRATON [1.9] pp. 173, 176

Werk PLUTARCHS gekannt. An anderer Stelle wird die Bewegung des Mondes mit der Bewegung eines Steines, der mit einer Schleuder auf eine Bahn gebracht wird, verglichen; diese Stelle hat aber NEWTON gelesen. Die Unterschiede zwischen irdischen und himmlischen Bewegungen werden zwar — wenn auch nicht mit großer Überzeugungskraft — verteidigt, aber nichtsdestoweniger wird daran festgehalten, daß der Mond sehr wohl etwas derartiges wie ein Stück der Erde sein kann. Der Mond könnte sogar bewohnbar sein! Vielleicht gibt es auf ihm Lebewesen, die sich den dort herrschenden Bedingungen angepaßt haben? Die „Unterhaltung" endet mit einer fiktiven Szene: Mondbewohner, die einander fragen, ob die Erde, dieser dunkle und feuchte Himmelskörper, der voller Wolken und Staub ist, auch Leben hervorbringen kann.

1.3.5. Ein Ausschnitt aus der Metaphysik des Aristoteles

Alle Menschen verlangen von Natur aus nach dem Wissen; ein Zeichen dessen ist ihre Liebe zu den Sinneswahrnehmungen, die sie, auch abgesehen von dem Nutzen, um ihrer selbst willen lieben...

Alle Tiere leben in ihren bildlichen Vorstellungen und Erinnerungen und haben nur wenig Erfahrung; das menschliche Geschlecht lebt dagegen auch in der Kunst und dem vernünftigen Denken. Aus der Erinnerung erwächst den Menschen die Erfahrung; viele Erinnerungen desselben Gegenstandes bewirken die Kraft einer Erfahrung, und die Erfahrung scheint beinahe der Wissenschaft und Kunst gleichzustehen; wenigstens entwickelt sich bei dem Menschen die Wissenschaft und Kunst aus der Erfahrung; schon POLOS hat den treffenden Ausspruch getan, daß die Erfahrung die Kunst und die Unerfahrenheit den Zufall geschaffen habe. Die Kunst kommt zustande, wenn aus den vielen Vorstellungen der Erfahrung ein allgemeiner Gedanke für gleiche Dinge hervorgeht. So gehört es zur Erfahrung, wenn man nur weiß, daß dem an dieser Krankheit leidenden KALLIAS dieses Mittel zuträglich gewesen, und daß dies ebenso bei dem SOKRATES und noch vielen anderen einzelnen der Fall gewesen; dagegen gehört ein Wissen, daß allen solchen zu derselben Art gehörenden Menschen dies bestimmte Mittel bei einer bestimmten Krankheit, z. B. bei Verschleimung, bei Gallenleiden oder Fieber, hilft, zur Kunst. In bezug auf das Handeln scheint die Erfahrung der Kunst nicht nachzustehen, vielmehr sieht man, daß die bloß Erfahrenen die Sache besser treffen als die, welche nur die Begriffe innehaben; denn die Erfahrung ist die Kenntnis des einzelnen, die Kunst aber des Allgemeinen, und die Handlungen und Vorgänge sind immer einzelne. Der Arzt heilt nicht den begrifflichen Menschen; dies geschieht nur nebenbei; vielmehr heilt er den KALLIAS oder SOKRATES oder einen anderen, der nebenbei zugleich Mensch ist; hat daher jemand nur die Begriffe, aber keine Erfahrung, und kennt er nur das Allgemeine, aber nicht das darunter gehörige einzelne, so wird er bei seiner Kur oft fehlgreifen, da das Heilen mehr auf den einzelnen geht. Dennoch meine ich, daß in der Kunst mehr Wissen und Verstehen enthalten ist als in der Erfahrung, und ich halte die Künstler für weiser als die bloß Erfahrenen; jene stehen in ihrem Wissen der Weisheit näher, weil sie auch die Gründe kennen, was bei diesen nicht der Fall ist; diese kennen nur das Was, aber nicht das Warum; jene kennen aber auch das Warum und die Ursache. Deshalb gilt auch in jeder Sache der leitende Künstler für ehrenwerter und klüger und weiser als die Handlanger; jener kennt die Ursachen des Unternehmens, während diese gleich manchem Leblosen zwar tätig sind, aber nicht wissen, was sie tun; gleich dem Feuer, was brennt. Das Leblose wirkt vermöge seiner Natur; die Handlanger wirken vermöge Gewohnheit, während die Leiter zwar nicht in den einzelnen Verrichtungen, aber darin weiser sind, daß sie den Begriff besitzen und die Ursachen kennen.

Ein allgemeines Zeichen, daß man etwas weiß, ist, daß man es lehren kann, und deshalb halte ich die Kunst mehr als die Erfahrung für eine Wissenschaft; denn die Künstler können lehren, aber nicht die bloß Erfahrenen. Auch rechne ich die Wahrnehmungen noch nicht zur Weisheit, obgleich sie das wichtigste Wissen von dem einzelnen sind; sie geben nämlich bei keiner Sache den Grund an, z. B. nicht, weshalb das Feuer warm ist, sondern nur, daß es warm ist. Wahrscheinlich ist deshalb der, welcher zuerst irgendeine Kunst über die gemeinsamen Wahrnehmungen hinaus erfand, von den Menschen nicht bloß deshalb bewundert worden, weil er etwas Nützliches erfunden hatte, sondern auch weil er als ein Weiser von den übrigen sich unterschied. Nachdem nun mehrere Künste erfunden wurden, die entweder den notwendigen Bedürfnissen oder dem Zeitvertreib dienten, galten die Erfinder der letztern immer für die Weiseren, weil ihr Wissen nicht bloß auf den Nutzen ging; deshalb sind erst, nachdem all dieses Wissen erlangt war, diejenigen Wissenschaften entdeckt worden, welche weder der Lust noch der Notdurft des Lebens dienen, und dies geschah zuerst in Orten, wo man Muße dazu hatte. Deshalb sind die mathematischen Künste zuerst in Ägypten aufgekommen, wo die Priesterkaste die Muße dazu hatte...

Daß die Weisheit keine hervorbringende Wissenschaft ist, zeigen auch die ältesten Philosophen; denn die Menschen beginnen jetzt wie sonst von dem Verwundern aus zu philosophieren. Anfangs staunte man schon über das nächste Sonderbare; dann ging man allmählich weiter und wurde auch bei bedeutenderen Gegenständen, wie bei den Wandlungen des Mondes, der Sonne, der Gestirne und der Entstehung des Weltalls, bedenklich. Bedenken und Verwunderung kommen aber von Nicht-Wissen, und deshalb liebt auch der Philosoph gewissermaßen die alten Sagen, welche aus dem Wunderbaren sich zusammensetzen. Wenn man sonach philosophierte, um der Unwissenheit zu entgehen, so erhellt, daß man das Wissen nur um der Erkenntnis willen und nicht um des Nutzens willen aufsuchte. Auch der geschichtliche Hergang bestätigt dies; denn man begann eine solche Erkenntnis erst dann zu suchen, als das für die Notwendigkeiten, wie für Behaglichkeit und Bequemlichkeit, des Lebens Nötige erlangt war. Man sucht also offenbar eine solche Erkenntnis um keines Vorteils willen, vielmehr gilt sie in dem Sinne, wie man den Menschen frei nennt, der nur seinetwegen und nicht für einen andern da ist, als die alleinige freie Wissenschaft; sie allein ist um ihrer selbst willen da. Deshalb möchte man auch die Menschen ihres Besitzes nicht für fähig halten, da deren Natur vielfach eine sklavische ist, und nach SIMONIDES besäße nur die Gottheit dieses Ehrengeschenk, und dem Menschen gezieme nur, nach der für ihn passenden Erkenntnis zu streben. Wenn die Dichter recht hätten und die Gottheit des Neides fähig wäre, so würde hier sich dies am ehesten zeigen, und alle im Wissen ausgezeichneten Menschen müßten unglücklich sein. Allein die Gottheit kann nicht neidisch sein, vielmehr fabeln nach dem Sprichwort die Dichter mancherlei. Auch darf man keine Wissenschaft für ehrwürdiger als diese halten; sie ist vielmehr die göttlichste und geehrteste, und dies möchte im doppelten Sinn gelten; indem die Wissenschaft, welche der Gottheit einwohnt, eine göttliche ist, und indem sie das Göttliche zum Gegenstand hat. Beides trifft bei der Weisheit und nur bei ihr zu; denn alle rechnen die Gottheit zu den Ursachen und Anfängen, und die Gottheit hat diese Wissenschaft allein oder am meisten in Besitz. Alle andern Wissenschaften mögen notwendiger sein, aber keine ist besser. Übrigens muß der Besitz dieser Wissenschaft uns in einen Zustand versetzen, der das Gegentheil von dem Zustande ist, in dem wir nach ihr zu suchen beginnen; denn alle beginnen, wie gesagt, mit der Verwunderung, ob etwas sich so verhalte; so verwundert man sich über die Automaten, wenn man die Ursache noch nicht durchschaut hat, oder über die Sonnenwenden oder über die Unmeßbarkeit der Diagonale; allen scheint es wunderbar, daß etwas auch durch das kleinste Maß nicht sollte gemessen werden können. Allein wie das Sprichwort sagt: „Zuletzt endet es mit dem Entgegengesetzten und Besseren"; so geht es auch hier, wenn man gelernt hat; denn ein mit der Geometrie vertrauter Mann würde sich über nichts mehr wundern als über die Meßbarkeit der Diagonale.

ARISTOTELES: *Die Metaphysik*. Buch I, Kapitel 1, 2. Übersetzt von *J. H. Kirchmann*. 1871

So ist die Tatsache, daß es Gründe gibt und die Frage der Anzahl ihrer Arten geklärt. Es ist dieselbe Anzahl wie die der Bedeutungen, die die Frage nach dem Warum anzunehmen vermag. Entweder nämlich führt die Warumfrage abschließend (a) auf die wesentliche Bestimmtheit zurück, nämlich bei den prozeßfreien Gegenständen − z. B. in den reinen Wissenschaften; hier wird zuletzt auf die Definition zurückgegangen, des Begriffs der Geraden oder des Kommensurablen oder eines ähnlichen −, oder aber (b) auf den Ausgangspunkt, der den Prozeß in Bewegung setzte − etwa in der Frage: Warum kam es zum Krieg? Weil ein Raubüberfall geschehen war −, oder (c) auf den beabsichtigten Zweck − um Macht zu gewinnen −, oder aber (d), bei den Prozessen des Werdens, auf das Material.

Abbildung 1.3−13
ARISTOTELES (384−322 v. u. Z.): in der mazedonischen Stadt Stageira geboren, weshalb für ihn auch der Name „der Stagirit" üblich ist. Er trat mit 17 Jahren ein bedeutendes, von seinem Vater hinterlassenes Erbe an, ging dann nach Athen und wurde dort Schüler des sechzigjährigen *Platon*. Nach dem Tode seines Lehrers (347 v. u. Z.) verließ er Athen und wurde 343 Erzieher des damals vierzehnjährigen *Alexanders (des Großen)*. Im Jahre 334 v. u. Z. kehrte er nach Athen zurück, wo er im Hain des Apollon *Lykeos* lehrte. Vielleicht nach den Spazierwegen des Haines (περιπατοί) oder vielleicht auch, weil er bei Spaziergängen Wissen vermittelte (περιπατέομαι), wurde seine Schule peripatetische Schule genannt. Er gründete hier ein in seinen Ausmaßen für jene Zeit außergewöhnliches Zentrum für Wissenschaft und Forschung, wo er gemeinsam mit seinen Schülern Fakten sammelte und die unterschiedlichsten Wissenschaftsgebiete (Philosophie, Geschichte der Philosophie, Naturwissenschaften, Medizin, Geschichte, Politik, Ökonomie, Philologie) bearbeitete. Im Jahre 323 v. u. Z., nach dem Tode *Alexanders des Großen,* floh er aus Athen, um nicht wegen des Vorwurfes der Gottlosigkeit vor Gericht gestellt zu werden. Er zog sich in das Haus seiner Mutter nach Euboia zurück, wo er auch gestorben ist.

Alle handschriftlichen Originale seiner Arbeiten sind verlorengegangen; erhalten geblieben sind allein Vorlesungsnotizen, Merkzettel und einfache Zusammenstellungen von Materialien, die nur sehr wenig stilistisch geordnet sind. Seine Schule wurde von zwei seiner bevorzugten Schüler, *Theophrastos* und *Eudemos von Rhodos* weitergeführt, die auch die Manuskripte aufbewahrten. Diese kamen im Verlaufe der Zeit nach Rom, wo sie im Zeitraum von 40 v. u. Z. bis 20 v. u. Z. unter der Obhut von *Andronikos von Rhodos* veröffentlicht wurden.

Die Arbeiten zur Logik sind im *Organon* (Ὄργανον das Mittel), die naturphilosophischen Arbeiten in der *Physica* (Φυσικά) zusammengefaßt:

Physica (Φυσικὴ ἀχρόασις)
De generatione et corruptione (Περὶ γενέσεως χαὶ φθορᾶς)
De coelo (Περί οὐραγοῦ)
Meteorologica (Μετεωρολογιχὰ)
De anima (Περὶ ψυχῆς)

Die *Metaphysik* oder *Erste Philosophie* (Πρώτη φιλοσοφία) hat ihren Namen nach dem in der Andronikos-Ausgabe eingenommenen Platz (τὰ μετὰ τά φυσιχά, was auf die Physik folgt) erhalten. Außerdem sind *Aristoteles'* Werke zur Ethik, Politik, Rhetorik, Poetik und Ökonomie erhalten geblieben.

In Westeuropa hat man die Schriften von *Aristoteles* durch die Vermittlung von *Boëthius* kennengelernt, der jedoch oft auf die 275 v. u. Z. geschriebenen Aristoteles-Kommentare des Neoplatonikers *Porphyrios* zurückgegriffen hat. Zu Beginn des 13. Jahrhunderts war das Studium der Werke von *Aristoteles* verboten, gegen Ende desselben Jahrhunderts wurde *Aristoteles* jedoch dank der Stellungnahmen von *Albertus Magnus* und *Thomas von Aquino* „Der Philosoph". Vom Ende des 14. Jahrhunderts ab wurden unter dem Einfluß der Renaissance alle Arbeiten von *Aristoteles* auch im griechischen Original zugänglich gemacht.

Plato verhält sich zu der Welt, wie ein seliger Geist, dem es beliebt, einige Zeit auf ihr zu herbergen. Es ist ihm nicht sowohl darum zu tun, sie kennen zu lernen, weil er sie schon voraussetzt, als ihr dasjenige, was er mitbringt und was ihr so not tut, freundlich mitzuteilen. Er dringt in die Tiefen, mehr um sie mit seinem Wesen auszufüllen, als um sie zu erforschen. Er bewegt sich nach der Höhe, mit Sehnsucht, seines Ursprungs wieder teilhaft zu werden. Alles, was er äußert, bezieht sich auf ein ewig Ganzes, Gutes, Wahres, Schönes, dessen Forderung er in jedem Busen aufzuregen strebt. Was er sich im einzelnen von irdischem Wissen zueignet, schmilzt, ja, man kann sagen, verdampft in seiner Methode, in seinem Vortrag.

Aristoteles hingegen steht zu der Welt wie ein Mann, ein baumeisterlicher. Er ist nun einmal hier und soll hier wirken und schaffen. Er erkundigt sich nach dem Boden, aber nicht weiter, als bis er Grund findet. Von da bis zum Mittelpunkt der Erde ist ihm das übrige gleichgültig. Er umzieht einen ungeheuren Grundkreis für sein Gebäude, schafft Materialien von allen Seiten her, ordnet sie, schichtet sie auf und steigt so in regelmäßiger Form pyramidenartig in die Höhe, wenn *Plato*, einem Obelisken, ja einer spitzen Flamme gleich, den Himmel sucht.

J. W. Goethe: Geschichte der Farbenlehre.

Zitat 1.3 – 8
Lucius lachte auf und sagte: „Mein Lieber, verklage uns nur nicht vor Gericht wegen Gottlosigkeit, so wie *Kleanthes* meinte, die Hellenen müßten *Aristarch von Samos* wegen Gottlosigkeit vor Gericht stellen, weil er 'den Herd des Kosmos bewege' – denn *Aristarch* versuchte (die) Phänomene zu retten, indem er annahm, daß der Fixsternhimmel stillstehe, die Erde aber in einem schiefen Kreise umlaufe und sich dabei gleichzeitig um ihre eigene Achse drehe. Was uns betrifft, so stellen wir uns aus keine Behauptung auf; aber jemand, der den Mond für erdartig hält, mein Bester, kehrt der etwa mehr das Unterste zuoberst als ihr? Ihr laßt ja die Erde auch frei in der Luft schweben, die doch viel größer ist als der Mond. Die Astronomen messen seine Größe bekanntlich bei Mondfinsternissen, beim Durchgang durch den Erdschatten, nach der Dauer seines Verweilens darin. ...

Dabei hat der Mond einen Grund, der ihn vom Fallen abhält: seine Bewegung selbst und seinen sausenden Umschwung, so wie ein Stein in einer Schleuder durch das Schwingen im Kreise am Fallen gehindert wird. Denn jeden Gegenstand beherrscht die natürliche Bewegung, solange sie von nichts anderem abgelenkt wird. Die Schwere setzt den Mond deshalb nicht in Bewegung, weil ihre Kraft durch den Umschwung ausgeschaltet wird.

...Aber lassen wir das auf sich beruhen und nehmen wir meinetwegen an, daß Erdartiges sich nur wider die Natur im Weltraum bewegen kann, und überlegen wir mit Bedacht – nicht mit theatralischer Leidenschaft, sondern in aller Ruhe –, daß damit nicht bewiesen ist, daß der Mond keine Erde ist, sondern daß die Erde an einem Ort ist, wo sie von Natur nicht hingehört. So ist auch das Feuer des Ätna wider die Natur unter der Erde, aber es ist doch Feuer; und in Schläuchen eingeschlossene Luft ist zwar von Natur aufwärtsstrebend und leicht, ist aber mit Zwang an einen Ort gebracht worden, an den sie von Natur nicht gehört. ...

Denn wenn kein einziger Bestandteil des Kosmos in eine 'widernatürliche' Lage versetzt ist, sondern jeder sich an seinem 'natürlichen' Ort be-

Dies also sind die Arten der Gründe und deren Anzahl. Gibt es demnach vier Typen von Gründen, so sind alle vier das Forschungsthema des Physikers und physikalisches Begründen besagt Rückgang auf alle (diese vier Typen von Gründen): auf das Material, das Wesen, die Prozeßquelle und den Zweck.

ARISTOTELES: *Physikvorlesung*. Buch II, Kapitel 7. Deutsch von *Hans Wagner*

1.4 Spitzenleistungen der antiken Fachwissenschaften

Mit der Ära des Hellenismus ist zwar die Zeit der großen Synthesen vorbei, von Fachwissenschaftlern wird aber gerade jetzt eine Reihe von Spitzenleistungen erzielt. Unter ihnen finden wir Mathematiker, Astronomen, Geographen, Physiker, Ärzte, Botaniker und selbst Gelehrte, die wir heute als Ingenieure bezeichnen würden. Die Fachwissenschaften beginnen sich zu verselbständigen, lediglich in den Personen der ausübenden Gelehrten sind sie noch miteinander verbunden. APOLLONIUS ist bereits ein auf einem engen Spezialgebiet tätiger Fachmathematiker; er ist der Klassiker der Theorie der Kegelschnitte. Aber selbst der Gelehrte mit dem breitesten Spektrum, ARCHIMEDES, ist Fachwissenschaftler und kein Philosoph. Das heißt aber, daß er nicht danach strebt, seine Teilerkenntnisse in ein einheitliches Weltbild einzufügen. So finden wir in den Darstellungen der Philosophiegeschichte höchstens am Rande einen Hinweis auf die oben erwähnten Gelehrten der hellenistischen Epoche.

Und doch ist diese Einstellung unbillig, da der entscheidende Beitrag, den die hellenistischen Fachwissenschaftler zur Formung der menschlichen Denkweise geleistet haben, völlig vergessen wird. Wir denken hier nicht einmal an die unmittelbaren Einflüsse der Euklidischen Geometrie, etwa auf SPINOZA und KANT, sondern vor allem an die mittelbaren Auswirkungen, auf die Herausbildung der europäischen Art zu denken, deren Folgenschwere kaum abzusehen ist. Es wird behauptet, daß nach der Bibel der EUKLID die höchste Gesamtauflage erreicht hat. So haben über 2000 Jahre hinweg viele Generationen anhand dieses Buches logisch zu denken und die Schönheit eines nur aus logischen Elementen aufgebauten Kunstwerkes zu schätzen gelernt.

1.4.1 Archimedes

ARCHIMEDES *(Abbildung 1.4 – 1)* hat als erster Mathematik und Physik miteinander verknüpft, ohne sich dabei der pythagoreischen Zahlenmystik zu verpflichten. Er ist damit zum Vorbild für die naturwissenschaftliche Revolution des 17. Jahrhunderts geworden. Unser heutiges wissenschaftliches Weltbild, die heutige technische Zivilisation mit ihrem gesamten Überbau läßt sich somit letztlich auf ihn zurückführen.

Wenn wir ein im 20. Jahrhundert erschienenes Physiklehrbuch, so z. B. ein Oberschullehrbuch, betrachten, dessen Gegenstand nicht die Physikgeschichte, sondern eine Darstellung heute noch gültiger physikalischer Erkenntnisse ist, dann stoßen wir auf ARCHIMEDES als den ersten antiken Gelehrten, der hierzu beigetragen hat. Das älteste physikalische Gesetz, das bis zum heutigen Tage in seiner ursprünglichen Form gültig ist, ist das archimedische Prinzip über den Auftrieb, den Körper in Flüssigkeiten erfahren.

Der Name ARCHIMEDES begegnet uns jedoch auch in anderem Zusammenhang. Als einer der bedeutendsten (wenn nicht als der bedeutendste) Mathematiker und Physiker der Antike ist er schon zu Lebzeiten zu hohem Ansehen gelangt, so daß auch zahlreiche Episoden seines Lebens überliefert sind *(Zitat 1.4 – 1)*.

Durch den bekannten römischen Architekten VITRUVIUS ist überliefert worden, daß König HIERO eine goldene Krone als Weihgabe für die Götter habe anfertigen lassen wollen. Er habe dazu einem Goldschmied den Auftrag erteilt, eine Krone aus purem Golde herzustellen und ihm die dafür notwendige Menge Gold ausgehändigt. Die fertige Krone habe den König dann hinsichtlich ihrer künstlerischen Gestaltung auch zufriedengestellt; es

sei in ihm aber – ungeachtet der Übereinstimmung der Masse der Krone mit der Masse des anvertrauten Goldes – der Verdacht aufgekommen, daß der Goldschmied einen Teil des Goldes durch Silber ersetzt habe. ARCHIMEDES sei nun gebeten worden, eine Methode zu finden, mit deren Hilfe sich feststellen läßt, ob die Krone tatsächlich aus reinem Golde oder aus einer Gold-Silber-Legierung besteht, ohne die Krone dabei zu beschädigen. ARCHIMEDES sei gerade mit diesem Problem beschäftigt gewesen, als er beim Baden in einer Wanne bemerkt habe, daß beim Untertauchen Wasser über den Wannenrand fließt. Durch diese Beobachtung sei er auf die Lösung des Problems gekommen. Er habe sich darüber so gefreut, daß er, nackt und naß wie er war, durch die Straßen von Syrakus zum König gelaufen sei, unterwegs laut das heute zu einem geflügelten Wort gewordene *Heureka, heureka!* (Ich habe es gefunden!) rufend.

Nach VITRUVIUS ist ARCHIMEDES wie folgt vorgegangen: Er hat mittels Wägung zunächst das Gewicht der Krone bestimmt und dann eine Menge Gold und schließlich eine Menge Silber so bemessen, daß ihre Gewichte mit dem Gewicht der Krone übereinstimmen. Krone, Gold und Silber hat er dann in bis zum Rande mit Wasser gefüllte Gefäße getaucht und das Volumen des überfließenden Wassers festgestellt *(Abbildung 1.4–2)*. Auf diese Weise sind die Volumina des Gold- und des Silberklumpens sowie der Krone bestimmt worden. Es ist offensichtlich, daß die von der Krone verdrängte Wassermenge gleich der vom Goldklumpen verdrängten sein muß, wenn die Krone aus reinem Golde besteht. Bestünde die Krone aus reinem Silber, dann würde sie eine weit größere Wassermenge verdrängen als eine Krone aus reinem Golde, da das Silber ein spezifisch leichteres Metall ist als das Gold und deshalb bei gleichem Gewicht das Volumen des Silberklumpens weit größer ist als das des Goldklumpens. ARCHIMEDES hat festgestellt, daß die durch die Krone tatsächlich verdrängte Wassermenge zwischen der vom Goldklumpen und der vom Silberklumpen verdrängten gelegen hat. Damit konnte nachgewiesen werden, daß die Krone auch Silber enthielt, und der Goldschmied war des Betrugs überführt.

Anhand der drei gemessenen Wasservolumina läßt sich auch der prozentuale Silbergehalt bestimmen. Es sei G das Gewicht der Krone, das voraussetzungsgemäß mit dem Gewicht des Gold- und des Silberklumpens übereinstimmen soll; g_G sei das Gewicht des Goldanteils, g_S das Gewicht des Silberanteils in der Krone. Es lassen sich nun für diese Größen die folgenden Beziehungen aufschreiben:

Das Gewicht der Krone ergibt sich aus der Summe der Teilgewichte des Gold- und des Silberanteils

$$G_K = G = g_G + g_S.$$

Das Volumen des Goldanteils in der Krone ist gleich der reziproken Wichte des Goldes multipliziert mit dem Gewicht des Goldes $= \frac{V_G}{G} g_G$.

Das Silbervolumen ist gleich der reziproken Wichte des Silbers multipliziert mit dem Gewicht des Silbers $= \frac{V_S}{G} g_S$.

Daraus folgt aber für das Volumen der untersuchten Krone

$$V_K = \frac{V_G}{G} g_G + \frac{V_S}{G} g_S.$$

Wir definieren nun das Verhältnis der Silber- zur Goldmasse als Betrugsmaß h $\left(h = \frac{g_S}{g_G}\right)$.

Die obigen Gleichungen lauten bei einer Verwendung dieser Größe:

$$G = g_G(1 + h),$$

$$V_K = g_G \left(\frac{V_G}{G} + h \frac{V_S}{G} \right).$$

Werden beide Gleichungen durcheinander dividiert, dann erhält man nach einer kleinen Umformung für das Betrugsmaß h die Beziehung

$$h = \frac{V_K - V_G}{V_S - V_K}.$$

Wir sehen natürlich auch hier, daß dann kein Silber in der Krone ist, wenn Goldklumpen und Krone die gleiche Wassermenge verdrängen.

Diese Methode des ARCHIMEDES ist von großer Bedeutung, weil sie unmittelbar zu den Begriffen spezifisches Gewicht (Wichte) und spezifisches Volumen führt. ARCHIMEDES gibt sogar ein Verfahren zur Bestimmung dieser Größen an, das selbst heute noch verwendet wird.

Nach anderen Überlieferungen hat ARCHIMEDES das Problem unter Verwendung des nach ihm benannten hydrostatischen Prinzips gelöst. Dieses Prinzip, das selbst in einem Studentenlied abgehandelt wird, finden wir

---

findet, ohne einer Änderung des Ortes oder der kosmischen Stellung zu bedürfen oder jemals von Uranfang bedurft zu haben, so weiß ich nicht, was die Vorsehung dann zu tun hat und wovon Zeus, 'der meisterliche Künstler', Schöpfer und Vater-Demiurg ist. …

Überhaupt, mein lieber *Aristoteles*, erscheint der Mond, wenn er Erde ist, als ein recht schönes, verehrungswürdiges Ding; als Stern oder (Himmels-) Licht oder göttlicher, himmlischer Körper macht er, fürchte ich, eine häßliche, unziemliche Figur und tut seiner erhabenen Beziehung keine Ehre an. Denn unter all den kreisenden Sternen des Weltraums bedarf er allein fremden Lichtes; *Parmenides* sagt:

'Immer hat er die Blicke gewendet zur strahlenden Sonne'.

Lieber *Lamprias*, ich bin ebenso gespannt wie ihr anderen, was *Sulla* zu sagen hat; aber vorher möchte ich gerne noch etwas über die Wesen hören, die auf dem Mond leben sollen, nicht, ob (wirklich) welche dort leben, sondern ob ein Leben dort (überhaupt) möglich ist. Denn wenn es nicht möglich ist, so spricht das auch gegen die Lehre, der Mond sei aus Erde. Man müßte ja glauben, er sei ohne Zweck und Sinn geschaffen, wenn er nicht Früchte hervorbringt, Menschen Wohnsitz bietet, ihre Geburt und Ernährung ermöglicht, Dinge, um derentwillen nach unserer Überzeugung auch unsere Erde geschaffen ist, als 'unsere Nährmutter und scharfer Wächter und Erzeuger von Tag und Nacht', wie *Platon* sagt. …

Nun ist gleich das erste Argument nicht zwingend, wenn keine Menschen auf dem Mond wohnten, sei er ohne Sinn und Zweck. Wir sehen, daß auch unsere Erde nicht überall lebensfördernd und bewohnt ist. Nur ein kleiner Teil von ihr, gleichsam Landzungen und Halbinseln, die aus der Tiefe ragen, bringt Tiere und Pflanzen hervor; der Rest ist zum Teil durch unwirtliches Wetter oder Dürre öde und unfruchtbar, zum größten Teil aber bedeckt vom Großen Meer. …

Die Mondbewohner, wenn es sie gibt, haben wahrscheinlich einen zarten Körper und können mit jeder beliebigen Nahrung auskommen. …

Aber wir können weder dies mit Sicherheit feststellen, noch daß Raum, Substanz oder Mischungszustand anders sein müßten, um ihnen zuträglich zu sein. Stellen wir uns einmal vor, wir könnten uns nicht dem Meer nähern und es erreichen, sondern erblickten es nur aus der Ferne und erführen (dazu), daß es bitteres, untrinkbares, salziges Wasser enthalte; und nun berichtet jemand, es nähre viele große, mannigfaltige Lebewesen in der Tiefe und sei voll von Tieren, für die das Wasser dasselbe sei wie für uns die Luft – wir würden glauben, er erzähle Märchen und Wundergeschichten. Ebenso, scheint es mir, ist unser Verhältnis zum Mond, und ebenso ist unsere Verhaltensweise, wenn wir nicht glauben wollen, dort wohnen Menschen. Ich meine aber, eher könnten die Mondbewohner zweifeln, wenn sie die Erde betrachten, die sozusagen den Bodensatz und den Grundschlamm des Weltalls bildet und aus Feuchtigkeit, Nebeln und Wolken hervorschaut, ein glanzloser, niedriger und bewegungsloser Platz, ob sie Lebewesen hervorbringen und ernähren könne, die an Bewegung, Atmung und Wärme Anteil haben.

PLUTARCH: *Das Mondgesicht*. Eingeleitet, übersetzt und erläutert von *Herwig Görgemanns*. Zürich 1968

Abbildung 1.3 – 14
Die *Politika* von *Aristoteles* erschien 1656 in einer zweisprachigen griechisch-lateinischen Ausgabe. Dieses Werk war damals nicht nur von historischer Bedeutung, sondern diente als Lehrbuch

Abbildung 1.4 – 1
ARCHIMEDES (287? – 212 v. u. Z.): geboren in Syrakus. Sein Vater, *Pheidias*, hat sich unter anderem auch mit Astronomie beschäftigt. *Archimedes* hatte engen Kontakt zur Herrscherfamilie, zum König *Hieron* und seinem Sohn *Gelon*, vielleicht war er sogar mit ihnen verwandt. Er lernte in Alexandria bei dem Nachfolger *Euklids*, vielleicht auch bei *Euklid* selbst. Den größten Teil seines Lebens verbrachte er in seiner Geburtsstadt, wo er bei der Einnahme der Stadt durch die Römer getötet wurde.

Sehr viele Arbeiten von *Archimedes*, die meist den Charakter kurzer Abhandlungen haben, sind erhalten geblieben:
1. *Über die Kugel und den Zylinder* (Περὶ σφαίρας χαὶ χυλίνδρου)
2. *Über die Messung des Kreises* (Κύχλου μέτρησις)
3. *Über Konoide und Sphäroide* (Περὶ κωνοειδέων χαὶ σφαιροειδέων)
4. *Über die Spiralen* (Περὶ ἑλίχον)
5. *Über das Gleichgewicht von Ebenen oder über den Schwerpunkt der Ebenen* (Περὶ ἐπιπέδον ἰσορροιῶνἠ χέντρα βαρῶν ἐπιπέδων)
6. *Über die Quadratur der Parabel* (Τετραγωνισμὸς παραβολῆς)
7. *Über die schwimmenden Körper* (Περὶ οχουμένων)
8. *Über die Zählung des Sandes* (Ψαμμίτης), lateinisch *Arenarius*

als 16. Proposition in seinem Werk *Über die schwimmenden Körper* in der folgenden Form: Jeder beliebige Körper, der leichter als das Wasser ist, strebt beim völligen Eintauchen mit einer Kraft nach oben, die sich aus der Differenz zwischen dem Gewicht des vom Körper verdrängten Wassers und dem Gewicht des Körpers selbst ergibt. Ist der Körper jedoch schwerer als das Wasser, dann wird er mit einer Kraft nach unten gezogen, die sich aus der Differenz des Körpergewichtes zum Gewicht des von ihm verdrängten Wassers ergibt.

ARCHIMEDES hat mit diesem einfachen Prinzip auch sehr komplizierte Probleme bearbeitet und gelöst. Die bemerkenswertesten Aussagen beziehen sich auf die Stabilität schwimmender Körper. Wir wollen darüber weiter unten berichten.

Die Hebelgesetze sind bereits vor ARCHIMEDES bekannt gewesen. ARCHIMEDES hat alle Erkenntnisse in einen logischen Zusammenhang gebracht und ist dann sowohl theoretisch als auch hinsichtlich der Anwendungen weit über das Bekannte hinausgegangen. Er kann somit als der Begründer der theoretischen Mechanik als einer modernen Wissenschaft angesehen werden. ARCHIMEDES ist sich der praktischen Bedeutung seiner Rechnungen durchaus bewußt gewesen; von ihm stammt die folgende Aussage über die Bedeutung der Hebel: Gebt mir einen Punkt, an dem ich stehen kann, und ich will die Erde aus den Angeln heben (δός μοι ποῦ στῶ καὶ κινῶ τὴν γῆν; *Abbildung 1.4 – 3a*).

ARCHIMEDES hat seiner Statik die folgenden Axiome zugrunde gelegt:
1. Der symmetrisch belastete Hebel befindet sich im Gleichgewicht.
2. Das Gesamtgewicht greift im Aufhängepunkt an.

Nach ARCHIMEDES sind beide Axiome unmittelbar evident. Bei symmetrischer Belastung gibt es tatsächlich keinen Grund dafür, daß der Hebel nach der einen oder anderen Seite ausschlägt. Auch das zweite Axiom ist leicht einzusehen, denn schließlich muß das Gesamtgewicht ja irgendwo gehalten werden, und das ist nur im Aufhängepunkt möglich.

Es ist bemerkenswert, daß die arabischen Kommentatoren später das zweite Axiom durch ein anderes ersetzt und sich dabei auf einen griechischen Gelehrten namens ARSAMIDES bezogen haben, was aber offenbar eine Entstellung des Namens ARCHIMEDES ist. Dieses Axiom lautet:

Werden auf einem im Gleichgewicht befindlichen Hebel gleiche Gewichte in entgegengesetzter Richtung um gleiche Entfernungen verschoben, dann ändert sich am Gleichgewichtszustand nichts.

Untersuchen wir nun, wie sich das Hebelgesetz ableiten läßt. Das Hebelgesetz sagt aus, daß bei einem zweiarmigen im Gleichgewicht befindlichen Hebel das Produkt aus dem Gewicht und der Länge des Hebelarmes auf beiden Seiten gleich sein muß, d. h., es muß

$$G_1 a_1 = G_2 a_2$$

gelten.

Wir belasten gemäß *Abbildung 1.4 – 3b* einen Hebel symmetrisch, indem wir auf beiden Seiten des Hebels in gleichen Entfernungen voneinander dieselbe Zahl von Gewichten anbringen. Das Gewicht eines jeden der angehängten Körper sei G_0, der Abstand der Aufhängepunkte voneinander t. Wir unterteilen nun die Gesamtzahl der angehängten Gewichte in n und m, so daß alle Gewichte erfaßt werden. Das Gesamtgewicht der m Gewichtsstücke ist $G_1 = mG_0$, das Gesamtgewicht der n Stücke $G_2 = nG_0$. Gemäß Abbildung 1.4 – 3 ersetzen wir das aus m Teilstücken bestehende Gewicht durch die in der Mitte angreifende Resultierende, auf die gleiche Weise verfahren wir mit dem aus n Teilstücken bestehenden Gewicht. Für die zu den Gewichten G_1 und G_2 gehörenden Hebelarme können die folgenden Beziehungen aufgeschrieben werden:

$$a_1 = a - \frac{mt}{2} \quad a_2 = a - \frac{nt}{2},$$

und wegen

$$mt + nt = 2a$$

ergibt sich für das Verhältnis der Hebelarme der Zusammenhang

$$\frac{a_1}{a_2} = \frac{a - \frac{mt}{2}}{a - \frac{nt}{2}} = \frac{2a - mt}{2a - nt} = \frac{(mt+nt)-mt}{(mt+nt)-nt} = \frac{nG_0}{mG_0} = \frac{G_2}{G_1}.$$

Das ist aber nichts anderes als das Hebelgesetz.

Für einen Spezialfall geben wir auch eine Ableitung des Hebelgesetzes unter Verwendung der von den Arabern überlieferten Axiome an. Auf der *Abbildung 1.4 – 3c* ist ein symmetrisch belasteter zweiarmiger Hebel dargestellt, bei dem im Aufhängepunkt zwei Gewichtsstücke angebracht sind, die das gleiche Gewicht haben wie die Gewichtsstücke am Ende des Hebels. Wir verschieben nun eines der Gewichte vom Aufhängepunkt um eine Einheit nach rechts und das am rechten Hebelende befindliche Gewicht um eine Einheit nach links. Nach dem zweiten Axiom entsteht dadurch die in der Abbildung dargestellte neue Gleichgewichtsanordnung. Wird dieses Vorgehen noch einmal wiederholt, dann können wir schließlich die für diesen Spezialfall gültige Form des Hebelgesetzes ablesen: Drei Gewichtsstücke halten einem Gewichtsstück das Gleichgewicht, das sich in dem dreifachen Abstand vom Aufhängepunkt befindet.

Selbst über ARCHIMEDES' Tod und dessen Grab sind Geschichten überliefert. Im Zweiten Punischen Krieg hatte sich Sizilien mit Karthago gegen Rom verbündet. Bei der Belagerung von Syrakus durch die Römer unter dem Kommando von MARCELLUS hat ARCHIMEDES sein gesamtes ingenieurtechnisches Können zur Verteidigung seiner Vaterstadt eingesetzt *(Zitat 1.4 – 1)*. Auch wenn wir nicht allen Überlieferungen trauen können, denen zufolge er mit Hilfe von Brennspiegeln die römischen Schiffe in Brand gesetzt und sie mit über die Mauern der Stadt herausragenden Hebeln und Haken aus dem Wasser gehoben und an den Felsen zerschmettert hat, so ist doch sicher, daß Syrakus mehr als ein Jahr der Belagerung standhalten konnte, was sicher auch ARCHIMEDES zuzuschreiben ist. Es ist schließlich nur durch Verrat gelungen, die Stadt einzunehmen. MARCELLUS hat den strengsten Befehl erteilt, das Leben des ARCHIMEDES unter allen Umständen zu schützen. Trotzdem ist ARCHIMEDES bei der allgemeinen Plünderung und dem Gemetzel nach der Einnahme der Stadt von einem römischen Legionär getötet worden; vielleicht ist er nicht erkannt worden, oder er hat sich geweigert, den Befehlen Folge zu leisten. Über die Umstände seines Todes gibt es verschiedene Überlieferungen. Am weitesten verbreitet ist die Version, wonach ARCHIMEDES gerade in geometrische Figuren, die er vor sich in den Sand gezeichnet hatte, vertieft war, als der Legionär bei ihm eindrang. Dem achtlos darauf tretenden Legionär habe er „Störe meine Kreise nicht" *(Noli turbare circulos meos)* zugerufen.

MARCELLUS hat ARCHIMEDES mit großem Prunk bestatten und auf dem Grabstein einem Wunsche des Gelehrten entsprechend die Konturen einer Kugel in einem Zylinder einmeißeln lassen, denn ARCHIMEDES hat von allen seinen Arbeiten die Aussagen, die sich auf diese Körper beziehen, als die wertvollsten angesehen (Zitat 1.4 – 1). CICERO erwähnt in einer seiner Schriften, daß er während seiner Amtszeit als Prätor auf Sizilien auf einen im Gestrüpp verborgenen unbeachteten Grabstein mit einer geometrischen Figur gestoßen sei, anhand derer er das Grab des ARCHIMEDES erkannt habe.

ARCHIMEDES hat in seinen mathematischen Abhandlungen auch den Anforderungen an eine mathematische Strenge im heutigen Sinne weitestgehend entsprochen. Einer vergleichbaren Exaktheit begegnen wir erst wieder im 19. Jahrhundert. Gewöhnlich hat er gezeigt, daß die Negation seiner Behauptungen zu einem Widerspruch führt *(reductio ad absurdum)*. Dazu muß natürlich zunächst die Behauptung genau formuliert werden, d. h., die zu beweisende wahre Aussage muß bekannt sein. Um das Vorgehen an einem Beispiel zu erläutern, betrachten wir einen Satz des ARCHIMEDES über die Fläche eines Parabelsegments. ARCHIMEDES sagt in dem zu beweisenden Satz aus, daß die Fläche des Parabelsegments gleich dem 4/3fachen der Fläche des entsprechend *Abbildung 1.4 – 4* einbeschriebenen Dreiecks ist. Das Herangehen an die Lösung ist im übrigen auch von pädagogischer Relevanz. Stellen wir im Unterricht nämlich die Ergebnisse in einer solchen Form dar, dann fragt sich der Zuhörer beunruhigt, wie er selbst den zu beweisenden Satz herleiten könnte, wenn er mit dem Problem konfrontiert wäre. In der Geschichte der Wissenschaften haben nur wenige bedeutende Gelehrte der Nachwelt eröffnet, auf welchen Wegen und Irrwegen und mit welchen Schwierigkeiten große Erkenntnisfortschritte erreicht wurden, so daß wir unmittelbare Zeugen des Schaffensprozesses sein können. Zu diesen erfreulichen Ausnahmen gehört KEPLER, der in seinen Werken nicht nur die Endergebnisse, sondern auch die ihm gekommenen Zweifel sowie die fehlerhaften Gedankengänge in allen Einzelheiten darstellt. Gewöhnlich werden dem Leser nur die gut frisierten und passend eingekleideten Ableitungen und Ergebnisse vorgezeigt. Aus diesem Grunde ist das unerwartete Auffinden der Arbeit *Über die Methode* von ARCHIMEDES im Jahre 1906 von hervorragender wissenschaftshistorischer Bedeutung. Der dänische Wissenschaftshistoriker HEIBERG hat auf einem Palimpsest – einem wiederbeschriebenen Pergament, auf dem der erste Text abgekratzt worden war – Schriften von ARCHIMEDES entdeckt. In der Einleitung zu einer Arbeit, die in einem Sendschreiben an ERATOSTHENES enthalten ist,

9. *Über die Methode* (Εφοδος)

Außerdem soll die *Sammlung der Lemmata*' sowie das *Problem des Viehs* erwähnt werden.

Anhand verschiedener Texte kann der Titel bzw. der Inhalt einiger verlorengegangener Archimedischer Arbeiten rekonstruiert werden:
1. *Untersuchungen über Polygone*
2. *Über die Prinzipien* (Ἀρχαί)
3. *Über Waage und Hebel* (Περὶ ζυγῶν)
4. *Über den Schwerpunkt* (Κεντροβαριχά)
5. *Optik* (Κατοπτριχά)
6. *Über die Herstellung der Kugel* (Περὶ Σφαιροποίας)

Letztere Arbeit beschreibt ein mechanisches Modell, das die Bewegung der Sonne, des Mondes und der fünf Planeten veranschaulicht.

Die wertvollsten Arbeiten von *Archimedes* sind ohne unmittelbare Auswirkungen geblieben, denn erst nach anderthalb Jahrtausenden hat die wissenschaftliche Welt das zu ihrem Erfassen nötige Niveau erreicht. Die erste vollständige Ausgabe seiner Abhandlungen erschien 1544, also unmittelbar nach dem Erscheinen zweier zeitgenössischer Werke von historischer Bedeutung, des *De revolutionibus orbium coelestium* von *Kopernikus* und des *De humani corporis fabrica* von *Vesalius*

Zitat 1.4 – 1
Hoch auf breiter Grundlage von acht aneinander gebundenen Schiffen fuhr er mit einer Vorrichtung gegen die Mauer an, der Herrlichkeit und Stärke seines Rüstzeugs und dem ihn umgebenden Glanz vertrauend, was jedoch den Archimedes mit seinen Maschinen wenig kümmerte. Übrigens hatte dieser Mann dergleichen nicht einmal als der Mühe werthes getrieben, sondern das Meiste war als geometrisches Spiel- und Nebenwerk entstanden, weil früher Fürst *Hiero* etwas darin gesucht, den *Archimed* zu bestimmen, seine Kunst aus der geistigen Anschauung halbwegs dem sinnlichen zuzuwenden, und das Vernünftige irgendwie in handgreiflicher Verbindung mit dem Bedürfnis der Menge einleuchtender zu machen. Ursprünglich haben nämlich *Eudorus* und *Archytas* die so beliebte und gepriesene Mechanik zu bunter Verzierung der Geometrie durch niedliche Schaustücke aufgebracht, indem sie in Schluß und Konstruktion schwer zu beweisende Aufgaben auf sinnfällige und werkzeugliche Beispiele stützten, wie sie z. B. das mit den zwei mittlern Proportionallinien für tausend Fälle dem Zeichner unentbehrliche Grundproblem beide durch werkzeugliche Vorrichtung, das sogenannte Mesolab, auflösten, das sie statt krummer Linien und Kegelschnitte unterschoben. Als sich aber *Platos* Unwillen sich ereiferte, daß sie die Mathematik elend um ihren Vorzug bringen, wann dieselbe von unsinnlichen Gedanken ihre Zuflucht zum Handgreiflichen nehme und sich hinwiederum mit dem Körper einlasse, der so vieler lästigen und handwerksmäßigen Vorrichtungen bedürfe, so wurde Mechanik von Geometrie rein ausgeschieden und war lange Zeit ohne philosophische Anerkennung eine der kriegerischen Hilfswissenschaften.

Demungeachtet schrieb einst *Archimedes* an seinen Verwandten und Freund, den Fürsten *Hiero*, beliebiger Kraft sei beliebige Last zu bewegen möglich, und pochend, heißt es, auf die Stärke des Beweises, sprach er, wenn ich noch einen Erdball hätte, so wollte ich diesen von jenem aus in Bewegung setzen. Befremdet habe nun *Hiero* gebeten, die Aufgabe in ein Werk zu setzen, und etwas Großes zum Beweise mit kleiner Kraft zu bewegen, als er von den königlichen Lastschiffen einen Dreimaster, den mit großer Anstrengung viele Hände kaum ins Trockene zogen, mit starker Bemannung und der gewöhnlichen Fracht belud, sich entfernt dann setzte, und sachte mit leichter Hand das Ende eines Flaschenzugs spielen ließ, der ihn ihm gar sanft und ohne Anstoß, als woget' er durch die See, heranbrachte. Erstaunt hierüber und die

Macht der Kunst erkennend, bewog nun der König Archimeden, ihm zu Schutz und Trutz Maschinen für jede Art von Belagerung zu verfertigen, die zwar er, dessen Lebenstag meist einem Friedensfeste glich, nicht brauchte, bis jetzt den Syrakusiern dieses Rüstzeug, und mit demselben sein Werkmeister, trefflich zustatten kam.

Wie denn die Römer von zwei Seiten her stürmten, kam Schrecken über Syrakus und mit verstummender Angst der Gedanke, solcher Macht und Gewalt werde nichts widerstehen. Kaum aber ließ *Archimed* die Maschinen spielen, als dem Landsturm mit gewaltigem Sausen und unglaublicher Geschwindigkeit Geschosse aller Art und ungeheure Steinmassen, vor deren Wucht gar nichts deckte, was im Wurfe war, allzuhauf niederschmetternd und die Glieder zerreißend, entgegenkamen. Über den Schiffen aber schoben sich plötzlich hoch auf den Mauern wie Hörner, Balken vor, die sie mit nachlastendem Drucke von oben teils hinab in die Tiefe stießen, teils mit eisernen Händen oder Kranichschnabelzangen vorn emporzogen und aufrecht auf das Hinterteil stellend hinabtauchten, oder wenn man inwendig an Zügen herwärts drehte und umtrieb, sie an die Felsenriffe unter der Mauer schmetterte, daß mitsamt der Mannschaft alles in Trümmer ging. Manchmal war ein hoch aus dem Wasser in die Luft gehobenes, schwebend hin und wieder gedrilltes Schiff entsetzlich anzuschauen, bis es nach abgeschüttelter und weggeschleuderter Bemannung, leer an die Mauern prallte, oder, wenn der Haken losging, wirbelnd hinabstürzte. Zuletzt aber, als *Marcellus* die Römer so verschüchtert sah, daß, wenn auf der Mauer das kleinste Tau oder Holz zum Vorschein kam, alles schrie, dort lasse gegen sie jetzt eben *Archimed* eine Feder springen, und in Flucht davonlief, es verbot er sich inskünftig alles Angreifen und Stürmen, der Zeit die Belagerung anheimstellend.

Aber *Archimedes* trug so hohen Geist bei tiefstem Gehalt und solch einen Schatz von Wissenschaft in sich, daß er von alle dem, was ihm doch Namen und Ruf übermenschlicher, ja göttlicher Einsichten brachte, nicht das geringste schriftlich hinterlassen mochte, sondern, diese Beschäftigung mit dem Mechanischen und überhaupt alle mit dem Bedürfnis sich befassende Kunst für unedlen Betrieb erachtend, setzte er seinen Ehrgeiz einzig in das, dem das Schöne, in sich Vollkommene von dem Bedingten ungetrübt inwohnt: ein überall unvereinbarer Gegensatz, der auch den Streit der Form mit der Materie stiftet, da diese die Masse und den schönen Schein, jene die Vollendung der Kunstgestalt und überschwengliches Wesen geltend macht. Lassen sich doch in der Geometrie schwierigere und gewichtigere Sätze nirgend in einfachere und reinere Elemente aufgelöst finden [als bei ihm]. Und das schreiben nun die einen des Mannes angeborenem Talente zu, während andere der Meinung sind, durch einen unendlichen Fleiß habe alles ein mühelos und leicht hervorgebrachtes Ansehn gewonnen. Denn mit Suchen fände wohl einer von sich aus schwerlich den Beweis, unter dem Lernen aber meldet sich der Gedanke, das hätte man wohl selber auch gefunden: so eben und rasch führt sein Gang auf das zu Erweisende. Und so ist auch die Sage nicht unglaubhaft, daß er, in ewigem Banne eines ganz eigenen, innern Zaubers, Speise und Trank und der Pflege des Leibs vergessen, ja wenn man ihn oft mit Zwang zu Bad und Salben nötigte, beschrieb er an Kohlendecken geometrische Figuren und zog auf besalbter Haut mit dem Finger Linien, von seligem Entzücken wahrhaft trunken und von seiner Muse begeistert. Doch so manch schöne Entdeckung er auch gemacht, so sollten ihm die Freunde und Anverwandten im Tode auf sein Grab nur den die Kugel in sich begreifenden Zylinder setzen, und darüber den Überschuß im Verhältnisse des umschwebenden Körpers zu dem umschlossenen.

PLUTARCH: *Vergleichende Lebensbeschreibungen. Marcellus.* Deutsch von *J. G. Klaiber.* Stuttgart 1832

beschreibt Archimedes die Methode, wie er zu seinen Ergebnissen gekommen ist *(Zitat 1.4−2)*. Es stellt sich heraus, daß er sehr oft mechanische Analogien, so z. B. das Hebelgesetz, hinzugezogen hat. Seine Ergebnisse hat er so auf eine Art und Weise gewonnen, die er selbst nicht als streng ansehen konnte, und er hat die gewonnenen Sätze anschließend dann mit größter Strenge bewiesen. Archimedes hat seine Methode mit einer bewußt pädagogischen Zielstellung beschrieben, um auch andere zu befähigen, zu ähnlichen Ergebnissen zu kommen. Die verwendete Methode, die als intuitiv bezeichnet werden kann, ist alles andere als einfach. Das Nachvollziehen der Überlegungen erfordert oft bereits detaillierte Kenntnisse der Theorie der Kegelschnitte sowie der Stereometrie. Wir wollen hier den Weg, auf dem Archimedes zu einem seiner Sätze gekommen ist, von der Analogiebetrachtung am mechanischen Modell bis zum abschließenden exakten Beweis verfolgen, um so die Größe dieses Gelehrten ermessen zu können. Anschließend besprechen wir den Satz, den Archimedes selbst als sein bestes Ergebnis angesehen hat und der deshalb auch auf seinem Grabstein dargestellt worden ist. Wir werden uns auch mit dem Problem der Stabilität schwimmender Körper auseinandersetzen und abschließend aufzeigen, daß bestimmte, von Archimedes verwendete Verfahren bereits als Vorstufe der Integralrechnung anzusehen sind.

Der zu beweisende Satz lautet: Die Fläche eines Parabelsegments ist gleich dem 4/3fachen der Fläche des einbeschriebenen Dreiecks (Abbildung 1.4−4). Wie wir bereits erwähnt haben, bewies Archimedes den Satz mit der Methode *reductio ad absurdum*, wozu er natürlich das Ergebnis im voraus kennen mußte. Wir wollen also zunächst mit dem in seiner Abhandlung *Über die Methode* beschriebenen Verfahren den Zusammenhang

$$A_{\bigcirc} = \frac{4}{3} A_{\triangle}$$

herleiten. Dazu müssen wir uns einiger Eigenschaften der Parabel erinnern, die wir mit den heute üblichen Methoden beweisen wollen, weil diese Detailfragen hier nicht von Bedeutung sind.

In der *Abbildung 1.4−5a* ist eine Parabel dargestellt, deren Symmetrieachse durch die y-Achse gegeben ist. Ihre Gleichung lautet

$$y = a - bx^2.$$

Wir möchten hier erneut darauf hinweisen, daß Gleichungen dieser Art sowohl hinsichtlich ihres Inhalts als auch der Schreibweise in der Antike völlig unbekannt gewesen sind. Wir zeichnen nun die Tangente an die Parabel im Punkt B. Ihre Gleichung ergibt sich zu

$$y = -2\sqrt{ab}\left(x - \sqrt{a/b}\right).$$

Wir tragen dann eine Parallele zur Ordinate ein, die die Abszisse bei einem beliebigen Wert ξ im Punkte D schneiden soll; ihre Schnittpunkte mit der Parabel und der Tangente werden mit E und F bezeichnet. Im weiteren benötigen wir den Satz, daß für beliebige Punkte D die Relation

$$\frac{DE}{DF} = \frac{AD}{AB}$$

erfüllt ist. Aus den als bekannt vorausgesetzten Gleichungen für die Parabel und die Parabeltangente läßt sich dieser Zusammenhang leicht herleiten, da für die Parabel

$$y|_{x=\xi} = (a - b\xi^2) = \left(\sqrt{a} + \sqrt{b}\xi\right)\left(\sqrt{a} - \sqrt{b}\xi\right)$$

und für die Tangente

$$y|_{x=\xi} = -2\sqrt{ab}\left(\xi - \sqrt{a/b}\right) = 2\sqrt{a}\left(\sqrt{a} - \sqrt{b}\xi\right)$$

gilt. Daraus folgt aber

$$\frac{DE}{DF} = \frac{a - b\xi^2}{-2\sqrt{ab}\left(\xi - \sqrt{a/b}\right)} = \frac{\xi + \sqrt{a/b}}{2\sqrt{a/b}} = \frac{AD}{AB}.$$

Noch leichter ist anhand der *Abbildung 1.4−5b* einzusehen, daß zwischen den Flächen der zwei farbig eingezeichneten Dreiecke der Zusammenhang

$$ABC_{\triangle} = 4 AEB_{\triangle}$$

besteht. Wie aus den Gleichungen für Parabel und Tangente abgelesen werden kann, ist nämlich die Strecke DF das Doppelte der Strecke DE, und folglich hat das Dreieck BDF den doppelten Flächeninhalt des Dreiecks BDE und das Dreieck AFB den doppelten Flächeninhalt des Dreiecks AEB. Da aber der Flächeninhalt des Dreiecks AEB dann gleich dem Flächeninhalt des Dreiecks FDB sein muß, gilt

$$ABC_{\triangle} = 4 FDB_{\triangle} = 4 AEB_{\triangle}.$$

Wir kommen nun zum Kern des Gedankenganges von Archimedes: Wie kann das Hebelgesetz verwendet werden, um − wenn auch nicht völlig streng − die Flächen von Parabelsegmenten zu bestimmen? Dazu wird das Dreieck ABC an seinem Schwerpunkt an einem Ende eines zweiarmigen Hebels aufgehängt *(Abbildung 1.4−5c)*. Wir greifen ein sehr schmales vertikales, in der Abbildung mit $D'F'$ gekennzeichnetes Flächenelement aus dem Dreieck heraus. Die Breite des Flächenelementes ist − in der heute üblichen Formulierung − durch dx gegeben. Nach der Auffassung von Archimedes kann nun die Gesamtfläche als Summe senkrechter Linien von der

Art wie $D'F'$ aufgefaßt werden, ebenso wie ein Stück Leinwand als „Summe der Fäden". Gerade wegen der Schwäche der Argumentation hat ARCHIMEDES diese Ableitung aber nicht als Beweis, sondern nur als ein intuitives Hilfsmittel auf dem Wege zur Wahrheit angesehen. Unter Benutzung der oben abgeleiteten Parabeleigenschaften ergibt sich

$$\frac{D'E'}{D'F'} = \frac{AD'}{AB}$$

und nach einer kleinen Umformung

$$D'E' \cdot AB = D'F' \cdot AD'.$$

Dieser Zusammenhang läßt sich so deuten, daß das sehr schmale Flächenelement $D'F'$ mit einem Hebelarm AD' das Flächenelement $D'E'$ auf der anderen Seite des Hebels mit dem Hebelarm $A'B' = AB$ im Gleichgewicht hält. Ähnliche Beziehungen können wir auch für die Flächenelemente $D''F''$ und DE bzw. DF und $D''E''$ aufschreiben. Damit ist schließlich auf der linken Seite des Hebels das gesamte Parabelsegment mit dem gemeinsamen Hebelarm $A'B' = AB$ aufgehängt. Das Parabelsegment hält also das Dreieck ABC im Gleichgewicht, da dessen einzelne Flächenelemente alle mit einer ihrer Lage entsprechenden Hebelarm zum Gleichgewicht beitragen. Die Beiträge der Flächenelemente des Dreiecks lassen sich zu einer Resultierenden zusammenfassen, die im Schwerpunkt des Dreiecks angreift und proportional zur Dreiecksfläche ist. Das Hebelgesetz lautet dann also

$$A'B' \cdot AEB_\frown = A'S' \cdot ABC_\triangle.$$

Es ist bekannt, daß der Schwerpunkt des Dreiecks bei

$$A'S' = \frac{1}{3} AB$$

liegt, so daß weiter

$$AEB_\frown = \frac{1}{3} ABC_\triangle$$

folgt. Oben haben wir einen Zusammenhang zwischen der Fläche des bei den Gleichgewichtsbetrachtungen verwendeten Dreiecks ABC und der Fläche des im Parabelsegment einbeschriebenen Dreiecks abgeleitet. Setzen wir nun die Beziehung $ABC_\triangle = 4 AEB_\triangle$ ein, dann ergibt sich

$$AEB_\frown = \frac{4}{3} AEB_\triangle.$$

Auf dem von ARCHIMEDES angegebenen Wege sind wir nun schon so weit gekommen, daß wir den zu beweisenden Satz genau formulieren und mit dem strengen Beweis beginnen können. Für den Beweis benötigen wir wiederum zwei Hilfssätze. Der eine bezieht sich auf die Flächeninhalte der Vielecke, die in die Parabel eingeschrieben werden können und diese zunehmend ausfüllen (*Abbildung 1.4 – 6*). Dazu zeichnen wir zunächst in das Parabelsegment das Dreieck AEB und zwei zur Parabelachse parellele Geraden ein, durch deren Schnittpunkte mit der Parabel C_1 und C_2 die Dreiecke AC_1E und BC_2E festgelegt sind. Aus den Eigenschaften der Parabel ist leicht abzuleiten, daß für die Fläche A_1 des Dreiecks AEB und die beiden zueinander gleichen Flächen A_2 der Dreiecke AC_1E und BC_2E die Beziehungen

$$AEB_\triangle \equiv A_1 = 4 AC_1E = 4 BC_2E \equiv 4 A_2; \quad A_2 = \frac{1}{4} A_1$$

gelten. Diese lassen sich am einfachsten wiederum mit Hilfe der Parabelgleichung beweisen. Bei einer Unterteilung der Strecke AB in acht gleiche Abschnitte lassen sich vier kleine Dreiecke neu einzeichnen, deren Flächeninhalt sich zu

$$A_3 = A_1 \cdot \frac{1}{16} = A_1 \cdot \left(\frac{1}{4}\right)^2 = A_1 \left(\frac{1}{4}\right)^{3-1}$$

ergibt. Geht man auf diesem Wege weiter, so findet man

$$A_n = A_1 \left(\frac{1}{4}\right)^{n-1}.$$

Wir sehen also, daß der Flächenzuwachs, der mit einer immer feiner werdenden Unterteilung erreicht wird, beliebig klein gemacht werden kann.

Der zweite benötigte Hilfssatz lautet: Für die Flächen der Dreiecke, die der Parabel entsprechend Abbildung 1.4 – 6 einbeschrieben werden können, gilt

$$A_1 + A_2 + \ldots + A_n + \frac{A_n}{3} = \frac{4}{3} A_1.$$

Der Beweis dieses Hilfssatzes ist sehr einfach. Wir benötigen dazu lediglich die Summe der endlichen geometrischen Reihe

$$1 + q + q^2 + \ldots q^{n-1} = \frac{1-q^n}{1-q}$$

und erhalten mit $q = 1/4$

$$\frac{1-q^n}{1-q} + \frac{q^{n-1}}{3} = \frac{3(1-q^n) + \frac{3}{4} q^{n-1}}{\frac{3}{4} \cdot 3} = \frac{4 - 4q^n + q^{n-1}}{3}$$

und schließlich unter Beachtung von $4q^n = q^{n-1}$ für $q = 1/4$

$$A_1(1 + q + \ldots + q^{n-1}) + A_1 \frac{q^{n-1}}{3} = \frac{4}{3} A_1.$$

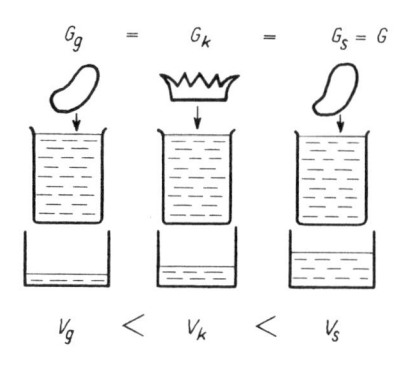

Abbildung 1.4 – 2
Ein Silberklumpen verdrängt fast doppelt so viel Wasser wie ein gleich schwerer Klumpen aus reinem Gold. Die von der ebenso schweren Krone verdrängte Wassermenge liegt in der Mitte zwischen beiden Werten, so daß offenbar die Krone nicht aus reinem Gold sein kann

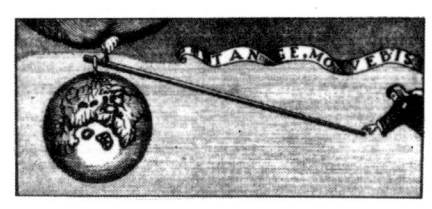

Abbildung 1.4 – 3a
So veranschaulichte *Varignon* 1687 den vielzitierten Ausspruch von *Archimedes*

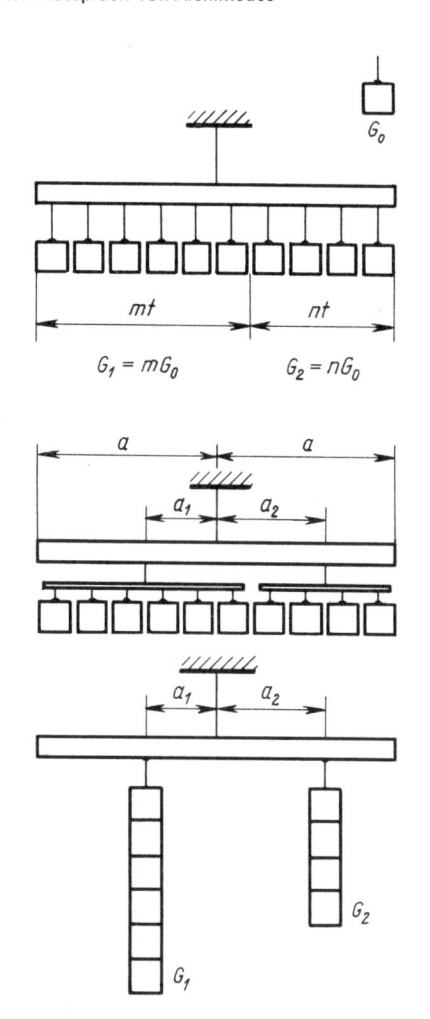

Abbildung 1.4 – 3b
Zur Archimedischen Ableitung des Hebelgesetzes

Wir möchten an dieser Stelle betonen, daß ARCHIMEDES nicht mit unendlichen Reihen gearbeitet und auch den Begriff des Grenzwertes nicht – oder doch zumindest nicht explizit – verwendet hat.

Es sind nun alle Voraussetzungen vorhanden, um den exakten Beweis führen zu können. Unsere erste Ausgangsaussage sei der soeben bewiesene Satz

$$A_1 + A_2 + \ldots + A_n + \frac{1}{3} A_n = \frac{4}{3} A_1. \tag{I}$$

Bezeichnen wir die Summe der ersten n Glieder mit S_n. Es ist sofort einzusehen, daß für sie die Ungleichung

$$S_n < \frac{4}{3} A_1$$

erfüllt ist.

Die zweite Ausgangsaussage lautet, daß die Flächen der einbeschriebenen Polygone immer kleiner sind als die Fläche das Parabelsegments, wobei jedoch die Differenz für eine genügend feine Unterteilung beliebig klein gemacht werden kann, d. h., es gilt

$$S_n < A \equiv A_\frown, \quad \text{aber} \quad A - S_n < \varepsilon, \quad \text{wenn} \quad n > m(\varepsilon). \tag{II}$$

Der Beweis des Satzes $AEB_\frown = \frac{4}{3} AEB_\triangle$ soll unter Zugrundelegung dieser zwei Ausgangssätze mit der Methode *reductio ad absurdum* geführt werden.

a) Wir nehmen an, daß die Fläche des Parabelsegments größer ist als das 4/3fache der Fläche des einbeschriebenen Dreiecks, d. h.,

$$A > \frac{4}{3} A_1 \quad \text{oder} \quad A - \frac{4}{3} A_1 = \delta,$$

wobei δ eine positive Zahl ist. Die Einteilung soll nun so fein gewählt werden, daß S_n die Fläche

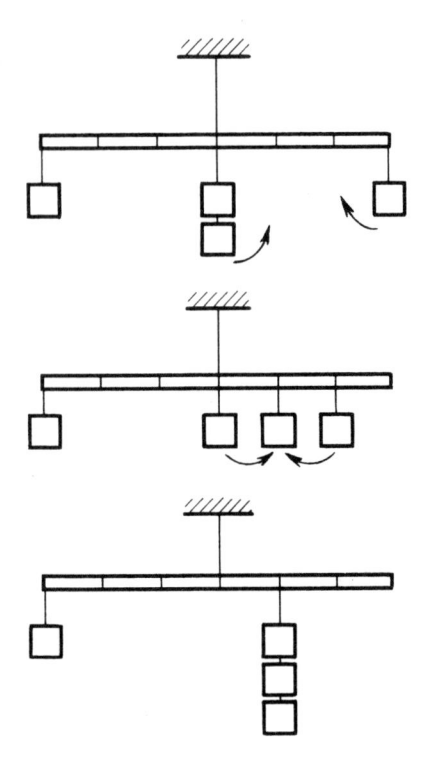

Abbildung 1.4–3c
Die arabischen Kommentatoren schrieben auch diese Ableitung *Archimedes* zu

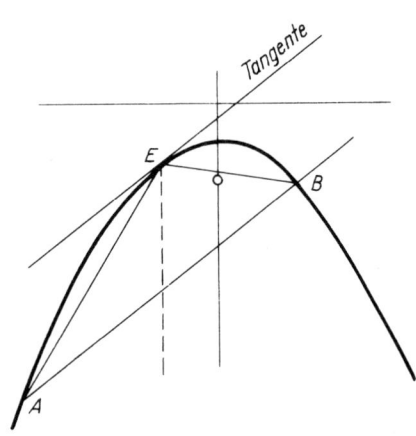

Abbildung 1.4–4
Zwischen einem Parabelsegment und der Fläche des einbeschriebenen Dreiecks besteht die Beziehung $AEB_\frown = \frac{4}{3} AEB_\triangle$

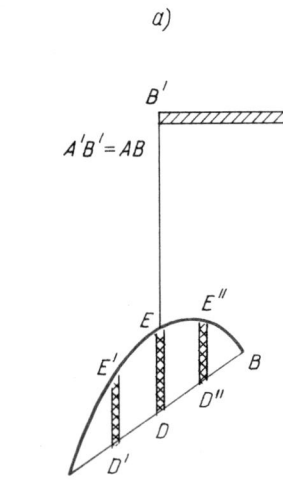

Abbildung 1.4–5a, b, c
Die Methode, mit der *Archimedes* den dann streng zu beweisenden richtigen Satz erkannt hat

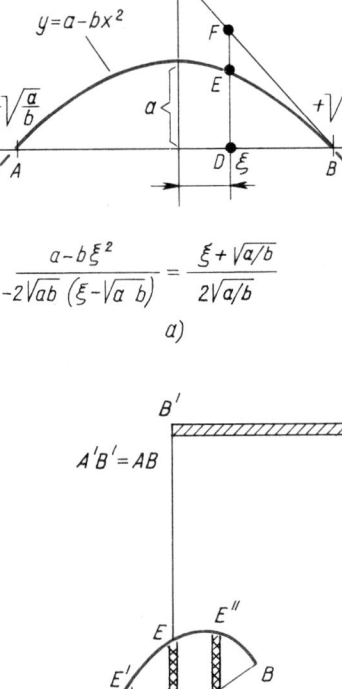

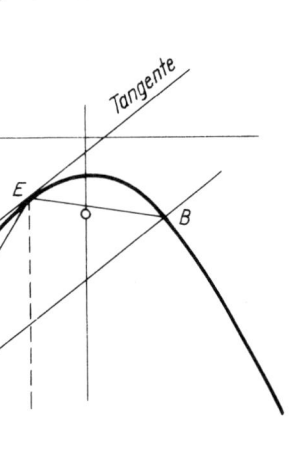

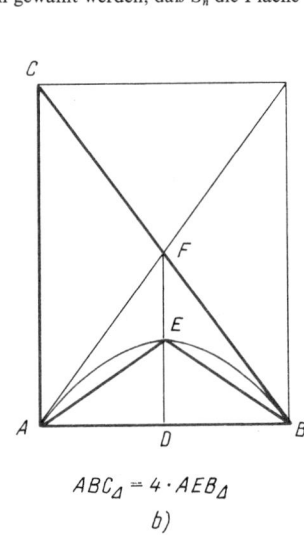

A bis auf die Differenz ε mit $\varepsilon < \delta$ ausfüllt. Daraus folgt aber

$$A > S_n > \frac{4}{3} A_1$$

im Widerspruch zum obigen Hilfssatz

$$S_n < \frac{4}{3} A_1.$$

Die Ausgangsannahme führt somit zu einem absurden Ergebnis und muß folglich falsch sein.

b) Wir nehmen nun an, daß die Fläche des Parabelsegments kleiner ist als das 4/3fache der Fläche des einbeschriebenen Dreiecks, d. h.,

$$A < \frac{4}{3} A_1 \quad \text{oder} \quad \frac{4}{3} A_1 - A = \delta,$$

wobei δ wieder eine fest vorgegebene positive Zahl ist. Die Einteilung können wir so fein wählen, daß der letzte Flächenzuwachs kleiner als diese feste Zahl δ ist,

$$A_m < \frac{4}{3} A_1 - A.$$

Außerdem gilt natürlich die Ungleichung

$$\frac{4}{3} A_1 - S_m = \frac{1}{3} A_m < A_m,$$

und beide Ungleichungen zusammen lauten

$$\frac{4}{3} A_1 - A > A_m > \frac{4}{3} A_1 - S_m,$$

woraus schließlich

$$S_m > A$$

im Widerspruch zur Ungleichung $S_m < A$ folgt. Beide Widersprüche zusammen ergeben aber einen strengen Beweis der Aussage, daß die Fläche eines Parabelsegments gleich dem 4/3fachen der Fläche des einbeschriebenen Dreiecks ist.

Wie wir schon erwähnt haben, hat ARCHIMEDES folgenden Satz, mit dessen Hilfe schließlich auch das Kugelvolumen bestimmt werden kann, als seine beste Leistung angesehen.

In *Abbildungen 1.4–7a; b* ist ein Schnitt durch eine Kugel mit dem Durchmesser $OA = 2r$ und dem Mittelpunkt C, einen Zylinder mit der Höhe $2r$ und dem Radius $2r$ und einen Kegel mit dem Grundkreisradius $2r$ dargestellt. Zylinder und Kegel haben die gemeinsame Achse OA; die Kegelspitze liegt im Punkte O. Errichtet man auf einem beliebigen Punkt T der Achse OA eine Senkrechte, dann gilt unter Beachtung des Satzes des PYTHAGORAS für das rechtwinklige Dreieck OTK

$$OK^2 = OT^2 + TK^2.$$

Da das Dreieck OTK' gleichschenklig ist, gilt $OT = TK'$, und wir erhalten weiter

$$OK^2 = TK'^2 + TK^2. \tag{1}$$

In dem rechtwinkligen Dreieck OKA ist die Kathete OK das geometrische Mittel aus der Hypotenuse und der Projektion OA der Kathete OK auf sie:

$$OK^2 = OT \cdot OA = \frac{OT \cdot OA^2}{OA} = \frac{OT \cdot TZ^2}{OA}. \tag{2}$$

Bei der Umformung wurde berücksichtigt, daß $OA = TZ$ gilt. Kombinieren wir nun die Gleichungen (1) und (2), dann erhalten wir

$$TK'^2 + TK^2 = \frac{TZ^2 \cdot OT}{OA}.$$

Wir multiplizieren diese Gleichung nun mit π und beachten, daß die Größen $\pi TK'^2$, πTK^2 und πTZ^2 die Flächeninhalte der Kreise sind, die sich als Schnittflächen einer durch den Punkt T führenden und senkrecht auf der Strecke OA stehenden Ebene mit dem Kegel, der Kugel und dem Zylinder ergeben. Bringt man die Gleichung nun in die Form

$$(\pi \cdot TK'^2 + \pi \cdot TK^2) \cdot OA = \pi TZ^2 \cdot OT,$$

dann läßt sie sich wieder als eine interessante Anwendung des Hebelgesetzes deuten. Hängt man an die linke Seite eines zweiarmigen Hebels bei der konstanten Hebellänge $OA = OA'$ dünne Kreisflächen, die aus der Kugel und dem Kegel herausgeschnitten wurden, so werden diese von den entsprechenden aus dem Zylinder herausgeschnittenen Kreisflächen im Gleichgewicht gehalten, wenn deren Hebelarm OT beträgt. Wir lassen nun den Punkt T die Strecke OA durchlaufen und summieren so die Kreisscheiben auf. Wir sehen dann, daß der Hebel im Gleichgewicht ist, wenn auf der einen Seite Kugel und Kegel mit einem Hebelarm $OA' = 2r$ aufgehängt werden und auf der anderen Seite der Zylinder mit einem Hebelarm $OS = r$ (d. h. mit dem Schwerpunktsabstand, der sich aus der Mittelung über die Abstände OT ergibt) angebracht ist. Die Gleichgewichtsbedingung kann folglich als

$$2r(V_{Ku} + V_{Ke}) = r V_Z$$

geschrieben werden, woraus

$$V_{Ku} = \frac{1}{2} V_Z - V_{Ke}$$

folgt.

Es ist aber bekannt, daß bei gleicher Grundfläche und Höhe der Zylinder das dreifache

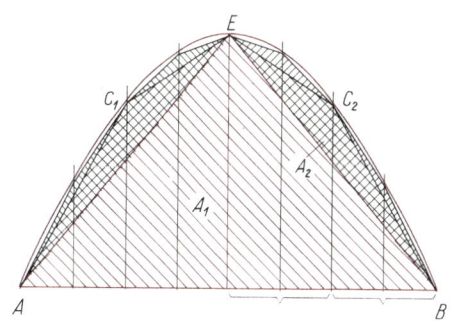

Abbildung 1.4–6
„Ausschöpfen" eines Parabelsegments (Exhaustion). Werden immer mehr Dreiecke mit immer kleineren Flächen berücksichtigt, so wird die Fläche des Parabelsegments immer genauer angenähert

$OA = OA'$

$OG^2 = OT^2 + TG^2 = TK^2 + TG^2$

$OG^2 = OT \cdot OA = \dfrac{OT \cdot OA^2}{OA} = \dfrac{OT \cdot TH^2}{OA}$

$\pi(TK^2 + TG^2) OA' = \pi TH^2 \cdot OT$

a)

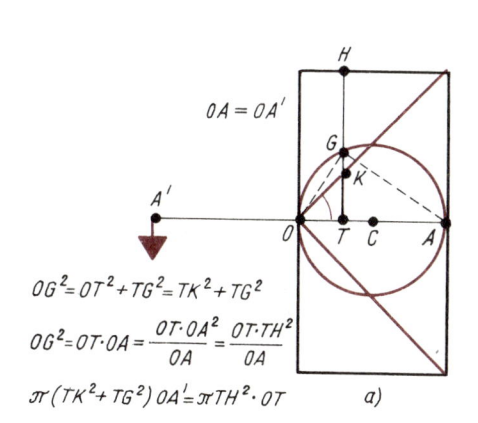

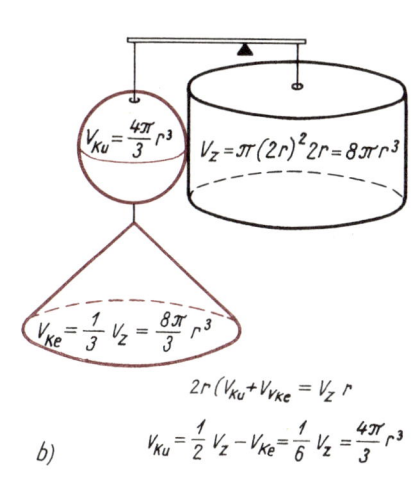

$V_{Ku} = \dfrac{4\pi}{3} r^3 \qquad V_Z = \pi (2r)^2 2r = 8\pi r^3$

$V_{Ke} = \dfrac{1}{3} V_Z = \dfrac{8\pi}{3} r^3$

$2r(V_{Ku} + V_{Ke}) = V_Z r$

b) $V_{Ku} = \dfrac{1}{2} V_Z - V_{Ke} = \dfrac{1}{6} V_Z = \dfrac{4\pi}{3} r^3$

Abbildung 1.4–7
Bestimmung des Kugelvolumens nach *Archimedes*

a) Zur Ableitung der Verhältnisse zwischen den Kreisflächen mit den Radien TK, TK' und TZ (aus Kugel, Kegel und Zylinder herausgeschnitten)

b) Zum Gleichgewicht der aus gleichem Material angefertigten Körper

Zitat 1.4−2
Archimedes grüßt Eratosthenes.
Bei einer früheren Gelegenheit sandte ich Dir einige der von mir gefundenen Lehrsätze, wobei ich nur die Sätze aufschrieb und Dich aufforderte, die vorläufig nicht angegebenen Beweise zu finden... Die Beweise dieser Sätze habe ich also in diesem Buche ausgearbeitet und schicke sie Dir jetzt.

Da ich aber, wie ich schon sagte, in Dir einen ernsthaften Gelehrten, einen Philosophen von hervorragender Bedeutung und, bei vorkommender Gelegenheit, einen Bewunderer mathematischer Forschung sehe, so habe ich es angebracht gefunden, in demselben Buche eine eigentümliche Methode niederzulegen und Dir auseinanderzusetzen, wodurch es Dir möglich sein wird, eine Anregung zur Untersuchung einiger mathematischer Fragen mit Hilfe der Mechanik zu gewinnen. Dieses Verfahren ist nach meiner Überzeugung auch für den Beweis der Sätze selbst nicht weniger nützlich; denn gewisse Dinge sind mir zuerst durch eine mechanische Methode klar geworden, mußten aber nachher geometrisch bewiesen werden, weil ihre Behandlung nach der genannten Methode keinen wirklichen Beweis liefert. Denn es ist offenbar leichter, wenn wir durch die Methode vorher einige Kenntnis von den Fragen gewonnen haben, den Beweis zu finden, als ihn ohne vorläufige Kenntnis zu finden. Das ist ein Grund, weshalb wir in dem Falle der Sätze, deren Beweis *Eudoxus* zuerst gefunden hat, nämlich daß der Kegel der dritte Teil des Zylinders und die Pyramide des Prismas ist, die dieselbe Grundfläche und gleiche Höhe haben, *Demokrit* keinen geringen Anteil des Verdienstes zuerkennen müssen, der zuerst über die genannte Figur den Ausspruch getan hat, obwohl er ihn nicht bewiesen hat. Ich bin selbst in der Lage, den jetzt zu veröffentlichenden Lehrsatz nach derselben Methode früher gefunden zu haben, und ich beschloß daher, die Methode schriftlich auseinanderzusetzen, teils weil ich bereits davon gesprochen habe und nicht in den Ruf kommen möchte als hätte ich leere Worte geäußert, teils auch weil ich überzeugt bin, dadurch der Mathematik keinen geringen Dienst zu leisten; denn ich denke, mancher meiner Zeitgenossen oder Nachfolger wird mit Hilfe der Methode, wenn sie einmal bekannt ist, imstande sein, andere Sätze zu finden, die mir noch nicht eingefallen sind.

Zuerst will ich nun den Satz auseinandersetzen, der mir zuerst mittels der Mechanik klar geworden ist, nämlich daß

jedes Segment eines Schnittes eines rechtwinkligen Kegels (d. i. einer Parabel) vier Drittel des Dreiecks ist, das dieselbe Grundlinie und gleiche Höhe hat,

und darauf will ich jeden der anderen durch dieselbe Methode gefundenen Sätze angeben. Am Ende des Buches gebe ich dann die geometrischen Beweise der Sätze, deren Wortlaut ich Dir schon mitgeteilt habe.

ARCHIMEDES: *Methode. Sir Thomas L. Heath: Archimedes' Werke.* Deutsch von *Dr. Fritz Kliem*. Berlin 1914

Abbildung 1.4−8a, b
a) Die Projektion des Normalenabschnittes PT auf die Parabelachse ist konstant
b) Bedingung für Stabilität: Die Wirkungslinie $S_1 S_1'$ muß links der Wirkungslinie $S_0 S_0'$ liegen

Volumen des Kegels hat, $V_{Ke} = \frac{V_Z}{3}$, so daß weiter

$$V_{Ku} = \frac{1}{2}V_Z - \frac{1}{3}V_Z = \frac{1}{6}V_Z$$

gilt. Wegen $V_Z = \pi(2r)^2 \cdot 2r = 8\pi r^3$ folgt schließlich

$$V_{Ku} = \frac{8\pi r^3}{6} = \frac{4\pi}{3}r^3.$$

Bei den hohen Ansprüchen, die ARCHIMEDES an die Strenge eines Beweises gestellt hat, ist es nicht verwunderlich, daß er von der oben wiedergegebenen Ableitung nicht zufriedengestellt worden ist. Bei Kenntnis der zu beweisenden Formel hat er dann den Beweis mit Hilfe der Exhaustionsmethode geführt. Wir wollen darauf hier nicht weiter eingehen.

Eine andere, hinsichtlich der Verknüpfung von Physik und Mathematik hervorragende Arbeit von ARCHIMEDES hat die Lösung eines physikalischen Problems zum Gegenstand. Es geht hier um die Stabilität schwimmender Körper, ein Problem, das von großer praktischer Bedeutung ist. Die von ARCHIMEDES gegebene Lösungsmethode wird auch heute noch benutzt. Ein schwimmender Körper werde aus seiner Gleichgewichtslage ausgelenkt, wobei die am Körper angreifenden Kräfte sich in bestimmter Weise ändern. Von Interesse ist vor allem, ob die Kräfte den Körper in die Gleichgewichtslage zurückdrehen oder ob sie die anfängliche Auslenkung zu vergrößern versuchen. ARCHIMEDES verwendet zur Lösung des Problems eine zu seiner Zeit bereits bekannte Parabeleigenschaft: Die Projektion des Normalenabschnittes zwischen Parabel und Parabelachse auf die Parabelachse ist konstant. Eine Ableitung dieses Satzes ist − unter Benutzung der heute üblichen Hilfsmittel − in *Abbildung 1.4−8a* angegeben. Von den vielen interessanten Aussagen zur Stabilität schwimmender Körper wollen wir nur die folgende besprechen:

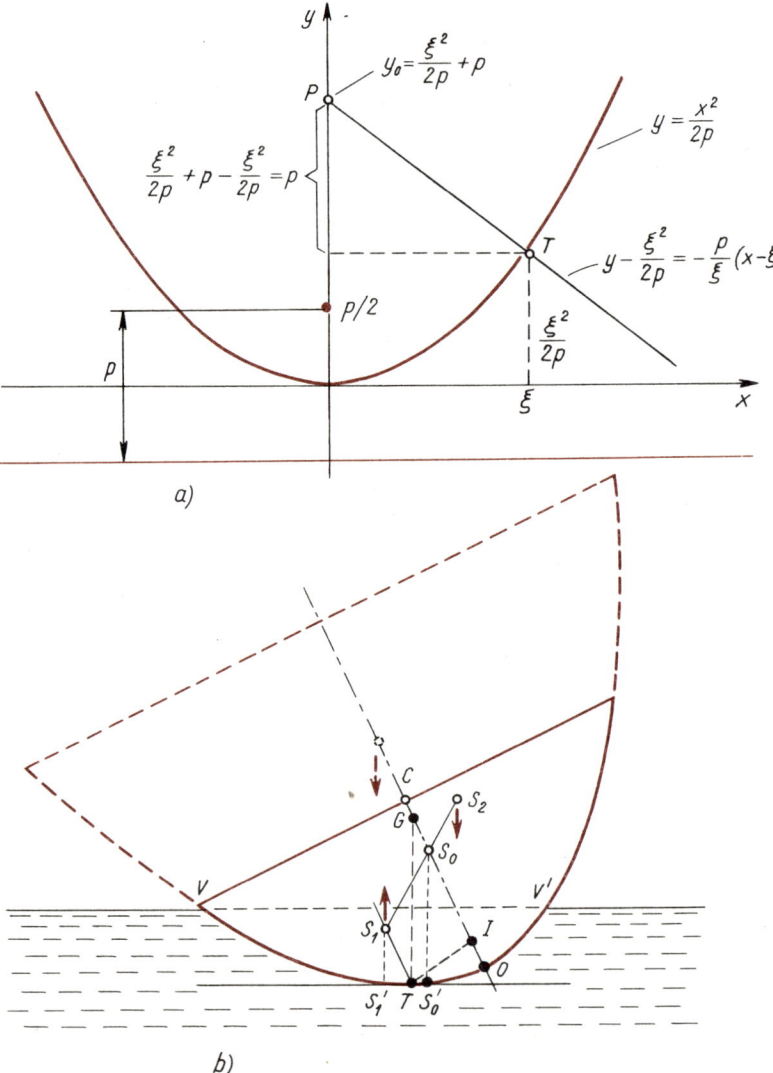

a)

b)

Ein Körper in der Form eines Rotationsparaboloids schwimmt dann stabil, wenn seine Höhe nicht größer als $3/2\,p$ ist (mit p als dem oben definierten konstanten Wert der Projektion der Normalen auf die Parabelachse). Wir betrachten den aus der Ruhelage ausgelenkten Körper anhand der *Abbildung 1.4−8b*. Damit der Körper stabil schwimmt, muß die Wirkungslinie der im Punkt S_1 des Paraboloidsegments $VV'T$ angreifenden Auftriebskraft links von der Wirkungslinie $S_0 S_0'$ der im Schwerpunkt des Körpers angreifenden Schwerkraft liegen, denn in diesem Falle versucht das Drehmoment den Körper in die Ruhelage zurückzudrehen. Eine hinreichende Bedingung dafür ist, daß die waagerechte Tangente das Paraboloid an einem Punkt T berührt, der links vom Punkt S_0' liegt. Diese Bedingung ist aber dann erfüllt, wenn $OG > OS_0$ ist. Dies ist sicher richtig für $IG \geq OS_0$, wobei IG gerade die konstante Projektion p des Normalenabschnittes auf die Paraboloidachse ist. OS_0 ist aber bei einem Rotationsparaboloid gleich dem 2/3fachen der Höhe. Daraus folgt die Stabilitätsbedingung

$$p \geq \frac{2}{3}h \quad \text{oder} \quad h \leq \frac{3}{2}p.$$

Es soll noch erwähnt werden, daß ARCHIMEDES auch den Fall nicht so flacher Rotationsparaboloide, für die $h > \frac{3}{2}p$ gilt, untersucht hat. Seine Überlegungen stellen wir hier nicht ausführlich dar, sondern geben nur deren Ergebnis an. Es sei s das Verhältnis der Wichte des Körpers zur Wichte der Flüssigkeit,

$$s = \frac{V_{\text{Flüssigkeit}}}{V_{\text{Körper}}}.$$

Das Rotationsparaboloid schwimmt dann stabil, wenn

$$1 > s \geq \frac{\left(h - \frac{3}{2}p\right)^2}{h^2}$$

ist.

1.4.2 Das ptolemäische System zur Beschreibung der Himmelsbewegungen

Eine Lebensdauer von anderthalb Jahrtausenden ist für eine Theorie, deren Voraussagen Tag für Tag mit den Beobachtungen verglichen werden können, aller Ehren wert. Das große synthetische System der Bewegungen der Himmelskörper − der von den Arabern geprägte Name *Almagest* ist eine Entstellung von *Megale syntaxis* (μεγάλη σύνταξις) − hat über mehr als 50 Generationen den Ansprüchen der Kalendermacher, Astronomen und Astrologen genügt. Mit diesem System wird zwar kein physikalisches Modell gegeben, wer jedoch ein solches unbedingt haben wollte, konnte es in den Kristallsphären des aristotelischen Systems finden. Das ptolemäische System verdankt seine Attraktivität den Platonschen Prinzipien, auf die es sich stützt, seine Genauigkeit resultiert jedoch aus seiner Anpassungsfähigkeit. Diese äußert sich darin, daß zum „Retten der Erscheinungen" auch solche Bewegungstypen unter die für vollkommene Wesen möglichen idealen Bewegungen aufgenommen worden sind, die im Widerspruch zu den Platonschen Prinzipien stehen. Die *Abbildung 1.4−9* zeigt das vereinfachte ptolemäische Bild des Sonnensystems. Die in der Mitte ruhende Erde wird der Reihe nach von Mond, Merkur, Venus, Sonne, Mars, Jupiter und Saturn umlaufen. Sonne und Mond bewegen sich auf einfachen Kreisbahnen; sie führen die eigentliche ideale Bewegung, eine Kreisbewegung mit konstanter Winkelgeschwindigkeit, aus. Die Kreisbewegung als grundlegende, elementare Bewegungsform ist in der *Abbildung 1.4−10a* eigens dargestellt. Die Planeten führen bereits kompliziertere, zusammengesetzte Bewegungen aus: Sie durchlaufen gleichförmig Epizykelkreise, deren Mittelpunkte sich ebenfalls mit konstanter Geschwindigkeit entlang der Deferentenkreise bewegen *(Abbildung 1.4−11)*. Beide Bewegungen sind zwar jede für sich ideale Bewegungen im Sinne PLATONS, aus ihrer Überlagerung resultieren jedoch in Abhängigkeit vom Verhältnis der Winkelgeschwindigkeiten und der Radien beider Kreise recht komplizierte Bewegungen. So können wir z. B. gemäß *Abbildung 1.4−10b* zu einer Kreisbahn kommen, deren Mittelpunkt nicht mit dem Mittelpunkt des Weltalls, d. h. mit der Erde, zusammenfällt. Es kann auch eine Bewegung erhalten werden, bei der der Mittelpunkt dieser eben erwähnten exzentrischen Kreisbahn − des Exzenters − selbst eine Kreisbahn durchläuft. Durch solche Überlagerung können im allgemeinsten Falle auch rückläufige Bewegungen der Planeten beschrieben werden.

PTOLEMÄUS hat aber zur genaueren Beschreibung der Beobachtungen noch einen weiteren Bewegungstyp benötigt, mit dem er die Platonschen Prinzipien grob verletzt hat: Er hat den Äquanten eingeführt. Wir nehmen nach *Abbildung 1.4−10c* an, daß der Planet P sich auf einem Kreis K mit dem Mittelpunkt C bewege. Das ist noch nichts Besonderes, wir haben es lediglich mit der oben erwähnten Exzenterbewegung zu tun. Nach PTOLEMÄUS wird aber nun eine weitere Kreisbahn K' mit dem Mittelpunkt C'

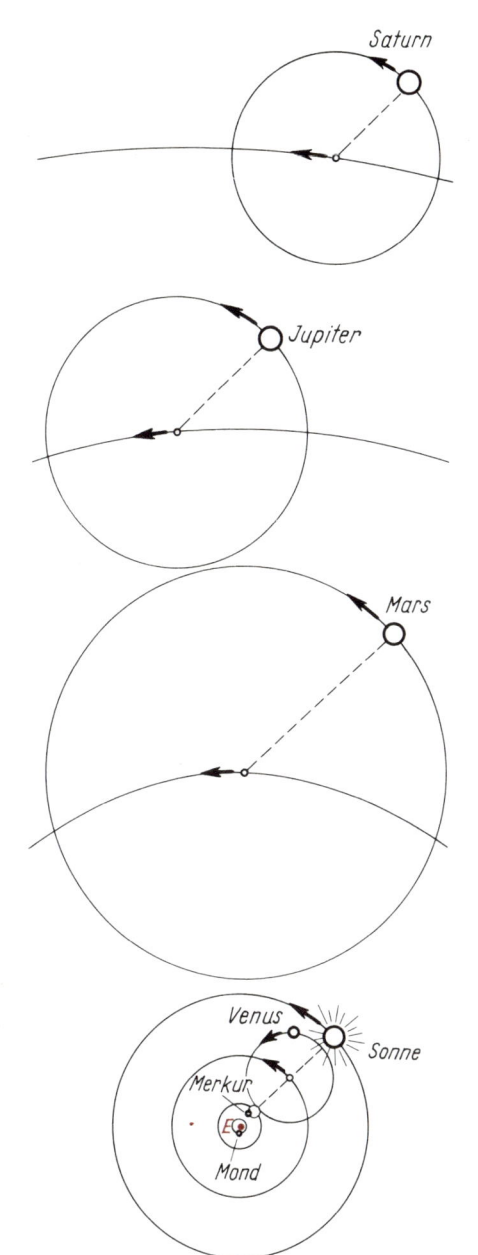

Abbildung 1.4−9
Vereinfachtes ptolemäisches Bild. Da hier keine Rede von tatsächlichen Entfernungen ist, werden die Radien der Deferenten meist so gewählt, daß es gerade keine Überschneidungen der Epizykel gibt. Die besondere Rolle der Sonne äußert sich darin, daß bei den inneren Planeten die Epizykelmittelpunkte auf der Verbindungslinie Erde − Sonne liegen, während bei den äußeren Planeten die Epizykelradien zu dieser Linie parallel sind. [0.1]

Jupiter aber, der seine Kreisbahn zwischen Mars und Saturn durchläuft, durchfliegt eine größere Bahn als Mars und eine kleinere als Saturn. Ebenso scheinen die übrigen Planeten, je größer ihr Abstand von dem äußersten Rand des Himmels und je näher ihre Kreisbahn der Erde ist, um so schneller zu kreisen, weil jeder von ihnen, eine kleinere Kreisbahn durchlaufend, öfter unter dem, der darüber kreist, hinläuft und an ihm vorbeizieht. Z. B.: Wenn man auf eine Scheibe, wie Töpfer sie verwenden, sieben Ameisen setzt, auf der Scheibe um ihren Mittelpunkt konzentrisch ebensoviele Rillen macht, die vom Mittelpunkt bis zum Rande länger werden, und wenn man die Ameisen zwingt, in ihnen im Kreise herumzulaufen, und die Scheibe in entgegengesetzter Richtung dreht, so müssen die Ameisen trotzdem entgegen der Drehung der Scheibe in der Gegenrichtung ihren Weg bis ans

Ende zurücklegen, und diejenige, die die dem Mittelpunkt zunächst liegende Rille hat, wird diese schneller durchlaufen. Die Ameise aber, die die äußerste Kreisrille der Scheibe durchläuft, wird, wenn sie auch gleich schnell läuft, wegen der Größe der Rille viel langsamer ihre Bahn vollenden. In ähnlicher Weise vollenden auch die Planeten, indem sie sich entgegen der Bewegung des Weltalls bewegen, in ihren besonderen Bahnen ihren Kreislauf, werden aber infolge der Umdrehung des Himmels in entgegengesetzter Richtung rückwärts getragen im täglichen Kreislauf der Zeit.
Vitruv: Zehn Bücher über Architektur. Buch 9, Kap. 1. Deutsch von *Dr. Curt Fensterbusch.* Wiss. Buchgesellschaft, Darmstadt 1981

(punctum äquans) konstruiert, wobei die Radien der Bahnen K und K' übereinstimmen und EC = CC' gilt. Der Planet möge sich dann so auf seiner Bahn K bewegen, daß die Rotation des Radius C'B' gleichförmig ist. Der Kreis K' wird als Ausgleichskreis *(circulus äquans)* bezeichnet. Es ist von

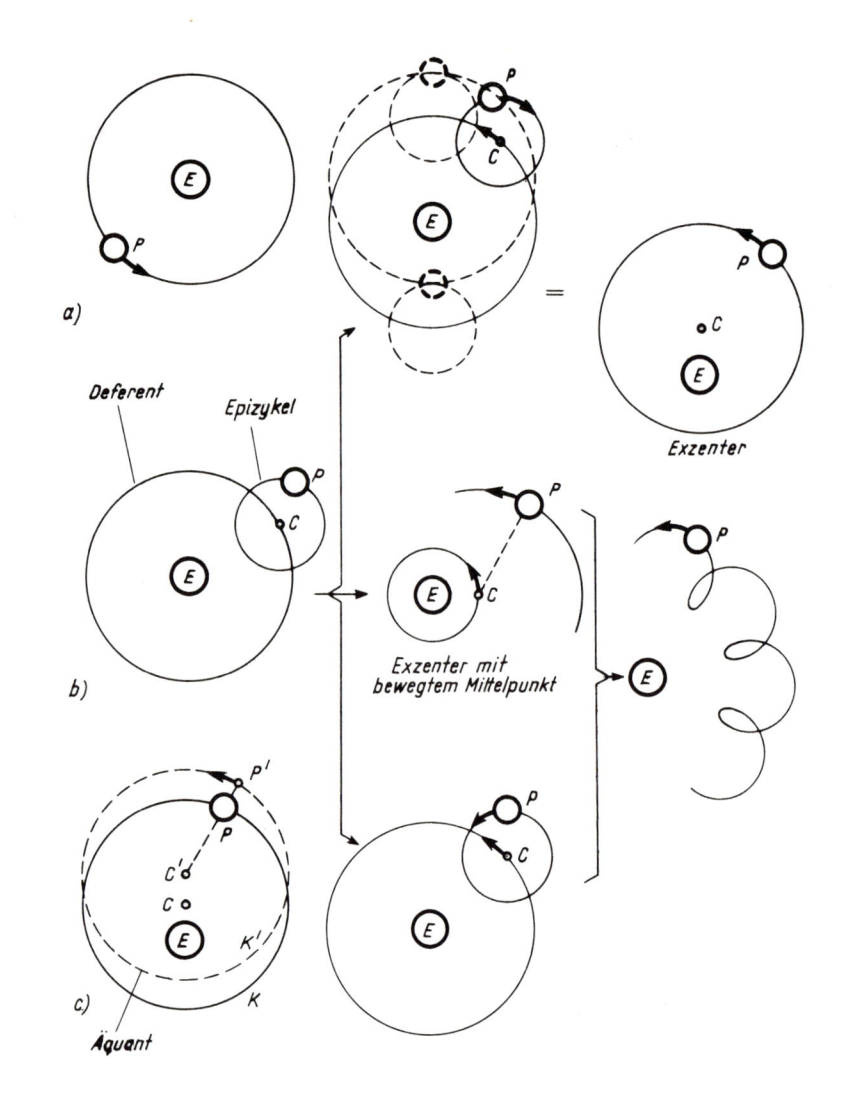

Abbildung 1.4−10
Elementare Bewegungsformen im ptolemäischen System
  a) ideale Bewegung: gleichförmige Kreisbewegung
  b) der Himmelskörper P durchläuft den Epizykelkreis gleichförmig, dessen Mittelpunkt (C) einen anderen Kreis, den Deferenten, ebenfalls gleichförmig durchläuft
  c) der Planet durchläuft einen Kreis K mit dem Mittelpunkt C, die Rotation ist jedoch bezüglich des Punktes C' gleichförmig

historischem Interesse, daß KOPERNIKUS gerade in der Einführung des Äquanten einen Schönheitsfehler und ein Zeichen für die innere Widersprüchlichkeit des ptolemäischen Systems gesehen hat.

Durch eine Kombination all dieser Bewegungselemente und − wenn nötig − durch Einführung neuer Epizykeln, Exzenter und Äquanten ist es tatsächlich gelungen, das Geschehen am Firmament mit befriedigender Genauigkeit vorauszusagen oder auch das Sternbild, unter dem ein Mensch geboren worden ist, zu bestimmen.

Es nimmt uns aber nicht wunder, daß sich aus diesem System heraus keine Physik der Himmelskörper entwickeln konnte. Die Frage nach der Ursache, der wirkenden Kraft und dem zugrundeliegenden physikalischen Gesetz wird nicht einmal gestellt, denn die ewigen Drehungen der himmlischen Kristallsphären bedürfen keiner physikalischen Erklärung.

Vom Respekt der Nachwelt künden Statuen des PTOLEMÄUS in den gotischen Kathedralen (Abbildung 01.−1) sowie sein Bild und die Darstellung seiner Arbeiten in Büchern über Astronomie und in reich verzierten Handschriften *(Abbildungen 1.4−12 und 1.4−13, Farbtafel IV)*.

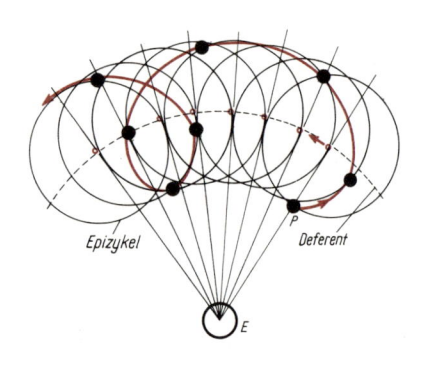

Abbildung 1.4−11
Die Konstruktion einer Planetenbahn

1.4.3 Die Abmessungen des Kosmos. Geographie

ARISTARCH VON SAMOS, von dessen heliozentrischem System wir mittelbar über ARCHIMEDES und PLUTARCH Kenntnis haben, hat sich eingehend mit den beiden auffälligsten Himmelskörpern, der Sonne und dem Mond, beschäftigt und ihre Abmessungen sowie die Abstände von der Erde zu bestimmen versucht. Seine diesbezügliche Abhandlung *Von der Gestalt und den Entfernungen der Sonne und des Mondes* ist erhalten geblieben. Darin sind die Durchmesser von Mond und Sonne sowie die Entfernungen Mond − Erde und Sonne − Erde in Einheiten des Erddurchmessers angegeben. Zur Bestimmung dieser Größen ist er von den folgenden Meßwerten ausgegangen *(Abbildung 1.4−14a)*: α_M sei der Sehwinkel des Mondes von einem beliebigen Punkt der Erde aus, α_S sei der Sehwinkel der Sonne. (Die Sehwinkel sind nicht genau konstant, da weder die Mond- noch die Erdbahn genau kreisförmig sind. Für beide Himmelskörper beträgt der Sehwinkel etwa 32'.) Kennt man nun den Durchmesser der Sonne oder des Mondes, dann lassen sich aus dem Winkel die dazugehörigen Entfernungen bestimmen; umgekehrt erhält man bei bekannten Entfernungen die Durchmesser. Das Verhältnis der Entfernung Sonne − Erde zur Entfernung Mond − Erde hat ARISTARCH über das in der *Abbildung 1.4−14b* dargestellte sehr geistreiche, jedoch nicht allzu genaue Werte liefernde Verfahren ermittelt. Er hat zunächst festgestellt, daß wir von der Erde aus genau eine Hälfte des Mondes beleuchtet sehen, wenn die Richtungen Mond − Sonne und Mond − Erde senkrecht aufeinander stehen. Mißt man also zu diesem Zeitpunkt den Winkel α_{MS}, der von den Richtungen Mond − Erde und Sonne − Erde eingeschlossen wird, dann kann aus dem Dreieck EMS der Quotient der Entfernung Erde − Sonne zur Entfernung Erde − Mond bestimmt werden. Die Messung ist jedoch sehr schwer auszuführen, da der Winkel α_{MS} nur wenig von einem rechten abweicht; die Differenz beträgt nur 8'. Eine solch kleine Abweichung konnte ARISTARCH jedoch nicht messen, sondern lediglich schätzen.

Nach *Abbildung 1.4−14c* kann das Verhältnis des Monddurchmessers zum Erddurchmesser unmittelbar bestimmt werden. Dazu ist die Zeit zu ermitteln, die der Mond bei einer Mondfinsternis in dem als zylinderförmig vorausgesetzten Schattenbereich der Erde verweilt. Schließlich ist noch die Zeit zu bestimmen, die vom Eintreten des Mondes in den Schattenbereich der Erde bis zum völligen Verschwinden vergeht. Aus dem Verhältnis beider Zeiten ergibt sich der Quotient aus dem Mond- zum Erddurchmesser.

Es soll nun dargestellt werden, wie die gesuchten Größen der Reihe nach erhalten werden können.

Aus dem Verhältnis vom Mond- zum Erddurchmesser und aus dem Sehwinkel des Mondes ergibt sich über

$$\alpha_M d_{EM} = D_M \rightarrow \alpha_M \frac{d_{EM}}{D_E} = \frac{D_M}{D_E} \rightarrow \frac{d_{EM}}{D_E} = \frac{1}{\alpha_M} \frac{D_M}{D_E}$$

die Entfernung Erde − Mond in Vielfachen des Erddurchmessers. Aus dem Quotienten der Entfernung Erde − Mond zum Erddurchmesser ergibt sich die Entfernung Erde − Sonne zu

$$\frac{d_{ES}}{D_E} = \frac{1}{\left(\frac{\pi}{2} - \alpha_{MS}\right)} \frac{d_{EM}}{D_E},$$

wobei $\tan\left(\frac{\pi}{2} - \alpha_{MS}\right) \approx \left(\frac{\pi}{2} - \alpha_{MS}\right) = d_{EM}/d_{MS} \approx d_{EM}/d_{ES}$ gesetzt wurde. Schließlich erhalten wir aus dem Sehwinkel der Sonne und der Sonnenentfernung gemäß

$$\frac{D_S}{D_E} = \alpha_S \frac{d_{ES}}{D_E}$$

den Sonnendurchmesser in Einheiten des Erddurchmessers. Die von ARISTARCH erhaltenen Ergebnisse sowie die heute gültigen Werte sind in der

Abbildung 1.4−12
PTOLEMÄUS, anderthalb Jahrtausende als Fürst der Astronomen verehrt, wie es auch diese Abbildung zum Ausdruck bringt.
Gregor Reisch: Margarita philosophica. Bibliothek der Ungarischen Akademie der Wissenschaften

Über das Leben (90−160 u. Z.) von *Ptolemaios* − latinisiert *Claudius Ptolemaeus* − wissen wir sehr wenig. Er arbeitete zur Regierungszeit des *Kaisers Hadrian* in Alexandria. Sein bedeutendstes Werk ist das Buch *Megale Syntaxis*, in dem das ptolemäische astronomische System beschrieben wird und das unter dem verzerrten arabischen Namen *Almagest* bekannt geworden ist.

Die geographischen Arbeiten von *Ptolemäus* (Γεωγραφικὴ ὑφήγησις) sind von nahezu gleicher Bedeutung. In ihnen werden bereits Längen- und Breitenkreise verwendet.

1175 wurde sein Werk von *Gherardo von Cremona* ins Lateinische übersetzt. Eine vollständige Ausgabe in griechischer Sprache erschien 1538.

Ptolemäus hat auch ein fünfbändiges Werk zur Optik geschrieben, das jedoch nur in der arabischen Überlieferung erhalten geblieben ist. Darin werden unter anderem die Einflüsse der Atmosphäre auf astronomische Beobachtungen untersucht. In seiner *Harmonica* hat sich *Ptolemäus* auch mit der Musiktheorie auseinandergesetzt

Zitat 1.4−3

Hipparchos, den man nicht genug loben kann, entdeckte einen neuen Stern, der zu seiner Zeit erschienen war ... Er begann sich zu wundern und zu fragen, ob solche Ereignisse nicht öfters stattfinden und jene Sterne, die wir als Fixsterne bezeichnen, vielleicht doch Bewegungen ausführen. Er tat, was selbst einem Gotte Kühnheit abforderte: er zählte die Sterne und Sternbilder ab und gab ihnen Namen. Zu diesem Zwecke konstruierte er Meßinstrumente, mit denen er die Lage und Form eines jeden Sternes bestimmen konnte. Dank seiner Bemühungen können wir jetzt nicht mühelos feststellen, ob ein Stern eben erlischt oder geboren wird, sondern auch, ob er sich aus seiner Lage fortbewegt hat oder sogar, ob seine Helligkeit angewachsen ist oder nicht.

So hinterließ er den Sternenhimmel als Erbe allen, die ihn nach ihm in Besitz nehmen wollen.
PLINIUS: *Historia naturalis*

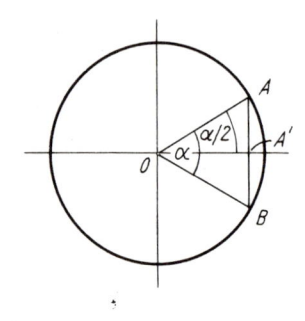

Tabelle 1.4–1 zusammengestellt. Wir sehen, daß er für den Monddurchmesser die richtige Größenordnung erhalten hat; alle anderen Werte weichen aber erheblich von den richtigen ab. Vor allem ist die von ihm erhaltene Sonnenentfernung um zwei Größenordnungen zu klein. Die von ARISTARCH verwendeten Ausgangsdaten enthielten zwei Fehler. Zum einen hat er für die Sehwinkel der Sonne und des Mondes statt der richtigen Werte von 0,5° die Werte 2° verwendet. Diese Ungenauigkeit ist überraschend, weil mit den zu jener Zeit bekannten Winkelmessern auch wesentlich genauere Ergebnisse hätten erhalten werden können. Weniger überraschend ist, daß er für α_{MS} statt des richtigen Wertes von 89° 52' den Wert 87° verwendet hat.

Name Zeitpunkt	$\frac{D_M}{D_E}$	$\frac{D_S}{D_E}$	$\frac{d_{ME}}{D_E}$	$\frac{d_{SE}}{D_E}$	πD_E	Bemerkung
	heute akzeptierte Werte					
	0,27	108,9	30,2	11726	40000 km	
Aristarchos −270	0,36	6,75	9,5	180		$\alpha_M \sim \alpha_S \sim 2°$ (richtig wäre: 30') $\alpha_{MS} \sim 87°$ (richtig wäre: 89°52')
Eratosthenes −230					252 000 Stadien	entspricht 36 000 – 46 000 km ägyptisches: 157 m 1 st griechiches: 180 m spätägyptisches: 211 m 1 Stadium = 600 Fuß
Hipparchos −150	0,33	12 1/3	33 2/3	1245		
Poseidonios −90	0,157	39 1/4	26 1/5	6550	180 000 Stadien	Die Abweichung von dem Eratosthenesschen Wert ist vielleicht nur eine Folge des Unterschieds zwischen den benutzten Stadiumeinheiten
Ptolemaios 150	0,29	5,5	29,12	605	180 000 Stadien	

Tabelle 1.4–1
Die Abmessungen des Universums. D_M, D_S, D_E bzw. d_{ME}, d_{SE} bezeichnen der Reihe nach den Durchmesser des Mondes, der Sonne und der Erde bzw. den Abstand Mond–Erde und den Abstand Sonne–Erde. Die farbig gedruckten Zahlen geben die heute angenommenen Werte an

Die auf den Erddurchmesser bezogenen Angaben von ARISTARCH lassen sich mit Hilfe der Messungen von ERATOSTHENES unmittelbar auf Stadien oder Kilometer umrechnen, da von letzterem mit einem recht einfachen Meßprinzip *(Abbildung 1.4–15)* der Erddurchmesser bestimmt worden ist.

ERATOSTHENES ging davon aus, daß die Sonne in Syene (Assuan) zur Sommersonnenwende mittags genau im Zenit steht. Dieser Feststellung lag die Beobachtung zugrunde, daß in Syene zu dieser Zeit das Bild der Sonne auf dem Wasserspiegel tiefer Brunnen zu sehen ist. Weiter hat er bemerkt, daß zum gleichen Zeitpunkt in Alexandria eine Abweichung des Sonnenstandes von der Senkrechten von einem Fünfzigstel des Vollkreiswinkels zu beobachten ist. Er nahm an, daß Alexandria und Syene auf einem gemeinsamen Meridian liegen. Diese Annahme ermöglichte die Feststellung der Gleichzeitigkeit, denn nur bei den auf einem gemeinsamen Meridian liegenden Orten erreicht die Sonne zur gleichen Zeit ihren höchsten Stand. Beide Städte liegen aber nur näherungsweise auf einem Meridian; die Abweichung beträgt 3°. Bei Kenntnis der Entfernung zwischen Alexandria und Syene läßt sich der Erdumfang angeben, denn diese Entfernung muß gleich dem fünfzigsten Teil des Erdumfanges sein. Natürlich läßt auch die Genauigkeit der von ERATOSTHENES benutzten irdischen Entfernungsmessung zu wünschen übrig. Er hat die Entfernung Alexandria – Syene aus der Erfahrungstatsache abgeschätzt, daß eine Kamelkarawane für diese Strecke 50 Tage benötigt. Weiter hat er als gesichert angenommen, daß man mit einer Kamelkarawane durchschnittlich pro Tag einen Weg von 100 Stadien zurücklegen kann, woraus sich schließlich die Entfernung Alexandria – Syene zu 50 · 100 = 5000 Stadien ergibt. Multiplizieren wir diese Zahl mit 50, so erhalten wir einen Erdumfang von 250 000 Stadien. Über die Genauigkeit dieses Wertes läßt sich nur schlecht etwas aussagen, da der Umrechnungsfaktor zwischen einem Stadium und einem Meter nicht bekannt ist. Vor allem ist nicht klar, ob es sich bei der Entfernungsangabe um ägyptische, griechische oder spätägyptische Stadien handelt, so daß wir dem Stadium eine Länge zwi-

περιφερειῶν			
	εὐθειῶν		
α	α	β	ν
1°	1	2	50
β	β	ε	μ
2°	2	5	40
γ	γ	η	κη
3°	3	8	28
δ	δ	2α	25
4°	4	11	16
ε	ε	25	μθ
5°	5	16	49
ς	ς	25	μθ
6°	6	16	49
ξ	ξ	2θ	λγ
7°	7	19	33

Abbildung 1.4–13
Ptolemäus bedient sich bei seinen astronomischen und geographischen Untersuchungen des gesamten mathematischen Instrumentariums seiner Zeit und entwickelte es sogar noch weiter, vor allem auf dem Gebiet der sphärischen Trigonometrie. Wir zeigen hier eine Tabelle trigonometrischer Funktionen. *Ptolemäus* gibt die Länge der zum Zentriwinkel α gehörenden Sehne AB an. Die Beziehung zwischen der heutzutage meistbenutzten Funktion sin α (in der Abbildung: AA', wenn der Halbmesser OA gleich 1 gewählt wird) und der Funktion chord α ≡ AB lautet, wie ersichtlich

$$\text{chord } \alpha = 2 \sin (\alpha/2)$$

Ptolemäus kannte nicht nur das Additionstheorem für die Sehnenfunktion, sondern auch viele andere, auf trigonometrische Funktionen bezügliche und uns geläufige Relationen. In seinen numerischen Tafeln benutzt er eine Kombination der schwerfälligen griechischen Zahlenbezeichnung mit dem babylonischen Hexagesimalsystem. So symbolisiert die Zahlenbezeichnung 1 2 50 den Wert

$$1 \cdot 60^{-1} + 2 \cdot 60^{-2} + 50 \cdot 60^{-3} = 0,0175$$

In unseren Funktionentafeln kann für den Wert von sin α/2 bei α = 1° der Wert 0,0088 gefunden werden, also genau die Hälfte des ptolemäischen Wertes 0,0175, wie es nach der Beziehung chord α = 2 sin (α/2) auch sein muß.

schen 157 und 211 Metern geben müssen. Im übrigen war ein Stadium gleich 600 Fuß. Unabhängig von dem verwendeten Umrechnungsfaktor läßt sich aber sagen, daß der von ERATOSTHENES gefundene Wert in recht guter Übereinstimmung mit dem heute als richtig angesehenen Wert des mittleren Erdumfanges von 40 000 km ist. Die in der Tabelle 1.4−1 nächstfolgenden Daten geben Messungen von HIPPARCH wider. Jede dieser Angaben kommt der Wirklichkeit bereits näher; überraschend genau sind vor allem die Werte für den Monddurchmesser und die Entfernung des Mondes von der Erde. HIPPARCH hat sich im übrigen auch durch seine Entdeckung der Verschiebung des Frühlingspunktes einen Namen gemacht; er hat dafür den Wert 36″ pro Jahr anstelle des richtigen Wertes 50″ angegeben. HIPPARCH hat sich auch durch die Katalogisierung von nahezu 1000 Sternen und die Angabe ihrer Positionen innerhalb der einzelnen Sternbilder große Verdienste um die Astronomie erworben *(Zitat 1.4−3)*. Die Tabelle 1.4−1 enthält noch zwei Datenreihen, die auf Ergebnissen von POSEIDONIOS und PTOLEMÄUS beruhen. POSEIDONIOS hat einen zumindest größenordnungsmäßig richtigen Wert für die Sonnenentfernung und den besten antiken Wert für den Sonnendurchmesser angegeben. Bei PTOLEMÄUS muß hervorgehoben werden, daß er für Monddurchmesser und Mondabstand nahezu richtige Werte angegeben hat. Der Wert für den Erdumfang weicht anscheinend von dem des ERATOSTHENES sehr stark ab, es ist jedoch möglich, daß diese Abweichung allein auf die Verwendung einer anderen Definition des Stadiums zurückzuführen ist.

Nicht nur bei der Bestimmung astronomischer Daten, sondern auch bei der kartographischen Vermessung der Erdoberfläche wurden Fortschritte erzielt. ERATOSTHENES handelte in seiner *Geographia* auch Probleme der physikalischen Geographie ab und fertigte eine recht genaue Karte des Mittelmeeres und der angrenzenden Länder an. HIPPARCH war der erste, der Längen- und Breitengrade verwendet hat. Eine Karte des PTOLEMÄUS enthielt etwa 8000 Details mit genauen Angaben der Lage. Sie ist im Original nicht mehr vorhanden, eine Rekonstruktion sehen wir auf der *Abbildung 1.4−16*. Auf dieser Karte ist nicht nur die Umgebung des Mittelmeeres dargestellt, wir finden bereits im Norden die britischen Inseln, im Osten

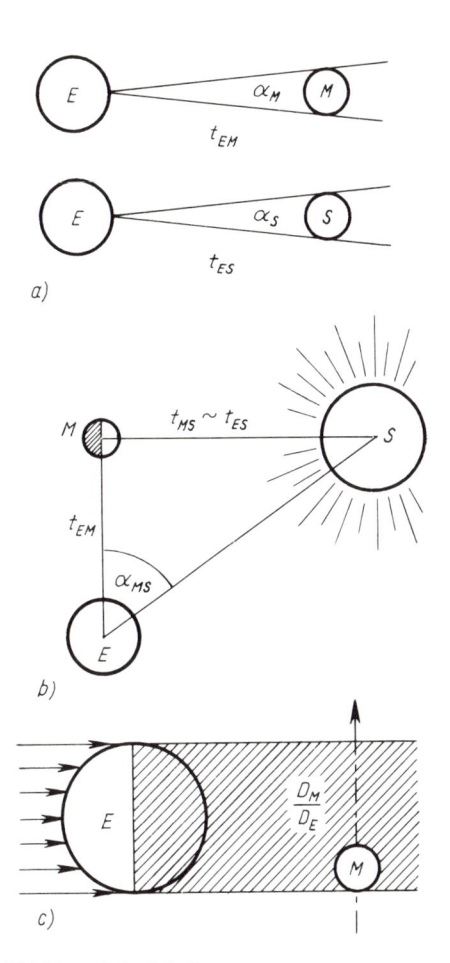

Abbildung 1.4−14a, b, c
Die von *Aristarch* zur Messung der relativen Größen von Erde, Mond und Sonne verwendete Methode

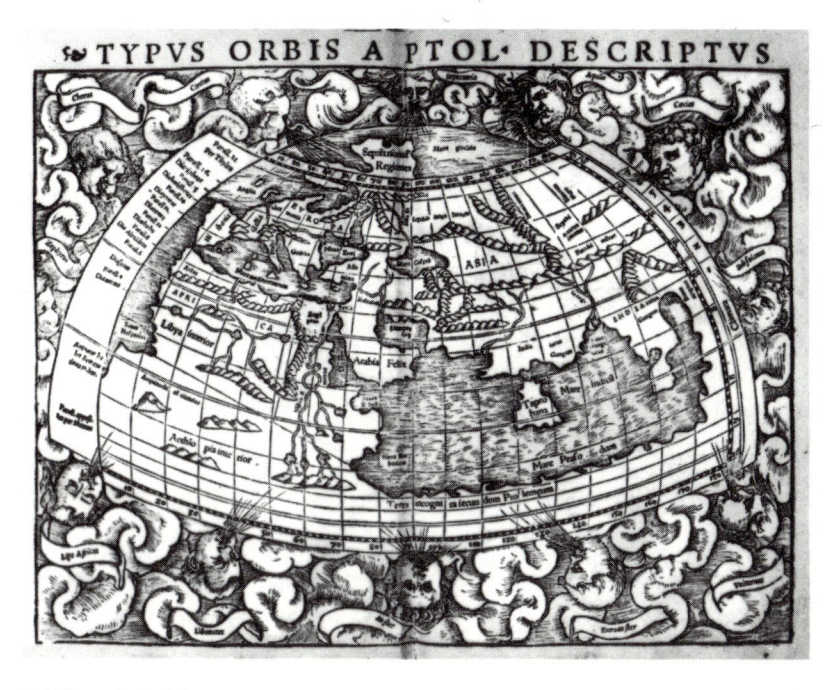

Abbildung 1.4−16
Eine Landkarte des *Ptolemäus*. Bibliothek des Bistums Székesfehérvár

Indien und China sowie im Süden einen großen Teil Afrikas. Von Interesse ist, daß PTOLEMÄUS den südlichen Teil Afrikas und Südostasien als aneinander angrenzend und dementsprechend den Indischen Ozean als ein Binnenmeer darstellt.

Den griechischen Kartographen ist auch die Idee des Kolumbus, über

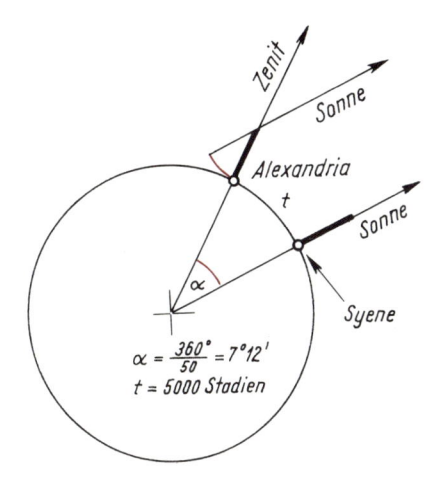

Abbildung 1.4−15
Prinzip der Messung des Erdradius durch *Eratosthenes*

Was er *(Eratosthenes)* sagt, wird klar, wenn wir die folgenden Annahmen erwägen: Erstens nehmen wir an, daß Syene und Alexandria auf demselben Meridiankreise liegen; zweitens, daß die Entfernung zwischen diesen Städten 5000 Stadien beträgt und drittens, daß die Lichtstrahlen, die von den verschiedenen Teilen der Sonne auf die verschiedenen Teile der Erde fallen, alle parallel sind... Viertens nehmen wir an, daß wenn parallele Geraden auf parallele Geraden zu liegen kommen, die Wechselwinkel gleich sind und fünftens, daß die Kreisbögen, die zu gleichen Winkeln gehören, einander ähnlich sind, was so viel bedeutet, daß die Verhältnisse der Bögen zu den betreffenden Kreisumfängen dieselben sind — was ebenfalls von den Geometern exakt bewiesen wird.

Wer sich obigen Annahmen anschließt, wird keine Schwierigkeiten im Begreifen der Methode von *Eratosthenes* finden; sie besteht in folgendem:

Syene und Alexandria liegen auf demselben Meridiankreise, so behauptet *Eratosthenes*. Da die Meridiankreise die Hauptkreise des Weltalls sind, sind notwendigerweise auch diejenigen Kreise auf der Erde, die unter ihnen liegen, Hauptkreise. Und so, wie groß sich auch immer der Kreis durch Syene und Alexandria ergibt, erhalten wir dadurch die Abmessungen eines Hauptkreises der Erde. *Eratosthenes* behauptet ferner — und tatsächlich ist der Fall — daß Syene unter dem Wendekreis des Krebses liegt. Es folgt daraus, daß jedesmal, wenn die Sonne (zur Zeit der Sommersonnenwende, wo sie sich im Sternbild des Krebses aufhält) genau im Mittelpunkt des Himmels steht, wirft der Zeiger der Sonnenuhr notwendigerweise keinen Schatten, da die Sonne genau lotrecht über ihm steht... In Alexandria hingegen (da diese Stadt weiter nördlich liegt) wirft der Zeiger der Sonnenuhr einen Schatten. Wir wissen aber die zwei Städte sind auf demselben Meridiankreis. Wenn wir daher einen Bogen zeichnen vom Endpunkt des Schattens des Zeigers der Sonnenuhr in Alexandria zum Fußpunkt dieses Zeigers, so bildet dieser Bogen ein Segment eines Hauptkreises in der Hohlkugel der Sonnenuhr. Wenn wir jetzt die zwei Geraden betrachten, die durch die Zeiger der zwei Sonnenuhren gegeben sind, so werden sich diese im Erdmittelpunkt schneiden. Stellen wir uns die Geraden, die die Spitzen der Zeiger mit der Sonne verbinden, vor. Für Syene bemerken wir, daß der Linienzug, welcher sich von der Sonne bis zum Erdmittelpunkt erstreckt, eine einzige Gerade darstellt. Betrachten wir nun die andere Gerade, welche durch den Endpunkt des Zeigerschattens und durch die Spitze des Zeigers in Alexandria in Richtung der Sonne gezogen werden kann, so ist diese Gerade zur vorhergenannten Geraden parallel, es sind nämlich solche Geraden, die von den verschiedenen Teilen der Sonne zu verschiedenen Teilen der Erde gezogen worden sind. Nun werden aber diese parallelen Geraden von jener Geraden, die wir vom Erdmittelpunkt zum Zeiger der Sonnenuhr gezogen haben, geschnitten; die so entstandenen Wechselwinkel sind natürlich gleich; einer von diesen kommt im Erdmittelpunkt dadurch zustande, daß sich dort die Geraden schneiden, die den Mittelpunkt mit den Uhren verbinden; der andere Winkel wird durch den Zeiger der Uhr in Alexandria und durch die Gerade, die den Endpunkt des Schattens mit der Sonne verbindet, bestimmt. Dieser letztere Winkel spannt nun den Bogen auf, welcher durch den Endpunkt des Schattens und Fußpunkt des Zeigers bestimmt wird. Der Winkel im Erdmittelpunkt spannt den Bogen auf, welcher sich von Syene bis Alexandria erstreckt. Die zwei Bögen sind sich aber ähnlich, da sie zu gleichen Winkeln gehören. Das Verhältnis des Bogenstücks in der Hohlkugel der Sonnenuhr (von Alexandria) zum Umfang des zu ihm gehörenden Kreises — sein Wert mag ein beliebiger sein — muß folglich denselben Wert haben wie das Verhältnis des Bogens zwischen Syene und Alexandria zum Erdumfang. Da der Bogen in der Sonnenuhr den fünfzigsten Teil des Kreisumfanges ausmacht, so muß notwendigerweise die Entfernung zwischen Syene und Alexandria dem fünfzigsten Teil des Erdumfanges gleich sein. Da diese Entfernung 5000 Stadien beträgt, so ergibt sich für den Hauptkreis der Erde die Länge von 250 000 Stadien.

Siehe, dies ist die Methode des *Eratosthenes*.

Kleomedes: Über die Kreisbewegung der Himmelskörper. [0.19] Vol. I, p. 205, 206, 207

den Atlantischen Ozean auf einer westlichen Route China oder Indien erreichen zu können, nicht fremd gewesen.

Berücksichtigt man, daß die Griechen in Geometrie besonders bewandert waren, dann nimmt es nicht wunder, daß sie in der Behandlung theoretisch-kartographischer Probleme sehr gute Ergebnisse erzielt haben. Sie haben bereits die konische und die stereographische, ja selbst die planisphärische Projektion gekannt *(Abbildung 1.4 — 17)*.

1.4.4 Geometrie

Die wissenschaftliche Denkweise und Geisteshaltung der Griechen spiegelt sich in der Geometrie wohl am besten wider. In der Welt der geometrischen Begriffe haben die Griechen gefunden, was sie in der realen Welt vergebens gesucht haben: Hier konnten sie bis zu den Urprinzipien vorstoßen und darauf die „Welt" aufbauen, wenn es auch nur eine auf geometrische Formen reduzierte Welt gewesen ist. Dieses anscheinend komplizierte, aber gerade wegen seiner strengen logischen Ordnung übersichtliche System der sicheren Wahrheiten konnte zu einer Musterwissenschaft werden. Trotz der Abstraktheit des Systems war hier zu spüren, daß jeder seiner Begriffe etwas mit der Wirklichkeit zu tun hat. Die Geometrie vor Augen, empfanden Gelehrte aller Zeiten die Möglichkeit und die Herausforderung, auch andere Bereiche der objektiven Realität nach Art der Geometrie *(more geometrico)* zu beschreiben.

Die logische Geschlossenheit der Euklidischen Geometrie und ihre innere Kohärenz wird wohl am besten dadurch belegt, daß ihre logische Struktur als solche auch erhalten blieb, nachdem zu Beginn des 19. Jahrhunderts BOLYAI und LOBATSCHEWSKI die uneingeschränkte und nie angezweifelte Richtigkeit von grundlegenden Thesen der Geometrie in Frage stellten *(Zitat 1.4 — 4)*.

Da es nicht die Aufgabe dieses Buches ist, die Entwicklung der griechischen Mathematik im einzelnen darzustellen, wollen wir hier nur ihre herausragenden Leistungen hervorheben. Es soll an dieser Stelle darauf hingewiesen werden, daß EUKLID im wesentlichen bereits vorliegende Erkenntnisse zusammenzustellen und zu ordnen hatte. Der Satz, daß alle über dem Durchmesser in einen Halbkreis einbeschriebenen Dreiecke rechtwinklig sind, ist von THALES schon 2 bis 3 Jahrhunderte früher gefunden worden. HIPPOKRATES VON CHIOS (etwa 400 v. u. Z.) — ein Namensvetter des Arztes HIPPOKRATES VON KOS — hatte bereits ein zusammenfassendes Werk über die Geometrie verfaßt, das uns nicht überliefert worden ist. EUDOXOS (408 — 355 v. u. Z.), über dessen Beiträge zur Astronomie bereits berichtet wurde, hat als erster die Exhaustionsmethode verwendet. MENAECHMUS (MENAICHMOS, 375 — 325 v. u. Z.) hat sich mit den Eigenschaften der Kegelschnitte auseinandergesetzt.

Drei Probleme, mit denen sich die Griechen besonders intensiv beschäftigt haben, sollen hier hervorgehoben werden:

1. Die Verdopplung des Würfels: Gesucht ist die Kantenlänge des Würfels mit dem doppelten Volumen eines Würfels mit der Kantenlänge 1, d. h., es ist der Wert von a mit $a^3 = 2$ oder $a = \sqrt[3]{2}$ zu bestimmen. Diese Aufgabe wird auch als Delisches Problem bezeichnet, weil der Sage nach das Orakel den Athenern die Aufgabe gestellt hat, einen würfelförmigen Altar unter Beibehaltung seiner Form zu verdoppeln, um so einer Seuche Herr werden zu können. Nach PLATON haben die Götter dies nicht deshalb gefordert, weil sie eines solchen Altars bedurft hätten, sondern um die Athener zu einer intensiveren Beschäftigung mit geometrischen Problemen zu ermahnen. HIPPOKRATES hat das Problem auf die Suche nach den Werten von x und y zurückgeführt, für die die Proportionen

$$a : x = x : y = y : 2a$$

erfüllt sind. Es ist bemerkenswert, daß diese Proportionen auch in der Form

$$x^2 = ay; \quad y^2 = 2ax; \quad xy = 2a^2$$

dargestellt werden können. In der Koordinatengeometrie von DESCARTES sind dies aber Formeln für die Kegelschnitte Parabel und Hyperbel. Es wird sogar behauptet, daß MENAECHMUS gerade durch das Delische Problem dazu angeregt worden sei, sich mit den Kegelschnitten zu beschäftigen. Nach anderen Darstellungen aber ist er bei der Anfertigung von Sonnenuhren auf diesen Problemkreis gestoßen.

Ein von ARCHYTAS angegebenes Verfahren zur Bestimmung der Strecken x und y zeigt die *Abbildung 1.4–18*.

2. Das Problem der Dreiteilung des Winkels: Ein beliebiger vorgegebener Winkel ist in drei gleiche Teile zu teilen. HIPPIAS (5. Jahrhundert v. u. Z.) hat dieses Problem mit Hilfe einer transzendenten Kurve, der Quadratrix, gelöst *(Abbildung 1.4–19)*.

Eine Gerade AB rotiere mit einer konstanten Winkelgeschwindigkeit um den Punkt A, und eine Gerade BC werde mit einer ebenfalls konstanten Geschwindigkeit parallelverschoben. Die Schnittpunkte beider Geraden bestimmen die Quadratrix. Das Problem der Winkeldrittelung erfordert ansonsten wegen des Zusammenhanges

$$\cos \varphi = 4 \cos^3 \frac{\varphi}{3} - 3 \cos \frac{\varphi}{3}$$

die Lösung einer Gleichung dritten Grades. Die griechischen Mathematiker und nach ihnen auch die Mathematiker der Neuzeit haben versucht, diese Aufgabe unter alleiniger Verwendung von Zirkel und Lineal zu lösen. Erst 1837 hat WANTZEL bewiesen, daß dieses Problem unlösbar ist, so daß alle Lösungsversuche notwendig scheitern mußten.

3. Das Problem der Quadratur des Kreises: Es ist das Quadrat gesucht, dessen Fläche gleich der Fläche eines Kreises mit dem Radius r ist. Die Aufgabe hat die Lösung $x^2 = r^2 \pi$ oder $x = r \sqrt{\pi}$; sie sollte unter alleiniger Verwendung von Zirkel und Lineal gelöst und damit die Zahl π bestimmt werden. Erst im Jahre 1882 hat LINDEMANN gezeigt, daß π eine transzendente Zahl ist, die sich nicht als Lösung einer algebraischen Gleichung mit ganzzahligen Koeffizienten darstellen läßt, selbst wenn diese von beliebig hoher Ordnung ist. Damit ist natürlich bewiesen, daß das Problem der Quadratur des Kreises im obigen Sinne unlösbar ist. Ein recht origineller und vielversprechender Ansatz geht auf HIPPOKRATES zurück: Die Fläche der auf der *Abbildung 1.4–20* dargestellten durch Kreisbögen begrenzten mondsichelförmigen Figur (*lunula* = Möndchen) erlaubt tatsächlich eine exakte Quadratur; sie ist gleich der Fläche des Dreiecks AOB.

Bei der Beschäftigung mit dem Problem der Quadratur des Kreises haben ANTIPHON und BRYSON richtig bemerkt, daß die Kreisfläche zwischen die Flächen der eingeschriebenen und der umschriebenen Vielecke bei unbegrenzt wachsender Seitenzahl beliebig eng eingeschlossen werden kann. EUDOXOS und ARCHIMEDES haben diese Methode zur Exhaustions- oder Ausschöpfungsmethode weiterentwickelt. Es ist so gelungen, ein Verfahren anzugeben, mit dessen Hilfe die Zahl π mit einer nur durch den Rechenaufwand begrenzten Genauigkeit bestimmt werden kann. Somit konnte nach ARCHIMEDES der Wert von π mit beliebiger Genauigkeit bestimmt werden *(Abbildung 1.4–21)*.

Das handschriftliche Original der Euklidischen *Elemente (Abbildung 1.4–22)* ist nicht mehr erhalten. In der Vatikanischen Bibliothek ist gegen 1800 eine im 10. Jahrhundert angefertigte Kopie aufgefunden worden, die authentisch zu sein scheint. Das Werk besteht aus 13 Büchern.

Das erste Buch beginnt mit Definitionen, Postulaten und Axiomen. Die Definitionen haben keine logische Funktion, sie vermitteln den Zusammenhang mit der Realität, da in ihnen aus der Realität abstrahierte Begriffe bereitgestellt werden. Unter den Definitionen finden wir u. a. folgende:

Ein Punkt ist, was keine Teile hat.
Eine Linie ist eine Länge ohne Breite.
Die Enden einer Linie sind Punkte.
Eine Fläche ist, was nur Länge und Breite hat.
Die Enden einer Fläche sind Linien.

Parallel sind zwei Geraden dann, wenn sie in einer Ebene liegen und bei beliebiger Verlängerung in beide Richtungen nicht aufeinandertreffen.

Das aus fünf Axiomen bestehende Axiomensystem beinhaltet Wahrheiten, die in einer jeden Wissenschaft unbestritten gelten; in den fünf Postulaten werden bestimmte grundlegende Sachverhalte der Geometrie fixiert.

Die Axiome sind:
1. Was demselben gleich ist, ist auch untereinander gleich.

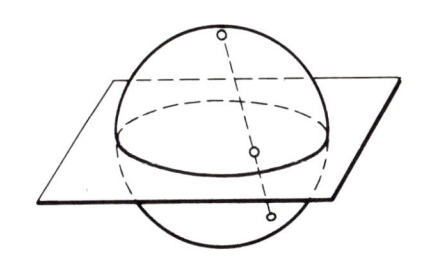

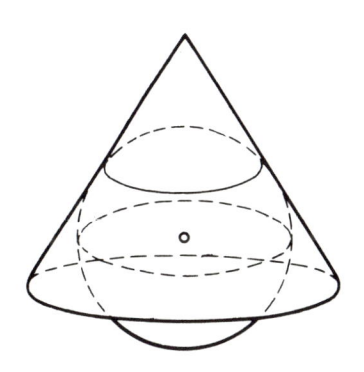

Abbildung 1.4–17
Im antiken Griechenland wurden bereits wissenschaftlich-kartographische Probleme bearbeitet, so die Darstellung der Kugeloberfläche auf einer Ebene

Zitat 1.4–4
Der Einfluß der Geometrie auf Philosophie und wissenschaftliche Methode ist ein sehr tiefgehender gewesen. Die Geometrie, wie sie von den Griechen begründet worden war, ging von Axiomen aus, die für sich vollständig klar und evident sind (oder zumindest hatte es den Anschein) und gelangte auf deduktivem Wege zu Sätzen, die bei weitem weniger selbstverständlich sind. Diese Geometrie betrachtet ihre Axiome und Sätze als gültig für den wirklichen Raum, der in unserer Erfahrung gegeben ist. Es entstand so der Eindruck, daß die Gesetzmäßigkeiten unserer wirklichen Welt auch aufgedeckt werden können, indem man von evidenten Annahmen ausgeht und dann nur deduktiv vorgeht. Diese Ansicht hat *Platon, Kant* und die Mehrzahl der Philosophen in der Zwischenzeit beeinflußt. Die Unabhängigkeitserklärung der Vereinigten Staaten von Amerika trägt auch das Gepräge der euklidischen Geometrie in Sätzen, wie z. B. „Wir halten diese Wahrheiten für selbstverständlich". Die Doktrin des Naturrechts im 18. Jahrhundert ist nichts anderes als die Suche nach den euklidischen Axiomen der Politik. Der Aufbau der *Principia* von *Newton* zeigt – trotz ihres betont empirischen Inhalts – ganz eindeutig den Einfluß von *Euklid*. Auch die Theologie entnimmt – in ihrer exakten scholastischen Form – ihren Stil der gleichen Quelle. Die individuelle Religiosität entspringt der Ekstase, die Theologie aus der Mathematik. Bei *Pythagoras* sind beide zu finden.

RUSSELL [0.28] p. 55

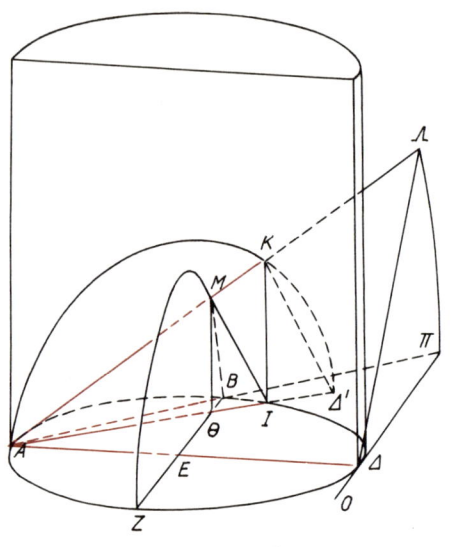

$A\Delta : AK = AK : AI = AI : AB$

Abbildung 1.4–18
Die Methode von *Archytas* zur Verdoppelung des Würfelvolumens: Können zu zwei gegebenen Strecken $A\Delta = a$ und $AB = b$ zwei Strecken x und y so gefunden werden, daß $a : x = x : y = y : b$ gilt, dann folgt $y^3 = ab^2$ und somit für $b = 1$ und $a = 2$ die Beziehung $y^3 = 2$. Das Volumen eines Würfels mit der Seitenlänge y ist somit das Doppelte des Volumens eines Würfels mit der Seitenlänge $b = 1$. Wir konstruieren dazu auf dem Grundkreis mit dem Durchmesser $A\Delta$ einen geraden Kreiszylinder und einen zum Grundkreis senkrechten Halbkreis über der Strecke $A\Delta$. Wird dieser Halbkreis (bei Beibehaltung seiner senkrechten Lage) um den festen Punkt A gedreht, dann durchläuft der jeweilige Schnittpunkt des Halbkreises mit dem Zylindermantel eine Kurve. Eine weitere Kurve erhält man aus den Schnittpunkten der verlängerten Geraden AB mit dem Zylinder, wenn diese so bewegt wird, daß sie einen Kegel mit der Achse $A\Delta$ erzeugt. Der Schnittpunkt beider Kurven sei K. Nach *Archytas* kann verhältnismäßig einfach eingesehen werden, daß das gesuchte x durch AK und y durch AI gegeben ist

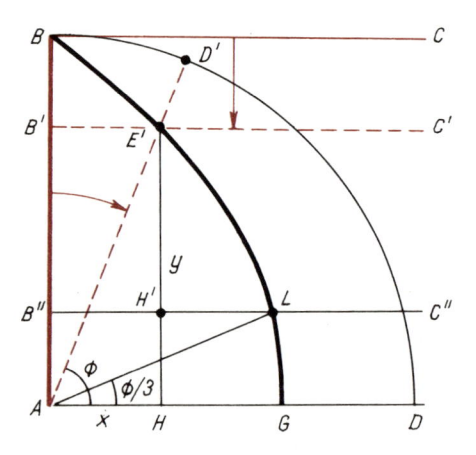

Abbildung 1.4–19
Zur Dreiteilung des Winkels mit Hilfe der Quadratrix. Die Quadratrix ist durch die Schnittpunkte der Geraden BC, die mit konstanter Geschwindigkeit nach unten parallelverschoben wird, und der mit konstanter Winkelgeschwindigkeit um den Punkt A rotierenden Geraden AD' gegeben. Wir erhalten ein Drittel eines beliebigen spitzen Winkels Φ, indem wir die Ordinate des auf der Quadratrix lie-

2. Wenn gleichem gleiches hinzugefügt wird, sind die Summen gleich.
3. Wenn von gleichem gleiches hinweggenommen wird, sind die Reste gleich.
4. Was zueinander kongruent ist, ist einander gleich.
5. Der Teil ist kleiner als das Ganze.

Es ist ein wenig überraschend, daß die vierte Aussage unter die Axiome eingereiht ist und nicht unter die Postulate, da es hier offenbar um eine geometrische Aussage geht.

Die Postulate sind:
1. Durch zwei beliebige Punkte läßt sich eine Linie ziehen.
2. Eine gerade Linie läßt sich unbegrenzt verlängern.
3. Um jeden beliebigen Mittelpunkt lassen sich Kreise mit beliebigem Radius zeichnen.
4. Alle rechten Winkel sind einander gleich.
5. Zwei in einer Ebene liegende gerade Linien, die von einer dritten geschnitten werden, schneiden sich bei Verlängerung ins Unendliche auf der Seite, auf der die inneren Schnittwinkel mit der dritten Linie zusammen kleiner als zwei rechte Winkel sind.

Das fünfte Postulat ist bereits in der Antike diskutiert worden. So wurde die Frage aufgeworfen, ob es als Postulat notwendig ist oder ob seine Gültigkeit mit Hilfe der anderen Postulate bewiesen werden kann. Auf diese Frage haben BOLYAI und LOBATSCHEWSKI zu Beginn des 19. Jahrhunderts eine endgültige Antwort gegeben: Verzichtet man auf das fünfte Postulat, dann läßt sich eine neue, widerspruchsfreie nichteuklidische Geometrie aufbauen.

Zur Wahrheit der Ausgangsthesen haben die Griechen sehr moderne Anschauungen vertreten. Schon ARISTOTELES hat darauf hingewiesen, daß das Kriterium für die Wahrheit der Postulate die Übereinstimmung der aus ihnen gezogenen Schlußfolgerungen mit der Realität ist. PROKLOS hat sich unseren heutigen Auffassungen noch weiter genähert: Alle Wahrheiten der Geometrie sind vom Typ „wenn – dann". Es wird nur untersucht, was sich aus bestimmten Ausgangsbehauptungen schlußfolgern läßt, und es ist nicht von Interesse, ob die Thesen in bezug auf irgendwelche reale Objekte wahr sind.

In den auf EUKLID folgenden zwei Jahrtausenden sind jedoch die Ausgangsthesen und damit auch alle aus ihnen abgeleiteten Behauptungen als durch nichts zu erschütternde Wahrheiten, ja als die dem menschlichen Verstand zugänglichen Gedanken eines „Geometer-Gottes" und später als A-priori-Strukturen des menschlichen Geistes angesehen worden. Damit schien es einfach unmöglich, einen den Thesen widersprechenden Fakt zur Kenntnis zu nehmen, und es nimmt so nicht wunder, daß nicht einmal GAUSS den Mut aufgebracht hat, die Richtigkeit der Euklidischen Geometrie in Frage zu stellen.

Der nächste auf EUKLID folgende große Geometer ist APOLLONIOS, der für die Kegelschnitte die heute üblichen Bezeichnungen Ellipse, Hyperbel und Parabel eingeführt und über sie so viel ausgesagt hat, daß mehr als eineinhalbtausend Jahre – bis zu den Arbeiten von PASCAL – nichts Neues hinzugefügt werden konnte *(Abbildungen 1.4–23a, b)*.

Für die Astronomie sind die Arbeiten von MENELAOS zur sphärischen Trigonometrie von großer Bedeutung. Von Interesse ist, daß er die trigonometrischen Funktionen bereits umfassend verwendet hat, jedoch nicht in der heute üblichen Form. Er hat die zum Kreisbogen AB gehörige Sehne bestimmt und mit dieser Größe gearbeitet.

Bisher wurden in diesem Kapitel Spitzenleistungen aufgeführt, und so wirkt es sicher etwas sonderbar, wenn jetzt noch kurz von einem entscheidend schwachen Punkt der antiken Mathematik, der Primitivität der mathematischen Schreibweise, die Rede sein soll. Die Zahlen wurden nämlich – wie wir es schon besprochen haben – gemäß Abbildung 1.2–10 durch Buchstaben bezeichnet. Zur Bezeichnung der Potenzen einer Unbekannten wurde die auf der *Abbildung 1.4–24a* dargestellte Methode benutzt. Schließlich zeigt die *Abbildung 1.4–24b* die heutige und die altgriechische Schreibweise einer Gleichung höherer Ordnung.

1.4.5 Instrumente, Technik

Da die Griechen Experimente im heutigen Sinne nur in Ausnahmefällen durchgeführt haben, sind im allgemeinen auch ihre Meßinstrumente sehr einfach. HERON beschreibt ein recht wichtiges Instrument, das Diopter, das sowohl zu astronomischen als auch zu irdischen Messungen verwendet werden kann *(Abbildung 1.4–25)*. Auf einer um eine vertikale Achse drehbaren Scheibe sind diametral gegenüber zwei senkrecht zur Scheibe stehende Fadenkreuze angeordnet. Die Fadenkreuze sind über eine mit Zeigern versehene Platte starr miteinander verbunden, die relativ zur Scheibe gedreht werden kann. Die Scheibe wurde über die Wasserspiegel in kommunizierenden Röhren waagerecht ausgerichtet; die senkrechte Ausrichtung der gesamten Tragsäule wurde mit einem Lot kontrolliert. Auf der Tragsäule sind zwei Schneckengetriebe angebracht, mit deren Hilfe die Scheibe um die vertikale Achse gedreht bzw. waagerecht gestellt werden kann. Mit diesem Instrument können unter anderem die Himmelsrichtungen bestimmt werden, in denen die Gestirne auf- und untergehen. Eine andere Einsatzmöglichkeit, die ebenfalls von HERON beschrieben worden ist, zeigt die *Abbildung 1.4–26*. Die Aufgabe besteht in dem Anlegen eines Tunnels durch einen Berg, wobei Tunneleingang und -ausgang vorgegeben sein sollen. In diesem Falle ist es angebracht, die Schachtarbeiten von beiden Seiten gleichzeitig voranzutreiben, wobei natürlich die Vortriebsrichtungen genau festgestellt werden müssen, damit die Stollen aufeinandertreffen. Um diese Aufgabe zu lösen, stellte man das Diopter in der Nähe des Tunneleinganges B in einem entsprechend dem Geländeprofil ausgewählten, aber sonst beliebigen Punkt E auf. Mit Hilfe des Diopters legte man nun den Punkt F auf der zur Linie EB Senkrechten fest. Über einen Linienzug aus zueinander senkrechten Linien kam man schließlich zur Linie KL und fand auf ihr den Punkt M als den Punkt, von dem aus der Tunnelausgang D unter einem rechten Winkel zu sehen war. Aus den Entfernungen DN und NB erhielt man den Winkel α, der die Vortriebsrichtung der Stollen bezüglich der Linien BE und MD so festlegt, daß sie in einem Punkt zusammenstoßen.

Es ist wahrscheinlich, daß EUPALINOS bereits gegen 530 v. u. Z. auf Samos auf ähnliche Weise vorging, um einen Tunnel für eine Wasserleitung von mehr als einem Kilometer Länge mit beidseitigem Vortrieb zu errichten. Die Abweichung der Stollen in der Mitte des Berges betrug in der Waagerechten 10 m, in der Senkrechten 3 m.

Großes Aufsehen hat eine Vorrichtung erregt, die im Jahre 1906 bei der Insel Antikythera aus dem Meer geborgen wurde *(Abbildung 1.4–27)*. Es ist im letzten Jahrzehnt gelungen, diese Vorrichtung vollständig zu rekonstruieren. Mit ihrem komplizierten System von Zahnrädern zeugt sie von einem solchen Stand der Technik, den man zuvor für die hellenistische Epoche nicht für möglich gehalten hatte. Anhand der Aufschriften sowie anderer in seiner Nähe gefundenen Gegenstände datiert man das Gerät etwa auf das Jahr 80 v. u. Z. Es wurde – mit einiger Übertreibung – von den Restauratoren als antiker Computer bezeichnet. Eine aus dem Gerät herausragende Achse treibt über 40 Zahnräder – unter denen auch ein Planetengetriebe ist – eine Anzahl von Zeigern an, die außen am Gerät über Zifferblättern angebracht sind. Aus der Zeigerstellung kann die Stellung von Sonne, Mond und Planeten abgelesen werden, wobei alle Besonderheiten der Planetenbewegung, so auch die rückläufigen Bewegungen, berücksichtigt werden. Es ist denkbar, daß zum Antrieb des Zahnradsystems ein an die äußere Achse angeschlossenes Uhrwerk verwendet worden ist. Wahrscheinlich ist die Vorrichtung zu astrologischen Zwecken genutzt worden. Daß sie tatsächlich in Betrieb gewesen ist, beweisen unter anderem auch Spuren von Reparaturarbeiten. Man hat festgestellt, daß ein Zahnrad infolge der starken Beanspruchung ausgebrochen und durch ein neues ersetzt worden ist.

Eine ähnliche Vorrichtung, aber in einer wesentlich einfacheren Ausführung, haben die Araber etwa tausend Jahre später angefertigt. Da die europäischen Uhren aus arabischen Instrumenten dieser Art hervorgegangen sind, kann das Instrument von Antikythera als Uruhr aller europäischen Uhren angesehen werden. Hinsichtlich seiner technischen Ausführung entspricht es einem Niveau, das erst im 18. Jahrhundert wieder erreicht wurde.

Die Ausführung verschiedener Wasseruhren weist ebenfalls auf einen hohen Stand der antiken ingenieurtechnischen Fähigkeiten hin. Die auf der gegenüberliegenden, zum Winkel Φ gehörenden Punktes dreiteilen. Der zu einem Drittel der Ordinate gehörende Punkt auf der Quadratrix gehört zum Winkel $\Phi/3$

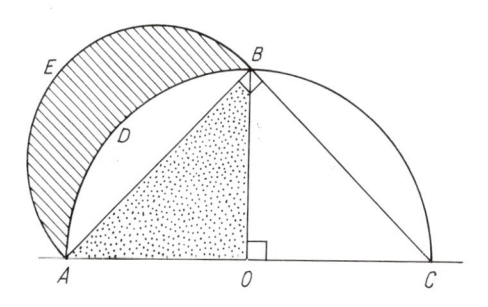

Abbildung 1.4–20
Das Möndchen des *Hippokrates:* Die Fläche des Möndchens $ADBE$ ist gleich der Fläche des Dreiecks AOB. Dies ist leicht einzusehen, da die Fläche des Halbkreises ABE gleich der Fläche des Viertelkreises $AOBD$ ist und beide das Kreissegment ABD gemeinsam haben

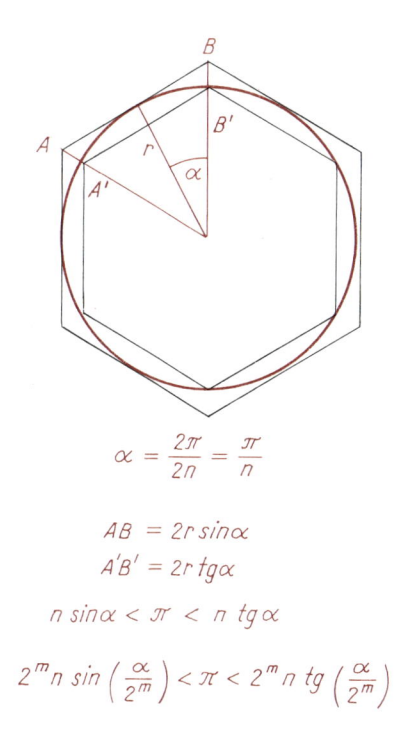

$$\alpha = \frac{2\pi}{2n} = \frac{\pi}{n}$$

$$AB = 2r \sin\alpha$$
$$A'B' = 2r \, tg\alpha$$

$$n \sin\alpha < \pi < n \, tg\alpha$$

$$2^m n \sin\left(\frac{\alpha}{2^m}\right) < \pi < 2^m n \, tg\left(\frac{\alpha}{2^m}\right)$$

Abbildung 1.4–21
Zur Bestimmung der Kreisfläche nach *Archimedes:* Er geht vom umschriebenen und vom einbeschriebenen regelmäßigen Sechseck aus und gelangt durch wiederholte Halbierung der Zentriwinkel zu den Verhältnissen von Radius zu Seitenlänge für die regelmäßigen 12-, 24-, 48- und 96-Ecke. Dabei verwendet er die aus uns unbekannter Quelle stammenden Ungleichungen

$$\frac{265}{153} < \sqrt{3} < \frac{1351}{780} \quad \text{für den Wert von } \sqrt{3}.$$

Ludolph van Ceulen (1539–1610): Mathematiker und Fechtmeister in Delft, hat 1596 unter Benutzung eines regelmäßigen $60 \cdot 2^{29}$-Ecks für die Zahl π einen auf 20 Stellen (später auf 35 Stellen) genauen Wert berechnet

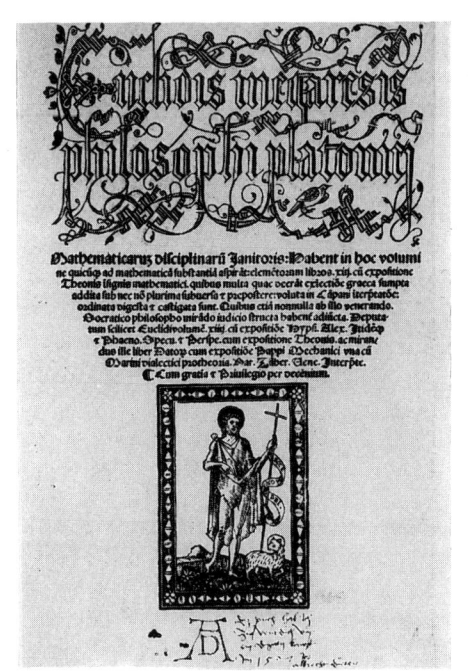

Abbildung 1.4−22
Euklids Elemente. Exemplar mit *Dürers* eigenhändigen Eintragungen. Herzog-August-Bibliothek, Wolfenbüttel

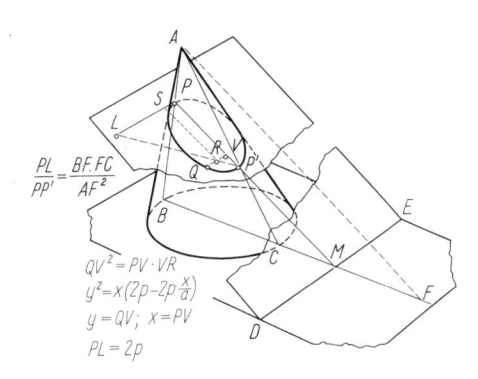

Abbildung 1.4−23
a) Zur Ableitung der Kegelschnitte nach *Apollonius*: Gegeben sei eine Ebene, in der Ebene ein Kreis und ein außerhalb der Ebene gelegener Punkt A. Durch diese Angaben ist ein Kegel festgelegt. Eine die Kegelschnitte erzeugende zweite Ebene möge die obengenannte Ebene in der Geraden *DE* schneiden. Eine auf der Geraden *DE* senkrechte, durch den Kreismittelpunkt führende Gerade legt das Dreieck *ABC* fest. (In der in unserer Abbildung gewählten einfachen Anordnung steht die Dreiecksebene senkrecht auf der Grundkreisebene.) Die Geraden *AB* und *AC* berühren den Kegelschnitt in den Punkten *P* und *P'*. Es wird nun die zur Geraden *PP'* parallele Gerade *AF* konstruiert. Wählen wir (für eine Ellipse) den Punkt *L* so, daß $\frac{PL}{PP'} = \frac{BF \cdot FC}{AF^2}$ gilt, dann gilt für jeden Punkt *Q* auf der Ellipse $QV^2 = PV \cdot VR$. Für eine Ellipse ist die Fläche $PV \cdot VR$ immer kleiner und bei einer Hyperbel immer größer als $PV \cdot PL$; bei einer Parabel stimmen beide Flächen überein. Aus dieser Eigenschaft ergeben sich die Bezeichnungen der Kegelschnitte (ἔλλειψις = Mangel, ὑπερβολή = Überschuß, παραβολή = Vergleich).

Abbildung 1.4−28 dargestellte Wasseruhr wurde nach einer von KTESIBIOS gegebenen Beschreibung rekonstruiert. Aus einem künstlerisch gestalteten Wasserspeier tropft Wasser in einen Trichter und fließt schließlich durch ein dünnes Rohr in einen senkrecht stehenden Zylinder, der durch einen beweglichen Kolben abgeschlossen ist. Der Kolben stellt sich entsprechend der Füllhöhe des Zylinders ein. Auf der Kolbenstange ist eine Figur angebracht, die mit einem kleinen Stab die Zeit anzeigt. Da in der Antike der Zeitraum zwischen Sonnenaufgang und -untergang in 12 gleiche Abschnitte unterteilt wurde, war die Stundenlänge im Sommer eine andere als im Winter, so daß auch die Einteilung auf dem Anzeigezylinder jahreszeitabhängig sein mußte. Hat sich der Zylinder nach Ablauf eines Tages mit Wasser gefüllt, dann entleert er sich über einen Saugheber selbsttätig, und der Kolben kommt wieder in die Ausgangslage. Die Uhr zeigt somit wieder die Anfangsstunde des Tages an. Vom Saugheber strömt das Wasser auf ein Schaufelrad, das durch die Wassermenge um einen bestimmten Winkel gedreht wird. Diese Drehung wird über ein Zahnradgetriebe auf den Anzeigezylinder übertragen und ändert hier die Stundeneinteilung entsprechend der Jahreszeit ab. Die Wasseruhr zeigte somit nicht nur die Stunden, sondern auch die Tage des Jahres an, und all dies erfolgte automatisch! Zur Bedienung der Wasseruhr war lediglich der Behälter des Wasserspeiers von Zeit zu Zeit aufzufüllen, was dem Aufziehen unserer mechanischen Uhren entspricht.

Die geistvollsten Konstruktionen hellenistischer Techniker dienten meist nur zur Unterhaltung sowie zur Täuschung der unwissenden Menge mit Blendwerken *(Abbildungen 1.4−29, 1.4−30)*.

Die Römer haben zur Entwicklung der Geometrie nichts beigetragen, auch in der Physik sind sie in erster Linie die Übernehmenden und Weitergebenden gewesen. Sie waren stolz darauf, als praktisch denkende Menschen ihre physikalischen und technischen Fähigkeiten für den Bau öffentlicher Anlagen einzusetzen und sich nicht in Spielzeugen oder Belustigungsinstrumenten zu verlieren. Wir finden bei ihnen die ersten Ansätze zu einer „Wissenschaft im Dienste der Gesellschaft". Besonders hervorzuheben sowohl in sozialer als auch in technischer Hinsicht, oft aber auch hinsichtlich der künstlerischen Gestaltung, ist ihr ausgedehntes Wasserversorgungsnetz.

Selbst das Betreiben dieser Anlagen war eine komplizierte technische Aufgabe. So war z. B. der Wasserverbrauch zu messen, die Meßanlagen waren von Amts wegen zu kontrollieren und Wasserdiebstähle, die zuweilen mit raffinierten technischen Hilfsmitteln ausgeführt wurden, mußten aufgedeckt werden *(Zitat 1.4−5)*.

1.5 Der Niedergang des Hellenismus

1.5.1 Pessimismus in der Philosophie

Mit dem Aufbau des Weltreichs ALEXANDERS DES GROSSEN und seinem nachfolgenden Zerfall hörten die griechischen Stadtstaaten auf zu bestehen. Als Folge ging einerseits das existentielle und intellektuelle Sicherheitsgefühl der Menschen verloren, das im Rahmen der Stadtstaaten gegeben war: physische Geborgenheit, Übersichtlichkeit und Traditionsverbundenheit in politischer, organisatorischer und kultureller Hinsicht. Andererseits erweiterte sich ihr Horizont als Folge der unmittelbaren Kontakte mit den verschiedensten philosophischen Ansichten und Religionen. Das Ergebnis war Unsicherheit der Existenz und geistige Verunsicherung, Verinnerlichung und Kosmopolitismus. Über die Möglichkeiten des Reagierens auf eine Vielzahl von Ansichten sagt POINCARÉ zwei Jahrtausende später: An allem zweifeln und alles glauben sind gleichermaßen bequeme Verhaltensweisen − beide entheben uns der Verpflichtung zu denken. Die breiten Massen waren bereit, alles aufzugreifen, womit sie in unmittelbaren Kontakt gelangten: Sekten blühten, Aberglaube machte sich breit in Astrologie, Magie, in der Deutung von Vorzeichen. Die philosophische Attitüde hingegen war der Skeptizismus. Es darf nicht vergessen werden, daß auch der Wissenschaftler immer Zweifel geltend zu machen hat: Er weiß nie etwas ganz sicher, was ihn jedoch nicht daran hindert, immer von neuem an die Erforschung des Unbekannten zu gehen. Die Philosophen gelangen ihrerseits — wie wir später sehen werden — gerade über den Zweifel zur sicheren Erkenntnis der Wahrheit.

Der Begründer des Skeptizismus als einer der Hauptströmungen des Hellenismus ist PYRRHON (360 v. u. Z. — 270 v. u. Z.). Er begründet seinen Skeptizismus in erster Linie mit der Unverläßlichkeit der von unseren Sinnen übermittelten Erkenntnisse. Später hat sich auch die platonische Akademie einen Teil seiner Lehren zu eigen gemacht; damit verlagerte sich der Schwerpunkt des Zweifelns auf die Unsicherheit der logischen Grundprinzipien, vor allem auf die Unsicherheit deduktiver Beweise. Ausgangspunkte für deduktive Beweise sind nämlich entweder akzeptierte, aber unbewiesene Sätze (Axiome), oder es werden zu deren Beweis neue Grundprinzipien herangezogen usf. ohne Ende, wobei man aber unter Umständen zurückgelangt zu den Ausgangsprinzipien, womit sich der Kreis schließt. Dem Philosophen bleibt also nichts anderes übrig als das ständige Abwägen (σκέπτομαι = überlegen, daher der Name). Man hat sich deshalb jeder bestimmten Meinung zu enthalten und gelangt nur so zum Frieden der Seele; für die Verhaltensweise in der Praxis mögen Wahrscheinlichkeitsüberlegungen, allgemeine Gepflogenheiten und Sitten, der Konsensus oder die natürlichen Instinkte wegweisend sein. Ein Vertreter dieser Richtung in der Wissenschaft war der namhafte Arzt SEXTUS EMPIRICUS (gest. 200 v. u. Z.), der sich — wie auch sein Name zeigt — in seiner Berufsarbeit ausschließlich auf empirische Grundlagen stützte und auch gar nicht bestrebt war, den Ursachen der Krankheiten nachzugehen oder irgendwelche Thesen über die Wirkungsart der Heilmethoden aufzustellen.

Es ist natürlich kein Zufall, daß die anderen beiden bedeutenden Geistesströmungen des Hellenismus, nämlich der Stoizismus und auch der Epikureismus, gleichzeitig mit dem Skeptizismus, und zwar zur Zeit des Todes ALEXANDERS DES GROSSEN auftauchten. Im Gegensatz zum Skeptizismus („Enthalte dich jeder Meinungsbildung!") haben die beiden letztgenannten philosophischen Schulen dogmatischen Charakter, d. h., sie versuchen, ein ausgearbeitetes System von Lehren und ein abgerundetes Weltbild vorzulegen.

Der Stoizismus ist nach oft geäußerten Meinungen die Lehre, die am wenigsten der griechischen Art entspricht. Ihr Gründer, ZENON (336 v. u. Z. — 264 v. u. Z.), war ein Phönizier und ihre markantesten Vertreter Römer: SENECA (4 v. u. Z. — 65 u. Z.), EPIKTET (50—138), MARCUS AURELIUS (121—180). Der ebenfalls übliche Name Stoa der Schule erinnert daran, daß ZENON in der Athener Stoa poikile (στοὰ ποικίλη = Saal der bemalten Säulen) begann, seine Lehre zu verkünden, die übrigens auch Einfluß auf die Philosophie der Neuzeit ausgeübt hat und den modernen Menschen anspricht. Ihr Ziel ist ausschließlich ethisch orientiert: das Aufzeigen des richtigen Verhaltens in einer ungewissen, verworrenen Welt. Die uns am meisten interessierenden, erkenntnistheoretischen und physikalischen Aspekte des Stoizismus dienen bloß dazu, zu dieser richtigen Verhaltensweise zu finden. Nach ZENON ist die Philosophie ein Obstgarten; die Logik stellt die Ummauerung dar, die Physik die Bäume und die Ethik die Früchte. Ihre Erkenntnistheorie ist empirischer Art: Sinneseindrücke erwecken Vorstellungen; von diesen dienen diejenigen, die oftmals wiederholt auftreten und in jedermann bleibende Eindrücke hinterlassen (φαντασία καταληπτική = = phantasia kataleptike, consensus gentium) als Wahrheitskriterien. In der Natur walten streng deterministische Gesetzmäßigkeiten (εἱμαρμένη, fatum). Die Weltanschauung ist materialistisch-pantheistisch; die Gottheit (logos) als feuriger Hauch (pneuma) durchdringt alles; alles hat seinen Anteil an ihr. So ist jedes Lebewesen mit allen anderen durch kosmische Sympathie verbunden — eine philosophische Grundlage für eine kosmopolitische Weltanschauung und ein kosmopolitisches Humanitätsideal. Das Fatum der Stoiker ist jedoch nicht das unbarmherzige Schicksal: Die Gottheit übernimmt die Aufgabe der Vorsehung. Wie hat sich das Individuum in diese streng deterministische Welt einzufügen? Die Stoa gibt eine sehr modern klingende Antwort auf diese Frage: „Handle im Einklang mit den Naturgesetzen!" Dies ähnelt sehr stark der These „Freiheit ist Einsicht in die Notwendigkeit". SENECA sagt: „Fügst du dich in dein Schicksal, so führt es dich; fügst du dich nicht, so zwingt es dich". Auf diese Weise ist es möglich, in den Zustand der vollkommenen Ruhe und Leidenschaftslosigkeit, den Zustand der Apathie (ἀπάθεια) zu gelangen.

Es ist ebenfalls möglich, aus der Kosmologie der Stoa sehr moderne

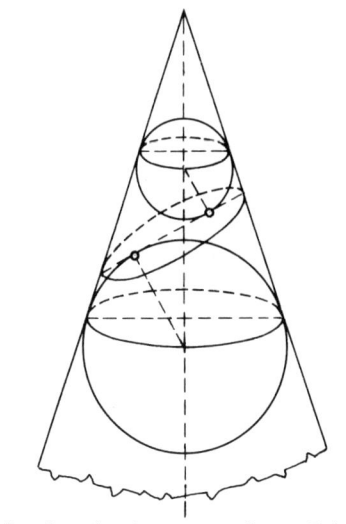

b) Erst *Pascal* und — etwas später — *Euler* haben zur Theorie der Kegelschnitte wesentliches Neues beitragen können. Die Abbildung zeigt die die Brennpunkte bestimmenden, berührenden Kugeln (*G. P. Dandelin*, 1794—1847)

x	ss	End-σ
x^2	$\Delta^Y \equiv \delta^\nu$	dynamis
x^3	$K^Y \equiv \bar{x}^\nu$	kybos
x^4	$\delta\delta^\nu$	dynamodynamis
x^5	$\delta\bar{x}^\nu$	dynamokybos
x^6	$\bar{x}\bar{x}^\nu$	kybokybos
—	$\mathcal{M}$	
Einheit	$\mathring{\mu}$	($\mu o\nu\alpha\varsigma$)
=	$\iota^\sigma os$	

a)

$$x^3 - 5x^2 + 8x - 1 = x$$

$$\bar{x}^\nu\bar{\alpha}\,ss\,\bar{\eta}\,\mathcal{M}\,\bar{\delta}^\nu\bar{\varepsilon}\,\mathring{\mu}\,\bar{\alpha}\,\iota^\sigma s\,\bar{\alpha}$$

b)

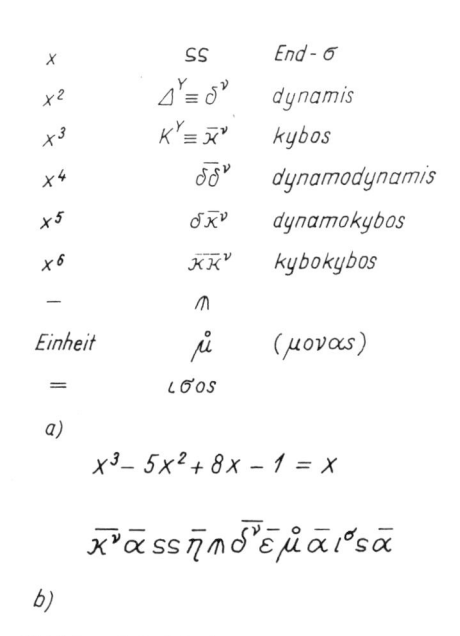

Abbildung 1.4—24a, b
Einige der von *Diophantos* benutzten Bezeichnungen

Die Abbildungen 1.4—25 — 1.4—30 und Zitat 1.4—5 sind auf den Seiten 113—115 zu finden

Abbildung 1.5−1
Bronzestatue des Kaisers MARCUS AURELIUS (121−180), eines der prominentesten Vertreter der stoischen Philosophie. Janus-Pannonius-Museum in Pécs; die Statue ist 1974 in Dunaszekcső (Ungarn) gefunden worden (Photo: *K. Nádor*)

II. 1 Sage zu dir in der Morgenstunde: Heute werde ich mit unbedachtsamen, undankbaren, unverschämten, betrügerischen, neidischen, ungeselligen Menschen zusammentreffen. Alle diese Fehler sind Folgen ihrer Unwissenheit hinsichtlich des Guten und des Bösen. Ich aber habe klar erkannt, daß das Gute seinem Wesen nach schön und das Böse häßlich ist, daß der Mensch, welcher gegen mich fehlt, in Wirklichkeit mir verwandt ist, nicht weil wir von demselben Blut, derselben Abkunft wären, sondern wir haben gleichen Teil an der Vernunft, der göttlichen Bestimmung. Keiner kann mir Schaden zufügen, denn ich lasse mich nicht zu einem Laster verführen. Ebensowenig kann ich über den, der mir verwandt ist, zürnen oder ihn hassen; denn wir sind zur gemeinschaftlichen Wirksamkeit geschaffen, wie die Füße, die Hände, die obere und untere Kinnlade. Darum ist die Feindschaft der Menschen unter einander wider die Natur, Unwillen aber und Abscheu in sich fühlen, ist eine Feindseligkeit.

III. 3 *Hippokrates*, der so viele Krankheiten geheilt hatte, wurde selbst krank und starb. Die Chaldäer hatten vielen den Tod vorhergesagt, endlich wurden sie von demselben Geschick betroffen. *Alexander* und *Pompejus* und *Cäsar*, welche ganze Städte massenhaft von Grund aus zerstört und unzählbare Mengen von Reitern und Fußvolk in den Schlachten niedergemetzelt hatten, verloren endlich ebenfalls ihr Leben. *Heraklit*, nachdem er über den Weltuntergang durch Feuer so viele naturphilosophische Betrachtungen angestellt hatte, starb an Wassersucht, den Körper in Rindsdünger gehüllt. Die Wurmkrankheit hat den *Demokrit* getötet, Ungeziefer anderer Art tötete den *Sokrates*. Was will ich damit sagen? Du hast dich eingeschifft, bist durch das Meer gefahren, bist im Hafen: steige nun aus! Ist's in ein anderes Leben, so fehlen ja nirgends die Götter, auch dort nicht! Ist es dagegen, um nichts mehr zu fühlen, so enden deine Schmerzen und deine Vergnügungen, deine Einschließung in ein Gefäß, das um so unwürdiger, als derjenige, welcher in diesem Behältnisse lebt, weit edler ist. Denn dieser ist die Vernunft, dein Genius, jener nur Erde und Verwesung.

IV. 32 Betrachte einmal zum Beispiel die Zeiten unter *Vespasian*, und du wirst alles finden wie jetzt: Menschen, die freien, Kinder erziehen, Kranke und Sterbende, Kriegsleute und Festfeiernde,

Gedanken herauszulesen: Anfangs war alles Feuer; allmählich trennten sich seine Teile Luft, Wasser und Erde. Nach einiger Zeit aber kehrt die Welt wieder in ihren Urzustand des kosmischen Feuers zurück, worauf sich alles wiederholt.

Der Gedanke, daß die die Menschen berührenden Ereignisse einen integrierten Teil des Weltgeschehens darstellen; die sich daraus ergebende kosmische Sympathie, die die Gleichheit aller Menschen, Griechen, Römer und Barbaren, Sklaven und Kaiser verkündet; das weise Sich-Fügen in die teleologische Ordnung der Dinge; die Betonung der Pflichterfüllung − die besonders bei den Römern großen Anklang fand −, die religiöse Toleranz; all dies sind Gedanken, die in dieser oder jener Form bis zum heutigen Tag lebendig wirken *(Abbildung 1.5−1)*.

Nach der Lehre des EPIKUR (341 v. u. Z. − 270 v. u. Z.) ist es Aufgabe der Philosophie, uns den Weg zu einem glücklichen Leben zu weisen. Tugend ist nichts anderes als Klugheit auf der Suche nach dem Glück. Gerechtigkeit besteht darin, so zu handeln, daß kein Grund vorliegt, die Rache anderer Menschen zu fürchten. Erkenntnistheorie und Physik − die uns besonders interessierenden Aspekte − sind auch hier bloße Mittel zur Motivierung der Verhaltensnormen. Nach EPIKUR wird unsere Seelenruhe vor allem durch die Furcht gestört. Wir fürchten die Götter; wir fürchten uns vor dem Tode und vor dem unausweichlichen Schicksal. Die Physik dient dazu, uns von dieser Furcht zu befreien. Die Erkenntnistheorie des Epikureertums ist sinnlich fundiert und knüpft unmittelbar an die des DEMOKRIT an. Ihr Weltbild ist materialistisch, aber nicht deterministisch, auch dem Zufall ($\tau \acute{\upsilon} \chi \eta$ = Tyche) kommt im Weltgeschehen eine Rolle zu: Die Welt besteht aus Atomen, die infolge ihrer Schwere lotrecht nach unten fallen, jedoch von Zeit zu Zeit völlig unberechenbar abgelenkt werden. Diese Erscheinung läßt also den Zufall zu Worte kommen. Auch wir sind den Naturgesetzen unterworfen, haben jedoch in gewissem Maße Willensfreiheit und sind so Herren unseres Schicksals. Den Tod haben wir nicht zu fürchten, denn wenn er da ist, so sind wir es nicht mehr: Mit den Atomen unseres Körpers verstreuen sich auch die Seelenatome. Desgleichen ist auch der Zorn der Götter nichts Bedrohliches, denn es gibt zwar Götter, aber in ihrem glückseligen Zustand kümmern sie sich nicht um die Geschicke der Menschen, und so ist auch ihre Rache nicht zu befürchten. Nach EPIKUR ist die Religion nicht als Trost für die Menschen zu bewerten, sondern eher als Hauptursache für ihre Ängste, von denen sie befreit werden müssen. Das ethische Ziel ist also das Vergnügen (der Genuß, $\dot{\alpha} \tau \alpha \rho \alpha \xi \acute{\iota} \alpha$, Ataraxie), das allerdings nicht mit den Zielen der Leidenschaften identisch ist: Wenn wir behaupten, daß unser Endziel der Genuß ist, so ist nicht vom Genuß der Ausschweifenden die Rede und auch nicht vom Vergnügen der Genußsüchtigen, wie es einige auslegen, sondern davon, daß unser Körper keinen Schmerz, unsere Seele keine Störung empfindet ... es ist unmöglich, schön und angenehm zu leben, ohne Gerechtigkeit zu üben; aber es ist auch nicht möglich, ohne Vergnügen vernünftig, schön und rechtschaffen zu leben. EPIKUR hat sich diese Ungestörtheit der Seele in seinem berühmten Garten, im Freundeskreis diskutierend, gesichert, bei einfachstem Lebenswandel und völligem Abschluß vom gesellschaftlichen Leben. In dieser Gemeinschaft hatten außer Schülern und guten Freunden auch Hetären, Sklaven und Kinder ihren Platz.

Trotz aller Sympathien für die Lehren der Stoiker oder Epikureer muß aber festgestellt werden, daß im Endergebnis der Fortschritt nicht von diesen Schulen getragen wurde. Der Weg in die Zukunft wurde vielmehr vom Glauben, vom Irrationalismus und vom Fanatismus gewiesen *(Abbildung 1.5−2)*.

Es ist nicht möglich, die Reflexionen des PLINIUS über die Beziehungen zwischen Menschen und Göttern, deren ironischer Ton eindeutig eine atheistische Grundhaltung verrät, ohne innere Anteilnahme zu lesen *(Zitat 1.5−1, Abbildung 1.5−3)*. Mit einiger Skepsis freilich nehmen wir seine Aussage zur Kenntnis, daß der Tod die höchste Gabe der Natur ist, vor allem wenn wir wissen, wie ausgiebig PLINIUS das Leben eines reichen und gebildeten Römers ausgekostet hat. Seine Argumentation zur Frage der Unsterblichkeit der Seele, wonach der Zustand der Seele nach dem Tode dem vor der Geburt entspricht und vor der Geburt von der Nichtexistenz der Seele auszugehen sei, hat 2000 Jahre später bei SCHOPENHAUER folgendes Echo gefunden: Daß wir geboren wurden, ist kein gutes Omen für die Unsterblichkeit.

LUKREZ hat in seinem Lehrgedicht *De rerum natura* versucht, ein vollkommenes und in sich geschlossenes System darzulegen *(Zitat 1.5–2, Farbtafel V)*. Auch er hat Wert darauf gelegt, ein wissenschaftliches Weltbild sowohl der unbelebten Natur als auch des Menschen zu zeichnen, in dem es keine Götter gibt und alles aus sich selbst heraus erklärbar ist:
„...weil ich die Lehre von großen Dingen verkünde und den Geist von den engen Fesseln der Religion zu befreien eifrig betreibe."
Ganz anders als AISCHYLOS ein halbes Jahrtausend früher in seinem *Gefesselten Prometheus* hat LUKREZ die Aneignung des Feuers durch den Menschen gesehen. Er zieht zwei Möglichkeiten in Betracht, wie das Feuer zum Menschen gekommen sein könnte. Das erste Feuer könnte durch einen Blitz, aber auch mittels zweier aneinander geriebener Holzstäbe entzündet worden sein. Mit der Sensibilität eines Dichters beschreibt LUKREZ die Gewalt der Naturkräfte und die Bedenken, die in den Menschen aufkommen, wenn sie mit diesen Gewalten konfrontiert werden.
... daß es vielleicht doch eine für uns unermeßliche Gewalt der Götter gibt, die mit verschiedener Bewegung die helleuchtenden Sterne dreht ...
Interessant ist auch ein Vergleich der Aussage des SOKRATES in den *Wolken*

Handeltreibende, Ackerbauer, Schmeichler, Anmaßende, Argwöhnische, Gottlose, solche die den Tod, dieses oder jenes herbeiwünschen, über die Gegenwart murren, verliebt sind, Schätze sammeln, Konsulate, Königskronen begehren. Nun, sie sind nicht mehr, sie haben aufgehört zu leben. Gehe dann zu den Zeiten *Trajans* über. Abermals ganz dasselbe. Auch dieses Lebensalter ist ausgestorben. Betrachte gleichfalls die anderen Abschnitte von Zeiten und ganzen Völkern und siehe, wie viele, die Großes geleistet, bald dahinsanken und in die Grundstoffe aufgelöst wurden. Vorzüglich aber rufe in dein Gedächtnis diejenigen zurück, welche du persönlich gekannt hast, wie sie über dem Haschen nach eiteln Dingen vernachlässigten, das zu tun, was der eigentümlichen Einrichtung ihres Wesens gemäß war, daran unablässig fest zu halten und hierauf ihre Wünsche zu beschränken. Hier mußt du auch noch eingedenk sein, daß die auf jedes Geschäft verwandte Sorgfalt zu seiner Wichtigkeit im rechten Maß und Verhältnis stehen muß. Denn so wirst du keinen Unmut empfinden, wenn du dich nicht mehr, als sich's gebührt, mit Kleinigkeiten beschäftigst.
Marcus Aurelius: Selbstbetrachtungen. Übersetzt von *Dr. Albert. Wittstock* 1879

Abbildung 1.5–2
Bericht aus dem 15. Jahrhundert über die Alexandrinische Bibliothek und ihre Vernichtung. *Schedels Weltchronik,* 1493
Die Alexandrinische Bibliothek ist von einem Heerführer *Alexanders des Großen,* der unter dem Namen *Ptolemäus I.* König von Ägypten wurde, um 290 v. u. Z. gegründet worden. Sein Nachfolger, *Ptolemäus II.* hat die Museenhalle (μουσεῖον = Museion) bauen lassen, zu deren einem Teil die Bibliothek wurde. Mit ihren astronomischen Einrichtungen, dem medizinischen Forschungslaboratorium, den Vortragssälen und Kopierstuben wurde sie zum wissenschaftlichen Mittelpunkt der hellenischen Welt. Mehrere hunderttausend Rollen (500 000, nach einzelnen Schätzungen sogar 700 000) sind hier angesammelt worden; dies entspricht etwa 100 000 heutigen Bücherbänden. Die Bibliothek brannte zum ersten Mal 47 v. u. Z., während des Feldzugs *Julius Cäsars,* ab; der Verlust wurde von *Antonius* durch Überweisung von 200 000 Rollen aus der Bibliothek von Pergamon aufgefüllt. Im Jahre 273, beim Niederschlagen eines Aufstands, gab es wiederum einen Brand, und schließlich wurde 391 der im Serapis-Heiligtum geborgene Teil von christlichen Massen vernichtet.
Zeitgenössische arabische Autoren haben wohl recht mit ihrer Feststellung, daß dem Kalifen *Omar* und seinen Soldaten im Jahre 640 nicht mehr viel zu zerstören übrigblieb.

Abbildung 1.5–3
GAIUS PLINIUS SECUNDUS (23–79): auch *Plinius der Ältere* genannt, kam nach dem Bericht seines Neffen, *Plinius des Jüngeren,* beim Beobachten des Ausbruchs des Vesuvs ums Leben. Sein 37bändiges Werk mit dem Titel *Historia naturalis* entstand nach seiner eigenen Aussage unter Benutzung von 2000 Bänden hunderter Autoren und enthält – im Gegensatz zu den bislang üblichen Gepflogenheiten – einen ausführlichen Quellennachweis mit 473 namentlich aufgeführten Verfassern. Das Werk stellt eine volkstümliche Beschreibung des klassischen Wissensgutes dar, die als umfassend, allerdings auch nicht besonders kritisch und stellenweise sogar sensationslüstern bezeichnet werden muß. Sie ist bis ins 15. Jahrhundert in weiten Kreisen benutzt worden. Bibliothek des Bistums Székesfehérvár

Zitat 1.5–1
Ein besonderer Trost bei der Unvollkommenheit der menschlichen Natur ist es, daß auch die Gottheit nicht alles vermag. Denn sie kann sich nicht selbst das Leben nehmen, wenn sie auch wollte, was sie bei den so großen Leiden des Lebens dem Menschen als köstlichstes Geschenk gegeben hat,

109

noch auch die Sterblichen mit ewigem Leben beschenken oder Verstorbene ins Leben zurückrufen, noch machen, wer gelebt hat, wer Ehrenstellen bekleidete, sie nicht bekleidet habe; sie kann überhaupt kein anderes Recht auf das Vergangene ausüben als das des Vergessens, und (um auch mit scherzhaften Belegen diese Verwandtschaft mit der Gottheit zu knüpfen) nicht machen, daß zweimal zehn nicht zwanzig ist und so noch vieles Ähnliches; woraus ohne Zweifel die Macht der Natur erhellt, und daß gerade sie das sei, was wir Gott nennen.

Bei allen ist es gleich nach dem letzten Lebenstage wie vor dem ersten; weder Körper noch Seele hat nach dem Tode irgend eine Empfindung, so wenig wie vor der Geburt. Allein unsre Eitelkeit erstreckt sich auch auf die Zukunft hinaus, und das Leben erträumt sich für die Zeiten nach dem Tode bald Unsterblichkeit der Seele, bald eine Umbildung, bald gibt es den Gestorbenen Bewußtsein, verehrt die Massen oder macht den zu einem Gotte, der selbst aufgehört hat, Mensch zu sein, als ob sich der Lebensodem irgend eines Menschen von dem jedes andern Geschöpfes unterschiede oder sich nicht im Leben viele andre Wesen von längerer Dauer fänden, denen niemand eine ähnliche Unsterblichkeit zuerkennt. Was für eine Art von Körper hat denn die Seele an sich? Was für einen Stoff? Wo ist ihr Bewußtsein? Wie sieht, fühlt, hört sie? Welchen Gebrauch macht man von ihr? Oder welch ein Gut gibt es für sie ohne die Sinne? Ferner, wo ist ihre Wohnung? Oder wie groß ist die Menge der Seelen oder Schatten seit so vielen Jahrhunderten? Das alles sind Erdichtungen kindlichen Unsinns und des unersättlichen Wunsches der Sterblichen, nie aufzuhören. Ebenso eitel ist die Sorge für die Erhaltung der Körper und *Demokritos* Verheißung hinsichtlich ihrer Wiederbelebung; lebte er doch selbst nicht wieder auf! Welche Torheit in der Tat, mit dem Tode ein neues Leben beginnen zu lassen! Und welche Ruhe fände der Geborene jemals, wenn in der Höhe die Seele, in der Unterwelt der Schatten Bewußtsein behält? In der Tat, jener süßliche Wahn und jene Leichtgläubigkeit vernichtet das vorzügliche Geschenk der Natur, den Tod, ja, sie verzwiefacht sogar den Schmerz des Sterbenden durch die Vorstellung von einer Fortdauer. Denn, wenn es süß ist zu leben, wem kann es süß sein gelebt zu haben? Dagegen wie viel leichter und verlässiger ist es, seinem eigenen Bewußtsein zu glauben und ein Musterbild seiner Sorgenlosigkeit aus dem Zustande vor der Geburt herzunehmen!

GAJUS PLINIUS SECUNDUS: *Naturgeschichte.* Übersetzt von *Christian Friedrich Lebrecht Strack,* überarbeitet und herausgegeben von *Max Ernst Dietrich Lebrecht Strack*. Darmstadt 1968, 1. Teil

Zitat 1.5 – 2
Freude macht es mir da, mich unberührten Quellen zu nahen und daraus zu schöpfen, Freude macht es mir da, noch nicht gesehene Blumen zu pflücken und einen wunderbaren Kranz für mein Haupt von dort zu holen, wo vordem die Musen noch keinem Manne um die Schläfen gewunden haben; einmal, weil ich die Lehre von großen Dingen verkünde und den Geist von den engen Fesseln der Religion zu befreien eifrig betreibe und weil ich über ein dunkles Thema so lichtvolle Verse dichte, alle mit der Anmut der Musen schmückend. Auch das nämlich scheint mir nicht ganz ohne Sinn zu sein: Denn wie die Ärzte, wenn sie den Kindern bittern Wermut zu geben versuchen, vorher die Becher ringsum am Rande mit süßem, goldgelbem Honigseim bestreichen, daß das ahnungslose Alter der Kinder bis zu den Lippen bestrickt wird und inzwischen den bittern Saft des Wermuts austrinkt, getäuscht, aber nicht betrogen, vielmehr sich dadurch erholt und wieder erstarkt, so habe auch ich jetzt, da diese Lehre meistens denen zu bitter erscheint, die sich vorher noch nicht damit beschäftigt haben, und da das gemeine Volk davor zurückschreckt, in süßem pierischem Lied dir unsere Lehre darlegen und gleichsam mit dem süßen

von ARISTOPHANES über die Strafe der Götter, die den Eidbrüchigen trifft, mit den folgenden Zeilen des Lehrgedichts von LUKREZ:
… dann Blitze sende und oft auch die eigenen Tempel zerstöre und in die Wüste weichend wüte, den Blitz schwingend, der häufig an den Schuldigen vorbeigeht und Unschuldige des Lebens beraubt, die es nicht verdient haben…

Von den Skeptikern kann man nicht erfahren, ob es Götter gibt oder nicht; die Stoiker lehrten die Einheit von Welt und Gottheit, hingegen führen nach den Epikureern die Götter ihr eigenes, abgesondertes Leben. Es war ein Mann jüdischer Herkunft namens PHILON (10 v. u. Z. – 50 u. Z.), der als erster eine Religion mitsamt ihrer Dogmen – nämlich die jüdische – mit der griechischen Philosophie in Verbindung zu bringen versuchte. In diesem Sinne könnte er gewissermaßen als erster Scholastiker bezeichnet werden. Er hat auch für einen „historischen Hintergrund" der Koordination gesorgt, mit seiner Annahme, PLATON sei ein Schüler des MOSES gewesen.

Der Schöpfer des letzten großen Systems der griechischen Philosophie, nämlich der Begründer des Neoplatonismus, PLOTINOS (205 – 270), hat sein System zu einer Zeit geschaffen, als das Christentum schon viel an Raum gewonnen hatte. Seine Philosophie ist schon gänzlich religiös gefärbt, ohne sich jedoch irgendeiner Religion mit ihren Lehren anzuschließen bzw. ohne den Anspruch, irgendeine Religion philosophisch zu untermauern. PLOTINOS wurde zwar von den Christen bekämpft, jedoch wurden viele seiner Gedanken von ihnen später übernommen. Andererseits stützte sich JULIANUS APOSTATA bei seinem Versuch, den alten römischen Glauben wieder einzuführen, auf den Neoplatonismus als philosophische Grundlage. Seine Metaphysik ist äußerst umständlich und fremdartig aus der Sicht der Physik bzw. der Art, wie Physiker zu denken pflegen. Die Hauptfrage der Neoplatoniker ist, wie es möglich sein kann, eine Verbindung herzustellen zwischen der materiellen Welt und dem transzendenten Begriff eines Gottes, von dem keine Eigenschaft behauptbar ist, der höchstens das Eine, das Gute genannt werden kann; man könnte diesen Begriff am ehesten mit der homogenen, unveränderlichen Kugel des PARMENIDES vergleichen. Ein Physiker kann sich aber angesprochen fühlen vom Gedanken, daß die unterste Ebene der folgenden Seinshierarchie:

Das Eine – Geist *(nous)* – Seele – sinnlich erfaßbare Welt,

die den Gegenstand der physikalischen Forschung darstellt,

auch Anteil hat an der Schönheit, die von oben herabströmt: Im Stofflichen spiegelt sich sozusagen die Schönheit der Seele. Bei PLOTINOS begegnen wir erstmals einer Erkenntnisart, die den Griechen so fremd ist, der von späteren Generationen aber eine wichtige Rolle zuerkannt wird: der Ekstase.

Der Neoplatonismus erscheint uns in erster Linie darum wichtig, weil diesem Ideensystem die Kontinuität zwischen griechischer und christlicher Denkweise zu verdanken ist. PLOTINOS ist Abschluß und Beginn zugleich: Abschluß der griechischen Philosophie und Beginn der christlichen. Seine Lehren waren nach Jahrhunderten von Enttäuschungen, in einer Zeit der Hoffnungslosigkeit, annehmbar für die Alte Welt, aber Anregungen brachte sie ihr nicht. Für die rohe Barbarenwelt, deren überschäumende Energie eher der Zügelung und Regelung bedurfte als der Anregung, war die Lehre – bzw. was in ihr erfaßbar erschien – förderlich, denn wogegen bei den Barbaren angekämpft werden mußte, war nicht die Trägheit, sondern die Brutalität (RUSSELL [0.28] p. 321). Ein namhafter Fachmann der Wissenschaftsgeschichte, SANTILLANA, formuliert die Rolle des Neoplatonismus sehr prägnant, wenn er sagt: Es war dies die Trägerfrequenz, auf der ein Teil der antiken Wissenschaft in die christliche Welt hinübergerettet werden konnte.

An dieser Stelle soll noch auf eine ganz absonderliche Mischung von Wissenschaft und Mystik, die Astrologie, eingegangen werden. Wissenschaftshistorisch ist sie von Bedeutung, weil sie nicht ohne eine genaue Kenntnis der Bewegungen der Himmelskörper betrieben werden konnte, so daß sie die wahre Wissenschaft gefördert hat, obwohl sie selbst eine Scheinwissenschaft ist. Die Entwicklung der Astrologie wurde durch die Tatsache ungemein begünstigt, daß tatsächlich einige irdische Vorgänge durch die Himmelskörper wesentlich beeinflußt werden. Schon ARISTOTELES stellte fest, daß der Wechsel der Jahreszeiten auf der Erde bestimmten Besonderheiten der Sonnenbahn, genauer der Schiefe der Ekliptik, zugeschrieben werden kann. POSEIDONIOS, über dessen Arbeiten zur Astronomie bereits die Rede war und der übrigens ein Freund CICEROS gewesen ist, hat während eines Aufenthaltes in Spanien am Ufer des Atlantiks beobachtet, daß Ebbe und Flut mit dem Mondumlauf in einem unmittelbaren Zusammenhang stehen. Ein noch größerer Einfluß der Himmelskörper auf das irdische Geschehen läßt sich aus der Auffassung der Stoiker ableiten, daß Mensch und Universum ein einheitliches Ganzes bilden. Das folgt im übrigen auch, wenn der Atomismus als physikalisches Modell zugrundegelegt wird. Wenn aber alles mit allem in Beziehung steht, ist es verständlich, daß es einen Zusammenhang zwischen dem Schicksal der Menschen und dem Lauf der Sterne geben sollte *(Zitat 1.5–3a)*.

Den Glauben an günstige und ungünstige Vorzeichen, der über die Mythen und über religiöse Auffassungen hinausgeht, finden wir nicht nur in den Urzeiten, sondern auch heute noch in der Form eines mehr oder weniger ernstgenommenen Aberglaubens. Besonders im Osten ist dieser Aberglaube von großer Bedeutung gewesen; so hat man auf den mesopotamischen Tafeln Aufzeichnungen über nahezu 5 000 solcher mystischen Vorzeichen aufgefunden. Mit dem Eindringen der östlichen Mystik in die hellenistische Welt konnte sich auf der Basis der astronomischen Kenntnisse die Astrologie als Wissenschaft herausbilden. Sowohl nach römischem Recht als auch in der christlichen Welt war das Betreiben der Astrologie zwar verboten, an den Fürstenhöfen hat es aber desungeachtet bis ins 17. Jahrhundert hinein beamtete Astrologen gegeben.

In der Astrologie hat das Buch eines fiktiven Autors, HERMES TRISMEGISTOS, eine große Rolle gespielt und als Fundgrube für die altägyptischen Geheimwissenschaften gegolten. In diesem Buch werden große Geheimnisse, unter anderen auch die der Astrologie, im Rahmen einer Unterhaltung zwischen der Göttin ISIS und ihrem Sohn HORUS mitgeteilt. Die Welt ist voller Götter und Dämonen, die mit verschiedenen Sternen unmittelbar in Verbindung stehen. Das Schicksal der Menschen wird durch diese Dämonen bestimmt. Ein Mensch gelangt unter den Einfluß des Dämons, der zum Zeitpunkt seiner Geburt von größtem Einfluß gewesen ist, was wiederum aus der Konstellation der Sterne am Firmament abzulesen ist *(Zitat 1.5–3b)*.

Heute ist die Astrologie wieder groß in Mode. Für das breite Publikum ist der Schein der Modernität und der Wissenschaftlichkeit durch den Computer gegeben. Das Geburtsdatum sowie die Stellungen der Himmelskörper zu diesem Zeitpunkt werden dem Computer eingegeben, und dieser liefert aus seinem Speicher all die zu diesen Daten gehörenden guten und schlechten Vorzeichen, die seit den Zeiten der Chaldäer in den verschiedenen astrologischen Arbeiten ermittelt worden sind. Der Kunde bekommt eine den Ansprüchen unseres Zeitalters und seinen persönlichen Ansprüchen entsprechende frisierte Darstellung sowohl der menschlichen Eigenschaften als auch des zukünftigen Schicksals geliefert *(Zitat 1.5–3c)*.

Der von AUGUSTIN im 4. Jahrhundert vorgebrachten Kritik, die auch für die Astrologie des 20. Jahrhunderts zutrifft, haben wir nichts hinzuzufügen (Kapitel 1.5.2).

Der zu den Kirchenvätern gezählte heilige AUGUSTIN (354–430) hat in der Jugend die gesamte antike Wissenschaft in sich aufgenommen und das Leben eines dekadenten, verwöhnten jungen Mannes geführt, dann aber bewußt mit seiner Vergangenheit gebrochen und sich unter Einsatz seines an der hellenistischen Philosophie geschulten Verstandes darum bemüht, die in die Zukunft weisende christliche Ideologie zu unterstützen. Der Apostel PAULUS hatte noch leichthin alles weltliche Wissen verworfen *(Zitat 1.5–4)*. Das innere Ringen AUGUSTINS vor diesem Schritt können wir in seinen *Bekenntnissen* miterleben. Die *Bekenntnisse* sind ein bedeutendes Buch der Weltliteratur, mit dem eine lange Reihe von Werken eines ähnlichen Genres ihren Anfang genommen hat. Im Hinblick auf spätere Darlegungen wollen wir hier nur auf einige wenige Gedanken eingehen. Bei der Suche nach der Wahrheit gelangte AUGUSTIN über die Aussage, daß Zweifel, Denken und Irrtum gewiß sind, zu seinem *si enim fallor, sum*. Damit kommt er DESCARTES zuvor, baut jedoch auf dieser Wahrheit kein philosophisches System auf.

Auch wenn wir die Schlußfolgerungen AUGUSTINS hinsichtlich der Subjektivität der Zeit nicht übernehmen, lohnt es sich doch, seine Gedanken über das Verhältnis von Zeit, Bewegung und Dauer hier wiederzugeben. Gedanken dieser Art sind zum erstenmal von AUGUSTIN ausgesprochen

Honig der Dichtkunst bestreichen wollen, um zu versuchen, ob ich vielleicht so deinen Geist bei meinen Versen zu halten vermöchte, wenn du klar durchschaust, mit welcher Gestalt das ganze Wesen der Dinge geschmückt ist...
1. Buch, Vers 927–950

Wenn du das erkannt hast und festhältst, siehst du gleich, wie die Natur, frei, ohne stolze Herren, selbst aus eigenem Willen alles tut ohne Götter. Denn bei den heiligen Herzen der Götter, die in stillem Frieden ruhige Zeiten genießen und ein heiteres Leben, wer vermöchte die Summe des unermeßlichen Alls zu lenken, wer in starker Hand mit Maß die mächtigen Zügel der Tiefe zu halten, wer in gleicher Weise alle Himmel kreisen zu lassen und alle die fruchtbaren Länder mit himmlischem Feuer zu wärmen oder an allen Orten zu gleicher Zeit gegenwärtig zu sein, daß er mit Wolken Finsternis schaffe und den heiteren Himmel durch Donner erschüttere, dann Blitze sende und oft auch die eigenen Tempel zerstöre und in die Wüste weichend wüte, den Blitz schwingend, der häufig an den Schuldigen vorbeigeht und Unschuldige des Lebens beraubt, die es nicht verdient haben?
2. Buch, Vers 1090–1104

Damit du bei diesen Dingen nicht etwa im stillen dir selbst eine Frage stellst: Der Blitz hat im Anfang den Menschen das Feuer auf die Erde gebracht; von da aus hat sich alle Glut der Flammen verteilt. Viele Dinge sehen wir nämlich aufleuchten mit himmlischen Flammen besät, wenn ein Schlag des Himmels sie mit Hitze beschenkt hat. Aber auch wenn der astreiche Baum, von Winden getroffen, hin und her schwankt und taumelt und sich auf die Äste eines anderen Baumes wirft, wird durch starke Kräfte Feuer ausgepreßt und herausgetrieben, und es leuchtet zuweilen das glühende Feuer der Flammen auf, wenn Zweige und Stämme sich aneinander reiben. Jeder von diesen beiden Anlässen kann den Menschen das Feuer gegeben haben.
5. Buch, Vers 1090–1100

O unseliges Geschlecht der Menschen, da es solche Taten den Göttern beilegte und noch bitteren Zorn dazutat! Wieviele Seufzer hat es sich selbst und welche Wunden uns und wieviele Tränen für die geschaffen, die nach uns kommen! Zittern nicht Völker und Nationen, raffen nicht stolze Könige, von der Furcht vor den Göttern erschüttert, ihre Glieder zusammen in Angst, daß ob einer bösen Tat oder eines hochmütigen Wortes die schwere Zeit der Sühneleistung näher gebracht ist? Auch wenn die starke Gewalt des wütenden Windes den Beherrscher der Flotte über das Meer hinfegt mitsamt den starken Legionen und den Elefanten zugleich, geht er da nicht die Götter mit Gelübden um Frieden an und sucht er nicht bebend mit Beten Frieden und günstiges Wehen der Winde? Ganz umsonst, da er oft vom wilden Wirbel erfaßt nichtsdestoweniger zu den seichten Wassern des Todes getragen wird. So sehr zerbricht eine unsichtbare Gewalt die menschlichen Dinge und sieht man sie die schönen Rutenbündel und grausamen Beile niedertreten und sich zum Spielball machen. Schließlich, wenn unter den Füßen der ganze Erde wankt und erschüttert Städte sinken und andere, noch unsicher, einzustürzen drohen, was nimmt es da wunder, wenn die Geschlechter der Menschen klein von sich denken und in der Welt noch Platz lassen für eine gewaltige Macht und für wunderbare Kräfte der Götter, die alles regieren?

LUKREZ: *Über die Natur der Dinge.* 5. Buch, Vers 1195–1240. Deutsch von *Joseph Martin*

111

Zitat 1.5–3a

Und nun nehmen wir an, daß ein Mensch die Bewegung aller Sterne, der Sonne, des Mondes so genau kennt, daß weder die Lage noch die Zeit ihrer Konfigurationen jeglicher Art seiner Aufmerksamkeit entgehen und daß er als Ergebnis einer vorangehenden vertieften Untersuchung ihre allgemeine Natur erkannt hat – selbst dann, wenn dieser Mensch nicht ihrer wesentlichen, sondern nur ihrer potentiell-wirksamen Eigenschaften gewahr wird, wie es die erwärmende Wirkung der Sonne oder die befeuchtende Wirkung des Mondes sind. Und weiter nehmen wir an, daß er auch dazu fähig ist, im Besitz aller dieser Angaben nach wissenschaftlichen Methoden und mit erfolgreichen Vermutungen das unterscheidende Merkmal der sich aus der Kombination dieser Faktoren ergebenden Qualität zu bestimmen, was könnte ihn daran hindern, in jedem Falle, in den Relationen der in einem bestimmten Zeitpunkt gegebenen Erscheinungen das Charakteristikum der Luft, nämlich ob sie feuchter oder wärmer wird, vorherzusagen?

Und warum könnte er nicht hinsichtlich eines menschlichen Individuums die allgemeinen Eigenschaften seines Charakters ergründen, aus den Verhältnissen, die zum Zeitpunkt seiner Geburt herrschen, darauf schließen, daß er in seinem Körper so und so, seelisch hingegen so und so beschaffen sein muß; und warum könnte er nicht einige Ereignisse vorhersagen, unter Berücksichtigung der Tatsache, daß, wenn solche und solche Umstände mit einem solchen und solchen Charakter verknüpft sind, sich diese günstig auswirken auf des einen Wohlergehen, einen anderen jedoch, der nicht darauf abgestimmt ist, zum Elend führten.

... Viele aber wollen aus reiner Gewinnsucht auf Grund des Obengesagten dem Volke auch andere Dinge einreden, um es zu betrügen; sie verbreiten das Gerücht, daß sie viele Dinge vorhersagen können, auch solche, deren Natur es nicht zuläßt, daß sie im voraus bekannt sein könnten; damit geben sie Anlaß dazu, daß in den ein wenig tiefer denkenden Menschen eine mißfällige Meinung hinsichtlich der natürlichen Möglichkeiten der Wahrsagerei entsteht. Aber letztere haben nicht recht: die Situation ist dieselbe wie in der Philosophie: sollten wir diese abschaffen, bloß weil sich offenbar auch Schwindler unter denen befinden, die diese Wissenschaft betreiben? Es ist aber durchaus klar, daß, selbst wenn man an die Astrologie in einem möglichst kritischen Geist herangeht, sich oft irrt, nicht wegen der soeben erwähnten Ursachen, sondern wegen der inneren Natur der Dinge und der eigenen Unzulänglichkeit, besonders wenn man die Schwierigkeiten seines erhabenen Berufes in Rechnung zieht.

PTOLEMAEUS: *Tetrabiblos*

Zitat 1.5–3b

Jeder Stern hat seinen eigenen Dämon: gut oder böse seiner Natur nach, oder – besser gesagt – seinen Handlungen nach, da diese eben das Wesen des Dämons ausmachen. Einige Dämonen sind teils gut, teils böse. All diese Dämonen sind die Sachwalter allen irdischen Geschehens. Sie betreuen die Angelegenheiten von Staaten und Individuen, manchmal bringen sie sie aber auch durcheinander. Sie formen unsere Seele nach ihrer eigenen Art, dringen ein in unsere Nerven, Gehirne, Adern und in die Tiefe unserer Eingeweide. Jedermann wird in dem Augenblicke, wo er Leben und Seele bekommt, von dem zu diesem Zeitpunkt stärksten Dämon in Besitz genommen und lebenslang beherrscht; den stärksten Dämon aber bestimmt die Konstellation der Sterne zur Zeit der Geburt.

HERMES TRISMEGISTOS

worden; sie haben in der Folge viele große Denker inspiriert (Abschnitte 1.5.2, 1.5.3).

Von der untergehenden hellenischen Welt könnten wir uns nicht besser verabschieden als mit dem Programm, das AUGUSTIN für die nächste Epoche formuliert hat.

— Was sollte ich erkennen?
— Nichts außer Gott und der Seele.
— Und nichts weiter?
— Nein, wirklich nichts weiter!

1.5.2 Augustin über die Absurdität der Astrologie

Und schon auch hatte ich mich von der trügerischen Weisheit und all dem gottlos trunknen Wahnsinn derer freigemacht, die aus den Sternen lesen. Auch hier und aus dem tiefsten Grunde meiner Seele will ich dir dein Erbarmen, du mein Gott, bekennen. Denn nur du warst es, du allein – denn wer allein ruft uns zurück vom Tod des Irrtums als das Leben, das nichts vom Tode weiß, und als die Weisheit, die selber keines Lichts bedürftig herein in arme Seelen leuchtet und die das ganze Weltgeschehen leitet herab bis zu des Baumes windbewegten Blättern? Du warst es, der mir meinen Starrsinn brach, womit ich einst dem VINDICIANUS, diesem klugen Greis, und dem NEBRIDIUS, meinem jungen wundersam begabten Freunde, widersprach, die beide, VINDICIANUS schroff und sehr bestimmt, NEBRIDIUS mit leisem Zweifel zwar, doch unablässig, mir versicherten, es gebe keine Kunst, das Künftige vorherzusagen, wohl aber komme oft der Zufall menschlichen Vermutungen zu Hilfe, und wer so vieles sage, könne wohl gar manches Mal das Wahre treffen, ohne daß er darum wüßte; es sei ihm nur einmal, indes er also schwatzte, in den Weg gelaufen...

Dieser Mann nun, er hieß FIRMINUS, war gar wohl gebildet und ein gewandter Redner, zog mich einst als seinen liebsten Freund zu Rat in einer Angelegenheit, auf die sich all sein irdisch eitles Hoffen baute, und fragte mich dabei, was ich von dieser Sache auch auf Grund von seinen Konstellationen, wie sie's nennen, halte. Ich selber neigte damals schon in diesen Dingen zu der Ansicht des NEBRIDIUS, doch lehnte ich's nicht ab, ihm einiges, was eben sich vermuten ließ, zu sagen, so wie mir's grade blindlings in den Kopf kam. Doch sagt ich selber noch dazu, ich sei schon beinah überzeugt, es sei dies alles eine lächerliche Spielerei. Da erzählte der mir nun, sein Vater sei auf diese Bücher ganz erpicht gewesen und habe einen Freund gehabt, der mit ihm und mit gleichem Eifer diese Kunst betrieb. So hätten sie im Austausch der Gedanken und mit wahrer Herzensglut auf diese Spielereien sich geworfen, so zwar, daß sie sogar beim blöden Vieh, das ihnen damals grad im Haus geboren ward, die Stunde der Geburt bestimmten und danach auch die Stellung der Gestirne, um so in dieser Kunst sich eine Art Erfahrung anzusammeln. Und dann erzählte er mir auch, sein Vater selber habe ihm gesagt, als seine, des FIRMINUS, Mutter damals mit ihm schwanger ging, sei auch im Haus des väterlichen Freundes eine Sklavin schwanger gegangen, was ihrem Herrn nicht habe verborgen bleiben können, der doch mit achtsam peinlicher Genauigkeit sich drum gekümmert, wenn ihm im Haus die Hündin Junge warf. So sei es nun gekommen, indes sie beide, bei der Gemahlin er, der andre bei der Magd, mit möglichster Genauigkeit die Tage zählten und die Stunden und die kleinsten Stundenteile, daß beide Frauen zu der gleichen Stunde niederkamen, so daß sie beide sich gezwungen gesehen, den Neugebornen, er dem Sohn, der andere dem Sklavenkind, genau das gleiche Horoskop zu stellen. Denn als die beiden Frauen in die Stunde kamen, hätten beide Freunde, was in ihrem Hause vorging, sich gemeldet und Leute schon bereit gehalten, die einer zu dem andern schicken wollte, daß die Geburt, sobald sie eingetreten, dem Freund sogleich berichtet werde. Und da sie beide Herrn im Hause waren, sei es ein leichtes nur gewesen, auf die Minute das Geschehne sich zu melden. Da wären nun, erzählte er, die Boten, die von jedem Haus zum andern geschickt, genau im gleichen Abstand von den beiden Häusern sich begegnet, daß es nun gar nicht möglich war, daß einer von den beiden Freunden eine andre Stellung der Gestirne und einen andern Zeitpunkt der Geburt bestimmen konnte als der andre. Und doch durchlief FIRMINUS, glücklich und in glücklichen Verhältnissen geboren, die freundlich hellen Pfade dieser Welt und mehrte seinen Reichtum und ward mit Ehren überhäuft; der Sklave aber blieb im ewig gleichen, unvermindert harten Joch des niedern Standes und diente seinem Herrn, wie jener, der ihn kannte, selber mir erzählte.

Dies hörte ich und glaubte es, da ich den wohl kannte, der es mir erzählte. Und da nun brach mein letzter zweifelnder Widerstand zusammen. Und alsbald versuchte ich, nun den FIRMINUS auch von seinem abergläubischen Fürwitz abzubringen. Ich sagte ihm, hätte ich die Konstellation zur Stunde seiner Geburt gesehen und Wahres aus ihr weissagen wollen, so hätte ich daraus ersehen müssen, daß seine Eltern zu den Ersten unter ihresgleichen gehörten, daß ihre Familie einen edlen Rang in ihrer Vaterstadt bekleideten und daß ihm selber neben einer edlen Abstammung die ehrenvoll anständigste Erziehung und Bildung in den freien Künsten beschieden sei. Hätte mich aber der Sklave über die nämliche Konstellation, die auch die seine war, befragt, und wollte ich auch ihm daraus die Wahrheit künden, so mußt ich wiederum daraus ersehen, daß er aus niedriger, mißachteter Familie stamme, knechtischen Standes sei und daß auch alles sonst noch weit entfernt von dem sei, was zuerst ich draus gelesen. So müßt ich denn, wenn ich das Wahre treffen wollte, verschiedne Dinge aus dem gleichen Anblick lesen; tät ich dies nicht, so sagt ich nicht die Wahrheit. Und daraus sei doch nun ganz klar und deutlich einzusehen, daß, was man etwa Wahres aus den Konstellationen lese, aus Zufall nur und nicht aus Kunst das Wahre treffe; das Falsche aber komme nicht aus Fehlern in der Kunst, es sei nur eben Trug des Zufalls.

AUGUSTIN: *Bekenntnisse*. Deutsch von *Herman Hefele*

1.5.3 Augustin über die Zeit

Was also ist die Zeit? Solang mich niemand danach fragt, ist mir's als wüßte ich's; doch fragt man mich und soll ich es erklären, so weiß ich's nicht...

Ich frage, Vater, ich behaupte nichts. Mein Gott, leite du und lenke mich! Wer ist es, der mir sagen dürfte, es gebe nicht drei Zeiten, wie wir einst als Kinder es gelernt und wie wir's selbst die Knaben wieder lehrten, Vergangenheit und Gegenwart und Zukunft? Es gebe nur die eine Gegenwart, weil ja die andern beiden gar nicht seien? Oder sind sie wirklich, und ist's so, daß die eine aus der Verborgenheit ans Tageslicht tritt, wenn sie aus der Zukunft Gegenwart geworden ist; und daß die andere hinabsteigt ins verborgne Dunkel, sobald sie aus der Gegenwart Vergangenheit geworden ist? Denn die das Künftige vorausgesagt, wo haben die es denn gesehen, wenn es gar nicht ist? Denn was nicht ist, kann man nicht sehen. Und die Vergangenes erzählen, die könnten es doch nicht als Wahres uns erzählen, wenn sie es nicht in ihrer Seele sahen? Ist es nun gar nicht, kann's auch niemand sehen. So also sind sie doch, Zukunft und Vergangenheit!...

Wenn denn Vergangenheit und Zukunft sind, so möcht ich nun auch wissen, wo sie sind. Und ist's mir noch verwehrt, so weiß ich doch dies eine, daß sie, wo sie immer sind, dort gegenwärtig sind, nicht künftig noch vergangen. Denn wären sie dort künftig, so wären sie noch nicht; und wären sie vergangen, so wären sie nicht mehr. Wo immer sie also sind und was sie sind, sie können stets nur gegenwärtig sein. Wenn wir Vergangenes der Wahrheit treu erzählen, so holen wir's aus der Erinnerung, nicht die Dinge selber, die sich einst ereignet und die längst vergangen sind, nein, nur in Worten ausgedrückt ihr Bild, das sie, vorüberziehend, einst als Spuren gleichsam ihres Seins in unsre Seele drückten. So ist nun meine Kindheit, die schon lange nicht mehr ist, vergangen in der Zeit, die nicht mehr ist, ihr Bild jedoch, das ich erinnernd fasse und von dem ich spreche, das schau ich in der gegenwärtigen Zeit, weil es noch jetzt mir im Gedächtnis ist.

Doch ist es so auch, wenn man Künftiges voraussagt, daß von Dingen, die noch gar nicht sind, in unsrer Seele schon die Bilder sind? Ich weiß nicht, mein Gott, und das bekenn ich offen. Doch das weiß ich ganz gewiß, daß wir zumeist doch unser künftges Tun vorausbedenken und daß dann dies Vorausbedenken gegenwärtig ist, doch daß die Handlung selber, die wir vorbedenken, noch nicht sein kann, weil sie erst in der Zukunft ist. Sobald wir aber an die Handlung selber gehen, die wir vorbedacht, und sie beginnen, fängt sie schon an zu sein, denn alsdann ist sie gegenwärtig, nicht mehr künftig. Doch wie es nun auch sein mag mit der geheimnisvollen Gegenwart

Zitat 1.5–3c

... die Erde ist ein Schiff, welches sich auf den von den Himmelskörpern ausgestrahlten Lichtwellen, magnetischen und anderen Wellen, wiegt, und alles, was nur auf seinem Deck lebt, badet in diesem Ozean der Wellen. Seine Fahrgäste, die Bewohner unseres Planeten, reagieren entsprechend ihrer inneren Natur auf diese kosmischen Wellen. Die Astrologie ist seit sechstausend Jahren bemüht, diese Strömung zu erforschen, nach Rhythmus, Intensität und Frequenz zu sortieren, um die Folgen bezüglich menschlicher Schicksale bestimmen und Vorhersagen machen zu können. Ja, in der Tat blüht die Astrologie schon durch sechzig Jahrhunderte und trotzt siegreich allen Angriffen, Kritiken, Verboten, Flüchen und Scheiterhaufen. Welche Religion, Philosophie oder Wissenschaft kann sich einer solchen Vergangenheit rühmen?
MME SOLEIL

Zitat 1.5–4

Wo sind die Klugen? Wo sind die Schriftgelehrten? Wo sind die Weltweisen? Hat nicht Gott die Weisheit dieser Welt zur Torheit gemacht? Denn weil die Welt durch ihre Weisheit Gott in seiner Weisheit nicht erkannte, gefiel es Gott wohl, durch törichte Predigt zu retten, die daran glauben. Denn die Juden fordern Zeichen, und die Griechen fragen nach Weisheit, wir aber predigen den gekreuzigten Christus, den Juden ein Ärgernis und den Griechen eine Torheit; denen aber, die berufen sind, Juden und Griechen, predigen wir Christus als göttliche Kraft und göttliche Weisheit. Denn die göttliche Torheit ist weiser, als die Menschen sind, und die göttliche Schwachheit ist stärker, als die Menschen sind.

Sehet an, liebe Brüder, eure Berufung: nicht viele Weise nach dem Fleisch, nicht viele Gewaltige, nicht viele Edle sind berufen. Sondern was töricht ist vor der Welt, das hat Gott erwählt, damit er die Weisen zuschanden mache; und was schwach ist vor der Welt, das hat Gott erwählt, damit er zuschanden mache, was stark ist.
DIE BIBEL. 1. Korinther 1

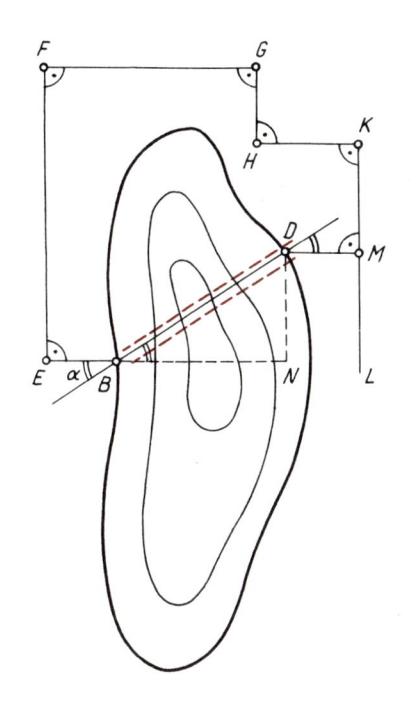

Abbildung 1.4–25
Nach *Heron* kann auf diese Weise der Bau eines Tunnels von beiden Seiten des Berges her vorangetrieben werden

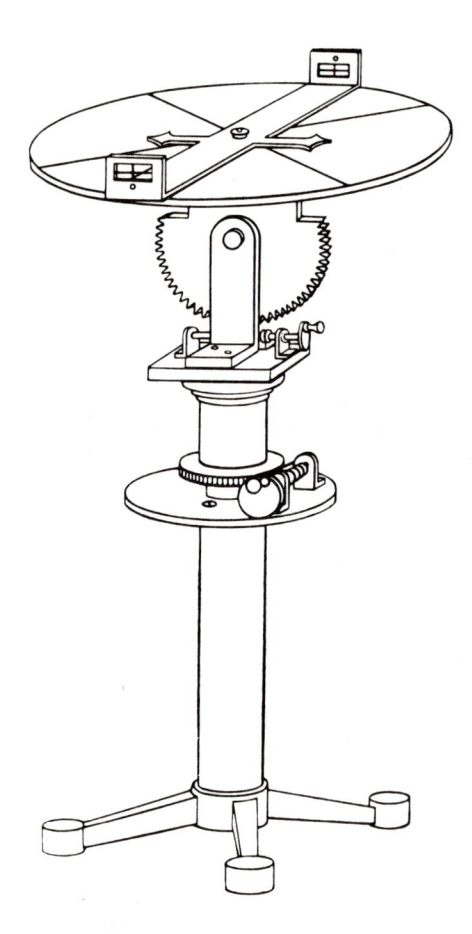

Abbildung 1.4 – 26
Der Diopter des *Heron* (nach einer Rekonstruktion von *Schöne*)

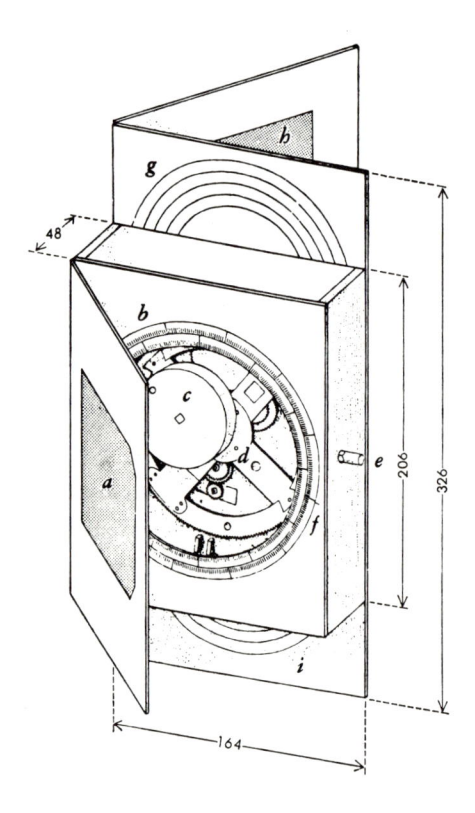

Abbildung 1.4 – 27
Der Antikythera-Apparat (rekonstruiert von *Dr. Srice*)

der künftigen Dinge, das eine ist doch sicher: Was man sieht, muß doch wohl sein. Was aber ist, das ist schon gegenwärtig, nicht mehr künftig. Heißt es also, daß man künftige Dinge sehe, so sind es nicht die künftigen Dinge selbst, die noch gar nicht sind, weil sie erst künftig sind; was gesehen wird, das sind vielmehr nur deren Gründe oder vorerschienene Zeichen ihres Seins, die so schon gegenwärtig sind. So also ist's ein Gegenwärtiges, nicht ein Künftiges, was man sieht, woraus die Seele auf das Künftige schließt und dies voraussagt; und auch die Schlüsse wiederum sind gegenwärtig, und die da prophezeien, die sehen diese Schlüsse gegenwärtig in sich. Ich will ein Beispiel aus der Menge dieser Dinge für mich sprechen lassen. Ich sehe die Morgenröte und weissage nun den nahen Sonnenaufgang. Was ich sehe, ist gegenwärtig; was ich weissage, künftig. Nicht die Sonne ist künftig, denn die ist schon; doch ihr Aufgang ist künftig, denn der ist noch nicht. Und dennoch könnt ich ihren Aufgang nicht vorausverkünden, wenn ich ihn nicht, so wie ich eben sagte, in der Seele gegenwärtig sähe. Und doch ist jene Morgenröte, die ich dort am Himmel sehe, nicht der Sonnenaufgang, wenn sie ihm schon vorausgeht, noch ist's das Bild davon in meiner Seele; die beiden aber muß ich gegenwärtig sehen, um vorauszusagen, daß der Sonnenaufgang sein wird. Zukünftige Dinge also sind noch nicht, und wenn sie noch nicht sind, so sind sie überhaupt nicht und wenn sie nicht sind, kann man sie nicht sehen. Wohl aber kann man sie vorausverkünden, aus gegenwärtigen Dingen schließend, die schon sind und die man sieht...

Was nun also klar und deutlich ist, ist dies, daß es nicht Zukunft gibt noch auch Vergangenheit. Eigentlich also kann man nicht sagen: Es gibt drei Zeiten, Vergangenheit und Gegenwart und Zukunft. Genauer vielleicht wäre es zu sagen: Es gibt drei Zeiten, die Gegenwart der Vergangenheit, die Gegenwart des Gegenwärtigen und die Gegenwart der Zukunft. In der Seele nämlich sind diese drei; anderswo sehe ich sie nirgends. Die Gegenwart des Vergangenen ist das Gedächtnis, die Gegenwart des Gegenwärtigen die Anschauung, die Gegenwart des Künftigen ist die Erwartung. Wenn man so sagen darf, dann sehe ich drei Zeiten, und ich gestehe: Es sind drei. Man mag auch ruhig sagen: Es gibt drei Zeiten, Vergangenheit und Gegenwart und Zukunft; weil dieser Mißbrauch schon Gewohnheit ist. Man mag es sagen; ich kümmere mich nicht drum, ich widerspreche nicht und tadle es auch nicht, solang man nur versteht, was eigentlich man damit sagt, und wenn man damit nicht behaupten will, die Zukunft sei in Wirklichkeit, die doch noch gar nicht ist, und die Vergangenheit, die nicht mehr ist. Es sind nur wenige Dinge, die wir genau und eigentlich benennen; meist reden wir uneigentlich und ungenau, doch man versteht ja, was wir sagen wollen...

Ich hörte einst, wie ein Gelehrter sagte, die Zeit, die sei nichts anderes als die Bewegungen von Sonne, Mond und Sternen. Ich bin nicht dieser Meinung. Denn warum sollte dann die Zeit nicht ebenso auch die Bewegung aller andern Körper sein? Wie, wenn die Himmelslichter stille stünden, doch die Scheibe eines Töpfers drehte sich, gäb es dann keine Zeit mehr, diese Drehungen zu messen, und könnten wir dann nicht mehr sagen, daß sie gleich rasch laufe wie zuvor, daß sie jetzt langsamer, jetzt rascher laufe, und darum jetzt im Tage weniger, jetzt mehr an Drehungen vollziehe? Oder wenn wir dieses sagten, sprächen wir dann nicht schon in der Zeit? Und wären nicht in unsern Worten die einen Silben lang, die andern kurz, weil diese mehr, die andern weniger an Zeit gebrauchen zu erklingen?...

Ich will nur kennenlernen, was die Kraft und die Natur der Zeit ist, mit der wir die Bewegungen der Körper messen und so zum Beispiel sagen, die eine Bewegung dauere doppelt so lang als jene andre...

Befiehlst du, daß ich Beifall gebe, wenn einer sagt, die Zeit sei nur Bewegung eines Körpers? Nein, du befiehlst es nicht: Ich höre ja, daß jeder Körper sich nur in der Zeit bewege. Du sagst es. Nirgends aber hör ich, die Bewegungen des Körpers selber seien Zeit. Das sagst du nicht. Ist ein Körper in Bewegung, so meß ich mit der Zeit, wie lange die Bewegung dauert, von dem Augenblick an, da er angefangen, sich zu bewegen, bis zu dem, da er wieder aufhört. Und hab ich nicht gesehen, wie er anfing, und bewegt er sich so fort, daß ich nicht sehe, wann er aufhört, so kann ich auch die Dauer der Bewegung gar nicht messen, es sei denn, daß ich jene Zeit nur messe, die ich ihn selber in Bewegung sehe. Hab ich ihm lange zugesehen, so sag ich nur, daß er sich lange Zeit bewegte, nicht aber sage ich, wie lange diese Zeit war, denn das könnte ich doch nur vergleichend sagen, etwa daß die Bewegung ebenso lang gedauert wie jene oder doppelt so lang oder wie eben sonst das Verhältnis wäre. Wenn wir aber die Punkte im Raum bestimmen könnten, von wo und wohin der Körper sich bewegt, oder wenn wir die einzelnen bestimmten Teile des Körpers sehen, wenn er sich um seine eigne Achse dreht, so könnten wir auch sagen, so und so lang brauchte er, von diesem zu jenem zu gelangen, oder bis dieser Teil sich nur um so viel drehte. So also ist ein andres die Bewegungen der Körper, ein andres das, womit wir deren Dauer messen. Und jeder sieht wohl, was von beiden den Namen Zeit verdient. Denn wenn ein Körper wechselweis bald sich bewegt und bald in Ruhe ist, so messen wir ja an der Zeit nicht nur die Dauer der Bewegung, sondern ebenso die Dauer seiner Ruhe und sagen: Er blieb so lange stille, als er sich bewegte, oder doppelt so lange oder dreimal so lange oder was sonst ein Mehr oder Weniger, genau oder schätzungsweise, die Berechnung gab. Die Bewegung des Körpers also ist noch nicht die Zeit!...

Und doch ist es nicht Wahrheit, was meine Seele dir bekennt, daß ich die Zeiten messe? So also, du mein Gott, meß ich, und was ich messe, kenn ich nicht? Ich messe die Bewegungen der Körper an der Zeit, meß ich denn da die Zeit nicht auch? Denn könnt ich die Bewegung eines Körpers messen, wie lange ihre Dauer und in welcher Zeit er diese oder jene Strecke laufe, wenn ich die Zeit nicht messen würde, in der er sich bewegt? Doch woran meß ich nun die Zeit? Messen wir an der kürzeren die längere Zeit, wie wir mit der Länge der Elle die Länge eines Balkens messen?...

In dir, du meine Seele, messe ich die Zeit. Nein, widersprich mir nicht; es ist so. Und widersprich dir selber nicht im Wirrwarr deiner Meinungen! In dir, so sage ich, meß ich die Zeiten, das heißt, den Eindruck, den die Dinge vorübergehend in dir ließen, und der geblieben ist, auch da sie gingen. Ihn meß ich, da er gegenwärtig blieb, nicht jene, die vorübergingen, daß er erst entstünde; ihn meß ich, wenn ich Zeiten messe. Also ist dieser Eindruck nur die Zeit; wenn nicht, so messe ich die Zeiten nicht!

Wie aber ist es nun, wenn wir die Stille messen und sagen, diese Stille dauerte so lang, als jene Stimme tönte? Haben wir dann nicht das Maß der Stimme im Gedanken, als klinge sie, und legen's an die Stille an, um so im Zeitmaß etwas von der Dauer dieser Stille festzuhalten?

AUGUSTIN: *Bekenntnisse*. Deutsch von *Herman Hefele*

Zitat 1.4–5

Der Neue Anio beginnt in der Region von Simbruinum beim 42. Meilenstein der Via Sublacensis. Dort bezieht er das Wasser aus einem Fluß, der ringsum von bebauten Feldern aus fettem Erdreich umgeben ist und dessen Ufer sich ziemlich leicht lösen, was zur Folge hat, daß er auch ohne Regeneinwirkung schlammiges und trübes Wasser führt; deshalb ist der Einmündung in die Leitung ein Absetzbecken vorgelagert, damit sich das Wasser zwischen dem Fluß und der Leitungsrinne aufstauen und klären kann. Doch sooft Platzregen einfallen, kommt das Wasser trotz dieser Vorrichtung getrübt in die Stadt. Mit dem Neuen Anio hat man den Herkulanischen Kanal verbunden, der beim 38. Meilenstein derselben Straße (Via Sublacensis), im Quellbezirk der Claudia jenseits des Flusses und der Straße entspringt. Sein Wasser ist von Natur aus sehr sauber, doch verliert es durch die Vermischung (mit dem Wasser der Claudia) den Vorzug seiner Klarheit.

Die Leitung des Neuen Anio erreicht eine Länge von 86,81 km; davon entfallen auf den unterirdischen Kanal 72,91 km und auf den oberirdischen Abschnitt 13,9 km; dieser besteht im oberen Teilstück an mehreren Stellen aus Untermauerung oder Bogenkonstruktionen in einer Gesamtlänge von 3,4 km; etwas näher zur Stadt – vom 7. Meilenstein ab – sind die Kanäle (der Claudia und des Neuen Anio) auf einer Länge von insgesamt 900,7 m untermauert, während man 9,6 km als Bogenkonstruktion ausgeführt hat; dabei handelt es sich um die höchsten Brückenbogen überhaupt: an manchen Stellen mit einer Höhe von 32,26 m.

Mit einer solcher Vielzahl von unentbehrlichen und gewaltigen Wasserleitungsbauten vergleiche man die ganz offensichtlich nutzlosen Pyramiden oder andere unnütze, von den Griechen errichtete Bauwerke, und mögen die Leute noch so viel davon reden!

SEXTUS JULIUS FRONTINUS: *Wasser für Rom.* Übersetzt und erläutert von *Manfred Hainzmann*. München 1979

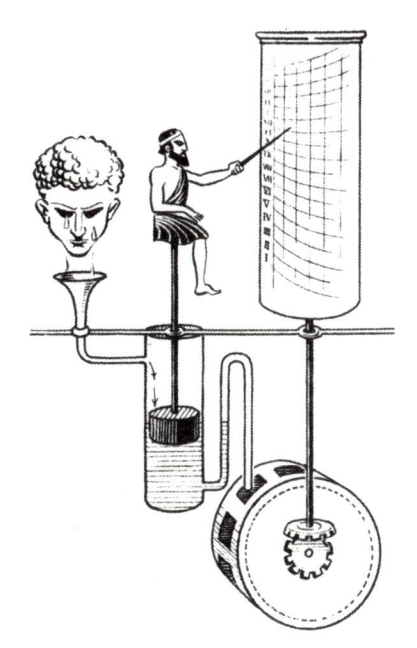

Abbildung 1.4–28
Eine antike Wasseruhr, die vollautomatisch läuft, wenn von Zeit zu Zeit Wasser nachgefüllt wird (nach *Hogben*)

Abbildung 1.4–29
Herons berühmter Apparat: die erste Dampfmaschine; die Bewegung wird durch die Reaktionskraft des ausströmenden Dampfes aufrechterhalten

Abbildung 1.4–30
Die durch das Opferfeuer erwärmte Luft öffnet automatisch vor den Gläubigen das Tor zum Allerheiligsten

Teil 2

Wir fällen nicht den Entscheid nach der Berühmtheit oder Zahl derer, die eine Meinung vertreten, sondern auf Grund der inneren Erhärtung einer Ansicht *(De animalibus 281)*. Wo es sich um Lehren des Glaubens und der Sitte handelt, kommt *Augustinus*, wo um Medizinisches, dem *Galenus* und *Hippokrates,* wo um Naturwissenschaftliches, dem *Aristoteles* die größte Autorität zu (II. Sententiarum 247).

ALBERTUS MAGNUS
Rhaban Liertz: Albert der Große als Naturforscher und Lehrer. München 1930

Jede Art von Wissenschaft oder Erkenntnis ist etwas Gutes; sonst könnte Gott, in dem nichts Böses sein kann, nicht in Kenntnis alles Guten und alles Bösen sein; und daher ist das Streben nach jeder Art von Wissenschaft oder nach der Kenntnis aller Arten von Dingen — seien sie von guter oder von böser Natur — an sich gut; doch kann dieses Streben durch verschiedene zusätzliche Umstände gut oder böse werden: Der Unterschied wird meist durch die Zielsetzung bedingt.

THOMAS VON AQUINO: *Quaest. quodlibet.* IV. 9. 16

Die Hüter des Erbes

2.1 Die Bilanz von tausend Jahren

2.1.1 Warum geht die Entwicklung nicht weiter?

Die Ursache dafür, daß in Europa im 16. und 17. Jahrhundert eine große naturwissenschaftliche und in ihrer Folge eine technische Revolution vor sich gehen konnten, wird meist darin gesehen, daß man sich hier zu dieser Zeit all die im antiken Griechenland erarbeiteten Kenntnisse zu eigen gemacht hatte. Dann liegt natürlich die Frage nahe, warum dazu eine tausendjährige Pause nötig gewesen und warum nicht sofort auf die Blütezeit der hellenistischen Wissenschaft eine ähnliche naturwissenschaftliche und darauf aufbauend eine industrielle Revolution gefolgt ist. Mit anderen Worten, warum mußte der bewunderungswürdige Aufschwung der antiken griechischen Wissenschaften so völlig erlöschen?

Wir müssen also untersuchen, worin sich das 5. Jahrhundert vom 16. Jahrhundert unterscheidet.

Diese Frage ist recht kompliziert, und man kann wohl keine eindeutige Antwort darauf geben. Zu beachten haben wir bei der Suche nach einer Antwort jedoch, daß die antike Wissenschaft ihre Blütezeit *nicht* im 5. Jahrhundert u. Z. erlebt hat, denn ihre bedeutendsten Ergebnisse sind im wesentlichen schon vor dem Jahre 200 v. u. Z. entstanden. Wir müssen also feststellen, daß die Griechen und nach ihnen auch die Römer über viele Jahrhunderte hinweg unter verhältnismäßig günstigen Lebensbedingungen und bei stabilen politischen Verhältnissen etwa auf dem Niveau der Wissenschaftsentwicklung stehengeblieben sind, das dann im 16. Jahrhundert wieder erreicht worden ist. Und im übrigen läßt sich für das 17. Jahrhundert eine ähnliche Frage formulieren, jedoch hinsichtlich eines Vergleiches der europäischen mit der islamischen, der indischen und der chinesischen Kultur. Die letztgenannten drei Kulturkreise hatten zu dieser Zeit zumindest den gleichen Entwicklungsstand erreicht wie der europäische, die islamische Wissenschaft war − wie wir noch sehen werden − der europäischen sogar in vielen Dingen voraus. Hier ist somit die Frage berechtigt, warum die naturwissenschaftliche und technische Weiterentwicklung gerade von Westeuropa und nicht von irgendeinem arabischen kulturellen Zentrum ausgegangen ist.

Man ist sich im allgemeinen darüber einig, daß die weitere Entwicklung der griechischen Kultur im wesentlichen durch die fehlende Verbindung von Wissenschaft und Praxis gehemmt worden ist. Die Praxis hat der Wissenschaft keine Aufgaben gestellt, und die wissenschaftlichen Ergebnisse sind nicht in die Praxis übertragen worden. Unter Praxis ist hier natürlich die gesellschaftliche Praxis zu verstehen. In der antiken Sklavereigesellschaft hat es nicht einmal Ansätze dafür gegeben, die Wissenschaft zu einer Produktivkraft zu entwickeln. Die mit größtem Erfindungsgeist konstruierten Apparate waren Spielzeuge und dienten der Unterhaltung in Vergnügungsparks, oder fromme Pilger wurden mit ihrer Hilfe in den Tempelhallen in Schrecken oder Verzückung versetzt. Selbst ein hervorragendes Produkt der antiken Technologie, die Antikythera-Weltuhr wurde mit ihrer Darstellung der Zyklen und Epizyklen aller Wahrscheinlichkeit nach zu astrologischen Zwecken genutzt. Um das Produktionsvolumen zu steigern, wurden keine Maschinen eingesetzt, sondern es wurde die Zahl der Sklaven vergrößert [1.10].

Die Trennung der Wissenschaft von der Praxis war nur eine logische Folge der Gesellschaftsstruktur, der Einteilung der Menschen in Sklaven und Freie *(Zitat 2.1−1)*. Die auf der Ausbeutung von Sklaven beruhende Produktion konnte jedoch schließlich mit dem immer weiter anwachsenden Verbrauch im Römischen Reich nicht mehr Schritt halten. Der sprichwörtliche Luxus der aristokratischen Schicht, die ständigen Kriege, die den Barba-

Zitat 2.1−1
Wir standen oben an der Wiege der antiken griechischen und römischen Zivilisation. Hier stehn wir an ihrem Sarg. Über alle Länder des Mittelmeerbeckens war der nivellierende Hobel der römischen Weltherrschaft gefahren, und das jahrhundertelang. Wo nicht das Griechische Widerstand leistete, hatten alle Nationalsprachen einem verdorbenen Lateinisch weichen müssen; es gab keine Nationalunterschiede, keine Gallier, Iberer, Ligurer, Roriker mehr, sie alle waren Römer geworden. Die römische Verwaltung und das römische Recht hatten überall die alten Geschlechterverbände aufgelöst, und damit den letzten Rest lokaler und nationaler Selbsttätigkeit. Das neugebackne Römertum bot keinen Ersatz; es drückte keine Nationalität aus, sondern nur den Mangel einer Nationalität. Die Elemente neuer Nationen waren überall vorhanden; die lateinischen Dialekte der verschiednen Provinzen schieden sich mehr und mehr; die natürlichen Grenzen, die Italien, Gallien, Spanien, Afrika früher zu selbständigen Gebieten gemacht hatten, waren noch vorhanden und machten sich auch noch fühlbar. Aber nirgends war die Kraft vorhanden, diese Elemente zu neuen Nationen zusammenzufassen; nirgends war noch eine Spur von Entwicklungsfähigkeit, von Widerstandskraft, geschweige von Schaffungsvermögen. Die ungeheure Menschenmasse des ungeheuren Gebiets hatte nur ein Band, das sie zusammenhielt: den römischen Staat, und dieser war mit der Zeit ihr schlimmster Feind und Unterdrücker geworden. Die Provinzen hatten Rom vernichtet; Rom selbst war eine Provinzialstadt geworden wie die andern − bevorrechtet, aber nicht länger herrschend, nicht länger Mittelpunkt des Weltreichs, nicht einmal mehr Sitz der Kaiser und Unterkaiser, die in Konstantinopel, Trier, Mailand wohnten. Der römische Staat war eine riesige, komplizierte Maschine geworden, ausschließlich zur Aussaugung der Untertanen. Steuern, Staatsfronden und Lieferungen aller Art drückten die Masse der Bevölkerung in immer tiefere Armut; bis zur Unerträglichkeit wurde der Druck gesteigert durch die Erpressungen der Statthalter, Steuertreiber, Soldaten. Dahin hatte es der römische Staat mit seiner Weltherrschaft gebracht: Er gründete sein Existenzrecht auf die Erhaltung der Ordnung nach innen und den Schutz gegen die Barbaren nach außen. Aber seine Ordnung war schlimmer als die ärgste Unordnung, und die Barbaren, gegen die er die Bürger zu schützen vorgab, wurden von diesen als Retter ersehnt.
Der Gesellschaftszustand war nicht weniger verzweifelt. Schon seit den letzten Zeiten der Republik war die Römerherrschaft auf rücksichtslose Ausbeutung der eroberten Provinzen ausgegangen; das Kaisertum hatte diese Ausbeutung nicht abgeschafft, sondern im Gegenteil geregelt. Je mehr das Reich verfiel, desto höher stiegen Steuern und Leistungen, desto schamloser raubten und erpreßten die Beamten. Handel und Industrie waren nie Sache der völkerbeherrschenden Römer gewesen; nur im Zinswucher hatten sie alles übertroffen, was vor und nach ihnen war.

Was sich von Handel vorgefunden und erhalten hatte, ging zu Grunde unter der Beamten-Erpressung; was sich noch durchschlug, fällt auf den östlichen, griechischen Teil des Reichs, der außer unsrer Betrachtung liegt. Allgemeine Verarmung, Rückgang des Verkehrs, des Handwerks, der Kunst, Abnahme der Bevölkerung, Verfall der Städte, Rückkehr des Ackerbaus auf eine niedrigere Stufe – das war das Endresultat der römischen Weltherrschaft...

Die antike Sklaverei hatte sich überlebt. Weder auf dem Lande in der großen Agrikultur, noch in den städtischen Manufakturen gab sie einen Ertrag mehr, der der Mühe wert war – der Markt für ihre Produkte war ausgegangen. Der kleine Ackerbau aber und das kleine Handwerk, worauf die riesige Produktion der Blütezeit des Reichs zusammengeschrumpft war, hatte keinen Raum für zahlreiche Sklaven. Nur für Haus- und Luxussklaven der Reichen war noch Platz in der Gesellschaft. Aber die absterbende Sklaverei war immer noch hinreichend, die produktive Arbeit als Sklaventätigkeit, als freier Römer – und das war ja jetzt jedermann – unwürdig erscheinen zu lassen. Daher einerseits wachsende Zahl der Freilassungen überflüssiger, zur Last gewordner Sklaven, andrerseits Zunahme der Kolonen hier, der verlumpten Freien (ähnlich den poor whites der Ex-Sklavenstaaten Amerikas) dort. Das Christentum ist am allmählichen Aussterben der antiken Sklaverei vollständig unschuldig. Es hat die Sklaverei jahrhundertelang im Römerreich mitgemacht, und später nie den Sklavenhandel der Christen verhindert, weder den der Deutschen im Norden, noch den der Venetianer im Mittelmeer, noch den späteren Negerhandel. Die Sklaverei bezahlte sich nicht mehr, darum starb sie aus. Aber die sterbende Sklaverei ließ ihren giftigen Stachel zurück in der Ächtung der produktiven Arbeit der Freien. Hier war die ausweglose Sackgasse, in der die römische Welt stak: Die Sklaverei war ökonomisch unmöglich, die Arbeit der Freien war moralisch geächtet. Die eine konnte nicht mehr, die andere noch nicht Grundform der gesellschaftlichen Produktion sein. Was hier allein helfen konnte, war nur eine vollständige Revolution.

FRIEDRICH ENGELS: *Der Ursprung der Familie, des Privateigenthums und des Staats*

Zitat 2.1 – 2
Was aber von Europa eine ebnere Lage und ein milderes Klima hat, das hat hierbei die Natur zur Gehilfin, indem in einem gesegneten Lande alles friedlich, in einem unwirtlichen dagegen kriegerisch und wehrhaft ist, und beide Menschenarten gewisse Wohltaten voneinander empfangen. Denn die einen helfen durch Waffen, die andern durch Produkte, Künste und sittliche Bildung. Offenbar sind aber auch die gegenseitigen Nachteile, wenn sie einander nicht helfen, und (dann) hat die Gewalt der die Waffen Führenden einigen Vorteil, sie müßte denn durch die Menge übermannt werden. Aber auch in dieser Beziehung ist diesem Weltteile eine günstige Natur zuteil geworden. Denn er ist ganz durchwebt mit Ebenen und Gebirgen, so daß überall der Ackerbau, das bürgerliche Geschäftsleben und das Kriegertum nebeneinander bestehen, jene erstere Klasse aber, die Freunde des Friedens, zahlreicher ist, und daher vollkommen die Oberhand hat, was auch die Herrschervölker, erst die Hellenen, später aber die Macedonier und Römer, mit gefördert haben. Daher ist sich Europa selbst genug sowohl in bezug auf den Frieden als den Krieg. Denn sowohl streitbare Mannschaft hat es in Menge als Ackerbauer und Städtebewohner. Auch dadurch zeichnet es sich aus, daß es die besten und für das Leben nötigen Früchte und alle nützlichen Metalle hervorbringt. Räucherwerk aber und kostbare Steine bezieht es von auswärts, Dinge, bei deren Mangel das Leben um nichts schlechter ist, als bei deren reichlichem

renstämmen entlang den Grenzen zu zahlenden Abgaben, die Befriedigung der Bedürfnisse der plebejischen Volksmassen nach *panem et circenses* haben bei einer solchen Produktionsweise mit Notwendigkeit zu einer Katastrophe geführt.

Häufig wird die Ursache für die Stagnation der antiken Produktionsweise auch darin gesehen, daß für die Herstellung der verschiedenen mechanischen Geräte keine Technologie bekannt war, obwohl die wissenschaftlichen Grundlagenkenntnisse vorlagen. An dieser Stelle kann man allerdings auf den Antikythera-Apparat verweisen, zu dessen Herstellung technologische Kenntnisse nötig waren, wie sie etwa WATT für den Bau der Dampfmaschine benötigt hat.

Wir fassen nun die entscheidenden Momente zusammen, die zum Untergang der hellenistischen Kultur geführt haben:

1. Die produktive Arbeit wurde gesellschaftlich nicht anerkannt.

2. Wegen des Fehlens einer Verbindung von Wissenschaft und Praxis konnte die Sklavenarbeit nicht durch Maschinenarbeit ergänzt werden.

3. Der materielle Bankrott der zivilisierten Welt.

4. Das Römische Reich hätte sich auch ohnedies nicht ungestört weiterentwickeln können, da es von lebenskräftigen und expansiven Barbarenstämmen umgeben war.

Wir könnten nun bereits versuchen, auf die Frage nach dem Unterschied zwischen dem 5. und dem 16. Jahrhundert vom Standpunkt des gesellschaftlichen Fortschritts eine Antwort zu geben. Betrachten wir der Reihe nach die aufgezählten Fakten.

Die produktive Arbeit erfreute sich einer im Verlaufe des Mittelalters steigenden gesellschaftlichen Anerkennung. Dabei haben – wie wir sehen werden – einige Mönchsorden eine entscheidende Rolle gespielt.

Im Mittelalter hat – unabhängig von der Wissenschaft – eine technische Revolution stattgefunden. Sie brachte die Nutzung der Kräfte von Wasser und Wind, die Modernisierung der Bodenbearbeitungsgeräte und einen verbesserten Einsatz der Tierkräfte mit sich. Damit wurde die schwere, vordem von Sklaven ausgeführte Arbeit sowohl leichter als auch wesentlich effektiver.

Im Mittelalter ist mit den Produktivkräften auch der allgemeine Wohlstand angewachsen. Dies gilt natürlich nicht für die Zeiten mit langandauernden Kriegen oder Epidemien (Hundertjähriger Krieg zwischen England und Frankreich, große Pestepidemie), in denen auch die geistige Entwicklung stagniert hat.

Nach dem Ende der islamisch-arabischen Expansion und nach dem Zurückdrängen der von Osten und Norden einfallenden Eroberer (Normannen und Ungarn) bzw. nach ihrer erfolgten Integration hat sich in Europa eine Gemeinschaft von Völkern herausgebildet, die in der Lage gewesen ist, sich gegen jeden weiteren äußeren Angriff zu schützen. Selbst die im Verlaufe der Entwicklung unvermeidlichen inneren Auseinandersetzungen (Investiturstreit, Machtkämpfe der Staaten gegeneinander) haben diese Gemeinschaft nicht gefährdet.

Wenn wir nun auch die geographischen Faktoren berücksichtigen, dann läßt sich die Frage beantworten, warum die wissenschaftliche und die technische Revolution von Westeuropa und nicht von irgendeinem islamischen Land ausgegangen sind *(Zitat 2.1 – 2)*.

Die geographischen Faktoren sind bei der Herausbildung der Produktionsmittel offenbar von großer Bedeutung. Die abwechslungsreiche europäische Landschaft, die vielen kleinen, zur Anlage von Wassermühlen geeigneten Flüsse und Bäche sowie die den Windeinflüssen offenen Meeresgestade und Ebenen haben den Bau einer Vielzahl kleiner Anlagen ermöglicht, mit denen die Naturkräfte für den Menschen nutzbar gemacht werden konnten. In den entlang der großen Flüsse entstandenen Kulturen hat man teils nicht über solche natürlichen Gegebenheiten verfügt, teils erforderte aber auch die hohe Bevölkerungsdichte eine besonders intensive Bewirtschaftung, die durch Handarbeit zu erreichen war. Selbst in modernen Staaten können wir auch heute noch an vielen Stellen eine solche Bewirtschaftungsform finden.

Zusammenfassend stellen wir also fest, daß der technische Entwicklungsstand und die Wirtschaftsform des Mittelalters nötig waren, um die antike Wissenschaft zu rezipieren. Mit einer der größten Erfindungen des Mittelalters, mit der des Buchdrucks, konnten die Erkenntnisse wiederum wesentlich breiteren Kreisen zugänglich gemacht werden, als es in der Antike überhaupt vorstellbar gewesen wäre [1.9].

2.1.2 Europa nimmt Gestalt an

Das Römische Reich hatte zur Zeit seiner größten Ausdehnung *(Abbildung 2.1–1a)* im 2. und 3. Jahrhundert eine Länge von etwa 6000 bis 7000 Kilometern, und es wurde durch eine einige hundert Kilometer breite Zone zwischen der Adria und der Donau in zwei Teile gegliedert. Bei einer solchen Ausdehnung brauchen wir uns nicht darüber zu wundern, daß das Reich schließlich zerfiel, sondern wir sollten uns eher vom Organisationstalent der Römer sowie ihren militärischen und politischen Fähigkeiten beeindrucken lassen, die den Aufbau eines solchen Reiches und seine Erhaltung über nahezu ein halbes Jahrtausend ermöglicht haben. Die riesigen Entfernungen haben selbst in Friedenszeiten die Verwaltung des Reiches ungemein erschwert, obwohl das gesamte Römische Reich über ein gut ausgebautes Straßennetz und ein entwickeltes System der Nachrichtenübermittlung verfügte. Weitaus größer waren die Schwierigkeiten jedoch für die Truppenbewegungen im Kriegsfalle, vor allem im letzten Jahrhundert, als Grenzkonflikte an immer mehr Stellen aufflammten. Längs der gesamten Nordgrenze des Reiches haben lebenskräftige und expansive germanische Stämme nur auf die Gelegenheit gewartet, als Verbündete, Feinde oder Söldner auf das Reichsgebiet vorzudringen. Im Osten hat sich über eine längere Zeit hinweg ein gewisses Gleichgewicht mit dem parthischen Großreich eingestellt. Die Germanenstämme im Westen hatten vor allem die Eroberung reicher, klimatisch günstiger und fruchtbarer römischer Provinzen im Auge, im Osten aber suchten die Goten auf ihrer Flucht vor den Hunnen eine neue Heimat innerhalb der Grenzen des Römischen Reiches. Für die Kämpfe der Germanenstämme gegen Rom war von Bedeutung, daß viele Germanen als Söldner im römischen Heer gedient und so die römische Kriegskunst kennengelernt hatten. Zum anderen waren sie so auch unmittelbar Zeugen der inneren Schwäche des Reiches *(Zitat 2.1–3)*.

In den letzten Jahrhunderten der Existenz des Reiches haben die römischen Kaiser natürlich alles getan, um den Auflösungsprozeß aufzuhalten. So hat DIOKLETIAN versucht, die despotische Einpersonenherrschaft durch eine Tetrarchie (Viererherrschaft) zu ersetzen, wobei jedem Herrscher ein anderer Teil des Reiches anvertraut wurde *(Abbildung 2.1–1b)*. KONSTANTIN DER GROSSE hat mit der stärksten und durch Verfolgungen nur noch weiter erstarkenden ideologischen Kraft, dem Christentum, Frieden geschlossen. Unter den Soldatenkaisern wurde eine Kette von Befestigungen

Vorrat. Ebenso zeigt es Überfluß an vielerlei Herdenvieh, aber Mangel an wilden Tieren. So ist dieser Weltteil seiner Natur nach im allgemeinen beschaffen.

STRABO: *Erdbeschreibung.* Übersetzt und durch Anmerkungen erläutert von *Dr. A. Forbiger.* Stuttgart 1856, Buch 1, S. 195 f.

Abbildung 2.1–1a
Das Römische Reich zur Zeit seiner größten Ausdehnung

Abbildung 2.1–1b
Die zwei Kaiser (Augusti) *Diokletian* und *Maximian* aus der Vierergruppe an der Mauer der San-Marco-Kathedrale im Venedig. Ebenso umarmen sich auf der anderen Seite *Konstantius* (Vater *Konstantins des Großen*) und *Galerius* (Caesares)

Zitat 2.1 – 3

Ämilian:
Was hast du getan, damit dein Volk nicht in die Hand der Germanen fällt?

Romulus:
Nichts.

Ämilian:
Was hast du getan, damit Rom nicht so geschändet wird wie ich?

Romulus:
Nichts.

Ämilian:
Und wie willst du dich rechtfertigen? Du bist angeklagt, dein Reich verraten zu haben.

Romulus:
Nicht ich habe mein Reich verraten, Rom hat sich selbst verraten. Es kannte die Wahrheit, aber es wählte die Gewalt, es kannte die Menschlichkeit, aber es wählte die Tyrannei. Es hat sich doppelt erniedrigt: vor sich selbst und vor den anderen Völkern, die in seine Macht gegeben waren. Du stehst vor einem unsichtbaren Thron, Ämilian, vor dem Thron der römischen Kaiser, deren letzter ich bin. Soll ich deine Augen berühren, daß du diesen Thron siehst, diesen Berg aufgeschichteter Schädel, diese Ströme von Blut, die auf seinen Stufen dampfen, die ewigen Katarakte der römischen Macht? Was erwartest du für eine Antwort von der Spitze des Riesenbaus der römischen Geschichte herab? Was soll der Kaiser zu deinen Wunden sagen, thronend über den Kadavern der eigenen und der fremden Söhne, über Hekatomben von Opfern, die Kriege zu Roms Ehre und wilde Tiere zu Roms Vergnügen vor seine Füße schwemmten? Rom ist schwach geworden, eine taumelnde Greisin, doch seine Schuld ist nicht abgetragen, und seine Verbrechen sind nicht getilgt. Über Nacht ist die Zeit angebrochen. Die Flüche seiner Opfer haben sich erfüllt. Der unnütze Baum wird gefällt. Die Axt ist an den Stamm gelegt. Die Germanen kommen. Wir haben fremdes Blut vergossen, nun müssen wir mit dem eigenen zurückzahlen. Wende dich nicht ab, Ämilian. Weiche nicht vor meiner Majestät zurück, die sich vor dir erhebt, mit der uralten Schuld unserer Geschichte übergossen, schrecklicher noch als dein Leib. Es geht um die Gerechtigkeit, auf die wir getrunken haben. Gib Antwort auf meine Frage: Haben wir noch das Recht, uns zu wehren? Haben wir noch das Recht, mehr zu sein als ein Opfer?

FRIEDRICH DÜRRENMATT: *Romulus der Große.* Zürich 1957

entlang dem Rhein und der Donau errichtet. Der letzte Kaiser eines einheitlichen Römischen Reiches, THEODOSIUS (Kaiser von 379 bis 395), teilte dieses in ein West- und ein Oströmisches Reich.

Das Weströmische Reich hat in den Kämpfen mit den Westgoten und den Hunnen im Jahre 476 aufgehört zu existieren. Der germanische Heerführer ODOAKER setzte den letzten weströmischen Kaiser, den minderjährigen ROMULUS AUGUSTULUS, ab. ODOAKER starb von der Hand des Ostgotenkönigs THEODERICH DES GROSSEN. Es ist bezeichnend, daß THEODERICH Italien als Statthalter des Oströmischen Reiches besetzt und dort einen Gotenstaat gegründet hat. Das Oströmische Reich sollte noch ein Jahrtausend über bestehen bleiben, bevor es 1453 den Türken gelungen ist, Konstantinopel einzunehmen.

Während auf dem Gebiet des Weströmischen Reiches Goten, Vandalen und andere germanische Stämme einander bekämpft haben, hat im Oströmischen Reich JUSTINIAN (Kaiser von 527 bis 565) den alten Glanz zu erneuern versucht *(Farbtafel VI)*. Er hat der Gotenherrschaft in Italien ein Ende gesetzt und das kurzlebige Königreich der Vandalen in Nordafrika zerstört. Zwei bedeutende kulturgeschichtliche Daten sind mit seinem Namen verknüpft: Unter seiner Herrschaft wurde mit dem Bau der Hagia Sophia (Kirche der Heiligen Weisheit) begonnen, und er ließ alle gültigen römischen Rechtsvorschriften in einem System zusammenfassen. Der *Codex Justiniani* ist die Grundlage aller europäischen Gesetzbücher. Im übrigen hat JUSTINIAN die Philosophenschule zu Athen schließen lassen (529).

Im Oströmischen oder Byzantinischen Reich, wie es später genannt wurde, hat der Einfluß des Griechentums nach dem Tode JUSTINIANS wieder stark zugenommen, so daß als Amtssprache das Latein durch das Griechische abgelöst worden ist. Byzanz ist in verschiedener Hinsicht für die Kulturgeschichte von großer Bedeutung. Obwohl einer dynamischen Weiterentwicklung nicht fähig, war es doch der Hüter und Bewahrer der griechischen Wissenschaften, nicht für sich selbst, sondern für Europa. Darüber hinaus hat es sich den von Osten und Süden her Europa in die Zange nehmenden arabischen Eroberern in den Weg gestellt. Auch als Symbol hat Byzanz eine Rolle gespielt, denn manche germanische Stammesfürsten haben ihre Macht erst nach einer Bestätigung ihrer Ansprüche durch den Kaiser als gefestigt angesehen, der in der zwar fernen, aber nahezu einzigen erhaltenen Metropole Europas seinen Sitz hatte.

In den ersten auf den Zerfall des Römischen Reiches folgenden Jahrhunderten wurde Europa, das noch nicht endgültig gegliedert war, von zwar nicht tödlichen, aber doch in ihren Folgen unabsehbaren Gefahren bedroht. Aber selbst in seinem ungefestigten Zustand konnte Europa der Gefahren Herr werden. An die kurzlebigen Staatsgebilde vieler germanischer Stämme erinnern nur noch einige Bezeichnungen für Landschaften oder Landesteile (Katalonien = Gotenland, der Name Andalusien leitet sich von den Vandalen her). Das Reich der Franken hat sich am Ende des 5. Jahrhunderts herausgebildet, ein Staat, der in einem seiner Nachfolgestaaten, Frankreich, bis zum heutigen Tage überlebt hat. Wir können hier eine der ersten Konturen des künftigen Europa ausmachen. Europa hat zu jener Zeit ein festes Bollwerk dringend benötigt, denn es wurde von einer expansiven Militär-

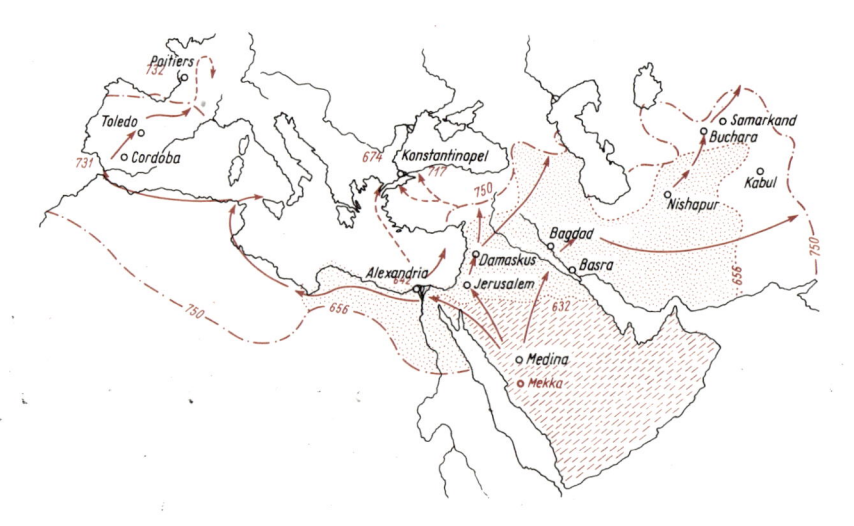

Abbildung 2.1 – 2a
Die arabische Expansion

macht bedroht, die in der Geschichte ihresgleichen sucht. Die Gefahr ging von der arabischen Halbinsel aus, die zuvor nur durch ihre räuberischen Beduinenstämme bekannt gewesen war. Der Beginn der islamischen Zeitrechnung ist durch die Flucht MOHAMMEDS (Hedschra = Auswanderung) vor seinen Feinden von Mekka nach Jathrib, dem späteren Medina, gegeben (622 u. Z.). Im Verlaufe eines halben Jahrhunderts konnten die Araber Nordafrika unterwerfen und im Nordosten das Persische Reich sowie einen Teil von Byzanz erobern. Nach der Überquerung der Meerenge von Gibraltar drangen sie über Spanien und die Pyrenäen bis zum Frankenreich vor. Hier wurden sie in der Nähe von Poitiers von den Franken (im Jahre 732) zum Stehen gebracht und schließlich über die Pyrenäen zurückgedrängt *(Abbildung 2.1 – 2a, b)*. Die folgenden Jahrhunderte haben mit den Einfällen der Normannen und schließlich der Ungarn neue Gefahren für Europa gebracht. Diese beiden Völker sind auf unterschiedliche Weise in die Gemeinschaft der europäischen Völker integriert worden: Ein Teil der Normannen wurde in der Normandie seßhaft, ein anderer Teil gründete einen Normannenstaat in Süditalien und auf Sizilien; die Staatsgründung der Ungarn erfolgte im Karpatenbecken gleichzeitig mit der Annahme des Christentums.

قَالَ رَسُولُ اَللَّهِ: طَلَبُ اَلْعِلْمِ فَرِيضَةٌ عَلَى كُلِّ مُسْلِمٍ.

Abbildung 2.1 – 2b
Der *Koran,* die Heilige Schrift der Mohammedaner, ruft die Rechtgläubigen nicht nur zum Kampf gegen die Ungläubigen auf, sondern feuert sie auch zum Lernen an. Hier liest man: Der heilige Prophet sprach: Das Streben nach Wissen ist Pflicht eines jeden Muslims

Im Frankenreich hat sich KARL DER GROSSE, der bedeutendste Repräsentant des die Merowinger ablösenden Herrschergeschlechts der Karolinger, als Erbe der römischen Kaiser angesehen. Es ist ihm nach dem Zurückdrängen der Araber gelungen, sein Reich bis nach Pannonien auszudehnen. Nach der Eroberung des Reiches der Langobarden, die im 7. Jahrhundert die Po-Ebene besetzt hatten, gehörte auch Norditalien zum Frankenreich. Im Jahre 800 ließ sich KARL DER GROSSE vom Papst in Rom zum Kaiser krönen. Unter den Enkeln KARLS DES GROSSEN wurde das Frankenreich 843 im Vertrag von Verdun aufgeteilt *(Abbildungen 2.1 – 3a, b)*. Im Ergebnis dieser Teilung sind schließlich Frankreich und Deutschland entstanden. Der erste Kaiser des Heiligen Römischen Reiches Deutscher Nation (962), OTTO I. (DER GROSSE), war unter anderem auch gegen die einfallenden Ungarn erfolgreich.

Auch über England, das in der Geschichte im weiteren eine so große Rolle spielen sollte, wollen wir noch einige Worte verlieren. Im 5. und 6. Jahrhundert überquerten Angeln, Sachsen und andere germanische Stämme den Ärmelkanal und unterwarfen die auf britischem Boden verbliebenen Römer sowie die keltische Urbevölkerung. Aus den Auseinandersetzungen mit den Dänen ging England unter ALFRED DEM GROSSEN gestärkt hervor. Für die kulturelle Entwicklung war der Normanneneinfall unter WILHELM

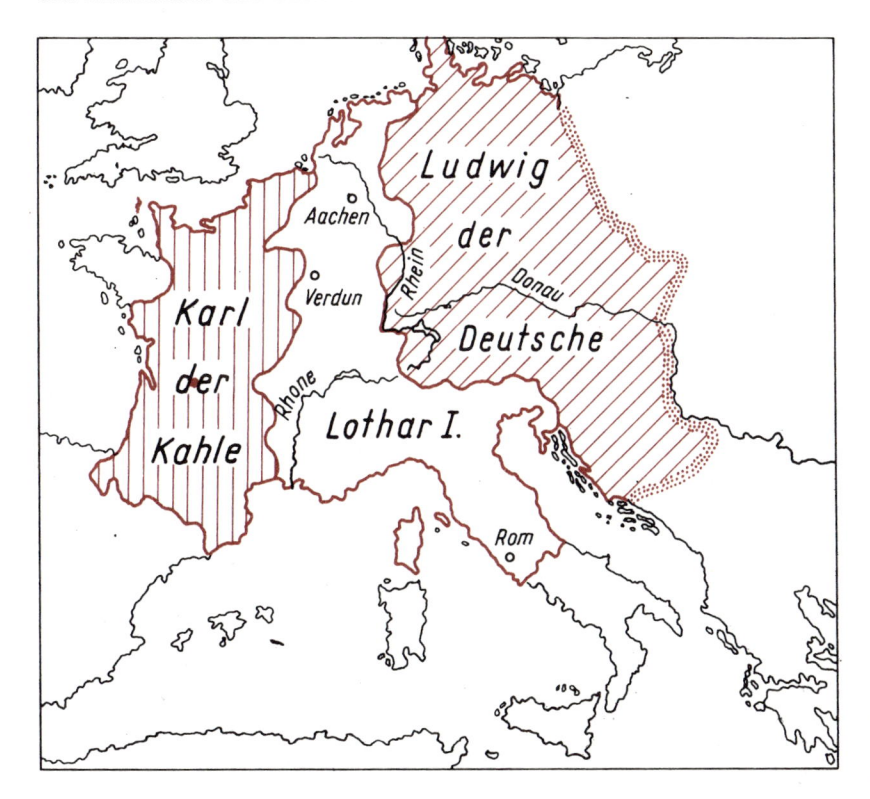

Abbildung 2.1 – 3a
Ein für die Gliederung Europas entscheidendes Ereignis: Die Teilung des Karolingerreiches im Vertrag von Verdun 843 zwischen den Enkeln *Karls des Großen* (*Ludwig dem Deutschen, Karl dem Kahlen* und *Lothar I.*). Der Vertrag von Meerssen 870 hat die Ähnlichkeit zum heutigen Europa noch vertieft

Abbildung 2.1–3b
Ein wichtiges Kulturdokument aus diesen Zeiten: die Straßburger Eide, ein gemeinsamer Schwur *Karls des Kahlen* und *Ludwigs des Deutschen* anläßlich ihres Bündnisses gegen *Lothar I.* in althochdeutscher und in romanischer Sprache. *Pro deo amur...* beginnt der romanische, *In godes minna...* der althochdeutsche Teil

DEM EROBERER von großer Bedeutung. Die Angelsachsen wurden in der Schlacht bei Hastings im Jahre 1066 *(Abbildung 2.1–4)* besiegt, und damit öffnete sich England der weiterentwickelten französischen Kultur. Schließlich sind Normannen und Angelsachsen völlig miteinander verschmolzen *(Abbildung 2.1–5)*.

Die Bedeutung der einzelnen Staaten in kultureller Hinsicht können wir wie folgt zusammenfassen:

Durch das Byzantinische Reich, auf das wir noch ausführlich zu sprechen kommen, ist die antike Kultur bewahrt und übermittelt worden. Die Stadt Byzanz war das Vorbild und das Symbol eines kulturellen Zentrums.

Das Vermächtnis der Antike ist — wenn wir von Byzanz absehen — in Italien am längsten erhalten geblieben. Die Städte haben hier, wenn oft auch stark zerstört, weiter existiert und so einen Teil des kulturellen Erbes ins Mittelalter hinübergerettet. In den anderen europäischen Staaten mußten Städte als kulturelle Zentren im wesentlichen aus dem Nichts heraus aufgebaut werden. Auch die geographische Lage Italiens war, so z. B. für den Mittelmeerhandel, sehr günstig. Noch wesentlicher in dieser Hinsicht war jedoch, daß Italien mit Sizilien über einen der bedeutendsten Berührungspunkte der europäischen mit der arabischen Welt verfügt hat.

Das Frankenreich war aus zwei Gründen ebenfalls in einer vorteilhaften Lage. Zum einen war es der erste Staat, der sich im neuen Europa konsolidieren konnte, und zum anderen kam es im Reich KARLS DES GROSSEN zu einem wirtschaftlichen und politischen Aufschwung, der eine kulturelle Blüte (karolingische Renaissance) zur Folge hatte *(Abbildungen 2.1–6a, b)*.

Bei der Herausbildung der neuen europäischen Kultur spielte ein kleines Land am Rande Europas, Irland, eine überraschend große Rolle.

Während des Unterganges des Römischen Reiches, in der Zeit der Völkerwanderung, haben schon im 5. Jahrhundert viele Menschen, besonders Gelehrte, Zuflucht auf den von den Hunnen und Goten verschont gebliebenen irischen Inseln gefunden; das intellektuelle Leben blühte aber erst auf, nachdem der heilige PATRICK (angelsächsischer Herkunft) die irische Urbevölkerung zum Christentum bekehrte. In kürzester Zeit wurden mehrere Klöster gegründet (Movilla im Jahre 540, Bangor im Jahre 555, um nur die bekanntesten zu nennen). Aus letzterem stammte COLUMBANUS (543–615), der dann seinerseits eine Reihe von Klöstern in dem damals noch in einer sehr verworrenen Situation befindlichen Europa gegründet hat. In diesen irischen Klöstern befaßte man sich natürlich in erster Linie mit religiösen Fragen, das rege geistige Leben warf aber unvermeidlich auch wissenschaftliche Probleme auf; diese Diskussionen haben eine große Anziehungskraft auf ausländische, in erster Linie angelsächsische Studenten ausgeübt. BEDA VENERABILIS schreibt Anfang des 7. Jahrhunderts:

...Viele aus der englischen Nation — Adelige, aber auch solche niedriger Herkunft — haben um diese Zeit ihre Heimat verlassen und sich nach Irland zurückgezogen, sei es um der Beschäftigung mit den göttlichen Wissenschaften willen, sei es, um ein asketisches Leben führen zu können. Einige haben sich mit größter Bereitwilligkeit der klösterlichen Ordnung unterworfen, andere pilgerten dagegen von Zelle zu Zelle, um sich am Anhören der Lehrmeister zu ergötzen. Die Iren haben sie großzügig empfangen und ihre

Abbildung 2.1–4
Mathilde, die Gemahlin *Wilhelms des Eroberers,* wob diesen 70 Meter langen Wandteppich, der heute noch in Bayeux zu bewundern ist, als Votivgeschenk ihres Gatten. Darauf sind Episoden seines Feldzuges dargestellt. Für uns ist der Teppich von Bedeutung, weil auf ihm ein Komet abgebildet ist, der als ungünstiges Vorzeichen für König *Harald II.* gedeutet worden war. Von den Astronomen wurde dieser Komet als der Halleysche identifiziert

Studien dadurch ermöglicht, daß sie sie Tag für Tag mit Nahrungsmitteln, mit Büchern zum Lesen und mit freiem Unterricht versahen.

Anfang des 9. Jahrhunderts ereilt das Schicksal auch Irland: Die Wikinger griffen es 795 an und richteten sogar schon nach einigen Jahren ihr Hauptquartier in Dublin ein. Obzwar die Iren Widerstand leisteten, ja sogar mehrere Siege über die Eindringlinge verbuchen konnten, wurde die Insel von den Wikingern erst Anfang des 11. Jahrhunderts endgültig verlassen.

Während der Invasion war die Richtung der kulturellen Strömung umgekehrt: Jetzt flüchteten die irischen Gelehrten in das geordnete Reich der Franken.

Wenn auch die Initiatoren der am Hof KARLS DES GROSSEN aufblühenden karolingischen Renaissance nicht die Iren waren, sondern in erster Linie ALKUIN, ein Angelsachse, haben die Iren auch hier eine Rolle gespielt. Der größte originelle Denker des 9. Jahrhunderts, JOHANNES SCOTUS ERIUGENA, war irischer Herkunft, wie auch sein Name sogar doppelt zeigt; damals galt Scotus nämlich auch als Bezeichnung für Ire. Er übte seine Tätigkeit in Frankreich aus; erst am Ende seines Lebens flüchtete er, der Ketzerei verdächtigt, zu ALFRED DEM GROSSEN nach England.

Wie groß das Ansehen der irischen Gelehrten zu jener Zeit war, beweisen folgende Zeilen aus den *Gesta Caroli Magni* (verfaßt um 880 in Saint Gall):

Als KARL DER GROSSE zum alleinigen Herrscher des ganzen Westens wurde, in einer Zeit, als die gelehrte Forschung fast überall ganz in Vergessenheit geraten war, geschah es, daß zwei Gelehrte aus Irland — bewandert sowohl in den weltlichen als auch in den heiligen Schriften — in Gesellschaft britischer Handelsleute an die gallischen Küsten kamen. Es versammelte sich ein großer Menschenhaufen, um Waren zu kaufen. Die zwei Schotten, die ja keine Ware hatten, riefen, um die Aufmerksamkeit auf sich zu lenken, laut: Wir haben ebenfalls etwas feilzubieten; wenn es irgend jemand nach Gelehrsamkeit gelüstet, so möge er zu uns kommen, und sie sich von uns verschaffen.

Den Staaten Osteuropas fiel die Aufgabe zu, den Ansturm der Nomadenvölker von Osten her und damit die letzte Welle der Völkerwanderung aufzuhalten. Sie sind dann später auch Bollwerke der europäischen Kultur gegen den expansiven Mongolenstaat gewesen.

Zur Jahrtausendwende zeigt sich Europa somit als ein buntes Konglomerat selbständiger Staaten, die von recht verschiedenartigen Völkern gegründet worden sind. Trotz aller Unterschiede bildeten diese Staaten aber wegen der übereinstimmenden Gesellschaftsordnung, des Feudalismus, und der übereinstimmenden Ideologie, des Christentums, eine feste Gemeinschaft. Diese dokumentiert sich am augenfälligsten in der weiten Verbreitung einer gemeinsamen Sprache, des Lateinischen. Sie ermöglichte einen

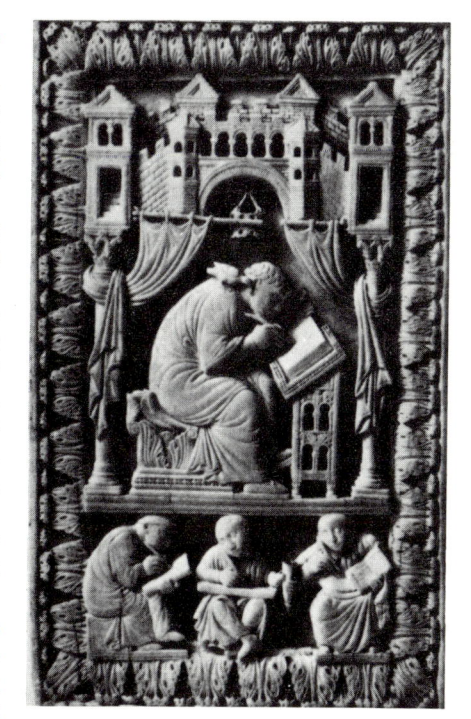

Abbildung 2.1–5
Hinter den Klostermauern kam auch zu jener Zeit das geistige Leben nicht zum Erliegen
Der heilige Gregor und die Schreiber, 9.–10. Jahrhundert, Wien, Kunsthistorisches Museum

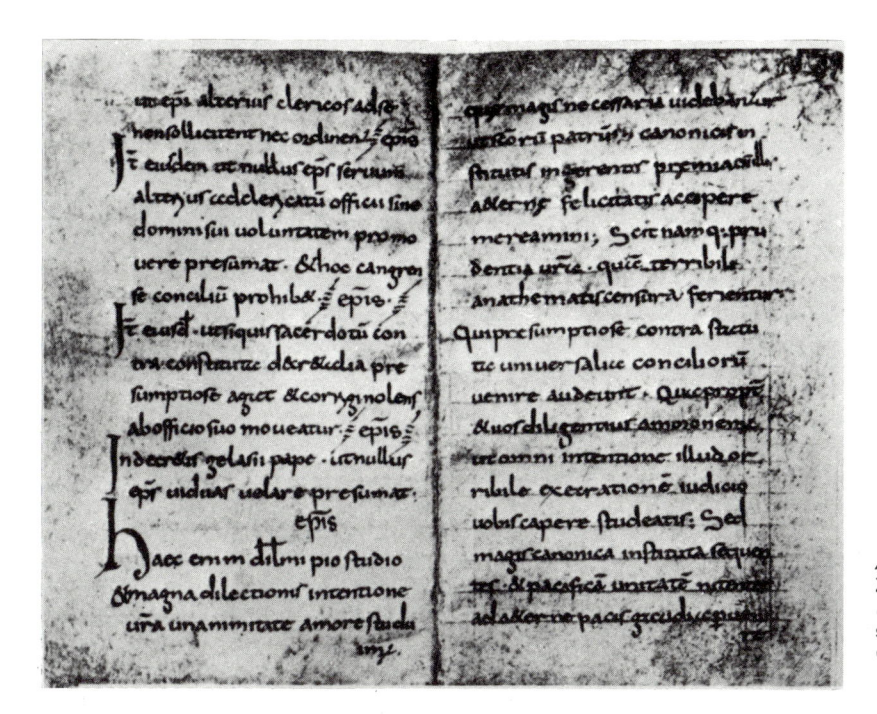

Abbildung 2.1–6a
Zwei Seiten aus den Capitularien *Karls des Großen (Capitularia regum francorum)*. Diese Gesetzessammlung hat einen bedeutenden Einfluß auf die Gesetzgebung aller später entstandenen Staaten Europas ausgeübt

Abbildung 2.1 – 6b
HRABANUS MAURUS (780–856), Primus Praeceptor Germaniae, *Alkuins* Schüler, Erzbischof von Mainz, war einer der bedeutendsten Gelehrten der karolingischen Renaissance auf deutschem Boden. Neben theologischen Werken schrieb er enzyklopädische Handbücher des profanen Wissens *(De rerum naturis)*. Auch die weltbekannte Hymne *Veni creator spiritus* wird ihm zugeschrieben
Aus einer Fuldaer Handschrift, 9. Jahrhundert

Abbildung 2.1 – 7
Papst und Kaiser an der Spitze der geistlichen und der weltlichen Hierarchie. Hier, im *Sachsenspiegel* – einem anderen Sammelwerk des Rechtswesens mit nachhaltigem Einfluß (um 1224–1231) – umarmen sie sich einträchtig; in Wirklichkeit kämpften sie unerbittlich miteinander um die Vormachtstellung

solchen internationalen kulturellen Austausch, der in bestimmter Hinsicht in der Geschichte ohne Beispiel ist und von dem wir auch heute nur träumen können. Als Beispiel wollen wir anführen, daß an der Pariser Universität nacheinander ein englischer (ALEXANDER HALENSIS), ein deutscher (ALBERTUS MAGNUS) und ein italienischer (THOMAS VON AQUINO) Professor lehrten. Aus ganz Europa strömten die Studenten dorthin, um die Vorlesungen zu hören, die natürlich in lateinischer Sprache gehalten wurden; Latein war gewissermaßen ihre zweite und in der Wissenschaft sogar ihre *erste* Muttersprache.

Um sich in den blutigen Kämpfen um die eigenstaatliche Existenz gegen die inneren und äußeren Feinde erfolgreich behaupten zu können, sind überall Feudalstaaten gegründet worden, die sich lediglich in ihrem Erscheinungsbild aufgrund bestimmter Besonderheiten unterschieden. Als arbeitende und am stärksten ausgebeutete Klasse bildete sich in allen Staaten die Schicht der Fronbauern (Leibeigenen) heraus. Sie rekrutierte sich teils aus ehemaligen Sklaven, teils aus freien, aber besitzlosen Bauern. In eroberten Ländern wurden häufig Teile der unterworfenen Bevölkerung zu Leibeigenen, aber auch Angehörige der Eroberschicht sanken zu Fronbauern herab. Das Los eines Leibeigenen war natürlich leichter als das eines Sklaven; dies gilt vor allem für die Hörigen, die weniger stark an den Feudalherrn gebunden waren. Die Hörigen waren als Pächter, sehr häufig sogar als Eigentümer des ihnen vom Feudalherrn zur Verfügung gestellten Bodens lediglich verpflichtet, dem Feudalherren und der Kirche bestimmte Frondienste und Abgaben zu leisten. Der Unterschied zwischen der Sklaverei und der Feudalwirtschaft ist auch vom Gesichtspunkt des wissenschaftlichen Fortschritts von großer Bedeutung. Der Hörige war unmittelbar an der Produktion und damit auch an der Erfindung oder Nutzung vervollkommneter Produktionsmittel oder -verfahren interessiert. Dies ist eines der beiden entscheidenden Momente, die zur mittelalterlichen technischen Revolution geführt haben. Wie wir noch sehen werden, ist das andere die unmittelbare Teilnahme der Träger von Bildung und Wissenschaft, der Mönche, an der produktiven Arbeit *(Farbtafel VII)*.

Der Feudalherr selbst war in der Regel auch nicht völlig unabhängig, er schuldete einem mächtigeren Feudalherren, von dem er seinen Besitz zum Lehen *(feudum)* erhalten hatte, Vasallendienste und Abgaben. An der Spitze dieser Hierarchie stand der König oder der Kaiser. Dieser hierarchische Aufbau der feudalen Gesellschaft, in der es nach oben hin Lehnsherren und nach unten Vasallen gab, ist in der Praxis nicht in reiner Form realisiert gewesen. Tatsächlich hat die Zentralgewalt oft nur nominell an der Spitze der Pyramide gestanden, denn in erstarkten Territorialfürstentümern haben sich oft unabhängige lokale Hierarchien herausgebildet. Es nimmt deshalb nicht wunder, daß sich bestimmte Schichten zur Wahrung ihrer Interessen gegen andere zusammengefunden haben, so z. B. die Zentralgewalt mit dem niederen Adel.

Neben der weltlichen existierte auch eine kirchliche Hierarchie mit dem Papst als dem irdischen Statthalter Christi an der Spitze. Das sich aus dem Charakter der feudalen Epoche ergebende große Problem war die Stellung dieser beiden Machtpyramiden zueinander. In dem langen und verworrenen Investiturstreit haben mit wechselndem Erfolg die Spitzen beider Hierarchien einander den Rang abzulaufen versucht; oft hat ein Papst den Kaiser exkommuniziert, es haben aber auch Kaiser Päpste verbannt und einen anderen Papst ernannt *(Abbildung 2.1 – 7)*. Häufig wird die Auffassung vertreten, daß die feudale Gesellschaftsordnung eben deshalb so dynamisch gewesen sei, weil die Schwerpunkte der kirchlichen und der weltlichen Hierarchie, d. h. die Schwerpunkte der staatlichen und der ideologischen Macht, nicht zusammengefallen seien. Diese Dynamik habe eine Erstarrung verhindert. Bei einem Zusammenfallen der Schwerpunkte, ja selbst bei einem Übergewicht der einen Seite wäre das Gesellschaftssystem aber statisch und unbeweglich gewesen.

Im 11. und 12. Jahrhundert ist mit der Entstehung der Städte auch im politischen Leben eine neue Kraft, das Bürgertum, hervorgetreten. Das Bürgertum hat im Schutz der Städte, deren Schönheit wir im übrigen auch heute noch bewundern, in die Machtkämpfe eingreifen können. In zunehmendem Maße sind nun auch die Handwerker Träger des technischen Fortschritts geworden. Sie haben sich zu Zünften zusammengeschlossen und ihre Tätigkeit oft als Kunst angesehen. Beim Bau und bei der Ausgestaltung von Kathedralen ist in den Städten eine Vielzahl von Handwerkern und Künstlern beschäftigt worden; die Städte wurden somit auch zu Zentren der Künste. Außerdem waren hier die Voraussetzungen für den Handel sowie für einen organisierten wissenschaftlichen Unterricht gegeben. Wenn wir heute die überwältigende Schönheit der gotischen Kathedralen betrachten, dann sollten wir auch daran denken, daß wir es hier zum erstenmal in der Geschichte der Menschheit mit Ergebnissen der kollektiven Arbeit einer Gemeinschaft freier Menschen zu tun haben. Die gesellschaftliche Stellung der Arbeit charakterisiert wohl am besten der Umstand, daß beim Bau einiger Kathedralen Angehörige der verschiedensten Klassen und Schichten, Aristokraten und selbst Könige, teilhatten, die mit ihrer Hände Arbeit das Werk zu fördern suchten. Unter diesen Umständen kann man verstehen, daß z. B. in Frankreich im Zeitraum von 1180 bis 1270, d. h. in 90 Jahren, 80 Kathedralen und große Kirchen gebaut werden konnten.

2.1.3 Die technische Revolution

Natürlich bedingt die Bautätigkeit im frühen Mittelalter ein bestimmtes allgemeines Lebensniveau und dieses wiederum ein entsprechendes Anwachsen der Arbeitsproduktivität. Wie wir schon erwähnt haben, waren beide Kenngrößen von entscheidender Bedeutung, denn zum einen wurde die Bereitschaft zu eigenverantwortlicher Arbeit bei den halbfreien Hörigen und den freien Handwerkern durch die materielle Interessiertheit angeregt, und zum anderen konnte eine gesellschaftliche Wertschätzung der Arbeit nur so erreicht werden. Diese Voraussetzungen ermöglichen eine technische Revolution im Mittelalter, die von den Historikern früher nicht bemerkt und demzufolge auch nicht gewürdigt worden ist. Im allgemeinen ist es üblich, die im „finsteren" Mittelalter erzielten Ergebnisse mit denen zu vergleichen, die im antiken Griechenland auf dem Gebiet der *Geisteswissenschaft* erreicht wurden. Tatsächlich ist hinsichtlich der mathematischen Kenntnisse das Niveau des ARCHIMEDES erst im 16. Jahrhundert wieder erreicht worden. Schauen wir uns aber den Stand der Technologie an, dann können wir im Mittelalter einen gewaltigen Schritt vorwärts feststellen. Der Entwicklungsstand der Technologie in der letzten Entwicklungsphase des Römischen Reiches war nämlich der gleiche, der bereits 2000 Jahre zuvor erreicht worden war, wenn wir einmal von den Fortschritten beim Straßenbau, in der Militärtechnik sowie bei der Bewässerung und der Wasserversorgung absehen.

Im folgenden fassen wir die wichtigsten technischen Neuerungen des Mittelalters zusammen, wobei wir uns vor allem auf KLEMM [2.4] beziehen. Sehr viele dieser Neuerungen waren allerdings bereits im Nahen Osten und in China bekannt; in manchen Fällen läßt sich der Weg verfolgen, auf dem sie nach Europa gelangt sind, in anderen Fällen muß man jedoch von einer unabhängigen Entwicklung in Europa ausgehen.

Auf den ersten Blick scheint die Vervollkommnung des Pferdegeschirrs von nur geringer Bedeutung zu sein. Seit Urzeiten wurden Ochsen als Zugvieh eingesetzt, und als man anfing, auch Pferde zu diesen Arbeiten heranzuziehen, hat man meist die für Ochsen entwickelten Geschirre übernommen. Mit diesen Geschirren können Pferde jedoch nicht ihre ganze Kraft entfalten. Mit dem Einsatz des auf der *Farbtafel VIII* dargestellten breiten Brustgurts (Siele) vergrößerte sich mit einem Schlag die Zugkraft der Pferde um ein Mehrfaches. Dies war nicht nur für die Lastenbeförderung, also für den Handel und das Bauwesen, von großer Bedeutung, sondern auch für das Pflügen, das schneller und einfacher vonstatten ging. So konnten nun auch solche Flächen unter den Pflug genommen werden, die mit dem alten „Achtochsen-Pflug" nicht zu bearbeiten waren.

Ebenfalls im frühen Mittelalter hat man begonnen, die Pferdehufe mit Hufeisen zu beschlagen sowie den Steigbügel einzuführen. Der Steigbügel hat die militärischen Einsatzmöglichkeiten der Reiterei geradezu revolutioniert.

Für die Landwirtschaft waren zwei weitere Neuerungen von großer Bedeutung. Die ersten wiederum technischen Neuerungen waren die Erfindung und der Einsatz des radgestützten Pfluges und der auswechselbaren

Abbildung 2.1 – 8
Auch in den Darstellungen auf Kunstwerken ist der Fortschritt in der Entwicklung der Ackerbaugeräte zu verfolgen
Holbein: Totentanz

Abbildung 2.1 – 9
Ein mit Wasserkraft betriebener Hammer zur Herstellung von Stahlwaren (Ruhrland- und Heimatmuseum, Essen [0.40])

Abbildung 2.1 – 10a
Urform des Magnetkompasses: der Orakel-Löffel

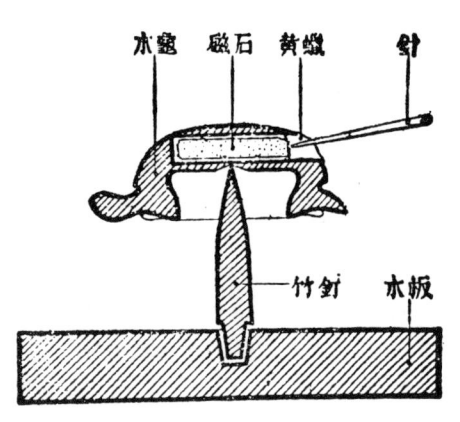

Abbildung 2.1 – 10b
Ein Kompaß in Form einer Schildkröte (*Ergebnisse der antiken Technik und Wissenschaft in China*, Peking 1978)

Pflugscharen *(Abbildung 2.1 – 8)*; die zweite Neuerung war agrotechnischer Art: Es wurde die Dreifelderwirtschaft eingeführt, d. h., von den zur Bearbeitung vorgesehenen Flächen wurde ein Drittel im Herbst und ein Drittel im Frühjahr bestellt, das verbleibende Drittel jedoch brach liegen gelassen. Damit wurde nicht nur ein besserer Ertrag erzielt, sondern auch die Grundlage für eine arbeitsteilige, kollektive Bodenbearbeitung gelegt.

Man begann in sehr vielen Bereichen, an Stelle der menschlichen Arbeit die Kraft von Wasser und Wind einzusetzen. Die Wassermühle war zwar bereits in der Spätantike bekannt, hatte jedoch hier keine große Bedeutung erlangt. Wie wir bereits erwähnt haben, ist die Ursache dafür nicht nur darin zu sehen, daß die billigen Arbeitskräfte der Sklaven zur Verfügung standen, sondern auch in den im Vergleich zu Westeuropa weniger günstigen geographisch-klimatischen Gegebenheiten. Ende des 11. Jahrhunderts existierten in England etwa 5000 Wassermühlen, und in einem einzigen Departement Frankreichs (Aube) waren 200 Wassermühlen in Betrieb. Die Wasserenergie wurde nicht nur zum Mahlen des Getreides verwendet, sie wurde auch in den verschiedensten anderen Bereichen, so zum Walken von Stoffen, im Bergbau zum Heben und Abführen des Wassers und später dann auch bei der Verhüttung der Erze zur Winderzeugung und zur Betätigung der Riesenhammer *(Abbildung 2.1 – 9)*, genutzt. Der Bau einer Wassermühle erforderte natürlich größere Investitionen, so daß die Mühle gewöhnlich einem Feudalherren oder einem Kloster gehörte. Der Feudalherr machte dann meist die Benutzung der Wassermühle – natürlich gegen eine entsprechende Gebühr – zur Pflicht, ja er ließ oft sogar die Handmühlen zerstören, damit seine Anordnungen nicht umgangen werden konnten. Hier und da veränderten sich mit dem Bau einer Wassermühle auch das wirtschaftliche Gefüge sowie die Siedlungsstruktur der Umgebung.

Ebenfalls im 11. und 12. Jahrhundert wurden auf den Segelschiffen das Achterruder sowie die beweglichen Segel eingeführt. Damit wurde es möglich, auch gegen den Wind zu kreuzen und somit ohne Ruderer auszukommen.

Eine weitere technische Neuerung, der Kompaß, hat die Seeschiffahrt und damit auch die Erkundung ferner Länder ganz besonders begünstigt. Der Kompaß ist in China erfunden worden; die recht interessanten Begleitumstände der Erfindung lassen sich in ihren Umrissen rekonstruieren. In China war – wie überall in der Welt – das Weissagen sowie das Anrufen magischer Mächte zur Verbesserung der Umstände vor oder nach dem Tode von großer Bedeutung. So war in China zum Aufsuchen einer günstigen Grabstätte folgendes Verfahren verbreitet: Der auf der *Abbildung 2.1 – 10a* dargestellte ausbalancierte Löffel wurde auf einer mit verschiedenen Bildern und magischen Schriftzeichen versehenen Tafel in Umdrehung versetzt. Nach Stillstand des Löffels hat man anhand einer „wissenschaftlichen Auswertung" der vom Löffelstiel überdeckten Schriftzeichen und Bilder über die Lage der Grabstelle befunden. Die magischen Zwecken dienenden Löffel wurden aus möglichst wertvollen und seltenen Materialien, so z. B. aus Jade, gefertigt, man hat aber auch Magnetit verwendet. Es ist schließlich bemerkt worden, daß die aus Magnetit bestehenden Löffel immer in Nord-Süd-Richtung stehenbleiben *(Abbildung 2.1 – 10b)*. In Europa hat sich der Gebrauch des Kompasses im 13. Jahrhundert allgemein durchgesetzt.

Sowohl für den Verkehr als auch für die Landwirtschaft war der Bau von Kanälen von Bedeutung. Die ersten mit einem System von Schleusen versehenen Kanäle stammen aus dem Mittelalter.

Von den Arbeitsmaschinen kamen im Mittelalter die Drehbänke mit Fußantrieb und verschiedene, die Textilherstellung erleichternde Vorrichtungen, so z. B. Webstühle und Spinnräder mit Fußantrieb, in Gebrauch *(Abbildung 2.1 – 11)*.

Vom 12. und 13. Jahrhundert an führte die Erfindung und weite Verbreitung der Brillen zu einer erheblichen Steigerung des menschlichen Leistungsvermögens, da es jetzt möglich wurde, geistige, künstlerische und auch handwerkliche Arbeiten bis zu einem hohen Lebensalter auszuführen, was zuvor wegen der Verschlechterung des Sehvermögens häufig nicht möglich war.

Es wurden mit Gewichtsstücken angetriebene Räderwerkuhren und schließlich auch Schlagwerkuhren entwickelt. Mit ihrer Verbreitung verschwand die bis dahin übliche, von der Tageslänge abhängige und damit im Sommer und Winter unterschiedliche Stundeneinteilung.

Eine Aufzählung der in der chemischen Technologie erreichten Fortschritte würde hier zu weit führen. Wir verweisen nur auf die Herstellung von Salpetersäure, Schwefelsäure und Alkohol, die Entwicklung der Ölfarben sowie schließlich auf die Papierherstellung, mit der bereits die Grundlagen für die Buchdruckerei gelegt wurden.

Wir gehen an dieser Stelle nicht auf die großen Erfindungen des Spätmittelalters ein, die Entwicklung der Hochöfen, die Entdeckung des Schießpulvers und die Erfindung des Buchdrucks. Hier haben wir es bereits mit den ersten Ansätzen zu tun, die vom Feudalismus zur kapitalistischen Ordnung überleiten; von ihnen wird später die Rede sein.

2.1.4 Klöster und Universitäten

Bereits von den Anfängen des Christentums an begegnen wir Fanatikern, die sich allein oder auch in Gruppen von der menschlichen Gemeinschaft absondern, um ihre eigenen Vorstellungen verwirklichen und weitestgehend den Geboten ihres Glaubens nachkommen zu können. Das Streben, in Einsiedeleien oder Klöstern zu leben, finden wir auch bei den anderen Weltreligionen. Meist bedeutet es eine Abkehr von der irdischen Welt, den Verzicht auf alle weltlichen Güter, asketische Lebensweise und Selbstkasteiung mit dem Ziel, die Seligkeit im Jenseits zu erlangen. Nicht nur für das Christentum typisch ist aber auch, daß schließlich die Mönchsorden trotz aller Abkehr von dieser Welt einen sehr großen geistigen und damit auch politischen Einfluß erlangt haben. Für die Wissenschaftsgeschichte und im besonderen für die Entwicklung in Europa war es aber von entscheidender Bedeutung, daß Mönchsorden entstanden sind, die eine verinnerlichte mit einer tätigen Lebensweise (die *vita contemplativa* mit der *vita activa*) zu verbinden bestrebt waren. Die aktive Lebensweise muß durchaus wörtlich genommen werden. So lesen wir in der Regel des vom HEILIGEN BENEDIKT aus Nursia gegründeten Benediktinerordens *(Farbtafel VII)* neben der Vorschrift, daß Mönche Bücher zu lesen, d. h. sich geistig zu bilden haben, auch die Vorschrift, daß sie einen bestimmten Teil des Tages über physische Arbeit verrichten müssen. Diese Regel des ersten europäischen Mönchsordens ist aber Vorbild für alle späteren europäischen Mönchsorden gewesen. Die Benediktinerregel ist unter zwei Gesichtspunkten von Bedeutung. Zum einen legt sie dem geistig arbeitenden Intellektuellen die physische Arbeit

Abbildung 2.1–11
Frauenarbeit am Webstuhl (Bibliothèque Nationale, Paris; nach *J. Nathan: Encyclopédie de la littérature française*)

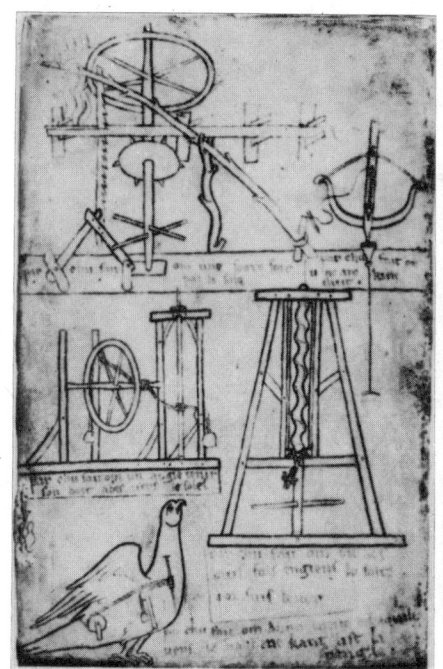

Abbildung 2.1–12
Drei Seiten aus dem Skizzenbuch von *Honnecourt*
VILLARD DE HONNECOURT, französischer Baumeister, von dessen Schaffen in der Zeit um 1230–1240 wir Kunde haben, hat in diesen Jahren ein Skizzenbuch *(Livre de portraiture)* angefertigt, das in seinem erhalten gebliebenen Teil 325 Federzeichnungen mit den dazugehörigen Erklärungen enthält

Abbildung 2.1–13
Der heilige Franz von Assisi (Gemälde von *Giotto*, Louvre)

Du höchster, mächtigster, guter Herr,
Dir sind die Lieder des Lobes, Ruhm und Ehre
und jeglicher Dank geweiht;
Dir nur gebühren sie, Höchster,
und keiner der Menschen ist würdig,
Dich nur zu nennen.

Gelobt seist Du, Herr,
mit allen Wesen, die Du geschaffen,
der edlen Herrin vor allem, Schwester Sonne,
die uns den Tag herauführt und Licht
mit ihren Strahlen, die Schöne, spendet;
gar prächtig in mächtigem Glanze:
Dein Gleichnis ist sie, Erhabener.

Gelobt seist Du, Herr,
durch Bruder Mond und die Sterne.
Durch Dich sie funkeln am Himmelsbogen
und leuchten köstlich und schön.

Gelobt seist Du, Herr,
durch Bruder Wind
und Luft und Wolke und Wetter,
die sanft oder streng, nach Deinem Willen,
die Wesen leiten, die durch Dich sind.

Gelobt seist Du, Herr,
durch Schwester Quelle:
Wie ist sie nütze in ihrer Demut,
wie köstlich und keusch!

Gelobt seist Du, Herr,
durch Bruder Feuer,
durch den Du zur Nacht uns leuchtest.
Schön und freundlich ist er am wohligen Herde,
mächtig als lodernder Brand.

Gelobt seist Du, Herr,
durch unsere Schwester, die Mutter Erde,
die gütig und stark uns trägt
und mancherlei Frucht uns bietet
mit farbigen Blumen und Matten.

Gelobt seist Du, Herr, durch die,
so vergeben um Deiner Liebe willen
und Pein und Trübsal geduldig tragen.
Selig, die's überwinden im Frieden:
Du, Höchster, wirst sie belohnen.

Lobet und preiset den Herrn!
Danket und dient ihm
in großer Demut!

Gelobt seist Du, Herr,
durch unsern Bruder, den leiblichen Tod;
ihm kann kein lebender Mensch entrinnen.
Wehe denen, die sterben in schweren Sünden!
Selig, die er in Deinem heiligsten Willen findet!
Denn sie versehrt nicht der zweite Tod.

Franz von Assisi: Legenden und Laude.
Übersetzt von *Otto Karrer*. Zürich 1945

nahe und fördert damit die Entwicklung neuer Arbeitsmethoden und Technologien, zum anderen hat die geistige Führungsschicht der Feudalgesellschaft durch ihre unmittelbare Einbeziehung in die physische Arbeit zur gesellschaftlichen Anerkennung eben dieser Arbeit beigetragen. So diente auch die schwere körperliche „Sklavenarbeit" dem „Ruhme Gottes", und neben mechanischen Spielzeugen wurden nun auch Vorrichtungen „erfunden", die nützliche Arbeit leisten sollten, so unter anderem ein „Perpetuum mobile", daß sich ständig bewegen sollte *(Abbildung 2.1–12)*.

Ein interessanter Synchronismus von symbolischer Bedeutung ist, daß der HEILIGE BENEDIKT eben in dem Jahr (529) sein Kloster auf dem Monte Cassino gründete, in dem JUSTINIAN die Athener Philosophenschule schließen ließ.

Von überragender Bedeutung für die Wissenschaftsgeschichte im engeren Sinne sind zwei zu Beginn des 13. Jahrhunderts gegründete Mönchsorden, die Orden der Franziskaner und der Dominikaner. Der Ordensgründer der Franziskaner, der heilige FRANZ VON ASSISI, war eher ein Poet und hatte mit der Wissenschaft nichts im Sinne. Die sich in seiner Dichtung äußernde Liebe zur Natur ist jedoch ein wichtiges Element wissenschaftlicher Forschung *(Abbildung 2.1–13)*. FRANZ VON ASSISI stand in jeder Hinsicht der Natur in allen ihren Erscheinungsformen aufgeschlossen gegenüber. Aus den miteinander rivalisierenden Orden der Dominikaner und Franziskaner sind hervorragende Gelehrte hervorgegangen, die an der Pariser Universität Lehrstühle innehatten. Wir erwähnen hier ALBERTUS MAGNUS und THOMAS VON AQUINO von den Dominikanern sowie ROBERT GROSSETESTE und ROGER BACON von den Franziskanern.

Eine bis zum heutigen Tage existierende und lebendige Institution des Mittelalters ist die Universität *(universitas, Abbildungen 2.1–14a, b; Farbtafel X)*, die in ihrer Struktur selbst jetzt noch viele mittelalterliche Züge aufweist. Es kann kaum ermessen werden, welche Bedeutung einer solchen Bildungseinrichtung zukam; sie war etwas völlig Neues, für das es in der Antike kein Vorbild gab. Es gab zwar bereits in Ägypten und Mesopotamien vom Staat unterhaltene Schulen, deren Bedeutung für die Bewahrung und Weitervermittlung der Wissenschaften auch nicht unterschätzt werden darf; an ihnen entfaltete sich jedoch kein reges geistiges Leben. Die Schulen zu

Athen zeigten zwar Ansätze zu Universitäten, sie waren jedoch nur das Ergebnis der Bemühungen einzelner und in ihrer Thematik auf bestimmte Gelehrte oder gar nur auf einen bestimmten Gelehrten ausgerichtet. Das Museion von Alexandria war bereits ein geistiger Mittelpunkt, so daß es als Vorläufer der Universitäten angesehen werden kann. Der Zusammenschluß von Schülern und Lehrkörper in einer Institution jedoch, die mit entsprechenden Privilegien ausgestattet ist, in der nach einem bestimmten Lehrplan Wissen vermittelt wird und von der nach Durchlaufen bestimmter Studiengänge ebenfalls mit Privilegien verbundene Titel verliehen werden, ist ein Produkt des Mittelalters. Diese Bildungseinrichtung besteht auch heute noch, ja, selbst die eigentümliche Kleidung kann man bei besonderen Gelegenheiten noch sehen. Als unmittelbare Vorläufer der westeuropäischen Universitäten kann man die Bildungsinstitutionen ansehen, die aus den den islamischen Moscheen zugeordneten Schulen hervorgegangen sind. Auch in Westeuropa hat es Entwicklungen gegeben, die diesem arabischen System ähneln. So ist die Pariser Universität im wesentlichen aus einer Schule hervorgegangen, die der Kathedrale Notre Dame angegliedert war. Anderswo, so in dem vor allem durch die Pflege der Rechtsgelehrsamkeit bekannten Bologna, hat sich die Universität aus einem Korporationsverband der aus verschiedenen Gegenden nach Bologna strömenden Studenten heraus entwickelt. Die Studenten haben sich entsprechend ihrer Herkunft nach Nationen *(nationes)* organisiert. In Bologna gab es nur zwei Gruppen, die Studenten von jenseits der Alpen *(universitas ultramontanorum)* und die von diesseits der Alpen *(universitas citramontanorum)*. Jede *universitas*, d. h. jede *Studentengemeinschaft,* stand unter der Leitung eines aus dem Kreise der Studenten gewählten Rektors. Bemerkenswert ist, daß die Professoren nicht zur *universitas* gehörten und dem Rektor Gehorsam geloben mußten. An anderer Stelle − und das war die Regel − bedeutete *universitas* die *Einheit von Lehrenden und Studierenden* (Universitas Magistrorum et Scholarium). Wir können sie als Interessengemeinschaft ansehen, die eine ähnliche Aufgabe hatte wie die Zünfte, in denen die Handwerker zusammengeschlossen waren.

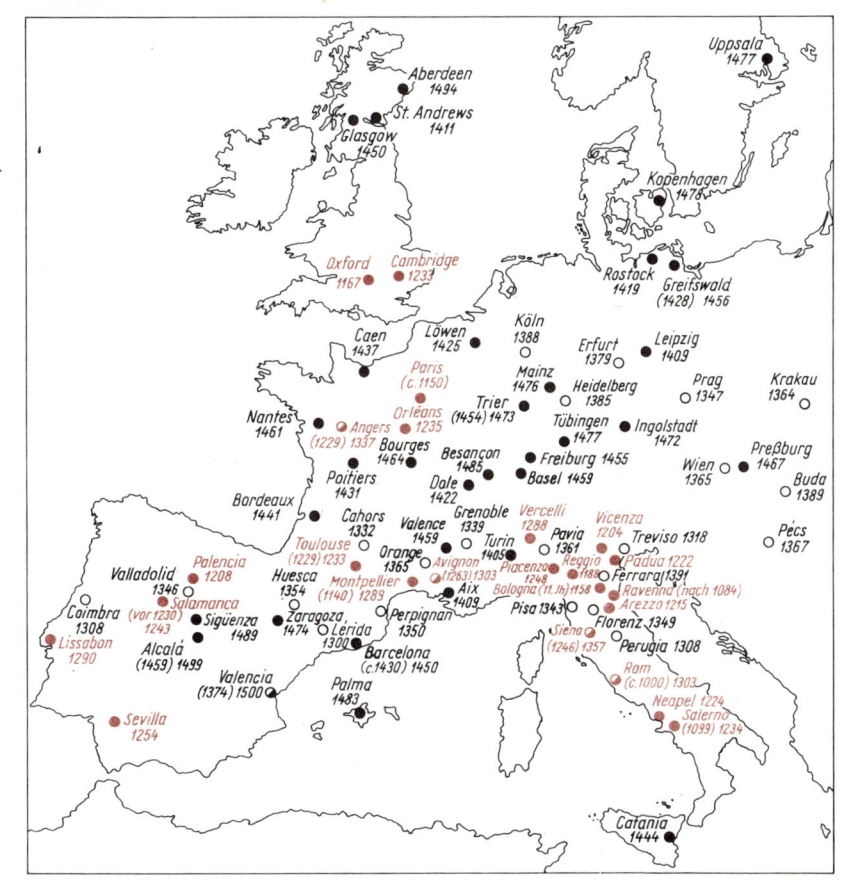

Abbildung 2.1 − 14a
Die Verbreitung der Universitäten
Die roten Punkte bezeichnen die vor dem 14., die Kreise die im 14. und die schwarzen Punkte die nach dem 14. Jahrhundert gegründeten Universitäten. Die Jahreszahlen in Klammern sind jeweils die der ersten schriftlichen Urkunde über die Existenz der betreffenden Universität, die anderen Zahlen die des Gründungsdokuments.
Einige später gegründete, berühmte Universitäten: Königsberg (1544), Leiden (1574), Jena (1558), Graz (1586), Edinburgh (1593), Dublin (1591), Budapest (ursprünglich in Nagyszombat, 1635), Moskau (1755).
Den Leser sollte es nicht wundern, wenn er vielleicht in ähnlichen Zusammenstellungen mitunter abweichende Daten findet. Eine der vielen Unsicherheiten: Von welchem Zeitpunkt an kann sich z. B. eine aus einer Klosterschule herausgewachsene Hochschule Universität nennen? Eine andere Unsicherheit entsteht bei der Beurteilung der Kontinuität im Falle einer Umstrukturierung oder eines Standortswechsels. Die von uns angeführten Angaben sind mit kleineren Änderungen aus PILTZ [2.21] übernommen

Der Student konnte nach einer Studienzeit von 4 bis 5 Jahren den Titel „Baccalaureatus" (Baccalaureus) − die Bezeichnung lebt noch heute als *bachelor of arts* an den englischen Universitäten weiter − und nach weiteren 3 bis 4 Jahren die Magisterwürde *(master of arts)* erwerben.

Der erste Teil des Lehrplans sah die Grammatik, die Rethorik und die Logik vor: Diese bildeten das Trivium. Die Logik bedeutete das *Organon* des ARISTOTELES mit der Einführung *(Isagoge)* des PORPHYRIOS als Vorstudium. Dann kamen die Studien des Quadriviums: die Arithmetik, die Geometrie, die Astronomie und die Musik *(Abbildung 2.1 – 15)*. Es gab auch spezielle Wahlfächer, z. B. die aristotelische *Physik*.

Das Studium der *septem artes liberales* diente im allgemeinen als Vorbereitung auf die höheren Studien an juridischen, medizinischen oder theologischen Fakultäten.

Der Unterricht umfaßte – in heutiger Nomenklatur ausgedrückt – Vorlesungen und die Teilnahme an Seminaren. Diese letztere Unterrichtsform hatte in erster Linie die Disputationsfähigkeit als Zeugnis für die geistige Selbständigkeit der Studenten zu fördern: Zum Examen gehörten nämlich oft auch den ganzen Tag über anhaltende Debatten mit einander abwechselnden Gegnern über verschiedene Thesen – mit nur einer Stunde Mittagspause.

Die Achtung vor der manuellen Arbeit äußert sich auch darin, daß HUGO DE SAINT-VICTOR (1097? – 1141) neben den 7 freien Künsten *(septem artes liberales)* auch die 7 mechanischen Künste *(septem artes mecanicae)*

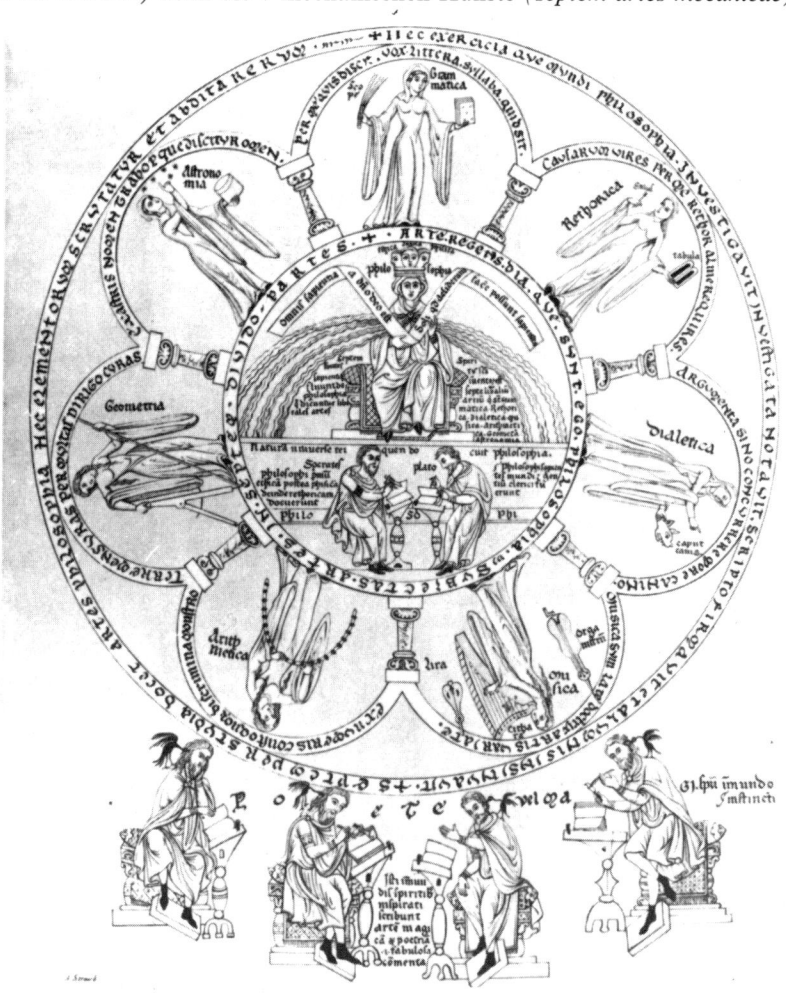

Abbildung 2.1 – 14b
Eine Vorlesung an der Universität
Beda Venerabilis. Wiegendruck, Zentralbibliothek des Benediktinerordens, Pannonhalma, Ungarn

Abbildung 2.1 – 15
Die sieben freien Künste *(septem artes liberales)*
Die ersten drei Frauengestalten personifizieren der Reihe nach im Uhrzeigersinn die Studien des Triviums (Grammatik, Rhetorik, Dialektik oder Logik); dann kommen Musik, Arithmetik, Geometrie und Astronomie, d. h. die Studien des Quadriviums.
Herrade von Landsberg: Hortus deliciarum

zu den Wissenschaften zählt *(Abbildung 2.1 – 16)*. Zu ihnen gehören die Webekunst, die Schmiedekunst, die Baukunst, die Schiffahrt, die Landwirtschaft, die Jägerei, die Schauspielkunst und die Heilkunst.

Die *Abbildung 2.1 – 17* zeigt, wie sich die 7 von HUGO DE SAINT-VICTOR angegebenen mechanischen Künste in das System der oben aufgeführten Wissenschaften einfügen.

In der Abbildung ist auch eingetragen, wozu die erworbenen Kenntnisse dienen sollten: Die Wissenschaften wurden den Menschen von Gott als ein Hilfsmittel in die Hand gegeben, um die menschlichen Schwächen, die sich aus der Erbsünde herleiten, bekämpfen zu können. Mit den theoretischen Wissenschaften bekämpft man die Unwissenheit, mit den praktischen Wissenschaften, zu denen auch die Ethik gehörte, das Unrecht. Das Studium der Fächer des Trivium hatte das Vermeiden der Fehler beim Sprechen

Abbildung 2.1–16
Die sieben mechanischen Künste – *septem artes mecanicae* [2.4]

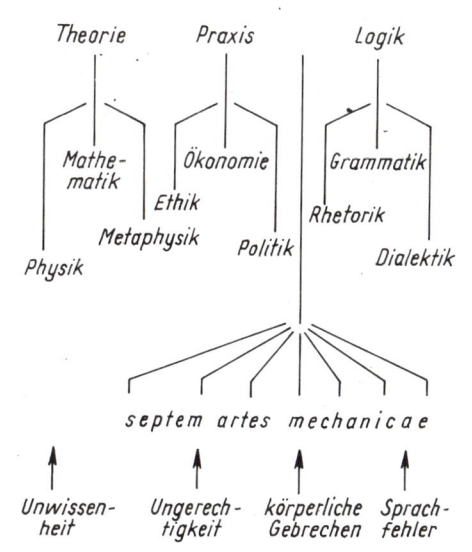

Abbildung 2.1–17
Das System der Kenntnisse und die aus der Erbsünde resultierenden menschlichen Unzulänglichkeiten, zu deren Überwindung Gott diese Kenntnisse dem Menschen gegeben hat

zum Ziel, das Studium der mechanischen Künste sollte den körperlichen Gebrechen abhelfen.

Abschließend soll eine kurze Bilanz der mittelalterlichen Entwicklung gezogen werden: ein höherer Stand der Technik als in der Antike; Entstehung von gut organisierten Bildungsinstitutionen; eine fortgeschrittenere, der individuellen Initiative einen weiteren Spielraum lassende Gesellschaftsordnung; eine engere Verbindung von Theorie und Praxis; bei den theoretischen Wissenschaften wurde nicht einmal im Spätmittelalter das antike Niveau erreicht, obwohl es – wie wir noch sehen werden – auf einigen Gebieten der Physik gelungen ist, darüber hinauszugehen.

In der *Tabelle 2.1–1* sind wichtige Ereignisse und die Lebensdaten bedeutender Persönlichkeiten in chronologischer Ordnung zusammengestellt.

Im Mittelalter gab es aber nicht nur gotische Kathedralen und Universitäten, an denen über die letzten Fragen der Philosophie diskutiert wurde, und auch nicht nur Mönche, die nach der Feldarbeit voller Andacht ihre Stimmen zum Lobe Gottes erschallen ließen. Ebenso typisch waren dogmatische Erstarrung, Fanatismus, Hexenverbrennung, Folter, feudale Ausbeutung und Kreuzzüge, darunter auch ein Kreuzzug von Kindern. Für viele Menschen jener Zeit war eben das das entscheidende Gesicht des Mittelalters *(Abbildungen 2.1–18a, b; Zitat 2.1–4)*.

Das ist wohl wahr, nach Weh und Ach,	Or est vray qu'après plainz et pleurs
Nach Seufzen und nach Ängstigungen,	Et angoisseux gemissemens,
Nach Trauer, Schmerzen mannigfach,	Après tristesses et douleurs,
Nach Mühen, bösen Wanderungen	Labeurs et griefz cheminemens,
Hat mein Vagantenherz befreit,	Travail mes lubres sentemens,
Das ins Gespinst schon wollte kriechen,	Esguisez comme une pelote,
Mehr Arbeit als Gelehrsamkeit,	M'ouvrist plus que tous les Commens
Der Araber bis zu den Griechen.	D'Averroas sur Aristote.

VILLON: *Le Testament.*
Deutsch von *Martin Löpelmann*. München–Wien 1942

Abbildung 2.1–18a
Die Furcht vor der Hölle und vor der ewigen Verdammnis beherrschte die Phantasie des mittelalterlichen Menschen mehr als das Seligwerden, d. h., die Möglichkeit, Gott von Angesicht zu Angesicht zu schauen: *Denn euer Widersacher, der Teufel geht als brüllender Löwe umher und sucht, wen er verschlinge*

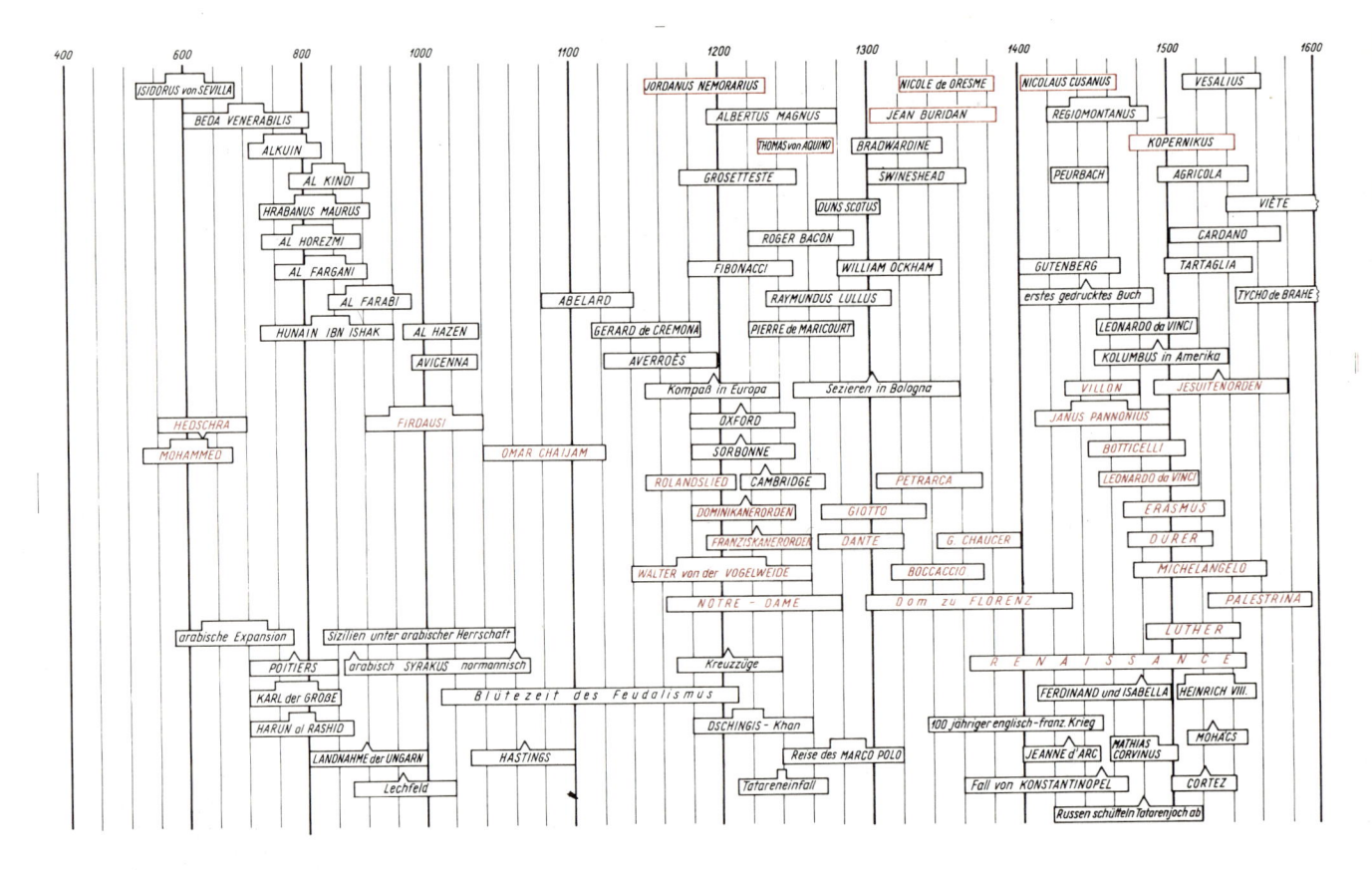

Zitat 2.1 – 4

Die Erstürmung der Festung Bram im Frühling 1210

Simon Monford und seine Leute kamen an die Festung Bram und begannen ohne Verzug sie zu belagern; es vergingen keine drei Tage, da nahmen sie Bram im Sturm, ohne Anwendung irgendwelcher Belagerungsmaschinen.

Was die gefangen genommenen Verteidiger betrifft, die mehr als hundert zählten, wurden ihnen die Augen ausgedrückt, ihre Nasen abgeschnitten; das eine Auge eines einzigen von ihnen wurde verschont, damit er die anderen nach Cabaret führen könne.

Die Niedermetzelung der Ketzer in Lavaour 1211

Aimeric, Herr von Montreal wurde gezwungen, seine Festung mit etwa achtzig anderen Rittern zu verlassen. Der edle Graf befahl alle nacheinander aufzuhängen; als aber die Reihe an Aimeric kam – der viel dicker war wie die anderen – brach der Galgen zusammen: er war nämlich in der Hast nicht genügend am Boden befestigt worden.

Der edle Graf bedachte, welch große Verzögerung durch die Aufstellung eines neuen Galgens verursacht würde, und ordnete an, die anderen zu töten. Die Schar der frommen Pilger packte sie voller Eifer an, und tötete sie auf der Stelle.

Die Herrin der Festung, Aimeric's Schwester, diese bösartigste aller Ketzerinnen, wurde von der Pilgerschar in eine Grube geworfen und auf Befehl des edlen Grafen mit Steinen zugeschüttet. Unsere Wallfahrer haben außer den genannten noch viele andere Ketzer mit unaussprechlichem Vergnügen verbrannt.

PIERRE DE VAUS DE CERNAY: *Hystoria Albigensis*. [2.1] pp. 122, 125

Tabelle 2.1 – 1
Chronologie des Mittelalters
Über dieses Zeitalter äußerte der bekannte Wissenschaftshistoriker *Sarton:*

Das Mittelalter in wissenschaftlicher Hinsicht für unfruchtbar zu halten ist ein ähnlicher Unsinn, wie eine schwangere Frau als unfruchtbar zu betrachten, solange sie ihr Kind nicht gebiert.

Die Namen der bedeutendsten Persönlichkeiten der Epoche finden wir in farbigen Rahmen; andere, die im Haupttext des Buches nicht oder nur beiläufig erwähnt werden, sind z. B. *Isidorus*, Erzbischof von Sevilla (~ 560 – 636), und der englische Mönch *Beda Venerabilis* (674 – 735). Beide überlieferten in ihren gleichnamigen Werken *(De rerum natura)* einen Teil des antiken Wissens der Nachwelt; *Isidorus* stützte sich dabei vor allem auf *Seneca, Beda* auf *Plinius*. In Irland lehrte man in den Klöstern von Clonard, Bangor und Iona schon im 6. Jahrhundert das Trivium und den ersten Teil des Quadriviums. In den von *Benedict Biscop* gegründeten Klöstern (in denen auch *Beda* gelebt hat) und in der Schule am Bischofssitz zu York wurden das Trivium und das Quadrivium vermittelt. Hier lernte *Alkuin*, dessen Schüler *Hrabanus Maurus* (776 – 856, Primus Germaniae Praeceptor, Autor eines Buches *De Universo*) war. Aus dieser Schule ging auch der erste selbständige Denker des Mittelalters, der aus Irland stammende *Johannes (Scotus) Eriugena* (810 – 877) hervor. Er schrieb ein Buch mit dem Titel *De divisione naturale* und vertrat den Standpunkt: *Auctoritas ex vera ratione processit ratio vera nequaquam ex auctoritate* (Autorität geht aus der wahren Vernunft hervor, wahre Vernunft jedoch nicht aus der Autorität).

Der arabische Einfluß aus dem Süden und Südwesten war jedoch von größerer Wirkung als die vom Nordwesten ausgehende intellektuelle Gärung. Einer der wenigen Gelehrten tatsächlich arabischer Abstammung war *Al Kindi* (gest. 870); er verfaßte 270 Bücher zu verschiedenen Themen und gab mit seiner neuplatonisch gefärbten Aristotelesinterpretation die Richtung der arabischen philosophischen Auffassungen vor. *Al Kindi* klärte den Begriff des spezifischen Gewichtes und beschäftigte sich auch mit Problemen der Optik.

Al Farghani (Alfraganus, 9. Jahrhundert): einer der ersten bedeutenden Astronomen des arabisch-islamischen Kulturkreises.

Al Battani (Albategnius, 858 – 929): Verfasser genauerer astronomischer Tabellen und eines Handbuches; auf ihn geht die bis zum 16. Jahrhundert verwendete Form der Trigonometrie zurück.

Al Farabi (Alpharabius, 870 – 950): Musiktheorie.

Hunayn ben Ishaq (809–877): nestorianischer Arzt, Leiter des Bagdader Übersetzungsbüros.

Duns Scotus (1270 – 1308): der „Doctor subtilis" schottischer Scholastiker, Schüler von *Roger Bacon*, verneinte die Möglichkeit der Erkenntnis in Glaubensfragen; seine Theologie weist stark pantheistische Züge auf.

Agricola (Georg Bauer) (1494 – 1555): Arzt, Naturwissenschaftler, schrieb über Bergbau und Hüttenwesen, sein 1556 erschienenes Buch *De re metallica*, Libri XII wurde in diesem Fach zu einem fundamentalen Quellenwerk nachhaltiger Wirkung.

Andreas Vesalius (1514–1564): Arzt am Hofe *Karls V.* und *Philipps II.*; sein 1543 erschienener und z. T. durch *Tizian* illustrierter anatomischer Atlas *De humani corporis fabrica* markiert einen Wendepunkt in der Medizingeschichte.

Omar Chajjam (1045–1132): als Dichter (*Ruba'i*-Vierzeiler) und Gelehrter (Kalenderreform, Algebra) gleich bedeutend.

Geoffrey Chaucer (1340–1400): englischer Dichter und Diplomat; sein Hauptwerk *Canterbury Tales* (unvollendet); in seinem 1391 erschienenen Buch erklärt er einem elfjährigen Knaben das Astrolabium.

Poitiers: Hier hielt *Karl Martell* in einer siebentägigen Schlacht den Vormarsch der Araber auf.

Hastings: Wilhelm der Eroberer, Herzog der Normandie, besiegte hier den angelsächsischen König *Harald II.* und gewann so den englischen Thron.

Interessante Synchronismen

1240–1241: *Alfons der Weise,* König von Kastilien, beruft 1240 (ein Jahr vor dem Tatareneinfall in Ungarn) eine Konferenz ein, an der 50 arabische, jüdische und christliche Gelehrte teilnehmen, um das ptolemäische System mit Hilfe neuer Zyklen besser den damaligen Beobachtungsergebnissen anzupassen. Im Ergebnis entstehen die Alfonsinischen Tafeln. *Albertus Magnus* arbeitet an seinem philosophischen System; *Gregor IX.* verbietet das Studium der naturphilosophischen Schriften von *Aristoteles* bis zu ihrer Überprüfung durch eine Kommission; Bau der Kathedrale Notre Dame und des Naumburger Doms.

1273: *Rudolf von Habsburg* wird deutscher Kaiser. *Thomas von Aquino* vollendet sein Werk *Summa theologica*.

2.2 Überlieferer des antiken Wissensgutes

2.2.1 Der unmittelbare Weg

Als zu Beginn des 9. Jahrhunderts KARL DER GROSSE und der aus den Märchen von *Tausendundeiner Nacht* bekannte HARUN AL RASCHID Gesandte austauschten, kam ein diplomatischer Kontakt zwischen zwei vom militärischen Standpunkt gleich starken Weltmächten zustande. Ein Vergleich des kulturellen Entwicklungsstandes fällt jedoch eindeutig zuungunsten des Frankenreiches aus. Während es nämlich KARLS Hauptanliegen war, wenigstens die Anzahl der Analphabeten im Klerus zu verringern, wurde an arabischen Universitäten und in wissenschaftlichen Gesellschaften bereits über die Arbeiten von ARISTOTELES, EUKLID und PTOLEMÄUS diskutiert. Bei einem solchen Niveauunterschied mußte es zwangsläufig – gewissermaßen nach den Gesetzen der Physik – zu einem Strom vom höheren Niveau zum niedrigeren kommen. Voraussetzung dafür war aber die Aufnahmebereitschaft, d. h. Fähigkeit und Willen, auf der kulturell weniger entwickelten Seite. In Europa waren nach und nach die Bedingungen für die Aneignung, wenn auch noch nicht für die Weiterentwicklung der antiken Kultur geschaffen worden. Natürlich standen hier nicht nur die arabischen Quellen zur Verfügung. Die *Abbildung 2.2–1* gibt einen schematischen Überblick über die Kanäle, durch die antike Werke nach dem Westen gelangt sind. Die *Abbildung 2.2–2* zeigt auch ihre geographische Lage sowie die Kontaktstellen, wo die Übermittlung besonders intensiv war. Die Abbildung zeigt, daß nicht nur die arabische Vermittlung, sondern auch der Weg über Byzanz von entscheidender Bedeutung war. Daneben darf aber die unmittelbare Überlieferung – wie schwach sie auch von ihrem Inhalt her gewesen sein mag – nicht vergessen werden, wodurch selbst in den dunkelsten Zeiten nie das Interesse an den Wissenschaften, und hier vor allem an den Werken der klassischen Antike, erlosch.

Wir betrachten nun zunächst die unmittelbare Überlieferung und untersuchen, welche Werke in Europa selbst ohne jegliche äußere Vermittlung bewahrt wurden.

Eine herausragende Rolle bei der Bewahrung der antiken Werke hat BOËTHIUS gespielt, der häufig als letzter Römer und erster Scholastiker bezeichnet wird. BOËTHIUS (480–525) war ein Vertrauter des Ostgotenkönigs THEODERICH DES GROSSEN, der ihn unter der Beschuldigung der Teilnahme an einer Verschwörung einkerkern und schließlich hinrichten ließ. Im Kerker schrieb BOËTHIUS sein berühmtestes Werk mit dem Titel *Über den Trost der Philosophie (De consolatione philosophiae)* (*Zitat 2.2–1*), das mittelbar auch von wissenschaftshistorischer Bedeutung ist. Obwohl der heutige Leser die heidnische neuplatonische Philosophie herausliest, wurde es von der Kirche als das Werk eines von den Arianern verfolgten Märtyrers angesehen und gewissermaßen als religiöse Schrift behandelt. Deshalb sind

Abbildung 2.1–18b
Faksimile einer Seite aus *Villons* 1489 erschienenem Gedichtsbuch

Zitat 2.2–1
Trüb und dunkel erscheint uns jetzt
jener stoischen Greise Wort:
daß sich alles Empfinden nur,
alle Bilder, von außen her
prägen uns in den Geist hinein,
wie mit eilendem Griffel oft
auf geglätteter Tafel Plan,
der noch nimmer empfing die Schrift,
Zeichen bildet der Druck der Hand.

Doch wenn eigene Kräfte nichts
zeigen könnten dem Menschengeist,
wenn er immer geduldig nur
müßt' empfangen von außen her,
wiedergeben, ein Spiegel nur,
leere Bilder der Wirklichkeit:
woher kämen dem Menschengeist
allumfassende Kräfte dann,
der das Einzelne klar durchschaut,
der zergliedert Erkanntes auch,
dann es wieder vereint erfaßt?!
Wechselnd wählt er die Wege sich:
Hebt zum Himmel das Haupt empor,
steigt hinab in der Erde Schoß,
zieht sich dann in sich selbst zurück,
weist am Wahren das Falsche nach.

So ist immer des Menschen Geist
machtvoll tätig und nimmt fürwahr
nicht bloß duldend den Eindruck auf,
den der äußere Stoff bewirkt.

Zwar den lebenden Körper trifft,
ihn erregend des Geistes Kraft,
stets ein äußerer Eindruck erst:
wenn das Auge das Licht erblickt,
wenn zum Ohre die Stimme dringt.

**Dann des Geistes erregte Kraft
weckt bewegend im Herzen auf
gleichgestimmter Ideen Schar,
prüft nach ihnen das äußre Ding,
reiht das neu gefundene Bild
ein in die Schätze des Geistes!**
BOËTHIUS: *Die Tröstungen der Philosophie.*
Übersetzt von *Richard Scheven*

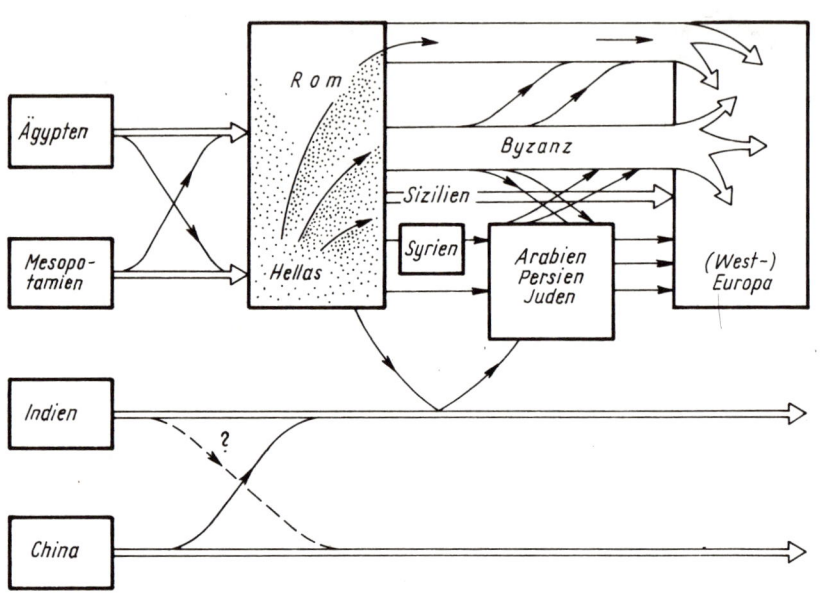

Abbildung 2.2–1
Schematische Darstellung der Wege, auf denen das antike kulturelle Erbe Europa übermittelt worden ist

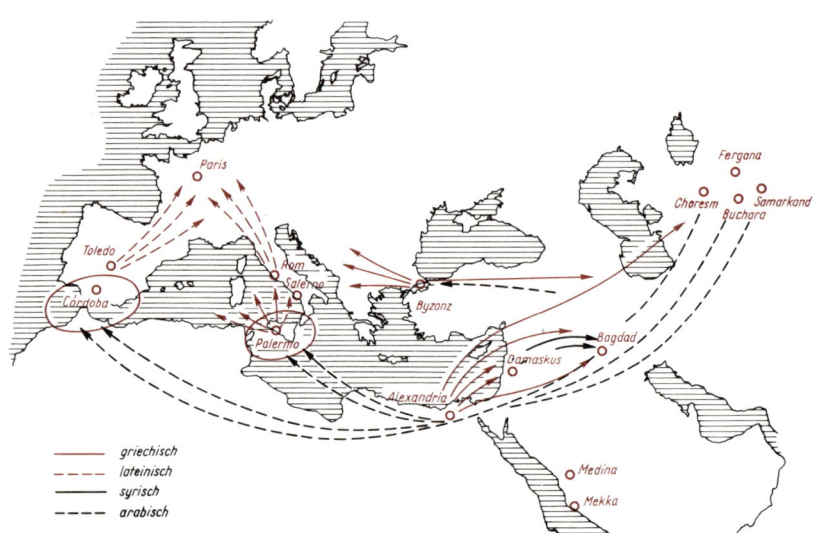

Abbildung 2.2–2
Die Geographie der auf Abbildung 2.2–1 angeführten kulturellen Brücken

auch die anderen Arbeiten von BOËTHIUS, so seine Übersetzungen und Kommentare der Werke antiker heidnischer Autoren, bereits vom frühen Mittelalter an studiert worden. Gemeinsam mit CASSIODORUS, der ebenfalls am Hofe THEODERICHS eine bedeutende Stellung eingenommen hat, versuchte BOËTHIUS die Werke griechischer Autoren der lateinisch sprechenden Welt zugänglich zu machen. So übersetzte er die ersten 53 Kapitel des *Timaios* von PLATON, einige Werke des ARISTOTELES zur Logik und die *Elemente* von EUKLID. Die Unterteilung der Wissenschaften in die 7 freien Künste *(septem artes liberales)* geht auch auf BOËTHIUS und CASSIODORUS zurück.

Die Werke von LUCRETIUS, VITRUVIUS, SENECA und PLINIUS sind – wenn auch nicht vollständig – erhalten geblieben. Im 7. Jahrhundert faßte ISIDOR VON SEVILLA die unmittelbar überlieferten antiken Kenntnisse in Form einer Enzyklopädie zusammen.

KARL DER GROSSE berief den Benediktinermönch ALCUINUS (ALKUIN, 732–804) aus England zur Organisation des Bildungswesens an seinen Hof.

Natürlich läßt sich das Wissen, das von ALCUINUS und seinen Schülern verbreitet wurde, nicht mit antiken Maßstäben messen. Nur als Kuriosität soll erwähnt werden, daß ALCUINUS als erster einige Probleme anführt, die den Kindern heute als Scherzaufgaben mit ernsthaftem logischem Hintergrund gestellt werden. Eines dieser Probleme besteht darin, einen Wolf, eine Ziege und einen Kohlkopf so über einen Fluß zu bringen, daß der Wolf nie allein mit der Ziege oder die Ziege nie allein mit dem Kohlkopf an einem Ufer zurückbleibt, wobei im Boot aber jeweils nur einer der drei Passagiere mitgenommen werden kann.

Zur Jahrtausendwende waren also in Europa nahezu alle Ergebnisse der antiken griechischen Wissenschaften, abgesehen von den einfachsten Sätzen des EUKLID sowie wenige Bruchstücke aus den philosophischen Werken von PLATON und ARISTOTELES, unbekannt. Von der Naturphilosophie des ARISTOTELES, den Abhandlungen des APOLLONIUS zu den Kegelschnitten, der Astronomie des PTOLEMÄUS hat man nichts gewußt, ganz zu schweigen von den mathematischen und physikalischen Abhandlungen des ARCHIMEDES.

2.2.2 Byzanz

Wie bereits dargestellt wurde, ist das einheitliche Römische Reich nach dem Tode von THEODOSIUS DEM GROSSEN im Jahre 395 in zwei Teile zerfallen. Das Oströmische oder Byzantinische Reich hat das Weströmische um etwa 1000 Jahre überlebt; Konstantinopel fiel im Jahre 1453.

Im Ergebnis römischer, unmittelbar griechischer, hellenistischer, christlicher und anderer östlicher Einflüsse bildete sich in Byzanz eine spezifische Kultur heraus *(Farbtafel VI)*. Ihre charakteristischen Besonderheiten im Vergleich zur westeuropäischen mittelalterlichen Kultur lassen sich nach der *Großen Sowjet-Enzyklopädie* wie folgt zusammenfassen:

1. ein höheres Produktionsniveau zumindest bis zum 12. Jahrhundert;
2. starres Festhalten an den antiken Traditionen, sowohl in der Wissenschaft als auch in der Literatur;
3. ausgeprägter Individualismus (Fehlen kooperativer Prinzipien), der jedoch nicht mit persönlicher Freiheit einherging;
4. Kaiserkult, in dem der Kaiser als irdische Gottheit verehrt wurde;
5. Uniformierung des wissenschaftlichen und künstlerischen Lebens.

Bei diesen Gegebenheiten ist es verständlich, daß man in Byzanz weder in der Wissenschaft noch in der Philosophie weit über die antiken Erkenntnisse hinausgelangt ist. Zu den wenigen neuen Arbeiten gehören die Aristoteles-Kommentare von JOHANNES PHILOPONOS. In den bedeutendsten dieser Kommentare widerlegt PHILOPONOS – vielleicht ausgehend von eigenen Versuchen – die Thesen der peripatetischen Dynamik zum freien Fall der Körper. In seinen Anmerkungen lassen sich Ansätze zu einem Inertialgesetz erahnen *(Zitat 2.2–2)*. Er hat sich auch mit dem Astrolabium beschäftigt.

Als herausragendes Ergebnis der angewandten Wissenschaften müssen Entwurf und Bauausführung der Kathedrale Hagia Sophia durch ISIDOR VON MILET und ANTHEMIOS VON TRALLES angesehen werden. Auf technischem Gebiet ist das griechische Feuer von Bedeutung; die Ausgangsmasse besteht aus einem Gemisch von Salpeter, Naphta (Erdöl), Teer und einigen weiteren, sorgsam geheimgehaltenen Substanzen. Das griechische Feuer spielt in der byzantinischen Kriegstechnik eine wichtige Rolle; es wurde vor allem gegen feindliche Schiffe eingesetzt. Im späten Mittelalter wandte sich THEODOROS METHOKHITES (1260?–1332) gegen die zu dieser Zeit weit verbreitete Astrologie. Er stellte auch die Richtigkeit der offiziellen politischen Ideologie in Frage, akzeptierte aber uneingeschränkt die Gedanken PLATONS und ARISTOTELES' *(Farbtafel VI)*. Sein Schüler NIKEPHOROS GREGORAS (1295–1360) verfaßte eine detaillierte Studie über das Astrolabium *(Abbildungen 2.2–3a,b)*, die auch eine Untersuchung zur Projektion sphärischer Kurven in die Ebene enthält. Auffallend ist auch der besondere Stellenwert, den GREGORAS der naturwissenschaftlichen Erkenntnis beimißt. (Alles kennenzulernen ist ein natürliches Bedürfnis, dessen Berechtigung auch ich nicht verneinen kann.) Er hat im übrigen auch Sonnenfinsternisse vorhergesagt. In den Arbeiten von GREGORAS und METHOKHITES wird bereits der persische Einfluß sichtbar.

Weitaus größere Bedeutung für die europäische Kultur erlangte Byzanz als Hüter und Vermittler der antiken Werke. Dies betrifft in erster Linie jedoch die schöngeistige Literatur, denn ein sehr großer Teil der wissenschaftlichen Abhandlungen ist über die arabische Welt nach Europa gelangt. Die Araber haben nur antike griechische Werke mit naturwissenschaftlichem Inhalt übernommen, alle anderen aber nicht beachtet. Wir verdanken deshalb einen sehr großen Teil aller unserer Kenntnisse über die anderen Bereiche der antiken Kultur der Sammelleidenschaft und der Ordnungsliebe der Byzantiner, die großen Gefallen an Anthologien und Lexika gehabt haben. Die Tradition derartiger Sammelwerke ist sehr alt. Das erste Hexaemeron – eine Zusammenfassung antiker naturwissenschaftlicher Er-

---

Zitat 2.2–2

Aristoteles nimmt fälschlich an, daß die Zeiten, die zur Bewegung in verschiedenen Stoffen nötig sind, im gleichen Verhältnis zueinander stehen, wie die Dichten dieser Stoffe.

Das ist aber völlig irrtümlich, und unsere Auffassung kann durch tatsächliche Beobachtung noch viel eindrucksvoller als durch verbale Argumentation bekräftigt werden. Lassen wir nämlich zwei Gewichte von der gleichen Höhe herabfallen, wobei das eine viel schwerer als das andere sein soll, so bemerken wir, daß das Verhältnis der zur Bewegung nötigen Zeiten nicht von dem Verhältnis der Gewichte abhängt: Der Unterschied zwischen den Fallzeiten ist sehr klein.
JOHANNES PHILOPONOS: *Aristoteles physicorum libri*

Abbildung 2.2–3a
Das byzantinische Astrolabium
Das dem Instrument zugrundeliegende Prinzip kann bis auf *Apollonios von Perge* zurückverfolgt werden, der durch seine Untersuchungen zur stereographischen Projektion auf diesen Gedanken gebracht worden sein mag. Die Verwirklichung des Instrumentes selber schreibt man *Hipparch* zu. Von *Philoponos* ist eine ausführliche Beschreibung des Geräts erhalten geblieben. Mit dem Astrolabium lassen sich über die Höhenmessung eines Himmelskörpers (z. B. der Sonne) die Zeit und der Längengrad bestimmen.

Seine wesentlichen Bestandteile sind folgende: Ein drehbarer Durchmesser (Alhidade) mit Visierlinie – auf dem Bild nicht zu sehen, da auf der anderen Seite –, womit die Höhe gemessen werden kann; eine drehbare Metallplatte mit Aussparungen (Rete), welche die Standorte der helleren Sterne sowie den Tierkreis anzeigt; darunter eine auswechselbare weitere Scheibe mit eingravierten Höhenkreisen.

Beispiel für eine Zeitpunktsbestimmung: Die Höhe der Sonne wird gemessen. Nach der Entnahme des Standorts der Sonne im Tierkreis für den betreffenden Kalendertag (aus astronomischen Tabellen) wird die Rete so lange gedreht, bis dieser Standort auf den der gemessenen Höhe entsprechenden Kreis zu liegen kommt. Der auf diese Weise gefundene Punkt wird mit einem ebenfalls drehbaren Zeiger auf den Scheibenrand projiziert und dort die Zeit abgelesen.

Nach der *Encyclopaedia Britannica* 1929, 1932

Abbildung 2.2–3b
Das Messen mit dem Astrolabium
Bibliothèque Nationale, Paris; nach *J. Nathan:*
Encyclopédie de la littérature française

gebnisse und ihre Abstimmung mit der Heiligen Schrift – wurde von BASILEOS DEM GROSSEN (um 330–370) verfaßt. Dieses Werk hat lange Zeit die Rolle einer Enzyklopädie der Naturwissenschaften gespielt.

JOHANNES DAMASKENOS (um 675–um 754) ist ein Vorläufer der westeuropäischen Scholastik; er hat die christliche Theologie mit dem Aristotelismus in Einklang gebracht. Sein Buch war auch in der Bibliothek von MATTHIAS CORVINUS zu finden.

Das vielleicht bekannteste Werk ist das Lexikon des PHOTIOS mit dem ausführlichen Titel *Des Photios Myriobiblon oder Bibliotheka. Beschreibung und Aufzählung all der Bücher, die ich gelesen habe und die mein geliebter Bruder Tarasion kennenzulernen wünschte. Insgesamt sind das einundzwanzig weniger als dreihundert Stück.* (PHOTIOS hat als Patriarch von Konstantinopel KYRILLOS und METHODIOS zu den Slawen entsandt.) Sein berühmter Schüler MICHAEL PSELLOS war ein Polyhistor; er hat darüber hinaus in der Arithmetik neue Sätze gefunden.

Eine andere bedeutende Enzyklopädie ist das *Lexikon Suda* (970), das neben Lebensläufen und historischen Fakten auch naturwissenschaftliche Angaben enthält.

Die im 15. Jahrhundert nach Italien geflohenen byzantinischen Gelehrten haben eine bedeutende Rolle bei der Herausbildung der italienischen Renaissance gespielt. So ist die Gründung der Florentiner Akademie durch COSIMO MEDICI auch auf eine Anregung von GEORGIOS PLETHON-GEMISTOS (1355–1452) zurückzuführen. Mit seiner Zurückbesinnung auf PLATON trug er zur Auseinandersetzung mit der Autorität des „Scholastikers" ARISTOTELES bei. Er propagierte die Geographie von STRABON und förderte so die Realwissenschaften.

Für den Physiker ist es bemerkenswert, daß unter den bekannten Erforschern der byzantinischen Kultur auch AUGUST HEISENBERG (1869–1930), der Vater des Physikers WERNER HEISENBERG, zu finden ist, der in München Professor der Byzantinistik war (Farbtafel VI).

2.2.3 Die arabische Vermittlung

In der arabischen Welt lag bereits etwa von der Mitte des 9. Jahrhunderts an das gesamte antike wissenschaftliche Erbe in arabischen Übersetzungen vor *(Farbtafel IX)*. Wie oben schon erwähnt, hat man sich in den arabischen Ländern ausschließlich für diejenigen antiken Werke interessiert, die wissenschaftlichen Fragestellungen gewidmet sind. Obwohl man die großartigen Schöpfungen der antiken Poesie und dramatischen Literatur ebenso kannte oder zumindest hätte kennenlernen können, existiert kein Hinweis auf irgendwelche in diese Richtung zielende Bemühungen.

Die erste Begegnung der Araber mit dem Nachlaß der hellenistischen Kultur nach ihrem Aufbruch zur Welteroberung verlief nicht gerade vielversprechend. Im Jahre 641 hat Kalif OMAR nach der Einnahme von Alexandria den immer noch beträchtlichen Buchbestand der alexandrinischen Bibliothek mit den folgenden berühmt gewordenen Worten den Flammen übergeben: Enthalten die Bücher das, was im *Koran* steht, dann sind sie überflüssig, bieten sie anderes, dann sind sie schädlich. In jedem Falle gehören sie ins Feuer. Der Überlieferung nach haben die Rechtgläubigen, die die Sauberkeit sehr schätzten, ihre Bäder über mehrere Monate mit den Büchern der alexandrinischen Bibliothek geheizt.

Die Araber lernten die griechischen Werke zunächst aus syrischen Übersetzungen kennen. In Syrien lebten nämlich nestorianische Christen, die eine rege wissenschaftliche und missionarische Tätigkeit entfaltet haben. So gelangten sie bereits sehr früh nach Indien und sogar nach China, wo Nestorianer bis zum 18. Jahrhundert nachgewiesen werden können. Die Nestorianer übersetzten die griechischen Werke in ihre Sprache, in das mit dem Arabischen verwandte Syrische. Von den in Bagdad herrschenden Kalifen wurden eigens Übersetzungsbüros zur Übertragung dieser Werke zunächst aus dem Syrischen ins Arabische und später dann unmittelbar aus dem Griechischen ins Arabische eröffnet. Auf diesem Wege wurde die arabische Welt mit den Ergebnissen der hellenistischen Wissenschaft bekannt. Es gab aber auch noch einen unmittelbaren Weg: Als JUSTINIAN im Jahre 529 die Philosophenschule zu Athen schließen ließ, zog ein Teil der Philosophen nach Dschundischapur. Die Araber fanden folglich bereits einige persisch-griechische Wissenschaftszentren vor, die nur weiterzuentwickeln waren. Die arabische Wissenschaft blühte aber nicht nur im Osten. Für Europa besonders wichtig war die arabische Besetzung Siziliens, und noch wichtiger war seine Rückeroberung durch die Normannen im Jahre 1085. Damit konnten die von den Arabern kommentierten Schriften sowie die bereits früher von Byzanz aus nach Sizilien gelangten antiken Werke unmittelbar in den Kreislauf der europäischen Kultur einfließen. Von größter Bedeutung war jedoch Spanien, wo zu jener Zeit berühmte arabische Universitäten, so in Toledo, Segovia und Salamanca, existierten. Diese Universitäten hatten zahlreiche Hörer auch aus den christlichen Ländern Europas. Manche von ihnen sahen es nach dem Bekanntwerden mit der griechischen Wissenschaft als ihre Lebensaufgabe an, diese auch anderen gläubigen Christen zugänglich zu machen. So hat zu Beginn des 12. Jahrhunderts ADELARD VON BATH, als Araber verkleidet, diese Universitäten besucht (1116–1142) und den gesamten EUKLID sowie die Werke arabischer Gelehrter, unter anderem die Arithmetik des AL CHWARISMI, ins Lateinische übersetzt. Die bedeutendste Leistung als Übersetzer vollbrachte GHERARDO DE CREMONA (1114–1187), der in Toledo unter anderem die Aristoteles-Kommentare des AVICENNA vom Arabischen ins Lateinische übersetzte. Insgesamt hat er etwa 80 Werke übertragen.

2.2.4 Zurück zu den Quellen

Natürlich merkte man bald, daß es bei den inhaltlich ohnehin schwierigen Texten durch das mehrmalige Übersetzen zu erheblichen Verzerrungen kommen konnte. Denken wir z. B. an die Schriften, die aus dem Griechischen ins Syrische, dann über das Arabische und Hebräische ins Lateinische übersetzt worden sind und erst dann an die europäischen Universitäten gelangten. Berücksichtigen wir nun noch, daß die Übersetzer bei ihrer Tätigkeit sehr stark von der Meinung der jeweiligen Kommentatoren des zu übersetzenden Werkes beeinflußt waren, dann ist z. B. leicht zu verstehen, daß THOMAS VON AQUINO gegen die Lehren von AVERROËS aufgetreten ist, obwohl er die aristotelischen Gedanken ohne Vorbehalt propagiert hat und AVERROËS sich in allen seinen Aussagen ebenfalls auf ARISTOTELES bezog.

Man begann somit, nach den ursprünglichen griechischen Texten zu suchen und diese unmittelbar ins Lateinische zu übertragen. Eine mögliche Fundstelle war Sizilien, zum anderen konnte man aber auch aus Byzanz griechische Originalmanuskripte entweder auf diplomatischem Wege als Geschenk erhalten oder mit Gewalt beschaffen. Eine tragikomische Episode der Kreuzzüge ist, daß die Kreuzritter im Jahre 1204 Konstantinopel im Sturm eingenommen haben. Den Chroniken zufolge sind bei dieser Gelegenheit ganze Schiffsladungen griechischer Manuskripte nach dem Westen gebracht worden.

Kaiser MANUEL, an dessen Hof auch der ungarische König BELA III. erzogen worden ist, hat dem sizilianischen Normannenkönig noch griechische Manuskripte als Geschenk übersandt.

THOMAS VON AQUINO beherrschte selbst das Griechische nicht, hat aber vielleicht gerade deshalb auf eine zuverlässige Übersetzung der Werke von ARISTOTELES gedrängt. Auf seine Anregung hin hat WILHELM VON MOERBEKE alle noch fehlenden oder in schlechter Übersetzung vorliegenden Werke von ARISTOTELES und sogar einige Abhandlungen von ARCHIMEDES übersetzt (*Abbildung 2.2–4;* der Höhepunkt seiner Tätigkeit liegt etwa im Jahre 1260). So konnte man sich in der zweiten Hälfte des 13. Jahrhunderts in Europa mit dem gesamten Lebenswerk des ARISTOTELES anhand von Übersetzungen unmittelbar aus dem Griechischen vertraut machen. Die Übersetzung der Werke von PTOLEMÄUS erfolgte in der zweiten Hälfte des 12. Jahrhunderts fast gleichzeitig aus dem griechischen Original und mittelbar über das Arabische. Für die Renaissance verblieb somit noch das Gesamtwerk von ARCHIMEDES, zu dessen Aufnahme freilich das Mittelalter noch nicht reif war. Von ARCHIMEDES wurden in dieser Zeit lediglich einige kleinere Abhandlungen, teils aus dem Griechischen und teils aus dem Arabischen, übersetzt *(Abbildung 2.2–5)*.

In der *Tabelle 2.2–1* sind die Zeitpunkte angegeben, von denen an bestimmte bedeutende antike griechische Werke in Westeuropa vorgelegen haben, aus welcher Sprache und – soweit bekannt – wo sie ins Lateinische übersetzt wurden.

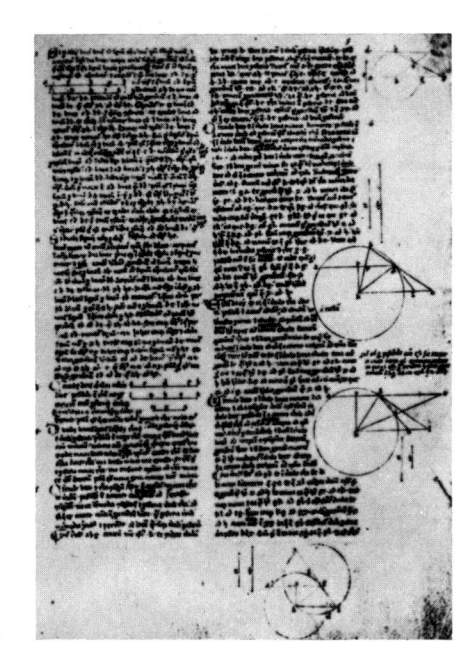

Abbildung 2.2–4
Die Übersetzung der Werke des *Archimedes* von *William von Moerbeke*

Abbildung 2.2–5
Die Zunahme der Zahl der in lateinischer Sprache zugänglichen antiken Werke als Funktion der Zeit. Auf die vollständige Übersetzung der Werke des *Archimedes* hatte man noch zwei weitere Jahrhunderte zu warten.

Die Bücher sind in ihrer heutigen Form abgebildet. Die Papyrus- und Pergament-Rollen sind tatsächlich seit dem Beginn unserer Zeitrechnung durch zusammengeheftete Blätter allmählich verdrängt worden und praktisch bis zum 6. Jahrhundert verschwunden.

Die mittelalterlichen Universitäten hatten einen großen Einfluß auf die Gestaltung der handgeschriebenen Bücher. Die Studenten haben regelmäßig Notizen gemacht, die dann ausgearbeitet und kopiert wurden. So hat sich eine einfachere, leichter zu handhabende, billigere Buchform ausgestaltet, in gut lesbarer Handschrift, geschrieben mit Gänsefedern (anstatt Schilfrohr), mit Seitenzahlen, Inhaltsverzeichnis usw. Ihre heutige Form haben die Bücher aber erst im 15. Jahrhundert erhalten. (siehe auch Farbtafel XII)

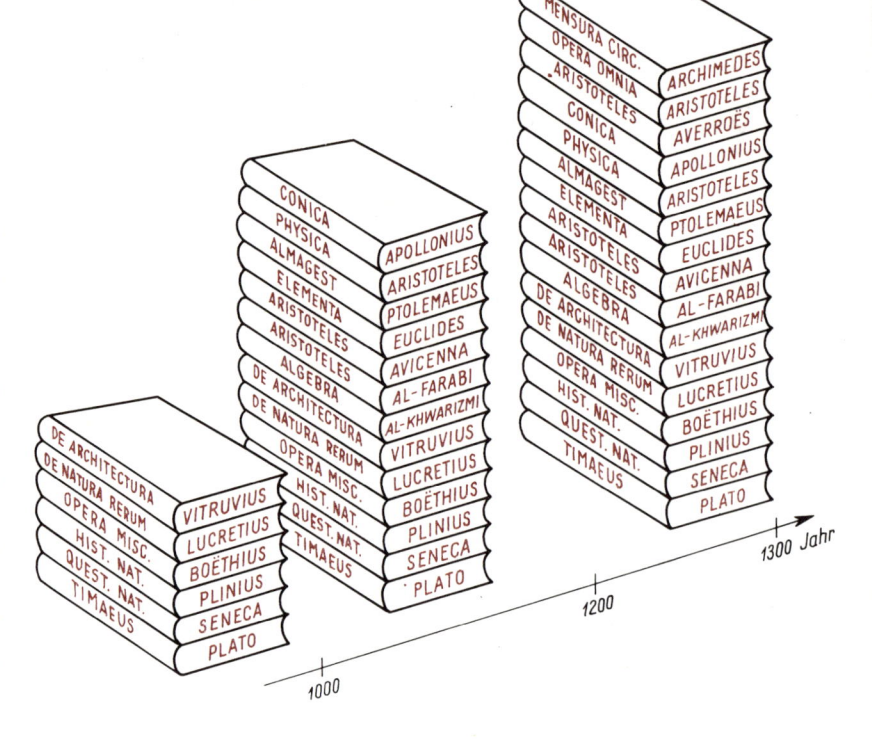

Tabelle 2.2–1
So wurde Europa — teils aus arabischen Quellen, teils aus griechischen Originaltexten — mit den antiken Wissenschaften bekannt. CROMBIE [2.5]

Unmittelbar in lateinischer Sprache überliefert

PLATON	*Timaios* (Kap. 1–53)	griechisch → lateinisch	4. Jahrhundert
ARISTOTELES	einige Abhandlungen zur Logik	griechisch → lateinisch	6. Jahrhundert
LUCRETIUS	*De rerum natura*		
VITRUVIUS	*De architectura*		
SENECA	*Questiones naturales*		
PLINIUS	*Historia naturalis*		
BOËTHIUS	mathematische und astrologische Abhandlungen, Aristoteles-Kommentare		6. Jahrhundert
CASSIODORUS	*Septem artes liberales*		6. Jahrhundert
BEDA	*De natura rerum* *De temporum ratione*		7. Jahrhundert

Werke arabischer Autoren

AL-CHWARISMI	*Liber Alchorismi*	arabisch → lateinisch	
	astronomische Tafeln	*Adelard von Bath*	1126
	Algebra	*Robert von Chester*	1145 Segovia
AL-FARABI	*Distinctio super*	arabisch → lateinisch	12. Jahrhundert
	Librum Aristotelis	*Gerhard von Cremona*	Toledo
AVICENNA	Aristoteles-Kommentare	arabisch → lateinisch	Toledo 12. Jahrhundert
AVERROËS	Kommentare zu den Werken von *Aristoteles Physica* und *Da caelo et mundo*	arabisch → lateinisch *Michael Scot*	Anfang des 13. Jahrhunderts

Übersetzungen von Werken griechischer Autoren aus der arabischen bzw. griechischen Sprache

ARISTOTELES	Meteorologica Physica, De generatione et corruptione Metaphysica	griechisch → lateinisch	12. Jahrhundert
ARISTOTELES	im wesentlichen vollständig	griechisch → lateinisch *William of Moerbeke*	1260–1270
EUKLID	Elemente	arabisch → lateinisch *Adelard von Bath*	1126
APOLLONIUS	Conica	arabisch → lateinisch	12. Jahrhundert
ARCHIMEDES	De mensura circuli De iis quae in humido vehuntur	arabisch → lateinisch griechisch → lateinisch *William of Moerbeke*	12. Jahrhundert 1269
PTOLEMÄUS	Almagest	griechisch → lateinisch arabisch → lateinisch	1160 Sizilien 1175 Toledo

2.3 Inder und Araber

2.3.1 Das Dezimalsystem

Wie interessant es auch wäre, die Entwicklung der Philosophie und der Wissenschaften in den außereuropäischen Kulturkreisen mit ihrer von der griechischen stark abweichenden Denkweise zu untersuchen, so können wir uns doch auf eine summarische Darstellung sowohl der indischen als auch der arabischen Mathematik und Physik beschränken, wenn wir lediglich die Wurzeln der heutigen Physik sowie ihrer mathematischen Hilfsmittel darstellen wollen.

Die Inder haben die europäische Wissenschaft ausschließlich in der Mathematik befruchtet, anders als die Araber, die sowohl in der Mathematik als auch in der Physik Europa voraus gewesen sind. Von der größten Bedeutung für Europa waren die Araber, allerdings als Vermittler des antiken Erbes (Farbtafel IX).

Die Blütezeit der indischen Mathematik fällt in den Zeitraum von 200 bis 1200 u. Z., als sich der griechische Einfluß befruchtend auswirken konnte. Vor dieser Zeit hatte man sich vor allem mit der Bestimmung der Abmessungen von Opferaltären auseinandergesetzt, so daß man schon sehr früh über eine Formel für den Flächeninhalt des Kreises, allerdings mit einem sehr schlechten Näherungswert für die Zahl π (3,09), verfügte. Die Inder zeigten von Anfang an eine Vorliebe für sehr große Zahlen. In der indischen Literatur gibt es eine Reihe von Hinweisen auf verschiedene physische und geistige Wettbewerbe, bei denen die Rivalen einander in der Konstruktion immer größerer Zahlen zu überbieten suchten. Im übrigen haben die indischen Mathematiker ihre Dankesschuld gegenüber der griechischen Mathematik anerkannt *(Zitat 2.3–1)*.

Das einzigartige Verdienst der Inder ist es, das Dezimalzahlensystem, den Stellenwert und die Null als Ziffer eingeführt zu haben. Die Inder haben etwa im 3. Jahrhundert begonnen, die sog. Brahmi-Ziffern *(Abbildung 2.3–1)* zu verwenden. Jeder Ziffer bis zur Neun wurde ein eigenes Zeichen zugeordnet. Für die Zehner, Hunderter usw. wurden wieder die gleichen Zeichen verwendet, die freien Stellen aber durch Nullen gekennzeichnet.

Das Stellenwert- oder Positionssystem ist, wie wir bereits gesehen haben, keine eigenständige indische Erfindung. Wahrscheinlich kam es von Alexandria nach Indien, aber auch die babylonische Mathematik bediente sich bereits eines Stellenwertsystems, wie wir ebenfalls weiter oben bereits dargelegt haben. Die Inder waren aber die ersten, die die auch heute noch

Zitat 2.3–1
Die Griechen, obwohl unsauber, stehen im hohen Ansehen, da sie gewandt in den Wissenschaften sind, und an Wissen alle anderen überragen. Was sollen wir dann von einem Brahmin halten, der die Sauberkeit mit der Höhe der Erkenntnis in sich vereinigt?!
VARAHAMIHIRA

Brahmi

indisch

arabisch

europäisch (15. Jahrhundert)

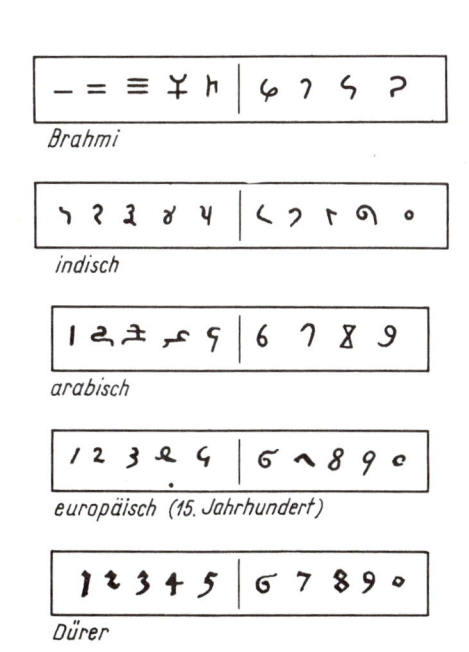

Dürer

Abbildung 2.3–1
Zur Herausbildung der heute gebräuchlichen Ziffern [1.6]

Zitat 2.3–2
Nicht jedem kann ich meine tiefsten Gedanken
Enthüllen: sie bewegen sich in Schranken,
Wo eingeweihte Geister nur sich finden;
Ich kann kein Licht anzünden für die Blinden.

...

Um Höllenfurcht und Himmelshoffnung drehn
Sich Kirchen, Synagogen und Moscheen;
Doch wer gedrungen bis zum Quell des Lichts,
Macht sich aus Himmel und aus Hölle nichts.
Da der Tod uns gewiß ist, warum sind wir geboren?
Warum uns mühen um Glück, das für uns nicht erkoren?
Da wir doch hier nicht bleiben, warum nicht vernünftig
Erwägen, wohin uns die Reise führt künftig?

...

Der Himmel scheint nichts zu tun als uns zu quälen und grämen,
Er beut seine schönsten Gaben bloß, um sie wieder zu nehmen.
Die noch nicht Geborenen kennen des Lebens Qual und Gefahr nicht,
Wenn sie dies Dasein kennten, sie kämen ins Dasein gar nicht.

...

Ungefragt kam ich zur Welt, staunend, mich darin zu sehen;
Ungefragt muß ich hinaus, ohne sie noch zu verstehen,
Ohne nur den Grund zu ahnen meines Kommens oder Scheidens,
Und − solang ich atmend leide − dieses rätselvollen Leidens.

...

Zuweilen kommt mein stolzer Geist mit dem Körper in Zerwürfnis,
Er schämt sich der Gemeinsamkeit mit niedrigem Bedürfnis.
Ich habe öfter schon gedacht zu sprengen diesen Kerker,
Allein der Selbsterhaltung Pflicht erwies sich immer stärker.

...

Wie lange noch braucht man als Argumente
  Unsre fünf Sinne und vier Elemente!
Eins zu begreifen, ist ganz so schwer,
  Als ob es ein Hunderttausend wär'.
Wir sind alle nur Staub, das bedenke
  Und stimme die Harfe, o Schenke!
Ein Hauch ist unser ganzes Sein,
  Das bedenke, o Schenke, und bring mir Wein!

OMAR CHAJJAM: Verdeutscht von *Friedrich Bodenstedt*. 1881

Zitat 2.3–3
Die Natur hat ihn erschaffen, um uns ein Beispiel für menschliche Vollkommenheit vor Augen zu führen. Die Vorsehung hat ihn uns gegeben, damit wir wüßten, was gewußt werden kann. Seine Lehre ist die höchste Wahrheit, seine Vernunft das Höchste, was es an menschlicher Auffassungsgabe gibt.
AVERROËS

verwendeten Ziffern, d. h. unser Dezimalsystem, einführten. Abgesehen von den astronomischen Berechnungen haben sie alle ihre Rechnungen im Dezimalsystem ausgeführt. Außerdem haben sie die Null nicht nur als Kennzeichen für eine freizuhaltende Stelle angesehen, sondern sie als Zahl betrachtet und Rechenregeln für sie angegeben. So stellte bereits BRAHMAGUPTA (geb. 598 u. Z.) fest, daß die Multiplikation einer beliebigen Zahl mit Null im Ergebnis Null liefert, und daß bei der Addition oder Subtraktion der Null jede beliebige Zahl unverändert bleibt. Er deutete selbst die Division durch Null und behauptete, daß das Ergebnis unendlich sei, d. h. eine so große Zahl, daß sie beim Hinzufügen oder Abziehen einer beliebigen anderen Zahl unverändert bleibt. Dies entspricht auch dem heute üblichen Vorgehen, wenn auf mathematische Strenge kein Wert gelegt wird.

Die Inder haben auch mit negativen Zahlen gearbeitet. Positive Zahlen wurden mit Guthaben und negative mit Schulden verglichen. Unter Verwendung dieser Analogie wurden die richtigen Rechenregeln für die negativen Zahlen abgeleitet. Selbst die Multiplikationsregel, nach der das Produkt einer negativen mit einer positiven Zahl negativ und das Produkt zweier negativer Zahlen positiv ist, war ihnen bekannt. Sie stellten weiter fest, daß die Wurzel aus einer Zahl ein positives oder ein negatives Vorzeichen haben kann. Mit den irrationalen Zahlen operierten sie genauso wie mit den natürlichen.

Die Inder und nach ihnen die Araber verdankten ihre Ergebnisse in der Algebra, die weit über die der Griechen hinausgingen, der Tatsache, daß sie nicht so hohe Ansprüche an eine logische Begründung und an eine strenge Beweisführung gestellt haben, so daß sie nicht beim Ausführen formaler Operationen vom Fehlen eines sicheren Fundaments sich haben stören lassen. Weiter oben wurde bereits dargelegt, daß die Rückständigkeit der Griechen auf dem Gebiet der Algebra gerade eine Folge ihrer zu hohen Ansprüche gewesen ist.

2.3.2 Algebra − Algorithmus

Die besonderen Verdienste der Araber um die Entwicklung der Algebra sind auch für Philologen leicht ersichtlich. Während die wissenschaftlichen Fachausdrücke sonst meist der griechischen und seltener auch der lateinischen Sprache entstammen und die juristischen Fachwörter lateinischen Ursprungs sind, zeigt sich die Hegemonie der arabischen Wissenschaften in der Algebra eindeutig in ihrer Terminologie. Selbst das Wort Ziffer *(chiffre)* läßt sich auf das arabische *sifr* zurückführen, das eigentlich „leer" bedeutet und die Null kennzeichnet.

An dieser Stelle soll angemerkt werden, daß zu den arabischen Wissenschaften neben den eigentlichen Arabern auch Vertreter anderer in den arabischen Staaten lebender Völker beigetragen haben. Wir haben bereits oben erwähnt, daß die Araber bei der Einnahme von Dschundischapur dort auf die aus Konstantinopel geflohenen Gelehrten stießen; die arabische Wissenschaft ist aber auch durch Perser, Syrer, Juden sowie Angehörige verschiedener mittelasiatischer Völkerschaften bereichert worden.

Das Wort Algebra läßt sich auf den Titel des Buches *Kitab al-mukhtasar fi hisab al-dschebr w'al-mukabalah* von MOHAMMED IBN MUSA AL CHWARISMI zurückführen, der etwas frei übersetzt *Zusammenfassendes Buch über das richtige Anordnen sowie das Ausgleichen* bedeutet. Zur Erklärung der im Titel des Buches hervorgehobenen Begriffe betrachten wir die Gleichung

$$5x^2 - 6x + 2 = 4x^2 + 7;$$

al-dschebr − an die richtige Stelle bringen; das Hinüberbringen des negativen Summanden auf die andere Seite der Gleichung unter Vorzeichenwechsel:

$$5x^2 + 2 = 4x^2 + 6x + 7.$$

mukabalah − Kompensierung, Weglassen gleicher Glieder auf beiden Seiten:

$$x^2 = 6x + 5.$$

Diese Regeln werden auch heute noch beim Umordnen von Gleichungen verwendet. − Das Wort *al-dschebr* bedeutete ursprünglich unter anderem auch das Einrenken gebrochener Gliedmaßen. In dieser Bedeutung wurde es ins Spanische übernommen, wo *algebrista* auch Knochenschmied bedeutet. So rennt der *Don Quijote* des Cervantes einen Ritter vom Pferd, und dieser wird dann einem Algebrista übergeben, um die gebrochenen Glieder wieder einrenken zu lassen.

Das Buch von Al Chwarismi erschien in Latein dem Titel *Ludus algebrae almucgrabalaeque*. Al Chwarismi stützte sich in erster Linie auf die Schriften des Brahmagupta, aber offensichtlich kannte er auch die Arbeiten der Alexandriner Griechen. In Europa hat man die indischen Ziffern und das indische Positionssystem aus dem Buch von Al Chwarismi kennengelernt, weshalb diese Ziffern irrtümlich als arabische bezeichnet wurden, um sie von den zuvor verwendeten und auch danach noch lange Zeit gebräuchlichen römischen Ziffern zu unterscheiden. Man war sich jedoch im Mittelalter über den wahren Ursprung dieser Ziffern im klaren, was z. B. eindeutig aus dem Titel der in Latein verfaßten Abhandlung *Algoritmi de numeris indorum (Al Chwarismi über die indischen Ziffern)* hervorgeht.

Das Wort Algorithmus, worunter heute ein mathematisches Verfahren verstanden wird, ist aus dem Namen Al Chwarismi hervorgegangen. Der Name selbst deutet darauf hin, daß der arabische Gelehrte Mohammed Ibn Musa aus Choresmien (Chwarism) stammte.

Auf das mittelalterliche Europa waren Ibn Sina (Avicenna, 980–1037) und Ibn Ruschd (Averroës, 1126–1198) von größter Wirkung. Ibn Sina war über Jahrhunderte hinweg vor allem in der Medizin eine dominierende Autorität. Als Philosoph war er Aristoteliker mit einem leichten Hang zu Platon. Seine Gedichte philosophischen Inhalts sprechen genau wie die des zwei Generationen jüngeren Poeten und Gelehrten Omar Chajjam auch den Menschen unserer Zeit noch an *(Zitat 2.3–2)*. Averroës war im Mittelalter allgemein als „der Kommentator" bekannt, auch in der *Göttlichen Komödie* von Dante wird er als solcher erwähnt. Für ihn war Aristoteles der „Philosoph" *(Zitat 2.3–3)*. Wir haben bereits seine recht eigenen Deutungen der Werke von Aristoteles erwähnt, die Thomas von Aquino dazu bewogen haben, schriftlich gegen die glaubensfeindlichen Anschauungen der Anhänger Averroës' zu Felde zu ziehen. Averroës hat z. B. die Naturgesetze des Aristoteles so interpretiert, daß die Welt in allen ihren Teilen determiniert ist und nicht geschaffen wurde; auf diese Weise sprach er Gott und der göttlichen Vorsehung jede Bedeutung für ihr Zustandekommen ab.

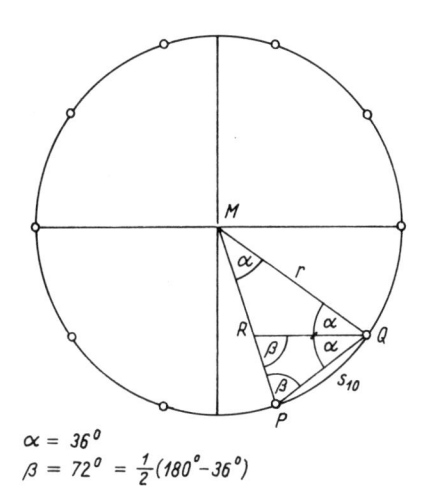

$\alpha = 36°$
$\beta = 72° = \frac{1}{2}(180°-36°)$

$PQ = QR = RM = s_{10}$
$RP = r - s_{10}$
$PQR \sim QMP \rightarrow r : s_{10} = s_{10} : (r-s_{10})$
$s_{10}^2 + rs_{10} = r^2$
$s_{10} = \frac{r}{2}(\sqrt{5}-1)$

Abbildung 2.3–2
Die Verhältnisse im regelmäßigen Zehneck

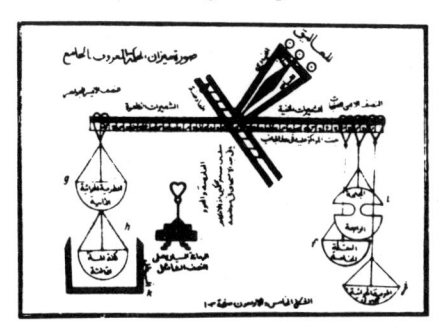

Abbildung 2.3–3a
Eine Waagekonstruktion aus *Al Chasinis Buch über die Waage der Weisheit*, 1121

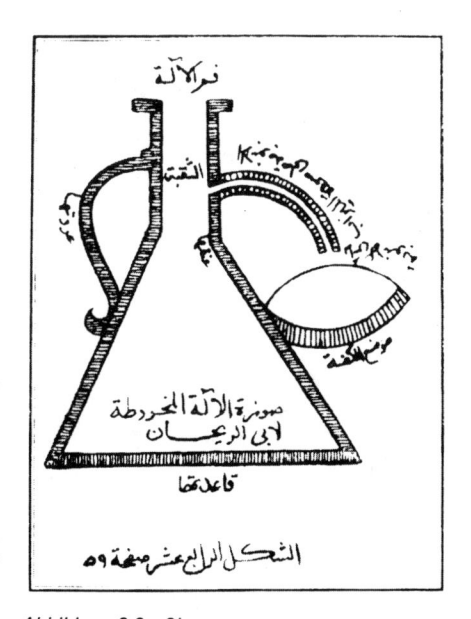

2.3.3 Herausragende Ergebnisse der arabischen Wissenschaften

Die arabische Mathematik und Physik erreichten den Höhepunkt ihrer Entwicklung im 15. Jahrhundert; zu dieser Zeit wurde Europa auf beiden Gebieten in mehreren Detailproblemen überholt. Die Hauptergebnisse sollen im folgenden zusammengefaßt werden:

Al Kaschi berechnete 1450 die Zahl π bis zur siebzehnten Stelle genau.

Der Binomialsatz war (für positive ganze Zahlen n) in der Form

$$(a+b)^n - a^n = C_{n,1}a^{n-1}b + C_{n,2}a^{n-2}b^2 + \ldots + C_{n,n-1}ab^{n-1} + b^n$$

bekannt. Für die in ihm auftretenden Binomialkoeffizienten kannte man die Beziehung

$$C_{n,m} = C_{n-1,m} + C_{n-1,m-1}.$$

Dieser Zusammenhang diente später in Europa als Grundlage für die Konstruktion des Pascalschen Dreiecks.

Es wurden Formeln zur Summation von Reihen verschiedener Potenzen der aufeinanderfolgenden natürlichen Zahlen, d. h. von

$$\sum_{a=1}^{n} a^k; \quad (k = 1, 2, 3, 4\ldots),$$

bestimmt. So wurde z. B. die Summe der vierten Potenzen der ersten n natürlichen Zahlen gemäß

$$\sum_{a=1}^{n} a^4 = 1 + 2^4 + 3^4 + \ldots + n^4 = \sum_{a=1}^{n} a^2 \left[\sum_{a=1}^{n} a + \frac{\left(\sum_{a=1}^{n} a\right) - 1}{5}\right]$$

berechnet.

Der oben bereits erwähnte Al Kaschi verfügte schon über eine Sinustafel mit einer Schrittweite von 1' und einer Genauigkeit von neun Stellen. Zum Aufstellen dieser Tafel berechnete er zunächst den Wert von $\sin 3°$ aus $\sin 72°$ und $\sin 60°$ mit Hilfe der Zusammenhänge:

$$\sin(72°-60°) = \sin 12° = \sin 72° \cos 60° - \cos 72° \sin 60°;$$

$$\sin 3° = \sin(15°-12°).$$

Abbildung 2.3–3b
Ein Gerät von *Al Biruni* zur Messung spezifischer Gewichte in *Al Chasinis* Buch
Dorfman: Wsemirnaja istorija fisiki. Moskwa 1974

Zur Bestimmung von sin 1° benutzte er die aus

$$\cos \varphi = 4 \cos^3 \frac{\varphi}{3} - 3 \cos \frac{\varphi}{3}$$

folgende Gleichung dritten Grades

$$x^3 + 0{,}785\,039\,343\,364\,4006 = 45x,$$

die er mit einer Genauigkeit bis zur siebzehnten Stelle löste.

Mit diesem Vorgehen konnte er Tafeln mit einer Genauigkeit bis zur neunten Stelle aufstellen. Die Gleichung dritten Grades löste er mit Hilfe eines recht bemerkenswerten Iterationsverfahrens.

Zur Bestimmung von sin 72° nutzte er die Erkenntnis, daß die Länge einer Seite des regelmäßigen Zehnecks (in dem alle Zentralwinkel gleich 36° und alle Winkel zwischen zwei Seiten gleich 2 · 72° = 144° sind) durch $\frac{r}{2}(\sqrt{5}-1)$ gegeben ist *(Abbildung 2.3 – 2)*.

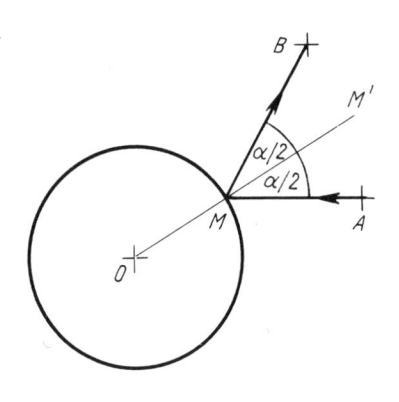

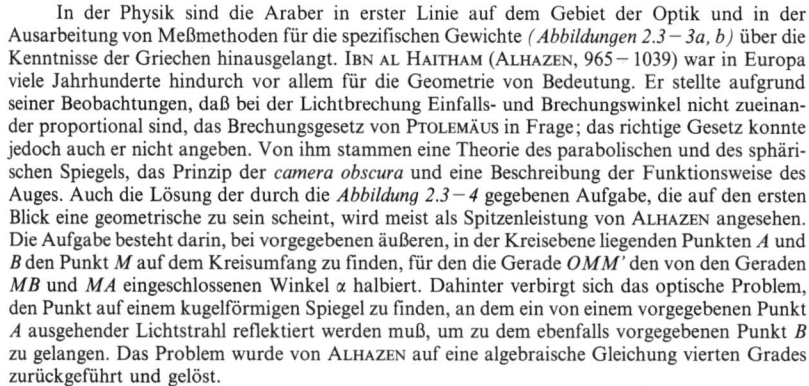

In der Physik sind die Araber in erster Linie auf dem Gebiet der Optik und in der Ausarbeitung von Meßmethoden für die spezifischen Gewichte *(Abbildungen 2.3 – 3a, b)* über die Kenntnisse der Griechen hinausgelangt. IBN AL HAITHAM (ALHAZEN, 965 – 1039) war in Europa viele Jahrhunderte hindurch vor allem für die Geometrie von Bedeutung. Er stellte aufgrund seiner Beobachtungen, daß bei der Lichtbrechung Einfalls- und Brechungswinkel nicht zueinander proportional sind, das Brechungsgesetz von PTOLEMÄUS in Frage; das richtige Gesetz konnte jedoch auch er nicht angeben. Von ihm stammen eine Theorie des parabolischen und des sphärischen Spiegels, das Prinzip der *camera obscura* und eine Beschreibung der Funktionsweise des Auges. Auch die Lösung der durch die *Abbildung 2.3 – 4* gegebenen Aufgabe, die auf den ersten Blick eine geometrische zu sein scheint, wird meist als Spitzenleistung von ALHAZEN angesehen. Die Aufgabe besteht darin, bei vorgegebenen äußeren, in der Kreisebene liegenden Punkten *A* und *B* den Punkt *M* auf dem Kreisumfang zu finden, für den die Gerade *OMM'* den von den Geraden *MB* und *MA* eingeschlossenen Winkel α halbiert. Dahinter verbirgt sich das optische Problem, den Punkt auf einem kugelförmigen Spiegel zu finden, an dem ein von einem vorgegebenen Punkt *A* ausgehender Lichtstrahl reflektiert werden muß, um zu dem ebenfalls vorgegebenen Punkt *B* zu gelangen. Das Problem wurde von ALHAZEN auf eine algebraische Gleichung vierten Grades zurückgeführt und gelöst.

Die Araber haben auch das astronomische Werk von PTOLEMÄUS übersetzt, das von ihnen als „das Größte" angesehen wurde und über das sie, zumindest auf theoretischem Wege, nicht hinauszugehen gedachten. Für die ihnen sehr wichtigen astrologischen Betrachtungen benötigten sie aber zuverlässige Ausgangsdaten. So ließ der usbekische Chan ULUG BEG in der ersten Hälfte des 15. Jahrhunderts ein Observatorium errichten. Hier war im übrigen auch AL KASCHI tätig, der für ULUG BEG die bereits erwähnten Sinus-Tabellen anfertigte. Die größte zum Observatorium gehörige Anlage können wir auch heute noch bewundern. Es handelt sich um einen gewaltigen, aus Marmor bestehenden Kreisbogen mit einem Winkel von 60° und einem Radius von 40 m *(Abbildungen 2.3 – 5a, b)*

Abbildung 2.3 – 4
Zum Problem von *Alhazen:* Ein vom Punkt *A* ausgehender Lichtstrahl soll nach Reflexion am Kugelspiegel zum Punkt *B* gelangen. Nach dem Reflexionsgesetz müssen die Winkel *AMM'* und *M'MB* gleich sein. (Zur Lösung des Problems hat auch *Leonardo* ein Verfahren angegeben.)

Abbildung 2.3 – 5
a) Der bis heute erhaltene Hauptbogen des Observatoriums von *Ulug Beg* in Samarkand
b) ULUG-BEG (Porträt aus dem 1690 erschienenen Buch *Prodromus Astronomiae* des *Hevelius*)

2.4 Europa findet zu sich

In der Renaissance brach man mit der mittelalterlichen Lebensweise und suchte die künstlerischen sowie menschlichen Vorbilder in der Antike. Die geistigen Revolutionäre des 17. Jahrhunderts hatten einen schweren Kampf gegen den unter dem Schutzschild der Theologie stehenden Aristotelismus sowie gegen die mittelalterliche Scholastik auszufechten. So nimmt es nicht wunder, daß man vom 16. Jahrhundert an die Gedankenwelt des Mittelalters als Hindernis für den Menschheitsfortschritt angesehen und alle mittelalterlichen Philosophien und Institutionen als fortschritthemmend verworfen hat. So nahm man weder von der Kunst noch von der Wissenschaft jener Zeit Notiz.

Die gotischen Kathedralen haben aber ungeachtet dieser vorgefaßten Meinung allein durch ihre imposanten Abmessungen und ihre kühnen Konstruktionen den späteren Generationen einen Eindruck von den gewaltigen technischen und geistigen Leistungen des Mittelalters vermittelt *(Abbildungen 2.4−1, 2.4−2)*. Die in dieser Zeit erzielten wissenschaftlichen Ergebnisse hat man aber aus der Vielzahl der mittelalterlichen Handschriften heraussondern müssen, etwa so, wie Archäologen längst versunkene Städte unter tiefen Erdschichten ausgraben. Mit dieser Arbeit hat man jedoch erst Ende des vergangenen Jahrhunderts begonnen, wobei sich der französiche Forscher PIERRE DUHEM unvergängliche Verdienste erworben hat. In seiner in den Jahren 1905 und 1906 erschienenen Arbeit *Les Origines de la Statique* hat er als erster die allgemeine Aufmerksamkeit auf die über die Antike hinausgehenden Ergebnisse mittelalterlicher Gelehrter gelenkt. Fortgesetzt und ergänzt wurden seine Arbeiten durch ANNELISE MAIER in ihrem Buch *Die Vorläufer Galileis im 14. Jahrhundert*. Seither haben sich an verschiedenen Stellen in der ganzen Welt Gruppen herausgebildet, die sich die Erforschung der mittelalterlichen Wissenschaften zum Ziel gesetzt haben. Unter diesen muß die unter Leitung von CLAGETT an der Universität von Wisconsin arbeitende Gruppe besonders erwähnt werden. Aus ihren Untersuchungen folgt, daß auch auf dem Gebiet der Wissenschaften die Bezeichnung „finsteres Mittelalter" keinesfalls berechtigt ist; der Reichtum der mittelalterlichen Kunst ist ja ohnehin unbestritten.

Wir haben bereits dargelegt, daß sich das heutige Gesicht Europas zur Jahrtausendwende herausgebildet hat. Im 11. Jahrhundert hat man in Europa lediglich gelernt, im 12. und 13. Jahrhundert adaptiert und die antiken Erkenntnisse in die eigene Gedankenwelt eingefügt, im 13. und 14. Jahrhundert aber hat man kritisiert und ist über das Überlieferte hinausgegangen.

Natürlich beziehen sich all diese Feststellungen nur auf die vorderste Linie der Wissenschaft, genauer auf die Gelehrten, die in der vordersten Linie gearbeitet haben. Das Feudalsystem war mit seinem stark ausgeprägten und ideologisch einheitlichen Überbau viel zu starr und somit auch unfähig, sich Veränderungen anpassen zu können. Die neuen zum Ende des Mittelalters gewonnenen Erkenntnisse waren die ersten Risse im einheitlichen ideologischen Überbau; hätte man sie in der Renaissance zur Kenntnis genommen, so hätten sie zur Zerstörung des gesamten Bauwerks genutzt werden können (s. Kapitel 2.6).

Abbildung 2.4−1
Gotische Kathedralen sind sowohl bautechnische als auch ästhetische Meisterwerke. Unausgeführter Plan des Straßburger Münsters von einem unbekannten Meister

2.4.1 Fibonacci − ein Rechenkünstler

Das erste bedeutende Ergebnis des Mittelalters auf dem Gebiet der Mathematik verdanken wir LEONARDO DA PISA (1170−1250). In der Mathematik kennt man ihn unter dem Namen FIBONACCI (d. h. Sohn des BONACCIO); nach ihm sind die auch heute noch interessierenden Fibonaccischen Zahlen benannt. Sein bedeutendstes Werk ist der 1202 erschienene *Liber Abaci*. In Europa hat man durch dieses Buch die arabischen Ziffern und ihre Anwendung kennengelernt. Die Ziffern werden in seinem Buch allerdings richtigerweise noch als indische *(figurae indorum)* bezeichnet. Bemerkenswert ist der aus dem Titel ersichtliche Hinweis, daß in dem Buch Rechnungen dargestellt werden, die mit dem Abakus ausführbar sind. Eigentlich argumentiert das Buch aber geradezu dagegen bzw. für ein Rechnen mit den arabischen Zahlen.

Der Abakus *(Abbildung 2.4−3)* war nämlich zu jener Zeit bereits − vor allem als Folge der Arbeit des Papstes SILVESTER II. (GERBERT AURILLAC, ~ 945−1003) − ein weit verbreitetes Hilfsmittel für das Rechnen mit römischen Ziffern. Auch konnte sich das Rechnen mit den arabischen Ziffern trotz all seiner praktischen Vorzüge nicht schnell durchsetzen. Selbst die Kaufleute, deren Arbeit bei einer Verwendung der arabischen Zahlen anstelle der schwer zu handhabenden römischen Zahlen und Rechenmethoden sehr stark hätte vereinfacht werden können, waren zunächst den neuen Zahlen abgeneigt. In Florenz wurde 1299 ihre Verwendung geradezu verboten. Der Grund für dieses Verbot ist sehr einfach: Es ist wesentlich leichter, Geschäftsbücher zu fälschen, wenn diese mit arabischen Zahlen geführt werden, denn es genügt, an irgendeiner Stelle eine Null einzufügen, um eine

Abbildung 2.4−2
Die Erbauer der Kathedralen
Statue des *Nicolaus Gerhaert,* von ihm selbst (?); Straßburg, Musée de l'Oeuvre Notre-Dame [2.2]

145

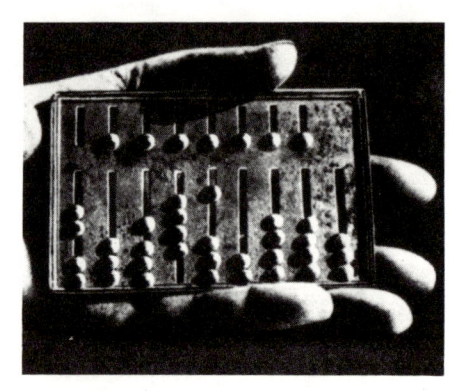

Abbildung 2.4−3
Der Abakus (nach: *Kleine Enzyklopädie Mathematik*)

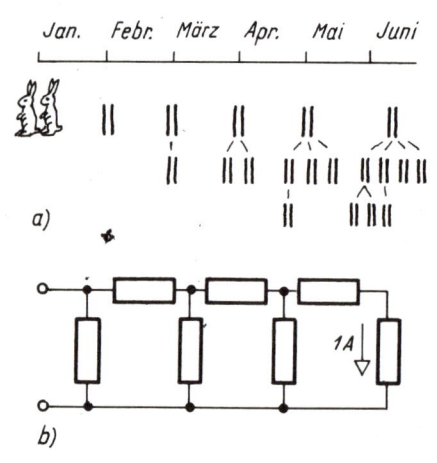

Abbildung 2.4−4
a) Zur Entstehung der Fibonaccischen Zahlen: Die Zahl der Kaninchenpaare bei fortlaufender Vermehrung jedes Paars
b) Auch die an den Widerständen dieses Netzwerkes abgreifbaren Spannungen sind durch die Fibonaccischen Zahlen gegeben, wenn alle Widerstände den Wert 1 Ω haben und im letzten Widerstand ein Strom von 1 A fließt

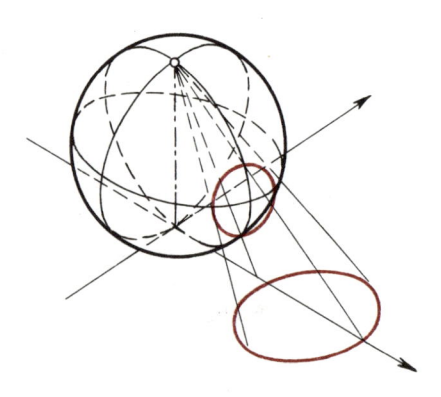

Abbildung 2.4−5
Jordanus Nemorarius wußte bereits, daß bei der stereographischen Projektion ein Kreis wieder in einen Kreis übergeht

Zahl auf das Zehnfache anwachsen zu lassen. Mit römischen Ziffern läßt sich ein solcher Betrug nicht ausführen.

FIBONACCI stand in Beziehung zu FRIEDRICH II., dem berühmten, ja vielleicht sogar berüchtigten König von Sizilien, an dessen Hof arabische, jüdische und christliche Gelehrte lebten und arbeiteten. FRIEDRICH II. beschäftigte sich selbst intensiv mit den Wissenschaften und stand in dem Ruf eines Freidenkers. Es ist überliefert, daß er von MOSES, JESUS und MOHAMMED nur als von den „tres impostores" gesprochen haben soll. Zum wissenschaftlichen Leben an seinem Hofe gehörten auch verschiedene offene Streitgespräche, von denen ein 1225 zu Palermo veranstalteter mathematischer Wettstreit historische Bedeutung erlangt hat. FIBONACCI hatte hier die folgende Gleichung dritten Grades zu lösen:

$$x^3 + 2x^2 + 10x = 20.$$

Er gab die sehr gute Näherungslösung in der Form

$$x = 1 + \frac{22}{60} + \frac{7}{60^2} + \frac{42}{60^3} + \frac{33}{60^4} + \frac{4}{60^5} + \frac{40}{60^6}$$

an, verriet jedoch nicht, wie er darauf gekommen war.

Im weiteren hat er auch gezeigt, daß die Lösung keine (positive) ganze Zahl, kein rationaler Bruch, ja sogar keine Quadratwurzel aus einer rationalen Zahl sein kann.

FIBONACCI hat zwar auch ein Buch über die Geometrie (*Practica geometrica*, 1220) verfaßt, seine eigentliche Stärke lag jedoch in der Algebra. Er deutete − wie bereits die Inder − die negativen Zahlen als Schulden und ließ deshalb auch die Lösungen von Gleichungen gelten, die auf negative Zahlen führen. Er wendet algebraische Methoden für solche Probleme an, die in der Antike mit geometrischen Verfahren gelöst worden waren. Auch mit Gleichungen vierten Grades setzte er sich auseinander.

Wie wir schon erwähnt haben, wird sein Name in der Mathematikgeschichte vor allem mit einer Zahlenfolge in Verbindung gebracht. Diese Zahlenfolge, die Fibonaccischen Zahlen, ist durch

$$1 \quad 1 \quad 2 \quad 3 \quad 5 \quad 8 \quad 13 \quad 21 \quad 34 \quad 55 \ldots$$

gegeben. Das Bildungsgesetz der Folge ist sehr einfach: jede Zahl der Folge ist die Summe der beiden vor ihr stehenden Zahlen, d. h.

$$a_n = a_{n-1} + a_{n-2}; \quad (a_0 = 1, a_1 = 1).$$

FIBONACCI stieß auf diese Folge bei der Untersuchung des folgenden Problems: Ein Landwirt besitze ein Paar von Kaninchen. Das Kaninchenpaar bringe in jedem Monat ein weiteres zur Welt, und jedes dieser Paare der zweiten Generation schenke nach dem Ablauf von zwei Monaten ebenfalls monatlich einem weiteren das Leben. Wieviel Kaninchenpaare wird der Landwirt dann nach einer bestimmten Zahl von Monaten haben? Es ist leicht einzusehen *(Abbildungen 2.4−4a, b)*, daß die Anzahl der Paare gerade durch die Fibonaccischen Zahlen gegeben ist.

Im Laufe der Geschichte sind immer neue und neue, unerwartete Eigenschaften der Fibonacci-Zahlen entdeckt worden. So hat zum Beispiel LUCA PACIOLI *(Farbtafel XIII)* die folgende Bildungsformel angegeben:

$$x_n = \frac{1}{\sqrt{5}} \left\{ \left(\frac{1+\sqrt{5}}{2}\right)^n - \left(\frac{1-\sqrt{5}}{2}\right)^n \right\}.$$

Der hier vorkommende Ausdruck $(1+\sqrt{5})/2 = 1{,}618$ ist die goldene Zahl, das Verhältnis der zwei Längen bei dem goldenen Schnitt (Abbildung 1.2−10). Diesen Weg weiter verfolgend, untersuchte man später die Relationen der Fibonaccischen Zahlen mit der logarithmischen Spirale. Es besteht sogar eine Beziehung zwischen der räumlichen Anordnung der Kerne im Teller der Sonnenblume und den Fibonaccischen Zahlen.

2.4.2 Jordanus Nemorarius, der Statiker

Im Mittelalter ist der größte Fortschritt auf dem Gebiet der Physik in der Mechanik erzielt worden. Hier standen bis zum Ende des 12. Jahrhunderts nur eine aller Wahrscheinlichkeit nach nicht von ARISTOTELES selbst stammende Arbeit *(Questiones mechanicae)* sowie eine dem EUKLID zugeschriebene Abhandlung *(Liber Euclidis de ponderibus secundum terminorum cir-*

cumferentiam) zur Verfügung. Aus antiken griechischen Quellen ist unmittelbar nichts von einer solchen Arbeit EUKLIDS bekannt, sie ist lediglich aus dem Arabischen überliefert. Eine bedeutende Rolle bei der Herausbildung der Mechanik in Europa spielte eine andere, ebenfalls aus dem Arabischen übersetzte Arbeit mit dem Titel *Liber karastonis,* deren Autor der arabische Gelehrte THABIT IBN QURRAH ist. Es ist nicht völlig geklärt, ob das „karastonis" (arabisch: *qarastun*) im Titel des Werkes ein Name ist oder auf das Wort Waage hinweist. Weder die Arbeiten von ARCHIMEDES noch die von HERO und PAPPOS waren zu dieser Zeit bekannt.

In den oben aufgezählten Werken wurde das Hebelproblem schon für verschiedene Fälle abgehandelt, und man hat die so erhaltenen Gesetzmäßigkeiten auf einfache Maschinen angewendet (Kapitel 1.4). An diese Erkenntnisse knüpfte JORDANUS NEMORARIUS an und entwickelte sie weiter. Über sein Leben wissen wir − anders als bei den später zu besprechenden Gelehrten − sehr wenig. Wir haben so wenig zuverlässige Angaben, daß selbst der Zeitraum, in den seine Tätigkeit nach verschiedenen Auffassungen fällt, nur als zwischen 1050 und 1350 liegend gesetzt werden kann. Am wahrscheinlichsten ist jedoch, daß er im 13. Jahrhundert lebte. Zwei Werke werden ihm zugeschrieben: *Elementa Jordani super demonstrationem ponderis secundum situs* und *Liber Jordani de ratione ponderis*. Die zweitgenannte Arbeit wird oft auch einem Schüler des JORDANUS zugeschrieben oder sie wird als spätere Arbeit des Meisters angesehen, weil in ihr einige fehlerhafte Aussagen aus dem ersten Buch korrigiert werden. Auch die Mathematik verdankt JORDANUS NEMORARIUS einige wertvolle Erkenntnisse. So stellte er bei der Untersuchung kartographischer Probleme fest, daß bei der stereographischen Projektion *(Abbildung 2.4−5)* ein Kreis auf der Kugel in einen Kreis auf der Ebene übergeht. Wir wollen uns hier aber nur seinen Erkenntnissen in der Statik zuwenden. Seine wichtigste Feststellung bezieht sich auf die Gleichgewichtslage ungleicharmiger Hebel und auf die an beiden Hebelarmen angebrachten Gewichte. Wird dieses Problem nämlich − wie in der peripatetischen Dynamik (Kapitel 1.3) − mit dem Prinzip der virtuellen Verrückungen untersucht, dann spielt lediglich die Verrückung der Gewichtsstücke in senkrechte Richtung eine Rolle *(Abbildungen 2.4−6a, b)*. Ein Gleichgewicht stellt sich dann ein, wenn bei gleichen Gewichten die Verrückungen in senkrechte Richtung gleich sind, in jedem anderen Falle kippt die Waage in die Richtung, in der die Verrückung größer ist.

Im Randtext *(Zitat 2.4−1)* zitieren wir ausführlich aus den *Elementa Jordani*. Aus dem Text wird klar ersichtlich, daß JORDANUS folgendes Axiom zugrunde gelegt hat: Ist irgendeine Wirkung fähig, eine Last um eine gegebene Strecke anzuheben, dann kann sie die *n*-fache Last auf die 1/*n*-fache Höhe heben. Dieses Grundgesetz, in dem wir den Keim des Energieerhaltungssatzes erkennen können, ist *der erste selbständige Schritt der europäischen Wissenschaft,* der über die Antike und selbst über die von den Arabern verfeinerten antiken Erkenntnisse hinausgeht.

Die Erkenntnis von JORDANUS kann auch dazu dienen, den Weg in Richtung auf eine Komponentenzerlegung der Kräfte zu ebnen. Tatsächlich bestimmt JORDANUS in seinem zweiten Buch für einen auf einer schiefen Ebene liegenden Körper die Wirkung in Richtung der Ebene, d. h. in der heute üblichen Sprechweise die Hangabtriebskraft. Dieser Gedankengang wird ebenfalls ausführlich zitiert *(Zitat 2.4−2)*. Nach *Abbildung 2.4−7* können wir vereinfachend sagen, daß zwei Körper, die durch einen über eine Rolle gelegten Faden miteinander verbunden sind, dann einander das Gleichgewicht halten, wenn die Projektionen der entlang der schiefen Ebenen gemessenen, zueinander gleichen Verschiebungen der Körper auf die Lotrechte umgekehrt proportional sind zu ihren Gewichten. Mit unserer heutigen, zu jener Zeit noch nicht üblichen Bezeichnungs- und Denkweise läßt sich das Ergebnis von JORDANUS wie folgt aufschreiben: Gleichgewicht besteht, wenn

$$G_1 : G_2 = h_2 : h_1 \quad (s_1 = s_2)$$

ist. Diese Beziehung kann umgeformt werden in

$$G_1 \frac{h_1}{s_1} = G_2 \frac{h_2}{s_2},$$

woraus schließlich für die Komponenten der Gewichtskraft in Richtung der

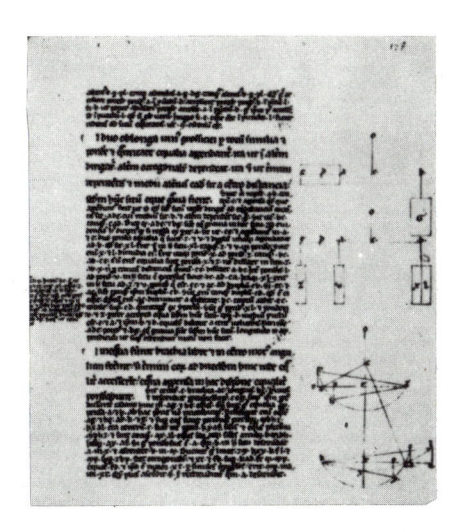

Abbildung 2.4−6a
Eine Seite aus dem Buch von *Nemorarius*. CLAGETT [2.10]

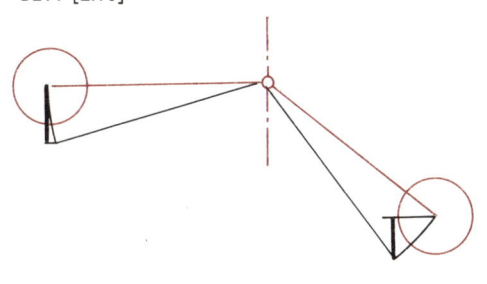

Abbildung 2.4−6b
Zur Ableitung des Hebelgesetzes nach *Nemorarius*

Zitat 2.4−1
Die Bewegung jedes Gewichtes ist zum Mittelpunkt (der Welt) gerichtet, und seine Kraft ist das Streben nach unten sowie der Widerstand gegen eine Bewegung in der Gegenrichtung.

Was schwerer ist, sinkt schneller herab. Es ist desto schwerer beim Herabsinken, je unmittelbarer es sich in der Richtung zum (Welt)-Mittelpunkt bewegt.

Es ist der Lage nach um so schwerer, je weniger schief seine Bewegung in dieser Lage ist.

Schiefer wird ein Absteigen genannt, wenn zur gleichen Entfernung eine kleinere vertikale Verschiebung gehört.

Ein Gewicht ist weniger schwer der Lage nach als ein anderes, wenn es durch das Absinken des anderen emporbewegt wird. ...

Wenn die Arme einer Waage proportional zu den aufgehängten Gewichten sind, in solcher Weise, daß das schwerere Gewicht an dem kürzeren Arm aufgehängt ist, so haben die Gewichte gleiche Schwere der Lage nach.

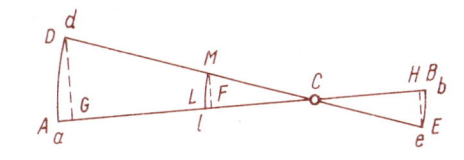

Es sei *ACB* die Stange der Waage − wie oben − und die aufgehängten Gewichte seien *a* und *b* und es sei das Verhältnis von *b* zu *a* gleich dem Verhältnis von *AC* zu *BC*. Ich behaupte nun, daß sich die Waage in keiner Richtung bewegen wird. Nehmen wir nämlich an, daß sie auf der Seite *B* sinken wird und die Lage *DCE* schräg zu der Posi-

147

tion ACB einnimmt. Wenn jetzt das zu *a* gleiche Gewicht *d* und das zu *b* gleiche Gewicht *e* aufgehängt werden, und die Gerade DG lotrecht nach unten, EH dagegen lotrecht nach oben gezogen wird, wird es offenbar, daß die Dreiecke DCG und ECH ähnlich sind, so daß das Verhältnis von DC zu CE dem Verhältnis DG zu EH gleich ist. DC verhält sich aber zu CE wie *b* zu *a*; und so verhält sich DG zu EH wie *b* zu *a*.

Jetzt nehmen wir an, daß CL gleich CB und CE ist und weiter, daß *l* gleich schwer wie *b* ist; ziehen wir die Lotrechte LM. Da LM und EH sich als gleich erweisen, verhält sich DG zu LM wie *b* zu *a* und wie *l* zu *a*. Es sind aber, wie gezeigt wurde, *a* und *l* umgekehrt proportional zu ihrer erzwungenen (nach oben gerichteten) Bewegung. Es wird also, was *a* bis D zu heben fähig ist, auch fähig sein, *l* um die Strecke LM zu heben. Da deswegen *l* und *b* gleich sind und LC und CB ebenfalls gleich, wird *l* nicht durch *b* gehoben; folglich wird *a* auch nicht durch *b* nach oben bewegt, was eben zu beweisen war.

JORDANUS NEMORARIUS: *Über die Theorie der Gewichte.* GRANT [2.7] p. 212

Zitat 2.4−2
Wenn zwei Gewichte sich entlang verschieden schräger Ebenen hinab bewegen, so zeigen sie, wenn die Neigungen der Ebenen proportional zu den Gewichten sind, das gleiche Streben nach unten.

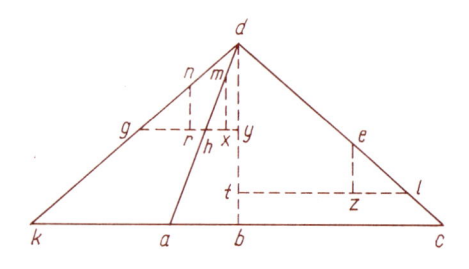

Es sei eine zum Horizont parallele Linie ABC gegeben; errichten wir nun die Lotrechte BD, und ziehen wir noch von D ausgehend die Linien DA und DC, wobei DC schiefer gezeichnet werden soll. Unter dem Verhältnis der Schiefe verstehe ich nun nicht das Verhältnis der Winkel, sondern der Abstände (entlang der schiefen Ebene gemessen), welche zur gleichen vertikalen Verschiebung gehören. Setzen wir jetzt das Gewicht *e* auf DC und das Gewicht *h* auf DA. Es verhalte sich *e* zu *h* wie DC zu DA. Ich behaupte nun, daß in dieser Position diese Gewichte der Lage nach von gleicher Kraft sind. Es sei nämlich die Linie DK mit der gleichen Schiefe wie DC gezeichnet, und es sei darauf ein zu *e* gleiches Gewicht *g* gelegt. Wenn es nun möglich ist, so nehmen wir an, daß *e* bis L herabsinkt und *h* hinauf bis M zieht. Es sei GN gleich zu HM, das seinerseits EL gleicht. Jetzt zeichnen wir eine zu DB senkrechte Linie von G bis H und erhalten so die Linie GHY; und eine andere von L und erhalten die Linie TL. Dann errichten wir die Senkrechten NZ und MX auf der Linie GHY und die Senkrechte ER auf LT. Da das Verhältnis NZ zu NG dem Verhältnis von DY zu DG gleich ist und folglich auch gleich dem Verhältnis von DB zu DK, und da ähnlicherweise sich zu MH verhält wie DB zu DA, wird sich MX zu NZ wie DK zu DA verhalten – das heißt, wie das Gewicht *g* zum Gewicht *h*. Da aber nicht dazu genügt, *g* bis N emporzuheben, so wird es nicht dazu genügen, *h* bis M zu heben. Und so bleibt alles wie es ist.

JORDANUS NEMORARIUS. [2.7] pp. 216, 217, 219

Ebene die Beziehung

$$G_1 \frac{h_1}{s_1} = G_1 \sin \alpha_1 = G_2 \frac{h_2}{s_2} = G_2 \sin \alpha_2$$

folgt.

Mit anderen Worten sind die beiden Körper dann im Gleichgewicht, wenn sich ihre Gewichte so zueinander verhalten wie die Längen der Ebenen.

Es soll noch einmal betont werden, daß wir sowohl mit unserem Bild als auch mit dem zugrundeliegenden Gedankengang und der Bezeichnungsweise die Denkweise unseres Jahrhunderts auf jene Zeit zurückprojiziert haben.

2.4.3 Beschreibende Bewegungslehre: Nicole d'Oresme und das Merton College

Im Mittelalter wurden nicht nur in der Statik bedeutende Ergebnisse erzielt, die – wie wir sehen werden – in bestimmter Hinsicht selbst über STEVIN und GALILEI hinausweisen; auch in der beschreibenden Bewegungslehre kam es zu Fortschritten, die in der Kinematik einen unmittelbaren (aber im weiteren nicht genutzten) Anschluß seitens des 17. Jahrhundert ermöglicht hätten. Die Ergebnisse in der Kinematik gehen auf NICOLE D'ORESME (NICOLAUS ORESMIUS, gestorben im Jahre 1382 als Bischof von Lisieux) und auf Gelehrte zurück, die am Merton College in Oxford tätig waren. Unter zwei Gesichtspunkten ist der zu diesen Erkenntnissen führende Weg vielleicht wichtiger als die Erkenntnisse selbst. Zum ersten kam man zu den Erkenntnissen aus dem Bemühen heraus, den Beschaffenheiten oder Qualitäten bzw. genauer den *Intensitäten* dieser Größen Zahlenwerte zuzuordnen. Bereits bei ARISTOTELES haben wir gesehen, welche bedeutende Rolle in der antiken und somit auch in der mittelalterlichen Naturbeschreibung die qualitativen Gegensätze warm – kalt, langsam – schnell und hell – dunkel spielten. In der Einleitung (Kapitel 0.2) ist dargelegt worden, daß die Quantifizierung der Qualitäten für jede Wissenschaft einen Knotenpunkt ihrer Entwicklung darstellt. Im Mittelalter wurden für einen großen Problemkreis die Intensitäten der Qualitäten, aus denen sich schließlich meßbare Größen ableiten lassen, definiert. So wird im 12. Jahrhundert in den Sentenzen von PETRUS LOMBARDUS, die im theologischen Unterricht als Diskussionsgrundlage gedient haben, die Frage aufgeworfen, ob die Eigenschaft *caritas* in einem Menschen zu gewissen Zeiten intensiver sein kann als zu anderen. Auf diese Frage läßt sich eine sehr interessante Antwort geben. Existierte nämlich eine Qualität „absolut", z. B. im betrachteten Beispiel eine alle *caritas* umfassende göttliche Liebe, dann kann das Intensitätsmaß nur jener Bruchteil sein, mit dem der jeweilige Mensch an der absoluten *caritas* teilhat.

Im 13. und vor allem im 14. Jahrhundert ordnete man den physikalisch interessierenden Qualitäten Zahlenwerte zu, die der Kennzeichnung ihrer Intensitäten dienen sollten, wobei man zunächst ohne jede genauere Definition auskam und nicht einmal eine Messung dieser Größen ins Auge faßte. ROGER BACON, der uns weiter unten noch beschäftigen wird, löste sogar Aufgaben folgenden Typs: Gegeben seien zwei Teile Wasser mit der Intensität der Wärmequalität 6 und ein Teil Wasser mit der Intensität 12. Wie groß ist dann die Intensitätszahl der Wärme des Wassers nach dem Mischen? BACON hat als Lösung dieser Aufgabe die Intensitätszahl 8 erhalten. Derartige Aufgaben werden auch heute noch bei den schriftlichen Aufnahmeprüfungen an den Universitäten gestellt und dienen als „Prüfsteine"; wir sollten aber bedenken, daß BACON die Aufgabe formuliert und auch mit dem richtigen Zahlenwert gelöst hat, ohne die Begriffe spezifische Wärme und Temperatur zu kennen.

Auf dem Wege, der zu den Grundbegriffen der Kinematik führt, wurde noch ein weiterer recht bedeutsamer Schritt vollzogen. Man versuchte nicht nur, die Intensitäten mit Zahlen zu kennzeichnen, sondern hat sie auch mittels senkrechter Strecken graphisch dargestellt. Dadurch wurde es möglich, die *Veränderung* der Intensitäten zu veranschaulichen. Wir könnten hier den ersten Schritt auf dem Wege zum Funktionsbegriff und zur Darstellung der Funktion in einem Koordinatensystem sehen. Belegen läßt sich diese Auffassung mit den *Zitaten 2.4−3*, die dem 1350 erschienenen Werk

Tractatus de configurationibus qualitatum et motuum von NICOLE D'ORESME entnommen sind. Senkrecht abgetragen werden hier die als *latitudines* (*latitudo* = Breite) bezeichneten Werte der Intensitäten; sie fußen auf verschiedenen Punkten der waagerechten Achse, die als *longitudo* bezeichnet wird. Die *longitudo* könnte für einen Bewegungsvorgang gleich der Zeit oder auch gleich der Entfernung gesetzt werden. NICOLE D'ORESME unterscheidet verschiedene Formen der Intensitätsveränderung, die *uniformis, uniformiter difformis* oder *difformiter difformis* sein kann *(Abbildungen 2.4−8a, b, c)*. Er stellt bereits fest, daß der Maßstab der *latitudo* für den Charakter einer Intensitätsveränderung ohne Belang ist, so kann z. B. eine ellipsenförmige Gipfellinie die gleiche Veränderung beschreiben wie eine kreisförmige *(Abbildung 2.4−9)*.

Für die Kinematik ist die Untersuchung der sich gleichmäßig verändernden Bewegung *(motus uniformiter difformis)* besonders wichtig. Die Frage, ob sich z. B. die Geschwindigkeit als Funktion der Zeit oder aber als Funktion des Ortes gleichförmig ändert, war nicht einfach zu beantworten. Sie sollte später GALILEI und selbst noch DESCARTES (Kapitel 3.3) viel Kopfzerbrechen verursachen. NICOLE D'ORESME und auch die Gelehrten des Merton College THOMAS BRADWARDINE (1290−1349), WILLIAM HEYTESBURY (fl. 1340), RICHARD SWINESHEAD (fl. 1350) haben festgestellt, daß in diesem Falle das Ergebnis (die Wirkung), d. h. der zurückgelegte Weg, von der mittleren Geschwindigkeit abhängt. Diese Regel wird heute im allgemeinen als *Merton-Regel* bezeichnet, denn nach neueren Forschungen haben die am Merton-College tätigen Gelehrten sie bereits ein halbes Jahrhundert vor dem Erscheinen des Buches von NICOLE D'ORESME gekannt. In der heute üblichen Schreibweise kann die Merton-Regel als

$$v = \frac{v_0 + v_1}{2}$$

dargestellt werden. Sie gehört ebenfalls zu den Grundkenntnissen der heutigen Physik.

2.4.4 Die reformierte peripatetische Dynamik

Auch auf dem Gebiet der Dynamik haben ein Engländer und ein Franzose, THOMAS BRADWARDINE und JEAN BURIDAN, Bedeutendes geleistet. Der am Merton College tätige BRADWARDINE wandte sich in seiner 1328 erschienenen Arbeit *Tractatus proportionum* entschieden gegen das Grundgesetz der aristotelischen Dynamik, demzufolge die Geschwindigkeit dem Quotienten aus der Kraft zum Widerstand proportional ist. Verwenden wir, wie wir das schon häufiger getan haben, die heute übliche Schreibweise, so kann dieses Grundgesetz durch

$$v \sim \frac{F}{R}$$

dargestellt werden.

BRADWARDINE lehnte diese Beziehung mit der Begründung ab, daß aus ihr auch dann eine Geschwindigkeit folgt, wenn die Kraft kleiner ist als der Widerstand, obwohl das offenbar unmöglich ist. Er verwarf auch die zu jener Zeit bereits häufiger verwendete Proportionalität

$$v \sim F - R,$$

derzufolge der Widerstand von der Kraft abzuziehen ist. BRADWARDINE untersuchte auch kompliziertere Zusammenhänge, so z. B. die Proportionalität

$$v \sim \frac{F-R}{R},$$

verwarf aber schließlich all diese Ansätze, wobei er sich entweder unmittelbar auf die Anschauung oder sogar auf ARISTOTELES selber bezog. Schließlich kam er zu einem völlig anderen Bewegungsgesetz, das wir hier einfacher und mit der heute üblichen Schreibweise formulieren wollen. Nach BRADWARDINE soll die Geschwindigkeit in der Tat vom Quotienten aus der Kraft zum Widerstand abhängen, d. h., es soll $v = v(F/R)$ gelten, wobei allerdings

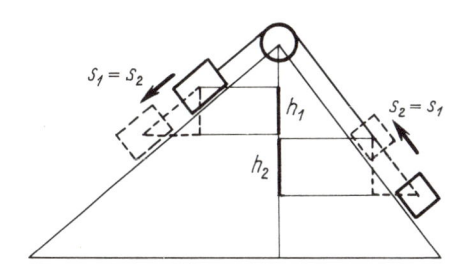

Abbildung 2.4−7
Die Sätze von *Jordanus* in einer modernen Formulierung

Die Ableitung der Gleichgewichtsbedingung für zwei Körper auf schiefen Ebenen mit unterschiedlichem Neigungswinkel nach *Jordanus*. In diesem Gedankengang ist bereits der Keim des Begriffs der Kraftkomponente zu erkennen

Zitat 2.4−3
Jedes meßbare Ding − außer den Zahlen − kann man sich als eine kontinuierliche Quantität vorstellen. Folglich muß man sich als Maß eines solchen Dinges Punkte, Linien und Flächen, durch die ihre Eigenschaften charakterisiert werden, vorstellen, welche − wie es von *Aristoteles* verlangt wird − Maß und Proportion ursprünglich in sich enthalten. Folglich muß jede Intension, welche nach und nach erworben werden kann, durch eine Linie veranschaulicht werden, die senkrecht in irgendeinem Punkt oder in Punkten des (extensiblen) Raumes oder des mit der betreffenden Intension behafteten Objektes errichtet wird.

Nennen wir also im folgenden die Extension einer Qualität Longitudo und die Intension Latitudo oder Altitudo.

Jede Geschwindigkeit hat eine Dauer in der Zeit; so stellt also die Zeit oder Dauer die Longitudo dieser Geschwindigkeit dar; die Intension der Geschwindigkeit wird ihre Latitudo sein. Und obwohl die Zeit und ein Linienstück streng genommen nicht kommensurable Größen sind, so kann doch kein Verhältnis zwischen zwei Zeitintervallen angegeben werden, das nicht auch zwischen zwei Linienstücken gefunden werden könnte und umgekehrt... Dasselbe gilt auch für die Intensität der Geschwindigkeit, nämlich, daß jedes Verhältnis zwischen zwei Geschwindigkeitsintensionen auch zwischen zwei Linienstücken gefunden werden kann. ... Folglich können wir zur Erkenntnis der Veränderungen von Geschwindigkeiten durch die Vorstellung von Linien und Figuren kommen. ...

... wie die Qualität eines Punktes durch ein Linienstück dargestellt werden kann, so kann die Qualität einer Linie durch eine Fläche und die einer Fläche durch einen Körper, dessen Basis die mit dieser Qualität behaftete Fläche ist, dargestellt werden.

... und obzwar (auf diese Weise) eine Flächenqualität durch einen Körper veranschaulicht werden kann und obzwar keine vierte Dimension existiert − ja nicht einmal vorgestellt werden kann −, so kann dennoch eine körperliche (in drei Dimensionen ausgedehnte) Qualität als eine solche aufgefaßt werden, die doppelte Körperlichkeit besitzt: Eine ist die wirkliche, welche aus der allseitigen Ausdehnung des Dinges in allen Richtungen resultiert und die andere, welche nur vorstellbar ist − und dadurch entsteht, daß wir uns die Intensität der betreffenden Qualität über eine Vielzahl von Flächen des Dinges unendlich vielmal dargestellt vorstellen. ...

NICOLE D'ORESME: *Tractatus*... CLAGETT [2.9] pp. 350, 356

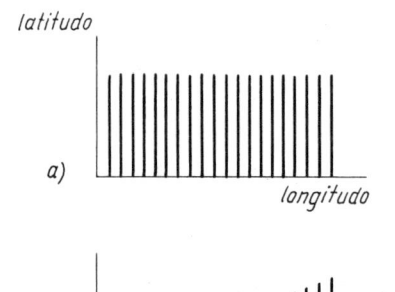

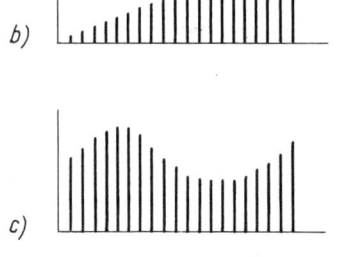

Abbildung 2.4−8
Veränderungen, die *Oresme* als *uniformis* (a), *uniformiter difformis* (b) und *difformiter difformis* (c) bezeichnete

der n-fachen Geschwindigkeit die n-te Potenz des Verhältnisses F/R zugeordnet werden soll. Dieser Zusammenhang lautet als Formel

$$nv\left(\frac{F}{R}\right) = v\left[\left(\frac{F}{R}\right)^n\right]$$

und hat, wie durch Einsetzen leicht gezeigt werden kann, die Lösung

$$v \sim \log \frac{F}{R}.$$

Natürlich kannte BRADWARDINE die Logarithmus-Funktion noch nicht, so daß er das Gesetz in dieser Form nicht aufschreiben konnte; wir können jedoch anhand dieser Funktion die Eigenschaften des Ansatzes leichter erkennen. Zunächst folgt eine Aussage, auf die BRADWARDINE großen Wert gelegt hat: Die Geschwindigkeit wird Null, wenn die Kraft gleich dem Widerstand ist. Ist sie jedoch kleiner, dann ergibt sich ein negativer Wert für die Geschwindigkeit, der nach BRADWARDINE darauf hindeutet, daß in diesem Falle eine Bewegung unmöglich ist.

Wir brauchen wohl nicht weiter darzulegen, daß das so erhaltene Gesetz der Dynamik völlig falsch ist. BRADWARDINE hat auch nicht versucht, empirisches Material zur Überprüfung heranzuziehen. Sein Ansatz ist jedoch deshalb von Bedeutung, weil zum einen hier *die aristotelische Physik an einem schwachen und empfindlichen Punkt angegriffen wurde,* zum anderen aber eine zu jener Zeit noch nicht bekannte funktionale Abhängigkeit, die logarithmische, und die ihr inverse, die exponentielle Abhängigkeit, in die Physik eingeführt worden sind. Die Arbeiten BRADWARDINES haben eine so weite Verbreitung gefunden, daß man sich anhand der von BRADWARDINE und seinen Nachfolgern angegebenen Zahlenbeispiele an funktionale Zusammenhänge dieser Art gewöhnen und sie − zumindest numerisch − auch handhaben konnte.

NICOLE D'ORESME formulierte etwa 1360 einen ähnlichen Zusammenhang; er drückte das Verhältnis der Kraft zum Widerstand durch den Quotienten der Geschwindigkeiten aus. In unserer heutigen Formulierung lautet sein Ansatz

$$\frac{F_2}{R_2} = \left(\frac{F_1}{R_1}\right)^{v_2/v_1}.$$

Während der Ansatz von BRADWARDINE durch die Funktion $x = \log y$ befriedigt wird, führt der Ansatz von D'ORESME zur Exponentialfunktion $y = a^x$. Wir haben es hier mit dem in der Wissenschaftsgeschichte keineswegs einmaligen Phänomen zu tun, daß ein für die Lösung einer gestellten Aufgabe untauglicher Ansatz für die Gesamtentwicklung der Physik auch dann eine große Rolle spielen kann, wenn der weitere Erkenntnisfortschritt einen ganz anderen Weg geht und der Ansatz von vornherein in eine Sackgasse führt.

2.4.5 Die Impetustheorie von Buridan

Anders als die oben dargestellten Versuche sind die Ideen von JEAN BURIDAN fruchtbringend gewesen und haben den Weg für eine Weiterentwicklung der Dynamik aufgezeigt. BURIDAN war 1327 Rektor an der Pariser Universität und ist 1358 gestorben *(Zitat 2.4−4)*. In seinem Buch *Questiones octavi libri physicorum* greift er ein bereits in der Antike und dann später vor allem von dem Byzantiner JOHANNES PHILOPONOS (Abschnitt 2.2.2) diskutiertes Problem der aristotelischen Dynamik wieder auf, nämlich die Frage, was die Bewegung eines abgeworfenen Körpers fortdauern läßt. Das Problem der aristotelischen Physik besteht hier darin, daß ihr zufolge zum Bewegen eines unbelebten Körpers *(res inanimata)* eigentlich ein Beweger *(motor conjunctus)* nötig ist, der mit dem Körper in ständigem Kontakt sein muß. BURIDAN zitiert die zwei bei ARISTOTELES angegebenen Lösungsmöglichkeiten:

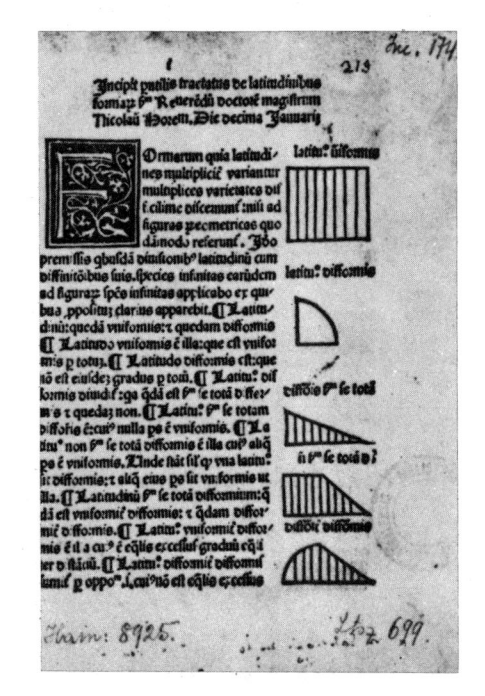

1. Am Ort des sich bewegenden Körpers, den dieser infolge seiner Bewegung immer wieder verläßt, hinterläßt er ein Vakuum. Die wegen des *horror vacui* nachströmende Luft schiebt schließlich den Körper auf seiner Bahn weiter. Diese Auffassung verwirft ARISTOTELES jedoch bereits selbst mit dem Argument, daß auch die nachströmende Luft eine Leere zurücklassen müßte, in die ebenfalls die dahinter befindliche Luft nachströmen sollte usw. ... So müßte schließlich der sich bewegende Körper das gesamte hinter ihm liegende Weltall in Bewegung versetzen, was offenbar unmöglich ist.

2. Der sich bewegende Körper überträgt an die umgebende Luft sein Bewegungsvermögen *(virtus movens)*, das schließlich die Bewegung aufrechthält. Dieser Lösungsansatz wurde bereits im Kapitel 1.3 dargestellt.

BURIDAN kritisiert beide Auffassungen. Seine Kritik ist zum einen deshalb bemerkenswert, weil sich in ihr eine *kritische Einstellung* zu ARISTOTELES überhaupt äußert, zum anderen aber, weil sich BURIDAN auf wohlbekannte Alltagsbeobachtungen beruft. Gerade deshalb lohnt es sich, seinen Gedankengang in aller Ausführlichkeit darzulegen. Besondere Beachtung verdient das Argument, daß ein Wurfspeer mit einer sehr scharfen Spitze am hinteren Ende sicher mindestens genausoweit geworfen werden kann wie ein anderer Körper, obwohl er von der Luft weit weniger nach vorn gedrückt werden kann. Auch ein Schiff kann sich nach dem Aussetzen des Antriebs noch lange Zeit bewegen, obwohl jeder auf dem Schiffsdeck spüren kann, daß die Luft die Bewegung keineswegs fördert, sondern eher hemmt.

Nach BURIDAN wird einem Körper im Moment des Abwurfes ein bestimmter *impetus* erteilt, der ihn dann zu der weiteren Bewegung befähigt *(Zitat 2.4–5)*. Aus der Argumentation BURIDANS läßt sich sogar — wenn auch nicht klar und eindeutig — ablesen, daß der Impetus proportional zur Masse und zur Geschwindigkeit des Körpers angesetzt wird. Damit läßt sich aber der Impetus in einen gewissen Zusammenhang mit unserem heutigen Impulsbegriff bringen. Ein großer Fortschritt besteht auch darin, daß BURIDAN den Impetus für etwas Bleibendes, nicht von allein Vergehendes angesehen hat, zu dessen *Vernichtung* ein besonderer Widerstand benötigt wird. Nach BURIDAN verlieren Körper schließlich ihren Impetus, weil sie bei ihrer Bewegung ständig einen Widerstand überwinden müssen. Er hat seinen Ansatz auch auf die Himmelsmechanik übertragen und ausgesagt, daß zur Bewegung der Himmelssphären keine überirdischen Wesen benötigt werden, wie das von der mittelalterlichen Theologie unter Berufung auf ARISTOTELES behauptet wird, weil wegen des Fehlens eines jeglichen Bewegungswiderstandes der bei der Schöpfung erteilte Impetus ewig erhalten bleibt. BURIDANS Gedanken sind in zweierlei Hinsicht von Bedeutung. Zum einen können wir darin den Keim des Trägheitsgesetzes sehen, zum anderen ist die Darstellung *der Himmelsbewegung als Spezialfall der irdischen Bewegungen* für verschwindende Widerstandskraft ein kühner Schritt, da BURIDAN hier *himmlische und irdische Bewegungen den gleichen Gesetzmäßigkeiten unterwirft*. Dieser Schritt bedeutet einen entscheidenden und auch erfolgreichen Angriff auf die hierarchische Ordnung des aristotelischen Weltbildes, in dem Himmel und Erde streng voneinander getrennt sind.

BURIDAN wendet seine Impetustheorie auch auf das Problem des freien Falles an. Nach LAUE *(Geschichte der Physik. 1947)* ist die Impetustheorie auch deshalb bedeutsam, weil sie nicht nur die Frage nach dem Bewegungsantrieb eines Körpers auf seiner Flugbahn hervorragend beantwortet, für die sie ursprünglich gedacht war, sondern weil auch eine Reihe anderer Probleme damit gelöst werden kann. So läßt beim freien Fall die Gravitation den Impetus immer weiter anwachsen, da der einmal erworbene Impetus erhalten bleibt; dieser Impetus ist die Ursache für die Bewegung des Körpers. Fügen wir nun, wie das auch BURIDAN getan hat, diesen Gedankengang wieder in den aristotelischen Rahmen ein, so daß die Geschwindigkeit proportional zur Bewegungskraft (Bewegungsursache) angesetzt werden kann, dann muß die Geschwindigkeit dem anwachsenden Impetus proportional sein und folglich selbst anwachsen.

Wir sehen, daß man mit einer Verknüpfung aristotelischer und nichtaristotelischer Elemente zu Auffassungen gelangen kann, die den heutigen sehr nahe kommen.

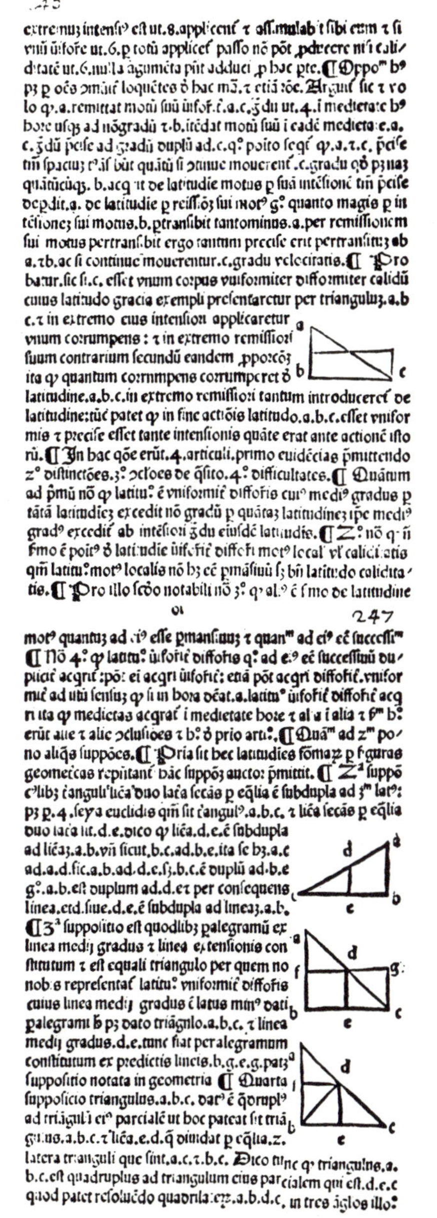

2.4.6 Die Physik in der Astronomie

Im 14. Jahrhundert hat man sich natürlich auch mit Fragen der Astronomie auseinandergesetzt. Für die messende Astronomie, die in erster Linie für die Astrologie unentbehrlich war, hatte das ptolemäische System im allgemeinen eine befriedigende Genauigkeit. Die führenden Gelehrten begannen aber, sich über die (geometrische) Beschreibung der Himmelsbeobachtungen hinaus auch für physikalische Fragestellungen zu interessieren. So hat

Abbildung 2.4–9
Faksimilia dreier Seiten aus dem Buch von *Oresme* Inkunabel, Bischöfliche Bibliothek, Székesfehérvár

Zitat 2.4–4
Wo Heloïse fromm und süß,
Um den Esbaillart sich entmannte,
Die Kutte nahm in Saint Denis?
Welch Liebesleid sie darum brannte!
Wo ist Margret, die Böses plante
Und Buridan vom Mauerloch
In einem Sack zur Seine sandte?
Wo ist der Schnee vom Vorjahr doch?
VILLON: *Ballade des Dames du temps jadis.*
Deutsch von *Martin Löpelmann*. München–Wien 1942

Zitat 2.4-5

Darum scheint mir, wir müssen schließen, daß ein Beweger, wenn er einen Körper bewegt, diesem einen bestimmten Impetus aufdrückt, eine bestimmte Kraft, die diesen Körper in der Richtung weiterzubewegen vermag, die ihm der Beweger gegeben hat, sei es nach oben, nach unten, seitwärts oder im Kreis. Der mitgeteilte Impetus ist in dem gleichen Maße kraftvoller, je größer der Aufwand an Kraft ist, mit dem der Beweger dem Körper Geschwindigkeit verleiht. Durch diesen Impetus wird der Stein weiterbewegt, nachdem der Werfer aufgehört hat, ihn zu bewegen. Aber wegen des Widerstandes der Luft und auch der Schwerkraft des Steins, die ihn ständig in eine dem Streben des Impetus entgegengesetzte Richtung zwingen möchte, wird der Impetus immer schwächer. Darum muß die Bewegung des Steines allmählich immer langsamer werden. Schließlich ist der Impetus so weit geschwächt oder vernichtet, daß die Schwerkraft des Steines überwiegt und den Stein abwärts zu seinem natürlichen Ort bewegt.

Man kann, glaube ich, diese Erklärung akzeptieren, weil die anderen Erklärungen nicht richtig zu sein scheinen, während alle Phänomene mit dieser übereinstimmen.

Denn wenn man fragt, warum ich einen Stein weiter werfen kann als eine Feder und warum ein Stück Blei oder Eisen der Hand genehmer ist als ein Stückchen Holz gleicher Größe, so sage ich: Der Grund liegt darin, daß in der Materie und durch sie alle Formen und natürlichen Neigungen aufgenommen sind. Je größer also die Masse an Materie ist, die der Körper enthält, desto mehr an Impetus kann er aufnehmen und desto größer ist die Intensität, mit der er ihn aufnehmen kann. Nun ist in einem dichten, schweren Körper mehr materia prima enthalten als in einem lockeren, leichten, auch wenn alles andere übereinstimmt. Darum empfängt ein dichter, schwerer Körper mehr Impetus und nimmt ihn mit größerer Intensität auf (als ein lockerer, leichtet Körper). Gleicherweise kann eine bestimmte Masse Eisen mehr Hitze aufnehmen als die gleiche Menge Holz oder Wasser. Eine Feder bekommt einen so schwachen Impetus, daß dieser alsbald vom Luftwiderstand zerstört wird; wenn man ein leichtes Stück Holz und ein schweres Stück Eisen von gleicher Größe und Gestalt mit gleicher Geschwindigkeit wirft, so wird das Stück Eisen weiter fliegen, weil der ihm verliehene Impetus stärker ist und nicht so schnell abnimmt wie der schwächere Impetus. Aus dem gleichen Grunde ist es schwerer, ein großes Mühlrad mit großer Drehgeschwindigkeit zum Halten zu bringen als ein kleineres Rad. Auch wenn alles übrige gleich ist, hat doch das größere Rad mehr Impetus als das kleinere. Und darum kann man auch einen Stein von einem oder einem halben Pfund Gewicht weiter werfen, als den tausendsten Teil dieses Steines. In diesem Tausendstel ist der Impetus so gering, daß er sehr schnell vom Luftwiderstand ausgelöscht wird.

Darin scheint mir auch der Grund zu liegen, weshalb der natürliche Fall eines schweren Körpers eine ständige Beschleunigung erfährt. Zu Beginn des Falles bewegte allein die Schwerkraft den Körper: er fiel langsamer. Aber im Verlauf des Bewegens teilte diese Schwerkraft dem schweren Körper einen Impetus mit, der zugleich mit der Schwerkraft den Körper bewegt. Daher wird die Bewegung schneller, und in dem Maße, wie sie schneller wird, wächst der Impetus. Es ist offensichtlich, daß die Bewegung stetig beschleunigt wird.

Jeder, der weit springen will, nimmt einen langen Anlauf, damit er schneller laufen kann und dadurch einen Impetus gewinnen kann, der ihn beim Sprung eine lange Strecke trägt. Im Laufen und Springen fühlt er sich keineswegs von der Luft bewegt; er empfindet vielmehr die Luft vor sich als starken Widerstand.

Nirgendwo findet man in der *Bibel,* daß es Intel-

---

man unter anderem die Frage aufgeworfen, inwieweit die Erde tatsächlich als Kugel angesehen werden kann; Möglichkeiten zur Beantwortung dieser Frage wurden diskutiert. ALBERTUS DE SAXONIA (ALBERT VON SACHSEN, gest. 1390), der 1353 Rektor an der Pariser Universität war, wies in seiner Arbeit *Acutissimae questiones* darauf hin, daß man die Abweichungen der Erde von der Kugelform bestimmen könnte, indem man auf unterschiedlichen Breitenkreisen den Abstand zweier benachbarter Längengrade mißt *(Abbildung 2.4-10)*. Bedeutsam sind auch seine Betrachtungen zum freien Fall, bei denen er den Geschwindigkeitszuwachs einmal proportional zur Fallstrecke und einmal proportional zur Fallzeit gesetzt hat. Die sich daraus ergebende Folgerung, nach der der Körper nach einer sehr langen Fallzeit eine unendlich große Geschwindigkeit erreicht, befriedigte ihn jedoch nicht. Er kam zu dem Schluß, daß der Widerstand im Verlaufe der Bewegung schneller als der Impetus anwachsen muß, so daß die Geschwindigkeit im Endzustand einen bestimmten Wert nicht überschreitet.

Es tauchte auch die Frage auf, wie genau der Erdmittelpunkt mit dem Mittelpunkt des Weltalls zusammenfällt. Man stellte nämlich richtig fest, daß sich die Lage des Erdmittelpunktes verändert, wenn infolge von Naturerscheinungen auf der Erdoberfläche größere Massen bewegt werden. Verschiedene Phänomene, die sich aus der Kugelförmigkeit der Erde ergeben, wurden häufig ihrer Bedeutung entsprechend gesehen; in anderen Fällen machte man gewissermaßen einen Sport aus der Aufzählung derartiger „Effekte", die wegen ihrer verschwindenden Größenordnung nur im Prinzip vorhanden sind. So stellte man richtig fest, daß Lote an verschiedenen Orten der Erdoberfläche nicht parallel zueinander hängen, da sie auf den Erdmittelpunkt weisen. Nebeneinanderstehende Türme sollten ebenfalls ein wenig gegeneinander geneigt sein, und der Durchmesser eines unter Verwendung von Loten vermessenen Brunnenschachtes sollte in der Tiefe kleiner sein als an der Erdoberfläche. Es wurde sogar die juristische Spitzfindigkeit diskutiert, daß Ausschachtungsarbeiten an einer Grundstücksgrenze nicht senkrecht zur Erdoberfläche ausgeführt werden dürften, weil damit das Nachbargrundstück untergraben wird. Bemerkt werden soll an dieser Stelle, daß beim Bau der Stützpfeiler der Golden-Gate-Brücke über die San Francisco Bay die von der Erdkrümmung herrührenden Abweichungen tatsächlich zu berücksichtigen waren *(Abbildung 2.4-11)*.

Auch die Argumente, die für oder gegen eine Eigendrehung der Erde um ihre Achse sprechen, wurden diskutiert. Wir können hier noch einmal auf NICOLE D'ORESME verweisen. Er widerlegte der Reihe nach alle von ARISTOTELES gegen die Eigendrehung der Erde vorgebrachten Argumente und bewies sehr überzeugend die Realität der Drehung. Seine Argumentation ist wiederum sehr bedeutsam, weil er sich ein weiteres Mal der aristotelischen Auffassung widersetzte und außerdem einen neuen, positiven Gedanken aufwarf: Er stellte bei seiner Widerlegung der aristotelischen Auffassung fest, daß Beobachter nur Relativbewegungen wahrnehmen können. Daraus folgt aber, daß die Beschreibung sowohl der irdischen Bewegungen als auch der Himmelsbewegungen völlig unabhängig davon ist, ob wir von einer Drehung der Erde um ihre Achse ausgehen oder von einem Umlauf des Sternhimmels um die Erde. Vergleichen wir diese Gedanken mit den 300 Jahre später von GALILEI geäußerten, so fällt deren große Ähnlichkeit auf. D'ORESME widerlegte nicht nur die von ARISTOTELES vorgebrachten Einwände gegen die Erdrotation, sondern auch die aus der *Bibel,* vor allem die aus dem Buch JOSUA folgenden *(Zitat 2.4-6)*. Er konstatierte, daß sehr viele Aussagen der *Bibel* nur als Gleichnisse anzusehen sind und zitierte zum Beweis eine Reihe von Bibelstellen. Hierin stimmt er wieder weitgehend mit GALILEI überein *(Zitat 2.4-7)*. Das Schicksal beider ist aber sehr verschieden gewesen: D'ORESME ist in der kirchlichen Hierarchie sehr hoch aufgestiegen und als Bischof von Lisieux gestorben, GALILEI aber hat seine Lehren widerrufen müssen.

2.4.7 Ergebnisse

Die Hauptstoßrichtung des Angriffes gegen das aristotelische System und die Entwicklungsrichtung der Mechanik fielen im Mittelalter zusammen, deshalb soll in unserem Buch den Begriffen und Gesetzmäßigkeiten der Mechanik ein besonders breiter Raum gewidmet werden.

In der Statik wurde das Prinzip der virtuellen Arbeit auf bestimmte, keineswegs ganz triviale Fälle erfolgreich angewendet. Mit dem Drehmoment wurde praktisch gerechnet, auch wenn der Begriff selbst nicht völlig geklärt war. Es wurde die Kraftkomponente bestimmt, die einen Körper auf der schiefen Ebene den Hang hinab zu bewegen versucht (Hangabtriebskraft).

Wir haben bisher nicht erwähnt, daß in Ergänzung der von den Arabern überlieferten archimedischen Erkenntnisse zur Hydrostatik auch der Begriff des spezifischen Gewichtes geklärt wurde.

In der Bewegungslehre wurden die Gesetzmäßigkeiten der gleichförmigen und der gleichmäßig beschleunigten Bewegung abgehandelt. Die konstante Geschwindigkeit, die mittlere Geschwindigkeit sowie die Momentangeschwindigkeit wurden – genauso wie heute üblich – eingeführt *(Zitat 2.4–8)*. Ein herausragendes Ergebnis auf diesem Gebiet ist die Erkenntnis der Relativität der Bewegung. Die Geschwindigkeit beim freien Fall wurde teils proportional zur Fallzeit, teils proportional zur Fallstrecke angesetzt. (Natürlich widersprechen diese beiden Ansätze einander.)

Mit der Einführung des Impetusbegriffes war es nicht mehr nötig, bei jeder Bewegung einen unmittelbaren Kontakt mit einem Beweger vorauszusetzen. Mit der Gleichsetzung der auf der Erde und am Himmel wirkenden Gesetzmäßigkeiten wurde es möglich, die Bewegung der Himmelskörper der Erhaltung ihrer Anfangsimpulse zuzuschreiben; diese Aussage hat den Weg zu einer genauen Formulierung des Inertialgesetzes geebnet. Die Argumente, die für und gegen eine Eigenrotation der Erde vorgebracht werden können, wurden im Geiste des 17. Jahrhunderts diskutiert.

Es soll jedoch betont werden, daß die Möglichkeit einer Bahnbewegung der Erde um die Sonne *nicht* untersucht wurde. Es ist ausschließlich das Verdienst von KOPERNIKUS, diesen klassischen Gedanken wiedererweckt zu haben.

2.4.8 Nicole d'Oresme über die Bewegung der Erde

Es scheint mir jedoch mit dem nötigen Vorbehalt möglich, die obige Meinung, daß nämlich die Erde in täglicher Bewegung sei und der Himmel nicht, zu vertreten und in einem günstigen Licht darzustellen. Ich möchte erstens festhalten, daß man mit keiner Beobachtung das Gegenteil beweisen könnte, zweitens, daß dies auch mit Argumenten nicht möglich ist, und drittens werde ich erklären, weshalb. Was den ersten Punkt betrifft, so gibt es eine Beobachtung: Wir sehen mit unseren Augen die Sonne und den Mond und mehrere Sterne täglich auf- und untergehen und einige um den Nordpol kreisen. Dies ist nur möglich durch die Bewegung des Himmels, wie im XVI. Kapitel gezeigt wurde. Folglich ist der Himmel in täglicher Umlaufbewegung. Ein anderes Argument ist dieses: Wenn die Erde sich so bewegt, macht sie in einem Tag eine volle Umdrehung, und damit bewegen wir und die Bäume und Häuser uns sehr schnell gegen Osten, und so schiene es uns, daß die Luft und der Wind immer stark aus Richtung Osten bliese und lärmte wie gegen den Bolzen einer Armbrust oder noch viel stärker; die Erfahrung aber zeigt, daß das Gegenteil zutrifft. Das dritte Argument ist jenes von PTOLEMÄUS: Wenn jemand sich in einem Schiff schnell gegen Osten bewegte und einen Pfeil gerade in die Höhe schösse, so würde der Pfeil nicht ins Schiff zurück, sondern weit vom Schiff weg in Richtung Westen fallen. Desgleichen, wenn sich die Erde sehr schnell von Westen nach Osten bewegt und man annimmt, daß jemand einen Stein gerade nach oben würfe, so müßte dieser nicht an seinen Ausgangspunkt, sondern weiter westlich zurückfallen; das Gegenteil aber ist richtig. Es scheint mir, daß meine Meinung zu diesem Argument auch die Antwort auf andere ähnlicher Art sein könnte. Deshalb stelle ich zunächst einmal fest, daß die ganze körperliche Maschine, nämlich die ganze Masse aller Körper der Welt, in zwei Teile geteilt ist: Der eine Teil ist der Himmel mit der Sphäre des Feuers und der höheren Region der Luft, und dieser ganze Teil ist nach ARISTOTELES im ersten Buch seiner *Meteorologie* in täglichem Umlauf. Der andere Teil ist alles übrige, das heißt die mittlere und tiefe Region der Luft, das Wasser, die Erde und die gemischten Körper, und dieser Teil ist nach ARISTOTELES nicht in täglicher Bewegung. Nun nehme ich an, daß eine örtliche Bewegung nur wahrgenommen werden kann, wenn ein Körper in bezug auf einen zweiten Körper eine andere Stellung einnimmt. Wenn sich zum Beispiel ein Mann in einem Boot

ligenzen gibt, die beauftragt sind, den Himmelskörpern die ihnen eigenen Bewegungen mitzuteilen; also ist es zulässig, zu zeigen, daß die Annahme solcher Intelligenzen durchaus nicht notwendig ist. Man könnte wohl sagen, daß Gott, als er das Weltall erschuf, jeden Himmelskörper nach seinem Gefallen in Bewegung setzte, indem er jedem einen Impetus mitgab, der ihn seither bewegt. Gott braucht diese Himmelskörper darum jetzt nicht mehr zu bewegen, abgesehen von seinem allwaltenden Einfluß, der das Zusammenspiel aller Phänomene bewirkt. Also konnte er am siebten Tage ausruhen von dem vollbrachten Werk und die Geschöpfe ihren wechselseitigen Ursachen und Wirkungen überlassen. Dieser Impetus, der Gott den Himmelskörpern verlieh, ist im Laufe der Zeit weder abgeschwächt noch ausgelöscht worden, weil in Himmelskörpern keinerlei Neigung zu anderen Bewegungen besteht und weil kein Widerstand da ist, der den Impetus verschlechtern oder behindern könnte. Ich möchte all das nicht als Gewißheit hinstellen; wohl aber möchte ich die Theologen bitten, mich zu belehren, wie diese Dinge vor sich gehen können.
JEAN BURIDAN: *Questiones Super Octo Libros Physicorum.* Buch 8, Frage 12. Zitiert nach A. Crombie: *Von Augustinus bis Galilei.* München 1977

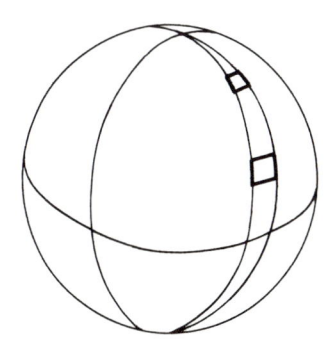

Abbildung 2.4–10
Im Mittelalter wußte man nicht nur, daß die Erde kugelförmig ist, sondern gab auch Methoden an, um die Abweichungen von der genauen Kugelgestalt zu bestimmen. 400 Jahre später unternahm es dann *Maupertuis*, die Messung durchzuführen

Zitat 2.4–6
Damals redete Josua mit dem Herrn an dem Tage, da der Herr die Amoriter vor den Kindern Israel dahingab, und er sprach in Gegenwart Israels: Sonne steh still zu Gibeon, und Mond, im Tal Ajalon! Da stand die Sonne still und der Mond blieb stehen, bis sich das Volk an seinen Feinden gerächt hatte. Ist dies nicht geschrieben im Buch des Redlichen? So blieb die Sonne stehen mitten am Himmel und beeilte sich nicht unterzugehen fast einen ganzen Tag. Und es war kein Tag diesem gleich, weder vorher noch danach, daß der Herr so auf die Stimme eines Menschen hörte; denn der Herr stritt für Israel. Josua aber kehrte ins Lager nach Gilgal zurück und ganz Israel mit ihm.
DIE BIBEL. *Josua* 10

Zitat 2.4–7
Wenn man sich bei der Auslegung der *Bibel* immer nur an die bloße wörtliche Bedeutung hielte, würde man daher oft in einen Irrtum verfallen. Man könnte nicht nur Widersprüche und Sätze, die bei weitem nicht richtig sind, sondern auch schwere

153

Ketzereien und Narrheiten in ihr aufzeigen. So müßte man Gott Hände, Füße, Augen zuschreiben, sogar körperliche und menschliche Empfindungen und Gefühle, wie Zorn, Reue, Haß, manchmal sogar das Vergessen der Vergangenheit und Unwissenheit über die Zukunft. ... Aus diesem Grund scheint mir, daß keine physikalische Aussage über irgend etwas, was sich als sinnliche Erfahrung vor unseren Augen abspielt, oder durch zwingende Argumentation bewiesen werden kann, unter Berufung auf Zitate aus der *Bibel* bezweifelt, geschweige denn verurteilt werden sollte, da diese Zitate einen ganz anderen Sinn der Worte beinhalten können.
GALILEI: *Brief an Großherzogin Christina*

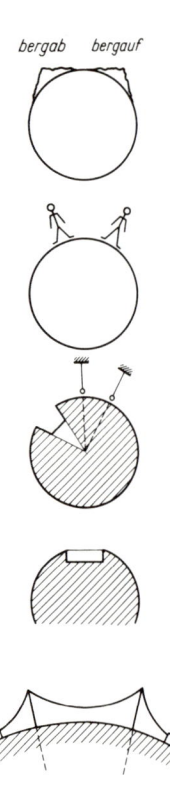

Abbildung 2.4–11
Das richtige physikalische Konzept diente oft nur als Ausgangspunkt für spitzfindige logische und juristische Disputationen

Zitat 2.4–8
Man kann sich auch eine weitere Folge vorstellen, denn jede Geschwindigkeit kann an Intensität zunehmen oder abnehmen. Die stetige Zunahme der Intensität nennt man Beschleunigung, und in der Tat kann diese Beschleunigung schneller oder langsamer vor sich gehen. So kann es dann manchmal vorkommen, daß die Geschwindigkeit zunimmt, aber die Beschleunigung abnimmt, ein anderes mal nehmen beide zugleich zu. Ähnlicherweise findet die Beschleunigung selbst manchmal gleichmäßig, manchmal ungleichmäßig statt und auf verschiedene Arten.
NICOLE D'ORESME: *De configurationibus.* GRANT [2.8] p. 250

a befindet, welches sich sehr gleichmäßig, schnell oder langsam fortbewegt, und dieser Mann nichts anderes als ein zweites Schiff b sieht, welches sich genau gleich fortbewegt wie Schiff a, in dem er sich befindet, so wird es diesem Mann scheinen, daß keines der beiden Schiffe sich fortbewegt. Und wenn a stillsteht und b sich fortbewegt, so scheint es ihm, daß b sich fortbewegt, und wenn a sich fortbewegt und b stillsteht, so scheint es ihm wie vorhin, daß a stillsteht und b sich fortbewegt. Und wenn a eine Stunde lang stillstünde und b sich fortbewegte und darauf während der folgenden Stunde das Umgekehrte der Fall wäre, so könnte der Mann diesen Wechsel oder diese Veränderung nicht wahrnehmen, sondern er hätte immer den Eindruck, b bewegte sich; diese Tatsache ist aus der Erfahrung bekannt. Der Grund dafür liegt darin, daß die beiden Körper a und b in ständiger Beziehung zueinander sind, so daß b stillsteht, wenn a sich bewegt, und umgekehrt a stillsteht, wenn b sich bewegt. Im 4. Buch der *Perspektive* von WITELO steht, daß wir eine Bewegung erst dann wahrnehmen, wenn wir bemerken, daß ein Körper in bezug auf einen zweiten Körper eine andere Stellung einnimmt. Ich sage deshalb, daß wenn der obere der beiden erwähnten Weltteile heute — wie es geschieht — in täglicher Umlaufbewegung ist, und der untere nicht, und es morgen umgekehrt wäre, so daß der untere Teil sich bewegte und der obere, d. h. der Himmel, stillstünde, daß wir dann diesen Wechsel nicht bemerken könnten, sondern alles ein und dasselbe zu sein schiene, heute und morgen. Und wir hätten immer den Eindruck, daß der Teil, auf dem wir uns befinden, ruhte und der andere sich bewegte, so wie jemand in einem fahrenden Schiff glaubt, die Bäume bewegten sich. Und so wäre es auch, wenn jemand im Himmel wäre, angenommen, er sei in täglicher Umlaufbewegung, und er, mit dem Himmel fortbewegt, die Erde und die Berge, Täler, Flüsse, Städte und Schlösser klar und deutlich sähe, so hätte er den Eindruck, die Erde sei in täglicher Umlaufbewegung, so wie wir auf der Erde es vom Himmel glauben. Und wenn die Erde in täglichem Umlauf wäre und der Himmel nicht, schiene es uns auch, sie stehe still und der Himmel bewege sich. Jeder, der über gesunde Urteilskraft verfügt, kann sich das leicht vorstellen. Dies ist die klare Antwort auf das erste Argument, denn wir könnten sagen, daß es scheint, die Sonne und die Sterne gingen auf und unter und der Himmel bewege sich wegen der Bewegung der Erde und der Elemente, auf denen wir leben. Die Antwort auf das zweite Argument scheint die zu sein, daß sich die Erde nicht allein dreht, sondern, wie wir festgestellt haben, mit ihr das Wasser und die Luft, wenn auch das Wasser und die Luft hier unten außerdem noch durch den Wind und andere Kräfte bewegt werden können. Und wenn in einem fahrenden Schiff Luft eingeschlossen ist, scheint es dementsprechend einem, der sich in dieser Luft drin befindet, daß sie sich nicht bewegt. Was das dritte Argument betrifft, welches komplizierter scheint und davon handelt, daß ein Pfeil oder Stein in die Luft geworfen wird, so könnte man sagen, daß der in die Höhe geschossene Pfeil sehr schnell mit der Luft, die er durchdringt, nach Osten bewegt wird, mit der ganzen Masse des erwähnten untern Teils der Welt, die in täglicher Umlaufbewegung ist; deshalb fällt der Pfeil an seinen Ausgangspunkt zurück. Dies scheint so möglich zu sein; denn wenn sich jemand in einem schnell gegen Osten fahrenden Schiff befände, ohne daß er die Bewegung wahrnähme und er mit seiner Hand eine gerade Linie den Schiffsmast entlang hinunterzöge, so schiene es ihm, seine Hand mache eine gerade Bewegung; und so scheint es uns auch mit dem Pfeil, der gerade hinauf- oder hinunterschießt. Desgleichen können, wie gesagt, im fahrenden Schiff Längs-, Quer-, Aufwärts-, Abwärts- und andere Bewegungen stattfinden, sie scheinen immer gleich zu sein, wie wenn das Schiff stillsteht. Wenn deshalb jemand in diesem Schiff weniger schnell nach Westen geht, als es nach Osten fährt, so scheint es ihm, er nähere sich dem Westen, und er geht doch gegen Osten.
NICOLE D'ORESME. SAMBURSKY [0.7]

2.5 Die mittelalterliche Naturphilosophie

2.5.1 Glaube, Autorität und Wissenschaft

Der dem Menschen vom Glauben im Mittelalter zugewiesene Platz im All ist auf der Erde, dem „irdischen Jammertal". Die Erde war jedoch auch das Zentrum des Weltalls, das für den Menschen geschaffen wurde und sich um ihn sowohl im physikalischen als auch im übertragenen Sinne des Wortes drehte. Der Mensch hatte während seines irdischen Lebens die Aufgabe, sich auf das jenseitige Leben vorzubereiten, indem er Gott kennenzulernen suchte, ihn ehrte und ihm diente. Bei Beachtung der göttlichen Gebote konnte er im Jenseits der ewigen Seligkeit teilhaftig werden. Die göttliche Offenbarung hatte die Absichten und Gebote Gottes kundgetan, es bedurfte jedoch der von Kirchenvätern und Kirchenkonzilen gegebenen Interpretationen, um sie auf das tägliche Leben anwenden zu können. Als Richtschnur für den Alltag dienten also die „Autoritäten", zu denen im 13. Jahrhundert auch ARISTOTELES zählte *(Zitat 2.5 – 1)*.

Es erhebt sich die Frage, ob in einem so weitgehend geregelten All *(Abbildung 2.5 – 1)* überhaupt philosophische Fragestellungen möglich sind. Können in diesem Gedankengebäude neben der Autorität auch Verstand, Vernunft, Ratio und vielleicht sogar Beobachtung und Experiment eine Aufgabe erfüllen? Die letztgenannten sind ja gerade das A und O jeder modernen naturwissenschaftlichen Forschung; von ihnen geht jede Erkenntnis aus, und in sie mündet schließlich auch wieder jede Erkenntnis.

Im vorigen Kapitel haben wir bereits die im Mittelalter erzielten wissenschaftlichen Ergebnisse kennengelernt, so daß wir die soeben gestellte Frage zweifelsohne mit Ja beantworten können. Wir untersuchen nun weiter, ob in einem auf den Glauben gegründeten Weltgebäude die Wissenschaft mehr als ein Fremdkörper sein kann, ob sie sich mit den wesentlichen Elementen der mittelalterlichen Weltanschauung in Einklang bringen läßt.

Zunächst soll darauf hingewiesen werden, daß es hinsichtlich der logischen Struktur einer Theorie keinen Unterschied macht, ob man die einmal festgelegten Auffassungen irgendwelcher „Autoritäten" auf konkrete Einzelfälle des täglichen Lebens anwendet oder ob man sich von dem im Kapitel 0.2 dargestellten allgemeinen Schema der wissenschaftlichen Arbeit leiten läßt. Nach diesem Schema geht man nämlich auch von Axiomen, d. h. bestimmten grundlegenden Erfahrungstatsachen, aus und versucht, diese mit Hilfe festgelegter Verfahrensregeln auf Einzelfälle anzuwenden. In jedem Falle spielt die Logik, ein wichtiger Zweig der Philosophie, mit den von ihr entwickelten logischen Methoden sowie der Beweistheorie eine bedeutende Rolle. Das Grundproblem der logischen Strukturen führt letztlich auf die

Zitat 2.5 – 1
Als ich die Brauen hob ein wenig höher,
  Sah ich den Meister derer, die da wissen,
  In einem Kreis von Philosophen sitzen.
Alle bewundern ihn, es ehrt ihn jeder.
  Dort konnt ich *Sokrates* und *Plato* sehen,
  Die ihm vor allen andern nahe standen.
Demokritus, für den die Welt ein Zufall,
  Diogenes, Anaxagoras und *Thales,*
  Empedokles und *Heraklit* und *Zeno.*
Ich sah den, der die Eigenschaften kannte,
  Ich meine *Dioskorides*, und *Orpheus*,
  Und *Tullius, Linus, Seneca,* den Weisen,
Euklid, den Geometer, *Ptolemäus*,
  Hippokrates, Galien und *Avicenna,*
  Averroës, den großen Kommentator.

DANTE: *Die Göttliche Komödie. Hölle.* Übersetzt von *Hermann Gmelin.* Stuttgart 1949

Abbildung 2.5 – 1
Der mittelalterliche Kosmos, wie ihn *Dante* in seiner *Commedia divina* darstellt (*Botticellis* Illustration)

Beatrice sah empor, ich auf Beatrice.
  Und wohl so schnell als schon ein Pfeil getroffen,
  Wenn er im Flug sich losreißt von dem Bogen,
Sah ich mich dort, wo wunderbare Dinge
  Das Auge auf sich lenkten, weshalb jene,
  Der keine meiner Regungen verborgen,
Sich zu mir wandte, also schön wie fröhlich:
  „Richt deinen Geist voll Dank zu Gott", so sprach sie,
  „Er hat zum ersten Sterne uns geleitet."

Wie nun die Macht der heißen Sonnenstrahlen
  Vom Schnee befreien muß den nackten Boden
  Und von der Kälte und des Winters Farbe,
So will ich deinem winterlichen Geiste
  Mit einem solch lebendigen Lichte helfen,
  Daß es dir flimmern wird vor deinen Augen.
Im Innern von des Gottesfriedens Himmel
  Dreht sich ein Körper und in dessen Kräften
  Ruht alles noch in ihm beschloßne Wesen.
Der Himmel, der ihm folgt so vielgestaltet,
  Teilt dieses Wesen in verschiedne Formen,
  Von ihm verschieden und in ihm enthalten.
Die nächsten Sphären müssen dann verschieden
  Die Unterschiede, die sie in sich tragen,
  Zu ihrem Zweck und ihren Saaten leiten.
So regen, wie du nunmehr hast gesehen,
  Die Glieder dieser Welt sich stufenweise
  Von oben nehmend und nach unten wirkend.
Bedenk nun wohl, wie ich auf diesem Wege
  Zur Wahrheit, die du suchst, dich führen werde,
  Damit du später selbst die Fährte findest.
Die Regung und die Kraft der heiligen Kreise
  Muß, wie aus Schmiedes Hand die Kunst des Hammers,
  Den seligen Bewegern selbst entspringen.
Der Himmel, den so viele Lichter schmücken,
  Muß von dem tiefen Geiste, der ihn leitet,
  Sein Bild und seine Prägung selbst empfangen.

Dante Alighieri: *Die göttliche Komödie. Das Paradies. 2. Gesang.* Deutsch von *Hermann Gmelin*

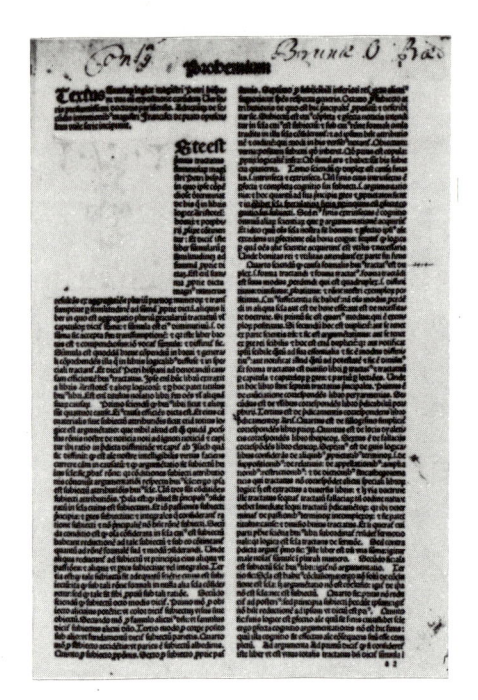

Abbildung 2.5–2
Petrus Hispanus: Summulae logicales
Inkunabel, 1487, Bischöfliche Bibliothek, Székesfehérvár

Zitat 2.5–2
… unser Glauben kann also durch rationelle Argumentationen nicht bewiesen werden, da er den menschlichen Verstand übersteigt; er kann aber auch nicht widerlegt werden durch rationale Argumentation in Anbetracht seiner Richtigkeit. Wenn wir also über unsere Glaubenssätze diskutieren, sollte unser Bestreben dahin gehen, unseren Glauben zu verteidigen und nicht zu beweisen.
THOMAS VON AQUINO

Zitat 2.5–3
Denn ein andres ist es, zu untersuchen, wie in Wirklichkeit die Schöpfung einst verlief, ein anderes, was mit diesen Worten Moses, der treue Diener deines Glaubens, dem Leser und dem Hörer sagen wollte. Bezüglich des ersteren scheid ich mich von allen denen, die da glauben, das Rechte zu wissen, und die doch nur das Falsche wissen können. Bezüglich des zweiten scheid ich mich von allen denen, die da glauben, Moses könne etwas Irriges gesprochen haben.
AUGUSTIN: *Bekenntnisse*. Deutsch von *Hermann Hefele*.

Frage nach der Verträglichkeit und inneren Widerspruchsfreiheit der zugrundeliegenden Axiome bzw. Ausgangsannahmen. Darüber hinaus interessiert aber auch die Vollständigkeit des Axiomensystems, wenn innerhalb der Struktur jede beliebige Frage beantwortbar sein soll. Wir können feststellen, daß man im Mittelalter die sich bietenden Möglichkeiten weitestgehend genutzt hat. Nachdem ABÉLARD (1079–1142) in seinem Werk *Sic et non* (Ja und Nein) die widersprüchlichen Auffassungen der Kirchenväter zu den gleichen Fragen zusammengestellt hatte, diskutierte man deren Verträglichkeit bzw. Unverträglichkeit, um so auf philosophischem Wege die Widerspruchsfreiheit des Axiomensystems zu klären. Wir haben auch bereits erwähnt, daß Diskussionen und Streitgespräche zum normalen Lehrplan der Universitäten gehörten, wobei es das Ziel war, aus einer vorgegebenen Prämisse alle logisch möglichen Schlußfolgerungen zu ziehen und sie in ein vorhandenes Gedankengebäude einzufügen oder sie mit anderen Aussagen in Einklang zu bringen. Auf diese Weise ist im Mittelalter die antike Logik nicht nur wiedererweckt, sondern auch um neue Elemente bereichert worden. Damit wurde jedoch auch – gewollt oder ungewollt – das Rüstzeug der Naturwissenschaften bereichert.

Der 1276 unter dem Namen JOHANNES XXI. zum Papst gekrönte PETRUS HISPANUS schrieb als Professor an der Universität von Paris ein Lehrbuch mit dem Titel *Summulae logicales (Abbildung 2.5–2)*. Auch das Buch *Perutilis logica* von ALBERT VON SACHSEN enthält eine Reihe moderner Fragestellungen. PAULUS VENETUS legte zu Beginn des 15. Jahrhunderts in der *Logica magna* die Ergebnisse der Logik des Mittelalters detailliert dar, wobei er auch auf die Paradoxien einging.

Für die Philosophie eröffnet sich noch ein weiterer Wirkungskreis: Es war zu untersuchen, bis zu welchem Grade die grundlegenden Glaubenssätze, die Dogmen, dem gesunden Menschenverstand zugänglich sind und wie weit sie unter Umständen mit Hilfe der Ratio, des Verstandes, abgeleitet werden können. Der Philosophie wurde jedoch auch eine andere Rolle zugewiesen, die am ausgeprägtesten bei PETRUS DAMIANUS (1007–1072) zu finden ist: Die Philosophie ist die Magd der Theologie *(ancilla theologiae)*. Eines der Ergebnisse der Versuche, Glauben und Ratio in Einklang zu bringen, ist das Prinzip der *duplex veritas:* Es gibt Wahrheiten, die dem Verstand zugänglich sind, andere Wahrheiten dagegen sind durch die Offenbarung gegeben. Vertreter dieser Auffassung sind SIGER VON BRABANT (1235–1282) sowie seine Nachfolger, zu denen GIORDANO BRUNO und bis zu einem gewissen Grade auch DESCARTES gehören. Nach diesem Prinzip ist die Theologie nicht berufen, wissenschaftliche Fragen zu entscheiden, die Wissenschaft hingegen ist nicht fähig, Sätze der Offenbarung zu erklären. Die beiden Gebieten zugeordneten Wahrheiten sind in einem solchen Grade unabhängig voneinander, daß sie auch in einem totalen Widerspruch zueinander stehen können. Ein Glaubenssatz kann somit als offenbarte Wahrheit für den Verstand völlig absurd sein, eine Auffassung, der wohl am prägnantesten durch das *credo quia absurdum* (ich glaube es, da es widersinnig ist) von TERTULLIANUS Ausdruck verliehen worden ist.

Wir wollen an dieser Stelle gleich anmerken, daß THOMAS VON AQUINO diesen Standpunkt energisch bekämpft hat. Er vertrat die Auffassung *(Zitate 2.5–2, 2.5–3)*, daß man die Wahrheiten der Offenbarung zwar nicht immer mit Vernunftsgründen erklären kann, aber daß sie keineswegs dem alltäglichen gesunden Menschenverstand widersprechen. THOMAS VON AQUINO berief sich hierbei auf AUGUSTINUS, demzufolge die Offenbarung stets so zu deuten ist, daß man nicht in einen Widerspruch mit dem gesunden Menschenverstand gerät. Sowohl THOMAS VON AQUINO als auch AUGUSTINUS hatten hier Diskussionen mit „heidnischen" Gelehrten im Auge, denen gegenüber man sich natürlich nicht auf die Bibel oder die Kirchenväter berufen konnte, da für diese Gelehrten hier keine grundlegenden Wahrheiten zu finden waren. Gerade aus solchen Erwägungen heraus wird die Auffassung von THOMAS VON AQUINO zur Nichtbeweisbarkeit theologischer Thesen verständlich. Er erteilte aus gegebenem Anlaß den Rat, die Wahrheiten der Offenbarung stets davon ausgehend darzulegen, daß sie dem gesunden Menschenverstand nicht widersprechen können, so daß sie auf jeden Fall mit Verstandesargumenten nicht *widerlegbar* sind. Mit anderen Worten, er schlug einen defensiven Standpunkt gegenüber den Argumenten der „Heiden" vor: Es seien die vom Diskussionspartner angeführten Argumente gegen die Glaubenssätze zu widerlegen.

Welchen im Mittelalter lebenden Gelehrten wir auch betrachten, bei jedem waren Glaube und Wissen eng miteinander verbunden. Als ein Motto der mittelalterlichen Philosophie bietet sich somit das *Auctoritas et Ratio* (Autorität und Vernunft), als ein anderes der Spruch des ANSELM VON CANTERBURY (1033–1109) *Credo ut intelligam, intelligo ut credam* (Ich glaube, um zu verstehen und verstehe, um zu glauben) an.

Bisher haben wir nur über den Zusammenhang von Philosophie und Theologie gesprochen und dabei gesehen, daß die auf den Glauben gegründete mittelalterliche Weltanschauung sehr wohl rein philosophische und hier in erster Linie logische Untersuchungen ermöglichte. Wie ließ sich aber nun in dieses Bild die Erforschung der Naturgesetze einfügen? Auch auf diesem Gebiet boten sich zwei mögliche Wege an. Der eine war selbst für die Gelehrten des 17. Jahrhunderts – und hier in erster Linie für KEPLER – noch anziehend und gangbar. Nach den Glaubenssätzen hat Gott die Welt als geordnetes harmonisches Ganzes geschaffen. Man genügte also gerade dann den Glaubensforderungen, wenn man nach dieser Ordnung und Harmonie der Welt suchte, und kam dem Ziel, Gott zu verstehen, dann näher, wenn man die Schönheit seiner Schöpfung zu erkennen trachtete. Damit ließ sich gleichzeitig auch den Angriffen all derer zuvorkommen, die eine Beschäftigung mit der Wissenschaft für schädlich hielten, weil sie die Aufmerksamkeit des Menschen von seinem einzigen Ziel, der Vorbereitung seiner Seele auf das ewige Leben, ablenke. Mit dieser ideologischen Rechtfertigung konnte die Wissenschaft sich von unmittelbar theologischen Aufgabenstellungen distanzieren, und mit etwas Übertreibung können wir sagen, daß sie zum Selbstzweck werden konnte. Lesen wir die schwärmerischen Äußerungen von THOMAS VON AQUINO *(Farbtafel XI)* über die Wahrheit, deren Auffinden das höchste Glück für den Menschen bedeutet, so ist es nur folgerichtig, daß er alle Erkenntnisse, auch die aus dem Bereich der Magie, für nützlich hielt. Die von ihm gegebene Begründung ist für seine Zeit charakteristisch: Gott weiß von allem Guten und Bösen, und da in Ihm nichts Unvollkommenes sein kann, führt auch das Wissen um das Böse zur Vollkommenheit. THOMAS sah das Wissen allerdings nur unter einer Bedingung als nützlich an, die nicht nur für das Mittelalter, sondern auch heute noch gültig ist. Jede Art von Wissen ist dann nützlich, wenn sie zu guten Zwecken angewendet wird, wie es auch von THOMAS' Lehrmeister, ALBERTUS MAGNUS, gelehrt worden war.

Der andere Weg, eigentlich philosophische Probleme organisch in eine durch den Glauben determinierte Weltanschauung einzubauen, führt über die Auseinandersetzung mit erkenntnistheoretischen Fragen. Bei der Untersuchung des Verhältnisses des Glaubens zum Wissen taucht zwangsläufig die Frage auf, in welchem Umfange der Mensch über die offenbarten Glaubenswahrheiten hinaus Erkenntnisse gewinnen kann und inwieweit diese zuverlässig sind, wenn sie sich nicht auf diese Glaubenswahrheiten zurückführen lassen. Die Diskussion dieser Frage hatte in der Scholastik eine lange Tradition. Bereits der HEILIGE AUGUSTINUS, der wohl bedeutendste der Kirchenväter, stellte die Frage nach dem Wesen und der Erkenntnis der Wahrheit. Seine Ausgangsgedanken sind – wie wir es schon früher (Abschnitt 1.5.1) gesehen haben – sehr modern. Er ging vom Zweifel aus und stellte fest, daß alle Erkenntnisse, die wir mittelbar oder unmittelbar unseren Sinnesorganen verdanken, unsicher sind. An allem kann man zweifeln, und vor Irrtümern ist man nie sicher. Über den Zweifel kam er zu einer seiner Grundwahrheiten, die sich kurz durch *si enim fallor sum* darstellen läßt und die der ein Jahrtausend später von DESCARTES formulierten Grundwahrheit *cogito ergo sum* sehr ähnlich ist (in etwas freier Übersetzung lautet die augustinische These „*Ich irre, folglich bin ich*" anstelle der Descartesschen „*Ich denke, folglich bin ich*"). Zur Gewißheit kommt AUGUSTINUS durch die göttliche Erleuchtung *(illuminatio Dei)*. Auch in der Annahme, daß dem Menschen die Idee des vollkommenen Gottes angeboren ist, finden wir eine Parallele zu DESCARTES.

THOMAS übernahm den Standpunkt AUGUSTINUS' nicht. Nach seiner Meinung beginnt die Erkenntnis mit der sinnlichen Wahrnehmung, geht aber darüber hinaus. In einer schönen Parabel vergleicht er die allein zur Wahrheit führende Illuminatio des AUGUSTINUS mit der alles beleuchtenden Sonne: Die Sonnenhelle ist zur Erkenntnis nötig, aber wir müssen nicht nur das Sonnenlicht, sondern auch die angestrahlten Gegenstände betrachten.

Abbildung 2.5–3a
ALBERTUS MAGNUS (Gemälde von *Ludwig Seitz*, Roma, Santa Maria dell'Anima)
Der Phönix unter den Lehrern, der Unvergleichliche, der Fürst der Philosophen, das Gefäß, das die Schätze heiliger Wissenschaft ausgoß, *Albert* liegt hier, ruhmreich auf dem ganzen Erdkreis, beredt vor allen; als sicherer Streiter in der Disputierkunst erfunden, größer als *Plato*, kaum minder als *Salomon*. Füge ihn bei, o *Christus*, der glücklichen Schar deiner Heiligen.

Diese Verse standen auf einer Holztafel, die beim Grabmal *Alberts des Großen* aufgehangen wurde.
Rhaban Liertz: Albert der Große als Naturforscher und Lehrer. 1930

Abbildung 2.5–3b
Albertus Magnus: Philosophia naturalis
Inkunabel, Bischöfliche Bibliothek, Székesfehérvár

Zitat 2.5 – 4
Weil die Vernunft, die Quelle alles Erkennens, zur Seele gehört, weil selbst das Heilige auf dem Zeugnis der Seele beruht, die Grundsätze uns angeboren sind, weil die Seele die Form und das Wesen des Körpers ist, so trägt die Seelenkunde nicht nur zur Kenntnis aller Naturdinge bei, sondern sie fördert auch die göttliche Wissenschaft, indem sie den edelsten Gegenstand der göttlichen Vernunft zeigt. *Die Seelenkunde ist darum die vornehmste der Naturwissenschaften.* (De anima III, 3)
ALBERTUS MAGNUS
Rhaban Liertz: Die Naturkunde von der menschlichen Seele. Köln 1932, S. 12

Zitat 2.5 – 5
Der erhabene Gott regiert die Naturdinge und leitet sie durch natürliche Ursachen, und diese suchen wir hier [im Buche von der Naturlehre], da wir die göttlichen Ursachen, weil sie nicht so nahe liegen, nicht so leicht auffinden können (*Met.* p. 118)... Wir haben in der Natur nicht zu erforschen, wie Gott, der Schöpfer, nach seinem freien Willen die Geschöpfe zu Wundern gebraucht, wodurch er seine Allmacht zeigt, sondern vielmehr, was in den Naturdingen nach den natürlichen Ursachen auf natürliche Weise geschehen kann. (*Lib. de coelo et mundo.* p. 75)
ALBERTUS MAGNUS
Rhaban Liertz. S. 16

Abbildung 2.5 – 4a
ROGER BACON (~1214–1294): studierte in Paris und hielt hier auch seine ersten Vorlesungen über *Aristoteles*. Ab 1247 machte er sich in Oxford mit den verschiedensten Wissenschaften bekannt und richtete sich auch ein Laboratorium ein. 1257 trat er in den Franziskanerorden ein. In den Jahren 1266 – 1268 schrieb er seine Werke *Opus majus*, *Opus minus* und *Opus tertium*. Von 1277 an wurde er von seinen Ordensbrüdern unter dem Vorwurf der Ketzerei eingekerkert.

Im allgemeinen wird die Modernität *Bacons* übertrieben, auf jeden Fall ist aber richtig, daß er die Wichtigkeit des Experimentierens erkannt hat. Die Tätigkeit von *Pierre de Maricourt* schätzte er sehr hoch (er nannte ihn *dominus experimentorum*), *Bacon* selbst experimentierte mit Linsen und Spiegeln. Vor allem interessierte ihn jedoch die Alchemie. Als erster Europäer gab er bereits 1242 ein genaues Rezept für die Herstellung von Schießpulver an. Er untersuchte ernsthaft das Problem des Fliegens, wobei er sich eines Ballons aus dünner Kupferfolie mit beweglichen Flügeln bediente. Er baute eine „Camera obscura" und benutzte sie auch zu Beobachtungen anläßlich einer Sonnenfinsternis. *Bacon* erkannte die Bedeutung der Mathematik für die Wissenschaften, empfahl

2.5.2 Glaube und Erfahrung

Die Konfrontation der Mönchsorden mit Alltagsproblemen und das Anpassen von Glaube und Wissenschaft aneinander haben schließlich dazu geführt, daß auch der Erfahrung im Erkenntnisprozeß eine zunehmende Bedeutung zugestanden wurde. Es ist kein Zufall, daß ALBERTUS MAGNUS (1206 – 1280, *Abbildungen 2.5 – 3a, b*), der *doctor universalis* und Lehrer von THOMAS, die Natur so gut gekannt hat, denn nach den Regeln des Dominikanerordens durften die Ordensbrüder nur zu Fuß reisen. Als ALBERTUS MAGNUS Provinzial seines Ordens für Deutschland wurde, suchte er – zu Fuß – alle deutschen Ordenshäuser auf. Auch seine Philosophie offenbart ein enges Verhältnis zur Natur. In den Abhandlungen von ALBERTUS findet man an vielen Stellen den Satz *Fui et vidi experiri* (Ich war dabei und habe gesehen, daß es so geschehen ist). Nach seiner Meinung *(Zitate 2.5 – 4, 2.5 – 5)* ist es Aufgabe des Menschen zu erforschen, was in der Natur aufgrund der in ihr verborgenen Kräfte vor sich geht. Dabei verwirft er alle Schlußfolgerungen, die nicht durch Sinneswahrnehmungen bestätigt werden. Er nimmt die Wissenschaft gegen die abseits stehenden Theologen in Schutz: Theologen, die die Wissenschaft geringschätzen, sind wie unvernünftige Tiere, die das anbellen, was sie nicht kennen.

Die Bedeutung von Versuch und Erfahrung wurde von der Oxforder Schule, und hier vor allem von GROSSETESTE (1175 – 1253) und seinem Schüler BACON, betont *(Abbildungen 2.5 – 4a, b)*. Beide legten die Grundlagen für die englische empirische Schule, die bis in das 20. Jahrhundert hinein ihren Einfluß bewahrte. GROSSETESTE untersuchte die Herausbildung allgemeiner Begriffe. Er stellte dabei fest, daß wir zu allgemeinen Aussagen auch mit Hilfe unserer Sinnesorgane kommen können, wenn wir ein und denselben Zusammenhang zwischen zwei Erscheinungen wiederholt wahrnehmen *(Zitat 2.5 – 6)*. Die von ihm stammende Forderung, daß bei der Untersuchung einer bestimmten Einflußgröße auf ein gegebenes Phänomen alle Störgrößen auszuschalten sind, ähnelt bereits sehr den von FRANCIS BACON im 17. Jahrhundert gegebenen Vorschriften. GROSSETESTES großer Schüler, ROGER BACON (~1214 – 1294), dem von seinen Zeitgenossen der Titel *doctor mirabilis* zuerkannt worden ist, formulierte bereits recht bestimmt, daß die Philosophie keine andere Aufgabe hat, als sich mit der Natur und den Eigenschaften der Dinge auseinanderzusetzen *(tota philosophiae intentio non est nisi rerum naturas et proprietates evolvere)*. Zu den bislang anerkannten Quellen der Erkenntnis, Autorität und Vernunft, zählte er noch eine dritte hinzu, die Erfahrung *(per auctoritatem et rationem et experientiam)*. BACON ging sogar noch weiter. Alle Erkenntnis außerhalb der Erfahrung, also sowohl die auf der Autorität als auch die auf der Vernunft fußende Erkenntnis, muß letztlich in der Erfahrung wurzeln:

Alles ist über die Erfahrung zu beweisen *(Oportet ergo omnia certificari per viam experientiae)*.

Anhand dieses Zitates soll jedoch auf eine Gefahr aufmerksam gemacht werden, die immer dann besteht, wenn man versucht, ein aus dem Zusammenhang gerissenes Zitat beliebiger Länge zu interpretieren. Eigentlich ist es für ein völliges Verständnis eines Zitates nicht einmal ausreichend, die jeweilige Abhandlung vollständig zu kennen, sondern man muß auch die anderen Werke des betreffenden Autors heranziehen sowie die spezifische Denkweise seiner Zeit berücksichtigen. Der Gefahr einer Fehlinterpretation müssen wir uns natürlich auch bei allen anderen Zitaten in diesem Buch bewußt sein. Untersuchen wir nämlich einmal an dem herausgegriffenen Beispiel, wie BACON seine Gedanken nach dieser so modern anmutenden Aussage fortführt. BACON unterscheidet dann zwei Formen der Erfahrung, die äußere, durch die Sinnesorgane vermittelte Erfahrung, und die innere Erfahrung, die göttliche Eingebung *(divina inspiratio)*. Letztere ist nicht nur für die seelischen Vorgänge, sondern auch hinsichtlich der materiellen Körper und der philosophischen Wissenschaften möglich *(divinae inspirationes non solum in spiritualibus sed et in corporalibus et scientiis philosophiae)*. Für die innere Erfahrung oder göttliche Eingebung unterscheidet BACON sieben Grade, deren höchster die Entrückung *(raptus)* ist, die der religiösen Ekstase entspricht. Nach BACON sind somit auch die in der Ekstase erhaltenen Erkenntnisse durch die Erfahrung bestätigt.

Der Empirismus begann sich aber nicht nur in England zu entwickeln. Wir müssen an dieser Stelle ein Buch des Franzosen PETRUS PEREGRINUS über die Eigenschaften der Magnete *(De Magnete, ~ 1250)* vor allem wegen der in ihm geschilderten Methoden erwähnen; über den Inhalt werden wir bei der zusammenfassenden Darstellung der in den anderen Gebieten der Physik erzielten Ergebnisse noch sprechen. PEREGRINUS beruft sich nicht nur auf Versuche, sondern verweist obendrein ausdrücklich darauf, daß Naturforscher zum Experimentieren auch über entsprechende praktische Fertigkeiten verfügen müssen; zum erstenmal in der Geschichte der Physik wird hier die Notwendigkeit betont, daß Wissenschaftler technische Fertigkeiten erwerben sollten.

Ein extremer Zweig des philosophischen Empirismus wird durch NICOLE D'AUTRECOURT (gest. 1350) repräsentiert. Seine kritische Analyse der durch Sinneswahrnehmungen vermittelten Erkenntnisse weist bereits in die Richtung von DAVID HUME. Er kommt dabei zur Aussage, daß man aus der Tatsache, daß in einigen Fällen auf eine Ursache eine bestimmte Wirkung gefolgt ist, noch nicht mit Sicherheit darauf schließen kann, daß unter den Sprachstudien und zeichnete auch die Umrisse einer utopischen Gesellschaft.

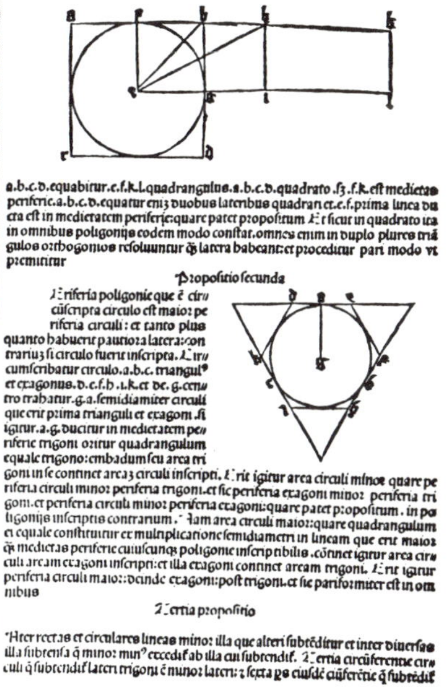

Ein fünfter Teil der experimentellen Naturwissenschaft betrifft die Herstellung von Instrumenten von wunderbarem Nutzen, wie zum Beispiel von Flugmaschinen oder von Maschinen, die Fahrzeuge ohne Tiere und doch mit unvergleichlicher Geschwindigkeit vorwärtstreiben, oder von Schiffen, die sich ohne Ruder schneller vorwärtsbewegen, als es durch Menschenhand für möglich gehalten würde. Denn diese Dinge sind in unserer Zeit vollbracht worden, auf daß keiner sie geringschätze oder über sie erstaune. Und dieser Teil lehrt, wie man Instrumente verfertigen kann, um unglaubliche Gewichte ohne Schwierigkeit oder Mühsal zu heben oder zu senken... Man kann Flugmaschinen herstellen, in deren Mitte ein Mann sitzt und eine sinnreiche Vorrichtung betätigen kann, mittels derer künstliche Schwingen wie die Flügel eines fliegenden Vogels schlagen... Man kann auch Maschinen bauen, um im Meer und in den Flüssen gefahrlos bis auf den Grund zu gehen.

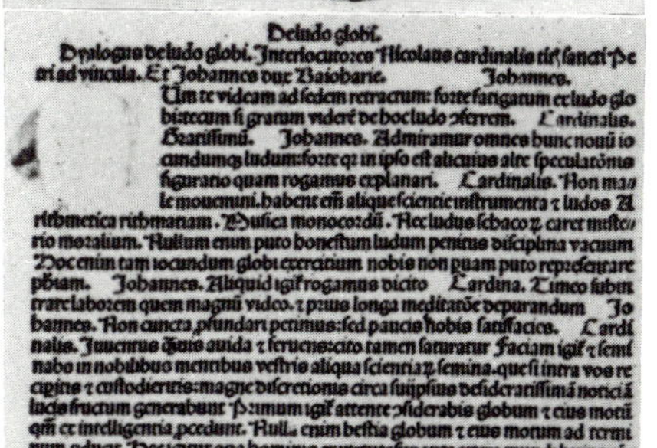

Roger Bacon. [0.24] Bd. IV. S. 1070

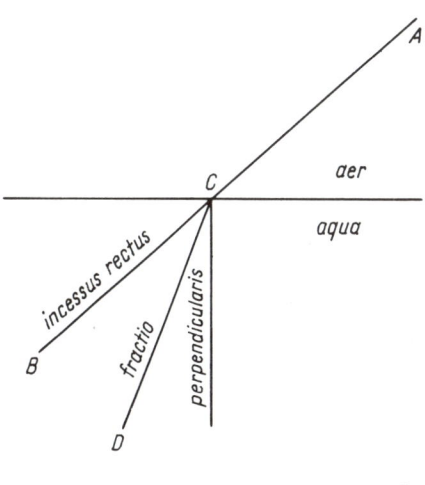

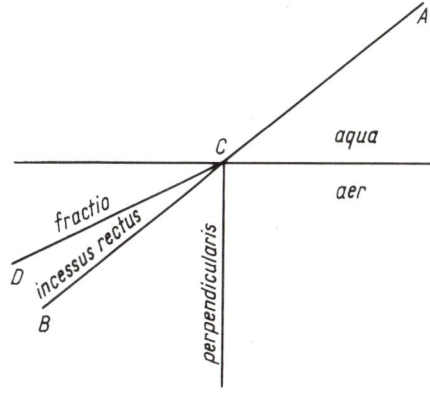

Abbildung 2.5–4b
Roger Bacon hatte schon eine klare Vorstellung über das Phänomen der Lichtbrechung, doch konnte er noch keine quantitativen Gesetzmäßigkeiten angeben

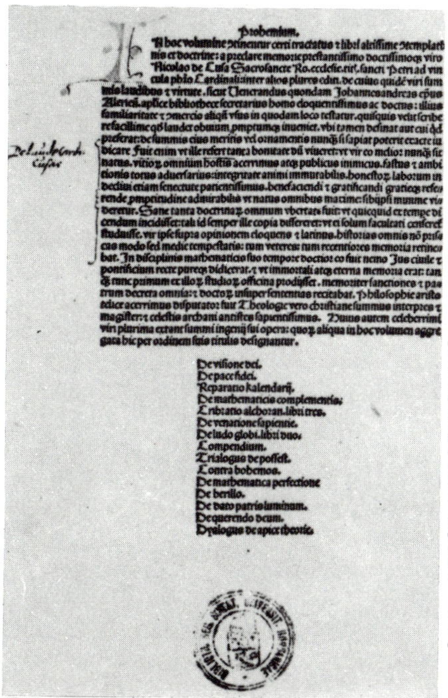

Zitat 2.5–6
Auf diese Weise also wird der abstrakte Allgemeinbegriff aus den Einzeldingen mit Hilfe der Sinne gefunden... Denn wenn die Sinne mehrmals zwei Einzelereignisse bemerken, von denen eines die Ursache des andern ist oder doch in irgendeinem Verhältnis zu ihm steht, und sie sehen nicht die Beziehung beider zueinander — wie es z. B. der Fall ist, wenn jemand häufig feststellt, daß der Genuß von Scammonium mit der Ausscheidung von Gallenflüssigkeit verbunden ist, aber nicht sieht, daß das Scammonium Galle anzieht und

Abbildung 2.5–5a
Faksimilia von Seiten aus *Cusanus'* Buch. Inkunabel, Universitätsbibliothek, Budapest

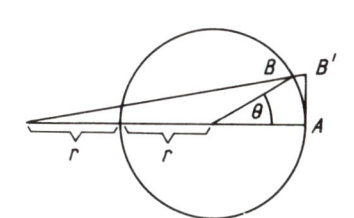

Abbildung 2.5–5b
Eine Konstruktion zur „Rektifikation" des Bogens $\widehat{AB}$ nach *Cusanus*. Die Annäherung ist überraschend gut. Wie sich herausgestellt hat, hat *Huygens* zwei Jahrhunderte später die gleiche Annäherung gefunden und benutzt

Cusanus: $\overline{AB'} \approx \widehat{AB}$

Huygens: $\theta \approx \dfrac{3 \sin\theta}{2 + \cos\theta}$

abführt –, dann beginnt sich in ihm ein Drittes, Nichtwahrnehmbares zu formen, daß nämlich Scammonium die Ursache der Ausscheidung von Gallenflüssigkeit ist. Und erst wenn dieser Vorgang oft genug wiederholt und im Gedächtnis aufgespeichert ist, beginnt die Arbeit des Denkens als Folge der sinnlichen Wahrnehmungen, aus denen die Vorstellung sich aufbaut. Der Verstand fängt an zu fragen und zu bedenken, ob die Dinge wirklich so sind, wie die sinnlich bedingte Erinnerung sagt; so wird der Verstand zum Experiment geführt, indem er nämlich Scammonium zurückbehalten muß, nachdem alle andern Galle abführenden Ursachen isoliert und ausgeschlossen sind. Hat er das viele Male getan mit dem sicheren Ausschluß aller anderen, Galle abführenden Mittel, dann formt sich im Verstande ein Allgemeinurteil: Es gehört zum Wesen des Scammonium, Galle abzuführen. Das ist der Weg, von der Sinneswahrnehmung zu einem universalen, experimentell belegten Prinzip zu kommen.
ROBERT GROSSETESTE: *Kommentar zur Analytica Posteriora des Aristoteles.* Buch 1, Kap. 14. Zitiert nach *A. Crombie: Von Augustinus bis Galilei.* München 1977

Zitat 2.5–7
Wenn irgendwer behauptet, daß das Geschehene die natürliche Folge jenes Anderen sei, frage ich ihn, was nennst du denn natürliche Wirkung, wenn du also sagst, daß dasjenige, was in der Vergangenheit bis zum heutigen Tage beliebig oft zu demselben Ergebnis führte, auch in der Zukunft zum selben Ergebnis führt, wenn es von neuem angewendet wird. Da wir aber die Prämissen nicht kennen, können wir nicht behaupten, daß etwas, was in der Vergangenheit beliebig oft etwas zustande gebracht hat, notwendigerweise auch in der Zukunft dasselbe zustande bringen wird. Aber noch mehr: Lasset uns beliebige Bedingungen als die Ursachen für bestimmte Wirkungen annehmen, dann können wir nicht mit Gewißheit behaupten, daß, wenn dieselben Bedingungen realisiert werden, das erwartete Resultat eintritt.
NICOLE D'AUTRECOURT
J. R. Weinberg: Nicolaus of Autrecourt. p. 31

Zitat 2.5–8
Die Welt hat demnach keinen Umfang, denn hätte sie einen Mittelpunkt, so hätte sie auch einen Umfang und hätte somit in sich ihren Anfang und ihr Ende. Und die Welt wäre gegen etwas anderes abgegrenzt, und außerhalb der Welt gäbe es etwas anderes und gäbe es Ort. Das alles entspricht nicht der Wahrheit. Da deshalb ein Eingeschlossensein der Welt zwischen einem körperlichen Mittelpunkt und einem Umfang unmöglich ist, so läßt sich die Welt nicht verstehend begreifen, wenn nicht ihr Mittelpunkt und Umfang Gott ist. Und obwohl die Welt nicht unendlich ist, so läßt sie sich doch nicht als endlich begreifen, da sie der Grenzen entbehrt, innerhalb deren sie sich einschließen ließe.
Die Erde, die nicht Mittelpunkt sein kann, kann also nicht ohne jede Bewegung sein. Denn ihre Bewegung muß auch derartig sein, daß sie ins Unendliche geringer sein könnte. Wie also die Erde nicht der Mittelpunkt der Welt ist, so ist auch die Fixsternsphäre nicht ihr Umkreis, obwohl auch wieder im Vergleich der Erde zu Himmel die Erde dem Mittelpunkt näher zu stehen scheint und der Himmel dem Umkreis. Die Erde ist also nicht Mittelpunkt weder der achten oder einer anderen Sphäre, noch beweist das Aufsteigen der sechs Sternzeichen über den Horizont die Lage der Erde im Mittelpunkt der achten Sphäre. Wäre sie auch vom Mittelpunkt entfernt und an der durch die Pole durchgehenden Achse gelegen, so daß sie auf der einen Seite gegen den einen Pol erhoben

gleichen Bedingungen auch in der Zukunft der Vorgang ebenso ablaufen wird *(Zitat 2.5–7)*.

GROSSETESTE gibt auch bereits eine Methode an, die bei naturwissenschaftlichen Untersuchungen zur Auswahl der richtigen Grundprinzipien führen soll:

Zum Prinzip der Uniformität der Natur, demzufolge Körper gleicher Beschaffenheit sich unter gleichen Umständen auf gleiche Weise verhalten.

Zum Prinzip der Ökonomie, nach dem unter ansonsten gleichen Umständen diejenige Argumentation vorzuziehen ist, die zum vollständigen Beweis weniger Fragen zu beantworten erfordert oder weniger Annahmen und Axiome benötigt, aus denen der Beweis abgeleitet werden kann.

Hier soll auch OCKHAMS „Rasiermesser" erwähnt werden. WILLIAM OCKHAM (OCCAM, 1285–1347), ein unruhiger Geist, ausgestoßener Franziskanermönch, Befürworter des Nominalismus, wählte als Devise für philosophische Untersuchungen: *Entia non sunt multiplicanda praeter necessitatem.* Entitäten (d. h. Gegenstandsarten) sollten nicht unnötig vervielfacht werden, oder anders ausgedrückt: Es sollte nicht mit größerem Aufwand etwas getan werden, was auch mit kleinerem getan werden kann.

In solchen Äußerungen kann man wohl die Keime der später so wichtigen Minimalprinzipien der Physik (MAUPERTIUS) oder des Machschen Prinzips der Ökonomie erkennen.

Sieht man von seinen religiösen und sogar mystischen Elementen ab, dann kann das Buch *De docta ignorantia (Zitat 2.5–8)* von NIKOLAUS VON KUES (NICOLAUS CUSANUS, 1401–1464) geradezu als revolutionär modern bezeichnet werden. Darin begegnen wir zum erstenmal der These von der Unendlichkeit der Welt. Weder KOPERNIKUS noch GALILEI haben gewagt, sich dieser Auffassung anzuschließen; GIORDANO BRUNO ist CUSANUS hier gefolgt, und DESCARTES schließlich hat den großen Kardinal als denjenigen gewürdigt, der die Unendlichkeit des Weltalls als erster postuliert hat *(Abbildung 2.5–5a)*.

Das *Zitat 2.5–9a* aus dem Buche *Idiota de staticis experimentis* ist ein Beleg für die Experimentierfreudigkeit des CUSANUS; *Zitat 2.5–9b* gibt die Meinung GIORDANO BRUNOS über CUSANUS wieder.

2.6 Renaissance und Physik

2.6.1 Kunst, Philologie und Naturwissenschaft

Es scheint als unbestreitbare Tatsache zu gelten, daß die Renaissance sowohl für die Kunst- als auch für die Wissenschaftsgeschichte eine der bedeutendsten Epochen gewesen ist. In dieser Zeit hat sich der von den dogmatischen Fesseln befreite Mensch vom Himmel ab- und der Erde zugewandt, so daß sich der Schwerpunkt seiner Bemühungen vom jenseitigen auf das diesseitige Leben verlagern konnte. An die Stelle der Relation Gott – Mensch traten die Relationen Mensch – Mensch und Mensch – Natur, und auf der Erde rückte der Mensch stärker in den Mittelpunkt, die Erde wurde humanisiert.

In sehr vielen modernen wissenschaftshistorischen Abhandlungen wird allerdings der Renaissance ein intellektueller Servilismus und ein nahezu abergläubischer Respekt vor der Antike angelastet. Oft wird dann noch hinzugefügt, daß die Blütezeit der Renaissance, d. h. jenes halbe Jahrhundert von der Wende vom 15. zum 16. Jahrhundert, in dem LEONARDO, MICHELANGELO, RAFFAEL und DÜRER tätig waren, mit Erfolg den Titel der unfruchtbarsten 50 Jahre der Physikgeschichte für sich beanspruchen könnte *(Zitat 2.6–1)*.

Es ist im weiteren nicht unser Ziel, diese beiden Standpunkte miteinander in Einklang zu bringen, und es soll auch nicht der bequeme Weg gewählt werden, die Wahrheit irgendwo in der Mitte zu suchen. In diesem Buch soll gezeigt werden, daß beide Standpunkte in ihrer ganzen Gegensätzlichkeit berechtigt sind. Dabei beschränken wir uns natürlich auf wissenschaftsgeschichtliche, genauer mathematik- und physikgeschichtliche Tatsachen; bei den Künsten sollen alle Superlative ohne Vorbehalt akzeptiert werden.

Vom Standpunkt der Wissenschaftsgeschichte lassen sich negative Züge der Renaissance in folgendem sehen:

1. In der Renaissance suchte man sowohl nach künstlerischen als auch menschlichen Vorbildern ausschließlich in der Antike. Diese Beschränkung auf die Antike führte notwendigerweise in den Künsten und den Wissenschaften zu einer Ablehnung der unmittelbaren Vergangenheit, die als gotische Barbarei verfemt wurde.

2. Die Renaissance begünstigte in jeder Hinsicht dynamische Persönlichkeiten. Die bedeutendsten intellektuellen Kräfte wurden so von den Künsten, der Erforschung der Erde und von der Reformation absorbiert.

3. Im Spätmittelalter lag der Schwerpunkt des wissenschaftlichen Lebens in Paris und Oxford. Daher bedeuteten die Verwüstungen, die der Hundertjährige Krieg mit sich brachte, ein objektives Hindernis für die weitere Entwicklung.

4. Durch den Respekt, den man den antiken Texten zollte, gewann die Philologie ungemein an Bedeutung. Dadurch wurden aber wiederum geistige Kräfte in nichtschöpferischer Tätigkeit gebunden, und darüber hinaus kam es zu einer falschen Bewertung der Wichtigkeit der einzelnen Wissenschaften. Die wissenschaftliche Arbeit, selbst die naturwissenschaftliche und vor allem die medizinische Forschung, erschöpfte sich in dem Aufspüren weiterer antiker Texte oder in der genaueren Deutung bekannter Werke *(Tabelle 2.6–1)*.

Es lassen sich jedoch auch die folgenden Faktoren aufzählen, durch die in der Renaissance die weitere Entwicklung begünstigt worden ist:

1. Wie aus den obigen Darlegungen folgt, war die Tätigkeit der Philologen zwar an sich von geringem wissenschaftlichem Nutzen, sie brachte jedoch auch unmittelbare Vorteile mit sich, denn nun hatten die an den Naturwissenschaften interessierten Gelehrten Zugriff zu den antiken Werken in genaueren, zuverlässigen Übersetzungen.

Tabelle 2.6–1
Wichtige naturwissenschaftliche oder philosophische Werke aus der Bibliothek von *Matthias Corvinus*

ARISTOTELES: *Libri physicorum VIII*
ARISTOTELES: *Opera cum commentariis Averrois (Organon. Physica. De caelo et mundo. De generatione et corruptione...) Averroës: De substancia orbis*
PTOLEMAEUS CLAUDIUS: *Geographia*
PTOLEMAEUS CLAUDIUS: *Magnae compositionis libri (seu Almagest)*
STRABO: *Geographia*
SENECA: *Varia opera philosophica (...De septem liberalibus artibus. De questionibus naturalibus)*
LUCRETIUS CARUS: *De rerum natura Libri IV*
PLINIUS SECUNDUS: *Historiae naturalis Libri XXXVII*
BEDA VENERABILIS: *De natura rerum*
THOMAS AQUINAS: *Commentaria in Librum de coelo et mundo Aristotelis*
REGIOMONTANUS: *Epitome Almagesti*
LEONE BATTISTA ALBERTI: *De re aedificatoria*
FICINUS MARSILIUS: *Epistolarum Libri III et IV*

2. Kunst und künstlerisches Schaffen sind unmittelbar oder mittelbar auch mit den Wissenschaften verbunden und begünstigen deren Entfaltung. Eine unmittelbare Kopplung liegt dann vor, wenn im künstlerischen Schaffensprozeß naturwissenschaftliche Kenntnisse benötigt werden. So sind Planung und Bau der gewaltigen Dome, vor allem aber ihrer Kuppeln, nicht ohne Kenntnisse der Statik vorstellbar, und in der darstellenden Kunst muß man etwas von Anatomie und den Gesetzen der Perspektive verstehen. Andererseits wurde der von den bisherigen Fesseln befreite menschliche Geist auf allen Gebieten der Kultur, so auch in der Wissenschaft, zu einer freien Entfaltung angeregt, was sich mittelbar in der Kunst, vor allem in der Auswahl der Themen, nachweisen läßt.

3. Die Dynamik des Renaissancemenschen kommt am deutlichsten in den geographischen Entdeckungen zum Ausdruck, durch die die Kenntnisse über die Erde wesentlich erweitert worden sind. Gerade dieser Erkenntnisfortschritt, mit dem der antike Rahmen gesprengt wurde, begünstigte aber in der Neuzeit eine Abkehr von der fortschrittshemmenden Auffassung, daß die Antike geistig überlegen sei. So konnten die ersten Schritte in Richtung einer vollständigen geistigen Unabhängigkeit vollzogen werden.

wäre, auf der anderen gegen den anderen gesenkt, so würde offensichtlich den Menschen, die so weit von den Polen entfernt sind wie der Horizont sich ausbreitet, nur die halbe Sphäre sichtbar sein. Und auch der Mittelpunkt der Welt liegt nicht eher innerhalb als außerhalb der Erde, noch besitzt auch die Erde oder irgendeine Sphäre einen Mittelpunkt. Denn da der Mittelpunkt ein Punkt ist, der gleiche Entfernung vom Umfang hat, und es nicht möglich ist, daß es eine absolut wahre Sphäre oder einen absolut wahren Kreis gibt, ohne daß ein wahrerer sich geben läßt, so ist es einleuchtend, daß kein Mittelpunkt gegeben werden kann, ohne daß ein wahrerer und genauerer gegeben werden könnte. Ein genau gleicher Abstand zu verschiedenen Punkten läßt sich außer Gott nicht finden, da er allein die unendliche Gleichheit ist. Er, der also der Mittelpunkt der Welt ist, der gebenedeite Gott, er ist auch der Mittelpunkt der Erde und aller Sphären und aller Dinge, die in der Welt sind.
NIKOLAUS VON KUES: *De docta ignorantia* 2.4 Übersetzt von *Paul Wilpert*. 1967. *(Die belehrte Unwissenheit)* [0.7]

Zitat 2.5–9a
Der Laie: ... Denn wenn man Holz gewogen hat und, nachdem man es verbrannt hat, die Asche wägt, weiß man, wieviel Wasser in dem Holz war. Nur Erde und Wasser haben ein schweres Gewicht. Ebenso erfährt man aus dem Gewichtsunterschied von Holz in Luft, Wasser und Öl, wieviel schwerer oder leichter jenes Wasser, das im Holz ist, als reines Quellwasser ist und wieviel schwerer als Luft. Aus dem Gewichtsunterschied der Asche von beiden weiß man entsprechend, wieviel schwerer als Feuer es ist. Man kommt so den Elementen durch eine wahrere Mutmaßung auf die Spur. Freilich ist die absolute Genauigkeit ewig unerreichbar. Was vom Holz gesagt ist, gilt ebenso von Kräutern, Fleisch und anderen Dingen.
Der Gelehrte: Es wird behauptet, daß kein reines Element darstellbar ist. Wie kann man das mit Hilfe der Waage feststellen?
Der Laie: Wenn jemand hundert Pfund Erde in ein Tongefäß täte und von den in diese Erde gesetzten und zuvor gewogenen Kräutern und Samen nacheinander hundert Pfund sammeln und dann die Erde erneut wägen würde, würde er feststellen, daß sie an Gewicht nur wenig verringert sei. Daraus könnte er den Schluß ziehen, daß die gesammelten Kräuter ihr Gewicht zumeist aus dem Wasser haben. Das in der Erde verdickte Wasser hat also Erdigkeit angezogen und ist durch die Sonnenwirkung zu Kraut verdickt worden. Wenn jene Kräuter verbrannt würden, könnte man dann nicht durch eine mutmaßliche Folgerung aus den Gewichtsunterschieden angeben, wieviel mehr Erde als hundert Pfund man fände, und, daß es offenbar ist, daß dies vom Wasser herrührt? Die Elemente werden schrittweise eins ins andere verwandelt. Das können wir an einem in Schnee gestellten Glas beobachten. Die Luft wird im Glas zu Wasser verdichtet, das wir im Glas flüssig vorfinden.
NIKOLAUS VON KUES: *Der Laie über Versuche mit der Waage*. Deutsch von *Hildegund Menzel-Rogner*. Leipzig 1944

Zitat 2.5–9b
Ihr braucht nicht zu glauben, gelehrte Zuhörer, daß ich euch nur schmeicheln will, wenn ihr nur eure Reichtümer aufmerksam mustern und euch überzeugen wollt, daß ihr vor allen anderen mit hellerer Sehkraft begabt seid. Denn seit jener Zeit, da das Imperium auf euch übergegangen ist, findet man bei euch mehr Genie und Kunst bei euch als bei anderen Völkern. Wer war in seinen Tagen dem Schwaben *Albert dem Großen* vergleichbar? War jener nicht in vielen Punkten dem Geistesfürsten *Aristoteles*, dem er als Kuttenträger nach der Anschauung jener Zeit untergeordnet wurde, überlegen? Guter Gott, wo findest sich ein Mann vergleichbar jenem *Cusaner*, der je größer, um so wenigeren zugänglich ist? Hätte nicht das Priesterkleid sein

Genie da und dort verhüllt, ich würde zugestehen, daß er dem *Pythagoras* nicht gleich, sondern bei weitem größer als dieser ist. Ist nicht *Kopernikus* in wenigen Kapiteln einsichtsvoller als *Aristoteles* und alle Peripatetiker in ihrer ganzen Naturbetrachtung? ...Eurem Arzte *Paracelsus*, diesem Wunder ärztlicher Kunst, ist nächst *Hippokrates* niemand zu vergleichen. Wenn dieser in seiner Trunkenheit schon so viel zu sehen vermochte, was hätte er erst leisten können, wäre er nüchtern gewesen?

GIORDANO BRUNO: *Abschiedsrede.* (Akademie zu Wittenberg) 1588. Deutsch von *Ludwig Kuhlenbeck.* Jena 1905

Zitat 2.6-1
Literaturhistoriker haben sich den Mythos der Renaissance ausgedacht. Nach diesem Mythos befand sich der Mensch im Mittelalter in einer Art von Winterschlaf unter dem Bahrtuch scholastischer Schablonen, entliehen von *Aristoteles* und ihm aufgezwungen von der Kirche. Die Renaissance fegte – so heißt es – all dies beiseite, schlug die Augen auf und entdeckte den Menschen und die Welt in persönlicher, sinnlicher Erfahrung.

Diese Auffassung mag vielleicht – wem sie nach dem Geschmack ist – noch für die Künste gelten; für die Wissenschaft – mit der einzigen Ausnahme der Anatomie – gilt sie aber nicht. Die Frührenaissance ist Favoritin im Wettbewerb um den Titel *Die sterilste Epoche der westlichen Mathematik und Physik* und die einzige exakte Wissenschaft der Spät- oder Hochrenaissance, 1500–1550, nämlich die Algebra erwuchs auch nicht aus der staunenden Betrachtung der wirklichen Welt, sondern aus papiernen Studien arabischer Autoren. Wo bleibt die Erfahrungswissenschaft, die angeblich die „*Neugeburt*" der Erkenntnis krönte?

TRUESDELL [4.3] p. 25

Zitat 2.6-2
... ein umfangreiches Gebäude von Annahmen und widersprüchlichen Behauptungen über gleichförmige Bewegung, ungleichförmige Bewegung, gleichförmig veränderte und ungleichförmig veränderte Bewegung errichtet sieht. Es gibt dort zahllose Leute, die, ohne weiter zu kommen, das erörtern, was sich in der Natur ereignen kann...

Welcher Reichtum an Wissen wird der Menschheit von denen geschenkt, die das aufzeichnen, was sie über alle Kunstfertigkeiten von ihren besten Kennern gesammelt haben. ... Durch derartige Beobachtungen auf jedem Gebiet des Lebens wird das praktische Wissen bis zu einem nahezu unglaublichen Grade vermehrt.

JEAN LUIZ VIVES. MASON [0.2]

4. Durch die Reformation wurde zwar der menschliche Geist nicht unmittelbar von der Vormundschaft der Autoritäten befreit, denn auch weiterhin blieb die Bibel die höchste Autorität, aber sie setzte doch weitreichende Gärungsprozesse in Gang, da sie die Menschen darauf brachte, daß man auch über Glaubensdinge einschließlich der Fragen der Autorität diskutieren kann. Der Erfolg der Reformation bewies letztlich, daß auf ideologischem Gebiet auch andere Instanzen als die katholische Kirche, die bisher ja als alleiniger Hüter der Wahrheit angesehen worden war, recht behalten können.

Bevor wir uns den zur Zeit der Renaissance in der Mathematik und der Physik erzielten Ergebnissen zuwenden, soll zum Belegen des hemmenden Einflusses der Renaissance noch etwas über das Verhältnis der Humanisten zu den Naturwissenschaften gesagt werden. Sie haben nicht nur keinen Beitrag zur Entwicklung der Naturwissenschaften geliefert, sondern sich auch mit geringschätzigem – zuweilen auch berechtigtem – Spott über deren Vertreter geäußert *(Zitat 2.6–2)*. Vor allem haben sie ihr Latein bemängelt und es als barbarisch, schrill, grob und ungebildet verurteilt. Die Humanisten haben nicht wissenschaftliche Ergebnisse zu widerlegen versucht, sondern argumentiert, daß in den naturwissenschaftlichen Arbeiten Satzkonstruktionen zu finden sind, wie sie bei CICERO nicht vorkommen. So entstellt AGOSTINO NIFO in seiner 1514 erschienenen Arbeit *De caelo et mundo* die Bezeichnung *Calculatores* für eine Forschergruppe zu *Captiunculatores* (Zweideuter). Er gibt ALBERT VON SACHSEN die Namen ALBERTUS PARVUS und ALBERTUTIUS, und ein anderer Humanist bezeichnet HEYTESBURY als den größten aller Sophisten, und seinen Argumenten stellt er die „reine und hehre Stimme des ARISTOTELES" entgegen.

2.6.2 Fortschritte in der Mechanik

Es soll aber auch nicht unerwähnt bleiben, daß die Naturwissenschaftler der Renaissance bei all ihrer Orientierung auf die Antike ihre unmittelbaren Vorgänger nicht vergessen haben. So reiht CARDANO (1501–1576), ein namhafter Mathematiker, die Gelehrten ihrer Bedeutung nach, beginnend mit den bedeutendsten, wie folgt ein: ARCHIMEDES, ARISTOTELES, EUKLID, DUNS SCOTUS, der Calculator SWINESHEAD, APOLLONIUS, ARCHYTAS ... Die Aufzählung ist auch deshalb bemerkenswert, weil man in Europa erst zu dieser Zeit das gesamte Lebenswerk von ARCHIMEDES kennengelernt hat und zu seiner Aufnahme fähig gewesen ist, so daß man seine Bedeutung würdigen konnte *(Abbildung 2.6–1; Farbtafel XIII)*.

In der Mechanik finden wir sehr wenig Fortschritte, dafür aber um so mehr Rückgriffe auf die ursprünglichen Auffassungen von ARISTOTELES. In mehreren Fällen haben sich die Gelehrten der Renaissance jedoch große Verdienste erworben, indem sie einige Thesen für die Nachwelt bewahrt und sie zum Teil auch klarer formuliert haben. Besondere Erwähnung verdient hier der spanische Jesuit DOMINGO DE SOTO (1495–1560), der übrigens Beichtvater von KAISER KARL V. war. Bei ihm finden wir zum erstenmal einen Zusammenhang zwischen der gleichmäßig veränderlichen Bewegung und dem freien Fall. Wie wir weiter oben gesehen haben, waren beide Themenkreise im Mittelalter Gegenstand ausführlicher Diskussionen, aber es fehlte noch die eindeutige Erkenntnis, daß die *uniformiter difformis* Bewegung in der Natur beim freien Fall tatsächlich realisiert ist *(Zitat 2.6–3)*. DOMINGO DE SOTO sah diese Erkenntnis nicht als eigenes Verdienst an. Tatsächlich wird zumeist die Meinung vertreten, daß die Gelehrten der Schulen zu Oxford und Paris diesen Zusammenhang als so selbstverständlich ansahen, daß sie seine ausdrückliche Formulierung als nicht der Mühe wert erachteten. Der vor allem durch seine mathematischen Arbeiten bekannt gewordene TARTAGLIA (1500–1557) sowie sein Zeitgenosse CARDANO, der ebenfalls vor allem als Mathematiker von Bedeutung ist, beschäftigten sich ebenfalls mit Problemen der Mechanik. Von TARTAGLIA stammen die Abhandlungen *Nova scientia* (1537) und *Quesiti et inventioni diversi* (1546), von CARDANO die Arbeiten *De subtilitate* (1551) und *Opus novum* (1570). TARTAGLIA setzte sich mit der Wurfbahn auseinander und unterteilte diese in drei Abschnitte *(Abbildung 2.6–2a, b)*. Der erste Bahnabschnitt ist geradlinig, dann folgt ein Kreisbogen, und schließlich endet die Bahn in einer senkrechten Fallbewegung. Dieses letzte Bahnstück entspricht der aristotelischen natürlichen Bewegung, während die ersten beiden zuweilen als homogen erzwungene, zuweilen auch als gemischte Bewegung aufgefaßt wurden.

GIOVANNI BATTISTA BENEDETTI (1530–1590) lehnte die aristotelischen Auffassungen zum freien Fall entschieden ab und wandte sich insbesondere gegen die Aussage, daß Körper im Vakuum mit unendlicher Geschwindigkeit fallen sollten. Bekanntlich diente eben diese Schlußfolgerung von ARISTOTELES als gewichtiges Argument gegen die Möglichkeit eines Vakuums. BENEDETTI veränderte das Bewegungsgesetz und zog den Widerstand von der antreibenden Kraft ab, statt diese durch den Widerstand zu dividieren. Wie wir wissen, hatte BRADWARDINE bereits ein solches Bewegungsgesetz formuliert, es dann aber verworfen. Ausgehend von dem neuen Bewegungsgesetz, argumentierte BENEDETTI, daß im Vakuum wegen des fehlenden Widerstandes die Bewegung ausschließlich durch die Gravitation bestimmt wird. Darauf aufbauend, bewies er, daß Körper aus Substanzen gleicher Dichte, aber sonst beliebiger Masse im Vakuum mit gleicher Geschwindigkeit fallen müssen. Diese Schlußfolgerung sollte näherungsweise auch für den freien Fall in Luft gelten; sie steht in scharfem Widerspruch zur aristotelischen Auffassung. Lassen wir nämlich – so argumentierte BENEDETTI – zwei Kugeln gleichen Gewichtes und gleicher Dichte zur gleichen Zeit starten *(Abbildung 2.6–3)*, dann fallen beide nebeneinander mit gleicher Geschwindigkeit. Werden nun aber beide Kugeln durch eine sehr dünne und nahezu masselose Stange miteinander verbunden, so ändert sich am Bewegungszustand offenbar nichts, obwohl der Körper jetzt die doppelte Masse besitzt. Nach ARISTOTELES sollte aber die Geschwindigkeit eines doppelt so schweren Körpers doppelt so groß sein.

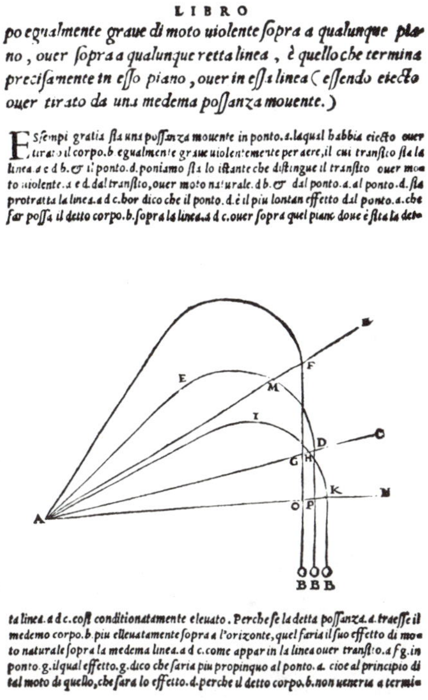

BENEDETTI zog aus seinem – unrichtigen – Bewegungsgesetz sogar noch die weitere Schlußfolgerung, daß die Fallgeschwindigkeit proportional zur Dichte der Körper sein sollte.

BENEDETTIS Argument, demzufolge Körper gleicher Dichte, aber unterschiedlicher Masse mit gleicher Geschwindigkeit oder – wie wir heute formulieren – mit gleicher Beschleunigung fallen müssen, wirkt auch heute noch sehr überzeugend, ja nahezu logisch zwingend. Suchen wir aber den physikalischen Gehalt dieser Aussage, dann stellen wir fest, daß – natürlich in der Sicht der modernen Physik – die Gleichheit von träger und schwerer Masse implizit vorausgesetzt wurde. Diese Gleichheit ist aber keine logische Notwendigkeit, sondern eine physikalische Tatsache. Theoretisch wäre es durchaus vorstellbar, daß zwei Körper gleicher Masse und gleicher Dichte mit unterschiedlichen Beschleunigungen fallen. Bei diesem experimentellen Befund hätte man in der Physik später entdeckt, daß die Körper über unterschiedliche „Gravitationsladungen" verfügen.

Die Arbeiten von VILLALPAND (1552–1608) zur Statik müssen noch besonders erwähnt werden. Er untersuchte als erster die Stabilität eines auf

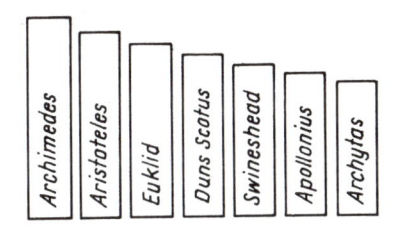

Abbildung 2.6–1
Die von *Cardano* gegebene Rangfolge: *Archimedes* steht vor *Aristoteles*

Zitat 2.6–3
Als sich in der Zeit gleichförmig ändernde Bewegung (uniformiter difformis) bezeichnen wir die Bewegung, die sich folgendermaßen ändert: Wenn sie in der Zeit (d. h. entsprechend den Begriffen früher und später) aufgeteilt wird, so übertrifft der Mittelpunkt jedes Abschnitts an Geschwindigkeit den Punkt mit der kleinsten Geschwindigkeit (remissum extremum) in dem Maße, wie er selbst von dem Punkt mit der größten Geschwindigkeit (intensissimum) übertroffen wird.

Diese Bewegung ist den Dingen eigen, die ihre natürliche Bewegung ausführen, sowie den Geschossen. In der Tat, wenn ein schwerer Körper (moles) durch ein gleichförmiges Medium fällt, so bewegt er sich am Ende schneller als am Anfang. Im Gegensatz dazu ist die Bewegung eines nach oben abgeschossenen Projektils am Ende weniger schnell als am Anfang. Die erste Bewegung ist eine gleichförmig anwachsende, die zweite aber eine gleichförmig abnehmende.

Wenn ein Körper A sich eine Stunde lang derart bewegt, daß seine Bewegung allmählich von Null bis Acht anwächst, legt er dieselbe Entfernung zurück, wie ein Körper B, der sich in der gleichen Zeit gleichförmig mit der Geschwindigkeit Vier bewegt.
DOMINGO DE SOTO: *Questiones super octo libros Physicorum Aristotelis* 1572. CLAGETT [2.10] p. 555

Abbildung 2.6–2
a) *Euklid* eröffnet uns den Zugang zu allen Wissenschaften. Am Eingang zur Philosophie steht *Platon* Wache und mahnt: „Es trete hier kein der Geometrie Unkundiger ein!"
b) Nach *Tartaglia* besteht die Geschoßbahn aus drei Abschnitten: einer schrägen Geraden, einem Kreisbogen und schließlich einer senkrechten Geraden
Tartaglia: Nova scientia, 1550, Bibliothek der Ungarischen Akademie der Wissenschaften

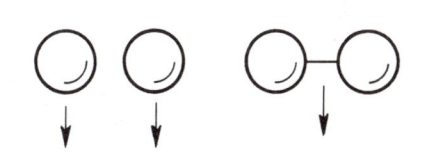

Abbildung 2.6–3
Ein einfaches „Gedankenexperiment" von *Benedetti:* Werden zwei Körper durch eine masselose Stange miteinander verbunden, so ändert das nichts am Ablauf des freien Falles. Die verdoppelte Masse fällt somit ebenso schnell wie die einfache Masse

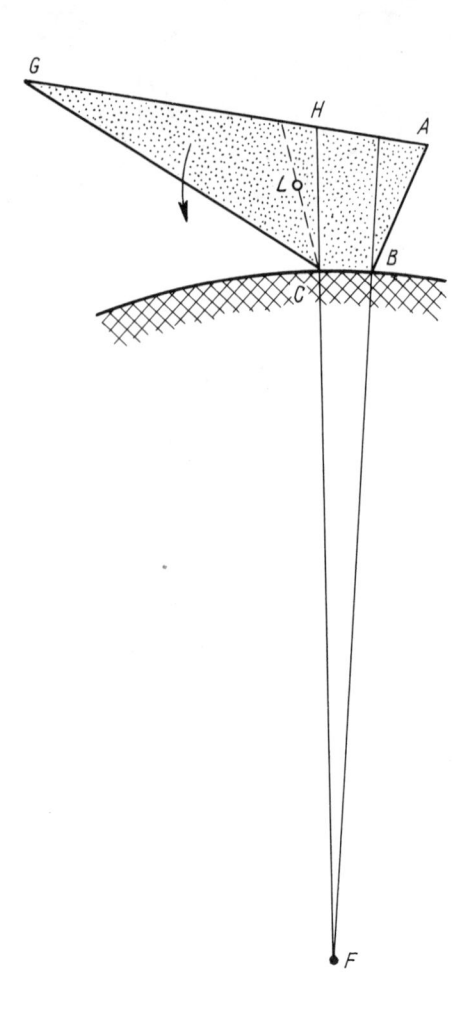

Abbildung 2.6–4
Eine Abbildung nach dem Buch *Apparatus Urbis et Templi Hierosolyminati* (1653) von *Villalpand* zur Kippstabilität von Körpern: Der Fußpunkt des Schwerpunktslotes muß innerhalb der Unterstützungsfläche liegen

die Erde gestellten Körpers oder − einfacher formuliert − das Umkippen von Körpern *(Abbildung 2.6−4)*. Ein Körper beliebig komplizierter Form ist stabil gegen Umkippen, wenn die durch den Schwerpunkt führende Senkrechte in die waagerechte Unterstützungsfläche hineinfällt. Aus der Abbildung ist ersichtlich, daß VILLALPAND mit übertriebener Genauigkeit bei der Untersuchung des Problems selbst die Erdkrümmung in Betracht gezogen hat. Im übrigen haben wir es hier wieder mit einer Lösung eines Problems zu tun, die bis zum heutigen Tage gültig ist und die heute zum Schullehrstoff gehört.

2.6.3 Die Wissenschaft der Künstler

Wir haben bereits erwähnt, daß viele Künstler in der Renaissance unmittelbar zur Entwicklung der Wissenschaften beigetragen haben. So erwarb sich PIERO DELLA FRANCESCA (1420−1492) mit seinem Buch *De Prospettiva Pingendi* den Titel des besten Geometers seiner Zeit. BRUNELLESCHI (1377−1446) war ein nicht übler Mathematiker; nach Meinung VASARIS hat er nur begonnen zu malen, um die Geometrie anwenden zu können. Das Werk LEON BATTISTA ALBERTIS (1404−1472) muß besonders hervorgehoben werden. In seinen Abhandlungen *Della Pittura* (1435) und *Ludi mathematici* (1450) beschreibt er die Gesetze der Perspektive und die Rolle beider Augen beim räumlichen Sehen. Er bringt sehr einfach und anschaulich Bild und Wirklichkeit in einen Zusammenhang und formuliert auch alle mit der Abbildung in Zusammenhang stehenden geometrischen Probleme. Zur Bildentstehung stellen wir uns einen Strahl vor, der vom Auge des Malers zum darzustellenden Gegenstand führt. Dort, wo der Strahl eine vor dem Maler angeordnete durchsichtige Ebene schneidet, ist der dem jeweiligen Gegenstandspunkt entsprechende Bildpunkt einzutragen. Diese recht primitiv erscheinende Bildkonstruktion führt bereits auf die folgende Fragestellung: Behält der Maler die Bildebene bei, betrachtet aber den Gegenstand von einem anderen Ort aus, dann erhält er natürlich ein anderes Bild. Da mit beiden Bildern jedoch dieselbe Realität dargestellt wird, müssen sie in einem durch die Gesetze der Geometrie eindeutig bestimmten Verhältnis stehen. Das beiden Bildern vom Standpunkt der Geometrie aus Gemeinsame wird von einem neuen Zweig der Geometrie, der projektiven Geometrie, untersucht. Die projektive Geometrie ist aber erst wesentlich später mit den Arbeiten von DESARGUES und MONGE begründet worden. DÜRER, der in der Mathematik sehr bewandert war, gibt ähnliche Konstruktionsvorschriften wie ALBERTI an *(Abbildung 2.6−5)*. Diesen Fragen ist seine 1526 erschienene Abhandlung *Underweysung der Messung mid den Zyrkel und Rychtscheyd* gewidmet. Wir finden bei DÜRER auch zwei neue Begriffe, nämlich den einer *räumlichen Kurve,* der *Helix,* und ihrer Projektionen sowie die Darstellung von Körpern mittels Projektion auf zwei zueinander senkrechte Ebenen, die

Abbildung 2.6−5
Bildkonstruktion nach *Dürer*

im weiteren zu einem Grundverfahren der darstellenden Geometrie werden sollte.

Von der Schiffahrt wurden immer vollkommenere Karten benötigt. Zentren der Kartenherstellung haben sich in der zweiten Hälfte des 15. Jahrhunderts vor allem in Antwerpen und Amsterdam herausgebildet. Der bekannteste Kartograph war GERHARD KREMER (1512−1594), der in der Wissenschaft unter dem Namen MERCATOR bekannt geworden ist; auf ihn geht die Mercator-Projektion zurück.

2.6.4 Leonardo da Vinci

Der berühmteste Gelehrte der Renaissance ist LEONARDO DA VINCI (1452−1519), der meist als Gegenbeispiel für die Unfruchtbarkeit der Renaissance in wissenschaftlicher Hinsicht angeführt wird *(Abbildungen 2.6−6, 2.6−7)*. LAGRANGE hat seinem Ende des 18. Jahrhunderts erschienenen Buch über die Mechanik eine zusammenfassende Darstellung der Geschichte der Mechanik vorangestellt, in der auf ARCHIMEDES sofort GALILEI folgt, so, als ob die dazwischenliegenden 2 Jahrtausende spurlos vorübergegangen wären. Im 19. Jahrhundert war aber bereits das gesamte Tagebuch

Abbildung 2.6−6
Selbstbildnis von *Leonardo da Vinci*

Abbildung 2.6−7
Polyeder; Zeichnungen von *Leonardo*. Abbildungen dieser Art können wir heute in Büchern der Festkörperphysik finden: Die Leonardoschen Polyeder sind den Brillouin-Zonen recht ähnlich, was natürlich nur hinsichtlich der Symmetrieverhältnisse etwas zu besagen hat

Zitat 2.6–4

Mir... scheint, es sei all jenes Wissen eitel und voller Irrtümer, das nicht von der (Sinnes-)Erfahrung, der Mutter aller Gewißheit, zur Welt gebracht wird und nicht im wahrgenommenen Versuch abschließt, das heißt, daß sein Ursprung, seine Mitte oder sein Ende durch gar keinen der fünf Sinne hindurchgeht. Und wenn wir schon an der Gewißheit eines jeden Dinges zweifeln, das durch die Sinne wirklich hindurch passiert, um wie viel mehr müssen uns die Dinge zweifelhaft sein, die sich gegen diese Sinne auflehnen, wie zum Beispiel die Wesenheit Gottes und der Seele, um die man ohne Ende disputiert und streitet, und bei denen es wirklich zutrifft, daß jederzeit, wo Vernunftgründe und klares Recht fehlen, Geschrei deren Stelle vertritt; bei sicheren Dingen kommt dies aber nicht vor.

LEONARDO DA VINCI: *Trattato*. Kap. 33.
Kenneth Clark: Leonardo da Vinci in Selbstzeugnissen und Bilddokumenten. Deutsch von *Thomas Puttfarken*. 1969

LEONARDOS bekannt, und ERNST MACH bezeichnete in seinem 1883 erschienenen Buch *Die Mechanik in ihrer Entwicklung* bereits ARCHIMEDES und LEONARDO als die beiden markanten Persönlichkeiten in der Geschichte der Mechanik. Damit wurde der Beginn der Weiterentwicklung der Mechanik in der Neuzeit um 100 Jahre vorverlegt. Nach unseren heutigen Kenntnissen über die Entwicklung der Mechanik im Mittelalter muß dieser Zeitpunkt nochmals um 200 Jahre vorverlegt werden. Wir haben bereits erwähnt (Kapitel 2.4), daß sich PIERRE DUHEM mit seinen Nachforschungen nach den Ergebnissen der mittelalterlichen Wissenschaften, die nahezu den Charakter archäologischer Erkundungen gehabt haben, unvergängliche Verdienste erworben hat. Von Interesse ist, daß DUHEM gerade bei der Suche nach den Quellen, auf die sich LEONARDO DA VINCI gestützt hat, auf die mittelalterliche Mechanik gestoßen ist. Zu dieser Suche hat ihn seine Überzeugung geführt, daß wohl niemand ohne Vorgänger, gewissermaßen im Vakuum und nur kraft eigener Begabung, in der Mechanik so viele Fragen aufwerfen und auch mehr oder weniger richtig beantworten konnte.

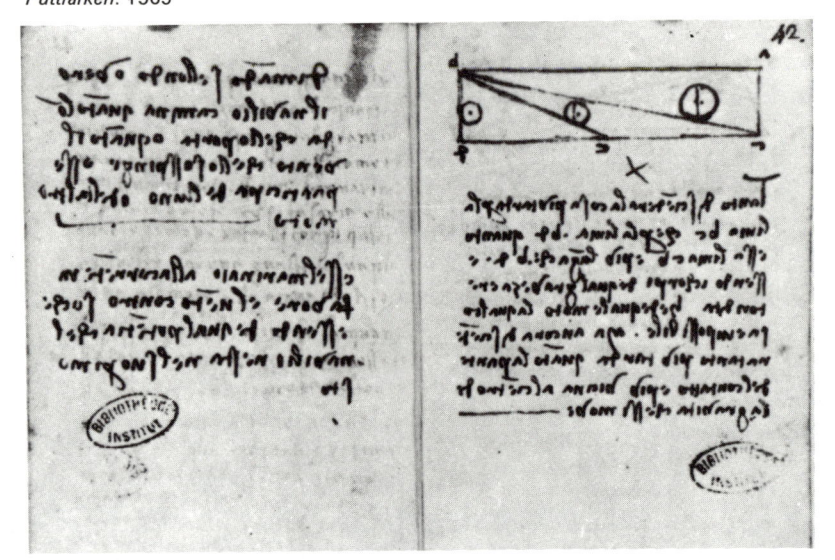

Abbildung 2.6–8a
Die Laufzeit von Körpern auf schiefen Ebenen gleicher Höhe, aber mit unterschiedlichen Neigungswinkeln ist proportional zur Länge der Ebenen (*Leonardo* hat sein Tagebuch in Spiegelschrift geführt). Wir wissen nicht, ob *Leonardo* dieses einzige Ergebnis, das er nicht aus dem Wissensgut des Mittelalters übernehmen konnte, auf experimentellem oder theoretischem Wege erhalten hat.

Es wäre verhältnismäßig einfach, die Bedeutung LEONARDO DA VINCIS für die Wissenschaftsentwicklung anhand seiner Ausstrahlung auf die Nachwelt zu messen. Obwohl LEONARDO in seinem Tagebuch des öfteren von in Arbeit befindlichen Abhandlungen schreibt, ist er nur zu unzusammenhängenden Skizzen gelangt, und keines seiner Werke ist zu seinen Lebzeiten erschienen. So sind seine an verschiedenen Stellen geäußerten Gedanken erst gegen Mitte des 19. Jahrhunderts bekannt geworden, und von einem unmittelbaren Einfluß kann keine Rede sein. Hinsichtlich der Originalität und Genialität LEONARDO DA VINCIS als Gelehrter gehen die Meinungen weit auseinander; nach der einen wird er als „genialster Gelehrter der Neuzeit", nach einer anderen als „halbgebildeter Amateur" bezeichnet. Selbst DUHEM, der vielleicht eine besondere Vorliebe für das Mittelalter gehabt hat, findet in LEONARDOS Äußerungen zur Mechanik keine einzige wesentliche Idee, die er nicht von einem mittelalterlichen Gelehrten übernommen hätte. Auf jeden Fall ist der Vorwurf berechtigt, daß LEONARDO nicht die Notwendigkeit eines Ordnungsprinzips für die Wissenschaft erkannt hat, mit dem sich scheinbar unabhängige Phänomene in einen Zusammenhang bringen lassen. Nicht ohne Grund wird von den Physikern heute betont, daß eine schlechte Theorie besser sei als keine Theorie. So nimmt es nicht wunder, wenn der Wert der im Tagebuch LEONARDOS dargelegten genialen Gedankensplitter *(Zitat 2.6–4)* in Frage gestellt wird, denn eine Aussage ist nur dann für die Wissenschaft relevant, wenn die in ihr benutzten Wörter als wissenschaftliche Begriffe fixiert sind, was wiederum nur im Rahmen einer Theorie möglich ist. So wird in LEONARDOS Tagebuch zweifelsohne zum erstenmal die gleichmäßig veränderliche Bewegung mit dem freien Fall verknüpft, was – wie wir oben gesehen haben – dann auch DOMINGO DE SOTO getan hat. Es ist unwahrscheinlich, daß SOTO diesen Gedanken von LEONARDO übernommen hat. Die Bedeutung der Leonardoschen Aussage läßt sich auch mit dem Argument in Frage stellen, daß er nur versucht habe, zwischen unterschiedlichen Größen einfache Proportionalitäten aufzufinden. In der Natur gibt es tatsächlich einige lineare Zusammenhänge, viele Zusammenhänge sind jedoch nichtlinear. LEONARDO hat eine Vielzahl von Phänomenen mit diesem einfachen Ansatz untersucht und konnte so bei einigen Erscheinungen zu richtigen Ergebnissen kommen.

Betrachtet man aber mit der Vorurteilslosigkeit eines Laien das Gesamtwerk LEONARDOS, dann beeindruckt bereits allein dessen Umfang, ganz zu schweigen von der Vielfalt der Probleme, Themenkreise und aufgeworfenen Fragen. Selbst wenn wir von LEONARDOS Gesamtwerk nur dessen enzyklopädische Sammlung aller zu seiner Zeit vorliegenden Erkenntnisse in der Mechanik im Auge hätten, müßten wir ihm – ungeachtet seiner Systemlosigkeit – einen herausragenden Platz unter seinen Zeitgenossen zuerkennen. Daß er seine Fragestellungen quantitativ formuliert und die Bedeutung von Erfahrung und Experiment hervorgehoben hat, charakterisiert ihn als modernen Wissenschaftler. Außerdem begegnen wir einigen Gedanken, deren Wert allerdings nicht unumstritten ist, bei ihm zum erstenmal. So ist von ihm z. B. die Bewegung auf einer schiefen Ebene untersucht worden *(Abbildung 2.6 – 8a).*

Berücksichtigt man schießlich noch, daß LEONARDO als Ziel der Erkenntnis und des Aufsuchens von Naturgesetzen deren praktische Nutzanwendung gesehen und selbst große Anstrengungen in dieser Richtung unternommen hat, dann kann man ihn zurecht als einen der bedeutendsten Gelehrten der Wissenschaftsgeschichte bezeichnen.

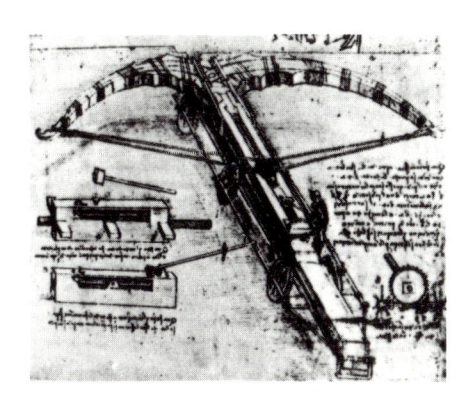

Abbildung 2.6 – 8b
Leonardos „Superkanone"
Erlauchtester Herr, nachdem ich nun die Werke aller gründlich studiert habe, die vorgeben, Meister und Künstler von Kriegsgeräten zu sein... will ich Eurer Herrschaft meine geheimen Erfindungen vorlegen und mich anbieten, sie nach Eurem Gefallen auszuführen...
Eine außerordentlich leichte und feste Brücke. Eine endlose Vielzahl von Rammböcken. Eine Methode, Festungen zu zerstören, die auf einem Felsen gebaut sind. Eine Art Bombardement, das Schauer von kleinen Steinen schleudert und dessen Rauch den Feind in Schrecken versetzt. Ein geheimer Gang, der ohne Lärm gebaut wird. Gedeckte Wagen, hinter denen ganze Armeen sich verstecken und vorgehen können.
Leonardo da Vinci: Codex Atlanticus. Deutsch von *Thomas Puttfarken.* 1969

2.6.5 Die Berufsastronomen treten in den Vordergrund

Bei der Ausbildung und Vervollkommnung physikalischer Forschungsmethoden, aber auch bei der Entdeckung konkreter physikalischer Gesetzmäßigkeiten ist der Astronomie bis zu NEWTON eine Rolle und Bedeutung ohnegleichen zugekommen. Das ist völlig verständlich: Wie wir schon öfters erwähnt haben, läuft die Bewegung der Himmelskörper unter Bedingungen ab, wie sie hier auf der Erde nur annäherungsweise oder sehr schwer zu verwirklichen sind. Mit anderen Worten: Realität und abstraktes Modell fallen bei den himmlischen Bewegungen zusammen.

Es kann ohne Übertreibung festgestellt werden, daß an der Schwelle der Neuzeit die Astronomie den einzigen Bereich der Naturwissenschaften darstellte, dessen Studium nach den heutzutage akzeptierten Normen betrieben wurde. Als Ausgangspunkt diente ein Axiom, nämlich das der gleichförmigen Kreisbewegung der Himmelskörper; unter Zugrundelegung dieses Axioms wurde für jeden Planeten ein ausführliches (geometrisches) Modell ausgearbeitet, mit dessen Hilfe die Erscheinungen vorhergesagt oder in die Vergangenheit rückprojiziert werden konnten. Es standen Meßinstrumente zur Verfügung, mit denen die Aussagen der Theorie nachgeprüft wurden. Außerdem hatten diese Untersuchungen auch praktische Bedeutung: Hier denken wir zunächst an die kalendermäßige Bestimmung der Festtage, besonders aber auch an die Tätigkeit der Astrologen, das Stellen von Horoskopen. Es sind dies uralte Anwendungsbereiche der Astronomie. Neue Herausforderungen ergaben sich aus den Ansprüchen der Seefahrer, nämlich die Position eines Schiffes inmitten des Ozeans bestimmen zu können.

Am Beispiel der Astrologie lassen sich Einflüsse auf die Physik in der Renaissance, und zwar sowohl retrograde als auch progressive bis in ihre Einzelheiten verfolgen. Die Astrologen wurden sich der Notwendigkeit bewußt, die antiken astronomischen Werke in besseren Übersetzungen – oder besser noch im griechischen Original – zu studieren: in erster Linie den *Almagest* des PTOLEMÄUS. Fortschritte erhofften sie sich von besseren griechischen Texten; zur gleichen Zeit bemerkten sie aber in ihrer alltäglichen Praxis, daß auch durch die Benutzung dieser besseren Texte keine bessere Übereinstimmung mit den experimentellen Tatsachen erreicht werden konnte. So wurde zum Beispiel für das Jahr 1432 eine Konstellation aller Planeten im Zeichen der Waage und damit eine Weltkatastrophe prophezeit. Keines der beiden Ereignisse hat stattgefunden.

Es ist daher nicht verwunderlich, daß sehr wichtige Vorarbeiten zum Aufschwung der Physik in den nächsten Jahrhunderten von den *Fachastronomen* des 15. Jahrhunderts geleistet wurde. Sie können als die unmittelbaren Vorläufer des KOPERNIKUS angesehen werden. Hier denken wir in erster Linie an zwei charakteristische Gestalten dieser Epoche: GEORG PEUERBACH

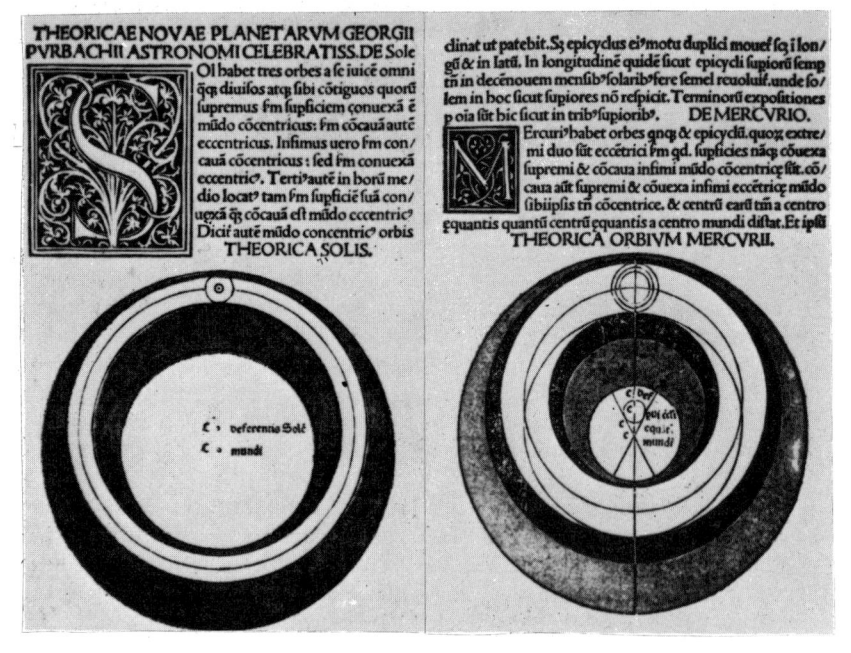

Abbildung 2.6–9a
Links: Die Darstellung der Bewegung der Sonne in *Peuerbachs* Buch *Theoricae Novae Planetarum*
Rechts sieht man *Peuerbachs* Modell des Planeten Merkur — aber auch in dieser vereinfachten Form ist es unübersichtlich.
Zentralbibliothek des Benediktinerordens, Pannonhalma

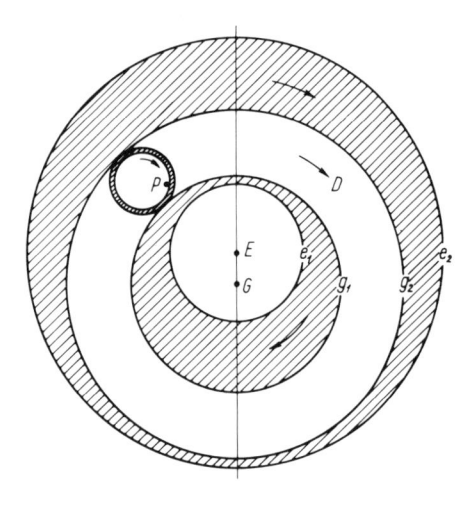

Abbildung 2.6–9b
Schon *Ptolemäus* selbst — und zwar in einem seiner späteren Werke, den *Hypotheses Planetarum* — hat versucht, seinen geometrischen Konstruktionen physikalische Interpretationen zu geben. In erster Linie haben arabische Gelehrte diese Ideen ausführlicher ausgearbeitet. In dem hier abgebildeten einfachen Fall sind zwei Kugelflächen e_1 und e_2 um den Weltmittelpunkt E, und zwei andere g_1 und g_2 um den Mittelpunkt G gezeichnet; die farbigen Schalen sind aus (festem) Material bestehend gedacht. Der Planet P selbst ist auf einer Kugelfläche befestigt. Die äußere Sphäre e_2 führt die (tägliche) Himmelsbewegung aus und nimmt auch die Schale D (und ihren festen inneren Ring) mit. Die Schale D führt aber außerdem eine unabhängige Bewegung aus und in ihr dreht sich (wiederum unabhängig) die den Planeten tragende Kugel. Damit sind Deferent und Epizykel sozusagen stofflich verwirklicht

(PEURBACH, PURBACH, 1423–1461) und REGIOMONTANUS (JOHANNES MÜLLER aus Königsberg, 1436–1476).

PEUERBACH war ein typischer Renaissancemensch; er studierte an der Universität in Wien, wo er später lateinische Literatur lehrte und wo ihm seine lateinisch verfaßten Gedichte Ruhm einbrachten. Er hat die Sonnen- und Mondfinsternisse mit Hilfe der Alfonsinischen Tafeln berechnet und Vergleiche mit seinen eigenen Beobachtungen angestellt. Dazu befaßte er sich auch mit der Herstellung und Vervollkommnung astronomischer Instrumente. PEUERBACH übte aber seinen größten Einfluß als Erzieher, als Pädagoge aus. Vom ptolemäischen Bild ausgehend, entwickelte er eine vereinfachte und anschauliche Theorie der Planetenbewegungen. Sein Lehrbuch ist in lateinischer Sprache in 56 Auflagen erschienen, wurde aber auch ins Italienische, Spanische, Französische und Hebräische übersetzt *(Abbildungen 2.6–9a, b)*. In diesem Buch hat er die Aufmerksamkeit darauf gelenkt, daß die Bewegungen der Planeten auf ihren Epizykeln in irgendeiner Beziehung zur Bewegung der Sonne stehen. Der aus Byzanz geflüchtete Kardinal BESSARION (1403–1472), der sein Leben der Wiedererweckung antiker Wissenschaften widmete, hat ihn zu einer Neuübersetzung des großen Ptolemäischen Werkes veranlaßt, doch gelang es dem frühzeitig verstorbenen PEUERBACH nicht, diese Aufgabe zu vollenden.

REGIOMONTANUS, sein Schüler und späterer Freund, war ein Wunderkind. Im Alter von 12 Jahren berechnete er schon Planetenbahnen; im Alter von 14 Jahren wurde er von Kaiser FRIEDRICH III. damit beauftragt, das Horoskop seiner Braut aufzustellen. Er verbrachte mehrere Jahre am Hof des ungarischen Königs MATTHIAS CORVINUS und wurde auch an die neugegründete Universität zu Preßburg berufen. Am Königshof studierte er die griechischen Manuskripte, die König MATTHIAS als Kriegsbeute aus Feldzügen gegen das ottomanische Reich mitgebracht hatte. REGIOMONTANUS hat die Arbeiten PEUERBACHS weitergeführt, aber statt der vollständigen Übersetzung des Almagest nur eine abgekürzte Version angefertigt *(Abbildung 2.6–10)*.

Seine astronomischen Beobachtungen führte er in Nürnberg durch, wo er auch eine Druckerei gegründet hat, deren Bestimmung die fortlaufende Ausgabe wissenschaftlicher Werke antiker und moderner Zeiten war. Eine Liste der geplanten und mehrerer erschienenen Bücher seiner Druckerei sind erhalten geblieben.

Das *Zitat 2.6–5* mag uns einen Begriff davon geben, welch ein progressiver Geist REGIOMONTANUS war. Vielleicht hat ihn nur sein unzeitiger Tod daran gehindert, den entscheidenden Schritt, den Übergang zum heliozentrischen System, zu tun: In einem erhalten gebliebenen Brieffragment spricht er über den Einfluß der Erdbewegung auf die Bewegung der Sterne; in einer seiner Randbemerkungen zu einem ARCHIMEDES-Werk ist ein Zeichen zu finden, das auf die Wichtigkeit der heliozentrischen Theorie des ARISTARCHOS VON SAMOS, des „antiken KOPERNIKUS" hinweist.

Abbildung 2.6−10
REGIOMONTANUS und PTOLEMÄUS. Titelblatt des Wiegendruckes *Epytome Joannis De monte regio In almagestum Ptolomei* 1496
Bibliothek der Ungarischen Akademie der Wissenschaften

Zitat 2.6−5
Schenke mir Glauben, ich trage viele und noch mehrere Gedanken in mir, die ich dir gerne zur Beurteilung mitteilen möchte, wenn ich genügende Freizeit hätte, Gedanken, von deren Richtigkeit ich völlig überzeugt bin, und Gedanken, die noch in der Luft schweben und in der Seele Sehnsucht erwecken, sie zu erforschen. Um meinen Brief mit dem Firmament zu beginnen − es war ja dies das Thema unserer bisherigen Gespräche −, kann ich mich nur wundern über die geistige Trägheit unserer Astronomen, die wie leichtgläubige alte Weiber, als göttliche und unabänderliche Wahrheiten alle Erklärungen und Tabellen ansehen, die in ihren Büchern zu finden sind; sie verlassen sich auf die Autoren und kümmern sich nicht um die Wahrheit.
REGIOMONTANUS: *Brief an Bianchini*

Tabelle 2.6−2
Die Zahl der Autoren, deren Werke als Wiegendrucke erschienen sind, gegliedert nach geschichtlichen Epochen. Das große Interesse für medizinische Bücher wird durch die Tatsache bezeugt, daß in der Tabelle drei Ärzte zu finden sind: der Grieche *Hippokrates* (∼460−∼377 v. u. Z.), der Araber *Ar-Rasi* (gest. 925) und der griechisch-römische Arzt *Galen* (129−201). *Sacrobosco* (13. Jahrhundert) war ein im übrigen unbedeutender Astronom, *Raimundus Lullus* (1232−1315) war ein spanischer Scholastiker, der in seinem Buch *Ars magna et ultima* Rezepte für jedermann anbietet, wie die Wahrheit gefunden werden kann (nach CROMBIE [2.5]).

Vor unserer Zeitrechnung	25
1.−5. Jahrhundert	50
6.−7. Jahrhundert	7
8.−12. Jahrhundert	46
13. Jahrhundert	40
14. Jahrhundert	64
erste Hälfte des 15. Jahrhunderts	51
zweite Hälfte des 15. Jahrhunderts	378

Mit den meisten Werken sind folgende Autoren vertreten:
HIPPOKRATES
ARISTOTELES
AR-RASI
SACROBOSCO
ALBERTUS MAGNUS
...
REGIOMONTANUS
THOMAS VON AQUINO
AVICENNA
GALENUS
PLINIUS
AVERROËS
...
PTOLEMÄUS
RAIMUNDUS LULLUS

2.6.6 Das gedruckte Buch gewinnt an Bedeutung

Die stürmische Verbreitung wissenschaftlichen Gedankengutes in der Neuzeit ist auf das engste mit der bedeutendsten technischen Erfindung der Renaissance, dem Buchdruck (GUTENBERG 1397?−1468) verknüpft.

Für die Wissenschaftsgeschichte ist das Programm der ersten Buchdruckereien von großem Interesse, denn diese konnten aus Gründen der Wirtschaftlichkeit nur Bücher herausgeben, deren Absatz gesichert war. So läßt die *Tabelle 2.6−2* interessante Rückschlüsse auf die kulturellen Interessen in der zweiten Hälfte des 15. Jahrhunderts zu. Aus der Tabelle kann die Zuordnung der bis zum Jahre 1500 erschienenen Erstdrucke (Inkunabeln) naturwissenschaftlichen Inhalts auf die einzelnen Themenkreise sowie auf die Epochen, in denen die Autoren gelebt haben, entnommen werden. Wir sehen, daß neben den antiken und arabischen Autoren auch die mittelalterlichen Scholastiker vertreten sind. Das ist nicht überraschend, weil an den Universitäten und hier vor allem an deren theologischen Fakultäten die Bücher dieser Autoren als Lehrbücher gedient haben *(Farbtafel XII)*.

Ende des 16. Jahrhunderts, am Vorabend der großen Umwälzung der Wissenschaften im 17. Jahrhundert, kann man eine merkwürdige Erscheinung beobachten. Während im Spätmittelalter und in der frühen Renaissance an den Universitäten und in den Reihen der Kleriker noch neue

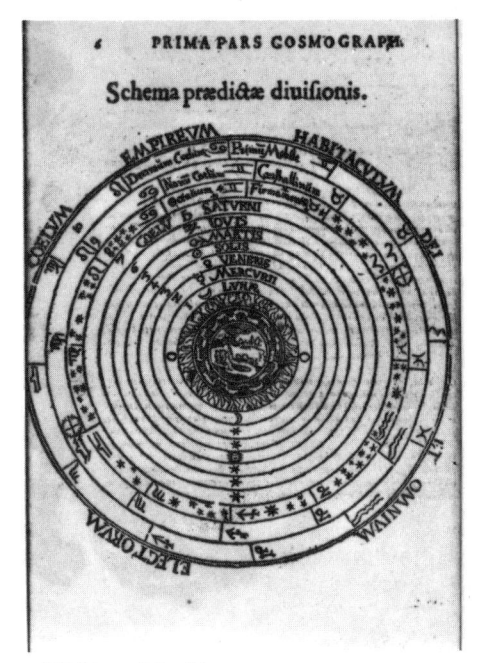

Abbildung 2.6 – 11
Ungeachtet der vielen verstreut auftauchenden Keime zu originellen und progressiven Gedanken bestimmte die mittelalterlich-hierarchische Ordnung – im wesentlichen bis ins 16. Jahrhundert – die Gedankenwelt der Menschen:

a) In der Natur: die Hierarchie Erde – Wasser – Luft – Feuer, dann die himmlischen Sphären und dann das Reich der Auserwählten *(Petrus Apianus: Cosmographia)*

b) In der Wissenschaft: Theologie an der Spitze der Wissenschaften; *Petrus Lombardus* als höchste Autorität: Sein Buch *Sententiarum libri IV* diente mehrere Jahrhunderte hindurch als Grundlage für den theologischen Unterricht.

Es folgen: *Aristoteles* (Physica), *Seneca* (Ethica). Weiter unten: *Pythagoras* (Musica), *Euklid* (Geometria), *Ptolemäus* (Astronomia), in der nächsten Reihe: *Aristoteles* (Logica), *Cicero* (Rhetorica, Poetica), *Boëthius* (Mathematica).
Aus *Gregor Reisch: Margarita philosophica*
Bibliothek der Ungarischen Akademie der Wissenschaften

Gedanken geäußert wurden – denken wir nur an die Universitäten von Oxford und Paris sowie an die kühnen Ideen des Kardinals CUSANUS –, erstarrten gegen Ende des 16. Jahrhunderts beide Institutionen und wurden zu ausgesprochenen Hochburgen der reaktionären Orthodoxie *(Abbildungen 2.6 – 11a, b)*. An den Universitäten glaubte man, mit der Aneignung der antiken Kenntnisse alle Fragen der Wissenschaften beantwortet zu haben und nur das einschlägige Werk sowie das passende Zitat finden zu müssen, um ein gegebenes Problem lösen zu können. Gerade wegen dieser „Einstellung" wird die Renaissance von den Wissenschaftshistorikern des „Servilismus" beschuldigt. Die Erstarrung der katholischen Kirche kann in erster Linie als eine Gegenreaktion zur Reformation angesehen werden, da man in der starren Anhänglichkeit an die Autoritäten – die Bibel, ARISTOTELES und die Kirchenväter – die richtige Antwort auf die Reformation zu sehen glaubte.

Zur gleichen Zeit wurde das Leben immer dynamischer und damit der Widerspruch zwischen der orthodoxen Ideologie und der alltäglichen Realität immer größer. Dieser Widerspruch führte zwangsläufig zu einem Durchbruch in den Naturwissenschaften.

Teil 3

Ja, muß man denn den Wert der göttlichen Dinge wie eine Zuspeise nach Groschen bemessen? Aber bitte, wird man mir sagen, was nützt einem hungrigen Magen die Kenntnis der Natur, was die ganze Astronomie? Nun, die verständigen Menschen hören nicht auf die Unbildung, die da schreit, man müsse deswegen jene Studien unterlassen. Man duldet die Maler, weil sie die Augen, die Musiker, weil sie die Ohren ergötzen, obwohl sie uns sonst keinen Nutzen bringen. Ja, der Genuß, den wir aus ihren Werken schöpfen, gilt nicht nur als angemessen für den Menschen, er gereicht ihm auch zur Ehre. Welche Unbildung, welche Dummheit daher, dem Geist eine ihm zukommende ehrbare Freude zu neiden, sie aber den Augen und Ohren zu gönnen! Der streitet gegen die Natur, wer gegen diese Ergötzungen streitet! Denn der allgütige Schöpfer, der die Natur aus dem Nichts ins Dasein gerufen, hat er nicht jedem Geschöpf das, was notwendig ist, dazu aber noch Schmuck und Lust in überreicher Fülle bereitet? Sollte er den Geist des Menschen, den Herrn der ganzen Schöpfung, sein eigenes Ebenbild, allein ohne beseligende Wonne lassen? Ja, wir fragen nicht, welchen Nutzen erhofft das Vöglein, wenn es singt; denn wir wissen, Singen ist ihm eben eine Lust, weil es zum Singen geschaffen ist. Ebenso dürfen wir nicht fragen, warum der menschliche Geist soviel Mühe aufwendet, um die Geheimnisse des Himmels zu erforschen. Unser Bildner hat zu den Sinnen den Geist gefügt, nicht bloß, damit sich der Mensch seinen Lebensunterhalt erwerbe — das können viele Arten von Lebewesen mit ihrer unvernünftigen Seele viel geschickter —, sondern auch dazu, daß wir vom Sein der Dinge, die wir mit Augen betrachten, zu den Ursachen ihres Seins und Werdens vordringen, wenn auch weiter kein Nutzen damit verbunden ist. Und wie die anderen Lebewesen sowie der Leib des Menschen durch Speise und Trank erhalten werden, so wird die Seele des Menschen, die etwas vom ganzen Menschen Verschiedenes ist, durch jene Nahrung in der Erkenntnis am Leben erhalten, bereichert, gewissermaßen im Wachstum gefördert. Wer darum nach diesen Dingen kein Verlangen in sich trägt, der gleicht mehr einem Toten als einem Lebenden. Wie nun die Natur dafür sorgt, daß es den Lebewesen nie an Speise gebricht, so können wir mit gutem Grund sagen, die Mannigfaltigkeit in den Naturerscheinungen sei deswegen so groß, die im Himmelsgebäude verborgenen Schätze so reich, damit dem menschlichen Geist nie die frische Nahrung ausgehe, daß er nicht Überdruß empfinde am Alten noch zur Ruhe komme, daß ihm vielmehr stets in dieser Welt eine Werkstätte zur Übung seines Geistes offenstehe.

KEPLER: *Mysterium cosmographicum (Das Weltgeheimnis)*. Übersetzt von *Max Caspar* 1923
HEISENBERG [5.25] S. 51, 52

Ende und Neubeginn

3.1 Die Welt um 1600

Sowohl in Europa als auch in anderen Teilen der Welt kommt es zu Beginn des 17. Jahrhunderts zu Schwerpunktverschiebungen in politischer und ökonomischer Hinsicht sowie zu Veränderungen im Bewußtsein der Menschen. Nach dem Aufflammen der Renaissance in Italien kommen nun auch die am Atlantik als einem weit offenen Tor zur Welt gelegenen Länder zu Wort. Mit dem Abfall der Niederlande (1581), der Vernichtung der spanischen Armada (1588) und dem Tod PHILIPPS II. war die spanische Hegemonie bereits im Schwinden, wobei jedoch der militärische und politische Verfall eine geeignete Grundlage für eine Blütezeit der spanischen Literatur und Kunst werden konnte.

In Frankreich war noch kein Menschenleben seit den Schrecken der Bartholomäusnacht (1572) vergangen, und doch konnte HEINRICH IV. mit seiner zu einem geflügelten Wort gewordenen Äußerung „Paris ist eine Messe wert" schon eine Entwicklung einleiten, die zum Edikt von Nantes (1598) und damit zu einer staatlichen Manifestation der religiösen Toleranz geführt hat. Weiter konnte er auch damit beginnen, sein Programm zu verwirklichen, wonach „jeder Bauer am Sonntag ein Huhn in seinem Topf" haben sollte. Damit hat sich HEINRICH IV. das Verdienst erworben, den Religionskrieg in Frankreich beendet zu haben, dessen schrecklicher Höhepunkt Deutschland noch bevorstand.

In England geht zu Beginn des 17. Jahrhunderts das Elisabethanische „Goldene Zeitalter" zu Ende. SHAKESPEARE schreibt zu dieser Zeit seine Königsdramen. Mitteleuropa und in erster Hinsicht Deutschland scheiden sowohl wegen der Religions- und Bauernkriege als auch wegen der zunehmenden Verlagerung des Handels auf den Seeweg für mehrere Generationen aus dem politischen und kulturellen Leben aus *(Zitate 3.1–1a, b)*.

Veränderungen von weltgeschichtlicher Bedeutung finden auch im östlichen Europa statt. Das russische Reich bildet sich heraus, und BORIS GODUNOW herrscht schon über einen stark zentralisierten Staat, der sich auf ein stehendes Heer stützt. JERMAKS Kosaken haben Sibirien schon nahezu vollständig erobert.

Das türkische Reich hat im 16. Jahrhundert den Gipfelpunkt seiner Entwicklung schon überschritten und bedeutet keine ernsthafte Bedrohung für den Westen mehr. Durch die Seeschlacht von Lepanto (1571) wurde das Gleichgewicht hergestellt oder sogar zugunsten des Westens verschoben.

Außerhalb des europäischen Blickfeldes kann Indien hinsichtlich seiner kulturellen Entwicklung, aber auch hinsichtlich seines politischen, militärischen und ökonomischen Einflusses noch jeden Vergleich mit Europa bestehen. Hier herrscht AKBAR DER GROSSE, der nicht nur die militärische Macht Indiens vergrößert, sondern auch ein Aufblühen der Künste (insbesondere der Miniaturmalerei) erreicht. In seiner religiösen Toleranz ist dieser Herrscher seiner Zeit sehr weit voraus.

In China herrscht WAN-LI, ein Kaiser der Ming-Dynastie, und trotz der Anzeichen für einen politischen und ökonomischen Niedergang blühen Künste und Wissenschaften auch hier.

Europa expandiert bereits: Sowohl in Indien als auch in China tauchen die ersten Europäer auf, in Indien die Engländer und Niederländer, in China die Portugiesen. In Macao wird die erste europäische Kolonie gegründet, und die Jesuiten beginnen, Einfluß auf das Geistesleben zu gewinnen.

Diese Anzeichen zeigen, daß die europäische Kultur über eine expansive Kraft verfügt, wie sie bis zu diesem Zeitpunkt in der Geschichte noch nicht zu beobachten war. Die Europäer haben zu dieser Zeit bereits den größten Teil der Welt außerhalb ihres Kulturkreises bereist *(Abbildung 3.1–1)*. Spanier und Portugiesen haben nicht nur Amerika entdeckt und

Zitat 3.1 – 1a

Anno 1539, am 18. Januarii aufn Abend um sechs Hore ward ein Comet allhier zu Wittenberg gesehen, der war dunkel, aber sehr lang, bey 20 Graden, reckte den Schwanz nach dem Zeichen der Fische, vom Abend nach Mitternacht wärts, gegen Aufgang der Sonnen, wenn sie am höchsten stehet. Diesen Cometen sahen *D. Martinus Luther, D. Jonas, M. Philippus Melanchthon, D. Milich* und *M. Erasmus,* der Mathematicus, mit großer Verwunderung. Da sagte D. M. L.: „Ich will Deutschland wahrsagen, nicht aus dem Gestirn, sondern verkündige ihr Gottes Zorn aus der Theologia und Gottes Wort; denn es ist unmöglich, daß Deutschland sollte also ungestraft hingehen, es muß eine große Schlappe nehmen, da wird nichts anders aus; denn Gott wird stets täglich gereizt, uns zu verderben; es wird der Gottselige mit dem Gottlosen dahin gehen und umkommen.

Laßt uns nur beten, Gott und sein Wort nicht verachten! Wohlan, ob wir gleich leider große Sünder sind, so haben wir doch Vergebung der Sünden und das ewige Leben, uns im Wort verheißen, zu welchem uns der Türk und Kaiser fördert und hilft. Sie sollen uns nicht schaden, sondern fördern, allein ist mirs leid und mich jammert unserer Nachkommen, die werden aus dem Licht wieder ins Finsternis gebracht werden".

Da sagte M. Ph.: „daß Anno 1505 auch ein Comet wäre gesehen worden vor dem Venedischen Kriege, und ehe Modona erobert ward."
D. MARTIN LUTHERS *Werke.*
WA. Tr. Bd. III, Nr. 3711

Zitat 3.1 – 1b

Neujahrsode 1633

O du zweimal wüstes Land,
Von der Feinde böser Hand,
Ach, du liebes Meißen, du,
Wie bist du gerichtet zu!

Deine Felder liegen bloß,
Deine Flüsse werden groß,
Groß von Tränen, die man geußt
Und als Ströme fließen heißt.

Deine Dörfer sind verbrannt,
Deine Mauren umgerannt,
Deine Bürger sind verzagt,
Deine Bauren ausgejagt.

Aller Vorrat ist verzehrt,
Alle Kammern ausgeleert,
Alle Kasten sind besucht,
Unsre Schätze hat die Flucht.

Du, vor aller Güter reich,
Bist itzt einer Witben gleich;
Wir, die Waisen, sind erschreckt
Und mit Kummer ganz bedeckt.

173

Und, ihr Feinde, gebt es zu,
Setzet euch mit uns in Ruh,
Daß wir bei der letzten Zeit
Stehn in sichrer Einigkeit!

Denket, daß der Friede nährt,
Denket, daß der Krieg verzehrt,
Denket, daß man doch nichts kriegt,
Ob man schon auch lange siegt!

Stelle deine Schlachten ein,
Mars, und lerne milder sein!
Tu die Waffen ab und sprich:
Hin, Schwert, was beschwerst du mich!

Dieser Helm wird nütze sein,
Daß die Schwalben nisten drein,
Daß man, wann der Frühling kömmt,
Junge Vögel da vernimmt.

Und der brachen Erden Bauch
Darf der Spieß und Degen auch,
Doch daß sie sehn anders aus:
Pflug und Spaten werden draus.

Tritt, was schädlich ist, beiseit!
Hin, verdammte Pest und Streit!
Weg ihr Sorgen, weg Gefahr:
Itzund kommt ein neues Jahr!

PAUL FLEMING (1609–1640)

Zitat 3.1–2
Ich rede so zu meinen Hörern: Siehe, dies wird von *Aristoteles* gelehrt, jenes ist die Meinung des *Plato;* so äußert sich *Galenus* und so *Hippokrates.* Wer mich anhört, muß zugeben: Die Worte des *Borrius* verdienen volles Vertrauen, es sind nämlich nicht seine eigenen, vielmehr reden die erlauchtesten Geister durch seinen Mund... Wenn mir Gedanken kommen, die ich bei ihnen nicht finde, so verwerfe ich sie sofort als verdächtig oder lege sie beiseite, bis sie alt werden und verlöschen, noch ehe sie das Tageslicht erblickt hätten.
BORRIUS (Pisa, 1576; zitiert von *Lalande: Lectures sur la philosophie des sciences*)

die Welt umsegelt, sondern auch die Philippinen endgültig kolonialisiert (1593).

Das Aufstreben Europas ist eine in sich geschlossene Kausalkette von Erweiterungen des Gesichtskreises und einem Anwachsen des Selbstbewußtseins. Selbst die Entwicklung der Religion – und zwar sowohl Reformation als auch Gegenreformation – hat zu einer Ausdehnung des Horizonts, verbunden mit einer Stärkung des Selbstbewußtseins, geführt. Die von theologischen Fragen ausgehenden Religionsstreitigkeiten wurden auf Flugschriften ausgetragen, die in einer allgemeinverständlichen Sprache geschrieben waren. Sie waren dem Ansehen der Kirche abträglich und haben zu einem unmittelbaren Lesen der Bibel angeregt; sie dienten aber auch als Ausgangspunkt für allgemeinere Überlegungen und führten somit zur Herausbildung einer kritischen Haltung. Der Kontakt mit den weniger entwickelten Völkern in den neu entdeckten Welten hat das Selbstbewußtsein der Europäer weiter wachsen lassen und auch dazu beigetragen, daß die noch in der Renaissance als unantastbar angesehenen antiken Überlegungen angezweifelt wurden, nachdem die Europäer mit ihren Entdeckungen über die in der Antike bekannte Welt hinausgelangt waren. Diese Dynamik und das uns heute schon als übertrieben erscheinende Selbstbewußtsein finden ihren künstlerischen Ausdruck in dem sich gerade herausbildenden Barock, in dessen bewegter Linienführung und seinem Formenreichtum.

Im großen und ganzen war das Leben zu Beginn des 17. Jahrhunderts schon recht modern: Die ersten Aktiengesellschaften hatten sich bereits herausgebildet, es erschienen die ersten Zeitungen, und Briefe konnten abgeschickt werden... Lediglich innerhalb der Universitätsmauern schien das geistige Leben stehengeblieben zu sein; noch immer war unverändert ARISTOTELES überall die alles beherrschende Autorität *(Zitat 3.1–2)*. Doch bald kamen auch die selbstbewußten Mechaniker und Ingenieure zu Wort *(Zitat 3.1–3, Abbildung 3.1–2)*. Die letzten Worte des zum Tode auf dem Scheiterhaufen verurteilten GIORDANO BRUNO lassen ahnen, daß auch der Durchbruch der philosophischen Wahrheit nicht mehr lange wird verhindert werden können: *„Ihr habt mehr Angst, das Urteil über mich zu fällen, als ich Angst habe, es zu erleiden".*

Wenn wir die Dialoge von GIORDANO BRUNO lesen, dann wundern wir uns weder über das Urteil der Inquisitoren noch über ihre Befürchtungen.
BURCHIO: Wo bleibt also die schöne Ordnung in der Natur, diese erhabene Hierarchie, nach der wir uns von den dichteren und gröberen Körpern, wie die Erde einer ist, emporheben zu den weniger groben wie dem Wasser und weiter zu den feinen wie etwa dem Dampf, den noch feineren wie der Luft, den feinsten wie dem Feuer und den göttlichen wie den Himmelskörpern?

Abbildung 3.1–1
Das für jedermann offenkundigste Zeichen für die Erweiterung des Gesichtskreises: die Anhäufung neuer geographischer Kenntnisse. Der Globus, früher eine abstrakte Möglichkeit, ist jetzt ein Unterrichtsbehelf.
Petrus Apianus: Cosmographia. Universitätsbibliothek, Budapest

FRACASTORIO: Wo diese Ordnung ist, willst du wissen? Nun, dort, wo die Träume, die Einbildungen, die Hirngespinste, die Einfältigkeiten...
BURCHIO: Du stellst also diese berühmte Unterscheidung der Elemente in Frage?
FRACASTORIO: Was ich in Frage stelle, ist nicht die Unterscheidung, es mag meinetwegen jedermann Naturerscheinungen voneinander unterscheiden, wie er will. Ich bezweifle jedoch diese Reihenordnung, diese Aufteilung, nämlich: daß die Erde vom Wasser umgeben und umfaßt ist, das Wasser von der Luft, die Luft vom Feuer, das Feuer vom Himmel... Diese berühmte und allbekannte Reihenfolge der Elemente und Weltkörper ist Phantasie und völlig leere Vorstellung, die weder von der Natur bestätigt noch vom Verstand bewiesen wird und die in dieser Form weder richtig noch möglich ist. Wisse also, daß es ein unendliches Feld und einen umfassenden Raum gibt, der das Universum in sich birgt und durchdringt, mit unendlich vielen, einander ähnlichen Körpern darin, deren keiner sich eher im Mittelpunkt des Weltalls befindet als irgend ein anderer, es ist nämlich das Weltall unendlich...
BURCHIO: Du hältst also PLATON für einen Unwissenden, ARISTOTELES für einen Esel und alle, die auf ihren Spuren wandeln, für einfältig, dumm und fanatisch?
FRACASTORIO: Mein Freund, das will ich nicht behaupten... ich halte sie für die Helden der Erde; aber ich will ihnen ohne guten Grund nicht Glauben schenken noch Lehren übernehmen, deren Gegenteil so offensichtlich wahr ist, wie du verstanden hättest, wärest du nicht völlig blind und taub.
GIORDANO BRUNO: *Über das Unendliche, das Weltall und die Welten*

Zitat 3.1–3
Zwar können die in der Mathematik Bewanderten sagen – wie es einer von ihnen auch tatsächlich niedergeschrieben hat –, es sei unnötig, daß ein Mechaniker oder Seemann sich in solche Fragen oder Angelegenheiten einmische, ebenso wenig wie in eine Längenbestimmung, da solches nur durch geometrische Beweise und arithmetische Operationen durchführbar sei, deren sie alle Mechaniker und Seeleute unfähig oder wenigstens nicht genügend kundig hielten... Ich aber glaube wahrhaftiglich, daß es zwar möglich ist, daß jene Kenner der Wissenschaften, in ihren Stübchen unter Büchern sitzend, große Dinge ersinnen, weit ausholende Begriffsbildungen klar beweisen und mit beredten Worten begründen, wobei sie darauf rechnen, alle Mechaniker müßten mangels entsprechender Fähigkeit, sich auszudrücken, alle ihre Kenntnisse und Vorstellungen ihnen überlassen, wovon sie dann gut leben und sich ihrer nach Belieben bedienen könnten – trotzdem glaube ich, es leben in diesem Land verschiedene Mechaniker, denen bei der Ausübung ihrer Fertigkeiten und Beschäftigungen die erwähnten Wissenschaften in Fleisch und Blut übergegangen sind und die diese zu verschiedenen Zwecken ebenso wirksam und sogar gewandter anwenden, als diejenigen, von denen sie am meisten verunglimpft werden.
ROBERT NORMAN: *The New Attractive.* 1581

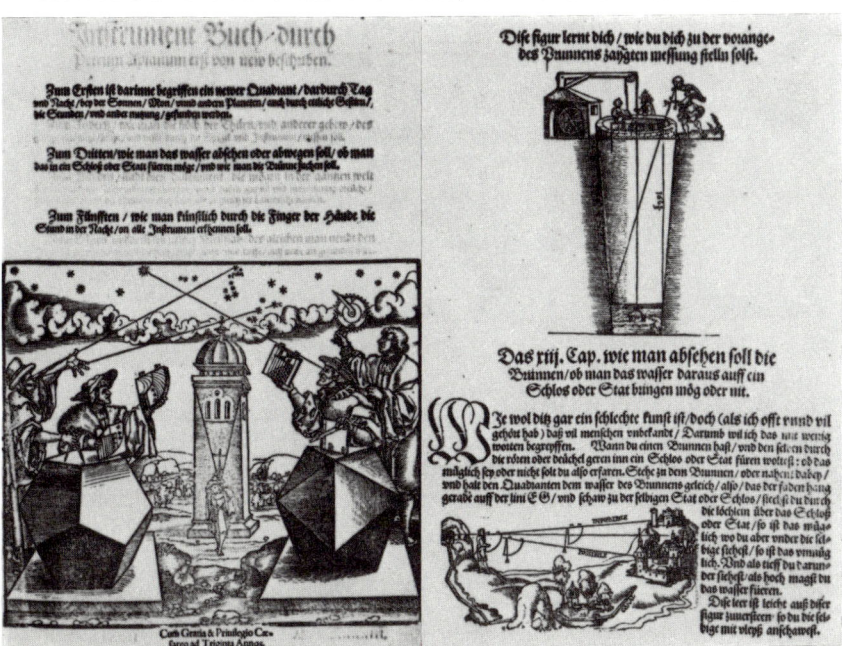

Abbildung 3.1–2
Sternpositionen, Höhen von Türmen, Tiefen von Schächten werden mit einfachen Geräten und geistreichen Methoden gemessen.
Petrus Apianus: Instrumentenbuch, 1533. Universitätsbibliothek, Budapest

Bezugnehmend auf einen 1545 erschienenen Bücherkatalog des Züricher Gelehrten CONRAD GESNER, vermittelt die *Abbildung 3.1–3* einen Überblick über die Zuordnung der bis zu diesem Zeitpunkt in Latein, Griechisch oder Hebräisch erschienenen Bücher zu den verschiedenen Wissensgebieten. Wir sehen, daß die Theologie noch immer mit dem größten Gewicht vertreten ist und daß Bücher zur Mechanik, Arithmetik, Geometrie, Musik und Astronomie zusammen nicht einmal ein Drittel der Bücher mit theologischer Thematik ausmachen. Auf den ersten Blick scheint Naturphilosophie mit einem ausreichenden Gewicht vertreten zu sein: Es beträgt etwa ein Drittel des Anteils der theologischen Bücher. Wenn wir uns aber anschauen, was alles diesem Oberbegriff zugeordnet wird, dann ist das Verhältnis nicht mehr so günstig. Unter diese Rubrik fallen Bücher über Pflanzen, Tiere, die Seele sowie die Wunder der Natur. Bücher über Kuriositäten in der Natur haben sich auch noch im 17. und 18. Jahrhundert einer großen Popularität erfreut. Sie sollten offensichtlich dazu dienen, den dem Menschen eigenen Hunger nach Sensationen zu befriedigen.

Welche Aufgaben haben denn nun vor den Naturwissenschaftlern zu Beginn des 17. Jahrhunderts gestanden? Eine sehr allgemeine Antwort auf diese Frage kann leicht gegeben werden: Das aristotelische Weltbild ist zu

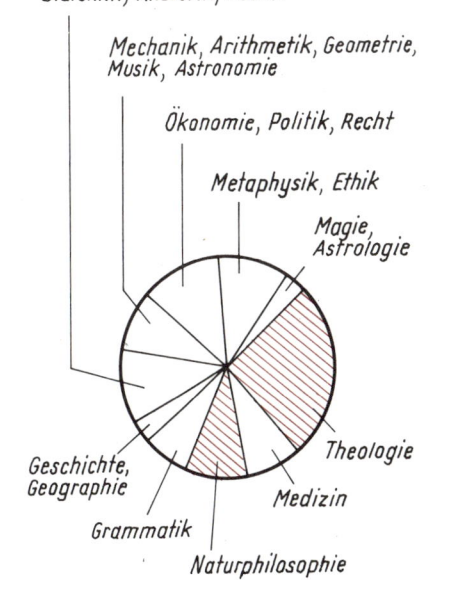

Abbildung 3.1–3
Die Zuordnung der bis 1545 erschienenen Bücher auf die Wissensgebiete nach *Conrad Gesner*

stürzen und an seine Stelle ein neues zu setzen. Aus der *Abbildung 3.1−4* ersehen wir, was die Naturwissenschaftler − bewußt oder unbewußt − zu tun hatten: Sie mußten das Weltmodell des Altertums und des Mittelalters, das geozentrisch, endlich und hierarchisch war, zu einem Modell einer heliostatischen (d. h. in dem die Sonne ruht), unendlichen und homogenen Welt umformen, in der überall genau die gleichen Gesetzmäßigkeiten zu gelten haben. Zu diesem Zwecke war vor allem die Physik des Himmels mit der der Erde zu vereinigen. In der Abbildung 3.1−4 sind die Namen derer angegeben, die bei dieser Vereinigung die bedeutendste Rolle gespielt haben. Die völlige Synthese wird schließlich mit den Bewegungsgesetzen von NEWTON sowie mit dem Newtonschen universellen Massenanziehungsgesetz erreicht. Von diesem Zeitpunkt an haben sich die Physik des Himmels und die irdische Physik wieder voneinander getrennt − jetzt jedoch nicht mehr aus prinzipieller oder philosophischer Notwendigkeit, sondern wegen der Spezialisierung, die vom Standpunkt der Praxis aus notwendig wurde.

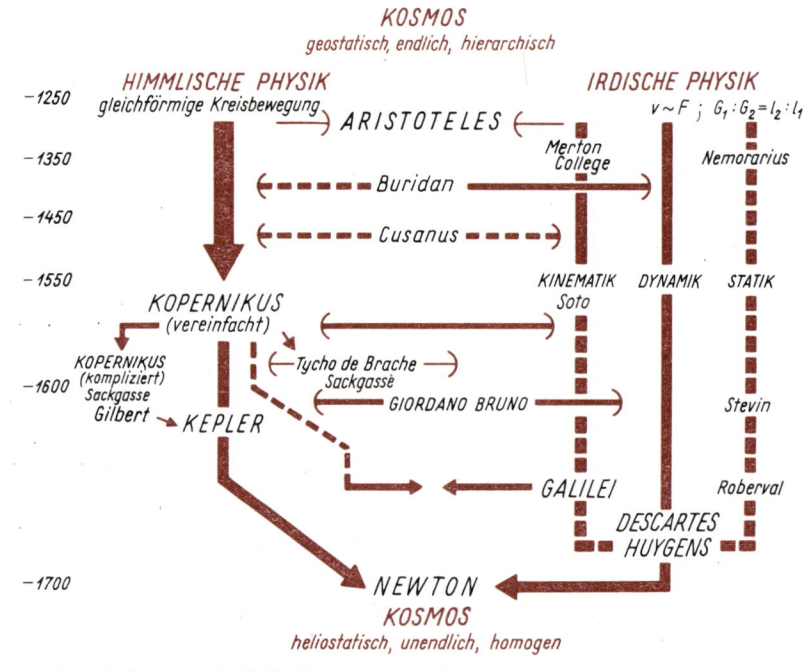

Abbildung 3.1−4
Die Etappen auf dem Wege zur Vereinigung der himmlischen und irdischen Physik

In Büchern und Bibliotheken *(Tabelle 3.1−1)* wurden neue Gedanken geboren, und die moderne Welt nahm so Gestalt an. Wir dürfen aber nicht vergessen, daß dieser Prozeß vor dem Hintergrund eines zerfallenden Zunftwesens und einer sich herausbildenden Manufakturproduktion mit einer

Tabelle 3.1−1
Bedeutende Gedanken in bedeutenden Büchern der Zeit

1543	COPERNICUS	*De revolutionibus orbium coelestium*
1585	GIORDANO BRUNO	*Del infinito, universo e mondi*
1585	STEVIN	*Weeghconst*
1600	GILBERT	*De magnete*
1609	KEPLER	*Astronomia nova aitiologethos seu Physica coelestis*
1610	GALILEI	*Sidereus Nuncius*
1619	KEPLER	*Harmonices mundi...*
1620	BACON	*Novum Organum*
1623	GALILEI	*Saggiatore*
1632	GALILEI	*Dialogo sopra i due massimi sistemi del mondo*
1638	GALILEI	*Discorsi e dimostrazioni matematiche intorno a due nuove scienze*
1637	DESCARTES	*Discours de la méthode*
1644	DESCARTES	*Principia philosophiae*
1647	PASCAL	*Expériences Nouvelles touchant le Vide*
1660	BOYLE	*Touching the Spring and Weight of Air*
1672	GUERICKE	*Experimenta nova Magdeburgica*
1673	HUYGENS	*Horologium oscillatorium*
1687	NEWTON	*Philosophiae naturalis principia mathematica*
1690	HUYGENS	*Traité de la lumière*
1690	LOCKE	*An essay concerning human understanding*

ständig wachsenden Produktivität, aber auch einer Herabwürdigung der menschlichen Arbeitskraft zu einer Ware abgelaufen ist. Mit einem Wort: Die Vor- und Nachteile der kapitalistischen Produktionsweise wurden in ihren Ansätzen bereits sichtbar. Das Auftreten technischer Probleme, die auf eine Lösung gewartet haben, hat für die Physik eine gewaltige Herausforderung bedeutet *(Abbildung 3.1–5)*.

Weiter dürfen wir nicht übersehen, daß sich auch die ideologische Auseinandersetzung keineswegs auf Dispute beschränkt hat, besonders wenn ökonomische und ideologische Streitigkeiten eine organische Einheit bildeten. Zu den Ereignissen, die schließlich in ihrem Ergebnis zu der Vision vom homogenen Weltall oder – konkreter – zur Ablösung der Beziehung $F \sim v$ durch $F \sim \triangle v$ geführt haben, gehören auch die Scheiterhaufen für die Ketzer und die Grausamkeiten der Religionskriege *(Abbildung 3.1–6)*.

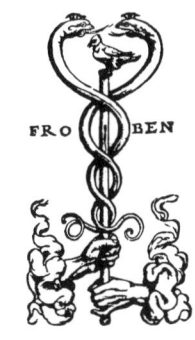

Abbildung 3.1–5
Das Buch des AGRICOLA (GEORG BAUER, 1494–1555) *De re metallica* war epochemachend im Bergbau und in der Metallurgie. Von besonderem Interesse für uns sind die hier beschriebenen Meßmethoden und vor allem die Konstruktion der mehrstufigen Pumpen. Aus dem scholastischen Problem des *horror vacui* ist ein technisches Problem geworden

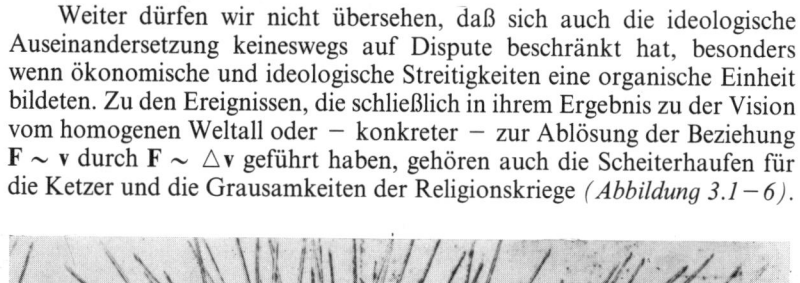

Abbildung 3.1–6
Die prinzipiellen Auseinandersetzungen haben bei der Herausbildung des neuen Weltbildes nicht die entscheidende Rolle gespielt
Hans Holbein d. J.: Schlachtgemenge

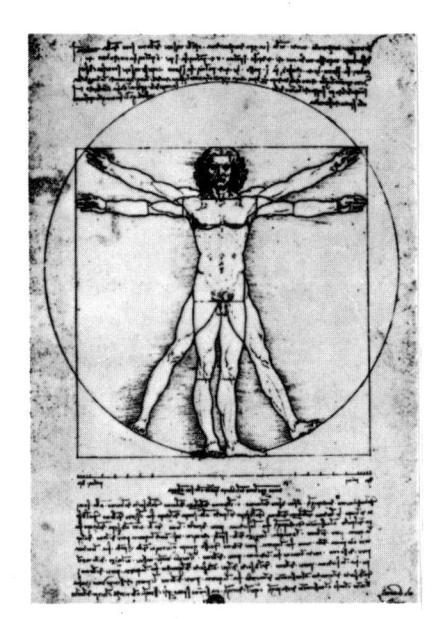

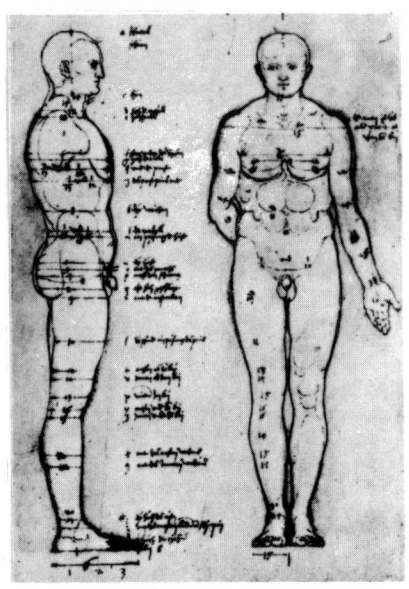

Abbildung 3.2–1
Die zu den Proportionen des menschlichen Körpers angegebenen Regeln von *Leonardo da Vinci* und *Dürer*

3.2 Zahlenmystik und Wirklichkeit

3.2.1 Im neuen Geiste zurück zu Platon

Weiter oben haben wir gesehen, daß in der Renaissance der Schwerpunkt des intellektuellen Schaffens bei den Künsten und der klassischen Philologie lag. Im Bereich der Naturwissenschaften wurden lediglich zwei wichtige Momente bewahrt und auch weiterentwickelt. Zum ersten hat man versucht, Idealbilder in der Kunst durch Zahlen und geometrische Figuren zu beschreiben, wobei sogar in einem gewissen Grade über ARISTOTELES hinaus bis auf PLATON und PYTHAGORAS zurückgegriffen wurde. Denken wir nur daran, daß nahezu jeder Künstler seinen eigenen Kanon formuliert hat, in dem die als harmonisch anzusehenden Richtmaße für die Größenverhältnisse der einzelnen Teile des menschlichen Körpers angegeben wurden *(Abbildung 3.2–1)*. Man war bestrebt, nicht nur in den menschlichen Körper, sondern auch in Gebäude und sogar in die Struktur der gedruckten Buchstaben solche numerischen oder geometrischen Harmonien hineinzubringen.

Das zweite vom Standpunkt der Naturwissenschaften aus wichtige Moment ist die Hinwendung zur Natur, die sich in einer minutiösen und zuweilen im heutigen Sinne als wissenschaftlich zu charakterisierenden Beschreibungsweise der Naturerscheinungen und der Objekte äußert. Wir haben hier nicht nur LEONARDO DA VINCI im Auge, bei dem Künstler und Naturwissenschaftler nicht voneinander zu trennen sind, so daß es oft schwerfällt zu sagen, ob eine seiner Zeichnungen von größerer Bedeutung für die Kunst oder für die Wissenschaft ist.

Aus all diesen Anzeichen können wir schließen, daß die Bedingungen für die Entwicklung der modernen Wissenschaft, für die gerade das enge Zusammenspiel von Beobachtung und mathematischer Beschreibung charakteristisch ist, vorhanden gewesen sind. Beim Vergleich mit dem durch PYTHAGORAS und PLATON gegebenen Ausgangspunkt sehen wir, daß bereits zu Beginn der Entwicklung ein großer Schritt vorwärts getan wurde. Die idealistischen Philosophen des Altertums waren von der Idee der Harmonie ausgegangen (Abschnitt 1.2.3), wobei man bestrebt war, in sie die uns über die Sinneswahrnehmungen zugängliche Welt mit einzubeziehen, sich aber nicht zu sehr darüber gegrämt hat, wenn diese Einbeziehung nicht völlig gelingen wollte. Die alltägliche Wirklichkeit konnte ja ohnehin die Welt der vollkommenen Ideen nur grob widerspiegeln, so wie zum Beispiel die geometrische Figur eines Dreiecks durch ein auf einem Zeichenblatt dargestelltes Dreieck nur in einer bestimmten Näherung wiedergegeben werden kann. Der Mensch der Neuzeit war zwar zunächst noch überzeugt von der mystischen Rolle der Zahlen, hat aber unbedingt den *Tatsachen* den ihnen gebührenden Platz eingeräumt. Wie wir noch sehen werden, hat KEPLER die kleinste Diskrepanz zwischen Theorie und Beobachtung genügt, um die herkömmlichen Vorstellungen zu verwerfen und nach neuen Harmonien zu suchen, so sehr er auch an den idealen Aufbau des Weltalls im Sinne der platonischen Ideen geglaubt hat.

Das Zurückgreifen auf die griechische Wissenschaft vor ARISTOTELES als Abkehr vom mittelalterlichen Aristotelismus kann für sich genommen schon als unbedingt positiver Schritt bewertet werden. Gleichzeitig hat die völlige Abkehr vom Mittelalter aber auch eine Entwicklung unterbrochen, die im Spätmittelalter in den Naturwissenschaften und in erster Linie in der Physik eingeleitet worden war. Das Aufflammen der Renaissance hat die Werte der antiken Wissenschaft in ein helles Licht gerückt, gerade dadurch aber wurden die im „finsteren Mittelalter" erzielten Leistungen verdrängt.

3.2.2 Der rückwärts schauende Revolutionär: Kopernikus

Das erste und bedeutendste Ergebnis dieser neupythagoreischen Betrachtungsweise war das Aufstellen des kopernikanischen heliozentrischen Systems. Ein Vorgänger von KOPERNIKUS war REGIOMONTANUS, der vielleicht nur wegen seines zu frühen Todes nicht selbst den entscheidenden Schritt tun konnte (Abschnitt 2.6.5).

KOPERNIKUS *(Abbildung 3.2–2, Farbtafel XV)* ist in den ersten Jahren des 16. Jahrhunderts an italienischen Universitäten sehr wahrscheinlich auch mit den Auffassungen des ARISTARCHOS VON SAMOS konfrontiert worden, nach denen die Sonne eine zentrale Lage im Weltall einnimmt und die Planeten, zu denen auch die Erde zählt, sich um die Sonne herum auf Kreisbahnen bewegen. Wie KOPERNIKUS in der Widmung zu seinem Hauptwerk schreibt, hat es ihn besonders geschmerzt, daß im ptolemäischen System zur Erklärung der Bewegungsvorgänge auch *Äquanten* eingeführt werden müssen. Dieser Schritt bedeutet eine offensichtliche Abkehr von der platonischen Auffassung, daß sich die Planeten in ihrer Vollkommenheit nur auf vollkommenen Bahnen, d. h. auf Kreisbahnen, *mit einer konstanten Geschwindigkeit* bewegen können und daß man höchstens – um den Einklang mit den Beobachtungen herzustellen – auch Kombinationen solcher vollkommener Bahnen in Betracht ziehen sollte. Unserer heutigen Redeweise entsprechend können wir formulieren, daß KOPERNIKUS das ptolemäische System nicht von links, sondern von rechts her angegriffen hat.

Die wissenschaftliche Welt hat auf die Herausgabe des Werkes von KOPERNIKUS mit gespannter Aufmerksamkeit gewartet *(Zitate 3.2–1a, b)*. In einem vor 1514 verbreiteten Manuskript *Commentariolus* hatte KOPERNIKUS zunächst nur den Grundgedanken seines Systems skizziert. RHAETICUS hat dann in seinem 1540 erschienenen Buch *Narratio prima* die Gedanken KOPERNIKUS' bereits ausführlich dargelegt. Des KOPERNIKUS' eigenes Werk erschien erst in seinem Sterbejahr 1543. Oft wird der Beginn der Entwicklung der modernen Wissenschaft vom Erscheinungsjahr des *De revolutionibus orbium coelestium (Abbildung 3.2–3, Über die Umdrehungen der Himmelsbahnen)* an gerechnet.

In den Darstellungen der Kulturgeschichte der Menschheit ist es üblich, die Verlegung des Weltmittelpunktes von der Erde auf die Sonne als *kopernikanische Wende* zu bezeichnen, und ein überragender Gedanke kann wohl kaum höher bewertet werden als durch einen Vergleich mit dieser Wende. So spricht zum Beispiel KANT bei seiner Untersuchung der Rolle der Vernunft im Prozeß der Naturkenntnis voller Stolz von einer kopernikanischen Wende.

Im folgenden betrachten wir zunächst das kopernikanische System und untersuchen dann, inwieweit es hinsichtlich der Berechnungsverfahren sowie der physikalischen und ideologischen Grundlagen einen Fortschritt darstellt.

KOPERNIKUS beschreibt sein System im ersten Teil seines Buches *(Zitat 3.2–2)*. Zunächst stellen wir fest, daß das vereinfachte kopernikanische System und das vereinfachte ptolemäische System *(Abbildung 3.2–4)* für einen irdischen Beobachter die Bewegung der Sonne und der Planeten in identischer Weise beschreiben. In beiden Fällen folgt der Beobachter den Bewegungen von der Erde aus und kann sie anhand der relativen Lage gegenüber dem Hintergrund, der durch den Fixsternhimmel gegeben ist, verfolgen. *Von diesem Standpunkt* aus sind beide Systeme dann äquivalent zueinander, wenn für den Beobachter im kopernikanischen System und den

Abbildung 3.2–2
Nach *Hevelius* sind *Ptolemäus*, *Albategnius* (al-Battani) und *Regiomontanus* die Vorfahren des *Kopernikus*. *Prinz Wilhelm IV. von Hessen* (1532–1592) ist durch seinen Sternkatalog bekannt geworden.

Das Bild ist dem Buch *Uranographia* (1687) des *Hevelius* entnommen.

NIKOLAUS KOPERNIKUS (MIKOŁAJ KOPERNIK): geboren 1473 in Thorn (Torun), als Sohn eines Kaufmanns, wurde nach dem Tode seines Vaters von seinem Onkel, dem Bischof von Ermland, erzogen. Studium in Krakau, dann in Bologna, Padua, Ferrara (hier 1503 Promotion zum Doktor des Kirchenrechts) und Rom. Hat auch medizinische Studien betrieben und ist Hausarzt seines Onkels gewesen. Ab 1512 ohne Priesterweihe Domherr am Dom zu Frauenburg (Frombork). 1543 in Frauenburg gestorben. Hat seine Auffassungen zur Astronomie zum ersten Mal 1512 in der als Manuskript umlaufenden Broschüre *Commentariolus* publiziert. Eine ausführliche Beschreibung seines Weltbildes enthält die 1540 erschienene Abhandlung des Wittenberger Professors *Rhaeticus: Narratio Prima*. Sein Hauptwerk *De revolutionibus orbium coelestium* ist kurz vor seinem Tode 1543 in Nürnberg erschienen.

Vor allen Dingen wünsche ich, den Leser davon überzeugt zu wissen, daß dieser Mann, dessen Werk ich hiermit darlege, hinsichtlich seiner vollkommenen Kenntnis aller Wissensgebiete und der ganzen Astronomie dem *Regiomontanus* in nichts nachsteht. Ich möchte ihn eher mit *Ptolemäus* vergleichen, nicht als ob ich *Regiomontanus* für geringer achtete als *Ptolemäus*, sondern, weil meinem Lehrmeister durch die göttliche Gnade dasselbe Schicksal zuteil wurde, wie dem *Ptolemäus*: er konnte vollbringen, was er in Angriff genommen hatte, nämlich die Neugestaltung der Astronomie; während *Regiomontanus* – welch trauriges Geschick! – dahinfuhr, ehe er sich seine Denkmäler hätte setzen können.

Rhaeticus: Narratio Prima [3.4] p. 68

Zitat 3.2–1a
In ähnlicher Weise wie *Platon* und die Pythagoreer, also wie die größten Mathematiker jenes göttlichen Zeitalters, glaubte er, beim Aufdecken der Ursachen für die Erscheinungen der kugelförmigen Erde eine Kreisbewegung zuschreiben zu müssen.

RHAETICUS: *Narratio Prima*

Zitat 3.2—1b

... De novo quodam astrologo fiebat mentio, qui probaret terram moveri et non coelum, solem et lunam, ac si quis in curru aut navi moveretur, putaret se quiescere et terram et arbores moveri. Aber es gehet jtzunder also: Wer do wil klug sein, der sol ihme nichts lassen gefallen, das andere achten; er mus ihme etwas eigen machen, sicut ille facit, qui totam astrologiam invertere vult. Etiam illa confusa tamen ego credo sacrae scripturae, nam *Josua* iussit solem stare, non terram.

D. MARTIN LUTHERS *Werke*.
WA. Tr. Bd. IV, Nr. 4638

im ptolemäischen System Sonne und Planeten in bezug aufeinander sowie in bezug auf einen herausgegriffenen Fixstern dieselben Winkelkoordinaten haben und so beide Beobachter für Sonne und Planeten dieselben Bahnen in eine Sternkarte eintragen.

Wir beginnen den Beweis für die Äquivalenz mit der Bemerkung, daß im ptolemäischen System nur das *Verhältnis* der Halbmesser des Deferentenkreises und des Epizykels eine wesentliche Bedeutung hat; *der Halbmesser* des letzteren kann also *frei gewählt werden (Abbildung 3.2—5).* Wählen wir ihn zweckmäßigerweise gleich dem Bahnhalbmesser der Erde *(Abbildung 3.2—6).* Anhand der folgenden Abbildungen kann man sich nun der Gleichheit der für einen irdischen Beobachter relevanten Winkel im Falle eines inneren *(Abbildung 3.2—7)* bzw. eines äußeren *(Abbildung 3.2—8)*

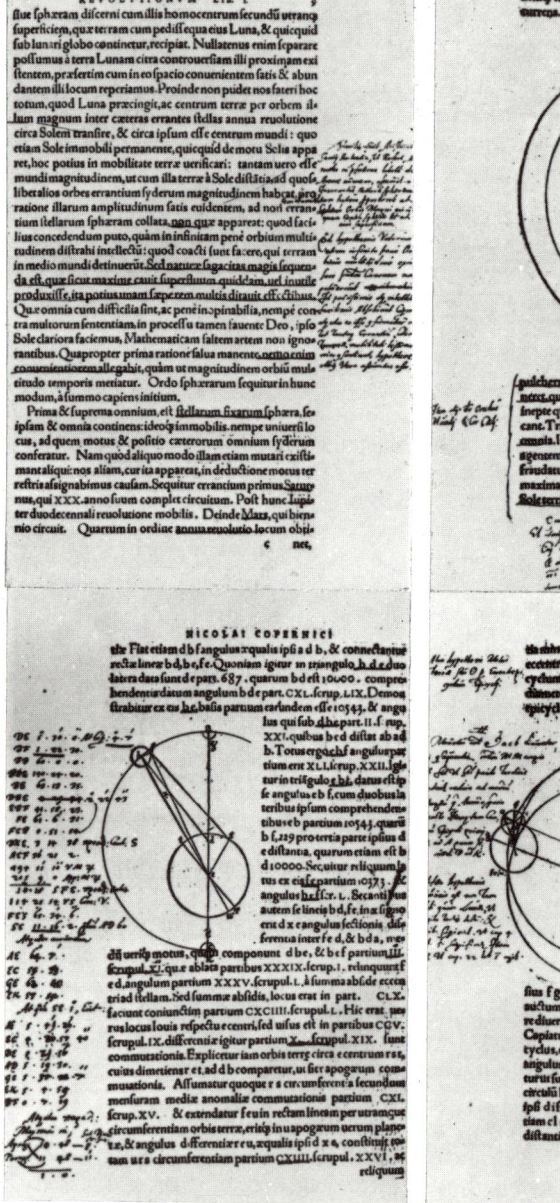

Abbildung 3.2—3

Das Buch **De revolutionibus orbium coelestium** — eines der bedeutendsten Werke der europäischen Kulturgeschichte — ist 1543 in Nürnberg erschienen. Dem Buch ist ein kurzes, an den Leser gerichtetes Vorwort vorangestellt, das nicht *Kopernikus,* sondern *Osiander* zugeschrieben wird. Auf das Vorwort folgt ein Brief des Kardinals

Planeten überzeugen. Für einen äußeren Planeten besprechen wir nun die Beweisführung ein wenig ausführlicher. Wir gehen vom kopernikanischen System aus und tragen die diesem System entsprechenden Bahnen und Richtungen schwarz in die Abbildung ein. Zu einem gegebenen Zeitpunkt soll sich die Erde in der mit *E* gekennzeichneten Lage, der Planet aber am Punkte *P* befinden. Dementsprechend sind die Richtungen eingezeichnet, unter denen ein Beobachter von der Erde aus Sonne (*S*) und Planeten sieht. Wir lassen nun die Erde die Rolle der Sonne übernehmen und verschieben den Punkt *E* in den bisher mit *S* gekennzeichneten Punkt, wobei der Punkt

S in S' übergeht, so daß die Sonne nach wie vor von der Erde unter demselben Winkel gesehen wird. Wenn wir fordern, daß auch der Planet unter dem alten Winkel von der Erde aus zu sehen sein soll, dann muß er ebenso wie die Erde um die gleiche Strecke wie diese parallel verschoben werden. Wir erhalten so die in der Abbildung gestrichelt eingezeichnete Konfiguration: das ptolemäische Bild. Untersuchen wir nun die Situation zu einem späteren Zeitpunkt und tragen in der Abbildung die dem kopernikanischen System entsprechende Konfiguration wieder durchgezogen, die zum ptolemäischen System gehörige wieder gestrichelt, aber jetzt farbig, ein. Wir sehen, daß auch zu dem späteren Zeitpunkt die Lage der Sonne und des Planeten in bezug aufeinander in beiden Systemen dieselbe ist, wobei sich im ptolemäischen System die Sonne auf einem der Erdbahn entsprechenden Kreis um die Erde bewegt hat. Der Planet hat sich (im ptolemäischen System) auf einer Kreisbahn bewegt, deren Mittelpunkt auf der kopernikanischen Kreisbahn entlangläuft, wobei der Verbindungsstrahl von ihm zum Planeten zu jedem beliebigen Zeitpunkt parallel zum Strahl von der Erde zur Sonne ist. Für einen inneren Planeten bewegt sich der Epizykelmittelpunkt so, daß er immer auf der die Sonne und die Erde miteinander verbindenden Geraden liegt. Auf diese Weise ergibt sich die im Kapitel 1.4 vorgestellte Abbildung, mit der das ptolemäische System vollständig beschrieben werden kann, und so findet auch die bereits früher erkannte Tatsache eine Erklärung, daß die Sonne im Planetensystem eine ausgezeichnete Rolle spielen sollte.

Betrachten wir die Abbildung 3.2−4, so stellen wir natürlich fest, daß das kopernikanische System das einfachere ist. Außerdem finden wir, daß in ihm neben den Winkeln auch die Entfernungen eine Bedeutung bekommen haben und daß es sogar eine sehr einfache Möglichkeit gibt, die Entfernungen jedes der Planeten von der Sonne zu bestimmen.

Es soll hier noch einmal daran erinnert werden (Kapitel 1.4), daß im ptolemäischen System die Radien der Deferentenkreise für die einzelnen Planeten so gewählt werden, daß nach dem Eintragen der Epizykeln keine Überschneidungen auftreten. Für die zunächst willkürliche Reihenfolge der

Schonbergius an *Kopernikus* und schließlich eine Widmung an den Papst *Paul III*.

Das gesamte Werk besteht aus sechs Büchern. Das erste Buch beschreibt das einfache Modell einer heliozentrischen Welt und enthält außerdem eine zusammenfassende Darstellung der Sätze der ebenen und sphärischen Trigonometrie. In den folgenden fünf Büchern gibt *Kopernikus* eine Beschreibung der Bahnen der Erde, des Mondes und der Planeten mit Hilfe von Tabellen, Epizykeln und Deferentkreisen.

Die dargestellten Seiten der zweiten Auflage (Basel, 1566) sind dem Exemplar der Prager Universitätsbibliothek entnommen, dessen einzigartige Besonderheit es ist, mit *Tycho de Brahes* eigenhändig eingetragenen Notizen versehen zu sein. Die Baseler Ausgabe enthält auch das Buch *Narratio Prima* des *Rhaeticus* (Pragopress, Faksimile-Ausgabe, Prag 1971)

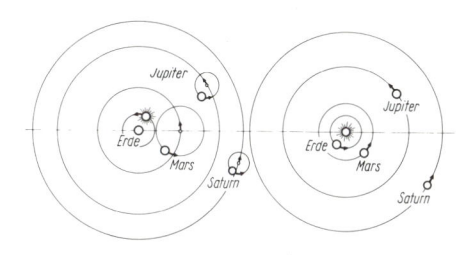

Abbildung 3.2−4
Das ptolemäische und das kopernikanische System in ihrer einfachsten und äquivalenten Darstellung

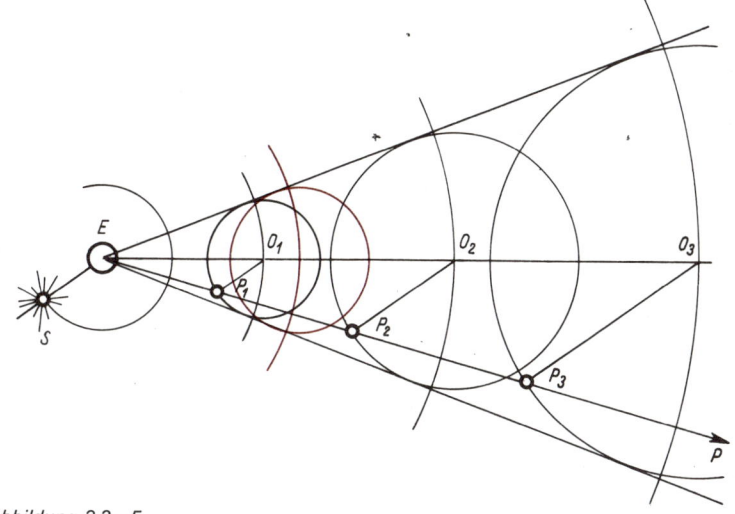

Abbildung 3.2−5
Im ptolemäischen System können die Radien der Epizykeln und Deferentenkreise − bei festen Relationen zueinander − beliebig vorgegeben werden. Die Verbindungslinie vom Mittelpunkt der Epizykel zum Planeten ist (bei äußeren Planeten) jedoch immer parallel zur Verbindungslinie von der Erde zur Sonne

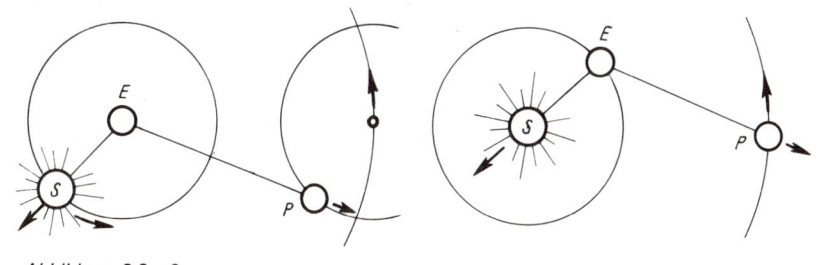

Abbildung 3.2−6
Wir haben den Deferentenkreis des ptolemäischen Systems so gewählt, daß der Epizykelradius mit dem Erdbahnradius übereinstimmt. Es ist offensichtlich, daß die beobachtbaren Winkel gleich sind

Ich zweifle nicht, daß manche Gelehrte über den schon allgemein verbreiteten Ruf von der Neuheit der Hypothesen dieses Werkes, welches die Erde als beweglich, die Sonne dagegen als in der Mitte des Universums unbeweglich hinstellt, sehr aufgebracht und der Meinung sein mögen, daß die freien und schon vor Zeiten richtig begründeten Wissenschaften nicht hätten gestört werden sollen. Wenn sie aber die Sache genau erwägen wollten, würden sie finden, daß der Verfasser dieses Werkes nichts unternommen hat, was getadelt zu werden verdiente. Denn es ist des Astronomen eigentlicher Beruf, die Geschichte der Himmelsbewegungen nach gewissenhaften und scharfen Beobachtungen zusammenzutragen, und hierauf die Ursachen derselben oder Hypothesen darüber, wenn er die wahren Ursachen nicht finden kann, zu ersinnen und zusammenzustellen, aus deren Grundlagen eben jene Bewegungen nach den Lehrsätzen der Geometrie wie für die Zukunft so auch für die Vergangenheit richtig berechnet werden können. In beiden Beziehungen hat aber dieser Meister Ausgezeichnetes geleistet. Es ist nämlich nicht erforderlich, daß diese Hypothesen wahr, ja nicht einmal, daß sie wahrscheinlich sind, sondern es reicht schon allein hin, wenn sie eine mit den Beobachtungen übereinstimmende Rechnung ergeben; es müßte denn jemand in der Geometrie und Optik so unwissend sein, daß er den Epizyklus der Venus für wahrscheinlich und ihn für die Ursache davon hielte, daß sie um vierzig Grade und darüber zuweilen der Sonne vorausgeht, zuweilen ihr nachfolgt. Denn wer sieht nicht, wie bei dieser Annahme notwendig folgen würde, daß der Durchmesser dieses Planeten in der Erdnähe mehr als viermal, der Körper selbst aber mehr als sechzehnmal so groß erscheinen müßte, als in der Erdferne, und dem widerspricht doch die Erfahrung jedes Zeitalters. Es gibt auch noch andere, nicht geringere Widersprüche in dieser Lehre, welche wir hier nicht zu erörtern brauchen. Denn es ist hinlänglich bekannt, daß diese Lehre die Ursachen der scheinbar ungleichmäßigen Bewegungen einfach gar nicht kennt; und wenn sie welche in der Vorstellung erdenkt, wie sie deren sicherlich sehr viele erdenkt, so erdenkt sie dieselben keineswegs zu dem Zwecke, um irgend jemanden zu überreden, daß es so sei, sondern nur dazu, damit sie die Rechnung richtig begründen. Da aber für eine und dieselbe Bewegung sich zuweilen verschiedene Hypothesen darbieten, wie bei der Bewegung der Sonne die Exzentrizität und der Epizyklus, so wird der Astronom diejenige am liebsten annehmen, welche dem Verständnis am leichtesten ist. Der Philosoph wird vielleicht mehr Wahrscheinlichkeit verlangen, keiner von beiden wird jedoch etwas Gewisses erreichen oder lehren, wenn es ihm nicht durch göttliche Eingebung enthüllt worden ist. Gestatten wir daher auch diesen Hypothesen, unter den durch nichts wahrscheinlicheren, alten bekannt zu werden, zumal da sie zugleich bewundrungswürdig und leicht sind und einen ungeheuren Schatz der gelehrtesten Beobachtungen mit sich bringen.

Möge niemand in betreff der Hypothesen etwas Gewisses von der Astronomie erwarten, da sie nichts dergleichen leisten kann, damit er nicht, wenn er das zu anderen Zwecken Erdachte für Wahrheit nimmt, törichter aus dieser Lehre hervorgehe, als er gekommen ist. Lebe wohl.

Kopernikus: Über die Kreisbewegungen der Weltkörper. Deutsch von *C. L. Menzzer*, Thorn 1879. An den Leser über die Hypothesen dieses Werkes (Osiander)

Zitat 3.2 – 2
Zuerst müssen wir bemerken, daß die Welt kugelförmig ist, teils weil diese Form als die vollendete, nicht als aus anderen Formen zusammengesetzt betrachtet zu werden braucht und eine vollkommene Ganzheit darstellt, der man nichts zufügen oder wegnehmen kann, teils weil sie die geräumigste Form bildet, die am meisten dazu geeignet ist, alles zu enthalten und zu bewahren, teils auch, weil alle in sich abgeschlossenen Teile der Welt – ich meine die Sonne, den Mond, die Planeten – in dieser Form erscheinen, teils weil alles dahin strebt, sich in dieser Form zu begrenzen, was an den Wassertropfen und an den übrigen flüssigen Körpern zu beobachten ist, wenn sie sich aus sich selbst zu begrenzen streben. Daher wird niemand bezweifeln, daß diese Form den Himmelskörpern zukommt...

Die erste und oberste von allen Sphären ist die der Fixsterne, die sich selbst und alles andere enthält und daher unbeweglich ist, denn sie ist gewiß der Ort des Universums, auf den die Bewegung und Stellung aller übrigen Gestirne zu beziehen ist. Denn wenn einige der Meinung sind, daß auch die Fixsternsphäre sich auf irgendeine Weise ebenfalls verändert, so werden wir bei der Ableitung der Erdbewegung eine andere Ursache für diese Erscheinung beibringen. Es folgt als erster Planet der Saturn, der in dreißig Jahren seinen Umlauf vollendet. Hierauf Jupiter mit seinem zwölfjährigen Umlauf. Dann Mars, der in zwei Jahren seine Bahn durchläuft. Den vierten Platz in der Reihe nimmt der jährliche Kreislauf ein, in dem, wie wir gesagt haben, die Erde mit der Mondbahn als Epizykel enthalten ist. An fünfter Stelle kreist Venus in neun Monaten. Die sechste Stelle schließlich nimmt Merkur ein, der in einem Zeitraum von achtzig Tagen seinen Umlauf vollendet.

In der Mitte aber von allen steht die Sonne. Denn wer wollte diese Leuchte in diesem wunderschönen Tempel an einen anderen oder besseren Ort setzen als dorthin, von wo aus sie das Ganze zugleich beleuchten kann? Zumal einige sie nicht unpassend das Licht, andere die Seele, noch andere den Lenker der Welt nennen. Trismegistos bezeichnet sie als den sichtbaren Gott, die Elektra des

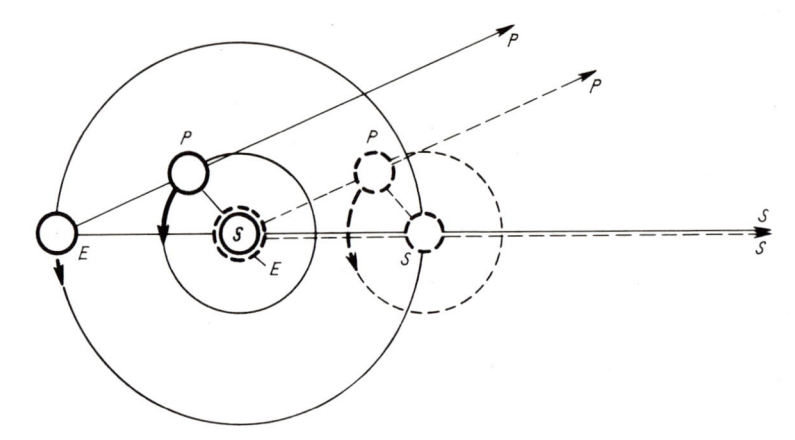

Abbildung 3.2 – 7
Zur Äquivalenz bei inneren Planeten: Der Mittelpunkt der Epizykel liegt immer auf der Verbindungslinie der Erde mit der Sonne. Der Epizykelradius ist gleich dem Radius der Planetenbahn, und der Deferentenkreis fällt mit der Erdbahn zusammen

Planeten wurde ein Ordnungsprinzip angegeben, demzufolge die Durchschnittsgeschwindigkeit eines Planeten in bezug auf die Fixsternsphäre mit zunehmender Entfernung des Planeten abnehmen soll. Dieses Ordnungsprinzip hat sich später als zutreffend herausgestellt.

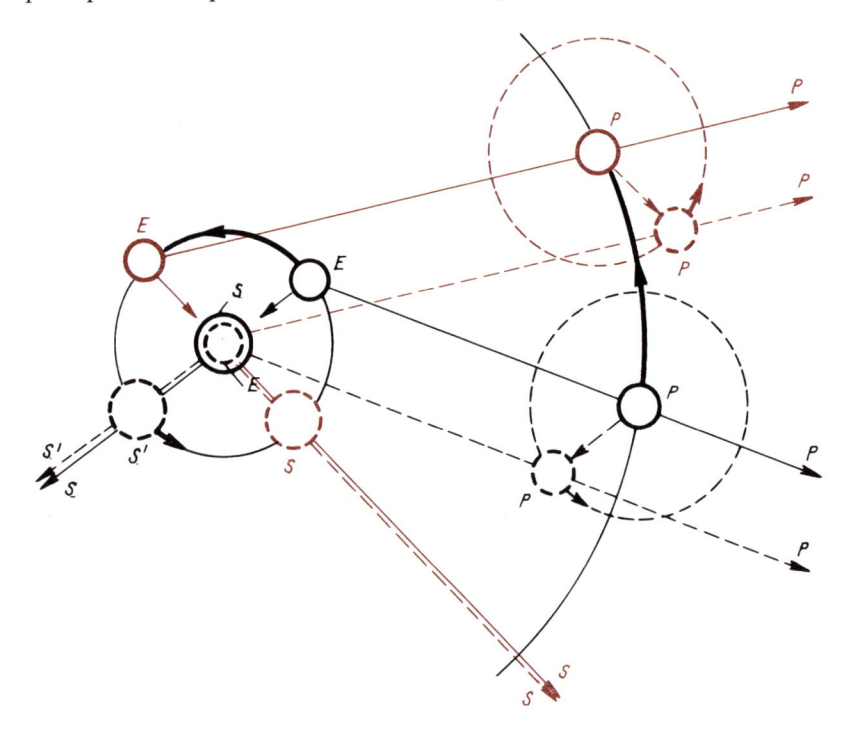

Abbildung 3.2 – 8
Für einen äußeren Planeten zeigen wir hier die Übereinstimmung beider Weltsysteme auch hinsichtlich der Planetenbewegung

Die Entfernung eines inneren Planeten läßt sich im kopernikanischen System anhand der *Abbildung 3.2 – 9* bestimmen. Wir haben lediglich festzustellen, unter welchem Winkel der Planet dann gesehen wird, wenn sein von der Sonne aus gemessener Winkel für den Beobachter auf der Erde einen Maximalwert annimmt. Bei dieser Konstellation kann bei Kenntnis des Abstandes der Erde von der Sonne aus dem in der Abbildung dargestellten Dreieck die Entfernung des Planeten von der Sonne gemäß

$$PS = ES \sin \alpha$$

bestimmt werden.

Im kopernikanischen System kann von der Umlaufzeit eines Planeten um die Sonne gesprochen werden. Mit Hilfe der *Abbildung 3.2 – 10a* untersuchen wir, wie sich diese Umlaufzeit bei einem inneren Planeten bestimmen läßt. Wir geben uns wieder eine Lage des Planeten vor und wählen hier – wie oben bei der Entfernungsbestimmung – die Konfiguration, bei der der Planet unter einem maximalen Winkel in bezug auf die Richtung der Sonne gesehen wird. Untersuchen wir nun, nach welcher Zeit der Planet wieder in eine analoge Lage gelangt, wobei wir uns natürlich an die Stelle eines Beobachters auf der Erde zu versetzen haben. Diese Lage des Planeten kennzeichnen wir in der Abbildung mit P'. Wir sehen, daß in der Zeit, in der der Planet die Sonne einmal umlaufen und einen Teil des zweiten Umlaufes vollzogen hat, sich die Erde auf ihrer Umlaufbahn um einen bestimmten Winkel aus der Ausgangslage hinwegbewegt hat. Kennzeichnet man die Bewegung der Erde auf ihrer Bahn durch ihre Winkelgeschwindigkeit ω_E, die Bewegung des Planeten aber durch ω_P, und bezeichnet man mit t_0 die Zeit, die der Planet braucht, um für einen irdischen Beobachter die gleiche Stellung wieder einzunehmen, dann ergibt sich für den Fortbewegungswinkel der Erde $\omega_E t_0$, für den des Planeten aber $\omega_P t_0$. Wie aus der Abbildung ersichtlich wird, besteht zwischen beiden Winkeln der Zusammenhang

$$\omega_E t_0 = \omega_P t_0 - \alpha + \alpha - 2\pi.$$

Wird die Umlaufzeit der Erde mit T_E, die des Planeten mit T_P bezeichnet, dann erhält man die Winkelgeschwindigkeiten aus

$$\omega_E = \frac{2\pi}{T_E}; \quad \omega_P = \frac{2\pi}{T_P}.$$

Wir setzen nun unsere Beobachtungen über Zeiträume fort, in denen die untersuchte Konfiguration N-mal auftritt, und wenden die obige Gleichung an (wobei wir die Winkelgeschwindigkeiten durch die Umlaufzeiten ausdrücken):

$$\frac{2\pi}{T_E}(t_0 N) = \frac{2\pi}{T_P}(t_0 N) - 2\pi N.$$

Messen wir die Zeit in Jahren, d. h., verwenden wir als Zeiteinheit die Umlaufzeit der Erde, und setzen somit in den obigen Formeln $T_E = 1$, dann erhalten wir mit

$$T_E = 1 \quad (t_0 N) = T \text{ (in Jahren)}$$

den Zusammenhang

$$T = \frac{T}{T_P} - N$$

und schließlich

$$T_P = \frac{T}{T + N}.$$

Diese Beziehung gibt uns die Umlaufzeit eines inneren Planeten, ausgedrückt in Jahren, an.

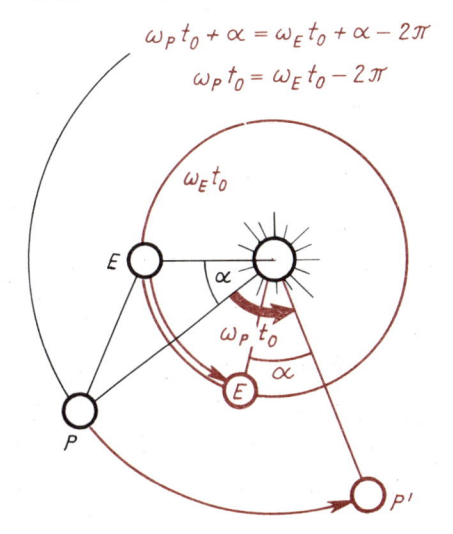

Mit Hilfe der *Abbildung 3.2–10b* läßt sich, ausgehend von analogen Überlegungen, auch die Umlaufzeit eines äußeren Planeten bestimmen.

Die Einfachheit der Bilder sowie die Tatsache, daß man sowohl den Periodenzeiten als auch den Entfernungen einen physikalischen Sinn geben kann, ist ein ungemein überzeugendes Argument für die Richtigkeit des kopernikanischen Systems. Zum andern sollte aber auch das kopernikanische System wegen seiner Äquivalenz zum ptolemäischen die durch unmittelbare Beobachtungen gelieferten Winkeldaten richtig wiedergeben. Gerade diese Äquivalenz aber lenkt die Aufmerksamkeit auf die Unzulänglichkeiten des hier skizzierten kopernikanischen Bildes. Das vereinfachte ptolemäische Bild und das vereinfachte kopernikanische Bild sind äquivalent zueinander. Wir wissen jedoch, daß zur genauen Beschreibung der Planetenbewegungen im ptolemäischen System eine Vielzahl von Epizykeln und Äquanten eingeführt werden muß, und es wird somit offensichtlich, daß das oben skizzierte kopernikanische Bild trotz seiner überzeugenden Einfachheit und physikalischen Deutbarkeit die Erscheinungen nicht richtig beschreiben kann. An dieser Stelle haben auch für KOPERNIKUS die Schwierigkeiten begonnen, die – wie wir heute schon wissen – darauf beruhen, daß sich die Planeten nicht auf Kreisbahnen, sondern auf Ellipsenbahnen bewegen. Legt man jedoch Kreisbahnen zugrunde, dann lassen sich bei der im 16. Jahrhundert und sogar schon im Altertum erreichten Meßgenauigkeit die

Sophokles als den Allessehenden. So lenkt in der Tat die Sonne, auf dem königlichen Thron sitzend, die sie umkreisende Familie der Gestirne. Auch wird die Erde in keiner Weise um den Dienst des Mondes gebracht, sondern der Mond steht, wie *Aristoteles* in seinem Werk *De animalibus* sagt, mit der Erde im engsten Verwandtschaftsverhältnis. Indessen empfängt die Erde von der Sonne und wird schwanger mit jährlicher Geburt.

COPERNICUS: *De revolutionibus...* Deutsch von C. L. Menzzer. 1879

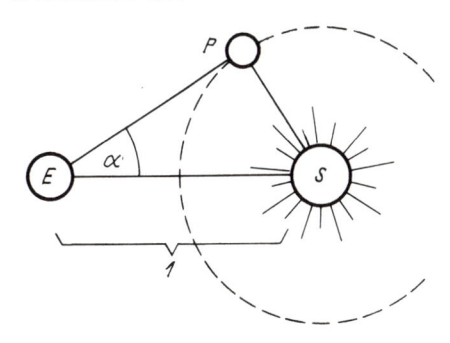

Abbildung 3.2–9
Zur Bestimmung des Bahnradius eines inneren Planeten bei gegebenem Abstand Sonne – Erde (Bezugslänge)

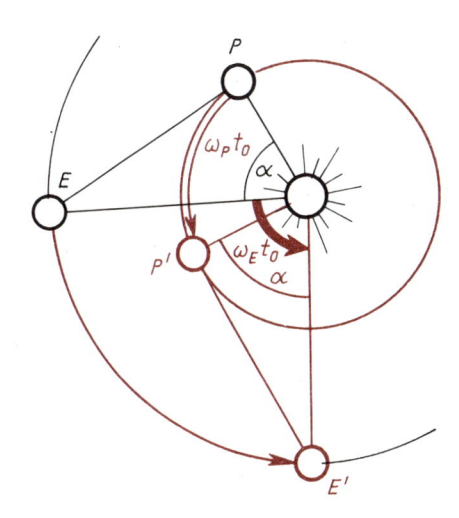

Abbildung 3.2–10a
Zur Bestimmung der Umlaufzeit eines inneren Planeten nach *Kopernikus*

$$\omega_P t_0 + \alpha = \omega_E t_0 + \alpha - 2\pi$$
$$\omega_P t_0 = \omega_E t_0 - 2\pi$$

Abbildung 3.2–10b
Zur Bestimmung der Umlaufzeit eines äußeren Planeten

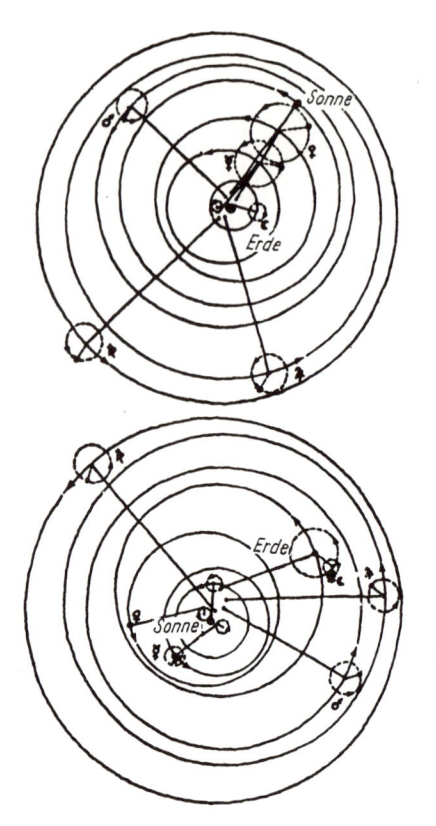

Abbildung 3.2 – 11a
Der Unterschied zwischen dem ptolemäischen und dem kopernikanischen System verschwindet weitgehend, wenn in beiden Systemen Epizykel und Deferentenkreise herangezogen werden, um zur Übereinstimmung mit den Beobachtungen zu kommen.
COHEN [3.1] p. 58

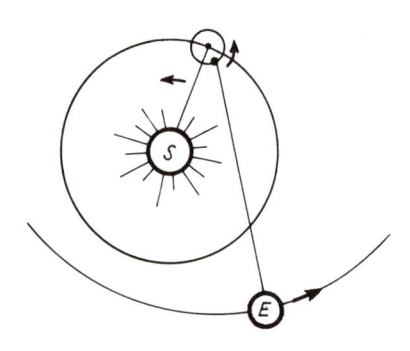

Abbildung 3.2 – 11b
Kopernikus verzichtete auf Äquanten; um die „Erscheinungen zu retten", mußte er aber verwickelte Epizykelsysteme einführen. Die Bewegung der Erde wird ebenfalls durch solch ein System dargestellt.
HALL [3.3] p. 62

Der Planet Merkur läuft auf insgesamt sieben Kreisen um, Venus auf fünf, die Erde auf drei; um letztere beschreibt der Mond seine Bahn auf vier Kreisen. Schließlich sind den Planeten Mars, Jupiter und Saturnus je fünf Kreise zuzuschreiben. Auf diese Weise genügen alles in allem vierunddreißig Kreise, um die ganze Struktur des Universums und die Bewegung der Planeten völlig erklären zu können.
Copernicus: Commentariolus

berechneten Bewegungsabläufe nicht mit den Beobachtungen in Einklang bringen. Es ist möglich, daß das eine der Ursachen war – die anderen waren vielleicht weltanschaulicher Art –, warum ARISTARCHOS seinerzeit mit diesem Bild keine Anerkennung gefunden hatte. Getreu der sich selbst gestellten Aufgabe wollte KOPERNIKUS in seiner Theorie nur die gleichförmige Kreisbewegung zulassen, und damit ist die übersichtliche Einfachheit der gesamten kopernikanischen Theorie verlorengegangen. Auch KOPERNIKUS war gezwungen, sich an das System der Epizykeln zu halten, und da er die Äquanten vermeiden wollte, war er schließlich wegen seines Festhaltens an den platonischen Prinzipien gezwungen, obwohl einige Kreise durch die Verlegung des Bezugspunktes für die Planetenbewegung von der Erde entfallen konnten, an anderer Stelle neue Kreise hinzuzufügen. Um die Planetenbewegung entsprechend den Beobachtungen beschreiben zu können, mußte auch KOPERNIKUS mehr als 30 Kreise in den verschiedensten Kombinationen verwenden. Auf der *Abbildung 3.2 – 11a* sind – immer noch in vereinfachter Form – das kopernikanische und das ptolemäische System nebeneinander dargestellt. Ohne das Lesen der Abbildungsunterschrift ist es auf den ersten Blick sehr schwer zu entscheiden, welches das kopernikanische und welches das ptolemäische System ist. Die Planeten bewegen sich in beiden Systemen auf Epizykeln, deren Mittelpunkt sich auf einem Deferentenkreis entlangbewegt. In der *Abbildung 3.2 – 11b* haben wir Sonne und Erde gesondert dargestellt. Wir sehen, daß sich die Erde zwar auf einer Kreisbahn bewegt, der Mittelpunkt dieser Kreisbahn ist aber nicht die Sonne, sondern ein fiktiver Punkt im Raum, der auch eine Kreisbahn beschreibt, deren Mittelpunkt seinerseits eine Bewegung längs einer weiteren Kreisbahn vollführt. Physikalisch kommt der Sonne im kopernikanischen System, das entsprechend den Beobachtungen korrigiert ist, keine weitere unmittelbare Bedeutung mehr zu als die, für die Beleuchtung der Planeten zu sorgen. In sehr vielen wissenschaftshistorischen Arbeiten wird das kopernikanische System gerade deshalb auch nicht als *heliozentrisches* System, d. h. als System mit der Sonne im Zentrum, sondern nur als *heliostatisches* System mit einer ruhenden Sonne – im Gegensatz zum geostatischen System mit einer ruhenden Erde – bezeichnet.

Im ergänzten kopernikanischen System ist mit der Einfachheit auch die Schönheit verlorengegangen. Die Lage der Sonne ist nun nicht mehr physikalisch ausgezeichnet, und es kann gegen dieses System wie auch gegen das ptolemäische ein Einwand erhoben werden: Die Planeten kreisen auf ihren epizyklischen Bahnen um einen Punkt, der nur in unserer Vorstellung als ein fiktiver mathematischer Bezugspunkt existiert; suchen wir nun beim Übergang zu einer physikalischen Astronomie nach der wirkenden Kraft, so hat offensichtlich dieser Punkt mit dem Ursprung der Kraftwirkung nichts gemein. Im vereinfachten kopernikanischen System hingegen befindet sich die Sonne im Mittelpunkt, und so ist offensichtlich, daß die Kraftwirkung mit der Sonne in Verbindung steht. Aber was sollten wir mit dem an die Beobachtungen angepaßten kopernikanischen System anfangen, bei dem diese zentrale Lage der Sonne völlig verlorengegangen ist?

Es ist oft diskutiert worden, ob die Einleitung zu KOPERNIKUS' Buch, die nach Feststellungen der Historiker nicht aus der Feder des KOPERNIKUS, sondern des OSIANDER stammt, nicht deshalb geschrieben worden ist, um das Buch vor den Verfolgungen durch den Klerus zu bewahren. In ihr wird nämlich ausgeführt, daß die im Buch dargelegten Gedanken nur als mathematische Hypothesen anzusehen sind, mit denen die astronomischen Berechnungen erleichtert werden sollten; sie sollten nicht als physikalische Realität aufgefaßt werden. Betrachten wir das Buch als Ganzes, dann können wir diese Bemerkungen nicht als Ausflüchte ansehen, denn das *vollständig ausgearbeitete* kopernikanische System kann tatsächlich *nur* als mathematische Hypothese in Betracht kommen und erlaubt keinerlei physikalische Deutung. Offenbar haben KOPERNIKUS' Zeitgenossen und die folgenden Generationen von Astronomen das auch so gesehen, und damit läßt sich vielleicht auch die Tatsache erklären, daß man zunächst dem kopernikanischen System mit Interesse und großen Erwartungen entgegengesehen hat, daß dann aber nach Erscheinen des gesamten Werkes zwei Menschenalter hindurch – von einigen Fachastronomen abgesehen – kaum jemand von ihm Notiz genommen hat *(Abbildung 3.2 – 12a)*. Das gilt in noch stärkerem Maße für die Philosophen und den Klerus; man hat das neue System nicht als eine Herausforderung, sondern lediglich als eine Variation des ptolemäischen Systems mit wenigen Abänderungen verstanden. Um diese Behauptung zu stützen, zitieren wir hier den Titel der Übersetzung des Buches *De revolutionibus* in das Englische, in dem von einer Wiederbelebung der alten pythagoreischen Doktrinen durch KOPERNIKUS gesprochen wird *(Abbildung 3.2–12b)*. Zur gleichen Zeit hat der Jesuitenpater CLAVIUS, den der Papst mit der Durchführung der Kalenderreform beauftragt hatte, dazu auch das kopernikanische System verwendet. Viele meinen, daß ein Wissenschaftshistoriker heute das kopernikanische System in das 2. oder 3. Jahrhundert einordnen würde, wenn er diese Einordnung nur anhand der Kenntnis der im System enthaltenen Aussagen oder – wie ein Literaturwissenschaftler sagen würde – seiner Stilelemente vorzunehmen hätte.

Tatsächlich war KOPERNIKUS in vielen Fragen konservativ. Wenn er von den Umdrehungen der Himmelsbahnen redet, so heißt das, daß er noch ernstlich an die Kristallsphären geglaubt hat, an denen die Himmelskörper angebracht sind wie „Perlen an ihrer Fassung" und die sich gemeinsam mit ihrer Fassung drehen. Er stellt sich auch noch das Fixsternsystem als zu einer einzigen Kristallkugel gehörig vor. Eine interessante Weiterentwicklung ist in der bereits erwähnten englischen Übersetzung enthalten, in der von einer Anordnung der Sterne im Raum und nicht mehr an einer Kugeloberfläche gesprochen wird. Es ist das erste Mal, daß wir es mit einem Bild zu tun haben, in dem das Sonnensystem gleichsam in ein unendliches Sternenmeer eingebettet ist.

KOPERNIKUS gibt auf die gegen die Bewegung der Erde vorgebrachten Argumente eine Antwort, die bis zu einem gewissen Grade auch unserem heutigen Wissensstand entspricht. An anderen Stellen bleibt seine Argumentation aber völlig im aristotelischen Geiste befangen, wofür wir als Beispiel seine Antwort auf die Frage, warum alle Körper zum Erdmittelpunkt hin fallen, anführen wollen. Wie wir wissen, wurde von der aristotelischen Physik behauptet, daß alle Körper ihren naturgegebenen Platz haben, die schweren Körper unten und die leichten oben, und jeder Körper bestrebt ist, diesen ihm von der Natur vorherbestimmten Platz einzunehmen. Hat die Erde aber keine ausgezeichnete zentrale Lage mehr, dann werden die Begrif-

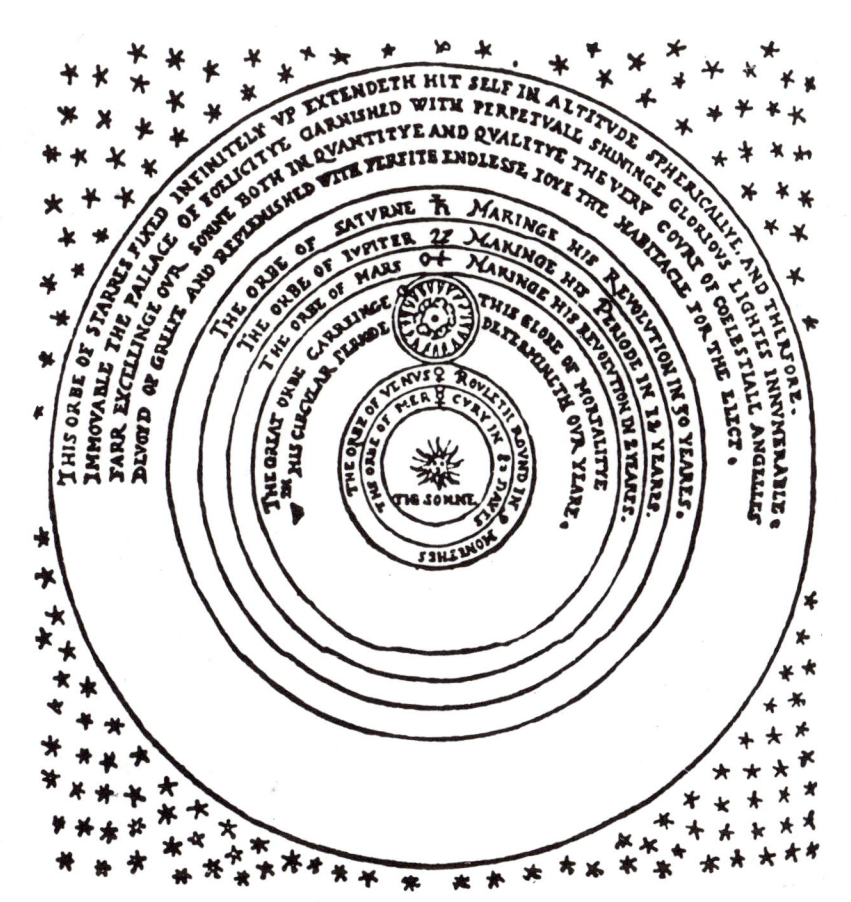

Abbildung 3.2–12a
Maginus machte in seinem hier dargestellten Buch aus dem Jahre 1589 von den astronomischen Daten des *Kopernikus* Gebrauch, verwarf aber die kopernikanischen Hypothesen über die Erdbewegung als absurd.

Zentralbibliothek des Benediktinerordens in Pannonhalma

Abbildung 3.2–12b
Die Darstellung des kopernikanischen Systems in *Digges'* Buch. *Digges* akzeptiert das kopernikanische System, er geht sogar um einen Schritt weiter: Die Sterne sind hier nicht mehr auf einer Kristallsphäre angeordnet, sondern im Raume verteilt.

Diese Welt der Fixsterne erstreckt sich kugelförmig und deswegen unbeweglich bis zu unendlichen Höhen: ein Palast der Glückseligkeit, verziert mit unzählbaren, herrlich glänzenden, unsere Sonne in Qualität und Quantität weit übertreffenden Lichtern; ein wahrlich königlicher Hof für die himmlischen Engel, die ohne Kummer mit unendlicher Freude den Wohnsitz der Erwählten bevölkern.
Thomas Digges: Perfit Description of the Caelestiall Orbes according to the most ancienne doctrine of the Pythagoreans lately revived by Copernicus and by Geometricall Demonstrations approued. 1576

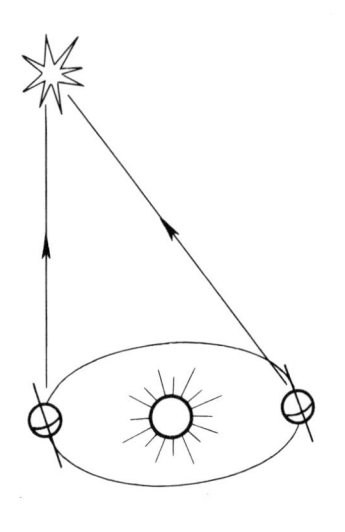

Abbildung 3.2–13
Wenn die Erde die Sonne umkreist, dann müssen die Sterne, von verschiedenen Punkten der Bahn beobachtet, unter sich ändernden Winkeln zu sehen sein. Diese Änderungen der Beobachtungswinkel sind nur dann verschwindend klein, wenn die Entfernungen bis zu den Sternen groß sind gegenüber dem Erdbahnradius

Abbildung 3.2–14
Eine Randbemerkung von *Tycho de Brahe* in dem auf *Abbildung 3.2–3* gezeigten Exemplar des Buches *De revolutionibus*

fe „unten" und „oben" sinnlos. KOPERNIKUS sucht den freien Fall der Körper mit dem Bestreben aller Dinge zu erklären, sich miteinander zu vereinigen und das zu vervollständigen, wozu sie gehören. Bei gutem Willen lassen sich jedoch in dieses Bild auch das besondere, jedem Körper zugeordnete Kraftzentrum und somit seine Gravitationswirkung hineindeuten.

Auf die Frage, warum bei einem Umlauf der Erde auf ihrer Bahn um die Sonne die Fixsterne zu verschiedenen Jahreszeiten nicht unter verschiedenen Winkeln gesehen werden oder warum – in der heutigen Sprechweise – keine Parallaxe *(Abbildung 3.2–13)* beobachtet wird, hat KOPERNIKUS eine einfache Antwort gegeben: Die Kristallsphäre der Fixsterne ist so weit entfernt, daß selbst die Erdbahn im Vergleich zu dieser Entfernung auf einen Punkt zusammenschrumpft. Nach unseren heutigen Erkenntnissen ist diese Antwort völlig richtig, zur damaligen Zeit konnte sie jedoch kaum überzeugen, da sie zu Abmessungen des Universums geführt hat, die nach damaligen Vorstellungen viel zu groß waren. Zum anderen konnte die Antwort auch aus prinzipiellen Erwägungen heraus beanstandet werden, da das Verschwinden eines logisch positiven Phänomens (der Parallaxe) mit der Hinzuziehung einer weiteren Zusatzhypothese (der unermeßlich großen Ausdehnung der Sternensphäre) begründet werden mußte.

Die Bedeutung der Arbeiten von KOPERNIKUS wollen wir in einem negativen Resultat sowie in zwei positiven *Ansätzen* zusammenfassen:

1. Das erste Mal in der Geschichte wurde das heliozentrische System konsequent bis zu Ende durchgerechnet, wobei die phythagoreischen und platonischen Prinzipien als Grundlage gedient haben. Es hat sich herausgestellt, daß so weder hinsichtlich der erreichbaren Genauigkeit noch der physikalischen Deutung wesentlich über das ptolemäische System hinausgegangen werden konnte.

2. Dadurch, daß KOPERNIKUS die Erde unter die Planeten eingereiht und sie somit in den Rang eines Himmelskörpers erhoben (oder degradiert) hat, hat er den scharfen Unterschied zwischen irdischen und himmlischen Erscheinungen beseitigt und so die aristotelische Physik in einer ihrer grundlegenden Thesen angegriffen. Damit hat er auch dem bislang gut begründeten hierarchischen Weltsystem die Grundlage entzogen.

3. KOPERNIKUS hat der Sonne – wenn auch nicht in dem vollständig ausgearbeiteten System, so doch in seiner einfachen Variante – eine ausgezeichnete Rolle zugewiesen, und so konnte sein System als Ausgangspunkt dazu dienen, die Grundlagen der pysikalischen Astronomie zu schaffen. Es ist nicht zufällig, daß im weiteren jeder progressive Anhänger des kopernikanischen Systems sich ausschließlich auf dessen vereinfachte Version beziehen wird, sei es, daß seine astronomischen und mathematischen Kenntnisse nicht ausreichen, um von *De revolutionibus* nicht nur das erste, sondern auch die folgenden fünf Kapitel zu lesen, sei es, weil er die letzten fünf Kapitel bewußt ignoriert, um statt dessen das kopernikanische Grundsystem in eine andere Richtung weiterzuentwickeln.

Wir müssen natürlich auch noch hinzufügen, daß die Wirksamkeit eines jeden Gedankens in sehr starkem Maße davon abhängt, ja oft nahezu völlig davon bestimmt wird, ob er zu einem geeigneten Zeitpunkt und in einer historisch herangereiften Situation ausgesprochen wird. Zu KOPERNIKUS' Zeiten wurde sein System so auch nicht als etwas Neues angesehen. In der *Abbildung 3.2–14* sehen wir TYCHO DE BRAHES Randbemerkungen in einem Exemplar des Buches *De revolutionibus,* in denen er anmerkt, daß diese Thesen bereits ARISTARCHOS bekannt waren. KOPERNIKUS aber hat zur richtigen Zeit und mit den zu seiner Zeit zur Verfügung stehenden mathematischen Hilfsmitteln den Gedanken des ARISTARCHOS wieder aufgegriffen und weitgehend ausgearbeitet, wenn er auch die experimentellen Daten nicht kritisch genug berücksichtigt hat. So konnte das kopernikanische System zu einer ungemein wirksamen Waffe in den Händen jener werden, die schließlich das gesamte aristotelische Weltsystem überwunden und damit die Grundlagen für den Aufbau einer neuen Naturwissenschaft geschaffen haben *(Zitat 3.2–3)*.

Nach KOPERNIKUS entwickelt sich die Astronomie in zwei Richtungen weiter: An der einen sind Philosophen und Physiker beteiligt, die sich nicht um die astronomischen Details kümmern und von der vereinfachten kopernikanischen Variante ausgehen. Mit ihrer Hilfe wird ein poetisches Bild einer neuen Vision der Welt gezeichnet (GIORDANO BRUNO), werden gefährliche gesellschaftspolitische Schlußfolgerungen gezogen (CAMPANELLA), und so führt diese Variante mit dem Einsatz sowohl physikalischer als auch philosophischer Argumente schließlich zum Erfolg (GALILEI). Hinsichtlich ihrer unmittelbaren historischen Auswirkungen ist diese Entwicklungsrichtung die bedeutendere (Kapitel 3.3).

Konkrete physikalische Ergebnisse wurden jedoch vor allem auf dem anderen Weg, dem der Fachastronomen, erzielt. Auf ihm gelingt es, mit Hilfe astronomischer Messungen – die von TYCHO DE BRAHE systematischer und genauer ausgeführt werden, als bisher in der Geschichte der Physik – zu einer derartigen Verfeinerung des kopernikanischen Systems zu gelangen – vor allem durch die Annahme der Ellipsenbahnen (KEPLER) –, daß daran schließlich – wenn auch erst nahezu ein Jahrhundert später – die physikalische Deutung durch NEWTON unmittelbar anschließen konnte. Dieser Entwicklungsrichtung widmen wir den folgenden Abschnitt, in dem wir das Schicksal des kopernikanischen Systems in den Händen von Berufsastronomen verfolgen.

3.2.3 Ein Kompromiß: Tycho de Brahe

Seinem Hofastronomen TYCHO DE BRAHE (1546–1601) hatte der dänische KÖNIG FRIEDRICH II. für die Neuzeit bis dahin einmalige Arbeitsmöglichkeiten bieten lassen *(Abbildungen 3.2–15a, b, c)*.

Es ist sonst wahrscheinlich nur im antiken Alexandria und in der Neuzeit außerhalb Europas (in Samarkand am Hofe von ULUG-BEG) der Fall gewesen, daß Astronomen ohne materielle Sorgen und mit ausreichenden Ausrüstungen versehen arbeiten konnten. TYCHO DE BRAHE hatte sich völlig seinen astronomischen Beobachtungen verschrieben. Er hat nicht nur nahezu zwanzig Jahre lang die Bewegungen der Planeten beobachtet und aufgezeichnet, sondern auch untersucht, welche maximale Meßgenauigkeit mit den zu seiner Zeit verfügbaren Instrumenten zu erreichen war. So hat er unter anderem auch festgestellt, daß sich die Genauigkeit der astronomischen Messungen nicht über ein bestimmtes Maß hinaus vergrößern ließ, weil einerseits die Meßanlagen nicht mit einer entsprechenden Genauigkeit angefertigt werden konnten und zum anderen ihre Stabilität nicht ausreichend gut war. Unmittelbar vor Erfindung des Fernrohrs hat TYCHO DE BRAHE mit einem Meßfehler von zwei Winkelminuten bei der Winkelbestimmung die größte Genauigkeit erreicht. Es ist ein glücklicher Zufall, daß

Zitat 3.2–3
Salviati: Ich kann nicht genug die Geisteshöhe derer bewundern, die sich ihr angeschlossen und sie für wahr gehalten, die durch die Lebendigkeit ihres Geistes den eigenen Sinnen Gewalt angetan derart, daß sie, was die Vernunft gebot, über den offenbarsten gegenteiligen Sinnenschein zu stellen vermochten. Daß die von uns bereits geprüften Argumente gegen die tägliche Rotation der Erde ungemein viel Bestechendes haben, haben wir früher gesehen, und allein der Umstand, daß sie von den Anhängern des *Ptolemäus*, von der Schule des *Aristoteles* und all ihrem Gefolge anerkannt wurden, ist schon ein sehr triftiger Grund für ihre Bedeutsamkeit. Die Erfahrungen aber, welche man gegen die jährliche Bewegung anführt, scheinen in so offenbarem Widerspruch mit dieser Lehre zu stehen, daß – ich wiederhole es – meine Bewunderung keine Grenzen findet, wie bei *Aristarch* und *Kopernikus* die Vernunft in dem Maße die Sinne hat überwinden können, daß ihnen zum Trotz die Vernunft über ihre Leichtgläubigkeit triumphiert hat.
GALILEI: *Dialogo.* Dritter Tag. Übersetzt von E. Strauss. 1891

Abbildung 3.2–15
a) Einen solchen Palast konnte sich *Tycho de Brahe* für seine astronomischen Untersuchungen bauen lassen
b) Der große Mauerquadrant
c) Der neue Stern *(nova)* in *Tychos* Buch. Széchényi-Landesbibliothek, Budapest

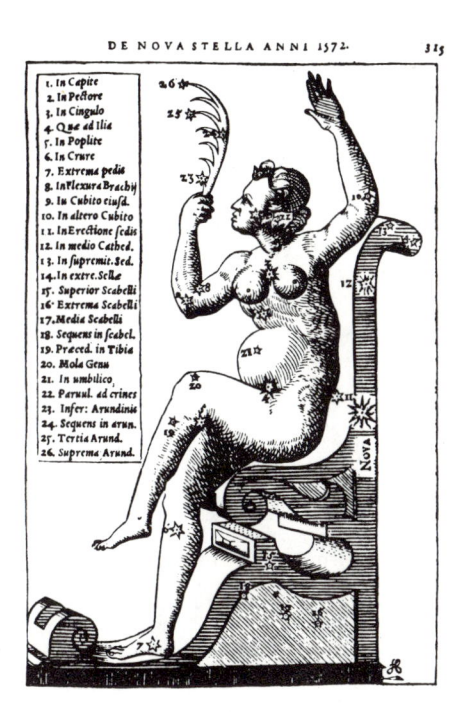

Zitat 3.2–4
Im vorigen Jahr (d. i. 1572) am 11 November abends nach Sonnenuntergang, als ich nach meiner Gewohnheit die Sterne am klaren Himmel betrachtete, sah ich einen neuen und ungewöhnlichen Stern, der vor den anderen auffiel, neben meinem Kopf leuchten; und da ich, beinah seit meiner Kindheit, alle Sternbilder völlig kenne – das ist nicht schwer – und überzeugt war, daß kein Stern vorher jemals an diesem Ort gewesen sei, auch kein sehr kleiner, sicherlich kein so heller Stern, war ich über diese Sache so verwundert, daß ich mich nicht scheute, an meinen Beobachtungen zu zweifeln. Aber als ich feststellte, daß andere am gleichen Ort den Stern sahen, konnte ich nicht mehr zweifeln. Ohne Zweifel ein Wunder, entweder das größte von allen, die seit Erschaffung der Welt im Reiche der Natur geschahen, oder dem Wunder vergleichbar, das auf Bitten *Josuas* im Zurückwandern der Sonne geschah, oder der Verfinsterung der Sonne zur Zeit der Kreuzigung, wie die *Bibel* berichtet. Denn alle Philosophen stimmen darin überein, und die Tatsachen beweisen es, daß im Ätherbereich der Himmelswelt keine Änderung, sei es Entstehung oder Zerstörung, eintreten kann; daß der Himmel und seine Körper nicht vergrößert noch verkleinert werden, noch eine Veränderung in ihrer Anzahl oder Größe oder Helligkeit oder auf andere Weise erfahren, sondern immer dieselben und sich in allem ähnlich bleiben, allen Jahren zum Trotz.
TYCHO DE BRAHE: *De nova stella*. 1573

Das aber eigentlich zu erfahren, habe ich großen Fleiß angewendet, weil hierin die ganze Wissenschaft von Ort und Eigenschaft des Kometen gelegen ist, und ich habe aus vielerlei Beobachtungen mit zugehörigen Instrumenten ermittelt und durch die Dreieckslehre gefunden, daß dieser Komet so weit von uns gewesen, daß seine größte Parallaxe nicht größer als 15' sein könnte... Hieraus folgt... daß dieser Komet wenigstens 230 Erdhalbmesser von der Erde entfernt gestanden sei... So folgt hieraus, daß dieser Komet entstanden sei zwischen der Mondbahn und der Venusbahn, welche sie um die Sonne gezeichnet haben... Deshalb kann die aristotelische Philosophie hierin nicht richtig sein, die lehrt, daß am Himmel nichts Neues entstehen könnte und daß alle Kometen sich im oberen Teil der Luft befänden.
TYCHO DE BRAHE: *De mundi aetherei recentioribus phaenomenis*. 1588
STÖRIG [0.4]

Abbildung 3.2–16
Das Buch *Almagestum Novum*, 1651, vom Jesuitenpater *Riccioli* unter Aufarbeitung umfangreichen Beobachtungsmaterials verfaßt, erfreute sich großer Beliebtheit in weiten Leserkreisen. *Riccioli* gab darin dem System des *Tycho de Brahe* in einer vereinfachten Form den Vorzug vor dem kopernikanischen, wie dieses Titelblatt es sehr anschaulich darstellt.
ZINNER [3.8]

Die progressiven Intellektuellen waren aber zu dieser Zeit schon Kopernikaner. So zitiert beispielsweise *Cyrano de Bergerac* sarkastisch einen Priester, der zugibt, daß sich die Erde tatsächlich um ihre Achse dreht, aber nur deswegen, weil die Verdammten in der im Inneren der Erde gelegenen Hölle in ihrem Bestreben, den Flammen zu entweichen, an der Höllenwand empor kriechen, und so die Erde in Drehung versetzen wie ein Eichhörnchen seinen Käfig

gerade zu seinen Lebzeiten 1572 eine Nova und 1576 ein Komet zu beobachten waren. TYCHO DE BRAHE war seinen eigenen Aufzeichnungen nach über das Auftauchen eines neuen Sternes bestürzt; er hat die Wahrnehmung zunächst als Blendwerk oder Täuschung angesehen und war erst nach längerer Beobachtung davon überzeugt, daß der neue Stern ebenso zu den Fixsternen zählt wie jeder altbekannte Stern. Unter dem Druck der experimentellen Tatsachen hat er nach einigem Zögern *(Zitat 3.2–4)* schließlich eingesehen, daß nicht nur die sublunare Welt den Gesetzen der Veränderung, des Entstehens und Vergehens, unterworfen ist, sondern auch die Welt der Himmelskörper, die man als ewig und unveränderlich angesehen hatte.

Bei der Beobachtung der Kometenbewegung hat er dann festgestellt, daß der Komet nicht – wie man bisher geglaubt hatte – zur sublunaren Welt gehört und daß seine Bahn die Bahnen der Planeten kreuzt. Nach diesen Beobachtungen konnten folglich die mit den Planeten verzierten Kristallsphären nicht existieren. Beide Himmelserscheinungen sind somit zwei schlagende Beweise für die Unrichtigkeit zweier Thesen des aristotelischen Weltbildes. Wie wir schon erwähnt haben, war TYCHO DE BRAHE ein sehr zuverlässig beobachtender und messender Astronom, allein die Theorie war nicht seine starke Seite. Er hat ein zwischen dem ptolemäischen und dem kopernikanischen Weltbild vermittelndes System geschaffen, das ein bis zwei Generationen lang neben den beiden grundlegenden Weltbildern als mögliche Variante zur Beschreibung der Beobachtungen gedient hat *(Zitat 3.2–5)*. TYCHO DE BRAHE hat die Erde auf ihrem zentralen Platz belassen, und in diesem Sinne ist sein System ein geozentrisches oder – besser – geostatisches. Er hat angenommen, daß die Sonne um die Erde kreist, die anderen Planeten jedoch um die Sonne *(Abbildungen 3.2–16, 3.4–11)*. Wenn wir es genau überdenken, ist dieses System eigentlich eine Variante des ptolemäischen, denn wir können im ptolemäischen System den Radius des Deferentenkreises, der keinerlei physikalische Bedeutung besitzt, beliebig vorgeben, folglich können wir auch alle Deferentenkreise mit der Kreisbahn der Sonne um die Erde zusammenfallen lassen. TYCHO DE BRAHE ist so von vornherein allen (religiös-ideologisch als auch physikalisch motivierten) Einwänden gegen eine Bewegung der Erde aus dem Wege gegangen und konnte sich bei der Begründung seines Systems auf den gesunden Menschenverstand stützen, der von einer festen und unbeweglichen Erde ausgeht, die wir unter unseren Füßen spüren; zur gleichen Zeit konnte TYCHO DE BRAHE aber über Entfernungen und Umlaufzeiten genau wie im kopernikanischen System sprechen. Die detaillierte Ausarbeitung seiner Theorie hat er sich von seinem jungen Assistenten KEPLER erhofft.

TYCHO DE BRAHE hatte einen recht schwierigen Charakter, und er konnte noch so freigebig bei seinen Untersuchungen unterstützt werden – mit einer noblen Geste hat er das Geld sofort wieder ausgegeben. So fiel er beim Nachfolger FRIEDRICHS II. in Ungnade, und nach einigen Irrfahrten kam er 1599 als Hofastronom nach Prag an den Hof des KAISERS RUDOLF II. Hier wurde er auf die erste Arbeit des jungen KEPLER, das *Mysterium cosmographicum*, aufmerksam. In dieser Arbeit werden zwar die platonischen Ideen vertreten, es zeigen sich aber bereits KEPLERS ausgezeichnete mathematische Fähigkeiten, die TYCHO DE BRAHE bewogen haben, ihn zu sich zu berufen. Mit TYCHO DE BRAHES Tod (1601) wurde KEPLER Hofastronom.

Wie wir (Zitat 3.2–6) sehen werden, hat KEPLER den Meßergebnissen TYCHOS einen hohen Wert beigemessen, TYCHOS Weltsystem hingegen wird von ihm nur als eine geistige Krücke für phantasielose Menschen empfunden.

Ich aber kann nicht anders, als anstelle dieser Hypothesen die Weltsicht des KOPERNIKUS zu setzen und, wenn möglich, jedermann von ihrer Richtigkeit zu überzeugen. Da es jedoch für die Vielzahl der in der Wissenschaft Tätigen noch allzu neuartig, ja vielleicht absurd klingen mag, daß die Erde selbst ein Planet sei und sich zwischen den Sternen um die unbewegte Sonne bewege, so bitte ich diejenigen, denen die Absonderlichkeit dieser Meinung ein Anstoß ist, zur Kenntnis zu nehmen, daß diese harmonisierenden theoretischen Überlegungen auch mit den Hypothesen des TYCHO BRAHE in Einklang gebracht werden können. Es besteht nämlich, was die (gegenseitige) Anordnung und Bewegung der Himmelskörper betrifft, eine volle Übereinstimmung zwischen diesem Autor und KOPERNIKUS, mit der einzigen Ausnahme, daß TYCHO die jährliche Bewegung, die KOPERNIKUS der Erde zuschreibt, auf das ganze System der Planetensphären und auf die Sonne überträgt, welch letztere – wiederum nach der übereinstimmenden Ansicht beider Autoren – sich im Zentrum dieses Systems befindet.

Es bleibt nämlich auch nach dieser Übertragung der Bewegung richtig, daß die Erde zu jedem Zeitpunkt bei BRAHE dieselbe Lage einnimmt, die ihr KOPERNIKUS vorschreibt, wenn auch nicht in der unermeßlich großen Welt der Fixsterne, so doch wenigstens im System der Planeten. Dementsprechend kann man sagen, daß ebenso wie jemand, der auf Papier einen Kreis zeichnet und dazu den Schreibarm des Zirkels herumbewegt, einer jedoch, der das Blatt Papier oder die Zeichentafel an einer in Bewegung befindlichen Töpferscheibe befestigt und genau denselben Kreis auf die Tafel zeichnet, allerdings mit unbewegtem Schreibarm oder Schreibstift, daß also genau so nach KOPERNIKUS die Erde wegen der Bewegung ihrer Masse einen Kreis beschreibt, der zwischen die Kreise des Planeten Mars (als äußeren) und der Venus (als inneren) zu liegen kommt, daß hingegen nach TYCHO BRAHE das ganze Planetensystem (in dem unter anderen auch die Kreise des Mars und der Venus zu finden sind) in Drehung befindlich ist, genau wie die Schreibtafel auf der Töpferscheibe, und daß der unbewegten Erde, wie dem Schreibstift über der Töpferscheibe, ein Platz zwischen Mars und Venus zukommt. Aus dieser Bewegung des ganzen Systems ergibt sich, daß die Erde, obzwar unbeweglich, zwischen Mars und Venus denselben Kreis beschreibt, der ihr

Zitat 3.2–5
Diese schwere Masse der Erde – so ungeeignet zur Bewegung – kann wohl keine dreifache Bewegung ausführen, ohne die Grundprinzipien der Physik zu verletzen; es spricht auch die *Heilige Schrift* dagegen... Ich begann gründlich zu untersuchen, ob ich nicht eine Hypothese finden könnte, die in vollkommener Übereinstimmung mit den Erscheinungen und mathematischen Prinzipien wäre, ohne dabei in Widerspruch mit der Physik zu geraten und die Zensur der Theologen herauszufordern. Mein diesbezügliches Streben war über mein Erwarten erfolgreich.

Ich denke, daß die unbewegliche Erde mit Entschiedenheit und außer allem Zweifel in den Mittelpunkt der Welt gesetzt werden muß, entsprechend der Meinung der Physiker und Astronomen früherer Zeiten und dem Zeugnis der *Schrift*; nicht im geringsten pflichte ich der Ansicht *Ptolemäus* und der Alten bei, wonach die Erde auch zugleich der Mittelpunkt der Bahnen der Planeten sei: ich vermeine nämlich, daß die himmlischen Bewegungen so geordnet sind, daß die Erde nur für die Bewegungen des Mondes, der Sonne und der achten Sphäre – welche am weitesten entfernt ist – als Mittelpunkt zu betrachten ist. Die anderen fünf Planeten kreisen um die Sonne, als um ihren Führer und König, und die Sonne bleibt ständig im Mittelpunkt ihrer Bewegung, während jene sie in ihrer jährlichen Bewegung verfolgen. Die Sonne regelt also diese Drehungen, gibt ihre Rhytmen an und dirigiert – wie Apollon unter den Musen – allein die himmlische Harmonie der um sie kreisenden Bewegungen.
TYCHO DE BRAHE: *Astronomiae instauratae progymnasmata.* 1602

Abbildung 3.2–17
JOHANNES KEPLER (1571–1630): geboren in Weil der Stadt (Württemberg), Studium der Theologie in Tübingen, wird hier von *Michael Maestlin* mit dem kopernikanischen System bekanntgemacht. Ab 1594 Lehramt in Graz; Anfertigung von Kalendern mit den zu dieser Zeit üblichen meteorologischen und astrologischen Vorhersagen. Hier auch Publikation des *Mysterium Cosmographi-*

cum (1596). 1600: Assistent bei *Tycho de Brahe*, ab 1601 dessen Nachfolger in Prag als Hofastronom des Kaisers *Rudolf II*. Hier 1609 Veröffentlichung der *Astronomia nova seu Physica coelestis* mit der Darstellung des ersten und zweiten Keplerschen Gesetzes und der *Dioptrice* (1611), die das Brechungsgesetz für kleine Winkel sowie die Theorie des Galileischen und des Keplerschen Fernrohrs enthält. 1613–1626: Tätigkeit in Linz; in dieser Zeit erscheint seine Abhandlung über die Volumenbestimmung der Weinfässer *Nova Stereometria doliorum vinariorum* (1615).

1619: Veröffentlichung des *Harmonices mundi*, in dem wir das dritte Keplersche Gesetz finden. Die *Tabulae Rudolphianae* (1627) haben lange Zeit als das genaueste Tafelwerk für die wichtigsten astronomischen Daten gegolten.

Kepler ist 1630 auf der Reise zum Reichstag in Regensburg, wo er den Kaiser zur Auszahlung der rückständigen Gehälter bewegen wollte, gestorben. Charakteristisch für ihn ist der Ausspruch: *Ut oculus ad colores, auris ad sonos, ita mens hominis non ad quaevis sed ad quanta intelligenda condita est.* (So wie das Auge für die Farben und das Ohr für die Klänge, so ist der menschliche Verstand nicht für das Erfassen der Art der Dinge, sondern ihrer Zahlenmäßigkeiten geschaffen).

Tabula

Orbium planetarum dimensiones et distantias per quinque regularia corpora geometrica exhibens.

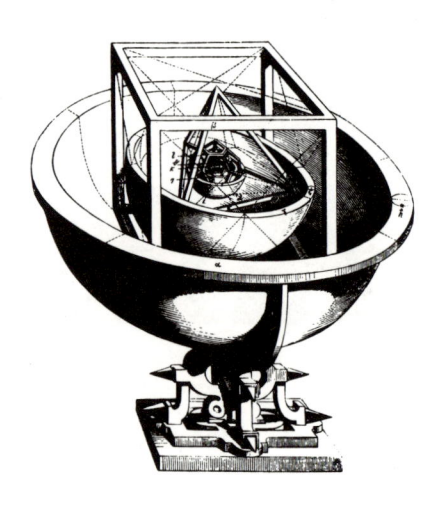

α Sphaera Saturni. β Cubus. γ Sphaera Jovis. δ Tetraëdron. ε Sphaera Martis. ζ Dodecaëdron. η Orbis Terrae. θ Ikosaëdron. ι Sphaera Veneris. κ Octaëdron. λ Sphaera Mercurii. μ Sol, Medium sive centrum immobile. (Comp. Fol. 214.)

als einer bewegten Masse von KOPERNIKUS als Bahn innerhalb des unbewegten Systems vorgezeichnet ist. Aus diesem Grunde und da ja nach den harmonisierenden theoretischen Überlegungen die Planetenbahnen gleichsam von der Sonne aus beobachtet und untersucht werden, ist es leicht zu verstehen, daß für einen auf die Sonne versetzten Beobachter – einerlei, welche Bewegung sie ausführt – die Erde scheinbar eine Kreisbahn zwischen den Planeten durchläuft, selbst wenn wir BRAHE zuliebe einräumen, sie befände sich in Ruhe. Es ist also auch jemand, der sich mangels der dazu nötigen Einsicht die Bewegung der Erde zwischen den Sternen nicht vorstellen kann, trotzdem möglich, sich an dem herrlichen Anblick dieser göttlichen Konstruktion zu erbauen, selbst wenn er die Vorstellung TYCHO BRAHES von der unbewegten Erde sich zu eigen macht.

KEPLER: *Harmonices mundi*…

3.2.4 Die Weltharmonie: Kepler

KEPLER (*Abbildung 3.2–17*) ist eine der interessantesten Persönlichkeiten der Wissenschaftsgeschichte: religiös, der Zahlenmystik verhaftet, mit einer überschäumenden Phantasie und doch bereit, Tatsachen äußerst kritisch und weitestgehend in Betracht zu ziehen. Das Lesen seiner Werke ist einerseits erschwert, zum anderen aber auch sehr reizvoll durch die Eigenheit, daß er – anders als andere bedeutende Persönlichkeiten der Wissenschaftsgeschichte – in seinen Werken die Kämpfe und Irrwege ausführlich beschreibt, in die er bei seinen Untersuchungen geraten ist. Dringt der Leser bis zu den Ergebnissen vor, so wird er beeindruckt von KEPLERS schwärmerischem Staunen über die entdeckte Harmonie, das nicht ohne Selbstzufriedenheit ist. Auch das Buch *Discours* von DESCARTES wird häufig als ein solcher autobiographischer Roman angesehen, in dem der Autor seine Zweifel und die aus den Zweifeln geborenen Wahrheiten in ihrer Entwicklung darlegt. Bei DESCARTES haben wir es jedoch mit einem klaren, einfachen und leicht verfolgbaren Gedankengang zu tun, während wir bei KEPLER selbst die Grundgesetze, die seinen Namen tragen, nur mit großer Mühe aus seinem Werk herauslesen können. Bei dem disziplinierten DESCARTES stehen die Gedanken selbst „in statu nascendi" in einer logischen Ordnung, während sie bei KEPLER heraussprudeln.

Der Grundgedanke des Keplerschen Jugendwerkes *Mysterium cosmographicum*, das er auch im Alter keineswegs verleugnet hat, ist, daß Gott in der Schöpfung bei der Festlegung der Planetenbahnen die fünf platonischen regelmäßigen Körper vor Augen gehabt hat. Die in der *Abbildung 3.2–18* dargestellte komplizierte räumliche Anordnung ist diesem Buch entnommen. Die fünf regelmäßigen Körper sind in der folgenden Reihenfolge um die Sonne herum angeordnet: Die Sonne wird von einem Oktaeder umschlossen, dann folgen Ikosaeder, Dodekaeder, Tetraeder und schließlich das Hexaeder (Würfel). Die so ineinandergestellten regelmäßigen Körper legen die aufeinanderfolgenden Planetenbahnen fest. KEPLER hat auch beachtet, daß die regelmäßigen Körper so ineinandergesetzt werden müssen, daß genügend Platz für die epizyklische Bewegung der Planeten verbleibt. Als natürlichen Ausgangspunkt hat KEPLER die Variante des kopernikanischen Systems akzeptiert, in der die Bewegung der Planeten um die Sonne auf Kreisbahnen noch mittels Epizykeln korrigiert wird. Es ist überraschend, daß dieses Modell in guter Näherung die Relationen zwischen den mittleren Sonnenentfernungen der Planeten wiedergibt. Berücksichtigt man aber, daß die Entfernungsverhältnisse an sich noch keine charakteristischen Größen sind, dann verliert das Modell an Bedeutung: Man kann sich nämlich ein Sonnensystem sowohl mit einer beliebigen Anzahl von Planeten als auch mit einer unveränderten Planetenanzahl, aber völlig anderen Sonnenentfernungen vorstellen. KEPLER hat erst 1619 gefunden, daß zwischen den Verhältnissen der Sonnenentfernungen und denen der Umlaufzeiten der Planeten ein Zusammenhang besteht, der weitgehende Schlüsse hinsichtlich der Natur der Kräfte, die zwischen Sonne und Planeten wirken, zuläßt.

Daß KEPLER die auch heute noch gültigen und zum Lehrstoff unserer Oberschulen gehörenden drei *Keplerschen Gesetze* gefunden hat, wird man nicht nur seiner Genialität, sondern auch dem glücklichen Zusammentreffen einiger Umstände zuschreiben, die wir wie folgt zusammenfassen wollen:

1. KEPLER stand – nach einigem Hin und Her mit den Erben – das gesamte Beobachtungsmaterial von TYCHO DE BRAHE zur Verfügung, das genauer und umfassender war als alle bis zu diesem Zeitpunkt vorliegenden ähnlichen Meßreihen.

2. Von allen gut beobachtbaren und auch gut beobachteten Planeten besitzt der Mars die Bahn mit der größten Exzentrizität, d. h., daß seine Bahn gut meßbar von der Kreisbahn abweicht.

3. Die Erdbahn ist einer Kreisbahn sehr ähnlich, d. h., daß sie durch eine Ellipsenbahn mit einer kleinen Exzentrizität gegeben ist.

Vom wissenschaftshistorischen Standpunkt aus müssen wir sogar den Tod TYCHO DE BRAHES zu den Faktoren zählen, die KEPLERS Arbeiten begünstigt haben. TYCHO DE BRAHE hatte für KEPLER nämlich die Aufgabe vorgesehen, seine eigene Theorie durch die Beobachtungsergebnisse bestätigen zu lassen, und wir wissen heute, daß das ein völlig nutzloses Unterfangen gewesen wäre. Nach TYCHO DE BRAHES Tod konnte KEPLER selbständig seine eigenen Vorstellungen entwickeln.

KEPLER hat TYCHO DE BRAHES Leistungen hoch eingeschätzt *(Zitat 3.2−6)*.

Zu Beginn seiner Untersuchungen hat er die beobachteten Daten der Marsbahn mit theoretischen Aussagen sowohl des ptolemäischen als auch des kopernikanischen Systems verglichen. Dabei hat KEPLER die Auffassung des KOPERNIKUS' von der Nichtverwendbarkeit der Äquanten nicht geteilt und versucht, auch in das kopernikanische System Äquanten einzubauen, nachdem es sich herausgestellt hatte, daß die im ursprünglichen kopernikanischen System durchgeführten Rechnungen ebenso fehlerhafte Ergebnisse lieferten wie die Rechnungen im ptolemäischen System. Er hat geglaubt, mit Hilfe der Äquanten eine genauere Übereinstimmung zwischen Beobachtung und Rechnung erzwingen zu können. Es ist charakteristisch für KEPLERS Wertschätzung der Beobachtungen, daß die Abweichung zwischen Theorie und Beobachtung nur acht Winkelminuten betragen hat. KEPLER wußte jedoch, daß TYCHO DE BRAHES Messungen mit einer Genauigkeit von zwei Winkelminuten ausgeführt worden waren, und er hat hartnäckig nach der Ursache für die Nichtübereinstimmung gesucht. Im Ergebnis dieser hartnäckigen Suche wurden die Ellipsenbahnen gefunden.

Der im folgenden dargestellte Gedankengang, mit dessen Hilfe KEPLER die Form der Bahn bestimmt hat, gehört in seiner Einfachheit zu den bemerkenswertesten Leistungen der Wissenschaftsgeschichte. Die Aufgabe war, aus den Beobachtungsdaten die Bahn eines Planeten − hier des Mars − zu bestimmen. Wir möchten betonen, daß diese Aufgabe wesentlich schwerer zu lösen ist, als die, im ptolemäischen System *die scheinbare Bewegung des Planeten zu bestimmen,* da bei der scheinbaren Bewegung nur die Winkelkoordinaten der Planeten von Interesse sind. Jetzt aber haben wir es mit einer räumlichen Planetenbahn zu tun, bei der nicht nur die Winkelkoordinaten, unter denen wir die Planeten sehen, sondern auch die Entfernungen von der Erde und von der Sonne von Interesse sind. Gleichzeitig dürfen wir auch nicht vergessen, daß die Messungen von einem Himmelskörper, nämlich von der Erde aus, durchgeführt worden sind, *dessen Bahn und dessen Bewegung längs der Bahn auch noch nicht bekannt waren.*

KEPLER hat sich zunächst die Aufgabe gestellt, die Erdbahn zu bestimmen. Wir gehen dazu von der Konfiguration *SEM (Abbildung 3.2−19a)* aus, in der Sonne, Erde und Mars auf einer Geraden liegen. Die Marsbahn wurde in die Abbildung gestrichelt eingetragen, um anzudeuten, daß wir diese Bahn zunächst noch nicht kennen, nur diese einzige Position des Planeten, und diese auch nur hinsichtlich ihrer Richtung. KEPLER ist von der Beobachtung ausgegangen, daß die Umlaufzeit des Mars auf seiner Bahn um die Sonne 687 Tage beträgt und daß sich folglich der Mars nach einer solchen Zeit wieder an genau derselben Stelle befinden muß wie zu Beginn der Beobachtungen. Die Erde jedoch wird zu diesem Zeitpunkt auf einem bestimmten mit *E'* gekennzeichneten Punkt ihrer Bahn sein. Dieser Punkt *E'* läßt sich nun schon konstruieren, da wir die Richtungen der Verbindungsgeraden zwischen Mars und Erde bzw. Sonne und Erde feststellen und aus dem Schnittpunkt beider Geraden die Position der Erde finden können. Nach weiteren 687 Tagen wird der Mars wieder in seine Ausgangslage gelangen, und die Erde wird auf ihrer Bahn den mit *E''* bezeichneten Platz einnehmen; von dieser Position aus kann der Mars-Sonne-Winkel wieder gemessen und so auch die Lage der Erde wieder bestimmt werden. Auf diese Weise kann man die Form der Erdbahn festlegen, ohne von der Form der Marsbahn irgend etwas wissen zu müssen. Wir wollen jedoch anmerken, daß

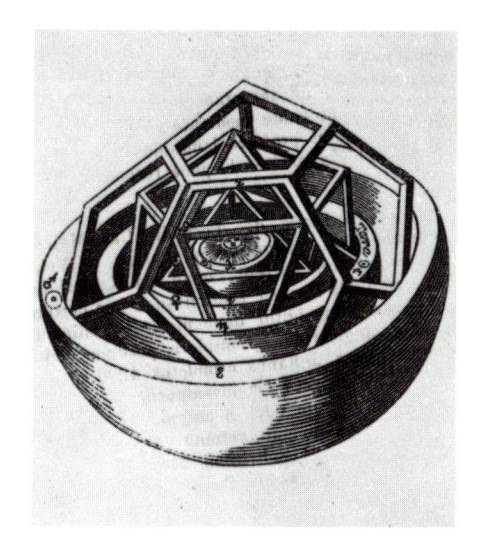

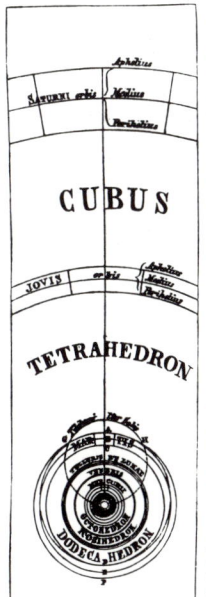

Abbildung 3.2−18
So hat sich *Kepler* die räumliche Anordnung der sechs Planetenbahnen bezüglich der fünf regelmäßigen Polyeder, der platonischen Körper, vorgestellt. Universitätsbibliothek, Budapest

Die Sphäre der Erde ist das Maß für alle anderen. Zeichne ein Dodekaeder um sie! Die diesem Dodekaeder umschriebene Sphäre ist die des Mars. Zeichne jetzt ein Tetraeder um die Marssphäre! Die diesem Körper umschriebene Sphäre gehört dem Jupiter. Schreibe jetzt einen Würfel um des Jupiters Sphäre! Die ihm umschriebene Sphäre ist die des Saturns. Zeichne nun ins Innere der Sphäre der Erde ein Ikosaeder! Die ihm eingeschriebene Sphäre gehört der Venus. Zeichne ein Oktaeder in diese Sphäre! Die diesem Oktaeder eingeschriebene Sphäre gehört endlich dem Merkur. Und siehe, somit ist die Zahl der Planeten erklärt.
Kepler: Mysterium Cosmographicum

Abbildung 3.2 – 19a
Zur Bestimmung der Gestalt der Erdbahn nach *Kepler*. Wir gehen von der Konstellation SEM aus und beachten, daß der Mars nach 687 Tagen wieder in die Ausgangslage (M') zurückkehrt, während die Erde sich nach dieser Zeit in der Lage E' befindet. Nach der Messung der Richtungen E'M' und SE ergibt sich der Punkt E'; nach weiteren 687 Tagen erhalten wir einen weiteren Punkt der Erdbahn

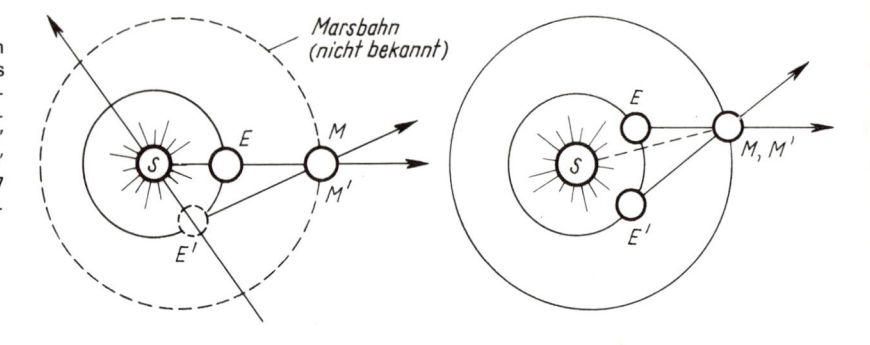

Abbildung 3.2 – 19b
Zur Bestimmung der Marsbahn bei bekannter Erdbahn nach *Kepler*

Zitat 3.2 – 6
Uns, denen die göttliche Güte in *Tycho Brahe* einen allersorgfältigsten Beobachter geschenkt hat, durch dessen Beobachtungen der Fehler der ptolemäischen Rechnung im Betrag von 8' ans Licht gebracht wird, geziemt es, mit einem dankbaren Gemüt diese Wohltat Gottes anzunehmen und zu gebrauchen. Wir wollen uns also Mühe geben, unterstützt durch die Beweisgründe für die Unrichtigkeit der gemachten Annahmen endlich die richtige Form der Himmelsbewegungen zu ergründen. Diesen Weg will ich im folgenden selber, nach meiner Weise, anderen vorangehen... Diese acht Minuten allein haben also den Weg gewiesen zur Erneuerung der ganzen Astronomie; sie sind der Baustoff für einen großen Teil dieses Werkes geworden.
KEPLER: *Astronomia nova*. Kap. 19
DIJKSTERHUIS [0.12] S. 342

die so erhaltenen Bahnabmessungen relative Größen sind, die in Einheiten der mittleren Entfernung der Erde von der Sonne bestimmt werden.

Kennt man die Erdbahn, dann läßt sich mit einer kleinen Abänderung des Verfahrens auch die Bahn des Mars bestimmen *(Abbildung 3.2 – 19b)*. Wir betrachten zwei Positionen der Erde, die zeitlich um 687 Tage auseinanderliegen. Da diese Zeit gerade die Umlaufzeit des Mars auf seiner Bahn um die Sonne ist, fallen die Positionen des Mars für beide Lagen der Erde zusammen. Zeichnen wir also die Erdbahn, tragen darauf die beiden erwähnten Positionen der Erde ein und messen von jeder Position aus die Richtung, unter der der Mars zu sehen ist, dann gibt der Schnittpunkt der beiden so gefundenen Geraden einen Punkt auf der Marsbahn an. Vor uns steht somit die Aufgabe, für alle Positionspaare der Erde, die in einem zeitlichen Abstand von 687 Tagen nacheinander eingenommen werden, die Richtungen zu bestimmen, unter denen der Mars zu beobachten ist. Aus den Schnittpunkten aller möglichen Geradenpaare ergibt sich dann die Bahn des Mars. Die oben erwähnte Meßreihe brauchte KEPLER nicht selbst auszuführen; er hatte lediglich aus TYCHO DE BRAHES Messungen die entsprechenden Daten auszuwählen. Mit ihnen läßt sich auch die Bewegungsgeschwindigkeit der Planeten auf ihrer Bahn bestimmen, da sich bei der Bahnkonstruktion automatisch die einzelnen Bahnpunkte als Funktion der Zeit ergeben.

Damit stehen KEPLER die empirisch bestimmten Bahnelemente des Planeten Mars zur Verfügung. Wie ergeben sich jetzt seine berühmten Gesetze?

Wie schon erwähnt, hat KEPLER in zweifacher Hinsicht kühne und entscheidende Neuerungen vorgenommen. Einerseits hat er die Kreisbahnen aufgegeben und damit endgültig mit der griechischen Überlieferung gebrochen; andererseits hat er die Bewegung mit der wirkenden Kraft in Verbindung gebracht und damit die ersten Schritte in Richtung einer physikalischen Astronomie oder, allgemeiner formuliert, einer physikalischen Bewegungslehre getan. Bei solchen entscheidenden Schritten will man gern wissen, wie der betreffende Forscher dazu gekommen ist, sie zu wagen, welches Verdienst am Erfolg seiner Phantasie, seiner Kühnheit, der Bewandertheit in den Nachbarwissenschaften zukommt und welche Rolle dem Zufall zuzuschreiben ist. Wir haben schon erwähnt, daß uns KEPLER in seinen Büchern glücklicherweise nicht nur seine Ergebnisse mitteilt, sondern auch den Weg zu ihnen mitsamt allen Umwegen aufzeigt. KEPLERS eigene Überlegungen ausführlich darzulegen kann nicht einmal versucht werden, man müßte dazu sozusagen sein ganzes Buch eingehend besprechen. DIJKSTERHUIS hat versucht, KEPLERS Beweisführung abgekürzt wiederzugeben [0.12]; wir wollen diese Darstellung noch weiter vereinfachen.

Natürlich hat auch KEPLER erst versucht, die Bahn des Planeten Mars nach KOPERNIKUS als Kombination von Kreisbahnen zu beschreiben. Er hat sich aber im Gegensatz zu seinem Vorgänger nicht gescheut, die schon von PTOLEMÄUS benutzten Äquanten anzuwenden und ist so zur Darstellung der Marsbahn nach *Abbildung 3.2 – 20a* gelangt. Die auf diese Weise erhaltene Bahn stand in relativ gutem Einklang mit der tatsächlich beobachteten, es gab allerdings an einigen Punkten größere Abweichungen, als die Meßgenauigkeit von TYCHO DE BRAHE zuließ. Es ist hier von jenen gewissen 8 Winkelminuten die Rede, auf die sich das Zitat 3.2–6 bezieht. KEPLER hat übrigens auch auf Grund der Meßdaten bezüglich der Erdbahn gemeint, es müßten Äquanten zur Anwendung kommen.

In seinen weiteren Überlegungen spielt die so erhaltene Bahn zwar eine wesentliche Rolle, er betrachtet sie jedoch lediglich als Hilfshypothese (hypothesis vicaria). So gelangt dann KEPLER zu Aussagen, die seinen ersten beiden Gesetzen schon äußerst ähnlich sind, nämlich daß die Sonne in einem der Exzenterpunkte der Planetenbahnen stehe sowie daß die Geschwindigkeiten eines Planeten umgekehrt proportional zu seiner Entfernung von der Sonne seien. Letzteres ist, wie schon oben erwähnt, nur näherungsweise richtig; KEPLER ist aber, ohne vorerst von Ellipsenbahnen zu reden, damit im Besitze seines zweiten (richtigen) Gesetzes, des Flächensatzes.

Nachdem KEPLER die Entfernungsdaten des Mars von der Sonne kennt und (auf Grund seiner auf die Bahn bezüglichen Hypothese) auch die zu den einzelnen Entfernungen gehörigen, auf die Sonne bezogenen Positionsdaten, kann er aus drei solchen Wertepaaren die Lage des Aphels und auch die Exzentrizität bestimmen. Es standen nun KEPLER viele Meßergebnisse und dementsprechend viele Doppeldatentripel zur Verfügung, deren jedes aber zu anderen Bahndaten führte. Daraus schloß er, daß die Marsbahn mit kopernikanischen Kreisbahnen, selbst wenn diese durch Äquanten ergänzt werden, nicht richtig beschrieben werden kann. Er hatte auch gefunden, daß die Abweichungen um so größer waren, je weiter der Planet auf seiner Bahn vom Aphel oder Perihel entfernt war. Es mußte also die Bahn die auf *Abbildung 3.2–20b* dargestellte ovale Form haben. Eine solche kann auch im ptolemäischen System erhalten werden, wenn ein weiterer Epizyklus eingeführt wird. Um eine Flächenberechnung anstellen zu können, wie sie bei der Anwendung seines Flächensatzes notwendig war, führte KEPLER nun statt des Ovals näherungsweise eine Ellipse ein, deren große Achse er dem Durchmesser der bisherigen Kreisbahn gleichsetzte. Als kleine Achse wählte er die in der Mitte gemessene Breite des Ovals. Auf diese Weise, also zur Umgehung mathematischer Schwierigkeiten und unter Einbeziehung ptolemäischer Ideen, ist KEPLER zur Annahme einer elliptischen Bahn gelangt. Als Breite des mondähnlichen Flächenstreifens zwischen Kreis und Oval hatte sich $e^2 = 0{,}00858$ ergeben. Beim Vergleich seiner Ellipsenbahn mit den Beobachtungsdaten fand KEPLER nun, daß sich eine sehr gute Übereinstimmung ergeben würde, wenn die Breite des Möndchens die Hälfte des oben angegebenen Wertes, nämlich 0,00429, betragen würde. Und jetzt kommt der Zufall zu Worte: KEPLER hatte bei seinen Berechnungen der Positionen des Mars sehr oft mit dem Maximalwert des auf Abbildung 3.2–20a rot markierten Winkels, nämlich 5° 18′, bzw. mit dem Sekans dieses Winkels, nämlich 1,00429, zu rechnen. Wie ersichtlich, entspricht der 1 übersteigende Wert 0,00429 genau der „optimalen" Breite des Möndchens. Es muß daher nach Abbildung 3.2–20b die Beziehung

$$CA/CP = 1/(1-e^2/2) \approx 1 + e^2/2 = 1{,}00429$$

gültig sein, die auch anders geschrieben werden kann, und zwar

$$CP = CA \cdot \cos \varphi_{max}.$$

Nehmen wir nun an — so lautet die kühne Verallgemeinerung KEPLERS —, diese Relation sei für alle Punkte des Ovals gültig; es ergibt sich dann für die Entfernung von der Sonne folgende Beziehung *(Abbildung 3.2–20c)*:

$$\varrho = SP_C = SP \cos \varphi = PM = 1 + e \cos \beta.$$

Es blieb KEPLER nur noch zu beweisen, daß diese Beziehung tatsächlich die gesuchte Ellipsenbahn ergibt, für die die Übereinstimmung mit den Meßdaten perfekt wird. KEPLERS diesbezüglicher Beweis würde uns selbst in der vereinfachten Form, die ihm DIJKSTERHUIS gibt, zu weit führen. Bedenken wir doch, daß bis zum Erscheinen der Descartesschen Koordinatengeometrie noch ein halbes Jahrhundert verstreichen mußte und daß dementsprechend KEPLER bedeutende mathematische Schwierigkeiten zu überwinden hatte!

Das erste und das zweite nach ihm benannte Gesetz hat KEPLER in seiner 1609 erschienenen Arbeit *Astronomia nova* veröffentlicht. Häufig wird dieses Jahr als der Zeitpunkt angesehen, von dem an sich die moderne Astronomie herauszubilden begonnen hat. In der Tat hat KEPLER als erster die vollkommenen Kreisbewegungen der platonischen oder aristotelischen Physik verworfen, und mit den von ihm gefundenen Gesetzen wurde es möglich, die beschreibende Astronomie zu einer physikalischen Astronomie weiterzuentwickeln. Auch KEPLER selbst hat das so empfunden, weil im vollständigen Titel seines Buches einerseits das Wort *aitiologetos,* d. h. *logische Erklärung,* und zum andern der Begriff *physica coelestis* enthalten sind. Diese Wortwahl weist darauf hin, daß KEPLER auch die physikalischen Grundlagen der Planetenbewegung gesucht hat. Er konnte sich dabei zwar noch nicht von den aristotelischen Vorstellungen lösen, nach denen die Bewegungsursache mit der Geschwindigkeit (und nicht mit der Geschwindigkeitsänderung) in Zusammenhang gebracht wird; zum andern hat er aber bereits bemerkt, daß die Sonne in irgendeiner Form auf die Planeten einwirkt und daß die Einwirkung mit zunehmender Sonnenentfernung abnimmt. Diese Abnahme setzt KEPLER noch in der Form $1/r$ an, wobei er die richtige quadratische Abnahme aus der Überlegung heraus verwirft, daß sich die Wirkung in der Ebene der Planetenbahnen ausbreitet und daß sie folglich nur mit der ersten Potenz der Entfernung abnehmen kann. Verwenden wir das aristotelische Bewegungsgesetz, nach dem die Geschwindigkeit zur Kraft proportional ist, dann ergibt sich in der heute von uns benutzten Schreibweise der Zusammenhang

$$v \sim \frac{1}{r},$$

woraus sofort $vr = \text{const.}$ folgt, d. h., zu einer größeren Sonnenentfernung gehört eine kleinere Geschwindigkeit und zu einer kleineren Sonnenentfernung eine größere. Heute wissen wir, daß die Kraft die Richtung der Verbindungsgeraden zwischen Sonne und Planeten hat und *nicht, wie* KEPLER *noch angenommen hat, parallel zur Bahntangente ist.* Diese Erkenntnis wurde eine Generation nach KEPLER bereits qualitativ und drei Generationen nach ihm quantitativ formuliert.

Das dritte Keplersche Gesetz finden wir in KEPLERS 1619 erschienenem Buch *Harmonices mundi (Abbildung 3.2–21)*, in dem er endlich die von ihm schon lange gesuchte Harmonie angeben kann:

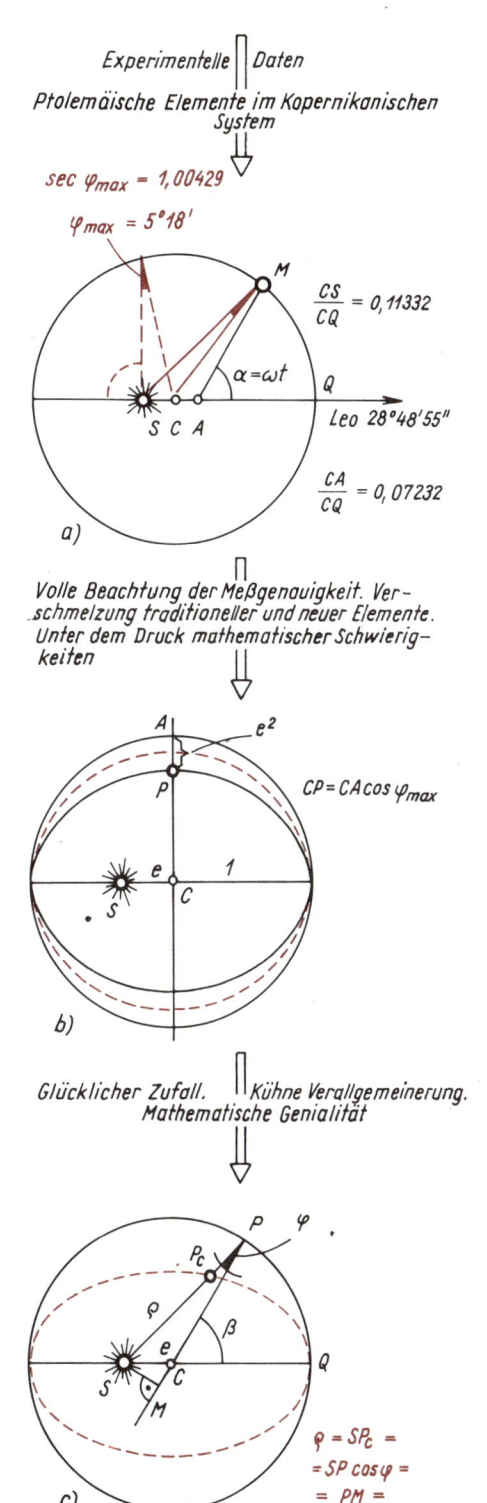

Abbildung 3.2–20
a) *Keplers* erster Versuch einer mathematischen Beschreibung der experimentell bestimmten Marsbahn: Er ergänzte das einfache kopernikanische System durch Äquanten
b) Das Auftauchen des Gedankens einer ellipsenförmigen Bahn: *Kepler* sah sich veranlaßt sie einzuführen, um die mathematischen Schwierigkeiten bei der Anwendung des Flächensatzes bewältigen zu können
c) Die richtige mathematische Beschreibung der Planetenbahn

JOANNIS KEPPLERI
HARMONICES MUNDI
LIBRI V.
QUORUM

Primus Geometricus, De figurarum regularium, quae proportiones harmonicas constituunt, ortu et demonstrationibus.

Secundus Architectonicus, seu ex Geometria Figurata, De figurarum regularium congruentia in plano vel solido.

Tertius proprie Harmonicus, De proportionum harmonicarum ortu ex figuris: deque natura et differentiis rerum ad cantum pertinentium, contra veteres.

Quartus Metaphysicus, Psychologicus et Astrologicus, De harmoniarum mentali essentia earumque generibus in mundo; praesertim de harmonia radiorum ex corporibus coelestibus in Terram descendentibus, ejusque effectu in natura seu anima sublunari et humana.

Quintus Astronomicus et Metaphysicus, De harmoniis absolutissimis motuum coelestium ortuque excentricitatum e proportionibus harmonicis.

Appendix habet comparationem hujus operis cum Harmonices Cl. Ptolemaei libro III. cumque Roberti de Fluctibus, dicti Flud, Medici Oxoniensis speculationibus Harmonicis, operi de Macrocosmo et Microcosmo insertis.

Accessit nunc propter cognationem materiae ejusdem auctoris liber ante 23 annos editus Tubingae, cui titulus Prodromus, seu Mysterium Cosmographicum, de causis Coelorum numeri, proportionis motuumque periodicorum, ex quinque corporibus regularibus.

Cum S. C. M. Privilegio ad annos XV.

LINCII AUSTRIAE,
Sumtibus Godofredi Tambachii Bibl. Francof. excudebat Joannes Plancus.
Anno MDCXIX.

Abbildung 3.2 – 21
Das Titelblatt des Buches *Weltharmonie*. Den Leser mag es überraschen, daß der lateinische Titel in verschiedenen Varianten zitiert wird: *Harmonices mundi, Harmonice mundi*, ja sogar *De harmonice mundi*. Die Ursache ist die folgende: *Harmonices* (ἁρμονιχῆς) ist der Genitiv des griechischen Wortes *Harmonice* (ἁρμονιχή) Die genaue Übersetzung des vollen Titels lautet: *Fünf Bücher der Harmonie der Welt*. Der Gebrauch des Genitivs ist also nur bei Angabe des vollen Titels angebracht.
Universitätsbibliothek, Budapest

Zitat 3.2 – 7
Was ich vor zweiundzwanzig Jahren, gleich nachdem ich die fünf regulären Körper zwischen den Himmelsbahnen gefunden hatte, geahnt habe... die Harmonie des Himmels... um dessentwillen ich den Tycho de Brahe aufsuchte, Prag zu meinem Wohnsitze erwählte, das habe ich endlich unter dem Beistande des höchsten Gottes, der meinen Geist erleuchtete, das heiße Verlangen danach entzündete, Leben und Talente dazu schenkte — unterstützt durch die Freigebigkeit zweier Kaiser, die der Tod hinraffte, ehe noch das Werk vollendet war, sowie der oberösterreichischen Stände — das habe ich endlich ans Licht gebracht und über alle Erwartung für wahr befunden, daß all die Harmonie, welche ich im dritten Buche auseinandergesetzt habe, unter den himmlischen Bewegungen vorhanden ist, obschon nicht ganz so, wie ich anfänglich dachte, sondern (und das ist nicht meine geringste Freude) etwas anders, aber zugleich schöner und vortrefflicher. Nachdem nun vor achtzehn Monaten mir das erste Licht, vor dreien der gewünschte Tag und vor wenigen Tagen die Sonne selbst im vollen Glanze aufging: so hält mich nichts mehr zurück, mich dem vollen Jubel hinzugeben, mit dem offenen Geständnis unter den Menschen einherzuwandeln, daß ich die heiligen Gefäße der Ägypter entwendet habe, um meinem Gott einen Altar daraus zu bauen, fern von Ägyptens Grenzen. Wenn ihr mir dies verzeiht, soll es mich freuen; wenn ihr mir deshalb zürnt, werde ich's ertragen. Seht! ich werfe den Würfel und schreibe das Buch. Ob es die Mitwelt, ob es die Nachwelt lesen wird, gilt mir gleichviel... Mag es seinen Leser in hundert Jahren erwarten, hat doch Gott selbst sechs Jahrtausende lang erwartet, der sein Werk beschauete.
KEPLER: *Harmonices mundi … Liber V*
J. Bryk: *Zusammenklänge der Welten*. 1918

Die Quadrate der Umlaufzeiten der Planeten verhalten sich wie die dritten Potenzen der mittleren Sonnenentfernungen.

Das *Zitat 3.2 – 7* zeigt die Begeisterung, mit der KEPLER der Welt diesen erstaunlichen Satz mitteilt. Wissenschaftsgeschichtlich ist dieser Satz deshalb von Bedeutung, weil NEWTON mit seiner Hilfe zum universellen Gravitationsgesetz gelangt ist. *Abbildung 3.2 – 22* zeigt die drei Keplerschen Gesetze in unserer heutigen Darstellungsweise; Inhalt und Bedeutung werden aber mit KEPLERS eigenen Worten geschildert.

KEPLER war nicht nur als Astronom von Bedeutung; seine Untersuchungen zu Problemen der Optik und der Mathematik werden weiter unten (Kapitel 3.5 und 4.1) noch besprochen werden. An dieser Stelle wollen wir noch einmal darauf zurückkommen, wie sehr KEPLERS Fähigkeiten zum genauen Beobachten und zum Formulieren exakter Gesetze mit einer tiefen Religiosität und einer Neigung zur Zahlenmystik verbunden gewesen sind. Als Beispiel für die Neigung zur Zahlenmystik wollen wir anführen, daß er die Existenz von sechs Planeten mit Hilfe der fünf platonischen regelmäßigen Körper erklärt hat, in die sich gerade sechs Planeten eindeutig einordnen lassen. Weiter hat er die Zahlen der zu den Planeten gehörenden Monde unter der Annahme vorausbestimmt, daß diese eine geometrische Reihe bilden sollten: Da zur Erde 1 Mond gehört, sollten der Mars 2, der Jupiter 4 und der Saturn 8 Trabanten haben. KEPLER hat die Harmonien nicht nur bildlich verstanden, sondern er hat die Zahlenverhältnisse im Sonnensystem mit der Harmonie der Töne in der Musik in eine unmittelbare Verbindung gebracht. So sollten sich die Quotienten aus den in Sonnennähe und Sonnenferne gemessenen Winkelgeschwindigkeiten der Planeten für die Erde zu 16/15 (großer Halbton), beim Mars zu 3/2 (Quinte) und beim Saturn zu 5/4 (Terz) ergeben.

KEPLER hat die „Sphärenmusik" ernst genommen und sogar den Planeten musikalische Motive zugeordnet.

Für seinen religiösen Mystizismus ist charakteristisch, daß KEPLER die unbeweglichen kosmischen Objekte in Beziehung zur Heiligen Dreifaltigkeit gebracht hat. Danach sollen die Sonne dem schaffenden und lebenspendenden Vater, die Fixsterne dem Sohn und der zwischen ihnen liegende Raum dem Heiligen Geist entsprechen. Diese Ordnung der unbeweglichen Objekte hat ihn in dem Glauben daran bestärkt, daß die beweglichen Objekte und unter ihnen auch die Planeten an irgendeiner göttlichen Harmonie teilhaben sollten.

Zu KEPLERS Aufgaben als Hofastronom gehörte auch die Aufstellung von Horoskopen. Trotz all seines Mystizismus scheint er jedoch nicht an die Astrologie geglaubt zu haben; etwas ironisch bemerkt er, daß Gott jedem seiner Geschöpfe ein Auskommen gegeben hat, und dem Astronomen hat er die Astrologie geschenkt.

Das Leben KEPLERS und sein Schwärmen von der Schönheit der sich in den Naturerscheinungen offenbarenden Gesetze hat viele Künstler inspiriert.

Im 20. Jahrhundert hat das Leben KEPLERS HINDEMITH als Vorwurf für eine Oper und die Symphonie *Harmonia mundi* gedient.

Seinen Grabspruch hat KEPLER selbst verfaßt:

Mensus eram caelos, nunc terrae metior umbras;
Mens coelestis erat, corporis umbra jacet.

Lebend maß ich die Himmel, jetzt mess' ich das Dunkel der Erde.
Himmelab stammte der Geist; Erde bedeckt nur den Leib.
L. GÜNTHER: *Die Mechanik des Weltalls*. 1909, S. 95

3.3 Galilei und die in seinem Schatten Stehenden

3.3.1 Die Einheit der himmlischen und irdischen Welten

Sowohl unter Laien als auch in der wissenschaftlichen Fachwelt ist die Meinung weit verbreitet, daß GALILEI *(Abbildung 3.3 – 1)* ein herausragender Platz unter den Initiatoren als auch den Verfechtern der naturwissenschaftlichen Revolution des 17. Jahrhunderts zukommt. Diese Einschätzung wird einerseits häufig mit den von ihm tatsächlich geleisteten Beiträgen zu den Naturwissenschaften, zum anderen aber auch mit seinem tragischen Schicksal begründet. GALILEI war der erste, der wegen einer konkreten physikalischen Theorie und bestimmter Ergebnisse und nicht wegen allgemeiner Vorstellungen zum Diesseits oder Jenseits mit den Mächtigen seiner Zeit in Konflikt geriet.

Auch die uns eigene Vorliebe für Denkschemata hat die Einschätzung begünstigt, daß GALILEI eine besondere Rolle gespielt hat. So werden von uns häufig bestimmte Zusammenhänge vereinfacht, indem wir jeder Idee einen bestimmten Namen zuordnen, unabhängig davon, ob nicht auch andere wesentlich zu dieser Idee beigetragen haben. Denken wir hier nur an solche Assoziationspaare wie: griechische Philosophie – PLATON und ARISTOTELES, klassische Mechanik – NEWTON sowie Relativitätstheorie – EINSTEIN.

Eine andere Motivation für eine Überbewertung kann sich aus dem Bestreben der Pädagogen ergeben, in jedem Falle Persönlichkeiten finden zu wollen, die sowohl in der Wissenschaft als auch hinsichtlich ihrer Lebensführung als Vorbilder dienen können. Fehlen solche Vorbilder, dann werden sie fabriziert.

Im Ergebnis all dessen tritt an die Stelle der objektiven Bewertung ein Mythos, der allerdings glaubhafter ist als eine Heldensage oder eine Überlieferung aus dem Leben eines Heiligen, weil ihm eine völlig reale Leistung zugrunde liegt *(Zitat 3.3 – 1)*.

Die Überbewertung wird aber erst dann wirklich gefährlich, wenn zu einer späteren Zeit, in der die Dinge nüchterner gesehen werden, versucht wird, den Persönlichkeiten den ihnen zukommenden Platz zuzuweisen, denn dabei kann es zu eben solchen Übertreibungen – allerdings mit dem umgekehrten Vorzeichen – kommen. Bei GALILEI gelangen dann seine menschlichen Schwächen, seine Unduldsamkeit, seine Eitelkeit sowie sein Bestreben, sich in den Vordergrund zu spielen, zum Vorschein *(Zitat 3.3 – 2)*. Bei der Bewertung seiner wissenschaftlichen Leistungen wird dann die Rolle derjenigen überbetont, die vor GALILEI bereits Arbeiten ausgeführt haben, die in ihrer Methode als auch in bezug auf die Ergebnisse zu denen GALILEIS ähnlich sind. So kann – vor allem mit der Neuentdeckung der bereits im Mittelalter gefundenen Ergebnisse – die Originalität sehr vieler Galileischer Arbeiten in Frage gestellt werden und auch GALILEIS heldenhafter Kampf um die Wahrheit, an dessen Ende ein Kompromiß gestanden hat, kann in einem anderen Lichte gesehen werden.

Im Ergebnis der Heroisierung und Entheroisierung hat sich bei den heutigen Wissenschaftshistorikern schließlich die Auffassung durchgesetzt, daß GALILEI ein zentraler Platz bei der Herausbildung der modernen Naturwissenschaften zukommt. Diskutiert wird lediglich, worin bei einer Berücksichtigung der Arbeiten von GALILEIS Vorgängern und Zeitgenossen seine tatsächliche Größe besteht.

Im folgenden wollen wir uns zunächst mit GALILEIS Arbeiten zur Astronomie und Mechanik beschäftigen, dann werden wir seine Arbeitsmethoden und die erhaltenen Ergebnisse sowie seinen Einfluß auf die weitere Entwicklung der Wissenschaft betrachten, und schließlich versuchen wir, ausgehend von der in der Einleitung gegebenen allgemeinen Einschätzung, unsere heutige Auffassung von der Bedeutung GALILEIS darzustellen.

Obwohl GALILEI – wie aus seiner Korrespondenz hervorgeht – bereits gegen 1597 ein Anhänger des heliozentrischen Systems gewesen ist, wurde er zu einem überzeugten Verfechter dieses Systems erst dann, als er anfing, sich eingehend mit Astronomie zu beschäftigen. Den Anstoß dazu hatte die

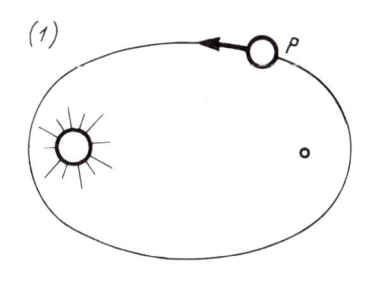

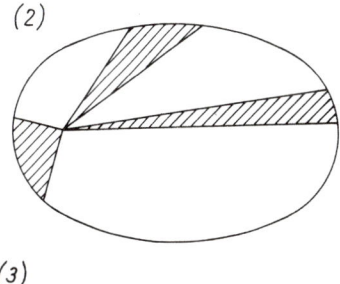

(1)

(2)

(3)

$$T_1^2 : T_2^2 : \ldots = R_1^3 : R_2^3 : \ldots$$

Abbildung 3.2 – 22
Die drei Keplerschen Gesetze

Der Du mit dem Lichte der Natur Sehnsucht erwecktst in uns nach dem Lichte der Gnade, um uns damit in das Licht des Ruhmes zu führen, Dir, O mich erschaffender Gott, sage ich Dank, der ich mich an Deinen Schöpfungen erbaute und an den Werken Deiner Hände erfreute. Siehe, hiermit vollende ich mein Werk, in das ich alle Kraft meines Geistes legte, mit der Du geruhtest, mich auszustatten; allen, die meine Darlegungen lesen werden, wird der Ruhm Deines Werks offenbar werden und aus seiner Unendlichkeit so viel, als die Beschränktheit meines Geistes aufzufassen imstande war.
Kepler: Harmonices mundi...

Aufgrund der genauen Beobachtungen von *Brahe* habe ich bewiesen, daß (auf der Bahn ein und desselben Planeten) gleich lange Bögen nicht mit derselben Geschwindigkeit durchlaufen werden: es sind vielmehr die Zeiten, die zum Durchlaufen gleicher Abschnitte benötigt werden, proportional zu den Abständen der betreffenden Abschnitte von der Sonne – der Quelle der Bewegung – und umgekehrt: wenn wir gleiche Zeitabschnitte, etwa natürliche Tage zugrunde legen, so verhalten sich in jedem Falle die Längen der einzelnen Tagesabschnitte auf einer bestimmten Planetenbahn wie die Kehrwerte der betreffenden Abstände von der Sonne. Darüber hinaus habe ich auch bewiesen, daß die Form der Planetenbahn eine elliptische ist, wobei die Sonne – die Quelle der Bewegung – in einem Brennpunkt der Ellipse steht.

Endlich aber habe ich das richtige Verhältnis der Periodenzeiten der Sphären schon am 8. März dieses Jahres (1618) im Geiste zwar richtig formuliert, jedoch nach unglücklich begonnenen Berechnungen als falsch verworfen; endlich – am 15. Mai – wieder in Erinnerung gerufen, mit neuer Entschlossenheit an die Arbeit gegangen und alle Finsternis meines Geistes mit Hilfe aller Beweise überwunden, in deren Besitz ich durch die Aufarbeitung und geistige Anstrengungen zur Vereinheitlichung der Beobachtungen Brahes während 17 Jahren gekommen war. Der Erfolg war ein solcher, daß ich zuerst vermeinte zu träumen und das Ergebnis schon in den Grundprinzipien vorwegge-

nommen zu haben. Schließlich hat es sich jedoch mit vollkommener Sicherheit und Genauigkeit ergeben, daß das Verhältnis der Periodenzeiten zweier Planeten dasselbe ist wie das Verhältnis der 3/2-ten Potenzen ihrer mittleren Entfernungen (von der Sonne), vorausgesetzt allerdings, daß das arithmetische Mittel der zwei Achsen der Ellipsenbahn nur um ein geringes kleiner ist als die längere Achse.
Kepler: Epitome Astronomiae Copernicanae

Abbildung 3.3 – 1
GALILEO GALILEI (1564 – 1642): geboren in Pisa; sein Vater, *Vincenzio Galilei*, war Mathematiker und Musiker. Studium der Medizin an der Universität zu Pisa; 1585: in Florenz Kennenlernen der Arbeiten des *Archimedes*. 1589: Professor der Mathematik in Pisa, dort verfaßt er seine Abhandlung *De motu*, in der er noch nicht über die aristotelischen Vorstellungen hinausgeht. Ab 1592: Lehramt an der Universität zu Padua. 1610: verläßt er Padua, um in Florenz in die Dienste der *Medici* zu treten; von dieser Zeit an erster Mathematiker des Großherzogs von Toskana. 1610: Veröffentlichung des *Sidereus nuncius*, in dem die Beobachtungen dargestellt sind, die er mit einem selbstgebauten Fernrohr ausgeführt hat. 1613 erscheint seine Abhandlung *Ein Brief über die Sonnenflecken*. 1616 wird er offiziell davor gewarnt, das kopernikanische System zu verbreiten. 1623: Veröffentlichung des *Saggiatore*. 1632 legt er sein bekanntestes Werk, den *Dialogo sopra i due massimi sistemi del mondo* der Öffentlichkeit vor. Dieses Buch ist Anlaß für den berühmten Galilei-Prozeß (1633), in dessen Verlauf *Galilei* seine Lehren widerruft. Nach dem Prozeß bis zu seinem Lebensende Hausarrest in Arcetri unweit von Florenz. 1636 beendet er hier seine Arbeiten an den *Discorsi delle due nuove scienze*, die 1638 in den Niederlanden im Verlag Elzevir erschienen sind

Zitat 3.3 – 1
Die Sache wird noch dadurch kompliziert, daß den auf dem Studium seiner Werke beruhenden echten, wenn auch oft einseitigen Galileibildern die unechten Bilder dessen, was man den Galileimythos nennen kann, nämlich der gangbaren populären Vorstellung, gegenüberstehen. Dieses Bild wird entworfen und lebendig erhalten durch Schriftsteller über moderne Physik, die das Bedürfnis nach einer historischen Einleitung haben, die sich aber nicht die Mühe genommen haben, die einfache Pflicht der Exaktheit zu erfüllen, wel-

Nachricht gegeben, daß in den Niederlanden ein Fernrohr konstruiert worden war. GALILEI hat seine Untersuchungen an Bewegungsvorgängen unterbrochen, ein Fernrohr gebaut und mit ihm merkwürdige, bis dahin nie beobachtete Erscheinungen wahrgenommen. Seine Beobachtungen wurden in dem Büchlein *Sidereus nuncius (Der Sternenbote)* sofort publiziert *(Abbildung 3.3 – 2)*. Jede dieser Erscheinungen für sich allein war dazu geeignet, nicht nur GALILEI in seinem Glauben an das kopernikanische System zu stärken, sondern auch die Haltlosigkeit der gesamten aristotelischen Physik nachzuweisen.

Wie wir weiter oben schon des öfteren gesehen haben, war die These von der Unterschiedlichkeit der Erscheinungen am Himmel und auf der Erde für die aristotelische Physik unverzichtbar: Während auf der Erde alles veränderlich ist, entsteht und vergeht, ist das Erscheinungsbild am Himmel unvergänglich, von einem Entstehen und Vergehen kann dort keine Rede sein. Die Bewegungen auf der Erde können ungeordnet und chaotisch sein, die Himmelskörper hingegen durchlaufen ihre regelmäßigen Bahnen nach einer ewigen Ordnung. Die irdischen Körper können die unterschiedlichste Gestalt haben, die Himmelskörper sind jedoch vollkommene Kugeln. Die Himmelskörper strahlen als Körper höherer Ordnung Licht ab, allein die Erde ist grau und dunkel.

Und was mußte nun an diesem so idealen Himmel beobachtet werden? Nehmen wir uns zunächst den Mond vor. GALILEI kann durch sein Fernrohr deutlich Berge auf dem Mond erkennen, und so kann in der Menschheitsgeschichte von nun an die Aussage, daß die Oberflächengestalt des Mondes zu der der Erde ähnlich ist, nicht mehr als Phantasieprodukt abgetan werden. Noch wichtiger ist seine Feststellung, daß auch der dunkle und folglich von der Sonne nicht beleuchtete Teil des Mondes — freilich so schwach, daß es kaum wahrnehmbar ist — von irgendeiner anderen Lichtquelle beleuchtet wird. GALILEI bemerkt richtig, daß dafür nur die Erde in Frage kommt, die von der Sonne angestrahlt wird und dann ihrerseits den Mond erhellt. Er stellt auch als erster fest, daß die Wandelsterne, d. h. die Planeten, im Fernrohr als kleine, runde Scheiben erscheinen, während die Fixsterne hell flimmernde Punkte bleiben. Auch diese Beobachtung deutet er richtig dahingehend — und seine Deutung wird durch die Entdeckung der Phasen der Venus nur noch bestätigt —, daß die Planeten nicht selbst leuchten wie die Fixsterne, sondern ihr Licht von der Sonne erhalten *(Abbildung 3.3 – 3a)*.

GALILEI beobachtet auch die Sonnenflecken. Allerdings ist er nicht der einzige, der diese Beobachtung macht, und es ist sogar wahrscheinlich, daß ihm andere — so der im Prozeß gegen GALILEI auftretende Jesuitenpater SCHEINER — bei dieser Beobachtung zuvorgekommen sind. Er stellt weiter fest, daß sich die Sonnenflecken bewegen, und weist richtig darauf hin, daß diese Bewegung von der Drehung der Sonne um ihre Achse herrührt.

Alle diese Beobachtungen beweisen überzeugend, daß sich himmlische und irdische Erscheinungen nicht in ihrem Wesen voneinander unterscheiden und daß es nur folgerichtig ist, die Erde unter die Planeten einzureihen. Für die Gegner der kopernikanischen Lehre — und auch noch für ihre Anhänger — war es recht schwer einzusehen, daß ein so bedeutender Himmelskörper wie der Mond sich nicht um die Sonne, sondern um die Erde dreht, ungeachtet der zentralen Lage der Sonne, die ihr im kopernikanischen System zugewiesen wird. Die Entdeckung der Jupitermonde war auch aus diesem Grunde von sehr großer Bedeutung. Man hatte nun einen anderen Planeten gefunden, der nicht nur einen, sondern sogar vier Monde hatte (so viele Monde hatte GALILEI beobachtet), und auch dieser Planet bewegte sich auf einer Bahn um die Sonne. Gleichzeitig hat der Jupiter mit seinen vier um ihn kreisenden Monden als anschauliches Modell für das Sonnensystem gedient: Wie die Monde um den Jupiter kreisen, so kreisen die Planeten um die Sonne.

GALILEI hat mit Hilfe seines Fernrohrs auch den alten Streit um die Struktur der Milchstraße entschieden, denn mit diesem optischen Hilfsmittel konnte er zeigen, daß die kontinuierliche, nebelartige Milchstraße in eine Vielzahl von Sternen zerfällt.

GALILEIS Beobachtungen, die er in seiner Schrift *Sidereus nuncius* dargestellt hat, haben in breitesten Kreisen großes Aufsehen erregt. Sie wurden zum Gesprächsstoff nicht nur für wissenschaftlich Interessierte und Gebildete, sondern auch für den einfachen Mann auf der Straße. Bevor das Buch überhaupt verkauft wurde, hatte sich der englische Gesandte in Venedig bereits ein Exemplar für seine Königin gesichert. In einem Begleitschreiben schildert er kurz den Inhalt und bemerkt, daß selbst an den Straßenecken darüber gesprochen wird. Viele haben GALILEIS Entdeckungen die gleiche oder sogar eine noch etwas größere Bedeutung zugemessen als der Entdeckung der Neuen Welt *(Zitat 3.3 – 3)*. Dichter haben sie verherrlicht, und selbst der Kardinal BARBERINI, der später als Papst URBAN VIII. GALILEI der Inquisition überantworten wird, hat zu dieser Zeit noch zu seinen Bewunderern gehört.

Für die außerordentlichen Fähigkeiten GALILEIS ist es charakteristisch, daß er aus seinen sorgfältigen qualitativen Beobachtungen nach Möglichkeit auch quantitative Schlüsse gezogen und sogar an eine praktische Verwertung seiner Entdeckungen gedacht hat.

GALILEI hat sich z. B. nicht auf die Aussage beschränkt, daß es auf dem Mond Berge gibt, sondern auch festgestellt, wie hoch diese Berge sind. Die für die Höhe der Mondgebirge angegebenen Werte stimmen sehr gut mit den uns heute bekannten Werten überein, obwohl sich GALILEI nur eines ganz einfachen Meßverfahrens bedienen konnte. Er hat bemerkt, daß bei Halbmond, wenn der beleuchtete und der dunkle Oberflächenteil des Mondes für einen irdischen Beobachter gerade durch einen Durchmesser voneinander getrennt werden, auf der im Schatten liegenden Seite leuchtende Punkte zu sehen sind. Er hat diese leuchtenden Punkte völlig richtig als Berggipfel gedeutet, die von der Sonne angestrahlt werden, so wie auch auf der Erde nach erfolgtem Sonnenuntergang in der Ebene die hohen Berggipfel noch im Sonnenlicht glühen *(Abbildungen 3.3 – 3b, c)*.

GALILEI hat die Entfernung a in Einheiten des Monddurchmessers abgeschätzt und daraus die Höhen der Berge bestimmt.

Auf die Seiten des in der Abbildung dargestellten rechtwinkligen Dreiecks hat er den Satz des PYTHAGORAS

$$(R+x)^2 = R^2 + a^2$$

angewendet. Nach einer einfachen Umformung ergibt sich

$$x^2 + 2Rx - a^2 = 0,$$

woraus sofort die gesuchte Höhe der Berge

$$x = \frac{-2R + \sqrt{4R^2 + 4a^2}}{2} \approx \frac{1}{2}\frac{a^2}{R}$$

folgt.

Für die Schiffahrt ist die genaue Bestimmung der Zeit von größter Bedeutung. GALILEI hat dazu vorgeschlagen, die Umläufe der Jupitermonde zu tabellieren, um mit Hilfe dieser Tabellen dann anhand der Beobachtung der Stellung der Jupitermonde die Zeit eindeutig bestimmen zu können. Dieser Vorschlag zur Zeitmessung hat sich zwar nicht bewährt, aber er ist doch recht originell, und es handelt sich um einen der Versuche GALILEIS, die in der Wissenschaft erzielten Ergebnisse unmittelbar in den Dienst der Praxis zu stellen.

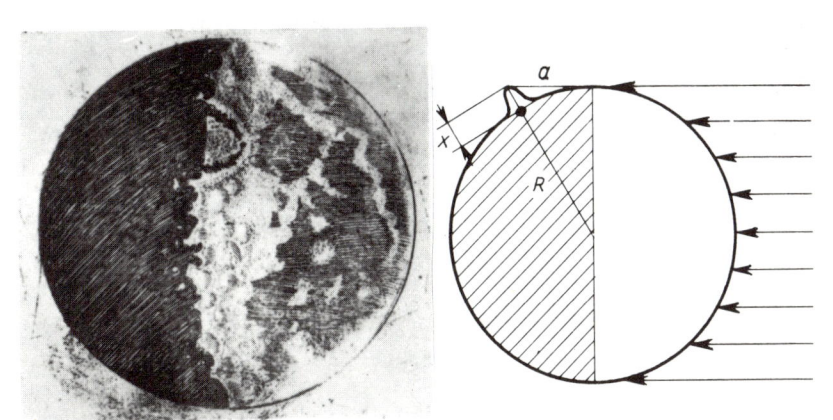

GALILEI erwähnt schon in seiner Schrift *Sidereus nuncius*, daß er beabsichtigt, ein Buch über die zwei Weltmodelle zu schreiben. In diesem Buch, dem *Dialogo (Abbildung 3.3 – 4)*, wird in den Gesprächen des ersten Tages im wesentlichen das oben Dargelegte noch einmal betont, d. h., es wird eine Lanze gebrochen für die Gleichheit der himmlischen und irdischen Phäno-

che darin besteht, die gemachten Mitteilungen an der historischen Quelle zu prüfen. Es ist ein durch und durch falsches Bild, aber es erstrahlt in viel hellerem Glanze als eines der echten, und der Leser ist dadurch gar bald geneigt, sich mit ihm zufrieden zu geben. Außerdem wirkt es stark vereinfachend: Durch seinen Glanz überstrahlt es alle Gestalten zweiter Größe. Und es verschafft eine einfache Terminologie: Wenn man einen Ausdruck braucht, um das Eigentümliche der klassischen Naturwissenschaft zu kennzeichnen, so legt es einem sofort das Adjektiv galileisch auf die Lippen. So ist es verständlich, daß eine Kritik dieses Idealbildes leicht Anstoß erregt, während italienische Autoren sich dadurch außerdem sehr leicht in ihrem Nationalstolz gekränkt fühlen.
DIJKSTERHUIS [0.12] S. 371

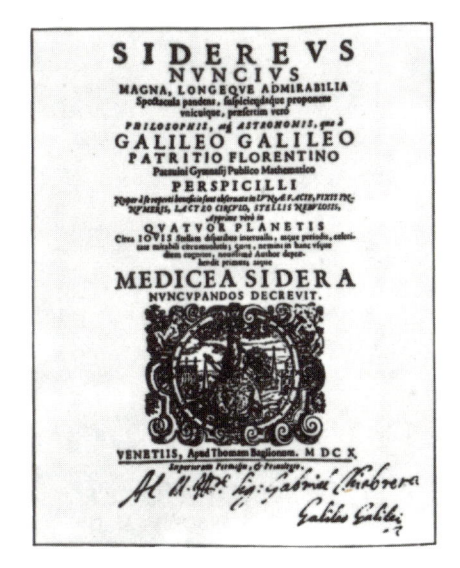

Abbildung 3.3 – 2
Titelblatt des *Sidereus nuncius*

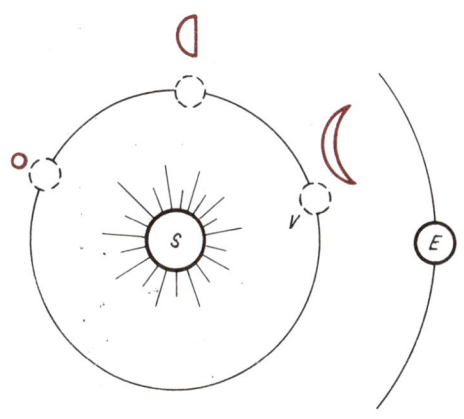

Abbildung 3.3 – 3a
Mit der Entdeckung der Phasen der Venus konnte *Galilei* erstens zeigen, daß die Planeten nicht selbst leuchten, sondern von der Sonne angestrahlt werden und zweitens das kopernikanische System stützen, da sich die Phasenveränderung in diesem System leicht verstehen läßt

Abbildung 3.3 – 3b
Zeichnung des Mondes

Abbildung 3.3 – 3c
Mit Überlegungen dieser Art hat *Galilei* die Höhe der Mondgebirge bestimmt

Zitat 3.3 – 2
Galilei hatte einen ausgezeichneten Sinn für Werbung und Verwertung seiner Entdeckungen für materielle Gegenleistungen. Diese Tätigkeit war für ihn durchaus nicht unvereinbar mit der reinen Freude an seinen Entdeckungen. So versuchte er sofort, den Herzog von Florenz (einen der *Medici*), dann den französischen König und schließlich den Papst zu Paten für die Jupitermonde zu gewinnen, doch hielten alle drei den für die himmlische Ehrung geforderten Preis für zu hoch …

… hier strahlte – im Fernrohr zu sehen für jedermann – tatsächlich ein Modell des kopernikanischen Systems am Himmel. So etwas durfte kein Geheimnis bleiben, das mußte in die Welt posaunt werden! Es dauerte keinen Monat, und *Galilei* hatte veröffentlicht, was offenbar zum wissenschaftlichen Bestseller des Jahres 1610 wurde …
BERNAL: *Die Wissenschaft in der Geschichte*

Zitat 3.3 – 3
Heute vormittag hatte ich Gelegenheit zu einem freundschaftlichen Gespräch mit *Kepler*, als wir beide beim sächsischen Botschafter zu Gaste waren. Er hat von Eurem Buch – dem *Sidereus Nuncius* – gesagt, es zeuge in der Tat von Eurem göttlichen Talent. Es gäbe jedoch dieses Buch auch Anlaß zur Verärgerung, nicht nur seitens der deutschen Nation, sondern auch Eurer eigenen, da es nämlich nicht die Autoren erwähnt, deren bahnbrechenden Leistungen es Euch ermöglichten, Eure Entdeckungen zu machen. Unter diesen Autoren nannte er den Italiener *Giordano Bruno*, *Kopernikus* und auch sich selbst.
MARTIN HASDALE: *Brief an Galilei*. Prag 1610

mene. Ergänzt werden diese Darlegungen durch die Beweise, wie sie von den Beobachtungen der Kometen und der Novae geliefert worden (*Farbtafel XVI*). In den weiteren Teilen seines Buches verwendet GALILEI die Beobachtungen der auf der Erde ablaufenden Naturerscheinungen dazu, alle die gegen die These von der Umdrehung der Erde vorgebrachten Argumente zu widerlegen. Diese Argumente haben wir schon bei der Besprechung der Kritiker des ARISTOTELES im Mittelalter (NICOLE D'ORESME, JEAN BURIDAN) kennengelernt. Das wohl charakteristischste und wissenschaftlich am besten begründet scheinende Argument ist, daß beim Fall eines Steines von einem hohen Turm der Aufschlagpunkt hinter dem Turm liegen muß, weil sich während der Fallzeit des Steines die Erde weiterdreht. GALILEI hat an einer Vielzahl von Beispielen gezeigt, daß solche Vorgänge auf einer bewegten oder auf einer als ruhend angenommenen Erde völlig gleich ablaufen, da sich der fallende Körper stets gemeinsam mit der Erde bewegt. Völlig analog dazu wird man aus Beobachtungen, die im Inneren eines auf ruhiger See mit konstanter Geschwindigkeit fahrenden Schiffes ausgeführt werden, nicht darauf schließen können, ob das Schiff ruht oder sich bewegt. Dieses Prinzip wird heute in der Physik als *Galileisches Relativitätsprinzip* bezeichnet.

Als den wichtigsten Teil des *Dialogo* sieht GALILEI das am vierten Tag geführte Gespräch an. Hier wird nämlich behauptet, daß es auf der Erde eine einzige beobachtbare Erscheinung gibt, die sich nur mit dem Umlauf der Erde um die Sonne erklären läßt: das Auftreten von Ebbe und Flut. GALILEI erklärt die Gezeiten somit völlig falsch und tadelt sogar KEPLER, der richtig geahnt hat, daß der Mond hier eine wichtige Rolle spielen sollte.

Obwohl GALILEI den *Dialogo* in einem Alter von nahezu siebzig Jahren geschrieben hat, sind in ihm noch immer sehr viele aristotelische Züge enthalten. So werden bereits in den Unterhaltungen des ersten Tages die Bewegungen der Himmelskörper völlig im aristotelischen Sinne besprochen: Für die Bewegung der Planeten – unter ihnen auch der Erde – kann nur

Abbildung 3.3 – 4
Der **Dialogo** ist das Werk *Galileis*, das die größte Popularität erlangt hat. Es ist 1632 in italienischer Sprache erschienen und 1641 in das Lateinische übersetzt worden. Die drei Gesprächspartner – *Salviati* (Sprecher *Galileis*), *Sagredo* (intelligenter, nüchtern denkender und unvoreingenommener Diskussionspartner) und *Simplicio* (überzeugter Anhänger des *Aristoteles*, von *Galilei* nach dem Aristoteles-Kommentator *Simplikos* benannt) – unterhalten sich vier Tage lang über Argumente und Gegenargumente für und gegen die beiden Weltsysteme. Es lag in der Absicht des Autors, den Anschein zu erwecken, daß der Leser durch die Argumente und Gegenargumente in die Lage versetzt wird, sich selbst eine Meinung zu bilden;

die gleichförmige Bewegung auf einer Kreisbahn in Betracht kommen. Bemerkenswert ist auch, daß die Dialogpartner sich nicht gegen ARISTOTELES selbst, sondern nur gegen seine Schüler aussprechen, die dem Buchstaben nach, aber nicht dem Geiste ihres Meisters entsprechend philosophieren.

Unverständlich ist, daß GALILEI noch 1632 so ausschließlich auf den Kreisbahnen beharrt hat, da doch nahezu schon ein Vierteljahrhundert seit dem Aufstellen der Bewegungsgesetze für die Ellipsenbahnen der Planeten durch KEPLER vergangen war. Dieses Beharren ist auch deshalb erstaunlich, weil durch unmittelbare astronomische Messungen die Unhaltbarkeit der Annahme einfacher Kreisbahnen gezeigt wurde und eine im physikalischen

Sinne vernünftige Weiterentwicklung der Theorie mit den von KOPERNIKUS eingeführten Korrekturen nicht möglich gewesen ist. Es ist wahrscheinlich, daß GALILEI auch in diesem Falle – ebenso wie bei der Untersuchung des Einflusses der Störfaktoren (z. B. des Luftwiderstandes) auf den freien Fall – diese Abweichungen als nebensächlich und nicht das Wesen der Erscheinungen betreffend angesehen hat.

3.3.1.1 Aus dem Dialogo

Simplicio Ich sehe auf Erden beständig Kräuter, Bäume, Tiere entstehen und vergehen; Winde, Regen, Gewitter und Stürme sich erheben; kurz, das Aussehen der Erde in fortwährendem Wandel begriffen. Von allen diesen wechselnden Erscheinungen aber ist bei den Himmelskörpern nichts zu sehen; ihre Stellung und Gestalt sind seit Menschengedenken aufs genaueste sich gleich geblieben, ohne daß etwas Neues erzeugt noch von Früherem etwas zerstört worden ist.

Salviati Nun, da für Euch die bloße Wahrnehmbarkeit oder, besser gesagt, die wirkliche Wahrnehmung der Erscheinungen entscheidend ist, so müßt Ihr notwendig China und Amerika für Himmelskörper halten; denn zuverlässig habt Ihr dort niemals jene Änderungen beobachtet, die Ihr hier in Italien beobachtet; sie müssen demnach, soweit Eure Wahrnehmung reicht, unveränderlich sein.

Simplicio Wenn ich auch diese Veränderungen an jenen Orten nicht sinnlich wahrgenommen habe, so gibt es doch zuverlässige Berichte darüber, abgesehen davon, daß nach dem Satze eadem est ratio totius et partium diese Länder ebensogut wie die unsrigen notwendig veränderlich sind, da sie ebensogut wie diese Teile der Erde sind.

Salviati Und warum habt Ihr nicht selbst mit eigenen Augen diese Vorgänge beobachtet und wahrgenommen, ohne Euch erst auf die Glaubwürdigkeit fremder Berichte verlassen zu müssen?

Simplicio Abgesehen davon, daß jene Länder unseren Blicken entzogen sind, ist ihre Entfernung so groß, daß die Sehkraft nicht ausreichen würde, um dergleichen Änderungen zu entdecken.

Salviati Da seht, wie Ihr von selber beiläufig das Trügerische Eueres Beweisgrundes aufgedeckt habt. Denn wenn Ihr zugebt, daß man die bei uns auf Erden wahrnehmbaren Änderungen in Amerika wegen der großen Entfernung nicht bemerken kann, so könnt Ihr sie noch viel weniger auf dem Monde sehen, der soviel hundertmal weiter entfernt ist. Wenn Ihr aber an die Veränderungen in Mexiko auf Grund der Nachrichten von dort glaubt: Welche Kunde ist Euch vom Monde zugegangen, die Euch meldet, dort gingen keine Veränderungen vor sich? Daraus also, daß Ihr am Himmel keine Änderungen seht, während Ihr die etwa stattfindenden wegen der zu großen Entfernung nicht bemerken würdet, oder daraus, daß Ihr keinen Bericht von ihnen habt, wo ein solcher doch unmöglich ist, könnt Ihr nicht schließen, daß sie nicht stattfinden; wie Ihr andererseits ganz richtig aus dem Gesehenen und Gehörten auf Veränderungen unserer Erde schließen dürft.

Simplicio Ich will Euch auf Erden stattgefundene Änderungen ausfindig machen, die so groß sind, daß, fänden sie auf dem Monde statt, sie sehr wohl von hienieden beobachtet werden können. Wir wissen auf Grund uralter Überlieferungen, daß einst an der Meerenge von Gibraltar die Felsen Abila und Calpe durch andere kleinere Berge zusammenhingen, welche einen Damm gegen den Ozean bildeten. Da sich aber, aus welcher Ursache auch immer, die beiden Berge trennten und den Wassern des Meeres der Zutritt geöffnet wurde, strömten diese in solcher Menge ein, daß sie das ganze mittelländische Meer bildeten. Ziehen wir dessen Größe in Betracht und das verschiedenartige Aussehen aus der Ferne beobachteter Fläche von Wasser und Land, so hätte unzweifelhaft ein solcher Vorgang sehr wohl von jemandem, der auf dem Monde gewesen wäre, beobachtet werden können, ebenso wie wir Erdbewohner dergleichen Änderungen auf dem Monde bemerken müßten. Es verlautet aber nichts davon, daß man je so etwas gesehen hätte. Also haben wir keinen Anhalt, um einen der Himmelskörper für veränderlich usw. erklären zu dürfen.

Salviati Daß so weitgreifende Veränderungen auf dem Monde stattgefunden haben, will ich mich nicht erkühnen zu behaupten; aber ebensowenig bin ich überzeugt, daß solche nicht stattgefunden haben können. Eine solche Umwälzung würde uns nur als eine veränderte Abstufung von Helligkeit und Dunkelheit gewisser Mondpartien erscheinen, und doch weiß ich nichts von wißbegierigen Selenographen auf Erden, die eine sehr lange Reihe von Jahren hindurch uns so genaue Mondbeschreibungen geliefert hätten, daß man mit ihrer Aussage mit Bestimmtheit die Tatsache einer solchen Veränderung der Mondoberfläche in Abrede stellen könnte. Über das Aussehen der letzteren finde ich keine eingehenderen Angaben, als daß der eine sagt, sie stelle ein menschliches Gesicht vor, der andere, sie gleiche einer Löwenschnauze und der dritte, man erblicke auf ihr *Kain* mit einem Bündel Reisig auf der Schulter. Die Unveränderlichkeit des Himmels also darauf zu gründen, daß man auf dem Monde oder auf einem anderen Himmelskörper keine von der Erde aus sichtbaren Änderungen wahrgenommen hat, ist ein gänzlich unzulässiger Schluß.

Sagredo Mich beschäftigt noch ein anderes Bedenken gegen diesen Beweis des Signore *Simplicio*, welches ich gerne beseitigt sähe. Darum frage ich ihn, ob die Erde vor dem Einbruch des mittelländischen Meeres erzeugbar und zerstörbar war oder ob sie damals erst anfing, es zu sein.

Simplicio Ohne Zweifel war sie schon vorher erzeugbar und zerstörbar; dieses war nur eine so gewaltige Katastrophe, daß sie auch auf dem Monde hätte beobachtet werden können.

Sagredo Oh, wenn die Erde vor besagter Überschwemmung schon erzeugbar und zerstörbar war, was steht im Wege, daß der Mond es gleichfalls ist, auch ohne eine solche Umwälzung? Warum soll auf dem Monde das unbedingt erforderlich sein, was auf Erden nicht von entscheidender Bedeutung war?

Salviati Ein sehr scharfsinniger Einwurf. Ich möchte aber glauben, daß Signore *Simplicio* in die Stellen bei *Aristoteles* und den anderen Peripatetikern einen etwas veränderten Sinn hineinlegt. Diese sagen, daß sie darum den Himmel für unveränderlich halten, weil an ihm niemals die Entstehung oder Zerstörung irgendwelchen Sternes beobachtet worden ist, der im Vergleich zum

tatsächlich wird aber mit dem gesamten Buch eindeutig Stellung zugunsten des kopernikanischen Systems bezogen

Ich, *Galileo*, Sohn des *Vinzenz Galilei* aus Florenz, siebzig Jahre alt, stand persönlich vor Gericht und ich knie vor Euch Eminenzen, die Ihr in der ganzen Christenheit die Inquisitoren gegen die ketzerische Verworfenheit seid. Ich habe vor mir die heiligen Evangelien, berühre sie mit der Hand und schwöre, daß ich immer geglaubt habe, auch jetzt glaube und mit Gottes Hilfe auch in Zukunft glauben werde, alles was die heilige katholische und apostolische Kirche wahr hält, predigt und lehrt. Es war mir von diesem Heiligen Offizium von Rechts wegen die Vorschrift auferlegt worden, daß ich völlig die falsche Meinung aufgeben müsse, daß die Sonne der Mittelpunkt der Welt ist, und daß sie sich nicht bewegt, und daß die Erde nicht der Mittelpunkt der Welt ist, und daß sie sich bewegt. Es war mir weiter befohlen worden, daß ich diese falsche Lehre nicht vertreten dürfe, sie nicht verteidigen dürfe und daß ich sie in keiner Weise lehren dürfe, weder in Wort noch in Schrift. Es war mir auch erklärt worden, daß jene Lehre der Heiligen Schrift zuwider sei. Trotzdem habe ich ein Buch geschrieben und zum Druck gebracht, in dem ich jene bereits verurteilte Lehre behandele und in dem ich mit viel Geschick Gründe zugunsten derselben beibringe, ohne jedoch zu irgendeiner Entscheidung zu gelangen. Daher bin ich der Ketzerei in hohem Maße verdächtig befunden worden, darin bestehend, daß ich die Meinung vertreten und geglaubt habe, daß die Sonne Mittelpunkt der Welt und unbeweglich ist, und daß die Erde nicht Mittelpunkt ist und sich bewegt. Ich möchte mich nun vor Euren Eminenzen und vor jedem gläubigen Christen von jenem schweren Verdacht, den ich gerade näher bezeichnete, reinigen. Daher schwöre ich mit aufrichtigem Sinn und ohne Heuchelei ab, verwünsche und verfluche jene Irrtümer und Ketzereien und darüber hinaus ganz allgemein jeden irgendwie gearteten Irrtum, Ketzerei oder Sektiererei, die der Heiligen Kirche entgegen ist. Ich schwöre, daß ich in Zukunft weder in Wort noch in Schrift etwas verkünden werde, das mich in einen solchen Verdacht bringen könnte. Wenn ich aber einen Ketzer kenne, oder jemanden der Ketzerei verdächtig weiß, so werde ich ihn diesem Heiligen Offizium anzeigen oder ihn dem Inquisitor oder der kirchlichen Behörde meines Aufenthaltsortes.

Ich schwöre auch, daß ich alle Bußen, die mir das Heilige Offizium auferlegt hat oder noch auferlegen wird, genauestens beachten und erfüllen werde. Sollte ich irgendeinem meiner Versprechen und Eide, was Gott verhüten möge, zuwiderhandeln, so unterwerfe ich mich allen Strafen und Züchtigungen, die das kanonische Recht und andere allgemeine und besondere einschlägige Bestimmungen gegen solche Sünder festsetzen und verkünden. Daß Gott mir helfe und seine heiligen Evangelien, die ich mit den Händen berühre.

Ich, *Galileo Galilei*, habe abgeschworen, geschworen, versprochen und mich verpflichtet, wie ich eben näher ausführte. Zum Zeugnis der Wahrheit habe ich diese Urkunde meines Abschwörens eigenhändig unterschrieben und sie Wort für Wort verlesen, in Rom im Kloster der Minerva am 22. Juni 1633. Ich, *Galileo Galilei*, habe abgeschworen und eigenhändig unterzeichnet.

Ludwig Bieberbach: Galilei und die Inquisition. München 1938, [3.14] S. 108

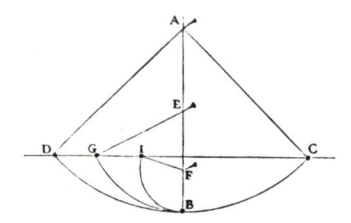

Abbildung 3.3–5

Die **Discorsi** sind das reifste und für die weitere Wissenschaftsentwicklung bedeutendste Werk Galileis. Galilei hat es nach dem Prozeß unter Hausarrest stehend verfaßt, wobei er seine früheren Untersuchungen zur Mechanik mit einbezogen hat. In den *Discorsi* treffen wir die Gesprächspartner aus dem *Dialogo* wieder. Am dritten und vierten Tag des sechstägigen Gesprächs geht es um den freien Fall, die Versuche an der schiefen Ebene und die beim Wurf auftretende Parabelbahn. Das Buch ist in Latein mit Einschüben in italienischer Sprache geschrieben.

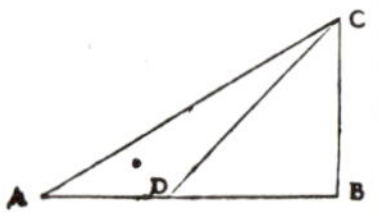

Über einen sehr alten Gegenstand bringen wir eine ganz neue Wissenschaft. Nichts ist älter in der Natur als die *Bewegung*, und über dieselbe gibt es weder wenig noch geringe Schriften der Philosophen. Dennoch habe ich deren Eigentümlichkeiten in großer Menge und darunter sehr wissenswerte, bisher aber nicht erkannte und noch nicht bewiesene, in Erfahrung gebracht. Einige leichtere Sätze hört man nennen: wie zum Beispiel, daß die natürliche Bewegung fallender schwerer Körper eine stetig beschleunigte sei. In welchem Maße aber diese Beschleunigung stattfinde, ist bisher nicht ausgesprochen worden; denn so viel ich weiß, hat

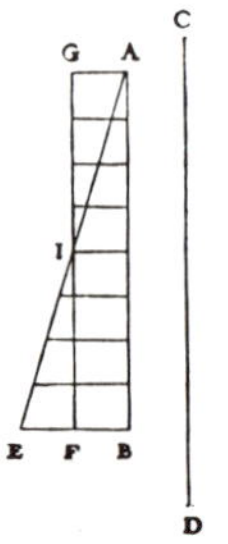

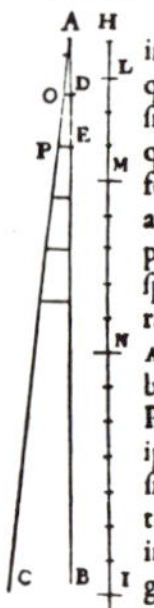

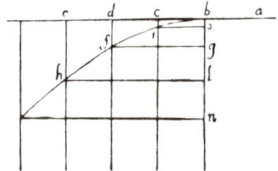

ganzen Himmel vielleicht kleiner sei als eine Stadt im Verhältnis zur Erde; und doch seien von diesen letzteren unzählige so völlig zerstört worden, daß keine Spur von ihnen übriggeblieben.
Sagredo Ich war vom Gegenteile überzeugt und glaubte, Signore *Simplicio* verleugne diese Auslegung des Textes, um seinen Meister und seine Mitjünger nicht mit einem Vorwurf zu belasten, der noch häßlicher ist als der andere. Wie nichtig ist doch die Behauptung: Der Himmel ist unveränderlich, weil keine Sterne an ihm entstehen und vergehen! Gibt es etwa jemanden, der einen Erdball hätte vergehen und einen neuen entstehen sehen? Wird nicht von allen Philosophen zugegeben, daß nur ganz wenige Sterne am Himmel kleiner sind als die Erde, wohl aber sehr viele weit, weit größer? Der Untergang eines Sternes am Himmel ist demnach nichts Geringeres als die Zerstörung des gesamten Erdballs. Wenn daher notwendig so gewaltige Körper wie ein Stern vergehen und wieder entstehen müssen, um seinen Irrtum zu übersehen, bemerke ich, daß in unserer Zeit neue behaupten zu können, so laßt nur diesen Gedanken ganz fallen, denn ich versichere Euch, die Zerstörung des Erdballs oder eines anderen Hauptweltkörpers wird niemals beobachtet werden; niemals wird ein solcher, nachdem man ihn viele verflossene Jahrhunderte hindurch beobachtet hat, sich auflösen und spurlos verschwinden.
Salviati Um aber den Wünschen des Signore *Simplicio* noch mehr als nötig entgegenzukommen und ihn, wo möglich, von seinem Irrtum zu überzeugen, bemerke ich, daß wir in unserer Zeit neue Vorgänge und Beobachtungen kennen, die, wie ich nicht bezweifele, *Aristoteles* umstimmen würden, wenn er heutigen Tages lebte. Dies geht aus seiner eigenen Weise zu philosophieren hervor. Denn, wenn er schreibt, er halte den Himmel für unveränderlich usw., weil man niemals dort etwas Neues hätte entstehen oder etwas Früheres verschwinden sehen, so deutet er implicite an, daß er im Falle einer solchen Beobachtung zur gegenteiligen Ansicht sich bekennen würde und der sinnlichen Erfahrung mit Recht vor naturphilosophischen Erwägungen den Vorzug gegeben hätte. Wenn er den sinnlichen Beobachtungen keinen Wert beigelegt hätte, würde er die Unveränderlichkeit jedenfalls nicht aus den fehlenden Beobachtungen über irgendwelche Veränderung geschlossen haben.
Simplicio Als wichtigste Grundlage betrachtete Aristoteles seine apriorischen Erwägungen, indem er die Notwendigkeit der Unveränderlichkeit des Himmels durch seine einleuchtenden, klaren Naturprinzipien dartut; nachher befestigte er a posteriori seine Theorie durch die sinnliche Wahrnehmung und die alten Überlieferungen.
Salviati Diese Eure Angaben beziehen sich auf die Art und Weise, wie er seine Lehre niederschrieb, aber ich glaube nicht, daß er auf diesem Wege zu ihr gelangte. Vielmehr halte ich es für ausgemacht, daß er zuerst mittels der Sinne, der Erfahrung und der Beobachtung soviel als möglich von der Richtigkeit der Schlußfolgerung, sich zu überzeugen versuchte und dann erst sich nach Mitteln umtat, sie zu beweisen; so nämlich verfährt man gewöhnlich in den deduktiven Wissenschaften: und zwar darum, weil, wenn die These richtig ist, man bei Benutzung der analytischen Methode leicht auf irgendwelchen schon bewiesenen Satz oder zu einem selbstverständlichen Axiom gelangt; ist aber die Behauptung falsch, so kann man ins Unendliche weitergehen, ohne je auf irgendeine bekannte Wahrheit zu treffen, wenn man nicht gar auf eine offenbare Unmöglichkeit oder etwas Widersinniges stößt. Zweifelt nicht, daß *Pythagoras,* lange bevor er den Beweis gefunden, um dessentwillen er die Hekatombe opferte, sich vergewissert hat, ob das Hypotenusenquadrat im rechtwinkligen Dreieck den Quadraten der beiden anderen Seiten gleich sei. Das Zutrauen zur Richtigkeit der Behauptung trägt wenig zur Auffindung des Beweises bei, in den deduktiven Wissenschaften wohlverstanden. Aber mag das Schlußverfahren des *Aristoteles* von apriorischen Erwägungen zu aposteriorischer Sinneswahrnehmung fortgeschritten sein oder umgekehrt, sicher ist, daß eben jener *Aristoteles,* wie mehrfach erwähnt, den sinnlichen Erfahrungen vor allen Spekulationen den Vorrang einräumt, abgesehen davon, daß wir schon geprüft haben, wie es mit der Beweisführung dieser apriorischen Erörterung steht.
GALILEI: *Dialogo.* Erster Tag. Deutsch von *E. Strauß.* 1891

3.3.2 Schiefe Ebene, Pendel und Wurfbewegung

Der *Dialogo* ist für die Überwindung prinzipieller Hemmnisse bei der weiteren Entwicklung der Wissenschaft sowie für ihre Popularisierung von entscheidender Bedeutung gewesen, die *Discorsi (Abbildung 3.3–5)* hingegen haben mit den in ihnen enthaltenen Ergebnissen zur beschreibenden Bewegungslehre vor allem als Ausgangspunkt für die Mechanik des 17. Jahrhunderts gedient.

Bei der Behandlung des freien Falles ist GALILEI von der Annahme ausgegangen, daß die Bewegung mit veränderlicher Geschwindigkeit in der Natur offenbar nach möglichst einfachen Gesetzen abläuft, und was könnte einfacher sein als eine Zunahme der Geschwindigkeit um gleiche Beträge in gleichen Zeiteinheiten. Heute würden wir formulieren, daß GALILEI die gleichmäßig beschleunigte Bewegung zum Ausgangspunkt genommen hat *(Zitat 3.3–4).* Es taucht hier die Frage auf, warum man nicht mit der gleichen Begründung als einfachste Bewegung die ansehen kann, bei der beim Durchlaufen gleicher *Wege* die Geschwindigkeit um gleiche Beträge anwächst. GALILEI hat auf diese Frage die Antwort gegeben, daß die zweite Annahme logisch unhaltbar ist (siehe weiter unten).

Unmittelbar im Experiment ließ sich die Richtigkeit der Annahme, daß in der Natur die gleichmäßig beschleunigte Bewegung realisiert ist, nicht nachprüfen, weil die Momentangeschwindigkeit nicht gemessen werden konnte. Es mußte deshalb aus der Grundannahme eine solche Schlußfolgerung abgeleitet werden, die sich experimentell unmittelbar bestätigen ließ.

Zunächst hat GALILEI den von einem frei fallenden Körper zurückgelegten Weg als Funktion der Zeit bestimmt, indem er die mittlere Geschwin-

niemand bewiesen, daß die vom fallenden Körper in gleichen Zeiten zurückgelegten Strecken sich zueinander verhalten wie die ungeraden Zahlen. Man hat beobachtet, daß Wurfgeschosse eine gewisse Kurve beschreiben; daß letztere aber eine Parabel sei, hat niemand gelehrt. Daß aber dieses sich so verhält und noch vieles andere, nicht minder Wissenswerte, soll von mir bewiesen werden, und was noch zu tun übrig bleibt, zu dem wird die Bahn geebnet, zur Errichtung einer sehr weiten, außerordentlich wichtigen Wissenschaft, deren Anfangsgründe diese vorliegende Arbeit bringen soll, in deren tiefere Geheimnisse einzudringen Geistern vorbehalten bleibt, die mir überlegen sind.

In drei Teile zerfällt unsere Abhandlung. In dem ersten betrachten wir die *gleichförmige Bewegung.* In dem zweiten beschreiben wir die *gleichförmig beschleunigte Bewegung.* In dem dritten handeln wir von der *gewaltsamen Bewegung* oder von den *Wurfgeschossen.*

Galilei: *Discorsi.* Dritter Tag. Deutsch von *Oettingen.*

Zitat 3.3–4
Wenn ich daher bemerke, daß ein aus der Ruhelage von bedeutender Höhe herabfallender Stein nach und nach neue Zuwüchse an Geschwindigkeit erlangt, warum soll ich nicht glauben, daß solche Zuwüchse in allereinfachster, jedermann plausibler Weise zustande kommen? Wenn wir genau aufmerken, werden wir keinen Zuwachs einfacher finden als denjenigen, der in immer gleicher Weise hinzutritt. Das erkennen wir leicht, wenn wir an die Verwandtschaft der Begriffe der Zeit und der Bewegung denken: Denn wie die Gleichförmigkeit der Bewegung durch die Gleichheit der Zeiten und Räume bestimmt und erfaßt wird (denn wir nannten diejenige Bewegung gleichförmig, bei der in gleichen Zeiten gleiche Strecken zurückgelegt wurden), so können wir durch ebensolche Gleichheit der Zeitteile die Geschwindigkeitszunahmen als einfach zustande gekommen erfassen: Mit dem Geiste erkennen wir diese Bewegung als einförmig und in gleichbleibender Weise stetig beschleunigt, da in irgendwelchen gleichen Zeiten gleiche Geschwindigkeitszunahmen sich addieren.

GALILEI: *Discorsi ...* Dritter Tag.
Deutsch von *A. von Oettingen.* 1891

Zitat 3.3–5

Auf einem Lineale oder, sagen wir, auf einem Holzbrette von 12 Ellen Länge, bei einer halben Elle Breite und drei Zoll Dicke, war auf dieser letzten schmalen Seite eine Rinne von etwas mehr als einem Zoll Breite eingegraben. Dieselbe war sehr gerade gezogen, und, um die Fläche recht glatt zu haben, war inwendig ein sehr glattes und reines Pergament aufgeklebt; in dieser Rinne ließ man eine sehr harte, völlig runde und glattpolierte Messingkugel laufen. Nach Aufstellung des Brettes wurde dasselbe einerseits gehoben, bald eine, bald zwei Ellen hoch; dann ließ man die Kugel durch den Kanal fallen und verzeichnete in sogleich zu beschreibender Weise die Fallzeit für die ganze Strecke: häufig wiederholten wir den einzelnen Versuch, zur genaueren Ermittelung der Zeit, und fanden gar keine Unterschiede, auch nicht einmal von einem Zehntel eines Pulsschlages. Darauf ließen wir die Kugel nur durch ein Viertel der Strecke laufen, und fanden stets genau die halbe Fallzeit gegen früher. Dann wählten wir andere Strecken, und verglichen die gemessene Fallzeit mit der zuletzt erhaltenen und mit denen von 2/3 oder 3/4 oder irgend anderen Bruchtheilen; bei wohl hundertfacher Wiederholung fanden wir stets, daß die Strecken sich verhielten wie die Quadrate der Zeiten: und dieses zwar für jedwede Neigung der Ebene, d. h. des Kanales, in dem die Kugel lief. Hierbei fanden wir außerdem, daß auch die bei verschiedenen Neigungen beobachteten Fallzeiten sich genau so zu einander verhielten, wie weiter unten unser Autor dasselbe andeutet und beweist. Zur Ausmessung der Zeit stellten wir einen Eimer voll Wasser auf, in dessen Boden ein enger Kanal angebracht war, durch den ein feiner Wasserstrahl sich ergoß, der mit einem kleinen Becher aufgefangen wurde, während einer jeden beobachteten Fallzeit: Das dieser Art aufgesammelte Wasser wurde auf einer sehr genauen Waage gewogen; aus den Differenzen der Wägungen erhielten wir die Verhältnisse der Gewichte und die Verhältnisse der Zeiten, und zwar mit solcher Genauigkeit, daß die zahlreichen Beobachtungen niemals merklich (di un notabile momento) voneinander abwichen.

GALILEI: *Discorsi...*

Abbildung 3.3–6

a) Das Versuchsprinzip: Die Kugel startet vom obersten Punkt der schiefen Ebene der Länge s_1 und gelangt in der Zeit t_1 zum Fußpunkt. Durchläuft sie nur das unterste Viertel der schiefen Ebene, dann benötigt sie die Hälfte der Zeit t_1

b) Galilei hat die Zeit über die ausgeflossene Wassermenge bestimmt

c) Wird die Steilheit der Ebene vergrößert, dann nähern wir uns dem freien Fall

d) Für die gleichmäßig beschleunigte Bewegung ist der zurückgelegte Weg zum Quadrat der Zeit proportional. Die in gleichen Zeitintervallen zurückgelegten aufeinanderfolgenden Wege verhalten sich zueinander wie die aufeinanderfolgenden ungeraden Zahlen

digkeit mit der Zeit multipliziert hat. Er hat so die folgende Gesetzmäßigkeit gefunden: Die vom frei fallenden Körper zu verschiedenen Zeiten zurückgelegten Wege verhalten sich zueinander wie die Quadrate der Zeiten, die zum Zurücklegen der Wege benötigt werden.

Verwenden wir unsere heutige Bezeichnungsweise, bleiben aber ansonsten GALILEIS Gedankengang treu, dann können wir die Aussagen wie folgt zusammenfassen:

Die Geschwindigkeit ist zur Zeit proportional, $v = at$. Startet der Körper mit der Geschwindigkeit Null, dann ist die mittlere Geschwindigkeit

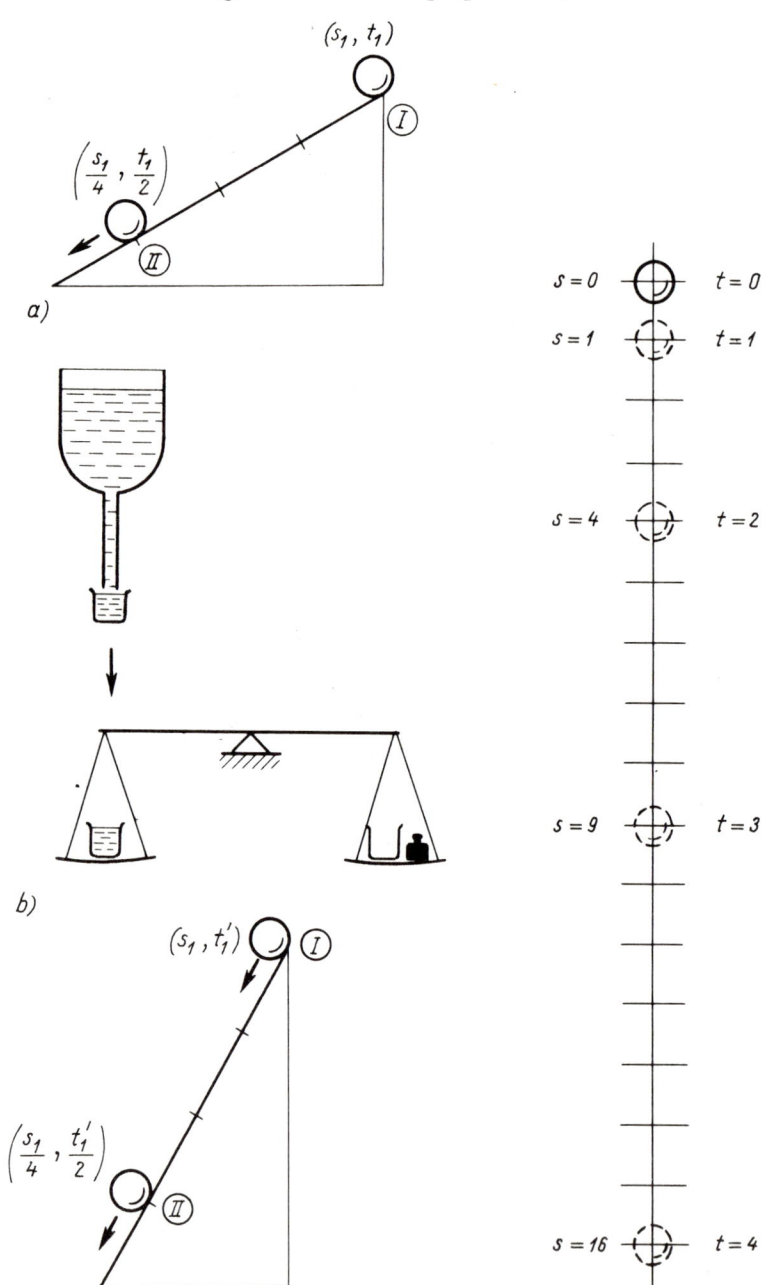

$$v_m = \frac{v}{2} = \frac{at}{2}.$$

Daraus folgt der zurückgelegte Weg zu

$$s = v_m t = \frac{at}{2} t = \frac{1}{2} a t^2,$$

und weiter ergibt sich sofort

$$\frac{s}{t^2} = \frac{a}{2} = \text{const.}$$

oder
$$\frac{s_1}{t_1^2} = \frac{s_2}{t_2^2} = \ldots$$

Dieses Ergebnis läßt sich bereits experimentell nachprüfen, da ja sowohl Weg als auch Zeit gemessen werden können und dann untersucht werden kann, ob für die zusammengehörigen Weg-Zeit-Paare die obige Relation erfüllt ist. Bei der unmittelbaren Durchführung der Messung am freien Fall wird man mit der besonderen Schwierigkeit konfrontiert, sehr kleine Zeiten messen zu müssen, um das Gesetz zu bestätigen. GALILEI hat diese Schwierigkeit überwunden, indem er sich einer schiefen Ebene mit kleinem Neigungswinkel bedient hat. Ohne den Charakter des zeitlichen Ablaufes der Erscheinung zu verändern, hat er auf diese Weise den freien Fall so verlangsamt, daß sich mit den zur Verfügung stehenden Instrumenten die Zeitmessung mit der notwendigen Genauigkeit ausführen ließ. GALILEI hat argumentiert, daß mit einer Vergrößerung des Neigungswinkels der schiefen Ebene, d. h. mit zunehmender Steilheit der Ebene, der freie Fall schließlich wieder erreicht wird.

Wir begegnen hier in der Geschichte der Mechanik bei der Beschreibung von Bewegungsabläufen zum ersten Mal einer detaillierten Schilderung eines Versuches sowie der Versuchsbedingungen, so wie wir es heute von einer wissenschaftlichen Veröffentlichung erwarten *(Zitat 3.3–5)*. Bemerkenswert ist, daß GALILEI zur Zeitmessung eine Sonderform der Wasseruhr *(Abbildungen 3.3–6a, b, c)* verwendet hat. Er hat in der Zeitspanne, die die Kugel zum Herablaufen der schiefen Ebene benötigt, Wasser durch eine dünne Röhre aus einem Behälter ausfließen lassen, die ausgelaufene Wassermenge mit Hilfe einer genauen Waage bestimmt und daraus auf die Laufzeit geschlossen. Auf diese Weise ist es ihm tatsächlich gelungen, den Nachweis zu erbringen, daß die Quotienten aus den zurückgelegten Wegen und den Quadraten der Laufzeiten für eine gegebene schiefe Ebene konstant sind.

GALILEI konnte auch für die zurückgelegten Wege in aufeinanderfolgenden gleichen Zeitintervallen eine einfache Beziehung angeben. Er hat gefunden, daß diese Weglängen sich so zueinander verhalten wie die (aufeinanderfolgenden) ungeraden ganzen Zahlen.

Bezeichnen wir nämlich die Länge des gewählten Zeitintervalls mit t_0, dann ist der zurückgelegte Weg nach n Zeitintervallen vom Beginn der Bewegung an gleich

$$s_n = \frac{1}{2} a(nt_0)^2,$$

nach $(n-1)$ Zeitintervallen jedoch

$$s_{n-1} = \frac{1}{2} a(n-1)^2 t_0^2.$$

Daraus folgt die Differenz beider Wege zu

$$\Delta s_n = s_n - s_{n-1} = \frac{1}{2} a t_0^2 [n^2 - (n-1)^2] = \frac{1}{2} a t_0^2 (2n-1),$$

und für die aufeinanderfolgenden Wege ergibt sich tatsächlich

$$\Delta s_1 = \frac{1}{2} a t_0^2; \quad \Delta s_2 = \frac{1}{2} a t_0^2 \cdot 3; \quad \Delta s_3 = \frac{1}{2} a t_0^2 \cdot 5; \ldots$$

oder

$$\Delta s_1 : \Delta s_2 : \Delta s_3 \ldots = 1 : 3 : 5 \ldots$$

Wir wollen nun zusammenfassend darstellen, welchen Anteil das Experiment bzw. die theoretische Überlegung an GALILEIS Methode hat.

GALILEI beginnt zunächst mit der Erklärung der verwendeten Begriffe; im betrachteten Fall präzisiert er den Begriff der gleichförmig beschleunigten Bewegung.

Danach formuliert GALILEI eine Hypothese hinsichtlich des zu erwartenden Bewegungsablaufes.

Aus dieser Hypothese leitet er dann auf mathematischem Wege Zusammenhänge her, die sich experimentell nachprüfen lassen.

Zitat 3.3–6
Salviati: Es scheint mir nicht günstig, jetzt zu untersuchen, welches die Ursache der Beschleunigung der natürlichen Bewegung sei, worüber von verschiedenen Philosophen verschiedene Meinungen vorgeführt worden sind: Einige führen sie auf die Annäherung an das Zentrum zurück, andere darauf, daß immer weniger Teile des Körpers auseinander gehen wollen; wieder andere auf eine gewisse Vertreibung des umgebenden Mittels, welches hinter dem fallenden Körper sich wieder schließt und den Körper antreibt und von Stelle zu Stelle verjagt; alle diese Vorstellungen und noch andere müssen geprüft werden und man wird wenig Gewinn haben. Für jetzt verlangt unser Autor nicht mehr, als daß wir einsehen, wie er uns einige Eigenschaften der beschleunigten Bewegung untersucht und erläutert (ohne Rücksicht auf die Ursachen der letzteren), so daß die Momente seiner Geschwindigkeit vom Anfangszustande der Ruhe aus stets anwachsen jenem einfachsten Gesetze gemäß, der Proportionalität mit der Zeit, d. h. so, daß in gleichen Zeiten gleiche Geschwindigkeitsanwüchse stattfinden...

Sagredo: Soviel ich gegenwärtig verstehe, hätte man vielleicht deutlicher, ohne den Grundgedanken zu ändern, so definieren können: Einförmig beschleunigte Bewegung ist eine solche, bei welcher die Geschwindigkeit wächst proportional der zurückgelegten Strecke;

Salviati: Es ist mir recht tröstlich, in diesem Irrtum einen solchen Genossen gehabt zu haben; überdies will ich Euch sagen, daß Eure Überlegung so wahrscheinlich zu sein scheint, daß selbst unser Autor eine Zeitlang, wie er mir selbst gesagt hat, in demselben Irrtum befangen war.

Simplicio: Wahrlich, auch ich würde jenen Annahmen beipflichten; der fallende Körper erlangt im Falle seine Kräfte, indem die Geschwindigkeit proportional der Fallstrecke anwächst, und das Moment des Stoßes ist doppelt so groß, wenn die Fallhöhe die doppelte: Diesen Sätzen kann man ohne Widerstreben beipflichten.

Salviati: Und dennoch sind sie dermaßen falsch und unmöglich, wie wenn jede Bewegung instantan wäre. Folgendes ist die allerdeutlichste Erläuterung. Wenn die Geschwindigkeiten proportional den Fallstrecken wären, die zurückgelegt worden sind oder zurückgelegt werden sollen, so werden solche Strecken in gleichen Zeiten zurückgelegt; wenn also die Geschwindigkeit mit welcher der Körper vier Ellen überwand, das doppelte der Geschwindigkeit sein solle, mit welcher die zwei ersten Ellen zurückgelegt wurden, so müßten die zu diesen Vorgängen nötigen Zeiten einander ganz gleich sein; aber eine Überwindung von vier Ellen in derselben Zeit wie eine von zwei Ellen kann nur zustande kommen, wenn es eine instantane Bewegung gibt; wir sehen dagegen, daß der Körper Zeit zum Fallen gebrauchte, und zwar weniger für zwei als für vier Ellen Fallstrecke; also ist es falsch, daß die Geschwindigkeiten proportional der Fallstrecke wachsen.

Sagredo: Unser Gespräch wieder aufnehmend, will mir scheinen, daß wir bis jetzt die Definition der gleichförmig beschleunigten Bewegung festgestellt haben, auf welche die folgenden Untersuchungen sich beziehen, nämlich:

Die gleichförmig oder einförmig beschleunigte Bewegung ist eine solche, bei welcher in gleichen Zeiten gleiche Geschwindigkeitsmomente hinzukommen.

Salviati: Nach Feststellung dieser Definition stellt unser Autor eine Voraussetzung als wahr auf, nämlich:

Die Geschwindigkeitswerte, welche ein und derselbe Körper bei verschiedenen Neigungen einer Ebene erlangt, sind einander gleich, wenn die Höhen dieser Ebenen einander gleich sind.

Sagredo: Wahrlich, diese Annahme scheint mir dermaßen wahrscheinlich, daß sie ohne Kontroverse zugestanden werden müßte, vorausgesetzt immer, daß alle zufälligen und äußeren Störungen fortgeräumt seien, und daß die Ebenen durchaus fest und glatt seien und der Körper von vollkommenster Rundung sei, kurz Körper und Ebene frei von jeder Rauhigkeit seien.

Salviati: Ihr findet das sehr wahrscheinlich; allein über die Wahrscheinlichkeit hinaus will ich Euch so sehr die Argumente vermehren, daß Ihr es fast für einen zwingenden Beweis anerkennen sollt. Es stelle dieses Blatt eine auf der Horizontalebene errichtete Wand dar, und an einem in derselben befestigten Nagel hänge eine Kugel aus Blei von 1 oder 2 Unzen Gewicht, befestigt an einem dünnen Faden AB von 2 oder 3 Ellen Länge...

GALILEI: *Discorsi...*

Schließlich überprüft GALILEI auf experimentellem Wege die theoretischen Voraussagen.

Untersuchen wir nun die einzelnen Schritte ein wenig ausführlicher. Wir stellen sofort fest, daß *nicht experimentelle Ergebnisse als unmittelbarer Ausgangspunkt der Betrachtungen gedient haben.* Betrachten wir aber als Ausgangspunkt im weiteren Sinne die alltägliche Erfahrung, so finden wir, daß wir nur unklare Vorstellungen über den Verlauf des freien Falles haben: Wir spüren, daß die Geschwindigkeit des frei fallenden Körpers monoton zunimmt. Den entscheidenden Punkt sollten wir deshalb doch wohl eher darin sehen, daß GALILEI überhaupt eine konkrete Naturerscheinung untersucht hat, wobei bei ihm der erste Schritt der wissenschaftlichen Behandlung bei *Begriffsbildung und Hypothese* gelegen hat. Die Feststellung aber, daß GALILEI sich primär nicht auf das Experiment gestützt hat, bedeutet keineswegs ein negatives Urteil, denn heute ist die Meinung ziemlich weit verbreitet, daß das unverzichtbare Zusammenspiel von Theorie und Experiment gerade in der von GALILEI verwendeten Form den größten Erfolg verspricht.

Betrachten wir nun, wie weit sich GALILEIS Leitgedanke, als einfachst möglichen Ausgangspunkt eine Proportionalität der Geschwindigkeitsänderung mit der Zeit vorauszusetzen, als richtig herausgestellt hat. Wie wir oben schon erwähnt haben, bietet sich auch der Ansatz einer zum Weg proportionalen Geschwindigkeitsänderung an, der von GALILEI aber als *logisch unhaltbar* abgelehnt worden ist *(Zitat 3.3–6).* Eine historische Merkwürdigkeit ist, daß GALILEI selbst – wie aus seinen Briefen und aus dem zitierten Abschnitt der *Discorsi* hervorgeht – diesen zweiten Ansatz zunächst auch als den einfacheren angesehen und als Ausgangspunkt seiner Überlegungen gewählt hatte. Bemerkenswert ist weiter, daß GALILEI mit der fehlerhaften Annahme, daß die Geschwindigkeit beim freien Fall proportional zum zurückgelegten Weg anwächst, auch zum richtigen Zusammenhang zwischen Weg und Zeit gekommen ist. Der zugrundeliegende Gedankengang ist natürlich fehlerhaft, da man mit einer falschen Prämisse zum richtigen Endergebnis nur mit einer fehlerhaften Logik gelangen kann.

Im übrigen folgt aus der Tatsache der Existenz von Bewegungsabläufen mit einer zum zurückgelegten Weg proportionalen Geschwindigkeit, daß eine solche Grundannahme keinen logischen Widerspruch beinhaltet, obwohl allerdings beim freien Fall die Annahme nicht erfüllt ist.

Der Zusammenhang $v = \alpha s$ kann nämlich als

$$\frac{ds}{dt} = \alpha s \qquad (1)$$

geschrieben werden, und die Lösung dieser Differentialgleichung ergibt sich sofort zu

$$s = s_0 e^{\alpha t}.$$

Wir können heute auch sagen, unter welchen Umständen eine solche Bewegung zustande kommen kann. Differenzieren wir nämlich Gleichung (1) noch einmal nach der Zeit, dann erhalten wir den Zusammenhang

$$\frac{d^2s}{dt^2} = \alpha \frac{ds}{dt}; \quad \frac{d^2s}{dt^2} = \alpha v.$$

Diese Beziehung kann auch als Bewegungsgleichung interpretiert werden; auf der linken Seite steht die Beschleunigung (die wir uns mit der Einheitsmasse multipliziert denken), und auf der rechten Seite steht die Kraft. Eine zur Geschwindigkeit proportionale Kraft wird in guter Näherung durch die Reibungskraft bei der nicht allzu schnellen Bewegung von Körpern in Gasen und Flüssigkeiten (Luft) realisiert. Die Konstante α muß in diesem Falle negativ sein, d. h. $\alpha = -|\alpha|$. Beim Fehlen anderer Kräfte außer der Reibungskraft erhalten wir eine Bewegung nur dann, wenn dem Körper eine Anfangsgeschwindigkeit erteilt wird. In diesem Falle nimmt die Geschwindigkeit, ausgehend vom Anfangswert bis zum Wert Null, gemäß

$$v = \frac{ds}{dt} = -s_0|\alpha|e^{-|\alpha|t}$$

ab, wobei der zurückgelegte Weg sich aus $s = s_0 e^{-|\alpha|t}$ ergibt. Wir sehen hier wieder, daß Geschwindigkeit und Weg tatsächlich zueinander proportional sind *(Abbildung 3.3–7).*

Mit Recht kann hier das Gegenargument vorgebracht werden, daß s nicht der vom Beginn der Bewegung an zurückgelegte Weg ist. Rechnen wir aber die Zeit von $t = -\infty$ an und verwenden eine proportional mit der Geschwindigkeit anwachsende Kraft, dann wird dieser Einwand hinfällig.

Weiter kann auch die Berechtigung der kühnen Extrapolation in Frage gestellt werden, mit deren Hilfe GALILEI von seinen auf einer schiefen Ebene mit einem Neigungswinkel von 10–15° gewonnenen Ergebnissen auf den senkrechten freien Fall, d. h. auf den Bewegungsablauf auf einer Ebene mit einem Neigungswinkel von 90°, geschlossen hat. Auf einer Ebene mit einem

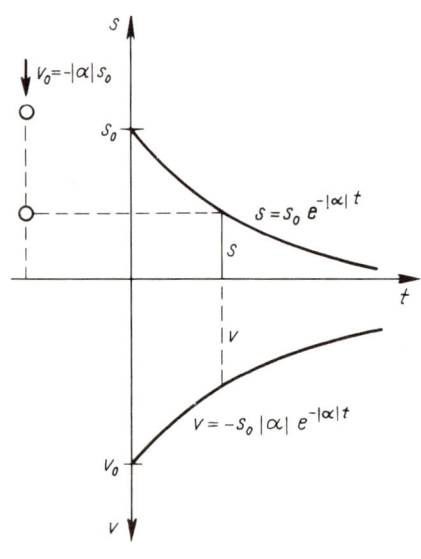

Abbildung 3.3–7
Die Bewegung mit einer zum Weg proportionalen Geschwindigkeit ist – im Gegensatz zur Behauptung *Galileis* – ebenfalls möglich

kleinen Neigungswinkel rollen die Kugeln nämlich, während sie bei zunehmender Steilheit der Ebene schließlich anfangen zu gleiten, und es ist offensichtlich, daß bei einer senkrechten Ebene die Drehbewegung nicht mehr auftritt. Wir können nicht ausschließen, daß dieser Umstand den Charakter der Bewegung entscheidend beeinflussen könnte.

Gehen wir von unserem heutigen Erkenntnisstand aus, so stellen wir fest, daß die Art der Bewegung – Rollen oder Gleiten – die Zahlenwerte zwar beeinflußt, *den Charakter* des Gesetzes und insbesondere das gleichmäßige Anwachsen der Geschwindigkeit aber *unverändert läßt*. Folglich ist die von GALILEI für den freien Fall benutzte Extrapolation auch nach unseren heutigen Kenntnissen statthaft. Für die Beschleunigung hätte er jedoch einen unzutreffenden Zahlenwert erhalten, und tatsächlich ergibt sich aus seinen erhalten gebliebenen Aufzeichnungen eine große Abweichung (5 m/s^2) der Erdbeschleunigung vom richtigen Wert, die nur schwer mit der sorgfältigen Ausführung der Messungen in Einklang zu bringen ist. Diese Abweichung kann vielleicht eher damit erklärt werden, daß GALILEI dem Zahlenwert der Beschleunigung, den wir heute als grundlegende Größe ansehen, keine Aufmerksamkeit geschenkt und dieses Problem als nebensächlich angesehen hat.

Wenden wir auf den Fall eines rollenden Körpers (einer Kugel, eines Zylinders, eines Ringes) das Energieprinzip

$$mgh = \frac{1}{2}mv^2 + \frac{1}{2}I\omega^2$$

an, was natürlich einen Anachronismus darstellt.

Hier bedeuten h die Fallhöhe, v die Geschwindigkeit, ω die Winkelgeschwindigkeit ($v = r\omega$) und I das Trägheitsmoment. Da $I = (1/2)mr^2$ für einen (homogenen) Zylinder, mr^2 für einen dünnwandigen Zylinder und $(2/3)mr^2$ für die Kugel ist, erhalten wir aus der Energiegleichung

$$v^2 = \frac{2gh}{1+\kappa},$$

d. h., wir haben mit einer Beschleunigung $g/(1+k) = 2g/3$ [bzw. $g/2$ und $(5/7)g$] für den Zylinder (bzw. den Ring und die Kugel) zu rechnen. Bei dem Übergang vom Rollen zum Gleiten werden natürlich die Verhältnisse komplizierter.

GALILEI hat im weiteren noch einige sehr schöne Sätze zur Bewegung auf einer Ebene bewiesen, die als Beispiele im Physikunterricht an den Oberschulen verwendet werden können. So hat er zum Beispiel ausgesagt, daß Kugeln unterschiedlich geneigte Strecken, die nach *Abbildung 3.3–8* in einen Kreis hineingestellt sind, in der gleichen Zeit bis zum Fußpunkt durchlaufen, wenn sie ihre Bewegung am obersten Punkt der jeweiligen Strecke beginnen.

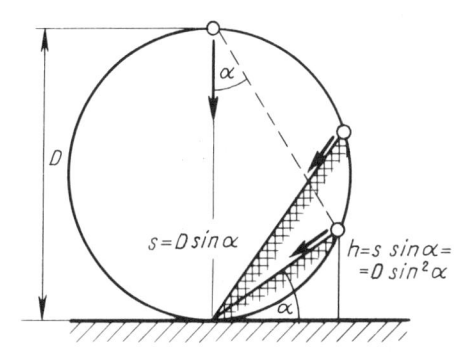

Abbildung 3.3–8
Liegen die oberen Endpunkte von schiefen Ebenen mit demselben Fußpunkt auf einem Kreis, dann ist für alle Ebenen die Laufzeit der Kugeln gleich

Dieser Satz kann unter Verwendung der heute in der Oberschule vermittelten Kenntnisse wie folgt eingesehen werden:

Zwischen dem auf der Geraden (Ebene) mit dem Neigungswinkel α zurückgelegten Weg und der Zeit besteht der Zusammenhang

$$s = \frac{1}{2} g \sin \alpha \, t^2,$$

wobei g die Schwerebeschleunigung ist [beim reibungslosen Gleiten; beim Rollen ist natürlich $g/(1+\kappa)$ zu setzen]. Daraus folgt die Laufzeit

$$t = \sqrt{\frac{2s}{g \sin \alpha}}.$$

Aus der Abbildung ergibt sich die Länge der Strecke zu $s = D \sin \alpha$, und man erhält somit

$$t = \sqrt{\frac{2D \sin \alpha}{g \sin \alpha}} = \sqrt{\frac{2D}{g}}.$$

Wir sehen, daß die Kugel auf jeder beliebigen Strecke die gleiche Zeit benötigt, um vom obersten Punkt zum Fußpunkt zu gelangen, und daß sie in dieser Zeit im freien Fall eine Strecke von der Länge des Kreisdurchmessers zurücklegen würde.

GALILEI hat zum Beweis des Satzes einen anderen Satz verwendet, der in der weiteren Geschichte der Mechanik noch eine wichtige Rolle spielen sollte. Er hat nämlich als Ausgangshypothese angenommen, daß die Geschwindigkeit des Körpers am Fußpunkt der Strecke nur von der Höhe des Startpunktes abhängt. Diesen Satz hat er mit Hilfe eines Pendels *(Abbildung 3.3–9)* veranschaulicht. Zum Beweis hat er das Pendel um einen bestimmten Winkel ausgelenkt, in den Weg des Fadens dann an verschiedenen Stellen ein Hindernis gebracht und somit während des Pendelvorganges

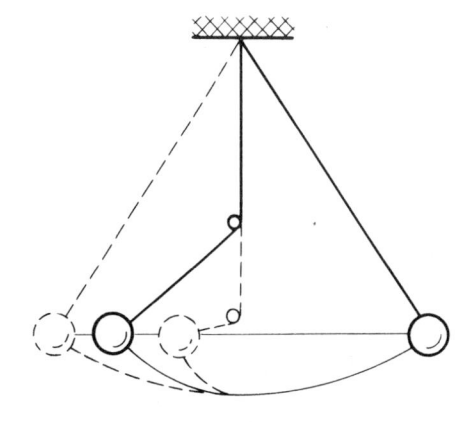

Abbildung 3.3–9
Galilei hat mit einem derartigen Versuch die Ausgangshypothese gestützt, daß die Geschwindigkeit der auf der Ebene abrollenden Kugel nur von der Höhe des Startpunktes abhängt

effektiv die Pendellänge geändert. Er hat gefunden, daß die Steighöhe des Pendelkörpers in allen Fällen mit der Höhe übereinstimmt, von der aus der Körper gestartet ist. Diese Beobachtung liefert bereits einen Nachweis des Energieerhaltungssatzes in seiner einfachsten Form, denn hier wird gezeigt, daß kinetische und potentielle Energie ineinander umgeformt werden können. Für den freien Fall läßt sich aber ein Zusammenhang zwischen Fallhöhe und Geschwindigkeit leicht herleiten: Die Fallhöhe ist zum Quadrat der Zeit proportional, die Geschwindigkeit aber ist zur Zeit proportional, und folglich ist die Fallhöhe proportional zum Quadrat der Geschwindigkeit.

GALILEIS Beweisführung baut darauf auf, daß die Länge einer im Kreis angeordneten Strecke bei einer Vergrößerung des Neigungswinkels genausoviel zunimmt wie die mittlere Geschwindigkeit eines Körpers bei dem Herabgleiten auf dieser Strecke, weil auch die Höhe des Gipfelpunktes im entsprechenden Verhältnis anwächst.

In der heute üblichen Schreibweise kann GALILEIS Gedankengang wie folgt dargestellt werden: Die Laufzeit des Körpers ist

$$t = \frac{s}{v_m},$$

und für die mittlere Geschwindigkeit gilt

$$v_m \sim \sqrt{h}.$$

Weiter haben wir

$$s = D \sin \alpha; \quad h = s \sin \alpha = D \sin^2 \alpha,$$

so daß sich

$$t = \frac{s}{v_m} \sim \frac{D \sin \alpha}{\sqrt{D \sin^2 \alpha}} = \sqrt{D}$$

ergibt. Daraus folgt tatsächlich, daß die Laufzeit der Körper auf allen Strecken die gleiche ist. Wir finden weiter, daß diese Zeit proportional zur Wurzel aus dem Durchmesser des Kreises oder auch proportional zur Wurzel aus dem Radius ist.

Auch eine weitere Feststellung GALILEIS ist richtig, wonach die Laufzeit eines Körpers entlang eines Streckenzuges aus zwei Strecken (siehe *Abbildung 3.3–10*) kleiner ist als die Laufzeit auf einer Strecke, die dieselben Punkte verbindet. Anschaulich läßt sich diese Aussage so begründen, daß das Maß der Vergrößerung der mittleren Geschwindigkeit auf dem Streckenzug bedeutender ist als das der Verlängerung des zurückzulegenden Weges. Die größere Durchschnittsgeschwindigkeit auf dem Streckenzug ergibt sich aus der größeren Beschleunigung auf der ersten steileren Teilstrecke des Streckenzuges, was dazu führt, daß der Körper in einer kürzeren Zeit eine größere Geschwindigkeit erreicht. Die Laufzeit können wir noch weiter herabsetzen, wenn wir statt zweier Strecken einen Polygonzug mit einer größeren Zahl von Seiten betrachten. GALILEI ist auf diesem Wege zur richtigen Schlußfolgerung gekommen, daß der Körper den tiefsten Punkt des Kreises am schnellsten dann erreicht, wenn er auf dem Kreis selbst entlangläuft.

Ausgehend von den obigen Erwägungen, teilt GALILEI noch zwei weitere Sätze mit, die zwar nicht stichhaltig sind, mit ihrer Problemstellung aber weitere Diskussionen befruchtet haben. Der erste Satz stellt eine unrichtige Verallgemeinerung des oben angegebenen Satzes dar: Verbinden wir zwei nicht in gleicher Höhe liegende Punkte durch beliebige Kurven, dann ist der Kreisbogen dadurch ausgezeichnet, daß ein Körper auf ihm am schnellsten vom oberen Punkt zum unteren gelangt. Der oben diskutierte Satz hat die Minimaleigenschaften des Kreisbogens in bezug auf beliebige einbeschriebene Polygonzüge zum Inhalt, und im Vergleich zu den Polygonbahnen ist die Laufzeit eines Körpers entlang der Kreisbahn tatsächlich minimal. Werden aber auch andere beliebige Kurven zum Vergleich zugelassen, dann finden wir darunter auch solche, entlang derer ein Körper eine noch geringere Laufzeit als auf der Kreisbahn hat. GALILEI hat jedoch mit seinem falschen Satz die Aufmerksamkeit der wissenschaftlichen Welt auf das Problem der Brachistochrone, d. h. der Kurve mit der kürzesten Laufzeit, gelenkt.

Zum zweiten hat GALILEI irrtümlich angenommen, daß die von verschiedenen Punkten des Kreises aus startenden Körper bei einer Bewegung längs des Kreisbogens alle die gleiche Zeit benötigen, um den tiefsten Punkt des Kreises zu erreichen. Das Auffinden der Kurve, die tatsächlich diese Eigenschaft hat, ist der folgenden Generation vorbehalten gewesen. Wenn wir diesen Satz auf die Bewegung eines Pendels anwenden, dann können wir

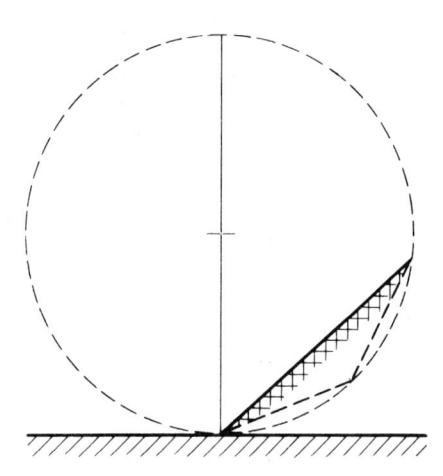

Abbildung 3.3–10
Galilei hat richtig festgestellt, daß die Kugel bei einer Bewegung längs des Kreisumfanges eher in den Fußpunkt gelangt, als bei einer Bewegung längs eines Polygonzuges aus einer bestimmten Zahl schiefer Ebenen, die auf dem Kreisumfang aufliegen

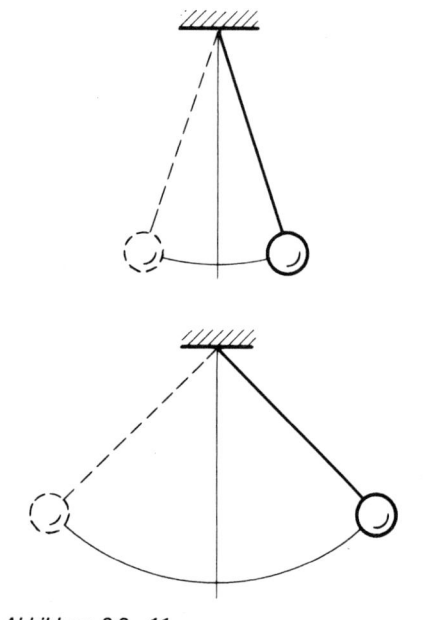

Abbildung 3.3–11
Die Schwingungsdauer eines mathematischen Pendels, das durch einen an einem masselosen Faden aufgehängten (punktförmigen) Körper gebildet wird, ist unabhängig von der Masse des Körpers, *hängt jedoch* von der Maximalauslenkung ab. Galilei hat diese Abhängigkeit nicht erkannt und von der bei kleinen Auslenkungen zu beobachtenden Konstanz der Schwingungsdauer fälschlich auf beliebige Auslenkungen extrapoliert

feststellen, daß GALILEI irrtümlich geglaubt hat, daß die Schwingungsdauer des Pendels auch bei beliebigen Amplituden konstant ist.

GALILEIS unvergängliches Verdienst ist es, daß er die Unabhängigkeit der Periodendauer eines Pendels vom Gewicht des Pendelkörpers und von seiner materiellen Beschaffenheit festgestellt hat. Bei kleinen Amplituden ist die Schwingungsdauer sogar unabhängig von der Amplitude *(Abbildung 3.3 – 11)*; diese Aussage ist jedoch nicht mehr richtig für große Amplituden.

Heute wird die Bewegung des mathematischen Pendels wie folgt beschrieben: Seine Bewegungsgleichung ist

$$ml\frac{d^2\alpha}{dt^2} = -mg\sin\alpha,$$

wobei wir für kleine Winkel

$$\sin\alpha \approx \alpha$$

setzen können. Wir erhalten dann

$$\frac{d^2\alpha}{dt^2} = -\frac{g}{l}\alpha$$

mit der Lösung

$$\alpha = \alpha_0 \sin\sqrt{\frac{g}{l}}\,t; \quad T = \frac{2\pi}{\omega} = 2\pi\sqrt{\frac{l}{g}}.$$

Wir sehen, daß die Schwingungsdauer konstant und proportional zur Wurzel aus der Pendellänge ist. Für beliebige Amplituden ergibt sich eine Lösung der Schwingungsdifferentialgleichung in Form eines elliptischen Integrals.

Führen wir nämlich statt α eine neue Veränderliche ψ mit der Definition

$$\sin\frac{\alpha}{2} = \sin\frac{\alpha_0}{2}\sin\psi = k\sin\psi$$

ein — wo α_0 den beliebig großen Anfangswinkel bedeutet (die Geschwindigkeit soll also hier Null sein) —, dann erhalten wir für die Schwingungszeit T in Abhängigkeit von dem für den Anfangswinkel charakteristischen Parameter k den folgenden Ausdruck

$$T = 4\sqrt{\frac{l}{g}}\int_0^{\pi/2}\frac{d\psi}{\sqrt{1-k^2\sin^2\psi}} = 2\pi\sqrt{\frac{l}{g}}\left(1 + \left(\frac{1}{2}\right)^2 k^2 + \left(\frac{1\cdot 3}{2\cdot 4}\right)^2 k^4 + \ldots\right).$$

Das hier vorkommende Integral wird als *vollständiges elliptisches Integral erster Gattung* bezeichnet.

Eine weitere bedeutende Leistung GALILEIS besteht in der Erkenntnis, daß ein geworfener Körper eine parabelförmige Bahn durchläuft. Zum Beweis dieser Behauptung hat GALILEI das Prinzip von der Unabhängigkeit der Bewegungen herangezogen. Ein Körper soll nach *Abbildung 3.3 – 12* eine waagerechte Platte mit einer bestimmten Geschwindigkeit verlassen. Die nach dem Verlassen der Platte ausgeführte Bewegung kann als Resultierende zweier voneinander unabhängiger Bewegungen angesehen werden. Der Körper bewegt sich weiter in waagerechter Richtung mit konstanter Geschwindigkeit; gleichzeitig beginnt er aber in senkrechter Richtung frei zu fallen. Aus beiden Bewegungen läßt sich die resultierende Bahnkurve konstruieren, wobei man eine Parabelbahn erhält.

Nach unseren heutigen Kenntnissen läßt sich dieser Bewegungsablauf wie folgt beschreiben: Ein Körper beginnt seine Bewegung in waagerechter Richtung mit der Geschwindigkeit v_0, und nach der Zeit t hat er den Weg

$$x = v_0 t$$

in dieser Richtung zurückgelegt. In senkrechter Richtung aber legt der Körper in der Zeit t den Weg

$$y = \frac{1}{2}gt^2$$

zurück. Unter Verwendung der ersten Gleichung können wir die Zeit als Funktion der x-Koordinate darstellen, $t = x/v_0$, und erhalten schließlich nach Einsetzen in die zweite Gleichung

$$y = \frac{1}{2}\frac{g}{v_0^2}x^2.$$

Diese Gleichung beschreibt im x-y-Koordinatensystem eine Parabel. GALILEI hat natürlich noch nicht mit einer Koordinatendarstellung gearbeitet und konnte deshalb nur auf wesentlich umständlicherem Wege die Parabelform der Bahn nachweisen.

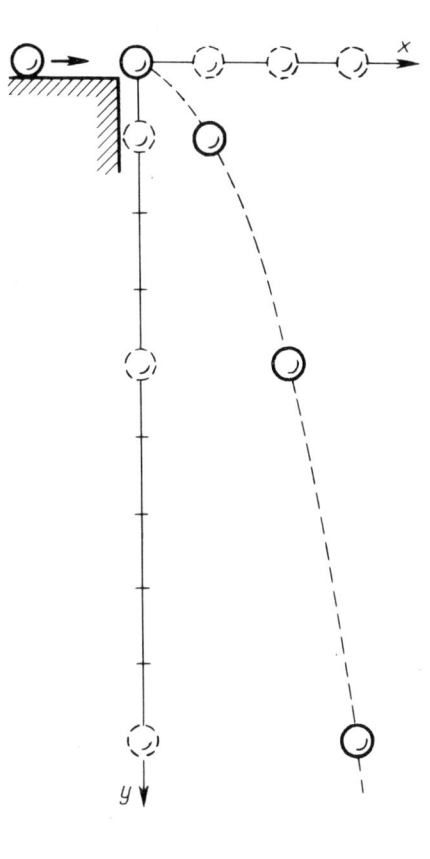

Abbildung 3.3 – 12
Der Körper führt auf einer Wurfbahn zwei voneinander unabhängige Bewegungen aus: er bewegt sich gleichförmig in waagerechter Richtung und fällt beschleunigt in lotrechter Richtung. Das Resultat ist eine parabelförmige Bahnkurve

3.3.3 Galileis Größe

Wenn wir nun GALILEIS Leistungen würdigen wollen, dann müssen wir zunächst festhalten, daß er die *Kinematik* des freien Falles bzw. der Bewegung auf einer schiefen Ebene untersucht und dabei die Bewegungsabläufe beschrieben hat, ohne sie mit der Ursache – der wirkenden Kraft – in Verbindung zu bringen. So kann GALILEI keinesfalls als Pionier der *Dynamik* angesehen werden, der die Bewegungsabläufe durch eine Kraftwirkung erklärt hätte. Er hat sogar bewußt seine Untersuchungen auf die mathematische Beschreibung der Erscheinungen beschränkt und nicht beabsichtigt, nach den wirkenden Ursachen zu suchen (Zitat 3.3–6). Wo GALILEI aber tatsächlich versucht, den Ablauf der Bewegung mit der Kraft in Zusammenhang zu bringen, da verfährt er selbst in seinen reiferen Lebensjahren noch gewöhnlich im aristotelischen Sinne. So hat er zum Beispiel auch eine dynamische Ableitung des oben besprochenen Satzes angegeben, nach dem die Körper zum Durchlaufen verschiedener in einem Kreis mit gemeinsamem Fußpunkt angeordneter Strecken die gleiche Zeit benötigen. Seine Beweisführung geht davon aus, daß die Hangabtriebskraft längs der Strecke sich so zu der in senkrechter Richtung wirkenden Kraft verhält wie die Höhe zur Länge der Strecke. Dieser Zusammenhang war bereits JORDANUS NEMORARIUS bekannt. Wenn wir jetzt die (völlig falsche) aristotelische These heranziehen, daß die Geschwindigkeit zur wirkenden Kraft proportional ist, wobei wir unter Geschwindigkeit die mittlere Geschwindigkeit verstehen wollen, dann finden wir, daß mit zunehmender Länge der Strecke die wirkende Kraft und folglich auch die zu ihr proportionale Geschwindigkeit anwachsen, wobei das Verhältnis der Länge zur Geschwindigkeit konstant ist. Das heißt aber, daß die Laufzeit des Körpers von der Länge der Strecke unabhängig ist.

Wir wollen nun GALILEIS Gedankengang unter Verwendung der *Abbildung 3.3–13* etwas ausführlicher darstellen.

Die längs der Strecke (schiefen Ebene) OB wirkende Hangabtriebskraft ist

$$F_{OB} = G \frac{BC}{OB} = (G \sin \alpha).$$

Wegen der Ähnlichkeit der Dreiecke OAB und OBC gilt

$$\frac{BC}{OB} = \frac{OB}{OA} (= \sin \alpha),$$

woraus

$$F_{OB} = G \frac{OB}{OA}$$

oder

$$\frac{F_{OB}}{G} = \frac{OB}{OA}; \quad \frac{F_{OB}}{F_{OA}} = \frac{OB}{OA}$$

folgt. Wenn wir jetzt die Geschwindigkeit proportional zur wirkenden Kraft setzen, folgt weiter

$$\frac{F_{OB}}{F_{OA}} = \frac{OB}{OA} = \frac{v_{OB}}{v_{OA}}$$

oder

$$\frac{OB}{v_{OB}} = \frac{OA}{v_{OA}}.$$

Aus dieser Beziehung ergibt sich, daß Körper zum Durchlaufen von Strecken OB mit beliebigem Neigungswinkel die gleiche Zeit benötigen wie für den freien Fall entlang des Durchmessers OA.

Es ergibt sich hier natürlich die Frage, wie GALILEI mit der unrichtigen aristotelischen These zu einem zweifelsohne richtigen Ergebnis kommen konnte. Das richtige Ergebnis folgt hier zufällig aus der besonderen Form der Aufgabe. Entsprechend unseren heutigen Kenntnissen erhalten wir aus der Bewegungsgleichung unter Beachtung der Tatsache, daß wir es mit einer gleichmäßig beschleunigten Bewegung zu tun haben,

$$F = m \frac{dv}{dt} = m \frac{v}{t} = m \frac{2v_m}{t}$$

und weiter

$$Ft = 2mv_m \text{ oder } Ft \sim v_m.$$

Wir sehen, daß *das Produkt aus Kraft und Zeit* proportional zur mittleren Geschwindigkeit ist. Bei dem oben diskutierten Problem sind die Laufzeiten für alle Strecken *gleich*, und folglich ist hier tatsächlich (zufällig) die mittlere Geschwindigkeit zur längs der Strecke wirkenden Kraft proportional, so daß GALILEI auch unter Verwendung einer falschen Annahme zum richtigen Ergebnis kommen konnte.

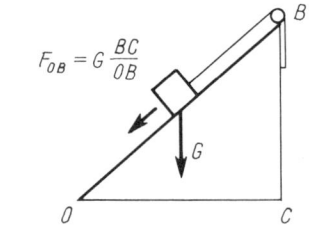

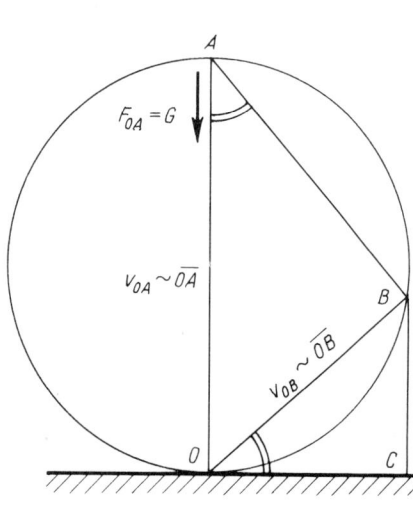

Abbildung 3.3–13
Zu der von *Galilei* gegebenen (falschen) dynamischen Begründung der Aussage, daß alle vom Fußpunkt des Kreises zum Kreisumfang führenden schiefen Ebenen in der gleichen Zeit durchlaufen werden

Es ist natürlich keineswegs verwunderlich, daß in den früheren Arbeiten GALILEIS der Einfluß von ARISTOTELES noch vorherrschend ist. Wir kennen auch das Physiklehrbuch, das aus der Feder von GALILEIS Lehrer stammt, und müssen feststellen, daß GALILEI an der Universität nicht einmal die für seine Zeit neuesten Erkenntnisse der Physik kennengelernt hat. Die Größe des Einflusses der aristotelischen Bewegungslehre kann wohl am besten daran ermessen werden, daß selbst ein so bedeutender Gelehrter wie GALILEI sich bis zum Ende seines Lebens nicht völlig aus dem Bannkreis des ARISTOTELES lösen konnte. Über GALILEIS Glauben an die Kreisbewegung als die naturgegebene Bewegung der Körper haben wir ja bereits gesprochen.

GALILEI ist mit seinen Untersuchungen der Bewegung der schiefen Ebene den Trägheitsgesetzen der Newtonschen Mechanik, nach denen die Kraft *zur Veränderung* und nicht *zur Aufrechterhaltung* des Bewegungszustandes benötigt wird, sehr nahe gekommen. So hat er behauptet, daß ein Körper auf einer glatten waagerechten Fläche seinen Bewegungszustand beliebig lange beibehalten würde, wenn wir von jeglicher Reibung absehen könnten *(Zitat 3.3−7)*. GALILEI versteht aber hier unter dem Bewegungszustand nicht die geradlinige Bewegung, sondern die Bewegung auf einer Kreisbahn *(Abbildung 3.3−14)*. Eine beliebig lang andauernde Bewegung auf einer geradlinigen Bahn ist für GALILEI unmöglich gewesen, weil er sich die Welt als geschlossen und endlich vorgestellt hat.

Der Bewegung auf einer Kreisbahn begegnen wir bei GALILEI auch dort, wo er die Frage zu beantworten versucht, wie ein außerirdischer Beobachter die Bewegung eines von einem hohen Turm herabfallenden Steines sieht. GALILEI hat angenommen, daß in diesem Falle die Bahn des Körpers ein Teil der auf der *Abbildung 3.3−15* dargestellten Kreisbahn ist, die durch den Erdmittelpunkt hindurchführt.

GALILEIS bleibende Verdienste können wir somit wie folgt zusammenfassen:

Wir verdanken ihm eine Reihe astronomischer Beobachtungen und deren Deutung (Jupitermonde, Mondgebirge, Sonnenflecken, Auflösung der Milchstraße in Sternsysteme, Phasen der Venus). Mit diesen Beobachtungen hat er einerseits mittelbare Beweise für die Richtigkeit des heliozentrischen Weltsystems geliefert, zum anderen die Physik der Himmelskörper und die irdische Physik einander näher gebracht.

GALILEI hat eine naturwissenschaftliche Arbeitsmethode nicht nur angegeben, sondern auch anhand konkreter Beispiele ihre Anwendung in der Praxis erfolgreich demonstriert. Wir wollen das hier besonders betonen, weil BACON ebenfalls eine richtige Methode für die naturwissenschaftliche Forschung angegeben hat, sie aber nicht zur Lösung konkreter Aufgaben anwenden konnte.

Wir wollen bei der Methode GALILEIS zwei entscheidende Schritte hervorheben: die Definition der Begriffe als Ausgangsschritt sowie die Auswahl einer einfachen Bewegung aus den komplizierten Bewegungen in der Natur und die Wahl idealisierter Versuchsbedingungen (völlig glatte Ebene, völlig glatte Kugel), die in der Natur nirgends realisiert sind. Dieser Schritt erfordert eine außerordentliche Abstraktionsfähigkeit, und in der Geschichte der Physik ist GALILEI der erste, der von der Notwendigkeit der Vernachlässigung unwesentlicher Störeinflüsse spricht und der es wagt, aus den tatsächlich gemessenen Werten auf die am idealisierten Objekt zu erwartenden Werte zu extrapolieren.

In der Einführung zu diesem Buch haben wir bei der Besprechung der Bewertungsmaßstäbe für wissenschaftliche Methoden oder Theorien das Aufstellen eines geeigneten abstrakten Modells, das einerseits das Wesen der untersuchten Erscheinung berücksichtigt, zum anderen aber die Erscheinung einer mathematischen Beschreibung zugänglich macht, als entscheidenden Schritt herausgestellt. Von diesem Gesichtspunkt aus bedeuten die Arbeiten GALILEIS einen Meilenstein in der Geschichte der Wissenschaft.

GALILEI hat italienisch, in der Sprache des Volkes, sowie in einem einfachen und klaren Stil geschrieben. Es ist ihm so gelungen, das Interesse vieler gebildeter Menschen an der Wissenschaft zu wecken. Das Interesse an der Wissenschaft hat damit allerdings noch nicht breite Schichten des Volkes erfaßt, und wir können nicht sagen, daß die Wissenschaft zu einer gesellschaftlichen Angelegenheit geworden wäre, aber wir können feststellen, daß

Zitat 3.3−7
Indes ist zu beachten, daß der Geschwindigkeitswert, den der Körper aufweist, in ihm selbst unzerstörbar enthalten ist (impresso), während äußere Ursachen der Beschleunigung oder Verzögerung hinzukommen, was man nur auf horizontalen Ebenen bemerkt, denn bei absteigenden nimmt man Beschleunigung wahr, bei aufsteigenden Verzögerung. Hieraus folgt, daß die Bewegung in der Horizontalen eine unaufhörliche sei.
GALILEI: *Discorsi...*

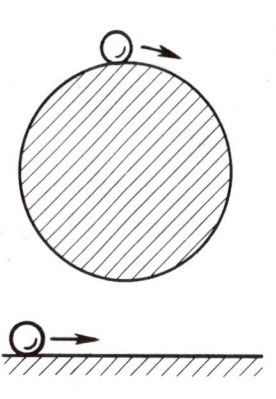

Abbildung 3.3−14
Die kräftefreie Bewegung (Trägheitsbewegung) ist bei *Galilei* die Bewegung längs einer Kreisbahn

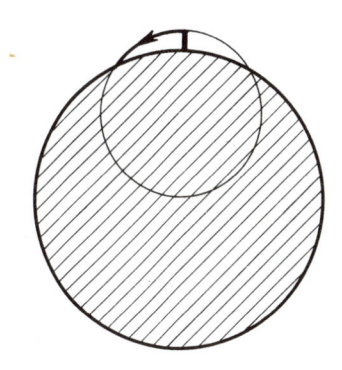

Abbildung 3.3−15
Galilei hat angenommen, daß ein von einem Turm herabfallender Stein für einen außerirdischen Beobachter eine Kreisbahn durchläuft

sie beginnt, in Mode zu kommen. Für Gebildete, Humanisten und Naturwissenschaftler sind die Beobachtungen und Experimente GALILEIS zum Gesprächsthema geworden.

3.3.4 Im Hintergrund: Stevin und Beeckman

Wir untersuchen nun, was in der Mechanik und der Astronomie zu GALILEIS Lebzeiten außerhalb Italiens geleistet worden ist und kommen dann noch einmal auf die Bewertung von GALILEIS Arbeiten zurück.

GALILEI hat namhafte Vorgänger bei der Behandlung methodischer Fragen, in der Erkenntnis der Bedeutung des Experiments und in der Bereitschaft, bei aller Achtung vor den Leistungen der antiken Naturwissenschaft nötigenfalls über sie hinauszugehen, gehabt *(Zitat 3.3 – 8)*. Den im Zusammenhang mit der Bewertung aufgetauchten Bedenken können wir vielleicht am besten mit einem Zitat Ausdruck verleihen, das wir dem von EINSTEIN verfaßten Vorwort zur englischsprachigen Ausgabe eines Buches von GALILEI entnommen haben *(Zitat 3.3 – 9)*.

Vor allem müssen wir hier den Namen SIMON STEVIN *(Abbildung 3.3 – 16a)* erwähnen, der ein Zeitgenosse GALILEIS gewesen ist und über den wir noch ausführlich bei der Abhandlung der Statik sprechen werden. In seinem 1586 erschienenen Buch *(Abbildung 3.3 – 16b)* finden wir bereits die nachfolgende Beschreibung eines Fallversuchs, den STEVIN gemeinsam mit DE GROOT ausgeführt hat. (Es sei hier angemerkt, daß DE GROOT der Vater des berühmten, unter dem Namen HUGO GROTIUS bekannten Juristen ist.)

Nehmen wir zwei Bleikugeln (wie es der äußerst gelehrte und die Geheimnisse der Natur eifrigst erforschende Herr JAN CORNETS DE GROOT und ich selbst getan haben), deren eine um das zehnfache größer und schwerer ist als die andere und lassen wir sie aus einer Höhe von 30 Fuß gleichzeitig fallen, auf ein Brett oder auf irgendeinen Gegenstand, der das Aufprallen gut hörbar macht. Wir werden feststellen, ... daß die Kugeln derart gleichzeitig das Brett erreichen, daß die zwei Töne uns als ein einziger und derselbe erscheinen. Wir werden weiter feststellen, daß dasselbe auch geschieht, wenn wir das Experiment mit gleich großen Kugeln wiederholen, deren Gewichte aber sich wie eins zu zehn verhalten.

Den berühmten Fallversuch GALILEIS vom Schiefen Turm zu Pisa stellen wir hier deshalb nicht ausführlich dar, weil aller Wahrscheinlichkeit nach GALILEI diesen Versuch nie ausgeführt hat. Auch in seinen Schriften berichtet er nicht von einem solchen Versuch, obwohl er sonst mit Vorliebe von seinen eigenen Leistungen spricht. Es ist sogar der Verdacht geäußert worden, daß GALILEI in seinen Jugendjahren einen solchen Versuch zwar ausgeführt, daraus aber gerade eine die Richtigkeit der aristotelischen Physik bestätigende Schlußfolgerung gezogen hat, nämlich, daß ein schwerer Körper schneller fällt als ein leichter. Ein recht bemerkenswerter Umstand ist, daß die Nachwelt einem von GALILEI *eventuell gar nicht ausgeführten*

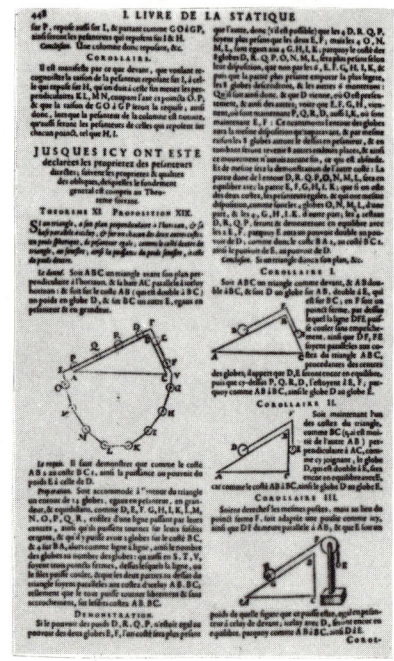

Abbildung 3.3 – 16a
SIMON STEVIN (1548 – 1620): Buchhalter bei einem Antwerpener Kaufmann, dann in Brügge Steuerbeamter; mit 35 Jahren Studium an der Universität zu Leyden; ab 1604 Oberaufseher der Land- und Wasserbauten. Seine wichtigeren Werke sind: *De Thiende* (1585) – die erste systematische Abhandlung zu den Dezimalbrüchen; *De Beghinselen der Weeghconst* (1586) – Einführung des Kräfteparallelogramms, der Kraftzerlegung auf der schiefen Ebene, Experimente zu den Fallzeiten von Bleikugeln mit unterschiedlicher Masse; *De Beghinselen des Waterwichts* (1586) – Gleichgewicht von Flüssigkeiten, Druckverteilung, das Schwimmen der Schiffe. *Stevin* hat sich auch eingehend mit der Deklination der Magnetnadel beschäftigt

Abbildung 3.3 – 16b
Titelblatt und eine Seite aus einem der Hauptwerke *Stevins*

Zitat 3.3 – 8
Da im Auffinden geheimer Dinge und in der Untersuchung verborgener Ursachen sich aus verläßlichen Experimenten und (mit solchen) bewiesenen Argumenten gewichtigere Belege ergeben, als aus wahrscheinlich erscheinenden Überlegungen und den Meinungen von philosophischen Spekulatoren der gewöhnlichen Sorte, haben wir uns dafür entschieden, zum besseren Verständnis der – bisher völlig unbekannten – edlen Substanz der Mutter Erde, dieses großen Magneten und seiner außergewöhnlichen Eigenschaften zu Beginn stein- und eisenerzartige Stoffe zu untersuchen, sowie magnetische Körper und solche Teile der Erde, die mit den Sinnen wahrnehmbar und (mit unseren Mitteln) behandelbar sind; sodann einfache magnetische Versuche anzustellen und dann ins Innere der Erde vorzudringen...

Euch allein, wahre Philosophen, findige Geister,

Versuch eine größere Bedeutung beimißt als Versuchen, die andere tatsächlich durchgeführt haben.

Wenn wir es GALILEI als Verdienst anrechnen, daß er die genaue mathematische Beschreibung eines bestimmten Bewegungsablaufes – der Bewegung mit einer gleichmäßigen Geschwindigkeitsänderung – in seinem 1638 erschienenen Buch *Discorsi* angegeben hat, dann müssen wir auch zur Kenntnis nehmen, daß KEPLER in seinem 1609 erschienenen Buch *Astronomia nova* die ersten zwei (Keplerschen) Gesetze für die Bewegung der Planeten angibt, die die genaue Beschreibung der Bewegung eines Körpers auf einer Ellipsenbahn mit veränderlicher Geschwindigkeit enthalten. KEPLER geht sogar darüber hinaus und sucht nach der Ursache, die einen solchen Bewegungsablauf zustandebringen kann. Wir wollen hier aber nicht verschweigen, daß sich auch KEPLER bei dieser Suche ausschließlich von den aristotelischen Vorstellungen leiten ließ.

Wie weit die Zeit reif für die von GALILEI verwendeten Methoden und seine Ergebnisse geworden war, zeigt sich bei einer Betrachtung des Tagebuchs von ISAAK BEECKMAN (1588–1637). In diesem Tagebuch finden sich vom Jahre 1618 ab Aufzeichnungen zum freien Fall. Der Inhalt dieser Aufzeichnungen läßt sich wie folgt zusammenfassen:

Nehmen wir an, daß die Gravitation in der Form vieler schnell aufeinanderfolgender kleiner Stöße wirkt. Jeder Stoß möge einen gleich großen Geschwindigkeitszuwachs zur Folge haben. Nehmen wir weiter an (hier haben wir es mit der ersten genauen Formulierung des Trägheitsprinzips im heutigen Sinne zu tun), daß *der Körper die einmal erworbene Geschwindigkeit beibehält*. Wenn die von einem einzigen Stoß erteilte Geschwindigkeit v_0 und der zeitliche Abstand der Impulse t_0 ist, dann wächst die Geschwindigkeit entsprechend *Abbildung 3.3–17* stufenförmig an. Wird nun der Takt der Impulse immer weiter beschleunigt, dann geht die stufenförmige Kurve in eine Gerade über, und wir können schließlich – als Schlußfolgerung – die Aussage ableiten, daß die Geschwindigkeit zur Zeit proportional ist. Aus dieser Aussage folgen aber dann schon alle die Zusammenhänge, die GALILEI *aus Hypothesen* hergeleitet hat.

Der in der Zeit $t = nt_0$ zurückgelegte Weg kann wie folgt berechnet werden: Mit der vom ersten Impuls erteilten Geschwindigkeit v_0 legt der Körper den Weg v_0t_0 zurück, mit der Geschwindigkeit $2v_0$ nach dem zweiten Impuls den Weg $2v_0t_0$ und mit der Geschwindigkeit nv_0 nach dem n-ten Impuls den Weg nv_0t_0. Daraus folgt der Gesamtweg

$$s = v_0t_0 + 2v_0t_0 + \ldots + nv_0t_0 = v_0t_0(1+2+\ldots+n).$$

Nach Ausführen der Summation erhalten wir

$$s = v_0t_0\frac{n(n+1)}{2} = \frac{v_0t_0}{2}(n^2+n).$$

Wenn wir nun berücksichtigen, daß die Zahl der Impulse sehr groß ist, dann können wir näherungsweise

$$s \approx \frac{v_0t_0}{2}n^2 = \frac{1}{2}\frac{v_0}{t_0}(nt_0)^2 = \frac{1}{2}\frac{v_0}{t_0}t^2$$

schreiben.

Wir finden in BEECKMANS Tagebuch eine interessante Eintragung, und es lohnt sich schon, den lateinischen Originaltext zu zitieren: „Haec ita demonstravit Mr. Peron". Hinter diesem Namen verbirgt sich aber der zu dieser Zeit der 22jährige, seinen Militärdienst ableistende DESCARTES.

BEECKMAN hat zahlreiche, wahrhaft revolutionäre Visionen gehabt, und es ist die Meinung verbreitet, daß DESCARTES ihm sehr viele seiner Ideen verdankt. So hat BEECKMAN geäußert, daß die Wärme eine Bewegungsform der Atome ist und daß Wasser in Pumpen durch die Außenluft und nicht durch einen *horror vacui* nach oben gedrückt wird.

Wenden wir uns nun wieder GALILEI zu. Es scheint so, als ob er und mit ihm die Mehrzahl der Gelehrten von diesen auf allen Gebieten der Physik erreichten Fortschritten überhaupt keine Notiz genommen haben. Bis zu einem gewissen Grade verhält es sich – vor allem hinsichtlich der Keplerschen Gesetze, aber auch der Ableitungen von BEECKMAN – tatsächlich so. Unmittelbar von diesen Arbeiten ausgehend, konnte aber zu dieser Zeit kein weiterer Fortschritt erreicht werden, denn eine Weiterentwicklung hätte in beiden Fällen eine Kenntnis der vollständigen Bewegungsgleichung erfordert. Mit den Keplerschen Gesetzen konnte erst NEWTON etwas anfan-

die nicht nur in Büchern, sondern in den Dingen selber nach Kenntnissen suchen, Euch habe ich diese Grundlagen der magnetischen Wissenschaft – eine neue Art des Philosophierens – gewidmet. Wenn aber jemand es als geboten erscheint, den hier mitgeteilten Ansichten nicht beizupflichten und einige meiner Paradoxien nicht zu akzeptieren, so mögen sie dennoch die große Zahl von Versuchen und Entdeckungen beachten; es sind ja solche Versuche und Entdeckungen, denen die Philosophie hauptsächlich ihre Blüte zu verdanken hat. Wir haben sie mit Mühe, schlaflosen Nächten und viel Geld entdeckt und bewiesen. Habet also Eure Freude daran und benutzt sie, wenn Ihr könnt, zu besseren Zwecken...

Aus diesem Grunde zitieren wir überhaupt niemand aus dem Altertum oder von den Griechen zur Unterstützung des Gesagten, denn weder können griechische Überlegungen die Wahrheit treffender belegen noch griechische Begriffe besser erfassen oder klarstellen. Unsere Lehre vom Magneten widerspricht den meisten Prinzipien und Axiomen der Griechen.

Wir benützen deshalb manchmal neue und unbekannte Worte, nicht um – wie die Alchimisten geneigt sind zu tun – die Dinge mit einer pedantischen Terminologie zu verhüllen, zu verdunkeln und geheimnisvoll zu machen, sondern um verborgene, bisher unbenannte Dinge, die bislang noch nicht beachtet wurden, einfach und vollständig zu beschreiben...

Jenen Männern vergangener Zeiten, den ersten Vätern der Philosophie, wie *Aristoteles, Theophrastus, Ptolemäus, Hippokrates, Galenus* sei für immer Anerkennung gezollt, denn sie haben ihren Nachfahren Kenntnisse hinterlassen. Es hat aber unser Zeitalter viel entdeckt und ans Tageslicht gebracht, das, wären sie unter den Lebenden, von ihnen mit Freude angenommen würde. Aus diesem Grunde zögern wir nicht, Dinge, die wir in langer Erfahrung gefunden haben, in beweisbaren Thesen darzulegen. Lebet wohl!

WILLIAM GILBERT: *De magnete.* 1600

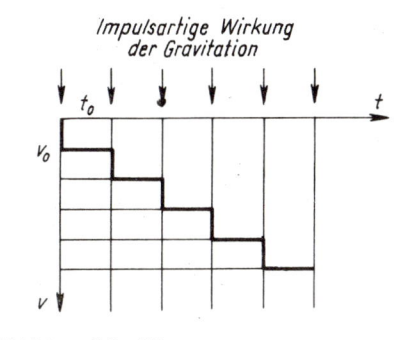

Abbildung 3.3–17
Zu der Argumentation von *Beeckman*: Die Gravitation wirkt in Form kleiner Stöße (Hammerschläge), und der Körper verliert die einmal erworbene Geschwindigkeit nicht wieder

Zitat 3.3-9
Da offenbart sich ein Mann, der den leidenschaftlichen Willen, die Intelligenz und den Mut hat, sich als Vertreter des vernünftigen Denkens der Schar derjenigen entgegenzustellen, die, auf die Unwissenheit des Volkes und die Indolenz der Lehrenden im Priester- und Professoren-Gewande sich stützend, ihre Machtpositionen einnehmen und verteidigen. Seine ungewöhnliche schriftstellerische Begabung erlaubt es ihm, zu den Gebildeten seiner Zeit so klar und eindrucksvoll zu sprechen, daß er das anthropozentrische und mythische Denken der Zeitgenossen überwand und sie zu einer objektiven, kausalen Einstellung zum Kosmos zurückführte, die mit der Blüte der griechischen Kultur der Menschheit verloren gegangen war.

Wenn ich dies so ausspreche, sehe ich zugleich, daß ich der weitverbreiteten Schwäche aller derer zum Opfer falle, die trunken von einer übermäßigen Verliebtheit die Statur ihrer Heroen übertrieben darstellen. Es mag sein, daß die Lähmung der Geister durch starre autoritäre Tradition des dunklen Zeitalters im siebzehnten Jahrhundert bereits so weit gemildert war, daß die Fesseln einer überlebten intellektuellen Tradition nicht mehr für die Dauer standhalten konnten — mit oder ohne *Galileo*.

EINSTEIN: *Vorwort* in *Galileo Galilei: Dialogue...* Berkeley 1962

Zitat 3.3-10
Die Naturphilosophie ist in dem großen Buch zu finden, das jederzeit offen vor unseren Augen liegt: Ich habe das Weltall im Sinn. Wir werden es aber nicht lesen können, bevor wir die Sprache gelernt und uns mit den Zeichen vertraut gemacht haben, in denen es geschrieben ist. Es ist dies die Sprache der Mathematik und die Schriftzeichen sind Dreiecke, Kreise und andere geometrische Gebilde, ohne deren Kenntnis der Inhalt nicht verstanden werden kann.

GALILEI: *Il Saggiatore*

Zitat 3.3-11
Die Natur ist unerbittlich und unveränderlich; sie wirkt ... ausschließlich nach ihren eigenen Gesetzen, ... gegen die sie nie verstößt, und sie kümmert sich weder bei der Wahl ihrer Wege noch ihrer Mittel darum, ob sie von den Menschen begriffen wird oder nicht ... Es offenbart sich aber Gott in den Geschehnissen der Natur durchaus nicht minder als in den heiligen Überlieferungen der Bibel.

GALILEI: *Brief an die Großherzogin Christina*

gen, und nahezu 100 Jahre lang — bis zu den Newtonschen Arbeiten — haben diese Gesetze zur Weiterentwicklung der Physik nicht unmittelbar beigetragen. An die von GALILEI angegebenen Gesetze des freien Falles konnte aber unmittelbar angeknüpft werden, und die auf GALILEI folgenden zwei Generationen haben alle die Ansätze ausgearbeitet, die in GALILEIS Arbeiten offen oder versteckt enthalten sind.

3.3.5 Anschlußmöglichkeiten

Die nach GALILEIS Tod noch offenen Fragestellungen in der Dynamik lassen sich wie folgt zusammenfassen:

Wie wir heute natürlich schon wissen, mußte im Ergebnis der weiteren Entwicklung die Gleichung

$$Kraft = Masse \times Beschleunigung$$

als Grundgleichung der Dynamik gefunden werden. In einer anderen verbreiteten Formulierung sagt diese Grundgleichung auch aus, daß die Kraft gleich der Änderung des Impulses pro Zeiteinheit ist. Von den grundlegenden Begriffen Kraft, Masse, Geschwindigkeit und Beschleunigung hat GALILEI Geschwindigkeit und Beschleunigung für die einfache geradlinige Bewegung bereits definiert und ihre mathematische Beschreibung angegeben. Für die Lösung dieser Aufgabe war es gerade sehr zweckmäßig gewesen, sich mit dem freien Fall auseinanderzusetzen. Zum anderen begegnen wir aber beim freien Fall auch einer bemerkenswerten Besonderheit, die im weiteren noch eine sehr große Rolle spielen wird. Im Gegensatz zur aristotelischen Dynamik, nach der eine große Kraft eine große Geschwindigkeit hervorrufen und folglich ein schwerer Körper mit einer größeren Geschwindigkeit fallen sollte als ein leichter, sagt die neue Dynamik nämlich aus, daß die große Kraft nicht eine große Geschwindigkeit, sondern eine große *Geschwindigkeitsänderung* zur Folge hat. Es überrascht uns dann aber, daß ein schwerer Körper, auf den wegen seines größeren Gewichtes ohne Zweifel eine größere Kraft wirkt als auf einen leichteren, beim freien Fall im gleichen Maße beschleunigt wird wie der leichtere. Ein Briefpartner GALILEIS, GIOVANNI BATTISTA BALIANI (1582 – 1666), hat mit seinem Hinweis, daß die Masse der Körper eine Doppelfunktion hat, schon das Wesentliche bei dieser Erscheinung erfaßt: Die Masse tritt einerseits als „agens", d. h. als schwere Masse in der heute üblichen Bezeichnungsweise, und zum anderen als „passum" oder träge Masse in Erscheinung. Heute wissen wir schon, daß die Beschleunigung aller frei fallenden Körper deshalb von deren Gewicht unabhängig ist, weil die in der Formel für die Gravitationskraft auftretende Masse und die träge Masse, die den Widerstand der Körper gegen eine Änderung ihres Bewegungszustandes charakterisiert, zueinander proportional sind.

Die Unterschiede zwischen träger und schwerer Masse bzw. die Umstände, unter denen die eine oder die andere Masseneigenschaft in Erscheinung tritt, können einfach dargestellt werden. Wenn wir eine schwere Metallkugel auf unsere ausgestreckte Hand legen, dann ist die Kraft, die von unseren Muskeln aufgebracht werden muß, durch die *schwere Masse* des Körpers gegeben. Legen wir die Kugel auf eine völlig glatte, waagerechte Platte, dann spielt die Gravitationskraft für die Bewegung der Kugel keine Rolle. Um die Kugel auf der Platte längs einer Geraden mit einer bestimmten Amplitude und einer bestimmten Frequenz hin und her zu bewegen, wird eine Kraft benötigt, die mit der trägen Masse in Verbindung steht. Der von GALILEI eingeschlagene Weg war zwar geeignet dazu, zum Gesetz der Umformbarkeit von potentieller und kinetischer Energie zu gelangen und so recht komplizierte Aufgaben zu lösen, er war aber nicht geeignet, die Grundgleichung der Dynamik zu finden, weil es in der gegebenen historischen Situation wegen der beim freien Fall sich zeigenden Doppelfunktion der Masse nicht möglich war, Kraft und Masse als Grundgrößen der Dynamik miteinander zu verknüpfen.

Auch heute noch können die Rolle des Impulses und die Gesetzmäßigkeiten bei Impulsänderungen am einfachsten anhand der Stoßprozesse erkannt bzw. untersucht werden. Das Verhalten elastischer Kugeln, die sich auf einer waagerechten Platte unter mehr oder weniger idealen Bedingungen bewegen, kann von jedermann alltäglich (z. B. bei verschiedenen Ballspielen) beobachtet werden und ist aus diesem Grund anschaulich erfaßbar. Man hat deshalb im Zeitraum zwischen GALILEI und NEWTON ein bis zwei Generationen hindurch neben komplizierteren Bewegungsabläufen im Gravitationsfeld vor allem auch die Stoßgesetze ausführlich untersucht. Bei DESCARTES, dessen beeindruckendes Weltmodell man mit einem gigantischen Billardspiel vergleichen kann, nehmen die Stoßgesetze einen besonderen Platz ein.

Bevor wir uns nun dem nächsten Thema zuwenden, sei noch eine abschließende Bemerkung zu GALILEI erlaubt. Wie auch immer unsere Meinung über seine menschliche Größe und seinen Platz in der Wissenschaftsgeschichte sein mag, wir werden beim Blättern in seinen Werken auch heute noch, dreieinhalb Jahrhunderte nach ihrem Entstehen, von der Tiefe der Gedanken und der Schönheit der Darstellung in Bann geschlagen *(Zitate 3.3 – 10, 3.3 – 11)*.

3.4 Die neue Philosophie: Der Zweifel wird zur Methode

3.4.1 Francis Bacon und die induktive Methode

Vom Anfang des 17. Jahrhunderts an wurde es den Fachgelehrten – Ärzten, Physikern und Astronomen – in zunehmendem Maße bewußt, daß die aristotelischen Auffassungen auf den von ihnen vertretenen Gebieten nicht mehr zu halten waren. An den Universitäten nahmen aber die Humanwissenschaften (worunter wir hier die Gebiete der Philosophie außerhalb der Naturphilosophie, d. h. die Logik, Metaphysik, Rhetorik und Ethik, verstehen wollen) den entscheidenden Platz ein und bei diesen Wissenschaften konnte von einem Versagen des Aristotelismus keine Rede sein. Daraus folgt aber, daß wir auch noch nicht von einem Sturz des aristotelischen Systems sprechen können. Das Fehlen eines einheitlichen philosophischen Systems wurde jedoch allmählich schmerzlich verspürt. Bereits der im *Dialogo* auftretende überzeugte Anhänger des aristotelischen Systems, SIMPLICIO, hat seiner Besorgnis darüber Ausdruck verliehen, daß beim Fehlen eines abgeschlossenen Systems keine sichere Grundlage mehr existiert, um zur Wahrheit zu gelangen und eine Behauptung beweisen oder widerlegen zu können. In diesem Zusammenhang hat er eine etwaige Abkehr vom aristotelischen Gedankengebäude, an dessen Errichtung sich so viele bedeutende Gelehrte beteiligt haben, bedauert *(Zitat 3.4 – 1)*. In Gelehrtenkreisen war jedoch das Bedürfnis nach einer neuen philosophischen Grundlage vorhanden; teils wurde eine neue Methode der Wahrheitsfindung erwartet, teils hat man aber auch auf ein vollständiges, auf dieser Methode aufbauendes System gehofft, in dem alles wieder seinen Platz haben sollte. Mit dem neuen System sollte es möglich sein, den Wahrheitsgehalt einer *beliebigen* Behauptung aufzufinden, d. h., man hat ein neues philosophisches System erwartet, mit dem das aristotelische System abgelöst werden konnte.

Sowohl BACON als auch DESCARTES haben bewußt nicht nur die Rolle des destruktiven Kritikers, sondern auch die des Schöpfers übernommen. Beide haben eine Methode zum Auffinden der wissenschaftlichen Wahrheit angegeben, DESCARTES hat darüber hinaus auch noch ein vollständiges philosophisches System vorgelegt. Das von ihnen verfolgte Ziel geht deutlich aus den in ihren Arbeiten verwendeten Formulierungen hervor. BACON hat seiner bekanntesten Arbeit bewußt den Titel *Novum Organon* gegeben, um sie dem Werk des ARISTOTELES *Organon* gegenüberzustellen. Er hat beabsichtigt, mit seinem Buch dem forschenden Gelehrten ein ebensolches Instrument in die Hand zu geben, wie es die deduktive Logik des ARISTOTELES gewesen war. DESCARTES hat im Vorwort seiner *Principia Philosophiae* betont, daß er sein System deshalb geschaffen hat, um das System des ARISTOTELES abzulösen.

BACON *(Abbildung 3.4 – 1)* wird häufig als Vater der englischen empirischen Philosophie bezeichnet; in der Naturphilosophie gilt er als Begründer der induktiven Methode. In Übereinstimmung mit DESCARTES kommt er zu dem Schluß, daß wir vor der Suche nach der wissenschaftlichen Wahrheit zunächst unseren Verstand kritisch von allen möglichen festsitzenden Vorurteilen zu reinigen haben, mit anderen Worten, am Anfang aller wissenschaftlichen Untersuchungen steht das methodische Anzweifeln überkommener Erkenntnisse. Von diesem gemeinsamen Ausgangspunkt gehen die

Zitat 3.4 – 1
Sagredo: Ich versetze mich in den Geist des Signore *Simplicio* und weiß, daß die Kraft dieser nur allzu überzeugenden Gründe Eindruck auf ihn macht. Wenn er andererseits aber das große Ansehen in Betracht zieht, das *Aristoteles* sich beim Publikum erworben, wenn er die Zahl der berühmten Ausleger in die Waagschale wirft, die sich abgemüht haben, seine Meinung zu erforschen; wenn er bedenkt, wie so nützliche und notwendige Wissenschaften einen großen Teil der ihnen gezollten Achtung bloß dem Ansehen des *Aristoteles* verdanken, so bringt ihn alles das außer Fassung und erschreckt ihn. Ich meine, ich höre ihn es selber sagen:

Zu wem sollen wir künftig unsere Zuflucht nehmen, der unsere Streitigkeiten entschiede, wenn *Aristoteles* entthront ist? Zu welchem anderen Autor sollen wir uns in den Schulen, den Akademien, den Wissenschaften bekennen? Welcher Philosoph hat alle Teile der Naturphilosophie abgehandelt und zwar in so konsequenter Durchführung, ohne eine einzige Lücke in den Schlußketten? Und so soll jener Bau veröden, in dem so viele Wanderer ein Obdach gefunden? Jene Zuflucht, jenes Heiligtum zerstört werden, wo so viele Wissensdurstige behaglich sich erquicken, wo, ohne den Unbilden der Witterung sich auszusetzen, man Naturerkenntnis gewinnt, wenn man nur ein paar Blätter umzuwenden versteht? Soll jenes Bollwerk geschleift werden, wo man geschützt war vor jeglichem feindlichen Angriff? Ich fühle Mitleid mit ihm, wie mit jenem Manne, der unter ungeheuerem Zeit- und Geldaufwand mit Hilfe von hundert und aber hundert Werkleuten einen herrlichen Palast hat aufführen lassen und dann sehen muß, wie er der mangelhaften Grundmauern halber einzustürzen droht. Um nicht zu seinem Herzeleid die Mauern zerstört zu sehen, die mit reizenden Bildern geschmückt sind; die Säulen zertrümmert, welche die prächtigen Galerien stützen; die vergoldeten Decken eingestürzt, die Giebel und den Marmorfries zerfallen, sucht er dann wohl mit Ketten, Pfosten, Pfeilern, Stützmauern und Streben dem Einsturz vorzubeugen.

Salviati: Nein, solchen Zusammenbruch braucht Signore *Simplicio* noch nicht zu fürchten; ich würde mit viel geringerem Aufwande es übernehmen, ihn vor Schaden sicher zu stellen. Die Gefahr liegt nicht vor, daß eine so große Menge gescheiter und scharfsinniger Philosophen von ein paar Lärmmachern sich ins Bockshorn jagen lassen. Sie brauchen gegen diese nicht einmal die Spitzen ihrer Federn zu richten, ihr bloßes Stillschweigen genügt, um sie der Verachtung und dem Gelächter des Publikums preiszugeben. Wie eitel ist doch der Glaube, man könne einer neuen Wahrheit Eingang verschaffen durch Widerlegung des und jenes Autors. Erst muß man verstehen, die Köpfe der Menschen umzuformen und sie fähig machen zwischen Wahrheit und Irrtum zu unterscheiden; das aber vermag bloß Gott allein.

GALILEI: *Dialogo*. Erster Tag. Deutsch von *E. Strauß*. 1891

Abbildung 3.4–1
FRANCIS BACON (1561–1626): englischer Staatsmann und Philosoph. Hat nach dem Studium in Cambridge ein Anwaltsbüro eröffnet; Mitglied des Parlaments; schließlich 1618 unter *Jakob I.* zum Lordkanzler ernannt. 1621 wegen Bestechung inhaftiert, vom König begnadigt, hat sich dann vom öffentlichen Leben zurückgezogen.

Seinen Ruf als Schriftsteller hat er mit Essays begründet [*Essays,* 1597, vollständige (dritte) Ausgabe 1625].

Bacon hat beabsichtigt, sein philosophisches System vollständig in seinem mehrteilig geplanten Werk *Instauratio Magna scientiarum (Große Erneuerung der Wissenschaften)* darzulegen. Der zweite Band dieses Werkes ist das *Novum Organon* (1620). In seinem utopischen Roman *Nova Atlantis* (1626) hat er eine Gesellschaftsordnung beschrieben, in der gelehrte Gesellschaften eine große Rolle spielen. Nach dem Muster dieser Gesellschaften ist später die Royal Society gegründet worden. In seinem Buch *De dignitate et augmentis scientiarum* hat er die Wissenschaften klassifiziert und Wissenschaften des Gedächtnisses, der Vorstellungskraft und der Vernunft, d. h. Geschichte, Poesie und Philosophie, unterschieden. In der *Enzyklopädie* hat *Diderot* diese Einteilung *Bacons* übernommen.

Auch mein eigenes Beispiel kann einige Hoffnung gewähren; und ich sage das des Nutzens wegen, nicht um mich zu rühmen. Wer noch kein Vertrauen hat, schaue auf mich, einen Mann, der unter den Männern gleichen Alters am meisten mit Staatsgeschäften beladen ist, dabei von schwacher Gesundheit ist, der viel Zeit verschwenden muß und hier keinem Beispiel und keiner Spur eines Vorgängers folgen kann, und der mit keinem der Sterblichen deshalb Rücksprache genommen hat. Dennoch habe ich den rechten Weg beharrlich aufgesucht und indem ich meinen Geist der Sache unterordnete, glaube ich diese etwas weiter vorwärts gebracht zu haben. Und nun bedenke man, was und wie viel mehr von Männern, die volle Muße haben, und was von gemeinsamer Arbeit in einer längeren Reihe von Jahren erwartet werden kann, nachdem ich den Weg gezeigt habe, und zwar einen Weg, auf dem nicht bloß einzelne Platz haben, wie es bei jenem Wege des reinen Denkens der Fall ist, sondern wo die Arbeiten und Leistungen vorzüglich bei Sammlung von Erfahrungen sich passend verteilen und dann wieder verbinden lassen. Denn die Menschen werden erst dann ihre Kräfte kennen lernen, wenn nicht unendlich viele dasselbe, sondern jeder etwas Besonderes vornehmen wird.

Bacons Neues Organon. Deutsch von *J. H. Kirchmann.* 1882, Buch 1, Art. 113

Gedankengänge beider Philosophen dann so weit auseinander, wie das in der Philosophie überhaupt möglich ist.

BACON nimmt zunächst all die Faktoren in Augenschein, die geeignet sind, uns den klaren Blick zu trüben. Diese Faktoren werden von BACON als Idole, Trugbilder oder Einbildungen bezeichnet. Er unterscheidet vier Arten von Idolen:

Die *idola tribus,* die Idole der Gattung, sind allen Menschen eigen. Wir können den Verstand des Menschen mit einem gekrümmten Spiegel vergleichen, der die Außenwelt nicht in ihrer ursprünglichen Gestalt, sondern verzerrt wiedergibt. So sind wir geneigt, Ordnung und Regelmäßigkeit auch dort zu sehen, wo es sie gar nicht gibt, und auf diese menschliche Eigenheit ist unter anderem auch die Überzeugung von der Existenz vollkommener Kreisbahnen der Planeten zurückzuführen. Haben wir uns einmal vorgenommen, eine solche Regelmäßigkeit zu entdecken, dann neigen wir dazu, die Fakten entsprechend unserer Theorie zu manipulieren, und sind sogar bereit, die Tatsachen, die unserer Theorie entgegenstehen, nicht zur Kenntnis zu nehmen. Auch die verschiedensten Aberglauben, der Glaube an Träume und Vorzeichen sowie die Astrologie finden so ihre Rechtfertigung, da wir oft nur die Ereignisse im Gedächtnis behalten, die die Voraussagen bestätigen. Nach der Analyse all dieser Mängel hat BACON einen guten Rat erteilt: Jede Feststellung und jede Theorie, an der unser Verstand ein besonderes Wohlgefallen findet, sollte unseren Argwohn hervorrufen.

Die *idola specus,* die Idole der Höhle, können auf individuelle menschliche Eigenschaften, die sich aus dem Charakter, den Anlagen und der Erziehung jedes einzelnen ergeben, zurückgeführt werden. Wir finden zum Beispiel ausgeprägte Theoretiker oder Praktiker, Menschen, die zu einer analytischen oder zu einer synthetischen Betrachtungsweise neigen, und mancher ist von allem Alten, durch die Überlieferung Geheiligten begeistert, während einem anderen nur das Neue gefällt.

Die *idola fori,* die Idole des Marktes, ergeben sich aus dem Kontakt der Menschen untereinander. Sehr viel Wirrwarr resultiert daraus, daß die Sprache als Kommunikationsmittel der Menschen im täglichen Leben anders als in der Wissenschaft eingesetzt wird, und manche philosophische These ist einfach eine Folge des unrichtigen Sprachgebrauchs.

Die *idola theatri,* die Trugbilder des Theaters, sind am gefährlichsten, da wir uns von ihnen nur sehr schwer befreien können. Während die oben aufgezählten Idole nämlich aus unserer menschlichen Existenz, aus unserer Natur sowie aus unserer alltäglichen Tätigkeit abgeleitet werden können, erwerben wir uns die letzteren selbst unter großen Mühen. Zu ihnen gehören alle die Irrlehren und Dogmen, die wir uns beim Erlernen verschiedener philosophischer Systeme und Theorien mühselig aneignen. BACON bezeichnet diese Trugbilder als Idole des Theaters, weil seiner Auffassung nach alle anerkannten philosophischen Systeme Theaterstücken vergleichbar sind, die von verschiedenen bedeutenden Philosophen geschrieben wurden. Die Handlungen der Theaterstücke sind nämlich prägnanter und eleganter dargestellt als wir sie im tatsächlichen Leben beobachten: nicht wie sie tatsächlich ablaufen, sondern wie wir ihren Ablauf gerne sehen würden.

Wir wollen nun an die Betrachtung der Natur mit einer von den Idolen gereinigten Vernunft herangehen und versuchen, einfache Erscheinungen zu beschreiben oder die ihnen zugrunde liegenden Gesetzmäßigkeiten zu finden. Diesem Ziel können wir nur dann näherkommen, wenn wir die Natur selbst befragen. Die beste Befragungsmethode ist die induktive Methode – jedoch nicht die induktive Methode der antiken Logiker, in der nach Aufzählung einiger Beispiele kühn verallgemeinert wird, sondern ein verfeinertes Tabellenverfahren. Zur Veranschaulichung betrachten wir irgendeine physikalische Eigenschaft, so z. B. untersuchen wir das Wesen der Wärme. Den Wärmezustand, d. h. Wärme und Kälte, können wir als eine einfache Eigenschaft ansehen, da er unserer unmittelbaren Wahrnehmung zugänglich ist. Wir fertigen nun eine Tabelle *(Tabelle 3.4–1)* an, in die wir alle die Situationen eintragen, in denen wir der Wärme begegnen, wobei wir auch alle Begleiterscheinungen notieren. Dann fertigen wir eine Tabelle zu den Situationen an, in denen die Körper kalt sind, d. h., in denen ihnen Wärme fehlt. Auch in dieser Tabelle werden alle Begleiterscheinungen festgehalten. In einer dritten Tabelle notieren wir schließlich die Übergangszustände. Dies sind die berühmten Baconschen Plus-Minus-Tabellen. Wir untersuchen nun, welche Begleiterscheinungen immer dann vorhanden sind, wenn Wärme auftritt, aber fehlen, wenn die Körper kalt sind. Auf diese Weise können wir einen Zusammenhang zwischen der Wärme und einer bestimmten Erscheinung aufdecken und so auch die Eigenschaft finden, die wir als Ursache der Wärme oder als ihr Wesen bezeichnen können. Gerade im Zusammenhang mit der Wärme hat BACON nach längerer Analyse gefunden, daß sich Wärme und Bewegung in einen festen Zusammenhang bringen lassen. Er ist schließlich zu der einzigen mit seiner Methode erzielten richtigen Feststellung gekommen, daß die Wärme in ihrem Wesen eine Form der Bewegung ist.

BACON bezeichnet das so erhaltene Ergebnis als Ergebnis der ersten Stufe, und folgen wir BACONS Gedankengang weiter, so kann man aus einer Vielzahl von Ergebnissen der ersten Stufe unter Hinzuziehung neuer experimenteller Befunde zu Gesetzmäßigkeiten der zweiten und höherer Stufen gelangen. In der Praxis ist das von BACON ausführlich dargelegte Verfahren zum Auffinden wahrer Naturgesetze nicht verwendbar, und es wurde auch auf diese Weise kein neues Gesetz entdeckt. BACON selbst war ausschließlich Philosoph; er hat keine Vorstellung von den spezifischen Problemen der Naturwissenschaften gehabt. Wir kommen sogar nicht umhin festzustellen, daß er die von seinen Zeitgenossen erarbeiteten wissenschaftlichen Ergebnisse entweder nicht gekannt oder nicht verstanden hat – auf jeden Fall haben sie ihn nicht interessiert. So hält er das kopernikanische Weltbild – ein Jahrhundert nach seinem Entstehen – für eine Irrlehre, die Pionierarbeit GILBERTS zum Magnetismus kennt er zwar, sie interessiert ihn jedoch nicht, und die Theorie HARVEYS zum Blutkreislauf kennt er überhaupt nicht, obwohl er von HARVEY ärztlich betreut worden ist. Aus verschiedenen Stellen in seinen Schriften kann zwar entnommen werden, daß er die Notwendigkeit des Zusammenspiels von Theorie und Experiment für eine erfolgreiche wissenschaftliche Arbeit erkannt hat, die Bedeutung des Sammelns empirischer Daten hat er jedoch überbetont. Die Rolle der Mathematik hat er verkannt und die Intuition geradezu verdammt. Keineswegs zu Unrecht wurde verschiedentlich bemerkt, daß auf dem von BACON gewiesenen Wege weder die Newtonsche Mechanik und noch weniger die Relativitäts- oder die Quantentheorie hätten gefunden werden können. Zu BACONS Rechtfertigung können wir anführen, daß wir es bei ihm – wie auch bei vielen anderen Gelehrten – mit einem Phänomen zu tun haben, das wir bei Automaten als Überregelung bezeichnen. Zu einer Zeit, in der man die Wahrheit in philosophischen Werken längst vergangener Zeiten oder in abstrakten Spekulationen gesucht hat, konnte die Gegenreaktion nur in einer Überbetonung der Forderung nach einem „Zurück zur Natur" bestehen. Daß BACON sich einen klaren Blick bewahrt hat, zeigt sein oft zitiertes und sehr anschauliches Bild, in dem er die rein empirische Arbeit mit der Tätigkeit einer Ameise vergleicht, die unterschiedliche Gegenstände zu einem ungeordneten Haufen zusammenträgt, und die rein theoretische Tätigkeit mit dem Bemühen einer Spinne, aus sich selbst heraus ihr Netz zu bauen. Zur Wahrheit kann man aber nur mit einer Tätigkeit gelangen, die sich mit der der Biene vergleichen läßt: Die Biene sammelt den Nektar aus verschiedenen Blüten und verarbeitet ihn zu Honig. An anderer Stelle schreibt BACON: Weder die Hand allein noch der sich selbst überlassene Geist kann Bedeutendes schaffen.

Das zweite große Verdienst BACONS ist, die Aufgabe der Naturwissenschaften erkannt und bewußt propagiert zu haben. Nach BACON besteht diese Aufgabe in der Auffindung der Naturgesetze mit dem Ziel, die Naturkräfte in den Dienst des Menschen zu stellen *(Zitat 3.4–2)*. Am Ende der Erkenntnis steht also nicht das Wissen um des Wissens willen und auch nicht das Streben, Gottes Willen zu erkunden, sondern der Fortschritt des Menschen und sein Wohlergehen.

BACON war zwar religiös, hat aber mit Bestimmtheit die Ansicht vertreten, daß in den naturwissenschaftlichen Untersuchungen theologische Erwägungen nichts zu suchen haben. Er war der erste, der den selbständigen, von der Ideologie unabhängigen Charakter der Wissenschaft betont hat.

Zusammenfassend stellen wir fest:

BACON hat das Ziel naturwissenschaftlicher Forschung in unserer heutigen Sicht richtig erkannt und darauf hingewiesen, daß wir die Naturgesetze nur von der Natur selbst ablesen können; außerdem hat er *den autonomen Charakter der Wissenschaft richtig festgestellt*.

BACONS induktive Methode überbetont die Bedeutung der Katalogisierung und ist so praktisch nicht verwendbar. *Die zu seiner Zeit erzielten wissenschaftlichen Ergebnisse und die dazu eingesetzten Methoden hat BACON ignoriert*.

Diese drei Begabungen bilden zunächst die drei Hauptteile unseres Systems und die drei Hauptgebiete des menschlichen Wissens: die Geschichte auf der Grundlage des Gedächtnisses, die Philosophie als Ergebnis der Vernunftarbeit und die schönen Künste als Gebilde der Vorstellungskraft. Die Überordnung der Vernunft über die Vorstellungskraft ist unserer Meinung nach wohl berechtigt und entspricht dem Fortschritt der Geistesarbeit. Das Vorstellungsvermögen ist eine schöpferische Kraft; und der Geist beginnt vor dem Gedanken an eigenes Schaffen zunächst über das, was er sieht und kennt, nachzudenken. Noch ein anderer Grund bestimmt uns zur Voranstellung der Vernunft vor die Vorstellungskraft: In dieser seelischen Fähigkeit finden sich die beiden anderen bis zu einem gewissen Grade vereint, und Vernunft und Gedächtnis treffen in ihr zusammen. Nur dann bildet und empfindet der Geist Dinge, wenn sie denen ähneln, die ihm durch unmittelbare Vorstellungen und Sinneseindrücke vertraut gemacht worden sind. Bei wachsender Entfernung von diesen Vorbildern werden seine Schöpfungen immer merkwürdiger und unerfreulicher. So ist also die Erfindungsgabe auch in der Nachahmung der Natur gewissen Regeln unterworfen, und eben diese Regeln machen die philosophische Seite der schönen Künste aus, wenn diese auch bis heute ziemlich dürftig aussieht, weil nur ein Genie sie schaffen könnte und dieses lieber schöpferisch wirkt, als sich in theoretische Erörterungen einläßt.
D'Alembert: Discours Préliminaire

Tabelle 3.4–1
Die Baconschen Tabellen zur Klärung des Wesens der Wärme. Aus der unten angegebenen Zusammenstellung von Fakten hat *Bacon* den Schluß gezogen, daß die Wärme eine Form der Bewegung ist. Der Baconsche Ausgangspunkt ist richtig und hat im betrachteten Fall – zufällig – auch zu einem richtigen Ergebnis geführt, im allgemeinen führt dieses Vorgehen jedoch zu nichts.

Tabula Essentiae et Praesentiae	*Tabula Graduum*	*Tabula Declinationis sive Absentiae*
Sonnenstrahlen Feuer Thermalquelle Reibung Kalklöschen	*Tierische Wärme nimmt bei Anstrengungen, Fieber, Alkoholgenuß zu*	*Mondschein Wasser kalter Wind Keller im Sommer*
	Die Wärme der Sonne ist abhängig vom Sonnenstand	

Zitat 3.4–2
Wissen und Können fällt bei dem Menschen in eins, weil die Unkenntnis der Ursache die Wirkung verfehlen läßt. Die Natur wird nur durch Gehorsam besiegt; was bei der Betrachtung als Ursache gilt, das gilt bei Ausführung als Regel.
Bacons Neues Organon. Buch 1, Art. 3. Deutsch von *J. H. Kirchmann,* 1892

3.4.2 Eine Methode zum Auffinden sicherer Wahrheiten: Descartes

BACONS Motiv zum Sammeln konkreter Fakten war der Zweifel an der Richtigkeit aller existierenden Theorien. DESCARTES *(Abbildungen 3.4–2– 3.4–4, Farbtafel XVII)* hat entsprechend seiner grundlegend anderen Geisteshaltung einen völlig anderen Weg eingeschlagen, um zu sicheren Wahrheiten zu kommen. Er hatte die zu seiner Zeit bestmögliche wissenschaftliche Ausbildung an der Jesuitenschule in La Flèche erhalten. Bereits zu dieser Zeit hat sich in ihm die Überzeugung gefestigt, daß all das, was er gelernt hatte, überdacht werden müßte und daß es keine über jeden Zweifel erhabene Wahrheit gäbe – mit einer einzigen Ausnahme: die Wahrheit der Mathematik. Er hat sogar dargelegt, warum er an die Wahrheit mathematischer Thesen glaubt: Die mathematische *Methode* selbst ist das Unterpfand für das Auffinden sicherer Wahrheiten. Die Mathematik geht nämlich nur von solchen Wahrheiten aus, die für den Geist klar und evident sind. Diese Wahrheiten sind durch die Axiome gegeben, und man kann dann über eine Gedankenkette, deren einzelne Glieder sich jeweils klar und eindeutig aus den vorhergehenden ableiten lassen, auch zu den kompliziertesten Thesen gelangen. DESCARTES hat eine Naturwissenschaft vor Augen gestanden, in der jede Behauptung ein Glied einer Gedankenkette ist, die von einer nicht anzuzweifelnden Wahrheit ausgeht und die aus klaren, logisch einwandfreien Schritten besteht. DESCARTES mußte folglich bestrebt sein, diese klare und evidente Ausgangswahrheit zu finden, und zur Lösung dieser Aufgabe hat er sich selbst Regeln vorgegeben, deren Beachtung er auch anderen bei ihren Untersuchungen anempfiehlt. Diese vier Regeln sind:

1. Nur die Schlußfolgerungen sollen als wahr akzeptiert werden, die wir offensichtlich und bestimmt als wahr erkennen, d. h., die so klar und evident vor unserem Geiste stehen, daß jede Möglichkeit des Zweifels ausgeschlossen ist.

2. Eine zu untersuchende komplizierte Fragestellung soll im Interesse der besseren Lösbarkeit in eine möglichst große Anzahl von Teilschritten zerlegt werden.

3. Wir haben unsere Gedanken zu ordnen und stufenweise von einfachen und leicht durchschaubaren Aussagen zu den komplizierten Zusammenhängen voranzuschreiten.

4. Schließlich ist bei jedem einzelnen Schritt das Ganze zu überprüfen, um sicher sein zu können, nicht Wesentliches außer acht gelassen zu haben.

Versuchen wir nun, die Ausgangswahrheit zu finden. Wir befreien uns zunächst von vorgefaßten Meinungen und glauben weder uns selbst noch anderen noch irgendwelchen altehrwürdigen Büchern *(Zitat 3.4–3)*. Aber auch die Sinne können uns täuschen, so daß wir ihnen nicht trauen können, und das gleiche gilt vom Verstand, denn wie viele falsche Thesen und Theorien hat er schon hervorgebracht! Auch an der Realität der Außenwelt läßt sich zweifeln, denn wie oft glauben wir an die Existenz bestimmter äußerer Gegebenheiten, die sich dann als Illusionen herausstellen. Unter all diesen Zweifeln finden wir nur eine einzige Gewißheit – die Tatsache nämlich, daß wir zweifeln, und auf diesem Wege können wir zu einer ersten sicheren Erkenntnis gelangen, die so sicher und evident ist, daß sie von keinem Skeptiker angegriffen werden kann. Diese Ausgangserkenntnis ist: *Cogito, ergo sum – ich denke, folglich bin ich (Zitat 3.4–4).*

Der Zweifel ist ein Gedankenakt, die Existenz meines Körpers könnte jedoch Illusion sein; mein denkendes Ich, das ich klar und deutlich zur Kenntnis nehmen kann, unterscheidet sich somit offensichtlich von meinem Körper. Wodurch wird aber nun die reale Existenz der Außenwelt gesichert? Was gibt uns die Gewißheit, daß eine Aussage über die Außenwelt tatsächlich wahr und nicht nur Illusion ist? DESCARTES setzt den Beweisgang wie folgt fort: Mein Geist ist offensichtlich unvollkommen, weil bislang nur der Zweifel sicher ist, das Wissen jedoch nicht; das Wissen steht jedoch über dem Zweifel. Zum anderen habe ich aber eine klare und deutliche Vorstellung über ein vollkommenes Wesen. Die Idee von einem vollkommenen Wesen kann jedoch nicht einem unvollkommenen Geist entstammen, da es eine klare und deutliche Wahrheit ist, daß die Wirkung nicht größer sein kann als die wirkende Ursache. Auf diese Weise kann auf die Existenz eines vollkommenen Wesens geschlossen werden.

Nach dem Beweis für die Existenz der Seele und Gottes ist es für

Abbildung 3.4–2
RENÉ DESCARTES (1596–1650): geboren in Le Haye in der Touraine als Sohn eines verarmten Adligen, der als Jurist tätig gewesen ist. Von seinem 8. bis zu seinem 16. Lebensjahr hat *Descartes* das Jesuitenkolleg von La Flèche besucht. 1617 hat er als Freiwilliger an der Militärakademie zu Breda (Holland) gedient, dann Europa bereist und ist 1619 schließlich dem Heer des Herzogs von Bayern beigetreten. In dieser Zeit ist ihm, an einem rauhen Novembertag am gutgeheizten Ofen sitzend, der Grundgedanke einer neuen Philosophie gekommen. 1623 hat er Italien bereist, aber es gibt keinen Hinweis darauf, daß er beabsichtigt hätte, *Galilei* aufzusuchen. 1629 ist er nach Holland übergesiedelt, um in einer friedlichen Umgebung Ruhe für seine Arbeiten zu finden. Sein Weltsystem hat er in den Jahren 1629 bis 1633 ausgearbeitet. Das Schicksal *Galileis* vor Augen, hat *Descartes* es nicht mehr gewagt, sein Buch *Le Monde ou traité de la lumière* zu publizieren, weil er gefürchtet hat, es könne ihm ähnlich wie *Galilei* ergehen. So ist dieses Buch in der ursprünglich geplanten Form nicht erschienen, viele der darin enthaltenen Gedanken hat *Descartes* jedoch in seine anderen Arbeiten übernommen. Auch das 1628 geschriebene Buch *Regulae ad directionem ingenii* ist erst nach *Descartes'* Tod publiziert worden. Erschienen sind 1637 der *Discours de la Méthode,* 1641 die *Meditationes de Prima Philosophia* und 1644 die *Principia Philosophiae. Descartes* letztes Werk ist der *Traité des passions de l'Âme* (1649). Im Jahre 1649 ist er auf Einladung der schwedischen Königin *Christine* nach Stockholm übergesiedelt und dort, da er das rauhe Klima nicht vertragen hat, im darauffolgenden Jahr an einer Lungenentzündung gestorben.

Vor allem aber haben wir unserem Gedächtnis als oberste Regel einzuprägen, daß das, was Gott uns offenbart hat, als das Gewisseste von allem zu glauben ist. Wenn daher auch das Licht der Vernunft etwas anderes noch so klar und überzeugend uns zuführt, so sollen wir doch nur der göttlichen Autorität, nicht unserem eigenen Urteil vertrauen. Aber in Dingen, wo der göttliche Glaube uns nicht belehrt, ziemt es dem Philosophen nicht, etwas für wahr zu halten, was er nicht als wahr erkannt hat, und den Sinnen, d. h. den unbedachten Urteilen seiner Kindheit, mehr zu trauen als der gereiften Vernunft.

Descartes: Die Prinzipien der Philosophie. Teil 1, Art. 76. Deutsch von *J. H. Kirchmann,* 1872

DESCARTES nun schon ein leichtes, die reale Existenz der Außenwelt nachzuweisen und zu zeigen, daß wir sie richtig zu erkennen vermögen: Aus der Vollkommenheit Gottes folgt nämlich auch, daß er uns nicht hintergehen will.

Der von DESCARTES gewählte Ausgangspunkt sowie der Beweis für die Existenz Gottes ist in der Philosophiegeschichte nicht neu. Bereits der HEILIGE AUGUSTINUS kommt mit einem ähnlichen Gedankengang zum Beweis für die Existenz seiner eigenen Person (Kapitel 2.5). Auch ANSELM VON CANTERBURY hat einen Beweis formuliert, der dem von DESCARTES angegebenen ähnlich ist. Die Originalität des kartesianischen Gedankenganges steckt in der Betonung seiner Ausgangswahrheit – *cogito, ergo sum* – sowie in der Struktur der Gedankenkette. Zuvor hatte man die reale Existenz der Außenwelt sowie die Körperlichkeit des Menschen als gegeben angenommen und davon ausgehend versucht, die Existenz Gottes und der Seele zu fassen und zu beweisen. Für DESCARTES ist die Idee von der Seele und dem höchsten Wesen klar und deutlich gegeben, und er gelangt zum Körper sowie zur Realität der Außenwelt nur über sie *(Abbildung 3.4–5)*.

Heute sind wir mit DESCARTES darin einig, daß die Außenwelt keine Illusion ist. Wir glauben, daß es Sinneswahrnehmungen gibt, die für uns klar und deutlich sind. Viele Wahrnehmungen von Körpereigenschaften, die wir jedoch unmittelbar unseren Sinnesorganen verdanken, können uns täuschen. Dazu gehören Beobachtungen der Farbe, des Geruchs und des Wärmezustandes; der Eindruck kann für den einen Beobachter ein ganz anderer sein als für den zweiten. Klar und deutlich für jeden Beobachter ist z. B., die Ausdehnung der Körper in drei Dimensionen zu erkennen; sie ist somit eine grundlegende Körpereigenschaft.

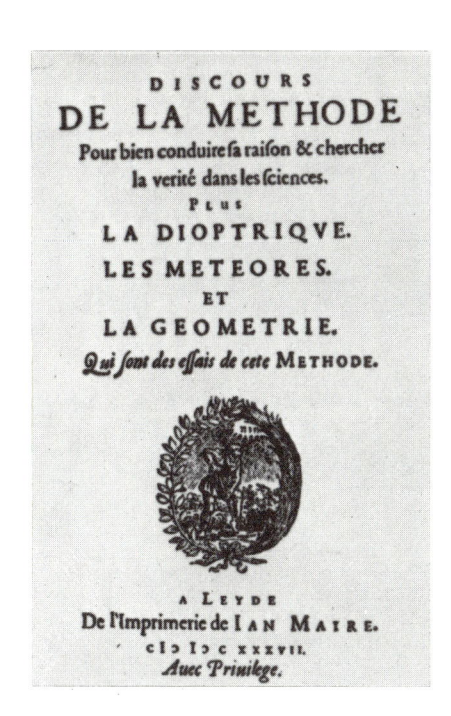

Abbildung 3.4–3
Der **Discours de la Méthode** ist 1637 erschienen. Eigentlich ist dieses Buch als Einleitung zu den zur gleichen Zeit erschienenen drei Abhandlungen *La Géometrie*, *La Dioptrique* und *Les Météores* geplant gewesen, wobei Descartes mit diesen Büchern die praktische Anwendbarkeit seiner Methode unter Beweis stellen wollte.

Im Buch *Les Météores* werden Wolkenbildung, Regen, Eis, Wärme, Gewitter und Blitz abgehandelt. Die bedeutendste wissenschaftliche Leistung ist hier die Erklärung des Zustandekommens des Regenbogens. Im Buch *La Dioptrique* wird die für die Praxis wichtigere Aufgabenstellung untersucht, wie sich gute Linsen anfertigen lassen. Dieses Buch zerfällt in zwei Teile: Sehprozeß einschließlich Aufbau des Auges und Brechungsgesetz.

In dem Buch *La Géometrie* wird eine Begründung der analytischen *Geometrie* gegeben. Aus der Korrespondenz Descartes' wird ersichtlich, daß die wichtigsten in der Geometrie enthaltenen Ergebnisse schon zwanzig Jahre vor Veröffentlichung des Buches abgeleitet worden sind. Im Gegensatz zu den beiden anderen Büchern ist dieses Buch recht schwer verständlich, so daß der Eindruck entsteht, daß *Descartes* sich absichtlich nicht um eine klare Darstellung des Stoffes bemüht hat. In der *Géometrie* werden die auch heute noch verwendeten Bezeichnungen eingeführt und eine Theorie der Gleichungen angegeben *(Zitate 3.4–3, 3.4–4)*.

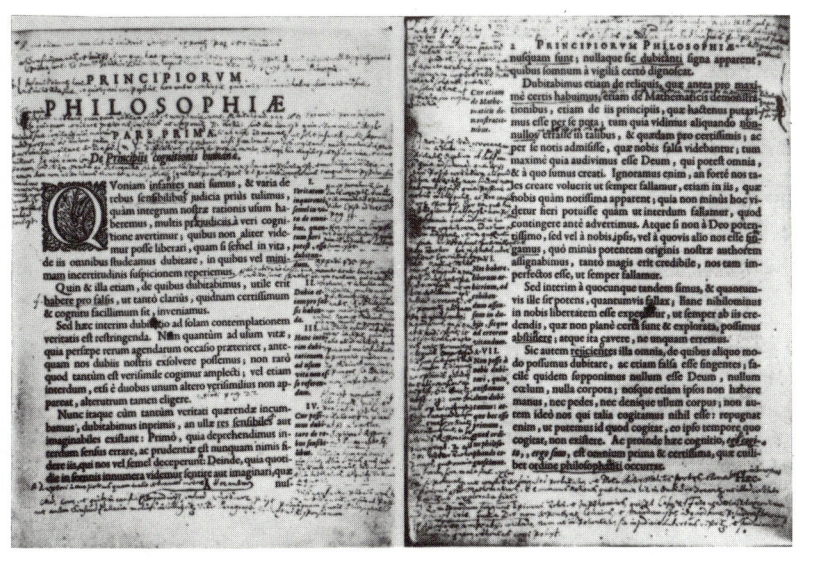

Abbildung 3.4–4
Die aus vier Teilen bestehenden **Principia Philosophiae** sind 1644 erschienen. Im ersten Teil, der die grundlegenden philosophischen Thesen enthält, werden die im *Discours* dargelegten Gedankengänge präzisiert und geordnet. Im zweiten Teil setzt sich *Descartes* mit den Eigenschaften und Gesetzmäßigkeiten der Materie und ihren Bewegungsvorgängen auseinander. Im dritten Teil wird das Weltmodell *Descartes'* ausgehend von den Bewegungsgesetzen erläutert, und im vierten Teil werden schließlich die Eigenschaften der Erde abgehandelt. Hier ist auch die kartesianische Deutung der Schwerkraft sowie eine ausführliche Erklärung der Gezeiten zu finden

Ich finde durchaus kein Gefallen daran, von meinen eigenen Verdiensten zu reden. Da es aber nur wenige Leute gibt, die meine Geometrie zu verstehen imstande sind und da Sie mich jetzt aufgefordert haben, meine Meinung über sie darzulegen, glaube ich, es ist dies die beste Gelegenheit, zu erklären... daß ich in der *Dioptrik* und in den *Meteoren* versucht habe zu beweisen, meine Methode sei der üblichen überlegen und nach meiner Überzeugung ist mir der Beweis mit meiner *Geometrie* auch gelungen. Ich habe nämlich gleich zu Anfang eine Frage gelöst, die nach dem Zeugnis des *Pappus* keinem der Mathematiker des Altertums zu lösen gelang, ich kann aber auch gleich hinzufügen, dies sei auch keinem der Modernen gelungen. ... Was aber den zweiten Teil betrifft, in dem von der Natur und den Eigenschaften der Kurven sowie von der Methode, diese zu untersuchen, die Rede ist, nun, es scheint mir, diese übertreffe die übliche Geometrie in demselben Maße, wie *Ciceros* Rhetorik das *ABC* der Kinder...

Im übrigen bin ich der Meinung, daß, nachdem

An dieser Stelle stoßen wir im kartesianischen System auf die Dualität, die in der weiteren Entwicklung noch viele Probleme verursachen sollte. Neben die denkende Substanz, die *res cogitans* oder Seele, tritt die *res extensa*, die ausgedehnte Substanz oder Materie. Bereits zu Lebzeiten DESCARTES' wurde die Frage diskutiert, wie die beiden Substanzen miteinander in Beziehung treten können oder auf welche Weise die Seele mit der Materie wechselwirken kann *(Abbildung 3.4–6)*.

Für die Entwicklung der Physik sind nur zwei Momente der kartesianischen Philosophie von Bedeutung: Die Betonung der mathematischen oder deduktiven Methode ist für die theoretische Durchdringung der Physik wesentlich, und für konkrete Untersuchungen ist bedeutsam gewesen, daß ich bei allen Arten von Fragen mitgeteilt habe, wie ich zuwege gebracht habe, was zu tun überhaupt möglich war und auch die dazu nötigen Mittel angegeben habe, nicht nur jedermann zur Kenntnis nehmen muß, ich hätte mehr vollbracht als meine Vorgänger. Es kann auch jedermann davon überzeugt sein, daß unsere Nachfahren in diesem Themenkreis nie etwas finden werden, was ich nicht ebensogut auch selber hätte finden können, wenn ich mir die Mühe genommen hätte, es zu suchen.

Ich ersuche Sie aber, diese meine Mitteilungen nicht an andere weiterzugeben, da es mir peinlich wäre, wenn andere erfahren würden, wie viel ich Ihnen über obiges geschrieben habe.

Descartes: Brief an Mersenne, Ende (?) Dezember 1637

Zitat 3.4–3
Um ernstlich zu philosophieren und die Wahrheit aller erkennbaren Dinge aufzusuchen, müssen deshalb zunächst alle Vorurteile abgelegt werden, d. h., man muß sich vorsehen und den früher angenommenen Ansichten nicht vertrauen, bevor sie nicht einer neuen Prüfung unterworfen und als wahr erkannt worden sind. Dann ist der Reihe nach auf die Begriffe zu achten, die wir in uns haben, und nur die, welche bei solcher Prüfung als klare und deutliche erkannt werden, aber auch diese sämtlich, sind für wahr zu halten. Bei diesem Geschäft werden wir zunächst bemerken, daß wir sind, soweit wir denkender Natur sind; ferner, daß Gott ist, daß wir von ihm abhängen, und daß aus der Betrachtung seiner Attribute die Wahrheit der übrigen Dinge kann erforscht werden, weil er ihre Ursache ist; endlich, daß außer den Vorstellungen Gottes und unserer Seele in uns auch die Kenntnis vieler Sätze von ewiger Wahrheit bestehen, z. B. daß aus nichts nichts wird usw.; ferner die Kenntnis der körperlichen, d. h. ausgedehnten, teilbaren, beweglichen Natur usw.; ferner einiger uns erregenden Empfindungen, wie des Schmerzes, der Farben, der Geschmäcke usw., obgleich wir noch nicht die Ursache kennen, weshalb sie uns so erregen. Indem wir das mit unseren früheren Gedanken vergleichen, werden wir die Fertigkeit erlangen, von allen erkennbaren Dingen klare und deutliche Begriffe zu bilden. — In diesem Wenigen scheinen mir die Hauptsätze der menschlichen Erkenntnis enthalten zu sein.

DESCARTES: *Die Prinzipien der Philosophie.* Teil 1, Art. 75. Deutsch von *J. H. Kirchmann.* 1870

Zitat 3.4–4
Deshalb nahm ich, weil die Sinne uns manchmal täuschen, an, daß es nichts gebe, was so beschaffen wäre, wie sie es uns bieten, und da in den Beweisen, selbst bei den einfachsten Sätzen der Geometrie, oft Fehlgriffe begangen und falsche Schlüsse gezogen werden, so hielt ich mich auch hierin nicht für untrüglich und verwarf alle Gründe, die ich früher für zureichend angesehen hatte. Endlich bemerkte ich, daß dieselben Gedanken wie im Wachen auch im Traum uns kommen können, ohne daß es einen Grund für ihre Wahrheit im ersten Falle gibt; deshalb bildete ich mir absichtlich ein, daß alles, was meinem Geiste je begegnet, nicht mehr wahr sei als die Täuschungen der Träume. Aber hierbei bemerkte ich bald, daß, während ich alles für falsch behaupten wollte, doch notwendig ich selbst, der dies dachte, etwas sein müsse, und ich fand, daß die Wahrheit: *„Ich denke, also bin ich"*, so fest und so gesichert sei, daß die übertriebensten Annahmen der Skeptiker sie nicht erschüttern können. So glaubte ich diesen Satz ohne Bedenken für den ersten Grundsatz der von mir gesuchten Philosophie annehmen zu können.

DESCARTES: *Abhandlung über die Methode.* Vierter Abschnitt. Deutsch von *J. H. Kirchmann.* 1882

DESCARTES die Ausdehnung und die damit eng zusammenhängende Bewegung als primäre Eigenschaft der Materie angesehen hat. Davon ausgehend hat DESCARTES gefordert, alle Eigenschaften einschließlich der Gravitationswirkung auf die Ausdehnung und Bewegung der Körper zurückzuführen. Mit dieser Forderung hat er der Physik ein Programm gegeben. Charakteristisch für ihn ist die an ARCHIMEDES erinnernde Aussage: *Gebt mir die Ausdehnung und die Bewegung, und ich konstruiere daraus die ganze Welt.* Bei einem solchen Herangehen ist es verständlich, daß eine Wechselwirkung zwischen den Körpern nur bei ihrer Berührung möglich ist, so daß die Stoßprozesse und Stoßgesetze eine besondere Bedeutung in der gesamten

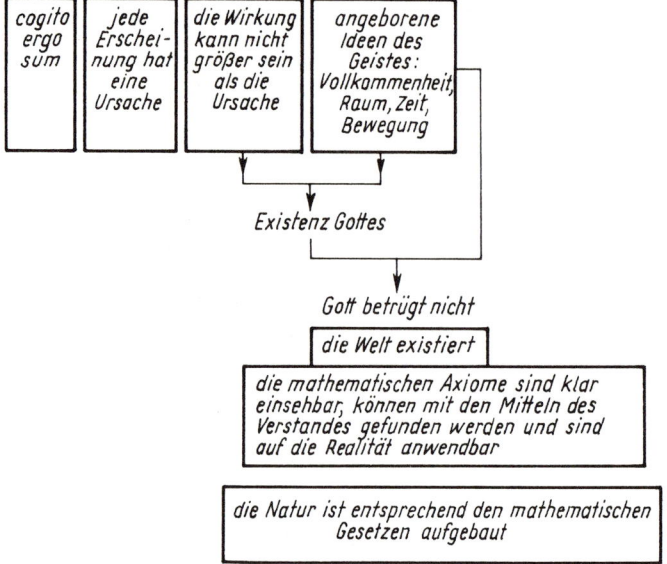

Abbildung 3.4–5
Zum logischen Zusammenhang zwischen den Grundideen *Descartes'*

kartesianischen Naturphilosophie gewinnen. Wir haben bereits davon gesprochen, daß der einfachste Weg zum Begriff der Impulsänderung und so schließlich zu den Newtonschen Gesetzen über die Stoßgesetze führt. Wir wissen nicht, inwieweit es nur Zufall gewesen ist, daß sich DESCARTES bei der Übertragung der mathematischen Methode auf die Philosophie von der Materie gerade eine solche Auffassung erarbeitet hat, die die Physik zum gegebenen Zeitpunkt zu ihrer Weiterentwicklung gerade benötigt hat.

3.4.3 Die kartesianischen Bewegungsgesetze

Wir wollen nun auf die vom Standpunkt der Physik aus wichtigen Bewegungsgesetze *(Abbildung 3.4–7)* zu sprechen kommen. Diese Gesetze lassen sich wie folgt darstellen:

1. Ein Körper bleibt so lange in Ruhe, so lange keinerlei Wirkung auf ihn ausgeübt wird; ein sich bewegender Körper setzt jedoch seine Bewegung bis zu dem Zeitpunkt mit unveränderter Geschwindigkeit fort, bis er mit irgend etwas zusammentrifft, das die Bewegung ändert.

2. Jeder sich bewegende Körper ist bestrebt, seine Bewegung *geradlinig* fortzusetzen *(Zitat 3.4–5a)*.

DESCARTES hat erkannt, daß eine Kraft benötigt wird, um einen Körper auf einer Kreisbahn zu führen. Dieser These von DESCARTES begegnen wir auch bereits in der unveröffentlichten Arbeit *Le monde*. Wir wollen an dieser Stelle darauf hinweisen, daß GALILEI auch noch zu einem weitaus späteren Zeitpunkt geglaubt hat, daß die Bewegung auf der Kreisbahn naturgegeben ist und daß keine Kraft benötigt wird, sie aufrechtzuerhalten.

3. Begegnet ein Körper einem anderen und ist die auf das Fortsetzen der Bewegung ausgerichtete Kraft kleiner als der Widerstand des zweiten Körpers, dann ändert der Körper seine Bewegungsrichtung, ohne an Bewegung zu verlieren. Ist seine Kraft aber größer, dann nimmt er den anderen Körper mit, wobei er so viel von seiner Bewegung verliert, wie er auf den zweiten Körper überträgt. Stößt ein Körper z. B. mit einem größeren ruhenden Körper zusammen, dann prallt er in die Richtung zurück, aus der er gekommen ist, ohne etwas von seiner Bewegung einzubüßen.

DESCARTES hat aus dem allgemeinen Stoßprinzip acht konkrete Regeln abgeleitet. Die erste von ihnen lautet: Bewegen sich zwei gleiche Körper, die auch gleich hart sind, mit der gleichen Geschwindigkeit aufeinander zu, dann prallen beide nach dem Stoß nach der Seite zurück, aus der sie gekommen sind, ohne an Geschwindigkeit zu verlieren. Dieses Gesetz folgt auch aus den heute gültigen Stoßgesetzen, wenn wir sie auf völlig elastische Körper gleicher Masse anwenden. Die meisten anderen Regeln sind jedoch fehlerhaft. Auf der *Abbildung 3.4–8* sind eine falsche sowie einige richtige Regeln dargestellt. Auf die Fehler hat man bereits zu DESCARTES' Lebzeiten hingewiesen. Auch DESCARTES selbst hat gewußt, daß seine Ergebnisse nicht in jedem Falle mit der alltäglichen Erfahrung übereinstimmen, nichtsdestoweniger hat er ein lebendiges Beispiel für die von BACON herausgestellten menschlichen Schwächen abgegeben und die Ursache lieber in den Versuchsbedingungen als in einem Fehler seiner Theorie gesehen *(Zitat 3.4–5b)*. Wir wissen heute natürlich – und der junge HUYGENS hat bereits darauf hingewiesen – daß die Fehlerhaftigkeit der Gesetze daraus folgt, daß DESCARTES einerseits keinen Unterschied zwischen elastischem und unelastischem Stoß gemacht und zum anderen den Vektorcharakter des Impulses nicht berücksichtigt hat, was in den untersuchten einfachen Fällen heißt, daß er der Geschwindigkeit kein Vorzeichen zuordnete.

DESCARTES hat nach der Formulierung und detaillierten Ausarbeitung von Grundgesetzen der Bewegung damit begonnen, mit ihrer Hilfe eine Deutung aller Erscheinungen in der sichtbaren Welt zu geben. Das Vorhaben ist grandios, aber wir können nicht umhin festzustellen, daß es übereilt und somit undurchführbar war. Es ist völlig aussichtslos, auf Grund solch einfacher Gesetzmäßigkeiten, die nicht einmal in quantitativer Form vorgelegen haben, das komplizierte Weltgeschehen verstehen zu wollen. Trotzdem lohnt es sich, ein wenig ausführlicher auf das von DESCARTES aufgestellte System einzugehen – nicht nur der Kühnheit der Gedanken wegen, sondern auch wegen der vielen im Kern richtigen Ansätze, die beim Ausbau des Systems verwendet worden sind. An sie konnte später erfolgreich bei der Entwicklung der einzelnen Wissenschaftszweige angeknüpft werden.

3.4.4 Die erste Kosmogonie

DESCARTES wollte nicht nur eine Erklärung für den gegenwärtigen Zustand der Welt vorlegen, sondern auch auf die Frage antworten, wie sich dieser Zustand herausbilden konnte. Bei einer solchen Fragestellung mußte er sowohl sein eigenes als auch das Gewissen des Lesers dahingehend beruhigen, daß seine Theorie nicht im Widerspruch zur Bibel steht *(Zitat 3.4–6)*. Er hat sich dabei nicht auf die übliche Formel beschränkt, daß seine Theorie einen hypothetischen Charakter trage, ihr Wahrheitsgehalt nicht sicher sei und daß sie bestenfalls – so wie die Himmelsmechanik – ein verbessertes Berechnungsverfahren abgebe, sondern eindeutig ausgesagt, daß die von ihm gegebene Erklärung für die Entstehung der Welt falsch ist, denn es sei ja gut bekannt, daß die Welt, so wie sie gegenwärtig existiert, in sechs Tagen in ihrer Vollkommenheit von Gott geschaffen worden sei. Welchen Sinn hätte denn aber noch eine derartige Entstehungstheorie? DESCARTES' Antwort ist, daß die Fragestellung sehr wohl eine Berechtigung habe, ob der jetzige Zustand der Welt auch als Ergebnis einer von den Naturgesetzen bestimmten Entwicklung aus einem Urzustand heraus verstanden werden kann. Der menschliche Verstand werde von einem derartigen Nachvollziehen und Verständlichmachen der Erscheinungen genauso befriedigt, als wenn die Annahmen hinsichtlich des Ausgangszustandes tatsächlich erfüllt wären.

Folgen wir nun DESCARTES und nehmen an, daß die Welt zu Beginn der Entwicklung aus einer völlig homogenen Materie, in der eine bestimmte Bewegungsmenge enthalten war, bestanden hat. In Teilen der ursprünglich homogenen Welt ist es zu Zusammenballungen gekommen, und über Stoßprozesse haben sich dann die drei Urstoffe herausgebildet *(Abbildung 3.4–9)*. Der eine dieser Urstoffe ist fein und beweglich; er entspricht im wesentlichen dem aristotelischen Feuer (in der ersten Darstellung seiner Theorie in der Arbeit *Le monde* hat DESCARTES diese Bezeichnungsweise

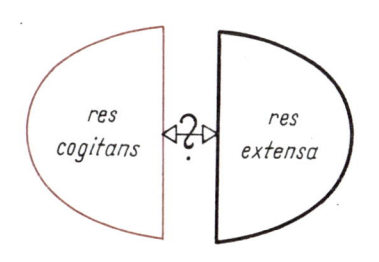

Abbildung 3.4–6
Nach *Descartes* gibt es zwei voneinander unabhängige Substanzen. Im darauffolgenden Jahrhundert ist die Dualität der Welt und die Wechselwirkung zwischen den beiden Substanzen in den Mittelpunkt der philosophischen Diskussionen geraten

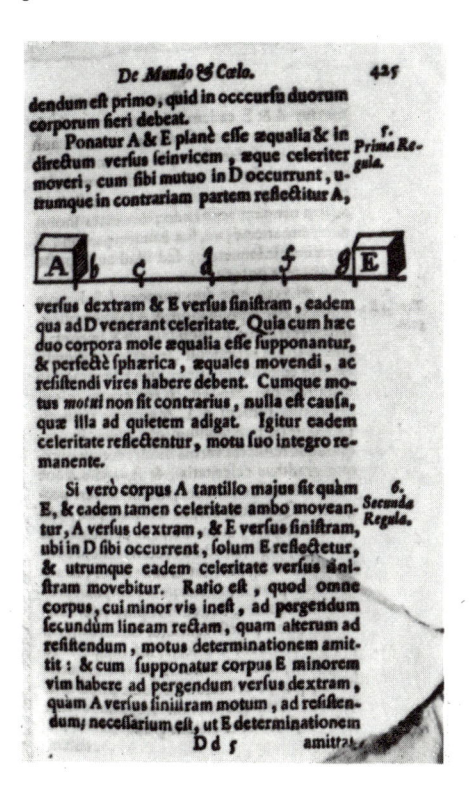

Abbildung 3.4–7
So werden die kartesianischen Bewegungsgesetze in einem Hochschullehrbuch aus dem Jahre 1679 abgehandelt.
Antonii Le Grand Institutio Philosophiae secundum Principia D. Renati Descartes. In usum juventutis academicae. Noribergae, MDCLXXIX

Zitat 3.4–5a
Aus derselben Unveränderlichkeit Gottes können wir gewisse Regeln als Naturgesetze entnehmen, welche die zweiten und besonderen Ursachen der verschiedenen Bewegungen sind, die wir an den einzelnen Körpern bemerken. Das *erste* dieser Gesetze ist, daß jede Sache als einfache und ganze, soviel von ihr abhängt, in demselben Zustand verharrt und ihn nur in Folge äußerer Ursachen verändert. Ist daher ein Teil des Stoffes viereckig, so sehen wir leicht ein, daß er immer viereckig bleiben wird, solange nicht von außen etwas kommt, was seine Gestalt verändert. Ruht er, so sind wir überzeugt, daß er sich nicht zu bewegen anfangen wird, wenn nicht eine Ursache ihn dazu anstößt. Und derselbe Grund ist es, weshalb wir annehmen, daß eine bewegte Sache niemals von selbst und ohne von einer anderen gehemmt zu werden, ihre Bewegung aussetzen werde. Daraus folgt, daß das Bewegte, soviel von ihm abhängt, sich immer bewegen wird.

Das zweite Naturgesetz ist, daß jeder Teil des

Stoffes, für sich betrachtet, nur in gerader Richtung, aber nie in gekrümmter seine Bewegung fortzusetzen strebt.
DESCARTES: *Die Prinzipien der Philosophie.* Teil 2, Art. 37, 39. Deutsch von *J. H. Kirchmann.* 1870

Zitat 3.4–5b
Der Beweis (dieser Regeln) beruht auf so festen Grundlagen, daß selbst, wenn die Erfahrung das Gegenteil zu beweisen schiene, wir eher unserer Vernunft als unseren Sinnen Glauben schenken müßten.
DESCARTES: *Principia Philosphiae.* Pars III, Sectio 52

a) *elastischer Stoß zweier Körper gleicher Masse und gleicher Geschwindigkeit*

b) *für einen unelastischen Stoß erhält Descartes auch hier ein richtiges Ergebnis*

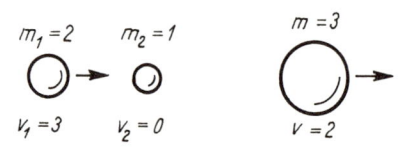

c) *auch dieses Ergebnis ist richtig*

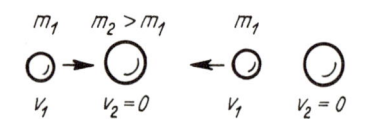

d) *dieses Ergebnis ist bereits falsch*

Abbildung 3.4–8
Drei, für Spezialfälle gültige und eine immer richtige unter den falschen Regeln für den Stoß. *Descartes* hat irrtümlich angenommen, daß die Größe $m|u|$ konstant ist

auch noch verwendet). Für den zweiten Urstoff, der in der aristotelischen Nomenklatur als Luft bezeichnet wird, sind Beweglichkeit und Kugelförmigkeit kennzeichnend, und schließlich verbleibt noch der aus größeren und gröberen Bestandteilen bestehende Urstoff, der der aristotelischen Erde entspricht. Ein Gemisch aus diesen drei Stoffen füllt den Raum stetig und ohne Zwischenräume aus, d. h., in der kartesianischen Theorie gibt es keine Atome und auch kein Vakuum, so daß das gesamte Weltall mit einem aus drei Flüssigkeiten bestehenden Stoffgemisch ausgefüllt ist, das bestimmte Formen annehmen kann. Zunächst bilden sich wegen der von Anfang an vorhandenen Bewegungsmenge in der Flüssigkeit riesige Wirbel heraus, die schließlich zu einer Trennung der einzelnen Stoffe führen. Im Wirbelzentrum sammelt sich der feine, leuchtende Stoff an, so daß sich Sonne und Fixsterne herausbilden. Die schwereren Stoffe streben nach außen, da auf sie infolge der Drehbewegung eine größere Kraft wirkt. Zu jedem Fixstern gehört ein wirbelerfülltes Raumgebiet, in dem es zu Ansammlungen der dritten Stoffart kommt, die dann die Planeten bilden. Die glatten, elastischen Kugeln der zweiten Stoffart füllen den gesamten Raum aus und leiten das Licht weiter.

In der *Abbildung 3.4–10* sind einige dieser Wirbel dargestellt. Sie grenzen so aneinander, daß sie sich in ihrer Bewegung gegenseitig nicht behindern. Um dies zu erreichen, müssen die Wirbelpole an Stoffströmungen längs des Äquators anderer Wirbel grenzen. Der Stoff ist jedoch bestrebt, sich von der Rotationsachse zu entfernen, wobei die einzelnen Stoffarten entsprechend ihrer unterschiedlichen Beweglichkeit unterschiedlich wirksam sind. Eine Bewegung vom Wirbelzentrum weg kann nur dort stattfinden, wo vom Nachbarwirbel keine Gegenwirkung ausgeübt wird, d. h. entlang der Wirbelachse des Nachbarwirbels. In Richtung der Wirbelachse strömt somit von beiden Seiten Stoff in das Innere der Wirbel hinein und sammelt sich im Wirbelzentrum an. So bildet sich eine ständige wirbelartige Strömung feinen Stoffs um die Fixsterne herum, die als Quelle des Lichtes betrachtet werden kann.

Um die Bewegungsvorgänge im Sonnensystem zu verstehen, nehmen wir an, daß der um die Sonne herumwirbelnde Stoff die Erde mit sich nimmt, der um die Erde wirbelnde Stoff aber den Mond. Zur Veranschaulichung betrachten wir die Wirbel auf der Oberfläche eines Flusses, die von der Strömung des Flusses mitgenommen werden. DESCARTES behauptet folglich, daß sich die Planeten *nicht bewegen,* da die Bewegung in einer Änderung der relativen Lage der Körper in bezug auf ihre Umgebung besteht und diese sich nicht verändert *(Zitat 3.4–7, Abbildung 3.4–11).*

DESCARTES hat fernwirkende Anziehungskräfte als okkulte Größen angesehen. Mit der Wirbelbewegung hat er nicht nur die Besonderheiten der Planetenbahnen erklärt, sondern auch das Problem der Gravitation behandelt, d. h. die Frage, weshalb die Körper schwer sind oder, genauer, warum ein schwerer Körper zum Erdmittelpunkt hin zu fallen versucht. DESCARTES hat diese Eigenschaft wie folgt veranschaulicht *(Abbildung 3.4–12)*: Schütten wir in ein Glasgefäß ein homogenes Gemisch aus Bleischrot und Holzspänen und drehen das Gefäß dann um eine senkrechte Achse, dann beobachten wir, daß sich die Holzspäne zur Drehachse hin bewegen, das Bleischrot aber an die Glaswandung gedrückt wird. (Wir merken hier an, daß dieses Phänomen in den Zentrifugen genutzt wird, die in Industrie und Wissenschaft weit verbreitet sind.)

Die Analogie ist nur dann vollständig, wenn wir voraussetzen, daß das Schrot eine Modellsubstanz für die dritte Stoffart ist. DESCARTES konnte im übrigen aus seiner Theorie auch noch schlußfolgern, daß ein mit einer genügend großen Geschwindigkeit von der Erde hochgeworfener Körper nicht zur Erde zurückkehrt.

Wir fassen nun die positiven Seiten der kartesianischen Weltdeutung zusammen:

Unabhängig von ihrem metaphysischen Hintergrund ist diese Weltdeutung bestimmt und eindeutig materialistisch.

DESCARTES betont die stoffliche Einheit der gesamten Welt und begnügt sich nicht nur mit der Feststellung, daß himmlische und irdische Gesetzmäßigkeiten prinzipiell gleich sind, sondern sagt aus, daß die Bewegungsgesetze der Planeten und so auch aller Himmelskörper mit den Bewegungsgesetzen der irdischen Körper übereinstimmen.

DESCARTES strebt nach Anschaulichkeit, und er hebt hervor, daß der

Ablauf der Erscheinungen rational verstehbar ist und anschaulich dargestellt werden kann.

Dieses Anschaulichmachen hängt eng mit DESCARTES' Bestreben zusammen, die Welt mit Hilfe der Gesetze der Mechanik erklären zu wollen *(Zitat 3.4–8)*. Das Streben nach einer mechanischen Welterklärung hat die Physik die drei folgenden Jahrhunderte über beherrscht. Selbst noch zu Ende des 19. Jahrhunderts hat kein Geringerer als LORD KELVIN behauptet, daß die Naturerscheinungen nur dann wirklich erklärt werden können, wenn wir mit Materieformen arbeiten, die den Gesetzen der Hydrodynamik genügen. Wenn auch die in der modernen Physik – so z. B. in der Kernphysik – verwendeten hydrodynamischen Modelle und die hydrodynamische

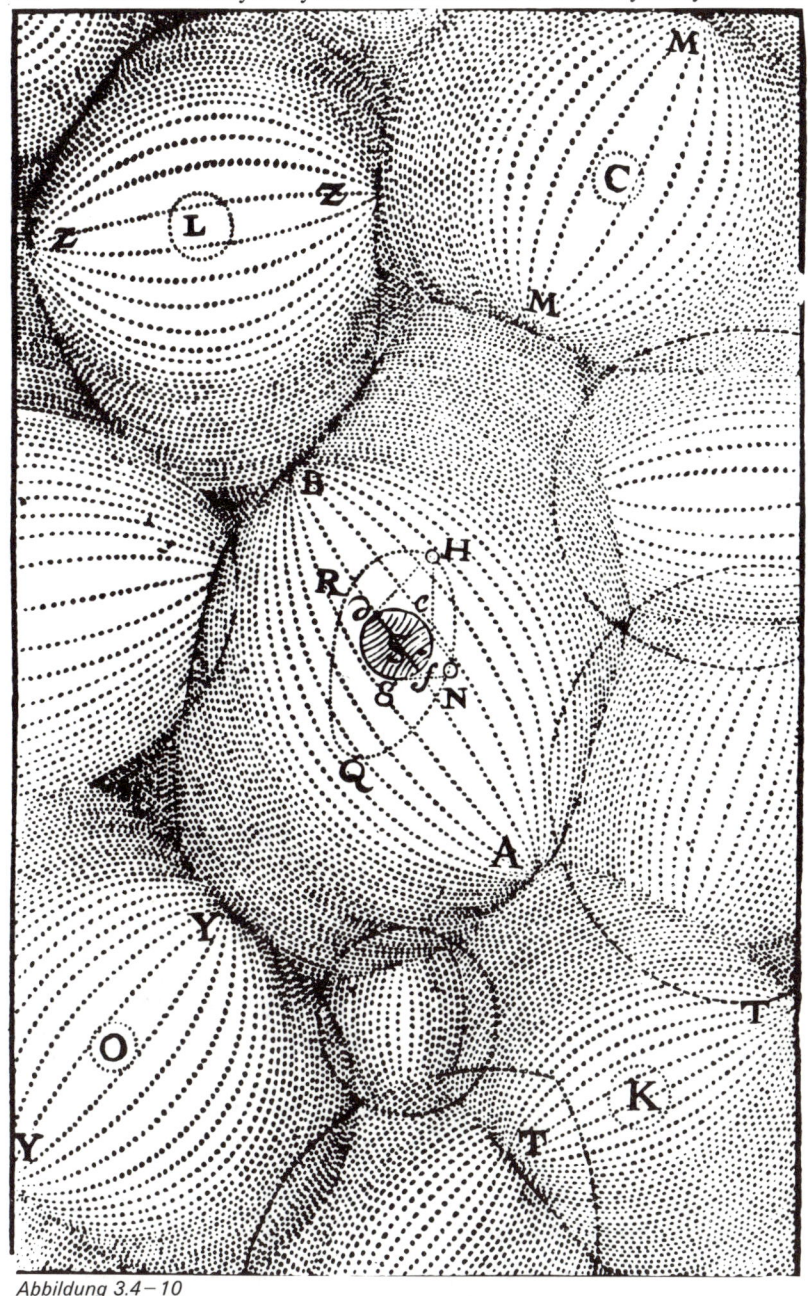

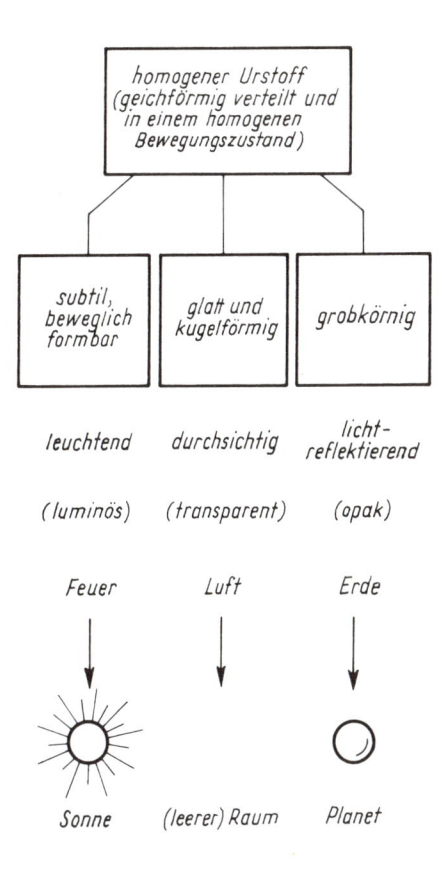

Abbildung 3.4–9
Die drei „Grund"-Stoffe der kartesianischen Welt

So haben wir bereits zwei sehr verschiedene Arten des Stoffes, welche die zwei ersten Elemente dieser sichtbaren Welt genannt werden können; die erste Art ist die, welche solche Stärke der Bewegung hat, daß sie bei der Begegnung mit anderen Körpern in Stückchen von endloser Kleinheit zerspringt und ihre Gestalt der Enge der von jenen frei gelassenen Lücken anpaßt. Die andere Art ist die, welche in kugelige und zwar im Vergleich mit den sichtbaren Körpern, in sehr kleine Teilchen geteilt ist. Diese Teilchen haben aber doch eine feste und bestimmte Größe und sind in viel kleinere teilbar. Eine dritte Art, die entweder aus stärkeren Stücken oder aus einer weniger zur Bewegung geeigneten Gestalt besteht, wird sich bald ergeben, und wir werden zeigen, daß aus diesen dreien alle Körper der sichtbaren Welt sich bilden. Aus der ersten Art entstehen nämlich die Sonne und die Fixsterne, aus der zweiten der Himmel, aus der dritten die Erde mit den Planeten und Kometen. Denn da die Sonne und die Fixsterne Licht von sich absenden, die Himmel es weiter senden, die Erde, die Planeten und Kometen es aber zurücksenden, so wird dieser dreifache, dem Anblick sich darbietende Unterschied nicht mit Unrecht auf drei Elemente zurückzuführen sein.
Descartes: Die Prinzipien der Philosophie. Teil 3, Art. 52

Zitat 3.4–6
Neben diesem Allgemeinen könnte noch viel Besonderes nicht bloß in betreff der Sonne, der Planeten, der Kometen und Fixsterne, sondern vorzüglich auch in betreff der Erde (nämlich alles, was wir auf ihrer Oberfläche vorgehen sehen) als Erscheinungen hier aufgezählt werden. Denn um die wahre Natur dieser sichtbaren Welt zu erkennen, genügt es nicht, einzelne Ursachen aufzufinden, welche das fern am Himmel Geschehene erklären, sondern es muß daraus auch alles, was wir auf der Erde in der Nähe sehen, sich ableiten lassen. Es ist indes nicht nötig, alles dies zur Bestimmung der Ursachen der allgemeinen Verhältnisse zu betrachten; doch werden wir sie nur dann als richtig

Abbildung 3.4–10
Die Achsen der dargestellten Wirbel sind durch *AB*, *TT'*, *YY'*, *ZZ'* und *MM'*, die dazugehörigen Zentren (Fixsterne) durch *S*, *K*, *O*, *L* und *C* gekennzeichnet. Längs der Achse *AB* gelangt aus den Wirbeln *L* und *K* subtiler Stoff in den Wirbel hinein, rotiert um den Punkt *S* und bewegt sich dann auf einer spiralförmigen Bahn nach außen, so daß er schließlich entlang der entsprechenden Wirbelachsen in die Wirbel *O* und *C* strömt. Die Kenngrößen des zweiten Stoffes – Größe und Geschwindigkeit – zeigen dabei nach einiger Zeit bestimmte Regelmäßigkeiten. Im Inneren des durch die Kurve *HNQR* abgegrenzten Gebietes werden die Teilchen zum Zentrum hin immer feiner und schneller, außerhalb der Kurve ist ihre Größe konstant, und ihre Geschwindigkeit nimmt mit der Entfernung vom Wirbelzentrum zu, so daß die Geschwindigkeit auf der Bahnkurve *HNQR* minimal ist. Die um den Stern rotierende erste Stoffart kann sich zusammenballen und dabei Flecken auf der Sternoberfläche bilden, die schließlich eine Auflockerung des Sterns begünstigen, so daß er von einem anderen Wirbel aufgenommen werden kann. Auf diese Weise entstehen die Kometen und auch die Planeten

221

von uns bestimmt erkennen, wenn wir daraus nicht bloß das, auf was wir geachtet haben, sondern auch alles andere, was man bis dahin nicht bedacht hatte, ableiten können.

Wenn wir hierbei nur klar erkannte Prinzipien benutzen und die Folgerungen nur in praktischer Weise aus ihnen ableiten, und wenn dann das so Abgeleitete mit allen Naturerscheinungen genau übereinstimmt, so würden wir sicherlich Gott beleidigen, wenn wir die auf diese Weise ermittelten Ursachen der Dinge als falsch beargwöhnten und meinten, er habe uns so unvollkommen geschaffen, daß wir selbst bei dem richtigen Gebrauche unserer Vernunft irren.

Um indes auch nicht zu anmaßend zu erscheinen, wenn ich bei der Erforschung so großer Dinge die echte Wahrheit gefunden zu haben behaupte, so will ich dies lieber unentschieden lassen und alles hierüber jetzt folgende nur als eine Hypothese bieten, die selbst, wenn sie falsch wäre, doch sich mir der Mühe zu verlohnen scheint, sofern all ihre Ergebnisse mit der Erfahrung übereinstimmen. Denn dann wird sie uns für das Leben so viel Nutzen wie die Wahrheit selbst gewähren.

Ich werde sogar zur besseren Erklärung der Naturgegenstände ihre Ursachen früher aufsuchen, als sie nach meiner Ansicht wirklich bestanden haben. Denn unzweifelhaft ist die Welt von Anfang an in aller Vollkommenheit geschaffen worden, so daß in ihr die Sonne, die Erde, der Mond und die Sterne bestanden und daß es auf der Erde nicht bloß Samen von Pflanzen, sondern diese selbst gab; auch sind Adam und Eva nicht als Kinder geboren, sondern erwachsen geschaffen worden. Dies lehrt uns die christliche Religion und auch der natürliche Verstand. Denn wenn man die Allmacht Gottes beachtet, so kann er nur das in allen Beziehungen Vollkommene geschaffen haben. Allein dennoch ist es zur Erkenntniss der Natur der Pflanzen und Menschen besser, ihre allmähliche Entstehung aus den Samen zu beobachten, als so, wie sie Gott bei dem Beginn der Welt geschaffen hat. Können wir daher gewisse Prinzipien entdecken, die einfach und leicht faßbar sind und aus denen, wie aus dem Samen, die Gestirne und die Erde und alles, was wir in der sichtbaren Welt antreffen, abgeleitet werden kann, wenn wir auch wissen, daß sie nicht so entstanden sind, so werden wir doch auf diese Weise ihre Natur weit besser erklären, als wenn wir sie nur so, wie sie jetzt sind, beschreiben. Da ich nun glaube, solche Prinzipien gefunden zu haben, so will ich sie hier kurz darlegen.

DESCARTES: *Untersuchungen über die Grundlagen der Philosophie.* Teil 3, Art. 42–45. Deutsch von *J. H. Kirchmann.* 1882

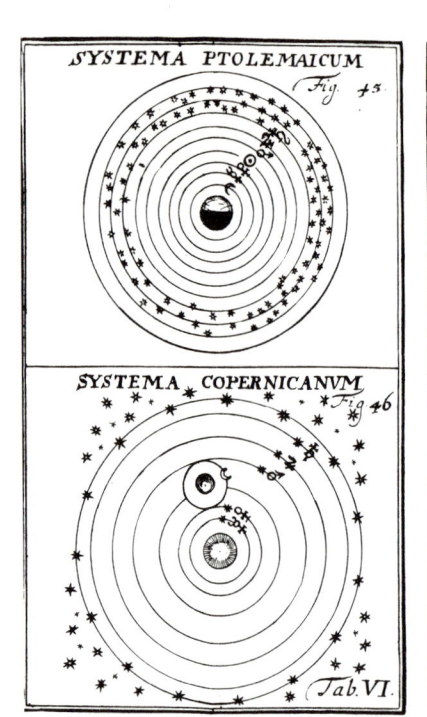

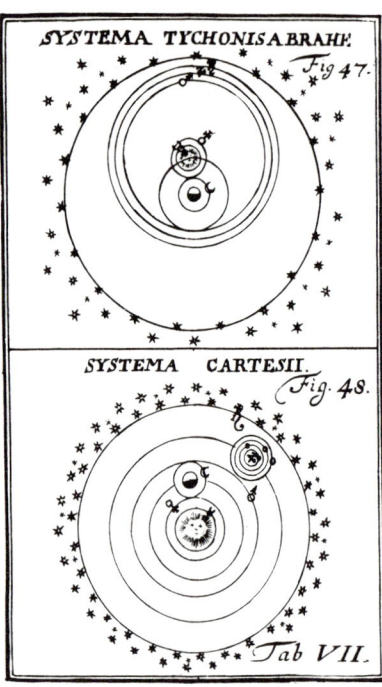

Abbildung 3.4–11
Das Descartessche System wurde noch Anfang des 18. Jahrhunderts als eines der möglichen, sogar progressiven Systeme betrachtet und gelehrt. *H. Winckler: Institutiones Philosophiae Wolfianae.* Lipsiae 1735

Deutung der Quantenmechanik nicht unmittelbar an DESCARTES anknüpfen, ihr Ursprung ist jedoch bei ihm zu suchen.

DESCARTES ist der erste, der einem Erhaltungssatz eine – wenn auch noch nicht genau die ihm zukommende – Rolle zuweist *(Zitat 3.4–9).*

Das erste Mal in der Wissenschaftsgeschichte begegnen wir hier einer physikalischen Deutung der Entstehung bzw. Herausbildung der Welt in ihrer heutigen Form.

Ungeachtet seiner Religiosität hat DESCARTES entschieden mit der theologischen Darstellung gebrochen *(Zitat 3.4–10).*

DESCARTES hat sich in der Wissenschaft nicht nur durch diese Arbeiten einen Namen gemacht. Wir würdigen in erster Linie seine in der Mathematik erzielten Ergebnisse, wenn wir das rechtwinklige Koordinatensystem als kartesianisches System bezeichnen, und an seine Beiträge zur Optik erinnert die Bezeichnung *Snellius-Cartesius-Gesetz* für das Brechungsgesetz. Von diesen Leistungen wird in den folgenden Abschnitten noch die Rede sein.

Die entscheidende Schwäche DESCARTES' liegt in der Überbetonung der Ratio zuungunsten des Experiments. Er hat sich so weitgehend auf das

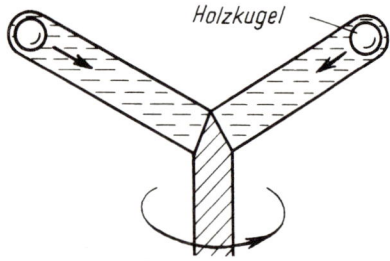

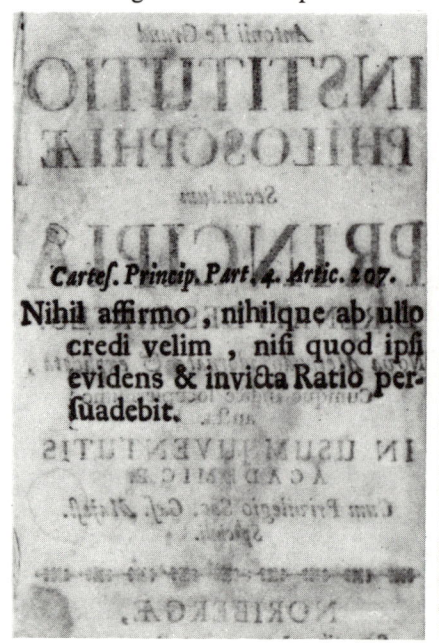

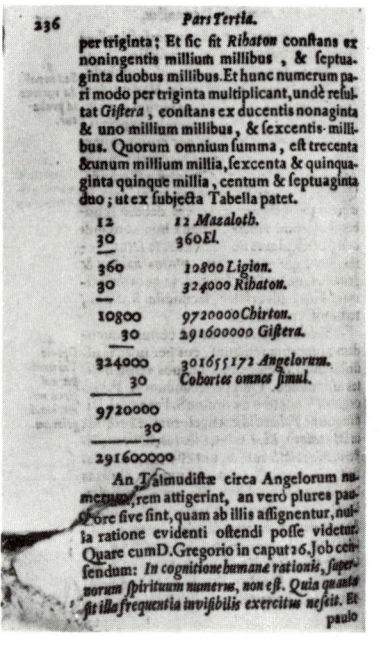

Abbildung 3.4–12
So erklärt *Descartes* das Zustandekommen der Gravitation. *Huygens* (1690, *Discours de la cause de la pesanteur*) hat dazu den Einwand erhoben, daß bei dieser Deutung ein Körper um so schwerer sein müßte, je weniger Substanzmenge er enthält

Abbildung 3.4–13a
Wir können den Einfluß *Descartes'* anhand der Zitate seiner Arbeiten in Abhandlungen anderer Autoren ermessen. In dem dargestellten Beispiel werden *Descartes'* Schriften wie die *Bibel* zitiert.

Ich behaupte nichts und will niemand etwas glauben machen, von dessen Richtigkeit er sich nicht klar und unleugbar mit seiner eigenen Vernunft überzeugt hat

Erfülltsein der klar einsehbaren Wahrheiten in der Wirklichkeit verlassen, daß er den Erfahrungstatsachen nur die Rolle zugewiesen hat, diese Wahrheiten zu stützen und für die „Schwächeren" leicht einleuchtende Argumente zu geben; als Schiedsrichter hat er sie nicht anerkannt.

Es hängt natürlich von jedem einzelnen ab, ob eine gegebene Wahrheit für ihn tatsächlich klar und deutlich einsehbar ist. In welchem Maße aber diese Wahrheiten schlechte Wegweiser sein können, zeigen die *Abbildungen 3.4–13a, b*.

Gegen Ende des Jahrhunderts hat HUYGENS zwar erkannt, daß Vernunft und Erfahrung von gleicher Bedeutung sind *(Abbildung 3.4–14)*, die kartesianischen Ideen haben jedoch weiter gewirkt und dabei allmählich ihren fortschrittlichen Charakter verloren, so daß schließlich die Bezeichnung „kartesianisch" die Bedeutung von „aristotelisch" angenommen und so einen reaktionären Beigeschmack bekommen hat.

Wir halten heute DESCARTES – selbst bei Berücksichtigung der Mängel seiner Arbeiten – für eine herausragende Persönlichkeit sowohl der Wissenschafts- als auch der Philosophiegeschichte.

3.4.5 An der Peripherie des westlichen Kulturkreises

Werden in eine Landkarte Zeichen eingetragen, die Symbole oder Maße irgendwelcher kultureller Institutionen bzw. Tätigkeiten darstellen, so z. B. der Verbreitung der Universitäten, so zeigt sich für das ausgehende Mittelalter, daß östlich des Meridians, der Polen und Ungarn halbiert, die betreffende Maßzahl praktisch auf Null fällt, im gegebenen Beispiel also keine Universität zu finden ist. Wenn wir aber die nähere Umgebung der Grenzlinie beobachten, sehen wir dort Hochschulen entstehen und rasch verschwinden, ein Zeichen dafür, daß in diesem Grenzgebiet einzelne bedeutendere Herrscher versuchen, die westliche Kultur anzusiedeln, daß diese jedoch aus verschiedenen Gründen nicht Fuß zu fassen vermag. So war z. B. schon in der ersten Hälfte des 11. Jahrhunderts der Hof JAROSLAWS DES WEISEN (978–1054), des Fürsten von Kiew, ein Schauplatz intensiven Kulturlebens. ANNA, die Tochter des Fürsten, nachmalige Ehefrau des französischen Königs HENRI I., gehörte zu den wenigen Frauen, die in Europa zu dieser Zeit lesen und schreiben konnten. Das Kiewer Fürstentum fiel schließlich der mongolischen Invasion zum Opfer. Ungarn hatte ebenfalls unter dieser Invasion zu leiden, konnte aber innerhalb eines Menschenalters seine Unabhängigkeit und Macht wiedergewinnen und war sogar am Ende des Mittelalters Großmacht in Mitteleuropa. Unter der Herrschaft LUDWIGS DES GROSSEN (1326–1382) kam es zur Personalunion mit Polen, und es wurde versucht, den Anschluß an das europäische Kulturleben zu finden, u. a. durch Gründung der kurzlebigen Pécser (Fünfkirchener) Universität im Jahre 1367. In der zweiten Hälfte des 15. Jahrhunderts war der Hof des ungarischen Königs MATTHIAS (1443–1490) ein Mittelpunkt der Renaissance-Kultur; der Leser mag aus den diesem Buch beigefügten Reproduktionen aus der Corvina-Bibliothek des Königshofes selbst ersehen, wie groß die Begeisterung und Empfänglichkeit für naturwissenschaftliche Kenntnisse war. Die so begonnene Entwicklung wurde jedoch durch die Eroberung des Landes durch die Türken (1526) und die anderthalb Jahrhunderte andauernde türkische Herrschaft erstickt. Die 1367 gegründete Universität hörte auf zu bestehen, und die berühmte Bibliothek des Königs MATTHIAS wurde in alle Winde zerstreut. Das in drei Teile zerfallene Ungarn hatte als Randstaat und permanenter Kriegsschauplatz nur sehr spärliche kulturelle Kontakte zum Westen; diese genügten jedoch, um neuen Gedanken – unter Mitwirkung großer Persönlichkeiten – das Eindringen und die Verbreitung in ungarischer Sprache zu ermöglichen. Das Weltbild des Kardinals PÉTER PÁZMÁNY (1570–1637), des Begründers einer Hochschule, aus der sich dann die Universität Budapest entwickelte, ist noch das aristotelische, seine Vision einer Welt, die für den Menschen geschaffen ist, noch mittelalterlich, aber seine zündenden Predigten zeugen von Begeisterung für Wissen und Wissenschaft und von seiner Verbundenheit mit der Natur. JOHANNES CSERE VON APÁCZA geht in seinem 1653, also drei Jahre nach DESCARTES' Tod, erschienenem Werk *Magyar Encyklopédia* schon vom kartesianischen *cogito* aus.

Abbildung 3.4–13b
Das Zitieren der Arbeiten *Descartes'* hindert den Autor jedoch nicht daran, für die Zahl der Engel eine neunstellige Ziffer anzugeben

Bacon: ratio et EXPERIENTIA
Descartes: RATIO et experientia
Huygens: RATIO ET EXPERIENTIA

Abbildung 3.4–14
Zum Ende des Jahrhunderts gelangen Ratio und Experiment wieder ins Gleichgewicht

Zitat 3.4–7
Hier muß man sich an das oben über die Natur der Bewegung Gesagte erinnern; daß sie nämlich (im eigentlichen Sinne, nach dem wirklichen Sachverhalt) nur die Überführung eines Körpers aus der Nachbarschaft der ihn berührenden Körper, welche als ruhend gelten, in die Nachbarschaft anderer ist. Oft wird aber im gemeinen Leben jede Tätigkeit, wodurch ein Körper aus einem Ort in einen anderen wandert, Bewegung genannt, und in diesem Sinne kann man sagen, daß eine Sache sich zugleich bewegt und nicht bewegt, je nach dem Orte, auf den man sie bezieht. Hieraus folgt, daß weder die Erde noch die anderen Planeten eine eigentliche Bewegung haben, weil sie sich nicht aus der Nachbarschaft der sie berührenden Himmelsstoffe entfernen, und diese Stoffe als in sich unbewegt angenommen werden; denn dazu gehörte, daß sie sich von allen Teilen dieses Stoffes auf einmal entfernten, was nicht geschieht. Allein der Himmelsstoff ist flüssig, und deshalb trennt sich bald dieses Teilchen, bald jenes von den berührten Planeten durch eine Bewegung, die den Teilchen, aber nicht dem Planeten zuzuschreiben ist; ebenso wie die teilweisen Bewegungen der Luft und des Wassers auf der Oberfläche der Erde nicht der Erde, sondern den Teilen der Luft und des Wassers beigelegt werden.
DESCARTES: *Die Prinzipien der Philosophie.* Teil 3, Art. 28

Indem so alle Vermutungen für die Bewegung der Erde beseitigt sind, müssen wir annehmen, daß der ganze Himmelsstoff, in dem die Planeten sich befinden, nach Art eines Wirbels, in dessen Mitte die Sonne ist, stetig sich dreht, und zwar die der Sonne näheren Teile schneller, die entfernteren langsamer, und daß alle Planeten (einschließlich der Erde) immer zwischen denselben Teilen des Himmelsstoffes bleiben. Dies genügt, um, ohne alle Künsteleien, die sämtlichen Erscheinungen derselben leicht zu verstehen. Denn so wie man in Flüssen, an Stellen, wo das Wasser in sich zurückkehrend Wirbel bildet, einzelne darauf schwimmende Grashalme sich mit dem Wasser zugleich fortbewegen sieht, andere aber sich um die eigenen Mittelpunkte drehen und ihre Kreisbewegung um so schneller beenden, je näher sie dem Mittelpunkte des Wirbels sind, und obgleich sie immer nach Kreisbewegungen streben, doch niemals vollkommene Kreise beschreiben, sondern in die Länge oder Breite etwas davon abweichen; ebenso kann man sich dasselbe bei den Planeten leicht vorstellen, und damit allein sind alle Erscheinungen erklärt.
DESCARTES: *Die Prinzipien der Philosophie.* Teil 3, Art. 30

Zitat 3.4–8

Wenn ich den unsichtbaren Körperteilchen eine bestimmte Gestalt, Größe und Bewegung zuteile, als wenn ich sie gesehen hätte, und dennoch anerkenne, daß sie nicht wahrnehmbar sind, so erhebt man vielleicht deshalb die Frage, woher ich diese Eigenschaften kenne. Ich antworte darauf, daß ich zunächst die einfachsten und bekanntesten Prinzipien, deren Kenntnis der Seele von Natur eingegeben ist, in Betracht genommen und überlegt habe, welches die vornehmsten Unterschiede in der Größe, Gestalt und Lage der nur wegen ihrer Kleinheit nicht wahrnehmbaren Körper sein könnten und welche wahrnehmbaren Wirkungen aus ihrem mannigfachen Zusammentreffen sich ergäben. Da ich nun dergleichen Wirkungen an einigen wahrnehmbaren Dingen bemerkte, so nahm ich an, daß sie aus einem solchen Zusammentreffen von dergleichen Körperchen hervorgegangen seien, zumal da sich keine andere Weise für ihre Erklärung auffinden ließ. Dabei haben mich die durch Kunst gefertigten Werke nicht wenig unterstützt; denn ich finde nur den Unterschied zwischen ihnen und den natürlichen Körpern, daß die Herstellung der Kunstsachen meistenteils mit so großen Wirkungen geschieht, daß sie leicht wahrgenommen werden kann, da ohnedies die Menschen nichts fertigen können; dagegen hängen die natürlichen Wirkungen beinahe immer von gewissen so kleinen Organen ab, daß sie nicht wahrgenommen werden können. Auch gibt es in der Mechanik keine Gesetze, die nicht auch in der Physik gelten, von der sie nur ein Teil oder eine Art ist, und es ist der aus diesen und jenen Rädern zusammengesetzten Uhr ebenso natürlich, die Stunden anzuzeigen, als dem aus diesem oder jenem Samen aufgewachsenen Baum es ist, diese Früchte zu tragen. So wie nun die, welche in der Betrachtung der Automaten geübt sind, aus dem Gebrauche einer Maschine und einzelner ihrer Teile, die sie kennen, leicht abnehmen, wie die anderen, die sie nicht sehen, gemacht sind, so habe auch ich versucht, aus den sichtbaren Wirkungen und Teilen der Naturkörper zu ermitteln, wie ihre Ursachen und unsichtbaren Teilchen beschaffen sind. Wenn man vielleicht auf diese Weise erkennt, wie alle Naturkörper haben entstehen können, so darf man daraus doch nicht folgern, daß sie wirklich so gemacht worden sind. Denn derselbe Künstler kann zwei Uhren fertigen, die beide die Stunden gleich gut anzeigen und äußerlich ganz sich gleichen.

Abbildung 3.4–16
Aus dem *Orbis sensualium pictus* von *Comenius*. Comenius propagiert hier das von *Tycho de Brahe* vorgeschlagene Kompromiß-Weltbild. Bibliothek des Reformierten Kirchendistrikts diesseits der Theiß, Sárospatak (Lichtbild: *István Sipos*)

Das Aufleben der Kultur in Polen ist ebenfalls mit dem Namen einer talentvollen Dynastie verknüpft. Die Tochter LUDWIGS DES GROSSEN, JADWIGA, Anwärterin auf den polnischen Thron, wurde vom litauischen Großfürsten JAGELLO geehelicht. Unter der Herrschaft dieser Dynastie (1386–1572) entwickelte sich Krakau (Kraków) zum europäischen Kulturzentrum. An seiner schon früher (1364) gegründeten Universität hat auch KOPERNIKUS einige Zeit lang studiert.

Abbildung 3.4–15
Nachwort aus dem Lesebuch, gedruckt von *Iwan Fjodorow* (Lwow 1574)

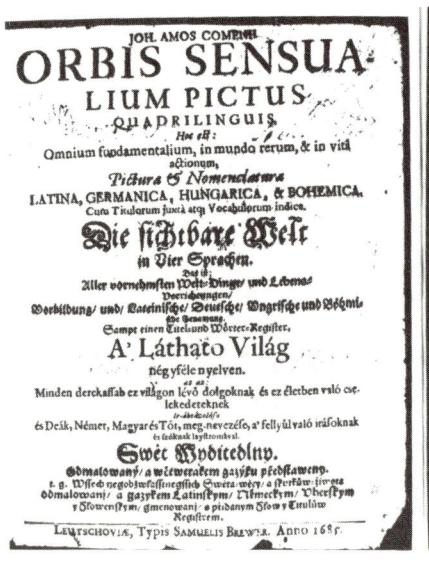

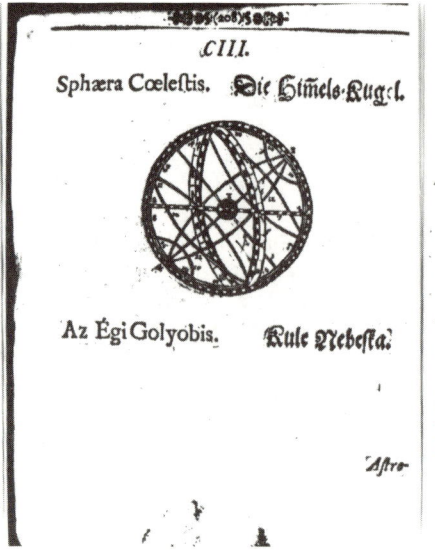

Rußland war in mehreren Hinsichten in einer besonderen Lage. So gehörte es nicht zur römisch-katholischen Kirche und blieb dementsprechend praktisch vom lateinsprachigen Kulturkreis abgeriegelt. Mit der byzantinischen Kultur hatte es über die Ostkirche engere Kontakte. Die politischen Umstände erschwerten ebenfalls die kulturelle Entwicklung: Nahezu drei Jahrhunderte lang (bis 1480) hatte es die Last des Mongolenjochs zu tragen, obzwar zuweilen siegreiche Schlachten mit den Eindringlingen geschlagen wurden (Kulikowo 1380). Aus diesen Gründen fehlten hier notwendigerweise einige der für das westliche Mittelalter charakteristischen und gewichtigen Institutionen und Superstrukturen, so z. B. Ritterorden und Universitäten. Das geistig-kulturelle Leben erschöpfte sich im Religiösen; mit der Wissenschaft hatte es (über die Festlegung der Kalender- und Festdaten) nur lose Verbindungen. Die erste Druckerei wurde mit Hilfe IWANS IV. von IWAN FJODOROW in Moskau eingerichtet *(Abbildung 3.4 – 15)*, das erste gedruckte Buch *Apostolos* erschien 1564 in Moskau. Erst im 17. Jahrhundert wurden höhere Schulen für Priester gegründet. Der Anschluß an die Wissenschaft des Westens erfolgte ein weiteres Jahrhundert später. Seine Vorbereitung und Durchführung sind hauptsächlich LOMONOSSOWS Verdienst.

Über die Tschechoslowakei soll hier nicht gesprochen werden, da sie nicht zu den Randstaaten zu zählen ist; Böhmen war vielmehr als Teil des Habsburger Reiches und Prag sogar als zeitweilige Residenzstadt der Habsburger seit dem späten Mittelalter einer der Mittelpunkte des europäischen intellektuellen Lebens. Besonders zu erwähnen ist jedoch der namhafte tschechische Pädagoge COMENIUS (JAN AMOS KOMENSKY, 1592 – 1670), um so eher, als er nicht nur in Böhmen, sondern auch in Ungarn tätig war und sein unmittelbarer Einfluß auch hier nachweisbar ist. Er kam auch nach England, und Königin CHRISTINE lud ihn nach Schweden ein. Seine pädagogischen Ansichten sind überraschend modern. Er ist ein Fürsprecher der allgemeinen Bildung und betont die wichtige Rolle der Nationalsprachen. *Abbildung 3.4 – 16* zeigt eine Probe aus einem seiner bedeutenderen Werke, dem *Orbis sensualium pictus,* der in vier Sprachen, Latein, Deutsch, Ungarisch und Tschechisch, weltliche Dinge und andere Erkenntnisse der Wissenschaften erläutert.

> Dieses Büchlein/ auf diese Art eingerichtet/ wird dienen/ wie ich hoffe: Erstlich/ die Gemüter herbey zu locken/ daß sie ihnen in der Schul keine Marter/ sondern eitel Wolluft/ einbilden. Dann/ bekandt ist/ daß die Knaben (straks von ihrer Jugend an) sich an Gemälden belüftigen/ und die Augen gerne an solchen Schauwerken weiden. Der aber zuwegen bringt/ daß von den Würzgärtlein der Weißheit/ die Schreckfachen hinweg bleiben/ der hat etwas grosses geleistet.

Wenn wir uns nun nach Randgebieten nicht im Osten, sondern im Westen umsehen, so haben wir in erster Linie Amerika, und zwar Nordamerika, zu erwähnen. Zu jenen Zeiten, also Anfang des 17. Jahrhunderts, kommt es zu den ersten englischen, holländischen und französischen Ansiedlungen auf dem Territorium der heutigen Vereinigten Staaten bzw. Kanadas. Die Pilgrim Fathers, die ersten Besiedler der Neuenglandstaaten in Nordamerika, landeten mit ihrem Schiff *Mayflower* 1620, also zu der Zeit, als GALILEI, KEPLER und BACON wirkten. Es wurde aber schon 1638 in Cambridge eine Druckerei gegründet und 1636 in Harvard die erste Hochschule eröffnet. Das intellektuelle Leben bestand auch hier erst aus literarischer Tätigkeit über geistliche und weltliche Themen (Reisebeschreibungen, Verse). Es dauerte noch 100 Jahre, bis die amerikanische Wissenschaft die aus Europa stammenden Kenntnisse nicht nur übernehmen, sondern auch vermehren (FRANKLIN) konnte.

---

aber innerlich doch aus sehr verschiedenen Verbindungen der Räder bestehen, und so hat unzweifelhaft auch der höchste Werkmeister alles Sichtbare auf mehrere verschiedene Weise hervorbringen können. Ich gebe diese Wahrheit bereitwilligst zu, und ich bin zufrieden, wenn nur das, was ich geschrieben habe, derart ist, daß es mit allen Erscheinungen der Natur genau übereinstimmt. Dies wird auch für die Zwecke des Lebens genügen, weil sowohl die Mechanik wie alle anderen Künste, welche der Hilfe der Physik bedürfen, nur das Sichtbare und deshalb zu den Naturerscheinungen Gehörige zu ihrem Ziele haben.

DESCARTES: *Die Prinzipien der Philosophie.* Teil 4, Art. 203, 204

Zitat 3.4 – 9
36. Nachdem so die Natur der Bewegung erkannt worden ist, ist deren Ursache zu betrachten, die eine zwiefache ist. Zuerst die allgemeine und ursprüngliche, welche die gemeinsame Ursache aller Bewegungen in der Welt ist; dann die besondere, von der einzelne Teile der Materie eine Bewegung erhalten, die sie früher nicht hatten. Die allgemeine Ursache kann offenbar keine andere als Gott sein, welcher die Materie zugleich mit der Bewegung und Ruhe im Anfang erschaffen hat, und der durch seinen gewöhnlichen Beistand so viel Bewegung und Ruhe im Ganzen erhält, als er damals geschaffen hat. Denn wenn auch diese Bewegung nur ein Zustand an der bewegten Materie ist, so bildet sie doch eine feste und bestimmte Menge, die sehr wohl in der ganzen Welt zusammen die gleiche bleiben kann, wenn sie auch bei den einzelnen Teilen verändert, nämlich in der Art, daß bei der doppelt so schnellen Bewegung eines Teiles gegen einen anderen, und bei der doppelten Größe dieses gegen den ersten man annimmt, daß in dem kleinen so viel Bewegung wie in dem großen ist, und daß, um so viel, als die Bewegung eines Teiles langsamer wird, um so viel müsse die Bewegung eines anderen ebenso großen Teiles schneller werden. Wir erkennen es auch als eine Vollkommenheit in Gott, daß er nicht bloß an sich selbst unveränderlich ist, sondern daß er auch auf die möglichst feste und unveränderliche Weise wirkt, so daß mit Ausnahme der Veränderungen, welche die klare Erfahrung oder die göttliche Offenbarung ergibt und welche nach unserer Einsicht oder Glauben ohne eine Veränderung in dem Schöpfer geschehen, wir keine weiteren in seinen Werken annehmen dürfen, damit nicht daraus auf eine Unbeständigkeit in ihm selbst geschlossen werde. Deshalb ist es durchaus vernunftgemäß anzunehmen, daß Gott, so wie er bei der Erschaffung der Materie ihren Teilen verschiedene Bewegungen zugeteilt hat und wie er diese ganze Materie in derselben Art und in demselben Verhältnis, in dem er sie geschaffen, erhält, er auch immer dieselbe Menge von Bewegung in ihr erhält.

DESCARTES: *Die Prinzipien der Philosophie.* Übersetzt, erläutert und mit einer Lebensbeschreibung des *Descartes* versehen von *J. H. v. Kirchmann.* Leipzig 1887, S. 66 f.

Zitat 3.4 – 10
Denn wenn es auch im Sittlichen fromm ist, zu sagen, daß alles von Gott unsertwegen geschehen sei, um dadurch zu größerem Dank und Liebe zu ihm veranlaßt zu werden, und obgleich dies in gewissem Sinne auch richtig ist, da wir von allen Dingen für uns irgend einen Gebrauch machen können, wäre es auch nur, um unseren Verstand in ihrer Betrachtung zu üben und Gott aus seinen wundervollen Werken zu ahnen: So ist es doch unwahrscheinlich, daß alles nur für uns und zu keinem anderen Zweck gemacht worden ist, und in der Naturwissenschaft würde diese Voraussetzung lächerlich und verkehrt sein, weil unzweifelhaft vieles besteht oder früher bestanden hat und schon vergangen ist, was kein Mensch je gesehen oder erkannt hat, und was ihm niemals einen Nutzen gewährt hat.

DESCARTES: *Die Prinzipien der Philosophie.* Teil 3, Art. 3

3.5 Licht, Vakuum und Materie zur Mitte des 17. Jahrhunderts

3.5.1 Das Snellius-Cartesius-Gesetz

Das Wissen über das Licht ist zu Beginn des 17. Jahrhunderts im wesentlichen noch das gleiche gewesen, wie es bereits von PTOLEMÄUS zusammengefaßt und dann von ALHAZEN ergänzt und weiterentwickelt worden war. Die Erfindung des Fernrohrs hat jedoch sowohl der geometrischen als auch der physiologischen Optik, d. h. der Wissenschaft vom Auge, einen neuen Anstoß gegeben. Auf diesem Gebiet hat KEPLER die ersten bedeutenden Fortschritte erzielt. Er hat umfangreiche Versuchsreihen zum Brechungsgesetz durchgeführt, und obwohl er erkannt hatte, daß Einfalls- und Brechungswinkel des Lichts nicht proportional zueinander sind und bei großen Winkeln die Abweichung von der Proportionalität bedeutend ist, gelang es ihm nicht, seine Versuchsergebnisse in eine mathematische Form zu kleiden. Nachdem er festgestellt hatte, daß die Proportionalität bis zu Winkeln von 30° in sehr guter Näherung erfüllt ist, hat er bei der Bildentstehung mittels Linsen und vor allem bei Fernrohren mit der bis dahin üblichen Beziehung

$$\frac{i}{r} = n$$

gerechnet *(Abbildung 3.5 – 1)*. KEPLER hat die Erscheinung der Totalreflektion entdeckt und beschrieben sowie den Begriff Fokus (Brennpunkt) eingeführt, wobei auch die Bezeichnung von ihm stammt. Auf die Rolle der Augenlinse hat er richtig hingewiesen, und er hat auch das Gesetz gefunden, daß die Beleuchtung eines Körpers mit dem Quadrat der Entfernung von der Lichtquelle abnimmt. Er hat angenommen, daß der Brechungsindex zur Dichte des Mediums proportional ist. Diese Aussage ist von TH. HARRIOT widerlegt worden.

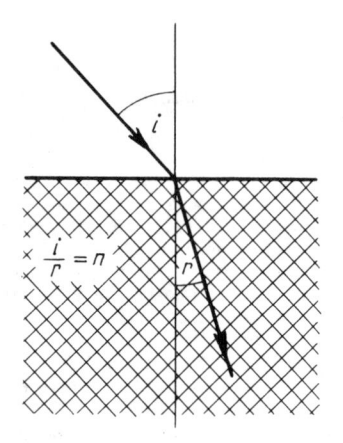

Abbildung 3.5 – 1
Kepler hat mit einer einfachen Proportionalität zwischen *i* und *r*, d. h. mit *i = nr* gerechnet, obwohl er gewußt hat, daß diese Beziehung nur annähernd richtig ist

Auch Pater SCHEINER hat sehr interessante Untersuchungen zur Struktur des menschlichen Auges sowie zum Sehprozeß ausgeführt. Wir sind seinem Namen übrigens weiter oben schon in Verbindung mit dem GALILEI-Prozeß begegnet, und er war mit GALILEI auch in einen Prioritätsstreit über die Entdeckung der Sonnenflecken und der damit in Zusammenhang stehenden Sonnenrotation verwickelt. Bereits der Titel seines Werkes *Oculus, hoc est: fundamentum opticum (Das Auge als Grundlage der Optik)* weist darauf hin, für wie bedeutsam er die Rolle des Auges bei den optischen Untersuchungen angesehen hat. Zunächst hat er mit operativ entfernten Ochsenaugen, dann mit menschlichen Augen experimentiert und dabei festgestellt, daß im Auge das optische Bild auf der Retina (Netzhaut) entsteht. DESCARTES, der selbst ähnliche Experimente durchgeführt hatte, hat die Arbeiten von SCHEINER als bedeutend angesehen und auf sie verwiesen. Im Zusammenhang mit den Untersuchungen von SCHEINER lohnt es sich, hier noch einmal auf einen bereits in der Einleitung zu diesem Buch dargelegten Gesichtspunkt zurückzukommen: Es ist eine falsche Taktik, die Gegner der Pioniere der Wissenschaftsentwicklung geringzuschätzen und sie als engstirnige Menschen abzustempeln, die einer veralteten Ideologie anhängen. Die Meinung ist weit verbreitet, daß die Gegner GALILEIS – wobei man in der Wissenschaft vor allem an die Jesuiten denkt – Menschen gewesen seien, die aus verstaubten Folianten zu Dogmen erstarrte peripatetische Ideen herausgelesen hätten und nicht geneigt gewesen seien, sich mit ihren eigenen Augen anhand von Beobachtungen von der Wahrheit zu überzeugen. Die Experimente von Pater SCHEINER, besonders seine an Menschenaugen ausgeführten Untersuchungen, beweisen mit ihrem Wagemut und den konkret erzielten Ergebnissen das Gegenteil.

Wie wir schon bei der Darlegung der Arbeiten von DESCARTES erwähnt haben, sind seine Untersuchungen zur Optik gemeinsam mit geometrischen Betrachtungen und der Beschreibung meteorologischer Erscheinungen im illustrierenden Anhang zum *Discours* enthalten. Hier ist auch die Aussage zu finden, daß der Raum vollständig mit den drei Stoffarten ausgefüllt ist, von denen eine für die Weiterleitung des Lichts verantwortlich ist. Das Brechungsgesetz der Optik in der Form

$$\frac{\sin \alpha_1}{\sin \alpha_2} = \frac{v_2}{v_1}$$

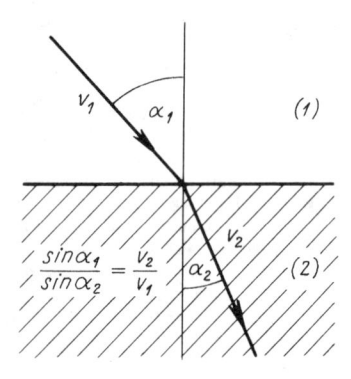

Abbildung 3.5 – 2a
Descartes hat das Brechungsgesetz mit der Lichtgeschwindigkeit in einen Zusammenhang gebracht

wird DESCARTES zugeschrieben. Dieses Gesetz sagt aus, daß der Quotient aus dem *Sinus* des Einfallswinkels zum *Sinus* des Brechungswinkels für zwei gegebene Medien konstant ist, und es ist üblich, diese Konstante als Brechungsindex zu bezeichnen *(Abbildung 3.5 – 2a)*.

Das Brechungsgesetz muß eigentlich genauer als Snellius-Cartesius-Gesetz bezeichnet werden (und sehr häufig ist sogar die vereinfachte Bezeichnung Snellius-Gesetz üblich), weil WILLEBRORD SNEL (SNELLIUS, 1591 – 1626), ein Professor an der Universität zu Leiden, dieses Gesetz mit Sicherheit bereits 1620 gefunden und auch an der Universität gelehrt hatte *(Abbildung 3.5 – 2b)*. Es ist auch sicher, daß DESCARTES das Gesetz erst 1637 in gedruckter Form publiziert, dabei aber nicht angegeben hat, das Ergebnis von einem anderen übernommen zu haben. DESCARTES ist allerdings mit der Anerkennung der Ergebnisse anderer immer sehr zurückhaltend gewesen, und so ist das Fehlen einer Quellenangabe noch kein Beweis dafür, daß er das Snelliussche Ergebnis nicht gekannt hätte. Bereits 1662 hat VOSSIUS in einer Abhandlung betont, daß DESCARTES beim Schreiben seines Buches die Snelliusschen Ergebnisse hätte kennen müssen *(Zitat 3.5 – 1)*. Von unserem heutigen Standpunkt aus ist es aber ein wenig überraschend, daß DESCARTES zu seinen Lebzeiten nicht – auch nicht in der Hitze der durch seine Darlegungen ausgelösten heftigen Auseinandersetzungen – des Plagiats beschuldigt worden ist. Dieser Verdacht ist erst nach seinem Tode geäußert worden. Aus seiner Korrespondenz kann man heute jedenfalls entnehmen, daß DESCARTES sich schon nahezu ein Jahrzehnt vor dem Erscheinen des *Discours* mit dem Brechungsgesetz beschäftigt hat, und es ist somit denkbar, daß er zu der Zeit, in der er sein Buch verfaßt hat, das Snelliussche Ergebnis zwar schon kannte und er sich eigentlich hätte darauf beziehen müssen, daß er das Gesetz aber doch unabhängig von SNELLIUS entdeckt hat. In einer Hinsicht ist DESCARTES' Verdienst jedoch unumstritten: Er hat versucht, das Brechungsgesetz anschaulich zu deuten, und hat dazu ein Verfahren benutzt, mit dem wir heute das „Brechungsgesetz" für die Elektronenbahnen im elektrischen Feld ableiten.

Schauen wir uns zunächst einmal die von DESCARTES gegebene Deutung der Lichtreflexion an. Entsprechend der *Abbildung 3.5 – 3*, die wir dem Buch DESCARTES' entnommen haben, werfen wir einen Ball unter einem spitzen Winkel auf eine glatte Fläche und stellen dann fest, daß der Winkel, unter dem der Ball von der Fläche zurückprallt, mit dem Einfallswinkel übereinstimmt. Nach den Gesetzen der Mechanik läßt sich dieses Ergebnis leicht verstehen, da die zur Fläche parallele Komponente der Geschwindigkeit des Balles sich nicht ändert, die senkrechte Komponente bei unverändertem Absolutwert aber ihr Vorzeichen wechselt.

Stellen wir uns nun vor, daß wir anstelle der glatten, elastischen Fläche eine Leinwand gespannt hätten und den Ball auf diese schräg mit großer Geschwindigkeit schleudern. Nach DESCARTES können wir auch jetzt wieder annehmen, daß die zur Oberfläche parallele Geschwindigkeitskomponente erhalten bleibt. Beim Überschreiten der Oberfläche, d. h. beim Zerreißen der

Zitat 3.5 – 1
… Er muß also seine die Lichtbrechung betreffenden Prinzipe von *Snellius* entlehnt haben,… verschweigt aber, wie es so seine Art ist, diesen Namen.
VOSSIUS: *De Lucis Natura et Proprietate.* 1662

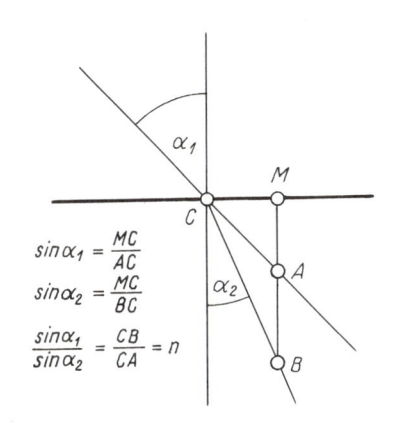

$$\sin\alpha_1 = \frac{MC}{AC}$$
$$\sin\alpha_2 = \frac{MC}{BC}$$
$$\frac{\sin\alpha_1}{\sin\alpha_2} = \frac{CB}{CA} = n$$

Abbildung 3.5 – 2b
Snellius hat das Gesetz als $nCA = CB$ formuliert

Abbildung 3.5 – 3
Zur Erklärung der Lichtreflexion nach *Descartes*

Abbildung 3.5 – 4
Zur Erklärung des Brechungsgesetzes: Die waagerechte Komponente der Geschwindigkeit des Balles ändert sich nicht, die senkrechte Komponente nimmt jedoch ab

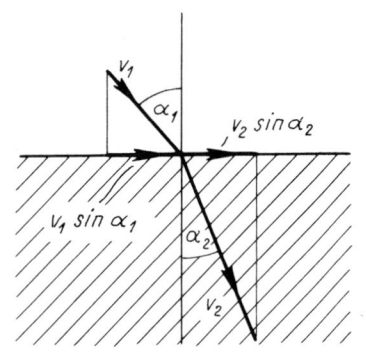

Abbildung 3.5−5
Zur Ableitung des Brechungsgesetzes reicht die Annahme aus, daß sich die zur Oberfläche parallele Komponente der Geschwindigkeit nicht ändert

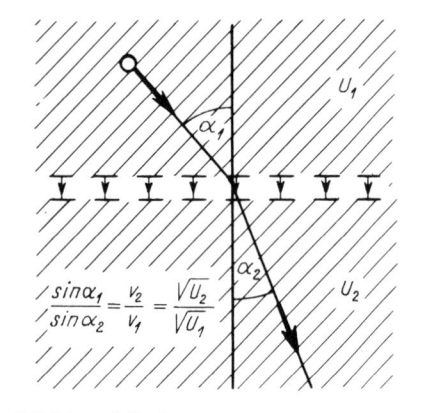

Abbildung 3.5−6
Die Elektronenbahn wird bei Durchlaufen der Doppelschicht gebrochen. Aus dem Brechungsgesetz können wir auf einen Zusammenhang zwischen dem optischen Brechungsindex und der Wurzel aus dem Potential schließen

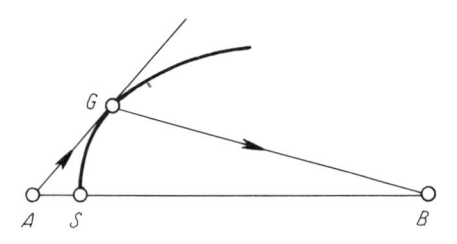

$$\frac{\sin\alpha_1}{\sin\alpha_2} = \frac{v_2}{v_1} = \frac{\sqrt{U_2}}{\sqrt{U_1}}$$

Abbildung 3.5−7a
Descartes wirft die Frage nach der „perfekten" Linsenform auf: Wie muß die Kurve SG beschaffen sein, damit alle vom Punkt A ausgehenden Strahlen im Punkt B fokussiert werden? Die Antwort ist durch

$$\frac{AG-AS}{BS-BG} = n$$

gegeben; das ist eine Darstellung der Cartesius-Ovalen

Leinwand, nimmt jedoch die senkrechte Geschwindigkeitskomponente ab, und folglich wird die Bahn des Balles entsprechend der *Abbildung 3.5−4* gebrochen. Wir können aus der Abbildung sogar ablesen, daß in Analogie zum obigen Versuch beim Übergang eines Lichtstrahls aus der Luft in Glas die *Lichtgeschwindigkeit im Glas größer* sein muß als in der Luft, weil der Lichtstrahl im Glas einen kleineren Winkel mit der Einfallsnormalen als in der Luft einschließt. Aus der *Abbildung 3.5−5* entnehmen wir ohne Mühe den Zusammenhang

$$v_1 \sin\alpha_1 = v_2 \sin\alpha_2,$$

woraus das Brechungsgesetz

$$\frac{\sin\alpha_1}{\sin\alpha_2} = \frac{v_2}{v_1}$$

folgt.

Die aus dem kartesianischen Modell sich ergebende falsche Schlußfolgerung, daß das Licht im Inneren eines durchsichtigen Mediums sich mit einer größeren Geschwindigkeit ausbreitet als in der Luft, hat sich hartnäckig mehr als zwei Jahrhunderte über gehalten; selbst NEWTON hat — zwar von anderen Modellvorstellungen ausgehend — die gleiche Auffassung vertreten.

Wir haben oben erwähnt, daß wir heute mit einem ähnlichen Gedankengang wie DESCARTES ein Problem ganz anderer Art, das Grundproblem der Elektronenoptik, lösen. Untersuchen wir anhand der *Abbildung 3.5−6* die Bahn eines Elektrons, das sich zunächst in einem durch konstantes Potential charakterisierten Raumgebiet auf einer geradlinigen Bahn bewegt und dann auf eine ebene Grenzfläche auftrifft, die das Raumgebiet von einem anderen trennt, in dem das Potential ebenfalls konstant ist, aber einen anderen Wert besitzt. Nach dem Durchlaufen der Grenzfläche bewegt sich das Elektron natürlich wieder auf einer geradlinigen Bahn, denn bei einem konstanten Potential wirkt keine Kraft. Die Frage ist, auf welchen Winkel in bezug auf die Grenzflächennormale die Elektronenbahn abgebeugt wird, wenn der Einfallswinkel der Bahn gegeben ist. Betrachten wir nun, was physikalisch an der Grenzfläche zwischen beiden Raumgebieten passiert, dann finden wir, daß hier eine beschleunigende oder abbremsende Kraft wirkt, die ebenso wie die gespannte Leinwand im kartesianischen Modell nur die Größe der zur Grenzfläche senkrechten Geschwindigkeitskomponente verändert. So gelangt man in der Elektronenoptik zum *Brechungsgesetz für die Elektronenbahnen* und von ihm ausgehend zu den grundlegenden Konstruktionsprinzipien elektronenoptischer Anlagen.

DESCARTES hat das Brechungsgesetz zur Deutung der verschiedenartigsten Erscheinungen und zur Lösung unterschiedlichster Probleme herangezogen. Seine Optik ist bewußt praxisorientiert; sie ist ausdrücklich mit dem Ziel verfaßt worden, die Konstruktion von Vorrichtungen zu ermöglichen, die entweder das Leben der Menschen angenehmer machen oder die Erkenntnis der Natur erleichtern sollen.

DESCARTES hat auch die Frage nach der optimalen Form rotationssymmetrischer Linsen aufgeworfen und die Form der Grenzfläche zwischen zwei Medien gesucht, bei der es möglich ist, die von einem Punkt auf der Rotationsachse ausgehenden Lichtstrahlen wieder auf der Achse zu vereinen *(Abbildungen 3.5−7a, b, c)*. Die von DESCARTES abgeleitete und nach ihm benannte Kurve (Cartesius-Ovale) erzeugt bei ihrer Rotation um die Symmetrieachse Linsenkörper, die genau diese Eigenschaft haben.

DESCARTES hat an SCHEINER anschließend auch den Sehprozeß untersucht *(Abbildung 3.5−8)*. Im Prinzip hat er auch die optischen Daten der Brillenlinsen angegeben, die zur Korrektur der Kurz- und Weitsichtigkeit benötigt werden.

Für DESCARTES' größte Leistung auf dem Gebiete der Optik wird die Erklärung des Zustandekommens des Regenbogens gehalten. Tatsächlich ist die kartesianische Farbentheorie, die wir wegen ihrer Kompliziertheit nicht einmal in groben Umrissen darlegen wollen, nicht in der Lage, das Zustandekommen der Regenbogenfarben zu erklären, aber sowohl der Regenbogenwinkel als auch die Bedingungen für das Zustandekommen des Regenbogens an sich sind von ihm richtig angegeben worden. DESCARTES ist sehr oft vorgeworfen worden, daß er alle Erscheinungen, von Grundprinzipien ausgehend, zu erklären versuchte, sich dabei ausschließlich auf das logische Denken gestützt und dem Experiment wenn auch nicht ablehnend, so doch gleichgültig gegenübergestanden hat. Wir haben bereits gesehen, daß diese Einschätzung bezüglich seiner Bewegungsgesetze im großen und ganzen tatsächlich zutrifft – aber zur Aufstellung seiner Regenbogentheorie hat er ausgedehnte Versuche mit einer wassergefüllten Glaskugel ausgeführt. Es war natürlich schon seit langem bekannt, daß der Regenbogen etwas mit der Brechung und Reflexion des Lichts an den in der Luft schwebenden Regentropfen zu tun hat. Aufgrund dieser Vorstellungen hat DESCARTES ein kugelförmiges Glasgefäß verwendet, um ein Modell für ein Wassertröpfchen zu haben. In der *Abbildung 3.5–9* ist der Strahlengang dargestellt, der zur Entstehung des Hauptregenbogens führt. Der Lichtstrahl wird an der Oberfläche des Wassertröpfchens gebrochen, dann an der inneren Oberfläche reflektiert (er erleidet *keine Totalreflexion!*) und tritt nach nochmaliger Brechung aus dem Wassertröpfchen aus. Der Nebenregenbogen entsteht bei zweimaliger Reflexion an der Innenfläche des Wassertröpfchens und anschließendem Austreten des Strahls aus dem Tröpfchen. Es mußte eine Erklärung dafür gefunden werden, warum nur die unter einem bestimmten Winkel austretenden Strahlen an der Entstehung des Regenbogens beteiligt sind. DESCARTES hat ausführliche Berechnungen angestellt, das Ergebnis in einer Tabelle zusammengefaßt und gefunden, daß ein in den Tropfen eintretendes paralleles Lichtbündel beim Austritt nur dann mehr oder weniger parallel bleibt, wenn Sonne, Regentropfen und Beobachter der Abbildung entsprechend angeordnet sind. In allen anderen Fällen divergiert das Bündel nach dem Austritt aus dem Tropfen, und es ruft so dann in unserem Auge keine Lichtempfindung hervor *(Abbildung 3.5–10)*.

Ein anderer Beleg für die experimentelle Ader von DESCARTES ist, daß er eine sehr einfache Vorrichtung gebaut hat, mit deren Hilfe man den Brechungsindex bestimmen kann. Diese Vorrichtung ist in der *Abbildung 3.5–11*, die DESCARTES' Buch entnommen ist, dargestellt. Durch zwei in ein Gestell gebohrte Löcher wird die Richtung eines Lichtbündels vorgegeben, das dann auf ein aus dem zu untersuchenden Stoff angefertigtes Prisma auftrifft. Das Lichtbündel wird gebrochen, und auf der Bodenplatte erscheint ein Lichtfleck. DESCARTES gibt in der Abbildung auch die Rechenvorschrift an, die die Bestimmung des Brechungsindexes ermöglicht.

Bei der Ableitung des Brechungsgesetzes verwendet DESCARTES bestimmte Annahmen über die Ausbreitungsgeschwindigkeit des Lichts in unterschiedlichen Medien, behauptet aber an anderer Stelle, daß zur Lichtausbreitung keine endliche Zeitspanne benötigt wird. Nach einem von ihm verwendeten anschaulichen Vergleich nehmen wir das Licht so wahr wie ein Blinder, der die Gegenstände seiner Umgebung mit Hilfe seines Stockes ertastet und in dem Moment von ihrer Existenz weiß, wenn der Stock sie berührt. Im übrigen war DESCARTES von der Richtigkeit dieser aus seinen allgemeinen philosophischen Prinzipien gezogenen Schlußfolgerungen so überzeugt, daß er in einem Brief an MERSENNE geäußert hat, er würde gern bekennen, daß er nichts vom Philosophieren verstehe, wenn jemand die Unrichtigkeit dieser Auffassung nachweisen könnte. Welche Tragweite hatte aber eine solche Aussage gerade aus dem Mund von DESCARTES, der sehr gut seine eigene Begabung und seine Bedeutung für die Wissenschaft gekannt hat!

Vielleicht ist die Aussage DESCARTES', daß das Licht zu einer Ausbreitung keine wahrnehmbare Zeit benötigt, so zu deuten, daß diese Zeit sehr klein ist, weil die Lichtgeschwindigkeit im Vergleich zu allen anderen Ausbreitungsgeschwindigkeiten – so auch zur Geschwindigkeit der Schallausbreitung – sehr groß ist. DESCARTES hat das Experiment von GALILEI zur Messung der Lichtgeschwindigkeit gekannt, in dem dieser über ein Aufleuchten von Signallampen und die Rückmeldung bei Ankunft des Signals versucht hat, auf die Ausbreitungsgeschwindigkeit des Lichts zu schließen. Bei der Messung der Schallgeschwindigkeit hat diese Methode Ergebnisse geliefert, für die Lichtgeschwindigkeit jedoch hat sie notwendigerweise versagt, da die Reaktionszeit der zurückmeldenden Person bereits wesentlich größer ist als die Laufzeit des Lichtsignals für irdische Entfernungen. Charakteristisch für DESCARTES' Genialität ist auch, daß er bereits vermutet hat, daß zur Messung der Lichtgeschwindigkeit eine auf einem Himmelskörper zu einer gut bestimmten und im voraus berechenbaren Zeit stattfindende Erscheinung am geeignetsten ist. Er hat die vorausberechneten und tatsächlich beobachteten Zeitpunkte von Mondfinsternissen eingehend miteinander verglichen und gefunden, daß die Ergebnisse seine Annahme von einer

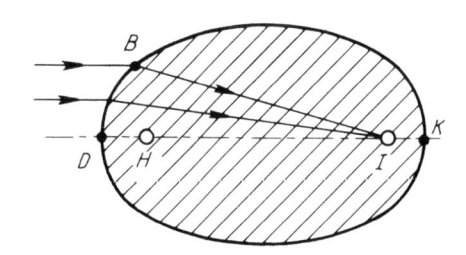

Abbildung 3.5–7b
Die Ovalen können zu Ellipsen oder Hyperbeln entarten. Im dargestellten Fall werden die Strahlen dann im Punkt *I* fokussiert, wenn $n = DK/HI$ ist

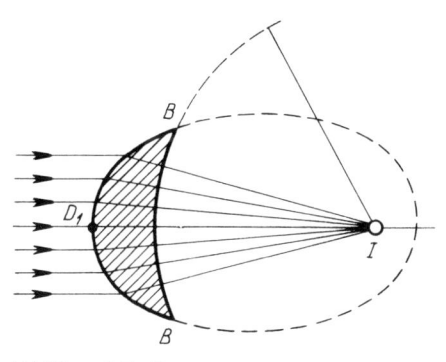

Abbildung 3.5–7c
Zeichnen wir um den Brennpunkt *I* einen Kreis, dann ist der Strahlengang bei der so entstehenden Linse der gleiche wie in der Abbildung 3.5–7b, weil die senkrecht auf die Kugelfläche auftreffenden Strahlen nicht gebrochen werden

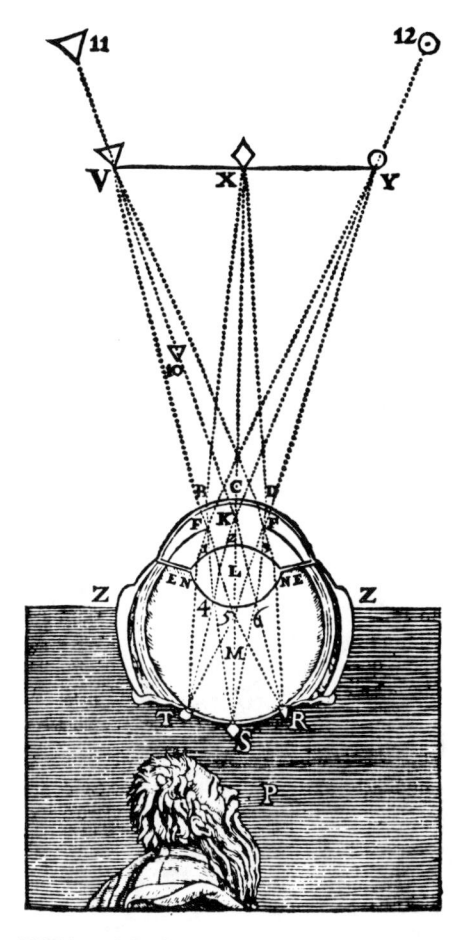

Abbildung 3.5–8
Zur Abbildung von Gegenständen auf der Netzhaut

Lichtausbreitung in einer unmeßbar kleinen Zeit stützen. Diese Betrachtungen DESCARTES sind deshalb von Interesse, weil es ein Menschenleben später dem dänischen Astronomen OLAF RÖMER gelungen ist, auf diese Weise für die Lichtgeschwindigkeit einen endlichen Wert zu bestimmen, der sehr nahe bei dem heute als richtig angesehenen Wert liegt. RÖMER hat dazu die mit einer Periodendauer von (ungefähr) einem Jahr sich wiederholenden Unstimmigkeiten bei der Beobachtung der Konstellationen der Jupitermonde verwendet (Vorbeilaufen vor dem Jupiter und Verschwinden hinter dem Jupiter).

3.5.2 Das Fermatsche Prinzip

Die kartesianische Hypothese über die Lichtgeschwindigkeit ist nicht allgemein akzeptiert worden. PIERRE DE FERMAT (1601–1665) hat diese Annahme entschieden abgelehnt und die Meinung vertreten, daß ein dichterer Stoff der Lichtbewegung einen größeren Widerstand entgegensetzt und daß folglich die Lichtgeschwindigkeit in ihm kleiner sein muß *(Zitat 3.5–2)*. Von der Überlegung ausgehend, daß in der Natur ein Vorgang stets auf die einfachst mögliche Weise abläuft, hat FERMAT sein bekanntes Prinzip abgeleitet (1662), das bis heute seine Gültigkeit nicht verloren hat. Von Bedeutung für die Ableitung des Prinzips ist gewesen, daß FERMAT mit Vorliebe und Geschick Extremwertaufgaben gelöst hat *(Zitat 3.5–3)*. Das Fermatsche Prinzip macht zu den Brechungsgesetzen die folgende Aussage *(Abbildung 3.5–12)*: Wir geben uns in zwei homogenen Medien konstanter Dichte, die durch eine ebene Grenzfläche voneinander getrennt sind, zwei Punkte vor und setzen weiter als selbstverständlich voraus, daß sich das Licht in jedem Medium geradlinig ausbreitet. Im Prinzip sind nun die verschiedensten Lichtwege möglich, die von dem ersten Punkt geradlinig zu irgendeinem Punkt auf der Grenzfläche führen und von diesem aus unter einem anderen Winkel geradlinig zum zweiten Punkt. Von all diesen geometrisch möglichen Bahnen wird vom Licht nur die eine Bahn tatsächlich durchlaufen, für die die Laufzeit des Lichts (in bezug auf alle anderen Bahnen) minimal ist. Mit den aus der Abbildung ersichtlichen Bezeichnungen kann diese Bedingung mathematisch als

$$\frac{l_1}{v_1} + \frac{l_2}{v_2} = \text{Minimum}$$

formuliert werden.

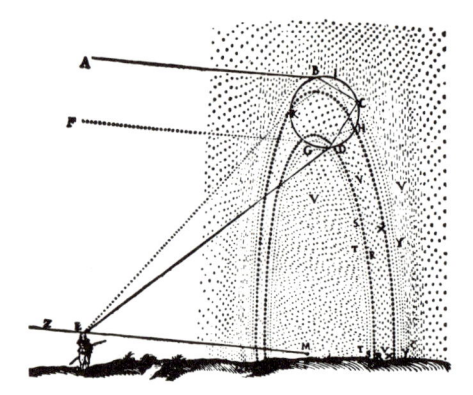

Abbildung 3.5–9
Die von *Descartes* gegebene Erklärung für das Zustandekommen des Regenbogens. Der Hauptbogen entsteht nach einmaliger, der Nebenbogen nach zweimaliger innerer Reflexion

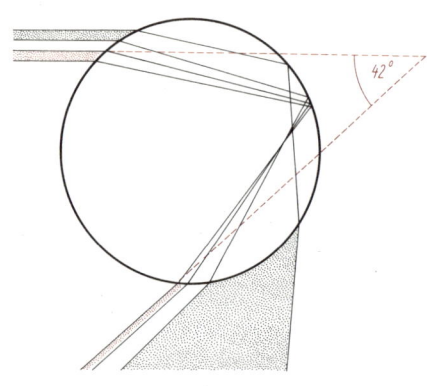

Abbildung 3.5–10
Nur die Strahlen bleiben nach dem Austreten aus dem Wassertropfen parallel zueinander, die mit dem einfallenden Strahl einen Winkel von 42° bilden

Es lohnt hier, den von FERMAT gegebenen Beweis ausführlicher nachzuvollziehen, um zu zeigen, welche geistige Energie und welche Fülle origineller Einfälle unmittelbar vor der Entdeckung der Differential- und Integralrechnung aufgebracht werden mußten, um einen verhältnismäßig einfachen Extremwert zu berechnen. Von Interesse ist auch, die unten dargestellte Methode mit der zu vergleichen, die wir beim *Maupertuischen Prinzip* (Kapitel 4.2) abhandeln werden und die einem gleichen Ziel dient.

Wir tragen in die *Abbildung 3.5–13* zunächst den tatsächlichen Lichtweg ein, für den

$$\frac{\sin \alpha_1}{\sin \alpha_2} = \frac{v_1}{v_2}$$

gilt, und schlagen dann um den Brechungspunkt einen Kreis mit einem beliebigen Radius, so daß die obige Gleichung in der Form

$$\frac{DN/MN}{NS/NH} = \frac{DN}{NS} = \frac{v_1}{v_2} > 1 \quad (MN = NH)$$

geschrieben werden kann. Wir zeichnen nun einen anderen möglichen Weg $MR + RH$ ein, wobei R ein beliebiger Punkt ist, und müssen beweisen, daß das Licht zum Zurücklegen dieses Weges eine größere Zeit benötigt als für den Weg $MN + NH$.

Wir zeichnen jetzt die Punkte I und P so ein, daß

$$\frac{MN}{IN} = \frac{MR}{PR} = \frac{v_1}{v_2} > 1$$

erfüllt ist.

Für das Verhältnis der Laufzeiten gilt,

$$\frac{t_1}{t_2} = \frac{l_1}{l_2} \frac{v_2}{v_1},$$

und aus dieser allgemeinen Beziehung ergeben sich

$$\frac{t_{MN}}{t_{NH}} = \frac{MN}{NH} \frac{IN}{MN} = \frac{IN}{NH},$$

$$\frac{t_{MR}}{t_{RH}} = \frac{MR}{RH} \frac{PR}{MR} = \frac{PR}{RH}$$

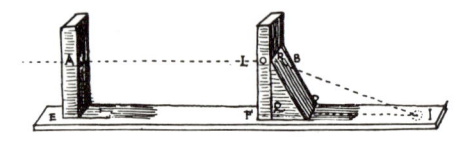

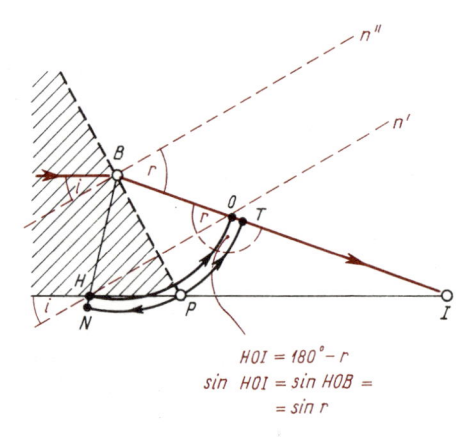

Abbildung 3.5–11
Zur experimentellen Bestimmung des Brechungsindexes. Der Strahl tritt im Punkt B aus dem Prisma PQR aus

$HOI = 180° - r$
$\sin HOI = \sin HOB = \sin r$

sowie schließlich
$$\frac{t_{MNH}}{t_{MRH}} = \frac{IN+NH}{PR+RH}.$$

Es ist nun zu zeigen, daß
$$PR+RH > IN+NH$$
ist, wobei
$$\frac{MN}{IN} = \frac{MR}{PR} = \frac{DN}{NS}$$
gilt. Dazu geben wir uns Punkte O und V so vor, daß
$$\frac{MN}{DN} = \frac{RN}{NO} \quad \text{und} \quad \frac{DN}{NS} = \frac{NO}{NV} \quad (1)$$
erfüllt ist. Aus
$$DN < MN \quad \text{folgt} \quad NO < RN,$$
und aus
$$NS < DN \quad \text{folgt} \quad NV < NO.$$
Weiter ergibt sich aus
$$MR^2 = MN^2 + NR^2 - 2 MN \cdot NR \cos(MNR)$$
und die Beziehung
$$-MN \cos(MNR) = DN$$
$$MR^2 = MN^2 + NR^2 + 2 DN \cdot NR.$$
Aus der Definitionsgleichung der Punkte O und V folgt
$$DN \cdot NR = MN \cdot NO,$$
so daß wegen
$$NO^2 < NR^2$$
$$MR^2 = MN^2 + NR^2 + 2 MN \cdot NO > (MN+NO)^2$$
und
$$MR > MN+NO$$
gelten.
Mit Hilfe der Beziehungen
$$\frac{DN}{NS} = \frac{MN}{IN} = \frac{NO}{NV} = \frac{NO+MN}{NV+IN} = \frac{MR}{RP}$$
und
$$MR > MN+NO$$
finden wir
$$RP > NV+IN.$$
Wenn wir nun noch $RH > HV$ beweisen können, gilt sicher
$$PR+RH > IN+NV+VH$$
$$\equiv IN+NH.$$
Zum Beweis dieser Ungleichung verwenden wir
$$RH^2 = NH^2 + NR^2 - 2 NH \cdot NR \cos(HNR) = NH^2 + NR^2 - 2 NR \cdot SN \quad (2)$$
und die oben abgeleiteten Beziehungen
$$\frac{HN}{DN} = \frac{MN}{DN} = \frac{NR}{NO}; \quad \frac{DN}{NS} = \frac{NO}{NV},$$
woraus wir
$$\frac{HN}{NS} = \frac{NR}{NV} \to SN \cdot NR = HN \cdot NV$$
erhalten. Aus Gleichung (2) ergibt sich unter Berücksichtigung von
$$NR > NV$$
dann aber
$$RH^2 = NH^2 + NR^2 - 2 HN \cdot NV > NH^2 + NV^2 - 2 HN \cdot NV$$
oder
$$RH > NH-NV = HV,$$
was noch zu beweisen war.

DESCARTES' Autorität war so groß, daß man FERMAT bereits im voraus vor Angriffen bei einer Publizierung seiner Theorie gewarnt hat. Außerdem haben alle Versuche das kartesianische Brechungsgesetz bestätigt. FERMAT war selbst am meisten überrascht, als es sich herausgestellt hat, daß sich auch aus seiner Theorie genau das kartesianische Brechungsgesetz ergibt, allerdings mit dem Unterschied, daß zwischen dem Brechungsindex und den Lichtgeschwindigkeiten in den beiden Medien ein anderer Zusammenhang besteht *(Zitat 3.5−4)*. Da physikalisch nur das Verhältnis beider Geschwindigkeiten − nämlich der Brechungsindex − bestimmt werden konnte, hat sich praktisch kein bedeutsamer Unterschied gezeigt. Es war aber bereits das Prinzip an sich, gegen das die Kartesianer sich verwahrt haben, denn hier wollte nach ihrer Auffassung FERMAT etwas in die Theorie hinein-

Das von *Descartes* zur Bestimmung des Brechungsindexes verwendete Verfahren: Wir zeichnen zunächst die gegebenen Punkte, B, P und I und dann den Kreisbogen PT mit dem Radius BP. Dann zeichnen wir einen Kreisbogen PN so, daß die Länge von PT gleich der von PN ist. Den Punkt H erhalten wir als Schnittpunkt der Geraden BN mit der Geraden IP. Wir zeichnen dann um den Punkt B einen Kreisbogen mit dem Radius BH und erhalten so den Punkt O. Die Gerade, die den Punkt O mit dem Punkt H verbindet, ist die Normale n' auf der Prismafläche. Nach dem Sinussatz gilt im Dreieck HOI

$$\frac{OI}{HI} = \frac{\sin OHI}{\sin HOI} = \frac{\sin OHI}{\sin HOB} = \frac{\sin i}{\sin r} = \frac{1}{n}$$

Zitat 3.5−2
Herr *Descartes* hat sein Prinzip nie bewiesen. Es können nicht nur Analogien schwerlich als Grundlagen für Beweise gelten, sondern er kommt auch mit dem gesunden Menschenverstand in Widerspruch, wenn er behauptet, das Licht pflanze sich durch dichtere Stoffe hindurch leichter fort, als durch dünnere, was offensichtlich falsch ist.
FERMAT: *Brief an C. de la Chambre* (1. Januar 1662). [0.11] p. 244

Zitat 3.5−3
…„principe si commun et si établi que la Nature agit toujours par les voies les plus courtes"…
… um diesem meinem Prinzip zu entsprechen genügt es nicht, einen Punkt (auf der Grenzfläche) zu finden, über den die natürliche Bewegung schneller erfolgt, als längs der Geraden P_1P_2. Es mußte vielmehr ein Punkt gefunden werden, über den die Laufzeit kürzer ist als über jeden anderen. Dazu war es nötig, auf meine Methode „de maximis et minimis" zurückzugreifen, mit der Fragen dieser Art erfolgreich in Angriff genommen werden können.
FERMAT: *Brief an C. de la Chambre* (1. Januar 1662)

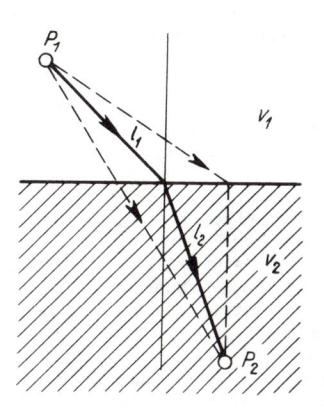

Abbildung 3.5−12
Zur Bestimmung des Weges, der in einer minimalen Zeit durchlaufen wird. Der kürzeste Weg wäre die Strecke P_1P_2, von der allerdings ein verhältnismäßig großer Teil im dichteren Medium liegt, in dem sich das Licht langsamer ausbreitet

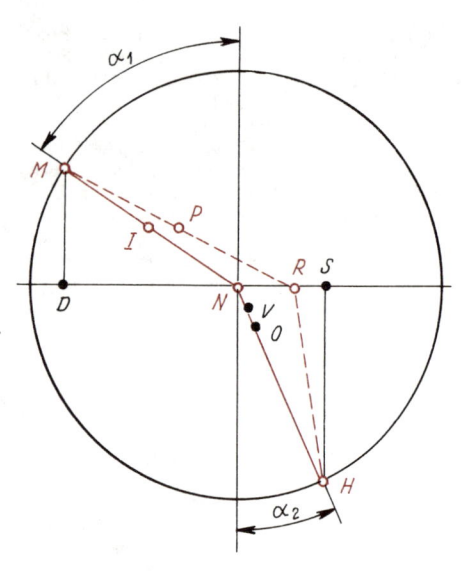

Abbildung 3.5–13
Die Methode von *Fermat* zur Ableitung des Brechungsgesetzes

Zitat 3.5–4
Der Lohn meiner Bemühungen war so sonderbar, so unerwartet und beglückend, wie nur irgend möglich. Nachdem ich mich nämlich durch die Gleichungen, Multiplikationen, Antithesen und die übrigen Operationen meiner Methode durchgearbeitet hatte und endlich zum Abschluß meines Problems gelangt war, ... fand ich, daß mein Prinzip der Lichtbrechung zu genau derselben Proportion führte, die auch Herr Descartes aufgestellt hatte. Dieses völlig unvorhergesehene Ergebnis hat mich derart überrascht, daß ich vor Verwunderung kaum zu mir kam. Ich habe meine algebraischen Operationen auf verschiedene Weisen wiederholt. Das Ergebnis war jedesmal dasselbe, obwohl mein Beweis auf der Annahme beruht, das Licht pflanze sich in dichteren Medien langsamer fort als in dünneren, was ich für einzig vernünftig und notwendig halte, im Gegensatz zu Herrn Descartes, der das Gegenteil behauptet.
FERMAT: *Brief an C. de la Chambre* (1. Januar 1662)

Zitat 3.5–5
... es ist dies ein moralisches und kein physikalisches Prinzip, das in der Natur keiner Wirkung als Ursache dient, aber auch nicht dienen kann ... Dieser Weg, den Sie für den kürzesten halten, weil er am schnellsten durchlaufen wird, ist der Weg des Irrtums und der Verirrungen, den die Natur nicht geht und auch zu gehen nicht beabsichtigt.
CLERSELIER: *Brief an Fermat* (6. Mai 1662). [0.11] p. 247

Zitat 3.5–6
Ich habe Herrn *de la Chambre* und auch Ihnen zu wiederholten Malen gesagt, daß ich nicht behaupte und auch nie behauptet habe, in die Geheimnisse der Natur eingeweiht zu sein, deren Wege dunkel und verborgen sind. Ich habe es nie unternommen, in sie einzudringen; ich habe der Natur bezüglich der Lichtbrechung bloß eine bescheidene Hilfe geometrischer Art angeboten, in der Annahme, sie käme mir zustatten. Da Sie nun, meine Herren, mir versichern, die Natur käme auch ohne diese Hilfe zurecht und es stelle sie der Strahlengang, den *Descartes* ihr vorgezeichnet hat, zufrieden, so will ich gerne auf diesen angeblichen Sieg in der Physik verzichten; es wird mir genügen, im Besitz eines reinen und abstrakten geometrischen Problems zu verbleiben, das allerdings gestattet, die Bahn eines Körpers zu bestimmen, die zwei verschiedene Medien durchsetzt...
FERMAT: *Brief an Clerselier* (21. Mai 1662). [0.11] p. 248

schmuggeln, was sich mit einer mechanischen Deutung eigentlich nicht verträgt *(Zitat 3.5–5)*. FERMAT hat außer der Annahme von der Einfachheit der Naturprozesse keine weitergehende metaphysikalische Begründung hinzugezogen – anders als MAUPERTUIS, der zwei Menschenalter später äußern wird, daß man hinter den Minimalprinzipien das vernünftige und zielbewußte Wirken eines höheren Wesens sehen müsse. Er konnte so auch auf die Angriffe gelassen und leicht ironisch reagieren *(Zitat 3.5–6)*.

In der Tabelle 1.3–2 sind die Charakteristika der aristotelischen Physik zusammengefaßt dargestellt. Wir sehen, daß die aristotelischen Thesen zur Bewegung sowie zur Hierarchie der himmlischen und irdischen Physik gegen Mitte des 17. Jahrhunderts bereits alle verworfen worden sind. Auch für einige Detailprobleme waren bereits die richtigen Antworten gefunden worden. Am hartnäckigsten haben sich gerade die antiken Hypothesen gehalten, die als erste in der Menschheitsgeschichte mit einem Anspruch auf Wissenschaftlichkeit geäußert worden sind – die Spekulationen zur Struktur der Materie. Im 17. Jahrhundert ist man hinsichtlich der Struktur der Materie nicht über Zweifel an den antiken Vorstellungen hinausgekommen.

3.5.3 Vakuum und Luftdruck

Es ist überraschend, daß das kartesianische Weltbild, das mit dem Anspruch formuliert worden war, das aristotelische Weltbild als Ganzes zu ersetzen, doch noch zwei charakteristische peripatetische Aussagen enthält. Die eine Aussage ist, daß nur zwischen sich berührenden Körpern eine Kraft übertragen werden kann, und zum anderen wird die Möglichkeit der Existenz eines Vakuums verneint. Natürlich haben diese Annahmen des kartesianischen Systems *auch* ihre positiven Seiten: Die durch den Kontakt zustandekommende Kraftwirkung wird nicht zum *Aufrechterhalten* des Bewegungszustandes, sondern zu dessen *Veränderung* benötigt, und außerdem können vom Standpunkt der Naturphilosophie aus so die okkulten Qualitäten auf geometrische Begriffe wie Ausdehnung und Bewegung zurückgeführt werden, womit sich eine Möglichkeit ergibt, quantitative Gesetze zu formulieren. Auch die These von der Unmöglichkeit eines Vakuums kann im Zusammenhang mit der Verwirklichung dieses Programms gesehen werden: Die Fernwirkung der Körper kann auf diese Weise auf eine unmittelbare Wechselwirkung zurückgeführt werden, so daß sich verdächtige Begriffe wie Sympathie und Affinität aus der Physik eliminieren lassen.

Die aristotelische Annahme vom *horror vacui* ist dann wieder in den Mittelpunkt des Interesses gelangt, als man gemerkt hatte, daß Wasserpumpen nur bis zu einer bestimmten Steighöhe arbeiten. Auch GALILEI hat sich – sowohl unter praktischen als auch naturphilosophischen Gesichtspunkten – mit diesem Problem beschäftigt. Er hat gleich auf den ersten Seiten seines 1638 erschienenen Buches *Discorsi* die Frage diskutiert, ob die Festigkeit der Körper nicht eine Folge des Vakuums ist, das sich im Moment des Auseinanderreißens zwischen den beiden sich voneinander entfernenden Flächen ausbildet, und ob nicht der Abscheu der Natur vor dem Vakuum einer Zerlegung der Körper entgegensteht. Die in den *Discorsi* auftretenden Gesprächspartner stellen dabei fest, daß beim Zerreißen fester Körper auch andere Einflüsse von Bedeutung sind, aber im Falle des Wassers nur der *horror vacui* eine Rolle spielen kann. GALILEI hat auch eine Meßanordnung angegeben *(Abbildung 3.5–14)*, mit der dieser *horror* gemessen werden kann. Sie besteht aus einem mit Wasser gefüllten Zylinder, der von unten mit einem Kolben verschlossen ist. Werden an diesen Kolben Gewichtstücke angehängt, dann wird bei einem bestimmten Gesamtgewicht der Kolben aus dem Zylinder herausgezogen; dieses Gewicht ist aber ein Maß für den *horror vacui*. Die Vorstellung scheint auf den ersten Blick recht naiv zu sein, aber GALILEI hat doch auf diese Weise den *horror vacui* meßbar gemacht und ihm einen Zahlenwert zugeordnet, so daß er aufhört, eine okkulte Größe zu sein und zu einer physikalischen Größe wird, an deren dunkle Herkunft nur noch ihr Name erinnert. Nicht nur die Erscheinung selbst, sondern auch ihre Ursache kann so wesentlich leichter untersucht werden. GALILEI gibt jedoch eine falsche Erklärung für die Beobachtung, daß die Steighöhe des Wassers im Saugrohr einer Wasserpumpe einen bestimmten Wert nicht überschreiten kann. Unter Bezugnahme auf den oben erwähnten Versuch meint er, daß eine noch höhere Wassersäule unter dem Einfluß ihres Eigengewichtes zerreißen würde.

Bei der Besprechung der Bewegungslehre GALILEIS haben wir schon einige Male feststellen müssen, daß GALILEI mit Überzeugungskraft und Redekunst zuweilen Ansichten vertreten und verteidigt hat, an denen die wissenschaftliche Entwicklung bereits vorübergegangen war. BEECKMAN hatte nämlich bereits 1618 gefunden, daß das Wasser im Saugrohr einer Wasserpumpe nur bis zu einer Höhe von 18 Ellen steigt, und als Ursache dafür richtig erkannt, daß es von der Luft nur bis zu dieser Höhe gedrückt wird. Der jeden Zweifel ausschließende Beweis dieser Behauptung, die damit zum wissenschaftlichen Allgemeingut werden sollte, ist erst ein Menschenleben später mit den Arbeiten von PASCAL gelungen. Zuvor (1643) hat aber bereits der Schüler GALILEIS, EVANGELISTA TORRICELLI (1608–1647), zusammen mit VIVIANI den bekannten Torricelli-Versuch ausgeführt *(Abbildung 3.5–15)*, der heute zu den Standardversuchen der elementaren Physikausbildung gehört. Tauchen wir ein mit Quecksilber gefülltes, an einem Ende zugeschmolzenes und am anderen Ende offenes Glasrohr in eine mit Quecksilber gefüllte Wanne und richten es dann auf, dann finden wir, daß die Quecksilbersäule sich vom oberen Ende des Glasrohrs löst und in einer Höhe von 76 cm über dem Quecksilberspiegel in der Wanne stehenbleibt. Dieser Versuch ist deshalb von so großer Bedeutung, weil Experimente mit der kürzeren Quecksilbersäule wesentlich einfacher als mit der 10 m hohen Wassersäule ausgeführt werden können. Sowohl GALILEI als auch TORRICELLI haben bereits vermutet, daß dabei die Dichte der Flüssigkeit eine entscheidende Rolle spielt. Aus der – völlig unzutreffenden – Galileischen These, daß das Wasser im Saugrohr nicht weiter steigt, weil die Wassersäule wegen ihres Eigengewichtes zerreißt, kann natürlich auch darauf geschlossen werden, daß die Quecksilbersäule wesentlich eher zerreißen wird, weil sie wegen ihrer größeren Dichte schwerer ist. Es scheint zwar nebensächlich zu sein, ist aber recht bedeutsam, *daß man bei der Verwendung von Quecksilber als Versuchssubstanz wegen der kleineren Abmessungen das Rohr aus Glas anfertigen und so den Zustand im Inneren des Rohrs beobachten kann.* Im Saugrohr der Wasserpumpe läßt sich nämlich nicht feststellen, ob das Wasser am Kolben haftet oder ob dort wirklich irgendein Vakuum entsteht. Die interessanteste Frage des folgenden Jahrzehnts und Gegenstand leidenschaftlicher Dispute ist die nach der Natur der *Torricellischen Leere,* d. h. des Raumgebietes zwischen dem oberen Ende des Glasrohrs und dem Quecksilberspiegel. Zu klären war, was sich in dem Leerraum befindet und warum das Quecksilber bei einer bestimmten Höhe stehenbleibt. Auf jede der Fragen lassen sich im Prinzip zwei Antworten geben: Im Leerraum kann die Existenz eines Vakuums angenommen oder verneint werden, und die Ursache für die endliche Steighöhe kann bei dem äußeren Luftdruck oder im horror vacui gesucht werden *(Zitat 3.5–7)*. Die möglichen Antworten lassen sich sogar miteinander kombinieren, und in der Tat hatte jede mögliche Kombination ihren namhaften Verfechter. Die Anhänger des aristotelischen Weltbildes haben natürlich behauptet, daß wegen der Unmöglichkeit eines Vakuums der Torricellische Leerraum mit Stoff in irgendeiner Form ausgefüllt sein muß und daß die Ursache für die endliche Steighöhe in dem bereits zu einer meßbaren Größe gemachten horror vacui zu suchen ist. DESCARTES und seine Anhänger haben die Ursache der endlichen Steighöhe richtig im äußeren Luftdruck gesehen, haben aber behauptet, daß auch im Torricellischen Leerraum kein Vakuum vorliegen kann. Schließlich ist PASCAL aber nach sehr sorgfältigen und umfangreichen Versuchen zur richtigen Überzeugung gelangt, daß der äußere Luftdruck für die endliche Steighöhe verantwortlich zu machen ist und daß im Torricellischen Leerraum Vakuum herrscht.

An dieser Stelle wollen wir noch anmerken, daß auch diese Auffassung einer strengen Prüfung nicht standhält, weil tatsächlich der Torricellische Leerraum mit *Quecksilberdampf* angefüllt ist; die Quecksilberdampfmenge ist sogar beträchtlich, da der Quecksilberdampfdruck bei Zimmertemperatur noch 10^{-3} Torr beträgt. Bei den in manchen Vakuumanlagen verwendeten Quecksilberdiffusionspumpen wird der Quecksilberdampf mittels Kühlfallen ausgefällt, um ein besseres Vakuum zu erzielen. Glücklicherweise hat das Vorhandensein des gesättigten Quecksilberdampfes keinen großen Einfluß auf die Quecksilbersteighöhe und konnte somit die zur Klärung der Vakuumproblematik ausgeführten Versuche *nicht beeinträchtigen.* Von Interesse ist im übrigen auch die Theorie des Jesuitenpaters NOËL, der Lehrer von DESCARTES an der Schule von La Flèche gewesen ist und später die kartesianischen Auffassungen vertreten und verbreitet hat. Nach der Mei-

Abbildung 3.5–14
Der Vorschlag von *Galilei* zur Messung des *horror vacui*

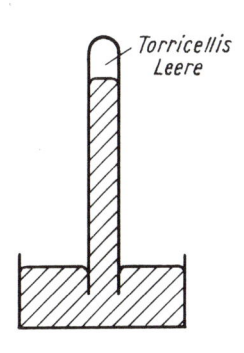

Abbildung 3.5–15
Der Versuch von *Torricelli*

Zitat 3.5–7
Es kann wohl angenommen werden, die Kraft, die das Quecksilber daran hindert, seiner Natur entsprechend herabzufallen, wirke im Inneren des Gefäßes, entweder seitens des Vakuums oder aber seitens irgend eines sehr verdünnten Stoffes. Ich aber bin überzeugt davon, daß die Wirkung von außen herrührt. Es lastet nämlich eine Luftsäule von fünfzig Meilen Höhe auf der äußeren Oberfläche des Quecksilbers. So ist es durchaus nicht verwunderlich, daß das Quecksilber in die Glasröhre eindringt und so hoch steigt, bis es mit dem Gewicht der äußeren, Druck ausübenden Luft ins Gleichgewicht kommt.
TORRICELLI: *Brief an Ricci* (11. Juni 1644). [3.6] p. 209

Abbildung 3.5 – 16
BLAISE PASCAL (1623 – 1662): Sohn eines Juristen und bekannten Mathematikers, der seine Kinder selbst erzogen hat. Die erste, 1640 erschienene Arbeit *Pascals Essais pour les coniques* enthält den Pascalschen Satz über die in Kegelschnitte einbeschriebenen Sechsecke. Von 1642 bis 1644 Konstruktion von Additionsmaschinen, die als Vorläufer unserer heutigen Rechenautomaten anzusehen sind. Die vierziger Jahre sind die fruchtbarsten Jahre im mathematischen und physikalischen Schaffen *Pascals* gewesen: hydrostatische Gesetze; Untersuchungen zum Vakuum; Binomialsatz; Methoden zur Flächenbestimmung, die Elemente der Infinitesimalrechnung enthalten; Grundlagen der Wahrscheinlichkeitsrechnung. In den fünfziger Jahren zunehmender Einfluß des Jansenismus, so daß sich *Pascal* 1655 sogar den Jansenisten angeschlossen und im Port Royal gelebt hat. (Der Jansenismus fußt auf den Lehren des *Heiligen Augustinus*. Die Jansenisten haben eine scharfe Polemik gegen die Jesuiten geführt, der sich Pascal in seinen schöngeistigen Schriften *Les Provinciales* und *Pensées* angeschlossen hat.)

Die Einheit des Druckes im SI-System ist nach *Pascal* benannt.

An *Pascal* erinnern in der Hydrostatik das Pascalsche Gesetz, in der Geometrie der Pascalsche Satz, und in der Mathematik das Pascalsche Dreieck.

Als Schriftsteller hat er Meisterwerke der französischen Prosa geschaffen.

Als Philosoph war er der erste, der mit Konsequenz der Frage nach den Grenzen der Erkennbarkeit nachgegangen ist und die „Argumente des Herzens" den Argumenten des Verstandes gegenübergestellt hat. Sein Intuitionismus hat unmittelbar auf *Rousseau*, aber auch auf *Bergson* und sogar auf die modernen Existentialisten einen Einfluß ausgeübt.

Wir sollten mit unserem Glauben und unserem Zweifel klüger walten und die Verehrung der Autoren des Altertums in gemessenen Grenzen halten. Unsere Vernunft hält uns dazu an, Autoritäten anzuerkennen, aber dieselbe Vernunft hat Schranken zu setzen. Vergessen wir doch nicht: Wenn sie ebenso vorsichtig gewesen wären und den von anderen übernommenen Kenntnissen nichts hinzugefügt hätten, wenn zu ihrer Zeit die Neuheiten ebenso zögernd angenommen worden wären, hätten weder sie noch die Nachwelt die Früchte ihrer Erfindungen geerntet. Und wie sie die althergebrachten Kenntnisse nur dazu nutzten, um zu neuen zu gelangen und diese ihre Kühnheit uns glücklicherweise den Weg zu großen Dingen er-

nung von NOËL nimmt die in der Glasröhre herabsinkende Quecksilbersäule die „Feuerteilchen" aus dem Glas mit, mit denen das Glas bei den zu seiner Herstellung benötigten hohen Temperaturen gesättigt worden ist, so daß durch die freigesetzten Poren aus der Außenluft die „reine Luft" in den Leerraum hineinströmen kann. Die „reine Luft" ist eines der aristotelischen vier Elemente, aus denen sich auch die atmosphärische Luft zusammensetzt. Einer der berühmten Versuche PASCALS *(Abbildung 3.5 – 16)*, der Versuch von der *Leere in der Leere (vide dans le vide) (Abbildung 3.5 – 17)*, liefert für sich allein bereits einen ausreichenden Beweis dafür, daß das Emporsteigen der Flüssigkeitssäule durch den äußeren Luftdruck verursacht wird. Der Versuch ist auch deshalb interessant, weil es zu jener Zeit noch keine Luftpumpen gab und PASCAL einen anderen Weg einschlagen mußte, um in einem Gefäß den Luftdruck zu variieren. PASCAL hat diese Aufgabe wie folgt gelöst. Er hat eine Torricelli-Vorrichtung in einem geräumigen Glasgefäß untergebracht, dessen untere Öffnung vor Beginn des Versuches mit einer Membran verschlossen worden war. Durch die obere Öffnung hat er das Gefäß mit Quecksilber gefüllt und dieses dann mit einem Deckel luftdicht verschlossen. Darauf hat er die gesamte Anordnung mit dem durch die Membran verschlossenen Ende in eine mit Quecksilber gefüllte Wanne getaucht und schließlich die Membran durchstoßen. Auf diese Weise konnte PASCAL die Verhältnisse im Torricelli-Leerraum untersuchen, wobei ihm – wenn wir die heute üblichen Begriffe verwenden – das innere Torricelli-Rohr als Barometer gedient hat. Beim Ausfließen des Quecksilbers aus dem breiten Glasgefäß nimmt die Quecksilbersteighöhe im Rohr ab. PASCAL hat gefunden, daß bei einem im Torricelli-Leerraum angeordneten Torricelli-Rohr die Flüssigkeitsspiegel im Rohr und im Vorratsgefäß übereinstimmen, d. h., die Steighöhe ist verschwindend klein. Läßt man nun in die Torricelli-Leere des breiten Glasgefäßes von außen Luft einströmen, dann nimmt die Steighöhe der Quecksilbersäule im inneren Barometer zu. Auf diese Weise kann eindeutig festgestellt werden, daß die Quecksilbersäule vom äußeren Luftdruck auf eine bestimmte Höhe gedrückt wird.

Um die Rolle der Dichte der verwendeten Flüssigkeit zu untersuchen, hat PASCAL einen interessanten Versuch mit zwei 14 Meter langen, an kippbaren Schiffsmasten angebrachten Rohren ausgeführt, von denen er das eine mit Wasser und das andere mit Rotwein gefüllt hat. Der Versuch ist sehr publikumswirksam gewesen, und PASCAL hat den etwa fünfhundert Schaulustigen die Frage vorgelegt, welche Flüssigkeit – Wasser oder Rotwein – ihrer Meinung nach im Rohr weiter herabsinken werde. Die meisten haben sich mit der Begründung für den Rotwein entschieden, daß in ihm mehr „Geist" (Esprit) enthalten sei und er deshalb in der Torricelli-Leere einen größeren Druck erzeugen müsse. PASCAL hat aber bereits gewußt, daß ausschließlich das Verhältnis der Dichten von Bedeutung ist, und so voraussagen können, daß der Rotwein wegen seines großen Alkoholgehaltes weniger herabsinken wird als das Wasser. Der Versuch hat natürlich die Erwartungen PASCALS bestätigt.

Wie wir bereits erwähnt haben, war PASCAL hinsichtlich der aus seinen Versuchsergebnissen zu ziehenden Schlußfolgerungen sehr vorsichtig und hat sehr lange Zeit den quantitativen horror vacui und den Luftdruck gleichermaßen als mögliche Ursachen zugelassen. Er wollte den philosophischen Grundsätzen treu bleiben, die er in einem Antwortbrief auf eine Kritik des oben erwähnten Pater NOËL dargelegt hat *(Zitat 3.5 – 8)*.

PASCAL hat den entscheidenden Versuch, der aufgrund seiner Hinweise dann von seinem Schwager PERIER auf dem Berg Puy-de-Dôme ausgeführt worden ist, im Jahre 1647 geplant. PASCAL hat sehr richtig argumentiert, daß bei einer Abhängigkeit der Höhe der Quecksilbersäule vom Luftdruck, der seinerseits vom Gewicht der Luftsäule bestimmt wird, eine Abnahme der Steighöhe mit der Höhe des Meßortes über dem Meeresspiegel zu beobachten sein müsse. Die sehr sorgfältig ausgeführten Versuche haben tatsächlich gezeigt, daß eine gut meßbare Differenz der Quecksilbersäulenlängen von etwa 8 cm zwischen dem Barometer am Fuße des Berges und dem 800 m höher angeordneten Barometer auftritt. Dieser am 19. September 1648 ausgeführte Versuch gehört zu den „großen" Versuchen der Physik. Er wird natürlich in dem 1647 erschienenen Buch PASCALS noch nicht beschrieben; zum ersten Mal erfährt die Welt davon im Oktober 1648 aus der Abhandlung *Récit de la grande expérience de l'équilibre des liqueurs*. Von den Gelehrten sind PASCALS Ergebnisse mit gespanntem Interesse zur Kenntnis genommen worden; nach seinem Tode haben jedoch seine Verwandten und

Nachlaßverwalter geradezu um Nachsicht für die Publikation von Pascals Ergebnissen zum Luftdruck gebeten, denn der Leser könnte ein falsches Bild bekommen, wenn er nur diese Arbeiten kennenlernte, die des bewunderungswürdigen Genius eigentlich unwürdig seien.

An die Untersuchungen von Pascal schließt sich unmittelbar ein geistvoller Versuch von Edme Mariotte (1620–1684) – dem Mitentdecker des Boyle-Mariotteschen Gasgesetzes – an, der den auf dem Puy-de-Dôme durchgeführten Versuch sehr gut ergänzt. Mariotte hat entsprechend der *Abbildung 3.5–18* Barometer unter Wasser in verschiedenen Tiefen angeordnet und gefunden, daß die Höhe der Quecksilbersäule genau proportional zur Tauchtiefe zunimmt, wobei der Proportionalitätsfaktor durch das Verhältnis der Dichten von Quecksilber und Wasser gegeben ist.

Parallel zu den italienisch-französischen Untersuchungen hat auch der Bürgermeister der noch unter den letzten Wirren des Dreißigjährigen Krieges leidenden Stadt Magdeburg, Otto von Guericke (1602–1686, *Abbildung 3.5–19*), interessante Versuche ausgeführt. Er hat es für selbstverständlich angesehen, daß in einem Raum ein Vakuum entsteht, wenn wir aus ihm die Substanz, so z. B. Wasser oder Luft, entfernen und daß auf diesem Vakuum der äußere Luftdruck lastet. Zunächst hat er versucht, zur Erzeugung eines Vakuums ein mit Wasser gefülltes Faß mit einer Wasserpumpe leerzupumpen. Dieser Versuch ist erfolglos geblieben, weil durch die Ritzen des Fasses an die Stelle des herausgepumpten Wassers sofort Luft nachgeströmt ist. Die größte Leistung Guerickes für die Wissenschaft ist die Erfindung der Luftpumpe. Mit ihrer Hilfe ist es ihm schließlich gelungen, aus Metallgefäßen die Luft herauszupumpen und so ein Vakuum zu erzeugen. Die Versuche sind zunächst nicht ohne Zwischenfälle verlaufen, da die Metallgefäße beim Herauspumpen der Luft dem äußeren Luftdruck nicht standgehalten haben. Schließlich ist es gelungen, Gefäße mit der entsprechenden Festigkeit herzustellen, mit denen Guericke später bemerkenswerte Versuche ausgeführt hat. Seinen berühmt gewordenen Versuch, bei dem Guericke zwei Halbkugeln mit glatten Rändern aneinandergesetzt und ausgepumpt hat, konnte er 1654 auf dem Reichstag in Regensburg in Anwesenheit des Kaisers vorführen. Mit je acht Pferden ist dort erfolglos versucht worden, die Halbkugeln gegen den Luftdruck auseinanderzureißen; nach dem Belüften sind beide Halbkugeln dann von allein auseinandergefallen. Die *Abbildung 3.5–20* zeigt zwei andere ähnlich demonstrative Versuche.

Die Versuche Guerickes sind der breiten Öffentlichkeit durch die 1658 erschienene Arbeit *Mechanica hydraulica-pneumatica* des Jesuitenpaters Caspar Schott bekannt geworden.

Fortgesetzt wurden diese Arbeiten in erster Linie von Robert Boyle (1627–1691) und seinem Assistenten Hooke, der sich später dann noch mit eigenen Arbeiten einen Namen machen sollte. Auch sie haben eine Luftpumpe gebaut, dabei jedoch nicht Guerickes Erfindung einfach kopiert, sondern eine vollkommenere Variante entwickelt *(Abbildungen 3.5–21a, b)*. Boyle und Hooke haben umfangreiche Versuche zum Vakuum durchgeführt und dabei festgestellt, daß Licht durch das Vakuum hindurchgeleitet wird, Schall jedoch nicht. Sie haben weiter gefunden, daß im Vakuum keine Verbrennungsprozesse ablaufen können und Tiere in ihm verenden.

Anders als Guericke hat Boyle zwar sehr ausführliche Untersuchungen zur Struktur der Materie angestellt, aber vorsichtig vermieden, sich in den Streit um das Wesen des Vakuums einzulassen. Nach seiner Formulierung ist das Vakuum einfach ein solches Raumgebiet, in dem sich keine Luft befindet.

In der *Abbildung 3.5–22* ist der Versuch schematisch dargestellt, der im Physikunterricht an den Oberschulen ein große Rolle spielt und der sehr gut als Grundlage für Praktikumsaufgaben zu den Gasgesetzen dienen kann. Füllen wir in ein am längeren Schenkel offenes und am kürzeren zugeschmolzenes Glasrohr, in dem sich zu Beginn des Versuches Luft unter Normalbedingungen befindet, Quecksilber ein, dann stellen wir fest, daß das Volumen der eingeschlossenen Luft abnimmt. Boyle wollte mit diesem Versuch die Meinung widerlegen, nach der der Luftdruck nicht in der Lage sein soll, das Quecksilber bis auf eine Höhe von 76 cm zu drücken. Er hat gezeigt, daß im offenen Schenkel beim Einfüllen der entsprechenden Menge Quecksilber eine Quecksilbersäule beliebiger Höhe erzeugt werden kann, dem von der eingeschlossenen Luft, die ein entsprechend kleines Volumen

öffnet hat, so sollten auch wir mit den von ihnen geerbten Kenntnissen umgehen: Sie sollten die Mittel unserer Forschung sein und nicht das Ziel derselben. Versuchen wir sie zu überflügeln, wie auch sie ihre Vorfahren überflügelt haben. Es ist nämlich keine geringe Torheit, daß wir den Autoren des Altertums hartnäckiger Glauben schenken als sie ihren Vorgängern; sie hielten nämlich nicht für unfehlbar, wer ihnen ebenso überlegen war.
Pascal: Pensées

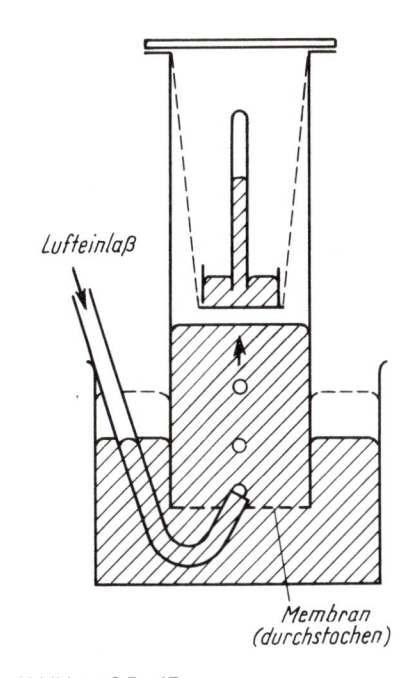

Abbildung 3.5–17
Schematische Darstellung des Versuchs „Leere in der Leere" (nach Hund)

Zitat 3.5–8
Die Jünger des *Aristoteles* tragen jetzt alle Argumente zu Haufen, die in den Schriften ihres Meisters oder seiner Kommentatoren zu finden sind, um die Dinge womöglich mit dem horror vacui zu erklären. Statt dessen sollten sie einsehen, daß die Erfahrung der einzige Lehrmeister ist, auf den man in der Physik zu hören hat, und daß dieser Versuch, den wir im Gebirge durchgeführt haben, die weitverbreitete Meinung umstößt, die Natur verabscheue das Vakuum. Es ist nunmehr offenbar und die Erkenntnis nicht mehr aus der Welt zu schaffen, daß die Natur überhaupt keinen Abscheu gegen das Vakuum hegt, nichts gegen sein Entstehen tut und daß endlich das Gewicht der Luftmassen der wahre Grund für alle Erscheinungen ist, die bisher diesem vermeintlichen Grundprinzip zugeschrieben wurden.
PASCAL [0.11] p. 164

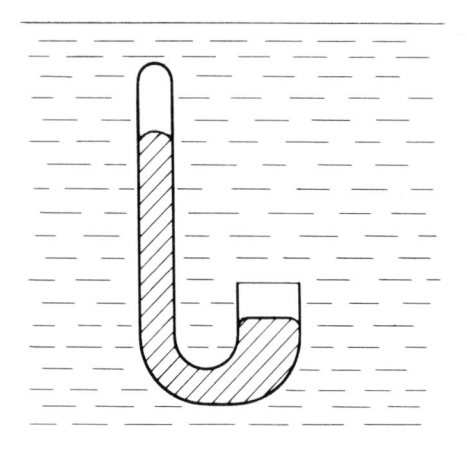

Abbildung 3.5 – 18
Der Versuch von *Mariotte* zur Klärung der Rolle des äußeren Drucks; *Mariotte* hat mit Barometern den Druck in unterschiedlichen Wassertiefen gemessen

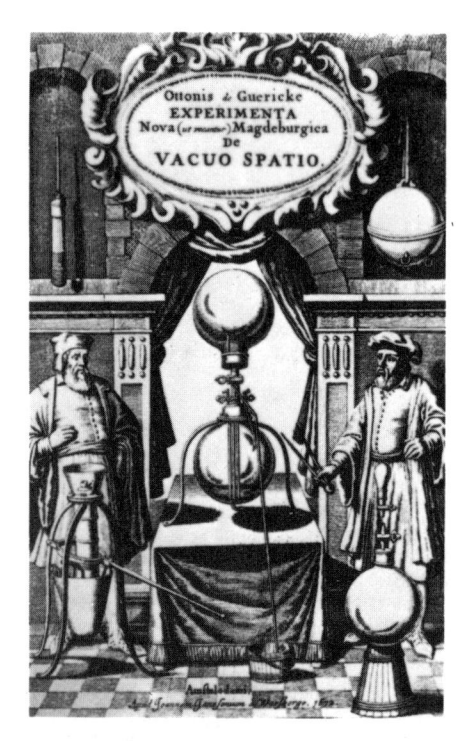

Abbildung 3.5 – 19
Titelblatt von *Guerickes* berühmtem Buch: *Otto von Guerickes neue (sogenannte) Magdeburgische Versuche über den leeren Raum.*
Bibliothek der Technischen Universität, Budapest

hat, das Gleichgewicht gehalten wird. Mit der Vorrichtung läßt sich das Boyle-Mariottesche Gesetz bestätigen, nach der das Produkt aus Volumen und Druck des Gases unter der Voraussetzung einer unveränderten Temperatur konstant ist.

BOYLE war zwar ein überzeugter Anhänger der Korpuskulartheorie der Materie, hat aber trotzdem nicht versucht, mit Hilfe dieser Theorie den Zusammenhang zwischen Druck und Volumen des Gases zu deuten. Eigentlich ist es bereits ziemlich naheliegend gewesen, daß der Druck der Gase eine Folge der Bewegung der Atome sein sollte, d. h., daß die vom Gas auf die Gefäßwandung ausgeübte Kraft von den Teilchen erzeugt wird, die mit großer Geschwindigkeit auf die Gefäßwand auftreffen und von ihr reflektiert werden. Die detaillierte mathematische Ausarbeitung dieses Ansatzes wurde von dem Umstand behindert, daß nach NEWTON eine solche Kraftwirkung auch von ruhenden Atomen erzeugt werden kann. NEWTONS Ansehen hat eine gewisse Zeit lang die Entwicklung in dieser Richtung gehemmt, und es ist erst DANIEL BERNOULLI 1738 gelungen, einen wesentlichen Fortschritt auf diesem Gebiet zu erzielen.

Die praktische Bedeutung der Untersuchungen von TORRICELLI, PASCAL, GUERICKE und BOYLE ist bald gesehen worden; wir möchten an dieser Stelle nur auf den Zusammenhang zwischen Wetter und Luftdruck hinweisen, der bald erkannt und genutzt worden ist.

3.5.4 Die ersten Schritte auf dem Wege zur modernen Chemie

Die Untersuchungen zur Struktur der Materie haben im 17. Jahrhundert nur zu geringfügigen Abweichungen von den aristotelischen Auffassungen geführt. Das ist natürlich kein Wunder, erstaunlich ist eigentlich nur, daß die ionischen Naturphilosophen ihre wissenschaftlichen Betrachtungen gerade mit dem schwierigsten Problem begonnen haben. Bei Materiestrukturuntersuchungen ist es nämlich – wie wir schon öfters betont haben – äußerst kompliziert, Elementarprozesse so herauszufiltern, daß grundlegende Zusammenhänge unverfälscht sichtbar werden. Chemie und Metallurgie konnten zwar im 17. Jahrhundert auf eine Vielzahl praktisch wichtiger Ergebnisse verweisen, aus keinem konnte jedoch ein Hinweis auf exakte Aussagen zur Struktur der Materie erhalten werden. Mit der Lösung dieser Frage, ja selbst mit ihrer richtigen Formulierung, konnte erst im 18. und 19. Jahrhundert begonnen werden. Natürlich hat es entsprechende Versuche bereits im 17. Jahrhundert gegeben, und jeder der oben erwähnten Gelehrten hat sich in irgendeiner Form auch mit dem Aufbau der Materie beschäftigt. So hat GALILEI – wenn auch sehr vorsichtig – versucht, einige Fragen zur Struktur der Materie im Sinne einer erneuerten demokritschen Atomtheorie zu beantworten. Die Schwierigkeit ist hier in erster Linie ideologischer Art gewesen, denn bereits in der Antike haben Atomtheorie und Atheismus als ideologische Basis eng zusammengehört. Wir wollen in diesem Zusammenhang nur an das Gedicht des LUCRETIUS erinnern, in dem dieser die Atomvorstellung mit der kategorischen Verneinung der Existenz aller überirdischen Erscheinungen und himmlischen Mächte verbindet. Die Existenz ewiger und unveränderlicher Atome ist unvereinbar sowohl mit der Schöpfungsgeschichte als auch mit einer jeglichen überirdischen Einflußnahme.

Es ist das Verdienst von Pater GASSENDI (PIERRE GASSENDI, 1592 – 1655) gewesen, die Atomtheorie in eine von der christlichen Ideologie akzeptable Form gebracht zu haben. Danach sind die Atome nicht ewig, sondern wurden von Gott erschaffen, und Gott kann sie zum Jüngsten Tage auch wieder zerstören. Ihre Bewegung aber ist nicht zufällig, sondern unterliegt dem göttlichen Willen. Die grundlegenden Eigenschaften aller Atome, die sich hinsichtlich Größe *(moles)*, Form *(figura)* und Bewegung *(pondus)* unterscheiden, sind ihre Festigkeit und gegenseitige Undurchdringlichkeit. GASSENDI hat den Begriff Bewegung mit dem *impetus* in einen Zusammenhang gebracht. Es folgt die Behandlung auf die von DEMOKRITOS und ARISTOTELES aufgezeigte Weise. Die Atome können auf verschiedene Weise zusammengesetzt werden, wobei sich die Atomgruppen voneinander sowohl hinsichtlich der Anordnung *(ordo)* als auch der Lage *(situs)* unterscheiden. Atomgruppen, die sich hinsichtlich der Anordnung der Atome unterscheiden, können nach GASSENDI durch die Wörter Roma und Amor oder Laurus und Ursula veranschaulicht werden, bei denen lediglich die Gruppierung der Buchstaben unterschiedlich ist; hinsichtlich ihrer Lage unterscheiden sich die Buchstaben *Z* und *N* voneinander. GASSENDI hat diesen sehr anschaulichen Vergleich weiter ausgebaut und festgestellt, daß sich aus den Gruppierungen der Atome die unendliche Formenvielfalt der Natur ebenso zusammensetzen läßt wie die unabsehbar große Zahl von Büchern aus einer nur kleinen und unveränderlichen Zahl unterschiedlicher Buchstaben. Nach GASSENDI ist jedem Atom bei der Schöpfung ein entsprechender Impuls erteilt worden, der individuell erhalten bleibt. Diese Aussage steht im Widerspruch zur kartesianischen Theorie, in der nur der Gesamtimpuls des Universums erhalten bleibt. GASSENDI hat versucht, die Atomtheorie mit den aristotelischen vier Elementen in Verbindung zu bringen. Er hat dazu postuliert, daß die Atome bestimmte Formen *(concretiunculae)* bevorzugen, anhand derer sie den aristotelischen vier Elementen zugeordnet werden können.

Über die kartesianischen Vorstellungen zur Struktur der Materie haben wir bereits oben gesprochen. Aus ihnen könnten mit einiger Aussicht auf Erfolg auch quantitative Gesetzmäßigkeiten zur Beschreibung makroskopischer Eigenschaften der Materie abgeleitet werden. Eine außerordentliche Einschränkung bedeutet jedoch die kartesianische Aussage, daß ein nicht mit Stoff erfüllter Raum absurd ist. Daraus folgt aber, daß im Weltall nur Bewegungsvorgänge möglich sind, die mit denen inkompressibler Flüssigkeiten verglichen werden können. Deshalb haben auch DESCARTES' treueste Anhänger bei ihren Versuchen, den Aufbau der makroskopischen Körper zu erklären, die Existenz eines Vakuums zugelassen, im übrigen jedoch die grundlegenden kartesianischen Annahmen von den drei Stoffarten beibehalten.

Bis zur Mitte des 17. Jahrhunderts haben somit die folgenden theoretischen Modelle teils unabhängig voneinander, z. T. aber auch miteinander verflochten, existiert:

Die aristotelische Vorstellung von den vier Elementen Erde, Wasser, Luft und Feuer. Auch die Anhänger des ARISTOTELES sind allerdings gezwungen gewesen, die Annahme von einer unbegrenzten Teilbarkeit der Stoffe aufzugeben und von einem kleinsten Teil eines jeden Elementes *(minima naturalia)* zu sprechen.

Die auf PARACELSUS zurückgehende Auffassung, daß die Welt sich aus den drei Urprinzipien *(tria prima)* Quecksilber, Salz und Schwefel aufbauen läßt. Diese Hypothese ist eine Zeitlang ungemein populär gewesen.

Die kartesianische Theorie, nach der es drei Stoffe mit Teilchen unterschiedlichen Feinheitsgrades gibt, die den Raum lückenlos ausfüllen. Jeder dieser Stoffe ist für je eine Gruppe von Erscheinungen verantwortlich.

Die demokritsche Atomtheorie in der von GASSENDI angegebenen Form, die wir oben bereits besprochen haben.

BOYLE hat 1661 eine Arbeit mit dem Titel *Sceptical Chemyst (Der skeptische Chemiker)* veröffentlicht. Sie ist ähnlich wie die Bücher GALILEIS in Dialogform abgefaßt, und der Titel weist bereits darauf hin, daß BOYLE sich mit ihr weniger die Abfassung neuer Theorien als die Kritik der alten zum Ziel setzt. Einer der drei Gesprächspartner bekennt sich zur Lehre des ARISTOTELES, der andere ist ein Anhänger des PARACELSUS, und endlich der dritte ist der skeptische Chemiker BOYLE selbst. In erster Linie kritisiert er scharf die aristotelischen Vorstellungen in ihrer ursprünglichen Form, indem er darauf hinweist, daß die aristotelischen vier Elemente offenbar nicht die ihnen ursprünglich zugedachte Aufgabe erfüllen können, die vielfältigen Erscheinungsformen der Welt aufzubauen, da sie ja selbst bereits in weitere Bestandteile zerlegbar sind. Überdies zerfallen verschiedene Stoffe bei unterschiedlicher Behandlung, so z. B. bei Erhitzung oder Verbrennung, nicht nur in vier, sondern in eine weit größere Zahl von Bestandteilen. Häufig wird der Beginn der Entwicklung der modernen Chemie eben vom Erscheinen dieser Abhandlung an gerechnet. In ihr – aber noch ausgeprägter in der 1680 erschienenen zweiten Auflage – begegnen wir dem Begriff des chemischen Elementes in seiner Keimform. In der 1666 erschienenen Abhandlung *The Origine of Forms and Qualities according to the Corpuscular Philosophy* (Der Ursprung der Formen und Qualitäten nach der Korpuskularhypothese) bringt er in wesentlichen Zügen die Theorie von GASSENDI und die kartesianische Auffassung miteinander in Einklang. Nicht nur in dieser Arbeit, sondern auch in seinem Buch, das er eigens zu diesem Zweck geschrieben hat, bemüht sich BOYLE sehr darum, nachzuweisen, daß sich die Korpuskulartheorie mit den religiösen Anschauungen vereinbaren läßt. Er geht sogar so weit zu behaupten, daß eine Beschäftigung mit den experimen-

Abbildung 3.5–20
Einige Versuche *Guerickes*

Abbildung 3.5 – 21
a) Boyles Bildnis und das Titelblatt seines Buches
   Bibliothek der Universität für Schwerindustrie, Miskolc

b) Die Boylesche Luftpumpe

tellen Naturwissenschaften den Menschen dazu bringt, ein guter Christ zu werden. Er vermeidet sorgfältig das Wort Atomtheorie und spricht eben deshalb von Korpuskeln, um die oben erwähnte Assoziation von Atomtheorie und Atheismus auszuschalten.

Im übrigen hat BOYLE dem Wunschtraum aller Alchimisten vom Goldmachen angehangen und hat geglaubt, daß sich aus einem unedlen Metall Gold herstellen ließe. Zu dieser Frage hat er sogar der Royal Society einen Brief geschrieben. Wir sollten uns nicht darüber wundern, daß der Verfasser eines Buches mit dem Titel *Der skeptische Chemiker* an einer solchen, auf den ersten Blick okkult zu sein scheinenden Angelegenheit beteiligt gewesen ist, denn wir dürfen nicht vergessen, daß gerade nach Auffassung der Anhänger der Korpuskulartheorie die Stoffarten sich nur durch die unterschiedliche Anordnung oder Lage ihrer ansonsten gleichen Bestandteile voneinander unterscheiden. So sollte es − zumindest theoretisch − nicht überraschend sein, wenn es mit irgendeiner Methode gelänge, in einem Stoff die Anordnung oder Lage der Bestandteile gerade so zu verändern, daß sich die Struktur eines anderen Stoffes ergibt. Einem analogen Vorgang begegnen wir in der modernen Kernphysik, wenn beim Beschuß eines Kernes mit einem hochenergetischen Teilchen aus dem Kern ein Proton herausgerissen und dieser so in den Kern eines anderen Elementes überführt wird. Heute wissen wir natürlich, daß der fürwahr auch auf mystischen Vorstellungen fußende Wunschtraum der Alchimisten und die von der Atomtheorie gestützte Vorstellung BOYLES schon deshalb nicht verwirklicht werden konnten, weil zu jener Zeit solche Anlagen nicht zur Verfügung gestanden haben, mit denen die für die gewünschten Umformungen benötigten hohen Energien bereitgestellt werden konnten. Im übrigen hat BOYLE mit diesen Untersuchungen die Aufmerksamkeit NEWTONS, der sich für ähnliche Fragen ungemein interessiert hat, auf sich gelenkt. NEWTON hat sich jedoch wegen seiner kritischen Natur selbst nicht mit unbegründeten Spekulationen abgegeben; zumindest hat er die Ergebnisse derartiger Betrachtungen nicht publiziert.

Mit den Auffassungen von HUYGENS, der bei den Betrachtungen zur Struktur der Materie am weitesten gekommen ist, wollen wir uns nicht im einzelnen auseinandersetzen. Auch HUYGENS ist es noch nicht gelungen, aus seiner Theorie quantitative Schlußfolgerungen zur Chemie oder zur Mechanik zu ziehen.

Wir müssen jetzt der Zeit etwas vorgreifen. Zwar tauchte der Grundgedanke der Phlogiston-Theorie schon im 17. Jahrhundert auf (JOACHIM BECHER, 1635 – 1682), und auch die erste eingehende Darstellung dieser Theorie durch GEORG ERNST STAHL (1660 – 1734) ist 1697 erschienen. Ihre Blüte, allgemeine Anerkennung und den Rang einer vorherrschenden Theorie erreichte sie aber erst im 18. Jahrhundert. Die alltäglichste und auffallendste chemische Reaktion, nämlich die Verbrennung, wird von ihr mit der Hypothese erklärt, die brennbaren Stoffe (Kohle, Öl, Schwefel) enthielten *Phlogiston* (φλογιστός = verbrannt), das bei der Verbrennung aus ihnen entweiche. Je mehr Phlogiston ein Stoff enthalte, umso leichter brenne er; so

z. B. bestehe die Kohle fast gänzlich aus Phlogiston. Das Rosten der Metalle sei ebenfalls ein Prozeß dieser Art. Wesen und Eigenschaften des Phlogistons blieben ungeklärt: Viele betrachteten es eher als Prinzip, denn als Stoff; andere als gewichtsloses (vielleicht auch durch negatives Gewicht charakterisiertes) Fluidum besonderer Art. Seine Rolle bei der Verbrennung ist sozusagen eine gegensätzliche zu der, die wir heutzutage dem Sauerstoff zuschreiben. Die Reduktion der Metallerze stellte man sich etwa folgendermaßen vor:

$$\text{Erz} + \text{Phlogiston} \rightarrow \text{Metall};$$

heute schreiben wir dagegen

$$\text{Erz} - \text{Sauerstoff} \rightarrow \text{Metall}.$$

Was wir also heute reines Metall nennen, wurde von den Anhängern der Phlogiston-Theorie für zusammengesetzt (für eine chemische Verbindung) gehalten. Das zur Reduktion benötigte Phlogiston wird bei der Verbrennung der Kohle bereitgestellt. Es waren zwar – im allgemeinen richtige – experimentelle Ergebnisse über die Gewichtsänderungen bei chemischen Reaktionen bekannt, doch wurden etwaige Diskrepanzen durch weitere Annahmen meist befriedigend erklärt.

Trotz ihres fundamentalen Irrtums hat die Phlogiston-Theorie eine fortschrittliche Rolle gespielt; sie hat nützliche Richtlinien für die Praxis geben können (die Herstellung von Schwefelsäure im großen Maßstab ist nach Direktiven von STAHL verwirklicht worden). So darf es nicht wundernehmen, daß große Physiker wie CAVENDISH und PRIESTLEY sich dieser Theorie anschlossen. Es ist erst Ende des 18. Jahrhunderts LAVOISIER gelungen, an ihrer Stelle eine den modernen chemischen Ansichten entsprechende Alternative anzugeben.

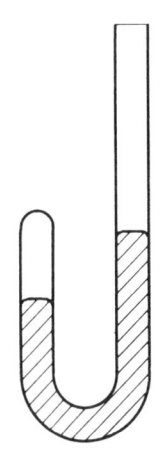

Abbildung 3.5 – 22
Das im Physikunterricht an unseren Oberschulen oft benutzte, an einem Schenkel offene und am anderen zugeschmolzene U-Rohr. *Boyle* hat gemeinsam mit seinem Assistenten *Hooke* Messungen mit Instrumenten dieser Art ausgeführt

3.6 Nach Descartes und vor Newton: Huygens

3.6.1 Huygens' Axiome zur Dynamik

Von HUYGENS' Begabung, seinen Arbeiten und seiner Bedeutung müßten wir eigentlich in Superlativen sprechen, aber wir wollen doch damit bedächtig umgehen, denn wir dürfen nicht vergessen, daß das 17. Jahrhundert ein Jahrhundert der Genies ist *(Tabelle 3.6 – 1)*. Einige der in der Tabelle aufgeführten Gelehrten haben von bestimmten Gesichtspunkten aus herausragende Prädikate verdient:

KEPLER hat die lebhafteste Phantasie mit den Eigenschaften eines äußerst genauen und disziplinierten Beobachters in sich vereint.

GALILEI war ein nüchterner Forscher mit gut definierter Zielstellung und hat aber zugleich die zu seiner Zeit modernsten Methoden verwendet.

DESCARTES war ein Gefangener seiner eigenen Theorie, sein Werk hat jedoch ungemein weitreichende und bedeutsame Auswirkungen gehabt.

In PASCAL waren theoretische und praktische Begabung mit einer schriftstellerischen Veranlagung am harmonischsten miteinander verbunden.

NEWTON war unbestritten der Riese des Jahrhunderts.

Wie haben wir aber nun HUYGENS einzuordnen? Zunächst müssen wir feststellen, daß HUYGENS weder Philosoph noch Schriftsteller gewesen ist; er war Fachwissenschaftler, Physiker und Mathematiker ebenso wie ARCHIMEDES, mit dem er hinsichtlich seiner Methode und seiner Rolle verglichen wird.

Mit HUYGENS *(Abbildung 3.6 – 1)* hat die Physik ein Niveau erreicht, das dem der Grundausbildung an den heutigen Universitäten entspricht. Seine Untersuchungen – sieht man von den qualitativen Zusammenhängen seiner Lichttheorie ab – gehen bereits über den Lehrstoff der Oberschulen hinaus und sind organischer Bestandteil der an den Universitäten gelehrten Mechanik. Mit diesen Untersuchungen wurde die Physik zu einer Fachwissenschaft, deren Aneignung und Weiterentwicklung die gesamte Energie eines Menschen erfordert. So sind seither in der Geschichte der Philosophie die Physiker – vielleicht mit Ausnahme von HUYGENS' Zeitgenossen LEIBNIZ – nur Randfiguren, und andererseits können auch nur wenige Ergebnisse, die von Großen der Philosophiegeschichte stammen, in der Physik verwendet werden.

Tabelle 3.6–1
Chronologie des Jahrhunderts der Genies
Das „Jahrhundert der Wende" ist auch als Kunstwerk sehr wirkungsvoll: Es beginnt mit dem Ende eines Dramas aus dem vorangegangenen Jahrhundert – dem Feuertode von *Giordano Bruno* –, und dann erreicht das geistige Leben mit *Galilei* und *Descartes* einen solchen Höhepunkt, daß eine weitere Steigerung nicht mehr möglich zu sein scheint; sie wird aber mit *Huygens* und *Newton* dennoch erreicht. Von diesem Gipfelpunkt an geht es dann in ruhigerem Tempo in das nächste Jahrhundert hinüber. Im 17. Jahrhundert hat man es sich zur Aufgabe gemacht, die Welt, so wie sie ist oder wie sie vom Schöpfer geformt wurde, zu verstehen. Das Weltbild des Jahrhunderts ist somit – wenn wir von einigen Ansätzen absehen – in seinem Wesen statisch.

Von den im 17. Jahrhundert benutzten experimentellen Hilfsmitteln erwähnen wir hier das Mikroskop (wahrscheinlich 1590 von dem Holländer *Zacharias Janssen* erfunden), das bei der Untersuchung der tierischen und pflanzlichen Organismen eine entscheidende Rolle gespielt hat. *R. Hooke Micrographia* (1665): Pflanzenzellen; *Antony von Leeuwenhoek* (1632–1723): Bakterien, Urtierchen; *Marcello Malpighi* (1628–1694): Gewebelehre, rote Blutkörperchen, Untersuchungen an Embryos, Kapillar-Blutgefäße; *William Harvey* (1578–1657): Die 1628 erschienene Arbeit *De motu cordis et sanguinis*, in der Harvey den Blutkreislauf und die Herztätigkeit beschreibt, markiert einen Wendepunkt. *Comenius* (1592–1670): Begründer der wissenschaftlichen Pädagogik: *Didacta Magna* – in Tschechisch 1632, in Latein 1638 erschienen; *Orbis sensualium pictus* – in Latein und Deutsch 1658, in Latein, Deutsch und Ungarisch 1669, in Latein und Ungarisch 1675 erschienen; *Prodromus pansophiae* (Vorbote des Universalwissens) 1637.

Die Gründung der angesehensten wissenschaftlichen Gesellschaften ist auch eine bedeutende Ereignisreihe dieser Epoche, auf die wir noch später zurückkommen (Kapitel 4.1). Es ziemt sich aber, in diesem Zusammenhang den Namen *Marin Mersenne* (1588–1648) zu erwähnen, der gleichzeitig sowohl die Aufgaben eines wissenschaftlichen Journals, als auch die einer wissenschaftlichen Akademie auf sich nahm. Er stand durch seine Reisen oder durch Korrespondenz in persönlichen oder schriftlichen Kontakten mit den bedeutendsten Wissenschaftlern seiner Zeit: *Galilei, Descartes, Desargues, Pascal*, der Familie *Huygens* usw.; eine *Mersenne* mitgeteilte Entdeckung konnte als im ganzen Europa publiziert gelten. Selbst ein Wissenschaftler, hat er in seiner *Harmonie Universelle* (1636–1637) unter

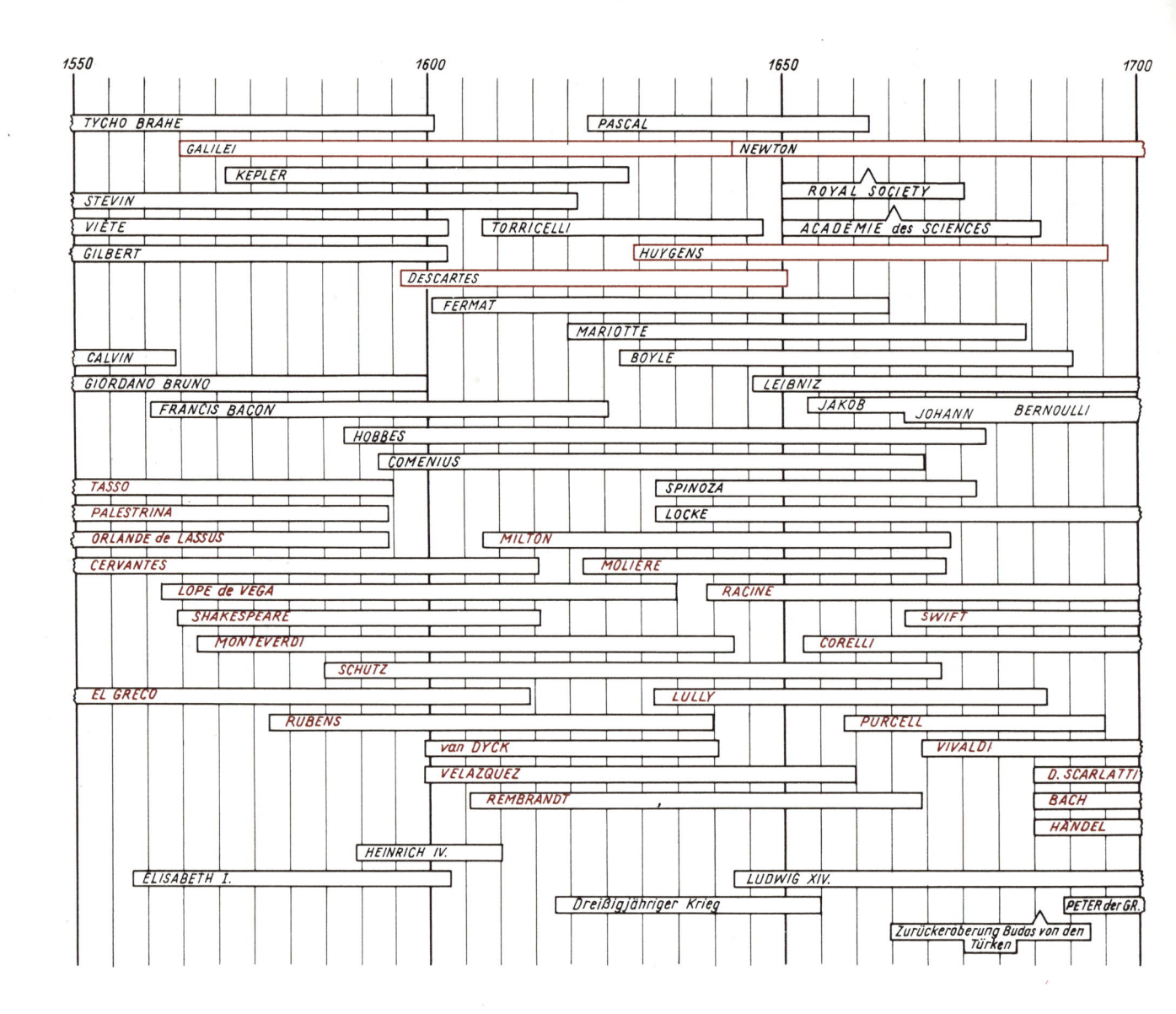

Abbildung 3.6–1
CHRISTIAN HUYGENS (1629–1695): geboren in Den Haag; den ersten Unterricht hat er von seinem Vater, einem bekannten Politiker, Linguisten, Musiker und Mathematiker, erhalten. Abschluß eines Jurastudiums, daneben aber sehr zeitig auch Beschäftigung mit mathematischen Problemen, wobei er erste Resultate mit 17 Jahren erzielte. Mit 22 Jahren Abhandlung über die Flächenbestimmung der Kegelschnitte *(Cyclometriae,*

Zugrundelegung seiner eigenen experimentellen Untersuchungen mit sehr langen ausgespannten Saiten die früheren Ergebnisse von *Benedetti*, *Beeckman* und *Galilei* über den Zusammenhang zwischen Klanghöhe und Frequenz weiterentwickelt und den Einfluß der physikalischen Parameter der Saite auf die Frequenz bestimmt. *Joseph Sauveur* (1653 – 1716) ging weiter in dieser Richtung: von ihm stammt die Benennung Akustik, er entdeckte die Obertöne, ja sogar das Phänomen der Schwebung.

Interessante Synchronismen

1619: Kepler – Harmonices mundi; Velázquez – Anbetung der Könige; Schütz – Psalmen des David; Gründung einer Girobank in Hamburg; Beginn der massenweisen Verschleppung von Negersklaven nach Amerika; Untersuchungen zur Optik des Auges durch *Scheiner*.

1632: Galilei – Dialogo; Rembrandt – Anatomie des Doktor Tulp; Gustav Adolf in der Schlacht zu Lützen im Kampf gegen *Wallenstein* gefallen; in diesem Jahr werden *Locke*, *Spinoza*, *Jan Vermeer van Delft*, *Lully* und *Leeuwenhoek* geboren.

1664 – 1666: Newtons „wunderbare Jahre"; Frans Hals – Regenten des Altmännerhauses von Haarlem (Gemälde); Poussin – Apollo und Daphne; Tod *Poussins*; Schütz – Weihnachtsoratorium; Hooke – Micrographia; Tod *Fermats*; Grimaldi – Lichtbeugung an einer undurchsichtigen Kante; Spinoza – Renati Descartes Principia Philosophiae more geometrico demonstrata; Molière – Tartuffe, Don Juan; Racine – Alexander der Große.

1687: Newton – Principia; Pulverexplosion im Parthenon der Akropolis zu Athen; Tod *Lullys*; Beginn des Reichstags zu Preßburg, auf dem die Erbfolge der männlichen Nachkommen der Habsburger von den ungarischen Landständen anerkannt wurde. Im vorangegangenen Jahr ist Buda von den Türken zurückerobert worden.

HUYGENS ist in seinen Arbeiten nicht von allgemeinen philosophischen Prinzipien ausgegangen, sondern hat seinen Gedankengängen einfache, anschauliche und auch zahlenmäßig erfaßbare *physikalische* Prinzipien zugrundegelegt. Die von ihm abgeleiteten Ergebnisse haben sich ausnahmslos bis zum heutigen Tage behauptet; sie können in der Praxis Verwendung finden, und HUYGENS hat in der Tat sehr viele von ihnen in der Praxis angewandt. Er hat auf den Arbeiten seiner Vorgänger – in erster Linie auf denen GALILEIS – aufgebaut, und DESCARTES hat auf ihn einen sehr großen Einfluß gehabt, so sehr er sich dagegen auch verwahrt hat *(Zitat 3.6 – 1)*. HUYGENS hat die Arbeiten seiner Vorgänger der Vollendung – der Newtonschen Mechanik – auf geradem Wege näher gebracht. Wo seine Untersuchungen nicht unmittelbar in dieser Richtung liegen, wie zum Beispiel bei den Betrachtungen über die Umformung von kinetischer und potentieller Energie, hat er aus der Newtonschen Mechanik noch abzuleitende Ergebnisse antizipiert.

Wir können nun auch über HUYGENS in Superlativen sprechen:

HUYGENS war ein äußerst kritischer und beherrschter Physiker, der hinsichtlich der Zahl der von ihm abgeleiteten konkreten Ergebnisse in seinem Jahrhundert nur noch von NEWTON übertroffen worden ist.

Mit der *Abbildung 3.6 – 2* haben wir versucht, den Erkenntnisstand in der Mechanik zum Zeitpunkt von GALILEIS Tod zusammenfassend darzustellen. Es sind zwei Entwicklungswege zu erkennen, von denen der eine zu quantitativen Lösungen von komplizierten Problemen und sogar zu einer speziellen Formulierung des Energiesatzes führt. Dieser Weg schließt an die Versuche und Aussagen GALILEIS zur schiefen Ebene, zum Pendel und zum schrägen Wurf an.

Unmittelbar zum Newtonschen Grundgesetz führt ein anderer, aus zwei Zweigen bestehender Weg. Der eine geht von den Stoßprozessen aus, bei denen die Bedeutung der Größen Impuls und Impulsänderung am offensichtlichsten wird. Auf dem anderen Zweig haben wir es mit der Untersuchung der Bewegung von Körpern längs einer gekrümmten Bahn zu tun, wobei man sich natürlich zunächst nur auf die einfache Kreisbewegung beschränkt hat. Bei dieser Bewegung wird der vektorielle Charakter der Größen Geschwindigkeit und Geschwindigkeitsänderung offensichtlich.

Verfolgen wir nun, wie HUYGENS die Galileischen Gedanken weiterentwickelt hat. Wir erinnern uns zunächst an die von GALILEI gefundenen Gesetze zur Bewegung auf einer schiefen Ebene, nach denen die Geschwindigkeit proportional zur Laufzeit anwächst, und der zurückgelegte Weg proportional zum Quadrat der Zeit ist, wenn der Körper mit der Geschwindigkeit Null startet. HUYGENS hat diese Ergebnisse mit einer etwas anderen Begründung ein zweites Mal abgeleitet.

Im *Horologium oscillatorium* formuliert er zwei Hypothesen:

1. Ein Körper, der sich selbst überlassen ist, bewegt sich gleichförmig auf einer geraden Bahn (Trägheitsprinzip).

2. Prinzip der Superposition der Bewegungen. Nach dieser Auffassung

1651), mit 25 Jahren Angabe des zu jener Zeit besten Zahlenwertes für π (*De circuli magnitudine inventa*, 1654); im weiteren auch Beiträge zur Wahrscheinlichkeitsrechnung. Seine Arbeiten zu Problemen der Physik hat *Huygens* mit astronomischen Untersuchungen begonnen; das dafür benötigte Fernrohr haben er und sein Bruder selbst gebaut. Bei diesen Untersuchungen, in deren Ergebnis der Saturnring, einer der Saturnmonde *(Systema Saturnium)* und der Orion-Nebel entdeckt worden sind, ist *Huygens* vor die Aufgabe gestellt worden, Zeiten genau bestimmen zu müssen. Er hat 1657 eine Pendeluhr konstruiert und sich dann intensiv mit dem Problem auseinandergesetzt, ein Pendel mit einer vom Maximalausschlag unabhängigen Schwingungsdauer (Zykloidenpendel) zu finden. Seine diesbezüglichen Resultate hat er – wie bei anderen Arbeiten auch – erst wesentlich später veröffentlicht (*Horologium oscillatorium*, 1673). Eine andere sehr bedeutende Arbeit von *Huygens (De motu corporum ex percussione)* ist erst nach seinem Tode im Jahre 1703 erschienen, obwohl er eine Zusammenfassung der in ihr enthaltenen Ergebnisse bereits 1669 der Royal Society vorgelegt hat. Eine weitere sehr bekannte Huygenssche Abhandlung ist der *Traité de la lumière* (1690). Hier begründet *Huygens* im Vorwort den Verzug bei der Veröffentlichung damit, daß er eigentlich beabsichtigt habe, das Buch in das Lateinische als die Sprache der Wissenschaft zu übersetzen, bisher aber keine Zeit dazu gehabt hätte.

Huygens hat sich in der Zeit unmittelbar vor *Newton*, d. h. im dritten Viertel des 17. Jahrhunderts, unter den Physikern mit Recht eines sehr großen Ansehens erfreut. Er ist 1663 zum Mitglied der Royal Society ernannt und 1665 von *Colbert* zum Präsidenten der Académie Française vorgeschlagen worden. 1681 hat er Frankreich verlassen, wozu ihn vielleicht sein schlechter Gesundheitszustand oder aber auch die Aufhebung des Ediktes von Nantes bewogen hat. In seinem Geburtsort ist er 1695 gestorben.

Huygens ist auch als Mensch vorbildlich gewesen, denn er hat ungeachtet seiner kritischen Haltung die Leistungen anderer anerkannt. Er hat zwar sein Leben ausschließlich der Wissenschaft gewidmet, hat jedoch nicht das Leben eines zurückgezogenen Einsiedlers geführt; für diese Behauptung können die von *Huygens* an die Adresse schöner Frauen seiner Zeit gerichteten Gedichte als Beweis dienen. Charakteristisch für das breite Spektrum seiner Interessen sind das Manuskript eines Science-fiction-Romans, das in seinem Nachlaß gefunden worden ist, sowie eine von ihm stammende Skizze eines Motors mit innerer Verbrennung

---

Zitat 3.6 – 1

Herr *Descartes* hat es verstanden, seine Mutmaßungen und Vorstellungen für Wahrheiten gelten zu lassen. Er hat es erreicht, daß es den Lesern seiner *Principia* irgendwie ähnlich ergeht wie Leuten, die einen Roman lesen: Er gefällt ihnen und sie haben den Eindruck, es handle sich um eine wahre Geschichte. Die Formen der kleinen Teilchen, die Eigenschaften der Wirbel werden allgemein als richtig empfunden. Auch mir schien es, da ich dieses Buch zum ersten Mal las, als sei alles in bester Ordnung; als ich auf Schwierigkeiten stieß, glaubte ich, dies läge an mir und ich hätte seine Gedanken mißverstanden. Ich mag damals 14 oder 15 Jahre alt gewesen sein. Nachdem ich aber seither von Zeit zu Zeit Dinge entdecke, die offensichtlich falsch sind, sowie andere, die ich für höchst unwahrscheinlich halte, habe ich die Voreingenommenheit abgelegt, die ich bislang für ihn hatte.

HUYGENS: *Oeuvres complètes*. t.X.p. 403

ist auch der lotrechte Fall eine zusammengesetzte Bewegung: Der Körper fällt mit der im ersten Augenblick erlangten Geschwindigkeit (als konstanter Geschwindigkeit) weiter, der sich die in den folgenden Augenblicken nacheinander erworbenen Geschwindigkeiten überlagern.

GALILEI hat in den *Discorsi* die Tatsache als Hypothese bezeichnet, daß unter Idealbedingungen die Geschwindigkeit am Fußpunkt der schiefen Ebene lediglich von der Höhe des Startpunktes abhängt (Zitat 3.3−6). HUYGENS hat diese These bereits mit Hilfe einer anderen Ausgangsannahme bewiesen, die sich im weiteren dann als ungemein fruchtbringend herausgestellt hat. Dazu hat er eine von TORRICELLI im Rahmen der Statik abgeleitete These verallgemeinert:

Bewegt sich ein beliebiges System von Körpern ausschließlich unter Einwirkung der Gewichtskräfte, dann erreicht der gemeinsame Schwerpunkt der Körper zu keinem Zeitpunkt eine größere Höhe als zum Beginn der Bewegung.

Wird diese These für die Bewegung eines einzigen Körpers vereinfacht,

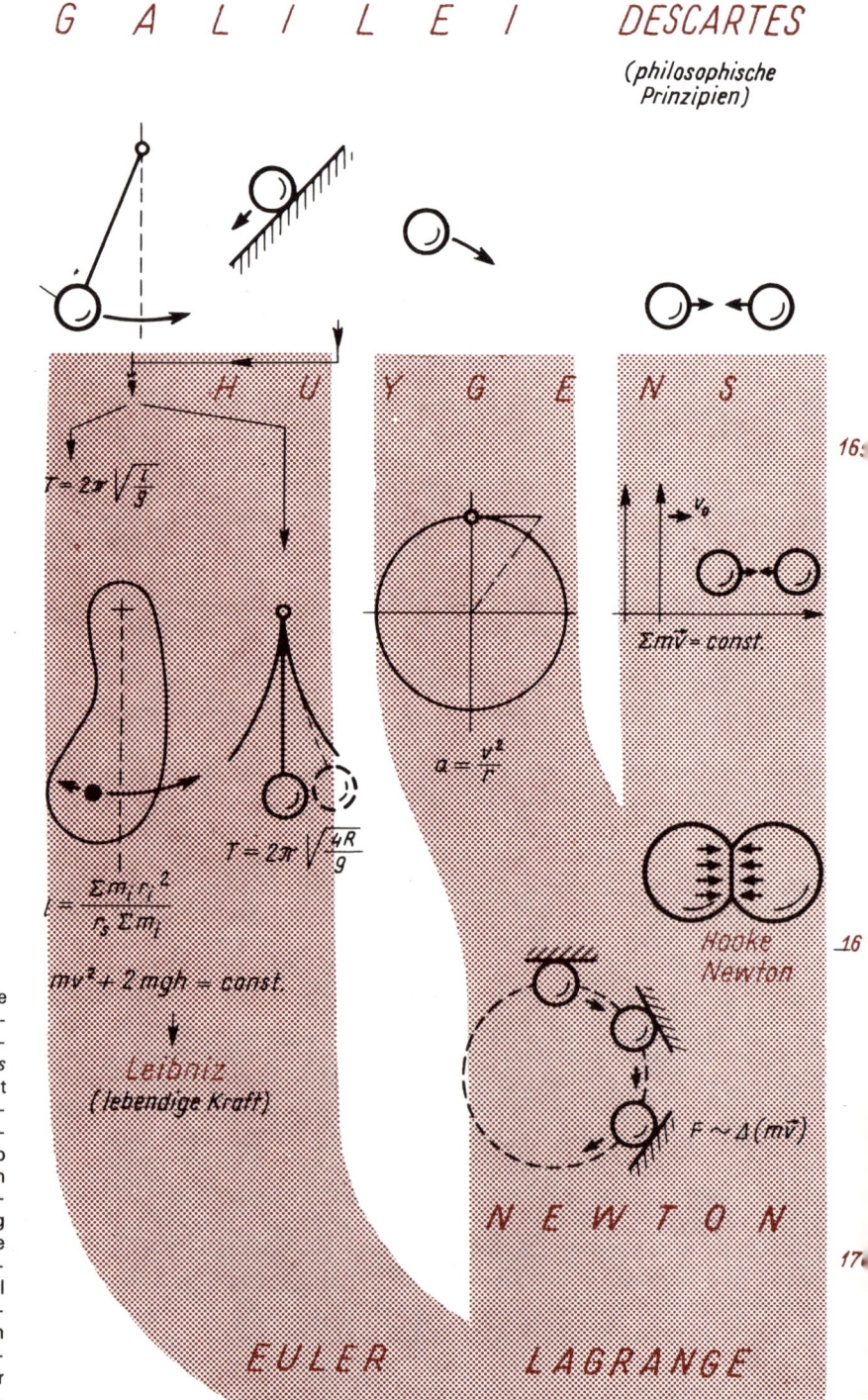

Abbildung 3.6−2
Der Weg von *Galilei* zu *Newton*: *Galilei* hat die quantitative Beschreibung der Bewegung im Gravitationsfeld angegeben, *Descartes* hat das Hauptgewicht auf die Stoßprozesse gelegt, und *Huygens* hat schließlich beide Ansätze weitergeführt. Er hat die genauen Beziehungen für die Schwingungsdauer des mathematischen Pendels gefunden sowie die Stoßgesetze aus dem allgemeinen Prinzip hergeleitet, daß alle Koordinatensysteme, die sich relativ zueinander geradlinig und gleichförmig bewegen, äquivalent sind. Seine unter Umgehung der Bewegungsgleichungen erhaltenen Resultate konnten später im Rahmen des Energieerhaltungssatzes verstanden werden, weshalb wir diesen Teil der Huygensschen Überlegungen erst nach *Newton* in die anderen Entwicklungsrichtungen haben einmünden lassen. Zu den Bewegungsgleichungen führt eine detaillierte Untersuchung der krummlinigen (Kreis)-Bewegung und der Stoßprozesse

dann sagt sie aus, daß ein Körper unter der Einwirkung seines Eigengewichts nie höher gelangen kann, als er in der Ausgangslage gewesen ist (Abbildung 3.6–3a).

In dieser Formulierung versteht sich die These schon von selbst.

Fügen wir jetzt dieser Hypothese einen mit Hilfe der oben zitierten Ausgangshypothesen beweisbaren Satz hinzu: *Die Bewegungen sind (im Idealfall) umkehrbar.* Dieser Satz sagt im einfachsten Falle aus, daß ein Körper, der mit der Geschwindigkeit Null vom obersten Punkt einer schiefen Ebene abläuft und mit einer bestimmten Endgeschwindigkeit am Fußpunkt ankommt, auch wieder den obersten Punkt mit verschwindender Geschwindigkeit erreichen kann, wenn wir ihn mit der Endgeschwindigkeit am Fußpunkt starten lassen *(Abbildungen 3.6–3a, b)*.

Wir schauen uns nun an, wie HUYGENS mit Hilfe der beiden obigen Ausgangsthesen den Satz hergeleitet hat, daß zwei von schiefen Ebenen unterschiedlicher Neigungswinkel ablaufende Körper bei einer übereinstimmenden Höhe des Startpunktes die gleiche Geschwindigkeit am Fußpunkt der Ebenen haben. Nehmen wir an, eine Kugel rolle vom Punkt C zum Punkt B und ihre Geschwindigkeit sei kleiner als die der Kugel, die vom Punkt A zum Punkt B gerollt ist, und zwar sei sie gleich der Geschwindigkeit der Kugel, die auf der Ebene AB ihre Bewegung im Punkt F begonnen hat. Lassen wir somit vom Punkt F eine Kugel abrollen, dann müßte sie entsprechend unserer Annahme gerade die Geschwindigkeit haben, mit der sie den Punkt C erreichen kann, wenn wir sie die Ebene BC hinaufrollen lassen. Der Punkt C liegt jedoch höher als der Punkt F, und folglich hat die Schwerpunkthöhe des Körpers bei einer lediglich unter dem Einfluß der Gewichtskraft ablaufenden Bewegung zugenommen, was aber wegen der ersten Ausgangsthese unmöglich ist. Wir merken hier an, daß die Änderung der Geschwindigkeitsrichtung von der Bewegung auf der Ebene FB zur Bewegung auf der Ebene BC nach HUYGENS durch einen Stoßvorgang an einer Hilfsebene realisiert werden kann, die unter einem geeigneten Winkel am Fußpunkt der beiden schiefen Ebenen angeordnet ist.

Auf analogem Wege kann auch bewiesen werden, daß die Geschwindigkeit einer von A nach B rollenden Kugel im Punkte B nicht kleiner sein kann als die Geschwindigkeit der von C nach B rollenden Kugel in diesem Punkte; aus beiden Gedankengängen folgt aber, daß die Geschwindigkeit der beiden Kugeln gleich sein muß.

HUYGENS hat mit einer ähnlichen Methode auch gezeigt, daß die Geschwindigkeit auch dann nur von der Starthöhe abhängt, wenn die schiefe Ebene durch eine beliebig gekrümmte Fläche ersetzt wird, d. h., wenn sich der Körper unter dem Einfluß der Schwerkraft nicht längs einer Geraden, sondern längs einer beliebigen Bahnkurve bewegt *(Abbildungen 3.6–4a, b)*. Weiter hat er bewiesen, daß die Laufzeit (bei gegebener Starthöhe) zur Länge der schiefen Ebene proportional ist *(Abbildung 3.6–4c)*; diese Erkenntnisse stammen eigentlich von GALILEI, sie sind von HUYGENS jedoch in einen logischen Zusammenhang gebracht worden.

Aus der Gleichung $s = \frac{1}{2} g \sin\alpha \, t^2$ folgt

$$t = \sqrt{\frac{2s}{g \sin\alpha}},$$

und mit

$$\sin\alpha = \frac{h}{s}$$

ergibt sich weiter

$$t = \sqrt{\frac{2s^2}{gh}} = s\sqrt{\frac{2}{gh}}.$$

Da g und h konstant sind, ist tatsächlich $t \sim s$.

3.6.2 Das mathematische Pendel

Auf einer krummlinigen Bahn kann die Geschwindigkeit in jedem beliebigen Bahnpunkt leicht aus der Fallhöhe bestimmt werden, die Bestimmung der Zeit, die zum Durchlaufen eines Wegstückes auf einer solchen Bahn benötigt wird, bereitet aber bereits ernsthafte Schwierigkeiten, denn wir müssen berücksichtigen, daß sich der Neigungswinkel der Bahn von Punkt zu Punkt ändern kann. Nehmen wir die Integralrechnung zu Hilfe, dann läßt sich

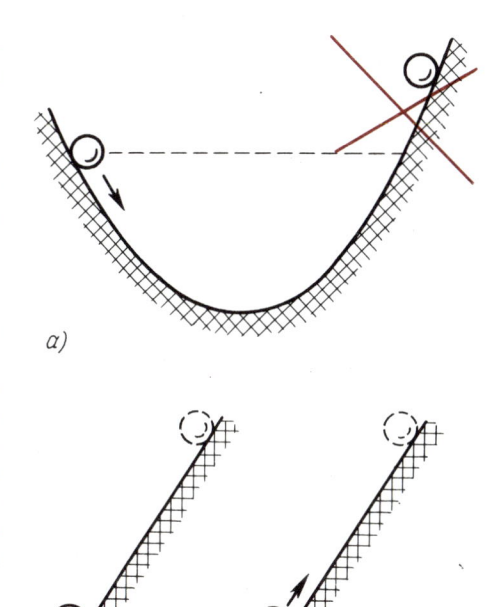

Abbildung 3.6–3a, b
Die zwei von *Huygens* verwendeten Ausgangsthesen:
a) Bei einer unter dem Einfluß des Eigengewichtes ablaufenden Bewegung kann der Schwerpunkt eines Körpers niemals eine größere Höhe erreichen als die Höhe, auf der er sich zu Beginn der Bewegung befunden hat
b) Die Bewegung ist umkehrbar

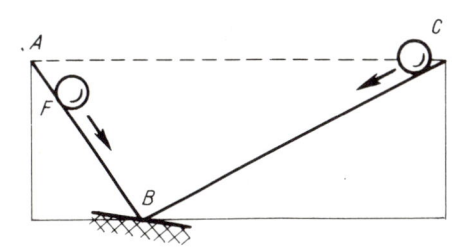

Abbildung 3.6–4a
Der Beweis von *Huygens,* daß Kugeln beim Abrollen auf schiefen Ebenen mit unterschiedlichen Neigungswinkeln den Fußpunkt alle mit der gleichen Geschwindigkeit erreichen, wenn sie von der gleichen Höhe aus gestartet sind

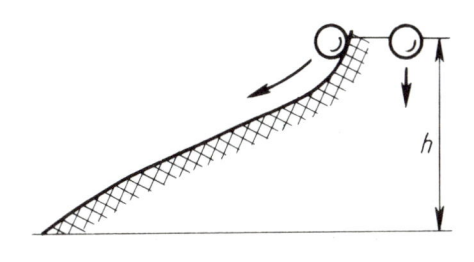

Abbildung 3.6–4b
Bewegt sich ein Körper längs einer beliebigen schiefen Ebene, dann ist seine Geschwindigkeit gleich der, die er beim freien Fall aus der gleichen Höhe erreicht

$t_{OA} : t_{OB} : t_{OC} = OA : OB : OC$

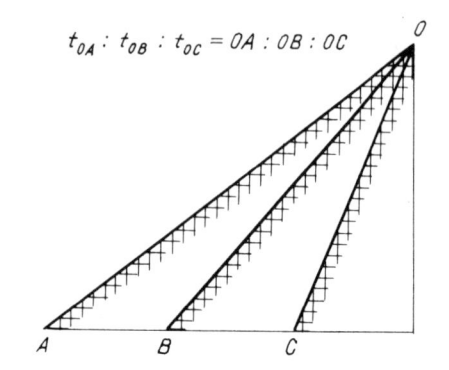

Abbildung 3.6–4c
Die Zeit, die die Kugeln zum Herabrollen auf der schiefen Ebene benötigen, ist bei übereinstimmender Höhe des Ausgangspunktes proportional zur Länge der Ebene

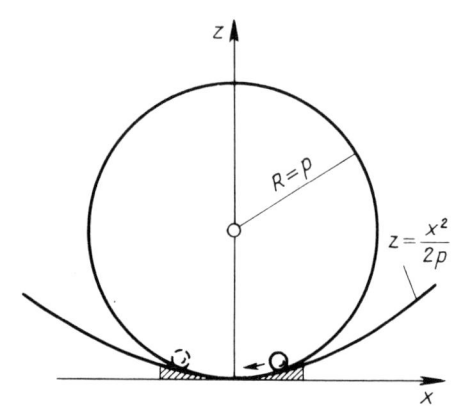

Abbildung 3.6–5a
Der Kreis kann (in der Nähe des Fußpunktes) durch eine Parabel approximiert werden

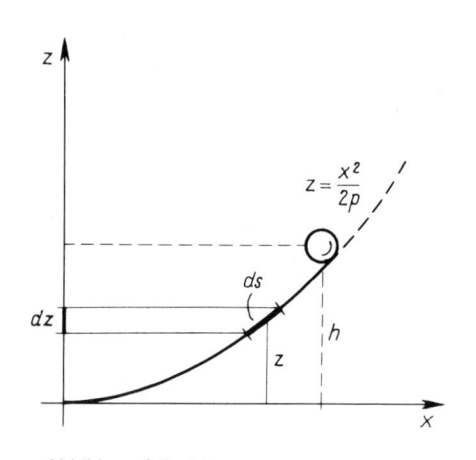

Abbildung 3.6–5b
Die Laufzeit der Kugeln auf der Parabelbahn ergibt sich als Summe der Zeiten, die zum Durchlaufen der Elementarlängen ds notwendig sind

auch in diesem Falle das Problem verhältnismäßig einfach lösen; wir dürfen aber nicht vergessen, daß HUYGENS bei seinen Überlegungen noch nicht auf die Integralrechnung zurückgreifen konnte, da zu dieser Zeit LEIBNIZ und NEWTON erst dabei waren, dieses mathematische Hilfsmittel zu schaffen. Gerade aus diesem Grunde müssen wir aber die Arbeiten von HUYGENS zum mathematischen und physikalischen sowie zum Zykloidenpendel als sehr bedeutsam ansehen.

Bei der Besprechung der Galileischen Arbeiten haben wir erwähnt, daß GALILEI irrtümlich annahm, daß die Schwingungsdauer des Pendels unabhängig von der Maximalauslenkung oder Pendelamplitude ist, eine Annahme, die jedoch nur für kleine Amplituden erfüllt ist. Dieser Irrtum steht mit der weiteren falschen Annahme in engem Zusammenhang, daß Körper, die von verschiedenen Punkten eines Kreises abrollen, die gleiche Zeit benötigen, um in den Fußpunkt des Kreises zu gelangen.

Im folgenden skizzieren wir – im wesentlichen nach DUGAS [0.11] – den Gedankengang von HUYGENS, mit dem es ihm gelungen ist, die Abrollzeit eines Körpers auf einer Kreisbahn zu berechnen, wenn der Startpunkt vom Fußpunkt nicht zu weit entfernt ist; mit diesem Gedankengang wird natürlich auch die Schwingungsdauer eines mathematischen Pendels bei einer kleinen Amplitude bestimmt. Die Forderung „nicht zu weit entfernt" bedeutet hier so viel, daß der Neigungswinkel der Tangente an die Kreisbahn im Startpunkt des Körpers so klein ist, daß der Sinus dieses Winkels durch den Tangens ersetzt werden kann.

Da sich mit der Parabel einfacher rechnen läßt, nähern wir zunächst den Kreis nach *Abbildung 3.6–5a* durch die Parabel an, deren Krümmung im Scheitelpunkt gleich der des vorgegebenen Kreises ist. Wir stellen nun die Parabel als Streckenzug dar *(Abbildung 3.6–5b)* und versuchen, die Zeit zu bestimmen, die zum Durchlaufen einer Teilstrecke benötigt wird. Diese kleinen Zeitspannen sind dann zu addieren, um die Laufzeit des Körpers bis zum Erreichen des untersten Punktes der Bahn zu erhalten; die so berechnete Zeit entspricht dann natürlich einem Viertel der Schwingungsdauer des Pendels. Auf diese Weise hat HUYGENS den Wert

$$T = 2\pi \sqrt{\frac{l}{g}}$$

für die Schwingungsdauer des Pendels erhalten, den wir heute in jedem Tafelwerk finden können.

Wir bemühen uns nun, den Gedankengang von HUYGENS möglichst originalgetreu nachzuvollziehen, verwenden jedoch auch Methoden und Ergebnisse der höheren Mathematik, die erst später gefunden worden sind. Benutzen wir das Koordinatensystem der Abbildungen 3.6–5a, b, dann ist die Parabelgleichung durch

$$z = \frac{x^2}{2p}$$

gegeben. Es kann leicht bewiesen werden, daß der hier vorkommende Parameter p gleich dem Krümmungsradius ist, denn dieser folgt allgemein aus

$$\frac{1}{R} = \frac{z''}{(1+z'^2)^{3/2}},$$

und mit

$$z'' = \frac{1}{p}; \quad z'\bigg|_{x=0} = \frac{x}{p}\bigg|_{x=0} = 0$$

erhalten wir tatsächlich

$$\frac{1}{R} = \frac{1}{p}.$$

Die Geschwindigkeit des aus der Höhe h startenden Körpers, der sich zur Zeit t bei der Höhe z befindet, ist

$$v^2 = 2g(h-z),$$

d. h. aber in einer etwas anderen Schreibweise

$$\left(\frac{ds}{dt}\right)^2 = 2g(h-z).$$

Zwischen der differentiellen Bogenlänge ds und der Koordinatendifferenz dz besteht der Zusammenhang

$$ds = \frac{dz}{\sin \alpha}.$$

Benutzen wir nun die für kleine Winkel gültige Näherung $\sin \alpha \approx \tan \alpha$ und beachten den aus der Parabelgleichung folgenden Zusammenhang

$$\tan \alpha = z' = \frac{x}{p} = \sqrt{\frac{2z}{p}},$$

dann ergibt sich

$$\frac{p}{2z}\left(\frac{dz}{dt}\right)^2 = 2g(h-z).$$

Aus dieser Beziehung folgt die zum Durchlaufen der Koordinatendifferenz dz benötigte Zeit zu

$$dt = \frac{1}{2}\sqrt{\frac{R}{g}} \frac{dz}{\sqrt{(h-z)z}} \qquad (1)$$

und daraus die gesamte Laufzeit

$$t_0 = \frac{T}{4} = \frac{1}{2}\sqrt{\frac{R}{g}} \int_0^h \frac{dz}{\sqrt{(h-z)z}} = \frac{\pi}{2}\sqrt{\frac{R}{g}}.$$

HUYGENS konnte so die auch noch heute gültige Formel für die Schwingungsdauer des mathematischen Pendels herleiten.

3.6.3 Das Zykloidenpendel

Im weiteren hat sich HUYGENS die Frage gestellt, ob eine Kurve existiert, bei der die Laufzeit eines Körpers nicht vom Startpunkt (d. h. von der Entfernung vom Fußpunkt) abhängt. Es ist eine der genialsten Leistungen von HUYGENS, auf diese Frage eine Antwort gefunden und gezeigt zu haben, daß *die Zykloide (Abbildung 3.6–6) diese Eigenschaft hat.* Er hat dabei die Lösung des Problems nicht nur theoretisch begründet, sondern auch ein Pendel gebaut, dessen Schwingungsdauer auch bei beliebigen Amplituden konstant ist. Wir müssen hier aber schon darauf verzichten, den ursprünglichen Gedankengang nachvollziehen zu wollen, weil HUYGENS für die gesamte Herleitung zwölf Thesen benötigt hat, deren jede auch für sich nicht leicht einzusehen ist. Wir versuchen deshalb wieder, die Ableitung verkürzt und unter Verwendung der modernen mathematischen Hilfsmittel darzustellen.

$x = R\omega t + R\sin\omega t$
$z = -R(1 + \cos\omega t)$

Abbildung 3.6–6
Ein Punkt auf dem Umfang eines längs der x-Achse (unten) abrollenden Kreises beschreibt eine Zykloidenbahn, deren Gleichung oben angegeben ist

Lassen wir beliebige Neigungswinkel α zu, dann ist die notwendige Zeit zum Durchlaufen der Koordinatendifferenz dz gleich

$$dt = \frac{dz}{\sqrt{2g(h-z)}} \frac{1}{\sin \alpha}.$$

Wie wir oben gesehen haben, würde die Höhe h aus der Laufzeit herausfallen, wenn die Beziehung für dt in der Form (1) dargestellt werden könnte. Wir kommen in der Tat zur Beziehung (1) zurück, wenn die Kurve so beschaffen ist, daß in jedem Punkt

$$k \sin \alpha = \sqrt{z}$$

gilt mit k als einer Konstanten; in diesem Falle wird der Wert des Integrals unabhängig von h. HUYGENS hat deshalb das Problem wie folgt formuliert *(Abbildung 3.6–7)*: Gesucht ist die Kurve, bei der die Punkte F, die durch die Gleichung

$$BF = \frac{BE}{TE}k$$

gegeben sind, auf einer Parabel liegen. Er ist so auf die Zykloide gestoßen, für die er die geforderte Eigenschaft tatsächlich zeigen konnte.

HUYGENS erschien der oben skizzierte Gedankengang allerdings nicht exakt genug; es ist daran zu erinnern, daß seinen infinitesimalen Methoden noch die Mängel anhaften, die für die Zeit der Geburtswehen vor dem Entstehen der Differential- und Integralrechnung charakteristisch sind. In Kenntnis der Ergebnisse konnte er jedoch in seinem Werk *Horologium oscillatorium* mit archimedischer Strenge vorgehen. So gelangte er erst zur Endformel bezüglich des Bewegungsablaufes auf einer Zykloidenkurve und daraus zu der für kleine Amplituden des einfachen Fadenpendels gültigen Formel.

Dabei ist es u. a. notwendig, eine Eigenschaft der Zykloide zu berücksichtigen *(Abbildung 3.6–8)*, daß nämlich die Tangente BG in einem beliebigen Punkt B dieser Kurve parallel ist zu der Geraden AE, die E, d. h. den Schnittpunkt des Leitkreises mit der der Leitlinie DC parallelen Geraden BF sowie den Fußpunkt A der Zykloide miteinander verbindet: $BG \parallel AE$. Im XXIV. Satz einer logisch aufgebauten Serie von Sätzen beweist HUYGENS (indem er die Zykloide in elementare schiefe Ebenen einteilt), daß die Zeit T_1, die zum Durchlaufen des Zykloidenbogens BA benötigt wird, sich zur Zeit T_2, während der der Körper die Strecke BG mit der Geschwindigkeit

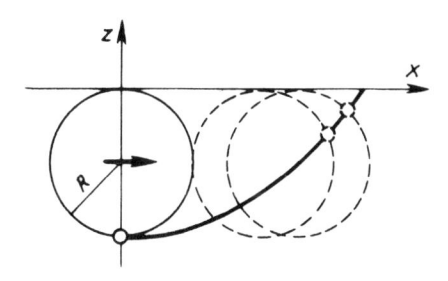

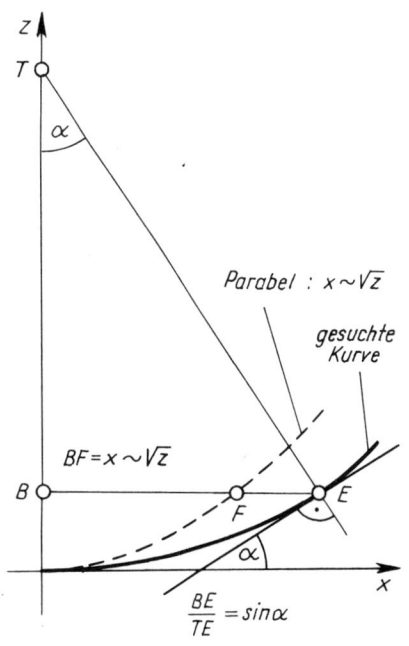

Abbildung 3.6–7
Wenn der durch die Gleichung $BF = (BE/TE)k$ bestimmte Punkt F auf einer Parabel liegt, dann gilt $BF \approx \sqrt{z}$, und mit $BE/TE = \sin \alpha$ ergibt sich tatsächlich für alle Punkte $\sqrt{z} = k \sin \alpha$

Abbildung 3.6–8
Zum Satz XXV des *Horologium Oscillatorium*. In diesem Satz gelangt *Huygens* zur Formel für die Schwingungszeit des Zykloidenpendels

$v_0/2$ durchläuft (wobei v_0 die Geschwindigkeit ist, die er erreichte, wenn er entlang der Geraden BG herabglitte) so verhält, wie der über FA geschlagene Halbkreis zur Strecke FA. Es ist aber T_2 nichts anderes, als die Zeit, die zum Zurücklegen der Strecke BG (und gleichzeitig auch zum Durchlaufen der schiefen Ebene AE) benötigt wird. Nun hatte aber schon GALILEI festgestellt, daß (Abbildung 3.3–8) die schiefe Ebene AE in derselben Zeit durchlaufen wird, die zum freien Fall längs des Durchmessers AD benötigt wird. So gelangte HUYGENS zum XXV. Satz:

Gleitet ein Körper entlang einer nach oben konkaven Zykloide mit lotrechter Achse, so gelangt er immer in der gleichen Zeit zu ihrem untersten Punkt, ungeachtet dessen, in welchem Punkt er die Bewegung beginnt. Diese Zeit verhält sich zur Zeit des freien Falles längs der Zykloidenachse wie der halbe Kreisumfang zum Durchmesser.

In heutiger Bezeichnungsweise ergibt sich aus der Formel $t = \sqrt{2s/g}$ als Fallzeit aus der Höhe $2R$ der Wert $T_2 = \sqrt{4R/g}$; der obige Satz lautet also $T_1/T_2 = \pi/2$; $T_1 = (\pi/2)\sqrt{4R/g}$. Damit bekommen wir für die Schwingungsdauer des Zykloidenpendels $T_0 = 4T_1 = 2\pi\sqrt{4R/g}$. Wird nun berücksichtigt, daß der Krümmungshalbmesser der Zykloide im Fußpunkt gerade $4R$ ist, so erhalten wir für die Schwingungsdauer des Fadenpendels der Länge $l = 4R$ in guter Näherung die Formel $T = 2\pi\sqrt{l/g}$.

In den Lehrbüchern der Theoretischen Physik wird dieses Problem heute wie folgt abgehandelt (*Abbildung 3.6–9*): Um die Bewegungsgleichung aufzuschreiben, muß die Hangabtriebskraft, d. h. die Kraftkomponente parallel zur Tangenten an die Bahnkurve, bekannt sein. Wie wir aus der Abbildung ablesen können, ist diese gleich $-mg\sin\alpha$, so daß wir die Bewegungsgleichung

$$m\frac{d^2s}{dt^2} = -mg\sin\alpha$$

erhalten. Aus der Parameterdarstellung der Zykloiden

$$x = R\omega t + R\sin\omega t$$
$$z = -R(1+\cos\omega t)$$

ergibt sich ihre Bogenlänge mit

$$s = \int_0^P ds = \int_0^t \frac{ds}{dt}dt$$

und

$$\frac{ds}{dt} = \sqrt{\left(\frac{dx}{dt}\right)^2 + \left(\frac{dz}{dt}\right)^2} = \sqrt{(R\omega)^2(1+\cos\omega t)^2 + (R\omega)^2\sin^2\omega t}$$
$$= R\omega\sqrt{2(1+\cos\omega t)} = 2R\omega\cos\frac{\omega t}{2}$$

zu

$$s = \int_0^t 2R\omega\cos\frac{\omega t}{2}dt = 4R\sin\frac{\omega t}{2}.$$

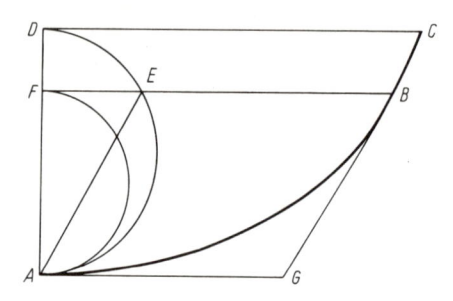

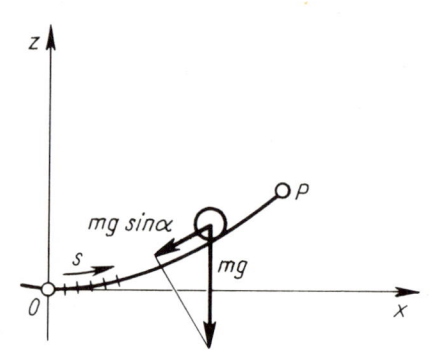

Abbildung 3.6–9
Um die Bewegung längs einer Zykloidenbahn zu beschreiben, wählen wir als Veränderliche die vom Punkt *0* aus gemessene (vorzeichenbehaftete) Bogenlänge

Setzen wir nun

$$\sin\alpha = \frac{\tan\alpha}{\sqrt{1+\tan^2\alpha}} = \sqrt{\frac{(z')^2}{1+(z')^2}} = \sqrt{\frac{\sin^2\omega t}{2(1+\cos\omega t)}}$$
$$= \sqrt{\frac{1-\cos^2\omega t}{2(1+\cos\omega t)}} = \sqrt{\frac{1-\cos\omega t}{2}} = \sin\frac{\omega t}{2},$$

dann folgt

$$s = 4R\sin\frac{\omega t}{2}; \quad s = 4R\sin\alpha; \quad \sin\alpha = \frac{s}{4R}; \quad \sin\alpha = \sin\frac{\omega t}{2}.$$

Die Bewegungsgleichung bekommt somit die Form

$$\frac{d^2s}{dt^2} = -g\frac{s}{4R}; \quad \frac{d^2s}{dt^2} + \frac{g}{4R}s = 0$$

und hat die Lösung

$$s = s_0\sin\sqrt{\frac{g}{4R}}t; \quad \omega = \frac{2\pi}{T} = \sqrt{\frac{g}{4R}};$$
$$T = 2\pi\sqrt{\frac{4R}{g}}.$$

Der Körper führt folglich für beliebige Maximalauslenkungen s_0 eine harmonische Schwingung mit einer konstanten Kreisfrequenz, d. h. einer konstanten Schwingungsdauer aus.

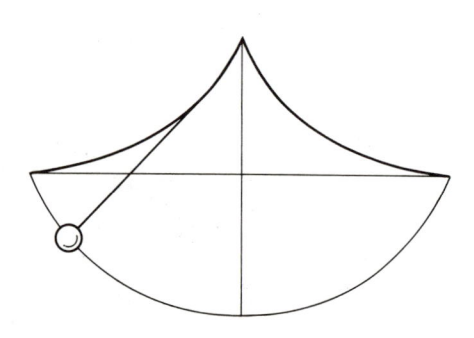

Abbildung 3.6–10a
Ein an einem Faden angebrachter Körper bewegt sich dann längs einer Zykloidenbahn, wenn sich der Faden bei der Schwingung an Körper mit zykloidenförmiger Kontur anschmiegt

Soll die auslenkungsunabhängige Schwingungsdauer mit Hilfe eines Fadenpendels verwirklicht werden, dann ist die Frage zu beantworten, wie die am Faden befestigte Masse längs einer Zykloidenbahn geführt werden kann. HUYGENS hat dieses Problem gelöst, indem er gemäß *Abbildung 3.6–10a* Leitkörper so angeordnet hat, daß sich der Faden bei der Pendelbewegung an sie anschmiegt. Zunächst hat er versucht, das Pendel mit einer auslenkungsunabhängigen Schwingungsdauer experimentell über eine Veränderung der Form der Leitkörper zu realisieren. Mit dem oben skizzierten Gedankengang hat HUYGENS dann aber erkannt, daß die Pendelmasse auf einer Zykloidenbahn geführt werden muß, und wir verdanken ihm dann auch noch die weitere bedeutsame Erkenntnis, daß die Pendelmasse gerade dann eine Zykloidenbahn beschreibt, wenn der Faden sich ebenfalls an eine Zykloide anschmiegt *(Abbildung 3.6–10b)*. Diese Tatsache folgt aus der Eigenschaft der Zykloide, daß ihre *Evolvente* wieder eine Zykloide ist. (Unter einer Evolvente versteht man eine Kurve, die beim Abwickeln eines gespannten Fadens von einer anderen Kurve, der Evolute, vom Endpunkt des Fadens durchlaufen wird.) Die Zykloide aber, längs derer sich der Pendelkörper bewegt, ist die *Evolvente* der Zykloide der Anschmiegkörper.

HUYGENS mußte die hier erwähnten Eigenschaften der Zykloide nicht selbst herausfinden, da diese Kurve damals im Mittelpunkt des Interesses der Mathematiker gestanden hat; die Aufdeckung des Zusammenhanges zwischen Evolute und Evolvente ist jedoch sein Verdienst.

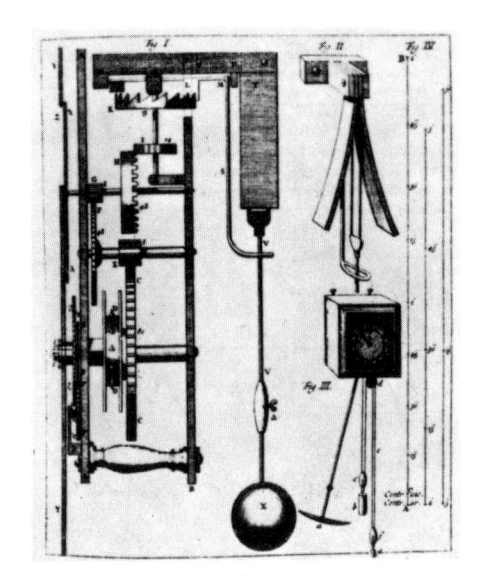

Abbildung 3.6–10b
Die Zykloiden-Penduluhr von *Huygens*

3.6.4 Das physikalische Pendel

Eine weitere herausragende Leistung von HUYGENS ist die Bestimmung der Schwingungsdauer des physikalischen Pendels oder genauer, die Bestimmung der äquivalenten Länge eines mathematischen Pendels (reduzierte Pendellänge). Ein physikalisches Pendel möge nach *Abbildung 3.6–11* aus drei Massen bestehen, die durch eine gerade, starre und masselose Stange miteinander verbunden sind. Wird das Pendel aus seiner Ruhelage ausgelenkt, dann führt es Schwingungen um den Punkt 0 aus. Für die weiteren Betrachtungen legen wir die beiden Huygensschen Ausgangsthesen zugrunde und untersuchen den Zustand des Pendels zu einem beliebigen Zeitpunkt. Wir stellen uns vor, wir würden die Massen von ihrer starren Bindung aneinander lösen und ihre Geschwindigkeit senkrecht nach oben richten, was durch einen Zusammenstoß mit einer geeignet angeordneten Ebene erreicht werden kann. Fixieren wir dann jede Masse in der von ihr erreichten maximalen Höhe, dann darf der Schwerpunkt des aus den drei Massen bestehenden Systems nicht höher sein als er im Ausgangszustand gewesen ist. Tiefer darf er aber auch nicht liegen, weil wir dann diese Lage als Ausgangslage betrachten könnten und das Pendel wegen der Umkehrbarkeit der Bewegung in einen Endzustand käme, der dem ursprünglichen Ausgangszustand entspricht. Die Schwerpunkthöhe wäre jedoch jetzt im neuen Endzustand größer als im neuen Ausgangszustand, was auch nicht sein darf. Aus diesen Betrachtungen folgt, daß der Schwerpunkt bei einem solchen fiktiven Bewegungsvorgang zu jedem beliebigen Zeitpunkt auf der gleichen Höhe liegen muß wie im Ausgangszustand. Die Beziehungen dieses Satzes zum Energieerhaltungssatz werden wir im weiteren noch ausführlich untersuchen.

Im folgenden wollen wir einen Gedankengang von HUYGENS nachvollziehen und die Länge des mathematischen Pendels bestimmen, das mit der gleichen Frequenz schwingt wie ein gegebenes physikalisches Pendel. HUYGENS geht hier völlig im Geiste von ARCHIMEDES vor und beginnt mit dem Endergebnis. Er gibt die Länge des äquivalenten mathematischen Pendels an und beweist dann, daß die Annahme einer Nichtübereinstimmung der Schwingungsdauer beider Pendel zu einem Widerspruch führt. In der *Abbildung 3.6–12* sind das physikalische Pendel und das zu ihm hinsichtlich seiner Schwingungsdauer äquivalente mathematische Pendel dargestellt. HUYGENS behauptet zunächst, daß eine Übereinstimmung der Schwingungsdauer dann erreicht werden kann, wenn die Länge des mathematischen Pendels der Beziehung

$$l = \frac{m_1 r_1^2 + m_2 r_2^2 + m_3 r_3^2}{(m_1 + m_2 + m_3) r_s} \qquad (2)$$

genügt. Die Bedeutung der Formelsymbole folgt aus der Abbildung, in der auch die Lage der Masse des äquivalenten mathematischen Pendels eingetragen ist.

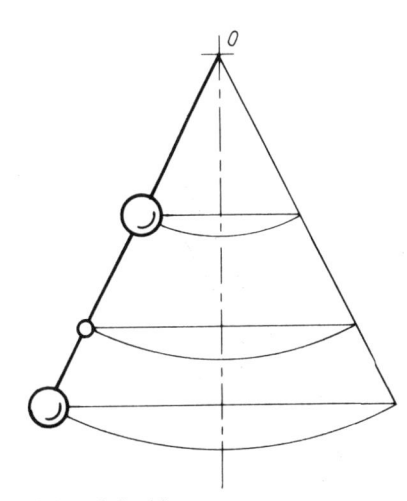

Abbildung 3.6–11
Das physikalische Pendel kann als ein System starr miteinander verbundener mathematischer Pendel unterschiedlicher Länge (mit gemeinsamem Aufhängepunkt) angesehen werden. *Huygens* hat die Frage nach der Schwingungsdauer beantwortet und dazu seine beiden Ausgangsthesen benutzt

$$l = \frac{m_1 r_1^2 + m_2 r_2^2 + m_3 r_3^2}{r_s(m_1 + m_2 + m_3)}$$

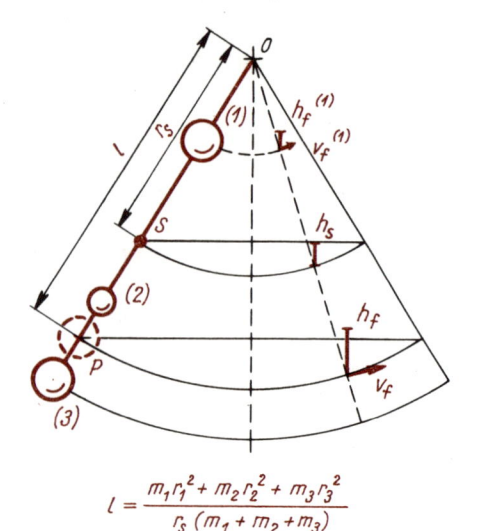

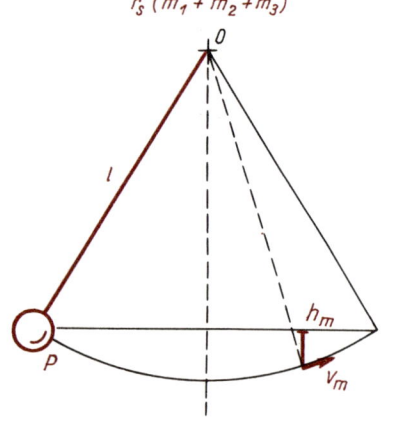

Abbildung 3.6–12
Zur Bestimmung der Schwingungsdauer des physikalischen Pendels hat *Huygens* die Länge eines mathematischen Pendels mit übereinstimmender Schwingungsdauer (reduzierte Pendellänge) gesucht

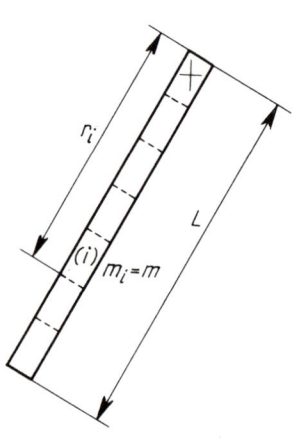

Beide Pendel schwingen dann gemeinsam, wenn für beliebige Winkel die Geschwindigkeit v_m des mathematischen Pendels mit der Geschwindigkeit v_{ph} des entsprechenden Punktes im physikalischen Pendel übereinstimmt.

Wir nehmen nun an, daß sich die Geschwindigkeiten voneinander unterscheiden und betrachten zunächst den Fall, daß die Geschwindigkeit der Masse des mathematischen Pendels kleiner ist als die Geschwindigkeit des entsprechenden Punktes im physikalischen Pendel, d. h.

$$v_{ph} > v_m.$$

Daraus folgt aber, daß die zur Geschwindigkeit des physikalischen Pendels gehörende fiktive Schwerpunktshöhe größer ist als die zur Geschwindigkeit des mathematischen Pendels gehörende, d. h.

$$h_{ph} > h_m.$$

Aus der Abbildung können wir auch entnehmen, daß sich die Geschwindigkeit der mit (1) gekennzeichneten Punktmasse zur Geschwindigkeit v_{ph} wie der Abstand der Masse (1) vom Aufhängepunkt (Drehpunkt) zum Abstand des Punktes P verhält;

$$\frac{v_{ph}^{(1)}}{v_{ph}} = \frac{r_1}{l}.$$

Die zugehörigen fiktiven Höhen sind zum Quadrat der Geschwindigkeiten proportional,

$$\frac{h_{ph}^{(1)}}{h_{ph}} = \left(\frac{v_{ph}^{(1)}}{v_{ph}}\right)^2 = \left(\frac{r_1}{l}\right)^2,$$

und daraus folgt die Beziehung

$$h_{ph}^{(1)} = \frac{r_1^2}{l^2} h_{ph}.$$

Wegen der Voraussetzung $h_{ph} > h_m$ haben wir schließlich

$$h_{ph}^{(1)} > \frac{r_1^2}{l^2} h_m,$$

und mit einer analogen Argumentation können wir für die Massen (2) und (3)

$$h_{ph}^{(2)} > \frac{r_2^2}{l^2} h_m, \qquad h_{ph}^{(3)} > \frac{r_3^2}{l^2} h_m$$

finden. Multiplizieren wir nun die letzten drei Ungleichungen nacheinander mit m_1, m_2 und m_3, dann erhalten wir nach ihrer Summation

$$m_1 h_{ph}^{(1)} + m_2 h_{ph}^{(2)} + m_3 h_{ph}^{(3)} > \frac{m_1 r_1^2 + m_2 r_2^2 + m_3 r_3^2}{l^2} h_m.$$

Wir setzen jetzt den unter (2) angegebenen Wert für die Länge des äquivalenten mathematischen Pendels ein und bringen die Ungleichung so in die Form

$$m_1 h_{ph}^{(1)} + m_2 h_{ph}^{(2)} + m_3 h_{ph}^{(3)} > \frac{(m_1 + m_2 + m_3) r_s h_m}{l}.$$

Wegen

$$\frac{r_s h_m}{l} = h_s$$

ergibt sich daraus aber

$$m_1 h_{ph}^{(1)} + m_2 h_{ph}^{(2)} + m_3 h_{ph}^{(3)} > (m_1 + m_2 + m_3) h_s$$

und schließlich

$$\frac{m_1 h_{ph}^{(1)} + m_2 h_{ph}^{(2)} + m_3 h_{ph}^{(3)}}{m_1 + m_2 + m_3} > h_s.$$

Auf der linken Seite dieser Beziehung steht die Schwerpunktshöhe für die drei Massen bei einer beliebigen Lage des Pendels; aus der Ungleichung folgt somit, daß diese Höhe größer ist als die Schwerpunktshöhe des Pendelkörpers in der Ausgangslage, was jedoch nach der ersten Ausgangsthese unmöglich ist.

Mit einer analogen Argumentation kann unter Berücksichtigung der Umkehrbarkeit der Bewegung auch die Unhaltbarkeit der Annahme $v_{ph} < v_m$ bewiesen werden, so daß tatsächlich die Länge des mathematischen Pendels, dessen Schwingungsdauer mit der des untersuchten physikalischen Pendels übereinstimmt, durch Beziehung (2) richtig bestimmt wird.

Die obige Überlegung gilt natürlich auch für eine beliebige Zahl von starr miteinander verbundenen Massen.

Im allgemeinen Fall ist somit die Länge des äquivalenten mathematischen Pendels (reduzierte Pendellänge) durch

$$l = \frac{\sum_i m_i r_i^2}{\sum_i m_i r_i} = \frac{\sum_i m_i r_i^2}{r_s \sum_i m_i}$$

gegeben.

Bemerkenswert ist, wie HUYGENS die reduzierte Pendellänge für einen homogenen Stab ohne Verwendung der Integralrechnung bestimmt hat. Wir unterteilen dazu entsprechend *Abbildung 3.6–13* den Stab der Länge L in n Abschnitte, so daß ihr Abstand von der Drehachse durch

$$r_i = \frac{i}{n} L$$

Abbildung 3.6–13
Zur Bestimmung der reduzierten Pendellänge eines homogenen Stabes. Die verwendete Methode ist ein typisches Beispiel dafür, wie *Huygens* ohne Kenntnis der Integralrechnung vorgegangen ist

gegeben ist. Für einen homogenen Stab haben alle Abschnitte die gleiche Masse, die folglich aus der Summation herausgezogen werden kann. Wir erhalten dann

$$l = \frac{m \sum_i \left(\frac{i}{n} L\right)^2}{m \sum_i \frac{i}{n} L} = \frac{\left(\frac{L}{n}\right)^2 \sum_i i^2}{\frac{L}{n} \sum_i i}.$$

Aus

$$\sum_{i=1}^n i^2 = \left(\frac{1}{3} + n\frac{2}{3}\right)(1 + 2 + \ldots n)$$

finden wir für sehr große n aber

$$\frac{1}{n^3} \sum_{i=1}^n i^2 \to \frac{1}{3}$$

$$\frac{1}{n^2} \sum_{i=1}^n i \to \frac{1}{2},$$

und daraus ergibt sich schließlich die reduzierte Pendellänge zu

$$l = \frac{2}{3} L.$$

Wir weisen darauf hin, daß hier in der Geschichte der Physik zum ersten Mal das Trägheitsmoment sowie dessen mathematische Darstellung vorkommen; HUYGENS hat allerdings der Größe $\sum_i m_i r_i^2$ noch keinen eigenen Namen gegeben.

HUYGENS hat bereits alle die Sätze angegeben, denen wir auch heute noch in der Theoretischen Mechanik im Zusammenhang mit dem physikalischen Pendel begegnen; so hat er unter anderem festgestellt, daß der Aufhängepunkt O und der Punkt P zueinander reziprok, oder einfacher ausgedrückt, austauschbar sind.

Vom wissenschaftshistorischen Standpunkt ist von größerer Bedeutung, daß HUYGENS mit dem Satz von der Konstanz der virtuellen Schwerpunktshöhe eigentlich bereits den Energiesatz formuliert hat. In der heute üblichen Schreibweise läßt sich die Huygenssche These nämlich wie folgt formulieren: Bezeichnen wir mit h_i die Schwerpunktshöhe und mit v_i die Schwerpunktsgeschwindigkeit der Masse i zu einem beliebigen Zeitpunkt, dann ist die zu dieser Geschwindigkeit gehörende virtuelle Höhe gleich

$$\frac{v_i^2}{2g};$$

und die (totale) Schwerpunktshöhe zu einem beliebigen Zeitpunkt ist durch

$$\frac{\sum_i m_i g \left(h_i + \frac{v_i^2}{2g}\right)}{\sum_i m_i g} = \frac{\sum_i m_i g h_i + \sum_i \frac{1}{2} m_i v_i^2}{\sum_i m_i g}$$

gegeben. Nach dem Huygensschen Satz ist diese Größe im Verlaufe der Bewegung konstant, und da der Nenner konstant ist, muß auch der Zähler konstant sein, d. h.

$$\sum_i m_i g h_i + \sum_i \frac{1}{2} m_i v_i^2 = \text{const.}$$

Die Aussage, daß *die Summe aus kinetischer und potentieller Energie im Ablauf der Bewegung eine Konstante ist*, wird als *Energieerhaltungssatz der Mechanik* bezeichnet. Wir betonen hier aber, daß HUYGENS den Satz in dieser Form nicht angegeben hat.

3.6.5 Die Stoßgesetze als Schlußfolgerungen aus der Äquivalenz der Inertialsysteme

Mit den Stoßgesetzen hat HUYGENS ein Problem bearbeitet, das unmittelbar auf dem Wege zu den Newtonschen Grundgesetzen liegt *(Abbildung 3.6−14)*. HUYGENS ist dabei von den folgenden drei Grundannahmen ausgegangen *(Abbildungen 3.6−15a, b, c)*:

1. Jeder beliebige sich bewegende Körper ist bestrebt, seine Bewegung geradlinig und mit konstanter Geschwindigkeit so lange beizubehalten, bis er auf irgendein Hindernis stößt.

2. Stoßen zwei gleiche Kugeln mit gleichen, aber entgegengesetzt gerichteten Geschwindigkeiten zusammen, so kehrt sich nach dem Stoß ihre Bewegungsrichtung um, ohne daß sich der Betrag ihrer Geschwindigkeiten ändert.

3. Die Stoßgesetze sind die gleichen für einen Beobachter auf einem Schiff, das sich mit einer beliebigen konstanten Geschwindigkeit bewegt, wie die für einen Beobachter am Ufer.

Hier haben wir es mit der ersten ausdrücklichen Formulierung des Relativitätsprinzips der klassischen Mechanik für Koordinatensysteme, die sich in

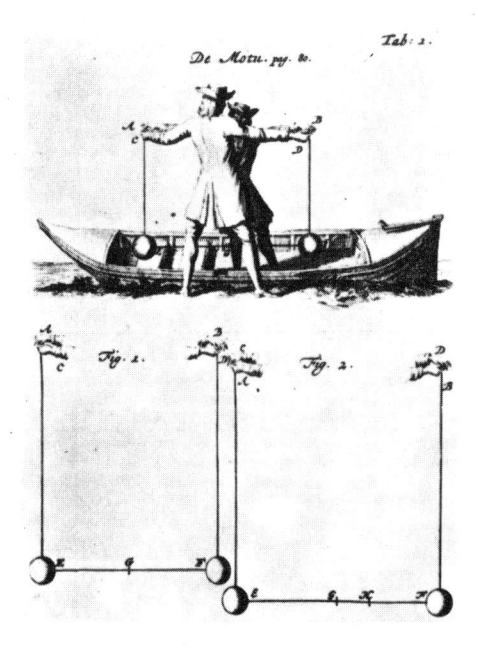

Abbildung 3.6−14
Huygens erklärt die Unabhängigkeit (Invarianz) der Gesetze der Mechanik vom Bezugssystem (hier: Schiff und Ufer) nicht, sondern postuliert sie. Mit Hilfe der Invarianzforderung leitet er dann Gesetze her. Auch in der Relativitätstheorie pflegt man das Gesetz der Geschwindigkeitsabhängigkeit der Masse aus der Forderung nach einer äquivalenten Beschreibung der Stoßgesetze in unterschiedlichen Bezugssystemen abzuleiten

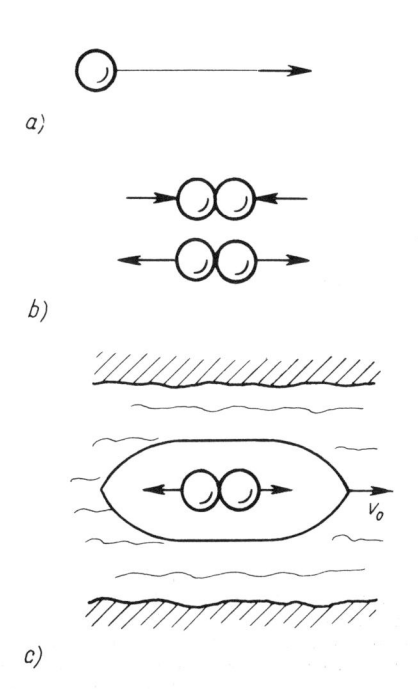

Abbildung 3.6−15a, b, c
Die Ausgangsannahmen, die zu den Gesetzen des (elastischen) Stoßes führen

Zustand vor dem Stoß vom Schiff aus gesehen:

① u_1 →   ② u_2 →

Die Geschwindigkeit des Schiffes sei:

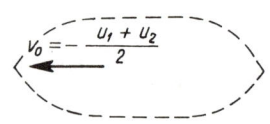

$$v_0 = -\frac{u_1 + u_2}{2}$$

Zustand vor dem Stoß vom Ufer aus gesehen:

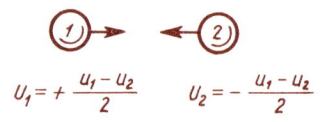

①→   ←②

$U_1 = +\dfrac{u_1 - u_2}{2}$ $U_2 = -\dfrac{u_1 - u_2}{2}$

Zustand nach dem Stoß vom Ufer aus gesehen:

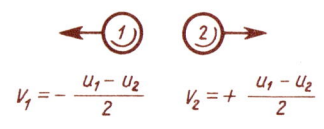

←①   ②→

$V_1 = -\dfrac{u_1 - u_2}{2}$ $V_2 = +\dfrac{u_1 - u_2}{2}$

Zustand nach dem Stoß vom Schiff aus gesehen:

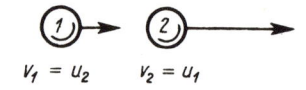

①→   ②→

$v_1 = u_2$ $v_2 = u_1$

Abbildung 3.6–16
Zu der von *Huygens* gegebenen Beschreibung elastischer Stöße von Körpern gleicher Masse unter Verwendung der Invarianzforderung bezüglich der Bewegungssysteme, die sich gegeneinander geradlinig und gleichförmig bewegen

Zitat 3.6–2
Unter dem Gewicht wollen wir jetzt nicht die Eigenschaft verstehen, die ihn in Richtung des Erdmittelpunktes zu bewegen trachtet, sondern sein Volumen zusammen mit einer gewissen Dichte und Festigkeit der materiellen Teilchen, aus denen er besteht, die wahrscheinlich auch die Ursache für seine Schwere sind.
MARIOTTE: *Traité de la percussion ou choc des corps.* [0.11] p. 190

250

bezug aufeinander geradlinig und gleichförmig bewegen, zu tun. Dieses Prinzip wird hier sogar zum Ableiten quantitativer Gesetzmäßigkeiten verwendet (Abbildung 3.6–16).

Mit Hilfe der obigen drei Axiome kann HUYGENS nun für einen elastischen Stoß von Kugeln gleicher Masse die Geschwindigkeiten nach dem Stoß für beliebige Ausgangsgeschwindigkeiten bestimmen. Dazu wählt er die Schiffsgeschwindigkeit einfach so, daß auf den Stoßprozeß das zweite Axiom angewendet werden kann. Es mögen z. B. die Geschwindigkeiten beider Massen in bezug auf das Schiff vor dem Stoß u_1 und u_2, nach dem Stoß aber v_1 und v_2 sein. Vom Ufer aus gesehen seien die entsprechenden Geschwindigkeiten U_1 und U_2 sowie V_1 und V_2. Wir wählen nun die Schiffsgeschwindigkeit zu

$$v_0 = -\frac{u_1 + u_2}{2},$$

so daß sich für den auf dem Ufer stehenden Beobachter die Geschwindigkeiten vor dem Stoß zu

$$U_1 = u_1 - \frac{u_1 + u_2}{2} = \frac{u_1 - u_2}{2}$$

$$U_2 = u_2 - \frac{u_1 + u_2}{2} = \frac{u_2 - u_1}{2}$$

ergeben. Da $|U_1| = |U_2|$ gilt, kann der Beobachter auf dem Ufer das dritte Axiom anwenden, und die Geschwindigkeiten nach dem Stoß sind folglich

$$V_1 = \frac{u_2 - u_1}{2} \quad V_2 = \frac{u_1 - u_2}{2}.$$

Aus diesen Beziehungen ergeben sich die auf dem Schiff gemessenen Geschwindigkeiten nach dem Stoß zu

$$v_1 = V_1 + \frac{u_1 + u_2}{2} = \frac{u_2 - u_1}{2} + \frac{u_1 + u_2}{2} = u_2$$

sowie

$$v_2 = V_2 + \frac{u_1 + u_2}{2} = \frac{u_1 - u_2}{2} + \frac{u_1 + u_2}{2} = u_1,$$

und wir sehen, daß die Kugeln beim Stoß ihre Geschwindigkeiten austauschen.

Um auch Stoßprozesse von Körpern ungleicher Masse behandeln zu können, hat HUYGENS ein weiteres Axiom benötigt, mit dem er an und für sich den Begriff des elastischen Stoßes definiert: Bleibt beim Zusammenstoß zweier Körper der Absolutwert der Geschwindigkeit des einen Körpers unverändert, dann ändert sich auch der Absolutwert der Geschwindigkeit des zweiten Körpers nicht.

Dieses Axiom kann auch wie folgt formuliert werden. Wenn

$$v_1 = -u_1$$

gilt, dann folgt

$$v_2 = -u_2.$$

Aus diesem Axiom leitet HUYGENS zunächst die allgemeine Gesetzmäßigkeit ab, daß beim Stoß der Absolutwert *der Relativgeschwindigkeit beider Körper in bezug aufeinander* unverändert bleibt, ihre Richtung sich jedoch umkehrt, d. h., es gilt

$$(v_1 - v_2) = -(u_1 - u_2).$$

Daraus folgt aber sofort, daß bei

$$v_1 = -u_1 + x$$

für die Geschwindigkeit des zweiten Körpers

$$v_2 = -u_2 + x$$

gelten muß.

HUYGENS hat die Stoßgesetze mit seinem bereits erfolgreich erprobten Schwerpunktssatz kombiniert und dazu angenommen, daß die beiden auf einer waagerechten Ebene zusammenstoßenden Kugeln ihre Anfangsgeschwindigkeiten beim Herunterrollen von schiefen Ebenen aus bestimmten Höhen gewonnen haben sollen. Diese Höhen ergeben sich für beide Körper zu

$$h_1^v = \frac{u_1^2}{2g}; \quad h_2^v = \frac{u_2^2}{2g},$$

und wir definieren nun die Schwerpunktshöhe beider Körper h_s^v vor dem Stoß durch

$$h_1^v m_1 + h_2^v m_2 = (m_1 + m_2) h_s^v.$$

Der Index v kennzeichnet den Zustand vor dem Stoß, der Index n den Zustand nach dem Stoß. Nach dem Stoß lassen wir beide Kugeln wieder schiefe Ebenen hinauflaufen, wobei sich die erreichten Höhen aus

$$h_1^n = \frac{v_1^2}{2g}; \quad h_2^n = \frac{v_2^2}{2g}$$

ergeben. Die Schwerpunktshöhe beider Körper nach dem Stoß folgt dann zu

$$h_1^n m_1 + h_2^n m_2 = (m_1 + m_2) h_s^n,$$

und da diese genauso groß sein muß wie im Ausgangszustand, ergibt sich

$$h_1^v m_1 + h_2^v m_2 = h_1^n m_1 + h_2^n m_2$$

oder

$$m_1 u_1^2 + m_2 u_2^2 = m_1 v_1^2 + m_2 v_2^2.$$

In unserer heutigen Deutung bedeutet diese Beziehung einen Erhaltungssatz für die kinetische Energie beim elastischen Stoß. Setzt man hier $v_1 = -u_1 + x$ und $v_2 = -u_2 + x$ ein, dann erhält man eine Bestimmungsgleichung für den bislang noch unbekannten Wert x:

$$m_1 u_1^2 + m_2 u_2^2 = m_1 u_1^2 + m_2 u_2^2 - 2(m_1 u_1 + m_2 u_2)x + (m_1 + m_2)x^2$$

$$x = \frac{2(m_1 u_1 + m_2 u_2)}{m_1 + m_2}.$$

Mit den Stoßprozessen haben sich neben HUYGENS zur gleichen Zeit auch andere Gelehrte beschäftigt: Von diesen Arbeiten sind vor allem die von MARIOTTE von Interesse, die hinsichtlich ihrer quantitativen Ergebnisse zwar nicht über die Arbeiten von HUYGENS hinausgehen, in denen jedoch großer Wert auf die experimentelle Untersuchung des Problems gelegt wird. MARIOTTE *(Abbildung 3.6–17)* hat mit einer einfachen Vorrichtung, die aus zwei nebeneinander an Fäden aufgehängten Kugeln besteht, die Stoßgesetze einschließlich der bei HUYGENS lediglich als virtuelle Größen vorkommenden Höhen überprüft und vorgeführt. Zwei seiner Betrachtungen wollen wir hier besonders hervorheben: Zum einen hat er die Rolle der Masse beim Stoßprozeß richtig erkannt *(Zitat 3.6–2)*, und zum anderen hat er versucht, die Kraft zu bestimmen, die beim Auftreffen einer mit einer gegebenen Geschwindigkeit strömenden Substanz auf ein Hindernis auftritt (etwa eines Wasserstrahls auf eine Waagschale). Im weiteren hat er dann untersucht, unter welchen Bedingungen eine Waage im Gleichgewicht verbleibt, wenn auf beide Waagschalen Körper mit unterschiedlichen Bewegungsmengen aufprallen *(Abbildung 3.6–18)*.

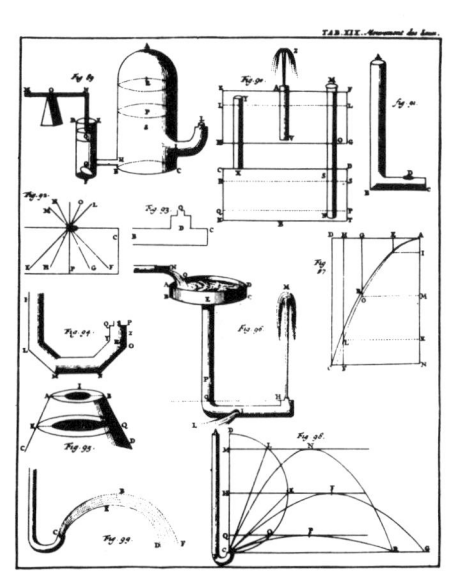

Abbildung 3.6–17
Titelblatt und charakteristische Abbildungen aus dem Buche *Mariottes*
Bibliothek der Universität für Schwerindustrie, Miskolc

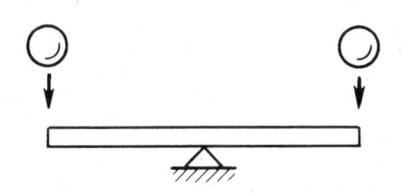

3.6.6 Die Bewegung auf einer Kreisbahn

Unsere Ausführungen über HUYGENS schließen wir mit einigen Sätzen zu seinen Arbeiten über die Kreisbewegung ab. Wir stellen uns vor, wir befinden uns am Rande eines horizontalen Rades, das sich um eine vertikale, durch den Radmittelpunkt führende Achse dreht. Binden wir nun eine Masse mit Hilfe einer Schnur an uns, dann nehmen wir eine Kraft wahr, die die Masse radial nach außen zu ziehen bemüht ist. Diese Kraft hat von HUYGENS die Bezeichnung Zentrifugalkraft erhalten. Zur Bestimmung ihrer Größe hat er den folgenden Gedankenversuch vorgeschlagen *(Abbildung 3.6–19)*: Der Körper besitze im Punkte P die waagerecht gerichtete Geschwindigkeit v_0, und würde er nicht durch den Faden gehalten, dann behielte er diese Geschwindigkeit bei, so daß er in dem kleinen Zeitintervall Δt den Punkt P' erreichen würde. Der mit dem Rad mitbewegte Beobachter

Abbildung 3.6–18
Mariotte hat auch untersucht, unter welchen Umständen eine Waage beim Aufprall von Körpern im Gleichgewicht verbleibt

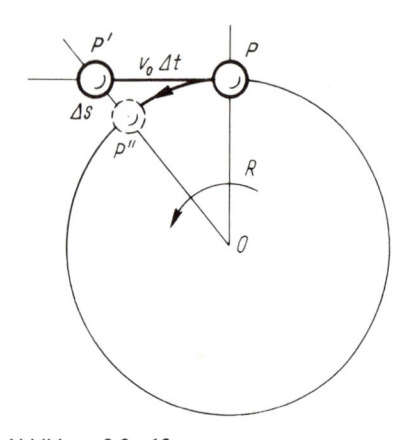

Abbildung 3.6–19
Auf diese Weise hat *Huygens* die bei einer gleichförmigen Kreisbewegung auftretende Beschleunigung bestimmt

würde wahrnehmen, daß sich der Körper mit zunehmender Geschwindigkeit radial nach außen entfernt. Die Entfernung nach der Zeit Δt kann näherungsweise aus

$$R^2 + (v_0\Delta t)^2 = (R+\Delta s)^2; \quad \Delta s^2 + 2R\Delta s = (v_0\Delta t)^2$$

bestimmt werden. Zur Ableitung dieser Beziehung haben wir in einer bestimmten Näherung vorausgesetzt, daß die Punkte P', P'' und O auf einer Geraden liegen, was strenggenommen nicht richtig ist, denn tatsächlich stimmen lediglich die Strecke PP' und die Bogenlänge PP'' miteinander überein. Weiter berücksichtigen wir

$$\Delta s^2 \ll 2R\Delta s$$

und erhalten so näherungsweise

$$\Delta s = \frac{1}{2}\frac{v_0^2}{R}(\Delta t)^2.$$

Vergleichen wir nun diese Beziehung mit der für die gleichförmig beschleunigte Bewegung $s = \frac{1}{2}at^2$, dann ergibt sich eine Übereinstimmung beider Beziehungen, wenn wir für die Beschleunigung den Wert

$$a = \frac{v_0^2}{R}$$

setzen. Auch Newton hat diese Formel abgeleitet und mit Bedauern zur Kenntnis nehmen müssen, daß Huygens ihm bei der Veröffentlichung zuvorgekommen ist.

Der Huygenssche Gedankengang ist wissenschaftsgeschichtlich von großer Bedeutung, weil hier nicht nur im Widerspruch zu einer noch von Galilei vertretenen peripatetischen These festgestellt wird, daß zum Aufrechterhalten einer Kreisbewegung stets eine Kraft nötig ist (was im übrigen auch Descartes schon wußte), sondern auch ein Zahlenwert für diese Kraft angegeben wird. Auf diese Weise hat Huygens den Weg zur exakten Bestimmung der bei krummlinigen Bewegungen auftretenden Beschleunigungen geebnet.

Wie bereits erwähnt war Huygens kein Philosoph; seine Stärke lag — wie wir gesehen haben — bei der Aufstellung einfacher, vernünftiger, aber sehr tragfähiger physikalischer Grundprinzipien. Dessen ungeachtet stellt das *Zitat 3.6–3*, das dem Vorwort seines den Problemen der Optik gewidmeten Buches *(Traité de la lumière)* entnommen ist, eine der treffendsten Formulierungen der Grundprinzipien der Naturphilosophie dar.

3.7 Newton und die Principia. Das Newtonsche Weltbild

3.7.1 Die auf Newton wartenden Aufgaben

In den vorangegangenen Abschnitten haben wir den Weg skizziert und die Gedankengänge verfolgt, die zu einer neuen Dynamik geführt haben. Wir wollen nun die Ergebnisse der ersten sieben bis acht Jahrzehnte des 17. Jahrhunderts zusammenfassen und uns anschauen, worauf Newton aufbauen konnte und welche Aufgaben ihn erwartet haben.

Wir haben oben von drei Entwicklungswegen gesprochen, die über den freien Fall, die Stoßprozesse und die Kreisbewegung geführt haben.

Die Problematik des *freien Falles* beinhaltet die Kinematik der gleichmäßig beschleunigten Körper, die Proportionalität des zurückgelegten Weges zum Quadrat der Zeit und die überraschende Tatsache, daß jeder Körper — zumindest unter Idealbedingungen — mit der gleichen Beschleunigung fällt. Diese Tatsache vereinfacht die kinematische Beschreibung sehr, erschwert hingegen ihre dynamische Deutung. Die weitergehenden Huygensschen Untersuchungen zur Problematik des freien Falles haben uns zwar unmittelbar dem zu erreichenden Endziel nicht nähergebracht, mittelbar waren sie jedoch sehr nützlich, weil sie gezeigt haben, daß mit Hilfe einer geeigneten Ausgangsbeziehung — so mit dem oben ausführlich besprochenen Huygensschen Schwerpunktsatz — eine breite Vielfalt von Ergebnissen erhalten werden kann.

Zitat 3.6–3
Man wird darin Beweise von der Art finden, welche eine ebenso große Gewißheit als diejenigen der Geometrie nicht gewähren und welche sich sogar sehr davon unterscheiden, weil hier die Prinzipien sich durch die Schlüsse bewahrheiten, welche man daraus zieht, während die Geometer ihre Sätze aus sicheren und unanfechtbaren Grundsätzen beweisen; die Natur der behandelten Gegenstände bedingt dies. Es ist dabei gleichwohl möglich, bis zu einem Wahrscheinlichkeitsgrade zu gelangen, der sehr oft einem strengen Beweise nichts nachgibt. Dies ist nämlich dann der Fall, wenn die Folgerungen, welche man unter Voraussetzung dieser Prinzipien gezogen hat, vollständig mit den Erscheinungen im Einklang sind, welche man aus der Erfahrung kennt; besonders wenn deren Zahl groß ist, und vorzüglich noch, wenn man neue Erscheinungen sich ausdenkt und voraussieht, welche aus der gemachten Annahme folgen, und findet, daß dabei der Erfolg unserer Erwartung entspricht.
HUYGENS: *Abhandlung über das Licht*. 1678. Deutsch von *E. Lommel*. 1890

Bei den *Stoßprozessen* spielt die Bewegungsmenge, d. h. das Produkt aus der Masse des Körpers und seiner Geschwindigkeit, und deren zeitliche Änderung offenbar eine große Rolle.

Die wesentliche Erkenntnis bei der Untersuchung der Bewegung längs einer Kreisbahn ist, daß zur Aufrechterhaltung dieser Bewegungsart eine Kraft benötigt wird. Diese Erkenntnis steht im Widerspruch zur peripatetischen Auffassung, nach der die *Kreisbewegung* gewissermaßen als inertiale oder natürlich gegebene Bewegung angesehen werden kann. Bei der Kreisbewegung als der einfachsten krummlinigen Bewegung zeigt sich anschaulich und auch quantitativ faßbar der vektorielle (gerichtete) Charakter der Geschwindigkeit und der Geschwindigkeitsänderung.

Hinter all dem verbirgt sich ein als endgültig und unumstößlich anzusehendes neues Trägheitsgesetz, nach dem eine wirkende Ursache nicht zur *Aufrechterhaltung*, sondern zur *Veränderung* eines Bewegungszustandes nötig ist.

Schließlich hat DESCARTES mit seinem Anspruch, irdische und himmlische Erscheinungen einheitlich erklären und diese Erklärung anschaulich geben zu wollen, das Weltbild der Physik nachhaltig beeinflußt. Die Anschaulichkeit dieses Bildes führt z. B. zu der Forderung, jede Wechselwirkung auf einen unmittelbar sicht- und spürbaren Kontakt zurückzuführen.

Gegen Ende des Jahrhunderts ist zu den obigen drei Problemen ein viertes gekommen, das bald in den Vordergrund treten sollte. Mit diesem Problem, der Dynamik der Planetenbewegung, sind dann auch endlich die Keplerschen Gesetze zu der ihnen gebührenden Anerkennung gelangt.

Auf NEWTON hat die Aufgabe gewartet, diese mehr oder wenig voneinander unabhängigen Fragestellungen miteinander zu verknüpfen (*Abbildung 3.7-1, Farbtafel XVIII*).

Die einheitliche Darstellung der Mechanik und die Formulierung eines darauf aufbauenden physikalischen Weltbildes beruht auf zwei grundlegend wichtigen Feststellungen NEWTONS:

Dem Newtonschen Bewegungsgesetz, das einen quantitativen Zusammenhang zwischen der Änderung des Bewegungszustandes und der ihr zugrundeliegenden Kraft herstellt, d. h. der Erkenntnis des Zusammenhanges

Kraft = Masse · Beschleunigung,

und dem einheitlichen Massenanziehungs- oder universellen Graviationsgesetz für die zwischen zwei beliebigen Körpern wirkende Anziehungskraft, die proportional zum Produkt der Massen und indirekt proportional zum Quadrat des Abstandes der Körper ist.

Das erste Gesetz liefert entweder bei Kenntnis des Bewegungsablaufes die Kraft oder bei Kenntnis der Kraft die Bewegung, und alle bis zu diesem Zeitpunkt in der Geschichte der Wissenschaft untersuchten Fälle können auf spezielle Lösungen dieses Gesetzes zurückgeführt werden. NEWTON selbst hat der Nachwelt einen nahezu unerschöpflichen Vorrat neuer Anwendungen des Bewegungsgesetzes hinterlassen. Mit dem zweiten Gesetz ist für die himmlischen und irdischen Erscheinungen die gemeinsame Grundlage gegeben, da die Bahn eines von einem Turm herabfallenden Steines und die Bahn des Mondes sowie eines beliebigen Planeten nach demselben Gesetz berechnet werden können.

Wir versuchen im folgenden auf möglichst einfache Weise und unter Verwendung der heute üblichen Begriffe den Gedankengang darzustellen, auf dem NEWTON zu diesen Gesetzen gekommen ist. In NEWTONS *Principia*, dieser Bibel der klassischen Physik, sind die Gedankengänge und Ergebnisse bereits sehr allgemein und in vollendeter Form dargestellt. In diesem Buch hat NEWTON von EUKLID und ARCHIMEDES die elegante Darstellung des Stoffes in Form von Sätzen mit nachfolgendem Beweis übernommen. Die Geburtswehen dieser Ergebnisse können wir anhand der Berichte von NEWTON selbst oder seiner Zeitgenossen nachempfinden; eine noch größere Bedeutung hat aber die Tatsache, daß NEWTON die Angewohnheit hatte, seine noch nicht ausgereiften Gedanken und Rechnungen in einem Heft zu notieren. Dieses von NEWTON als *Waste-book* bezeichnete Heft ist mit seiner Sammlung von Gedankensplittern von dem uns erhalten gebliebenen handschriftlichen Material vielleicht das bedeutendste. Bei der Aufarbeitung dieser Unterlagen in unseren Tagen sind sehr viele aufregende wissenschaftsgeschichtliche Daten bekannt geworden; allerdings können wir darauf gerade wegen der Vielfalt der Erkenntnisse nur gelegentlich zurückkommen.

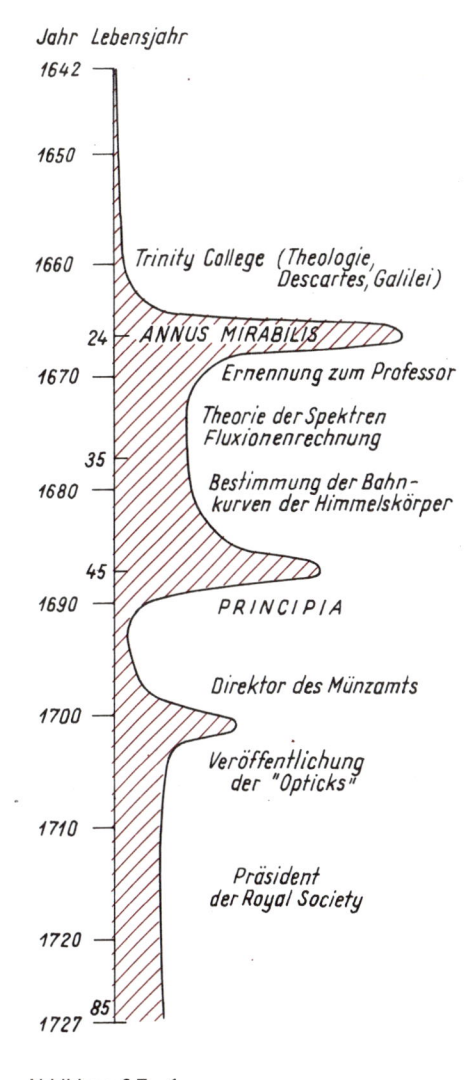

Abbildung 3.7–1
Wichtige Ereignisse und Schaffensperioden im Leben *Newtons*

ISAAC NEWTON (1642–1727): wurde nach dem in England zu jener Zeit noch gültigen Julianischen Kalender zu Weihnachten 1642 geboren; auf dem europäischen Kontinent hatte das neue Jahr aber bereits begonnen. *Newtons* Vater ist bereits einige Monate vor der Geburt seines Sohnes gestorben. Ab 1661 hat *Newton* mit Unterstützung seines Onkels am Trinity College der Cambridge University mathematische Studien betrieben. Während einer Pestepidemie im Jahre 1665 hat er sich auf sein Gut in Woolsthorpe zurückgezogen; dieses Jahr und vor allem auch das folgende Jahr 1666 verdienen die Bezeichnung *anni mirabiles* (Farbtafel XVIII). Mit nur 24 Jahren hat *Newton* in dieser Zeit die Grundlagen für den Binomialsatz, die Differentialrechnung, die Farbentheorie, die Zentripetalkraft, die Bewegungsgesetze und die Theorie der Gravitation konzipiert. Nach seiner Rückkehr nach Cambridge hat er sich mit Problemen der Optik auseinandergesetzt; 1668 hat er ein Spiegelteleskop angefertigt. 1669 ist er in der Nachfolge *Barrows* als Professor an die Universität zu Cambridge berufen worden. 1672 hat er seine *Theorie des Lichtes und der Farben* der Royal Society vorgelegt; dieses Buch hat derartige Auseinandersetzungen ausgelöst, daß er beschlossen hat, im folgenden nicht mehr zu publizieren. Eine zusammenfassende Darstellung seiner optischen Untersuchungen ist so erst 1704 in seinem Buch *Opticks* erschienen. 1684 hat er auf Drängen von *Halley* begonnen die *Principia* zu schreiben; *Halley* hat dann auch die Kosten der

Drucklegung übernommen. In den Jahren 1692 und 1693 hat *Newton* an den Folgen eines schweren Nervenzusammenbruches zu leiden gehabt; er hat sich zwar wieder erholt und auch seine geistigen Fähigkeiten im vollem Umfange zurückgewonnen, bedeutende wissenschaftliche Beiträge aber in den ihm verbleibenden 35 Lebensjahren nicht mehr erbracht. Daß er dazu fähig gewesen wäre, beweist die Lösung eines von *Bernoulli* gestellten Problems, die *Newton* in nur einer Nacht gelungen ist (1696), obwohl sechs Monate dafür vorgesehen waren, und das Lösen einer von *Leibniz* gestellten Aufgabe praktisch in dem Moment, in dem *Newton* sie zur Kenntnis genommen hat (1716).

1699 ist *Newton* zum Direktor des Staatlichen Münzamts ernannt worden, und 1705 wurde er von der Königin zum Ritter geschlagen. Von 1703 bis zu seinem Tode im Jahre 1727 hat er den Vorsitz der Royal Society innegehabt. *Newton* ist in der Westminster-Abtei beigesetzt worden.

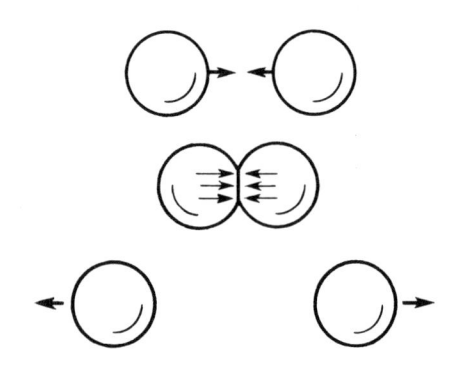

Abbildung 3.7 – 2a
Die Phasen eines symmetrischen elastischen Stoßes

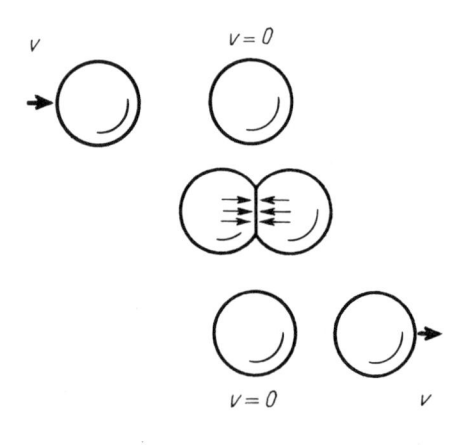

Abbildung 3.7 – 2b
Bei diesem Stoß bleibt die linke Kugel nach dem Stoß liegen, die rechte Kugel hingegen wird durch eine Kraft, die betragsmäßig gleich der Bremskraft, aber ihr entgegengerichtet ist, auf die Geschwindigkeit der linken Kugel beschleunigt

3.7.2 Eine Kraft wird nicht zur Aufrechterhaltung, sondern zur Veränderung des Bewegungszustandes benötigt

Wenden wir uns nun zunächst den Gedankengängen zu, die zur Formulierung des Bewegungsgesetzes geführt haben. Bereits weiter oben haben wir des öfteren von der Bedeutung der Stoßprozesse für dieses Gesetz gesprochen. Betrachten wir den einfachst möglichen Stoßprozeß, bei dem zwei elastische Kugeln gleicher Masse und entgegengesetzt gleicher Geschwindigkeit zusammenstoßen. Das Resultat des Stoßvorganges, in dessen Ergebnis beide Kugeln wiederum mit entgegengesetzt gleicher Geschwindigkeit voneinander abprallen, ist so offensichtlich, daß HUYGENS es – wie wir gesehen haben – der Behandlung der allgemeineren Stoßprozesse als Axiom zugrundegelegt hat.

Untersuchen wir nun ein wenig detaillierter, was im Verlaufe des Stoßprozesses – wenn er auch in einer noch so kurzen Zeit abläuft – physikalisch geschieht. Wie in der *Abbildung 3.7 – 2a* dargestellt ist, werden die zwei Kugeln elastisch deformiert und üben eine (abstoßende) Kraft aufeinander aus. Im Ergebnis dieser Kraftwirkung wird sowohl die eine als auch die andere Kugel abgebremst, und es existiert ein Zeitpunkt, in dem die Geschwindigkeiten beider Kugeln verschwinden. Die erste bedeutsame Erkenntnis NEWTONS im Zusammenhang damit ist gewesen, daß zur Vernichtung der Bewegung (worunter er die Bewegungsmenge oder den Impuls versteht) eine Kraft benötigt wird und diese Kraft von den Druckkräften herrührt, die bei der elastischen Deformation auftreten.

In der darauffolgenden Phase des Stoßvorganges werden beide Kugeln durch die deformationsbedingten Druckkräfte auf Geschwindigkeiten gebracht, die zu den Ausgangsgeschwindigkeiten entgegengesetzt gerichtet, aber betragsmäßig gleich sind. NEWTON hat weiter erkannt, daß zum Erzeugen einer Bewegung eine ebenso große Kraft benötigt wird wie zu ihrer Abbremsung.

Die dritte Erkenntnis NEWTONS ist, daß beim Wechselwirkungsprozeß beide Körper mit einer betragsmäßig gleichen, aber entgegengesetzt gerichteten Kraft aufeinander wirken; aus der Verallgemeinerung dieser Erkenntnis folgt schließlich das dritte Newtonsche Axiom.

Der nur eine sehr kurze Zeit dauernde Stoß überführt die Körper von einem Trägheitszustand in einen anderen, da sie vor und nach dem Stoß beim Fehlen einer äußeren Einwirkung eine geradlinige Bewegung ausführen. Da zum Zustand der gleichförmig geradlinigen Bewegung wohl definierte Zustandsgrößen gehören, nämlich die Bewegungsmenge und die Geschwindigkeit *(Abbildung 3.7 – 2b)*, ist das Ergebnis des Stoßvorganges leicht zu kennzeichnen.

Die Kraft, die auf einen Körper bei einer Bewegung längs einer krummlinigen Bahn wirkt, kann leicht verstanden werden, wenn wir sie auf eine Vielzahl von Stößen zurückführen. Ein Körper bewege sich entsprechend der *Abbildung 3.7 – 3* auf einer geradlinigen Bahn *AB* mit einer konstanten Geschwindigkeit und stoße im Punkt *P* mit einem anderen Körper so zusammen, daß beim Stoß ein Impuls der Richtung *PC* und mit dem Betrag mv_p übertragen werden soll. Der Körper setze dann seinen Weg in der Richtung *PP'* fort und möge im Punkt *P'* mit einem weiteren Körper zusammenstoßen, so daß er seine Bewegungsrichtung wieder verändert; das Resultat der fortlaufenden Reihe von Stoßprozessen ist eine Bahn in Form eines Polygonzuges.

Einen sehr wichtigen Schritt in Richtung auf eine Verallgemeinerung dieses Gedankenganges stellt die Annahme dar, daß eine sprunghafte Änderung des Bewegungszustandes nicht nur die Folge eines Zusammenstoßes oder einer bei unmittelbarer Berührung auftretenden Wechselwirkung sein kann, sondern sich auch durch jede beliebige andere Kraft erzeugen läßt. Selbst die Gravitationskraft läßt sich von diesem Standpunkt aus als eine Folge kurzzeitiger Stöße darstellen – wie das BEECKMAN ja auch bereits getan hat (Kapitel 3.3).

An dieser Stelle möchten wir die Aufmerksamkeit auf eine Besonderheit bei der Begriffsbildung lenken, denn in Anlehnung an NEWTON wird hier der Begriff „Kraft" nicht in dem heute üblichen Sinne verwendet. Nach der heute üblichen Begriffsbildung wird die Größe, die eine endliche Änderung des Impulses hervorruft, nicht als Kraft bezeichnet, weil wir die Kraft heute gleich *der Änderung* des Impulses *pro Zeiteinheit* setzen; die Änderung des Impulses aber ist gleich dem Produkt aus der Kraft und der Zeitdauer der Krafteinwirkung oder genauer − gleich dem Zeitintegral über die Kraft.

Untersuchen wir nun noch einmal, was in der zweiten Phase des in der Abbildung 3.7−2 dargestellten elastischen Stoßes geschieht, dann sehen wir, daß die rechte Kugel aus ihrer Ausgangslage durch die wirkende Druckkraft in Richtung dieser „Kraft" beschleunigt wird und im Ergebnis dieser Beschleunigung eine bestimmte Bewegungsmenge aufnimmt. Diese Bewegungsmenge ist proportional zur „Kraft" und hat ihre Richtung. Was geschieht nun im Punkte P der Abbildung 3.7−3? Wenn hier auf den Körper keinerlei „Kraft" einwirkte, würde er sich weiter entlang der Geraden AB bewegen. Halten wir uns nun das bereits von GALILEI formulierte Prinzip der „Unabhängigkeit der Bewegungen" vor Augen, dann wird es offensichtlich, daß die Bewegung in Richtung PC sich der ursprünglichen Bewegung überlagert, und so können wir für einen durch Stoßvorgänge gegebenen Bewegungsablauf das folgende Theorem formulieren:

Die Änderung der Bewegungsmenge ist proportional zur wirkenden „Kraft" und hat deren Richtung.

Wir betonen hier noch einmal, daß wir den Begriff der „Kraft" im Newtonschen Sinne verwenden; in unserer heutigen Bezeichnungsweise müßte hier das Produkt aus der Kraft und der Zeit gesetzt werden.

Wie bereits ausgeführt wurde, sollen die an den Eckpunkten der Polygonbahn wirkenden Kräfte ganz allgemeiner Natur sein. Die Kraft kann z. B. eine *Zentralkraft* sein, die für jeden beliebigen Punkt des Raumes zu einem festen Punkt, dem Zentrum, hin gerichtet ist. Es braucht wohl nicht besonders hervorgehoben zu werden, welche Bedeutung diese Bewegungsabläufe haben, denn bei der Planetenbewegung haben wir es gerade mit einer solchen Kraft zu tun. Wir nehmen nun den *Abbildungen 3.7−4a, b* folgend an, daß auch die auf ein Zentrum hin gerichtete Kraft in der Form schnell aufeinanderfolgender Stöße wirksam wird und daß die Bahn folglich die Form eines Polygonzuges hat. Aus der Abbildung läßt sich ohne Schwierigkeit ablesen, daß im Bewegungsablauf die Flächeninhalte der Dreiecke, die zwischen den Bahnabschnitten und dem Zentrum liegen, einander gleich sind; so ist z. B. die Fläche des Dreiecks OPP' gleich der Fläche des Dreiecks $OP'P''$, weil beide mit OP' eine gemeinsame Seite haben und die zu dieser Seite gehörenden Höhen (m_1 und m_2) miteinander übereinstimmen. Aus dieser Betrachtung folgt somit das zweite Keplersche Gesetz − der Flächensatz −, wobei wir sehen, daß dieses Gesetz für beliebige Zentralkräfte gültig ist und daß keine Zusatzannahmen über die Entfernungsabhängigkeit der Kraft nötig sind. Im folgenden wird gezeigt werden, daß die Entfernungsabhängigkeit der Kraft aus dem dritten Keplerschen Gesetz folgt.

Wir kehren nun zu der polygonzugförmigen Bahn zurück, die unter dem Einfluß kurzzeitiger Kraftstöße zustandekommt, und versuchen, mittels eines Grenzüberganges die quantitativen Beziehungen für die Bewegung eines Körpers auf einer Kreisbahn herzuleiten, wobei wir die geometrischen und kinematischen Charakteristika für diese Bahn als bekannt voraussetzen wollen. Wir zeichnen entsprechend *Abbildung 3.7−5* in den Kreis ein Quadrat ein und nehmen an, daß sich der Körper längs der durch dieses Quadrat vorgegebenen Bahn mit konstanter Geschwindigkeit bewegt. An den Eckpunkten des Quadrates soll er an einen elastischen Kreisring stoßen und von diesem entsprechend den Stoßgesetzen reflektiert werden. Die Kraft, die vom elastischen Kreisring auf den Körper ausgeübt wird, läßt sich sowohl hinsichtlich ihres Betrages als auch ihrer Richtung leicht angeben; sie ist zum Kreismittelpunkt hin gerichtet, und ihr Betrag kann mittels geometrischer Betrachtungen bestimmt werden. Aus der Ähnlichkeit der Dreiecke OPP' und $BP'A$ folgt nämlich

$$\frac{\Delta(mv)}{mv} = \frac{a}{r},$$

und daraus ergibt sich für den Stoßprozeß an einem Eckpunkt des Quadrates

$$\Delta(mv) = \frac{a}{r} mv.$$

Die Gesamtkraftwirkung aber, die bei einem vollen Umlauf auf der quadratischen Bahn ausgeübt wird, finden wir aus

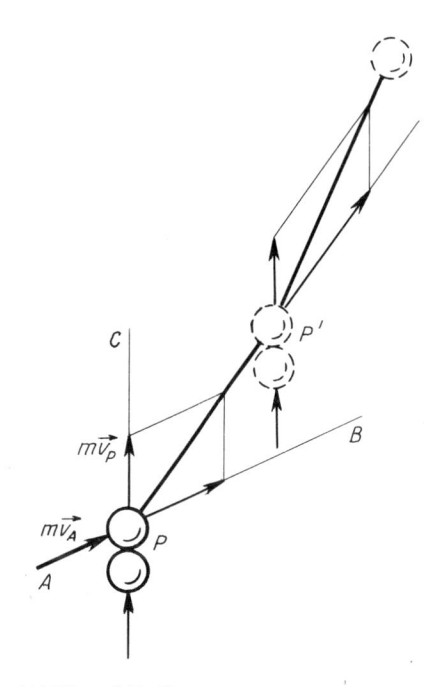

Abbildung 3.7−3
Wir können einen Körper über eine Reihe von Stößen dazu zwingen, eine Polygonbahn zu durchlaufen. Im Grenzübergang erhalten wir so eine Bewegung längs einer krummlinigen Bahn

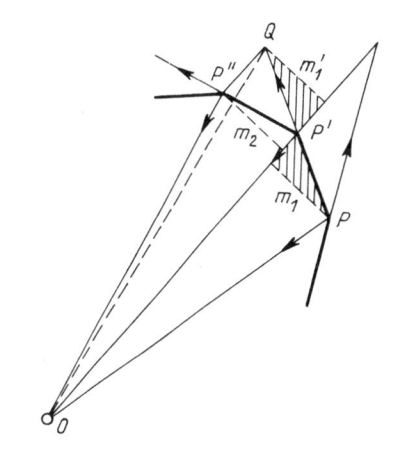

Abbildung 3.7−4a
Für Zentralkräfte gilt der Flächensatz: Die Flächen der Dreiecke OPP' und $OP'P''$ sind gleich. Für gleiche Zeitintervalle gilt nämlich $PP' = P'Q$, folglich ist $m_1 = m_1$ und $OP' \| QP''$, so daß $m_1 = m_2$ und $OP'm_1 = OP'm_2$ gilt

$$4\Delta(mv) = \frac{4a}{r}mv. \qquad (1)$$

Stellen wir diese Beziehung nun in der heute üblichen Schreibweise dar, dann tritt an die Stelle der „Kraftwirkung" das Produkt $F\Delta\tau$, wobei F die Kraft selbst ist und $\Delta\tau$ die Zeitdauer der Krafteinwirkung, wobei wir vereinfachend angenommen haben, daß die Kraft die gesamte Wirkungszeit über konstant ist. Diese Annahme ist für den Stoß nur dann richtig, wenn wir unter der Kraft die mittlere Kraft verstehen. Mit diesen Annahmen kann die Beziehung (1) als

$$F(4\Delta\tau) = \frac{4a}{r}mv$$

geschrieben werden. In der *Abbildung 3.7–6* ist ein Kreis mit einem einbeschriebenen Polygonzug aus n Strecken dargestellt. Auf Grund der Ähnlichkeit der Dreiecke läßt sich auch hier ein Zusammenhang

$$\frac{\Delta(mv)}{mv} = \frac{a}{r}$$

ableiten. Daraus folgt wieder

$$\Delta(mv) = \frac{a}{r}mv,$$

und in der heute üblichen Bezeichnungsweise ergibt sich die Gesamtkraft zu

$$F(n\Delta\tau) = \frac{na}{r}mv.$$

Diese Beziehung und Formel (1) lassen sich wie folgt zusammenfassen: Beim Durchlaufen der gesamten Bahn ist die gesamte Kraftwirkung, d. h. die Kraft multipliziert mit der Summe ihrer Wirkungszeiten, gleich der Bewegungsmenge multipliziert mit dem Quotienten aus der Gesamtlänge der Bahn zum Kreisradius.

Lassen wir die Zahl der Eckpunkte beliebig anwachsen, dann kommen wir schließlich zur Kreisbahn. Die Richtigkeit der obigen allgemeinen Aussagen hängt nicht von der Zahl der Strecken des Polygonzuges ab, so daß sie für beliebiges n richtig bleiben und schließlich auch für die Kreisbahn gelten. Die Länge der Bahn fällt natürlich mit dem Kreisumfang zusammen, und Gleichung (1) geht in

$$F\tau = \frac{2\pi r}{r}mv = 2\pi mv$$

über. Daraus ergibt sich dann der konstante Betrag der Kraft, die zum Kreismittelpunkt hin gerichtet ist, zu

$$F = \frac{2\pi}{\tau}mv = \frac{2\pi}{\underbrace{\frac{2\pi r}{v}}}mv = \frac{mv^2}{r}. \qquad (2)$$

Wegen ihrer Richtung hat schon HUYGENS diese Kraft als *Zentripetalkraft* bezeichnet. Sie wird vom Kreisring auf den Körper übertragen, und sie zwingt ihn, eine Kreisbahn zu durchlaufen. Natürlich drückt der die Kreisbahn durchlaufende Körper mit einer betragsmäßig gleichen Kraft nach außen auf den Kreisring.

Die *Abbildung 3.7–7* zeigt eine Seite aus dem *Waste-book*, auf der man das Quadrat als Ausgangspunkt für den gesamten oben skizzierten Gedankengang erkennen kann.

Nach Aussage seines *Waste-books* hat NEWTON das Problem der Kreisbewegung auch auf eine völlig analoge Weise wie HUYGENS, aber unabhängig von ihm, abgehandelt.

Im vorangehenden Kapitel haben wir gesehen, daß man die Kreisbewegung auch als Bewegung mit einer konstanten Beschleunigung, die durch den Ausdruck

$$a = \frac{v^2}{r}$$

gegeben ist, verstehen kann, so daß sich die Kraft auch in der Form

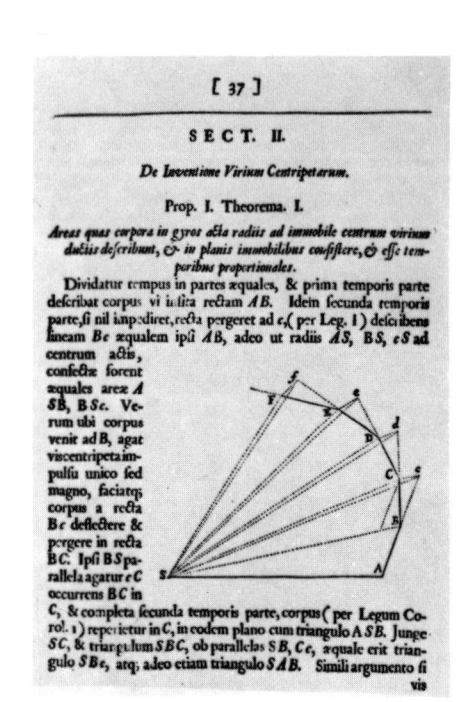

Abbildung 3.7–4b
Der Flächensatz in *Newtons* Buch *Principia*

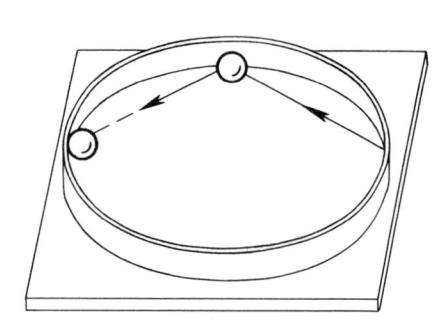

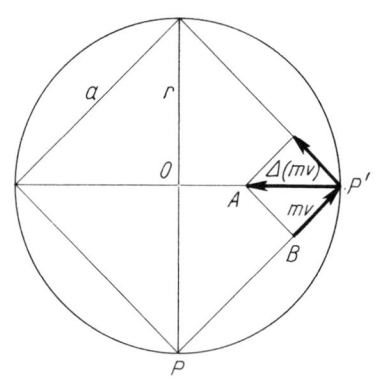

Abbildung 3.7–5
Zur quantitativen Untersuchung der gleichförmigen Bewegung auf einer Kreisbahn gehen wir von der Bewegung längs eines Quadrates aus, das in den Kreis einbeschrieben ist. Wegen der Ähnlichkeit der Dreiecke ABP' und OPP' ergibt sich
$\triangle(mv) : mv = a : r$

$$F = ma = m\frac{v^2}{r} \qquad (3)$$

darstellen läßt. Diese Formel stimmt völlig mit Formel (2) überein, sie kann aber jetzt bereits nach der Beziehung *Kraft = Masse · Beschleunigung* gedeutet werden.

NEWTON hat seine Ergebnisse zur Kreisbewegung angewendet – und das war die erste Anwendung der Newtonschen Dynamik überhaupt –, um das Verhältnis der Schwerkraft eines Körpers auf der Erdoberfläche zur Kraft, die sich aus der Erdrotation ergibt, zu untersuchen. Man hatte nämlich bereits in der Antike gegen die Annahme einer Erdrotation den – im übrigen recht logischen – Einwand geltend gemacht, daß bei einer Erddrehung sich ein Körper von der Erdoberfläche nach außen entfernen müßte. NEWTON hat gezeigt, daß die aus der Erdrotation folgende Kraft zu klein ist und daß dieser Einwand folglich entkräftet werden kann; anderseits ist sie aber groß genug, um experimentell nachgewiesen werden zu können, d. h., die Erddrehung spielt auch bei der genauen Bestimmung der Schwerebeschleunigung eine Rolle *(Abbildung 3.7 – 8)*.

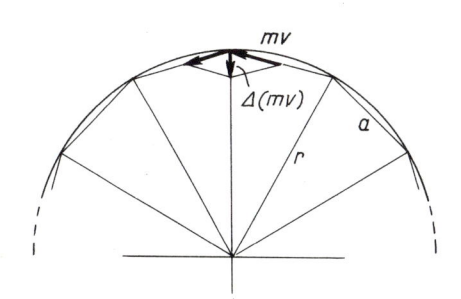

Abbildung 3.7 – 6
Auch für eine Bewegung längs eines einbeschriebenen *n*-Ecks gilt die Proportionalität $\triangle(mv) : mv = a : r$

Abbildung 3.7 – 7
Zum ersten Mal stoßen wir hier im *Waste-book* auf den im Text beschriebenen Gedankengang

3.7.3 Das allgemeine Gravitationsgesetz

In der zweiten Hälfte des 17. Jahrhunderts waren bereits mehrfach Ansätze für ein Gesetz der Gravitationsanziehung aufgetaucht; es wurde sogar allgemein formuliert, daß alle Körper sich gegenseitig anziehen und daß diese Anziehung einerseits für das Gewicht der Körper auf der Erdoberfläche und folglich auch für deren beschleunigte Bewegung beim freien Fall, zum anderen aber für die Bewegung der Himmelskörper verantwortlich ist. Es war auch bereits die Vermutung geäußert worden, daß die Kraft indirekt proportional zum Quadrat der Entfernung ist. All das waren aber nur Vermutungen, die sich nicht unmittelbar auf experimentelle Beobachtungen gestützt haben, und das wesentliche ist, daß man das vermutete Kraftgesetz nicht mit den Ellipsenbahnen der Planeten in Verbindung bringen konnte oder daß gelegentliche Versuche dieser Art erfolglos geblieben sind.

Nach der mündlichen Überlieferung soll der berühmte Newtonsche Apfel den ersten Anstoß zur Formulierung des allgemeinen Gravitationsgesetzes gegeben haben *(Zitat 3.7 – 1)*.

Bei der Herleitung des Kraftgesetzes ist NEWTON nach seinen eigenen Erinnerungen sowie nach denen seiner Freunde wie folgt vorgegangen *(Zitat 3.7 – 2)*:

Wir nehmen an, daß sich die Planeten auf Kreisbahnen bewegen, was für die meisten Planeten auch in sehr guter Näherung erfüllt ist. Auf einen

Zitat 3.7 – 1
Nach dem Mittagessen, da es ein schöner warmer Tag war, gingen wir in den Garten und tranken Tee zu zweit im Schatten einiger Apfelbäume. Im Verlaufe der Unterhaltung bemerkte er zu mir, daß er sich genau in derselben Situation befand, als die Idee der Gravitation in ihm auftauchte. Sie wurde durch den Fall eines Apfels ausgelöst, als er, in Gedanken vertieft, hier saß. Warum muß dieser Apfel immer lotrecht zu Boden fallen – meditierte er – warum kann er sich nicht zur Seite oder nach oben bewegen, immer nur in Richtung des Mittelpunktes der Erde? Die Ursache dafür ist offensichtlich, daß die Erde ihn anzieht. Es muß also die Materie die Anziehungsfähigkeit besitzen und diese Fähigkeit muß im Erdmittelpunkt konzentriert und nicht seitwärts gelegen gedacht werden. Darum fällt der Apfel vertikal, d. h. Richtung des Erdmittelpunktes. Wenn die Materie die Materie anzieht, so muß diese Anziehung proportional zur Quantität dieser Materie sein. So zieht auch der Apfel die Erde an, genau so, wie die Erde den Apfel. Siehe, hier haben wir eine Wirkung, Gravitation genannt, welche sich auf das ganze Universum ausbreitet.
WILLIAM STUKELEY: *Memoirs of Sir Isaac Newton's life*. 1752. (Eine Erinnerung an eine Unterhaltung vom 15. April 1726, niedergeschrieben im Jahre 1752)

Zitat 3.7 – 2
[*Newtons*] erste Gedanken, die zu den *Principia* führten, tauchten zum erstenmal 1666 auf, als er sich aus Cambridge wegen der Seuche zurückzog. Als er allein in einem Garten saß, begann er über die Wirkung der Gravitation zu meditieren: daß diese Wirkung selbst in den vom Erdmittelpunkt entferntesten Orten nicht merklich schwächer war, wo wir hinkommen können: nicht auf den Dächern der höchsten Gebäude, ja sogar nicht auf den Gipfeln der höchsten Berge; es schien ihm vernünftig daraus zu folgern, daß diese Wirkung eine viel weiterreichende sein muß, als man es im allgemeinen annimmt; warum sollte sie nicht bis zum Mond reichen – sagte er sich selbst – und wenn es tatsächlich so wäre, so müßte sie auf seine Bewegung einen Einfluß haben; vielleicht eben dadurch wird sie auf seiner Bahn gehalten. Jedoch, obzwar sich die Wirkung der Gravitation bei solch kleinen Änderungen, wie wir sie in der Entfernung von dem Erdmittelpunkt realisieren können, nicht spürbar abschwächt, ist es aber wohl möglich, daß in einer so großen Entfernung, wie sich der Mond befindet, sich die Wirkung in ihrer Intensität beträchtlich von der hier beobachtbaren unterscheidet. Um den Grad dieser Abschwächung abschätzen zu können, dachte er daran, daß, wenn der Mond auf seiner Bahn durch die Gravitationswirkung gehalten wird, so zweifelsohne die Planeten auch durch ähnliche Kraftwirkung auf ihren Bahnen herumgetrieben werden. Und durch Vergleiche der Umlaufszeiten mehrerer Planeten mit ihren

Entfernungen von der Sonne, fand er, daß, wenn irgendeine Wirkung wie die Gravitation sie auf ihren Bahnen hält, die Stärke dieser Wirkung in zweifacher Proportion mit der Entfernung abnehmen muß. Um zu dieser Folgerung zu gelangen, machte er die Annahme, daß die Planeten auf idealen Kreisbahnen um die Sonne herumkreisen — tatsächlich weichen die Bahnen bei der Mehrzahl der Planeten nicht wesentlich davon ab. Angenommen danach, daß die Gravitationswirkung der Erde, wenn sie bis zum Mond reicht, in gleichem Grade abnimmt, berechnete er, ob diese Kraft genügt, den Mond auf seiner Bahn zu halten. Da ihm keine Bücher zur Verfügung standen, benutzte er bei seinen Berechnungen gebräuchliche Schätzwerte — die übrigens von den Geographen und Seefahrern benutzt wurden, bevor Norwood die Abmessungen der Erde bestimmt hatte — wonach 60 englische Meilen gleich einem Breitengrad auf der Erdoberfläche sind. Dies ist aber eine sehr irrige Annahme, ein Grad enthält nämlich 69 1/2 Meilen, so entsprach das erhaltene Resultat nicht seinen Erwartungen; er kam zu der Konklusion, daß — mindestens im Falle des Mondes — eine andere Wirkung neben der Gravitation auch im Spiel sein muß. So legte er damals alle weitere diesbezügliche Betrachtungen beiseite.

HENRY PEMBERTON: *A view of Sir Isaac Newton's Philosophy*. 1728

Planeten, der auf einer Kreisbahn mit dem Radius R umläuft, muß die Zentripetalkraft

$$F^{zp} = m\frac{v^2}{R} = m\left(\frac{2\pi R}{T}\right)^2 \frac{1}{R} = m\frac{(2\pi)^2 R}{T^2}$$

wirken. Um die Entfernungsabhängigkeit der von der Sonne ausgehenden Kraft bestimmen zu können, müssen wir die Kenngrößen von Planeten, die Bahnen mit unterschiedlichen Bahnradien durchlaufen, miteinander vergleichen. Dieser Vergleich wird durch das dritte Keplersche Gesetz gegeben, nach dem die Quadrate der Umlaufzeiten der Planeten sich so zueinander verhalten wie die dritten Potenzen der Bahnradien, d. h.

$$T_1^2 : T_2^2 : T_3^2 \ldots = R_1^3 : R_2^3 : R_3^3 \ldots$$

oder

$$\left(\frac{T_1}{T_2}\right)^2 = \left(\frac{R_1}{R_2}\right)^3.$$

Daraus ergibt sich aber für die Quotienten aus den auf die Planeten wirkenden Kräften

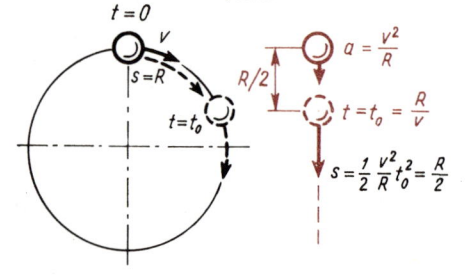

Abbildung 3.7–8
Die *Vellum-Handschrift* (nach *Herivel*). Ein zum Ausfertigen eines Mietvertrages benutztes Pergamentblatt hat *Newton* in den Jahren 1665 bis 1666 als Schmierzettel gedient. Der numerische Vergleich der Schwerkraft und der Zentrifugalkraft und der zu diesem Vergleich führende Weg können von diesem Zettel abgelesen werden.

1. Eingerahmt: *100 cubits in 5"* (100 Ellen in 5 Sekunden) — aus dem *Dialogo* übernommene Angaben zum freien Fall

2. $\frac{1}{4}x = yy$. Die Beziehung für den zurückgelegten Weg eines frei fallenden Körpers; x ist der Weg und y die Zeit. Schreiben wir diese Formel als $x = \frac{1}{2} 8 y^2$ und vergleichen mit der heute üblichen Schreibweise $x = \frac{1}{2}gt^2$, dann sehen wir, daß $g = 8$ Ellen ($=$ cubit $=$ brace)/s² $= 8 \cdot 0{,}685$ m/s² $= 5{,}480$ m/s² gesetzt worden ist. Das ist eine sehr schlechte Näherung: Der richtige Wert ($g = 9{,}8$ m/s²) ist fast doppelt so groß. Die Formel $x = \frac{8}{2}y^2$ entspricht genau den von *Galilei* angegebenen Daten ($y = 5$, $y^2 = 25 \to x = 100$)

3. *Newton* bestimmt g genauer. Ein konisches Pendel mit einer Fadenlänge von 81 inch und einem halben Kegelwinkel von $\alpha = 45°$ vollführt

4. in einer Stunde 1512 Schwingungen (1512 ticks in hora). Mit Hilfe dieses Versuches ermittelt *Newton* den Wert von g sogar auf zwei Wegen: Er geht zunächst davon aus, daß beim konischen Pendel mit einem halben Kegelwinkel von 45° Schwer- und Zentrifugalkraft einander gleich sind ($g = v^2/R$ mit $R = l\sin\alpha$, $l = 81$ inch), und verwendet außerdem die Tatsache, daß die Schwingungsdauer des konischen Pendels mit der Schwingungsdauer desjenigen mathematischen Pendels übereinstimmt, dessen Länge gleich $l\cos\alpha$ ist, d. h. gleich der Projektion der Pendellänge auf die Vertikale. So kommt *Newton*

5. zu der Feststellung: *A heavy thing in falling moves 50 inches in 1* (durchgestrichen und korrigiert) *1/2" 200 inches in one"* or rather *196 inches = 5 yds*. Das ist schon ein recht guter Wert ($g \approx 10$ m/s²). Die letzte Schlußfolgerung ist:

6. *vis terrae a centro movebit corpus in 229,09 minutes per distantiam 5,250 000 braces. Vis gravitatis in 229,09 minutes movet corpus per 755 747 081 braces.*
So that the force of the Earth from its centre is to the force of gravity as one to 144 or thereabout.
Or rather as 1 : 300 : vis a centro terrae : vim gravitatis.

Newton verwendet hier die folgenden Eigenschaften der Kreisbewegung: Wird die Kraft, die auf einen sich längs einer Kreisbahn mit dem Radius R bewegenden Körper wirkt, zur Beschleunigung dieses Körpers auf einer geradlinigen Bahn verwendet, dann legt der Körper in der Zeit, in der er auf der Kreisbahn den Weg R zurücklegt, auf der geradlinigen Bahn den Weg $R/2$ zurück. (Setzt man in die Formel $s = \frac{a}{2}t^2$ die Werte $a = v^2/R$ und $t = R/v$ ein, dann ergibt sich $s = R/2$.)

Die im obigen Zitat vorkommenden 229,09 min $= 3{,}818$ Stunden ($= 24/2\pi$) sind die Zeit, in der ein Punkt auf dem Erdäquator gerade den Weg R_{Erde} zurücklegt. Ein unter dem Einfluß der Zentrifugalbeschleunigung frei fallender Körper würde in dieser Zeit den Weg $R_E/2 = 5 250{,}000$ Ellen zurücklegen.

Setzt man für den realen freien Fall auf der Erde in die Formel $s = \frac{g}{2}t^2$ den Wert für g sowie die Zeit $t = 229{,}09$ min ein, dann erhält man 755 747 081 (Ellen). Das Verhältnis beider Wege ist gleich dem Verhältnis der Zentrifugalkraft zur Schwerkraft. (Ein besserer Wert ergibt sich, wenn der bei der Bestimmung von g gemachte Fehler berücksichtigt wird.)

Damit konnte das gegen die Erddrehung vorgebrachte Argument, daß sich infolge der auf einer rotierenden Erde auftretenden Zentrifugalkraft die Körper von der Erdoberfläche abheben müßten, widerlegt werden (1 cubit = brace = Elle = (¾) yard = 0,685 m; 1 inch = 2,54 cm)

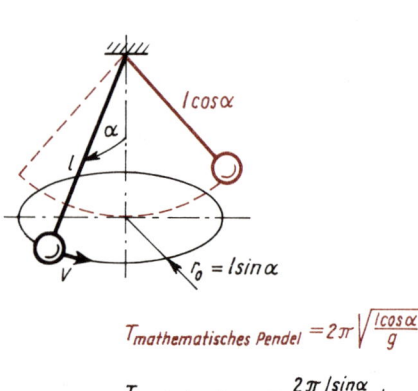

$T_{\text{mathematisches Pendel}} = 2\pi\sqrt{\frac{l\cos\alpha}{g}}$

$T_{\text{konisches Pendel}} = \frac{2\pi\, l\sin\alpha}{v};$

da $\frac{mv^2}{r_0} = mg\,\frac{\sin\alpha}{\cos\alpha}$,

also

$T_{k.P.} = \frac{2\pi\, l\sin\alpha}{\sqrt{lg\,\frac{\sin\alpha}{\cos\alpha}}} = 2\pi\sqrt{\frac{l\cos\alpha}{g}} = T_{m.P.}$

258

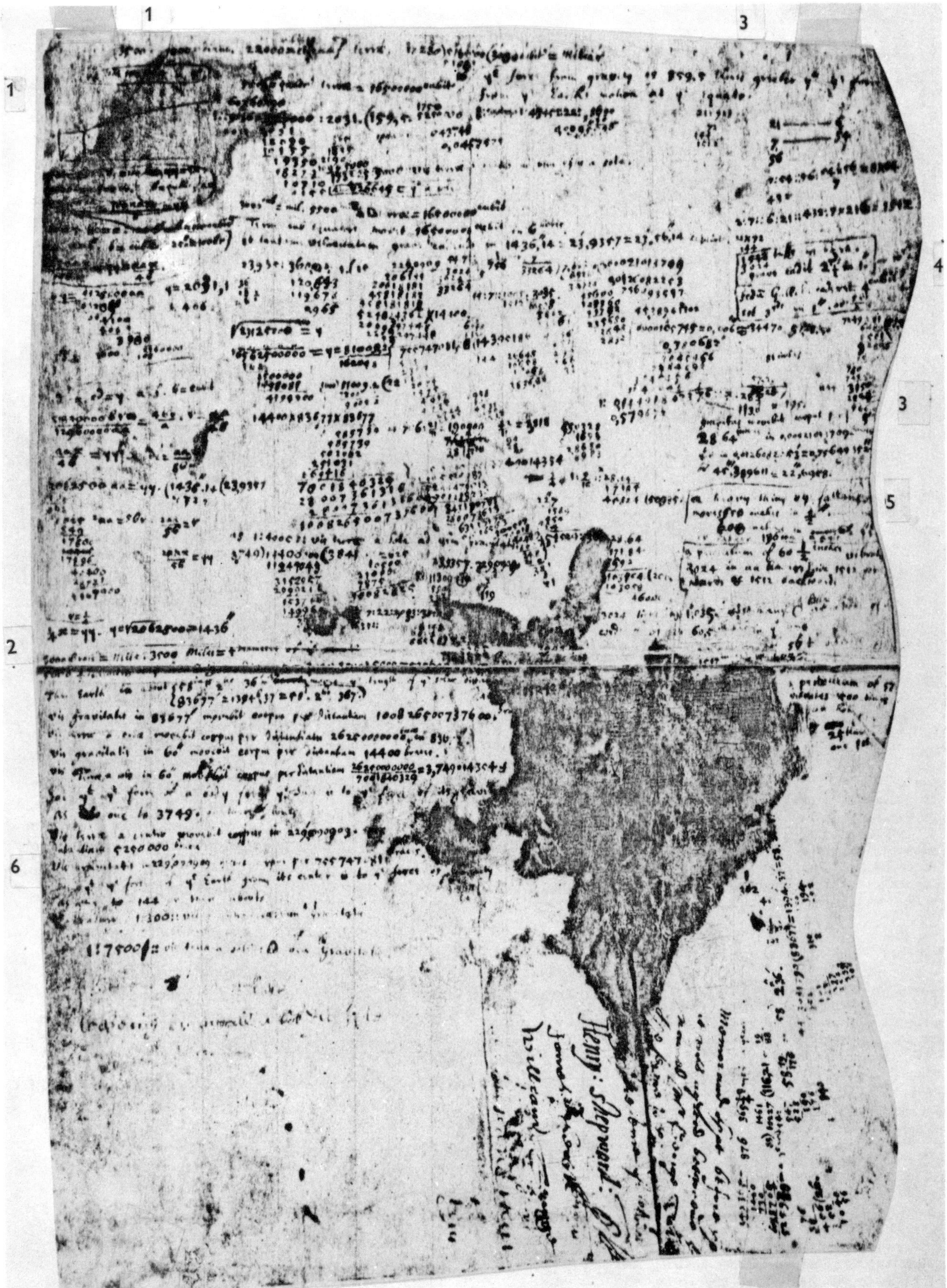

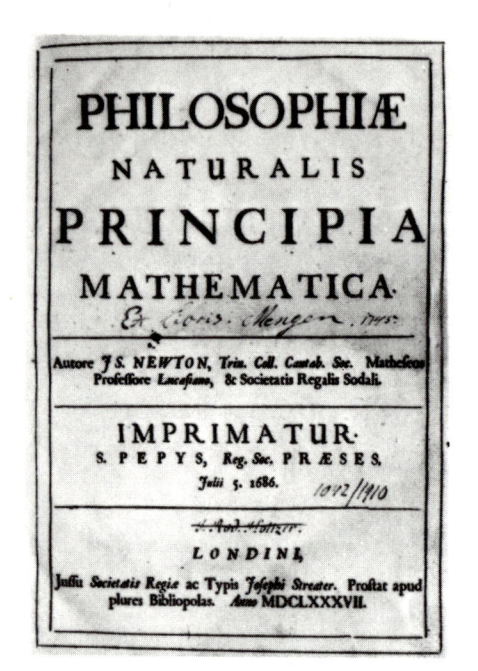

Abbildung 3.7-9
Die **Philosophiae naturalis principia mathematica** werden oft als das bedeutendste Werk der Wissenschaftsgeschichte, ja zuweilen sogar als das bedeutendste Buch in der Menschheitsgeschichte überhaupt angesehen.

Das Buch ist von *Newton* nach seinen späteren eigenen Angaben in einem Zeitraum von siebzehn bis achtzehn Monaten geschrieben worden. *Newton* hat 1684 begonnen, in Cambridge zu dieser Thematik Vorlesungen zu halten. Erschienen ist das Buch 1687 mit einer materiellen Unterstützung von *Halley*.

Die Zielstellung des Buches ist es, auf die Fragen der Himmelsmechanik endlich eine Antwort zu geben.

Von *Dr. Vincent* ist der Royal Society das von Herrn *Isaac Newton* ihr gewidmete Werk *Philosophiae Naturalis Principia Mathematica* unterbreitet worden. In diesem liefert er den mathematischen Beweis für die von *Kepler* angegebene Variante der kopernikanischen Hypothese und erklärt die Gesamtheit der Himmelserscheinungen unter der einzigen Annahme, die Schwerkraft wirke in Richtung des Sonnenmittelpunkts, proportional zum Reziproken des Entfernungsquadrats.
Protokoll der *Royal Society* vom 28. April 1686

Das Werk beginnt in der Einleitung mit Definitionen und Axiomen und ist dann in drei Bücher unterteilt. Das erste Buch enthält die Bewegung der Körper, wobei vor allem die Bewegung auf einer Kegelschnittbahn oder die Bewegung unter dem Einfluß einer Zentralkraft (nicht nur in der Form $1/r^2$) abgehandelt wird. Im wesentlichen wird die Bewegung eines einzelnen Körpers (Massenpunktes) betrachtet, obwohl *Newton* auch die Anziehung zwischen Körpern endlicher Abmessungen untersucht. Das zweite Buch hat die Bewegung in einem zähen Medium zum Gegenstand. *Newton* untersucht hier den Widerstand eines Mediums, der linear, quadratisch und selbst auf noch kompliziertere Weise von der Geschwindigkeit abhängen kann.

Die Darlegung hat mit der Beschreibung der Wirbelbewegung zäher Flüssigkeiten ihr Ziel erreicht, die Wirbeltheorie von *Descartes* zu widerlegen.

In der Einleitung zum dritten Buch begegnen wir den vielzitierten Regeln für das philosophische Denken. Im Teil *Phänomene* sind in Tabellenform Daten für die Monde von Jupiter und Saturn sowie für die fünf Planeten zusammengestellt, wobei Angaben verschiedener Beobachter miteinander

$$\frac{F_1}{F_2} = \frac{m_1 \frac{(2\pi)^2 R_1}{T_1^2}}{m_2 \frac{(2\pi)^2 R_2}{T_2^2}} = \frac{m_1}{m_2} \frac{R_1}{R_2} \frac{T_2^2}{T_1^2},$$

und wegen

$$(T_2/T_1)^2 = (R_2/R_1)^3,$$

schließlich

$$F_1/F_2 = (m_1 R_2^2)/(m_2 R_1^2)$$

oder

$$F_1 : F_2 : F_3 : \ldots = \frac{m_1}{R_1^2} : \frac{m_2}{R_2^2} : \frac{m_3}{R_3^2} : \ldots$$

Aus dieser Beziehung wird ersichtlich, daß die Kraft indirekt proportional zum Quadrat der Entfernung ist.

Wenn auch die von der Erde ausgehende Kraft diesem Gesetz genügt, dann ist es sinnvoll, die Anziehungskräfte der Erde auf den Mond und auf Körper in der Nähe der Erdoberfläche oder auch die Fallbeschleunigung in der Nähe der Erdoberfläche und die Beschleunigung des Mondes auf seiner Umlaufbahn um die Erde miteinander zu vergleichen. Die Beschleunigung des Mondes auf seiner Bahn ist durch den kleinen Wert

$$a_{Mond} = \frac{g}{60^2} = \frac{9{,}8}{3600} = 2{,}73 \cdot 10^{-3} \text{ ms}^{-2}$$

gegeben, da die Anziehungskraft mit dem Quadrat des Abstandes abnimmt und die mittlere Entfernung des Mondes von der Erde etwa 60 Erdradien beträgt. Bei einer Kenntnis der Umlaufzeit des Mondes kann die Beschleunigung aber wie folgt berechnet werden:

$$a_{Mond} = \frac{v_M^2}{R_M} = \frac{(2\pi)^2 R_M}{T_M^2} = \frac{(2\pi)^2 3{,}84 \cdot 10^8}{(27{,}3 \cdot 24 \cdot 3600)^2} = 2{,}73 \cdot 10^{-3} \text{ ms}^{-2}.$$

Wir sehen, daß beide Zahlenwerte übereinstimmen, und auch NEWTON hat nach seinen Erinnerungen diese Übereinstimmung als sehr gut angesehen. Es dürfte allerdings mehr der Wahrheit entsprechen (Zitat 3.7–2), daß NEWTON mit den ihm zur Verfügung stehenden ungenauen Daten keine ihn befriedigende Übereinstimmung erhalten konnte und deshalb lange Zeit (nahezu 15 Jahre) von einer weiteren Untersuchung dieses Problems abgesehen hat.

Von diesem Stand der Erkenntnis bis zur Formulierung des allgemeinen Gravitationsgesetzes ist es nur noch ein Schritt gewesen: Wirkt von einem Körper mit der Masse m_A auf einen Körper mit der Masse m_B eine Anziehungskraft, dann muß diese natürlich zur Masse m_A proportional sein; in diesem Wechselwirkungsprozeß zieht aber auch der Körper mit der Masse m_B den Körper mit der Masse m_A an, und diese Kraft ist zur Masse m_B proportional. Da beide Kräfte jedoch (betragsmäßig) gleich sind, muß die Anziehungskraft proportional sowohl zu der einen als zur anderen Masse sein. Somit folgt aber, daß

die Gravitationskraft direkt proportional zum Produkt der Massen beider Körper und indirekt proportional zum Quadrat ihres Abstandes ist.

Die formelmäßige Darstellung des Gesetzes ist

$$F = G \frac{m_A m_B}{R^2}$$

mit G als einer universellen Konstanten.

Der Proportionalitätsfaktor G läßt sich aus der Keplerschen Konstanten bestimmen. Dazu schreiben wir das dritte Keplersche Gesetz in der etwas anderen Form

$$\frac{R_1^3}{T_1^2} = \frac{R_2^3}{T_2^2} = \ldots = \frac{R^3}{T^2} = k_{Sonne}.$$

Die Bewegungsgleichung eines Planeten mit der Masse m_P ist aber

$$G \cdot \frac{m_P m_S}{R^2} = m_P \frac{v^2}{R} = m_P \left(\frac{2\pi R}{T}\right)^2 \frac{1}{R},$$

und daraus folgt die Gravitationskonstante

$$G = \frac{(2\pi)^2}{m_S} \frac{R^3}{T^2} = \frac{(2\pi)^2}{m_S} k_{Sonne}.$$

Hier bedeutet k_{Sonne} die auf die Sonne bezogene *Kepler-Konstante*.

NEWTON standen nicht nur Angaben über die Planetenbewegung, sondern auch über die Bahnen von vier Jupiter- und fünf Saturnmonden zur Verfügung. Er konnte mit diesen Daten die Gravitationskonstante überprüfen bzw. die Massen von Jupiter und Saturn bestimmen. Dazu beachten wir

$$G = \frac{(2\pi)^2}{m_{Jup}} k_{Jup} = \frac{(2\pi)^2}{m_{Sat}} k_{Sat} = \frac{(2\pi)^2}{m_{Sonne}} k_{Sonne},$$

woraus

$$\frac{m_{Jup}}{m_{Sonne}} = \frac{k_{Jup}}{k_{Sonne}}$$

folgt.

Bewegt sich also im Schwerefeld eines Körpers großer Masse ein Körper verhältnismäßig kleiner Masse, so kann aus den Bahndaten des letzteren — wenn die Gravitationskonstante bekannt ist — die Masse des ersteren bestimmt werden.

Es möge als interessantes Beispiel ein aktuelles Forschungsproblem der Astrophysik angeführt werden. Aus der Bewegung von Sternen am Rand unseres Milchstraßensystems *(M)* haben G. MARX und A. S. SZALAY 1976 aufgrund der Relation

$$m_M = \frac{(2\pi)^2}{G} k_M$$

die Masse des Milchstraßensystems berechnet und mit anderen diesbezüglichen Zahlenwerten verglichen. Es ergab sich eine Diskrepanz, die nach Ansicht dieser Autoren nur dadurch erklärt werden kann, daß man annimmt, *die Ruhmasse der im Weltall in großer Zahl vorhandenen Neutrinos* (die man allgemein, ebenso wie die Ruhmasse der Photonen, gleich Null setzt) *sei von Null verschieden*, und zwar von der Größenordnung 30 Elektronenvolt.

3.7.4 Auszüge aus den Principia

Wer heute die *Principia (Abbildung 3.7–9)* zur Hand nimmt, wird zwei überraschende Feststellungen machen. Er wird zunächst finden, daß in diesem Buch das als Newtonsches Grundgesetz der Mechanik bezeichnete Gesetz *Kraft = Masse · Beschleunigung* weder in Worten formuliert und erst recht nicht in der heute üblichen Form

$$\mathbf{F} = m \frac{d\mathbf{v}}{dt}$$

oder in der Schreibweise

$$\mathbf{F} = \frac{d}{dt}(m\mathbf{v})$$

dargestellt ist *(Zitat 3.7–3)*.

Die zweite überraschende Feststellung ist, daß NEWTON als einer der Väter der Differential- und Integralrechnung an keiner Stelle in seinem Buch den von ihm selbst geschaffenen mathematischen Kalkül verwendet; allen seinen Gedankengängen werden lediglich die Sätze der klassischen Geometrie zugrundegelegt.

Dem zweiten Newtonschen Axiom begegnen wir in den *Principia* genau in der bereits weiter oben zitierten Form: *Die Änderung der Bewegung ist proportional zur wirkenden Kraft und erfolgt längs der Geraden, in welcher diese Kraft wirkt (Abbildung 3.7–10)*. Wir haben ebenfalls bereits erwähnt, daß NEWTON hier unter Bewegung die Bewegungsmenge versteht. Es ist keine Rede von einer Änderung pro Zeiteinheit oder von einem Grenzübergang, und so ist auch die „Kraft" in dieser Formulierung nicht gleich der Kraft im heutigen Sinne. Folglich ist in diesem Axiom weder von einer Beschleunigung noch von einer Masse oder Kraft (im heutigen Sinne) die Rede. Bei der Behandlung konkreter Fälle verwendet NEWTON aber auch die uns geläufige Form des Bewegungsgesetzes, und es ist somit offensichtlich, daß ihm das Gesetz auch in dieser Form bewußt gewesen ist *(Zitat 3.7–4)*. Das in den *Principia* vorkommende Bewegungsgesetz kann in der heute üblichen Schreibweise als

$$\int_{t_1}^{t_2} \mathbf{F} \, dt = \Delta(m\mathbf{v})$$

dargestellt werden. Zum Fehlen der Infinitesimalrechnung wird häufig die Meinung vertreten, daß NEWTON bei der Ausführung seiner eigenen Rechnungen den „Fluxionen"-Kalkül zwar weitgehend verwendet hat, jedoch Bedenken hatte, ihn zu publizieren, da sein Buch auch ohne ihn eine genügende Menge schwer verständlichen Stoffes enthält und die neue Methode den Leser noch mehr abschrecken würde. Im übrigen hat NEWTON selbst das nach ihm benannte Grundgesetz als

verglichen werden. Der Teil *Thesen* dieses Buches ist der wohl bedeutendste der gesamten *Principia*. Hier finden wir das universelle Gravitationsgesetz und die indirekte Proportionalität der Gravitationskraft zum Quadrat des Abstandes, eine ausführliche Beschreibung der Bewegung des Mondes und die Erklärung der Präzessionsbewegung der Erde sowie die Deutung der Gezeiten.

Die *Principia* sind eine sehr schwierige Lektüre. Sie sind sehr gedrängt formuliert und einmal dargelegte Sätze werden bei ihrer Anwendung nicht wiederholt, sondern nur mit Angabe der Nummer zitiert. So beweist *Newton* z. B. die Behauptung, daß die auf die Jupitermonde wirkende Kraft zum Jupiter weist und quadratisch mit der Entfernung abnimmt, wie folgt:

Der erste Teil des Satzes folgt aus Erscheinung 1 und aus den Sätzen 2 und 3 des I. Buches; der zweite Teil aus Erscheinung 1 sowie aus dem Korollarium VI des 4. Satzes im selben Buch.

Die zweite Auflage erschien 1713, unter der Redaktion von *Roger Cotes*, mit größeren Veränderungen. Die dritte Auflage (1726, Hrsg. *Henry Pemberton*) enthält nur wenige weitere Veränderungen. Die erste englische Version erschien 1729 unter dem Titel *Mathematical Principles of Natural Philosophy*

Zitat 3.7–3
Man hat bisher allgemein aus den Definitionen VII und VIII und dem Axiom II die Beziehung $\mathbf{K} = m\mathbf{a}$ herausgelesen. Es steht aber damit wie mit den Kleidern des Kaisers im Märchen: jeder sah sie, da er überzeugt war, daß sie da seien, bis ein Kind feststellte, daß der Kaiser nichts anhatte. So hat man im einleitenden Kapitel von *Newtons Principia* stets das Axiom ausgesprochen gesehen, daß eine konstante Kraft eine zu ihr proportionale konstante Beschleunigung verursacht (man las dann *mutatio* in Axiom II als Veränderungsgeschwindigkeit und formulierte es in moderner Zeichenschrift als $\mathbf{K} = \frac{d}{dt}(m\mathbf{v})$, woraus für konstantes m tatsächlich $\mathbf{K} = m\mathbf{a}$ folgt); wenn man aber die von *Newton* gegebene Grundlegung mit kindlicher Unbefangenheit, also unter Ausschaltung von allem, was man schon weiß und daher zu finden erwartet, durcharbeitet, so zeigt es sich, daß sie die wichtigste Grundlage für die klassische Mechanik keineswegs enthält.

Wahrscheinlich hat *Newton* die Proportionalität von Kraft und Beschleunigung weggelassen, weil er sie selbstverständlich fand, wie auch *Huygens* es ohne weiteres für evident hält, daß, wenn auf einen Massenpunkt eine konstante Kraft wirkt, die Geschwindigkeit in gleichen Zeiten um gleiche Beträge zunehmen muß. Beide leben schon so sehr in den neuen dynamischen Auffassungen, daß sie den wichtigsten Differenzpunkt gegenüber den alten nicht einmal der Erwähnung wert finden: eine treffliche Illustration des schnellen Tempos, in dem neue, erst paradox erscheinende Einsichten trivial werden. Vom Gesichtspunkt der Axiomatisierung aus aber — und darum handelt es sich hier — bedeutet das Verschweigen der Proportionalität von Impuls und Zeit, also der Konstanz der Beschleunigung, einen Mangel: während nämlich der Impuls proportional zur Zeit zunimmt, nimmt die kinetische Energie proportional zum Weg zu, und wie kann man denn das eine oder das andere wissen, wenn man es weder postuliert noch beweist? Außerdem ist nach der aristotelischen Auffassung einer Axiomatisierung Evidenz ein Grund dafür, etwas als Axiom aufzustellen, nicht, es wegzulassen.
DIJKSTERHUIS [0.12] S. 528

Zitat 3.7–4

Die Geschwindigkeit, welche eine gegebene Kraft in gegebener Materie und Zeit erzeugen kann, ist nämlich direkt der Kraft und Zeit und indirekt der Materie proportional. Je größer die Kraft oder die Zeit oder je kleiner die Materie ist, desto größer wird die erzeugte Geschwindigkeit. Dies erhellt aus dem 2. Gesetz der Bewegung.

NEWTON: *Mathematische Principien der Naturlehre.* Mit Bemerkungen und Erläuterungen herausgegeben von *J. Ph. Wolfers.* Berlin 1872, S. 295

Zitat 3.7–5

Bis jetzt habe ich die Prinzipien dargestellt, welche von den Mathematikern angenommen und durch vielfältige Versuche bestätigt worden sind. Durch die zwei ersten Gesetze und die zwei ersten Zusätze fand *Galilei,* daß der Fall schwerer Körper im doppelten Verhältnis der Zeit stehe und daß die Bewegung der geworfenen Körper in Parabeln erfolge; übereinstimmend mit der Erfahrung, insoweit jene Bewegungen nicht durch den Widerstand der Luft etwas verzögert werden.

NEWTON: *Mathematische Principien der Naturlehre.* Mit Bemerkungen und Erläuterungen herausgegeben von *J. Ph. Wolfers.* Berlin 1872, S. 39

nicht so grundlegend angesehen, so daß er in seinen Erinnerungen bei der Aufzählung seiner wichtigsten Arbeiten unter anderem die Theorie der Farben und das allgemeine Gravitationsgesetz anführt, das Grundgesetz der Mechanik aber überhaupt nicht erwähnt (Farbtafel XVIII); ja er hat sogar völlig irrtümlich die Grundidee zu diesem Gesetz GALILEI zugeschrieben *(Zitat 3.7–5).*

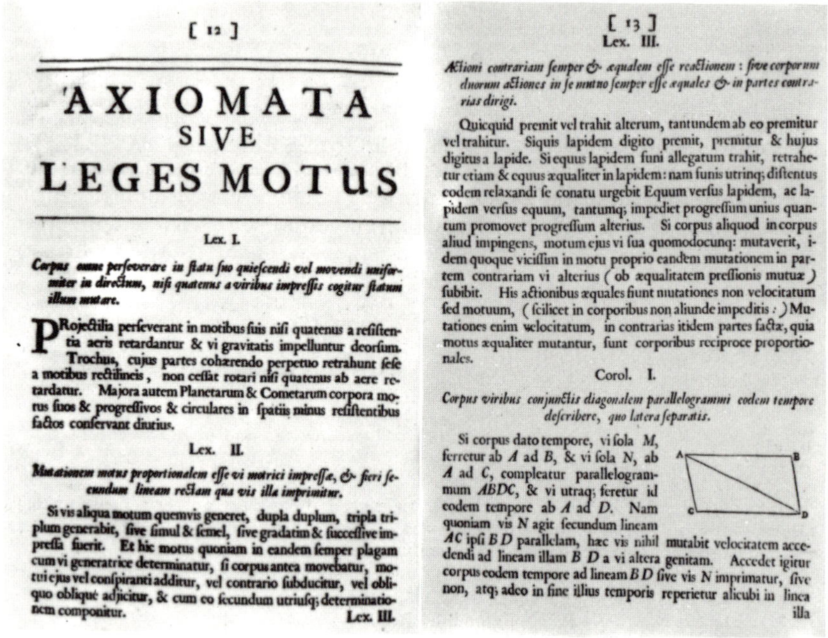

[12]

AXIOMATA
SIVE
LEGES MOTUS

Lex. I.

Corpus omne perseverare in statu suo quiescendi vel movendi uniformiter in directum, nisi quatenus a viribus impressis cogitur statum illum mutare.

Projectilia perseverant in motibus suis nisi quatenus a resistentia aeris retardantur & vi gravitatis impelluntur deorsum. Trochus, cujus partes cohærendo perpetuo retrahunt sese a motibus rectilineis, non cessat rotari nisi quatenus ab aere retardatur. Majora autem Planetarum & Cometarum corpora motus suos & progressivos & circulares in spatiis minus resistentibus factos conservant diutius.

Lex. II.

Mutationem motus proportionalem esse vi motrici impressæ, & fieri secundum lineam rectam qua vis illa imprimitur.

Si vis aliqua motum quemvis generet, dupla duplum, tripla triplum generabit, sive simul & semel, sive gradatim & successive impressa fuerit. Et hic motus quoniam in eandem semper plagam cum vi generatrice determinatur, si corpus antea movebatur, motui ejus vel conspiranti additur, vel contrario subducitur, vel obliquo oblique adjicitur, & cum eo secundum utriusq; determinationem componitur.

Lex. III.

[13]
Lex. III.

Actioni contrariam semper & æqualem esse reactionem: sive corporum duorum actiones in se mutuo semper esse æquales & in partes contrarias dirigi.

Quicquid premit vel trahit alterum, tantundem ab eo premitur vel trahitur. Siquis lapidem digito premit, premitur & hujus digitus a lapide. Si equus lapidem funi allegatum trahit, retrahetur etiam & equus æqualiter in lapidem: nam funis utrinq; distentus eodem relaxandi se conatu urgebit Equum versus lapidem, ac lapidem versus equum, tantumq; impediet progressum unius quantum promovet progressum alterius. Si corpus aliquod in corpus aliud impingens, motum ejus vi sua quomodocunq: mutaverit, idem quoque vicissim in motu proprio eandem mutationem in partem contrariam vi alterius (ob æqualitatem pressionis mutuæ) subibit. His actionibus æquales fiunt mutationes non velocitatum sed motuum, (scilicet in corporibus non aliunde impeditis:) Mutationes enim velocitatum, in contrarias itidem partes factæ, quia motus æqualiter mutantur, sunt corporibus reciproce proportionales.

Corol. I.

Corpus viribus conjunctis diagonalem parallelogrammi eodem tempore describere, quo latera separatis.

Si corpus dato tempore, vi sola *M*, ferretur ab *A* ad *B*, & vi sola *N*, ab *A* ad *C*, compleatur parallelogrammum *ABDC*, & vi utraq; feretur id eodem tempore ab *A* ad *D*. Nam quoniam vis *N* agit secundum lineam *AC* ipsi *BD* parallelam, hæc vis nihil mutabit velocitatem accedendi ad lineam illam *B D* a vi altera genitam. Accedet igitur corpus eodem tempore ad lineam *B D* sive vis *N* imprimatur, sive non, atq; adeo in fine illius temporis reperietur alicubi in linea illa

Abbildung 3.7–10
Die zwei Seiten aus den *Principia,* auf denen die drei Newtonschen Axiome zu finden sind

Wie wir bereits erwähnt haben, sind die *Principia* mit ihren Definitionen, Axiomen, Thesen und Hilfsthesen (Lemmata) ganz in einer bereits in der Antike gebräuchlichen Form geschrieben. Hinsichtlich der Eindeutigkeit der Definitionen und Begriffe sowie ihrer Anordnung in einer logischen Reihenfolge können wir in den *Principia* eine gewisse großzügige Nachlässigkeit des schöpferisch arbeitenden Genies bemerken. So hat NEWTON, wie wir ebenfalls bereits erwähnt haben, den Kraftbegriff in einem anderen Sinne verwendet als die nachfolgenden Generationen bis zum heutigen Tage. Für sich allein genommen wäre dieser Umstand noch nicht zu beanstanden, unangenehm ist aber, daß NEWTON selbst den aus seinem Bewegungsgesetz ablesbaren Kraftbegriff nicht konsequent verwendet hat.

Bereits die erste Definition in den *Principia,* die Definition der Masse, kann in Frage gestellt werden, und sie wird tatsächlich von vielen als *circulus vitiosus* angesehen: NEWTON definiert nämlich die Stoffmenge als Produkt aus dem Volumen und der Stoffmenge pro Einheitsvolumen, d. h. als Produkt von Dichte und Volumen. Diese Definition ist natürlich ein *circulus vitiosus,* wenn die Dichte ihrerseits als Stoffmenge pro Einheitsvolumen definiert wird. Wenn wir uns jedoch die Stoffe aus zueinander gleichen Atomen aufgebaut denken, dann läßt sich die Dichte auch so definieren, daß diese Schwierigkeit umgangen wird; als Dichte kann dann eine Größe angesehen werden, die zur Zahl der Atome pro Volumeneinheit, oder einfacher zur relativen Raumausfüllung durch den untersuchten Stoff (Packungsdichte) proportional ist.

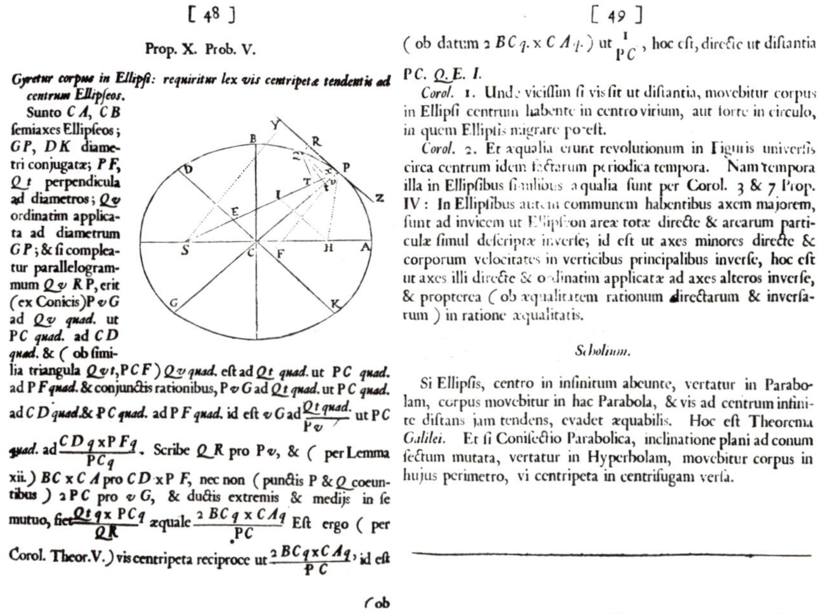

[48]

Prop. X. Prob. V.

Gyretur corpus in Ellipsi: requiritur lex vis centripetæ tendentis ad centrum Ellipseos.

Sunto *CA*, *CB* semiaxes Ellipseos; *GP*, *DK* diametri conjugatæ; *PF*, *Qt* perpendicula ad diametros; *Qv* ordinatim applicata ad diametrum *GP*; & si compleatur parallelogrammum *QvRP*, erit (ex Conicis) *PvG* ad *Qv quad.* ut *PC quad.* ad *CD quad.* & (ob similia triangula *Qvt*, *PCF*) *Qv quad.* est ad *Qt quad.* ut *PC quad.* ad *PF quad.* & conjunctis rationibus, *PvG* ad *Qt quad.* ut *PC quad.* ad *CD quad.* & *PC quad.* ad *PF quad.* id est *vG* ad $\frac{Qt\ quad.}{Pv}$ ut *PC quad.* ad $\frac{CDq \times PFq}{PCq}$. Scribe *QR* pro *Pv*, & (per Lemma xii.) *BC* x *CA* pro *CD* x *PF*, nec non (punctis *P* & *Q* coeuntibus) 2*PC* pro *vG*, & ductis extremis & medijs in se mutuo, fiet $\frac{Qtq \times PCq}{QR}$ æquale $\frac{2\,BCq \times CAq}{PC}$. Est ergo (per Corol. Theor. V.) vis centripeta reciproce ut $\frac{2\,BCq \times CAq}{PC}$; id est

(ob

[49]

(ob datum 2 $BCq. \times CAq.$) ut $\frac{1}{PC}$, hoc est, directe ut distantia *PC*. *Q.E.I.*

Corol. 1. Unde vicissim si vis sit ut distantia, movebitur corpus in Ellipsi centrum habente in centro virium, aut forte in circulo, in quem Ellipsis migrare potest.

Corol. 2. Et æqualia erunt revolutionum in Figuris universis circa centrum idem factarum periodica tempora. Nam tempora illa in Ellipsibus similibus æqualia sunt per Corol. 3 & 7 Prop. IV: In Ellipsibus autem communem habentibus axem majorem, sunt ad invicem ut Ellipseon areæ totæ directe & arearum particulæ simul descriptæ inverse; id est ut axes minores directe & corporum velocitates in verticibus principalibus inverse, hoc est ut axes illi directe & ordinatim applicatæ ad axes alteros inverse, & propterea (ob æqualitatem rationum directarum & inversarum) in ratione æqualitatis.

Scholium.

Si Ellipsis, centro in infinitum abeunte, vertatur in Parabolam, corpus movebitur in hac Parabola, & vis ad centrum infinite distans jam tendens, evadet æquabilis. Hoc est Theorema *Galilei.* Et si Conisectio Parabolica, inclinatione plani ad conum sectum mutata, vertatur in Hyperbolam, movebitur corpus in hujus perimetro, vi centripeta in centrifugam versa.

H SECT

Abbildung 3.7–11a
Die zwei Seiten aus den *Principia,* auf denen die Ableitung des Kraftgesetzes bei gegebener Bahn dargestellt wird

Die saubere Darstellung der von NEWTON verwendeten Begriffe, in erster Linie seines Kraftbegriffes, ist ein beliebtes Thema für viele Wissenschaftshistoriker unserer Zeit.

Es ist nicht einfach, aber dessenungeachtet sehr lohnend, den Newtonschen Gedankengang zur Bestimmung der Form der Zentralkraft aus dem Bewegungsablauf eines Körpers längs einer Ellipsenbahn so nachzuvollziehen, wie er in den *Principia* niedergelegt ist. Unser Ziel ist natürlich wieder das Gravitationskraftfeld, das mit dem Quadrat der Entfernung vom Zentralkörper abnimmt; wir wollen hier allerdings nicht eine einfache Kreisbahn und das dritte Keplersche Gesetz zugrundelegen, sondern vom allgemeinen Bewegungsgesetz ausgehen.

Wir beginnen mit dem folgenden allgemeinen Theorem (*Principia, De motu corporum*, Liber I, Propositio VI, Corollarium V):

Ein Körper bewege sich gemäß *Abbildungen 3.7–11a, b* auf der krummlinigen Bahn APQ um das Zentrum S, und ZPR sei die Tangente an die Bahn im Punkte P. Zeichnen wir nun die Strecke RQ parallel zur Strecke SP und die Strecke QT senkrecht zu ihr ein, dann ist die Zentripetalkraft indirekt proportional zu der Größe

$$\frac{SP^2 \cdot QT^2}{QR}$$

oder genauer zum Grenzwert dieser Größe, wenn der Punkt Q in den Punkt P übergeht.

Der Beweis dieses Zusammenhanges ist mit den heute bekannten Hilfsmitteln recht einfach. Wir geben dazu die Bahnkurve mit

$$\mathbf{r} = \mathbf{r}(t)$$

vor und bezeichnen den Ausgangspunkt zur Zeit $t = 0$ mit $\mathbf{r} = \mathbf{r}(0) = \mathbf{r}_P$. Den Bewegungsablauf in der Nähe dieses Punktes können wir durch

$$\mathbf{r} = \mathbf{r}_P + \left.\frac{d\mathbf{r}}{dt}\right|_{t=0} t + \frac{1}{2} \left.\frac{d^2\mathbf{r}}{dt^2}\right|_{t=0} t^2 + \ldots$$

darstellen. Berücksichtigen wir nun das Grundgesetz

$$\frac{d^2\mathbf{r}}{dt^2} = \frac{\mathbf{F}}{m}$$

sowie die Beziehung $SP \cdot QT \sim t$, dann erhalten wir tatsächlich den oben angegebenen Ausdruck für die Zentripetalkraft *(Abbildungen 3.7–12a, b)*.

Nun wenden wir uns dem ursprünglich aufgeworfenen Problem zu, wobei wir die in den *Principia* (Propositio IX) verwendete Formulierung beibehalten wollen.

Ein Körper bewege sich auf einer Ellipsenbahn, und wir suchen das Entfernungsgesetz für die zum Brennpunkt der Ellipse hin gerichtete Zentripetalkraft.

Der Körper soll zu einer herausgegriffenen Zeit im Punkte P sein, und wir zeichnen zunächst den zum Durchmesser GCP konjugierten Durchmesser DCK. NEWTON beweist, daß die Entfernung des Punktes P vom Punkt E, der sich als Schnittpunkt des konjugierten Durchmessers mit $SP \equiv \mathbf{r}_P$ ergibt, gleich der Länge der großen Halbachse ist, d. h.

$$EP = a.$$

Wir zeichnen nun die zur Tangenten RPZ parallele Gerade Qxv ein, und dann kann mit Hilfe des Strahlensatzes gezeigt werden, daß

$$\frac{QR}{Pv} = \frac{PE}{PC} = \frac{a}{PC}$$

gilt. Da weiter QT senkrecht zu SP und PF senkrecht zu der Tangente ist, finden wir

$$\frac{Qx}{QT} = \frac{a}{PF}.$$

Nach einem Satz von APOLLONIOS zu den Kegelschnitten gilt

$$\frac{a}{PF} = \frac{CD}{b},$$

und daraus ergibt sich der zu

$$QR = \frac{aPv}{PC}$$

ähnliche Zusammenhang

$$QT = \frac{PF \cdot Qx}{a} = \frac{bQx}{CD}.$$

Lassen wir nun den Punkt Q in den Punkt P übergehen, dann wird der Quotient Qv/Qx zu Eins, so daß wir

$$\lim QT = \frac{bQv}{CD}$$

erhalten. Wir berechnen nun den im oben angegebenen Theorem vorkommenden Ausdruck

$$\lim \frac{SP^2 \cdot QT^2}{QR} = \lim SP^2 \frac{Qv^2 \cdot b^2 \cdot PC}{CD^2 \cdot a \cdot Pv}. \quad (1)$$

Die Ellipsengleichung in dem durch die konjugierten Halbachsen CD und CP aufgespannten schiefwinkligen Koordinatensystem lautet

$$\frac{Qv^2}{CD^2} + \frac{Cv^2}{CP^2} - 1 = 0,$$

und mit ihr kann der in Gleichung (1) vorkommende Quotient Qv^2/CD^2 eliminiert werden:

$$\frac{Qv^2}{CD^2} = \frac{CP^2 - Cv^2}{CP^2} = \frac{(CP + Cv)Pv}{CP^2},$$

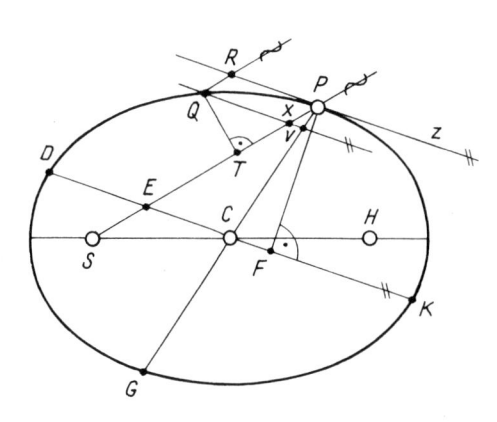

Abbildung 3.7–11b
Ein Detail aus der Abbildung 3.7–11a zum Zwecke einer übersichtlicheren Darstellung

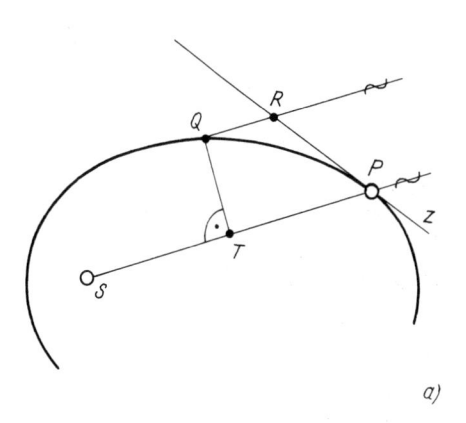

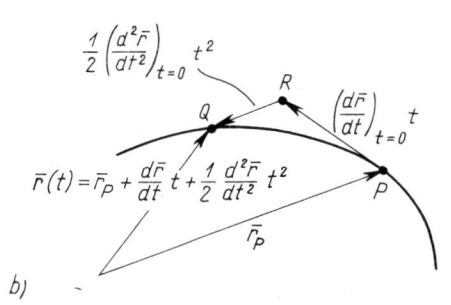

Abbildung 3.7–12a, b
Aus $\mathbf{QR} = \frac{1}{2} \left.\frac{d^2\mathbf{r}}{dt^2}\right|_{t=0} t^2$, $\frac{d^2\mathbf{r}}{dt^2} = \frac{\mathbf{F}}{m}$ und der Proportionalität der Fläche $SP \cdot QT$ zur Zeit t (in der Nähe von $\mathbf{r}_P$, d. h. für kleine QT) folgt

$$QR \sim F \cdot SP^2 \cdot QT^2$$

und schließlich die Proportionalität

$$\frac{1}{F} \sim \frac{SP^2 \cdot QT^2}{QR}$$

263

$$F_r(r) = Ar\frac{d\omega}{dr}$$

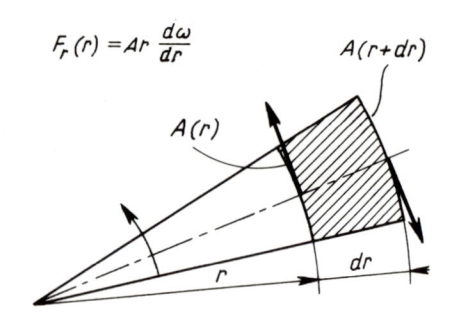

$$F_r(r+dr) = -\left[Ar\frac{d\omega}{dr} + \frac{d}{dr}\left(Ar\frac{d\omega}{dr}\right)dr\right]$$

Abbildung 3.7−13
Zylindersymmetrische Wirbelströmung einer zähen Flüssigkeit

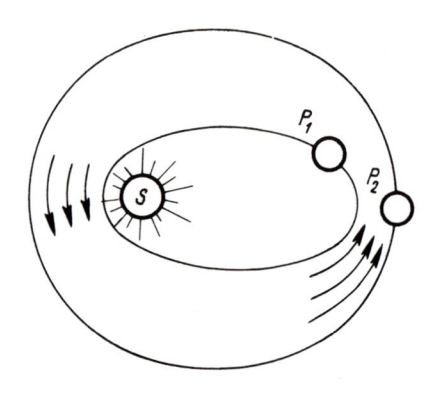

Abbildung 3.7−14
Für die dargestellten Planetenbahnen folgt aus der Wirbeltheorie *Descartes'* in Sonnenferne eine größere Geschwindigkeit als in Sonnennähe im Widerspruch zum Keplerschen Gesetz

Zitat 3.7−6
Die Eigenschaften der Wirbel habe ich aber in diesem Lehrsatze zu erforschen versucht, um zu erfahren, ob durch irgendein Verhältnis derselben die Himmelserscheinungen mittels der Wirbel erklärt werden können. Es zeigt sich z. B., daß die Umlaufszeiten der um den Jupiter sich bewegenden Trabanten, im 3/2ten Verhältnis ihrer Abstände vom Zentrum des Jupiters stehen, und dieselbe Regel gilt für die sich um die Sonne bewegenden Planeten. Diese Regeln gelten aber für jene Trabanten und diese Planeten aufs genaueste, soweit nämlich die astronomischen Beobachtungen dies bis jetzt angeben konnten.

Wenn daher jene Himmelskörper durch die um den Jupiter und die um die Sonne sich drehenden Wirbel herumgetragen werden, müssen auch diese sich nach demselben Gesetze herumdrehen. Die Umlaufszeiten der Teile des Wirbels standen aber im doppelten Verhältnis ihrer Entfernung vom Zentrum der Bewegung, und es kann dieses Verhältnis nicht vermindert und etwa auf das 3/2te reduziert werden, wenn nicht entweder die Materie des Wirbels desto flüssiger ist, je weiter sie vom Mittelpunkte absteht, oder der Widerstand, welcher aus der mangelhaften Schlüpfrigkeit der Teile der Flüssigkeit entspringt, durch die Zunahme der Geschwindigkeit, womit die Teile der Flüssigkeit sich von einander trennen, in einem größeren Verhält-

und somit wird

$$\lim \frac{SP^2 \cdot QT^2}{QR} = \lim SP^2 \frac{(CP+Cv)Pv \cdot b^2 \cdot PC}{CP^2 \cdot a \cdot Pv} = \frac{2PC^2 \cdot b^2}{a \cdot PC^2} \cdot SP^2 = \frac{2b^2}{a}SP^2.$$

Aus diesem Zusammenhang ergibt sich nun in der ursprünglichen Formulierung der *Principia* der folgende Satz:

Die Zentripetalkraft ist reziprok zur Größe $\frac{2b^2}{a}SP^2$ *und damit indirekt proportional zum Quadrat der Entfernung SP.*

Somit ist NEWTON auch ausgehend von der allgemeinen Ellipsenbahn zu der mit dem Quadrat der Entfernung abnehmenden Kraft gekommen.

Später hat NEWTON dann das inverse Problem bearbeitet und die allgemeinste Bahnkurve eines Körpers gesucht, der sich unter dem Einfluß einer Zentralkraft bewegt, deren Betrag mit dem Quadrat des Abstandes vom Zentrum abnimmt. Er hat gezeigt, daß die Bahn durch einen Kegelschnitt gegeben ist, und hat auch die Bedingungen angegeben, unter denen eine Ellipsen-, Parabel- oder Hyperbelbahn realisiert wird.

Aus dem zweiten Buch der *Principia* heben wir drei Themen hervor, von denen die ersten beiden von historischem Interesse sind. NEWTON hat sich ausführlich mit der Wirbelbewegung in Flüssigkeiten auseinandergesetzt, wobei er offensichtlich das Ziel verfolgt hat, die Unhaltbarkeit der im kartesianischen Weltmodell eine so große Rolle spielenden Wirbeltheorie nachzuweisen.

Bei der zylindersymmetrischen Wirbelströmung geht NEWTON von der richtigen Annahme aus, daß die aus der inneren Reibung der Flüssigkeit herrührende Reibungskraft „proportional zu der Geschwindigkeit ist, mit der sich die Flüssigkeitselemente gegeneinander bewegen".

Wir geben nach HUND [0.8] eine vereinfachte Darstellung des Newtonschen Gedankenganges.

Da die Geschwindigkeit in einem beliebigen Punkt sich aus dem Produkt von Radius und Winkelgeschwindigkeit ergibt, ist die Relativgeschwindigkeit der Flüssigkeitselemente zueinander bezogen auf die Relativgeschwindigkeiten der Teilchen eines rotierenden starren Körpers durch den ersten Term im totalen Differential der Geschwindigkeit

$$d(\omega r) = r\,d\omega + \omega\,dr$$

gegeben. Der zweite Summand beschreibt gerade den Anteil, der durch die starre Rotation zustande kommt. Wegen der Proportionalität der Reibungskraft zur Fläche $A(r)$ sowie zum relativen Geschwindigkeitsgradienten $r\frac{d\omega}{dr}$ ist sie insgesamt proportional zu

$$A(r)r\frac{d\omega}{dr}.$$

Nach *Abbildung 3.7−13* ist die Gleichgewichtsbedingung aber

$$F_r(r) + F_r(r+dr) = 0$$

oder

$$\frac{d}{dr}\left[A(r)r\frac{d\omega}{dr}\right] = 0,$$

woraus

$$A(r)r\frac{d\omega}{dr} = \text{const.}$$

folgt. Berücksichtigen wir weiter, daß die Fläche A zum Radius proportional ist, muß die Winkelgeschwindigkeit der Beziehung

$$\frac{d\omega}{dr} = \frac{\text{const.}}{r^2}, \quad \omega \sim \frac{1}{r}$$

genügen.

Nicht so überzeugend ist allerdings die Argumentation NEWTONS bei der Herleitung des Zusammenhanges zwischen Winkelgeschwindigkeit und Radius $\omega \sim \frac{1}{r^2}$ für die Umströmung einer Kugel. Sollten aber die Planeten auf ihren Bahnen von derartigen Wirbeln getragen werden, dann müßte nach diesem Zusammenhang die dem dritten Keplerschen Gesetz

$$T \sim r^{\frac{3}{2}}$$

widersprechende Relation

$$T \sim r^2$$

für die Umlaufzeiten der Planeten und ihre Bahnradien erfüllt sein. Aus diesem Widerspruch zieht NEWTON den Schluß, daß die Bewegung der Planeten nicht mit Hilfe von Wirbeln erklärt werden kann.

Überzeugender ist eine andere Argumentation, nach der die Wirbeltheorie nicht in der Lage ist, das zweite Keplersche Gesetz wiederzugeben. Dazu betrachten wir auf der *Abbildung 3.7−14* zwei Planeten, von denen einer eine nahezu kreisförmige Bahn durchläuft, während die Bahn des anderen eine größere Exzentrizität besitzt, d. h., dieser Planet durchläuft eine gestreckte Ellipsenbahn. Die den Planeten tragende strömende Substanz muß in Sonnenferne wegen des geringeren Querschnitts der Stromröhre eine größere Geschwindigkeit haben als in Sonnennähe; das gleiche muß − im Widerspruch zu dem zweiten Keplerschen Gesetz − dann auch für den Planeten gelten. NEWTON hat daraus geschlußfolgert, daß die Wirbeltheorie nicht mit den astronomischen Beobachtungen in Einklang zu bringen sei. Diese Theorie erkläre nichts und stifte lediglich Verwirrung *(Zitat 3.7−6)*.

Bei dem zweiten von uns herausgegriffenen Problemkreis setzt sich NEWTON mit der Eindringtiefe zylinderförmiger Festkörper in Flüssigkeiten und sogar in andere Festkörper auseinander. NEWTON sagt zu diesem Problem folgendes aus (Liber II, Propositio XXXVII):

Der Widerstand, welcher durch den Querschnitt eines Zylinders hervorgebracht wird, der sich gleichförmig längs seiner Achse in einem zusammengedrückten, unbegrenzten und nicht elastischen Mittel bewegt, verhält sich zu derjenigen Kraft, welche seine ganze Bewegung während der Zeit, wo er das Vierfache seiner Achse zurücklegen kann, aufheben und erzeugen könnte, sehr nahe wie die Dichtigkeit des Mittels zu der des Zylinders.

Die erwähnte Zeit ist die, in der der Zylinder einen Weg zurücklegt, der dem Vierfachen seiner Länge entspricht, d. h., sie ergibt sich aus

$$\frac{4l}{v_0}.$$

Unter den getroffenen Voraussetzungen soll die berechnete Kraft gleich der Bremskraft sein. Diese Aussage ist deshalb bemerkenswert, weil aus ihr der überraschende Schluß gezogen werden kann, daß die Länge des vom Zylinder in der Flüssigkeit (bis zum völligen Stillstand) zurückgelegten Weges nicht von der Ausgangsgeschwindigkeit, sondern nur von der Länge des Zylinders abhängt. In sehr guter Näherung gilt nämlich, daß sich die gesamte Weglänge des Zylinders zu seiner eigenen Länge so verhält wie die Dichte des Zylindermaterials zur Dichte der Flüssigkeit. Im Zusammenhang damit ist von GAMOW auf eine interessante, während des zweiten Weltkrieges gemachte Beobachtung hingewiesen worden, nach der die Einschlagtiefe von Bomben in das Erdreich bei einer ausreichenden Abwurfhöhe nur sehr wenig von dieser Höhe abhängig gewesen ist. Ein Satz aus den Newtonschen *Principia* gibt eine Lösung dieses Rätsels an.

Wir untersuchen dieses Problem nun etwas ausführlicher und stellen die Newtonsche Behauptung in der Form

$$R : F \sim \varrho_{Fl} : \varrho_M$$

dar (Fl = Flüssigkeit, M = Metall). Der Betrag der Kraft ist

$$F = m\frac{v_0}{(4l/v_0)} = \frac{mv_0^2}{4l},$$

woraus sich die Widerstandskraft zu

$$R = F\frac{\varrho_{Fl}}{\varrho_M} = \frac{mv_0^2}{4l}\frac{\varrho_{Fl}}{\varrho_M}$$

ergibt. Wir nehmen nun in sehr grober Näherung an, daß diese Kraft bis zum Stillstand konstant bleibt, dann ergibt sich der zurückgelegte Weg zu

$$s = \frac{v_0^2}{2a},$$

und mit der obigen Beziehung folgt

$$s = \frac{v_0^2}{2(R/m)} = \frac{4l\varrho_M Rm}{m\varrho_{Fl}2R} = 2\frac{\varrho_M}{\varrho_{Fl}}l,$$

d. h.

$$\frac{s}{l} = 2\frac{\varrho_M}{\varrho_{Fl}}.$$

Wir sehen, daß das Verhältnis der beiden Längen tatsächlich nur vom Verhältnis der Dichten abhängt.

Die grobe Näherung läßt sich damit rechtfertigen, daß beim Eindringen einer Bombe in einen festen Körper im wesentlichen nur die bei großen Geschwindigkeiten übertragenen Impulse eine Rolle spielen, da bei abnehmender Geschwindigkeit die Bombe schließlich „steckenbleibt".

Im Theorem XXIV des zweiten Buches stoßen wir auf eine Aussage von prinzipieller Bedeutung: Die Größen Gewicht und Masse werden − experimentell nachprüfbar − voneinander unterschieden. Benutzen wir in der Bewegungsgleichung des Pendels nicht den Zusammenhang $G = mg$, dann ergibt sich für die Schwingungsdauer

$$T = 2\pi\sqrt{\frac{ml}{G}},$$

und daraus erhalten wir für die Masse

$$m = \frac{T^2}{(2\pi)^2}\cdot\frac{G}{l}.$$

NEWTON hat an dieser Stelle *(Zitat 3.7−7)* auf die Proportionalität von Gewicht G und Masse m hingewiesen.

Im dritten Teil der *Principia* wird die Planetenbewegung ausgehend vom allgemeinen Massenanziehungsgesetz abgehandelt. NEWTON beschränkt sich nicht auf die Aussage, daß für irdische Körper und Himmelskörper die gleichen Gesetzmäßigkeiten gelten, sondern gibt auch die genauen Bedingungen dafür an, unter denen ein irdischer Körper zu einem Himmelskörper werden kann. Bezugnehmend auf die *Abbildung 3.7−15* betrachten wir die Bahnen von Geschossen, die vom Gipfel eines hohen Berges in waagerechter Richtung mit unterschiedlichen Geschwindigkeiten abgefeuert werden. Natürlich nimmt mit zunehmender Geschoßgeschwindigkeit die Entfernung des Aufschlagortes vom Abschußort zu, und wenn die Abschußgeschwindigkeit ausreichend groß ist, kann − im Prinzip − erreicht werden, daß das Geschoß die Erde umkreist und am Abschußort aufschlägt. Nehmen wir an, daß die Bewegung im luftleeren Raum erfolgt, dann werden in diesem Falle Auftreff- und Abschußgeschwindigkeit übereinstimmen, so daß das Geschoß wie ein künstlicher Erdtrabant die Erde wiederholt umkreisen kann. Für den Leser unserer Tage ist dies vielleicht der interessanteste Teil der *Principia*, da er gewohnt ist, Satelliten und Mondexkursionen als Ereignisse unserer modernen Epoche anzusehen und deshalb mit Überraschung zur Kenntnis nimmt, daß die notwendigen mathematischen Hilfsmittel bereits in den *Principia* zu finden sind.

nis wächst als die Geschwindigkeit. Keines von beiden scheint jedoch mit der Vernunft übereinzustimmen. Die dickeren und weniger flüssigen Teile werden, wenn sie nicht gegen den Mittelpunkt gravitieren, nach der Peripherie streben, und es ist wahrscheinlich, daß wenn ich auch des Beweises wegen eine solche Hypothese, daß der Widerstand der Geschwindigkeit proportional sei, am Anfang dieses Abschnittes aufgestellt habe, doch der Widerstand in einem kleineren Verhältnis als dem der Geschwindigkeit stehe. Wird dies zugegeben, so werden die Umlaufzeiten der Teile des Wirbels in einem größeren als dem doppelten Verhältnis ihrer Abstände vom Zentrum stehen. Wenn die Wirbel (wie einige meinen) sich nahe beim Zentrum schneller bewegen, so kann sicher weder das 3/2te, noch irgend ein anderes festes und bestimmtes Verhältnis gelten. Es mögen daher die Naturforscher sehen, auf welche Weise jene Erscheinung des 3/2ten Verhältnisses durch Wirbel erklärt werden könne.

NEWTON: *Mathematische Principien der Naturlehre.* Mit Bemerkungen und Erläuterungen herausgegeben von *J. Ph. Wolfers.* Berlin 1872, S. 376

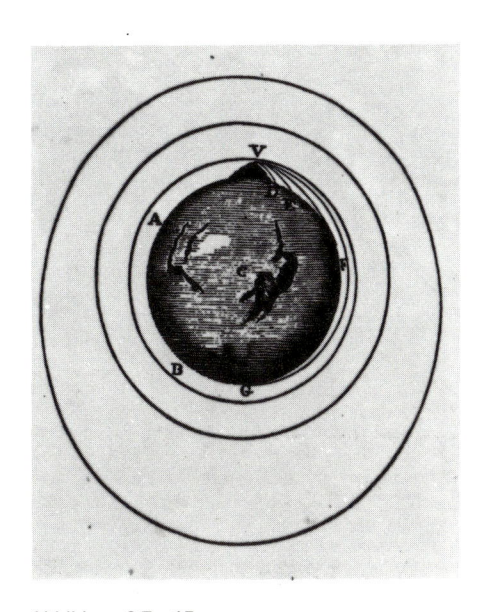

Abbildung 3.7−15
In der Geschichte der Physik begegnen wir hier zum ersten Mal einem künstlichen Himmelskörper und der dazugehörigen, auch heute noch gültigen Theorie. *De mundi systemate liber Isaaci Newtoni, 1728*

Die Newtonsche Theorie kann natürlich auch auf die „mysteriösen" Kometen Anwendung finden. *Newton* selbst gab eine (graphische) Methode zur näherungsweisen Bestimmung der Kometenbahnen und damit der Wiederkehrzeiten aus wenigen Beobachtungsdaten an. *Edmond Halley* (1656−1742), Förderer und Betreuer des Buches *Principia*, hat diese Methode auf den Kometen der Jahre 1681/82 angewendet und ihn mit früheren, in der Geschichte erwähnten Kometen identifizieren können. Die richtige Vorhersage der Wiederkehr dieses Kometen im Jahre 1758 war ein Erfolg der Newtonschen Theorie von großer wissenschaftlicher, ja sogar psychologischer Tragweite.

Obwohl die Vorhersagen *Halleys* von dem französischen Mathematiker *Alexis Clairaut* (1713–1765) präzisiert worden waren, wird der Komet heutzutage der Halleysche genannt.

Die erste historische Aufzeichnung über diesen Kometen stammt aus dem Jahre 240 v. u. Z. Seither wurde er in Zeitintervallen von 74–79 Jahren (mit einer einzigen Ausnahme) regelmäßig beobachtet, insgesamt dreißigmal. Die letzten Wiederkehrdaten: 1531, 1607, 1682, 1758, 1835, 1910, 1986. Historische Assoziationen sind mit seinem Erscheinen in den Jahren 451 (Völkerschlacht gegen *Attila*), 1066 (Schlacht bei Hastings) und 1456 (Belgrads Belagerung durch die Türken) verknüpft

Zitat 3.7–7
Hieraus ergibt sich ein Verfahren, sowohl die Körper in bezug auf die Menge ihrer Materie miteinander zu vergleichen als auch den Unterschied des Gewichts ein und desselben Körpers an verschiedenen Orten zu bestimmen und so die Änderung der Schwere zu finden. Durch die schärfsten Versuche habe ich stets gefunden, daß die Menge der Materie in einzelnen Körpern ihrem Gewicht proportional ist.
NEWTON: *Mathematische Principien der Naturlehre.* Mit Bemerkungen und Erläuterungen herausgegeben von *J. Ph. Wolfers.* Berlin 1872, S. 296

Zitat 3.7–8
Wir aber, die wir nicht die Kunst, sondern die wir die Wissenschaft zu Rate ziehen und die wir nicht über die Kräfte der Hand, sondern die der Natur schreiben, betrachten hauptsächlich diejenigen Umstände, welche sich auf Schwere und Leichtigkeit, auf die Kraft der Elastizität und den Widerstand der Flüssigkeiten und auf andere derartige anziehende oder bewegende Kräfte beziehen, und stellen daher unsere Betrachtungen als Mathematische Principien der Naturlehre auf.
Alle Schwierigkeit der Physik besteht nämlich dem Anschein nach darin, aus den Erscheinungen der Bewegung die Kräfte der Natur zu erforschen und hierauf durch diese Kräfte die übrigen Erscheinungen zu erklären...
Möchte es gestattet sein, die übrigen Erscheinungen der Natur auf dieselbe Weise aus mathematischen Prinzipien abzuleiten! Viele Bewegründe bringen mich zu der Vermutung, daß diese Erscheinungen alle von gewissen Kräften abhängen können. Durch diese werden die Teilchen der Körper nämlich, aus noch nicht bekannten Ursachen, entweder gegeneinander getrieben und hängen alsdann als reguläre Körper zusammen, oder sie weichen voneinander zurück und fliehen sich gegenseitig.
NEWTON: *Mathematische Principien der Naturlehre.* Mit Bemerkungen und Erläuterungen herausgegeben von *J. Ph. Wolfers.* Berlin 1872, S. 2

Für NEWTONS Zeitgenossen ist es von größerer Bedeutung gewesen, daß er nicht nur die periodischen Planetenbewegungen, sondern auch eine Reihe anderer Erscheinungen quantitativ erklärt hat, um deren Deutung sich vor NEWTON bereits hervorragende Gelehrte vergebens bemüht hatten. Dazu gehören die Gezeiten, mit denen sich – wie wir erwähnt haben – bereits GALILEI und DESCARTES eingehend beschäftigt haben, ohne dabei zu einer befriedigenden Deutung gekommen zu sein. Ein ähnliches ungelöstes Problem war die mechanische Erklärung der Ursachen für die Präzessionsbewegung der Erdachse, die sich – wie wir bei der Behandlung der antiken Naturwissenschaft bereits erwähnt haben (Kapitel 1.4) – in einer Verschiebung des Frühlings- und Herbstpunktes (Tag- und Nachtgleiche) längs der Ekliptik äußert.

3.7.5 Newton als Philosoph

Die Bedeutung von NEWTONS Philosophie liegt

in der Formulierung einer naturwissenschaftlichen Forschungsmethode, die über einen langen Zeitraum allgemein richtungsweisend geblieben ist;

in der Bestimmung der grundlegenden Aufgaben naturwissenschaftlicher Forschung und

in der Aufstellung eines einheitlichen, kohärenten Weltbildes.

In den nahezu drei Jahrhunderten, die seit der Formulierung der Newtonschen Philosophie vergangen sind, hat diese Philosophie hinsichtlich aller oben aufgezählten Punkte nicht wesentlich an Bedeutung verloren; lediglich an einigen Stellen mußten die Newtonschen Auffassungen präzisiert werden.

NEWTON hat bereits im Vorwort zu den *Principia* die naturwissenschaftliche Forschungsmethode fixiert *(Zitat 3.7–8).*

Wenn wir das dritte Buch der *Principia* zur Hand nehmen, so können wir uns davon überzeugen, daß NEWTON den Beobachtungen eine entscheidende Bedeutung beigemessen hat und daß seine Überlegungen von Experiment und Beobachtung ausgehend wieder auf Aussagen zurückführen, die durch Messungen nachprüfbar sind. Dieses Buch, das den Aufbau des Weltalls zum Gegenstand hat, beginnt mit einer minutiösen Zusammenstellung des Beobachtungsmaterials, und man sollte eine derartige Vielzahl von Tabellen und Angaben in einer theoretischen Arbeit eigentlich kaum erwarten. Wir sind heute mit der von NEWTON geprägten naturwissenschaftlichen Arbeitsweise schon so vertraut, daß wir sie als selbstverständlich empfinden; wir sollten uns aber daran erinnern, daß noch GALILEI von Überlegungen ganz anderer Art ausgegangen ist. Er hat z. B. argumentiert, daß offensichtlich die gleichförmig beschleunigte Bewegung in der Natur realisiert sein muß, weil sie die Bewegung mit der einfachst möglichen Form der Geschwindigkeitsänderung ist, oder auch, daß die Kreisbewegung die natürliche Bewegung der Himmelskörper ist. Denken wir auch daran, daß noch DESCARTES das gesamte Weltsystem auf einen rational klar und deutlich einsehbaren Ausgangspunkt zurückführen wollte. NEWTON hat in diesem Sinne das Programm BACONS verwirklicht, wobei er allerdings im Unterschied zu BACON der Mathematik in den naturwissenschaftlichen Untersuchungen den ihr gebührenden Platz eingeräumt hat.

In den Naturwissenschaften ist seit NEWTON das Kriterium der Wahrheit einer Aussage nicht mehr ihre logische Herleitbarkeit aus irgendwelchen einfachen Grundprinzipien, sondern ihre Übereinstimmung mit den Schlußfolgerungen aus den durch Beobachtung bestätigten Grundgesetzen, wobei auch hier das Experiment das entscheidende Wort hat. Sind die theoretisch gewonnenen Aussagen und die experimentellen Beobachtungen auf keine Weise miteinander in Einklang zu bringen, dann muß die zugrundegelegte Theorie abgeändert werden; diese Forderung erhebt NEWTON in den *Philosophischen Regeln*, die er dem dritten Buch der *Principia* vorangestellt hat *(Abbildung 3.7–16).* Wir zitieren hieraus die folgenden Regeln:

1. Regel: Einer Naturerscheinung sollen nicht mehr Ursachen zugeordnet werden, als zu ihrer Erklärung tatsächlich notwendig und ausreichend sind.

2. Regel: Soweit irgend möglich, ordnen wir gleichen Naturerscheinungen gleiche Ursachen zu.

Folgenden Vorgängen und Erscheinungen sollen wir folglich gleiche Ursachen zuordnen: dem Atmen der Menschen und der Tiere, dem Fallen eines Steines in Europa und Amerika, dem Licht des Herdfeuers und dem Sonnenlicht, der Lichtreflexion von der Erde und von den Planeten...

4. Regel: In der Naturphilosophie werden die aus Naturerscheinungen mit Hilfe der induktiven Methode abgeleiteten Aussagen – auch wenn andere Hypothesen denkbar sind – als völlig oder doch in guter Näherung richtig angesehen, solange keine Erscheinung bekannt wird, mit deren Hilfe sich die Aussagen noch genauer formulieren lassen oder durch die sie widerlegt werden.

Auch in seinem Buch mit dem Titel *Optik* hat sich NEWTON mit naturphilosophischen Fragen auseinandergesetzt. „Am Anfang schuf Gott das All und die Atome". Die Atome werden von NEWTON als starr und „unverwüstlich" angesehen, und er formuliert das alte demokritsche Prinzip neu, daß die Veränderungen der makroskopischen Körper ein Ergebnis der Bewegung der Atome sowie der Entstehung und des Zerfalls von Atomverbänden ist. Obwohl von NEWTON nahezu die gleichen Worte gebraucht werden wie von den Vertretern der Atomistik in der Antike, ist ihre Bedeutung jedoch eine ganz andere, da die Atomtheorie jetzt bereits ein quantitativ formulierbares Programm ist. Kennen wir nämlich die zwischen den Teilchen wirkenden Kräfte, dann können die Phänomene bei bekannten Bewegungsgesetzen nun auch quantitativ beschrieben werden. In der Newtonschen Welt haben wir es mit Kraftzentren und mechanischen Bewegungen zu tun, die unter dem Einfluß der Kräfte ablaufen. Nach der heute verbreiteten Darstellung wollte NEWTON alle Vorgänge auf die Mechanik zurückführen und das Newtonsche Weltbild wird als vollkommen mechanisches Weltbild dargestellt. Wir müssen jedoch anmerken, daß NEWTONS Zeitgenossen – und hier haben wir vor allem die scharfsinnigsten und kritischsten Zeitgenossen wie HUYGENS und LEIBNIZ im Auge – unter einer mechanischen Deutung etwas ganz anderes verstanden haben, denn nach ihrer Meinung konnte eine Wechselwirkung nur durch unmittelbare Berührung zustande kommen. Die Einführung fernwirkender Anziehungskräfte durch NEWTON haben sie als retrograden Schritt angesehen, mit dem die alten okkulten Qualitäten wie z. B. Affinität, Drang und Liebe wieder in die Physik hineingeschmuggelt werden sollten. Die Berechtigung der Bedenken von HUYGENS hat auch NEWTON anerkannt, aber er hat sich mit Recht darauf berufen, daß mit Hilfe der von ihm postulierten Fernwirkungskraft „die Erscheinungen der Himmel und der See" richtig beschrieben werden können. Auch NEWTON hat empfunden, daß es hier etwas zu erklären gibt; er selbst hat lange darüber nachgedacht und konnte jedoch getreu seiner Devise *„Hypotheses non fingo"* (d. h. ich fabriziere keine Hypothesen) keine tiefere Begründung für die allgemeine Massenanziehung angeben. NEWTON versteht hier unter Hypothese eine Annahme, die nicht von Beobachtungen gestützt und nicht aus ihnen hergeleitet werden kann *(Zitat 3.7–9)*. Nach NEWTON sind die kartesianischen Wirbel derartige hypothetische Begriffe, während das Gravitationsanziehungsgesetz nicht als Hypothese, sondern als Fakt anzusehen ist.

Das im Ergebnis der Newtonschen Untersuchungen formulierte Weltbild ist nicht nur für die Naturwissenschaft, sondern auch für die Philosophie von Bedeutung. Mit ein wenig Befremden müssen wir deshalb feststellen, daß ungeachtet dieser Leistung NEWTON von den Philosophen entweder gar kein oder doch nur ein unbedeutender Platz in der Philosophiegeschichte eingeräumt wird. Man kann eine Vielzahl von Arbeiten zur Philosophiegeschichte finden, in deren Namenverzeichnis NEWTON nicht vorkommt. Das ist um so erstaunlicher, da ARISTOTELES und das aristotelische Weltbild eines der beliebten Themen jedes philosophiegeschichtlichen Buches ist. Dieses Weltbild ist aber im Bewußtsein des modernen Menschen gerade vom Newtonschen Weltbild abgelöst worden.

Die alte Problematik der endlichen und abgeschlossenen Welt ist im wesentlichen auf das Sonnensystem beschränkt, da die periodischen Bewegungen der Fixsternsphären keine besonderen Fragen aufgeworfen haben, während die scheinbar unregelmäßigen Planetenbewegungen besondere Probleme mit sich bringen mußten. Anhand der *Abbildung 3.7–17* lassen sich die Auffassungen zu unserem Sonnensystem bis zu NEWTON und über NEWTON hinaus bis zu dem Bild, das sich aus der Einsteinschen allgemeinen Relativitätstheorie ergibt, verfolgen. Wir wollen hinzufügen, daß die Newtonsche Theorie auch durch die modernsten Theorien nur solche Korrekturen erfahren hat, die sich zumindest im Sonnensystem nur schwer bestätigen lassen. Das Newtonsche Weltbild geht jedoch über das Sonnensystem hinaus und versucht, eine homogene unendliche Welt zu beschreiben, die durch Kraft- und Bewegungsgesetze bestimmt ist. Unter einer homogenen Welt ist hier eine Welt zu verstehen, die überall aus der

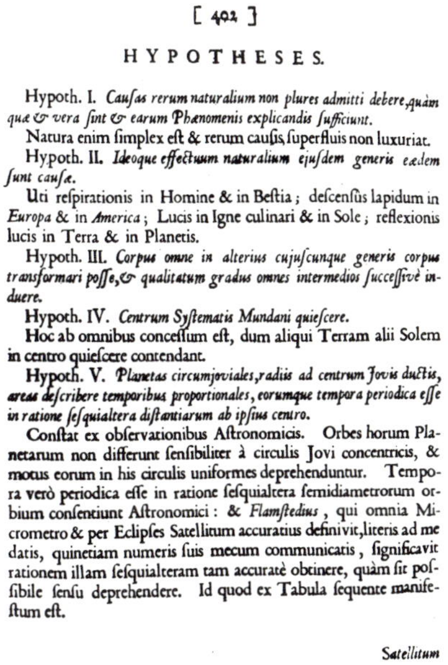

[402]

HYPOTHESES.

Hypoth. I. *Cauſas rerum naturalium non plures admitti debere, quàm quæ & vera ſint & earum Phænomenis explicandis ſufficiunt.*

Natura enim ſimplex eſt & rerum cauſis ſuperfluis non luxuriat.

Hypoth. II. *Ideoque effectuum naturalium ejuſdem generis eædem ſunt cauſæ.*

Uti reſpirationis in Homine & in Beſtia; deſcenſûs lapidum in *Europa* & in *America*; Lucis in Igne culinari & in Sole; reflexionis lucis in Terra & in Planetis.

Hypoth. III. *Corpus omne in alterius cujuſcunque generis corpus transformari poſſe, & qualitatum gradus omnes intermedios ſucceſſivè induere.*

Hypoth. IV. *Centrum Syſtematis Mundani quieſcere.*

Hoc ab omnibus conceſſum eſt, dum aliqui Terram alii Solem in centro quieſcere contendant.

Hypoth. V. *Planetas circumjoviales, radiis ad centrum Jovis ductis, areas deſcribere temporibus proportionales, eorumque tempora periodica eſſe in ratione ſeſquialtera diſtantiarum ab ipſius centro.*

Conſtat ex obſervationibus Aſtronomicis. Orbes horum Planetarum non differunt ſenſibiliter à circulis Jovi concentricis, & motus eorum in his circulis uniformes deprehenduntur. Tempora verò periodica eſſe in ratione ſeſquialtera ſemidiametrorum orbium conſentiunt Aſtronomici: & *Flamſtedius*, qui omnia Micrometro & per Eclipſes Satellitum accuratius definivit, literis ad me datis, quinetiam numeris ſuis mecum communicatis, ſignificavit rationem illam ſeſquialteram tam accuratè obtinere, quàm ſit poſſibile ſenſu deprehendere. Id quod ex Tabula ſequente manifeſtum eſt.

Satellitum

Abbildung 3.7–16
Die Ausgangshypothesen

Zitat 3.7–9
Wie in der Mathematik, so sollte auch in der Naturforschung bei Erforschung schwieriger Dinge die analytische Methode der synthetischen vorausgehen. Diese Analysis besteht darin, daß man aus Experimenten und Beobachtungen durch Induktion allgemeine Schlüsse zieht und gegen diese keine Einwendungen zuläßt, die nicht aus Experimenten oder aus anderen gewissen Wahrheiten entnommen sind. Denn Hypothesen werden in der experimentellen Naturforschung nicht betrachtet. Wenn auch die durch Induktion aus den Experimenten und Beobachtungen gewonnenen Resultate nicht als Beweise allgemeiner Schlüsse gelten können, so ist es doch der beste Weg, Schlüsse zu ziehen, den die Natur der Dinge zuläßt, und [der Schluß] muß für um so strenger gelten, je allgemeiner die Induktion ist. Wenn bei den Erscheinungen keine Ausnahme mit unterläuft, so kann der Schluß allgemein ausgesprochen werden. Wenn aber einmal später durch die Experimente sich eine Ausnahme ergibt, so muß der Schluß unter Angabe der Ausnahmen ausgesprochen werden. Auf diese Weise können wir in der Analysis von Zusammengesetzten zum Einfachen, von den Bewegungen zu den sie erzeugenden Kräften fortschreiten, überhaupt von den Wirkungen zu ihren Ursachen, von den besonderen Ursachen zu den allgemeineren, bis der Beweis mit der allgemeinsten Ursache endigt. Dies ist die Methode der Analysis; die Synthesis dagegen besteht darin, daß die entdeckten Ursachen als Prinzipien angenommen werden, von denen ausgehend die Erscheinungen erklärt und die Erklärungen bewiesen werden.
NEWTON: *Optik.* Frage 31, Buch 3. Deutsch von *William Abendroth*

die Planeten durchlaufen als Gottheiten vollkommene Bahnen (Pythagoras)

die Planeten haben naturgegebene Bahnen (Galilei)

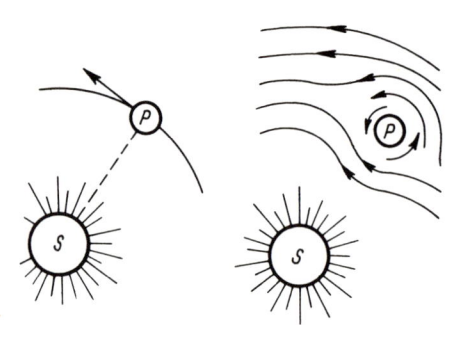

die Planeten werden durch magnetische Kräfte bewegt, die längs der Bahntangenten wirken (Kepler)

die Planeten werden von Wirbeln getragen (Descartes)

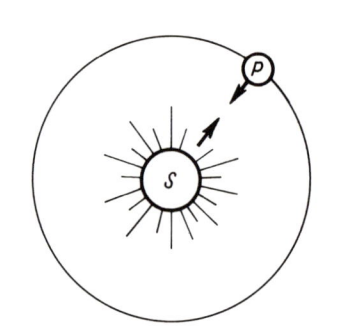

die Anziehungskraft wirkt längs der Verbindungslinie (Newton)

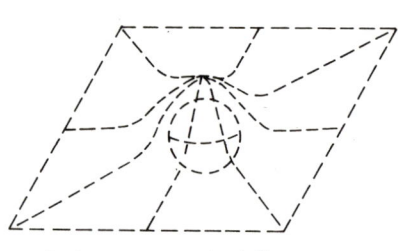

die Sonnenmasse beeinflußt die Geometrie des Raumes (Einstein)

Abbildung 3.7–17
Die historische Entwicklung der theoretischen Vorstellungen zur Planetenbewegung

gleichen Materie aufgebaut ist, wobei diese überall – sei es auf der Erdoberfläche, auf einem Planeten oder gar auf der Sonne – den gleichen Gesetzen gehorcht.

Die Erscheinungen in der Newtonschen Welt laufen im absoluten Raum und in der absoluten Zeit ab, in denen die Maßstäbe festgelegt werden. NEWTON definiert diese zwei Begriffe am Anfang der *Principia (Abbildung 3.7–18)*.

Der absolute Raum ist unvergänglich und bleibt vermöge seiner Natur und ohne Beziehung auf einen anderen Gegenstand stets gleich und unbeweglich.
Die absolute, wahre und mathematische Zeit fließt vermöge ihrer Natur ohne Beziehung auf einen anderen Vorgang gleichförmig ab.

Die absolute Bewegung ist die Translation eines Körpers von einer Stelle des absoluten Raumes zu einer anderen.

NEWTON definiert auch einen relativen Raum und eine relative, fühlbare Zeit, die wir auf irgendeine Weise auch mit unseren Meßinstrumenten erfassen können. NEWTONS Auffassung vom absoluten Raum und der absoluten Zeit steht im scharfen Gegensatz zur Auffassung DESCARTES', der nur von relativen Lagen und relativen Bewegungen gesprochen hat. DESCARTES hat die Bewegung eines Körpers immer nur als Lageveränderung des Körpers in bezug auf Körper seiner Umgebung verstanden. Deshalb hat er auch behauptet, daß sich die Erde nicht bewegt, da sie ihre Lage in bezug auf den sie umgebenden wirbelnden Stoff nicht verändert (Kapitel 3.4). NEWTON benötigt aber den absoluten Raum und die absolute Zeit, um die Wechselwirkung räumlich voneinander entfernter Körper mit der Bewegung dieser Körper in Zusammenhang bringen zu können. Auch NEWTON hat die sich aus der Postulierung eines absoluten Raumes ergebende Problematik klar erkannt. Aus philosophischen Gesichtspunkten heraus hat LEIBNIZ diesen Begriff scharf angegriffen und argumentiert, daß wir keinerlei Möglichkeit haben, eine eventuelle gleichförmige Bewegung des absoluten Raumes festzustellen, da es nicht erlaubt ist, den absoluten Raum auf einen anderen Gegenstand zu beziehen. NEWTON hat versucht, die Annahme einer absoluten Bewegung – zumindest hinsichtlich der Kreisbewegung – mit seiner bekannten Eimeranalogie, die wir auch im Experiment zeigen können, zu untermauern *(Abbildung 3.7–19)*. Im offensichtlichen Widerspruch zu dem von ihm erhobenen Anspruch, keine Hypothesen zu fabrizieren, hat er sogar angenommen, daß es in weit entfernten Bereichen des Weltalls große Massen gibt, die den absoluten Raum festlegen.

Obwohl NEWTON bestrebt war, selbst seine sehr allgemeinen Prinzipien auf eine naturwissenschaftlich rationale Basis zu stellen, war er zutiefst religiös und hat in den *Principia* – vor allem in den späteren Ausgaben – an mehreren Stellen auf die Notwendigkeit einer göttlichen Einflußnahme hingewiesen, die er allerdings lediglich auf das Ingangsetzen des Weltalls beschränkt hat. Ohne diesen göttlichen Anstoß bleibt für ihn nämlich sonst eine Reihe von Beobachtungen unverständlich, so z. B. die Tatsache, daß alle Planeten des Sonnensystems im gleichen Drehsinn die Sonne umkreisen und daß ihre Bahnebenen nahezu zusammenfallen. Der Schöpfer erhält im Newtonschen Weltbild auch noch die Aufgabe, bei Abweichungen von den Gesetzen in den Ablauf der Erscheinungen einzugreifen. LEIBNIZ hat dazu ironisch bemerkt, daß Gott offenbar ein schlechter Mechaniker sei, da er seine fehlerhaft konstruierte Maschine von Zeit zu Zeit reparieren müsse, während DIJKSTERHUIS dazu bemerkt, Gott habe als Ingenieur die Maschine zwar entworfen und in Gang gesetzt, sei dann aber in den Ruhestand getreten.

Zwei große wissenschaftliche Revolutionen der Neuzeit, die Relativitätstheorie und die Quantentheorie, stellen beide von einem anderen Ausgangspunkt her das Newtonsche Weltbild in Frage. Die Relativitätstheorie räumt mit den Begriffen der von irgendwelchen Bezugspunkten unabhängigen Größen Raum und Zeit auf, während von der Quantenmechanik an die Stelle der Newtonschen Bewegungsgleichungen für die Teilchen der Mikrowelt neue Gleichungen gesetzt werden. Wie wir bereits erwähnt haben, liegt der wesentliche Unterschied zwischen dem „Überwinden" der Newtonschen Theorie und dem einer älteren theoretischen Vorstellung, z. B. des aristotelischen Weltbildes, darin, daß das Newtonsche Weltbild das aristotelische vollständig verdrängt und keine Aussage des älteren Systems übernommen hat, während die Newtonsche Theorie aus Relativitäts- und Quantentheorie im Grenzfall kleiner Geschwindigkeiten bzw. großer Massen folgt und somit ein *fester Bestandteil der Naturwissenschaften bleibt.*

Das Werk NEWTONS hat nicht nur die gebildeten Zeitgenossen mit Bewunderung erfüllt, die ihr gesamtes Leben der Aufarbeitung auch nur eines kleinen Teils des Newtonschen Lebenswerkes gewidmet haben; auch diejenigen haben der gewaltigen Leistung ihren Respekt nicht versagt, die, wie z. B. HUYGENS und LEIBNIZ, die Newtonschen Gedanken zwar verstanden, aber kritisiert haben. Die Apotheose NEWTONS hat bereits zu seinen Lebzeiten begonnen. MAUPERTUIS hat Personen, die mit NEWTON noch unmittelbaren Kontakt gehabt haben, danach gefragt, ob er genauso gegessen, getrunken und sich bewegt habe wie jeder andere Sterbliche. Poeten haben zu seinen Ehren Gedichte verfaßt, von denen der folgende Zweizeiler POPES das bekannteste ist:

All Nature and its laws lay hid in Night
God said, let Newton be, and all was light.

Die Natur und ihre Gesetze lagen im Dunkeln
Gott sprach, es werde Newton, und alles wurde licht.

Im Trinity-College (Cambridge) finden wir unter der Büste NEWTONS folgende Inschrift:

NEWTON qui genus humanum ingenio superavit.
(Newton, der das Menschengeschlecht an Geist überragt hat.)

In Frankreich hat kein Geringerer als VOLTAIRE die Newtonschen Lehren propagiert. Bereits zehn Jahre nach NEWTONS Tod, d. h. im Jahre 1737, ist ein Buch mit dem Titel *Neutonianismo per le donne* in italienischer Sprache erschienen, das dann ins Englische übersetzt unter dem Titel *Sir Isaac Newton's Philosophy explain'd for the use of the Ladies* veröffentlicht worden ist. Der Autor war ein gewisser ALGAROTTI, auf dessen Grab die Inschrift „Ein Schüler NEWTONS" zu lesen ist, was zu jener Zeit eine große Ehrung bedeutet hat *(Abbildung 3.7–20)*.

Das 17. Jahrhundert wird von anderen und so auch von uns als das Jahrhundert der Genies bezeichnet, und in der Tat hat die Menschheit in anderen Jahrhunderten kaum noch einmal eine solch große Zahl bedeutender Köpfe hervorgebracht. In der *Tabelle 3.7–1* sind sie noch einmal aufgeführt, und mit dieser Tabelle nehmen wir Abschied von diesem bemerkenswerten Jahrhundert. Alle, die hier aufgeführt sind, haben voneinander gewußt, oft haben sie einander geschätzt, seltener geliebt, häufig sich kritisiert und manchmal gehaßt. Dies zu belegen haben wir in der Tabelle je einen charakteristischen Auszug aus ihren Äußerungen über einander angegeben und sogar, soweit möglich, Aussagen zur Selbsteinschätzung hinzugefügt.

Abschließend soll hier die Meinung eines der Geistesriesen des 18. Jahrhunderts über zwei Vertreter des 17. Jahrhunderts zitiert werden:

Ein Franzose trifft bei seiner Ankunft in London alles in der Weltweisheit sowie in den übrigen Stücken verändert an. Er hat eine bevölkerte Welt verlassen und kommt in eine Wüstenei; zu Paris war das Weltgebäude aus Wirbeln und zarter Materie zusammengesetzt, zu London hört man nichts von diesem allen. Bei den Franzosen verursacht der Druck des Mondes den Zufluß des Meeres; bei den Engländern drückt das Meer gegen den Mond; dergestalt, daß, wenn ein Franzose glaubt, der Mond müsse die Flut des Meeres verursachen, so glauben die Herren Engländer, daß man Ebbe haben müsse, welches zum Unglück nicht kann dargetan werden. Denn wenn man hierin einiges Licht haben wollte, so müßte man den Mond und die Meere bei dem ersten Augenblick der Schöpfung untersuchen können.

Man wird ferner bemerken, daß die Sonne, welche in Frankreich nichts mit dieser Sache zu schaffen hat, hier in England ungefähr den vierten Teil dazu beiträgt. Bei euch Cartesianern geschiehet alles durch einen Stoß (impulsion), welchen man nicht versteht; nach des Herrn NEWTON Meinung geschieht alles durch einen Zug (attraction), von welchem man die Ursache ebensowenig kennt. Zu Paris stellt man sich die Erde wie eine Melone vor, zu London ist sie auf beiden Seiten platt. Nach dem Cartesianer ist das Licht in der Luft; nach dem Newtonianer kommt solches von der Sonne in sechs und einer halben Minute zu uns. Die Franzosen machen alle ihre chemischen Operationen mit dem acido, Alkali und der zarten Materie; bei den Engländern herrscht auch sogar in der Chemie die anziehende Kraft.

Selbst das Wesen der Dinge ist ganz verändert. Man ist sowohl in der Beschreibung der Seele als der Materie verschiedener Meinung. DESCARTES versichert, daß die Seele eben das Wesen sei, welches in uns denkt, und Herr LOCKE beweist ihm ganz fein das Gegenteil.

Abbildung 3.7–18
Die Seite aus den *Principia* mit den Newtonschen Definitionen des absoluten Raumes und der absoluten Zeit

Abbildung 3.7–19
Wird ein Eimer mit Wasser in Drehung versetzt, dann nimmt die Wasseroberfläche die Form eines Rotationsparaboloids an, die auch dann noch eine Zeitlang erhalten bleibt, wenn der Eimer nicht mehr rotiert. Die Paraboloidform der Wasseroberfläche hängt also nicht von der relativen Bewegung des Wassers und des Eimers ab. *Newton* argumentiert, daß man die Drehung auf den absoluten Raum zu beziehen hat.
Bereits *Berkeley* hat aber darauf hingewiesen, daß eine Drehung nur bezogen auf einen anderen Körper, etwa das System der Fixsterne, vorstellbar ist, denn nur die aufeinander bezogene relative Drehung zweier Körper hat einen Sinn. Die Gegenüberstellung ist also in folgender Form richtig: rotierender Eimer – ruhendes Universum ↔ ruhender Eimer – rotierendes Universum. Die hier in Erscheinung getretene physikalische und erkenntnistheoretische Problematik ist eingehend von *Mach* (1872) und später von *Einstein* (1916, Zitat 5.2–7) untersucht worden.

Die Wirkungen, durch welche absolute und relative Bewegungen voneinander verschieden sind,

sind die Fliehkräfte von der Achse der Kreisbewegung. Bei einer nur relativen Kreisbewegung existieren diese Kräfte nicht, bei der wahren aber sind sie kleiner oder größer, je nach Verhältnis der Größe der Bewegung.

Man hänge z. B. ein Gefäß an einer sehr langen Schnur auf, drehe dasselbe beständig im Kreise herum, bis die Schnur durch die Drehung sehr steif wird: hierauf fülle man es mit Wasser und halte es zugleich mit dem letzteren in Ruhe. Wird es nun durch eine plötzlich wirkende Kraft in entgegensetzte Kreisbewegung versetzt und hält diese, während sich die Schnur ablöst, längere Zeit an, so wird die Oberfläche des Wassers anfangs eben sein, wie vor der Bewegung des Gefäßes, hierauf, wenn die Kraft allmählich auf das Wasser einwirkt, bewirkt das Gefäß, daß das Wasser merklich sich umzudrehen anfängt. Es entfernt sich nach und nach von der Mitte und steigt an den Wänden des Gefäßes in die Höhe, indem es eine hohle Form annimmt. (Diesen Versuch habe ich selbst gemacht.) Durch eine immer stärkere Bewegung steigt es mehr und mehr, bis es in gleichen Zeiträumen mit dem Gefäße sich umdreht und relativ in demselben ruht. Diese Ansteigen deutet auf ein Bestreben, sich von der Achse der Bewegung zu entfernen, und durch einen solchen Versuch wird die wahre und absolute kreisförmige Bewegung des Wassers, welche der relativen hier ganz entgegengesetzt ist, erkannt und gemessen. Am Anfang, als die relative Bewegung des Wassers im Gefäß am größten war, verursachte dieselbe kein Bestreben, sich von der Achse zu entfernen. Das Wasser suchte nicht, sich dem Umfange zu nähern, indem es an den Wänden emporstieg, sondern blieb eben, und die wahre kreisförmige Bewegung hatte daher noch nicht begonnen. Nachher aber, als die relative Bewegung des Wassers abnahm, deutete das Aufsteigen an den Wänden des Gefäßes das Bestreben an, von der Achse zurückzuweichen, und dieses Bestreben zeigte die stets wachsende wahre Kreisbewegung des Wassers an, bis diese endlich am größten wurde, wenn das Wasser selbst relativ im Gefäße ruhte. Jenes Streben hängt nicht von der Übertragung des Wassers in bezug auf die umgebenden Körper ab, und deshalb kann die wahre Kreisbewegung nicht durch eine solche Übertragung erklärt werden.

Sir Isaac Newton's Mathematische Prinzipien der Naturlehre. J. Ph. Wolfers. Berlin 1872

Der Versuch *Newtons* mit dem rotierenden Wassergefäß lehrt nur, daß die Relativdrehung des Wassers gegen die Gefäßwände keine merklichen Zentrifugalkräfte weckt, daß dieselben aber durch die Relativdrehung gegen die Masse der Erde und die übrigen Himmelskörper geweckt werden. Niemand kann sagen, wie der Versuch verlaufen würde, wenn die Gefäßwände immer dicker und massiger und zuletzt mehrere Meilen dick würden…

Mach: Mechanik…

DESCARTES behauptet, die Ausdehnung allein mache die Materie aus; NEWTON fügt noch die Dichtigkeit hinzu. Seht nur die heftigen Uneinigkeiten!

Non nostrum inter vos tantas componere lites!

Dieser berühmte NEWTON, dieser Zerstörer des Cartesianischen Lehrgebäudes, starb im Monat März des vergangenen 1727. Jahres. Er wurde in seinem Leben von seinen Landsleuten geehrt und wie ein König, welcher seinen Untertanen Wohltaten erzeiget hat, begraben.

Man hat hier ganz begierig die Lobrede auf Herrn NEWTON, welche der Herr von FONTENELLE in der Akademie der Wissenschaften gehalten, aufgenommen und ins Englische übersetzt. Der Herr von FONTENELLE ist der Richter unter den Philosophen, in England sieht man sein Urteil so an, als wenn der englischen Philosophie der Vorzug vor der anderen feierlich zugestanden worden sei. Sobald man aber sah, daß er den DESCARTES mit NEWTON in Vergleich setzte, so empörte sich die ganze Königliche Gesellschaft zu London. Weit gefehlt, daß man es bei seinem Urteil hätte sollen bewenden lassen, man beurteilte es sogar. Selbst verschiedenen (und dieses sind eben nicht die stärksten Weltweisen) kam dieser Vergleich anstößig vor, bloß deswegen, weil DESCARTES ein Franzose war.

Man muß wohl gestehen, daß diese zwei größten Männer sowohl in Hinsicht auf ihre Lebensart, als auch in Hinsicht auf ihr Glück und ihre Weltweisheit sehr voneinander unterschieden waren.

DESCARTES kam mit einer glänzenden und starken Einbildungskraft zur Welt, welche ihn sowohl im gemeinen Leben als auch in seiner Art zu philosophieren zu einem ganz besonderen Menschen machte. Diese Einbildungskraft blieb selbst in seinen philosophischen Werken nicht verborgen, man findet hin und wieder in denselben sinnreiche und prächtige Vergleiche. Die Natur hatte ihn fast zu einem Dichter gemacht; und er setzte in der Tat etwas Lustiges für die Königin in Schweden auf, welches man aber, sein Gedächtnis nicht zu verunehren, nicht hat drucken lassen.

Er versuchte eine Zeitlang das Kriegshandwerk, und als er danach auf einmal ein Weltweiser geworden war, so hielt er es nicht für unanständig, der Liebe zu pflegen. Er hatte von seiner Liebsten eine Tochter, namens FRANCINE, welche noch ganz jung verstarb und deren Verlust ihm sehr schwer fiel. Also hatte er alle Zufälle erfahren müssen, welchen die Menschen unterworfen sind.

Er war lange Zeit in dem Gedanken, wenn er in Freiheit philosophieren wollte, so müsse er die Menschen und vor allen Dingen sein Vaterland meiden.

Er hatte recht: die Leute zu seiner Zeit verstanden nicht soviel, daß sie ihn hätten beurteilen können, und waren zu nichts weiter geschickt, als ihm zu schaden.

Er verließ Frankreich, weil er die Wahrheit suchte, welche damals durch die elende scholastische Philosophie verfolgt wurde.

Allein er traf auf den hohen Schulen in Holland, wohin er sich begab, eben nicht mehr Vernunft an … (er wurde genötigt), von Utrecht wegzugehen. Er mußte gleichfalls die Beschuldigung der Atheisterei als die letzte Zuflucht der Verleumder über sich ergehen lassen; und er, welcher alle Scharfsinnigkeit des Verstandes angewendet, neue Beweise für das Dasein Gottes ausfindig zu machen, wurde in Verdacht gezogen, als ob er an gar keinen glaubte. …

Endlich starb er in Stockholm eines frühzeitigen Todes, welchen er sich durch die Unordnung im Essen und Trinken zugezogen hatte, mitten unter etlichen Gelehrten, die seine Feinde waren, und unter den Händen eines Arztes, der ihn haßte.

Der Lebenslauf des Ritters NEWTON ist ganz anders beschaffen. Er lebte 85 Jahre beständig ruhig, glücklich und in seinem Vaterlande geehrt.

Sein größtes Glück war nicht nur, daß er in einem freien Lande, sondern auch, daß er zu einer solchen Zeit geboren wurde, in welcher die unerträgliche Philosophie der Scholastiker verbannt war. Die Vernunft allein wurde gepflegt, und die ganze Welt konnte sein Schüler sein, nicht aber sein Feind.

Ein sonderbarer Gegensatz, in welchem er sich mit DESCARTES befindet, ist dieser, daß er bei einem so langen Lebenslauf niemals weder einer Leidenschaft noch Schwachheit unterworfen gewesen war, er hat sich niemals einer Weibsperson genähert; welches mir von dem Arzt und Barbier, unter deren Händen er verschieden, versichert worden ist.

Kopernikus
1473–1543

[Kepler über Kopernikus:] Meine Lehre – deren Großteil ich von anderen entlehnt habe – zeigt offen, ob ich die Wahrheit oder den Ruhm vorziehe: ich habe nämlich meine ganze Astronomie auf der Grundlage der Kopernikanischen Welthypothese, der Beobachtungen des Tycho Brahe und der Magnetischen Philosophie des Engländers William Gilbert aufgebaut.

[Bacon über Kopernikus:] Das ist auch einer derjenigen, denen jede Fiktion gut genug ist, vorausgesetzt, sie sehen ihre Berechnungen sofort bestätigt.

Kepler
1571–1630

Gilbert
1544–1603

[Galilei über Gilbert:] Er dünkt mich auch besonders lobenswert für seine vielen neuen und vernünftigen Beobachtungen und Feststellungen, mit denen er zahlreiche närrische und lügnerische Autoren beschämt, die nicht nur das niederschreiben, was sie wissen, sondern gemeinhin alle Verrücktheiten, die sie zu hören bekommen, ohne ihre Richtigkeit mit Experimenten nachzuprüfen; vielleicht handeln sie so, um ihre Bücher nicht dünner werden zu lassen. Was mir bei Gilbert noch zu wünschen übrig blieb, ist ein bißchen mehr von einem Mathematiker, insbesondere eine solide geometrische Grundlage... Seine Beweise sind, offen gesagt, nicht streng genug und es mangelt ihnen an der Überzeugungskraft, die wir erwarten, wenn uns Schlußfolgerungen als notwendig und endgültig präsentiert werden.

[Galilei über Kepler:] Alles, was über die Ebbe und Flut bisher angenommen wurde, scheint mir völlig falsch zu sein. Aber von allen großen Männern, die sich über diese bemerkenswerte Erscheinung Gedanken gemacht haben, ist es Kepler, über den ich mich am meisten wundere. Ungeachtet seines offenen Sinnes und scharfen Verstandes, und trotzdem er ein ausgezeichnetes Fingerspitzengefühl für die der Erde zugeschriebenen Bewegungen hat, hat er dennoch okkulten Eigenschaften und ähnlichen Kindereien, wie der Herrschaft des Mondes über die Gewässer sein Ohr geliehen und sein Einverständnis bekundet.

Bacon
1561–1626

[Descartes über Bacon:] Verulamius hat nicht nur die Mängel der scholastischen Philosophie bemerkt, sondern darüber hinaus vernünftige Methoden angegeben, mit deren Hilfe man zu einer besseren gelangen kann: man hat Versuche anzustellen und ihre Ergebnisse entsprechend zu nutzen. Er hat als erfolgreiches Beispiel dargestellt, wie er zu dem Schluß kam, die Wärme bestehe in der Bewegung der Teilchen, die den Körper aufbauen. Im übrigen verstand er nichts von Mathematik und es fehlten ihm tiefere Kenntnisse in der Physik; er konnte sich nicht einmal die Bewegung der Erde vorstellen und machte sich über sie, als bloßen Unsinn, lustig.

[Descartes über Galilei:] Ich stelle in Frage, ob Herr Galileo je die Experimente über den Fall längs schiefer Ebenen ausgeführt hat, denn er behauptet dies nirgendwo und die Proportionalitäten, die er angibt, widersprechen oft dem Experiment.

Galilei
1564–1642

[Huygens über Descartes und Galilei:] Alles in allem philosophiert er, so meine ich, besser als es sonst üblich ist: in dem Sinne nämlich, daß er die Fehler der Scholastik, soweit nur möglich, vermeidet und die physikalischen Phänomene aufgrund mathematischer Überlegungen untersucht. In dieser Beziehung sind wir ganz einer Meinung, da es nach meiner Überzeugung keine andere Methode gibt, die Wahrheit aufzufinden. Über seine geometrischen Beweise, deren sein Buch eine Menge enthält, möchte ich kein Urteil abgeben, da ich nicht die Geduld hatte, sie durchzulesen, aber sie scheinen in Ordnung zu sein. Was die Behauptungen betrifft, braucht man – wie ich bemerkt habe – kein großer Geometer zu sein, um sie aufstellen zu können und ein kurzer Blick auf einige von ihnen ließ mich feststellen, er folge nicht dem kürzesten Weg.

Mersenne
1588–1648

[Mersenne an Huygens:] Mein Herr, ich bete zu Gott, er möge Euch den Apollonius und Archimedes unserer Tage, oder vielmehr des nächsten Jahrhunderts sein lassen, da ja Euere Jugend Euch noch ein ganzes Jahrhundert erhoffen läßt.

[Galilei:] Ich hoffe, daß mich die Nachwelt wohlwollend beurteilen wird, nicht nur in Bezug auf die Dinge, die ich erklärt habe, sondern auch hinsichtlich derjenigen, die ich absichtlich unerwähnt gelassen habe, um anderen das Vergnügen der Entdeckung zu lassen.

Descartes
1596–1650

[Er wird Hervorragendes leisten in dieser Wissenschaft, von der, wie ich sehe, kaum irgend jemand etwas versteht.]

[Huygens über Descartes:] Aber Herrn Descartes, der – wie mir scheint – Galileo um seinen Ruhm beneidete, verlangte es sehr danach, als Begründer einer neuen Philosophie angesehen zu werden. Wäre es nach seinen Hoffnungen und Bemühungen gegangen, hätte man sie in den Akademien statt derjenigen des Aristoteles gelehrt; deshalb hätte er gern auf den Beistand der Jesuiten gezählt. Aber in der Verfolgung dieses Ziels beharrte er hartnäckig auf manchen seiner früheren Stellungnahmen, trotzdem sie oft ganz falsch waren... Er hielt gewisse Gesetze auch unbeweisen für absolut sicher, so z. B. Gesetze der Bewegung bei Stößen und wollte sie mit dem Argument annehmen lassen, seine ganze Physik wäre falsch, wenn diese Gesetze es wären. Das ist fast, als hätte er sie beweisen wollen, indem er auf sie schwöre. Es ist aber nur eines seiner Gesetze richtig und es wird mir nicht schwer fallen, dies zu beweisen.

Huygens
1629–1695

[Newton über Huygens:] Was dieser wahrhaft große Mann, Huygens über meine Arbeit gesagt hat, läßt auf einen scharfen Verstand schließen. Aber... nachdem alle Erscheinungen des Himmels und der Meere – zumindest soweit ich sie kenne – sich genauestens als Folgerungen ergeben, u. zwar aus der Gravitation, die nach dem von mir beschriebenen Gesetz wirkt, und da die Natur so einfach wie möglich vorgeht, sehe ich mich veranlaßt, von allen anderen Begründungen abzusehen.

[Huygens über Newton:] Was die Ursache der Gezeiten betrifft, wie sie von Herrn Newton angegeben wird, bin ich [von ihr] keineswegs zufriedengestellt, ebenso wenig wie von allen anderen Theorien, die auf seinem Prinzip der Anziehung beruhen, welches mir absurd erscheint, ... Und ich habe mich schon oft gewundert, wieso er sich die Mühe nehmen konnte, so viele Untersuchungen und schwierige Berechnungen anzustellen, die keine andere Grundlage haben als das genannte Prinzip.

[Leibniz über Descartes:] Gleich zu Beginn des Aufkommens dieser Philosophie [von Descartes] zeigte es sich, daß man verstehen konnte, was Herr Descartes sagte, im Gegensatz zu anderen Philosophen, die Worte gebrauchten, die dem Verstehen nicht näherbrachten, wie z. B. Qualitäten, substanzielle Formen, intentionelle Spezies usw. Er hat diesen unverschämten Unsinn vollständiger als irgend jemand vor ihm verworfen. Was aber seine Philosophie besonders empfiehlt ist nicht nur, daß er von der alten [Philosophie] mit Abscheu spricht, sondern daß es gewagt hat, für alles, was in der Natur vorkommt, statt der alten Begründungen Ursachen zu nennen, die verstanden werden können.

[Newton über Descartes:] Es beweisen nun nicht nur die absurden Folgerungen aus dieser Lehre [d. i. der Lehre von der Definition der wahren und absoluten Bewegung, die Descartes in seinen Principia Philosophiae gibt], wie verworren und unvernünftig sie ist, sondern es scheint auch Descartes selber dies einzugestehen, indem er sich selbst widerspricht.

Newton
1643–1727

[Newton:] Ich weiß nicht, wie ich der Welt vorkomme; aber mich selber dünkt, ich habe wie ein Knabe an einem Strand gespielt und mich damit unterhalten, hin und wieder einen glatteren Kiesel oder eine hübschere Muschel zu finden als gewöhnlich, während der ganze große Ozean der Wahrheit unentdeckt vor mir lag.

[Newton über Leibniz:] Er [Leibniz] benutzt lieber Hypothesen als Argumente, die sich aus Experimenten ergeben, unterstellt mir Meinungen, die nicht die meinen sind und anstatt Fragen vorzulegen, die durch Experimente zu prüfen sind, bevor sie in die Philosophie Eingang finden, legt er Hypothesen vor, die angenommen und geglaubt werden sollen, bevor sie überprüft sind.

[Huygens über Descartes:] Aber allzu großes Vertrauen in seine eigenen Fähigkeiten führte ihn irre und andere wurden durch ihr allzu großes Vertrauen in ihn irregeführt. Descartes wurde – wie viele große Männer – allzu selbstsicher und ich fürchte, daß nicht wenige unter seinen Anhängern es den Peripatetikern – die sie doch verspotten – nachtun, indem sie sich damit begnügen, in den Büchern ihres Meisters nachzuschlagen, statt sich auf die rechte Vernunft und die Natur der Dinge zu stützen.

Leibniz
1646–1716

[Leibniz über Newton:] Nachdem mir erzählt worden war, Newton hätte in der lateinischen Ausgabe seiner „Opticks" etwas Außergewöhnliches über Gott gesagt, habe ich es mir angesehen und lachen müssen über die Idee, der Raum sei das Sensorium Gottes – als ob Gott, der Ursprung aller Dinge, ein Sensorium nötig hätte... In der Metaphysik ist dieser Mann – wie es scheint – wenig erfolgreich.

Tabelle 3.7–1
So haben die Großen des 17. Jahrhunderts einander beurteilt

Dieserwegen kann man den NEWTON bewundern, man muß aber den DESCARTES nicht tadeln.

Die allgemeine Meinung über diese beiden Weltweisen in England ist, daß der erste ein Träumer und der andere ein Gelehrter gewesen ist.

Sehr wenige Personen zu London lesen den DESCARTES, weil dessen Werke in der Tat unbrauchbar geworden sind; sehr wenige lesen auch den NEWTON, weil man sehr gelehrt sein muß, wenn man ihn verstehen will. Unterdessen redet jedermann von ihnen, den Franzosen räumt man gar nichts ein, und den Engländern mißet man alles bei.

Einige meinen, daß, wenn man den Satz nicht mehr für wahr annähme, daß ein jedes Ding das Leere in der Natur zu vermeiden suche, wenn man wisse, daß die Luft schwer sei, wenn man sich der Brillen bedienen könne, so sei man deswegen dem NEWTON verbunden. Dieser ist hier das, was Herkules in der Fabel ist, welchem die Unwissenden alle Taten der andern Helden zuschreiben.

In einer Beurteilung, welche zu London über die Rede des Herrn von FONTENELLE herauskam, durfte man gar behaupten, DESCARTES wäre eben kein großer Erdmeßkünstler gewesen. Diese, welche so reden, müssen sich vorwerfen lassen, daß sie diejenigen von ihren eigenen Städten verheeret, von welchen sie ihre Zufuhr bekommen haben. DESCARTES hat eine ebenso große Bahn in der Erdmeßkunst zurückgelegt von dem Punkt an, wo er sie gefunden, bis zu dem, dahin er sie gebracht, gerechnet, als NEWTON nach ihm getan hat. Er ist der erste, welcher gewiesen hat, wie man die algebraischen Gleichungen der krummen Linien anstellen müsse. Seine Erdmeßkunst, wegen deren Bekanntmachung wir ihm Dank schuldig sind, war zu selbiger Zeit so hochgelehrt, daß kein öffentlicher Lehrer sich unterstand, sie zu erklären, und außer SCHOOTEN in Holland und FERMAT in Frankreich verstand sie niemand...

Inzwischen will ich gerne zugeben, daß alle die andern Werke des Herrn DESCARTES voller Irrtümer stecken...

Alsdann war seine Philosophie höchstens nichts mehr als eine sinnreiche Geschichte, welche den Weltweisen jener Zeit ziemlich wahrscheinlich vorkam. Er irrte darin, was das Wesen der Seele, die Beweise von der Wirklichkeit Gottes, die Materie, die Gesetze der Bewegung und die Natur des Lichtes betraf. Er behauptete, daß es angeborene Gedanken gebe, er erfand neue Elemente, er schuf eine Welt; er bildete einen Menschen nach seinem Kopfe, und man hat Grund zu sagen, daß der Mensch, so wie ihn DESCARTES beschrieben hat, in der Tat nichts anderes ist als DESCARTES selbst, d. h. nichts weniger als ein wahrhaftiger Mensch.

Er trieb seine Irrtümer in der Grundlehre so weit, daß er auch vorgab, 2 mal 2 würde nicht 4 machen, wenn es Gott nicht so gewollt hätte. Allein, man sagt nicht zuviel, wenn man behauptet, daß er auch in seinen Irrtümern bewundernswürdig sei. Er irrte, allein dies geschah doch wenigstens in einer Ordnung und durch Schluß auf Schluß. Er stürzte die abgeschmackten Grillen zu Boden, welche man seit 2000 Jahren der Jugend in den Kopf gesetzt hatte. Er lehrte die Leute seiner Zeit, vernünftig zu reden und sich seiner Waffen wider ihn selbst zu bedienen. Und wenn er ja nicht mit echter Münze bezahlt hat, so ist dies doch schon ein Großes, daß er die falsche Münze in üblen Ruf gebracht hat.

Ich glaube nicht, daß man seine Philosophie mit der des NEWTON wirklich auch nur im geringsten in Vergleich setzen könne. Die erste ist ein Versuch, die andere ein Meisterstück. Derjenige aber, welcher uns auf den Weg der Wahrheit gebracht, ist vielleicht ebenso hoch zu schätzen, wie derjenige, welcher nach der Zeit das Ziel in diesen Laufschranken erreicht hat.

VOLTAIRE: Der XIV. Brief. *Von Descartes und Newton.* In: *Horst-Heino von Borzeszkowski, Renate Wahsner: Newton und Voltaire.* Berlin 1980, S. 185–191

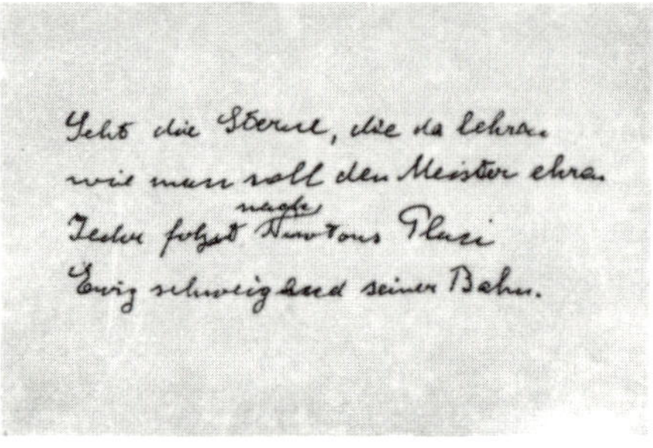

Abbildung 3.7–20
Newton ist nicht nur von seinen Zeitgenossen und den darauffolgenden Generationen bewundert worden. Die Abbildung zeigt die Rückseite eines Manuskriptblattes von *Einstein,* das mit komplizierten Formeln beschrieben ist. *Einstein* hat für sich und seine Freunde eine Reihe meist spöttischer Gedichte geschrieben; mit dem obigen Gedicht drückt er jedoch seine Achtung vor der Leistung *Newtons* aus

FARBTAFEL I

Sokrates: Ich bin also überzeugt worden, daß sie fürs erste, wenn sie, rund, wie sie ist, in der Mitte des Himmels sich befindet, weder der Luft noch irgend eines anderen solchen Notmittels bedürfe, um nicht zu fallen, sondern daß die allseitige Gleichheit des Himmels mit sich selbst und das Gleichgewicht der Erde selbst hinreichend sei, sie zu halten. Denn ein im Gleichgewicht geordneter Körper, in die Mitte eines anderen gleichen gesetzt, kann keine Veranlassung haben, mehr oder weniger nach irgend einer Richtung hin sich zu neigen, sondern wird in gleicher Haltung ungeneigt bleiben. Fürs erste also bin ich hievon überzeugt worden.
Simmias: Und zwar ganz mit Recht.
Sokrates: Sodann, daß sie etwas gar Großes sei, und daß wir vom Phasis bis zu den Säulen des Herakles nur in einem kleinen Teil wie Ameisen und Frösche um einen Sumpf um das Meer herum wohnen und daß noch viele andere anderswo in vielen solchen Örtern wohnen.
PLATON: *Phaidon.* Übersetzt von *L. Georgii.* 1874

Es bleibt nun übrig, von der Erde zu sprechen, wo sie liegt, ob sie ruht oder sich bewegt und welches ihre Gestalt ist.

Über ihre Lage haben nicht alle dieselbe Ansicht: Die meisten lassen sie in der Mitte liegen, nämlich alle, die den gesamten Himmel als begrenzt annehmen. Im Gegensatz dazu steht die Lehre der sogenannten Pythagoreer in Italien. Sie sagen, daß in der Mitte ein Feuer sei; die Erde aber sei eines der Gestirne und würde sich im Kreise um die Mitte drehen und Nacht und Tag machen...

In derselben Weise differieren auch die Meinungen hinsichtlich ihrer Gestalt. Die einen halten sie für kugelig, die andern für flach und trommelförmig; als Beweis führen diese an, daß die Sonne beim Untergang und Aufgang einen geraden und kleinen gebogenen Rand bildet, wenn sie hinter der Erde verschwindet, als ob der Rand kreislinig werden müßte, wenn die Erde eine Kugel wäre; dabei übersehen sie den Abstand der Sonne von der Erde und die Größe der Kreislinie, die auch bei sichtbaren kleineren Kreisen auf große Distanz hin gerade erscheint. Dieser Eindruck braucht also für jene durchaus keinen Einwand zu bedeuten, dagegen, daß die Masse der Erde kugelig sei...Ferner ist an der Erscheinung der Gestirne nicht nur sichtbar, daß die Erde rund, sondern auch, daß ihre Größe nicht bedeutend ist. Denn wenn wir unsern Standort nur ein wenig nach Süden oder Norden verändern, so wird der Horizont offenbar schon ein anderer, so daß also die Gestirne über unserm Kopf eine bedeutende Veränderung erfahren und überhaupt nicht mehr dieselben sind, wenn wir nach Norden oder Süden gehen. Denn manche Sterne sind in Ägypten und Kypros sichtbar, in den nördlichen Gegenden aber nicht, und jene Sterne, die im Norden dauernd sichtbar sind, haben in jenen südlicheren Gegenden einen Untergang. Hieraus ist nicht nur klar, daß die Erde rund ist, sondern auch, daß sie nicht besonders groß ist. Denn sonst würde eine so geringe Ortsveränderung sich nicht so rasch bemerkbar machen. Darum scheint es, daß die Hypothese nicht allzu unwahrscheinlich ist, die die Gegend um die Säulen des Herakles mit derjenigen um Indien in Verbindung bringt und dort ein einziges Meer annimmt. Als Beweis führen sie etwa die Elefanten an, nämlich daß diese Tiere sich an jenen beiden äußersten Enden finden, offenbar, weil jene äußersten Orte durch ihren Zusammenhang dazu geeignet sind.

Die Mathematiker endlich, die die Größe des Umfangs zu berechnen suchen, nehmen ungefähr vierhunderttausend Stadien an. Aus solchen Argumenten ergibt sich nicht nur, daß die Erde kugelförmig sein muß, sondern auch, daß sie im Verhältnis zu den andern Gestirnen nicht groß ist.
ARISTOTELES: *Vom Himmel.* Übertragen von *Olof Gigon.* 1983

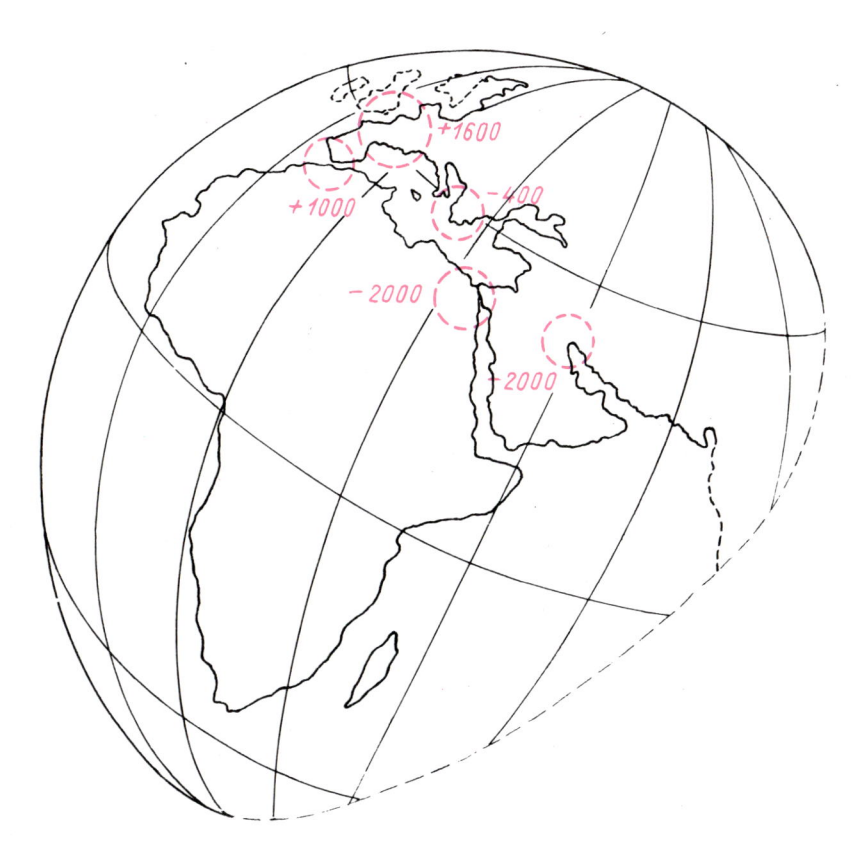

Die Drehbühne der Physikgeschichte: Die Wissenschaften blühten bereits zweitausend Jahre v. u. Z. in den Kulturen entlang der großen Ströme. Zu besonderer Entfaltung gelangten sie im Europa des 17. Jahrhunderts nach dem Wiederaufleben der griechisch-hellenischen und arabischen Überlieferungen (Lichtbild: Apollo-8-Programm, NASA)

FARBTAFEL II

Die Akropolis von Athen mit dem Tempel der jungfräulichen *Athene Parthenos*, der Schutzgöttin Athens (Ἔκδοσις Ἀ/φοι Ἀσημακόπουλοι)

Die schönsten, künstlerisch aufeinander abgestimmten Teile der Akropolis wurden unter der Herrschaft von *Perikles* (∼ 500 − 429 v. u. Z.) erbaut. Heute ist die Akropolis für uns ein Symbol für die Quelle der europäischen Kultur. An ihrem Fuße wurden bereits alle bedeutenden Fragen aufgeworfen, die seither die Menschheit beschäftigen, alles „Denkbare" gedacht.

Wenn nun unser Schulunterricht immer auf das Altertum hinweist, das Studium der griechischen und lateinischen Sprache fördert, so können wir uns Glück wünschen, daß diese zu einer höheren Kultur so nötigen Studien niemals rückgängig werden. Denn wenn wir uns dem Altertum gegenüberstellen und es ernstlich in der Absicht anschauen, uns daran zu bilden, so gewinnen wir die Empfindung, als ob wir erst eigentlich zu Menschen wurden.
J. W. GOETHE: *Sprüche*

Herold:
Wer ist des Lands Beherrscher? Wem soll melden ich
Die Worte *Kreons?* Wer gebeut in Kadmos' Reich,
Seit *Eteokles,* durch des *Polyneikes* Hand,
Des Bruders, vor der Stadt mit sieben Toren fiel?

Theseus:
Gleich beim Beginne deiner Rede lügst du, Freund;
Du suchst hier einen Zwingherrn; doch die Stadt wird nicht
Von *einem* Mann beherrschet, sondern sie ist frei.
Das Volk regiert mit unter sich abwechselnder
Gewalt ein Jahr hindurch; der Reichthum gilt ihm nicht
Das meiste, gleiches Recht hat auch der Dürftige.

Herold:
Dies eine gibst du wie beim Würfelspiel mir wohl
Zum besten; denn die Stadt, die mich gesendet hat,
Ist *einem* Manne, nicht dem Pöbel untertan.
Da bläht nicht einer durch Geschwätz die Bürger auf,
Und dreht für seinen Vorteil da- und dorthin sie.
Wer jetzt beliebt ist, weil er reichlich Gunst erwies,
Wird bald drauf schädlich, und durch neue Tücke nur
Die alten Fehler bergend, bleibt er ungestraft.
Und wiederum, wenn keiner es durch Rede lenkt,
Wie führte wohl das Volk des Staates Ruder gut?
Die Zeit allein gibt, nicht die Eile, bessere Belehrung. Wer in Dürftigkeit das Land bebaut,
Ist, wenn auch ohne Kenntnis nicht, durch sein Geschäft
Gehemmt, den Blick zu richten aufs gemeine Wohl.
Gar schmerzlich ist's gerade für die Besseren,
Wenn ein verworf'ner Mann zu Ehr' und Würde kommt,
Der nichts zuvor war, durch Geschwätz das Volk gewann.

Theseus (für sich):
Ein feiner Herold, nebenbei ein Schwätzer auch!
(zum Herold gewendet)
Doch, weil auch du zu streiten wagest solchen Streit,
So höre; du begannest ja das Wortgefecht.
Nichts schädigt mehr den Staat, als Herrschaft *eines* Manns,
Wo, was doch allem vorgeht, kein gemein Gesetz
Besteht, *ein* Herr ist, welcher das Gesetz in sich
Allein hat, so daß nimmer gleiches Recht besteht.
Doch, wo Gesetze schriftlich aufgezeichnet sind,
Genießt der Schwache mit dem Reichen gleiches Recht,
Und gleiche Sprache darf der Schwäch're wider den
Beglückten führen, wenn in schlechtem Ruf er steht;
Und wenn er Recht hat, siegt der Kleine Großen ob.
Auch das ist Freiheit, wenn man ruft: Wer ist gewillt,
Gemeiner Stadt mit gutem Rate beizustehn?
Wer dieses will, der strahlt hervor, wer aber nicht,
Verhält sich still. Wo ist im Staate gleich'res Recht?
Fürwahr, ein Volk, das unumschränkt im Lande herrscht,
Freut stets bereiter, jugendlicher Bürger sich.
Ein König aber hält's für feindlich ihm gesinnt,
Und jeden Edeln, welcher ihm zu danken scheint,
Ermordet er, weil er ihm für seine Herrschaft bangt.
Wie stünd' es da wohl um des Staates Sicherheit,
Wenn einer, wie man Ähren pflückt vom Lenzgefild,
Die Kühnheit wegrafft und die Jugendblüte knickt?
Wer schaffte Lebensgüter seinen Kindern noch,
Damit der Zwingherr mehr erziele für sich selbst?
Wer zöge noch zu Hause Töchter ehrsam auf,
Zur Freud' und Lust des Herrschers, wenn es dem beliebt,
Und sich zum Jammer? Leben möcht' ich nimmermehr,
Wenn Zwang ins Brautbett meine Kinder führte. —
Das ist es, was entgegen ich dir schleudern wollt.
EURIPIDES: *Die Schutzflehenden.*
Verdeutscht von *Dr. Wilhelm Binder.* 1910

IOHANNIS ARGYROPILI CONSTANTINOPOLITANI
PREFATIO IN LIBRVM PHYSICORVM ARISTOTELIS
DE GRECO IN LATINVM PER EVM TRADVCTVM AD
MAGNIFICVM CLARISSIMVMQ; VIRVM COSMAM
MEDICEM

Iohannes Argyropylus Constantinopolita
nus preclarissimo uiro cosme medici S.
plurimam dicit perpetuamq; felicitatem.
Siqua me unq tenuit admiratio, siqua
rem unq preclaram summamq; existi
maui, hec una uel maxima fuit profe
cto, quam explicare tibi breuibus ope
precium esse putaui. Nam cum perra
rum esse admodum uideatur hominem unum, aut
in rebus agendis, aut in perspicienda ueritate prestare
tum miro quodam uigore nature, ingenioq; prestantis
simo, hac nostra tempestate solus unus utriusq; pla
ne complexu es, itaq; adeo, ut alterum haud ab altero
ullo unq pacto prohibeatur. Tanta est enim rerum a
gendarum perspiciendeq; uenustatis ferende difficultas
ac tantum utraq; euexa ducta, uariaq; uersamur, ut
cum quidem in altero prestare genere uirum, uel alte
abiq; altero, rarissime uero admodum utrumq; simul
homine in eodem inueniatur. Auget item difficultate
non solum eorum ordo qui quidem diuerso ex gene
re rerum humanarum exortum uidetur, sed ut ipsi

Eine Seite der *Physik* von ARISTOTELES; aus dem Griechischen ins Lateinische übertragen von *Johannes Argyropilus Constantinopolitanus* (Bibliotheca Corviniana, Niedersächsische Staats- und Universitätsbibliothek, Göttingen [2.16])

Eine Seite aus dem *Almagest* von PTOLEMÄUS; aus dem Griechischen ins Lateinische übertragen von *Georgius Trapezuntius* (Bibliotheca Corviniana, Nationalbibliothek, Wien [2.16])

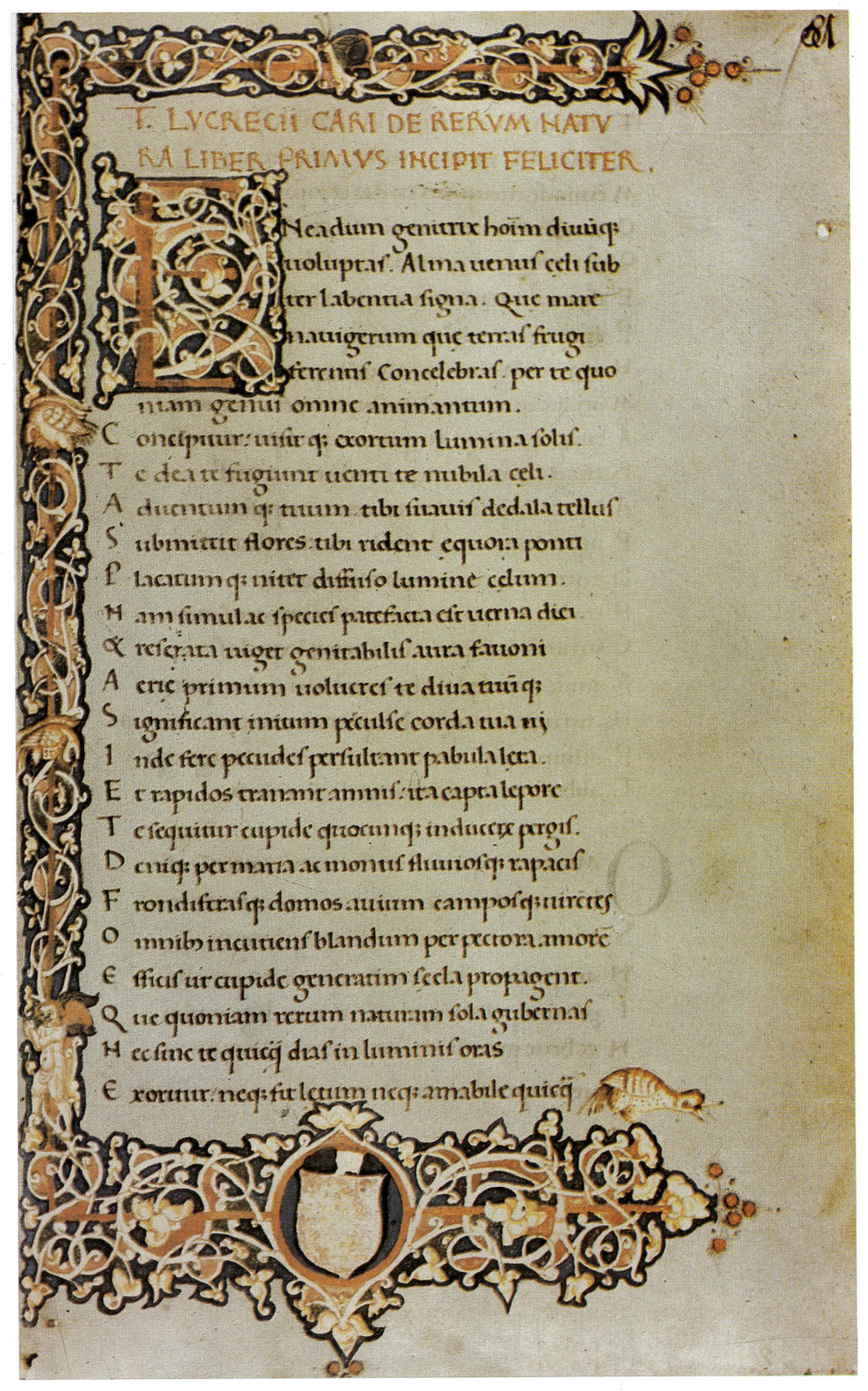

T. LVCRECII CARI DE RERVM NATVRA LIBER PRIMVS INCIPIT FELICITER.

Aeadum genitrix hoīm diuūq̄;
uoluptas. Alma uenus celi sub
ter labentia signa. Que mare
nauigerum que terras frugi
ferentis. Concelebras. per te quo
niam genus omne animantum.

Concipitur uisitq̄; exortum lumina solis.
Te dea te fugiunt uenti te nubila celi.
Aduentum q̄; tuum. tibi suauis dedala tellus
Submittit flores tibi rident equora ponti
Placatum q̄; nitet diffuso lumine celum.
Nam simul ac species patefacta est uerna diei
& reserata uiget genitabilis aura fauoni
Aerie primum uolucres te diua tuūq̄;
Significant initum perculse corda tua ui.
Inde fere pecudes persultant pabula leta.
Et rapidos tranant amnis ita capta lepore
Te sequitur cupide quocunq̄; inducere pergis.
Deniq̄; per maria ac montis fluuiosq̄; rapacis
Frondiferasq̄; domos auium camposq̄; uirentis
Omnibus incutiens blandum per pectora amorē
Efficis ut cupide generatim secla propagent.
Que quoniam rerum naturam sola gubernas
Hec sine te quicq̄ dias in luminis oras
Exoritur. neq̄; fit letum neq̄; amabile quicq̄

Das Gedicht De rerum natura *von* LUKREZ (Bibliotheca Corviniana, Nationalbibliothek, Wien [2.16])

FARBTAFEL VI

Aristoteles ist ein Künstler der vollendeten Weisheit, Berater der Natur und ihr bewundernswerter Partner in ihren Tätigkeiten und Meisterwerken; er ist zu uns gesandt worden, um als Diakon in Sachen der Natur eine jede ihrer Äußerungen erfolgreich, wahrheitsgetreu und genau zu verkünden, so, wie sie gerade zu finden ist und nach welchen Prinzipien sie geschaffen wurde.

Wer *Platons* oder *Aristoteles'* Weisheit nicht für einen großen, ja sogar für den größten Schatz und für bewundernswert hält, ja sogar mehr als bewundernswert hält, solch ein Mensch hat — so meine ich — für die Gänze des menschlichen Lebens, so wie es ist, keinen vernünftigen Sinn. Es sind ja alle Äußerungen dieser Meister solcher Art wie nach ihrer Bemerkung die Äußerungen der Pythia, nämlich daß allein die Tatsache, von ihnen geäußert und durch sie bestimmt worden zu sein, schon dazu genügt, um uns davon abzuhalten, etwas Größeres suchen zu wollen, es zu versuchen, weitere Gedanken noch hinzuzufügen oder weitere Entdeckungen zu machen. Es soll sich jedermann damit zufriedengeben, sie mit Ergebung als Lehrer und Erklärer anzuerkennen.

THEODOROS METOCHITES: *Hypomnema*

Das römische Recht ist die Grundlage des byzantinischen Rechts gewesen. Vorher bestehen Reichsrecht und Volksrecht im griechischen Osten nebeneinander, durchdringen sich aber allmählich, die religiösen Anschauungen des Christentums gewinnen Macht auch in den rechtlichen Vorstellungen. Dann veranlaßt *Justinian* die grandiose Zusammenfassung des römischen Rechts und macht es zur einzigen Grundlage des Rechts im byzantinischen Staate. Die Wirkungen sind unermeßlich gewesen. Setzt das östliche Reich fast in jeder anderen Beziehung alte Kultur in ununterbrochener Linie fort, so bleibt durch die Tat *Justinians* auch der sicher geordnete Rechtsstaat bestehen. Diese Überlegenheit über alle Barbarenvölker des Mittelalters ist nie verloren gegangen. Vermittelt durch Byzanz erstrecken sich die Wirkungen des römischen Rechts auch nach den slawischen Völkern…

Die Kirche des byzantinischen Reiches hat nie vergessen, daß ein Kaiser, der Gründer des Reiches, ihr die Sicherheit des Daseins gegeben hatte. Sie verschloß beinahe willig die Augen vor der Tatsache, daß sie mit dem Staate eng verbunden wurde, selbst ein Teil der staatlichen Organisation werden sollte und ihre innere Freiheit damit verlieren mußte. Die Kirche des Abendlandes hat sich unter schweren Kämpfen später die Selbständigkeit wieder errungen, das Ziel konnte aber nicht anders erreicht werden als durch vollständige Trennung vom östlichen Reiche. *Konstantin* hat sich als pontifex maximus auch im christlich gewordenen Staat gefühlt, *Justinian* als Theologe auf die Bildung von Dogmen entscheidenden Einfluß geübt…

Ausbildung und Pflege der geistigen Kräfte betrachteten die Griechen auch im Mittelalter jederzeit als Pflicht. Bis in die justinianeische Epoche wirkte unmittelbar die Antike fort, das Christentum hatte wohl das Ziel der Bildung, zunächst aber weder die Methoden noch die Mittel geändert. Seit dem 6. Jahrhundert verschiebt sich langsam das Bild. *Justinian* wandte sich bewußt von dem hellenischen Bildungsideal ab. Es ist ein Irrtum, die Aufhebung der Philosophenschule von Athen für einen gleichgültigen Schlußakt zu halten, sie bedeutet doch einen Markstein und Wendepunkt in der Geschichte des griechischen Geisteslebens. Die Bildung der Byzantiner durfte fortan nur christlich sein. Die Wirkung war zunächst die Periode des Niederganges, dem das Zeitalter *Justinians* folgte. Doch ging die geistige Bildung im Ostreich nicht so gründlich verloren wie in Westeuropa und schneller als hier kamen wieder Zeiten, da das Studium der nie ganz vergessenen Antike der Bildung neue Kräfte gab…

JUSTINIAN (482–565), oströmischer Kaiser 527–565, war ein bedeutender Rechtsreformer der späten Sklavereigesellschaft. Er veranlaßte die Zusammenstellung des *Corpus Iuris Civilis* und strebte danach, den Glanz des alten Römischen Reiches wiedererstehen zu lassen; er ließ aber auch die Athener Philosophenschule schließen (529).

Im rehellenisierten Oströmischen Reich bildete sich eine eigenständige Kultur, die byzantinische, heraus, die die antiken Traditionen bewahrte und in ihnen erstarrte.
Ravenna, San Vitale (Lichtbild: *Leonhard von Matt*)

So ist die Wissenschaft in Byzanz niemals in ernsten Konflikt mit der Kirche geraten, aber auch nie zu wahrer Freiheit durchgedrungen. Ein scholastischer Zug beherrschte das Denken des griechischen Mittelalters, lange bevor im Westen das Zeitalter der Scholastik begann. *Aristoteles* war der griechischen Welt nie unbekannt geworden, seine Wirkung auf die Denkweise der griechischen Theologie verrät sich bereits im 6. Jahrhundert in den Schriften des *Leontios* von Byzanz. Als Feind der Kirche galt *Plato*. Es lebte lange die Erinnerung an die Kämpfe fort, die das Christentum auch noch in nachkonstantinischer Zeit gegen den Neuplatonismus hatte führen müssen, und ein halbes Jahrtausend hat es gedauert, ehe platonische Gedanken wieder lebendig wurden. *Psellos* betrachtete sich als den Propheten *Platos* und erklärte *Aristoteles* den Krieg, im Zeitalter der Komnenen wurde der Platonismus wieder eine Macht. Aber diese Entwicklung hat die lateinische Eroberung zerstört, das Denken der letzten Jahrhunderte steht mehr als je im Zeichen des *Aristoteles*. In dieser Formulierung ist es von starkem Einfluß auf das geistige Leben des Abendlandes geworden, die Logik und Physik von *Nikephoros Blemmydes* hatten im 15. und 16. Jahrhundert an den Hochschulen Italiens und Frankreichs einen weiten Leserkreis. Umgekehrt fand im 14. Jahrhundert der Thomismus seinen Weg auch nach Byzanz und *Gemistos Plethon* wurde nicht in Konstantinopel oder Mistra, sondern in der Akademie von Florenz mit den Gedanken des Neuplatonismus vertraut.

Alle höhere Bildung war religiös-theologisch und zugleich humanistisch in unlösbarer Vereinigung. Es gab keinen vornehmen Byzantiner, der die Heilige Schrift und die Lehren der Väter nicht genau gekannt hätte, aber ebenso vertraut war allen die Welt der homerischen Gedichte und ein weiterer oder engerer Kreis der klassischen Literatur. Weder in der Methode noch in den Gegenständen hat sich im Mittelalter der Unterricht von den Grundlagen der römischen Kaiserzeit entfernt, sprachliche Schulung, Rhetorik und Philosophie behaupteten das Feld. Auch in den Naturwissenschaften schritt niemand über die Grenzen des aristotelischen Wissens hinaus, in der Medizin und in der Technik wurden die Byzantiner bald von den Arabern, später auch vom Abendlande überflügelt. Die griechische Tradition ist auch auf diesem Gebiete herrschend geblieben und hat die Grenzen gesteckt. Verhängnisvoll wurde es für die Weltgeschichte, daß die slawischen Völker, die von den Byzantinern zu höherer geistiger Kultur geführt wurden, nur die christlich-theologische Bildung aufnahmen Die Gedankenwelt des griechischen Geistes blieb ihnen verschlossen und fand erst um Jahrhunderte später, vom Abendland vermittelt, bei ihnen Eingang.

A. HEISENBERG: *Staat und Gesellschaft des byzantinischen Reiches.* 1923

XLVIII. KAPITEL. Von der täglichen Handarbeit. Müßiggang ist ein Feind der Seele. Deshalb müssen sich die Brüder zu bestimmten Zeiten mit Handarbeit und wieder zu bestimmten Stunden mit heiliger Lesung beschäftigen. Wir glauben daher für beides die Zeit durch folgende Bestimmung zu regeln: Von Ostern bis zum 14. September verrichten die Brüder von der Frühe nach Schluß der Prim bis nahe an die vierte Stunde die notwendigen Arbeiten. Von der vierten bis ungefähr zur sechsten Stunde beschäftigen sie sich mit Lesung. Wenn sie nach der sechsten Stunde sich vom Tisch erheben, sollen sie in tiefem Schweigen auf ihren Betten ausruhen, oder, wer es etwa vorzieht zu lesen, lese so für sich allein, daß er einen andern nicht stört. Die Non werde etwas früher gehalten um die Mitte der achten Stunde, und dann verrichten sie bis zur Vesper wieder die notwendige Arbeit. Wenn es aber die örtliche Lage oder Armut verlangte, daß die Brüder selbst die Feldfrüchte einernteten, sollen sie darüber nicht ungehalten sein. Dann sind sie ja in Wahrheit Mönche, wenn sie gleich unseren Vätern und den Aposteln von der Arbeit ihrer Hände leben. Doch soll der Schwachen wegen alles mit Maß geschehen.

Während der Tage der Fasten aber ist von der Frühe bis zum Ende der dritten Stunde Zeit für Lesung; dann verrichten sie bis zum Ende der zehnten Stunde die ihnen aufgetragene Arbeit. Für diese Tage der Fastenzeit erhalte jeder ein Buch aus der Bibliothek, das er von Anfang an ganz lesen soll. Diese Bücher müssen am Anfang der Fasten ausgeteilt werden. Es sollen aber vor allem ein oder zwei ältere Brüder den Auftrag erhalten, zu den Stunden, wenn die Brüder der Lesung obliegen, durch das Kloster zu gehen und nachzusehen, ob sich nicht ein träger Bruder finde, der anstatt eifrig zu lesen, müßig ist oder schwätzt und so nicht bloß selber keinen Nutzen davon hat, sondern sogar noch andere stört. Fände sich ein solcher, was ferne sei, so werde er einmal und noch ein zweites Mal zurechtgewiesen; bessert er sich nicht, dann verhänge man über ihn die von der Regel vorgesehene Strafe und zwar so, daß die anderen Furcht bekommen. Kein Bruder darf zu ungehöriger Zeit mit einem anderen verkehren.

Mönche bei der Ernte (Gemälde von *Jörg Breu*, 1500; Zwettl, Stiftskirche)

Auch am Sonntag sollen sich alle mit Lesung beschäftigen mit Ausnahme derer, die mit den verschiedenen Ämtern betraut sind. Wäre aber einer so nachlässig und träge, daß er betrachten oder lesen nicht mag oder nicht kann, so gebe man ihm eine andere Beschäftigung, damit er nicht müßig bleibe. Kranken oder an harte Arbeit nicht gewöhnten Brüdern weise man solche Arbeit oder solche Beschäftigung an, daß sie nicht untätig seien und auch nicht durch die Last der Arbeit niedergedrückt werden oder schließlich noch das Kloster verlassen. Auf ihre Schwäche soll der Abt Rücksicht nehmen.

Die Regel des heiligen Benedikt.
Deutsch von *P. Pius Bihlmeyer*. 1914

FARBTAFEL VIII

Die „technische Revolution" im Mittelalter führte zu einer spektakulären Produktivitätserhöhung in der Landwirtschaft. Die im Bild dargestellten Geräte sind auch heute noch im Gebrauch — hie und da sogar in Europa (*Grimani-Breviarium,* Venedig, Bibliotheca Nazionale Marciana)

Das Wasser tritt in solcher Menge in die Abtei ein, wie es die Regulierschleuse zuläßt. Es fließt zuerst auf die Getreidemühle, wo die schweren Räder angetrieben werden; dann schüttelt es das Sieb, welches die Kleie vom Mehl abtrennt. Von da fließt das Wasser in ein anderes Gebäude und füllt die Kochtöpfe, in dem die Mönche das Bier erzeugen, um damit den Mangel auszugleichen, der durch eine fallweise spärliche Weinlese verursacht wurde. Damit hat aber das Bächlein seine Arbeit nicht getan: Es fließt zu den Walkwerken, wo es die schweren Hämmer und Schlegel hebt und fallen läßt, um damit zur Herstellung der Kleider der Mönche seinen Beitrag zu leisten. Danach folgt die Gerberei, wo die Fußbekleidungen erzeugt werden; das Bächlein teilt sich jetzt in mehrere kleine Arme, die durch mehrere Gebäudetrakte hindurchfließen und nützliche Dienste leisten, sei es beim Kochen, Waschen, Schroten oder bei sonst einer Tätigkeit. Endlich hat das Wasser, die Mönche zu vollem Dank verpflichtend, alle Arbeit hinter sich gebracht, nimmt aber auch alle Abfälle mit sich und läßt alles gereinigt zurück.

Die Abtei von Clairvaux. Mumford: The City in History. pp. 258—259

FARBTAFEL IX

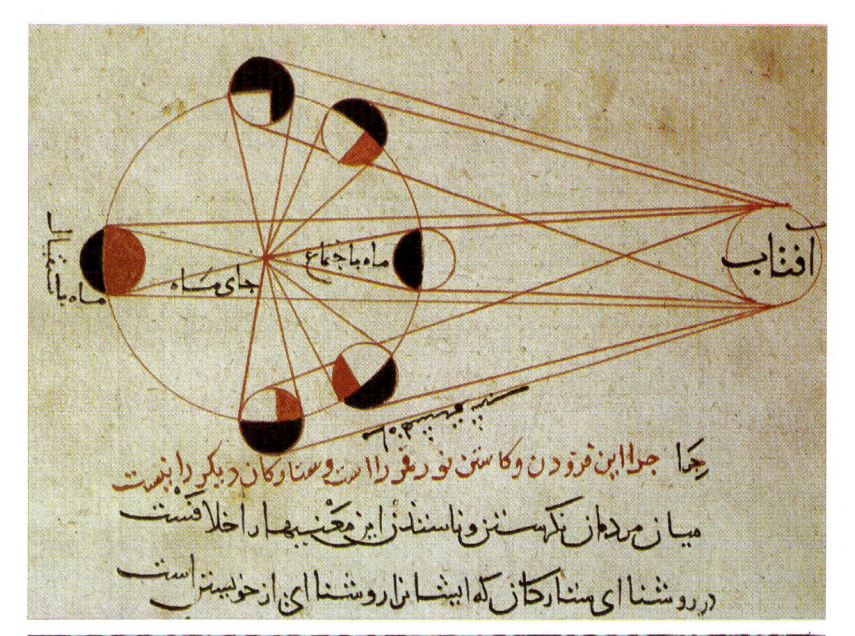

Aus den Ergebnissen der islamischen Wissenschaft
a) Erklärung der Mondphasen im Buche von *Al-Biruni*
b) Farbe, Form und Geometrie in der islamischen Kunst
Seyyed Hossein Nasr: Islamic Science. World of Islam Festival Publishing Company (Lichtbilder: *Roland Michaud*)

Wissenschaftler des Orients sprechen oft statt von der arabischen Wissenschaft von der islamischen und betonen damit gegenüber dem nationalen den geistigen Grundcharakter dieser Kultur, die Gemeingut verschiedener Völker und Länder geworden ist. Das folgende Zitat gibt Einblick in die Haltung des zeitgenössischen persischen Gelehrten *Seyyed Hossein Nasr.*

Der Islam hat Teil am geistigen Erbe aller größeren Zivilisationen, die vor ihm bestanden — mit Ausnahme der des Fernen Ostens —, und wurde zum Zufluchtshafen, in dem verschiedene intellektuelle Traditionen wieder aufzuleben vermochten, wenn auch etwas abgeändert und inmitten einer neuen geistigen Welt. Dies muß wiederholt festgestellt werden, um so eher, als es im Westen viele Leute gibt, die irrtümlicherweise glauben, der Islam hätte lediglich als Brücke gedient, über welche das Geistesgut der Antike ins Mittelalter gelangen konnte. Diese Annahme ist jedoch völlig abwegig. Es konnte nämlich keine Idee, Theorie oder Lehre auf Einlaß in die Hochburg der islamischen Gedankenwelt rechnen, die nicht vorher in einem Moslemisierungsprozeß in die islamische Gesamtsicht der Welt integriert worden wäre. Was nicht in Einklang (Frieden, salam) mit dem Islam gebracht werden konnte, verschwand früher oder später vom Schauplatz des islamischen Geisteslebens oder wurde zu einem Randmuster auf dem Teppich der islamischen Wissenschaften.

Die Stromkulturen Ägyptens und Mesopotamiens hatten in der Medizin und der Mathematik schon einen außerordentlich hohen Stand erreicht, bevor die Griechen begannen, sich damit zu befassen und sie weiterzuentwickeln. Gestützt auf diese lange Tradition des Studiums von Himmels- und Naturerscheinungen, brachte Griechenland seinerseits innerhalb relativ kurzer Zeit — in nicht ganz drei Jahrhunderten — Gelehrte wie *Thales, Pythagoras, Platon* und *Aristoteles* hervor, wonach sich der Schwerpunkt der wissenschaftlichen Tätigkeit nach Alexandria verlagerte. Auf dem Boden Ägyptens, zu einer Zeit, als die griechische Macht ihrem Ende entgegenging und die alte ägyptische Zivilisation in ihren letzten Zügen lag, gelang eine neue Synthese griechischer, ägyptischer und morgenländischer Wissenschaft, was zu einer der fruchtbarsten Epochen der Wissenschaftsgeschichte führte, in der Männer wie *Euklid, Ptolemäus* und — mittelbar — *Galen* wirkten, historische Gestalten, die in die islamische Zivilisation einzogen, als wären es moslemische Lehrer und Meister gewesen. Zum Verständnis der islamischen Wissenschaft ist es auch wichtig, sich vor Augen zu halten, daß das griechisch-hellenistische Erbe vom Islam nicht unmittelbar aus Athen, sondern über Alexandria übernommen wurde, die Lehre *Platons* meist über die Ideen der Neoplatoniker, die des *Aristoteles* über *Alexander von Aphrodisias* und *Themistios.* In ihrer Art, mystische Elemente mit strenger Logik zu verbinden, verschiedene wissenschaftliche Traditionen zur Synthese zu bringen, alle Wissenschaften in einer Hierarchie darzustellen, die auf die Art und Weise, Kenntnisse zu besitzen, Bezug nimmt, und noch in vielen anderen Hinsichten ist die alexandrinische Wissenschaft ein historischer Vorläufer der islamischen und wurde auch in der Tat ebenso vollständig in die islamische Wissenschaft integriert, wie das Alexandria des *Ptolemäus* und *Origenes* zum Juwel des islamischen Ägyptens wurde, zur Heimat von Meistern wie *Ibn Ata allah al-Iskandari.*

Freilich erfolgte die Übertragung der griechisch-hellenistischen Überlieferung nicht direkt, es liegen ja mehrere Jahrhunderte christlicher Geschichte zwischen dem goldenen Zeitalter Alexandrias und dem Aufstieg des Islams.

Was nun die persische Welt betrifft, hat sie ebenfalls der islamischen Zivilisation viel Wissensgut übermittelt: teils eigenes und teils solches, dessen Ursprünge in Griechenland und Indien zu suchen sind. Unter den Sassaniden entwickelten die Perser Jundishapur, das unweit der heutigen persischen Stadt Ahwas lag, zu einem Universitätszentrum, das sich stetig entwickelte und schließlich das Erbe von Antiochia und Edessa antrat, ein Zufluchtsort für Gelehrte aller Länder, und zur Zeit, als die Sassanidenherrschaft ein Ende nahm, zweifellos das wichtigste wissenschaftliche Zentrum des westlichen Asiens, insbesondere auf dem Gebiet der Heilkunde. Jundishapur war ein Sammelplatz des Kosmopolitentums, wo persische, griechische und indische Gelehrte zusammenkamen und gemeinsam arbeiteten. In vielen Beziehungen, insbesondere medizinischen, war diese Schule mehr als irgendeine andere die lebende Brücke zwischen der islamischen Wissenschaft und der des Altertums. Während dieser Zeit bekundeten die Perser ein reges Interesse an Astronomie und Pharmakologie und machten neben dem eifrigen Studium der indischen und griechischen Errungenschaften auch eigene wichtige Entdeckungen. Persien hat zu fast allen Teilgebieten der islamischen Zivilisation wesentliche eigene Beiträge geliefert, wurde geographisch zu einem ihrer Hauptzentren und spielte auch im Zustandekommen dieser Zivilisation eine Hauptrolle. Auf dem Gebiete der Naturwissenschaften hat Persien in dreifacher Hinsicht eine Übermittlerrolle gespielt: Es hat seine eigene wissenschaftliche Tradition dem Islam überantwortet, wie z. B. in den *Königlichen Astronomischen Tafeln (Zij-i schachriar);* es machte den Mohammedanern die griechische Wissenschaft zugänglich, die bislang nur ins Pahlawi oder Syrische übersetzt worden war, jedoch an Zentren wie dem von Jundishapur gelehrt wurde, und schließlich gab es an den Islam viel von der indischen Wissenschaft weiter, besonders von den Sassaniden geförderte Heilkunde, Sternkunde und Naturkunde. Für letztere ist ein leuchtendes Beispiel die *Kalilah wa Dinnah,* die erst aus dem Sanskritischen ins Pahlawi, dann von *Ibn Muqaffa'* ins Arabische übersetzt wurde und bald als eines der Glanzstücke arabischer Literatur galt, gleichzeitig aber auch ein Quellenwerk moslemischer Naturgeschichte darstellte.

FARBTAFEL X

Ein Universitätsstilleben im Mittelalter (wie es aber auch heute zu beobachten ist)
(Miniatur, *Laurencius de Voltolina* – *Liber ethicorum*, 2. Hälfte des 14. Jahrhunderts; Staatliche Museen Berlin)

Tam pro papa, quam pro rege
Bibunt omnes sine lege.
  Bibit constans, bibit vagus,
  Bibit rudis, bibit magus;
Bibunt omnes sine meta,
Quamvis bibant mente laeta.
  Sic nos rodunt omnes gentes
  Et sic erimus egentes.

Für den Papst und für den König
Trinkt ein jeder gar nicht wenig;
  Ob ihr seßhaft, ob ihr fahret,
  Albern oder hochgelahret,
Trinkt, ja trinkt in vollen Zügen,
Trinken nur macht uns Vergnügen!
  Alles schilt drob sonder Zweifeln,
  Uns ist's eins, uns armen Teufeln!

Motto
Bacchus tollat,
Venus molliat
  Vi bursarum pectora –
Et immutet
Et computet
  Vestes in pignora.

Wein erhebe,
Lieb' belebe
  Mächtig jedes Burschen Brust,
Wenn auch leider
All die Kleider
  In das Pfandhaus erst gemußt.
Carmina Burana

Der Magister tritt auf das Lehrerpult, nimmt ein Werk des *Aristoteles* vor, liest einen Abschnitt daraus, erklärt ihn und fügt Kommentare hinzu (*Thomas de Aquino: Commentarius super libros De caelo et mundo Aristotelis*). Viele haben noch in ihrer Kommentierung andere nachgeahmt: *Averroës*, „der Kommentator", war meistens das Vorbild.

Einige Lehrer stellten Fragen (Gibt es in der Natur ein Vakuum?) und suchten die Antwort in *Aristoteles'* Werken (*Albertus de Saxonia: Questiones in Aristotelis libros De caelo et mundo*).

Wortklauberei, Wortdrescherei: die herkömmlichen Bezeichnungen für geistige Tätigkeit dieser Art. Tatsächlich: es scheint nicht die beste Methode zu sein, die Kreativität der Studenten zu entfalten.

Und wenn man noch das Mißtrauen der Kirche berücksichtigt, mit dem sie das mögliche Auftauchen von Folgerungen beobachtete, die eventuell mit den Dogmen des Glaubens im Widerspruch stehen...

Wenn man aber gerade die Geschichte der Bewertung des Aristotelischen Vermächtnisses betrachtet, so kommt man zur Einsicht, daß die Freude am Innehaben des antiken Wissensschatzes und die Begeisterung für seine allseitige Entfaltung auf der einen Seite, der Gegenangriff der Kirche mit dem geistigen Rüstzeug gleichen Ursprungs — nämlich der Aristotelischen Logik — auf der anderen Seite, die Möglichkeit einer dynamischen Entwicklung in sich bergen. Am Anfang des 13. Jahrhunderts, im Jahre 1215, war das Lehren der naturphilosophischen Ansichten des *Aristoteles* an der Pariser Universität untersagt; doch finden wir in einer Aufzählung der Lehrbücher dieser Universität aus dem Jahre 1255 alle seine damals zugänglichen Werke und sogar meistens in der materialistisch-deterministisch gefärbten Interpretation von *Averroës*. 1277 hat Papst *Johannes XXI* dem Pariser Bischof die Anweisung gegeben, eine Untersuchung der Debatte — nach dem heutigen Wortgebrauch — zwischen der religiösen Ideologie und der Wissenschaft einzuleiten. Der Bischof stellte in seinem Übereifer mit Hilfe von Theologen 219 Thesen zusammen — darunter einige sogar von *Thomas von Aquino* selbst — deren Lehre unter Androhung der Exkommunikation verboten wurde. Unter den verbotenen Thesen waren solche, die die strenge Determiniertheit der Natur behaupteten, andere hielten an der doppelten Wahrheit fest, es gab auch Thesen, die den Nutzen der Theologie, ja sogar ihren Anspruch, als Wissenschaft zu gelten, in Frage stellten. Wir möchten betonen, daß die Theologen sich nicht damit begnügten, die Gegenmeinung auf administrativem Wege zum Schweigen zu bringen. Der Determinismus bezweifelte die Allmächtigkeit Gottes. Die Strategie des geistigen Gegenangriffes war folgende: Gott schuf die Welt wohlgeordnet, aber in seiner Allmächtigkeit hätte er sie auch anders schaffen können, wenn er es gewollt hätte. Die Welt ist also nicht notwendigerweise eine solche, wie sie es tatsächlich ist. Ihre Gesetzmäßigkeiten können also nicht aus irgendwelchen Prinzipien abgeleitet werden; zwischen eventuellen (kontingenten) Dingen können somit keine notwendigen Relationen bestehen (*Ockham, Nicole d'Autrecourt*).

Es gibt moderne Wissenschaftshistoriker, die behaupten (*P. Duhem*), andere, die in Frage stellen (*A. Koyré*), daß durch solche Überlegungen gerade die Theologen zum radikalen Empirismus gelangten, der unter Berücksichtigung der Beiträge der Wissenschaftler (*Buridan, Albertus de Saxonia*) zu einem der wichtigsten Grundprinzipien der westlichen Naturwissenschaft führte: Die Welt ist wohlgeordnet, aber ihre Gesetzmäßigkeiten können rein gedanklich nicht erfaßt werden, es müssen auch empirische Beobachtungen angestellt werden.

FARBTAFEL XI

> Ihr nennt diesen einen stummen Ochsen; auf sein Gebrüll wird einmal die ganze Welt aufhorchen.
> *Albertus Magnus* über seinen Schüler *Thomas von Aquino*

Aus einem Werk von *Thomas von Aquino* auf einer mittelalterlichen Handschrift der Bibliotheca Corviniana. Seine Gedanken sprechen auch den heutigen Menschen noch an, anders als die „philosophischen" Erwägungen des „doctor angelicus", die der christlichen Ideologie eng verbunden sind und die wir heute nur noch als unnützes Geistestraining ansehen können, mit denen sich bestenfalls die Argumentations- und Diskussionsfertigkeit fördern läßt.

Versuchen wir uns aber in die geistige Situation dieser Zeiten hineinzudenken, so kommen wir zu einer anderen Sicht dieser Dinge. Nur so können wir zum Beispiel die Heftigkeit — wörtlich bis aufs Messer — des Universalienstreites verstehen. Es handelt sich um das scheinbar abstrakte philosophische Problem, wie sich die Seinsform des allgemeinen Begriffes (die des Menschen z. B.) zu der Seinsform des Konkreten (zu der des *Sokrates* z. B.) verhält. Die Realisten antworteten auf diese Frage im Geiste *Platons* und *Augustinus*': Das Allgemeine ist das reell Seiende, als die Idee des Konkreten, als Gedanke Gottes. Die Substanz der gleichen Dinge stellt eine Einheit dar, das Konkrete wird nur durch die Akzidenzien, d. h. durch sekundäre unwesentliche Eigenschaften unterschieden *(universalia ante rem)*. Die *Nominalisten* behaupteten dagegen: Nur dem Konkreten kann ein reelles Dasein zugeschrieben werden, der allgemeine Begriff ist nur ein zusammenfassender Name *(nomen, daher der Name; universalia post rem)*. Einen vermittelnden Standpunkt vertrat der *Konzeptualismus*: Das Universale existiert auch, aber nur in den Einzeldingen *(universalia in re)*. Der Universalienstreit flammte schon im 11. Jahrhundert auf. *Gerbert*, der spätere *Papst Sylvester II.*, war ein begeisterter Nominalist; *Roscellinus* (Lehrer *Abelards*) ließ sich vom Nominalismus zur Ketzerei führen; der Streit wurde für eine Zeit zugunsten des Realismus entschieden; erst im 14. Jahrhundert konnte sich der Nominalismus wieder behaupten *(Ockham)*.

Von den vielen Dogmen, die das Alltagsleben der Menschen im Mittelalter durchwirkt haben, soll im Zusammenhang mit dem Obengesagten nur eines erwähnt werden. Wenn das Allgemeine kein reelles Dasein besitzt, so kann wegen Adams Sündenfall die Menschheit durch Gott nicht verurteilt werden, auch kann *Christus* die Menschheit nicht erlösen, es ist sogar die Erlösung von der Erbsünde überflüssig. Kein Zufall, daß der Marxismus den Universalienstreit als die mittelalterliche Form der Auseinandersetzung zwischen dem Materialismus (nämlich dem Nominalismus) und dem Idealismus (nämlich dem Realismus; achte auf die irreführende Benennung!) betrachtet.

Prädestination und Freiheit. Es wäre ein Irrtum zu behaupten, daß die menschlichen Handlungen und Ereignisse nicht dem göttlichen Vorherwissen und der göttlichen Vorherbestimmung unterworfen wären. Aber nicht weniger irrtümlich wäre zu lehren, daß die göttliche Fügung und Vorherbestimmung den menschlichen Handlungen eine Notwendigkeit aufzwingt. Damit würden auf einen Schlag die Freiheit des Wählens, die Macht des Ratgebens, der Nutzen der Gesetze, der Eifer zu Wohltaten, die Gerechtigkeit der Belohnung und der Strafe aufhören.

Vor allem müssen wir bedenken, daß das Wissen Gottes von den Dingen von anderer Art ist als das der Menschen. Der Mensch ist nämlich der Zeit unterworfen, und so erkennt er die Dinge in ihrem Verhältnis zur Zeit; einige sieht er gegenwärtig, von anderen spricht er als vergangenen und anderen sieht er als künftigen entgegen. Gott steht dagegen über dem Lauf der Zeiten; Sein Dasein ist ewig, und so ist auch Sein Wissen kein zeitbedingtes, sondern ein ewiges. In der Ewigkeit gibt es aber kein Früher und Später, da sie an keiner Veränderung teil hat. So existiert die Ewigkeit zu derselben Zeit. Und so wird was uns als jetzig, vergangen oder künftig erscheint, von Gott gleichsam als gegenwärtig gesehen, unfehlbar und gewiß gewußt, ohne dabei, was ein Zufälliges ist, in seinem Dasein zu zwingen. Wir erhalten ein treffendes Bild, wenn wir den Verlauf der Zeit mit dem Straßenverkehr vergleichen. Wenn jemand auf einer Straße geht, wo viele Leute wandeln, kann er die Vorangehenden gut sehen, aber wer hinten ihm kommt, weiß er nicht bestimmen. Wer sich aber an einer hochgelegenen Stelle befindet, von welcher er den ganzen Weg überschauen kann, sieht alle Vorübergehenden. So ist auch der Mensch in der Zeit und kann nicht den Lauf der Zeit überschauen; er sieht nur das, was sich vor seinen Augen ereignet, d. h. die gegenwärtigen Dinge und ein klein wenig aus der Vergangenheit; die Zukunft kann er aber nicht mit Gewißheit vorhersehen. Gott aber, von der Höhe der Ewigkeit, übersieht mit Sicherheit alle Dinge als gegenwärtige, ohne dabei den eventuellen die Notwendigkeit aufzuzwingen...

Die Betrachtung der Wahrheit. Wenn nun die höchste Glückseligkeit des Menschen nicht in äußeren Dingen zu suchen ist, die materielle Güter genannt werden, nicht in körperlichen Vorzüglichkeiten... auch nicht in geistiger Vorzüglichkeit im alltäglichen Tun, also Klugheit und Geschick, so bleibt nichts anderes übrig, als daß die letzte Glückseligkeit des Menschen in der Betrachtung der Wahrheit liegt.

Diese Tätigkeit ist nämlich das, was nur dem Menschen eigen ist, kein anderes Lebewesen ist ihrer teilhaftig. Und sie richtet sich auf kein anderes Endziel, da die Betrachtung der Wahrheit ihr Ziel in sich birgt. In dieser seiner Tätigkeit gleicht der Mensch den höheren Wesen, da Gott und die Engel unter den menschlichen Tätigkeiten nur diese ausüben.
Bei dieser Beschäftigung hat der Mensch an sich selbst genug, da er auf Hilfe äußerer Dinge am wenigsten angewiesen ist.

Es ist offenbar, daß die Gesamtheit aller menschlichen Tätigkeiten auf dieses Ziel gerichtet ist. Die Betrachtung der Wahrheit erfordert nämlich einen unverdorbenen Zustand des Körpers: Dazu dienen alle Güter, die zum Aufrechterhalten des Lebens nötig sind. Es ist weiter die Freiheit von der wirren Zügellosigkeit der Leidenschaften nötig. Diese kann durch die sittlichen Tugenden und durch die Klugheit erreicht werden. Genauso benötigt diese Tätigkeit die Freiheit von jeglicher äußeren Beunruhigung. Das bezwecken alle Regelungen des bürgerlichen Lebens. Wenn wir also der Sache auf den Grund gehen, können wir bestätigen, daß alle menschlichen Tätigkeiten und Berufe denjenigen zu dienen haben, die die Wahrheit suchen. *Thomas von Aquino*

FARBTAFEL XII

Bücher, deren Äußeres und deren Inhalt charakteristisch für das 16. und 17. Jahrhundert sind. *Augustinus: De Civitate Dei* (1527); ein Predigtenbuch; ein populärwissenschaftliches Werk von *Casparus Schott: Physica curiosa* (1675); ein für *Alfons von Aragonien* verfaßtes Buch über die Rechte und Pflichten der Könige (1608) (Lichtbild: *Tamás Szigeti*)

Form der Buchstaben sowie Gestaltung der Seiten in diesen Büchern sind schon völlig die unserer heutigen Bücher. Die Einbände sind allerdings massiver und mit Verzierungen versehen.

In der ersten Zeit wurde auch hinsichtlich der inneren Verzierung angestrebt, die Kodex-Form nachzuahmen. Davon zeugt eine auf Farbtafel XIII dargestellte Seite aus der sog. 42zeiligen Gutenbergbibel. Die Verzierungen in diesen Büchern sind von Hand angefertigt. Die Verehrung für die Kodexe hielt jedoch die Buchbinder nicht davon ab, Kodexmaterial zur Versteifung von Buchrücken oder unmittelbar als äußeren Einband zu verwenden. Das ist auf unserer Tafel, z. B. bei dem im Vordergrund dargestellten Buch, der Fall gewesen. So sind in manchen Büchern Raritäten zu finden.

Mit dem verständnisvollen und vielleicht etwas spöttischen Lächeln der chinesischen Statuette soll der Leser darauf aufmerksam gemacht werden, daß die Urheimat des Buchdrucks China ist. Dort wurde schon im zweiten Jahrhundert v. u. Z. Papier benutzt. Die Herstellung dieses Schreibmaterials wurde dann im 8. Jahrhundert von den Arabern in Samarkand aufgenommen; in Spanien ging die erste Papiermühle im 12. Jahrhundert in Betrieb. Was nun die eigentliche Buchdruckerkunst betrifft, haben die Chinesen erst Holzblöcke benutzt, nach dem 11. Jahrhundert aber auch versetzbare, aus gebranntem Ton gefertigte Ideogramme und seit dem 14. Jahrhundert versetzbare Metallzeichen zur Vervielfältigung von Texten. Der Druck mit Holzblöcken war im späten Mittelalter auch in Europa bekannt *(Biblia pauperum)*. Mit der Erfindung der modernen Buchdrucktechnik, die *Johannes Gutenberg* (etwa 1397–1468) zu verdanken ist, konnte jedoch der Stand der ostasiatischen Handwerkskunst nicht nur erreicht, sondern auch übertroffen werden. Das ist teilweise der Verwendung unseres phonetischen Alphabets (im Vergleich zu den mehr als 40 000 chinesischen Schriftzeichen) zu verdanken, andererseits aber auch der Buchdruckerpresse, *Gutenbergs* eigener Erfindung, deren Anwendung im Fernen Osten gänzlich unbekannt war. Kennzeichnend für die Nachfrage nach gedruckten Büchern ist die rasche Zunahme der Zahl von Druckereien: Um 1500 sind es in Europa schon etwa 250, in größeren Städten wie Köln, Venedig, Bologna oder Paris je mehrere Dutzend, vielleicht auch hundert oder mehr.

Die Verbreitung der Druckereien ist in erster Linie ein Verdienst der deutschen Buchdrucker — schreibt *Fisher* in seiner *History of Europe* und zitiert einen zeitgenössischen Autor: Wie früher die Apostel die Welt durchzogen und das Evangelium verkündeten, so durchziehen in unseren Tagen Meister dieses neuen Handwerks die Länder; mit ihren Büchern sind sie die Sendboten der Schrift, die Verbreiter der Wahrheit und der Wissenschaften.

Über die Zahl der Inkunabeln — so werden die vor 1500 gedruckten Bücher genannt, das Wort *incunabulum* bedeutet Wiege — gibt es nur grobe Schätzungen. Größenordnungsmäßig 35 000 Werke in durchschnittlich je 200 bis 300 Exemplaren sind registriert, insgesamt also ungefähr 9 Millionen Inkunabeln.

In den Randgebieten der europäischen Kulturwelt war die Lage etwa folgende: In Ungarn wurde die erste Druckerei im Jahre 1473 in Buda (Ofen) gegründet. In Polen begann eine Druckerei in Krakau 1474 mit der Arbeit, in England interessanterweise erst zwei Jahre später. In Rußland die Druckerei *Iwan Fjodorows* 1564, in Nordamerika (Cambridge) 1639.

Das Buch — d. h. der gedruckte Buchstabe und das Bild in Druckwerken — blieb bis Mitte unseres Jahrhunderts das wichtigste, sozusagen ausschließliche Mittel der Verbreitung und Aufzeichnung von Informationen in gesellschaftlichen Maßstäben. Heutzutage haben an der Übertragung von Informationen Rundfunk und Fernsehen schon den größeren Anteil. Was die Aufzeichnung und Speicherung von Informationen betrifft, wächst die Bedeutung der aus den Speichern der Computer weiterentwickelten Systeme stetig, und nach der Meinung mancher Futurologen werden die Bücher mit der Zeit von Mikrofilmen, Magnetbändern und Hologrammen verdrängt. In der Tat, bedenkt man, daß bei Benutzung einer miniaturisierten Form des Mikrofilms auf 100 cm^2 Fläche 2000 Buchseiten gespeichert werden können, so erscheint es nicht unmöglich, eine Privatbibliothek von etwa 10 000 Bänden in einem einzigen Hologramm zu verdichten.

Warum erscheint uns Bibliophilen dieses Zukunftsbild beängstigend? Sehnen wir uns in die erbauliche Stille der Lesesäle von Bibliotheken zurück, oder lehnt sich unser Sinn für Ästhetisches gegen diese Mechanisierung auf? Vermutlich werden unsere Kinder und Enkel dasselbe Gefühl der Erbauung empfinden, wenn sie all das, was menschliches Können und menschliche Phantasie hervorgebracht haben, mit Hilfe ihres Personalcomputers in wenigen Augenblicken auf ihrem Fernsehschirm zum Erscheinen bringen können, und das ohne jeden Verzug und in einer Ausführlichkeit, wie wir sie uns gar nicht vorstellen können.

Vorläufig haben wir uns aber noch keine Sorgen um das Verschwinden des gedruckten Buches zu machen: Ende der siebziger Jahre unseres Jahrhunderts erschienen auf der Welt jährlich 700 000 Bücher, und die technische Literatur füllt 300 Millionen Seiten im Jahr, wobei immer noch eine steigende Tendenz zu verzeichnen ist.

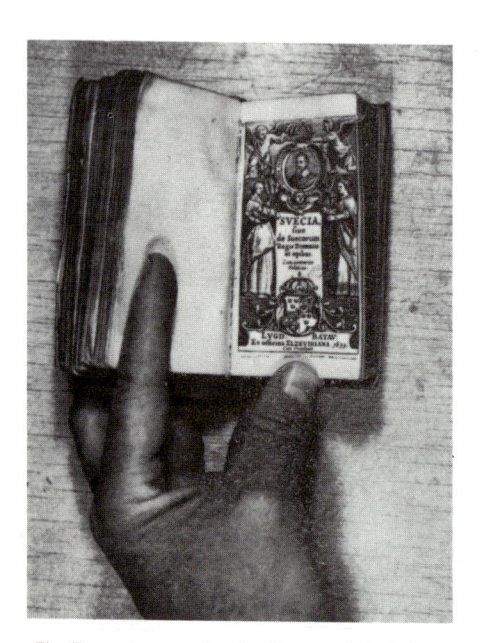

Ein Exemplar aus den berühmten Reisebüchern des Elzevir-Verlages, 1633

LUCA PACIOLI (~ 1445–1517), Gemälde von *Jacopo de Barbari*. Es kann angenommen werden, daß der junge Mann einer der Gönner *Paciolis*, der *Herzog Guidobaldo d'Urbino*, ist (das Gemälde wurde um 1495 gefertigt. Capodimonte, Neapel).

Auf dem Bild sind zwei Stücke aus der insgesamt 60 Modelle umfassenden Kollektion der regelmäßigen und halbregelmäßigen Körper dargestellt. *Pacioli* selbst war zwar kein origineller Geist, er ist aber dennoch von Bedeutung, weil sein 1494 in italienischer Sprache erschienenes Buch *Summa de aritmetica geometria proportioni et proportionalita* eine der ersten gedruckten Arbeiten zu mathematischen Problemen ist, in denen Arbeiten von Vorgängern zusammenfassend dargestellt sind und auch die Quellen angegeben werden. *Pacioli* griff auf die Arbeiten antiker Gelehrter – *Platon, Aristoteles, Euklid, Archimedes, Boëthius* – und auf mittelalterliche Arbeiten von *Thabit, Ahmed ibn Jussuf, Leonardo da Pisa, Bradwardine, Albert von Sachsen, Jordanus Nemorarius* und *Sacrobosco* zurück. Sein 1509 erschienenes Buch *De divina proportione* wurde von *Leonardo da Vinci* illustriert. Einen Fortschritt im Vergleich zu den antiken Wissenschaften bedeuten seine Bezeichnungsweise, die der heute üblichen näher steht, sowie die Verwendung der indisch-arabischen Ziffern, die das praktische Rechnen ungemein erleichtert. Auch die Einführung der doppelten Buchführung geht auf ihn zurück. Im abschließenden Kapitel seines Buches stellt er fest, daß die Gleichung dritten Grades in der Form $x^3 + px = q$ ebenso unlösbar sei wie die Quadratur des Kreises.

Nicolo Tartaglia fand aber die Lösung von Gleichungen dieses Typs; sein Zeitgenosse und Rivale *Gerolamo Cardano* (1501–1576) gab schließlich eine Methode an, mit der die allgemeine Gleichung dritten Grades auf den obigen vereinfachten Typ zurückgeführt werden kann. Ihm verdanken wir auch die Lösung der algebraischen Gleichung vierten Grades.

François Viète (1540–1603) hat bei der Systematisierung der Lösungen algebraischer Gleichungen, bei der Angabe von Näherungsverfahren zur numerischen Lösung von Gleichungen, in der sphärischen Trigonometrie und bei der Einführung zweckmäßiger Bezeichnungen Bedeutendes geleistet (*Canon mathematicus*, 1579; *In artem analyticam isagoge*, 1591). Er konnte mit Hilfe des von ihm untersuchten unendlichen Produktes

$$\frac{2}{\pi} = \sqrt{\frac{1}{2}} \; \sqrt{\frac{1}{2} + \frac{1}{2}\sqrt{\frac{1}{2}}} \; \sqrt{\ldots}; \qquad f_n = \sqrt{\frac{1}{2} + \frac{1}{2} f_{n-1}}$$

den Wert von π bis zur zehnten Stelle genau bestimmen. Wir erwähnen hier noch *Christophorus Clavius* (*Christoph Klau*, 1537–1612), den Vater der gregorianischen Kalenderreform, der die wissenschaftlichen Kenntnisse seiner Zeit enzyklopädisch zusammengefaßt und pädagogisch aufgearbeitet hat. Er war Lehrer an einem römischen Jesuitenkolleg. Aus seinen Büchern lernte unter anderen auch *Descartes*. In China tätige Jesuiten haben mit Hilfe dieser Bücher versucht, die chinesischen Gelehrten vom höheren Entwicklungsstand der westlichen Wissenschaft zu überzeugen.

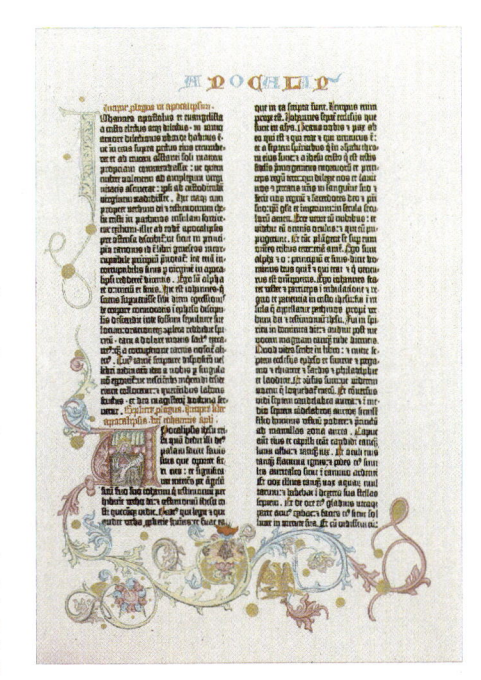

Eine Seite aus der 42zeiligen Bibel

FARBTAFEL XIV

MARTIN LUTHER, Gemälde von *Lucas Cranach d. Ä.*

Der Mönch trat mächtig vor die Kirche hin,
Schlug an die Pforte fünfundneunzig Thesen.
Es war grad Markttag. Mit erhobenem Kinn
Stand rings das Volk, um aus der Schrift zu lesen

Von Ablaßwucher, falschen Glaubens Gift;
Von Kirchensteuern, zwangsweis eingetrieben,
Stand hartes Wort in dieser neuen Schrift.
Noch war es in Lateinisch aufgeschrieben.

*

Die Glocken tobten oben von dem Dom,
Es krachte ihr Geheul durch enge Gassen.
Der Mönch stand aufrecht im metallenen Strom,
Wie wurzelhaft dem Erdreich eingelassen.

Er sang, und seiner lauten Stimme Schallen
Verkündete das Große Abendmahl,
Da Brot und Wein gerecht verteilt wird allen,
Wie Ruf zum Aufruhr tönte sein Choral.

Es ging Gerücht im Wittenberger Land:
„Der Herr will heuer alles Unrecht ahnden,
Hat aus dem Kloster einen Mönch gesandt
Nach Wittenberg, ein Mönch ist aufgestanden,

Um eine neue Lehre zu verkünden:
Vor Gott dem Herrn sind alle Menschen gleich,
Kein Ablaß kauft uns los von unsern Sünden —
Ein Mönch verklagt das Heilige Römische Reich.

Denn Gott ist wie mit einem Wall umstellt,
Von Heiligen, die halten ihn gefangen,
Er findet nicht den Weg in unsere Welt,
Und sein Befehl wird allerorts umgangen —

Wir müssen Gott von seiner Last befrein,
Wir müssen von den Heiligen ihn erlösen,
Dann, wenn Gott frei ist, wird er unser sein,
Und widersteht, mit uns vereint, dem Bösen."

*

Hoch auf der Wartburg saß der Mönch und schrieb
Die Bibel um. Der deutsche Text
Klang kriegerisch, das Wort war Stich und Hieb
Und wie ein Heer, das unaufhaltsam wächst.

Die Fürsten kamen zu ihm zu Besuch.
Sie warteten und ließen sich empfangen.
Sie rühmten eifernd sein gewaltiges Buch
Und beugten sich, um ihn ganz einzufangen.

Er nahm den Kelch und bot ihn segnend dar
Den Fürsten, die zu seinen Füßen knieten.
Er hob sie auf, sie schworen vorm Altar,
Den neuen Glauben ewiglich zu hüten.

Da zogen los die Bauern. Obenhin
Gestrüpp von Äxten, Sensen, Lanzen, Keulen.
„Der Mönch hat umgeändert seinen Sinn!"
So war von Dorf zu Dorf ein Knurrn und Heulen.

„Er ließ die Sache fahren, die gerecht.
Der Ruhm hat ihm die Augen blind gestochen.
Sein Leib ist fett, von Trank und Speis geschwächt.
Die Kraft, die wir ihm gaben, ist gebrochen.

Er reicht den Kelch, mit unserem Blut gefüllt,
Er reicht den Fürsten ihn als Trunk — o welch
Ein Bluten! Wird denn nie das Blut gestillt?!
O welch ein Kelch! O welch ein bittrer Kelch!"

*

Der Galgen stand im armen deutschen Land,
Die Toten drehten sich an ihrem Strick
Im Winde hin und her. Bis an den Rand
Der Berge sahen sie mit langem Blick.

JOHANNES R. BECHER: *Luther* (Auszüge)

Reformatoren, Humanisten und Künstler träumten von einer glänzenden Zukunft; ihre Verwirklichung erfolgte — mit der materiellen und moralischen Unterstützung des Mittelstandes — durch Handwerker, Schiffbauer, Seefahrer, Waffenschmiede, Erfinder und Kriegsleute. Das unmittelbare Ergebnis: Religionskriege, Kolonisation, Ausbeutung.

Wenn du nunmehr siehst, wie jenes Ungeheuer, das größer war und weit verderblicher wirkte als irgendein anderes in sämtlichen vorhergehenden Jahrhunderten, endlich am Boden liegt und du wunderst dich, mit welcher Waffe es vernichtet sein mag:

Dann frage nach der Keule nicht.

Denn mit der Feder ward's vollbracht!

Und wenn du fragst, woher der Held kam? Woher? So lautet die Antwort: Aus Deutschland, von den Ufern dieser Elbe, aus der Fülle dieses Borns! Hier an dieser Stätte hat euer Mitbürger und Herkules über die ehernen Pforten der Hölle, über die mit einer dreifachen Mauer umgebene Zwingburg, die der Styx neunfach umwindet, den Sieg davongetragen. Du hast, o *Luther*, das Licht gesehen, das Licht erkannt, betrachtet, du hast die Stimme des göttlichen Geistes gehört, du hast seinem Befehl gehorcht, du bist dem allen Fürsten und Königen Grauen erweckenden Feinde unbewaffnet entgegengetreten, du hast ihn mit dem Worte bekämpft, zurückgeschlagen, niedergeschmettert, besiegt und bist mit den Trophäen des übermütigen Feindes zur Walhalla eingegangen!

GIORDANO BRUNO: *Abschiedsrede an der Akademie zu Wittenberg*, 1588. Deutsch von *Ludwig Kuhlenbeck*. 1905

Das Bildnis des *Kopernikus* im Dom von Torun. Das Gedicht — *Kopernikus'* Motto — stammt von *Aeneas Sylvius Piccolomini*, dem späteren *Papst Pius II.* (Gemälde von *Alexander Lesser*; nach einem Photo von *K. Jablonski*)

In einem Pamphlet von *John Donne* spottet *Ignatius von Loyola* (1491–1556), Stifter des Jesuitenordens, über die Verdienste *Kopernikus'*. Kopernikus strebt nämlich eine hohe Stelle bei *Luzifer*, dem Fürsten der Verdammten, an.

Aber was dich betrifft, welch neue Dinge hast du erfunden, mit denen du unserem Herrn, *Luzifer*, dienen könntest: Was kümmert ihn, ob die Erde sich bewegt oder stille steht? Hast du damit, daß du die Erde in den Himmel emporgehoben hast, in den Menschen das Selbstvertrauen erweckt, neue Türme zu bauen und Gott neuerlich zu bedrohen? Ziehen etwa die Menschen aus dieser Bewegung der Erde die Schlußfolgerung, daß es keine Hölle gibt und keine Strafe für die Sünden? Glauben denn die Menschen nicht weiterhin? Leben sie nicht genau so wie ehemals? Übrigens, die Würde deiner Gelehrtheit wird dadurch vermindert und dein Recht und Anspruch, diese Stelle einzunehmen, wird dadurch geschmälert, daß diese deine Meinungen ja sogar richtig sein können, aber deine Erfindungen schwerlich deine eigenen genannt werden können, da sie schon lange vor dir durch *Heraclides, Ecphantus* und *Aristarchus* aller Welt verkündet worden waren, desungeachtet sind diese Männer doch mit niederen Rängen in der Reihe der Philosophen zufrieden und sehnen sich nicht nach dieser Stelle, die ausschließlich den Antichristenhelden vorbehalten sind... Und so befehle es — oh, schrecklicher Herrscher — diesem kleinen Mathematiker, sich in deren Gesellschaft zurückzuziehen, zu denen er gehört.
John Donne: Ignatius und seine Konklave

Aber Deine Heiligkeit wird vielleicht nicht so sehr darüber verwundert sein, daß ich es gewagt habe, diese meine Nachtarbeiten zutage zu fördern, nachdem ich mir bei der Ausarbeitung derselben soviel Mühe gegeben habe, daß ich ohne Scheu meine Gedanken über die Bewegung der Erde den Wissenschaften anvertrauen kann, sondern sie erwartet vielmehr von mir zu hören, wie es mir in den Sinn gekommen ist zu wagen, gegen die angenommene Meinung der Mathematiker, ja beinahe gegen den gemeinen Menschenverstand mir irgendeine Bewegung der Erde vorzustellen. Deshalb will ich Deiner Heiligkeit nicht verhehlen, daß mich zum Nachdenken über eine andere Art, die Bewegungen der Sphären des Weltalls zu berechnen, nichts anderes bewogen hat als die Einsicht, daß sich selbst die Mathematiker bei ihren Untersuchungen hierüber nicht einig sind. Denn erstens sind sie über die Bewegung der Sonne und des Mondes so im Ungewissen, daß sie die ewige Größe des vollen Jahres nicht abzuleiten und zu beobachten vermögen. Zweitens wenden sie bei Feststellung der Bewegungen sowohl jener als auch der übrigen fünf Planeten weder dieselben Grund- und Folgesätze noch dieselben Beweise für die zu beobachtenden Umkreisungen und Bewegungen an. Die einen bedienen sich nämlich nur der konzentrischen, die anderen der exzentrischen und epizyklischen Kreise, durch die sie jedoch das Erstrebte nicht völlig erreichen. Denn diejenigen, die sich zu den konzentrischen Kreisen bekennen, obgleich sie beweisen, daß einige ungleichmäßige Bewegungen aus ihnen zusammengesetzt werden können, haben dennoch daraus nichts Bestimmtes festzustellen vermocht, was unzweifelhaft den Beobachtungen entspräche. Diejenigen aber, welche die exzentrischen Kreise ersannen, haben, obgleich sie durch dieselben die zu beobachtenden Bewegungen zum großen Teil mit zutreffenden Zahlen gelöst zu haben scheinen, dennoch sehr vieles herbeigebracht, was den ersten Grundsätzen über die Gleichförmigkeit der Bewegung zu widersprechen scheint. Auch konnten sie die Hauptsache, nämlich die Gestalt der Welt und die tatsächliche Symmetrie ihrer Teile, weder finden noch aus jenen berechnen, sondern es erging ihnen so, als wenn jemand von verschiedenen Orten her Hände, Füße, Kopf und andere Körperteile zwar sehr schön, aber nicht in der Proportion eines bestimmten Körpers gezeichnet, nähme und, ohne daß sie sich irgendwie entsprächen, mehr ein Monstrum als einen Menschen daraus zusammensetzte.

Als ich mir nun diese Unsicherheit der mathematischen Überlieferungen über die zu berechnenden Umläufe der Sphären lange überlegte, begann es mir schließlich widerlich zu werden, daß die Philosophen, die sonst alles, was sich auf jene Kreisbewegung bezieht, bis ins kleinste so sorgfältig erforschten, keinen sicheren Grund für die Bewegungen der Weltmaschine hätten, die doch unsertwegen von dem größten und nach genauesten Gesetzen zu Werke gehenden Meister geschaffen ist. Daher machte ich mir die Mühe, die Bücher aller Philosophen, derer ich habhaft werden konnte, von neuem zu lesen, um nachzusuchen, ob nicht irgendeiner einmal die Ansicht vertreten hätte, die Bewegungen der Sphären des Weltalls seien anders geartet als diejenigen annehmen, die in den Schulen die mathematischen Wissenschaften gelehrt haben. Da fand ich denn zuerst bei *Cicero*, daß *Nicetas* geglaubt habe, die Erde bewege sich. Sodann fand ich auch bei *Plutarch*, daß einige andere ebenfalls dieser Meinung gewesen seien.

Von hier also den Anlaß nehmend, fing auch ich an, über die Beweglichkeit der Erde nachzudenken. Und obgleich die Ansicht widersinnig schien, so tat ich es doch, weil ich wußte, daß schon anderen vor mir die Freiheit vergönnt gewesen war, beliebige Kreisbewegungen zur Erklärung der Erscheinungen der Gestirne anzunehmen. Ich war der Meinung, daß es auch mir wohl erlaubt wäre zu versuchen, ob unter Voraussetzung irgendeiner Bewegung der Erde zuverlässigere Deutungen für die Kreisbewegung der Weltkörper gefunden werden könnten als bisher.
COPERNICUS: *Über die Kreisbewegungen der Weltkörper.* Übersetzt von *C. L. Menzzer.* Thorn 1879

FARBTAFEL XVI

Eine lange Zeit mußte vergehen, bevor das Antlitz der in den schönen *Endymion* verliebten Göttin *Selene* von dem Menschen als eine an felsige und unwirtliche irdische Landschaften erinnernde Oberfläche erkannt wurde, und noch weitere drei Jahrhunderte hat es gedauert, bis ein menschlicher Fuß sie betreten hat. Auf unserem Bild sehen wir einen Astronauten des Raumschiffes Apollo-14 (NASA 1971). Der Mond ist von der menschlichen Phantasie zuvor bereits bevölkert worden, das weiter unten folgende Zitat aber ist auch unter einem anderen Gesichtspunkt bemerkenswert: Die kartesianische Philosophie ist 1672, als *Molière Die gelehrten Frauen* geschrieben hat, ein beliebtes Gesprächsthema gewesen und ist sowohl mit Beifall als auch mit Spott bedacht worden

Salviati
(Drittens) halte ich seine Substanz für sehr dicht und fest, ebensosehr wie die der Erde, was deutlich erhellt aus der größtenteils unebenen Oberfläche, die, mit dem Fernrohr betrachtet, zahlreiche Erhabenheiten und Vertiefungen aufweist. Solcher Erhabenheiten gibt es viele, welche in aller und jeder Beziehung unseren rauhesten und abschüssigsten Gebirgen ähneln. Etliche darunter sind langgestreckt, und ihre Ausläufer sind Hunderte von Meilen lang; andere sind in gedrängteren Gruppen; auch gibt es viele abgesonderte und isolierte Klippen von ungeheurer Steilheit und Schroffheit. Was man aber in größter Zahl wahrnimmt, sind gewisse sehr hohe Dämme – ich gebrauche diesen Ausdruck, weil mir kein anderer bezeichnenderer einfällt –, welche Plateaus von verschiedener Größe einschließen und umgeben und mannigfaltige Formen besitzen, vornehmlich aber kreisförmige. Bei vielen befindet sich in der Mitte ein Berg von bedeutender Höhe; einige wenige sind mit einer ziemlich dunklen Masse erfüllt, ähnlich der, welche die mit bloßem Auge sichtbaren Flecken zusammensetzt; diese letzteren sind die größten Flächen. Die Zahl der kleinen und ganz kleinen ist außerordentlich groß, und auch sie sind alle kreisförmig. ...
Salviati:
...Soviel steht fest, daß die dunkleren Teile des Mondes Ebenen sind, in welchen nur wenige Felsen und Dämme auftreten, ohne daß sie jedoch ganz fehlten. Die anderen helleren Partien sind über und über mit Felsen, Bergen, kreisförmigen und andersgestalteten Wällen bedeckt; besonders finden sich rings um die Flecken gewaltige Bergzüge. Daß die Flecken ebene Flächen sind, geht aus der Gestalt der Grenze hervor, welche den beleuchteten Teil von den dunklen scheidet. Sie läuft nämlich über die Flecken in gleichmäßigem Zuge hinweg, während sie an den hellen Teilen gebrochen und gezackt erscheint. Ich weiß aber doch nicht, ob diese ebene Beschaffenheit der Oberfläche allein zur Erklärung des dunklen Aussehens ausreicht, und glaube es kaum. Auch abgesehen davon halte ich dafür, daß der Mond sehr verschieden von der Erde ist, weil er zwar nach meiner Ansicht nicht aus brachliegenden, leblosen Strichen Landes besteht, dennoch aber eine Bewegung und ein Leben sich auf ihm nicht mit Sicherheit behaupten läßt, noch viel weniger daß er Pflanzen, Tiere oder andere den irdischen ähnliche Dinge erzeugt. Wenn es dergleichen Dinge dort gibt, würden sie vielmehr völlig verschieden und unserem Vorstellungsvermögen ganz entrückt sein. Ich neige aus dem Grunde zu dieser Ansicht, weil ich erstens glaube, daß der Stoff des Mondballs nicht aus Land und Wasser besteht. Dies allein reicht schon hin, eine Erzeugung und einen Wechsel, wie er auf Erden stattfindet, auszuschließen. Aber gesetzt auch, es gäbe auf ihm Land und Wasser – jedenfalls würden die dort lebenden Tiere und Pflanzen von den unseren völlig verschieden sein,...

Salviati
... (Weiter) halte ich es für ausgemacht, daß es auf dem Monde nicht regnet; würden sich nämlich wie auf Erden Wolken zusammenballen, so müßten sie ein oder das andere Detail, das wir mittels des Fernrohres sehen, verbergen oder doch irgendwie sein Aussehen verändern: eine Erscheinung, die ich trotz langer und sorgfältiger Beobachtungen niemals bemerkt habe; im Gegenteil habe ich eine stets gleichförmige Heiterkeit und Reinheit wahrgenommen.
GALILEI: *Dialogo. Erster Tag*. Übersetzt von *E. Strauss*. 1871

Trissotin: Für ihre Logik schätze ich die Peripatetik.
Philaminte: Platos Ideenwelt und seine hohe Ethik
  begeistern mich.
Armande: Von mir wird *Epikur* verehrt.
Belise: Sehr wichtig ist, was er von den Atomen lehrt,
  Jedoch sein leerer Raum befriedigt nicht – darum
  Bekenn ich mich zu dem subtilen Fluidum.
Trissotin: So lehrt es auch *Descartes*.
Armande: Die Wirbelströme
  Entzücken mich.
Philaminte: Und mich die Wandelsternsysteme!
Armande:
  O schlüge doch recht bald der ersten Sitzung Stunde,
  Und imponierten wir der Welt durch neue Funde!
Trissotin:
  Oh, Ihrem scharfen Geist wird es gewiß gelingen,
  Ins Dunkel der Natur erfolgreich einzudringen.
Philaminte:
  Bei mir hat jedenfalls die Mühe schon gelohnt:
  Ganz deutlich sah ich jüngst die Menschen auf dem Mond.
MOLIÈRE: *Die gelehrten Frauen*. Deutsch von *Arthur Luther*. Stuttgart 1960, 3. Akt, 2. Szene, S. 37 f.

Auf dem Bild ist eine der um fünf Uhr morgens beginnenden Unterweisungen der Königin Christine von Schweden durch *Descartes* dargestellt, bei der dieser sein philosophisches System erläutert (Gemälde von *Dumenil*. Musée national du Château de Versailles).

Descartes ist recht anfällig gegenüber Krankheiten gewesen, so daß ihm selbst die Jesuitenpater in La Flèche erlaubt hatten, bis in die späten Morgenstunden im Bett zu bleiben. Es ist möglich, daß auch diese Umstellung seines Lebensrhythmus zu seinem frühen Tode beigetragen hat.

Christine von Schweden (1626–1689), die Tochter *Gustav Adolfs II.*, einer der Helden im Dreißigjährigen Krieg, wollte Schweden auch auf kulturellem Gebiet zu einer Großmacht entwickeln. Ihre Verbindung zu *Descartes* hat der französische Gesandte in Stockholm, *Chanut*, vermittelt. Vor seiner Reise nach Schweden hat *Descartes* bereits in mehreren Briefen Fragen der Königin beantwortet; von diesen Briefen ist vielleicht der am interessantesten, in dem *Descartes* Bedenken der Königin zerstreut, daß die Aussage von der Unendlichkeit der Welt mit den Glaubenssätzen nicht in Einklang zu bringen sei. *Descartes* beruft sich hier auf *Cusanus*, und das Bemerkenswerteste ist wohl, daß er zwischen der Unendlichkeit der Welt und ihrer Unbegrenztheit einen Unterschied macht. Einer Differenzierung dieser Art begegnen wir auch in der allgemeinen Relativitätstheorie, wobei sich allerdings der Inhalt der verwendeten Begriffe gewandelt hat.

Brief *Descartes'* an *Chanut*   Im Haag, den 6. Juni 1647

Habe (Ihren Brief) mit begierigem Interesse gelesen und darin wieder ein Zeichen Ihrer Freundschaft und Ihres Eifers für die Sache erblickt. Beim Lesen der ersten Seite war ich etwas in Angst, dort nämlich, wo Sie mir mitteilen, daß Monsieur *du Rier* der Königin von einem meiner Briefe erzählte und sie diesen sehen wollte. Doch hat mich dann die Stelle beruhigt, wo Sie schreiben, die Königin hätte sich die Fortsetzung des Briefes mit Befriedigung angehört. Ich weiß auch nicht, was mich mehr beeindruckte: die Verwunderung darüber, daß die Königin Dinge, die Leute mit der höchsten Bildung dunkel finden, so leicht verstanden hat, oder die Freude darüber, daß all dies ihr nicht mißfallen hat. Es hat sich aber meine Bewunderung vervielfacht, als ich sah, wie schwere und starke Einwände Ihre Majestät gegen meine Annahmen über die Größe des Weltalls vorbrachte. …

…Allererstens: Wie ich mich erinnere, haben *Nikolaus von Cues* (der *Kardinal Cusanus*), aber auch viele andere, die Annahme geäußert, die Welt sei unendlich, ohne daß ihnen seitens der Kirche je Vorwürfe zuteil geworden wären; im Gegenteil, es wurde vermeint, es gereiche Gott zu größerer Ehre, wenn die beeindruckende Größe seiner Schöpfung verkündet werde. Es ist aber noch leichter, meiner Meinung zuzustimmen als der ihren. Ich behaupte nämlich nicht, die Welt sei unendlich (infini), sondern bloß, daß sie unbegrenzt (indéfini) sei. Zwischen diesen beiden Behauptungen besteht ein großer Unterschied. Die Behauptung, etwas sei unendlich, erfordert nämlich zu ihrem Beweis ein Argument für die notwendige Annahme dieser Behauptung. Ein solches Argument kann aber niemand anderem als Gott zur Verfügung stehen. Sage ich jedoch, etwas sei unbegrenzt, so genügt es, kein Argument finden zu können, aufgrund dessen bewiesen werden könnte, es habe seine Grenzen. Und es scheint mir in der Tat, es sei nicht möglich zu beweisen, ja nicht einmal sich vorzustellen, die Materie, aus der die Welt besteht, habe einen begrenzenden Rand. Was nun die Vorrechte betrifft, die nach der Religion dem Menschen zukommen und die aufrechtzuerhalten schwerfällt, wenn man vom Weltall annimmt, es sei unbegrenzt, so ist die Frage einige erklärende Worte wert. Wir können natürlich sagen, alle Kreatur sei unseretwegen da, insofern wir Nutzen aus ihr ziehen, doch bin ich dennoch nicht überzeugt davon, wir wären verpflichtet zu glauben, der Mensch sei der Endzweck der Schöpfung. Wir können nämlich das Zitat anführen: Omnia propter ipsum (Deum) facta sunt, d. h., Gott ist aller Dinge Endzweck (causa finalis), genauso wie er ihr Wirkender Grund (causa efficiens) ist. Was die Kreatur anbelangt: insofern alle einander zum Nutzen gereichen, kann jedes sich das Vorrecht anmaßen, alles, was ihm nützlich ist, so zu betrachten, als sei es ihm zuliebe geschaffen. Es ist in der Tat richtig, daß die sechs Tage der Schöpfung im Buche *Genesis I* so dargestellt sind, als ob ihr Hauptgegenstand der Mensch gewesen sei; es kann jedoch auch gesagt werden, es hätte der Heilige Geist in der Schöpfungsgeschichte – da diese für Menschen geschrieben sei – hauptsächlich die auf den Menschen bezüglichen Dinge in den Vordergrund gestellt und daher von nichts anderem gesprochen, als was den Menschen angeht …

… Und obwohl ich aus alledem nicht darauf schließe, es gäbe auf Sternen oder anderswo vernünftige Lebewesen, sehe ich auch nicht ein, welche Gegenargumente gefunden werden könnten, um diese Möglichkeit auszuschließen. Ich lasse daher ähnliche Fragen auch weiterhin offen, statt etwas entschieden abzustreiten oder zu behaupten.

FARBTAFEL XVIII

Von diesem Porträt strahlt *Newtons* unvergleichlicher Intellekt (Gemälde von *G. Kneller*, 1702; National Portrait Gallery, London). Wir finden im Bilde keinen Hinweis auf menschliche Schwächen, obzwar *Aldous Huxley* mit Recht schreibt:

Wenn wir eine Menschenrasse von Newtonen hochzüchten könnten, würde das keinen Fortschritt bedeuten. Der Preis, den *Newton* für seinen höheren Intellekt zahlen mußte, war zu hoch: Er war unfähig zu Freundschaft, Liebe, Vaterschaft und zu vielen anderen wünschenswerten Dingen. Als Mensch war er ein Fiasko, als Koloß aber majestätisch.

Anfang des Jahres 1665 fand ich die Annäherungsmethode für Reihen und die Methode, um jede Potenz eines jeden Binoms in eine solche Reihe zu überführen. Im gleichen Jahr fand ich im Mai die Tangentenmethode von *Gregory* und *Slusius*, und im November hatte ich die direkte Methode der Fluxionen und im nächsten Jahr, im Januar, die Farbentheorie; und im folgenden Mai erhielt ich Zugang zu der umgekehrten Methode der Fluxionen. Und im gleichen Jahr fing ich an, darüber nachzudenken, die Schwerkraft auf die Umlaufbahn des Mondes auszudehnen, und (nachdem ich festgestellt hatte, wie die Kraft zu schätzen sei, mit der eine Kugel, die sich innerhalb einer Sphäre dreht, die Oberfläche der Sphäre preßt) leitete … aus *Keplers* Regel ab, daß die Kräfte, die Planeten in ihren Umlaufbahnen halten, den Quadraten ihrer Entfernungen von den Mittelpunkten, um die sie kreisen, umgekehrt proportional sein müssen: Dabei verglich ich die erforderliche Kraft, um den Mond auf seiner Umlaufbahn zu halten, mit der Schwerkraft an der Erdoberfläche und fand, daß sie ziemlich genau entsprach. All dies geschah in den beiden Pestjahren 1665 und 1666, denn in jenen Tagen stand ich in der Vollkraft meiner Jahre für die Erfindung und beschäftigte mich mehr als irgendwann seither mit Mathematik und Philosophie.
NEWTON'S *Manuscript. Catalogue of the Portsmouth Papers.* 1883. Deutsch zitiert nach *Wußing*

Newtons Credo…
Diese und andere Gesetzmäßigkeiten können nur entstanden sein durch die Weisheit und Intelligenz eines mächtigen, ewig lebenden Wesens, welches allgegenwärtig die Körper durch seinen Willen in seinem unbegrenzten, gleichförmigen Empfindungsorgane zu bewegen und dadurch die Teile des Universums zu bilden und umzubilden vermag, besser, als wir durch unseren Willen die Teile unseres eigenen Körpers zu bewegen imstande sind. Und doch dürfen wir die Welt nicht als den Körper Gottes und ihre Teile als Teile von Gott betrachten. Er ist ein einheitliches Wesen ohne Organe, Glieder oder Teile, und jenes sind seine Kreaturen, ihm unterworfen und seinem Willen dienend; er ist ebensowenig ihre Seele, als die Seele eines Menschen die Seele ist von den Bildern der Außenwelt, die durch seine Sinnesorgane in ihm zur Wahrnehmung gelangen, wo er sie durch seine unmittelbare Gegenwart ohne Zwischenkunft eines dritten Dinges wahrnimmt. Die Sinnesorgane dienen nicht dazu, daß die Seele die Bilder der Außenwelt in ihrem Empfindungsorgane wahrnimmt, sondern nur, um sie dorthin zu leiten; Gott hat solche Organe nicht nötig, da er bei den Dingen überall allgegenwärtig ist. Und da der Raum bis in das Unendliche teilbar ist und die Materie sich nicht notwendig an jeder Stelle des Raumes befindet, so muß auch zugegeben werden, daß Gott auch Teile der Materie von verschiedener Größe und Gestalt, in verschiedenen Dichtigkeiten und Kräften zu erschaffen vermag und dadurch die Naturgesetze verändern und an verschiedenen Orten des Weltalls Welten verschiedener Art erschaffen kann. Ich sehe in alledem nicht den geringsten Widerspruch.

Hier ruht
Sir Isaac Newton
Der mit fast göttlicher Geisteskraft
Der Planeten Bewegung und Gestalten,
Die Bahnen der Kometen und die Gezeiten des Ozeans
Mit Hilfe seiner mathematischen Methode
Zuerst erklärte.
Er ist es, der die Verschiedenheiten der Lichtstrahlen
Sowie die daraus entspringenden Eigentümlichkeiten der Farben,
Die niemand vorher auch nur vermutete, erforscht hat.
Als der Natur, der Altertümer und der Heiligen Schrift
Fleißiger, scharfsinniger und getreuer Deuter,
Verherrlichte er die Majestät des allmächtigen Schöpfers in seiner Philosophie.
Die vom Evangelium geforderte Einfalt bewies er durch seinen Wandel.
Mögen die Sterblichen sich freuen, daß unter ihnen wallte
Eine solche Zierde des Menschengeschlechts.
Newtons Grabinschrift in der Westminsterabtei *(Fr. Dannemann: Die Naturwissenschaften in ihrer Entwicklung.* 1920–1923, Bd. II, S. 285; *W. Frost: Bacon und die Naturphilosophie.* 1927, S. 498)

…und die Kritik von Leibniz
Herr *Newton* und seine Anhänger haben noch eine sehr spaßige Ansicht über das Werk Gottes. Nach ihnen hat Gott es nötig, seine Uhr von Zeit zu Zeit aufzuziehen, andernfalls würde sie aufhören zu gehen. Er hat nicht genug Weitblick besessen, um ihr eine dauernde Bewegung zu verleihen. Diese Maschine Gottes ist nach ihnen sogar so unvollkommen, daß dieser gezwungen ist, sie von Zeit zu Zeit zu reinigen…, ja auszubessern.
G. W. LEIBNIZ: *Briefwechsel mit Clarke. Philosophische Schriften,* VII. Ed. *Gebhardt,* 1875

FARBTAFEL XIX

Die *Pompadour* und *Franklin* — Zeitgenossen und intellektuell gleichermaßen ambitiös, aber grundverschieden voneinander in ihren sozialen und ethischen Haltungen.

MADAME POMPADOUR (1721–1764) nach einem Gemälde von *Quentin de la Tour* im Louvre, Mätresse *Ludwigs* XV., legte, stolz auf ihre Bildung, Wert darauf, daß auf ihrem Bild auch die Bände der Enzyklopädie zu sehen seien. Wir finden in ihr einen Typ der Intellektuellen zur Zeit der französischen Aufklärung verkörpert; umfassend gebildet, pomphaft und erhaben in der Konversation, verderbt im Gesellschaftsleben und dem Untergang geweiht, den sie sich selbst heraufbeschworen haben.

BENJAMIN FRANKLIN (1706–1790), nach einem Gemälde in der National Gallery, London. — „Dem Himmel entriß er den Blitz und den Tyrannen das Szepter". *(Eripuit coelo fulmen, sceptrumque tyrannis)*. Puritaner, höchste moralische Qualitäten und waches soziales Gewissen. Der erste amerikanische Wissenschaftler, dem Weltruhm zuteil wurde

Fast jeder Gast aus dem Ausland, der die Vereinigten Staaten während dieser frühen Jahre ihres Bestehens bereiste, kehrte ernüchtert, wenn nicht verstimmt in seine Heimat zurück. Tausende Meilen leere und eintönige Waldlandschaft, hier und dort von Siedlungen unterbrochen, am Meere einige blühende Handelsstädte. Keine Kunst, provinziale Literatur, das Krebsgeschwür der Sklaverei und Unterschiede in den politischen Ansichten, die von der geographischen Abgrenzung nur noch verschärft wurden. Was anderes stand einem solchen Land bevor als die Wiederholung der Geschichte von Gewalt und Brutalität, die die Welt schon sattsam kannte und die in tausendjähriger Wiederholung die Menschen müde und krank gemacht hatte. Es mußte wahrscheinlich lange Zeit bis zur Besiedelung des Landesinneren verstreichen. Selbst *Jefferson,* im allgemeinen ein leidenschaftlicher Mann, sprach in ruhigem Ton von einem Jahrtausend und sagte in seiner Antrittsrede zu einer Zeit, als der Mississippi die Grenze im Westen darstellte, das Land sei *geräumig genug für Hunderte und Tausende Generationen unserer Nachkommen.* Kein umsichtiger Mann hätte darauf vertraut, das vollbesiedelte Land könnte einheitlich regiert werden, und wenn es — wie erwartet — zur Trennung komme, Amerika sein Preußen, Österreich und Italien haben würde (sein England, Frankreich und Spanien hatte es schon!), was anderes war zu erwarten, als die Rückkehr zu lokalen Eifersüchteleien, Kriegen und Korruption, die Europa zum Schlachthof gemacht hatten?

Die Mehrzahl der Amerikaner war tätig und zuversichtlich, teils vom Temperament her, teils aber auch aus Unkenntnis, denn sie wußten wenig von den Schwierigkeiten einer komplexen Gesellschaft. Der *Herzog von Liancourt* war — wie viele andere bei der Bewertung der Lage im Lande — betroffen von dieser Tatsache. Unter vielen anderen traf er einmal einen Müller aus Pennsylvania namens *Thomas Lea,* „einen nüchternen amerikanischen Patrioten, der davon überzeugt war, daß außerhalb Amerikas nichts Gutes getan würde und niemand Verstand habe, daß Vernunft, Einbildungskraft und Genius Europas an Altersschwäche krankten", wobei der Herzog hinzufügte: „diese irrige Ansicht sei nicht nur unter Müllern, sondern auch bei Gesetzgebern und Beamten verbreitet und bei letzteren weniger ungefährlich." Im Jahre 1796 wurde im Abgeordnetenhaus überlegt, ob nicht in die schriftliche Kenntnisnahme und Gutheißung der Rede des Präsidenten die Bemerkung eingefügt werden solle, die „amerikanische Nation sei die freieste und aufgeklärteste in der Welt". Eine Nation in Windeln, ohne Literatur, Künste, Wissenschaften und Geschichte, ja ohne genug Nationalität, um sicher zu sein, als *eine* Nation gelten zu können. Der Zeitpunkt für obige Behauptung war um so unpassender gewählt, als Europa vor einer Explosion seines Geisteslebens stand: *Goethe* und *Schiller, Mozart* und *Haydn, Kant* und *Fichte, Cavendish* und *Herschel* waren dabei, ihren Platz an *Walter Scott, Wordsworth* und *Shelley, Heine* und *Balzac, Beethoven* und *Hegel, Ørsted* und *Cuvier* abzugeben, Dutzenden von großen Physikern, Biologen, Geologen, Chemikern, Mathematikern, Metaphysikern und Historikern. *Turner* malte eben seine frühesten Landschaftsbilder, und *Watt* vollendete eben seine letzte Dampfmaschine; *Napoleon* übernahm das Kommando über die französischen Armeen und *Nelson* über die englische Flotte. Zahlreiche Forscher, Reformer, Gelehrte und Philosophen waren emsig am Werke, und der Einfluß der Aufklärung war — selbst inmitten eines den ganzen Kontinent erfassenden Krieges — so energisch und lebendig, wie es sich bislang niemand hätte vorstellen können. Die Ansicht, Europa sei im Niedergang, zeugte nur von der Unwissenheit, vielleicht sogar Unfreiheit der Amerikaner, für deren Fehlurteil nur eine Entschuldigung gefunden werden kann. Die nämlich, daß die Amerikaner in der Sache, die sie am meisten bewegte, Europa ein ganzes Jahrhundert im voraus waren. Wenn es richtig war, die nächste Vorbedingung für den Fortschritt der Menschheit darin zu sehen, den Durchschnittsbürger mit dem am meisten Bevorzugten auf ein intellektuelles und soziales Niveau zu heben, so waren sie diesem gemeinsamen Ziel wenigstens um drei Generationen näher als Europa.

HENRY ADAMS: *American Ideals. The American Tradition in Literature.* Vol. 2, p. 603

FARBTAFEL XX

La Fée Electricité (Raoul Dufy, Musée d'Art Moderne de la Ville de Paris)

Dieses monumentale Gemälde (60 m x 10 m) dekorierte die Wand des Pavillons der elektrischen Erfindungen auf der Weltausstellung in Paris 1937. Der Künstler war bestrebt, die Zusammenhänge zwischen der Fundamentalwissenschaft Physik und den Anwendungen in der Sprache der Malerei auszudrücken: von *Thales* bis zu *Edison* und *Lorentz*. Der hier dargestellte Ausschnitt umfaßt die zweite Hälfte des 19. und die ersten Dekaden des 20. Jahrhunderts.

Es ist immer lehrreich, Vergleiche zu ziehen, wie der kreative Geist von Menschen verschiedener Nationalitäten, aus verschiedenen Zeitaltern und aus verschiedenen Berufskreisen beurteilt wird. Den allergrößten Namen begegnet man immer — mit wenigen Ausnahmen. *Franklin* und *Gibbs*, die größten amerikanischen Wissenschaftler des 18. bzw. des 19. Jahrhunderts, sind tatsächlich auch auf diesem Gemälde. Die großen Deutschen, *Helmholtz* und *Gauß*, oder die berühmten Engländer wie *Faraday*, *Joule*, *Maxwell* oder die Franzosen *Carnot* und *Laplace*, alle sind sie da. Es ist bemerkenswert und wahrscheinlich kein Zufall, daß *Einsteins* Bildnis fehlt, obzwar *Lorentz* und *Poincaré* dargestellt sind.

Einige bemerkenswerte Namen auf diesem Bild, die anderswo in unserem Buch nicht erwähnt wurden: *John Kerr* (1824–1907) entdeckt die Erscheinung, daß gewisse isotrope Gase, Flüssigkeiten oder feste Körper unter Einwirkung elektrischer Felder doppelbrechend werden; dadurch kann man elektrische Spannungsänderungen in Lichtänderungen umformen (Kerr-Zelle). *Wilhelm Hallwachs'* (1859–1922) Beobachtung, daß negativ geladene Metallelektroden ihre Ladungen verlieren, wenn sie durch ultraviolettes Licht beleuchtet werden, dient als Ausgangspunkt für weitere Untersuchungen des theoretisch und praktisch so wichtigen lichtelektrischen Effektes. Bedeutende Namen auf dem Gebiet der Elektrochemie: *A. Carlisle* (1768–1840), einer der Begründer der Zerlegung chemischer Verbindungen mit Hilfe elektrischer Ströme. Der Nobelpreisträger *Svante Arrhenius* (1859–1927) beschäftigte sich mit der Dissoziationstheorie der Lösungen; *Gaston Planté* (1834–1889) konstruierte den ersten Bleiakkumulator. Aus dem Gebiete der Elektrotechnik finden wir hier die folgenden Namen: *Heinrich Daniel Ruhmkorff* (1803–1877), der Erfinder der nach ihm genannten Induktionsspule; *Marcel Depréz* (1843–1918), bekannt in erster Linie nach seinem mit *d'Arsonval* gemeinsam konstruierten Galvanometer, arbeitete aber auch auf dem Gebiet der Energieübertragung erfolgreich; *Elihu Thomson* (1853–1937) ist einer der Begründer der Elektroindustrie der Vereinigten Staaten und Inhaber vieler Patente (Wechselstrommotor, Wattstunden-Zähler, Röntgen-Rohr usw.); *Galileo Ferraris* (1847–1897), Bahnbrecher der Theorie der Wechselströme, insbesondere der der mehrphasigen Wechselströme (Drehstrom); *Jules-François Joubert*, für einige Zeit *Pasteurs* Mitarbeiter, schrieb vielbenutzte Bücher elektrotechnischen Inhalts; *Lucien Gaulard* konstruierte einen Transformatortyp, der als Grundlage für eine wirtschaftlichere Weiterentwicklung diente. *Samuel Morse* (1791–1872), ein amerikanischer Maler und Physiker, ist durch seine Telegraphen und Alphabet bekannt. *Jean-Maurice-Emile Baudot* gilt als Erfinder des Fernschreibers.

Im Bild sieht man auch den Namen *Becquerel*. Der Maler meinte wohl den Vater des einen der Protagonisten unseres Buches, des *Henri Becquerel*, nämlich den namhaften Physiker und Elektrotechniker *Edmond Becquerel* (1820–1891); er könnte aber auch an den Großvater, *Antoine Becquerel* (1788–1878), gedacht haben, der auf dem Gebiet der Elektrochemie und der Telegraphentechnik tätig war.

Zu viele Franzosen, könnte man sagen; bei einer Weltausstellung im Paris ist es aber verständlich. In Budapest würde man sicher die Namen *Ányos Jedlik* (als Erfinder des Dynamos mit Selbsterregung) und die Namen *Déry – Bláthy – Zipernovsky* (als Konstrukteure des wirtschaftlich arbeitenden Transformators) auf einem solchen Gemälde finden; in Moskau würde man auf diesem Bilde u. a. *Pavel Nikolajewitsch Jablotschkow* (1847–1894), berühmt durch seine mit Wechselstrom gespeiste Bogenlampe, *Michail Osipowitsch Doliwo-Dobrowolski* (1862–1919), den Erfinder des dreiphasigen Motors, Generators und Transformators, *Boris Semenowitsch Jakobi* (1801–1874) mit seinem Elektromotor und *Alexander Stepanowitsch Popow* (1859–1905), einen der Erfinder der Radioübertragung nicht vermissen.

FARBTAFEL XXI

Technik ist angewandte Naturwissenschaft, bekommt man oft als eine Definition der Technik zu hören. Man sieht hier einen Generator für ein Atomkraftwerk der Firma BBC abgebildet (1635 MVA, 27 kV), wie er in der Wirklichkeit ausgeführt ist. In Lehrbüchern der Physik wird ein Generator dieser Art als ein drehbar angeordneter Rahmen in einem homogenen Magnetfeld beschrieben und abgebildet. Man sieht sofort, wie weit es von den physikalischen Prinzipien bis zu ihrer Verwirklichung ist.

Wer behauptet, daß die Technik ebensowenig eine Anwendung naturwissenschaftlicher Erkenntnis sei, wie die Musik eine bloße Anwendung der physikalischen Akustik, hat also zum Teil recht. Und zwar schon deswegen, da bei der Konstruktion eines technischen Objektes auch solche Gesichtspunkte schwerwiegend in Betracht gezogen werden müssen, die ganz außerhalb der Physik liegen, wie z. B. Wirtschaftlichkeit, Betriebssicherheit, Umweltfreundlichkeit, Konkurrenzfähigkeit, wobei letztere auch noch die Berücksichtigung ästhetischer Gesetze erfordert, ja sogar mit Modefragen zusammenhängt.

Wenn wir in die Vergangenheit zurückschauen, so bemerken wir, daß es technische Geräte schon gab, als von Naturwissenschaft oder Physik noch keine Spur zu finden war. Die Technik war bis zur Industriellen Revolution der Physik voraus: Man konstruierte Geräte, deren Funktionsprinzipe bzw. physikalische Gesetzmäßigkeiten überhaupt noch nicht geklärt waren.

Man kann sogar mit etwas Übertreibung behaupten, die Physik könne nur dann ihrer eigenen Entwicklungsbahn folgen, wenn sie sich der Beschäftigung unmittelbarer technischer Probleme enthält. Denken wir nur daran, mit welch komplizierten technischen Problemen sich *Leonardo* auseinandersetzte (Luftschiff-Konstruktion, turbulente Strömung, Bewegung mit Reibung usw.). *Galilei* gelang die exakte Begründung der Mechanik, als er sich mit Erscheinungen beschäftigte (z. B. reibungslose Bewegung auf schiefer Ebene, Pendelbewegung usw.), die vorerst nichts mit technischer Anwendung zu tun hatten. Die größten technischen Erfolge bei den Anwendungen der neuentdeckten Gesetzmäßigkeiten der Physik wurden in den unmittelbar nachfolgenden Zeiten bei der Konstruktion von verschiedenen Meß- und Experimentiergeräten erzielt. *Newton* und Nachfolger, wie z. B. *Euler*, kannten schon fast das vollständige System der Lehrsätze der klassischen Mechanik und auch den zur Behandlung nötigen mathematischen Apparat, die Lösung konkreter technischer Probleme bereitete aber auch ihnen unüberwindliche Schwierigkeiten.

Mit Recht schrieb *Friedrich der Große* an *Voltaire* im Jahre 1778: *Die Engländer haben Schiffe mit dem nach Newtons Meinung vorteilhaftesten Querschnitt gebaut; ihre Admirale aber haben mir versichert, daß diese Schiffe längst nicht so gute Segler seien, wie die nach den Regeln der Erfahrung gebauten. Ich wollte in meinem Garten einen Springbrunnen anlegen; Euler berechnete die Leistung der Räder, die das Wasser in einen Behälter heben sollten, damit es dann, durch Kanäle geleitet, in Sanssouci in Springbrunnen wieder in die Höhe steige. Mein Hebewerk ist nach mathematischen Berechnungen ausgeführt worden, und doch hat es keinen Tropfen Wasser bis auf fünfzig Schritt vom Behälter heben können. Eitelkeit der Eitelkeiten! Eitelkeit der Mathematik!*

Zitiert nach *Friedrich Klemm: Zur Kulturgeschichte der Technik*, S. 219–220

Die Erfinder der Dampfmaschine waren zwar wissenschaftlich eingestellte Männer, wenn auch meistens ohne formale Ausbildung; es konnte jedoch *William Rankine*, der bekannte Thermodynamiker, mit Recht behaupten: *Die Eisenbahn, vollständig und fertig, wie sie uns Stephenson hinterließ, ist ein Produkt der Notwendigkeit und des Geistes ihrer Zeit. Das ungelehrte Talent, das gesunde, praktische Denken des Volkes, die schwielige Hand des Arbeiters hat sie allein geschaffen; die Schulweisheit hat keinen Anteil an ihr. Keine Formel ist bei der größten technischen Schöpfung unserer Zeit entwickelt, keine Gleichung dabei gelöst worden.* (Zitiert nach *Donald Brinkmann: Mensch und Technik*, S. 79.)

Die Notwendigkeit der wissenschaftlichen Fundierung technischer Prozesse tauchte mit Dringlichkeit bei der praktischen Anwendung elektromagnetischer Phänomene auf. Die Anregung dazu kam hier meistens von seiten der Physiker. Die Beschäftigung mit der Elektrizität verlangt eine größere Abstraktionsfähigkeit, also eine exaktere, mathematisch orientierte Denkweise. Und doch hatte *Edison*, vielleicht der größte Erfindergeist aller Zeiten, Schwierigkeiten mit der Mathematik: Im Alter von vierzehn wollte er *Newtons Principia* lesen – und war für sein Leben lang abgeschreckt von der Mathematik. Es schmeichelte ihm die Legende, die ihn den "Zauberer von Menlo Park" nannte; tatsächlich aber organisierte er ein auf wissenschaftlicher Basis aufgebautes industrielles Forschungsinstitut mit höchstqualifizierten Mitarbeitern. Er selbst wurde durch *Faradays* Werk *Experimental Researches in Electricity* zu wissenschaftlicher Arbeit angeregt. Das Buch blieb lebenslang seine Bibel.

Bis zur Jahrhundertwende hat sich die Methodik der Ingenieurtätigkeit herausgebildet. Wir zitieren *Whitehead*:

The great invention of the nineteenth century was the method of invention.

Die Ingenieurwissenschaft wurde als selbständige wissenschaftliche Disziplin völlig anerkannt als die ersten mit den Universitäten gleichrangigen technischen Hochschulen gegründet wurden. Die Wichtigkeit technischer Kenntnisse für die Wissenschaft und wissenschaftlicher Kenntnisse für die Technik wurde schon von *F. Bacon* betont, aber die Verbreitung dieser Ideen war das Verdienst der Enzyklopädisten, in erster Linie *Diderots* Verdienst. Als erste technische Hochschule kann die École des Ponts et Chaussées (1747) betrachtet werden; *Gaspard Monge,* der berühmte Mathematiker, organisierte etwas später die École Politechnique, eine der bedeutendsten Institutionen dieser Art. Es ist weniger bekannt und anerkannt, daß die 1763 in Schemnitz (damals Selmecbánya in Ungarn) und die 1765 in Freiberg begründete Bergakademie als Modelle für die École Politechnique dienten. In England konnte die Vermittlung von Kenntnissen technischer Art um 1840 an den Universitäten ihren Platz erringen. Hier sehen wir unsere frühere Meinung bestätigt, daß nämlich am Anfang der industriellen Revolution kein unmittelbarer Zusammenhang zwischen theoretischer Ausbildung und technischer Anwendung bestand: Frankreich besaß die beste Hochschule mit den vorzüglichsten Schülern, und doch war England – wo keine technische Hochschule existierte – zu dieser Zeit in den technischen Erfindungen führend. Hier spielten aber die neu gegründeten Ingenieurgesellschaften, wie das Institute of Civil Engineers (1820), das Institute of Mechanical Engineers (1846, Stephenson war der erste Präsident) und später (1889) das Institute of Electrical Engineers eine bedeutende Rolle.

Es ist kein Zufall, daß Deutschland in der optischen, chemischen und elektrotechnischen Industrie in der zweiten Hälfte des 19. Jahrhunderts die führende Rolle übernahm, erfordern doch diese Gebiete den größten Aufwand an theoretischen Kenntnissen. Eine Ausbildung in diesen Richtungen fand an zahlreichen Technischen Hochschulen (später Technische Universitäten) statt, und ihre Anwendung erfolgte in den staatlichen oder von den einzelnen Firmen eingerichteten Forschungsinstituten für die Entwicklung.

Heute besteht kein wesentlicher Unterschied zwischen industrieller und physikalischer Forschung oder – anders ausgedrückt – zwischen angewandter Forschung und Grundlagenforschung, wenigstens, was die Methode (ein Zusammenspiel von Theorie und Experiment) und den Aufwand an Geld und Apparatur betrifft: Man betrachte nur die Farbtafeln XXIX und XXX, wo Einrichtungen für die Grundlagenforschung abgebildet sind. Der Unterschied liegt vielmehr in der Zielsetzung und damit auch Motivierung des Forschers: wirtschaftlich verwertbare Ergebnisse (eventuell in der Form von Patenten) auf der einen Seite, wissenschaftlich bedeutsame Ergebnisse in der Form einer Publikation auf der anderen Seite. Diese zwei Seiten sind nicht antagonistisch, d. h., sie schließen sich nicht gegenseitig aus.

FARBTAFEL XXII

Adolph von Menzel: Eisenwalzwerk (1875). Was *Menzels* Kunst auszeichnet, ist die scharfe Beobachtung und nüchterne, sachliche Beschreibung, ohne Pathos und Idealisierung, liest man in einem Künstlerlexikon. In diesem realistischen Kunstwerk können wir, je nach unserer geistigen und emotionellen Einstellung, entweder die Apotheose der Arbeit bewundern, oder aber eine Darstellung der unmenschlichen Anstrengung, der Möglichkeit der Ausbeutung, der Angst vor Arbeitslosigkeit erblicken, also der Schattenseiten der gesellschaftlichen Umwälzungen, die die industrielle Revolution mit sich gebracht hat.

Industrielle Revolution ist ein Sammelbegriff für alle technischen und gesellschaftlichen Veränderungen, die sich in der Zeit von der Mitte des 18. Jahrhunderts bis zum Ende des 19. Jahrhunderts in den Ländern mit europäisch geprägter Zivilisation vollzogen haben.

Dies bedeutete eine Industrialisierung dieser Staaten: der Anteil der Agrarprodukte am Nationaleinkommen nahm zugunsten der Industrieprodukte stark ab.

Die hauptsächlichen Merkmale der Produktionsverhältnisse: die weitverbreitete Anwendung der Dampfmaschinen (und später der elektrischen Motoren) statt der bisherigen menschlichen, tierischen, Wasser- und Windkräfte, eine Entwicklung der Technologie, insbesondere der Technologie der Metalle, die Anwendung der Werkzeugmaschinen, die die Organisation der Arbeit in großen Einheiten möglich, ja sogar notwendig machten. Dadurch wurde eine spektakuläre Produktivität erreicht, die sich nicht nur in einer Erhöhung der Bruttoeinkommen, sondern in einer Erhöhung des Einkommens pro Einwohner manifestierte.

Das marktorientierte liberale Wirtschaftssystem der entstandenen bürgerlichen Gesellschaft kann am besten mit den Worten ihres führenden Theoretikers, des Engländers *Adam Smith* (1723–1790), charakterisiert werden:

Räumt man alle Begünstigungs- und Beschränkungsmaßnahmen völlig aus dem Wege, so stellt sich von selbst das klare und einfache System der natürlichen Freiheit her. In ihm hat jeder Mensch, solange er nicht die rechtlichen Schranken überschreitet, die vollkommene Freiheit, sein eigenes Interesse so, wie er es will, zu verfolgen und seine Arbeit sowie sein Kapital mit der Arbeit und den Kapitalien anderer Menschen und anderer sozialer Schichten in Wettbewerb zu bringen. Der Staat ist in diesem natürlichen System vollkommen einer Pflicht entbunden, bei deren Ausübung er ja doch immer wieder unzähligen Täuschungen ausgesetzt sein muß und zu deren sachgemäßer Erfüllung Weisheit und Kenntnisse von Menschen nicht ausreichen, der Pflicht nämlich, die Arbeit aller Menschen zu überwachen und sie in der dem Gesamtwohl entsprechenden Weise zu leiten. Nach dem System der natürlichen Freiheit beschränkt sich der staatliche Eingriff nur noch auf die Erfüllung dreier Funktionen: 1. Die Nation gegen Gewalttätigkeiten und Angriffe... zu schützen, 2. jeden einzelnen Vertreter der eigenen Nation vor rechtlichen Übergriffen... zu bewahren..., 3. bestimmte öffentliche Einrichtungen zu schaffen, deren Einrichtung und Unterhalt der privaten Initiative nicht überlassen werden kann. Zitiert nach *Störig,* Bd. 2, S. 43

Es hat sich aber herausgestellt, daß dieser freie Wettbewerb notwendigerweise zu einer Ausbeutung der Massen führt. Die eine Art des Kampfes gegen die krassesten Auswüchse (14–16 Stunden Arbeitszeit, Kinderarbeit im Alter von 6–10 Jahren usw.) bestand in der Mobilisierung der Öffentlichkeit zur Einführung gesetzlicher Bestimmungen (wie der Begrenzung der Arbeitszeit, Abschaffung der Kinderarbeit, später der Einführung verschiedener Versicherungsformen usw.). Die radikale Richtung betonte die prinzipielle Unmöglichkeit der Aussöhnung der Interessen der Arbeiterklasse und der Kapitalisten in der bürgerlichen Gesellschaftsordnung und sah den Ausweg nur in einer revolutionären Umwälzung. Diese Richtung – mit historischer Auswirkung und Aktualität bis in unsere heutige Zeit – war durch *Marx* und *Engels* vertreten und in ihrer 1848 veröffentlichten Kampfschrift, dem *Kommunistischen Manifest,* dargelegt worden:

Der durchgehende Grundgedanke des „Manifestes": daß die ökonomische Produktion und die aus ihr mit Notwendigkeit folgende gesellschaftliche Gliederung einer jeden Geschichtsepoche die Grundlage bildet für die politische und intellektuelle Geschichte dieser Epoche; daß demgemäß (seit Auflösung des uralten Gemeinbesitzes an Grund und Boden) die ganze Geschichte eine Geschichte von Klassenkämpfen gewesen ist, Kämpfen zwischen ausgebeuteten und ausbeutenden, beherrschten und herrschenden Klassen auf verschiedenen Stufen der gesellschaftlichen Entwicklung; daß dieser Kampf aber jetzt eine Stufe erreicht hat, wo die ausgebeutete und unterdrückte Klasse (das Proletariat) sich nicht mehr von der sie ausbeutenden und unterdrückenden Klasse (der Bourgeoisie) befreien kann, ohne zugleich die ganze Gesellschaft für immer von Ausbeutung, Unterdrückung und Klassenkämpfen zu befreien. ... *Marx/Engels* 4, 577

Das 19. Jahrhundert hat seine gesellschaftlichen Probleme als Erbe dem 20. Jahrhundert hinterlassen und als Lösung die oben angeführten zwei Möglichkeiten oder deren Varianten angeboten. Eine neue Herausforderung bedeutet für unsere heutige Gesellschaft die wissenschaftlich-technische Revolution seit Mitte des 20. Jahrhunderts, gekennzeichnet in erster Linie durch Verbreitung der Automatisierung und der maschinellen Datenverarbeitung. Es kann heute als wohlbegründet gelten, daß die Last der globalen gesellschaftlichen Probleme an das 21. Jahrhundert weitergegeben wird

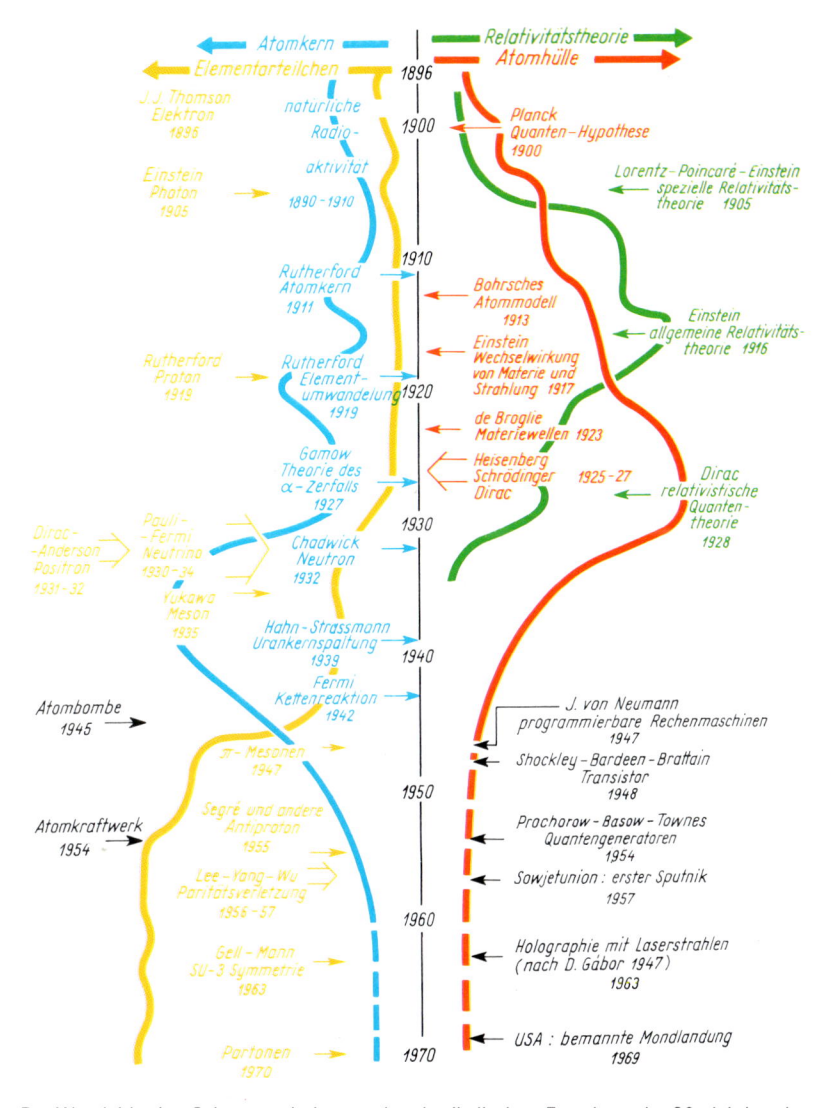

FARBTAFEL XXIII

Timeline diagram (left side):

Atomkern ← | → Relativitätstheorie
Elementarteilchen ← | Atomhülle →

- J. J. Thomson Elektron 1895
- natürliche Radioaktivität 1890–1910
- Einstein Photon 1905
- 1896
- 1900 Planck Quanten-Hypothese 1900
- Lorentz–Poincaré–Einstein spezielle Relativitätstheorie 1905
- 1910
- Rutherford Atomkern 1911
- Bohrsches Atommodell 1913
- Einstein Wechselwirkung von Materie und Strahlung 1917
- Einstein allgemeine Relativitätstheorie 1916
- Rutherford Proton 1919
- Rutherford Elementumwandlung 1919
- 1920
- de Broglie Materiewellen 1923
- Gamow Theorie des α-Zerfalls 1927
- Heisenberg Schrödinger Dirac 1925–27
- Dirac relativistische Quantentheorie 1928
- Pauli–Fermi Neutrino 1930–34
- Dirac–Anderson Positron 1931–32
- 1930
- Chadwick Neutron 1932
- Yukawa Meson 1935
- Hahn–Strassmann Urankernspaltung 1939
- 1940
- Fermi Kettenreaktion 1942
- Atombombe 1945
- π-Mesonen 1947
- J. von Neumann programmierbare Rechenmaschinen 1947
- Shockley–Bardeen–Brattain Transistor 1948
- 1950
- Atomkraftwerk 1954
- Segré und andere Antiproton 1955
- Prachorow–Basow–Townes Quantengeneratoren 1954
- Sowjetunion: erster Sputnik 1957
- Lee–Yang–Wu Paritätsverletzung 1956–57
- 1960
- Gell-Mann SU-3 Symmetrie 1963
- Holographie mit Laserstrahlen (nach D. Gábor 1947) 1963
- USA: bemannte Mondlandung 1969
- Partonen 1970
- 1970

Der Wandel in den Schwerpunktthemen der physikalischen Forschung im 20. Jahrhundert. In den ersten zwei Jahrzehnten dieses Jahrhunderts ist die Physik der Atomhülle, in den dreißiger und vierziger Jahren die Kernphysik und von da an die Elementarteilchenphysik der Zweig der Physik, der im Mittelpunkt des Interesses steht und auf dem der Weg in das Unbekannte fortgesetzt wird.

Was wird wohl der nächste Schwerpunkt sein? Haben wir vielleicht mit den Elementarteilchen schon alles Erkennbare gefunden? *Heisenberg* gibt auf diese und ähnliche Fragen folgende Antwort:

In Verbindung mit den Elementarteilchen, die in unseren Tagen im Mittelpunkt des Interesses der Physiker stehen, taucht mancherorts die Frage auf, ob wir wohl, wenn die diesbezüglichen Probleme gelöst werden, damit auch zum Abschluß der Physik gelangen können. Es mag ja folgendermaßen argumentiert werden: Alle Materie und alle Strahlung besteht aus Elementarteilchen; es kann also die lückenlose Kenntnis der Gesetze, die ihre Eigenschaften und ihr Verhalten bestimmen – etwa in der Form einer „Weltgleichung" – im Prinzip den Rahmen aller physikalischer Vorgänge bestimmen. Selbst wenn in der angewandten Physik und Technik die Entwicklung auf breiter Front weiterliefe, wären die prinzipiellen Fragen geklärt, die Grundlagenforschung in der Physik abgeschlossen. Einer solchen These von der eventuellen Vollendung der Physik widersprechen aber die Erfahrungen früherer Zeiten, wo man zu Unrecht dachte, es würde zu einem baldigen Abschluß der Physik kommen. Solche falsche Prognosen werden heutzutage von niemandem gestellt, und es erhebt sich die Frage, ob es in der bisherigen Entwicklungsgeschichte der Physik zumindest Teilgebiete der Physik gegeben habe, in denen die Naturgesetze endgültig formuliert werden konnten und man darauf vertrauen durfte, die Naturphänomene würden sich in Tausenden oder selbst Millionen Jahren oder auf beliebig weit entfernten Sternensystemen genau nach den gleichen, mathematisch formulierten Gesetzen abspielen.

Zweifellos gibt es solche Teilgebiete ... (Denken wir nur an die Newtonsche Mechanik): Die Astronauten haben bedenkenloses Vertrauen in ihre Ergebnisse und handeln dementsprechend. Hier kann aber schon ein Einwand vorgebracht werden: Haben nicht Relativitätstheorie und Quantentheorie die Newtonsche Mechanik modifiziert? Wenn es um höchste Genauigkeit geht, hat nicht ein zum Monde Reisender diese Verfeinerungen der Theorie in Rechnung zu stellen? Wenn ja, so beweist nicht etwa dieses Beispiel, daß selbst die Mechanik in ihren Grundlagen nicht abgeschlossen ist?

Auf der Suche nach einer Antwort auf diese Frage müssen wir vor allem feststellen, daß es sich bei einer dermaßen großen, umfassenden Formulierung von Naturgesetzen ... um eine Idealisierung der Realität – und nicht um die Realität selbst – handelt.

Der neueste Bereich unserer Erfahrungen, die Teilchenphysik, konnte mit den früher ausgearbeiteten, abgeschlossenen Theorien – der Quantenmechanik und der Relativitätstheorie – nicht mehr erfolgreich behandelt werden, obwohl diese Theorien schon sehr allgemeine Idealisierungen darstellen. Die Quantenmechanik nämlich postulierte – genau wie die alte Newtonsche Mechanik – die Existenz unveränderlicher, beständiger Massenpunkte; von einer nennenswerten Umwandlung von Ruhenergie zu kinetischer Energie war in ihr keine Rede. Umgekehrt vernachlässigte die Relativitätstheorie jene eigenartigen Aspekte der Natur, die mit dem Planckschen Wirkungsquant zusammenhängen, sie postulierte also die Objektivierbarkeit der Phänomene im Sinne der klassischen Physik. Für die Teilchenphysik hatte man deshalb nach einer noch allgemeineren Idealisierung zu suchen, die sowohl die Relativitätstheorie als auch die Quantentheorie als Grenzfälle einschließt und das komplizierte Spektrum der Elementarteilchen auf ähnliche Weise verständlich macht wie seinerzeit die Quantenmechanik das komplizierte optische Spektrum des Eisenatoms. Zweifellos wird sich diese Idealisierung in mathematischer Form ausdrücken lassen... Es kann aber gefragt werden, ob mit dieser Idealisierung die Physik zur Vollendung kommt. Es besteht doch jedes physikalische Objekt aus Teilchen; man könnte also behaupten, daß die Kenntnis der Gesetze, die das Verhalten der Teilchen beschreiben, einer Kenntnis des Verhaltens aller physikalischen Objekte gleichkommt und in diesem Sinne von einem Abschluß der Physik gesprochen werden kann.

Diese Folgerung ist jedoch falsch, denn sie berücksichtigt einen wichtigen Punkt nur ungenügend. Selbst eine abgeschlossene Theorie der Teilchen – ob sie nun „Weltgleichung" genannt wird oder nicht – ist ebenfalls als Idealisierung zu interpretieren. Sie gibt zwar Rechenschaft über einen ungeheuer ausgedehnten Bereich von Erscheinungen, es kann aber weitere Phänomene geben, die mit den Begriffen dieser Idealisierung nicht erklärt werden können.

W. HEISENBERG: *Kommt die Physik zu einer Vollendung?*
Aus einem Vortrag, gehalten in Budapest; erschienen in: Fizikai Szemle 2 (1976)

Was kann über die Zukunft dieses Abenteuers gesagt werden? Was wird denn letzten Endes geschehen? Wir setzen die Suche nach den Gesetzen fort; wieviele sind noch aufzufinden? Ich weiß es nicht. Einige meiner Kollegen behaupten, daß dieser fundamentale Aspekt unserer Wissenschaft weiterbestehen bleibt. Ich glaube aber, daß sicher nicht fortlaufend Neuigkeiten auftauchen werden, sagen wir noch während eines weiteren Jahrtausends. Es kann bestimmt nicht so weitergehen, daß wir immer mehr und mehr Gesetze entdecken... Wir können uns glücklich schätzen, in einer solchen Epoche zu leben, wo noch Gesetze zu entdecken sind. Es ist wie die Entdeckung von Amerika – es kann nur einmal entdeckt werden. Die Epoche, in der wir leben, ist diejenige, in der die fundamentalen Gesetze der Natur entdeckt werden, und diese Tage kommen nie wieder zurück! Das ist sehr spannend und sehr wunderbar, aber diese Spannung wird vergehen müssen. Natürlich, in der Zukunft wird es andere Dinge geben, die Interesse erregen, aber diese werden von ganz anderer Art sein, als die, mit denen wir es jetzt zu tun haben. Es folgt dann die Zeit der Entartung der Ideen, wie es die großen Entdecker fühlen, wenn Touristen die mühsam erschlossenen Gebiete zu überfluten beginnen. In unserer jetzigen Epoche erleben wir – vielleicht zum letzten Mal – die Wonne, die unermeßliche Wonne, erraten zu dürfen, wie sich die Natur unter Umständen, die noch nie zuvor beobachtet worden waren, verhält.

R. FEYNMAN: *The Character of Physical Law.* 1965, pp. 172–173

FARBTAFEL XXIV

Die die Äquivalenz von Masse und Energie ausdrückende Formel $E=mc^2$ auf Tulpenbeeten im Park der Technischen Universität Budapest (Lichtbild: *T. Szigeti*).

Es gehört zu jeder Energie eine Masse und zu jeder Masse eine Energie entsprechend der „Umrechnungsformel" $E=mc^2$: das ist der Inhalt des Masse-Energie-Äquivalenz-Gesetzes; das Energierhaltungsgesetz und das Massenerhaltungsgesetz sind also identisch.

Dieses Äquivalenzprinzip ist vom theoretischen, aber auch vom praktischen Standpunkte aus eines der grundlegendsten und auch von Laien — sogar in seiner quantitativen Formulierung — erfaßbaren Gesetze des 20. Jahrhunderts! Das Auffinden des Zusammenhanges $E=mc^2$ wird heutzutage ausschließlich *Einstein* zugeschrieben und als Einsteinsche Gleichung zitiert, mit Bezugnahme auf den hier in vollem Umfang in Faksimile wiedergegebenen Artikel.

Über diesen Artikel macht *Planck* 1907 in einer Fußnote zu seinem eigenen Artikel, wo er eine allgemeinere Begründung des Äquivalenzgesetzes vorlegt, folgende Bemerkung:

Wesentlich dieselbe Folgerung hat schon *A. Einstein* (Ann. d. Phys. 18 [1905] 639) aus der Anwendung des Relativitätsprinzips auf einen speziellen Strahlungsvorgang gezogen, allerdings unter der nur in erster Annäherung zulässigen Voraussetzung, daß die gesamte Energie eines bewegten Körpers sich additiv zusammensetzt aus seiner kinetischen Energie und aus seiner Energie für ein in ihm ruhendes Bezugsystem. Dort findet sich auch ein Hinweis auf eine mögliche Prüfung der Theorie durch Beobachtungen an Radiumsalzen.

Daß nicht nur der Zusammenhang zwischen Masse und Energie, sondern auch eine experimentelle Bestätigungsmöglichkeit in der Luft lag, beweist die hier ebenfalls angeführte Seite aus einem im Jahre 1904 (!) in deutscher Sprache (!) erschienenen Buch von *Soddy*. Aus den von uns unterstrichenen Zeilen heben wir folgende hervor:

Nach dieser Ansicht muß die Masse des Atoms als eine Funktion der inneren Energie betrachtet werden ... die Dissipation der Energie ... erfolgt ... auf Kosten der Masse des Systems.

Wir zitieren noch einen heutigen Autor. *Jammer* [5.10], p. 177 schreibt folgendes:

Es ist eine seltsame Erscheinung der Geschichte des physikalischen Denkens, daß der Gedankengang, auf welchem *Einstein* zur Gleichung $E=mc^2$ in seinem Artikel gelangte, grundsätzlich falsch war. In der Tat, es ist die Formel, die von den Laien als „die berühmteste mathematische Formel, die je erdacht wurde", bezeichnet wird — das Ergebnis eines „petitio principii" genannten falschen Schlusses, wo die Schlußfolgerung in die Prämissen irgendwie eingeschmuggelt wird. Diese Behauptung vermindert in keinem Maße die Wichtigkeit von *Einsteins* Beitrag zur Lösung dieses Problems: Die Masse-Energie-Relation ist eine notwendige Folge der Relativitätstheorie und kann aus den Grundprinzipien auch auf andere Weise abgeleitet werden, als es von *Einstein* angegeben wurde. Der logische Fehler der Einsteinschen Ableitung wurde von *Ives* entdeckt.

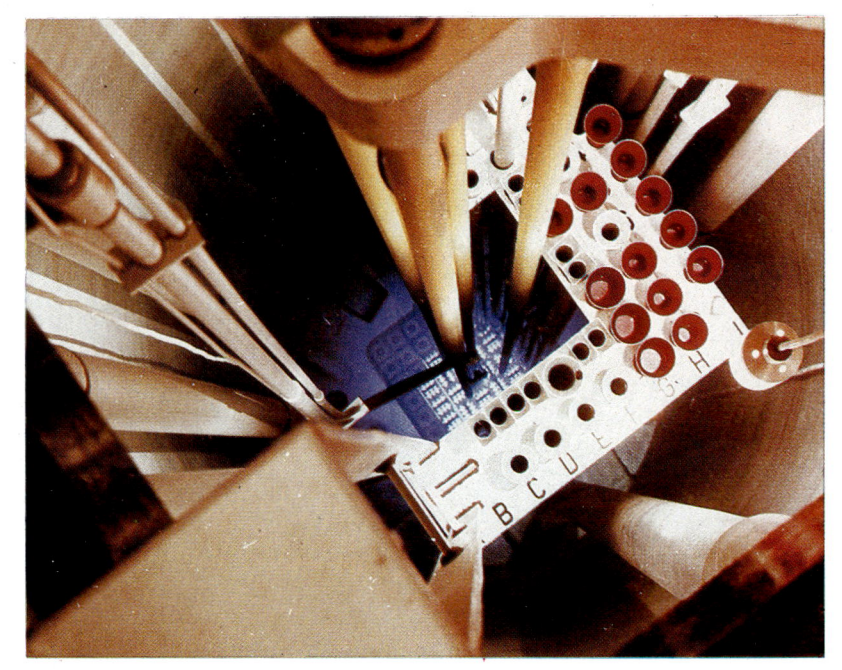

Eine moderne Universität unterscheidet sich von den mittelalterlichen unter anderem darin, daß der Arbeit in den Laboratorien eine weitaus größere Bedeutung zugemessen wird. Unser Bild zeigt das Innere des Lehrreaktors der Technischen Universität in Budapest. Wir können die aktive Zone des Reaktors an dem bläulichen Tscherenkow-Licht erkennen, das von den Elektronen herrührt, die von γ-Strahlen der Spaltprodukte im Wasser ausgelöst werden. Die aktive Zone enthält die mit dem Isotop U-235 angereicherten Uranstäbe, in denen die Spaltungsprozesse ablaufen und damit die Energie freigesetzt wird. Zur Abbremsung der Neutronen dient gewöhnliches Wasser. Einige der auf dem Bild zu sehenden zylindrischen Stäbe sind Regulierstäbe, andere dienen zum Einbringen der zu bestrahlenden Substanzen (Lichtbild: *Tamás Fényes*, MTI).

Von den verschiedenen Aufgabengebieten des Hochschulunterrichtes wollen wir mit folgendem Zitat nur auf das unserer Thematik am nächsten liegende eingehen:

> Die Geschichte der Wissenschaften zeigt, daß diejenigen Forscher am erfolgreichsten tätig sind, die Schüler um sich haben und mit ihnen gemeinsam arbeiten. Diese Tatsache kann mit den Beispielen der größten Gelehrten belegt werden. *Mendelejew* hat z. B. das Periodische System der Elemente auf der Suche nach einer Methode entdeckt, mit der die Eigenschaften der Elemente auf leicht einprägbare Weise dargestellt werden sollten (für Studenten, denen er die Grundlagen der Chemie vorgetragen hat).
>
> Der junge *Lobatschewski* hat in einem Gymnasium für Erwachsene Geometrie gelehrt und keine befriedigende Erklärung der A-priori-Selbstverständlichkeit des Parallelen-Postulats gefunden. So entdeckte er die nichteuklidische Geometrie.
>
> *Stokes* hat eine Aufgabensammlung für Studenten der Mathematik zusammengestellt und darin vorgeschlagen, zu beweisen, daß das Linienintegral in einem einfachen Zusammenhang mit dem umschlungenen Vektorfluß steht. Dies wird jetzt als Stokescher Satz zitiert, obwohl *Stokes* nie dafür einen Beweis publizierte, sondern ihn den Studenten überließ... Wir können noch Beispiele bis in unsere Tage anführen: *Schrödinger* ist zu seiner berühmten Gleichung so gelangt, daß er einer Gruppe von Doktoranden an der Züricher Universität die Arbeiten *de Broglies* erläutern wollte.
>
> P. L. KAPITZA: Woprosi filosofii 7/1971

Das Zitat bedarf jedoch einer Ergänzung: Viele der großen Gelehrten (vielleicht die meisten) haben den formalen Unterricht (Universitätsvorlesungen) als lästige Pflicht empfunden; das gilt für *Newton, Gauß* und *Einstein*, um nur einige der bekanntesten zu erwähnen. Es ist auch fraglich, ob es eine Korrelation zwischen den pädagogischen Fähigkeiten und den schöpferischen Eingebungen gibt; nur wenige Genies (z. B. *Rutherford* und *Bohr*) haben eine wissenschaftliche Schule begründet.

Wir dürfen aber nicht vergessen, daß auch das für sich allein arbeitende Genie ein Erzieher auf einem sehr hohen Niveau ist. *Boses* Brief an *Einstein*, in dem er ihm seine Arbeit übermittelt hat, enthält die folgenden Sätze:

> Obzwar ich Ihnen völlig unbekannt bin, habe ich kein Bedenken mit meiner Bitte an Sie heranzutreten: Wir sind doch alle Ihre Schüler, obwohl Ihre Lehre uns nur durch Ihre Schriften zuteil wird.

Die in unseren Tagen wohl vordringlichste Aufgabe der Physik und der technischen Wissenschaften ist die Energieversorgung der Menschheit. Gegenwärtig zehren wir von der in den fossilen Energieträgern gespeicherten Sonnenenergie, die in Kernfusionsprozessen erzeugt worden ist. Diese Energievorräte werden auf $2 \cdot 10^{23}$ J geschätzt, so daß sie unter Berücksichtigung der gegenwärtigen Steigerungsrate des Verbrauchs 100 bis 150 Jahre reichen sollten (der Energieverbrauch war 1970 gleich $3 \cdot 10^{20}$ J und verdoppelt sich alle 20 Jahre). Die gespeicherte chemische Energie wird in den Kraftwerken über Wärme und mechanische Energie in die wertvollste Energieform, die elektrische Energie, umgewandelt. In der Entwicklung befinden sich Anlagen zur „direkten Energieumwandlung", die sich durch einen guten Wirkungsgrad, einen einfachen Aufbau und eine große Umweltfreundlichkeit auszeichnen. Dazu gehören der MHD(magnetohydrodynamische)-Generator, der in einem Medium – dem strömenden Plasma – Dampfturbine und elektrischen Generator vereinigt, der thermoelektrische Umformer, bei dem es keinerlei mechanische Bewegung mehr gibt, und die Brennstoffzelle, in der auch die Wärmeenergie ausgeschaltet und die chemische Energie direkt in Elektroenergie umgewandelt wird.

Hoffnungen für die Zukunft: *1.* Nutzung der beständig einfallenden Sonnenenergie ($3 \cdot 10^{24}$ J/Jahr), entweder über eine Umwandlung in Wärmeenergie oder unmittelbar mittels Halbleiterbauelementen. *2.* Nutzung der Kernenergie auf der Erde mit Hilfe gesteuerter Kernreaktionen: Die Energieträger für die Kernspaltungs- (Fissions-) Kraftwerke sind Uran und Thorium, deren leicht zugängliche Vorräte ($2 \cdot 10^{23}$ J) ebenfalls nicht ausreichend sind, um die Energieprobleme der Menschheit auf lange Sicht zu lösen. Der Rohstoff der Fusionsreaktoren ist der schwere Wasserstoff, der in einer solchen Menge (in den Weltmeeren) zur Verfügung steht, daß Fusionskraftwerke den gegenwärtigen Energiebedarf für Milliarden von Jahren befriedigen könnten.

Der Schwerpunkt der elektrischen Energieerzeugung hat sich in den letzten Jahrzehnten immer mehr und mehr in Richtung der Atomkraftwerke verschoben. Mitte der achtziger Jahre wurden etwa 15 Prozent der Elektroenergie in der Weltwirtschaft aus Kernenergie gewonnen. In einigen Staaten, z. B. Frankreich, betrug dieser Anteil sogar über 50 Prozent. Es werden nun immer öfter und nachdrücklicher schwerwiegende Einwände (s. auch Farbtafel XXXII) gegen die Anwendung der Atomenergie erhoben. Dabei darf aber auch nicht vergessen werden, wie umweltfeindlich die Abgase der Verbrennung fossiler Energieträger sind, wie häufig schwere Unfälle in Kohlengruben vorkommen, und daß zur Zeit auf die Atomenergie nicht verzichtet werden kann, es sei denn, man ist willens, einen nicht unwesentlichen Teil der heutzutage konsumierten Güter und viele Bequemlichkeiten unseres Lebens zu entbehren.

Ein Reaktor erzeugt nicht nur Energie, sondern auch radioaktive Isotope, u. a. solche, deren Behandlung und Ablagerung bisher nicht gänzlich bewältigte technische Probleme darstellen.

Andere radioaktive Isotope können zu verschiedenen Zwecken angewendet werden. Einige Möglichkeiten:

Starke γ-Strahler, in erster Linie Co-60 ($T_{1/2} = 5,3$ Jahre, $E_\gamma = 1,17 - 1,33$ MeV) können direkt in *Therapie* und *Radiographie* angewendet werden (Kobaltkanone oder Gammatron).

Vielseitige Anwendungen in Industrie und Forschung finden radioaktive Isotope als *Leitisotope*. Diese Atome werden auf dem Wege der chemischen Synthese in Moleküle eingebaut, deren Eigenschaften und chemische Umwandlungen auch in sehr komplizierten Systemen durch die Messung der Strahlung studiert werden können (*Indikatormethode:* H-3; $T_{1/2} = 11$ Jahre; $E_\beta = 0,018$ MeV und C-14; $T_{1/2} = 4700$ Jahre, $E_\beta = 0,155$ MeV in organischen Stoffen).

Diagnostik: Tumore sind mit Phosphor angereichert und können daher durch P-32 ($T_{1/2} = 14$ Tage, $E_\beta = 1,71$ MeV) lokalisiert werden. Durch I-131 ($T_{1/2} = 8$ Tage, $E_\beta = 0,6 - 0,32$ MeV. $E_\gamma = 0,64 - 0,36$ MeV) können Prozesse in der Schilddrüse untersucht und Schilddrüsenkrankheiten behandelt werden.

Durch radioaktive Isotope können leichte, langlebige *Energiequellen* kleiner Leistung betätigt werden (Pace-maker: Pu-238 als Energiequelle mit Thermoelement).

Die aus Kernspaltungsreaktoren herausgebrachten Neutronen können zu Materialuntersuchungen verwendet werden. Nur ein Beispiel: Das Spinecho-Prinzip (*Ferenc Mezey*, 1972), eine Weiterentwicklung der Methode der polarisierten Neutronen, ermöglicht die Erforschung der Strukturen von flüssigen Kristallen, Superflüssigkeiten, Polymeren usw.

FARBTAFEL XXVI

Die Insel Helgoland (Lichtbild: *Uwe Muuss*)

Zu den Schauplätzen der entscheidenden Augenblicke im Leben der Religionsgründer pilgern Tausende von Gläubigen. Ein solches Wallfahrtsziel ist der Baum in Bodh-gaya, „der Baum der Erleuchtung" (bodhi), unter dem Buddha in Meditation versunken zur Wahrheit gelangt ist.

Ein ähnlicher Wallfahrtsort könnte für die Physiker die Insel Helgoland sein, wo *Heisenberg* zum erstenmal sicher war, auf dem richtigen Wege zu sein. Lassen wir ihn jedoch selbst berichten:

Ende Mai 1925 erkrankte ich so unangenehm an Heufieber, daß ich *Born* bitten mußte, mich für 14 Tage von meinen Pflichten zu entbinden. Ich wollte auf die Insel Helgoland reisen, um in der Seeluft, fern von blühenden Büschen und Wiesen, mein Heufieber auszukurieren. In Helgoland gab es außer den täglichen Spaziergängen auf dem Oberland und den Badeunternehmungen zur Düne keinen äußeren Anlaß, der mich von der Arbeit an meinem Problem abhalten konnte, und so kam ich schneller voran, als es mir in Göttingen möglich gewesen wäre. Einige Tage genügten, um den am Anfang in solchen Fällen immer auftretenden mathematischen Ballast abzuwerfen und eine einfache mathematische Formulierung meiner Frage zu finden. In einigen weiteren Tagen wurde mir klar, was in einer solchen Physik, in der nur die beobachtbaren Größen eine Rolle spielen sollten, an die Stelle der Bohr-Sommerfeldschen Quantenbedingungen zu treten hätte. Es war deutlich zu spüren, daß mit dieser Zusatzbedingung ein zentraler Punkt der Theorie formuliert war, daß von da ab keine weitere Freiheit mehr blieb. Dann aber bemerkte ich, daß es ja keine Gewähr dafür gäbe, daß das so entstehende mathematische Schema überhaupt widerspruchsfrei durchgeführt werden könne. Insbesondere war es völlig ungewiß, ob in diesem Schema der Erhaltungssatz der Energie noch gelte, und ich durfte mir nicht verheimlichen, daß ohne den Energiesatz das ganze Schema wertlos wäre. Andererseits gab es in meinen Rechnungen inzwischen auch viele Hinweise darauf, daß die mir vorschwebende Mathematik wirklich widerspruchsfrei und konsistent entwickelt werden könnte, wenn man den Energiesatz in ihr nachweisen könnte. So konzentrierte sich meine Arbeit immer mehr auf die Frage nach der Gültigkeit des Energiesatzes, und eines Abends war ich so weit, daß ich darangehen konnte, die einzelnen Terme in der Energietabelle oder, wie man es heute ausdrückt, in der Energiematrix durch eine nach heutigen Maßstäben reichlich umständliche Rechnung zu bestimmen. Als sich bei den ersten Termen wirklich der Energiesatz bestätigte, geriet ich in eine gewisse Erregung, so daß ich bei den folgenden Rechnungen immer wieder Rechenfehler machte. Daher wurde es fast drei Uhr nachts, bis das endgültige Ergebnis der Rechnung vor mir lag. Der Energiesatz hatte sich in allen Gliedern als gültig erwiesen, und — da dies ja alles von selbst, sozusagen ohne jeden Zwang herausgekommen war — so konnte ich an der mathematischen Widerspruchsfreiheit und Geschlossenheit der damit angedeuteten Quantenmechanik nicht mehr zweifeln. Im ersten Augenblick war ich zutiefst erschrocken. Ich hatte das Gefühl, durch die Oberfläche der atomaren Erscheinungen hindurch auf einen tief darunter liegenden Grund von merkwürdiger innerer Schönheit zu schauen, und es wurde mir fast schwindlig bei dem Gedanken, daß ich nun dieser Fülle von mathematischen Strukturen nachgehen sollte, die die Natur dort unten vor mir ausgebreitet hatte. Ich war so erregt, daß ich an Schlaf nicht mehr denken konnte. So verließ ich in der schon beginnenden Morgendämmerung das Haus und ging an die Südspitze des Oberlandes, wo ein alleinstehender, ins Meer vorspringender Felsturm mir immer schon die Lust zu Kletterversuchen geweckt hatte. Es gelang mir ohne größere Schwierigkeit, den Turm zu besteigen, und ich erwartete auf seiner Spitze den Sonnenaufgang.

HEISENBERG: *Der Teil und das Ganze*

Eine verhältnismäßig häufige Art kristallinischer fester Körper ist der hier abgebildete Amethyst, ein Halbedelstein; er besteht aus SiO_2, meist mit Fe_2O_3 als Farbstoff. Nach einem alten Aberglauben schützt er seinen Besitzer vor Trunksucht. Im Bild läßt sich geradezu der Prozeß der Kristallisation verfolgen.

Nachdem die Gesetzmäßigkeiten der atomaren Mikrosysteme erkannt worden waren, wurde begonnen, die Eigenschaften wechselwirkender Mikrosysteme zu untersuchen. Es ist ein Verdienst von *W. Heitler* und *F. London*, hier einen Durchbruch erzielt zu haben. Sie haben als erste die Quantenmechanik zur Deutung der chemischen Bindung verwendet (H_2-Molekel, 1927). Die klassische Statistik, die das Verhalten makroskopischer, aus schwach wechselwirkenden Teilchen bestehender Körper (Gase) beschreibt, war schon früher von der Quantenstatistik (Bose-Einstein-Statistik, 1924; Fermi-Dirac-Statistik, 1926) abgelöst worden. Ausgehend von der Bose-Einstein-Statistik, ließen sich die Gesetze der schwarzen Strahlung als Verhalten eines Photonengases im Gleichgewicht verstehen und die Widersprüche in der Theorie der spezifischen Wärme der Metalle konnten bei einer Anwendung der Fermi-Dirac-Statistik auf die Metallelektronen (*Pauli* 1926, *Sommerfeld* 1927) gelöst werden. Außerdem war es auf diesem Wege möglich, die Theorie der thermoelektrischen und magnetischen Erscheinungen in eine bessere Übereinstimmung mit den Experimenten zu bringen.

Die Theorie der festen Körper ist die Grundlage für eine Reihe von Entwicklungen geworden, die für die praktische Anwendung wichtige und spektakuläre Ergebnisse erbracht haben. Mit den Röntgenstrahluntersuchungen von *M. von Laue* (1912) sowie *W. H.* und *W. L. Bragg* (1913) wurde die Kristallstruktur gewissermaßen sichtbar gemacht. *F. Bloch* hat 1928 auf quantenmechanischer Grundlage das Verhalten von Elektronen in einem Feld mit einem periodischen Potential untersucht und damit das Bändermodell der kristallinen Festkörper aufgestellt. Die Verallgemeinerung und Vertiefung dieser Überlegungen sind ein Verdienst von *R. Peierls* sowie *L. Brillouin* (1932).

Ausgehend von diesen theoretischen Erkenntnissen haben *W. Shockley, J. Bardeen* und *W. Brattain* 1948 das Transistor-Prinzip entdeckt. *A. M. Prochorow, N. G. Bassow, C. Townes* und *N. Bloembergen* haben 1955 – 1956 die ersten Festkörper-Quantengeneratoren konstruiert. Dieselbe Theorie hat auch die Grundlagen für den Mößbauer-Effekt (1958) geliefert.

Der Gedanke, den Schwingungszustand eines Kristallgitters als ein Phononengas mit einer bestimmten Energieverteilung anzusehen, hat sich als sehr fruchtbar herausgestellt. Er geht auf *M. Born* und *Theodor von Karman* (1912) zurück; zwei Jahrzehnte später haben ihn *Bloch, de Houston* und *Brillouin* aufgegriffen, um die Temperaturabhängigkeit des Widerstandes der Metalle zu berechnen.

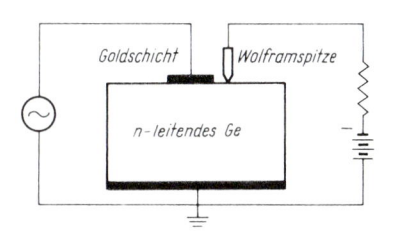

Durch eine an die Goldschicht angelegte positive Spannung wurden in Germanium des n-Typs Löcher injiziert, die zu einem entgegengesetzt vorgespannten Wolfram-Spitzenkontakt flossen. Die Messungen zeigten, daß eine Erhöhung der positiven Spannung eine Zunahme des Stromes zur Spitze verursachte. Wurde nun in den letzteren Stromkreis ein genügend großer Widerstand eingebracht, so erwiesen sich die Spannungsänderungen des Spitzenkontaktes größer als die der Goldelektrode, beide auf die Basiselektrode bezogen.
Aus der Nobelvorlesung von SHOCKLEY

Die Untersuchung der Elektron-Phonon-Wechselwirkung hat zur Deutung einer der bemerkenswertesten Erscheinungen der Festkörperphysik, der Supraleitung, geführt. Sie wurde 1911 von *Kamerlingh-Onnes* entdeckt, und eine phänomenologische Theorie wurde 1934 von *F.* und *H. London* sowie 1950 von *W. L. Ginsburg* und *L. Landau* angegeben. In der strengeren Theorie von *J. Bardeen, L. N. Cooper* und *J. R. Schrieffer* sowie von *N. N. Bogoljubow* (1957) spielt die Wechselwirkung von Phononen mit Paaren von Elektronen mit entgegengesetzten Spins eine wesentliche Rolle. Eine starke Stütze dieser Theorie ist die 1961 auch experimentell nachgewiesene Quantelung des magnetischen Flusses, der von einem supraleitenden Ring umschlossen wird (nach der Formel $2e\Phi = nh$. In dieser Beziehung ist e die Elektronenladung, Φ der magnetische Fluß, h die Plancksche Konstante und n eine ganze Zahl). Die Supraleiter sind zur Zeit bereits unentbehrlich zur Erzeugung hoher Magnetfelder in großen Raumbereichen, und sie beginnen, eine Rolle in der Starkstromtechnik zu spielen (Generatoren hoher Leistung, Energieübertragung). Sie können aber auch als Speicherelemente in Rechenanlagen Verwendung finden, und es lassen sich mit ihrer Hilfe unter Ausnutzung des Josephson-Effekts (1962) in sehr weiten Bereichen regelbare Oszillatoren sowie äußerst empfindliche magnetische Feldmeßgeräte konstruieren. Zum Josephson-Effekt: Durch eine dünne isolierende Schicht (10^{-7} cm), die zwei Supraleiter voneinander trennt, kann infolge des Tunneleffekts ein Strom fließen, wobei beim Überschreiten eines bestimmten kritischen Wertes an der Tunnelschicht eine Gleichspannung U auftritt sowie eine elektromagnetische Strahlung emittiert wird; zwischen ihrer Frequenz v und der Spannung U besteht der Zusammenhang $hv = 2eU$. Diese Gleichung gestattet die Bestimmung des Quotienten h/e aus den zwei wichtigsten Größen der Mikrophysik mit der zur Zeit größtmöglichen Genauigkeit.

Von den übrigen Materieeigenschaften wollen wir nur noch den Magnetismus erwähnen. Nach der Pionierarbeit von *P. Curie* (1895) hat *P. Langevin* 1905 eine Elektronentheorie des Para- und Diamagnetismus aufgestellt. 1907 hat *P. Weiß* die Existenz der sich bei der Wechselwirkung von elementaren Magneten ausbildenden Domänen vorausgesagt. *Heisenberg* und *J. Frenkel* (1928) haben als erste die Quantenmechanik zur Erklärung des Ferromagnetismus herangezogen, und schließlich haben *L. Landau* und *E. Lifschitz* 1935 eine umfassende phänomenologische Theorie aufgestellt.

Mit den Arbeiten von *A. Müller* und *G. Bednorz* 1986 erhielt die Erforschung der Supraleitung einen neuen Aufschwung. Bis zu dieser Zeit hoffte man die unter dem Siedepunkt des flüssigen Heliums 4,2 K (0 K = −273,15 °C) liegende kritische Temperatur (T_c) der Supraleitung durch Legierungen von Niobium, Silicium und Germanium über den Siedepunkt des flüssigen Wasserstoffs (21 K) zu erhöhen. In den siebziger Jahren gelang es tatsächlich dieses Ziel zu erreichen. Eine weitere wesentliche Erhöhung schien aber auf diesem Wege aussichtslos. *Müller* und *Bednorz* haben eine aus Barium, Lanthan und Kupferoxid bestehende Keramik untersucht und die Möglichkeit einer Supraleitung bei viel höheren Temperaturen nachgewiesen. Heute (1987) sind schon Stoffe dieser Art bekannt, bei denen T_c weit über den Siedepunkt des flüssigen Stickstoffs (77 K) liegt ($T_c = 94$ K für Y Ba_2 Cu_3 O_7); man hält es sogar für möglich, Supraleitung bei Zimmertemperatur zu verwirklichen. Allerdings ist die Erklärung der Supraleitung keramischer Stoffe eine Herausforderung für die Theoretiker.

FARBTAFEL XXVIII

In der Makrophysik stellt auch das Spiegelbild eines beobachtbaren Vorganges einen reellen, d. h. realisierbaren Vorgang dar. Es läßt sich schwer entscheiden, ob auf dieser Farbtafel das reelle oder aber das Spiegelbild des kleinen Mädchens zu sehen ist. Aus der Form des Zierbuchstabens B könnte man darauf schließen, das es ein Spiegelbild ist. Man hätte aber den Buchstaben von vornherein in Spiegelschrift anfertigen können, wie wir es tatsächlich getan haben. Die vom Mädchen mit dem Filzschreiber nachgezogene Form des Schneckenhauses ist rechtsgängig wie in der Natur; im Spiegelbild wäre es linksgängig: Das Bild ist also kein Spiegelbild. Es scheint, als ob es auch in der Makrophysik eine Bevorzugung des Rechten bzw. des Linken gäbe. Tatsächlich ist diese eventuell vorhandene Bevorzugung nur die Folge einer zufälligen Anfangsasymmetrie, die dann irgendwie – z. B. durch biologische Gesetzmäßigkeiten – vererbt, d. h. stabilisiert wird; das hätte aber ebensogut mit dem Spiegelbild geschehen können.

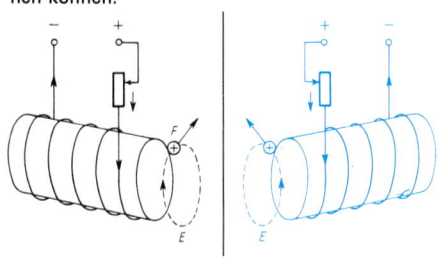

Ein alltäglicher Makrovorgang und seine Spiegelung. Durch Veränderung der Stromstärke in der Spule eines Magneten verändert sich auch das Induktionsfeld und – dem Induktionsgesetz entsprechend – entsteht ein elektrisches Wirbelfeld. In der gespiegelten Anordnung wirkt die Kraft auf das (gespiegelte) Teilchen in solcher Weise, daß seine Bahn genau dem Spiegelbild der reellen Bahn entspricht.

Dieser mikrophysikalische Vorgang ist ebenfalls spiegelsymmetrisch, gehorcht also dem Parität-Erhaltungsgesetz, er ist also P-invariant.

Durch Spiegelung erhält man ein rechtsgängiges Neutrino; es gibt aber in der Natur kein solches. Der Vorgang verletzt also das Parität-Erhaltungsgesetz.

Wenn man aber im Spiegelbild die Teilchen durch ihre Antiteilchen ersetzt, so erhält man wieder einen reellen Vorgang. Dieser Vorgang ist invariant gegenüber Spiegelung und gleichzeitiger Ladungskonjugation, er ist also PC-invariant.

Der vierte Vorgang verletzt sogar die PC-Invarianz.

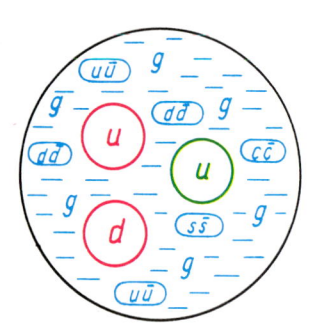

Das gewöhnlichste Teilchen, das Proton besitzt unseren heutigen Kenntnissen nach die hier angeführte komplizierte Struktur.

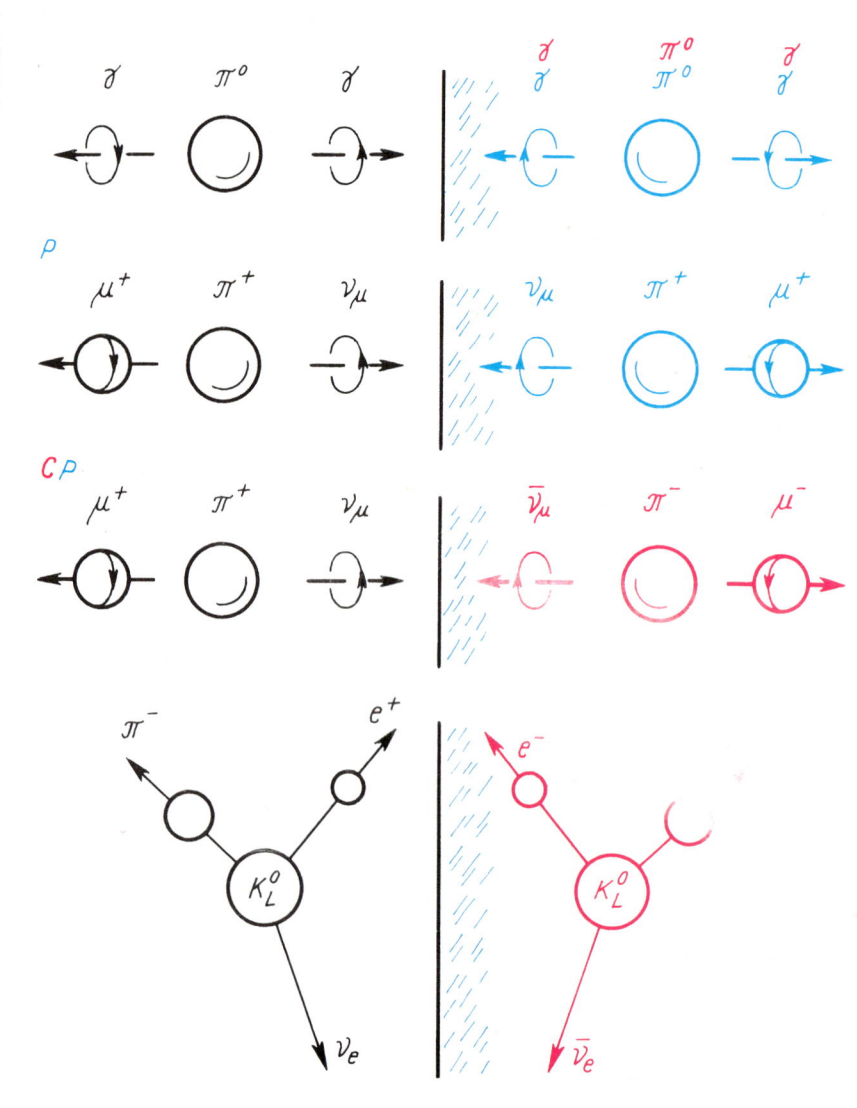

FARBTAFEL XXIX

Ein Abschnitt des 400-GeV-Superprotonensynchrotrons (SPS) des CERN-Laboratoriums (Conseil Européen pour la Recherche Nucléaire, Genf) und eine Skizze der Anlage in der Vogelschau. Die Beschleunigung der Protonen erfolgt in einem Vakuum (Restdruck niedriger als 10^{-9} Torr $\approx 10^{-10}$ Pascal) mit Hilfe eines hochfrequenten elektrischen Wechselfeldes, zur Bahnkrümmung dient ein starkes Magnetfeld. Jedes Proton durchläuft die fast 7 km lange Kreisbahn 200 000 mal, ehe es seine Endenergie erreicht hat. Die gesamten Bau- und Anlagekosten des Beschleunigers liegen bei nahezu einer Milliarde Dollar (1 700 Millionen Schweizer Franken), und der Energiebedarf des Instituts wird über ein eigenes Umspannwerk mit einer Leistung von 170 MW gedeckt. 1971 wurde mit den Erdarbeiten begonnen, und 1976 wurde der Beschleuniger in Betrieb genommen. Die Beschleunigung erfolgt in mehreren Stufen. Die bereits mit Hilfe eines 750-kV-Kaskadengenerators vorbeschleunigten Teilchen werden in den auch auf der Skizze zu sehenden Linearbeschleuniger eingeschossen. Zwischen dem Linearbeschleuniger und dem 26-GeV-Protonensynchrotron (PS) ist ein weiterer Vorbeschleuniger (Booster) angeordnet. Der PS-Beschleuniger als Vorbeschleuniger des SPS schießt die Protonen mit einer Energie von 10 GeV in den großen Ring, aus dem sie über verschiedene Kanäle in die zwei Versuchslaboratorien geleitet werden können.

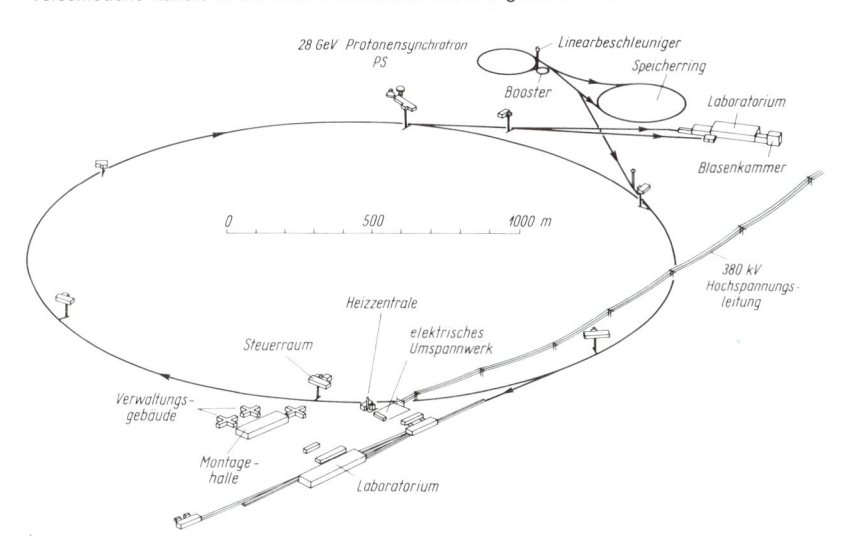

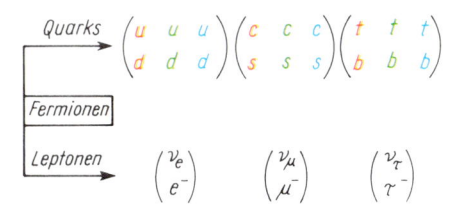

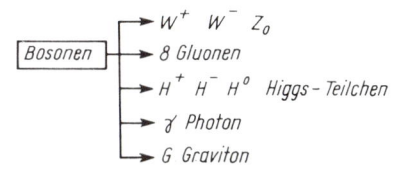

$$\text{Fermionen} \begin{cases} \text{Quarks} \rightarrow \begin{pmatrix} u & u & u \\ d & d & d \end{pmatrix} \begin{pmatrix} c & c & c \\ s & s & s \end{pmatrix} \begin{pmatrix} t & t & t \\ b & b & b \end{pmatrix} \\ \text{Leptonen} \rightarrow \begin{pmatrix} \nu_e \\ e^- \end{pmatrix} \begin{pmatrix} \nu_\mu \\ \mu^- \end{pmatrix} \begin{pmatrix} \nu_\tau \\ \tau^- \end{pmatrix} \end{cases}$$

$$\text{Bosonen} \begin{cases} \rightarrow W^+ \ W^- \ Z_0 \\ \rightarrow 8 \text{ Gluonen} \\ \rightarrow H^+ \ H^- \ H^0 \text{ Higgs-Teilchen} \\ \rightarrow \gamma \text{ Photon} \\ \rightarrow G \text{ Graviton} \end{cases}$$

Nach den Hypothesen am Anfang der achtziger Jahre existieren sechs Quarks, je mit einem speziellen „Flavor" versehen: u (up), d (down), s (strange), c (charm), b (bottom, beauty), t (top, truth). Zu jedem Flavor gehören drei Farben (color). Zu den fundamentalen Teilchen gehören noch drei Leptonenpaare ($e - \nu_e$, $\mu - \nu_\mu$, $\tau - \nu_\tau$).

Diese sind alle Fermionen und können als Elementarteilchen im eigentlichen Sinne betrachtet werden. Die Mitglieder der Bosonenfamilien spielen die Rolle der Vermittler in den Wechselwirkungen.

FARBTAFEL XXX

Die mit Energieumwandlungen im Gigaelektronvolt-Bereich verbundenen Vorgänge werden mit solchen komplizierten und kostspieligen Einrichtungen untersucht. Bei der Entdeckung der die schwache Wechselwirkung vermittelnden Teilchen, der Vektorbosonen W^+, W^- und Z°, sind noch verwickeltere Apparaturen angewendet worden.

Carlo Rubbia und sein Team – 134 europäische und amerikanische Wissenschaftler – bauten den SPS-Beschleuniger und alle seine Hilfseinrichtungen so um, daß sie Frontalzusammenstöße von Protonen und Antiprotonen zuwege brachten, und zwar mit einer Energie, die zur Erzeugung der Bosonen $W^\pm$ und Z° (mit den Ruhmassen 79,5 GeV bzw. 90 GeV) ausreichte. Der Umbau dauerte fünf Jahre und erforderte einen Aufwand in Höhe von 100 Millionen Dollar.

Die Protonen verlassen den linearen Vorbeschleuniger mit der Energie 0,05 GeV, ein weiterer zirkulärer Beschleuniger erhöht diese Energie auf 0,8 GeV. Im PS-Beschleuniger erhalten sie eine Energie von 26 GeV. Mit dieser Energie werden die Protonen auf ein Kupfertarget gelenkt, wo sie Antiprotonen mit einer Energie von 3,5 GeV erzeugen. Diese werden erst in einem Magnetring *(storage-ring)* gespeichert und dann in den PS-Beschleuniger injiziert. Dort erlangen sie ebenfalls eine Energie von 26 GeV. Mit dieser Energie werden sie dann in den Super-Beschleuniger SPS eingeführt, wo sie bis zu einer Endenergie von 270 GeV weiterbeschleunigt werden. Die Protonen brauchen nicht gespeichert zu werden: Ihre Bahn ist im Bild schwarz gezeichnet. Protonen und Antiprotonen laufen in Gegenrichtung auf etwas verschobenen zyklischen Bahnen um, die sich aber an zwei Stellen kreuzen. Hier können die Frontalstöße *(head-on-collisions)* verwirklicht und die Vorgänge ausgewertet werden. Die zur Erzeugung eines Vektorbosons führenden Stöße sind sehr selten: Auf alle 10^9 Stöße ist im Mittel ein einziger solcher Fall zu erwarten.

Wir sehen hier auch das Schema zweier möglicher Reaktionen, von denen die eine zur Entstehung eines W^+-Bosons, die andere zur Entstehung eines Z°-Bosons führt.

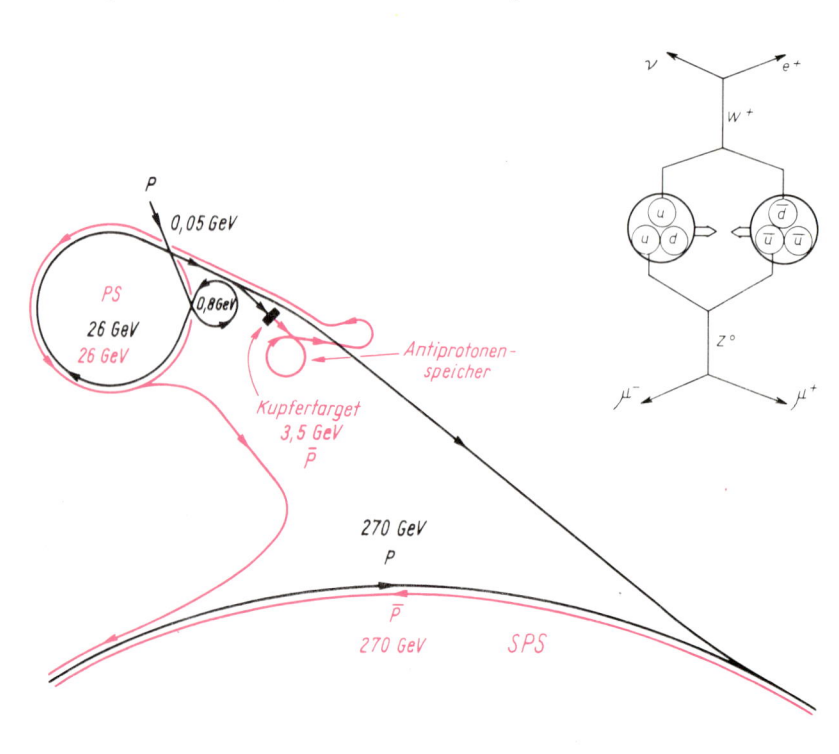

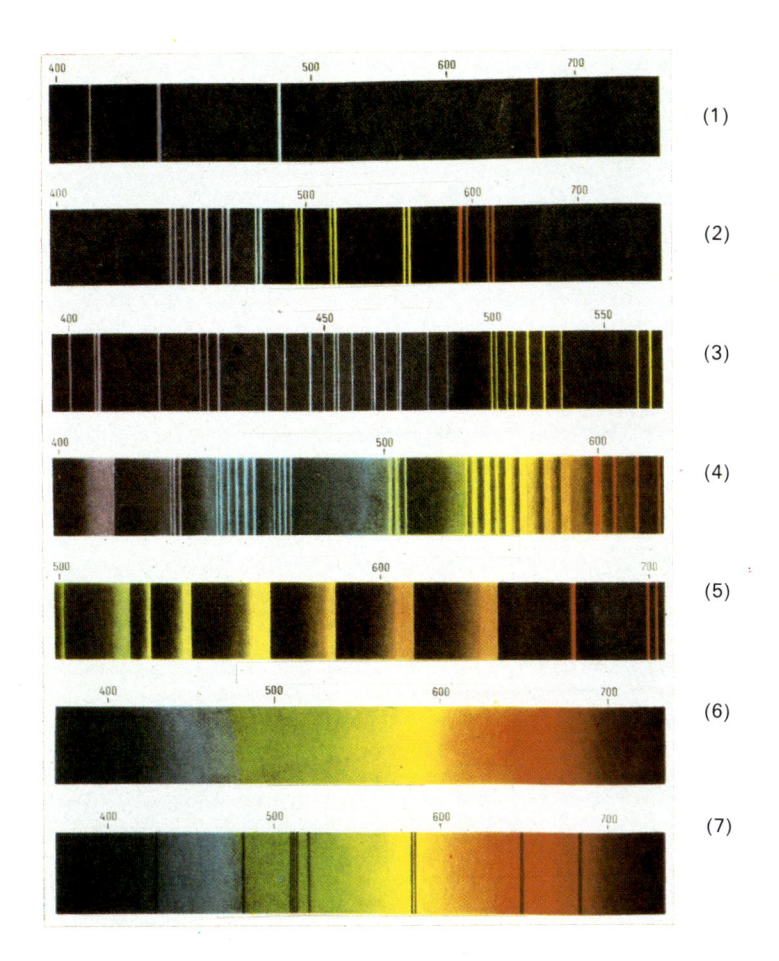

FARBTAFEL XXXI

Lichtwellen – etwas allgemeiner: elektromagnetische Wellen – sind die wichtigsten Träger von Information über die Struktur der Materie, aber auch der des Weltalls. Feste oder flüssige glühende Körper emittieren eine kontinuierliche Strahlung: Die Intensität verteilt sich kontinuierlich auf das ganze (sichtbare und benachbarte) Spektrum (6). In elektrischen Entladungen in verdünnten Gasen emittieren Atome Strahlung mit ganz bestimmten Frequenzen (oder Wellenlängen): Sie haben Linienspektren [(1): H; (2): Na; (3): Cu]. Die Atome absorbieren auch Licht mit Frequenzen, die mit ihren Emissionsfrequenzen im engen Zusammenhang stehen: So entstehen die Absorptionsspektren, z. B. die dunklen Fraunhoferschen Linien, im Spektrum der Sonne (7). Die Moleküle emittieren und absorbieren kompliziertere Spektren, die Bandenspektren [(4): CN und C_2 Moleküle im Kohlenbogen; (5): I_2 Moleküle].

Die heutigen astronomischen und spektroskopischen Instrumente ermöglichen uns die Aufnahme ganzer Sternbilder mitsamt der Spektren der einzelnen Sterne. Die Phantasie unserer Vorfahren deutete die verschiedenen Sternkonstellationen als mythische Helden. Heutzutage schließt man aus Spektralaufnahmen der Sterne auf ihre stoffliche Zusammensetzung, auf die Temperatur und selbst auf die Geschwindigkeit sowie auf die Entfernung der astronomischen Objekte.
(University of Michigan, Department of Astronomy)

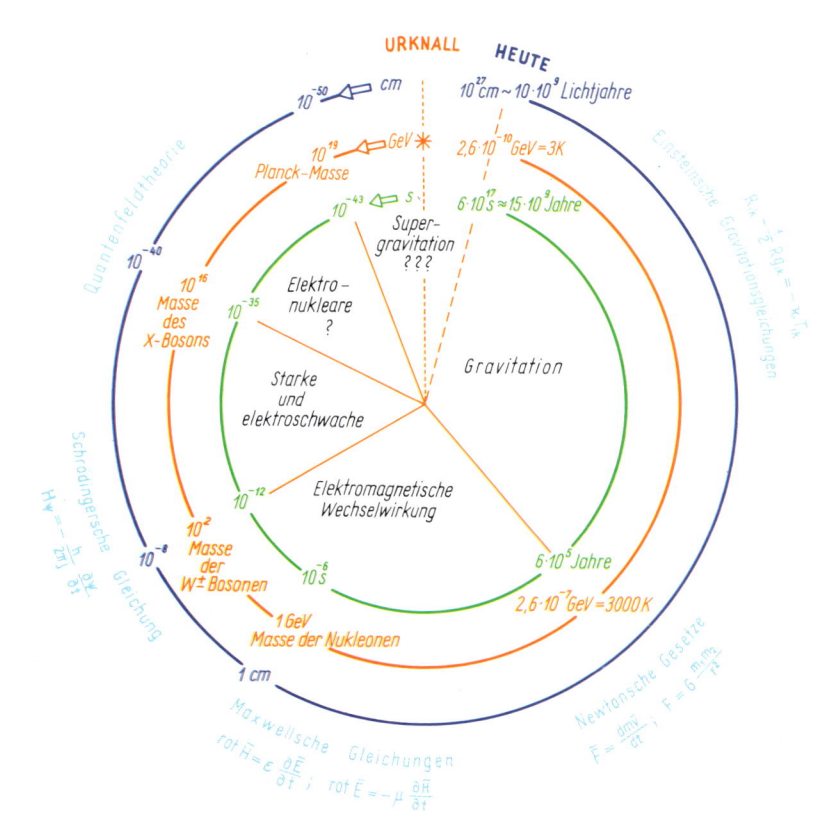

Chronologie, mittlere thermische Energie und Ausdehnung des Weltalls.
An der Energieskale sind die entsprechenden charakteristischen Massen angemerkt, bei denen sich die im Anfang als einheitlich angenommene Wechselwirkung (Supergravitation) aufspaltet. Die Planck-Masse, bei der sich die elektronukleare Wechselwirkung von der Supergravitation löst, wird dadurch definiert, daß bei dieser Masse die Intensität der Gravitation auch die der starken Wechselwirkung übertrifft. Der Kopplungsfaktor $Gm_N^2/\hbar c$ nimmt mit der Nukleonenmasse m_N die Größe 10^{-39} an, die Planck-Masse wird also durch die Gleichung $Gm_P/\hbar c = 1$ definiert, d. h.: $m_P = \sqrt{\hbar c/G}$. Die elektronukleare Wechselwirkung zerfällt weiter in die starke und die elektroschwache Wechselwirkung, sobald die Energie unter die Masse der vermutlichen Vermittler, der X-Bosonen, sinkt. Unterhalb der mittleren thermischen Energie entsprechend der W-Bosonenmasse sind schon alle vier Wechselwirkungen entkoppelt.

In der Abbildung sind auch die wichtigsten Gleichungen der Physik mit ihren Gültigkeitsbereichen dargestellt.

Diese zirkulare Anordnung soll darauf aufmerksam machen, daß in der Theorie der Supergravitation die Quantenfeldtheorie und *Einsteins* Gravitationsgleichungen irgendwie zu verschmelzen sind (zum Teil nach *Glashow*).

Kernwaffenversuchsexplosion
Comité d'Énergie Atomique, France

Die Vögel und der Test

Von den Savannen übers Tropenmeer
Trieb sie des Leibes Notdurft mit den Winden,
Wie taub und blind, von weit- und altersher,
Um Nahrung und um ein Geäst zu finden.

Nicht Donner hielt sie auf, Taifun nicht, auch
Kein Netz, wenn sie was rief zu großen Flügen,
Strebend nach gleichem Ziel, ein schreiender Rauch,
Auf gleicher Bahn und stets in gleichen Zügen.

Die nicht vor Wasser zagten noch Gewittern
Sahn eines Tags im hohen Mittagslicht
Ein höhres Licht. Das schreckliche Gesicht

Zwang sie von nun an ihren Flug zu ändern.
Da suchten sie nach neuen sanfteren Ländern.
Laßt diese Änderung euer Herz erschüttern...

1957
STEPHAN HERMLIN

Der Mensch ist gezwungen, auch anders auf diese Experimente von infernaler Grandiosität zu reagieren. Eine seiner Aufgaben ist es, Maßzahlen anzugeben, mit denen ihre Wirkungen charakterisiert werden. Der Laie, dem es — besonders nach verschiedenen Reaktorunfällen, z. T. katastrophalen — bewußt wird, daß sein Leben und die Zukunft seiner Nachkommen auf dem Spiele steht, kann meistens auch mit unmanipulierten Angaben nicht viel anfangen und fühlt sich beruhigt oder beunruhigt, je nach seiner Einstellung bzw. nach seiner Bewertung des Inhalts und der Art der Veröffentlichung diesbezüglicher Informationen. Allerdings ist — wie wir sogleich sehen werden — ein Teil der Unsicherheit der tatsächlichen Kompliziertheit der Sache zuzuschreiben.

Die *Intensität* der radioaktiven *Strahlungsquellen* wird am einfachsten in Curie (Ci) angegeben: Sie beträgt 1 Curie, wenn die Zahl der Zerfälle $3{,}7 \cdot 10^{10}$ pro Sekunde (Anzahl der Zerfallsakten in 1 g Radium) beträgt. Kleinere — und heute gebräuchlichere — Einheiten sind:
1 Becquerel: ein Zerfall pro Sekunde
1 Rutherford: 10^6 Zerfälle pro Sekunde; es ist also einfach
$3{,}7 \cdot 10^{10}$ Becquerel $= 3{,}7 \cdot 10^4$ Rutherford $= 1$ Curie
Zwei Beispiele:
2000 Ci beträgt die Aktivität einer (starken) Kobalt-Kanone.
Nach dem Reaktorunfall von Tschernobyl (1986) wurde in Großbritannien eine Aktivität von 500 Bq je Liter der (durch I-131) verseuchten Milch gemessen.
Der maßgebende Faktor bei der Beurteilung der Strahlenwirkung auf lebendige Organismen oder unbelebte Objekte (wie z. B. elektronische Bauteile) ist die absorbierte Energie oder die *Strahlendosis*.
Eine in der Röntgendosimetrie (in Hinblick auf die weitverbreitete Anwendung von Ionisationskammern als Strahlungsdetektoren) schon längst gebräuchliche Einheit ist das Röntgen: Eine Dosis von einem Röntgen setzt durch Ionisation in trockener Luft der Masse 1 kg eine elektrische Ladung von 0,258 Coulomb frei. Die neuere Dosiseinheit Gray stützt sich hingegen unmittelbar auf die im bestrahlten Stoff absorbierte Energie:
1 Gy $= 100$ Rad $= 1$ Joule/kg.
Es sind aber auch noch weitere Tatsachen zu berücksichtigen. So hängt z. B. der biologische Effekt einer Kernstrahlung in starkem Maße von ihrer Art ($\alpha, \beta, \gamma, p, n$ usw.) ab. Um dies zu erfassen, wurde eine entsprechende Einheit der Dosis, das rem *(röntgen-equivalent-man)* eingeführt: 1 rem hat definitionsgemäß die gleiche biologische Wirksamkeit wie eine Röntgenstrahlungsdosis der Größe 1 Röntgen. Neuerdings wird immer mehr die Einheit 1 Sievert $= 100$ rem benutzt.
Die biologische Wirkung hängt aber auch noch von weiteren Faktoren ab. Gleiche Dosisbeträge vorausgesetzt, hängt ihre Wirkung von der Zeitdauer ihres Zustandekommens, ihrer Akkumulation ab: Das lebendige Gewebe kann sich z. B. bei kleineren Intensitäten, d. h. längeren Akkumulationszeiten, teilweise regenerieren.
Ein wesentlicher Gesichtspunkt bei der Beurteilung der Gefährlichkeit freigesetzter radioaktiver Stoffe ist die Möglichkeit ihrer Anreicherung und Ablagerung in bestimmten Körperteilen. In dieser Hinsicht sind einige langlebige Isotope unter den Spaltprodukten besonders gefährlich: Sr-90 ($T_{1/2} = 28$ Jahre) wird in Knochen abgelagert und kann Krebs verursachen, Cs-137 ($T_{1/2} = 30$ Jahre) sammelt sich hingegen in weichen Geweben an.
Der Mensch ist — und war immer — der Einwirkung radioaktiver oder wesensgleicher Strahlung ausgesetzt: Kosmische Strahlen, die Radioaktivität der Erdkruste usw. (die normale Umweltstrahlung) verursachen insgesamt eine Dosis von etwa $2 \cdot 10^{-3}$ Sievert pro Jahr. Diese Dosis müssen wir ertragen und haben wir ja sogar seit Jahrtausenden tatsächlich ertragen. Eine Dosis von 10 Sievert gilt, wenn sie innerhalb weniger Minuten erhalten wird, als tödlich für die Menschen. Man gibt meistens als Gefährlichkeitsschwelle das Maß der Erhöhung der Strahlung über die normale Umweltstrahlung an.
Eine Vereinheitlichung der Sicherheitsvorschriften verschiedener Staaten für die Bevölkerung bzw. einzelne Berufsgruppen sind erst seit 1986 im Gange.

TEIL 4

Alle Ereignisse, selbst jene, welche wegen ihrer Geringfügigkeit scheinbar nichts mit den großen Naturgesetzen zu tun haben, folgen aus diesen mit derselben Notwendigkeit wie die Umläufe der Sonne. In Unkenntnis ihres Zusammenhangs mit dem Weltganzen ließ man sie, je nachdem sie mit Regelmäßigkeit oder ohne sichtbare Ordnung eintraten und aufeinanderfolgten, entweder von Endzwecken oder vom Zufall abhängen; aber diese vermeintlichen Ursachen wurden in dem Maße zurückgedrängt, wie die Schranken unserer Kenntnis sich erweiterten, und sie verschwinden völlig vor der gesunden Philosophie, welche in ihnen nichts als den Ausdruck unserer Unkenntnis der wahren Ursachen sieht...

Wir müssen also den gegenwärtigen Zustand des Weltalls als die Wirkung seines früheren und als die Ursache des folgenden Zustands betrachten. Eine Intelligenz, welche für einen gegebenen Augenblick alle in der Natur wirkenden Kräfte sowie die gegenseitige Lage der sie zusammensetzenden Elemente kennte, und überdies umfassend genug wäre, um diese gegebenen Größen der Analysis zu unterwerfen, würde in derselben Formel die Bewegungen der größten Weltkörper wie des leichtesten Atoms umschließen; nichts würde ihr ungewiß sein und Zukunft wie Vergangenheit würden ihr offen vor Augen liegen. Der menschliche Geist bietet in der Vollendung, die er der Astronomie zu geben verstand, ein schwaches Abbild dieser Intelligenz dar. Alle diese Bemühungen beim Aufsuchen der Wahrheit wirken dahin, ihn unablässig jener Intelligenz näher zu bringen, von der wir uns eben einen Begriff gemacht haben, der er aber immer unendlich ferne bleiben wird. Dieses dem Menschen eigentümliche Streben erhebt ihn über das Tier, und seine Fortschritte auf diesem Gebiete unterscheiden die Nationen und Jahrhunderte und machen ihren wahren Ruhm aus.

LAPLACE: *Philosophischer Versuch über die Wahrscheinlichkeit.* Übersetzt von *H. Löwy*

Die volle Entfaltung der klassischen Physik

4.1 Das Ausgangskapital für das 18. Jahrhundert

4.1.1 Ergebnisse, über die schon berichtet und über die bisher noch nicht berichtet wurde

Die Zuversicht, mit der die europäischen Intellektuellen dieser Zeit in die Zukunft blickten, läßt sich am besten mit den Worten FONTENELLES charakterisieren *(Zitat 4.1–1a)*. Bedeutende und weniger bedeutende Gelehrte schreiben Abhandlungen über die Fähigkeit der menschlichen Vernunft, um die Gesetze der Natur und der menschlichen Gesellschaft zu erkennen und so die Kräfte der Natur in den Dienst des Menschen zu stellen; sie glauben daran, daß der Mensch die Ursachen von sozialen Mißständen aufdecken und sein Schicksal in die eigene Hand nehmen kann. Vom neuen Jahrhundert erwartete man, daß Aberglaube und Fanatismus von der Vernunft abgelöst würden.

Wenn wir uns anschauen, auf welche objektive Errungenschaften sich dieser Fortschrittsglaube stützen konnte, dann können wir vor allem auf die konkreten Ergebnisse der Physik hinweisen, so auf die Newtonsche Mechanik und die vollkommene und umfassende mechanische Erklärung himmlischer und irdischer Phänomene. Die Optik hat nicht nur die zur Konstruktion optischer Instrumente notwendigen Gesetzmäßigkeiten bereitgestellt, sondern auch erste Schritte zur Aufdeckung der Natur des Lichtes getan. Aber nicht nur diese theoretischen Grundlagen, auf denen das 18. Jahrhundert aufbauen konnte, waren imposant; das 17. Jahrhundert hat auch eine Reihe anderer Hilfsmittel hinterlassen — Hilfsmittel für die Theoretiker, wie z. B. Koordinatengeometrie sowie Differential- und Integralrechnung, aber auch Hilfsmittel für die Experimentatoren, deren wichtigste Fernrohr, Mikroskop, Barometer, Pendeluhr und Luftpumpe waren.

Es entstanden Gelehrtengesellschaften (1662 — Royal Society *[Zitat 4.1–1b]*; 1666 — Académie des Sciences) und die ersten wissenschaftlichen Zeitschriften erschienen *(Abbildung 4.1–1)*.

An dieser Stelle dürfen wir natürlich auch die neue naturphilosophische Attitüde nicht vergessen: Über jeder Autorität stehen Vernunft und Erfahrung, auf die man sich bei der Wahrheitsfindung berufen kann. Mit Untersuchungen des Erkenntnisprozesses haben nicht nur Naturwissenschaftler, sondern auch Philosophen dazu beigetragen, daß die Entscheidung zwischen Wahrheit und Scheinwahrheit von den Forschern im 18. Jahrhundert bereits gänzlich im heutigen Sinne gefällt wird.

Über die Herausbildung der Newtonschen Mechanik wurde oben bereits ausführlich gesprochen, und es wurde auch von den experimentellen Vorrichtungen berichtet, die im Ergebnis dieser Entwicklung entstanden sind. Nicht berichtet haben wir von der Entwicklung der Optik in den letzten Jahrzehnten des 17. Jahrhunderts, da sie nur von geringer Bedeutung für die Entstehung des neuen Weltbildes war, obwohl natürlich die optischen Untersuchungen über die Personen der an ihnen beteiligten Gelehrten mit der Hauptentwicklungsrichtung eng verknüpft gewesen sind. Auch über die Ausarbeitung der Integral- und Differentialrechnung sowie über den philosophischen Hintergrund im engeren Sinne haben wir nicht gesprochen. Um jedoch die Bestandsaufnahme des geistigen Kapitals zu Beginn des 18. Jahrhunderts einigermaßen zu vervollständigen, wollen wir auch darüber noch einige Worte verlieren.

4.1.2 Welle oder Teilchen

Die Untersuchungen zur Natur des Lichtes liegen nur insofern etwas am Rande, als hier keine vom Aristotelismus errichteten Hindernisse beseitigt zu werden brauchten. Mit anderen Worten, die optischen Untersuchungen

Zitat 4.1–1a
Und in der Tat: was in der Philosophie das Wichtigste ist und von ihr auf alles übergreift, nämlich die Methode des Denkens, ist in diesem Jahrhundert zu unglaublicher Vollkommenheit gelangt. Worüber auch immer die Rede sei, es pflegen die Alten ihre Überlegungen nicht gerade aufs vollkommenste anzustellen. Oft gelten bei ihnen verschwommene Analogien, geringfügige Ähnlichkeiten, labile Gedankenspiele, trübe und verworrene Ausführungen als Beweise, weswegen es sie keine besondere Mühe kostet, Beweise zu liefern. Was aber früher jemand spielend beweisen konnte, würde jetzt einem bedauernswerten Zeitgenossen viel zu schaffen machen, denn wir sind heutzutage äußerst streng im Beurteilen aller Gedankengänge. Sie müssen verständlich und richtig sein und bis zu den Konsequenzen hinführen. Wir weisen hämisch auf Stellen hin, wo sich das kleinste Mißverständnis in Sätze oder Gedanken eingeschlichen hat und verurteilen die größten Scharfsinnigkeiten der Welt schonungslos, wenn sie sich als nicht zum Thema gehörig erweisen. Vor *Descartes* hatten es die Leute leichter, Überlegungen anzustellen und die vergangenen Jahrhunderte können von Glück reden, ihn nicht gekannt zu haben. Meines Erachtens ist er derjenige, der diese neue Methode des Denkens eingeführt hat, was noch höher zu preisen ist als seine Philosophie, die uns zum größten Teil — gerade nach den von ihm gelehrten Regeln — heute schon unrichtig oder zweifelhaft erscheint. Schließlich ist festzustellen, daß nicht nur in den guten Werken über Physik oder Metaphysik, sondern auch in jenen über Themen der Religion, Ethik oder Kritik eine Präzisität und Verläßlichkeit herrscht, wie wir sie bisher kaum gekannt haben.
FONTENELLE: *Digression sur les Anciens et les Modernes.* Oeuvres diverses, tome III. La Haye 1736, p. 149

Zitat 4.1–1b
Aufgabe und Ziel der Royal Society ist das Erlangen besserer Kenntnisse über Naturerscheinungen, alle nützlichen Künste und Handwerke, mechanische Kunstfertigkeiten, Maschinen und Erfindungen, und zwar auf experimentellem Wege, ohne Einbezug der Theologie, Metaphysik, Ethik, Politik, Grammatik, Rhetorik oder Logik. Bestrebungen, den oben erwähnten Gebieten zugehörige, in Vergessenheit geratene Künste, Kenntnisse und Erfindungen wieder aufzufinden und zu retten. Weiterhin die Untersuchung aller naturwissenschaftlichen, mathematischen und mechanischen Systeme, Theorien, Prinzipe, Hypothesen, Elemente, Geschichten und Experimente, die von irgendeinem bedeutenden Autor (gleichviel, ob alt oder zeitgenössisch) erfunden, aufgezeichnet oder angestellt wurden. Dies alles zum Zwecke des Ansammelns eines vollständigen Systems wissenschaftlicher Philosophie zur Erklärung aller natürlichen oder künstlichen Phänomene und zur vernünftigen Darstellung der Ursachen aller Dinge.
HOOKE: *Curator der Royal Society.* 1663

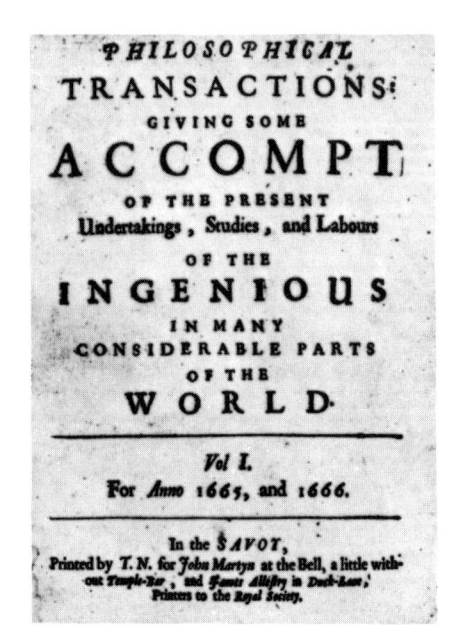

Abbildung 4.1–1
Titelblatt des ersten Bandes der *Philosophical Transactions*
Die Zeitschrift *Journal des Savants* ist zum ersten Mal 1665 erschienen, die *Acta Eruditorum* hat *Mencke* ab 1682 herausgegeben (*Leibniz* war ein ständiger Mitarbeiter). Die im Text erwähnten wissenschaftlichen Gesellschaften haben bekannte Vorbilder: Academia Platonica (Florenz, um 1470, hat ein halbes Jahrhundert bestanden), Academia antiquaria (Rom, 1498), Academia Secretorum Naturae (Neapel, 1560), Accademia dei Lincei (Rom, 1603), Accademia del Cimento (Florenz, 1657), Académie Française (1635) und bekannte Nachfolger: Kurfürstlich-Brandenburgische Sozietät der Wissenschaften (Berliner Akademie, 1700), Schwedische Akademie (Uppsala, 1710), Petersburger Akademie (1725)

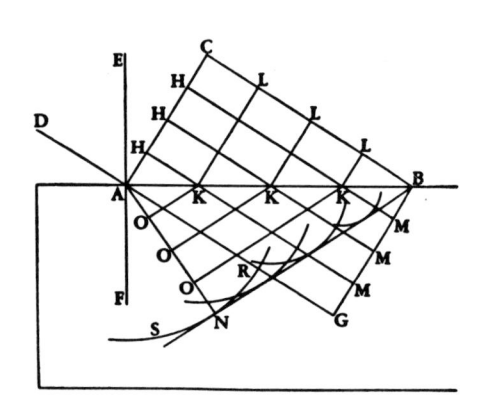

Abbildung 4.1–4
Zur Erklärung des Brechungsgesetzes. Diese Abbildung ist – wie auch die vorhergehende – aus dem Huygensschen Buch *Traité de la lumière* entnommen; Abbildungen dieser Art finden wir aber auch in den heutigen Physiklehrbüchern

Abbildung 4.1–5
Zur Erklärung der endlichen, aber sehr großen Ausbreitungsgeschwindigkeit des Lichtes

hatten zu jener Zeit keine „weltanschauliche Relevanz"; ihre Ergebnisse sind jedoch für die Wissenschaftsentwicklung in den folgenden Jahrhunderten ebenso wichtig gewesen wie die der Mechanik.

Auch bei den Arbeiten zur Optik haben die beiden „Großen", HUYGENS und NEWTON, den Ton angegeben, allerdings hat auch HOOKE eine bedeutende Rolle gespielt. HOOKES Beitrag wird vielleicht deshalb nicht ausreichend gewürdigt, weil er im Schatten der beiden Großen gestanden hat. Er selbst hat das auch zu spüren bekommen, denn sein Leben war ein einziger Kampf, der unter anderem auch über die Lichttheorie geführt worden ist, und in der Auseinandersetzung mit NEWTON haben beide einander das Leben schwer gemacht.

Sowohl HUYGENS als auch NEWTON haben ein Buch über ihre Arbeiten zur Optik geschrieben, und beide Werke gehören zu den „großen Büchern" der Wissenschaftsgeschichte. Auch vor ihrem Erscheinen haben beide Bücher ein recht ähnliches Schicksal gehabt. Beide Autoren haben ihre Untersuchungen in den siebziger Jahren begonnen, aber das Erscheinen der Bücher hat sich aus verschiedenen Gründen verzögert. HUYGENS hatte sein Buch zunächst in französischer Sprache verfaßt und dann beabsichtigt, es irgendwann ins Lateinische zu übersetzen, um es einem breiteren Leserkreis zugänglich zu machen, „...aber das beglückende Gefühl der Neuheit verging, und ich schob die Verwirklichung meiner Pläne mehr und mehr hinaus". Es ist dann schließlich 1691 unter dem Titel *Traité de la lumière* erschienen. NEWTON hat 1672 und 1675 über seine Untersuchungen vor der Royal Society berichtet, wobei er jedoch – vor allem seitens HOOKES – so heftigen Angriffen ausgesetzt gewesen ist, daß er sein Buch erst 1704, ein Jahr nach HOOKES Tod, in englischer Sprache unter dem Titel *Opticks or a Treatise of the Reflections, Refractions and Colours of Light* publiziert hat. Die Arbeiten von HUYGENS und NEWTON sind zeitlich stark miteinander verflochten, und in der Tat beziehen sich beide des öfteren aufeinander. HUYGENS war einer der wenigen, der von NEWTON als Persönlichkeit anerkannt und geachtet worden ist.

Es ist heute üblich, die Wellentheorie des Lichtes mit dem Namen HUYGENS und die Korpuskulartheorie mit dem NEWTONS in Verbindung zu

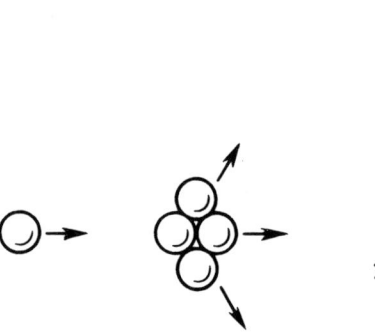

Abbildung 4.1–2
So hat sich *Huygens* die Ausbreitung des Lichtes vorgestellt

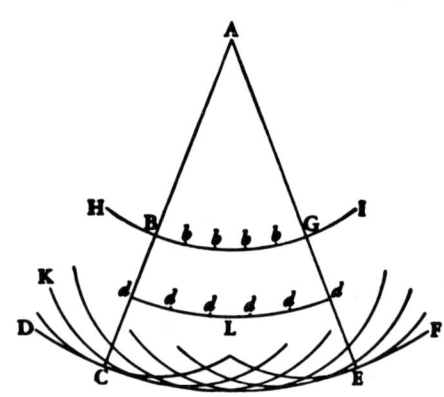

Abbildung 4.1–3
Zur Erklärung der Geradlinigkeit der Lichtausbreitung

bringen. Es kann sogar in Physikbüchern nachgelesen werden, daß NEWTON dank seiner großen Autorität mit seiner unrichtigen Auffassung über die Natur des Lichts die Entwicklung der physikalischen Optik über einen Zeitraum von nahezu 100 Jahren negativ beeinflußt hat. Dies ist tatsächlich richtig, aber es lohnt sich, an dieser Stelle ein paar Worte darüber zu verlieren, welchen Anteil daran NEWTON selbst und welchen seine Epigonen hatten, die NEWTONS Gedanken unzulässig vereinfachen.

HUYGENS hat zwar DESCARTES in vielen Fragen kritisiert, hat aber dennoch auf der grundlegenden kartesianischen Auffassung beharrt, daß jeder Wechselwirkung eine mechanische Berührung zugrundeliegt und daß alle Naturerscheinungen auf mechanische Prozesse zurückführbar sein müssen. Diese Auffassung legt er im übrigen auch in der Einleitung zu seinem Buch dar *(Zitat 4.1–2)*. Wir merken hier am Rande an, daß sowohl NEWTONS als auch HUYGENS' Bücher allein schon deshalb von Interesse sind, weil in ihnen eine Vielzahl von Abschnitten mit naturphilosophischen Betrachtungen zu finden ist.

Nach HUYGENS können wir uns die Lichtausbreitung so vorstellen *(Abbildung 4.1−2)*, daß der Licht abstrahlende Körper die Teilchen des ihn umgebenden feinen Stoffes (Äther) anstößt und diese dann wie elastische Kugeln ihren Bewegungszustand weitergeben. Nach diesem Modell breitet sich das Licht ebenso wie der Schall aus (auch dieser Vergleich stammt von HUYGENS), und der Luft als dem Trägermedium des Schalls entspricht der Äther als Trägermedium des Lichts. Das größte Problem der Huygensschen Theorie ist natürlich die Beantwortung der Frage, warum sich das Licht geradlinig ausbreitet. HUYGENS selbst hat zu diesem Problem wie folgt argumentiert: Bisher hat man die geradlinige Ausbreitung des Lichts als selbstverständlich angesehen und keine Erklärung dafür gesucht, mit der mechanischen Deutung kann sie jedoch erklärt werden. Zur Erklärung sowohl der geradlinigen Ausbreitung als auch der Brechungsgesetze dienen dann die Abbildungen, die auch heute noch in jedem Physiklehrbuch zu finden sind *(Abbildungen 4.1−3 und 4.1−4)*. Nach HUYGENS' Auffassung ist jeder Punkt einer ausgebildeten Wellenfront Mittelpunkt einer sich allseitig ausbreitenden Elementarwelle, und die Einhüllende aller Elementarwellen bildet eine neue Wellenfront. Zur Erklärung des Brechungsgesetzes werden die Elementarwellen betrachtet, die von den Punkten auf der Grenzfläche in einer zeitlichen Aufeinanderfolge, die sich aus den Anregungszeiten ergibt, ausgehen. Um erklären zu können, daß der Lichtstrahl im dichteren Medium entsprechend den Messungen zur Grenzflächennormalen hin gebrochen wird, mußte HUYGENS im Widerspruch zu DESCARTES und NEWTON, aber in Übereinstimmung mit FERMAT annehmen, daß sich das Licht im dichteren Medium langsamer ausbreite. Mit diesem Vorgehen ist HUYGENS zu der von FERMAT angegebenen Form des Brechungsgesetzes

$$\frac{\sin \alpha_1}{\sin \alpha_2} = \frac{v_1}{v_2}$$

gelangt.

Das Wesentliche der Huygensschen Auffassung läßt sich wie folgt zusammenfassen:

1. Das Licht breitet sich sowohl im Vakuum (bzw. in der Luft) als auch in anderen Stoffen mit endlicher Geschwindigkeit aus. HUYGENS veranschaulicht diesen Satz mit einem Modell *(Abbildung 4.1−5)* aus einer Reihe sich berührender elastischer Kugeln; wird die letzte Kugel angestoßen, dann läuft der Impuls durch die Reihe hindurch und wird auf die erste Kugel übertragen, die sich dann von der Reihe wegbewegt. HUYGENS beschreibt in seinem Werk ausführlich das von OLAF RÖMER stammende Verfahren zur Bestimmung der Lichtgeschwindigkeit *(Zitat 4.1−3; Abbildung 4.1−6;* siehe dazu auch Abbildung 5.2−4).

2. Das Licht besteht in der Ausbreitung eines Bewegungszustandes. Mit diesem Satz hat HUYGENS mit der kartesianischen Auffassung gebrochen, nach der das Licht das Ergebnis eines Druckes ist, der aus einer Drehbewegung eines stofflichen Mediums resultiert. HUYGENS hat auch die Newtonsche Vorstellung entschieden abgelehnt, nach der das Licht aus sich sehr schnell bewegenden Korpuskeln besteht. Er hat argumentiert, daß sich die Lichtteilchen gegenseitig stören müßten, wenn ihre Bewegungsrichtung gegenläufig ist oder ihre Bahn sich kreuzt, so daß folglich zwei sich gegenüberstehende Personen einander nicht gleichzeitig sehen könnten. Mit Hilfe der in der Abbildung 4.1−5 dargestellten Vorrichtung hat HUYGENS nachgewiesen, daß nach seiner Theorie sich zwei Lichtstrahlen gleichzeitig, ohne sich zu stören, in einem Körper ausbreiten können: Wird die Kugelreihe von beiden Seiten angestoßen, dann wird der Impuls von der linken Kugel ebenso auf die rechte wie von der rechten Kugel auf die linke übertragen.

Das bedeutendste Ergebnis der Huygensschen Lichttheorie − das wir mit ein wenig Übertreibung auch als bedeutendstes Ergebnis der Physik des 17. Jahrhunderts bezeichnen können, wenn wir nur die Deutungen komplizierter Einzelerscheinungen im Auge haben − ist die Erklärung des Phänomens der Doppelbrechung. Von BARTHOLINUS war im Jahre 1669 zum ersten Mal beobachtet worden, daß ein Gegenstand doppelt erscheint, wenn er durch einen isländischen Kalkspat hindurch betrachtet wird. Zur Erklärung des Phänomens hat HUYGENS angenommen, daß es zwei Formen der Lichtausbreitung in dieser Substanz gibt: Im ordentlichen Strahl breitet sich das Licht aus wie in jedem beliebigen anderen Medium (d. h., die Elementarwellenflächen sind Kugeln), während im außerordentlichen Strahl die Ausbreitungsgeschwindigkeit des von den Erregungszentren ausgehenden Bewe-

Zitat 4.1−2

Man wird nicht zweifeln können, daß das Licht in der Bewegung einer gewissen Materie besteht. Denn betrachtet man seine Erzeugung, so findet man, daß hier auf der Erde hauptsächlich das Feuer und die Flamme dasselbe erzeugen, welche ohne Zweifel in rascher Bewegung befindliche Körper enthalten, da sie ja zahlreiche andere sehr feste Körper auflösen und schmelzen; oder betrachtet man seine Wirkungen, so sieht man, daß das, etwa durch Hohlspiegel, gesammelte Licht die Kraft hat, wie das Feuer zu erhitzen, d. h. die Teile der Körper zu trennen; dies deutet sicherlich auf Bewegung hin, wenigstens in der wahren Philosophie, in welcher man die Ursache aller natürlichen Wirkungen auf mechanische Gründe zurückführt. Dies muß man meiner Ansicht nach tun, oder völlig auf jede Hoffnung verzichten, jemals in der Physik etwas zu begreifen.

Da man nun nach dieser Philosophie für sicher hält, daß der Gesichtssinn nur durch den Eindruck einer gewissen Bewegung eines Stoffes erregt wird, der auf die Nerven im Grunde unserer Augen wirkt, so ist dies ein weiterer Grund zu der Ansicht, daß das Licht in einer Bewegung der zwischen uns und dem leuchtenden Körper befindlichen Materie besteht.

Wenn man ferner die außerordentliche Geschwindigkeit, mit welcher das Licht sich nach allen Richtungen hin ausbreitet, beachtet und erwägt, daß, wenn es von verschiedenen, ja selbst von entgegengesetzten Stellen herkommt, die Strahlen sich einander durchdringen, ohne sich zu hindern, so begreift man wohl, daß, wenn wir einen leuchtenden Gegenstand sehen, dies nicht durch die Übertragung einer Materie geschehen kann, welche von diesem Objekte bis zu uns gelangt, wie etwa ein Geschoß oder ein Pfeil die Luft durchfliegt; denn dies widerstreitet doch zu sehr diesen beiden Eigenschaften des Lichtes und besonders der letzteren. Es muß sich demnach auf eine andere Weise ausbreiten, und gerade die Kenntnis, welche wir von der Fortpflanzung des Schalles in der Luft besitzen, kann uns dazu führen, sie zu verstehen.

Wir wissen, daß vermittelst der Luft, die ein unsichtbarer und ungreifbarer Körper ist, der Schall sich im ganzen Umkreis des Ortes, wo er erzeugt wurde, durch eine Bewegung ausbreitet, welche allmählich von einem Luftteilchen zum anderen fortschreitet, und daß, da die Ausbreitung dieser Bewegung nach allen Seiten gleich schnell erfolgt, sich gleichsam Kugelflächen bilden müssen, welche sich immer mehr erweitern und schließlich unser Ohr treffen. Es ist nun zweifellos, daß auch das Licht von den leuchtenden Körpern bis zu uns durch irgend eine Bewegung gelangt, welche der dazwischen befindlichen Materie mitgeteilt wird; denn wir haben ja bereits gesehen, daß dies durch die Fortführung eines Körpers, der etwa von dort hierher gelangt, nicht geschehen kann. Wenn nun, wie wir alsbald untersuchen werden, das Licht zu seinem Wege Zeit gebraucht, so folgt daraus, daß diese dem Stoffe mitgeteilte Bewegung eine allmähliche ist, und darum sich ebenso wie diejenige des Schalles in kugelförmigen Flächen oder Wellen ausbreitet; ich nenne sie nämlich Wellen wegen der Ähnlichkeit mit jenen, welche man im Wasser beim Hineinwerfen eines Steines sich bilden sieht, weil diese eine ebensolche allmähliche Ausbreitung in der Runde wahrnehmen lassen, obschon sie aus einer anderen Ursache entspringen und nur in einer ebenen Fläche sich bilden.

Um nun zu erkennen, ob die Fortpflanzung des Lichtes mit der Zeit erfolgt, untersuchen wir zuerst, ob es Versuche gibt, welche uns vom Gegenteil überzeugen könnten. Betreffs derjenigen, welche man hier auf der Erde mit in großen Entfernungen aufgestellten Flammen ausführen kann, läßt sich, obwohl sie beweisen, daß das Licht keine merkliche Zeit zum Durchlaufen dieser Entfernungen gebraucht, mit Recht behaupten, daß diese Entfernungen zu klein sind und daß man daraus nur schließen kann, die Fortpflanzung des Lichtes sei eine außerordentlich schnelle. *Descartes,* welcher der Ansicht war, daß sie momentan erfolgt, stützte sich, nicht ohne Grund, auf eine weit bessere, den Mondfinsternissen entnommene Beobachtung, welche jedoch, wie ich zeigen werde, nicht beweisend ist...

Es könnte allerdings befremden, eine Geschwindigkeit anzunehmen, welche hunderttausendmal größer als diejenige des Schalles sein würde. Der Schall legt nämlich nach meinen Beobachtungen ungefähr 180 Toisen in der Zeit einer Sekunde oder eines Pulsschlages zurück. Jene Annahme dürfte aber nach meiner Ansicht nichts Unmögliches an sich haben; denn es handelt sich nicht um die Fortführung eines Körpers mit einer so großen Geschwindigkeit, sondern um eine folgeweise, von den einen zu den anderen Körpern übergehende Bewegung.

HUYGENS: *Abhandlung über das Licht.* 1678. Deutsch von *E. Lommel.* 1890

Zitat 4.1 – 3
Übrigens hat, was ich als bloße Hypothese einführte, seit kurzem den hohen Rang einer feststehenden Wahrheit erhalten durch *Römer's* sinnreiche Beweisführung, welche ich hier mittheilen will, in der Erwartung, daß er selbst alles geben werde, was zu ihrer Begründung dienen soll. Sie stützt sich ebenso wie die vorhergehende Betrachtung auf Himmelsbeobachtungen, und beweist nicht nur, daß das Licht auf seinem Wege Zeit braucht, sondern läßt auch erkennen, wieviel Zeit es braucht, und daß seine Geschwindigkeit sogar sechsmal größer ist als diejenige, welche ich vorhin annahm.

Römer benutzt die Verfinsterungen der kleinen Planeten, die sich um den Jupiter bewegen und öfter in seinen Schatten eintreten. Seine Überlegung ist folgende: Es sei A die Sonne, BCDE die jährliche Bahn der Erde, F der Jupiter, GN die Bahn des nächsten seiner Trabanten; denn dieser ist wegen der Geschwindigkeit seines Umlaufes für die vorliegende Untersuchung geeigneter als jeder der drei anderen. Bei G möge dieser Satellit in den Schatten des Jupiter ein- und in H aus dem Schatten austreten.

Setzt man nun voraus, daß man den Trabanten, während die Erde sich einige Zeit vor der letzten Quadratur im Punkte B befindet, aus dem Schatten austreten sah, so müßte man, wenn die Erde an derselben Stelle bliebe, nach 42 1/2 Stunden einen ebensolchen Austritt beobachten; denn in dieser Zeit vollendet er den Umlauf seiner Bahn und kommt wieder in die Opposition zur Sonne zurück. Wenn nun die Erde beispielsweise während 30 Umläufe dieses Mondes immer in B bliebe, so würde man ihn gerade nach 30 mal 42 1/2 Stunden wieder aus dem Schatten heraustreten sehen. Da aber die Erde während jener Zeit nach C sich fortbewegt hat, indem sie sich mehr und mehr von dem Jupiter entfernt, so folgt daraus, daß wenn das Licht für seine Fortpflanzung Zeit braucht, die Beleuchtung des kleinen Mondes in C später bemerkt werden wird, als dies in B geschehen wäre, und daß man zu der Zeit von 30 mal 42 1/2 Stunden noch diejenige hinzufügen muß, welche das Licht gebraucht, um den Weg MC, nämlich die Differenz der Strecken CH und BH, zu durcheilen. Ebenso wird man in der anderen Quadratur, wenn der Erde von D nach E gelangt ist, indem sie sich dem Jupiter nähert, das Eintreten des Mondes G in den Schatten in E früher beobachten müssen, als dies geschehen sein würde, wenn die Erde in D geblieben wäre.

Aus zahlreichen Beobachtungen dieser Verfinsterungen während zehn aufeinanderfolgender Jahre haben sich nun diese Unterschiede als sehr beträchtlich herausgestellt, nämlich zu etwa 10 Minuten und darüber, und man hat daraus geschlossen, daß das Licht ungefähr 22 Minuten Zeit gebraucht, um den ganzen Durchmesser KL der Erdbahn zu durchlaufen, welcher doppelt so groß ist als die Entfernung von hier bis zur Sonne.

gungszustandes von der Richtung abhängig ist, so daß die Elementarwellenflächen schließlich ellipsen- und nicht kugelförmig werden. Zeichnen wir nun nach *Abbildung 4.1 – 7* die Einhüllende aller Elementarwellenflächen des außerordentlichen Strahls, die durch eine senkrecht auf die Kristalloberfläche auftreffende Welle erzeugt werden, dann stellen wir fest, daß diese zwar parallel zur Wellenfläche der einfallenden Welle bleibt, es läßt sich aber zeigen, daß beim Austritt aus dem Kristall der außerordentliche Strahl um eine bestimmte Strecke gegenüber dem einfallenden Strahl verschoben ist. Die Richtungen des einfallenden Strahls und des aus dem Kristall austretenden außerordentlichen Strahls stimmen jedoch wieder überein. HUYGENS hat diese einfache Deutung des Effekts weiter verfolgt und schließlich auch darauf hingewiesen, daß die Besonderheiten der Lichtausbreitung auf die besondere Asymmetrie des Kristalls zurückgeführt werden können. Die *Abbildung 4.1 – 8* ist HUYGENS' Buch entnommen, und wir stellen abermals fest, daß sie ganz so aussieht wie eine Abbildung aus einem modernen Lehrbuch der Kristallphysik.

HUYGENS selbst spricht in seinem Buch von Wellen, und auch wir bezeichnen die Huygenssche Theorie heute als Wellentheorie. Das ist in der

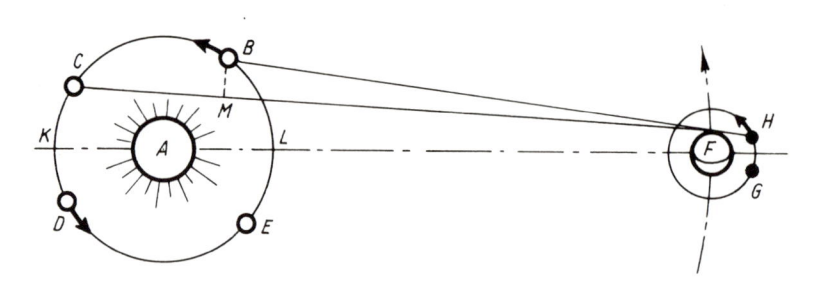

Abbildung 4.1 – 6
Römers Gedanke zur Messung der Ausbreitungsgeschwindigkeit des Lichtes in *Huygens'* Darstellung

Tat gerechtfertigt, wenn wir sehr allgemein unter einer Welle eine Ausbreitung irgendeiner charakteristischen Größe einer Substanz (hier ihres Bewegungszustandes) verstehen, bei der die Substanz selbst nicht strömt. Wir stellen sofort fest, daß die Huygenssche Theorie mit longitudinalen Wellen arbeitet, da die Bewegungsrichtung der für die Wellenausbreitung verantwortlichen Teilchen mit der Ausbreitungsrichtung der Welle übereinstimmt. Wir wissen heute aber, daß das Licht eine transversale Welle ist, bei der die Schwingungen (des elektromagnetischen Feldes) senkrecht zur Ausbreitungsrichtung erfolgen. Zur Charakterisierung einer Welle ist es im allgemeinen üblich, ihre räumliche und zeitliche Periode anzugeben; die räumliche Periode wird durch die Wellenlänge, die zeitliche durch die Schwingungsdauer oder durch die mit ihr auf einfache Weise zusammenhängende Frequenz gegeben. Eine einfache Deutung der Interferenzerscheinungen, die charakteristisch für die Wellennatur des Lichts sind, kann nur bei Kenntnis dieser Größen gegeben werden, aber bei HUYGENS suchen wir sie vergebens. Bei ihm erfolgen die Stöße nicht in einem bestimmten Rhythmus, sondern in unregelmäßigen zeitlichen Abständen, so daß wir es hier nicht mit Wellen zu tun haben, die aus harmonischen, sinusförmigen Wellenzügen bestehen, mit deren Interferenz die verschiedenartigsten Phänomene erklärt werden könnten.

NEWTON hat bei seinen optischen Untersuchungen zur Farbentheorie den Spektralfarben besondere Aufmerksamkeit gewidmet. Der erste Teil seines Buches ist den Besonderheiten des durch ein Prisma erzeugten Spektrums gewidmet, und im zweiten Teil werden die an dünnen Schichten beobachtbaren Farbphänomene, die Newtonschen Ringe, abgehandelt. Im dritten Teil geht NEWTON ganz kurz auf die Beugungserscheinungen ein; hier finden wir aber auch – in der Form von Fragen dargeboten – alle Gedanken NEWTONS zur Natur des Lichts und außerdem allgemeine naturphilosophische Betrachtungen.

Wird in den *Principia* eine Vielzahl mathematischer Herleitungen angegeben, so enthält dagegen dieses Buch Ergebnisse von Versuchsreihen, die mit großer Sorgfalt durchgeführt worden sind und hier in allen Einzelheiten beschrieben werden. Es ist kein Zufall, daß NEWTON sowohl – vor allem in seiner Heimat – als der größte theoretische Physiker angesehen, als auch

– vor allem auf dem Kontinent – als hervorragender Experimentator geschätzt worden ist.

Seine Versuche zu den Spektralfarben sind auch in unseren heutigen Physiklehrbüchern dargestellt, und hier können wir auch die gleichen Abbildungen finden wie in der *Optik* NEWTONS. Bevor wir uns aber mit diesen Versuchen auseinandersetzen, wollen wir uns noch HOOKE zuwenden und dessen Auffassung über die Entstehung der Farben kurz darstellen. Wir erwähnen zunächst, daß DE DOMINIS (1611) und M. MARCI (1648) analoge Versuche mit dem Licht wie NEWTON durchgeführt haben. Sie haben in den Strahlengang des durch einen Spalt in einen verdunkelten Raum einfallenden Sonnenlichts ein Prisma gebracht und das hinter dem Prisma entstehende Spektrum untersucht. GRIMALDI (1650) hat auch die Beugung des Lichts und die dabei auftretenden Farberscheinungen beobachtet und alle bis zu dieser Zeit aufgestellten Theorien zur Entstehung der Farben kritisch bewertet. Er hat das Modell als das wahrscheinlichste angesehen, nach dem sich die Farben aus den verschiedenartigen Bewegungen einer sehr feinen Flüssigkeit ergeben.

In den Arbeiten von ROBERT HOOKE (1635–1703) haben die Schwingungen eine große Rolle gespielt, und daß er auf diesem Gebiet kein bleibendes Resultat erzielt hat, muß wohl darauf zurückgeführt werden, daß seiner ausgeprägten experimentellen Ader und seinem physikalischen Spürsinn (*Abbildung 4.1–9*) keine entsprechende mathematische Ausbildung und Fertigkeit gegenübergestanden hat. HOOKE hat sowohl Licht als auch Wärme als Schwingungszustände angesehen, und er hat auch den Gedanken geäußert, daß sich bei der Fortpflanzung des Lichts ein Schwingungszustand im Raum ausbreitet. HUYGENS hat keine Möglichkeit gesehen, in diesem Bild die Farben zu erklären; HOOKE jedoch hat eine interessante Deutung für das Zustandekommen der Spektralfarben beim Lichtdurchgang durch ein Prisma angegeben. Das Licht soll entsprechend *Abbildung 4.1–10* auf die Trennfläche zwischen beiden Medien auftreffen (soweit entspricht die Abbildung gänzlich den Huygensschen Vorstellungen) und wird dort gebrochen. Bei der Beschreibung der Lichtbrechung hat sich HOOKE dagegen den Standpunkt DESCARTES' zu eigen gemacht und angenommen, daß die Ausbreitungsgeschwindigkeit der Wellen im Medium größer ist als in Luft und demzufolge auch die Wellenflächennormale von der Grenzflächennormalen weggebrochen wird. HOOKE hat natürlich gewußt, daß der Lichtstrahl zur Normalen hin gebrochen wird und hat deshalb argumentiert, daß Wellenflächen und Ausbreitungsrichtung beim gebrochenen Strahl einen spitzen Winkel miteinander einschließen, und dieser Winkel schließlich für das Zustandekommen der Farben verantwortlich gemacht werden kann: Wo am Rande des Strahles die Wellenfläche vorauseilt, entsteht die blaue Farbe, wo sie zurückbleibt, entsteht rot.

HOOKE hat sehr richtig erkannt, daß die an dünnen Schichten wahrnehmbaren Farberscheinungen mit irgendeiner Wechselwirkung zwischen dem an der unteren und dem an der oberen Grenzfläche reflektierten Licht erklärt werden können. Im weiteren sind seine Vorstellungen jedoch völlig unzutreffend. Heute wissen wir, daß es hier einfach um die Interferenz beider Lichtwellen geht.

NEWTONS Interesse an der Untersuchung der Farberscheinungen ist zunächst durch die Beobachtung erregt worden, daß der wichtigste Abbildungsfehler in den Fernrohren sich in den farbigen Rändern der erhaltenen Bilder äußert, und er hat versucht, ein Fernrohr zu konstruieren, in dem diese Ränder nicht auftreten.

Er hat den Abstand zwischen einem lichtbrechenden Prisma und dem Schirm zum Auffangen des Spektrums größer als seine Vorgänger gewählt (22 Fuß) und so ein sehr breites Spektralbild erhalten. Die erste Beobachtung NEWTONS war, daß der Querschnitt eines zunächst kreisförmigen Lichtbündels nach der Ablenkung durch das Prisma nicht mehr kreisförmig ist. Den Untersuchungen seiner Vorgänger nach hatte er eigentlich erwartet, daß der entsprechend dem Brechungsgesetz abgelenkte Lichtstrahl einen kreisförmigen farbigen Fleck auf dem Schirm erzeugen müsse, denn bislang war immer die Rede von einem für ein bestimmtes Medium typischen Lichtbrechungsindex gewesen, wobei unter Licht Sonnenlicht verstanden worden war. NEWTON hat jedoch statt des Kreises einen Streifen erhalten, der oben und unten verschwommen gewesen ist und seinen eigenen Worten nach „halbkreisförmig zu sein schien". Wir erwähnen hier interessehalber, daß die Länge des farbigen Streifens 13,5 inch (~35 cm) und seine Breite

Die Bewegung des Jupiter in seiner Bahn, während die Erde von B bis nach C oder von D bis nach E gelangt, ist bei dieser Rechnung berücksichtigt; ferner wird bewiesen, daß man weder die Verzögerung der Beleuchtungen noch das verfrühte Eintreten der Verfinsterungen weder der Unregelmäßigkeit in der Bewegung jenes kleinen Planeten, noch auch seiner Excentricität zuschreiben kann.

Wenn man die bedeutende Ausdehnung des Durchmessers KL erwägt, welcher nach meinen Untersuchungen etwa 24 000 Erddurchmesser beträgt, wird man einen Begriff von der außerordentlichen Geschwindigkeit des Lichtes erhalten. Denn nimmt man an, daß KL nur 22 000 Erddurchmesser betrage, so leuchtet ein, daß das Licht, indem es dieselben in 22 Minuten durchläuft, in einer Minute 1 000 Durchmesser zurücklegt, in einer Sekunde oder einem Pulsschlage demnach 16 2/3 Durchmesser, welche mehr als 110 Millionen Toisen ausmachen; denn nach der genauen Messung, welche *Picard* auf den Befehl des Königs im Jahre 1669 angestellt hat, beträgt der Durchmesser der Erde 2 865 Lieues, deren 25 auf einen Grad gehen, und jede Lieue 2 282 Toisen. Der Schall legt dagegen, wie ich oben angeführt habe, nur 180 Toisen in derselben Zeit einer Sekunde zurück; die Lichtgeschwindigkeit ist also mehr als 600 000 mal so groß, als die Schallgeschwindigkeit. Eine solche Fortpflanzung ist gleichwohl etwas ganz anderes als eine augenblickliche; denn zwischen jener und dieser besteht derselbe Unterschied wie zwischen dem Endlichen und dem Unendlichen. Da nun die allmähliche Fortpflanzung des Lichtes hiermit festgestellt ist, so folgt, wie ich schon gesagt habe, daß es sich ebenso wie der Schall in kugelförmigen Wellen ausbreitet.

HUYGENS: *Abhandlung über das Licht.* 1678. Deutsch von *E. Lommel.* 1890

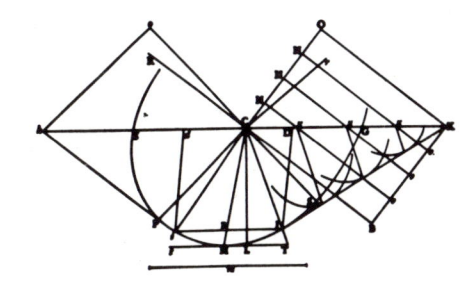

Abbildung 4.1–7
Zur Entstehung des außerordentlichen Strahls nach *Huygens*

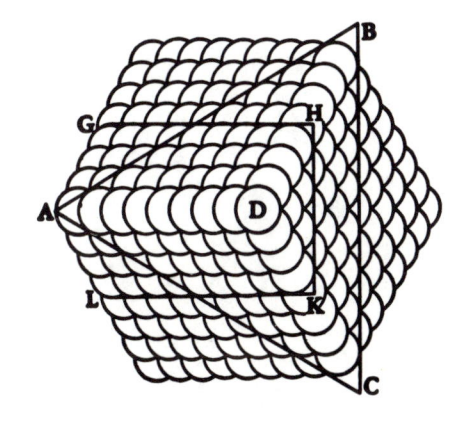

Abbildung 4.1–8
Der Aufbau des Kalkspats nach *Huygens.* Diese Abbildung könnte auch in einer modernen Darstellung der kristallographischen Grundlagen zu finden sein

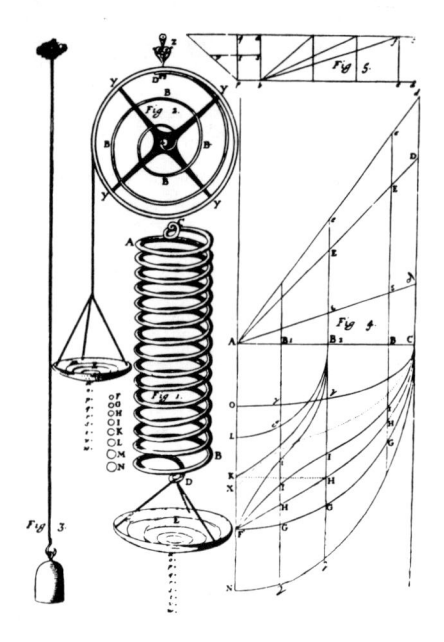

Abbildung 4.1 – 9
Wir bezeichnen das Gesetz, das den Zusammenhang zwischen den Kräften und den elastischen Dehnungen herstellt, mit Recht als Hookesches Gesetz. Eine Seite aus dem 1687 erschienenen Hookeschen *Lectures de Potentia Restitutiva*

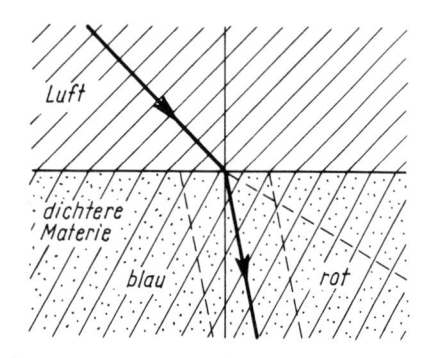

Abbildung 4.1 – 10
Zum Zustandekommen der Farben nach der Hookeschen Theorie. Die ihr zugrundeliegende Idee ist zwar originell, aber unrichtig.

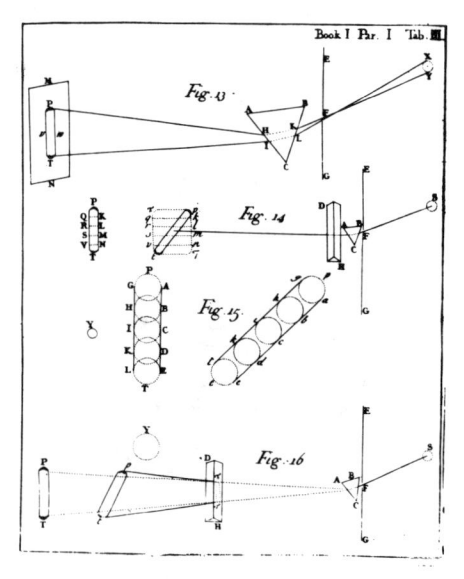

Abbildung 4.1 – 11
Die Erzeugung des Spektrums (Fig. 13) und das *experimentum crucis* (Fig. 14 und Fig. 15): das

2 5/8 inch (~8 cm) betragen hat. Aus einer Reihe von Versuchen hat NEWTON dann die folgenden Aussagen abgeleitet:

1. Weißes Licht setzt sich aus Licht verschiedener Farben zusammen. Es ist also nicht so, wie bisher angenommen, daß der Stoff, aus dem das Prisma besteht, das ursprünglich als homogen und gleichförmig anzusehende weiße Licht so beeinflußt, daß ein Spektrum entsteht, sondern so, daß das zusammengesetzte weiße Licht vom Prisma in seine Bestandteile zerlegt wird *(Abbildung 4.1 – 11)*.

2. Die Spektralfarben sind homogen in dem Sinne, daß sie nicht weiter zerlegbar sind, d. h., sondert man aus dem Spektrum eine bestimmte Farbe aus, dann läßt sich dieses Licht nicht weiter (in Spektralfarben) zerlegen.

3. Bei der Mischung solcher Elementarfarben entstehen verschiedene, nun nicht mehr homogene Farben. Natürlich läßt sich bei einer Mischung im entsprechenden Verhältnis auch das ursprüngliche weiße Licht zurückgewinnen.

4. Zwischen dem Brechungsindex und der Farbe besteht ein eindeutiger Zusammenhang, d. h., Lichtstrahlen haben entsprechend ihrer Farbe unterschiedliche Brechungsindizes. Mit diesen Brechungsindizes kann die Brechung eines aus vorgegebenen Farben zusammengesetzten Strahls bei beliebigem Einfallswinkel beschrieben werden.

Von den Newtonschen Versuchen wollen wir nur einige charakteristische hervorheben. Bei einem dieser Versuche, der von NEWTON selbst als entscheidender Versuch, als *experimentum crucis,* bezeichnet worden ist, fällt Licht, das mit Hilfe eines Prismas in die Spektralfarben zerlegt worden ist, auf ein weiteres Prisma. Mit diesem Versuch kann nachgewiesen werden, daß eine bestimmte Spektralfarbe nicht in weitere Farben zerlegt werden kann (Abbildung 4.1 – 11). Mit einem weiteren Versuch *(Abbildung 4.1 – 12)* kann gezeigt werden, daß zwischen der Farbe und dem Brechungsindex für ein gegebenes Medium ein eindeutiger Zusammenhang besteht.

In einem dritten Versuch überlagert NEWTON mit Hilfe eines umgekehrt angeordneten Prismas die Spektralfarben und zeigt, daß beim Mischen des farbigen Lichts weißes Licht entsteht *(Abbildung 4.1 – 13)*.

NEWTON ist es im übrigen nicht gelungen, sein ursprünglich gestecktes Ziel zu erreichen und die im Fernrohr auftretenden Farbfehler zu beseitigen, ja er hat die Unlösbarkeit dieser Aufgabe sogar als erwiesen angesehen. Aus seinen experimentellen Daten hat er nämlich die allgemeine Schlußfolgerung abgeleitet, daß ein Medium mit einer großen Brechkraft, d. h. einem großen Brechungsindex, das weiße Licht auch sehr stark in die Spektralfarben zerlegt, so daß das Spektrum weit auseinandergefächert wird. Nach unserer heutigen Terminologie hat NEWTON irrtümlicherweise angenommen, daß Brechungsindex und Dispersion (spektrale Zerlegung) zueinander proportional sind. Wäre diese Annahme zutreffend, dann ließe sich tatsächlich kein Linsensystem ohne Farbfehler (kein Achromat) konstruieren. Auf die Unrichtigkeit dieser Annahme hat aber dann EULER hingewiesen, und dem englischen Optiker J. DOLLOND ist es gegen 1760 auch gelungen, ein achromatisches Linsenpaar anzufertigen. NEWTON hingegen ist durch seinen Irrtum zu einem erfolgreichen Schritt veranlaßt worden: Er hat, um chromatische Fehler auszuschalten, ein Spiegelfernrohr konstruiert *(Abbildung 4.1 – 14)*.

Vom Standpunkt der Physikgeschichte sind vielleicht die Beobachtungen der Farberscheinungen an dünnen Schichten noch bedeutender. Jeder hat sicher schon häufig bemerkt, daß ein Ölfleck auf Wasser einen dünnen Film bildet und in vielen Farben schillert. NEWTON hat nun Luftschichten unterschiedlicher Dicke hergestellt, in dem er eine sehr schwach gewölbte Linse auf eine ebene Glasplatte gelegt hat. Das Bild, das wir von oben, d. h. im reflektierten Licht, wahrnehmen, unterscheidet sich von dem Bild, das wir im durchgehenden Licht (von unten) betrachten können, obwohl beide Bilder natürlich in einem engen Zusammenhang stehen; in jedem Fall nehmen wir helle und dunkle oder auch farbige Ringe wahr, die zum Berührungspunkt der Linse konzentrisch sind und als Newtonsche Ringe bezeichnet werden. Die *Abbildung 4.1 – 15* ist NEWTONS Buch *Opticks* entnommen. Nach unserer heutigen Kenntnis ergibt sich das Phänomen aus der Interferenz der an beiden Oberflächen reflektierten Lichtwellen. NEWTON hat den Zusammenhang zwischen der Lage der einzelnen Ringe und der Dicke der Luftschicht untersucht, wobei er eine bestimmte Farbe im reflektierten Licht herausgegriffen hat. Er hat gefunden, daß sich an den Orten der Ringe einer herausgegriffenen Farbe die Schichtdicken so zueinander verhalten wie die ungeraden Zahlen. Die Ringe hingegen, bei denen auf das Fehlen dieser Farben geschlossen werden kann, liegen bei Schichtdicken, die sich zueinander verhalten wie die geraden Zahlen. Zur Erklärung der Erscheinung hat NEWTON angenommen, daß ein Lichtstrahl einer bestimmten Farbe entsprechend Abbildung 4.1–15 an bestimmten Stellen reflektiert wird, an anderen Stellen aber die Luftschicht durchdringt. Nach NEWTON kann dies darauf zurückgeführt werden, daß das Licht bei seiner Ausbreitung periodisch verschiedene Zustände annimmt, in denen das Übertreten in ein neues Medium erleichtert bzw. erschwert ist. NEWTON verwendet hier das Wort *fit*, das man vielleicht am besten mit „Anpassung" übersetzen könnte. Er selbst hat sich sehr vorsichtig darüber geäußert, wie er sich das Zustandekommen dieser Zustände vorstellt *(Zitat 4.1–4)*, und wir gehen bereits über NEWTON hinaus, wenn wir die *Abbildung 4.1–16* dazu heranziehen, um diese Zustände anschaulich darzustellen. Ein Körper von der Form eines gestreckten Rotationsellipsoides rotiere bei seiner Bewegung um eine zur Bewegungsrichtung senkrechte Achse, so daß manchmal die Spitze und manchmal die breite Seite in Bewegungsrichtung nach vorn zeigt; im ersten Fall hat der Körper ein größeres, im zweiten ein geringeres Durchdringungsvermögen. Das Wesentliche ist hier aber nicht das Modell, sondern die durch Experimente gestützte Feststellung NEWTONS, daß das Licht Eigenschaften hat, die eine räumliche Periodizität erkennen lassen. NEWTON hat in der 13. Propositio seine Auffassung vorsichtig formuliert, nach der dieser periodische Zustand im Licht bereits von der Emission an vorhanden ist. Sich wiederum auf seine Experimente beziehend hat er für das gelbe Licht sogar ein Maß für die räumliche Periodizität angegeben *(Zitat 4.1–5)*, und wir stellen fest, daß dieser Wert sehr gut mit der Wellenlänge des gelben Lichtes übereinstimmt. NEWTON hat auch gefunden, wie sich die erwähnte Periodizität mit dem Brechungsindex ändert; verwenden wir die heute gebräuchliche Terminologie, so hat er festgestellt, daß die Wellenlänge indirekt proportional zum Brechungsindex ist. Er hat jedoch ebenso wie DESCARTES angenommen, daß sich das Licht im dichteren Medium schneller ausbreitet, wobei er die Brechung des Lichts zur Grenzflächennormalen hin mit der stärkeren Anziehung des dichteren Stoffes und dessen beschleunigender Wirkung erklärt hat. Dieser falschen Annahme kann es zugeschrieben werden, daß NEWTON schließlich trotz der Erkenntnis der räumlichen Periodizität nicht zu dem heute üblichen Begriff der Wellenlänge und so auch nicht zu einer Wellentheorie des Lichts im heutigen Sinne, d. h. genauer im Sinne des 19. Jahrhunderts, gelangt ist. Der kleinere Wert für die Länge der räumlichen Periode im dichteren Medium, der von NEWTON richtig gefunden worden ist, hätte aber gemäß der Beziehung $v = f\lambda$ nur mit einer Abnahme der Geschwindigkeit in Einklang gebracht werden können.

Auch NEWTON hat sich mit Kalkspatkristallen beschäftigt. Er konnte zwar für das Zustandekommen der beiden verschiedenen Strahlen keine so überzeugende Erklärung geben wie HUYGENS, aber er hat die Eigenschaften der aus dem Kalkspat austretenden Strahlen weiter untersucht, indem er sie auf einen zweiten Kalkspatkristall auffallen ließ. Er hat gefunden, daß für eine bestimmte Orientierung des zweiten Kristalls ordentlicher und außerordentlicher Strahl als solche erhalten bleiben, während für eine andere Orientierung dieses Kristalls beide ihre Rollen vertauschen. Die Wellenausbreitung in Kristallen ist selbst für uns heute noch ein kompliziertes Problem, und wir können uns hier nicht mit Einzelheiten auseinandersetzen. Wir wollen aber auf die praktische Bedeutung der Newtonschen Untersuchungen hinweisen, denn wir haben es hier das erste Mal mit einer Anordnung aus einem Polarisator und einem Analysator zu tun. Auch die von NEWTON aus dem Experiment gezogene Schlußfolgerung *(Zitat 4.1–6)* ist von Interesse, daß nämlich das Licht in bezug auf die Ausbreitungsrichtung nicht symmetrisch ist und bestimmte Ebenen ausgezeichnet sind. Heute sagen wir, daß das Licht eine Polarisationsebene haben kann.

NEWTON hat von Anfang an die Vorstellung DESCARTES' zur Natur des Lichts verworfen; das Licht könne nicht durch bloße Druckwirkung Körper erwärmen, sondern es müsse dazu irgendeine Art der Bewegung vorhanden sein. Die Theorie von HUYGENS wird von ihm deshalb abgelehnt, weil in ihr die Existenz eines Trägermediums angenommen werden muß. Diese Annahme sei jedoch nicht mit der experimentellen Beobachtung verträglich, daß die Bewegung der Himmelskörper ohne Behinderung, d. h. reibungsfrei, verläuft. Aus diesen Gründen ist für NEWTON nur die Korpuskulartheorie des Lichts *(Zitat 4.1–7)* akzeptabel. Wir sehen jedoch, daß NEWTON seinen

Prisma ABC zerlegt das weiße Licht; Bündel einer bestimmten Farbe werden durch das Prisma DH zwar gebrochen, aber nicht weiter zerlegt.

Die Newtonische [den Ursprung der Farben betreffende] Meinung, erscheint bei ruhiger gerader Ansicht schon dergestalt paradox, dergestalt einer aus unmittelbarer Anschauung der Natur entstehenden Überzeugung widersprechend, daß man kaum glauben sollte, sie habe in dem besten Kopfe seines Jahrhunderts entspringen, sich ausbilden, ihn durchs ganze Leben beschäftigen und sich in trefflichen Köpfen der Nachzeit gleichfalls befestigen können. Fast möchte man durch ein solches Beispiel niedergeschlagen behaupten, daß wir zum Irrthum geboren seien; aber es ist eigentlich die große hervorbringende und aufbauende Kraft des Menschen, die sich hier thätig erweist. Denn eben so wie er der Natur ganze Gebirgslager abdringt um sich nach eigenen Ideen Palläste zu errichten, Wälder umschlägt um seine Bauten auszuzimmern und zu bedachen, eben so macht sich der Physiker zum Herrn über ihre Erscheinungen, sammelt Erfahrungen, zimmert und schraubt sie durch künstliche Versuche zusammen und so steht zuletzt auch ein Gebäude zur Ehre da seines Baumeisters; Nur begegnen wir der kühnen Behauptung, das sei nun auch noch Natur, wenigstens mit einem stillen Lächeln, mit einem leisen Kopfschütteln. Kommt es doch dem Architecten nicht in den Sinn, seine Palläste für Gebirgslager und Wälder auszugeben.

...

ein künstliches zusammenstudiertes, verschränktes, die Augen und das Urtheil überraschendes, grundunwahres Hokus Pokus sind die ganzen zwei ersten Bücher der Newtonschen Optik, als in welchen seine Lehre am umständlichsten ausgeführt ist.
Goethe: *Die Schriften zur Naturwissenschaft.* Bearbeitet von *D. Kuhn* und *K. L. Wolf,* Weimar 1959, Bd. 6, *Zur Farbenlehre.* S. 118 und 140

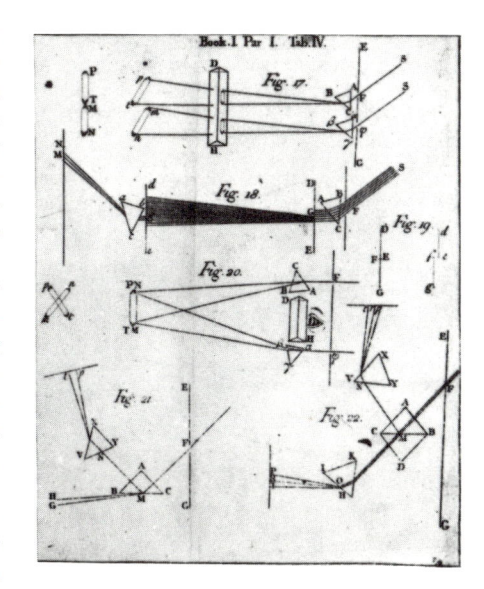

Abbildung 4.1–12
Der Versuch *Newtons* zur Untersuchung des Zusammenhanges zwischen Brechungsindex und Farbe (Fig. 18); beim Drehen des Prismas ABC fallen Lichtbündel verschiedener Farben auf das Prisma abc und es kann die Ablenkung für jede Farbe gemessen werden

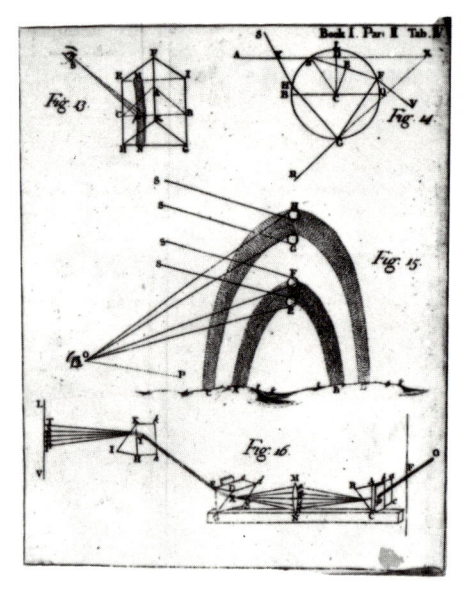

Abbildung 4.1–13
Die Entstehung des Regenbogens (Fig. 14 und Fig. 15) und die Zerlegung und Wiederherstellung des weißen Lichtes (Fig. 16)
  Newton: Opticks. Bibliothek der Ungarischen Akademie der Wissenschaften

Zitat 4.1–4
Ich untersuche hier nicht, worin dieses Verhalten oder diese Disposition besteht, ob in einer kreisförmigen oder einer schwingenden Bewegung des Strahles oder des Mediums, oder worin sonst. Wer nicht gewillt ist, irgendeiner neuen Entdeckung zuzustimmen, außer wenn er sie durch eine Hypothese zu erklären vermag, möge vorläufig annehmen, daß ebenso, wie auf Wasser fallende Steine dasselbe in Wellenbewegungen versetzen und alle Körper durch Stöße Schwingungen in der Luft erregen, ebenso die Lichtstrahlen, die auf eine brechende oder reflektierende Fläche fallen, in dem brechenden oder reflektierenden Medium Schwingungen hervorrufen und dadurch die festen Teilchen der brechenden und reflektierenden Körper in Bewegung versetzen und durch diese Bewegung erwärmen, daß die so erregten Schwingungen in dem reflektierenden oder brechenden Medium sich ungefähr auf dieselbe Weise fortpflanzen, wie die Schwingungen in der Luft, wenn sie Schall erregen, daß sie sich schneller fortpflanzen als die Strahlen, so daß sie ihnen vorauseilen, und daß, wenn ein Strahl sich in dem Teile der Schwingung befindet, der mit seiner eigenen Bewegung übereinstimmt, er leicht durch eine brechende Fläche hindurch geht, wenn er aber in dem entgegengesetzten Teile der Schwingung war, der seiner Bewegung hindert, leicht reflektiert wird, daß also jeder Strahl durch jeden ihn treffende Schwingung abwechselnd befähigt wird, leicht reflektiert oder leicht durchgelassen zu werden. Ob aber diese Hypothese richtig oder falsch ist, will ich hier gar nicht untersuchen; ich begnüge mich einfach, gefunden zu haben, daß die Lichtstrahlen durch irgendeine Ursache, welche es auch sei, in zahlreichen, wechselnden Aufeinanderfolgen die Fähigkeit oder die Neigung erhalten [are disposed], reflektiert oder gebrochen zu werden.

Daher ist das Licht vor seinem Auftreffen auf durchsichtige Körper in Anwandlungen leichter Reflexion und leichten Durchgehens und wird wahrscheinlich schon in solche Anwandlungen versetzt, wenn es von den leuchtenden Körpern ausgesandt wird, und behält sie während seines weiteren Fortganges; denn diese Anwandlungen haben eine dauernde Natur, wie aus dem nächsten Teile dieses Buches klar werden wird.
NEWTON: *Optik.* Aus Proposition XIII, Buch 2.
Deutsch von *William Abendroth.*

Gedanken sehr zurückhaltend die Form von Fragen gibt. Er war sich im klaren darüber, daß die Korpuskeln mit ihren Fit- und Nicht-Fit-Zuständen über eine räumliche Periodizität und sogar über eine Polarisationsrichtung verfügen. Vielleicht stehen wir zu sehr unter dem Einfluß der Physik des 20. Jahrhunderts, wenn wir behaupten, daß die Newtonsche Auffassung der Vorstellung am nächsten kommt, die wir heute als Doppelnatur des Lichts bezeichnen. Die auf NEWTON folgende Generation hat seine Vorstellungen vereinfacht und sich das Licht einfach als einen Strom glatter Kugeln vorgestellt. Dabei wurden selbst die eigenen Bedenken NEWTONS über Bord geworfen und zum anderen auch die ungemein wertvollen Newtonschen Feststellungen zur räumlichen Periodizität unberücksichtigt gelassen. Als ein Jahrhundert später der englische Physiker YOUNG als erster die Wellentheorie – jetzt allerdings schon unter der Annahme harmonischer Wellen – wieder aufgreift und auch der Interferenz den ihr gebührenden Platz zuweist, wird ihm Respektlosigkeit NEWTON gegenüber vorgeworfen. Um dem zu begegnen, hat sich YOUNG gezwungen gesehen, auf Abschnitte aus der *Optik* NEWTONS zu verweisen, mit denen gezeigt werden kann, daß auch NEWTON selbst das Wellenbild nicht fremd gewesen ist.

Wir haben oben deshalb so ausführlich NEWTONS *Optik* zitiert, um uns zu überzeugen, daß man keineswegs in NEWTONS Werk – etwa aus Respekt vor ihm – etwas ihm Fremdes hineindeutet, wenn man behauptet, daß er zur Aufklärung der Wellennatur des Lichts beigetragen hat.

Zu Beginn des 18. Jahrhunderts konnten die auf dem Gebiet der Optik arbeitenden Gelehrten immer noch zwischen folgenden drei Theorien zur Natur des Lichts wählen:

1. die Theorie DESCARTES', in der die Auslösung der Lichtempfindung einem Druck zugeschrieben wird, der von einer Wirbelbewegung feiner Stoffteilchen, die das All ausfüllen, herrührt;

2. die Theorie von HUYGENS, nach der die Lichtausbreitung der Ausbreitung eines Bewegungszustandes infolge von Stoßprozessen der Ätherteilchen gleicht;

3. die Korpuskulartheorie, nach der das Licht eine Fortbewegung von Lichtteilchen oder Korpuskeln darstellt, wobei diese Bewegung mit einer bestimmten Geschwindigkeit erfolgt und auch im leeren Raum möglich ist *(Abbildung 4.1–17).*

Als Beispiel betrachten wir hier das Brechungsgesetz, das nach den Theorien von DESCARTES und NEWTON eine übereinstimmende Erklärung findet, derzufolge die Lichtgeschwindigkeit im Medium größer sein soll als in Luft, während nach der Huygensschen Theorie das Verhältnis der Geschwindigkeiten gerade umgekehrt ist *(Abbildung 4.1–18).* Die Huygenssche Theorie steht im Einklang mit den Ergebnissen der experimentellen Bestimmung der Geschwindigkeiten, die allerdings noch anderthalb Jahrhunderte auf sich warten ließen. Schließlich müssen wir hier noch die Methode FERMATS erwähnen, den Lichtweg mit Hilfe eines Extremalprinzips zu bestimmen. FERMAT geht ebenso wie HUYGENS von der richtigen Annahme aus, daß die Ausbreitungsgeschwindigkeit des Lichts im stofflichen Medium kleiner ist als im Vakuum oder in Luft.

In den folgenden 100 Jahren hat man das vereinfachte, oder besser, vulgarisierte Newtonsche Bild akzeptiert, weitere 100 Jahre später ist dann das verfeinerte Huygenssche Prinzip der Ausgangspunkt der Überlegungen zur Optik gewesen. Der Auffassung des 20. Jahrhunderts schließlich steht die ursprüngliche Newtonsche Vorstellung, in der der korpuskulare Aspekt der Erscheinung und die räumliche Periodizität gleichermaßen berücksichtigt werden, am nächsten.

4.1.3 Die analytische Geometrie

Die beiden bedeutendsten Fortschritte der Mathematik des 17. Jahrhunderts, die Einführung der Koordinatengeometrie und die Ausarbeitung der Grundlagen der Infinitesimalrechnung, sind in der Auseinandersetzung mit naturwissenschaftlichen Problemen erreicht worden; ihre Nutzung in diesem Bereich hat jedoch erst im 18. Jahrhundert begonnen. Zusammengefaßt wurden die Grundlagen der Infinitesimalrechnung Ende des 17. Jahrhunderts, in einem 1696 erschienenen Buch des MARQUIS DE L'HOSPITAL. Zum Vergleich: In der etwa ein Jahrhundert zuvor erschienenen Arbeit (*Canon mathematicus,* 1579) von FRANÇOIS VIÈTE (1540–1603) ist eine Zusammenstellung aller bis zu diesem Zeitpunkt bekannten mathematischen Sätze und Verfahren zu finden. Im weiteren schauen wir uns an, wie sich – in großen Zügen – die Mathematik zwischen diesen beiden Daten entwickelt hat, wobei wir uns auf die Zweige beschränken wollen, die mit den physikalischen Forschungen jener Tage in einem organischen Zusammenhang gestanden haben. Wir betonen diese Einschränkung hier deshalb, weil im 17. Jahrhundert auch verschiedene Zweige der Mathematik – so die Wahrscheinlichkeitsrechnung, die projektive Geometrie und die mathematische Logik, um nur die wichtigsten zu nennen – sich zu entwickeln begonnen haben, die von den Naturwissenschaften erst später, nach und nach aufgegriffen worden sind.

An DESCARTES erinnern in der Mathematik in erster Linie die kartesischen Koordinaten. In allen Lehrbüchern der Elementarmathematik stoßen wir auf die *Abbildung 4.1 – 19,* nach der wir die Lage eines Punktes in der Ebene durch seine Koordinaten *x* und *y* charakterisieren können. Um die den kartesischen Koordinaten entsprechenden vorzeichenbehafteten Strecken längs der Koordinatenachsen zu erhalten, projizieren wir die Strecke vom Ursprung des Koordinatensystems zum gegebenen Punkt der Reihe nach auf die zueinander senkrechten Koordinatenachsen. Durchblättern wir nun das als Anhang zum *Discours* erschienene Buch *La Géométrie,* das die einzige veröffentlichte Abhandlung DESCARTES' zu Fragen der Geometrie ist, dann werden wir überrascht feststellen, daß in diesem Buch trotz der vielen Abbildungen eine Darstellung des kartesischen Koordinatensystems nicht zu finden ist. Ähnliche Überraschungen haben wir schon bei KEPLERS Werken, in denen die Keplerschen Gesetze nicht enthalten sind, und bei NEWTONS *Principia,* in denen die Newtonschen Gleichungen in der von uns gewohnten Form nicht vorkommen, erlebt. Es ist nicht zufällig, daß es auch hier zu einem Prioritätsstreit, diesmal zwischen FERMAT und DESCARTES, gekommen ist, wobei Prioritätsstreitigkeiten im übrigen in der Wissenschaftsgeschichte nicht selten sind. FERMAT hat 1629 eine Arbeit mit dem Titel *Ad locos planos et solidos isagoge* geschrieben und sie dann – wie zu jener Zeit üblich – bei seinen Freunden herumgehen lassen; im Druck ist diese Arbeit aber erst im Jahre 1679 erschienen. Wie wir wissen, ist DESCARTES' Buch aber 1637 in gedruckter Form erschienen, so daß es im Prinzip möglich wäre, daß DESCARTES von den Ausführungen FERMATS Kenntnis gehabt hat. Heute ist es jedoch weitgehend unumstritten, daß beide an das Problem von recht unterschiedlichen Seiten herangehen und DESCARTES' Buch auch in den Details so viel Neues enthält, daß auch dann über ein Plagiat nicht gesprochen werden kann, wenn einer der beiden die Arbeiten des anderen vor der Niederschrift seines eigenen Buches gekannt haben sollte. Ebenso wird oft die Auffassung vertreten, daß sich DESCARTES schon vom Jahre 1619 ab – also vor dem Bekanntwerden der Arbeiten FERMATS – mit diesen Problemen beschäftigt habe.

Naheliegende Erwartungen, nach denen auf die Einführung der Koordinatendarstellung unmittelbar – so wie es in den Mathematiklehrgängen an den Oberschulen üblich ist – die analytische Darstellung spezieller Kurven (Gerade, Kreis, Kegelschnitte) folgen sollte, werden von FERMAT eher erfüllt. Die Festlegung der Lage eines Punktes mittels zweier Koordinaten kann für sich genommen keineswegs als neu angesehen werden, denn bereits HIPPARCHOS und PTOLEMÄUS haben zur Katalogisierung der Sterne Längen- und Breitengrade angegeben und folglich ebenso Koordinaten verwendet wie DESCARTES oder FERMAT. Das Neue besteht natürlich nicht in der Koordinatenangabe, sondern in der Möglichkeit, auf diese Weise Probleme der Geometrie auf algebraische Probleme zurückführen zu können, so daß sich zur Lösung konkreter Aufgaben die gutausgearbeiteten algebraischen Methoden verwenden lassen. Noch vorteilhafter ist die neue Darstellung zur Behandlung solcher prinzipieller Probleme, die sich mit den Hilfsmitteln der Geometrie überhaupt nicht lösen lassen.

Wenn man – so argumentiert FERMAT – bei der Lösung eines Problems auf eine Gleichung mit zwei Unbekannten kommt, dann kann für eine von ihnen ein Wert vorgegeben werden; dieser Wert soll entsprechend *Abbildung 4.1 – 20* durch die Entfernung *OZ* gegeben sein. Setzt man diesen Wert in die Gleichung mit den zwei Unbekannten ein, dann wird sie zur Gleichung mit einer Unbekannten; die Unbekannte kann dann bestimmt werden. Die erhaltene Lösung wird auf der Geraden *ZJ* abgetragen, die die Gerade *OZ* unter einem beliebigen Winkel schneidet. Bestimmt man nun auf ähnliche Weise viele Wertepaare, dann liegen die erhaltenen Punkte alle auf

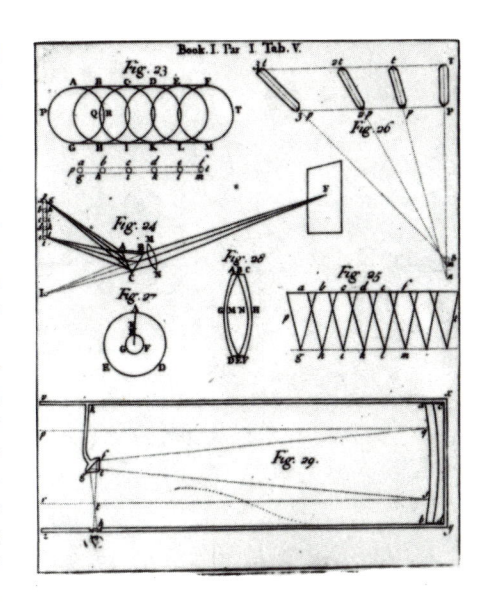

Abbildung 4.1 – 14
Das Newtonsche Spiegelfernrohr (Fig. 29)

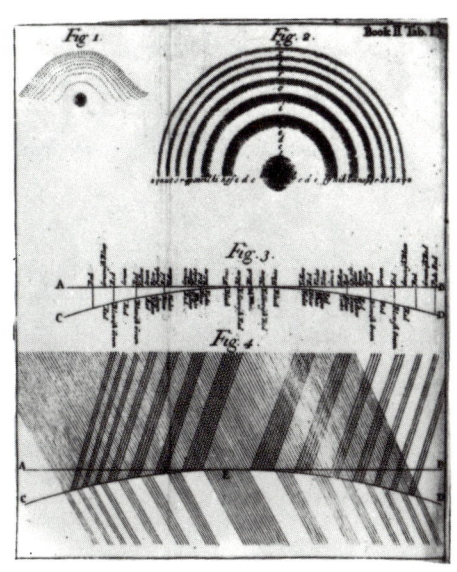

Abbildung 4.1 – 15
Newtons Deutung der Entstehung der Farbringe

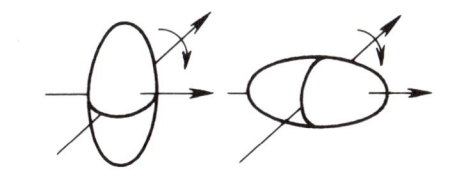

Abbildung 4.1 – 16
Die *fit* und *non fit* Zustände von unserem heutigen Standpunkt aus gesehen. *Newton* hat ein solches Bild nicht angegeben

Zitat 4.1 – 5
Proposition XVIII, Buch 2. Wenn die Strahlen, welche die an der Grenze von Gelb und Orange gelegenen Farben erzeugen, aus irgend einem Medium senkrecht in die Luft austreten, so betragen die Intervalle ihrer Anwandlungen leichter Reflexion 1/89 000 Zoll, und ebenso groß sind die Intervalle ihrer Anwandlungen leichten Durchganges.
NEWTON: *Optik*

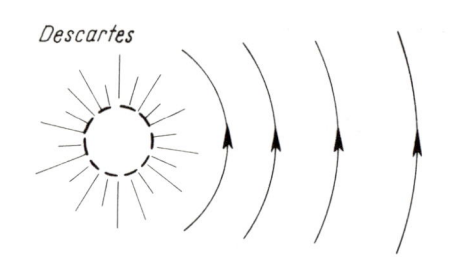

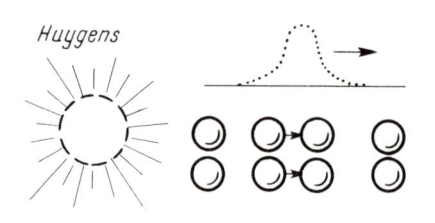

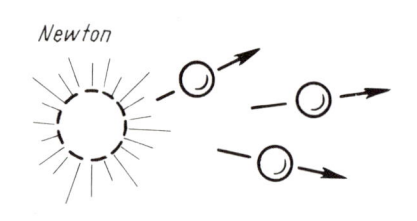

Abbildung 4.1–17
Theorien des Lichts zum Beginn des 18. Jahrhunderts

Zitat 4.1–6
Frage 26, Buch 3. Haben nicht die Lichtstrahlen verschiedene Seiten, die mit verschiedenen ursprünglichen Eigenschaften begabt sind? ...
  Jeder Lichtstrahl hat also zwei entgegengesetzte Seiten, welche ursprünglich mit einer Eigenschaft begabt sind, von der die außerordentliche Brechung abhängt, während die beiden anderen gegenüberliegenden Seiten diese Eigenschaft nicht besitzen. Es bleibt noch zu untersuchen, ob es noch andere Eigenschaften des Lichts gibt, in denen diese Seiten der Strahlen voneinander abweichen, und durch welche sie unterschieden werden könnten.
NEWTON: *Optik*

Zitat 4.1–7
Frage 28, Buch 3. Sind nicht alle Hypothesen unrichtig, nach denen das Licht in einem Druck oder einer Bewegung bestehen soll, die sich in einem Fluidum ausbreiten? Denn bei allen diesen Hypothesen sind Lichterscheinungen bisher immer unter der Annahme erklärt worden, daß sie durch neue Modifikationen [die sie in den Körpern erfahren] entstehen, – und dies ist eine irrige Voraussetzung.
  Frage 29, Buch 3. Bestehen nicht die Lichtstrahlen aus sehr kleinen Körpern, die von den leuchtenden Substanzen ausgesandt werden? Denn solche Körper werden sich durch ein gleichförmiges Medium in geraden Linien fortbewegen, ohne in den Schatten auszubiegen, wie es eben die Natur der Lichtstrahlen ist. Sie werden auch verschiedener Eigentümlichkeiten fähig und imstande sein, dieselben unverändert beim Durchgange durch mehrere Media beizubehalten, was ebenfalls bei Lichtstrahlen der Fall ist. Durchsichtige Substanzen wirken aus der Entfernung auf die Lichtstrahlen, indem sie dieselben brechen, zurückwerfen und beugen, und die Strahlen wirken umgekehrt auf die Teilchen dieser Substanzen aus einiger Entfernung, indem sie sie erwärmen; diese Wirkung und Gegenwirkung aus der Entfernung gleichen doch außerordentlich einer zwischen den

einer Kurve. Heute würden wir sagen, daß FERMAT die Kurve allgemein in einem schiefwinkligen Koordinatensystem dargestellt hat. FERMAT hält sich noch nicht an die von DESCARTES eingeführte und auch heute noch übliche Bezeichnungsweise; er ist in dieser Hinsicht VIÈTE gefolgt und hat mit Großbuchstaben gearbeitet, wobei er durch Konsonanten die Konstanten und durch Vokale die Unbekannten gekennzeichnet hat. FERMAT hat die Gleichungen für Gerade, Kreis, Ellipse, Hyperbel und Parabel angegeben, allerdings in einer wegen der Bezeichnungsweise ungewohnten Form. Die Geradengleichung, die in einer heute üblichen Darstellung durch

$$y = ax \quad \text{oder mit} \quad a = \frac{D}{B} \quad \text{als} \quad Dx = By$$

gegeben ist, lautet bei FERMAT zum Beispiel so:
  D in A aequatur B in E. Punctum J erit ad lineam rectam positione datam.
  Die Gleichung eines Kreises, die wir heute in der Form

$$x^2 + y^2 = r^2 \quad \text{kennen bzw. mit} \quad B = r \quad \text{als} \quad B^2 - x^2 = y^2$$

darstellen können, gibt FERMAT wie folgt an:
  B quad − A quad aequatur E quad. Punctum J est ad circulum positione datum, quando angulus NZI est rectus.
  DESCARTES hat aufgrund der Form der Gleichungen mit zwei Unbekannten, die den Kurven zugeordnet sind, diese klassifiziert. Handelt es sich, wie wir heute sagen, um algebraische Gleichungen, dann spricht DESCARTES von geometrischen Kurven, die anderen werden von ihm als mechanische Kurven bezeichnet. Später ist von LEIBNIZ für sie die Bezeichnung transzendente Kurven eingeführt worden.
  Die analytische Geometrie hat sich in der Anwendung verhältnismäßig langsam durchgesetzt, da das Buch von FERMAT erst mit einer großen Verzögerung erschienen ist, DESCARTES hingegen mit Absicht unklar formuliert hat *(Zitat 4.1−8)*. Es ist deshalb von großer Bedeutung, daß VAN SCHOOTEN 1649 das Buch ins Lateinische übersetzt hat, sich damit aber nicht begnügte, sondern es auch kommentierte und die kartesianische Geometrie weiterentwickelte. So führte er zum Beispiel bereits den Begriff der Koordinatentransformation ein. Er hat die Bedeutung dieser Methode für eine einfache und einheitliche Behandlung schwieriger geometrischer Probleme in vollem Umfange erkannt und sich sogar zu der Behauptung verstiegen, daß auch die alten Griechen ursprünglich auf diese einfache Weise zu ihren erstaunlichen Ergebnissen gekommen seien, um dann mit den in Kenntnis der Ergebnisse nun leicht handhabbaren synthetischen Methoden die Welt zu verblüffen. WALLIS hat in seinem 1655 erschienenen Buch *De sectionibus conicis* die Kegelschnitte bereits als Kurven definiert, die durch quadratische Gleichungen beschrieben werden, und ist so auch auf ihre von der Geometrie her schon bekannten Eigenschaften gekommen. Er war im übrigen der erste, der bewußt mit negativen Werten der Koordinaten operiert hat.
  Viel Zeit mußte vergehen, bis alle uns aus den Oberschullehrbüchern her geläufigen Funktionen angegeben worden waren. So ist z. B. die uns gut bekannte Abbildung der Funktion $y = \sin x$, die in Tabellenform schon längst bestimmt worden war, erst in der 1670 erschienenen *Mechanik* von WALLIS enthalten, in der zwei Perioden der Sinusfunktion dargestellt sind.
  Wir sind an die Schreibweise einer Funktion in der Form $y = f(x)$ gewöhnt; sie ist jedoch erst durch EULER 1734 eingeführt worden. Dem Begriff Funktion selbst begegnen wir erstmalig in dem 1667 erschienenen Buch *Vera circuli et hyperboli quadratura* von JAMES GREGORY.

4.1.4 Differential- und Integralrechnung: Der Streit der „Größten"

Nach der Entwicklung der analytischen Geometrie und nach Einführung des Funktionsbegriffes war es möglich geworden, mit der Ausarbeitung von Differential- und Integralrechnung einen der entscheidenden Schritte der Mathematik der Neuzeit zu vollziehen und damit auch die Grundlagen für die Höhere Analysis zu legen.
  Dieser neue mathematische Kalkül ist mit unterschiedlichen physikalischen Fragestellungen eng verbunden:

Untersuchung der ungleichförmigen Bewegung: Bei einer solchen Bewegung ist zunächst nur die mittlere Geschwindigkeit (Durchschnittsgeschwindigkeit) eine wohldefinierte meßbare physikalische Größe. Was soll man aber nun bei einer derartigen Bewegung unter der Momentangeschwindigkeit verstehen? Nach der Definition dieses Begriffes taucht natürlich die Frage auf, wie sich aus der Beschleunigung die Geschwindigkeit und der Weg und schließlich − in umgekehrter Reihenfolge − aus dem Weg die Geschwindigkeit und die Beschleunigung bestimmen lassen. Mit diesen Fragen hatten sich schon im Mittelalter NICOLE D'ORESME und Anfang des 17. Jahrhunderts auch GALILEI auseinandergesetzt.

Konstruktion von Tangenten: Dieses Problem ist für sich genommen bereits in der Geometrie von Interesse, von besonderer Bedeutung ist es aber in der Optik, da in das Brechungsgesetz der Winkel zwischen dem Lichtstrahl und der Senkrechten auf der Grenzflächentangenten, die als Normale bezeichnet wird, eingeht. Normalen- und Tangentenkonstruktion sind natürlich äquivalente Aufgaben.

Bestimmung von Extremwerten: GALILEI hat bereits eine konkrete Begründung für die Aussage TARTAGLIAS gegeben, daß man eine Kanone unter einem Winkel von 45° abfeuern muß, um bei gegebener Mündungsgeschwindigkeit des Geschosses eine maximale Schußweite (unter Vernachlässigung des Luftwiderstandes) zu erzielen.

Bestimmung von Bogenlänge, Fläche und Volumen: Diese Fragestellungen sind bereits als geometrische Probleme von Interesse, sie treten aber auch in konkreter Form in der Bewegungslehre und bei der Formulierung von Bewegungsgesetzen, z. B. der Keplerschen Gesetze, auf.

Für jedes der angeführten Probleme stellen wir im folgenden einen charakteristischen Lösungsversuch vor; von NEWTON und LEIBNIZ ist schließlich dann eine allgemeine Antwort auf alle Probleme dieser Art gegeben worden.

Ein Verfahren zum Konstruieren von Tangenten ist von GILLES PERSONNE DE ROBERVAL (1602−1675) und, darauf aufbauend, von TORRICELLI angegeben worden; beide haben auf Arbeiten GALILEIS zur Kinematik zurückgegriffen *(Abbildung 4.1−21)*. FERMAT hat bereits eine Lösung angegeben, die die Differentialrechnung im Keime enthält; diese Methode ist dann von ISAAC BARROW (1630−1677) − NEWTONS Vorgänger auf dem Cambridger Lehrstuhl − verfeinert und 1670 in dem Buch *Lectiones geometricae* veröffentlich worden. BARROW führt aus, daß die Tangente und das Bogenstück PP' zusammenfallen *(Abbildung 4.1−22)*, wenn die Punkte PP' benachbart sind und das Bogenstück sehr klein ist. Wird der Quotient a/e bestimmt, dann ist wegen der Ähnlichkeit der Dreiecke $PP'R$ und NMP auch der Quotient PM/MN bekannt, und so kann bei gegebenem PM die Lage des Punktes N gefunden werden, d. h., die Tangente läßt sich einzeichnen. Das Verfahren, das zur Bestimmung des Quotienten a/e dient, wird von uns hier am Beispiel der Parabel

$$y^2 = px$$

demonstriert. Vergrößern wir x um die Größe e, dann geht y in $y+a$ über. Setzt man diese Größen in die Parabelgleichung ein, dann ergibt sich

$$y^2 + 2ay + a^2 = px + pe,$$

und unter Berücksichtigung von $y^2 = px$ erhalten wir

$$2ay + a^2 = pe.$$

Der Summand a^2 ist von zweiter Ordnung klein und kann vernachlässigt werden, so daß

$$\frac{a}{e} = \frac{p}{2y}$$

folgt. Wegen der oben erwähnten Ähnlichkeit der Dreiecke gilt dann aber

$$NM = 2\frac{PM^2}{p},$$

so daß die Tangente nunmehr gezeichnet werden kann.

Wie wir gesehen haben, ist der Quotient a/e in gewisser Näherung gleich dem Richtungstangens der Tangente oder, wie wir heute sagen, gleich dem

Körpern wirkenden anziehenden Kraft. Wenn die Brechung durch eine Anziehung der Strahlen zustande kommt, so muß der Sinus des Einfalls in einem gegebenen Verhältnisse zum Sinus der Brechung stehen, wie wir in den *Principien der Philosophie* [I, Prop. XCIV] gezeigt haben; und die Erfahrung bestätigt dies Gesetz. Lichtstrahlen, die aus Glas in den leeren Raum gehen, werden nach dem Glase hin gebogen, und wenn sie zu schief auf das Vakuum fallen, rückwärts in das Glas umgelenkt und total reflektiert; diese Reflexion kann nicht dem Widerstande des absolut leeren Raumes zugeschrieben werden, sondern muß die Folge einer anziehenden Kraft des Glases sein, welche die Strahlen bei ihrem Austritt in das Vakuum nach dem Glase zurückzieht. Denn wenn man die äußere Oberfläche des Glases mit Wasser, klarem Öl oder flüssigem, hellem Honig befeuchtet, so werden die sonst reflektierten Strahlen in das Wasser, das Öl oder den Honig eintreten und nicht reflektiert, bevor sie an der Grenzfläche ankommen und im Begriff sind, auszutreten. Wenn sie in das Wasser, das Öl oder den Honig übergehen, so geschieht dies, weil die Anziehung des Glases durch die entgegengesetzte Anziehung der Flüssigkeit im Gleichgewicht gehalten und fast unwirksam gemacht wird. Wenn sie aber in den leeren Raum austreten, welcher keine Attraktionskraft besitzt, die der des Glases das Gleichgewicht hält, so wird die Anziehung des Glases sie entweder umbiegen und brechen, oder zurückziehen und reflektieren...

NEWTON: *Optik*

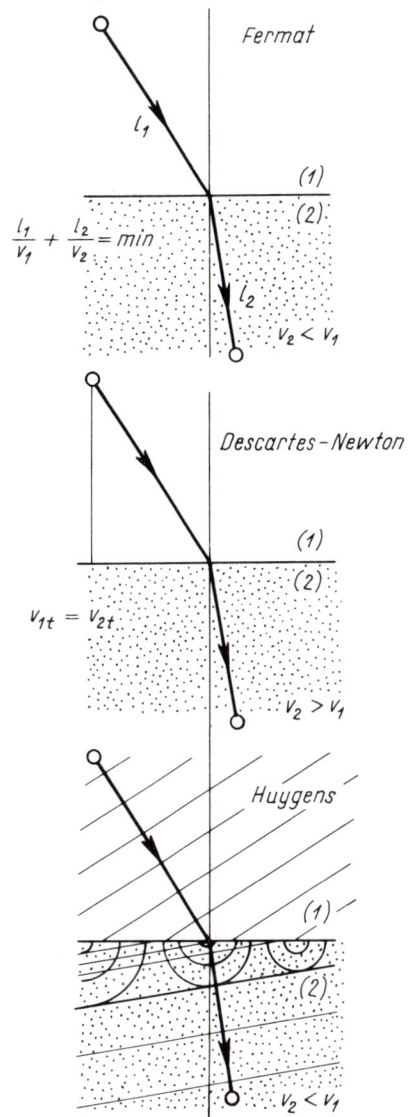

Abbildung 4.1−18
Zur Deutung des Brechungsgesetzes, ausgehend

von unterschiedlichen Theorien, wobei jede den Zusammenhang $\sin\alpha_1/\sin\alpha_2 = n$ richtig wiedergibt

Zitat 4.1−8
Was die *Analysis* betrifft, so habe ich einige Details davon fortgelassen, um es den Mißgünstigen schwerer zu machen. Hätte ich nämlich meine Gedanken in allen Einzelheiten veröffentlicht, so hätten sie sich damit gebrüstet, dies alles schon lange gewußt zu haben. So aber wagen sie, um ihre Ignoranz nicht sofort zu verraten, kein Wort zu sagen.
DESCARTES

Abbildung 4.1−19
So wird das kartesische Koordinatensystem heute in den Schulen eingeführt

Differentialquotienten. Die Herleitung ist sehr ähnlich den Darstellungen, denen wir auch heute noch − wenn auch immer seltener − in technisch orientierten Lehrbüchern begegnen können.

Extremwertprobleme sind in der Geschichte der Mathematik bereits sehr früh aufgetaucht. Eine Eigenschaft der Extremwerte, auf die KEPLER als erster gestoßen ist, erlaubt einen wichtigen Schritt vorwärts zur Lösung dieser Probleme mit den Methoden der Höheren Analysis. Im Jahre 1615 erschien ein Buch KEPLERS mit dem Titel *Nova stereometria doliorum vinariorum* zur Volumenbestimmung von Weinfässern. Während seines Aufenthaltes in Linz wollte KEPLER, um die günstigen Bedingungen nach einer reichen Weinernte zu nutzen, eine größere Menge Wein erwerben. Aus diesem Grunde begann er sich für das zu dieser Zeit in der Praxis verwendete Verfahren zur Volumenbestimmung der Fässer zu interessieren und schließlich nach einer genaueren Methode zu suchen. Die von ihm verwendete Methode entspricht gänzlich der archimedischen Exhaustionsmethode, wobei er etwas großzügiger als sein berühmter Vorgänger gearbeitet hat und manchmal sogar zu fehlerhaften Ergebnissen gekommen ist. Er hat sich dann auch die Frage gestellt, wie mit einer gegebenen Materialmenge oder einer gegebenen Oberfläche das maximale Volumen eingeschlossen werden kann. Als erste, recht einfache Aufgabe dieses Problemkreises hat er zunächst das in eine Kugel eingeschriebene Parallelepiped mit quadratischer Grundfläche gesucht, das ein maximales Volumen hat, und gezeigt, daß der gesuchte Körper der Würfel ist. Für uns ist an dieser Stelle die Feststellung KEPLERS von Bedeutung, daß die Volumenänderung, bezogen auf gleiche Änderungen der Abmessungen des Körpers, um so kleiner wird, je näher wir den Abmessungen kommen, die zum maximalen Volumen gehören. Bei der heute benutzten Methode zur Extremwertbestimmung werden aber gerade die Werte der Veränderlichen (einer oder mehrerer) bestimmt, für die der Differentialquotient Null ist. Die Beobachtung KEPLERS, die ja auf diese Methode hindeutet, ist deshalb von besonderem Interesse.

Der heutigen Lösungsmethode noch näher ist FERMAT gekommen. Er hat sein Verfahren anhand des folgenden einfachen Beispiels demonstriert: Gemäß *Abbildung 4.1−23* soll eine gegebene Strecke B so in zwei Teilstrecken zerlegt werden, daß der Flächeninhalt des von beiden Teilstrecken aufgespannten Rechtecks maximal wird.

In der von FERMAT verwendeten Bezeichnungsweise hat die gegebene Strecke die Länge B und eine der Teilstrecken die Länge A, so daß die Rechteckfläche sich zu

$$A(B-A) = AB - A^2$$

ergibt. Wir haben nun das Maximum dieser Fläche zu suchen. Lassen wir die Länge der Teilstrecke A um E anwachsen, dann geht die Länge der anderen Teilstrecke auf $B-A-E$ zurück, und die Fläche des neuen Rechtecks wird

$$(A+E)(B-A-E) = AB - A^2 + EB - 2EA - E^2.$$

FERMAT hat nun argumentiert, daß beide Flächen in der Nähe des Maximums gleich sein müssen. Diese Forderung ist zwar etwas unscharf formuliert, sie entspricht aber im Wesen der Forderung, daß der Differentialquotient zu verschwinden hat. Die Bestimmungsgleichung lautet folglich

$$AB - A^2 + EB - 2EA - E^2 = AB - A^2,$$

woraus

$$B = 2A + E$$

folgt. Lassen wir nun E gegen Null gehen, dann ergibt sich die Bedingung $B = 2A$. Die Antwort auf die oben gestellte Frage lautet somit, daß wir die gegebene Strecke zu halbieren haben, um das Rechteck mit der maximalen Fläche zu erhalten, dieses Rechteck ist dann natürlich ein Quadrat.

Zur Berechnung von Bogenlänge, Fläche und Volumen hat man zunächst die Exhaustionsmethode (Ausschöpfmethode) der Griechen weiterentwickelt. So haben bereits 1635 CAVALIERI und 1636 FERMAT die Flächen unter Kurven der Form $y = x^n$ (ausgenommen $n = -1$) angegeben und so im wesentlichen den Zusammenhang

$$\int_0^a x^n \, dx = \frac{a^{n+1}}{n+1}$$

gefunden, wobei wir uns der heute üblichen Schreibweise bedient haben. Ihr Schritt vorwärts hat darin bestanden, daß sie zur Ausschöpfung einheitlich rechteckige Elementarflächen gleicher Breite und andererseits − wenn auch noch nicht streng − einen Grenzübergang ausgeführt haben. Zur Veranschaulichung bestimmen wir hier die Fläche unter der Parabel $y = x^2$ mit Hilfe dieser Methode *(Abbildung 4.1−24)*. Die Summe der Flächen der in der Abbildung eingezeichneten Elementarrechtecke ist

$$dd^2 + d(2d)^2 + d(3d)^2 + \ldots + d(nd)^2$$

oder

$$d^3(1 + 2^2 + 3^2 \ldots + n^2).$$

Die Summe der Quadrate (oder anderer Potenzen) der aufeinanderfolgenden ganzen Zahlen waren entweder schon seit langem bekannt (siehe die Kapitel 1.2 und 2.3), oder sie sind von FERMAT, PASCAL und anderen im Hinblick auf die Bestimmung dieser Flächen berechnet worden, so daß im allgemeinen die Aufsummation keine besonderen Schwierigkeiten verursacht hat. Für unser Beispiel ist

$$\sum_{k=1}^{n} k^2 = \frac{2n^3 + 3n^2 + n}{6},$$

woraus sich die Summe der Elementarflächen zu

$$a^3 \left(\frac{1}{3} + \frac{1}{2n} + \frac{1}{6n^2} \right); \quad d^3 = \left(\frac{a}{n} \right)^3$$

ergibt. Ist n nun eine genügend große Zahl, dann können die Summanden $1/2n$ und $1/6n^2$ gegenüber dem Summanden $1/3$ vernachlässigt werden, und wir erhalten schließlich das bekannte Ergebnis

$$\frac{a^3}{3}.$$

Für die weitere Entwicklung ist die Erkenntnis von entscheidender Bedeutung gewesen, daß die hier besprochenen zwei Problemkreise − Tangentenkonstruktion und Flächenbestimmung − nicht voneinander unabhängig sind, denn wenn wir die heute übliche Sprechweise verwenden, so können Integration und Differentiation als zueinander inverse Operationen bezeichnet werden. Diese Aussage kann man in dem 1668 erschienenen Buch *Geometriae pars universalis* von JAMES GREGORY finden; sie ist allerdings zu dem gegebenen Zeitpunkt unbeachtet geblieben. Das Zusammenfügen der einzelnen Bausteine und somit die große Synthese blieb schließlich NEWTON und LEIBNIZ vorbehalten. NEWTON hat seine Arbeit *De analysi per aequationes numero terminorum infinitas* 1669 seinen Freunden übersandt; gedruckt ist sie erst im Jahre 1711 erschienen. In dieser Arbeit finden wir den folgenden Gedanken: Es sei eine Kurve gegeben *(Abbildung 4.1−25)*, und mit z der Flächeninhalt der unter der Kurve liegenden gestrichelten Fläche bezeichnet. Diese Fläche soll in der Form

$$z = ax^m$$

von der Koordinate x auf der Abszisse abhängen. Vergrößern wir nun x um einen infinitesimalen Wert (NEWTON bezeichnet diesen Wert als Moment von x und verwendet dafür den Buchstaben o), dann nimmt die Fläche um den Wert oy zu, d. h. es gilt

$$z + oy = a(x + o)^m. \qquad (1)$$

Entwickeln wir nun die rechte Seite in eine Binomialreihe (NEWTON hatte zu dieser Zeit bereits seinen Binomialsatz aufgestellt), dann erhalten wir

$$z + oy = ax^m + oamx^{m-1} + o^2 \frac{am(m-1)}{2} x^{m-2} + \ldots.$$

Subtrahieren wir davon $z = ax^m$ und vernachlässigen höhere Potenzen in o, dann ergibt sich

$$y = amx^{m-1}.$$

Mit dem dargestellten Gedankengang ist NEWTON gleichzeitig zu zwei Ergebnissen gelangt: Zum einen hat er den Differentialquotienten der Funk-

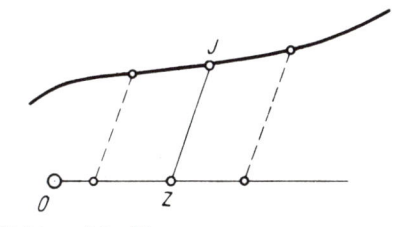

Abbildung 4.1−20
Fermat hat − in unserer heutigen Bezeichnungsweise − ein schiefwinkliges Koordinatensystem dazu verwendet, um zusammengehörige Wertepaare einer Gleichung mit zwei Unbekannten darzustellen

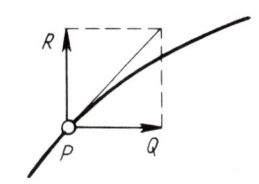

Abbildung 4.1−21
Die Methode von *Roberval* zur Tangenten-Konstruktion

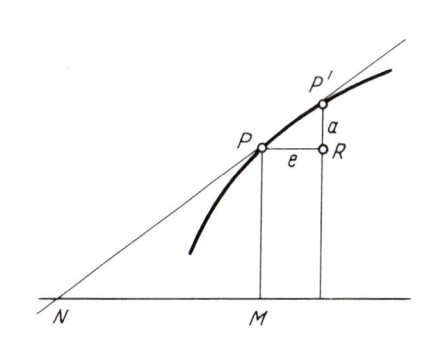

Abbildung 4.1−22
Das charakteristische Dreieck $PP'R$ von *Barrow*, in dem die Seite PP' ein Bogenelement der Kurve und zugleich auch ein Stück der Tangente ist

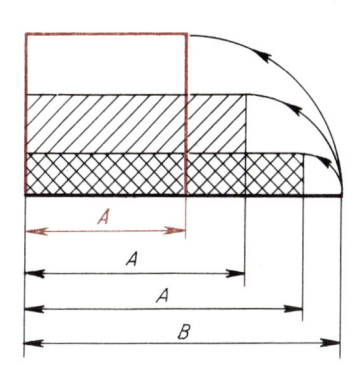

Abbildung 4.1−23
Das Fermatsche Extremwertproblem: Die Strecke B soll so in zwei Teilstrecken zerlegt werden, daß die Fläche des von beiden Teilstrecken aufgespannten Rechtecks ein Maximum wird

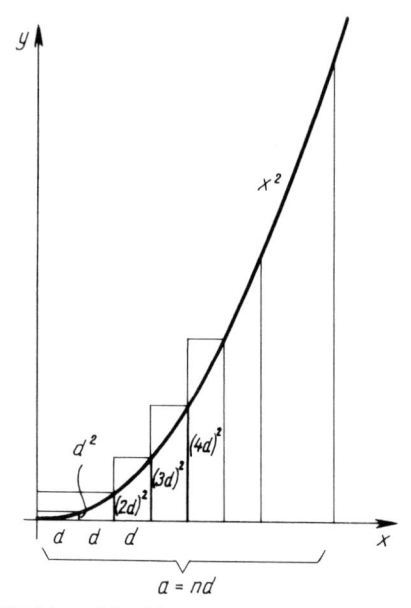

Abbildung 4.1–24
Zur Bestimmung der Fläche unter einer Parabel mit Hilfe des Grenzwertes der Summe der Rechteckflächen

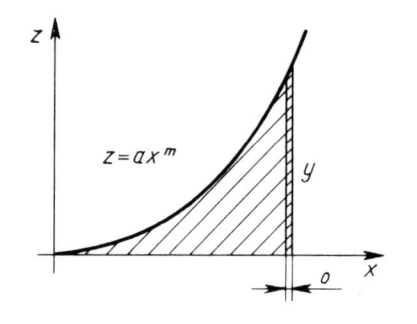

Abbildung 4.1–25
Die Überlegung Newtons zum Zusammenhang zwischen Differential- und Integralrechnung

tion $y=ax^m$ bestimmt, da wir die linke Seite der Beziehung (1) heute als

$$z+\frac{dz}{dx}\Delta x$$

darstellen würden, und zum anderen hat er gezeigt, daß Flächenbestimmung und Tangentenkonstruktion tatsächlich zueinander inverse Operationen sind. Bestimmen wir nämlich die Fläche unter einer Kurve, die durch eine Funktion gegeben ist, und untersuchen dann die Änderung der Fläche, dann kommen wir zu der Funktion zurück.

NEWTON war mit Hilfe des von ihm selbst hergeleiteten Binomialsatzes in der Lage, auch solche Funktionen zu differenzieren sowie zu integrieren, die bis zu diesem Zeitpunkt nicht untersucht werden konnten. Beherrscht man die Entwicklung der Funktionen in endliche oder unendliche Potenzreihen und kennt die auf Potenzfunktionen bezüglichen obigen Regeln, dann bereitet – so NEWTON – weder das Differenzieren noch das Integrieren Schwierigkeiten. Um das Konvergenzproblem hat sich NEWTON nämlich nicht sonderlich gekümmert; wir finden bei ihm lediglich zuweilen Anmerkungen, daß die eine oder andere Formel bei kleinen bzw. großen Werten von x verwendet werden kann.

Im Jahre 1671 hat NEWTON seine Abhandlung *Methodus fluxionum et serierum infinitarum* geschrieben, die jedoch erst 1736 als Buch erschienen und somit erst nach seinem Tode allgemein zugänglich geworden ist. In dieser Arbeit untersucht NEWTON explizit die stetige Bewegung eines Punktes, wobei er als unabhängige Veränderliche die Zeit wählt; er merkt jedoch an, daß dies keine wesentliche Einschränkung bedeutet. Er untersucht die Größen x und y als Funktionen der Zeit und bezeichnet sie als Fluenten; ihre Änderungen werden durch $\dot{x}$ und $\dot{y}$ gekennzeichnet und erhalten den Namen Fluxionen. Die Größen aber, die sich in einer inversen Rechnung als Fluenten aus den Fluxionen x und y ergeben, werden mit $\acute{x}$ und $\acute{y}$ bezeichnet.

NEWTON handelt sehr allgemein das folgende Problem ab: Gegeben sei eine Beziehung zwischen zwei Fluenten, und es werde dann die Beziehung gesucht, die zwischen den zugehörigen Fluxionen besteht. Auch das Umkehrproblem, aus der Relation zwischen zwei Fluxionen eine Relation zwischen den Fluenten herzuleiten, wird betrachtet. NEWTON illustriert sein Verfahren an einem einfachen Beispiel: Bezeichnet man mit o ein unendlich kleines Zeitintervall, dann sind die Größen $\dot{x}o$ und $\dot{y}o$ die Momente der Fluenten x und y. Wir bestimmen nun die Beziehung zwischen beiden Fluxionen, wenn die Beziehung zwischen den Fluenten durch $y=x^n$ gegeben ist. Dazu schreiben wir, wie bereits bekannt,

$$y+\dot{y}o = (x+\dot{x}o)^n,$$

und unter Verwendung des Binomialsatzes sowie bei Vernachlässigung höherer Potenzen in o erhalten wir den Zusammenhang

$$\dot{y}=nx^{n-1}\dot{x}.$$

In der heute üblichen Schreibweise läßt sich diese Beziehung durch

$$\frac{dy}{dt} = nx^{n-1}\frac{dx}{dt}$$

oder

$$\frac{dy}{dx} = nx^{n-1}$$

darstellen. Mit dieser Betrachtung haben wir ein weiteres Mal eine einfache und wohlbekannte Beziehung der Differentialrechnung hergeleitet.

NEWTONS Aufgabenstellung, aus einer Beziehung zwischen den Fluxionen eine Beziehung zwischen den Fluenten herzuleiten, wirft das Problem der Differentialgleichungen in ganz allgemeiner Form auf. Es versteht sich von selbst, daß NEWTON nur die einfachsten dieser Gleichungen abgehandelt hat, d. h. im wesentlichen die, die auf eine einfache Quadratur führen.

Dem Differentialquotienten im Sinne der Überlegungen BARROWS, d. h. abgeleitet aus charakteristischen Dreiecken im Grenzfall verschwindender Dreiecksgröße, begegnen wir in dem gegen 1676 geschriebenen, aber erst 1704 als Anhang zu *Opticks* veröffentlichten *Tractatus de quadratura curvarum* NEWTONS. Auch die zu dieser Thematik gehörenden Kapitel der *Principia* sind in diesem Sinne verfaßt. Im *Tractatus* finden wir bereits alle auch heute noch untersuchten Fragestellungen, so die Bestimmung von Maxima, Minima und Wendepunkten, die Beziehung für den Krümmungsradius

$$r = \frac{(1+\dot{y}^2)^{3/2}}{\ddot{y}}$$

sowie Integraltafeln.

Zur gleichen Zeit wie NEWTON ist auch LEIBNIZ *(Abbildung 4.1 – 26)* im wesentlichen zu den gleichen Ergebnissen gekommen. Dies ist die Ursache für Prioritätsstreitigkeiten gewesen, die zu den erbittertsten und folgenschwersten der Wissenschaftsgeschichte gehören, wobei es offenbar unnötig ist, besonders zu betonen, daß ihre Auswirkungen schädlich gewesen sind. Der Vorteil der von LEIBNIZ verwendeten Methode besteht vor allem in der Bezeichnungsweise. Er hat die Änderungen von x und y mit dx und dy bezeichnet sowie für das Integralzeichen das uns schon geläufige langgestreckte S eingeführt, das aus dem Wort Summa abgeleitet ist. Es ist ohne Zweifel richtig, daß LEIBNIZ seine Ergebnisse als erster (1684 und 1686) in der *Acta Eruditorum (Abbildung 4.1 – 27)* in gedruckter Form publiziert hat. Es kann auch zweifelsfrei festgestellt werden, daß die Newtonschen Überlegungen älteren Datums sind, so daß für ein Plagiat, wenn ein solches überhaupt vorliegen sollte, nur LEIBNIZ in Frage kommen kann. Der Verdacht, daß ein Plagiat vorliegen könnte, scheint dadurch gestützt zu werden, daß LEIBNIZ in den Jahren 1672 und 1676 in Paris und London gewesen und dort auch mit den Anhängern NEWTONS zusammengetroffen ist. Nach Eintragungen in LEIBNIZ' Tagebuch hat er sich systematisch erst von 1675 an, d. h. nach seinem Aufenthalt in London, mit der Infinitesimalrechnung beschäftigt.

In diesem Prioritätsstreit ist es so weit gekommen, daß die Royal Society auf Forderung von LEIBNIZ hin eine Untersuchungskommission zur Klärung der Ansprüche eingesetzt hat. Diese Kommission hat zugunsten von NEWTON entschieden und LEIBNIZ im wesentlichen des Plagiats bezichtigt. Heute läßt sich jedoch schon mit hinreichender Sicherheit feststellen, daß gerade jener kritische Brief, auf dem die Royal Society ihre Argumentation aufgebaut hat, nicht im Besitze von LEIBNIZ gewesen ist. Es wird heute als natürlich angesehen, daß auf einem bestimmten Niveau der Wissenschaftsentwicklung bedeutende Gedanken an verschiedenen Stellen gleichzeitig auftauchen; dies ist besonders wahrscheinlich, wenn zwei so hervorragende Gelehrte, wie NEWTON und LEIBNIZ, zur gleichen Zeit leben und arbeiten.

Der durch den Streit verursachte Schaden hat in erster Linie die englische Wissenschaft getroffen. Der Sieg NEWTONS ist tatsächlich ein Pyrrhussieg gewesen, denn die Engländer haben im weiteren aus Nationalstolz ausschließlich auf dem von NEWTON gewiesenen Weg und mit den von ihm verwendeten Bezeichnungen voranschreiten wollen. Sie haben dabei die ungemein erfolgreiche Weiterentwicklung der Arbeiten von LEIBNIZ – vor allem durch die Baseler Schule – außer acht gelassen, wobei hier die Brüder JAKOB (I) und JOHANN (I) BERNOULLI, sowie der Sohn des letzteren, DANIEL, und dessen Freund EULER erwähnt werden müssen. Neben dieser Schule und neben den großen französischen Mathematikern, von denen wir hier nur LAGRANGE erwähnen wollen, sind die Mathematiker auf den britischen Inseln erst nach mehr als 100 Jahren wieder zu führenden Rollen gekommen.

Die Physiker und Techniker, die die „Epsilontik" der Mathematiker in der Analysis für überflüssig halten, werden sicher mit großer Genugtuung zur Kenntnis nehmen, daß die „Großen", NEWTON und LEIBNIZ, aber auch noch EULER, die Methoden der höheren Mathematik so verwendet haben, wie es heute noch bei der Lösung physikalischer oder technischer Probleme im allgemeinen üblich ist. Mit dieser laxen Handhabung mathematischer Methoden kann man sich heute aber die Verachtung der Mathematiker zuziehen. Die im 17. Jahrhundert in griechischer Strenge erzogenen Gelehrten, unter ihnen auch PASCAL, haben es für möglich gehalten, alle mit den „Indivisibilien" erzielten Ergebnisse auch mit den Methoden und der Exaktheit der antiken Wissenschaft zu beweisen. CAVALIERI dagegen hat bereits offen die Meinung vertreten, daß sich die Philosophie um die Strenge kümmern möge, für die Geometrie sei sie nicht von Interesse. Bereits bei der Besprechung der Arbeiten von ARCHIMEDES haben wir erwähnt, daß er hinsichtlich der Strenge seiner Methoden mit unseren heutigen Maßstäben

Abbildung 4.1 – 26
GOTTFRIED WILHELM LEIBNIZ (1646 – 1716): eine der genialsten und vielseitigsten Persönlichkeiten der neuzeitlichen Philosophie und Naturwissenschaften. 1666: Doktor der Jurisprudenz, 1672: in diplomatischem Dienst in Paris. Die in Paris verbrachten vier Jahre sind für ihn sehr erfolgreich gewesen; er hat das geistige Leben in Frankreich und den zu dieser Zeit hier arbeitenden *Huygens* kennengelernt. In Paris hat er das Modell einer Rechenmaschine gebaut, worauf er 1673 zum Mitglied der Royal Society gewählt worden ist. Ab 1677: Bibliothekar des Herzogs zu Hannover. 1675: Erarbeitung der Grundlagen der Infinitesimalrechnung; diese Ergebnisse hat er zwar zehn Jahre später als *Newton,* aber nachweislich unabhängig von diesem erhalten. Die von *Leibniz* eingeführten Bezeichnungen sind günstiger als die Newtonschen und werden bis zum heutigen Tage verwendet. 1684: Publizierung seiner zusammenfassenden Arbeit *Nova methodus pro maximis et minimis itemque tangentibus* in den *Acta Eruditorum.* 1700 wurde, von *Leibniz* angeregt, die Berliner Societas Regia Scientiarum gegründet. 1710 und 1714 sind seine bedeutendsten philosophischen Abhandlungen, die *Essais de théodizée* und die *Monadologie,* erschienen. (Die in ihnen enthaltenen philosophischen Anschauungen sind von *Voltaire* in dessen *Candide* verspottet worden.)

Der bedeutendste Beitrag von *Leibniz* zur Entwicklung der Physik ist in seiner 1686 geschriebenen Arbeit *Brevis demonstratio memorabilis erroris Cartesii* zu finden. Hier weist *Leibniz* darauf hin, daß der von *Descartes* postulierte Erhaltungssatz sich nicht auf die *quantitas motus,* sondern auf die *vis viva* bezieht, d. h., nicht der Absolutwert der Bewegungsmenge (mv), sondern die lebendige Kraft (mv^2) bleibt im Ablauf der Bewegung erhalten.

Leibniz hat auch festgestellt, daß man bei der Bestimmung der *vis viva* auch die *potentia motrix,* die wir heute als potentielle Energie bezeichnen, berücksichtigen muß. Die so erhaltene absolute *vis viva (force vive absolue)* ist die physikalische Größe, die im Verlauf der Bewegung erhalten bleibt. Er hat weiter den Erhaltungssatz der lebendigen Kraft auch auf unelastische Stöße verallgemeinert und dazu ausgesagt, daß sich die verlorengegangene lebendige Kraft des Körpers in einem Zuwachs der lebendigen Kraft der Teilchen des Körpers äußert.

Leibniz gilt auch als Begründer der formalen Logik. Völlig vereinsamt und in Ungnade gefallen ist er 1716 gestorben

gemessen werden kann, so daß er die an der Wende vom 17. zum 18. Jahrhundert tätigen Analytiker an Exaktheit weit übertrifft. Die Notwendigkeit für eine tiefere Begründung wurde zwar allgemein anerkannt, die Gelehrten sind aber von der Ausschöpfung der durch die neuen Methoden eröffneten Möglichkeiten so in Anspruch genommen worden, daß sie die strenge Begründung vernachlässigt haben. Nur wenige merkten, daß bei dieser Begründung nicht auf die Methoden und Exaktheit der Antike zurückgegriffen werden kann, weil dies eine zu große Einschränkung bedeutet hätte, sondern daß als Grundlage der neuen Analysis die saubere Ausführung des Grenzüberganges und der Limesbegriff zu klären sind. In der gegebenen wissenschaftsgeschichtlichen Situation haben die verwendeten Methoden aber auch ohne eine im mathematischen Sinne exakte Begründung zur Lösung unzähliger praktischer Probleme beigetragen.

4.1.5 Für und wider Descartes

Es ist wohl keine Errungenschaft des 17. Jahrhunderts für die weitere Entwicklung der Wissenschaft bedeutender gewesen, als das Wegräumen der ideologischen Hindernisse auf dem Wege der wissenschaftlichen Forschung. Zum Ende des 17. Jahrhunderts hatte sich die Devise *ratio et experientia,* d. h. „Vernunft und Erfahrung" allgemein durchgesetzt, und weder am Ausgangspunkt noch beim Endergebnis einer Überlegung mußte auf die nur historisch begründbare Autorität des ARISTOTELES und auch kaum noch auf religiöse Dogmen Rücksicht genommen werden. Die Frage des 18. Jahrhunderts lautet hingegen, wie wir noch sehen werden, eher *ratio vel experientia,* d. h. „Vernunft oder Erfahrung", denn es geht nun im wesentlichen um die Frage, ob dem Denken oder der Erfahrung die größere Bedeutung im Erkenntnisprozeß und bei der Wahrheitsfindung zukommt. In dieser Entwicklungsepoche verlagert sich der Schwerpunkt von einem empirischen Herangehen, das für die moderne Wissenschaft charakteristisch ist, auf das Theoretisieren. Für diese Verlagerung können zwei Ursachen angeführt werden: Zum einen hat der Glaube, daß sich die Welt als mathematische Struktur erkennen und mit mathematischen Methoden beschreiben läßt, zu einem bemerkenswerten Aufschwung und zu vielen konkreten Einzelergebnissen geführt, und zum anderen hat die in der zweiten Hälfte des 17. Jahrhunderts allgemein akzeptierte kartesianische Philosophie eine Garantie für den Erkenntnisfortschritt gerade darin gesehen, daß das bei der naturwissenschaftlichen Forschung anfallende Faktenmaterial — *more geometrico* (nach den Regeln der Geometrie) — in einer einheitlichen und kohärenten, von Grundaxiomen ausgehenden Struktur geordnet werden kann.

Die Ausgewogenheit von Experiment und Erfahrung kommt wohl am treffendsten in einem Brief PASCALS zum Ausdruck, am konsequentesten verwirklicht wird sie jedoch in den Arbeiten von HUYGENS. Zur Jahrhundertwende hat sich auch ein neues naturphilosophisches Programm herauskristallisiert, das sich eine Ablösung der auf unmittelbare Berührung zurückführbaren Kraft durch die Newtonsche Fernwirkungskraft zum Ziele setzt. Im übrigen wird das Weltbild aber noch von den kartesianischen Grundgedanken bestimmt: Die Welt ist nach den Gesetzen der Mechanik entstanden, und alle Vorgänge in ihr — einschließlich der in der belebten Welt — unterliegen diesen Gesetzen.

Die kartesianische Weltanschauung ist jedoch dualistisch, und während für die Stoffe, aus denen die materiellen Körper aufgebaut sind, Ausdehnung und Bewegung charakteristisch sind, wird eine andere Substanz, die Seele, durch das Denken bestimmt. Über diesen erwähnten Substanzen steht noch eine weitere — Gott. Mit der Trennung von Körper und Seele als voneinander unabhängigen Substanzen ist es möglich geworden, die kartesianischen Gedanken in den verschiedensten Richtungen auszubauen. In diesem Sinne können die Vorstellungen DESCARTES' tatsächlich als Ausgangspunkt für alle modernen philosophischen Systeme angesehen werden, denn entweder hat man die kartesianischen Ideen weiterentwickelt und ist dabei oftmals der Überzeugung gewesen, daß man den grundlegenden Ideen DESCARTES' treu bleibt und nur Unklarheiten beseitigt, oder man hat bewußt — unter Beibehaltung des Gedankengebäudes — DESCARTES in einzelnen Fragen widerlegt, oder man hat schließlich die gesamte Grundkonzeption verworfen und ein neues System aufgebaut, bei dem jedoch die Konturen

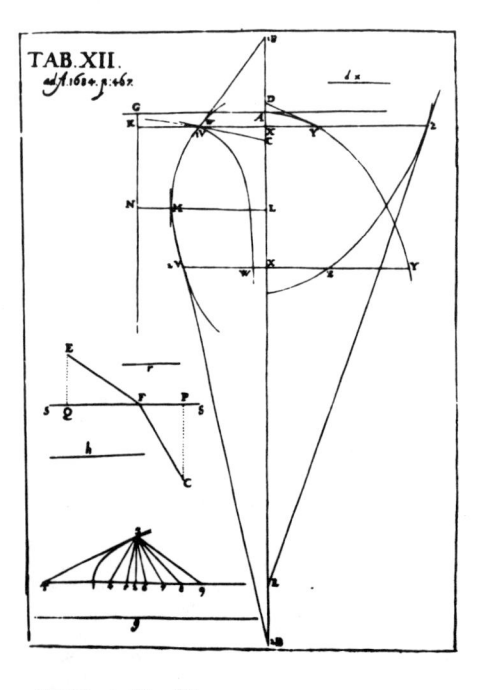

Abbildung 4.1—27
Aus der Leibnizschen Arbeit über Extremalwerte und Tangenten in dem 1684 erschienenen Band der *Acta Eruditorum;* unten ist die Tafel dargestellt, auf die sich der oben abgebildete Text bezieht

des kartesianischen Systems wie auf dem Negativ einer Fotografie zu erkennen sind. Gehen wir von den drei Substanzen des kartesianischen Systems (Gott, Seele und materielle Körper) aus und untersuchen die späteren philosophischen Systeme, dann finden wir, daß sie fast alle anhand ihrer Aussagen über die Wechselbeziehungen zwischen diesen Substanzen charakterisierbar sind. Auch im kartesianischen System ist die Frage von fundamentaler Bedeutung, wie geistige und materielle Substanzen oder Körper und Seele aufeinander einwirken; auf diese Frage mußte DESCARTES noch selbst eine Antwort geben. In der *Abbildung 4.1–28* haben wir anschaulich darzustellen versucht — sofern es überhaupt möglich ist, philosophische Grundaussagen anschaulich darzustellen —, welche Relationen zwischen den drei Substanzen in verschiedenen philosophischen Systemen vorliegen. Bei DESCARTES' unmittelbaren Nachfolgern (GEULINCX und MALEBRANCHE) — die zwar noch eine unmittelbare fortwährende Einwirkung Gottes für nötig halten — begegnen wir bereits den Grundgedanken der von LEIBNIZ später vervollkommneten Monadenlehre, nach der Seele und Körper nicht aufeinander einwirken und eine im täglichen Leben beobachtete Wechselwirkung zwischen seelischer und materieller Welt nur eine scheinbare ist. Sowohl körperliche als auch seelische Vorgänge gehorchen ihren eigenen Gesetzen ohne jede Wechselwirkung, die dritte Substanz — Gott — hat jedoch die auf jeweils eigenen Wegen ablaufenden Vorgänge so koordiniert, daß der Schein einer Wechselwirkung entsteht. LEIBNIZ vergleicht dieses Zusammenspiel mit zwei genau synchron laufenden Uhren, von denen eine die Zeit anzeigt, die andere aber nicht mit Zeigern ausgestattet ist und nur die vollen Stunden schlägt. Wir beobachten, daß die zweite Uhr zu schlagen beginnt, wenn der große Zeiger der ersten Uhr die Zwölf erreicht und könnten annehmen, daß zwischen beiden Uhren ein kausaler Zusammenhang existiert, obwohl wir doch wissen, daß beide Uhren unabhängig voneinander laufen und sie sich in ihrem inneren Aufbau grundlegend unterscheiden können *(Zitat 4.1–9)*.

SPINOZA (BARUCH DE SPINOZA) hat das kartesianische System mit letzter Konsequenz nach logischen Gesichtspunkten von Widersprüchen gereinigt und voll entwickelt. Bei ihm verschmelzen die drei Substanzen zu einer einzigen: *Natura sive Deus* — Gott und Natur sind eins. Die gesamte Natur ist zu einer einzigen Substanz vereinheitlicht, und diese Substanz hat auch Attribute des Göttlichen. Die Philosophie SPINOZAS ist schon deshalb von Interesse, weil er die von Grundgesetzen ausgehende Denkmethode, die nach DESCARTES die einzig zulässige ist, auch auf Bereiche — wie z. B. die Ethik — anwendet, die über die Mathematik und die Naturwissenschaften hinausgehen. Die Ethik SPINOZAS hat genau den logischen Aufbau, dem wir in einem Lehrbuch der Geometrie begegnen können. SPINOZA beginnt mit Definitionen, stellt dann Axiome auf und beweist schließlich mit Hilfe dieser Axiome alle seine Behauptungen. In der Ethik haben wir es natürlich mit menschlichen Qualitäten und Leidenschaften zu tun, die SPINOZA aber genauso abhandelt wie es in der Geometrie mit den Begriffen Punkt, Linie und Fläche üblich ist.

Vom Standpunkt der Naturwissenschaften aus sind in erster Linie — oder nahezu ausschließlich — erkenntnistheoretische Aussagen der Philosophie von Interesse, mit denen eine Antwort auf die Frage gegeben werden soll, wie man zu einer wahren Erkenntnis gelangen kann. Seit man vom 17. Jahrhundert an begonnen hat, sich intensiv mit den Naturwissenschaften zu beschäftigen, hat man oft unbewußt, sehr oft aber auch bewußt, eine Antwort auf diese Frage gesucht und auch gegeben. Die Philosophen auf dem europäischen Festland haben sich dabei an DESCARTES, die britischen Philosophen aber an BACON angeschlossen. Der unmittelbare Einfluß BACONS kann im Vergleich zu dem DESCARTES' vernachlässigt werden, da BACON einerseits keinerlei konkrete Beiträge zu den Naturwissenschaften erbracht und zum anderen die Rolle der Mathematik und allgemeiner auch die Rolle der deduktiven Methode verkannt hat. Anderthalb Jahrhunderte später hat sich jedoch die Lage auf dem Kontinent geändert: Die Enzyklopädisten sehen DESCARTES als überholt an und schwören auf BACON.

Von BACONS Nachfolgern müssen wir in erster Linie HOBBES erwähnen, der zwar ein Anhänger der induktiven Methode gewesen ist, jedoch die Bedeutung der Mathematik erkannt und sogar selbst — wenn auch erfolglos — versucht hat, mathematische Probleme zu lösen. Für die Erkenntnistheorie ist JOHN LOCKE *(Abbildung 4.1–29)*, der mit BOYLE und NEWTON befreundet gewesen ist, von größerer Bedeutung. Er gehört zwar unmittel-

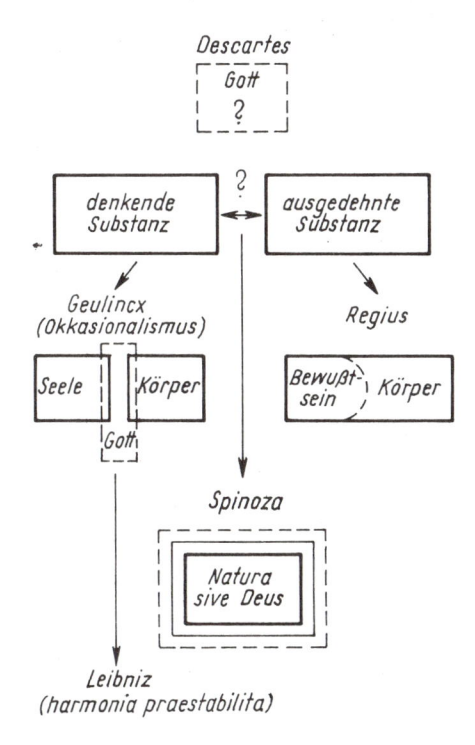

Abbildung 4.1–28
Die an *Descartes* anschließenden oder gegen ihn gerichteten philosophischen Strömungen

Zitat 4.1–9
Sie sagen, es sei Ihnen unverständlich, wie ich das beweisen wolle, was ich über den Verkehr oder die Harmonie zweier so verschiedener Substanzen, wie es die Seele und der Körper sind, sage. Ich habe allerdings das Mittel dazu gefunden und im Folgenden glaube ich Sie befriedigen zu können. Stellen Sie sich zwei Wand- oder Taschen-Uhren vor, welche vollkommen gleichmäßig miteinander gehen. Dies kann nun auf dreifache Art geschehen; die eine Art besteht in einem gegenseitigen Einflusse aufeinander; die zweite Art ist, daß man einen geschickten Arbeiter hinstellt, welcher sie berichtigt und für jeden Augenblick in Übereinstimmung erhält; die dritte Art ist, daß diese Uhren mit so viel Geschick und Genauigkeit gefertigt werden, daß man sich auf ihren gleichmäßigen Gang für die Folge verlassen kann. Nun setzen Sie die Seele und den Körper an die Stelle dieser beiden Uhren, so kann deren Übereinstimmung nur auf eine dieser drei Arten bewirkt werden. Der Weg des Einflusses wird von der gewöhnlichen Philosophie angenommen; allein da man sich nicht vorstellen kann, wie stoffliche Teilchen aus der einen dieser Substanzen in die andere übergehen können, so muß man diese Ansicht aufgeben. Der Weg des ununterbrochenen Beistandes des Schöpfers wird von dem System der gelegentlichen Ursachen angenommen; allein ich meine, das ist die Hilfe eines Deus ex machina bei einer gewöhnlichen und natürlichen Gelegenheit, wo vernunftgemäß Gott nicht in anderer Weise, wie bei allen natürlichen Dingen, mitzuwirken hat. So bleibt nur meine Hypothese übrig, nämlich der Weg der Harmonie. Gott hat, gleich im Beginn, jede dieser beiden Substanzen von solcher Natur geschaffen, daß sie nur ihren eigenen Gesetzen folgen, die sie mit ihrem Dasein zugleich erhalten haben und demnach stimmen sie mit einander, ganz so, als fände ein gegenseitiger Einfluß statt, oder als wenn Gott neben seiner allgemeinen Mit-

wirkung auch immer noch seine Hand besonders dabei im Spiele hätte. Hiernach brauche ich wohl keinen Beweis mehr zu führen; man müßte denn den Beweis von mir verlangen, daß Gott so geschickt sei, um dieses vorausgehenden Kunststückes sich zu bedienen, von dem man doch Proben selbst bei dem Menschen findet. Nimmt man nun an, daß Gott dies vermag, so sehen Sie wohl, daß dieser Weg der schönste und seiner würdigste ist.
LEIBNIZ: *Zweite Erläuterung des Systems über den Verkehr zwischen den Substanzen.* Journal des Sçavans 1696. Übersetzt von *J. H. Kirchmann*. 1882

Abbildung 4.1-29
JOHN LOCKE (1632-1704): Studium des klassischen Lehrstoffs in Oxford; freundschaftliche Kontakte und Zusammenarbeit mit *Robert Boyle*. 1668: Mitglied der neugegründeten Royal Society. Von 1675 bis 1679: Aufenthalt in Frankreich, wo die Philosophie *Gassendis* einen großen Einfluß auf ihn ausgeübt hat. Wegen politischer Wirren hat er fünf Jahre in den Niederlanden in einer sehr fruchtbringenden (und angenehmen) Verbannung verbracht.
Das bekannteste und für die weitere Entwicklung bedeutendste Werk *Lockes* ist eine Studie über die menschliche Erkenntnis (*An Essay Concerning Human Understanding,* 1690); er hat aber auch politische (*Two Treatises of Government,* 1690), pädagogische (*Some Thoughts Concerning Education,* 1693) und die Notwendigkeit der religiösen Toleranz betonende Schriften (*Epistola de Tolerantia,* 1698) verfaßt.
In den zuletztgenannten Schriften stellt er fest:
1. Kein Mensch verfügt über so viele Kenntnisse und eine solche Weisheit, daß er die Religion eines anderen bestimmen könnte.
2. Jedes Wesen ist in moralischer Hinsicht Gott verantwortlich, was die Annahme seiner Freiheit voraussetzt.
3. Ein den Willen des Individuums einschränkender Zwang kann nur zu einem äußerlichen Konformismus führen.
Locke wird oft als eine der Schlüsselfiguren der englischen und sogar der französischen Aufklärung angesehen.
Das folgende Zitat stammt aus dem Lockeschen Essay über die menschliche Erkenntnis.

bar zur englischen empirischen Schule, ist aber in der oben erwähnten Weise auch durch DESCARTES beeinflußt worden, da er zu seinen Thesen oft durch eine Auseinandersetzung mit den Thesen DESCARTES' gekommen ist. Ein sympathischer Zug seines Wesens und seiner Theorie ist, daß er der naturwissenschaftlichen Forschung keine Vorschriften machen, sondern lediglich die Umgebung des von den Naturwissenschaftlern errichteten monumentalen Gebäudes vom Bauschutt reinigen will. LOCKE geht von der Kritik an den für die kartesianische Philosophie grundlegenden Ideen *(idea innata)* aus, die dem Menschen gewissermaßen angeboren sind. Er stellt fest, daß letzten Endes auch diese Ideen nur über unsere Sinnesorgane in den Verstand eingegangen sein können, denn die Vernunft ist bei der Geburt ein unbeschriebenes Blatt *(tabula rasa),* auf dem lediglich die durch unsere Sinnesorgane vermittelte Erfahrung eine Spur hinterläßt. LOCKE sieht somit die Erfahrung als alleinige Quelle jeder Erkenntnis an: Es ist nichts in unserem Verstand, was nicht zuvor in den Sinnesorganen gewesen ist *(Nihil est in intellectu, quod non fuerit in sensu).* Erfahrung bedeutet bei LOCKE aber nicht allein Sinneserfahrung, sondern er unterscheidet eine äußere Erfahrung oder Wahrnehmung *(sensation)* und eine innere Erfahrung oder Selbstwahrnehmung *(reflexion).* LEIBNIZ hat zu LOCKES Feststellung eine Aussage hinzugefügt, die später zum Ausgangspunkt der gesamten Kantschen Philosophie werden sollte: Es ist tatsächlich nichts in unserem Verstand, was vorher nicht in unseren Sinnesorganen war, ausgenommen unser Verstand selbst *(nisi intellectus ipse).*

BERKELEY und HUME schließen unmittelbar an LOCKE an; wir werden über sie jedoch weiter unten sprechen, da ihre Arbeiten bereits dem 18. Jahrhundert angehören.

GIOVANNI BATTISTA VICO läßt sich nicht in die erwähnten philosophischen Schulen einordnen. Der Schwerpunkt seiner Untersuchungen liegt zwar bei geschichtsphilosophischen Themen — er kann hier als Vorläufer von HEGEL und MARX angesehen werden —, aber auch seine Erkenntnistheorie ist von Interesse. Er hat die Frage aufgeworfen, warum im Rahmen der Mathematik gewonnene Erkenntnisse genau und zuverlässig sind. Nach VICO ist das eine Folge der Tatsache, daß die Mathematik mit ihren Grundbegriffen und Regeln vom Menschen geschaffen worden ist. Gerade deshalb ist es aber auch schwer, die Natur zu erkennen, denn die Natur wurde von Gott geschaffen, und deshalb kann nur Gott die Naturgesetze kennen. Die Erkenntnis der Wahrheit beruht folglich auf der Schöpfung selbst *(verum ipsum factum).*

VICO hat sich entschieden gegen DESCARTES ausgesprochen und festgestellt, daß Geschichte gerade deshalb als exakte Wissenschaft angesehen werden kann, die der menschlichen Erkenntnis zugänglich ist, weil sie auch eine Schöpfung des Menschen ist.

Oben haben wir davon gesprochen, daß man sich nunmehr bei wissenschaftlichen Untersuchungen nicht mehr um Fragen der Ideologie zu kümmern brauchte. Diese Feststellung gilt natürlich nur mit einigen Einschränkungen. GIORDANO BRUNO wurde 1600 noch verbrannt; 1633 ist GALILEI bereits mit einem Widerruf davongekommen, und SPINOZA wurde schließlich 1656 wegen seiner metaphysischen Abirrung auch „metaphysisch" bestraft, er wurde aus der jüdischen Gemeinde ausgeschlossen und mit dem „Großen Bannfluch" belegt.

Im 17. Jahrhundert haben sich die meisten Philosophen und Naturwissenschaftler nicht offen gegen die Religion gestellt. Der Grund dafür mag bei einigen Opportunismus oder übertriebene Vorsicht gewesen sein, meist ist es jedoch aus innerer Überzeugung geschehen. Was sonst hätte z. B. DESCARTES dazu zwingen können, im Jahre 1623 entsprechend seinem Gelübde nach Loretto zu pilgern, um dort der heiligen Jungfrau dafür zu danken, daß sie die Zweifel von ihm genommen hat. Wir haben auch keinen Grund, die Aufrichtigkeit der Religiosität NEWTONS in Frage zu stellen. Er hat allerdings einige Dogmen — so etwa das Dogma von der Heiligen Dreifaltigkeit — mit Bestimmtheit abgelehnt, ist jedoch so vorsichtig gewesen, seine „ketzerische" Auffassung sorgfältig geheimzuhalten.

Im Besitz aller vom vorangegangenen Jahrhundert bereitgestellten geistigen Waffen konnte im 18. Jahrhundert schon zum offenen Kampf gegen die Kirche aufgerufen werden. Die Strafe der besonders exponierten Revolutionäre des Geistes konnte im ungünstigsten Falle darin bestehen, einen Fürstenhof verlassen zu müssen, um in den Dienst eines anderen, konkurrierenden Fürsten zu treten.

4.1.6 Voltaire und die Philosophen

Der Reisende fühlte sich von Mitleid für die kleine Menschenrasse ergriffen, bei der er so erstaunliche Widersprüche entdeckte. „Da ihr zu der kleinen Zahl der Weisen gehört", sagte er zu den Herren, „und offenbar niemanden für Geld tötet, so sagt mir bitte, womit ihr euch beschäftigt." – „Wir sezieren Fliegen", antwortete der Naturforscher, „wir messen Linien, wir stellen Zahlen zusammen, wir sind uns in zwei oder drei Punkten, die wir begriffen haben, einig, und über zwei- oder dreitausend Punkte, die wir nicht erfaßt haben, streiten wir uns." Da kam dem Siriusmann und dem Saturnier der Einfall, den denkenden Stäubchen allerlei Fragen zu stellen, um zu erfahren, in welchen Dingen sie miteinander einig seien. „Wie groß schätzen Sie die Entfernung vom Hundsstern bis zum großen Stern der Zwillinge?" wurde gefragt. „Zweiunddreißig und einen halben Grad", antworteten alle gleichzeitig. „Wie weit rechnet ihr von hier aus bis zum Mond?" – „Rund sechzig Halbmesser." – „Wieviel wiegt eure Luft?" Er glaubte, sie gefangen zu haben, aber alle antworteten, die Luft wöge ungefähr neunhundertmal weniger als ein gleiches Volumen leichtesten Wassers und neunzehntausendmal weniger als Dukatengold. Der Kleine war über ihre Antworten dermaßen erstaunt, daß er sich versucht fühlte, dieselben Menschen, denen er vor einer Viertelstunde den Besitz einer Seele abgesprochen hatte, jetzt für Hexenmeister zu halten.

Schließlich sagte Mikromegas zu ihnen: „Da ihr so gut Bescheid über das wißt, was um euch ist, so kennt ihr wahrscheinlich das, was in euch ist, noch besser. Sagt mir, wie eure Seele ist und auf welche Weise ihr eure Gedanken bildet." Die Gelehrten redeten wie vorher alle auf einmal, aber alle waren verschiedener Meinung. Der Älteste zitierte ARISTOTELES, ein anderer sprach den Namen DESCARTES aus, wieder ein anderer sprach von MALEBRANCHE, ein vierter von LEIBNIZ, ein fünfter von LOCKE. Ein alter Peripatetiker rief ganz laut und selbstherrlich: „Die Seele ist eine Entelechie und eine Vernunft, demgemäß sie die Macht hat, das zu sein, was sie ist. Dies erklärt ausdrücklich ARISTOTELES auf Seite 633 der Louvre-Ausgabe: 'Εντελέχειαἐστί usw." – „Griechisch verstehe ich nicht besonders gut", sagte der Riese. „Ich auch nicht", bemerkte die Gelehrten-Milbe. „Warum zitieren Sie dann einen gewissen ARISTOTELES auf griechisch?" fragte der Siriusbewohner. „Darum, weil man das, was man nicht begreift, in der Sprache zitieren muß, die man am wenigsten versteht", erwiderte der Gelehrte. Nun ergriff der Kartesianer das Wort und sagte: „Die Seele ist eine reine Geistigkeit, die schon im Schoße ihrer Mutter alle metaphysischen Ideen empfangen hat und die, wenn sie ihn verlassen hat, in die Schule gehen und alles neu lernen muß, was sie so gut wußte und niemals wieder wissen wird." – „Dann verlohnte es sich also nicht", meinte das Achtmeilengeschöpf, „daß deine Seele im Schoße deiner Mutter schon so wissend war, wenn du mit dem Bart am Kinn so unwissend bleiben mußt. Doch was verstehst du unter Geist?" – „Was fragen Sie mich da?" rief der Denker, „ich habe keine Ahnung. Man sagt, er sei nicht Materie." – „Weißt du denn wenigstens, was Materie ist?" – „Gewiß!" erwiderte der Mensch. „Dieser Stein zum Beispiel ist grau, hat eine bestimmte Form und seine drei Dimensionen, hat Schwere und ist teilbar." – „Nun", rief der Siriusbewohner, „dieser Gegenstand, der dir teilbar, schwer und grau erscheint – kannst du mir sagen, was es ist? Du siehst nur einige Eigenschaften, aber erkennst du das Wesen dieses Dinges?" – „Nein", erwiderte der andere. „Also weißt du nicht, was Materie ist!"

Herr MIKROMEGAS richtete nun das Wort an einen anderen Gelehrten, den er auf seinem Daumen hielt. Er fragte ihn, was seine Seele sei und was sie täte. „Gar nichts", antwortete der Malebranche-Philosoph, „Gott tut alles für mich, in ihm sehe ich alles, ich tue alles in ihm: er bewirkt alles ohne mein Dazutun." – „Nicht existieren käme auf dasselbe heraus", entgegnete der Weise vom Sirius. „Und du, mein Freund", wandte er sich an einen Leibnizianer, der gerade da war, „was ist deine Seele?" – „Sie ist", erwiderte der Leibnizianer, „ein Zeiger, der die Stunden angibt, während mein Körper die Glocken läuten läßt, oder, wenn Sie wollen, läßt auch meine Seele die Glocken läuten, während mein Körper die Stunden anzeigt. Oder aber: meine Seele ist ein Spiegel des Weltalls, und mein Körper ist der Rahmen des Spiegels – das ist doch völlig klar!"

Ein kleiner Anhänger von LOCKE stand daneben, und als schließlich auch das Wort an ihn gerichtet wurde, sagte er: „Ich weiß nicht, auf welche

---

In der Gelehrtenwelt fehlt es gegenwärtig nicht an Meistern der Baukunst, deren großartige Bestrebungen, die Wissenschaften zu fördern, der Bewunderung der Nachwelt bleibende Denkmäler hinterlassen werden; aber nicht jeder darf hoffen, ein *Boyle* oder ein *Sydenham* zu sein; und in einem Zeitalter, das solche Meister wie den großen *Huygens* und den unvergleichlichen *Newton* nebst so manchem anderen von der gleichen geistigen Größe hervorbringt, muß es dem Ehrgeiz genügen, wenn man als Hilfsarbeiter beschäftigt wird, um den Baugrund etwas aufzuräumen und einen Teil des Schuttes zu beseitigen, der den Weg zur Erkenntnis versperrt. Diese hätte in der Welt schon viel größere Fortschritte gemacht, wenn die Bemühung kluger und fleißiger Männer nicht durch den gelehrten, aber wertlosen Gebrauch einer seltsamen, erkünstelten und unverständlichen Terminologie beeinträchtigt worden wären, die man in die Wissenschaft einführte und hier derart zu einer Kunst ausbildete, daß es als unpassend oder unmöglich galt, in einer guten Gesellschaft oder im Verlaufe einer hochgeistigen Unterhaltung von der Philosophie zu reden, die doch nichts ist als die wahre Erkenntnis der Dinge. Unbestimmte und inhaltslose Redewendungen und der Mißbrauch der Sprache haben so lange für Geheimnisse der Wissenschaft gegolten, und schwer verständliche, falsch verwendete Wörter mit wenig oder gar keinem Sinn haben durch langjährige Gewohnheit so sehr das Recht erworben, für tiefe Gelehrsamkeit und hochfliegende Spekulation gehalten zu werden, daß es nicht leicht sein wird, diejenigen, die sie aussprechen oder aussprechen hören, davon zu überzeugen, daß sie nur die Unwissenheit verbergen und die wahre Erkenntnis verhindern.

Für manchen ist es eine ausgemachte Sache, daß im Verstand gewisse *angeborene Prinzipien* vorhanden seien, gewisse primäre, κοιναὶ ἔννοιαι, Schriftzeichen, die dem Geist des Menschen gleichsam eingeprägt sind. Diese empfange die Seele ganz zu Anfang ihrer Existenz und bringe sie mit sich in die Welt. Um vorurteilsfreie Leser von der Irrigkeit dieser Annahme zu überzeugen, würde es genügen, wenn ich nur zeigte (was mir hoffentlich in den folgenden Teilen dieser Abhandlung gelingen wird), wie sich der Mensch allein durch den Gebrauch seiner natürlichen Fähigkeiten ohne Zuhilfenahme irgendwelcher angeborener Eindrücke alle Kenntnisse, die er besitzt, aneignen und ohne solche ursprünglichen Begriffe oder Prinzipien zur Gewißheit gelangen können.

...

Nehmen wir also an, der Geist sei, wie man sagt, ein unbeschriebenes Blatt, ohne alle Schriftzeichen, frei von allen Ideen; wie werden ihm diese dann zugeführt? Wie gelangt er zu dem gewaltigen Vorrat an Ideen, womit ihn die geschäftige schrankenlose Phantasie des Menschen in nahezu unendlicher Mannigfaltigkeit beschrieben hat? Woher hat er all das *Material* für seine Vernunft und für seine Erkenntnis? Ich antworte darauf mit einem einzigen Worte: aus der *Erfahrung*. Auf sie gründet sich unsere gesamte Erkenntnis, von ihr leitet sie sich schließlich her. Unsere Beobachtung, die entweder auf äußere, sinnlich wahrnehmbare Objekte gerichtet ist oder auf innere Operationen des Geistes, die wir wahrnehmen und über die wir nachdenken, liefert unserm Verstand das gesamte *Material* des Denkens. Dies sind die beiden Quellen der Erkenntnis, aus denen alle Ideen entspringen, die wir haben oder naturgemäß haben können.

I. Wenn unsere Sinne mit bestimmten sinnlich wahrnehmbaren Objekten in Berührung treten, so führen sie dem Geist eine Reihe verschiedener Wahrnehmungen von Dingen zu, die der mannigfach verschiedenen Art entsprechen, wie jene Objekte auf die Sinne einwirken. Auf diese Weise kommen wir zu den *Ideen*, die wir von *gelb, weiß, heiß, kalt, weich, hart, bitter, süß* haben, und zu allen denen, die wir sinnlich wahrnehmbare Quali-

293

täten nennen. Wenn ich sage, die Sinne führen sie dem Geist zu, so meine ich damit, sie führen von den Gegenständen der Außenwelt her dem Geist dasjenige zu, was in demselben jene Wahrnehmungen hervorruft. Diese wichtige Quelle der meisten unserer Ideen, die ganz und gar von unseren Sinnen abhängen und durch sie dem Verstand zugeleitet werden, nenne ich *Sensation*.

II. Die andere Quelle, aus der die Erfahrung den Verstand mit Ideen speist, ist die Wahrnehmung der Operationen des eigenen Geistes in uns, der sich mit den ihm zugeführten Ideen beschäftigt. Diese Operationen statten den Verstand, sobald die Seele zum Nachdenken und Betrachten kommt, mit einer anderen Reihe von Ideen aus, die durch Dinge der Außenwelt nicht hätten erlangt werden können. Solche Ideen sind: *wahrnehmen, denken, zweifeln, glauben, schließen, erkennen, wollen* und all die verschiedenen Tätigkeiten unseres eigenen Geistes. Indem wir uns ihrer bewußt werden und sie in uns beobachten, gewinnen wir von ihnen für unseren Verstand ebenso deutliche Ideen wie von Körpern, die auf unsere Sinne einwirken. Diese Quelle von Ideen liegt ausschließlich im Innern des Menschen, und wenn sie auch kein Sinn ist, da sie mit den äußeren Objekten nichts zu tun hat, so ist sie doch etwas sehr Ähnliches und könnte füglich als *innerer Sinn* bezeichnet werden. Während ich im ersten Fall von Sensation rede, so nenne ich diese Quelle *Reflexion*, weil die Ideen, die sie liefert, lediglich solche sind, die der Geist durch eine Beobachtung seiner eigenen inneren Operationen gewinnt. Im weiteren Fortgang dieser Abhandlung bitte ich demnach unter Reflexion die Kenntnis zu verstehen, die der Geist von seinen eigenen Operationen und von ihren Eigenarten nimmt, auf Grund derer Ideen von diesen Operationen in den Verstand gelangen können. Zweierlei Dinge also, nämlich äußere materielle Dinge als die Objekte der *Sensation* und die inneren Operationen unseres Geistes als die Objekte der *Reflexion*, sind für mich die einzigen Ursprünge, von denen alle unsere Ideen ihren Anfang nehmen.

John Locke: Über den menschlichen Verstand. Deutsch von *C. Winckler*

Weise ich denke, aber ich weiß, daß ich niemals anders gedacht habe als auf Anregung meiner Sinne. Ich zweifle nicht daran, daß es unkörperliche und vernunftbegabte Wesen gibt; daß es aber Gott unmöglich sein sollte, der Materie Geist zu verleihen, bezweifle ich stark. Ich verehre die ewige Macht, und es steht mir nicht zu, ihr Grenzen zu ziehen. Ich bejahe nichts, ich begnüge mich zu glauben, daß mehr Dinge möglich sind, als man annimmt."

Das Sirius-Wesen lächelte: er fand diesen Mann durchaus nicht unweise. Der Saturnzwerg hätte den Locke-Anhänger am liebsten in seine Arme geschlossen, wenn das Mißverhältnis ihrer Größe nicht so ungeheuer gewesen wäre. Zum Unglück aber war noch ein anderes winziges Tierchen mit viereckiger Mütze da, das allen anderen philosophischen Tierchen das Wort abschnitt. Es sagte, ihm sei das ganze Geheimnis bekannt, denn es stände im *Summarium* des THOMAS VON AQUINO. Es sah die beiden Himmelsbewohner vom Kopf bis zu den Füßen an und erklärte ihnen, daß sie selber und ihre Monde, ihre Sonnen und ihre Sterne einzig und allein für den Menschen gemacht seien. Bei dieser Bemerkung fielen unsere beiden Reisenden einer auf den anderen. Sie erstickten beinah vor nicht zu unterdrückendem Lachen, das nach HOMER das Erbteil der Götter ist. Ihre Schultern und ihre Bäuche wackelten, und bei diesen Lachkrämpfen fiel das Schiff vom Nagel des Siriusmannes in eine Hosentasche des Saturniers. Die beiden gutmütigen Riesen suchten lange danach. Endlich fanden sie die Besatzung wieder und stellten sie fein säuberlich auf die Beine. Der Mann vom Sirius nahm die kleinen Milben wieder auf die Hand und sprach ihnen noch mit viel Güte zu, obwohl er im Grunde seines Herzens etwas erbost darüber war, daß die unendlich kleinen Wesen einen fast unendlich großen Dünkel hatten. Er versprach ihnen, ein schönes wissenschaftliches Buch für sie zu schreiben, und zwar ein winzig kleines, das für ihren Gebrauch geeignet sei. Aus diesem Buche sollten sie den Endzweck aller Dinge erfahren. Und vor seiner Abreise überreichte er ihnen tatsächlich dieses Buch, das nach Paris in die Akademie der Wissenschaften gebracht wurde. Als aber der Sekretär es aufschlug, fand er nur leere Blätter. „Ha", rief er, „das hatte ich geahnt!"

VOLTAIRE: *Micromegas*. Sämtliche Romane und Erzählungen in zwei Bänden. Dietrichsche Verlagsbuchhandlung 1949

4.2 Würdige Nachfolger: d'Alembert, Euler und Lagrange

4.2.1 Mögliche Wege für die Weiterentwicklung der Mechanik

Einem Genius — vor allem einem der bedeutendsten — kann man Bewunderung und Respekt nicht versagen, aber es ist bedrückend, sein Zeitgenosse oder unmittelbarer Nachfolger zu sein. NEWTON hat *das* Gesetz erkannt; was bleibt folglich weiter übrig, als es verstehen zu lernen und auf alle Detailprobleme anzuwenden, für deren Bearbeitung IHM keine Zeit mehr geblieben war? Dies ist nun einmal das traurige Schicksal aller Epigonen. Der Leser wird nun vielleicht ebenfalls meinen, daß nach dem spannenden Ringen der Großen des 17. Jahrhunderts um die Formulierung des neuen Weltbildes nun ein langweiliges Kapitel der Physikgeschichte folgen wird, in dem es lediglich um ein Einordnen der unter praktischen oder theoretischen Gesichtspunkten interessanten Arbeiten in eine zeitliche Reihenfolge geht. In bestimmter Hinsicht ist das tatsächlich so, wobei wir aber nicht vergessen dürfen, daß wir auch beim Betrachten einer Kathedrale zunächst nur von ihrer Monumentalität beeindruckt werden, beim näheren Hinschauen aber auch von der Schönheit der Details gefesselt sein können. Betrachten wir dann noch einmal das Bauwerk als Ganzes, dann nehmen wir schließlich die Grundidee als Rahmen für eine Vielzahl bewundernswerter Einzelheiten wahr.

Nur aus einem räumlichen oder zeitlichen Abstand kann ein großes Werk als Herausforderung verstanden werden, etwas Neues zu schaffen, denn nur so lassen sich die „weißen Flecken", d. h. die Lücken, erkennen. NEWTONS Gewicht und Ansehen hat in England tatsächlich über anderthalb Jahrhunderte hinweg nur Raum für unbedeutende Kommentatoren gelassen. Anders war die Situation auf dem europäischen Festland. Die führenden Gelehrten haben hier zwar auch nicht mehr an DESCARTES geglaubt, aber die Waffen, mit denen sie NEWTON angegriffen haben, stammten aus DESCARTES' geistigem Arsenal. Bei dem Problem der Fernwirkung haben sie so zwar den falschen Standpunkt vertreten, aber ein kritikloses Übernehmen der Newtonschen Auffassung in allen ihren Einzelheiten ist ausgeschlossen gewesen.

Für uns ergibt sich schon aus dem zeitlichen Abstand ein klares Bild der Schwächen der Newtonschen Theorie, wobei wir hier nicht an die Lücken in den *Principia* denken, die erst von der Relativitätstheorie geschlossen werden konnten, sondern an Unzulänglichkeiten, die für kritische Beobachter schon zu Beginn des 18. Jahrhunderts offensichtlich gewesen sind oder doch hätten bemerkt werden können. „Die *Principia* sind keine Bibel, man soll sie respektieren, aber nicht auf sie schwören" *(Zitat 4.2 – 1)*.

Schauen wir uns also an, welche Aussagen in den *Principia* nicht enthalten sind, obwohl wir sie heute schon als organische Bestandteile der klassischen Newtonschen Mechanik ansehen.

Das erste Buch der *Principia* ist im wesentlichen der Bewegung einer Punktmasse gewidmet, und wir finden hier keinerlei Hinweis auf allgemeine Gesetzmäßigkeiten für Systeme von Punktmassen. Auch die Bewegung des starren Körpers wird nicht betrachtet, ja nicht einmal das physikalische Pendel wird untersucht, obwohl eine Reihe von Gelehrten vor und nach NEWTON dieses Problem mit Hilfe unterschiedlicher mechanischer Grundprinzipien behandelt hat. Im zweiten Buch setzt sich NEWTON zwar mit der Strömung von Flüssigkeiten auseinander, erzielt aber in den meisten Fällen seine Ergebnisse unter Verwendung von Ad-hoc-Hypothesen, die oft unrichtig sind. NEWTON hat nicht einmal versucht, die Flüssigkeitsströmung auf irgendeine Weise mit seiner grundlegenden Bewegungsgleichung in Zusammenhang zu bringen. So ist es auch nicht verwunderlich, daß die deformierbaren Körper nicht behandelt werden.

Im vorangehenden Kapitel haben wir schon die überraschende Tatsache erwähnt, daß NEWTON die von ihm selbst geschaffenen mathematischen Methoden in den *Principia* nicht eingesetzt hat. Daraus folgt aber, daß zur Ableitung der meisten Resultate besondere Kunstgriffe nötig sind. Aus dieser Tatsache ergibt sich für die Nachfolger die weitere wichtige Aufgabe, die Newtonschen Gleichungen in eine solche Form zu bringen – oder genauer, die Newtonschen Gedanken so als Gleichungen darzustellen –, daß sie mit den leicht erlernbaren Methoden der Analysis von jedermann angewendet werden können.

Untersuchen wir nun, welche Möglichkeiten – zumindest im Prinzip – im 18. Jahrhundert für eine Weiterentwicklung der Mechanik gegeben waren *(Abbildung 4.2 – 1)*.

Der einfachste Weg zur Weiterentwicklung der Mechanik schließt unmittelbar an NEWTONS Ergebnisse an. Wie wir schon erwähnt haben, mußten zunächst die Darlegungen NEWTONS mit den zu dieser Zeit modernsten mathematischen Methoden dargestellt und dann auf Systeme von Punktmassen und Kontinua, wie z. B. starre und elastische Festkörper oder ideale und zähe Flüssigkeiten, angewendet werden. Diese Aufgabe hat sich EULER im Alter von 19 Jahren gestellt und dann auch im Verlaufe seines produktiven Lebens im wesentlichen erfüllt.

Es ist jedoch auch versucht worden, die Newtonschen Axiome zu umgehen und völlig neue mechanische Prinzipien zu formulieren. Eines dieser Prinzipien, das sich für die weitere Entwicklung allerdings als nicht so bedeutsam herausgestellt hat, ist das Prinzip von D'ALEMBERT. Es steht insofern in bewußtem Gegensatz zu den Newtonschen Grundgedanken, als die Kraft hier als primäre Größe aus der Mechanik eliminiert werden soll *(Zitat 4.2 – 2)*.

Weitaus größere Bedeutung kommt einer anderen Entwicklung zu, an deren Beginn das Prinzip von MAUPERTUIS steht. Mit diesem Prinzip werden die Gesetzmäßigkeiten der Mechanik, so auch die Bewegungsabläufe, aus Extremalforderungen hergeleitet, denen zufolge bestimmte Größen für die in der Natur realisierten Bewegungsabläufe minimale oder maximale Werte annehmen. Einem solchen Prinzip sind wir bereits weiter oben begegnet, denn FERMAT hat den Weg eines Lichtstrahls eben aus einer derartigen Extremalforderung bestimmt. Wie wir noch sehen werden, hat MAUPERTUIS bewußt an das Fermatsche Prinzip angeknüpft. Wir weisen hier besonders darauf hin, obwohl es aus der Abbildung 4.2 – 1 auch entnommen werden kann, daß EULER an der Formulierung all dieser Methoden einen entschei-

Abbildung 4.1 – 30
In der satirischen Literatur ist es üblich, die Mißstände der Epoche und der Gesellschaft mit den Augen eines Ausländers (*Montesquieu: Lettres persanes*), oder eines Wilden (*Voltaire: l'Ingénu*) gesehen oder aus der Sicht von Riesen, Zwergen oder Pferden *(Swift)* darzustellen. Voltaire ist in England mit *Swift* zusammengetroffen; ein Nachhall dieser Begegnung ist in *Voltaires* Buch *Micromegas* zu spüren. Ein riesenhafter Siriusbewohner besucht die Erde gemeinsam mit seinem im Vergleich zu ihm sehr kleinen, aber im Verhältnis zu den Erdenbewohnern immer noch riesigen Freund, den er vom Saturn mitgebracht hat. Beide sichten auf dem Mittelmeer ein Schiff und unterhalten sich mit den Reisenden (Illustration von *Monet*).

Voltaire hat *Newton* vergöttert *(Éloge de Newton)*, gegen die Leibnizsche Philosophie aber eine bissige Satire *(Candide)* verfaßt und auch *Maupertuis* aus persönlichen Gründen angegriffen *(Dr. Akakia)*. Nimmt man die Abhandlung *Éléments de Philosophie de Newton* zur Hand, dann wird man von den fachlichen Kenntnissen *Voltaires* überrascht sein; wir finden hier eine ausführliche Darstellung der Keplerschen Gesetze und der Bewegung der Planetenmonde sowie eine vollständige Theorie der Spektren.

Zitat 4.2−1
Die *Principia* ist ein wissenschaftliches Werk und keine Bibel. Man sollte es studieren und abwägen, bewundern – ja! –, aber nicht darauf schwören. Man findet in ihm Neuigkeiten und Wiederholungen, eine elegante Vollendung, aber auch Irrtümer, erleuchtende Kürze und überflüssige Umwege, außerordentliche Ansprüche an Strenge, aber auch Lückenhaftigkeit der Logik, das Aufräumen mit früher aufgestellten Hypothesen und die Einführung unerklärter neuer Annahmen.
TRUESDELL [4.3] p. 88

denden Anteil hat; sehr viele Sätze zu Problemen der Mechanik und zu mathematischen Fragen sind von ihm in die heute übliche Form gebracht worden.

Auf die Entwicklung anderer Zweige der Mechanik, so der Statik, hat NEWTON im wesentlichen keinen Einfluß gehabt. Die Statik hat aus bestimmten Gründen vor NEWTON, aber auch noch zu seinen Lebzeiten, im Mittelpunkt des Interesses gestanden. Wir erwähnen hier die Beiträge von PIERRE VARIGNON (1654−1722) zur Statik und die Methode von JOHANN BERNOULLI, statische Probleme mit Hilfe des Prinzips der virtuellen Arbeit zu lösen. Auch der Begriff der lebendigen Kraft war etwa seit GALILEI Gegenstand heftiger Diskussionen. Es ist das Verdienst von LEIBNIZ, das

Leibniz 1646−1717
$mv^2 + 2gh = \text{const.}$

NEWTON 1642−1727
$(\vec{F}\Delta\tau) = \Delta(m\vec{v})$

D. Bernoulli 1700−1782
$\rho v^2 + 2p + [2\rho gh] = \text{const.}$
$[v\frac{dv}{dx} = \frac{a - v^2}{2c}]$

EULER 1707−1783
$\text{div}(\rho\vec{v}) + \frac{\partial\rho}{\partial t} = 0$
$\rho[\frac{\partial\vec{v}}{\partial t} + (\vec{v}\nabla)\vec{v}] = -\text{grad } p + \rho\vec{f}$

$F_x = m\frac{d^2x}{dt^2}$
$F_y = m\frac{d^2y}{dt^2}$
$F_z = m\frac{d^2z}{dt^2}$

$P = A\frac{dp}{dt} + (C-B)qr$
$Q = B\frac{dq}{dt} + (A-C)rp$
$R = C\frac{dr}{dt} + (B-A)pq$

Varignon 1654−1722
$\vec{F} = \Sigma\vec{F_i} (= 0)$

J. Bernoulli 1667−1748
$\Sigma\vec{F_i}\delta\vec{r_i} = 0$

Maupertuis 1698−1759
$\Sigma l_i v_i = \text{extr.}$

d'Alembert 1717−1783
$\Sigma r_i m_i(\vec{\dot{v}} - \vec{v}) = 0$

$\int_{P_1}^{P_2} mv\, ds = \text{extr.}$

$\Sigma(\vec{F_i} - m_i\frac{d^2\vec{r_i}}{dt^2})\delta\vec{r_i} = 0$

Navier 1785−1836
$\rho[\frac{\partial\vec{v}}{\partial t} + (\vec{v}\nabla)\vec{v}] = -\text{grad } p + \rho\vec{f} + \varepsilon\Delta\vec{v}$

Cauchy 1789−1857
$\rho\frac{d\vec{v}}{dt} = \rho\vec{f} + \text{div}\underline{\underline{T}}$

LAGRANGE 1736−1813
$\frac{d}{dt}\frac{\partial L}{\partial \dot{q}_i} - \frac{\partial L}{\partial q_i} = 0 \; ; \; (L = T - V)$

Hamilton 1805−1865
$\int_{t_1}^{t_2} L\, dt = \text{extr.}$
$\dot{q}_i = \frac{\partial H}{\partial p_i} \; ; \; \dot{p}_i = -\frac{\partial H}{\partial q_i}$

Jacobi 1804−1851
$H(q_i, \frac{\partial S}{\partial q_i}) + \frac{\partial S}{\partial t} = 0$

Poisson 1781−1840
$\begin{vmatrix} \frac{\partial F}{\partial p} & \frac{\partial G}{\partial p} \\ \frac{\partial F}{\partial q} & \frac{\partial G}{\partial q} \end{vmatrix} = (F, G)$
$(P, Q) = 1$
$\dot{q} = (H, q)$
$\dot{p} = (H, p)$
$\dot{F} = (H, F)$

Schrödinger *Heisenberg, Dirac*

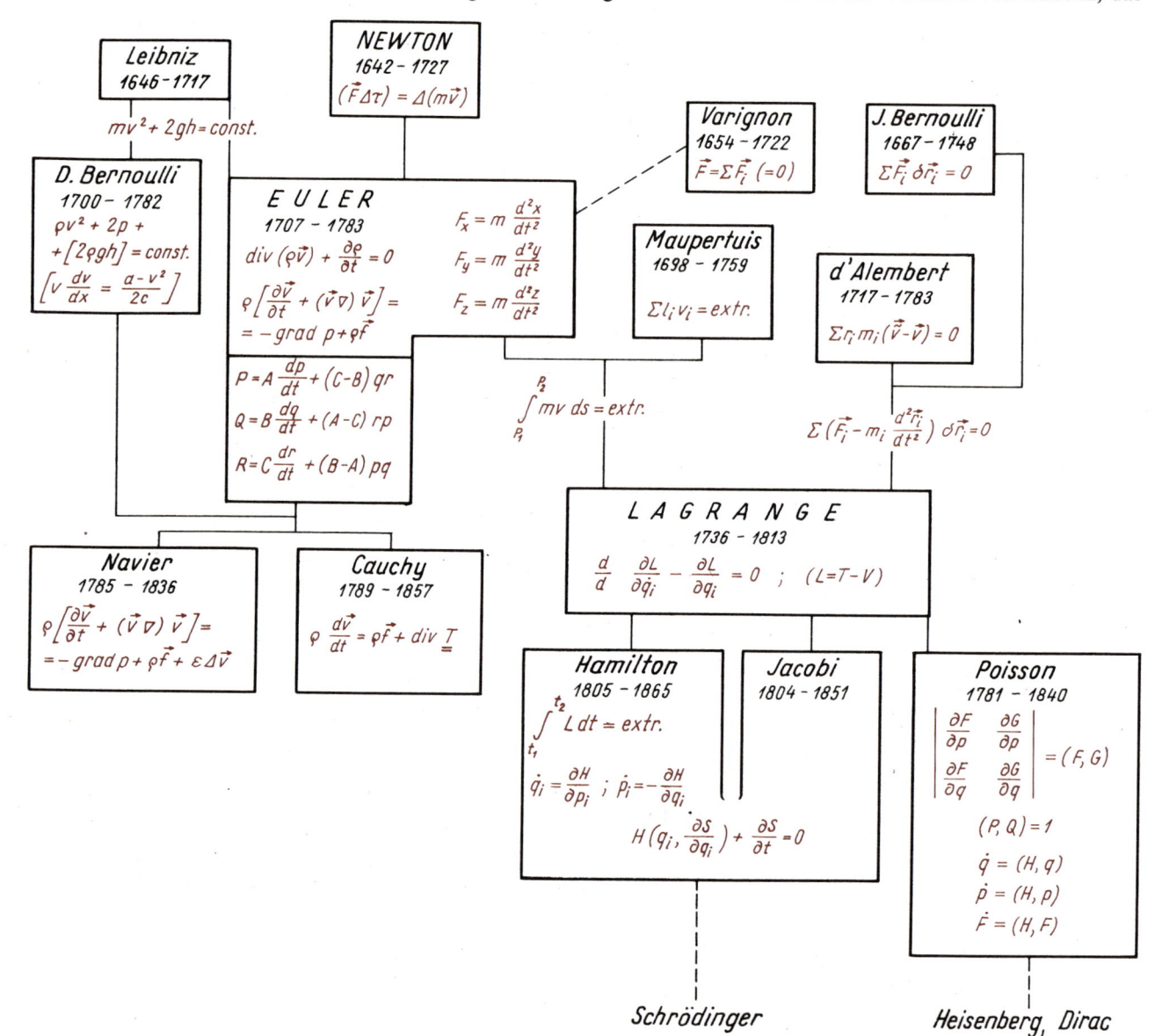

Abbildung 4.2−1
Wege zur weiteren Vervollkommnung der Mechanik nach *Newton*

Zitat 4.2−2
Warum sollten wir uns auch auf das heutzutage von jedermann benutzte Prinzip berufen, nach dem die beschleunigende oder bremsende Kraft proportional zum Element, d. h. Differential der Geschwindigkeit ist? Es ist dies ein Prinzip, das sich nur auf ein einziges, ungewisses und dunkles Axiom stützt, nämlich auf die Proportionalität der Wirkung zur Ursache.
Wir werden überhaupt nicht untersuchen, ob dieses Prinzip notwendigerweise wahr ist, sondern nur feststellen, daß die dafür bisher vorgebrachten

Problem genau formuliert und teilweise auch gelöst zu haben; von ihm stammt im übrigen auch die Bezeichnung.

Natürlich mündeten die über einen langen Zeitraum hinweg parallel laufenden Entwicklungen später dann in das Gesamtgebiet der Mechanik ein; in einigen Fällen, so z. B. bei den Extremalprinzipien, haben bestimmte Methoden sich auch eigengesetzlich weiterentwickelt. Die Integration der oben erwähnten Methoden hat im gegebenen Fall darin bestanden, daß die Beziehungen zwischen der Newtonschen Bewegungsgleichung und den Extremalprinzipien aufgedeckt werden konnten.

Die im Jahre 1788, also etwa 100 Jahre nach dem Erscheinen der *Principia* herausgegebene Arbeit *Mécanique Analitique* von LAGRANGE wird üblicherweise als Krönung der Mechanik des 18. Jahrhunderts angesehen. In ihr sind die Gleichungen der Newtonschen Mechanik in einer solchen

Form dargestellt, wie wir sie auch in den modernen Lehrbüchern der Theoretischen Mechanik finden.

Im 19. Jahrhundert hat sich die klassische Mechanik in zwei Richtungen weiterentwickelt: Für praktische Anwendungen wichtig sind die Gleichungen für reibungsbehaftete *(viskose)* Flüssigkeiten (nach NAVIER und STOKES) sowie die Grundgleichungen für deformierbare Festkörper (nach CAUCHY).

Vom Standpunkt des Ausbaus der Theorie sind die von POISSON sowie HAMILTON und JACOBI angegebenen Formulierungen der Grundgleichungen der Mechanik von besonderer Bedeutung: Mit ihnen ist die klassische Mechanik bereits zu Beginn des 19. Jahrhunderts in eine für die Quantenmechanik des 20. Jahrhunderts akzeptable Form gebracht worden. Sowohl HEISENBERG als auch SCHRÖDINGER haben hier angesetzt, wobei aus der Poissonschen Klammer schließlich die Vertauschungsrelation HEISENBERGS geworden ist und SCHRÖDINGER mit Hilfe der Hamiltonschen Gleichungen die Grundgleichung der Wellenmechanik erhalten hat (Kapitel 5. 3).

> Beweise uns nicht recht überzeugen. Wir wollen es — im Gegensatz zu einigen Geometern — auch nicht bloß wegen seiner empirisch festgestellten Richtigkeit akzeptieren, denn dies würde die Verläßlichkeit der Mechanik untergraben und sie zu einer rein experimentellen Wissenschaft herabwürdigen. Wir wollen uns vielmehr damit begnügen, festzustellen, daß das Prinzip der beschleunigenden Kraft, gleichgültig, ob richtig oder zweifelhaft, ob klar oder dunkel, ohne Nutzen für die Mechanik ist und deshalb aus ihr zu verbannen ist.
>
> D'ALEMBERT: *Traité de dynamique.* [4.3] p. 113

4.2.2 Die Ergebnisse der Statik

Von den Arbeiten, die parallel zu den Untersuchungen NEWTONS ausgeführt worden sind, wollen wir hier die über Statik etwas ausführlicher betrachten. Das Buch *Projet d'une nouvelle mécanique* von VARIGNON, das 1687 fast gleichzeitig mit den *Principia* erschienen ist, hat lange Zeit als Standardwerk für den „Statik" benannten Teil der Mechanik gedient. VARIGNON hat das Problem des Gleichgewichts starrer Körper über eine Zerlegung der Kräfte sowie unter Verwendung der Drehmomentengleichungen gelöst. Auf der *Abbildung 4.2−2* sind Titelblatt und eine Seite aus VARIGNONS Buch zu sehen, und wir erkennen, daß hier für die verschiedensten komplizierten Fälle eine Lösung so angegeben wird, wie es auch heute noch üblich ist und gehandhabt wird. JOHANN (I) BERNOULLI *(Abbildung 4.2−3)* hat 1715 VARIGNON in einem Brief davon zu überzeugen versucht, daß es bedeutend zweckmäßiger wäre, die Statik mit Hilfe des Prinzips der virtuellen Arbeit abzuhandeln. Wie wir wissen, taucht dieses Prinzip bereits bei ARISTOTELES auf, und man hat es auch im Mittelalter zur Lösung von Aufgaben, die auf das Hebelprinzip zurückgeführt werden können, angewendet (vergleiche dazu Kapitel 2.4). BERNOULLI hat natürlich die im Mittelalter verwendete Formulierung für beliebige Kräfte verallgemeinert: Es möge eine beliebige Verschiebung eines starren Körpers oder − allgemeiner − eines Systems aus voneinander nicht unabhängig beweglichen Massen betrachtet werden, die die Zwangsbedingungen erfüllt. Wir folgen nun weiter dem Gedankengang BERNOULLIS und bestimmen die Komponenten der Verschiebungen in Richtung der angreifenden Kräfte, multiplizieren die Kräfte mit diesen Verschiebungskomponenten und versehen jedes der erhaltenen Produkte mit einem Vorzeichen in Abhängigkeit davon, ob die Verschiebungskomponente die Richtung der Kraft hat oder ihr entgegengerichtet ist. Die Summe aller so erhaltenen Produkte muß (im Gleichgewicht) Null sein. In der heute benutzten Formulierung bedeutet das aber

$$\sum \mathbf{F}_i \delta \mathbf{r}_i = 0.$$

Der geschichtlichen Treue zuliebe erwähnen wir noch, daß es BERNOULLI nicht gelungen ist, VARIGNON davon zu überzeugen, seine alte Methode aufzugeben. VARIGNON hat es genügt zu zeigen, daß das Prinzip der virtuellen Arbeit zu genau denselben Ergebnissen führt, die er mit seiner eigenen Methode auch erhalten hatte.

4.2.3 Die Newtonsche Mechanik in der Bearbeitung Eulers

Wir untersuchen nun etwas ausführlicher, wie die Mechanik unmittelbar an NEWTON anschließend vervollkommnet worden ist, wobei wir uns im wesentlichen auf EULER *(Abbildung 4.2−4)* und dessen Programm beschränken können. EULERS erstes Buch ist im Jahre 1736 erschienen, seine Zielstellung wird aus dem Titel *Mechanik oder die analytische Abhandlung der Bewegungslehre (Mechanica sive motus scientia analytice exposita)* ersicht-

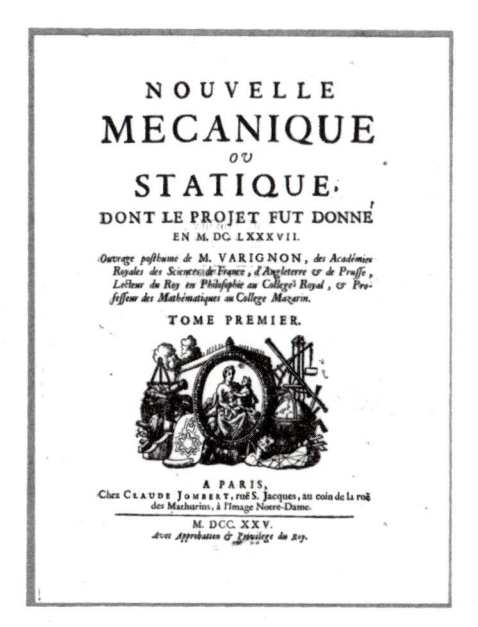

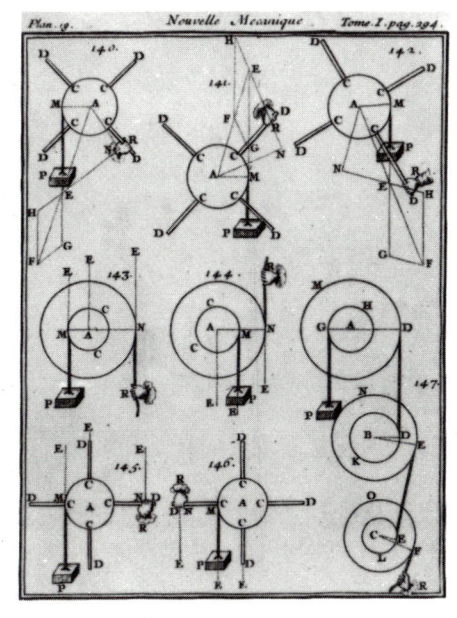

Abbildung 4.2−2
Zwei Seiten aus *Varignons* Buch über die Statik
Bibliothek der Ungarischen Akademie der Wissenschaften

Abbildung 4.2−3
Drei Generationen der Familie BERNOULLI haben acht hervorragende Mathematiker und Physiker hervorgebracht, deren Mehrzahl an der Universität Basel tätig gewesen ist. Für die Physikgeschichte sind die Arbeiten der Brüder *Jakob* (1654−1705) und *Johann* (1667−1748) sowie vor allem dessen Sohnes *Daniel* (1700−1782) von außerordentlicher Bedeutung.

Daniel Bernoulli hat Medizin studiert, sich jedoch mehr zur Mathematik hingezogen gefühlt. 1725 ist er nach Petersburg gezogen, um dort Vorlesungen über Mathematik zu halten. 1733 Rückkehr nach Basel, wo er zunächst zum Professor der Anatomie und Botanik berufen worden ist, dann aber nach dem Tode seines Vaters den Lehrstuhl für Physik übernommen hat. Nach ihm ist die Bernoullische Gleichung benannt, die er 1733 hergeleitet und 1738 in seinem Buch *Hydrodynamica* publiziert hat. Die Abbildung zeigt das Titelblatt und eine charakteristische Seite dieses Buches (Gedenkbibliothek der Universität für Schwerindustrie, Miskolc). Die kinetische Gastheorie der *Bernoullis* ist bereits in einer recht modernen Darstellungsweise geschrieben. Das folgende Zitat belegt ebenfalls, wie weit die Vorstellungen über den Ablauf der elastischen und unelastischen Stöße unseren heutigen entsprechen.

Daraus folgern wir, daß jede *vis viva* eine wohlbestimmte Quantität besitzt und wenn es auch den Anschein hat, daß diese Quantität zum Teil verschwindet, so offenbart sie sich in Wirklichkeit in den Wirkungen, die von ihr ausgehen. Die lebendige Kraft bleibt also immer erhalten in dem Sinne, daß dieselbe lebendige Kraft, welche in einem oder mehreren Körpern anwesend war, bevor sie aufeinander zu wirken begannen, in derselben Quantität in dem einen, oder in dem anderen Körper oder in dem ganzen System nach der Wechselwirkung anwesend ist. Diese Behauptung drückt aus, was ich die Erhaltung der *vis viva* nenne... Wenn die Körper nicht völlig elastisch sind, scheint es, als ob ein Teil der lebendigen Kraft verloren ginge, da der ursprüngliche Zustand nach dem Zusammendrücken nicht völlig wiederhergestellt wird. In solchen Fällen müssen wir dann annehmen, daß der Vorgang dem Zusammendrücken einer elastischen Feder entspricht, deren Zurückschnellen durch einen Riegel verhindert wird; so kann der Körper die lebendige Kraft, die er vom anstoßenden Körper erhält, nicht zurückgeben, sondern er behält sie, so daß kein Verlust an Kraft auftritt.
Johann Bernoulli: Acta Eruditorum. 1735

Zitat 4.2−3a
Es sind zwar die Untersuchungen über Flüssigkeiten, die wir den Herren *Bernoulli, Clairaut* und *d'Alembert* verdanken, äußerst scharfsinnig, doch folgen ihre Ergebnisse auf solch natürliche Weise aus unseren zwei allgemeinen Formeln, daß man nicht umhin kann, die Übereinstimmung zu bewundern, die zwischen ihren tiefgründigen Überlegungen und der Einfachheit meiner Prinzipien besteht, aus denen sich meine zwei Gleichungen ergeben. Und diese Prinzipien erhalte ich durch unmittelbare Anwendung der grundlegenden Axiome der Mechanik.
EULER: *Continuation des recherches sur la théorie du mouvement des fluides.* Mémoires de l'Académie de Berlin, 1755, p. 316 [0.11] p. 292

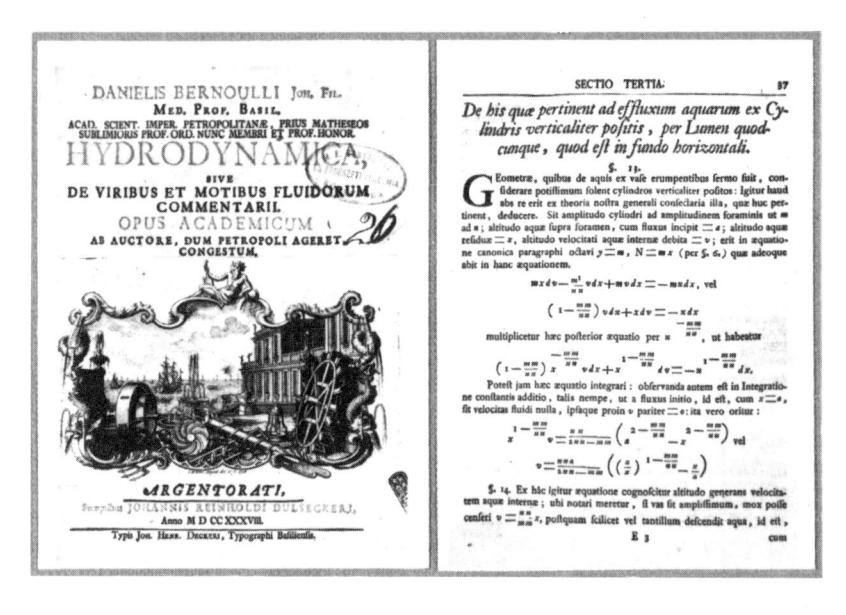

lich. Dieses Buch ist das erste einer Reihe und behandelt einen begrenzten Themenkreis − die Bewegung eines Massenpunktes. Jedes der Eulerschen Bücher ist mit sehr großer Sorgfalt und pädagogischem Geschick geschrieben, so daß wir anhand dieser Bücher auch heute noch die Grundgesetze der Mechanik studieren könnten; die unzähligen der Veranschaulichung dienenden Beispiele finden wir heute noch in den Aufgabensammlungen für die Hochschulausbildung in Mechanik. Im Vergleich zu den *Principia* bedeutet es einen Fortschritt, daß EULER den dort verwendeten Begriff des Körpers, der von NEWTON im übrigen in recht unterschiedlicher Weise gebraucht wird, bewußt durch den Begriff Massenpunkt ersetzt hat. EULER hat den Begriff der Beschleunigung für eine beliebige krummlinige Bewegung klar erfaßt und sie dazu in zwei Komponenten, eine parallel zur Tangenten und eine parallel zur Normalen der Bahnkurve zerlegt. Weiter hat er den Vektorcharakter von Geschwindigkeit und Beschleunigung unabhängig vom Vektorcharakter der Kraft geklärt. Unmittelbar nach dem Erscheinen dieses Buches hat sich EULER mit den erzwungenen Schwingungen auseinandergesetzt und dabei auch als erster die Erscheinung der Resonanz beschrieben.

EULER hat nach und nach seine Untersuchungen auf Systeme von Punktmassen ausgedehnt und in diesem Zusammenhang Systeme aus einer beliebigen Zahl von Punktmassen, die durch Federn aneinander gekoppelt sind, betrachtet; hier hat er die Frequenzen der möglichen Schwingungszustände bestimmt. Im Jahr 1752 ist schließlich seine Abhandlung mit dem für uns überraschenden Titel *Die Entdeckung eines neuen Prinzips der Mechanik* (*Découverte d'un nouveau principe de la mécanique.* Mémoires de l'Académie des Sciences de Berlin, Bd. 6, S. 185ff.; 1750, gedruckt 1752) erschienen. Das neue Prinzip, von dem hier die Rede ist, ist genau das, was wir heute als Newtonsche Bewegungsgleichung bezeichnen, d. h. die analytische Darstellung des Zusammenhanges *Kraft = Masse · Beschleunigung*. In der *Abbildung 4.2−5* ist die Seite aus EULERS Arbeit dargestellt, auf der die Newtonsche Bewegungsgleichung in der heute wohlbekannten Form zu sehen ist. Weshalb konnte EULER eigentlich diese Gleichung als neues Prinzip bezeichnen? Wie wir schon beim Kennenlernen der *Principia* erwähnt haben, wird dort die Newtonsche Bewegungsgleichung nicht in der allgemeinen analytischen Form, sondern lediglich für den Fall eines einzigen Körpers verbal dargestellt. EULER betont, daß man zur Definition der Kraft auf die in der Statik verwendete Begriffsbildung zurückgreifen muß. Außerdem verallgemeinert er den Gültigkeitsbereich der obigen Gleichung für jedes beliebige Massenelement, so daß man mit Hilfe dieses Prinzips sowohl Systeme von Massenpunkten als auch Kontinua behandeln kann. Damit geht er aber weit über NEWTON hinaus, der − wie wir schon erwähnt haben − nicht einmal versucht hat, die Flüssigkeitsströmungen auf die Bewegungsgleichung zurückzuführen. Mit Hilfe des neuen Prinzips ist EULER aber nun in der Lage, die nach ihm benannten Gleichungen für die Flüssigkeitsströmung sowie für die Bewegung starrer Körper herzuleiten, die bis zum heutigen Tage gültig sind und auch in dieser Form gelehrt werden *(Zitat 4.2−3a)*.

Im folgenden beschränken wir uns auf eine sehr kurze Darstellung der Eulerschen Arbeiten zu den Flüssigkeitsströmungen. Den in diesen Arbeiten abgeleiteten Sätzen begegnen wir auch heute noch in den verschiedenen Zweigen der Physik, allerdings oft in einer recht unterschiedlichen Gestalt. EULER hat die idealen Flüssigkeiten untersucht, sich dabei aber nicht auf inkompressible Flüssigkeiten beschränkt. Für inkompressible Flüssigkeiten hat er die Kontinuitätsgleichung formuliert *(Abbildung 4.2−6)*.

Die Kontinuitätsgleichung oder der Erhaltungssatz der Masse (Materiemenge) hat eine große Bedeutung, da man auch in vielen anderen Zweigen der Physik auf ähnliche Gleichungen kommt. So hat z. B. in der Elektrodynamik die Gleichung für die Ladungserhaltung eben die Struktur einer Kontinuitätsgleichung, wobei hier die Massendichte durch die Ladungsdichte zu ersetzen ist. Um eine modernere Anwendung zu erwähnen − auch unter den Grundgleichungen der Theorie der Halbleiter finden wir eine Beziehung dieses Typs.

EULER hat sich auch mit der totalen Änderung der Geschwindigkeit von Massenteilchen in einer Strömung befaßt; ihre erstmalige Darstellung ist ebenfalls in der Abbildung 4.2−6 zu sehen. Auf diesem Wege ist er dann zur Bewegungsgleichung der Flüssigkeiten gekommen.

Mit der allgemeinen Bewegung starrer Körper wollen wir uns ein wenig ausführlicher beschäftigen. Zunächst hat EULER bei der Untersuchung des starren Körpers den Schwerpunkt durch den Massenmittelpunkt ersetzt (*Theoria motus corporum solidorum seu rigidorum,* 1760). Im homogenen Kraftfeld fallen beide Punkte zwar zusammen, aber der Massenmittelpunkt läßt sich von der Gravitationskraftwirkung unabhängig definieren, während der Schwerpunkt als der Angriffspunkt der Gravitationskraft gegeben ist. Eine wichtige neue Größe ist auch das Trägheitsmoment; ihm sind wir bereits bei der Untersuchung des physikalischen Pendels durch HUYGENS begegnet. HUYGENS hat jedoch in seinen Arbeiten noch nicht die zentrale Bedeutung dieser Größe für die Bewegungsvorgänge starrer Körper erkannt und hat es deshalb auch nicht als notwendig angesehen, der in seiner Rechnung auftretenden Größe $\sum_i m_i r_i^2$ einen neuen Namen zu geben. Für eine Reihe homogener Körper hat EULER bereits die uns heute aus den Handbüchern der Technischen Mechanik geläufigen Formeln für Trägheitsmomente bestimmt. Auf ihn geht auch die Zerlegung der allgemeinsten Bewegung des starren Körpers in eine Translationsbewegung des Massenmittelpunktes und eine Drehbewegung um eine durch den Massenmittelpunkt führende Achse zurück. Die Bestimmung der Bahnkurve des Massenmittelpunktes stellt eigentlich kein neues Problem dar, da der Massenmittelpunkt sich unter dem Einfluß der resultierenden äußeren Kraft so bewegt wie eine Punktmasse, in der die Gesamtmasse des Körpers konzentriert ist. Die an unterschiedlichen Punkten des starren Körpers angreifenden Kräfte können für dieses Problem alle in den Massenmittelpunkt verschoben wer-

Abbildung 4.2−4
LEONHARD EULER (1701−1783): ist von seinen Zeitgenossen als *Mathematicus acutissimus* geehrt worden; der Schweizer Gelehrte ist einer der führenden Mathematiker des 18. Jahrhunderts. In der Physik ist er neben d'Alembert einer der Begründer der analytischen Mechanik; nach ihm sind die Eulerschen Gleichungen der Bewegung starrer Körper und die der Hydrodynamik benannt worden. Als Begründer der Variationsrechnung hat er auch mit der Formulierung eines Minimalprinzips zur Entwicklung der Mechanik beigetragen (auch das Maupertuissche Prinzip ist von ihm früher und exakter formuliert worden als von *Maupertuis* selbst). Er hat eingehend die Schwingungen von Saiten und Membranen untersucht und im Gegensatz zu der damals anerkannten Newtonschen Theorie das Licht als Ausbreitung eines Schwingungszustandes − allerdings mit einer longitudinalen Schwingungsrichtung − interpretiert. Die Newtonsche Behauptung, daß es unmöglich sei, achromatische Linsen zu konstruieren, hat er widerlegt. Den größten Teil seines Lebens hat *Euler* als Mitglied der Russischen Akademie der Wissenschaften in Petersburg verbracht; dort ist er auch gestorben.

Seine Meinung über die Leibnizsche Philosophie wird aus dem Zitat 4.2−3b ersichtlich

Abbildung 4.2−5
Wir begegnen hier in einer Arbeit *Eulers* zum ersten Mal dem Newtonschen Grundgesetz in der heute üblichen Form. Bibliothek der Ungarischen Akademie der Wissenschaften

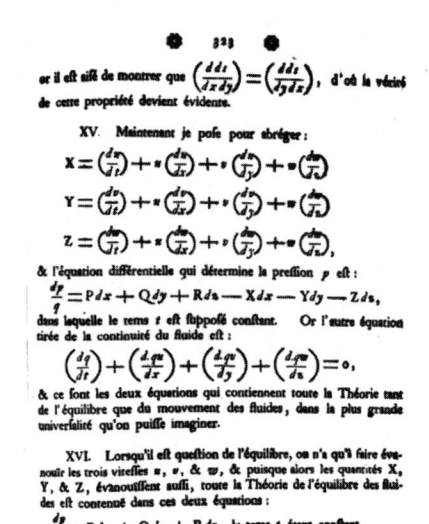

den. Ein schwierigeres Problem, das von EULER zu lösen war, ist die Beschreibung der Bewegung eines starren Körpers, der im Massenmittelpunkt festgehalten wird. EULER hat zunächst festgestellt, daß ein derartiger Körper nicht um jede beliebige Achse frei rotieren kann und daß für Körper beliebiger Form drei durch den Massenmittelpunkt führende Achsen existieren, um die eine freie Drehung möglich ist. Diese Achsen werden als freie Achsen oder Hauptträgheitsachsen bezeichnet. EULER hat sich zunächst mit diesen freien Drehungen beschäftigt und dann die Frage aufgeworfen, welche Bewegung der Körper dann ausführen wird, wenn wir ihn um eine beliebige Achse, die mit der Hauptträgheitsachse einen bestimmten Winkel einschließt, in Drehung versetzen. Auch in diesem Fall läßt sich die Bewegung des starren Körpers als Drehung um eine durch den Massenmittelpunkt führende Achse beschreiben, deren Lage sich jedoch im Zeitablauf ändert. Zur Aufstellung der Grundgleichungen der Rotationsbewegung starrer Körper hat EULER zunächst das Problem vom entgegengesetzten Standpunkt aus betrachtet: Gegeben sei die Winkelgeschwindigkeit der Rotation eines starren Körpers um eine durch den Massenmittelpunkt führende Achse und gesucht sind die auf die Massenelemente des starren Körpers wirkenden Kräfte, die zu einer für die Zeitspanne dt vorgegebenen Änderung der Lage der Drehachse sowie der Winkelgeschwindigkeit führen.

Wie wir sehen, besteht die Umkehrung der Fragestellung darin, nicht den durch eine gegebene Kraft erzeugten Bewegungsablauf zu berechnen, sondern die Kräfte zu bestimmen, die für vorgegebene Änderungen des Bewegungszustandes nötig sind. In der *Abbildung 4.2−7* ist dargestellt, wie die Lage der momentanen Drehachse des starren Körpers in bezug auf die drei Hauptträgheitsachsen IA, IB, IC angegeben werden kann.

Vorgegeben seien also die Größen $d\alpha$, $d\beta$, $d\gamma$, $d\omega$; gesucht sind die Kraftkomponenten X, Y, Z. Nach dem Grundgesetz der Mechanik sind die Änderungen der Geschwindigkeitskomponenten du, dv, dw zu den Größen

$$\frac{Xdt}{dM}, \quad \frac{Ydt}{dM}, \quad \frac{Zdt}{dM}$$

proportional. Wir müssen folglich die Änderungen der Geschwindigkeitskomponenten durch die die momentane Drehachse charakterisierenden Größen, d. h. durch ω, α, β, γ ausdrücken. Aus der Abbildung können die Zusammenhänge

$$\begin{aligned} u &= \omega\,(z\cos\beta - y\cos\gamma), \\ v &= \omega\,(x\cos\gamma - z\cos\alpha), \\ w &= \omega\,(y\cos\alpha - x\cos\beta) \end{aligned} \quad (1)$$

sowie

$$\begin{aligned} dx &= u\,dt = \omega\,dt\,(z\cos\beta - y\cos\gamma), \\ dy &= v\,dt = \omega\,dt\,(x\cos\gamma - z\cos\alpha), \\ dz &= w\,dt = \omega\,dt\,(y\cos\alpha - x\cos\beta) \end{aligned} \quad (2)$$

leicht entnommen werden, und aus ihnen folgt seinerseits der gesuchte Zusammenhang ohne besondere Schwierigkeiten. Um die Geschwindigkeitsänderungen du, dv, dw durch die Größen $d\omega$, $d\alpha$, $d\beta$, $d\gamma$, dt auszudrücken, bilden wir die totalen Differentiale der Gleichungen (1) und setzen für dx, dy, dz die aus dem Gleichungssystem (2) folgenden Werte ein. Wir erhalten dann die Beziehungen

$$\begin{aligned} du = d\omega\,(z\cos\beta - y\cos\gamma) - \omega z\,d\beta\sin\beta + \omega y\,d\gamma\sin\gamma + \\ + \omega^2\,dt\,(y\cos\alpha\cos\beta + z\cos\alpha\cos\gamma - x\sin^2\alpha), \end{aligned}$$

$$\begin{aligned} dv = d\omega\,(x\cos\gamma - z\cos\alpha) - \omega x\,d\gamma\sin\gamma + \omega z\,d\alpha\sin\alpha + \\ + \omega^2\,dt\,(z\cos\beta\cos\gamma + x\cos\beta\cos\alpha - y\sin^2\beta), \end{aligned}$$

$$\begin{aligned} dw = d\omega\,(y\cos\alpha - x\cos\beta) - \omega y\,d\alpha\sin\alpha + \omega x\,d\beta\sin\beta + \\ + \omega^2\,dt\,(x\cos\gamma\cos\alpha + y\cos\gamma\cos\beta - z\sin^2\gamma) \end{aligned}$$

und können nun aus $du = \dfrac{Xdt}{dM}$, $dv = \dfrac{Ydt}{dM}$, $dw = \dfrac{Zdt}{dM}$ die Größen X, Y, Z bestimmen.

Im Anschluß daran hat EULER die Drehmomente P, Q, R berechnet, die von den Kräften in bezug auf die drei Hauptträgheitsachsen erzeugt werden. Nach der Definition des Drehmoments ergeben sich dessen (differentielle) Komponenten aus der auf das Massenelement dM wirkenden (differentiellen) Kraft zu

$$\begin{aligned} dP &= \frac{1}{dt}(y\,dw - z\,dv)\,dM, \\ dQ &= \frac{1}{dt}(z\,du - x\,dw)\,dM, \\ dR &= \frac{1}{dt}(x\,dv - y\,du)\,dM. \end{aligned}$$

Summiert man diese differentiellen Drehmomente für den gesamten Körper auf und berücksichtigt die oben angegebenen differentiellen Geschwindigkeitsänderungen, dann erhält man

$$\begin{aligned} P &= \frac{1}{dt}[A\,d\omega\cos\alpha - \omega A\,d\alpha\sin\alpha + \omega^2\,(C-B)\,dt\cos\beta\cos\gamma], \\ Q &= \frac{1}{dt}[B\,d\omega\cos\beta - \omega B\,d\beta\sin\beta + \omega^2\,(A-C)\,dt\cos\gamma\cos\alpha], \\ R &= \frac{1}{dt}[C\,d\omega\cos\gamma - \omega C\,d\gamma\sin\gamma + \omega^2\,(B-A)\,dt\cos\alpha\cos\beta]. \end{aligned}$$

Abbildung 4.2−6
Auf vielen Gebieten der Physik spielen Kontinuitätsgleichungen eine Rolle; hier wird eine solche Gleichung zum ersten Mal formuliert [4.3]

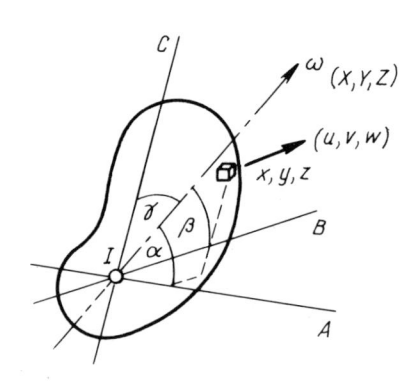

Abbildung 4.2−7
Euler geht bei der Ableitung der Bewegungsgleichungen des starren Körpers vom inversen Problem aus: Gegeben ist der Bewegungsablauf und gesucht sind die Kräfte, die diese Bewegung hervorrufen

Abbildung 4.2−8
Die Eulerschen Gleichungen für die Bewegung starrer Körper, wie sie im Buch *Eulers* zu finden sind. Bibliothek der Ungarischen Akademie der Wissenschaften

Die hier eingeführten Größen *A*, *B*, *C* sind die Hauptträgheitsmomente des starren Körpers.

Nun kann EULER eine Antwort auf die Frage geben, wie sich die Lage der Drehachse und die Winkelgeschwindigkeit zeitlich ändern, wenn die auf den starren Körper wirkenden Kräfte gegeben sind.

EULER bemerkt zunächst, daß sich die obigen Gleichungen vereinfachen lassen, wenn die Komponenten des Winkelgeschwindigkeitsvektors gemäß

$$p = \omega \cos \alpha; \quad q = \omega \cos \beta; \quad r = \omega \cos \gamma$$

eingeführt werden. EULER hat so die Gleichungen für die Rotation des starren Körpers erhalten, die heute seinen Namen tragen:

$$P = A \frac{dp}{dt} + (C-B)qr,$$
$$Q = B \frac{dq}{dt} + (A-C)rp,$$
$$R = C \frac{dr}{dt} + (B-A)pq.$$

Die Bedeutung dieser Gleichungen hatte er selbst bereits erkannt; in dem oben erwähnten Buch stellte er fest, daß die gesamte Theorie der Rotationsbewegungen starrer Körper auf diesen drei sehr einfachen Formeln aufgebaut werden kann *(Abbildung 4.2−8)*.

EULER ist — allerdings erst in seinen letzten Lebensjahren — auch zur Erkenntnis gelangt, daß die Newtonsche Bewegungsgleichung auch nicht in der von ihm (EULER) gegebenen Formulierung (nach der für ein aus dem Kontinuum beliebig herausgeschnittenes Massenelement der Zusammenhang „Kraft ist gleich Masse mal Beschleunigung" gilt) zur vollständigen Beschreibung des Bewegungszustandes der Kontinua ausreicht, denn dazu werden vor allem auch Drehmomentenbeziehungen benötigt. Die Auffassung ist weit verbreitet, daß die Drehmomentengleichung aus der Bewegungsgleichung sowie aus dem dritten Newtonschen Axiom eindeutig folgt, d. h., daß es genügt, in der Drehmomentengleichung die äußeren Kräfte zu berücksichtigen, weil die inneren Kräfte insgesamt keinen Beitrag liefern. Wenn wir aber ein aus dem Kontinuum herausgeschnittenes Volumenelement betrachten und die von der Umgebung ausgeübten, an der Oberfläche des Volumenelements angreifenden Kräfte untersuchen, dann ist es sehr umständlich bzw. unmöglich, die sich daraus ergebende Resultierende auf Kräfte zurückzuführen, die sich paarweise aufheben. Außerdem ist häufig noch als primär vorgegebene Bewegungsursache ein Drehmoment zu berücksichtigen, das sich nicht auf Kräfte zurückführen läßt, ohne das physikalische Bild zu verfälschen. Als Beispiel wollen wir hier nur auf die Bewegung magnetischer Dipole in einem homogenen magnetischen Feld verweisen. Aus dem Gesagten folgt aber, daß die Drehmomente in den Bewegungsgleichungen als selbständige Größen berücksichtigt werden müssen. Noch eine weitere Ergänzung ist unumgänglich: Bei der Untersuchung der Kontinua im Rahmen der Mechanik gehen wir natürlich nicht bis auf die atomare Mikrostruktur zurück, denn dieses Vorgehen wäre sehr kompliziert, wenn nicht gar unmöglich. Zur vollständigen Beschreibung der Bewegungsvor-

Zitat 4.2−3b
Es war eine Zeit, wo das System der vorherbestimmten Harmonie in solchem Ansehen stand, daß alle, die daran nur zweifeln wollten, für Ignoranten oder für sehr eingeschränkte Köpfe gehalten wurden. Die Anhänger desselben wußten sich nicht wenig damit, daß auf diese Art die Allmacht und Allwissenheit des höchsten Wesens in ihr hellstes Licht gesetzt würden, und man durfte, nach ihren Gedanken, von diesen herrlichen Vollkommenheiten Gottes nur überzeugt sein, um keinen Augenblick länger an der Wahrheit dieses erhabenen Lehrgebäudes zu zweifeln.

Wir sehen ja, sagen sie, daß elende Sterbliche so künstliche Maschinen verfertigen können, durch welche sie den großen Haufen zur Bewunderung hinreißen, wie vielmehr sollten wir nicht glauben, daß Gott, der von aller Ewigkeit her jedes Verlangen und jeden Willen meiner Seele auf alle Augenblicke vorhergesehen, daß er eine solche Maschine habe bauen können, deren Bewegungen zu jedem gesetzten Augenblick nach dem Willen meiner Seele erfolgten? Diese Maschine nun ist gerade mein Körper, der bloß durch diese Harmonie mit meiner Seele die meinige ist; denn würde seine Organisation bis auf den Grund verändert, daß sie mit meiner Seele nicht weiter zusammenträfe, so würde sie mir nicht mehr angehören, als mir der Körper eines Rhinozeros mitten in Afrika angehört, und wenn Gott, im Fall einer solchen Zerrüttung meines eigenen Körpers, den Körper eines Rhinozeros so für mich einrichtete, daß er die Pfote in dem Augenblick erhöbe, wenn ich die Hand wollte erhoben wissen und so in allen übrigen Bewegungen den Befehlen meiner Seele gehorchte, so wäre dieses alsdann mein Körper. Ich würde mich plötzlich in der Gestalt eines Rhinozeros in Afrika befinden, aber demunerachtet würde meine Seele ihre nämlichen Wirkungen fortsetzen. Ich würde ebensowohl als jetzt die Ehre haben, Ew. H. zu schreiben; aber wie Sie alsdann meine Briefe aufnehmen würden, das weiß ich nicht.

Es ist der Herr *von Leibniz* selbst, der die Seele und den Körper mit zwei Uhren verglichen hat, die beständig auf einerlei Stunden zeigen. Ein Unwissender, der diese schöne Harmonie zwischen beiden Uhren sähe, würde sich ohne Zweifel einbilden, daß die eine in die andere wirke, aber er würde sich betrügen, weil jede ihre Bewegungen unabhängig von der anderen hervorbringt. Ebenso sind die Seele und der Körper zwei Maschinen, die beide voneinander ganz unabhängig sind, indem die eine geistig, die andere materiell ist; aber ihre Wirkungen stehen durchgängig in einer so vollkommenen Eintracht, daß uns glauben macht, als wenn diese beiden Maschinen zusammengehörten und die eine einen wirklichen Einfluß auf die andere hätte, welches gleichwohl nichts als bloßer Betrug ist.

Um von diesem System zu urteilen, merke ich gleich anfangs an, daß Gott allerdings eine solche Maschine habe erschaffen können, die beständig mit den Wirkungen meiner Seele zusammenstimmte; aber es scheint mir, daß mein Körper mir näher als bloß durch solche Harmonie verwandt sei, so schön ich sie mir auch vorstellen mag, und ich glaube auch, daß Ew. H. nicht leicht ein System zugeben werden, das allein auf den Grundsatz gebaut ist: kein Geist kann auf einen Körper wirken, und umgekehrt: kein Körper kann auf einen Geist wirken und ihm Ideen zuführen. Überdies ist dieser Grundsatz von allem Beweise entblößt; denn die Schimären seiner Anhänger von den einfachen Wesen sind zur Genüge widerlegt worden. Ferner wenn Gott, der ein Geist ist, das Vermögen hat, auf die Körper zu wirken, so ist es nicht schlechterdings unmöglich, daß auch ein solcher Geist wie unsere Seele auf einen Körper wirke. Auch sagen wir nicht, daß unsere Seele auf alle Körper wirke, sondern allein auf ein kleines Stück von Materie, worüber sie ihre Gewalt von Gott selber erhalten hat, ob uns gleich die Art und Weise davon unbegreiflich ist.

Überdies ist das System der vorherbestimmten Harmonie von einer anderen Seite großen Schwierigkeiten unterworfen: es läßt die Seele alle ihre Erkenntnisse aus sich selbst schöpfen, ohne daß der Körper und die Sinne etwas dazu beitragen. So, wenn ich in der Zeitung die Nachricht vom Tode des Papstes lese, hat die Zeitung und das Lesen derselben keinen Teil an meiner Wissenschaft vom Tode des Papstes, denn diese Umstände gehen nur meinen Körper und meine Sinne an, die in keiner Verbindung mit meiner Seele stehen. Sondern nach diesem System entwickelt meine Seele zu derselbigen Zeit aus sich selbst die Ideen, die sie von diesem Papste hat. ... Ebenso, wenn Ew. H. mir die Gnade erzeigen, diese Briefe zu lesen, und Sie daraus diese oder jene Wahrheit lernen, soll ich durch meine Briefe nicht das geringste dazu beitragen, sondern Ew. H. eigene Seele soll aus sich selbst die nämliche Wahrheit entwickeln. Das Lesen dieser Briefe soll nur dienen, die Harmonie zu erfüllen, welche der Schöpfer zwischen Seele und Körper hat stiften wollen. Es soll nur eine bloße Formalität sein, die in Absicht des Erkennens gänzlich überflüssig wäre. Demunerachtet werde ich meine Unterweisungen fortsetzen.

L. EULER: *Briefe an eine deutsche Prinzessin über verschiedene Gegenstände aus der Physik und Philosophie* (Philosophische Auswahl). Herausgegeben von *Günter Kröber*. Leipzig 1965, Dreiundachzigster Brief, S. 94—97

Zitat 4.2—4
Nach vielem Grübeln über diese Frage bin ich zu folgender Ansicht gelangt: Wenn das Licht aus einem Mittel in das andere übertritt, wählt es zu seiner Fortpflanzung nicht den kürzesten Weg (den geradlinigen), sondern weicht davon ab. Seine Fortpflanzung erfolgt aber offensichtlich auch nicht längs des Pfades, der der kürzesten Zeit entspricht — warum sollte es denn auch der Zeit gegenüber dem Raum den Vorzug geben? Wenn das Licht nun nicht zugleich den kürzesten und den schnellsten Weg (den der raschesten Fortpflanzung) wählen kann, warum sollte es sich eher entlang des einen Pfads, als entlang des anderen fortpflanzen? Nun, es wählt keinen von beiden, sondern denjenigen, der einen einleuchtenderen Vorteil für sich hat: der Pfad der tatsächlichen Fortpflanzung ist jener, zu dem die kleinste Wirkungsmenge gehört: Ich habe nun zu erklären, was ich unter Wirkung verstehe...

Und diese, eben diese Wirkungsmenge stellt den eigentlichen Aufwand der Natur dar, mit dem sie bei der Bewegung des Lichts, soweit möglich, mit äußerster Sparsamkeit vorgeht.

Ich kenne die Abneigung gewisser Mathematiker gegenüber dem Anführen von Finalgründen bei Problemstellungen der Physik. Ich kann ihnen bis zu einem gewissen Grade beistimmen; ich gebe zu, daß es nicht ungefährlich ist, derartige Erklärungen einzuführen. Fehler, begangen von Leuten wie *Fermat* bei der Angabe von Finalgründen, zeigen recht klar auf, wie gewagt so etwas ist. Es kann allerdings gesagt werden, daß *Fermat* nicht vom Prinzip selber verwirrt wurde, sondern von der Leichtfertigkeit, mit der er es als Prinzip betrachtete, was eigentlich eine Konsequenz darstellte.

Es ist nicht zu bezweifeln, daß alle Dinge von einem Höchsten Wesen geordnet werden, welches erst Kraft auf die Materie überträgt und damit seine

gänge in einem Kontinuum wird dann aber neben der Bewegungsgleichung und der Drehmomentengleichung eine weitere Beziehung benötigt, die das gegebene Kontinuum charakterisiert und angibt, wie es auf äußere Einwirkungen reagiert. Aus dieser Beziehung muß mit anderen Worten ersichtlich werden, ob es sich bei dem untersuchten Kontinuum z. B. um einen starren oder elastischen Körper, eine ideale Flüssigkeit oder ein Gas handelt. Die die untersuchte Substanz charakterisierende Beziehung wird meist als Materialgleichung (konstitutive Beziehung) bezeichnet.

4.2.4 Das erste Variationsprinzip in der Mechanik: Maupertuis

Die Darstellung des Grundgesetzes der Mechanik als Extremalprinzip unterscheidet sich wesentlich von der Newtonschen. Die Newtonsche Bewegungsgleichung — sowohl in ihrer ursprünglichen als auch in der von EULER angegebenen modernen Form — bringt für einen vorgegebenen Ort, an dem sich der Körper zu einer vorgegebenen Zeit befindet, seine Beschleunigung als kinematische Kenngröße der Bewegung in einen Zusammenhang mit der Kraft, die von der Umgebung auf ihn ausgeübt wird. Das Extremalprinzip hingegen berücksichtigt die gesamte Zeit, in der die Bewegung abläuft, d. h., an die gesamte Bahnkurve zwischen einem zu einer beliebigen Anfangszeit beliebig vorgegebenen Anfangsort und dem Ort zu einer beliebigen späteren Zeit werden bestimmte Forderungen gestellt. Hinter Prinzipien dieser Art verbirgt sich somit die Annahme oder besser die Vorstellung, daß der Körper auf dem Anfangsabschnitt der Bahn sozusagen weiß, daß er auf seiner im weiteren zu durchlaufenden Bahn bestimmte Extremalforderungen zu erfüllen hat. Das heißt aber, daß sich in diese Prinzipien die bereits überholten Vorstellungen von Finalgründen *(causa finalis)* und auch eine Einflußnahme eines höheren Wesens, das die Zweckbestimmung vernünftig vorgegeben hat, hineindeuten lassen. Das Maupertuissche Prinzip ist schon deshalb von Interesse, weil MAUPERTUIS tatsächlich von metaphysischen Betrachtungen dieser Art *(Zitat 4.2—4)* ausgegangen ist, um sein Prinzip zu begründen. Die Geschichte des Prinzips kann als beredtes Beispiel für die Umwege dienen, auf denen die menschliche Vernunft zuweilen zur Erkenntnis der Wahrheit gelangt, denn nicht nur die metaphysische Deutung von MAUPERTUIS, die bereits zu seinen Lebzeiten als überholt angesehen wurde und die ihrem Urheber scharfe Angriffe *(Zitat 4.2—5)* eingetragen hat, entbehrt jeder Grundlage, sondern auch die physikalische Ausgangsannahme ist falsch. MAUPERTUIS wollte nämlich das Minimalprinzip von FERMAT mit der zu dieser Zeit allgemein verbreiteten, auf DESCARTES zurückgehenden und auch durch NEWTON sanktionierten Auffassung in Einklang bringen, daß die Lichtgeschwindigkeit im dichteren Medium größer sei als im dünneren. Auf diese Absicht weist bereits der Titel seiner Abhandlung *Accord de différentes lois de la Nature qui avaient jusqu'ici paru incompatibles* (Der Einklang verschiedener Naturgesetze, die bislang als unvereinbar angesehen wurden) hin. Wir haben im Kapitel 3.5 gesehen, daß FERMAT das Brechungsgesetz aus der Überlegung heraus abgeleitet hat, daß das Licht bestrebt ist, in einer minimalen Zeit von einem Punkt zu einem anderen zu gelangen. Um zum richtigen Brechungsgesetz zu kommen, mußte er annehmen, daß die Lichtgeschwindigkeit im optisch dichteren Medium kleiner ist als im dünneren; diese Annahme hat sich später als die richtige herausgestellt. MAUPERTUIS wollte jedoch die entgegengesetzte Annahme über das Verhältnis der Lichtgeschwindigkeiten mit dem Fermatschen Prinzip in Einklang bringen; er argumentiert dazu wie folgt: Wenn wir untersuchen, welche Zielstellung die Natur bei einem Bewegungsablauf verfolgt (oder — mit den Begriffen des täglichen Lebens ausgedrückt — woran die Natur sparen will), dann liegt die Annahme am nächsten, daß der kürzeste Weg von ihr ausgezeichnet wird. Diese Annahme ist tatsächlich erfüllt, wenn wir die Lichtausbreitung in einem homogenen Medium und auch den Lichtweg bei einer Reflexion an einem Spiegel betrachten. FERMAT hingegen behauptet — argumentiert MAUPERTUIS weiter —, daß die Natur bei der Lichtbrechung die Bahn realisiert, bei der die zum Durchlaufen benötigte Zeit minimal wird; für diese Bahn gilt das Brechungsgesetz. Offenbar weicht die Natur hier also vom Prinzip des kürzesten Weges ab. Welches Motiv hätte die Natur aber — fragt MAUPERTUIS dann — für eine derartige Asymmetrie und eine Bevorzugung der kürzesten Zeit gegenüber dem kürzesten Weg?

Wahrscheinlicher ist es doch wohl, daß keine der beiden Annahmen richtig ist. Nach MAUPERTUIS ist die *Wirkung* jene Größe, die bei den in der Natur realisierten Bewegungen minimal ist, wobei die Wirkung von ihm gleich dem Produkt von Weg und Geschwindigkeit gesetzt wird. Untersuchen wir anhand *Abbildung 4.2–9* das Brechungsgesetz, dann ist die Gesamtwirkung vom Anfangs- bis zum Endpunkt hier durch

$$mAR + nRB$$

gegeben (*m* und *n* sind zu den beiden Geschwindigkeiten proportionale Größen). Dieser Ausdruck soll auf dem tatsächlich realisierten Weg zu einem Minimum werden. MAUPERTUIS hat das Prinzip dann verallgemeinert und zur Lösung verschiedener Probleme verwendet; so hat er z. B. die Stoßvorgänge mit seiner Hilfe behandelt, wobei er allerdings nur über verschiedene — ansonsten richtige — Zusatzannahmen zum Ziele gekommen ist.

EULER verfügte zu jener Zeit bereits über eine große Erfahrung bei der Lösung von Problemen der Variationsrechnung, deren Gegenstand gerade Kurven mit verschiedenen Extremaleigenschaften sind, und hatte auch bemerkt, daß die Bahnen, die man bei einer Integration der Newtonschen Bewegungsgleichung erhält, bestimmte Minimaleigenschaften haben. Er ist so zu einer genauen Formulierung des Maupertuisschen Prinzips gekommen. Seiner Ableitung liegen somit nicht metaphysische Erwägungen, sondern die mathematischen Eigenschaften der Bahnen zugrunde. EULER hat das Maupertuissche Prinzip in die Form

$$\int_{P_1}^{P_2} mv\, ds = \text{Extremum}$$

gebracht, in der wir es auch heute noch schreiben. Wir möchten hier noch einmal darauf hinweisen, daß die Ausgangsbeziehung von MAUPERTUIS für das Licht nicht zutreffend ist. Wie LEIBNIZ bereits ein halbes Jahrhundert zuvor vermutet hat, ist für das Licht der richtige Zusammenhang durch

$$l_1 n_1 + l_2 n_2 = \text{Extremum}$$

gegeben. Berücksichtigen wir weiter die richtige Proportionalität $n \sim 1/v$, dann ergibt sich aus dieser Extremalforderung das Fermatsche Prinzip, wird jedoch die falsche Beziehung $n \sim v$ eingesetzt, dann ergibt sich die von MAUPERTUIS verwendete Ausgangsgleichung. Die von EULER gegebene Formulierung des Maupertuisschen Prinzips ist — mit Einschränkungen, die wir bei der Besprechung des Hamiltonschen Prinzips noch angeben werden — im Rahmen der gesamten Mechanik gültig, und mit Hilfe dieses Prinzips läßt sich eine Vielzahl unterschiedlichster Aufgaben lösen.

Es ist lohnend, an dieser Stelle noch einmal den geistvollen, aber recht langwierigen Gedankengang (Kapitel 3. 5) nachzuvollziehen, der der Bestimmung des Minimums und somit der Ableitung des Brechungsgesetzes durch FERMAT zugrundeliegt. Wir stellen hier nun die Ableitung von MAUPERTUIS vor, um zu zeigen, wie einfach und unmittelbar sich die Aufgabe der Extremalwertbestimmung zwei Generationen später unter Verwendung der Differentialrechnung lösen läßt. Wir suchen das Minimum des Ausdruckes (Abbildung 4.2–9)

$$mAR + nRB$$

und benutzen dazu die Bedingung

$$d\left[m\sqrt{AC^2 + CR^2} + n\sqrt{BD^2 + DR^2} \right] = 0.$$

Da *AC* und *BD* konstante Größen sind, folgt

$$m\frac{CR\, d(CR)}{\sqrt{AC^2 + CR^2}} + n\frac{DR\, d(DR)}{\sqrt{BD^2 + DR^2}} = 0.$$

Da *CD* ebenfalls eine gegebene konstante Größe ist, ergibt sich

$$d(CR) = -d(DR)$$

und schließlich

$$m\frac{CR}{AR} = n\frac{DR}{BR} \rightarrow \frac{CR}{AR}\bigg/\frac{DR}{BR} = \frac{n}{m}.$$

Wir sehen somit, daß der Quotient aus dem Sinus des Einfallswinkels zum Sinus des Brechungswinkels indirekt proportional zum Quotienten aus den Lichtgeschwindigkeiten in den entsprechenden Medien ist.

Auf den schon in der Einleitung zu diesem Kapitel angedeuteten engen Zusammenhang zwischen der Newtonschen Bewegungsgleichung und dem Prinzip der kleinsten Wirkung werden wir bei der Besprechung der Mechanik von LAGRANGE und HAMILTON noch zu sprechen kommen.

Macht offenbart, und danach Wirkungen anordnet, die von seiner Weisheit zeugen...
Nach so vielen großen Geistern, die an diesem Problem arbeiteten, wage ich es kaum kund zu tun, daß ich ein Prinzip entdeckt habe, das als Grundlage aller Bewegungsgesetze dienen kann...
Welch eine Genugtuung für den menschlichen Geist, diese Gesetze zu betrachten, die so schön und einfach sind; es sind vielleicht die einzigen vom Schöpfer und Organisator aller Dinge der Materie auferlegten Gesetze, nach denen alle Erscheinungen der sichtbaren Welt ablaufen.
MAUPERTUIS: *Der Einklang verschiedener Naturgesetze, die bislang als unvereinbar angesehen wurden.* Lu à l'Académie des Sciences le 15 avril 1744. [0.11] p. 250

Zitat 4.2–5
Die Gesetze des Gleichgewichts und der Bewegung sind zwingende Wahrheiten. Ein Metaphysiker könnte sich vielleicht damit begnügen, zu ihrem Beweis davon auszugehen, daß der Schöpfer in seiner Weisheit und in der Einfachheit seiner Betrachtungsweise kein anderes Gesetz festlegen wollte, als welches aus der bloßen Existenz der Körper und ihrer gegenseitigen Undurchdringlichkeit folgt. Wir glauben jedoch, daß wir uns vor solchen Überlegungen zu hüten haben, denn sie scheinen auf einem sehr ungewissen Prinzip zu beruhen; die Natur des Höchsten Wesens ist uns allzu sehr verborgen, als daß wir unmittelbar erkennen könnten, was seiner Weisheit entspricht und was nicht.
Unsere Überlegungen sind — so erscheint es mir — dazu geeignet, die Beweise zu beurteilen, die von verschiedenen Philosophen für die Gesetze der Bewegungen gegeben wurden, indem sie sich auf Finalgründe beriefen, m. a. W. unter Berufung auf die Absichten des Schöpfers der Natur bei der Festlegung dieser Gesetze. Beweise solcher Art sind nur insofern überzeugend, als ihnen andere Beweise vorangeschickt werden (und sie bekräftigen), die aus Prinzipien folgen, die wir unserer Denkart entsprechen; andernfalls kann es wiederholt dazu kommen, daß sie uns irreführen...
Und gerade deswegen, weil er diesen Weg einschlug und weil er glaubte, die Weisheit des Schöpfers halte die gesamte Bewegungsmenge im Weltall konstant, irrte *Descartes* beim Aufstellen der Gesetze der Stoßprozesse. Und alle, die ihm nacheifern, laufen Gefahr, sich genau so zu irren wie er.
D'ALEMBERT: *Discours préliminaire au Traité de Dynamique.* 1758, p. 79. [0.11] p. 258

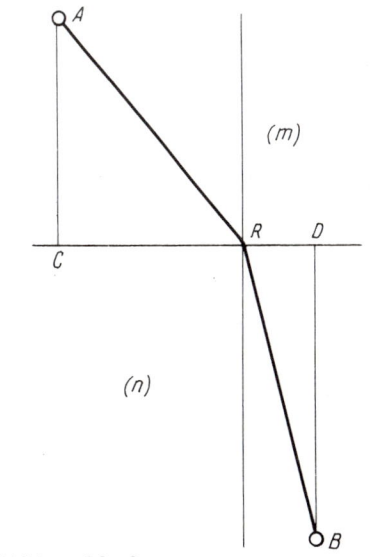

Abbildung 4.2–9
Zur Ableitung des Brechungsgesetzes nach *Maupertuis*. *m* und *n* seien zu den Geschwindigkeiten proportionale Größen

4.2.5 Der erste „Positivist": d'Alembert

Das d'Alembertsche Prinzip wird – besonders in der Form, in der es von D'ALEMBERT (*Abbildung 4.2–10*) selbst angegeben worden ist (*Traité de Dynamique*, 1743) – heute kaum noch verwendet. In dieser ursprünglichen Formulierung stimmt es auch nicht mit dem Prinzip überein, für das heute die Bezeichnung d'Alembertsches Prinzip gebräuchlich ist. Die philosophische Grundhaltung D'ALEMBERTS zum untersuchten Problem ist interessant und charakteristisch, und es ist weder ein Zufall, daß diese Auffassung im Jahrhundert der Aufklärung geäußert worden ist, noch ist es ein Zufall, daß D'ALEMBERT als herausragender und ungemein typischer Vertreter dieses Jahrhunderts zu den Herausgebern der *Enzyklopädie* gehört hat. Das gesamte 18. Jahrhundert hindurch nämlich ist die Frage diskutiert worden, ob die Grundgesetze der Mechanik in ihrer gegebenen Form notwendig und somit aus leicht einsehbaren logischen Prinzipien ableitbar oder aber zufällig (d. h. kontigente Aussagen) sind. Es wurde mit anderen Worten danach gefragt, ob die in der Natur in einer bestimmten Form realisierten Grundgesetze vom Standpunkt der Logik nicht auch völlig anders hätten sein können. Im 18. Jahrhundert war man geneigt, in dem auf HUYGENS zurückgehenden Wahlspruch der Wahrheitsfindung des 17. Jahrhunderts *ratio et experientia* das Gewicht auf die *ratio* zu verlagern. Es ist wiederum nicht zufällig, daß die Preußische Akademie der Wissenschaften zur Mitte des Jahrhunderts einen Preis für die beste Untersuchung und – wenn möglich – Lösung der Frage ausgeschrieben hat, ob die Grundprinzipien der Mechanik notwendig oder zufällig sind. Das bedeutet aber, daß der Huygenssche Wahlspruch als Frage: *ratio vel experientia?* formuliert wird. D'ALEMBERT ist der festen Überzeugung gewesen, daß man die Grundprinzipien mit logischer Notwendigkeit herleiten kann, und hat deshalb auch versucht, die Kraft aus der Mechanik zu eliminieren (Zitat 4.2–2), da die Kraft die Bestimmtheit der Mechanik zerstört und sie zu einer Erfahrungswissenschaft machen würde. Wir merken hier an, daß JAKOB (I) BERNOULLI bereits 1703 ein ähnliches Prinzip formuliert hat, das jedoch nur auf einen weit kleineren Kreis von Erscheinungen angewendet werden konnte; tatsächlich ließ sich das Bernoullische Prinzip nur auf die Bewegung des physikalischen Pendels anwenden. Es ist bemerkenswert, daß auch D'ALEMBERT zum Nachweis der Verwendbarkeit seines Prinzips auf das physikalische Pendel zurückgegriffen hat. In der Wissenschaftsgeschichte ist dies nicht der einzige Fall, daß man zum Nachweis der Leistungsfähigkeit einer neuen Theorie versucht, mit ihren Mitteln ein zum gegebenen Zeitpunkt gerade aktuelles, von vielen bereits exakt gelöstes, aber möglichst nicht triviales Problem zu behandeln. So werden wir bei der Besprechung der Physik des 20. Jahrhunderts noch sehen, daß auf allen Entwicklungsstufen der Quantentheorie – in der Bohrschen Theorie, der Heisenbergschen Matrizenmechanik und der Schrödingerschen Wellenmechanik – als „Gesellenstück" das Wasserstoffatom behandelt worden ist. In der ersten Hälfte des 18. Jahrhunderts ist – bis zu dem Zeitpunkt, zu dem EULER eine abschließende allgemeine Theorie der Bewegungsvorgänge starrer Körper vorlegte – am physikalischen Pendel getestet worden, ob ein neues physikalisches Prinzip unter die anerkannten oder zumindest unter die umstrittenen, aber Aufmerksamkeit verdienenden Theorien eingereiht werden kann.

Im folgenden betrachten wir, wie D'ALEMBERT sein Prinzip allgemein formuliert und auf das physikalische Pendel angewendet hat. Wir beginnen mit der Definition:

Unter „Bewegung" eines Körpers verstehe ich die Geschwindigkeit des Körpers; dabei wird auch die Richtung mitberücksichtigt. Unter „Bewegungsgröße" will ich – wie üblich – das Produkt aus Masse und Geschwindigkeit verstehen.

Das allgemeine Problem der Mechanik wird von D'ALEMBERT folgendermaßen formuliert:

Es sei ein System von Körpern gegeben, die miteinander irgendwie verbunden sind; wir nehmen an, daß jedem der Körper eine bestimmte Bewegung eingeprägt wird, der er infolge der Bindungen mit den anderen Körpern nicht folgen kann: Man sucht die Bewegung, die jeder Körper annehmen muß.

*

Abbildung 4.2–10
JEAN LE ROND D'ALEMBERT (1717–1783): unehelich geboren, wurde er von seiner Mutter, die eine bekannte Salondame war, auf die Stufen der Kirche Jean Le Rond gelegt. Seine Pflegemutter ist vom Vater finanziell so großzügig unterstützt worden, daß sie dem jungen *Jean Le Rond* eine gute Ausbildung ermöglichen konnte. 1743 ist sein für die Physik wichtigstes Werk *Traité de Dynamique* erschienen. D'Alembert hat sich auch mit Problemen der Optik auseinandergesetzt und sogar 1746 mit einer Abhandlung über den Ursprung des Windes einen Preis gewonnen. 1754 wurde er Mitglied der Académie Française und ab 1772 deren ständiger Sekretär. Von noch größerer Bedeutung ist vielleicht seine Tätigkeit als Mitherausgeber der Großen Französischen Enzyklopädie; seine *Einleitung zur Enzyklopädie* (*Discours préliminaire,* 1750) ist ein Bekenntnis zur französischen Aufklärung. Als Philosoph hat er sich an *Bacon, Locke* und die englische empirische Schule angelehnt. Er wird oft als erster Vertreter des Positivismus angesehen; tatsächlich hat er die Minimalprinzipien und sogar die Energieerhaltung als metaphysische Aussagen entschieden abgelehnt. Der Auseinandersetzungen müde, ist er 1757 von der Redaktion der Enzyklopädie zurückgetreten

Seien A, B, C etc. die das System zusammensetzenden Körper, und nehmen wir an, daß man denselben die Bewegungen a, b, c etc. eingeprägt habe, die sie infolge ihrer Wechselwirkung in die Bewegungen a, b, c etc. zu verändern gezwungen sind. Es ist klar, daß man die dem Körper A eingeprägte Bewegung a zusammengesetzt denken kann aus der Bewegung a, welche er angenommen hat, und einer anderen Bewegung α; daß man in gleicher Weise die Bewegung b, c etc., zusammengesetzt denken kann aus Bewegungen b, β; c, γ etc., woraus folgt, daß die Bewegung der Körper A, B, C etc. dieselbe gewesen wäre, wenn man ihnen anstelle der Antriebe a, b, c etc. die doppelten Antriebe a, α; b, β; c, γ etc. gleichzeitig erteilt hätte. Nun haben nach Voraussetzung die Körper A, B, C etc. von selbst die Bewegungen a, b, c etc. angenommen. Die Bewegungen α, β, γ etc. müssen daher derart sein, daß sie nichts in den Bewegungen a, b, c etc. verändern, das heißt falls die Körper nur die Bewegungen α, β, γ etc. erhalten hätten, so müßten sich diese Bewegungen gegenseitig aufheben und das System in Ruhe bleiben.

Daraus ergibt sich das folgende Prinzip zur Auffindung der Bewegung mehrerer Körper mit gegenseitiger Wechselwirkung: Man zerlege die jedem Körper eingeprägten Bewegungen a, b, c etc. in je zwei andere a, α; b, β; c, γ etc. derart, daß die Körper, wenn man denselben nur die Bewegungen a, b, c etc. eingeprägt hätte, diese Bewegungen, ohne sich gegenseitig zu hindern, hätten bewahren können; und daß, wenn man denselben nur die Bewegungen α, β, γ etc. eingeprägt hätte, das System in Ruhe geblieben wäre; dann ist klar, daß a, b, c etc. die Bewegungen sein werden, welche diese Körper infolge ihrer Wechselwirkung annehmen werden. Das ist die Lösung der Aufgabe.

D'ALEMBERT: *Traité de Dynamique*. Deutsch von *Arthur Korn*

Das d'Alembertsche Prinzip soll nun auf ein physikalisches Pendel *(Abbildung 4.2−11)* angewendet werden, das aus den drei Körpern A, B und R besteht, die untereinander durch einen geraden, starren Stab verbunden sind. Wir nehmen nun an, daß diese drei Körper, wenn sie der Stab nicht daran hinderte, in der gleichen Zeit die als infinitesimal klein vorausgesetzten Strecken AO, BQ und RT zurückgelegt hätten. Statt RT wird aber tatsächlich der Weg RS zurückgelegt, und aus der Größe von RS können wir dann auf die Werte von AM und BG schließen.

Die Bewegung (Geschwindigkeit) besteht somit aus den folgenden Anteilen

$$RT = RS + ST; \quad BQ = BG - GQ; \quad AO = AM - MO,$$

und das Prinzip sagt aus, daß das Pendel in Ruhe bleibt, wenn auf die Körper A, B, R lediglich die Bewegungen ST, $-GQ$, $-MO$ übertragen werden. Als Gleichgewichtsbedingung erhalten wir folglich

$$A \cdot MO \cdot AC + B \cdot QG \cdot BC = R \cdot ST \cdot CR.$$

Folgen wir nun weiter D'ALEMBERT und führen die Bezeichnungen

$$AO = a, \quad BQ = b, \quad RT = c, \quad RS = z, \quad CA = r, \quad CB = r', \quad CR = \varrho$$

ein, dann erhält die Gleichgewichtsbedingung die Form

$$R(c-z)\varrho = Ar\left(\frac{zr}{\varrho} - a\right) + Br'\left(\frac{zr'}{\varrho} - b\right),$$

woraus sich schließlich

$$z = \frac{Aar\varrho + Bbr'\varrho + Rc\varrho^2}{Ar^2 + Br'^2 + R\varrho^2}$$

ergibt. Auf die Körper A, B und R sollen nun die Kräfte F, f und φ wirken, dann erhalten wir die Beschleunigungskraft (Beschleunigung) des Körpers R, wenn wir an die Stelle der Größen a, b, c der Reihe nach die Größen F/A, f/B und φ/C setzen. Wir bekommen dann den Ausdruck

$$\frac{Fr + fr' + \varphi\varrho}{Ar^2 + Br'^2 + R\varrho^2}\varrho,$$

und der Geschwindigkeitszuwachs beim Durchlaufen eines Bogenelementes ds kann dann aus

$$\frac{Fr + fr' + \varphi\varrho}{Ar^2 + Br'^2 + R\varrho^2}\varrho \, \mathrm{d}s = u \, \mathrm{d}u$$

berechnet werden.

Heute wird als Ausgangspunkt für derartige Untersuchungen die Beziehung „Drehmoment = Trägheitsmoment × Winkelbeschleunigung" *(Abbildung 4.2−12)*, d. h.

$$F_1 r_1 + F_2 r_2 + F_3 r_3 = (m_1 r_1^2 + m_2 r_2^2 + m_3 r_3^2)\frac{\mathrm{d}\omega}{\mathrm{d}t}$$

benutzt. Diese Gleichung kann in die Form

$$\frac{\sum F_i r_i}{\sum m_i r_i^2} = \frac{\mathrm{d}\omega}{\mathrm{d}t}$$

gebracht werden. Wird sie nun mit $r_3 \, \mathrm{d}s$ multipliziert und die rechte Seite gemäß

$$\frac{\mathrm{d}\omega}{\mathrm{d}t} r_3 \, \mathrm{d}s = \frac{\mathrm{d}s}{\mathrm{d}t} \mathrm{d}(r_3 \omega) = u_3 \, \mathrm{d}u_3$$

umgeformt, dann ergibt sich

$$\frac{\sum F_i r_i}{\sum m_i r_i^2} r_3 \mathrm{d}s = u_3 \, \mathrm{d}u_3$$

in Übereinstimmung mit der von D'ALEMBERT abgeleiteten Beziehung.

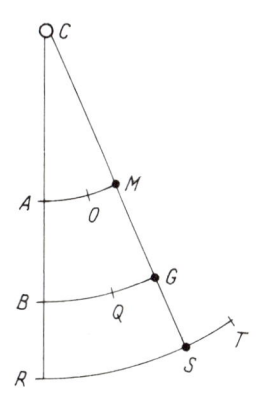

Abbildung 4.2−11
Zur Anwendung des d'Alembertschen Prinzips auf die Bestimmung der Schwingungsdauer eines physikalischen Pendels. Wir beziehen uns hier auf die von *d'Alembert* selbst gegebene Formulierung, die grundlegend verschieden von der heute üblichen ist

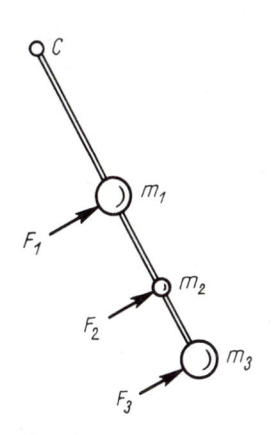

Abbildung 4.2−12
Zur Umformung der von *d'Alembert* angegebenen Formel in die heute übliche Schreibweise

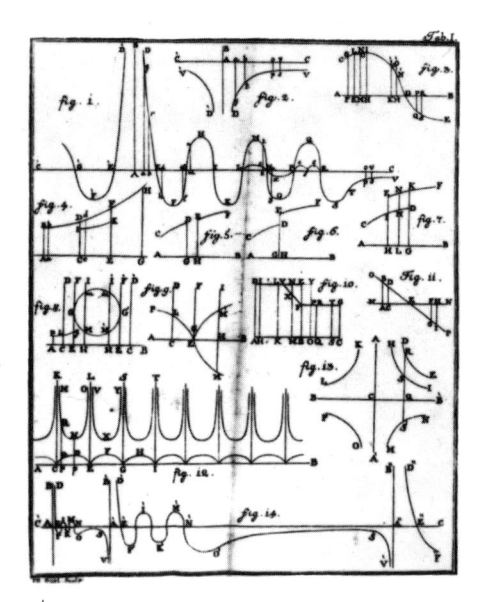

Abbildung 4.2–13
Die Entfernungsabhängigkeit der Kraft in der Nähe eines Massenpunktes nach *Bošković* (Fig. 1 auf der dargestellten Seite)
Gedenkbibliothek der Universität für Schwerindustrie, Miskolc

Abbildung 4.2–14a
MICHAIL WASSILJEVITSCH LOMONOSSOW (1711–1765): er wurde in einer Bauern- und Fischerfamilie unweit von Archangelsk geboren. 1730 verließ er sein Geburtsdorf, um in Petersburg zu studieren. Dazu mußte er seine niedrige Herkunft verheimlichen. Ab 1736 studierte er als Stipendiat in Marburg bei dem berühmten Physiker und Philosophen *Chr. Wolff*, später beschäftigte sich in Freiberg mit Chemie und Metallurgie. 1745

4.2.6 Moderne Gedanken

Wie wir oben bereits gesehen haben, hat man auf dem Kontinent die Einführung einer fernwirkenden Gravitationskraft als fragwürdigste These der *Principia* angesehen. Selbst HUYGENS ist der Ansicht gewesen, daß damit die aus der modernen Wissenschaft endlich vertriebenen okkulten Qualitäten der mittelalterlichen Wissenschaft wieder zum Leben erweckt wurden. In dieser Hinsicht haben alle Gelehrten die Auffassung DESCARTES' übernommen, daß es nämlich keine andere Form der Wechselwirkung als über eine unmittelbare Berührung gibt. Erwähnt werden soll jedoch an dieser Stelle, daß diese These DESCARTES' eigentlich auf ARISTOTELES zurückgeht. Auch NEWTON neigte zur Überzeugung, daß das Fernwirkungsgesetz auf irgendeine Weise im kartesianischen Sinne erklärt werden müßte, er hat es jedoch abgelehnt, einen solchen Gedanken weiter zu verfolgen und auszuarbeiten. NEWTON hat aber auf jeden Fall an zwei Arten von Kräften festgehalten: Kräfte, die durch eine unmittelbare Berührung übertragen werden und Fernwirkungskräfte von der Art der Gravitationskraft, bei denen die Kraftwirkung nicht durch ein Trägermedium vermittelt wird.

Der konsequenteste Verfechter des Newtonschen Standpunkts war der Jesuit ROGERIUS JOSEPHUS BOŠKOVIĆ (1711–1787), kroatischer Herkunft, der ein Lehramt in Rom innegehabt hat. Er hat den Newtonschen Kraftbegriff sogar weiterentwickelt, und zwar als Ergebnis der Untersuchung der umgekehrt gestellten Frage, wie wir uns eigentlich das Zustandekommen einer Wechselwirkung bei der unmittelbaren Berührung im einzelnen vorzustellen haben. Dabei ist er schließlich mit Hilfe sehr sinnreicher Erwägungen zu der Aussage gelangt, daß auch in diesem Falle die Wechselwirkung nur durch Fernwirkungskräfte vermittelt sein kann. BOŠKOVIĆ wollte mit diesem Gedankengang nachweisen, daß die Argumentation der Anhänger DESCARTES anfechtbar ist, und er ist somit aus der Defensive gegenüber den Kartesianern zum Angriff übergegangen. Seine Überlegungen sind sehr einfach nachvollziehbar und überzeugend. Wir folgen nun BOŠKOVIĆ' Darlegungen und stellen uns zwei Körper vor, von denen der eine sich mit einer Geschwindigkeit von 6 Einheiten, der andere aber mit einer Geschwindigkeit von 12 Einheiten bewegen möge. Wir beobachten nun, was beim Zusammenstoß beider Körper geschieht, wobei wir voraussetzen, daß beide Körper gleiche Massen haben, sich entlang derselben Geraden bewegen und der schnellere Körper den langsameren auf seiner Bahn einholt. Wegen des Erhaltungssatzes der Bewegungsmenge müssen sich beide Körper nach ihrer Berührung mit einer gemeinsamen Geschwindigkeit von 9 Einheiten weiterbewegen (und zwar im Falle eines elastischen Stoßes zu einem intermediären Zeitpunkt, im Falle eines unelastischen Stoßes auch nach der Wechselwirkung). Wie hat sich nun die Geschwindigkeit des schnelleren Körpers von 12 auf 9 Einheiten vermindert, die des langsameren aber von 6 auf 9 Einheiten erhöht? Offenbar kann das Zeitintervall für die Geschwindigkeitsänderungen nicht Null sein, denn dann, so argumentiert BOŠKOVIĆ weiter, wäre wegen der sprunghaften Geschwindigkeitsänderungen das Gesetz der Stetigkeit verletzt. Außerdem müßten wir für den Moment des Zusammenstoßes sagen, daß die Geschwindigkeit des einen Körpers momentan sowohl 12 als auch 9 ist; das ist jedoch offenbar absurd. Es ist also notwendig so, daß die Geschwindigkeitsänderung in einem zwar sehr kleinen, aber endlichen Zeitintervall stattfindet. Mit dieser Annahme kommen wir aber zu einem anderen Widerspruch. Nehmen wir z. B. an, daß eine sehr kurze Zeit nach dem Zusammenstoß die Geschwindigkeit des schnelleren Körpers 11, die des langsameren aber 7 ist. Wenn aber die Körper sich nicht mit der gleichen Geschwindigkeit bewegen, muß sich die vordere Fläche des schnelleren Körpers durch die hintere Fläche des langsameren hindurchbewegen, was jedoch wegen der vorausgesetzten Undurchdringbarkeit der Körper unmöglich ist. Es ist also offenbar so, daß die Wechselwirkung bereits vor der unmittelbaren Berührung der Körper einsetzen muß, und diese Wechselwirkung kann nur abstoßend sein, da sie sich im Abbremsen des einen Körpers und in der Beschleunigung des anderen äußert. Da überdies die angeführte Überlegung auch für beliebige Geschwindigkeiten der Körper gültig ist, kann man nicht mehr von undurchdringlichen Atomen endlicher Abmessung sprechen. Ein Atom muß als punktförmige Kraftquelle angesehen werden, wobei die von ihm ausgehende Kraftwirkung in komplizierter Weise entfernungsabhängig ist. Für die Entfernungsabhängigkeit gibt BOŠKOVIĆ ein Bild an, das den Darstellungen sehr ähnlich ist, mit denen wir heute die Wechselwirkung zwischen den Atomen anschaulich zu machen versuchen. Nach BOŠKOVIĆ wirkt bei großen Abständen zwischen den Körpern entsprechend dem Gravitationsgesetz eine Anziehungskraft, die umgekehrt proportional zum Quadrat der Entfernung der Körper ist. Mit abnehmendem Abstand muß offenbar dieses Gesetz modifiziert werden, da nach den obigen Darlegungen die Kraft ihr Vorzeichen wechseln und in eine Abstoßungskraft übergehen muß. *Abbildung 4.2−13* zeigt eine typische Seite aus BOŠKOVIĆ' Buch mit einer Zeichnung, die den Verlauf der Kraftwirkung darstellt. Wie wir sehen, ändert die Kraft einige Male ihr Vorzeichen. Um die Bedeutung dieser Vorzeichenänderungen zu verstehen, untersuchen wir über BOŠKOVIĆ hinausgehend auch das zu dieser Kraft gehörige Potential, wobei das Potential die Größe ist, aus der man durch Differentiation nach einer Koordinate die Kraft erhält; physikalisch ist das Potential gleich der zur Kraft gehörigen potentiellen Energie. Wir finden dann, daß die potentielle Energie an mehreren Stellen ein Minimum hat; ein solches Minimum entspricht aber einer stabilen Gleichgewichtslage, da auf den Körper an dieser Stelle keine Kraft wirkt und für eine Auslenkung des Körpers aus dieser Gleichgewichtslage in eine beliebige Richtung eine Kraft aufgebracht werden muß. Die Existenz von Energieminima oder stabilen Gleichgewichtslagen bedeutet, daß zwischen den betrachteten Teilchen eine feste, stabile Bindung zustandekommen kann. Mit diesem Bild hat BOŠKOVIĆ nicht nur an die Stelle der aristotelisch-kartesianischen Wechselwirkung ein neues Wechselwirkungsbild gesetzt, sondern auch einen Beitrag zum Verständnis der Struktur der Stoffe, und hier in erster Linie der Festkörper, erbracht.

Obwohl BOŠKOVIĆ mitten im wissenschaftlichen Leben seiner Zeit gestanden hat und seine Abhandlungen in Latein verfaßt sind, blieben seine Gedanken doch weitgehend unbeachtet und mußten in der zweiten Hälfte des 20. Jahrhunderts wiederentdeckt werden. Der Grund dafür mag sein, daß die Zeit noch lange nicht reif dafür gewesen ist, diese qualitativen Überlegungen in eine solche Form zu bringen, daß quantitative Berechnungen angeschlossen werden konnten. Die beste qualitative Theorie − denken wir nur an das Prinzip der kleinsten Wirkung − konnte zu einer Zeit der „Überwucherung" durch die Mathematik, mit der einerseits oft der physikalische Kern verdeckt wird, zum anderen aber augenfällige Erfolge erzielt werden, nur dann Anerkennung finden, wenn sie sich in Form einer Differentialgleichung darstellen ließ und wenn mit ihrer Hilfe Aufgaben gelöst werden konnten. Es ist gut möglich, daß Gelehrte wie LAGRANGE den interessanten Gedankenflug des Jesuitenpaters bestenfalls mit Wohlwollen zur Kenntnis genommen haben.

Wir müssen an dieser Stelle noch einen weiteren bedeutenden Gelehrten des 18. Jahrhunderts erwähnen − MICHAIL WASSILJEWITSCH LOMONOSSOW (1711−1765). LOMONOSSOW ist ein führender Vertreter des russischen Geisteslebens des 18. Jahrhunderts, der die Förderung der Wissenschaften in seinem Heimatland als seine Lebensaufgabe angesehen hat *(Abbildungen 4.2.−14a, b)*. Er hat Gedichte und Dramen geschrieben, seine russische Grammatik ist ein Standardwerk auf diesem Gebiet gewesen, und er hat 1755 die Moskauer Universität gegründet. LOMONOSSOW hat sich nahezu mit wurde er in Petersburg zum Professor der Chemie ernannt, als erster Russe an dieser Akademie, wo vorher nur Ausländer gelehrt hatten. 1748 konnte er ein Forschungslaboratorium für Chemie errichten. Auf seine Initiative wurde 1755 eine Universität nach europäischem Vorbild in Moskau begründet (Lomonossow-Universität). Seine wissenschaftlichen Leistungen fanden internationale Anerkennung: Er wurde zum Mitglied der Schwedischen Akademie (1760) und der Akademie in Bologna (1764) gewählt.

Von seinen außerordentlich vielseitigen Interessen und Talenten zeugt die Tatsache, daß Lomonossow die nach der von ihm ausgearbeiteten Technologie hergestellten Farbgläser sofort zu Glasmosaikkompositionen benutzte, deren berühmteste wohl die monumentale 4,8 m × 6,5 m große Darstellung der Schlacht bei Poltawa (entscheidender Sieg *Peters des Großen* über die Schweden) ist. In Anerkennung seiner künstlerischen Tätigkeit wurde er auch zum Mitglied der Kunstakademie gewählt.

Da wir keine Bewegungsgeschwindigkeit so groß setzen können, daß wir uns in Gedanken nicht eine bedeutendere vorstellen können, so ist der letztmögliche höchste Grad der Wärme eine unvorstellbare Bewegung. Andererseits kann die Bewegung zum vollen Stillstande kommen: der letzte mögliche Grad der Kälte ist somit ein absolutes Aufhören der Wärmebewegung und kann also bestehen.

Aus all dem Mitgeteilten schließen wir, daß es ganz überflüssig ist, die Wärme der Körper einem subtilen, speziell dazu erdachten Stoffe zuzuschreiben; die Wärme besteht dagegen in einer inneren Kreisbewegung des verbundenen Stoffes des warmen Körpers. Wir behaupten, daß der allerfeinste Stoff des Äthers, der den ganzen Weltraum erfüllt, zu dieser Bewegung und Wärme empfänglich ist; er ist es, der die Wärmebewegung von der Sonne aufnimmt, diese unserer Erde und anderen Weltkörpern überträgt und sie dadurch warm macht; der Äther ist das Medium, mittels dessen die Körper, weit voneinander entfernt, sich gegenseitig die Wärme, ohne etwas Fühlbares, mitteilen.

Nachdem wir somit den Wärmestoff beseitigt haben, könnte man unsere Abhandlung schließen, wenn nicht noch einige Gelehrte auch der Kälte einen gewissen Stoff zuschreiben würden und dessen Sitz in den Salzen sähen, da dieselben beim Auflösen in Wasser Kälte erzeugen. Da aber die Salze oft auch Wärme erzeugen − z. B. beim Mischen von Kochsalz und Vitriolöl −, so könnten wir mit gleichem Rechte den Salzen die Ursache der Wärme zuschreiben, wenn wir nicht solch einen unsinnigen Streit unter unserer Würde hielten.

Lomonossow: Gedanken über die Ursachen der Wärme und Kälte. 1744−1747, Ostwalds Klassiker 178, 1910

Abbildung 4.2−14b
Brief *Lomonossows* an *Euler* (1748 in lateinischer Sprache geschrieben); er legt hier seine Ansichten über die Erhaltung der Materie und der Bewegung dar

jedem Zweig der Naturwissenschaften auseinandergesetzt und seine physikalischen, chemischen, astronomischen, geologischen und geophysikalischen Untersuchungen sind bahnbrechend. Für die Physikgeschichte sind seine zwei Arbeiten *Rasmyschlenija o pritschinach tepla i choloda* (1744, 1750) und *Opyt teorii uprugosti wosducha* (1748) von Bedeutung. In der ersten Abhandlung legt er dar, daß die Wärme eine Wirbelbewegung nicht wahrnehmbarer Teilchen ist, und die Wärmeleitung erklärt er mit einer Übertragung der Bewegung von den schnelleren Teilchen auf die langsameren. Er spricht von einem „letzten unteren Grad der Kälte" (den wir heute als absoluten Nullpunkt bezeichnen würden), an dem jede Bewegung aufhört. In seiner zweiten Arbeit versucht er, ausgehend von diesen Gedanken die Gasgesetze zu erklären. Von Bedeutung ist, daß er die Rolle der Temperatur richtig gesehen hat. Auch einen Massenerhaltungssatz hat LOMONOSSOW formuliert.

Seine in russischer Sprache veröffentlichten Überlegungen sind — wegen des Umfanges seines Schaffens — im allgemeinen nicht bis in alle Einzelheiten ausgearbeitet. Sie sind zwar von EULER als bedeutsam angesehen worden, haben jedoch auf die Entwicklung der westeuropäischen Wissenschaft keinen Einfluß gehabt.

4.2.7 Die Mechanik als Poesie

Die Newtonschen Gedanken sind durch EULER zu einem Arbeitsgerät für den alltäglichen Gebrauch gestaltet worden, das jeden vernünftigen und fachlich gebildeten Menschen praktische, technische Probleme zu lösen befähigt. In den Händen von LAGRANGE und HAMILTON (*Abbildungen 4.2—15, 4.2—16*) wurde dieses Gerät noch weiter verfeinert, so daß es nicht nur die Lösung immer komplizierterer Aufgaben ermöglichte, sondern dadurch selbst zu einem Kunstwerk wurde. Der Titel dieses Abschnittes spielt auf eine Bemerkung HAMILTONS über LAGRANGES Arbeit *(... a scientific poem...)* an.

Wir beschreiben erst in aller Kürze die Lagrangeschen Gleichungen zweiter Art. Vorgegeben sei ein beliebig kompliziertes mechanisches System mit f Freiheitsgraden, dessen räumliche Anordnung also durch f voneinander unabhängige verallgemeinerte Ortskoordinaten $q_1, q_2, \ldots q_f$ beschrieben werden kann. Wir bestimmen nun die Differenz aus kinetischer und potentieller Energie $T - U \equiv L$ als Funktion

$$L(q_1, q_2, \ldots, q_f;\ \dot{q}_1, \dot{q}_2, \ldots, \dot{q}_f)$$

der verallgemeinerten Ortskoordinaten q_i und ihrer Ableitungen nach der Zeit $\dot{q}_i$, der sogenannten verallgemeinerten Geschwindigkeiten.

Diese Funktion wird Lagrange-Funktion des Systems genannt. Die Bewegungsgleichungen erhält man in der Form, in der sie als Lagrangesche Gleichungen zweiter Art bezeichnet werden, aus der Lagrange-Funktion gemäß

$$\frac{d}{dt}\frac{\partial L}{\partial \dot{q}_i} - \frac{\partial L}{\partial q_i} = 0 \quad (i = 1, 2, 3, \ldots, f).$$

Für eine Punktmasse, die sich unter dem Einfluß einer aus dem Potential $U(x)$ ableitbaren Kraft $(-\partial U/\partial x)$ bewegt, wird

$$L = T - U = \frac{1}{2}m\dot{x}^2 - U, \quad \text{und damit}$$

$$\frac{d}{dt}\frac{\partial L}{\partial \dot{q}_i} = \frac{d}{dt}m\dot{x} = m\ddot{x}; \quad \frac{\partial L}{\partial q_i} = -\frac{\partial U}{\partial x},$$

d. h., die Lagrangeschen Gleichungen zweiter Art führen hier auf die Bewegungsgleichung in ihrer üblichen Form

$$m\ddot{x} = -\frac{\partial U}{\partial x}.$$

Bei einem so einfachen Beispiel sind allerdings die Vorzüge einer Anwendung der Lagrangeschen Gleichungen nicht offensichtlich.

Auf LAGRANGE geht auch der erste Ansatz zum Hamiltonschen Prinzip zurück. Dieses Prinzip läßt sich mit Hilfe der oben eingeführten Lagrange-Funktion $L = T - U$ formulieren. Es kann nämlich allgemein bewiesen werden, daß sich das betrachtete System zwischen zwei festgehaltenen Punkten auf der Bahn bewegt, für die das Zeitintegral über die Lagrange-Funktion die Bedingung

$$\int_{t_1}^{t_2} (T - U)\, dt = \text{Extremum}$$

erfüllt. Diese Bedingung kann auch $\delta \int_{t_1}^{t_2} L\, dt = 0$ geschrieben werden.

Wenn derjenige Wert x_0 der unabhängigen Veränderlichen x gesucht wird, der zu einem Extremalwert einer vorgegebenen Funktion $y = y(x)$ führt, d. h., $y_0 = y(x_0)$ entweder zu einem Maximum oder einem Minimum macht, so haben wir die erste Ableitung $y'(x) = dy/dx$ zu

Abbildung 4.2—15
JOSEPH LOUIS LAGRANGE (1736—1813): geboren und aufgewachsen in Turin; mit neunzehn Jahren Professor der Mathematik an der Artillerieschule zu Turin. Seine ersten bedeutenden Beiträge zur Mathematik und Physik (Lösung des isoperimetrischen Problems, Theorie der Saitenschwingungen sowie der Schallausbreitung) sind in den Mitteilungen der von ihm mitbegründeten Königlichen Akademie zu Turin veröffentlicht worden. Als Nachfolger von *Euler* (nach dessen Berufung nach Petersburg) hat *Lagrange* zwanzig Jahre lang in Berlin gearbeitet. 1787: Übersiedlung nach Paris, dort ab 1795 Lektor an der École Normale und der École Polytechnique. Er ist ein hervorragender Pädagoge gewesen und mit seiner eigenen Tätigkeit sowie durch seine Bücher zum Vorbild nachfolgender Wissenschaftlergenerationen geworden. Seine wichtigsten Arbeiten sind die *Mécanique analytique* (1788, Paris) und die *Théorie des fonctions analytiques* (1797).

Die Lagrange-Funktion und die Lagrangeschen Gleichungen zweiter Art sind bis in unser Jahrhundert von grundlegender Bedeutung geblieben

untersuchen; die Nullstellen von $y'(x)$ können Extremalstellen sein. Ob sie es tatsächlich sind und welcher Art (Maximum oder Minimum), darüber können die weiteren Ableitungen eine Auskunft erteilen.

Wenn aber eine Funktion $y = y(x)$ gesucht wird, die das (bestimmte) Integral einer vorgegebenen Funktion $F(x, y, y')$ zu einem Extremum macht, so stehen die Methoden der Variationsrechnung zur Verfügung. Das einfachste Problem dieser Art: Gesucht wird die kürzeste Kurve zwischen zwei Punkten. Die Antwort ist auch einfach: es ist die Gerade. Wir sind früher auch einem nichttrivialen Problem begegnet, nämlich dem Problem der Brachistochrone: Gesucht wird diejenige Kurve mit vorgegebenem Anfangs- und Endpunkt in einer vertikalen Ebene, die von einem unter der alleinigen Wirkung des Schwerefeldes sich bewegenden Körper in kürzester Zeit durchlaufen wird. Das in dieser Form zuerst von JOHANN (I) BERNOULLI (1696 in den *Acta Eruditorum* veröffentlichte) Problem wurde von mehreren Wissenschaftlern der Epoche – JAKOB BERNOULLI, LEIBNIZ, NEWTON und JOHANN (I) BERNOULLI selbst – richtig gelöst. Eine allgemeine Lösungsmethode wurde aber erst ein halbes Jahrhundert später (1744) von EULER angegeben, wobei er das Problem auf die Lösung bestimmter Differentialgleichungen zurückführte.

Es sei nämlich $y = y(x)$ die gesuchte Funktion, die den Wert des Integrals

$$\int_{x_1}^{x_2} F(x, y, y')\, dx$$

zum Extremum macht; dann hat $y = y(x)$ die folgende, nach EULER benannte Differentialgleichung zu befriedigen:

$$\frac{d}{dx}\left(\frac{\partial F}{\partial y'}\right) - \frac{\partial F}{\partial y} = 0.$$

Wenn mehrere Funktionen $y_i = y_i(x)$ ($i = 1, 2, ..., f$) in die vorgegebene F-Funktion eingehen, d. h.

$$F = F(x; y_1, y_2, ..., y_f; y'_1, y'_2, ... y'_f),$$

so lauten die Eulerschen Gleichungen

$$\frac{d}{dx}\left(\frac{\partial F}{\partial y'_i}\right) - \frac{\partial F}{\partial y_i} = 0, \quad i = 1, 2, ... f.$$

Wir bemerken sofort, daß das Problem

$$\int_{t_1}^{t_2} L\, dt = \int_{t_1}^{t_2} (T - U)\, dt = \text{Extremwert}$$

zu den folgenden Eulerschen Gleichungen führt:

$$\frac{d}{dt}\left(\frac{\partial L}{\partial \dot{q}_i}\right) - \frac{\partial L}{\partial q_i} = 0.$$

Die Eulerschen Gleichungen sind also hier mit den Lagrangeschen Gleichungen zweiter Art identisch.

Die Hamiltonschen kanonischen Gleichungen können nun folgenderweise angeschrieben werden: Man drückt die Summe der kinetischen und potentiellen Energie, also die Gesamtenergie, statt mit den Koordinaten q_i und $\dot{q}_i$ mit Hilfe der (verallgemeinerten) Lagekoordinaten q_i und der dazu konjugierten (verallgemeinerten) Impulskoordinaten p_i aus.

Diese konjugierten Impulskoordinaten seien durch folgende Gleichungen definiert:

$$p_i = \frac{\partial L}{\partial \dot{q}_i}; \quad i = 1, 2, ..., f.$$

Auf diese Weise gelangen wir zur Hamilton-Funktion:

$$H = H(q_1, q_2, ... q_f; p_1, p_2, ..., p_f).$$

Sie ist also nichts anderes als die Gesamtenergie, ausgedrückt in verallgemeinerten Lage- und Impulskoordinaten.

Nach diesen Vorbereitungen können die Hamiltonschen Gleichungen wie folgt angegeben werden:

$$\dot{p}_i = -\frac{\partial H}{\partial q_i}; \quad \dot{q}_i = \frac{\partial H}{\partial p_i}.$$

Zur Illustration nehmen wir uns wieder das schon bei den Lagrange-Gleichungen angeführte Beispiel einer Punktmasse vor. Als Funktion von $q \equiv x$, $\dot{q} \equiv \dot{x}$ schreibt sich die Energie wie folgt:

$$\text{Energie} = \frac{1}{2} m\dot{x}^2 + U(x),$$

die Lagrange-Funktion:

$$L = \frac{1}{2} m\dot{x}^2 - U(x);$$

der zur Lagekoordinate x konjugierte Impuls wird also

$$p = \frac{\partial L}{\partial \dot{x}} = m\dot{x},$$

die Hamilton-Funktion

$$H(p, x) = \frac{1}{2} \frac{p^2}{m} + U(x).$$

Abbildung 4.2–16
WILLIAM ROWAN HAMILTON (1805–1865): geboren in Dublin; nach dem Studium in Dublin Lehr- und Forschungstätigkeit als Professor der Astronomie sowie als *Royal Astronomer of Ireland*. Er war ein Wunderkind und hat im Alter von 5 Jahren bereits Texte aus dem Lateinischen, Griechischen und Hebräischen übersetzt; mit 16 Jahren hat er die Newtonschen *Principia* und die Laplacesche *Himmelsmechanik* durchgearbeitet. Noch vor Abschluß des Universitätsstudiums wurde ihm im Alter von 22 Jahren der Titel eines Professors verliehen. In seinem späteren Leben geriet er zunehmend unter den Einfluß des Alkohols.

Seine für die Physik des 20. Jahrhunderts wichtigsten Werke sind: *Theory of Systems of Rays* (1827) und *On a General Method in Dynamics* (1835).

Das Hamiltonsche Prizip, die Hamiltonschen kanonischen Gleichungen und die Hamiltonsche Wirkungsfunktion der klassischen Mechanik sind nach ihm benannt

Zitat 4.3 – 1
Die Vorstellung der Notwendigkeit entsteht aus einem Eindruck. Kein Eindruck, der uns durch unsere Sinne zugeführt wird, kann diese Vorstellung veranlassen. Sie muß also aus einem inneren Eindruck oder einem Eindruck der Reflexion stammen. Es gibt aber keinen anderen inneren Eindruck, der irgendeine Beziehung zu dem hier in Rede stehenden Phänomen hätte, als jene durch Gewohnheit hervorgerufene Geneigtheit, von einem Gegenstand auf die Vorstellung desjenigen Gegenstandes überzugehen, der ihn gewöhnlich begleitete. In ihr besteht also das Wesen der Notwendigkeit. Allgemein gesagt ist die Notwendigkeit etwas, das im Geist besteht, nicht in den Gegenständen; wir vermögen uns niemals eine, sei es auch noch so annäherungsweise Vorstellung von ihr zu machen, solange wir sie als eine Bestimmung der Körper betrachten. Entweder also, wir haben überhaupt keine Vorstellung der Notwendigkeit, oder die Notwendigkeit ist nichts weiter als jene Nötigung des Vorstellens von den Ursachen zu den Wirkungen oder von den Wirkungen zu den Ursachen, entsprechend der von uns beobachteten Verbindung derselben, überzugehen.

Wie also die Notwendigkeit, daß zwei mal zwei vier ist oder daß die drei Winkel eines Dreiecks gleich zwei Rechten sind, nur an dem Akte unseres Verstandes haftet, vermöge dessen wir diese Vorstellungen betrachten und vergleichen, so hat auch die Notwendigkeit oder Kraft, die Ursachen und Wirkungen verbindet, einzig in der Nötigung des Geistes, von den einen auf die anderen überzugehen, ihr Dasein. Die Wirksamkeit der Ursachen oder die ihnen innewohnende Kraft liegt weder in den Ursachen selbst, noch in der Gottheit, noch in dem Zusammenwirken dieser beiden Faktoren, sondern ist einzig und allein dem Geiste eigen, welcher die Verbindung von zwei oder mehr Gegenständen in allen früheren Fällen sich vergegenwärtigt. Hier hat die den Ursachen innewohnende Kraft samt der Verknüpfung und Notwendigkeit ihren wahren Ort.

Ich bin mir bewußt, daß von allen paradoxen Anschauungen, die ich im Laufe dieser Abhandlung vorzubringen Gelegenheit gehabt habe oder später Gelegenheit haben werde, die soeben vorgebrachte die paradoxeste ist und daß ich nur gewappnet mit sicheren Erfahrungsgründen und Schlußfolgerungen hoffen kann, ihr Aufnahme zu verschaffen und die eingewurzelten Vorurteile der Menschen zu überwinden. Wie oft wird man sich, um mit dieser Lehre sich auszusöhnen, wiederholen müssen, daß uns die einfache Betrachtung zweier beliebiger Gegenstände oder Vorgänge, in welcher Beziehung sie auch stehen mögen, niemals die Vorstellung einer Kraft oder einer zwischen ihnen bestehenden Verknüpfung geben kann; daß diese Vorstellung aus einer Wiederholung ihrer Verbindung entsteht; daß solche an den Objekten nichts Neues weder uns erkennen läßt noch ins Dasein ruft, daß sie vielmehr nur vermöge jenes gewohnheitsmäßigen Übergangs, den sie bewirkt, einen Einfluß auf den Geist ausübt: daß deshalb dieser gewohnheitsmäßige Übergang mit der Kraft und Notwendigkeit ein und dasselbe ist; daß folglich Kraft und Notwendigkeit Attribute sind der Art, wie wir Objekte vorstellen, nicht Attribute der vorgestellten Gegenstände selbst, etwas innerlich vom Geist Gefühltes, nicht etwas äußerlich an den Körpern Vorgefundenes. ...

Obgleich dies die einzig vernünftige Auffassung ist, die wir vom Wesen der „Notwendigkeit" haben können, so ist aber eben doch die entgegengesetzte Anschauung aus dem oben angegebenen Grunde im Geist so sehr festgewurzelt, daß ich

Jetzt können die Hamiltonschen kanonischen Gleichungen für unser konkretes Beispiel hingeschrieben werden:

$$\dot{p}_i = -\frac{\partial H}{\partial q_i} \quad \rightarrow \quad m\ddot{x} = -\frac{\partial U}{\partial x}$$

$$\dot{q}_i = \frac{\partial H}{\partial p_i} \quad \rightarrow \quad \dot{x} = \frac{p}{m}.$$

Es ist ersichtlich, daß die erste Hamiltonsche Gleichung in diesem allereinfachsten Fall in die gewöhnliche Newtonsche Bewegungsgleichung übergeht. Die zweite dagegen liefert einfach die Definition des Impulses.

Nicht nur in der klassischen Physik, sondern auch in der Quantenmechanik spielen die folgenden Zusammenhänge eine wichtige Rolle.

Die Hamiltonsche Wirkungsfunktion wird folgendermaßen definiert:

$$S(q_i, t) = \int_{t_0}^{t} L \, dt.$$

Die Werte von S werden entlang der Bahnkurve berechnet – als Funktion der Zeit und der Endpunkte. Durch die Wirkungsfunktion $S(q_i, t)$ wird die Hamilton–Jacobi-Gleichung

$$\frac{\partial S}{\partial t} + H\left(q_i, \frac{\partial S}{\partial q_i}\right) = 0$$

befriedigt. Umgekehrt kann durch die Lösung dieser Gleichung, d. h. durch die Bestimmung von $S = S(q_i, t)$ auch die Bewegungsgleichung des Systems gefunden werden.

Zur Lösung machen wir den Ansatz

$$S = -Et + S(q_i);$$

dann nimmt die Hamilton–Jacobi-Gleichung die folgende einfachere Form an

$$H\left(q_i, \frac{\partial S}{\partial q_i}\right) = E,$$

denn es ist

$$\frac{\partial S}{\partial t} = -E.$$

Stellen wir uns jetzt die Hyperflächen $S(q_i, t)$ = Konstante für verschiedene Zeitpunkte in dem f-dimensionalen Konfigurationsraum der Lagekoordinaten q_i vor, so bemerken wir, daß sich diese Hyperflächen, ähnlich wie die Phasenflächen eines Wellenvorganges, fortpflanzen; es kann sogar die lokale Fortpflanzungsgeschwindigkeit (entlang der Flächennormalen) angegeben werden:

$$v = \frac{|\partial S/\partial t|}{|\text{grad } S|}.$$

Die Bedeutung der hier angeführten Betrachtungen ist darin zu sehen, daß somit eine Analogie zwischen optischen und mechanischen Vorgängen festgestellt werden kann. Eine Lichtwelle z. B., die sich in einem inhomogenen Medium ausbreitet, wird durch die Funktion

$$\varphi(x, y, z, t) = A e^{i[-2\pi vt + S(x, y, z)]}$$

beschrieben. Die Hamiltonsche Wirkungsfunktion entspricht also tatsächlich der Phasenfunktion der Lichtwelle. Der $S(x, y, z)$ = konstanten Flächenschar wurde von BRUNS 1895 die Benennung „Eikonal" gegeben (εἰκών = Abbild, Bildnis).

Damit hat HAMILTON für SCHRÖDINGER den Weg zu dessen Wellenmechanik geebnet (siehe Kapitel 5.3.9).

JACOBI und POISSON haben dagegen die Frage aufgeworfen und beantwortet, wie man durch geeignete Transformationen $P = P(p, q)$, $Q = Q(p, q)$ neue kanonisch konjugierte Koordinaten P, Q einführen kann, die wieder den kanonischen Hamilton-Gleichungen

$$\dot{P}_i = -\frac{\partial H(P_i, Q_i)}{\partial Q_i}; \quad \dot{Q}_i = \frac{\partial H(P_i, Q_i)}{\partial P_i}$$

genügen.

Um dies zu erreichen, müssen die Transformationen $P = P(p, q)$ und $Q = Q(p, q)$ in den folgenden, sogenannten Poisson–Jacobischen Klammerausdruck eingesetzt, folgender Bedingung entsprechen:

$$[P, Q] = \begin{vmatrix} \frac{\partial P}{\partial p} & \frac{\partial P}{\partial q} \\ \frac{\partial Q}{\partial p} & \frac{\partial Q}{\partial q} \end{vmatrix} = \frac{\partial P}{\partial p}\frac{\partial Q}{\partial q} - \frac{\partial Q}{\partial p}\frac{\partial P}{\partial q} = 1.$$

POISSON und JACOBI haben auch bewiesen, daß allgemein die zeitliche Änderung einer beliebigen Funktion $F(p, q, t)$ durch die Gleichung

$$\frac{dF}{dt} = \frac{\partial F}{\partial t} + [H, F]$$

gegeben wird. Wenn F nur über $p = p(t)$ und $q = q(t)$, jedoch nicht explizit von der Zeit abhängt, so vereinfacht sich diese Gleichung zu $\dot{F} = [H, F]$.

HEISENBERG, BORN, JORDAN und DIRAC ist der Anschluß der Quantenmechanik an die klassische Mechanik mit Hilfe dieser Zusammenhänge gelungen.

4.3 Das Jahrhundert des Lichts

4.3.1 Die Aufklärung

Es ist üblich, das 18. Jahrhundert als Jahrhundert des Lichts oder Jahrhundert der Vernunft und zuweilen auch als Jahrhundert der Philosophen zu bezeichnen (auf französisch: siècle des lumières, siècle de la raison, siècle des philosophes). Weiter oben haben wir gesehen, daß der große Durchbruch im 17. Jahrhundert, das wir als Jahrhundert der Genies bezeichnet haben, erfolgt war. In der Mechanik wurde im 18. Jahrhundert dann der durch die grundlegenden Ideen vorgegebene Rohbau vollendet; an der Spitze dieser Gelehrtengeneration hat EULER gestanden, der jedoch kein Franzose gewesen ist. Freilich ist unbestritten, daß auch LAGRANGE an der endgültigen Formulierung der Theoretischen Mechanik, so wie sie heute gelehrt wird, einen herausragenden Anteil gehabt hat. — In der Philosophie haben zwei Engländer – BERKELEY und HUME – die empirische Schule von HOBBES und LOCKE in eine Sackgasse geführt. GEORGE BERKELEY (1685–1753) hat im Erkenntnisprozeß das Gewicht von einer vom Beobachter unabhängigen materiellen Welt auf eine im Bewußtsein vorhandene Welt der Sinnesempfindungen verschoben und nur der letzteren eine reale Existenz zugebilligt. Er hat somit den subjektiv idealistischen Standpunkt vertreten, daß die Körper nur insofern existieren, als sie von uns wahrgenommen werden *(esse est percipi)*. Vom Solipsismus hat er sich nur durch die Überlegung abgegrenzt, daß die Körper in unserer Welt auch dann existieren, wenn wir sie nicht wahrnehmen, denn Gott nimmt sie zu jeder Zeit wahr. Auf diese Weise bekommt seine Philosophie einen objektiv idealistischen Anstrich.

Einer der scharfsinnigsten und kritischsten Köpfe der Philosophiegeschichte, DAVID HUME (1711–1776), ist zwar von der objektiven Existenz der Außenwelt als Quelle all unserer Erfahrungen und Wahrnehmungen ausgegangen, hat jedoch betont, daß unsere Sinneswahrnehmungen im besten Falle als Anhaltspunkte zur Orientierung im täglichen Leben dienen können, jedoch kein zuverlässiges Bild über die tatsächliche Struktur der Außenwelt vermitteln. So sind z. B. unsere Aussagen über Ursache und Wirkung ein Resultat der Gewöhnung an häufig zu beobachtende Folgen von Ereignissen und somit Ergebnis des unzulässigen logischen Schlusses *post hoc, ergo propter hoc* (es folgt darauf, folglich ist es deshalb geschehen). Der Agnostizismus HUMES hat KANT aus seinem „dogmatischen Schlummer" erweckt und ihn dazu angeregt, die „kopernikanische Wende" zu vollziehen. Diese sollte dann im 19. Jahrhundert zum Ausgangspunkt nahezu aller philosophischen Richtungen werden *(Zitat 4.3–1)*.

Müssen wir nun nach den obigen Darlegungen die „lumière" der Aufklärung etwa als falschen Glanz ansehen? Haben vielleicht die Vertreter dieser Epoche oder die Nachwelt hier ein falsches, weil allzu schillerndes Bild gezeichnet? Wir möchten im folgenden nachweisen, daß das 18. Jahrhundert selbst ein bedeutendes, ja ein geniales Jahrhundert ist, wohingegen wir das 17. Jahrhundert als das Jahrhundert der Geistesriesen bezeichnen *(Tabelle 4.3–1, Abbildung 4.3–1)*.

Zitieren wir hier zunächst die von KANT gegebene Definition des Begriffes „Aufklärung": Aufklärung ist der Ausgang des Menschen aus seiner selbstverschuldeten Unmündigkeit. Unmündigkeit ist das Unvermögen, sich seines Verstandes ohne Leitung eines anderen zu bedienen. Selbstverschuldet ist diese Unmündigkeit, wenn die Ursache derselben nicht am Mangel des Verstandes, sondern der Entschließung und des Mutes liegt, sich seiner ohne Leitung eines andern zu bedienen. Sapere aude! Habe Mut, dich deines eigenen Verstandes zu bedienen! ist also der Wahlspruch der Aufklärung. Wage zu denken! Die Denker haben in diesem Jahrhundert tatsächlich gewagt, ihrem Verstand zu trauen; sie haben an die Vernunft und an die Natur sowie deren ewige Gesetze geglaubt. Mensch, Natur, Vernunft und Erfahrung sind die entscheidenden Begriffe, mit denen ein neues Weltbild

---

nicht zweifle, es werden viele meine Ansichten überspannt und lächerlich finden. Was! die Wirksamkeit der Ursachen hat ihr Dasein in einer psychischen Nötigung! Als ob nicht die Ursachen gänzlich unabhängig vom Geist wirkten und in ihrer Betätigung fortfahren würden, auch wenn ein Geist, der sie betrachtet oder über sie nachdenkt, gar nicht existierte. Das Denken kann in seiner Tätigkeit wohl von den Ursachen abhängen, aber nicht die Ursachen vom Denken. Das heißt die Ordnung der Natur umkehren und das zum zweiten machen, was in Wahrheit das erste ist. Zu jeder Tätigkeit gehört eine entsprechende Kraft, und diese Kraft müssen wir in den Körper verlegen, der tätig ist. Wenn wir die Kraft einer Ursache absprechen, so müssen wir sie einer anderen zuschreiben; aber sie allen Ursachen absprechen und einem Wesen beilegen, das in keiner Weise zu der Ursache oder Wirkung in Beziehung steht, außer daß es dieselben auffaßt, das ist eine starke Ungereimtheit und den sichersten Prinzipien der menschlichen Vernunft widersprechend. ...

Was den Einwand betrifft, das Wirken der Natur sei unabhängig von unserem Denken und unseren Schlüssen, so gebe ich auch diesen Satz zu. Ich habe ja bereits anerkannt, daß die Gegenstände zueinander in den Beziehungen der räumlichen Nachbarschaft und der Aufeinanderfolge stehen, daß die gleichen Gegenstände in verschiedenen Fällen als in gleichen Beziehungen stehend sich darstellen können und daß alles dies von der Tätigkeit des Verstandes unabhängig ist und derselben voraufgeht. Nur freilich, wenn wir weitergehen und diesen Gegenständen eine Kraft oder notwendige Verknüpfung zuschreiben, so statuieren wir etwas, das wir niemals an ihnen beobachten können, dessen Vorstellung wir vielmehr nur entnehmen können, was wir bei ihrer Betrachtung in uns selbst verspüren. ...

Es ist aber jetzt an der Zeit, daß wir die einzelnen Ergebnisse unserer Betrachtung zusammenfassen und aus der Verbindung derselben eine bestimmte Definition der Beziehung zwischen Ursache und Wirkung, die den Gegenstand unserer gegenwärtigen Untersuchung bildet, gewinnen. ...

Zwei Definitionen können von der kausalen Beziehung gegeben werden, die nur dadurch verschieden sind, daß in ihnen derselbe Gegenstand von verschiedenen Gesichtspunkten aus betrachtet, d. h., daß die Beziehung das eine Mal als eine philosophische, das andere Mal als eine natürliche aufgefaßt wird, also das eine Mal als eine Aufeinanderbeziehung zweier Vorstellungen, das andere Mal als eine Assoziation zwischen denselben. Wir können sagen, Ursache heißt ein Gegenstand, der einem anderen voraufgeht und räumlich benachbart ist, wofern zugleich alle Gegenstände, die jenem ersteren gleichen, in der gleichen Beziehung der Aufeinanderfolge und räumlichen Nachbarschaft zu den Gegenständen stehen, die diesem letzteren gleichen. Oder, erklärt man diese Definition für fehlerhaft, weil sie außer der Ursache noch andere Objekte mit hereinzieht, so können wir die folgende Definition an ihre Stelle setzen, nämlich: Ursache ist ein Gegenstand, der einem anderen voraufgeht, ihm räumlich benachbart ist, und zugleich mit ihm so verbunden ist, daß die Vorstellung des einen Gegenstandes dem Geist nötigt, die Vorstellung des anderen zu vollziehen, und der Eindruck des einen ihn nötigt, eine lebhafte Vorstellung des anderen zu vollziehen. Sollte auch diese Definition aus dem nämlichen Grunde verworfen werden, so bleibt mir als einzige Rettung die Bitte, diejenigen, welche sie so genau nehmen, möchten eine richtige Definition an ihre Stelle setzen. Ich für meinen Teil muß meine Unfähigkeit zu einem solchen Unternehmen eingestehen.

D. HUME: *Ein Traktat über die menschliche Natur.* Buch I–III. Deutsch mit Anmerkungen und Register von *Theodor Lipps*. Mit einer Einführung neu herausgegeben von *Reinhard Brandt*. Hamburg 1973, Buch I, S. 224–230

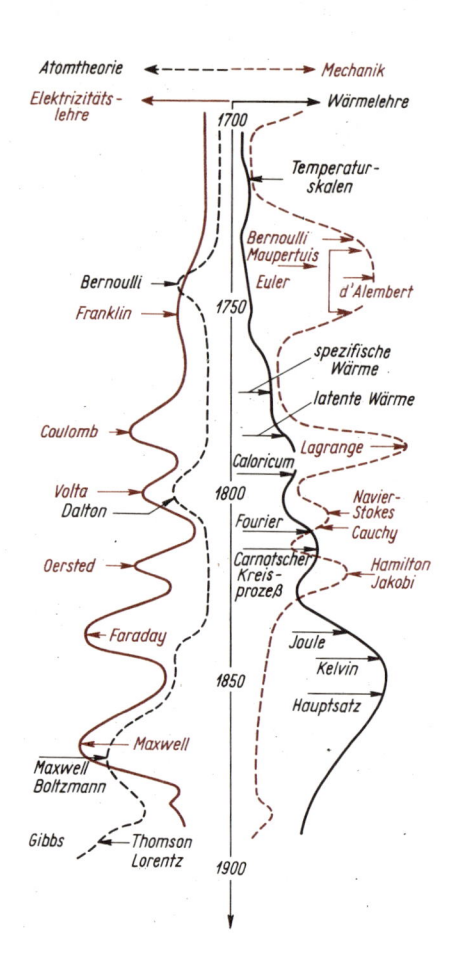

Abbildung 4.3–1
Die relative Intensität der Entwicklung von vier Zweigen der klassischen Physik im 18. und 19. Jahrhundert

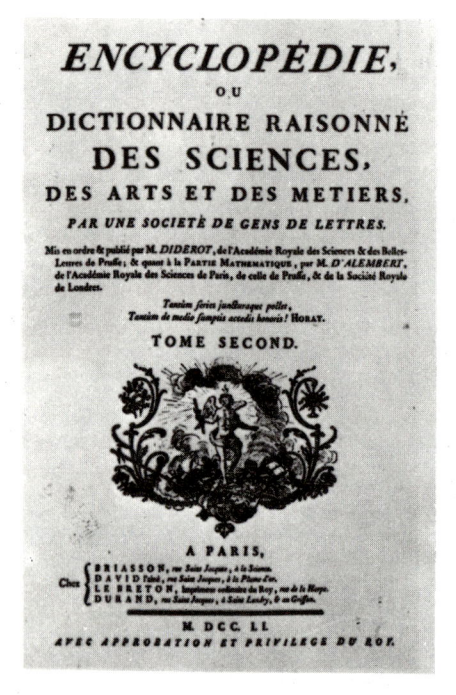

geschaffen werden konnte. Dieses Weltbild ist homogen, und es erklärt alle Erscheinungen aus sich heraus mit immanenten Ursachen (Abschnitt 4.3.2).

Man hat im 18. Jahrhundert an den Verstand geglaubt, wohl wissend, daß er nicht unfehlbar ist. Man hat auch gewußt, daß die meisten Übel von Fanatikern verursacht werden, von eben jenen, die „der ganzen Welt ihre eigenen Ketten anlegen wollen" und dagegen die Auffassung vertreten, daß auch Gedankengänge anderer toleriert werden müssen.

Wenn wir nur sagen könnten, daß in diesem Jahrhundert lediglich die im vorangegangenen Jahrhundert erzielten Ergebnisse systematisiert, das Anwendungsfeld der zuvor erarbeiteten Methoden erweitert und die Fortschritte der Wissenschaft weiten Kreisen geistig reger Menschen zugänglich gemacht worden wären, wenn also das 18. Jahrhundert im wesentlichen nur eine pädagogisch-aufklärerische und bildende Funktion gehabt hätte, selbst dann hätte es unsere Bewunderung verdient. „Auf den Schultern der Riesen stehend, haben wir einen größeren Überblick", aber jemand hat uns doch auf die Schultern der Riesen verhelfen müssen, und eben dabei war diese Pädagogik von großer Hilfe.

Um jedoch einer von unserer Bewunderung eventuell verursachten Einseitigkeit bei der Beurteilung des 18. Jahrhunderts vorzubeugen, wollen wir uns auch Goethes mahnender Worte erinnern.

Daß die Weltgeschichte von Zeit zu Zeit umgeschrieben werden müsse, darüber ist in unsern Tagen wohl kein Zweifel übrig geblieben. Eine solche Notwendigkeit entsteht aber nicht etwa daher, weil viel Geschehenes nachentdeckt worden, sondern weil neue Ansichten gegeben werden, weil der Genosse einer fortschreitenden Zeit auf Standpunkte geführt wird, von welchen sich das Vergangene auf eine neue Weise überschauen und beurteilen läßt. Ebenso ist es in den Wissenschaften. Nicht allein die Entdeckung von bisher unbekannten Naturverhältnissen und Gegenständen, sondern auch die abwechselnden vorschreitenden Gesinnungen und Meinungen verändern sehr vieles und sind wert, von Zeit zu Zeit beachtet zu werden. Besonders würde sich's nötig machen das vergangene achtzehnte Jahrhundert in diesem Sinne zu kontrollieren. Bei seinen großen Verdiensten hegte und pflegte es manche Mängel und tat den vorhergehenden Jahrhunderten, besonders den weniger ausgebildeten, gar mannigfaltiges Unrecht. Man kann es in diesem Sinne wohl das selbstkluge nennen, indem es sich auf eine gewisse klare Beständigkeit sehr viel einbildete und alles nach einem einmal gegebenen Maßstabe abzumessen sich gewöhnte. Zweifelsucht und entscheidendes Absprechen wechselten miteinander ab, um eine und dieselbe Wirkung hervorzubringen: eine dünkelhafte Selbstgenügsamkeit und ein Ablehnen alles dessen, was sich nicht sogleich erreichen noch überschauen ließ.

Wo findet sich Ehrfurcht für hohe unerreichbare Forderungen? Wo das Gefühl für einen in unergründliche Tiefe sich senkenden Ernst? Wie selten ist die Nachsicht gegen kühnes mißlungenes Bestreben! Wie selten die Geduld gegen den langsam Werdenden! Ob hierin der lebhafte Franzose oder der trockne Deutsche mehr gefehlt und inwiefern beide wechselseitig zu diesem weitverbreiteten Tone beigetragen, ist hier der Ort nicht zu untersuchen. Man schlage diejenigen Werke, Hefte, Blätter nach, in welchen kürzere oder längere Notizen von dem Leben gelehrter Männer, ihrem Charakter und Schriften gegeben sind; man durchsuche Diktionäre, Bibliotheken, Nekrologen, und selten wird sich finden, daß eine problematische Natur mit Gründlichkeit und Billigkeit dargestellt worden. Man kommt zwar den wackern Personen früherer Zeiten darin zu Hilfe, daß man sie vom Verdacht der Zauberei zu befreien sucht; aber nun täte es gleich wieder not, daß man sich auf eine andere Weise ihrer annähme und sie aus den Händen solcher Exorzisten abermals befreite, welche, um die Gespenster zu vertreiben, sich's zur heiligen Pflicht machten, den Geist selbst zu verjagen.

GOETHE: *Geschichte der Farbenlehre*

4.3.2 Die Große Enzyklopädie

Die Geschichte zeigt, daß dem philosophischen Denken zwei Gefahren drohen – der Autoritätsglaube und das Bestreben, philosophische Systeme zu bilden. Die Enzyklopädisten haben deshalb keine Autorität gelten lassen und kein System konstruiert, sondern das vorhandene Wissen analysiert und die Ergebnisse nebeneinander gestellt. Aus vielen zusammengetragenen Details ist schließlich das monumentale Werk des Jahrhunderts, die *Enzyklopädie,* entstanden. Die *Enzyklopädie* repräsentiert kein philosophisches System im alten Sinne, stellt aber dennoch eine Einheit dar, die in der Verhaltensweise des selbstbewußten Bürgertums zum Ausdruck kommt.

Nimmt ein Leser die anfangs von DIDEROT und D'ALEMBERT herausgegebene *Enzyklopädie (Abbildungen 4.3–2 und 4.3–3)* zur Hand, so findet er in jedem Artikel Themen und Betrachtungsweisen, die heute noch überall in der Welt die Diskussionen gebildeter Gesprächspartner bestimmen. Was die Enzyklopädisten zu Fragen der Erkenntnis, Moral, Religion, Menschenrechte, Gleichheit und Humanität ausgesagt haben, ist nach wie vor diskutabel, selbst ihr etwas naiver Glaube an die Allmacht des Geistes ist uns im wesentlichen nicht fremd *(Abbildung 4.3–4)*.

Wie bereits aus dem Titel der *Enzyklopädie* hervorgeht, werden hier Wissenschaften, Künste und Handwerke als gleichwertig behandelt, so daß auch technisches und handwerkliches Wissen in der *Enzyklopädie* einen breiten Raum einnehmen *(Abbildungen 4.3–5, 4.3–6)*.

Die Gesellschaft darf indessen bei aller berechtigten Verehrung der großen Geister, durch die sie zu klarem Wissen gelangt, keinesfalls die Hände geringschätzen, die ihr Dienste leisten. Die Erfindung des Kompasses hat der Menschheit ebensolchen Nutzen gebracht, wie die Erklärung der Eigenschaften dieser Nadel der Physik bringen würde. Und schließlich, um das erwähnte Unterscheidungsprinzip an sich zu betrachten, bei wie vielen sogenannten Wissenschaftlern ist die Gelehrsamkeit doch eigentlich nur ein mechanisches Handwerk! Besteht denn wirklich ein Unterschied zwischen einem Kopf voller ungeordneter, nutzloser und zusammenhangloser Tatsachen und dem Instinkt eines Handwerkers, der sich auf rein mechanische Arbeit beschränkt?

Die Geringschätzung für das Handwerk scheint sich bis zu einem gewissen Grade sogar auf seine Erfinder ausgedehnt zu haben. Fast alle Namen dieser Wohltäter der Menschheit sind unbekannt, während die Geschichte seiner Zerstörer – das soll heißen, der Eroberer – allen geläufig ist. Vielleicht wird man jedoch gerade bei den Handwerkern die hervorragendsten Beweise für den Scharfsinn, die Ausdauer und die geistigen Reserven finden.

D'ALEMBERT: *Discours Préliminaire de l'Encyclopédie.* 1751. Deutsch von *Annemarie Heins*

D'ALEMBERT hat auch die Physiker stimuliert, indem er DESCARTES und NEWTON den Platz in der Philosophiegeschichte eingeräumt hat, auf dem wir sie auch heute noch gern sehen würden.

Das wichtigste Novum der *Enzyklopädie* ist vielleicht, daß der Wissenschaft und der Philosophie nicht nur die Erklärung der Welt, sondern auch ihre Veränderung zugedacht wird. Diese Veränderung soll in eine Richtung erfolgen, die von der Vernunft erkannt und durch unveränderliche Gesetze vorgegeben ist. Der dialektische und historische Materialismus wird hundert Jahre später versuchen, die Weiterentwicklung selbst als allgemeine Gesetzmäßigkeit zu verstehen, die durch die Klassengegensätze maßgeblich bestimmt wird.

4.3.3 d'Alembert: Vorwort zur Enzyklopädie

Während nun reichlich unwissende oder böswillige Gegner einen offenen Kampf gegen die Philosophie führten, zog diese sich sozusagen in die Schriften einiger großer Männer zurück, die, frei von dem gefährlichen Ehrgeiz, ihren Zeitgenossen die Binde von den Augen zu reißen, aus der Ferne und in aller Stille die Aufklärung vorbereiteten, von deren Licht die Welt allmählich und in unmerklichem Aufstieg erfaßt werden sollte.

An die Spitze dieser berühmten Persönlichkeiten gehört der unsterbliche Kanzler Englands, FRANCIS BACON, dessen Werke durchaus mit Recht in hoher Achtung stehen – allerdings werden sie mehr gewürdigt als gelesen! – und die doch weit höherem Maße wert sind, gelesen, als einfach gelobt zu werden.

Bei einer Betrachtung der gesunden und weitblickenden Ansichten dieses großen Mannes, der zahlreichen Gebiete, denen sein Geist sich zuwandte, und der Kühnheit seines Stils, der stets die erhabensten Bilder mit strengster Genauigkeit in Einklang zu bringen verstand, könnte man in Versuchung geraten, ihn als größten, umfassendsten und wortgewaltigsten aller Philosophen anzusehen. Der im tiefsten Dunkel geistiger Nacht geborene BACON empfand, daß eine eigentliche Philosophie noch gar nicht existierte, wenn auch viele Leute sich zweifellos einbildeten, Großes in ihr zu leisten. Denn je unkultivierter ein Jahrhundert ist, um so gebildeter glaubt es auf allen Wissensgebieten zu sein. Er betrachtete also zunächst die einzelnen Gegenstände aller Naturwissenschaften unter einem allgemeinen Gesichtspunkt; er teilte diese Wissenschaften in verschiedene Zweige ein und zählte sie mit möglichster Genauigkeit auf; er überprüfte das bisherige Wissen über jeden dieser Gegenstände und legte für alle noch verbleibenden Forschungen ein umfassendes Verzeichnis an. Hierin liegt der Zweck seines bewundernswürdigen Werkes *Über den Wert und*

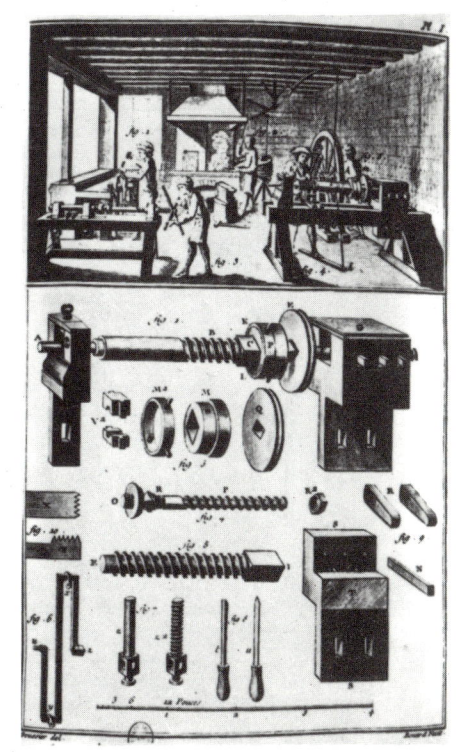

Abbildung 4.3–2
Die **Große Französische Enzyklopädie** ist eine der Bücherserien mit der nachhaltigsten Wirkung in der Menschheitsgeschichte. Sie ist vor allem eine Frucht des französischen Geisteslebens des 18. Jahrhunderts und ein Symbol des Zeitalters der Aufklärung. Um ihr Zustandekommen haben sich Menschen in den unterschiedlichsten gesellschaftlichen Stellungen und mit unterschiedlichen Weltanschauungen, so auch der königliche Zensor *de Malesherbes,* bemüht. Unter den Mitarbeitern finden wir Namen wie *Voltaire, Rousseau, d'Alembert, Holbach, Helvetius, Montesquieu, Quesnay, Buffon* u. a. Die Enzyklopädie hätte aber nicht erscheinen können ohne den Enthusiasmus, die Ausdauer, das Organisationstalent und den Mut von *Denis Diderot* (Abbildung 4.3–4).

Vom Verleger *Le Breton* war ursprünglich geplant worden, ein volkstümliches englisches Werk mit dem Titel *Ephraim Chambers Cyclopaedia* zu übersetzen; von diesem Vorhaben hat *Diderot* jedoch abgeraten. Ihm ist es gelungen, zunächst *d'Alembert* und dann auch die gesamte geistige Elite Frankreichs, deren Vertreter oben aufgezählt sind, zur Mitarbeit zu gewinnen. Der 1. und 2. Band des ursprünglich auf 8 Bände geplanten Werkes sind 1751 und 1752 erschienen. Nach Angriffen, einem Verbot und der schließlich wieder erteilten Genehmigung ist 1757 bereits der 7. Band erschienen. Nach einem Attentat auf den König wurde die Drucklegung der weiteren Bände sowie die Verbreitung des Werkes verboten. In der nach der Vertreibung der Jesuiten etwas entschärften Lage konnten die bis 1762 gedruckten Bände 8 bis 17 (abschließende Textbände) – wenn auch nur unter der Hand – an die 4250 Abonnenten verschickt werden. Bis 1772 sind auch die insgesamt 11 Abbildungsbände fertiggestellt worden. Alles in allem besteht das Werk mit den 5 Ergänzungs- und den 2 Registerbänden aus 35 Bänden

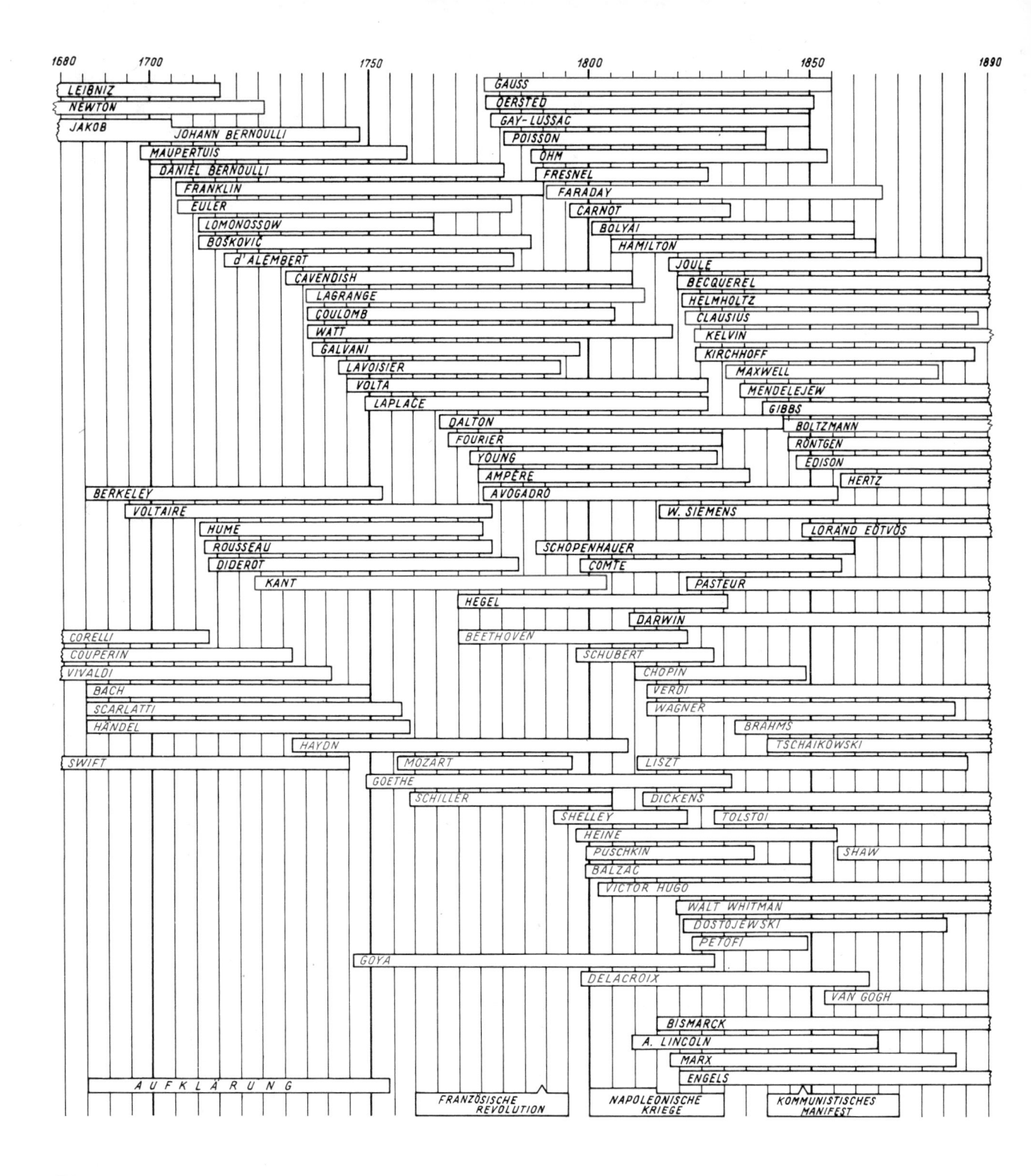

Tabelle 4.3−1
Die Erbauer der klassischen Physik

Im 17. Jahrhundert sind Physik und Philosophie eng miteinander verflochten gewesen, im 18. Jahrhundert hat man im Geiste der Enzyklopädie auch dem *Handwerk* und damit der Technik einen Platz eingeräumt, und im 19. Jahrhundert schließlich ist die Verbindung von Physik und Technik immer enger geworden, wohingegen versucht worden ist, die Physik von der Philosophie weitgehend abzukoppeln. Das 19. Jahrhundert ist das Jahrhundert der großen Erfinder.

In der Tabelle begegnen wir zwei extremen Charakteren: Der eine, der Ungar *Ányos Jedlik* (1800−1895), war ein bescheidener und zurückgezogen lebender Wissenschaftler. Er hat bereits 1828 einen Elektromotor konstruiert und 1861 das Prinzip des selbsterregten Dynamos gefunden; als Erfinder des dynamoelektrischen Prinzips wird jedoch meist *Werner von Siemens* (1816−1892) angesehen, der auch die technische und ökonomische Bedeutung seiner 1867 gebauten Anlage erkannt hat. Einen völlig anderen Typus haben wir bei *Thomas Alva Edison* (1847−1931) vor uns. Er ist nicht nur Erfinder, sondern gleichzeitig auch Forschungsorganisator und Unternehmer gewesen und hat sich um die wirtschaftliche Verwertung seiner Ergebnisse bemüht. Auf Edison gehen die Kohlenfadenlampe, das Netz zur Verteilung elektrischer Energie an die Verbraucher, die Schallaufzeichnung (Phonograph) und der Nickel-Eisen-Akkumulator zurück.

Im Verlaufe des 18. Jahrhunderts ist man vom statischen Weltbild des 17. Jahrhunderts abgekommen, und im 19. Jahrhundert richtet sich das Augenmerk bereits auf die Dynamik, die Bewegung und Veränderung, d. h. aber auf die Weiterentwicklung und Evolution. So gibt das Buch *Systema Naturae* (1735–1788) von *Carl von Linné* (1707–1778) nur eine Bestandsaufnahme der als unveränderlich angesehenen Arten an, während *Charles Darwin* (1809–1882) mit seinen Schriften *Origin of species* (1859) und *The descent of men* (1871) dem Menschen bereits seinen Platz in der Entwicklungshierarchie zuweist, wobei er sich auf namhafte Vorgänger, wie z. B. auf seinen Großvater, *Erasmus Darwin,* auf *Jean Baptiste de Lamarck* (1744–1829) und sogar auf *Kant* stützen kann.

In der Ökonomie haben die Klassiker, so z. B. *Adam Smith* (1723–1790) (*An inquiry into the Nature and Causes of the Wealth of Nations,* 1776) noch nach unveränderlichen Gesetzen gesucht, während schließlich *Karl Marx* (1818–1883) und *Friedrich Engels* (1820–1895) auch die Triebfedern für Veränderung und Fortschritt erforscht haben.

Die Arbeiten von *Louis Pasteur* (1822–1895) sowie seines jüngeren Zeitgenossen und Konkurrenten *Robert Koch* (1843–1910) zum Nachweis krankheitserregender Mikroben und zur Ausarbeitung von Heilverfahren für die von ihnen hervorgerufenen Krankheiten sind von epochaler Bedeutung.

Obwohl er in der Tabelle nicht vertreten ist, erwähnen wir hier noch *Gregor Mendel* (1822–1884), der die Vererbungsgesetze quantitativ formuliert und damit die Grundlage für eine der profilbestimmenden Wissenschaften des 20. Jahrhunderts geschaffen hat.

das Wachstum der menschlichen Kenntnisse. In seinem *Neuen Organon der Wissenschaften* erweitert er die im ersten Werk entwickelten Ansichten. Er führt sie weiter und macht auf die Notwendigkeit der Experimentalphysik aufmerksam, an die damals noch gar nicht zu denken war. Er ist ein Gegner aller Systeme und betrachtet die Philosophie lediglich als denjenigen Teil unseres Wissens, der zu unserer Besserung oder zu unserem Glück beitragen soll. Er scheint sie einschränkend als eine Wissenschaft des Nützlichen zu begreifen und empfiehlt immer wieder das Studium der Natur. Seine anderen Schriften liegen auf der gleichen Ebene; in allem, sogar in ihren Titeln, offenbart sich der geniale Mensch, der umfassende Geist. Er sammelt hier Tatsachen, vergleicht die bisherigen Versuche und zeigt auf, wieviele weitere noch unternommen werden müssen; er fordert die Gelehrten zu eingehender Beschäftigung mit den Künsten und zu ihrer Vervollkommnung auf, da er in ihnen den erhabensten und wesentlichsten Teil der menschlichen Wissenschaft sieht. Mit vornehmer Schlichtheit legt er seine „Vermutungen und Gedanken" über die verschiedenen, für die Menschen wissenswerten Gebiete auseinander, und wie jener Greis bei TERENZ (*Humani nihil a me alienum puto*) hätte auch er behaupten können, daß nichts Menschliches ihm fremd sei. Naturwissenschaft, Moral, Politik, Ökonomie – in allem scheint dieser klare und tiefangelegte Geist Fachmann gewesen zu sein, und man weiß nicht, was man mehr bewundern soll: den Gedankenreichtum in jedem der von ihm behandelten Themen oder die Würde, mit der er über sie spricht. Den besten Vergleich mit seinen Schriften bilden diejenigen des HIPPOKRATES über die Medizin, und man würde sie kaum weniger bewundern oder lesen als diese, wenn die geistige Kultur der Menschheit ebenso am Herzen läge wie die Erhaltung ihrer Gesundheit. Aber auf allen Gebieten erregen nur immer die Werke der Gründer wissenschaftlicher Schulen ein gewisses Aufsehen. Zu diesen hat BACON nicht gehört, und auch die Art seiner Philosophie stand dem entgegen: sie war zu vernünftig, um irgendwie in Erstaunen zu versetzen. Die zu seiner Zeit herrschende Scholastik konnte nur durch neue, kühne Ansichten gestürzt werden, und offenbar war ein Philosoph, der sich damit begnügte, den Menschen zu sagen: „Hier ist das wenige, was ihr bisher erkannt habt, und dort seht ihr alles, was ihr noch erforschen müßt!" wenig dazu geeignet, unter seinen Zeitgenossen großes Aufsehen zu erregen...

Auf den Kanzler BACON folgte der berühmte DESCARTES. Dieser seltene Mann, dessen Beurteilung in weniger als einem Jahrhundert solchen Schwankungen unterworfen war, verfügte über sämtliche zur Umgestaltung der Philosophie notwendigen Eigenschaften: starke Vorstellungskraft, einen logisch folgernden Geist, mehr selbsterworbene als angelesene Kenntnisse, viel Mut zur Bekämpfung der weitestverbreiteten Vorurteile und nicht die geringste Anhänglichkeit, die ihn zur Schonung dieser vorgefaßten Meinungen hätte zwingen können.

Vielleicht war er als Philosoph ebenso groß; aber er hatte hier weniger Glück. Die Mathematik, die der Natur ihres Gegenstandes entsprechend immer nur an Boden gewinnen und nicht verlieren kann, mußte zwangsläufig in der Hand eines so großen Genies sehr bemerkenswerte und aller Welt ersichtliche Fortschritte machen. Die Philosophie war in völlig anderer Lage, hier mußte erst ein Anfang gemacht werden. Und wie mühsam sind auf jedem Gebiet die ersten Schritte! Das Verdienst, diese zu unternehmen, enthebt den betreffenden Menschen größerer Schritte. Wenn auch DESCARTES, der uns den Weg gebahnt hat, nicht soweit auf ihm vorgedrungen ist, wie seine Anhänger glauben, so hat ihm doch die Wissenschaft durchaus nicht so wenig zu danken, wie seine Gegner wollen. Seine „Methode" allein hätte genügt, ihn unsterblich zu machen. Seine „Dioptrik" ist die großartigste und schönste aller bisherigen Anwendungen der Mathematik auf die Physik, und schließlich sieht man überall in seinen Werken, auch in den jetzt am seltensten gelesenen, sein schöpferisches Genie glänzen. Bei einer vorurteilslosen Beurteilung seiner heute fast lächerlich anmutenden Wirbeltheorie wird man – so wage ich zu behaupten – zugeben müssen, daß man in jener Zeit etwas Besseres nicht ersinnen konnte. Die zur Verwerfung dieser Darlegung dienenden astronomischen Beobachtungen waren damals noch unvollkommen oder kaum festgelegt, nichts war also natürlicher als die Vermutung, daß ein Fluidum die Planeten in Bewegung hielte. Erst eine lange Reihe von Erscheinungen, Vernunftschlüssen und Berechnungen und infolgedessen eine lange Reihe von Jahren konnten zum Verzicht auf eine so verführerische Theorie führen. Diese besaß übrigens den besonderen Vorzug, die Schwerkraft der Körper durch die Zentrifugalkraft des Wirbels zu beweisen; und ich schrecke nicht vor der Behauptung zurück, daß diese Erklärung der Schwere zu den schönsten und geistreichsten von den Philosophen jemals aufgestellten Hypothesen gehört. Um sie aufzugeben, mußten die Physiker fast gegen ihren Willen durch die Theorie der Zentralkräfte und viel später gemachte Versuche überzeugt

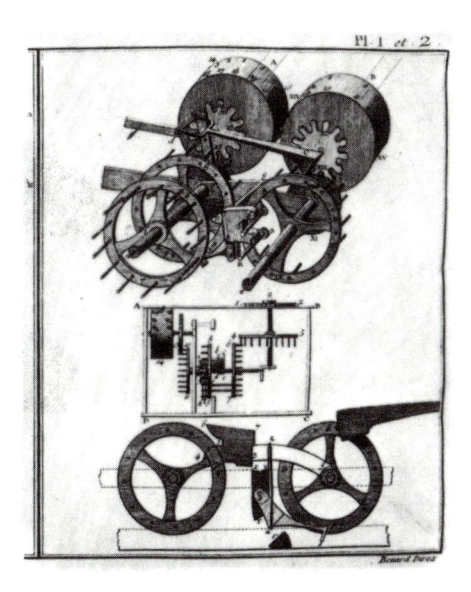

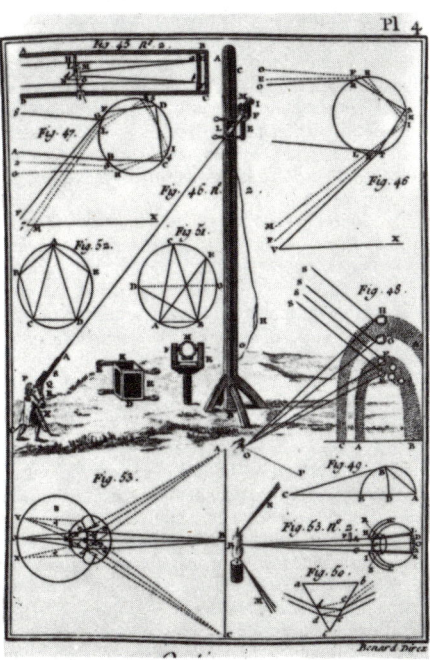

Abbildung 4.3–3
Zwei charakteristische Abbildungen aus der *Großen Französischen Enzyklopädie;* Konstruktionszeichnung der Pascalschen Rechenmaschine und erläuternde Abbildungen zum Stichwort Optik

Abbildung 4.3–4
Der „Stab" der Enzyklopädisten. Dem Betrachter gegenüber sitzt mit erhobenem Arm *Voltaire*, rechts von ihm *Diderot* und links *Helvetius*. Auf der rechten Bildhälfte erkennen wir den Baron *Holbach* (mit Hut), mit dem Rücken zum Betrachter sitzt *Condorcet*, links neben ihm *d'Alembert*, dann *Turgot*.

Über *Voltaire* und *Diderot* sprechen wir an anderer Stelle. *Claude-Adrien Helvetius* hat zwar keinen einzigen Beitrag zur Enzyklopädie selbst geschrieben, sein geistiges Gewicht reiht ihn jedoch unter die Enzyklopädisten ein. Zu seiner Arbeit *De l'Esprit (Über den Geist)* zitiert *Russell* den Zeitgenossen *Bentham*:

Was *Bacon* für die Physik war, das war *Helvetius* für die Ethik. Die Ethik hat also schon ihren *Bacon*, doch hat sie auf ihren *Newton* noch zu warten.

Nach *Locke* ist unser Verstand bei der Geburt eine *tabula rasa*, und die Erziehung bestimmt, was auf dieses leere Blatt geschrieben wird. *Helvetius* hat an die Allmacht der Erziehung, zu der auch alle Einflüsse der Umwelt beitragen, geglaubt. Seine Ethik basiert auf einem im positiven Sinne interpretierten *(mit Weitblick versehenen)* Egoismus. *Marquis de Condorcet* (1743–1794) ist, protegiert von *d'Alembert*, bereits in seiner Jugend als Mathematiker Mitglied der Akademie geworden. Die nach seinem Tode im Jahre 1805 erschienene zweite Auflage seiner Arbeit *(Éléments du calcul des probabilités et son application aux jeux de hasard, á la loterie et aux jugements des hommes)* ist nicht nur für die Mathematik, sondern auch für die Soziologie von Bedeutung. *Condorcet* ist ein aktiver Teilnehmer der französischen Revolution gewesen. 1792 hat er einen groß angelegten Plan zur Reform des Bildungswesens vorgelegt: Elementarschulen in jedem Dorf, Mittelschulen in den Städten und Hochschulen in jedem Departement; alle Schulen unter staatlicher Verwaltung, obligatorisch und unentgeltlich; eine Auswahl nach den

werden. Erkennen wir also an, daß DESCARTES in seiner Zwangslage, eine ganz neue Physik zu schaffen, keine bessere hätte ins Leben rufen können, daß man sozusagen erst durch die Wirbeltheorie hindurch zum tatsächlichen Weltsystem gelangen konnte, und daß DESCARTES, wenn er sich auch über die Bewegungsgesetze getäuscht hatte, doch als erster deren Existenz erraten hat.

Seine Metaphysik, die seiner Physik an Scharfsinn und Neuheit gleichkommt, hatte etwa das gleiche Schicksal wie diese und kann auch mit fast den gleichen Gründen gerechtfertigt werden; denn dieser große Mann hat heute das traurige Los, auf Apologeten angewiesen zu sein, nachdem er einst zahlreiche Anhänger besessen hatte. Zweifellos täuschte er sich in der Voraussetzung der „angeborenen Ideen". Hätte er jedoch von der peripatetischen Schule die einzige von ihr gelehrte Wahrheit über den Ursprung der Ideen aus den Sinnen beibehalten, dann wären die gleich danebenliegenden Irrtümer, die diese Wahrheit herabziehen, vielleicht schwieriger auszurotten gewesen. DESCARTES hat es wenigstens gewagt, den Begabten zu zeigen, wie sie das Joch der Scholastik, der öffentlichen Meinung, der Autorität, kurz, der Vorurteile und der Unwissenheit abschütteln könnten, und durch diese Umwälzung, deren Früchte wir heute ernten, hat ihm die Philosophie einen Dienst zu danken, wie ihr seine berühmtesten Nachfolger vielleicht schwerlich einen hätten erweisen können. Man kann ihn als Anführer einer Verschwörung betrachten, der als erster den Mut zum Aufstand gegen eine despotische und willkürliche Macht aufbrachte und der in der Vorbereitung einer aufsehenerregenden Revolution den Grund zu einer gerechteren und glücklicheren Regierung legte, deren Einsetzung er nicht mehr erleben konnte. Wenn er zum Schluß für alles Erklärungen gefunden zu haben glaubte, hatte er doch anfangs in alles Zweifel gesetzt, und die Waffen, deren wir uns jetzt bedienen, um ihn zu bekämpfen, bleiben sein Eigentum, auch wenn wir sie gegen ihn richten. Übrigens ist man gelegentlich gezwungen, wenn widersinnige Ideen fest verwurzelt sind und man die Menschheit von ihnen befreien will, sie durch andere Irrtümer zu ersetzen, solange man keine bessere Lösung findet. Der menschliche Geist verlangt in seiner Unsicherheit und Bedeutungslosigkeit stets nach einer Meinung, an die er sich klammern kann. Er gleicht einem Kinde, dem man ein Spielzeug zeigen muß, um ihm eine gefährliche Waffe wegzunehmen; es wird von selbst das Spielzeug fallen lassen, sobald es in das vernünftige Alter gekommen ist. Durch diese Irreführung der Philosophen oder derjenigen, die es zu sein glauben, lehrt man sie wenigstens, ihrer eigenen Einsicht zu mißtrauen: diese Verfassung ist der erste Schritt zur Wahrheit. DESCARTES ist daher zu seinen Lebzeiten so heftig verfolgt worden, als wäre er als Wahrheitsbringer zu den Menschen gekommen.

Dann endlich erschien NEWTON, dem HUYGENS den Weg geebnet hatte, und gab der Philosophie ein Gesicht, das sie anscheinend behalten soll. Dieses große Genie begriff, daß die Zeit zur Ausmerzung aller Mutmaßungen und unsicheren Hypothesen in der Philosophie oder wenigstens zur Einschränkung auf ihren tatsächlichen Wert gekommen war und daß diese Wissenschaft allein auf Versuche und auf die Mathematik aufgebaut werden dürfe. Vielleicht veranlaßte ihn diese Erwägung zu seiner ersten Erfindung der Unendlichkeitsrechnung und der Methode der unendlichen Reihen, deren Anwendung schon in der Mathematik selbst und vor allem zur Bestimmung der verwickelten Kräftewirkungen Verbreitung findet, die in der Natur beobachtet werden, in sich alles in Form unendlicher Progression zu entwickeln scheint. Die Versuche mit der Schwerkraft führten gemeinsam mit den Beobachtungen KEPLERS den englischen

Philosophen zur Entdeckung der Kraft, die die Planeten in ihren Bahnen hält. Er lehrte gleichzeitig mit der Erkenntnis der Ursachen ihrer Bewegung deren Berechnung mit einer Genauigkeit, die man erst nach jahrhundertelanger Arbeit hätte erwarten können. Als Schöpfer einer völlig neuen Optik brachte er den Menschen die Kenntnis des Lichtes dadurch, daß er es zerlegte. Alles, was wir außerdem noch zum Ruhm dieses großen Philosophen sagen könnten, bliebe weit hinter der allgemeinen Anerkennung zurück, die heute seinen kaum noch zu zählenden Entdeckungen und seinem umfassenden, logischen und gleichzeitig in die Tiefe dringenden Genie gezollt wird. Durch die Bereicherung der Philosophie um eine große Zahl wirklicher Werte ist ihm diese zweifellos zu tiefem Dank verpflichtet. Aber seine wichtigste Tat für die Philosophie war es vielleicht, ihr Zurückhaltung aufzuerlegen und jene ihr von DESCARTES unter zwingenden Umständen verliehene Vermessenheit in vernünftigen Grenzen zu halten. Seine Welttheorie (ich möchte den Ausdruck „System" nicht anwenden) hat heute so allgemeine Anerkennung gefunden, daß man ihrem Urheber die Ehre ihrer Erfindung abzusprechen beginnt, weil man eben große Männer zuerst des Irrtums beschuldigt, um sie schließlich als Plagiatoren zu behandeln. Ich überlasse denjenigen, die schlechtalles in den antiken Werken finden, das Vergnügen, in diesen Werken auch die Schwerkraft der Planeten zu entdecken, wenn sie auch nicht darin zu finden ist; aber wenn wir auch eine derartige Vorstellung bei den Griechen voraussetzen, dann ist doch bei ihnen noch ein gewagtes und unsicheres System gewesen, was unter den Händen NEWTONS Beweiskraft erhielt: in diesem ihm zuzuschreibenden Beweis liegt das wirkliche Verdienst seiner Entdeckung, und die Anziehungskraft wäre ohne eine solche Begründung eine Hypothese wie viele andere auch. Wenn ein beliebiger berühmter Schriftsteller den Einfall hätte, heute ohne jeden Beweis vorauszusagen, daß eines Tages die Herstellung von Gold gelänge, würde dieser Vorwand unsere Nachkommen berechtigen, dem Chemiker, der dieses Ziel erreichte, den Ruhm seiner großen Tat streitig zu machen? Und ist die Erfindung der Ferngläser deshalb weniger ausschließlich das Werk ihrer Entdecker, weil vielleicht mancher im Altertum es für nicht unmöglich hielt, daß wir eines Tages die Reichweite unseres Auges vergrößern könnten?...

Was NEWTON nicht gewagt oder vielleicht nicht gekonnt hatte, unternahm nun LOCKE und führte es erfolgreich aus. Man kann behaupten, daß er die Metaphysik schuf, ungefähr in der Art, wie NEWTON die Physik geschaffen hatte. Er begriff, daß die bisher behandelten lächerlichen Abstraktionen und Fragen, in denen man beinahe das Wesen der Philosophie gesehen hatte, als erstes sofort aus ihr gestrichen werden müßten. Er suchte und fand in diesen Abstraktionen und im Mißbrauch der Bezeichnungen die wesentlichste Ursache unserer Irrtümer. Zur Erforschung unserer Seele mit ihren Ideen und Affekten vertiefte er sich nicht in Bücher, die ihn ja nur schlecht unterrichtet haben würden: er gab sich mit gründlicher Selbstforschung zufrieden. Nachdem er sich sozusagen lange genug betrachtet hatte, wies er in seiner *Abhandlung über den menschlichen Verstand* den Menschen nur den Spiegel vor, in dem er sich selbst betrachtet hatte. Kurz, er führte die Metaphysik auf ihre wirkliche Seinsbestimmung zurück, auf eine Experimentalphysik der Seele, die sich von der Physik der Körper nicht nur durch ihren Gegenstand, sondern auch durch ihre Betrachtungsweise grundlegend unterscheidet. In dieser kann man bisher unbekannte Erscheinungen entdecken, und entdeckt sie auch häufig; in der Seelenkunde finden sich die seit Bestehen der Welt vorhandenen Tatsachen gleichmäßig bei allen Menschen: wer hier Neues zu sehen glaubte, dem ist nicht zu helfen. Die verstandesmäßig begriffene Metaphysik kann wie die Experimentalphysik nur in sorgfältiger Sammlung aller dieser Tatsachen, in ihrer Zusammenfassung in ein Ganzes, in ihrer gegenseitigen Bedingtheit und in der Unterstreichung derjenigen bestehen, die als grundlegend vorangestellt werden müssen. Kurz, die Grundlehren der Metaphysik sind ebenso einfach wie die Axiome und für Philosophen und Volk die gleichen. Der geringe Fortschritt dieser Wissenschaft in einem so langen Zeitraum zeigt jedoch, wie selten diese Grundsätze erfolgreich angewandt werden können, teils wegen der Schwierigkeit einer solchen Arbeit und vielleicht auch wegen der angeborenen Ungeduld, die uns nicht in deren Grenzen bleiben läßt. Trotzdem ist der Titel eines Metaphysikers und sogar eines großen Metaphysikers in unserem Jahrhundert noch ziemlich geläufig; denn wir gehen gern verschwenderisch mit allem um: aber wie wenig Menschen sind eines solchen Namens wirklich würdig! Wieviele „verdienen" ihn nur wegen ihres unseligen Talentes, klare Begriffe mit viel Spitzfindigkeit zu verdrehen und in ihren Formulierungen das Ausgefallene dem Wahren, das doch immer einfach ist, vorzuziehen! Nach alledem darf man nicht erstaunt sein, wenn die meisten der sogenannten Metaphysiker nicht viel voneinander halten. Ich hege keinen Zweifel, daß dieser Titel bald zu einem Schimpfwort für unsere Denker herabsinken wird, wie auch der Name „Sophist", der doch „Weiser" bedeutet, in Griechenland durch seine Träger entwürdigt und deshalb von den wahren Philosophen abgelehnt wurde.

Aus dieser geschichtlichen Darstellung ziehen wir nun den Schluß, daß England uns den Ausgangspunkt jener Philosophie verdankt, die wir später von dort wieder übernommen haben. Vielleicht ist zwischen den substantiellen Formen und der Wirbeltheorie ein weiterer Weg als von dieser zur allgemeinen Schwerkraft, wie auch vielleicht zwischen der reinen Algebra und dem Gedanken ihrer Anwendung auf die Geometrie ein größerer Abstand besteht als zwischen dem Barrowschen kleinen Dreieck und der Differentialrechnung.

Dies wären die wichtigsten großen Männer, die der menschliche Geist als Vorbilder betrachten muß und denen man in Griechenland Statuen errichtet hätte, selbst unter der Voraussetzung, den für ihre Aufstellung erforderlichen Platz durch Niederreißung einiger Eroberersdenkmäler zu sichern.

Deutsch von *Annemarie Heins*. Felix Meiner Verlag, Hamburg

Fähigkeiten; Bildungsmöglichkeiten auch für Frauen und eine Erwachsenenweiterbildung. Seine Vorstellungen sind in Frankreich im wesentlichen 100 Jahre später verwirklicht worden. Um dem Revolutionsterror zu entgehen, mußte er sich verbergen und hat in dieser Zeit sein Buch *Historische Skizze über den Fortschritt der menschlichen Vernunft* geschrieben. Er hat geglaubt, daß sich die Ungleichheiten zwischen Nationen und Klassen zum Verschwinden bringen lassen und daß der Mensch — intellektuell, moralisch und physisch — unbeschränkt vervollkommnet werden kann und sich schließlich auch vervollkommnen wird.

Condorcet hat die Malthussche Theorie über den Bevölkerungszuwachs antizipiert, aber geglaubt, daß mit der Geburtenregelung eine Lösung gefunden werden könne. Das Erscheinen seines Buches, das vom Glauben an die Allmacht der Vernunft getragen ist und in dem eine glänzende Zukunft vorhergesagt wird, hat *Condorcet* nicht mehr erlebt; im tragischen Widerspruch zur Aussage seines Buches hat er auf der Flucht Selbstmord begangen.

Baron Holbach (1723–1789) entstammt einer Familie des deutschen Hochadels, Frankreich ist jedoch seine wahre Heimat gewesen. Die Kühnheit seines 1770 erschienenen Werkes *System der Natur* hat sogar seine Philosophenkollegen bestürzt.

Turgot (1727–1781) ist kurze Zeit Finanzminister *Ludwigs XVI.* gewesen; er ist vor allem durch seine ökonomischen Theorien und seine Reformbestrebungen bekannt geworden

4.3.4 Das für unerschütterlich gehaltene Fundament der klassischen Physik: die Kantsche Philosophie

Wir besitzen keine angeborenen Ideen: Alle unsere Erkenntnisse stammen — durch sinnliche Erfahrung vermittelt — aus der Außenwelt. So behauptet es LOCKE. Und wodurch werden die Zuverlässigkeit unserer Kenntnisse, die

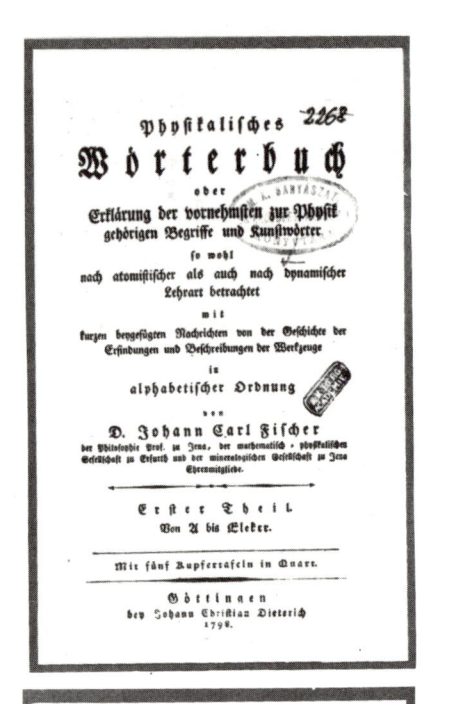

Abbildung 4.3–5
Am Ende des 18. Jahrhunderts sind auch die ersten Fachwörterbücher und Fachenzyklopädien erschienen, wie z. B. das hier gezeigte Fischersche Physikalische Wörterbuch. Das Niveau ist zeitgemäß und hoch; die geschichtlichen Zusammenfassungen sind heute noch sehr lehrreich zu lesen. In dieser Zeit erschien 1799 der erste Band der Zeitschrift *Annalen der Physik*, in der später so viele wichtige Artikel veröffentlicht wurden.
Gedenkbibliothek der Universität für Schwerindustrie, Miskolc

bindende Gültigkeit der so erfahrenen Gesetzmäßigkeiten gesichert? Durch nichts – antwortete HUME, da die scheinbare Notwendigkeit nichts anderes ist, als unseren Gewohnheiten entsprechender und tief eingewurzelter Glauben. Der skeptische Schotte HUME erweckte den Königsberger Einsiedler IMMANUEL KANT *(Abbildung 4.3–7)* aus seinem dogmatischen Schlummer. Ja, auch wir lesen heute noch mit leichten Gewissensbissen HUMES strenge Worte:

> Sehen wir, von diesen Prinzipien durchdrungen, die Bibliotheken durch, welche Verwüstungen müssen wir da nicht anrichten? Greifen wir irgend einen Band heraus, etwa über Gotteslehre oder Schulmetaphysik, so sollten wir fragen: *Enthält er irgend einen abstrakten Gedankengang über Größe oder Zahl?* Nein. *Enthält er irgend einen auf Erfahrung gestützten Gedankengang über Tatsachen und Dasein?* Nein. Nun, so werft ihn ins Feuer, denn er kann nichts als Blendwerk und Täuschung enthalten.

Die Zuverlässigkeit unserer wissenschaftlichen Ergebnisse wird durch die Struktur unseres Denkens gewährleistet – so könnte man vielleicht KANTS Gegenargumente kurz zusammenfassen.

Die ausführlichen Darlegungen KANTS zu seinem obigen Gedanken füllen die fast 1000 Seiten der *Kritik der reinen Vernunft*. Den Titel möchten wir mit KANTS eigenen Worten erklären: Vernunft ist das Vermögen, welches die Prinzipien der Erkenntnis a priori an die Hand gibt. Daher ist reine Vernunft diejenige, welche die Prinzipien, etwas schlechthin a priori zu erkennen, enthält... so können wir eine Wissenschaft der bloßen Beurteilung der reinen Vernunft, ihrer Quellen und Grenzen als die Propädeutik zum System der reinen Vernunft ansehen. Eine solche würde nicht eine Doktrin, sondern nur Kritik der reinen Vernunft heißen müssen, und ihr Nutzen würde in Ansehung der Spekulation wirklich nur negativ sein, nicht zur Erweiterung, sondern nur zur Läuterung unserer Vernunft dienen und sie von Irrtümern frei halten, durch welches schon sehr viel gewonnen ist. Es ist natürlich angemessen, daß die zu beantwortende Frage auch in KANTS eigener Formulierung gegeben werde:

> Daß alle unsere Erkenntnis mit der Erfahrung anfange, daran ist gar kein Zweifel; denn wodurch sollte das Erkenntnisvermögen sonst zur Ausübung erweckt werden, geschähe es nicht durch Gegenstände, die unsere Sinne rühren und teils von selbst Vorstellungen bewirken, teils unsere Verstandestätigkeit in Bewegung bringen, diese zu vergleichen, sie zu verknüpfen oder zu trennen, und so den rohen Stoff sinnlicher Eindrücke zu einer Erkenntnis der Gegenstände zu verarbeiten, die Erfahrung heißt? *Der Zeit* nach geht also keine Erkenntnis in uns der Erfahrung vorher, und mit dieser fängt alles an.
>
> Wenn aber gleich alle unsere Erkenntnis *mit* der Erfahrung anhebt, so entspringt sie darum doch nicht eben alle *aus* der Erfahrung. ...
>
> Es ist also wenigstens eine der näheren Untersuchung noch benötigte und nicht auf den ersten Anschein sogleich abzufertigende Frage: ob es eine dergleichen von der Erfahrung und selbst von allen Eindrücken der Sinne unabhängige Erkenntnis gebe. Man nennt solche Erkenntnisse *a priori,* und unterscheidet sie von den *empirischen*, die ihre Quellen *a posteriori,* nämlich in der Erfahrung haben.

Um dem Grundproblem näher zu kommen, müssen wir die wichtigen Begriffe analytisches Urteil und synthetisches Urteil kennen und unterscheiden lernen.

> In allen Urteilen, worin das Verhältnis eines Subjekts zum Prädikat gedacht wird (wenn ich nur die bejahende erwäge, denn auf die verneinende ist nachher die Anwendung leicht), ist dieses Verhältnis auf zweierlei Art möglich. Entweder das Prädikat B gehört zum Subjekt A als etwas, was in diesem Begriffe A (versteckter Weise) enthalten ist; oder B liegt ganz außer dem Begriff A, ob es zwar mit demselben in Verknüpfung steht. Im ersten Fall nenne ich das Urteil *analytisch*, in dem andern *synthetisch*. Analytische Urteile (die bejahenden) sind also diejenigen, in welchen die Verknüpfung des Prädikats mit dem Subjekt durch Identität, diejenigen aber, in denen diese Verknüpfung ohne Identität gedacht wird, sollen synthetische Urteile heißen. Die erstere könnte man auch *Erläuterungs-*, die andere *Erweiterungsurteile* heißen, weil jene durch das Prädikat nichts zum Begriff des Subjekts hinzutun, sondern diesen nur durch Zergliederung in seine Teilbegriffe zerfällen, die in selbigem schon (obgleich verworren) gedacht waren: da hingegen die letztere zu dem Begriffe des Subjekts ein Prädikat hinzutun, welches in jenem gar nicht gedacht war und durch keine Zergliederung desselben hätte können herausgezogen werden.

Und jetzt die These, das Credo der Physiker (hauptsächlich der deutschen Physiker) des 19. Jahrhunderts:

Naturwissenschaft (Physica) *enthält synthetische Urteile a priori als Prinzipien in sich.*

... Man gewinnt dadurch schon sehr viel, wenn man eine Menge von Untersuchungen unter die Formel einer einzigen Aufgabe bringen kann. Denn dadurch erleichtert man sich nicht allein selbst sein eigenes Geschäft, indem man es sich genau bestimmt, sondern auch jedem anderen, der es prüfen will, das Urteil, ob wir unserem Vorhaben ein Genüge getan haben oder nicht. Die eigentliche Aufgabe der reinen Vernunft ist nun in der Frage enthalten: *Wie sind synthetische Urteile a priori möglich?*...

In der Auflösung obiger Aufgabe ist zugleich die Möglichkeit des reinen Vernunftgebrauchs in Gründung und Ausführung aller Wissenschaften, die eine theoretische Erkenntnis a priori von Gegenständen enthalten, mit begriffen, d.i. die Beantwortung der Fragen:
Wie ist reine Mathematik möglich?
Wie ist reine Naturwissenschaft möglich?

Von diesen Wissenschaften, da sie wirklich gegeben sind, läßt sich nun wohl geziemend fragen: *wie* sie möglich sind; denn daß sie möglich sein müssen, wird durch ihre Wirklichkeit bewiesen.

KANT setzt sich sowohl mit dem extremen Empirismus als auch mit dem extremen Rationalismus auseinander und weist nach, daß im Erkenntnisprozeß Sinneserfahrung und Verstandestätigkeit gleichermaßen eine Rolle spielen. Nach KANT ist es unzweifelhaft, daß zwar jede Erkenntnis mit einer Wahrnehmung beginnt, der erkennende menschliche Verstand aber dabei eine wesentliche Rolle spielt. Aus der Wahrnehmung wird nur dann eine Erkenntnis, wenn der Verstand mit Hilfe bestimmter a priori vorhandener Strukturen, die vor jeder Wahrnehmung vorhanden sind, ordnend eingreift. Zu diesen Strukturen gehören die Anschauungsformen – mit dem Raum als äußerer und der Zeit als innerer Anschauungsform – und die Kategorien, unter ihnen z.B. die Relationskategorien (Substanz und Akzidens sowie Ursache und Wirkung). Die Kategorien sind also Begriffe, welche den Erscheinungen, mithin der Natur als dem Inbegriffe aller Erscheinungen (natura materialiter spectata) Gesetze a priori vorschreiben; und nun fragt sich, da sie nicht von der Natur abgeleitet werden und sich nach ihr als ihrem Muster richten (weil sie sonst bloß empirisch sein würden), wie es zu begreifen sei, daß die Natur sich nach ihnen richten müsse, d.i., wie sie die Verbindung des Mannigfaltigen der Natur, ohne sie von dieser abzunehmen, a priori bestimmen können. Hier ist die Auflösung dieses Rätsels...

KANT selbst hat diese neue Betrachtungsweise, nach der sich die Gegenstände bei der Erkenntnis an die erkennende Vernunft anpassen müssen, als kopernikanische Wendung in der Philosophie bezeichnet. Mit KANTS Worten wollen wir hier die Rolle von Sinneswahrnehmung und Denken oder Empeiria und Ratio wie folgt zusammenfassen: Ohne sinnliche Anschauung sind die Gegenstände für uns nicht existent, und ohne den Verstand sind sie nicht begreifbar. Ein Begriff ohne sinnliche Anschauung ist leer, die Anschauung ohne Begriff jedoch blind. Deshalb ist es genau so nötig, den Begriff wahrnehmbar zu machen (oder den Gegenstand zur Anschauung zu bringen) wie die Anschauung verstandesmäßig zu verarbeiten (oder Begriffen zuzuordnen). Der Verstand ist nicht in der Lage, „sinnlich" wahrzunehmen, die Sinne können aber nicht etwas ausdenken.

Die Kantsche Erkenntnistheorie stellt einen Knotenpunkt der Philosophiegeschichte dar, in den die philosophischen Strömungen der Vergangenheit einmünden und aus dem viele der späteren philosophischen Richtungen und Systeme hervorgehen. Für den Physiker ist die Kantsche Theorie von besonderer Bedeutung, denn er begegnet hier dem wohl letzten Versuch, eine sichere Erkenntnisgrundlage zu geben, die „ewig gültig" und von keinerlei zukünftiger Erfahrung widerlegbar sein soll. Der Wunsch nach einer solchen sicheren Grundlage – und sei sie auch noch so bescheiden – ist jedem theoretischen Physiker eigen. Am prägnantesten hat EINSTEIN diesem Anspruch Ausdruck verliehen: Das Erstaunlichste an dieser Welt ist, daß sie überhaupt verstanden werden kann – oder: Es ist zu fragen, ob Gott überhaupt die Möglichkeit gehabt hat, eine andere Welt zu schaffen. Von dem Zeitpunkt an, in dem die Physik über die Kantsche Auffassung hinausgegangen ist und weder Raum und Zeit als a priori Anschauungsformen noch Kausalität und Substanz als a priori Ordnungsprinzipien unseres Verstandes anerkennt, scheint auch die letzte Möglichkeit verlorengegangen

Abbildung 4.3 – 6
Technisches Wahrzeichen der Zeit der Aufklärung: Im Heißluftballon der Gebrüder *Montgolfier* erhebt sich der Mensch 1783 zum ersten Mal in die Lüfte.

Unser achtzehntes Jahrhundert wird sich sicherlich nicht zu schämen haben, wenn es dereinst sein Inventarium von neu erworbnen Kenntnissen und angeschafften Sachen an das neunzehnte übergeben wird, auch selbst wenn die Überreichung morgen geschehen müßte. Wir wollen einmal einen ganz flüchtigen Blick auf dasjenige werfen, was es seinem Nachfolger antworten könnte, wenn es morgen von ihm gefragt würde: was hast du geliefert und was hast du Neues gesehen? Es könnte kühn antworten: Ich habe die Gestalt der Erde bestimmt; ich habe dem Donner Trotz bieten gelehrt; ich habe den Blitz wie Champagner aus Bouteillen gezogen; ich habe Tiere ausgefunden, die an Wunder selbst die Fabel der Lernäischen Schlange übertreffen; Fische entdeckt, die, was der olympische Jupiter nicht konnte, die schwächern, selbst unter dem Wasser, mit unsichtbarem Blitz töten; ich habe durch *Linné* das erste brauchbare Inventarium über die Werke der Natur entwerfen lassen; ich habe einen Kometen wiederkehren sehen, als der Urlaub aus war, dem ihm mein *Halley* gegeben hatte, und in meinem 89sten Jahr erwarte ich den zweiten; statt einer einzigen Luft, die meine Vorfahren kannten, zähle ich dreizehn Arten; ich habe Luft in feste Körper und feste Körper in Luft verwandelt; ich habe Quecksilber geschmiedet; ungeheure Lasten mit Feuer gehoben; mit Wasser geschossen wie mit Schießpulver; ich habe die Pflanzen verführt, Kinder außer der Ehe zu zeugen; Stahl mit trocknem Zunder wie Butter fließen gemacht; ich habe Glas unter dem Wasser geschmolzen; das Gold von seinem Thron, den es als schwerster Körper Jahrtausende usurpierte, heruntergeschmissen und ein weißes Metall eingesetzt; ich habe eine neue Art vortrefflicher Fernröhre angegeben, die selbst *Newton* für unmöglich hielt; ich habe die Pole des natürlichen Magneten in einer Sekunde umgekehrt und wieder umgekehrt; ich habe Eier ohne Henne und ohne Brütwärme ausgebrütet. Ich habe gemacht, daß man jetzt einen Bischof zu Rom hat so gut wie zu Hildesheim. Ich habe einer mächtigen und gefährlichen Ordens-Hydra den Kopf zertreten; Und was ich gesehen habe? O genug. Ich habe *Peter den Ersten* gesehen, und *Katharina* und *Friederich* und *Joseph* und *Leibniz* und *Newton* und *Euler* und *Winckelmann* und *Mengs* und *Harrison* und *Cook* und *Garrick*. Bist du damit zufrieden? Gut. Aber sieh noch hier ein paar Kleinigkeiten: Hier habe ich

einen neuen ungeheuren Staat, hier einen fünften Weltteil, da einen neuen Planeten, und ein kleines überzeugendes Beweischen, daß unsere Sonne ein Trabant ist, und sieh hier endlich habe ich in meinem 83sten Jahr ein Luftschiff gemacht...
Georg Christoph Lichtenberg: Gelehrte und gemeinnützige Aufsätze. 1783

Abbildung 4.3−7
IMMANUEL KANT (1724–1804): Studium der Mathematik, Philosophie und Theologie an der Universität Königsberg; daselbst 1755 Privatdozent und 1770 Professor.

Kant hat in seinen Jugendjahren auch bemerkenswerte Beiträge zur Entwicklung der Naturwissenschaften geliefert. Er hat z. B. die zwischen den Materieteilchen wirkenden Kräfte im Newtonschen Sinne interpretiert und die Existenz einer anziehenden sowie einer abstoßenden Kraft vorausgesetzt, die sich jedoch nicht kompensieren, weil die erste wie $1/r^2$ und die zweite wie $1/r^3$ von der Entfernung abhängen soll. An ihn erinnert in der Physik auch die Kant-Laplace-Hypothese über die Entstehung des Sonnensystems, die in der 1755 erschienenen Abhandlung *Allgemeine Naturgeschichte und Theorie des Himmels* ausführlich dargestellt ist. (Die Arbeit *Laplaces* ist 1796 unter dem Titel *Exposition du système du monde* erschienen.) Die Darstellungen beider Autoren stimmen nicht überein; gemeinsam ist ihnen aber die kühne Absicht, den vorliegenden Zustand des Sonnensystems als Ergebnis einer Entwicklung aus einem Urnebel heraus erklären zu wollen, womit sie dem Dogma widersprechen, daß der Zustand der Welt seit der Schöpfung unverändert ist. Bei *Laplace* lösen sich die Planeten von der bereits verdichteten rotierenden Sonne ab, nach *Kant* aber verdichten sich die Planeten selbständig, was den heutigen Vorstellungen näher kommt.

Die wichtigsten philosophischen Werke *Kants* sind: *Kritik der reinen Vernunft* (1781), *Kritik der praktischen Vernunft* (1788) und *Kritik der Urteilskraft* (1790).

Die Kopernikanische Wendung in der Metaphysik
Bisher nahm man an, alle unsere Erkenntnis müsse sich nach den Gegenständen richten; aber alle Versuche über sie a priori etwas durch Begriffe auszumachen, wodurch unsere Erkenntnis erweitert würde, gingen unter dieser Voraussetzung zunichte. Man versuche es daher einmal, ob wir nicht in den Aufgaben der Metaphysik damit besser fort-

zu sein, Wahrheiten dieses Typs zu finden, ja selbst nach ihnen zu suchen. Die Kantsche Philosophie ist von den meisten Physikern des 19. Jahrhunderts – so von HELMHOLTZ und HERTZ, aber auch noch von PLANCK – übernommen worden; sie hat ihnen die Gewißheit gegeben, daß es wahre physikalische Erkenntnisse gibt. MACH und EINSTEIN haben sich zur Jahrhundertwende bewußt gegen KANT gestellt. Der Einfluß KANTS auf die moderne Naturphilosophie wird dadurch gekennzeichnet, daß man bei der Behandlung der Problemkreise Raum – Zeit und Kausalität – Substanz die Argumente, die KANT für eine a priori Existenz dieser Größen angegeben hat, nicht ignorieren kann.

Der Physiker, der im Philosophen einen Verbündeten in seiner Bemühung, feste Fundamente für seine Wissenschaft zu errichten, zu finden versucht, liest mit Enttäuschung die folgenden – etwas vereinfacht zitierten – Worte in WISDOMS Buch *Die Philosophie und ihr Platz in unserer Kultur*:

Da unter den Nicht-Philosophen, ja sogar unter den Philosophen die Ansicht verbreitet ist, daß die Philosophie während ihres zweieinhalbtausendjährigen Bestehens keine Fortschritte gemacht hätte, wage ich doch eine Liste ihrer Ergebnisse zusammenzustellen (obzwar sie auffallend negativ sind):

Erkenntnisse können nicht allein durch Denkprozesse erworben werden, nur auf gewissen, sehr eng begrenzten Gebieten.

Keine Erkenntnis darf sich nur auf reine Erfahrung oder reine Beobachtung stützen.

Es gibt keine a priori synthetische Wahrheiten.

Keine formal richtige Behauptung kann a priori als falsch oder sinnlos betrachtet werden, außer sie ist mit sich selbst im Widerspruch.

Alle empirischen Erkenntnisse sind hinfällig.

4.4 Vom Effluvium zum elektromagnetischen Feld

4.4.1 Petrus Peregrinus und Gilbert

Wir haben bisher das Entwicklungsschema einiger ausgewählter Zweige der Physik, vor allem der Mechanik und der Astronomie, kennengelernt und gesehen, daß im antiken Griechenland bereits ein verhältnismäßig hoher Wissensstand erreicht worden war, der im Mittelalter nach und nach wieder erschlossen werden mußte, und daß erst in der Neuzeit, aufbauend auf den in der Antike erhaltenen Ergebnissen, weitere Fortschritte erzielt werden konnten. Für die elektromagnetischen Erscheinungen ist dieses Schema nicht zutreffend, denn hier hat die europäische Wissenschaft von den Griechen lediglich Bezeichnungen übernommen. So rühren „Elektrizität" und „Magnetismus" von den griechischen Wörtern für Bernstein (ἤλεκτρον) und Magneteisenstein (ἠλίθος Μαγνῆτις) her *(Zitat 4.4−1a)*. Die Gelehrten des Mittelalters haben bei ARISTOTELES keinerlei Angaben über Magneten gefunden und waren deshalb gezwungen, selbständig neue Methoden auszuarbeiten. PETRUS PEREGRINUS (PIERRE DE MARICOURT) hat 1269 umfangreiche Untersuchungen zu den magnetischen Eigenschaften ausgeführt und sich dabei sogar experimenteller Methoden bedient, was zu jener Zeit durchaus unüblich war. Er hat die Kräfte an der Oberfläche eines Magneten, der in Kugelform geschliffen worden war, mit Hilfe einer kleinen Nadel zu messen versucht und dazu Punkt für Punkt die Einstellrichtung der Nadel bestimmt und aufgezeichnet. Auf diese Weise hat er – wie wir heute sagen würden – die Richtungen der magnetischen Feldlinien erhalten. Die Messungen haben ergeben, daß die magnetischen Feldlinien ähnlich wie die Meridiane der Kugel verlaufen und sich an zwei gegenüberliegenden Polen treffen *(Abbildung 4.4−1)*. Die Bezeichnung „Pole" stammt im übrigen auch von PIERRE DE MARICOURT.

In der *Abbildung 4.4−2* ist eine Skizze MARICOURTS wiedergegeben, die einen Vorschlag zur Realisierung eines auf magnetischer Grundlage arbeitenden Perpetuum mobile beinhaltet.

Es ist bezeichnend für die geringe Beachtung, die diesen zu jener Zeit sehr abwegig erscheinenden Untersuchungen zuteil geworden ist, daß Thomas von Aquino und auch Albertus Magnus – beide Zeitgenossen Pierre de Maricourts – weder ihn noch seine Arbeiten erwähnt haben.

Es mußten mehr als drei Jahrhunderte vergehen, bevor der Hofarzt der Königin Elisabeth von England, William Gilbert (1544–1603), die Arbeiten von Pierre de Maricourt fortsetzte, wobei sowohl die Attitüde als auch die verwendeten Methoden beider sehr ähnlich sind. Gilberts Buch *De magnete, magneticisque corporibus et de magno magnete tellure* ist im Jahre 1600 erschienen, in dem Jahre also, in dem Giordano Bruno verbrannt wurde. Dieses Buch ist auch vom Standpunkt der Naturphilosophie von Bedeutung, denn Gilbert hat sich hier – noch vor Galilei – zum Experiment bekannt *(Zitat 4.4–1b)*. Gilberts wichtigste Aussage ist bereits dem Titel seines Buches zu entnehmen: Die Erde ist ein großer Magnet. Von dieser Feststellung ausgehend hat Gilbert eine Theorie des Kompasses entwickelt. Er hat den Charakter der Kraftwirkung zwischen Magnetpolen erkannt, Anziehungs- sowie Abstoßungskräfte gefunden und weiter festgestellt, daß durch das Zerbrechen einer Kompaßnadel beide Pole nicht voneinander zu trennen sind, weil dabei aus jedem Bruchstück wieder eine Magnetnadel mit zwei Polen wird. Er hat die magnetische Inklination, d. h. die Auslenkung der Kompaßnadel aus der Waagerechten, beobachtet und die Auffassung vertreten, daß es daher möglich sein müsse, mit Hilfe der Inklination die geographische Breite ohne jegliches astronomisches Hilfsmittel zu bestimmen.

Gilbert hat auch elektrische Erscheinungen ausgiebig untersucht. Es ist ihm bereits bekannt gewesen, daß nicht nur Bernstein, sondern auch eine Reihe anderer Stoffe, wie z. B. Glas, Wachs, Schwefel und einige Edelsteine, durch Reibung elektrisiert werden können. Er hat einige wesentliche Unterschiede zwischen elektrischen und magnetischen Erscheinungen beschrieben, wobei seine vielleicht wichtigste Feststellung sich auf den Charakter der Kräfte bezieht: Die Magneten rufen eine Drehwirkung *(verticitas)* hervor, während die elektrische Kraft sich als Anziehungskraft *(attractio)* äußert. Gilbert hat noch nicht von unterschiedlichen elektrischen Ladungen gesprochen und auch noch nicht gewußt, daß es abstoßende elektrische Kräfte gibt *(Abbildung 4.4–3)*.

4.4.2 Chronologie des Fortschritts

Nach der im ersten Jahr des 17. Jahrhunderts erschienenen Abhandlung Gilberts zu den elektromagnetischen Erscheinungen ist man in diesem Jahrhundert nicht wesentlich weitergekommen. Lediglich Descartes hat in sein Programm, alle bekannten Naturerscheinungen aus seinem Weltmodell heraus erklären zu wollen, auch die magnetischen Phänomene einbezogen *(Abbildung 4.4–4)*. Außerdem hat in diesem Jahrhundert der vielseitige und äußerst erfolgreich experimentierende Magdeburger Bürgermeister, Otto von Guericke, die erste Reibungselektrisiermaschine konstruiert *(Abbildung 4.4–5)* und damit die experimentellen Grundlagen für eingehende elektrostatische Untersuchungen gelegt. Die an den Naturwissenschaften interessierten Zeitgenossen waren jedoch nur von der Mechanik fasziniert, bei der in diesem Jahrhundert großartige Fortschritte erzielt worden sind, und zwar sowohl hinsichtlich der Formulierung der naturphilosophischen Grundlagen als auch bei der Herleitung quantitativer Ergebnisse mit Hilfe der zu jener Zeit modernsten mathematischen Methoden. Aus dieser einseitigen Orientierung resultierte aber ein so geringes Interesse an der Elektrizität, daß selbst die Elektrisiermaschine von Guericke nahezu zwei Generationen hindurch in Vergessenheit geraten ist.

Wie wir weiter oben (Kapitel 3.2) gesehen haben, hat Kepler dem Magnetismus eine bedeutende Rolle zugeschrieben: Er hat angenommen, daß auch die Planetenbahnen durch die magnetische Wirkung der Sonne bestimmt werden.

Bei Newton finden wir Aussagen zum Magnetismus und zur Elektrizität in seiner *Optik*, allerdings nur unter den in Frageform formulierten Sätzen *(Zitat 4.4–2)*. In den zwei diesbezüglichen „Fragen" vertritt er zwei unterschiedliche Auffassungen über die Natur der elektrischen und magnetischen Kräfte. In der einen übernimmt er im wesentlichen die Vorstellung kommen, daß wir annehmen, die Gegenstände müssen sich nach unserer Erkenntnis richten, welches so schon besser mit der verlangten Möglichkeit einer Erkenntnis derselben *a priori* zusammenstimmt, die über Gegenstände, ehe sie uns gegeben werden, etwas festsetzen soll. Es ist hiermit ebenso, als mit den ersten Gedanken des *Kopernikus* bewandt, der, nachdem es mit der Erklärung der Himmelsbewegungen nicht gut fort wollte, wenn man annahm, das ganze Sternheer drehe sich um den Zuschauer, versuchte, ob es nicht besser gelingen möchte, wenn er den Zuschauer sich drehen und dagegen die Sterne in Ruhe ließ. In der Methaphysik kann man nun, was die Anschauung der Gegenstände betrifft, es auf ähnliche Weise versuchen. Wenn die Anschauung sich nach der Beschaffenheit der Gegenstände richten müßte, so sehe ich nicht ein, wie man a priori von ihr etwas wissen könne; richtet sich aber der Gegenstand (als Objekt der Sinne) nach der Beschaffenheit unseres Anschauungsvermögens, so kann ich mir diese Möglichkeit ganz wohl vorstellen.

Kant: Kritik der reinen theoretischen Vernunft

Zitat 4.4–1a
Im folgenden will ich nun zu behandeln beginnen, nach welchem Naturgesetz es geschieht, daß der bekannte Stein das Eisen anziehen kann; die Griechen nennen ihn mit ihrem heimischen Namen Magnet, weil er im Heimatland der Magneten entstanden ist. Über diesen Stein staunen die Menschen, da er oft eine Kette macht aus Ringen, die aneinander hängenbleiben. Fünf und mehr nämlich kann man da zuweilen sehen, wie sie in einer Reihe hängen und sich in den leichten Lüften wiegen, wenn einer am andern unten sich festhaltend herabhängt und einer vom anderen die Gewalt und die Fessel des Steines erfährt; in so durchdringender Weise wirkt seine Gewalt weiter.

In Dingen dieser Art muß man vieles erst gewiß machen, bevor man die Erklärung der Sache selbst geben kann, und man muß auf überlangen Umwegen an sie herangehen. Um so mehr verlange ich aufmerksames Ohr und Verständnis.

LUKREZ: *Über die Natur der Dinge*. 6. Buch, Vers 905–920. Deutsch von *Joseph Martin*

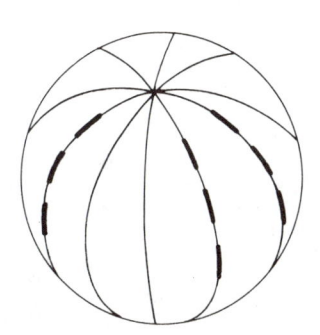

Abbildung 4.4–1
Petrus Peregrinus hat bereits 1269 festgestellt, daß die „magnetischen Kraftlinien" eines kugelförmigen Magneten ebenso wie die Meridiane der Erde in Polen zusammenlaufen

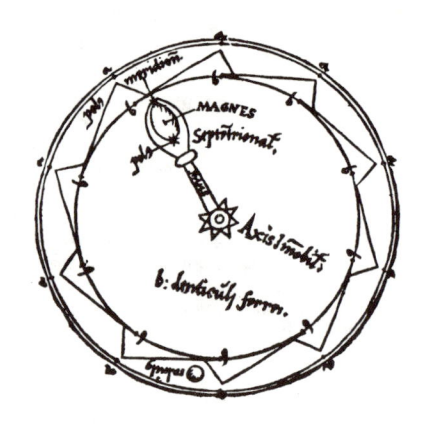

Abbildung 4.4—2
Peregrinus wollte unter Verwendung der magnetischen Kraftwirkungen sogar ein Perpetuum mobile konstruieren

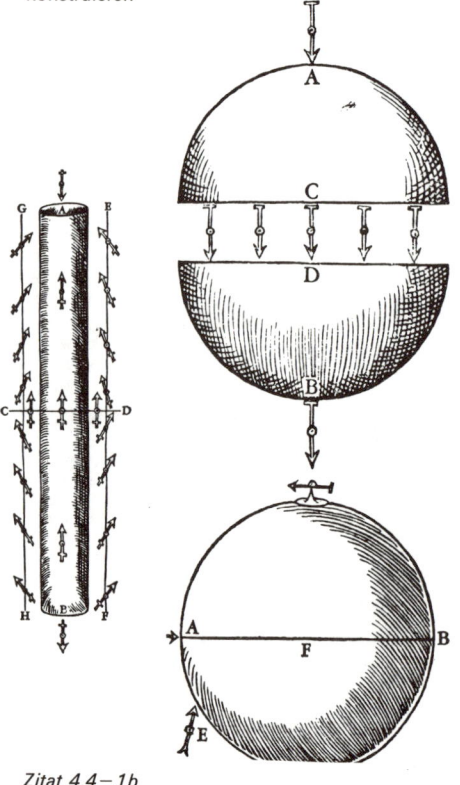

Zitat 4.4—1b
[Von *Plato* und *Aristoteles*] war nur aufgezeichnet worden, daß der Magnet Eisen anziehe; seine sonstigen Eigenschaften blieben verborgen. Damit jedoch die Geschichte vom Magnetstein nicht allzu trocken und kurz bleibe, wurden zu dieser einzigen bekannten Eigenschaft eingebildete und falsche hinzugedichtet, welche – früher ebenso wie heutzutage – von Alleswissern und Abschreibern den Menschen aufgetischt wurden.

Es wurde zum Beispiel behauptet, daß ein Magnet, mit Knoblauch gerieben, das Eisen nicht mehr anziehe, desgleichen in Gegenwart eines Diamanten. Ähnliches finden wir bei *Plinius* und im Quadripartitum des *Ptolemäus,* und die Irrtümer verbreiteten sich und wurden für wahr gehalten – genau so wie von je her übles und schädliches Unkraut am üppigsten gedeiht – bis in unsere Tage, da ja viele Verfasser – um ihre Bände auf den notwendigen Umfang anschwellen zu lassen – vielerlei zu Papier bringen oder abschreiben, wovon sie aus eigener Erfahrung nichts Sicheres wissen.

Selbst *Georgius Agricola,* der mit Recht als Gelehrter gilt, führt in seinen Büchern *De natura fos-*

GILBERTS, daß die magnetischen und auch die elektrisierten Substanzen den sie umgebenden Raum mit einem Fluidum *(effluvium)* erfüllen. Diese Flüssigkeit soll in der Lage sein, die gewöhnlichen ponderablen (schweren) Körper zu durchdringen. In der anderen „Frage" interpretiert er die magnetische und elektrische Wechselwirkung als Fernwirkung. Hier begegnen wir auch der genialen Vermutung, daß die Materieteilchen bei sehr kleinen Abständen über ihre elektrischen Kräfte aufeinander einwirken, wobei diese Wechselwirkung unabhängig davon ist, ob sie mit Hilfe der Reibung in einen elektrischen Zustand versetzt worden sind oder nicht.

In der ersten Hälfte des 18. Jahrhunderts hat das Interesse an der Elektrizität merklich zugenommen. Zur Mitte des Jahrhunderts war das Vorführen elektrischer Versuche in den Salons des Adels ebenso Mode geworden wie das Lesen der *Enzyklopädie (Abbildung 4.4—6)*. Die Experimentierlust hat nach der Erfindung der Leidener Flasche noch weiter zugenommen, da die nun möglichen Versuche so sehenswert waren, daß sie sowohl zur Unterhaltung der Gäste in einer vornehmen Gesellschaft, aber auch als Attraktionen auf Volksbelustigungen und Jahrmärkten dienen konnten.

In der *Tabelle 4.4—1* ist schematisch dargestellt, auf welchen Problemen der Elektrizität und des Magnetismus vom Beginn des 18. Jahrhunderts

Abbildung 4.4—3
In dem Buch *De magnete...* von *Gilbert* stoßen wir bereits auf viele uns heute vertraute Abbildungen

an der Schwerpunkt der Untersuchungen gelegen hat, welche Forscher einen entscheidenden Anteil an diesen Untersuchungen gehabt haben und welche Ergebnisse erzielt worden sind.

Wir sehen, daß in den ersten drei Vierteln des 18. Jahrhunderts im wesentlichen qualitative Untersuchungen zur Elektrostatik ausgeführt worden sind. Diese Arbeiten sind natürlich die notwendige Voraussetzung dafür gewesen, daß im letzten Viertel des Jahrhunderts quantitative Untersuchungen beginnen konnten. In den ersten Jahrzehnten des 19. Jahrhunderts sind dann bereits die Grundgesetze der Elektrostatik und – wie wir hier hinzufügen wollen – auch die der Magnetostatik entdeckt und in die heute noch übliche Form gebracht worden.

Die experimentellen Hilfsmittel zur Aufdeckung der Zusammenhänge zwischen elektrischen und magnetischen Erscheinungen waren erst mit der Erfindung der galvanischen Elemente gegeben; mit ihnen konnten zeitlich konstante Ströme mit einer hinreichend großen Stromstärke realisiert werden. Ihre Entdeckung durch VOLTA fällt gerade in das Jahr 1800.

Etwas verwunderlich ist, daß man erst im Jahre 1820 die Beeinflußbarkeit einer Magnetnadel durch einen elektrischen Strom wahrgenommen hat, dann aber waren nur noch wenige Jahre vonnöten, um alle Gesetzmäßigkeiten bezüglich der Zusammenhänge zwischen elektrischem Strom und magnetischen Erscheinungen zu finden und alsbald einen Teil der elektromagnetischen Gesetze in der noch heute üblichen Form aufzuschreiben.

Nach dem Aufstellen dieser Gleichungen mußten nur noch zwei Zusammenhänge gefunden werden, um das gesamte Gebäude der klassischen Elektrodynamik, wie wir es heute kennen, vollenden zu können. Diese zwei Zusammenhänge sind allerdings von grundlegender Bedeutung, und ihre Erkenntnis verdanken wir FARADAY und MAXWELL, deren Arbeiten für die Elektrodynamik ausschlaggebend wichtig sind. FARADAY hat 1831 den Zusammenhang zwischen der zeitlichen Änderung des magnetischen Feldes und dem elektrischen Feld (oder einfacher – das Induktionsgesetz) gefunden, während MAXWELL die dazu inverse Erscheinung beschrieben und dann mit dem nach ihm benannten Gleichungssystem die klassische Elektrodynamik zur Vollendung gebracht hat.

Die zunehmende Exaktheit und Verläßlichkeit der quantitativen Beschreibung elektromagnetischer Phänomene hat auch zu einer Änderung der Anschauungsweise geführt, die von entscheidender Bedeutung ist. Zum Ende des 18. Jahrhunderts hatte sich nämlich die auf NEWTON zurückgehende Annahme von der Existenz einer Fernwirkung nicht nur in Kreisen der Wissenschaft, sondern auch weit darüber hinaus allgemein durchgesetzt. So entsprechen die Coulombschen Gesetze dieser Geisteshaltung, und auch die von AMPÈRE angegebenen Gesetzmäßigkeiten der elektrodynamischen Wechselwirkung stehen im Einklang mit den Grundvorstellungen der Newtonschen Mechanik. Das elektromagnetische Feld ist dagegen als physikalische Realität nur sehr zögernd, gewissermaßen unter dem Zwang der experimentell erhaltenen Ergebnisse und auf Grund der Arbeiten von FARADAY und MAXWELL, akzeptiert worden.

In den folgenden Abschnitten wollen wir den oben skizzierten Erkenntnisgang auch in seinen Einzelheiten bis zu seiner Kulmination verfolgen.

4.4.3 Qualitative Elektrostatik

Das ihm Jahre 1767 erschienene Buch von JOSEPH PRIESTLEY *The history and present state of electricity, with original experiments* gibt eine interessante Zusammenfassung der qualitativen Untersuchungen zur Elektrostatik, die in den ersten drei Vierteln des 18. Jahrhunderts und zuvor ausgeführt worden waren. PRIESTLEY hat auch selbst zur Weiterentwicklung verschiedener Wissenschaftszweige beigetragen. Er ist vor allem durch seine Arbeiten auf dem Gebiet der Chemie, so z. B. durch die Entdeckung des Sauerstoffs, bekannt geworden. Sein obiges Buch ist unter mehreren Gesichtspunkten von Interesse. Wie bereits der Titel ausweist, kann es als Zusammenfassung von der Art der heute üblichen Überblicksberichte angesehen werden. Von Interesse ist es aber auch deshalb, weil PRIESTLEY es für nötig gefunden hat, die in dem Buch beschriebenen Versuche selbst nachzuvollziehen, so daß er mit einer Reihe origineller Anmerkungen zur Vervollkommnung der Elektrostatik beitragen konnte. Das seinem Buch entnommene Zitat 0.1–2a sei der besonderen Beachtung aller unserer Zeitgenossen empfohlen, die glauben, daß es erst in unserer Epoche üblich geworden ist, Klage über die Vielzahl der Originalarbeiten zu führen, derentwegen sich der aktuelle Stand der Wissenschaft nicht überblicken lasse, oder daß das Tempo der naturwissenschaftlichen Forschung sich erst zu unserer Zeit beschleunigt habe und dergleichen mehr.

Aus der Tabelle 4.4–1 wird ersichtlich, wer in erster Linie an den Arbeiten zur qualitativen Elektrostatik beteiligt gewesen ist: STEPHEN GRAY, DUFAY, FRANKLIN, AEPINUS und PRIESTLEY. In der *Abbildung 4.4–7* sind zwei Seiten aus dem Inhaltsverzeichnis des Buches von PRIESTLEY dargestellt, und wir wollen hier zumindest kurz auf die Forscher eingehen, mit denen nach PRIESTLEY der Anfang oder das Ende eines Entwicklungsabschnittes verbunden ist.

STEPHEN GRAY (1666?–1736) hat noch mit so einfachen Mitteln wie mit einem geriebenen Glasstab experimentiert. Seine wichtigste Beobachtung war die, daß bestimmte Stoffe, die man als nichtelektrische Stoffe bezeichnet hatte, die Elektrizität leiten. Auch diese Bezeichnung geht auf ihn bzw. auf seinen Schüler JEAN THÉOPHILE DESAGULIERS zurück, der als Huge-

---

silium solche Fabeln über den Magneten als der Wahrheit entprechend an und verläßt sich auf die Richtigkeit des von anderen geschriebenen. *Galenus* gibt zu, daß dem Magneten Heilwirkung zukommt. Sein Übersetzer ... kommt uns wieder mit dem Märchen vom Knoblauch und vom Diamanten und sogar noch mit der Geschichte von *Mohammeds* Heiligtum, dessen Decke, ein Gewölbe aus Magnetsteinen, den Sarg angeblich in der Schwebe hält, um das verblüffte Volk an ein Gotteswunder glauben zu machen. Nach Berichten von Reisenden ist an all dem nichts Wahres. Andererseits berichtet *Plinius,* ein Architekt namens *Chinokrates* hätte in Alexandrien mit dem Bau eines Dachgewölbes aus Magneten begonnen, um im Tempel der *Arsinoe* die eiserne Statue dieser Schwester des Königs *Ptolemäus* in der Luft schweben zu lassen. Es seien aber sowohl der Architekt als auch sein Auftraggeber, der König, vor der Vollendung des Werkes gestorben ...

Wir nehmen uns auch nicht die Mühe, Märchen wie das zu widerlegen, der weiße Magnetstein könne als Zaubertrank benutzt werden, oder — wie *Abohali [Hali Abbas]* vorschnell behauptet — gegen Fußschmerzen und Krämpfe zur Anwendung kommen, indem man ihn in der Hand hielte. Oder daß — wie *Pictorius* es anpreist — mit seiner Hilfe Fürsten gnadig gestimmt und Bittsteller beredt gemacht werden könnten ... Andern zufolge besitzt das Magneteisenerz tagsüber die Fähigkeit, das Eisen anzuziehen, nachts jedoch nähme seine Stärke ab und verliere sich sogar ... *Ruellius* schreibt, es könne die Kraft eines Magneten, wenn sie versage oder nachlasse, mit dem Blute eines Ziegenbocks wiederhergestellt werden; es wird gesagt, das Bocksblut löse auch den Zauber, der vom Diamanten ausgeht ... *Arnoldus de Villanova* vermeint, der Magnetismus befreie Frauen von Hexenzauber und verscheuche Dämonen.

Solche Verrücktheiten und Fabeln, an denen Philosophen der vulgären Art ihre Freude haben, werden an Leser verfüttert, die auf verworrene Dinge erpicht sind, und unwissenden Staunern vorgesetzt, die auf Unsinn hereinfallen.

GILBERT: *De magnete*

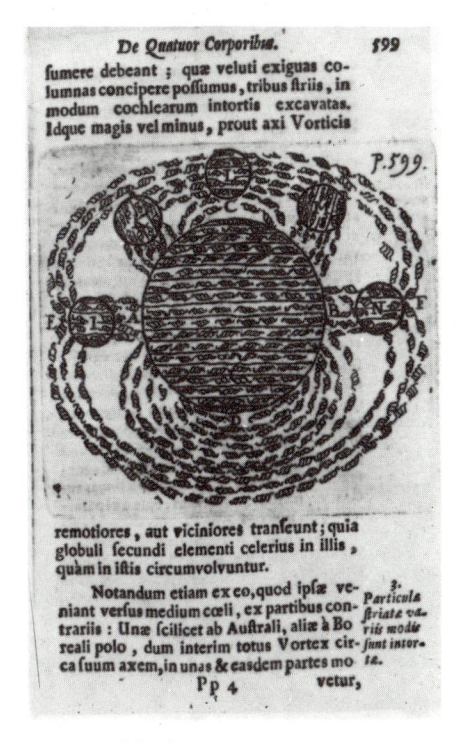

Abbildung 4.4–4
Descartes' Deutung des Magnetismus

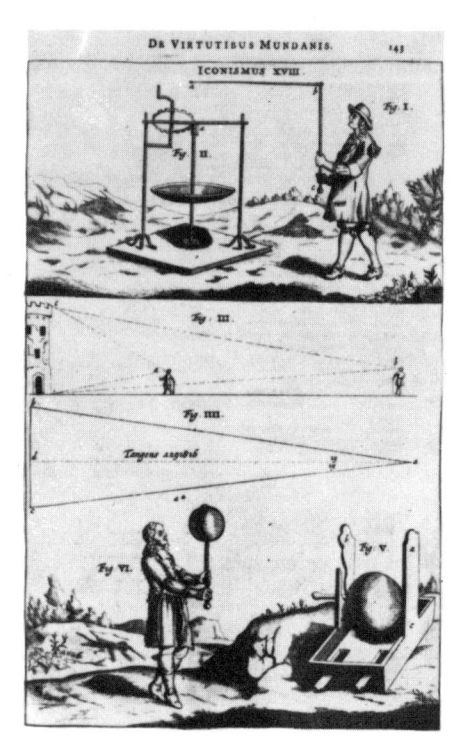

Abbildung 4.4–5
Die Reibungselektrisiermaschine von *Guericke*. *Guericke* wollte ursprünglich die „Wirkkräfte" der Erde mit Hilfe dieses Gerätes demonstrieren.
Bibliothek der Ungarischen Akademie der Wissenschaften

Abbildung 4.4–6
Im Jahrhundert der Vernunft ist die Beschäftigung mit der Elektrizität eine Belustigung in gebildeten Kreisen gewesen [0. 3]

notte aus Frankreich geflohen war. GRAY hat festgestellt, daß Probekörper aus einem „nichtelektrischen" Stoff, wenn sie an einem isolierenden Faden (Seidenfaden) aufgehängt oder auf eine isolierende Platte gelegt werden, ebenfalls in einen elektrischen Zustand versetzt werden können. In der *Abbildung 4.4–8* ist das Prinzip des Versuches dargestellt, den GRAY auf seinem Landsitz mit Hilfe eines Freundes ausgeführt hat. Er hat zunächst festgestellt, daß sich auch an einem Metallstab, der in dem Stöpsel einer geriebenen Glasröhre steckt, eine elektrische Wirkung nachweisen läßt. Dann hat er an der Nadel einen Faden befestigt, mit dessen Hilfe er die elektrische Wirkung weiterleiten konnte. Er konnte so die Versuche zunächst in der Schloßgalerie, dann bei schönem Herbstwetter auch im Garten fortsetzen. Es ist ihm gelungen, den elektrischen Zustand einige hundert Meter (886 Fuß) weit zu leiten. Wir müssen an dieser Stelle allerdings darauf hinweisen, daß es hier immer noch um elektrostatische Untersuchungen geht und nicht etwa um die Leitung eines elektrischen Stromes. Es charakterisiert GRAYS Erfindungsgabe, daß er mit Erfolg versucht hat, auf diese Weise Signale zu übertragen. GRAY hat dann auch festgestellt, daß sich der elektrische Zustand an der Oberfläche und nicht im Volumen der Körper einstellt. Diese Beobachtung ist von großer Bedeutung gewesen bei der Beantwortung der Frage nach der Gleichheit oder Unterschiedlichkeit von thermischen und elektrischen Erscheinungen.

Mit STEPHEN GRAY hat der Aufseher der französischen königlichen Gärten, CHARLES FRANÇOIS DE CISTERNAY DUFAY (1698–1739) in einem regen Briefwechsel gestanden. DUFAYS größte Leistung ist die Entdeckung, daß zweierlei Sorten der Elektrizität existieren. Bis zu diesem Zeitpunkt war lediglich bekannt, daß ein mittels Reibung elektrisierter Körper die leichten Gegenstände seiner Umgebung zunächst anzieht und nach der Berührung abstößt und daß die elektrisierten Körper selbst einander abstoßen. Es hat sich dann aber beim Reiben eines Glasstabes und eines Stücks Kolophonium herausgestellt *(Zitat 4.4–3)*, daß diese beiden elektrisierten Körper einander nicht abstoßen, sondern anziehen. DUFAY hat deshalb zwei Sorten der Elektrizität, die Glaselektrizität (électricité vitreuse) und die Harzelektrizität (électricité résineuse) unterschieden. Demzufolge ist neben der Einflüssigkeitstheorie eine Zweiflüssigkeitstheorie entstanden und von dem am französischen Hof tätigen Naturforscher JEAN ANTOINE NOLLET (1700–1770) detailliert ausgearbeitet worden. Nach seinen Vorstellungen sollen die beiden Elektrizitätssorten in der Form eines Effluviums und eines Affluviums die elektrisierten Körper umgeben.

Die Erfindung der Leidener Flasche hat den Versuchen einen neuen Auftrieb gegeben. Wir verdanken sie dem Pfarrer VON KLEIST aus Cammin (Pommern) und dem in Leiden tätigen Professor MUSSCHENBROEK. VON KLEIST ist zufällig, MUSSCHENBROEK beim systematischen Experimentieren, aber mit Hilfe des Zufalls, zu dieser Erfindung gekommen. MUSSCHENBROEK hatte nämlich versucht, den bekannten Effekt zu unterbinden, daß ein nur von Luft umgebener Leiter, der in einen elektrisierten Zustand versetzt und an isolierenden Fäden aufgehängt ist, nach einer bestimmten Zeit seine Ladung wieder verliert. Zu diesem Zweck hat er das in einer Glasflasche befindliche Wasser „elektrisiert", indem er einen durch den Verschlußstopfen der Flasche hindurchführenden Metallstift mit der Reibungselektrisiermaschine verbunden hat. In der einen Hand hielt er die Flasche, und als er mit der anderen den Metallstab berührte *(Abbildung 4.4–9)*, verspürte er einen kräftigen elektrischen Schlag. Im *Zitat 4.4–4* wird MUSSCHENBROEKS panischer Schrecken in lebhaften Farben geschildert.

Wir wollen hier besonders darauf hinweisen, daß auch der zweite Teil des Zitats recht bemerkenswert ist: Jeder Wissenschaftler muß einen gewissen *furor heroicus* zu Tage legen, d. h. eine Bereitschaft, sein Leben bei wissenschaftlichen Untersuchungen einzusetzen und den Ruhm als solchen Opfers wert anzusehen. Der im Zitat erwähnte RICHMAN hatte sein Leben in Petersburg bei elektrischen Versuchen verloren.

Wie wir bereits erwähnt haben, ist von dieser Zeit an die Beschäftigung mit der Elektrizität zu einer Modeerscheinung geworden. Man begann, immer größere und vollkommenere Anlagen zu bauen und verwendete auch neue experimentelle Gerätschaften. Die *Abbildung 4.4–10* stammt aus dem Buch von HORVÁTH; *Abbildung 4.4–11* zeigt dagegen einige Meßinstrumente aus MUSSCHENBROEKS Buch. Auch die Ärzte haben die in den elektrischen Effekten verborgenen Möglichkeiten entdeckt und die Elektroschock-

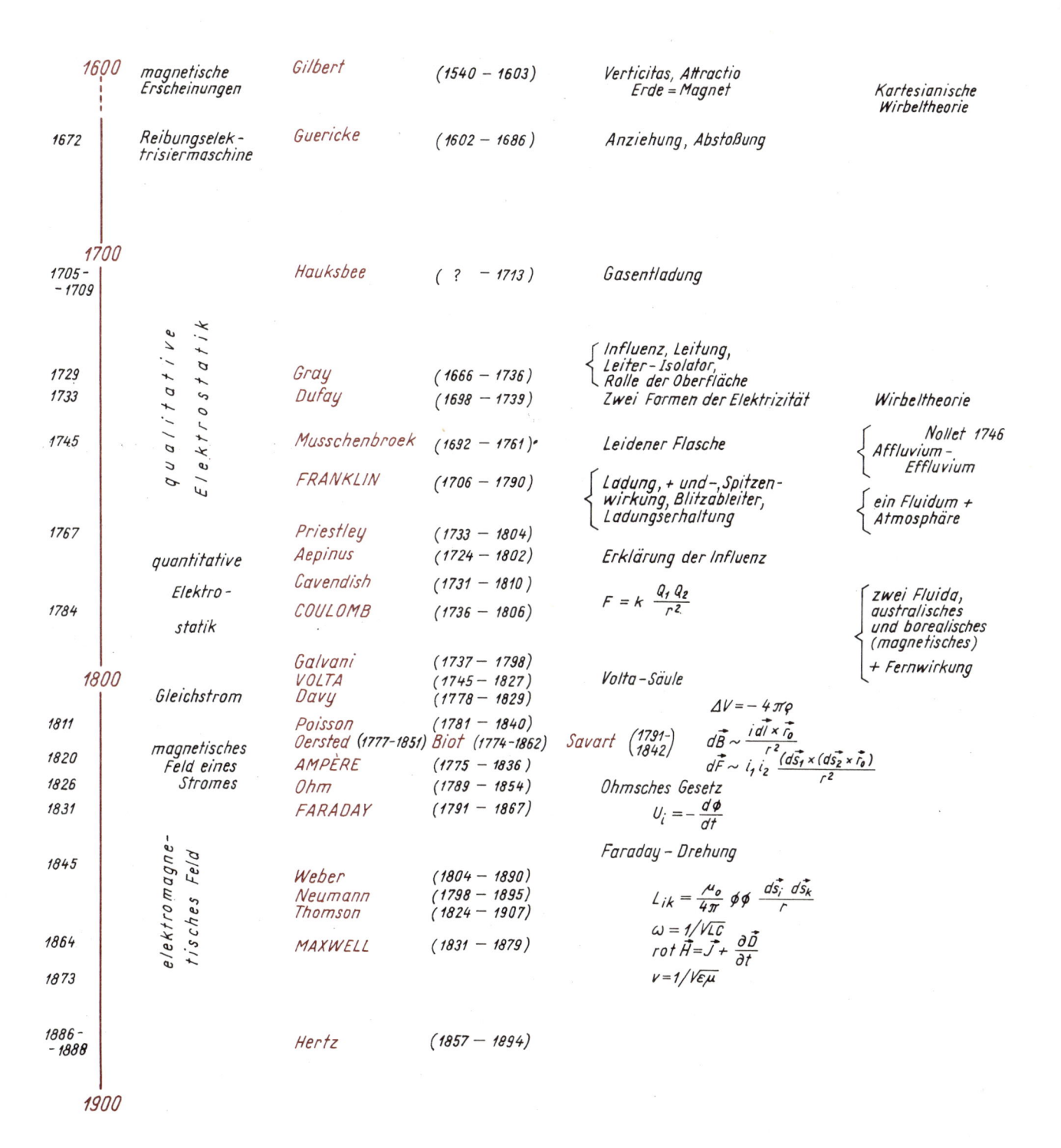

Jahr	Gebiet	Person	Lebensdaten	Entdeckung/Gesetz	Theorie
1600	magnetische Erscheinungen	Gilbert	(1540 – 1603)	Verticitas, Attractio, Erde = Magnet	Kartesianische Wirbeltheorie
1672	Reibungselektrisiermaschine	Guericke	(1602 – 1686)	Anziehung, Abstoßung	
1700					
1705–1709		Hauksbee	(? – 1713)	Gasentladung	
1729	qualitative Elektrostatik	Gray	(1666 – 1736)	Influenz, Leitung, Leiter-Isolator, Rolle der Oberfläche	
1733		Dufay	(1698 – 1739)	Zwei Formen der Elektrizität	Wirbeltheorie
1745		Musschenbroek	(1692 – 1761)	Leidener Flasche	Nollet 1746 Affluvium-Effluvium
		FRANKLIN	(1706 – 1790)	Ladung, + und –, Spitzenwirkung, Blitzableiter, Ladungserhaltung	ein Fluidum + Atmosphäre
1767	quantitative Elektrostatik	Priestley	(1733 – 1804)		
		Aepinus	(1724 – 1802)	Erklärung der Influenz	
		Cavendish	(1731 – 1810)		zwei Fluida, australisches und borealisches (magnetisches) + Fernwirkung
1784		COULOMB	(1736 – 1806)	$F = k \dfrac{Q_1 Q_2}{r^2}$	
		Galvani	(1737 – 1798)		
1800	Gleichstrom	VOLTA	(1745 – 1827)	Volta-Säule	
		Davy	(1778 – 1829)		
1811		Poisson	(1781 – 1840)	$\Delta V = -4\pi\varrho$	
1820	magnetisches Feld eines Stromes	Oersted (1777–1851) Biot (1774–1862)	Savart (1791–1842)	$d\vec{B} \sim \dfrac{i\,d\vec{l} \times \vec{r_0}}{r^2}$	
		AMPÈRE	(1775 – 1836)	$d\vec{F} \sim i_1 i_2 \dfrac{(d\vec{s_1} \times (d\vec{s_2} \times \vec{r_0}))}{r^2}$	
1826		Ohm	(1789 – 1854)	Ohmsches Gesetz	
1831		FARADAY	(1791 – 1867)	$U_i = -\dfrac{d\Phi}{dt}$	
1845	elektromagnetisches Feld	Weber	(1804 – 1890)	Faraday-Drehung	
		Neumann	(1798 – 1895)	$L_{ik} = \dfrac{\mu_0}{4\pi} \oint\oint \dfrac{d\vec{s_i}\, d\vec{s_k}}{r}$	
		Thomson	(1824 – 1907)		
1864		MAXWELL	(1831 – 1879)	$\omega = 1/\sqrt{LC}$; $\operatorname{rot}\vec{H} = \vec{J} + \dfrac{\partial \vec{D}}{\partial t}$	
1873				$v = 1/\sqrt{\varepsilon\mu}$	
1886–1888		Hertz	(1857 – 1894)		
1900					

Tabelle 4.4–1
Chronologie der Entdeckungen auf dem Gebiet der Elektrodynamik

behandlung — wenn auch noch nicht mit der heutigen Zielsetzung — eingeführt.

Als wohl interessanteste Persönlichkeit und als erfolgreichster Forscher dieser Epoche muß BENJAMIN FRANKLIN (1706–1790) angesehen werden. Er ist der erste Amerikaner, der zur Entwicklung der europäischen Wissenschaft Wesentliches beigetragen hat. Der schon erwähnte Pater NOLLET, der völlig andere Auffassungen als FRANKLIN vertreten hatte, wollte es nach dem Bekanntwerden der Franklinschen Ergebnisse und nach der Übersetzung der Abhandlungen ins Französische einfach nicht glauben, daß ein Physiker namens FRANKLIN existiert und noch dazu in Philadelphia lebt. Er hat vermutet, daß das gesamte Buch von seinen Widersachern geschrieben worden sei, um seinem Ansehen zu schaden.

FRANKLIN ist mit der Elektrizität durch einen in Amerika herumziehenden Schausteller, der mehr Possenreißer als Gelehrter gewesen ist, bekannt

Zitat 4.4–2
Frage 22. ...wie ein geriebener elektrischer Körper so dünne und so feine Exhalationen von sich geben kann, daß durch deren Emission keine merkliche Gewichtsabnahme eintritt, die aber dennoch so kräftig sind, daß sie sich über einen Raum von zwei Fuß Durchmesser ausbreiten und in 1 Fuß Entfernung vom elektrischen Körper Blättchen von Kupfer und Gold in Bewegung zu setzen und zu tragen imstande sind. Und wie können die magnetischen Ausflüsse [Effluvia] so dünn und fein sein, daß sie ohne Widerstand und ohne Kraftverlust durch eine Glasplatte dringen und doch noch imstande sind, jenseits des Glases eine Magnetnadel in Bewegung zu setzen?
Frage 31. Besitzen nicht die kleinen Partikeln der Körper gewisse Kräfte [Powers, Virtues or For-

ces], durch welche sie in die Ferne hin nicht nur auf die Lichtstrahlen einwirken, um sie zu reflektieren, zu brechen und zu beugen, sondern auch gegenseitig aufeinander, wodurch sie einen großen Teil der Naturerscheinungen hervorbringen? Denn es ist bekannt, daß die Körper durch die Anziehungen der Gravitation, des Magnetismus und der Elektrizität aufeinander einwirken. Diese Beispiele, die uns Wesen und Lauf der Natur zeigen, machen es wahrscheinlich, daß es außer den genannten noch andere anziehende Kräfte geben mag, denn die Natur behauptet immer Gleichförmigkeit und Übereinstimmung mit sich selbst. Wie diese Anziehungen bewerkstelligt werden mögen, will ich hier gar nicht untersuchen. Was ich *Anziehung* nenne, kann durch Impulse oder auf anderem, mir unbekanntem Wege zustande kommen. Ich brauche das Wort nur, um im allgemeinen irgendeine Kraft zu bezeichnen, durch welche die Körper gegen einander hin streben, was auch die Ursache davon sein möge. Erst müssen wir aus den Naturerscheinungen lernen, welche Körper einander anziehen, und welches die Gesetze und die Eigentümlichkeiten dieser Anziehung sind, ehe wir nach der Ursache fragen, durch welche die Anziehung bewirkt wird. Die Anziehungen der Schwerkraft, des Magnetismus und der Elektrizität reichen bis in merkliche Entfernungen und sind infolge dessen von aller Welt Augen beobachtet worden, aber es mag wohl andere geben, die nur bis in so kleine Entfernungen reichen, daß sie der Beobachtung bis jetzt entgangen sind; vielleicht reicht die elektrische Anziehung, selbst wenn sie nicht durch Reibung erregt ist, zu solchen kleinen Entfernungen.

NEWTON: *Optik.* Übersetzt von *William Abendroth.* Leipzig 1898

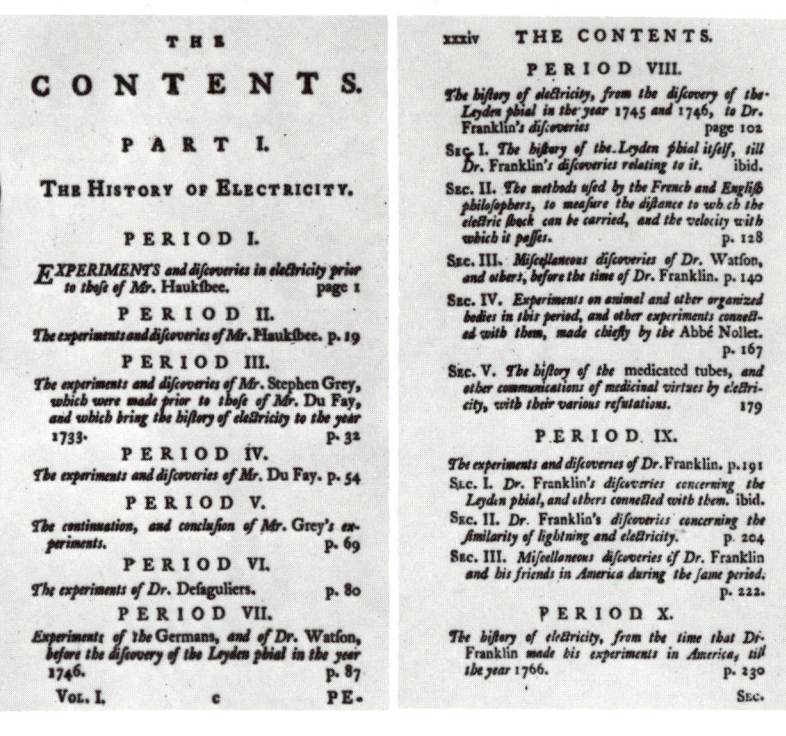

Abbildung 4.4–7
Zwei Seiten aus dem Inhaltsverzeichnis des *Priestleyschen* Buches *History and present state of electricity with original experiments* von 1767

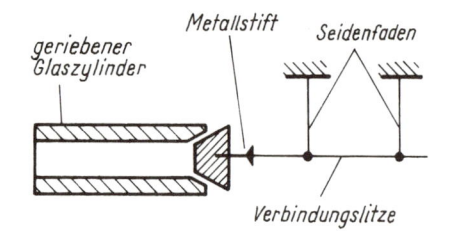

Abbildung 4.4–8
Schematische Darstellung des von *Gray* ausgeführten Versuches

Zitat 4.4–3
Und so ist es gewiß, daß Körper, die durch Berührung elektrisch werden, diejenigen Körper abstoßen, von denen sie elektrisch gemacht wurden. Ist es jedoch richtig, daß sie von allen anderen elektrisch gemachten Körpern abgestoßen werden, gleichgültig, welcher Art? Und daß sich elektrisch gewordene Körper in nichts anderem unterscheiden als in der Intensität der Elektrifizierung? Die Untersuchung dieser Fragen hat mich zu einer Entdeckung geführt, die ich nie und nimmer vorausgesehen hätte und von der ich glaube, es hat bisher nie jemand die geringste Ahnung davon gehabt. ...

gemacht worden. Zum Glück hat er die verschiedenen Theorien seiner europäischen Kollegen nicht gekannt; sein geistiges Rüstzeug waren die *Principia* und die *Optik* NEWTONS. Das ist auch der Grund dafür, daß er seine Versuchsergebnisse unbefangener deuten konnte. FRANKLIN ist vor allem durch den Blitzableiter bekannt geworden. Auch vor FRANKLIN hatte – wegen der bei einer elektrischen Entladung zu beobachtenden Lichterscheinung und des knallartigen Geräusches – schon die Annahme nahegelegen, daß Blitz und elektrische Entladung einander entsprechende Erscheinungen sein sollten; ein vollständiger Beweis dieser Annahme ist aber erst mit den Versuchen von FRANKLIN gelungen *(Abbildung 4.4–12)*. Er hat dazu einen Elektrizitätsleiter zwischen einem in großer Höhe schwebenden Drachen und einer Leidener Flasche ausgespannt und nachgewiesen, daß die atmosphärische Elektrizität ebenso in der Lage ist, die Leidener Flasche aufzuladen, wie die Reibungselektrizität.

FRANKLIN hat im weiteren beobachtet, daß man mit Hilfe einer Metallspitze auf einen Körper eine Ladung übertragen und sie ihm auch wieder entnehmen kann *(Abbildung 4.4–13)*.

Wie der Leser vielleicht schon bemerkt haben wird, haben wir bisher den Begriff „Ladung" eigentlich vermieden, weil wir mit diesem Wort eine ganz bestimmte Vorstellung verbinden, die sich auf das Wesen der Elektrizität bezieht. Die Bezeichnung „Ladung" stammt von FRANKLIN, und so müssen wir von nun an nicht mehr die recht umständliche Umschreibung von „Körpern, die in einen elektrischen Zustand versetzt worden sind" verwenden, sondern können von „elektrisch geladenen" oder von mit Ladung versehenen Körpern sprechen.

Für FRANKLIN hat es nur eine Art von Ladungen gegeben, die er den von DUFAY als Glaselektrizität bezeichneten Ladungen gleich gesetzt hat. Der elektrische Zustand des Körpers soll nur von der Zahl dieser Ladungen abhängen; sind mehr Ladungen auf dem Körper als normal, dann ist der Körper mit Glaselektrizität oder – nach EULER – positiv geladen, herrscht aber ein Mangel an diesen elektrischen Ladungen, dann besitzt er nach der älteren Sprechweise die Harzelektrizität oder ist – nach der neueren Terminologie – negativ geladen. Die negative elektrische Ladung bedeutet somit einen Ladungsmangel, d. h. mit anderen Worten, dem betreffenden Stoff wurden elektrische Ladungen entzogen *(Abbildung 4.4–14)*.

FRANKLIN hat zur Erklärung der elektrischen Erscheinungen angenommen, daß sich die elektrischen Ladungen untereinander abstoßen, während elektrische Ladung und Stoff einander anziehen. Auf diese Weise konnte er

Wir sehen also, daß es zwei Elektrizitäten völlig verschiedener Art gibt, und zwar die der durchsichtigen, festen Körper, wie z. B. des Glases, des Kristalls, usw., sowie die der teer- oder harzartigen Körper, wie z. B. des Bernsteins, des Harzlacks, des Siegellacks usw. Alle diese Körper stoßen jene Körper ab, deren Elektrizität dieselbe ist, wie die ihrige, und ziehen alle jene an, die entgegengesetzter Art sind. Wir sehen sogar, daß auch Körper, die selber nicht elektrisch sind, beide Arten von Elektrizität erlangen können und daß dann ihre Wirkung ähnlich wird der jener Körper, von denen ihre Elektrizität herrührt.
DUFAY (1733) [4.10] pp. 43–44

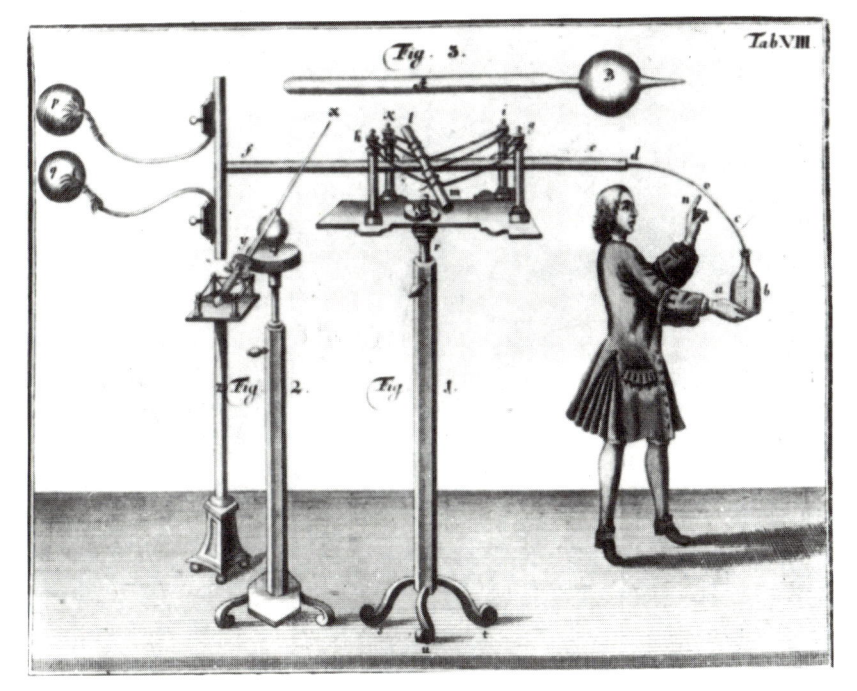

Abbildung 4.4–9
Musschenbroek hat auf diese Weise die „Verstärkungswirkung" der Leidener Flasche entdeckt.
J. H. Winkler: Die Stärke der Elektrischen Kraft des Wassers in gläsernen Gefäßen. Leipzig 1746. Bibliothek der Ungarischen Akademie der Wissenschaften

jedoch nicht erklären, warum zwei Körper mit Ladungsmangel, die gewissermaßen aus „nacktem" Stoff bestehen, einander abstoßen. In unserer heutigen Sprechweise tragen beide Körper eine negative Ladung, und es erscheint uns schon selbstverständlich, daß zwischen ihnen eine Abstoßungskraft auftritt.

Zitat 4.4–4
Herr *Musschenbroek*, der dieses Experiment mit einem besonders dünnwandigen Glasgefäß ausführte, berichtet in einem Brief an Herrn *Réaumur*, dem er bald nach dem Experiment schrieb, er hätte in den Armen, der Schulter und der Brust einen Schlag verspürt, so daß es ihm den Atem verschlagen und er sich vom Schock und dem Schrecken erst nach zwei Tagen erholt hätte. Er fügt hinzu, er würde sich nicht um das Königtum Frankreich einem zweiten derartigen Schlag aussetzen.

Es sollte aber aus obigem nicht der Schluß gezogen werden, alle Forscher der Elektrizität zeigten ähnliche panische Angst. Wenige von ihnen, so glaube ich, würden dem feigen Professor beipflichten, nicht um ganz Frankreich einen zweiten Schlag aushalten zu wollen.

Ganz anders meint der edelmütige Herr *Bose* mit wahrhaft philosophischem Heldenmut, würdig des berühmten *Empedokles*, er wünsche sich, von einem elektrischen Schlage zu Tode getroffen zu werden, womit er Stoff für einen Artikel in den Denkschriften der Französischen Akademie der Wissenschaften geben könnte. Es ist aber nicht jedem Elektriker ein so glorreicher Tod wie der des zu Recht beneideten *Richman* vergönnt.

In Frankreich wie auch in Deutschland wurden Versuche angestellt, um herauszufinden, wie viele Personen einen Schlag bei der Entladung ein und derselben (Leidener) Flasche verspüren könnten. Abbé *Nollet*, der in der Elektrizität einen guten Namen hat, ließ ihn 180 Wachesoldaten in Gegenwart des Königs fühlen. Im Pariser Kloster der Karthäuser bildeten alle Mönche der Klostergemeinschaft eine Menschenkette von 900 Klaftern Länge (es waren dabei je zwei Personen durch einen Eisendraht miteinander verbunden), also weit mehr, als die Kette der 180 Soldaten. Dabei machten alle ohne Ausnahme bei der Entladung der Flasche plötzlich und genau zugleich einen Satz, und alle verspürten den Schlag.
PRIESTLEY [4.9] Vol. I. pp. 106–107

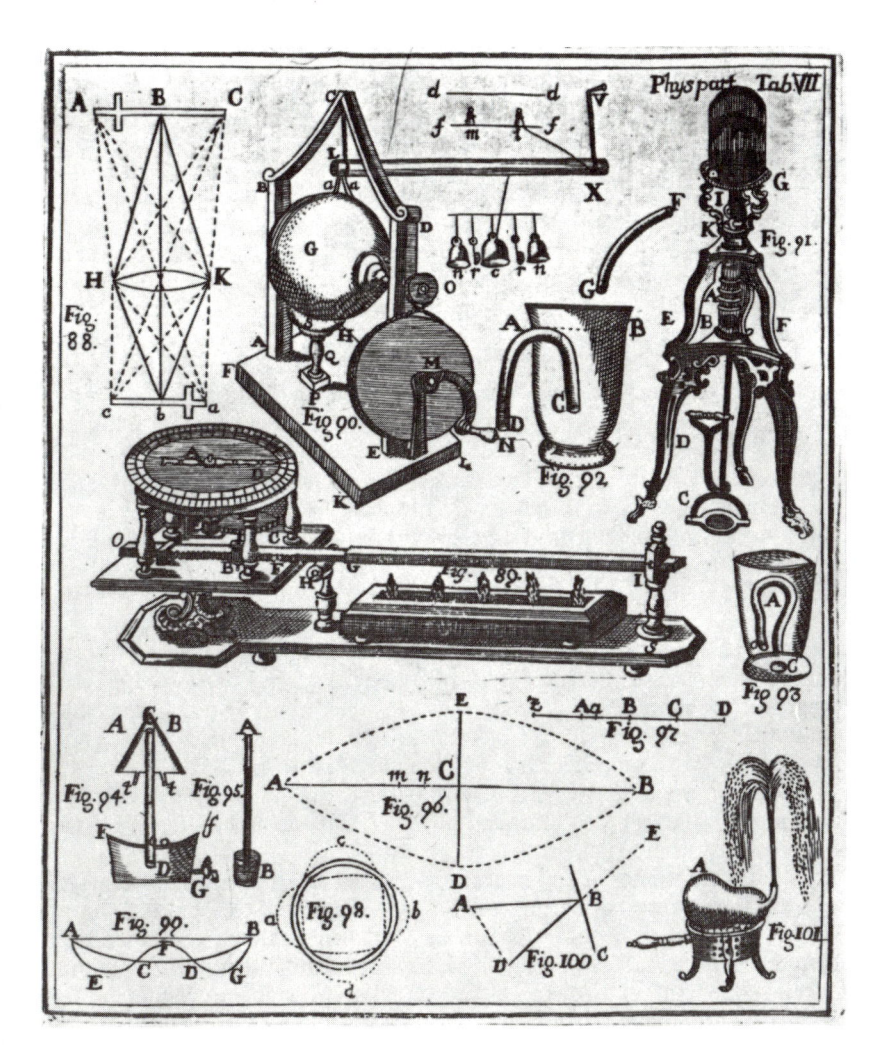

Abbildung 4.4–10
In der Mitte des 18. Jahrhunderts hat man mit Instrumenten dieser Art elektrostatische Versuche ausgeführt.
J. B. Horváth: Physica particularis. Tyrnaviae 1770

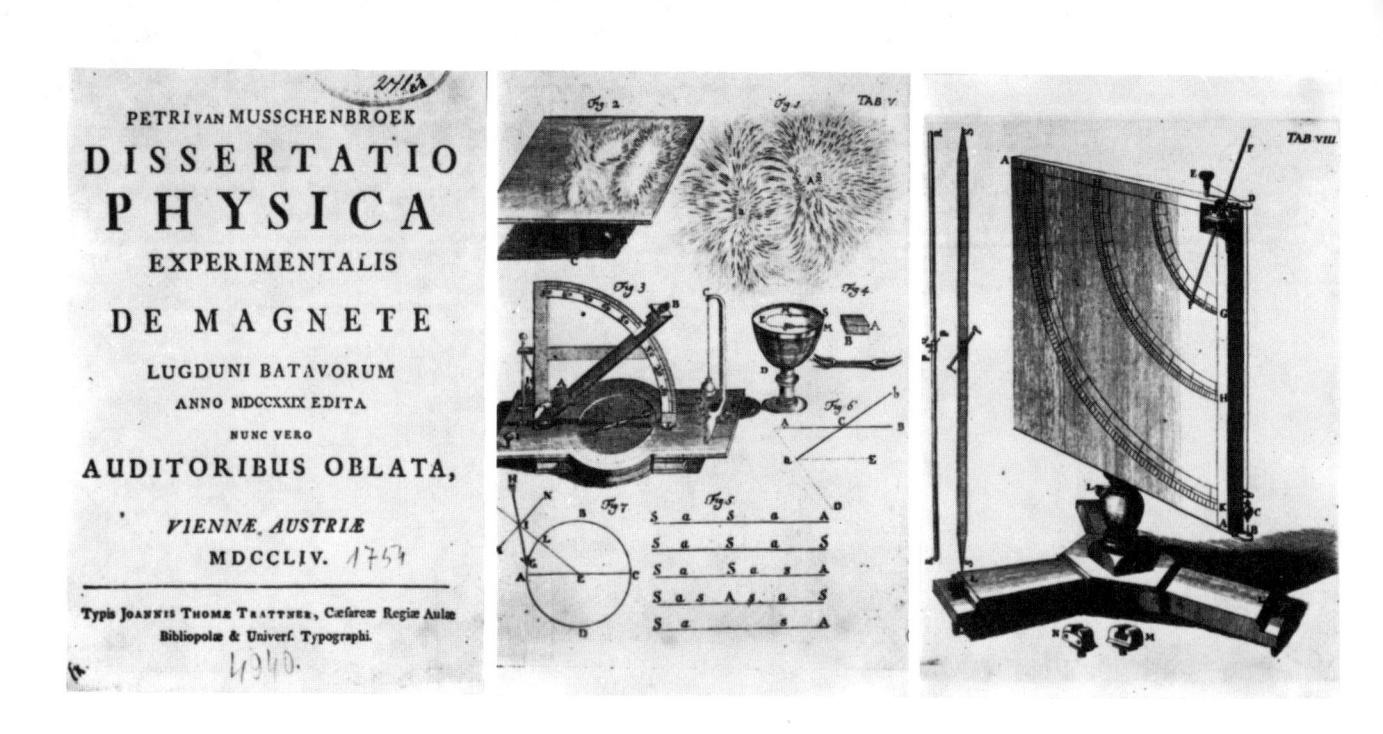

Abbildung 4.4–11
Das Titelblatt und zwei charakteristische Seiten aus *Musschenbroeks* Buch
  Gedenkbibliothek der Universität für Schwerindustrie, Miskolc

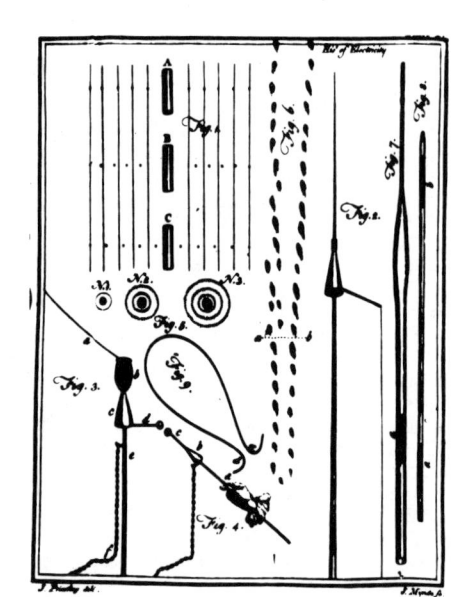

Abbildung 4.4–12
Zu dem von *Franklin* ausgeführten Versuch

Da jeder Umstand, welcher irgendeine Beziehung zu einer so bedeutenden Entdeckung hat (vielleicht der größten im ganzen Bereich der Philosophie seit der Zeit *Sir Isaac Newtons*), sicherlich jedem meiner Leser ein großes Vergnügen bereitet, werde ich mich bemühen, einige Einzelheiten mitzuteilen, von denen ich aus erster Hand Kenntnis erworben habe.

Um die Wesenseinheit des elektrischen Flui-

Auf diese offenen Fragen hat der in Rostock geborene und in Petersburg tätig gewesene AEPINUS (FRANZ ULRICH MARIA THEODOR, 1724–1802) eine Antwort zu geben versucht. Nach seiner Auffassung stoßen die der Elektrizität entblößten Stoffteilchen einander genauso ab wie die Stoffteilchen, die elektrische Ladung tragen. Diese Aussagen lassen sich – wenn wir uns der heute üblichen Sprechweise bedienen wollen – so deuten, daß die Stoffteilchen beim Entfernen der Ladungen gewissermaßen in einem ionisierten Zustand zurückbleiben.

Es läßt sich nicht mehr genau feststellen, was FRANKLIN dazu bewogen hat, gerade die Elektrizität des Glases als existent anzusehen und bei der Harzelektrizität von einem Mangel zu sprechen. Die Beziehungen positiv und negativ sind natürlich eine logische Folge dieser Festlegung. FRANKLIN ist offenbar von Erwägungen ausgegangen, daß bei der Berührung eines geladenen und ungeladenen Körpers die Ladungen immer nur in eine Richtung strömen. Dies ist auch nach unseren heutigen Erkenntnissen so, wenn wir die Strömung elektrischer Ladungen in metallischen Körpern betrachten. Im Unterschied zu der Annahme FRANKLINS strömt in Metallen allerdings die negative Ladung, während die positiven Ladungen ihre Plätze beibehalten. In FRANKLINS Versuchen – bei der Ladungsübertragung auf bzw. der Ladungsentnahme von einem Körper mit Hilfe einer Metallspitze – kommt es aber im Luftraum zwischen der Metallspitze und dem Körper zu Ladungsströmungen in beiden Richtungen. Es ist sehr wahrscheinlich, daß FRANKLIN durch das im Dunklen sehr gut zu sehende Funkenbild, das hier an einen aus einer Gießkanne ausfließenden Strom von Wassertropfen erinnert, zu der Annahme geführt worden ist, daß nur die Glaselektrizität fließt.

Mit den Versuchen FRANKLINS und der von ihm gegebenen Interpretation, die von AEPINUS noch verbessert worden ist, hat sich der Ladungserhaltungssatz endgültig durchgesetzt. Die Ladungen werden somit durch Reibung nicht erzeugt, sondern lediglich voneinander getrennt. FRANKLIN hat zur Veranschaulichung der Ladungstrennung den Körper im ungeladenen Zustand mit einem nassen Schwamm verglichen und das Abstreifen der Ladung beim Reiben des Körpers mit dem Abtropfen des Wassers, wenn wir den Schwamm drücken.

Neben der monistischen Theorie der Elektrizität hat jedoch die dualistische zunehmend an Bedeutung gewonnen. Auch COULOMB hat sich dieses Modell zu eigen gemacht. Mit beiden Modellen kann gleichermaßen die Tatsache der Ladungserhaltung erklärt werden, wobei sie aus dem Einflüssigkeitsmodell automatisch folgt, da der Ladungsmangel notwendig mit der entfernten Ladung übereinstimmt. Die Kraftwirkung hingegen kann mit

Hilfe des Zweiflüssigkeitsmodells einfacher erklärt werden: Setzt man die Existenz zweier Elektrizitätsarten voraus, dann kann einfach angenommen werden, daß die Kraft zu beiden Ladungen, d. h. zum Produkt der Ladungen oder in der heute üblichen Schreibweise zu $Q_1 \cdot Q_2$, proportional ist. Beim Einflüssigkeitsmodell muß man eine Abstoßungskraft zwischen den Überschußladungen, eine Anziehungskraft zwischen Stoff und Ladung und schließlich eine Abstoßungskraft zwischen Stoff und Stoff postulieren. Die folgende Überlegung zeigt, daß dann mit beiden Modellen das gleiche Ergebnis erhalten wird.

Wir setzen $Q_1 = E_1 - M_1$ und $Q_2 = E_2 - M_2$, wobei M diejenige Stoffmenge ist, die im neutralen Zustand die Wirkung der elektrischen Ladung E gerade neutralisiert. Das Produkt $Q_1 \cdot Q_2$ ergibt sich zu

$$Q_1 \cdot Q_2 = (E_1 - M_1) \cdot (E_2 - M_2)$$
$$= E_1 \cdot E_2 - E_1 \cdot M_2 - E_2 \cdot M_1 + M_1 \cdot M_2,$$

und auf der rechten Seite stehen gerade die mathematischen Ausdrücke für die oben erwähnten Wechselwirkungen.

Anläßlich eines Abschiedsbanketts für seine naturwissenschaftlich interessierten Freunde hat FRANKLIN bereits das Bild eines kommenden elektrischen Zeitalters gezeichnet. So hat er vor dem Abendbrot den Spirituskocher über einen Fluß hinweg mit Hilfe eines elektrischen Funkens gezündet, die für das Festmahl bestimmte Pute mit einem Stromstoß getötet, und die Gäste haben aus elektrisierten Sektgläsern beim Knall der Entladung elektrischer Batterien auf das Wohl der berühmten „Elektriker" in aller Welt getrunken.

Um die Mitte des 18. Jahrhunderts wurden bereits — wenn auch nur in qualitativer Form — weitere Erscheinungen beschrieben, deren Bedeutung sich erst später herausgestellt hat (*Zitate 4.4—5a, b* und *Abbildung 4.4—15*).

4.4.4 Die quantitative Elektrostatik

Unterdessen war auch die Zeit zur Aufstellung quantitativer Gesetzmäßigkeiten bei der Beschreibung der elektrischen Erscheinungen herangereift, und in der Tat ist die formelmäßige Erfassung der elektrischen Anziehungskräfte mehreren Forschern gleichzeitig gelungen. Die „naturphilosophische" Grundlage dafür ist überall die gleiche gewesen: In Anlehnung an NEWTON hat man die Existenz von Fernwirkungskräften zwischen geladenen Körpern vorausgesetzt und nach deren Gesetzmäßigkeiten gesucht. Zu dem gesuchten Gesetz sind schließlich sogar vier Forscher — PRIESTLEY, CAVENDISH, ROBISON und COULOMB, nach dem das Gesetz dann benannt worden ist — unabhängig voneinander gelangt. PRIESTLEY hat in seinem 1767 erschienenen Buch das Gesetz genau formuliert und sogar begründet. Aus Experimenten war nämlich bereits bekannt, daß sich bei elektrischen Leitern die elektrische Ladung auf der Oberfläche ansammelt und daß im Inneren von Hohlkörpern, die aus elektrizitätsleitenden Stoffen gefertigt sind, keine elektrische Kraft wahrgenommen wird *(Zitat 4.4—6)*. Die von den Oberflächenladungen ausgehenden Kräfte können sich aber für einen beliebigen Punkt im Inneren einer geschlossenen Fläche nur dann kompensieren, wenn die Kräfte umgekehrt proportional zum Quadrat des Abstandes von der Ladung sind *(Abbildungen 4.4—16, 4.4.—17)*. Mit einem sehr ähnlichen Gedankengang ist auch CAVENDISH zu dem Gesetz gekommen; er hat darüber hinaus experimentell mit Hilfe einer Torsionswaage das aufgestellte Gesetz bestätigt. Von geschichtlichem Interesse ist auch, daß der Gedanke, Torsionswaagen zur Messung sehr kleiner Kräfte zu verwenden, von mehreren Forschern gleichzeitig und unabhängig voneinander geäußert worden ist. CAVENDISH erwähnt Hochwürden MICHELL, von dem die Idee zum Bau einer Torsionswaage und sogar ihre erste Ausführung stammt.

ROBISON hat seine Messungen zwar früher (1769) als COULOMB ausgeführt, jedoch keine eindeutige Formulierung des Gesetzes angegeben. Er hat für Abstoßungs- und Anziehungskraft unterschiedliche Gesetze erhalten, wobei in dem einen Falle die Kraft etwas schneller als mit der zweiten Potenz des Abstandes, im anderen Falle etwas langsamer abnehmen sollte.

dums und der Materie des Blitzes in möglichst vollkommener Weise zu demonstrieren, hat *Dr. Franklin* — so erstaunlich es auch erscheinen möge — ersonnen, wie man mit Hilfe eines elektrischen Drachens tatsächlich den Blitz vom Himmel herunterbringen kann; *Franklin* ließ den Drachen steigen, als er bemerkte, daß ein Gewitter im Anzuge war. Der Drache war mit einer spitzen Metallnadel versehen, durch diese wurde der Blitz aus den Wolken gezogen, durch ein Hanfseil herabgeführt und von einem Schlüssel empfangen, welcher am Ende des Seiles befestigt war. Der Teil des Seiles, welchen er in den Händen hielt, war aus Seide, um die elektrische Kraft aufzuhalten, wenn sie zum Schlüssel gelangte. Er fand, daß das Seil die Elektrizität leitete, selbst wenn es fast völlig trocken war; wenn es aber feucht war, dann leitete es sie so gut, daß die Elektrizität reichlich aus dem Schlüssel strömte, wenn man ihm mit dem Finger nahe kam. So konnte *Franklin* Flaschen aufladen; mit Hilfe der so erhaltenen Funken zündete er Spiritus an und führte auch alle anderen Versuche durch, welche üblicherweise mit angeregten Kugeln und Rohren gemacht werden.
PRIESTLEY [4. 9]

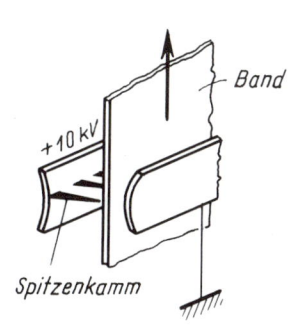

Abbildung 4.4—13
Das Laufband der in der Kernphysik eingesetzten Van-de-Graaff-Generatoren, mit denen Spannungen von mehreren Millionen Volt erzeugt werden können, wird auch heute noch mit Hilfe der von *Franklin* gefundenen „Spitzenwirkung" aufgeladen

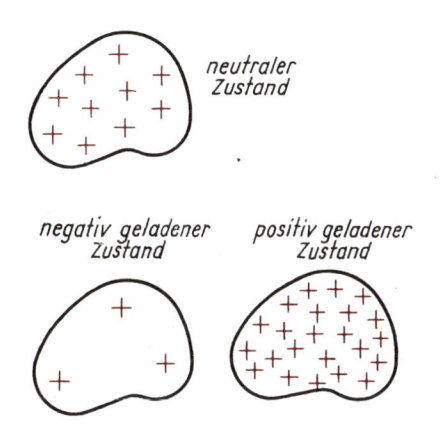

Abbildung 4.4—14
Nach *Franklin* hat es nur eine Art von Ladungen gegeben

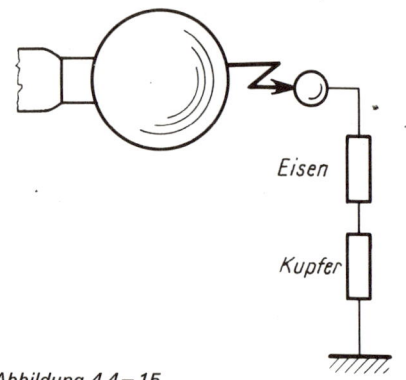

Abbildung 4.4–15
Priestley hat – nach einem Hinweis von *Franklin* – als erster die Wirkung untersucht, die in zwei vom gleichen Strom durchflossenen Leitern auftritt

Zitat 4.4–5a
Anläßlich eines Gesprächs, das ich mit *Dr. Franklin,* Herrn *Canton* und *Dr. Price* führte, war, wie ich mich erinnere, von mir die Frage aufgeworfen worden, ob die Leitfähigkeit verschiedener Metalle verschieden wäre ... Ich war inzwischen bemüht, eine von *Franklin* vorgeschlagene Versuchsanordnung aufzubauen und dieselbe Entladung ... zugleich durch zwei Drähte zu leiten, beide gleich dick, aber aus verschiedenen Metallen ...
Erst verband ich ein Stück Eisendraht mit einem Stück Kupferdraht. Die Entladung ließ den Eisendraht zerstäuben, der Kupferdraht aber blieb unversehrt *(Abbildung 4.4–15)*
Aufgrund dieser Experimente läßt sich leicht die Reihenfolge der Metalle angeben, in der die Elektrizität sie zum Schmelzen bringt, nämlich: Eisen, Messing, Kupfer, Silber, Gold.
Ich hege keinen Zweifel daran, daß eine Entladung, die einen Kupferdraht mit einem gewissen Durchmesser zum Schmelzen bringt, einen Eisendraht des doppelten Durchmessers zerstäuben würde...
PRIESTLEY [4.9] Vol. II, pp. 368–371

Zitat 4.4–5b
Es ist beobachtet worden, daß nach Blitzschlägen Magnete ihre Kraft verloren oder umgepolt wurden. Dasselbe ist von Dr. *Franklin* auf elektrischem Wege bewerkstelligt worden. Er hat auf elektrischem Wege oft Nadeln magnetisch gemacht oder nach Belieben umgepolt.
PRIESTLEY [4.9] Vol. I, p. 214

Zitat 4.4–6
Könnte man aus diesem Experiment nicht darauf schließen, daß die Anziehung der Elektrizität denselben Gesetzen unterworfen ist wie die Schwere und sich deshalb den Entfernungsquadraten entsprechend ändert; es ist nämlich leicht zu beweisen, daß, wenn die Erde die Gestalt einer Schale hätte, ein Körper in ihrem Inneren auf keine Seite gezogen würde.
PRIESTLEY [4.9] Vol. II, p. 374

CHARLES COULOMB (1736–1806) *(Abbildung 4.4–18)* hat als Ingenieuroffizier lange Zeit Befestigungsanlagen zu überwachen gehabt, und erst ab 1776 konnte er all seine Kraft der wissenschaftlichen Arbeit widmen. Er hat auf sehr vielen Gebieten der Wissenschaft bemerkenswerte Ergebnisse erzielt; so hat er einen von der Französischen Akademie der Wissenschaften ausgeschriebenen Preis für die beste Konstruktion eines Kompasses gewonnen, und aufgrund dieser Arbeit ist er auch zum Mitglied der Akademie gewählt worden. In seiner preisgekrönten Arbeit beschreibt COULOMB im übrigen auch eine Torsionswaage und stellt fest, daß das zum Verdrillen des Torsionsfadens um einen bestimmten Winkel notwendige Drehmoment proportional zur vierten Potenz des Fadendurchmessers und indirekt proportional zur Fadenlänge ist, wobei der Proportionalitätsfaktor vom Fadenmaterial abhängt. Wir verdanken COULOMB auch eine ausführliche Untersuchung der Gleitreibung fester Körper. Er hat sich als erster eingehend mit der Frage beschäftigt, welche Kraft vor dem Stapellauf eines Schiffes benötigt wird, um dieses auf der schiefen Ebene festzuhalten und hat das Minimum dieser Kraft bestimmt.

In der *Abbildung 4.4–19* ist die Coulombsche Torsionswaage in ihrer ursprünglichen Form dargestellt.

CAVENDISH würde in der Geschichte der Elektrizitätslehre einen weit ruhmreicheren Platz einnehmen, wenn er seine Ergebnisse rechtzeitig publiziert hätte: die Publikation ist erst 100 Jahre später, im Jahre 1879, erfolgt. Der unmittelbare Anlaß für die Publikation war, daß LORD KELVIN in CAVENDISH' Manuskripten einen Zusammenhang zwischen der Ladung einer Kugel und der Ladung einer ebenen Kreisplatte bei gleichem Potential entdeckt hatte. Es handelt sich dabei zwar um ein experimentelles Resultat, das jedoch Zeugnis davon ablegt, daß CAVENDISH zumindest eine gewisse Vorstellung von bestimmten, für die weitere Entwicklung sehr wichtigen Größen und ihrer qualitativen Rolle gehabt hat. Die exakte mathematische Behandlung des erwähnten Problems ist auch heute nur mit Hochschulkenntnissen möglich und gehört bei der Prüfung unserer Studenten in Theoretischer Elektrodynamik zu den sogenannten schwierigen Fragen. CAVENDISH hat natürlich noch nicht von einem Potential gesprochen, sondern den Begriff „Elektrisierungsgrad" verwendet; so haben bei ihm zwei metallische Leiter den gleichen Elektrisierungsgrad, wenn sie durch einen elektrischen Leiter miteinander verbunden sind, während wir heute sagen, daß beide Leiter das gleiche Potential aufweisen. CAVENDISH hat die Frage aufgeworfen, wie sich in diesem Falle die Ladungen beider Körper zueinander verhalten. Mit der Bestimmung dieses Ladungsverhältnisses hat CAVENDISH eigentlich das Verhältnis der Kapazitäten beider metallischer Körper bestimmt. Bereits die Durchführung dieser Messungen erfordert eine klare Vorstellung von den elektrischen Erscheinungen. CAVENDISH hat keine Einzelheiten bezüglich der Messungen mitgeteilt, wahrscheinlich hat er aber mit einer kleinen Probekugel den Metallkörper mehrfach berührt und die Probekugel jedesmal durch Erdung entladen.

CAVENDISH hat auch die Eigenschaften der Dielektrika untersucht und festgestellt, daß die Fähigkeit eines Leiters zur Ladungsspeicherung sich ändert, wenn in der Umgebung des Leiters verschiedene Isolierstoffe angeordnet werden. Zu dieser Erkenntnis ist FARADAY erst nahezu zwei Menschenleben später wieder gekommen.

Auch die Leitfähigkeiten verschiedener Stoffe hat CAVENDISH gemessen und dazu den Begriff des Widerstandes eingeführt, worin er OHM ein halbes Jahrhundert zuvorgekommen ist. Erwähnenswert ist, daß CAVENDISH z. B. für das Verhältnis der Leitfähigkeiten des Meerwassers und des Eisens einen Zahlenwert von $1 : 4 \cdot 10^6$ angibt, was überraschend gut mit dem heute bekannten Wert übereinstimmt. CAVENDISH bemerkt dazu, daß er diesen Zahlenwert mit einem sehr einfachen Meßverfahren erhalten habe. Heute kommt man bei der Messung des elektrischen Widerstandes ebenfalls mit sehr einfachen Instrumenten, einem Volt- und einem Amperemeter, aus; zu Zeiten CAVENDISH' waren diese Meßinstrumente aber noch nicht erfunden, und aus seinem Manuskript geht hervor, was er unter einem einfachen Meßverfahren verstanden hat: CAVENDISH hat die Stärke der elektrischen Entladungen miteinander verglichen, die er erhalten hat, wenn er die beiden Elektroden einer Leidener Flasche über unterschiedliche Substanzen miteinander verbunden hat, und aus der subjektiven Empfindung des elektrischen Schlages hat er dann auf den Zahlenwert für die Leitfähigkeit geschlossen.

Verwunderlich, wenn nicht sogar unglaublich, ist allerdings, daß er mit einer derartigen Methode so gute Ergebnisse erzielen konnte.

Von dem Zeitpunkt an, zu dem die Gesetzmäßigkeiten für die Wechselwirkung elektrisch geladener Körper ihre mathematische Darstellung gefunden hatten, gab es kein Hindernis mehr, den für die exakte Behandlung der Gravitation ausgearbeiteten mathematischen Apparat auch auf die elektrostatischen Phänomene anzuwenden. Diese Aufgabe hat POISSON in einer 1811 erschienenen Abhandlung gelöst. Mit dieser Arbeit hat die Elektrostatik auch hinsichtlich ihrer mathematischen Durchdringung den gleichen Grad der Vollkommenheit wie die Mechanik erreicht. Auch die Magnetostatik ist durch POISSON in diesem Sinne vollendet worden.

LAPLACE *(Abbildung 4.4−20)* hatte schon zuvor festgestellt, daß für ein System von Punktmassen, dessen Teile entsprechend dem Newtonschen Gravitationsgesetz aufeinander wirken, die Kraft auf eine beliebige Punktmasse durch die partiellen Differentialquotienten einer bestimmten Größe dargestellt werden kann. LAPLACE hat dieser Größe noch nicht den heute üblichen Namen Potential gegeben, aber er hat ihren Wert

$$V = G \sum_i \frac{m_i}{r_i}$$

angegeben. LAPLACE hat auch gezeigt, daß diese Größe der Gleichung

$$\Delta V \equiv \frac{\partial^2 V}{\partial x^2} + \frac{\partial^2 V}{\partial y^2} + \frac{\partial^2 V}{\partial z^2} = 0$$

genügt, die dann nach ihm benannt worden ist. POISSON hat darüber hinaus auch festgestellt, daß diese Gleichung an den Orten, an denen sich kontinuierlich verteilte elektrische Ladungen befinden, gemäß

$$\frac{\partial^2 V}{\partial x^2} + \frac{\partial^2 V}{\partial y^2} + \frac{\partial^2 V}{\partial z^2} = -4\pi\varrho$$

modifiziert werden muß; in dieser Form wird die Gleichung als LAPLACE-POISSON-Gleichung bezeichnet; ϱ bedeutet hier die Ladungsdichte.

POISSON hat bereits elektrostatische Probleme gelöst, die auch nach heutiger Bewertung verhältnismäßig kompliziert sind. So hat er z. B. die Ladungsverteilung auf den Oberflächen zweier sich gegenüberstehender metallischer Kugeln berechnet.

Die Elektrostatik ist schließlich von GREEN und GAUSS *(Abbildung 4.4−21)* in ihre heutige Form gebracht worden.

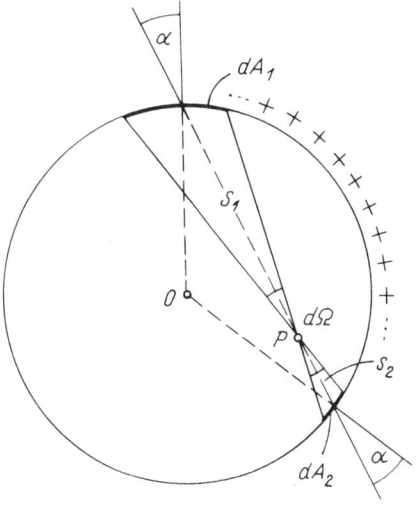

$$\frac{dA_1 \cos\alpha}{s_1^2} = d\Omega = \frac{dA_2 \cos\alpha}{s_2^2}$$

Abbildung 4.4−16
Wenn die elektrische Kraft mit $1/r^2$ von der Entfernung abhängt, dann heben sich die von dA_1 und dA_2 am Punkt P ausgeübten Kräfte gegenseitig auf, denn es gilt

$$F_1 \sim \frac{dA_1}{s_1^2} = \frac{d\Omega}{\cos\alpha} = \frac{dA_2}{s_2^2} \sim F_2.$$

Die gesamte Kugelfläche kann in Flächenpaare zerlegt werden, deren Kraftwirkungen sich gegenseitig kompensieren

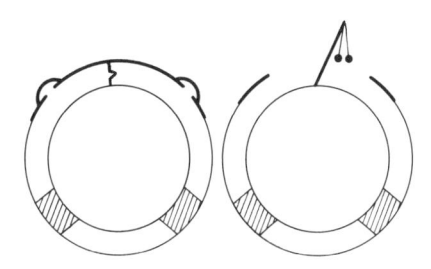

Abbildung 4.4−18
CHARLES AUGUSTE DE COULOMB (1736–1806): hat nach neun Jahren Einsatz als Ingenieuroffizier begonnen, sich mit wissenschaftlichen Problemen auseinanderzusetzen. Er hat mit seinen zwischen 1784 und 1789 ausgeführten Messungen das nach ihm benannte Coulombsche Gesetz bestätigt. In seinem 1785 erschienenen Buch *Théorie des machines* hat er sich mit der Reibung und Elastizitätsproblemen, darunter auch mit der Torsion, auseinandergesetzt. Diese Untersuchungen haben zur Konstruktion der Torsionswaage geführt

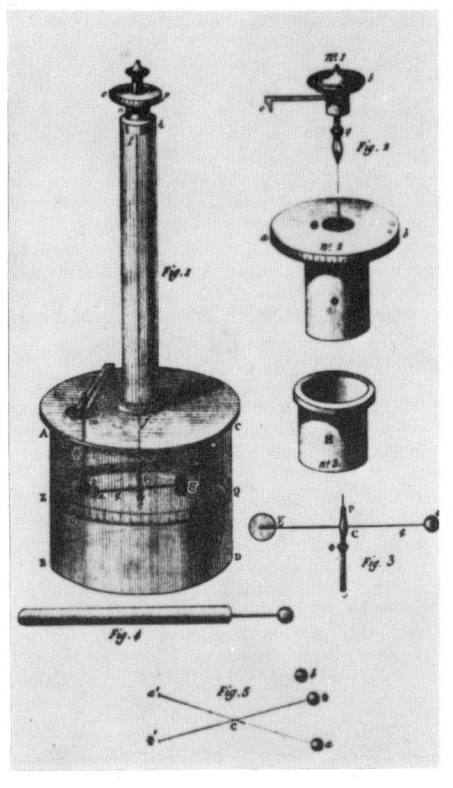

Abbildung 4.4−19
Die Torsionswaage von *Coulomb*. Die Waage und die mit ihr erhaltenen Meßergebnisse sind von 1784 an publiziert worden

Abbildung 4.4−17
Eine experimentelle Anordnung zum Beweis dafür, daß sich im Inneren einer Metallelektrode keine elektrische Wirkung bemerkbar macht. Damit ist zugleich der experimentelle Beweis erbracht, daß das $1/r^2$-Gesetz gilt — wenigstens in den Grenzen der Meßgenauigkeit. Die (eventuelle) Abweichung von dem $1/r^2$-Gesetz sei durch die Größe ε in der Formel $1/r^{2+\varepsilon}$ charakterisiert. Die Meßgenauigkeit von *Cavendish* erlaubt die Abschätzung $|\varepsilon| < 1/50$; *Maxwell* konnte diese Abweichung auf $|\varepsilon| < 1/21\,600$ herabsetzen, heute kann man mit einer Genauigkeit von $|\varepsilon| < 3 \cdot 10^{-16}$ rechnen (*William-Faller-Hill*, 1971). Diese Untersuchungen haben auch für die moderne Physik eine grundlegende Bedeutung. Sie hängen nämlich mit der Frage zusammen, ob das Photon eine von Null verschiedene Ruhmasse besitzt. Im Falle einer endlichen Masse würde nämlich das Potential nach *Yukawa* (siehe Abb. 5.5−6) statt $1/r$ die folgende Abstandsabhängigkeit haben: $e^{-r/r_0}/r$, wobei $r_0 = h/2\pi mc$, h die Plancksche Kontante, m

die Ruhmasse, c die Lichtgeschwindigkeit bedeuten. Nach dieser Theorie gehört zu $|\varepsilon| < 3 \cdot 10^{-16}$ eine obere Schranke der Ruhmasse des Photons vom $m < 2 \cdot 10^{-50}$ kg; diese Masse ist um viele Größenordnungen kleiner als die (eventuelle) Ruhmasse des Neutrinos. So können wir die Ruhmasse des Photons, wenigstens nach unseren heutigen (1980) Kenntnissen, als genau gleich Null betrachten

Abbildung 4.4—20
PIERRE SIMON LAPLACE (1749—1827): war bäuerlicher Abstammung und wollte zunächst einen geistlichen Beruf ergreifen. D'Alembert hat dem 22 jährigen *Laplace* ein Lehramt für Mathematik in Paris verschafft. *Laplace* hat rege am gesellschaftlichen und wissenschaftsorganisatorischen Leben teilgenommen. Gemeinsam mit dem Chemiker *Claude-Louis Berthollet* (1748—1822) hat er die Arcueil-Gesellschaft für die Förderung junger Wissenschaftler gegründet. Mitglied der Akademie; von *Napoleon* während des Konsulats für eine kurze Zeit zum Innenminister ernannt.

Seine wichtigeren Arbeiten sind: *Exposition du système du monde* (1796); in diesem populärwissenschaftlich-schöngeistigen Werk finden wir eine Theorie der Entstehung des Sonnensystems (Kant-Laplace-Hypothese).

Mécanique céleste (1799—1825), 5 Bände; hier wird neben einer Reihe konkreter astronomischer Probleme auch die Laplace-Gleichung $\Delta U = 0$ abgehandelt. Seine Beiträge zur Wahrscheinlichkeitsrechnung und zu statistischen Untersuchungen finden wir in zwei Abhandlungen *Théorie analitique des probabilités* (1812) und *Essai philosophique sur les probabilités* (1814). Im Vorwort zur letztgenannten Arbeit stoßen wir auch auf den vielzitierten Laplaceschen Dämon.

Von seinen — noch auf der Caloricum-Theorie fußenden — Untersuchungen in der Wärmelehre sprechen wir ausführlich im Text. Hier möchten wir nur die Ergebnisse über die theoretische Bestimmung der Schallgeschwindigkeit erwähnen. *Mersenne* und *Gassendi* hatten sie schon früher gemessen, *Newton* theoretisch bestimmt ($v = \sqrt{p/\varrho}$; p bedeutet den Druck, ϱ die Dichte). Die mit größerer Präzision durchgeführten Messungen von *William Derham* (1708) haben eine Diskrepanz mit

Abbildung 4.4—21
KARL FRIEDRICH GAUSS (1777—1855): Sohn eines Maurers; Studium an der Universität Göttingen, dann Privatdozent in Braunschweig und ab 1807 bis zu seinem Tode Direktor der neugegründeten Sternwarte sowie Professor der Mathematik und Astronomie in Göttingen.

In seiner Jugend hat sich *Gauß* bereits mit zahlentheoretischen Problemen auseinandergesetzt; die Resultate dieser Untersuchungen sind in der 1801 erschienenen Arbeit *Disquisitiones Arithmeticae* zusammengefaßt. Im weiteren hat sich der Schwerpunkt seines Schaffens alle zehn Jahre verlagert: 1800—1820 Astronomie, 1820—1830 Geometrie, 1830—1840 Theoretische Physik. Seine wichtigsten zusammenfassenden Arbeiten sind: *Theoria motus corporum coelestium* (1809), *Disquisitiones circa superficies curvas* (1827). *Intensitas vis magneticae terrestris ad mensuram absolutam revocata* (1833), *Dioptrische Untersuchungen* (1840).

Von seinen Beiträgen zur Mathematik, die die Entwicklung der Physik unmittelbar beeinflußt haben oder in der Physik ständig Verwendung finden, nennen wir: die Methode der kleinsten Quadrate, die Gaußsche Fehlerfunktion, die innere Geometrie der Flächen, die hypergeometrischen Reihen, die Gaußsche Zahlenebene und die Gamma-Funktion (Fakultät).

Seine wichtigsten Beiträge zur Physik sind: das Prinzip des kleinsten Zwanges, die allgemeine Theorie der optischen Abbildung mittels Linsen, der Gaußsche Satz der Elektrostatik, das Gaußsche Maßsystem, ein Meßverfahren für das magnetische Moment über die Gaußschen Hauptlagen.

Gauß ist zu Recht der Titel eines *princeps mathematicorum* zuerkannt worden. Seine mathematische Begabung hat sich bei ihm schon in der frühen Kindheit gezeigt. Er war neun Jahre alt, als er in der Volksschule die Lösung der Aufgabe, alle Zahlen von 1 bis 60 zu addieren, nach wenigen Augenblicken angegeben hat. Er bemerkte nämlich, daß $1 + 60 = = 2 + 59 = 3 + 58 = \ldots = 61$ ist und daß 30 derartige Zahlenpaare gebildet werden können; auf diesem Wege erhielt er für die Summe den Wert $30 \cdot 61 = 1830$.

Bei der Suche nach den Lösungen der Gleichung $x^n - 1 = 0$ hat *Gauß* erkannt, welche regelmäßigen Vielecke sich mit Zirkel und Lineal konstruieren lassen; auf diese Weise hat er das regelmäßige 17-Eck konstruiert. Auf dieses Ergebnis ist er so stolz gewesen, daß er verfügt hat, es auf seinem Grabstein darzustellen. Obwohl *Gauß* nach Aussage seines Tagebuches bereits 1818 — also vor *Bolyai* und *Lobatschewski* — zur nichteuklidischen Geometrie gekommen ist, hat er es nicht gewagt, diese Ergebnisse zu publizieren, weil er seine Zeitgenossen noch nicht für reif genug hielt, seine Gedanken zu verstehen

4.4.5 Strömung elektrischer Ladungen

Bereits bei den elektrostatischen Untersuchungen war erkannt worden, daß man es beim Aufladen und Entladen mit einem Überströmen elektrischer Ladungen oder − mit anderen Worten − mit einem elektrischen Strom zu tun hat. Die Gesetzmäßigkeiten elektrischer Ströme und insbesondere die von ihnen erzeugten Magnetfelder konnten jedoch erst dann mit Erfolg untersucht werden, als man in der Lage war, andauernd fließende Ladungsströme in der für die Experimente notwendigen Stärke zu erzeugen. Die verschiedenen, mit einem Strom verbundenen Begleiterscheinungen, so z. B. die Wärmeerzeugung und das Leuchten der elektrischen Funken, aber auch die Tatsache, daß Eisen in der Nähe sehr starker Entladungsströme magnetisiert oder daß seine Magnetisierungsrichtung umgekehrt werden kann, hatte man qualitativ schon zuvor wahrgenommen (Zitat 4.4−5b).

Einen Durchbruch auf diesem Gebiet hat das Jahr 1800 gebracht. In diesem Jahr teilte ALESSANDRO VOLTA (1745−1827) in einem Brief an den Präsidenten der Royal Society eine Erfindung mit, die die Erzeugung konstanter Gleichströme betraf. Die Vorgeschichte dieser Erfindung geht bis auf das Jahr 1780 zurück. LUIGI GALVANI (1737−1798), Professor der Anatomie an der Universität zu Bologna, hatte von seinen Mitarbeitern erfahren, daß man beim Herauspräparieren eines Nerven aus einem Froschschenkel ein Zucken des Froschschenkels beobachten kann, wenn man mit einem Seziermesser den Nerven zu einem Zeitpunkt berührt, in dem ein anderer Mitarbeiter eine der damals in jedem Labor anzutreffenden Reibungselektrisiermaschinen bedient und es dort zu einer Funkenentladung kommt. GALVANI hat erst 1791 ausführlich darüber berichtet, wie er auf dieses Phänomen aufmerksam gemacht worden ist und welche verschiedenen Versuche er angestellt hat. In unserer heutigen Sicht müssen wir sagen, daß GALVANIS Mitarbeiter, wenn sie tatsächlich eine Gleichzeitigkeit der Funkenentladung und des Zuckens des Froschschenkels beobachtet haben sollten, den Empfang einer von Funken ausgehenden elektromagnetischen Welle registrierten. GALVANI hat im Verlauf der Versuche dann gefunden, daß Froschschenkel, die mit Kupferhaken am eisernen Fenstergitter aufgehängt worden sind, auch dann zucken, wenn sie zufällig das Eisengitter berühren *(Abbildung 4.4−22)*. Diese Tatsache hat GALVANI davon überzeugt, daß nicht etwa das Gewitter bzw. die in ihm erzeugte atmosphärische Elektrizität für das Phänomen verantwortlich sind. So hat er schließlich umfangreiche Laboruntersuchungen ausgeführt *(Abbildung 4.4−23)* und ist zu dem Schluß gelangt *(Zitat 4.4−7)*, daß dieses elektrische Phänomen seine Ursache im Froschschenkel selbst hat; er hat deshalb die Bezeichnung animalische Elektrizität eingeführt.

Zu eben dieser Zeit ist VOLTA Professor der Physik an der mit Bologna rivalisierenden Universität zu Pavia gewesen. Als Physiker hatte er sich der Newtonschen Theorie ans Licht gebracht. *Laplace* hat darauf hingewiesen, daß die adiabatischen Veränderungen, die infolge der bei der wellenartigen Ausbreitung entstehenden Verdichtungen und Verdünnungen in der Luft auftreten, auch mitberücksichtigt werden müssen. ($v = \sqrt{\kappa p / \varrho}$, wo $\kappa = \dfrac{c_p}{c_v}$; c_p: die spezifische Wärme bei konstantem Druck, c_v: bei konstantem Volumen).

Nach der Veröffentlichung des ersten Bandes der *Mécanique céleste* (Himmelsmechanik) ist *Laplace* von *Napoleon* gefragt worden, warum auf vielen hundert Seiten der Himmel besprochen werde, Gott jedoch nirgends vorkomme. *Laplace* soll geantwortet haben: *Je n'ai pas eu besoin de cette hypothèse là, Sire* (Ich bedurfte dieser Hypothese nicht, Majestät).

Abbildung 4.4−22
Galvanis wichtigste Beobachtung: Um ein Zucken des Froschschenkels hervorzurufen, reicht obige Anordnung aus, und es ist weder ein Funkenüberschlag oder Blitz noch irgendeine atmosphärische Elektrizität nötig

Abbildung 4.4−23
Die Abbildung von *Galvani* zum Froschschenkel-Versuch

Zitat 4.4−7
Dann brachte ich aber das Tier in einen geschlossenen Raum und legte es dort auf eine Eisenplatte; und als ich die Platte mit dem in das Rückenmark eingeführten Kupferhaken berührte, beobachtete ich dasselbe krampfartige Zucken wie vorher. Versuche mit anderen Metallen zu verschiedenen Stunden und an verschiedenen Tagen ergaben ähnliche Ergebnisse. Versuche mit Nichtleitern, wie z. B. Glas, Harz, Steinen und trockenem Holz ergaben keine Wirkungen. Das war ziemlich überraschend und erweckte in mir den Verdacht, es könnte die Elektrizität im Tier selbst vorhanden sein. Dieser Verdacht wurde auch von einer Beobachtung bekräftigt, daß nämlich eine gewisse Art von Strömung subtilen Nervenfluidums (ähnlicher Art, wie das Strömen elektrischen Fluidums in den Versuchen mit Leidener Flaschen) den Nerv mit dem Muskel verbindet, wenn die Zusammenzuckungen auftreten.
GALVANI: *De Viribus Electricitatis in Motu Musculari.* Commentarii Bononiensi, VII, 1791, p. 363 [4.10]

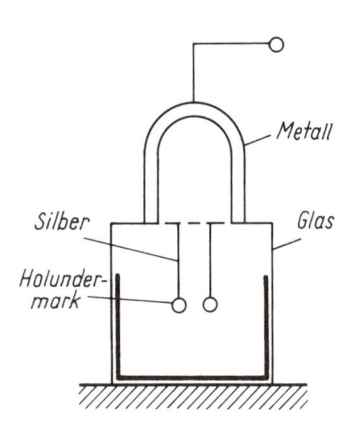

Abbildung 4.4−24
Das Voltasche Elektroskop

Zitat 4.4−8
Ja, der Apparat, von dem ich rede, und welcher Sie zweifellos in Erstaunen versetzen wird, ist nichts als die Anordnung einer Anzahl von guten Leitern verschiedener Art, die in bestimmter Weise aufeinander folgen. Dreißig, vierzig, sechzig oder mehr Stücke von Kupfer oder besser Silber, von denen jedes auf ein Stück Zinn, oder viel besser Zink gelegt ist, und eine gleich große Anzahl von Schichten Wasser oder irgend einer anderen Flüssigkeit, welche besser leitet, als gewöhnliches Wasser, wie Salzwasser, Lauge usw., oder Stücke von Pappe, Leder usw., die mit diesen Flüssigkeiten gut durchtränkt sind, diese Stücke zwischen jedes Paar oder jede Verbindung von zwei verschiedenen Metallen geschaltet: eine derartige Wechselfolge in stets gleicher Ordnung der drei Arten von Leitern, das ist alles, woraus mein neues Instrument besteht, welches, wie gesagt, die Wirkungen der Leidener Flaschen oder der elektrischen Batterien nachahmt, indem es dieselben Erschütterungen gibt, wie diese, wobei es allerdings weit unterhalb der Wirksamkeit stark geladener Batterien bleibt, was die Kraft und das Geräusch der Explosionen, den Funken, die Schlagweite usw., anlangt; es gleicht nur bezüglich der Wirkung einer sehr schwach geladenen Batterie, die indes eine außerordentliche Kapazität besitzt, übertrifft aber die Kraft und das Vermögen dieser Batterien unendlich darin, daß es nicht wie diese vorher durch fremde Elektrizität geladen zu werden braucht und daß es Schlag zu geben fähig ist, jedesmal, wenn man es passend berührt, wie oft auch diese Berührungen erfolgen mögen.
ALESSANDRO VOLTA: *Brief an Sir Joseph Banks* (1800). Übersetzt von *Joachim von Oettingen*. 1900. KLEINERT [4.20] S. 2

Abbildung 4.4−25a
Volta führt die „Volta-Säule" *General Bonaparte* vor

bereits mit einem Elektrophor und − was noch wichtiger gewesen ist − mit einem sehr empfindlichen Elektroskop *(Abbildung 4.4−24)* einen Namen gemacht. Der Elektrophor hatte einen größeren Wirkungsgrad als seine Vorgänger; er kann als Vorläufer der Influenzmaschinen angesehen werden. VOLTA hat zunächst das Experiment von GALVANI wiederholt und auch dessen Schlußfolgerung übernommen, daß die elektrischen Erscheinungen vom Froschschenkel selbst ausgehen. In dem darauffolgenden Jahr 1793 hat VOLTA jedoch andere Versuche wiederholt bzw. genauer ausgeführt, die vom Schweizer Gelehrten SULZER im Jahre 1754 beschrieben worden waren. Verbinden wir zwei verschiedene Metalle an einem Ende miteinander und berühren dann eines der Metalle mit der Zunge, dann nehmen wir entweder einen schwach sauren oder alkalischen Geschmack wahr in Abhängigkeit von der Art der Metalle; diese Beobachtung machen wir auch, wenn wir den positiven oder negativen Pol der Reibungselektrisiermaschine mit der Zunge berühren. VOLTA hat daraus sofort den Schluß gezogen, daß der Froschschenkel in den Versuchen GALVANIS keine andere Funktion hat, als die Elektrizität nachzuweisen und daß das Wesentliche in der Berührung der beiden Metalle besteht. Er hat dann gezeigt, daß wir kein Zucken beobachten können, wenn wir darauf achten, daß nur ein Metall am Versuch beteiligt ist. Es ist ihm schließlich mit Hilfe seines Elektroskops auch gelungen, unmittelbar nachzuweisen, daß zwei sich zunächst berührende Metalle nach dem Trennen eine Ladung tragen. Die wesentliche Entdeckung VOLTAS hat in der Verstärkung dieser Wirkung bestanden, indem er mehrere Zink- und Kupferplatten abwechselnd übereinander angeordnet und zwischen die Plattenpaare jeweils einen weiteren Stoff, z. B. feuchten Karton, gelegt hat, den VOLTA als Leiter zweiter Art bezeichnete (*Zitat 4.4−8* und *Abbildungen 4.4−25a, b*).

Von der Wirkungsweise des galvanischen Elements hat VOLTA noch keine zutreffende Vorstellung gehabt. Er hat richtig ausgesagt, daß die so gewonnene Elektrizität und die Reibungselektrizität gleiche Eigenschaften haben. Weiter war er der Meinung, daß beide Metalle eine völlig passive Rolle spielen und daß der beim Schließen des Stromkreises einsetzende Stromfluß beliebig lange anhalten kann, ohne daß irgendeine Änderung zu beobachten ist. Zu VOLTAS Lebzeiten ist es zwar bereits eine Binsenweisheit gewesen, daß es unmöglich ist, mit den üblichen mechanischen Systemen ein Perpetuum mobile zu konstruieren, bei den geheimnisvollen und gewichtslosen elektrischen Fluida hat man jedoch noch alles für möglich gehalten.

In England haben noch im selben Jahr, 1800, in dem die Erfindung angemeldet worden ist, intensive Forschungsarbeiten an den galvanischen Elementen begonnen. Eine führende Rolle hat hier HUMPHREY DAVY (1778−1829) gespielt. Er hat festgestellt, daß die in den galvanischen Elementen ablaufenden chemischen Prozesse für das Zustandekommen der Elektrizitätserscheinungen verantwortlich sind. Seine Arbeiten können als Ausgangspunkt der Elektrochemie und allgemeiner sogar aller Theorien von der elektrischen Natur der chemischen Prozesse angesehen werden.

Die charakteristischen Größen bei der Beschreibung der mit der Strömung elektrischer Ladungen verbundenen Vorgänge sind die Stromstärke und die „eingeprägte Kraft" oder elektromotorische Kraft. Sie werden durch das einfachste Gesetz der Elektrotechnik, durch das Ohmsche Gesetz in Verbindung gebracht.

„Wir nehmen ein galvanisches Element und messen seine Spannung U; dann schalten wir Leiter verschiedener Länge mit verschiedenen Querschnitten und aus verschiedenen Stoffen an die zwei Pole des Elementes und messen die jeweilige Stromstärke I. So erhalten wir das Ohmsche Gesetz in folgender Form

$$U = I \cdot R.$$

Hier bedeuten $R = R_{\text{innen}} + R_{\text{außen}}$ und $R_{\text{außen}} = \varrho(l/A)$; ($\varrho$: spezifischer Widerstand, l: Länge, A: Querschnitt des Leiters)."

So einfach liest sich das, und es scheint unverständlich zu sein, warum diese Zusammenhänge später erkannt worden sind als die magnetische Wirkung der elektrischen Ströme. Bei der Beurteilung gehen wir aber von unseren heutigen Kenntnissen aus und erhalten so ein falsches Bild.

GEORG SIMON OHM *(Abbildung 4.4−26a)* hat in zwei Abhandlungen aus den Jahren 1826 und 1827 zum erstenmal den obigen Zusammenhang veröffentlicht [die auf der *Abbildung 4.4 – 26b* zu findende Beziehung $X = a/(b+x)$ würden wir heute in der Form $I = U/(R_a + R_i)$ darstellen]; seine Theorie ist aber erst 1841 endgültig anerkannt worden, und er selbst hat erst ein Vierteljahrhundert nach seiner Entdeckung einen Universitätslehrstuhl erhalten.

Bei der Aufstellung seines Gesetzes ist OHM von zwei Seiten wesentliche Unterstützung zuteil geworden: THOMAS JOHANN SEEBECK (1770 – 1831) hat 1821 die Thermoelektrizität entdeckt, und so ist OHM in der Lage gewesen, eine Stromquelle mit einer konstanten Spannung zu bauen. In theoretischer Hinsicht hat ihm die 1822 erschienene Fouriersche Arbeit über die Wärmeleitung geholfen, analoge Gesetzmäßigkeiten für die elektrischen Ströme zu formulieren. OHM hat weniger meßtechnische als begriffliche Schwierigkeiten zu überwinden gehabt, da es z. B. nicht einmal klar war, ob ein Strom längs eines Leiters konstant ist oder „verschwinden" kann. Ferner hat man nicht gewußt, wie sich das aus der Statik bekannte Potential mit einer entsprechenden Größe, die in Stromkreisen meßbar ist und in eine Analogie zur Temperatur gebracht werden kann, verknüpfen läßt, und es war nicht bekannt, ob der Strom an der Oberfläche oder im Inneren des Leiters fließt.

Das einfache Ohmsche Gesetz wurde von GUSTAV KIRCHHOFF auf kompliziertere Netzwerke erweitert. Er stellte 1845 die zwei Kirchhoffschen Gesetze der allgemeinen Netzwerke auf. Entscheidende Schritte kam KIRCHHOFF auch bei der Klärung der vorkommenden Begriffe voran; so hat er z. B. auf die Wesensgleichheit des Potentials in der Poisson-Gleichung und der „elektroskopischen Kraft" in dem Ohmschen Gesetz hingewiesen.

Die erste Kirchhoffsche Regel oder Knotenregel lautet:

Die Summe der sich in einem Knotenpunkt treffenden Ströme ist gleich Null. Bei der Summenbildung werden die dem Knotenpunkt zufließenden Ströme mit negativem, die abfließenden Ströme mit positivem Vorzeichen versehen.

Die zweite Regel ist die Maschenregel:

Betrachtet man in einem allgemeinen Netzwerk einen beliebigen geschlossenen Kreis, so ist die Summe der „elektromotorischen Kräfte" (der inneren Spannungen) gleich der Summe der Spannungsabfälle an den Widerständen. Dabei müssen natürlich die entsprechenden Vorzeichen berücksichtigt werden.

Die Einführung der komplexen Widerstände oder Impedanzen bei der Behandlung der Wechselstromnetzwerke im Jahre 1894 ist das Verdienst des amerikanischen Ingenieurs CHARLES STEINMETZ (1865 – 1923). Für die quantitative Behandlung der Phänomene in Netzwerken, die durch Generatoren mit kompliziertem zeitlichem Spannungsverlauf gespeist werden, ist von OLIVER HEAVISIDE (1850 – 1925) eine sehr originelle, fast „magisch" anmutende Methode angegeben worden, die sich nur mühselig, und zwar mit Hilfe der Methode der Laplace-Transformation bzw. der Theorie der Distributionen mit mathematischer Strenge begründen ließ.

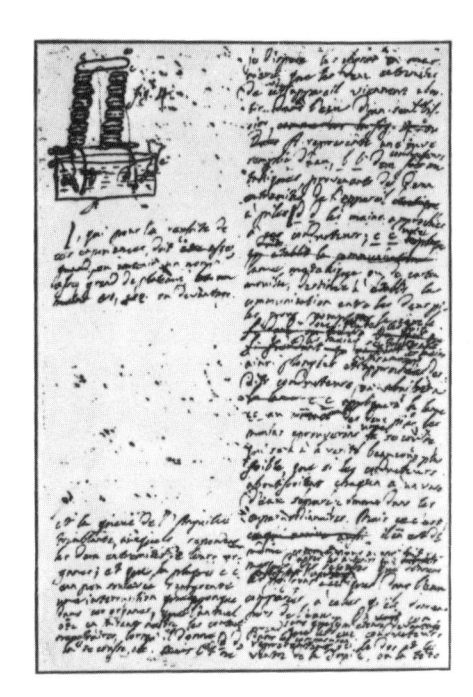

Abbildung 4.4 – 25b
Der Aufbau der Volta-Säule (aus einem Protokollheft von *Volta*)

Abbildung 4.4 – 26a
GEORG SIMON OHM (1787 – 1854): war Oberlehrer für Mathematik und Physik am Gymnasium in Köln (1817 – 1828), leitete ab 1833 das Polytechnikum in Nürnberg und wurde schließlich 1849 Professor an der Münchener Universität.

Neben seinen allgemein bekannten Ergebnissen bezüglich einfacher elektrischer Stromkreise hat *Ohm* auch in der Akustik Bedeutendes geleistet. Er untersuchte die Rolle der Obertöne im menschlichen Gehör (1843). *Helmholtz* stützte sich bei der Aufstellung seiner Resonanztheorie des Hörvorganges auf *Ohms* Ergebnisse

Abbildung 4.4 – 26b
So sah das Ohmsche Gesetz in seiner ursprünglichen Form aus

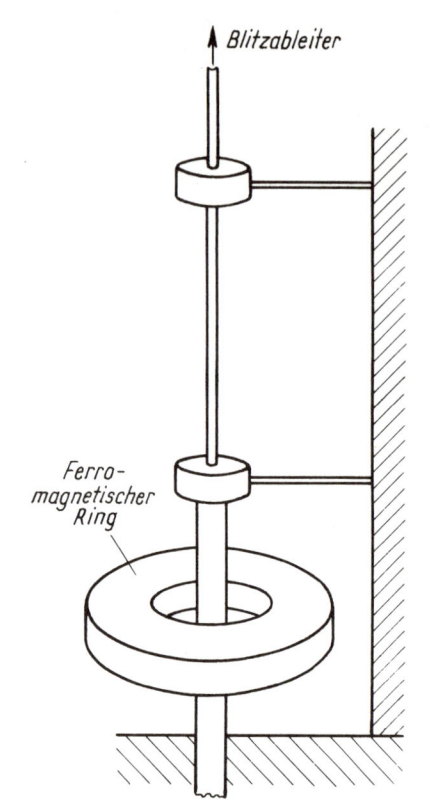

4.4.6 Das Magnetfeld der Ströme: der befruchtende Einfluß der Naturphilosophie

Im Verlauf der ersten beiden Jahrzehnte des 19. Jahrhunderts konnten den Experimentatoren bereits Anlagen zur Verfügung gestellt werden, mit denen sich konstante Ströme einer ausreichenden Stärke erzeugen ließen, um Leiter zum Glühen zu bringen und elektrochemische Versuche auszuführen, und man sollte es eigentlich nicht für möglich halten, daß die magnetische Wirkung des Stromes erst im Jahre 1820 entdeckt worden ist.

Zu Beginn des 19. Jahrhunderts hätte eine Reihe von Beobachtungen die Aufmerksamkeit der Forscher eigentlich darauf lenken müssen, daß ein enger Zusammenhang zwischen dem magnetischen Feld und dem elektrischen Strom existiert oder daß − in der damals üblichen Sprechweise − die Strömung der elektrischen Fluida in ihrer Umgebung eine magnetische Wirkung erzeugt. Wir erwähnen hier nur die zu dieser Zeit schon bekannte Tatsache, daß Stahlgegenstände, so z. B. Messer, die sich beim Einschlagen eines Blitzes in der Nähe des Einschlagortes befunden haben, magnetisiert werden. Auch heute ist es übrigens noch üblich, mit Hilfe der Magnetisierungswirkung die beim Blitz auftretenden sehr hohen Stromstärken (in der Größenordnung von 100 000 A) zu messen *(Abbildung 4.4−27)*. Zu jener Zeit ist dem aber keine Aufmerksamkeit geschenkt worden, weil man keinen Zusammenhang zwischen Elektrizität und Magnetismus vermutete; die Coulombsche Theorie schließt, wie auch AMPÈRE festgestellt hat *(Zitat 4.4−9)*, jeglichen Effekt in dieser Richtung aus. Auf recht bemerkenswerte Weise ist der Anstoß, nach einem solchen Zusammenhang zu suchen, von der Naturphilosophie gekommen: Als Reaktion auf den extremen mechanischen Materialismus, der an den Rationalismus des 18. Jahrhunderts anschließt, ist es zu einer Romantisierung in Kunst, Literatur und Philosophie gekommen. Die romantische Schule hat eine einheitlichere und dynamischere Beschreibung der Natur einschließlich des Menschen gefordert. In der Naturphilosophie SCHELLINGS werden alle Naturerscheinungen als verschiedenartige, im ständigen Kampf miteinander stehende und doch zu einem Gleichgewicht gelangende Äußerungen eines grundlegenden Urprinzips dargestellt. ØRSTED ist ein Anhänger dieser philosophischen Schule gewesen und hat viele Jahre hindurch nach einem Zusammenhang zwischen Elektrizität und Magnetismus gesucht. In dieser Hinsicht hat somit die Naturphilosophie auf die Entwicklung der Physik unmittelbar einen positiven Einfluß ausgeübt, und wir müssen diesen Einfluß noch höher bewerten, wenn wir beachten, daß auch FARADAY weitgehend von diesen Gedanken beeinflußt worden ist. Wie aus ØRSTEDS Memoiren *(Zitat 4.4−10)* ersichtlich wird, bringt eine solche vereinheitlichende naturphilosophische Betrachtungsweise auch Nachteile mit sich. ØRSTED hat nämlich geglaubt, daß die magnetische Wirkung ebenso aus dem Leiter herausströmt wie Licht oder Wärme und gemeinsam mit diesen wirkt. So hat er zu Beginn seiner Versuche auf der Vorstellung beharrt, daß ein Leiter aufglühen muß, wenn die magnetische Wirkung des in ihm fließenden Stromes untersucht werden soll. Er hat deshalb mit einem sehr dünnen Platindraht experimentiert, weshalb wiederum die Stärke des verwendeten Stromes nicht sehr hoch gewesen ist, was sich ungünstig auf das zu erwartende Ergebnis auswirkte.

ØRSTEDS Entdeckung hatte einen rein qualitativen Charakter *(Abbildung 4.4−28)*, und die von ihm dazu gegebene Theorie hat weder zur Klärung des Phänomens beigetragen noch nützliche Hinweise für weitere Experimente geliefert. Sie hat jedoch, da sie völlig unerwartet gemacht worden ist, in ganz Europa eine sehr große Beachtung gefunden. ØRSTED hat seine Abhandlung in lateinischer Sprache an alle in Betracht kommenden wissenschaftlichen Gesellschaften Europas versandt. Bereits aus dem oben zitierten Brief AMPÈRES wird ersichtlich, wie ungern man an die Richtigkeit der Beobachtung glaubte; die Schnelligkeit aber, mit der dann auf diesem Gebiet weitere experimentelle und theoretische Ergebnisse erzielt worden sind, beweist, daß die führenden Gelehrten jener Zeit diesen Gedanken dann doch bald völlig übernommen haben. Sowohl die notwendigen experimentellen Anlagen als auch der mathematische Apparat waren bereits vorhanden, so daß innerhalb weniger Jahre die zugehörige theoretische Beschreibung, so wie wir sie heute kennen, vollendet werden konnte.

BIOT und SAVART haben 1820, also noch im Jahr der Ørstedschen Entdeckung, eine quantitative Beschreibung für die magnetische Wirkung

Abbildung 4.4−27
Aus der Magnetisierung eines den Blitzableiter umschließenden Ringes, der aus einem magnetisierbaren Stoff gefertigt ist, wird auch heute noch auf die bei Blitzeinschlägen erreichten Stromstärken (die unter Umständen mehrere hunderttausend Ampere betragen können) geschlossen

Zitat 4.4−9
Sie haben gewiß recht, wenn Sie fragen, warum es unvorstellbarerweise zwanzig Jahre lang niemand versucht hat, die Wirkung einer Volta-Säule auf einen Magneten zu erproben. Ich glaube jedoch, der Grund hierfür ist leicht zu finden: es war einfach die Coulombsche Hypothese über die Natur der magnetischen Wirkung, die von jedermann geglaubt wurde, als sei sie eine Tatsache; nach dieser Hypothese konnte es einfach keine Wechselwirkung zwischen der Elektrizität und den sogenannten magnetischen Drähten geben. Diese Überzeugung war so fest, daß, als einmal Herr *Arago* in der Akademie von diesen neuen Phänomenen (dem Elektromagnetismus) sprach, seine Bemerkungen genau so zurückgewiesen wurden wie die Vorstellung, Steine könnten vom Himmel fallen, als Herr *Pictet* einmal eine Vorlesung über solches hielt. Jedermann war der festen Meinung, dies sei unmöglich ... Jedermann leistet Widerstand, wenn er seine hergebrachten Ansichten ändern sollte.
AMPÈRES Brief aus dem Jahre 1820. [4.18] p. 60

Zitat 4.4−10
Der Elektromagnetismus wurde im Jahre 1820 von *Hans Christian Oersted*, Professor an der Universität Kopenhagen entdeckt. Während seiner ganzen literarischen Laufbahn hielt er an der Meinung fest, die magnetischen Wirkungen würden von denselben Kräften verursacht wie die elektrischen, wozu ihn weniger die üblichen dafür aufgeführten Gründe bewegten als vielmehr das philosophische Prinzip, alle Erscheinungen seien derselben Urkraft zuzuschreiben. ...

... Im Juli 1820 wiederholte er das Experiment mit einer viel größeren galvanischen Apparatur. Der Effekt war jetzt offensichtlich, aber in den ersten Versuchen immer noch schwach, denn es

angegeben, die von einem durch einen Leiter fließenden Strom in einem beliebigen Raumpunkt erzeugt wird. Zur Messung der Kraftwirkung haben sie eine Magnetnadel verwendet und aus deren Schwingungsdauer auf die Intensität der magnetischen Wirkung geschlossen. BIOT und SAVART sind in erster Linie Experimentatoren gewesen, und sie haben sich bei ihren Messungen auf zwei einfache Anordnungen beschränkt. LAPLACE hat ihnen dann dabei geholfen, das Gesetz genau zu formulieren. Er hat darauf hingewiesen, daß ihre Ergebnisse mit der Annahme verstanden werden können, daß die Gesamtwirkung sich aus der Summe der Wirkungen der einzelnen Stromelemente ergibt, wobei diese proportional zum Strom, zur Länge des betrachteten Stromelements sowie zum Sinus des Winkels, der vom Stromelement und der Verbindungsgeraden zwischen Stromelement und Beobachtungspunkt eingeschlossen wird, und indirekt proportional zum Quadrat des Abstandes des Beobachtungspunktes vom Stromelement *(Abbildungen 4.4–29, 4.4–30)* sind.

BIOT hat auch die Höhenabhängigkeit des erdmagnetischen Feldes eingehend untersucht. Er ist zu diesem Zweck mit GAY-LUSSAC in einem Ballon aufgestiegen, wobei sie unter Überwindung großer Schwierigkeiten eine Höhe von mehr als 2 000 m erreicht haben *(Abbildung 4.4–31)*. (Am Rande sei hier angemerkt, daß GAY-LUSSAC allein auch bis in eine Höhe von 7 000 m aufgestiegen ist.) Bei ihren Messungen haben sie festgestellt, daß die Stärke des erdmagnetischen Feldes bis zu der beim Aufstieg erreichten Höhe im wesentlichen unverändert bleibt.

4.4.7 Die Wechselwirkung der Ströme – eine Verallgemeinerung Newtonscher Ideen

Ebenfalls noch im Jahre 1820 hat ANDRÉ MARIE AMPÈRE *(Abbildung 4.4–32)* die Wechselwirkung von Strömen experimentell untersucht und dann auch eine mathematische Theorie dieser Wechselwirkung angegeben *(Abbildung 4.4–33)*. MAXWELL hat die Arbeiten AMPÈRES zu den bedeutendsten Beiträgen der Wissenschaftsgeschichte gerechnet und ihren Autor als den NEWTON der Elektrodynamik bezeichnet. Er hat die Überlegungen AMPÈRES hinsichtlich ihrer Strenge und Logik als beispielgebend angesehen, obwohl er sich darüber im klaren gewesen ist, daß AMPÈRE nicht auf dem in seinen Publikationen angegebenen Weg zu seinen Ergebnissen gekommen ist *(Zitat 4.4–11)*.

AMPÈRE hatte sich nämlich vorgenommen, ausgehend von den experimentellen Beobachtungen und in Anwendung der Newtonschen Naturphilosophie ein Gesetz zur Bestimmung der Wechselwirkungskraft zweier Stromelemente abzuleiten. Der Ableitung hat er die folgenden experimentellen Beobachtungen zugrundegelegt *(Abbildungen 4.4–34a, b)*.

1. Die Kraft ist zum Produkt beider Stromstärken proportional.

2. Die Kraft bleibt unverändert, wenn wir bei konstanter Stromstärke alle Längen, d. h. die Entfernung der Stromelemente voneinander, und die Länge der Stromelemente selbst mit einem konstanten Faktor multiplizieren.

3. Die Gesamtkraft, die von einem Stromkreis auf ein ausgewähltes Element eines anderen Stromkreises ausgeübt wird, steht immer senkrecht auf diesem Stromelement.

4. Die Kräfte zwischen zwei Stromelementen genügen dem dritten Newtonschen Axiom; sie sind einander gleich und haben die Richtung der Verbindungslinie zwischen den Stromelementen.

Von diesen Axiomen ausgehend ist AMPÈRE zu dem Kraftgesetz

$$d^2 F_A = \frac{ii' \, ds \, ds'}{r^2} \left(\cos \varepsilon - \frac{3}{2} \cos \Theta \cos \Theta \right)$$

gekommen; die Bedeutung der in der Formel verwendeten Symbole wird aus der Abbildung 4.4–34 ersichtlich. In der heute üblichen Vektorschreibweise kann diese Beziehung als

$$d^2 \mathbf{F}_A = ii' \mathbf{r} \left(\frac{ds \, ds'}{r^3} - \frac{3}{2} \frac{(ds \cdot \mathbf{r})(ds' \cdot \mathbf{r})}{r^5} \right) \qquad (1)$$

dargestellt werden. In unseren Physiklehrbüchern finden wir jedoch einen anderen Zusammenhang für die Wechselwirkung zweier Stromelemente, und in der oben angegebenen Form läßt sich das Kraftgesetz auch nicht unmittelbar mit dem Biot-Savartschen Gesetz für das Magnetfeld eines Stromelementes in Einklang bringen. Die Ursache dafür ist, daß wir heute nicht verlangen, daß das Prinzip *actio = reactio* für jedes Stromelement gesondert erfüllt sein muß. Da die Ampèresche Formel aber alle Meßergebnisse, die sich ja immer auf geschlossene Stromkreise beziehen, gut

waren nur sehr dünne Drähte verwendet worden. *Oersted* hatte nämlich angenommen, daß keine magnetische Wirkung auftreten würde, wenn der galvanische Strom nicht auch Wärme- und Lichtwirkungen hervorbrachte, fand jedoch bald, daß sich mit Leitern größeren Durchmessers viel stärkere magnetische Effekte ergaben.

OERSTEDS Artikel über seine Entdeckung in der Edinburgher Enzyklopädie. 1830. [4.18] p. 56–58

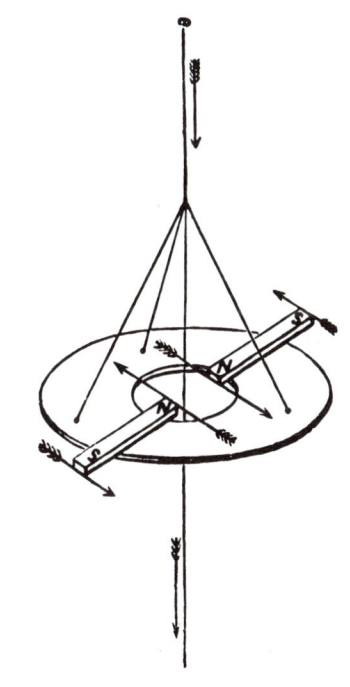

Abbildung 4.4–28
Der Oerstedsche Versuch in der Darstellung *Maxwells* ein halbes Jahrhundert später

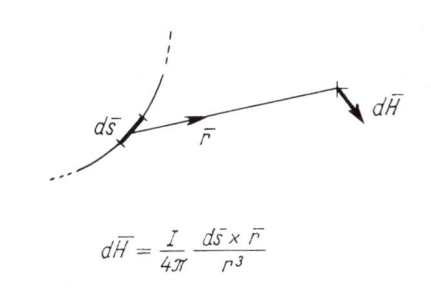

$$d\bar{H} = \frac{I}{4\pi} \frac{d\bar{s} \times \bar{r}}{r^3}$$

Abbildung 4.4–29
Das Biot-Savartsche Gesetz in der heute üblichen Darstellung

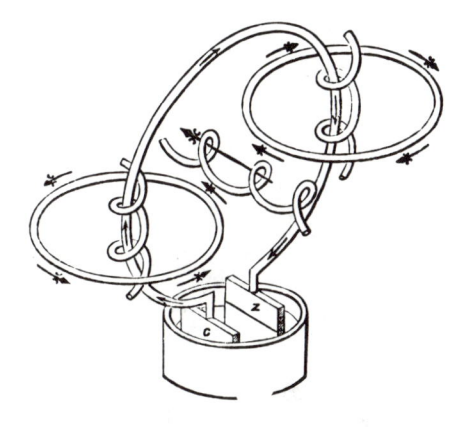

Abbildung 4.4–30
Mit Abbildungen dieser Art hat *Maxwell* die Beziehungen zwischen Strom und Magnetfeld dargestellt

Abbildung 4.4–31
Der Ballonaufstieg von *Biot* und *Gay-Lussac* zur Messung des magnetischen Erdfeldes [4.24]

Abbildung 4.4–32
ANDRÉ MARIE AMPÈRE (1775–1836): Lehramt für Physik in Bourg und Lyon, dann Professor an der École Polytechnique; 1820 hat er ein Gesetz zur Beschreibung der elektrodynamischen Wechselwirkung der Ströme abgeleitet. Der Einfluß von Stoffen auf das magnetische Feld kann auch heute noch am besten mit dem Modell der Ampèreschen Molekularströme veranschaulicht werden

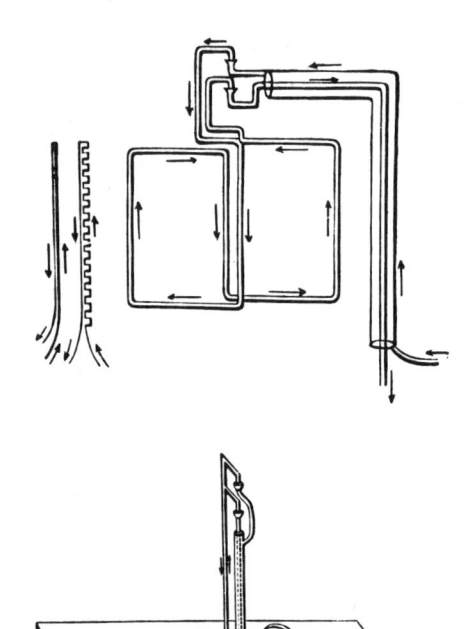

Abbildung 4.4–33
Der Ampèresche Versuch in der Darstellung *Maxwells*. Die Abbildungen, die *Ampère* selbst in seinen Veröffentlichungen angegeben hat, sind zu detailliert, so daß das Wesentliche nicht klar ersichtlich ist

beschreibt, weist die erwähnte Unstimmigkeit offenbar nur darauf hin, daß die Zerlegung der resultierenden Kraft in eine Summe von Kräften, die den einzelnen Stromelementen zugeordnet werden können, nicht eindeutig ist. In der Tat ändert sich am Ergebnis für die Gesamtkraft nichts, wenn wir zur rechten Seite der Ampèreschen Formel (1) einen Summanden hinzufügen, der nach Integration über einen geschlossenen Stromkreis wieder verschwindet und somit keinen Einfluß auf das Endergebnis hat. Ein einfacher Ausdruck dieser Art ist

$$(d\mathbf{s} \cdot \mathbf{r}) \, d\mathbf{s}'.$$

Dieser Ausdruck möge bei festgehaltenem $d\mathbf{s}'$ über alle $d\mathbf{s}$ (d. h. über einen geschlossenen Stromkreis S mit den Elementen $d\mathbf{s}$) summiert werden. Aus der Abbildung 4.4–34b können wir ablesen, daß $d\mathbf{s} = -d\mathbf{r}$, und folglich

$$d\mathbf{s} \cdot \mathbf{r} = -(\mathbf{r} \cdot d\mathbf{r}) = -\frac{1}{2} d\mathbf{r}^2$$

gilt. Wir haben somit ein totales Differential längs einer geschlossenen Kurve zu integrieren, und es ist wohlbekannt, daß das Integral verschwindet.

Natürlich können wir auch totale Differentiale komplizierterer Form untersuchen. Addieren wir z. B. das totale Differential

$$d\left[\mathbf{r}(d\mathbf{s}'\cdot\mathbf{r})\frac{ii'}{r^3}\right]; \quad -d\mathbf{r}=d\mathbf{s}$$

zur Kraft $d^2\mathbf{F}_A$ hinzu, dann erhalten wir

$$d^2\mathbf{F}=d^2\mathbf{F}_A+d\left[\mathbf{r}(d\mathbf{s}'\cdot\mathbf{r})\frac{ii'}{r^3}\right]=$$
$$=\frac{ii'}{r^3}[(d\mathbf{s}\cdot\mathbf{r})\,d\mathbf{s}'+(d\mathbf{s}'\cdot\mathbf{r})\,d\mathbf{s}-(d\mathbf{s}\cdot d\mathbf{s}')\mathbf{r}].$$

Dieser Ausdruck ist noch völlig symmetrisch bezüglich der Stromelemente, so daß beide Kräfte gleich sind; sie sind aber nicht mehr parallel zur Verbindungslinie zwischen den Stromelementen. Integrieren wir $d^2\mathbf{F}$ über den Stromkreis S und berücksichtigen die Vektorbeziehung

$$(d\mathbf{s}'\cdot\mathbf{r})\,d\mathbf{s}-(d\mathbf{s}\cdot d\mathbf{s}')\mathbf{r}=d\mathbf{s}'\times(d\mathbf{s}\times\mathbf{r})$$

sowie die Tatsache, daß das Integral der Größe $(d\mathbf{s}\cdot\mathbf{r})$ über einen geschlossenen Weg verschwindet, dann erhalten wir für die vom Stromkreis S auf das Stromelement $i'\,d\mathbf{s}'$ ausgeübte Kraft

$$d\mathbf{F}=ii'\oint\left[d\mathbf{s}'\times\frac{d\mathbf{s}\times\mathbf{r}}{r^3}\right]=i'\,d\mathbf{s}\times\oint i\frac{d\mathbf{s}\times\mathbf{r}}{r^3}=i'\,d\mathbf{s}'\times\mathbf{B}.$$

Diese Formel läßt sich aber mit der Vorstellung in Einklang bringen, daß der Stromkreis S am Ort des Stromelementes $i'\,d\mathbf{s}'$ ein Magnetfeld erzeugt, das sich gemäß dem Biot-Savartschen Gesetz zu

$$\mathbf{B}=\oint_S i\frac{d\mathbf{s}\times\mathbf{r}}{r^3}$$

ergibt und daß die Kraft auf das Stromelement $i'\,d\mathbf{s}'$ nach der Formel

$$d\mathbf{F}=i'\,d\mathbf{s}'\times\mathbf{B}$$

berechnet werden kann. Bei einer derartigen Vorgehensweise ist es keineswegs mehr richtig, daß das Prinzip *actio = reactio* für die Stromelemente erfüllt ist.

AMPÈRE hat auch eine mikrophysikalische Deutung der magnetischen Eigenschaften der Stoffe gegeben, die als recht brauchbares Modell heute noch zum Verständnis der magnetischen Stoffeigenschaften verhilft.

AMPÈRE hat festgestellt und auch theoretisch bewiesen, daß eine Stromschleife und ein sehr flacher Magnet (magnetische Doppelschicht) im Außenraum völlig gleiche Felder erzeugen *(Abbildung 4.4–35)*. Von dieser Feststellung ausgehend, hat er den Volumenelementen eines Stoffes kleine Stromkreise, die Ampèreschen Molekularkreisströme, zugeordnet, deren Felder im Außenraum sich additiv (vektoriell) überlagern und deren Gesamtwirkung nach außen davon abhängt, welche Orientierung sie zueinander und zu einem äußeren Magnetfeld einnehmen *(Abbildung 4.4–36)*.

Das Wechselwirkungsgesetz von AMPÈRE ist zwanzig Jahre später von WILHELM EDUARD WEBER (1804–1891) überarbeitet worden. Diese Bearbeitung hat zwar in eine Sackgasse geführt, aber es lohnt sich trotzdem, sie an dieser Stelle zu erwähnen, weil wir hier den Ansätzen der späteren klassischen Elektronentheorie begegnen und zum anderen die Grenzen deutlich werden, die einer genauen Beschreibung der elektromagnetischen Erscheinungen im Rahmen der Newtonschen Fernwirkungstheorie gesetzt sind. WEBER hat angenommen, daß bei einem elektrischen Stromfluß im Leiter gleiche Ladungsmengen sowohl in die eine als auch in die andere Richtung mit übereinstimmender Geschwindigkeit strömen. Nach der Theorie WEBERS gilt folglich

$$i=2\lambda u\,;\quad i'=2\lambda' u',$$

wobei λ die Ladung je Längeneinheit des Leiters und u ihre Geschwindigkeit ist. Berücksichtigt man nun das von AMPÈRE angegebene Gesetz (1) sowie die Beziehungen

$$\frac{dr}{dt}=\frac{dr}{ds}\frac{ds}{dt}=\frac{dr}{ds}u,\quad d\mathbf{s}\cdot\mathbf{r}=-r\frac{dr}{ds}ds,$$

dann kann nach einigem Umformen der Zusammenhang

$$F=\frac{Q_1Q_2}{r^2}\left[1-\frac{1}{c^2}\left(\frac{dr}{dt}\right)^2+\frac{2r}{c^2}\frac{d^2r}{dt^2}\right] \qquad (2)$$

für die Kraft zwischen sich bewegenden Ladungen geschrieben werden. Der erste Summand in dieser Formel beschreibt offenbar die elektrostatische Kraft, die anderen beiden beschreiben elektrodynamische Kräfte. Wir wollen hier nicht diese Formel im einzelnen kritisieren; das haben schon WEBERS Zeitgenossen getan. Sie haben z. B. darauf aufmerksam gemacht, daß sich auf diese Weise für den Fall einer sehr einfachen Anordnung zeigen läßt, daß eine sich bewegende Ladung auch auf eine ruhende Ladung eine magnetische Kraft ausüben müßte. Es lohnt sich jedoch, auf eine nicht so naheliegende Schlußfolgerung hinzuweisen: Die Webersche Theorie bringt die magnetische Wechselwirkung ausschließlich mit der Ladungsbewegung in einen Zusammenhang, wobei als charakteristische Größen der Bewegung Geschwindigkeit und Beschleunigung in der Formel unmittelbar auftauchen. (In dieser Aussage stimmt die Theorie mit der späteren Elektronentheorie überein.) Wenn wir uns nun aber der Analogie zwischen Gravitation und elektrostatischer Kraft erinnern, die bei der Ableitung des Coulombschen Gesetzes Pate gestanden hat, dann sollten wir uns nicht darüber wundern, daß diese Analogie jetzt zu Überlegungen Anlaß gegeben hat, die Gravitationstheorie im Sinne der neuen Vorstellungen zu modifizieren *(Abbildung 4.4–37)*. So haben die Astronomen versucht, die Geschwindigkeiten der Himmelskörper bei der

Zitat 4.4–11
Die experimentelle Untersuchung, aufgrund deren *Ampère* das Gesetz der mechanischen Wechselwirkung zwischen elektrischen Strömen aufstellen konnte, muß als eine der glänzendsten Leistungen der Naturwissenschaften gelten.

In ihrer Gesamtheit scheinen Theorie und Experiment voll entwickelt und gerüstet dem Hirn des „Newtons der Elektrizität" entsprungen zu sein: der Form nach in perfekter Vollendung, in ihrer Präzisität unangreifbar und zu einer Formel zusammengefaßt, aus der sich alle Phänomene ableiten lassen und die für immer ein Eckpfeiler der Elektrodynamik bleiben wird.

Die Ampèresche Methode ist nun in induktiver Form präsentiert, sie gestattet es jedoch nicht, der Entwicklung ihrer Leitgedanken nachzuspüren. Es ist kaum glaubhaft, *Ampère* hätte das Gesetz dieser Wirkung tatsächlich anhand der von ihm beschriebenen Experimente entdeckt.

Es taucht der Verdacht auf, *Ampère* hätte – was er auch zugibt – das Gesetz auf irgendeine, von ihm nicht angegebene Weise entdeckt und später, nachdem er dazu ein perfektes Beweisverfahren konstruiert hatte, alle Spuren des Gerüstes beseitigt, das ihm beim Aufbau behilflich gewesen war.

Faraday hingegen führt uns sowohl seine erfolglosen, als auch seine erfolgreichen Experimente vor, seine unreifen Vorstellungen ebenso wie die ausgereiften, so daß der Leser, obzwar ihm wesentlich unterlegen an Induktionsvermögen, eher Sympathie als Bewunderung empfindet und versucht ist zu glauben, er hätte – wenn ihm Gelegenheit dazu gegeben worden wäre – genau so der Entdecker sein können. Es sollte daher jeder Student *Ampères* Forschungsbericht lesen und als leuchtendes Beispiel dafür betrachten, wie Entdeckungen im besten wissenschaftlichen Stil beschrieben werden. Er sollte aber auch *Faraday* studieren, wobei Aktion und Reaktion zwischen den neu entdeckten, von *Faraday* dargestellten Tatsachen und den Vorstellungen, die sich in seinem eigenen Intellekt ausbilden und entwickeln, seinen Sinn für wissenschaftliche Forschung fördern werden.

MAXWELL: *Treatise...* Vol. 2, pp. 162–163

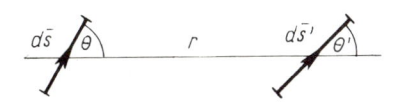

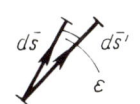

Abbildung 4.4–34a
Zur Erklärung der im Ampèreschen Kraftgesetz verwendeten Bezeichnungen

Berechnung der Gravitationskraft zu berücksichtigen und sind – in Anlehnung an das Webersche Gesetz (2) – zu einer Beziehung der Form

$$F \sim \frac{m_1 m_2}{r^2}\left[1 - \frac{1}{h^2}\left(\frac{dr}{dt}\right)^2 + \frac{2r}{h^2}\frac{d^2 r}{dt^2}\right]$$

gelangt, wobei h die Ausbreitungsgeschwindigkeit der Gravitationswirkung bedeutet (TISSERAND, 1872). Wir begegnen hier zum ersten Mal der Perihelbewegung des Merkur als Testeffekt, an dem die Richtigkeit neuer Gravitationstheorien geprüft werden kann. Wird in der Newtonschen Gravitationstheorie der Störeinfluß der anderen Planeten auf die Merkurbahn berücksichtigt, dann ergibt sich für die berechnete Perihelverschiebung eine nur unbefriedigende Übereinstimmung mit dem beobachteten Wert; ein Rest von 38″ kann nicht erklärt werden. Die obige Formel liefert, wenn wir die Ausbreitungsgeschwindigkeit der Gravitationswirkung gleich der Lichtgeschwindigkeit setzen, einen zusätzlichen Beitrag von 14″. Es ist RIEMANN später gelungen, ein solches Kraftgesetz zu finden, mit dem die gesamte Abweichung von 38″ erklärt werden konnte. Die Perihelbewegung des Merkur wird noch einmal in diesem Buch, nämlich als einer der experimentellen Beweise für die Richtigkeit der allgemeinen Relativitätstheorie EINSTEINS (Kapitel 5.2) eine Rolle spielen.

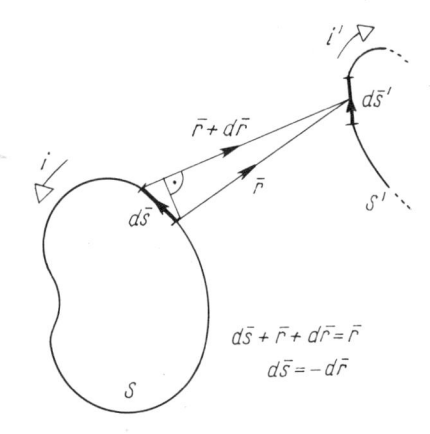

Abbildung 4.4–34b
Bei festgehaltenem Wegelement d**s**′ gilt für das differentiell kleine Wegelement d**s** auf dem Stromkreis S d**s** = − d**r**, so daß − (**r** · d**r**) wie folgt umgeformt werden kann:

$$-(\mathbf{r} \cdot d\mathbf{r}) = -\mathbf{r}\frac{d\mathbf{r}}{ds}ds$$

4.4.8 Faraday – der größte Experimentator

Wenden wir uns noch einmal den elektrodynamischen Problemen zu, die Anfang der zwanziger Jahre des 19. Jahrhunderts bearbeitet worden sind. Zu dieser Zeit hat FARADAY *(Abbildungen 4.4–38, 4.4–40)*, der oft als bedeutendster Experimentalphysiker bezeichnet wird, begonnen, sich mit der Untersuchung elektromagnetischer Phänomene zu befassen. Er ist im Jahre 1821 beauftragt worden, eine zusammenfassende Arbeit zu dieser Thematik zu schreiben, und er hat, wie vor ihm schon PRIESTLEY, alle Experimente selbst wiederholt, über die er berichten wollte. Bereits in dieser Zusammenfassung ist FARADAY über seine Vorgänger hinausgegangen; so hat er (vgl. *Abbildung 4.4–39*) die Kraft nachgewiesen, die von einem durch einen Leiter fließenden Strom auf einen Pol eines Stabmagneten ausgeübt wird, und gezeigt, daß die Kraft längs eines Kreises wirkt. Damit hat er übrigens im Prinzip auch den ersten Elektromotor konstruiert.

In der Abbildung 4.4–40 sind alle Themen zusammengestellt, zu denen FARADAY im Laufe seines Lebens wesentliche Beiträge geleistet hat. Die von FARADAY erzielten wichtigsten konkreten Ergebnisse wollen wir im folgenden kurz zusammenfassen:

1. Das nach ihm benannte Induktionsgesetz. Im Sinne der romantischen Naturphilosophie war schon von vielen Forschern die Vermutung geäußert worden, daß in Analogie zur Influenzerscheinung der Elektrostatik auch der Strom in einem Stromkreis auf irgendeine Weise den Strom in einem zweiten Stromkreis beeinflussen müsse *(Abbildung 4.4–41)*. Aufgrund dieser Analogie sollte z. B. der Effekt auftreten, daß ein Strom in einem benachbarten Leiter allein deshalb einen Strom erzeugt, weil im ersten Kreis ein solcher fließt. Selbst AMPÈRE hat etwas derartiges vermutet, hat jedoch in einem seiner Briefe bereits 1822 erwähnt, daß eine solche Einwirkung nicht existiert und lediglich beim Ein- oder Ausschalten des Stromes etwas zu beobachten ist. Letzteren Effekt hat AMPÈRE jedoch nicht weiter untersucht und ist so – wie er später selbst mit Bitterkeit bemerkt hat – um eine sehr bedeutende Entdeckung gekommen. Auch in den Versuchsprotokollen FARADAYS finden wir über viele Jahre hinweg die Eintragung „no effect" (kein Effekt). Schließlich ist FARADAY auf das gleiche Phänomen gestoßen, das bereits AMPÈRE beobachtet hatte: Um eine Wirkung zu erzielen, muß sich im Stromkreis etwas *verändern* oder – wesentlich allgemeiner – der magnetische Zustand des gesamten Systems muß sich verändern. FARADAY hat auch festgestellt, daß der im zweiten Stromkreis entstehende Strom indirekt proportional zum Gesamtwiderstand dieses Stromkreises ist, d. h., daß die Spannung, die durch die Änderung des magnetischen Zustandes erzeugt wird, unabhängig von der Art des Leiters ist, denn nur dann kann die Stromstärke genau proportional zum Reziprokwert des Widerstandes des Stromkreises sein. FARADAY hat für dieses Gesetz auch eine quantitative Formulierung angegeben, die durch die Verwendung des Kraftlinienbegriffes recht einfach und anschaulich wird *(Abbildungen 4.4–42 a, b, c)*:

In einer ruhenden Leiterschleife ist die induzierte Spannung zur Änderung der Zahl der Kraftlinien pro Zeiteinheit proportional ($U = -d\Phi/dt$).

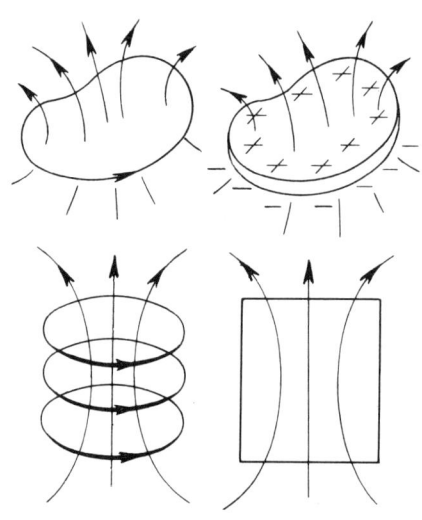

Abbildung 4.4–35
Ampère hat erkannt, daß das magnetische Feld eines Stromkreises gleich dem Feld einer magnetischen Doppelschicht ist. Daraus folgt, daß das Magnetfeld einer stromdurchflossenen Spule und das Magnetfeld eines Stabmagneten (**B**-Feld) die gleiche Form haben

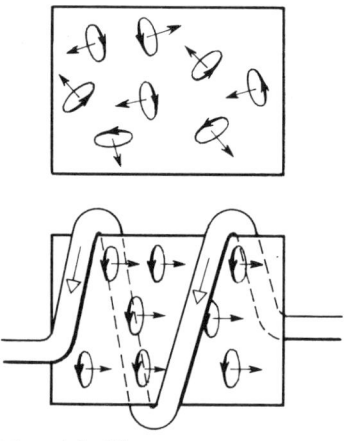

Abbildung 4.4–36
Unter dem Einfluß eines äußeren Magnetfeldes richten sich die Ampèreschen Kreisströme in einem magnetischen Stoff aus

Für sich bewegende Leiter ist die induzierte Spannung zur Zahl der pro Zeiteinheit geschnittenen Kraftlinien pro Zeiteinheit proportional $[U = \mathbf{l}(\mathbf{v} \times \mathbf{B})]$.

Auf die praktische Bedeutung des Induktionsgesetzes von 1831 muß heutzutage wohl nicht besonders hingewiesen werden: Dieses Gesetz liefert

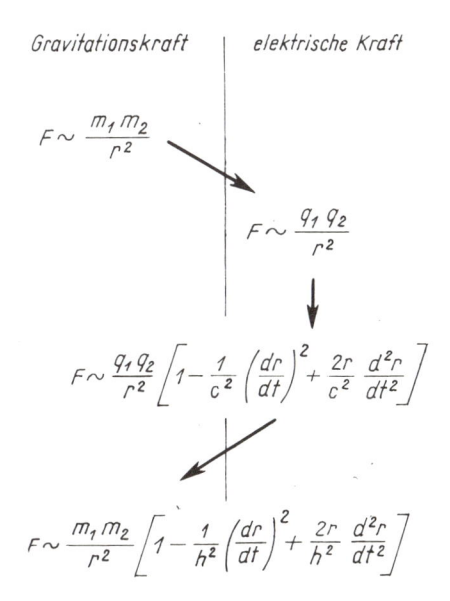

Abbildung 4.4–37
Das Coulombsche Gesetz ist in Analogie zum Newtonschen Gravitationsgesetz formuliert worden, und das Webersche Gesetz hat dann seinerseits als Ausgangspunkt für die Aufstellung eines neuen Gravitationsgesetzes gedient, das genauer sein sollte als das alte, sich aber schließlich als falsch erwiesen hat

Abbildung 4.4–38
MICHAEL FARADAY (1791–1867): Buchbinderlehrling, dann Laborant und schließlich Sekretär bei *Davy*. 1824 Mitglied der Royal Society, ab 1825 Direktor der Royal Institution. Seine ersten Arbeiten sind Fragestellungen der Chemie gewidmet (1823: *Chlor in flüssigem Zustand*). Er hat sich auch mit technologischen Problemen auseinandergesetzt: Herstellung von rostfreiem Stahl und von Gläsern mit besonderen optischen Eigenschaften. Nach 1820 hat er begonnen, sich mit der Elektrizität zu beschäftigen. 1821: Konstruktion des „Rotationsapparates" (Abb. 4.4–39); 29. August 1831: Induktionsgesetz; 1833: Gesetze der Elektrolyse; 1845: Faraday-Effekt. In den Jahren 1832–1856 sind seine Arbeiten in den *Experimental Researches in Elektricity* unter den fortlaufenden Paragraphen 1 bis 3 340 veröffentlicht.

Faraday wird als bedeutendster Experimentalphysiker aller Zeiten angesehen, mit dem höchstens noch sein Landsmann *Rutherford* verglichen werden kann

die theoretischen Grundlagen für das Funktionieren aller Generatoren und Transformatoren und für viele andere Maschinen und Anlagen und somit auch für ihre Planung und Dimensionierung durch Ingenieure.

2. Den von FARADAY in den folgenden zwei Jahren abgeleiteten Gesetzmäßigkeiten der Elektrolyse kommt eine wohl ebenso große Bedeutung zu. Auch diese Gesetze tragen seinen Namen.

Das erste Gesetz sagt aus, daß die bei der Elektrolyse abgeschiedene Stoffmenge zur geflossenen Ladung proportional ist. Durch das zweite Gesetz werden dem im ersten Gesetz auftretenden Proportionalitätsfaktor

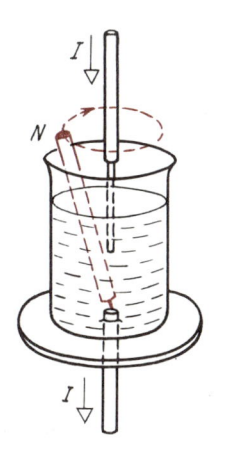

Abbildung 4.4–39
Mit dieser Anordnung, mit der im Prinzip auch der erste Elektromotor realisiert worden ist, hat *Faraday* die kreisförmigen magnetischen Kraftlinien anschaulich nachgewiesen

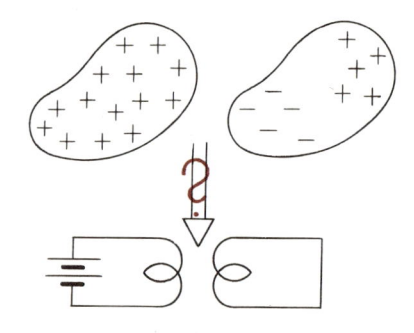

Abbildung 4.4—41
Mit Hilfe eines elektrisch geladenen Körpers können in einem benachbarten metallischen Leiter die Ladungen getrennt werden (Influenz). Existiert etwa ein zu dieser Erscheinung analoges Phänomen zwischen zwei Stromkreisen?

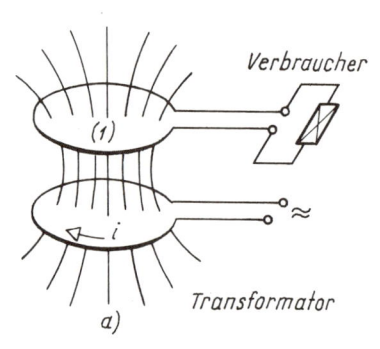

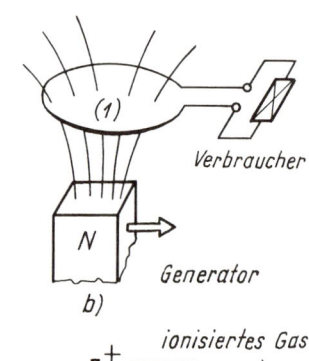

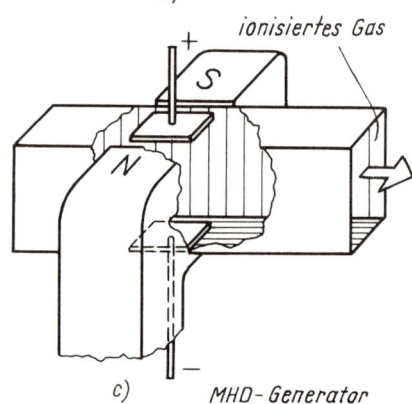

Abbildung 4.4—42a, b, c
a) Das Faradaysche Induktionsgesetz: Ändert sich die Zahl der Feldlinien, die vom Stromkreis 1 umschlossen wird, dann wird in ihm eine Spannung induziert. Das Wesentliche ist hier die *Änderung* oder die *Bewegung*.

Ein zweihundertunddrei Fuß langer Kupferdraht wurde um eine breite Holzrolle gewickelt und zwischen den Windungen desselben ein zweiter gleichfalls zweihundertunddrei Fuß langer Draht, durch dazwischengelegten Zwirnsfaden vor ge-

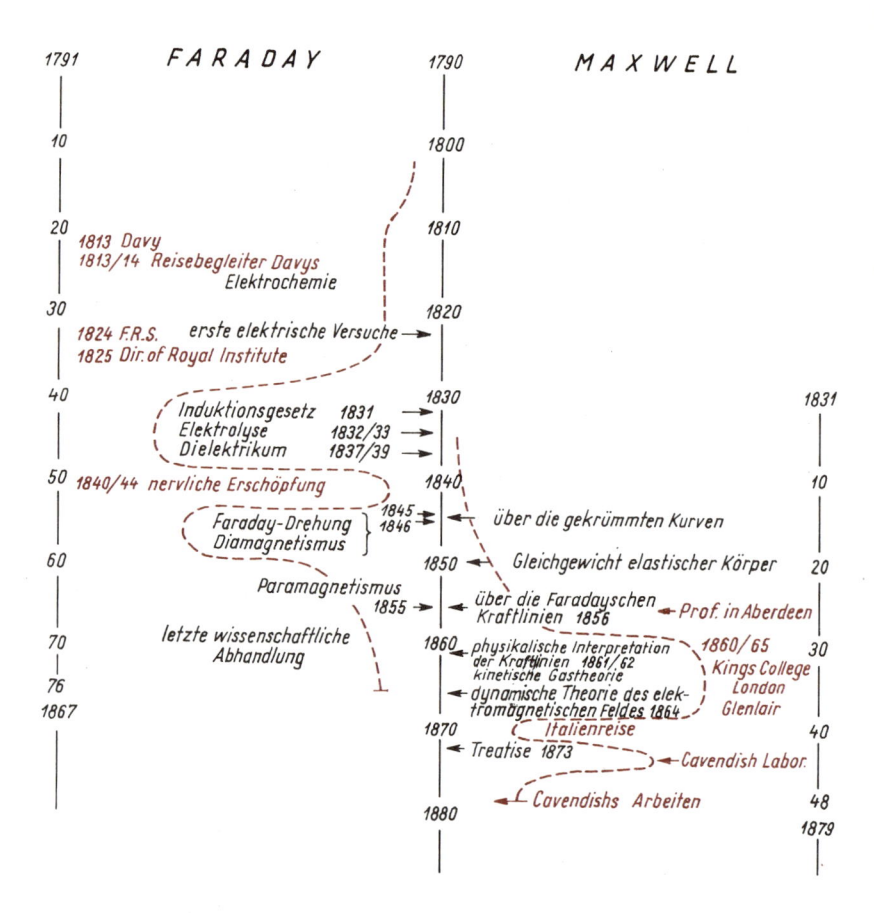

Abbildung 4.4—40
Lebensweg und Werk der zwei bedeutendsten Persönlichkeiten auf dem Gebiet der Elektrodynamik, die auch wissenschaftliche Kontakte miteinander aufgenommen und einander hoch geachtet haben.

Vor meinem Studium der elektrischen Erscheinungen hatte ich mir vorgenommen, keine mit diesem Themenkreis zusammenhängende Mathematik zu lesen, solange ich *Faradays* Werk, *Experimentelle Untersuchungen über die Elektrizität*, nicht gründlich durchgearbeitet hatte...

Im Laufe dieser Arbeit bemerkte ich bald, daß *Faradays* Methode, die Vorgänge zu betrachten, ihrem Wesen nach ebenfalls eine mathematische ist, obzwar er sich nicht der üblichen mathematischen Symbole bedient. Ich sah auch, daß seine Methode die Möglichkeit bietet, sie in die Sprache der gewöhnlichen Mathematik übersetzen und so mit den Methoden der Berufsmathematiker vergleichen zu können...

Für Studierende eines jeglichen Wissensgebietes ist es von großem Nutzen, die diesbezüglichen Originalwerke zu lesen; die Wissenschaft kann nämlich dann vollständig angeeignet werden, wenn sie sich im Zustand des Entstehens befindet; und das ist im Falle von *Faradays* Untersuchungen verhältnismäßig leicht.

Wenn irgendetwas davon, was ich hier niedergeschrieben habe, Studenten dazu verhilft, *Faradays* Ausdrucksweise und Gedankengänge verstehen zu lernen, werde ich eine meiner Hauptzielsetzungen erreicht haben, nämlich das Vergnügen mit anderen zu teilen, das ich selbst beim Lesen von *Faradays* Werken empfand.
Maxwell: Treatise. Preface

wohlbestimmte, chemisch sinnvolle Werte zugeordnet, indem nämlich ausgesagt wird, daß die bei gleichen durchgeflossenen Ladungsmengen abgeschiedenen Stoffmengen sich so zueinander verhalten wie ihre Äquivalentgewichte *(Abbildung 4.4—43)*. Dieses Gesetz hat neben seiner praktischen auch eine außerordentliche theoretische Bedeutung; mit seiner Hilfe ist es gelungen, in die Bereiche der Mikrophysik vorzudringen und Zusammenhänge zwischen mikrophysikalischen Größen aufzuzeigen [$M = (1/9{,}65 \cdot 10^7) \cdot (A/z)It$, wo A das Atomgewicht und z die Wertigkeit bedeutet].

3. FARADAY hat sich auch mit den Eigenschaften der Dielektrika eingehend beschäftigt, wobei selbst die Bezeichnung Dielektrikum auf ihn zurückgeht. Er hat den Begriff der dielektrischen Konstanten in die Physik eingeführt und Meßverfahren für diese Größe angegeben *(Abbildung 4.4—44)*.

4. FARADAY hat vermutet, daß das magnetische Feld nicht nur auf die sogenannten magnetischen Stoffe wirken sollte, sondern daß alle Stoffe

ohne Ausnahme irgendwelche magnetischen Eigenschaften aufweisen müßten. Er hat dann auch die diamagnetischen Stoffe umfassend untersucht.

5. Die Annahme, daß zwischen unterschiedlichen physikalischen Erscheinungen eine Wechselbeziehung existieren müsse, hat FARADAY zur Entdeckung eines weiteren Effekts geführt, der ebenfalls sowohl von prinzipieller, aber auch praktischer Bedeutung ist und der auch seinen Namen trägt. FARADAY hat nämlich nach einer Wechselwirkung zwischen dem magnetischen Feld und dem Licht gesucht und nach vielen erfolglosen Experimenten schließlich entdeckt, daß die Schwingungsebene linear polarisierten Lichts in bestimmten Medien gedreht wird, wenn diese sich in einem Magnetfeld befinden *(Abbildung 4.4 – 45)*. Diese Drehung der Polarisationsebene wird als Faraday-Drehung bezeichnet.

6. Wir bemerken am Rande, daß FARADAY in seinen letzten Lebensjahren ohne jeden Erfolg auch nach einer Wechselwirkung zwischen Gravitation und Elektromagnetismus gesucht hat *(Zitat 4.4 – 12)*. Es ist im übrigen bis zum heutigen Tage nicht gelungen, eine derartige Wechselwirkung nachzuweisen.

Wir haben bisher einen ungemein bedeutsamen Beitrag FARADAYS noch nicht erwähnt, über den wir nur deshalb nicht in Superlativen sprechen wollen, weil wir diese dann auch auf die anderen Faradayschen Arbeiten hätten anwenden müssen. Dieser Beitrag besteht in der Einbürgerung einer völlig neuen Betrachtungsweise der elektromagnetischen Phänomene. Wir begegnen hier übrigens einer eigentümlichen wissenschaftshistorischen Erscheinung, die wir kurz erläutern wollen. Die kartesianische Wirbeltheorie ist in Frankreich gegen Ende des 17. Jahrhunderts und zu Beginn des 18. Jahrhunderts nur sehr zögernd zugunsten der Newtonschen Fernwirkungstheorie aufgegeben worden; die gegen Ende des 18. Jahrhunderts in Frankreich tätige Generation von Mathematikern und theoretischen Physikern, zu der führende Vertreter dieser Wissenschaftszweige wie LAGRANGE, LAPLACE, POISSON und AMPÈRE gehörten, hatte sich jedoch die Newtonschen Prinzipien in einem Maße zu eigen gemacht, daß sie sogar das neue Phänomen des Elektromagnetismus ganz im Sinne dieser Prinzipien abhandelte. Konkret haben wir das bei AMPÈRE gesehen, der bei der Ableitung des Grundgesetzes der Elektrodynamik von der Newtonschen Betrachtungsweise ausgegangen ist. Wegen des verständlicherweise großen Einflusses der französischen Mathematiker hat niemand gewagt, einen anderen Weg zu beschreiten. FARADAY ist aber ein „self made man" gewesen; er hat keine reguläre wissenschaftliche Ausbildung erhalten. Wir wollen an dieser Stelle MAXWELL zitieren, der zu den Bewunderern FARADAYS gehört und dessen Ergebnisse in eine mathematische Form gebracht sowie weiterentwickelt hat.

FARADAY sah im Geiste die den ganzen Raum durchdringenden Kraftlinien, wo die Mathematiker fernwirkende Kraftzentren sahen; FARADAY sah ein Medium, wo sie nichts als Abstände sahen; FARADAY suchte das Wesen der Vorgänge in den reellen Wirkungen, die sich in dem Medium abspielen, jene waren aber damit zufrieden, es in den fernwirkenden Kräften der elektrischen Fluida gefunden zu haben...

Vielleicht gereichte es der Wissenschaft zum Vorteil, daß FARADAY, obzwar er mit den grundlegenden Formen des Raumes, der Zeit und der Kraft innigst vertraut war, kein Berufsmathematiker war.

So war er nicht der Versuchung ausgesetzt, sich in die vielen interessanten, rein mathematischen Forschungsarbeiten zu verstricken, zu welchen ihn seine Entdeckungen veranlaßt hätten, wenn er sie in mathematischer Form dargestellt hätte; und er fühlte sich weder dazu verpflichtet, seine Ergebnisse in eine dem mathematischen Geschmack der Zeit entsprechende Form einzuzwängen noch sie in einer Form auszudrücken, die die Mathematiker hätten angreifen können. So konnte er seine eigenständige Arbeit unbehelligt fortsetzen, seine Ideen den Tatsachen anpassen und sie in einer natürlichen, untechnischen Sprache ausdrücken.

MAXWELL: *Treatise*

Wie schon erwähnt, ist FARADAY von der romantischen Naturphilosophie beeinflußt gewesen. Auch der Einfluß von BOŠKOVIĆ ist bei ihm nachzuweisen; wir erinnern hier daran, daß BOŠKOVIĆ die Stoffteilchen als Kraftzentren mit einer sich über den gesamten Raum ausbreitenden Wirkung angesehen und angenommen hat, daß diese Wirkung auf irgendeine Weise zum Stoff gehört. Der in empirischen Traditionen erzogene und nüchtern denkende FARADAY war nun bestrebt, diese qualitativen Vorstellungen auf-

genseitiger Berührung geschützt. Eine dieser Spiralen wurde mit einem Galvanometer verbunden und die andere mit einer kräftigen Batterie von hundert vierquadratzölligen Plattenpaaren, die Kupferplatten wiederum doppelt. Wurde nun die Kette geschlossen, so zeigte sich eine plötzliche, aber sehr schwache Wirkung am Galvanometer, und dasselbe trat ein im Moment der Unterbrechung des Stromes. Aber solange der Strom ununterbrochen durch die eine Spirale hindurchging, konnte weder am Galvanometer noch sonst eine Induktionswirkung auf die andere Spirale wahrgenommen werden, obschon von der großen Stärke der Batterie die Erwärmung der ganzen mit ihr verbundenen Spirale und die Helligkeit des Entladungsfunkens, wenn er zwischen Kohlen übersprang, Zeugnis ablegte.

Faraday: Über die Induction elektrischer Ströme. 1831. Deutsch von S. Kalischer. 1889

b) *Emil Lenz* (1804 – 1865): Mitglied der Akademie zu Petersburg, hat 1833 die Lenzsche Regel formuliert. Nach dieser Regel hat der induzierte Strom eine solche Richtung, daß sein Feld der Ursache für den Induktionsvorgang entgegenwirkt. Wird z. B. ein Leiter in einem Magnetfeld bewegt, dann fließt der induzierte Strom so, daß die vom Magnetfeld auf ihn ausgeübte Kraft der Bewegung entgegengerichtet ist.

c) *Joseph Henry* (1797 – 1878): amerikanischer Physiker, ist sehr nahe daran gewesen, das Induktionsgesetz zu entdecken. Er hat 1828 mit Hilfe einer mehrlagigen, aus einem isolierten Draht gewickelten Spule einen sehr starken Elektromagneten hergestellt. 1832 hat er die Selbstinduktion beobachtet und 1842 auf experimentellem Wege festgestellt, daß es bei Kondensatorentladungen zu Oszillationen kommen kann.

Obwohl in den Faradayschen Versuchen das Dynamoprinzip (bei einer Kupferscheibe, die zwischen den Polen eines starken Permanentmagneten rotiert) und auch das Transformatorprinzip (in zwei Spulen, die auf den gleichen Eisenkern gewickelt worden sind) schon eine Rolle gespielt haben, mußte noch ein langer Weg bis zu einem praktischen Einsatz der entsprechenden Anlagen zurückgelegt werden. Zur Entwicklung der elektrischen Generatoren haben beigetragen: *Pixii* (primitiver Wechselstromgenerator, 1832), *Clarke* (Gleichrichtung mit Hilfe des Kommutators, 1836), *Pacinotti* (1860), *Gramme* (1868) (ringförmiger Anker), *Ányos Jedlik* (selbsterregender Dynamo, 1861), *Siemens* (Erkenntnis der Bedeutung und praktische Verwendung des Selbsterregungsprinzips, 1866).

Auch zur Vervollkommnung des Transformators hat eine Reihe von Forschern beigetragen; wobei wir hier nur *Jablotschkow* (1876) und das Dreigespann *Déri – Bláthy – Zipernowsky* (1885) erwähnen wollen.

Bei der Weiterentwicklung der Generatoren, Motoren, Transformatoren und Verteilersysteme hat der Serbe *Nikola Tesla* (1856 – 1943), der anfänglich in der österreichisch – ungarischen Monarchie tätig gewesen ist (Budapest: 1880 – 1882), eine herausragende Rolle gespielt: magnetisches Drehfeld, Mehrphasensysteme, Asynchronmotor, Tesla-Transformator

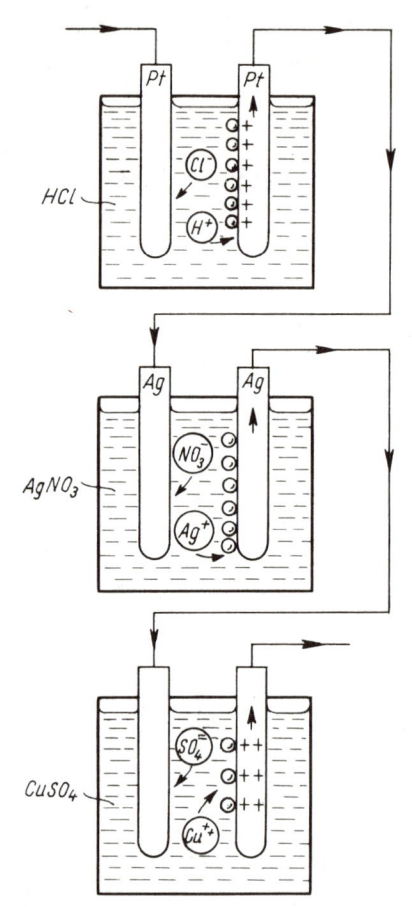

Abbildung 4.4–43
Zur Veranschaulichung der Faradayschen Elektrolysegesetze. Die Darstellung der Ionen spiegelt jedoch unseren heutigen Kenntnisstand wider

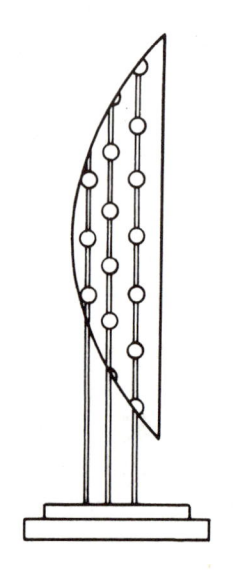

Abbildung 4.4–44
Ausgehend von dem von *Faraday* aufgestellten Modell für Dielektrika werden in der modernen Mikrowellentechnik aus *künstlichen Dielektrika* Antennen konstruiert.

Denken wir uns den Raum in der Umgebung einer geladenen Kugel mit einem Gemisch von isolierendem Dielektrikum (wie Öl, Terpentin oder Luft) und von kleinen kugeligen Leitern wie Schrot ausgefüllt und letztere in kleinen Abständen, aber isoliert voneinander angeordnet. Dann würde dieses System bezüglich seines Zustandes und seiner Wirkung dem Zustande und der Wirkung entsprechen, die ich den Partikeln des Di-

grund konkreter Versuchsergebnisse zu präzisieren sowie mit Hilfe dieser präzisierten Vorstellungen die Beobachtungen zu deuten. Die Kraftlinien, die er bereits „im Geiste gesehen" hatte, suchte er mit Hilfe von Eisenfeilspänen anschaulich und sozusagen greifbar zu machen. Von ihm stammen Abbildungen *(Abbildung 4.4–46)*, wie wir sie in ähnlicher Form auch heute noch in jedem einführenden Lehrbuch der Physik finden können. Wie wir bei AMPÈRE – sowie WEBER, der die Ampèresche Theorie weiterentwickelte – gesehen haben, ist die Fernwirkungstheorie in der Lage, die Wechselwirkung von Stromkreisen zu erklären, ohne ein Medium im Raum zwischen den Stromkreisen in Betracht ziehen zu müssen. FARADAY hat hingegen angenommen, daß sich in der Umgebung eines stromdurchflossenen Leiters ein magnetisches Feld mit entsprechenden Kraftlinien herausbildet. Dieses Feld entsteht völlig unabhängig davon, ob dort ein zweiter Leiter vorhanden ist und ob in ihm ein Strom fließt. Das Feld entspricht einem bestimmten Zustand des Raumes, der sich – auch im Vakuum – von dem Zustand unterscheidet, der beim Fehlen eines Stromes vorliegt. Der erste Stromkreis wirkt somit nicht unmittelbar, sondern über einen „Erregungszustand" auf den zweiten Stromkreis ein. Worin besteht nun die historische Bedeutung einer derartigen Zerlegung des Wechselwirkungsprozesses in zwei Teilschritte? Kann denn dieser besondere Zustand des Raumes als real existierend angesehen werden? Fest steht, daß unter anderem auch theoretisch nachgewiesen werden kann, daß bei nicht zu schnellen zeitlichen Änderungen beide Auffassungen zu den gleichen Ergebnissen führen. Wenn wir aber die experimentell bewiesene Tatsache beachten, daß die Wirkung eines Stromkreises auf einen anderen in einer endlichen Zeit übermittelt wird, dann wird die Hypothese eines Übermittlungsmediums benötigt und seine Rolle liegt auf der Hand. Der experimentelle Nachweis der endlichen Ausbreitungszeit gelingt gerade dann, wenn wir schnelle Änderungen untersuchen. Zu der Zeit, in der FARADAY mit Hilfe seiner Vorstellungen über elektrische und magnetische Kraftlinien die Konzeption des elektromagnetischen Feldes ausgearbeitet hat, war die Existenz der elektromagnetischen Wellen weder theoretisch begründet noch experimentell bewiesen. Das von ihm selbst erarbeitete Bild hat FARADAY jedoch auf den Gedanken gebracht, daß elektromagnetische Wirkungen über transversale Schwingungen der Kraftlinien weitergeleitet werden könnten.

Die Faradayschen Vorstellungen sind aber nicht nur der Ausgangspunkt für die Feldtheorie gewesen, sie haben sich auch bei der Projektierung magnetischer Kreise in der heutigen Starkstromtechnik und bei einer anschaulich-pädagogischen Darstellung komplizierter magnetischer Phänomene als sehr nützlich erwiesen. Hier wird vor allem eine Analogie zwischen dem elektrischen Strom und einer „Strömung" der magnetischen Feldlinien genutzt.

Bei der Erklärung der Induktion spricht FARADAY von einem „elektrotonischen" Zustand des magnetischen Feldes – eine Bezeichnung, die sowohl MAXWELL als auch BOLTZMANN von ihm übernommen haben – aber nur die zeitliche Änderung dieses Zustandes erzeugt einen meßbaren Effekt in Form eines elektrischen Feldes oder, genauer nach FARADAY, eine induzierte elektrische Spannung in einem geschlossenen Stromkreis.

4.4.9 Maxwell: die Grundgesetze des elektromagnetischen Feldes

Das Kraftlinienbild und die Annahme, daß ein bestimmter Zustand des Mediums die wesentliche Vorbedingung für Kraftwirkungen ist, war den führenden Physikern jener Zeit so ungewohnt, daß sie ungeachtet der Anerkennung, die sie dem genialen Experimentator FARADAY gezollt haben, in diesen Vorstellungen kein ausreichend sicheres Fundament für eine neue Theorie sehen konnten. Es hat nur einen Andersdenkenden gegeben, der allerdings dann in der Entwicklung der elektromagnetischen Theorie eine entscheidende Wende herbeigeführt hat: JAMES CLERK MAXWELL *(Abbildung 4.4–47)*.

MAXWELL war vierzig Jahre jünger als FARADAY; er ist gerade in dem Jahr geboren, in dem FARADAY das Induktionsgesetz entdeckte. Trotz des großen Altersunterschiedes haben beide noch Gelegenheit zum zunächst schriftlichen, dann aber auch persönlichen Gedankenaustausch gehabt. Sowohl FARADAY als auch MAXWELL gehören — auch hinsichtlich ihrer menschlichen Qualitäten — zu den sympathischsten Persönlichkeiten der Physikgeschichte. In seiner Bescheidenheit ist MAXWELL wohl kaum von irgend einem der großen Physiker übertroffen worden; er hat seine eigenen Ergebnisse so dargestellt, als ob sie sich in einer mathematischen Formulierung der Gedanken FARADAYS erschöpften. FARADAY seinerseits hat sich über die Fähigkeiten MAXWELLS sehr anerkennend geäußert und geschrieben, daß er schwierigste theoretische Erwägungen und Erkenntnisse in einer solchen Sprache auszudrücken in der Lage sei, daß sie auch von einem mathematisch weniger gebildeten Experimentalphysiker zur Erklärung der Experimente und als Hinweise für die weitere Arbeit verwendet werden könnten (Zitat 4.4 — 13).

In der schon angeführten Abbildung 4.4 — 39 sind auch die äußeren Lebensumstände MAXWELLS und sein Lebenswerk zusammenfassend dargestellt. Wir sehen, daß seine produktivsten Jahre die seines Aufenthalts in London gewesen sind. In dieser Zeit hat er die allgemeine Theorie des elektromagnetischen Feldes sowie die kinetische Theorie der Gase ausgearbeitet. Uns interessiert an dieser Stelle nur der erstgenannte Themenkreis.

Wie wir bereits einige Male erwähnt haben, hatte es sich MAXWELL zur Aufgabe gemacht, die Faradayschen Ideen in eine mathematische Form zu kleiden und sie damit auch den theoretischen Physikern näher zu bringen. Es ist sehr lehrreich, die Entwicklung der Maxwellschen Ideen von der ersten, im Jahre 1855 geschriebenen Abhandlung *Über die Faradayschen Kraftlinien* bis zu der 1873 erschienenen zusammenfassenden Arbeit *Treatise* zu verfolgen. Zu Beginn seiner Arbeiten hat es MAXWELL noch als notwendig angesehen, sich mechanischer Modelle der elektromagnetischen Erscheinungen zu bedienen, um mit ihrer Hilfe quantitative Zusammenhänge abzuleiten. In den ersten Arbeiten scheint MAXWELL das Modell noch zu ernst genommen zu haben. Das Modell ist jedoch allmählich verschwunden und übriggeblieben sind nur die Gleichungen für das elektromagnetische Feld. In den *Abbildungen 4.4 — 48a, b, c* sind eines der mechanischen Modelle sowie modellartige veranschaulichende Bilder dargestellt. Es ist zu erkennen, wie die elektromagnetischen Phänomene mit Hilfe der Modelle erklärt worden sind. Wir können uns vorstellen — hat MAXWELL zunächst argumentiert —, daß das magnetische Feld aus Wirbeln besteht, die die magnetischen Feldlinien umkreisen. Für homogene magnetische Felder besteht das Modell aus einer Anzahl von Wirbeln, die den gleichen Drehsinn haben. Es ist leicht einzusehen, daß Wirbel mit gleichem Drehsinn sich in ihrer Bewegung bei einer Berührung stören. Zwischen den Wirbeln können nun nach MAXWELL „Blindachsen" angeordnet werden, die einen zu den Wirbeln entgegengesetzten Drehsinn haben und am selben Ort verbleiben, wenn die Winkelgeschwindigkeit aller Wirbel gleich ist. In der Abbildung 4.4 — 48c sind die Wirbel — wieder nach MAXWELL — der Einfachheit halber als Sechsecke dargestellt, um die Rolle der Blindachsen besser darstellen zu können. MAXWELL hat mit ihrer Hilfe das elektrische Feld im Sinne des Modells veranschaulicht; er hat angenommen, daß die Bewegung der Blindachsen ein elektrisches Feld oder einen Strom nach sich zieht. Mit dem Modell können viele experimentelle Beobachtungen gedeutet werden. Fließt z. B. in einem Leiter ein Strom, dann werden durch die sich bewegenden Blindachsen die Wirbel, die das magnetische Feld repräsentieren, in Umdrehung versetzt und ein magnetisches Feld wird erzeugt (Abbildung 4.4 — 48b). Auch kompliziertere Zusammenhänge lassen sich aus dem Modell ableiten: Ist z. B. das magnetische Feld im Raum nicht konstant und ändert sich seine Intensität in der Richtung von oben nach unten, dann nimmt im Modell die Drehgeschwindigkeit der magnetischen Wirbel ebenfalls von oben nach unten ab. In diesem Fall können die Blindachsen nicht an einem bestimmten Ort verbleiben, da sich die angrenzenden Wirbel nicht mit übereinstimmender Winkelgeschwindigkeit drehen, sondern sie müssen sich senkrecht zur Richtung bewegen, in der sich das magnetische Feld ändert.

Auf diese Weise wird ein enger Zusammenhang zwischen der räumlichen Änderung des Magnetfeldes und dem elektrischen Strom hergestellt.

elektrikums selbst zuschreibe. Wird die Kugel geladen, dann werden alle diese kleinen leitenden Kügelchen polarisiert; wenn die Kugel entladen wird, so kehren sie in ihren Normalzustand zurück, um bei einer neuen Auflagerung wieder polarisiert zu werden

Faraday: Experimental Researches. § 1669 [4.13] p. 8

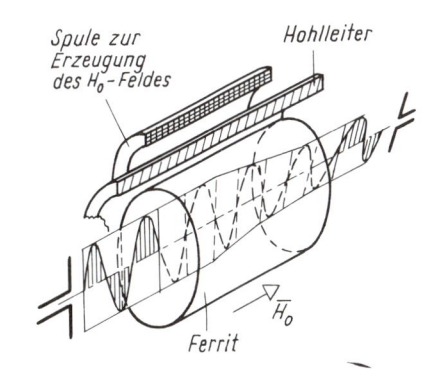

Abbildung 4.4 — 45
Faraday-Effekt: In bestimmten Medien wird die Polarisationsebene linear polarisierten Lichts, das sich parallel zu den Feldlinien eines Magnetfeldes ausbreitet, verdreht. Dieser Effekt ist im wesentlichen die Grundlage für den Betrieb der Richtkoppler der modernen Mikrowellentechnik

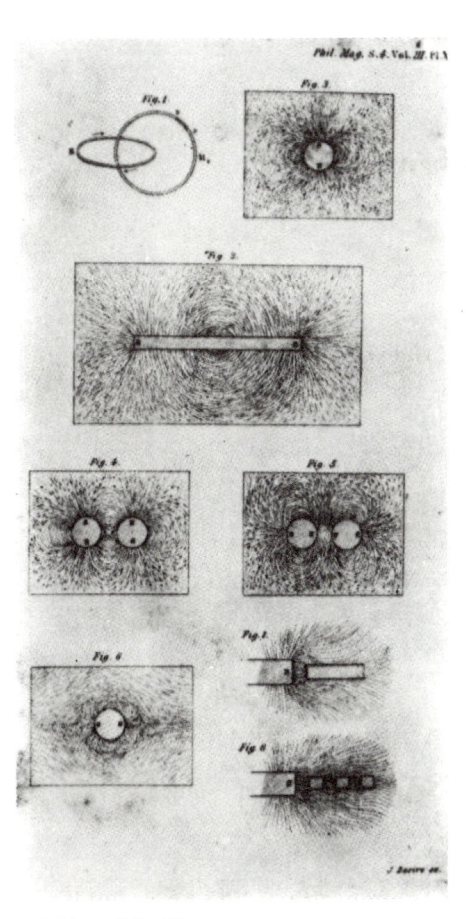

Abbildung 4.4 — 46
Einige Feldlinienbilder aus einer Arbeit von *Faraday*

Zitat 4.4 – 12
In der festen Überzeugung, die Kraft der Schwere stehe in Verbindung mit anderen Kräfteformen der Natur und stelle einen geeigneten Gegenstand experimenteller Untersuchungen dar, habe ich bei einer früheren Gelegenheit — allerdings vergeblich — versucht, ihre Relationen zur Elektrizität zu entdecken. In derselben Überzeugung war ich auch in neuerer Zeit bestrebt, den Nachweis ihrer Verbindung zu Elektrizität oder Wärme zu erbringen.
FARADAY [4.13] p. 26

Abbildung 4.4 – 47
JAMES CLERK MAXWELL (1831 – 1879): ist der bedeutendste theoretische Physiker des 19. Jahrhunderts; er hat die klassische Physik vollendet. Studium der Mathematik und Physik in Edinburgh, dann in Cambridge. 1856: Ernennung zum Professor in Aberdeen und von 1860 bis 1865: Lehramt am King's College (London). 1865 hat er sich auf sein Besitztum in Schottland zurückgezogen und sich ausschließlich seiner wissenschaftlichen Arbeit gewidmet. 1871 wurde er zum Direktor des an der Universität Cambridge eingerichteten Cavendish-Laboratoriums berufen, das im weiteren wissenschaftlichen Leben Englands noch eine sehr große Rolle spielen sollte.

Als junger Wissenschaftler hat sich *Maxwell* mit den Problemen des Farbsehens auseinandergesetzt; seine entscheidenden Arbeiten fallen aber in das Gebiet der Elektrodynamik und der kinetischen Gastheorie. Die Maxwellschen Gleichungen hat er erstmalig in der 1862 erschienenen Abhandlung *On Physical Lines of Force* formuliert. 1873 ist sein zweibändiges Buch *A treatise on electricity and magnetism* erschienen.

Seine Beiträge zur kinetischen Gastheorie sind in dem Werk *The theory of heat* (1871) enthalten. Hier hat *Maxwell* als erster betont, daß es notwendig und wichtig ist, die Grundeinheiten auf atomare Konstanten zurückzuführen

Zitat 4.4 – 13
Eines möchte ich Sie gerne fragen. Wenn ein Mathematiker, der physikalische Wirkungen und ihre Ergebnisse untersucht, zu seinen Schlußfolgerungen gelangt, können — so frage ich — diese nicht in der Alltagssprache ebenso vollständig, klar und unzweideutig ausgedrückt werden, wie in mathematischen Formeln? Wenn ja, wäre es nicht eine große Wohltat an unseresgleichen, sie so auszudrücken, aus ihren Hieroglyphen zu übersetzen, damit auch wir, auf experimentellem Wege, an ihnen weiterarbeiten können? Ich glaube, das muß so sein, denn ich habe immer gefunden, daß Sie mir vollständig klare Begriffe von Ihren Schlußfolgerungen geben konnten, die — obzwar sie mir kein volles Verständnis der Schritte Ihrer Überlegungen vermitteln — dennoch die Ergebnisse richtig darstellen, weder über, noch unter dem angemessenen Wahrheitsgrad, und das in so klarer Form, daß ich auf ihrer Grundlage weiterdenken und -arbeiten kann.
FARADAYS Brief an *Maxwell*. 1857. *Bence Jones,* Vol. II, p. 38 [4.13]

Wird dieser Zusammenhang zwischen der in einer bestimmten Richtung erfolgenden räumlichen Änderung des Magnetfeldes und dem elektrischen Strom mathematisch formuliert, dann erhalten wir tatsächlich das heute als erste Maxwellsche Gleichung bezeichnete Gesetz (für stationäre Ströme)

$$\text{rot } \mathbf{H} = \mathbf{J}.$$

MAXWELL hat dann eine mathematisch erfaßbare Größe gesucht, durch die sich der Faradaysche elektrotonische Zustand charakterisieren läßt. Es ist keineswegs erstaunlich, daß gerade diese Größe in der Maxwellschen Theorie eine entscheidende Rolle gespielt hat *(Zitat 4.4 – 14)*. In der heutigen, didaktisch überarbeiteten Fassung der Maxwellschen Theorie gehört diese Größe, die als Vektorpotential **A** bezeichnet wird, jedoch nicht mehr zu den Grundgrößen, sondern zu den abgeleiteten Größen. Die zeitliche Änderung dieser Größe steht in einem unmittelbaren Zusammenhang mit der induzierten elektrischen Feldstärke bzw. der induzierten Spannung, denn MAXWELL hat gezeigt, daß die zeitliche Ableitung ihres Linienintegrals über einen geschlossenen Weg gleich der induzierten Spannung ist. Dazu äquivalent ist aber die Aussage, daß die zeitliche Ableitung der Größe selbst für jeden Raumpunkt das elektrische Feld ergibt.

Etwas allgemeiner können wir auch

$$\mathbf{E} = -\frac{\partial \mathbf{A}}{\partial t} - \text{grad } \varphi$$

schreiben, da sich das Integral über einen geschlossenen Weg nicht ändert, wenn wir zum Integranden einen Term hinzufügen, der sich als Gradient einer skalaren Größe darstellen läßt. Es ist bemerkenswert, daß MAXWELL auch seinen für bewegte Leiter gültigen allgemeineren Zusammenhang mit Hilfe einer hydrodynamischen Analogie begründet hat.

Das Linienintegral des Vektorpotentials kann nach dem Stokesschen Satz gemäß

$$\oint \mathbf{A} \, d\mathbf{s} = \int \text{rot } \mathbf{A} \, d\mathbf{a}$$

umgeformt werden. Es erweist sich hier als zweckmäßig, über

$$\text{rot } \mathbf{A} = \mathbf{B}$$

die magnetische Induktion **B** einzuführen, deren Flächenintegral den magnetischen Fluß ergibt.

Im folgenden geben wir Grundgleichungen in der von MAXWELL benutzten und daneben in der heute üblichen Form an:

$$\mu \mathbf{H} = \text{rot } \mathbf{A} \rightarrow \text{div } \mathbf{B} = 0; \quad \mathbf{B} = \mu \mathbf{H}$$

$$\mathbf{E} = -\frac{\partial \mathbf{A}}{\partial t} - \text{grad } \varphi \rightarrow \text{rot } \mathbf{E} = -\frac{\partial \mathbf{B}}{\partial t}.$$

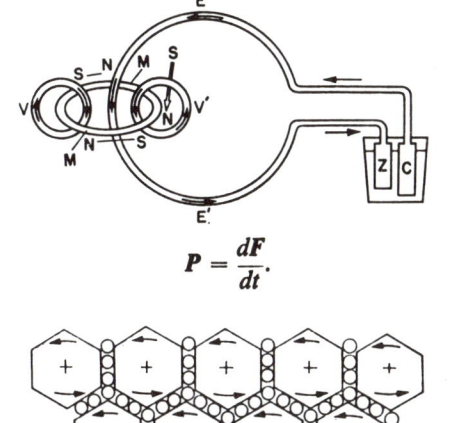

$$P = \frac{dF}{dt}.$$

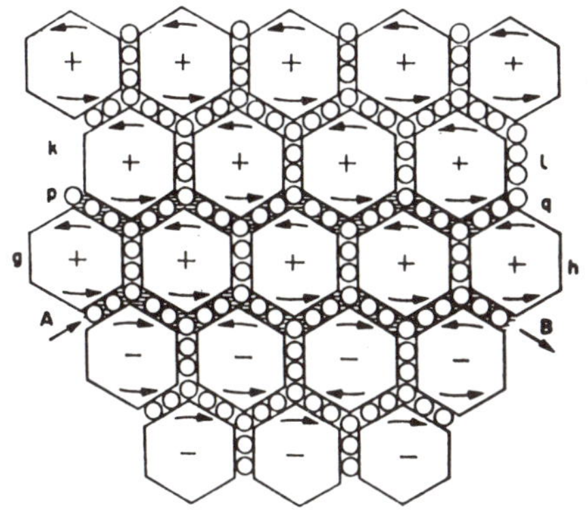

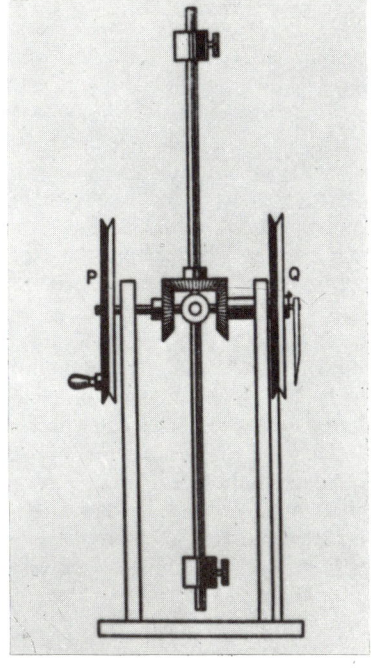

Abbildung 4.4-48
a) Das mechanische Modell von *Maxwell* zur Veranschaulichung der Phänomene, die in induktiv miteinander gekoppelten Stromkreisen beobachtet werden
b) Auf diese Weise hat *Maxwell* die Erzeugung eines Magnetfeldes durch einen Strom veranschaulicht
c) Ein mechanisches Modell des elektromagnetischen Feldes

... gewisse Erscheinungen der Elektrizität und des Magnetismus führen zu denselben Schlußfolgerungen wie jene der Optik, daß es nämlich ein alle Körper durchdringendes ätherisches Medium gibt, das nur dem Grade nach durch die Anwesenheit der Materie modifiziert wird; daß die Teile dieses Mediums durch elektrische Ströme und durch Magnete in Bewegung gesetzt werden können; weiter, daß diese Bewegung durch die von den Verbindungen dieser Teile herrührenden Kräften von einem Teil des Mediums auf den anderen übertragen wird; daß unter der Wirkung dieser Kräfte eine gewisse, durch die Elastizität dieser Verbindungen bedingte Verschiebung entsteht; und daß die Energie auf diese Weise in zwei verschiedenen Formen in dem Medium existieren kann, die eine ist die tatsächliche Energie der Bewegung seiner Teile, und die zweite Form ist die in den Verbindungen aufgespeicherte, durch ihre Elastizität bedingte, potentielle Energie.
Maxwell: A Dynamical Theory... Phil. Trans. Roy. Soc. 155 (1865) p. 450

Die mathematisch formulierte Bedingung dafür, daß sich elektromagnetische Wellen ausbilden können, ist die Existenz eines sogenannten Verschiebungsstromes. Für MAXWELL ist es — wie für FARADAY — selbstverständlich gewesen, daß die elektrischen Ladungen in einem Dielektrikum unter der Einwirkung eines elektrischen Feldes aus ihren Ruhelagen verschoben werden, so daß eine zeitliche Änderung eines elektrischen Feldes einen Strom hervorruft. Dieser Strom wird als Verschiebungsstrom bezeichnet. Da der leere Raum (Vakuum) die elektromagnetischen Kräfte genauso übermittelt wie jede beliebige andere Substanz, ist es für FARADAY ebenso selbstverständlich gewesen, daß das Vakuum alle Eigenschaften haben muß, die zur Kraftübertragung nötig sind, und daß insbesondere in ihm auch ein

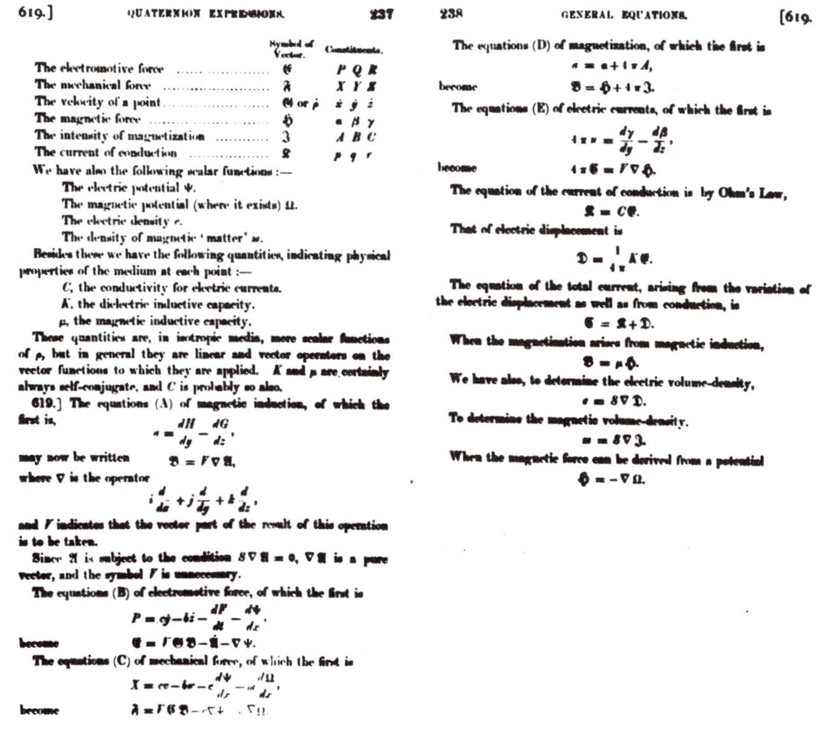

Abbildung 4.4-49
Das System der Maxwellschen Gleichungen, so wie wir es in *Maxwells* Buch finden können.
War es ein Gott, der diese Zeichen schrieb,
Die mit geheimnißvoll verborg'nem Trieb
Die Kräfte der Natur um mich enthüllen
Und mir das Herz mit stiller Freude füllen.

In der Tat, obiges Motto spricht meine Ansicht über *Maxwells* Theorie der Elektrizität und des Magnetismus aus.
Boltzmann: Vorlesungen. II. Teil, Vorwort

Zitat 4.4-14
Die Vorstellung einer solchen Größe, von deren Änderungen — und nicht ihrem Absolutwert — der induzierte Strom abhängt, kam Faraday schon in den frühen Stadien seiner Untersuchungen in den Sinn. Er hatte gefunden, daß im Sekundärstromkreis kein elektrischer Effekt zu beobachten war, wenn er sich unbeweglich in einem elektromagnetischen Feld konstanter Intensität befand, daß hingegen ein Strom entstand, wenn derselbe Feldzustand plötzlich hergestellt wurde. Ähnlicherweise ergibt sich ein Strom entgegengesetzter Richtung, wenn man den Primärstromkreis aus dem Feld entfernt oder die magnetischen Kräfte zum Verschwinden bringt. Er stellte sich daher im Sekundärstromkreis — wenn dieser sich im elektromagnetischen Feld befand — einen *besonderen elektrischen Zustand der Materie* vor, dem er den Namen *Elektrotonischen Zustand* gab. Später fand er, daß dieser Begriff entbehrlich war, wenn er gewisse Überlegungen zu den magnetischen Kraftlinien anstellte, aber selbst bei seinen letzten Untersuchungen drängte sich ihm — wie er fest-

stellte – die Vorstellung eines elektrotonischen Zustandes immer wieder auf.

Die ganze Geschichte der Entwicklung dieser Vorstellung in *Faradays* Gedankenwelt, wie sie sich in seinen Veröffentlichungen darbietet, ist wert, studiert zu werden. Eine Reihe von Experimenten, in der er sich von einer intensiven Gedankentätigkeit, nicht aber von mathematischen Berechnungen leiten ließ, brachte ihn zur Erkenntnis, es existiere etwas, von dem wir jetzt wissen, daß es sich um eine mathematische Größe handelt, die sogar als Fundamentalgröße der elektromagnetischen Theorie betrachtet werden kann. Da jedoch *Faraday* zu dieser Vorstellung auf rein experimentellem Wege gelangt war, schrieb er ihr eine physikalische Existenz zu und nahm an, es handle sich um einen besonderen Zustand der Materie ...

Die wissenschaftliche Bedeutung der Faradayschen Vorstellung vom elektrotonischen Zustand ist, unseren Intellekt dazu anzuhalten, eine Größe zu erfassen, von deren Änderungen die tatsächlichen Erscheinungen abhängen.

MAXWELL: *Treatise*... Vol. II. pp. 173–174

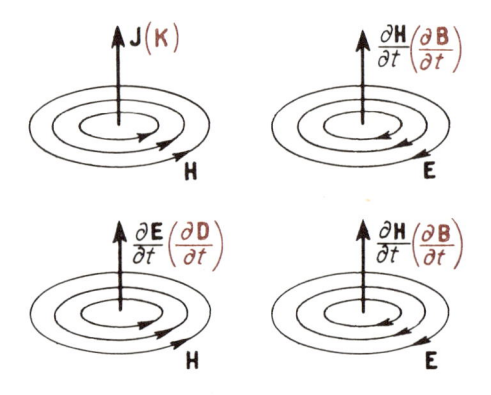

Abbildung 4.4–50
Maxwells grundlegend neue Idee: der Verschiebungsstrom.

Die Eigenart unserer Behandlungsweise drückt sich in erster Linie in der These aus, derzufolge der tatsächliche elektrische Strom $\mathfrak{C}$, durch welchen die elektromagnetischen Erscheinungen bedingt sind, nicht mit dem Leitungsstrom $\mathfrak{K}$ identisch ist, sondern daneben auch die zeitliche Änderung der elektrischen Verschiebung $\mathfrak{D}$ in Betracht gezogen werden muß. Wenn wir die vollständige Bewegung der Elektrizität beschreiben wollen, so müssen wir also mit der folgenden Gleichung für die eigentlichen Ströme rechnen:

$$\mathfrak{C} = \mathfrak{K} + \mathfrak{D}$$

Maxwell: *Treatise*. II. p. 23

Verschiebungsstrom existieren kann. MAXWELL hat auch hier versucht, die Zusammenhänge mit einem Modell anschaulich zu machen.

In der *Abbildung 4.4–49* ist das gesamte Maxwellsche Gleichungssystem zu sehen, so wie es von MAXWELL in seiner zusammenfassenden Arbeit, dem *Treatise*, angegeben worden ist.

Die folgende *Abbildung 4.4–50* markiert den wesentlichen Schritt vorwärts im Vergleich zu den Gesetzen von ØRSTED, AMPÈRE und FARADAY. Das erste Abbildungspaar sagt aus, daß das Strömen elektrischer Ladung ein magnetisches Feld mit sich bringt, und nach der zweiten Abbildung verursacht jede zeitliche Änderung des magnetischen Feldes (genauer: der magnetischen Induktion) ein elektrisches Feld. Auf diesen beiden Zusammenhängen baut die gesamte Starkstromtechnik auf. Das zweite Abbildungspaar sagt zusätzlich aus, daß jedes sich zeitlich ändernde elektrische Feld (genauer: jede sich ändernde Verschiebung) ein magnetisches Feld hervorruft. Dieser Zusammenhang ermöglicht letztlich das Entstehen elektromagnetischer Wellen. Ein elektromagnetisches Feld kann somit auch im leeren Raum – weit weg von jedem stromführenden Leiter – existieren, da sich elektrische und magnetische Felder „wechselseitig hervorbringen": Ein elektrisches Feld entsteht, wo ein magnetisches Feld sich zeitlich ändert, und ein Magnetfeld wird erzeugt, wo ein zeitlich veränderliches elektrisches Feld vorhanden ist. Aus diesem engen Zusammenhang zwischen beiden Feldern ergibt sich das Wechselspiel, durch das gerade die elektromagnetische Welle gegeben ist *(Abbildung 4.4–51)*.

Schon lange vor der theoretischen und experimentellen Untersuchung der elektromagnetischen Wellen im Vakuum ist die Frage diskutiert worden, wie schnell sich elektromagnetische Wirkungen ausbreiten; diese Frage hat mit der Entwicklung der drahtgebundenen Nachrichtentechnik auch eine praktische Bedeutung erlangt. W. THOMSON hat 1854 in Analogie zur Wärmeleitungsgleichung eine noch unvollständige Telegraphengleichung der Form $\frac{1}{C}\frac{\partial^2 U}{\partial x^2} = R\frac{\partial U}{\partial t}$ angegeben, die eine fortschreitende gedämpfte Welle mit einer zur Wurzel aus der Frequenz proportionalen Ausbreitungsgeschwindigkeit zur Lösung hat (C und R bedeuten hier die auf die Längeneinheit bezogene Kapazität bzw. Widerstand des Leitungspaares). 1857 hat KIRCHHOFF bereits die Gleichung

$$\frac{\partial^2 U}{\partial x^2} = \frac{1}{c^2}\frac{\partial^2 U}{\partial t^2} + K\frac{\partial U}{\partial t}$$

abgeleitet, die im Idealfall $K=0$ eine Lösung mit einer von der Frequenz unabhängigen Ausbreitungsgeschwindigkeit c hat. Die Telegraphengleichung in der heute üblichen Form ist 1876 von HEAVISIDE angegeben worden, und POINCARÉ hat schließlich den Zusammenhang zwischen Telegraphentheorie und Maxwellschen Gleichungen hergestellt.

Zu den anderen Maxwellschen Gleichungen merken wir hier noch an, daß W. THOMSON zur Charakterisierung des magnetischen Feldes die Feldvektoren **B** und **H** eingeführt sowie die Beziehungen zwischen diesen Feldern (auch für kristalline Substanzen) bereits in den Jahren 1849–1851 untersucht hat. Er hat auch den Zusammenhang zwischen der Energiedichte und den Feldern gefunden (1851–1853). Die elektrischen Feldvektoren **D** und **E** sind im wesentlichen erst von MAXWELL eingeführt worden.

Die Maxwellschen Gleichungen sind ebenfalls nur sehr zögernd von den zeitgenössischen Physikern als theoretisches Rüstzeug in Gebrauch genommen worden, obwohl die führenden Köpfe geahnt haben, daß mit diesen Gleichungen die klassische elektromagnetische Theorie zu einem synthetischen Abschluß gebracht worden ist.

Den Physikern jener Zeit ist es sehr schwer gefallen, die Maxwellschen Gleichungen und die gesamte von FARADAY und MAXWELL stammende Konzeption auf konkrete Probleme anzuwenden. Das rührte daher, daß eine im Sinne der Mechanik unmittelbar anschauliche Darstellung fehlte. Im Geiste von DESCARTES und HUYGENS erzogen, hatte man sich daran gewöhnt, in Begriffen der Mechanik zu denken. FARADAY ist dieser Anschauungsweise treu geblieben, und auch MAXWELL konnte sich nur schwer von ihr lösen. Wie stark das Bestreben nach einer mechanischen Deutung der elektromagnetischen Erscheinungen gewesen ist, läßt sich anhand der Vielzahl der unterschiedlichen und oft mit großem Scharfsinn ersonnenen Modelle ermessen, die zu jener Zeit zu Anschauungszwecken konstruiert worden sind und die die ganze Geschicklichkeit der Mechaniker beansprucht haben. Ein einfaches Modell dieser Art, das von MAXWELL selbst konstruiert worden ist, haben wir bereits in der Abbildung 4.4–48c vorgestellt. Mit diesem Modell sollte gezeigt werden, wie sich die elektrischen Ströme in zwei induktiv gekoppelten Leiterschleifen verhalten.

Zur Illustration der allgemeinen Haltung möge das Motto des Buches von Boltzmann über die Maxwellsche Theorie des Elektromagnetismus dienen:

„So soll ich denn mit saurem Schweiß
Euch lehren, was ich selbst nicht weiß."

Dieses Wort Fausts ist wohl niemandem so sehr aus der Seele gesprochen wie dem, der über die wahre Natur der Elektrizität vortragen will. Möge man daher dies bißchen Poesie als Einleitung zu trockenen Formeln nicht mit allzu scheelen Augen ansehen.

Unter den wenigen Abbildungen in diesem Buch nimmt die Darstellung eines komplizierteren mechanischen Modells, mit dem ebenfalls gekoppelte Stromkreise beschrieben werden sollen, einen hervorragenden Platz ein *(Abbildung 4.4−52)*.

Der bekannte Physiker LORD RAYLEIGH hat es noch zum Ende des Jahrhunderts als notwendig angesehen, die Maxwellschen Gleichungen mit Hilfe eines komplizierten Äthermodells zu stützen.

Die Maxwellsche Theorie des elektromagnetischen Feldes hat nicht nur eine enorme praktische Bedeutung, da durch sie u. a. eine die gesamte Nachrichtentechnik revolutionierende Entwicklung eingeleitet worden ist, sie hat auch die Naturphilosophie nachhaltig beeinflußt *(Abbildungen 4.4−53 und 4.4−54)*. Durch diese Theorie sind die Physiker genötigt worden, die Naturerscheinungen abstrakter aufzufassen und den in der abstrakten Beschreibung vorkommenden Größen eine reale Existenz auch dann zuzubilligen, wenn sie nicht mit Hilfe mechanischer Modelle (deren Eigenschaften den unmittelbar mit unseren Sinnesorganen gemachten Erfahrungen entsprechen) anschaulich gemacht werden können *(Zitat 4.4−15a, b)*.

4.4.10 Die elektromagnetische Theorie des Lichts

Wir wollen hier noch eine Großtat der elektromagnetischen Theorie, die in den Maxwellschen Gleichungen ihre endgültige Gestalt angenommen hat, hervorheben, um zu zeigen, daß diese Theorie tatsächlich einen der „Knotenpunkte" der Physikgeschichte markiert: In diesen Gleichungen treffen nämlich zwei Zweige der Physik aufeinander, die sich zuvor nebeneinanderher entwickelt hatten: die Elektrodynamik und die Optik (Abbildung 0.2−8).

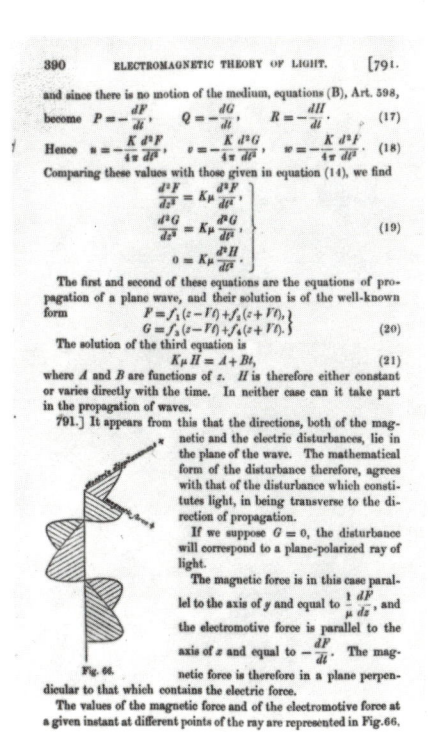

Abbildung 4.4−51
Die Darstellung der ebenen elektromagnetischen Welle in *Maxwells* Buch

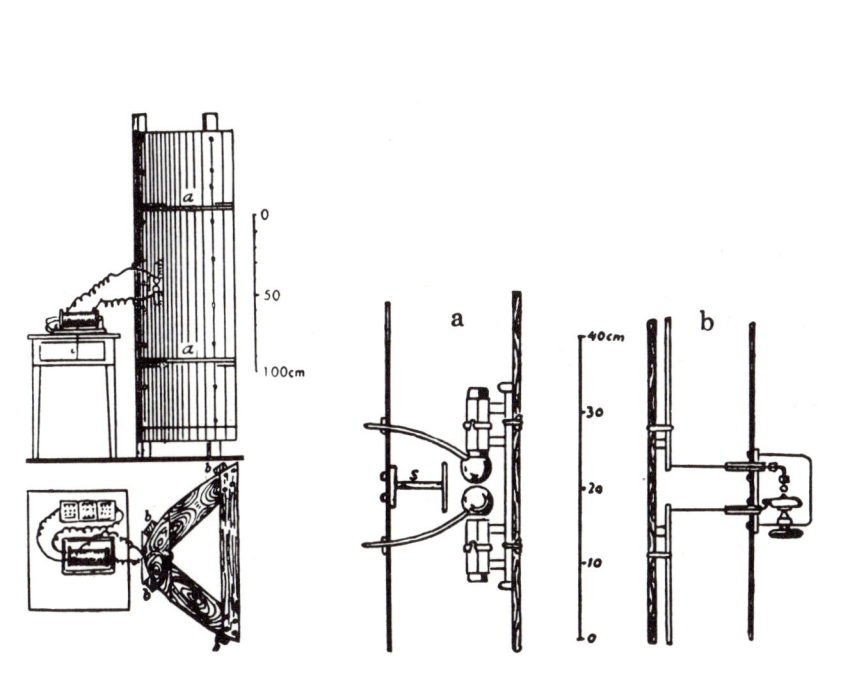

Abbildung 4.4−53
Versuchsanordnung von *Hertz* zum Nachweis der elektromagnetischen Wellen

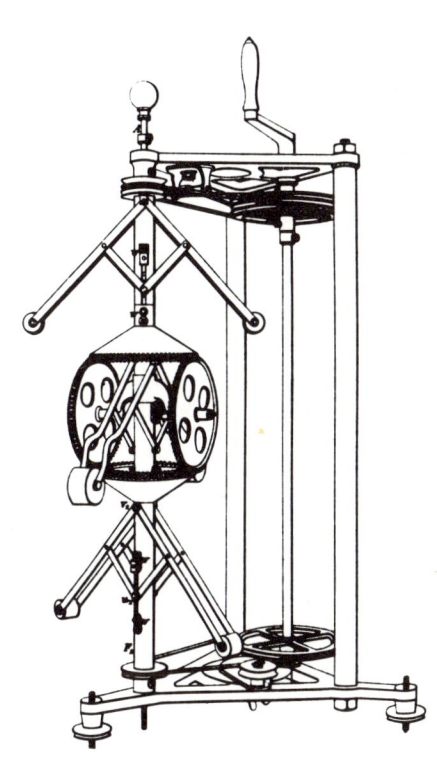

Abbildung 4.4−52
Das von *Boltzmann* angegebene Modell zur Veranschaulichung der Kopplung zwischen zwei Stromkreisen

Abbildung 4.4—54
HEINRICH HERTZ (1857–1894): ab 1878 Assistent bei *Helmholtz* in Berlin, obwohl er eigentlich beabsichtigt hatte, Bauingenieur zu werden. 1880: Dissertation zum Thema *Elektromagnetische Induktion in rotierenden Körpern.* Während seiner Assistenzzeit bei *Helmholtz* hat sich *Hertz* vor allem mit Gasentladungen beschäftigt. 1886 Professor an der Technischen Hochschule Karlsruhe.
1889 als Nachfolger von *Clausius* Professor der Physik an der Universität Bonn. Wir verdanken *Hertz* eine Vielzahl von Erkenntnissen, und selbst seine erfolglosen Kathodenstrahlversuche haben seinen Schüler *Lenard* auf die richtige Spur gebracht. Am bekanntesten sind die Hertzschen Arbeiten (1886), mit denen er die Existenz der elektromagnetischen Wellen und ihre Wesensgleichheit mit den Lichtwellen nachgewiesen und so gezeigt hat, daß die Maxwellsche Theorie richtig ist. Durch die Veröffentlichung des Buches *Über die Grundgleichungen der Elektrodynamik für ruhende Körper* hat sich die Maxwellsche Theorie auf dem Kontinent endgültig durchgesetzt.

Es ist die nächste und in gewissem Sinne wichtigste Aufgabe unserer bewußten Naturerkenntnis, daß sie uns befähige, zukünftige Erfahrungen vorauszusehen, um nach dieser Voraussicht unser gegenwärtiges Handeln einrichten zu können. Als Grundlage für die Lösung jener Aufgabe der Erkenntnis benutzen wir unter allen Umständen vorangegangene Erfahrungen, gewonnen durch zufällige Beobachtungen oder durch absichtlichen Versuch. Das Verfahren aber, dessen wir uns zur Ableitung des Zukünftigen aus dem Vergangenen und damit zur Erlangung der erstrebten Voraussicht stets bedienen, ist dieses: Wir machen uns innere Scheinbilder oder Symbole der äußeren Gegenstände, und zwar machen wir sie von solcher Art, daß die denknotwendigen Folgen der Bilder stets wieder die Bilder seien von den naturnotwendigen Folgen der abgebildeten Gegenstände. Damit diese Forderung überhaupt erfüllbar sei, müssen gewisse Übereinstimmungen vorhanden sein zwischen der Natur und unserem Geiste. Die Erfahrung lehrt uns, daß die Forderung erfüllbar ist und daß also solche Übereinstimmungen in der Tat bestehen. Ist es uns einmal geglückt, aus der angesammelten bisherigen Erfahrung Bilder von der verlangten Beschaffenheit abzuleiten, so können wir an ihnen, wie an Modellen, in kurzer Zeit die Folgen entwickeln, welche in der äußeren Welt erst in längerer Zeit oder als Folgen unseres eigenen Eingreifens auftreten werden; wir vermögen so den Tatsachen vorauszueilen und können nach

Um die Bedeutung dieser Synthese richtig einschätzen zu können, wollen wir hier einen Blick rückwärts auf die Entwicklung der Physik des Lichts nach NEWTON und HUYGENS werfen. Auf diesem Gebiet ist im 18. Jahrhundert im Grunde genommen kein wesentlicher Fortschritt erzielt worden, ja wir können sogar von einem gewissen Rückgang sprechen, da von den Gelehrten jener Zeit nur eine simplifizierte Variante der Newtonschen Theorie, d. h. eine vereinfachte Korpuskulartheorie, übernommen worden ist. In Bewegung ist die Physik des Lichts um 1800 mit der Veröffentlichung einer Abhandlung von THOMAS YOUNG *(Abbildung 4.4—55)* gekommen, in dem dieser die Vorteile der Huygensschen Theorie hervorgehoben hat *(Zitat 4.4—16)*. Als Ergebnis von Untersuchungen in den folgenden Jahren (1801–1803) hat YOUNG dann eine Wellentheorie entwickelt, die nahezu mit der heute an unseren Oberschulen gelehrten Darstellung übereinstimmt. Er hat als erster festgestellt, daß Licht aus periodischen Wellenzügen besteht. Mit dieser Annahme hat er die Interferenz richtig beschrieben und mit ihrer Hilfe schließlich eine Reihe der von NEWTON ausgeführten Versuche gedeutet; so hat er z. B. auch eine Theorie der Newtonschen Ringe angegeben. YOUNG ist sich auch schon der Bedeutung der Kohärenz bewußt gewesen. Seine Überlegungen sind jedoch im allgemeinen bei den führenden Physikern zu dieser Zeit auf Widerstand gestoßen, so hat z. B. BIOT bis zu seinem Tode im Jahre 1862 – d. h. kurz vor dem Entstehen der elektromagnetischen Theorie des Lichts – an die Korpuskulartheorie des Lichts geglaubt. In England hat man von einem Frevel gegen die wahre, große Newtonsche Lehre gesprochen. In Frankreich hat jedoch AUGUSTIN FRESNEL *(Abbildung 4.4—56)* bald ähnliche Ansichten wie YOUNG vertreten; er hat das Interferenzprinzip bereits zur Wellenlängenbestimmung verwendet. FRESNEL hat zusammen mit ARAGO, der den wissenschaftlichen Kontakt zwischen FRESNEL und YOUNG zustande gebracht hat, bereits ein Interferometer konstruiert. In diesem interferieren zwei Lichtstrahlen, die von einer gemeinsamen Lichtquelle ausgehen, dann über unterschiedliche Wege geführt und schließlich wieder überlagert werden. Eine weiterentwickelte Variante ist das Interferometer von MICHELSON (1883), mit dem dieser seinen für die Relativitätstheorie grundlegenden Versuch ausgeführt hat.

Von Schöpfern einer Wellentheorie des Lichts wird auch eine Antwort auf die Frage nach dem Trägermedium der Lichtwellen erwartet; diese Frage ist naheliegend, wenn wir die Lichtwellen mit den Wellen auf einer Wasseroberfläche oder mit den sich in Luft ausbreitenden Schallwellen vergleichen. Es ist denn auch wieder der Äther als ein den gesamten Raum ausfüllender hypothetischer Stoff aufgetaucht, wobei wir hier konkret einen von FRESNEL 1822 geschriebenen Satz zitieren können: „La lumière n'est qu'un certain mode de vibration d'un fluide universel" (Das Licht ist nichts anderes als ein bestimmter Schwingungszustand einer universellen Flüssigkeit).

Neue Erkenntnisse zum Schwingungszustand des Äthers haben Polarisationsuntersuchungen am Licht gebracht. Wir erinnern daran, daß sowohl HUYGENS als auch NEWTON der am Kalkspat beobachteten Doppelbrechung eine besondere Aufmerksamkeit gewidmet haben. NEWTON hatte bereits festgestellt, daß das Licht eine gewisse „sidedness" (Seitigkeit) aufweist; bei den aus dem Kalkspat austretenden Strahlen sind bestimmte Ebenen ausgezeichnet. ÉTIENNE LOUIS MALUS (1775–1812) hat festgestellt, daß auch das unter einem bestimmten Winkel reflektierte natürliche Licht sich so verhält wie einer der aus dem doppelbrechenden Kristall austretenden Strahlen. MALUS hat dieses Phänomen als Polarisation bezeichnet. BREWSTER hat dann den Winkel bestimmt, bei dem das Licht vollständig polarisiert wird. Beide haben ihre Beobachtungen noch vor dem Hintergrund der Newtonschen Korpuskulartheorie gesehen. YOUNG hat dann nachgewiesen, daß zwischen der Polarisation und der Transversalität der Wellen ein Zusammenhang besteht. Er hat angenommen, daß die Ätherteilchen senkrecht zur Ausbreitungsrichtung des Lichts schwingen.

FRESNEL hat 1820 eine vollständig theoretische Beschreibung der oben erwähnten Erscheinungen gegeben. Bei ihm begegnen wir zum ersten Mal der Darstellung einer Welle in der Form

$$a \sin\left[\omega\left(t - \frac{x}{c}\right) + \alpha\right],$$

und er hat auch bereits die linear und zirkular polarisierten Wellen mathematisch beschrieben. FRESNEL hat sich eines mechanischen Äthermodells bedient, wobei er annahm, daß der Äther analoge Eigenschaften habe wie die real existierenden Flüssigkeiten oder wie Festkörper. Trotz dieser Annahme ist es ihm gelungen, die richtigen Zusammenhänge für Reflexion und Brechung und sogar für die Wellenausbreitung in Kristallen zu erhalten. Dieser Erfolg läßt sich aber eigentlich nur auf die geniale Intuition FRESNELS zurückführen: Er hat an den Grenzflächen zwischen unterschiedlichen Medien Randbedingungen vorgegeben, die ihm zum richtigen Ergebnis verhalfen, die jedoch im Rahmen der Mechanik nicht begründbar sind.

In der ersten Hälfte des 19. Jahrhunderts hat man versucht, die mechanische Äthertheorie zu präzisieren und besser zu begründen. Unter denen, die auf diesem Gebiet gearbeitet haben, finden wir Namen wie CAUCHY und FRANZ ERNST NEUMANN (1798–1895). Noch gegen Ende des Jahrhunderts ist versucht worden, diese Theorie zu verbessern, dabei mußten aber über die Eigenschaften des Äthers immer gewaltsamere Annahmen getroffen werden. Zur Erklärung der Transversalität hat man z. B. den Äther als idealen Festkörper anzusehen, der aber andererseits — wie jedermann weiß — von den Himmelskörpern durchquert wird, ohne daß diese in ihrer Bewegung behindert werden, so daß er eigentlich eher eine sehr feine gasförmige Substanz sein sollte. Aus diesem Grunde haben viele Physiker bereits zum Zeitpunkt des Entstehens der Maxwellschen Theorie gespürt, daß eine grundlegende Revision notwendig ist.

Bis zur Beseitigung der Widersprüche durch die Relativitätstheorie gab es einige interessante Versuche. Der Name G. G. STOKES (1819–1903) ist uns schon in Verbindung mit der Strömung zäher Flüssigkeiten begegnet; der Stokessche Satz — der das Flächenintegral mit dem Linienintegral entlang der Grenzkurve der Fläche in einem Vektorfeld in Verbindung bringt — kommt in den verschiedensten Gebieten der Physik vielfach zur Anwendung. STOKES nahm an, der Äther sei ein Stoff wie das Wachs, oder etwas genauer formuliert, ein Stoff mit den folgenden wachsähnlichen Eigenschaften. Auf eine plötzliche Einwirkung reagiert er wie ein fester Körper: Durch einen Hammerschlag wird er zersplittert wie ein Stück Glas; unter der Einwirkung stetiger, gleichbleibender Kräfte hingegen fließt er wie eine Flüssigkeit.

Von STOKES stammt auch der Gedanke, daß die Planeten einen Teil des Äthers mit sich führen.

Auf einen Zusammenhang zwischen dem Licht und der Elektrizität ist man Mitte des 19. Jahrhunderts aufmerksam geworden. FIZEAU hat 1849 mit der nach ihm benannten Methode (mit einem Zahnrad als Unterbrecher im Lichtweg) die Ausbreitungsgeschwindigkeit des Lichts gemessen. Diese Methode bedient sich nur irdischer Hilfsmittel und Lichtwege und ist deshalb völlig überprüfbar. 1851 hat FIZEAU auch die Lichtgeschwindigkeit in strömenden Flüssigkeiten bestimmt; ein Versuch, dessen Ergebnisse in der Relativitätstheorie noch eine Rolle spielen sollten. Zu der Zeit haben auch bei den Untersuchungen der elektrischen Erscheinungen Präzisionsmessungen eine zunehmende Bedeutung erlangt. So war es zur wichtigen Aufgabe geworden, die Grundeinheiten der verschiedenen elektrischen und magnetischen Maßeinheitssysteme miteinander zu vergleichen. WILHELM WEBER (1804–1891) und RUDOLF KOHLRAUSCH (1809–1858) haben 1855 das Verhältnis der elektrostatischen zur elektromagnetischen Ladungseinheit bestimmt.

In der heute üblichen Ausdrucksweise haben WEBER und KOHLRAUSCH die durch die Gleichung

$$F = \frac{e_1 e_2}{r^2}$$

definierte Ladungsmenge mit der durch die Beziehung

$$F = \frac{i_1 \mathrm{d}l_1 i_2 \mathrm{d}l_2}{r^2}$$

der gewonnenen Einsicht unsere gegenwärtigen Entschlüsse richten. — Die Bilder, von welchen wir reden, sind unsere Vorstellungen von den Dingen; sie haben mit den Dingen die eine wesentliche Übereinstimmung, welche in der Erfüllung der genannten Forderung liegt, aber es ist für ihren Zweck nicht nötig, daß sie irgend eine weitere Übereinstimmung mit den Dingen haben. In der Tat wissen wir auch nicht und haben auch kein Mittel zu erfahren, ob unsere Vorstellungen von den Dingen mit jenen in irgendetwas anderem übereinstimmen als allein in eben jener einen fundamentalen Beziehung.
H. Hertz: Die Principien der Mechanik in neuem Zusammenhange dargestellt. 1894, Einleitung

Die Bedeutung der Radiowellen für praktische Anwendungen hat *Hertz* noch nicht überblickt. An der Entwicklung unserer heutigen Rundfunktechnik sind vor allem die folgenden Forscher beteiligt gewesen:

Aleksander Stepanowitsch Popow (1859–1906): 1895: Bau eines Empfängers; 1896: Realisierung einer Funkverbindung zwischen zwei Gebäuden.

Guglielmo Marconi (1874–1937): 1896: Demonstrationsversuch in London; 1899: Funkverbindung über den Ärmelkanal und 1901: Funkverbindung über den Atlantik.

Carl Ferdinand Braun (1850–1918): 1874: Gleichrichterwirkung mit Hilfe von Halbleitern; 1897: Kathodenstrahlröhre; 1898: Braunscher Sender mit gekoppelten Schwingkreisen und Kristalldetektor

Zitat 4.4–15a
Das elektromagnetische Feld ist der Teil des Raumes, der Körper in elektrischen oder magnetischen Zuständen enthält und umgibt. Dieser Raumteil kann von jeder beliebigen Stoffart erfüllt sein, aber es kann auch versucht werden, jede grobe Materie aus ihm zu entfernen, wie das bei den Geißlerschen Röhren und in anderen Fällen des sogenannten Vakuums geschieht.

Es ist jedoch immer Materie genug vorhanden, um die Wellenbewegungen des Lichts und der Wärme zu erfassen und weiterzuleiten; und da sich an der Weiterleitung dieser Strahlungen nichts wesentlich ändert, wenn durchsichtige Stoffe meßbarer Dichte an die Stelle des sogenannten Vakuums treten, sind wir gezwungen, zur Kenntnis zu nehmen, daß diese Wellenbewegung die einer ätherischen Substanz und nicht die grober Materie ist, da letztere im Falle ihrer Gegenwart die Bewegung des Äthers nur in bestimmtem Maße abändert.

Wir haben deswegen guten Grund, auf den Phänomenen des Lichts und der Wärme basierend anzunehmen, es erfülle den Raum und durchdringe die Stoffe ein ätherisches Mittel, das in Bewegung gesetzt werden kann und fähig ist, die Bewegung auf die grobe Materie zu übertragen vermag, so daß es sie erwärmt und auf verschiedene Weise auf sie einwirkt. Professor *W. Thomson* hat behauptet, dieses Mittel habe eine Dichte, die der grober Materie vergleichbar ist und hat sogar eine untere Schranke für diese Dichte angegeben.

Es ergibt sich also aus einem anderen Erfahrungsbereich der Wissenschaft, als mit dem wir es jetzt zu tun haben, die Existenz eines alldurchdringenden Mittels kleiner, aber reeller Dichte, das in Bewegung gesetzt werden kann und fähig ist, Bewegungen zu übertragen, wobei dies mit einer großen, aber endlichen Geschwindigkeit erfolgt.
MAXWELL: *A Dynamic Theory of the Electromagnetic Field.* 1864, p. 228

Zitat 4.4 – 15b
Vor Maxwell dachte man sich das Physikalisch-Reale – soweit es die Vorgänge in der Natur darstellen sollte – als materielle Punkte, deren Veränderungen nur in Bewegungen bestehen, die durch gewöhnliche Differentialgleichungen beherrscht sind. Nach Maxwell dachte man sich das Physikalisch-Reale durch nicht mechanisch deutbare, kontinuierliche Felder dargestellt, die durch partielle Differentialgleichungen beherrscht werden. Diese Veränderung der Auffassung des Realen ist die tiefgehendste und fruchtbarste, welche die Physik seit Newton erfahren hat.
EINSTEIN [5.4] S.161

definierten Ladungsmenge verglichen. Die Messung der ersten kann z. B. mit Hilfe der THOMSON-Waage, die der anderen mit Hilfe der HELMHOLTZ-Waage ausgeführt werden. Es wurde gefunden, daß das Verhältnis beider Ladungseinheiten – wie auch aus den oben angegebenen Formeln ersichtlich – die Dimension einer Geschwindigkeit hat, der Zahlenwert des Quotienten beider Ladungseinheiten aber mit der Lichtgeschwindigkeit im Vakuum übereinstimmt.

Dieser seinerzeit ungemein überraschende Zusammenhang folgt unmittelbar aus den Maxwellschen Gleichungen. Die erste und zweite Maxwellsche Gleichung (aufgeschrieben für das Vakuum) haben eine ebene Welle zur Lösung, die alle Eigenschaften aufweist, die wir vom Licht erwarten. Die Ausbreitungsgeschwindigkeit dieser Welle wird durch den erwähnten Quotienten gegeben, d. h., die elektromagnetischen Wellen breiten sich mit Lichtgeschwindigkeit aus. Die Wellen sind transversal, denn sowohl das elektrische als auch das magnetische Feld schwingen senkrecht zur Ausbreitungsrichtung. Die Eigenschaften des in einer Ebene (linear) und des zirkular polarisierten Lichts lassen sich mit Hilfe der elektrischen und magnetischen Feldvektoren genauer verstehen *(Zitat 4.4 – 17)*.

Natürlich war der Triumphzug der elektromagnetischen Theorie des Lichts nicht frei von Hindernissen. Berechnen wir z. B. die Lichtgeschwindigkeit in einem Dielektrikum, dann liefert die Maxwellsche Theorie den Zusammenhang

$$v = \frac{c}{\sqrt{\varepsilon_r \mu_r}}.$$

Hier ist ε_r die relative Dielektrizitätskonstante, μ_r die relative magnetische Permeabilität, c die Vakuumlichtgeschwindigkeit und v die Ausbreitungsgeschwindigkeit des Lichts im Dielektrikum.

In der Optik war zu jener Zeit gerade auf Grund der Messungen von FIZEAU der Zusammenhang

$$v = \frac{c}{n}$$

bestätigt worden. Die elektromagnetische Lichttheorie gibt also die Lichtgeschwindigkeit im Medium richtig wieder, wenn zwischen den elektromagnetischen Stoffkonstanten ε_r, μ_r und dem optischen Brechungsindex die MAXWELL-Beziehung

$$n^2 = \varepsilon_r \mu_r$$

erfüllt ist. Wenn wir nun aber beachten, daß der Brechungsindex des Wassers $n = 1{,}33$ ist, die Dielektrizitätskonstante $\varepsilon_r = 80$ und die magnetische Permeabilität $\mu_r = 1$, dann sehen wir sofort, daß die angegebene Beziehung nicht erfüllt wird. Daraus kann aber nicht auf die Ungültigkeit der elektromagnetischen Lichttheorie geschlossen werden, denn bei der Angabe der Zahlenwerte haben wir die Dispersion (Frequenzabhängigkeit) völlig außer acht gelassen, und sowohl der Brechungsindex als auch die elektromagnetischen Stoffkonstanten sind frequenzabhängig. Es ist offensichtlich, daß in die obige Formel Werte einzusetzen sind, die sich auf dieselbe Frequenz beziehen; der Brechungsindex wird jedoch meist bei der Frequenz des Lichts in der Größenordnung von $10^{15}\,\text{s}^{-1}$ gemessen, die elektromagnetischen Stoffkonstanten aber im Gleichfeld, d. h. bei einer Frequenz Null, oder im Wechselfeld mit einer sehr geringen Frequenz, so daß wir uns über eine Abweichung nicht zu wundern brauchen. Im Rahmen der klassischen Elektrodynamik ist es erst gegen Ende des Jahrhunderts gelungen, eine Theorie der Dispersion anzugeben.

Unterdessen hatte LORENTZ 1875 die Maxwellschen Gleichungen beim Vorliegen von stofflichen Medien gelöst, wobei er lediglich die makroskopischen Stoffkonstanten verwendete. Er hat dazu Randbedingungen an den Grenzflächen zwischen den Stoffen postuliert, die mit den Maxwellschen Gleichungen verträglich sind. Diese Randbedingungen sagen aus, daß die Tangentialkomponenten der elektrischen und der magnetischen Feldvektoren $\vec{E}$ und $\vec{H}$ sowie die Normalkomponenten der elektrischen Verschiebung $\vec{D}$ und der magnetischen Induktion $\vec{B}$ beiderseits der Grenzflächen stetig ineinander übergehen. Auf diese Weise ist es gelungen, alle Gesetze der Optik, so z. B. die Fresnelschen Formeln und den BREWSTER-Winkel, aus der elektromagnetischen Lichttheorie herzuleiten.

Abbildung 4.4 – 55
THOMAS YOUNG (1773 – 1829): hat sich als Kind außergewöhnlich früh entwickelt, so konnte er z. B. im Alter von zwei Jahren bereits lesen. Seine vielseitige Begabung zeigt sich darin, daß er Maler, Musiker, Philologe, Arzt und Physiker gewesen ist. Ab 1800 hat er in London eine Arztpraxis betrieben, ist jedoch von 1801 bis 1804 auch Professor der Physik an der Royal Institution gewesen. Seine Vorlesungen sind 1807 in zwei Bänden *(A course of lectures on natural philosophy and the mechanical arts)* publiziert worden. Als Physiker ist er vor allem durch den Nachweis der Wellennatur des Lichts bekannt geworden. 1793 hat er sich mit der Sehschärfe sowie dem Farbsehen auseinandergesetzt. 1801: Entdeckung der Interferenz und damit endgültiger Beweis der Wellennatur des Lichts; 1817: Nachweis der Transversalität der Lichtwellen. Von seinen sonstigen Beiträgen zur Physik sind die Untersuchungen über die Kohäsion und die daraus folgende Abschätzung der Molekülgrößen von Bedeutung.

Auch als Archäologe hat sich *Young* einen Namen gemacht. Von ihm stammt der Hinweis, daß die eingerahmten Hieroglyphen auf dem 1799 gefundenen Stein von Rosette Eigennamen angeben und daß diese Schriftzeichen bereits als phonetische Zeichen anzusehen sind. Mit diesem Ansatz ist es *I. F. Champollion* dann gelungen, den Text, der auf dem Stein in Hieroglyphen, demotischer Schrift und in griechisch angegeben ist, vollständig zu deuten.

HERTZ hat schließlich ein Jahrzehnt später auch experimentell nachgewiesen, daß die elektromagnetischen Wellen den Lichtwellen wesensgleich sind.

Die Wesensgleichheit der elektromagnetischen Wellen und des Lichtes ist gar nicht so offensichtlich, wenn man vom mathematischen Formalismus ausgeht: Die Ausbreitung der elektromagnetischen Wellen wird durch die Maxwellschen Gleichungen beschrieben, die Bahn eines Lichtstrahls ist dagegen durch das Fermatsche Prinzip bestimmt. Im folgenden schildern wir in aller Kürze den Weg, wie man von den Maxwellschen Gleichungen zum Fermat-Prinzip gelangt, d. h. den folgenden Übergang

$$\text{rot}\,\vec{H} = \varepsilon \frac{\partial \vec{E}}{\partial t} \quad \to \delta \int_{P_1}^{P_2} n \, \mathrm{d}s = 0.$$
$$\text{rot}\,\vec{E} = -\mu \frac{\partial \vec{H}}{\partial t}$$

Die Stoffkenngrößen ε und μ seien „langsam" veränderliche Funktionen der Lagekoordinaten: $\varepsilon = \varepsilon(x, y, z)$, $\mu = \mu(x, y, z)$; „langsam" veränderlich soll bedeuten, daß ε und μ in einem Raumteil mit der größten linearen Abmessung λ_0 als konstant betrachtet werden können. Dabei wird eine Zeitabhängigkeit von der Form $e^{i\omega t}$ angenommen und λ_0 durch die Gleichung $2\pi c/\omega = \lambda_0$ bestimmt ($c = 1/\sqrt{\varepsilon_0 \mu_0}$ ist die Lichtgeschwindigkeit im Vakuum). Weiter nehmen wir an, daß ε und μ nicht stark von ε_0 und μ_0 abweichen. Wir lösen die Maxwellschen Gleichungen mit dem Ansatz:

$$\vec{E} = \vec{E}_0(x, y, z) e^{-jk\mathfrak{E}(x, y, z)} e^{i\omega t} \; ; \; \vec{H} = \vec{H}_0(x, y, z) e^{-jk\mathfrak{E}(x, y, z)} e^{i\omega t}, \tag{1}$$

wobei $k = 2\pi/\lambda_0$ ist. Setzen wir diese Funktionen in die Maxwellschen Gleichungen ein und vernachlässigen alle Glieder, wo ω — nach geeigneter Umformung — in den Nennern vorkommt (quasioptische Näherung für große Frequenzen), so erhalten wir nach etwas mühseligen Zwischenrechnungen die folgende Gleichung für $\vec{E}_0(x, y, z)$ [und auch eine ähnliche für $\vec{H}_0(x, y, z)$]:

$$\left[\frac{\varepsilon \mu}{\varepsilon_0 \mu_0} - (\text{grad}\,\mathfrak{E})^2\right]\vec{E}_0(x, y, z) = 0.$$

Eine nichttriviale Lösung ist nur dann möglich, wenn

$$\frac{\varepsilon \mu}{\varepsilon_0 \mu_0} - (\text{grad}\,\mathfrak{E})^2 = 0$$

oder ausführlicher

$$\left(\frac{\partial \mathfrak{E}}{\partial x}\right)^2 + \left(\frac{\partial \mathfrak{E}}{\partial y}\right)^2 + \left(\frac{\partial \mathfrak{E}}{\partial z}\right)^2 = n^2, \tag{2}$$

wobei durch $n^2 = (\varepsilon/\varepsilon_0)(\mu/\mu_0) = \varepsilon_r \mu_r$ der Brechungsindex $n = n(x, y, z)$ eingeführt wird.

Aus dem Gleichungssystem (1) folgt, daß die Flächen $\mathfrak{E}(x, y, z) = $ konstant die Phasenflächen der Welle bedeuten; die Tangente der Bahn des Lichtstrahls steht in jedem Punkt senkrecht zu diesen Flächen. Es sei die Bahn durch die folgende Parameterdarstellung gegeben:

$$x = x(\tau); \quad y = y(\tau); \quad z = z(\tau).$$

Da die Normale der Phasenfläche nach dem obengesagten parallel zur Tangente der Bahnkurve steht, gelten die folgenden Gleichungen:

$$\frac{\mathrm{d}x}{\mathrm{d}\tau} = a\frac{\partial \mathfrak{E}}{\partial x}; \quad \frac{\mathrm{d}y}{\mathrm{d}\tau} = a\frac{\partial \mathfrak{E}}{\partial y}; \quad \frac{\mathrm{d}z}{\mathrm{d}\tau} = a\frac{\partial \mathfrak{E}}{\partial z}.$$

Die Gleichung (2) kann also wie folgt umgeschrieben werden:

$$\frac{1}{a^2}\left[\left(\frac{\mathrm{d}x}{\mathrm{d}\tau}\right)^2 + \left(\frac{\mathrm{d}y}{\mathrm{d}\tau}\right)^2 + \left(\frac{\mathrm{d}z}{\mathrm{d}\tau}\right)^2\right] = n^2. \tag{3a}$$

Diese Gleichung entspricht ihrer Form nach der Energiegleichung bei der Bewegung eines Massenpunktes in einem Potentialfeld:

$$\frac{m}{2}\left[\left(\frac{\mathrm{d}x}{\mathrm{d}t}\right)^2 + \left(\frac{\mathrm{d}y}{\mathrm{d}t}\right)^2 + \left(\frac{\mathrm{d}z}{\mathrm{d}t}\right)^2\right] = U(x, y, z), \tag{3b}$$

wobei U die negative potentielle Energie bedeutet. Die einander entsprechenden Größen sind

$$\frac{1}{a^2} \leftrightarrow \frac{m}{2}; \quad \tau \leftrightarrow t; \quad n^2 \leftrightarrow U(x, y, z).$$

Wir wissen aber, daß für (3b) das Maupertuissche Prinzip der kleinsten Wirkung gilt:

$$\delta \int_{P_1}^{P_2} mv \, \mathrm{d}s = 0,$$

wobei $v = \sqrt{2/m}\sqrt{U}$. Da $n \leftrightarrow \sqrt{U}$ und die konstanten Faktoren bei der Bestimmung von Extremwerten belanglos sind, gelangen wir zum Fermatschen Prinzip:

$$\delta \int_{P_1}^{P_2} n \, \mathrm{d}s = 0.$$

Abbildung 4.4–56
JEAN AUGUSTIN FRESNEL (1788–1827): einer der bedeutendsten Repräsentanten der französischen Schule, die sich um den Nachweis der Wellennatur des Lichts bemüht hat. Bemerkenswert ist im übrigen, daß *Fresnel* in einem Ort mit dem Namen Broglie (Normandie) geboren worden ist. Er ist Straßenbauingenieur gewesen und hat sich nur in seiner Freizeit mit wissenschaftlichen Problemen beschäftigt. Ab 1823: Mitglied der Französischen Akademie und ab 1825: Mitglied der Royal Society. Bekannt geworden ist *Fresnel* durch seine präzise Formulierung des Huygensschen Prinzips, die mathematische Beschreibung der Wellen sowie die Entdeckung des Zusammenhanges zwischen Polarisation und Transversalität. Die Drehung der Polarisationsebene hat *Fresnel* bereits richtig mit einer Doppelbrechung der zirkular polarisierten Wellen erklärt. Die von ihm abgeleiteten Formeln, mit denen die Intensität der reflektierten und gebrochenen Wellen richtig beschrieben wird, tragen heute seinen Namen.

DOMINIQUE FRANÇOIS JEAN ARAGO (1786–1853): Gelehrter aus der oben erwähnten französischen Schule, der sich zu seinen Lebzeiten des größten Ansehens erfreut hat. Er und *Biot* haben 1806 in Spanien geodätische Messungen ausgeführt, die zur genauen Definition des Meters notwendig waren. Er hat die wissenschaftliche Welt mit dem Oerstedschen Versuch bekanntgemacht und als erster beobachtet, daß eine über einer rotierenden Kupferscheibe angeordnete Magnetnadel ebenfalls in Drehung versetzt wird (Arago-Versuch). Ab 1830 ist *Arago* Akademiesekretär gewesen. Er hat aktiv am politischen Leben teilgenommen — so war er 1848 Minister — und ist außerdem durch seine umfangreiche wissenschaftspublizistische Tätigkeit bekannt geworden.

HIPPOLYTE FIZEAU (1819–1896): hat mit einer Anregung von *Arago* folgend 1848 unter irdischen Bedingungen (Zahnradmethode) die Ausbreitungsgeschwindigkeit des Lichts zunächst in Luft, dann 1851 und 1859 auch in strömendem Wasser gemessen. Mit dem gleichen Problem hat sich *Jean Bernard Leon Foucault* (1819–1868) auseinandergesetzt, der 1849 mit Hilfe rotierender Spiegel für die Ausbreitungsgeschwindigkeit des Lichts den sehr guten Wert $2{,}98 \cdot 10^{10}$ cm/s erhalten hat. Beim Vergleich der Lichtgeschwindigkeiten in verschiedenen Medien hat er festgestellt, daß die Ausbreitungsgeschwindigkeit des Lichts in einem (optisch dichteren) Medium kleiner ist als in Luft, und hat so einen weiteren Beweis für die Richtigkeit der Wellentheorie des Lichts geliefert. Von *Foucault* stammen auch eine Theorie und eine praktische Realisierung des Gyroskops. Erwähnenswert ist auch das in der Kuppel des Pantheon aufgehängte sehr lange Pendel (Foucaultsches Pendel), mit dem er die Erddrehung – auch für Laien unmittelbar sichtbar nachgewiesen hat. *Foucault* hat außerdem den oben erwähnten Versuch *Aragos* präzisiert und festgestellt, daß in elektrischen Leitern, die sich in einem starken Magnetfeld bewegen, Wirbelströme induziert werden; diese Wirbelströme werden als Foucault-Ströme bezeichnet.

Zum Nachweis der Wellennatur des Lichts hat neben den Gelehrten der französischen Schule und dem Engländer *Thomas Young* auch der Münchener Optiker *Joseph Fraunhofer* (1787–1826) wesentlich beigetragen. In *Fraunhofer* waren ein außergewöhnliches experimentelles Fingerspitzengefühl und mathematische Fähigkeiten vereint; 1823 wurde er zum Professor der Physik berufen. Er fertigte ein auf Glas geritztes Strichgitter mit 300 Strichen je Millimeter an, das bereits zur Wellenlängenbestimmung verwendet werden konnte. Nach ihm sind die im Sonnenspektrum entdeckten schwarzen Linien, die Fraunhoferschen Linien, benannt worden.

CHRISTIAN DOPPLER (1803–1853): Lehramt in Prag, dann in Wien. 1842 ist seine Arbeit *Über das farbige Licht der Doppelsterne* erschienen, die die Beschreibung des nach ihm benannten Effekts enthält: Bei einer Bewegung der Lichtquelle relativ zum Beobachter nehmen wir in Abhängigkeit von der Richtung der Bewegung (Entfernung oder Annäherung) eine Wellenlängenänderung wahr

Abbildung 4.4–57
HENDRIK ANTOON LORENTZ (1853–1928): Studium der Mathematik und Physik an der Universität Leiden; dort ab 1878 Professor der Theoretischen Physik. Seine 1875 erschienene Abhandlung *Réflexion et réfraction de la lumière dans la théorie électromagnétique* enthält die Ableitung der Fresnelschen Formeln aus den elektromagnetischen Grundgleichungen. Aus seinem vielseitigen Schaffen (so geht z. B. auch der Plan zur Trockenlegung der Zuidersee auf ihn zurück) sind die nach ihm benannte Elektronentheorie der Metalle (1892), die theoretische Deutung des Zeeman-Effekts (1896) und die vorbereitenden Arbeiten zur Relativitätstheorie (Lorentz-Fitzgerald-Kontraktion (1892), Lorentz-Transformation (1899) besonders hervorzuheben.

Obwohl *Lorentz* seine Vorbehalte gegenüber der Einsteinschen Formulierung der Relativitätstheorie und der Planckschen Quantentheorie nur sehr zögernd aufgegeben hat, ist er zu Recht ein sehr populärer Physiker gewesen, der sich eines großen internationalen Ansehens erfreute

4.4.11 Die Lorentzsche Elektronentheorie

Die klassische Elektrodynamik hat mit der Elektronentheorie von LORENTZ *(Abbildung 4.4–57)* ihren Kulminationspunkt erreicht (1891). LORENTZ hat angenommen, daß der stofffreie Äther der Träger des elektromagnetischen Feldes ist, das durch ruhende oder bewegte elektrische Ladungen erzeugt wird. Ruhende oder sich gleichförmig bewegende Ladungen erzeugen statische oder stationäre Felder, während von beschleunigt bewegten Ladungen elektromagnetische Wellen abgestrahlt werden. Bei einem Vorhandensein von stofflicher Materie wird dieses Bild insofern modifiziert, als die in ihr vorhandenen, entweder frei beweglichen oder elastisch aneinander gekoppelten elektrischen Ladungen im Äther ebenfalls ein elektromagnetisches Feld erzeugen. Die Wechselwirkung des Lichts – oder allgemeiner der elektromagnetischen Wellen – mit einem Stoff besteht gerade darin, daß das elektromagnetische Feld der einfallenden Welle Kräfte auf die massebehafteten Ladungen ausübt und ihren Bewegungszustand verändert. Die einfallende Welle und die von den beschleunigt bewegten Teilchen emittierten Sekundärwellen bilden dann zusammen die resultierende Welle. Von fundamentaler Bedeutung für die gesamte Lorentzsche Theorie ist also die LORENTZ-Kraft

$$\mathbf{F} = q\mathbf{E} + q(\mathbf{v} \times \mathbf{B}),$$

als Grundgleichung der Wechselwirkungen.

In der phänomenologischen Form der Maxwellschen Gleichungen werden die Stoffeigenschaften durch Materialkonstanten, wie z. B. die dielektrische Konstante, die magnetische Permeabilität und die elektrische Leitfähigkeit, beschrieben. In der Lorentzschen Theorie hingegen werden darüber hinaus die mikroskopischen Beiträge bestimmt, die sich aus der individuellen Bewegung der Partikel im Stoff ergeben. Mit einer geeigneten räumlichen und zeitlichen Mittelung dieser mikroskopischen Beiträge ist es LORENTZ gelungen, die makroskopischen Materialkonstanten zu berechnen und so eine mikrophysikalische Erklärung für Dispersion, Emission und Absorption zu geben. Er konnte sogar eine die experimentellen Beobachtungen richtig wiedergebende Deutung für das Verhalten eines Atoms in einem magnetischen Feld, d. h. für die Aufspaltung der Spektrallinien oder den Zeeman-Effekt, finden. Für diese Arbeiten haben LORENTZ und ZEEMAN 1902 den Nobelpreis erhalten.

Die Lorentzsche Elektronentheorie wird auch heute noch verwendet, da sie sehr anschaulich ist und mit ihr das Verhalten makroskopischer Körper im elektromagnetischen Feld qualitativ – und sozusagen in nullter Näherung auch quantitativ – richtig beschrieben wird.

In der Lorentzschen Elektronentheorie kommt die inhärente Asymmetrie der Maxwellschen Gleichungen besonders deutlich zum Vorschein: Es gibt keine wahre magnetische Ladung (keinen magnetischen Monopol); die magnetischen Eigenschaften der Materie werden auf hypothetische Kreisströme – die sich wie magnetische Dipole verhalten – zurückgeführt. Bei der praktischen (ingenieurmäßigen) Behandlung der elektromagnetischen Wellen ist es zweckmäßig, (fiktive) magnetische Ladungen und (fiktive) magnetische Ströme einzuführen; dadurch werden die Rechnungen vereinfacht, symmetrische Ausdrücke können für **E** und **H** aufgestellt werden; diese fiktiven Größen haben also einen großen heuristischen Wert, eine reelle Existenz wird ihnen aber nicht zugeschrieben.

Einige Physiker, die in jüngster Zeit auf dem Gebiet der Elementarteilchenphysik arbeiten, halten die Existenz der magnetischen Monopole für durchaus möglich (DIRAC 1948, SCHWINGER 1969); vielleicht konnten sie bisher nur deswegen nicht experimentell nachgewiesen werden, weil die Monopole durch „superstarke" Kräfte im Dipol zusammengehalten werden. Es könnte sein, daß dort, wo die Materie durch sehr energiereiche kosmische Strahlung lange Zeit hindurch bombardiert wird – solche Verhältnisse herrschen z. B. an der Oberfläche des Mondes – diese starken Bindungen zerrissen werden und Monopole in freiem Zustand existieren. Wenn man magnetische Monopole auf einer Kreisbahn bewegt, so entsteht dadurch ein magnetischer Kreisstrom; dazu gehört aber ein elektrisches Wirbelfeld, genau so wie zu einem elektrischen Kreisstrom ein magnetisches gehört. Das von den bewegten magnetischen Monopolen herrührende elektrische Feld könnte gemessen werden. Solche Messungen sind an Gesteinen,

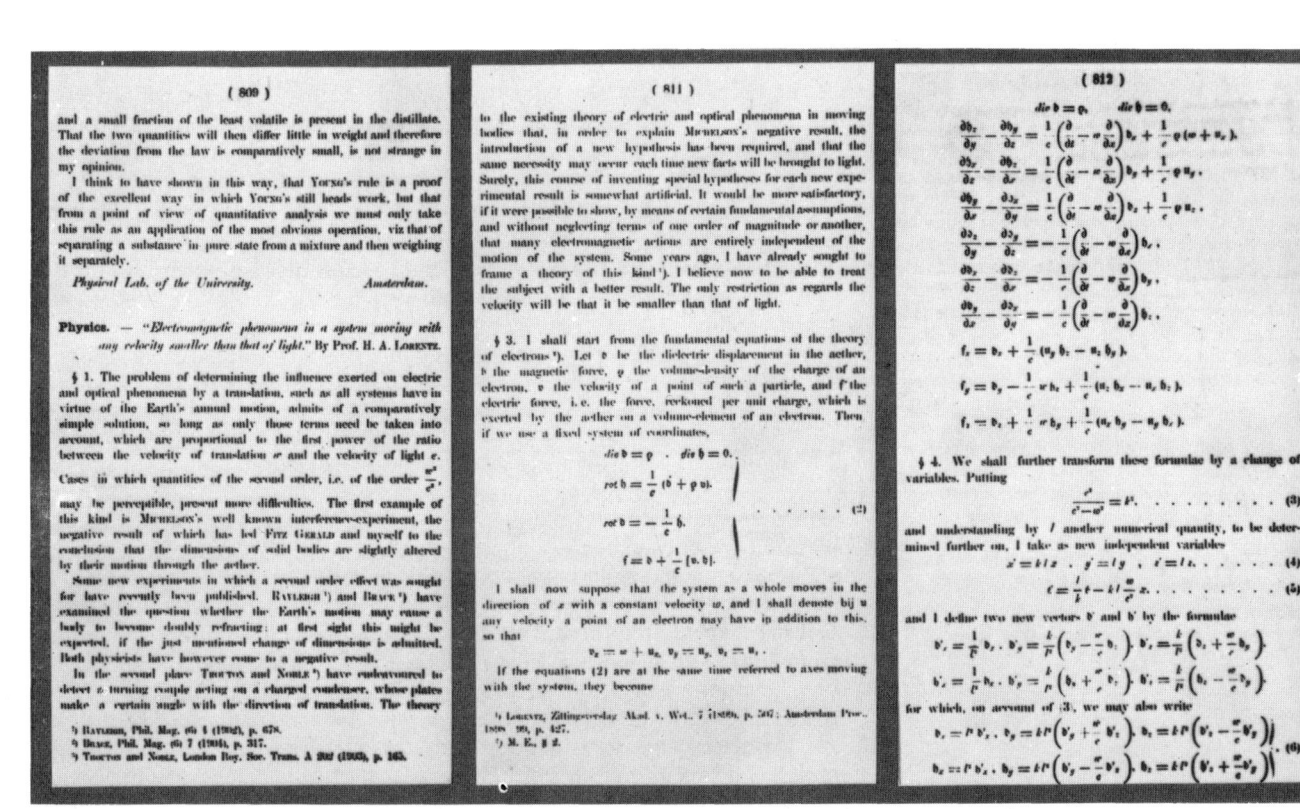

Abbildung 4.4—58
Drei Seiten aus *Lorentz'* grundlegendem Artikel über die Relativitätstheorie. Als Ausgangspunkt der Behandlung dienen die Grundgleichungen der Elektronentheorie. Diese sind auf der zweiten der hier dargestellten Seiten zu sehen

die von der Oberfläche des Mondes stammen, durchgeführt worden, aber bisher erfolglos geblieben.

Nicht nur die klassische Elektrodynamik, sondern die ganze prärelativistische Physik erreichte mit der Lorentzschen Theorie ihren Höhepunkt. Diesem Entwicklungsstand entspricht das folgende Weltbild: Die Aufgabe der Physik beschränkt sich im wesentlichen auf die Untersuchung der zwei Grundsubstanzen, des Äthers und der Materie, wobei Materie hier im üblichen Sinne als die „greifbare Materie", als Stoff zu verstehen ist. Der Äther übernimmt die Rolle des Newtonschen absoluten Raumes, des wahren Bezugssystems und des Trägers der elektromagnetischen Phänomene. Die Materie bewegt sich in diesem Raum und steht in Abhängigkeit von ihrer Relativbewegung zum Äther mit den Ätherschwingungen oder elektromagnetischen Wellen in Wechselwirkung.

Ehe diese Theorie aber noch zu irgendeiner Vollendung gekommen wäre, haben die auf ihrer Grundlage geplanten Experimente Ergebnisse erbracht, aus denen sich Hinweise auf die Unrichtigkeit der gesamten Konzeption ergaben und die schließlich zur Relativitätstheorie hinführten *(Abbildung 4.4—58)*.

4.5 Wärme und Energie

4.5.1 Das Thermometer

Philosophie und Technik — beide hatten ihren Anteil daran, daß es im 19. Jahrhundert gelang, das wohl bedeutendste Gesetz der Physik, den Energieerhaltungssatz, zu formulieren. Dieser Satz hat im weiteren alle Anfechtungen seitens der Quantenmechanik und Relativitätstheorie gefestigt überstanden.

Die romantische Naturphilosophie weckte in den Physikern den Wunsch, in den Zusammenhängen der mannigfaltigen Erscheinungen und Umwandlungen das Gemeinsame und Beständige zu finden, die technische Entwicklung erwartete Antworten auf ihre Fragen zum Wirkungsgrad von Kraftmaschinen. Es ist keineswegs zufällig, daß der Fortschritt der Erkennt-

Zitat 4.4—16
Wie sehr mir auch der Name *Newtons* Achtung einflößt, es kann mich dies nicht dazu verpflichten anzunehmen, er sei unfehlbar gewesen. Ich muß sogar mit Bedauern feststellen, daß er irren konnte und daß sein Ansehen vielleicht manchmal sogar den Fortschritt der Wissenschaft gehemmt hat.
THOMAS YOUNG, 1801. [0.2] p. 379

Nehmen wir an, ein Zug gleichartiger Wellen auf der Oberfläche eines stehenden Gewässers pflanze sich mit konstanter Geschwindigkeit fort und gerate in einen engen Kanal, der aus dem Gewässer herausführt. Nehmen wir weiter an, eine ähnliche Ursache rege einen weiteren, ähnlichen Wellenzug an, der mit derselben Geschwindigkeit und gleichzeitig zum selben Kanal gelangt, wie der erste. Es wird dann keiner der beiden Wellenzüge den anderen vernichten, vielmehr ihre Wirkung vereint zur Geltung kommen: treten sie dermaßen in den Kanal ein, daß die Wellenberge des einen Zuges mit denen des anderen zusammenfallen, so ergibt sich ein Wellenzug mit höheren Bergen; wenn hingegen die Wellenberge des einen Zuges auf die Wellentäler des anderen zu liegen kommen, so füllen sie diese letzteren genau auf und die Oberfläche des Wassers bleibt glatt. Ich wenigstens sehe keine andere Möglichkeit, weder aufgrund der Theorie, noch anhand der Versuche.

Nun behaupte ich, daß es zu ebensolchen Effekten kommt, wenn auf dieselbe Art zwei Wellenzüge des Lichts vermischt werden, und ich will dies das allgemeine Gesetz der Interferenz des Lichtes nennen.
YOUNG: *Miscellaneous Works.* Vol. 1, pp. 202—203. [4.25]

Wenn zwei Teile desselben Lichts auf verschiedenen Wegen in unser Auge gelangen — und zwar genau oder in sehr guter Näherung aus derselben Richtung —, so wird die Intensität des Lichts die größte sein, wenn der Gangunterschied ein ganzzahliges Vielfaches einer bestimmten Länge beträgt, und es ergibt sich die kleinste Intensität in den mitten dazwischen gelegenen Zuständen der interferierenden Teile. Diese Länge ist bei Licht verschiedener Farbe unterschiedlich.
YOUNG: *An Account of Some Cases of the Production of Colours.* Phil. Trans. Roy. Soc. 92 (1802) pp. 387—397. [4.25]

Zitat 4.4–17
Die allgemeinen Gleichungen werden dann auf den Fall einer magnetischen Störung angewendet, die sich in einem nichtleitenden Feld ausbreitet, und es wird bewiesen, daß die einzigen Störungen, die sich auf diese Weise fortpflanzen können, senkrecht (transversal) zur Richtung der Fortpflanzung sind. Die Fortpflanzungsgeschwindigkeit ist dieselbe Geschwindigkeit v, die in Experimenten wie denen von *Weber* gefunden wurde und die die Zahl der elektrostatischen Elektrizitätseinheiten angibt, die in einer elektromagnetischen Einheit enthalten sind.

Diese Geschwindigkeit stimmt so gut mit der Lichtgeschwindigkeit überein, daß wir anscheinend allen Grund zur Annahme haben, das Licht (sowie die Wärmestrahlung, aber auch andere Strahlungen, wenn es solche gibt) sei eine elektromagnetische Störung, die sich in Form von Wellen durch das elektromagnetische Feld, den Gesetzen des Elektromagnetismus entsprechend, fortpflanzt.

MAXWELL: *A Dynamical Theory of the Electromagnetic Field.* Phil. Trans. 155 (1859) p. 459. [4.5]

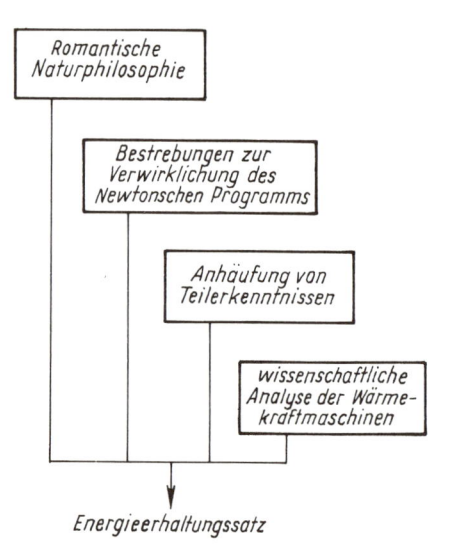

Abbildung 4.5–1
Motive zur Formulierung des Satzes von der Erhaltung der Energie

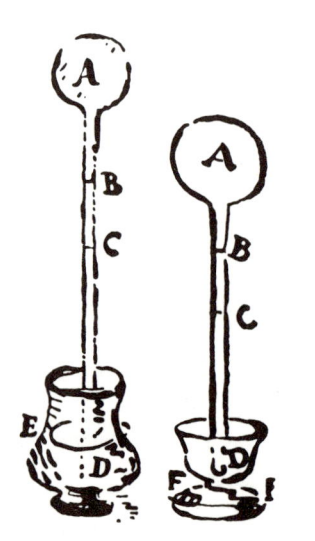

Abbildung 4.5–2
Das *Galilei* zugeschriebene Barothermoskop, das auf Änderungen der Temperatur, aber auch des Luftdrucks anspricht

nisse über das Wesen der Wärme eng verbunden war mit der Herausbildung des Begriffes Energie. Die Bedeutung der lebendigen Kraft, die wir heute als kinetische Energie bezeichnen, hatte man schon am Ende des 17. Jahrhunderts geahnt. Bedenken wurden zwar durch die Beobachtung ausgelöst, daß die lebendige Kraft beim unelastischen Stoß und bei reibungsbehafteten Bewegungsabläufen abnimmt. Jedoch schon LEIBNIZ erkannte, daß bei diesen Vorgängen die lebendige Kraft der Materieteilchen, aus denen die Körper aufgebaut sind, anwächst. Um den Energieerhaltungssatz zu finden, war somit im wesentlichen auch noch die Frage zu klären, woraus die Wärme besteht.

Wie *Abbildung 4.5.–1* zeigt, haben auch Teilerkenntnisse auf anderen Gebieten der Physik, so z. B. über die Wärmeentwicklung beim Fließen eines elektrischen Stromes und beim Ablaufen chemischer Reaktionen sowie über die Zusammenhänge zwischen chemischen und elektrischen Erscheinungen mit zur Formulierung des Energiesatzes geführt.

Man sollte erwarten, daß die über das Wesen der Wärme im 18. Jahrhundert entwickelten Vorstellungen von denen ausgingen, die zum Ende des 17. Jahrhunderts bereits allgemein verbreitet waren, daß nämlich Wärme ihren Ursprung in der Bewegung der die Körper aufbauenden Teilchen hat und daß kinetische und Wärmeenergie in unmittelbarem Zusammenhang zu sehen sind. Die Entwicklung ist jedoch nicht so verlaufen. Es scheint ein völlig überflüssiger und auf den ersten Blick überraschender Umweg der Entwicklung der Physik zu sein, daß die kinetische Theorie der Wärme beiseite gelassen und statt ihrer eine Theorie der Wärmesubstanz *(caloricum)* formuliert wurde. Diese Art, die Entwicklungsgeschichte zu beurteilen, ist die Ursache dafür, daß Namen wie JOSEPH BLACK in Vergessenheit gerieten, obwohl wir diesem Physiker grundlegende quantitative Begriffe wie z. B. Wärmemenge, spezifische Wärme, latente Wärme, Schmelztemperatur und Siedetemperatur verdanken. Es wird auch vergessen, daß die heute noch als grundlegend angesehenen und im Unterricht verwendeten Ergebnisse der Wärmelehre auf der Grundlage der Theorie des *caloricum* entstanden sind.

Wir müssen weiterhin anmerken, daß die zögernde Entwicklung der kinetischen Theorie der Wärme von qualitativen Vorstellungen in Richtung quantitativer Aussagen durch die seinerzeit neuesten Theorien über das Strömen der Wärmesubstanz, die mit dem modernsten zur damaligen Zeit verfügbaren mathematischen Apparat formuliert wurden, eher verzögert worden ist. Der Umweg war aber notwendig, weil nur auf ihm quantitativ meßbare Größen eingeführt werden konnten, mit denen sich einfache Gesetze formulieren ließen.

Schon im Mittelalter war klar erkannt worden, daß man im Zusammenhang mit der Wärme zwei grundlegend verschiedene Größen unterscheiden muß: eine, die die Intensität der Wärmeeinwirkung beschreibt und eine zweite, die ihre Quantität angibt. Es konnte leicht festgestellt werden, daß z. B. eine Flamme irgendwie eine höhere Wärmeintensität besitzt als ein heißes Stück Eisen, gleichzeitig jedoch im Eisenstück eine größere Quantität Wärme enthalten sein kann als in der Flamme. Heute bringen wir die erste Größe mit der Temperatur und die zweite mit der Wärmemenge in Zusammenhang.

Mit der Entwicklung des Thermometers, des wichtigsten Meßinstrumentes der Wärmelehre, wurde im 17. Jahrhundert das Messen in der Wärmelehre überhaupt ermöglicht.

Wie im Kapitel 1.4 erwähnt wurde, hatte man bereits in Alexandria die Tatsache, daß sich Luft bei Wärmezufuhr ausdehnt, gekannt und genutzt. Zur Temperaturmessung wurde diese Erscheinung jedoch erst Anfang des 17. Jahrhunderts verwendet. In der *Abbildung 4.5–2* ist ein Gerät dargestellt, dessen Konstruktion GALILEI zugeschrieben wird, obwohl er selbst keine Einzelheiten darüber mitteilt. Dieses Meßgerät wird als Barothermoskop bezeichnet, weil seine Anzeige offensichtlich auch vom Luftdruck abhängt. Das erste geschlossene Alkoholthermometer (*Abbildung 4.5–3*) wird dem Herzog von Toskana FERDINAND II. zugeschrieben. Unter der Obhut der Accademia del Cimento (1657–1667) wurden in Florenz die verschiedenartigsten glastechnischen Kunstwerke angefertigt, wobei die Skalen durch Glaskugeln unterschiedlicher Farben markiert wurden. Es lohnt sich, das in der Abbildung 4.5–3 dargestellte Thermometer näher zu betrachten: In einer zugeschmolzenen, mit Alkohol gefüllten Ampulle befinden sich kleine, hohle Glaskügelchen. Das Gewicht der Glaskügelchen ist so gewählt, daß bei steigender Temperatur und abnehmender Dichte des Alkohols eines der Kügelchen nach dem anderen − jedes bei einer bestimmten Temperatur − zu Boden sinkt.

Das 18. Jahrhundert hat keine bemerkenswerten Neuerungen im Aufbau der Thermometer gebracht. Es wurde jedoch mit der Festlegung von Temperaturskalen anhand zweier leicht einstellbarer Temperaturfestwerte eine Reproduzierbarkeit der Temperaturmessungen erreicht. Die bei uns bekannteste und meist verwendete Temperaturskale wurde von dem schwedischen Astronomen ANDERS CELSIUS (1701−1744) eingeführt. Der Nullpunkt dieser Skale ist durch die Temperatur des schmelzenden Eises gegeben, während dem Siedepunkt des Wassers als zweitem Fixpunkt der Wert 100 °C zugeordnet wird. In der *Abbildung 4.5−4* sind neben der Celsius-Skale auch die etwa zur gleichen Zeit entstandene Fahrenheit-Skale sowie die „absolute" Temperaturskale dargestellt, die in der zweiten Hälfte des 19. Jahrhunderts eingeführt wurde.

4.5.2 Progressiv zu ihrer Zeit: die Caloricum-Theorie von Joseph Black

Mit der Einführung des Thermometers wurde eine quantitative Formulierung der Grundgesetze der Wärmelehre möglich. Diesen Schritt verdanken wir JOSEPH BLACK (1728−1799).

BLACK war zunächst in Glasgow (von 1756 bis 1766) und dann in Edinburgh (von 1766 bis zu seinem Tode) Professor der Chemie und der medizinischen Wissenschaften. Seine wichtigsten Entdeckungen auf dem Gebiet der Wärmelehre fallen in die Zeit seines Aufenthaltes in Glasgow. BLACK hat selbst keine Bücher geschrieben; seine Theorie kennen wir in erster Linie dank dem im Jahre 1803 erschienenen Buch seines Schülers ROBISON, das die Vorlesungen BLACKS wiedergibt *(Abbildung 4.5−5)*. ROBISON widmet dieses Buch jedoch JAMES WATT, dem begabtesten und berühmtesten unter BLACKS Schülern *(Zitat 4.5−1)*.

Wie wenig die Begriffe Temperatur und Wärmemenge zu BLACKS Zeiten geklärt waren, wird aus einem Zitat *(Zitat 4.5−2)* dieses Buches ersichtlich. BLACK hat anhand von Messungen die auch schon vor ihm bekannte Tatsache bestätigt, daß einander berührende Körper eine gemeinsame Temperatur anzunehmen bestrebt sind. Diese Tatsache wurde vor BLACK als eine gleichmäßige Verteilung der Wärme auf die verschiedenen Körper interpretiert. BLACK bezeichnet diesen Zustand sehr zutreffend als Wärmegleichgewicht der Körper und stellt fest, daß alle die, die von Wärmegleichheit reden, zwei grundlegend verschiedene Größen, nämlich Temperatur und Wärmemenge durcheinanderbringen.

Bei seinen Untersuchungen über die Wärmemengen, die benötigt werden, um in Körpern gleicher Masse, aber unterschiedlicher chemischer Zusammensetzung die gleiche Temperaturerhöhung zu erzielen, kommt BLACK zum Begriff der spezifischen Wärme. Er widerlegt die zu seiner Zeit allgemein verbreitete Meinung, daß diese für Körper mit gleichem Volumen proportional zur Masse und somit zur Dichte sein sollte. BLACK meint, daß seine Messungen im Widerspruch zur kinetischen Theorie der Wärme stehen: Tatsächlich würden wir aus der kinetischen Theorie in einer oberflächlichen Betrachtung folgern, daß die lebendige Kraft mit der Zahl und mit der Masse der Materieteilchen anwächst. BLACK fügt hinzu: „Ich sehe kaum Möglichkeiten, dieses Gegenargument zu entkräften." Die kinetische Theorie hat erst 100 Jahre später mit Hilfe des Gleichverteilungssatzes *(Zitat 4.5−3)* eine Antwort auf diese offengebliebene Frage geben können.

BLACKS Gedanken über die latente Wärme sind so klar und überzeugend, daß sie in unsere Physiklehrbücher für die Oberschulen übernommen werden könnten *(Zitat 4.5−4)*. Seine Schlußfolgerung jedoch, daß die Wärme eine Substanz sei, können wir heute nicht mehr akzeptieren. Erstaunlich ist aber seine Vorsicht, mit der er diese Hypothese darlegt. In den letzten Zeilen des Zitats kommt der von der Wichtigkeit des Experiments überzeugte Physiker zu Wort, der auf den geringen praktischen Nutzen von Hypothesen hinweist, die mit allzu großer Phantasie aufgestellt wurden.

Was haben sich nun BLACK oder der zur gleichen Zeit lebende bedeutende Chemiker LAVOISIER unter dem *caloricum* bzw. der Wärmesubstanz

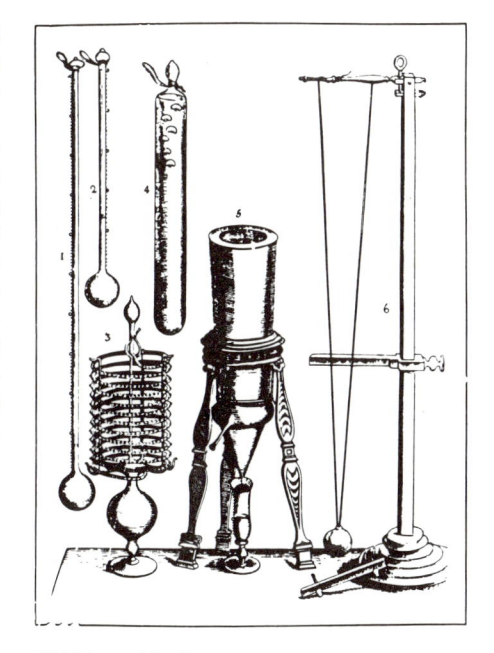

Abbildung 4.5−3
Thermometer und andere wissenschaftliche Geräte aus der zweiten Hälfte des 17. Jahrhunderts

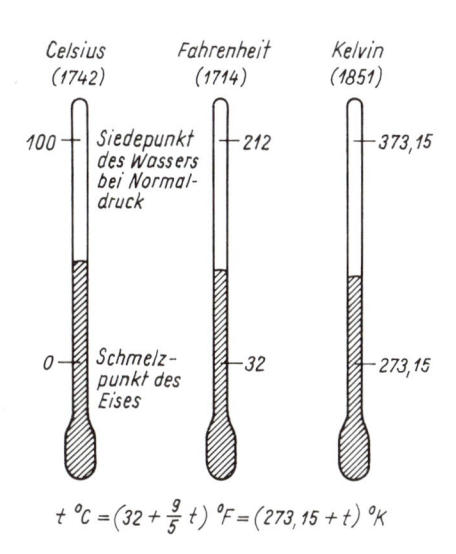

$t\ °C = (32 + \frac{9}{5} t)\ °F = (273{,}15 + t)\ °K$

Abbildung 4.5−4
Die charakteristischen Temperaturen (Fixpunkte) der wichtigsten Temperaturskalen

Zitat 4.5−1
Zum Glück für *dr. Black* und für die Welt, hatte er jetzt einen Schüler bekommen, der sich eben so warm, wie sein Lehrer, für diese wissenschaftliche Untersuchung interessierte. Dies war Hr. *J. Watt*, der damals beschäftigt war, die Instrumente der Sternwarte der Universität aufzustellen; ein Philosoph im höchsten Sinne des Worts, der sich nie mit einer Vermutung über einen wissenschaftlichen Gegenstand begnügte, und weder Arbeit noch Mühe scheute, um Gewißheit in seinen Untersuchungen zu erlangen. Es traf sich, daß er gerade ein Modell von *Newcomens* Dampfmaschine zum Ausbessern in Händen hatte; und er war erfreut

über die Gelegenheit, die diese kleine Maschine ihm zu Versuchen über die Theorie vom Sieden darbot, die er gerade von dr. Black gelernt hatte.

Diese verfolgte er auf eine höchst glückliche Art, und er ruhte nicht eher, bis seine Dampfmaschine mehr dem gelehrtesten der Tiere als einer leblosen Maschine glich; so daß, während ihre Kraft hinreichend ist, ein Haus von seiner Stelle emporzuheben, ein Kind von zehn Jahren mit einer Berührung seiner Hand bewirken kann, daß sie schnell oder langsam geht, vorwärts oder rückwärts, und entweder kraftvoll oder schwach wirkte. Dieser Mann, den Ehrfurcht, Hochachtung und Zuneigung mit *dr. Black* verbanden, versah ihn mit Beweisen und Erläuterungen in Menge über alle Gegenstände, über die der Professor näherer Untersuchungen bedurfte. Er erwähnte ihrer in seinen Vorlesungen beständig mit dem herzlichsten Bekenntnis der Verbindlichkeit, die er Hrn. *Watt* gegenüber hätte.
BLACK: *Vorlesungen über die Grundlehren der Chemie.* Deutsch von *L. von Crell.* Hamburg 1804, S. L. I – LII

Zitat 4.5 – 2
Ein jeder, der über den Begriff nachdenkt, den wir mit dem Worte Wärme verbinden, wird finden, daß dies Wort in zweierlei Bedeutung angewandt wird, oder daß es zwei verschiedene Dinge andeutet. Es zeigt entweder eine in unsern Sinnen erregte Empfindung oder eine gewisse Eigenschaft, Beschaffenheit oder Veränderung der Körper um uns her an, wodurch sie in uns jenes Gefühl erregen. Dies Wort ist in der ersten Bedeutung gebraucht, wenn wir sagen: wir fühlen Wärme; oder in der zweiten, wenn wir sagen: es ist Wärme im Feuer oder in einem heißen Steine...

Wir müssen es daher als eine der allgemeinsten Regeln der Wärme annehmen, daß *alle frei miteinander verbundenen Körper, die keiner Ungleichheit in ihrer äußeren Tätigkeit ausgesetzt sind, dieselbe Temperatur erlangen, wie das Thermometer anzeigt.* Alle nehmen die Temperatur des umgebenden Mediums an...

Dies ist das, was man gewöhnlich eine gleichförmige Wärme nennt oder die Gleichheit der Wärme unter verschiedenen Körpern. Ich nenne es das *Gleichgewicht der Wärme.* Die Natur dieses Gleichgewichts kannte man nicht gehörig, bis ich ein Verfahren angab, es zu untersuchen. *Boerhaave* meinte, daß, wo es stattfände, sich eine gleiche Menge von Wärme in einem gleichen Maße von Raum fände, er möchte mit noch so verschiedenen Körpern angefüllt sein: und *Musschenbroek* äußerte seine Meinung auf ähnliche Art. Est enim ignis aequaliter per omnia, non admodum magna, distributus, ita ut in pede cubico auri et aëris et plumarum, par ignis sit quantitas. Der Grund, den sie von dieser Meinung angeben, ist, daß, an welchen von diesen Körpern sie nur immer das Thermometer anbringen, es immer auf einerlei Grad zeigt.

Aber des heißt, einen zu eiligen Blick auf den Gegenstand werfen; es heißt, die Menge der Wärme in verschiedenen Körpern mit ihrer allgemeinen Stärke oder inneren Kraft verwechseln, ob es gleich klar ist, daß dies zwei sehr verschiedene Dinge sind, welche immer unterschieden werden sollten, wenn wir von der Verteilung der Wärme reden wollen.
BLACK: *Vorlesungen über die Grundlehren der Chemie.* 1804, S. 30, 100

Zitat 4.5 – 3
Man setzte es ehemals allgemein voraus, daß die Menge von Wärme, welche erforderlich ist, um die Wärme von verschiedenen Körpern auf dieselbe Anzahl von Graden zu erhöhen, in geradem Verhältnisse mit der Menge der Materie in jedem wäre, und daß daher, wenn die Körper einen gleichen Umfang hätten, die Mengen der Wärme im Verhältnisse ihrer Dichtigkeiten wären. Doch bald hernach (im J. 1760) fing ich an, über diesen Gegenstand nachzudenken: und ich wurde gewahr, daß diese Meinung ein Irrtum sei; und daß die Mengen von Wärme, welche verschiedene Arten

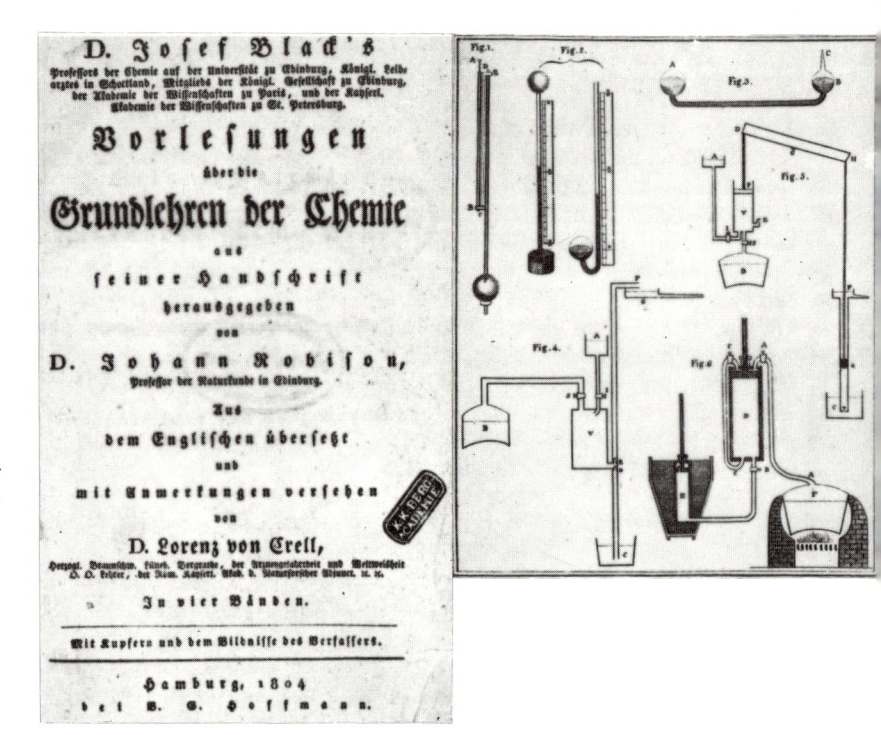

Abbildung 4.5 – 5
Blacks Vorlesungen in deutscher Sprache. Titelblatt und eine charakteristische Tabelle
Gedenkbibliothek der Universität für Schwerindustrie, Miskolc

vorgestellt? BLACK selbst verweist auf CLEGHORN, der im Jahre 1779 die Eigenschaften der Wärmesubstanz wie folgt zusammenfaßt:

Das Caloricum ist eine elastische Flüssigkeit, ein Fluidum, dessen Teilchen sich gegenseitig abstoßen, während sie gleichzeitig von den Teilchen der gewöhnlichen ponderablen (wägbaren) Materie angezogen werden, wobei die Anziehungskraft von der Qualität der Materie und deren Aggregatzustand abhängig ist.

Man kann dieses Fluidum weder vernichten noch erzeugen; es genügt einem Erhaltungssatz wie auch der ponderable Stoff.

In den ponderablen Stoffen kann das Caloricum sowohl meßbar als auch latent vorhanden sein. Im zweiten Fall bildet die Wärmesubstanz gewissermaßen eine chemische Verbindung mit dem ponderablen Stoff.

Keine einheitliche Meinung existierte über das Gewicht der Wärmesubstanz. Viele Forscher versuchten, diese Frage mit Hilfe von Messungen zu entscheiden. Wir können uns jedoch leicht die Schwierigkeiten und die Vielzahl der Fehlerquellen vorstellen, die bei Wägungen auftreten, wenn der Stoff, der sich in der einen Waagschale befindet, nach dem vorausgegangenen Abgleichen der Waage auf eine hohe Temperatur gebracht werden muß. Messungen schienen den Beweis zu erbringen, daß das Caloricum ein positives, wenn auch im Vergleich zum Eigengewicht des Körpers sehr kleines Gewicht besitzt. Es gab jedoch auch solche Meßergebnisse, nach denen man dem Caloricum ein negatives Gewicht hätte zuschreiben müssen. Allerdings hätte auch die Hypothese einer gewichtslosen Substanz keine besonderen Überraschungen verursacht, denn man hatte sich sowohl im Falle des Lichtes als auch des elektrischen Fluidums bereits daran gewöhnt.

4.5.3 Rumford: Und die Wärme ist doch Bewegung!

Unter diesem Motto hat BENJAMIN THOMPSON (1753 – 1814), der auch unter dem Namen GRAF RUMFORD bekannt geworden ist, den Kampf gegen die Substanztheorie aufgenommen. RUMFORD ist im Verlaufe seines abenteuerlichen Lebens auf den unterschiedlichsten Gebieten tätig gewesen und hat nicht nur in der Wissenschaft, sondern auch in anderen Bereichen bleibende Spuren hinterlassen. So hat er z. B. im Jahre 1800 die Royal Institution gegründet, deren erster Direktor DAVY war und die dann durch die Arbeiten von FARADAY berührt wurde. Die wissenschaftlichen Arbeiten RUMFORDS sind in München entstanden, wo er als Ratgeber des bayrischen Königs und dann als Leiter des Militärarsenals tätig war. Er hat sowohl soziale Institutionen ins Leben gerufen als auch eine staatliche Arbeitsvermittlung organisiert, und bis zum heutigen Tage trägt die Rumford-Suppe seinen Namen.

RUMFORD hatte sich zunächst die Aufgabe gestellt, die Messungen bezüglich des Gewichtes der Wärmesubstanz zu überprüfen und zu vervollkommnen. Er bemerkte dabei, daß sich die latente Wärme als Gegenstand dieser Messungen anbietet, weil z. B. zum Schmelzen des Eises eine verhältnismäßig große Wärmemenge benötigt bzw. dieselbe Wärmemenge beim Gefrieren des Wassers frei wird, ohne daß sich die Temperatur ändert. Mit diesem Verfahren lassen sich also die von Temperaturdifferenzen herrührenden Fehlerquellen eliminieren. RUMFORD konnte mit seinen mit der größten Sorgfalt durchgeführten Versuchen, bei denen er sogar den Einfluß möglicher kleiner Temperaturdifferenzen auf die Waagearme untersucht hat, eindeutig nachweisen, daß die Wärmesubstanz, falls es sie überhaupt geben sollte, ein verschwindend kleines Gewicht haben müßte. Nach seinen Angaben hatte er bei den Wägungen eine derartige Genauigkeit erreicht, daß er eine Änderung des Gesamtgewichtes des Körpers um ein Millionstel hätte nachweisen können. RUMFORDS Darlegung des Meßergebnisses finden wir im *Zitat 4.5 – 5* nebst einem vorsichtigen Hinweis, daß dieses Resultat sich leicht verstehen läßt, wenn wir die Wärme nicht als Substanz, sondern als Bewegung ansehen.

Der wundeste Punkt der Substanztheorie war jedoch ihr Unvermögen, auf einfache Weise die Wärmeerzeugung durch Reibung zu erklären. Im Rahmen der Substanztheorie mußte man annehmen, daß die Reibung den Zustand des Körpers so verändert, daß seine Wärmekapazität abnimmt. Setzt man diese Annahme voraus, dann muß natürlich die im Körper in unveränderter Menge vorhandene Wärmesubstanz dessen Temperatur erhöhen. Mit einer Untersuchung der beim Ausbohren von Kanonenrohren auftretenden Wärmeerscheinungen unternahm es RUMFORD, dieser Theorie den Todesstoß zu versetzen. Zunächst konnte er nachweisen, daß die spezifische Wärme der Bohrspäne unverändert bleibt. Zum anderen konnte er die Tatsache belegen, daß die durch Reibung in einem Körper entstehende Wärmemenge der Dauer der Reibungseinwirkung proportional ist, d. h., daß man eine beliebig große Wärmemenge erhalten kann. RUMFORD zog aus diesen Überlegungen bereits bestimmte Schlüsse: Die Wärme kann keine Substanz sein, weil man sonst einem Körper nicht eine unbegrenzte Menge davon entnehmen könnte. Die Wärme kann nichts anderes als Bewegung sein, die sich durch mechanische Reibung stets neu erzeugen läßt, so daß man aus einem Körper so lange Wärme fortleiten kann, solange diese Wärme mittels mechanischer Arbeit erzeugt wird *(Zitat 4.5 – 6)*. Das *Zitat 4.5 – 7* aus RUMFORDS Artikel zeigt, daß er nahe daran war, die Wesensgleichheit von mechanischer und Wärmeenergie zu erkennen. Anhand seiner Meßergebnisse läßt sich nachträglich auch ein Wert für das im weiteren so wichtige Wärmeäquivalent ermitteln.

Wir wollen zum Abschluß unserer Ausführungen über RUMFORD darauf hinweisen, daß RUMFORD seine Untersuchungen als Grundlagenforschung ohne unmittelbaren praktischen Nutzen angesehen hat und sich deshalb auch keine materielle Unterstützung erhoffte. Er schreibt zu seiner Rechtfertigung, daß die zu seinen Versuchen verwendeten Kanonenrohre nicht „vertan" seien, sondern weiterhin „ihrer Bestimmung gemäß" eingesetzt werden könnten.

Bei unserem heutigen Wissen um den vollständigen Sieg der kinetischen Theorie wären wir dazu geneigt, die Feststellungen RUMFORDS als entscheidend anzusehen. Das war aber noch nicht so zu Beginn des 19. Jahrhunderts. RUMFORDS experimentelle Ergebnisse wurden zwar akzeptiert, ihre Deutung jedoch auf der Grundlage der Vorstellungen von der Wärmesubstanz versucht. Die Tatsache z. B., daß man einem Körper eine unerschöpfliche Menge Substanz entnehmen kann, wurde so gedeutet, daß der Körper nur als Vermittler dient, während in Wirklichkeit die Wärmesubstanz aus der Umgebung in den Körper strömt und diese ein praktisch unerschöpfliches Reservoir ist.

Natürlich hatte auch die kinetische Theorie ihre Schwierigkeiten bei der quantitativen, aber auch bei der qualitativen Erklärung bestimmter Erscheinungen.

---

von Materie erhalten müssen, um sie zu einem Gleichgewichte miteinander zu bringen oder ihre Temperatur bis zu einem gewissen Grade zu erhöhen, nicht im Verhältnisse mit der Menge der Materie in jedem stehen, sondern in andern, sehr weit von diesen entfernten Verhältnissen, für welche kein allgemeiner Grundsatz oder eine Ursache bis jetzt angegeben werden kann...

Quecksilber hat daher weniger Kapazität für die Materie der Wärme (wenn ich mich dieses Ausdrucks bedienen darf) als Wasser. Es erfordert eine geringere Menge derselben, um seine Temperatur um dieselbe Anzahl von Graden zu erhöhen. Wir müssen daher schließen, daß verschiedene Körper, wenn sie gleich von demselben Umfange und selbst von demselben Gewichte sind und wenn sie auch auf dieselbe Temperatur oder einerlei Grad der Wärme (was für einer es auch immer sei) gebracht werden, dennoch sehr verschiedene Mengen des Wärmestoffs enthalten können; und diese verschiedenen Mengen sind doch nötig, wenn sie zu diesem Gleichgewichte oder Ebenmaße miteinander gebracht werden sollen.

Man könnte hier bemerken, daß die Entdeckungen, die auf diesem Wege gemacht sind, einer Meinung sehr ungünstig sind, welche man über den Wärmestoff gefaßt hat. Manche nahmen an, daß Wärme auf einer zitternden oder andren Art der Bewegung der Teilchen der Materie beruhe, von welcher zitternden Bewegung sie sich vorstellten, daß sie von einem Körper auf den andern fortgepflanzt werde. Wäre dies aber gegründet, so müßten wir zugeben, daß diese Mitteilung gleichförmig mit unserer allgemeinen Erfahrung über die Mitteilung der zitternden Bewegung sein werde. Es steht uns nicht frei, Gesetze der Bewegung zu erdichten, welche von denen bis hierher angenommenen verschieden sind: denn sonst könnten wir jede Meinung annehmen und jede Erscheinung erklären, wie wir es nur gut fänden. Die dichteren Körper müßten sicherlich am kräftigsten andern Wärme mitteilen oder sie in ihnen erregen können. Inzwischen zeigt die Tatsache in einer großen Menge von Beispielen, obgleich noch nicht in allen, gerade das Gegenteil. Eine solche Meinung ist daher mit den Erscheinungen selbst gänzlich unverträglich. Ich sehe nicht ein, wie man diesem Einwurfe ausweichen kann.

BLACK: *Vorlesungen über die Grundlehren der Chemie.* 1804, S. 102, 104, 107, 108

Zitat 4.5 – 4
Man sah die Flüssigkeit gemeiniglich als eine Folge an, welche auf einen kleinen Zusatz zu der Menge der Wärme entstehe, wodurch der Körper beinahe bis zu seinem Schmelzpunkt erhitzt worden sei: und die Rückkehr eines solchen Körpers zu einem festen Zustande hänge von einer sehr geringen Verminderung in der Menge seiner Wärme ab, wenn er bis auf denselben Punkt wieder abgekühlt sei. Ein fester Körper erhält, wenn er in einen flüssigen verändert ist, keinen größeren Zusatz zu seiner inneren Wärme, als denjenigen, welcher durch die Erhöhung der Temperatur nach der Schmelzung vom Thermometer angezeigt wird; und wenn dagegen der geschmolzene Körper durch die Verminderung der Wärme wieder zum Gestehen gebracht wird, erleide er keinen größern Verlust an Wärme, als der auch durch die einfache Anwendung jenes Werkzeuges angedeutet werde.

Dies war, so viel ich weiß, die allgemeine Meinung über diesen Gegenstand, als ich auf der Universität zu Glasgow im J. 1757 Vorlesungen zu halten anfing. Allein ich fand bald Gründe zu Einwürfen, da jene mit manchen merkwürdigen, aufmerksam erwogenen Tatsachen nicht übereinstimmte; und ich versuchte darzutun, daß diese Tatsachen überzeugend bewiesen, daß die Flüssigkeit auf eine sehr verschiedene Art hervorgebracht werde.

Ich werde nun die Art angeben, nach welcher die Flüssigkeit mir durch die Wärme hervorgebracht schien; und wir wollen alsdenn die vormalige und die jetzige Ansicht des Gegenstandes mit den Erscheinungen selbst vergleichen.

Die Meinung, welche ich nach aufmerksamen Beobachtungen der Tatsachen und Erscheinungen faße, ist die folgende. Wenn Eis, z.B., oder irgend eine andre feste Substanz durch Wärme zu einer Flüssigkeit umgeändert wird, so halte ich dafür, daß sie eine weit größere Menge von Wärme erhält, als was man unmittelbar durch das Thermometer gewahr werden kann. Eine große Menge Wärme dringt in dieselbe bei dieser Gelegenheit herein, ohne sie scheinbarlich wärmer zu machen, wenn man sie durch jenes Werkzeug prüft. Diese Wärme muß indessen in dieselbe hereingebracht werden, bloß um ihr die Gestalt einer Flüssigkeit zu geben; und ich behaupte, daß dieser große Zuwachs der Wärme die vorzüglichste und unmittelbare Ursache der bewirkten Flüssigkeit sei. Und wenn wir im Gegensatze einen solchen Körper durch die Verminderung seiner Wärme seiner Flüssigkeit berauben; so dringt aus ihm eine sehr große Menge von Wärme hervor, während er eine feste Gestalt annimmt: und der Verlust dieser Wärme läßt sich nicht auf die gewöhnliche Art, durch das Thermometer, wahrnehmen...

Wenn wir gewahr werden, daß, was wir Wärme nennen, in der Schmelzung des Eises verschwindet und in der Gefrierung des Wassers und einer Anzahl analogischer Erscheinungen wieder erscheint, so können wir uns schwerlich enthalten, es uns als eine Substanz vorzustellen, welche mit den Wasserteilen auf dieselbe Art sich verbindet, als die Teilchen von Glaubersalz mit ihnen in der Auflösung verbunden sind, und so abgesondert werden, als es bei diesen geschehen kann. Allein, weil die Wärme von uns in einem abgesonderten Zustande niemals beobachtet worden ist, so müssen alle unsere Begriffe von dieser Vereinigung nur hypothetisch sein...

Die Nachgrübelungen und Ansichten scharfsinniger Naturkundiger über diese Verbindung der Körper mit Wärme sind sehr vielfach und voneinander abweichend. Allein, da sie alle hypothetisch sind und als die Hypothese von einer sehr verwickelten Beschaffenheit ist, da sie in der Tat eine hypothetische Anwendung einer andern Hypothese ist, so kann ich mir von einer umständlichen Erwägung nicht vielen Nutzen versprechen. Eine geschickte Anwendung gewisser Bedingungen wird fast jede Hypothese mit den Erscheinungen übereinstimmig machen; dies ist der Einbildungskraft angenehm, aber vergrößert unsere Kenntnisse nicht.

BLACK: *Vorlesungen über die Grundlehren der Chemie.* 1804

Zitat 4.5−5
Nachdem ich festgestellt habe, daß das Wasser nicht an Gewicht verliert, aber sein Gewicht auch nicht zunimmt − wenn es aus dem flüssigen Zustand in den Zustand des Eises übergeht und umgekehrt, kann ich dieses Thema verlassen, welches mich seit langem beschäftigt und so viele Verwirrung verursacht hat; ich bin nämlich − aufgrund der oben besprochenen Experimente − völlig überzeugt davon, daß, wenn die Wärme tatsächlich eine Substanz, einen Stoff darstellt − ein Fluidum sui generis, wie es angenommen wurde −, welcher, während er von dem einen Körper auf den anderen übergeht und dort gespeichert wird, die unmittelbare Ursache aller beobachtbaren Vorgänge auf den erwärmten Körpern darstellt, diese Substanz selbst in ihrem am meisten kondensierten Zustand noch so unendlich dünn sein muß, daß sie sich jeder Bestrebung widersetzt, ihr Gewicht zu messen. Und wenn sich die von so vielen sehr begabten Philosophen geäußerte Meinung − daß näm-

In der folgenden Tabelle sind die wichtigsten Erscheinungen sowie Angaben darüber zusammengefaßt, mit welcher der beiden Theorien − Wärmesubstanztheorie und kinetische Theorie − sie überzeugend erklärt werden konnten.

	Wärmeleitung	Wärmestrahlung	Latente Wärme	Reibungswärme	Quantitative Aussagen möglich?
Wärmesubstanztheorie	ja	ja	ja	nein	ja
Kinetische Theorie	ja	nein	nein	ja	nein

Zu dieser Tabelle müssen wir noch hinzufügen, daß die Strömung der Wärmesubstanz (Wärmeleitung) in einer sehr einfachen Analogie zur Flüssigkeitsströmung dargestellt werden konnte, wohingegen mit der kinetischen Theorie die Strömung nur sehr schwer zu beschreiben war, da dazu Kenntnisse über die statistische Natur der Stoßprozesse notwendig gewesen wären. Trotzdem wurde bei der Aufstellung der Tabelle angenommen, daß die kinetische Theorie doch wohl letztlich mit dieser Aufgabe fertig geworden wäre. Die Caloricum-Theorie kann die Wärmestrahlung, d. h. die auch durch das Vakuum hindurch mögliche Wärmeübertragung, sehr leicht als eine Strömung der imponderablen Wärmesubstanz durch das Vakuum hindurch erklären. Die kinetische Theorie stand dieser Erscheinung hilflos gegenüber. Nach unseren heutigen Kenntnissen wird die Wärme dabei als elektromagnetische Strahlung und somit in einer anderen als der gewohnten Form der Materie von einem Körper zum anderen übertragen.

Anhand der obigen Tabelle können wir verstehen, daß die große Mehrheit der Gelehrten in den ersten Jahrzehnten des 19. Jahrhunderts von der Substanztheorie zwar nicht völlig überzeugt war, sie jedoch als brauchbare Arbeitshypothese gelten ließ.

4.5.4 Die Theorie der Wärmeleitung von Fourier

Einer der bedeutendsten Erfolge der Wärmesubstanztheorie ist von FOURIER mit seiner mathematischen Theorie der Wärmeleitung erzielt worden.

JEAN BAPTISTE JOSEPH FOURIER *(Abbildung 4.5−6)* stammt aus einer unbegüterten Familie. Er hat es der Revolution und im folgenden dann NAPOLEON zu verdanken gehabt, daß er sich seiner Begabung entsprechend entwickeln konnte. Seine im Zusammenhang mit der Wärmeleitung stehenden Untersuchungen hat er bereits im Jahre 1807 begonnen, ihre Veröffentlichung wurde jedoch zunächst von den strengen Gutachtern LAGRANGE, LAPLACE und LEGENDRE abgelehnt. Die Ergebnisse seiner Arbeiten sind in seinem im Jahre 1822 erschienenen Buch *Théorie analytique de la chaleur* zusammengefaßt. In diesem Buch geht er von sehr klaren physikalischen Vorstellungen aus und bemüht sich auch um eine anschauliche Darstellung der mathematischen Probleme.

Für die folgende Diskussion wollen wir uns einen Körper mit einer beliebigen Anfangstemperaturverteilung vorstellen. Diese können wir durch kleine Thermometer sichtbar machen, die an verschiedenen Stellen des Körpers angebracht sind. Jedes Thermometer zeigt dann eine bestimmte lokale Temperatur an, wobei mehrere lokale Temperaturen durchaus gleich sein können. Der Körper gibt über seine Oberfläche Wärme an die Umgebung ab, und aus dem Inneren des Körpers strömt die Wärme in Richtung der Oberfläche nach. So ist es verständlich, daß die an verschiedenen Körperpunkten angebrachten Thermometer unterschiedliche zeitliche Änderungen der Temperatur anzeigen können *(Abbildung 4.5−7a)*. Das Ziel der mathematischen Untersuchungen ist es nun, die von den Thermometern angezeigten Temperaturen als Funktion des Ortes und der Zeit zu berechnen.

Sowohl für die Entwicklung der Mathematik als auch die der Physik kommt FOURIERS Untersuchungen eine grundlegende Bedeutung zu. Nach FOURIER können nämlich die Lösungsfunktionen des gegebenen mathematischen Problems, die im einfachsten Fall die räumliche Verteilung der Temperatur zu beschreiben haben, durch Sinusfunktionen mit verschiedenen Argumenten bzw. durch deren Kombinationen dargestellt werden. Da die Anfangsbedingung, d. h. die Temperaturverteilung zu Beginn der Untersuchung, frei vorgegeben werden kann, muß die Frage beantwortet werden, ob eine beliebige Funktion durch Sinusfunktionen dargestellt werden kann. In der Sprache der Mathematik entspricht also diese Frage der nach der Darstellbarkeit einer beliebigen Funktion in Form einer sogenannten Fourier-Reihe. So hat sich aus dem von FOURIER gefundenen Ansatz ein besonderer Zweig der Mathematik, die Theorie der Fourier-Reihen, entwickelt, wobei die Physiker die Fourier-Darstellung auch als außerordentlich nützliche Methode zur Lösung anderer physikalischer Probleme schätzen.

Im folgenden werden wir uns an FOURIERS Darlegungen halten und uns der Einfachheit halber auf den eindimensionalen Fall beschränken.

Wie in der *Abbildung 4.5–7b* dargestellt ist, sei in einem Stab die Temperaturverteilung $T(x, 0)$ längs der x-Achse zur Zeit $t = 0$ vorgegeben. Außerdem sollen für alle folgenden Zeiten $t > 0$ die beiden Enden des Stabes auf einer bestimmten Temperatur, z. B. auf der Temperatur 0 °C, gehalten werden. Dies kann praktisch realisiert werden, indem wir beide Stabenden in Wärmekontakt mit je einem sehr großen Behälter bringen, der mit Wasser der Temperatur 0 °C gefüllt ist. Wir wollen annehmen, daß die Wärmekapazität dieser Behälter so groß ist, daß die aus dem Stab in die Wärmebehälter strömende Wärme in diesen keine Temperaturerhöhung verursacht. Der zylindrische Stab sei von einer wärmeisolierenden Schicht umgeben, so daß die Wärme nur entlang der Stabachse strömen kann. FOURIER hat bereits gewußt oder genaugenommen richtig vorausgesetzt, daß der Wärmestrom J der Temperaturdifferenz pro Längeneinheit bzw. dem Temperaturgradienten $\frac{\partial T}{\partial x}$ proportional ist und die Richtung des Temperaturgefälles hat. Aus dieser Annahme hat er die erste Beziehung

$$J = -\kappa \frac{\partial T}{\partial x}$$

erhalten, wobei κ die sogenannte Wärmeleitungskonstante ist. Weiter hat er in Betracht gezogen, daß der Wärmeinhalt eines Stababschnittes der Länge dx sich zeitlich verändern kann, weil die durch seine beiden Seitenflächen ein- bzw. ausströmenden Wärmemengen nicht gleich zu sein brauchen. Daraus ergibt sich die zweite Gleichung

$$\frac{\partial J}{\partial x} = -\varrho c \frac{\partial T}{\partial t},$$

wobei c die spezifische Wärme und ϱ die Dichte des Stabes ist. (Der Einfachheit halber haben wir die Querschnittsfläche des Stabes gleich 1 gesetzt.) Fassen wir beide Gleichungen zusammen, so erhalten wir sofort die Differentialgleichung der Wärmeleitung

$$\frac{\partial^2 T}{\partial x^2} = \frac{\varrho c}{\kappa} \frac{\partial T}{\partial t} = k^2 \frac{\partial T}{\partial t}. \tag{1}$$

Differentialgleichungen dieses Typs bezeichnen wir noch heute als Wärmeleitungsdifferentialgleichungen, obwohl wir ihnen auch in anderen Gebieten der Physik, so z. B. in der Theorie der elektrischen Fernleitungen und der Theorie der Diffusionsprozesse begegnen. Es muß also die Funktion

$$T = T(x, t)$$

gesucht werden, die einerseits der obigen Differentialgleichung genügt und andererseits die Randbedingungen

$$\begin{aligned} T(0, t) &= 0; \\ T(l, t) &= 0; \end{aligned} \quad t > 0$$

sowie die Anfangsbedingungen

$$T(x, 0) = f(x)$$

erfüllt. Dabei ist $f(x)$ eine beliebige vorgegebene Funktion.

FOURIER hat die Gleichung (1) mit dem noch heute üblichen Separationsverfahren (Trennung der Variablen) gelöst. Er nahm an, daß die gesuchte Funktion als Produkt zweier Funktionen dargestellt werden kann, von denen eine nur von x, die andere nur von t abhängt:

$$T(x, t) = \Phi(x)\Psi(t).$$

Setzt man dieses Produkt in die Ausgangsdifferentialgleichung ein

$$\Psi(t)\frac{d^2\Phi(x)}{dx^2} = k^2 \Phi(x)\frac{d\Psi(t)}{dt},$$

so erhält man nach einer kleinen Umformung

$$\frac{1}{k^2\Phi(x)}\frac{d^2\Phi(x)}{dx^2} = \frac{1}{\Psi(t)}\frac{d\Psi(t)}{dt} = -\lambda.$$

Da die eine Seite dieser Gleichung nur von der Variablen x, die andere aber nur von t abhängt, kann die Gleichung nur erfüllt werden, wenn beide Seiten gleich einer bestimmten Konstanten

---

lich die Wärme nichts anderes ist, als die innere, vibrierende Bewegung der Teilchen, aus denen der erwärmte Körper besteht – als wohlbegründet erwiese, wäre es offensichtlich, daß das Gewicht des Körpers durch diese Bewegung überhaupt nicht beeinflußt würde.
B. THOMPSON (COUNT RUMFORD): *An Inquiry Concerning the Weight Ascribed to Heat.* 1799. ROLLER [4.14]

Zitat 4.5–6
Es ist wohl unnötig zu betonen, daß etwas, was von einem isolierten Körper oder von einem System solcher Körper endlos geliefert werden kann, keine materielle Substanz sein kann; und so ist es für mich schwer – ich könnte sagen: vollständig unmöglich –, mir eine wohlbestimmte Idee von etwas zu bilden, was so erregt und mitgeteilt werden kann, wie die Wärme in diesen Experimenten erregt und mitgeteilt werden konnte, mit Ausnahme der Idee, daß die Wärme eine Art von Bewegung ist.
RUMFORD: *Heat Produced by Friction.* Read before the Roy. Soc. 1798. MAGIE [4.5]

Zitat 4.5–7
Da die ganze Vorrichtung, welche in diesem Experiment benutzt wurde, leicht durch die Kraft eines einzigen Pferdes betätigt werden könnte..., zeigen diese Rechnungen, wie große Mengen an Wärme durch einen geeigneten Mechanismus, ausschließlich mit Hilfe der Kraft eines Pferdes, ohne Feuer, Licht, Verbrennung oder chemische Umwandlung erzeugt werden können; und die so erzeugte Wärme könnte nötigenfalls auch zum Kochen von Nahrungsmitteln verwendet werden.

Man kann sich aber keine Umstände vorstellen, unter welchen diese Art der Erzeugung der Wärme vorteilhaft wäre, daß man also mehr Wärme erhalten könnte, wie wenn man das für die Ernährung des Pferdes nötige Futter unmittelbar als Heizstoff benutzen würde.
RUMFORD: *Heat Produced by Friction.* 1798

Abbildung 4.5–6
JOSEPH FOURIER (1768–1830): 1796 Professor an der École Polytechnique; 1816: Mitglied der Französischen Akademie. Seine Arbeit *Théorie analytique de la chaleur*, die auch die Theorie der Fourier-Reihen enthält, ist 1822 erschienen. Er hat sich auch mit der Theorie der Meßfehler beschäftigt

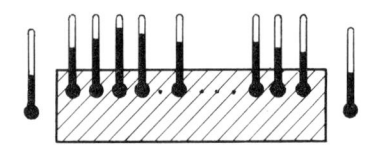

Abbildung 4.5–7a
Das Fouriersche Problem: Zur Zeit $t = 0$ ist in einem Körper eine bestimmte Temperaturverteilung vorgegeben, und die Änderung der Temperatur als Funktion der Zeit und des Ortes im Körper wird gesucht

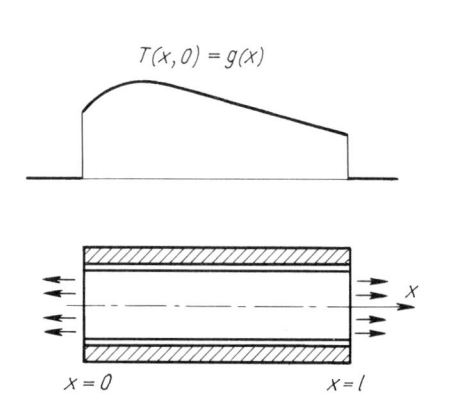

Abbildung 4.5–7b
Das eindimensionale Wärmeleitungsproblem: Gesucht wird die Temperaturverteilung in einem Stab als Funktion der Zeit, wenn die Anfangstemperaturverteilung gegeben ist und der Stab nur über seine beiden Endflächen Wärme an die Umgebung abgeben kann

Abbildung 4.5–8
JOSEPH-LOUIS GAY-LUSSAC (1778–1850): arbeitete nach dem Studium an der École Polytechnique als Chemiker im Bertholletschen Laboratorium (Arcueil), schloß sich dann für kurze Zeit *Humboldt* an (der ebenfalls zum Kreis von *Arcueil*

sind. (Diese hier mit $-\lambda$ bezeichnete Konstante nennt man Separationskonstante.) Ist dies der Fall, so zerfällt die Ausgangsdifferentialgleichung, eine partielle Differentialgleichung, in zwei gewöhnliche Differentialgleichungen, deren Lösungen wir sofort hinschreiben können:

$$\frac{d^2\Phi(x)}{dx^2} + \lambda k^2 \Phi(x) = 0; \quad \frac{d\Psi(t)}{dt} + \lambda \Psi(t) = 0;$$

$$\Phi(x) = b \sin(\sqrt{\lambda}\, kx + c); \quad \Psi(t) = a e^{-\lambda t}.$$

Die Randbedingungen lassen sich erfüllen, wenn für die Funktion $\Phi(x)$ gefordert wird:

$$\Phi(0) = \Phi(l) = 0.$$

Diese Bedingungen sind dann erfüllt, wenn

$$c = 0; \quad \sqrt{\lambda}\, kl = \pi v; \quad v = 1, 2, \ldots$$

gesetzt wird, wodurch die Separationskonstante die Werte

$$\lambda_v = \left(\frac{\pi v}{kl}\right)^2$$

annimmt. Berücksichtigen wir nun auch den zeitabhängigen Term, so erhalten wir

$$T(x,t) = \sum_v T_v(x,t) = \sum_v c_v e^{-\left(\frac{\pi v}{kl}\right)^2 t} \sin\frac{v\pi x}{l}$$
$$(c_v = a b_v),$$

wobei der Umstand berücksichtigt wurde, daß für die lineare Ausgangsdifferentialgleichung (1) die Summe von Lösungen auch eine Lösung ist.

Das mathematische Problem der Darstellung einer beliebigen Funktion in Form einer Fourier-Reihe ergibt sich bei der Aufgabe, die Anfangsbedingung zu erfüllen. Setzt man $t = 0$ in den allgemeinen Lösungsansatz ein, so erhält man den Zusammenhang

$$T(x, 0) = f(x) = \sum_{v=1}^{\infty} c_v \sin\frac{v\pi x}{l}.$$

In dieser Gleichung steht auf der linken Seite eine von uns frei vorgebbare Funktion, auf der rechten Seite jedoch die Summe einer unendlichen Reihe von Sinusfunktionen.

Um die zur Funktion f(x) gehörigen unbekannten Koeffizienten c_v zu bestimmen, hat FOURIER zunächst eine sehr komplizierte und hinsichtlich ihrer mathematischen Strenge äußerst fragwürdige Methode angegeben. Dazu hat er die Sinus-Funktionen gemäß

$$\sin vx = \sum_{n=1}^{\infty} \frac{(-1)^{n-1} v^{2n-1}}{(2n-1)!} x^{2n-1}$$

in Potenzreihen entwickelt, dann die Reihenfolge der Additionen vertauscht und auf diese Weise den Zusammenhang

$$f(x) = \sum_{n=1}^{\infty} \frac{(-1)^{n-1}}{(2n-1)!} \left(\sum_{v=1}^{\infty} v^{2n-1} c_v\right) x^{2n-1}$$

erhalten. Die so erhaltene Potenzreihe hat FOURIER dann mit der MacLaurin-Reihe der Funktion f(x)

$$f(x) = \sum_{k=0}^{\infty} \frac{1}{k!} f^{(k)}(0) x^k$$

verglichen und daraus schließlich das algebraische Gleichungssystem mit unendlich vielen Gleichungen für die unendliche Zahl von Unbekannten c_v

$$\sum_{v=1}^{\infty} v^{2n-1} c_v = (-1)^{n-1} f^{(2n-1)}(0); \quad n = 1, 2, 3, \ldots$$

erhalten. Später hat dann FOURIER auch die uns heute geläufige Beziehung

$$c_v = \frac{2}{\pi} \int_0^\pi f(s) \sin vs\, ds$$

gefunden. Bei der Untersuchung dieser Beziehung hat FOURIER festgestellt, daß der Wert des Integrals geometrisch als Fläche unter der Funktion $f(s) \sin vs$ auf der Strecke 0 bis π gedeutet werden kann und man somit die Umformung auch für den Fall „beliebiger" Funktionen ausführen kann, die nicht im Lagrangeschen Sinne analytisch sind. Mit dieser Feststellung hat er nebenbei auch zur Erweiterung des Funktionsbegriffs beigetragen.

4.5.5 Das Caloricum und die Zustandsgleichung

Die Theorie des Caloricum konnte nicht nur im Zusammenhang mit der Wärmeströmung wesentliche Aussagen liefern. LAPLACE hat versucht, auch die Zustandsgleichungen der Gase unter Zugrundelegung dieser Theorie abzuleiten. Lesen wir seine Schriften heute, so kann man den Hypothesen und der phantasievollen Geschicklichkeit dieses genialen mathematischen Zaubermeisters die Anerkennung nicht verweigern. LAPLACE geht von der Grundannahme aus, daß zwischen den Teilchen der Materie eine abstoßende Kraft wirkt, die durch den Wärmestoff verursacht werden soll, der die Teilchen wie eine Wolke umgibt. Diese Kraft möge durch die Beziehung

$$F = Hc^2\varphi(r)$$

beschrieben werden, wobei H eine Konstante, c die Dichte des Caloricums und $\varphi(r)$ eine sehr schnell mit dem Abstand der Teilchen abnehmende Funktion bedeuten. (In dieser Betrachtung wird zum ersten Mal das Wirken kurzreichweitiger Kräfte vorausgesetzt.) LAPLACE leitet unter Berücksichtigung der Gesamtheit solcher Kräfte die Formel

$$P = 2\pi H K\varrho^2 c^2$$

für den Druck des Gases ab. Die Konstante K beschreibt die Resultante aller auf ein Teilchen wirkenden Kräfte. Diese hat auch für den Fall von unendlich vielen Teilchen einen endlichen Wert wegen der bereits oben erwähnten geringen Reichweite der Wechselwirkung zwischen den Teilchen. Die abgeleitete Formel ist jedoch offenbar unrichtig, weil in ihr die Gasdichte ϱ in der zweiten Potenz und nicht in der ersten auftritt. Diese Frage wird von LAPLACE mühelos mit der Annahme geklärt, daß die Dichte der Materie und die Dichte des Caloricums nicht voneinander unabhängig sind, sondern daß als Folge des Strahlungsgleichgewichts zwischen ihnen eine Abhängigkeit der Form

$$\varrho c^2 = \Pi(u)$$

existieren muß, in der die rechte Seite nur noch von der Temperatur u abhängig ist. Mit dieser Annahme erhält LAPLACE schließlich

$$P \sim \varrho\Pi(u),$$

d. h. das richtige Ergebnis: Die Gleichung hat die Form des Gesetzes von GAY-LUSSAC, wenn wir mit LAPLACE die nur von der Temperatur abhängige Größe $\Pi(u)$ gleich der Temperatur selbst setzen *(Abbildung 4.5−8)*.

Die größte Leistung der Laplaceschen Theorie besteht in der Ableitung der Beziehung für die adiabatische Zustandsänderung

$$pV^\kappa = \text{const}$$

mit dem oben dargestellten Verfahren.

4.5.6 Der Carnot-Prozeß

Bei den Bemühungen um die Erhöhung des Wirkungsgrades von Wärmekraftmaschinen wurde − besonders von JAMES WATT *(Abbildungen 4.5−9a, b)* − die Notwendigkeit erkannt, Theorie und Praxis miteinander zu verbinden. Dieser Aufgabe sind auch die Untersuchungen von SADI CARNOT *(Abbildung 4.5−10)* gewidmet. CARNOT hat sich die Arbeitsweise von Wärmekraftmaschinen noch ähnlich der von Wasserkraftmaschinen vorgestellt, bei denen das (an sich nicht in Arbeit umwandelbare) Wasser aus einem Behälter mit einem hohen Wasserstand in einen anderen mit einem niedrigeren Wasserstand strömt und dabei mechanische Arbeit leistet. Bei den Wärmekraftmaschinen kann man sich den Wasserstand durch die Temperatur und die strömende Wassermenge durch den ebenfalls nicht umwandelbaren Wärmestoff ersetzt denken. Hält man sich an diese Analogie beim Berechnen des Wirkungsgrades von Dampfmaschinen, so ergibt sich

$$\eta = \frac{Q(T_1 - T_2)}{QT_1} = \frac{T_1 - T_2}{T_1} = 1 - \frac{T_2}{T_1}.$$

An diesem Beispiel werden sowohl der heuristische Wert von Analogieschlüssen als auch die Gefahren ihrer unkritischen Anwendung ersichtlich. Wenn wir nach *Abbildung 4.5−11* die Wirkungsweisen einer Wasserkraftmaschine, einer Wärmekraftmaschine und eines Gleichstrommotors vergleichen, dann sehen wir, daß die Arbeit in allen drei Fällen bei der Strömung von einem höheren Niveau (Potential) auf ein niedrigeres verrichtet wird. Dabei wird allerdings vorausgesetzt, daß die Elektrizitäts- und Wärmemengen wie auch die Wassermenge erhalten bleiben. Da sowohl bei Elektro- als auch bei Wasserkraftmaschinen die auf dem höheren Niveau pro Zeiteinheit einströmende Menge (Wasser bzw. elektrische Ladung) gleich der auf niedrigerem Niveau pro Zeiteinheit ausströmenden ist, ist für diese Maschinen die Analogie vollkommen. CARNOT hat jedoch irrtümlich auch die Wärmemenge als Erhaltungsgröße angesehen, während tatsächlich die aus einer Wärmekraftmaschine bei der niedrigeren Temperatur ausströmende Wärmemenge kleiner ist als die bei der hohen Temperatur einströmende. Die Differenzwärme wandelt sich in der Maschine in mechanische Arbeit um. Da sich weder ein Teil des Wassers noch der elektrischen Ladung in mechanische Arbeit umwandeln können, gilt die obige Aussage nicht für Wasser und elektrische Ladung.

An dieser Stelle wird sich vielleicht der Leser verwundert fragen, warum

gehörte; der Leiter der physikalischen Abteilung des Laboratoriums war *Laplace*). 1809−1832: Professor der Chemie an der École Polytechnique und Professor der Physik an der Sorbonne.

Mit seinem Namen verbinden sich zwei Gesetze: 1802 − Untersuchung der Ausdehnung der Gase bei konstantem Druck, wobei er die Beziehung

$$V = V_0[1 + \alpha(t - t_0)]$$

erhalten hat. Der Ausdehnungskoeffizient α in dieser Formel ist in sehr guter Näherung für alle Gase der gleiche; *Gay-Lussac* hat experimentell bei $t = 0\,°C$ den Näherungswert $\alpha = (1/267)$ K^{-1} erhalten [der genaue Wert ist $(1/273{,}15)$ K^{-1}].

1808: Veröffentlichung der Ergebnisse mehrjähriger Untersuchungen, nach denen sich die Volumina chemisch reagierender Gase zueinander und zum Volumen des gasförmigen Reaktionsprodukts wie (kleine) ganze Zahlen verhalten. Reagiert z. B. ein Volumenteil Wasserstoff mit einem Volumenteil Chlor, dann entstehen bei der Reaktion zwei Volumenteile Chlorwasserstoff: $H_2 + Cl_2 = 2\,HCl$. *Dalton* hat zur selben Zeit das Gesetz der einfachen und multiplen Proportionen aufgestellt, jedoch erst *Amadeo Avogadro* konnte die Ergebnisse von *Dalton* und *Gay-Lussac* zusammenfassen, da sich letztere gegenseitig nicht verstanden haben. *Avogadro* hat auf den Unterschied zwischen Atomen und Molekülen hingewiesen und das nach ihm benannte Gesetz formuliert.

Von Interesse sind auch die von *Gay-Lussac* 1804 gemeinsam mit *Biot* durchgeführten Ballonaufstiege zur Messung des magnetischen Feldes der Erde (Abbildung 4.4−31). Später ist *Gay-Lussac* dann allein bis zu einer Höhe von 7 000 m aufgestiegen, um Luftdruck und Temperatur zu messen und in unterschiedlichen Höhen Luftproben zu nehmen.

Ein wichtiges Ergebnis der vielseitigen Arbeiten von *Gay-Lussac* auf dem Gebiet der Chemie ist die Entdeckung des Elements Bor (gemeinsam mit *Thenard*).

Es soll noch erwähnt werden, daß *Jacques-Alexandre-César Charles* teils bereits vor *Gay-Lussac* teils gleichzeitig, aber unabhängig von ihm die Gesetze der Wärmeausdehnung der Gase gefunden hat.

Die Zusammenfassung der Gesetze von *Boyle-Mariotte* und *Gay-Lussac* liefert die Zustandsgleichung der idealen Gase, und nach Einführung der „absoluten" Temperatur $T = t + 273{,}15$ scheint die Formel $pV = RT$ für dieses Gesetz auf der Hand zu liegen. *Clapeyron* hat zwar der Zustandsgleichung schon diese Form gegeben, aber dennoch war der Weg noch lang, bis *W. Thomson (Lord Kelvin)* die nach ihm benannte thermodynamische Temperaturskale (1848) einführen konnte, die von den Eigenschaften der idealen Gase unabhängig ist. Drückt man im Avogadroschen Gesetz die von der Gasmasse M abhängige Konstante R durch M und die Molmasse M_0 aus, dann erhält die Zustandsgleichung die heute übliche Form

$$pV = \frac{M}{M_0} R_0 T$$

1874 *Mendelejew*; R_0 ist die universelle Gaskonstante:

$$R_0 = 8{,}3 \cdot 10^3 \text{ Ws (kmol)}^{-1} \text{ K}^{-1}$$

Abbildung 4.5—9a
JAMES WATT (1736—1819): Sohn eines wohlhabenden Zimmermanns. Konnte vor allem aus gesundheitlichen Gründen nicht an einer geregelten Schulausbildung teilnehmen. Hat 1757 in Glasgow eine der Universität angeschlossene mechanische Werkstatt eröffnet und hier neben seinen handwerklichen Fertigkeiten auch die theoretischen Kenntnisse erworben, die ihn aus einem Mechaniker zu einem Wissenschaftler gemacht haben. 1763 hat er mit der Reparatur eines im Besitz der Universität befindlichen Modells einer Newcomenschen Maschine begonnen. 1765: Erfindung des Kondensators für die Dampfmaschine. Der Zentrifugalregulator sowie ein Meßgerät zur Registrierung des Dampfdruckes im Zylinder sind ebenfalls seine Erfindungen. *Watt* hat in zweifacher Hinsicht Bedeutendes geleistet: Er hat die Dampfmaschine in eine leistungsfähige Form gebracht und ihr damit zu der Rolle verholfen, die sie im Verlaufe der Industriellen Revolution gespielt hat, gab aber auch den Anstoß für wissenschaftlich fundierte Untersuchungen zur Erhöhung des Wirkungsgrades, mit denen die Grundlagen der Thermodynamik gelegt wurden

Abbildung 4.5—9b
Watts Dampfmaschine

dann die von CARNOT angegebene Formel für den Wirkungsgrad richtig ist und wir auch heute noch diese Formel verwenden. Die Erklärung für diese Übereinstimmung ist einfach. Wird, wie oben dargelegt, eine Wärmekraftmaschine in einer bestimmten Zeit mit einer Wärmemenge Q_1 der Temperatur T_1 gespeist und die Wärmemenge Q_2 bei der Temperatur T_2 abgeführt, dann wird im Idealfall die Differenz $Q_1 - Q_2$ in Arbeit umgewandelt, und der Wirkungsgrad ergibt sich zu

$$\eta = \frac{Q_1 - Q_2}{Q_1} = 1 - \frac{Q_2}{Q_1}.$$

Heute wissen wir aber, daß für den von CARNOT untersuchten Kreisprozeß, den sogenannten Carnot-Prozeß,

$$\frac{Q_1}{T_1} = \frac{Q_2}{T_2}$$

gilt, was als

$$\frac{T_2}{T_1} = \frac{Q_2}{Q_1}$$

geschrieben werden kann. Folglich ist die von CARNOT unter Zuhilfenahme einer fehlerhaften Analogie abgeleitete Formel dennoch exakt richtig. Wie aus seinem Briefwechsel und seinen Aufzeichnungen hervorgeht, hat CARNOT später dann die Umformbarkeit von Wärme und mechanischer Arbeit ineinander geahnt. Sein zeitiger Tod hat ihn jedoch daran gehindert, den entscheidenden Schritt auf diesem Gebiet zu tun. Wie nahe CARNOT daran war, den Erhaltungssatz der Energie zu entdecken, beweist u. a. folgendes Zitat.

Man wird vielleicht hiergegen einwenden, daß, wenn auch das Perpetuum mobile als unmöglich für mechanische Wirkungen allein nachgewiesen ist, es möglicherweise dies nicht ist, wenn man die Wirkung der Wärme oder der Elektrizität benutzt; aber kann man sich für die Erscheinungen der Wärme oder der Elektrizität eine andere Ursache denken als irgendwelche Bewegungen der Körper und müssen diese nicht auch den Gesetzen der Mechanik unterworfen sein? Weiß man denn übrigens nicht a posteriori, daß alle Versuche, das Perpetuum mobile durch irgend welche beliebige Mittel hervorzubringen, unfruchtbar geblieben sind? daß man niemals dazu gelangt, ein wirkliches Perpetuum mobile herzustellen, d. h. eine Bewegung, welche sich unaufhörlich ohne Änderung der benutzten Körper fortsetzt?

Man hat gelegentlich den elektromotorischen Apparat (die Voltasche Säule) als fähig angesehen, ein Perpetuum mobile hervorzubringen; man hat diese Idee durch die Herstellung trockener Säulen auszuführen versucht, die man als unveränderlich ansah. Was man aber auch getan haben mag, schließlich hat der Apparat immer eine merkliche Zerstörung erfahren, wenn man seine Wirkung über eine gewisse Zeit hinaus mit einiger Energie unterhalten hat.

Der allgemeine und philosophische Begriff des Perpetuum mobile enthält nicht nur die Vorstellung einer Bewegung, welche sich nach dem ersten Anstoß ins Unbegrenzte fortsetzt, sondern auch die der Wirkung irgendeiner Vorrichtung oder Zusammensetzung, welche fähig ist, bewegende Kraft in unbegrenzter Menge zu erschaffen, fähig also, sämtliche Körper der Natur, wenn sie sich in Ruhe befinden, nacheinander in Bewegung zu setzen und damit das Prinzip der Trägheit aufzuheben, fähig endlich, aus sich selbst die Kräfte zu schöpfen, um schließlich das ganze Weltall in Bewegung zu setzen, es darin zu erhalten und unausgesetzt zu beschleunigen. Dies wäre eine wirkliche Erschaffung von bewegender Kraft. Wäre eine solche möglich, so wäre es überflüssig, die bewegende Kraft in den Strömungen des Wassers und der Luft, in den Brennmaterialien zu suchen; wir hätten eine unversiegbare Quelle derselben, aus der wir nach Belieben schöpfen könnten.

CARNOT: *Betrachtungen über die bewegende Kraft des Feuers.* Ostwald: *Die Energie.* S. 74ff.

4.5.7 Die kinetische Theorie der Wärme: die ersten Schritte

Mit den im vorigen Abschnitt erwähnten Aussagen hatte die Wärmestofftheorie die Grenzen ihrer Leistungsfähigkeit erreicht. In der ersten Hälfte des 19. Jahrhunderts diente sie zwar noch immer als Ausgangspunkt für wärmephysikalische Untersuchungen, ihre erfolgreichsten Anhänger wie CARNOT und LAPLACE zogen jedoch bereits die Möglichkeit in Betracht, daß die Wärme eine Bewegungsform der Materieteilchen ist. Die Schwierigkeit bestand nur darin, daß sie von dieser Vorstellung ausgehend nicht zu quantitativen Gesetzen gelangen konnten.

Wie wir bereits oben erwähnten, ist die kinetische Theorie älteren Ursprungs. Bereits BACON (Kapitel 3.4) hatte die bestimmte Vorstellung geäußert, daß zwischen Wärme und Bewegung ein enger Zusammenhang existieren müsse. Während des gesamten 18. Jahrhunderts wurde diese Auffassung allgemein akzeptiert. Die quantitative Formulierung der Theorie wurde jedoch erst von der „Baseler Schule" in Angriff genommen. JAKOB HERMANN (1678–1733) stellte bereits im Jahre 1716 — allerdings ohne jede Begründung — fest, daß die Wärme zur Dichte des Körpers und zum Quadrat der Bewegung proportional sei. Wie noch auf so vielen anderen Gebieten hat EULER auch hier Pionierarbeit geleistet; er gelangte zu dem Zahlenwert für die Teilchengeschwindigkeit $v \approx 477 \, \text{ms}^{-1}$. Im Jahre 1738 hat dann DANIEL BERNOULLI in seinen Arbeiten zur Hydrodynamik den Zusammenhang

$$p \sim nmv^2$$

abgeleitet, wobei er von Annahmen ausging, die denen der heutigen elementaren kinetischen Gastheorie sehr ähnlich sind. Die *Abbildung 4.5–12* ist seinem Buch entnommen worden. Nach BERNOULLI wird der Gasdruck letztlich durch Stöße der geradlinig hin und her fliegenden Teilchen hervorgerufen. Wie in der Abbildung zu sehen ist, stellte sich BERNOULLI die Teilchen nicht als geometrisch regelmäßige und gleichgeformte Körper vor. Die quantitativen Untersuchungen BERNOULLIS fanden zunächst jedoch keine Resonanz und gerieten für fast 100 Jahre in Vergessenheit. Das erste Mal begegnen wir BERNOULLIS Ideen 1816 bei JOHN HERAPATH (1790–1868) wieder, der allerdings keinen Schritt weiterkam und sogar im Widerspruch zu BERNOULLI die Temperatur fälschlich mit dem Teilchenimpuls in Verbindung gebracht hat. So war es seinen Gegnern, unter denen auch eine solche Autorität wie DAVY war, ein leichtes, seine Behauptungen abzutun.

Ein wesentlicher Fortschritt wurde mit der Anfang der vierziger Jahre von JOHN JAMES WATERSTON (1811–1883) abgeleiteten Theorie erzielt. Das Schicksal von WATERSTONS Untersuchungen ist sehr lehrreich. Als ein in der physikalischen Fachwelt unbekannter Anfänger hatte er seine Arbeit von Bombay aus der Royal Society zugesandt. Der Artikel wurde zur Beurteilung zwei anerkannten Fachleuten übergeben. Von diesen fand nur der eine verhältnismäßig anerkennende Worte in seinem im übrigen ablehnenden Gutachten, während der andere die gesamte Arbeit für reinen Unsinn erklärte *(Zitat 4.5–8)*.

Die Arbeit und auch die Person WATERSTONS wären wohl endgültig in Vergessenheit geraten, wenn es ihm nicht gelungen wäre, selbst einen kurzen Auszug aus seiner Arbeit veröffentlichen zu lassen und wenn andererseits LORD RAYLEIGH nicht im Jahre 1891 das Originalmanuskript im Archiv der Royal Society entdeckt hätte. Auf diese Weise ist WATERSTONS Artikel mit einer Verspätung von einem halben Jahrhundert doch noch in der Zeitschrift der Royal Society erschienen. Im Zusammenhang damit ist der folgende Rat LORD RAYLEIGHS für junge Physiker besonders bemerkenswert: Sie sollten, um ihren Arbeiten ein ähnliches Schicksal zu ersparen, diese nur dann einer wissenschaftlichen Gesellschaft zusenden, wenn in ihnen nicht zu viele neue Gedanken erhalten seien. Außerdem wäre es klüger, sich vorerst mit leicht beurteilbaren Ausführungen zu einem allgemein akzeptierten Thema Anerkennung zu verschaffen. All dies war von LORD RAYLEIGH völlig ernst gemeint...

Abbildung 4.5–10
SADI NICOLAS LEONARD CARNOT (1796–1832): Ingenieuroffizier. Hat auf der Flucht vor den Bourbonen 1821 seine berühmte Arbeit „*Réflexion sur la puissance motrice de feu et sur les machines propres à dévelloper cette puissance*" geschrieben (1824 in Paris erschienen). *Carnot* setzt in dieser Arbeit die Existenz eines Wärmestoffes *(caloricum)* voraus; aus den kurz vor seinem Tode gemachten Aufzeichnungen geht jedoch hervor, daß er die kinetische Theorie bereits als mögliche Alternative erkannt hatte. In seinen Darlegungen sind auch Grundlagen für die Formulierung des Energieerhaltungssatzes enthalten

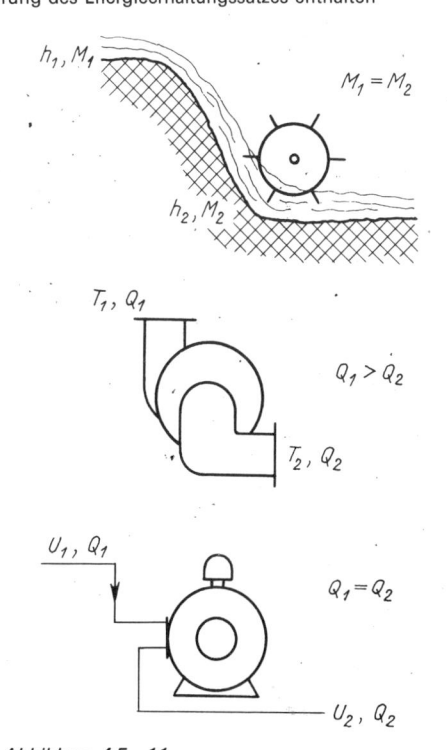

Abbildung 4.5–11
Die Arbeitsleistung einer Wasserkraftmaschine, einer Wärmekraftmaschine und eines Gleichstromelektromotors. Für den Wirkungsgrad ergibt sich zwar aus den Analogiebetrachtungen ein richtiges Ergebnis, aber die Analogie ist für den Fall der

Wärmekraftmaschine völlig falsch, da sich die Größe der Wärmemenge beim Strömen vom höheren Niveau zum niedrigeren verändert.

Diese Tatsache wurde aber erst von *Joule* erkannt; *Carnot* schreibt noch:

> Mit Recht können wir also die bewegende Kraft der Wärme mit der eines Wasserfalles vergleichen. Die bewegende Kraft dieses letzteren hängt von der Höhe und von der Quantität der Flüssigkeit ab: Die bewegende Kraft der Wärme hängt von der angewandten Quantität des Caloricums, und – was eben auch Fallhöhe genannt werden könnte – von der Temperaturdifferenz ab, welche zwischen den wärmeaustauschenden Körpern besteht

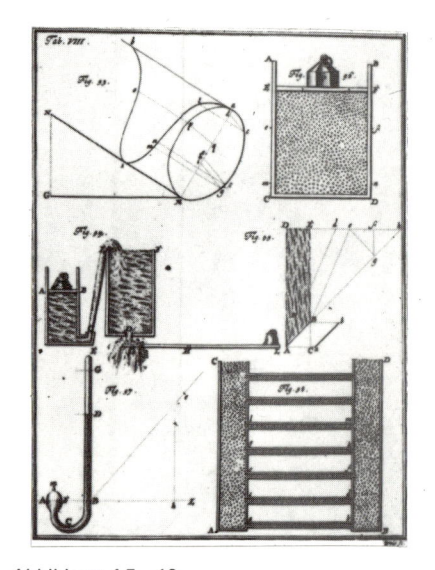

Abbildung 4.5–12
Eine Zeichnung von *Daniel Bernoulli* zur kinetischen Theorie der Gase (Fig. 96)
Gedenkbibliothek der Technischen Universität für Schwerindustrie, Miskolc

Zitat 4.5–8
Es ist sehr schwer, sich in die Lage eines Lektors im Jahre 1845 hineinzuversetzen, aber man kann verstehen, daß ihm der Inhalt des Artikels allzu spekulativ vorkommen mußte und daß auch sein mathematischer Stil nicht ansprechend war. Trotzdem nimmt es wunder, einen Rezensenten zu treffen, nach dem „der ganze Artikel reiner Unsinn ist, selbst dazu ungeeignet, der Gesellschaft vorgelesen zu werden." – Ein anderer bemerkt: ... die ganze Untersuchung beruht – wie der Verfasser selber zugibt – auf einem völlig hypothetischen Prinzip, aus dem er die mathematische Behandlung der Phänomene elastischer Stoffe abzuleiten beabsichtigt. Der Verfasser bekundet eine große Geschicklichkeit, und die Übereinstimmung mit den allgemeinen Tatsachen sowie den numerischen Ergebnissen der Beobachtungen ist eine sehr gute. Das Originalprinzip selber beruht auf einer Annahme, die mir nicht akzeptabel erscheint und die keineswegs als befriedigende Grundlage einer mathematischen Theorie dienen kann. Nach dieser Annahme ist es möglich, die Elastizität eines Stoffes derart zu bestimmen, daß man eine lotrechte Bewegung seiner Moleküle und andauernde Stöße ihrerseits gegen die begrenzende, elastische Fläche postuliert.

... Untersuchungen, die zu einem hohen Grade spekulativer Art sind, werden – besonders von unbekannten Autoren – der Welt am besten über andere Kanäle unterbreitet, als es wissenschaftliche Gesellschaften sind. ...

... Ein junger Autor, der sich zu großen Dingen berufen fühlt, tut gewöhnlich gut daran, sich durch Arbeit auf begrenzten Gebieten, deren Wert

Im *Zitat 4.5–9* ist der die Theorie WATERSTONS zusammenfassende Artikel nahezu vollständig wiedergegeben. Die „eigenartige Theorie" dieses Autors entspricht völlig unseren heutigen Vorstellungen. Als das wichtigste Ergebnis WATERSTONS können wir ansehen, daß es ihm unter anderem gelungen ist, die von der älteren kinetischen Theorie erzielten Ergebnisse genauer herzuleiten. Darüber hinaus hat er als erster den Gleichverteilungssatz der Energie (Äquipartitionstheorem) für einen Spezialfall formuliert. Danach haben die Atome zweier Gase gleicher Temperatur die gleiche mittlere kinetische Energie. Über die Rolle des Gleichverteilungssatzes wird weiter unten bei der Behandlung der klassischen statistischen Theorie noch zu reden sein. Hier wollen wir nur anmerken, daß von WATERSTON zum ersten Mal eine Antwort auf die Frage BLACKS gegeben werden konnte, warum aus der kinetischen Theorie nicht notwendigerweise eine Proportionalität zwischen der spezifischen Wärme und der Dichte eines Körpers folgt.

Wir können nun recht gut verstehen, warum WATERSTON keinerlei Einfluß auf die Weiterentwicklung der kinetischen Theorie genommen hat. Nicht in England, sondern in Deutschland kommt es ein Jahrzehnt später zu einer Weiterentwicklung, oder genauer, zu einem Neubeginn auf einem etwas niedrigeren Niveau.

4.5.8 Der Energieerhaltungssatz

Inzwischen war jedoch Anfang der vierziger Jahre die Zeit reif geworden für die Entdeckung des Satzes von der Erhaltung der Energie.

Die Entdeckung des Energieerhaltungssatzes wird gewöhnlich mit drei Namen verbunden: JULIUS ROBERT MAYER (1814–1878), JAMES PRESCOTT JOULE (1818–1889) und HERMANN VON HELMHOLTZ (1821–1894) *(Abbildungen 4.5–13 – 4.5–15)*. Wir müssen jedoch hinzufügen, daß auch sehr viele andere Forscher gleichen Gedanken nachgegangen sind. So hat sich JUSTUS LIEBIG mit der Rolle der Wärmeenergie in der Chemie sowie den energetischen Aspekten der Lebensvorgänge auseinandergesetzt.

Auch ROBERT MAYER wurde durch ein physiologisches Phänomen zu seinen Untersuchungen angeregt: Als Schiffsarzt war ihm aufgefallen, daß das venöse Blut der Matrosen bei Untersuchungen in den Tropen eine mehr hellrote Färbung aufweist im Gegensatz zu Untersuchungen unter dem rauheren heimatlichen Klima. Er hat daraus den richtigen Schluß gezogen, daß in den Tropen die Oxydationsprozesse im Organismus weniger intensiv ablaufen, weil ein Teil der vom Körper benötigten Wärme von der Umwelt bereitgestellt wird. Seine 1842 erschienene Arbeit *Bemerkungen über die Kräfte der unbelebten Natur* steht sehr stark unter dem Einfluß der Naturphilosophie, und es nimmt uns nicht wunder, daß sie von der damals führenden physikalischen Fachzeitschrift, den *Annalen der Physik*, nicht zur Veröffentlichung angenommen wurde. Schließlich hat LIEBIG den Artikel in der Zeitschrift *Annalen der Chemie* untergebracht. Lesen wir die Einleitung zu dieser Arbeit *(Zitat 4.5–10)*, so verstehen wir das Unbehagen der Physiker über die Argumentation, bei der zur Stützung jeder Behauptung die These *causa aequat effectum* herangezogen wird, nach der die Ursache der Wirkung gleichzusetzen ist. Ähnlicher Art ist die Plausibilitätsbetrachtung, mit der ROBERT MAYER den Temperaturanstieg eines im Schwerefeld der Erde herabfallenden Körpers zu erklären versucht. Er geht davon aus, daß erfahrungsgemäß beim Zusammendrücken eines Körpers, d. h. bei einer Verminderung seines Volumens, Wärme entwickelt wird. Fällt nun ein Stein aus einer bestimmten Höhe herunter und trifft auf die Erde auf, so nimmt das Volumen des Gesamtsystems „Erde + Stein" ab, und es ergibt sich ein Temperaturanstieg...

Am Ende des Artikels wirft ROBERT MAYER für den Leser beinahe überraschend die berechtigte Frage auf, wie groß die Temperaturerhöhung eines aus einer bestimmten Höhe herunterfallenden Körpers ist. Gesucht ist die dazu notwendige Fallhöhe eines Körpers, um eine Temperaturerhöhung von einem Grad zu erzielen. Obwohl ROBERT MAYER diesen Versuch nicht ausgeführt hat, gibt er eine Antwort auf diese Frage: Aus dem Verhältnis der spezifischen Wärmen der Gase bei konstantem Druck und bei konstantem Volumen erhält er für das mechanische Wärmeäquivalent einen Zahlenwert von ungefähr 360 kpm. Dieser weicht zwar stark von dem von JOULE gemessenen und auch heute noch als richtig anerkannten Wert 425 kpm ab, hat aber die richtige Größenordnung und wird aus einem richtigen theoretischen Ansatz gewonnen.

JOULE hat bereits 1841 das nach ihm benannte Gesetz über die Wärmeentwicklung beim Fließen eines elektrischen Stromes veröffentlicht, wonach die erzeugte Wärme dem Quadrat der Stromstärke, dem Widerstand und der Zeit proportional ist:

$$Q \sim I^2 R t.$$

Seine grundlegende Arbeit zum Energieerhaltungssatz ist 1845 unter dem Titel *On the Existence of an Equivalent Relation between Heat and the Ordinary Forms of Mechanical Power* erschienen. Die Darstellung des Meßverfahrens und der Meßanordnung gehört heute zum Lehrstoff der Oberschulen im Fach Physik *(Abbildung 4.5 – 14a)*. Die potentielle Energie eines Körpers mit einem gegebenen Gewicht wird über ein Flüssigkeitsrührwerk in Wärme umgesetzt. Die Messung muß natürlich mit großer Sorgfalt ausgeführt werden. JOULES erste Messungen haben zwar noch nicht die heute als richtig angesehenen Werte geliefert, mit einer Verfeinerung des Meßverfahrens, einer Ausschaltung der Fehlerquellen bzw. einer Berücksichtigung der Fehler konnte er jedoch dann das mechanische Wärmeäquivalent zu

leicht zu beurteilen ist, eine günstige Aufnahme seitens der wissenschaftlichen Welt zu sichern, bevor er sich auf Höhenflüge begibt. ...
LORD RAYLEIGHS Einführung zu einem Artikel von J. J. WATERSTON: *On the Physics of Media that are Composed of Free and Perfectly Elastic Molecules in a State of Motion.* Phil. Trans. 183 (1892)

Abbildung 4.5 – 13
JULIUS ROBERT MAYER (1814–1878): seine während des Dienstes als Schiffsarzt 1840 in Surabaya (Java) ausgeführten Beobachtungen der Färbung des Blutes haben den Anstoß zur Formulierung des Energieerhaltungssatzes gegeben. Die Veröffentlichung seiner Arbeit wird 1841 von den Annalen der Physik abgelehnt, so daß sie erst 1842 in den Annalen der Chemie unter dem Titel *Bemerkungen über die Kräfte der unbelebten Natur* erscheinen konnte. 1845 hat Mayer bereits ausführlich und auch für die heutigen Physiker überzeugend das Verhältnis der Ausdehnungsarbeit der Gase zu der ihnen mitgeteilten Wärmemenge untersucht. 1848 hat er die Vermutung geäußert, daß die Wärme der Sonne von der kinetischen und der Gravitationsenergie der auftreffenden Meteore herrührt. Als dann schließlich die Mehrheit der Physiker von der Gültigkeit des Energieerhaltungssatzes überzeugt war, wurden als dessen Entdecker *Joule* und *Helmholtz* genannt. *Mayer* hat sehr lange vergeblich um die Anerkennung seiner Verdienste gekämpft. Schließlich hat aber *Tyndall* 1862 in einem Vortrag an der Royal Institution die Meinung vertreten, daß *Robert Mayer* der erste Platz unter den Entdeckern des Energieerhaltungssatzes gebührt

Abbildung 4.5 – 14a
Die Versuchsanordnung von *Joule* zur Bestimmung des mechanischen Wärmeäquivalents

Zitat 4.5 – 9
Der Verfasser leitet die thermischen und elastischen Eigenschaften der Gase aus einer eigenartigen Theorie ab, wonach die Wärme aus der kleinen, aber sehr schnellen Bewegung der stofflichen Teilchen besteht. Er stellt sich vor, daß die Atome des Gases vollkommen elastisch sind und sich in ständiger Bewegung befinden, wobei diese dadurch auf endliche Teile des Raumes begrenzt wird, daß Zusammenstöße der Atome miteinander und mit den Teilchen der umgebenden Körper erfolgen. Die *vis viva* dieser Bewegung in einer gewissen Gasmenge stellt den Wärmeinhalt der betreffenden Gasmenge dar.

Er zeigt weiter, daß als Ergebnis dieses Bewegungszustandes das Gas eine Elastizität besitzt, die proportional ist zum mittleren Quadrat der molekularen Bewegungsgeschwindigkeiten sowie zur Masse der Atome im Einheitsvolumen – m.a.W. zur Dichte des Mittels. Diese Elastizität in einem bestimmten Gas ist ein Maß für seine Temperatur.

Ein Gleichgewicht bezüglich der Drücke und Temperaturen zwischen zwei Gasen besteht, wenn die Zahl der Atome im Einheitsvolumen dieselbe und die *vis viva* der einzelnen Atome ebenfalls gleich ist. Die Temperatur in jedem Gase ist also proportional zur Masse der einzelnen Atome, multipliziert mit dem quadratischen Mittel der Geschwindigkeiten der molekularen Bewegung, vorausgesetzt, sie wird von einem absoluten Nullpunkt gemessen, der 491° [wahrscheinlich Druckfehler, statt 461°] unter dem Nullpunkt der Fahrenheit-Skala liegt.

Wird das Gas komprimiert, so wird die dazu erforderliche mechanische Arbeit auf die Moleküle übertragen und erhöht somit ihre *vis viva;* und umgekehrt: es wird bei einer Expansion des Gases mechanische Arbeit auf Kosten der *vis viva* geleistet.

J. J. WATERSTON: *On a General Theory of Gases.* Rep. Brit. Assn. Adv. Sc. 1851. [4.3]

Abbildung 4.5–14b
JAMES PRESCOTT JOULE (1818–1889): Besitzer einer Bierbrauerei, vielleicht der letzte Autodidakt, der einen wesentlichen Beitrag zur Weiterentwicklung der Wissenschaften geleistet hat. Seine Stärke lag in einer ausgefeilten Meßtechnik. In Anerkennung seiner wissenschaftlichen Leistungen wurde er Präsident der Literary and Philosophical Society in Manchester. 1840 stellte er die Gesetzmäßigkeiten der Wärmeentwicklung durch einen elektrischen Strom auf. 1843: Messung des Wärmeäquivalents der mechanischen Arbeit. Er hat drei Jahrzehnte hindurch die für die Energieumwandlung charakteristischen Zahlenwerte mit verschiedenen Verfahren bestimmt; diese Untersuchungen haben entscheidend zur allgemeinen Anerkennung des Energiebegriffs und des Energieerhaltungssatzes beigetragen. Die auf das Jahr 1847 zurückgehende Freundschaft mit *Thomson* (später *Lord Kelvin*) hat seine Arbeiten sehr befruchtet (Joule-Thomson-Effekt)

1 kcal = 424 kpm bestimmen. Dieser Wert entspricht dem heute verwendeten oder kommt ihm doch sehr nahe.

Die Arbeit von HELMHOLTZ zur Energieerhaltung ist 1847 unter dem Titel *Über die Erhaltung der Kraft* erschienen. Obwohl auch HELMHOLTZ' Stil den Einfluß der romantischen Naturphilosophie erkennen läßt, sind seine Ausführungen doch schon vollkommen im Sinne der Physiker unserer Tage angelegt.

Wegen der Wichtigkeit des Energieerhaltungssatzes lohnt es sich, die Erinnerungen der unmitelbar an der Entdeckung Beteiligten zu lesen, wobei wir hier vor allem an den nüchternen, realistischen und in den Traditionen des englischen Empirismus erzogenen JOULE denken. Aus seinen im Jahre 1850 geschriebenen Erinnerungen erfahren wir, daß auch JOULE die Zeit als reif angesehen hatte, zu einer Formulierung des Energieerhaltungssatzes zu kommen. Trotzdem wurde dieser Satz von den Gelehrten dieser Zeit nur sehr zögernd akzeptiert. Der erste Bericht JOULES wäre wohl völlig unbeachtet geblieben, wenn nicht wenigstens ein Physiker – zwar mit etwas Skepsis, aber dennoch die Wichtigkeit der Entdeckung ahnend – auf ihn aufmerksam geworden wäre: WILLIAM THOMSON, der spätere LORD KELVIN (*Zitat 4.5–11*).

4.5.9 Die kinetische Theorie der Gase

Nach der Entdeckung des Erhaltungssatzes der Energie rückte die kinetische Theorie der Materie, zunächst in der Form einer kinetischen Theorie der Gase, in den Blickpunkt des Interesses. Genaugenommen wurde diese Theorie nur wiederentdeckt, und ihrer allgemeinen Anerkennung stand nun nichts mehr im Wege. Auf HERAPATH verweisend hat JOULE schon 1848 versucht, die Geschwindigkeit einer Wasserstoffmolekel und die spezifische Wärme eines Gases bei konstantem Volumen zu berechnen. Seine 1851 erschienene Arbeit hat kein sonderliches Aufsehen erregt.

Es ist das Verdienst von AUGUST KARL KRÖNIG (1822–1879), zum entscheidenden Durchbruch auf diesem Gebiet angeregt zu haben. Obwohl seine 1856 erschienene kurze Arbeit keine neuen Gedanken enthält, hat sie doch als gewichtige Meinungsäußerung eines bekannten Professors die ohnehin fällige Weiterentwicklung der Theorie förderlich beeinflußt. Von diesem Zeitpunkt an haben sich die makroskopische Thermodynamik, die kinetische Gastheorie bzw. die klassische Statistik in ihrer Entwicklung gegenseitig gefördert und ergänzt. Zu wesentlichen Fortschritten haben Physiker wie RUDOLF CLAUSIUS (*Abbildung 4.5–16*), J. C. MAXWELL, der später als LORD KELVIN bekannt gewordene WILLIAM THOMSON (*Abbildung 4.5–17*) und LUDWIG BOLTZMANN (*Abbildung 4.5–18*) beigetragen, wobei wir hier nur die wichtigsten Namen erwähnt haben.

Es ist das Verdienst von R. CLAUSIUS, den Grundstein sowohl der makroskopischen als auch der mikroskopischen Theorie gelegt zu haben. In seiner 1857 in den *Annalen der Physik* erschienenen Arbeit *Über die Art der Bewegung, welche wir Wärme nennen* leitet er die Zustandsgleichung

$$pv = \frac{n\,m\,u^2}{3}$$

ab, wobei u^2 der Mittelwert des Geschwindigkeitsquadrates der Molekeln ist. Die Herleitung entspricht der in unseren heutigen Lehrbüchern der Theoretischen Physik üblichen. CLAUSIUS stellt fest, daß der Gasdruck von der Energie der Translationsbewegung der Molekeln abhängt. Die Translationsenergie ist ein Teil der inneren Energie des Gases, zu der auch andere Energien beitragen können. So nimmt mit zunehmender Komplexität der Molekeln der von den Schwingungsbewegungen der Atome innerhalb der Molekeln herrührende Energiebeitrag zu. Für das Verhältnis der kinetischen Energie der Translationsbewegung zur gesamten kinetischen Energie wurde von CLAUSIUS die Beziehung

$$\frac{3}{2}\frac{\gamma' - \gamma}{\gamma}$$

abgeleitet, wobei γ' die spezifische (auf die Volumeneinheit bezogene) Wärme des Gases bei konstantem Volumen und γ die spezifische Wärme bei konstantem Druck ist.

CLAUSIUS hat außerdem den Begriff der freien Weglänge in die Theorie eingeführt und den scheinbaren Widerspruch zwischen den außerordentlich hohen Geschwindigkeiten der Gasteilchen (für Wasserstoff 1800 ms^{-1}) und der geringen Diffusionsgeschwindigkeit gelöst.

Für MAXWELL war die kinetische Gastheorie eine interessante „Übungsaufgabe in der Mechanik". MAXWELL schreibt in einem seiner Briefe, daß es sich unabhängig von den Fragestellungen der kinetischen Theorie der Gase zu untersuchen lohnt, wie sich eine große Zahl von elastischen und nur durch Stoßprozesse aufeinander einwirkenden Kugeln verhält. Das Hauptergebnis seiner 1860 erschienenen Arbeit ist die Ableitung der nach ihm benannten Geschwindigkeitsverteilungsfunktion. Mit ihr kann die Zahl der Teilchen mit Geschwindigkeiten im Intervall zwischen v und $v+\mathrm{d}v$ *(Abbildung 4.5−19)* zu

$$\frac{\mathrm{d}N}{N} = \frac{4}{\alpha^3 \sqrt{\pi}} v^2 \mathrm{e}^{-\frac{v^2}{\alpha^2}} \mathrm{d}v$$

bestimmt werden. In dieser Beziehung ist α^2 gemäß

$$\overline{v^2} = \frac{3}{2}\alpha^2$$

eine zum Mittelwert des Geschwindigkeitsquadrates proportionale Größe.

Wichtig ist auch MAXWELLS Feststellung, daß für Gasgemische im thermodynamischen Gleichgewicht jede beliebige Molekel die gleiche mittlere kinetische Energie besitzt (Äquipartitionstheorem = Gleichverteilungssatz). Dieses Prinzip wurde von MAXWELL noch in derselben Arbeit verallgemeinert: Auf jeden Freiheitsgrad der Gaspartikel kommt die gleiche Energie.

Genau dieselbe mittlere Energie entfällt aber auch zusätzlich auf jeden Freiheitsgrad, der mit einer potentiellen Energie verbunden ist. Diese mittlere Energie beträgt $(1/2)kT$, wobei

$$k = 1{,}38 \cdot 10^{-23} \, \mathrm{JK}^{-1} = 1{,}38 \cdot 10^{-16} \, \mathrm{ergK}^{-1}$$

eine der universellen Konstanten der Physik (die Boltzmann-Konstante) bedeutet.

MAXWELL lenkt dann die Aufmerksamkeit auf die Tatsache, daß die Abweichungen der experimentellen Werte der spezifischen Wärme von den unter Zugrundelegung des Gleichverteilungssatzes berechneten nicht durch Meßfehler erklärt werden können *(Abbildung 4.5−20)*.

Im Jahre 1866 hat MAXWELL dann den allgemeinen, für das Spätere bedeutsamen Zusammenhang

$$\frac{c_p}{c_v} = \frac{f+2}{f}$$

hergeleitet (f ist die Zahl der Freiheitsgrade der Gasmolekeln).

4.5.10 Der zweite Hauptsatz der Wärmelehre

Wenden wir uns nun wieder CLAUSIUS und der makroskopischen Thermodynamik zu. CLAUSIUS mußte feststellen, daß zur Erklärung der thermodynamischen Erscheinungen die Erkenntnis von der Äquivalenz der Größen Arbeit und Wärme oder − allgemeiner formuliert − der Erhaltungssatz der Energie nicht ausreicht und daß noch ein weiterer Satz formuliert werden muß. Als Ausgangspunkt benutzte er 1854 das Axiom, daß die Wärme nicht von sich aus von einem kälteren auf einen wärmeren Körper übergeht. Dieses Axiom ist eine allgemeinverständliche Formulierung des zweiten Hauptsatzes der Thermodynamik *(Abbildung 4.5−21a)*. Ein anderes, diesem gleichwertiges Axiom ist: Es ist unmöglich, ein Perpetuum mobile zweiter Art zu konstruieren, wobei wir unter einem Perpetuum mobile zweiter Art eine Vorrichtung verstehen, die zwar den Energieerhaltungssatz nicht verletzt, jedoch Wärme vollständig (mit einem Wirkungsgrad von 100%) in mechanische Arbeit umwandelt *(Abbildung 4.5−21b)*.

Mit der Definition der Größe Entropie (1865) ist es CLAUSIUS gelungen, auch den zweiten Hauptsatz der Thermodynamik mathematisch zu formulieren. Zunächst stellte er fest, daß für einen beliebigen reversibel (umkehrbar) durchlaufenen Kreisprozeß

$$\oint \frac{\mathrm{d}Q}{T} = 0$$

Abbildung 4.5−15
HERMANN VON HELMHOLTZ (1821−1894): hat seine Laufbahn als Militärarzt begonnen. Ein Teil seiner wissenschaftlichen Arbeiten fällt in das Gebiet der Physiologie: 1851 hat er die Fortpflanzungsgeschwindigkeit des Nervenreizes bestimmt. 1871: Professor an der Universität Berlin. Seine Arbeiten haben sich nahezu auf das gesamte Gebiet der Physik erstreckt. 1847: Formulierung des Energieerhaltungssatzes in einer Form, die unserer physikalischen Denkweise am nächsten steht. 1859: Aufstellung der nach ihm benannten hydrodynamischen Wirbelsätze (auf diesen Wirbelsätzen baut das Vortex−Atommodell von *J. J. Thomson* auf). Obwohl selbst kein Anhänger der Atomtheorie, hat er doch 1881 betont, daß aus einer atomaren Struktur der Materie auch eine atomare Struktur der Elektrizität folgt. *Helmholtz* hat in der zweiten Hälfte des 19. Jahrhunderts eine überragende Rolle beim Ausbau des Hochschulwesens und bei der Entwicklung des wissenschaftlichen Lebens in Deutschland gespielt. Viele deutsche Wissenschaftler des beginnenden 20. Jahrhunderts haben *Helmholtz* als ihren geistigen Vater angesehen

Zitat 4.5−10
Kräfte sind Ursachen; mithin findet auf dieselben volle Anwendung der Grundsatz: *causa aequat effectum*. Hat die Ursache c die Wirkung e, so ist c=e; ist e wieder die Ursache einer andern Wirkung f, so ist e=f, usf. c=e=f...=c. In einer Kette von Ursachen und Wirkungen kann, wie aus der Natur einer Gleichung erhellt, nie ein Glied oder ein Teil eines Gliedes zu Null werden. Diese erste Eigenschaft aller Ursachen nennen wir ihre *Unzerstörlichkeit*.

Hat die gegebene Ursache c eine ihr gleiche Wirkung e hervorgebracht, so hat eben damit c zu sein aufgehört; c ist zu e geworden; wäre nach der Hervorbringung von e c ganz oder einem Teile nach noch übrig, so müßte dieser rückbleibenden Ursache noch weitere Wirkung entsprechen, die Wirkung von c überhaupt also > e ausfallen, was gegen die Voraussetzung c = e. Da mithin c in e, e in f usw. übergeht, so müssen wir diese Größen als verschiedene Erscheinungsformen eines und desselben Objektes betrachten. Die Fähigkeit, verschiedene Formen annehmen zu können, ist die zweite wesentliche Eigenschaft aller Ursachen. Beide Eigenschaften zusammengefaßt, sagen wir: Ursachen sind (quantitativ) *unzerstörliche* und (qualitativ) *wandelbare Objekte*.

Zwei Abteilungen von Ursachen finden sich in der Natur vor, zwischen denen erfahrungsmäßig keine Übergänge stattfinden. Die eine Abteilung bilden die Ursachen, denen die Eigenschaft der Ponderabilität und Impenetrabilität zukommt, — Materien; die andre die Ursachen, denen letztere Eigenschaften fehlen, — Kräfte, von der bezeichnenden negativen Eigenschaft auch Imponderabilien genannt. Kräfte sind also: *unzerstörliche, wandelbare, imponderable Objekte.*

Ist es nun ausgemacht, daß für die verschwindende Bewegung in vielen Fällen *(exceptio confirmat regulam)* keine andre Wirkung gefunden werden kann als die Wärme, für die entstandene Wärme keine andre Ursache als die Bewegung, so ziehen wir die Annahme, Wärme entsteht aus Bewegung, der Annahme einer Ursache ohne Wirkung und einer Wirkung ohne Ursache vor, wie der Chemiker statt H und O ohne Nachfrage verschwinden und Wasser auf unerklärte Weise entstehen zu lassen einen Zusammenhang zwischen H und O einer- und Wasser anderseits statuiert.

Den natürlichen, zwischen Fallkraft, Bewegung und Wärme bestehenden Zusammenhang können wir uns auf folgende Weise anschaulich machen. Wir wissen, daß Wärme zum Vorschein kommt, wenn die einzelnen Massenteile eines Körpers sich näher rücken; Verdichtung erzeugt Wärme; was nun für die kleinsten Massenteile und die kleinsten Zwischenräume gilt, muß wohl auch seine Anwendung auf große Massen und meßbare Räume finden. Das Herabsinken einer Last ist eine wirkliche Volumensverminderung des Erdkörpers, muß also gewiß mit der dabei sich zeigenden Wärme im Zusammenhange stehen; diese Wärme wird der Größe der Last und ihrem (ursprünglichen) Abstande genau proportional sein müssen. Von dieser Betrachtung wird man ganz einfach zu der besprochenen Gleichung von Fallkraft, Bewegung und Wärme geführt...

Wir schließen unsere Thesen, welche sich mit Notwendigkeit aus dem Grundsatze *causa aequat effectum* ergeben und mit allen Naturerscheinungen im vollkommenen Einklang stehen, mit einer praktischen Folgerung.

... wir müssen ausfindig machen, wie hoch ein bestimmtes Gewicht über den Erdboden erhoben werden müsse, daß seine Fallkraft äquivalent sei der Erwärmung eines gleichen Gewichtes Wasser von 0° auf 1 °C? Daß eine solche Gleichung wirklich in der Natur begründet sei, kann als das Resümé des Bisherigen betrachtet werden.

Unter Anwendung der aufgestellten Sätze auf die Wärme- und Volumensverhältnisse der Gasarten findet man die Senkung einer ein Gas komprimierenden Quecksilbersäule gleich der durch die Kompression entbundenen Wärmemenge, und es ergibt sich hieraus — den Verhältnisexponenten der Kapazitäten der atmosphärischen Luft unter gleichem Drucke und unter gleichem Volumen = 1,421 gesetzt —, daß das Herabsinken eines Gewichtsteiles von einer Höhe von zirka 365 m die Erwärmung eines gleichen Gewichtsteiles Wasser von 0° auf 1° entspreche. Vergleicht man mit diesem Resultate die Leistungen unserer besten Dampfmaschinen, so sieht man, wie nur ein geringer Teil der unter dem Kessel angebrachten Wärme in Bewegung oder Lasterhebung wirklich zersetzt wird, und dies könnte zur Rechtfertigung dienen für die Versuche, Bewegung auf anderm Wege als durch Aufopferung der chemischen Differenz von C und O, namentlich also durch Verwandlung der auf chemischen Wege gewonnenen Elektrizität in Bewegung, auf ersprießliche Weise darstellen zu wollen.

ROBERT MAYER: *Bemerkungen über die Kräfte der unbelebten Natur.* Annalen der Chemie und Pharmacie 1842
KLEINERT [4.20] S. 158 ff.

gilt. Daraus folgt, daß die Größe $\frac{dQ}{T}$ ein totales Differential ist. Der Wert des Linienintegrals für einen nicht zum Ausgangszustand zurückführenden Prozeß hängt also nur vom Ausgangs- und vom Endzustand ab,

$$\frac{dQ}{T} = dS; \quad \int_A^B \frac{dQ}{T} = S_B - S_A.$$

Wird der Punkt A festgehalten, dann ergibt sich eine nur vom Zustand B abhängige Größe. Diese neue Zustandsgröße ist die Entropie des Stoffes. Für irreversible Kreisprozesse konnte CLAUSIUS die Ungleichung

$$\oint \frac{dQ}{T} < 0$$

beweisen, wobei die in das System hineinfließende Wärme positiv gerechnet werden muß.

Daraus folgt weiter, daß die Entropie eines abgeschlossenen Systems nicht abnehmen kann *(Abbildung 4.5 – 21c)*.

Die beiden Hauptsätze der Thermodynamik können nun geschrieben werden als

$$dU = dQ + dA$$

und

$$dQ \leq T\,dS$$

oder in der äquivalenten Formulierung:
1. Die Energie eines abgeschlossenen Systems ist konstant.
2. Die Entropie eines abgeschlossenen Systems kann nur anwachsen oder gleich bleiben.

Die Untersuchungen des Chemikers WALTHER NERNST (1864 – 1941) und des Physikers MAX PLANCK haben dann (1904 bzw. 1911) zur Formulierung des dritten Hauptsatzes der Thermodynamik geführt:

3. Die Entropie eines sich im thermodynamischen Gleichgewicht befindlichen Systems geht gegen Null, wenn sich seine Temperatur dem absoluten Nullpunkt nähert.

Die weitere Entwicklung der phänomenologischen Thermodynamik und ihre Erweiterung auf heterogene Systeme in den achtziger Jahren des 19. Jahrhunderts ist in erster Linie HELMHOLTZ' und GIBBS' Verdienst. Im 20. Jahrhundert hat sich dann der Schwerpunkt des Interesses auf die irreversiblen Prozesse verlegt — mit besonderer Betonung der biologischen Phänomene (PRIGOGINE, ONSAGER, GYARMATI).

Auf den ersten Blick scheint die Entropie eine sehr abstrakte Größe zu sein, die lediglich in der theoretischen Physik von Interesse ist.

Da sie jedoch ebenso wie Druck, Volumen und Temperatur eine Zustandsgröße ist, ist sie auch von praktischem Nutzen und daher begegnet man ihr heute auch im Alltag des Ingenieurs. Als Beispiel soll der Einsatz der T-S(Temperatur-Entropie)-Diagramme bei der Bemessung von Dampfmaschinen angeführt werden *(Abbildung 4.5 – 22)*.

Viele Erscheinungen des täglichen Lebens können mit der Entropie in Zusammenhang gebracht werden. So lassen sich ganz einfache Gesetzmäßigkeiten wie der allmähliche Temperaturausgleich von Körpern mit unterschiedlicher Ausgangstemperatur in einem abgeschlossenen System quantitativ beschreiben.

Bei der Begründung der Hypothese vom sogenannten „Wärmetod" wurde diese Beschreibung auf das gesamte Weltall angewendet. Nach dieser Hypothese hat das Weltall gegenwärtig eine verhältnismäßig geringe Entropie, und wir finden in ihm Körper mit extrem unterschiedlichen Temperaturen. Da jedoch jeder im Weltall ablaufende Prozeß zu einer Erhöhung der Gesamtentropie des Weltalls führt, muß dieses schließlich in den Zustand mit der maximalen Entropie gelangen, in dem jeder Temperaturunterschied ausgeglichen und somit auch jedes Leben erloschen ist. Vom Standpunkt der Physik aus lassen sich jedoch gegen diese Schlußfolgerung zwei Einwände geltend machen. Der erste Einwand ist, daß das Gesetz vom Entropiewachstum nur für endliche und abgeschlossene Systeme gilt, und der zweite Einwand betrifft den Wahrscheinlichkeitscharakter des zweiten Hauptsatzes. Dieser macht eine Aussage über den wahrscheinlichen Ablauf der Ereignisse, von dem, wenn auch mit einer kleinen Wahrscheinlichkeit, Abweichungen möglich sind.

KELVIN äußerte erstmals 1852 die Vermutung, daß sich in den Naturvorgängen eine allgemeine Bevorzugung der Wärmeenergie manifestiert in dem Sinne, daß bei allen Energieumwandlungen ein Teil der Energie als Wärme „verloren geht" und der Zustand des Universums einem thermischen Gleichgewicht zustrebt.

Der Schopenhauersche Pessimismus lieferte den zeitgenössischen philosophischen Hintergrund zu diesen damals neuesten Ergebnissen der Wissenschaft.

CAMILLE FLAMMARION (1842–1925), ein französischer Astronom, malte in seinen eindrucksvoll illustrierten, populärwissenschaftlichen Bestsellern die unausweichliche Zukunft der zum Erfrieren verurteilten Menschheit und des ganzen irdischen Lebens aus. Damals war die Katastrophe – so schien es – den blinden Gesetzen der Natur zuzuschreiben; heute scheint dagegen der menschliche Geist (oder etwa die blinden Gesetze des menschlichen Geistes?) dafür verantwortlich zu sein, was uns bevorsteht.

Übrigens scheint es nach unseren heutigen Kenntnissen viel wahrscheinlicher, daß die Naturgesetze uns nicht das Erfrieren, sondern das Verbrennen vorbestimmen: Die Sonne verwandelt sich nach einigen Jahrmilliarden in einen roten Riesen und dehnt sich so aus, daß sie endlich auch die Erdbahn umschließt.

Zitat 4.5–11
Bei den Maschinen der Praxis, in denen wir mit Hilfe der Wärme mechanische Arbeit gewinnen wollen, haben wir die Quelle der Kraft nicht in der Absorption oder Umwandlung der Wärme zu suchen, sondern nur im Überströmen der Wärme ... die Umwandlung der Wärme in Arbeit ist nach aller Wahrscheinlichkeit unmöglich, zumindest bisher noch nicht entdeckt worden.

[Fußnote:] Diese Ansicht wird im wesentlichen einheitlich von allen vertreten, die bisher über das Thema geschrieben haben. Es gibt jedoch auch eine gegenteilige Meinung: die des Herrn *Joule* aus Manchester. Dieser hat mit magnetoelektrischen Maschinen Versuche durchgeführt, die – wie es scheint – darauf schließen lassen, daß sich mechanische Arbeit tatsächlich in Wärme umgewandelt hat.
W. THOMSON (LORD KELVIN)

4.5.11 Entropie und Wahrscheinlichkeit

Mitte der sechziger Jahre waren die zwei Hauptsätze der makroskopischen (phänomenologischen) Thermodynamik bekannt; die kinetische Theorie der Gase gestattete nach der Deutung der Zustandsgleichung und des ersten Hauptsatzes auch schwierige Probleme, wie z. B. die der Wärmeleitung und der Viskosität, erfolgreich zu behandeln (MAXWELL, 1866–1868).

Es tauchte alsbald das Bedürfnis auf, auch den zweiten Hauptsatz der Thermodynamik mit Hilfe der kinetischen Theorie – also unter alleiniger Anwendung mechanischer Prinzipien – deuten zu können. In der mathematischen Formulierung des zweiten Hauptsatzes spielt die Entropie eine zentrale Rolle. Kein Wunder, daß sich die ersten Bestrebungen darauf richteten, zu beweisen, daß der Ausdruck $dS = dQ/T$ ein vollständiges Differential ist, mit anderen Worten, daß die Entropie S eine Zustandsgröße ist. Die Untersuchungen beschränkten sich verständlicherweise auf umkehrbare Prozesse (RANKINE 1865, BOLTZMANN 1866, CLAUSIUS 1871).

Als Ausgangspunkt diente das Prinzip der kleinsten Wirkung in etwas allgemeinerer Fassung; um das gesteckte Ziel zu erreichen, mußten anfangs äußerst unnatürliche Bedingungen für die Bewegung der einzelnen Teilchen vorgeschrieben werden, so z. B., daß sich jedes Teilchen auf einer geschlossenen Bahn bewegt und sogar die Umlaufzeiten aller Bahnen identisch sind. Obwohl die Strenge dieser Bedingungen später gemildert werden konnte, stellte sich Anfang der siebziger Jahre heraus, daß die Deutung des zweiten Hauptsatzes ausschließlich durch mechanische Prinzipien nicht möglich ist, besonders bei irreversiblen Prozessen.

Die Gedankengänge von CLAUSIUS und BOLTZMANN können kurz wie folgt zusammengefaßt werden [0.9]:
Wir schreiben die Wirkungsfunktion für ein einziges Teilchen

$$\int_{t_1}^{t_2} (\mathfrak{E} - U) \, dt = \int_{t_1}^{t_2} [\mathfrak{E} - (E_0 - \mathfrak{E})] \, dt = \int_{t_1}^{t_2} 2\mathfrak{E} \, dt - \int_{t_1}^{t_2} E_0 \, dt.$$

Dabei bedeuten: $\mathfrak{E}$: kinetische Energie, U: potentielle Energie, E_0: Gesamtenergie. Für die Variation ist die Konstante E_0 irrelevant, und so kann das letzte Glied weggelassen werden. Es bleibt also

$$\int_{t_1}^{t_2} 2\mathfrak{E} \, dt = \int_{t_1}^{t_2} mv^2 \, dt = \int_{t_1}^{t_2} mv \, dt = \int_{P_1}^{P_2} mv \, ds.$$

Unser System bestehe aus n Teilchen mit je 3 Freiheitsgraden. Der Zustand des Systems sei durch die Angabe der $3n$ Lagekoordinaten in dem $3n$-dimensionalen Raum

$$x^{(1)}, y^{(1)}, z^{(1)}; x^{(2)}, y^{(2)}, z^{(2)}; ...; x^{(n)}, y^{(n)}, z^{(n)}$$

charakterisiert. Das System befinde sich im Zeitpunkt t_1 im Punkt

$$P_1(x_1^{(1)}, y_1^{(1)}, z_1^{(1)}; x_1^{(2)}, y_1^{(2)}, z_1^{(2)}; ...; x_1^{(n)}, y_1^{(n)}, z_1^{(n)})$$

des Konfigurationsraumes und bewege sich nun entlang einer Bahnkurve in diesem Raum, bis es im Zeitpunkt t_2 zum Raumpunkt

$$P_2(x_2^{(1)}, y_2^{(1)}, z_2^{(1)}; x_2^{(2)}, y_2^{(2)}, z_2^{(2)}; ...; x_2^{(n)}, y_2^{(n)}, z_2^{(n)})$$

gelangt ist. Teilen wir dem System die Wärme δQ mit, so beschreibt das System eine andere, benachbarte Bahnkurve zwischen P_1 und P_2. Die Variation der Wirkungsfunktion für das ganze System ergibt sich nach einer nicht allzu komplizierten Zwischenrechnung zu

$$\delta \int_{t_1}^{t_2} 2\mathfrak{E} \, dt = \int_{t_1}^{t_2} (\delta\mathfrak{E} + \delta U + \delta L) \, dt + \sum_i m^{(i)} (\dot{x}^{(i)} \delta x^{(i)} + \dot{y}^{(i)} \delta y^{(i)} + \dot{z}^{(i)} \delta z^{(i)})\big|_{t_1}^{t_2}.$$

$\mathfrak{E}$ bedeutet jetzt die Summe der kinetischen Energien aller Teilchen, U die potentielle

Abbildung 4.5–16
RUDOLF CLAUSIUS (1822–1888): nach dem Studium an der Berliner Universität Lehramt an verschiedenen deutschen Universitäten sowie an der Eidgenössischen Technischen Hochschule in Zürich. 1865: Formulierung des zweiten Hauptsatzes der Thermodynamik und Einführung des Entropiebegriffs. Auch seine 1857 begonnenen Arbeiten zur kinetischen Gastheorie sind von Bedeutung

Energie, L die Arbeit des Systems gegen äußere Kräfte; $\mathfrak{E}+U = E$ die Gesamtenergie des Systems. Bilden wir jetzt die Mittelwerte für alle vorkommenden Größen, wie z. B. in folgender Gleichung für die kinetische Energie

$$\bar{\mathfrak{E}} = \frac{1}{\tau}\int_{t_1}^{t_2} \mathfrak{E}\,dt, \quad \tau = t_2-t_1,$$

so erhalten wir die Gleichung:

$$2\delta(\tau\bar{\mathfrak{E}}) = \tau(\delta\bar{E}+\delta\bar{L}) + \sum_i m^{(i)}(\dot{x}^{(i)}\delta x^{(i)}+\dot{y}^{(i)}\delta y^{(i)}+\dot{z}^{(i)}\delta z^{(i)})|_{t_1}^{t_2}.$$

Die dem System zugeführte Wärme dient aber einerseits zur Erhöhung der inneren Energie, andererseits zur Arbeitsleistung gegen die äußeren Kräfte, es gilt also

$$\delta E + \delta L = \delta Q.$$

Wir erhalten somit

$$2\delta(\tau\bar{\mathfrak{E}}) = \tau\delta Q + \sum_i m^{(i)}(\dot{x}^{(i)}\delta x^{(i)}+\dot{y}^{(i)}\delta y^{(i)}+\dot{z}^{(i)}\delta z^{(i)})|_{t_1}^{t_2}.$$

Um das letzte Glied zum Verschwinden bringen zu können, benötigen wir die schon erwähnten einschneidenden Bedingungen. Wenn sich die Teilchen auf geschlossenen Bahnen mit der gleichen Periode $\tau = t_2-t_1$ bewegen, so wird offenbar jedes einzelne Glied in der Summe Null: der Zustand jedes Teilchens ist derselbe für die Zeitpunkte t_1 und t_2. Eine schwächere Bedingung wäre zu fordern, die Gesamtsumme sei Null. In diesem Falle erhalten wir

$$2\delta(\tau\bar{\mathfrak{E}}) = \tau\delta Q.$$

Die mittlere kinetische Energie ist aber proportional zur Temperatur:

$$\bar{\mathfrak{E}} = KT, \quad \text{d. h.,} \quad \frac{\delta Q}{T} = \frac{2K\delta(\tau T)}{\tau T} = 2K\delta\ln\tau T.$$

Damit ist erwiesen, daß – unter der angegebenen Bedingung – $\delta Q/T$ ein vollständiges Differential ist, d. h., sein Integral hängt nur von dem Endzustand des Systems ab und nicht von der Art, wie dieser Zustand erreicht wurde. Dabei betrachten wir den Ausgangszustand als festgelegt.

BOLTZMANN erkannte 1872 klar, daß „die Probleme der mechanischen Theorie der Wärme zugleich Probleme der Wahrscheinlichkeitstheorie sind". Er stellte seine berühmte kinetische Gleichung für die Änderung der allgemeinen Verteilungsfunktion $f(x,y,z;\dot{x},\dot{y},\dot{z},t)$ in folgender Form auf:

$$\frac{\partial f}{\partial t}+\frac{\partial f}{\partial x}\dot{x}+\frac{\partial f}{\partial y}\dot{y}+\frac{\partial f}{\partial z}\dot{z}+\frac{X}{m}\frac{\partial f}{\partial \dot{x}}+\frac{Y}{m}\frac{\partial f}{\partial \dot{y}}+\frac{Z}{m}\frac{\partial f}{\partial \dot{z}} = \left[\frac{\partial f}{\partial t}\right]_{\text{stoß}}.$$

Hier bedeuten X, Y, Z die Komponenten der auf die Teilchen wirkenden äußeren Kraft; das auf der rechten Seite stehende Glied gibt die Veränderung der Verteilungsfunktion pro Zeiteinheit infolge der Stoßvorgänge an; diese Größe hängt in einer ziemlich komplizierten Weise von der Gestalt der Verteilungsfunktion selbst ab. Es zeigt sich sogleich, daß die Zusammenstöße nichts an der Maxwell-Boltzmannschen Verteilung ändern, ja sogar dafür sorgen, daß ein Gas mit einer in einem gegebenen Zeitpunkt noch so komplizierten Verteilungsfunktion in den Gleichgewichtszustand mit der Maxwell-Boltzmannschen Verteilung übergeht, wenn man keine äußeren Einwirkungen auf das Gas zuläßt. Das ist aber nur eine der Folgen aus dem von BOLTZMANN 1872 aufgestellten und später H-Theorem genannten Satz, der folgendes besagt: Wenn die Verteilungsfunktion $f(x,y,z;\dot{x},\dot{y},\dot{z},t)$ die kinetische Gleichung befriedigt, so gilt für die Größe

$$E = \int\int\int\int\int\int f\ln f\,dx\,dy\,dz\,d\dot{x}\,d\dot{y}\,d\dot{z},$$

daß sie als Funktion der Zeit nur abnehmen (oder auf einem Minimalwert konstant bleiben) kann, d. h.,

$$\frac{\partial E}{\partial t} \leq 0.$$

Die Integration ist dabei auf alle möglichen Werte der sechs Veränderlichen zu erstrecken. Es taucht natürlich sofort der Gedanke auf, daß E in einem unmittelbaren Zusammenhang mit der Entropie steht. Eine einfache Rechnung zeigt, daß E im Gleichgewichtszustand proportional zur negativen Entropie ist.

Es sei als eine Kuriosität erwähnt, daß – nach nicht eindeutig bestätigter Überlieferung – die Bezeichnung H-Theorem auf einem Mißverständnis beruht: der Buchstabe E war schon früher für die Energie reserviert, man wollte daher das große Eta (H) des griechischen Alphabets benutzen.

Im folgenden möchten wir BOLTZMANNS weitere, im Jahre 1877 veröffentliche Gedanken in etwas modernisierter Form darlegen.

Wir betrachten ein aus N Molekeln bestehendes System, wobei die Struktur der Molekeln beliebig kompliziert sein kann. Wir benötigen somit mehr Angaben, um auch den Zustand der Molekeln kennzeichnen zu können.

Die Lage einer Molekel mit f Freiheitsgraden kann eindeutig durch die f Koordinaten $q_1, q_2, \ldots q_f$ charakterisiert werden. Zur Beschreibung des Zustands einer solchen Molekel genügt also im allgemeinen nicht der durch die Koordinaten x, y, z gegebene Raum, sondern es muß ein f-dimensionaler Raum mit den Koordinaten $q_1, q_2, \ldots q_f$ eingeführt werden, in dem ihre Lage durch einen Punkt repräsentiert wird.

Abbildung 4.5–17
WILLIAM THOMSON (LORD KELVIN) (1824–1907): von 1846 bis zu seiner Emeritierung Professor an der Universität Glasgow. Ist vor allem durch Untersuchungen zur Wärmelehre (Joule-Thomson-Effekt, Einführung der absoluten Temperaturskale 1848) sowie durch die Formel $\omega = 1/\sqrt{LC}$ für die Resonanzfrequenz eines elektrischen Schwingkreises bekannt geworden, aber auch das Thomson-Kabel (1853) geht auf ihn zurück. Seine thermodynamischen Untersuchungen sind in der 1851 erschienenen Arbeit *On the dynamical theory of heat* zusammengefaßt

Abbildung 4.5–18
LUDWIG BOLTZMANN (1844–1906): nach dem Studium in Wien Assistent bei *J. Stefan*. Hat theoretische Physik in Graz, dann in Wien, München und Leipzig gelehrt. War auch ein hervorragender Experimentator, so hat er bei Schwefel den

Zur vollständigen Charakterisierung des Zustandes einer Molekel müssen wir zusätzlich zu den Angaben über ihre Lage auch Angaben über ihre Bewegung machen. Es ist am zweckmäßigsten, dazu die zu den Raumkoordinaten gehörigen „kanonisch konjugierten" Impulse $p_1, p_2, \ldots p_f$ zu verwenden. Die kanonisch konjugierten Größen q und p spielen — wie wir gesehen haben (Abschnitt 4.2.7) — auch in den Hamiltonschen Bewegungsgleichungen der Mechanik eine Rolle.

Lage und Bewegung einer Molekel oder allgemeiner ihr Bewegungszustand werden somit durch den Satz von $2f$ verallgemeinerten Koordinaten $q_1 \ldots q_f; p_1 \ldots p_f$ beschrieben. Wir wollen diese nun als gewöhnliche kartesische Koordinaten in einem $2f$-dimensionalen Raum verwenden. Dazu tragen wir auf der ersten Achse q_1, auf der zweiten q_2 und auf der $2f$-ten Achse schließlich p_f ab. Es soll uns dabei nicht stören, daß dieses Verfahren nur bis zur Koordinate q_3 unserer Anschauung zugänglich ist. Den so erhaltenen Raum nennen wir den Phasenraum der Molekel. Wir können nun sagen, daß ein Zustand einer Molekel einem bestimmten Punkt im Phasenraum entspricht, da mit ihm sowohl die Raum- als auch die Impulskoordinaten gegeben sind. Wir unterteilen nun den Phasenraum in Volumenelemente mit dem Volumeninhalt $dq_1 \ldots dq_f \ldots dp_f$ und numerieren die so entstehenden „Zellen" durch. Mit dieser Numerierung können wir die einzelnen Stellen im Phasenraum kennzeichnen. Den Zustand des Gases kennen wir dann vollständig, wenn wir zu einem gegebenen Zeitpunkt von jeder markierten „individuellen" unterscheidbaren Molekel wissen, in welcher Phasenraumzelle sie sich befindet, da dann sowohl die Lage als auch die Geschwindigkeiten aller Molekeln bekannt sind. Diesen Zustand, der durch die Angabe aller Koordinaten der als unterscheidbar angesehenen Molekeln bestimmt ist, bezeichnen wir als *Mikrozustand*. Wir gehen nun im folgenden von der Annahme aus, daß jeder der oben definierten Mikrozustände eines Gases mit der gleichen Wahrscheinlichkeit auftritt.

Der der Messung zugängliche Makrozustand eines Gases wird durch die Zahl der Molekeln in den verschiedenen Phasenraumzellen oder m. a. W. durch ihre Punktdichte im Phasenraum gegeben.

Befinden sich in den von 1 bis n durchnumerierten Zellen des Phasenraumes $N_1, N_2, \ldots N_n$ Molekeln, dann haben wir es mit dem durch die Zahlen $N_1, N_2, \ldots N_n$ charakterisierten *Makrozustand* zu tun. Die Zahl der möglichen Mikrozustände, die zu diesem Makrozustand gehören, ist

$$W_{\text{th.d.}} = \frac{N!}{N_1! N_2! \ldots N_n!}. \quad (1)$$

Diese Zahl wird als thermodynamische Wahrscheinlichkeit des betreffenden Makrozustandes bezeichnet.

Ein sich selbst überlassenes Gas geht von einem beliebigen Ausgangszustand in kurzer Zeit in einen Zustand mit der maximalen thermodynamischen Wahrscheinlichkeit über. Befindet sich z. B. in einem durch eine Trennwand in zwei Teile unterteilten Gefäß ein Gas, so ist die Wahrscheinlichkeit für einen Zustand mit unterschiedlichen Drücken in beiden Teilvolumina wesentlich geringer als für einen Zustand mit dem gleichen Druck auf beiden Seiten der Trennwand. Entfernen wir die Trennwand, so kommt es folglich zu einem Druckausgleich. Ein weiteres Beispiel: Tritt ein Gasstrahl, in dem die Molekeln alle die gleiche Geschwindigkeit haben, in ein gasgefülltes Gefäß ein, dann werden sich die Geschwindigkeiten der Molekeln sehr schnell so verändern, daß alle Bewegungsrichtungen mit gleicher Wahrscheinlichkeit auftreten. Die Beträge der Geschwindigkeiten werden nach kurzer Zeit einer Maxwell-Verteilung genügen, da diese Verteilung wesentlich wahrscheinlicher ist als die Ausgangsverteilung im Strahl.

Der Ausdruck (1) für die thermodynamische Wahrscheinlichkeit hat also ein Maximum bei den Werten $N_1 = N_2 = , \ldots = N_i = , \ldots$, vorausgesetzt, daß jedem Element des Phasenraumes derselbe Energiewert zugeordnet ist. Wenn aber zu dem Element mit der Besetzungszahl N_i die Energie E_i gehört und die Gesamtenergie E eine vorgegebene Konstante ist, so ergibt sich ein anderes Resultat. Mathematisch formuliert: Es wird jetzt für die thermodynamische Wahrscheinlichkeit $W_{\text{th.d.}}$ ein Maximum mit Nebenbedingungen gesucht. Die Bedingung lautet $\sum_i N_i E_i = E_0$; dazu kommt die (wenigstens bei den klassischen Problemen) natürliche Bedingung $\sum_i N_i = N$, d. h., die Teilchenzahl bleibt konstant. Es ergibt sich folgende — Boltzmannsche — Verteilung, als die mit der größten Wahrscheinlichkeit:

$$N_i = A e^{-\frac{E_i}{kT}}.$$

Bei ihrer Ableitung wurden N und alle N_i als groß angenommen; damit kann man erstens mit

aus der Maxwellschen Lichttheorie folgenden Zusammenhang $n^2 = \varepsilon_r \mu_r$ bestätigt. Hauptergebnisse seiner Arbeiten: Zusammenhang zwischen Entropie und thermodynamischer Wahrscheinlichkeit, Maxwell-Boltzmannsche Verteilungsfunktion, theoretische Begründung des Stefan-Boltzmann-Gesetzes für die Strahlung des schwarzen Körpers.

Boltzmann war eine vielseitige Persönlichkeit. Er hat bei *Bruckner* Musik studiert und ist auch schriftstellerisch tätig gewesen. 1906 hat er — wohl weniger wegen der Angriffe der „Energetiker" als in Verzweiflung über das Nachlassen seiner geistigen Fähigkeiten — seinem Leben selbst ein Ende gesetzt

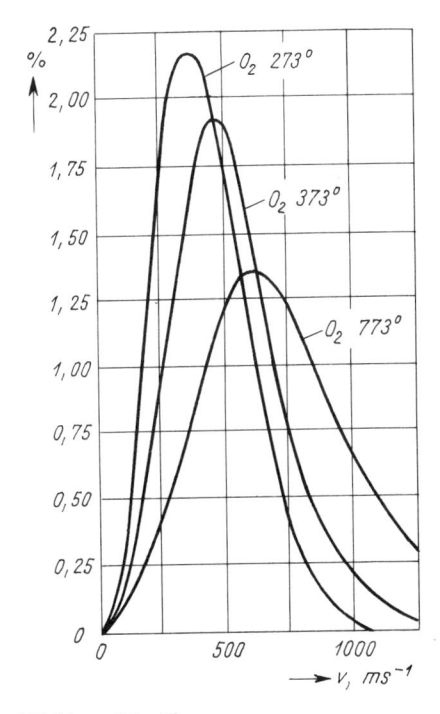

Abbildung 4.5—19
Die Maxwellsche Geschwindigkeitsverteilung

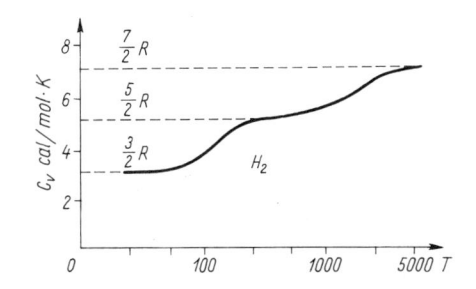

Abbildung 4.5—20
Die Temperaturabhängigkeit der spezifischen Wärme (bei konstantem Volumen) des H_2-Gases. Es scheint, als ob die Zahl der Freiheitsgrade mit wachsender Temperatur zunehmen würde. Diese Erscheinung konnte nur durch die Quantentheorie erklärt werden

stetig veränderlichen Werten von $W_{\text{th.d.}}$ rechnen, zweitens die Stirlingsche Näherungsformel für $N!$ anwenden:

$$N! \cong \sqrt{2\pi N}\left(\frac{N}{e}\right)^N.$$

Mit der thermodynamischen Wahrscheinlichkeit haben wir eine Größe gefunden, die etwas über die Richtung aussagt, in der die Vorgänge ablaufen: In der Natur verlaufen die Prozesse so, daß die für alle am Prozeß teilnehmenden Körper berechnete thermodynamische Gesamtwahrscheinlichkeit anwächst. Dieser Satz kommt uns jedoch bekannt vor, da Gleiches in der Thermodynamik über die Entropie ausgesagt wurde: Die Entropie ist die Größe, die in der makroskopischen Thermodynamik die Richtung bestimmt, in der die Prozesse ablaufen. Wir erinnern uns daran, daß nach dem zweiten Hauptsatz die Entropie in einem abgeschlossenen System nur anwachsen kann. Folglich muß zwischen der thermodynamischen Wahrscheinlichkeit des Makrozustandes eines Gases und der Entropie ein enger Zusammenhang bestehen, d. h., die Entropie sollte eine Funktion der thermodynamischen Wahrscheinlichkeit sein.

Diese Funktion kann sehr leicht gefunden werden. Nach den Gesetzen der Thermodynamik ist die Gesamtentropie zweier Gase, die sich in voneinander isolierten Gefäßen befinden, gleich der Summe der Entropien beider Gase, d. h., $S = S_1 + S_2$. Die Wahrscheinlichkeit hingegen, daß sich zu einem bestimmten Zeitpunkt das Gesamtsystem in einem vorgegebenen Zustand W befindet, ergibt sich zu $W = W_1 \cdot W_2$ mit W_1 und W_2 als den thermodynamischen Wahrscheinlichkeiten beider Gase. Wir haben dabei beachtet, daß die Wahrscheinlichkeit für das gleichzeitige Eintreffen zweier voneinander unabhängiger Ereignisse gleich dem Produkt der Wahrscheinlichkeiten für die beiden Einzelereignisse ist. Aus dem Gesagten folgt, daß $S = f(W)$ so gewählt werden muß, daß sich $S = S_1 + S_2$ mit $f(W_1 \cdot W_2) = f(W_1) + f(W_2)$ erfüllen läßt. Mit dieser Forderung ist die Funktion $f(W)$ zu

$$S = k \ln W$$

festgelegt, da der Logarithmus eines Produktes gleich der Summe der Logarithmen der Faktoren ist. k ist die uns schon bekannte universelle Konstante. Diese Beziehung wurde zum erstenmal von BOLTZMANN 1877 aufgestellt und von MAXWELL 1879 verallgemeinert.

Nachdem es uns gelungen ist, die Entropie in einen Zusammenhang mit der Wahrscheinlichkeit des Gaszustandes zu bringen, können wir feststellen, daß der zweite Hauptsatz mit seiner Aussage über das Anwachsen der Entropie nun nicht mehr als absolut und unter allen Umständen gültig anzusehen ist. Wird nämlich jeder Mikrozustand eines Gases mit der gleichen Wahrscheinlichkeit realisiert, so nimmt das Gas im Verlauf einer hinreichend langen Zeit jeden beliebigen Zustand an. Wir wissen zwar, daß zur Mehrzahl dieser Zustände die maximale Entropie gehört, aber nichtsdestoweniger müssen − wenn auch sehr selten − andere Zustände mit einer geringeren Entropie vorkommen.

Selbst eine besonders anschauliche Formulierung des zweiten Hauptsatzes, nach der die Wärme nicht von allein vom kälteren zum wärmeren Körper übergeht, gilt nach dem oben Gesagten nicht völlig streng. Es ist nicht ausgeschlossen, daß von zwei sich berührenden Körpern unterschiedlicher Temperatur der eine noch kälter wird und der andere sich entsprechend anwärmt. Im Rahmen der kinetischen Theorie der Wärme bedeutet das nämlich, daß die mit einer geringen Geschwindigkeit sich bewegenden Kugeln (Molekeln) so mit den schnelleren zusammenstoßen, daß die Geschwindigkeit der schnelleren noch weiter anwächst und die der langsameren abnimmt. Nach den Gesetzen der Mechanik sind diese Prozesse erlaubt, sie sind aber sehr unwahrscheinlich. Berechnen wir zum Veranschaulichen der Größenordnung die Wahrscheinlichkeit dafür, daß die sehr kleine Wärmemenge 1 erg von allein von einem Körper der Temperatur 14 °C auf einen Körper der Temperatur 15 °C übergeht: $\triangle S/k$ als Maß der Entropieänderung ergibt sich zu

$$\frac{1}{k}\triangle S = \frac{1}{k}\left(\frac{dQ}{T_1} - \frac{dQ}{T_2}\right) = \left(\frac{1}{288} - \frac{1}{289}\right)\frac{1}{1{,}38 \cdot 10^{-16}} \approx 10^{11},$$

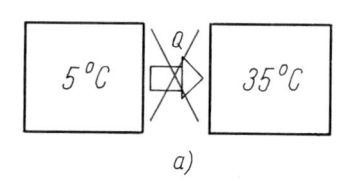

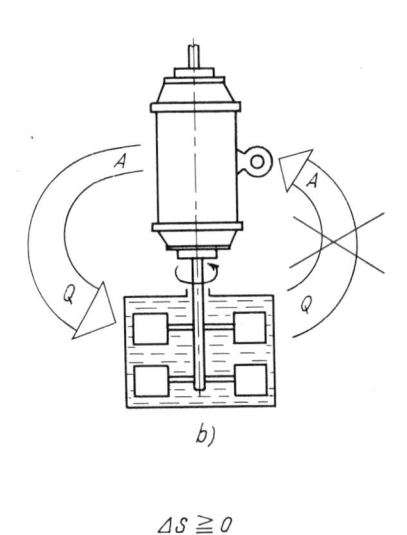

Abbildung 4.5−21a, b, c
Verschiedene Formulierungen des zweiten Hauptsatzes der Thermodynamik

a) Wärme kann nicht von allein von einem kälteren auf einen wärmeren Körper übergehen, ohne daß im System weitere Prozesse ablaufen. Die durch den Nebensatz gegebene Möglichkeit sollte beachtet werden: In Kühlsystemen kann einem Körper sehr wohl eine Wärmemenge entzogen und diese an die wärmere Umgebung abgegeben werden, wobei allerdings andere komplizierte Prozesse ablaufen.

b) Eine Wärmemenge kann nicht mit einem Wirkungsgrad von 100% in mechanische Arbeit umgewandelt werden. Die von einem Motor geleistete Arbeit kann zwar völlig in Wärme umgewandelt werden, die vollständige Rückgewinnung dieser Arbeit aus der Wärmemenge ist jedoch nicht möglich. Die oben dargestellte Vorrichtung ist nicht zu realisieren, obwohl sie nicht im Widerspruch zum Energieerhaltungssatz steht.

c) Die Entropie eines abgeschlossenen Systems kann nicht abnehmen. Abgeschlossene Systeme gehen aus sich nur in Zustände mit einer größeren Entropie, d. h. wahrscheinlichere oder ungeordnetere Zustände, über. Da die Entropie eine Zustandsgröße ist, kann mit dieser Formulierung am besten darüber entschieden werden, welche Endzustände in komplizierten Prozessen bei vorgegebenen Ausgangszuständen erreicht werden können. So wurde z. B. vor einiger Zeit die Frage diskutiert, ob der Wirkungsgrad von Brennstoffzellen größer als 100% sein kann. Brennstoffzellen sind galvanische Elemente, in denen die chemische Energie von Brennstoffen unmittelbar in Elektroenergie umgewandelt wird, wobei bestimmte chemische Reaktionen genutzt werden, die schon bei Zimmertemperatur ablaufen. Bei einer oberflächlichen Betrachtung könnte man annehmen, daß in Vorrichtungen mit einem Wirkungsgrad von mehr als 100% mehr Energie gewonnen wird, als man hereingesteckt hat, und somit der erste Hauptsatz oder Energieerhaltungs-

woraus wir für das Verhältnis der Wahrscheinlichkeiten für die Realisierung des neuen im Vergleich zum alten Zustand den Wert

$$\frac{W_2}{W_1} = e^{-\frac{\Delta S}{k}} = e^{-10^{11}} = \frac{1}{e^{10^{11}}}$$

erhalten.

$e^{10^{11}}$ ist eine unvorstellbar große Zahl, und wir müßten entsprechend viele Versuche durchführen, um im Mittel einmal das oben vorgegebene Ergebnis beobachten zu können. Wir können folglich sicher sein, niemals beobachten zu müssen, daß bei Temperaturen der Größenordnung 300 K eine Wärmemenge der Größenordnung 1 erg ($= 10^{-7}$ J) von selbst vom kälteren zum wärmeren Körper strömt.

Wir wollen nun den zweiten Hauptsatz genauer formulieren:

Befindet sich ein Gas in einem Zustand, dessen Entropie wesentlich kleiner als der mögliche Maximalwert ist, dann ist die Wahrscheinlichkeit sehr groß, bei einer späteren Messung einen größeren Wert der Entropie zu registrieren.

Mit der oben dargelegten, von BOLTZMANN gegebenen statistischen Deutung der Entropie konnte auf alle Einwände gegen eine Deutung der thermodynamischen Erscheinungen im Rahmen der Mechanik eine überzeugende Antwort gefunden werden. Die zwei wichtigsten Einwände waren:

1. Das Gas als mechanisches System nimmt im Zeitablauf nacheinander verschiedene Mikrozustände an, d. h., die Molekeln durchlaufen bestimmte Bahnen. Nach den Gesetzen der Mechanik kann diese Bahn auch in umgekehrter Richtung durchlaufen werden, wobei das Gas die entsprechenden Mikrozustände in der umgekehrten Reihenfolge durchläuft. Nach den Gesetzen der Thermodynamik jedoch sind Zustandsänderungen nur in der Richtung möglich, in der die Entropie anwächst (LOSCHMIDT, 1876).

2. Jedes abgeschlossene mechanische System kommt nach hinreichend langer Zeit seinem Ausgangszustand beliebig nahe, so daß jede zwischenzeitliche Entropiezunahme durch eine Entropieabnahme zu einer anderen Zeit kompensiert werden muß (Umkehrsatz von POINCARÉ und Einwand von ZERMELO, 1896).

Noch ein weiterer Einwand soll erwähnt werden. Wir gehen wieder davon aus, daß das Gas als mechanisches System angesehen werden kann, dessen Bewegungsablauf den Gesetzen der Mechanik unterliegt, und daß andererseits vorausgesetzt wird, daß jeder Mikrozustand des Gases mit der gleichen Wahrscheinlichkeit realisiert wird. Mit der Vorgabe des Anfangszustandes sind jedoch im Rahmen der Mechanik die im Zeitablauf folgenden Zustände des Gases determiniert, so daß das Gas nicht wahrscheinliche, sondern determinierte Zustände durchläuft. Nehmen wir jedoch an, daß der Mikrozustand zu stochastisch gewählten Zeitpunkten gemessen wird, so ist es ungeachtet der Determiniertheit der Bewegungsgleichungen sinnvoll, nach der Häufigkeit zu fragen, mit der wir das Gas in den verschiedenen Mikrozuständen finden können. Es bleibt allerdings noch offen, ob wir dann mit Hilfe der Gleichungen der Mechanik auch zeigen können, daß jeder Mikrozustand des Gases unter solchen Bedingungen mit gleicher Häufigkeit anzutreffen sein wird. Tatsächlich ist es JOHN VON NEUMANN unter Verwendung der Hamiltonschen Bewegungsgleichungen gelungen zu zeigen, daß ein System mit sehr vielen Freiheitsgraden jeden unter Beachtung des Energieerhaltungssatzes möglichen Mikrozustand durchläuft (Ergoden-Hypothese) oder ihm doch zumindest beliebig nahe kommt (Quasi-Ergoden-Hypothese). Daraus folgt aber, daß wir das Gas in jedem Mikrozustand mit gleicher Häufigkeit antreffen werden oder daß jeder Mikrozustand mit gleicher Wahrscheinlichkeit auftritt, sofern wir unsere Beobachtungen zu beliebig herausgegriffenen Zeitpunkten ausführen.

Bevor jedoch auf diese Weise das Grundproblem der klassischen statistischen Mechanik endgültig geklärt wurde, hatte es seine Bedeutung schon verloren. Wie sich nämlich herausstellte, genügen die Erscheinungen der Mikrophysik nicht den Gleichungen der klassischen Mechanik, sondern müssen mit den Wahrscheinlichkeitsgesetzen der Quantenmechanik beschrieben werden, und mit deren Hilfe läßt sich die Behauptung, daß alle Mikrozustände mit der gleichen Häufigkeit auftreten, wesentlich einfacher begründen. Das wichtigste Ergebnis für unsere weiteren Betrachtungen ist also nicht die völlige Zurückführung der Gesetzmäßigkeiten der Thermodynamik auf die Gesetze der Mechanik, sondern die Herleitung streng gültiger,

satz verletzt wird. Wir müssen jedoch berücksichtigen, daß zum Gesamtsystem auch die Umgebung gehört und die Vorrichtung auch Wärme aus der Umgebung „ansaugen" kann. Was sagt aber nun der zweite Hauptsatz über die Möglichkeit eines solchen Prozesses aus? Die Wärmeaufnahme aus der Umgebung ist natürlich mit einer Entropieabnahme verbunden, so daß dieser Teilprozeß für sich allein nicht stattfinden kann. Wenn aber die Entropie der in den Brennstoffelementen entstehenden Reaktionsprodukte größer ist als die Entropie der Ausgangsstoffe, dann kann trotzdem die Entropie des Gesamtsystems anwachsen, und folglich kann der Wirkungsgrad bestimmter Brennstoffzellen zumindest theoretisch größer als 100% sein. Eine praktische Verwirklichung derartig effektiver Zellen steht allerdings noch aus

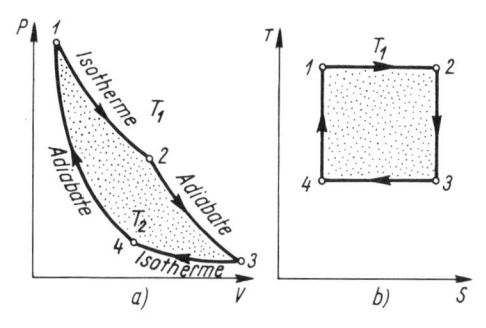

Abbildung 4.5—22
Der Carnot-Prozeß, dargestellt in einem V-p- bzw. T-S-Koordinatensystem

Abbildung 4.5—23
JOSIAH WILLARD GIBBS (1839—1903): Studium an der Yale-University. Erster Doktor-Ingenieur in den Vereinigten Staaten (1862) mit einer Dissertation zur Bemessung von Zahnradantrieben. Nach dreijährigem Studium der Mathematik

und Physik an verschiedenen europäischen Universitäten ab 1871 Professor der Theoretischen Physik an der Yale-University. Eines seiner bedeutenderen Werke ist: *A Method of Geometrical Representation of the Thermodynamic Properties of Substances by Means of Surfaces* (1873), in dem Beziehungen zwischen dem Volumen, der Entropie und der Energie untersucht werden. *Maxwell* ist von dieser Methode so begeistert gewesen, daß er eigenhändig ein Modell angefertigt und dieses *Gibbs* zugeschickt hat. 1876 ist die bekannteste Arbeit von *Gibbs* über heterogene Gleichgewichtssysteme erschienen, in der die thermodynamischen Potentiale eingeführt und die allgemeinsten Bedingungen für das Gleichgewicht diskutiert werden. Außerdem enthält dieses Buch Aussagen über die Thermodynamik der an der Oberfläche zu beobachtenden Phänomene und der elektrochemischen Erscheinungen. 1902 ist sein Buch zu den grundlegenden Prinzipien der statistischen Mechanik veröffentlicht worden. Die *Große Sowjet-Enzyklopädie* gibt folgende abschließende Bewertung: *In den Gibbsschen Arbeiten ist bisher noch kein Fehler gefunden worden, und alle von Gibbs geäußerten Gedanken sind auch noch für die heutige Wissenschaft maßgebend.*

Die *Encyclopedia Britannica* führt etwas konkreter aus, daß die Gibbsschen Prinzipien so allgemein und abstrakt formuliert worden sind, daß ihre Anwendungsmöglichkeiten erst Jahrzehnte später voll erkannt werden konnten und daß auch die Quantenstatistik auf diesen festen Grundlagen aufgebaut werden kann. Als weiterer Fortschritt auf diesem Gebiet kann die Thermodynamik der irreversiblen Prozesse oder Nichtgleichgewichtsthermodynamik angeführt werden, die erst in der jüngsten Vergangenheit entwickelt worden ist

offenbar kausaler Gesetze der makroskopischen Physik aus Wahrscheinlichkeitsaussagen über Elementarereignisse, wie es das Auftreten eines Mikrozustandes eines ist.

Die statistische Behandlung thermodynamischer Vorgänge im Rahmen der klassischen Physik erreichte ihren Höhepunkt mit den Untersuchungen von GIBBS *(Abb. 4.5—23)* in den ersten Jahren des 20. Jahrhunderts. GIBBS betrachtete das zu untersuchende makroskopische System als ein einziges Gebilde mit vielen Freiheitsgraden. So hat ein Gas, bestehend aus n punktförmigen Teilchen, $N = 3n$ Freiheitsgrade.

Der Zustand des ganzen Systems kann somit in jedem Moment durch die Angaben der N verallgemeinerten Lagekoordinaten $q_1, q_2...q_N$ und der N verallgemeinerten Impulskoordinaten $p_1, p_2,...p_N$ charakterisiert werden. In dem $2N$-dimensionalen Phasenraum des Systems entspricht also ein einziger Punkt dem jeweiligen Zustand. Die Bewegung dieses Punktes wird von den Hamiltonschen Gleichungen vorgeschrieben; damit ergibt sich ein sehr umfassender Gültigkeitsbereich der Gibbsschen Methode: Sie ist auf jedes System anwendbar, für das die Gesetze in Hamiltonscher kanonischer Form angegeben werden können. Die elektromagnetischen Felder z. B. gehören ebenfalls zu dieser Kategorie.

Stellen wir uns jetzt unser System in einer sehr großen Anzahl von Exemplaren mit identischer physikalischer Struktur vor, die sich voneinander nur in ihren Anfangszuständen unterscheiden. Es sei für ein jedes Exemplar im $2N$-dimensionalen Phasenraum der entsprechende Punkt eingezeichnet. Damit haben wir ein Gibbssches Ensemble vor uns, das durch eine Verteilungsfunktion $f(q_i, p_i, t)$ dieser Punkte charakterisiert werden kann; es stellt sich heraus, daß die verschiedenen Verteilungsfunktionen verschiedenen physikalischen Situationen entsprechen. Die größte Rolle spielt dabei das Gibbssche kanonische Ensemble (1901); seine Verteilungsfunktion hat die Form

$$f(q_i, p_i) = A e^{-\frac{H(p_i, q_i)}{kT}}.$$

Diese Funktion beschreibt das Verhalten eines Systems im thermischen Gleichgewicht mit seiner Umgebung; $H(p_i, q_i)$ ist die bekannte Hamilton-Funktion: die Gesamtenergie ausgedrückt mit Hilfe der konjugierten Lage- und Impulskoordinaten.

4.6 Der Aufbau der Materie und die Elektrizität: das klassische Atom

4.6.1 Chemie: Argumente für die atomische Struktur der Materie

Wir haben uns in den ersten Teilen dieses Buches schon eingehend mit den Anfängen der Atomvorstellung bekanntgemacht. Dabei sind wir bis zu PARMENIDES zurückgegangen und haben versucht, an sein völlig statisches und homogenes Weltkugelmodell die Atomvorstellung von DEMOKRIT anzuschließen. Wir haben gesehen, daß 2 000 Jahre lang mit der Atomistik

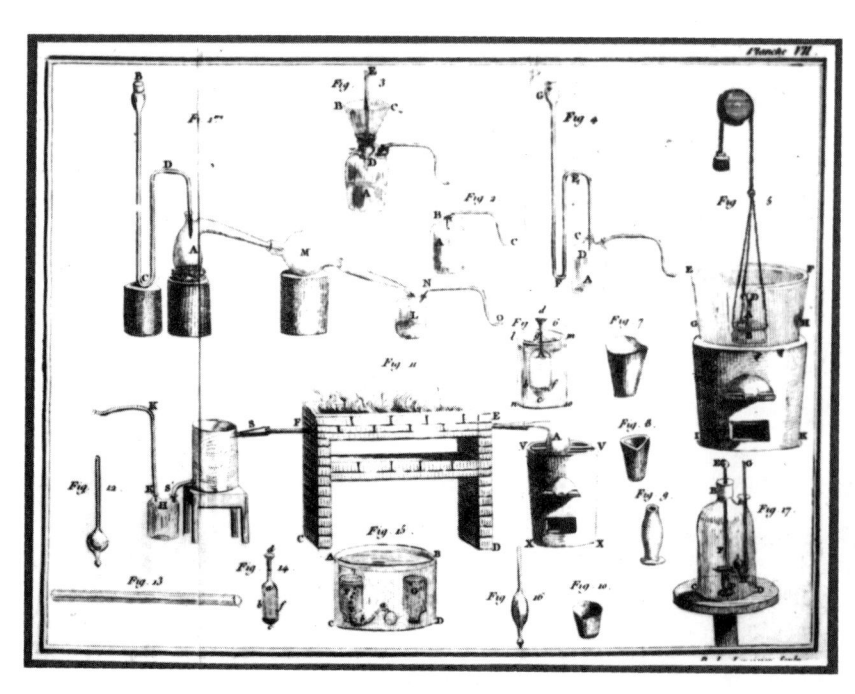

Abbildung 4.6—1
Titelblatt von *Lavoisiers* epochemachendem Buch über Chemie, daneben Doppelseite mit Abbildungen
Gedenkbibliothek der Universität für Schwerindustrie, Miskolc

lediglich qualitative und günstigstenfalls auch philosophische Fragen geklärt werden konnten. Die erste quantitative Formulierung gelang Mitte des 18. Jahrhunderts D. BERNOULLI und wurde dann von WATERSTON und JOULE sowie im weiteren vor allem von CLAUSIUS, MAXWELL und BOLTZMANN zu der heute im wesentlichen abgeschlossenen kinetischen Theorie ausgebaut. Freilich geht diese Theorie zwar von der atomistischen Struktur der Stoffe aus, macht jedoch keine konkreten Aussagen über die Atome selber.

Solche Aussagen wurden in entscheidendem Maße von der Chemie, und zwar an der Wende des 18. zum 19. Jahrhundert erarbeitet. LAVOISIER war mit seinen um 1790 ausgeführten Untersuchungen *(Abbildung 4.6−1)* bereits eine Klärung des chemischen Elementbegriffes gelungen, und er stellte fest, daß die Elemente in festen Gewichtsverhältnissen in den chemischen Verbindungen vertreten sind. JOSEPH-LOUIS PROUST (1754−1826) verdanken wir das Gesetz der konstanten Proportionen, und DALTON (1766−1844) gelangte auf Grund seiner zwischen 1803 und 1808 ausgeführten Untersuchungen zum Gesetz der multiplen Proportionen. Die von DALTON gleichzeitig gefundene atomistische Erklärung beider Gesetze lautet: Die kleinsten Einheiten jedes Stoffes bestehen aus wenigen Atomen, und alle Atome eines Elementes gleichen einander. Ebenfalls auf DALTON geht eine Tabelle der Atomgewichte zurück *(Abbildung 4.6−2)*.

Ein weiterer Schritt wurde 1808 von GAY-LUSSAC (1778−1850) mit der Formulierung des Gesetzes über die Volumenverhältnisse reagierender Gase *(Abbildung 4.6−3)* getan. Im Anschluß daran fand AVOGADRO (1776−1856) das wichtige Gesetz, wonach bei gleicher Temperatur und gleichem Druck gleiche Volumina verschiedener Gase die gleiche Anzahl Molekeln enthalten.

In den sechziger Jahren des 19. Jahrhunderts *(Abbildung 4.6−4)* konnte sich die kinetische Gastheorie auf ihre eigenständigen, mehr oder weniger konkreten Vorstellungen über den korpuskularen Aufbau der Stoffe stützen. Sie konnte aber nicht die Frage beantworten, wie sich die Atome der Elemente zu den Molekeln der chemischen Verbindungen zusammensetzen, und genausowenig konnte sie etwas über den inneren Aufbau oder die Struktur der Atome aussagen. Wie wir aber im vorigen Kapitel gesehen haben, war die kinetische Gastheorie dennoch sehr erfolgreich bei der Angabe numerischer Werte für bestimmte Kenngrößen der Molekeln. So konnten z. B. die Zahl der Molekeln in der Volumeinheit und ihre Masse angegeben sowie ihre Abmessungen abgeschätzt werden.

Aus der Chemie kamen auch Hinweise dafür, daß die Elektrizität beim Aufbau der Stoffe eine wichtige Rolle spielen muß. Wir haben darüber im Kapitel 4.4 gesprochen und wollen hier nur auf DAVYS Vermutung sowie auf die Faradayschen Gesetze der Elektrolyse hinweisen.

4.6.2 Das Elektron: J. J. Thomson

In der Abbildung 4.6−4 sind auch die Entwicklungsetappen dargestellt, die von der Annahme der elektrisch neutralen und strukturlosen Atome der kinetischen Gastheorie (in den meisten Arbeiten zur kinetischen Gastheorie wurden die Atome als glatte elastische Kugeln dargestellt) bis zum Rutherfordschen Planetenmodell des Atoms geführt haben.

Entscheidend zur Klärung der Struktur des Atoms haben die Kathodenstrahlexperimente beigetragen, die sich unmittelbar an die Untersuchungen der Gasentladungen anschlossen.

In der zweiten Hälfte des 19. Jahrhunderts zogen in den „modernen" Laboratorien meist die Gasentladungsröhren mit ihrem auffallenden Licht die Aufmerksamkeit eines eintretenden Besuchers sofort auf sich. Sie gleichen den heute vor allem zu Reklamezwecken genutzten Neonröhren.

Die Tatsache, daß beim Stromdurchgang durch verdünnte Gase eine Leuchterscheinung zu beobachten ist, war schon zur Mitte des 18. Jahrhunderts bekannt. Auch auf diesem Gebiet hat der ungemein vielseitige FARADAY erfolgreich gearbeitet, der 1830 mit einer Elektrisiermaschine eine Gasentladung hervorrufen konnte. An eine seiner Entdeckungen erinnert die Bezeichnung „Faradayscher Dunkelraum".

Im weiteren hat sich die Erfindung eines technischen Hilfsmittels sehr förderlich auf den Fortgang der Untersuchungen ausgewirkt. 1855 wurde von HEINRICH GEISSLER (1814−1879) die nach ihm benannte Pumpe gebaut,

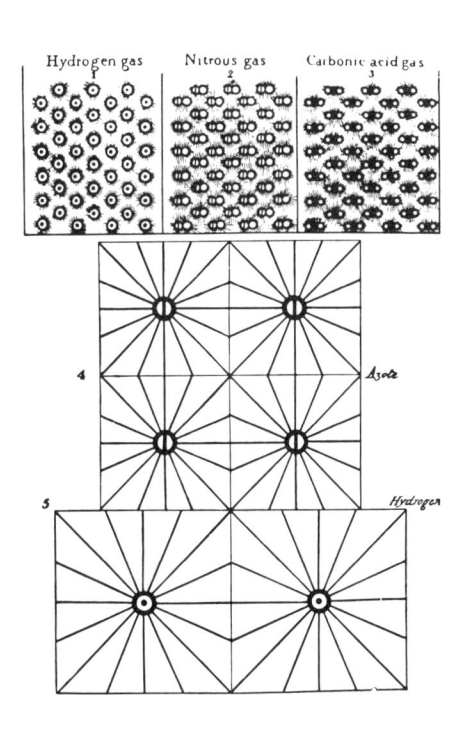

Abbildung 4.6−2
Das Gesetz der konstanten Proportionen aus *Daltons* Buch: *A New System of Chemical Philosophy*. 1808, 1810

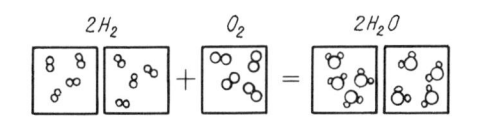

Abbildung 4.6−3
Das Gesetz von *Gay-Lussac* über die Volumenverhältnisse chemisch reagierender Gase

mit der ein wesentlich höheres Vakuum als vorher erreicht werden konnte. In den darauffolgenden anderthalb Jahrzehnten haben dann JULIUS PLÜKKER (1801–1868) und sein Schüler JOHANN WILHELM HITTORF (1824–1914) die Kathodenstrahlen ausführlich untersucht *(Abbildung 4.6–5)* und dabei folgende Eigenschaften gefunden:

- Die Kathodenstrahlen treten aus der Kathode aus;
- sie breiten sich geradlinig im Raum aus;
- sie verursachen beim Auftreffen auf verschiedene Substanzen Fluoreszenzerscheinungen;
- Kathodenstrahlen können im Magnetfeld abgelenkt werden.

Diese Beobachtungen hat GOLDSTEIN 1871 wie folgt ergänzt:

- Die Kathodenstrahlen treten senkrecht aus der Kathodenoberfläche aus, wobei die Kathodenform beliebig sein kann. Konkave Kathodenoberflächen führen zu einer Fokussierung der Kathodenstrahlen;
- die Eigenschaften der Kathodenstrahlen sind vom Kathodenmaterial unabhängig;
- Kathodenstrahlen können ebenso wie die ultravioletten Strahlen der Sonne chemische Reaktionen auslösen.

1871 wurde von CROMWELL VARLEY der Gedanke geäußert, daß die Kathodenstrahlen aus negativen Teilchen bestehen könnten, da bewegte negative Ladungen ebenso wie die Kathodenstrahlen in einem Magnetfeld abgelenkt werden.

Im Ergebnis seiner 1879 durchgeführten Untersuchungen hat SIR WILLIAM CROOKES (1832–1919), an den die Bezeichnung „Crookessche Röhren" für die zu Reklamezwecken verwendeten Leuchtröhren erinnert, weitere Eigenschaften der Kathodenstrahlen gefunden:

- Beim Auftreffen der Kathodenstrahlen auf eine dünne Folie können sie diese bis zur Rotglut erhitzen; die Kathodenstrahlen übertragen folglich eine Energie;
- die Kathodenstrahlen besitzen auch einen Impuls, denn sie können ein geeignet im Strahlengang angeordnetes Flügelrad in Drehung versetzen (später hat J. J. THOMSON allerdings festgestellt, daß diese Drehbewegung auch von der Wärmewirkung des auftreffenden Strahles erzeugt werden kann).

CROOKES war der erste, der versucht hat, die bei den Kathodenstrahlexperimenten beobachteten Erscheinungen theoretisch zu deuten. Er äußerte sich dahingehend, daß der Kathodenstrahl ein Teilchenstrom negativ geladener Molekeln sei. Die Molekeln würden bei einem zufälligen Stoß auf die Kathode negativ aufgeladen und dann mit großer Geschwindigkeit von ihr abgestoßen.

Gegen 1880 wurde von den deutschen Physikern GUSTAV WIEDEMANN (1826–1899) und EUGEN GOLDSTEIN (1850–1930) sowie von HEINRICH HERTZ die Vermutung geäußert und vertreten, daß die Kathodenstrahlen eine besondere Form der elektromagnetischen Wellen sind. Dabei war in ihren Augen die experimentell beobachtete Ablenkbarkeit der Kathodenstrahlen im magnetischen Feld nicht ausreichend für die Annahme, daß die Strahlen aus elektrisch geladenen Teilchen bestehen müssen. Sie verwiesen in diesem Zusammenhang auf die Drehung der Polarisationsebene des Lichtes im Magnetfeld (Faraday-Effekt, Kapitel 4.4), d. h. auf die Beeinflußbarkeit des Lichtes durch ein magnetisches Feld. Warum sollte es dann nicht möglich sein, daß das Magnetfeld unter besonderen Umständen auch die Ausbreitungsrichtung der elektromagnetischen Wellen beeinflußt?! HERTZ und Mitarbeiter haben auch den von ihnen zum *experimentum crucis* deklarierten Versuch zur Ablenkbarkeit der Kathodenstrahlen im elektrischen Feld ausgeführt. Wenn die Kathodenstrahlen aus elektrisch geladenen Teilchen bestünden, müßte im elektrischen Feld eine Ablenkung zu beobachten sein. Entsprechend den von HERTZ geäußerten Erwartungen brachte der Versuch ein negatives Ergebnis und bestärkte ihn so in der irrigen Annahme, daß die Kathodenstrahlen eine dem Licht verwandte Erscheinung seien *(Zitat 4.6–1)*.

Heute wissen wir jedoch, daß das negative Versuchsergebnis aus den Versuchsbedingungen heraus erklärt werden kann. Aller Wahrscheinlichkeit nach war das Entladungsrohr nicht genügend evakuiert, und das elektrische Feld wurde von einer positiven Raumladung des durch Elektronenstoß ionisierten Restgases abgeschirmt. Eine Beeinflussung der Kathodenstrah-

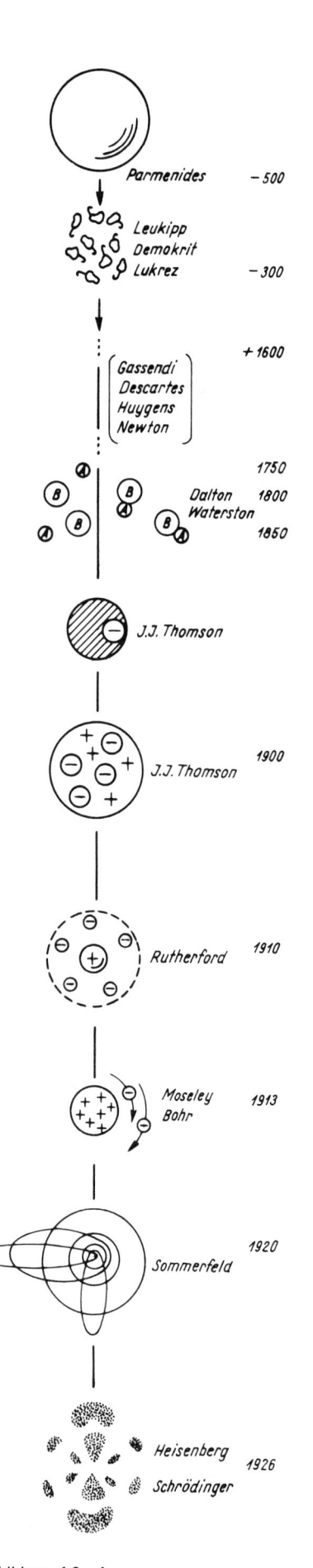

Abbildung 4.6–4
Die Hauptstationen der Entwicklung unserer Vorstellungen zur Struktur der Atome

len durch das elektrische Feld konnte somit nur deshalb nicht beobachtet werden, weil die Wirkung des äußeren elektrischen Feldes praktisch durch die Raumladungen aufgehoben wurde. Wir wollen hier als historisch interessant anmerken, daß die für die Formulierung der Quantenmechanik wichtige Hypothese von der Wellennatur des Elektrons bereits bei der Entdeckung dieses Teilchens zur Sprache kam. In der *Abbildung 4.6−6* ist für das Elektron und zum Vergleich auch für das Photon dargestellt, wie sich die Vorstellungen über die Natur bzw. die Doppelnatur dieser Teilchen im Verlaufe der Zeit entwickelt haben.

Ein weiteres Indiz für die Wellennatur der Kathodenstrahlen schien die Tatsache zu sein, daß sie dünne Folien durchdringen können. Aus einem Entladungsrohr, dessen Wandung an der Auftreffstelle der Kathodenstrahlen von einer sehr dünnen Metallfolie gebildet wurde, konnte PHILIPP LENARD (1862−1947), ein Schüler von HERTZ, die Kathodenstrahlen sogar in die freie Luft austreten lassen. Diese Metallfolie war „vakuumdicht", d. h., auch für die kleinsten damals bekannten Teilchen, die Wasserstoffmolekeln, undurchlässig. Wenn also die Kathodenstrahlen aus Teilchen bestehen sollten, so müßten diese wesentlich kleiner als alle bislang bekannten Atome sein.

Ein sehr ernster Einwand gegen die Hypothese von der Wellennatur der Kathodenstrahlen war die negative Ladung dieser Strahlen, die immer zuverlässiger nachgewiesen werden konnte und die nur zu verstehen war, wenn die Strahlen als Strom negativ geladener Teilchen gedeutet wurden.

GOLDSTEIN glaubte jedoch bereits 1880 mit seinem in der *Abbildung 4.6−7* dargestellten Versuch zeigen zu können, daß die Crookessche Hypothese, nach der die Kathodenstrahlen aus einem Strom negativ geladener Molekeln bestehen sollten, nicht richtig sein konnte. Bei diesem Versuch hatte GOLDSTEIN die zwei Elektroden in einem rechtwinklig gebogenen Entladungsrohr abwechselnd als Kathode benutzt, so daß im oberen waagerechten Schenkel des Entladungsrohrs die Flugrichtung der Kathodenstrahlen verändert werden konnte. Wie P. G. TAIT schon bemerkt hatte, sollte bei einer Umkehr der Flugrichtung im Strahlungsspektrum der sich bewegenden Moleküle eine Dopplerverschiebung festzustellen sein, wenn CROOKES' Hypothese zutrifft. GOLDSTEIN konnte jedoch in dem oben dargestellten Versuch eine solche Dopplerverschiebung nicht beobachten. Der in Manchester lebende ARTHUR SCHUSTER (1850−1934) hat bereits 1884 eine richtige Deutung der Lichtemission gegeben: Die Kathodenstrahlen stoßen mit den ruhenden Molekeln zusammen und regen sie an, Licht zu emittieren.

Das beinahe ein halbes Jahrhundert ungelöste Rätsel um die Natur der Kathodenstrahlen wurde schließlich von J. J. THOMSON 1897 geklärt *(Abbildung 4.6−8)*. Wie bereits SCHUSTER hat er die magnetische Ablenkung der Kathodenstrahlen untersucht und unter der Voraussetzung, daß diese aus negativ geladenen ($-e$) Teilchen der Masse m bestehen, die Beziehung

$$\frac{mv^2}{r} = evB \rightarrow \frac{e}{m} = \frac{v}{Br}$$

zwischen dem Radius r der kreisförmigen Teilchenbahn, der Magnetfeldstärke B und der Geschwindigkeit v der Teilchen gefunden. Da SCHUSTER die Teilchengeschwindigkeiten nicht kannte, konnte er die spezifische Ladung e/m der Teilchen lediglich abschätzen. Es wurde offenbar noch eine weitere Beziehung zwischen der spezifischen Ladung und der Teilchengeschwindigkeit benötigt. Im ersten Teil seiner Untersuchungen hat aus diesem Grunde THOMSON die Wärmemenge und die elektrische Ladung bestimmt, die von den auf die Elektrode auftreffenden Elektronen transportiert werden. Treffen n Teilchen auf die Elektrode auf, dann erhält man die entstehende Wärmeenergie H als Summe der kinetischen Energien $\frac{1}{2}mv^2$ der auftreffenden Teilchen zu

$$H = n\frac{1}{2}mv^2.$$

Die transportierte Gesamtladung ist $Q = ne$. THOMSON hat die Wärmemenge mit einem empfindlichen Bolometer und die Ladung mit einem Elektroskop

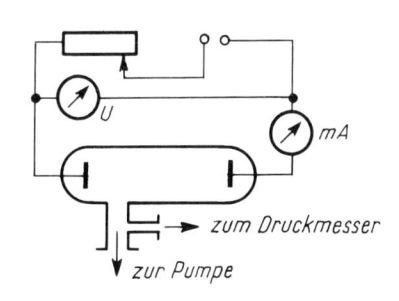

Abbildung 4.6−5
Versuchsanordnung zur Untersuchung der Kathodenstrahlen

Zitat 4.6−1
Durch die beschriebenen Versuche glaube ich bewiesen zu haben:

1. Daß bis zur Beibringung stärkerer Beweismittel für das Gegenteil wir die Batterieentladung als kontinuierlich, also die Glimmentladung nicht als notwendig disruptiv anzusehen haben.

2. Daß die Kathodenstrahlen eine die Entladung nur begleitende Erscheinung sind, mit der Bahn des Stromes in erster Annäherung aber nichts zu tun haben.

3. Daß den Kathodenstrahlen entweder gar keine oder doch nur sehr schwache elektrostatische und elektrodynamische Eigenschaften zukommen.

Außerdem aber habe ich versucht, eine ganz bestimmte Anschauung über das Wesen der Glimmentladung als wahrscheinlich hinzustellen, deren Hauptzüge diese sind:

Das Leuchten des Gases in der Glimmentladung ist kein Phosphoreszieren unter dem direkten Einfluß des Stromes, sondern ein Phosphoreszieren unter dem Einfluß der durch den Strom erregten Kathodenstrahlen. Diese Kathodenstrahlen sind elektrisch indifferent, unter den bekannten Agentien ist das Licht die ihnen am nächsten verwandte Erscheinung. Die Drehung der Polarisationsebene des letzteren ist das Analogon zur Beugung der Kathodenstrahlen durch den Magnet.

Wenn diese Anschauung richtig ist, so ist man durch die Erscheinungen gezwungen, verschiedene Arten von Kathodenstrahlen anzunehmen, deren Eigenschaften ineinander übergehen, welche den Farben des Lichts entsprechen und welche sich unterscheiden nach Phosphoreszenzerregung, Absorbierbarkeit und Ablenkbarkeit durch den Magnet.

H. HERTZ: *Versuche über die Glimmentladung.* Wiedemann's Annalen der Physik und Chemie. 1883, Bd. XIX, S. 782 ff.

gemessen. Aus den oben angegebenen zwei Gleichungen folgt dann

$$\frac{e}{m} = \frac{2Qv^2}{H}.$$

Bei einem späteren, genaueren Meßverfahren, das THOMSON auch schon verwendete, werden die Teilchen in zwei zueinander senkrechte Felder — ein elektrisches und ein magnetisches — eingeschossen, von denen jedes die geladenen Teilchen in die entgegengesetzte Richtung ablenkt als das andere.

In der *Abbildung 4.6–9a, b* sind die Meßanordnung und THOMSONS Originalapparatur zu sehen.

Ausgehend von diesen Untersuchungen konnte THOMSON eindeutig feststellen, daß die Art der Teilchen in den Kathodenstrahlen weder vom Kathodenmaterial noch vom Füllgas der Entladungsröhre abhängt. Folglich müssen diese Teilchen Bestandteil der Atome aller Elemente sein. Wir können somit das Jahr 1897 als Geburtsjahr des Elektrons ansehen. Das Elektron spielt in allen Bereichen der Physik, in der Physikalischen Chemie sowie bei der Lichtemission und -absorption eine ungemein wichtige Rolle.

Es ist verständlich, daß THOMSON zunächst glaubte, diese Teilchen bildeten die gesuchte Urmaterie, aus der die Elemente zusammengesetzt sind. Der Name Elektron wurde von GEORGE JOHNSTONE STONEY (1826—1911) gemeinsam mit HELMHOLTZ bereits 1874 für das „Atom" der Elektrizität geprägt. Beide wiesen darauf hin, daß unter der Voraussetzung einer atomaren Struktur der Materie aus den Gesetzen der Elektrolyse mit sehr großer Wahrscheinlichkeit auch auf eine atomare Struktur der Elektrizität geschlußfolgert werden kann. Die Größenordnung dieser Elementarladung konnte einfach aus der Faraday-Konstanten F sowie aus der zu dieser Zeit schon gut bekannten Loschmidtschen Zahl L zu

$$F = Le; \quad e = F/L$$

erhalten werden. Folglich konnte aus THOMSONS Messungen auch die Masse des Elektrons abgeschätzt werden. Es wurde festgestellt, daß diese Masse drei Größenordnungen kleiner ist als die Masse des kleinsten Atoms, des Wasserstoffatoms *(Zitat 4.6—2)*.

Die Kathodenstrahlversuche, die wir jetzt natürlich schon als Versuche mit Elektronenstrahlen oder Elektronenbündeln bezeichnen können, haben eine stimulierende Wirkung auf die Entwicklung der gesamten Physik gehabt, und wir wollen hier Entdeckungen in den vier goldenen Jahren der Physik — 1895, 1896, 1897 und 1898 — erwähnen, die sich alle mittelbar oder unmittelbar aus den Kathodenstrahlexperimenten ergeben haben. So entdeckte RÖNTGEN 1895 die nach ihm benannten Strahlen, BECQUEREL 1896 die Radioaktivität, 1897 ist nach unserer obigen Darstellung das Jahr, in dem das Elektron entdeckt wurde, und 1898 wurden vom Ehepaar CURIE das Polonium und das Radium gefunden.

RÖNTGENS Untersuchungen *(Abbildung 4.6—10)* richteten sich ursprünglich unmittelbar auf die Kathodenstrahlen. Um das durch die Kathodenstrahlen hervorgerufene schwache Fluoreszenzlicht sehen zu können, hatte RÖNTGEN das sichtbare Licht seines Entladungsrohrs mit undurchsichtigem schwarzem Papier vollkommen abgeschirmt. Dennoch bemerkte er beim Betrieb des Entladungsrohrs ein kräftiges Leuchten an allen in der Nähe befindlichen fluoreszierenden Salzen, obwohl kein sichtbares Licht und erst recht keine Kathodenstrahlen auf die Salze auftreffen konnten. Es lohnt sich hier, die scheinbare Zufälligkeit dieser Entdeckung etwas näher zu betrachten. Obwohl RÖNTGEN nicht zielgerichtet auf seine Entdeckung hingearbeitet hat und auch das fluoreszierende Salz lediglich zufällig für einen anderen Versuch bereitgestellt worden war, ist sein Verdienst um die Entdeckung in zweifacher Hinsicht bemerkenswert. Zum ersten war er auf eine Erscheinung aufmerksam geworden, die außerhalb seines eigentlichen Forschungsgegenstandes lag, und hat erkannt, daß weitere Untersuchungen von Interesse sein müßten. Zum zweiten ist es ihm in sehr kurzer Zeit gelungen, in einer umfassenden Untersuchungsreihe alle Eigenschaften der unbekannten neuen Strahlung zu entdecken, die für eine sofortige Anwendung in der Praxis bekannt sein mußten *(Zitat 4.6—3.)*. Es ist erstaunlich, wie schnell in diesem Falle die Anwendung auf die Entdeckung gefolgt ist. Die erste Beobachtung wurde von RÖNTGEN am 8. November 1895 aufgezeichnet, noch im Dezember dieses Jahres veröffentlichte er seine Ergebnisse, und am 20. Januar des folgenden Jahres wurden in England zum ersten

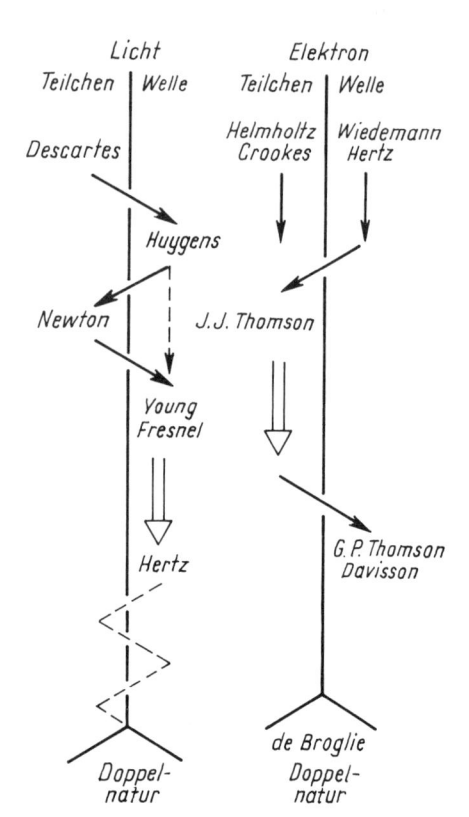

Abbildung 4.6—6
Welle-Teilchen-Dualismus. Die Wandlungen in den Auffassungen der Physiker zur Natur des Lichtes und der Elektronen

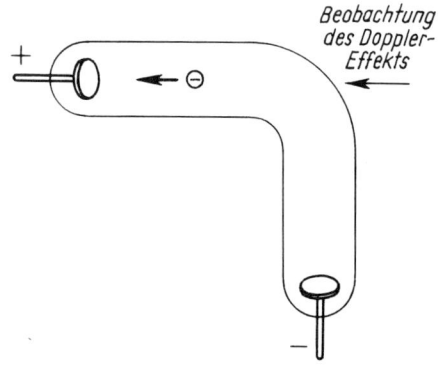

Abbildung 4.6—7
Versuch von *Goldstein*. Mit diesem Versuch sollte der Nachweis geführt werden, daß die Kathodenstrahlen nicht aus negativ geladenen Molekeln bestehen können

mal die Knochen eines gebrochenen Armes mit Hilfe eines Röntgenbildes zusammengefügt. Neben ihrer Bedeutung für die Medizin sind die Röntgenstrahlen dann auch zu einem unentbehrlichen Hilfsmittel bei der Erforschung der Struktur der Materie geworden.

Wir wollen noch einmal darauf zurückkommen, daß RÖNTGEN seine „zufälligen" Beobachtungen nicht als nebensächlich abgetan hat, und anmerken, daß J. J. THOMSON und mit ihm andere Physiker ebenfalls Erscheinungen wahrgenommen haben, die später eindeutig auf die Wirkung der Röntgenstrahlen zurückgeführt werden konnten *(Zitat 4.6−4)*. So wurde z. B. von mehreren Forschern festgestellt, daß photographische Platten nach längerer Lagerung in der Nähe eines Entladungsrohrs mit einem „Schleier" überzogen waren, obwohl die sorgfältig in schwarzes Papier verpackten Platten sich in geschlossenen Kästen befunden hatten. Die einzige aus diesem Umstand ihrerseits gezogene Konsequenz war die Anweisung an die Laboranten, die Platten an einem anderen Ort aufzubewahren.

BECQUEREL hat sich seit 1896 mit der Fluoreszenz der Uransalze beschäftigt. Das unmittelbare Ziel dieser Untersuchungen war die Aufklärung

Abbildung 4.6−8
JOSEPH JOHN THOMSON (1856−1940): wollte Ingenieur werden, hat jedoch dann Mathematik und Physik studiert. 1884−1919: Cavendish-Professor (seine Vorgänger in diesem Amt waren *J. C. Maxwell* und *Lord Rayleigh*, seine Nachfolger − *E. Rutherford* und *W. L. Bragg*). 1906: Nobelpreis. Sein erster bedeutender Beitrag zur Physik: 1881 − Untersuchungen zur Elektrodynamik bewegter Ladungen, in denen er zeigt, daß geladene Teilchen der Beschleunigung einen vergrößerten Widerstand entgegensetzen und sich damit so verhalten, als wenn sich ihre Masse vergrößert hätte. Damit erster Hinweis auf die relativistische Massenzunahme. 1897: Entdeckung des Elektrons; 1907: Entwicklung der nach ihm benannten Parabelmethode, mit der er zum erstenmal die Existenz der Isotope nachweisen kann. Sein Sohn, *Paget Thomson* (1892−1975) hat 1937 den Nobelpreis für den Nachweis der Wellennatur des Elektrons bekommen.
J. J. Thomson war der große Erzieher der im ersten Viertel des 20. Jahrhunderts in England tätigen Wissenschaftlergeneration. Zu seinen Schülern zählen *E. Rutherford*, *P. Langevin*, *C. T. R. Wilson*, *W. L. Bragg*, *F. W. Aston* und *E. Appleton*.

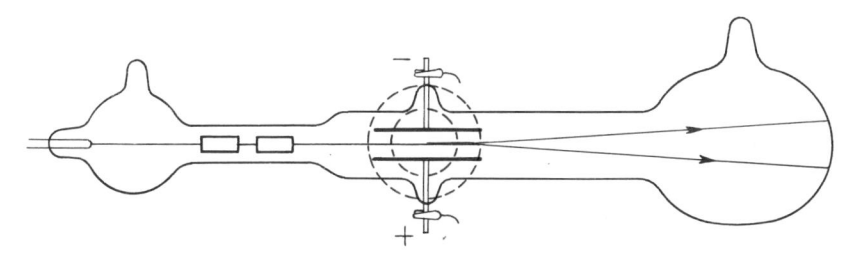

Abbildung 4.6−9a, b
Versuchsschema *(a)* und Versuchsanlage *(b)* von *Thomson* zur Messung der spezifischen Ladung des Elektrons [0.1]

der Natur der Röntgenstrahlen, weil zu dieser Zeit allgemein angenommen wurde, daß zwischen Röntgenstrahlen und Fluoreszenz ein enger Zusammenhang bestehen müsse. Über BECQUERELS Arbeiten werden wir eingehender bei der Behandlung der Struktur des Atomkerns sprechen.

Ein weiteres bedeutendes Ergebnis der Kathodenstrahl- oder genauer der Gasentladungsexperimente war die Entdeckung der Kanalstrahlen. GOLDSTEIN hat 1886 die durch Löcher (Bohrungen oder Kanäle − daher die Bezeichnung Kanalstrahlen) in der Kathode hindurch fliegenden Teilchen untersucht. Bereits im darauffolgenden Jahr konnte WILHELM WIEN feststellen, daß diese Strahlen von positiv geladenen Teilchen verhältnismäßig großer Masse gebildet werden. Damit war der Grundstein für die Massenspektrometrie gelegt, ein Verfahren zur Messung von Atommassen unter Ausnutzung der Ablenkung der Teilchenströme in elektrischen und magnetischen Feldern. Dieses Thema führt uns aber ebenfalls zur Kernphysik.

Zitat 4.6−2
Aus diesen Messungen ersehen wir, daß m/q nicht von der Natur des Gases abhängt und sein Wert, nämlich 10^{-7}, sehr klein ist im Verhältnis zu 10^{-4}, dem kleinsten bisher beobachteten (bei der Elektrolyse gefundenen, zu den Wasserstoffionen gehörenden) Wert. ... Dieser kleine Wert von m/q kann von der Kleinheit der Masse m oder der Größe der Ladung q oder aber von beidem herrühren...

In dieser Sicht haben wir in den Kathodenstrahlen einen neuen Zustand der Materie vor uns, in dem ihre Unterteilung viel weiter getrieben ist als im gewöhnlichen Gaszustand; es ist dies ein Zustand, in dem jede Materie − unabhängig davon, ob sie aus Wasserstoff, Sauerstoff oder irgend einem anderen Stoff gewonnen wurde − ein und dieselbe ist, da es sich um die Substanz handelt, aus der alle chemischen Elemente aufgebaut sind.
J. J. THOMSON: Phil. Magazine, 1897. [4.17]

4.6.3 Und wieder ein Beitrag der Chemie: das Periodensystem

Nachdem sich die Hypothese der atomistischen Struktur der Elemente weitgehend durchgesetzt hatte und nachdem das Elektron als auch frei existierendes Teilchen aller Atome entdeckt war, konnte die Erarbeitung theoretischer Modelle für die Struktur der Atome auf sicherer experimenteller Grundlage beginnen. Es wäre natürlich prinzipiell denkbar, daß sich die atomaren Bausteine der chemischen Elemente voneinander grundlegend qualitativ unterscheiden müßten, um die Vielfalt der Erscheinungsformen in der Natur zu erklären. Die von PROUT aufgestellte Hypothese, daß sich jedes Element aus Wasserstoff zusammensetzt, wurde von ihm damit begründet, daß die Atomgewichte der Elemente sich in recht guter Näherung als ganzzahlige Vielfache des Atomgewichts von Wasserstoff darstellen lassen. Diese Hypothese ist letzten Endes daran gescheitert, daß mit der weiteren Entwicklung der Chemie die Atomgewichte immer genauer bestimmt werden konnten und bei einer wachsenden Zahl von Elementen wesentliche Abweichungen von der Ganzzahligkeit der Atomgewichte gefunden wurden. Heute wissen wir, daß PROUTS Konzeption zwar ergänzt werden muß, im Grunde genommen jedoch richtig ist oder doch zumindest der Wahrheit nahe kommt. Wie sich erst später herausstellte, werden die Abweichungen von den ganzen Zahlen dadurch hervorgerufen, daß die chemisch reinen Elemente im allgemeinen Isotopengemische sind.

Bereits in der ersten Hälfte des 19. Jahrhunderts wurde man darauf aufmerksam, daß zwischen den chemischen Elementen irgendwelche inneren Zusammenhänge bestehen müssen, die auf einen Bauplan hinweisen und einer Erklärung bedürfen. So waren Elementegruppen wie die Alkalimetalle oder die Halogene mit zueinander chemisch sehr ähnlichen Elementen bekannt. Auf die tieferen Ursachen für die Existenz solcher Gruppen haben DMITRI MENDELEJEW *(Abbildung 4.6–11a)* und LOTHAR MEYER (1830–1895) unabhängig voneinander im Jahre 1869 hingewiesen: Ordnet man die chemischen Elemente in einer Reihe nach wachsendem Atomgewicht an, dann zeigen die chemischen Eigenschaften eine charakteristische Periodizität *(Abbildungen 4.6–11b, 4.6–12)*. Das geordnete System der Elemente, das Periodensystem, wird mit Recht als Mendelejewsches Periodensystem bezeichnet, weil MENDELEJEW die ganze Tragweite dieser Entdeckung erkannt hat, obwohl auch LOTHAR MEYER quantitative Aussagen über die Periodizität der physikalischen Charakteristika der Atome, wie z. B. der Atomvolumina, getroffen hat. In Abbildung 4.6–11b sehen wir das Faksimile eines Mendelejewschen Artikels aus dem Jahre 1869, den er unter

Abbildung 4.6–10
WILHELM CONRAD RÖNTGEN (1845–1923): hat sich nach dem Diplomexamen als Maschinenbauingenieur (1868, Eidgenössische Technische Hochschule Zürich) bald der Physik zugewandt. Professor an verschiedenen deutschen Universitäten (u. a. Gießen, Würzburg), dann ab 1900 bis zu seiner Emeritierung (1920) an der Universität München.
Röntgen ist vor allem durch die Entdeckung der nach ihm benannten Strahlen (1895) berühmt geworden. Eine weitere bedeutende Leistung: Untersuchung der magnetischen Wirkung eines zwischen aufgeladenen Kondensatorplatten bewegten Dielektrikums (Röntgen-Strom, 1888)

Zitat 4.6–3
1. Läßt man durch eine Hittorfsche Vakuumröhre oder einen genügend evakuierten Lenardschen, Crookesschen oder ähnlichen Apparat die Entladungen eines größeren Ruhmkorff gehen und bedeckt die Röhre mit einem ziemlich eng anliegenden Mantel aus dünnem, schwarzem Karton, so sieht man in dem vollständig verdunkelten Zimmer in die Nähe des Apparates gebrachten, mit Bariumplatincyanür angestrichenen Papierschirm bei jeder Entladung hell aufleuchten, fluoreszieren, gleichgültig ob die angestrichene oder die andere Seite des Schirmes dem Entladungsapparat zugewendet ist. Die Fluoreszenz ist noch in 2 m Entfernung vom Apparat bemerkbar.
Man überzeugt sich leicht, daß die Ursache der Fluoreszenz vom Entladungsapparat und von keiner anderen Stelle der Leitung ausgeht.
2. Das an dieser Erscheinung zunächst Auffallende ist, daß durch die schwarze Kartonhülse, welche keine sichtbaren oder ultravioletten Strahlen des Sonnen- oder des elektrischen Bogenlichtes durchläßt, ein Agens hindurchgeht, das imstande ist, lebhafte Fluoreszenz zu erzeugen, und man wird deshalb wohl zuerst untersuchen, ob auch andere Körper diese Eigenschaft besitzen.
Man findet bald, daß alle Körper für dasselbe durchlässig sind, aber in sehr verschiedenem Grade. Einige Beispiele führe ich an. Papier ist sehr durchlässig: hinter einem eingebundenen Buch von ca. 1 000 Seiten sah ich den Fluoreszenzschirm noch deutlich leuchten; die Drucker-

Abbildung 4.6–11a
DMITRIJ IWANOWITSCH MENDELEJEW (1834–1907): Studium der Chemie in Petersburg, ab 1857 dort Privatdozent. Hat 1859 bis 1861 in Heidelberg gearbeitet, schließlich ab 1864 Professor der Chemie in Petersburg. Neben der Entdeckung des Periodensystems (1869), das seinen Namen weltberühmt gemacht hat, ist als Ergebnis seiner Arbeiten auf dem Gebiet der physikalischen Chemie auch die Feststellung der Existenz einer kritischen Temperatur von Bedeutung

Abbildung 4.6–11b
Die älteste Darstellung des Periodensystems

seinen Fachkollegen verteilt hat, und im *Zitat 4.6–5* sind Auszüge aus einer in deutscher Sprache veröffentlichten Arbeit MENDELEJEWS wiedergegeben. Aus beiden Darstellungen geht klar hervor, daß MENDELEJEW den heuristischen Wert seines Periodensystems als Orientierungshilfe für weitere Untersuchungen richtig eingeschätzt hat. So hat er gezeigt, wo es noch auszufüllende „Lücken" in seinem System gibt. Für ein hier einzureihendes, noch unbekanntes Element im Periodensystem konnten nahezu alle charakteristischen physikalischen und chemischen Eigenschaften vorhergesagt werden, so daß genaue Hinweise gegeben werden konnten, wo und mit welcher Methode das fehlende Element zu suchen war.

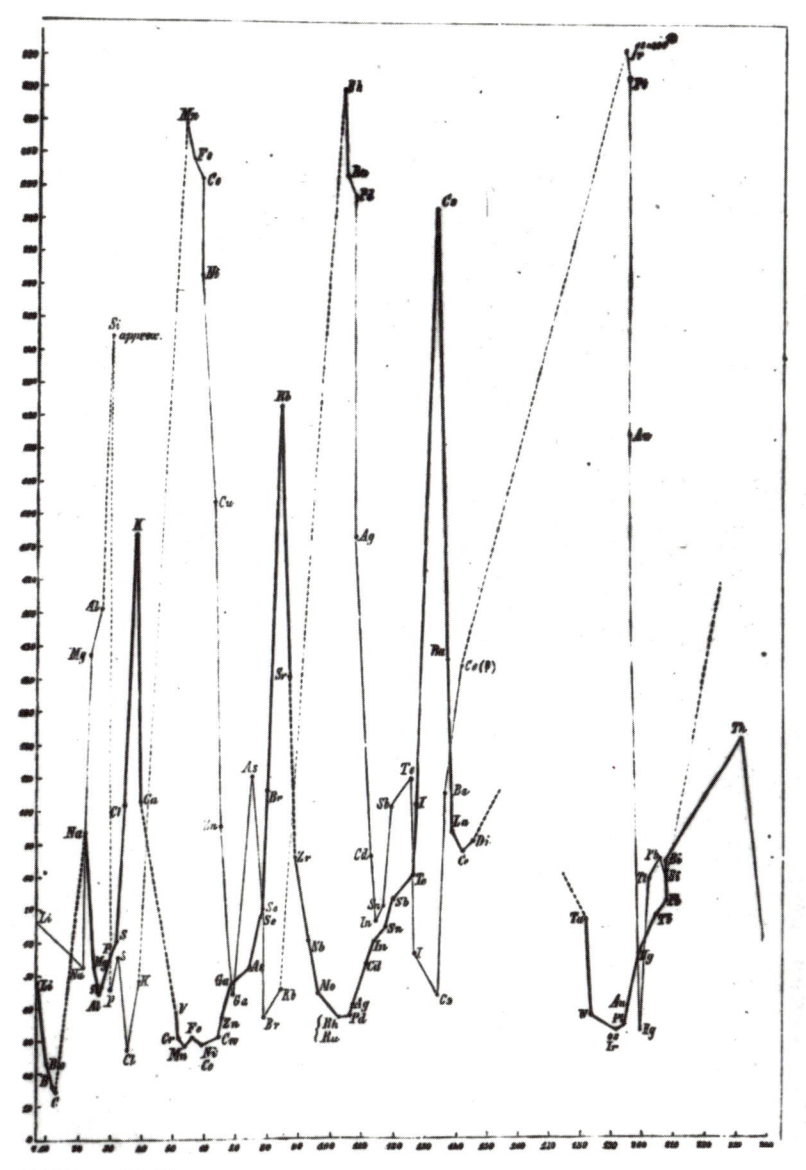

Abbildung 4.6–12
Atomvolumen in Abhängigkeit des Atomgewichtes. Diese Kurven von *Lothar Meyer* deuten ebenfalls die Periodizität der Struktur der Elemente an (aus *Ostwalds* Buch: *Grundriß der allgemeinen Chemie*)

Für den technisch interessierten Leser des 20. Jahrhunderts ist die Tatsache bemerkenswert, daß fast alle Eigenschaften des zu MENDELEJEWS Zeiten noch unbekannten Germaniums, eines der wichtigsten Grundstoffe für die Halbleiterindustrie, von MENDELEJEW mit großer Genauigkeit vorhergesagt worden sind. MENDELEJEWS Leistungen wurden auch von den Wissenschaftlern des westlichen Europas gewürdigt. So wurde er gemeinsam mit LOTHAR MEYER 1882 von der Royal Society mit der Davy-Medaille geehrt.

Das Periodensystem dient dem Chemiker als Orientierungs- und Kontrollhilfe und wurde bald zu einem nützlichen Arbeitsmittel. Für die Physiker war die Existenz des Periodensystems eine Herausforderung, die dem Ordnungsprinzip zugrundeliegenden physikalischen Strukturen zu finden.

schwärze bietet kein merkliches Hindernis. Ebenso zeigte sich Fluoreszenz hinter einem doppelten Whistspiel; eine einzelne Karte zwischen Apparat und Schirm gehalten macht sich dem Auge fast gar nicht bemerkbar. – Auch ein einfaches Blatt Stanniol ist kaum wahrzunehmen; erst nachdem mehrere Lagen übereinander gelegt sind, sieht man ihren Schatten deutlich auf dem Schirm. – Dicke Holzblöcke sind noch durchlässig; 2 bis 3 cm dicke Bretter aus Tannenholz absorbieren nur sehr wenig. – Eine ca. 15 mm dicke Aluminiumschicht schwächte die Wirkung recht beträchtlich, war aber nicht imstande, die Fluoreszenz ganz zum Verschwinden zu bringen. – Mehrere Zentimeter dicke Hartgummischeiben lassen noch Strahlen hindurch. – Glasplatten gleicher Dicke verhalten sich verschieden, je nachdem sie bleihaltig sind (Flintglas) oder nicht; erstere sind viel weniger durchlässig als letztere. – Hält man die Hand zwischen den Entladungsapparat und den Schirm, so sieht man die dunkleren Schatten der Handknochen in dem nur wenig dunklen Schattenbild der Hand. – Wasser, Schwefelkohlenstoff und verschiedene andere Flüssigkeiten erweisen sich, in Glimmergefäßen untersucht, als sehr durchlässig. – Daß Wasserstoff wesentlich durchlässiger wäre als Luft, habe ich nicht finden können. – Hinter Platten aus Kupfer bzw. Silber, Blei, Gold, Platin ist die Fluoreszenz noch deutlich zu erkennen, doch nur dann, wenn die Plattendicke nicht zu bedeutend ist. Platin von 0,2 mm Dicke ist noch durchlässig; die Silber- und Kupferplatten können schon stärker sein. Blei in 1,5 mm Dicke ist so gut wie undurchlässig und wurde deshalb häufig wegen dieser Eigenschaft verwendet. – Ein Holzstab mit quadratischem Querschnitt (20 × 20 mm), dessen eine Seite mit Bleifarbe weiß angestrichen ist, verhält sich verschieden, je nachdem er zwischen Apparat und Schirm gehalten wird; fast vollständig wirkungslos, wenn die X-Strahlen parallel der angestrichenen Seite durchgehen, entwirft der Stab einen dunklen Schatten, wenn die Strahlen die Anstrichfarbe durchsetzen müssen. – In eine ähnliche Reihe wie die Metalle lassen sich ihre Salze, fest oder in Lösung, in Bezug auf ihre Durchlässigkeit ordnen.

3. Die angeführten Versuchsergebnisse und andere führen zu der Folgerung, daß die Durchlässigkeit der verschiedenen Substanzen, gleiche Schichtendicke vorausgesetzt, wesentlich bedingt ist durch ihre Dichte: keine andere Eigenschaft macht sich wenigstens in so hohem Grade bemerkbar als diese...

11. Eine weitere sehr bemerkenswerte Verschiedenheit in dem Verhalten der Kathodenstrahlen und der X-Strahlen liegt in der Tatsache, daß es mir trotz vieler Bemühungen nicht gelungen ist, auch in sehr kräftigen magnetischen Feldern eine Ablenkung der X-Strahlen durch den Magnet zu erhalten...

12. Nach besonders zu diesem Zweck angestellten Versuchen ist es sicher, daß die Stelle der Wand des Entladungsapparates, die am stärksten fluoresziert, als Hauptausgangspunkt der nach allen Richtungen sich ausbreitenden X-Strahlen zu betrachten ist. Die X-Strahlen gehen somit von der Stelle aus, wo nach den Angaben verschiedener Forscher die Kathodenstrahlen die Glaswand treffen. Lenkt man die Kathodenstrahlen innerhalb des Entladungsapparates durch einen Magnet ab, so sieht man, daß auch die X-Strahlen von einer anderen Stelle, d. h. wieder von dem Endpunkte der Kathodenstrahlen ausgehen...

Ich komme deshalb zu dem Resultat, daß die X-Strahlen nicht identisch sind mit den Kathodenstrahlen, daß sie aber von den Kathodenstrahlen in der Glaswand des Entladungsapparates erzeugt werden...

17. Legt man sich die Frage vor, was denn die X-Strahlen – die keine Kathodenstrahlen sein können – eigentlich sind, so wird man vielleicht im ersten Augenblick, verleitet durch ihre lebhaften Fluoreszenz- und chemischen Wirkungen, an

ultraviolettes Licht denken. Indessen stößt man doch sofort auf schwerwiegende Bedenken...
Das heißt, man müßte annehmen, daß sich diese ultravioletten Strahlen ganz anders verhalten als die bisher bekannten ultraroten, sichtbaren und ultravioletten Strahlen.
Dazu habe ich mich nicht entschließen können und nach einer anderen Erklärung gesucht.
W. C. RÖNTGEN: *Über eine neue Art von Strahlen.* Sitzungsber. der Würzburger Physik.-Medic. Gesellsch. Jahrg. 1895

Zitat 4.6 – 4
Ich konnte eine Phosphoreszenz an Röhren aus gewöhnlichem „deutschem Glas" beobachten, die sich in einer Entfernung von mehreren Fuß vom Entladungsrohr befanden, obwohl in diesem Falle das (die Phosphoreszenz auslösende) Licht die Glaswand des Vakuumrohres, sowie eine Luftschicht beträchtlicher Dicke durchdringen mußte, bevor es auf den phosphoreszierenden Gegenstand fiel.
J. J. THOMSON: Phil. Mag. 1894. [4.17]

Zitat 4.6 – 5 ist auf Seite 389 zu finden

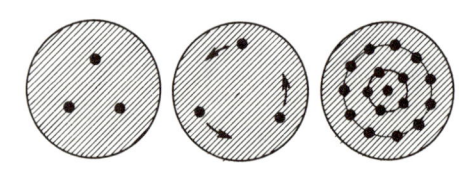

Abbildung 4.6 – 13
Das Thomsonsche Atommodell

4.6.4 Die ersten Vorstellungen über den Aufbau der Atome

Die Kathodenstrahlversuche haben zur Stützung der Annahme beigetragen, daß die Elektronen in der atomaren Struktur eine wesentliche Rolle spielen. Der Gedanke, daß das nach außen hin elektrisch neutrale Atom zu gleichen Teilen aus Elektronen und positiv geladenen Teilchen mit der gleichen Masse wie die der Elektronen bestehen müsse, war naheliegend. Berücksichtigen wir die geringe Masse des Elektrons, so folgt aus dieser Annahme, daß jedes Atom aus mehreren Tausend solcher Teilchen besteht. Es bleibt allerdings die Frage zu beantworten, wie diese Teilchen im Atom zusammengehalten werden. THOMSON hat zuerst Argumente dafür vorgebracht, daß die Zahl der Elektronen nicht so groß ist, sondern die Größenordnung des Atomgewichts hat, und darauf aufbauend 1904 sein Atommodell vorgeschlagen. Bis zur Aufstellung des Rutherfordschen Atommodells im Jahre 1911 und des Bohrschen Atommodells im Jahre 1913 war von allen existierenden Modellen das Thomsonsche dasjenige, mit dem die meisten experimentellen Beobachtungen gedeutet werden konnten. Nach THOMSONS Vorstellungen sollte das Atom aus einer homogenen, das gesamte Atomvolumen ausfüllenden positiven Ladung und aus den darin eingebetteten sehr kleinen (als punktförmig anzusehenden) Elektronen gebildet werden. Von diesem anschaulichen Bild rührt die Bezeichnung „Rosinenpudding" für das Modell her. Für den Zusammenhalt der positiven Ladungsflüssigkeit sollte eine der Kohäsionskraft in den gewöhnlichen Flüssigkeiten entsprechende Kraft sorgen. Die punktförmigen Elektronen können entweder ruhen oder auf bestimmten kreisförmigen Bahnen umlaufen *(Abbildung 4.6 – 13)*. THOMSON hat die Möglichkeit einer stabilen Elektronenkonfiguration sowohl für ruhende als auch für stationär umlaufende Elektronen ausführlich untersucht. Er erzielte dabei mehrere interessante Ergebnisse, die mit anderen Begründungen und in etwas veränderter Form auch in spätere Modelle übernommen wurden. Das betrifft vor allem die Anordnung der Elektronen auf Ringen, die wir heute als Schalen bezeichnen würden. THOMSON hat theoretisch gezeigt, daß ein in eine positiv geladene Flüssigkeit eingebetteter Ring beim Einbringen von Elektronen über eine bestimmte Anzahl hinaus nur dann stabil bleibt, wenn auch im Inneren des Ringes Elektronen angeordnet werden. Übersteigt die Elektronenzahl einen gewissen Wert, dann muß im Inneren des Ringes ein neuer Ring aufgebaut werden. Die daraus resultierende Periodizität bei der Anordnung der Elektronen kann als erster Schritt auf dem Weg zu einer theoretischen Deutung des Periodensystems angesehen werden. Beim Thomsonschen Modell sind jedoch die Elektronen des innersten Ringes für die Eigenschaften des Elements verantwortlich, während nach unseren heutigen Erkenntnissen die chemischen Eigenschaften eines Elements durch die Zahl der Elektronen auf der äußersten Schale gegeben sind.

THOMSON führte die Lichtemission der Atome auf Schwingungen seines Systems zurück, die durch äußere Störungen angeregt werden. Bei diesen Schwingungen werden elektromagnetische Wellen emittiert, die wir als Licht wahrnehmen können. Es ist tatsächlich gelungen, auf diese Weise Schwingungsfrequenzen abzuleiten, die die Größenordnung der beobachteten Lichtfrequenzen haben. Das Thomsonsche Modell versagt jedoch völlig bei der Deutung der Spektrallinien, die zu dieser Zeit bereits gut bekannt und in ein Klassifikationsschema eingeordnet worden waren.

Wir müssen anerkennend feststellen, daß THOMSON in seinem Atommodell alle Gesetze der klassischen Elektrodynamik voll berücksichtigt hat. So hat er die Strahlung der auf Kreisbahnen umlaufenden Elektronen und die daraus resultierende Instabilität eines Atoms, das solche Elektronen enthält, in Betracht gezogen. Zehn Jahre später ist diese Abstrahlung dann zum bedeutendsten Einwand gegen das Bohrsche Atommodell geworden. THOMSON hat dieses Problem gründlich untersucht und gezeigt, daß sich die Strahlungen von geeignet angeordneten Elektronen durch Interferenz nahezu auslöschen sollten und daß die Dämpfung der Elektronenbewegung beliebig klein werden kann, so daß die Atome praktisch stabil sind.

THOMSON hat sich auch noch größere Aufgaben gestellt. So hat er mit seinem Atommodell versucht, das Gesetz des radioaktiven Zerfalls zu erklären. Aus seiner Theorie ergibt sich, daß bestimmte Elektronenkonfigurationen nur dann stabil sind, wenn eine kritische Rotationsgeschwindigkeit überschritten wird. Verliert das Atom nun im Verlauf der Zeit einen Teil seiner Energie und unterschreitet dabei die Rotationsgeschwindigkeit den kritischen Wert, dann wird das gesamte Atom instabil und ordnet sich völlig um, wobei es irgendein Teilchen mit einer hohen Energie emittiert.

J. J. THOMSON wurde für seine wissenschaftlichen Untersuchungen, vor allem über den Teilchencharakter der Kathodenstrahlen, die zur Entdeckung des Elektrons als Teilchen geführt haben, im Jahre 1906 mit dem Nobelpreis geehrt. Wissenschaftshistoriker erwähnen an dieser Stelle meist noch als interessante Tatsache, daß sein Sohn G. P. THOMSON (zusammen mit C. J. DAVISSON) 1937 den Nobelpreis für den experimentellen Nachweis der Wellennatur der Elektronen erhielt.

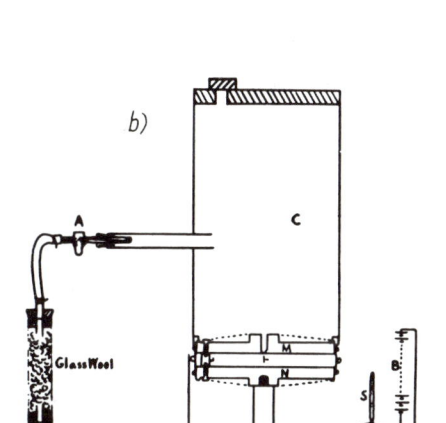

Abbildung 4.6−14
a) Das Meßprinzip des Millikan-Versuchs
b) Schematische Darstellung der ersten von *Millikan* verwendeten Versuchsanordnung
c) Photographie der Versuchsanordnung

Wenden wir uns nun wieder dem Elektron zu. THOMSONS Messungen lieferten einen Wert für die spezifische Elektronenladung e/m. MILLIKAN (1868−1953) konnte mit seiner zwischen 1910 und 1916 ausgeführten Versuchsreihe *(Abbildung 4.6−14a, b, c)* den Wert der Elektronenladung unabhängig von sonstigen mikrophysikalischen Daten bestimmen.

In den ersten Jahren des 20. Jahrhunderts waren die Vorstellungen über den Atomaufbau noch sehr wenig gefestigt, aber eine Reihe offener Fragen begann sich abzuzeichnen *(Zitat 4.6−6)*. Es war offenbar, daß die Elektronen im Atom eine wesentliche Rolle spielen, aber unklar blieb, wie die Zahl der Elektronen und ihre räumliche Anordnung in Verbindung mit den chemischen Eigenschaften der Elemente zu bringen war. Am wenigsten verständlich erschien der Aufbau der positiven Ladungswolke, die die Ladung der Elektronen kompensiert.

Es mehrten sich die Hinweise darauf, daß die Zahl der Elektronen mit dem Atomgewicht wächst. Daraus folgt, daß die Elektronenzahl mit dem Platz des Elements im Periodensystem im Zusammenhang steht.

Die in den Jahren 1909 bis 1911 von RUTHERFORD *(Abbildung 4.6−15)* und Mitarbeitern ausgeführten Messungen haben zu einer entscheidenden Wende bei der Erkenntnis der Struktur des Atoms geführt. RUTHERFORD hat mit Hilfe der bei radioaktiven Zerfallsprozessen emittierten α-Teilchen das Innere der Atome „sondiert". Zwei der wichtigsten Ergebnisse dieser berühmten Streuversuche *(Abbildungen 4.6−16a, b)* sind:

1. Der größte Teil der Atommasse konzentriert sich in einem positiv geladenen Kern, der ein im Vergleich zum Gesamtvolumen des Atoms sehr kleines Volumen hat.

2. Die Zahl der um den Kern kreisenden Elektronen kennzeichnet das entsprechende Element; sie stimmt mit der Ordnungszahl des Elementes überein und legt so seinen Platz im Periodensystem fest.

Das Rutherfordsche Atommodell hat Ähnlichkeit mit einem winzigen Sonnensystem. Die Rolle der Gravitationskraft wird hier von der elektrischen Anziehungskraft zwischen der Ladung des Kerns und der Elektronenladung übernommen, die die Elektronen auf ihrer Bahn hält. Von diesem Zeitpunkt an war es möglich, die Physik des Atomkerns von der Physik der Atomperipherie oder der Elektronenhülle zu trennen.

HENRY MOSELEY (1887−1915) hat mit Hilfe von Röntgenstrahlexperi-

Zitat 4.6−6
1. Das Atom kann zum Großteil aus gewöhnlicher Materie bestehen (was sich auch immer hinter diesem gewohnten Ausdruck verbirgt), mit welcher positive Elektrizität (was auch immer diese Elektrizität darstellen) in entsprechender Menge gekoppelt ist, um die Ladung des Elektrons oder der Elektronen zu neutralisieren, die zweifellos in Verbindung mit jedem einzelnen Atom existieren.
2. Oder es besteht das Atom zum Großteil aus einer Vielzahl von positiven und negativen Elektronen, die irgendwie miteinander verflochten und durch gegenseitige Anziehung in einer Gruppe zusammengehalten werden, sei es im Zustand einer komplizierten Bahnbewegung, sei es in irgendeiner statischen geometrischen Konfiguration, durch entsprechende Bindungen in permanenter Lage gehalten.
3. Oder das Atom besteht zum Großteil aus einer unteilbaren Einheit positiver Elektrizität, die eine Masse oder ein sulzartiges Gebilde von Kugelform − wie angenommen werden kann − bildet, und in die eine elektrisch äquivalente Anzahl von Elektronen sozusagen eingebettet ist.
4. Es kann aber auch (das Atom) aus einer festen Mischung aneinander gebundener positiver und negativer Elektrizität bestehen, die unteilbar, in kleinere Einheiten nicht mehr auflösbar ist und die durch äußere Krafteinwirkungen nicht merklich verformt werden kann, sondern uns als kontinuierliche Masse erscheint. Von diesen Ladungen besitzen jedoch ein oder mehrere isolierte und individualisierte Elektronen Bewegungsfreiheit, und es sind ihnen all jene äußeren Aktivitäten zuzuschreiben, die dem Atom die an ihm beobachteten Eigenschaften verleihen.

5. Nach der fünften Auffassung ist das Atom als Sonnensystem anzusehen: im Mittelpunkt eine „Sonne" — eine außerordentlich konzentrierte positive Elektrizität — umgeben von einer Vielzahl von Elektronen, die auf astronomischen Bahnen umlaufen, wie Planeten im Wirkungsbereich ihrer Anziehung. Diese Anziehungskraft würde für sie jedoch eine umgekehrt quadratische Abhängigkeit haben und folglich auch Umlaufzeiten bedingen, die von der Entfernung abhängen, was aber keiner bisher auf befriedigende Weise beobachteten Tatsache entspricht.

O. LODGE: *Electrons*. 1906. [4.17]

Abbildung 4.6–15
ERNEST RUTHERFORD (1871–1937): geboren in Neuseeland als Sohn englischer und schottischer Einwanderer. Stipendiat der Universität von Christchurch (Neuseeland). 1894: Promotion, danach Mitarbeiter von *J. J. Thomson* in Cambridge. Von 1898–1907: Professor an der McGill-Universität in Montreal (Kanada). Hat dann in Manchester und Cambridge gearbeitet und ist schließlich 1919 zum Direktor des Cavendish-Laboratoriums berufen worden.
Seine Dissertation ist der magnetischen Wirkung hochfrequenter elektromagnetischer Schwingungen gewidmet. Mit seinem magnetischen Detektor hat er aus einer Entfernung von einer halben Meile Signale empfangen und damit 1894 einen Entfernungsrekord aufgestellt. 1895: Eigenschaften ionisierter Gase; ab 1896: Untersuchung der radioaktiven Strahlung; Entdeckung der α- und β-Strahlen; 1900: Exponentialgesetz; 1902: Theorie des radioaktiven Zerfalls; 1903–1908: Aufklärung der Natur der α-Strahlen; 1911: Aufstellung des Rutherfordschen Atommodells; 1919: erste künstliche Kernumwandlung; 1920: Vermutung der Existenz des Neutrons.
Rutherford war der bedeutendste Experimentalphysiker zur Jahrhundertwende, und die Physikgeschichte kennt ihn nur einen, der ihn auf diesem Gebiet übertroffen hat — *Faraday*. Über seine eigenen Arbeiten hinaus ist er auch als geistiger Vater der Rutherford-Schule von Bedeutung, zu der eine große Zahl junger Wissenschaftler gehörte. Die bedeutendsten von ihnen sind: *Bohr, Geiger, Chadwick, Hahn, Hevesy, Blackett, Cockcroft*

menten das oben entworfene Bild untermauert und an seinem weiteren Ausbau mitgewirkt *(Zitat 4.6–7)*. Aus seinen Messungen ergaben sich bereits verläßliche Daten über die damals noch rätselhaften Periodenlängen im System der Elemente. Eine Deutung dieser Periodizitäten konnte jedoch erst die Bohrsche Theorie geben. MOSELEY hatte bereits mit BOHR die Verbindung aufgenommen, ist aber zum großen Schaden für die weitere Entwicklung der Wissenschaft 1915 an der Balkanfront in Gallipoli gefallen.

4.6.5 Das Linienspektrum und das erneute Auftreten der ganzen Zahlen

Wir erwarten von einem Atommodell nicht nur eine Erklärung der chemischen Eigenschaften, sondern auch einen Beitrag zur Deutung des vom Atom emittierten Linienspektrums. In dieser Hinsicht konnte erst das von der Quantenvorstellung ausgehende Bohrsche Atommodell (1913) etwas Neues aussagen. Man kann sogar behaupten, daß das Bohrsche Atommodell gerade dazu bestimmt war, die beobachteten Regelmäßigkeiten in den Linienspektren zu erklären. Das Modell geht jedoch über den Rahmen der klassischen Atommodelle hinaus, und wir wollen uns deshalb im folgenden auf die Darlegung der experimentellen Beobachtungen beschränken.

An dieser Stelle muß erwähnt werden, daß PIETER ZEEMAN (1865–1943) im Jahre 1897 den Einfluß eines Magnetfeldes auf die Spektrallinien experimentell nachgewiesen hat. Der Zeeman-Effekt, für den LORENTZ die theoretische Erklärung gegeben hat, äußert sich in einer Verbreiterung oder einer Aufspaltung der Spektrallinien. Mit Hilfe der Lorentzschen Theorie kann die spezifische Ladung e/m der schwingenden und somit Licht emittierenden Teilchen experimentell bestimmt werden. Der Wert der spezifischen Ladung stimmt in sehr guter Näherung mit dem überein, der von THOMSON für das Elektron ermittelt wurde. Daraus folgt aber, daß das Elektron bei der Lichtemission die Hauptrolle spielen muß.

Wie wir schon erwähnt haben, hat das angesammelte experimentelle Material über die Atomspektren und damit auch über die atomaren Energieniveaus den eigentlichen Anstoß zur Schaffung der Atomtheorie des 20. Jahrhunderts gegeben. Es lohnt sich, hier die wichtigsten Entdeckungen in chronologischer Reihenfolge aufzuzählen.

Im Kapitel 4.4 haben wir schon über die Entstehung der Wellentheorie des Lichtes gesprochen, die in der elektromagnetischen Theorie des Lichtes ihren klassischen Abschluß erreicht hat. Bei der Ausführung der dort besprochenen Experimente, aber auch bei solchen mit anderer Zielsetzung, haben sich Erkenntnisse über die Spektren angesammelt. NEWTONS ausführliche Untersuchungen des sichtbaren Spektrums wurden zum Anfang des 19. Jahrhunderts auf den infraroten und auf den ultravioletten Bereich ausgedehnt. Die ersten Messungen im Infraroten wurden von WILLIAM HERSCHEL 1801 mit Hilfe eines empfindlichen Thermometers ausgeführt, im ultravioletten Bereich wurde von J. RITTER (ebenfalls 1801) die Schwärzung von Silbernitrat ausgewertet. WILLIAM WOLLASTON (1766–1828) wurde 1802 auf die im Spektrum der Sonne wahrnehmbaren schwarzen Linien aufmerksam, maß jedoch dieser Beobachtung keine besondere Bedeutung bei und beschäftigte sich im weiteren auch nicht eingehend mit ihr. Diese Linien bezeichnen wir heute als Fraunhofersche Linien. JOSEPH FRAUNHOFER (1787–1826) hat das erste unseren heutigen Vorstellungen entsprechende Spektroskop gebaut und damit seit 1815 die im Sonnenspektrum wahrnehmbaren schwarzen Linien ausführlich untersucht. Die auffallendsten der etwa 576 von ihm beobachteten Linien hat er mit den Buchstaben *A, B, C, D, E,... a, b, c, d, e,...* gekennzeichnet. Von dieser Einteilung rührt die uns noch heute geläufige Bezeichnung der gelben Natrium-Linie als *D*-Linie des Natriumspektrums her. FRAUNHOFER konnte auch feststellen, daß die gelbe *D*-Linie des in einer Alkoholflamme Licht emittierenden Natriums genau an der Stelle zu sehen ist, wo im Spektrum der Sonne eine Linie fehlt. Bereits 1822 hatte HERSCHEL darauf hingewiesen, daß es mit Hilfe der Spektraluntersuchung, wenn z. B. ein Salz in einer Flamme zum Leuchten gebracht wird, möglich ist, die Substanz eindeutig zu identifizieren. Damit war der Grundstein für die Emissions-Spektralanalyse gelegt. Die weite Verbreitung der Geissler-Röhre als experimentelles Hilfsmittel seit 1856 hat die Spektraluntersuchung der unterschiedlichsten Substanzen nachhaltig gefördert. Einen wesentlichen Beitrag zum theoretischen Verständnis der Spektren haben GUSTAV ROBERT KIRCHHOFF *(Abbildung 4.6–17)* und ROBERT WILHELM BUNSEN (1811–1899) mit ihrem im Jahre 1859 erschienenen gemeinsamen Artikel erbracht. Von den vorliegenden Beobachtungen ausgehend stellten sie fest, daß die in den Gasen oder Dämpfen befindlichen Atome das für sie charakteristische Linienspektrum *(Farbtafel XXXI)* emittieren, wenn ihnen eine entsprechende Energie zugeführt wird. Die gleichen Atome sind auch in der Lage, Licht zu absorbieren, wenn dessen Wellenlänge gleich der Wellenlänge der emittierten Strahlung ist. So erscheinen die Absorptionslinien bei diesen Frequenzen in der von den glühenden Substanzen emittierten Strahlung.

Diese Erkenntnis hat die Entdeckung neuer Elemente beschleunigt. So wurden 1861 das Cäsium und das Rubidium sowie 1866 im Spektrum der Sonne das Helium entdeckt. Dieses Element war zu dieser Zeit auf der Erde noch nicht gefunden worden, weshalb es nach dem griechischen Namen für die Sonne *(helios)* mit Helium bezeichnet wurde.

Nach der Aufstellung des Periodensystems wurde natürlich auch die Frage gestellt, welcher Zusammenhang zwischen den Spektren der einzelnen Elemente und deren Lage im Periodensystem besteht. Qualitativ wurde dazu festgestellt, daß die Kompliziertheit eines Spektrums mit der Ordnungszahl des Elementes zunimmt.

Für die Systematisierung der Spektrallinien und damit für die Atomphysik des 20. Jahrhunderts war dann eine Entdeckung des Schweizer Gymnasiallehrers JOHANN JACOB BALMER (1825–1898) von grundlegender Bedeutung. BALMER hatte sich mit dem einfachsten Spektrum, dem Wasserstoffspektrum, beschäftigt und versucht, die Wellenlängen der Linien dieses Spektrums durch eine einfache Formel darzustellen. (In ähnlicher Weise haben herausragende Physiker, so zum Beispiel BOHR, HEISENBERG, SCHRÖ-

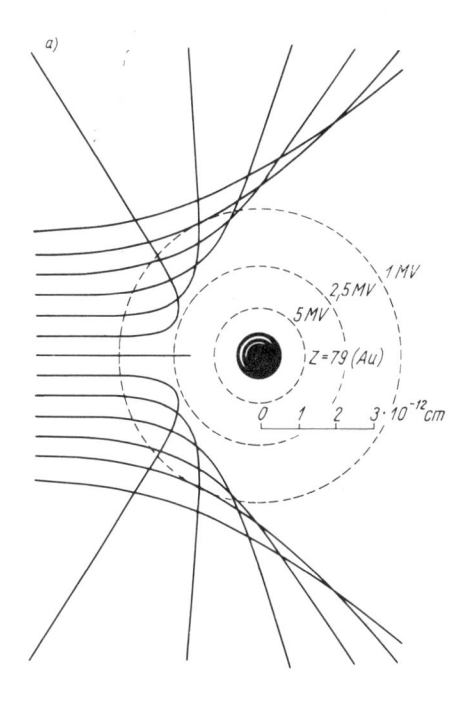

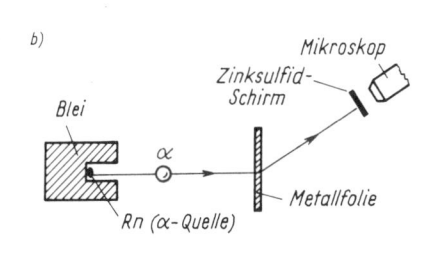

Abbildung 4.6–16
Die Rutherfordschen Streuversuche
a) Bewegung von α-Teilchen im Feld des Atomkerns
b) Versuchsanordnung

Zitat 4.6 – 7
1. Jedes Element, vom Aluminium bis zum Gold, kann durch eine ganze Zahl *N* charakterisiert werden, die für sein Röntgenspektrum maßgeblich ist. Es kann somit jede Einzelheit im Spektrum eines Atoms im voraus bestimmt werden, wenn die Spektren der benachbarten Elemente bekannt sind.
2. Diese ganze Zahl *N*, die Atomzahl des Elements, kann der Zahl positiver Elektrizitätseinheiten im Atomkern gleichgesetzt werden.
3. Wir haben die Atomzahlen der Elemente vom Aluminium bis zum Gold unter der Annahme geordnet, daß *N* im Falle des Aluminiums 13 beträgt.
4. Die Reihenfolge der Atomzahlen ist dieselbe wie die der Atomgewichte, mit Ausnahme der Fälle, wo letztere nicht im Einklang mit der sich aus den chemischen Eigenschaften ergebenden Reihenfolge ist.
5. Jeder Zahl zwischen den Atomzahlen 13 und 79 entspricht ein bekanntes Element. Bei drei Ausnahmen haben wir es nach aller Wahrscheinlichkeit mit drei neuen, bisher noch unentdeckten möglichen Elementen zu tun.
6. Die Frequenz jeder Linie im Röntgenspektrum ist in guter Näherung proportional zur Größe $A/(N-b)^2$, wo *A* und *b* Konstanten sind.
HENRY G. J. MOSELEY: *The High-Frequency Spectra of the Elements*. Phil. Mag. 1913 und 1914. [5.33]

DINGER, DIRAC, ihre eigenen Theorien am Wasserstoff getestet, so daß man scherzhaft sagte, das Wasserstoffatom sei gegen jede Theorie invariant.)

Balmer hat nun für das Wasserstoffspektrum festgestellt, daß die Wellenlängen der im sichtbaren Spektralbereich liegenden Linien durch

$$\lambda = h \frac{m^2}{m^2 - 4} \; ; \quad h = 3645{,}6 \, \text{Å}$$

gegeben werden, wobei *m* die ganzen Zahlen $m = 3, 4, 5, 6$ durchläuft. Am auffallendsten war, daß die so berechneten Werte für die Wellenlängen nicht etwa nur näherungsweise, sondern mit hervorragender Genauigkeit mit den experimentellen Werten übereinstimmen. Eine Begründung für seine Formel hat BALMER nicht angegeben. BALMER verfügte über ein umfangreiches Wissen, war vielseitig interessiert und hat sich auch mit philosophischen Fragestellungen beschäftigt. Die pythagoräische Zahlenmystik ist nicht ohne Einfluß auf ihn geblieben (…und wenn wir schon von Mystik sprechen, so wollen wir nicht unerwähnt lassen, daß NIELS BOHR eben in dem Jahre 1885 geboren wurde, in dem die Balmersche Formel aufgestellt wurde. Die Bohrsche Theorie des Atoms aber hat mit der Begründung der Balmerschen Formel ihren entscheidenden Erfolg erzielt; BOHR hatte sich in der Tat das Ziel gesetzt, eben diese Formel zu erklären).

Für die weitere Diskussion schreiben wir die Balmersche Formel in der Form

$$\frac{1}{\lambda} = A - \frac{R}{(n - \alpha)^2},$$

die im Jahre 1899 von JANNE ROBERT RYDBERG (1854 – 1919) angegeben worden ist. RYDBERG hat zur Charakterisierung der Welle also nicht die Wellenlänge, sondern ihr Reziprokes, die Wellenzahl, verwendet und gefunden, daß die Wellenzahl als Differenz von Größen

$$\frac{R}{(n - c)^2} \; ; \quad R = 109\,677{,}7 \, \text{cm}^{-1}$$

dargestellt werden kann, die als „Terme" bezeichnet werden. Es ist verständlich, daß sich nach RYDBERGS Feststellung die Aufmerksamkeit dem Aufsuchen der Terme zugewendet hat. Tatsächlich konnte BOHR dann diese Terme mit den atomaren Energieniveaus identifizieren.

Um die Balmersche Formel mit den später von BOHR abgeleiteten Formeln vergleichen zu können, schreiben wir sie ein wenig um:

$$\frac{1}{\lambda} = \frac{1}{h}\left(1 - \frac{4}{m^2}\right) = \frac{4}{h}\left(\frac{1}{2^2} - \frac{1}{m^2}\right) = \frac{1}{911{,}2}\left(\frac{1}{2^2} - \frac{1}{m^2}\right)(\text{Å})^{-1}.$$

Die Längeneinheit $1 \, \text{Å} = 10^{-8}$ cm ist in der Spektroskopie gebräuchlich; sie wurde nach dem schwedischen Physiker ANDERS JONAS ÅNGSTRÖM (1814 – 1874), einem der Begründer der Spektroskopie, benannt.

Der letzte Schritt bei der Systematisierung der Spektren vor der Bohrschen Theorie war die Einführung des Ritzschen Kombinationsprinzips (WALTER RITZ, 1878 – 1909). Die Ritzsche Theorie umfaßte alle über die Spektren vorliegenden Kenntnisse, und selbst HEISENBERG hat auf sie zurückgegriffen.

Das klassische Atommodell lag zu Beginn des zweiten Jahrzehnts des 20. Jahrhunderts in einer Form vor, an die quantenphysikalischen Modelle unmittelbar anschließen konnten. Die Voraussetzung dafür waren 1912 auch hinsichtlich der beteiligten Physiker sehr günstig, denn der junge dänische Physiker NIELS BOHR arbeitete zu dieser Zeit bei RUTHERFORD in Cambridge.

Abbildung 4.6 – 17
GUSTAV ROBERT KIRCHHOFF (1824 – 1887): hat mit 21 Jahren die Kirchhoffschen Gesetze aufgestellt und 1850 gemeinsam mit *Bunsen* in Breslau die Grundlagen der Spektralanalyse gelegt. 1850 hat er gezeigt, daß der Quotient aus Emissions- und Absorptionsvermögen für Wärmestrahlung konstant ist. 1860 hat er schließlich gefunden, daß die Emissionsfähigkeit des schwarzen Körpers von keiner Stoffeigenschaft abhängt und somit von universeller Bedeutung ist. Ab 1875 hat er neben *Helmholtz* an der Universität Berlin gewirkt

4.6.6 Abschied vom 19. Jahrhundert

Je mehr wir uns nach dem großen Durchbruch im 17. Jahrhundert unserem Jahrhundert nähern, desto seltener werden Universalgenies wie DESCARTES und LEIBNIZ, denen sowohl in der Geschichte der Philosophie als auch in der Geschichte der Mathematik und Physik ein eigenes Kapitel gewidmet werden muß. Ihren Platz nehmen Gelehrte ein, die sowohl als Mathematiker als auch als Physiker bedeutend sind, und die vor allem am Übergang vom 18. zum 19. Jahrhundert die Entwicklung bestimmen (LAGRANGE, LAPLACE, CAUCHY, FOURIER, GAUSS). Der vielleicht letzte von ihnen ist der ein Jahrhundert später tätige POINCARÉ, dessen Beitrag zur Entwicklung der Physik allerdings meist nicht gebührend gewürdigt wird. Im 19. Jahrhundert treten „Physiker" in den Vordergrund, die in einer Person Theoretiker und Experimentator sind (MAXWELL, BOLTZMANN, HERTZ, KIRCHHOFF), manchmal auch „Ingenieure" (KELVIN, SIEMENS). Es beginnt aber bereits eine Spezialisierung, und so stoßen wir auf die ersten, die vorzugsweise als Experimentatoren tätig waren (FARADAY). Im 20. Jahrhundert schließlich erfolgt ein Zerfall der Gemeinschaft der Physiker in zwei voneinander getrennte, nahezu feindlich gegenüberstehende Lager, die Experimentalphysiker (wie z. B. RUTHERFORD, der „keine über den Dreisatz hinausgehende Mathematik" verwendet hat) und die theoretischen Physiker (wie z. B. PAULI, dessen bloßer Besuch in einem Labor dazu genügte, einige Instrumente kaputt gehen zu lassen).

Einige herausragende Genies, so z. B. FERMI, haben freilich auf beiden Gebieten der Physik Großes geleistet. Von zunehmender Bedeutung wird dann jedoch die Kombination Physiker – Ingenieur; so finden wir unter den Nobelpreisträgern für Physik Namen wie RICHARDSON, TOWNES, BASOW, PROCHOROW, GABOR, BARDEEN, SHOCKLEY und BRATTAIN.

In diesem Buch stehen zwar die herausragenden Ideen der großen Physiker im Vordergrund unseres Interesses, es darf aber nicht vergessen werden, daß der Erkenntnisprozeß die kollektiven Bemühungen vieler erfordert und daß dann geniale Forscher die Ergebnisse dieser Bemühungen aufgreifen und ihnen eine Form geben. Wenn einer von ihnen eine solche Gelegenheit versäumt, nimmt sie ein anderer wahr; die allgemeine Relativitätstheorie ist vielleicht das einzige Gedankengebäude, das nach der allgemeinen Auffassung ohne EINSTEIN nicht zustande gekommen wäre.

Nicht nur das aristotelische Weltbild, sondern auch die klassische Physik ist insofern ein geschlossenes Ganzes, als in ihm selbst eine Teilaussage ihren festen Platz hat und jedes Teilergebnis unentbehrlich ist. Denken wir nur an die experimentelle Technik und betrachten z. B. die zunächst scheinbar unwesentliche Frage, wieviel Linien ein geschickter Experimentalphysiker oder Techniker auf ein Quarzplättchen gegebener Abmessungen ritzen kann. Mit der Lösung dieser Aufgabe ist aber die Genauigkeit der Wellenlängenbestimmung verknüpft. Ein anderes Beispiel: Im 19. Jahrhundert wurden die Vakuumpumpe vervollkommnet und Verfahren zur Erzeugung tiefer Temperaturen gefunden, wodurch es möglich wurde, das Verhalten von Substanzen unter extremen Bedingungen zu untersuchen.

Die Entwicklung der Meßtechnik und die damit verbundene Vergrößerung der Meßgenauigkeit verdiente eigentlich ein eigenes Kapitel, beide sind aber auch von größter Bedeutung für prinzipielle Fragestellungen. Dieser Zusammenhang soll hier lediglich an einem Beispiel demonstriert werden:

Man sollte eigentlich vermuten, daß das Mikroskop das Vordringen in die Mikrowelt, also in die Welt der Atome, ebenso gefördert hat wie das Fernrohr das Vordringen der menschlichen Erkenntnis in den Kosmos. Tatsächlich aber hat das Lichtmikroskop hier keine dem Fernrohr vergleichbare Rolle gespielt, lediglich von einem mittelbaren Einfluß kann gesprochen werden. Die Frage liegt nahe, warum ein Mikroskop mit einer so großen Vergrößerung angefertigt werden kann, daß einzelne Atome sichtbar werden. Zur Beantwortung dieser Frage haben die Untersuchungen von ERNST KARL ABBE (1840–1905) entscheidend beigetragen. Unabhängig von dem Grad der Vollkommenheit der Linsen und der Beseitigung der Linsenfehler kommt es wegen der Wellennatur des Lichtes an der Linsenberandung zu einer Lichtbeugung (Diffraktion). Wegen dieser Beugungserscheinung erhalten wir von einem punktförmigen Objekt anstelle eines punktförmigen Bildes ein Beugungsscheibchen, und das selbst dann, wenn wir eine vollkommene und fehlerfreie Linse verwenden. Daraus folgt aber, daß wir beliebig feine Strukturen wegen der Überlappung der Beugungsscheibchen nicht mehr auflösen können. Aus der Abbeschen Theorie ergibt sich für das Auflösungsvermögen des Mikroskops (d. h. für die kleinste Entfernung zweier Punkte, die mit dem Mikroskop noch als getrennte Punkte wahrgenommen werden können) die Beziehung

$$d = 0{,}61 \frac{\lambda}{n \sin \alpha}$$

mit λ als der Wellenlänge des zur Beleuchtung des Objekts verwendeten Lichts, α als dem Winkel zwischen der optischen Achse des Mikroskops und dem äußersten Lichtstrahl, der vom Gegenstand gerade noch in das Mikroskop gelangt und n als dem Brechungsindex des Mediums, in das das Objekt eingebettet ist. Da der Wert der als numerische Apertur bezeichneten Größe $n \sin \alpha$ etwa 1 ist, kann grob $d \approx \lambda$ gesetzt werden. Der Grenzwert des Auflösungsvermögens des Mikroskops ist somit durch die Wellenlänge des verwendeten Lichts gegeben, und da die Wellenlänge des sichtbaren Lichts etwa $(3{,}8 - 7{,}6) \cdot 10^{-7}$ m beträgt, können Atome, deren Abmessungen etwa bei 10^{-10} m liegen, mit den üblichen Lichtmikroskopen keinesfalls sichtbar gemacht werden.

Erwähnenswert ist an dieser Stelle noch, daß ABBE einer der Gründer der Zeiss-Werke war. Die unter seiner Leitung in den Zeiss-Werken verwirklichten arbeitsrechtlichen Prinzipien können auch von unserem heutigen Standpunkt als vorbildlich angesehen werden (vertraglich garantierte achtstündige Arbeitszeit, Gewinnbeteiligung, Anrecht auf eine Rente).

Bei der Entwicklung der Physik kommt den Bildungsinstitutionen der verschiedenen Stufen eine steigende Bedeutung zu. Die im 19. Jahrhundert eingeführten Bildungssysteme wirken sich in gewissen Beziehungen auch heute noch positiv aus, in anderen Fällen werden sie als unnötiger Ballast empfunden. Wenn wir aber über ihre Auswirkungen sprechen, sollten wir nicht nur daran denken, daß die Universitätsinstitute zu Zentren der wissenschaftlichen Forschung wurden und daß auch Physiklehrer an den Gymnasien Bedeutendes zur Entwicklung der Physik beitragen konnten (GRASSMANN, BALMER), sondern auch berücksichtigen, daß in der Unter- und Mittelstufe die entscheidenden Grundlagen für die Herausbildung einer wissenschaftlichen Denkweise und der Formulierung der richtigen Ideale und Wertvorstellungen gelegt werden. So wie man sich nicht nur der Helden eines Feldzuges, sondern auch der unbekannten Soldaten erinnert, so sollten wir eigentlich neben den Großen der Physikgeschichte auch den vielen unbekannten Physikern und Physiklehrern in den Schulen ein Kapitel widmen.

Mit den von der Mathematik bereitgestellten Hilfsmitteln beschäftigen wir uns nicht im einzelnen, denn das würde eigentlich einen Überblick über die gesamte Mathematik des 19. Jahrhunderts erfordern. Aber selbst Untersuchungen wie die von JÁNOS BOLYAI über die Unabhängigkeit der Axiome der Geometrie, die sehr abstrakt zu sein scheinen und die die Grundlagen der Mathematik betreffen, haben dazu geführt, daß die Frage nach dem Verhältnis der Geometrie zur Realität und somit nach der Struktur des Raumes aufgeworfen wurde, und sie haben so schließlich zur allgemeinen Theorie der Gravitation beigetragen.

An dieser Stelle wollen wir einige Worte über die Vektoralgebra und die Vektoranalysis sagen. Zur Ausarbeitung dieser heutzutage für Physiker und Ingenieure wohl wichtigsten Teilgebiete der höheren Mathematik haben zwei Physiker entscheidend beigetragen. Die Grundlagen des Vektorbegriffes sowie der Rechenoperationen mit Vektoren können in der Quaternionentheo-

Zitat 4.6 – 5

In der Form, welche ich hier dem periodischen Gesetz und dem periodischen System der Elemente gegeben habe, ist dasselbe auch in der ersten Auflage dieses Werkes erschienen, das ich im Jahre 1868 begonnen und 1871 beendet hatte. Um die Gesammtheit unserer Kenntnisse über die Elemente auseinandersetzen zu können, habe ich mich in das Verhalten derselben zu einander viel hineindenken müssen. Anfangs 1869 schickte ich vielen Chemikern einen besonderen Abdruck meines *Versuches zu einem System der Elemente auf Grund ihres Atomgewichts und ihrer chemischen Ähnlichkeit* zu und in der März-Sitzung des Jahres 1869 machte ich der „Russischen Chemischen Gesellschaft" in St. Petersburg eine Mitteilung *Über die Korrelation der Eigenschaften mit dem Atomgewicht der Elemente.* Das in dieser Abhandlung Mitgeteilte ist folgendermaßen resümiert:
1. Die nach der Größe ihres Atomgewichts geordneten Elemente zeigen eine deutliche *Periodizität* der Eigenschaften. 2. Elemente, die in ihrem chemischen Verhalten ähnlich sind, besitzen entweder einander nahekommende Atomgewichte (Pt, Ir, Os) oder stetig und gleichförmig zunehmende (K, Rb, Cs). 3. Die Anordnung der Elemente oder ihrer Gruppen nach der Größe des Atomgewichts entspricht ihrer sogenannten *Werthigkeit.* 4. Die in der Natur am meisten verbreiteten Elemente besitzen ein geringes Atomgewicht und alle Elemente mit geringem Atomgewichte charakterisieren sich durch scharf hervortretende Eigenschaften; dieselben sind daher typische Elemente. 5. Die *Größe des Atomgewichts* bestimmt den Charakter eines Elementes. 6. Es ist zu erwarten, daß noch viele *unbekannte* einfache Körper entdeckt werden, z. B. dem Al und Si ähnliche Elemente mit einem Atomgewicht von 65–75. 7. Die Größe des Atomgewichtes eines Elementes kann zuweilen einer Korrektur unterworfen werden, wenn Analoga desselben bekannt sind. Das Atomgewicht des Te z. B. muß nicht 128, sondern 123–126 betragen. 8. Manche Analogien der Elemente lassen sich nach der Größe ihres Atomgewichtes entdecken...

Ich halte es für notwendig mitzutheilen, daß ich bei der Aufstellung des periodischen Systems der Elemente die früheren Arbeiten von *Dumas, Gladstone, Pettenkofer, Kremers* und *Lenssen* über die Atomgewichte ähnlicher Elemente benutzt habe, daß mir aber die den meinigen vorhergegangenen Arbeiten von *de Chancourtois* in Frankreich *(Vis tellurique oder die Spirale der Elemente nach ihren Eigenschaften und Äquivalenten)* und von *J. Newlands* in England *(Law of octaves,* nach welchem z. B. H, F, Cl, Cr, Br, Pd, J, Pt die erste und O, S, Fe, Se, Ru, Fe, Au, Th die zweite Oktave bilden), in welchen einige Keime des periodischen Gesetzes zu sehen sind, unbekannt waren. Was die Untersuchungen von Professor *Lothar Meyer* in Bezug auf das periodische Gesetz betrifft, so ist es

(Anm. 12 und 13 dieses Kap.) nach der Untersuchungs-Methode seiner ersten Abhandlung (Lieb. Ann. Suppl. VII. 1870 pag. 354) zu urteilen, in welcher er gleich anfangs ein Referat meiner oben angeführten Untersuchung aus dem Jahre 1869 zitiert, augenscheinlich, daß er das periodische Gesetz in der Form angenommen hat, in welcher ich dasselbe aufgestellt hatte...

Weder *de Chancourtois,* dem die Franzosen die Entdeckung des periodischen Gesetzes zuschreiben, noch *Newlands,* der von den Engländern als erster genannt wird, noch *L. Meyer,* den gegenwärtig viele als den Begründer des periodischen Gesetzes zitieren, wagten es, die *Eigenschaften* nicht entdeckter Elemente vorauszusagen, *angenommene Atomgewichte* zu ändern und überhaupt das periodische Gesetz als ein neues, sicher festgestelltes Naturgesetz zu betrachten, wie ich dieses gleich anfangs (1869) getan hatte; es können daher die von diesen Forschern entdeckten *Regelmäßigkeiten,* die mir zudem unbekannt waren, nur als eine Vorbereitung zur Entdeckung des Gesetzes betrachtet werden. Auf dieselbe Weise sind vor *Kirchhoff* die Gesetze der Spektroskopie, vor *R. Mayer, Joule* und *Clausius* die der mechanischen Wärmetheorie, ja selbst vor *Lavoisier* und *Newton* die ihnen unstreitig zugehörenden Entdeckungen vorbereitet worden. Indem ich meine anspruchslosen Arbeiten durch so große Namen und Beispiele decke, möchte ich mich nur vor den Vorwürfen schützen, welche ich mir zuziehen müßte, wenn ich nicht die Frage der Geschichte der Entdeckung des periodischen Gesetzes in Betracht ziehen würde, da über diese Frage sehr viel geschrieben worden ist, seit die Entdeckung des Galliums, Scandiums und Germaniums das periodische Gesetz als eine neue Wahrheit hinstellte, die es ermöglicht, Ungesehenes zu sehen und noch nicht Erkanntes zu erkennen.

Als ich im Jahre 1871 über die Anwendung des periodischen Gesetzes zur Bestimmung der Eigenschaften noch nicht entdeckter Elemente schrieb, glaubte ich die Bestätigung meiner Folgerung nicht zu erleben. In Wirklichkeit geschah es aber anders. Damals hatte ich drei Elemente: Ekabor, Ekaaluminium und Ekasilizium beschrieben und erlebe jetzt, nachdem seit der Zeit noch keine 20 Jahre verflossen sind, die hohe Freude der Entdeckung dieser drei Elemente, die Gallium, Scandium und Germanium nach den Ländern benannt sind, in welchen die dieselben enthaltenden seltenen Mineralien aufgefunden wurden.

MENDELEJEW: *Grundlagen der Chemie.* Übersetzt von *L. Jawein – A. Thillot.* St. Petersburg 1890, S. 683, Anm. 8, S. 693, Anm. 13

rie von HAMILTON (Abbildung 4.2 – 16) gefunden werden. Gegeben sei das geordnete Zahlenquadrupel (a, b, c, d), und es soll untersucht werden, ob sich mit solchen Zahlenquadrupeln als Elementen eine ähnliche Algebra wie die der geordneten Zahlenpaare (a, b) formulieren läßt, wobei das Paar (a, b) für die komplexe Zahl $a + jb$ stehen soll. Dazu schreiben wir nach HAMILTON das Zahlenquadrupel in der Form

$$(a, b, c, d) = a\mathbf{1} + b\mathbf{i} + c\mathbf{j} + d\mathbf{k}.$$

Die Größen $\mathbf{1}, \mathbf{i}, \mathbf{j}, \mathbf{k}$ spielen hier eine ähnliche Rolle wie die Größe $j \equiv \sqrt{-1}$ in der Algebra der komplexen Zahlen. Addition und Subtraktion zweier derartiger Größen verursachen keinerlei Probleme, zur Definition der Multiplikation sind die „Basisvektoren" $\mathbf{1}, \mathbf{i}, \mathbf{j}, \mathbf{k}$ jedoch zweckmäßig miteinander zu verknüpfen. Die folgende Tabelle gibt die von HAMILTON benutzten Definitionen wieder

	1	**i**	**j**	**k**
1	$\mathbf{11} = \mathbf{1}$	$\mathbf{1i} = \mathbf{i}$	$\mathbf{1j} = \mathbf{j}$	$\mathbf{1k} = \mathbf{k}$
i	$\mathbf{i1} = \mathbf{i}$	$\mathbf{ii} = -\mathbf{1}$	$\mathbf{ij} = \mathbf{k}$	$\mathbf{ik} = -\mathbf{j}$
j	$\mathbf{j1} = \mathbf{j}$	$\mathbf{ji} = -\mathbf{k}$	$\mathbf{jj} = -\mathbf{1}$	$\mathbf{jk} = \mathbf{i}$
k	$\mathbf{k1} = \mathbf{k}$	$\mathbf{ki} = \mathbf{j}$	$\mathbf{kj} = -\mathbf{i}$	$\mathbf{kk} = -\mathbf{1}.$

Es ist bemerkenswert, mit welcher Kühnheit HAMILTON mit dem Kommutativgesetz (Vertauschbarkeit der Reihenfolge) gebrochen hat; er setzt $\mathbf{ij} = \mathbf{k} \neq \mathbf{ji} = -\mathbf{k}$. Wenn der Leser die Mühe nicht scheut, kann er das Produkt

$$\mathbf{A}_1 \mathbf{A}_2 = [a_1 \mathbf{1} + b_1 \mathbf{i} + c_1 \mathbf{j} + d_1 \mathbf{k}] \cdot [a_2 \mathbf{1} + b_2 \mathbf{i} + c_2 \mathbf{j} + d_2 \mathbf{k}]$$

unter Voraussetzung der Gültigkeit des Distributivgesetzes leicht berechnen und wird das Ergebnis

$$\begin{aligned}\mathbf{A}_1 \mathbf{A}_2 = &[a_1 a_2 - (b_1 b_2 + c_1 c_2 + d_1 d_2)]\mathbf{1} + \\ &+ a_1(b_2 \mathbf{i} + c_2 \mathbf{j} + d_2 \mathbf{k}) + a_2(b_1 \mathbf{i} + c_1 \mathbf{j} + d_1 \mathbf{k}) + \\ &+ (c_1 d_2 - c_2 d_1)\mathbf{i} + (d_1 b_2 - d_2 b_1)\mathbf{j} + (b_1 c_2 - b_2 c_1)\mathbf{k}\end{aligned}$$

erhalten. Schreiben wir unter Verwendung der heute üblichen Bezeichnungsweise die Größen $\mathbf{A}_1$ und $\mathbf{A}_2$ in der Form

$$\begin{aligned}\mathbf{A}_1 &= a_1 \mathbf{1} + \mathbf{v}_1 \\ \mathbf{A}_2 &= a_2 \mathbf{1} + \mathbf{v}_2,\end{aligned}$$

wobei $\mathbf{v}_1$ und $\mathbf{v}_2$ gewöhnliche dreidimensionale Vektoren mit den Komponenten b_1, c_1, d_1 und b_2, c_2, d_2 sind, dann kann das Produkt $\mathbf{A}_1 \mathbf{A}_2$ als

$$\mathbf{A}_1 \mathbf{A}_2 = a_1 a_2 - \mathbf{v}_1 \mathbf{v}_2 + a_1 \mathbf{v}_2 + a_2 \mathbf{v}_1 + \mathbf{v}_1 \times \mathbf{v}_2$$

dargestellt werden. Das heißt aber, daß die Quaternionenmultiplikation (unter anderem) auch das skalare Produkt $\mathbf{v}_1 \mathbf{v}_2 = b_1 b_2 + c_1 c_2 + d_1 d_2$ sowie das vektorielle Produkt $\mathbf{v}_1 \times \mathbf{v}_2$ der Vektoren $\mathbf{v}_1$ und $\mathbf{v}_2$ liefert.

HERMANN GÜNTHER GRASSMANN (1809–1877) (nebenbei ein Kenner des Sanskrit) schrieb als Gymnasiallehrer mehr zu seiner eigenen Freude ein Buch *Lineare Ausdehnungslehre* (1844), mit dem er die Algebra der n-dimensionalen hyperkomplexen Zahlen $\sum_{i=1}^{n} x_i \varepsilon_i$ schuf. Als Spezialfall ist in ihr die Algebra der gewöhnlichen Vektoren enthalten, sie enthält im Ansatz aber auch die Theorie der Matrizen und Dyaden.

Ihre heutige Gestalt erhielt die Vektorrechnung durch die 1884 erschienene Abhandlung von GIBBS mit dem Titel *Elements of Vector Analysis.* GIBBS führte die Bezeichnungen $\mathbf{i}, \mathbf{j}, \mathbf{k}$, für die Einheitsvektoren in die Richtungen x, y, z ein, definierte Skalar- und Vektorprodukt sowie den Nabla-Operator als den symbolischen Vektor

$$\nabla = \frac{\partial}{\partial x}\mathbf{i} + \frac{\partial}{\partial y}\mathbf{j} + \frac{\partial}{\partial z}\mathbf{k}.$$

Teil 5

„Aber das ist ja fürchterlich", meinte *Grete Hermann*. „Auf der einen Seite sagen Sie, unsere Kenntnis des Radium B-Atoms sei unvollständig, denn wir wissen nicht, wann und in welcher Richtung das Elektron ausgesandt werden wird; auf der anderen Seite sagen Sie, die Kenntnis sei vollständig, denn wenn es noch weitere Bestimmungsstücke gäbe, würden wir in Widerspruch zu gewissen anderen Experimenten geraten. Aber unsere Kenntnis kann doch nicht gleichzeitig vollständig und unvollständig sein. Das ist doch einfach Unsinn."

...

„Ich wollte doch wissen, warum wir dort, wo wir noch keine Ursachen gefunden haben, die zur Vorausberechnung eines Ereignisses, zum Beispiel des Aussendens eines Elektrons, genügen, nicht weiter suchen sollen. Sie wollen dieses Suchen ja auch nicht einfach verbieten; aber Sie sagen, dieses Suchen kann zu nichts führen, da es keine weiteren Bestimmungsstücke geben kann; denn gerade die mathematisch präzis formulierbare Unbestimmtheit gibt für eine andere Versuchsanordnung zu bestimmten Voraussagen Anlaß. Und auch dies wird von den Experimenten bestätigt. Wenn man so redet, so erscheint die Unbestimmtheit gewissermaßen als eine physikalische Realität, sie erhält einen objektiven Charakter, während doch gewöhnlich Unbestimmtheit einfach als Unkenntnis interpretiert wird und insofern etwas rein Subjektives ist."

Hier versuchte ich wieder in das Gespräch einzugreifen und sagte: „Damit haben Sie genau den charakteristischen Zug der heutigen Quantentheorie beschrieben. Wenn wir aus den atomaren Erscheinungen auf Gesetzmäßigkeiten schließen wollen, so stellt sich heraus, daß wir nicht mehr objektive Vorgänge in Raum und Zeit gesetzmäßig verknüpfen können, sondern — um einen vorsichtigeren Ausdruck zu gebrauchen — Beobachtungssituationen. Nur für diese erhalten wir empirische Gesetzmäßigkeiten. Die mathematischen Symbole, mit denen wir eine solche Beobachtungssituation beschreiben, stellen eher das Mögliche als das Faktische dar. Vielleicht könnte man sagen, sie stellen ein Zwischending zwischen Möglichem und Faktischem dar, das objektiv höchstens im gleichen Sinne genannt werden kann wie etwa die Temperatur in der statistischen Wärmelehre. Diese bestimmte Erkenntnis des Möglichen läßt zwar einige sichere und scharfe Prognosen zu, in der Regel aber erlaubt sie nur Schlüsse auf die Wahrscheinlichkeit eines zukünftigen Ereignisses. *Kant* konnte nicht voraussehen, daß in Erfahrungsbereichen, die weit jenseits der täglichen Erfahrungen liegen, eine Ordnung des Wahrgenommenen nach dem Modell des ‚Dings an sich' oder, wenn Sie wollen, des ‚Gegenstands' nicht mehr durchgeführt werden kann, daß also, um es auf eine einfache Formel zu bringen, Atome keine Dinge oder Gegenstände mehr sind."

„Aber was sind sie dann?"

„Dafür wird es kaum einen sprachlichen Ausdruck geben können, denn unsere Sprache hat sich an den täglichen Erfahrungen gebildet, und die Atome sind ja gerade nicht Gegenstände der täglichen Erfahrung."

HEISENBERG [5.26] S. 160 ff.

In unserer wissenschaftlichen Erwartung haben wir uns zu Antipoden entwickelt. Du glaubst an den würfelnden Gott und ich an volle Gesetzmäßigkeit in einer Welt von etwas objektiv Seiendem, das ich auf wild spekulative Weise zu erhaschen suche.

EINSTEIN [5.28] S. 97

Die Physik des 20. Jahrhunderts

5.1 Die Jahrhundertwende

5.1.1 „Wolken am Himmel der Physik des 19. Jahrhunderts"

Nach Meinung von Optimisten, die völlig unter dem Eindruck der bis zur Jahrhundertwende erreichten Erfolge standen, versprach die Physik des 20. Jahrhunderts, eine Physik der sechsten Dezimalstelle zu werden. Darunter wurde verstanden, daß es in der Zukunft ausreichen sollte, von den geschaffenen Grundlagen ausgehend, die experimentellen und theoretischen Methoden immer weiter zu verfeinern, um zu immer genaueren Zahlenwerten für die physikalischen Größen zu kommen *(Zitate 5.1 – 1a, b)*.

Führende Physiker dieser Zeit haben jedoch bereits die Wolken gesehen, die sich am Horizont zusammenzuballen begannen. Mit der Überschrift zu diesem Kapitel soll auf den Titel eines Vortrages angespielt werden, den LORD KELVIN im Jahr 1900 hielt und in dem er sagte:

Die Schönheit und Klarheit der dynamischen Theorie, nach der die

Zitat 5.1 – 1a
Die wichtigsten Grundgesetze und Grundtatsachen der Physik sind alle schon entdeckt; und diese haben sich bis jetzt so fest bewährt, daß die Möglichkeit, sie wegen neuer Entdeckungen beiseite zu schieben, außerordentlich fern zu liegen scheint... Unsere künftigen Entdeckungen müssen wir in den 6. Dezimalstellen suchen.
A. A. MICHELSON: *Light Waves and Their Uses.* 1903, pp. 23, 24. HOLTON [5.8] p. 104

Zitat 5.1 – 1b
Nun zur Physik, wie sie sich damals präsentierte. Bei aller Fruchtbarkeit im einzelnen herrschte in prinzipiellen Dingen dogmatische Starrheit: Am Anfang (wenn es einen solchen gab), schuf Gott *Newtons* Bewegungsgesetze samt den notwendigen Massen und Kräften. Dies ist alles; das Weitere ergibt die Ausbildung geeigneter mathematischer Methoden durch Deduktion. Was das 19. Jahrhundert fußend auf diese Basis geleistet hat, mußte die Bewunderung jedes empfänglichen Menschen erwecken.
EINSTEIN: *Autobiographisches.* SCHILPP [5.6] S. 18

Zitat 5.1 – 1c
Ich bin niemals zufrieden, bevor ich ein mechanisches Modell des Gegenstandes konstruiert habe, mit dem ich mich beschäftige. Wenn es mir gelingt, ein solches herzustellen, verstehe ich, anderenfalls nicht. Daher kann ich die elektromagnetische Theorie des Lichts nicht begreifen. Ich möchte das Licht so vollständig verstehen wie möglich, ohne Dinge einzuführen, die ich noch weniger verstehe. Daher halte ich an der einfachen Dynamik fest, denn dort kann ich ein Modell finden, jedoch nicht in der elektromagnetischen Theorie.
KELVIN 1884. MASON [0.2] S. 572 f.

Zitat 5.1 – 2
Indessen scheinen nach den ersten glänzenden Resultaten der kinetischen Gastheorie ihre neueren Fortschritte und die daran geknüpften Erwartungen nicht zu entsprechen; bei jedem Versuch, diese Theorie sorgfältiger auszubauen, haben sich die Schwierigkeiten in bedenklicher Weise gehäuft. Jeder, der die Arbeiten derjenigen beiden Forscher studiert, die wohl am tiefsten in die Analyse der Molekularbewegungen eingedrungen sind: *Maxwell* und *Boltzmann,* wird sich des Eindrucks nicht erwehren können, daß der bei der Bewältigung dieser Probleme zu Tage getretene bewunderungswürdige Aufwand von physikalischem Scharfsinn und mathematischer Geschicklichkeit nicht im wünschenswerten Verhältnis steht zu der Fruchtbarkeit der gewonnenen Resultate.
PLANCK [5.14] Bd. I, S. 372, 373

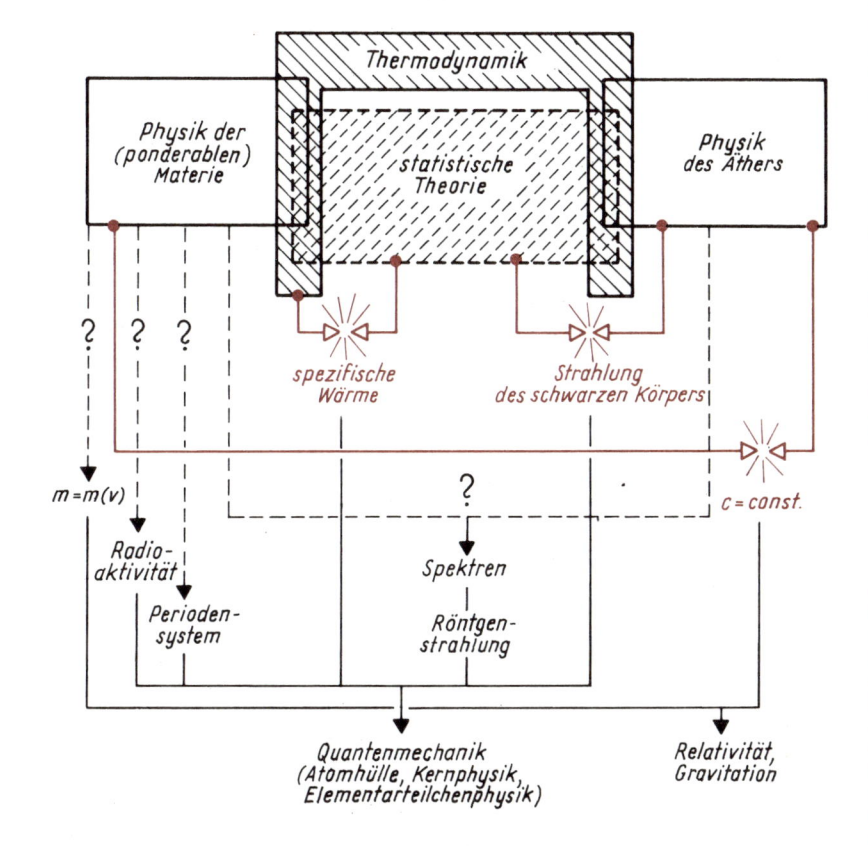

Abbildung 5.1 – 1
Die Struktur der Physik gegen Ende des 19. Jahrhunderts. Die offenen Probleme sind durch ein Fragezeichen gekennzeichnet, außerdem (farbig) die Phänomene, die sich nicht in den Rahmen der klassischen Physik einfügen lassen

Zitat 5.1 – 3

Über eine lange Zeit haben die Physiker angenommen, daß alle Eigenschaften der Körper letzthin auf Kombinationen von Figuren und lokalen Bewegungen zurückgeführt werden können; die allgemeinen Prinzipien, denen alle physikalischen Eigenschaften unterworfen sind, sollten also nicht andere sein als die Prinzipien, die die lokalen Bewegungen beherrschen, Prinzipien, welche der rationellen Mechanik zugrunde liegen. In der rationellen Mechanik waren also die allgemeinen Prinzipien der Physik kodifiziert.

Die Rückführung aller physikalischen Eigenschaften auf Kombinationen von Figuren und lokalen Bewegungen – nach dem üblichen Wortgebrauch die *mechanische Erklärung* des Universums – scheint heutzutage verworfen zu werden. Und zwar ist sie nicht aus a priori oder metaphysischen oder mathematischen Gründen zu verwerfen; sondern weil sie bisher nur ein Projekt, ein Traum und keine Realität war. Trotz ungeheurer Anstrengungen konnten die Physiker bisher noch nie eine solche Anordnung der Figuren und lokalen Bewegungen ersinnen, welche nach der Regel der theoretischen Mechanik eine befriedigende Repräsentation eines nur einigermaßen erweiterten Kreises der physikalischen Gesetze darstellen könnten.

Wird der Versuch, die ganze Physik auf die theoretische Mechanik zurückzuführen, ein Versuch, der in der Vergangenheit immer scheiterte, vielleicht in der Zukunft gelingen? Nur ein Prophet könnte diese Frage in positivem oder negativem Sinne beantworten.

Ohne irgendeiner dieser Antworten den Vorzug zu geben, erscheint es viel angemessener, auf Bestrebungen zu verzichten, wenigstens provisorisch, die bisher fruchtlos waren, wie die mechanische Erklärung des Universums.

Wir versuchen also, das System der allgemeinen Gesetze – der Gesetze, denen alle physikalischen Eigenschaften gehorchen müssen – ohne die *a priori* Annahme zu formulieren, daß all diese Eigenschaften auf geometrische Figuren und lokale Bewegungen zurückführbar sind. Das System dieser allgemeinen Gesetze wird also im weiteren nicht auf die Gesetze der rationellen Mechanik reduziert.

P. DUHEM: *Traité d'énergétique ou de thermodynamique générale.* Tome I, Paris 1911, pp. 2, 3

Abbildung 5.1 – 2
ERNST MACH (1838–1916): Studium der Mathematik, Physik und Physiologie in Wien, danach Lehramt in Wien und Graz. Ab 1867 Professor der

Wärme und das Licht eine Art (mechanischer) Bewegung sind, werden zur Zeit von zwei Wolken verdunkelt. Die erste steht mit der Frage im Zusammenhang, wie sich die Erde durch einen elastischen festen Körper, wie den Äther, der als Träger des Lichts angesehen wird, hindurchbewegen kann, und die zweite betrifft die *Maxwell-Boltzmann-Doktrin* von der Energieverteilung.

Philosophical Magazine 2, 1901, p. 1 – 40

Wir könnten in der Tat eine Vielzahl von Phänomenen, die im letzten Viertel des 19. Jahrhunderts bekannt geworden waren und die sich nicht in den klassischen Rahmen einfügen ließen, als Ursachen sowohl für optimistische als auch für pessimistische Meinungen ansehen. So fällt uns beim Betrachten der *Abbildung 5.1 – 1* eine Reihe von Fragezeichen auf, mit denen wir offene Probleme gekennzeichnet haben. Dazu gehören zur Jahrhundertwende unter anderem die Gesetzmäßigkeiten der Spektren, die Geschwindigkeitsabhängigkeit der Elektronenmasse, die Gesetze der Röntgenstrahlung und der Radioaktivität. Eine Vielzahl neuer Erkenntnisse ist jedoch niemals Ursache für das Entstehen einer Krisenstimmung. Bedenklich ist nicht, für eine Erscheinung die Erklärung noch nicht gefunden zu haben; ernste Besorgnisse tauchen erst dann auf, wenn wir glauben, mit Hilfe der bislang akzeptierten theoretischen Vorstellungen eine befriedigende Erklärung gefunden zu haben, die darauf basierenden quantitativen Ergebnisse einer Konfrontation mit den tatsächlichen Meßergebnissen aber nicht standhalten.

Oder einfacher ausgedrückt: Wir reden dann von der Krise einer physikalischen Theorie, wenn sich eine Anzahl experimenteller Beobachtungen trotz wiederholter Bemühungen nicht in den Rahmen dieser Theorie einfügen läßt.

In der Abbildung 5.1 – 1 ist die zur Jahrhundertwende übliche und von uns bereits oben erwähnte Unterteilung der Physik in eine Physik der stofflichen (ponderablen) Materie und eine Physik des Äthers dargestellt. Natürlich wurde auch versucht, beide Teilgebiete miteinander zu verbinden, indem man sich den Äther als eine sehr feine Substanz vorstellte, die aber, um als Träger der transversalen elektromagnetischen Wellen dienen zu können, die Eigenschaften fester Körper haben mußte. Auch der entgegengesetzte Weg wurde beschritten, die Teilchen der gewöhnlichen Substanz als stabile Wirbel des Äthers anzusehen, der eine stetige Grundsubstanz bilden sollte. Dieser Vorstellung lagen unter anderem die Beobachtungen der Stabilität von Rauchringen in der Luft zugrunde.

Die Thermodynamik existierte als selbständiger Zweig der Physik, sollte aber auch eine Verbindung zwischen den beiden oben erwähnten Teilgebieten herstellen.

Die statistische oder kinetische Theorie der Materie sollte schließlich alle Erscheinungen der Physik auf mikrophysikalische und den Gesetzen der Mechanik genügende Vorgänge zurückführen. Diese von DESCARTES als Programm verkündete mechanistische Weltdeutung war auch noch zu Ende des 19. Jahrhunderts weit verbreitet (Zitat 5.1 – 1b).

Oben haben wir dargelegt, wie versucht wurde, die Gesetze des elektromagnetischen Feldes und auch die Entropie mit Hilfe mechanischer Modelle zu verstehen. Noch für KELVIN war die Deutung einer physikalischen Erscheinung erst dann abgeschlossen, wenn ein mechanisches Modell für sie angegeben werden konnte *(Zitat 5.1 – 1c)*.

In der Abbildung 5.1 – 1 ist die kinetische Theorie der Materie in einem gestrichelten Feld dargestellt, womit angedeutet werden soll, daß ihre Existenzberechtigung im Rahmen der Naturwissenschaften noch nicht voll akzeptiert wurde. Trotz ihres schnellen Erfolges ist bereits in den ersten Arbeiten zu dieser Theorie eine Schwäche offenkundig geworden, die in der Folgezeit eine entscheidende Rolle gespielt hat. Diese Schwäche bestand im Unvermögen der Theorie, eine befriedigende Erklärung für die Werte der spezifischen Wärme und ihrer Änderungen anzugeben. Die Theorie der spezifischen Wärme beruhte zu dieser Zeit auf einem sehr allgemeinen Prinzip, dem Gleichverteilungssatz. MAXWELL hatte 1878 den Gleichverteilungssatz allgemein formuliert und festgestellt, daß im thermischen Gleichgewicht auf jeden Freiheitsgrad eines Teilchens die gleiche Energie kommt. Zu dieser Ableitung hatte MAXWELL lediglich die Gültigkeit des Energiesatzes vorausgesetzt und im übrigen die Methode der verallgemeinerten Koordinaten von LAGRANGE benutzt sowie ein allgemeines Kraftgesetz für die Wechselwirkung zwischen den Teilchen zugelassen. Gerade aber ein Widerspruch zwischen einem in völliger Allgemeinheit abgeleiteten theoretischen Ergebnis und den experimentellen Beobachtungen verursacht die größten Schwierigkeiten, denn wir können nicht die vielleicht allzu speziellen Annahmen der Theorie für den Widerspruch verantwortlich machen. So können wir verstehen, warum selbst PLANCK *(Zitat 5.1 – 2.)*, aber auch andere Physiker *(Zitat 5.1 – 3)*, die Bemühungen, auf diesem Teilgebiet der Physik voranzukommen, mit ein wenig Skepsis beobachtet haben.

5.1.2 Mach und Ostwald

Im Zusammenhang mit den oben dargestellten Problemen ist auch die Frage aufgetreten, die dann zu Ende des Jahrhunderts mit ungewöhnlicher Heftigkeit diskutiert wurde, ob der Fehler nicht in der Zielstellung der Physik selbst zu suchen sei. Das ursprüngliche Programm von DESCARTES wurde von NEWTON dahingehend konkretisiert, daß alle Erscheinungen aus der Bewegung der Materieteilchen und aus den Kraftwirkungen zwischen ihnen abzuleiten seien. LAPLACE hatte die Implikationen einer solchen mechanistischen Weltdeutung noch weiter konkretisiert und in letzter Konsequenz formuliert, daß (zumindest theoretisch) nicht nur alle gegenwärtig zu beobachtenden Erscheinungen, sondern auch die gesamte Vergangenheit und Zukunft aus den Gleichungen der Mechanik heraus berechenbar sein müßten.

Diese Zielstellung in Frage zu stellen, mußte folglich als ein erster Angriff auf die Autorität NEWTONS angesehen werden.

Zur gleichen Zeit, als die anfänglich überaus erfolgreiche kinetische Theorie ihre ersten Mängel offenbarte, kam es auch zu Bestrebungen, die Physik zu „purifizieren", d. h. sie von allen Spuren metaphysischen Gedankengutes zu reinigen. Diese positivistische Tendenz ist nicht so sehr eine Folge eines philosophischen Positivismus als vielmehr die erste bewußte Reaktion auf die Einflußnahme der Philosophie, die in Deutschland von größter Wirksamkeit war, seitens der Naturwissenschaftler mit dem Anspruch, ihre philosophischen Probleme mit ihren Mitteln selbst lösen zu wollen *(Zitate 5.1 – 4a, b)*.

KIRCHHOFF bricht in seiner 1874 erschienenen Arbeit *Die Prinzipien der Mechanik* mit dem Begriff der Kausalität und schreibt über die Aufgabe der Mechanik:

Die Mechanik ist die Wissenschaft von der Bewegung; ihr Gegenstand ist die vollständige Beschreibung der in der Natur vorkommenden Bewegungsvorgänge auf eine möglichst einfache Weise.

Dieser Weg ist dann von ERNST MACH, den wir im folgenden noch öfter zitieren werden, weiter verfolgt worden. MACH setzt sich in seiner Arbeit *Die Mechanik in ihrer Entwicklung historisch-kritisch dargestellt* (1883) mit den Thesen der Naturphilosophie auseinander. Er sieht die Aufgabe der Wissenschaft darin, zwischen den experimentellen Ergebnissen ökonomische, einfach handhabbare und in der Praxis gut verwendbare Zusammenhänge aufzufinden. Alles, was über dieses Ziel hinausgeht, ist für ihn Metaphysik. Über Atome als mathematische Modelle könne zwar gesprochen werden, aber man solle sie nicht als real existierende Objekte ansehen. Nach MACH gibt es zwischen den Erscheinungen keinerlei kausale, sondern nur funktionelle Zusammenhänge, die lediglich den „Ablauf" der Naturerscheinungen beschreiben. Auch die „Beweismanie", alles aus ersten Prinzipien herleiten zu wollen, sei unsinnig. Bewährt sich ein Gesetz oder, mit MACHS Worten zu sprechen, eine Regel bei der Beschreibung eines experimentellen Tatbestandes, dann sei kein weiterer Beweis nötig. MACHS Standpunkt läßt sich kurz in folgenden Forderungen zusammenfassen: Die Physik hätte nicht auf die Frage „warum", sondern nur auf die Frage „wie" zu antworten. Begriffe und Vorstellungen, die nicht unmittelbar meßbar oder anschaulich zu fassen sind, hätten in der Physik keinen Platz. Beim Aufsuchen der funktionellen Zusammenhänge sollte man sich von der Ökonomie der Beschreibung leiten lassen *(Abbildung 5.1 – 2)*.

Es ist vielleicht unnötig, darauf hinzuweisen, welche Gefahr eine derartige Einschränkung der Aufgabenstellung der Physik mit sich bringt, die im übrigen auch gegen MACHS eigene Forderung nach einer Ökonomie der Beschreibung verstößt. Legen wir die Aussagen der zu dieser Zeit schöpferisch tätigen Physiker zugrunde, dann müssen wir jedoch eingestehen, daß vielleicht nur MACH mit seinen philosophischen Thesen die Herausbildung der Physik des 20. Jahrhunderts beeinflußt hat. LENIN hat sich in seinem

Experimentalphysik an der deutschen Universität zu Prag, später dort Rektor. Von 1895 bis 1901 wieder in Wien als Leiter eines eigens für ihn gegründeten Lehrstuhls für „Philosophie, insbesondere Geschichte und Theorie der induktiven Wissenschaften".

Mach hat auf drei unterschiedlichen Gebieten gearbeitet und die Entwicklung der Physik beeinflußt. Dieser Einfluß kann in einem bestimmten Maße auch heute noch nachgewiesen werden.

1. Einen Namen als ausgezeichneter Experimentalphysiker hat er sich vor allem mit seinen Arbeiten zur Gasdynamik und hier vor allem mit den Untersuchungen der bei Überschallgeschwindigkeiten auftretenden Erscheinungen gemacht. Er hat mit neuen Untersuchungsmethoden (stroboskopischen Methoden, photographischen Aufnahmen der Dichteverteilung) herausragende Ergebnisse erzielt: Machscher Kegel und Machscher Winkel (der Verdichtungsstöße, die an den mit Überschallgeschwindigkeit fliegenden Geschossen entstehen und sich von ihnen ablösen) sowie Machsche Zahl. Die Machsche Zahl ist das Verhältnis der Objektgeschwindigkeit zur Schallgeschwindigkeit; bei $M < 1$ sprechen wir vom Unterschall, bei $M > 1$ vom Überschallbereich. Mit der Machschen Zahl kann der Bereich abgegrenzt werden, innerhalb dessen die strömenden Gase als inkompressibel angesehen werden können ($M < 0,3$), außerdem kann mit ihrer Hilfe eingeschätzt werden, wann es in den Stoßwellen zu völlig neuen Erscheinungen kommt ($M > 5$); im Hyperschallbereich muß auch mit chemischen Reaktionen der Gase gerechnet werden.

Machsches Prinzip: Die träge Masse eines Körpers ist eine Folge seiner Wechselwirkung mit der gesamten Masse des Universums.

2. Für *Machs* Lehrbücher ist die „historisch-kritische" Darstellung charakteristisch. Seine bedeutenderen Lehrbücher sind: *Die Mechanik in ihrer Entwicklung historisch-kritisch dargestellt*, 1883; *Die Prinzipien der Wärmelehre. Historisch-kritisch entwickelt*, 1896; *Erkenntnis und Irrtum. Skizzen zur Psychologie der Forschung*, 1905

3. Die Machsche Philosophie:

Alle Wissenschaft hat Erfahrungen zu ersetzen oder zu ersparen durch Nachbildung und Vorbildung von Tatsachen in Gedanken, welche Nachbildungen leichter zur Hand sind als die Erfahrung selbst und dieselbe in mancher Beziehung vertreten können. Diese ökonomische Funktion der Wissenschaft, welche deren Wesen ganz durchdringt, wird schon durch die allgemeinsten Überlegungen klar. Mit der Erkenntnis des ökonomischen Charakters verschwindet auch alle Mystik aus der Wissenschaft.

Die Empfindungen sind auch keine „Symbole der Dinge". Vielmehr ist das „Ding" ein Gedankensymbol für einen Empfindungskomplex von relativer Stabilität. Nicht die Dinge (Körper), sondern Farben, Töne, Drücke, Räume, Zeiten (was wir gewöhnlich Empfindungen nennen) sind eigentliche Elemente der Welt.

Mach: Die Mechanik in ihrer Entwicklung historisch-kritisch dargestellt. Kapitel 4, Abschnitt 4, §§ 1, 2

Zitat 5.1 – 4a
Weiß man nicht allgemein, daß Naturforscher und Philosophen gegenwärtig nicht gerade gute Freunde sind, wenigstens in ihren wissenschaftlichen Arbeiten? Weiß man nicht, daß zwischen beiden lange Zeit hindurch ein erbitterter Streit geführt worden ist, der neuerdings zwar aufgehört zu haben scheint, aber jedenfalls nicht deshalb, weil eine Partei die andere überzeugt hätte, sondern weil jede daran verzweifelte, die andere zu überzeugen? Man hört die Naturforscher sich gern und laut dessen rühmen, die großen Fortschritte ihrer Wissenschaft in der neuesten Zeit hätten angehoben von dem Augenblicke, wo sie ihr Gebiet von den Einflüssen der Naturphilosophie ganz und vollständig gereinigt hätten...

395

Die prinzipielle Spaltung, welche jetzt Philosophie und Naturwissenschaften trennt, bestand noch nicht zu *Kants* Zeiten. *Kant* stand in Beziehung auf die Naturwissenschaften mit den Naturforschern auf genau denselben Grundlagen...

Aber als nach seinem Tode *Schelling* die Wissenschaft des südlichen, *Hegel* die des nördlichen Deutschlands beherrschte, hub der Zwist an. Nicht mehr zufrieden mit der Stellung, welche *Kant* ihr angewiesen hatte, glaubte die Philosophie neue Wege entdeckt zu haben, um die Resultate, zu denen die Erfahrungswissenschaften schließlich gelangen müßten, im voraus auch ohne Erfahrung durch das reine Denken finden zu können. Sie verzweifelte nicht, alle höchsten Fragen über Himmel und Erde, Gegenwart und Zukunft in ihren Bereich ziehen zu können. Der Gegensatz dieser Schulen gegen die wissenschaftlichen Grundsätze der Naturforschung sprach sich namentlich deutlich in der höchst unphilosophisch leidenschaftlichen Polemik *Hegels* und einiger seiner Schüler gegen *Newton* und dessen Theorien aus. Die Naturwissenschaften, welche damals neben dem überwiegend philosophischen Interesse der Gebildeten in Deutschland wenig gepflegt waren, unterlagen meistens. Wer sollte nicht den kurzen, selbstschöpferischen Weg des reinen Denkens der mühevollen, langsam fortschreitenden Tagelöhnerarbeit der Naturforschung vorzuziehen geneigt sein?...

Die Naturforscher wurden von den Philosophen der Borniertheit geziehen; diese von jenen der Sinnlosigkeit. Die Naturforscher fingen nun an, ein gewisses Gewicht darauf zu legen, daß ihre Arbeiten ganz frei von allen philosophischen Einflüssen gehalten seien, und es kam bald dahin, daß viele von ihnen, darunter Männer von hervorragender Bedeutung, alle Philosophie als unnütz, ja sogar als schädliche Träumerei verdammten. Wir können nicht leugnen, daß hierbei mit den ungerechtfertigten Ansprüchen, welche die Identitätsphilosophie auf Unterordnung der übrigen Disziplinen erhob, auch die berechtigten Ansprüche der Philosophie, nämlich die Kritik der Erkenntnisquellen auszuüben und den Maßstab der geistigen Arbeit festzustellen, über Bord geworfen wurden.

HELMHOLTZ: *Philosophische Vorträge und Aufsätze* (1855, 1862). Berlin 1971, S. 45 ff.

Zitat 5.1 – 4b

Daß es eine Frage werden konnte, ob sie überhaupt Wissenschaft sei, ist nur zu verstehen aus der Entwicklung der spezifisch modernen Wissenschaften. Diese haben im 19. Jahrhundert ihre Entfaltung zumeist ohne Philosophie vollzogen, oft in Opposition zur Philosophie, schließlich in Gleichgültigkeit gegen sie.

Vor einigen Jahrzehnten war eine verbreitete Meinung: Die Philosophie habe ihre Zeit gehabt so lange, bis alle Wissenschaften aus ihr, der anfänglichen Universalwissenschaft, entlassen waren. Jetzt, da alles Erforschbare aufgeteilt sei, sei ihre Zeit abgelaufen. Nachdem bewußt geworden sei, wodurch Wissenschaft ihre zwingende Allgemeingültigkeit gewinne, habe sich gezeigt, daß unter diesen Kriterien Philosophie versage. Sie vollziehe leere Gedanken, weil sie unbeweisbare Behauptungen aufstelle, sie entbehre der Erfahrung, sie verführe durch Illusionen, sie raube die Kräfte zu echtem Forschen, um sie für ein nichtiges Tun zu verwenden, für dieses allgemeine Gerede über das Ganze.

Ein solches Bild von der Philosophie stand im Lichte der Wissenschaft als methodischen, zwingenden, allgemeingültigen Erkennens. Konnte sich da überhaupt noch eine Philosophie als Wissenschaft halten?

Zwei Reaktionen traten auf:

Erstens: Der Angriff wurde als richtig anerkannt. Die Vertreter der Philosophie zogen sich daher zurück auf beschränkte Aufgaben. Wenn die Phi-

Werk *Materialismus und Empiriokritizismus* (1909) mit MACHS philosophischen Anschauungen kritisch auseinandergesetzt. Wir wollen nun auf eine persönliche Tragödie MACHS hinweisen. MACH hat Zeit seines Lebens die reale Existenz der Atome ausgeschlossen und immer wieder die Frage gestellt, wer sie denn schon „gesehen habe". Als ihm dann kurz vor seinem Tode an sein Krankenbett ein Spinthariskop gebracht wurde, in dem die von radioaktiven Elementen emittierten α-Teilchen scharfe punktförmige Lichtblitze auslösten, war er gezwungen anzuerkennen, daß sie „doch existieren".

Die Gegner der Atomtheorie haben jedoch nicht nur kritisiert, sondern auch ein eigenes Programm vorgelegt. Es ist keineswegs zufällig, daß die Anhänger dieses Programms, des Energetismus oder der Energetik, vor allem Chemiker und Physikochemiker waren. Ihr führender Kopf war WILHELM OSTWALD (1853–1932). Die Atomtheorie konnte zu dieser Zeit nur sehr wenig zur physikalischen Erklärung chemischer Prozesse beitragen, und wir wollen nicht verschweigen, daß diese Aufgabe selbst mit den Methoden der modernen Quantenmechanik, wenn auch nur wegen der rechentechnischen Schwierigkeiten, sehr schwer zu lösen ist. So konnte OSTWALD darauf verweisen, daß der Weg einer Deutung der komplexen Naturerscheinungen aus der Mechanik heraus schon deshalb nicht richtig sein kann, weil selbst die kinematische Deutung einer grundlegenden Größe der Thermodynamik, der Temperatur, in allen nichttrivialen Fällen große Schwierigkeiten bereitet. OSTWALD und seine Schüler haben in der Energie die Größe gesehen, auf der sich ein einheitliches Weltbild aufbauen läßt. Ihrer Auffassung nach sollte der Energiebegriff allgemeiner und umfassender sein als selbst der Substanzbegriff. Daraus folgte ihre Forderung, in Physik und Chemie das durch die Größen Masse, Länge und Zeit gegebene Maßeinheitensystem durch ein System mit den Einheiten von Energie, Länge und Zeit zu ersetzen. Das *Zitat 5.1 – 5* gibt einen guten Einblick in OSTWALDS Vorstellungen von der Energie als der Größe, die die Wirklichkeit repräsentiert, und von den Theorien, die auf dieser Größe aufbauen. Diese Theorien sollten niemals völlig falsch, sondern lediglich verbesserungsbedürftig sein.

Auf der Naturforscherversammlung in Lübeck 1895 ist es zwischen Vertretern der Atomtheorie und des Energetismus zu Auseinandersetzungen gekommen, die mit großer Leidenschaftlichkeit geführt wurden. Die Stimmung auf dieser Tagung können wir beim Lesen von SOMMERFELDS Erinnerungen nachempfinden.

Von den Energetikern hat der Dresdener HELM einen Vortrag gehalten. Er stand unter dem Einfluß OSTWALDS und beide unter dem Einfluß der Machschen Philosophie, obwohl MACH selbst nicht anwesend war. Die Auseinandersetzung zwischen BOLTZMANN und OSTWALD erinnert sowohl vom Inhalt als auch von der Form her an den Kampf zwischen einem Stier und einem wendigen Torero. Diesmal blieb jedoch trotz aller Fechtkünste der Torero (OSTWALD) auf dem Platz. BOLTZMANNS Argumente waren umwerfend. Wir Mathematiker standen alle auf seiten BOLTZMANNS.

Der historischen Wahrheit zuliebe müssen wir hier erwähnen, daß OSTWALD den vollständigen Triumph der Atomtheorie noch erlebt hat und klug genug war, seine irrigen Stellungnahmen öffentlich zu korrigieren.

Fassen wir nun zusammen, welche Beiträge zum physikalischen Weltbild, abgesehen von der gewaltigen Menge von Teilerkenntnissen auf allen Gebieten der Physik, im 19. Jahrhundert erbracht worden sind.

Unmittelbar an unsere obigen Betrachtungen anschließend stellen wir zunächst fest, daß der Energetismus ungeachtet aller seiner Übertreibungen dazu beigetragen hat, die Bedeutung des Energieerhaltungssatzes und somit auch des Energiebegriffes hervorzuheben.

Mit dem zweiten Hauptsatz der Thermodynamik ist zum ersten Mal in der Geschichte der Physik ein Gesetz formuliert worden, das eine Aussage über die Zeitrichtung macht, in der die Prozesse ablaufen. Der zweite Hauptsatz gestattet – im Gegensatz zu den Gesetzen der klassischen Mechanik – die Einführung des Begriffs der irreversiblen, nicht umkehrbaren Prozesse und ermöglicht es, eine Zeitrichtung physikalisch auszuzeichnen.

Mit den thermodynamischen Untersuchungen steht die Verbreitung statistischer Methoden zur Beschreibung physikalischer Erscheinungen in Verbindung. Die Verwendung statistischer Methoden hatte zur Folge, daß sich der Begriff der wahrscheinlichen Verteilung einzubürgern begann, wobei zunächst noch die mechanisch-deterministische Grundlage beibehalten wurde.

Gegen Ende des 19. Jahrhunderts schließlich haben die Physiker begonnen, sich an die reale Existenz des elektromagnetischen Feldes zu gewöhnen, obwohl dieses Feld nicht so unmittelbar auf unsere Sinnesorgane einwirkt wie die gewöhnliche Substanz und außerdem kein mechanisches Modell aus Zahnrädern, Stangen und Gelenken zu seiner Beschreibung konstruiert werden kann.

Der zentrale Begriff der Wissenschaft im 19. Jahrhundert außerhalb der Physik ist der der Evolution. Auf diesen Begriff stützen sich HEGELS Auffassung von der Geschichte, DARWINS Evolutionstheorie und vor allem der historische Materialismus von MARX und ENGELS.

Es ist bemerkenswert, daß zu dieser Zeit auch in der Physik die Auszeichnung einer Zeitrichtung begründet werden konnte. Physiker und vor allem physikalisch interessierte Philosophen haben jedoch mit der Hypothese vom Wärmetod (Kapitel 4.6) Schlußfolgerungen gezogen, die im Gegensatz zur Evolutionstheorie stehen.

Die Bemühungen zur Beseitigung der Widersprüche in der Physik des 19. Jahrhunderts haben vor dem politischen und ökonomischen Hintergrund des Kapitalismus stattgefunden, dessen Stärke sich in den spektakulären technischen und wissenschaftlichen Errungenschaften, in der imperialistischen Expansion manifestierte, dessen Schwäche aber in der Verelendung und Ausbeutung der Massen und der Kolonialvölker zum Ausdruck kam. In aller Welt tobende Kriege (Japan–China, Kuba–Spanien–USA, Italien–Abessinien, Griechenland–Türkei, Großbritannien–Burenrepublik), der Boxeraufstand in China und die auf den Russisch-Japanischen Krieg folgende bürgerliche Revolution waren Vorboten eines nahenden Weltkrieges sowie revolutionärer Umwälzungen. In Frankreich hat zu dieser Zeit die *Dreyfus-Affäre* hohe Wellen geschlagen. Ein Zitat von THOMAS MANN *(Zitat 5.1–6)* charakterisiert die für diese Epoche charakteristische „fin-de-siècle"-Stimmung der europäischen Intelligenz.

5.2 Die Relativitätstheorie

5.2.1 Gescheiterte Versuche zur Messung der absoluten Geschwindigkeit

Dem Anschein nach läßt sich leicht feststellen, wann die Relativitätstheorie geboren wurde. In Lexika, populärwissenschaftlichen Arbeiten und sogar in Physiklehrbüchern können wir lesen: „Die Relativitätstheorie wurde 1905 von EINSTEIN geschaffen". Wenn wir ihr EINSTEINS 1905 erschienene Arbeit *Zur Elektrodynamik bewegter Körper* zugrundelegen, dann erscheint uns diese Aussage richtig, denn in dieser Arbeit wird auf keine einzige vorhergehende Arbeit zu dieser Thematik verwiesen. Um so auffallender ist es, daß die Formeln für die Transformation der Koordinaten zweier gleichförmig und geradlinig gegeneinander bewegter Koordinatensysteme, die das wohl physikalisch wichtigste Ergebnis dieser Arbeit ausmachen, als *Lorentz-Transformation* bezeichnet werden. Wir können uns im weiteren auf ein bewährtes wissenschaftshistorisches Prinzip stützen, nach dem kein Forscher neue, die Wissenschaft revolutionierende Gedanken in lehrbuchreifer Form allein hervorbringt. Diese Aussage trifft selbst für den großen NEWTON zu. Wie wir schon gesehen haben, hat gerade dieses Prinzip den französischen Wissenschaftshistoriker PIERRE DUHEM zur Entdeckung der Ergebnisse der Physik des Mittelalters geführt. Auch ein Universalgenie wie LEONARDO DA VINCI konnte nicht allein, gleichsam in einem luftleeren Raum, einen ganzen Wissenschaftszweig schaffen, ohne sich auf andere Arbeiten zu stützen. So fällt bei den Untersuchungen der tatsächlichen Rolle EINSTEINS jene übertriebene „Unterbewertung" auf, die bereits am Beispiel GALILEIS beobachtet werden konnte. Es gibt auch Meinungen, nach denen es zweifelhaft ist, ob EINSTEIN wesentliche Beiträge zur Relativitätstheorie geleistet hat. Wir wollen hier E. WHITTAKER zitieren, der auch in einem nach EINSTEINS Tod geschriebenen Artikel seiner bereits in seinem Buch [4.11] geäußerten Meinung treu geblieben ist. WHITTAKER schreibt:

...im Herbst desselben Jahres 1905 und in demselben Band der *Annalen der Physik*, in welchem sein Artikel über die Brownsche Bewegung erschien, publizierte EINSTEIN einen Artikel, in dem er die Relativitätstheorie von POINCARÉ und LORENTZ – mit einigen Ergänzungen – darlegt. Dieser Artikel erregte große Aufmerksamkeit.

Als Grundlage für eine objektive Bewertung kann auch noch heute WOLFGANG PAULIS berechtigterweise berühmte, 1921 publizierte Monogra-

losophie zu Ende ist, weil sie alle ihre Gegenstände an die Wissenschaften abgegeben hat, so bleibt doch das Wissen von ihrer Geschichte, zunächst als eines Faktors der Geschichte der Wissenschaften selber, dann als eines geistesgeschichtlichen Phänomens, als die Geschichte der Irrtümer, der Vorwegnahmen, des Befreiungsprozesses, in dem die Philosophie sich selbst überflüssig gemacht hat.

Andere folgten der modernen Wissenschaftsgesinnung dadurch, daß sie die bisherige Philosophie verwarfen und nun endlich die Philosophie als strenge Wissenschaft begründen wollten. So ergriffen sie die Aufgabe, die der Philosophie vorbehalten bleibe, weil sie alle Wissenschaften gemeinsam betreffe, nämlich die Fragen der Logik und der Erkenntnistheorie, Phänomenologie. Die Philosophie, um ihre Reputation zurückzugewinnen, machte sich nunmehr durch Imitation und Dienstwilligkeit zur Magd der Wissenschaften. Als solche begründete sie erkenntnistheoretisch das Recht der wissenschaftlichen Geltung, das ohnehin fraglos bestand – sie tat etwas eigentlich Überflüssiges.

Gegen diese beflissene Wissenschaftlichkeit stand eine zweite Reaktion. Der Angriff auf das Dasein der Philosophie wurde abgelehnt dadurch, daß der Anspruch, Wissenschaft zu sein, überhaupt verworfen wurde. Die Philosophie sei in der Tat keine Wissenschaft. Sie beruhe auf dem Gefühl und auf der Intuition, auf der Phantasie und dem Genie. Sie sei eine begriffliche Beschwörung, nicht eine Erkenntnis des Daseins. Sie bedeute den Aufschwung des Gemüts oder bedeute den erwünschten Tod mit wachem Auge. Ja, einige gingen noch weiter: Um Wissenschaft sich zu kümmern, das sei der Philosophie ungemäß, denn sie durchschaue die Fragwürdigkeit aller wissenschaftlichen Wahrheit. Die modernen Wissenschaften seien ohnehin im ganzen ein Irrweg, zumal durch die ruinösen Folgen des rationalen Lebens für die Seele und das Dasein überhaupt. Die Philosophie selber sei keine Wissenschaft, aber gerade dadurch bei der eigentlichen Wahrheit.

Beide Reaktionen – die Unterwerfung wie die Ablehnung gegenüber der Wissenschaft, die als zwingende, methodische und allgemeingültige Erkenntnis gefaßt war – scheinen das Ende der Philosophie zu sein. Ob sie preisgegeben an Wissenschaft ist oder ob sie alle Wissenschaft verleugnet, in keinem Falle ist sie noch Philosophie.

KARL JASPERS: *Über Bedingungen und Möglichkeiten eines neuen Humanismus.* Stuttgart 1951

Zitat 5.1–5

Die Energie ist daher in allen realen oder konkreten Dingen als wesentlicher Bestandteil enthalten, der niemals fehlt, und insofern können wir sagen, daß *in der Energie sich das eigentlich Reale verkörpert.*

Und zwar ist die Energie das Wirkliche in zweierlei Sinn. Sie ist das Wirkliche insofern, als sie das Wirkende ist; wo irgend etwas geschieht, kann man auch den Grund dieses Geschehens durch Kennzeichnung der beteiligten Energien angeben. Und zweitens ist sie das Wirkliche insofern, als sie den *Inhalt* des Geschehens anzugeben gestattet. Alles, was geschieht, geschieht *durch* die Energie und an der Energie. Sie bildet den ruhenden Pol in der Erscheinung Flucht und gleichzeitig die Triebkraft, welche das Weltall der Erscheinungen um diesen Pol kreisen läßt. Wahrlich, wenn heute ein Dichter Ausschau halten wollte nach dem größten Inhalte menschlichen Denkens und Schauens und wenn er klagen wollte, daß keine großen Gedanken mehr die Seelen zu weitreichendem Umfassen aufregen, so könnte ich ihm den Energiegedanken als den größten nennen, den die Menschheit im letzten Jahrhundert an ihrem Horizonte hat auftauchen sehen, und ein Poet, der das Epos der Energie in würdigen Tönen zu singen verstände, würde ein Werk schaffen, das den Anspruch hätte, als Epos der Menschheit gewürdigt zu werden...

Aus diesem Grunde kann auch niemals eine energetische Theorie irgendeines Erscheinungsgebietes durch die spätere Entwicklung der Wissenschaft widerlegt werden, ebensowenig wie der Fortschritt der Wissenschaft jemals die Sätze von der geometrischen Ähnlichkeit der Dreiecke widerlegen wird. Das einzige, was in solcher Richtung geschehen kann, ist eine Erweiterung oder auch eine Verschärfung des Gesetzesinhaltes; in solchen Fällen aber handelt es sich nur um Verschönerungsarbeit am Gebäude, nie aber um ein vollständiges Niederreißen und Neubauen. Letzteres ist dagegen bei den üblichen mechanistischen Hypothesen immer unvermeidlich gewesen. Man denke beispielsweise nur an die Folgenreihe der Lichthypothesen, von der griechischen Vorstellung, daß Bilder in der Form von Häuten sich von den Gegenständen loslösen, um ins Auge zu gelangen, durch *Newtons* Lichtkügelchen, *Huyghens* und seiner Nachfolger Ätherschwingungstheorie auf mechanisch-elastischer Grundlage bis zur modernen elektromagnetischen Theorie.

W. OSTWALD: *Die Energie.* Leipzig 1908, S. 5, 6, 127, 128

Zitat 5.1−6
Settembrini fand das, wie früher schon einmal, tadelnswert. Er zeigte sich sofort aufs beste unterrichtet über die großen Verhältnisse und beurteilte sie beifällig insofern, als die Dinge einen der Zivilisation günstigen Verlauf nähmen. Die europäische Gesamtatmosphäre sei von Friedensgedanken, von Abrüstungsplänen erfüllt. Die demokratische Idee marschiere. Er erklärte, vertrauliche Informationen zu besitzen, dahingehend, das Jungtürkentum beende soeben seine Vorbereitungen zu grundstürzenden Unternehmungen. Die Türkei als National- und Verfassungsstaat, − welch ein Triumph der Menschlichkeit!

„Liberalisierung des Islam", spottete *Naphta.* „Vorzüglich. Der aufgeklärte Fanatismus, − sehr gut"...

„Jedenfalls ist es zynisch, was Sie da sagen. In den hochherzigen Anstrengungen der Demokratie, sich international durchzusetzen, wollen Sie nichts erblicken als politische List..."

„Sie verlangen wohl, daß ich Idealismus oder gar Religiosität darin erblicke? Es handelt sich um letzte, schwächliche Regungen des Restes von Selbsterhaltungsinstinkt, über den ein verurteiltes Weltsystem noch verfügt. Die Katastrophe soll und muß kommen, sie kommt auf allen Wegen und auf alle Weise...

Daß die Macht böse ist, wissen wir. Aber der Dualismus von Gut und Böse, von Jenseits und Diesseits, Geist und Macht muß, wenn das Reich kommen soll, vorübergehend aufgehoben werden in einem Prinzip, das Askese und Herrschaft vereinigt. Das ist es, was ich die Notwendigkeit des Terrors nenne".

„Der Träger! Der Träger!"

„Sie fragen? Sollte Ihrem Manchestertum die

phie [5.2] dienen. PAULI schrieb dieses Werk über die Relativitätstheorie als Zwanzigjähriger auf SOMMERFELDS Anforderung für die Serie *Enzyklopädie der mathematischen Wissenschaften.* Im wesentlichen schließen wir uns auch der in diesem Buch geäußerten Meinung an.

In der *Abbildung 5.2−1* sind Angaben über grundlegende Experimente und theoretische Arbeiten, die zur endgültigen Formulierung der Relativitätstheorie beigetragen haben, sowie über bedeutsame philosophische Untersuchungen zusammengestellt. Es ist schwer abzuschätzen, ob das experimentelle Material oder philosophische Erwägungen bei der Herausbildung der Relativitätstheorie die größere Rolle gespielt haben. EINSTEIN ließ sich, wenn wir die mündlichen Äußerungen in seinen letzten Lebensjahren zugrunde legen, von philosophischen Erwägungen leiten.

Schauen wir uns nun einmal an, welche dem „gesunden Menschenverstand" entsprechenden Vorstellungen dem Physiker Ende des 19. Jahrhunderts als Rahmen zur Beschreibung der physikalischen Realität gedient haben.

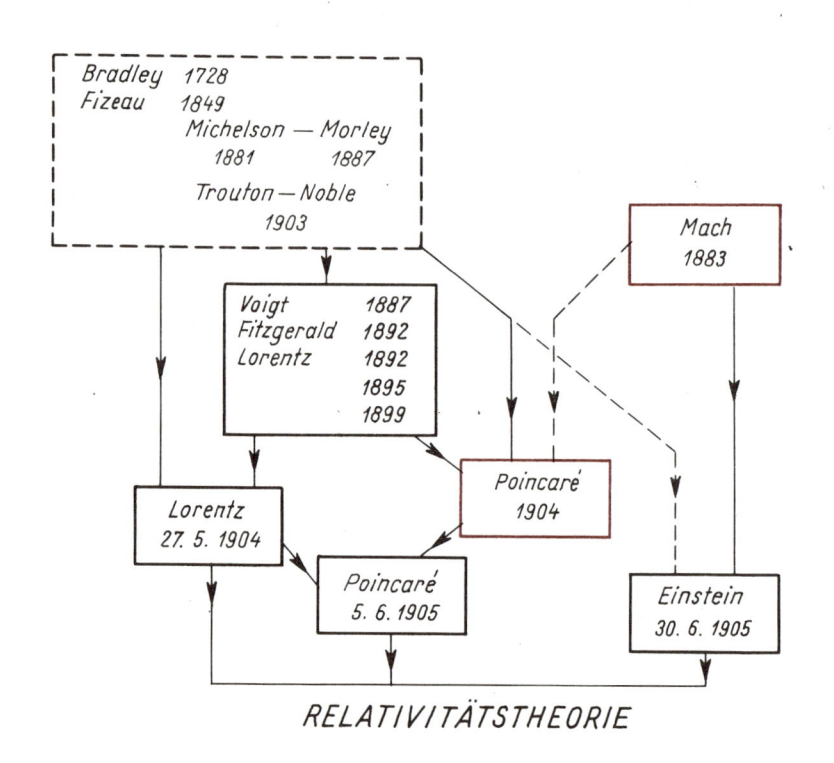

Abbildung 5.2−1
Die Herausbildung der Relativitätstheorie. Philosophische und qualitative Grundlagen sind farbig, das experimentelle Material (gekennzeichnet durch die Namen der betreffenden Physiker) gestrichelt eingerahmt

Die physikalischen Prozesse laufen in Raum und Zeit ab. Von der Richtigkeit dieser Aussage sind wir auch heute noch überzeugt. Die Physiker glaubten zum Ende des 19. Jahrhunderts aber noch daran, daß es einen absoluten Raum und eine absolute Zeit geben müsse, wie das von NEWTON formuliert worden war. PAUL DRUDE (1863−1906) und MAX ABRAHAM (1875−1922) folgend, glaubte man sogar, im Äther eine Verkörperung des absoluten Raumes finden zu können. Der Äther sollte den gesamten Weltraum ausfüllen und als Träger des Lichts sowie der anderen elektromagnetischen Erscheinungen dienen. Bezeichnen wir mit K_0 das ausgezeichnete Koordinatensystem, in welchem der Äther als ruhend betrachtet werden kann, so spannt K_0 den absoluten Raum auf. Die Beschreibung der Vorgänge in diesem System kann den Anspruch erheben, als „richtig", „wahr", „tatsächlich", „absolut" angesehen zu werden. Die in diesem Raum gemessenen Geschwindigkeiten können als Absolutgeschwindigkeiten bezeichnet werden. Der Zeitmaßstab für alle Vorgänge sollte durch die gleichmäßig ablaufende absolute Zeit gegeben, für jeden Punkt des Raumes sollte unter beliebigen Bedingungen die absolute Zeit die gleiche sein. Diese Aussage sollte auch für die Zeit gelten, die in einem System gemessen wird, das sich mit einer beliebigen Geschwindigkeit bewegt. Wie schon oben erwähnt wurde, haben die Physiker eine ihrer Aufgaben in der Untersuchung der Wechselwirkung dieses Äthers mit den sich in ihm bewegenden ponderablen (wägbaren) Körpern gesehen. Die Körper bewegen sich im absolut ruhenden Äther, und die Gesetze der Bewegung und der Wechselwirkung sind als Funktionen der absoluten Zeit hinzuschreiben *(Abbildung 5.2−2)*. Wie wir schon dargelegt haben, entspricht diese aus den Newtonschen Prinzipien folgende Betrachtungsweise unserer natürlichen Empfindung („dem gesunden Menschenverstand"). Gleichzeitig wirft sie aber eine Reihe von Fragen

Existenz einer Gesellschaftslehre entgangen sein, die die menschliche Überwindung des Ökonomismus bedeutet und deren Grundsätze und Ziele mit denen des christlichen Gottesstaates genau zusammenfallen?..

Nun denn, − alle diese wirtschaftlichen Grundsätze und Maßstäbe halten nach jahrhundertelanger Verschüttung ihre Auferstehung in der modernen Bewegung des Kommunismus. Die Übereinstimmung ist vollkommen bis hinein in den Sinn des Herrschaftsanspruchs, den die internationale Arbeit gegen das internationale Händler- und Spekulantentum erhebt, das Weltproletariat, das heute die Humanität und die Kriterien des Gottesstaates der bürgerlich-kapitalistischen Verrottung entgegenstellt. Die Diktatur des Proletariats, diese politisch-wirtschaftliche Heilsforderung der Zeit, hat nicht den Sinn der Herrschaft um ihrer selbst willen und in Ewigkeit, sondern den einer zeitweiligen Aufhebung des Gegensatzes von Geist und Macht im Zeichen des Kreuzes, den Sinn der Weltüberwindung durch das Mittel der Weltherrschaft, den Sinn des Überganges, der Transzendenz, den Sinn des Reiches. Das Proletariat hat das Werk *Gregors* aufgenommen, sein Gotteseifer ist in ihm, und so wenig wie er wird es seine Hand zurückhalten dürfen vom Blute. Seine Aufgabe ist der Schrecken zum Heile der Welt und zur Gewinnung des Erlöserziels, des staats- und klassenlosen Gotteskindschaft."

So Naphtas scharfe Rede. Die kleine Versammlung schwieg. Die jungen Leute blickten Herrn *Settembrini* an. An ihm war es, sich irgendwie zu verhalten. Er sagte:

„Erstaunlich. Gewiß, ich gestehe meine Erschütterung, ich hätte das nicht erwartet. Roma locuta. Und wie, − und wie hat es gesprochen!"
THOMAS MANN: *Der Zauberberg*. Berlin 1927, S. 497 ff.

Abbildung 5.2–2
In der Newtonschen Physik konnte von einem ausgezeichneten „absolut" ruhenden Koordinatensystem (K_0) und einer absoluten, in jedem beliebigen Koordinatensystem gültigen Zeit sowie von einer vom Koordinatensystem unabhängigen Gleichzeitigkeit gesprochen werden. Der Träger des ausgezeichneten Koordinatensystems sollte der das gesamte Weltall ausfüllende Äther sein

auf, die vom Experiment beantwortet werden müssen. So hat bereits MAXWELL darauf hingewiesen, daß die absolute Geschwindigkeit der Erde im Weltraum und nicht nur ihre Geschwindigkeit relativ zur Sonne experimentell bestimmt werden könnte. Dieses Experiment sollte in Analogie zur Messung der Geschwindigkeit eines Schiffes ausgeführt werden, wobei auf dem Schiff die Fortpflanzungsgeschwindigkeit des Schalls in Richtung der Schiffsbewegung und senkrecht dazu bestimmt wird. Der entsprechende Versuch wurde zuerst 1881 von MICHELSON *(Abbildung 5.2−3)*, dann 1887 noch einmal von ihm gemeinsam mit MORLEY ausgeführt. Der Versuch brachte ein unerwartetes Ergebnis. Es wurde nachgewiesen, daß die Lichtgeschwindigkeit konstant ist und nicht vom Winkel zwischen der Ausbreitungsrichtung des Lichtes und der Bewegungsrichtung der Erde abhängt. Damit wir ermessen können, wie absurd einem Physiker zu dieser Zeit dieses Versuchsergebnis erscheinen mußte, stellen wir uns vor, wir säßen in einem Zug, der sich mit einer bestimmten Geschwindigkeit bewegt. Wie wir alle wissen, nehmen wir die Geschwindigkeit eines entgegenkommenden Zuges als wesentlich größer wahr, als die eines Zuges der gleichen Geschwindigkeit, der uns auf dem Nachbargleis überholt. Das Licht aber verhält sich anders: Seine Geschwindigkeit ergibt sich als unabhängig davon, ob wir uns in Ausbreitungsrichtung oder entgegengesetzt zur Ausbreitungsrichtung bewegen. Damit das oben verwendete anschauliche Bild nicht mißverstanden wird, wollen wir betonen, daß nur das Licht sich anders verhält. Es ist natürlich verständlich, daß Zweifel hinsichtlich der Zuverlässigkeit der Messung vorgebracht wurden. Es wurde argumentiert, daß die Geschwindigkeitsdifferenzen nur deshalb nicht nachgewiesen worden seien, weil die Lichtgeschwindigkeit ($c = 3 \cdot 10^8$ m/s) außerordentlich groß sei im Ver-

Abbildung 5.2–3
ALBERT ABRAHAM MICHELSON (1852–1931): war der erste Nobelpreisträger unter den amerikanischen Physikern; von 1880 bis 1882 Studienreise durch Europa; 1880: Interferometer (Paris); 1881: erste vorläufige Messungen zur Bestimmung der Bewegung der Erde in bezug auf den Äther (Berlin); ab 1886: Zusammenarbeit mit *Edward W. Morley*; 1887: Ausführung des Versuchs (zusammen mit *Morley*), der als experimentelle Grundlage für die Relativitätstheorie weltberühmt geworden ist. Ein weiteres wichtiges Ergebnis: Zurückführung der Längeneinheit auf die Wellenlängen von Spektrallinien. 1893: Professor an der Universität Chicago

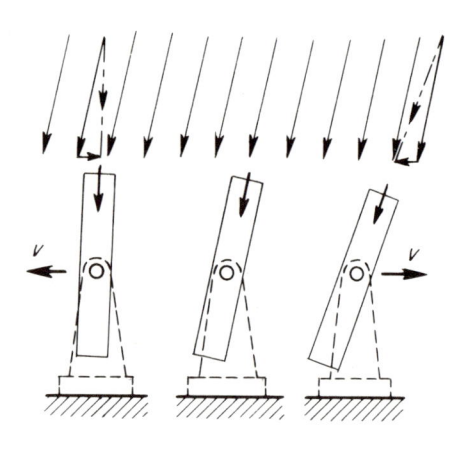

Abbildung 5.2–4
Die Erscheinung der Aberration: Die optische Achse des Fernrohrs muß wegen der Bewegung der Erde in Abhängigkeit von ihrer Bewegungsrichtung und der Einfallsrichtung des Lichts in unterschiedliche Winkelstellungen gebracht werden.

> Endlich bin ich zu dem Schluß gekommen, daß alle bisher erwähnten Erscheinungen von der fortschreitenden Bewegung des Lichts und der jährlichen Bewegung der Erde auf ihrer Bahn herrühren. Ich habe nämlich erkannt, daß wenn zur Fortpflanzung des Lichts Zeit erforderlich ist, die scheinbare Lage eines ortsfesten Gegenstandes eine verschiedene sein muß, je nachdem, ob sich das Auge in Ruhe befindet oder aber in irgendeine andere Richtung bewegt, als die das Auge und den Gegenstand verbindende Gerade bestimmt.
> Die Lichtgeschwindigkeit verhält sich zur Geschwindigkeit des Auges (von der wir in unserem Falle annehmen dürfen, sie sei dieselbe wie die Bahngeschwindigkeit der Erde auf ihrem jährlichen Umlauf) wie 10 210 zu eins, woraus folgt, daß die Bewegung oder Fortpflanzung des Lichts von der Sonne bis zur Erde in 8 Minuten 12 Sekunden erfolgt.
> Bekanntlich hat Herr *Römer* als erster versucht, die Ungleichmäßigkeiten in den Verfinsterungen der Jupitermonde mit der Hypothese der fortschreitenden Lichtbewegung zu erklären und dabei die Annahme gemacht, daß das Licht ungefähr 11 Minuten dazu benötigt, um von der Sonne bis zu uns zu gelangen. Seither haben jedoch andere aus denselben Mondfinsternissen den Schluß gezogen, daß es diese Entfernung in ungefähr 7 Minuten zurücklegt. Es scheint also die aus meiner obigen Hypothese folgende Lichtgeschwindigkeit ein Mittelwert der zu verschiedenen Zeiten aus den Verfinsterungen der Jupitertrabanten bestimmten Werte zu sein.

Bradley: An Account of a New Discovered Motion of the Fix'd Stars. Phil. Trans. Roy. Soc. 35, 1728, pp. 637–660 [4.25]

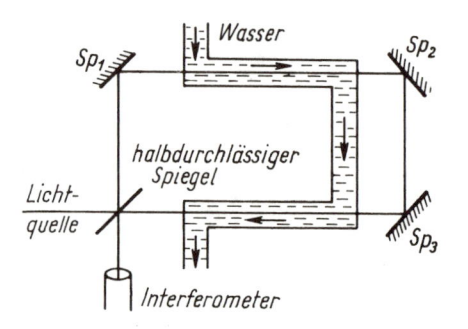

Abbildung 5.2–5
Schematische Darstellung des Versuches von *Fizeau* zur Messung der Ausbreitungsgeschwindigkeit des Lichtes in strömendem Wasser

gleich zu allen sonst in den Experimenten vorkommenden Geschwindigkeiten, so z. B. der Geschwindigkeit der Erde auf ihrer Umlaufbahn um die Sonne ($2,9 \cdot 10^4$ m/s). Der *Michelson-Morley-Versuch* wurde von vielen Experimentatoren unter Einsatz weiter verbesserter Meßverfahren nachvollzogen. Wir wollen hier Joos und seinen Mitarbeiter Béla Pogány (1887–1943) erwähnen, der später als Professor der Physik an der Technischen Universität Budapest tätig gewesen ist. Die Meßgenauigkeit, die Pogány in seiner 1932 ausgeführten Messung erreicht hat, läßt sich mit den Mitteln der sogenannten klassischen Optik kaum mehr erhöhen. In jüngster Zeit hat man versucht, eine Abhängigkeit der Lichtgeschwindigkeit von der Ausbreitungsrichtung mit Hilfe der Lasertechnik nachzuweisen. Für die erreichte Meßgenauigkeit ist charakteristisch, daß selbst Änderungen der Lichtgeschwindigkeit von einigen Millimetern pro Sekunde hätten nachgewiesen werden können.

5.2.2 Erklärungsversuche im Rahmen der nichtrelativistischen Physik

Den theoretischen Physikern bereitete es zunächst keine besonderen Schwierigkeiten, eine solche „renitente" Erscheinung zu deuten und sie in den gegebenen Rahmen einzufügen. Nehmen wir an, daß die sich bewegende Erde den Äther in ihrer Umgebung mit sich führt, so werden die auf der Erdoberfläche ausgeführten optischen Experimente die für den ruhenden Äther typischen Ergebnisse liefern. Wir können in diesem Fall natürlich nicht erwarten, daß die Ausbreitungsgeschwindigkeit des Lichts von dem Winkel abhängt, den der Lichtstrahl mit der Bewegungsrichtung der Erde einschließt. Das negative Ergebnis des Michelson-Versuchs war aber nicht das einzige, was im Zusammenhang mit der Äther-Hypothese gedeutet werden mußte. In der Abbildung 5.2–1 ist die sogenannte Aberration des Lichts verzeichnet, die von Bradley bereits 1728 wahrgenommen und richtig gedeutet wurde. Um das von einem Stern ausgehende Licht beobachten zu können, muß die Ausrichtung der optischen Achse des Fernrohrs in Abhängigkeit von der Bewegungsrichtung der Erde in bezug auf die Einfallsrichtung des Sternenlichts etwas verändert werden *(Abbildung 5.2–4)*. Um diese Tatsache einfach verstehen zu können, muß angenommen werden, daß sich die Erde durch den ruhenden Äther hindurchbewegt, ohne ihn mitzuführen.

Um die eine Beobachtung verstehen zu können, mußte also eine Mitführung des Äthers mit der Erde postuliert werden, zur Erklärung der anderen Beobachtung war aber die Annahme eines ruhenden Äthers unumgänglich. Diesen beiden Experimenten hat Fizeau ein weiteres hinzugefügt *(Abbildung 5.2–5)*. Fizeau hat den Einfluß der Bewegung eines Mediums (Wasser) auf die Lichtgeschwindigkeit untersucht. Er hat dabei festgestellt, daß die Lichtgeschwindigkeit im strömenden Medium zwar größer ist als im ruhenden, daß die Geschwindigkeitszunahme aber kleiner ist als nach mechanistischen Überlegungen eigentlich zu erwarten wäre.

Der von ihm gemessene Wert der Lichtgeschwindigkeit c' ist

$$c' = \frac{c}{n} + \left(1 - \frac{1}{n^2}\right)v,$$

mit c/n als der Lichtgeschwindigkeit in einem Medium mit dem Brechungsindex n. Die Größe v ist die Bewegungsgeschwindigkeit des Mediums, in unserem Fall also die Strömungsgeschwindigkeit des Wassers. Zu erwarten wäre, daß die Lichtgeschwindigkeit im bewegten Medium sich zu $(c/n)+v$ ergibt, wohingegen beobachtet wird, daß die Strömungsgeschwindigkeit mit einem vom Brechungsindex abhängigen „Mitführungskoeffizienten" zu multiplizieren ist, der kleiner als eins ist.

Der *Fizeau-Versuch* kann unter der Annahme einer partiellen Mitführung des Äthers durch das bewegte Medium verstanden werden.

Die hier ausgewählten drei – vielleicht wichtigsten – experimentellen Beobachtungen lassen sich zwar einzeln, jedoch nicht alle zusammen mit dem zur Jahrhundertwende vorliegenden physikalischen Weltbild vereinbaren. Das weist jedoch auf ein prinzipielles Versagen dieses Weltbildes bei der Erklärung aller oben dargestellten Experimente hin.

Der Versuch von Michelson und Morley ist für die Geschichte der

Relativitätstheorie so wichtig, daß wir im folgenden das Meßprinzip und die ursprünglich benutzte sowie eine modernere Versuchsanordnung etwas ausführlicher untersuchen werden.

Wir wollen zunächst statt des Lichtes die Ausbreitung von Schallwellen untersuchen und können damit sowohl den Versuch verständlicher darstellen als auch den ruhenden oder vom bewegten Körper „mitgeführten" Äther anschaulich machen. Stellen wir uns ein Schiff vor, auf dessen offenem Deck die Schallgeschwindigkeit bestimmt werden soll. Ruht das Schiff bezüglich der Luft, die das Ausbreitungsmedium für die Schallwellen ist, dann kann nach *Abbildung 5.2−6a* die Schallgeschwindigkeit v_{Schall} aus der Laufzeit 2τ eines Schallimpulses bestimmt werden, die dieser für die Strecke l vom Schallgeber bis zu einer reflektierenden Fläche und zurück benötigt:

$$2\tau = 2\frac{l}{v_{Schall}}.$$

Bewegt sich nun das Schiff mit der Geschwindigkeit v_{Schiff} in bezug auf die ruhende Luft, dann benötigt der Schallimpuls die Zeit

$$\tau_1 = \frac{l}{v_{Schall} - v_{Schiff}}$$

bis zum Auftreffen auf die reflektierende Fläche. Für den Rückweg zum Schallgeber benötigt der Schallimpuls die Zeit

$$\tau_2 = \frac{l}{v_{Schall} + v_{Schiff}},$$

so daß sich die gesamte Laufzeit des Schallimpulses zu

$$\tau_\| = \tau_1 + \tau_2 = \frac{l_\|}{v_{Schall} - v_{Schiff}} + \frac{l_\|}{v_{Schall} + v_{Schiff}} = \frac{2l_\|}{v_{Schall}} \frac{1}{1 - \frac{v_{Schiff}^2}{v_{Schall}^2}}$$

ergibt. Kennen wir die Schallgeschwindigkeit in der ruhenden Luft, dann läßt sich aus der Messung der Laufzeit die Geschwindigkeit des Schiffes in bezug auf die ruhende Luft bestimmen. Der Einfluß der Schiffsbewegung ist auch dann meßbar, wenn die reflektierende Fläche nach *Abbildung 5.2−6b* senkrecht zur Fahrtrichtung angeordnet wird. Die Laufzeit ergibt sich in diesem Fall zu

$$\tau_\perp = \frac{2l_\perp}{\sqrt{v_{Schall}^2 - v_{Schiff}^2}} = 2\frac{l_\perp}{v_{Schall}}\frac{1}{\sqrt{1 - \frac{v_{Schiff}^2}{v_{Schall}^2}}}.$$

Auch aus dieser Messung kann die Schiffsgeschwindigkeit bestimmt werden.

Gehen wir zur Messung der Lichtgeschwindigkeit über, so haben wir zunächst das Schiff durch die Erde und die Luft durch den „Äther" zu ersetzen. Außerdem muß ein genaueres Meßverfahren verwendet werden, da die direkte Messung der Laufzeiten wegen des sehr großen Wertes der Lichtgeschwindigkeit große Schwierigkeiten mit sich bringt. Verwendet wurde deshalb die Interferenz zweier Lichtwellen, ein in der Optik bekanntes Präzisionsverfahren. Ein entsprechend modifiziertes und in der *Abbildung 5.2−7* dargestelltes Meßverfahren ist geeignet, den Einfluß der Bewegung des Koordinatensystems auf die Lichtgeschwindigkeit zu untersuchen. Der von einer Lichtquelle L ausgehende Lichtstrahl wird durch eine planparallele Glasplatte in zwei Anteile zerlegt. Ein Teilstrahl fällt auf einen Spiegel mit einer Spiegelfläche senkrecht zur Bewegungsrichtung der Erde und der andere Teilstrahl auf einen Spiegel, der parallel zur Bewegungsrichtung angeordnet ist. Nach der Reflexion an den Spiegeln treffen beide Teilstrahlen wieder auf die planparallele Platte, und von dort aus gelangt ein gewisser Anteil beider Strahlen in das Interferometer, wo sie entsprechend ihrem Gangunterschied ein Interferenzbild erzeugen. Drehen wir die Versuchsanordnung so um 90°, daß der zunächst senkrecht zur Bewegungsrichtung stehende Spiegel in eine Lage parallel zur Bewegungsrichtung kommt und umgekehrt, dann muß der Gangunterschied sein Vorzeichen wechseln, und die Interferenzstreifen müssen sich verschieben. Eine Verschiebung der Interferenzstreifen konnte jedoch selbst bei wiederholter, äußerst sorgfältiger Versuchsdurchführung unter Verwendung der unterschiedlichsten meßtech-

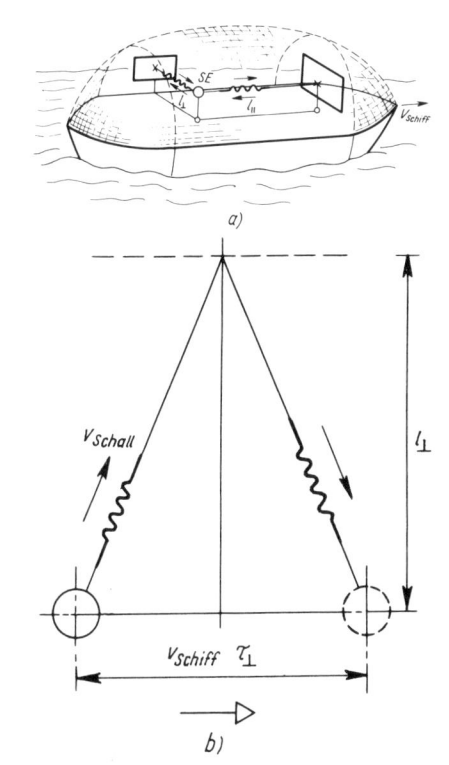

Abbildung 5.2−6a, b
a) Für ein ruhendes Schiff können wir mit Hilfe reflektierter Schallimpulse, die von der Sende- und Empfangsanlage (*SE*) ausgehen, die Schallgeschwindigkeit messen. Für ein fahrendes Schiff läßt sich die Schiffsgeschwindigkeit in bezug auf die ruhende Luft feststellen, wobei natürlich dafür gesorgt werden muß, daß der Bewegungszustand der Luft vom Schiff nicht gestört wird. Das läßt sich erreichen, wenn z. B. eine netzförmige Schallreflektionsfläche verwendet wird. Wird entsprechend der gestrichelt eingezeichneten Linie über das Schiff eine Haube gesetzt, dann liefern die Messungen die gleichen Ergebnisse wie bei einem ruhenden Schiff. Diese Anordnung kann als Modell zur „Mitführung des Äthers mit der Erde" dienen
b) Die Schallreflexion an einer Fläche mit einer Normalen senkrecht zur Fahrtrichtung

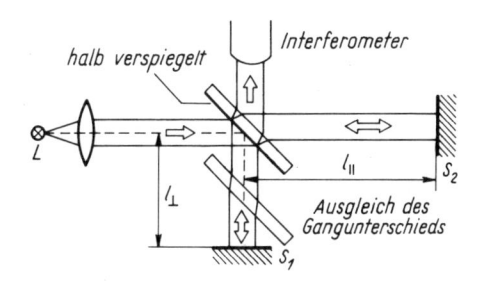

Abbildung 5.2−7
Prinzip des Versuchs von *Michelson* und *Morley*: Die gesamte Versuchsanordnung kann um eine lotrechte Achse so gedreht werden, daß $l_\|$ und $l_\perp$ vertauscht werden

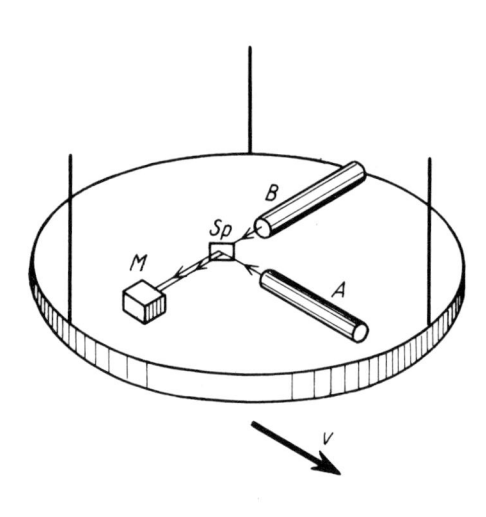

nischen Hilfsmittel nicht beobachtet werden. Daraus kann man schlußfolgern, daß die Lichtgeschwindigkeit vom Koordinatensystem unabhängig ist.

Betrachten wir nun eine moderne Variante des *Michelson-Versuches*, bei der mit Laserstrahlen gearbeitet wird. Die Versuchsanordnung ist in *Abbildung 5.2−8* dargestellt. Es genügt uns an dieser Stelle zu wissen, daß die Laserstrahlen im Unterschied zu den gewöhnlichen Lichtwellen kohärent sind und durch eine einzige harmonische (sinusförmige) Welle beschrieben werden können. In einem Gaslaser zum Beispiel bildet sich der Laserstrahl zwischen zwei sich gegenüberstehenden Spiegeln heraus, die als optischer Resonator wirken. Die Wellenlänge und die Frequenz ergeben sich damit aus der Beziehung

$$n\lambda = 2l; \quad v = \frac{c}{\lambda} = \frac{c}{2l/n} = \frac{nc}{2l}.$$

Im Rahmen der klassischen Vorstellungen, nach denen sich das Licht im ruhenden Äther mit der Geschwindigkeit c ausbreitet, kann gezeigt werden, daß die von einem parallel zur Bewegungsrichtung der Erde angeordneten Laser emittierte Frequenz gleich

$$v_\| = \frac{nc}{2} \frac{1}{l_\| \kappa^2}; \quad \kappa^2 = \frac{1}{1 - \frac{v^2}{c^2}}$$

ist, während ein Laser bei einer Anordnung senkrecht zur Bewegungsrichtung der Erde Strahlung der Frequenz

$$v_\perp = \frac{nc}{2l_\perp} \frac{1}{\kappa}$$

emittieren sollte. Überlagert man nach Abbildung 5.2−8 die Strahlung beider Laser in einem Mischer, dann sollte eine Differenzfrequenz (Schwebung) zu beobachten sein, wenn sich die Frequenzen beider Laserstrahlen unterscheiden. Eine Differenzfrequenz wurde jedoch nicht beobachtet. Bei der in diesem Versuch erreichten Meßgenauigkeit konnte die Konstanz der Lichtgeschwindigkeit bis auf Werte von einigen mm/s nachgewiesen werden, wobei die Lichtgeschwindigkeit selbst die Größenordnung von $3 \cdot 10^8$ m/s hat.

Der Äther galt jedoch nicht nur als Träger der zeitlich schnell veränderlichen elektromagnetischen Wellen, sondern auch der statischen elektrischen und magnetischen Felder. Es liegt die Frage nahe, ob es nicht möglich wäre, die absolute Bewegung eines elektrisch geladenen Körpers, d. h. die Bewegung in bezug auf den ruhenden Äther, experimentell nachzuweisen. Wir können z. B. nach *Abbildungen 5.2−9a, b* eine Metallkugel positiv und eine zweite negativ aufladen, so daß beide entsprechend dem Coulombschen Gesetz eine Anziehungskraft aufeinander ausüben. Werden nun beide Ladungen parallel zueinander mit der gleichen Geschwindigkeit bewegt, dann treten auch magnetische Kräfte zwischen den Ladungen auf, weil bewegte Ladungen einen elektrischen Strom repräsentieren. Die im Labor ruhenden Ladungen bewegen sich aber gemeinsam mit der Erde mit einer recht großen Geschwindigkeit, so daß diese magnetischen Kräfte eigentlich auftreten müßten. Die magnetische Kraft ist zwar im Vergleich zur elektrostatischen sehr klein, sollte aber wegen der großen Geschwindigkeit der Erde nachweisbar sein. Die magnetische Kraftwirkung sollte sich in einem mechanischen Drehmoment äußern, das entsprechend *Abbildung 5.2−10a* von den beiden entgegengesetzt aufgeladenen Kugeln über einen Stab auf einem Torsionsfaden übertragen wird. Unter Einwirkung des mechanischen Drehmomentes würde der Stab versuchen, sich senkrecht zur Bewegungsrichtung der Erde einzustellen. TROUTON und NOBLE haben 1903 diesen Versuch mit der in der *Abbildung 5.2−10b* dargestellten Versuchsanordnung ausgeführt und trotz einer zum Nachweis des erwarteten Effektes ausreichenden Empfindlichkeit ihrer Meßordnung keinerlei Effekt nachweisen können.

Dies ist ein weiterer fehlgeschlagener Versuch, eine Absolutgeschwindigkeit in bezug auf den ruhenden Äther zu messen. Nicht zum ersten Mal in der Geschichte der Wissenschaft haben die *vielen negativen* Versuchsergebnisse schließlich die allmähliche Herausbildung *eines positiven* Erfahrungsgesetzes gefördert. Die Erfahrung zeigt offenbar, daß die Natur sich allen Bestrebungen der Physiker widersetzt, den ruhenden Äther und das ausgezeichnete Koordinatensystem K_0 zu finden.

Abbildung 5.2−8
Versuch von *Jaseva, Javan, Murray* und *Townes*. Die in den Gaslasern A und B entstehenden Wellen werden mit Hilfe des halbdurchlässigen Spiegels Sp in einen Mischer M geleitet, mit dem die Differenzfrequenz festgestellt wird. Wie in Abbildung 5.2−7 kann die Versuchsanordnung gedreht werden

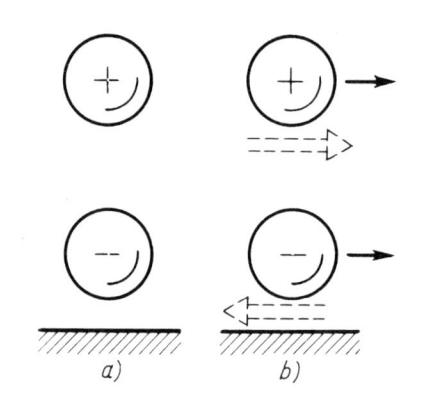

Abbildung 5.2−9
a) Zwischen zwei ruhenden Ladungen wirkt eine elektrostatische Kraft
b) Bewegte Ladungen repräsentieren elektrische Ströme, und die magnetische Kraft zwischen den beiden Strömen wirkt der elektrostatischen Kraft entgegen

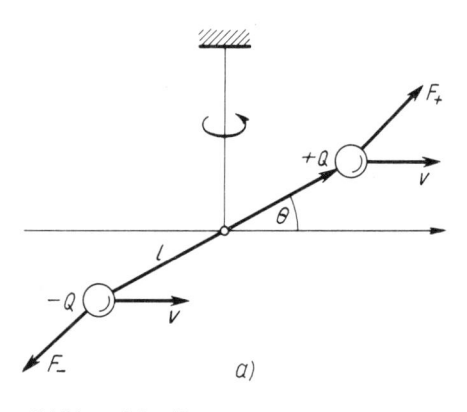

Abbildung 5.2−10a
Auf zwei sich parallel zueinander bewegende, starr miteinander verbundene Ladungen unterschiedlichen Vorzeichens wirkt ein Drehmoment, das bestrebt ist, den Verbindungsstab senkrecht zur Bewegungsrichtung einzustellen

Bevor die theoretischen Physiker aber daraus den Schluß zogen, daß ein solches ausgezeichnetes System und folglich auch der Äther nicht existieren und daß bei der Formulierung der Naturgesetze diese Tatsache berücksichtigt werden muß, haben sie versucht, mit verschiedenen Ad-hoc-Annahmen die Beobachtungen in das vorgegebene Weltbild einzufügen. Mit einem bemerkenswerten Ansatz hat bereits der erste Versuch Ergebnisse erbracht, die dem Endergebnis schon sehr nahekommen. WOLDEMAR VOIGT (1850–1919) hat 1887 die Frage theoretisch untersucht, welcher Zusammenhang zwischen den Koordinaten eines ruhenden und eines bewegten Koordinatensystems existieren muß, wenn wir voraussetzen, daß die Lichtgeschwindigkeit in beiden Koordinatensystemen den gleichen Wert haben soll. Von Interesse ist, daß VOIGT bereits den Begriff der absoluten Zeit aufgegeben und *auch die Zeitkoordinate* beim Übergang von dem einen Koordinatensystem in ein anderes *transformiert hat*.

Wir wollen im weiteren den in seiner Originalität und Kühnheit beeindruckenden Gedankengang VOIGTS ausführlicher darstellen.

Die Ausbreitung des Lichtes im ruhenden Äther wird durch die Differentialgleichung

$$\frac{\partial^2 \psi}{\partial x^2} + \frac{\partial^2 \psi}{\partial y^2} + \frac{\partial^2 \psi}{\partial z^2} = \frac{1}{c^2} \frac{\partial^2 \psi}{\partial t^2}; \quad \psi = \psi(x, y, z; t)$$

beschrieben. Die Versuche scheinen zu beweisen, daß das Licht auch im sich bewegenden Äther der gleichen Differentialgleichung genügt. Nehmen wir an, daß sich das Koordinatensystem K' in bezug auf das Koordinatensystem K parallel zur x-Achse bewegt *(Abbildung 5.2–11)*. Legen wir nun die *Galilei-Transformation*

$$\begin{aligned} x' &= x - vt, & x &= x' + vt, \\ y' &= y, & y &= y', \\ z' &= z, & z &= z' \end{aligned}$$

zugrunde und setzen in die obige Wellengleichung die neuen Koordinaten x', y', z' sowie den anscheinend selbstverständlichen Zusammenhang $t' = t$ ein, dann erhalten wir eine Differentialgleichung einer völlig anderen Form. Aus dieser Überlegung folgt zwangsläufig, daß die Lichtgeschwindigkeit von der Bewegung des Koordinatensystems in bezug auf den Äther abhängen sollte. Wird nach VOIGT beim Übergang von einem Koordinatensystem zu einem anderen nicht die Galilei-Transformation, sondern die Transformation

$$\begin{aligned} x' &= x - vt, \\ y' &= y\sqrt{1-\beta^2}, \\ z' &= z\sqrt{1-\beta^2}, \\ t' &= t - \frac{v}{c^2}x, \quad \beta = v/c \end{aligned}$$

verwendet, dann erhalten wir für die Differentialgleichung, ausgedrückt in den neuen Koordinaten

$$\frac{\partial^2 \psi}{\partial x'^2} + \frac{\partial^2 \psi}{\partial y'^2} + \frac{\partial^2 \psi}{\partial z'^2} = \frac{1}{c^2} \frac{\partial^2 \psi}{\partial t'^2}; \quad \psi = \psi(x', y', z'; t'),$$

d. h., die Lichtausbreitung wird in beiden Koordinatensystemen durch Gleichungen beschrieben, die sich in ihrer Form nicht unterscheiden.

Die von VOIGT so gefundene Transformation unterscheidet sich nur noch durch einen Faktor von der richtigen *Lorentz-Transformation*. Wir erhalten die richtige Lorentz-Transformation, wenn wir die rechte Seite der von VOIGT *angegebenen Transformationsgleichungen* mit $1/\sqrt{1-\beta^2}$ multiplizieren.

Fassen wir noch einmal das Wesentliche der von VOIGT gefundenen Lösung zusammen, wobei wir eine etwas abgeänderte Formulierung wählen:

Es kann ein System von mathematischen Transformationsformeln angegeben werden, das die Form der Wellengleichung für die Lichtausbreitung invariant läßt. Dabei muß aber die bis zu dieser Zeit als selbstverständlich und unumgänglich angesehene Beziehung $t = t'$ abgeändert werden. Damit ergibt sich zum ersten Mal in der Geschichte der Physik ein Hinweis darauf, daß der Begriff der absoluten Zeit sowohl experimentell als auch theoretisch in Frage gestellt werden sollte.

Die vorgelegte Theorie ist aber noch ergänzungsbedürftig. Die angegebene Transformation entspricht nämlich nicht dem Relativitätsprinzip, einer grundlegenden Forderung, die wir an jede Transformation zu stellen haben. Wollen wir mit Hilfe des Systems der Transformationsgleichungen die Größen x, y, z, t durch die Größen x', y', z', t' ausdrücken, dann ergeben sich Transformationsformeln einer anderen Form als umgekehrt. Folglich

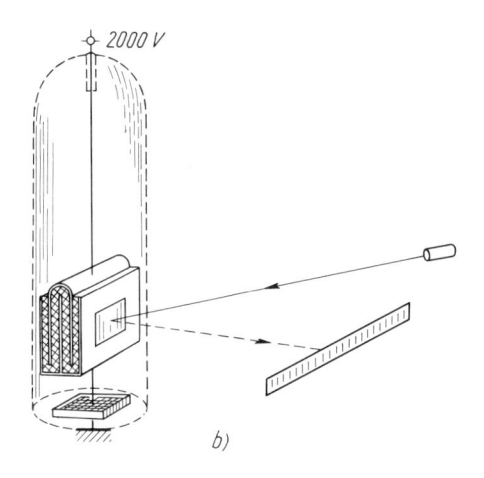

Abbildung 5.2–10b
Schematische Darstellung des Versuches von *Trouton – Noble:* Das Ladungspaar ist hier durch die Platten eines frei drehbar aufgehängten Glimmerkondensators gegeben, die mit gleichen Ladungen unterschiedlichen Vorzeichens aufgeladen sind

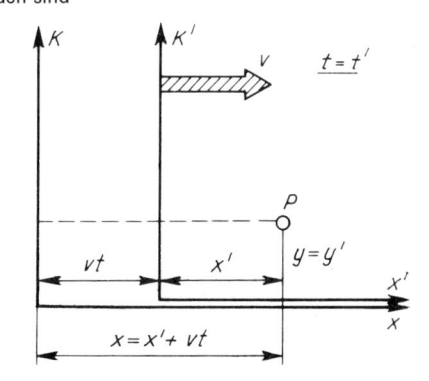

Abbildung 5.2–11
Die dem „gesunden Menschenverstand" entsprechende Galilei-Transformation. Die Zeit ist „selbstverständlich" in beiden Koordinatensystemen die gleiche

Zitat 5.2–1
Stellen wir uns zwei Beobachter vor, die ihre Uhren mittels optischer Signale synchronisieren wollen... Wenn die Station B ein Signal der Station A empfängt, darf ihre Uhr nicht dieselbe Zeit anzeigen, wie die der Station A im Moment der Aussendung des Signals, sondern einen um das Intervall der Laufzeit späteren Zeitpunkt. Nehmen wir z.B. an, daß A ihr Signal in dem Moment ausstrahlt, wenn der Zeiger ihrer Uhr auf O steht und die Station B empfängt dieses Signal im Zeitpunkt t. Dann sind die Uhren synchronisiert, wenn die Verspätung t genau der Laufzeit entspricht; um die Synchronisierung zu kontrollieren, sendet B ihrerseits ein Signal aus, wenn ihre Uhr auf O steht; dann muß der Zeiger der Uhr der Station A auf t stehen. Jetzt sind die Uhren synchronisiert..., vorausgesetzt, daß sich die zwei Stationen in Ruhe befinden...

Wenn wir auf diese Weise die Uhren bewegter Stationen synchronisieren, so zeigen sie nicht die wahre Zeit; sie zeigen das, was man lokale Zeit nennen könnte, so daß die eine der anderen nachgeht. Dies bedeutet aber nichts,... da, wie es das Relativitätsprinzip verlangt, es keine Methode gibt zu entscheiden, ob sich etwas in Ruhe oder in absoluter Bewegung befindet. ...

Und jetzt gehe ich auf das Lavoisiersche Prinzip der Erhaltung der Materie über; in der Tat kann man an dieses Prinzip nicht rühren, ohne die ganze Mechanik umzustürzen. Es sind nämlich heute viele der Meinung, daß die klassische Mechanik nur deswegen wahr zu sein scheint, weil wir immer nur mit kleinen Geschwindigkeiten rechnen, daß aber ihre Gültigkeit sofort aufhört, wenn wir Geschwindigkeiten in der Nähe der Lichtgeschwindigkeit zuließen.

Aus allen diesen Resultaten – vorausgesetzt, sie werden auch weiterhin bekräftigt – erwächst eine ganz neue Mechanik, charakterisiert in erster Linie dadurch, daß keine Geschwindigkeit die Lichtgeschwindigkeit überschreiten kann, ... da die Körper mit immer größerer und größerer Trägheit den Wirkungen widerstehen, die sie zu beschleunigen trachten; und diese Trägheit wird unendlich, wenn sich die Geschwindigkeit der Lichtgeschwindigkeit nähert.

Die Masse hat zwei Aspekte: gleichzeitig erscheint sie als Charakteristikum der Trägheit und als der Faktor, der in dem Newtonschen Gravitationsgesetz für die Anziehungskraft maßgebend ist. Wenn sie als Charakteristikum der Trägheit keine Konstante darstellt, wie könnte die gravitierende Masse als konstant betrachtet werden?!

POINCARÉS Vortrag in St. Louis, 1904

Die Naturgesetze müssen für einen ruhenden und für einen gleichförmig bewegten Beobachter identisch sein, da es keine Methode gibt und es keine geben kann, die uns ermöglichte zu entscheiden, ob wir uns in einer solchen Bewegung befinden oder nicht.

POINCARÉ: Bulletin des Sciences mathématiques V. 25, Ser. 2 (1904) p. 302

Zitat 5.2 – 2
Es scheint, als ob *Newton* bei den eben angeführten Bemerkungen noch unter dem Einfluß der mittelalterlichen Philosophie stünde, als ob er seiner Absicht, nur das Tatsächliche zu untersuchen, untreu würde. Wenn ein Ding A sich mit der Zeit ändert, so heißt dies nur, die Umstände eines Dinges A hängen von den Umständen eines anderen Dinges B ab. Die Schwingungen eines Pendels gehen in der Zeit vor, wenn dessen Exkursion von der Lage der Erde abhängt. Da wir bei Beobachtung des Pendels nicht auf die Abhängigkeit von der Lage der Erde zu achten brauchen, sondern dasselbe mit irgendeinem andern Ding vergleichen können (dessen Zustände freilich wieder von der Lage der Erde abhängen), so entsteht leicht die Täuschung, daß alle diese Dinge unwesentlich seien. Ja, wir können, auf das Pendel achtend, von allen übrigen äußeren Dingen absehen und finden, daß für jede Lage unsere Gedanken und Empfindungen andere sind. Es scheint demnach die Zeit etwas Besonderes zu sein, von dessen Verlauf die Pendellage abhängt, während die Dinge, welche wir zum Vergleich nach freier Wahl herbeiziehen, eine zufällige Rolle zu spielen scheinen. Wir dürfen aber nicht vergessen, daß alle Dinge miteinander zusammenhängen und daß wir selbst mit unseren Gedanken nur ein Stück Natur sind. Wir sind ganz außerstand, die Veränderungen der Dinge und der Zeit zu messen. Die Zeit ist vielmehr eine Abstraktion, zu der wir durch die Veränderung der Dinge gelangen, weil wir auf kein bestimmtes Maß angewiesen sind, da eben alle untereinander zusammenhängen. Wir nennen eine Bewegung gleichförmig, in welcher gleiche Wegzuwüchse gleichen Wegzuwüchsen einer Vergleichsbewegung (der Drehung der Erde) entsprechen. Eine Bewegung kann gleichförmig sein in bezug auf eine andere. Die Frage, ob eine Bewegung an sich gleichförmig sei, hat gar keinen Sinn. Ebensowenig können wir von einer *absoluten Zeit* (unabhängig von jeder Veränderung) sprechen. Diese absolute Zeit kann an gar keiner Bewegung abgemessen werden, sie

zeichnen die abgeleiteten Transformationsformeln implizit doch noch das absolut ruhende Koordinatensystem und damit auch den vom Äther repräsentierten absoluten Raum aus. So können wir verstehen, daß die Physiker noch nahezu zwei Jahrzehnte lang – und LORENTZ sogar noch länger – mit der Annahme einer im Koordinatensystem K_0 meßbaren absoluten Zeit gearbeitet haben. Diese absolute Zeit sollte den eigentlichen Zeitablauf der Vorgänge bestimmen, und die transformierte Zeit t' sollte lediglich als „Rechengröße" oder – in einer etwas realistischeren Interpretation – als *lokale Ortszeit* anzusehen sein, die aus verschiedenen Ursachen von der wahren, absoluten Zeit t abweicht.

VOIGTS Arbeit hat kein Aufsehen erregt und auch keinen weiterreichenden Einfluß auf die Aufstellung der Relativitätstheorie gehabt.

LORENTZ hat bereits 1892 mit verschiedenen Hypothesen das negative Ergebnis des Versuchs von MICHELSON und MORLEY zu deuten versucht. Gleichzeitig mit GEORGE FRANCIS FITZGERALD (1851 – 1901) hat er die Hypothese der sogenannten *Lorentz-Fitzgerald-Kontraktion* aufgestellt. Nach dieser Hypothese sollen sich Maßstäbe in Bewegungsrichtung als Ergebnis der Wechselwirkung mit dem Äther auf das $\sqrt{1-\beta^2}$ fache verkürzen. Im Ergebnis einer ständigen Verfeinerung seiner Theorie gelangte LORENTZ 1899 zu den richtigen Transformationsformeln für die Raumkoordinaten. Obwohl er die richtige Zeittransformation noch nicht angeben konnte, hat er bereits festgestellt, daß auch die Zeitkoordinate zu transformieren ist.

Aus einem Vortrag, den HENRI POINCARÉ (1854 – 1912) im Jahre 1904 in St. Louis (USA) vor interessierten Laien gehalten hat *(Zitat 5.2 – 1)*, geht hervor, wie sehr die Grundideen der Relativitätstheorie von den führenden Physikern zu Beginn des 20. Jahrhunderts vorausgeahnt wurden. Wir können uns vorstellen, daß hinter all diesen qualitativen Überlegungen eine Vielzahl konkreter quantitativer Untersuchungen steht. Wie wir sehen, wird hier erstmalig der Begriff „Relativitätsprinzip" erwähnt; ebenso können wir hier zum ersten Mal etwas über die Synchronisation der Uhren lesen, die auch später von EINSTEIN beschrieben wird. Neben den vielen genialen Vermutungen müssen wir natürlich auch sehen, daß POINCARÉ sich noch nicht vom Begriff der absoluten Zeit und vom Begriff der absoluten Bewegung freimachen konnte. Er behauptet zwar, daß es kein Verfahren zur Beobachtung des absoluten Bewegungszustandes gibt, wagt aber noch nicht, daraus die Schlußfolgerung zu ziehen, daß ein ausgezeichnetes Koordinatensystem K_0 nicht existiert.

MACH hat das Problem aus philosophischer Sicht untersucht. Die Tradition von LEIBNIZ fortführend, hat er nicht nur wie dieser die Newtonschen Aussagen zum absoluten Raum, sondern auch die zur absoluten Zeit als metaphysische Spekulationen bezeichnet *(Zitat 5.2 – 2)*. Nach EINSTEINS eigenem Bekenntnis hat MACH einen sehr großen Einfluß auf ihn gehabt *(Zitat 5.2 – 3)*. Obwohl EINSTEIN *(Abbildung 5.2 – 12)* später dann MACHS erkenntnistheoretische Auffassungen völlig verwarf, weist doch sehr vieles darauf hin (mündliche Mitteilungen, die grundlegende Arbeit zur allgemeinen Relativitätstheorie u. a. m.), daß sich EINSTEIN bei der Formulierung sowohl der speziellen als auch der allgemeinen Relativitätstheorie nicht so sehr von den experimentellen Beobachtungen als vielmehr von erkenntnistheoretischen Erwägungen leiten ließ.

5.2.3 Die Väter der Relativitätstheorie: Lorentz, Einstein und Poincaré

Die Relativitätstheorie hat 1905 ihre heutige Form bekommen. In der Abbildung 5.2 – 1 sind unter den Namen LORENTZ, POINCARÉ und EINSTEIN, die die Hauptbeiträge zur Relativitätstheorie erbracht haben, die Daten eingetragen, die nach internationalem Übereinkommen als Zeitpunkte der Publikation ihrer Arbeiten angesehen werden können. LORENTZ hat zu der angegebenen Zeit seine grundlegende Arbeit der Amsterdamer Akademie, POINCARÉ *(Abbildung 5.2 – 13)* seine Arbeit der Französischen Akademie der Wissenschaften und EINSTEIN seinen Artikel der Redaktion der *Annalen der Physik* vorgelegt. Legen wir die Erscheinungsdaten dieser Arbeiten zugrunde, so ändert sich die Reihenfolge wie folgt: LORENTZ 1904, EINSTEIN 1905 und POINCARÉ 1906 *(Abbildungen 5.2 – 14a, b)*.

LORENTZ geht in seiner Arbeit von der Forderung aus, daß die Grundgleichungen der Elektrodynamik in allen Koordinatensystemen, die sich gegeneinander geradlinig und gleichförmig bewegen, die gleiche Form haben müssen. Auf diese Weise gelangt er zu dem heute als allgemeingültig angesehenen System von Gleichungen, mit dessen Hilfe die charakterischen Größen von Koordinatensystemen, die sich gegeneinander geradlinig und gleichförmig bewegen, transformiert werden können. Wir geben hier im einzelnen nur die verhältnismäßig einfachen Transformationsgleichungen für die Raum- und Zeitkoordinaten zweier sich gegeneinander mit einer konstanten Geschwindigkeit v bewegender Bezugssysteme an:

$$
\begin{aligned}
x' &= \frac{1}{\sqrt{1-\beta^2}}(x-vt), & x &= \frac{1}{\sqrt{1-\beta^2}}(x'+vt'), \\
y' &= y, & y &= y', \\
z' &= z, & z &= z', \\
t' &= \frac{1}{\sqrt{1-\beta^2}}\left(t-x\frac{v}{c^2}\right), & t &= \frac{1}{\sqrt{1-\beta^2}}\left(t'+\frac{v}{c^2}x'\right).
\end{aligned} \qquad (1)
$$

Wie wir schon oben erwähnt haben, hat LORENTZ in dieser Arbeit und auch im weiteren Verlauf seines Lebens auf der Notwendigkeit der Begriffe von einem absoluten Raum und einer absoluten Zeit bestanden. Er hat die lokale Zeit als eine Rechengröße ohne tieferen Gehalt und als notwendiges Übel angesehen, um den Einklang mit den Beobachtungen zu erreichen.

hat also auch gar keinen praktischen und auch keinen wissenschaftlichen Wert, niemand ist berechtigt zu sagen, daß er von derselben etwas wisse, sie ist ein müßiger *metaphysischer* Begriff.
E. MACH: *Die Mechanik in ihrer Entwicklung historisch-kritisch dargestellt.* Kap. 2, Abschnitt 6
HELLER [5.1] S. 32

Zitat 5.2–3
Wir dürfen uns daher nicht wundern, daß sozusagen alle Physiker des letzten Jahrhunderts in der klassischen Mechanik eine feste und endgültige Grundlage der ganzen Physik, ja der ganzen Naturwissenschaft sahen, und daß sie nicht müde wurden zu versuchen, auch die indessen langsam sich durchsetzende Maxwellsche Theorie des Elektromagnetismus auf die Mechanik zu gründen. Auch *Maxwell* und *H. Hertz*, die im Rückblick mit Recht als diejenigen erscheinen, die das Vertrauen auf die Mechanik als die endgültige Basis alles physikalischen Denkens erschüttert haben, haben in ihrem bewußten Denken durchaus an der Mechanik als gesicherter Basis der Physik festgehalten. *Ernst Mach* war es, der in seiner Geschichte der Mechanik an diesem dogmatischen Glauben rüttelte; dies Buch hat gerade in dieser Beziehung einen tiefen Einfluß auf mich als Student ausgeübt. Ich sehe *Machs* wahre Größe in der unbestechlichen Skepsis und Unabhängigkeit; in meinen jungen Jahren hat mich aber auch *Machs* erkenntnistheoretische Einstellung sehr beeindruckt, die mir heute als im Wesentlichen unhaltbar erscheint. Er hat nämlich die dem Wesen nach konstruktive und spekulative Natur alles Denkens und im Besonderen des wissenschaftlichen Denkens nicht richtig ins Licht gestellt und infolge davon die Theorie gerade an solchen Stellen verurteilt, an welchen der konstruktiv-spekulative Charakter unverhüllbar zutage tritt, z. B. in der kinetischen Atomtheorie.
EINSTEIN: *Autobiographisches.* SCHILPP [5, 6] S. 20

Abbildung 5.2–12
ALBERT EINSTEIN (1879–1955): ein führender Repräsentant der Physik und des geistigen Lebens des 20. Jahrhunderts. 1900: Diplom als Physiklehrer; 1905 hat er, als „technischer Experte 3. Klasse" am Schweizer Patentamt angestellt, seine vier berühmten Arbeiten der Zeitschrift Annalen der Physik eingesandt. Ab 1909 Lehramt an der Universität Zürich, dann in Prag und schließlich wieder in Zürich an der Eidgenössischen Polytechnischen Schule. Ab 1914 Professor in Berlin, Direktor des Kaiser-Wilhelm-Instituts für Physik und Mitglied der Preußischen Akademie der Wissenschaften. 1933 Emigration in die Vereinigten Staaten, dort bis zu seinem Tode Professor am Institute for Advanced Study (Princeton).

Seine vier grundlegenden Arbeiten (1905) behandeln die folgenden Themen: Theorie der Brownschen Bewegung, Grundlagen der speziellen Relativitätstheorie, Beziehungen zwischen Relativitätstheorie und Masse-Energie-Äquivalenz, Theorie des lichtelektrischen Effekts. 1916: Allgemeine Relativitätstheorie. 1916–1917: Ausarbeitung einer neuartigen Ableitung der Planckschen Strahlungsformel. Von 1920 bis zu seinem Tode intensive Bemühungen um eine „Einheitliche Theorie der Materie". Seine vergeblichen Anstrengungen auf diesem Gebiet sowie seine kritischen Vorbehalte gegenüber der allgemein akzeptierten Deutung der Quantenmechanik haben ihn in den letzten Jahrzehnten seines Lebens in eine gewisse wissenschaftliche Isolierung geführt.

Seine philosophischen Anschauungen lassen sich am besten mit dem folgenden Zitat darstellen:
Nachdem ich mich nun einmal dazu habe hinreißen lassen, den notdürftig begonnenen Nekrolog zu unterbrechen, scheue ich mich nicht, hier in ein paar Sätzen mein erkenntnistheoretisches Credo auszudrücken, obwohl im vorigen einiges davon beiläufig schon gesagt ist. Dies Credo entwickelte

sich erst viel später und langsam und entspricht nicht der Einstellung, die ich in jüngeren Jahren hatte.

Ich sehe auf der einen Seite die Gesamtheit der Sinnen-Erlebnisse, auf der andern Seite die Gesamtheit der Begriffe und Sätze, die in den Büchern niedergelegt sind. Die Beziehungen zwischen den Begriffen und Sätzen untereinander sind logischer Art, und das Geschäft des logischen Denkens ist strikte beschränkt auf die Herstellung der Verbindung zwischen Begriffen und Sätzen untereinander nach festgesetzten Regeln, mit denen sich die Logik beschäftigt. Die Begriffe und Sätze erhalten „Sinn" bzw. „Inhalt" nur durch ihre Beziehung zu Sinnen-Erlebnissen. Die Verbindung der letzteren mit den ersteren ist rein intuitiv, nicht selbst von logischer Natur. Der Grad der Sicherheit, mit der diese Beziehung bzw. intuitive Verknüpfung vorgenommen werden kann, und nichts anderes, unterscheidet die leere Phantasterei von der wissenschaftlichen „Wahrheit". Das Begriffssystem ist eine Schöpfung des Menschen samt den syntaktischen Regeln, welche die Struktur der Begriffssysteme ausmachen. Die Begriffssysteme sind zwar an sich logisch gänzlich willkürlich, aber gebunden durch das Ziel, eine möglichst sichere (intuitive) und vollständige Zuordnung zu der Gesamtheit der Sinnen-Erlebnisse zuzulassen; zweitens erstreben sie möglichste Sparsamkeit in bezug auf ihre logisch unabhängigen Elemente (Grundbegriffe und Axiome) d. h. nicht definierte Begriffe und nicht erschlossene Sätze.

Ein Satz ist richtig, wenn er innerhalb eines logischen Systems nach den akzeptierten logischen Regeln abgeleitet ist. Ein System hat Wahrheitsgehalt entsprechend der Sicherheit und Vollständigkeit seiner Zuordnungs-Möglichkeit zu der Erlebnis-Gesamtheit. Ein richtiger Satz erborgt seine „Wahrheit" von dem Wahrheits-Gehalt des Systems, dem er angehört.

Einstein: Autobiographisches. [5.6] S. 10 ff.

Einstein charakterisiert sich selbst wie folgt:

Mein leidenschaftliches Interesse an sozialer Gerechtigkeit und an gesellschaftlicher Verantwortung steht im kuriosen Gegensatz zu einem ausgeprägten Mangel an Verlangen für eine enge Beziehung mit Menschen und Frauen. Ich bin ein Pferd für einen Einspänner, gar nicht geeignet für Tandem- oder Team-Arbeit. Ich habe nie mit vollem Herzen zu irgendeinem Land oder Staat, zu meinem Freundeskreis oder nicht einmal zu meiner eigenen Familie gehört. Diese Bande waren immer von einer trüben Zurückhaltung begleitet, und das Verlangen, mich in mich ganz zurückzuziehen, wuchs allmählich mit den Jahren.

Solche Isolation ist manchmal bitter, ich bedauere aber doch nicht, daß ich von der Sympathie und dem Verständnis der Mitmenschen abgeriegelt bin. Es ist sicher, ich verliere etwas damit, aber ich fühle mich dafür kompensiert, da ich damit unabhängig sein kann, von den Gebräuchen, Meinungen und Vorurteilen anderer, und versuche nicht, den Frieden meines Geistes auf solch schwankenden Fundamenten ruhen zu lassen.

L. Infeld: Quest, the Evolution of a Scientist.

Eine Charakterisierung von C. O. Snow:

Es gab auch andere Paradoxa. Er war die Stimme der liberalen Wissenschaft, der Prophet der Vernunft und des Friedens für eine ganze Generation. Am Ende glaubte er aber, ohne Bitterkeit, im Grunde seines leutseligen und ruhigen Geistes, daß alles vergeblich war. Er war die Verkörperung des Internationalismus: Er brach mit der jüdischen Gemeinschaft, haßte Separatismus und Nationalismus jeder Art; und doch war er gezwungen, den Platz des eminentesten lebendigen Juden, des verpflichteten Zionisten, einzunehmen. Er wollte seine Persönlichkeit in der Welt der Natur verlieren; aber diese Persönlichkeit wurde eine mit der größten „Publicity" unseres Jahrhunderts und sein Gesicht ... war ebenso gut bekannt wie das eines Filmstars.

Snow: Einstein.

POINCARÉ hat auf LORENTZ' Arbeit aufgebaut und als ausgezeichneter Mathematiker die besonderen Eigenschaften der *Lorentz-Transformationen* aufgedeckt. Er hat unter anderem bemerkt, daß die Transformationen in der Sprache der Mathematik eine „Gruppe", die sogenannte *Lorentz-Gruppe*, bilden. Bei einer Anwendung der Gruppenelemente, d. h. der einzelnen (nämlich zu je einer Relativgeschwindigkeit v gehörigen) Transformationen der Gruppe, bleibt die Größe $x^2 + y^2 + z^2 - c^2 t^2$ unverändert (invariant), so daß sich diese Gruppe als Gruppe der Drehungen in einem 4dimensionalen Raum mit den Koordinaten x, y, z und jct deuten läßt. POINCARÉ hat außerdem die Transformationsregeln einer Reihe physikalischer Größen richtig festgelegt. Dazu gehören neben den Koordinaten x, y, z auch die Ladungsdichte ϱ sowie die Stromdichte $\mathbf{J}$, das skalare Potential φ sowie das Vektorpotential $\mathbf{A}$. Wir finden bei POINCARÉ sehr viele Ergebnisse, die systematisch dann erst wieder von MINKOWSKI 1908 dargelegt worden sind.

Mit POINCARÉS Arbeit ist der Aufbau des mathematischen Formalismus der Relativitätstheorie abgeschlossen.

Damit taucht für uns aber die Frage auf, welcher Beitrag zur Relativitätstheorie EINSTEIN zuzuschreiben ist. Das einfachste ist, wenn wir EINSTEIN selbst zitieren:

Es ist zweifellos, daß die spezielle Relativitätstheorie, wenn wir ihre Entwicklung rückschauend betrachten, im Jahre 1905 reif zur Entdeckung war. LORENTZ hatte schon erkannt, daß für die Analyse der *Maxwellschen Gleichungen* die später nach ihm benannte Transformation wesentlich sei, und POINCARÉ hat diese Erkenntnis noch vertieft. Was mich betrifft, so kannte ich nur LORENTZ' bedeutendes Werk von 1895 – *La théorie électromagnétique de Maxwell* und *Versuch einer Theorie der elektrischen und optischen Erscheinungen in bewegten Körpern* –, aber nicht LORENTZ' spätere Arbeiten und auch nicht die daran anschließende Untersuchung von POINCARÉ. In diesem Sinne war meine Arbeit von 1905 selbständig.

Was dabei neu war, war die Erkenntnis, daß die Bedeutung der Lorentz-Transformation über den Zusammenhang mit den Maxwellschen Gleichungen hinausging und das Wesen von Raum und Zeit im allgemeinen betraf.

BORN [5.28] S.189

Worin bestand nun diese allgemeine Erkenntnis und inwiefern kann die Einsteinsche Auslegung der bekannten und richtigen Beziehungen als revolutionäre Tat angesehen werden? Wir zitieren aus PAULIS Monographie [5.2]:

Die formalen Lücken, die die Arbeit von LORENTZ übrigließ, wurden von POINCARÉ ausgefüllt. Das Relativitätsprinzip wird von ihm als allgemein und streng gültig ausgesprochen. Da er die Maxwellschen Gleichungen für das Vakuum wie die übrigen bisher genannten Autoren als gültig annimmt, so kommt das auf die Forderung hinaus, daß alle Naturgesetze gegenüber der Lorentz-Transformation kovariant sein müssen. (Die Bezeichnungen Lorentz-Transformation und Lorentz-Gruppe finden sich in der Arbeit POINCARÉS zum erstenmal.)

Durch EINSTEIN wurde endlich die Grundlegung der neuen Disziplin zu einem gewissen Abschluß gebracht. Seine Arbeit von 1905 wurde fast gleichzeitig mit POINCARÉS Abhandlung eingereicht und ist ohne Kenntnis der Lorentzschen Abhandlung von 1904 verfaßt worden. Sie enthält nicht nur alle wesentlichen Resultate der beiden genannten Arbeiten, sondern vor allem auch eine völlig neue, viel tiefere Auffassung des ganzen Problems.

LORENTZ und POINCARÉ hatten nun, wie wir gesehen haben, die Maxwellschen Gleichungen ihren Betrachtungen zugrunde gelegt. Es ist aber durchaus zu verlangen, einen so fundamentalen Satz wie die Kovarianz aller Naturgesetze gegenüber der Lorentz-Gruppe aus möglichst *einfachen* Grundannahmen herzuleiten. Dies geleistet zu haben, ist das Verdienst EINSTEINS. Er hat gezeigt, daß bloß folgender Satz der Elektrodynamik vorausgesetzt werden muß: *Die Lichtgeschwindigkeit ist unabhängig vom Bewegungszustand der Lichtquelle.*

EINSTEIN hat zuerst bewußt und entschlossen mit den Begriffen absoluter Raum und absolute Zeit gebrochen und so die Existenz sowohl eines ausgezeichneten Bezugssystems K_0 als auch des Äthers verneint. Er hat jedes Inertialsystem als völlig gleichwertig angesehen und festgestellt, daß für die Beobachter in jedem (solchen) Koordinatensystem die in ihrem System ruhenden Uhren die richtige, wahre Zeit anzeigen. Jeder Beobachter muß aber auch beachten, daß die Uhren in einem anderen System, das sich relativ zu seinem System bewegt, eine andere Zeit anzeigen.

LORENTZ hat die Einsteinsche Deutung nur zögernd akzeptiert. Dennoch hat er in den folgenden Jahren intensiv zur Förderung der Relativitätstheorie beigetragen. POINCARÉ hat dagegen unerwarteterweise nicht mehr aktiv auf diesem Gebiet gearbeitet und sogar den Fortschritt – wenigstens in seinen populären Schriften – fast völlig ignoriert.

EINSTEIN dagegen konnte nicht nur konkrete Erfolge auf vielen Gebieten erringen; es gibt wohl weder in der Relativitätstheorie noch in der Quantentheorie bedeutende Fortschritte, bei denen er nicht eine wesentliche Rolle gespielt hätte. Er war Anreger und Katalysator des wissenschaftlichen Lebens in den ersten zwei Jahrzehnten des 20. Jahrhunderts.

Als Begründung für die Verleihung des Nobelpreises wurde auch seine umfassende Tätigkeit in der theoretischen Physik angegeben und als konkretes Ergebnis die Deutung des lichtelektrischen Effektes – nicht die Relativitätstheorie – erwähnt.

POINCARÉ charakterisiert EINSTEIN 1911 in einem Empfehlungsschreiben folgendermaßen:

EINSTEIN ist einer der originalsten Köpfe, die ich je gekannt habe; trotz seines jugendlichen Alters errang er eine ehrwürdige Position unter den besten Wissenschaftlern unserer Zeit. Was an ihm am meisten zu bewundern ist, ist die Leichtigkeit, mit der er sich neue Ideen aneignen und alle ihre Folgerungen zutage bringen kann.
SEELIG [5.5] p. 228

Es ist nicht notwendig, ein Genie von EINSTEINS Statur „die Rolle des Herkules der Märchen spielen zu lassen, dem alle Heldentaten zugeschrieben werden, wer immer sie vollbracht haben sollte." EINSTEIN hat sich mit namhaften Vorgängern und Zeitgenossen – in erster Linie mit LORENTZ und POINCARÉ – den Ruhm zu teilen, die spezielle Relativitätstheorie begründet zu haben. An ihrer Ausarbeitung und Weiterentwicklung haben auch PLANCK und MINKOWSKI einen bedeutenden Anteil.

Abbildung 5.2 – 13
JULES HENRI POINCARÉ (1854 – 1912): Studium an der École Polytechnique, Promotion an einer Bergakademie zur Theorie der Differentialgleichungen. Kurze Zeit Lehramt in Caen, dann ab 1881 Professor an der Université de Paris. 1906: Wahl zum Präsidenten der Académie des Sciences.

Poincaré wird in erster Linie zu den Mathematikern gerechnet und gilt als ihr bedeutendster Vertreter zur Jahrhundertwende: *Analysis situs* (1895) – einheitliche Theorie der Topologie; Eliminierungsmethode zur Lösung der Gleichung $\Delta u = 0$ mit gegebenen Randbedingungen (Dirichletsches Problem); Über die Kurven, die durch Differentialgleichungen bestimmt sind (ab 1878, Klassifizierung singulärer Punkte, Begriff des Grenzzyklus, den der Ingenieur heute aus der Theorie der nichtlinearen Schwingungen kennt); Theorie der automorphen Funktionen und ihr Zusammenhang mit der nichteuklidischen Geometrie.

In seinem zusammenfassenden Werk *Les méthodes nouvelles de la mécanique céleste* (3 Bände: 1892, 1893, 1899) wird das n-Körper-Problem behandelt. Die hier angegebenen Methoden werden auch in der klassischen Quantentheorie angewendet.

Sein Beitrag zur Relativitätstheorie wird im Haupttext erläutert. Obwohl *Poincaré* der Quantentheorie zunächst ablehnend gegenüberstand, hat er sich dennoch in seinen letzten Lebensjahren der Auffassung von einem grundlegend statistischen Charakter der Naturgesetze genähert. Noch 1919 hat *C. G. Darwin* in einem Brief an *Bohr* sein Bedauern darüber geäußert, daß *Poincaré* nicht mehr lebt, denn er hätte sicher einen aus den Schwierigkeiten der Quantentheorie herausführenden Weg gefunden.

In seinen populären philosophischen Büchern, die zu den Meisterwerken der französischen Prosa gerechnet werden (*La science et l'hypothèse*, 1903; *La valeur de la science*, 1905; *Science et méthode*, 1908) stellt er eine Philosophie des Konventialismus auf.

Einige Wissenschaftshistoriker sind der Meinung, daß *Poincaré* die Relativitätstheorie gedanklich genau so tief durchdrungen hat wie *Einstein* und hinsichtlich der mathematischen Durchdringung sogar weitergegangen ist und daß ihn nur sein „Hyperkritizismus" daran gehindert hat, um die Anerkennung seiner Ideen zu kämpfen.

Mit den folgenden Zitaten soll die Philosophie des Konventialismus erläutert werden:

Wenn die Geometrie eine Experimental-Wissenschaft wäre, so würde sie aufhören, eine exakte Wissenschaft zu sein, sie würde also einer beständigen Revision zu unterwerfen sein. Noch mehr, sie würde von jetzt ab dem Irrtum verfallen sein, weil wir wissen, daß es keine streng unveränderlichen Körper gibt.

Die geometrischen Axiome sind also weder synthetische Urteile a priori *noch experimentelle Tatsachen.*

Es sind auf *Übereinkommen beruhende Festsetzungen;* unter allen möglichen Festsetzungen wird unsere Wahl von experimentellen Tatsachen geleitet; aber sie bleibt frei und ist nur durch die Notwendigkeit begrenzt, jeden Widerspruch zu vermeiden. In dieser Weise können auch die Postulate streng richtig bleiben, selbst wenn die erfahrungsmäßigen Gesetze, welche ihre Annahme bewirkt haben, nur annähernd richtig sein sollten.

Mit anderen Worten: die geometrischen Axiome (ich spreche nicht von den arithmetischen) sind nur *verkleidete Definitionen.*

Was soll man dann aber von der folgenden Frage denken: Ist die Euklidische Geometrie richtig?

Die Frage hat keinen Sinn.

Ebenso könnte man fragen, ob das metrische

Fortsetzung auf Seite 410

Abbildung 5.2–14a
Einige Faksimileseiten aus *Einsteins* erstem Artikel über die Relativitätstheorie. Die Titel der Artikel aller drei Protagonisten weisen darauf hin, daß die Relativitätstheorie aus dem Problemkreis der Elektrodynamik der bewegten Körper entsprang. *Lorentz* schrieb seinen Artikel (Abbildung 4.4–58) in englischer Sprache: *Electromagnetic phenomena in a system moving with any velocity smaller than that of light* (Proc. Acad. Sc. Amsterdam 6 [1904] p. 809); der *Poincarés* war natürlich französisch verfaßt: *Sur la dynamique de l'électron,* und endlich lautet der Titel der Einsteinschen Arbeit: *Zur Elektrodynamik bewegter Körper.*

Als Ausgangspunkt wählt *Lorentz* das negative Ergebnis des Michelson-Versuches und betont den Ad-hoc-Charakter der von ihm selbst und von *Fitzgerald* gegebenen bisherigen Lösungen. Er zitiert schon den Versuch von *Trouton–Noble* aus dem Vorjahr (1903) und verweist auf eine von *Poincaré* schon 1900 geäußerte Meinung:

Poincaré hat gegen die bisherige Theorie der optischen und elektrischen Erscheinungen bewegter Körper eingewandt, daß zur Erklärung des negativen Ergebnisses *Michelsons* eine neue Hypothese eingeführt werden mußte, und daß dies jedesmal notwendig werden könne, wenn neue Tatsachen bekannt würden. Sicherlich haftet diesem Aufstellen von besonderen Hypothesen für jedes neue Versuchsergebnis etwas Künstliches an. Befriedigender wäre es, könnte man mit Hilfe gewisser grundlegender Annahmen zeigen, daß viele elektromagnetische Vorgänge streng, d. h. ohne irgendwelche Vernachlässigung von Gliedern höherer Ordnung, unabhängig von der Bewegung des Systems sind. Vor einigen Jahren habe ich schon versucht, eine derartige Theorie aufzustellen. Jetzt glaube ich den Gegenstand mit besserem Erfolg behandeln zu können. Die Geschwindigkeit wird nur der einen Beschränkung unterworfen, daß sie kleiner als die des Lichtes sei.

Ich gehe aus von den Grundgleichungen der Elektronentheorie.

LORENTZ–EINSTEIN–MINKOWSKI [5.3] S. 7, 8

Charakteristischerweise hebt *Einstein* zuerst die Asymmetrie der Maxwellschen Gleichungen für den Fall bewegter Körper hervor. Es ist klar, daß nur die relative Bewegung der maßgebende Faktor sein kann, wenn sich ein Magnet gegenüber einem ruhenden Leiter oder ein Leiter gegenüber einem ruhenden Magnet bewegt. Üblicherweise wird aber das identische Resultat der zwei Vorgänge ganz verschieden ausgelegt. Im ersten Fall wird der Strom im Leiter als durch die induzierte Feldstärke hervorgerufen gedacht, im zweiten wird aber vermutet, daß eine Kraft als Folge der Bewegung im Magnetfeld auf die frei beweglichen Ladungen wirkt. Dann erwähnt *Einstein* generell – ohne Bezugnahme auf konkrete Fälle – die erfolglosen experimentellen Bemühungen, die Bewegung der Erde relativ zu dem sich in absoluter Ruhe befindlichen „Lichtmedium" zu bestimmen. Die Vermutung, daß es kein ausgezeichnetes Inertialsystem gibt, wird auf den Rang eines Axioms erhoben. Es kommt nur noch eine zweite grundlegende Annahme hinzu: Die Lichtgeschwindigkeit ist unabhängig von dem Bewegungzustand der Lichtquelle und hat den gleichen Wert für alle Inertialsysteme. Diese zwei Forderungen genügen, um anhand einer tiefsinnigen Analyse der grundlegenden Meßvorschriften für Zeit und Länge die Lorentz-Transformation abzuleiten. Hier liegt vielleicht der Grund, warum gerade die Einsteinsche Auffassung die größte Aufmerksamkeit erregte. Es gab auch unter den führenden Physikern nur wenige, die sich die Maxwellsche und Lorentzsche Elektrodynamik vollkommen angeeignet hatten, und noch wenigere waren in der Lage, die epochemachende Bedeutung einer Transformation, die die Maxwellschen Gleichungen invariant läßt, zu erkennen. Und siehe da, man hatte nur sorgfältig zu beachten, wie Uhren synchronisiert werden,

3. *Zur Elektrodynamik bewegter Körper;*
von A. Einstein.

Daß die Elektrodynamik Maxwells — wie dieselbe gegenwärtig aufgefaßt zu werden pflegt — in ihrer Anwendung auf bewegte Körper zu Asymmetrien führt, welche den Phänomenen nicht anzuhaften scheinen, ist bekannt. Man denke z. B. an die elektrodynamische Wechselwirkung zwischen einem Magneten und einem Leiter. Das beobachtbare Phänomen hängt hier nur ab von der Relativbewegung von Leiter und Magnet, während nach der üblichen Auffassung die beiden Fälle, daß der eine oder der andere dieser Körper der bewegte sei, streng voneinander zu trennen sind. Bewegt sich nämlich der Magnet und ruht der Leiter, so entsteht in der Umgebung des Magneten ein elektrisches Feld von gewissem Energiewerte, welches an den Orten, wo sich Teile des Leiters befinden, einen Strom erzeugt. Ruht aber der Magnet und bewegt sich der Leiter, so entsteht in der Umgebung des Magneten kein elektrisches Feld, dagegen im Leiter eine elektromotorische Kraft, welcher an sich keine Energie entspricht, die aber — Gleichheit der Relativbewegung bei den beiden ins Auge gefaßten Fällen vorausgesetzt — zu elektrischen Strömen von derselben Größe und demselben Verlaufe Veranlassung gibt, wie im ersten Falle die elektrischen Kräfte.

Beispiele ähnlicher Art, sowie die mißlungenen Versuche, eine Bewegung der Erde relativ zum „Lichtmedium" zu konstatieren, führen zu der Vermutung, daß dem Begriffe der absoluten Ruhe nicht nur in der Mechanik, sondern auch in der Elektrodynamik keine Eigenschaften der Erscheinungen entsprechen, sondern daß vielmehr für alle Koordinatensysteme, für welche die mechanischen Gleichungen gelten, auch die gleichen elektrodynamischen und optischen Gesetze gelten, wie dies für die Größen erster Ordnung bereits erwiesen ist. Wir wollen diese Vermutung (deren Inhalt im folgenden „Prinzip der Relativität" genannt werden wird) zur Voraussetzung erheben und außerdem die mit ihm nur scheinbar unverträgliche

892 *A. Einstein.*

Voraussetzung einführen, daß sich das Licht im leeren Raume stets mit einer bestimmten, vom Bewegungszustande des emittierenden Körpers unabhängigen Geschwindigkeit V fortpflanze. Diese beiden Voraussetzungen genügen, um zu einer einfachen und widerspruchsfreien Elektrodynamik bewegter Körper zu gelangen unter Zugrundelegung der Maxwellschen Theorie für ruhende Körper. Die Einführung eines „Lichtäthers" wird sich insofern als überflüssig erweisen, als nach der zu entwickelnden Auffassung weder ein mit besonderen Eigenschaften ausgestatteter „absolut ruhender Raum" eingeführt, noch einem Punkte des leeren Raumes, in welchem elektromagnetische Prozesse stattfinden, ein Geschwindigkeitsvektor zugeordnet wird.

Die zu entwickelnde Theorie stützt sich — wie jede andere Elektrodynamik — auf die Kinematik des starren Körpers, da die Aussagen einer jeden Theorie Beziehungen zwischen starren Körpern (Koordinatensystemen), Uhren und elektromagnetischen Prozessen betreffen. Die nicht genügende Berücksichtigung dieses Umstandes ist die Wurzel der Schwierigkeiten, mit denen die Elektrodynamik bewegter Körper gegenwärtig zu kämpfen hat.

I. Kinematischer Teil.

§ 1. Definition der Gleichzeitigkeit.

Es liege ein Koordinatensystem vor, in welchem die Newtonschen mechanischen Gleichungen gelten. Wir nennen dies Koordinatensystem zur sprachlichen Unterscheidung von später einzuführenden Koordinatensystemen und zur Präzisierung der Vorstellung das „ruhende System".

Ruht ein materieller Punkt relativ zu diesem Koordinatensystem, so kann seine Lage relativ zu letzterem durch starre Maßstäbe unter Benutzung der Methoden der euklidischen Geometrie bestimmt und in kartesischen Koordinaten ausgedrückt werden.

Wollen wir die *Bewegung* eines materiellen Punktes beschreiben, so geben wir die Werte seiner Koordinaten in Funktion der Zeit. Es ist nun wohl im Auge zu behalten, daß eine derartige mathematische Beschreibung erst dann einen physikalischen Sinn hat, wenn man sich vorher darüber klar geworden ist, was hier unter „Zeit" verstanden wird.

Zur Elektrodynamik bewegter Körper. 893

Wir haben zu berücksichtigen, daß alle unsere Urteile, in welchen die Zeit eine Rolle spielt, immer Urteile über *gleichzeitige Ereignisse* sind. Wenn ich z. B. sage: „Jener Zug kommt hier um 7 Uhr an," so heißt dies etwa: „Das Zeigen des kleinen Zeigers meiner Uhr auf 7 und das Ankommen des Zuges sind gleichzeitige Ereignisse."[1])

Es könnte scheinen, daß alle die Definition der „Zeit" betreffenden Schwierigkeiten dadurch überwunden werden könnten, daß ich an Stelle der „Zeit" die „Stellung des kleinen Zeigers meiner Uhr" setze. Eine solche Definition genügt in der Tat, wenn es sich darum handelt, eine Zeit zu definieren ausschließlich für den Ort, an welchem sich die Uhr eben befindet; die Definition genügt aber nicht mehr, sobald es sich darum handelt, an verschiedenen Orten stattfindende Ereignisreihen miteinander zeitlich zu verknüpfen, oder — was auf dasselbe hinausläuft — Ereignisse zeitlich zu werten, welche in von der Uhr entfernten Orten stattfinden.

Wir könnten uns allerdings damit begnügen, die Ereignisse dadurch zeitlich zu werten, daß ein samt der Uhr im Koordinatenursprung befindlicher Beobachter jedem von einem zu wertenden Ereignis Zeugnis gebenden, durch den leeren Raum zu ihm gelangenden Lichtzeichen die entsprechende Uhrzeigerstellung zuordnet. Eine solche Zuordnung bringt aber den Übelstand mit sich, daß sie vom Standpunkte des mit der Uhr versehenen Beobachters nicht unabhängig ist, wie wir durch die Erfahrung wissen. Zu einer weit praktischeren Festsetzung gelangen wir durch folgende Betrachtung.

Befindet sich im Punkte A des Raumes eine Uhr, so kann ein in A befindlicher Beobachter die Ereignisse in der unmittelbaren Umgebung von A zeitlich werten durch Aufsuchen der mit diesen Ereignissen gleichzeitigen Uhrzeigerstellungen. Befindet sich auch im Punkte B des Raumes eine Uhr — wir wollen hinzufügen, „eine Uhr von genau derselben Beschaffenheit wie die in A befindliche" — so ist auch eine zeitliche Wertung der Ereignisse in der unmittelbaren Umgebung von

1) Die Ungenauigkeit, welche in dem Begriffe der Gleichzeitigkeit zweier Ereignisse an (annähernd) demselben Orte steckt und gleichfalls durch eine Abstraktion überbrückt werden muß, soll hier nicht erörtert werden.

Annalen der Physik. IV. Folge. 17. 58

894 *A. Einstein.*

B durch einen in B befindlichen Beobachter möglich. Es ist aber ohne weitere Festsetzung nicht möglich, ein Ereignis in A mit einem Ereignis in B zeitlich zu vergleichen; wir haben bisher nur eine „A-Zeit" und eine „B-Zeit", aber keine für A und B gemeinsame „Zeit" definiert. Die letztere Zeit kann nun definiert werden, indem man *durch Definition* festsetzt, daß die „Zeit", welche das Licht braucht, um von A nach B zu gelangen, gleich ist der „Zeit", welche es braucht, um von B nach A zu gelangen. Es gehe nämlich ein Lichtstrahl zur „A-Zeit" t_A von A nach B ab, werde zur „B-Zeit" t_B in B gegen A zu reflektiert und gelange zur „A-Zeit" t'_A nach A zurück. Die beiden Uhren laufen definitionsgemäß synchron, wenn

$$t_B - t_A = t'_A - t_B.$$

Wir nehmen an, daß diese Definition des Synchronismus in widerspruchsfreier Weise möglich sei, und zwar für beliebig viele Punkte, daß also allgemein die Beziehungen gelten:

1. Wenn die Uhr in B synchron mit der Uhr in A läuft, so läuft die Uhr in A synchron mit der Uhr in B.

2. Wenn die Uhr in A sowohl mit der Uhr in B als auch mit der Uhr in C synchron läuft, so laufen auch die Uhren in B und C synchron relativ zueinander.

Wir haben so unter Zuhilfenahme gewisser (gedachter) physikalischer Erfahrungen festgelegt, was unter synchron laufenden, an verschiedenen Orten befindlichen, ruhenden Uhren zu verstehen ist und damit offenbar eine Definition von „gleichzeitig" und „Zeit" gewonnen. Die „Zeit" eines Ereignisses ist die mit dem Ereignis gleichzeitige Angabe einer am Orte des Ereignisses befindlichen, ruhenden Uhr, welche mit einer bestimmten, ruhenden Uhr, und zwar für alle Zeitbestimmungen mit der nämlichen Uhr, synchron läuft.

Wir setzen noch der Erfahrung gemäß fest, daß die Größe

$$\frac{2\,\overline{AB}}{t'_A - t_A} = V$$

eine universelle Konstante (die Lichtgeschwindigkeit im leeren Raume) sei.

Wesentlich ist, daß wir die Zeit mittels im ruhenden System

918 *A. Einstein.*

sprung befinde und sich längs der X-Achse des Systems K mit der Geschwindigkeit v bewege. Es ist dann einleuchtend, daß das Elektron im genannten Momente ($t = 0$) relativ zu einem längs der X-Achse mit der konstanten Geschwindigkeit v parallelbewegten Koordinatensystem k ruht.

Aus der oben gemachten Voraussetzung in Verbindung mit dem Relativitätsprinzip ist klar, daß sich das Elektron in der unmittelbar folgenden Zeit (für kleine Werte von t) vom System k aus betrachtet nach den Gleichungen bewegt:

$$\mu \frac{d^2 \xi}{d \tau^2} = \varepsilon X',$$
$$\mu \frac{d^2 \eta}{d \tau^2} = \varepsilon Y',$$
$$\mu \frac{d^2 \zeta}{d \tau^2} = \varepsilon Z',$$

wobei die Zeichen $\xi, \eta, \zeta, \tau, X', Y', Z'$ sich auf das System k beziehen. Setzen wir noch fest, daß für $t = x = y = z = 0$ $\tau = \xi = \eta = \zeta = 0$ sein soll, so gelten die Transformationsgleichungen der §§ 3 und 6, so daß gilt:

$$\tau = \beta\left(t - \frac{v}{V^2} x\right),$$
$$\xi = \beta(x - vt), \qquad X' = X,$$
$$\eta = y, \qquad Y' = \beta\left(Y - \frac{v}{V} N\right),$$
$$\zeta = z, \qquad Z' = \beta\left(Z + \frac{v}{V} M\right).$$

Mit Hilfe dieser Gleichungen transformieren wir die obigen Bewegungsgleichungen vom System k auf das System K und erhalten:

$$\text{(A)} \quad \begin{cases} \frac{d^2 x}{d t^2} = \frac{\varepsilon}{\mu} \frac{1}{\beta^3} X, \\ \frac{d^2 y}{d t^2} = \frac{\varepsilon}{\mu} \frac{1}{\beta}\left(Y - \frac{v}{V} N\right), \\ \frac{d^2 z}{d t^2} = \frac{\varepsilon}{\mu} \frac{1}{\beta}\left(Z + \frac{v}{V} M\right). \end{cases}$$

Wir fragen nun in Anlehnung an die übliche Betrachtungsweise nach der „longitudinalen" und „transversalen" Masse

Zur Elektrodynamik bewegter Körper. 919

des bewegten Elektrons. Wir schreiben die Gleichungen (A) in der Form

$$\mu \beta^3 \frac{d^2 x}{d t^2} = \varepsilon X = \varepsilon X',$$
$$\mu \beta^2 \frac{d^2 y}{d t^2} = \varepsilon \beta\left(Y - \frac{v}{V} N\right) = \varepsilon Y',$$
$$\mu \beta^2 \frac{d^2 z}{d t^2} = \varepsilon \beta\left(Z + \frac{v}{V} M\right) = \varepsilon Z'$$

und bemerken zunächst, daß $\varepsilon X'$, $\varepsilon Y'$, $\varepsilon Z'$ die Komponenten der auf das Elektron wirkenden ponderomotorischen Kraft sind, und zwar in einem in diesem Moment mit dem Elektron mit gleicher Geschwindigkeit wie dieses bewegten System betrachtet. (Diese Kraft könnte beispielsweise mit einer im letzten System ruhenden Federwage gemessen werden.) Wenn wir nun diese Kraft schlechtweg „die auf das Elektron wirkende Kraft" nennen und die Gleichung

Massenzahl × Beschleunigungszahl = Kraftzahl

aufrechterhalten, und wenn wir ferner festsetzen, daß die Beschleunigungen im ruhenden System K gemessen werden sollen, so erhalten wir aus obigen Gleichungen:

$$\text{Longitudinale Masse} = \frac{\mu}{\left(\sqrt{1 - \left(\frac{v}{V}\right)^2}\right)^3},$$

$$\text{Transversale Masse} = \frac{\mu}{1 - \left(\frac{v}{V}\right)^2}.$$

Natürlich würde man bei anderer Definition der Kraft und der Beschleunigung andere Zahlen für die Massen erhalten; man ersieht daraus, daß man bei der Vergleichung verschiedener Theorien der Bewegung des Elektrons sehr vorsichtig verfahren muß.

Wir bemerken, daß diese Resultate über die Masse auch für die ponderabeln materiellen Punkte gilt; denn ein ponderabler materieller Punkt kann durch Zufügen einer *beliebig kleinen* elektrischen Ladung zu einem Elektron (in unserem Sinne) gemacht werden.

Wir bestimmen die kinetische Energie des Elektrons. Bewegt sich ein Elektron vom Koordinatenursprung des Systems K aus mit der Anfangsgeschwindigkeit 0 beständig auf der wie man die Länge relativ zueinander sich bewegender Maßstäbe vergleicht, und man wurde davon überzeugt, daß die ganze Physik neu durchdacht werden mußte.

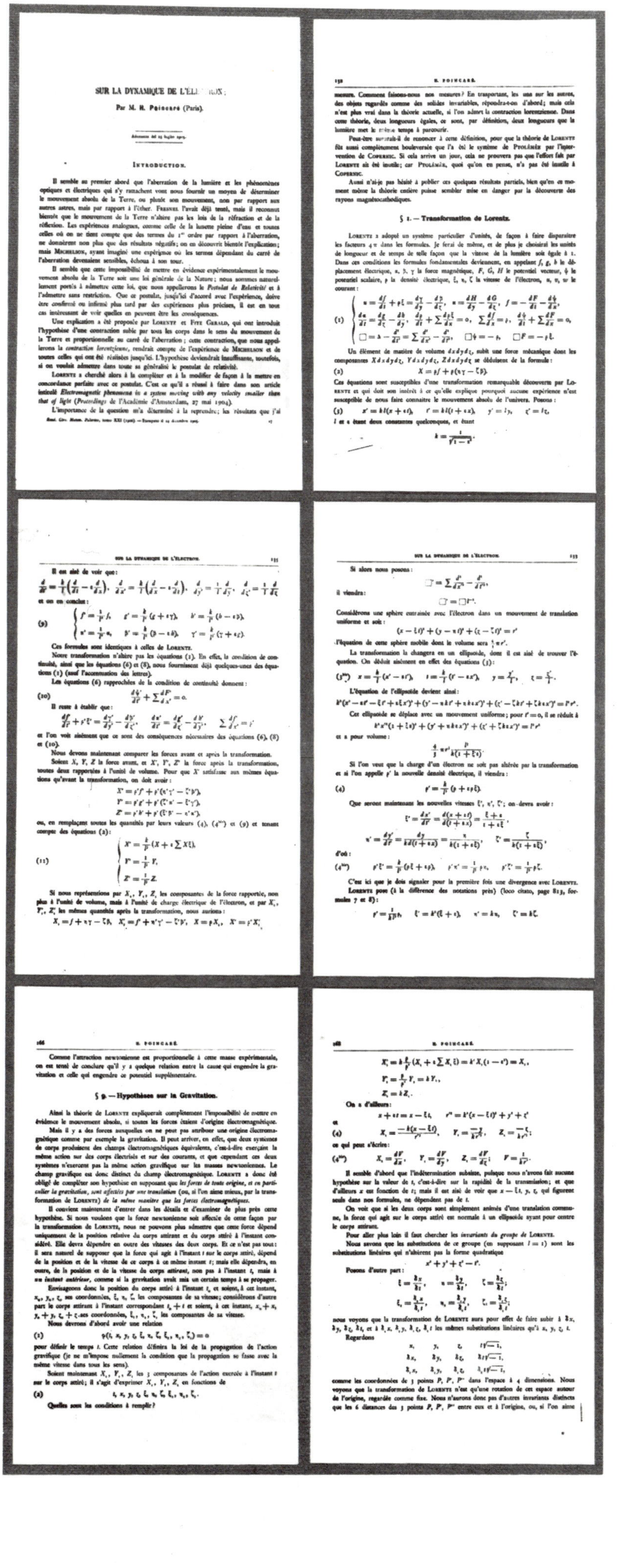

In dem Artikel werden dann das Additionstheorem der Geschwindigkeiten, die Transformationsregeln für die elektromagnetischen Feldgrößen, der Doppler-Effekt, die Theorie der Aberration und die Transformationsregel für die Energie eines Lichtstrahles diskutiert; diese letztere liefert den Ausgangspunkt für den Artikel über die Äquivalenz von Energie und Masse.

Was in dem Artikel *nicht* zu finden ist: Es wird zwar über die Dynamik des Elektrons gesprochen, die Aufstellung der Bewegungsgleichung erfolgt aber erst durch *Planck*. *Einstein* spricht noch von longitudinaler und transversaler Masse. Die Formel $m_0 c^2 [(1 - v^2/c^2)^{-\frac{1}{2}} - 1]$ für die kinetische Energie wird aber schon abgeleitet.

Die Ableitung der Formel $m = m_0 (1 - v^2/c^2)^{-\frac{1}{2}}$ aufgrund mechanischer Betrachtungen, also am Beispiel der Stoßvorgänge, — beobachtet in zwei Inertialsystemen und unter Voraussetzung der Gültigkeit des Energie- und Impulssatzes — ist das Verdienst von *Lewis* und *Tolman* (1908).

Wir haben schon auf einen charakteristischen Zug des Artikels im Text hingewiesen: Kein einziger Name, keine frühere Arbeit wird erwähnt, außer *M. Besso:* ihm, dem Freund und Kollegen, wird für seine Hilfe Dank ausgesprochen

Abbildung 5.2 – 14b
Einige Faksimileseiten aus *Poincarés* Artikel. Der Artikel ist am 28. Juli 1905 eingegangen und 1906 erschienen (*Rendiconti del Circolo Matematico di Palermo*. Bd. 21, S. 129). *Pauli* schreibt in seiner Monographie:

Die formalen Lücken, die die Arbeit von *Lorentz* übrigließ, wurden von *Poincaré* ausgefüllt. Das Relativitätsprinzip wird von ihm als allgemein und streng gültig ausgesprochen.

Neben den schon im Text erwähnten Resultaten möchten wir die folgenden Feststellungen des Artikels hervorheben: Die Lorentz-Transformation kann als eine Drehung im vierdimensionalen Raum x, y, z, jct gedeutet werden; es können auch andere Zahlenquadrupel gebildet werden, die den gleichen Transformationsregeln gehorchen wie x, y, z, jct. Damit ergibt sich eine einfache Methode zur Bestimmung der Lorentz-invarianten Größen. *Iwanenko* weist nachdrücklich auf eine im wesentlichen vergessene Tatsache hin: *Poincaré* war der erste, der die Relativitätstheorie auf die Probleme der Gravitation angewendet hat; es war der erste korrekte Schritt in Richtung der Modifikation des Newtonschen Gravitationsgesetzes.

Es ist heute eine aktuelle Frage, warum die Auffindung der Relativitätstheorie allein *Einstein* zugeschrieben wird. Wir haben einige Erklärungen im Text und in der Unterschrift zu Abbildung 5.2 – 14a angeführt. Eine andere: *Einstein* publizierte in einer führenden physikalischen Zeitschrift, *Poincaré* hingegen schrieb sozusagen für Mathematiker in einer wenig bekannten italienischen Zeitschrift. *Poincarés* abstrakter Stil und eine vielleicht von Selbstkritik und Anspruchslosigkeit herrührende Unterschätzung seiner eigenen Leistung mag auch eine Rolle gespielt haben:

Die Wichtigkeit dieser Fragen hat mich dazu veranlaßt, sie neuerlich zu untersuchen; die von mir erhaltenen Resultate decken sich in allen wesentlichen Punkten mit den Lorentzschen; nur in einigen Einzelfragen fühlte ich mich genötigt, sie zu modifizieren oder zu ergänzen; im weiteren werden diese Differenzen zum Vorschein kommen; sie haben nur eine sekundäre Bedeutung.

409

System richtig ist und die älteren Maß-Systeme falsch sind, ob die Cartesiusschen Koordinaten richtig sind und die Polar-Koordinaten falsch. Eine Geometrie kann nicht richtiger sein wie eine andere; sie kann nur *bequemer* sein.

Und die Euklidische Geometrie ist die bequemste und wird es immer bleiben:

1. weil sie die einfachste ist, und das ist sie nicht nur infolge der Gewohnheiten unseres Verstandes oder infolge irgendwelcher direkter Anschauung, sondern sie ist die einfachste in sich, gleichwie ein Polynom ersten Grades einfacher ist als ein Polynom zweiten Grades; die Formeln der ebenen Trigonometrie sind eben einfacher als diejenigen der sphärischen Trigonometrie, und so würden sie auch einem Mathematiker erscheinen, der ihre geometrische Bedeutung nicht kennt, indem er eine solche nur der sphärischen Trigonometrie (in der nicht-Euklidischen Geometrie) unterzulegen weiß;

2. weil sie sich hinreichend gut den Eigenschaften der natürlichen, festen Körper anpaßt, dieser Körper, welche uns durch unsere Glieder und unsere Augen zum Bewußtsein kommen und aus denen wir unsere Meßinstrumente herstellen.

Wir wollen uns z. B. eine in eine große Kugel eingeschlossene Welt denken, welche folgenden Gesetzen unterworfen ist:

Die Temperatur ist darin nicht gleichmäßig; sie ist im Mittelpunkte am höchsten und vermindert sich in dem Maße, als man sich von ihm entfernt, um auf den absoluten Nullpunkt herabzusinken, wenn man die Kugel erreicht, in der diese Welt eingeschlossen ist.

Ich bestimme das Gesetz, nach welchem diese Temperatur sich verändern soll, noch genauer. Sei R der Halbmesser der begrenzenden Kugel, sei r die Entfernung des betrachteten Punktes vom Mittelpunkte dieser Kugel, dann soll die absolute Temperatur proportional zu $(R^2 - r^2)$ sein.

Ich setze weiter voraus, daß in dieser Welt alle Körper denselben Ausdehnungs-Koeffizienten haben, so daß die Länge irgend eines Lineals seiner absoluten Temperatur proportional sei.

Endlich setze ich voraus, daß ein Objekt, welches von einem Punkte nach einem anderen mit verschiedener Temperatur übertragen wird, sich sofort ins Wärme-Gleichgewicht mit seiner neuen Umgebung setzt.

Nichts ist in dieser Hypothese widerspruchsvoll oder undenkbar.

Ein bewegliches Objekt wird also immer kleiner in dem Maße, wie es sich der begrenzenden Kugel nähert.

Beachten wir vor allem, daß diese Welt ihren Einwohnern unbegrenzt erscheinen wird, wenn sie auch von Gesichtspunkte unserer gewöhnlichen Geometrie aus als begrenzt gilt.

Wenn diese Einwohner sich in der Tat der begrenzenden Kugel nähern wollen, kühlen sie ab und werden immer kleiner. Die Schritte, welche sie machen, sind also auch immer kleiner, so daß sie niemals die begrenzende Kugel erreichen können.

Wenn für uns die Geometrie nur das Studium der Gesetze ist, nach welchen die festen, unveränderlichen Körper sich bewegen, so wird sie für diese hypothetischen Wesen das Studium der Gesetze sein, nach denen sich die (für jene Einwohner scheinbar festen) Körper bewegen, welche durch die soeben besprochenen Temperatur-Differenzen deformiert werden.

Ohne Zweifel erfahren in unserer Welt die natürlichen festen Körper gleicherweise Schwankungen an Gestalt und Volumen, welche durch Erwärmung oder Abkühlung entstehen. Wir vernachlässigen diese Schwankungen, während wir die Grundlagen der Geometrie festlegen; denn, abgesehen von dem Umstande, daß sie sehr gering sind, so sind sie vor allem unregelmäßig und erscheinen uns folglich als zufällig.

In dieser hypothetischen Welt würde dem nicht so sein, und solche Veränderungen würden nach

5.2.4 Die Längen- und Zeitmessung

Im folgenden befassen wir uns mit den Folgerungen des von POINCARÉ und EINSTEIN klar ausgesprochenen Relativitätsprinzips.

Das universelle Prinzip der speziellen Relativitätstheorie ist in dem folgenden Postulat enthalten: Die physikalischen Gesetze sind invariant gegenüber der Lorentz-Transformation. Daraus folgt sofort, daß die Lichtgeschwindigkeit (im Vakuum) einen vom Koordinatensystem unabhängigen konstanten Wert besitzt.

Wie diese Tatsache unausweichlich zum Verwerfen des klassischen Begriffs der Gleichzeitigkeit führt, zeigt anschaulich das folgende Einsteinsche Gedankenexperiment:

Wir stellen uns nach *Abbildung 5.2–15a* einen Zug vor, der mit einer konstanten Geschwindigkeit an einem neben den Schienen stehenden Beobachter vorbeifährt. Ein zweiter Beobachter soll sich genau in der Mitte des vorbeifahrenden Zuges aufhalten. Gerade zu dem Zeitpunkt, zu dem der im Zug sitzende Beobachter an dem neben den Gleisen stehenden vorbeifährt,

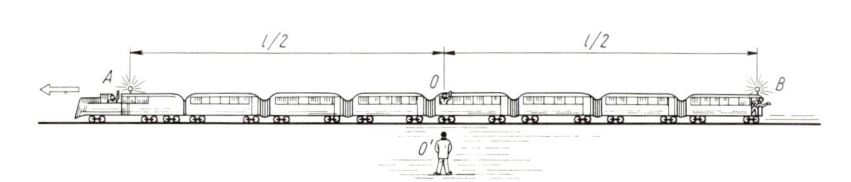

Abbildung 5.2–15a
Die vom Zuganfang und Zugende ausgehenden Lichtblitze treffen beim Beobachter in der Mitte des fahrenden Zuges und beim Beobachter am Bahndamm jeweils gleichzeitig ein. Der mitreisende Beobachter schließt daraus, daß beide Lichtblitze zur gleichen Zeit erzeugt worden sind, während nach dem Beobachter am Bahndamm die Lampe am Zugende eher aufgeleuchtet haben muß

beobachten beide das gleichzeitige Eintreffen zweier Lichtimpulse, die vom Anfang und vom Ende des Zuges ausgegangen sind. Welche Schlußfolgerungen ziehen nun beide Beobachter hinsichtlich der Zeitpunkte, zu denen die Lichtimpulse am Anfang und Ende des Zuges ausgesandt worden sind? Der in der Mitte des Zuges mitfahrende Beobachter berücksichtigt, daß er nach den mit seinen Maßstäben ausgeführten Messungen in der Mitte des Zuges steht und daß die Lichtgeschwindigkeit unabhängig vom Bewegungszustand ist. Daraus schlußfolgert er, daß beide gleichzeitig bei ihm eintreffenden Lichtsignale auch gleichzeitig von beiden Endpunkten des Zuges ausgegangen sind.

Der neben den Gleisen stehende Beobachter weiß auch, daß die Lichtgeschwindigkeit konstant ist und daß Lichtsignal zum Zurücklegen eines endlichen Weges eine endliche Zeit benötigt. Aus der Gleichzeitigkeit des Eintreffens beider Lichtsignale schlußfolgert er, daß das Signal am Zugende eher gegeben worden sein muß, da das Zugende zum Zeitpunkt des Aufleuchtens weiter von ihm entfernt gewesen ist als der Zuganfang. Der vom Zuganfang ausgehende und sich mit konstanter Geschwindigkeit ausbreitende Lichtimpuls kann nur dann gleichzeitig mit dem vom Zugende ausgehenden ankommen, wenn er später erzeugt worden ist. Der ruhende Beobachter folgert somit, daß beide Ereignisse zu unterschiedlichen Zeiten stattgefunden haben.

Um zur Relativitätstheorie überzugehen, stellen wir uns vor, daß in jedem Punkt beider Koordinatensysteme eine Uhr angebracht sei. Wir vergleichen nun die Anzeige jeweils der Uhren, die sich momentan am gleichen Ort befinden. Die Uhren eines Koordinatensystems können wir synchronisieren, d. h., wir können sie alle gleich laufen lassen. Wie erreichen wir das? Die einfachste Lösung ist, vom Ursprung des Koordinatensystems zur Zeit $t = 0$ ein Lichtsignal auszusenden und zu berücksichtigen, daß die Lichtgeschwindigkeit den konstanten Wert c hat. Der im Abstand r vom

Koordinatenursprung stehende Beobachter stelle seine Uhr beim Wahrnehmen des Lichtsignals auf die Zeit r/c ein, und die Uhren sind für alle Zeiten synchronisiert, wenn wir den gleichen Aufbau aller Uhren voraussetzen. Synchronisieren wir nun die Uhren in zwei Koordinatensystemen K und K' mit einem Lichtimpuls, der dann erzeugt wird, wenn die Ursprünge beider Koordinatensysteme zusammenfallen, so erhalten wir die Lorentzschen Transformationsbeziehungen für das untersuchte Problem. Wie wir eben gesehen haben, müssen wir aus der Lorentz-Transformation die Schlußfolgerung ziehen, daß der Begriff der Gleichzeitigkeit relativ ist.

In unmittelbarem Zusammenhang damit stehen auch die Längenkontraktion und die Zeitdilatation. Als Längenkontraktion bezeichnen wir die Tatsache, daß die von einem ruhenden Bezugssystem her ausgeführte Messung der Länge eines bewegten Maßstabes einen kleineren Wert ergibt, als ihn ein mit dem Maßstab mitbewegter Beobachter feststellt. Dieses Ergebnis scheint auf den ersten Blick paradox zu sein, weil wir den Attributen „ruhend" und „sich bewegend" nur eine relative Bedeutung beimessen können, so daß aus der obigen Aussage auch folgen muß, daß jeder Beobachter eine Längenverkürzung aller relativ zu seinem System sich bewegenden Maßstäbe feststellt.

Betrachten wir auf der x'-Achse des Koordinatensystems K' einen Stab mit dem einen Ende am Koordinatenursprung und dem anderen Ende bei $x'_2 = l_0$. Seine im Koordinatensystem K' gemessene Länge ist l_0. Wenn der im Koordinatensystem K ruhende Beobachter die Länge des Stabes messen will, muß er natürlich darauf achten, daß er die Lage des Anfangs- und Endpunkts des Stabes zur gleichen Zeit feststellt. Diese selbstverständliche Forderung und die Tatsache, daß der Begriff der Gleichzeitigkeit vom Koordinatensystem abhängig ist, führt uns unmittelbar zur oben erwähnten Längenkontraktion. Es genügt, zur Zeit $t = 0$ den zu $x'_2 = l_0$ gehörenden Wert der Koordinate x im System K zu bestimmen, da zu diesem Zeitpunkt die Ursprünge beider Koordinatensysteme zusammenfallen. Die nach den Gleichungen (1) zur Zeit $t=0$ im System K gehörende Zeit t' im System K' ergibt sich zu $t' = -(v/c^2)x'$. Daraus erhält man

$$x = \kappa\left(x' - \frac{v^2}{c^2}x'\right) = \sqrt{1-\frac{v^2}{c^2}}\,x', \quad \kappa = \frac{1}{\sqrt{1-\frac{v^2}{c^2}}}.$$

Die Länge des Stabes, gemessen vom Koordinatensystem K aus, ergibt sich folglich zu

$$l = \sqrt{1-\frac{v^2}{c^2}}\,l_0.$$

Wir sehen aus dieser Formel, daß ein sich bewegender Stab bei einer Messung von einem ruhenden Koordinatensystem aus eine um einen Faktor $\sqrt{1-v^2/c^2} < 1$ verkürzte Länge hat.

Auch wenn wir die Rolle beider Koordinatensysteme vertauschen, gelangen wir mit einem gleichen Gedankengang wieder zu demselben Ergebnis.

Messen wir nun im Koordinatensystem K' an einem gegebenen Ort, den wir hier zu $x'=0$ festlegen wollen, die Zeitdauer T_0, in der ein bestimmter Prozeß abläuft oder das Zeitintervall zwischen zwei Ereignissen, dann ergibt sich aus den Koordinaten $x'=0$ und $t'=T_0$ im Koordinatensystem K am Ort x eine Zeit $t = T$ gemäß

$$T = \kappa\left(T_0 + \frac{v}{c^2}x'\right) = \kappa T_0 > T_0.$$

Fassen wir die obigen Ergebnisse zusammen, so stellen wir fest, daß die von einem ruhenden System aus betrachteten bewegten Maßstäbe in Bewegungsrichtung verkürzt erscheinen und die bewegten Uhren langsamer gehen *(Abbildungen 5.2–15b, 5.2–16a, b)*.

Die Lorentz-Transformation läßt sich geometrisch sehr anschaulich interpretieren. Bezeichnen wir die eine Achse eines ebenen Koordinatensystems als x-Achse und die andere als ct-Achse, dann fixiert ein Punkt in diesem Koordinatensystem Ort und Zeit im Bezugssystem K. Den Koordinaten x, ct sollen im System K' die Größen x', ct' entsprechen, die mit x, ct durch die Lorentz-Transformation verknüpft sind. Es ist leicht einzusehen, daß das Bild der x'-Achse ($ct'=0$) im System K durch eine Gerade gegeben ist, die mit der x-Achse den Winkel $\varphi = \arctan\frac{v}{c}$ einschließt. Ebenso schließt die ct'-Achse ($x'=0$) mit der ct-Achse einen Winkel φ ein *(Abbildung 5.2–17a)*. Tatsächlich genügen die Punkte $t'=0$ (x' – beliebig) wegen $x = (x'+vt')\kappa$ und $t = \left(\frac{v}{c^2}x' + t'\right)\kappa$ der Gleichung

$$ct = \frac{v}{c}x.$$

Die Punkte, die der Bedingung $x'=0$ genügen, liegen im Koordinatensystem K auf der Geraden $x = \frac{v}{c}(ct)$, wobei wieder die Gültigkeit der Lorentz-Transformation vorausgesetzt wurde. Die Koordinaten eines beliebigen Punktes im Koordinatensystem K' erhalten wir aus den Achsenabschnitten von Geraden, die zu den Koordinatenachsen x' und ct' parallel sind und sich in dem gesuchten Punkt schneiden. Wir müssen jedoch dabei darauf achten, daß die Einheitslängen auf den Koordinatenachsen richtig eingetragen werden. Zunächst kann einfach durch Einsetzen gezeigt werden, daß die Differenz

$$x^2 - (ct)^2 = x'^2 - (ct')^2$$

regelmäßigen und sehr einfachen Gesetzen erfolgen.

Anderseits würden die verschiedenen festen Bestandteile, aus denen sich die Körper dieser Einwohner zusammensetzen, denselben Schwankungen in Gestalt und Volumen unterworfen sein.

Ich werde noch eine andere Hypothese aufstellen: ich setze voraus, daß das Licht verschieden brechende Medien durchdringt, und zwar so, daß der Brechungs-Index zu $(R^2 - r^2)$ umgekehrt proportional sei. Es ist leicht zu ersehen, daß die Licht-Strahlen unter diesen Bedingungen nicht geradlinig, sondern kreisförmig sein werden.

Poincaré: Wissenschaft und Hypothese. Deutsch von F. und L. Lindemann. Leipzig 1914, S. 51 ff.

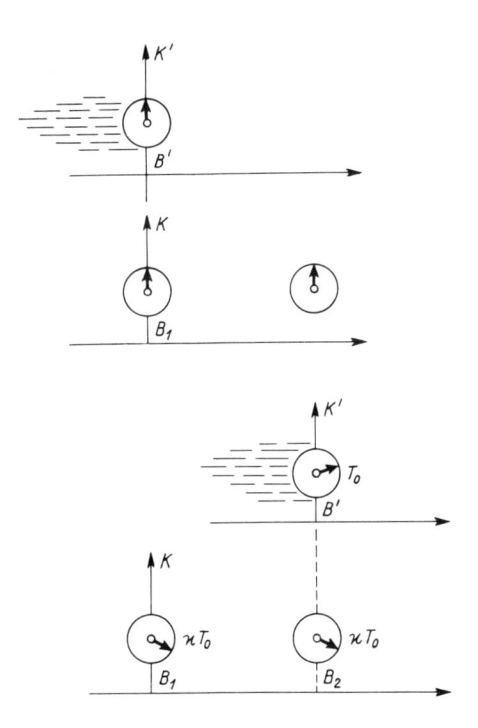

Abbildung 5.2–15b
Vom ruhenden System aus betrachtet gehen die Uhren im bewegten System nach.

Eine erklärende Skizze dieser Art kann eventuell unrichtige Assoziationen erwecken. Man könnte den Sachverhalt nämlich auch folgendermaßen auslegen: Die Beobachter B' und B_1 lesen die Zeit $t'=0$ bzw. $t=0$ ab, dann lesen die Beobachter B' und B_2 die Zeit $t'=T_0$ bzw. $t=\kappa T_0$ ab, und da $\kappa T_0 > T_0$, folgern die *beiden* Beobachter, daß die Uhren in K' langsamer gehen. Der Fehler bei diesem Gedankengang steckt in folgendem: Versetzen wir uns in die Lage des Beobachters B', so lesen wir nacheinander die Uhren des Beobachters B_1 bzw. des Beobachters B_2 ab, während diese Uhren an uns vorbei eilen; *wir müßten aber eine einzige sich bewegende Uhr beobachten* und ihre Anzeigen mit den untereinander synchronisierten in K' an verschiedenen Stellen ruhenden Uhren vergleichen. Wir müssen immer wieder und wieder daran erinnern, daß die Gleichzeitigkeit ein vom Koordinatensystem abhängiger Begriff ist. Damit läßt sich auch der hier angeführte scheinbare Widerspruch auflösen. Betrachten wir einmal die Uhr des Beobachters B_2, die sich relativ zu uns (zum Beobachter B') bewegt: Wenn unsere Uhr die Zeit T_0 anzeigt, steht der Zeiger dieser Uhr auf κT_0; doch stand dieser Zeiger zu dem Zeitpunkt, als die Zeiger aller auf der Achse x' synchronisierten Uh-

411

ren den Zeitpunkt $t' = 0$ anzeigen, nicht auf $t = 0$, sondern auf $\tau = \kappa(v^2/c^2)T_0$: Zu einer Uhr im Punkt $x = v\kappa T_0$ gehört nämlich bei $t' = 0$ entsprechend der Transformationsformel die Zeit $\tau = \kappa(v^2/c^2)T_0$. Das Zeitintervall beträgt also nach unserer (d. h. des Beobachters B') Beobachtung $0 \leftrightarrow T$; auf der Uhr des Beobachters B_2 (d. h. des relativ zu uns bewegten Beobachters) wird dieses Intervall zu $\kappa(v^2/c^2)T_0 \leftrightarrow \kappa T_0$. Zum Zeitintervall T_0, gemessen in K' gehört also ein Intervall in K der Länge

$$\kappa T_0 - \kappa \frac{v^2}{c^2} T_0 = \kappa \left(1 - \frac{v^2}{c^2}\right) T_0 = \kappa \frac{1}{\kappa^2} T_0 = \frac{T_0}{\kappa}.$$

Da $T_0/\kappa < T_0$, so kann der Beobachter B' auch behaupten, die relativ zu ihm bewegten Uhren gingen langsamer. Die Verhältnisse sind in der Abbildung 5.2–17c geometrisch veranschaulicht.

Der Takt der bewegten Uhr kann auch durch den Takt des Herzschlages oder durch den Takt des Zerfalls eines radioaktiven Atoms ersetzt werden. Beide werden von einem ruhenden Beobachter ebenfalls als verlangsamt gemessen

gegenüber der Lorentz-Transformation invariant ist. Das bedeutet aber, daß diese Differenz für zusammengehörige Koordinaten x, t und x', t' immer den gleichen Wert hat.

Wir sehen sofort, daß die Hyperbel

$$x^2 - (ct)^2 = 1$$

die x-Achse bei der Einheitsmarke schneidet. Auch die dazugehörigen Koordinaten (x', ct') erfüllen diese Hyperbelgleichung, so daß sich im besonderen für $t' = 0$ der Wert $x' = 1$ ergibt, d. h., auch im System K' legt diese Hyperbel die Einheitslänge fest. Analog dazu liefert die Hyperbel

$$(ct)^2 - x^2 = (ct')^2 - x'^2 = 1$$

für $x = 0$ den Wert $ct = 1$ und für $x' = 0$ den Wert $ct' = 1$. Mit dieser Hyperbel kann somit auf der Zeitachse die Einheitslänge festgelegt werden. *(Abbildung 5.2–17b)*.

Legen wir diese Betrachtungen zugrunde, so können wir beide Koordinatensysteme mit den dazugehörigen Koordinatennetzen versehen und die zusammengehörigen Raum- und Zeitpunkte ablesen *(Abbildung 5.2–17c)*.

Die Kurve, die ein Punkt in diesem Koordinatensystem in Abhängigkeit von der Zeit durchläuft, bezeichnen wir als Weltlinie. Die zur t-Achse parallelen Geraden des Koordinatennetzes sind die Weltlinien der Punkte, die auf der x-Achse im Einheitsabstand voneinander ruhen. Die aus dem Ursprung des Koordinatensystems unter einem Winkel von 45° auslaufende Gerade beschreibt die Weltlinie eines Lichtstrahls. Da die Lichtgeschwindigkeit die größtmögliche Geschwindigkeit ist, müssen die Weltlinien der mög-

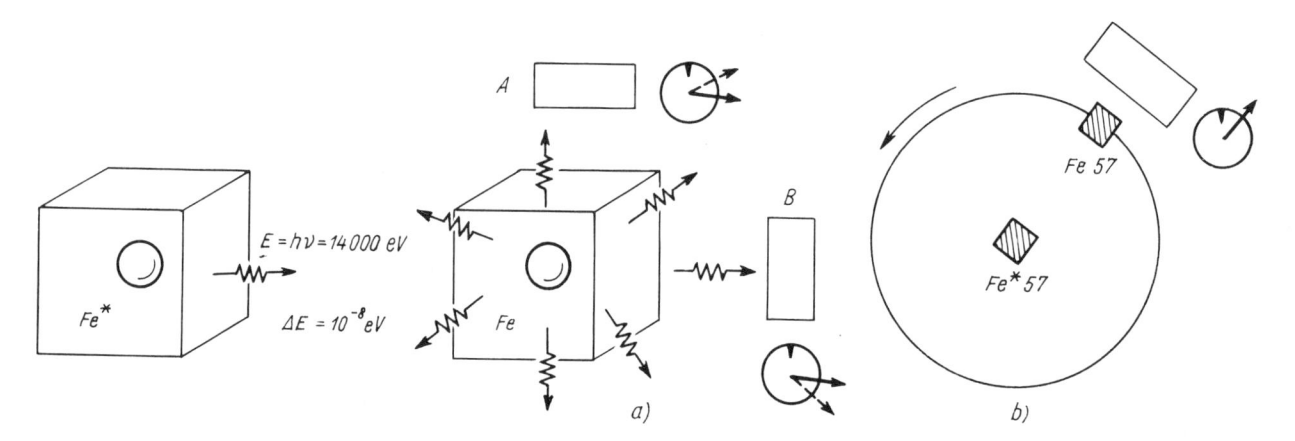

Abbildung 5.2–16a, b
Die Zeitdilatation kann mit Hilfe des Mößbauer-Effektes nachgewiesen werden. Das Isotop Co^{57} geht über einen β-Zerfall mit einer Halbwertszeit von 280 Tagen in das Isotop Fe^{*57} über, das sich in einem angeregten Zustand befindet und seinerseits unter Emission eines energetisch sehr gut definierten γ-Quants (Linienbreite 10^{-8} eV) der Energie von 14 000 eV mit einer Halbwertzeit von 10^{-7} s in den Grundzustand übergeht. Befindet sich der Kern in einem freien Atom, dann erleidet das Atom bei der Emission des Photons einen Rückstoß und nimmt einen Teil der Energie auf, woraus sich eine Linienverbreiterung ergibt (10^{-3} eV). Ist der Atomkern in einem Kristallgitter verankert, dann dient dieses als Halterung, und die Schärfe der Emissionslinie bleibt erhalten. In diesem Fall kann ein Fe^{57}-Kern im Grundzustand resonanzartig die von den Fe^{*57}-Kernen emittierten γ-Quanten absorbieren, und der Absorber strahlt dann die absorbierte Strahlung in alle Raumrichtungen gleichmäßig ab. Der Absorber befindet sich im Strahlengang der primären γ-Strahlen, die in der Abbildung 16a von links einfallen. Beim Vorliegen einer Resonanz zeigt der seitlich befindliche Zähler A einen großen Ausschlag an. Sind aus irgendeinem Grunde die Bedingungen für die Resonanzabsorption nicht erfüllt, dann zählt der Zähler A wegen der verringerten Absorption und Reemission weniger γ-Quanten, während im Zähler B jedoch mehr γ-Quanten der Primärstrahlung registriert werden (gestrichelt eingezeichnete Zählerstellungen). Mit der in Abbildung

lichen Bewegungsabläufe zwischen den Weltlinien der ruhenden Punkte und der Weltlinie des Lichtstrahls liegen, d. h., ihr Anstieg kann folglich nur größer als 45° sein. Im Koordinatensystem K existiert der Zusammenhang

$$\tan \delta = \frac{v}{c}$$

zwischen dem Anstieg der Weltlinie und der Geschwindigkeit des Punktes, wobei δ der von der Weltlinie und der ct-Achse eingeschlossene Winkel ist.

Mit Hilfe der *Abbildung 5.2–18* können alle weiter oben untersuchten Zusammenhänge sehr anschaulich diskutiert werden. So bezeichnen wir zum Beispiel diejenigen Ereignisse im Koordinatensystem K als gleichzeitig, bei denen die dazugehörigen Punkte auf einer zur x-Achse parallelen Geraden liegen. Man sieht sofort, daß diese Ereignisse im Koordinatensystem K' nicht gleichzeitig sind, weil sie zu unterschiedlichen Werten von t' gehören. Auf ähnliche Weise lassen sich auch Längenkontraktion und Zeitdilatation sowie die Relativität dieser Begriffe anschaulich machen. So kann z. B. gezeigt werden, daß ein Beobachter die Maßstäbe in allen relativ zu seinem System bewegten Bezugssystemen verkürzt findet.

5.2.5 Die Äquivalenz von Energie und Masse

Die Transformationsformeln der Relativitätstheorie können aus der Forderung hergeleitet werden, daß die Grundgesetze der Elektrodynamik und somit auch alle Gesetze, die sich auf die Ausbreitung des Lichtes beziehen, in allen relativ zueinander geradlinig und gleichförmig bewegten Bezugssystemen die gleiche Form haben sollen. Daraus folgt als Selbstverständlichkeit, daß die Grundgesetze der Elektrodynamik in der Relativitätstheorie unverändert gültig bleiben. Wir können höchstens noch fordern, die Maxwellschen Gleichungen in einer solchen Form anschreiben zu lassen, daß ihre Invarianz gegenüber einer Lorentz-Transformation besonders leicht ersichtlich ist. Diese Aufgabe hat MINKOWSKI 1908 mit der Einführung der 4dimensionalen *Minkowski-Welt* gelöst, in der Raum- und Zeitkoordinaten eng miteinander verbunden sind *(Zitat 5.2−4)*. An die Minkowskische Arbeit knüpft VON LAUE an *(Abbildung 5.2−19)*, der 1911 für die elektrischen und magnetischen Felder eine einheitliche Darstellung durch Tensoren gefunden hat, wobei der Tensor als eine Verallgemeinerung des Vektors verstanden werden kann. In den Tensorkomponenten sind die Komponenten sowohl des elektrischen als auch des magnetischen Feldes enthalten. Dieser Schritt macht deutlich, daß eine Unterteilung des einheitlichen elektromagnetischen Feldes in ein elektrisches und ein magnetisches Feld zwar möglich ist, aber vom jeweils benutzten Koordinatensystem abhängt. Es ist möglich, in einem Koordinatensystem nur ein elektrostatisches Feld, in einem anderen aber dasselbe als ein elektrostatisches *und* ein magnetisches Feld zu beobachten.

Anders steht es jedoch mit den Gesetzen der Newtonschen Mechanik. Die Form der Newtonschen Bewegungsgleichung bleibt *beim Übergang von einem Koordinatensystem zu einem anderen,* das sich relativ zum ersten gleichförmig und geradlinig bewegt, nur dann invariant, *wenn die Koordinaten entsprechend der Galilei-Transformation transformiert werden.* Das bedeutet aber, daß für die Relativitätstheorie eine völlig neue Mechanik geschaffen werden mußte. Die Grundgleichungen dieser neuen Mechanik sollten in jedem Inertialsystem die gleiche Form haben, *wenn der Übergang zwischen den Inertialsystemen mit Hilfe der Lorentz-Transformation ausgeführt wird.* Die Notwendigkeit einer neuen Mechanik wurde bereits von POINCARÉ (Zitat 5.2−1) betont. Natürlich mußte bei der Suche nach einer neuen Mechanik beachtet werden, daß die Newtonsche Mechanik in den zwei Jahrhunderten ihrer Existenz einen überaus erfolgreichen Weg zurückgelegt hatte. Ihre Gültigkeit in allen Bereichen des täglichen Lebens und in den technischen Wissenschaften stand außer Frage. Folglich sollte die relativistische Mechanik − wieder eine geniale Prognose POINCARÉS (Zitat 5.2−1) − so beschaffen sein, daß sie für im Vergleich zur Lichtgeschwindigkeit kleine Geschwindigkeiten in die klassische Newtonsche Mechanik übergeht. Der entscheidende Unterschied der relativistischen Mechanik im Vergleich zur klassischen Mechanik tritt in der Geschwindigkeitsabhängigkeit der Masse zutage *(Abbildung 5.2−20)*. Während die Masse in der klassischen Mechanik eine konstante geschwindigkeitsunabhängige Größe ist,

16b dargestellten Anordnung kann der Mößbauer-Effekt zum Nachweis der Zeitdilatation zwischen zwei relativ zueinander bewegten Systemen verwendet werden. Die im Grundzustand befindlichen Kerne bewegen sich relativ zu den angeregten Kernen und damit ändert sich ihre Zeitskala und folglich die Frequenz, bei der es zu einer Resonanzabsorption der γ-Quanten kommt. Bei einer hinreichend großen Geschwindigkeit des Absorbers hört somit die Resonanzabsorption auf

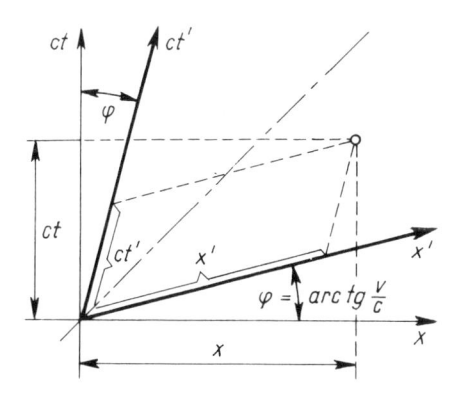

Abbildung 5.2−17a
Zur (geometrischen) Veranschaulichung der Lorentz-Transformation

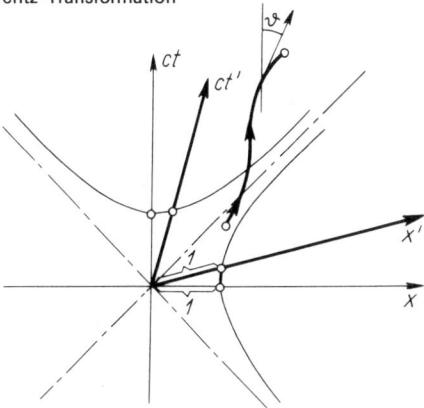

Abbildung 5.2−17b
Festlegung der Einheitslängen auf der Zeitkoordinaten- und Raumkoordinatenachse mit Hilfe der Hyperbeln $c^2t^2 - x^2 = 1$ und $x^2 - c^2t^2 = 1$

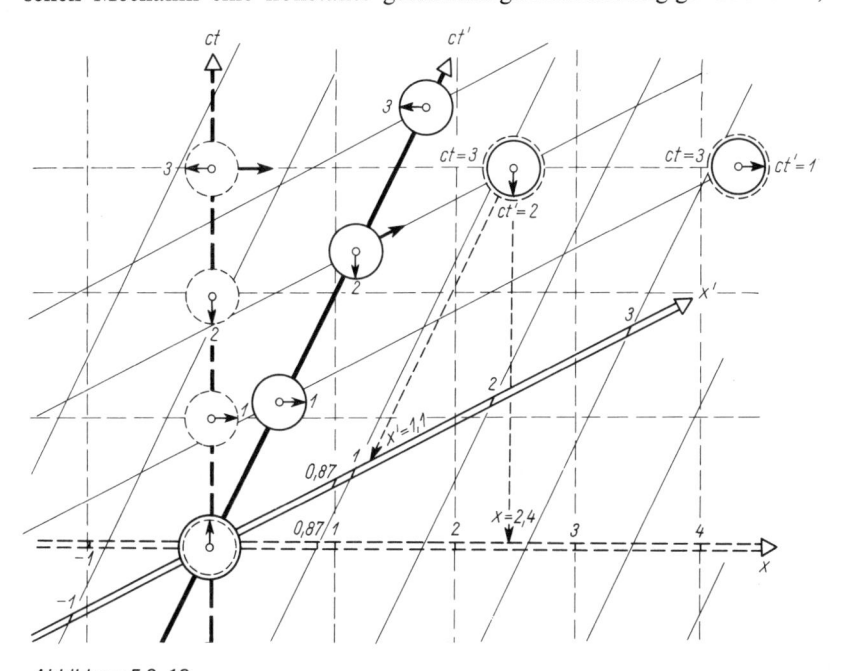

Abbildung 5.2−18
Das gestrichelte Koordinatennetz und die gestrichelte Uhren beziehen sich auf das Koordinatensystem K, die mit vollen Linien dargestellten Uhren und Koordinatenlinien auf das System K'. Das Diagramm wurde für $\beta = v/c = 1/2$ gezeichnet. Es ist unter anderem leicht abzulesen, daß es vom jeweils anderen System aus betrachtet zu einer Längenkontraktion um den Wert 0,87 kommt

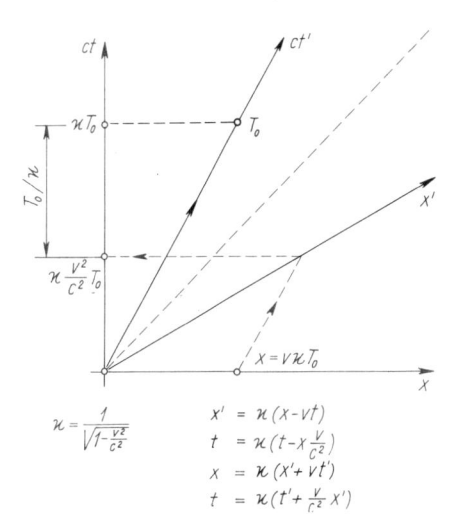

$\varkappa = \dfrac{1}{\sqrt{1-\dfrac{v^2}{c^2}}}$

$x' = \varkappa(x - vt)$
$t' = \varkappa(t - x\dfrac{v}{c^2})$
$x = \varkappa(x' + vt')$
$t = \varkappa(t' + \dfrac{v}{c^2}x')$

Abbildung 5.2−17c
Geometrische Veranschaulichung der gegenseitig beobachteten, scheinbar inkompatiblen Zeitdilatation bei bewegten Systemen

Zitat 5.2−4
Meine Herren! Die Anschauungen über Raum und Zeit, die ich Ihnen entwickeln möchte, sind auf experimentell-physikalischem Boden erwachsen. Darin liegt ihre Stärke. Ihre Tendenz ist eine radikale. Von Stund an sollen Raum für sich und Zeit für sich völlig zu Schatten herabsinken und nur noch eine Art Union der beiden soll Selbständigkeit bewahren.
MINKOWSKI [5.3] S. 56

nimmt sie in der relativistischen Mechanik mit wachsender Geschwindigkeit zu und wird unendlich groß bei einer Annäherung an die Lichtgeschwindigkeit. Im Zusammenhang mit der Geschwindigkeitsabhängigkeit der Masse steht die Erkenntnis von der Äquivalenz von Masse und Energie. Diese Erkenntnis hat für die Praxis die größte Bedeutung gewonnen, und es lohnt sich, den Weg von den ersten Ansätzen bis zur endgültigen Formulierung des Äquivalenzsatzes zu verfolgen.

Nahezu ein Menschenalter vor der endgültigen Formulierung der Relativitätstheorie wurde bereits begonnen, die Frage zu untersuchen, welche zusätzliche Kraft benötigt wird, um einen elektrisch geladenen Körper zu beschleunigen. Es ist bereits aus energetischen Überlegungen heraus verständlich, daß zur Beschleunigung eines geladenen Körpers eine größere Kraft benötigt wird als zur Beschleunigung eines elektrisch neutralen. Mit einer sich bewegenden Ladung ist ein elektrischer Strom verknüpft, zu diesem Strom gehört ein magnetisches Feld, das eine Feldenergie besitzt. Die magnetische Zusatzenergie kann letzten Endes nur von der Beschleunigungskraft geliefert worden sein. J. J. THOMSON hat 1881 die zur Beschleunigung eines Elektrons notwendige Kraft bestimmt und gefunden, daß sich die zusätzliche Masse des Elektrons aus der Beziehung

$$m = \frac{4E}{3c^2}$$

ergibt, wobei E die Energie des elektrischen Feldes ist, das vom Elektron ausgeht. Dem Namen POINCARÉ begegnen wir auch in diesem Zusammenhang wieder. POINCARÉ hat bereits 1900 die Frage nach der Trägheit einer sich in Form einer elektromagnetischen Strahlung ausbreitenden Energie gestellt. Die Gültigkeit des Impulserhaltungssatzes voraussetzend, hat er festgestellt, daß im Wechselwirkungsprozeß zwischen einer Strahlung der Energie E, die sich mit der Geschwindigkeit c fortpflanzt, und einem Körper der Masse m die Impulsbilanz die Form

$$p = c\frac{E}{c^2}$$

annimmt. POINCARÉ hat dazu angemerkt, daß die Größe E/c^2 die Dimension einer Masse hat und daß folglich auch der Energie eine Trägheit zugeordnet werden kann. Dieses Ergebnis von POINCARÉ wird auch − ausnahmsweise − von EINSTEIN in einem im Jahre 1906 publizierten Artikel zitiert:

In einer voriges Jahr publizierten Arbeit (A. EINSTEIN, *Annalen der Physik* 18, 1905, S. 639) habe ich gezeigt, daß die Maxwellschen elektromagnetischen Gleichungen in Verbindung mit dem Relativitätsprinzip und Energieprinzip zu der Folgerung führen, daß die Masse eines Körpers bei Änderung von dessen Energieinhalt sich ändere, welcher Art auch jene Energieänderung sein möge. Es zeigte sich, daß einer Energieänderung von der Größe ΔE eine gleichsinnige Änderung der Masse von der Größe $\Delta E/V^2$ entsprechen müsse, wobei V die Lichtgeschwindigkeit bedeutet.

In dieser Arbeit will ich nun zeigen, daß jener Satz die notwendige und hinreichende Bedingung dafür ist, daß das Gesetz von der Erhaltung der Bewegung des Schwerpunktes (wenigstens in erster Annäherung) auch für Systeme gelte, in welchen außer mechanischen auch elektromagnetische Prozesse vorkommen. Trotzdem die einfachen formalen Betrachtungen, die zum Nachweis dieser Behauptung durchgeführt werden müssen, in der Hauptsache bereits in einer Arbeit von POINCARÉ enthalten sind (H. POINCARÉ, *Lorentz-Festschrift*, 1900, S. 252), werde ich mich doch der Übersichtlichkeit halber nicht auf jene Arbeit stützen.
Das Prinzip von der Erhaltung der Schwerpunktsbewegung und die Trägheit der Energie. Annalen der Physik 20, 1906, S. 627

1903 hat POINCARÉ die Vermutung geäußert, daß jede Masse elektromagnetischen Ursprungs sein könne. Hinter diesen Vermutungen verbirgt sich aber bereits die allgemeine Aussage, daß Energie und Masse eng miteinander zusammenhängende Größen sind. FRIEDRICH HASENÖHRL (1874−1917) hat 1904 festgestellt, daß sich bei der Beschleunigung eines Behälters, der mit einem Strahlungsfeld der Energie E angefüllt ist, die Existenz des Strahlungsfeldes in einer zu E proportionalen Zusatzmasse äußert.

Abbildung 5.2−19
MAX VON LAUE (1879−1960): Studium bei *Woldemar Voigt* in Göttingen und bei *Max Planck* in Berlin. 1905 Hilfsassistent bei *Planck*, 1909 bis 1912 Privatdozent bei *Sommerfeld*. Ab 1919 Professor in Berlin. *M. von Laue* ist vor allem durch seine Untersuchungen zur Beugung und Interferenz von Röntgenstrahlen in Kristallen bekannt geworden (1912: Laue-Diagramme). Mit diesen Arbeiten wurde endgültig nachgewiesen, daß die Röntgenstrahlen elektromagnetische Wellen sind, und außerdem wurde es möglich, Strukturuntersuchungen an Kristallen durchzuführen. Im weiteren sind *W. H. Bragg* und *W. L. Bragg* (Vater und Sohn) auf diesem Gebiet sehr erfolgreich tätig gewesen.
Laue war von Anfang an ein Anhänger der Relativitätstheorie, hat sie weiterentwickelt und propagiert. Er hat gezeigt, daß sich der im strömenden Wasser gemessene Wert für die Lichtgeschwindigkeit zwanglos aus der Relativitätstheorie ergibt. 1911 hat er die erste zusammenfassende Monographie über die Relativitätstheorie geschrieben, die zusammen mit einem 1919 erschienenen zweiten Band als grundlegendes Werk zu dieser Thematik gilt.
Als Anhänger *Einsteins* und einer seiner besten Freunde hat er auch nach der Machtergreifung *Hitlers* weiter zur Theorie und Person *Einsteins* gestanden

Die Existenz einer Verbindung zwischen Masse und Energie war demnach vielen Physikern zur Entstehungszeit der Relativitätstheorie bereits bewußt. Während vor der endgültigen Formulierung der Relativitätstheorie dieser Zusammenhang nur für Spezialfälle erkannt worden war, folgt die Äquivalenz von Masse und Energie aus den grundlegenden Beziehungen der Relativitätstheorie zwanglos und in allgemeiner Form. Der Weg dorthin war aber nicht völlig eben und geradlinig. EINSTEIN hat in seiner 1905 erschienenen Arbeit *Ist die Trägheit eines Körpers von seinem Energieinhalt abhängig?* unter Verwendung der Transformationsformeln der Relativitätstheorie bewiesen, daß die Masse eines Körpers, der eine Strahlung der Energie E emittiert, um den Wert E/c^2 abnimmt. Am Ende dieser Arbeit zieht EINSTEIN den Schluß: Die Masse eines Körpers ist ein Maß für dessen Energieinhalt. Es ist üblich, auf diese Arbeit zu verweisen, wenn behauptet wird, daß EINSTEIN im Jahre 1905 das Äquivalenzprinzip von Masse und Energie in völlig allgemeiner Form gefunden hat.

In dem Artikel wird aber der Zusammenhang zwischen der Massenänderung und der ausgestrahlten Energie nur in einem Spezialfall und mit fraglichem Gedankengang abgeleitet. Die Aussage des allgemeinen Prinzips der Äquivalenz von Energie und Masse erscheint hier nur als eine (geniale? übereilte?) Vermutung, die noch einer exakten Formulierung und eines exakten Beweises bedarf *(Farbtafel XXIV)*.

Die Bedeutung dieses Artikels lag in seiner solche Gedanken anregenden Wirkung. Charakteristischerweise erkannten die Großen − wie PLANCK und LORENTZ − die Möglichkeiten der Weiterentwicklung und bereicherten die Relativitätstheorie bis zu ihrem vollen Ausbau ständig mit neuen Ergebnissen. Als eine interessante Tatsache kann erwähnt werden, daß es in den folgenden Jahren, bis zur Einführung der vierdimensionalen Formulierung durch MINKOWSKI im Jahre 1908, PLANCK war, der in der Relativitätstheorie die führende Rolle spielte, EINSTEIN dagegen PLANCKS Gedanken bezüglich der Quantentheorie weiterführte. So hat PLANCK 1906, auf EINSTEINS Gedanken aufbauend, die auch im relativistischen Bereich gültige Bewegungsgleichung der Mechanik

$$\mathbf{F} = \frac{d}{dt}(m\mathbf{v}); \quad m = \frac{m_0}{\sqrt{1-\frac{v^2}{c^2}}}$$

gefunden und die Beziehung

$$E = \frac{m_0 c^2}{\sqrt{1-\frac{v^2}{c^2}}} = mc^2$$

für die Energie eines sich bewegenden Körpers angegeben.

Diese Formeln wollen wir im folgenden etwas ausführlicher kommentieren. Die Bewegungsgleichung hat die Form der Newtonschen Bewegungsgleichung:

Kraft ist gleich Änderung des Impulses pro Zeiteinheit,

wobei jedoch der entscheidende Unterschied zur klassischen Mechanik zu beachten ist, daß die in der Formel für den Impuls $\mathbf{p} = m\mathbf{v}$ auftretende Masse geschwindigkeitsabhängig ist. Der Ausdruck für die Gesamtenergie läßt sich mit Hilfe einer Reihenentwicklung, die wir nach dem zu v^2/c^2 proportionalen zweiten Term abbrechen, als

$$m_0 c^2 \left(1-\frac{v^2}{c^2}\right)^{-\frac{1}{2}} \approx m_0 c^2 \left(1+\frac{1}{2}\frac{v^2}{c^2}\right) = m_0 c^2 + \frac{1}{2}m_0 v^2$$

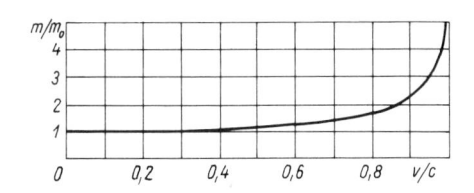

Abbildung 5.2−20
Messungen von *Kaufmann* zur Massenzunahme der Elektronen in Abhängigkeit von ihrer Geschwindigkeit.

WALTER KAUFMANN (1871−1947): Studium in Berlin und München; 1908 bis 1935: Professor in Königsberg (heute: Kaliningrad); 1897: Messung der spezifischen Ladung des Elektrons und Bestimmung eines der genauesten zur damaligen Zeit bekannten Werte. Über diese Messungen an sehr schnellen β-Teilchen hat er zuerst in seiner 1902 erschienenen Arbeit *Die magnetische und elektrische Ablenkbarkeit der Becquerelstrahlen und die scheinbare Masse der Elektronen* berichtet. Seine Messungen sind später von *A. H. Bucherer* wiederholt und verfeinert worden.

Abbildung 5.2−21
Zur Veranschaulichung der Äquivalenz von Masse und Energie. Nach der Verbrennung ist die im kalten Zustand gemessene Masse des Endprodukts größenordnungsmäßig um das 10^{-10}fache kleiner als die ursprüngliche Masse. Der Massenverlust erscheint als Wärmeenergie der erwärmten Materie: Bei der Erwärmung vergrößert sich die Bewegungsenergie und damit die Masse der einzelnen Teilchen. Bei der dritten Reaktion − die in makroskopischem Maßstab praktisch nicht realisierbar ist − erscheint die ganze Masse als Energie

Zitat 5.2 – 5
Was ist Geometrie?
Ein Gespräch zwischen einem *Experimentalphysiker*, einem reinen *Mathematiker*, einem *Relativisten*, der für die neue Auffassung von Zeit und Raum in der Physik eintritt.
Rel.: Ein sehr bekannter Lehrsatz von *Euklid* lautet: In einem Dreieck ist die Summe zweier Seiten größer als die dritte Seite. Kann mir einer von Ihnen sagen, ob man heutzutage die Richtigkeit dieses Satzes für wohlbegründet ansehen darf?
Math.: Was mich anbetrifft, bin ich gänzlich außerstande zu entscheiden, ob der Satz wahr ist oder nicht. Ich kann ihn aus gewissen anderen Sätzen oder Axiomen, die man für noch elementarer hält, auf Grund zuverlässiger Beweismethoden herleiten. Sind diese Axiome wahr, so ist es auch der Satz; sind die Axiome nicht wahr, so ist auch der Satz nicht allgemein wahr. Ob die Axiome wahr sind oder nicht, vermag ich nicht zu sagen; das gehört nicht in mein Gebiet.
Phys.: Fordert man aber nicht, daß die Wahrheit dieser Axiome sich von selbst versteht?
Math.: Für mich sind sie keineswegs selbstverständlich. Diese Forderung wird nach meiner Meinung von niemandem mehr aufrechterhalten.
Phys.: Mit Hilfe dieser Axiome ist es Ihnen aber doch gelungen, ein logisches und in sich widerspruchsfreies System der Geometrie aufzubauen. Ist das nicht ein indirekter Beweis für die Wahrheit dieser Axiome?
Math.: Nein. Die Euklidische Geometrie ist nicht die einzige in sich widerspruchsfreie Geometrie. Ich kann von anderen Axiomen ausgehen und z. B. zur [Bolyai] – Lobatschewkyschen Geometrie gelangen, in der viele Sätze von *Euklid* nicht allgemein gelten. Von meinem Standpunkt aus kann ich unter diesen verschiedenen Geometrien keine Auswahl treffen.
Rel.: Wie kommt es denn, daß die Euklidische Geometrie weitaus die größte Bedeutung erlangt hat?
Math.: Ich kann mir kaum vorstellen, daß sie die wichtigste Geometrie ist. Aber aus Gründen, die mir, wie ich gestehen muß, nicht verständlich sind, interessiert sich mein Freund, der Physiker, mehr für die Euklidische Geometrie als für irgend eine andere und stellt uns fortwährend Probleme aus ihr. Infolgedessen waren wir bestrebt, uns in übertriebenem Maße mit dem euklidischen System zu befassen. Es gab jedoch große Mathematiker, wie *Riemann*, die sich um die Wiederherstellung der richtigen Verhältnisse bemühten.
Rel. (zum Physiker): Warum interessieren Sie sich besonders für die Euklidische Geometrie? Glauben Sie, daß dies die wahre Geometrie sei?
Phys.: Ja. Unsere Experimente beweisen ihre Richtigkeit.
Rel.: Wie beweisen Sie zum Beispiel, daß die Summe zweier Seiten in einem Dreieck größer als die dritte Seite ist?
Phys.: Ich kann natürlich den Beweis nur erbringen, indem ich eine sehr große Zahl von typischen Fällen herausgreife. Meine Beweise sind durch die unvermeidlichen experimentellen Ungenauigkeiten beschränkt und nicht so allgemein und vollständig wie diejenigen der reinen Mathematik. Doch ist es ein anerkannter physikalischer Grundsatz, daß man eine hinreichend große Zahl von Experimenten verallgemeinern darf; und dieses Beweisverfahren genügt mir.
Rel.: Mir auch. Ich brauche Sie nur mit einem einzelnen Fall zu belästigen. Hier ist ein Dreieck *ABC*; wie beweisen Sie, daß *AB + BC* größer als *AC* ist?
Phys.: Ich nehme einen Maßstab und messe die drei Seiten.
Rel.: Wir scheinen uns nicht ganz zu verstehen. Ich sprach von einem geometrischen Lehrsatz – von Eigenschaften des Raumes, nicht der Materie. Ihr Experiment sagt nur etwas über das Verhalten eines materiellen Maßstabes aus, wenn man ihn in verschiedene Lagen bringt.

darstellen. Wir sehen, daß die kinetische Energie der Newtonschen Mechanik ein Zusatzterm zur Ruheenergie $m_0 c^2$ für Geschwindigkeiten klein gegenüber der Lichtgeschwindigkeit ist.

Schließlich diskutiert PLANCK 1907 unter Bezugnahme auf den von POINCARÉ untersuchten Impulserhaltungssatz einen allgemeineren Fall der Äquivalenz von Masse und Energie. Dennoch sah sich PAULI 1921 (in seiner schon mehrmals zitierten Monographie) erst auf Grund LORENTZ' Artikel aus dem Jahre 1911 berechtigt, folgende abschließende Erklärung zu geben:

Es kann somit als erwiesen betrachtet werden, daß das Relativitätsprinzip im Verein mit den Sätzen der Erhaltung von Impuls und Energie zum fundamentalen Prinzip von der Trägheit aller Energie führt. Wir können dieses Prinzip mit EINSTEIN als das wichtigste Ergebnis der speziellen Relativitätstheorie bezeichnen. Eine quantitative experimentelle Prüfung ist bisher noch nicht möglich gewesen. Schon in seiner ersten Publikation über diesen Gegenstand hat Einstein auf die Möglichkeit einer Prüfung der Theorie bei radioaktiven Prozessen hingewiesen. Doch sind die zu erwartenden Defekte in den Atomgewichten der radioaktiven Elemente zu gering, um empirisch festgestellt werden zu können. Die Möglichkeit, die Abweichungen der (auf $H = 1$ bezogenen) Atomgewichte der Elemente von der Ganzzahligkeit, soweit sie nicht durch Isotopie bedingt sind, durch die Wechselwirkungsenergie der Kernbestandteile und ihre Trägheit zu erklären, auf die zuerst LANGEVIN hingewiesen hat, wurde neuerdings vielfach diskutiert. Vielleicht wird sich der Satz der Trägheit der Energie in Zukunft durch Beobachtungen über die Stabilität der Kerne prüfen lassen. Anzeichen für eine qualitative Übereinstimmung sind vorhanden.

Das Äquivalenzgesetz

$$E = mc^2$$

besagt also, daß jeder Masse eine Energie und jeder Energie eine Masse zuzuschreiben ist. Diese Gleichung – einer der grundlegenden Zusammenhänge, die für einen gebildeten Laien auch in ihrer quantitativen Form zugänglich sind – könnte als Symbol der Physik des 20. Jahrhunderts betrachtet werden (Farbtafel XXIV).

Das entscheidende Verdienst EINSTEINS bei der Entdeckung dieses Satzes sehen wir darin, daß er als erster versucht hat, die allgemeinen Methoden der Relativitätstheorie auf dieses Problem anzuwenden und damit den Weg zum endgültigen Ergebnis gewiesen hat.

Es mußte noch ein halbes Jahrhundert vergehen, bis ein Teil der Kernmasse, der obigen Formel entsprechend, in Atomkraftwerken in großem Maßstabe in elektrische Energie umgewandelt werden konnte. Die Aufstellung der Energiebilanz der Kernreaktionen, die spektakuläre Beweiskraft der Paarerzeugung und Annihilation lagen noch in ferner Zukunft *(Abbildung 5.2 – 21)*. EINSTEIN schrieb noch 1919 in seinem volkstümlichen Buch *Über die spezielle und die allgemeine Relativitätstheorie* (S. 32, 33):

Der direkte Vergleich dieses Satzes mit der Erfahrung scheitert vorläufig daran, daß die Energieänderungen E_0, welche wir einem System erteilen können, nicht groß genug sind, um sich als Änderung der trägen Masse des Systems bemerkbar zu machen. E_0/c^2 ist zu klein im Vergleich zu der Masse m, die vor der Energieänderung vorhanden war. Auf diesem Umstande beruht es, daß ein Satz von der Erhaltung der Masse von selbständiger Geltung mit Erfolg aufgestellt werden konnte.

5.2.6 Materie und die Geometrie des Raumes

Die allgemeine Relativitätstheorie ist aus der Verflechtung dreier Gedankengänge heraus entstanden. Der erste geht bis auf die am Anfang des 19. Jahrhunderts geäußerten Zweifel an der logischen Notwendigkeit der Axiome der Euklidischen Geometrie zurück. Wie bereits oben dargestellt wurde, haben JÁNOS BOLYAI, LOBATSCHEWSKI und GAUSS an diesen Untersuchungen einen entscheidenden Anteil. Sowohl GAUSS und LOBATSCHEWSKI als auch F. BOLYAI (der Vater des oben genannten J. BOLYAI) haben die Frage diskutiert, ob die Euklidische Geometrie in der Natur realisiert ist. Das Problem des Verhältnisses zwischen Geometrie und physikalischer Realität wurde so zum ersten Mal unter dem Aspekt gesehen, daß die Richtigkeit der Axiome der Geometrie *durch Messung* entschieden werden muß *(Abbildung 5.2 – 22)*.

Es ist der Mühe wert, sich als Einführung in dieses Themengebiet den *Prolog* durchzulesen, den A. S. Eddington (1882–1944) seinem 1920 geschriebenen Buch *Raum, Zeit und Schwere* vorangestellt hat. Dieses *Vorwort* läßt den Zusammenhang zwischen der Geometrie und der physikalischen Realität geradezu selbstverständlich erscheinen *(Zitat 5.2–5)*.

Auf dem Weg zur allgemeinen Relativitätstheorie kommt der von Gauss 1827 veröffentlichten Arbeit *Disquisitiones circa superficies curvas*, zu der er durch praktische Vermessungsarbeiten angeregt worden war, eine besondere Bedeutung zu. In dieser Arbeit hat Gauss die sogenannte innere Geometrie krummer Flächen untersucht, d. h. jene Eigenschaften der krummen Flächen, die unabhängig von ihrer Einbettung in den dreidimensionalen Raum sind und die man folglich mit Hilfe von Messungen, die in den Flächen selbst ausgeführt werden, festlegen kann. In den weitverbreiteten populärwissenschaftlichen Darstellungen der allgemeinen Relativitätstheorie werden zur Veranschaulichung zweidimensionale intelligente, auf diesen Flächen lebende Wesen herangezogen, die die Geometrie der Flächen selbst messen können. Eben jenes Ergebnis der Gaußschen Arbeit, daß die zweidimensionalen Wesen *die Krümmung* der Fläche selbst feststellen können, ist für den weiteren Erkenntnisfortschritt auf diesem Gebiet von größter Bedeutung. In einer etwas genaueren Formulierung können wir sagen, daß die Gaußsche Krümmung einer in den dreidimensionalen Euklidischen Raum eingebetteten krummen Fläche mit Hilfe von Messungen gefunden werden kann, die ausschließlich in der Fläche selbst ausgeführt werden. Die Gaußsche Krümmung ergibt sich aus dem Reziprokwert des Produktes der sogenannten Hauptkrümmungsradien der Fläche *(Abbildungen 5.2–23 a, b)*.

Riemann führt in seiner 1854 veröffentlichten grundlegenden Arbeit *Über die Hypothesen, welche der Geometrie zu Grunde liegen* die Untersuchungen von Gauss weiter und verallgemeinert die Gaußschen Gedanken auf einen Raum beliebiger Dimensionszahl. Er geht davon aus, daß die Entfernung zweier benachbarter Punkte in einem beliebigen n-dimensionalen „gekrümmten" Raum von den Koordinatendifferenzen wie

$$\mathrm{d}s^2 = \Sigma\, g_{\mu\nu}\, \mathrm{d}x_\mu\, \mathrm{d}x_\nu$$

abhängt. Diese Beziehung kann man als Verallgemeinerung der im Euklidischen Raum gültigen Formel,

$$\mathrm{d}s^2 = \mathrm{d}x_1^2 + \mathrm{d}x_2^2 + \mathrm{d}x_3^2,$$

d. h. des *Satzes des Pythagoras*, ansehen.

In einem anschaulichen, jedermann geläufigen „zweidimensionalen gekrümmten Raum", nämlich der Oberfläche einer Kugel vom Radius r sieht diese Formel folgendermaßen aus (Abbildung 5.2–23b):

$$\mathrm{d}s^2 = r^2\, \mathrm{d}\vartheta^2 + r^2 \sin^2 \vartheta\, \mathrm{d}\varphi^2.$$

Wir möchten hier noch den letzten Satz aus dem *Zitat 5.2–6a* hervorheben, das Riemanns Buch entnommen ist. Es muß also… der Grund der Maßverhältnisse außerhalb, in darauf wirkenden bindenden Kräften, gesucht werden… Es führt dies hinüber in das Gebiet einer andern Wissenschaft, in das Gebiet der Physik…

W. K. Clifford, der Riemanns Buch ins Englische übersetzt hat, äußert sich etwas bestimmter: Die Krümmung des Raumes steht mit der im Raum befindlichen Materie in Verbindung *(Zitat 5.2–6b)*.

Der zweite oben angedeutete, zur allgemeinen Relativitätstheorie führende Gedankengang ist erkenntnistheoretischer Natur. Einstein hat sich wahrscheinlich wiederum hauptsächlich von erkenntnistheoretischen Erwägungen leiten lassen, worauf seine 1916 geschriebene Arbeit über die allgemeine Relativitätstheorie hindeutet. In dieser Arbeit widmet Einstein der Frage, warum die allgemeine Relativitätstheorie über die spezielle hinaus notwendig geworden ist, ein eigenes Kapitel. Wie wir bereits erwähnt haben, sind die ausgereiften Arbeiten Einsteins auch vom pädagogischen Standpunkt aus bewertet beispielgebend. Das trifft sowohl für die 1905 geschriebene grundlegende Arbeit zur speziellen Relativitätstheorie als auch für den 1916 geschriebenen zusammenfassenden Artikel zu. So können wir die Notwendigkeit einer Verallgemeinerung der speziellen Relativitätstheorie am besten mit Einsteins eigenen Worten begründen *(Zitat 5.2–7)*.

Ein schon seit Newton bekannter, aber bis zum Ende des 19. Jahrhunderts nur ungenügend beachteter experimenteller Befund, die Gleichheit von

Phys.: Ich könnte die Messungen auf optischem Wege ausführen.
Rel.: Es wird immer schlimmer. Jetzt sprechen Sie von Eigenschaften des Lichtes.
Phys.: Dann kann ich mich überhaupt nicht dazu äußern, wenn Sie mich nicht irgendwelche Messungen machen lassen. Nur durch Messungen vermag ich die Natur zu ergründen. Ich bin kein Metaphysiker.
Rel.: So wollen wir denn dahin übereinkommen, daß Sie unter Länge und Entfernung stets eine Größe verstehen, die durch materielle oder optische Hilfsmittel bestimmt wird. Sie haben experimentell die Gesetze untersucht, denen die gemessenen Längen unterworfen sind, und die Geometrie gefunden, die zu ihnen paßt. Wir wollen diese Geometrie die „natürliche Geometrie" nennen. Es ist klar, daß diese für Sie sehr viel wichtiger ist als alle die anderen Systeme, die der Scharfsinn der Mathematiker entdeckt hat. Aber wir dürfen nicht vergessen, daß sie sich auf das Verhalten von materiellen Maßstäben – auf die Eigenschaften der Materie – bezieht.

Fahren wir mit unserer Prüfung der Gesetze der natürlichen Geometrie fort. Ich habe hier ein Bandmaß und nehme dieses Dreieck: $AB = 90$ cm, $BC = 0,6$ cm, $CA = 91$ cm. Ach je, Ihr Satz stimmt nicht.
Phys.: Sie wissen ganz genau, woran das liegt. Sie haben bei der Messung von AB das Bandmaß tüchtig ausgedehnt.
Rel.: Weshalb nicht?
Phys.: Eine Länge muß selbstverständlich mit einem starren Maßstab gemessen werden.
Rel.: Das ist ein wichtiger Zusatz zu Ihrer Definition der Länge. Aber was ist ein starrer Maßstab?
Phys.: Ein Maßstab, der stets gleich lang bleibt.
Rel.: Wir haben doch soeben definiert, daß die Länge eine Größe ist, die man vermöge Messungen mit einem starren Maßstab bestimmt; jetzt brauchen Sie einen anderen starren Maßstab, um zu prüfen, ob der erste Stab seine Länge ändert; dann einen dritten um den zweiten zu prüfen, und so weiter *ad infinitum*…
Math.: Die Ansicht ist weit verbreitet, daß der Raum weder physikalisch, noch metaphysisch sei, sondern auf Übereinkunft beruhe. Folgende Stelle aus *Poincarés Wissenschaft und Hypothese* schildert diese gegensätzliche Auffassung des Raumes.

„In der Lobatschewskyschen Geometrie besäße ein sehr entfernter Stern eine endliche Parallaxe; in der Riemannschen wäre sie negativ. Das sind Aussagen, die einer Prüfung durch die Erfahrung zugänglich zu sein scheinen, und man hofft, auf Grund astronomischer Beobachtungen zwischen beiden Geometrien eine Entscheidung treffen zu können. Aber die Geraden der Astronomie sind einfach die Bahnen der Lichtstrahlen. Würde man also negative Parallaxen entdecken oder beweisen können, daß alle Parallaxen oberhalb eines bestimmten Wertes liegen, dann hätte man die Wahl zwischen zwei Schlußfolgerungen: entweder gibt man die Euklidische Geometrie auf oder ändert die optischen Gesetze so ab, daß das Licht sich nicht genau in gerader Linie fortpflanzt. Unnötig, hinzuzufügen, daß jedermann die letzte Lösung als die vorteilhaftere ansehen würde. Die Euklidische Geometrie hat also nichts von neuen Experimenten zu fürchten".
Rel.: Die glänzende Darstellung *Poincarés* ist sehr geeignet, das Verständnis für das Problem, dem wir uns jetzt gegenübergestellt sehen, zu erleichtern. Er betont die gegenseitige Abhängigkeit zwischen den geometrischen und optischen Gesetzen, deren wir uns stets bewußt bleiben müssen. Wir können von dem einen Teil Gesetze wegnehmen und sie dem anderen angliedern. Ich gebe zu, daß der Raum auf Übereinkunft beruht – aus dem einfachen Grunde, weil die Bedeutung jedes Wortes einer Sprache konventionell ist. Übrigens sind wir tatsächlich an dem Scheideweg angelangt, auf den *Poincaré* hinweist, wenn auch die

Entscheidung nicht gerade bei dem von ihm erwähnten Experiment liegt.
A. S. EDDINGTON: *Raum, Zeit und Schwere.* Übersetzt von *W. Gordon.* Braunschweig 1923, S. 1 ff.

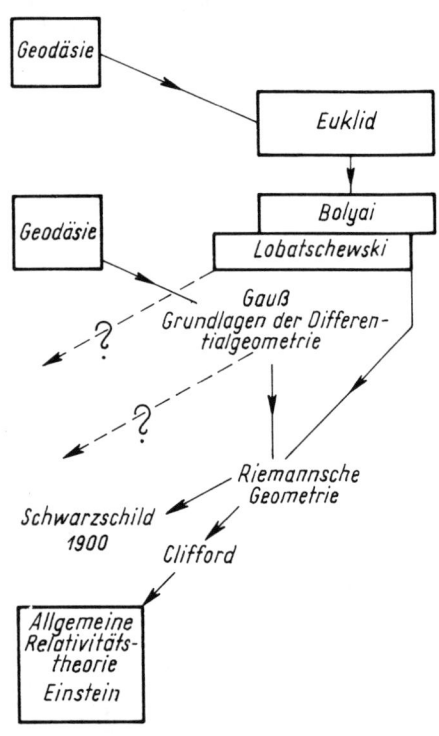

Abbildung 5.2−22
Beziehungen zwischen Physik und Geometrie

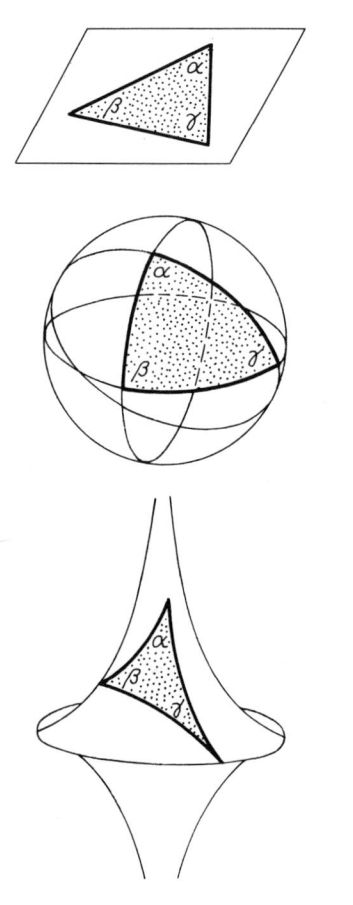

Abbildung 5.2−23a
Drei ausgezeichnete Räume zweidimensionaler Lebewesen

träger und *schwerer* Masse, hat es ermöglicht, Aussagen über die Gleichwertigkeit solcher Koordinatensysteme zu treffen, die relativ zueinander eine beschleunigte Bewegung ausführen. Einen äußerst genauen experimentellen Nachweis der Gleichheit von träger und schwerer Masse verdanken wir LORÁND EÖTVÖS *(Abbildung 5.2−24)*. Die Genauigkeit seiner Messungen konnte erst in den letzten Jahrzehnten übertroffen werden.

EINSTEIN hat die Erkenntnisse der Mathematik zur Geometrie des gekrümmten Raumes, die erkenntnistheoretische Forderung, daß eine Unterscheidung von Koordinatensystemen eine beobachtbare und meßbare Grundlage haben muß, sowie die experimentell gut bestätigte Gleichheit von träger und schwerer Masse als Ausgangspunkte für die Schaffung der allgemeinen Relativitätstheorie benutzt. Wir müssen an dieser Stelle noch einige Worte darüber verlieren, warum die Euklidische Geometrie aufgegeben werden mußte. Stellen wir uns ein Koordinatensystem K' vor, das relativ zu einem Koordinatensystem K mit einer konstanten Winkelgeschwindigkeit rotiert *(Abbildung 5.2−25)*. Ein rotierendes Koordinatensystem entspricht natürlich einem beschleunigten Koordinatensystem, auf das die spezielle Relativitätstheorie nur „lokal", d. h. bei der Untersuchung eines herausgegriffenen kleinen Bereiches anwendbar ist. Wenn wir im rotierenden Koordinatensystem einen Kreis zeichnen, dessen Umfang wir mit Metermaßstäben belegen, so erleidet jeder dieser Stäbe eine *Längenkontraktion,* wenn wir ihn vom Koordinatensystem K aus betrachten. Die Länge der auf einem Kreisdurchmesser liegenden Metermaßstäbe wird jedoch nicht verändert, weil sie senkrecht zur Bewegungsrichtung angeordnet sind. Ein im System K ruhender Beobachter stellt fest, daß im System K' die Euklidische Geometrie nicht gültig sein kann, weil das Verhältnis von Kreisumfang zum Durchmesser in diesem System nicht gleich π, sondern kleiner als π ist. Es ist folglich notwendig, die allgemeine *Riemannsche Metrik* zu verwenden, die von der Euklidischen Metrik abweicht. Offenbar müssen die Charakteristiken eines gekrümmten Raumes auf irgendeine Weise zu den im Koordinatensystem auftretenden Beschleunigungen proportional sein. Da die Beschleunigungen einem Gravitationsfeld zugeschrieben werden, können sie mit den „Quellen" des Schwerefeldes, d. h. den Massen, in eine bestimmte Verbindung gebracht werden. Dieser Zusammenhang ist natürlich nicht einfach zu finden, und von den ersten Ansätzen (1907) bis zur abschließenden Formulierung der Theorie (1916) hat es eine Vielzahl untauglicher Lösungsversuche gegeben. Schließlich haben die Grundgleichungen der allgemeinen Relativitätstheorie die folgende endgültige Form angenommen:

$$R_{ik} - \frac{1}{2} g_{ik} R = -\kappa T_{ik}; \quad i, k = 1, 2, 3, 4.$$

Den hier auftretenden Größen g_{ik}, den metrischen Koeffizienten im vierdimensionalen Raum-Zeit-Kontinuum, sind wir schon in der Formel für das Quadrat des infinitesimalen Abstandes begegnet. R_{ik} ist der Krümmungstensor, eine aus den metrischen Koeffizienten und ihren Ableitungen gebildete komplizierte mathematische Größe. Schließlich ist R der Krümmungsskalar, der aus den Komponenten des Krümmungstensors und den metrischen Koeffizienten berechnet werden kann. Im zweidimensionalen Raum ist diese Größe unmittelbar mit der Gaußschen Krümmung verbunden. T_{ik} ist der Energie-Impuls-Tensor, der die Massenverteilung im Raum berücksichtigt, und κ ist eine Konstante.

($\kappa = 8\pi G/c^4$, wobei $G = 6{,}67 \cdot 10^{-11}$ Nm² kg^{-2} die universelle Gravitationskonstante bedeutet, c ist die Lichtgeschwindigkeit; κ hat den folgenden numerischen Wert: $\kappa = 2{,}07 \cdot 10^{-45}$ Ns^4 kg^{-2} m^{-2}.)

Bei der Lösung der schwierigen mathematischen Probleme, die bei der Ausarbeitung der allgemeinen Relativitätstheorie auftraten, wurde EINSTEIN während seiner kurzzeitigen Professur in Zürich eine wesentliche Unterstützung seitens seines Freundes und Kollegen MARCEL GROSSMANN zuteil. Beide haben die kovarianten Eigenschaften der Feldgleichungen in den Jahren 1913 und 1914 gemeinsam untersucht. EINSTEIN veröffentlichte die Grundgleichung der Gravitation in der Sitzung der Preußischen Akademie (am 18. November 1915) in der Form $R_{ik} = -\gamma T_{ik}$. An der nächsten Sitzung − eine Woche später, d. h. am 25. November 1915 − gab er eine korrigierte, im wesentlichen die endgültige Form an:

$$R_{ik} = -\gamma \left(T_{ik} - \frac{1}{2} g_{ik} T \right).$$

Und jetzt tritt in einer ähnlichen Rolle wie POINCARÉ ein anderes Genie ins Rampenlicht − DAVID HILBERT, der neue Princeps mathematicorum: Am 20. November 1915, also 5 Tage früher als

EINSTEIN, trägt er seine Gravitationsgleichung an der Königlichen Akademie zu Göttingen vor. Sie lautet

$$\sqrt{g}\left(R_{ik} - \frac{1}{2} R g_{ik}\right) = -\frac{\partial \sqrt{g} L}{\partial g_{ik}},$$

und es stellt sich heraus, daß sie mit der Einsteinschen übereinstimmt *(Abbildung 5.2−26)*. Was kann die Ursache dafür sein, daß man heute diese Tatsache ganz außer acht läßt? fragt WIGNER in einem Brief an JAGDISH MEHRA [5.11]. Die Hauptursache ist vermutlich, daß die Menschen keine Originalliteratur lesen; eine andere Ursache ist vielleicht in der Soziologie der Wissenschaften zu suchen, antwortet MEHRA.

Wenn wir uns an das grundlegende Postulat der speziellen Relativitätstheorie zurückerinnern, dann sehen wir, daß außer der Forderung nach Forminvarianz der physikalischen Gesetze beim Übergang von einem Inertialsystem zu einem anderen keine weitergehenden konkreten Aussagen über bestimmte physikalische Zusammenhänge gemacht werden können. Die allgemeine Relativitätstheorie hingegen stellt nicht nur die Äquivalenz von Koordinatensystemen fest, die relativ zueinander eine beliebige Bewegung ausführen, sondern *führt* darüber hinaus *zu einer neuen Theorie der Gravitation*. Diese neue Theorie baut auf der Grundgleichung der allgemeinen Relativitätstheorie auf, der entsprechend die Materie die Geometrie des Raumes festlegt, während in der Newtonschen Theorie das Gravitationsfeld nur als Kraftfeld verstanden wurde, dessen Quellen die Massen sind. Unserer täglichen Erfahrung nach bewegen sich die Körper im Gravitationskraftfeld eines als ruhend anzusehenden Körpers mit sehr großer Masse auf bestimmten Bahnen, so zum Beispiel die Planeten auf Ellipsenbahnen um die Sonne. Wie erscheint diese Tatsache nun in der allgemeinen Relativitätstheorie, in der die Gravitationskraft als Kraft im üblichen Sinne eliminiert worden ist? Offensichtlich hat hier die Krümmung des Raumes die Rolle der Gravitationskraft zu übernehmen. Ein sich frei bewegender Probekörper führt in einem Raum, der durch eine andere Masse „gekrümmt" ist, eine „geradlinige" Bewegung aus. Die Rolle der „geraden Linie" wird im gekrümmten Raum von der „geodätischen", d. h. von der kürzesten Linie übernommen. Es kann gezeigt werden, daß sich aus der Grundgleichung der allgemeinen Relativitätstheorie in der Näherung schwacher Gravitationsfelder und kleiner Geschwindigkeiten der Körper dieselben Resultate wie aus dem Newtonschen Gravitationsgesetz ergeben. Die Abweichungen zwischen den Folgerungen aus der allgemeinen Relativitätstheorie und denen der Newtonschen Theorie sind sehr klein, aber ungeachtet dessen nicht unbedeutend. So ist es mit Hilfe der allgemeinen Relativitätstheorie gelungen, die Perihelverschiebung der Merkurbahn, über die wir schon im Abschnitt 4.4.7 gesprochen haben, richtig zu deuten.

Die allgemeine Relativitätstheorie hat noch zwei weitere experimentell bestätigte Folgerungen, die Rotverschiebung der Spektrallinien in einem sehr starken Gravitationsfeld und die Krümmung der Bahn eines Lichtstrahls ebenfalls im starken Gravitationsfeld. Der zuletzt genannte Effekt ist dann von einer meßbaren Größenordnung, wenn das Licht weit entfernter Sterne unmittelbar an der Sonne vorbei zur Erde gelangt. Natürlich läßt sich der Effekt nur bei einer totalen Sonnenfinsternis beobachten *(Abbildung 5.2−27)*. Das *Zitat 5.2−8* gibt einen Eindruck von der Begeisterung, die der Bericht über die Meßergebnisse der zur Beobachtung der Sonnenfinsternis ausgesandten Expedition ausgelöst hat. EINSTEINS Theorie wurde durch die Messungen bestätigt.

Nach Abschluß seiner Arbeiten über die allgemeine Relativitätstheorie hat EINSTEIN versucht, eine verallgemeinerte Theorie aufzustellen, die nicht nur die Gravitation, sondern auch die Elektrodynamik umfassen sollte. Dieses Vorhaben, alle physikalischen Phänomene mit einer einzigen Gleichung zu beschreiben, hat er jedoch nicht verwirklichen können. Zitieren wir dazu GAMOW, einen Physiker, der persönlich mit EINSTEIN bekannt gewesen ist und selbst bedeutende Beiträge zur Physik des 20. Jahrhunderts erbracht hat *(Zitat 5.2−9)*.

Die der Anschauung zugänglichen drei Flächen oder zweidimensionalen „Räume" sollen als Modelle für das vierdimensionale gekrümmte Raum-Zeit-Kontinuum dienen. Die ebene Fläche stellt einen Raum mit der Krümmung Null dar. Sein dreidimensionales Analogon ist der Raum, der unserem „gesunden Menschenverstand" entspricht. Dieser Raum wurde bis zum Beginn des 19. Jahrhunderts als einzig möglicher Raum zur Beschreibung aller physikalischen Vorgänge angesehen. Die *Kugelfläche* soll einen Raum mit einer konstanten positiven Krümmung veranschaulichen. Eine sich stetig wie eine Seifenblase ausdehnende Kugelfläche ist ein Modell für ein expandierendes Weltall. Die dritte Fläche schließlich hat eine konstante negative Krümmung; sie kann durch Rotation einer speziellen Kurve (Schleppkurve oder Traktrix) um die x-Achse erzeugt werden. Mit den eingezeichneten „Dreiecken" soll angedeutet werden, daß man die Krümmung der Fläche auch anhand von Messungen feststellen kann, die nur in der Fläche selbst ausgeführt werden. Die Summe der Innenwinkel des Dreiecks ist für die drei betrachteten Flächen gleich, größer oder kleiner als 180°. Um ein Dreieck zeichnen zu können, muß der Begriff der Geraden für die gekrümmten Flächen definiert werden: Wir wollen unter einer Geraden die Kurve verstehen, die zwei Punkte auf dem kürzesten Wege miteinander verbindet. Die Raumkrümmung führt somit zu bestimmten physikalischen Konsequenzen

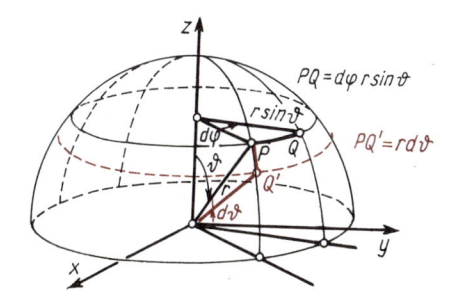

Abbildung 5.2−23b
Auf der Oberfläche einer Kugel, z. B. auf der Oberfläche der Erde, kann die Lage eines Punktes durch die Angabe zweier Winkelkoordinaten charakterisiert werden; diese sind − im wesentlichen − identisch mit den Längen- bzw. Breitengraden. Die g_{ik} in der Formel für das Linienelement ds^2 sind jetzt:

$$g_{11} = r^2; \quad g_{12} = g_{21} = 0; \quad g_{22} = r^2 \sin^2 \vartheta$$

Zitat 5.2−6a
Bekanntlich setzt die Geometrie sowohl den Begriff des Raumes als die ersten Grundbegriffe für die Konstruktionen im Raume als etwas Gegebenes voraus. Sie gibt von ihnen nur Nominaldefinitionen, während die wesentlichen Bestimmungen in Form von Axiomen auftreten. Das Verhältniss dieser Voraussetzungen bleibt dabei im Dunkeln; man sieht weder ein, ob und inwieweit ihre Verbindung notwendig, noch a priori, ob sie möglich ist...

... diejenigen Eigenschaften, durch welche sich der Raum von anderen denkbaren dreifach ausgedehnten Größen unterscheidet, nur aus der Erfahrung entnommen werden können. Hieraus entsteht die Aufgabe, die einfachsten Tatsachen aufzusuchen, aus denen sich die Maßverhältnisse des Raumes bestimmen lassen − eine Aufgabe, die der Natur der Sache nach nicht völlig bestimmt ist; denn es lassen sich mehrere Systeme einfacher

Tatsachen angeben, welche zur Bestimmung der Maßverhältnisse des Raumes hinreichen; am wichtigsten ist für den gegenwärtigen Zweck das von Euklid zugrunde gelegte. Diese Tatsachen sind wie alle Tatsachen nicht notwendig, sondern nur von empirischer Gewißheit, sie sind Hypothesen; man kann also ihre Wahrscheinlichkeit, welche innerhalb der Grenzen der Beobachtung allerdings sehr groß ist, untersuchen und hienach über die Zulässigkeit ihrer Ausdehnung jenseits der Grenzen der Beobachtung, sowohl nach der Seite des Unmeßbargroßen, als nach der Seite des Unmeßbarkleinen urteilen.

Bei der Ausdehnung der Raumkonstruktionen ins Unmeßbargroße ist Unbegrenztheit und Unendlichkeit zu scheiden; jene gehört zu den Ausdehnungsverhältnissen, diese zu den Maßverhältnissen. Daß der Raum eine unbegrenzte dreifach ausgedehnte Mannigfaltigkeit sei, ist eine Voraussetzung, welche bei jeder Auffassung der Außenwelt angewandt wird, nach welcher in jedem Augenblicke das Gebiet der wirklichen Wahrnehmungen ergänzt und die möglichen Orte eines gesuchten Gegenstandes konstruiert werden und welche sich bei diesen Anwendungen fortwährend bestätigt. Die Unbegrenztheit des Raumes besitzt daher eine größere empirische Gewißheit, als irgend eine äußere Erfahrung. Hieraus folgt aber die Unendlichkeit keineswegs; vielmehr würde der Raum, wenn man Unabhängigkeit der Körper vom Ort voraussetzt, ihm also ein konstantes Krümmungsmaß zuschreibt, notwendig endlich sein, sobald dieses Krümmungsmaß einen noch so kleinen positiven Wert hätte. Man würde, wenn man die in einem Flächenelement liegenden Anfangsrichtungen zu kürzesten Linien verlängert, eine unbegrenzte Fläche mit konstantem positiven Krümmungsmaß erhalten, also eine Fläche, welche in einer ebenen dreifach ausgedehnten Mannigfaltigkeit die Gestalt einer Kugelfläche annehmen würde und welche folglich endlich ist...

Die Frage über die Gültigkeit der Voraussetzungen der Geometrie im Unendlichkleinen hängt zusammen mit der Frage nach dem innern Grunde der Maßverhältnisse des Raumes. Bei dieser Frage, welche wohl noch zur Lehre vom Raume gerechnet werden darf, kommt die obige Bemerkung zur Anwendung, daß bei einer diskreten Mannigfaltigkeit das Prinzip der Maßverhältnisse schon in dem Begriffe dieser Mannigfaltigkeit enthalten ist, bei einer stetigen aber anderswoher hinzukommen muß. Es muß also entweder das dem Raume zugrunde liegende Wirkliche eine diskrete Mannigfaltigkeit bilden oder der Grund der Maßverhältnisse außerhalb, in darauf wirkenden bindenden Kräften, gesucht werden.

Die Entscheidung dieser Fragen kann nur gefunden werden, indem man von der bisherigen durch die Erfahrung bewährten Auffassung der Erscheinungen, wozu *Newton* den Grund gelegt, ausgeht und diese durch Tatsachen, die sich aus ihr nicht erklären lassen, getrieben allmählich umarbeitet; solche Untersuchungen, welche, wie die hier geführte, von allgemeinen Begriffen ausgehen, können nur dazu dienen, daß diese Arbeit nicht durch die Beschränktheit der Begriffe gehindert und der Fortschritt im Erkennen des Zusammenhangs der Dinge nicht durch überlieferte Vorurteile gehemmt wird.

Es führt dies hinüber in das Gebiet einer andern Wissenschaft, in das Gebiet der Physik, welches wohl die Natur der heutigen Veranlassung nicht zu betreten erlaubt.

B. RIEMANN: *Über die Hypothesen, welche der Geometrie zu Grunde liegen*, 1854. Gesammelte Werke. Teubner. Leipzig 1892, S. 272 ff.

5.2.7 Das Raum-, Äther- und Feld-Problem der Physik

Dunkel waren zunächst die mechanischen Eigenschaften des Äthers. Da kam H. A. LORENTZ' große Erkenntnis. Alle damals bekannten Phänomene des Elektromagnetismus ließen sich deuten auf Grund zweier Annahmen: Der Äther sitzt fest am Raum, d. h., er kann sich überhaupt nicht bewegen. Die Elektrizität sitzt fest auf den beweglichen Elementarteilchen. Man kann heute seine Erkenntnis so aussprechen: Physikalischer Raum und Äther sind nur verschiedene Ausdrücke für ein und dieselbe Sache; Felder sind physikalische Zustände des Raumes. Denn wenn dem Äther kein besonderer Bewegungszustand zukommt, so scheint kein Grund dafür vorzuliegen, ihn neben dem Raum als ein Wesen besonderer Art einzuführen. Eine solche Denkweise lag aber den Physikern noch fern. Denn ihnen galt nach wie vor der Raum als ein starres, homogenes Etwas, das keiner Veränderung bzw. Zustände fähig war. Nur RIEMANNS Genie, unverstanden und einsam, rang sich schon um die Mitte des vorigen Jahrhunderts zur Auffassung eines neuen Raumbegriffes durch, nach welchem dem Raum seine Starrheit abgesprochen und seine Anteilnahme am physikalischen Geschehen als möglich erkannt wurde. Diese gedankliche Leistung ist um so bewunderungswürdiger, als sie der Faraday-Maxwellschen Feldtheorie der Elektrizität voranging. Nun kam die spezielle Relativitätstheorie mit ihrer Erkenntnis der physikalischen Gleichwertigkeit aller Inertialsysteme. Im Zusammenhang mit der Elektrodynamik bzw. dem Gesetz der Lichtausbreitung ergab sich die Untrennbarkeit von Raum und Zeit. Bis dahin war nämlich stillschweigend Voraussetzung, daß das vierdimensionale Kontinuum des Geschehens in objektiver Weise sich in Zeit und Raum spalten lasse, d. h., daß dem „Jetzt" in der Welt des Geschehens eine absolute Bedeutung zukomme. Mit der Erkenntnis der Relativität der Gleichzeitigkeit wurden Raum und Zeit in ähnlicher Weise zu einem einheitlichen Kontinuum verschmolzen, wie vorher die drei räumlichen Dimensionen zu einem einheitlichen Kontinuum verschmolzen worden waren. Der physikalische Raum wurde so zu einem vierdimensionalen Raum ergänzt, der auch die zeitliche Dimension enthält. Der vierdimensionale Raum der speziellen Relativitätstheorie ist ebenso starr und absolut wie der Raum NEWTONS.

Die Relativitätstheorie ist ein schönes Beispiel für den Grundcharakter der modernen Entwicklung der Theorie. Die Ausgangshypothesen werden nämlich immer abstrakter, erlebnisferner. Dafür aber kommt man dem vornehmsten wissenschaftlichen Ziele näher, mit einem Mindestmaß von Hypothesen oder Axiomen ein Maximum von Erlebnisinhalten durch logische Deduktion zu umspannen. Dabei wird der gedankliche Weg von den Axiomen zu den Erlebnisinhalten bzw. zu den prüfbaren Konsequenzen ein immer längerer, subtilerer. Immer mehr ist der Theoretiker gezwungen, sich von rein mathematischen, formalen Gesichtspunkten beim Suchen der Theorien leiten zu lassen, weil die physikalische Erfahrung des Experimentators nicht zu den Gebieten der höchsten Abstraktion emporzuführen vermag. An die Stelle vorwiegend induktiver Methoden der Wissenschaft, wie sie dem jugendlichen Stande der Wissenschaft entsprechen, tritt die tastende Deduktion. Ein solches theoretisches Gebäude muß schon weit ausgearbeitet sein, um zu Folgerungen zu führen, die sich mit der Erfahrung vergleichen lassen. Gewiß ist auch hier die Erfahrungstatsache die allmächtige Richterin. Aber ihr Spruch kann erst aufgrund großer und schwieriger Denkarbeit erfolgen, die erst den weiten Raum zwischen den Axiomen und den prüfbaren Folgerungen überbrückt hat. Diese Riesenarbeit muß der Theoretiker leisten in dem klaren Bewußtsein, daß dieselbe vielleicht nur das Todesurteil seiner Theorie vorzubereiten berufen ist. Man soll den Theoretiker, der solches unternimmt, nicht tadelnd einen Phantasten nennen; man muß ihm vielmehr das Phantasieren zubilligen, da es für ihn einen anderen Weg zum Ziel überhaupt nicht gibt. Es ist allerdings kein planloses Phantasieren, sondern ein Suchen nach den logisch einfachsten Möglichkeiten und ihren Konsequenzen.

Diese Captatio benevolentiae war nötig, um den Zuhörer oder Leser geneigter zu machen, den nun folgenden Ideengang mit Interesse zu verfolgen; es ist der Gedankengang, der von der speziellen zur allgemeinen Relativitätstheorie und von da zu ihrem letzten Sproß, der einheitlichen Feldtheorie, geführt hat. Bei dieser Darlegung läßt sich der Gebrauch mathematischer Symbole allerdings nicht ganz vermeiden.

Wir beginnen mit der speziellen Relativitätstheorie. Diese gründet sich noch direkt auf ein empirisches Gesetz, jenes der Konstanz der Lichtgeschwindigkeit. Sei P ein Punkt im Vakuum, P' ein um die Strecke $d\sigma$ entfernter unendlich benachbarter. In P gehe zur Zeit t ein Lichtimpuls aus und gelange nach P' zur Zeit $t+dt$. Dann ist

$$d\sigma^2 = c^2\, dt^2.$$

Sind dx_1, dx_2, dx_3 die orthogonalen Projektionen von $d\sigma$ und führt man die imaginäre Zeitkoordinate $\sqrt{-1}\cdot ct = x_4$ ein, so nimmt obiges Gesetz von der Konstanz der Lichtausbreitung die Form an:

$$ds^2 = dx_1^2 + dx_2^2 + dx_3^2 + dx_4^2 = 0.$$

Da diese Formel einen realen Sachverhalt ausdrückt, so wird man der Größe ds eine reale Bedeutung zuschreiben dürfen, auch dann, wenn die benachbarten Punkte des vierdimensionalen Kontinuums so gewählt sind, daß das zugehörige ds nicht verschwindet. Dies drückt man etwa so aus, daß man sagt: Der vierdimensionale Raum (mit imaginärer Zeitkoordinate) der speziellen Relativitätstheorie besitzt eine euklidische Metrik.

Daß man eine solche Metrik eine euklidische nennt, hängt mit folgendem zusammen: Die Setzung einer solchen Metrik in einem dreidimensionalen Kontinuum ist der Setzung der Axiome der euklidischen Geometrie völlig äquivalent. Die Definitionsgleichung der Metrik ist dabei nichts anderes als der auf die Koordinatendifferentiale angewandte *Pythagoreische Lehrsatz*.

In der speziellen Relativitätstheorie sind nun *solche* Änderungen der Koordinaten (durch eine Transformation) gestattet, da auch in den neuen Koordinaten die Größe ds^2 (Fundamentalinvariante) sich in den neuen Koordinatendifferentialen durch die Summe der Quadrate ausdrückt. Solche Transformationen heißen *Lorentz-Transformationen*.

Die heuristische Methode der speziellen Relativitätstheorie ist durch folgenden Satz gekennzeichnet: Es sind nur solche Gleichungen als Ausdruck von Naturgesetzen zulässig, die bei Koordinatenänderung durch Anwendung einer Lorentz-Transformation ihre Gestalt nicht ändern (Kovarianz der Gleichungen gegenüber Lorentz-Transformationen).

Durch diese Methode wurde die notwendige Verknüpfung von Impuls und Energie, von elektrischer und magnetischer Feldstärke, von elektrostatischen und elektrodynamischen Kräften, von träger Masse und Energie erkannt und dadurch die Zahl der selbständigen Begriffe und Grundgleichungen der Physik vermindert.

Diese Methode wies über sich selbst hinaus: Ist es wahr, daß die die Naturgesetze ausdrückenden Gleichungen *nur* gegenüber Lorentz-Transformationen kovariant sind, gegenüber anderen Transformationen aber nicht? – Nun, so formuliert hat die Frage eigentlich keinen Sinn, da ja jedes Gleichungssystem in allgemeinen Koordinaten ausgedrückt werden kann. Man muß fragen: Sind nicht die Naturgesetze so beschaffen, daß sie durch die Wahl *irgendwelcher* besonderer Koordinaten keine wesentliche Vereinfachung erfahren?

Daß unser Erfahrungssatz von der Gleichheit der trägen und schweren Masse es nahelegt, auf diese Frage mit ja zu antworten, sei nur beiläufig erwähnt. Erhebt man die Äquivalenz aller Koordinatensysteme für die Formulierung der Naturgesetze zum Prinzip, so gelangt man zur allgemeinen Relativitätstheorie, wenn man am Satz der Konstanz der Lichtgeschwindigkeit bzw. an der Hypothese von der objektiven Bedeutung der euklidischen Metrik wenigstens für unendlich kleine Teile des vierdimensionalen Raumes festhält.

Dies bedeutet, daß für *endliche* Gebiete des Raumes die (physikalisch sinnvolle) Existenz einer allgemeinen Riemannschen Metrik vorausgesetzt wird gemäß der Formel

$$ds^2 = \sum_{\mu\nu} g_{\mu\nu}\, dx^\mu\, dx^\nu,$$

wobei die Summation über alle Indexkombinationen von 11 bis 44 zu erstrecken ist.

Die Struktur *eines solchen* Raumes unterscheidet sich in einer Beziehung ganz prinzipiell von der eines euklidischen Raumes. Es sind nämlich die Koeffizienten $g_{\mu\nu}$ einstweilen beliebige Funktionen der Koordinaten x_1 bis x_4, und die Struktur des Raumes ist erst dann wirklich bestimmt, wenn diese Funktionen $g_{\mu\nu}$ wirklich bekannt sind. Man kann auch sagen: Die

Zitat 5.2–6b

Riemann hat gezeigt, daß es verschiedene Arten von dreidimensionalen Räumen geben kann, ebenso wie verschiedene Arten von Linien und Flächen existieren, und daß wir nur durch Experimentieren darüber entscheiden können, zu welcher Art jener Raum gehört, in dem wir leben. So sind beispielsweise die Axiome der ebenen Geometrie im Rahmen der Experimente gültig, die man auf der Fläche eines Papierblatts durchführen kann; wir wissen aber, daß das Blatt in Wirklichkeit mit einer großen Zahl von kleinen Wülsten und Gräben bedeckt ist, auf welchen – da die totale Krümmung von Null abweicht – diese Axiome keine Gültigkeit besitzen. Ähnlicherweise behauptet *Riemann*, daß, obzwar die Axiome der Stereometrie gültig sind für Experimente, die sich auf ein endliches Gebiet unseres Raumes beziehen, wir jedoch keinen Anlaß haben, daraus zu folgern, daß sie auch für sehr kleine Gebiete ihre Gültigkeit bewahren.

Ich möchte hier eine Methode angeben, wie diese Spekulationen auf die Untersuchung physikalischer Vorgänge angewendet werden könnten. Ich behaupte nämlich,

(1) daß die kleinen Gebiete des Raumes tatsächlich analoger Natur sind wie die kleinen Hügel auf einer Fläche, welche im Mittel flach ist; d. h., die gewöhnlichen Gesetze der Geometrie sind in ihnen nicht mehr gültig;

(2) daß diese Eigenschaft, gekrümmt oder deformiert zu sein, sich wellenartig ständig von einem Raumteil zum anderen fortpflanzt;

(3) daß diese Änderung der Krümmung des Raumes das ist, was sich tatsächlich ereignet in dem Vorgang, den wir die Bewegung der Materie nennen, gleichgültig ob es sich um ponderable oder um ätheriale Materie handelt;

(4) daß in der physikalischen Welt diese Variationen die einzigen sind, die vor sich gehen und (vielleicht) dem Kontinuitätsgesetz unterworfen sind.

W. K. CLIFFORD: *On the Space Theory of Matter*. Proc. Camb. Phil. Soc. (1876) p. 157 ff.

Abbildung 5.2–24
LORÁND EÖTVÖS (1848–1919): Sohn des Schriftstellers *Josef Eötvös*, wurde durch seine Untersuchungen im Schwerefeld der Erde weltberühmt. Mit der Eötvös-Drehwaage können kleinste

Änderungen des Gravitationsfeldes bestimmt werden, und ihre Empfindlichkeit ermöglicht den Einsatz zur Lagerstättenerkundung. Die Gleichheit von träger und schwerer Masse wurde von *Eötvös* mit einer Genaugkeit (1 : 200 000) nachgewiesen, die erst in der jüngeren Vergangenheit überboten werden konnte. Auf die Gleichheit von träger und schwerer Masse hat sich *Einstein* bei der Begründung seiner allgemeinen Relativitätstheorie berufen. *Eötvös* ist außerdem noch durch seine Arbeiten zur Oberflächenspannung hervorgetreten

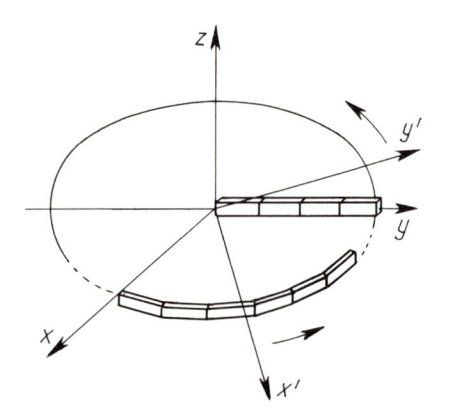

Abbildung 5.2 – 25
Auch aus der speziellen Relativitätstheorie kann der Schluß gezogen werden, daß die Euklidische Geometrie in Koordinatensystemen, die sich relativ zueinander beschleunigt bewegen, nicht gültig sein kann

Zitat 5.2 – 7
Über die Gründe, welche eine Erweiterung des Relativitätspostulates nahelegen.
Der klassischen Mechanik und nicht minder der speziellen Relativitätstheorie haftet ein erkenntnistheoretischer Mangel an, der vielleicht zum ersten Male von E. Mach klar hervorgehoben wurde. Wir erläutern ihn am folgenden Beispiel. Zwei flüssige Körper von gleicher Größe und Art schweben frei im Raume in so großer Entfernung voneinander (und von allen übrigen Massen), daß nur diejenigen Gravitationskräfte berücksichtigt werden müssen, welche die Teile *eines* dieser Körper aufeinander ausüben. Die Entfernung der Körper voneinander sei unveränderlich. Relative Bewegungen der Teile eines der Körper gegeneinander sollen nicht auftreten. Aber jede Masse soll – von einem relativ zu der anderen Masse ruhenden Beobachter aus beurteilt – um die Verbindungslinie der Massen mit konstanter Winkelgeschwindigkeit rotieren (es ist dies eine konstatierbare Relativbewegung beider Massen). Nun denken wir uns die Oberflächen beider Körper (S_1 und S_2) mit Hilfe (relativ ruhender) Maßstäbe ausgemessen; es ergebe sich, daß die Oberfläche von S_1 eine Kugel, die der von S_2 ein Rotationsellipsoid sei.
Wir fragen nun: Aus welchem Grunde verhalten sich die Körper S_1 und S_2 verschieden? Eine Antwort auf diese Frage kann nur dann als erkenntnistheoretisch befriedigend anerkannt werden, wenn die als Grund angegebene Sache eine *beobachtbare Erfahrungstatsache* ist; denn das Kausalitätsgesetz hat nur dann den Sinn einer Aussage über die Erfahrungswelt, wenn als Ursachen und Wirkungen letzten Endes nur *beobachtbare Tatsachen* auftreten.
Die Newtonsche Mechanik gibt auf diese Frage keine befriedigende Antwort. Sie sagt nämlich folgendes: Die Gesetze der Mechanik gelten wohl für einen Raum R_1, gegen welchen der Körper S_1 in Ruhe ist, nicht aber gegenüber einem Raume R_2, gegen welchen S_2 in Ruhe ist. Der berechtigte Galileische Raum R_1, der hierbei eingeführt wird, ist aber eine *bloß fingierte* Ursache, keine beobachtbare Sache. Es ist also klar, daß die Newton-

Struktur eines solchen Raumes ist an sich völlig unbestimmt. Näher bestimmt wird sie erst dadurch, daß Gesetze angegeben werden, denen das metrische Feld der $g_{\mu\nu}$ genügt. Aus physikalischen Gründen bestand dabei die Überzeugung, daß das metrische Feld zugleich das Gravitationsfeld sei.

Da das Gravitationsfeld durch die Konfiguration von Massen bestimmt ist und mit diesem wechselt, so ist auch die geometrische Struktur dieses Raumes von physikalischen Faktoren abhängig. Der Raum ist also gemäß dieser Theorie – genau wie es RIEMANN geahnt hatte – kein absoluter mehr, sondern seine Struktur hängt von physikalischen Einflüssen ab. Die (physikalische) Geometrie ist keine isolierte, in sich geschlossene Wissenschaft mehr wie die Geometrie EUKLIDS.

Das Problem der Gravitation war so auf ein mathematisches Problem reduziert: Es sollen die einfachsten Bedingungsgleichungen gesucht werden, die beliebigen Koordinatentransformationen gegenüber kovariant sind. Dies ist ein wohlumgrenztes Problem, das sich wenigstens lösen ließ.

Über die Bestätigung dieser Theorie durch die Erfahrung will ich hier nicht reden, sondern sogleich dartun, warum sich die Theorie mit diesem Erfolg nicht endgültig zufriedengeben konnte. Die Gravitation war zwar auf die Raumstruktur zurückgeführt, aber es gibt doch außer dem Gravitationsfeld noch das elektromagnetische Feld. Dieses muß zunächst als ein von der Gravitation unabhängiges Gebilde in die Theorie eingeführt werden. In die Bedingungsgleichung für das Feld mußten additiv Glieder aufgenommen werden, die der Existenz des elektromagnetischen Feldes gerecht wurden. Es war aber für den theoretischen Geist der Gedanke unerträglich, daß es zwei voneinander unabhängige Strukturen des Raumes gäbe, nämlich die metrisch-gravitationelle und die elektromagnetische. Es drängt sich die Überzeugung auf, daß beide Feldarten einer einheitlichen Struktur des Raumes entsprechen müßten.
EINSTEIN: *Mein Weltbild*. S.143 – 147

5.2.8 Newton, Einstein und die Gravitation

Zum Schluß möchten wir für den einfachen Fall der Bewegung eines Massenpunktes im Schwerefeld die zwei Methoden, d.h die Methode der klassischen Physik und die Methode der allgemeinen Relativitätstheorie, einander gegenüberstellen.

Die Schritte in der klassischen Physik: Von der als gegeben betrachteten Massenverteilung ϱ ausgehend, bestimmen wir das Gravitationspotential Φ und mit dessen Hilfe die Bewegungsgleichung. Die Lösung ergibt dann mit Hilfe der Anfangsbedingungen die Trajektorie oder die Bahn des Massenpunktes. Die entsprechenden Schritte in der allgemeinen Relativitätstheorie: Aus ϱ wird zuerst der Energie-Impuls-Tensor T_{ik} bestimmt, die Grundgleichung liefert dann den metrischen Tensor g_{ik}. In dem durch diese Metrik bestimmten vierdimensionalen Raum bewegt sich nun der Massenpunkt auf einer „geraden Linie", genauer auf einer geodätischen Linie, oder, anschaulicher, auf der kürzesten Linie.

Schematisch können also die zwei Methoden wie folgt dargestellt werden:

NEWTON	EINSTEIN
ϱ	ϱ
$\downarrow$	$\downarrow$
	T_{ik}
	$\downarrow$
$\Delta\Phi = 4\pi G\varrho$	$R_{ik} - \frac{1}{2} g_{ik} R = -\kappa T_{ik}$
$\downarrow$	$\downarrow$
Φ	g_{ik}
$\downarrow$	$\downarrow$
$\dfrac{d^2 r}{dt^2} = -\dfrac{d\Phi}{dr}$	$\dfrac{d}{d\tau}\left(g_{ik}\dfrac{dx^i}{d\tau}\right) = \dfrac{1}{2}\dfrac{\partial g_{\alpha\beta}}{\partial x^k}\dfrac{dx^\alpha}{d\tau}\dfrac{dx^\beta}{d\tau}$
(Bewegungsgleichung)	(geodätische Linie im Riemannschen Raum)

Die Newtonsche Methode kann als ein Grenzfall der Einsteinschen betrachtet werden. In schwachen Gravitationsfeldern besteht nämlich ein einfacher Zusammenhang zwischen dem metrischen Tensor und dem Gravitationspotential; die geodätische Linie geht asymptotisch in die Newtonsche Bahn über.

Zwei Spezialfälle der Gravitationsgleichung sind besonders wichtig: erstens das Feld in der Umgebung einer in einem endlichen kugelförmigen Volumen (mit dem Radius r_0) konzentrierten Masse und zweitens die Verhältnisse in einem Raum mit konstanter Massendichte.

Die Lösung des ersten führt uns die Planetenbewegung vor Augen, der zweite dagegen kann als Modell des Universums dienen.

KARL SCHWARZSCHILD (1873 – 1916) hat schon 1916 den Ausdruck des Linienelementes ds^2 für den ersten Fall in folgender Form angegeben:

$$ds^2 = \frac{1}{\left(1 - \dfrac{2}{c^2}G\dfrac{M}{r}\right)} dr^2 + r^2 d\vartheta^2 + r^2 \sin^2\vartheta\, d\varphi^2 - \left(1 - \frac{2}{c^2}G\frac{M}{r}\right) dt^2. \quad (1)$$

Es ist sofort ersichtlich, daß für $M=0$ die Formel (1) in den Ausdruck für das Linienelement des Euklidischen Raumes (in sphärischen Koordinaten) übergeht.

Das allgemeine Schema nimmt jetzt die folgende konkrete Form an:

NEWTON	EINSTEIN
M	M
$\downarrow$	$\downarrow$
$\varrho = 0$	$\varrho = 0$
(für $r > r_0$)	(für $r > r_0$)
$\downarrow$	$\downarrow$
$\Delta \Phi = 0$	$R_{ik} - \frac{1}{2} g_{ik} R = 0$
$\downarrow$	
$\Phi = -G \dfrac{M}{r}$	$g_{ik} = \begin{vmatrix} \dfrac{1}{1+\frac{2}{c^2}\Phi} & 0 & 0 & 0 \\ 0 & r^2 & 0 & 0 \\ 0 & 0 & r^2 \sin^2 \vartheta & 0 \\ 0 & 0 & 0 & -\left(1+\dfrac{2}{c^2}\Phi\right) \end{vmatrix}$
$\downarrow$	
$\dfrac{d^2}{d\varphi^2}\left(\dfrac{1}{r}\right) + \dfrac{1}{r} = G \dfrac{M}{h}$	$\dfrac{d^2}{d\varphi^2}\left(\dfrac{1}{r}\right) + \dfrac{1}{r} = G \dfrac{M}{h} + \dfrac{3}{c^2} G \dfrac{M}{r^2}$
Gleichung der Bahn in der Ebene $\vartheta = \pi/2$	Gleichung der Bahn in der Ebene $\vartheta = \pi/2$
$\downarrow$	
Ellipsenbahn	angenäherte Ellipsenbahn mit Perihel-Bewegung $\Delta \varphi = \dfrac{6\pi G M}{c^2 a (1-\varepsilon^2)} \bigg/ \text{Umlauf}$

Zur Bestimmung der Trajektorie des Lichtes dient die folgende Differentialgleichung:

$$\frac{d^2}{d\varphi^2}\left(\frac{1}{r}\right) + \frac{1}{r} = \frac{3}{c^2} G \frac{M}{r^2}.$$

Die Lösung ergibt eine Ablenkung des Lichtstrahles in starken Gravitationsfeldern *(Abbildung 5.2—27)*:

$$\delta = \frac{4G}{c^2} \frac{M}{r}.$$

Der Ausdruck (1) weist auch darauf hin, daß die Uhren in Gravitationsfeldern langsamer gehen. Dementsprechend verändert sich die Frequenz eines Schwingungen ausführenden Systems, und zwar um die Größe

$$\frac{\Delta \nu}{\nu} = \frac{1}{c^2}\left[\Phi\left(r_{Emission}\right) - \Phi\left(r_{Beobachtung}\right)\right].$$

Dieser Effekt manifestiert sich in der Rotverschiebung der Spektrallinien.

Mit Hilfe des Mößbauereffektes kann diese Rotverschiebung mit großer Präzision gemessen werden. Ganz kleine Änderungen des Gravitationspotentials – z. B. zwischen dem Fuße und der Spitze eines hohen Turmes – führen schon zu einer meßbaren Differenz. Die Potentialänderung ist in diesem Fall

$$\Phi_{Fu\beta} - \Phi_{Spitze} = GM\left(\frac{1}{R+H} - \frac{1}{R}\right) \approx -G\frac{M}{R^2} H;$$

und so erhalten wir für die Frequenzverschiebung

$$\frac{\Delta \nu}{\nu} = -\frac{GM}{c^2} \frac{H}{R^2}.$$

(Hier bedeuten R den Halbmesser der Erde und H die Turmhöhe.)

Das Grundpostulat der allgemeinen Relativitätstheorie lautet – wie wir gesehen haben –, daß alle Bezugssysteme für die Formulierung der Naturgesetze gleichwertig sind, welches auch ihr Bewegungszustand sein mag. Bei beschleunigten Systemen können immer entsprechende Gravitationsfelder eingeführt werden; diese Möglichkeit wird durch die Gleichheit der trägen und der schweren Masse gewährleistet. Daher kann sich jeder Beobachter berechtigt fühlen, seine Beschreibung als richtig bzw. jeder anderen gleichberechtigt zu betrachten. So kann z. B. ein irdischer Beobachter die Bewegung der Himmelskörper wie die der Sonne und der Planeten richtig darstellen, auch wenn er die ruhende Erde als Bezugssystem wählt. In ihrem Werk *The Evolution of Physics* drückten EINSTEIN und INFELD diese Tatsache in prägnanter Form aus: Der alte Streit zwischen KOPERNIKUS und PTOLEMÄUS zerfällt in nichts, da beide recht haben.

sche Mechanik der Forderung der Kausalität in dem betrachteten Falle nicht wirklich, sondern nur scheinbar Genüge leistet, indem sie die bloß fingierte Ursache R_1 für das beobachtbare verschiedene Verhalten der Körper S_1 und S_2 verantwortlich macht.

Eine befriedigende Antwort auf die oben aufgeworfene Frage kann nur so lauten: Das aus S_1 und S_2 bestehende physikalische System zeigt für sich allein keine denkbare Ursache, auf welche das verschiedene Verhalten von S_1 und S_2 zurückgeführt werden könnte. Die Ursache muß also *außerhalb* dieses Systems liegen. Man gelangt zu der Auffassung, daß die allgemeinen Bewegungsgesetze, welche im speziellen die Gestalten von S_1 und S_2 bestimmen, so sein müssen, daß das mechanische Verhalten von S_1 und S_2 ganz wesentlich durch ferne Massen mitbedingt werden muß, welche wir nicht zu dem betrachteten System gerechnet hatten. Diese fernen Massen (und ihre Relativbewegungen gegen die betrachteten Körper) sind dann als Träger prinzipiell beobachtbarer Ursachen für das verschiedene Verhalten unserer betrachteten Körper anzusehen; sie übernehmen die Rolle der fingierten Ursache R_1. Von allen denkbaren, relativ zueinander beliebig bewegten Räumen R_1, R_2 usw. darf a priori keiner als bevorzugt angesehen werden, wenn nicht der dargelegte erkenntnistheoretische Einwand wieder aufleben soll. *Die Gesetze der Physik müssen so beschaffen sein, daß sie in bezug auf beliebig bewegte Bezugssysteme gelten.* Wir gelangen also auf diesem Wege zu einer Erweiterung des Relativitätspostulates.

EINSTEIN: *Die Grundlage der allgemeinen Relativitätstheorie.* Annalen der Physik, Folge 4, B 49 (1916) S. 771 f.

Zitat 5.2—8
Die „Pilgrim Fathers" der wissenschaftlichen Einbildungskraft, wie sie heute existiert, sind die großen Tragödiendichter des alten Athens: *Aischylos, Sophokles, Euripides*. Ihre Vision des Schicksals: erbarmungslos und gleichgültig, ein tragisches Ereignis zu seinem unausweichbaren Ausgang drängend, ja, eine solche Vision besitzen auch die Wissenschaftler. Die Rolle des Schicksals der griechischen Tragödie wird von der Ordnung der Natur im modernen Denken übernommen. Die rege Anteilnahme an einem individuellen heroischen Ereignis, das wir als ein Beispiel und eine Verifizierung des Wirkens des Schicksals hinnehmen, erscheint in unserer Epoche als die Konzentrierung unseres Interesses auf die entscheidenden Experimente. Ich hatte das Glück an der Sitzung der Königlichen Gesellschaft teilzunehmen, als der Astronomer Royal of England verkündete, daß die photographischen Platten der berühmten Sonnenfinsternis – nachdem sie von seinen Kollegen im Greenwich-Observatorium ausgewertet wurden – *Einsteins* Voraussage über die Krümmung der Lichtbahnen in der Nähe der Sonne bestätigt hätten. Die Atmosphäre der gespannten Aufmerksamkeit war genau die eines griechischen Dramas: Wir bildeten den Chor, der das Walten des Schicksals kommentierte, welches sich in der Entfaltung eines erhabenen Geschehnisses manifestiert. An den Äußerlichkeiten war auch etwas Dramatisches: die traditionelle Zeremonie und *Newtons* Bild im Hintergrund, um uns daran zu erinnern, daß die größte aller wissenschaftlichen Verallgemeinerungen jetzt nach mehr als zwei Jahrhunderten ihre erste Abänderung erleiden mußte.

A. N. WHITEHEAD: *Science and the modern World.* 1925, p. 17

Abbildung 5.2—26
Zwei charakteristische Faksimileseiten aus den Artikeln von *Einstein* und *Hilbert,* in denen die Grundgleichung der allgemeinen Relativitätstheorie begründet wird. Man sieht, daß *Hilbert* *Einsteins* Verdienst an der Anregung der Grundideen voll anerkennt

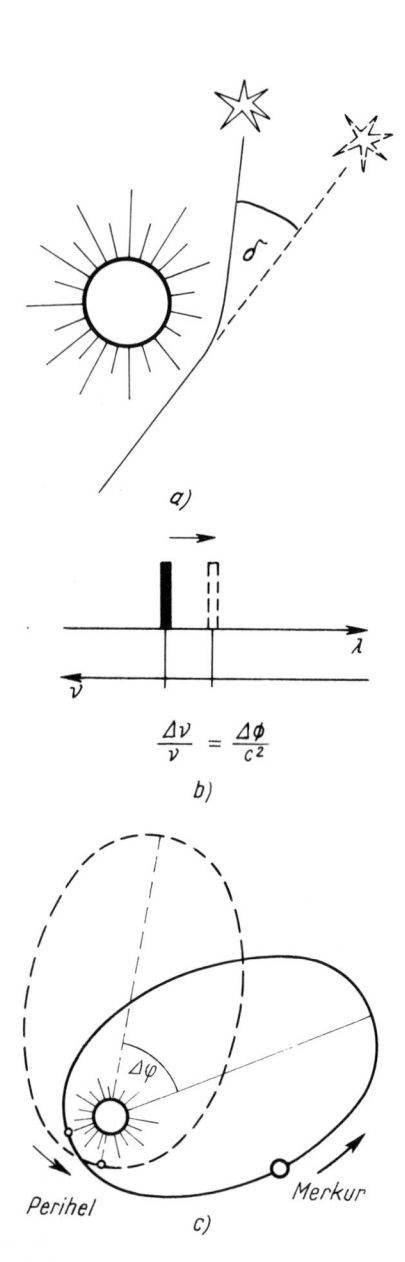

Abbildung 5.2—27
Die Stärke der allgemeinen Relativitätstheorie besteht in ihrer Folgerichtigkeit, ihrer inneren Kohärenz und ästhetischen Schönheit. Hier sind nun drei konkrete empirische Fakten dargestellt, die zur Zeit nur durch die allgemeine Relativitätstheorie befriedigend und auch quantitativ erklärbar sind: *a)* die Krümmung von Lichtstrahlen in starken Gravitationsfeldern; *b)* die Rotverschiebung der Spektrallinien in starken Gravitationsfeldern; *c)* die Perihelbewegung des Planeten Merkur

Wir möchten uns — anknüpfend an das oben Gesagte — zu den Hoffnungen vieler Laien, aber auch mancher Physiker äußern, einmal doch noch zur alten, dem „gesunden Menschenverstand" entsprechenden Betrachtungsweise zurückkehren zu können. Diese Hoffnungen sind aber eitel. Die Gleichberechtigung des „alten" Ptolemäischen und des „neuen" Kopernikanischen Weltbildes geben Anlaß zur Annahme, daß es sich hier auch im wesentlichen um die Rehabilitierung einer alten Theorie handle. Stellen wir uns aber vor, Kardinal BARBERINI, der Vorsitzende der Kommission der Heiligen Inquisition im Falle GALILEI, hätte irgendwie Kenntnis erlangt vom oben angegebenen Satz der allgemeinen Relativitätstheorie. Hätte er nun GALILEI ironisch vorhalten können, aller Streit, alle Listen seien überflüssig gewesen, da die Nachwelt ohnehin beiden Parteien recht gäbe? Nun, hätte BARBERINI die Möglichkeit gehabt, ein Buch über die allgemeine Relativitätstheorie durchzublättern, und wäre er fähig gewesen zu ermessen, was der Preis für die Deklaration der Gleichberechtigung wäre — nämlich die

Einführung einer vierdimensionalen Mannigfaltigkeit, in welcher Zeit und Raum fast untrennbar verschmolzen sind usw. — wäre ihm sicher jedes spöttische Lächeln vergangen und in bestürzter Überzeugung hätte er wohl zugeben müssen, daß ihm da doch die Galileische Auffassung lieber sei.

5.3 Die Quantentheorie

5.3.1 Die schwarze Strahlung in der klassischen Physik

Allgemein wird die Relativitätstheorie nicht so sehr als erste Errungenschaft der modernen Physik des 20. Jahrhunderts, sondern als Abschluß der klassischen Physik angesehen. Die Relativitätstheorie hat in der Tat den Charakter der physikalischen Gesetze in ihrem Wesen nicht verändert. Sie legt mit ihrer Forderung nach Invarianz der physikalischen Gesetze gegenüber Lorentz-Transformationen eine allgemeine Bedingung fest, der alle Gesetze genügen müssen. Die Maxwellschen Gleichungen genügen von sich aus dieser Forderung und werden von der Relativitätstheorie nicht berührt. Auch im Rahmen der Relativitätstheorie liefern Differentialgleichungen eindeutige raumzeitliche Vorschriften für die Beschreibung der physikalischen Erscheinungen. Auf den klassischen Charakter der Relativitätstheorie weist auch der Umstand hin, daß sie — zumindest in der von EINSTEIN gegebenen Ableitung — die folgerichtige Verwirklichung eines philosophischen Prinzips ist; dieses philosophische Prinzip ist aber ein typisches Produkt des 19. Jahrhunderts und läßt sich bis auf LEIBNIZ zurückführen. Mit einiger Übertreibung können wir sogar feststellen, daß die Relativitätstheorie nicht so sehr auf physikalische Erkenntnisse, als auf kritische erkenntnistheoretische Erwägungen zurückgeht. Bei der Quantentheorie und der Quantenmechanik ist die Situation völlig anders. Experimentell erhaltene Ergebnisse haben zu ihrer Beschreibung eine mathematische Theorie neuen Typs erzwungen, und aus dieser neuen mathematischen Form hat sich dann zwangsläufig auch eine völlig neue philosophische Deutung der Vorgänge im atomaren Bereich ergeben.

Anders als bei der Relativitätstheorie kann man bei der Quantentheorie nahezu auf den Tag genau sagen, wann der Grundgedanke der Theorie zum ersten Mal geäußert wurde. Aus unserer heutigen Sicht könnte man meinen, die Physiker der Jahrhundertwende hätten auf einem kürzeren Weg zu den Gesetzen der Quantenerscheinungen gelangen können: Die Natur gibt uns — so wissen wir heute — mit den Linienspektren einen direkten Hinweis auf die Existenz wohldefinierter, diskreter Energiezustände im Bereich der Mikrosysteme. Die Physiker in der zweiten Hälfte des 19. Jahrhunderts konnten sich aber sehr wohl vorstellen, daß sich die diskreten Linien aus der Strahlung von Oszillatoren mit festen Eigenfrequenzen ergeben und kein innerer Zusammenhang zwischen der Energie eines solchen Oszillators und der Frequenz der Strahlung besteht.

Auf *Abbildung 5.3 − 1* sind die Physiker der Jahrhundertwende — die Begründer und Förderer der Quantentheorie und der Relativitätstheorie — zu sehen.

In der *Abbildung 5.3 − 2* sind der Weg, auf dem die Quantentheorie entstanden ist, sowie die Relationen zwischen den experimentellen Ergebnissen und den daraus hergeleiteten theoretischen Vorstellungen dargestellt. Wir sehen, daß die Linienspektren lediglich für die Herleitung der Bohrschen Theorie (1913) und später vor allem für die Ableitung der Heisenbergschen Gleichungen (1925) von entscheidender Bedeutung gewesen sind. Wir sehen weiter, daß die Begriffe diskretes Energieelement oder Energiequant sowie die Aussage von der Proportionalität der Energie zur Frequenz, d. h. der grundlegende Zusammenhang $E = h\nu$, zum ersten Mal bei der Planckschen Untersuchung der Strahlung des schwarzen Körpers aufgetreten sind (*Abbildung 5.3 − 3*).

Da die schwarze Strahlung sowohl von fachlichem als auch von physikgeschichtlichem Interesse ist, wollen wir uns im folgenden etwas ausführlicher mit ihr beschäftigen.

Unter Verwendung des zweiten Hauptsatzes der Thermodynamik ist es KIRCHHOFF in den Jahren 1859 und 1860 gelungen, einen einfachen und für

Zitat 5.2 − 9

Einstein arbeitete fast vier Jahrzehnte hindurch, ganz bis zu seinem Tode im Jahre 1955 an der sogenannten „einheitlichen Feldtheorie", d.h. an einer Theorie, welche das elektromagnetische Feld und das Schwerefeld auf einer gemeinsamen geometrischen Grundlage zu vereinheitlichen berufen wäre. Mit den Jahren erwies sich aber der Versuch als immer hoffnungsloser. Jedesmal, wenn *Einstein* neue Formeln herausbrachte, mit dem Anspruch, mit diesen das Rätsel der einheitlichen Theorie zu lösen, wurden komplizierte Tensorausdrücke auf der ersten Seite der *New York Times* und anderer Zeitungen in der ganzen Welt veröffentlicht. Es hat sich aber immer wieder herausgestellt, daß die angegebenen Formeln unfähig sind, den Erwartungen zu entsprechen; dann war es still bis zur nächsten Offenbarung.

Die theoretischen Physiker, alte und junge, haben allmählich kein Vertrauen mehr in die Möglichkeit, daß das elektromagnetische Feld rein geometrisch interpretierbar sei. Es wäre natürlich prachtvoll, wenn eine solche Interpretation verwirklicht werden könnte; die Natur läßt sich aber leider nicht dazu zwingen, was ihr nicht paßt. Andererseits machte die Physik große Fortschritte auf den neuentdeckten Gebieten. So haben neben dem klassischen Gravitationsfeld und neben dem elektromagnetischen Feld die durch die Quantenmechanik eingeführten neuen Felder ihren festen Platz in der Naturwissenschaft errungen. Wenn eine reine geometrische Interpretation des elektromagnetischen Feldes möglich wäre, so müßten wir auch die Mesonen-Felder, Hyperonen-Felder und andere neue Felder dieser Interpretation unterwerfen, um behaupten zu können: Physik ist nichts anderes als Geometrie. *Einstein* selbst wurde immer empfindlicher, wenn von seiner These die Rede war, und war immer weniger gewillt, diese Probleme mit anderen Physikern zu diskutieren. Er hat während seines Besuches in Großbritannien zu Beginn der dreißiger Jahre einen Vortrag gehalten über die einheitliche Feldtheorie. Aber es war in einer Mädchenschule in Nordengland; die schwarze Schultafel, vollgeschrieben mit komplizierten Tensorformeln, wurde von den Schulbehörden aufbewahrt. Hingegen lehnte er es ab, in Cambridge zu sprechen.

Seine Aufmerksamkeit widmete er immer mehr und mehr den Problemen des Zionismus und des Weltfriedens; aber seine wissenschaftliche Agilität blieb so scharf wie immer.
GAMOW: *Biography of Physics*. 1961, pp. 207, 208

Abbildung 5.3–1
Erster Solvay-Kongreß 1911 in Brüssel (der Name des Kongresses geht auf den belgischen Industriellen *Ernest Solvay* zurück, dessen Stiftung die Konferenzkosten deckte. *Solvay* ist auf der Photographie zu sehen): Gegenstand der Konferenz war das Plancksche Strahlungsgesetz für schwarze Körper und damit der „Ursprung" der Quantentheorie. Die meisten zur Jahrhundertwende führenden Physiker waren sowohl an der Ausarbeitung der Relativitätstheorie als auch der Quantentheorie beteiligt, und wir finden auf diesem Bild die Hauptvertreter beider Themenkomplexe.

Ein solches Gruppenbild regt unwillkürlich die Phantasie des Betrachters an. In seinen Porträts (oder heutzutage Photographien) sucht ein Künstler, ob Maler oder Photograph, den Wissenschaftler meist nach dem Bilde zu formen, das er sich von ihm macht und das in der öffentlichen Meinung weitverbreitet ist. So begegnen wir auf dem einen Porträt einem weisen, allwissenden und gütigen Menschen, auf dem anderen einem starken Willen und auf dem dritten schließlich einem weltfremden Gelehrten, der ganz in seinen Ideen aufgeht. Bei all diesen Porträts liegt die Betonung auf der Relation zwischen Wissenschaft und Wissenschaftler, während die Beziehungen unter den Wissenschaftlern und ihre Stellung in der Gesellschaft in den Hintergrund geraten. Schauen wir uns nun aber einmal das Gruppenbild an! Was denkt *Einstein* über den vor ihm sitzenden *Poincaré*, der gerade mit einem schlauen Lächeln *Mme Curie* eine besonders verblüffende Lösung irgendeines Paradoxons erklärt. Die sonst recht willensstarke *Mme Curie* ist aber offensichtlich ermüdet und muß sich mit ihrer ganzen Kraft auf das Zuhören konzentrieren, während ihre Gedanken vielleicht immer in die Ferne zu ihren zu Hause allein gelassenen zwei Töchtern schweifen. Seit sechs Jahren ist *Mme Curie* bereits Witwe, und sie ist natürlich nicht nur eine Wissenschaftlerin und Mutter, sondern auch eine Frau. *Hasenöhrl* (1874–1915) schaut mit berechtigtem Stolz in die Welt; gerade in diesem Jahr (1911) hat er vermutet, daß es einen Zusammenhang zwischen Phasenintegral und Quantenzustand geben müsse, und über seine Ergebnisse zur Äquivalenz von Masse und Energie werden wir noch sprechen. *Hasenöhrl* kann auch zu Recht stolz sein auf seine hervorragenden Vorlesungen an der Universität Wien, die er als Nachfolger *Boltzmanns* zu halten hat, sowie auf seine ausgezeichneten Schüler (ge-

Strahlungsuntersuchungen grundlegenden Zusammenhang zwischen dem Emissions- und dem Absorptionsvermögen der Körper abzuleiten. Das Kirchhoffsche Gesetz sagt aus: Der Quotient aus der von einem Körper pro Zeiteinheit und Flächeneinheit ausgesandten Strahlungsenergie e und dem Absorptionsvermögen a ($0 \leq a \leq 1$) dieses Körpers ist von der stofflichen Beschaffenheit des Körpers unabhängig und stellt nur eine von der Temperatur des Körpers und der Frequenz der Strahlung abhängige Funktion dar. Der Quotient e/a ist somit für gegebene Werte der Temperatur und Frequenz für alle Körper konstant. Werden für mehrere Körper die Emissionsvermögen $e_1, e_2, \ldots e_n$ und die Absorptionsvermögen $a_1, a_2, \ldots a_n$ bestimmt, dann erhält man also

$$\frac{e_1}{a_1} = \frac{e_2}{a_2} = \ldots$$

Diese einfache Gesetzmäßigkeit läßt sich leicht an einem Beispiel veranschaulichen. Strahlt ein Körper bei einer gegebenen Temperatur und Frequenz im Vergleich zu anderen Körpern sehr stark, dann muß dieser Körper auch einen relativ großen Anteil der auf ihn auftreffenden Strahlung absorbieren. Zum Beweis dieses Gesetzes wurde von KIRCHHOFF gezeigt, daß bei

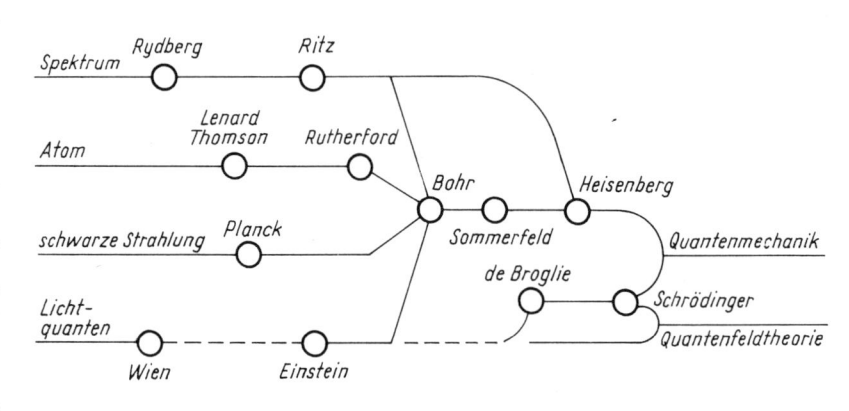

Abbildung 5.3–2
Die Hauptetappen auf dem Wege zur Erkenntnis der Mikrowelt (nach HUND [5.13])

einem Nichterfülltsein eine Vorrichtung konstruiert werden könnte, mit deren Hilfe sich im Widerspruch zum zweiten Hauptsatz der Thermodynamik eine Wärmemenge von einem kälteren auf einen wärmeren Körper übertragen ließe.

An dieser Stelle wird die besondere Bedeutung des absolut schwarzen Körpers ersichtlich. Als absolut schwarz bezeichnen wir einen Körper dann, wenn er die gesamte auf ihn auffallende Strahlung absorbiert und sein Absorptionsvermögen folglich $a = 1$ gesetzt werden kann. Damit ergibt sich aus der obigen Beziehung

$$\frac{e_1}{a_1} = \frac{e_2}{a_2} = \ldots = \frac{e_{schwarz}}{1} = e_{schwarz},$$

d. h., der Quotient aus dem Emissions- zum Absorptionsvermögen eines beliebigen Körpers ist gleich dem *Emissionsvermögen* des schwarzen Körpers. Nach dem oben Gesagten sind die Quotienten e/a unabhängig von *irgendwelchen Materialkonstanten* der untersuchten Körper, so daß dem *Strahlungsgesetz des schwarzen Körpers* eine *universelle Bedeutung* zukommt, von der sich auch PLANCK bei seinen Untersuchungen hat leiten lassen *(Zitat 5.3 – 1)*. Es wurde bald erkannt, daß die schwarze Strahlung in einem Hohlraum mit metallischen Wänden (aus Platin-Iridium) realisiert ist. Wird die Hohlraumwandung auf einer festen Temperatur gehalten, dann bildet sich im Hohlraum die schwarze Strahlung aus. Bringt man in der Hohlraumwandung eine so kleine Öffnung an, daß das Strahlungsgleichgewicht nicht gestört wird, dann kann die durch diese Öffnung emittierte Strahlung in sehr guter Näherung als schwarze Strahlung angesehen werden *(Abbildung 5.3 – 4a)*. Ein sehr einfacher und aus geometrischen Betrachtungen heraus verständlicher Zusammenhang existiert zwischen der Energiedichte der Strahlung im Hohlraum und der Intensität der aus der Hohlraumöffnung emittierten Strahlung. Beide sind zueinander proportional, es ist leicht einzusehen, daß die Proportionalitätskonstante die Geschwindigkeit c enthält, mit der sich die Energie ausbreitet. Es ist somit

$$B_\nu = \frac{c}{4\pi} u_\nu,$$

wobei sich der Faktor $1/4\pi$ aus den erwähnten geometrischen Überlegungen ergibt. In dieser Formel ist $u_\nu = u_\nu(\nu, T)$ die auf Frequenz- und Volumeneinheit bezogene Energiedichte der Strahlung im Hohlraum. $B_\nu(\nu, T)$ ist die pro Flächeneinheit der Hohlraumöffnung senkrecht zu dieser strahlenden Öffnung in die Raumwinkeleinheit emittierte Strahlungsleistung.

Der nächste bedeutende Fortschritt bei der Erkenntnis der Gesetzmäßigkeiten der schwarzen Strahlung ist mit dem Aufstellen des *Stefan-Boltzmannschen Gesetzes* gelungen. STEFAN hat 1879 Messungen von TYNDALL analysiert und dabei festgestellt, daß ein Probekörper bei einer Temperatur von 1473 K eine 11,7mal größere Energie abstrahlt als bei einer Temperatur von 798 K. STEFAN hat bemerkt, daß

$$11{,}7 \approx \left(\frac{1473}{798}\right)^4$$

ist und daraus den Schluß gezogen, daß die von einem schwarzen Körper abgestrahlte Gesamtenergie zur vierten Potenz der Temperatur proportional ist, d. h.

$$E = \sigma T^4.$$

σ wird als *Stefan-Boltzmann-Konstante* bezeichnet. Bemerkenswert ist, daß die von TYNDALL bei seinen Messungen verwendeten Körper nicht einmal annähernd als schwarze Körper angesehen werden können und daß sich der Quotient 11,7 bei späteren Messungen als völlig unzutreffend herausgestellt hat. Der wahre Meßwert liegt bei 18,6. Die fehlerhafte Messung hat aber zu ihrer Zeit gute Dienste geleistet und STEFAN zur Erkenntnis des richtigen Gesetzes verholfen. BOLTZMANN verdanken wir die strenge thermodynamische Begründung des Gesetzes. Wir haben bereits weiter oben betont, daß die Gesetze der makroskopischen Thermodynamik von den Modellannahmen über den mikroskopischen Aufbau der Materie unabhängig sind. So bleiben sie unverändert auch in der Quantenphysik gültig, ja sie können

rade ein Jahr zuvor, 1910, hat *Schrödinger* bei ihm sein Studium beendet und ist Assistent am Nachbarlehrstuhl geworden). Vier Jahre später sollte *Hasenöhrl* dann an der italienischen Front fallen.

Auf dem Bild sehen wir auch einen Generationsgegensatz, denn die jüngeren Physiker haben zwar noch einen Schnurrbart, aber doch ein glattrasiertes Kinn. *Jeans*, dem wir im weiteren noch begegnen werden, sieht mit seinem glatten Gesicht und seinem Schlips so aus, als hätte er sich aus den fünfziger Jahren hierher verirrt.

Unter dem Bild sind zwei, den heutigen Physikern bekannte Namen, *Brillouin* und *de Broglie* zu lesen, hinter denen sich jedoch nicht die vermuteten Personen verbergen: *Marcel Brillouin* ist der Vater von *Léon Brillouin* (1889 – 1969), auf den die Theorie der Energiezonen in den festen Körpern zurückgeht.

Maurice de Broglie ist der ältere Bruder von *Louis de Broglie,* der den Begriff der Materiewelle eingeführt hat. Für letzteren (damals neunzehnjährigen) ist die Konferenz von entscheidender Bedeutung gewesen (siehe Text zur Abbildung 5.3 – 19).

Auch für *Kamerlingh-Onnes* ist das Jahr 1911 ein bedeutendes Jahr, denn in ihm hat er in seinem damals bereits weltberühmten Tieftemperaturlabor das Phänomen der Supraleitung entdeckt. Von uns werden häufig zu Unrecht Experimentalphysiker wie *Knudsen* (1871 – 1948) oder *Emil Warburg* (1846 – 1941) vergessen. *Knudsen* hat das nach ihm benannte Manometer erfunden und die Gasströmungen bei sehr geringen Drücken untersucht; *Warburg* hat die Hystereseerscheinungen bei ferromagnetischen Stoffen entdeckt und die Hystereseverluste in einen Zusammenhang mit der Fläche der Hystereseschleife gebracht. Schließlich ist auf dem Bild noch *Paul Langevin* (1872 – 1946) zu sehen, dessen Aktivität nicht nur der französischen, sondern der gesamten europäischen Physik – über seine konkreten physikalischen Forschungsergebnisse (Eigenschaften ionisierter Gase; Zusammenhang zwischen Beweglichkeit und Rekombination; die nach ihm benannte Theorie der Paramagnetika) hinaus – zugute kam. Von ihm stammt z. B. das Zwillings-Paradoxon. Die Rolle *Langevins* ist mit der von *Paul Ehrenfest* vergleichbar, der ebenfalls keine so überragenden persönlichen Ergebnisse erzielt hat, die ihm zu einer größeren internationalen Anerkennung oder zu einem Nobelpreis verholfen hätten

Zitat 5.3 – 1
Was mich zu meiner Wissenschaft führte und von Jugend auf für sie begeisterte, ist die durchaus nicht selbstverständliche Tatsache, daß unsere Denkgesetze übereinstimmen mit den Gesetzmäßigkeiten im Ablauf der Eindrücke, die wir von der Außenwelt empfangen, daß es also dem Menschen möglich ist, durch reines Denken Aufschlüsse über jene Gesetzmäßigkeiten zu gewinnen. Dabei ist von wesentlicher Bedeutung, daß die Außenwelt etwas von uns Unabhängiges, Absolutes darstellt, dem wir gegenüberstehen, und das Suchen nach den Gesetzen, die für dieses Absolute gelten, erschien mir als die schönste wissenschaftliche Lebensaufgabe.
PLANCK [5.14] Bd. III, S. 374

Abbildung 5.3–3
MAX PLANCK (1858–1947): Studium der Physik in München und Berlin. 1879 – Dissertation zum Themenkreis des zweiten Hauptsatzes der Thermodynamik. Nach Aufenthalten in München und Kiel 1889 Berufung nach Berlin als Nachfolger von *Kirchhoff*. *Plancks* wichtigste Leistung ist die Ableitung der Strahlungsformel für die Strahlung des schwarzen Körpers, die zur Entdeckung der Energiequantelung geführt hat (1900). Die weitere Entwicklung der Quantentheorie hat er mit einigen Vorbehalten verfolgt, am Ausbau der Relativitätstheorie jedoch mit größter Intensität teilgenommen (1907 – relativistische Kinematik, genaue Formulierung der Energie-Masse-Äquivalenz). Mit seinem fünfbändigen Werk *Einführung in die theoretische Physik* (1916–1932) hat er weltweit zur gediegenen Ausbildung junger Physiker beigetragen.

Plancks Privatleben wurde von einer Reihe tragischer Ereignisse überschattet. Einer seiner Söhne fiel im ersten Weltkrieg, seine Zwillingstöchter starben bald darauf, und sein zweiter Sohn wurde wegen der Teilnahme am Attentat auf *Hitler* hingerichtet. Zum Kriegsende wurde sein Haus mit unersetzlichen wissenschaftshistorischen Werten ein Raub der Flammen. Seine Gewissenhaftigkeit und Ordnungsliebe sowie seine ihm anerzogene Loyalität gegenüber den preußischen Traditionen und der Staatsmacht konnten ihn nicht daran hindern, revolutionär neue Ideen hervorzubringen, sowie unter schwieriger Bedingungen seine aufrechte menschliche Haltung zu beweisen. Aus seiner Autobiographie wollen wir den folgenden, nachdenklich stimmenden Abschnitt zitieren:

Eine neue wissenschaftliche Wahrheit pflegt sich nicht in der Weise durchzusetzen, daß ihre Gegner überzeugt werden und sich als bekehrt erklären, sondern vielmehr dadurch, daß die Gegner allmählich aussterben und die heranwachsende Generation von vornherein mit der Wahrheit vertraut gemacht ist.
PLANCK [5.14] Bd. III, S. 389

sogar zur Kontrolle der Richtigkeit von Beziehungen herangezogen werden, die in der Quantentheorie abgeleitet worden sind.

Auf der Grundlage der klassischen Physik ist es WIEN 1894 gelungen, ein weiteres Gesetz aufzustellen, dem eine Kontrollfunktion zuerkannt werden kann. WIEN hat dazu das folgende Gedankenexperiment ausgeführt: Stellen wir uns einen „mit schwarzer Strahlung angefüllten" Hohlraum vor, der von einem verspiegelten und beweglichen Kolben verschlosssen wird. Verringern wir mit Hilfe des Kolbens das Hohlraumvolumen langsam (adiabatisch), so nehmen Energieinhalt des Hohlraums und Temperatur zu, da vom Kolben eine Arbeit geleistet wird. Andererseits erleiden die Wellen bei ihrer Reflexion an dem sich bewegenden Kolben eine Frequenzänderung entsprechend dem *Doppler-Effekt*. Mit einer quantitativen Auswertung dieses Gedankens ist es WIEN gelungen, eine Aussage über die Abhängigkeit der spektralen Verteilung der Strahlung von der Temperatur zu finden. Das wichtigste Ergebnis des Gedankenversuches kann anhand der *Abbildung 5.3–4 b* verstanden werden, in der die Intensität der emittierten Strahlung als Funktion der Wellenlänge dargestellt ist. Die Intensitätsverteilung hat bei einer bestimmten Wellenlänge ein Maximum, wobei die Lage des Maximums von der Temperatur im Hohlraum abhängt. Das Wiensche Verschiebungsgesetz sagt aus, daß das Produkt aus der Wellenlänge λ_m, bei der die Intensität ihren Maximalwert erreicht, und der Temperatur T eine Konstante ist:

$$\lambda_m T = \text{const.}$$

Aus diesem Gesetz folgt eine Verschiebung des Maximums der Intensitätsverteilung mit wachsender Temperatur zu kürzeren Wellenlängen hin, daher der Name *Wiensches Verschiebungsgesetz*.

WIEN ist aus diesen Erwägungen heraus zu der wichtigen Feststellung gelangt, daß die spektrale Verteilungsfunktion die Form

$$u_v = v^3 F\left(\frac{v}{T}\right) \tag{1}$$

haben muß. Einen expliziten Ausdruck für die Funktion $F(v/T)$ konnte WIEN mit Hilfe lediglich thermodynamischer Überlegungen nicht erhalten. Die Formel (1) hat jedoch auch so eine sehr große Bedeutung. Zum einen kann man aus ihr das Verschiebungsgesetz mit Hilfe einer einfachen Differentiation erhalten, und zum anderen hat sie bei den Physikern, so auch bei PLANCK, den Wunsch geweckt, ein Gesetz dieser Form abzuleiten.

5.3.2 Planck: Die Entropie weist den Weg zur Lösung

Mit dem Wienschen Verschiebungsgesetz war die letzte allgemeingültige Aussage, die von der klassischen Physik her abgeleitet werden konnte, gefunden worden. Weitergehende Versuche haben dann keine allgemeingültigen Resultate mehr erbracht. So hat WIEN 1896 noch selbst versucht, die in der Beziehung (1) auftretende Funktion $F(v/T)$ zu bestimmen. Er hat dazu bereits mikrophysikalische Vorstellungen herangezogen, und so ist es verständlich, daß das erzielte Ergebnis nur einen beschränkten Gültigkeitsbereich hat. Im einzelnen hat WIEN angenommen, daß irgendein Zusammenhang zwischen dem Strahlungsgesetz und der Maxwellschen Geschwindigkeitsverteilung existieren müsse, wobei die Geschwindigkeit durch eine nur von der Frequenz abhängige Größe ersetzt werden sollte. Er hat im weiteren gefordert, daß das abzuleitende Gesetz die Form der Gleichung (1) haben soll und so schließlich das Wiensche Strahlungsgesetz in der expliziten Form

$$u_v = \alpha v^3 e^{-\frac{\beta v}{T}} \tag{2}$$

erhalten.

Selbst PLANCK war der Meinung, daß dieses Wiensche Gesetz richtig sei, und es schien so, als ob auch die Messungen seine Richtigkeit bestätigten. PLANCKS Bemühungen in den Jahren 1897 bis 1899 waren darauf gerichtet, dem Wienschen Strahlungsgesetz ein besseres theoretisches Fundament zu geben, als es WIEN gelungen war. PLANCK hat dazu zunächst unterstellt, daß jeder Hohlraum unabhängig von der Beschaffenheit der

Hohlraumwandung von schwarzer Strahlung angefüllt ist und aus dieser Annahme die Berechtigung hergeleitet, für die Substanz der Hohlraumwandung ein sehr einfaches Modell zu benutzen. Danach soll die Wandung aus Oszillatoren mit der Eigenfrequenz v, d. h. aus positiven und negativen Ladungen, die mit elastischen Kräften aneinander gekoppelt sind, aufgebaut sein. Die Strahlung der Oszillatoren und ihre Wechselwirkung mit dem Strahlungsfeld sollen durch die Gesetze der Elektrodynamik beschrieben werden.

Dieses von PLANCK entwickelte Modell enthält zwar keine völlig neuen Konzeptionen, es ist aber insofern bemerkenswert, als hier die Ergebnisse der zu dieser Zeit gerade erst entstandenen Hertzschen Theorie der elektromagnetischen Wellen auf ein völlig neues Problem angewendet worden sind. Mit seinem Modell hat PLANCK den Zusammenhang

$$u_v = \frac{8\pi v^2}{c^3} U(v, T) \qquad (3)$$

zwischen der Energiedichte der Strahlung und der mittleren Energie der Oszillatoren in der Hohlraumwandung abgeleitet. Die Beziehung (3) ist so zu verstehen, daß das elektrische Feld der Strahlung bei seiner Wechselwirkung mit den Oszillatoren diese auf unterschiedliche Weise anregt. Im Gleichgewichtszustand hat ein Teil der Oszillatoren größere, ein anderer wieder kleinere Amplituden, wobei die Verteilung der Amplituden von der Zeit unabhängig und fest vorgegeben ist. Addieren wir die Energien aller Oszillatoren und dividieren durch ihre Zahl, so erhalten wir die mittlere Energie pro Oszillator $U(v, T)$.

An dieser Stelle wollen wir für einen Moment innehalten. Ein sehr allgemeines Gesetz der klassischen Statistik, *der Gleichverteilungssatz*, bietet sich hier geradezu zu seiner Anwendung an. Nach dem Gleichverteilungssatz kommt auf jeden Freiheitsgrad die mittlere kinetische Energie $(1/2)\,kT$, so daß wir für den Oszillator

$$U(v, T) = kT$$

erhalten, wobei wir berücksichtigt haben, daß beim harmonischen Oszillator die mittlere kinetische Energie gleich der mittleren potentiellen Energie ist. Für die Energiedichte der Strahlung ergibt sich dann

$$u_v = \frac{8\pi v^2}{c^3} kT.$$

PLANCK ist jedoch nicht diesen Weg gegangen. RAYLEIGH und JEANS haben im Juni 1900 das eben erwähnte Gesetz abgeleitet, welches deshalb auch als *Rayleigh-Jeans-Gesetz* bezeichnet wird. Im Unterschied zu unserer obigen Darstellung ist RAYLEIGH *(Abbildung 5.3–5)* jedoch nicht unter Verwendung der Gesetze der klassischen Elektrodynamik zu diesem Zusammenhang gelangt, sondern er hat lediglich die mögliche Zahl der stehenden Wellen in einem Hohlraum mit Frequenzen in einem infinitesimal kleinen Bereich in der Nähe der Frequenz v abgezählt. Wir wollen hier sofort hinzufügen, daß auch das Rayleigh-Jeans-Gesetz nicht allgemeingültig ist.

Kommen wir nun wieder auf PLANCKS Arbeiten zurück, die dieser ein Jahr vor der Aufstellung des Rayleigh-Jeans-Gesetzes ausgeführt hat. PLANCK wollte im Rahmen der makroskopischen Thermodynamik bleiben und deshalb seinen weiteren Untersuchungen die Entropie als die entscheidende Größe zugrunde legen *(Zitat 5.3–2 a)*. Zu dieser Zeit glaubte er immer noch an die Richtigkeit des unter (2) angegebenen Wienschen Gesetzes und versuchte, eine thermodynamische Ableitung für dieses Gesetz zu finden. Ohne weitere besondere Begründung hat er für die Entropie der Oszillatoren die Formel

$$S = \frac{U}{av} \ln \frac{U}{ebv} \qquad (4)$$

aufgeschrieben, (a, b sind Konstanten, $e = 2{,}7182$ die Basis der natürlichen Logarithmen), aus der sich dann tatsächlich unter Beachtung des thermodynamischen Zusammenhanges

$$\frac{\partial S}{\partial U} = \frac{1}{T}$$

sowie der Beziehung

$$u_v = \frac{8\pi v^2}{c^3} U$$

zwischen der Energiedichte im Hohlraum und der mittleren Energie pro Oszillator sofort das Wiensche Strahlungsgesetz ergibt. PLANCK hat aller Wahrscheinlichkeit nach die Formel für die Entropie erhalten, indem er den soeben beschriebenen Weg rückwärts gegangen ist und in

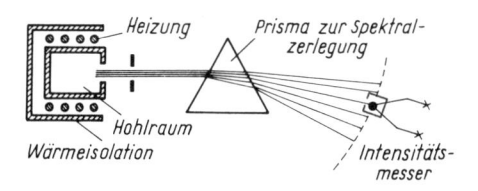

Abbildung 5.3–4a
Schema einer Vorrichtung zur Messung der Intensitätsverteilung der schwarzen Strahlung

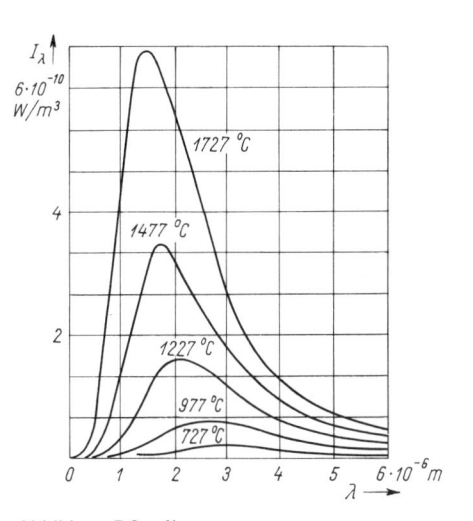

Abbildung 5.3–4b
Zum Wienschen Verschiebungsgesetz:
Der Entdecker des Gesetzes, *Wilhelm Wien* (1868–1928) – siehe auch Abbildung 5.3–1 – war zunächst Assistent bei *Helmholtz*. Nach 20 Jahren Lehramt in Würzburg wirkte er ab 1920 als Experimentalphysiker in München. *Wien* gehört zu den wenigen, die sowohl für die theoretische als auch für die Experimentalphysik von Bedeutung sind. Mit seinen Untersuchungen der Bewegung geladener Teilchen unter dem gleichzeitigen Einfluß elektrischer und magnetischer Felder hat er Grundlagen zur Massenspektrometrie gelegt und mit der Nachbeschleunigung der Kanalstrahlen (Ionenstrahlen) im Vakuum den Weg zu den Kernumwandlungen mittels Beschleunigern geebnet.

Wenn wir die obige Abbildung mit der Abbildung 5.3–6 vergleichen, dann sehen wir, daß der Kurvenverlauf in der Nähe des Maximums nur mit Hilfe der Quantentheorie verstanden werden kann. Es taucht dann natürlich sofort die Frage auf, wieso im Rahmen der klassischen Physik gerade über die Maximalwerte Aussagen getroffen werden können, die auch in der Quantenmechanik gültig bleiben. In dieser Form ist die Frage schon 1906 von *Paul Ehrenfest* formuliert und dann mit Hilfe der Adiabatenhypothese beantwortet worden.

Diese Hypothese gibt eine Anweisung, wie man im allgemeinen Fall die Größen auffinden kann, die in einem System der Quantisierung zu unterwerfen sind: Man suche nach Größen, die bei einer adiabatischen – d. h. im Verhältnis zu den inneren Bewegungen langsamen – Veränderung, bei der also die nacheinander folgenden Zustände des Systems Gleichgewichtszustände sind, konstant bleiben: Diese Größen sind zu quanteln. Das in Abschnitt 5.3.2 angeführte Gesetz $U = v\Phi(v/T)$ kann in die Form $U/v = \Phi(v/T)$ gebracht werden, wobei sowohl U/v als auch v/T adiabatische Invarianten des Systems sind. Diese Invarianten bleiben bei dem Gedankenversuch konstant, der zur Ableitung des Verschiebungsgesetzes herangezogen wird: Wenn die Energie im Ausgangszustand die quantisierten Werte $U = nh\nu$ hat, dann ist auch nach einer Verschiebung des Kolbens der Zusammenhang $U' = nh\nu'$ erfüllt.

Die Adiabatenhypothese kann an einem einfachen schwingungsfähigen System, dem Fadenpendel, veranschaulicht werden. Wir können hier den Systemparameter l (Pendellänge), der gemäß $\nu = \frac{1}{2\pi}\sqrt{g/l}$ die Frequenz festlegt, adiabatisch ändern, indem wir den Pendelfaden am Aufhängepunkt langsam auf eine Rolle mit einem sehr kleinen Radius aufwickeln. „Langsam" bedeutet hier, daß sich die Pendellänge im Verlaufe sehr vieler Schwingungen kaum ändern soll. Die Änderung der Pendellänge zieht eine Änderung der Eigenfrequenz, aber auch der Energie des Pendels nach sich, weil beim Aufwickeln eine Energie auf das Pendel übertragen wird. Haben Energie und Eigenfrequenz zu Beginn die Werte E_0 und ν_0 und zu einer beliebigen späteren Zeit die Werte E und ν, dann kann ziemlich einfach gezeigt werden, daß $E_0/\nu_0 = E/\nu$ gilt. Für das betrachtete System haben wir folglich eine adiabatische Invariante gefunden, die zu quantisieren ist: $E/\nu = nh$ oder $E = nh\nu$

Kenntnis des abzuleitenden Ergebnisses den Ansatz offenbar nach mehrmaligem Probieren zweckmäßig gewählt hat. Natürlich hat sich PLANCK mit der gefundenen Ableitung nicht zufrieden gegeben und das ganze Verfahren als vorläufig und völlig formal angesehen. Für PLANCK war die Kenntnis der zweiten Ableitung der Entropie nach der Energie von besonderer Bedeutung. Im Gleichgewichtszustand muß nämlich die Entropie maximal sein, und zur Bestimmung eines Maximums muß man die zweite Ableitung der untersuchten Größe kennen. Aus Gleichung (4) folgt sofort

$$\frac{\partial^2 S}{\partial U^2} = \frac{\text{konst.}}{U}.$$

In der Zwischenzeit waren aber auch die Experimentalphysiker nicht müßig gewesen. OTTO LUMMER (1860–1925), PRINGSHEIM, RUBENS, KURLBAUM und andere hatten das Strahlungsgesetz mit zunehmender Genauigkeit und in einem immer breiteren Frequenzbereich experimentell bestimmt. Anhand dieser Messungen konnte eindeutig die begrenzte Gültigkeit des Wienschen Gesetzes, das wir vielleicht besser als Wien-Plancksches Gesetz bezeichnen sollten, und zwar für große Frequenzen, nachgewiesen werden. Nach Bekanntwerden des Rayleigh-Jeans-Gesetzes wurde dann gezeigt, daß dieses Gesetz die Experimente nur bei kleinen Frequenzen richtig beschreibt *(Abbildung 5.3–6, Zitat 5.3–2 b)*.

Im Herbst 1900 stellte sich die Situation in bezug auf die schwarze Strahlung wie folgt dar:

Es existieren zwei auf theoretischem Wege hergeleitete Gesetze, das Wien-Planck-Gesetz und das Rayleigh-Jeans-Gesetz. Die theoretische Herleitung des *Wien-Planck-Gesetzes* ist problematisch, und eine Übereinstimmung mit den Experimenten wird nur bei hohen Frequenzen erreicht. Bei kleinen Frequenzen liefert das Gesetz ein stark von den Experimenten abweichendes Ergebnis, woraus zur damaligen Zeit eine *Infrarotkatastrophe* geschlußfolgert wurde.

Das *Rayleigh-Jeans-Gesetz* steht auf einer festeren theoretischen Grundlage, denn es stützt sich auf ein sehr allgemeines Prinzip der klassischen Statistik, den Gleichverteilungssatz. Das Gesetz beschreibt allerdings auch nur einen begrenzten Frequenzbereich richtig und führt zu einer *Ultraviolettkatastrophe*.

PLANCK hat, nachdem er vom Rayleigh-Jeans-Gesetz Kenntnis erhalten hatte, auch zu diesem Gesetz einen Ansatz für die Entropie konstruiert. Für uns ist an dieser Stelle nur von Interesse, daß die zweite Ableitung der Entropie für diesen Fall umgekehrt proportional zum Quadrat der Energie ist. Daraus ergibt sich folgendes Schema:

WIEN – PLANCK	RAYLEIGH – JEANS
$u_\nu = \alpha \nu^3 e^{-\frac{\beta\nu}{T}}$	$u_\nu = \frac{8\pi}{c^3}\nu^2 kT;$
$\frac{\partial^2 S}{\partial U^2} = \frac{\text{konst.}}{U};$	$\frac{\partial^2 S}{\partial U^2} = \frac{\text{konst.}}{U^2}$

$$\frac{\partial^2 S}{\partial U^2} = \frac{a}{U(U+b)}$$

Wie lassen sich nun beide Lösungen miteinander kombinieren, so daß sich ein im gesamten Frequenzbereich mit den Experimenten übereinstimmender Ausdruck ergibt? PLANCK hat, einem glücklichen Einfall folgend, dazu die zweiten Ableitungen der Entropie auf eine möglichst einfache Weise miteinander verbunden. Im obigen Schema ist die Interpolationsformel für die zweite Ableitung der Entropie angegeben. Wir sehen, daß sich aus ihr bei kleinen Werten von U der eine und bei großen Werten der andere Ausdruck für $\frac{\partial^2 S}{\partial U^2}$ ergibt.

Es gibt Meinungen, nach denen diese von PLANCK vorgenommene Interpolation die wichtigste in der Geschichte der Physik sei. Nach anderen kann diese Interpolation als Beginn der Entwicklung der Quantentheorie angesehen werden.

Abbildung 5.3–5
LORD RAYLEIGH, JOHN WILLIAM STRUTT (1842–1919): Studium der angewandten Mathematik und Physik in Cambridge bei *Stokes*. Hat überwiegend in seinem auf dem Lande gelegenen Privatlaboratorium gearbeitet, war aber von 1879 bis 1884 als Nachfolger von *Maxwell* auch Leiter des *Cavendish-Laboratoriums*. Der Hauptgegenstand seiner Forschungen war die Akustik (*The Theory of Sound*, 1878; 1879). 1904 Nobelpreis für die Entdeckung des Argons. Zu seinen bekannteren Ergebnissen zählt auch die Erklärung der blauen Farbe des Himmels mit Hilfe des Rayleighschen Streugesetzes: Die Streuintensität ist zur vierten Potenz der Wellenlänge umgekehrt proportional, und deshalb streut die Atmosphäre bevorzugt die blaue Komponente des weißen Sonnenlichts, die so in unsere Augen gelangt.

Bohr erwähnt *Rayleighs* Antwort auf die Aufforderung zu einer Stellungnahme hinsichtlich der Bohrschen Theorie: In meinen jungen Jahren hatte ich stark ausgeprägte Meinungen über viele Sachen; ich war z. B. fest überzeugt, daß ein Mensch, wenn er sein sechzigstes Jahr überschritten hat, sich nicht über moderne Gedanken äußern dürfe. Zwar muß ich aufrichtig eingestehen, daß ich heute an meinem damaligen Ansichten nicht so streng festhalte, doch streng genug, um an dieser Diskussion nicht teilzunehmen

Aus dem Zusammenhang

$$\frac{\partial S}{\partial U} = a' \ln \frac{U+b}{U}$$

erhalten wir mit Hilfe der bekannten thermodynamischen Beziehung

$$\frac{1}{T} = \frac{\partial S}{\partial U}$$

für die mittlere kinetische Energie der Oszillatoren den Ausdruck

$$U = \frac{b}{e^{\frac{1}{a'T}} - 1}.$$

Berücksichtigen wir weiter, daß wegen der Gleichungen (1) und (3) U die Form

$$U = \nu \Phi\left(\frac{\nu}{T}\right)$$

haben muß, dann folgt $b = c\nu$ und $1/a' = \beta\nu$, und wir erhalten schließlich für die Energiedichte der schwarzen Strahlung

$$u_\nu = A \frac{\nu^3}{e^{\frac{\beta\nu}{T}} - 1}.$$

Von den Experimentalphysikern (hier vor allem von RUBENS), mit denen PLANCK in ständigem Kontakt gestanden hat, wurde sehr bald festgestellt, daß das von PLANCK aufgestellte Gesetz die Experimente *im gesamten Frequenzbereich* richtig beschreibt.

Vergleichen wir noch einmal alle am 19. Oktober 1900 vorliegenden Gesetze:

	WIEN – PLANCK	PLANCK	RAYLEIGH – JEANS
	$u_\nu = a\nu^3 e^{-\frac{\beta\nu}{T}}$	$u_\nu = \dfrac{A\nu^3}{e^{\frac{\beta\nu}{T}} - 1}$	$u_\nu = \dfrac{8\pi\nu^2}{c^3} kT;$
theoretische Begründung	unbefriedigend	fehlt	vorhanden
Gültigkeitsbereich	große Frequenzen	alle Frequenzen	kleine Frequenzen

5.3.3 Das Erscheinen des Wirkungsquantums

Weder die theoretischen noch die Experimentalphysiker, die von der gefundenen Zwischenlösung wußten, haben die theoretische Begründung des neuen Gesetzes als befriedigend angesehen. Dies trifft natürlich auch für PLANCK selbst zu, der seinen eigenen Erinnerungen nach in dieser Zeit (vom 19. Oktober bis zum 14. Dezember 1900) mit äußerst intensiver und angestrengter Arbeit nach einem neuen Weg gesucht hat. Er ist dabei der Entropie treu geblieben, hat aber den Boden der phänomenologischen Thermodynamik verlassen. Nach BOLTZMANN hat er den Zusammenhang

$$S = k \ln W$$

benutzt (Kapitel 4.6), der die Entropie in Beziehung zur thermodynamischen Wahrscheinlichkeit bringt.

Wie wir wissen, ist W in diesem Zusammenhang die thermodynamische Wahrscheinlichkeit eines Makrozustandes; und wir wissen weiter, daß diese Wahrscheinlichkeit proportional zur Zahl der Realisierungsmöglichkeiten des Makrozustandes ist.

Um jedoch das kombinatorische Verfahren, das zur Bestimmung der Zahl der Realisierungsmöglichkeiten eines Makrozustandes dient, anwenden zu können, *muß die Gesamtenergie auf eine endliche Zahl von Teilenergien endlicher Größe aufgeteilt werden. Daraus folgt weiter, daß die Oszillatoren nur ganzzahlige Vielfache eines Energieelements endlicher Größe aufnehmen können.*

Zu dieser Zeit und in dieser Form sind zum ersten Mal in der Geschichte der Physik die Begriffe Energieelement oder Energiequantum aufgetaucht. Wir geben im folgenden einen Abschnitt aus PLANCKs Arbeit wieder, die er am 14. Dezember 1900 vorgelegt hat ([5.14] S. 700):

In einem von spiegelnden Wänden umschlossenen diathermanen Medium mit der Lichtfortpflanzungsgeschwindigkeit c befinden sich in gehörigen Abständen voneinander eine große Anzahl von linearen monochroma-

---

Zitat 5.3–2a
Bei der eingehenden Beschäftigung mit diesem Problem fügte es das Schicksal, daß ein früher von mir unliebsam empfundener äußerer Umstand: der Mangel an Interesse der Fachgenossen für die von mir eingeschlagene Forschungsrichtung, jetzt gerade umgekehrt meiner Arbeit als eine gewisse Erleichterung zugute kam. Damals hatte sich nämlich eine ganze Anzahl hervorragender Physiker sowohl von der experimentellen als auch von der theoretischen Seite her dem Problem der Energieverteilung im Normalspektrum zugewandt. Aber alle suchten nur in der Richtung, die Strahlungsintensität K als Funktion der Temperatur T darzustellen, während ich in der Abhängigkeit der Entropie S von der Energie U den tieferen Zusammenhang vermutete. Da die Bedeutung des Entropiebegriffs damals noch nicht die ihr zukommende Würdigung gefunden hatte, so kümmerte sich niemand um die von mir benutzte Methode, und ich konnte in aller Muße und Gründlichkeit meine Berechnungen anstellen, ohne von irgendeiner Seite eine Störung oder Überholung befürchten zu müssen.
PLANCK [5.14] Bd. III, S. 261

Zitat 5.3–2b
Angesichts dieser eigentümlich schwierigen Lage, in welche gegenwärtig die theoretisch-physikalische Forschung geraten ist, läßt sich gewiß ein Gefühl des Zweifels nicht ohne weiteres abweisen, ob die Theorie mit ihren radikal eingeführten Neuerungen sich wirklich auf dem richtigen Wege befindet. Die Entscheidung dieser verhängnisvollen Frage hängt einzig und allein davon ab, ob bei der unablässig fortschreitenden Weiterarbeit am physikalischen Weltbild der notwendige Kontakt desselben mit der Sinnenwelt hinlänglich gewahrt bleibt. Ohne diesen Kontakt wäre auch das formvollendetste Weltbild nichts als eine Seifenblase, die beim ersten Windstoß zerplatzen kann.
Glücklicherweise können wir wenigstens heute in dieser Beziehung völlig beruhigt sein. Ja, wir dürfen ohne Übertreibung behaupten, daß in der Geschichte der Physik zu keiner Zeit die Theorie so eng mit der Erfahrung Hand in Hand ging wie in der Gegenwart. Die experimentellen Tatsachen sind es ja gerade, welche die klassische Theorie wankend gemacht und zu Falle gebracht haben. Jede neue Idee, jeder neue Schritt ist der vorwärts tastenden Forschung durch Messungsergebnisse nahegelegt oder sogar aufgezwungen worden. Wie an der Schwelle der Relativitätstheorie der optische Interferenzversuch von *Michelson*, so standen an der Schwelle der Quantentheorie die Messungen von *Lummer* und *Pringsheim*, von *Rubens* und *Kurlbaum* über die spektrale Energieverteilung, die von *Lenard* über die photoelektrische Wirkung, die von *Franck* und *Hertz* über den Elektronenstoß. Es würde zu weit führen, wenn ich hier aller der zahlreichen, teilweise völlig überraschenden Versuchsergebnisse gedenken würde, welche die Theorie immer weiter vom klassischen Standpunkt fortgedrängt und in ganz bestimmten Bahnen gewiesen haben.
PLANCK [5.14] Bd. III, S. 206, 207

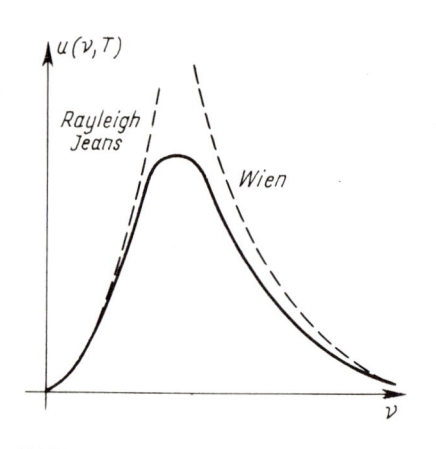

Abbildung 5.3−6
Gültigkeitsbereich der Strahlungsgesetze von *Wien* und *Rayleigh−Jeans*.
Die ausgezogene Linie entspricht der Planckschen Formel und stimmt auch gut mit den Meßergebnissen überein.

JAMES H. JEANS (1877–1946, siehe Abbildung 5.3–1): Lehramt in Cambridge und Princeton (1904–1912). 1923 bis 1944: Mt.-Wilson-Observatorium. Sein Interesse galt vor allem der Astrophysik. Von ihm stammt die „Katastrophen"-Theorie zur Entstehung des Sonnensystems, nach der die Planeten das Resultat eines Zusammenstoßes der Sonne mit einem anderen Stern sind. *Jeans* hat sich mit der Energie der Sterne, mit den Doppelsternen sowie mit den Spiralnebeln beschäftigt, und auf ihn geht auch die Theorie der stetigen Schöpfung zurück. Er hat eine Reihe in mehrere Sprachen übersetzter populärwissenschaftlicher Bücher geschrieben, und auch seine Fachbücher haben eine weite Verbreitung gefunden.

Jeans hat noch 1911 die Plancksche Theorie nicht anerkannt, der Erfolg der Bohrschen Theorie hat ihn jedoch überzeugt, so daß er zu einem Verfechter der neuen Ideen geworden ist.

tisch schwingenden Resonatoren, und zwar N mit der Schwingungszahl v (pro Sekunde), N' mit der Schwingungszahl v', N'' mit der Schwingungszahl v'' etc., wobei alle N große Zahlen sind. Das System enthalte eine gegebene Menge Energie: die Totalenergie E_t, in erg, die teils in dem Medium als fortschreitende Strahlung, teils in den Resonatoren als Schwingung derselben auftritt. Die Frage ist, wie sich im stationären Zustand diese Energie auf die Schwingungen der Resonatoren und auf die einzelnen Farben der in dem Medium befindlichen Strahlung verteilt und welche Temperatur dann das ganze System besitzt.

Zur Beantwortung dieser Frage fassen wir zuerst nur die Schwingungen der Resonatoren ins Auge und erteilen ihnen versuchsweise bestimmte willkürliche Energien, nämlich den N Resonatoren v etwa die Energie E, den N' Resonatoren v' die Energie E' etc. Natürlich muß die Summe

$$E + E' + E'' + \ldots = E_0$$

kleiner sein als E_t. Der Rest $E_t - E_0$ entfällt dann auf die im Medium befindliche Strahlung. Nun ist noch die Verteilung der Energie auf die einzelnen Resonatoren innerhalb jeder Gattung vorzunehmen, zuerst die Verteilung der Energie E auf die N Resonatoren mit der Schwingungszahl v. Wenn E als unbeschränkt teilbare Größe angesehen wird, ist die Verteilung auf unendlich viele Arten möglich. Wir betrachten aber – und dies ist der wesentlichste Punkt der ganzen Berechnung – E als zusammengesetzt aus einer ganz bestimmten Anzahl endlicher gleicher Teile und bedienen uns dazu der Naturkonstanten $h = 6{,}55 \cdot 10^{-27}$ [erg × sec]. Diese Konstante mit der gemeinsamen Schwingungszahl v der Resonatoren multipliziert ergibt das Energieelement ε in erg, und durch Division von E durch ε erhalten wir die Anzahl P der Energieelemente, welche unter die N Resonatoren zu verteilen sind. Wenn der so berechnete Quotient keine ganze Zahl ist, so nehme man für P eine in der Nähe gelegene ganze Zahl.

Nun ist einleuchtend, daß die Verteilung der P Energieelemente auf die N Resonatoren nur auf eine endliche, ganz bestimmte Anzahl von Arten erfolgen kann. Jede solche Art der Verteilung nennen wir nach einem von Hrn. BOLTZMANN für einen ähnlichen Begriff gebrauchten Ausdruck eine „Komplexion". Bezeichnet man die Resonatoren mit den Ziffern 1, 2, 3... bis N, schreibt diese der Reihe nach nebeneinander, und setzt unter jeden Resonator die Anzahl der auf ihn entfallenden Energieelemente, so erhält man für jede Komplexion ein Symbol von folgender Form:

1	2	3	4	5	6	7	8	9	10
7	38	11	0	9	2	20	4	4	5

Hier ist $N = 10$, $P = 100$ angenommen. Die Anzahl aller möglichen Komplexionen ist offenbar gleich der Anzahl aller möglichen Ziffernbilder, die man auf diese Weise, bei bestimmten N und P für die untere Reihe erhalten kann. Um jedes Mißverständnis auszuschließen, sei noch bemerkt, daß zwei Komplexionen als verschieden anzusehen sind, wenn die entsprechenden Ziffernbilder dieselben Ziffern, aber in verschiedener Anordnung, enthalten. Aus der Kombinationslehre ergibt sich die Anzahl aller möglichen Komplexionen zu

$$\frac{N(N+1) \cdot (N+2) \ldots (N+P-1)}{1 \quad 2 \quad 3 \quad\quad P} = \frac{(N+P-1)!}{(N-1)!\, P!}$$

und mit genügender Annäherung

$$= \frac{(N+P)^{N+P}}{N^N P^P}.$$

Wenn man auf diese Weise die Zahl der möglichen Komplexionen für jede Art der Resonatoren bestimmt und das Produkt dieser Komplexionen bildet, so erhält man die Gesamtzahl $\mathfrak{R}$ aller Komplexionen, die zur gegebenen Energieverteilung $E, E', E'' \ldots$ gehören. Zu einer anderen Energieverteilung gehört natürlich eine andere $\mathfrak{R}$. Wir suchen jetzt diejenige Verteilung $\mathfrak{R}$ aus, zu welcher die größte Zahl der Komplexionen gehört. Durch diese

Verteilung wird dann der stationäre Zustand der Resonatoren charakterisiert.

Bilden wir jetzt die Quotienten E/N, E'/N', E''/N''..., dann erhalten wir die Energie U_v, U_v', U_v''... der entsprechenden Resonatoren; jetzt können wir aber auch die Energie des Strahlungsfeldes mit Hilfe des Zusammenhanges

$$u_v \mathrm{d}v = \frac{8\pi v^2}{c^3} U_v \mathrm{d}v$$

bestimmen. Endlich können wir die Temperatur (ϑ) mit Hilfe der Relation

$$\frac{1}{\vartheta} = k \frac{\mathrm{d} \log \mathfrak{R}_0}{\mathrm{d} E_0}$$

einführen.

Planck folgt aber in seinem grundlegenden Artikel (*Über das Gesetz der Energieverteilung im Normalspectrum.* Annalen der Physik [4] 9, S.564) diesem Programm nicht. Er schreibt vielmehr die Entropie der N Resonatoren mit der Frequenz v in der Form hin

$$S_N = k \log \mathfrak{R}.$$

Mit Hilfe der Stirlingschen Näherungsformel

$$\mathfrak{R} = \frac{(N+P)^{N+P}}{N^N P^P}$$

kann dieser Ausdruck wie folgt umgestaltet werden:

$$S_N = k[(N+P)\ln(N+P) - N\ln N - P\ln P].$$

Nach einer einfachen Umformung erhält man

$$S_N = kN\left[\left(1+\frac{U}{\varepsilon}\right)\ln\left(1+\frac{U}{\varepsilon}\right) - \frac{U}{\varepsilon}\ln\frac{U}{\varepsilon}\right],$$

woraus sich für die auf einen Oszillator bezogene Entropie

$$S = \frac{S_N}{N} = k\left[\left(1+\frac{U}{\varepsilon}\right)\ln\left(1+\frac{U}{\varepsilon}\right) - \frac{U}{\varepsilon}\ln\frac{U}{\varepsilon}\right]$$

ergibt. Berücksichtigt man nun noch den aus der Thermodynamik bekannten Zusammenhang zwischen dem Differentialquotienten der Entropie nach der Energie und der absoluten Temperatur, dann finden wir sofort

$$U = \frac{\varepsilon}{e^{\frac{\varepsilon}{kt}} - 1}.$$

Aus dieser Beziehung folgt unter Verwendung von

$$\varepsilon = hv \text{ und } u_v = \frac{8\pi v^2}{c^3} U$$

die Plancksche Formel

$$u_v = \frac{8\pi v^2}{c^3} \frac{hv}{e^{\frac{hv}{kT}} - 1}$$

in ihrer endgültigen Form.

Die folgenden Eigenschaften der Planckschen Strahlungsformel können als überzeugende Hinweise für ihre Richtigkeit dienen:

1. Mit Hilfe einer Reihenentwicklung kann für kleine Frequenzen aus der Planckschen Strahlungsformel sofort das Rayleigh-Jeans-Gesetz erhalten werden, während sich für große Frequenzen das Wiensche Gesetz ergibt.

2. Berechnen wir aus der Planckschen Formel die im gesamten Frequenzbereich ausgestrahlte Leistung, so erhalten wir das Stefan-Boltzmann-Gesetz.

3. Mit Hilfe einer einfachen Differentiation kann das Wiensche Verschiebungsgesetz hergeleitet werden.

4. Mit den von ihm abgeleiteten Gleichungen ist es PLANCK gelungen, ein kohärentes System von Zahlenwerten für die grundlegenden mikrophysikalischen Naturkonstanten zu erhalten. So hat er aus den experimentell bestimmten Konstanten des Stefan-Boltzmann-Gesetzes und des Wienschen Verschiebungsgesetzes die Plancksche Konstante und die Boltzmann-Konstante berechnet:

Zitat 5.3—3
Wenn nun die Bedeutung des Wirkungsquantums für den Zusammenhang zwischen Entropie und Wahrscheinlichkeit endgültig feststand, so blieb doch die Frage nach der Rolle, welche diese neue Konstante bei dem gesetzlichen Ablauf der physikalischen Vorgänge spielt, noch vollständig ungeklärt. Darum bemühte ich mich alsbald, das Wirkungsquantum h irgendwie in den Rahmen der klassischen Theorie einzuspannen. Aber allen solchen Versuchen gegenüber erwies sich diese Größe als sperrig und widerspenstig. Solange man sie als unendlich klein betrachten durfte, also bei größeren Energien und längeren Zeitperioden, war alles in schönster Ordnung. Im allgemeinen Fall jedoch klaffte an irgendeiner Stelle ein Riß, der um so auffallender wurde, zu je schnelleren Schwingungen man überging. Das Scheitern aller Versuche, diese Kluft zu überbrücken, ließ bald keinen Zweifel übrig, daß das Wirkungsquantum in der Atomphysik eine fundamentale Rolle spielt und daß mit seinem Auftreten eine neue Epoche in der physikalischen Wissenschaft anhebt. Denn in ihm kündet sich etwas bis dahin Unerhörtes an, das berufen ist, unser physikalisches Denken, welches seit der Begründung der Infinitesimalrechnung durch *Leibniz* und *Newton* sich auf die Annahme der Stetigkeit aller kausalen Zusammenhänge aufbaut, von Grund aus umzugestalten.

Meine vergeblichen Versuche, das Wirkungsquantum irgendwie der klassischen Theorie einzugliedern, erstreckten sich auf eine Reihe von Jahren und kosteten mich viel Arbeit. Manche Fachgenossen haben darin eine Art Tragik erblickt. Ich bin darüber anderer Meinung. Denn für mich war der Gewinn, den ich durch solch gründliche Aufklärung davontrug, um so wertvoller. Nun wußte ich ja genau, daß das Wirkungsquantum in der Physik eine viel bedeutendere Rolle spielt, als ich anfangs geneigt war anzunehmen, und gewann dadurch ein volles Verständnis für die Notwendigkeit der Einführung ganz neuer Betrachtungs- und Rechnungsmethoden bei der Behandlung atomistischer Probleme. Der Ausbildung solcher Methoden, an der ich selber nicht mehr mitwirken konnte, dienten vor allem die Arbeiten von *Niels Bohr* und von *Erwin Schrödinger*. Ersterer legte mit seinem Atommodell und mit seinem Korrespondenzprinzip den Grund zu einer sinngemäßen Verknüpfung der Quantentheorie mit der klassischen Theorie. Letzterer schuf durch seine Differentialgleichung die Wellenmechanik und damit den Dualismus zwischen Welle und Korpuskel.
PLANCK [5.14] Bd. III, S. 396, 397

Die Ausgestaltung der Quantenphysik blieb bekanntlich jüngeren Kräften vorbehalten, von denen ich hier, chronologisch geordnet, nur die Namen von *A. Einstein, N. Bohr, M. Born, P. Jordan, W. Heisenberg, L. de Broglie, E. Schrödinger, P. A. M. Dirac* nenne, während sich um den mathematischen Aufbau der Theorie unter den deutschen Physikern in erster Linie *A. Sommerfeld*, um die Förderung des physikalischen Verständnisses *C. I. Schaefer* verdient gemacht hat.
PLANCK [5.14] Bd. III, S. 267

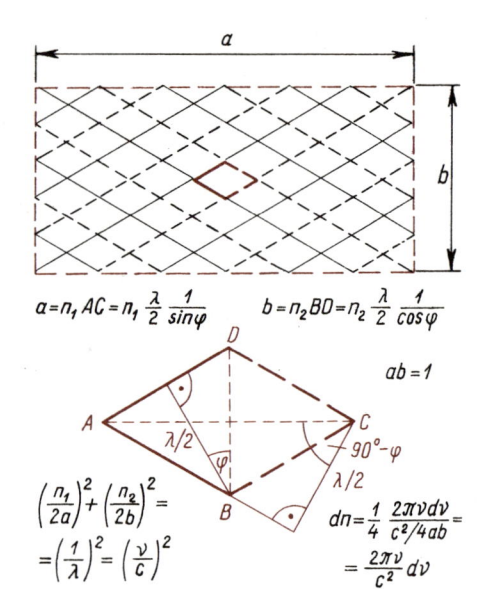

$$\left.\begin{array}{l}\sigma \\ \lambda_m T\end{array}\right] \to \begin{array}{l}h = 6{,}55 \cdot 10^{-27} \text{ erg s} \\ k = 1{,}346 \cdot 10^{-16} \text{ erg/K}.\end{array}$$

Aus der Boltzmann-Konstanten und der Gaskonstanten folgt die Loschmidtsche Zahl, und schließlich ergibt sich aus der Loschmidtschen Zahl und der Faraday-Konstanten die Ladung des Elektrons

$$\left.\begin{array}{l}k \\ R\end{array}\right] \to L = 6{,}17 \cdot 10^{23}/\text{mol} \qquad \left.\begin{array}{l}L \\ F\end{array}\right] \to e = 4{,}69 \cdot 10^{10} \text{ el. st. E.}$$

5. Das Plancksche Strahlungsgesetz beschreibt die spektrale Energieverteilung der schwarzen Strahlung im gesamten Frequenzbereich richtig, d. h., PLANCK hat mit dieser Formel das selbstgesteckte Ziel erreicht.

Nach dem Gesagten sollten wir annehmen, daß die Plancksche Theorie bereits bei ihrer ersten Veröffentlichung allgemein akzeptiert worden ist. Das ist jedoch nicht so gewesen. So wird in einer zusammenfassenden Darstellung der im Jahre 1900 erzielten Ergebnisse, die in den *Fortschritten der Physik* veröffentlicht wurde, die Plancksche Arbeit nur in großen Zügen wiedergegeben. PLANCKS großer Rivale, JEANS, erwähnt in seinem 1904 erschienenen Buch *Dynamical Theory of Gases* die Plancksche Formel nicht. LORENTZ hingegen wirft noch 1909 PLANCK vor, daß er die Gültigkeit der seiner Theorie zugrundeliegenden Annahmen nicht untersucht habe.

Am überraschendsten für uns ist aber, daß selbst PLANCK das Problem nicht als endgültig gelöst angesehen und noch Jahre hindurch versucht hat, eine in den Rahmen der klassischen Physik passende Erklärung der Strahlungsformel zu finden *(Zitat 5.3−3)*. Nach den Aussagen seines Sohnes war sich PLANCK darüber im klaren, welche Tragweite sein Schritt, der „vielleicht nur mit dem Vorgehen NEWTONS zu vergleichen ist", haben würde. Man war aber nicht nur wegen der Einführung solch ungewohnter Größen wie der diskreten Energiequanten abgeneigt, die Theorie zu akzeptieren, sondern auch wegen der in der Ableitung enthaltenen heterogenen Elemente, auf die auch EINSTEIN 1906 hingewiesen hat. So hat PLANCK unter Verwendung der Gleichungen der klassischen Elektrodynamik und unter der Annahme, daß die Energie stetig veränderlich ist, einen Zusammenhang zwischen der mittleren Energie der Oszillatoren und der Feldenergie hergeleitet. Gleichzeitig aber hat er gefordert, daß die Energie der Oszillatoren gequantelt sein soll. Noch eine weitere Inkonsistenz ist in PLANCKS Gedankengang enthalten. BOLTZMANN hat die zum Gleichgewichtszustand gehörige Verteilung aus der Forderung abgeleitet, daß diese Verteilung die thermodynamische Wahrscheinlichkeit zu einem Maximum machen soll. PLANCK hat ein anderes Abzählverfahren benutzt und ist zu seiner Endformel nicht über die Berechnung eines Maximums der thermodynamischen Wahrscheinlichkeit gelangt.

In den ersten zwei Jahrzehnten des 20. Jahrhunderts ist es in einer Reihe von Arbeiten gelungen, alle im Zusammenhang mit der Strahlungsformel stehenden Widersprüche und Unklarheiten zu beseitigen. Die in unseren heutigen Lehrbüchern dargestellte wesentlich einfachere Ableitung der Strahlungsformel geht von anderen Betrachtungen aus und stützt sich auf eben diese Arbeiten *(Abbildung 5.3−7)*.

Wir wollen hier noch die von EINSTEIN 1916 gefundene Ableitung der Strahlungsformel erwähnen, weil diese Ableitung, wenn auch in einer etwas anderen Form, in der Einleitung nahezu aller Lehrbücher der Quantenelektronik zu finden ist. Die Einsteinsche Ableitung, mit der die theoretische Grundlage für die Lasertechnik geschaffen wurde, baut auf dem Kenntnisstand des Jahres 1916 auf. Wir werden daher auf diese Ableitung der Strahlungsformel später zurückkommen.

$a = n_1 AC = n_1 \dfrac{\lambda}{2} \dfrac{1}{\sin\varphi} \qquad b = n_2 BD = n_2 \dfrac{\lambda}{2} \dfrac{1}{\cos\varphi}$

$ab = 1$

$\left(\dfrac{n_1}{2a}\right)^2 + \left(\dfrac{n_2}{2b}\right)^2 = \left(\dfrac{1}{\lambda}\right)^2 = \left(\dfrac{\nu}{c}\right)^2$

$dn = \dfrac{1}{4} \dfrac{2\pi\nu\, d\nu}{c^2/4ab} = \dfrac{2\pi\nu}{c^2} d\nu$

Abbildung 5.3−7
Bestimmung der Zahl der in einem Hohlraum pro Frequenzintervall möglichen Schwingungszustände. Wir können uns den Raum entweder mit einem festen Körper oder mit Luft ausgefüllt denken und untersuchen dann akustische Wellen, wir können aber auch elektrische Schwingungszustände in einem evakuierten Hohlraum mit metallischen Wänden betrachten. Als weiteres Beispiel kann ein im Hohlraum eingeschlossenes Elektron dienen, wobei wir uns für dessen Quantenzustände interessieren. Im eindimensionalen und im zweidimensionalen Fall lassen sich die Schwingungszustände und das Abzählverfahren anschaulich darstellen, während wir uns bei dreidimensionalen Problemen auf die mathematische Ableitung verlassen müssen. Wenn wir beachten, daß im dreidimensionalen Raum nach dem von *Rayleigh* angegebenen Abzählverfahren $(8\pi\nu^2/c^3)d\nu$ Schwingungszustände im Frequenzintervall zwischen ν und $\nu + d\nu$ liegen, dann läßt sich die Plancksche Formel auf drei Arten wie folgt leicht herleiten:

1. In den meisten modernen Lehrbüchern ist die von *Debye* (1910) gegebene Herleitung zu finden. Die mittlere Energie eines Schwingungszustands der Frequenz ν ist bei der Temperatur T durch

$$U(\nu, T) = \dfrac{\sum\limits_n nh\nu\, e^{-\dfrac{nh\nu}{kT}}}{\sum\limits_n e^{-\dfrac{nh\nu}{kT}}} = \dfrac{h\nu}{e^{\dfrac{h\nu}{kT}} - 1}$$

gegeben. Wird für $h\nu \ll kT$ die Exponentialfunktion in eine Reihe entwickelt, dann ergibt sich der klassische Ausdruck $h\nu/(h\nu/kT) = kT$. Multipliziert man die mittlere Energie mit der Zahl der möglichen Zustände $(8\pi\nu^2/c^3)d\nu$, dann erhält man die Plancksche Formel.

2. Die von *Einstein* (1916/17) gegebene Ableitung wird wegen ihrer besonderen Bedeutung im Haupttext des Buches (Abschnitt 5.3.6) gesondert dargestellt.

3. Bose hat 1924 die Photonen als unabhängige Teilchen der Energie $h\nu$ angesehen und auf sie die statistischen Methoden der kinetischen Gastheorie angewendet, wobei er jedoch ein wesentlich anderes Verfahren bei der Abzählung der möglichen Photonenverteilungen benutzt hat. Er hat die Photonen als ununterscheidbar angesehen, so daß beim Austausch zweier Photonen kein neuer Zustand erzeugt wird.

Auch den Faktor $8\pi\nu^2/c^3$ hat er aus der neuen Annahme heraus abgeleitet, daß die Größe einer

5.3.4 Einstein: Das Licht ist auch gequantelt

EINSTEIN war der erste, der die Bedeutung des Quantenbegriffs über die Strahlungsformel hinaus erkannt hat. Im Jahre 1905 hat er in derselben Nummer der *Annalen der Physik,* in der auch seine grundlegende Arbeit zur Relativitätstheorie erschienen ist, eine Erklärung für den Photoeffekt gegeben. Wie LENARD 1902 völlig unerwartet experimentell gefunden hatte, ist die Energie der unter Lichteinwirkung aus einer Metalloberfläche austretenden Elektronen *nicht von der Intensität* des auffallenden Lichtes abhängig, wie man das nach der klassischen Theorie erwarten sollte, sondern hängt *von der Farbe, d. h. von der Frequenz* des Lichtes ab. Die Lichtintensität bestimmt lediglich *die Zahl* der emittierten Elektronen *(Abbildung 5.3−8)*. EINSTEIN hat angenommen, daß das Licht aus Energiequanten $h\nu$, d. h. aus *Photonen* besteht, und die Emission eines Elektrons auf dessen Wechselwirkung mit einem Photon zurückgeführt, wobei das Elektron die Energie des Photons aufnimmt. Mit dieser Annahme kann leicht verstanden werden, daß die Energie der emittierten Elektronen mit der Frequenz der Photonen zunimmt. Heute empfinden wir diese Erklärung als selbstverständlich, und wir sind sogar geneigt zu glauben, daß sie eine natürliche Folge der Planckschen Quantenhypothese ist. Das ist jedoch keineswegs richtig, denn PLANCK hat in seiner Originalarbeit noch *nicht von einer Quantennatur der Strahlung gesprochen.* Nach PLANCKS Vorstellungen sollte nur die Energie der Oszillatoren in der Wand des Gefäßes, das die schwarze Strahlung umschließt, diskrete Werte annehmen. Man kann sich vorstellen, daß diese Quantelung der Oszillatorenenergien selbst bei einer kontinuierlichen Energieverteilung in der Strahlung möglich ist, wenn irgendein Akkumulationsprozeß dafür sorgt, daß nur diskontinuierliche Änderungen der Oszillatorenenergien vorkommen. In diesem Zusammenhang möchten wir auf ein von PLANCK und seinen Kollegen unterzeichnetes Schreiben hinweisen, mit dem die Aufnahme EINSTEINS in die Preußische Akademie der Wissenschaften empfohlen wurde. Nach der Aufzählung von EINSTEINS wissenschaftlichen Verdiensten wird gleichsam entschuldigend hinzugefügt, daß ein gelegentliches Hinausschießen über das Ziel, wie z. B. EINSTEINS Hypothese der Lichtquanten, bei jedem einmal vorkommen kann. Beinahe ein Jahrzehnt später, im Jahre 1921, hat EINSTEIN den Nobelpreis in erster Linie für diese Arbeit erhalten.

Auch zur Beseitigung der Diskrepanz zwischen Theorie und Experiment im Falle der spezifischen Wärme fester Körper hat EINSTEIN als erster 1906 die Quantenhypothese benutzt. EINSTEINS Theorie wurde später von DEBYE verbessert.

5.3.5 Die „klassische" Bohrsche Atomtheorie

Wie wir schon zu Beginn dieses Kapitels erwähnt haben, ist die Quantenhypothese zunächst zur Erklärung einer sehr komplizierten Erscheinung verwendet worden, wobei die Notwendigkeit der Quantelung einer physikalischen Größe erst im Verlauf der Rechnungen ersichtlich geworden ist. Wesentlich unmittelbarer äußert sich die Auszeichnung diskreter Werte im Linienspektrum der Atome. Mit der Erklärung dieses Spektrums ist die Quantentheorie in den Mittelpunkt des Interesses gerückt, und quantentheoretische Probleme beherrschen dann auch die Physik im zweiten und dritten Jahrzehnt des 20. Jahrhunderts. Mit diesen Arbeiten verbindet sich der Name NIELS BOHR *(Abbildung 5.3−9)*, eine der bedeutendsten Persönlichkeiten in der Physikgeschichte der ersten Hälfte des 20. Jahrhunderts. NIELS BOHR hat nicht nur mit seinen eigenen wissenschaftlichen Arbeiten, sondern auch mit der Erziehung einer ganzen Generation von Wissenschaftlern, mit denen er intensiv zusammengearbeitet hat, entscheidend zur Herausbildung der modernen Physik und zur Formung unseres Weltbildes beigetragen. Als glücklicher Umstand kann angesehen werden, daß BOHR seine Laufbahn bei RUTHERFORD begonnen hat. RUTHERFORD war als Experimentalphysiker von der Richtigkeit der Planckschen Quantentheorie deshalb überzeugt, weil aus ihr unter anderem die Größe der elektrischen Elementarladung richtig bestimmt werden konnte. So hat er die Bestrebungen des theoretischen Physikers BOHR wohlwollend gefördert, das von ihm, RUTHERFORD, geschaffene Atommodell mit der Quantenhypothese zu verbinden.

Elementarzelle des Phasenraums gleich h^3 sein soll. Zur Unterscheidung von der klassischen Maxwell-Boltzmann-Statistik wird die neue Statistik als Bose-Einstein-Statistik bezeichnet.
SATYENDRA NATH BOSE (1894−1974): 1915: Diplom an der Universität Kalkutta; 1924−1925: Arbeit bei *Mme Curie* in Paris, dann Rückkehr nach Indien und Lehramt in Dacca und Kalkutta. Hat seine Arbeit *Einstein* zugesandt, der die Methode dann auch auf einatomige Gase angewendet hat. Einige Begriffe, denen wir im weiteren noch häufiger begegnen werden: Teilchen, die der Bose-Einstein-Statistik genügen, werden als Bosonen und Teilchen, die der Fermi-Dirac-Statistik genügen, als Fermionen bezeichnet. Bosonen sind Teilchen mit einem ganzzahligen Spin oder dem Spin Null. Zu ihnen gehören die Photonen (Spin 1); Gravitonen (haben, falls sie existieren, den Spin 2); Mesonen und Bosonenresonanzen; die aus einer geraden Zahl von Fermionen (das sind Teilchen mit halbzahligem Spin) zusammengesetzten Kerne: Deuterium, $_2He^4$; Quasiteilchen mit ganzzahligem Spin oder Spin Null: Phononen, Exzitonen

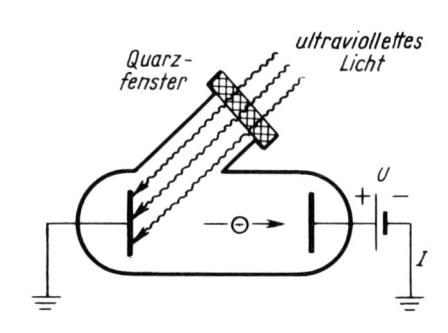

Abbildung 5.3−8
Lichtelektrischer Effekt
Die Zahl der Elektronen, die aus der Kathode unter der Einwirkung von Licht austreten, kann aus der Stromstärke im Anodenkreis bestimmt werden. Zur Bestimmung der Elektronenenergie wird an die Anode eine negative Spannung angelegt und die Spannung gemessen, bei der der Strom zu fließen aufhört. Diese Spannung ist charakteristisch für die Energie der aus der Kathode austretenden Elektronen.
PHILIPP LENARD (1862−1947): Studium in Heidelberg; als Assistent von *Heinrich Hertz* ab 1886 Untersuchung der Kathodenstrahlen; 1894 in Breslau und ab 1907 in Heidelberg Professor für Physik.
Weitere bedeutende Ergebnisse *Lenards* außer dem lichtelektrischen Effekt sind: Lenard-Fenster, mit dem die Kathodenstrahlen in die freie Luft hinausgeführt werden können; Absorption der Kathodenstrahlen (1905: Nobelpreis); Vermutung, daß das „Kraftzentrum" des Atoms, das wir heute als Atomkern bezeichnen würden, auf einen sehr kleinen Raum konzentriert ist.
Lenard hat *Einstein* scharf angegriffen und der von *Einstein* vertretenen, von dessen Gegnern als „dogmatisch-jüdisch" bezeichneten Physik eine „pragmatisch-deutsche" Physik gegenübergestellt. Alle führenden Physiker mit Ausnahme von *Stark* haben *Lenards* Verhalten verurteilt

Abbildung 5.3—9
NIELS BOHR (1885—1962): Sohn eines Professors der Physiologie und Bruder des bekannten Mathematikers *Harald Bohr*. 1911 Promotion mit einer Arbeit zur Theorie der Metallelektronen, danach kurzer Aufenthalt bei *J. J. Thomson* und schließlich 1912 in Manchester bei *Rutherford*. Noch in demselben Jahr Rückkehr nach Kopenhagen, dort zunächst Assistent und dann 1913 Privatdozent. 1914 bis 1916 wieder in Manchester, dann als Professor erneut in Kopenhagen, wo ihm 1920 ein Institut für Theoretische Physik eingerichtet wurde. 1943 auf einem Segelboot Flucht aus dem seit 1940 besetzten Dänemark nach Schweden. Von dort holte ihn der britische Geheimdienst nach England. Später Teilnahme am Atombombenprogramm in den Vereinigten Staaten und 1945 Rückkehr in seine Heimat. Sein Nachfolger in der Leitung seines Institutes wurde sein Sohn *Aage Bohr*.

Die Grundgedanken der Bohrschen Quantentheorie sind in der 1913 in der Zeitschrift Philosophical Magazine erschienenen Arbeit *On the Constitution of Atoms and Molecules* enthalten. In den Jahren zwischen 1915 und 1922 ist das Bohr-Sommerfeldsche Modell ausgebaut worden. 1916: Bohrsches Korrespondenzprinzip. *Bohr* kommt das Hauptverdienst an der Klärung des physikalischen Hintergrundes der Quantenmechanik und an ihrer philosophischen Deutung zu (Bohrsches Komplementaritätsprinzip, Kopenhagener Deutung). 1936—1943: Arbeiten zur Kernphysik (Tröpfchenmodell, Theorie der Kernreaktionen, Modell des Compound-Kerns, Theorie der Kernspaltung).

Bohr hat eine herausragende Rolle in der Physik des 20. Jahrhunderts gespielt, und Kopenhagen wurde durch ihn von den zwanziger Jahren an zu einem „Mekka" der theoretischen Physiker. Der Wunsch eines jeden theoretischen Physikers ist es, in seinem Leben wenigstens einmal, sei es auch nur für kurze Zeit, zur *Bohrschen Familie* gehören zu können.

Das Korrespondenzprinzip:
... obgleich es unmöglich ist, den Strahlungsvorgang, mit welchem ein Übergang zwischen zwei stationären Zuständen verbunden ist, in Einzelheiten zu verfolgen mit Hilfe der gewöhnlichen elektromagnetischen Vorstellungen, nach welchen die Beschaffenheit einer von einem Atom ausgesandten Strahlung direkt von der Bewegung des Systems und von ihrer Auflösung in harmonische Komponenten bedingt ist, hat es sich nichtsdestoweniger gezeigt, daß zwischen den verschiedenen Typen der möglichen Übergänge zwischen diesen Zuständen einerseits und den verschiedenen harmonischen Komponenten, in welche die Bewegung des Systems zerlegbar ist, andererseits eine weitgehende *Korrespondenz* stattfindet, und zwar so, daß die in Frage stehende Spektraltheorie gewissermaßen als eine rationale Verallgemeinerung der Vorstellungen der gewöhnlichen Strahlungstheorie anzusehen ist.
BOHR [5.15], S. 24

Die Komplementarität:
Auf dem Intenationalen Physikerkongreß in Como, im September 1927, der als Gedächtnisfeier für *Volta* abgehalten wurde, bildeten die Errungenschaften der Atomphysik den Gegenstand eingehender Diskussionen. Bei dieser Gelegenheit trat ich in einem Vortrag für einen Gesichtspunkt ein, der durch den Begriff „Komplementarität" kurz bezeichnet werden kann und geeignet ist, die typischen Züge der Individualität von Quantenphänomenen zu erfassen und gleichzeitig die besonderen Aspekte des Beobachtungsproblems innerhalb dieses Erfahrungsgebietes klarzulegen. Hierfür ist die Erkenntnis entscheidend, daß, *wie weit auch die Phänomene den Bereich klassischer physikalischer Erklärung überschreiten mögen, die Darstellung aller Erfahrung in klassischen Begriffen erfolgen muß.* Die Begründung hierfür ist einfach die, daß wir mit dem Wort „Experiment" auf eine Situa-

Die Bohrsche Atomtheorie in der Form, wie wir sie auch heutzutage in den elementaren Physiklehrbüchern unserer Ober- und Hochschulen finden können, hat 1913 das Licht der Welt erblickt. Die Grundpostulate der Theorie sind:

Die Elektronen können im Atom nur auf bestimmten Bahnen um den Kern umlaufen. Die Elektronen auf diesen Bahnen strahlen im Gegensatz zu den Gesetzen der Elektrodynamik keine Energie ab. Für eine Kreisbahn ergeben sich die Bahnradien aus der Forderung, daß der Drehimpuls der umlaufenden Elektronen nur ganzzahlig vielfache Werte von $h/2\pi$ annehmen kann:

$$mv_n r_n = n \frac{h}{2\pi} \quad \text{mit} \quad n = 1, 2, \ldots$$

Das Atom strahlt nur dann, wenn ein Elektron von einer Bahn auf eine andere springt. Die Frequenz des ausgestrahlten Lichtes ergibt sich aus der *Bohrschen Frequenzbedingung* zu

$$h\nu = E_{n2} - E_{n1}.$$

In dieser Beziehung ist E_{n1} die Energie eines Elektrons auf einer Bahn mit der Quantenzahl n_1 und E_{n2} die Energie zur Quantenzahl n_2; $h = 6{,}625 \cdot 10^{-34}$ Ws^2 ist die Plancksche Konstante. Das Elektron strahlt folglich bei einem Übergang von einer Bahn auf eine andere die Energiedifferenz zwischen den beiden Bahnenergien in Form eines einzigen Photons ab. Bei der Strahlungsabsorption spielt sich natürlich der umgekehrte Vorgang ab. Das Atom kann nur die Photonen $h\nu$ absorbieren, die in der Lage sind, Elektronen von einer niederenergetischen Bahn auf eine höherenergetische anzuheben.

BOHRS grundlegende Arbeit erschien in drei Teilen in einem Gesamtumfang von 80 Seiten *(Sie müßte gekürzt werden* – meinte RUTHERFORD) im Philosophical Magazine Vol.26, 1913 unter dem Titel *On the Constitution of Atoms and Molecules*. Am Ende dieser Artikel faßt BOHR die Grundannahmen seiner Theorie zusammen. Dort liest man die Auswahlregel der stationären Bahnen in folgender Formulierung:

Die stationären Zustände eines aus einem positiven Kern und aus einem um ihn kreisenden einzelnen Elektron bestehenden einfachen Systems werden durch die Bedingung bestimmt, daß das Verhältnis der Energie, die beim Zustandekommen der betreffenden Konfiguration ausgestrahlt wird, und der Umlaufsfrequenz des Elektrons das ganzzahlig Vielfache der Größe $(1/2)h$ sei. Wenn die Umlaufbahn des Elektrons eine Kreisbahn ist, so ist diese Bedingung identisch mit der Bedingung, daß das Impulsmoment des Elektrons ein ganzzahlig Vielfaches von $h/2\pi$ sein muß.

Die Bohrschen Postulate können nicht auf einfachere Grundannahmen zurückgeführt werden. Wir müssen sie auf dieser Stufe der Darstellung als Grundgesetze betrachten, mit deren Hilfe dann komplizierte Phänomene verstanden werden können. Die Berechtigung der Bohrschen Postulate ist also nicht unmittelbar einzusehen, sondern ergibt sich daraus, daß die aus ihnen gezogenen Schlußfolgerungen mit den experimentellen Beobachtungen übereinstimmen.

Die Annahme, daß ein Elektron im Atom stationär auf einer Kreisbahn um den Atomkern umlaufen kann, ohne dabei nach den Gesetzen der klassischen Physik abstrahlen zu müssen, hat den heftigsten Widerspruch hervorgerufen. Wir dürfen uns nicht darüber wundern, daß die Bohrsche Theorie zunächst nur von einigen Physikern mit Begeisterung aufgenommen, von anderen jedoch abgelehnt worden ist *(Zitat 5.3 – 4)*.

Die Bohrsche Theorie hatte im weiteren auf zwei Kardinalfragen eine Antwort zu geben. Die erste Frage ist die nach ihrem Verhältnis zur klassischen Physik im allgemeinen sowie zum Strahlungsgesetz der klassischen Elektrodynamik im besonderen und die zweite nach der Verallgemeinerung der Quantisierungsbedingung für Systeme mit mehreren Freiheitsgraden. Auf diese Fragen haben zunächst BOHR selbst, dann aber auch EHRENFEST und SOMMERFELD *(Abbildung 5.3 – 10)* eine Antwort gegeben. Die Bohrsche Atomtheorie hat in dem *Sommerfeldschen Ellipsenmodell* einen gewissen Abschluß gefunden.

Die größte Leistung der Theorie ist, daß sie die Existenz der diskreten Energieniveaus erklären sowie in den einfachsten Fällen die aus den Spektralanalysen stammenden Zahlenwerte mit den physikalischen Grundkonstanten in Verbindung bringen kann *(Abbildung 5.3 – 11)*. Mit der Theorie verbindet sich ein anschauliches Bild von der Form der Elektronenbahnen: Die Elektronen kreisen – wie die Planeten unseres Sonnensystems – auf Ellipsenbahnen unterschiedlicher Exzentrizität um den zentralen Kern. Die Werte der Bahnenergie und der Exzentrizität werden durch zwei ganze Zahlen, die Hauptquantenzahl n und die Nebenquantenzahl l, festgelegt *(Abbildung 5.3 – 12)*. Dieses anschauliche Bild der Bohrschen Theorie können wir auf einer Vielzahl von Plakaten und Emblemen sehen, die Problemen der atomaren Wissenschaft und Technik gewidmet sind. Zur Beschreibung des Zustandes eines Elektrons im Atom wird noch eine weitere Quantenzahl, die magnetische Quantenzahl m, benötigt. Diese Quantenzahl gibt uns Auskunft über die Energie des Elektrons im äußeren Magnetfeld.

Zu einer allgemeinen Quantelungsvorschrift können wir durch eine Umformulierung der Bohrschen Auswahlregel gelangen. Die Lage des auf einer Kreisbahn umlaufenden Elektrons sei durch den Winkel φ charakterisiert; dann gehört zu dieser *verallgemeinerten Lagekoordinate* nach Abschnitt 4.2.7 der folgende *verallgemeinerte Impuls*:

$$p_\varphi = \partial T/\partial \dot{\varphi} = \partial[(1/2)m(r\dot{\varphi})^2]/\partial \dot{\varphi} = rmr\dot{\varphi} = rmv,$$

d. h. der Drehimpuls.

Die Auswahlregel kann also folgendermaßen umgeschrieben werden:

$$\oint p_\varphi \, d\varphi = \int_0^{2\pi} p_\varphi \, d\varphi = 2\pi rmv = nh.$$

Diese Regel kann jetzt ohne Schwierigkeit auf mehrere Freiheitsgrade verallgemeinert werden. Es bewege sich nämlich das Elektron auf einer (zyklischen) Raumkurve und es sei seine Lage mit den Größen r, ϑ, ψ, sein Bewegungszustand mit p_r, p_ϑ, p_ψ charakterisiert, so lauten die Auswahlregeln:

---

tion hinweisen, in der wir anderen mitteilen können, was wir getan und was wir gelernt haben, und daß deshalb die Versuchsanordnung und die Beobachtungsergebnisse in klar verständlicher Sprache unter passender Anwendung der Terminologie der klassischen Physik beschrieben werden müssen.

Aus diesem entscheidenden Punkte folgt die *Unmöglichkeit einer scharfen Trennung zwischen dem Verhalten atomarer Objekte und der Wechselwirkung mit den Meßgeräten, die zur Definition der Bedingungen dienen, unter welchen die Phänomene erscheinen.*

BOHR [5.23] S. 39

Zitat 5.3 – 4
Das ist Unsinn, die Maxwellschen Gleichungen gelten unter allen Umständen, ein Elektron auf Kreisbahn muß strahlen.
VON LAUE

Sehr merkwürdig, da muß etwas dahinter sein; ich glaube nicht, daß die Rydberg-Konstante durch Zufall in absoluten Werten ausgedrückt richtig herauskommt.
EINSTEIN. JAMMER [5.12] p. 86

Abbildung 5.3 – 10
ARNOLD SOMMERFELD (1868 – 1951): Studium der Mathematik, dann ab 1900 jedoch Professor der Technischen Mechanik in Aachen. 1906: Berufung zum Leiter des Lehrstuhls für Theoretische Physik nach München. *Sommerfelds* Stärke lag im Erkennen der Bedeutung neuer Gedanken, im Eintreten für ihre Anerkennung und in ihrer detaillierten Ausarbeitung, zu der er wegen seiner hervorragenden mathematischen Fähigkeiten in besonderem Maße beitragen konnte. Er gehörte (zusammen mit *Planck*) zu den ersten Verfechtern der Relativitätstheorie, hat der Bohrschen Theorie ihre endgültige Gestalt gegeben (Bohr-Sommerfeld-Modell) und hat schließlich auch viele Einzelprobleme der Wellenmechanik gelöst. Das Buch *Atombau und Spektrallinien* (1919) sowie der *Wellenmechanische Ergänzungsband* galten in den zwanziger und dreißiger Jahren als Bibel auf diesem Gebiet. Zu seinen Schülern gehören *Pauli* und *Heisenberg*

$$E_n = -\frac{1}{n^2}\frac{me^4}{8\varepsilon_0 h^2}$$

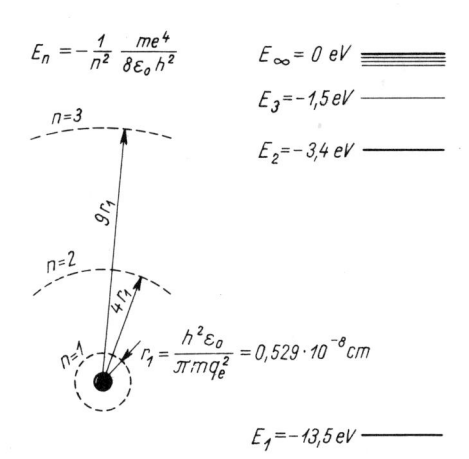

$E_\infty = 0\ eV$

$E_3 = -1,5\ eV$

$E_2 = -3,4\ eV$

$$r_1 = \frac{h^2\varepsilon_0}{\pi m q_e^2} = 0{,}529\cdot 10^{-8}\ cm$$

$E_1 = -13{,}5\ eV$

Abbildung 5.3–11
Zusammenhang zwischen den diskreten Energieniveaus und den erlaubten Bahnen im Bohrschen Modell am Beispiel des Wasserstoffatoms als einfachstem Testobjekt.

Aus der Bohrschen Auswahlregel

$$r_n m v_n = n\frac{h}{2\pi}$$

und aus der Bewegungsgleichung des auf einer Kreisbahn umlaufenden Elektrons

$$\frac{1}{4\pi\varepsilon_0}\frac{e^2}{r_n^2} = \frac{mv_n^2}{r_n}$$

ergibt sich die Gesamtenergie des Elektrons:

$$E_n = E_{kin} + E_{pot} = \frac{1}{2}mv_n^2 - \frac{1}{4\pi\varepsilon_0}\frac{e^2}{r_n} =$$
$$= -\frac{me^4}{8\varepsilon_0^2 h^2}\frac{1}{n^2}.$$

Die Frequenzbedingung $hv = E_{n2} - E_{n1}$ führt zum folgenden Ausdruck für die Wellenzahl:

$$\frac{1}{\lambda} = \frac{v}{c} = \frac{me^4}{8\varepsilon_0^2 h^3 c}\left(\frac{1}{n_1^2} - \frac{1}{n_2^2}\right)$$

$$\oint p_r\,dr = n_r h;\quad \oint p_\vartheta\,d\vartheta = n_\vartheta h;\quad \oint p_\psi\,d\psi = n_\psi h.$$

Anstatt der Quantenzahlen n_r, n_ϑ, n_ψ werden die oben angegebenen Quantenzahlen, die Hauptquantenzahl $n = n_r + n_\vartheta + n_\psi$, die Nebenquantenzahl $l = n_\vartheta + n_\psi - 1 \equiv n_\varphi - 1$ und die magnetische Quantenzahl $|m| = n_\psi$ eingeführt und benutzt.

Diese allgemeine Regel der Quantisierung besagt also, daß die sogenannten Phasenintegrale ganzzahlig vielfache Werte des Wirkungsquantums h annehmen müssen. Eine tiefere Begründung dieser Vorschrift kann mit Hilfe der *Ehrenfestschen Adiabatenhypothese* gegeben werden.

Eine besondere Ironie des Schicksals ist, daß die weitere anschauliche Ergänzung dieses anschaulichen Modells durch die Vorstellung einer Eigenrotation des Elektrons, die mit einem Eigendrehimpuls (Spin) und einem magnetischen Moment verbunden ist, erst dann angegeben wurde (GOUDSMIT–UHLENBECK, 1925), als die Grundkonzeptionen der Bohrschen Theorie bereits fragwürdig geworden waren. Mit dieser Ergänzung kann auf viele offene Probleme eine Antwort gefunden werden. Im gleichen Jahr (1925), noch vor der Einführung des Elektronenspins, hat PAULI das Ausschließungsprinzip (Pauliprinzip) formuliert, mit dem erst eine Deutung des Periodensystems der Elemente möglich geworden ist *(Abbildung 5.3–13)*.

Der Zustand des Elektrons im Atom wird also durch vier Zahlen charakterisiert: die Hauptquantenzahl n (eine beliebige positive ganze Zahl; $n = 1, 2, 3, \ldots$), die Nebenquantenzahl l (eine beliebige positive ganze Zahl kleiner als die Hauptquantenzahl; $l = 1, 2, \ldots [n-1]$), die magnetische Quantenzahl m (eine beliebige ganze Zahl zwischen $-l$ und $+l$) und schließlich die Spinquantenzahl s (mit den Werten $+1/2$ und $-1/2$).

Im Gleichgewichtszustand nehmen die Elektronen die energetisch am tiefsten liegenden Energieniveaus ein, wobei das Pauli-Prinzip erfüllt sein muß.

Dieses Prinzip besagt:

Innerhalb eines Systems können sich zwei beliebig ausgewählte Elektronen nicht in demselben Quantenzustand befinden, d. h., die die Quantenzustände charakterisierenden vier Quantenzahlen n, l, m, s, können nicht bei beiden Elektronen identisch sein.

5.3.6 Die statistische Ableitung der Strahlungsformel als Auftakt zur Quantenelektronik

Die oben schon erwähnte Einsteinsche Ableitung der Strahlungsformel stützt sich auf die These der Bohrschen Atomtheorie, nach der bestimmte diskrete Energiezustände eines Mikrosystems stabil sind und eine Abstrahlung $E_2 - E_1 = hv$ nur beim Übergang von einem Energiezustand auf einen anderen erfolgt. Im einzelnen hat EINSTEIN 1916 die folgenden Gedanken dargelegt:

Wir betrachten der Einfachheit halber ein Mikrosystem (Atom) mit zwei Energieniveaus E_1 und E_2, wobei ein Übergang von E_2 nach E_1 zur Abstrahlung eines Photons mit der Frequenz v führt. Bringen wir dieses System in einen mit schwarzer Strahlung angefüllten Raum, so ist eine Reihe von Prozessen möglich *(Abbildung 5.3–14a)*.

a) Absorption: Das Atom absorbiert ein Quant hv und gelangt vom niederenergetischen Niveau E_1 auf das höhere Niveau E_2. Die Zahl der Absorptionsvorgänge ist proportional zur Zahl der Atome N_1 im Zustand E_1 sowie zur Energiedichte des Strahlungsfeldes $\varrho(v, T)$, d. h. gleich $B_{12} N_1 \varrho(v, T)$.

b) Spontane Emission: Die angeregten Atome (Energieniveau E_2) kehren auch ohne äußere Einwirkung nach einer bestimmten Zeit unter Emission eines Photons hv in den Zustand E_1 zurück. Diese Emission ist unabhängig von der Energiedichte des Strahlungsfeldes, so daß die Zahl der spontanen Emissionen nur zur Zahl der angeregten Atome N_2 proportional ist, d. h. gleich AN_2.

c) Induzierte Emission: Die angeregten Atome werden auch vom Strahlungsfeld dazu gebracht, ein Photon hv zu emittieren und in den Zustand E_1 zurückzukehren. Die Zahl dieser Emissionen ist zu N_2 und zu $\varrho(v, T)$ proportional, d. h. gleich $B_{21} N_2 \varrho(v, T)$.

Im Gleichgewichtsfall *(Abbildung 5.3–14b)* muß die Zahl der Absorptions- gleich der Zahl der Emissionsprozesse sein,

$$B_{12} N_1 \varrho(v, T) = AN_2 + B_{21} N_2 \varrho(v, T).$$

Wenn wir beachten, daß sich im thermischen Gleichgewicht die Zahl der Atome, die sich im angeregten Zustand E_2 befinden, nach der Boltzmann-Verteilung zu

$$N_2 = N_1 e^{-\frac{E_2 - E_1}{kT}} = N_1 e^{-\frac{hv}{kT}}$$

ergibt, dann erhalten wir für die Energiedichte den Ausdruck

$$\varrho(v, T) = \frac{A}{B_{12} e^{\frac{hv}{kT}} - B_{21}}.$$

Wir schreiben nun die Beziehung in der Form

$$\varrho(v, T) = \frac{A/B_{12}}{e^{\frac{hv}{kT}} - B_{21}/B_{12}}$$

und fordern, daß beim Übergang zu unendlich hohen Temperaturen auch $\varrho(v, T)$ unendlich werden muß. Aus dieser Forderung folgt $B_{21}/B_{12} = 1$ oder $B_{12} = B_{21}$. Bestimmen wir schließlich noch den Quotienten A/B_{12} aus dem Wienschen Gesetz,

$$A/B_{12} \sim v^3,$$

so erhalten wir die Plancksche Formel.

5.3.7 Die Heisenbergsche Matrizenmechanik

Zu der gleichen Zeit, in der die Bohrsche Theorie große Erfolge verbuchen konnte, sind auch die Grenzen ihrer Leistungsfähigkeit immer offensichtlicher geworden. Mängel haben sich zumeist darin gezeigt, daß die aus dem Bohrschen Modell folgenden Aussagen in der Regel korrigiert werden mußten, um zu einer befriedigenden Übereinstimmung mit den Versuchsergebnissen zu kommen. Überraschend war jedoch, daß einige Korrekturen systematisiert werden konnten. So hatte man zum Beispiel die Größe l^2 durch $l(l+1)$ zu ersetzen, und bei bestimmten Problemen mußten die Quantenzahlen um 1 vermindert werden.

Zu Beginn der zwanziger Jahre wurde offensichtlich, daß man auf dem eingeschlagenen Weg nicht weiter vorankam. Die Situation ist von BOHR in einem zusammenfassenden Vortrag dargestellt worden, den er 1922 in Göttingen *(Bohr-Festspiele)* gehalten hat. Es lohnt sich, an dieser Stelle etwas über den Rahmen zu sagen, in den sich dieser Bohrsche Vortrag einfügt. Ein Mathematiker namens WOLFSKEHL hatte 1908 einen Preis in einer Höhe von 100 000 Mark für die Lösung des sogenannten großen Fermatschen Problems (Fermatsche Vermutung) ausgesetzt. Über FERMAT haben wir in

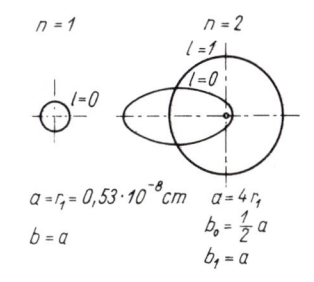

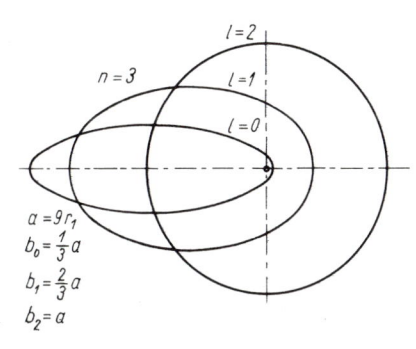

Abbildung 5.3–12
Die zu verschiedenen Quantenzahlen gehörenden Ellipsenbahnen nach dem Bohr-Sommerfeld-Modell

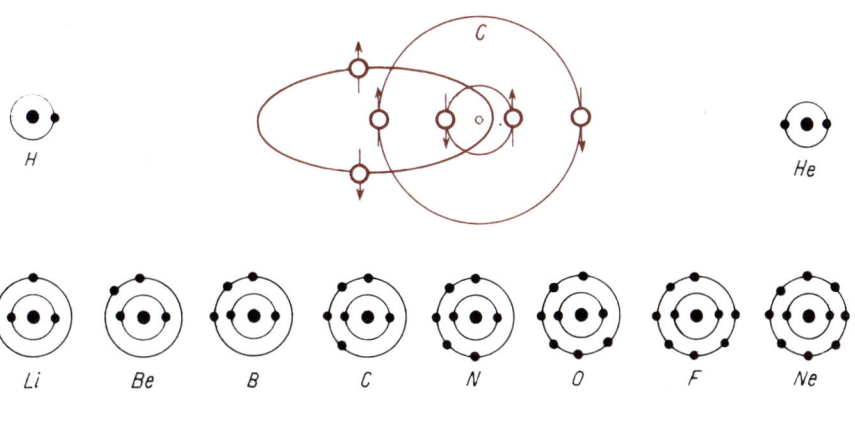

Abbildung 5.3-13
Die Deutung des Periodensystems der Elemente mit Hilfe des Pauliprinzips. Alle Elektronen müssen sich bei ihrer Anordnung im Atom in mindestens einer der vier Quantenzahlen, die ihren Zustand charakterisieren, unterscheiden. Daraus folgt, daß auf der ersten Bahn höchstens 2, auf der zweiten Bahn höchstens $8 = 2 \cdot 2^2$ und auf der dritten Bahn höchstens $18 = 2 \cdot 3^2$ Elektronen untergebracht werden können. Aus dieser Anordnung ergeben sich die Besonderheiten der Elemente, die mit ihrem Platz im Periodensystem korrespondieren. Das Modell vermittelt kein richtiges Bild der Symmetrieverhältnisse der Elektronenanordnung.
Das farbig gezeichnete Ellipsenmodell des C-Atoms gilt schon als eine bessere Näherung, die bildhafte Darstellung darf aber auch hier nicht ernst genommen werden.

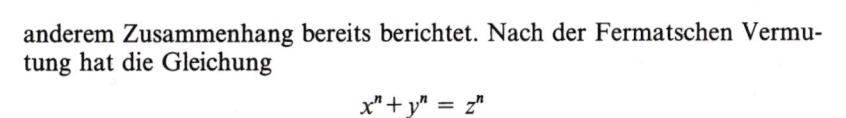

anderem Zusammenhang bereits berichtet. Nach der Fermatschen Vermutung hat die Gleichung

$$x^n + y^n = z^n$$

keine ganzzahlige Lösung für $n > 2$. Schon die Ägypter und Babylonier wußten (Abschnitt 1.1.2), daß für $n = 2$ eine unendliche Menge von Zahlentripeln (Pythagoräische Zahlentripel) existiert, mit der sich diese Gleichung erfüllen läßt. Für Werte $n > 2$ sind solche Zahlentripel jedoch nicht bekannt. FERMAT hat behauptet, daß er für den Beweis seiner Vermutung ein

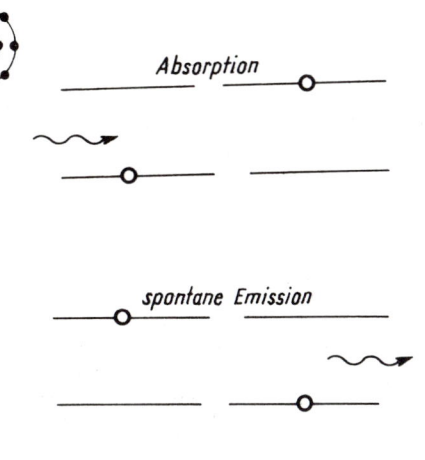

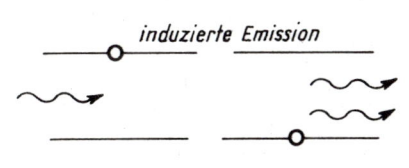

Abbildung 5.3–14a
Grundlegende Wechselwirkungsprozesse von Teilchen mit einem Strahlungsfeld

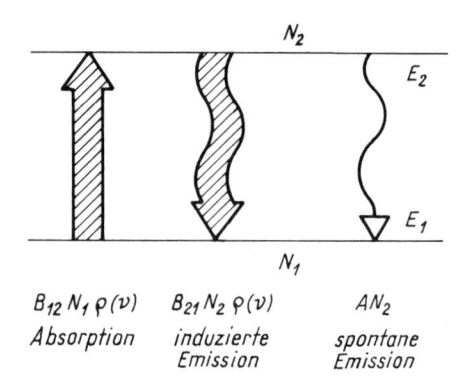

$B_{12} N_1 \rho(\nu)$ $B_{21} N_2 \rho(\nu)$ $A N_2$
Absorption   induzierte Emission   spontane Emission

Abbildung 5.3–14b
Zur Ableitung des Gleichgewichtszustandes zwischen Strahlungsfeld und Teilchen

Abbildung 5.3–15
WERNER HEISENBERG (1901–1976): Sohn des bekannten Byzantologen *August Heisenberg*. Studium bei *Sommerfeld* in München; 1923: Promotion zur Theorie der turbulenten Strömungen; 1924: Privatdozent und Assistent von *Born* in Göttingen; 1927: Professor in Leipzig; 1941: Nachfolger *Sommerfelds* in München. Während des Krieges arbeitete er an der Realisierung der Kettenreaktion, schließlich nach kurzer Internierung Direktor des Max-Planck-Institutes für Physik in Göttingen, ab 1956 dann Tätigkeit in Forschung und Lehre in München. Chronologie seiner Arbeiten: 1925: *Über quantentheoretische Umdeutung kinematischer und mechanischer Beziehungen*; 1927: Heisenbergsche Unbestimmtheitsrelation; 1932: Theorie des Ferromagnetismus; 1940: Theorie der Kernreaktoren; ab 1956: einheitliche Theorie der Elementarteilchen. Obwohl auch auf diesem Gebiet seine Arbeiten nicht erfolglos geblieben sind, hat er das selbst gesteckte Ziel nicht erreichen können.
Heisenberg ist einer der führenden theoretischen Physiker des 20. Jahrhunderts. Es war ihm vergönnt, bis zum Ende seines langen und an Erfolgen reichen Lebens in der ersten Reihe der schöpferisch tätigen Physiker zu verbleiben. Er hat bedeutende Beiträge zur Physik der Atomhülle, des Atomkerns und der Elementarteilchen erbracht, und auch seine Naturphilosophie zählt zu den großen Leistungen dieses Jahrhunderts. Eine

sehr einfaches und schönes Verfahren gefunden habe, doch habe er dafür auf der Randspalte seines Buches nicht genügend Platz zur Verfügung. Dieses mathematische Problem ist von zwei Gesichtspunkten aus bemerkenswert. Zum einen gehört es zu den wenigen einfachen und auch für den Laien verständlich formulierten Problemen, die bis zum heutigen Tage ungelöst geblieben sind; zum anderen aber gibt es wohl kaum einen mathematischen Satz, für den mehr falsche Beweise ersonnen worden wären. Wenn der ausgesetzte Preis von 100 000 Mark auch nicht das gewünschte Ergebnis erbracht hat, so wurden vom Kuratorium der Stiftung doch die anfallenden Zinsen sehr weise verwendet. In jedem Jahr wurden hervorragende Vertreter eines Fachgebietes nach Göttingen eingeladen, um Übersichtsvorträge über den jeweiligen Stand ihres Fachgebietes und über offene Probleme zu halten. So hat im Jahre 1909, ein Jahr nach dem Einrichten der Stiftung, POINCARÉ eine Reihe von Vorträgen gehalten, unter anderem auch einen zur Relativitätstheorie, wobei er den Namen EINSTEIN nicht erwähnt hat. 1910 hat dann LORENTZ vorgetragen, und in diese Reihe fügt sich 1922 der von BOHR gehaltene Vortrag ein. Dieser Vortrag ist auch deshalb berühmt geworden, weil in der anschließenden Diskussion ein 21jähriger Student, WERNER HEISENBERG *(Abbildung 5.3–15)*, das Wort ergriffen und gewagt hat, der Bohrschen Auffassung zu widersprechen. Die Autorität des Nobelpreisträgers BOHR war aber zu jener Zeit unumstritten, während HEISENBERG lediglich als SOMMERFELDS Student von diesem nach Göttingen mitgenommen worden war. Von diesem Zeitpunkt an hat sich zunächst eine Zusammenarbeit, dann eine enge Freundschaft zwischen BOHR und HEISENBERG entwickelt. Auch PAULI hat BOHR auf dieser Tagung in Göttingen kennengelernt. HEISENBERG hatte erkannt, daß der grundlegende und — wie man zu sagen versucht ist — philosophische Fehler der Bohrschen Theorie in dem Versuch besteht, die Emission der diskreten Frequenzen durch Übergänge zwischen wohldefinierten Elektronenbahnen, die auch in ihren Details mit den Begriffen der klassischen Physik beschreibbar sind und auf denen die Elektronen mit bestimmten Geschwindigkeiten umlaufen, beschreiben zu wollen. Diese klassischen Elektronenbahnen stehen jedoch in keinem unmittelbaren Zusammenhang mit den meßbaren Größen. Deshalb sollte versucht werden, mikrophysikalische Gleichungen so zu konstruieren, daß in ihnen nur meßbare Größen vorkommen *(Abbildung 5.3–16)*. Dieses Ziel hat sich HEISENBERG in seiner 1925 erschienenen grundlegenden Arbeit *(Zitat 5.3–5; Farbtafel XXVI)* gestellt. Bemerkenswert ist, daß eine Berechtigung für dieses Vorgehen gerade von EINSTEIN in Frage gestellt worden ist. HEISENBERG hat EINSTEIN schließlich daran erinnert (siehe den folgenden Abschnitt), daß ja Erwägungen dieser Art zur Reformation der Begriffe von Raum und Zeit geführt hatten.

Zur endgültigen mathematischen Formulierung der Heisenbergschen Gedanken haben neben HEISENBERG selbst vor allem BORN und JORDAN beigetragen. Die Grundlagen der von ihnen ausgearbeiteten Matrizenmechanik wollen wir im folgenden kurz darstellen.

Die Experimente zeigen, daß ein Mikrosystem im Falle einer Erregung Strahlung verschiedener Frequenzen emittieren kann. Es ist uns wohl bekannt (Abschnitt 4.5.4), daß sich eine periodische Funktion als Fourier-Reihe darstellen läßt. Kann die Bewegung eines Elektrons (im Rahmen der klassischen Physik) durch eine solche periodische Funktion beschrieben werden, dann kommen in der emittierten Strahlung neben der Grundfrequenz auch ihre ganzzahlige Vielfachen vor:

$$\nu_1 = \nu_0, \quad \nu_2 = 2\nu_0, \quad \nu_3 = 3\nu_0, \ldots, \quad \nu_n = n\nu_0, \ldots$$

In der klassischen Physik sind die zu den einzelnen Frequenzen gehörigen Amplituden durch die Koeffizienten in der Fourier-Reihe gegeben. Ein Mikrosystem emittiert aber nur solche Frequenzen, die durch zwei ganzzahlige Indizes charakterisiert werden können. Diese Frequenzen ν_{mn} treten bei einem Übergang vom Zustand m in den Zustand n auf. Die klassische Anordnung der Frequenzen

$$\nu_1, \nu_2, \ldots \quad \nu_n, \ldots$$

sollte deshalb besser durch ein quadratisches Schema, eine Matrix, ersetzt werden:

$$\begin{bmatrix} v_{11} & v_{12} & \dots & v_{1n} & \dots \\ v_{21} & v_{22} & \dots & v_{2n} & \dots \\ \vdots & \vdots & & \vdots & \\ v_{n1} & v_{n2} & \dots & v_{nn} & \dots \\ \vdots & \vdots & & \vdots & \end{bmatrix}.$$

Analog hat man die klassischen *Fourier-Koeffizienten*

$$q_1, q_2, \dots, q_n, \dots$$

durch eine Matrix

$$\begin{bmatrix} q_{11} & q_{12} & \dots & q_{1n} & \dots \\ q_{21} & q_{22} & \dots & q_{2n} & \dots \\ \vdots & \vdots & & \vdots & \\ q_{n1} & q_{n2} & \dots & q_{nn} & \dots \\ \vdots & \vdots & & \vdots & \end{bmatrix}$$

zu ersetzen, die die Rolle der Lagekoordinate des Elektrons übernimmt. Zur Beschreibung des Bewegungszustandes wird die Impulsmatrix

$$\begin{bmatrix} p_{11} & p_{12} & \dots & p_{1n} & \dots \\ p_{21} & p_{22} & \dots & p_{2n} & \dots \\ \vdots & \vdots & & \vdots & \\ p_{n1} & p_{n2} & \dots & p_{nn} & \dots \\ \vdots & \vdots & & \vdots & \end{bmatrix}$$

eingeführt. Die Gesetzmäßigkeiten der Mikrophysik lassen sich nun als Relationen zwischen den neu eingeführten Größen beschreiben. Zunächst stellt sich heraus, daß die *Hamiltonschen Bewegungsgleichungen* zumindest formal auch für diese Größen gültig sind. Im Gegensatz dazu verlieren andere sehr einfache Regeln, die für die klassischen Größen q und p gelten, für die Matrizen q und p ihre Gültigkeit. Da bei einer Matrizenmultiplikation das Ergebnis im allgemeinen von der Reihenfolge der Faktoren abhängt, stimmt das Produkt pq nicht mit dem Produkt qp überein. Eine der wichtigsten Beziehungen der Matrizenmechanik liefert für die Differenz dieser Produkte

$$\mathsf{pq} - \mathsf{qp} = \frac{h}{2\pi j}\mathbf{1}.$$

Diese Beziehung ist die berühmte Vertauschungsrelation, in der sich der Unterschied der Matrizenmechanik zur klassischen Mechanik am augenfälligsten zeigt. In der Vertauschungsrelation wird auch die entscheidende Rolle der Konstanten h ersichtlich; wird h gleich Null gesetzt, dann ergeben sich die Formeln der klassischen Mechanik.

Sollte der Leser feststellen, daß die Geheimnisse der Matrizenmechanik von ihm noch nicht voll erfaßt worden sind, so braucht er sich deswegen keine grauen Haare wachsen zu lassen, denn er hat namhafte Vorgänger *(Zitate 5.3–6a, b, 5.3–7, Abbildung 5.3–17)*.

Mit der *Tabelle 5.3–1* soll für Interessierte eine Übersicht gegeben werden, aus der zu ersehen ist, wie sich unsere heutige Quantenmechanik zeitlich entwickelt und wer zu dieser Entwicklung wesentliche Beiträge geleistet hat.

Episode aus seinem Leben: *Sommerfeld* hat *Heisenberg* bei dessen Doctor-Rigorosum im Jahre 1923 als unvergleichliches Talent bezeichnet, während nach Meinung des prüfenden Experimentalphysikers *Wilhelm Wien* seine physikalischen Kenntnisse durch eine „bodenlose Ignoranz" gekennzeichnet waren

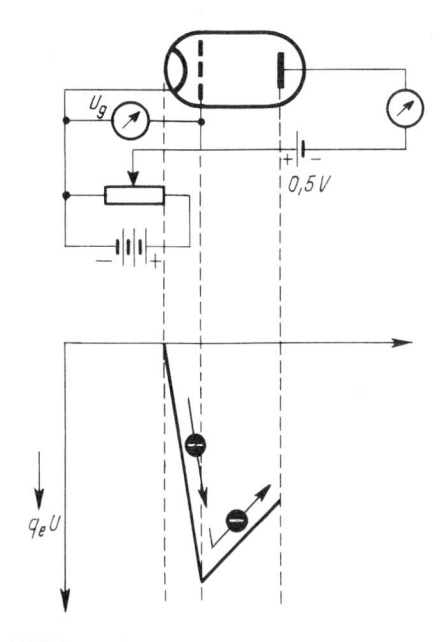

Abbildung 5.3–16
Über die diskreten Zustände des Atoms gibt neben den Linienspektren auch der Franck-Hertz-Versuch Aufschluß.

An das Gitter einer Gasentladungsröhre, die mit dem zu untersuchenden Gas gefüllt ist, wird eine positive Spannung angelegt, so daß die Elektronen beschleunigt werden und die Anode erreichen können, die gegenüber dem Gitter auf einem geringfügig negativen Potential liegt. Ist bei einer bestimmten Beschleunigungsspannung die Energie der Elektronen groß genug, um über einen unelastischen Stoß die Atome der Gasfüllung in einen angeregten Zustand bringen zu können (Anheben eines Hüllenelektrons auf eine höhere Quantenbahn), dann können sie wegen ihres Energieverlustes nicht mehr das Gegenfeld der Anode überwinden. Die erste Abnahme des Anodenstromes bei zunehmender Beschleunigungsspannung markiert somit das erste Anregungsniveau.

JAMES FRANCK (1882–1964): Studium in Heidelberg und Berlin. Arbeitete zunächst in Berlin, dann leitete er auf Einladung *Borns* die experimentellen Arbeiten in Göttingen. (Die Blütezeit Göttingens fällt in die Zeit, in der *Born* und *Franck* dort tätig gewesen sind.) Nach der Machtergreifung *Hitlers* Emigration in die Vereinigten Staaten, dort später Teilnahme am Atombombenprogramm. Im Juni 1945 hat er sich mit dem berühmten Franck-Report gegen den Einsatz der Atombombe gewandt.

GUSTAV HERTZ (1887–1975): Neffe von *Heinrich Hertz*. War sowohl in der Industrie als auch in der Hochschulforschung tätig. 1920–1925: Arbeit bei den Philips-Werken. 1935–1945: Leitung des Forschungslaboratoriums der Siemens-Werke. Nach dem zweiten Weltkrieg Einsatz in der Sowjetunion. 1954–1961: Direktor des Physikalischen Instituts der Karl-Marx-Universität, Leipzig.

Zur Untersuchung der Hyperfeinstruktur der Spektren, die durch den Einfluß der Atomkerne bedingt ist, hat er isotopenreine Gase benötigt und

Tabelle 5.3–1
Grundlegende Arbeiten zur Quantenmechanik

1. L. DE BROGLIE: *Ondes et quanta.* Comptes Rendus 177 (507–510) 1923, vorgetragen am 10. 9. 1923; zwei weitere Arbeiten sind im selben Band der Comptes Rendus (1923) erschienen und wurden am 24. 9. 1923 und am 8. 10. 1923 vorgetragen

$$\delta \int \frac{\mathrm{d}s}{\lambda} = \delta \int \frac{m_0 v}{\sqrt{1-\beta^2}} \mathrm{d}s = \delta \int p \, \mathrm{d}s = 0$$

$$\lambda = \frac{h}{p}$$

wurde dadurch angeregt, Isotopentrennungsverfahren auszuarbeiten. Nach der Entdeckung der Kernspaltung wurde die Isotopentrennung zu einem Hauptproblem des Atombombenprogramms

Zitat 5.3 – 5
Über quantentheoretische Umdeutung kinematischer und mechanischer Beziehungen von W. HEISENBERG in Göttingen (eingegangen am 29. Juli 1925)

In der Arbeit soll versucht werden, Grundlagen zu gewinnen für eine quantentheoretische Mechanik, die ausschließlich auf Beziehungen zwischen prinzipiell beobachtbaren Größen basiert ist.

Bekanntlich läßt sich gegen die formalen Regeln, die allgemein in der Quantentheorie zur Berechnung beobachtbarer Größen (z. B. der Energie im Wasserstoffatom) benutzt werden, der schwerwiegende Einwand erheben, daß jene Rechenregeln als wesentlichen Bestandteil Beziehungen enthalten zwischen Größen, die scheinbar prinzipiell nicht beobachtet werden können (wie z. B. Ort, Umlaufzeit des Elektrons), daß also jenen Regeln offenbar jedes anschauliche physikalische Fundament mangelt, wenn man nicht immer noch an der Hoffnung festhalten will, daß jene bis jetzt unbeobachtbaren Größen später vielleicht experimentell zugänglich gemacht werden könnten. Diese Hoffnung könnte als berechtigt angesehen werden, wenn die genannten Regeln in sich konsequent und auf einen bestimmt umgrenzten Bereich quantentheoretischer Probleme anwendbar wären. Die Erfahrung zeigt aber, daß sich nur das Wasserstoffatom und der Starkeffekt dieses Atoms jenen formalen Regeln der Quantentheorie fügen, daß aber schon beim Problem der „gekreuzten Felder" (Wasserstoffatom in elektrischem und magnetischem Feld verschiedener Richtung) fundamentale Schwierigkeiten auftreten, daß die Reaktion der Atome auf periodisch wechselnde Felder sicherlich nicht durch die genannten Regeln beschrieben werden kann und daß schließlich eine Ausdehnung der Quantenregeln auf die Behandlung der Atome mit mehreren Elektronen sich als unmöglich erwiesen hat. Es ist üblich geworden, dieses Versagen der quantentheoretischen Regeln, die ja wesentlich durch die Anwendung der klassischen Mechanik charakterisiert waren, als Abweichung von der klassischen Mechanik zu bezeichnen. Diese Bezeichnung kann aber wohl kaum als sinngemäß angesehen werden, wenn man bedenkt, daß schon die (ja ganz allgemein gültige) Einstein-Bohrsche Frequenzbedingung eine so völlige Absage an die klassische Mechanik oder besser, vom Standpunkt der Wellentheorie aus, an die dieser Mechanik zugrunde liegende Kinematik darstellt, daß auch bei den einfachsten quantentheoretischen Problemen an eine Gültigkeit der klassischen Mechanik schlechterdings nicht gedacht werden kann. Bei dieser Sachlage scheint es geratener, jene Hoffnung auf eine Beobachtung der bisher unbeobachtbaren Größen (wie Lage, Umlaufzeit des Elektrons) ganz aufzugeben, gleichzeitig also einzuräumen, daß die teilweise Übereinstimmung der genannten Quantenregeln mit der Erfahrung mehr oder weniger zufällig sei, und zu versuchen, eine der klassischen Mechanik analoge quantentheoretische Mechanik auszubilden, in welcher nur Beziehungen zwischen beobachtbaren Größen vorkommen. Als die wichtigsten ersten Ansätze zu einer solchen quantentheoretischen Mechanik kann man neben der Frequenzbedingung die Kramersche Dispersionstheorie (*H. v. Kramers*, Nature 113, 673, 1924) und die auf dieser Theorie weiterbauenden Arbeiten (*M. Born*, Zs. f. Phys. 26, 379, 1924. *H. A. Kramers* und *W. Heisenberg*, Zs. f. Phys. 31, 681, 1925. *M. Born* und *P. Jordan*, Zs. f. Phys. im Er-

2. W. HEISENBERG: *Über quantentheoretische Umdeutung kinematischer und mechanischer Beziehungen.* Zeitschrift für Physik 33 (879 – 893) 1925. Eingereicht am 29. 7. 1925

$$h = 8\pi^2 m \sum_{\tau=0}^{\infty} \{|x_{n+\tau,\,n}|^2 v_{n+\tau,\,n} - |x_{n,\,n-\tau}|^2 v_{n,\,n-\tau}\}.$$

(Thomas-Kuhnsche f-Summenformel)
Oszillator:

$$E = \frac{h\omega_0}{2\pi}\left(n + \frac{1}{2}\right)$$

Rotator:

$$E = \frac{h^2}{8\pi^2 ma^2}\left(n^2 + n + \frac{1}{2}\right)$$

3. M. BORN – P. JORDAN: *Zur Quantenmechanik.* Zeitschrift für Physik 34 (858 – 888) 1925. Eingereicht am 27. 9. 1925

$$\dot{q} = \frac{\partial H}{\partial p}; \quad \dot{p} = -\frac{\partial H}{\partial q}$$

$$pq - qp = \frac{h}{2\pi j}\mathbf{1}.$$

4. BORN – HEISENBERG – JORDAN (Drei-Männer-Arbeit): *Zur Quantenmechanik II.* Zeitschrift für Physik 35 (557 – 615) 1926. Eingereicht am 15. 11. 1925

$$\dot{f} = -\frac{2\pi j}{h}(fH - Hf)$$

$$P = U^{-1}pU; \quad Q = U^{-1}qU$$
$$H(P, Q) = W \quad (diagonal)$$

5. E. SCHRÖDINGER: *Quantisierung als Eigenwertproblem I.* Annalen der Physik 79 (361 – 376) 1926. Eingereicht am 27. 1. 1926

$$\Delta\Psi + \frac{2m}{K^2}\left(E + \frac{e^2}{r}\right)\Psi = 0$$

$$E = -\frac{me^4}{2K^2 m^2}; \quad \left(K = \frac{h}{2\pi}\right).$$

II. Eingereicht am 23. 2. 1926

$$\frac{\partial W}{\partial t} + T\left(q, \frac{\partial W}{\partial q}\right) + U(q) = 0$$

$$\Delta\Psi + \frac{8\pi^2 m}{h^2}(E - U)\Psi = 0$$

III. Eingereicht am 10. 5. 1926

$$L\Psi + E\Psi = 0$$
$$L\Psi + E\Psi = \lambda P\Psi$$
$$E = E_k + \lambda E_k$$
$$\Psi = \Psi_k + \lambda \varphi_k$$

IV. Eingereicht am 21. 6. 1926

$$-\frac{h^2}{8\pi^2 m}\Delta\Psi + U\Psi = \frac{h}{2\pi j}\frac{\partial\Psi}{\partial t}$$

6. E. SCHRÖDINGER: *Über das Verhältnis der Heisenberg-Born-Jordanschen Quantenmechanik zu der meinen.* Annalen der Physik 79 (734 – 576) 1926. Eingereicht am 18. 3. 1926

$$pq - qp = \frac{h}{2\pi j}\mathbf{1}$$

$$\left(\frac{h}{2\pi j}\frac{\partial}{\partial q}\right)q\Psi - q\left(\frac{h}{2\pi j}\frac{\partial}{\partial q}\right)\Psi = \frac{h}{2\pi j}\Psi$$

$$F_{jk} = \int u_j^* F\left(\frac{h}{2\pi j}\frac{\partial}{\partial q}, q\right)u_k\,dq$$

7. P. A. M. Dirac: *The fundamental equations of quantummechanics.* Proc. Roy. Soc. (A) 109 (642–653) 1925. Eingereicht am 7. 11. 1925

$$xy - yx \Longleftrightarrow \frac{jh}{2\pi} \begin{vmatrix} \frac{\partial x}{\partial w} & \frac{\partial y}{\partial w} \\ \frac{\partial x}{\partial J} & \frac{\partial y}{\partial J} \end{vmatrix}$$

$$\frac{df}{dt} = \frac{2\pi}{jh}(fH - Hf)$$

scheinen) ansehen. Im folgenden wollen wir einige neue quantenmechanische Beziehungen herauszustellen suchen und zur vollständigen Behandlung einiger spezieller Probleme benutzen. Wir werden uns dabei auf Probleme von einem Freiheitsgrade beschränken.
Zeitschrift für Physik Bd. 33 (1925) S. 879 f.

8. P. A. M. Dirac: *Quantummechanics and a preliminary investigation of the hydrogen atom.* Proc. Roy. Soc. (A) 110 (561–579) 1926. Eingereicht am 22. 1. 1926 — Spektrum des H-Atoms

9. W. Pauli: *Über das Wasserstoffspektrum vom Standpunkt der neuen Quantenmechanik.* Zeitschrift für Physik 36 (336–363) 1926. Abgeschlossen im Oktober 1925 — Spektrum des H-Atoms; Stark-Effekt; Perturbation durch gekreuzte elektrische und magnetische Felder

10. M. Born: *Quantenmechanik der Streuvorgänge.* Zeitschrift für Physik 38 (803) 1926 — Die Bewegung der Teilchen wird durch Wahrscheinlichkeitsgesetze beschrieben; die Wahrscheinlichkeit selbst breitet sich aber im Einklang mit dem Prinzip der Kausalität aus

11. J. von Neumann: *Mathematische Begründung der Quantenmechanik,* Nachr. Ges. Wiss. Göttingen, Math. Phys. Klasse (1–57) 1927 — Axiome des abstrakten Hilbert-Raums; Operatoren im Hilbert-Raum; Eigenwert-Problem

12. P. A. M. Dirac: *The Quantum Theory of the Emission and Absorption of Radiation.* Proc. Roy. Soc. 114, 1927 — Einführung der Erzeugungs- und Vernichtungsoperatoren

13. P. A. M. Dirac: *The Quantum Theory of the Electron.* Proc. Roy. Soc. 117, 118, 1928 — Ableitung der relativistisch-invarianten Gleichung; Elektronenspin; Zustände mit negativer Energie (als offenes Problem)

5.3.8 Einstein und Heisenberg

„Was Sie uns da erzählt haben, klingt ja sehr ungewöhnlich. Sie nehmen an, daß es Elektronen im Atom gibt, und darin werden Sie sicher recht haben. Aber die Bahnen der Elektronen im Atom, die wollen Sie ganz abschaffen, obwohl man doch die Bahnen der Elektronen in einer Nebelkammer unmittelbar sehen kann. Können Sie mir die Gründe für diese merkwürdigen Annahmen etwas genauer erklären?"

„Die Bahnen der Elektronen im Atom kann man nicht beobachten", habe ich wohl erwidert, „aber aus der Strahlung, die von einem Atom bei einem Entladungsvorgang ausgesandt wird, kann man doch unmittelbar auf die Schwingungsfrequenzen und die zugehörigen Amplituden der Elektronen im Atom schließen. Die Kenntnis der Gesamtheit der Schwingungszahlen und der Amplituden ist doch auch in der bisherigen Physik so etwas wie ein Ersatz für die Kenntnis der Elektronenbahnen. Da es aber doch vernünftig ist, in eine Theorie nur die Größen aufzunehmen, die beobachtet werden können, schien es mir naturgemäß, nur diese Gesamtheiten, sozusagen als Repräsentanten der Elektronenbahnen, einzuführen."

„Aber Sie glauben doch nicht im Ernst", entgegnete Einstein, „daß man in eine physikalische Theorie nur beobachtbare Größen aufnehmen kann."

„Ich dachte", fragte ich erstaunt, „daß gerade Sie diesen Gedanken zur Grundlage Ihrer Relativitätstheorie gemacht hätten? Sie hatten doch betont, daß man nicht von absoluter Zeit reden dürfe, da man diese absolute Zeit nicht beobachten kann. Nur die Angaben der Uhren, sei es im bewegten oder im ruhenden Bezugssystem, sind für die Bestimmung der Zeit maßgebend."

„Vielleicht habe ich diese Art von Philosophie benützt", antwortete Einstein, „aber sie ist trotzdem Unsinn. Oder ich kann vorsichtiger sagen, es mag heuristisch von Wert sein, sich daran zu erinnern, was man wirklich beobachtet. Aber vom prinzipiellen Standpunkt aus ist es ganz falsch, eine Theorie nur auf beobachtbare Größen gründen zu wollen. Denn es ist ja in

Zitat 5.3–6a
Hilbert konnte recht herzlich über *Born, Heisenberg* und die Göttinger theoretischen Physiker lachen. Als diese nämlich die Matrizenmechanik entdeckten, hatten sie anfangs natürlich dieselben Schwierigkeiten, wie jeder, der bei der Lösung seiner Probleme mit Matrizen umzugehen hat. *Hilbert*, den sie ersuchten, ihnen behilflich zu sein, sagte, er hätte nur einmal mit Matrizen zu tun gehabt, und zwar bei der Lösung von Differentialgleichungen mit Randbedingungen. Um weiterzukommen, sollten sie sich daher die Differentialgleichung ansehen, aus der sich ihre Matrizen ergeben hätten. Die Physiker hielten dies für eine Ungereimtheit und dachten sich, *Hilbert* wüßte nicht, wovon er redete. So aber hatte er viel Spaß daran, ihnen später vorzuhalten, sie hätten die Schrödingersche Wellenmechanik sechs Monate früher entdecken können, wenn sie seinen Worten mehr Aufmerksamkeit geschenkt hätten.
E. U. CONDON: *60 Years of Quantum Physics.* Physics Today 15 (1962) 37–49. JAMMER [5.12] p. 203

Zitat 5.3–6b
... Die Tatsache, daß *xy* nicht gleich *yx* ist, hat mir großes Unbehagen verursacht. Ich sah darin die einzige Schwierigkeit im ganzen Schema, mit dem ich ansonsten vollständig zufrieden war. ... Ich hatte als Quantisierungsvorschrift die Thomas-Kuhnsche Summenregel hingeschrieben, aber war mir dessen nicht bewußt, daß es sich um *pq – qp* handelte.
Archives for the History of Quantum Physics. Interview mit HEISENBERG 1963. JAMMER [5.12] p. 211

Zitat 5.3–7
Heisenbergs großer Artikel vom Jahre 1925 über die Matrizenmechanik schien *Fermi* nicht klar genug zu sein; erst später, und zwar über die Schrödingersche Wellenmechanik, gelangte er zu einem vollen Verständnis der Quantenmechanik. Ich möchte jedoch betonen, daß diese Haltung *Fermis* nicht den mathematischen Schwierigkeiten und der Neuheit der Matrizenalgebra zuzuschreiben war – das wären für ihn keine nennenswerten Hindernisse gewesen. Ihm waren vielmehr die physikalischen Ideen fremd, auf denen diese Artikel beruhten.
SEGRÉ: *Biographical Introduction to the Collected Papers of Enrico Fermi.* University of Chicago Press 1962. JAMMER [5.12] p. 208, 209

Abbildung 5.3–17
DAVID HILBERT (1862–1943): Studium der Mathematik in Königsberg bei *Ferdinand Lindemann,* von dem der Nachweis der Transzendenz der Zahl π stammt. Beginn der Universitätslaufbahn in Königsberg, dann von 1895 bis zu seinem Tode in Göttingen, das er zu einem Zentrum der mathematischen Forschung im ersten Drittel des 20. Jahrhunderts gemacht hat. In unserem Buch war schon die Rede von seinen Untersuchungen zu den Grundlagen der Geometrie (1898–1902). Seine vom Standpunkt des Physikers aus wichtigsten Ergebnisse beziehen sich auf die Integralgleichungen: Grundlagen der gesamten Funktionalanalysis, Hilbert-Raum, Spektraltheorie der linearen Operatoren. – Auch *Hilberts* unmittelbare Beiträge zur Physik sind von Bedeutung. So ist es ihm gelungen, die Einsteinschen Gleichungen der allgemeinen Relativitätstheorie aus einem Variationsprinzip herzuleiten (1915), die Kirchhoff-Formel besser zu begründen (1912) und schließlich die mathematischen Grundlagen der Quantenmechanik zu klären (*Hilbert – von Neumann – Nordheim: Über die Grundlagen der Quantenmechanik,* 1927).
Von großer Bedeutung für die Entwicklung der modernen Physik ist *Hilberts* (gemeinsam mit *Courant* geschriebenes) Buch *Methoden der mathematischen Physik,* dessen erster Band 1924 erschienen ist. In ihm sind alle von den theoretischen Physikern zu dieser Zeit benötigten Methoden dargestellt

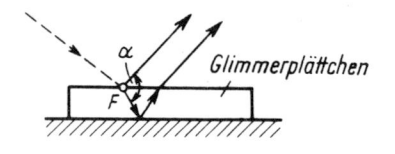

Abbildung 5.3–18
Prinzip des Breitwinkelinterferenzversuches von *Selényi* zur Widerlegung der Einsteinschen Nadelstrahlungshypothese

Wirklichkeit genau umgekehrt. Erst die Theorie entscheidet darüber, was man beobachten kann. Sehen Sie, die Beobachtung ist ja im allgemeinen ein sehr komplizierter Prozeß. Der Vorgang, der beobachtet werden soll, ruft irgendwelche Geschehnisse in unserem Meßapparat hervor. Als Folge davon laufen dann in diesem Apparat weitere Vorgänge ab, die schließlich auf Umwegen den sinnlichen Eindruck und die Fixierung des Ergebnisses in unserem Bewußtsein bewirken. Auf diesem ganzen langen Weg vom Vorgang bis zur Fixierung in unserem Bewußtsein müssen wir wissen, wie die Natur funktioniert, müssen wir die Naturgesetze wenigstens praktisch kennen, wenn wir behaupten wollen, daß wir etwas beobachtet haben. Nur die Theorie, das heißt die Kenntnis der Naturgesetze, erlaubt uns also, aus dem sinnlichen Eindruck auf den zugrunde liegenden Vorgang zu schließen."

Mir war diese Einstellung EINSTEINS sehr überraschend, obwohl mir seine Argumente einleuchteten, und ich fragte daher zurück:

„Der Gedanke, daß eine Theorie eigentlich nur die Zusammenfassung der Beobachtungen unter dem Prinzip der Denkökonomie sei, soll doch von dem Physiker und Philosophen MACH stammen; und es wird immer wieder behauptet, daß Sie in der Relativitätstheorie eben von diesem Gedanken MACHS entscheidend Gebrauch gemacht hätten. Was Sie jetzt eben gesagt haben, scheint mir aber genau in die entgegengesetzte Richtung zu gehen. Was soll ich nun eigentlich glauben, oder richtiger, was glauben denn Sie selbst in diesem Punkt?"

„Das ist eine sehr lange Geschichte, aber wir können ja ausführlich darüber reden. Dieser Begriff der Denkökonomie bei MACH enthält wahrscheinlich schon einen Teil der Wahrheit, aber er ist mir etwas zu banal." HEISENBERG [5.26] S. 89 ff.

5.3.9 Die Schrödingersche Wellenmechanik

Etwa gleichzeitig mit HEISENBERG, aber einem ganz anderen Gedankengang folgend, ist ERWIN SCHRÖDINGER zu einer Grundgleichung völlig verschiedener Art gekommen.

In den ersten zwei Jahrzehnten dieses Jahrhunderts ist die Frage nach dem Wesen des Lichtes bzw. nach seiner Doppelnatur sowohl im Zusammenhang mit den Grundproblemen der Quantentheorie als auch als eigenständiges Problem untersucht worden. Gegen Ende des 19. Jahrhunderts schien diese Frage schon eindeutig mit der Feststellung entschieden worden zu sein, daß das Licht als elektromagnetische Welle ein Schwingungszustand des Äthers ist.

Die Ergebnisse der Untersuchungen am Photoeffekt haben jedoch zur Jahrhundertwende wieder den Gedanken an eine Teilchennatur des Lichtes aufkommen lassen. Von diesem Zeitpunkt an wurde die Frage nach der Natur des Lichtes, wenn sie in der Form „entweder – oder" gestellt wurde, abwechselnd in dem einen oder dem anderen der beiden möglich erscheinenden Sinne beantwortet. Wir möchten hier z. B. auf PÁL SELÉNYI hinweisen, der mit Breitwinkelinterferenzversuchen nachgewiesen hat, daß die Nadelstrahlungshypothese von EINSTEIN nicht richtig sein kann *(Abbildung 5.3–18)*.

Die Interferenzerscheinungen sprechen zugunsten einer Wellennatur des Lichtes, der Photo- und der *Compton-Effekt* (1923) weisen jedoch auf einen Teilchencharakter hin. DE BROGLIE *(Abbildung 5.3–19)* hatte nun den folgenden Gedanken: Wir wissen, daß das Licht neben seiner Wellennatur auch noch Korpuskulareigenschaften hat, denn als massebehaftetes Teilchen genügt es bei Stoßvorgängen den Impuls- und Energiebilanzsätzen. In der Vergangenheit wurde der Wellennatur des Lichtes eine zu große Aufmerksamkeit gewidmet, während seine andere Erscheinungsform vernachlässigt worden ist. Aus dieser Vernachlässigung resultieren die Schwierigkeiten, die wir bei der Erklärung des Photo- und des Compton-Effektes gehabt haben. Begehen wir nun nicht bei den Materieteilchen den gleichen Fehler unter einem umgekehrten Vorzeichen? Überbetonen wir hier nicht auch den Teilchencharakter als einzige Erscheinungsform zuungunsten des Wellencharakters? Vielleicht können wir die mikrophysikalischen Erscheinungen nur deshalb nicht richtig erklären, weil unser Bild von den Vorgängen zu einseitig ist. Wir sollten folglich auch bei den Elektronen und Atomen Welleneigenschaften zulassen.

Beim Licht ist die Wellenlänge vorgegeben, und wir haben den Impuls gesucht. Beim Elektron als einem Teilchen ist der Impuls nach der Formel $p = mv$ bestimmt; wie lassen sich dazu die für die Welle charakteristischen Größen finden? Als mögliche Antwort bietet sich an, daß zwischen Wellenlänge und Impuls beim Elektron der gleiche Zusammenhang wie beim Licht zu gelten habe. In Übereinstimmung mit der für das Licht gültigen Beziehung

$$p = mc = \frac{mc^2}{c} = \frac{h\nu}{c} = \frac{h}{\lambda}$$

wird folglich einem Elektron mit dem Impuls p die Wellenlänge

$$\lambda = \frac{h}{p} = \frac{h}{mv}$$

zugeordnet. Das auch aus historischer Sicht erste, mit Hilfe der *de Broglieschen Hypothese* gewonnene Ergebnis ist die einfache Erklärung der Auswahlregeln für die stationären Elektronenbahnen im Bohrschen Atommodell. Der Radius der möglichen Quantenbahnen in diesem Modell ergibt sich aus der Bedingungsgleichung

$$mv_n r_n = n \frac{h}{2\pi},$$

und mit einer einfachen Umformung erhalten wir

$$2\pi r_n = n \frac{h}{mv_n}.$$

Mit der Wellenlänge des Elektrons folgt daraus schließlich

$$2\pi r_n = n\lambda.$$

Dieser Zusammenhang kann physikalisch sehr einfach gedeutet werden: Im Atom sind nur die stationären Elektronenbahnen möglich, deren Umfang ein ganzzahliges Vielfaches der Elektronenwellenlänge ist. Diese Bedingung ist für uns aber sehr plausibel, denn auch in der Mechanik muß sie erfüllt sein, um einen stationären Schwingungszustand realisieren zu können *(Abbildung 5.3–20)*.

Es bedeutet natürlich noch keinen Beweis für die Wellennatur des Elektrons, wenn wir ihm mit der (zu dieser Zeit noch unbewiesenen) Beziehung $\lambda = h/p$ eine Wellenlänge zuordnen und seine Wellennatur anschaulich machen können. Erst 1927 haben DAVISSON und GERMER die Elektronenwellenlänge analog zur Wellenlänge von Röntgenstrahlen (Elektronenbeugung) direkt bestimmt.

Gehen wir nun zu dem Gedankengang SCHRÖDINGERS über. Nach den Gesetzen der geometrischen Optik stehen die Bahn eines Lichtstrahles und die Bahn eines Elektrons in einem elektrischen Feld in einer engen Beziehung zueinander. Beide Bahnen fallen zusammen, wenn ein bestimmter Zusammenhang zwischen dem ortsabhängigen optischen Brechungsindex und dem ortsabhängigen Potential des elektrischen Feldes erfüllt ist *(Abbildung 5.3–21)*.

Wenn wir beachten, daß die Strahlenoptik der Grenzfall der Wellenoptik für kleine Wellenlängen ist, dann ist zu erwarten, daß sich auch die klassische Mechanik als Grenzfall einer neuen Mechanik, der „Wellenmechanik", verstehen läßt. Die Grundgleichungen dieser Mechanik werden offenbar ähnlich den Gleichungen sein müssen, die die Ausbreitung des Lichtes beschreiben. Auf diesem Wege ist SCHRÖDINGER *(Abbildung 5.3–22)* 1926 zu der nach ihm benannten Wellengleichung gelangt.

Im folgenden wollen wir die Schrödingerschen Gedanken ein wenig genauer betrachten.
In den heutigen Lehrbüchern der Quantenmechanik wird der Student auf einem einfachen und geradlinigen Weg zur Schrödinger-Gleichung hingeführt. Dieser von SCHRÖDINGER gebahnte Weg war zunächst jedoch voller Hindernisse. SCHRÖDINGER hat sich bei seiner Ableitung auf eine von HAMILTON angegebene Formulierung der Mechanik gestützt (Abschnitt 4.2.7).

$H(q, p)$ sei im folgenden die bekannte *Hamilton-Funktion*, die die Gesamtenergie des Systems als Funktion der Orts- und Impulskoordinaten repräsentiert. Die Hamiltonsche Wirkungsfunktion oder das *Wirkungsintegral*

$$W = \int_{t_0}^{t} (T - U) \, dt$$

Abbildung 5.3–19
LOUIS VICTOR PRINCE DE BROGLIE (1892–1981): Studium an der Sorbonne, wobei er zunächst entsprechend der Familientraditionen in Vorbereitung einer Beamtenlaufbahn historische Fächer belegte. Unter dem Einfluß seines älteren Bruders, *Maurice de Broglie*, der im Stammschloß der Familie ein Privatlaboratorium unterhielt, hat er sich der Physik zugewandt (siehe das folgende Zitat). Während des ersten Weltkrieges beschäftigte er sich mit der militärischen Anwendung der Nachrichtentechnik. In der 1924 eingereichten Doktordissertation *Recherches sur la Théorie des Quanta* hat er die Theorie der Materiewellen entwickelt. Es wird berichtet, daß *Schrödinger* nach einem flüchtigen Durchlesen diese Arbeit mit der Bemerkung „Unsinn" beiseite gelegt hat. Er hat sie erst auf Drängen von *Langevin* wieder vorgenommen und schließlich weiterentwickelt. Bei der Deutung der Quantenmechanik hat sich *de Broglie* dann dem konservativen Lager angeschlossen. – Auch *de Broglies* wissenschaftshistorische Arbeiten sind von Bedeutung; so setzt er sich z. B. in der Einleitung zu seiner grundlegenden Arbeit ausführlich mit den historischen Voraussetzungen auseinander. Ein Vorschlag zur Bestätigung der Materiewellenkonzeption, die *de Broglie* einem Mitarbeiter seines älteren Bruders unterbreitet hat, wurde von diesem wegen anderer Arbeiten nicht aufgegriffen. Erst der amerikanische Physiker *Clinton Joseph Davisson* ist bei der Untersuchung der Sekundäremission von Elektronen in Vakuumröhren durch einen Zufall diesem Ziel näher gekommen. Er hat die Winkelverteilung der an gewöhnlichen polykristallinen Nickelelektroden gestreuten Elektronen gemessen und nach einer zufälligen Havarie (Beschädigung der Versuchsröhre und daraus resultierende Oxidation der Nickelektroden, die eine langwierige Wärmebehandlung der Elektrode zur Entfernung der Oxidschicht nach sich gezogen hat) eine auffällige Veränderung der Verteilungskurven festgestellt, die darauf zurückzuführen war, daß die Elektrode eine Einkristall-Struktur bekommen hatte. Genaue Ergebnisse, die als quantitative Beweise für die Wellennatur der Elektronen anzusehen sind, hat er erst 1927 erhalten. In diesem Jahr hat auch *George Paget Thomson* in Aberdeen Elektronenbeugungsbilder beim Durchgang von Elektronen durch dünne Folien veröffentlicht.

Mein Bruder *Maurice*, der damals noch junge Gelehrte, wurde damit beauftragt, das Protokoll der ersten Solvay-Konferenz, welche in Brüssel im Oktober 1911 stattfand, zu verfertigen. Die Sitzung befaßte sich mit den Problemen der Quantentheorie, und die damaligen größten Forscher der mathematischen Physik — *Max Planck, Einstein, Henri Poincaré, Lorentz* und viele andere — nahmen alle daran teil. Bald nachher übergab mir mein Bruder das Konzept des von ihm zusammengestellten Protokolls. Ich las den schweren Text mit großer Begeisterung, ich fühlte die Wichtigkeit der Quantentheorie, die von *Planck* durch einen genialen Einfall 1900 initiiert und von *Einstein* 1905 in seiner Lichtquantenhypothese in eine neue Form gebracht wurde. Ich sah klar den tieferen Sinn dieser großen Revolution der theoretischen Physik: Es bedeutete nämlich, daß Wellen- und Partikelbild, welche bisher von den Theoretikern der Physik auf verschiedenen Gebieten angewendet wurden — und zwar das Wellenbild zur Beschreibung der Licht- und Strahlungsvorgänge, das Partikelbild zur Beschreibung der Materie und der Struktur der Materie —, auf beiden Gebieten in Betracht gezogen werden müssen. Aber wie kann diese Synthese verwirklicht werden? Offenbar muß in ihr die „mysteriöse" Plancksche Konstante — deren Geheimnis heute, nach einem halben Jahrhundert, noch immer nicht ganz entschleiert werden konnte — eine wichtige Rolle spielen; es waren einige Bemerkungen, die meine Aufmerksamkeit schon damals erregten: Um die Mitte des 19. Jahrhunderts fanden erst *Hamilton,* dann später *Jacobi* manche Ähnlichkeiten zwischen den mechanischen Gesetzen, die die Bewegung der Partikel bestimmen, und zwischen den wellentheoretischen Gesetzen, die die Fortpflanzung der Strahlungsvorgänge beschreiben. Nach der allgemeinen Ansicht war diese Ähnlichkeit rein formal, meine jugendliche Phantasie kam aber in Gang, und ich stellte mir die Frage, ob diese Ähnlichkeit nicht einen tiefliegenden physikalischen Sinn hätte, und ob sie uns nicht zur Synthese des Wellen- und Partikelbilds führen könnte, einer Synthese, deren Notwendigkeit das Auftauchen des rätselhaften Quants in der Physik aufgezeigt hat.

Louis de Broglie: Certitude et incertitude de la science. Paris 1966

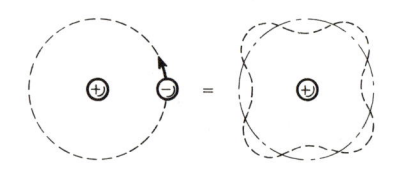

Abbildung 5.3—20
Auswahlregeln für die erlaubten Elektronenbahnen nach *Bohr* und *de Broglie*

ist als Zeitintegral der *Lagrange-Funktion* $L = T - U$ definiert. Das Integral wird entlang der vom System durchlaufenen *Bahnkurve* berechnet; wir können es als eine Funktion der Zeit sowie der Endpunkte der Bahn ansehen. Die Funktion $W(t)$ genügt der *Hamilton-Jacobischen Gleichung*

$$\frac{\partial W}{\partial t} + H\left(q, \frac{\partial W}{\partial q}\right) = 0. \tag{1}$$

Bestimmt man aus dieser Gleichung die Wirkungsfunktion W, dann kann man die Lösung der Bewegungsgleichungen leicht erhalten. Benutzen wir den üblichen Lösungsansatz

$$W = -Et + S(q),$$

dann geht die Gleichung (1) in die einfachere Form

$$H\left(q, \frac{\partial S}{\partial q}\right) = E$$

über, und außerdem ergibt sich

$$|\operatorname{grad} W|^2 = 2m(E-U); \quad \frac{\partial W}{\partial t} = -E.$$

Aus diesen Darlegungen folgt, daß sich die Flächen $W = \text{const}$, die *Phasenflächen*, mit der Phasengeschwindigkeit

$$v_f = \frac{E}{[2m(E-U)]^{1/2}}$$

in die durch grad W vorgegebene Richtung bewegen. Wenn wir die in einem inhomogenen Medium sich ausbreitenden Wellen in der Form

$$\varphi(x, y, z, t) = a e^{j[-\omega t + S(x, y, z)]}$$

darstellen, dann sehen wir, daß wir für die Phase dieser Funktion eine ähnliche Beziehung wie für W aufschreiben können, und wir sehen weiter, daß E und ν oder E und ω zueinander proportional sein müssen. SCHRÖDINGER hat natürlich den Proportionalitätsfaktor gleich h bzw. $\hbar = \frac{h}{2\pi}$ gesetzt. Wir erhalten damit für λ den Zusammenhang

$$\lambda = \frac{v_f}{\nu} = \frac{1}{\nu} \frac{E}{[2m(E-U)]^{1/2}} = \frac{h}{[2m(E-U)]^{1/2}}. \tag{2}$$

Der historischen Wahrheit zuliebe wollen wir nicht verschweigen, daß SCHRÖDINGER diesen Weg erst in seiner zweiten Arbeit beschritten hat, die am 23. Februar 1926 bei der Redaktion der *Annalen der Physik* eingegangen ist. In seiner ersten Arbeit (vom 27. Januar 1926) geht er von

$$H\left(q, \frac{\partial S}{\partial q}\right) = E$$

aus, wobei er für S den Ansatz $S = K \ln \Psi$ verwendet. Mit diesem Ansatz ergibt sich

$$H\left(q, \frac{K}{\Psi} \frac{\partial \Psi}{\partial q}\right) = E, \tag{3}$$

wobei die linke Seite dieser Gleichung sowohl in Ψ als auch in $\frac{\partial \Psi}{\partial q}$ quadratisch ist. SCHRÖDINGER hat dann eine solche reelle, eindeutige und zweimal stetig differenzierbare Funktion gesucht, die das über den gesamten Konfigurationsraum erstreckte Integral der aus (3) folgenden quadratischen Form zu einem Extremum macht. Mit dieser Forderung konnte er die Gleichung

$$\Delta\Psi + \frac{2m}{K^2}\left(E + \frac{e^2}{r}\right)\Psi = 0$$

ableiten, mit der sich das Wasserstoffatom beschreiben läßt. Für das Wasserstoffatom gilt nämlich

$$H(q, p) = \frac{1}{2m}(p_x^2 + p_y^2 + p_z^2) - \frac{e^2}{r} = E,$$

und aus der Gleichung (3) erhält man

$$\frac{1}{2m}\left[\left(\frac{\partial S}{\partial x}\right)^2 + \left(\frac{\partial S}{\partial y}\right)^2 + \left(\frac{\partial S}{\partial z}\right)^2\right] - \frac{e^2}{r} - E = 0.$$

Setzt man nun $S = K \ln \Psi$, dann ergibt sich zunächst

$$\frac{K^2}{2m} \frac{1}{\Psi^2}\left[\left(\frac{\partial \Psi}{\partial x}\right)^2 + \left(\frac{\partial \Psi}{\partial y}\right)^2 + \left(\frac{\partial \Psi}{\partial z}\right)^2\right] - \left(E + \frac{e^2}{r}\right) = 0$$

und daraus die quadratische Form

$$F = (\nabla\Psi)^2 - \frac{2m}{K^2}\left(E + \frac{e^2}{r}\right)\Psi^2.$$

Die zum Variationsproblem $\delta \iiint F\, dx\, dy\, dz = 0$ gehörige *Euler-Lagrangesche Differentialgleichung*

$$\frac{\partial F}{\partial \Psi} - \left(\frac{\partial}{\partial x}\frac{\partial F}{\partial\left(\frac{\partial \Psi}{\partial x}\right)} + \frac{\partial}{\partial y}\frac{\partial F}{\partial\left(\frac{\partial \Psi}{\partial y}\right)} + \frac{\partial}{\partial z}\frac{\partial F}{\partial\left(\frac{\partial \Psi}{\partial z}\right)}\right) = 0$$

ist für das betrachtete Problem durch

$$\Delta\Psi + \frac{2m}{K^2}\left(E + \frac{e^2}{r}\right)\Psi = 0$$

gegeben.

Wir kehren nun zu der (zeitlich) zweiten Schrödingerschen Arbeit zurück, die eigentlich von ihrem Inhalt her als erste in der logischen Reihenfolge anzusehen ist, und untersuchen die Beziehung (2). Da uns mit dieser Gleichung die wichtigste Kenngröße der Welle, die Wellenlänge, gegeben ist, kann der Übergang von der Teilchenmechanik zur Wellenmechanik in Analogie zum Übergang von der geometrischen Optik zur Wellenoptik vollzogen werden. In die mit Hilfe dieser Analogie gefundene Wellengleichung ist dann der Ausdruck für die Wellenlänge einzusetzen.

Die Wellengleichung des Lichtes hat die schon seit langem bekannte Form

$$\Delta\varphi - \frac{1}{c^2}\frac{\partial^2\varphi}{\partial t^2} = 0,$$

wobei wir für den Laplace-Operator Δ in kartesischen Koordinaten den Ausdruck

$$\Delta\varphi = \frac{\partial^2\varphi}{\partial x^2} + \frac{\partial^2\varphi}{\partial y^2} + \frac{\partial^2\varphi}{\partial z^2}$$

einzusetzen haben.

In dieser Wellengleichung kann φ eine beliebige Komponente der elektrischen oder magnetischen Feldstärke des elektromagnetischen Feldes der Lichtwelle sein.

Untersuchen wir nun eine in der Zeit harmonisch, d. h. sinusförmig veränderliche Größe, so vereinfacht sich die Wellengleichung weiter. Setzt man nämlich

$$\varphi(x, y, z, t) = \varphi(x, y, z)e^{-j2\pi\nu t},$$

dann ergibt sich

$$\frac{\partial^2\varphi}{\partial t^2} = -(2\pi\nu)^2\varphi(x, y, z)e^{-j2\pi\nu t} = -(2\pi\nu)^2\varphi(x, y, z, t).$$

In der Wellengleichung kann nun der zeitabhängige Faktor $e^{-2j\pi\nu t}$ auf beiden Seiten weggekürzt werden, und man erhält

$$\Delta\varphi = -\left(\frac{2\pi\nu}{c}\right)^2\varphi,$$

wobei φ nur von den Ortskoordinaten abhängt. Berücksichtigt man weiter $c/\nu = \lambda$, dann folgt die zeitunabhängige Wellengleichung in der Form

$$\Delta\varphi + \left(\frac{2\pi}{\lambda}\right)^2\varphi = 0. \quad (4)$$

Zu dieser Gleichung suchen wir nun das mechanische Analogon. Auch die einem Elektron zugeordnete Welle wird durch eine Wellengleichung beschrieben, und folglich muß auch zum Elektron irgendeine Wellenfunktion

$$\Psi(x, y, z)e^{-j2\pi\nu t}$$

gehören, die zeitlich harmonisch veränderlich ist und deren Abhängigkeit von den Raumkoordinaten noch bestimmt werden muß. Die Wellenfunktion muß einer Wellengleichung genügen, die wir aus der Gleichung (4) erhalten, wenn für λ die unter (2) angegebene Beziehung einsetzen:

$$\Delta\Psi + \frac{8\pi^2 m}{h^2}(E - U)\Psi = 0.$$

Diese Gleichung ist eine Grundgleichung der Wellenmechanik, die *zeitunabhängige Schrödinger-Gleichung*.

Setzen wir für ein gegebenes Problem die Potentialfunktion $U(x, y, z)$ in die Wellengleichung ein, dann können wir die von den Ortskoordinaten abhängige Funktion Ψ bestimmen, und die zeitabhängige Lösung des Problems ergibt sich, wenn wir Ψ mit $e^{-j2\pi\nu t}$ multiplizieren. Die Energie E erhalten wir aus der Beziehung

$$E = h\nu,$$

und die vollständige Lösung lautet

$$\Psi(x, y, z, t) = \Psi(x, y, z)e^{-j\frac{2\pi}{h}Et}.$$

Es soll hier betont werden, daß die von Schrödinger angegebene Herleitung seiner Gleichung nicht als Ableitung im strengen Sinne angesehen werden kann. Die Schrödinger-Gleichung muß von uns hier als Grundgleichung, die nicht auf eine andere Gleichung zurückgeführt werden kann, hingenommen werden.

Untersuchen wir nun die Schrödinger-Gleichung genauer, wobei wir zunächst nicht darauf eingehen wollen, wie die Größe Ψ physikalisch zu interpretieren ist. Wenn sie aber überhaupt irgendeine physikalische Bedeutung haben soll, dann muß sie einige allgemeine mathematische Eigenschaften aufweisen: sie muß im Endlichen beschränkt sein und im Unendlichen verschwinden. Physikern und vor allem Mathematikern ist schon seit langem bekannt, daß Gleichungen wie die Wellengleichung der Optik und die Schrödinger-Gleichung bei gewissen vorgegebenen Randbedingungen nur dann lösbar sind, wenn die in ihnen vorkommenden Konstanten bestimmte Werte haben. Auch die Differentialgleichungen, die die Schwingungen räumlich ausgedehnter Systeme, wie z. B. der fest eingespannten Saiten, der Membranen oder der elektrischen Hohlraumresonatoren beschreiben, ha-

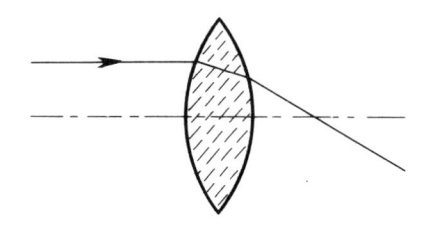

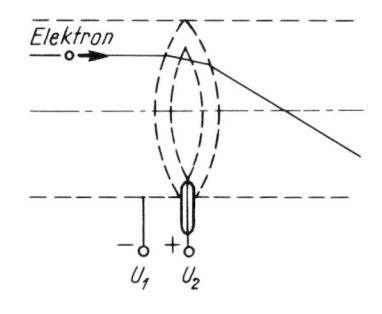

Abbildung 5.3−21
Analogie zwischen Strahlenoptik und klassischer Mechanik

Abbildung 5.3−22
ERWIN SCHRÖDINGER (1887−1961): Studium der Physik in Wien bei *Hasenöhrl,* dann 1910 bei ihm Assistent. Je ein Semester Lehramt an verschiedenen deutschen Universitäten; ab 1921 für 6 Jahre Professor an der Universität Zürich. 1927: Berufung nach Berlin. 1933: Emigration zunächst nach Oxford, dann Rückkehr nach Graz (1936). Nach dem Anschluß Österreichs aus seinem Amt entlassen, konnte er von 1939 an in ruhiger Atmosphäre in Dublin (Irland) seine Arbeiten fortsetzen. 1956 kehrte er nach Österreich zurück. *Schrödinger* war sehr vielseitig tätig. Er hat sich anfänglich mit der statistischen Thermodynamik, der Theorie der spezifischen Wärme und der Theorie des Farbsehens beschäftigt und auch auf dem letzteren Gebiet bleibende Ergebnisse erzielt. Bei seinen Arbeiten zur Quantenmechanik hat er zunächst die Grundgleichung der Wellenmechanik in ihrer relativistisch-invarianten Form erhalten (die heute als Klein-Gordon-Gleichung bezeichnet wird), mit der er aber die Feinstruktur der Spektren

nicht befriedigend erklären konnte. 1926 ist seine grundlegende Arbeit *Quantisierung als Eigenwertproblem* erschienen. Schrödinger hat sich ab 1927 (nach der statistischen Interpretation der Wellenfunktion durch *Max Born*) der allgemein akzeptierten Bohr-Heisenbergschen Auffassung der Quantenmechanik gegenüber ablehnend verhalten. In den letzten Jahren seines Lebens hat er sich mit philosophisch-weltanschaulichen Themen auseinandergesetzt und auch einen Gedichtband veröffentlicht.

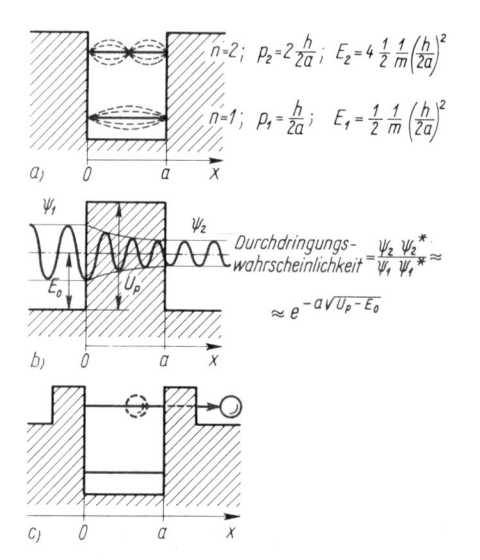

Abbildung 5.3 − 23a, b, c
Zur Anwendung der Schrödinger-Gleichung auf drei einfache Modelle: Die Gleichung ist für die gewählten Modellpotentiale mit den in der Oberschule vermittelten Mathematikkenntnissen lösbar. Es zeigt sich, daß selbst aus diesen Modellen, die sicher ein allzu vereinfachtes Bild der Wirklichkeit geben, wesentliche Erkenntnisse gewonnen werden können. Die Probleme der Schrödingerschen Wellenmechanik lassen sich nach dem folgenden allgemeinen Schema behandeln:

1. In Analogie zum Vorgehen in der klassischen Mechanik, wo man das für eine konkrete Aufgabe charakteristische Kraftgesetz in die Newtonsche Gleichung einzusetzen hat, muß in der Wellenmechanik für jedes untersuchte Problem der entsprechende Ausdruck für die potentielle Energie klassisch aufgeschrieben und in die Schrödinger-Gleichung eigensetzt werden.

2. Für die abzuleitende Lösung Ψ müssen aus physikalischen Erwägungen folgende, vernünftige Randbedingungen vorgegeben werden, die Aussagen über das Verhalten der Wellenfunktion am Rande des untersuchten Gebietes, so z. B. im Unendlichen oder an Unstetigkeitsstellen von U_p, machen.

3. Wir haben die Funktion Ψ zu finden, die sowohl der nach Punkt 1 erhaltenen partiellen Differentialgleichung genügt als auch die Randbedingungen 2 befriedigt.

Die in der Abbildung dargestellten drei Probleme sind eindimensional und somit recht einfach lösbar (Ψ hängt nur von x ab). Da die potentielle Energie bereichsweise konstant ist, reduziert sich die Schrödinger-Gleichung in jedem Bereich auf eine sehr einfache gewöhnliche Differentialgleichung, in der eine Funktion $\Psi(x)$ zu bestimmen ist, deren zweite Ableitung bis auf einen konstanten Faktor gleich der Funktion selbst ist. Solche Funktionen können aber sofort angegeben werden; ein Beispiel ist die Sinus-Funktion. Auch die Randbedingungen lassen sich einfach behandeln: Bei dem in der Abbildung *a)* dargestellten Problem nehmen wir an, daß die Funktion Ψ an den Stellen $x=0$ und $x=a$ verschwindet (wenn der Potentialtopf genügend tief ist).

ben nur dann eine Lösung, wenn zwischen den Abständen der Schwingungsknoten und den geometrischen Abmessungen des Systems bestimmte Relationen bestehen, in denen die ganzen Zahlen eine entscheidende Rolle spielen. Schrödinger hat nun folgendes gezeigt: Soll die in der Wellengleichung auftretende Funktion Ψ in irgendeiner Beziehung zu einer physikalischen Größe stehen, so muß sie Bedingungen genügen, die ebenfalls den Charakter von Randbedingungen haben. Demzufolge gilt:

Die Wellengleichung hat für ein gegebenes Problem nur für einen ganz bestimmten Wertebereich des Parameters E, der die Gesamtenergie des Systems angibt, eine Lösung (Zitat 5.3. − 8a).

In den meisten uns interessierenden Fällen umfaßt der Wertebereich für den Parameter E diskrete Werte, und diese diskreten Werte für die Gesamtenergie des Mikrosystems können aus der Schrödinger-Gleichung bestimmt werden. In der Mathematik werden die Parameterwerte, für die eine Lösung der Wellengleichung unter den gegebenen Randbedingungen existiert, als Eigenwerte und die zu den Eigenwerten gehörenden Wellenfunktionen als Eigenfunktionen bezeichnet. Das physikalische Problem reduziert sich nach dem Einsetzen der Potentialfunktion $U(x, y, z)$ in die Schrödinger-Gleichung somit auf das mathematische Problem, die diskreten Werte für die Gesamtenergie, d. h., die Eigenwerte

$$E_1, E_2, ..., E_n...$$

aufzusuchen, für die die Schrödinger-Gleichung lösbar ist. Die dazugehörigen Wellenfunktionen

$$\Psi_1(x, y, z)e^{-j2\pi\frac{E_1}{h}t}, \quad \Psi_2(x, y, z)e^{-j2\pi\frac{E_2}{h}t}, \quad ..., \quad \Psi_n(x, y, z)e^{-j2\pi\frac{E_n}{h}t}$$

sind die Eigenfunktionen, für die wir uns aber erst später interessieren wollen, da wir unsere Aufmerksamkeit zunächst auf die Eigenwerte konzentrieren.

Die Quantisierung reduziert sich also auf das mathematische Problem, Eigenwerte zu bestimmen. Auf diese Auffassung weist Schrödinger bereits mit dem Titel seiner Arbeit, die die Aufstellung seiner berühmten Gleichung enthält, hin: *Quantisierung als Eigenwertproblem*.

Auf *Abbildungen 5.3 − 23a, b, c* finden wir die einfachsten, aber für die Praxis sehr wichtigen Lösungen der Schrödinger-Gleichung. Wir erwähnten schon, daß jede neue Theorie im 20. Jahrhundert ihre Lebensfähigkeit durch die Bestimmung der Energieniveaus des Wasserstoffatoms zu erweisen hat *(Das H-Atom ist invariant gegenüber allen Theorien)*. Lösen wir also die Schrödinger-Gleichung für das *H*-Atom im allereinfachsten Fall. Es sei Ψ kugelsymmetrisch, d. h., Ψ sei nur von r abhängig $\Psi = \Psi(r)$. Der Ausdruck $\Delta\Psi$ nimmt jetzt die folgende Form an:

$$\Delta\Psi = \frac{d^2\Psi}{dr^2} + \frac{2}{r}\frac{d\Psi}{dr}.$$

Die potentielle Energie des Elektrons mit der Ladung $-e$ im Felde des (ruhend gedachten) Kernes mit der Ladung $+e$ ist:

$$U = -\frac{e^2}{4\pi\varepsilon_0 r}.$$

Die Schrödinger-Gleichung lautet nun:

$$\frac{d^2\Psi}{dr^2} + \frac{2}{r}\frac{d\Psi}{dr} + \frac{8\pi^2 m}{h^2}\left(E + \frac{e^2}{4\pi\varepsilon_0 r}\right)\Psi = 0.$$

Wir schreiben die folgenden Bedingungen für Ψ vor: Ψ sei endlich im Endlichen und gehe gegen Null im Unendlichen. Die Funktion $\Psi = e^{-ar}$ hat diese Eigenschaften: wählen wir sie also als Probefunktion und untersuchen wir, ob sie tatsächlich die Schrödinger-Gleichung befriedigen kann. Nach dem Vollziehen der angedeuteten Operationen und Ordnen erhalten wir die folgende Gleichung

$$a^2 + \frac{8\pi^2 m}{h^2}E + \frac{1}{r}\left(\frac{8\pi^2 m}{h^2}\frac{e^2}{4\pi\varepsilon_0} - 2a\right) = 0.$$

Diese Gleichung kann für alle Werte der unabhängigen Veränderlichen r nur dann bestehen, wenn

$$a^2 + \frac{8\pi^2 m}{h^2}E = 0 \quad \text{und} \quad \frac{8\pi^2 m}{h^2}\frac{e^2}{4\pi\varepsilon_0} - 2a = 0$$

sind. Wenn wir jetzt den Wert von a aus der ersten Gleichung in die zweite einsetzen, so erhalten wir für die Energie

$$E = -\frac{me^4}{8\varepsilon_0^2 h^2}.$$

Dieser Ausdruck ist aber identisch mit dem aus der Bohrschen Theorie erhaltenen Wert für das erste Niveau des *H*-Atoms (Abbildung 5.3 − 11).

Über die Deutung der Zustandsfunktion Ψ haben alsbald lebhafte, ja leidenschaftliche Auseinandersetzungen begonnen, die bis zum heutigen Tage nicht ganz aufgehört haben. Am Anfang bestand eine schwache Hoffnung, die Quantentheorie könnte in den Rahmen der klassischen Physik eingefügt werden: Gleichungen ähnlicher Art wie die Schrödinger-Gleichung sind in der klassischen Behandlung verschiedener Wellenvorgänge wohlbekannt; bei der Berechnung der Eigenfrequenzen von Hohlräumen treten die ganzen Zahlen ganz natürlich und verständlich auf, was wir ja schon erwähnt haben. Die Funktion Ψ könnte auch, wenigstens im Fall eines einzigen Elektrons, als ein Oszillationszustand veranschaulicht werden. Kein Wunder, daß die Schrödingersche Wellenmechanik viel populärer war als die Matrizenmechanik von HEISENBERG, BORN und JORDAN, die viel revolutionärer war, was sich schon in ihrer abstrakten Mathematik äußerte. SCHRÖDINGER selbst war auch der Meinung, daß seine Theorie eine Rückkehr zur klassischen Physik mit kontinuierlichen Größen und streng deterministischem Hintergrund ermöglichen würde. Er führte statt eines punktförmigen Elektrons ein Gebilde mit kontinuierlich verteilter Ladung ein, wobei die Funktion $e|\Psi|^2$ als Ladungsdichteverteilung gedeutet wurde.

Es ist in erster Linie das Verdienst von MAX BORN (1882–1970), in seinem gemeinsam mit NORBERT WIENER schon 1926 publizierten Artikel der Funktion Ψ eine grundsätzlich statistische Deutung gegeben zu haben, womit er die Debatte über Determinismus und Indeterminismus, Kausalität und Akausalität der Naturvorgänge auslöste, eine Debatte, deren Ausstrahlungen weit über den Rahmen der Physik hinaus fühlbar waren. Die Verfolgung der dabei angeführten Gedankengänge erfordert eine noch größere Anstrengung und ein in höherem Grade revolutionäres Umdenken als es die Relativitätstheorie erfordert hatte.

BORN erzählt über seine diesbezüglichen ersten Gedanken in seinem Nobel-Vortrag:

Es schien mir, daß man durch Betrachtung von gebundenen Elektronen nicht zu einer klaren Deutung der Ψ-Funktion kommen könne. Darum hatte ich mich schon Ende 1925 bemüht, die Matrixmethode, die offenbar nur oszillierende Vorgänge erfaßte, so zu erweitern, daß sie auf aperiodische Prozesse anwendbar wurde. Ich war damals als Gast am Massachusetts Institute of Technology in den Vereinigten Staaten und fand dort in NORBERT WIENER einen ausgezeichneten Mitarbeiter. In unserer gemeinsamen Arbeit haben wir die Matrix durch den allgemeinen Begriff eines Operators ersetzt und auf diese Weise die Beschreibung aperiodischer Prozesse ermöglicht. Doch den richtigen Weg haben wir verfehlt. Das blieb SCHRÖDINGER vorbehalten, und ich griff seine Methode sogleich auf, weil sie versprach, zu einer Deutung der Ψ-Funktion zu führen. Wieder war eine Idee von EINSTEIN leitend. Er hatte die Dualität von Teilchen – den Lichtquanten oder Photonen – und von Wellen dadurch begreiflich zu machen gesucht, daß er das Quadrat der optischen Wellen-Amplitude als Wahrscheinlichkeitsdichte für das Auftreten von Photonen auslegte. Diese Idee ließ sich ohne weiteres auf die Ψ-Funktion übertragen: $|\Psi|^2$ mußte die Dichte der Wahrscheinlichkeit für Elektronen (oder andere Teilchen) bedeuten. Dies zu behaupten war leicht.

...

Mehr als diese Erfolge trug zur schnellen Annahme der statistischen Deutung der Ψ-Funktion eine Arbeit von HEISENBERG bei, die seine berühmten Ungenauigkeits-Relationen enthält. Erst dadurch wurde der umwälzende Charakter der neuen Auffassung klar.

BORN [5.28] S. 178, 179

Mögen die mathematischen Methoden der Heisenbergschen und der Schrödingerschen Theorie noch so grundverschieden aussehen, so konnte SCHRÖDINGER dennoch beweisen, daß sie mathematisch äquivalent sind. HEISENBERG und SCHRÖDINGER hatten gegenseitig die Konzeption des anderen mit Abneigung aufgenommen. HEISENBERG bezeichnete die Schrödingersche Auffassung als „abscheulich", SCHRÖDINGER war von der Matrizenmechanik „abgeschreckt und abgestoßen", wegen des Mangels an Anschaulichkeit.

Auch in der philosophischen Deutung der Quantenmechanik trennten sich die Wege der beiden großen Physiker: SCHRÖDINGER wollte – wie EINSTEIN *(Zitate 5.3–8b, c)* – nicht zur Kenntnis nehmen, daß die Rückkehr zu einer auf kausalen Raum-Zeit-Zusammenhängen beruhenden Be-

Die Abbildung a) ist ein Modell für ein Teilchen, das in einem eindimensionalen Kasten eingeschlossen ist. Mit diesem Modell können in grober Näherung die Verhältnisse im Inneren des Atomkerns wiedergegeben werden. Für die verschiedenen möglichen Wellenfunktionen erhalten wir das bekannte Bild der Grund- und Oberschwingungen der an beiden Enden fest eingespannten Saite. *Schrödinger* hat auch wegen dieser Analogie geglaubt, das geheimnisvolle Auftreten der ganzen Zahlen auf klassische Vorstellungen zurückführen zu können. Für das obige Problem erhält man für den Impuls und damit gemäß $E_n = \frac{1}{2} \frac{p_n^2}{m}$ auch für die Energie diskrete Werte, die sich durch die Quantenzahl n charakterisieren lassen. An diesem Beispiel kann somit eine allgemeine Regel nachgeprüft werden, nach der ein Teilchen in einem gebundenen stationären Zustand nur diskrete Werte der Energie haben kann.

Auf den folgenden Umstand wollen wir noch besonders hinweisen: Wir wissen, daß das Teilchen sich irgendwo im Potentialtopf der Breite a aufhält und daß sein minimaler Impuls $p_1 = \frac{h}{2a}$ ist. Allgemein gilt dann $p_n a \geq h/2$, d. h. die Heisenbergsche Unbestimmtheitsrelation in einer speziellen Form.

Während wir es in Abbildung a) mit den diskreten Energiezuständen eines stationären Systems zu tun hatten, untersuchen wir bei dem durch Abbildung b) dargestellten Problem das Verhalten eines freien Teilchens beim Auftreffen auf einen Potentialwall. Dieses Problem läßt sich klassisch veranschaulichen und einfach diskutieren: Eine Kugel kann nur dann über einen Wall hinweglaufen, wenn ihre kinetische Energie größer ist als die zum höchsten Punkt des Walles gehörende potentielle Energie; ist diese Bedingung nicht erfüllt, dann läuft die Kugel bis zu einer bestimmten Höhe den Wall hinauf und kehrt von dort aus zurück. Das quantenmechanische Teilchen verhält sich jedoch völlig anders als das klassische. Es existiert eine endliche Wahrscheinlichkeit dafür, daß das Teilchen den Potentialwall durchdringen kann, auch wenn seine kinetische Energie nicht ausreicht, um über ihn hinwegzulaufen. Dieses überraschende Verhalten wird in Anlehnung an das anschauliche Bild eines durch den Potentialwall hindurchtunnelnden Teilchens als *Tunneleffekt* bezeichnet. Natürlich darf dieses Bild nicht zu ernst genommen werden. Wir kommen der Wirklichkeit schon näher, wenn wir den Potentialwall als absorbierendes Medium ansehen, in das sich die zum Teilchen (Elektron) gehörende ebene Welle mit einer bestimmten Amplitude hineinbewegt und auf der anderen Seite mit einer kleineren (aber endlichen) Amplitude herauskommt. Wir dürfen aber nicht vergessen, daß die Ψ-Welle eine Wahrscheinlichkeitswelle ist und nur mittelbar eine physikalische Bedeutung hat.

Der Tunneleffekt spielt bei sehr vielen praktisch wichtigen Bauelementen der Elektronik eine große Rolle (Feldelektronemission, Tunneldioden, Josephson-Effekt usw.).

Die Abbildung c) zeigt eine Kombination der Modelle in Abbildung a) und b), mit der die Verhältnisse im Atomkern schon etwas besser beschrieben werden können. Das gebundene Teilchen, das sich auf einem (quasi) stationären diskreten Energieniveau befindet, kann den Potentialtopf, in dem es eingeschlossen ist, mittels Tunneleffekt verlassen. Von diesem Bild ausgehend, können wir z. B. zu einer Theorie des α-Zerfalls kommen

Zitat 5.3–8a
Schwingungszahl und Wellenlänge ergeben miteinander multipliziert die Fortpflanzungsgeschwindigkeit oder Phasengeschwindigkeit einer gewissen Welle im Konfigurationsraum, der soge-

nannten Materiewelle, und die Substitution der betreffenden Werte in die aus der klassischen Mechanik bekannte Wellengleichung führt zu der von *Schrödinger* aufgestellten linearen homogenen partiellen Differentialgleichung, welche das anschauliche Fundament der heutigen Quantenmechanik geliefert hat und in dieser die nämliche Rolle zu spielen scheint wie in der klassischen Mechanik die Newtonschen oder Lagrangeschen oder Hamiltonschen Gleichungen. Was sie von diesen scharf unterscheidet, ist vor allem der Umstand, daß in ihnen die Koordinaten des Konfigurationspunktes nicht Funktionen der Zeit sind, sondern unabhängige Variable. Dementsprechend gibt es für ein bestimmtes System gegenüber der mehr oder weniger großen, den Freiheitsgraden des Systems entsprechenden Anzahl der klassischen Bewegungsgleichungen nur eine einzige Quantengleichung. Während der Konfigurationspunkt der klassischen Theorie im Laufe der Zeit eine ganz bestimmte Kurve beschreibt, erfüllt der Konfigurationspunkt der Materiewelle zu jeder Zeit den ganzen unendlichen Raum, sogar solche Stellen des Raumes, in denen die potentielle Energie größer ist als die Gesamtenergie, so daß nach der klassischen Theorie die kinetische Energie dortselbst negativ und der Impuls imaginär werden würde...

Aus den diskreten Eigenwerten der Energie ergeben sich nach dem Quantenpostulat bestimmte diskrete Eigenwerte der Schwingungsperiode, ebenso wie bei einer gespannten, an den Enden festgeklemmten Saite, nur daß bei der letzteren die Quantisierung durch einen äußerlichen Umstand, nämlich durch die Länge der Saite, hier dagegen durch das in der Differentialgleichung selber enthaltene Wirkungsquantum bedingt wird.

Jeder Eigenschwingung entspricht eine besondere Wellenfunktion Ψ als Lösung der Wellengleichung, und alle diese verschiedenen Eigenfunktionen bilden die Elemente zur Beschreibung irgendeines Bewegungsvorganges nach der Wellenmechanik.

PLANCK [5.14] Bd. III, S. 191 ff.

Zitat 5.3 – 8b
Man lehrte die Generation, zu der *Einstein*, *Bohr* und ich gehören, daß eine objektive physikalische Welt existiert, die sich nach unveränderlichen Gesetzen entfaltet, die von uns unabhängig sind. Wir betrachten diesen Vorgang, wie das Publikum im Theather ein Stück verfolgt. *Einstein* hält daran fest, daß dies das Verhältnis zwischen dem wissenschaftlichen Beobachter und seinem Gegenstand sein soll. Die Quantenmechanik deutet indessen die in der Atomphysik gewonnene Erfahrung auf andere Weise. Wir können den Beobachter einer physikalischen Erscheinung nicht mit dem Publikum bei einer Theateraufführung vergleichen, sondern eher mit dem bei einem Fußballspiel, wo der Akt des Zusehens, der von Applaus oder Pfeifen begleitet wird, einen ausgeprägten Einfluß auf die Schnelligkeit und Konzentration der Spieler und damit auf den beobachteten Vorgang hat. Ein noch besseres Gleichnis ist das Leben selbst, wo Publikum und Akteure die gleichen Personen sind.

BORN [5.28] S. 110

Zitat 5.3 – 8c
Meine Meinung ist die, daß die gegenwärtige Quantentheorie bei gewissen festgelegten Grundbegriffen, die im wesentlichen der klassischen Mechanik entnommen sind, eine optimale Formulierung der Zusammenhänge darstellt. Ich glaube aber, daß diese Theorie keinen brauchbaren Ausgangspunkt für die künftige Entwicklung bietet. Dies ist der Punkt, in welchem meine Erwartung von derjenigen der meisten zeitgenössischen Physiker abweicht.

EINSTEIN: *Autobiographisches*. SCHILPP [5.6] S. 86

schreibung der Naturvorgänge auch in der Zukunft höchst unwahrscheinlich ist. Die Mehrzahl der Physiker hat hingegen die von HEISENBERG und BOHR ausgearbeitete „Kopenhagener Deutung" angenommen *(Abbildung 5.3 – 24)*.

5.3.10 Heisenberg: Die Kopenhagener Deutung der Quantentheorie

Die Kopenhagener Deutung der Quantentheorie beginnt mit einem Paradoxon. Jedes physikalische Experiment, gleichgültig, ob es sich auf Erscheinungen des täglichen Lebens oder auf Atomphysik bezieht, muß in den Begriffen der klassischen Physik beschrieben werden. Diese Begriffe der klassischen Physik bilden die Sprache, in der wir die Anordnung unserer Versuche angeben und die Ergebnisse festlegen. Wir können sie nicht durch andere ersetzen. Trotzdem ist die Anwendbarkeit dieser Begriffe begrenzt durch die Unbestimmtheitsrelationen. Wir müssen uns dieser begrenzten Anwendbarkeit der klassischen Begriffe bewußt bleiben, während wir sie anwenden, aber wir können und sollten nicht versuchen, sie zu verbessern. Um dieses Paradoxon besser zu verstehen, ist es nützlich zu vergleichen, wie ein Versuch in der klassischen Physik oder in der Quantentheorie interpretiert wird. In der Newtonschen Himmelsmechanik z. B. können wir damit beginnen, den Ort und die Geschwindigkeit eines Planeten zu bestimmen, dessen Bewegung wir studieren wollen. Die Ergebnisse der Beobachtung werden in Mathematik übersetzt, indem man Zahlen für die Koordinaten und die Bewegungsgrößen des Planeten aus der Beobachtung ableitet. Dann verwendet man die Bewegungsgleichung, um aus diesen Zahlwerten der Koordinaten und Bewegungsgrößen zu einer gegebenen Zeit die Werte der Koordinaten oder irgendwelche anderen Eigenschaften des Systems zu einer späteren Zeit zu ermitteln, und in dieser Weise kann der Astronom die Eigenschaften des Systems zu einer späteren Zeit vorhersagen. Er kann z. B. die genaue Zeit einer Mondfinsternis berechnen.

In der Quantentheorie ist das Verfahren etwas anders. Wir könnten uns z. B. für die Bewegung eines Elektrons in einer Nebelkammer interessieren und könnten durch irgendeine Beobachtung die Anfangslage und Geschwindigkeit des Elektrons bestimmen. Aber diese Bestimmung kann nicht genau sein. Sie wird zum mindesten die Ungenauigkeiten enthalten, die aus den Unbestimmtheitsrelationen zwangsläufig folgen, und sie wird außerdem wahrscheinlich noch sehr viel größere Ungenauigkeiten enthalten, die durch die Schwierigkeit des Experiments bedingt sind. Die erste dieser Ungenauigkeiten gibt die Möglichkeit, das Ergebnis der Beobachtung in das mathematische Schema der Quantentheorie zu übersetzen. Eine Wahrscheinlichkeitsfunktion wird niedergeschrieben, die die experimentelle Situation zur Zeit der Messung darstellt, einschließlich der möglichen Ungenauigkeit der Messung.

*

Sobald in der Quantentheorie die Wahrscheinlichkeitsfunktion zur Anfangszeit aus der Beobachtung bestimmt worden ist, kann man aus den Gesetzen dieser Theorie die Wahrscheinlichkeitsfunktion zu irgendeiner späteren Zeit berechnen, und man kann in dieser Weise im voraus die Wahrscheinlichkeit dafür bestimmen, daß eine Messung einen bestimmten Wert für die zu messende Größe liefert. Man kann z. B. eine Voraussage über die Wahrscheinlichkeit machen, mit der man zu einer späteren Zeit das Elektron an einem bestimmten Punkt der Nebelkammer finden wird. Es muß aber betont werden, daß die Wahrscheinlichkeitsfunktion nicht selbst einen Ablauf von Ereignissen in der Zeit darstellt. Sie stellt etwa eine Tendenz zu Vorgängen, die Möglichkeit für Vorgänge oder unsere Kenntnis von Vorgängen dar. Die Wahrscheinlichkeitsfunktion kann mit der Wirklichkeit nur verbunden werden, wenn eine wesentliche Bedingung erfüllt ist: wenn nämlich eine neue Messung oder Beobachtung gemacht wird, um eine bestimmte Eigenschaft des Systems festzulegen. Nur dann erlaubt die Wahrscheinlichkeitsfunktion, das wahrscheinliche Ergebnis der neuen Messung zu berechnen. Das Ergebnis der Messung wird dabei wieder in den Begriffen der klassischen Physik angegeben.

Daher erfordert die theoretische Deutung eines Experiments drei deutlich unterschiedene Schritte. Im ersten wird die experimentelle Ausgangssi-

Abbildung 5.3 – 24
Das Symbol Kopenhagens ist die Seejungfrau, eine Gestalt aus den Märchen *Andersens;* der Physiker verbindet mit Kopenhagen jedoch vor allem *Bohr* und die Bohrsche Schule, zu der wir auch *Heisenberg, Pauli, Dirac, Ehrenfest, Gamow, Landau, Kramers* und *Klein* zählen können. Die Atmosphäre war dort zwar familiär, der Gegner wurde aber nicht geschont. *Heisenberg* schreibt über einen Besuch *Schrödingers:*

> Und obwohl *Bohr* sonst im Umgang mit Menschen besonders rücksichtsvoll und liebenswürdig war, kam er mir hier beinahe wie ein unerbittlicher Fanatiker vor, der nicht bereit war, seinem Gesprächspartner auch nur einen Schritt entgegenzukommen oder auch nur die geringste Unklarheit zuzulassen.

Bei dieser Gelegenheit äußerte *Schrödinger* seine folgende vielzitierte, etwas verbitterte Meinung:

> Wenn es doch bei dieser verdammten Quantenspringerei bleiben soll, so bedauere ich, mich überhaupt jemals mit der Quantentheorie abgegeben zu haben.

Heisenberg erinnert sich daran, daß die Diskussion immer heftiger wurde:

> So ging die Diskussion über viele Stunden des Tages und der Nacht, ohne daß es zu einer Einigung gekommen wäre. Nach einigen Tagen wurde *Schrödinger* krank, vielleicht als Folge der enormen Anstrengung; er mußte mit einer fiebrigen Erkältung das Bett hüten. Frau *Bohr* pflegte ihn und brachte Tee und Kuchen, aber *Niels Bohr* saß auf der Bettkante und sprach auf *Schrödinger* ein: „Aber Sie müssen doch einsehen, daß...". Zu einer echten Verständigung konnte es damals nicht kommen, weil ja keine der beiden Seiten eine vollständige, in sich geschlossene Deutung der Quantenmechanik anzubieten hatte. Aber wir Kopenhagener fühlten uns gegen Ende des Besuchs doch sehr sicher, daß wir auf dem richtigen Weg wären. Wir erkannten allerdings gleichzeitig, wie schwierig es sein würde, auch die besten Physiker davon zu überzeugen, daß man hier auf eine raum-zeitliche Beschreibung der Atomvorgänge wirklich verzichten müsse.

Die ersten Ansätze für einige wesentliche Elemente der Kopenhagener Deutung hat *Bohr* bereits aus seinem Elternhaus mitgebracht.

Jammer [5.3] erwähnt in seiner ausführlichen Analyse der philosophischen Grundlagen vor allem *Kierkegaard*, dessen Schüler *Høffding* ein Universitätskollege von *Bohrs* Vater gewesen ist. Nach *Kierkegaard* ist der Schöpfer eines philosophischen Systems selbst ein Teil dieses Systems:

> Man kann sich nicht ohne Selbsttäuschung als einen indifferenten Zuschauer oder unpersönlichen Beobachter betrachten; man ist notwendigerweise immer auch ein Teilnehmer. Die Bestimmung der Grenzlinie zwischen dem Objektiven und dem Subjektiven ist ein willkürlicher Akt, und das menschliche Leben besteht aus einer Reihe von Entscheidungen. Die Wissenschaft ist nichts anderes als wohlbestimmte Handlung; und die Wahrheit: ein Menschenwerk, und zwar nicht nur deswegen, weil es der Mensch ist, der das Wissen schuf, sondern weil das wesentliche Objekt des Wissens durchaus nicht so etwas ist, was seit ewigen Zeiten fertiggestellt dasteht.

In der Psychologie von *William James* wird ebenfalls die Willkür bei der Abgrenzung betont und auch darauf hingewiesen, daß jede Beobachtung mit einer unkontrollierbaren Beeinflussung der kontrollierten Erscheinung verbunden ist. Schließlich soll noch erwähnt werden, daß auch bei den Philosophen der Wiener Schule, die einen großen Einfluß auf *Mach* gehabt haben, ähnliche Gedankengänge zu finden sind (eine Behauptung hat nur dann einen Sinn, wenn sie empirisch beweisbar ist). Der Wahlspruch des aus diesem Kreis kommenden *Wittgensteins* war: Worüber wir nicht reden können, darüber müssen wir schweigen

tuation in eine Wahrscheinlichkeitsfunktion übersetzt. Im zweiten wird diese Funktion rechnerisch im Laufe der Zeit verfolgt. Im dritten wird eine neue Messung am System vorgenommen, deren zu erwartendes Ergebnis dann aus der Wahrscheinlichkeitsfunktion berechnet werden kann. Für den ersten Schritt ist die Gültigkeit der Unbestimmtheitsrelation eine notwendige Vorbedingung. Der zweite Schritt kann nicht in den Begriffen der klassischen Physik beschrieben werden. Es ist unmöglich, anzugeben, was mit dem System zwischen der Anfangsbeobachtung und der nächsten Messung geschieht. Nur im dritten Schritt kann wieder der Wechsel vom Möglichen zum Faktischen vollzogen werden.

*

BOHR gebraucht den Begriff „Komplementarität" in der Deutung der Quantentheorie an verschiedenen Stellen. Die Kenntnis des Ortes eines Teilchens ist komplementär zu der Kenntnis seiner Geschwindigkeit oder seiner Bewegungsgröße. Wenn wir die eine Größe mit großer Genauigkeit kennen, können wir die andere nicht mit hoher Genauigkeit bestimmen, ohne die erste Kenntnis wieder zu verlieren. Aber wir mußten doch beide kennen, um das Verhalten des Systems zu beschreiben. Die raum-zeitliche Beschreibung von Atomvorgängen ist komplementär zu ihrer kausalen oder deterministischen Beschreibung. Die Wahrscheinlichkeitsfunktion genügt einer Bewegungsgleichung, ähnlich wie die für die Koordinaten in der Newtonschen Mechanik. Ihre Änderung im Laufe der Zeit ist durch die quantenmechanischen Gleichungen vollständig bestimmt, aber sie liefert keine raum-zeitliche Beschreibung des Systems. Durch die Beobachtung

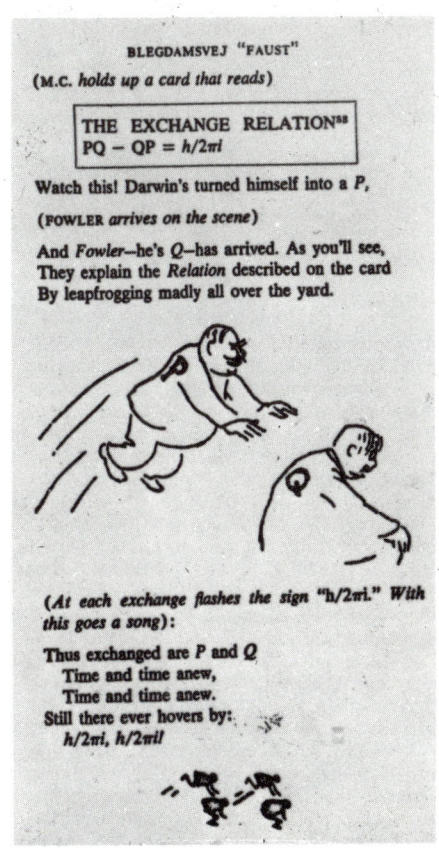

Abbildung 5.3 – 25
Die Mitarbeiter der Bohrschen Schule konnten sich selbst in ihrer Freizeit nicht völlig von der Wissenschaft lösen. Wir zeigen hier eine Faksimile-Seite aus einer Faust-Parodie, in der die Rollenverteilung interessant und charakteristisch ist: *Faust* ist *Paul Ehrenfest*, Mephisto – *Wolfgang Pauli* und der Herr – *Niels Bohr.*

PAUL EHRENFEST (1880–1933): Schüler *Boltzmanns* in Wien; 1912: Nachfolger von *Lorentz* als Leiter des Lehrstuhls für Theoretische Physik in Leiden. Das von ihm 1913 aufgestellte und in der Folgezeit detailliert ausgearbeitete Adiabatenprinzip trägt seinen Namen. *Ehrenfest* hat dann 1927 gezeigt, daß die Bewegungsgleichungen der klassischen Mechanik als Grenzfall aus der Wellenmechanik folgen. Mit seinen pädagogisch wertvollen und kritischen Diskussionsbeiträgen hat er weit über seine eigenen physikalischen Ergebnisse hinaus zur Entwicklung der Physik beigetragen. Der Widerspruch zwischen seiner Stellung und der eigenen schöpferischen Leistung mag ihn dazu bewegt haben, seinem Leben selbst ein Ende zu setzen.

Auf unserem Bild führen *Darwin* und *Fowler* einen Bocksprung aus, der die Vertauschungsrelation veranschaulichen soll. *C. Darwin* war an der Propagierung und der Lösung von Detailproblemen sowohl der klassischen als auch der neueren Quantenmechanik beteiligt. Eine bedeutendere Arbeit von ihm ist dem Einbau des Spins in die Quantenmechanik gewidmet. Der Name *R. H. Fowler* ist den Nachrichtentechnikern aus der Fowler-Nordheim-Formel für die Feldelektronenemission der Metalle geläufig

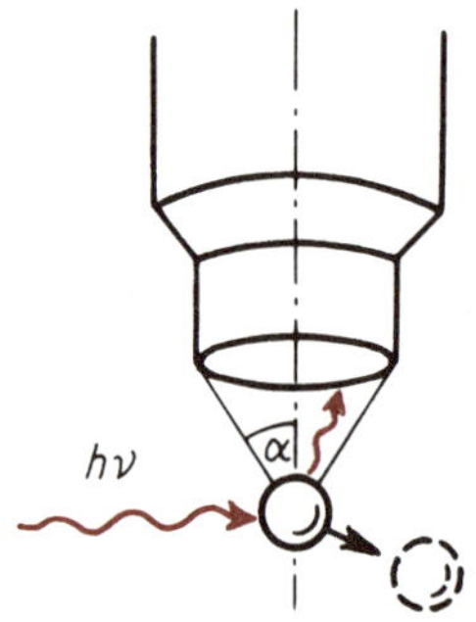

Abbildung 5.3 – 26
Bereits in der klassischen Physik war erkannt worden, daß eine Messung immer mit einer Störung des Zustandes des zu messenden Systems einhergeht, die sich nicht beliebig genau gemacht werden kann. Denken wir z. B. daran, daß wir die Temperatur eines Fingerhuts voll warmen Wassers messen wollen, wozu uns nur ein gewöhnliches Thermometer zur Verfügung steht. Mit dem Eintauchen des Thermometers wird das Wasser abgekühlt, und die Messung wird einen zu kleinen Wert für die Wassertemperatur liefern. In der klassischen Physik war man aber der festen Überzeugung, daß die Störung entweder beliebig klein gemacht werden kann (in unserem Beispiel können wir die Größe des Thermometers immer weiter herabsetzen) oder rechnerisch über eine Korrektur der Meßergebnisse berücksichtigt werden kann (in unserem Beispiel können wir die Wärmekapazität des Thermometers in Rechnung setzen).

In der Quantenmechanik kann die Wechselwirkungsenergie wegen der Existenz endlicher Energieportionen nicht zu Null gemacht werden, und der grundlegende Wahrscheinlichkeitscharakter der Elementarprozesse macht eine genaue Korrektur unmöglich. Bei einer genaueren Untersuchung stellen wir fest, daß bei einer Herabsetzung der Störeinflüsse die Möglichkeiten zur Korrektur geringer werden und umgekehrt.

Unsere obigen Aussagen können wir präzisieren, indem wir die Messung des Bewegungszustandes eines Elektrons (Orts- und Impulsmessung) besprechen. Um das Elektron sichtbar zu machen, muß sein Bewegungsbereich im beleuchteten Gesichtsfeld eines Mikroskops liegen. Der zur Beobachtung führende Elementarprozeß besteht in einem Stoß eines Photons der Energie $h\nu$ mit dem Elektron, der zu einer Änderung der Photonenbahn führt (klassisch sprechen wir von einer Lichtstreuung; quantenmechanisch wird der andererseits wird eine raum-zeitliche Beschreibung erzwungen. Aber sie unterbricht den durch die Rechnung bestimmten Ablauf der Wahrscheinlichkeitsfunktion, indem sie unsere Kenntnis des Systems ändert.

*

Ein Hemmnis für das Verständnis dieser Deutung ergibt sich allerdings stets, wenn man die bekannte Frage stellt: Aber was geschieht denn „wirklich" in einem Atomvorgang? Zunächst ist schon vorher gesagt worden, daß man die Messung und die Ergebnisse der Beobachtung stets in den Begriffen der klassischen Physik beschreiben muß. Was man aus der Beobachtung entnimmt, ist aber eine Wahrscheinlichkeitsfunktion, also ein mathematischer Ausdruck, der Aussagen vereinigt über „Möglichkeiten" oder „Tendenzen" mit Aussagen über unsere Kenntnis von Tatsachen. Daher können wir das Ergebnis einer Beobachtung nicht vollständig objektivieren. Wir können nicht beschreiben, was zwischen dieser Beobachtung und der nächsten „passiert". Es sieht zunächst so aus, als hätten wir damit ein subjektives Element in die Theorie eingeführt, so als wollten wir sagen: das, was geschieht, hängt davon ab, wie wir das Geschehen beobachten, oder wenigstens von der Tatsache, daß wir es beobachten. Bevor wir diesen Einwand erörtern, ist es notwendig, ganz genau zu erklären, warum man in die allergrößten Schwierigkeiten geriete, wenn man versuchen wollte zu beschreiben, was zwischen zwei aufeinanderfolgenden Beobachtungen geschieht.

Es ist hier zweckmäßig, das folgende Gedankenexperiment zu diskutieren. Nehmen wir an, daß eine kleine monochromatische Lichtquelle Licht ausstrahlt auf einen schwarzen Schirm, der zwei kleine Löcher hat. Die Durchmesser der Löcher brauchen nicht viel größer zu sein als die Wellenlänge des Lichtes, aber ihr Abstand soll erheblich größer sein. In einigem Abstand hinter dem Schirm soll eine photographische Platte das ankommende Licht auffangen. Wenn man dieses Experiment in den Begriffen des Wellenbildes beschreibt, so sagt man, daß die Primärwelle durch die beiden Löcher dringt. Es wird also zwei sekundäre Kugelwellen geben, die von den Löchern ihren Ausgang nehmen und die miteinander interferieren. Die Interferenz wird ein Muster stärkerer und schwächerer Intensitäten, die sogenannten Interferenzstreifen, auf der photographischen Platte hervorbringen. Die Schwärzung der photographischen Platte ist im Quantenprozeß ein chemischer Vorgang, der durch einzelne Lichtquanten hervorgerufen wird. Daher muß man das Experiment auch in der Lichtquantenvorstellung beschreiben können. Wenn es nun erlaubt wäre, darüber zu sprechen, was dem einzelnen Lichtquant zwischen seiner Emission von der Lichtquelle und seiner Absorption in der photographischen Platte passiert, so könnte man in der folgenden Weise argumentieren. Das einzelne Lichtquant kann entweder durch das erste oder durch das zweite Loch gehen. Wenn es durch das erste Loch geht und dort gestreut wird, so ist die Wahrscheinlichkeit dafür, daß es später an einem bestimmten Punkt der photographischen Platte absorbiert wird, davon unabhängig, ob das zweite Loch geschlossen oder offen ist. Die Wahrscheinlichkeitsverteilung auf der Platte muß die gleiche sein, als wenn nur das erste Loch offen wäre. Wenn man das Experiment viele Male wiederholt und alle die Fälle zusammenfaßt, in denen das Lichtquant durch das erste Loch gegangen ist, so sollte die Schwärzung der photographischen Platte dieser Wahrscheinlichkeitsverteilung entsprechen. Wenn man nur die Lichtquanten betrachtet, die durch das zweite Loch gegangen sind, so sollte die Schwärzungsverteilung jener Wahrscheinlichkeitsverteilung entsprechen, die man aus der Annahme erhält, daß nur das zweite Loch offen war. Die Gesamtschwärzung sollte also genau die Summe der Schwärzungen in beiden Fällen sein; mit anderen Worten, es sollte keine Interferenzstreifen geben. Aber wir wissen, daß dies falsch ist, und das Experiment wird zweifellos die Interferenzstreifen zeigen. Daraus erkennt man, daß die Aussage, das Lichtquant müsse entweder durch das eine oder durch das andere Loch gegangen sein, problematisch ist und zu Widersprüchen führt. Man erkennt aus diesem Beispiel deutlich, daß der Begriff der Wahrscheinlichkeitsfunktion nicht eine raum-zeitliche Beschreibung dessen erlaubt, was zwischen zwei Beobachtungen geschieht. Jeder Versuch, eine solche Beschreibung zu finden, würde zu Widersprüchen führen. Dies bedeutet, daß schon der Begriff „Geschehen" auf die Beobachtung beschränkt werden muß.

*

Die Beobachtung selbst ändert die Wahrscheinlichkeitsfunktion unstetig. Sie wählt von allen möglichen Vorgängen den aus, der tatsächlich stattgefunden hat. Da sich durch die Beobachtung unsere Kenntnis des Systems unstetig geändert hat, hat sich auch ihre mathematische Darstellung unstetig geändert, und wir sprechen daher von einem „Quantensprung". Wenn man aus dem alten Spruch „Natura non facit saltus" eine Kritik der Quantentheorie ableiten wollte, so können wir antworten, daß sich unsere Kenntnis doch sicher plötzlich ändern kann und daß eben diese Tatsache, die unstetige Änderung unserer Kenntnis, den Gebrauch des Begriffs „Quantensprung" rechtfertigt.

Der Übergang vom Möglichen zum Faktischen findet also während des Beobachtungsaktes statt. Wenn wir beschreiben wollen, was in einem Atomvorgang geschieht, so müssen wir davon ausgehen, daß das Wort „geschieht" sich nur auf die Beobachtung beziehen kann, nicht auf die Situation zwischen zwei Beobachtungen. Es bezeichnet dabei den physikalischen, nicht den psychischen Akt der Beobachtung, und wir können sagen, daß der Übergang vom Möglichen zum Faktischen stattfindet, sobald die Wechselwirkung des Gegenstandes mit der Meßanordnung, und dadurch mit der übrigen Welt, ins Spiel gekommen ist. Der Übergang ist nicht verknüpft mit der Registrierung des Beobachtungsergebnisses im Geiste des Beobachters. Die unstetige Änderung der Wahrscheinlichkeitsfunktion findet allerdings statt durch den Akt der Registrierung; denn hier handelt es sich um die unstetige Änderung unserer Kenntnis im Moment der Registrierung, die durch die unstetige Änderung der Wahrscheinlichkeitsfunktion abgebildet wird.

Inwieweit sind wir also schließlich zu einer objektiven Beschreibung der Welt, besonders der Atomvorgänge, gekommen? Die klassische Physik beruhte auf der Annahme − oder sollten wir sagen, auf der Illusion −, daß wir die Welt beschreiben können oder wenigstens Teile der Welt beschreiben können, ohne von uns selbst zu sprechen. Das ist tatsächlich in weitem Umfang möglich. Wir wissen z. B., daß es die Stadt London gibt, unabhängig davon, ob wir sie sehen oder nicht sehen. Man kann sagen, daß die klassische Physik eben die Idealisierung der Welt darstellt, in der wir über die Welt oder über ihre Teile sprechen, ohne dabei auf uns selbst Bezug zu nehmen. Ihr Erfolg hat zu dem allgemeinen Ideal einer objektiven Beschreibung der Welt geführt. Objektivität gilt seit langem als das oberste Kriterium für den Wert eines wissenschaftlichen Resultats. Entspricht die Kopenhagener Deutung der Quantentheorie noch diesem Ideal? Man darf vielleicht sagen, daß die Quantentheorie diesem Ideal soweit wie möglich entspricht. Sicher enthält die Quantentheorie keine eigentlich subjektiven Züge, sie führt nicht den Geist oder das Bewußtsein des Physikers als einen Teil des Atomvorgangs ein. Aber sie beginnt mit der Einteilung der Welt in den Gegenstand und die übrige Welt und mit der Tatsache, daß wir jedenfalls diese übrige Welt mit den klassischen Begriffen beschreiben müssen. Diese Einteilung ist in gewisser Weise willkürlich und historisch eine unmittelbare Folge der in den vergangenen Jahrhunderten geübten naturwissenschaftlichen Methode. Der Gebrauch der klassischen Begriffe ist also letzten Endes eine Folge der allgemeinen geistigen Entwicklung der Menschheit. Aber in dieser Weise nehmen wir doch schon auf uns selbst Bezug, und insofern kann man unsere Beschreibung nicht vollständig objektiv nennen.

Es ist zu Anfang gesagt worden, daß die Kopenhagener Deutung der Quantentheorie mit einem Paradoxon beginnt. Sie fängt mit der Tatsache an, daß wir unsere Experimente mit den Begriffen der klassischen Physik beschreiben müssen, und gleichzeitig mit der Erkenntnis, daß diese Begriffe nicht genau auf die Natur passen. Die Spannung zwischen diesen beiden Ausgangspunkten ist für den statistischen Charakter der Quantentheorie verantwortlich. Es ist daher gelegentlich vorgeschlagen worden, man solle die klassischen Begriffe vollständig aufgeben. Vielleicht könnte eine radikale Änderung unserer Begriffe bei der Beschreibung der Experimente zu einer nichtstatistischen, völlig objektiven Beschreibung der Natur zurückführen.

Dieser Vorschlag beruht aber auf einem Mißverständnis. Die Begriffe der klassischen Physik sind nur eine Verfeinerung der Begriffe des täglichen Lebens und bilden einen wesentlichen Teil der Sprache, die die Voraussetzung für ‹alle Naturwissenschaften bildet. Unsere wirkliche Lage in der Naturwissenschaft ist so, daß wir tatsächlich die klassischen Begriffe für die Beschreibung unserer Experimente benützen und benützen müssen, denn sonst können wir uns nicht verständigen. Und die Aufgabe der Quanten-

beschriebene Vorgang als Compton-Effekt bezeichnet).

Wenn wir nicht wollen, daß das Photon zu heftig mit dem Elektron zusammenstößt und damit den Elektronenimpuls wegen des statistischen Charakters der Wechselwirkung auf nicht genau korrigierbare Weise ändert, dann müssen wir Licht einer kleinen Frequenz bzw. einer großen Wellenlänge verwenden. Aus der Optik ist aber bekannt, daß das Auflösungsvermögen des Mikroskops und damit die Genauigkeit der Ortsbestimmung des Elektrons mit zunehmender Wellenlänge λ abnimmt. Nach der Abbeschen Theorie ist die Ortsunschärfe durch $\Delta x = \lambda/\sin \alpha$ gegeben. (Als Merkwürdigkeit wollen wir hier nicht unerwähnt lassen, daß *Heisenberg* bei seinem Promotionsrigorosum 1923 gerade auf die von *Wien* gestellte Frage nach dem Auflösungsvermögen des Mikroskops nicht antworten konnte.) Für eine genaue Ortsbestimmung ist somit ein möglichst kleines λ oder ein möglichst großes ν wünschenswert. Für gegebenes λ ergibt sich der Impuls eines Lichtquants der Energie $h\nu$ zu h/λ und die Horizontalkomponente des Photonenimpulses muß nach dem Stoß zwischen $-(h/\lambda)\sin \alpha$ und $+(h/\lambda)\sin \alpha$ liegen, damit das Photon in das Mikroskop hineingestreut wird. Daraus folgt aber die Impulsunschärfe des Elektrons zu $\Delta p_x = \frac{h}{\lambda}\sin \alpha$, und für das Produkt der Unbestimmtheiten der Ortsmessung Δx und der Impulsmessung Δp_x ergibt sich für beliebige λ

$$\Delta p_x \cdot \Delta x = \frac{\lambda}{\sin \alpha} \frac{h}{\lambda} \sin \alpha = h$$

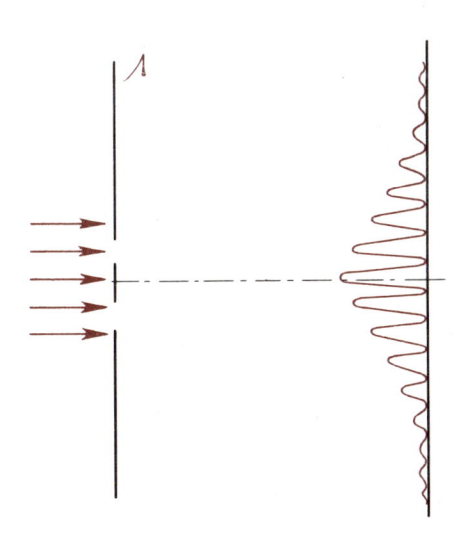

Abbildung 5.3–27
Der im Text erwähnte Interferenzversuch: Die ebene Welle wird an den zwei Spalten gebeugt, und auf dem Schirm ist die Interferenz zu sehen. Für die Deutung der Quantentheorie sind diese Versuche dann besonders interessant, wenn so geringe Lichtintensitäten verwendet werden, daß zu einem gegebenen Zeitpunkt mit Sicherheit immer nur ein Photon mit dem Spaltsystem wechselwirkt

theorie bestand eben darin, die Experimente auf dieser Grundlage theoretisch zu deuten. Es hat keinen Sinn zu erörtern, was getan werden könnte, wenn wir andere Wesen wären, als wir wirklich sind. An dieser Stelle müssen wir uns darüber klar werden, daß, wie von Weizsäcker es formuliert hat, „die Natur früher ist als der Mensch, aber der Mensch früher als die Naturwissenschaft". Der erste Teil des Satzes rechtfertigt die klassische Physik mit ihrem Ideal der vollständigen Objektivität. Der zweite Teil erklärt uns, warum wir dem Paradoxon der Quantentheorie nicht entgehen können; warum wir nämlich nicht der Notwendigkeit entgehen können, die klassischen Begriffe zu verwenden.
Heisenberg [5.24] S. 27–40

5.3.11 Operatoren. Quantenelektrodynamik

Es genügt, einen Blick auf die Tabelle 5.3–1 zu werfen, um festzustellen, daß sich die Physik in den zwanziger Jahren dieses Jahrhunderts ungemein stürmisch entwickelt hat. So ist z. B. im Verlaufe weniger Jahre die klassische Newtonsche Mechanik von einer neuen Mechanik, der Quantenmechanik, abgelöst worden. Mit dieser Entwicklung trat eine Reihe junger Physiker in den Vordergrund: Heisenberg, Schrödinger, Pauli *(Abbildung 5.3–31)*, Dirac *(Abbildung 5.3–32)*. Es ist nicht zufällig, daß die Physiker der älteren Generationen die Quantenmechanik anerkennend und auch ein wenig spöttisch als „Physik der Zwanzigjährigen" bezeichnet haben. Es gibt allerdings auch Beispiele für Professoren mit Ruf, die sich den jungen Physikern angeschlossen haben. So ist es Born gelungen, das Tempo, das von den jungen Leuten und im besonderen von seinem eigenen Assistenten Heisenberg vorgegeben wurde, zu übernehmen. Als Folge der Überbeanspruchung hat Born jedoch 1928 einen Nervenzusammenbruch erlitten und ist dann für einige Jahre aus dem Kreis der schöpferisch tätigen Physiker ausgefallen. Auch Bohr hat sich sofort den jungen Physikern angeschlossen, um dann in den nächsten Jahren selbst das Tempo mitzubestimmen. Sommerfeld stand zwar den neuen Ideen abwartend gegenüber, konnte aber wegen seiner Vertrautheit mit den mathematischen Methoden sowohl die pädagogische Aufarbeitung der Quantentheorie entscheidend fördern als auch zur Lösung konkreter Probleme beitragen. Einstein hat sich auf die Rolle eines skeptischen, aber konstruktiven Kritikers beschränkt.

Die Entwicklung der Quantentheorie bis zu der Form, die uns von den Vorlesungen an unseren Hochschulen her bekannt ist, läßt sich etwa durch die folgenden Schritte wiedergeben: Heisenbergsche Matrizenmechanik, Schrödingersche Wellenmechanik, Beweis der Äquivalenz beider Theorien, Diracsche Operatorendarstellung, mathematische Begründung der Theorie durch Johann von Neumann und schließlich als Höhepunkt die relativistisch-invariante Dirac-Gleichung.

Bei einer axiomatischen Formulierung der Quantentheorie gehen wir davon aus, daß jede physikalische Größe durch einen Operator, d. h. eine Rechenvorschrift, dargestellt wird. (Die Operatoren müssen natürlich gewissen mathematischen Bedingungen genügen.) Der Zustand eines physikalischen Systems wird durch eine Zustandsfunktion beschrieben. Die Rechenvorschrift bezieht sich auf diese Zustandsfunktion, oder, wie die Physiker sich ausdrücken, die Operatoren werden auf die Zustandsfunktion angewendet. Eine besondere Bedeutung kommt den Eigenzuständen zu. Diese Eigenzustände werden durch bestimmte Funktionen (Eigenfunktionen) beschrieben, zu denen jeweils ein fester Wert der untersuchten physikalischen Größe (Eigenwert) gehört. Zur Bestimmung der Eigenwerte und Eigenzustände einer physikalischen Größe wird eine zur Schrödinger-Gleichung ähnliche Eigenwertgleichung herangezogen.

Im allgemeinen Fall gelangt man zu der Eigenwertgleichung auf folgendem Wege:

Wendet man den Operator einer physikalischen Größe auf eine beliebige Zustandsfunktion an, d. h., führt man die durch den Operator gegebene Rechenvorschrift aus, dann erhält man natürlich im allgemeinen eine andere Funktion. Man kann nun die Frage stellen, ob sich eine solche Funktion finden läßt, die nach Anwendung des Operators ihre Form beibehält und lediglich mit einer Konstanten multipliziert wird. Wie wir oben bei der Untersuchung der Schrödinger-Gleichung gesehen hatten, müssen wir au-

Abbildung 5.3–28
Porträts von Teilnehmern des Solvay-Kongresses 1927: Die tonangebenden Teilnehmer waren *Bohr* und die „jungen Leute" *(Pauli, Heisenberg, Dirac)*, zwei Vertreter der mittleren Generation, wobei der eine *(Born)* für Bohr und der andere *(Einstein)* gegen ihn war, und schließlich Physiker der älteren Generation *(Planck, Mme Curie, Lorentz)*, die mit etwas Befremdung, aber auch mit Verständnis beobachtet haben, was aus ihren Ansätzen geworden ist. Betrachten wir die Bilder der drei Großen der Physik zu Beginn des 20. Jahrhunderts, dann verspüren wir nicht nur Ehrfurcht vor ihrer geistigen Überlegenheit, sondern auch Mitgefühl für die Hinfälligkeit der Menschen. Sie sind aber immer noch schöpferisch tätig, und *Lorentz* hat zu dieser Zeit noch ausführlich auf *Schrödingers* Briefe sowie auf die Fragen *Goudsmits* und *Uhlenbecks* hinsichtlich des Spins geantwortet.

Fragen zur Physik der Elektronen und Photonen haben die Hauptthematik des Kongresses ausgemacht, auf dem die „Konservativen" *(Einstein, Schrödinger, de Broglie)* mit den Vertretern der Kopenhagener Schule *(Bohr, Heisenberg, Pauli, Born)* zusammentrafen.

Die Konservativen mit *Einstein* an der Spitze glaubten noch, die Grundgleichungen der Quantenmechanik nach dem von den klassischen Gleichungen her bekannten Schema deuten und in den Rahmen einer deterministischen Physik einbauen zu können, während die „Kopenhagener" eine Lanze für den statistischen Charakter der physikalischen Geschehnisse gebrochen haben.

Auf dem Kongreß war der 74jährige *Lorentz* Vorsitzender. Nach den Vorträgen von *Bragg, Compton* und *de Broglie* haben *Born* und *Heisenberg* über die Matrizenmechanik, die Transformationstheorie und die statistische Deutung gesprochen.

Sie formulierten ihre Grundeinstellung ganz scharf: **Die Quantenmechanik ist grundsätzlich eine statistische Theorie und als solche eine abgeschlossene Theorie, die keine Modifikationen ihrer physikalischen und mathematischen Grundannahmen zuläßt.**

Nach dem Vortrag von *Schrödinger* hat *Bohr* über erkenntnistheoretische Schlußfolgerungen gesprochen.

Heisenberg schildert die gespannte Atmosphäre

ßerdem von der Zustandsfunktion fordern, daß sie sich im mathematischen Sinne „vernünftig" verhält. Dazu müssen wir unter anderem fordern, daß die Funktion eindeutig sein soll, d. h. an einem bestimmten Raumpunkt nur einen einzigen wohldefinierten Wert annehmen darf. Außerdem muß die Zustandsfunktion bestimmte Randbedingungen erfüllen. Auch für die Operatoren beliebiger physikalischer Größen kann allgemein gezeigt werden, daß ihre Eigenwertgleichungen nur bei bestimmten festen Werten der oben erwähnten multiplikativen Konstanten Lösungen haben, die den genannten mathematischen Forderungen genügen. Die multiplikativen Konstanten werden als Eigenwerte der physikalischen Größe, die dazugehörigen Funktionen als Eigenfunktionen bezeichnet.

Wir wollen uns nun endlich der Frage zuwenden, wie man die oben dargelegten, ziemlich formalen mathematischen Probleme mit der physikalischen Realität verbinden kann. Diese Verbindung wird durch eine grundlegende Forderung der Quantenmechanik gegeben, nach der aus der Zustandsfunktion, die den Zustand des Systems beschreibt, die Erwartungswerte (Mittelwerte) von Meßreihen der untersuchten physikalischen Größen bestimmt werden können. *Zwei Unterschiede zur klassischen Physik wollen wir hier festhalten: Zum ersten wird der Begriff der physikalischen Größe abstrakter gefaßt, und zum zweiten läßt sich in der Quantenmechanik vor einer Messung im allgemeinen nur der Erwartungswert der zu messenden physikalischen Größe (d. h. der Mittelwert einer Meßreihe) und nicht der konkrete Meßwert einer einzelnen Messung voraussagen.*

Unsere obigen Aussagen sollen nun in die Fachsprache der Physik übersetzt werden. Schreiben wir zuerst wieder die Schrödinger-Gleichung hin:

$$\Delta \Psi + \frac{8\pi^2 m}{h^2}(E-U)\Psi = 0.$$

Nun ordnen wir sie ein wenig um:

$$-\frac{h^2}{8\pi^2 m}\Delta \Psi + U\Psi = E\Psi.$$

Wenn wir diese Gleichung in die Form

$$\left(-\frac{h^2}{8\pi^2 m}\Delta + U\right)\Psi = E\Psi$$

bringen, so können wir das Problem der Lösung der Schrödingerschen Gleichung folgendermaßen umschreiben. In der Klammer auf der linken Seite steht folgende Vorschrift: Man differenziere Ψ je zweimal partiell nach x, y, und z, addiere die zweiten Ableitungen und multipliziere diese Summe mit $(-h^2/8\pi^2 m)$. Endlich multipliziere man Ψ mit U und addiere das Produkt zu dem soeben errechneten Ausdruck. Man formuliert kürzer wie folgt:

Man wende den Operator **H** auf die Zustandsfunktion Ψ an. Definitionsgemäß hat also **H** die folgende Form:

$$\mathbf{H} = -\frac{h^2}{8\pi^2 m}\left(\frac{\partial^2}{\partial x^2} + \frac{\partial^2}{\partial y^2} + \frac{\partial^2}{\partial z^2}\right) + U(x,y,z).$$

Unter Benutzung des Operators **H** nimmt die Schrödinger-Gleichung die folgende einfache Form an:

$$\mathbf{H}\Psi = E\Psi.$$

Die Bezeichnung **H** soll an den Namen HAMILTON erinnern; der Operator heißt Hamilton-Operator. Wie wir sofort sehen werden, steht dieser Operator im engsten Zusammenhang mit der klassischen Hamilton-Funktion.

Wir haben also die Schrödinger-Gleichung in eine Eigenwertgleichung umgeschrieben: Wir suchen diejenigen Ψ-Funktionen, die nach Ausführung aller mathematischen Operationen, die durch den Operator **H** vorgeschrieben sind, bis auf wohlbestimmte Konstanten erhalten bleiben. Diese Konstanten bedeuten in unserem Falle die möglichen Energiewerte des Systems. Durch die Lösung des Eigenwertproblems erhalten wir also das System $\Psi_1, \Psi_2, \ldots \Psi_\nu, \ldots$ der Eigenfunktionen mit dem zugehörigen System $E_1, E_2 \ldots E_\nu, \ldots$ der Eigenwerte.

Die Schrödinger-Gleichung ist in dieser Auffassung nichts anderes als die zum Hamilton-Operator gehörende Eigenwertgleichung. Was hat aber HAMILTON, ein Physiker, der hundert Jahre früher tätig war, mit der Quantenmechanik zu tun? Die Antwort verdeutlicht nebenbei die enge Verbindung der Quantenmechanik mit der klassischen Mechanik. Schreiben wir einmal den Hamilton-Operator und die klassische Hamilton-Funktion termweise untereinander:

$$\mathbf{H} = \frac{1}{2m}\left[\left(\frac{h}{2\pi j}\right)^2\frac{\partial^2}{\partial x^2} + \left(\frac{h}{2\pi j}\right)^2\frac{\partial^2}{\partial y^2} + \left(\frac{h}{2\pi j}\right)^2\frac{\partial^2}{\partial z^2}\right] + U(x,y,z);$$

$$H = \frac{1}{2m}[\mathbf{p}_x^2 + \mathbf{p}_y^2 + \mathbf{p}_z^2] + U(x,y,z).$$

Man sieht, daß man vom klassischen Ausdruck H zum Operator **H** gelangen kann, wenn man an Stelle der klassischen Größen die Operatoren

$$\mathbf{p}_x = \frac{h}{2\pi j}\frac{\partial}{\partial x}; \quad \mathbf{p}_y = \frac{h}{2\pi j}\frac{\partial}{\partial y}; \quad \mathbf{p}_z = \frac{h}{2\pi j}\frac{\partial}{\partial z},$$

der Auseinandersetzungen in seinem schon öfters zitierten Buch *Der Teil und das Ganze*: „Der liebe Gott würfelt nicht", in dieser Wendung drückte *Einstein* seine Grundposition aus; er ersann neue und neue Gedankenexperimente, wie man die von der Unbestimmtheitsrelation gestellten Grenzen umgehen könnte. Es gelang aber *Bohr* immer wieder, darauf hinzuweisen, wo der Fehler in *Einsteins* Gedankengang steckte. *Paul Ehrenfest*, der gute Freund, bemerkte etwas ironisch: *Einstein*, ich schäme mich für dich, denn du argumentierst gegen die neue Theorie jetzt genauso wie deine Gegner gegen die Relativitätstheorie

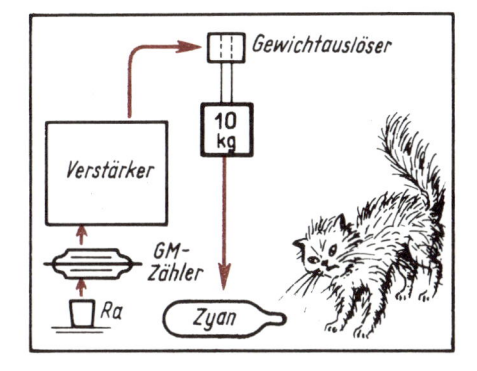

Abbildung 5.3–29
Ein viel zitiertes Beispiel von *Schrödinger* zum Beweis der Unzulänglichkeit der quantenmechanischen Beschreibung: In einem geschlossenen Behälter befindet sich ein radioaktives Atom, von dem wir wissen, daß es in einem Zeitraum von 60 min mit einer Wahrscheinlichkeit von 50% zerfällt. Das beim Zerfall emittierte Teilchen wird von einem Geiger-Müller-Zählrohr registriert, der Zählimpuls wird verstärkt und schießlich wird eine mechanische Vorrichtung ausgelöst, wobei ein Gewichtsstück herunterfällt und einen mit Blausäure gefüllten Gasbehälter zerschlägt, so daß die Katze augenblicklich verendet.

Es soll nun die Frage beantwortet werden, ob die Katze nach einer Stunde noch lebt oder schon verendet ist. Nach der Wahrscheinlichkeitsdeutung der Quantenmechanik wird der Zustand der Katze von einer Ψ-Funktion beschrieben, die sich aus einer Überlagerung der beiden möglichen Zustände der Katze (Leben oder Tod) zu gleichen Teilen ergibt. Wenn wir aber den Behälter öffnen und hineinschauen, können wir natürlich sehen, ob die Katze lebt oder tot ist, und es ist offensichtlich, daß unser Beobachtungsergebnis nicht von der Beobachtung selbst abhängt, sondern daß der Zustand der Katze auch vor dem Öffnen des Behälters unabhängig von der Beobachtung gut bestimmt ist. Dieses Beispiel kann weit weniger dramatisch und einfacher wie folgt formuliert werden: Der radioaktive Zerfall läßt eine Zählvorrichtung um eine Stelle weiterspringen, und die gesamte Technik der Teilchenzählung beruht natürlich darauf, daß die Zählvorrichtung auch in einem dunklen Raum sich selbst überlassen werden kann und daß unabhängig von jeder Beobachtung die Teilchenzerfälle objektiv registriert werden. Wir sehen, daß es nicht nötig ist, bei jedem Zerfall eine Katze auf so komplizierte Weise hinzurichten. Die Kopenhagener Deutung gibt eine eindeutige Antwort auf diese Frage.

Die objektivistische Interpretation weist an Hand dieses Beispiels darauf hin, daß die Anwendung quantenmechanischer Begriffe hier nicht mehr sinnvoll ist. Die Katze ist als ein makroskopischer Gegenstand, der hier zur Messung des radioaktiven Zerfalls verwendet wird, schon längst in

455

einem Gemenge, ehe irgendein Beobachter den Kasten öffnet. Denn das Totsein der Katze ist der Endzustand eines makroskopisch irreversiblen Prozesses, der nicht mehr mit dem des Lebendigseins interferieren kann. Die Irreversibilität desjenigen Teiles des Meßprozesses, der allein durch objektivphysikalische Vorgänge erklärt werden kann, ist in diesem Beispiel besonders deutlich [0.30]

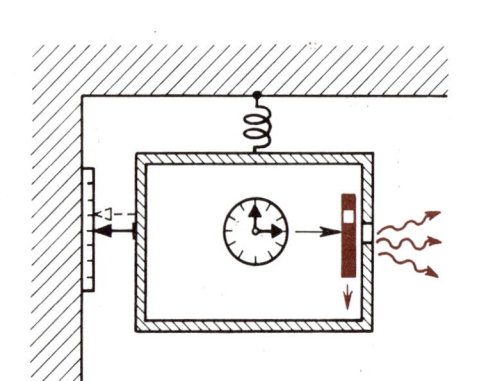

Abbildung 5.3-30
Einstein hat anfänglich konkrete Gegenbeispiele konstruiert, um eine Modifizierung der Theorie zu erreichen. Eines seiner bekannten Gegenbeispiele, mit dem er *Bohr* auf dem Solvay-Kongreß 1930 überrascht hat, ist in der Abbildung dargestellt (im übrigen hat dieses Thema nicht auf der Tagesordnung des Kongresses gestanden).

Eine in einem abgeschlossenen System angeordnete Uhr betätigt einen Schlitzverschluß, so daß aus dem System Energie in Form von Strahlung austreten kann. Vor dem Öffnen des Verschlusses messen wir die Masse des Systems, z. B. mit Hilfe einer Federwaage, an der wir das System aufhängen. Nach der Energieemission wird die Masse wieder gemessen, wobei wir natürlich eine Massenabnahme um den Wert E/c^2 feststellen. Da die Massenbestimmungen sowohl als auch nach der Energieemission über einen beliebig langen Zeitraum erstreckt werden können, lassen sie sich beliebig genau ausführen, so daß die Unschärfe der Energiemessung ΔE gegen Null gehen kann. Auch für die Genauigkeit der Zeitmessung existieren keine prinzipiellen Schranken, und wir finden $\Delta E \cdot \Delta t \to 0$ im Widerspruch zur Heisenbergschen Unbestimmtheitsrelation, nach der die Genauigkeit bei der gleichzeitigen Messung der Größen E und t beschränkt ist.

Es hat *Bohr* eine schlaflose Nacht gekostet, bevor er eine Antwort gefunden hatte: Den Schlüssel zur Lösung liefert ausgerechnet die Einsteinsche allgemeine Relativitätstheorie, denn das gesamte System wird bei der Energieemission im Gravitationskraftfeld etwas nach oben verschoben. Die Änderung des Gravitationspotentials zieht eine Änderung des Ganges der Uhr nach sich, und gerade damit kann schließlich die Gültigkeit der Beziehung $\Delta E \cdot \Delta t \approx h$ nachgewiesen werden

die sogenannten Impulsoperatoren, schreibt. In diesem Falle wird nämlich

$$\mathbf{p}_x^2 = \mathbf{p}_x \mathbf{p}_x = \left(\frac{h}{2\pi j}\frac{\partial}{\partial x}\right)\left(\frac{h}{2\pi j}\frac{\partial}{\partial x}\right) = -\frac{h^2}{4\pi^2}\frac{\partial^2}{\partial x^2} \text{ usw.}$$

Damit sind wir einen Schritt weiter gekommen: Wir haben nämlich die Operatoren, die den *klassischen* Impulskomponenten zugeordnet sind, gefunden. Und sogar mehr: eine allgemeine Regel, besser gesagt einen Hinweis, wie ein Operator einer gegebenen Größe zugeordnet werden kann. Man schreibt die klassische Größe mit Hilfe der Lage- und Impulskoordinaten auf und setzt dann die oben erhaltenen Impulsoperatoren ein. Ein Beispiel möge das Verfahren erläutern. Die Komponenten des Drehimpulses sind in der klassischen Physik:

$$L_x = [\mathbf{r} \times \mathbf{p}]_x = yp_z - zp_y; \quad L_y = [\mathbf{r} \times \mathbf{p}]_y = zp_x - xp_z; \quad L_z = [\mathbf{r} \times \mathbf{p}]_z = xp_y - yp_x.$$

Der oben angegebenen Anweisung folgend erhalten wir z. B. den Operator der z-Komponente des Drehimpulses

$$\mathbf{L}_z = \frac{h}{2\pi j}\left(x\frac{\partial}{\partial y} - y\frac{\partial}{\partial x}\right).$$

Es ist sehr lehrreich, die Eigenwerte und Eigenfunktionen des Operators $\mathbf{L}_z$ zu bestimmen, wobei diese Bestimmung mit den allereinfachsten Mitteln durchgeführt werden kann. Nach einer elementaren Zwischenrechnung läßt sich nämlich der Ausdruck für $\mathbf{L}_z$ in sphärischen Koordinaten so schreiben:

$$\mathbf{L}_z = \frac{h}{2\pi j}\frac{\partial}{\partial \varphi}.$$

Die Eigenwertgleichung lautet nun

$$\mathbf{L}_z \Psi = l_z \Psi \to \frac{h}{2\pi j}\frac{\partial}{\partial \varphi}\Psi = l_z \Psi.$$

Die Lösung dieser Gleichung kann sofort angegeben werden:

$$\Psi = A e^{j\frac{2\pi}{h} l_z \varphi}.$$

Durch diese Funktion wird die Gleichung tatsächlich befriedigt, was durch Einsetzen sofort eingesehen werden kann. Und nun schreiben wir für Ψ eine natürliche Bedingung vor: *Sie soll eindeutig sein*. Diese Forderung führt schon zu der gewünschten Quantelung. Lassen wir nämlich den Winkel φ um 2π anwachsen, so gelangen wir zu demselben Raumpunkt zurück und es muß unsere Funktion den gleichen Wert annehmen. Es gilt also

$$A e^{j\frac{2\pi}{h} l_z \varphi} = A e^{j\frac{2\pi}{h} l_z(\varphi + 2\pi)} = A e^{j\frac{2\pi}{h} l_z \varphi} e^{j\frac{2\pi}{h} l_z 2\pi}.$$

Daraus folgt sofort die Gleichung

$$e^{j\frac{2\pi}{h} l_z 2\pi} = 1.$$

Es ist bekannt, daß die Gleichung $e^{jm \cdot 2\pi} = 1$ durch die Werte $m = 0, \pm 1, \pm 2, \ldots$ befriedigt werden kann, daraus folgt $(2\pi/h)l_z = m$ bzw.

$$l_z = m\frac{h}{2\pi}; \quad m = 0, \pm 1, \pm 2.$$

Wir haben also die Eigenwerte der Eigenwertgleichung $\mathbf{L}_z = l_z \Psi$ gefunden; diese stellen die möglichen Werte der z-Komponente des Drehimpulses dar, die bei einem Meßprozeß als Meßergebnisse auftreten können. Nebenbei sei bemerkt, daß wir hier wieder die Bohrsche Bedingung erhalten haben: Die möglichen Werte des Drehimpulses sind ganzzahlige Vielfache von $h/2\pi$. Die Systeme der Eigenwerte und Eigenfunktionen sind also

$$l_z = \frac{h}{2\pi}, 2\frac{h}{2\pi}, 3\frac{h}{2\pi}, \ldots, m\frac{h}{2\pi}, \ldots \quad \Psi = A e^{j\varphi}, A e^{j3\varphi}, A e^{j3\varphi}, \ldots A e^{jm\varphi}, \ldots$$

Jetzt kehren wir zurück zu einer Präzisierung der schon oben erwähnten Beziehung des mathematischen Fomalismus zur physikalischen Realität. Wir stellen zuerst fest: *Ein einzelner Meßprozeß liefert immer einen Eigenwert als Meßergebnis*. Ist aber ein System durch die Zustandsfunktion Ψ charakterisiert und messen wir mehrmals die zum Operator $\mathbf{M}$ gehörige physikalische Größe, so bekommen wir verschiedene Eigenwerte mit ganz bestimmten Wahrscheinlichkeiten. Die Quantenmechanik trifft über diesen Erwartungswert oder Mittelwert dieser Größen die Aussage

$$M_{Erw} \equiv \langle M \rangle = \int_V \Psi^* \mathbf{M} \Psi \, dV.$$

Das Integral muß auf den vollen Konfigurationsraum erstreckt werden. Es ist nun die Einführung einer vereinfachenden Bezeichnung zweckmäßig. Definieren wir nämlich das skalare Produkt der Funktionen Ψ_a und Ψ_b durch die Gleichung

$$(\Psi_a, \Psi_b) = \int_V \Psi_a^* \Psi_b \, dV,$$

so kann der Erwartungswert in folgender einfachen Form geschrieben werden:

$$\langle M \rangle = (\Psi, \mathbf{M}\Psi).$$

Bei dieser Betrachtungsweise kann die Zustandsfunktion als ein Vektor im abstrakten Hilbertschen Raum – etwas einfacher ausgedrückt: im Raum der quadratisch integrierbaren Funktionen – aufgefaßt werden. So können Begriffe, die aus der elementaren Vektoralgebra bekannt sind – wie z. B. parallel, senkrecht, Projektion usw. – vorsichtig, doch mit großem heuristischem Nutzen, gebraucht werden.

Bisher haben wir nur über stationäre Vorgänge gesprochen, wo die Zeitabhängigkeit der Zustandsfunktion durch

$$e^{-j2\pi\nu t} = e^{-j2\pi(E/h)t}$$

beschrieben werden konnte. Zu einer Verallgemeinerung dieser Zeitabhängigkeit gelangen wir folgendermaßen: Aus dieser Zeitfunktion erhalten wir durch Differenzieren

$$\frac{\partial}{\partial t} e^{-j2\pi \frac{E}{h} t} = -j2\pi \frac{E}{h} e^{-j\frac{2\pi}{h} Et}$$

und damit auch die Gleichung

$$-\frac{h}{2\pi j} \frac{\partial}{\partial t}\left(e^{-j2\pi \frac{E}{h} t}\right) = E\, e^{-j\frac{2\pi}{h} t}.$$

Wir sehen also, daß in diesem einfachen Fall die Multiplikation mit E der Anwendung des Operators $-(h/2\pi j)\partial/\partial t$ entspricht. Nehmen wir an, dieser Zusammenhang sei allgemeingültig, so erhalten wir die zeitabhängige Schrödinger-Gleichung

$$\mathbf{H}\Psi = -\frac{h}{2\pi j} \frac{\partial \Psi}{\partial t}.$$

Mit Hilfe dieser Gleichung können die zeitabhängigen Zustandsfunktionen $\Psi(x, y, z, t)$ errechnet werden.

Die gewöhnlichen Rechenregeln sind im allgemeinen auf Operatoren nicht anwendbar. Es ist z. B. gar nicht irrelevant, in welcher Reihenfolge wir zwei Operatoren auf die Zustandsfunktion anwenden. Im allgemeinen ist $\mathbf{M}(\mathbf{N}\Psi)$ von $\mathbf{N}(\mathbf{M}\Psi)$ verschieden, oder einfacher geschrieben

$$\mathbf{MN} \neq \mathbf{NM}; \quad \mathbf{MN} - \mathbf{NM} \neq 0.$$

Ein wichtiges Beispiel für ein Paar solcher nichtvertauschbarer Operatoren sind der Lage- und der Impulsoperator x und $\mathbf{p}_x$. Berechnen wir nämlich $x\mathbf{p}_x$ und dann $\mathbf{p}_x x$, so erhalten wir

$$(x\mathbf{p}_x)\Psi = x(\mathbf{p}_x\Psi) = x \frac{h}{2\pi j} \frac{\partial \Psi}{\partial x} = \frac{h}{2\pi j} x \frac{\partial \Psi}{\partial x},$$

$$(\mathbf{p}_x x)\Psi = \mathbf{p}_x(x\Psi) = \frac{h}{2\pi j} \frac{\partial}{\partial x}(x\Psi) = \frac{h}{2\pi j}\left[\Psi + x \frac{\partial \Psi}{\partial x}\right],$$

und es wird

$$(\mathbf{p}_x x)\Psi - (x\mathbf{p}_x)\Psi = \frac{h}{2\pi j}\left[\Psi + x \frac{\partial \Psi}{\partial x} - x \frac{\partial \Psi}{\partial x}\right] = \frac{h}{2\pi j}\Psi.$$

Wir erhalten die folgende Vertauschungsregel

$$\mathbf{p}_x x - x\mathbf{p}_x = \frac{h}{2\pi j}.$$

Der Lageoperator und der Impulsoperator sind also nicht vertauschbar. Diese Tatsache hat weitgehende Folgen. Es kann nämlich bewiesen werden, daß nur solche physikalische Größen gleichzeitig an einem physikalischen System mit beliebiger Genauigkeit gemessen werden können, denen vertauschbare Operatoren zugeordnet sind. Für Größen mit unvertauschbaren − oder wie man auch sagt −, nichtkommutierenden Operatoren gilt die Heisenbergsche Unschärferelation oder Unbestimmtheitsrelation. In unserem Fall nimmt sie die folgende Form an:

$$\Delta x\, \Delta p_x \geq \frac{1}{2} \frac{h}{2\pi}.$$

Dem Ausdruck $\mathbf{MN} - \mathbf{NM}$, dem *Kommutator*, kommt auch eine weitere wichtige Rolle zu. Dirac hat nämlich darauf hingewiesen, daß $(2\pi j/h)(\mathbf{MN} - \mathbf{NM})$ in der Quantenmechanik die Rolle des Poisson-Jacobischen Klammerausdrucks der klassischen Mechanik übernimmt. Dementsprechend erhalten wir nach Gleichung (1) im Kapitel 4.2.7 die Regel für die Ableitung eines Operators nach der Zeit

$$\frac{d\mathbf{L}}{dt} = \frac{\partial \mathbf{L}}{\partial t} + \frac{2\pi j}{h}[\mathbf{HL} - \mathbf{LH}].$$

Es ergibt sich also − unter anderem − der wichtige Satz, daß ein mit dem Hamilton-Operator vertauschbarer Operator, wenn er von der Zeit nicht explizit abhängt, sich mit der Zeit nicht ändert. Daraus folgen z. B. die Erhaltungssätze in der Quantenmechanik.

Bisher haben wir den größten Mangel der Schrödinger-Gleichung noch nicht erwähnt: Sie ist nicht invariant gegenüber der Lorentz-Transformation. Diesen Mangel beseitigt zu haben, ist Diracs großes Verdienst.

Versuchen wir nämlich die Wellengleichung nach dem üblichen Verfahren zu konstruieren, indem wir zunächst die klassische Hamilton-Funktion aufschreiben, sie dann in eine Operatorform bringen und auf die Zustandsfunktion anwenden, wobei die rechte Seite der Gleichung durch $E\Psi$ (mit $E = \frac{h}{2\pi j} \frac{\partial}{\partial t}$ als Energieoperator) ausgedrückt wird, dann stoßen wir im relativistischen Fall auf Schwierigkeiten: Zur Bewegungsgleichung $\frac{d(m\vec{v})}{dt} = q_e \vec{E} + q_e \vec{v} \times \vec{B}$ (mit $m = \frac{m_0}{\sqrt{1 - v^2/c^2}}$) gehört die Hamilton-Funktion $H = q_e U + \sqrt{m_0^2 c^4 + c^2(\vec{p} + q_e \vec{A})^2}$, und wenn wir p als Operator schreiben, ergibt sich wegen der Wurzel ein Operatorausdruck, mit dem wir nichts anfangen können. Von 1926 an haben mehrere Physiker, unter ihnen Schrödinger selbst, Klein, Gordon und Fock versucht, diese Schwierigkeit zu umgehen, indem sie den Operator $(\mathbf{H} - q_e U)^2$ dem

Abbildung 5.3−31
WOLFGANG PAULI (1900−1958): Studium bei *Sommerfeld* in München; hat dann kurze Zeit bei *Born* in Göttingen und bei *Bohr* in Kopenhagen gearbeitet. 1923−1928: Hamburg; von 1928 bis zu seinem Tode an der Universität Zürich. Während des zweiten Weltkrieges (1940−46) in den Vereinigten Staaten, wobei er zu den wenigen gehört hat, die sich nicht an der Herstellung der Atombombe beteiligt haben.

Pauli hat bereits als Student im Auftrage *Sommerfelds* einen zusammenfassenden Artikel über die Relativitätstheorie für die *Enzyklopädie der mathematischen Wissenschaften* geschrieben, der auch heute noch als eine der besten Zusammenfassungen zu dieser Thematik gilt.

An *Pauli* erinnert in der Physik vor allem das Ausschließungsprinzip, zu dem er durch zwei Fragenkomplexe geführt worden ist: die Aufspaltung der Spektrallinien in sehr starken Magnetfeldern, die darauf hinweist, daß der Zustand des Elektrons durch vier Quantenzahlen charakterisiert wird und die Frage, warum sich nicht alle Hüllenelektronen des Atoms im Zustand mit der kleinsten Energie ansammeln. In der ersten, 1925 veröffentlichten Arbeit wird eine vierte Quantenzahl völlig formal eingeführt, die innere Quantenzahl aber schon durch $j = l + s$ (mit l als dem Drehimpuls und $s = \pm \frac{1}{2}$) definiert. Weiter hat *Pauli* gefunden, daß die Wechselwirkungsenergie mit dem magnetischen Feld von der Größe $m_l + 2m_s$ abhängt. *Pauli* hat alle vom Spin und dem magnetischen Moment der Elektronen (Spin $= \frac{1}{2} \frac{h}{2\pi}$, magnetisches Moment $= 2 m_s \mu_B$) abhängigen Eigenschaften rechnerisch berücksichtigt; die physikalische Deutung ist ein Verdienst von *G. E. Uhlenbeck* und *S. Goudsmit* (1925).

Mit den Arbeiten von *Heisenberg, Dirac, Slater* und *Pauli* wurde in den Jahren 1926−1929 geklärt, daß das Paulische Ausschließungsprinzip (für Fermionen) quantenmechanisch als Folge der Antisymmetrizität der Zustandsfunktion (unter Einschluß des Spins) anzusehen ist. 1940 hat *Pauli* in der Arbeit *The connection between spin and statistics* eine Ableitung seines Prinzips, ausgehend von einer relativistischen Invarianzforderung, angegeben.

Pauli hat mit seiner matrizenmechanischen Behandlung der Zustände des Wasserstoffatoms der Matrizenmechanik in entscheidendem Maße zum Durchbruch verholfen.

1927 ist es *Pauli* mit Hilfe der Spinmatrizen und zweikomponentiger Wellenfunktionen gelungen, den Spin in die Schrödinger-Gleichung einzubauen. Diese Methode hat auch nach dem Auffinden der allgemeineren Diracschen Gleichung ihre Bedeutung zur Lösung eines Problems in erster Näherung nicht verloren.

In der Kernphysik hat *Pauli* 1930 zur Erklärung des β-Zerfalls die Existenz eines Teilchens postuliert, das dann später von *Fermi* als Neutrino bezeichnet worden ist. Er hat allerdings noch angenommen, daß das Neutrino Bestandteil der Kerne ist (die Neutrino-Theorie des β-Zerfalls ist 1934 von *Fermi* ausgearbeitet worden).

Pauli galt als einer der kritischsten Köpfe der Physik, der nicht nur mit seinen eigenen Arbeiten, sondern auch mit seinem Auftreten auf internationalen Konferenzen entscheidend zum Erkenntnisfortschritt beigetragen hat. Neben *Einstein*, *Bohr* und *Heisenberg* gehört er zu den führenden Physikern der ersten Hälfte des 20. Jahrhunderts

Operator $(E-q_eU)^2$ gleichgesetzt haben. Im weiteren hat sich dann herausgestellt, daß man so eine Gleichung erhält, die das Verhalten von Teilchen mit dem Spin Null beschreibt.

DIRAC hat einen anderen Weg beschritten: Er suchte eine Größe, die mit sich selbst multipliziert gerade den Ausdruck unter der Wurzel ergibt, da auf diese Weise − formal − die Wurzel gezogen werden kann. Dazu müssen aber Matrizen mit bestimmten Vertauschungseigenschaften eingeführt werden, denn man erhält aus dem Produkt

$$[c\varrho_1(\sigma_xp_x+\sigma_yp_y+\sigma_zp_z)+\varrho_3m_0c^2][c\varrho_1(\sigma_xp_x+\sigma_yp_y+\sigma_zp_z)+\varrho_3m_0c^2]$$

gerade dann den Term $m_0^2c^4+c^2(p_x^2+p_y^2+p_z^2)$ (wobei wir hier das Vektorpotential $\vec{A}$ der Einfachheit halber weglassen wollen), wenn wir für die Größen ϱ und σ die Matrizen

$$\sigma_x=\begin{vmatrix}0&1&0&0\\1&0&0&0\\0&0&0&1\\0&0&1&0\end{vmatrix}\quad \sigma_y=\begin{vmatrix}0&-j&0&0\\j&0&0&0\\0&0&0&-j\\0&0&j&0\end{vmatrix}\quad \sigma_t=\begin{vmatrix}1&0&0&0\\0&-1&0&0\\0&0&1&0\\0&0&0&-1\end{vmatrix}$$

$$\varrho_1=\begin{vmatrix}0&0&1&0\\0&0&0&1\\1&0&0&0\\0&1&0&0\end{vmatrix}\quad \varrho_3=\begin{vmatrix}1&0&0&0\\0&1&0&0\\0&0&-1&0\\0&0&0&-1\end{vmatrix}$$

einsetzen. Der Hamilton-Operator kann dann als

$$\mathbf{H}=c\varrho_1\left(\sigma_xp_x+\sigma_yp_y+\sigma_zp_z\right)+\varrho_3m_0c^2+q_eU$$

geschrieben werden, und die relativistische Gleichung des Elektrons, die Dirac-Gleichung, erhält die Form

$$\left[\frac{hc}{2\pi j}\varrho_1\left(\sigma_x\frac{\partial}{\partial x}+\sigma_y\frac{\partial}{\partial y}+\sigma_z\frac{\partial}{\partial z}\right)+\varrho_3m_0c^2+q_eU\right]\Psi=-\frac{h}{2\pi j}\frac{\partial\Psi}{\partial t}.$$

Die in dieser Gleichung auftretende Zustandsfunktion Ψ umfaßt vier Raum-Zeit-Funktionen.

Aus der Dirac-Gleichung folgen zwanglos der Spin und das magnetische Moment des Elektrons. GORDON und DARWIN haben bereits 1928 aus ihr die Sommerfeldsche Feinstrukturkonstante abgeleitet, und KLEIN und NISHINNA haben ebenfalls 1928 die Streuung des Lichts an freien Elektronen behandelt. Diese Arbeiten haben der Dirac-Gleichung zur allgemeinen Anerkennung verholfen. Aus ihr kann auch auf die Existenz eines Teilchens mit positiver Ladung geschlossen werden. DIRAC hat dieses Teilchen 1929 noch mit dem Proton identifizieren wollen, aber bereits 1930 haben OPPENHEIMER und im weiteren auch DIRAC und TAMM festgestellt, daß aus der Asymmetrie zwischen Elektron und Proton neue Schwierigkeiten erwachsen. Schließlich hat DIRAC 1931 die Existenz von Antielektronen (Positronen) postuliert, die im folgenden Jahr von ANDERSON gefunden worden sind. DIRAC hat sogar vermutet, daß Antiprotonen existieren sollten *(Abbildung 5.3−33)*.

Mit ihrer axiomatischen Formulierung erreicht die Quantenmechanik einen gewissen Abschluß, zumindest bei der Beschreibung von Systemen mit einer endlichen Zahl von Teilchen. Bereits in den ersten Jahren der Entwicklung der Quantenmechanik wurde der Versuch unternommen, die Theorie auch auf Systeme mit unendlich vielen Freiheitsgraden zu verallgemeinern und Quantisierungsregeln für *Felder* aufzustellen. In der Quantenmechanik werden die zu den physikalischen Größen gehörenden Operatoren immer in Analogie zu den entsprechenden klassischen Größen gebildet, wobei man sich verallgemeinerter Orts- und Impulskoordinaten bedient. Ein elektromagnetisches Feld ist aber eine ebensolche physikalische Realität wie ein aus Punktmassen bestehendes System. Zur Beschreibung dieser physikalischen Realität dienen jedoch nicht die Grundgleichungen der klassischen *Mechanik*, sondern die Maxwellschen Gleichungen. Auf die Frage, wie sich das elektromagnetische Feld in Analogie zu den Vorschriften der Quantenmechanik quantisieren läßt, gibt die *Quantenelektrodynamik* eine Antwort *(Abbildung 5.3−34)*. Der zur Feldquantisierung führende Weg ist schon an sich sehr interessant, auch vermittelt er einen tieferen Einblick in die grundlegenden Zusammenhänge der klassischen Elektrodynamik. Das Vorgehen ist recht einfach: Wir gehen von den bekannten Regeln aus, die wir beim Übergang von der klassischen Mechanik zur Quantenmechanik verwendet haben, und versuchen nun, die Maxwellschen Gleichungen in eine solche Form zu bringen, daß wir diese Regeln anwenden können. Wir stellen dazu die Maxwellschen Gleichungen in einer Form dar, die der Hamiltonschen Formulierung der klassischen Mechanik entspricht. Es ist tatsächlich auch für das elektromagnetische Feld möglich, Größen zu definieren, die den konjugierten Orts- und Impulskoordinaten entsprechen. Diese Größen genügen Gleichungen, die den Gleichungen der klassischen Mechanik ähnlich sind. Die Quantisierungsregeln für diese Größen entsprechen dann nahezu den Quantisierungsregeln, die für mechanische Systeme verwendet werden.

Abbildung 5.3−32
PAUL ADRIEN MAURICE DIRAC (1902−1984): Studium zunächst an seinem Geburtsort Bristol, dann in Cambridge. Wollte Elektroingenieur werden, seine Dissertation war jedoch bereits Problemen der theoretischen Physik gewidmet. Ab 1932 Professor in Cambridge an einem Lehrstuhl, den seinerzeit *Newton* innegehabt hat; 1926: Zusammenhang zwischen den Symmetrieeigenschaften der Wellenfunktion und der Statistik; 1926−1927: Dirac-Formalismus der Quantenmechanik; 1927: Feldquantisierung − zweite Quantisierung; 1928: relativistische Wellengleichung; 1948: magnetischer Monopol

Mit dem hier skizzierten Vorgehen lassen sich die Aussagen über das elektromagnetische Feld gewinnen, denen wir in diesem Kapitel bereits begegnet sind. So kann gezeigt werden, daß sich die Gesamtenergie des elektromagnetischen Feldes aus Quanten (Photonen) der Energie hν zusammensetzt, und außerdem kann die Annahme von DE BROGLIE bestätigt werden, nach der jedes Proton einen Impuls h/λ trägt. Natürlich ergibt sich auch eine Reihe neuer, unerwarteter Ergebnisse. So zeigt sich, daß die dem elektrischen und magnetischen Feld entsprechenden Operatoren nicht miteinander vertauschbar sind und daß folglich diese Felder nicht gleichzeitig mit beliebiger Genauigkeit bestimmt werden können. Daraus folgt aber, daß ein Zustand mit $\vec{E} = 0$ und $\vec{B} = 0$ nicht realisiert werden kann, daraus folgt wiederum, daß selbst ein strahlungsfreier Raum, das Photonenvakuum, eine Energie, die Nullpunktsenergie, besitzt. Es würde zu weit führen, ausführlich auf diese neue Auffassung vom Vakuum einzugehen; wir wollen aber nicht unerwähnt lassen, daß eine Reihe von Effekten (Vakuumpolarisation, Lamb-Shift, anomales magnetisches Moment des Elektrons) mit dieser Theorie erklärt werden kann.

In der Folgezeit hat die Quantenelektrodynamik als erfolgreiches Beispiel für die Feldquantisierung eine große Bedeutung gewonnen. Im Formalismus der Quantenelektrodynamik mußten zum erstenmal Operatoren für Wechselwirkungsprozesse angegeben werden, bei denen Teilchen erzeugt (emittiert) oder vernichtet (absorbiert) werden, d. h., es waren Erzeugungs- und Vernichtungsoperatoren zu definieren. Diese Operatoren werden auch in der Theorie der Elementarteilchen benötigt, weil die Wechselwirkungsprozesse der Elementarteilchen im allgemeinen mit Teilchenumformungen oder mit der Vernichtung eines Teilchens und dem Entstehen eines anderen einhergehen. Analog zur Quantenelektrodynamik wurde auch die Theorie des Elektron-Positron-Feldes ausgearbeitet. Die Quanten dieses Feldes sind die Elektronen und Positronen, genauso wie die Photonen die Quanten des elektromagnetischen Feldes sind. Diese Quanten können mit Hilfe einer Quantisierung erhalten werden, die auch als zweite Quantisierung bezeichnet wird. Die Dirac-Gleichung übernimmt dabei die Rolle der Maxwell-Gleichung, wobei die in der Dirac-Gleichung stehende Zustandsfunktion zu quantisieren ist. Da die Dirac-Gleichung aber bereits durch ein Quantisierungsverfahren erhalten wurde, wird die Bezeichnung „zweite Quantisierung" verständlich. Untersucht man die Kopplung der Felder, so kommt man zu einer Verallgemeinerung des Begriffes der Wechselwirkung. Die Photonen vermitteln die elektromagnetische Wechselwirkung, und ebenso vermitteln – wie wir sehen werden – die Mesonen die Wechselwirkung der Nukleonen.

5.3.12 Das Kausalitätsproblem

Wenn ein Physiker dieses Wort niederschreibt oder ein Leser ihm in einem Physikbuch begegnet, darf er nicht SCHRÖDINGERS Warnung vergessen:
 Ob das, um was es sich dabei handelt, wirklich das Kausalproblem im philosophischen Sinne ist, möchte ich hier nicht vorweg entscheiden, bloß dadurch, daß ich dieses Wort dafür gebrauche.

Das Kausalitätsproblem ist tatsächlich ein Streitobjekt zwischen Physikern und Philosophen; aber wir dürfen nicht vergessen, daß selbst Auseinandersetzungen von Physikern oder Philosophen untereinander über dieses Thema oft deshalb zu keinem Ergebnis geführt haben, weil das Streitobjekt nicht genügend klar umrissen worden war (Zitate 5.3–9, 5.3–10a, b, c, d). Im Verlaufe der Auseinandersetzungen war das Bestreben der Physiker deutlich geworden, das Problem als physikalisches Problem zu behandeln und es so abzufassen, daß die physikalischen Beweismethoden angewandt werden konnten. Zur gleichen Zeit haben die Philosophen den Gültigkeitsbereich des Kausalitätsprinzips als wesentlich größer angesehen und den Physikern vorgeworfen, das Problem übermäßig einzuengen.

Im folgenden wollen wir zunächst darlegen, wie einzelne Philosophen – *nicht die Philosophie* – das Kausalitätsprinzip gesehen haben, um dann zu den Bedenken überzugehen, die bei den Philosophen und vor allem bei den Physikern hinsichtlich seiner Gültigkeit aufgetaucht sind. Schließlich versuchen wir noch, einige Formulierungen des Kausalitätsprinzips anzugeben, über deren Wahrheitsgehalt mit physikalischen Methoden eine Aussage

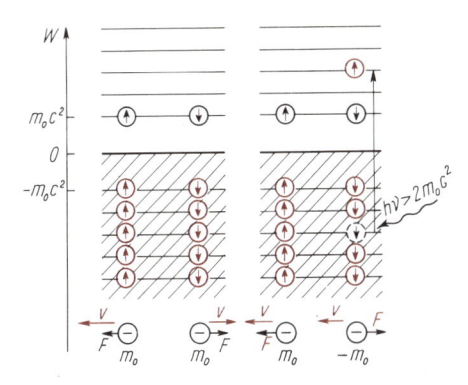

Abbildung 5.3–33
Die Dirac-Gleichung hat für das freie Elektron Lösungen mit Energien größer als m_0c^2 und kleiner als $-m_0c^2$. Letztere Zustände können als Elektronen mit einer negativen Masse angesehen werden. Ein Elektron mit einer negativen Masse wechselwirkt jedoch mit einem Elektron positiver Masse auf eine besondere Weise: Wegen des Coulomb-Gesetzes stoßen sich die Elektronen gegenseitig ab, aber die Beschleunigung des Teilchens negativer Masse ist der Kraftwirkung entgegengerichtet, so daß beide Teilchen miteinander „Hasche spielen". Derartige Erscheinungen werden aber in der Natur nicht beobachtet, und *Dirac* war somit gezwungen anzunehmen, daß alle Zustände mit einer negativen Energie besetzt sind und die Teilchen negativer Energie effektiv nicht in Erscheinung treten. Wenn aber mit Hilfe eines Photons der Energie $h\nu > 2m_0c^2$ ein Elektron auf ein Niveau mit einer positiven Energie gebracht wird, dann erhält man ein „sich normal verhaltendes" Elektron mit der Ruhmasse m_0 und der Ladung $-e$. Der zurückbleibende leere Platz kann auch wahrgenommen werden. Das fehlende Teilchen im See der Teilchen negativer Ladung und negativer Masse äußert sich als Teilchen positiver Ladung und positiver Masse. Da das Proton ein Teilchen positiver Ladung ist und andere derartige Elementarteilchen zu jener Zeit noch nicht entdeckt worden waren, ist es verständlich, warum *Dirac* das „Loch" als Proton interpretiert hat. Erst nach dem experimentellen Nachweis des Positrons konnte das Loch gleich dem Antiteilchen des Elektrons gesetzt werden. Mit dieser Annahme kann der Paarerzeugungsprozeß anschaulich gedeutet werden: Unter der Einwirkung von γ-Strahlen werden Elektronen auf positive Energieniveaus angehoben, wobei bis zu diesem Zeitpunkt noch nicht beobachtete Elektronen auftreten und die leeren Plätze als Positronen wahrgenommen werden. Beim Annihilationsprozeß hingegen springt ein Elektron von einem positiven Energieniveau auf einen leeren Platz mit einer negativen Energie, wobei ein γ-Quant emittiert wird und Elektron und Positron verschwinden

Abbildung 5.3—34
Der erste Abschnitt der Entwicklung der Quantenelektrodynamik wird durch die Arbeiten von *Dirac, Jordan* und *Pauli* (1927), *Heisenberg* und *Pauli* (1929), *Fock* (1932) sowie *Pauli* und *Weisskopf* (1934) markiert. Der zweite Abschnitt beginnt am Anfang der vierziger Jahre mit einer 1943 erschienenen Arbeit von *Sin Itiro Tomonaga* (1906—1979). Wegen der kriegsbedingten Isolierung mußten seine Ergebnisse in der westlichen Welt noch einmal hergeleitet werden. Der Anstoß zu dieser Entwicklung rührte von Experimenten her. Schon in den dreißiger Jahren hat man vermutet, daß das $2^2S_{1/2}$- und das $2^2P_{1/2}$-Niveau des Wasserstoffatoms nicht völlig übereinstimmen, obwohl sie nach der Dirac-Theorie zusammenfallen müßten. *Willis Lamb* und *Robert Retherford* haben 1947 einen Unterschied zwischen den beiden Niveaus nachgewiesen, der jedoch so klein ist, daß die dazugehörige Frequenz bereits in den Bereich der Radiowellen fällt. Die Radiospektroskopie ergänzt somit die optische Spektroskopie bei der Untersuchung der Atomspektren. Noch ein weiteres überraschendes Meßergebnis soll erwähnt werden: Nach der Diracschen Theorie sollte das magnetische Moment des Elektrons gleich einem Bohrschen Magneton sein, während *Polykarp Kusch* 1941 einen wenn auch nur geringfügig (um 0,1%) abweichenden Wert gefunden hat. Die theoretische Erklärung aller Anomalien haben *Julius Schwinger* (geb. 1918) und *Richard Philip Feynman* (1918—1988) voneinander und von *Tomonaga* unabhängig auf unterschiedlichem Wege mit Hilfe der weiterentwickelten Quantenelektrodynamik 1947/48 gegeben. Unser Bild zeigt *Feynman*, der am Atombombenprogramm teilgenommen hat und 1950 Professor an einer kalifornischen Universität wurde. Mit seinem Namen verbinden sich bei vielen Physikern die Feynman-Diagramme, die der bildlichen Darstellung von Wechselwirkungsprozessen dienen. Außerdem ist *Feynman* in breiten Kreisen durch sein 1963—1965 geschriebenes und in viele Sprachen übersetztes Lehrbuch *Lectures in Physics* bekannt geworden, das sich durch eine originelle didaktische Darstellungsweise auszeichnet

getroffen werden kann, die jedoch zwangsläufig den Problemkreis stark einschränken.

Unter den Philosophen ist die Überzeugung weit verbreitet, daß die Kausalität oder die Gesetzmäßigkeit von Ursache und Wirkung vom Menschen in seiner eigenen Tätigkeit gefunden und durch die Wirkungen, die er als Folge seiner Tätigkeit erzielt hat, erkannt worden ist. Nach einer sehr frühen, von ANAXIMANDROS gegebenen Formulierung zieht die Ursache eine Wirkung nach sich wie die Schuld eine Strafe. So ist es keineswegs zufällig, daß das griechische Wort für „Ursache" (αἰτία) auch die Bedeutung von „Schuld" hat. Dieser anthropomorphe Ursprung des Prinzips ist in der Folgezeit immer wieder zum Vorschein gekommen. In der klassischen griechischen Philosophie ist das Kausalitätsprinzip aber auch schon in einer heute noch üblichen Form abgefaßt worden: Das Kausalitätsprinzip sagt aus, daß jedes Geschehen eine Ursache haben muß, die dieses Geschehen als ihre Wirkung mit Notwendigkeit nach sich zieht. „Gleiche Ursachen bringen zu einer beliebigen Zeit und an einem beliebigen Ort die gleichen Wirkungen hervor." Weit verbreitet war auch die Auffassung, daß dieses Prinzip bewußt oder unbewußt jeder naturwissenschaftlichen Forschung zugrunde gelegt wird.

Extreme Standpunkte hinsichtlich der Kausalität wurden von HUME bzw. KANT vertreten. HUME verneinte zwar auch nicht die Existenz allgemeiner Zusammenhänge, stellte jedoch ihre logische Notwendigkeit in Frage: Zwischen den Dingen existieren keine inneren Zusammenhänge, und dafür, daß wir aus dem Erscheinen eines Dings auf die Existenz eines anderen schließen, haben wir keine andere Rechtfertigung als die Gewöhnung, die auf unsere Phantasie einwirkt.

Wie wir bereits gesehen hatten, hat KANT hingegen die Kausalität als eine Kategorie — ein Ordnungsprinzip unseres Geistes — aufgefaßt, dessen Gültigkeit *a priori*, d. h. unabhängig von jeder Erfahrung, gesichert ist. Das Kausalitätsprinzip, das eine Aussage über die kausalen Beziehungen zwischen den Ereignissen macht, soll auch deshalb vor jeder Erfahrung gültig sein, weil gerade dieses Prinzip jeder Erkenntnisgewinnung zugrunde liegt.

Viele Physiker, so auch HELMHOLTZ, haben sich in der naturwissenschaftlichen Forschung zur Kausalität im Sinne KANTS bekannt und an die Gültigkeit des Kausalitätsprinzips geglaubt *(Zitate 5.3—11a, b)*. Andere Physiker hingegen haben hinter dem Wort *Wirkung* auch etwas von der Einwirkung des Menschen vermutet, und sie konnten diese Gedanken nicht mit den physikalischen Gesetzen des 19. Jahrhunderts vereinbaren, in denen funktionelle Zusammenhänge festgelegt worden waren. Außerdem wurde von ihnen bezweifelt, ob eine Einteilung der Erscheinungen in Ursachen und Wirkungen für deren Verständnis und weitere Untersuchung von Nutzen sein könne. Zitieren wir an dieser Stelle KIRCHHOFF:

Man pflegt die Mechanik als die Wissenschaft von den *Kräften* zu definieren und die Kräfte als die *Ursachen*, welche Bewegungen hervorbringen oder hervorzubringen *streben*. Gewiß ist diese Definition bei der Entwicklung der Mechanik von dem größten Nutzen gewesen, und sie ist es auch noch bei dem Erlernen dieser Wissenschaft, wenn sie durch Beispiele von Kräften, die der Erfahrung des gewöhnlichen Lebens entnommen sind, erläutert wird. Aber ihr haftet die Unklarheit an, von der die Begriffe der Ursache und des Strebens sich nicht befreien lassen. Diese Unklarheit hat sich z. B. gezeigt in der Verschiedenheit der Ansichten darüber, ob der Satz von der Trägheit und der Satz vom Parallelogramm der Kräfte anzusehn sind als Resultate der Erfahrung, als Axiome oder als Sätze, die logisch bewiesen werden können und bewiesen werden müssen. Bei der Schärfe, welche die Schlüsse in der Mechanik sonst gestatten, scheint es mir wünschenswert, solche Dunkelheiten aus ihr zu entfernen, auch wenn das nur möglich ist durch eine Einschränkung ihrer Aufgabe. Aus diesem Grunde stelle ich es als die Aufgabe der Mechanik hin, die in der Natur vor sich gehenden Bewegungen zu *beschreiben, und zwar vollständig und auf die einfachste Weise zu beschreiben*. Ich will damit sagen, daß es sich nur darum handeln soll, anzugeben, *welches* die Erscheinungen sind, die stattfinden, nicht aber darum, ihre *Ursachen* zu ermitteln.

G. KIRCHHOFF: *Vorlesungen über mathematische Physik*. Leipzig 1876. Vorrede

Dieselbe Stellungnahme können wir bei MACH in noch ausgeprägter Form finden:

Wenn wir von Ursache und Wirkung sprechen, so heben wir willkürlich jene Momente heraus, auf deren Zusammenhang wir bei Nachbildung einer Tatsache in der für uns wichtigen Richtung zu achten haben. In der Natur gibt es keine Ursache und keine Wirkung. Die Natur ist nur einmal da. Wiederholungen gleicher Fälle, in welchen *A* immer mit *B* verknüpft wäre, also gleiche Erfolge unter gleichen Umständen, also das Wesentliche des Zusammenhanges von Ursache und Wirkung, existieren nur in der Abstraktion, die wir zum Zwecke der Nachbildung der Tatsachen vornehmen. Ist uns eine Tatsache geläufig geworden, so bedürfen wir dieser Heraushebung der zusammenhängenden Merkmale nicht mehr, wir machen uns nicht mehr auf das Neue, Auffallende aufmerksam, wir sprechen nicht mehr von Ursache und Wirkung. Die Wärme ist die Ursache der Spannkraft des Dampfes. Ist uns das Verhältnis geläufig geworden, so stellen wir uns den Dampf gleich mit der zu seiner Temperatur gehörigen Spannkraft vor. Die Säure ist die Ursache der Rötung der Lackmustinktur. Später gehört aber diese Rötung unter die Eigenschaften der Säure. ...

Ursache und Wirkung sind also Gedankendinge von ökonomischer Funktion. MACH: *Die Mechanik in ihrer Entwicklung historisch-kritisch dargestellt.* Kapitel 4, Abschnitt 4, § 3

An einer anderen Stelle drückt MACH die Hoffnung aus, daß die Begriffe Ursache und Wirkung aus den Naturwissenschaften in der Zukunft verbannt würden, da sie noch mit Zügen des Fetischismus behaftet seien; außerdem brächten sie uns dem Verständnis der Phänomene nicht näher, als die Angabe von Funktionalzusammenhängen.

Es wäre von Interesse zu untersuchen, inwieweit sich diese Prognose MACHS bewahrheitet hat. Wir könnten z. B. abzählen, wie oft in einem der heutigen Lehrbücher der Theoretischen Physik oder, vielleicht besser, in den 55 Bänden des *Handbuches der Physik* die Worte Ursache und Wirkung vorkommen.

Schauen wir uns nun an, inwiefern ein in seinem Gültigkeitsbereich eingeschränktes Kausalitätsprinzip dem Physiker als wesentliches methodisches Hilfsmittel dienen kann.

1. In der Einleitung zum vorliegenden Buch haben wir die Aufgabe der Physik, die Naturerscheinungen zu deuten, formuliert. Wir haben auch ein Schema angegeben, nach dem diese Aufgabe gelöst werden kann: Kennzeichnung der konkreten Situation und Angabe von Gesetzen (explanans), mit Hilfe derer die quantitativen Charakteristika der untersuchten Erscheinung (zumindest im Prinzip) bestimmt werden können.

Bei dieser Formulierung ist das Kausalitätsprinzip identisch mit der Forderung, daß *die physikalischen Phänomene in dem dargestellten Sinne tatsächlich deutbar sein müssen.* Die Gültigkeit des Kausalitätsprinzips in diesem methodischen Sinne wird von den Physikern im allgemeinen akzeptiert.

2. Verstehen wir das Prinzip von Ursache und Wirkung als allgemeinstes Prinzip der Physik, das die Grenzen festlegt, innerhalb derer physikalische Ereignisse aufeinander einwirken können, so kann mit diesem Prinzip eine Rückwirkung eines gegebenen Ereignisses auf alle anderen, die bereits stattgefunden haben, ausgeschlossen werden. (Die Zukunft kann nicht auf die Vergangenheit zurückwirken, ein ursächliches Ereignis liegt zeitlich vor dem ausgelösten Ereignis.) Außerdem schließt das Prinzip die Wechselwirkung solcher Ereignisse aus, auf die die Begriffe *früher* und *später* nicht angewendet werden können. (Diese Begriffe werden in der Relativitätstheorie genau definiert.)

In dieser Formulierung kann das Prinzip als nützliches und konkretes Arbeitsmittel des Physikers dienen. So schreibt es die Randbedingungen vor, die die eindeutige Lösbarkeit einer Aufgabe sichern und gibt eine Handhabe, bestimmte Lösungen (z. B. avancierte Potentiale) als unphysikalisch auszuschließen. Weiterhin lassen sich konkrete Aussagen über die Eigenschaften bestimmter physikalischer Systeme gewinnen. So wird z. B. in der Theorie der Netzwerke als selbstverständlich vorausgesetzt, daß die Reaktion des Netzwerks auf eine beliebige äußere Anregung zeitlich erst nach der Anregung erfolgen kann. Aus dieser Forderung können Aussagen über die Eigenschaften realisierbarer Bauelemente des Netzes gemacht werden.

Auf ähnliche Weise können wir Aussagen über die Frequenzabhängigkeit der Dielektrizitätskonstanten (der Permittivität) erhalten. Lediglich die Gültigkeit des Kausalitätsprinzips voraussetzend, kann aus dem Realteil der Permittivität ihr Imaginärteil berechnet werden, der die Frequenzabhängigkeit der Absorption elektromagnetischer Wellen bestimmt. Auch in der

Zitat 5.3−9
Urewig vorgezeichnet ist der Dinge Kern;
Der Griffel bleibt dem Guten wie dem Bösen fern;
Was Gott als Schicksal vorbestimmt, muß sich vollenden,
Mag, wie er will, der eitle Mensch sich drehn und wenden.
OMAR CHAJJAM. Deutsch von *Friedrich Bodenstedt,* 1881

Zitat 5.3−10a
Die Verwendung des Begriffs Kausalität für die Regel von Ursache und Wirkung ist historisch noch relativ jung. In der früheren Philosophie hatte das Wort *causa* eine viel allgemeinere Bedeutung als jetzt. Zum Beispiel wurde in der Scholastik im Anschluß an *Aristoteles* von vier Formen der Ursache gesprochen. Dort wird die *causa formalis* genannt, was man etwa heute als die Struktur oder den geistigen Gehalt einer Sache bezeichnen würde; die *causa materialis,* d. h. der Stoff, aus dem eine Sache besteht; die *causa finalis,* der Zweck, zu dem eine Sache geschaffen ist, und schließlich die *causa efficiens.* Nur die *causa efficiens* entspricht etwa dem, was wir heute mit dem Wort Ursache meinen.
HEISENBERG [5.25] S. 24

Zitat 5.3−10b
Diese, auf der exakten Voraussehbarkeit der Ereignisse beruhende Definition des Determinismus ist wohl die einzige, die ein Physiker akzeptieren könnte, da allein diese einer reellen Verifizierung unterworfen werden kann. Man darf aber nicht verschweigen, daß diese physikalische Definition des Determinismus einige Schwierigkeiten mit sich bringt. Vor allem, daß in der Natur eine universelle Wechselwirkung herrscht und die Bewegung des kleinsten Atoms durch die des fernsten Sternes beeinflußt werden kann, das exakte Voraussehen eines beliebigen künftigen Ereignisses also prinzipiell die volle Kenntnis des jetzigen Zustandes des gesamten Universums erfordern würde, was natürlich nicht realisierbar ist. Offensichtlich ist dies aber nur ein theoretischer Einwand, da im allgemeinen das Vorausberechnen eines künftigen Vorganges praktisch mit Hilfe einer endlichen Anzahl Angaben bezüglich des jetzigen Zustandes verwirklicht werden kann. Viel schwerwiegender ist der Einwand, der aus dem notwendig approximativen Charakter unserer Beobachtungen und Messungen folgt.

Die durch Beobachtungen und Messungen erhaltenen Daten sind immer mit experimentellen Fehlern behaftet, die mit ihnen erreichte Voraussicht also ebenfalls nur mit einer gewissen Unbestimmtheit möglich, so daß die Verifizierung der strengen Voraussagbarkeit der Ereignisse, und folglich der Determinismus im oben angeführten Sinne, immer nur eine approximative Gültigkeit besitzen. Immerhin scheint aber dieser neue Einwand auch nicht unwiderlegbar zu sein: die Präzision unserer Beobachtungen und Messungen kann immer weiter verbessert werden, sei es durch die Verfeinerung der Methode oder sei es durch die Vervollkommung des experimentellen Verfahrens. In demselben Maße, wie sich die Präzision unserer Beobachtungen erhöht, erhalten wir eine immer strengere Voraussagbarkeit, und so können wir

den Determinismus als Ergebnis eines Grenzüberganges als bestätigt ansehen. In der klassischen Physik scheint nichts gegen die Vorstellung zu sprechen, unsere Voraussicht künftiger Vorgänge könne als Folge der verbesserten Beobachtungsprozesse immer genauer werden. Dies bedeutete, daß unser Vertrauen in den physikalischen Determinismus bis zur Vertiefung unserer Kenntnisse über die Quantenvorgänge nicht unberechtigt war.
DE BROGLIE [5.16] pp. 59−60

So können wir abschließend sagen: Das Kausalgesetz ist weder richtig noch falsch, es ist vielmehr ein heuristisches Prinzip, ein Wegweiser, und zwar nach meiner Meinung der wertvollste Wegweiser, den wir besitzen, um uns in dem bunten Wirrwarr der Ereignisse zurechtzufinden und die Richtung anzuzeigen, in der die wissenschaftliche Forschung vorangehen muß, um zu fruchtbaren Ergebnissen zu gelangen. Wie das Kausalgesetz schon die erwachende Seele des Kindes sogleich in Beschlag nimmt und ihm die unermüdliche Frage „warum?" in den Mund legt, so begleitet es den Forscher durch sein ganzes Leben und stellt ihm unaufhörlich neue Probleme. Denn die Wissenschaft bedeutet nicht beschauliches Ausruhen im Besitz gewonnener Erkenntnis, sondern sie bedeutet rastlose Arbeit und stets vorwärtsschreitende Entwicklung.
PLANCK [5.14] Bd. III, S. 239

Zitat 5.3−10c
Sagen wir jetzt einige Worte über das Verhältnis der Begriffe des Determinismus und der Kausalität. Die Relation zwischen diesen zwei Begriffen scheint nicht immer genau präzisiert zu sein; übrigens hängt sie in großem Maße von der Definition ab, die wir dem einen und dem anderen geben. So betrachten einige Verfasser zum Beispiel den Begriff der Kausalität als beschränkter als den des Determinismus, und behaupten, daß der Determinismus auch in der Quantenmechanik gültig bleibt, während die Kausalität dort versagt. Im Gegensatz dazu scheint es uns viel natürlicher zu sagen, daß es in der Quantenmechanik keinen Determinismus in dem oben präzisierten Sinne gibt, es gibt aber Kausalität in einem etwas erweiterten Sinne, auf den wir jetzt zu sprechen kommen.

Betrachten wir eine Erscheinung A, nach welcher immer irgendeine der Erscheinungen B_1, B_2, B_3... folgt. Wenn nun keine der Erscheinungen B_1, B_2, B_3... stattfindet, wenn die Erscheinung A fehlt, so können wir sagen − und zwar aufgrund einer erweiterten Definition der Kausalität −, daß A die Ursache der Erscheinungen B_1, B_2, B_3... darstellt; diese Definition wird in vollem Einklang stehen mit der alten Sentenz „Sublata causa, tollitur effectus". Nach dieser Definition besteht eine kausale Verbindung zwischen der Erscheinung A und den Erscheinungen B_1, B_2, B_3..., aber über Determinismus im oben angegebenen Sinne können wir nicht reden, wenn wir keine Möglichkeit haben vorauszusagen, *welche* der Erscheinungen B_1, B_2, B_3... auftreten wird, wenn A eintritt. Der Determinismus tritt nur dann auf, wenn es sich nur um eine einzige Erscheinung B_1 handelt. Mit anderen Worten, wir sind überzeugt, daß wir in der Quantenmechanik einer solcher Kausalität ohne Determinismus gegenüber stehen, wo exakte Voraussagen nur in Ausnahmefällen möglich sind, in Fällen nämlich, die von den Theoretikern der neuen Mechanik als „reine Fälle" bezeichnet werden.
DE BROGLIE [5.16] pp. 64−65

allgemeinen Feldtheorie werden mit Erfolg drei grundlegende Forderungen bei der Suche nach allgemeinen Gesetzmäßigkeiten zugrunde gelegt: die relativistische Invarianz, die Gültigkeit der Gesetze der Quantenmechanik und das Kausalitätsprinzip.

Ausgehend vom Kausalitätsprinzip kann man fordern, daß Operatoren, die zu Raum- und Zeitpunkten gehören, zwischen denen eine Wechselwirkung nicht möglich ist, vertauschbar sein sollen. Auch die CPT-Invarianz kann mit dieser Forderung begründet werden (Kapitel 5.5).

3. PLANCK hat unter dem Kausalitätsprinzip die Behauptung verstanden, daß sich (im Prinzip) über die Zukunft eindeutige Voraussagen machen lassen:

Ein Ereignis ist dann kausal bedingt, wenn es mit Sicherheit vorausgesagt werden kann.

In der klassischen Physik wird zur Charakterisierung der deterministischen Gesetze meist der sogenannte Laplacesche Dämon erwähnt (s. Motto zum Teil 4).

Diese Gedanken können auch allgemeiner formuliert werden: Die Gesetze der klassischen Physik werden durch Differentialgleichungen beschrieben, aus denen bei Vorgabe des gegenwärtigen Zustandes (Anfangsbedingungen) die Zukunft eindeutig bestimmt werden kann. PLANCK hat aber bereits darauf hingewiesen, daß die Aussage von der Vorherbestimmtheit der Zukunft nicht einmal in der klassischen Physik bis zur letzten Konsequenz aufrecht erhalten werden kann.

In keinem einzigen Falle ist es möglich, ein physikalisches Ereignis genau vorauszusagen.

Näheres finden wir darüber auch bei DE BROGLIE (Zitate 5.3−10a−d).

Bei einer genaueren Betrachtung des Problems stoßen wir auf weitere Schwierigkeiten. Sowohl bei der Suche nach Naturgesetzen, als auch bei ihrer Anwendung haben wir identische Ursachen (nach dem Vokabular der Physik: identische Randbedingungen) vorzugeben und erwarten dann, identische Wirkungen (m. a. W. Zustände mit identischen quantitativen kennzeichnenden Größen) zu beobachten.

Dazu müßten wir aber voraussetzen, daß sich das zeitliche Geschehen des gesamten Universums in Teilgeschehen zerlegen läßt, die zueinander parallel und voneinander unabhängig verlaufen. Diese Annahme birgt aber eine Reihe von Schwierigkeiten in sich. Zum ersten, wie sollen Gesetzmäßigkeiten für Ereignisserien formuliert werden, die nur ein einziges Mal ablaufen? Ein Beispiel dafür ist die Entwicklung des Weltalls, wofür wir sicher keinen Kontrollversuch durchführen können. In diesem Falle können wir auch der in der Einleitung diskutierten Forderung strenggenommen nicht nachkommen, daß ein Physiker nur solche „intersubjektiven" Behauptungen aufstellen soll, die durch eine beliebige Person experimentell nachprüfbar sind. Nun zur zweiten Schwierigkeit: Es muß gesondert untersucht werden, ob es unter Ausschluß des Subjektiven überhaupt möglich ist, einen kleinen Teil der Welt aus dem Gesamtzusammenhang herauszulösen und den Rest durch von uns vorzugebende Randbedingungen zu beschreiben. Wollen wir die Deterministiertheit der klassischen Elektrodynamik in diesem Sinne nachweisen, dann müssen wir am Rand des von uns herausgeschnittenen Bereiches nicht nur die gegenwärtigen, sondern auch die zukünftigen Einwirkungen vorgeben, oder aber wir müssen wiederum das gesamte Universum in unsere Untersuchungen einbeziehen.

Auf die im Zusammenhang mit der Quantenmechanik vielfach umstrittenen Fragen nach der Kausalität oder Akausalität sowie nach dem Determinismus oder Indeterminismus kann vom Physiker in dem oben dargestellten begrenzten Sinne eine Antwort gegeben werden. HEISENBERG hat zu Beginn der Entwicklung der Quantenmechanik geäußert, daß in dem Satz „Kennen wir den Anfangszustand, so ist die Zukunft eindeutig bestimmbar" zwar die Schlußfolgerung nicht falsch ist, die Prämisse jedoch nicht erfüllt werden kann. In der Quantenmechanik nämlich genügt die Zustandsfunktion einer Differentialgleichung, die sich in ihrem Charakter nicht von den Gleichungen für beliebige physikalische Größen in der klassischen Physik unterscheidet. Daraus folgt, daß bei Vorgabe der Zustandsfunktion zu einer Anfangszeit sich die Zustandsfunktion zu jeder beliebigen späteren Zeit nach den Grundgleichungen der Quantenmechanik eindeutig bestimmen läßt. In der klassischen Mechanik können die Zustandscharakteristiken aus den Meßwerten entnommen werden. Nicht so in der Quantenmechanik: Bei einer Kenntnis der quantenmechanischen Zustandsfunktion können nur die

Erwartungswerte der zu messenden Größen bestimmt und somit Wahrscheinlichkeitsaussagen getroffen werden.

An dieser Stelle wollen wir uns mit der Hypothese von den verborgenen Parametern auseinandersetzen. Diese Hypothese geht von dem naheliegenden Gedanken aus, daß man versuchen sollte, die Wahrscheinlichkeitsaussagen der Quantenmechanik in Analogie zu den statistischen Aussagen der klassischen kinetischen Gastheorie zu deuten und die quantenmechanischen Mittelwerte als Mittelwerte über Größen anzusehen, die selbst streng deterministischen Gesetzmäßigkeiten genügen.

Nehmen wir an, daß die Zustandsfunktion $\Psi(\mathbf{r}, t)$ noch von einer anderen Größe, dem *verborgenen Parameter* λ, abhängt und wir nur den Mittelwert über die Werte des verborgenen Parameters

$$\Psi(\mathbf{r}, t) = \overline{\Psi(\mathbf{r}, t, \lambda)}^\lambda$$

wahrnehmen können.

JOHANN VON NEUMANN *(Abbildung 5.3–35)* hat bewiesen, daß unter sehr allgemeinen Voraussetzungen mit der Einführung eines solchen verborgenen Parameters das Problem der Kausalität nicht gelöst werden kann und gezeigt, daß diese Vorgehensweise zu einem Widerspruch mit den experimentell bewiesenen Gesetzmäßigkeiten der Quantenmechanik führt. Die in seinem Beweis verwendeten Postulate sind:

1. $$(\Psi, \mathbf{M}\Psi) = \int_\lambda M(\lambda, \Psi)\varrho(\lambda)\,d\lambda.$$

In dieser Beziehung ist $\mathbf{M}$ ein Operator, der zu einer beliebigen physikalischen Größe M gehört, und die linke Seite der Gleichung gibt den Erwartungswert bei einer Messung dieser physikalischen Größe an, wobei das System in dem durch die Funktion Ψ beschriebenen Zustand sein soll. Auf der rechten Seite der Gleichung hat $M(\lambda, \Psi)$ einen durch Ψ und λ eindeutig bestimmten Wert, und $\varrho(\lambda)$ ist die Verteilungsfunktion, die ein Maß für die Häufigkeit ist, mit der die Werte von λ vorliegen.

2. Jeder bei einem beliebig ausgewählten Parameter λ_i gemessene Wert $M(\lambda_i, \Psi)$ ist einer der Eigenwerte.

Im folgenden wurde dann unter noch allgemeineren Voraussetzungen bewiesen, daß auch mit der Hypothese von den verborgenen Parametern die Grundgleichungen der Quantenmechanik nicht in eine, im klassischen Sinne determinierte Form gebracht werden können. Bei allen weiteren in diese Richtung gehenden Versuchen und Bemühungen sind so viele zusätzliche Schwierigkeiten aufgetreten, daß die Mehrheit der Physiker die von Neumannsche Formulierung als einfacher und weniger problematisch akzeptiert und sich daran gewöhnt hat, daß die mikrophysikalischen Phänomene durch Gesetze beschrieben werden, mit denen sich im allgemeinen nur Wahrscheinlichkeitsaussagen machen lassen *(Zitate 5.3–12, 5.3–13)*.

Zitat 5.3–10d

4. Nun gelten aber als Gründe auch die Fügung und der leere Zufall, und man läßt vieles von dem, was es gibt und was geschieht, bloßer Fügung und leerem Zufall verdankt sein. So haben wir denn zu untersuchen, in welchem Sinn Fügung und leerer Zufall zu den Gründen zu rechnen sind, ob sie beide dasselbe oder voneinander verschieden sind, und überhaupt die Begriffe der Fügung und des leeren Zufalls zu bestimmen: (Dies ist erforderlich). Denn es fehlt nicht an Stimmen, die Bedenken gegen eine Annahme von Fügung und leerem Zufall äußern. Sie wollen eine bloße Fügung im Geschehen ausschließen und fordern einen wohlbestimmten Grund auch für die angeblichen bloßen Fügungen und Zufälle, so etwa für einen Fall wie den, daß jemand zufällig auf den Markt gegangen sei und dort jemanden getroffen habe, der ihm sehr gelegen kam, mit dessen Dortsein er aber gar nicht gerechnet hatte; der Grund dafür sei eben dies, daß er sich entschlossen hatte, auszugehen und den Markt aufzusuchen. Und genauso lasse sich für alle übrigen angeblichen bloßen Fügungen stets der (echte) Grund finden, aber keineswegs eine bloße Fügung verantwortlich machen; denn, gäbe es so etwas wie bloße Fügung, es erschiene dann doch völlig unbegreiflich, und man müßte sich dann doch die Frage vorlegen, warum dann auch nicht einer der alten Philosophen bei seiner Erörterung der Gründe von Entstehen und Vergehen auf den Gedanken verfallen sei, bloße Fügung ins Spiel zu bringen, vielmehr hätten anscheinend auch die Alten nichts aus bloßer Fügung für erklärbar gehalten…

Es wird von mancher Seite der blinde Zufall sogar für die Entstehung unserer Welt und aller Welten überhaupt als Grund angesehen. Wird doch die Meinung vertreten, aus blindem Zufall sei der Urwirbel und jene Bewegung entstanden, die das Seinsganze habe auseinandertreten und in die gegenwärtige Anordnung kommen lassen.

ARISTOTELES: *Physik*. Buch II, Kap. 4. Übersetzt von *Hans Wagner*

5.3.13 Johann von Neumann über Kausalität und verborgene Parameter

Vergessen wir die ganze Quantenmechanik, und halten wir an folgendem fest. Gegeben ist ein System **S**, welches für den Experimentator gekennzeichnet ist durch die Angabe aller an ihm effektiv meßbaren Größen und ihrer funktionellen Verknüpfungen untereinander. Unter einer Größe ist eigentlich die Anweisung zu verstehen, wie sie zu messen ist – und wie ihr Wert aus den Zeigerstellungen der Meßinstrumente abzulesen bzw. zu berechnen ist. Wenn R eine Größe ist, und $f(x)$ irgendeine Funktion, so ist die Größe $f(R)$ so definiert: um $f(R)$ zu messen, messe man R, findet man dabei (für R) den Wert a, so hat $f(R)$ den Wert $f(a)$. Wie man sieht, werden so alle Größen $f(R)$ (R fest, $f(x)$ eine beliebige Funktion) auf einmal miteinander und mit R gemessen: ein erstes Beispiel gleichzeitig meßbarer Größen. Allgemein nennen wir zwei (oder mehrere) Größen R, S gleichzeitig meßbar, wenn es eine Anordnung gibt, die beide gleichzeitig am selben System mißt – nur daß ihre Größen bzw. Werte auf verschiedene Weisen aus den Ablesungen zu berechnen sind. (In der klassischen Mechanik sind bekanntlich alle Größen gleichzeitig meßbar, in der Quantenmechanik ist es, wie wir es in III.3. sahen, nicht so.) Für solche Größen, und eine Zweivariablenfunk-

Zitat 5.3–11a

Demgemäß müssen wir das Gesetz der Kausalität, vermöge dessen wir von der Wirkung auf die Ursache schließen auch als ein aller Erfahrung vorausgehendes Gesetz unseres Denkens anerkennen. Wir können überhaupt zu keiner Erfahrung von Naturobjekten kommen, ohne das Gesetz der Kausalität schon in uns wirkend zu haben, es kann also auch nicht erst aus den Erfahrungen, die wir an Naturobjekten gemacht haben, abgeleitet sein.

Das letztere ist vielfältig behauptet worden; das Kausalgesetz sollte ein durch Induktion gewonnenes Naturgesetz sein. Auch *Stuart Mill* hat es in neuerer Zeit noch wieder so aufgefaßt, und sogar die Möglichkeit besprochen, daß es vielleicht in andern Fixsternsystemen nicht gültig sein könnte. Dem gegenüber will ich hier nur zu bedenken geben, daß es mit dem empirischen Beweise des Gesetzes vom zureichenden Grunde äußerst mißlich aussieht. Denn die Zahl der Fälle, wo wir den kausalen Zusammenhang von Naturprozessen vollständig glauben nachweisen zu können, ist verhältnismäßig gering gegen die Zahl derjenigen, wo wir dazu noch durchaus nicht imstande sind. Jene ersteren gehören fast ausschließlich der unorganischen Natur an, zu den unverstandenen Fällen gehört die Mehrzahl der Erscheinungen in der organischen Natur. Ja, in den Tieren und im Menschen nehmen wir nach den Aussagen unseres eigenen Bewußtseins sogar mit Bestimmtheit ein Prinzip des freien Willens an, für welches wir ganz entschiedene Unabhängigkeit von der Strenge des Kausalgesetzes in Anspruch nehmen, und trotz aller theoretischen Spekulationen über die möglichen Irrtümer bei dieser Überzeugung, wird sie unser natürliches Bewußtsein, glaube ich, kaum jemals los werden. Also gerade den uns am besten und genauesten bekannten Fall des Handelns betrachten wir als eine Ausnahme von jenem Gesetze. Wäre also das Kausalgesetz ein Erfahrungsgesetz, so sähe es mit seinem induktiven Beweise sehr mißlich aus. Den Grad seiner Gültigkeit würden wir höchstens mit demjenigen der meteorologischen Regeln, dem Drehungsgesetz des Windes u. a. m. vergleichen können. Wir würden den vitalistischen Physiologen durchaus nicht mit Entschiedenheit widersprechen dürfen, wenn sie das Kausalgesetz für gut in der unorganischen Natur erklären, für die organische aber ihm nur Wirksamkeit in einer niederen Sphäre zuschreiben.

Endlich trägt das Kausalgesetz den Charakter eines rein logischen Gesetzes auch wesentlich darin an sich, daß die aus ihm gezogenen Folgerungen nicht die wirkliche Erfahrung betreffen, sondern deren Verständis, und daß es deshalb durch keine mögliche Erfahrung je widerlegt werden kann. Denn wenn wir irgendwo in der Anwendung des Kausalgesetzes scheitern, so schließen wir daraus nicht, daß es falsch sei, sondern nur, daß wir den Komplex der bei der betreffenden Erscheinung mitwirkenden Ursachen noch nicht vollständig kennen.

HELMHOLTZ: *Handbuch der physiologischen Optik.* Leipzig 1867, S. 453, 454

Zitat 5.3 – 11b

Jeder Induktionsschluß stützt sich auf das Vertrauen, daß ein bisher beobachtetes gesetzliches Verhalten sich auch in allen noch nicht zur Beobachtung gekommenen Fällen bewähren werde. Es ist dies ein Vertrauen auf die Gesetzmäßigkeit alles Geschehens. Die Gesetzmäßigkeit aber ist die Bedingung der Begreifbarkeit. Vertrauen in die Gesetzmäßigkeit ist also zugleich Vertrauen auf die Begreifbarkeit der Naturerscheinungen. Setzen wir aber voraus, daß das Begreifen zu vollenden sein wird, daß wir ein letztes Unveränderliches als *Ursache* der beobachteten Veränderungen werden hinstellen können, so nennen wir das regulative Prinzip unseres Denkens, was uns dazu treibt, das *Kausalgesetz.* Wir können sagen, es spricht das Vertrauen auf die *vollkommene Begreifbarkeit* der Welt aus. Das Begreifen in dem Sinne, wie ich es beschrieben habe, ist die Methode, mittels deren unser Denken sich die Welt unterwirft, die Tatsachen ordnet, die Zukunft vorausbestimmt. Es ist sein Recht und seine Pflicht, die Anwendung dieser Methode auf alles Vorkommende auszudeh-

tion $f(x, y)$ können wir auch die Größe $f(R, S)$ definieren: sie wird gemessen, indem man R, S gleichzeitig mißt, und wenn für diese die Werte a, b gefunden wurden, so ist der Wert von $f(R, S)$ gleich $f(a, b)$. Man vergegenwärtige sich aber, daß es vollkommen unsinnig ist, $f(R, S)$ bilden zu wollen, wenn R, S nicht gleichzeitig meßbar sind: es gibt ja keinen Weg, die dazugehörige Meßanordnung anzugeben.

Die Untersuchung der physikalischen Größen an einem einzigen Objekt **S** ist aber nicht das einzige, was wir tun können — besonders nicht, wenn Zweifel bezüglich der gleichzeitigen Meßbarkeit mehrerer Größen bestehen. Es ist in solchen Fällen gegeben, auch große statistische Gesamtheiten zu betrachten, die aus vielen Systemen $\mathbf{S}_1, ..., \mathbf{S}_N$ (d. h. N Exemplaren von **S**, N groß) bestehen. An einer solchen Gesamtheit $[\mathbf{S}_1, ..., \mathbf{S}_N]$ mißt man natürlich nicht den „Wert" einer Größe R, sondern ihre Wertverteilung: d. h. für jedes Intervall $a' < a \leq a''$ (a', a'' gegeben, $a' \leq a''$) die Anzahl derjenigen unter den $\mathbf{S}_1, ..., \mathbf{S}_N$, für welche der Wert von R darin liegt — der N-te Teil davon ist die Wahrscheinlichkeitsfunktion $w(a', a'') = w(a'') - w(a')$. Der große Vorzug des Betrachtens solcher Gesamtheiten ist der, daß

1. Selbst wenn die Messung einer Größe R das gemessene System **S** stark verändern sollte (in der Quantenmechanik ist dies ja der Fall, und in III.4. sahen wir, daß dies in der Physik der Elementarprozesse prinzipiell so sein muß, da der Meßeingriff von derselben Größenordnung ist wie das System bzw. seine beobachteten Teile), ändert dennoch die statistische Aufnahme der Wahrscheinlichkeitsverteilung von R in der Gesamtheit $[\mathbf{S}_1, ..., \mathbf{S}_N]$ an dieser beliebig wenig, wenn N groß genug ist.

2. Selbst wenn zwei (oder mehr) Größen R, S am Einzelsystem **S** nicht gleichzeitig meßbar sind, sind doch ihre Wahrscheinlichkeitsverteilungen in ein und derselben Gesamtheit $[\mathbf{S}_1, ..., \mathbf{S}_N]$ gleichzeitig beliebig genau ermittelbar, wenn N groß genug ist.

Bei solchen Gesamtheiten ist es nicht verwunderlich, wenn eine physikalische Größe R keinen scharfen Wert hat, d. h., wenn ihre Wertverteilung nicht aus einem einzigen Werte a_0 besteht, sondern mehrere Werte oder Wertintervalle möglich sind und eine positive Streuung da ist. Immerhin sind zwei verschiedene Gründe für dieses Verhalten denkbar:

I. Die einzelnen Systeme $\mathbf{S}_1, ..., \mathbf{S}_N$ unserer Gesamtheit können in verschiedenen Zuständen sein, so daß die Gesamtheit $[\mathbf{S}_1, ..., \mathbf{S}_N]$ durch deren relative Häufigkeiten definiert ist. Daß wir hier für die physikalischen Größen keine scharfen Werte herausbekommen, ist durch unsere Unwissenheit bedingt: Wir wissen ja nicht, an welchem Zustande wir messen, also können wir auch nicht sagen, was herauskommen wird.

II. Alle einzelnen Systeme $\mathbf{S}_1, ..., \mathbf{S}_N$ sind im selben Zustande, aber die Naturgesetze sind nicht kausal. Dann ist nicht unsere Unwissenheit die Ursache der Streuungen, sondern die Natur selbst ist es, die sich über das „Prinzip vom hinreichenden Grunde" hinweggesetzt hat.

Der Fall I ist allgemein bekannt, wichtig und neu ist dagegen Fall II. Freilich wird man zunächst gegen die Möglichkeit seines Bestehens skeptisch sein, wir werden aber ein objektives Kriterium finden, welches über sein Eintreten oder Nichteintreten zu entscheiden erlaubt. Schwerwiegende Einwände scheinen zunächst gegen seine Denkbarkeit und Sinnvollheit erhoben werden zu können, wir glauben aber nicht, daß diese stichhaltig sind, und Fall II ist aus gewissen Schwierigkeiten (z. B. in der Quantenmechanik) der einzige Ausweg. Wir wenden uns darum der Diskussion der begrifflichen Schwierigkeiten von Fall II zu.

Gegen Fall II ist einzuwenden: Die Natur kann das „Prinzip vom hinreichenden Grunde", d. h. die Kausalität, überhaupt nicht verletzen, denn es handelt sich dabei mehr um eine Definition der Gleichheit. D. h.: Der Satz, daß zwei gleiche Objekte $\mathbf{S}_1, \mathbf{S}_2$ — d. h. zwei Exemplare des Systems S, die im Zustande sind, — sich bei allen denkbaren Eingriffen gleich verhalten werden, ist wahr, weil er nichtssagend ist. Denn verhielten sich $\mathbf{S}_1, \mathbf{S}_2$ beim selben Eingriff verschieden (z. B. gäben sie bei der Messung einer Größe R verschiedene Werte für diese), so würde man sie nicht als gleich bezeichnen; in einer Gesamtheit $[\mathbf{S}_1, ..., \mathbf{S}_N]$, die in bezug auf eine Größe R streut, können also die einzelnen Systeme $\mathbf{S}_1, ..., \mathbf{S}_N$ per definitionem nicht alle im selben Zustande sein. (Die Nutzanwendung auf die Quantenmechanik wäre: Da bei der Messung derselben Größe R an mehreren Systemen, die alle im Zustande mit der Wellenfunktion φ sind, verschiedene Werte herauskommen – wenn φ nicht Eigenfunktion des Operators R von R ist –, so sind diese Systeme einander eben nicht „gleich", d. h., die Beschreibung durch die Wellenfunktion ist nicht vollständig. Daher müßten noch andere Bestimmungsstücke, die in III.2. erwähnten „verborgenen Parameter" existieren. Wir werden bald sehen, daß dies nicht ohne weiteres angeht.) Bei einer großen statistischen Gesamtheit muß also, solange noch irgendeine Größe R in ihr streut, die Möglichkeit bestehen, sie in mehrere, verschieden konstituierte Teile (nach den verschiedenen Zuständen ihrer Elemente) zu zerlegen. Dies ist um so plausibler, als tatsächlich eine einfache Methode einer solchen Zerlegung zu existieren scheint: Man kann sie nämlich nach den verschiedenen Werten zerlegen, die R in ihr angenommen hat. Eine wirklich einheitliche Gesamtheit sollte man erst erhalten, nachdem man diese Unterteilung oder Zerlegung in bezug auf alle Größen $R, S, T, ...$, die es gibt, durchgeführt hat. Am Ende würden dann die genannten Größen in keiner der Unterteilungsgesamtheiten mehr streuen.

Zunächst sind die in den letzten Sätzen enthaltenen Aussagen falsch, weil nicht beachtet wurde, daß die Messung das gemessene System verändert.

Es gibt also u. U. keine Methode, die es immer ermöglicht, streuende Gesamtheiten (ohne Veränderung ihrer Elemente) weiter zu zerlegen, oder gar bis zu den überhaupt nicht mehr streuenden einheitlichen Gesamtheiten vorzudringen – die wir uns aus kausal determinierten, untereinander gleichen Einzelobjekten bestehend zu denken pflegen. Trotzdem könnte man es versuchen, die Fiktion aufrechtzuerhalten, daß jede streuende Gesamtheit in zwei (oder mehr) voneinander und von ihr verschiedene Teile zerlegt werden kann; und zwar ohne Veränderung ihrer Elemente, d. h. derart, daß das Vermischen der zwei Zerlegungsgesamtheiten wieder die ursprüngliche Gesamtheit ergibt. Wie man sieht, ist also aus dem Versuch, die Kausalität als Gleichheitsdefinition zu begründen, eine Tatsachenfrage geworden, die beantwortet werden kann und muß und die vielleicht auch negativ beantwortet werden wird. Nämlich: Ist es wirklich möglich, jede Gesamtheit $[S_1, ..., S_N]$, in der es streuende Größen R gibt, durch Vermischen von zwei (oder mehr) voneinander und von ihr verschiedener Gesamtheiten darzustellen? (Mehr als zwei, etwa $n = 3, 4, ...$, kann man auf zwei zurückführen, indem man die erste und das Gemisch der $n-1$ übrigen betrachtet.)

*

[Es folgt hier die exakte mathematische Formulierung und die Lösung des aufgeworfenen Problems mit der Konklusion:]

Zusammenfassend können wir also sagen: Streuungslose Gesamtheiten gibt es nicht.

Damit ist im Rahmen unserer Bedingungen die Entscheidung gefallen, und zwar gegen die Kausalität: Denn alle Gesamtheiten streuen, auch die einheitlichen.

Es wäre noch die in III.2 aufgeworfene Frage der „verborgenen Parameter" zu diskutieren, d. h. die Frage, ob die Streuungen der durch die Wellenfunktionen φ (d. h. durch E_2) gekennzeichneten einheitlichen Gesamtheiten nicht daher rühren, daß diese nicht die wahren Zustände sind, sondern nur Gemische mehrerer Zustände – während zur Kennzeichnung des wirklichen Zustandes neben der Angabe der Wellenfunktion φ noch weitere Angaben nötig wären (das sind die „verborgenen Parameter"), die zusammen alles kausal bestimmen, d. h. zu streuungsfreien Gesamtheiten führen. Die Statistik der einheitlichen Gesamtheit ($U = P_{(\varphi)}, \|\varphi\|=1$) entstünde dann durch Mittelung über alle wirklichen Zustände, aus denen sie aufgebaut ist; d. h. durch Mittelung über jenen Wertbereich der „verborgenen Parameter", der in jenen Zuständen verwirklicht ist. Dies ist aber aus zwei Gründen unmöglich: Erstens, weil dann die betreffende einheitliche Gesamtheit als Gemisch zweier verschiedener Gesamtheiten dargestellt werden könnte, entgegen ihrer Definition. Zweitens, weil die streuungsfreien Gesamtheiten, die den „wirklichen" Zuständen entsprechen müßten (d. h., die aus lauter Systemen im selben, „wirklichen" Zustande bestehen), gar nicht existieren. Man beachte, daß wir hier gar nicht näher auf die Einzelheiten des Mechanismus der „verborgenen Parameter" eingehen mußten: Die sichergestellten Resultate der Quantenmechanik können mit ihrer Hilfe keinesfalls wiedergewonnen werden, ja es ist sogar ausgeschlossen, daß

nen, und wirklich hat es auf diesem Wege schon große Ergebnisse geerntet. Für die Anwendbarkeit des Kausalgesetzes haben wir aber keine weitere Bürgschaft als seinen Erfolg. Wir könnten in einer Welt leben, in jedes Atom von jedem anderen verschieden wäre, und wo es nichts Ruhendes gäbe. Da würde keinerlei Regelmäßigkeit zu finden sein, und unsere Denktätigkeit müßte ruhen.

Das Kausalgesetz ist wirklich ein a priori gegebenes, ein transzendentales Gesetz. Ein Beweis desselben aus der Erfahrung ist nicht möglich, denn die ersten Schritte der Erfahrung sind nicht möglich, wie wir gesehen haben, ohne die Anwendung von Induktionsschlüssen, d. h. ohne das Kausalgesetz; und aus der vollendeten Erfahrung, wenn sie auch lehrte, daß alles bisher Beobachtete gesetzmäßig verlaufen ist – was zu versichern wir doch lange noch nicht berechtigt sind –, würde immer nur erst durch einen Induktionsschluß, d. h. unter Voraussetzung des Kausalgesetzes, folgen können, daß nun auch in Zukunft das Kausalgesetz gültig sein werde. Hier gilt nur der eine Rat: Vertraue und handle!
HELMHOLTZ: *Handbuch der Physiologischen Optik*. Hamburg – Leipzig 1886

Zitat 5.3 – 12
Der Indeterminismus, der bis 1927 mit Obskurantismus gleichgesetzt worden war, wurde zur herrschenden Mode; einige große Wissenschaftler wie *Max Planck, Erwin Schrödinger* und *Albert Einstein*, die den Determinismus nicht ohne weiteres aufgeben wollten, wurden als altmodische Figuren betrachtet, obwohl sie führend an der Entwicklung der Quantentheorie beteiligt gewesen waren. Ich hörte einmal einen hervorragenden jungen Physiker über *Einstein*, der damals noch am Leben und sehr tätig war, sagen, er sei „vorsintflutlich". Die Sintflut, die *Einstein* weggeschwemmt haben sollte, war die neue Quantentheorie, die 1925 – 1927 entstanden war, und zu der mindestens sieben Menschen Beiträge geleistet hatten, die denen *Einsteins* vergleichbar waren.
K. R. POPPER: *Objektive Erkenntnis*. Hamburg 1973, S. 238

Zitat 5.3—13

Es konnte nicht meine Absicht sein, in diesem Rahmen die statistische Deutung der Quantenmechanik eingehend zu diskutieren. Das wäre keine einfache Aufgabe und verlangte neben der Kenntnis eines komplizierten mathematischen Formalismus auch eine bestimmte philosophische Haltung: die Bereitwilligkeit, überkommene Begriffe zu opfern und neue sich anzueignen, wie z. B. *Bohrs* Prinzip der Komplementarität. Ich bin weit davon entfernt zu behaupten, daß die heute geläufige Interpretation vollkommen und endgültig sei, und ich begrüße *Schrödingers* Angriff gegen die zufriedene Gleichgültigkeit, mit der viele Physiker die übliche Auslegung auf Grund ihrer praktischen Brauchbarkeit einfach hinnehmen und sich nicht weiter den Kopf darüber zerbrechen, ob sie auf festen Füßen steht. Trotzdem glaube ich nicht, daß *Schrödingers* Artikel einen positiven Beitrag zur Lösung der philosophischen Schwierigkeiten bedeutet. Es ist nicht leicht für mich, die philosophischen Ansichten eines Freundes zu kritisieren, den ich als großen Gelehrten und tiefen Denker aufrichtig bewundere. Ich will daher zur Verteidigung meiner eigenen Auffassung eine Methode wählen, die zu benutzen auch *Schrödinger* selber nicht zu stolz ist, nämlich die Berufung auf anerkannte Autoritäten, die meine Ansicht teilen. Zu meinem Zeugen wähle ich *W. Pauli*, der allgemein als der kritischste und logisch sowie mathematisch anspruchsvollste unter den Fachgenossen angesehen wird, die zur Entwicklung der Quantenmechanik beigetragen haben. Der folgende Abschnitt stammt aus einem Brief, den ich kürzlich von *Pauli* erhalten habe:

„Entgegen allen rückschrittlichen Bemühungen (*Schrödinger, Bohm* usw. und in gewissem Sinne auch *Einstein*) bin ich gewiß, daß der statistische Charakter der Ψ-Funktion und damit der Naturgesetze — auf dem Sie von Anfang an gegen *Schrödingers* Widerstand bestanden haben — den Stil der Gesetze wenigstens für einige Jahrhunderte bestimmen wird. Es mag sein, daß man später, z. B. im Zusammenhang mit den Lebensvorgängen, etwas ganz Neues finden wird, aber von einem Weg zurück zu träumen, zurück zum klassischen Stil von *Newton — Maxwell* (und es sind nur Träume, denen sich diese Herren hingeben) scheint mir hoffnungslos, abwegig, schlechter Geschmack. Und, könnten wir hinzufügen, es ist nicht einmal ein schöner Traum."

BORN [5.28] S. 144

dieselben physikalischen Größen mit denselben Verknüpfungen vorhanden sind (d. i., daß I, II gelten), wenn neben der Wellenfunktion noch andere Bestimmungsstücke („verborgene Parameter") existieren sollen.

Zusammenfassend kann also die Lage der Kausalität in der heutigen Physik so gekennzeichnet werden: Im Makroskopischen gibt es keine Erfahrung, die sie stützt, und es kann auch keine geben, denn die scheinbare kausale Ordnung der Welt im großen (d. h. für mit freiem Auge wahrnehmbare Objekte) hat gewiß keine andere Ursache als das „Gesetz der großen Zahlen" — ganz unabhängig davon, ob die die Elementarprozesse regelnden (d. h. die wirklichen) Naturgesetze kausal sind oder nicht. Daß sich makroskopisch gleiche Objekte makroskopisch gleich verhalten, hat wenig mit der Kausalität zu tun: Sie sind ja gar nicht gleich, da diejenigen Koordinaten, die die Zustände ihrer Atome genau festlegen, beinahe nie übereinstimmen, und die makroskopische Betrachtungsweise mittelt über diese Koordinaten (hier sind es „verborgene Parameter") — jedoch ist deren Anzahl sehr groß (bei 1 g Materie ca. 10^{25}), und daher hat die Mittelung nach bekannten Sätzen der Wahrscheinlichkeitsrechnung eine weitgehende Verminderung aller Streuungen zur Folge. (Natürlich nur im allgemeinen, in besonderen Fällen — z. B. Brownsche Bewegung, unstabile Zustände u. ä. — versagt diese scheinbare makroskopische Kausalität.) Erst im Atomaren, bei den Elementarprozessen selbst, könnte die Frage der Kausalität wirklich nachgeprüft werden, hier spricht aber beim heutigen Stande unserer Kenntnisse alles dagegen: denn die einzige zur Zeit vorhandene formale Theorie, die unsere Erfahrungen in halbwegs befriedigender Weise ordnet und zusammenfaßt, d. i. die Quantenmechanik, steht mit ihr in zwingendem logischem Widerspruch. Es wäre freilich eine Übertreibung zu behaupten, daß die Kausalität damit abgetan ist: Die Quantenmechanik ist in ihrer heutigen Form gewiß lückenhaft, und es mag sogar sein, daß sie falsch ist, wenngleich dies letztere angesichts ihrer verblüffenden Leistungsfähigkeit beim Verständnis allgemeiner und der Berechnung spezieller Probleme recht unwahrscheinlich ist. Trotzdem die Quantenmechanik mit der Erfahrung glänzend übereinstimmt und uns die Einsicht in eine qualitativ neue Seite der Welt eröffnet hat, kann man doch niemals von einer Theorie sagen, sie sei durch die Erfahrung bewiesen, sondern nur, daß sie die beste bekannte Zusammenfassung derselben ist. Aber bei Beachtung aller dieser Kautelen dürfen wir doch sagen: Es gibt gegenwärtig keinen Anlaß und keine Entschuldigung dafür, von der Kausalität in der Natur zu reden — denn keine Erfahrung stützt ihr Vorhandensein, da die makroskopischen dazu prinzipiell ungeeignet sind, und die einzige bekannte Theorie, die mit unseren Erfahrungen über die Elementarprozesse verträglich ist, die Quantenmechanik, widerspricht ihr.

Es handelt sich freilich um eine alteingewurzelte Betrachtungsweise aller Menschen, aber keineswegs um eine Denknotwendigkeit (das hat u. a. die Tatsache gezeigt, daß die statistische Theorie überhaupt aufgestellt werden konnte), und wer ohne vorgefaßte Meinungen an den Gegenstand herantritt, hat keinen Grund an ihr festzuhalten. Ist es unter solchen Umständen motiviert, ihr eine vernünftige physikalische Theorie zu opfern?
JOHANN VON NEUMANN: *Mathematische Grundlagen der Quantenmechanik*. Springer Verlag, Berlin 1932, S. 158ff.

5.3.14 Quantenmechanik als Arbeitsgerät und als Philosophie der Physiker

In den vorigen Abschnitten haben wir uns ausführlich mit dem philosophischen Hintergrund und der Interpretation der Quantenmechanik befaßt sowie die Problematik dieses Themenkreises erwähnt, die bislang nicht für alle Physiker befriedigend geklärt werden konnte. Dennoch ist die Quantenmechanik für den Physiker das alltägliche, vertraute Arbeitsinstrument, auf das er sich verlassen kann, genau so fest wie auf die klassische Mechanik oder auf die Maxwellsche Elektrodynamik. Woher nimmt der Physiker diese Gewißheit? Um diese Frage zu erörtern, benutzen wir eine Analogie.

Für einen Röntgen-Facharzt bedeutet der Röntgenapparat das alltägliche Arbeitsinstrument. Um seine Aufgaben als Arzt erfüllen zu können, muß er mit der *Handhabung* des Apparates vertraut sein. Dies bedeutet die Kenntnis einiger Handgriffe, die meist in der „Gebrauchsanweisung" des Apparates beschrieben sind. Außerdem muß er imstande sein, die erhaltenen

Resultate (das Schirmbild oder die Röntgenaufnahme) diagnostisch auszuwerten. Er braucht aber den Apparat nicht als technisches Gerät zu kennen, auch tiefgehende Kenntnisse über die grundlegenden physikalischen Prozesse (Eigenschaften der Röntgenstrahlung, Absorption, Streuung usw.) sind nicht erforderlich: Seine Routinearbeit kann der Arzt auch so tadellos erledigen.

Wenn es sich aber um Entwicklung oder um Forschung handelt, dann sind die obigen Kenntnisse bei weitem nicht ausreichend: Jetzt müssen noch die Wechselwirkungen der physikalischen und der biologischen Vorgänge berücksichtigt werden, man muß also auf die Grundgesetze mehrerer Wissensgebiete zurückgreifen.

Endlich können auch allgemeinere und andersartige Fragen einer Betrachtung unterzogen werden; Fragen mit gesellschaftlichem Bezug, wie z. B. die Untersuchung des Nutzens ärztlicher Reihenuntersuchungen bei der Bekämpfung der Volkskrankheiten oder die Frage der verkürzten Arbeitszeit und der Gefahrenzulage des Röntgenpersonals usw.

1. Die Routineaufgaben des Physikers in der Quantenmechanik — oder anders gesagt, der Inhalt eines Lehrbuches oder Fachbuches über Quantenmechanik — besteht in der Lösung konkreter Aufgaben und in der Auswertung dieser Lösungen, d. h. in der Gegenüberstellung der theoretisch erhaltenen Resultate mit den Meßergebnissen. Dazu verfügt die Quantenmechanik über den nötigen mathematischen Apparat mit den entsprechenden „Gebrauchsanweisungen".

Zur Beschreibung eines mikrophysikalischen Systems dient die Zustandsfunktion Ψ; für zwei Funktionen Ψ_1 und Ψ_2 gilt das Superpositionsprinzip, d. h., wenn Ψ_1 und Ψ_2 mögliche Zustände des Systems darstellen, so stellt $C_1\Psi_1 + C_2\Psi_2$ auch einen möglichen Zustand dar.

Die mathematischen Bedingungen für die Zustandsfunktionen sind in der Forderung zusammengefaßt, daß sie ein Element des Hilbertschen Raumes darstellen.

Der zeitliche Ablauf der Zustandsfunktion Ψ wird durch die (zeitabhängige) Schrödinger-Gleichung

$$\mathbf{H}\Psi = -\frac{h}{2\pi j}\frac{\partial \Psi}{\partial t}$$

beschrieben.

Wenn wir in einem System im Zustand Ψ nacheinander mehrmals die durch den Operator Λ charakterisierte physikalische Größe messen, so erhalten wir jedesmal als Meßwert einen Eigenwert Λ_v, der zu einer Eigenfunktion Ψ_v des betreffenen Operators Λ gehört, und zwar mit der Wahrscheinlichkeit $|\Psi_v, \Psi|^2$.

Zur Auffindung des zu einer gegebenen physikalischen Größe gehörenden Operators bietet das (verallgemeinerte) Korrespondenzprinzip einen Hinweis.

2. Nehmen wir uns nun den zweiten Problemkreis vor: Wir möchten einen tieferen Einblick in die Physik der Vorgänge tun. Auf die Veranschaulichung der Zustandsfunktion mit mechanischen Modellen müssen wir von vornherein verzichten, wir sind aber bereit, eine Veranschaulichung durch irgendwelche reelle — reell im ähnlichen Sinne wie die elektromagnetischen Felder — Wellenvorgänge zu akzeptieren, da die Zustandsfunktion eine ähnliche Wellengleichung erfüllt; außerdem ist Ψ durch die Anfangswerte für einen beliebigen späteren Zeitpunkt völlig determiniert. Dieser Weg ist aber leider auch nicht gangbar, da Ψ keine unmittelbare physikalische Bedeutung hat und nicht als die Wellenbewegung eines im oben angegebenen Sinne reellen physikalischen Dinges aufgefaßt werden kann. Außerdem: Obwohl die Funktion selbst determiniert ist, kann man mit ihrer Hilfe nur statistische Aussagen treffen. Ähnlich können wir keine anschauliche Antwort auf die Frage geben, was mit der Funktion Ψ im Meßprozeß geschieht. Bei der Ausführung der Messung wird von den Komponenten der Zustandsfunktion Ψ die Eigenfunktion Ψ_v sozusagen ausgewählt. Kann dem Übergang $\Psi \to \Psi_v$ ein anschauliches Bild zugeordnet werden?

Für diesen zweiten Problemkreis liefert die Kopenhagener Deutung eine die Mehrzahl der Physiker befriedigende Antwort. Es möge hier die Wiederholung einiger Grundgedanken aus HEISENBERGS diesbezüglicher Arbeit genügen (Abschnitt 5.3.10).

Abbildung 5.3—35
JOHANN VON NEUMANN (1903—1957): geboren in Budapest. Universitätsstudium in Berlin und Zürich, dort 1926 Diplom als Chemieingenieur. Noch in demselben Jahr Promotion in Budapest, mit einer Arbeit zu mathematischen Problemen. 1926—1930: Privatdozent in Berlin und Hamburg, ab 1930 bis zu seinem Tode Professor in Princeton. Während des Krieges Teilnahme am Atombombenprogramm und nach dem Krieg Mitarbeit bei der Verwirklichung der Wasserstoffbombe.

Seine Arbeiten zur Quantenmechanik sind in dem Buch *Mathematische Grundlagen der Quantenmechanik* (1932) zusammengefaßt. Seine Beiträge zur Physik (allgemeiner: zur angewandten Mathematik) betreffen recht unterschiedliche Gebiete: statistische Physik, genaue Formulierung und Beweis der Ergodenhypothese, Probleme der Aero- und Hydrodynamik, Theorie der Stoßwellen, meteorologische Probleme, Automatentheorie.

Seine Untersuchungen zur reinen Mathematik gehören zu den folgenden Gebieten: Mengenlehre, topologische Gruppen, Maßtheorie. Besonders erwähnt werden sollen die Arbeiten zu den „Operatorringen", mit denen eines der wichtigsten mathematischen Hilfsmittel der modernen Quantentheorie geschaffen worden ist

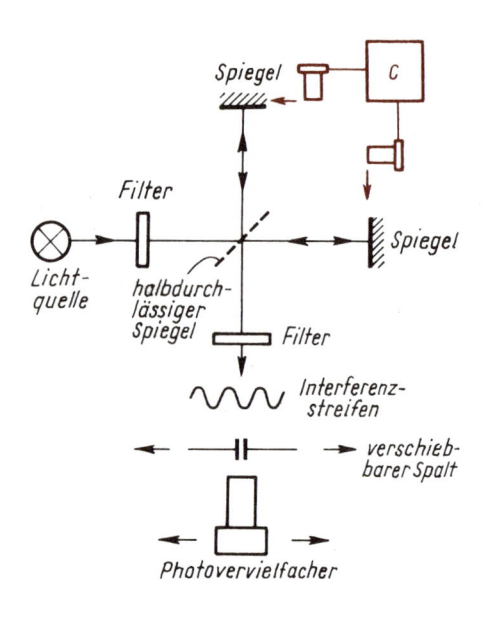

Abbildung 5.3—36
Die Versuchsanordnung von L. Jánossy und Mitarbeiter. Durch den Versuch wurde die Kopenhagener Deutung weitgehend bekräftigt; zugleich lenkt er aber die Aufmerksamkeit auch auf die damit verbundenen Schwierigkeiten

Zitat 5.3—14
Man erlaube mir zum Schlusse einen Wunsch auszusprechen. Nehmen wir an, daß nach einigen Jahren diese neue Proben bestanden haben und schließlich den Sieg davon tragen; dann wird für unseren Gymnasialunterricht eine große Gefahr entstehen: Einige Professoren werden sicher die neuen Theorien berücksichtigen wollen. Das Neue ist doch immer so anziehend, und es ist peinlich, nicht hinreichend fortgeschritten zu erscheinen! Wenigstens wird man den Schülern einen kurzen Umriß geben wollen, und ehe man sie die gewöhnliche Mechanik lehrt, wird man ihnen zu verstehen geben, daß deren Zeit vorbei ist und daß sie höchstens noch für den alten Einfaltspinsel *Laplace* gut genug sei. Und dann werden die Schüler sich nicht mehr darein finden, mit der gewöhnlichen Mechanik zu arbeiten.

Ist es richtig, die Schüler wissen zu lassen, daß die gewöhnliche Mechanik nur annähernd richtig ist? Ja, aber erst später, nachdem sie dieselbe in ihr Fleisch und Blut aufgenommen, nachdem sie sich daran gewöhnt haben, nur in ihr zu denken, so daß sie keine Gefahr mehr laufen, sie zu vergessen; alsdann wird man ihnen ohne Schaden die Grenzen zeigen können.

H. POINCARÉ: *Wissenschaft und Methode*. Übersetzt von *F.* und *L. Lindemann*. Leipzig–Berlin 1914

Wenn wir beschreiben wollen, was in einem Atomvorgang geschieht, so müssen wir davon ausgehen, daß das Wort „geschieht" sich nur auf die Beobachtung beziehen kann, nicht auf die Situation zwischen zwei Beobachtungen. Es bezeichnet dabei den physikalischen, nicht den psychischen Akt der Beobachtung, und wir können sagen, daß der Übergang vom Möglichen zum Faktischen stattfindet, sobald die Wechselwirkung des Gegenstandes mit der Meßanordnung und dadurch mit der übrigen Welt ins Spiel gekommen ist. Der Übergang ist nicht verknüpft mit der Registrierung des Beobachtungsergebnisses im Geiste des Beobachters. Die unstetige Änderung der Wahrscheinlichkeitsfunktion findet allerdings statt durch den Akt der Registrierung; denn hier handelt es sich um die unstetige Änderung unserer Kenntnis im Moment der Registrierung, die durch die unstetige Änderung der Wahrscheinlichkeitsfunktion abgebildet wird. Zur Illustration des Obengesagten besprechen wir neben den schon erwähnten Beispielen ein Experiment aus den fünfziger Jahren.

Die von L. JÁNOSSY und seinen Mitarbeitern durchgeführten experimentellen und theoretischen Untersuchungen liefern einerseits ein Beispiel dafür, daß Zweifel an der Richtigkeit der Kopenhagener Deutung immer wieder auftauchen, anderseits sieht man hier sehr deutlich, wie das Problem des Dualismus von Welle und Korpuskel als zweier komplementärer Seiten ein und desselben Vorgangs von ihr gelöst wird.

Betrachten wir ein Michelson-Interferometer ähnlicher Art, wie wir es schon bei der Behandlung der Relativitätstheorie kennengelernt haben: Der Lichtstrahl aus einer Lichtquelle durchsetzt eine Vorrichtung zur Abschwächung der Lichtintensität, er fällt, wie üblich, auf eine halbdurchlässige, spiegelnde Platte. Dann werden die getrennten Strahlen nach Rückspiegelung zur Interferenz gebracht *(Abbildung 5.3—36)*. Aus dem Abstand der Interferenzstreifen kann man die Wellenlänge des Lichtes oder, in der Partikel-Sprache, den Impuls des Photons bestimmen. Diese Anordnung kann also als ein Meßgerät zur Messung des Impulses aufgefaßt werden.

Es werden jetzt die Spiegel durch je einen Photonenzähler ersetzt. Mit Hilfe einer Koinzidenzschaltung kann die Anzahl der gleichzeitig auf die beiden Spiegel einfallenden Photonen gemessen werden. Mit dieser Modifikation haben wir eine Vorrichtung zur Messung der Lagekoordinate des Photons vor uns (in Abbildung 5.3—36 farbig gezeichnet).

Jetzt vermindern wir die Intensität des Lichtes so weit, daß gewährleistet ist, daß sich zu keinem Zeitpunkt im Interferometer mehr als ein einziges Photon befindet. Nach einer naiven Vorstellung könnte man annehmen, daß in der ersten Variante der Anordnung, also bei der Messung der Wellenlänge bzw. des Impulses, dieses einzige Photon entweder an dem einen oder an dem anderen Spiegel reflektiert wird: eine Interferenz also nicht erwartet werden kann. *Tatsächlich kommen aber auch in solchen Fällen Interferenzstreifen zustande*: Ein einziges Photon „spürt" irgendwie auch die Anwesenheit beider Spiegel; man könnte sich wieder naiverweise vorstellen, daß das Photon an der halbdurchlässigen Platte sozusagen halbiert wird und diese „Halbphotonen" zurückgespiegelt und zur Interferenz gebracht werden. In der zweiten Variante der Versuchsanordnung registrierte aber entweder der eine oder der andere Zähler die Gegenwart des Photons; es wurden keine Koinzidenzen gemessen. Die Kopenhagener Deutung hält diese Resultate für selbstverständlich: Durch den Interferenz-Versuch wird der Impuls des Photons bestimmt. Nach der Heisenbergschen Unschärferelation können wir jetzt gar nichts über die Lage des Photons sagen. Es kann also die Frage, wo sich das Photon jetzt befindet, überhaupt nicht gestellt werden, noch weniger die, wie sich seine Bahn gestaltet. In der zweiten Versuchsanordnung, bei der Lagemessung, kann man vom Licht als Wellenbewegung gar nicht sprechen.

Wir fassen jetzt noch einmal die Problematik der Kopenhagener Deutung zusammen.

Die Gegner dieser Deutung können nach HEISENBERG in drei Gruppen eingeordnet werden.

Die erste Gruppe ist mit allen Behauptungen physikalischer Natur sowie dem mathematischen Formalismus völlig einverstanden und hat auch keine Einwände gegen ihre Schlußfolgerungen hinsichtlich der Messungen und insbesondere der prinzipiellen Grenzen der Meßgenauigkeit. Sie kann sich jedoch mit den philosophischen Konsequenzen nicht abfinden.

Von der zweiten Gruppe wird zur Kenntnis genommen, daß der jetzige

Formalismus der Quantenmechanik nur die Kopenhagener Deutung zuläßt, weshalb Vertreter dieser Gruppe die Theorie selbst korrigieren wollen.

Der dritten Gruppe gefällt die Quantenmechanik als solche nicht, obwohl sie anerkennt, daß logisch alles in Ordnung ist und kein konstruktiver Gegenvorschlag gemacht werden kann. HEISENBERG rechnet zu der letzten Gruppe u. a. auch EINSTEIN, VON LAUE und SCHRÖDINGER.

3. In die dritte Sphäre endlich, in die Sphäre der Philosophie, führt uns die Behauptung der Kopenhagener Schule, daß die Zustandsfunktion Ψ die vollständige Beschreibung des Zustandes eines Systems liefert; im Rahmen der Quantenmechanik besteht also keine Möglichkeit, sie mit verborgenen Parametern so zu ergänzen, daß exakte – und nicht nur statistische – Vorhersagen ermöglicht werden, ja nicht einmal die Hoffnung auf eine Rückkehr zur streng deterministischen Physik wird als begründet angesehen. Dies soll natürlich nicht bedeuten, daß die Quantenmechanik als abgeschlossen, endgültig und unveränderlich betrachtet wird. Es kommt nur die Überzeugung zum Ausdruck, daß der Fortschritt keine Rückkehr bedeuten kann: Der grundsätzlich statistische Charakter der Mikrovorgänge wird wahrscheinlich in der Zukunft nur im Rahmen einer noch abstrakteren Theorie eine grundlegende Modifikation erleiden. *In der klassischen Physik war man davon überzeugt, daß die scheinbar zufälligen Vorgänge der Makrophysik durch streng deterministische Gesetze der Mikrophysik beherrscht sind, die Quantenphysik nimmt dagegen an, daß sich die scheinbar deterministischen Gesetze der Makrophysik aus den grundsätzlich statistischen Gesetzen der Mikrophysik ergeben.*

Was den Alltag des Physikers betrifft, so versteht er die Quantenmechanik, wenn er für eine gegebene Situation die entsprechende Gleichung (z. B. die Schrödinger-Gleichung) anzuschreiben, diese Gleichung zu lösen und ihre Resultate mit den Meßwerten in Verbindung zu bringen weiß. Es gibt viele, die behaupten, das sei oberflächlich, es gibt aber auch Physiker, die meinen, das sei das meiste, was man von einer Theorie verlangen dürfe. Endlich gibt es auch solche, die noch weiter gehen: Mehr könne man tatsächlich nicht verlangen, aber mehr brauche man überhaupt nicht.

5.3.15 Was ist von der klassischen Physik übriggeblieben?

Nachdem wir unsere Betrachtungen zur speziellen und zur allgemeinen Relativitätstheorie sowie zur Quantentheorie abgeschlossen haben, wollen wir sehen, was von der klassischen Physik bestehen bleiben kann und was nicht. Außerdem wollen wir uns überlegen, um wieviel tiefer unser Einblick in die grundlegenden Naturgesetze geworden ist.

Wenden wir uns der Reihe nach den aufgezählten neuen Zweigen der Physik zu.

Wenn wir die verschiedenen Aussagen der Relativitätstheorie, so z. B. die relativistische Bewegungsgleichung, anschauen, dann bemerken wir, daß die Abweichungen von der klassischen Physik nur für Geschwindigkeiten von Bedeutung sind, die in die Größenordnung der Lichtgeschwindigkeit fallen. So können wir sagen, daß die klassische Mechanik der Grenzfall der relativistischen Mechanik für im Vergleich zur Lichtgeschwindigkeit kleine Geschwindigkeiten ist. Die Gesetze der klassischen Mechanik können auch weiter zur Beschreibung der meisten Phänomene, mit denen wir tagtäglich konfrontiert werden, verwendet werden, da die von makroskopischen Körpern praktisch erreichbaren Geschwindigkeiten sehr klein gegenüber der Lichtgeschwindigkeit sind. So reicht zur Lösung der meisten technischen Probleme, die z. B. beim Projektieren von Straßen, Brücken, Gebäuden, Maschinen u. a. m. auftreten, die Newtonsche Mechanik völlig aus. Besonders untersucht werden muß jedoch, inwieweit es berechtigt ist, die Newtonsche Mechanik bei der Konstruktion von Geräten zugrunde zu legen, in denen die Bewegung mikroskopischer Teilchen, wie der Elektronen oder Protonen, eine wesentliche Rolle spielt. Geräte dieser Art sind z. B. die in der Hochfrequenztechnik verwendeten Elektronenröhren, die Röntgenröhren und die verschiedenen kernphysikalischen Beschleuniger. Auch in diesem Falle kann anhand einer einfachen Regel über die Anwendbarkeit der Newtonschen Mechanik entschieden werden. Die Newtonsche Mechanik ist

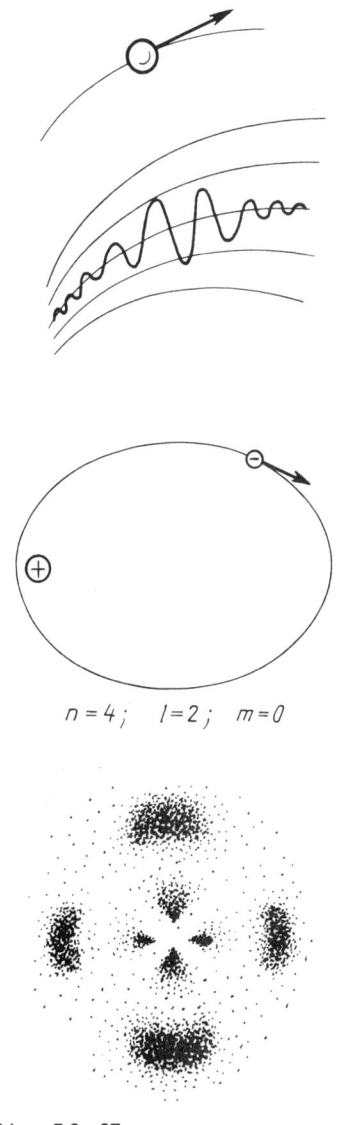

$n = 4; \quad l = 2; \quad m = 0$

Abbildung 5.3–37
In der zur Beschreibung der mikrophysikalischen Prozesse dienenden Quantenmechanik werden die physikalischen Größen zu Operatoren und die Zustände zu Ψ-Funktionen abstrahiert. Aus der elektrisch geladenen, sich auf einer bestimmten Bahn bewegenden Billardkugel als Modell des Elektrons wird ein zerfließendes Wellenpaket, aus dem Sonnensystem als Modell des Atoms wird ein bestimmter Schwingungszustand der beschreibenden Ψ-Funktion

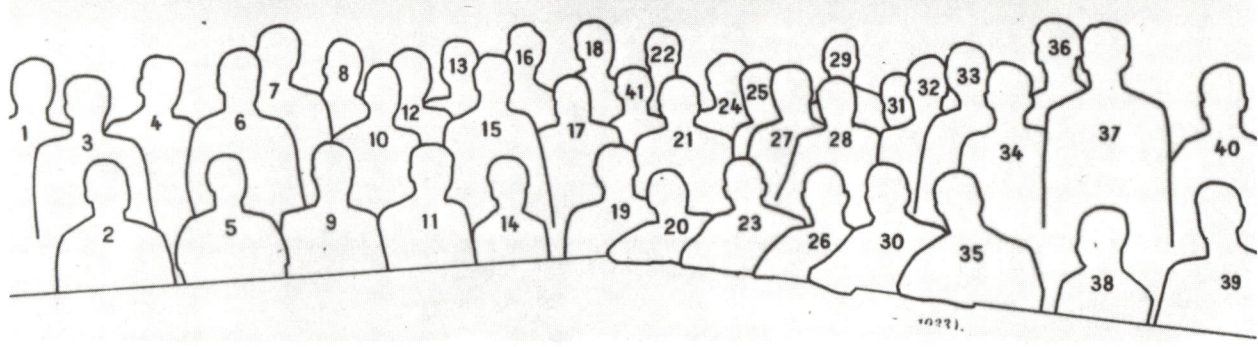

Abbildung 5.4–1
Die Teilnehmer des Brüsseler Solvay-Kongresses im Jahre 1933. Neben dem Namen der Teilnehmer ist gegebenenfalls das Jahr der Nobelpreisverleihung angegeben [0.3]

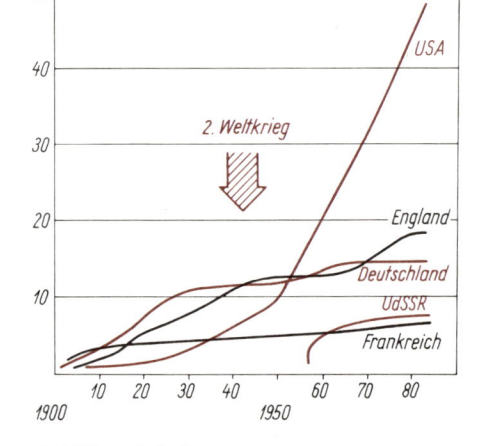

1. E. Henriot
2. E. Schrödinger, 1933
3. F. Perrin, 1926
4. F. Joliot, 1935
5. Irène Joliot-Curie, 1935
6. W. Heisenberg, 1932
7. H. A. Kramers
8. E. Stahel
9. N. Bohr, 1922
10. E. Fermi, 1938
11. A. Ioffe
12. E. T. S. Walton, 1951
13. P. A. M. Dirac, 1933
14. Mme Curie, 1903, 1911
15. P. Debye, 1936
16. N. F. Mott, 1977
17. B. Cabrera
18. G. Gamow
19. P. Langevin
20. O. W. Richardson, 1928
21. M. S. Rosenblum
22. P. Blackett, 1948
23. Lord Rutherford, 1908
24. J. Errera
25. E. Bauer
26. Th. de Donder
27. W. Pauli, 1945
28. J. E. Verschaffelt
29. M. Cosyns
30. M. de Broglie
31. E. Herzen
32. J. D. Cockcroft, 1951
33. C. D. Ellis
34. R. Peierls
35. L. de Broglie, 1929
36. Auguste Piccard
37. E. O. Lawrence, 1939
38. Lise Meitner
39. J. Chadwick, 1935
40. L. Rosenfeld
41. W. Bothe, 1954

Abbildung 5.4–2
Die Widerspiegelung weltpolitischer Ereignisse in der Wissenschaft: die Gesamtzahl der deutschen, britischen, amerikanischen und sowjetischen Nobelpreisträger als Funktion der Zeit. Der Beginn der Stagnation der Physik in Deutschland fällt offensichtlich mit der Machtergreifung *Hitlers* zusammen. Nach dem zweiten Weltkrieg zeigen sich die Auswirkungen des „brain-drain", der Abwerbung von Wissenschaftlern, auf das wissenschaftliche Leben der gesamten westlichen Hemisphäre

anwendbar, wenn die Energie, die das Teilchen in dem betrachteten Gerät aufnimmt, klein ist gegenüber seiner Ruheenergie; andernfalls müssen die relativistischen Gleichungen benutzt werden. In diesem Sinne können wir sagen, daß die Relativitätstheorie nicht nur für den Physiker, sondern auch für den Ingenieur zu einem Hilfsmittel für seine Arbeit geworden ist. Jedoch müssen wir die klassische Newtonsche Mechanik — u. a. in ihrer mathematisch eleganten Formulierung, den Lagrange- und Hamilton-Gleichungen — weiterhin lehren und lernen, weil sie nach wie vor am besten geeignet ist, die Bewegung makroskopischer Körper zu beschreiben. Ihre Kenntnis ist auch deshalb von Bedeutung, weil wir, von ihnen ausgehend, zu den Gesetzmäßigkeiten der Mikrosysteme kommen und die grundlegenden Beziehungen der Quantenmechanik aufstellen können *(Zitat 5.3.–14)*.

Die Aussagen der Relativitätstheorie sind natürlich umfassender als die der klassischen Mechanik. *Die Relativitätstheorie reißt aber den Bau der klassischen Mechanik nicht ab, sondern enthält sie als einen Spezialfall, und somit bekräftigen beide gegenseitig ihre Glaubwürdigkeit.*

Die spezielle Relativitätstheorie hat unser physikalisches Weltbild verändert. Aufgrund der Voraussetzung, daß alle Inertialsysteme gleichwertig sind und die Lichtgeschwindigkeit konstant ist, werden in dieser Theorie Transformationsformeln für die Meßwerte physikalischer Größen, unter anderem auch für solche fundamentale Größen wie Länge und Zeit, beim Übergang von einem Inertialsystem zu einem anderen angegeben. Für die Newtonschen Begriffe „absoluter Raum" und „absolute Zeit" ist somit in der Relativitätstheorie kein Platz mehr. Die entscheidende Forderung der Relativitätstheorie ist die Forderung nach einer Invarianz der Form der Naturgesetze für alle Koordinatensysteme, die sich relativ zueinander geradlinig und gleichförmig bewegen.

Die allgemeine Relativitätstheorie stellt mit ihrer Synthese von Physik und Geometrie unsere Vorstellungskraft vor eine schwere Aufgabe. Auch hier kann man zeigen, daß sich das Newtonsche Gravitationsgesetz und damit auch die Newtonschen Bewegungsgesetze der Himmelskörper für nicht zu starke Gravitationsfelder ableiten lassen. In unserem Sonnensystem äußern sich Abweichungen von der Newtonschen Mechanik lediglich in der Perihelverschiebung der Bahn des Merkurs, des sonnennächsten Planeten. Diese Perihelverschiebung ist nur mit genauesten astronomischen Beobachtungen nachweisbar. Für das Weltall als ganzes ist die allgemeine Relativitätstheorie hingegen bis zum heutigen Tage die einzige brauchbare und zur Aufstellung quantitativ durchrechenbarer Modelle geeignete Theorie.

Zumindest auf den ersten Blick scheint es so, als ob die Bewegungsgleichungen der klassischen Mechanik von der Quantenmechanik vollständig verdrängt und außer Kraft gesetzt werden. Tatsächlich weisen die im Abschnitt 5.3.11 angeführten Postulate der Quantenmechanik nicht gerade viel Ähnlichkeit mit den Grundgesetzen der Newtonschen Mechanik auf. Ein Zusammenhang kann aber auch hier ohne Schwierigkeiten hergestellt werden. Wird z. B. die zeitliche Änderung des Erwartungswertes des Impulses (d. h. des Mittelwertes des Impulses über eine Meßreihe) untersucht, dann erhalten wir nach den Regeln der Quantenmechanik eine Gleichung, durch die diese zeitliche Änderung mit dem Mittelwert des Gradienten (räumliche Änderung) der potentiellen Energie in Verbindung gebracht wird. Genauer, es folgt die Gleichung (der Satz von EHRENFEST):

$$\frac{d\langle p\rangle}{dt} = -\left\langle\frac{\partial U}{\partial x}\right\rangle.$$

Für makroskopische Körper spielt die Plancksche Konstante h wegen ihrer Kleinheit keine Rolle, so daß die Vertauschungsrelationen und die sich daraus ergebende Heisenbergsche Unbestimmtheitsrelation ohne Bedeutung sind. Die bei der Messung einer physikalischen Größe erreichbare Genauigkeit wird dann, wie in der klassischen Mechanik, von dem Meßverfahren bestimmt. Wir können in diesem Falle also annehmen, daß wir an die Stelle des Erwartungswertes (Mittelwert, wahrscheinlicher Wert) wieder den Meßwert selbst setzen können. Auf diese Weise gelangen wir zu den Grundgleichungen der klassischen Mechanik zurück. Es ist somit gelungen, auch die klassische Mechanik in den Rahmen der Quantenmechanik einzufügen und damit zu sichern, daß die klassische Mechanik bei der Untersuchung makroskopischer Körper weiterhin ihre Gültigkeit behält. Die Gültigkeitsgrenzen der klassischen Theorie werden durch den Zahlenwert der Planckschen Konstanten h vorgegeben.

Sowohl die konkreten Einzelergebnisse der Quantentheorie als auch die aus ihr abgeleiteten philosophischen Konsequenzen haben zu einer wesentlichen Veränderung und Erweiterung unseres physikalischen Weltbildes beigetragen. Begriffe, die aus unserem täglichen Umgang mit den makroskopischen Körpern abstrahiert und uns dadurch anschaulich geworden sind (so z. B. der Begriff der Bahn eines Körpers), mußten völlig aufgegeben werden. Ebenso mußten unsere Vorstellungen zu einem grundlegenden Prinzip, dem Kausalitätsprinzip, die aus der Makrophysik und hier in erster Linie aus der Tätigkeit des Menschen selbst hergeleitet worden sind, modifiziert werden *(Abbildung 5.3–37)*.

Gekrümmte vierdimensionale Räume, Teilchen, die uns einmal als

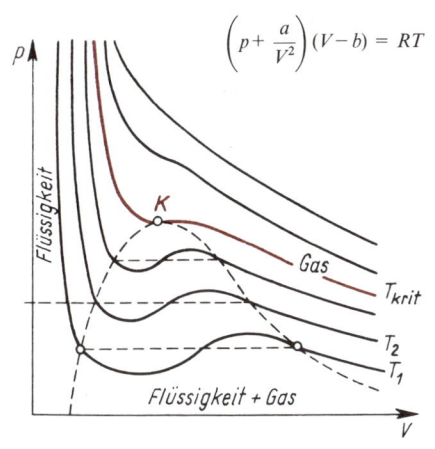

$$\left(p + \frac{a}{V^2}\right)(V-b) = RT$$

Abbildung 5.4–3
Die Zustandsgleichung von *van der Waals* und ihre graphische Darstellung; a/V^2 ist die sich aus der Wechselwirkung der Molekeln ergebende Druckkorrektur, und mit b wird das Eigenvolumen der Molekeln berücksichtigt.

JOHANNES DIDERIK VAN DER WAALS (1837–1923): Autodidakt; 1877–1907 Professor an der Universität Amsterdam. Hat 1873 begonnen, die Phasenübergänge flüssig – gasförmig und gasförmig – flüssig zu untersuchen; seine Gleichung hat er 1881 aufgestellt. Dabei hat er die wichtige Tatsache bemerkt, daß die Verflüssigung eines Gases selbst unter Anwendung beliebig hoher Drücke unmöglich ist, wenn die Temperatur über einer kritischen Temperatur liegt. Seine Untersuchungen sind für *James Dewar* und *Heike Kamerlingh-Onnes* bei ihren Arbeiten zur Verflüssigung des Wasserstoffs und des Heliums wegweisend gewesen. An *van der Waals* erinnert auch die Bezeichnung der schwachen Van-der-Waals-Kraft, die zwischen Molekülen und Atomen auftritt und eine verhältnismäßig geringe Reichweite hat

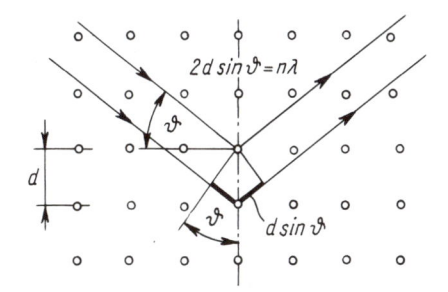

Abbildung 5.4–4
Die Bragg-Reflexion: Röntgenstrahlen werden an einer Schar von Gitterebenen (Netzebenen) wie an einem Spiegel reflektiert, wenn zwischen dem Netzebenenabstand, der Wellenlänge und dem Einfallswinkel der Zusammenhang $2d \sin \vartheta = n\lambda$ erfüllt ist. In diesem Falle verstärken sich die von den einzelnen Gitterebenen ausgehenden Streuwellen durch Interferenz gegenseitig. *Davisson* hat mit dieser Methode auch die Wellennatur des Elektrons und die Gültigkeit der De-Broglie-Beziehung $\lambda = \frac{h}{mv}$ nachgewiesen.

WILLIAM HENRY BRAGG (1862–1942): Studium in Cambridge; 1885–1907: Professor an der Adelaide-University (Australien); 1912: Ionisationsspektrometer und die ersten Messungen von Röntgenwellenlängen sowie Kristalldaten. Sein Sohn WILLIAM LAWRENCE BRAGG (1890–1971) hat ebenfalls in Cambridge studiert und zu dieser Zeit bereits zusammen mit seinem Vater – angeregt durch die Laueschen Arbeiten – mit Kristalluntersuchungen begonnen. Die Meßapparatur wurde vom Vater gebaut, der Sohn hat die Streubedingung formuliert. Beide haben im wissenschaftlichen Leben Großbritanniens eine bedeutende Rolle gespielt.

W. L. Bragg hat als Nachfolger *Rutherfords* auch das Cavendish-Laboratorium geleitet.

Gemeinsam mit seinem Vater hat sich *W. L. Bragg* sehr um die Ausbildung im Fach Physik an den Mittelschulen verdient gemacht: 20 000 Schüler haben alljährlich die Vorlesungen an der von ihnen geleiteten Royal Institution besucht, wobei solche Versuche gezeigt wurden, die an den Schulen wegen eines zu großen Kostenaufwandes nicht zu realisieren waren. Außerdem haben beide sich um eine regelmäßige Lehrerweiterbildung bemüht

punktförmig, ein anderes Mal als ausgedehnte Wellengebilde erscheinen — ja, wie könnte man alle diese Dinge anschaulich begreifen? Wir müssen es als etwas ganz Natürliches zur Kenntnis nehmen, daß es für die Mikrophysik und die Physik des Universums keine anschauliche Darstellung gibt und nicht geben kann — wenigstens zur Zeit nicht —, da die Anschaulichkeit zugleich eine Zurückführbarkeit auf bekannte Sinnesempfindungen bedeutet. Wir müssen es sogar als ein Wunder betrachten, daß der Mensch überhaupt fähig ist, alle ihm bekannten physikalischen Vorgänge in einer — wenn auch abstrakten — einheitlichen mathematischen Theorie darzustellen.

5.4 Kernstruktur und Kernenergie

5.4.1 Ein Rückblick auf die ersten drei Jahrzehnte

Nach Beseitigung der Widersprüche der älteren (klassischen) Quantentheorie und nach einer Klärung verschiedener offener Probleme konnte mit der Quantenmechanik eine Reihe bemerkenswerter Erfolge erzielt werden. Zu Beginn der dreißiger Jahre war sie bereits zu einem weitverbreiteten und geschätzten theoretischen Hilfsmittel der Physiker geworden. Die bei der Deutung der verschiedenen Phänomene erreichten Erfolge haben auch das Vertrauen der Physiker in die Richtigkeit der prinzipiellen, philosophischen Aussagen der Quantentheorie gefestigt. Mit dem Erscheinen des Heisenbergschen Buches *Die physikalischen Prinzipien der Quantenmechanik* im Jahre 1930 sowie der Arbeit *Die mathematischen Grundlagen der Quantenmechanik* von J. VON NEUMANN im Jahre 1932 hatte sich die Quantenmechanik endgültig als neue, in die Lehrbücher aufzunehmende Disziplin der Physik neben den anerkannten klassischen herausgebildet. Im Vorwort zu seinem Buch beklagt HEISENBERG jedoch, daß die Physiker weit mehr an die Quantenmechanik *glauben* als sie *verstehen*. Mit dem Abflauen der Auseinandersetzungen um die Deutung der Quantenmechanik konnten die „Großen" nun ihre ganze Kraft zur Lösung der offenen Probleme auf dem neuen Gebiet einsetzen.

Die Diskussionen um die Deutung der grundlegenden Prinzipien der Quantenmechanik sind allerdings selbst bis zum heutigen Tage nicht endgültig verstummt. Sie wurden z. B. von EINSTEIN immer wieder angefacht. In einem Brief an BORN schrieb er... Die Quantenmechanik ist sehr achtunggebietend. Aber eine innere Stimme sagt mir, daß das noch nicht der wahre Jakob ist. Die Theorie liefert viel, aber dem Geheimnis des Alten bringt sie uns kaum näher. Jedenfalls bin ich überzeugt, daß der liebe Gott nicht würfelt... BORN [5.28] S. 199

Noch in der zweiten Hälfte der dreißiger Jahre hat EINSTEIN immer wieder Argumente gegen die von BOHR und HEISENBERG gegebene Deutung der Quantenmechanik vorgebracht.

Der Schwerpunkt des allgemeinen Interesses hatte sich aber in der Zwischenzeit verschoben.

Nachdem die stürmische Entwicklung der Untersuchung prinzipieller Fragen der Quantenmechanik, der Ausarbeitung spezifischer Rechenverfahren und der Untersuchung der Phänomene der Atomhülle sich etwas beruhigt hatte, trat im Jahre 1932 mit der Entdeckung des Neutrons durch CHADWICK die Kernphysik in den Mittelpunkt des Interesses. Der Solvay-Kongreß 1933 in Brüssel *(Abbildung 5.4 – 1)* war bereits der Erörterung der Eigenschaften des Atomkerns gewidmet. Jeder vierte der dort Anwesenden war Nobelpreisträger, viele andere Namen sind für uns heute ebenso ein Begriff. 20 tatsächliche bzw. zukünftige Nobelpreisträger auf einer Konferenz! Neben den Vertretern der Kernphysik und Kernchemie — MME. CURIE und RUTHERFORD — finden wir mit BOHR an der Spitze auch alle Pioniere der Quantenmechanik: DE BROGLIE, HEISENBERG, SCHRÖDINGER, DIRAC, PAULI, FERMI. EINSTEIN und PLANCK sind auf dem Bild nicht zu sehen; wir dürfen nicht vergessen, daß wir das Jahr 1933, das Jahr der Machtergreifung HITLERS, schreiben und daß dieses Jahr auch für viele führende Physiker entscheidende Veränderungen in ihrem Leben mit sich gebracht hat *(Abbildung 5.4 – 2)*. Die Abwesenheit PLANCKS und EINSTEINS

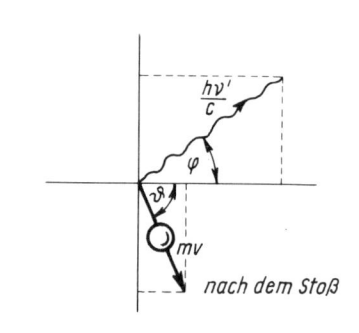

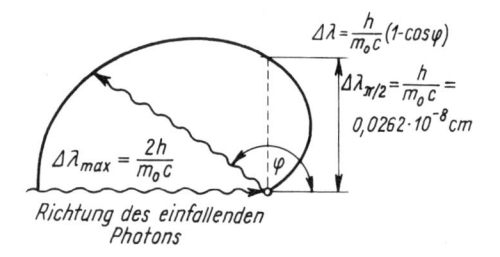

Abbildung 5.4 – 5
Der Compton-Effekt: *Compton* wurde 1922 auf die Erscheinung aufmerksam, daß bei der Streuung von Röntgenstrahlen an Elektronen die Wellenlänge der Röntgenstrahlen ändert. Eine Erklärung für diesen Effekt hat er 1923 gegeben und dazu die Streuung als einen Stoß eines ruhenden, als frei anzusehenden Elektrons mit einem Photon der Energie $h\nu$ und dem Impuls $h\nu/c$ betrachtet. Mit Hilfe der Erhaltungssätze von Impuls und Energie kann auch die Richtungsabhängigkeit der Wellenlängenänderung richtig erhalten werden. Für die Absorption der Röntgenstrahlen bei nicht zu großen und nicht zu kleinen Energien ist in erster Linie der Compton-Effekt verantwortlich. (Bei großen Energien spielt auch die Paarbildung eine zunehmende Rolle, bei kleinen Energien dominiert der Photoeffekt.)

Bereits 1924 ist die Vermutung geäußert worden *(Bohr–Kramers–Slater)*, daß bei mikroskopischen Prozessen Energie- und Impulssatz nur im statistischen Mittel erfüllt sind. *Hans Geiger* und *Walter Bothe* haben aber mit Hilfe der von ihnen ausgearbeiteten Koinzidenzmethode gezeigt, daß bei der Compton-Streuung beide Erhaltungssätze für jeden Elementarprozeß streng gültig sind.

ARTHUR HOLLY COMPTON (1892–1962): Promotion in Princeton; 1923–1945: University of Chicago. Hier hat er unter der Leitung von *Fermi* bei der erstmaligen Verwirklichung einer sich selbst aufrechterhaltenden Kettenreaktion zur Kernspaltung mitgewirkt

kann aber auch aus fachlichen Gesichtspunkten verstanden werden. PLANCK ist nur noch ein Beobachter, EINSTEIN aber zweifelt noch immer an den Grundlagen der Quantenmechanik, und im übrigen gilt sein Interesse mehr den kosmischen Problemen als denen der Kernphysik.

Beim Übergang von einem Themenkomplex zu einem neuen lohnt es sich, einen Augenblick innezuhalten und anzuschauen, wie die *Physiker selbst* die in den ersten drei Jahrzehnten des 20. Jahrhunderts erzielten Ergebnisse gesehen und bewertet haben. Mit gewissen Einschränkungen können wir das Maß der öffentlichen Wertschätzung eines Physikers an der Verleihung des Nobelpreises ablesen und feststellen, daß die führenden Physiker mit dem Nobelpreis geehrt worden sind *(Tabelle 5.4–1)*. Schauen wir uns die Liste der Nobelpreisträger an, so stellen wir fest, daß dieser Satz auch (wiederum mit Einschränkungen) umkehrbar ist: Wer den Nobelpreis erhalten hat, ist ein großer Physiker. Mit Verwunderung nehmen wir bloß

Tabelle 5.4–1
Nobelpreise für Physik

Jahr	Person	Begründung
1901	W. RÖNTGEN, 1845–1923 (Deutschland)	für außerordentliche Verdienste bei der Entdeckung der nach ihm benannten Strahlen
1902	H. A. LORENTZ, 1853–1928 (Niederlande) P. ZEEMAN, 1865–1943 (Niederlande)	für die Untersuchung des Magnetfeldeinflusses auf Strahlungsprozesse
1903	H. A. BECQUEREL, 1852–1908 (Frankreich)	für die Entdeckung der natürlichen Radioaktivität
	P. CURIE, 1859–1906 (Frankreich) M. CURIE-SKŁODOWSKA, 1867–1934 (Polen)	für große Verdienste bei der Untersuchung der von H. A. BECQUEREL entdeckten Strahlen
1904	LORD J. W. S. RAYLEIGH, 1842–1919 (England)	für seine Untersuchungen zur Dichte der wichtigsten Gase und für die damit in Verbindung stehende Entdeckung des Edelgases Argon
1905	PH. LENARD, 1862–1947 (Deutschland)	für seine Untersuchungen zu den Kathodenstrahlen
1906	J. J. THOMSON, 1856–1940 (England)	für große Verdienste bei der theoretischen und experimentellen Untersuchung der Elektrizitätsleitung in Gasen
1907	A. A. MICHELSON, 1852–1931 (USA)	für optische Präzisionsgeräte und für die mit ihnen ausgeführten spektroskopischen und meteorologischen Untersuchungen
1908	G. LIPPMANN, 1845–1921 (Frankreich)	für das auf der Interferenzerscheinung beruhende Farbphotographieverfahren
1909	G. MARCONI, 1874–1937 (Italien) K. F. BRAUN, 1850–1918 (Deutschland)	als Anerkennung für Verdienste bei der Entwicklung der drahtlosen Telegraphie
1910	J. D. VAN DER WAALS, 1837–1923 (Niederlande)	für seine Arbeiten zu den Zustandsgleichungen der Gase und Flüssigkeiten
1911	W. WIEN, 1864–1928 (Deutschland)	für die Aufstellung des Gesetzes zur Wärmestrahlung
1912	G. DALÉN, 1869–1937 (Schweden)	für die Erfindung automatischer Regler, die zusammen mit den Gasbehältern in Leuchttürmen und Leuchtbojen eingesetzt werden können
1913	H. KAMERLINGH-ONNES, 1853–1926 (Niederlande)	für Untersuchungen zum Verhalten der Stoffe bei tiefen Temperaturen, die u. a. zur Herstellung der flüssigen Heliums geführt haben
1914	M. V. LAUE, 1879–1960 (Deutschland)	für die Entdeckung der Beugung von Röntgenstrahlen an Kristallen
1915	W. H. BRAGG, 1862–1942 (England) W. L. BRAGG, 1890–1971 (England)	für die Entdeckung der Strukturanalyse von Kristallen mittels Röntgenstrahlen
1916	–	
1917	CH. G. BARKLA, 1877–1944 (England)	für die Entdeckung der charakteristischen Röntgenstrahlung der Elemente
1918	M. PLANCK, 1858–1947 (Deutschland)	als Anerkennung der mit der Entdeckung des Wirkungsquantums erworbenen Verdienste um die Entwicklung der Physik
1919	J. STARK, 1874–1957 (Deutschland)	für die Entdeckung des Doppler-Effekts der Kanalstrahlen und der Aufspaltung der Spektrallinien im elektrischen Feld
1920	CH. E. GUILLAUME, 1861–1938 (Schweiz)	für meßtechnische Verdienste bei der Entdeckung der Anomalien der Eisen-Nickel-Legierungen
1921	A. EINSTEIN, 1879–1955 (Deutschland)	für seine verdienstvollen mathematisch-physikalischen Forschungen unter besonderer Beachtung der Entdeckung des Gesetzes des lichtelektrischen Effekts
1922	N. BOHR, 1885–1962 (Dänemark)	für die Untersuchung der Struktur der Atome und der von ihnen emittierten Strahlungen
1923	R. A. MILLIKAN, 1868–1953 (USA)	für seine Arbeiten zur elektrischen Elementarladung und zum lichtelektrischen Effekt

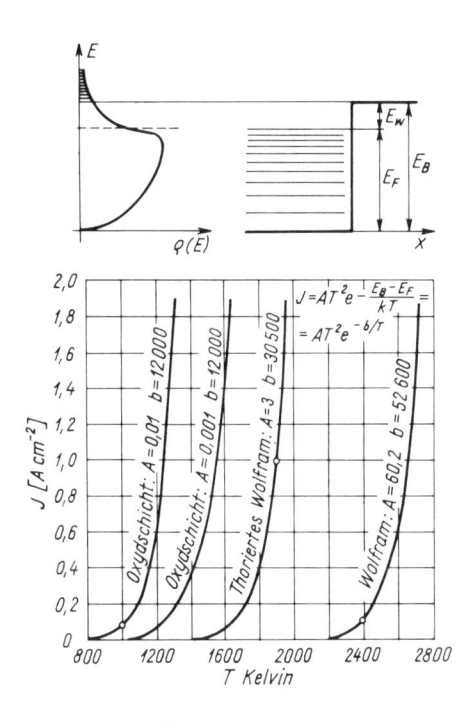

Abbildung 5.4–6
Das Richardsonsche Gesetz (in seiner von *Dushman* abgeänderten Form) liefert die Sromdichte der thermischen Elektronenemission aus Metallen bei der Temperatur T. Bei der Ableitung stellt man sich – nach dem Sommerfeldschen Modell – das Metall als Potentialtopf vor, in welchem die Elektronen bei Temperaturen unweit des absoluten Nullpunkts alle Energieniveaus unter einem bestimmten (dem sog. Fermi-Niveau) voll besetzen. Bei höheren Temperaturen nimmt die kinetische Energie eines Teils der Elektronen in einem solchen Maße zu, daß sie aus dem Potentialtopf entweichen können. Die Differenz der Höhe der Potentialschwelle – m. a. W. der Tiefe des Potentialtopfes – und der Höhe des Fermi-Niveaus ergibt die Austrittsarbeit. Diese Materialkonstante hat neben der Temperatur den größten Einfluß auf die Werte der Emissionsstromdichte. Links der oberen Bildhälfte ist die Elektronendichte (Abszissenachse) als Funktion der Energie (Ordinatenachse) aufgetragen. Elektronen im gestrichelt gezeichneten Gebiet haben eine genügend große Energie, um für die Emission in Frage zu kommen

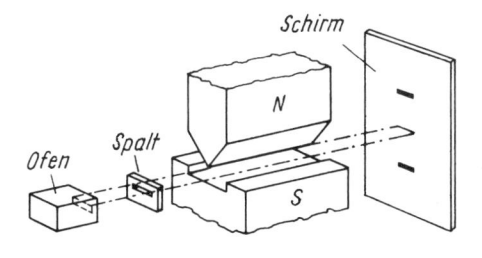

Abbildung 5.4–7
Es ist nach dem Rutherford-Bohr-Sommerfeldschen Modell zu erwarten, daß das Atom einen mechanischen Drehimpuls und ein damit eng gekoppeltes magnetisches Moment hat; beides folgt sofort aus der Vorstellung, daß die Elektronen den Kern umlaufen. Mit dem Versuch von *Einstein* und *J. W. de Haas* wurde zum ersten Mal ein gyromagnetisches Verhältnis, d. h., der Proportionalitätsfaktor zwischen Drehimpuls und magnetischem Moment, bestimmt. In diesem Versuch wurde festgestellt, daß die mit dem Ummagnetisieren eines frei hängenden Eisenstabes einhergehende Umkehr der „molekularen Kreisströme" zu einer Änderung ihrer Drehimpulse führt, die durch eine Dreh-

bewegung des gesamten Stabes kompensiert wird (*Einstein – de Haas: Experimenteller Nachweis der amperschen Molekularströme.* 1915). Die Autoren berichteten von einer guten Übereinstimmung der theoretischen Werte mit ihren Meßergebnissen. Sorgfältige 1919 von *E. Beck* ausgeführte Messungen haben jedoch gezeigt, daß man experimentell nur die Hälfte der von der Theorie verlangten Werte bekommt. Als erstem ist es 1921 *Compton* (bei seiner Suche nach einer Erklärung für die Streuung der Röntgenstrahlen) aufgefallen, daß die Elektronen auch einen Eigendrehimpuls und ein damit gekoppeltes magnetisches Moment haben können. Anschaulich gesprochen, kreist das Elektron nicht nur auf einer Bahn um den Atomkern, sondern dreht sich auch um die eigene Achse, wozu ein eigenes magnetisches Moment gehört. *Goudsmit* und *Uhlenbeck* haben 1925 die Existenz des Eigendrehimpulses sicher nachgewiesen. Seinen Platz in der Quantentheorie hat der Eigendrehimpuls endgültig erst in der Diracschen Gleichung erhalten.

Pauli hat 1924 zur Erklärung der Hyperfeinstruktur der Spektren auch einen Kernspin in Betracht gezogen. Der Spin des Protons wurde 1927 von *D. M. Dennison* postuliert, um die Existenz des Ortho- und Parawasserstoffs erklären zu können.

Landé ist es gelungen (1921 – 23), die resultierenden magnetischen Momente zusammengesetzter Systeme zu bestimmen; er hat mit seinen Untersuchungen gewisse Unzulänglichkeiten der Bohrschen Theorie aufgedeckt (so ist der Absolutwert des Drehimpulses nicht l, sondern $\sqrt{l(l+1)}$ sowie die Einführung des Elektronenspins vorbereitet.

Mit der Ausarbeitung unmittelbarer Meßverfahren für die magnetischen Momente konnte dann eine engere Verbindung von Theorie und Experiment auf diesem Gebiet erreicht werden. Auf ein Teilchen mit einem magnetischen Moment wirkt im homogenen Magnetfeld lediglich ein Drehmoment; eine Kraftwirkung erhält man nur im inhomogenen Feld. Den ersten Versuch mit einem inhomogenen Magnetfeld haben *Otto Stern* und *Walter Gerlach* 1922 ausgeführt. Mit diesem Versuch konnte von ihnen die Richtungsquantisierung nachgewiesen werden. Ein durch ein inhomogenes Magnetfeld hindurchlaufender Strahl von Silberatomen zerfällt in zwei Teilstrahlen, die in entgegengesetzte Richtungen abgelenkt werden. Die richtige Deutung des Versuchsergebnisses war erst nach Einführung des Elektronenspins möglich.

OTTO STERN (1888–1969): war Assistent von *Einstein* in Prag und ist diesem nach Zürich und später sogar in die Emigration gefolgt. In der Zwischenzeit (1923–1933) war er Professor an den Universitäten Frankfurt und Hamburg.

ISIDOR ISAAC RABI (geb. 1898): *Otto Sterns* Schüler, entwickelte dessen Methode in den Vereinigten Staaten weiter. Mit seiner (etwas modifizierten) Versuchsanlage kann ein Frequenznormal geschaffen werden, das als Grundlage unserer Zeitmessung dient, die Cäsiumatomuhr

1924 K. M. Siegbahn, 1886–1978 (Schweden)	für seine röntgenspektroskopischen Untersuchungen und Entdeckungen
1925 J. Franck, 1882–1964 (Deutschland) G. Hertz, 1887–1975 (Deutschland)	für die Entdeckung der bei Elektron-Atom-Stößen zu beobachtenden Gesetzmäßigkeiten
1926 J. Perrin, 1870–1942 (Frankreich)	für seine Arbeiten zum diskontinuierlichen Aufbau der Materie, besonders für die Entdeckung des Sedimentationsgleichgewichts
1927 A. H. Compton, 1892–1962 (USA)	für die Entdeckung des nach ihm benannten Effektes
Ch. Th. R. Wilson, 1869–1959 (Schottland)	für die Erfindung eines Verfahrens zur Sichtbarmachung der Bahnen elektrisch geladener Teilchen mittels Dampfkondensation
1928 O. W. Richardson, 1879–1959 (England)	für die Entdeckung der Glühemission, insbesondere für das Aufstellen des nach ihm benannten Gesetzes
1929 L. V. de Broglie, 1892–1981 (Frankreich)	für die Entdeckung der Wellennatur des Elektrons
1930 Ch. V. Raman, 1888–1970 (Indien)	für seine Arbeiten zur Lichtstreuung und für die Entdeckung des nach ihm benannten Effektes
1931 –	–
1932 W. Heisenberg, 1901–1976 (Deutschland)	für die Ableitung und Anwendung der quantenmechanischen Gleichungen, was u. a. zur Entdeckung der allotropen Modifikationen der Wasserstoffmolekeln geführt hat
1933 E. Schrödinger, 1887–1961 (Österreich) P. A. M. Dirac, 1902–1984 (England)	für die Ableitung einer neuen und fruchtbaren Formulierung der Atomtheorie
1934 –	–
1935 J. Chadwick, 1891–1974 (England)	für die Entdeckung des Neutrons
1936 C. D. Anderson, geb. 1905 (USA)	für die Entdeckung des Positrons
V. F. Hess, 1883–1964 (Österreich)	für die Entdeckung der kosmischen Strahlen
1937 C. J. Davisson, 1881–1958 (USA) G. P. Thomson, 1892–1975 (England)	für den experimentellen Nachweis der Elektronenstrahlinterferenzen an Kristallen
1938 E. Fermi, 1901–1954 (Italien)	für die Herstellung neuer radioaktiver Elemente mittels Neutronenbestrahlung und für die Entdeckung von Kernreaktionen, die durch langsame Neutronen ausgelöst werden
1939 E. O. Lawrence, 1901–1958 (USA)	für die Erfindung und Weiterentwicklung des Zyklotrons sowie für die Ergebnisse zu den künstlichen radioaktiven Elementen, die mit Hilfe des Zyklotrons gewonnen worden sind
1940–1942	wurden keine Nobelpreise verliehen
1943 O. Stern, 1888–1969 (USA)	für die Entwicklung der Molekularstrahlmethode und für die Entdeckung des magnetischen Momentes des Protons
1944 I. I. Rabi, geb. 1898 (USA)	für seine zur Untersuchung der magnetischen Eigenschaften der Atomkerne verwendete Resonanzmethode
1945 W. Pauli, 1900–1958 (Österreich)	für die Aufstellung des nach ihm benannten Ausschließungsprinzips
1946 P. W. Bridgman, 1882–1961 (USA)	für die Erfindung von Anlagen zur Erzeugung extrem hoher Drücke und für die Entdeckungen in der Hochdruckphysik, die mit diesen Anlagen gemacht worden sind
1947 E. V. Appleton, 1892–1965 (England)	für die Untersuchungen der Eigenschaften der oberen Atmosphäre, insbesondere für die Entdeckung der nach ihm benannten Ionosphärenschicht
1948 P. M. S. Blackett, 1897–1974 (England)	für die Entdeckungen zur Kernphysik sowie zur Physik der kosmischen Strahlen mit Hilfe der von ihm vervollkommneten Nebelkammer
1949 H. Yukawa, 1907–1981 (Japan)	für die Vorhersage der Existenz von Mesonen auf Grund theoretischer Untersuchungen der Kernkräfte
1950 C. F. Powell, 1903–1969 (England)	für die photographischen Verfahren zur Untersuchung von Kernprozessen und für seine Arbeiten zum Studium der Mesonen
1951 J. D. Cockcroft, 1897–1967 (England) E. Th. Walton, geb. 1903 (Irland)	für die Pionierarbeiten auf dem Gebiet der Kernumwandlungen mit Hilfe künstlich beschleunigter atomarer Teilchen
1952 F. Bloch, 1905–1983 (USA) E. M. Purcell, geb. 1912 (USA)	für ihre genauen magnetischen Meßmethoden und die mit ihrer Hilfe gemachten Entdeckungen
1953 F. Zernike, 1888–1966 (Niederlande)	für die Entwicklung der Phasenkontrastverfahren, insbesondere für die Erfindung des Phasenkontrastmikroskops
1954 M. Born, 1882–1970 (Deutschland)	für grundlegende Arbeiten zur Quantenmechanik, besonders zur statistischen Interpretation der Wellenfunktion
W. Bothe, 1891–1957 (Deutschland)	für die Koinzidenzmethode und die mit ihrer Hilfe gemachten Entdeckungen
1955 W. E. Lamb, geb. 1913 (USA)	für die Entdeckung der Hyperfeinstruktur des Wasserstoffspektrums
P. Kusch, geb. 1911 (USA)	für die genaue Bestimmung des magnetischen Momentes des Elektrons

1956	W. Shockley, geb. 1910 (USA) J. Bardeen, geb. 1908 (USA) H. Brattain, 1902–1987 (USA)	für ihre Halbleiterforschungen sowie für die Entdeckung des Transistor-Effekts
1957	T.-D. Lee, geb. 1926 (USA) C. N. Yang, geb. 1922 (USA)	für ihre grundlegenden Arbeiten zum Paritätsproblem, mit denen die Nichterhaltung der Parität bei der schwachen Wechselwirkung nachgewiesen wurde
1958	P. A. Tscherenkow, geb. 1904 (UdSSR) I. M. Frank, geb. 1908 (UdSSR) I. J. Tamm, 1895–1971 (UdSSR)	für die Entdeckung und Deutung des Tscherenkow-Effekts
1959	E. Segrè, geb. 1905 (USA) O. Chamberlain, geb. 1920 (USA)	für die Entdeckung des Antiprotons
1960	D. Glaser, geb. 1926 (USA)	für die Konzipierung und Ausarbeitung der Blasenkammer-Methode zur Beobachtung subatomarer Teilchen
1961	R. Hofstadter, geb. 1915 (USA)	für seine Pionierarbeit zur Elektronenstreuung an Atomen und für die Entdeckungen zur Kernstruktur
	R. L. Mössbauer, geb. 1929 (BRD)	für die Untersuchungen zur Resonanzabsorption der γ-Strahlung und für die Entdeckung des nach ihm benannten Effektes
1962	L. D. Landau, 1908–1968 (UdSSR)	für seine bahnbrechenden theoretischen Arbeiten zum kondensierten Zustand, besonders jedoch zum flüssigen Helium
1963	E. Wigner, geb. 1902 (USA)	für die Entwicklung einer Theorie des Atomkerns und einer Elementarteilchentheorie, besonders für die Entdeckung und Anwendung der grundlegenden Symmetrieprinzipien
	M. Goeppert-Mayer, 1906–1972 (USA) H. D. Jensen, 1907–1973 (BRD)	für das Aufstellen des Schalenmodells des Atomkerns
1964	Ch. H. Townes, geb. 1915 (USA)	für seine grundlegenden Arbeiten auf dem Gebiet der Quantenelektronik, die zur Konstruktion von Laser und laserartigen Verstärkern und Oszillatoren geführt hat
	N. G. Bassow, geb. 1922 (UdSSR)	für seine Arbeiten zu den quantenelektronischen Oszillatoren und Verstärkern, mit denen die Grundlagen für das Laser- und Maser-Prinzip gelegt wurden
	A. M. Prochorow, geb. 1916 (UdSSR)	für seine grundlegenden Arbeiten auf dem Gebiet der Quantenelektronik, die zur Konstruktion der auf dem Laser- und Maser-Prinzip beruhenden Verstärker und Oszillatoren geführt haben
1965	S.-I. Tomonaga, 1906–1979 (Japan) R. P. Feynmann, 1918–1988 (USA) J. S. Schwinger, geb. 1918 (USA)	für ihre Arbeiten zur Quantenelektrodynamik
1966	A. Kastler, 1902–1983 (Frankreich)	für die Entdeckung und Entwicklung optischer Verfahren zur Untersuchung elektromagnetischer Resonanzen der Atome
1967	H. A. Bethe, geb. 1906 (USA)	für seine Arbeiten, vor allem zur theoretischen Erklärung der Energieproduktion der Sterne
1968	L. W. Alvarez, 1911–1981 (USA)	für seine grundlegenden Entdeckungen in der Elementarteilchenphysik, insbesondere für die Entdeckung der Resonanzzustände, die durch eine Verbesserung der Meßtechnik (Blasenkammer und Datenanalyse) ermöglicht wurde
1969	M. Gell–Mann, geb. 1929 (USA)	für seine Arbeiten zur Klassifizierung der Elementarteilchen und ihrer Wechselwirkungen
1970	H. Alfvén, geb. 1908 (Schweden)	für seine Arbeiten und grundlegenden Entdeckungen auf dem Gebiet der Magnetohydrodynamik sowie für ihre erfolgreiche Anwendung auf verschiedenen Gebieten der Plasmaphysik
	L. Néel, geb. 1904 (Frankreich)	für seine Untersuchungen und Entdeckungen zum Antiferromagnetismus und Ferrimagnetismus, die zu wichtigen festkörperphysikalischen Anwendungen geführt haben
1971	D. Gabor, 1900–1979 (England)	für die Entdeckung der holographischen Methode und für seine Mitarbeit bei ihrer Entwicklung
1972	J. Bardeen, geb. 1908 (USA) L. Cooper, geb. 1930 (USA) J. R. Schrieffer, geb. 1931 (USA)	für ihre Theorie der Supraleitung, die sog. BCS-Theorie
1973	L. Esaki, geb. 1925 (Japan)	für den experimentellen Nachweis des Tunneleffektes in Halbleitern
	I. Giaever, geb. 1929 (Norwegen)	für den experimentellen Nachweis des Tunneleffektes in Supraleitern
	B. D. Josephson, geb. 1940 (England)	für die theoretische Vorhersage der Eigenschaften des durch eine Tunnelschicht fließenden Suprastromes unter besonderer Beachtung der heute allgemein als Josephson-Effekt bezeichneten Erscheinungen
1974	M. Ryle, 1918–1984 (England) A. Hewish, geb. 1924 (England)	für ihre Ergebnisse zur Radioastronomie

Abbildung 5.4–8
Die Entdecker des Transistors
JOHN BARDEEN (geb. 1908): Promotion in Princeton, nach dem Krieg bis 1951 am Bell-Laboratorium tätig; 1956: Nobelpreis für die Erfindung des Transistors; 1972: Nobelpreis für die Theorie der Supraleitung (beide Male im Kollektiv)
WALTER HOUSER BRATTAIN (1902–1987): 1929–1967: Bell-Laboratorium
WILLIAM BRADFORD SHOCKLEY (geb. 1910): ab 1936 im Bell-Laboratorium tätig; während des Krieges Bearbeitung technischer Probleme der Unterseebootabwehr; ab 1963 Professor an der Universität Stanford

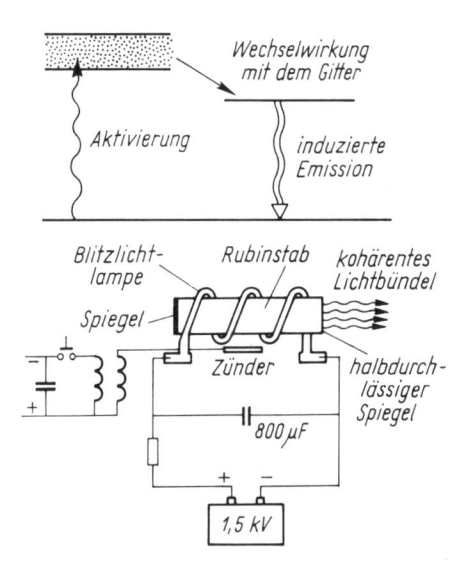

Abbildung 5.4–9
Schema des Rubin-Impulslasers
Der Lasereffekt beruht auf folgender Tatsache: Wenn ein Mikrosystem unter der Einwirkung einer äußeren, anregenden elektromagnetischen Welle aus einem höheren Energiezustand in einen tieferen übergeht, so ist die von ihm dabei ausgestrahlte elektromagnetische Welle kohärent mit der einfallenden (Abbildungen 5.3–14a, b). Beim Rubinlaser wird „das Pumpen", d. h. das Anheben der Mikrosysteme auf höhere Energieniveaus, vom Licht einer Blitzlampe bewerkstelligt. Aus diesen Energiezuständen, die sich auf ein verhältnismäßig breites Band erstrecken, geraten die Mikrosysteme in einen scharf definierten, etwas tiefer gelegenen Energiezustand, von wo sie durch Einwirkung der anregenden Welle zurück in den Grundzustand geraten. Die Einwirkung im Rubinlaser erfolgt durch ein elektromagnetisches Feld, das zwischen zwei Spiegeln (von denen der eine nicht hundertprozentig undurchlässig ist) gleichsam als stehende Welle aufrecht erhalten wird

Die Pioniere der Quantenelektronik

CHARLES HARD TOWNES (geb. 1915): 1939–1948: Entwicklung von Radar-Systemen im Bell-Laboratorium; 1948–1959: Columbia Universität; ab 1961: Massachusetts Institute of Technology

NIKOLAI GENNADIJEWITSCH BASSOW (geb. 1922): Diplom als Physik-Ingenieur (1950), danach Arbeit am Physikalischen Institut der Akademie der Wissenschaften der UdSSR. Ab 1963 Professor am Moskauer Ingenieur-Physikalischen Institut

ALEKSANDR MICHAILOWITSCH PROCHOROW (geb. 1916): Studium in Leningrad, ab 1946 Arbeit am Physikalischen Institut der Akademie der Wissenschaften der UdSSR und ab 1959 Professor an der Moskauer Universität (MGU)

Jahr	Preisträger	Begründung
1975	A. Bohr, geb. 1922 (Dänemark); B. R. Mottelson, 1926–1981 (Dänemark); J. Rainwater, geb. 1917 (USA)	für die Entdeckung der Koppelung zwischen der kollektiven Kernbewegung und der Bewegung der Valenznukleonen und für die darauf begründete Kerntheorie
1976	S. Ch. Ch. Ting, geb. 1936 (USA); B. Richter, geb. 1931 (USA)	für die Entdeckung eines neuen schweren Elementarteilchens
1977	Ph. W. Anderson, geb. 1923 (USA); N. F. Mott, geb. 1905 (England); J. H. van Vleck, 1899–1980 (USA)	für grundlegende theoretische Untersuchungen der Elektronenstruktur magnetischer und ungeordneter Systeme
1978	P. L. Kapiza, 1894–1984 (UdSSR)	für Forschungen und Studien auf dem Gebiet der Physik tiefer Temperaturen
	A. A. Penzias, geb. 1933 (USA); R. W. Wilson, geb. 1936 (USA)	für die Entdeckung der kosmischen Mikrowellen-Hintergrundstrahlung
1979	L. S. Glashow, geb. 1932 (USA); A. Salam, geb. 1926 (Pakistan); S. Weinberg, geb. 1933 (USA)	für Beiträge zur einheitlichen Theorie der schwachen und elektromagnetischen Wechselwirkung zwischen Elementarteilchen, sowie u. a. Voraussage der schwachen neutralen Ströme
1980	J. W. Cronin, geb. 1931 (USA); V. L. Fitch, geb. 1923 (USA)	für die Entdeckung der Verletzung grundlegender Symmetrieprinzipe beim Zerfall der neutralen K-Mesonen
1981	N. Bloembergen, geb. 1920 (USA)	für seine Ergebnisse in der Entwicklung der Laserspektroskopie
	A. L. Schawlow, geb. 1921 (USA)	für die Entwicklung der hochauflösenden Elektronenspektroskopie
	K. M. B. Siegbahn, geb. 1918 (Schweden)	für seine Arbeiten über Atomspektroskopie
1982	K. G. Wilson, geb. 1936 (USA)	für seine Forschungen bezüglich der Struktur der Materie, insbesondere der kritischen Phänomene bei Phasenübergängen
1983	S. Chandrasekhar, geb. 1910 (Pakistan–England–USA)	für seine Forschungen über Struktur und Dynamik der Sterne
	W. A. Fowler, geb. 1911 (USA)	für seine Forschungsarbeiten über die Energiefreisetzung und die Synthese der Elemente in Sternen
1984	C. Rubbia, geb. 1934 (Italien); S. van der Meer, geb. 1925 (Niederlande)	für die Entdeckung der die schwache Wechselwirkung vermittelnden Teilchen der $W^{\pm}$ und Z° Teilchen
1985	K. von Klitzing, geb. 1943 (BRD)	für die Entdeckung des quantisierten Halleffekts
1986	E. Ruska, geb. 1906 (Schweiz)	für seine fundamentalen elektronenoptischen Arbeiten und die Konstruktion des ersten Elektronenmikroskops
	G. Binning, geb. 1947 (BRD); H. Rohrer, geb. 1933 (BRD)	für ihre Konstruktion des „Raster-Tunnel-Mikroskops"
1987	J. G. Bednorz, geb. 1950 (BRD); K. A. Müller, geb. 1927 (Schweiz)	für die Entdeckung der Supraleitfähigkeit keramischer Stoffe
1988	L. M. Lederman, geb. 1922 (USA); M. Schwartz, geb. 1932 (USA); J. Steinberger, geb. 1921 (USA)	für ihre grundlegenden Arbeiten in der Elementarteilchenphysik, insbesondere für die Entdeckung zwei verschiedener Arten von Neutrinos

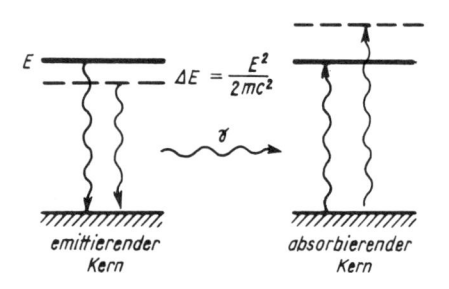

Abbildung 5.4–10
Der Mößbauer-Effekt

Wenn ein Atomkern der Masse M unter Emission eines γ-Quants einer bestimmten Energie aus dem angeregten Zustand in den Grundzustand übergehen kann, so kann ein ebensolcher Atomkern auch durch Absorption eines γ-Quants in einen dem vorigen entsprechenden angeregten Zustand geraten (Resonanzabsorption). Dieses prinzipiell einfache Phänomen wird jedoch dadurch kompliziert, daß als Kompensation des Impulses p des emittierten γ-Quants der strahlende Kern einen Rückstoß erleidet; dies bedeutet offenbar, daß er einen Teil ΔE der Energie mit sich entführt. Dem emittierten γ-Quant verbleibt also eine um $\Delta E = p^2/2m = (E/c)^2 \cdot (1/2m)$ verminderte Energie. Anderseits übernimmt auch bei der Absorption der Atomkern einen Impuls, so daß er, um durch Resonanzabsorption in den angeregten Zustand geraten zu können, ein γ-Quant mit einer etwas größeren Energie absorbieren müßte. Sind jedoch die Atomkerne in ein Kristallgitter eingebaut, so kann es vorkommen, daß sie sich gleichsam auf das Kristallgitter stützen und somit, wenn sie das γ-Quant (entsprechender Frequenz) absorbieren bzw. emittieren, nur eine vernachlässigbar kleine Energie aufnehmen bzw. abgeben. In solchen Fällen geht die Resonanzabsorption bei sehr scharf definierten Energiewerten vor sich. Damit wird aber auch die kleinste Wirkung nachweisbar, die Energieänderungen mit sich bringt, – etwa der Bewegungszustand des emittierenden oder absorbierenden Atomkerns, oder z. B. die Differenz des Gravitationspotentials an den Stellen der Emission und Absorption der γ-Quanten

zur Kenntnis, daß Niels Gustaf Dalén 1912 den Nobelpreis für Physik für einen automatischen Gasregler, der in Leuchttürmen und Bojen verwendet worden ist, erhalten hat. Diese Vorrichtung ist gewiß für die Schiffahrt von sehr großer praktischer Bedeutung; die Physik wurde dadurch jedoch sehr wenig vorangebracht. Etwas Subjektivität sollte aber der Königlichen Schwedischen Akademie nachgesehen werden.

In der Liste begegnen wir natürlich auch den Namen Planck und Einstein. Es überrascht uns jedoch, wie spät beide den Nobelpreis erhalten haben: Planck 1918 und Einstein 1921. Bemerkenswert ist weiterhin, daß Einstein den Nobelpreis weder für die Formulierung der Relativitätstheorie noch für die Erkenntnis der Äquivalenz von Masse und Energie bekommen hat; in der Begründung für die Verleihung des Nobelpreises wird die Deutung des lichtelektrischen Effektes besonders hervorgehoben. Daraus folgt die Merkwürdigkeit, daß die für das atomare Zeitalter ungemein wichtige Beziehung $E = mc^2$ nicht als herausragende Leistung eines Menschen gewürdigt worden ist. Wir haben aber auch im vorangehenden Kapitel gesehen, daß wir diesen Satz in seiner endgültigen Form als Ergebnis der kollektiven Bemühungen mehrerer Physiker ansehen können.

Wir wollen hier noch anmerken, daß Richardson 1928, d. h. in einem der Jahre, in dem die Quantenmechanik gewaltige Fortschritte gemacht hat, den Nobelpreis für die Theorie der thermischen Elektronenemission erhalten hat.

Wenn wir nun die Anerkennung der herausragenden Leistungen in der Kernphysik suchen, so stoßen wir in der Tabelle nur auf Becquerel sowie auf das Ehepaar Curie, die 1903 den Nobelpreis für die Entdeckung der

Radioaktivität bzw. für ihre auf diesem Gebiet geleistete Pionierarbeit erhalten haben.

In den unruhigen Jahren der Entwicklung der Quantenmechanik ist WILSON mit ein wenig Verspätung der Nobelpreis für seine Nebelkammer zuerkannt worden. Sehr viele kernphysikalische Erkenntnisse gehen auf Messungen mit diesem Forschungsgerät zurück.

Verwundert stellen wir fest, daß wir in der Tabelle RUTHERFORD, den Pionier der Kernphysik und einen der bedeutendsten Experimentalphysiker aller Zeiten, nicht finden. Er hat 1908 den Nobelpreis für Chemie für die Untersuchung der natürlichen Radioaktivität erhalten. Unter den Chemikern stoßen wir auch auf den Namen SODDY, der 1921 ebenfalls den Nobelpreis für Chemie (der Nobelpreis für Physik wurde in diesem Jahr an EINSTEIN vergeben) für seine Arbeiten zur Deutung des radioaktiven Zerfalls erhalten hat. SODDY war allerdings auch ein Chemiker. Auch ASTON hat 1922 den Nobelpreis für Chemie für seine Isotopenuntersuchungen bekommen (der Nobelpreis für Physik ging in diesem Jahr an BOHR). ASTONS Ergebnisse können sowohl der Physik als auch der Chemie zugeordnet werden; seine Untersuchungsmethode ist allerdings eine physikalische. Wir können somit verstehen, warum RUTHERFORD in seiner anläßlich der Verleihung des Nobelpreises gehaltenen Rede von der Vielzahl der Umwandlungen gesprochen hat, denen er bei seinen Untersuchungen begegnet ist. Einige dieser Umwandlungen hätten eine längere Zeit in Anspruch genommen, andere wiederum seien ganz schnell vor sich gegangen. Wohl keine aber sei so schnell abgelaufen wie die, die ihn aus einem Physiker zu einem Chemiker gemacht habe.

Die *Tabelle 5.4−2* stellt die Lebensdaten der zur Jahrhundertwende und im 20. Jahrhundert tätigen Physiker in einem umfassenderen Zusammenhang dar.

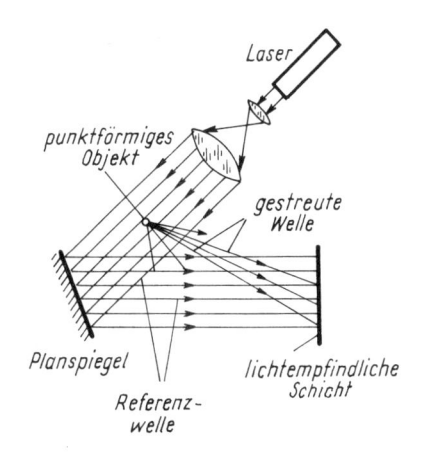

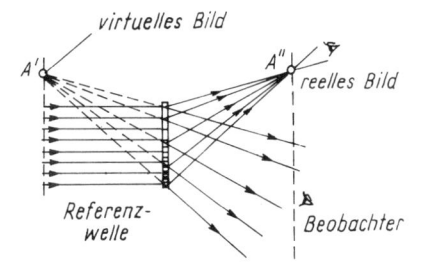

Abbildung 5.4−11
Holografie. Bei der üblichen optischen Abbildung wird (auf schwarz-weiß registrierenden Fotoplatten) nur die Intensitätsverteilung der vom Gegenstand ausgehenden Wellen festgehalten, obwohl diese Wellen viel mehr an Information mit sich führen. (Die Gesamtinformation ist in den Amplituden *und* Phasen verschlüsselt.) Das Verfahren der Holografie (ὅλος = ganz, vollständig und γράφειν = schreiben) gestattet, auch die Phaseninformation zu erfassen. Dies geschieht, indem man die vom Gegenstand gestreuten Lichtwellen mit den Wellen eines sog. Referenzstrahls zur Interferenz bringt; dieser muß kohärent mit dem den Gegenstand beleuchtenden Strahl sein. Die Intensitätsverteilung in der Interferenzfigur wird auf einer Platte hoher Auflösung festgehalten und ergibt das Hologramm.

Bei der Wiedergabe des Bildes richtet man (unter Beibehaltung der Geometrie der Aufnahme) einen mit dem Referenzstrahl identischen, kohärenten Strahl auf das Hologramm. Bei seiner Betrachtung (oder photographischen Aufnahme) scheint der Gegenstand und (bzw. oder) sein Spiegelbild in seiner ursprünglichen räumlichen Konfiguration gegenwärtig zu sein.

DENNIS GABOR (1900−1978): geboren in Budapest; Erwerb eines Ingenieur-Diploms. 1927−1933: Forschungsingenieur an den Siemens-Werken in Berlin; von 1949 an: Imperial College in London; ab 1958 dort Professor. Die Idee zur Holografie geht bereits auf das Jahr 1947 zurück, die praktische Realisierung wurde aber erst 1960 mit dem Einsatz des Lasers möglich.

Dennis Gabor war ein sehr vielseitiger Forscher, der auf den folgenden Gebieten erfolgreich gearbeitet hat: Nachrichtentheorie, Oszilloskop mit einer großen zeitlichen Auflösung, Fernsehtechnik und Kryotechnik

5.4.2 Die wichtigsten Etappen bei der Erforschung des Atomkerns

Wenden wir uns nun den wichtigsten Stationen zu, die den Fortschritt unserer Erkenntnisse über die Struktur des Atomkerns kennzeichnen. Wie wir schon erwähnt haben, wurde die physikalische Forschung im ersten Drittel des 20. Jahrhunderts von einem führenden Thema, der Physik der Atomhülle, beherrscht. Auf der *Farbtafel XXIII* haben wir versucht, einen Eindruck zu geben von der Intensität, mit der die einzelnen Gebiete bearbeitet worden sind, und anschaulich zu machen, wie sich der Schwerpunkt des Interesses im Lauf der Zeit verschoben hat. Wir sehen, daß die Physik des Atomkerns Anfang der dreißiger Jahre zum Modethema geworden war, um dann Ende der vierziger Jahre ihren Platz der Physik der Elementarteilchen als neuem Schlagzeilenthema zu überlassen. Auf derselben Farbtafel werden die Untersuchungen, die sich auf den Atomkern und auf die Atomhülle beziehen, schon ab Beginn dieses Jahrhunderts unterschieden, obwohl wir aus den vorangehenden Kapiteln wissen, daß von einer bewußten Unterscheidung beider Forschungsgegenstände erst nach der Aufstellung des *Rutherfordschen Atommodells* im Jahre 1911 die Rede sein kann. In diesem Modell wird das Atom als aus einem zentralen Kern und einer Anzahl um den Kern kreisender Elektronen bestehend dargestellt.

Mit dem Jahre 1911 oder − vielleicht besser − mit dem Jahre 1913, in dem das verfeinerte *Rutherford-Bohrsche Modell* aufgestellt worden ist, kann die erste Epoche der Kernphysik als abgeschlossen angesehen werden. Von entscheidender Bedeutung in dieser ersten Epoche sind die sechs bis acht auf die erste Beobachtung eines kernphysikalischen Phänomens folgenden Jahre, d. h. die Jahre 1896 bis 1904. Die bedeutendsten Physiker dieser Epoche sind BECQUEREL, das Ehepaar CURIE sowie RUTHERFORD. Heute können wir kaum mehr den revolutionären Schwung und die Kühnheit ermessen, mit der zu dieser Zeit, gestützt auf äußerst umsichtige experimentelle Arbeiten, gewagt wurde, neue Aussagen zu treffen. Denken wir nur daran, daß LAVOISIER erst ein Jahrhundert zuvor zum Begriff der chemischen Elemente gelangt war. Im Verlaufe dieses 19. Jahrhunderts wurde der Begriff des unveränderlichen chemischen Elements, dessen einzelne Atome alle die gleichen Eigenschaften besitzen, zu einer festen und als unumstöß-

Tabelle 5.4−2
Physiker der Jahrhundertwende und des 20. Jahrhunderts

Es ist sicherlich die Unbekümmertheit der von allzu vielen Kenntnissen Unbeschwerten nötig, den Versuch einer kurzen Kennzeichnung unseres Jahrhunderts zu wagen.

In Hinblick auf die spektakulärsten Errungenschaften der *Technik* kann man etwa vom Zeitalter der Automation, der Raumfahrt, vom Atomzeitalter sprechen.

Vom *philosophischen* Standpunkt gesehen, können als bedeutsamste Ergebnisse der physikalischen Grundlagenforschung bezeichnet werden: der Raum-Zeit-Begriff der Relativitätstheorie, die Wahrscheinlichkeitsinterpretation der Quantenmechanik, die Erkenntnis des Zusammenhangs zwischen den Symmetrien und den Erhaltungssätzen.

Das Leitmotiv der Biologie und der Gesellschaftswissenschaften des 19. Jahrhunderts — die Evolution — hatte sich die damalige Physik nicht zu eigen gemacht: sie hatte uns vielmehr, wie wir gesehen haben, die Vision des — jede Veränderung ausschließenden — Wärmetodes vor Augen geführt. Im Gegensatz dazu hält die heutige Physik es für wahrscheinlich, daß der Charakter des in Ausdehnung befindlichen Universums ein *dynamischer* ist.

Das 18. Jahrhundert lebte noch im Glauben an die Allmächtigkeit des Geistes und der von ihm geschaffenen Wissenschaft. Im 19. Jahrhundert konnten die bei der Realisierung der wissenschaftlichen Ergebnisse in der Praxis auftretenden sozialen Mißstände nicht mehr übersehen werden; es lebte aber die Hoffnung weiter, die Vernunft könne sie beheben.

Die erste Hälfte unseres Jahrhunderts ist durch zwei Weltkriege überschattet und ihre zweite Hälfte steht im Zeichen der Angst vor der nuklearen Katastrophe. Viele Menschen schieben der Wissenschaft generell die Schuld zu und suchen anderswo, im Irrationalen, den Ausweg.

Wir enthalten uns absichtlich der Aufzählung interessanter Gleichzeitigkeiten, denn es leben in uns, den Kindern des Jahrhunderts, die Geschehnisse sowieso nebeneinander weiter. Dennoch erwähnen wir einen Synchronismus, weil er in der ersten Hälfte des Jahrhunderts für Europa, heute aber für die ganze Welt von symbolhafter Bedeutung ist, und die Kluft zwischen den Ergebnissen der wissenschaftlichen Vorhut und dem Lebensniveau der breiten Massen aufzeigt:

1932 war das goldene Jahr der Kernphysik, das Jahr der Entdeckung des Neutrons, des Positrons, das Jahr der ersten Kernumwandlung mit Beschleunigern.

Aber im selben Jahr erreichte weltweit die Wirtschaftskrise den tiefsten Stand: Die Arbeitslosenquote stieg in vielen Industriestaaten auf eine Rekordhöhe von 25 bis 30 %, die Industrieproduktion fiel auf 50 %, das Welthandelsvolumen auf 30 % des Standes vom Jahre 1929.

Damals war die Kluft zwischen den verschiedenen Schichten derselben Industriestaaten auffällig; heute registrieren wir den Gegensatz zwischen den entwickelten Staaten mit 75 Jahren Lebenserwartung, 1 bis 2 % Säuglingssterblichkeit und 98 % Schreibkundigen einerseits und den Ländern der dritten Welt andererseits mit 40 bis 50 Jahren Lebenserwartung, 10 bis 20 % Säuglingssterblichkeit und 80 bis 90 % Analphabeten.

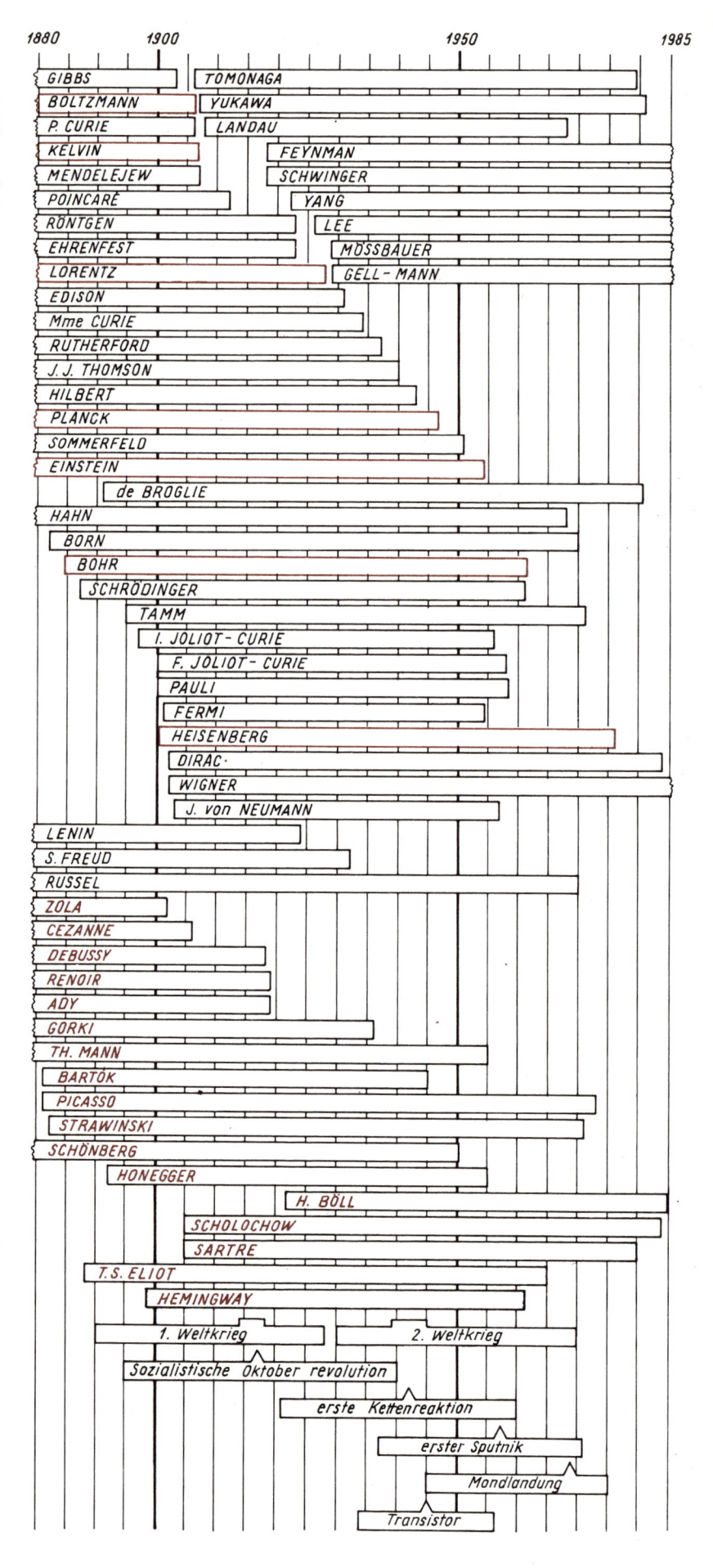

478

lich angesehenen Grundlage für die sich gewaltig entwickelnde chemische Wissenschaft. Es hat sich aber dann herausgestellt, daß die zunächst undurchsichtige Vielfalt der mit den radioaktiven Zerfallsprozessen zusammenhängenden physikalischen und chemischen Erscheinungen erst dann klar und verständlich wird, wenn das Prinzip der Unveränderlichkeit aufgegeben und die Möglichkeit in Betracht gezogen wird, daß in der Natur Umformungen der Elemente ineinander vorkommen können, geradeso wie sich das die Alchimisten vorgestellt hatten. Gleichzeitig hat sich auch herausgestellt, daß die Atome eines vom Standpunkt der Chemie aus völlig homogenen Elements unterschiedliche Massen haben können, woraus seinerseits Unterschiede in der Stabilität gegenüber radioaktiven Zerfallsprozessen resultieren. *Zu dieser Zeit wird somit zum ersten Mal die Umformbarkeit der Elemente und der Isotopenbegriff diskutiert.*

Noch eine dritte, die weitere Wissenschaftsentwicklung revolutionierende Beobachtung fällt in diesen Zeitraum. Es wurde bemerkt, daß bei den radioaktiven Erscheinungen eine gewaltige Energie freigesetzt wird, die mehrere Größenordnungen über der Energie liegt, an die man von chemischen Prozessen her gewöhnt war.

Gegen Ende der ersten Jahrzehnte des 20. Jahrhunderts wurden radioaktive Strahlungen, und hier vor allem die α-Strahlung, bereits als Forschungshilfsmittel verwendet. Wie wir bereits in den vorigen Kapiteln gesehen hatten, hat RUTHERFORD gerade mit Hilfe der α-Strahlen den Atomkern entdeckt.

Die auf den ersten Abschnitt der Entwicklung der Kernphysik folgenden zwanzig Jahre haben für die Kernphysik nur ein herausragendes, sensationelles Ereignis gebracht: 1919 ist es RUTHERFORD gelungen, die erste künstliche Umformung eines Kerns durchzuführen. Wie wir weiter oben schon erwähnt haben, hat die Entdeckung des Neutrons 1932 eine entscheidende Wende in der Kernphysik herbeigeführt. Auch eine Revolution der experimentellen Hilfsmittel fällt in diese Zeit. So konnten die Atome jetzt nicht nur mit den Zerfallsprodukten natürlicher radioaktiver Kerne, sondern auch mit den aus kernphysikalischen Beschleunigern stammenden Geschossen „zertrümmert" und ihre innere Struktur untersucht werden. Daraus ergab sich eine beträchtliche Zunahme der Zahl der experimentellen und theoretischen Ergebnisse zur Kernstruktur, und die ersten Kernmodelle konnten aufgestellt werden. Am Ende der dreißiger Jahre schließlich, im Jahre 1938, wurde *die Spaltung des Urans* entdeckt. Diese Entdeckung war zwar von theoretischen Erwägungen her keineswegs erwartet worden, sie ist jedoch als erster Schritt in das Zeitalter der Atomenergie von größter praktischer Bedeutung. Der Schwerpunkt der kernphysikalischen Forschungen hat sich von diesem Zeitpunkt an auf die Probleme verlagert, die durch Anwendungen in der Praxis, und hier vor allem durch Fragen der Energieerzeugung, aufgeworfen worden sind. Das Interesse der führenden Physiker aber galt in steigendem Maße einem neuen Gebiet, der Physik der Elementarteilchen, da es hier noch möglich war und ist, prinzipiell neue Gesetzmäßigkeiten zu finden.

5.4.3 Becquerel: Warum fluoreszieren die Uransalze?

Die erste Beobachtung von Erscheinungen, die mit dem Atomkern in Verbindung stehen, verdanken wir einem Irrtum und das Auffinden eines Weges zu ihrer Klärung einem Zufall.

Wie wir weiter oben bereits erwähnt haben, sind nur wenige Entdeckungen in der wissenschaftlichen Welt, aber auch unter Laien auf ein solch großes Interesse gestoßen wie die Entdeckung der Röntgenstrahlen. Auf der Sitzung der Französischen Akademie der Wissenschaften vom 10. Januar 1896 haben zwei Forscher die von ihnen angefertigten Röntgenaufnahmen vorgestellt. Auf dieser Sitzung war auch BECQUEREL anwesend, und POINCARÉ hatte die Arbeit von RÖNTGEN mitgebracht. Im Verlauf eines Gesprächs nach dem Vortrag hat POINCARÉ, auf eine Frage BECQUERELS antwortend, die Meinung vertreten, daß die Röntgenstrahlen von einer fluoreszierenden Stelle auf der Glaswand des Entladungsrohres ausgehen. BECQUEREL hatte sich bis zu diesem Zeitpunkt bereits in Fortsetzung der Arbeiten seines Vaters mit fluoreszierenden Substanzen beschäftigt. Auch er hat sich die Frage gestellt, ob beide Phänomene, die Fluoreszenz und die Emission der

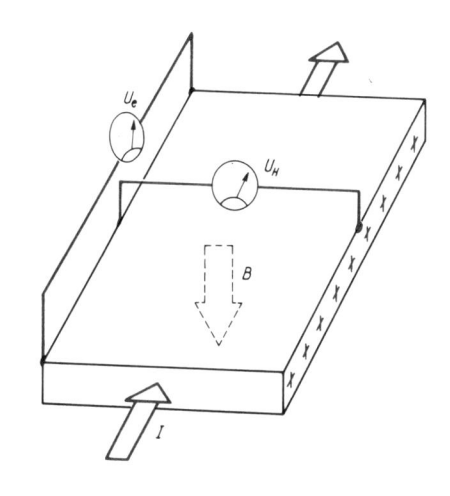

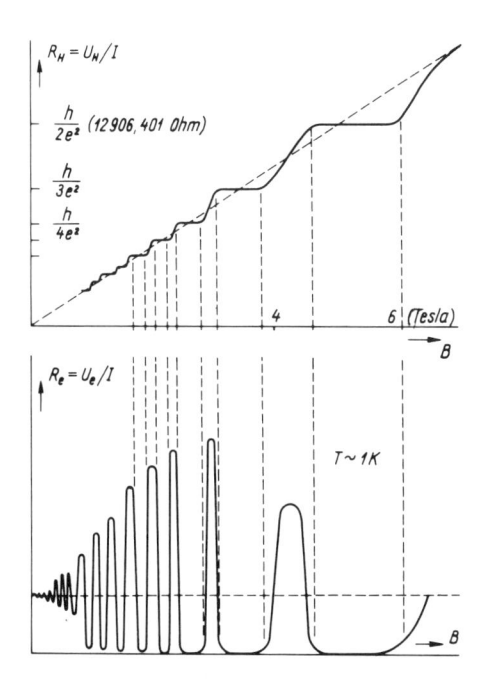

Abbildung 5.4−12
Der Hall-Effekt, 1879 entdeckt von *Edwin Herbert Hall*: Wird ein stromdurchflossener Leiter entsprechend der Abbildung in ein homogenes Magnetfeld gebracht, so entsteht eine Spannung senkrecht zur Feldrichtung und zur Stromrichtug. Der Betrag dieser Hallspannug ist $U_H = C_H B I (1/a)$; C_H ist die Hall-Konstante. Sie hängt mit der Ladungsträgerdichte n im einfachsten Fall wie folgt zusammen: $C_H = 1/nq$; q ist die Ladung der Stromträgerteilchen.

Die Hall-Spannung kommt dadurch zustande, daß die sich in dem Leiter bewegenden Ladungsträger durch die Lorentz-Kraft $q\mathbf{v} \times \mathbf{B}$ abgelenkt werden und sich dann so lange an der seitlichen Begrenzungsfläche anhäufen, bis die Lorentz-Kraft durch das sich so aufbauende elektrische Kraftfeld kompensiert wird. Die Hall-Spannung kann u. a. zur Untersuchung des Leitungsmechanismus von Metallen und Halbleitern, oder zur Messung magnetischer Felder verwendet werden.

Der Gedanke tauchte sehr früh auf (*Landau* 1930), daß unter extremen experimentellen Bedingungen (in der Nähe des absoluten Nullpunktes, in starken Magnetfeldern, in zweidimensionalen Leitern) Quanteneffekte auftreten sollten, wobei der durch die Gleichung $U_H = R_H I$ definierte Hall-Widerstand R_H sich treppenweise mit der Erhöhung der magnetischen Feldstärke ändern müßte.

Das zweidimensionale System kann durch die Flächenschicht zwischen einem Halbleiter und einem Metall verwirklicht werden (*J. R. Schieffer* 1957). Japanische Physiker (*T. Ando* und Mitarbeiter 1975–1981) haben darauf hingewiesen, daß die Quantensprünge in der Leitfähigkeit mit der Größe e^2/h im engsten Zusammenhang stehen. *Klaus von Klitzing* und Mitarbeiter haben 1980 diese Sprünge experimentell nachgewiesen. Dabei hat sich herausgestellt, daß diese Sprünge sehr genau (1 : 10^7) konstant sind; dadurch werden viele theoretische und praktische Anwendungen ermöglicht: genaue Bestimmung der Grundkonstanten, Verwirklichung von Widerstandsnormalien usw.

Röntgenstrahlen, nicht in einem Zusammenhang stehen und die gleichen Ursachen haben könnten. Durch eine Publikation POINCARÉS war diese Meinung ohnehin weitverbreitet. BECQUEREL hat zum Nachweis dieses Zusammenhanges eine sorgfältig in schwarzes Papier eingehüllte Fotoplatte verwendet, auf der auch dann keine Spur einer Belichtung zu bemerken war, wenn sie über mehrere Stunden einer intensiven Sonnenstrahlung ausgesetzt worden war. Auf die derartig verpackte Platte hat er einen Uransalzkristall gelegt, mit dem er schon früher bei seinen Fluoreszenzuntersuchungen experimentiert hatte. Platte und Kristall hat er dann der Sonnenstrahlung ausgesetzt, um das Uransalz zum Fluoreszieren zu bringen.

Nach dem Entwickeln der Fotoplatte stellte BECQUEREL auf ihr eine Schwärzung in der Form des Uransalzkristalles fest. Er glaubte damit seine Annahme, daß die Fluoreszenz mit einer Emission von Röntgenstrahlen einhergeht, als bewiesen ansehen zu können. Überraschend für uns ist, daß

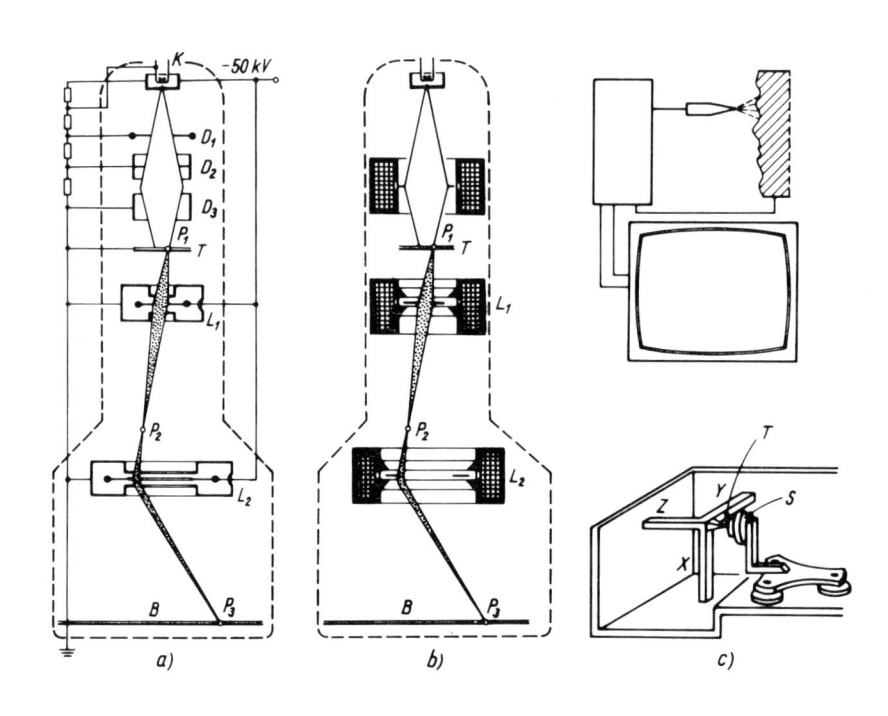

Abbildung 5.4–13a, b, c
Ein Elektronenmikroskop – sei es mit elektrostatischen (*a*) oder mit magnetischen (*b*) Linsen ausgestattet – besitzt noch eine gewisse strukturelle Ähnlichkeit zu einem optischen Mikroskop. Ein STM–Mikroskop (Scanning Tunneling Microscope) ist von grundsätzlich anderer Bauart (*c*).

Die Elektronenmikroskopie im engeren Sinne beginnt mit den Arbeiten von *H. Busch* (1926): Er fand, daß gewisse rotationssymmetrische elektrostatische und magnetische Felder quasioptische Abbildungseigenschaften besitzen.
E. Ruska und *M. Knoll* bauten das erste Elektronenmikroskop mit magnetischen Linsen (1931–1932), *E. Brüche* und *H. Johanson* das erste mit elektrostatischen Linsen (1931); das Auflösungsvermögen des Lichtmikroskops wurde 1934 übertroffen. Zu technischen Geräten wurden die Elektronenmikroskope in Deutschland und auch in anderen Ländern Ende der dreißiger Jahre entwickelt.
Die in den letzten Jahren von *G. Binning* und *H. Rohrer* (IBM Forschungslaboratorium, Zürich) entwickelte STM-Mikroskopie beruht auf dem Tunneleffekt (Abbildung 5.3–23): Durch eine Nadel *N* mit einer Spitze vom Krümmungsradius ~ 1 nm wird die zu untersuchende Fläche *T* abgetastet, wobei die Nadelspitze in einer Entfernung

BECQUEREL in seiner Arbeit einige andere Forscher zitiert, die einen ähnlichen Effekt unter vergleichbaren Bedingungen beobachtet haben wollen. Nach unseren heutigen Kenntnissen kann man diese Beobachtungen jedoch nur auf Meßfehler zurückführen, weil die verwendeten Kristalle keine radioaktiven Stoffe enthalten haben. Wir wissen heute, daß der vermutete Zusammenhang zwischen Fluoreszenz und Röntgenstrahlung nicht existiert und daß die Röntgenstrahlen von den Elektronen ausgehen, die beim Auftreffen auf die Glaswandung des Entladungsrohres abgebremst werden, wobei die Fluoreszenz lediglich eine Begleiterscheinung ist. Bei den heute verwendeten Röntgenröhren werden die Elektronen nicht an der Glaswandung, sondern gewöhnlich beim Auftreffen auf eine Wolfram-Elektrode abgebremst. Die Emission von Röntgenstrahlen ist hier mit keinerlei Fluoreszenzerscheinung verbunden.

Es lohnt sich, hier auf die enorme Entwicklung der experimentellen Anlagen der Kernphysik von den in schwarzes Papier eingewickelten Fotoplatten bis zu den äußerst komplizierten ingenieurtechnischen Höchstleistungen wie den großen Beschleunigern hinzuweisen *(Abbildungen 5.4–14a, b, c, d)*.

Ein zufälliges Ereignis hat dann die Physiker zu der Erkenntnis geführt, daß die Schwärzung der Fotoplatte eigentlich gar nichts mit der Fluoreszenz des Uransalzes zu tun hat.

Wir haben schon erwähnt, daß man es in der Geschichte der Wissenschaften als einen besonders glücklichen Umstand betrachtet, wenn man aus den Werken eines Forschers selbst etwas über die Geburt eines Gedankens und die durchlaufenen Irrwege herauslesen kann. Als ein solches Glück kann man die Tatsache ansehen, daß BECQUEREL so schnell wie möglich selbst halbfertige Ergebnisse publiziert und nicht abgewartet hat, bis alle mit einer Erscheinung in Verbindung stehenden Untersuchungen abgeschlossen waren. So erfahren wir von ihm selbst etwas über die entscheidenden Fortschritte in seinen Erkenntnissen, und das nicht aus seinen Memoiren, sondern aus seinen wissenschaftlichen Arbeiten.

Die Versuche, von denen ich hier berichten möchte, beziehen sich auf die Strahlung, die von Kristallplättchen des Uran-Kalium-Doppelsulfats emittiert wird. Die Phosphoreszenz dieses Stoffes ist sehr intensiv, aber die Nachleuchtzeit nicht länger als eine Hundertstelsekunde. Die charakteristischen Eigenschaften der Lichtemission dieses Stoffes waren früher von meinem Vater untersucht worden, so daß ich Gelegenheit hatte, einige ihrer Besonderheiten näher zu studieren.

Es kann leicht gezeigt werden, daß die Strahlung, die von diesem Stoff emittiert wird, wenn er dem Sonnenlicht oder diffusem Licht ausgesetzt ist, nicht nur einige Lagen schwarzes Papier, sondern auch Metalle durchdringt, z. B. eine Platte oder dünne Schicht aus Aluminium. Ich möchte aber folgende Tatsache betonen, der ich große Bedeutung beimesse und die gänzlich außerhalb des Kreises jener Erscheinungen liegt, deren Beobachtung zu erwarten ist. Dieselben Kristallplättchen, unter denselben Versuchsbedingungen auf die photographische Platte gelegt, abgeschirmt, aber selber von der Einwirkung äußerer Strahlung geschützt, also in völliger Dunkelheit gehalten, *ergeben genau dieselben Wirkungen auf der photographischen Platte.* Ich beschreibe nun, wie ich zu dieser meiner Beobachtung gekommen bin. Ich hatte einige der oben beschriebenen Versuche Mittwoch, den 26., und Donnerstag, den 27. Februar, vorbereitet. Da jedoch an diesen Tagen die Sonne nur zeitweise schien, führte ich die geplanten Versuche nicht aus, sondern legte die Plattenbehälter zurück in eine dunkle Schublade, wobei ich das Uransalz auf ihnen liegen ließ. Da nun die Sonne auch an den folgenden Tagen nicht schien, entwickelte ich am 1. März die photographischen Platten in der Erwartung, sehr schwache Bilder zu bekommen. Im Gegensatz zu meinen Erwartungen, erschienen aber die Silhouetten in sehr großer Intensität. Ich dachte mir sofort, daß die Wirkung auch im Dunkeln auftritt und stellte die darauffolgenden Versuche demgemäß ein...

BECQUEREL: *Sur les radiations invisibles émises par les corps phosphorescents.* Comptes Rendus 1896, *122*, 420–421

5.4.4 Das Ehepaar Curie und Rutherford

Bei den weiteren Untersuchungen, die von BECQUEREL äußerst umsichtig und sorgfältig ausgeführt worden sind, haben dann Irrtum und Zufall keine Rolle mehr gespielt. Im Ergebnis dieser Arbeiten hat er festgestellt, daß das beobachtete Phänomen tatsächlich mit der Fluoreszenz nichts zu tun hat und ausschließlich auf die Anwesenheit des Urans zurückzuführen ist. BECQUEREL hat dann bemerkt, daß die Wirkung des Uransalzes nicht von seinem physikalischen oder chemischen Zustand abhängt und daß die Strahlen, die eine Zeit lang als *Becquerel-Strahlen* bezeichnet wurden, die Luft genauso zu ionisieren vermögen wie die Röntgenstrahlen. Das Interesse BECQUERELS an den Strahlen hat im nächsten Jahr allerdings nachgelassen, und er hat sich dem *Zeeman-Effekt* zugewandt, von dem er sich mehr versprochen hat. Die Fortsetzung seiner Arbeiten hat er seiner Assistentin, MARIE CURIE-SKŁODOWSKA *(Abbildung 5.4–15)* übertragen. Ein entscheidender Schritt war die Ausarbeitung einer Methode zur Messung der Intensität der emittierten Strahlung. Für MARIE CURIE haben ihr Mann, PIERRE CURIE, und sein Bruder, JACQUES CURIE, ein Meßinstrument gebaut, das auf dem damals gerade entdeckten piezoelektrischen Effekt beruhte und mit dessen Hilfe es möglich wurde, die kleinen Stromstärken der durch die Strahlung ionisierten Teilchen zu messen *(Abbildung 5.4–16, Zitat 5.4–1a).*

Nachdem es sich herausgestellt hatte, daß das Phänomen der Radioaktivität (das Wort Radioaktivität wurde zuerst 1898 vom Ehepaar CURIE geprägt) vom Element Uran ausgeht, ist die Frage aufgetaucht, ob auch andere Elemente ähnliche Erscheinungen zeigen können, d. h., ob in der

von ungefähr 1 nm von der Fläche gehalten wird. Der durch den Tunneleffekt ermöglichte Elektronenstrom hängt von der strukturellen Inhomogenität der Fläche ab. Dadurch kann sogar ein dreidimensionales Bild der Fläche auf dem Computerschirm veranschaulicht werden.

Die Bedeutung der Bezeichnungen in der Abbildung: P_1: Objektpunkt; P_2: Zwischenbildpunkt; P_3: Bildpunkt auf einer Photoplatte oder auf einem Leuchtschirm; L_1: Objektivlinse; L_2: Okularlinse; T: Objekt; D_1, D_2, D_3: Kondensorlinsen; N: Metallnadel; T: Objekt; X, Y, Z: Piezoelektrische Stäbe zum Bewegen der Nadel

Zitat 5.4–1a
Wir hatten zur Lösung dieser wichtigen und schweren Aufgabe kein Geld, kein Laboratorium, keine Hilfskräfte zu unserer Verfügung. Wir mußten sozusagen alles aus dem Nichts schaffen. ... Ich kann ohne Übertreibung feststellen, daß es für meinen Mann und mich eine Zeit heroischer Anstrengungen war.

... Und dennoch, die im elenden Hangar verbrachten Jahre waren die besten, glücklichsten, einzig der Arbeit geweihten Jahre unseres Lebens. Oft kam es vor, daß unser Mittagessen an Ort und Stelle zubereitete, denn so mußten wir keine wichtige Arbeit unterbrechen. Manchmal hatte ich von früh bis spät eine kochende Masse umzurühren, mit einer Eisenstange, die kaum kleiner war als ich selbst. Abends war ich dann todmüde.

In vollem Einverständnis mit mir hat *Pierre Curie* davon abgesehen, aus unserer Entdeckung materiellen Nutzen zu ziehen: Wir haben nichts patentiert und haben die Ergebnisse unserer Forscherarbeit ebenso veröffentlicht wie die Methode zur Herstellung des Radiums. Ja, wir haben allen Interessenten jede erbetene Auskunft erteilt. Das kam in bedeutendem Maße der Radiumindustrie zugute, die sich auf diese Weise frei entwickeln konnte, erst in Frankreich, dann im Ausland, während sie den Wissenschaftlern und Ärzten die Präparate lieferte, deren sie bedurften. Diese Industrie benutzt heute noch fast unverändert die von uns festgelegten Verfahren.

Die Menschheit bedarf sicherlich praktischer Naturen, die aus ihrer Arbeit den größten Nutzen zu ziehen suchen und, ohne das Gemeinwohl zu vergessen, auch ihre eigenen Interessen nicht aus den Augen verlieren. Aber sie bedarf auch sicherlich der Träumer, die von der selbstlosen Verfolgung einer Sache so sehr besessen sind, daß sie es nicht vermögen, ihren eigenen materiellen Vorteil wahrzunehmen.

Zweifellos verdienen es diese Träumer nicht, reich zu werden, sie sehnen sich ja gar nicht danach. Dennoch wäre es die Pflicht einer wohl organisierten Gesellschaft, ihnen die Mittel zur Verfügung zu stellen, die sie zur Erfüllung ihrer Aufgaben benötigen. So wären sie der materiellen Sorgen ledig und könnten ihre ganze Zeit der Forschung widmen.

ÈVE CURIE: *Madame Curie*

Natur noch andere radioaktive Elemente vorkommen. Schon bald wurde von M. CURIE festgestellt, daß auch Thorium radioaktiv ist. (Den Ruhm dieser Entdeckung muß Mme. CURIE mit G. K. SCHMIDT teilen.) Zu dieser Zeit hat sich dann auch PIERRE CURIE in die Untersuchungen der Radioaktivität eingeschaltet. In seiner Beharrlichkeit und Strebsamkeit allen Schicksalsschlägen zum Trotz erinnert das Ehepaar CURIE, das 1898 zunächst das Polonium und dann das Radium entdeckte, an die Helden der klassischen Epen.

In einer ihrer Arbeiten des Jahres 1902 drücken sie ihre Auffassungen über die Radioaktivität wie folgt aus:

Wir möchten im folgenden die Vorstellungen darlegen, die unseren Versuchen als Grundlagen dienten. Seit Beginn unserer Forschungen haben wir immer angenommen, die Radioaktivität sei eine *atomare Eigenschaft* der Stoffe; diese Annahme genügte auch, um die Forschungsmethodik zu bestimmen.

Jedes einzelne Atom des radioaktiven Stoffes stellt eine permanente Energiequelle dar. Aufgrund dieser Hypothese können wir zu verschiedenen Folgerungen gelangen, die einer experimentellen Kontrolle unterworfen werden können, ohne daß es nötig wäre, genauer zu umschreiben, woher der radioaktive Stoff seine Energie nimmt.

Versuche vieler Jahre haben gezeigt, daß die Strahlungsaktivität des Urans, des Thoriums, des Radiums und vielleicht auch des Aktiniums strengstens dieselbe bleibt, wenn der radioaktive Stoff in denselben chemischen oder physikalischen Zustand zurückversetzt wird, und daß diese Aktivität sich zeitlich nicht ändert.

Wenn wir versuchen, den Ursprung der Energie der Radioaktivität festzulegen, können wir verschiedene Annahmen machen, die sich jedoch alle um zwei allgemeine Hypothesen herumgruppieren: 1. Jedes radioaktive Atom verfügt in Form von potentieller Energie über die Energie, die es ausstrahlt. 2. Das radioaktive Atom ist ein Mechanismus, der die von ihm ausgestrahlte Energie in jedem einzelnen Moment von außen in sich verdichtet... Nach den Hypothesen der zweiten Gruppe sind die radioaktiven Stoffe im wesentlichen Energieumwandler. Diese Energie kann von der Wärme der Umgebung stammen, was zu deren Abkühlung führen müßte und eine Verletzung des Carnotschen Prinzips darstellen würde. Sie kann aber auch aus unbekannten Quellen stammen, z. B. von Strahlungen, die wir noch nicht kennen. Es ist in der Tat vorstellbar, daß wir noch sehr wenig über das Mittel wissen, das uns umgibt, da unsere Kenntnisse sich auf solche Erscheinungen beschränken, die unmittelbar auf unsere Sinne einwirken.

P. CURIE et Mme S. CURIE: *Sur les corps radio-actifs*. Comptes rendus de l'Académie des Sciences, Paris 1902, 134: 85−87

Diese Meinung ist logisch, nüchtern und wohlabgewogen, ohne phantasielos zu sein. Wir haben dieses Zitat hier eingefügt, um zu zeigen, daß viele Physiker lieber den zweiten Hauptsatz der Thermodynamik aufgegeben hätten als zuzugeben, daß die chemischen Elemente ineinander umwandelbar sein können. Es ist möglich, daß die Ursachen dafür in erster Linie darin zu sehen sind, daß Mme. CURIE Chemikerin gewesen ist. Es blieb dem Physiker RUTHERFORD vorbehalten, das von den Chemikern als unantastbar angesehene Dogma zu durchbrechen.

Wir wollen den Ereignissen hier jedoch nicht vorgreifen. In der Zwischenzeit hatte sich nämlich nicht nur das Ehepaar CURIE mit der Erforschung der radioaktiven Stoffe beschäftigt, sondern auch an sehr vielen anderen Universitäten in Europa und Amerika wurde diese Thematik bearbeitet. Mit bemerkenswerten Vorstudien war auch RUTHERFORD auf dieses Gebiet vorgedrungen. 1896 hatte J. J. THOMSON angefangen, die auf die Wirkung der Röntgenstrahlen zurückgehende Ionisation der Gase zu untersuchen. In diese Untersuchungen hatte sich der junge RUTHERFORD eingeschaltet und 1898 begonnen, die ionisierende Wirkung der *Becquerel-Strahlung* zu studieren. Dabei hat er festgestellt, daß die Strahlung nicht homogen ist und eine ionisierende Komponente hat, die bereits von einer dünnen Papierschicht absorbiert wird und deren Reichweite auch in der Luft nur einige Zentimeter beträgt. Die andere Komponente hat ein sehr viel kleineres Ionisationsvermögen, aber eine wesentlich größere Reichweite. RUTHERFORD hat diese Strahlen ohne weitere Begründung nach den ersten Buchstaben des griechischen Alphabets als α- und β-Strahlen bezeichnet. Wir wollen an dieser Stelle noch hinzufügen, daß VILLARD 1900 eine dritte Form der Strahlen, die γ-Strahlen, entdeckt hat, die eine weitaus größere Reichweite

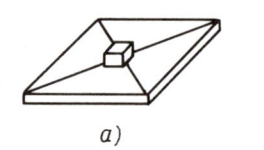

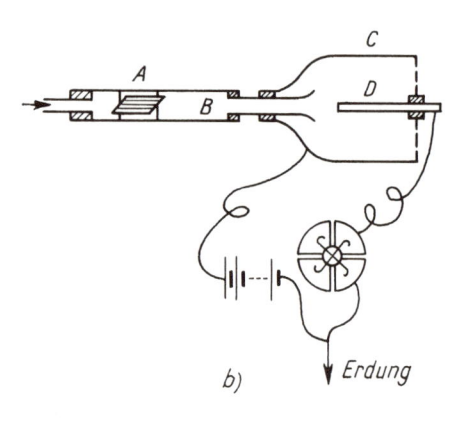

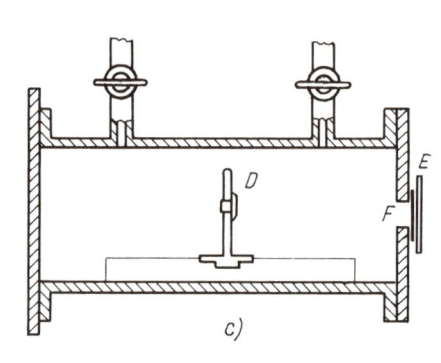

Abbildung 5.4−14
Die Entwicklung der kernphysikalischen Versuchstechnik
 a) In schwarzes Papier eingehüllte Fotoplatte mit daraufliegendem Uransalzkristall (*Becquerel*, 1896)
 b) Die mit dieser Apparatur gewonnenen Meßergebnisse haben den ersten Anstoß zur Formulierung des Zerfallsgesetzes gegeben (*Rutherford*, 1900)
 c) Rutherfords Anlage zur „Atomzertrümmerung" (1919)
 d) Cockcroft und *Walton* haben 1932 als erste

(Durchdringungsvermögen) als die β-Strahlen haben *(Abbildung 5.4−17)*. Im weiteren haben die Untersuchungen dann das Ziel gehabt, das Wesen dieser Strahlen aufzufinden. BECQUEREL, der wieder zu seiner alten Thematik zurückgekehrt war, hat gezeigt, daß die β-Strahlen von korpuskularer Natur sind und eine negative Ladung tragen. Nachdem der Quotient ihrer Ladung zu ihrer Masse bestimmt worden war, konnte man sie mit den Elektronen identifizieren, die vor nicht allzu langer Zeit entdeckt worden waren. Die Identifizierung der α-Strahlen war nicht so einfach. 1902 ahnte RUTHERFORD bereits, daß die α-Strahlen aus zweifach ionisierten Heliumatomen bestehen; den endgültigen Beweis hat er jedoch erst im Jahre 1909 erbracht *(Abbildungen 5.4−18, 5.4−19)*.

1903 hat man dann auch die Menge der freigesetzten Energie untersucht. RUTHERFORD und SODDY haben diese Größe theoretisch abgeschätzt, während P. CURIE und A. LABORDE experimentell ermittelten *(Zitat 5.4−1 b)*, daß ein Gramm Radium eine − wie zu dieser Zeit angenommen wurde − zeitlich konstante Leistung von 880 kcal/Jahr abgibt. Die Frage nach der Quelle dieser ungewöhnlich großen Energie blieb dabei völlig offen.

Um zu erkennen, daß die radioaktiven Phänomene mit einer Umwandlung der Elemente verknüpft sind, mußte experimentell gefunden werden, daß die These von der zeitlichen Konstanz der Radioaktivität nicht aufrechtzuerhalten ist. Ein Verdacht in dieser Richtung muß schon dem Ehepaar CURIE gekommen sein, da wir in einer Fußnote zu der soeben zitierten Arbeit lesen, daß das von ihnen gerade erst entdeckte neue Element Polonium die vorausgesetzte Konstanz anscheinend nicht zeigt. Auch RUTHERFORD hat schon im Jahre 1899 über eine solche Beobachtung berichtet. Gemeinsam mit seinem Mitarbeiter OWEN hatte er die Radioaktivität des Thoriums mit der gleichen Methode untersucht, die auch bei der Untersuchung der Radioaktivität des Urans verwendet worden war. Dabei hat OWEN wahrgenommen, daß sich die Intensität der vom Thorium emittierten Strahlung auch dann ändert, *wenn die Labortür geöffnet wird*. Es wurde bald eine Kernreaktion mit einer Versuchsanlage herbeigeführt, die zu der oben abgebildeten ähnlich war. Sie waren damit nicht mehr auf die von den natürlichen radioaktiven Stoffen emittierten Geschoßteilchen angewiesen

Abbildung 5.4−15
Das bekannteste Mitglied der Familie *Curie,* MARIE CURIE-SKŁODOWSKA (1867−1934): geboren in Warschau, kam 1891 nach Paris. Studium der Physik und der Mathematik an der Sorbonne. 1895: Eheschließung mit *Pierre Curie.* Zunächst Assistentin bei *Becquerel,* dann bei ihrem Mann. 1906 − nach dem Tode ihres Mannes − Professor.

1898 entdeckte sie gemeinsam mit ihrem Mann das Polonium und das Radium. 1910: Herstellung metallischen Radiums; 1903: Nobelpreis für Physik gemeinsam mit ihrem Mann und *Becquerel,* 1911: Nobelpreis für Chemie allein erhalten.

PIERRE CURIE (1859−1906): neben seinen Untersuchungen auf dem Gebiet der Radioaktivität hat er bedeutende Beiträge zur Piezoelektrizität (1880) und zur Temperaturabhängigkeit der magnetischen Permeabilität (Curie-Gesetz, Curie-Punkt) erbracht. Hinsichtlich ihrer wissenschaftlichen Tätigkeit und ihrer allgemeinmenschlichen Haltung können beide *Curies* heute und zukünftig als Vorbild für junge Wissenschaftler dienen. Ihre Tochter *Irène Joliot-Curie* (1897−1956), hat an der Sorbonne studiert und dann am Radium-Institut gearbeitet. 1926: Eheschließung mit *F. Joliot;* von diesem Zeitpunkt an haben beide nahezu alle Untersuchungen gemeinsam ausgeführt. Ab 1937 Professor an der Sorbonne und von 1948 bis zu ihrem Tode Leitung des Radium-Instituts. Ihr Mann, *Frederic Joliot-Curie* (1900−1958): Studium der Physik und der Chemie; Erwerb eines Ingenieur-Diploms. Ab 1925 Arbeit am Radium-Institut; ab 1935 Professor zunächst an der Sorbonne, dann am Collège de France. 1932 waren er und seine Frau nahe daran, das Neutron zu entdecken. 1933 haben beide die Paarerzeugung sowie die Annihilationsstrahlung untersucht und 1934 die künstliche Radioaktivität entdeckt. 1939: intensive Arbeit an den Untersuchungen der Kernspaltung, wobei sie die Möglichkeit der Freisetzung der Kernenergie im großen Maßstabe erkannt haben. Rege Teilnahme am öffentlichen Leben: *Joliot-Curie* war in der Widerstandsbewegung tätig und wurde später Präsident des Weltfriedensrates

Abbildung 5.4–16
Faksimile-Auszug: Zwei Seiten aus dem Buche von *M. Curie Recherches sur les substances radioactives*, das 1905 erschienen ist und ihre Habilitationsthesen enthält. Es sind zu sehen: *a)* Eine Apparatur zur Messung der Intensität der Ionisation, gebaut von *Pierre* und seinem Bruder *Jacques Curie*, sie beruht auf piezoelektrischen Effekten. *b)* Messung der bei radioaktiven Umwandlungen freigesetzten Wärme. In den von uns unterstrichenen Zeilen steht zu lesen, daß diese Wärme wesentlich größer ist als alle bisher bekannten Reaktionswärmen

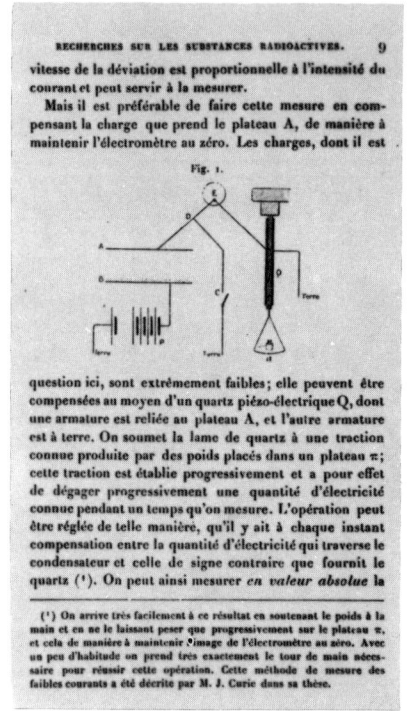

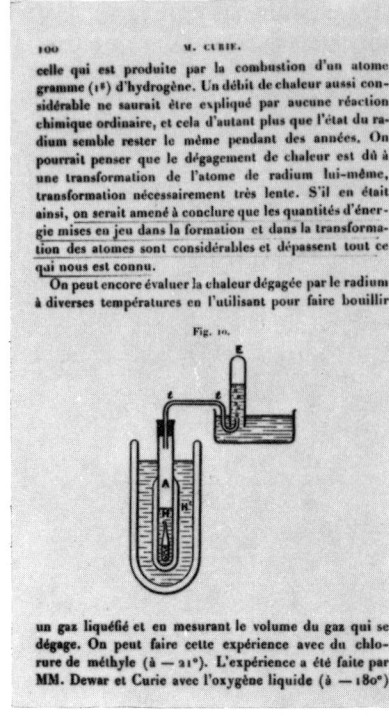

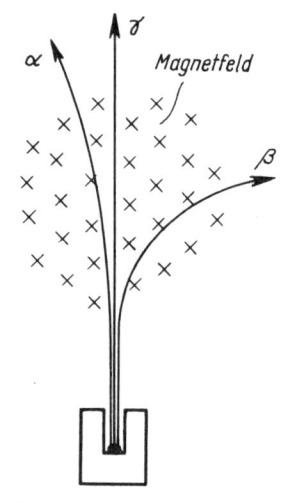

Abbildung 5.4–17
Rutherford und *Villard* haben festgestellt, daß von den radioaktiven Substanzen drei Strahlenarten mit unterschiedlichem Durchdringungsvermögen emittiert werden

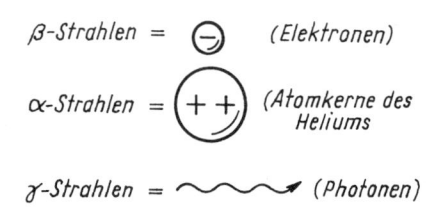

Abbildung 5.4–18
In den ersten Jahrzehnten des 20. Jahrhunderts wurde die Natur der von den radioaktiven Substanzen emittierten Strahlen geklärt

gefunden, daß dafür wahrscheinlich eine Luftströmung verantwortlich ist. Dieses Phänomen hat RUTHERFORD auf die Idee gebracht, die Radioaktivität der über das Thoriumpräparat hinwegströmenden Luft zu untersuchen, wobei er festgestellt hat, daß diese Radioaktivität sehr schnell verschwindet. RUTHERFORD hat dann die Abhängigkeit der Strahlungsintensität von der Zeit untersucht und ist dabei als erster auf die exponentielle Gesetzmäßigkeit des radioaktiven Zerfalls gestoßen *(Abbildung 5.4–20)*. Das vom Thorium in die Luft austretende Gas wurde von RUTHERFORD als Emanation und später dann im Unterschied zur Radium-Emanation als Thorium-Emanation bezeichnet. Mit den Hilfsmitteln der Chemie nach dem Ursprung der Emanation suchend, sind RUTHERFORD und SODDY schließlich zur Erkenntnis gelangt, daß die radioaktive Strahlung von einer chemischen Umwandlung des Elements begleitet wird. Aus dem *Zitat 5.4–2* können wir ersehen, wie vorsichtig beide ihre Ergebnisse formuliert haben.

In den ersten Jahren des 20. Jahrhunderts hat sich also unter den Forschern ein im großen und ganzen richtiges Bild über die Radioaktivität durchgesetzt. Die Natur der Strahlung war bekannt, und man wußte, daß α-Strahlen aus Ionen mit einer positiven Ladung bestehen, wobei man sogar vermutete, daß diese Ionen Helium-Ionen sind. Die β-Strahlen waren als Elektronenstrahlen identifiziert worden, und schließlich hat man geahnt, daß die γ-Strahlen den Röntgenstrahlen verwandt sind. Man hat auch gewußt, daß ein Element in einem bestimmten Akt entweder nur α- oder nur β-Strahlen emittiert und daß sich die Atome bei der Emission dieser Strahlung chemisch umwandeln. Das Zerfallsgesetz war bereits aufgestellt und der Begriff der Halbwertszeit des Zerfalls eingeführt worden. Man darf aber nicht vergessen, daß diese Beobachtungen noch nicht kernphysikalisch gedeutet worden sind, weil vom Atom noch nicht bekannt war, daß es aus einem zentralen Kern und einer Hülle besteht. Für nahezu das gesamte folgende Jahrzehnt hat die größte Schwierigkeit darin bestanden, die im Ergebnis eines komplizierten Umformungsprozesses entstehenden und sich als chemisch ununterscheidbar erweisenden Stoffe im Periodensystem unterzubringen. Es war auch offen, inwieweit diese Stoffe, die unterschiedliche radioaktive Eigenschaften haben, wirklich chemisch gleich sind und bei jeder chemischen Reaktion sich gleich verhalten. Die endgültige Beantwortung dieser Frage verdanken wir wieder SODDY, der den Begriff des Isotops eingeführt und den Isotopen eines Elements im Periodensystem den gleichen Platz zugewiesen hat. Die Isotope haben die gleichen chemischen Eigenschaften, unterscheiden sich aber im übrigen z. B. hinsichtlich ihrer radioaktiven Strahlung. SODDY und FAJANS haben das nach ihnen benannte Verschiebungsgesetz aufgestellt, nach dem beim α-Zerfall das Zerfallsprodukt im Periodensystem zwei Spalten weiter links zu finden ist als das Ausgangselement und sich das Atomgewicht um vier Einheiten verringert. Beim β-Zerfall steht das Zerfallsprodukt im Periodensystem eine Spalte weiter rechts, und das Atomgewicht ändert sich nicht *(Abbildung 5.4−21)*.

Weiter hat sich herausgestellt, daß sich die Isotope, d. h. die chemisch gleichen Elemente, vor allem in ihrem Atomgewicht, das wir heute auch als Massenzahl bezeichnen, unterscheiden. Das *Verschiebungsgesetz von* SODDY *und* FAJANS hat sich dann widerspruchsfrei in das Bild von der Struktur des Atoms eingefügt, das auf der Grundlage der Arbeiten von RUTHERFORD, MOSELEY und BOHR entstanden ist *(Abbildung 5.4−22)*.

An der Untersuchung der Phänomene der natürlichen Radioaktivität haben sich neben den Forschern, die in diesem Zusammenhang meist genannt werden, auch sehr viele andere Physiker und Chemiker beteiligt, von denen in den Lehrbüchern heute nichts mehr zu lesen ist. Unter ihnen begegnen wir auch zwei Namen, die dreißig Jahre später dann berühmt geworden sind: OTTO HAHN und LISE MEITNER. HAHN hat neben seinen Arbeiten auf dem Gebiet der Chemie 1907 zusammen mit SCHMIDT und MEITNER Experimente zur β-Strahlung ausgeführt und bemerkt, daß diese nicht mit einer bestimmten Energie, sondern mit einer stetigen Energieverteilung aus dem Kern austritt. Diese Tatsache hat lange keine theoretische Deutung gefunden; eine Erklärung konnte erst 1932 von FERMI gegeben werden.

5.4.5 Das Rutherford-Bohrsche Modell zeichnet sich ab

Im Abschnitt 4.6.5. wurde bereits der Streuversuch erwähnt, der RUTHERFORD 1911 zu seinem Atommodell geführt hat. In diesem Modell besteht das Atom aus einem zentralen Kern und den um den Kern kreisenden Elektronen. In der Abbildung 4.6−16 ist die von RUTHERFORD benutzte Versuchsanordnung dargestellt. Zur Bestimmung der Winkelverteilung der gestreuten α-Teilchen wurde die Zahl der auf einem Szintillationsschirm auftreffenden α-Teilchen bei unterschiedlichen Winkelstellungen des Schirms bestimmt. Wie wir schon erwähnt haben, hat CROOKES 1903 festgestellt, daß die α-Teilchen beim Auftreffen auf einem Zinksulfidschirm (und zwar jedes α-Teilchen für sich) Lichtblitze auslösen. Diese Lichtblitze kann man mit dunkeladaptiertem Auge unter Zuhilfenahme eines Mikroskops wahrnehmen. Sie erwecken den Eindruck von Sternen, die an einem dunklen Himmel hie und da in unregelmäßigen zeitlichen Abständen aufleuchten. Jedermann, der diese sogenannten Szintillationen zum ersten Mal sieht, ist von dieser Abbildung des atomaren Geschehens tief beeindruckt, und es ist kein Wunder, daß − wie wir schon berichtet haben − MACH unter dem Eindruck dieses Schauspiels in das Lager der Anhänger der Atomistik hinübergewechselt ist. Wir merken hier noch an, daß OSTWALD hingegen sich erst von den Untersuchungen PERRINS „bekehren" ließ.

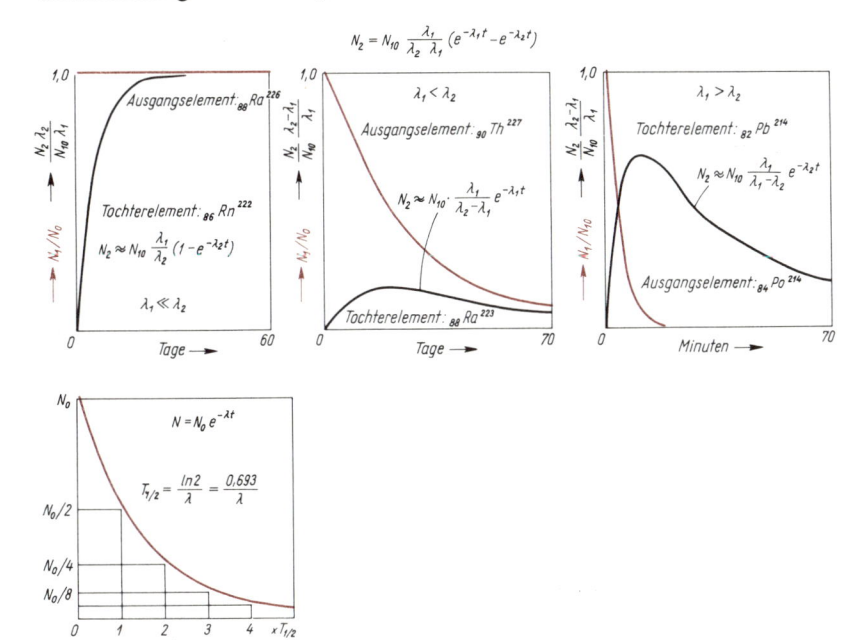

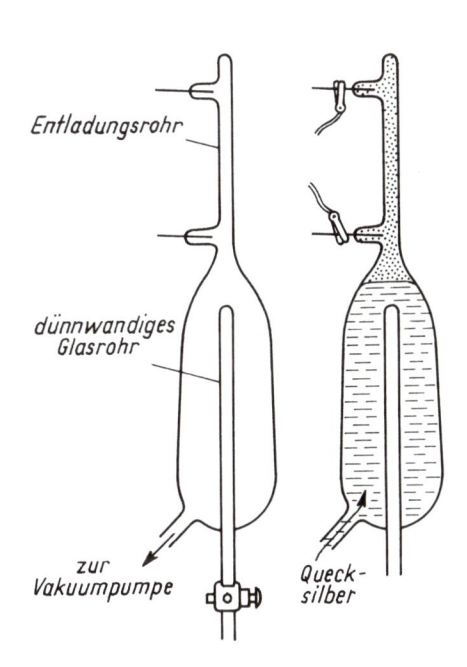

Abbildung 5.4−19
Der Rutherfordsche Versuch, mit dem überzeugend nachgewiesen werden konnte, daß die α-Teilchen tatsächlich Heliumatomkerne sind: Die α-Teilchen durchdringen die dünne Glaswand des inneren Gefäßes, das die radioaktive Substanz einschließt, werden dann im äußeren Gefäß als He-Atome aufgefangen und schließlich in einem Entladungsrohr komprimiert. Aus dem Gasentladungsspektrum kann auf das Vorhandensein von Helium geschlossen werden [0.1]

Abbildung 5.4−20
Das Exponentialgesetz des radioaktiven Zerfalls wurde zuerst in einem von *Rutherford* 1900 geschriebenen Artikel in der Form $\frac{dn}{dt} = -\lambda n$; $n = N e^{-\lambda t}$ dargestellt. Aus der Zerfallskonstanten λ ergibt sich die Halbwertszeit über die Beziehung $T = \ln 2/\lambda = 0{,}639/\lambda$.

Ist die radioaktive Substanz (Tochterelement) selbst Zerfallsprodukt einer andern radioaktiven Substanz (Ausgangselement), dann hängt die Änderung ihrer Teilchenzahl u. a. von dem Verhältnis der Halbwertszeiten der Zerfälle ab

Zitat 5.4 – 1b
Wir haben entdeckt, daß Radiumsalze dauernd Wärme entwickeln.

Es zeigt nämlich ein thermoelektrisches Eisen-Konstantan-Thermometer, dessen eine Lötstelle von radiumhaltigem Bariumchlorid, die andere von reinem Bariumchlorid umgeben ist, eine Temperaturdifferenz zwischen diesen beiden Stoffen an.

Zu den Versuchen haben wir zwei identische kleine Behälter benutzt; einer von ihnen enthielt 1 g radiumhaltiges Bariumchlorid, davon – dem Gewicht nach – etwa ein Sechstel Radiumchlorid, der andere reines Bariumchlorid. Die Lötstellen des Thermoelements waren in der Mitte des einen bzw. des anderen Behälters untergebracht, wo sie vollständig von dem Füllmaterial umgeben waren. Die kleinen Behälter befanden sich – isoliert in Luft – innerhalb von zwei gleichen größeren Behältern, die ihrerseits zusammen in einem dritten, thermisch isolierten Gefäß untergebracht waren. Die Temperatur in letzterem war im wesentlichen gleichförmig.

Unter solchen Umständen wären Temperaturschwankungen der Umgebung von den beiden Lötstellen gleichermaßen empfunden worden und hätten die Anzeige des Thermoelements nicht beeinflußt.

Auf diese Weise gemessen, haben wir eine Temperaturdifferenz von 1,5° zwischen dem radiumhaltigen Bariumchlorid und dem reinen Bariumchlorid gefunden, und zwar hatte das radiumhaltige Salz die höhere Temperatur.

Wir haben auch versucht, die vom Radium innerhalb einer bestimmten Zeit entwickelte Wärmemenge quantitativ zu bestimmen.

Ein Gramm Radium entwickelt stündlich eine Wärmemenge der Größenordnung 100 kleiner Kalorien.

Ein Grammatom Radium (225 g) würde stündlich 22 500 Kalorien entwickeln, d. h. größenordnungsmäßig ebensoviel wie die Verbrennung eines Grammatoms Wasserstoff in Sauerstoff ergibt.

Eine andauernde Entwicklung solcher Mengen von Wärme kann mit den uns vertrauten chemischen Umwandlungen nicht erklärt werden. Wenn wir den Ursprung der Wärmeentwicklung in einer inneren Umwandlung suchen, muß diese von einer viel tiefergreifenden Natur sein und einer Umwandlung des Radiumatoms zuzuschreiben sein. Allerdings geht diese Umwandlung, wenn überhaupt, außerordentlich langsam vor sich. Es zeigen sich nämlich selbst über Jahre hin keine wesentlichen Änderungen in den Eigenschaften des Radiums, und *Demarçuay* hat keinerlei Unterschiede im Farbspektrum ein und desselben Radiumchloridpräparats gefunden, während er es in Abständen von 5 Monaten untersuchte.

Wenn sich obige Annahmen als richtig erweisen, muß die bei der Umwandlung des Atoms freigesetzte Energie außerordentlich groß sein.

Die Annahme einer andauernden Umwandlung des Atoms ist nicht die einzig mögliche Erklärung für die vom Radium entwickelte Wärme. Diese Wärmeentwicklung kann auch damit erklärt werden, daß das Radium eine äußere Energie unbekannter Natur nutzt.

P. CURIE – A. LABORDE: *Sur la chaleur dégagée spontanément par les sels de radium.* Comptes Rendus 1903

Zitat 5.4 – 2
Wir sind so zu der Auffassung gelangt, daß die Radioaktivität einerseits ein Atomphänomen ist, gleichzeitig aber auch eine Begleiterscheinung einer chemischen Umwandlung, in der neue Stoffarten entstehen. Diese beiden Annahmen zwingen uns zu dem Schluß, daß die Radioaktivität eine Begleiterscheinung einer inneratomaren chemischen Umwandlung ist.

Wir haben nicht den geringsten Grund anzunehmen, daß das Uran oder Thorium nicht ebenso homogen ist – homogen im alltäglichen Sinne des Wortes – wie irgend ein anderes chemisches

Das Betrachten der Lichtblitze vermittelt zwar ein großes Erlebnis, aber wir wollen auch daran denken, wie ermüdend es sein kann, eine längere Zeit hindurch, ja sogar Monate oder Jahre lang, Untersuchungen in einem verdunkelten Raum ausführen und sich auf das Zählen schwacher Lichtblitze konzentrieren zu müssen. Die Eintönigkeit dieser Forschungsarbeiten wird gemildert, wenn man sie mit RUTHERFORD gemeinsam ausführen und die Leerlaufzeiten beim Dunkeladaptieren zu einem fruchtbringenden wissenschaftlichen Meinungsaustausch benutzen kann. Es wundert uns nicht, daß sich sowohl RUTHERFORD als auch sein Mitarbeiter GEIGER darum bemüht haben, das Abzählverfahren zu mechanisieren. So ist 1913 das *Geigersche Zählrohr* entstanden, dessen vervollkommnete Variante, das *Geiger-Müller-Zählrohr*, nach 1928 zu einem der wichtigsten Hilfsmittel der Teilchenforschung überhaupt wurde *(Abbildungen 5.4 – 23a, b).*

Mit der Entdeckung der Isotopie ist ein alter Gedanke, der im wesentlichen bereits hundert Jahre zuvor von WILLIAM PROUT (1785 – 1850) geäußert worden war, wieder zum Leben erweckt worden. Nach dieser Hypothese sollte sich der Atomkern eines beliebigen Elements aus Atomkernen des Wasserstoffatoms aufbauen lassen. Wie wir wissen, wurden die z. T. beträchtlichen Abweichungen der Atomgewichte von den geforderten nahezu ganzzahligen Werten zum entscheidenden Einwand gegen diese Hypothese. Wenn ein Element aber ein Isotopengemisch ist, dann kann sich ein beliebiger Wert zwischen zwei ganzen Zahlen auf natürliche Weise ergeben. Die Existenz radioaktiver Isotope konnte experimentell nachgewiesen werden; die Frage aber, ob auch andere Elemente mehrere stabile Isotope haben können, war noch offen. J. J. THOMSON hat 1913 das Gas Neon, dessen Atomgewicht mit 20,2 beachtlich von einem ganzzahligen Wert abweicht, mit seiner Parabelmethode untersucht. Dabei hat er tatsächlich eine Parabel gefunden, die dem Atomgewicht 22 entspricht; er war aber selbst nicht allzu überzeugt davon, daß diese Parabel zu einem Neon-Isotop gehört und hat sie einer Neonverbindung zugeschrieben. Sein Mitarbeiter ASTON hingegen hat die Isotopenvorstellung ernst genommen und sogar versucht, mit der Diffusionsmethode, die später zu großer Bedeutung gelangt ist, dieses Isotop im Neon anzureichern. Der Versuch ist ihm geglückt, und er hat nach der Anreicherung im Massenspektrometer eine wesentlich intensivere Linie erhalten, ohne daß sich im optischen Spektrum des Gases im Vergleich zum üblichen Neon-Spektrum etwas geändert hätte.

In den folgenden fünf Jahren hat ASTON das Periodensystem durchgemustert und dabei die sogenannte *Astonsche Ganzzahlregel* aufgestellt. Nach dieser Regel liegen die Atomgewichte sehr nahe bei ganzen Zahlen.

Unter den Physikern existierte 1913 die folgende Vorstellung von den Atomen: Das Atom besteht aus einem zentralen Teil, dem Atomkern, und aus den um diesen Kern kreisenden Elektronen, für die die Bezeichnung Atomhülle oder Atomperipherie gebräuchlich ist. Im neutralen Atom stimmt die Zahl der Elektronen mit der Ordnungszahl, die den Platz des Atoms im Periodensystem festlegt, überein. Die Ordnungszahl wird im allgemeinen mit Z bezeichnet, und so ergibt sich die positive Ladung des Atomkerns zu $+Ze$, wobei e die Ladung eines Elektrons ist. Bezeichnen wir die dem Atomgewicht nächstliegende ganze Zahl als Massenzahl (das dafür übliche Symbol ist A), dann müßte ein Atomkern der Masse A gerade A Wasserstoffkerne enthalten, wenn wir uns tatsächlich die Kerne aller Elemente aus Wasserstoffkernen aufgebaut denken können. Die Gesamtladung dieses Kerns wäre aber nicht $+Ze$ sondern $+Ae$. Wir können uns jedoch vorstellen, daß wir zu jedem der $(A-Z)$ überschüssigen Protonen ein Elektron hinzufügen, um die Protonenladung zu kompensieren. Auf diese Weise müßte der Kern aus Z Protonen und aus $(A-Z)$ Elektron-Proton-Paaren bestehen. (Wir wollen hier noch anmerken, daß RUTHERFORD 1920 die Bezeichnung Proton für den Kern des Wasserstoffatoms vorgeschlagen hat.)

Von dieser Zeit an können wir Kernphysik und Physik der Atomhülle als verschiedene Zweige der Physik ansehen. Die chemischen Prozesse sowie die Spektren werden durch Zahl und Anordnung der äußeren Elektronen bestimmt, während die radioaktiven Phänomene mit einer Änderung der Struktur des Atomkerns einhergehen.

Da beim β-Zerfall Elektronen aus dem Atomkern emittiert werden, schien die Annahme naheliegend zu sein, daß im Atomkern Proton-Elektron-Paare vorhanden sein müssen. Heute wissen wir schon, daß diese Schlußfolgerung, so sehr sie auch zwingend erscheint, doch falsch ist. Wir können aber leicht ermessen, in welchem Maße FERMI zwei Jahrzehnte später die Vorstellungen über den Atomkern verändert hat, als er es wagte zu behaupten, daß der Atomkern *keine* Elektronen *enthält*, sondern daß diese erst beim Zerfallsprozeß *entstehen*. In der Atomhülle können wir etwas Ähnliches beobachten: Auch das Photon ist kein Bestandteil der Atomhülle, sondern entsteht erst beim Übergang des Atoms von einem Energiezustand in einen anderen.

RUTHERFORD hat bereits vermutet und 1920 diese Vermutung geäußert, daß die Kopplung zwischen Proton und Elektron im Kern ganz anders beschaffen sein muß als im Wasserstoffatom. Nach seiner Meinung sollte sie so stark sein, daß das Proton-Elektron-Paar ein einziges neutrales Teilchen bildet. RUTHERFORD hat folglich geahnt, daß das Neutron existieren müßte, wobei jedoch auf einen unmittelbaren Nachweis dieses Teilchens gerichteten Versuche zunächst erfolglos geblieben sind. Wie wir im folgenden noch sehen werden, konnte CHADWICK erst 1932 mit der Deutung einer Versuchsreihe ganz anderer Art das (freie) Neutron entdecken.

5.4.6 Die erste künstliche Kernreaktion

In den auf das Jahr 1913 folgenden zwei Jahrzehnten haben die *Bohrsche Quantentheorie* und dann die Quantenmechanik im Mittelpunkt des Interesses gestanden. Aber auch RUTHERFORD hat in dieser Zeit nicht geruht und 1919 zum erstenmal eine künstliche Umwandlung eines Elements (Kernumwandlung) ausgeführt. Indem er die α-Strahlen natürlicher radioaktiver Stoffe als Geschosse verwendete, hat er gefunden, daß die Heliumkerne der α-Strahlen auf ihrem Wege durch die Luft bei einem zufälligen Auftreffen auf einen Stickstoffkern aus diesem einen Wasserstoffkern (Proton) herausschlagen (Abbildung 5.4–14c). Erst 1923 ist es BLACKETT gelungen, dieses Ereignis in einer *Wilson-Kammer* photographisch festzuhalten *(Abbildung 5.4–24)* und eindeutig nachzuweisen, daß der Heliumkern nicht nur ein Proton aus dem Stickstoffkern herausschlägt, sondern sich selbst an ihn anlagert. RUTHERFORD hat somit die folgende Kernreaktion zustande gebracht:

$$_2He^4 + {}_7N^{14} = {}_8O^{17} + {}_1H^1.$$

Außerdem hat er gefunden, daß die Energie des entstehenden Protons größer ist als die Energie des Heliumkerns, der die Reaktion auslöst, und daß folglich bei der Kernumwandlung Energie frei wird.

Nach dieser Entdeckung setzte weltweit eine Suche nach Kernreaktionen an verschiedenen Substanzen ein, wobei zur Auslösung die natürliche radioaktive Strahlung verwendet wurde. Es wurden Methoden ausgearbeitet, die Energie der Strahlung mit Hilfe unterschiedlicher Bremsmedien auf definierte Weise herabzusetzen, um so die „Resonanzfunktion" aufnehmen zu können, aus der sich Informationen über die inneren Energiezustände der Atomkerne erhalten lassen. Diese Versuche sind zwar nicht besonders spektakulär; mit ihnen wurden jedoch mit großem Fleiß zahlreiche Daten zusammengetragen, die sich auf die Struktur des Atomkerns beziehen.

5.4.7 Die Quantenmechanik kann auch auf die Erscheinungen der Kernphysik angewendet werden

Wie wir gesehen hatten, war die Quantenmechanik in erster Linie zur Deutung der mit der Atomhülle im Zusammenhang stehenden Erscheinungen geschaffen worden und hat dort auch ihre größten Erfolge gehabt; es war jedoch unklar, ob sie zur Erklärung der kernphysikalischen Phänomene herangezogen werden konnte. In dieser Hinsicht ist die Gamowsche Theorie des α-Zerfalls von großer Bedeutung. Nach GAMOW sollen sich die α-Teilchen im Inneren des Atomkerns wie in einem Potentialtopf auf bestimmten Energieniveaus befinden *(Abbildung 5.4–25)*. Nach den Regeln der klassischen Mechanik kann ein Teilchen mit einer solchen Energie nicht aus dem Atomkern herausgelangen, während nach der Quantenmechanik der *Tunneleffekt* dem Teilchen mit einer bestimmten Wahrscheinlichkeit ein

---

Element, zumindest solange vom Wirken uns bekannter Kräfte die Rede ist. Der Gedanke, daß das chemische Atom in gewissen Fällen spontan zerfällt, wobei Energie freigesetzt wird, ist an sich mit nichts in Widerspruch, was wir vom Atom wissen. Es gehören nämlich die Ursachen, die zum Zerfall führen, vorläufig nicht zu jenen, die wir beeinflussen können, wogegen die allgemein zur Kenntnis genommene Stabilität des chemischen Atoms nur auf solchen Kenntnissen beruht, die wir bezüglich der uns zur Verfügung stehenden Kräfte erworben haben.

Es ist eine interessante Tatsache, daß die radioaktiven Elemente alle am Ende des Periodensystems zu finden sind. Wenn wir annehmen, daß Radium das bisher fehlende zweite höhere Homolog des Bariums ist, so sind die bekannten Beispiele – Uran, Thorium, Radium, Polonium (Wismut) und Blei – die fünf Elemente mit dem größten Atomgewicht. Wir können vorläufig nichts über den Mechanismus der Umwandlung aussagen, aber – was auch immer schließlich der endgültig eingenommene Standpunkt sein wird – es scheint die Hoffnung berechtigt zu sein, daß die Radioaktivität uns das Mittel liefert, Kenntnisse über die sich innerhalb des Atoms abspielenden Prozesse zu erlangen.

E. RUTHERFORD – F. SODDY: *The Radioactivity of Thorium Compounds II.* Journal of the Chemical Society 1902

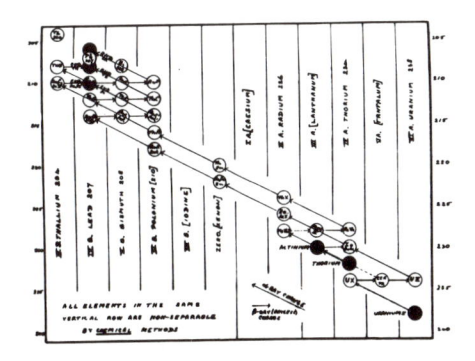

Abbildung 5.4–21
Eine Abbildung aus einer Arbeit *Soddys* vom Jahre 1913, mit der das Verschiebungsgesetz illustriert werden soll

1920

Peripherie: Z Elektronen
Kern: A Protonen
A–Z Elektronen

1932

Peripherie: Z Elektronen
Kern: Z Protonen
N = A – Z Neutronen

Abbildung 5.4–22
Der Aufbau eines Atoms der Ordnungszahl Z und der Massenzahl A nach den Auffassungen der Physiker in den Jahren 1920 bzw. 1932 (letztere unverändert bis heute gültig)

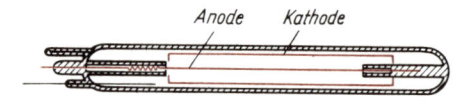

Abbildung 5.4–23a
Das Geiger-Müller-Zählrohr. Zwischen Anode und Kathode liegt eine Spannung der Größenordnung 1 000 V. Die beim Durchgang eines Teilchens auftretende Ionisation reicht aus, um eine elektrische Gasentladung auszulösen und damit seine Registrierung zu ermöglichen.

Hans Geiger (1882–1945) hat als weiteres bedeutendes Forschungsergebnis die nach ihm und *Nuttall* benannte Regel über den Zusammenhang zwischen Halbwertszeit und Energie beim α-Zerfall gefunden

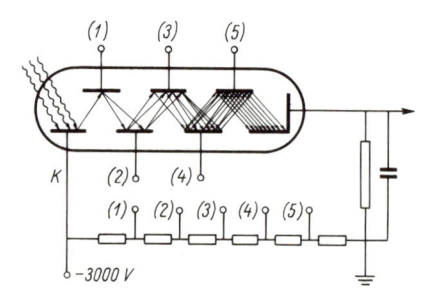

Abbildung 5.4–23b
Teilchenzähler eines anderen Typs (Szintillationszähler) registrieren die Lichtblitze, die energiereiche Teilchen auslösen, wenn sie auf gewisse feste oder flüssige (im Prinzip auch gasförmige) Stoffe fallen, so z. B. auf einen Natriumjodidkristall, der mit Thallium aktiviert ist (NaI[Th]).
Mit einem weiteren Typ (Tscherenkow-Zähler) wird die Lichtemission (Tscherenkow-Strahlung) sehr schneller geladener Teilchen in durchsichtigen Stoffen nachgewiesen.
In beiden Zählertypen werden Sekundär-Elektronen-Vervielfacher (SEV) verwendet, aus deren Photokathoden (Elektroden mit einem Belag, z. B. aus Cäsium und Antimon) Elektronen freigesetzt werden. Die Zahl dieser Photoelektronen vervielfacht sich in einem Elektrodensystem durch Sekundär-Elektronen-Emission. Idee und frühe (1938) Anwendung von SEV zur Teilchenzählung sind ZOLTÁN BAY (geb. 1900) zu verdanken. *Bay* hat auch in der Radarastronomie Pionierarbeit geleistet (Nachweis von an der Mondoberfläche reflektierten Radarsignalen 1946)

Zitat 5.4–3
Einige Monate nach seinem im Juni 1920 gehaltenen Baker-Vortrag, in dem er zuerst erwähnte, worüber er sich seit einiger Zeit Gedanken machte – ob nämlich vielleicht ein neutrales Teilchen existiere, das durch enge Bindung von Proton und Elektron aneinander zustande kommt – lud mich *Rutherford* dazu ein, seine in Manchester angestellten Versuche bezüglich der künstlichen Umwandlung des Stickstoffs mit ihm zusammen fortzusetzen. Diese von mir mit großer Freude aufgenommene Einladung hatte mehrere Gründe, unter anderen auch die Tatsache, daß ich die Technik der Szintillationszählungen (mit besseren optischen Anordnungen und strengeren Vorschriften) vervollkommnet hatte, aber offenbar hätte *Rutherford* auch gerne jemand gehabt, mit dem er reden

Verlassen des Atomkerns ermöglicht. Die Wahrscheinlichkeit für das „Hinaustunneln" hängt von der Energie des Teilchens sowie von der Höhe und Breite des Potentialwalls ab. So ist es GAMOW in einer bestimmten Näherung gelungen, die *Geiger-Nuttall-Regel* zu deuten, nach der ein Zusammenhang zwischen der Lebensdauer einer radioaktiven Substanz und der Energie der emittierten Teilchen existiert *(Abbildung 5.4–26)*.

Die Unbestimmtheitsrelation der Quantenmechanik hat die Kernphysiker in Schwierigkeiten gebracht. Nimmt man an, daß sich ein Elektron im Inneren des Atomkernes aufhält, dann ist sein Ort natürlich innerhalb des durch die Abmessungen des Kerns gegebenen Bereichs zu suchen. Aus

$$\triangle p \cdot \triangle q \sim h$$

ergibt sich dann aber eine solch große Schwankung des Impulses und damit auch eine so große Schwankung der Energie, daß die erreichbaren Energiewerte mit Sicherheit groß genug sein sollten, daß das Elektron den Kern verläßt. Aus der Unbestimmtheitsrelation muß somit der Schluß gezogen werden, daß sich im Atomkern keine Elektronen aufhalten können. Wie wir schon erwähnt haben, wurde dieser Widerspruch erst mit der Entdeckung des Neutrons und der *Fermischen Theorie* des β-Zerfalls gelöst.

5.4.8 Von Rutherford vorhergesagt, von Chadwick gefunden: das Neutron

1932 war das Jahr großer Erfolge – sowohl für die Kernphysik als auch für das CAVENDISH-Laboratorium: Die zwei für die Kernphysik richtungweisenden Entdeckungen dieses Jahres, die Entdeckung des Neutrons durch CHADWICK und die Realisierung einer Kernumwandlung mit künstlich beschleunigten Teilchen durch COCKCROFT und WALTON, verdanken wir Mitarbeitern dieses unter der Leitung von RUTHERFORD stehenden Laboratoriums. Wie wir noch sehen werden, bringt das Jahr 1932 auch für die Elementarteilchenphysik einen bedeutenden Fortschritt: das erste Antiteilchen, das Positron, wird von ANDERSON entdeckt. In etwa die gleiche Zeit fällt die Theorie des β-Zerfalls von FERMI, mit der der Begriff der schwachen Wechselwirkung eingeführt und ein neues Elementarteilchen, das Neutrino, postuliert wurde.

Wenn man sich die unmittelbare Vorgeschichte der Entdeckung des Neutrons vergegenwärtigt, hat man zunächst den Eindruck, daß CHADWICK hier lediglich mit etwas Glück die Früchte der Bemühungen deutscher und französischer Forscher geerntet hat. Dies ist aber nicht richtig. Wir haben oben schon erwähnt, daß RUTHERFORD bereits 1920 in Gesprächen, und hier in erster Linie mit CHADWICK, die Vermutung geäußert hat, daß es ein dem Proton ähnliches neutrales Teilchen, das Neutron, geben müsse *(Zitat 5.4–3)*. Von dieser Zeit an haben sich sowohl RUTHERFORD als auch CHADWICK ständig Gedanken über mögliche Verfahren zum Nachweis des Neutrons gemacht. CHADWICK selbst hat sich dieser Arbeit mit sehr viel Energie gewidmet, und wir wollen hier nur eines der untersuchten Modelle erwähnen. Nach diesem Modell wurde angenommen, daß Proton und Elektron bestrebt sind, sich spontan zum Neutron zu vereinigen, wobei die freiwerdende Energie in Form sehr harter γ-Strahlung abgestrahlt wird. Die Analogie zum Atom liegt auf der Hand: Springt das Elektron im Wasserstoffatom von einer äußeren Bahn auf eine innere, kernnähere Bahn, dann emittiert es ein Lichtquant. Zur Erklärung des Neutrons wurde angenommen, daß das Elektron auf eine Bahn mit einem sehr kleinen Radius gelangt, der etwa dem Kernradius entspricht. RUTHERFORD und CHADWICK haben nun vermutet, daß in der Umgebung eines Stoffes, der sehr viele Wasserstoffatome enthält, die bei diesem Übergang emittierte Strahlung nachweisbar sein müßte. Nach ihren Vorstellungen sollten die auf diese Weise entstehenden Neutronen von der kosmischen Strahlung wieder in Protonen und Elektronen zerlegt werden. CHADWICK hat jedoch die γ-Strahlung vergebens gesucht, und wir wissen heute, daß schon aus energetischen Gründen die vermutete Erscheinung nicht möglich ist. Das Gegenteil ist der Fall: Das freie Neutron zerfällt spontan in ein Proton und ein Elektron.

Kehren wir nun wieder zum Ausgangspunkt dieser Betrachtungen zurück. Wie wir gesehen hatten, wurden in verschiedenen Laboratorien die von natürlichen radioaktiven Substanzen emittierten α-Teilchen als Geschosse verwendet, um damit Kernreaktionen auszulösen. 1930 haben BOTHE und GEIGER sowie WEBSTER eine Besonderheit beim Beschuß von Beryllium mit α-Teilchen festgestellt. Sie haben gefunden, daß als Reaktion auf den Beschuß eine Strahlung mit einem großen Durchdringungsvermögen emittiert wird. Diese nicht ionisierende Strahlung, die keine Ladung trägt, konnte selbst mit dicken Bleiplatten nicht abgeschirmt werden. Sie haben natürlich geglaubt, es mit einer sehr harten γ-Strahlung zu tun zu haben. In verschiedenen Laboratorien wurde nun begonnen, diese rätselhaften γ-Strahlen zu untersuchen. So hat das Ehepaar JOLIOT-CURIE 1932 festgestellt, daß unter der Einwirkung dieser Strahlen aus den Stoffen, die Wasserstoff enthalten, Protonen mit einer großen Energie herausgeschlagen werden *(Abbildung 5.4−27a)*. Sie haben die Energie berechnet, die γ-Quanten haben müßten, um über den *Compton-Effekt* den Protonen eine so große Energie übertragen zu können, und einen Wert von 50 MeV gefunden. Dieser Wert aber lag zu weit über den Energien, mit denen man es sonst in der Kernphysik zu tun gehabt hatte, um daran ernsthaft glauben zu können. Auch RUTHERFORD, der sowohl seine eigenen Versuchsergebnisse als auch die anderer Forscher immer ernst genommen hatte, hat beim Lesen dieser Arbeit nur geäußert, daß der Wert ihm nicht glaubhaft erscheine. CHADWICK, der in Gedanken − wie wir gesehen haben − ständig mit dem Nachweis des Neutrons beschäftigt gewesen ist und in dessen Untersuchungen das Beryllium auch schon eine Rolle gespielt hatte, hat schon bald festgestellt, daß die widersprüchlichen Ergebnisse von BOTHE und Mitarbeitern sowie vom Ehepaar JOLIOT-CURIE sofort verstanden werden können, wenn man annimmt, daß aus dem Beryllium unter dem Einfluß der α-Strahlen Neutronen nach der Reaktion

$$_2He^4 + {_4}Be^9 = {_6}C^{12} + {_0}n^1$$

austreten. Auf der *Abbildung 5.4−27b* ist der Artikel im vollen Umfang zu sehen, in dem CHADWICK die Entdeckung des Neutrons bekannt gibt.

Seit Beginn der dreißiger Jahre ist die Rolle der aus natürlich radioaktiven Stoffen emittierten, „bombardierenden" Teilchen allmählich von den in „Atomzertrümmerungsanlagen" beschleunigten Teilchen übernommen worden. Die Vielzahl der Teilchen, die beschleunigt werden können, die Regelbarkeit ihrer Energien und die große Intensität der Teilchenbündel haben wesentlich dazu beigetragen, daß sich unsere Erkenntnisse über Kernreaktionen und Kernstrukturen schnell vermehrten. Nach den ersten Versuchen von COCKCROFT und WALTON hat LAWRENCE *(Abbildungen 5.4−28a, b)* sein Zyklotron zum Einsatz gebracht. Eine Erfindung VAN DE GRAAFFS (1901−1967), nämlich der Bandgenerator, wurde − unter Druck betrieben − zum Präzisionsinstrument der Kernphysiker; mit ihm ist es möglich, Bündel von hochenergetischen Teilchen zu erzeugen, deren Energie homogen ist und gleichzeitig sehr genau konstant gehalten werden kann.

5.4.9 Kernstruktur und Kernmodelle

Die Entdeckung des Neutrons hat auch das Interesse der theoretischen Physiker an den Fragen der Kernphysik geweckt. So haben HEISENBERG und TAMM noch im Jahre 1932 eine Theorie des Atomkerns aufgestellt, die von der Existenz von Protonen und Neutronen ausgeht *(Abbildung 5.4−29)*. Die wichtigsten Schlußfolgerungen, die ohne besonderen mathematischen Aufwand aus dieser Theorie gezogen werden können, betreffen die Energie der Atomkerne. Nehmen wir an, daß der Atomkern aus Z Protonen und $N = A−Z$ Neutronen besteht, dann ist die Gesamtmasse aller am Aufbau des Kerns beteiligen Teilchen im *freien* Zustand durch

$$Zm_p + (A − Z)m_n$$

gegeben, wobei m_p die Masse eines Protons und m_n die Masse eines Neutrons ist. Bestimmt man nun die genaue Masse des Atomkerns (und zu dieser Zeit waren die Methoden der Massenspektroskopie schon so verfeinert worden, daß die Massen der Atomkerne mit sehr großer Genauigkeit bestimmt werden konnten), so stellt man in jedem Falle fest, daß die Gesamtmasse der freien Teilchen größer ist als die Masse des Atomkerns, der sich aus

konnte, um die Langeweile der mühseligen Arbeit im Dunkeln erträglich zu machen.

Er benutzte die Abwartezeiten vor dem Beginn der Zählserien dazu, mir seine Meinung über die Kernstruktur ausführlich darzulegen, unter besonderer Betonung der Schwierigkeit, sich den Aufbau komplizierterer Kerne vorzustellen, wenn nur zweierlei Elementarteilchen, nämlich Protonen und Elektronen zur Verfügung stünden, und wies dabei auf die Notwendigkeit des Neutrons hin. Nach seiner persönlichen Meinung war dies alles leere Spekulation, und da er immer vor Spekulationen ohne experimentelle Basis zurückscheute, redete er sehr selten darüber, und das höchstens im engen Freundeskreis.

Diese Idee gab er aber nie auf und mich hatte er vollständig überzeugt. In den darauffolgenden Jahren führten wir von Zeit zu Zeit Versuche durch, manchmal gemeinsam, manchmal nur ich allein, dem Neutron auf die Spur zu kommen, auf der Suche nach Fällen, wo es zustande kommt und aus dem Atomkern emittiert wird, ... davon viele so verzweifelt gekünstelt, als ob sie von Alchimisten ersonnen worden wären.

J. CHADWICK: *Some personal notes on the search for the neutrons,* Actes du X-ème Congrès International d'Histoire des Sciences, Paris 1962

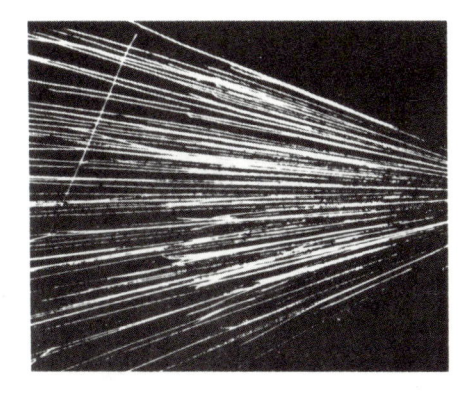

Abbildung 5.4−24
Nebelkammeraufnahme der ersten künstlichen Elementenumwandlung

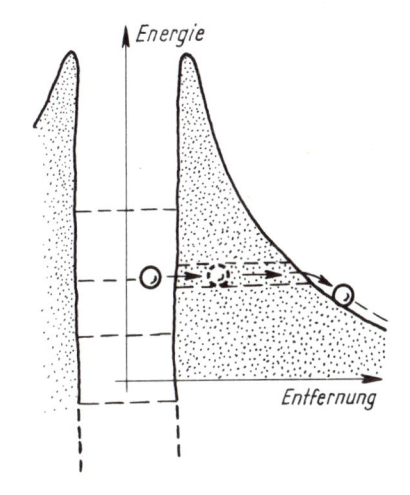

Abbildung 5.4−25
Gamowsche Theorie des radioaktiven α-Zerfalls

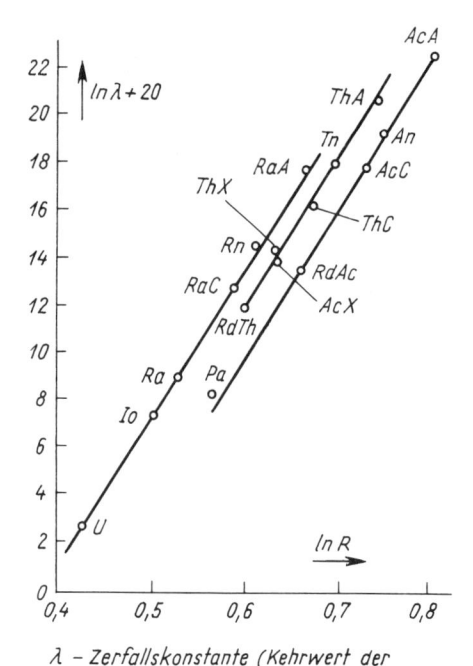

Abbildung 5.4−26
Geiger-Nuttall-Regel

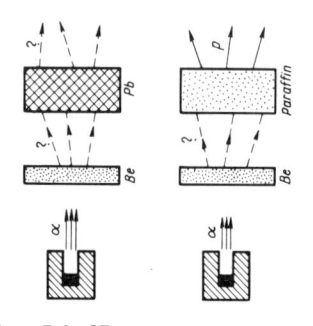

Abbildung 5.4−27a
Schematische Darstellung der Versuche von *Bothe* sowie des *Ehepaars Joliot-Curie* [0.1]

Abbildung 5.4−27b
Chadwicks Veröffentlichung über die Entdeckung des Neutrons

diesen Teilchen zusammensetzt. Bezeichnet man die Masse des Atomkerns mit M, so ergibt sich eine Differenz

$$\triangle M = Zm_p + (A - Z)m_n - M,$$

die als Massendefekt bezeichnet wird. Der Massendefekt ist eine charakteristische Größe für die Bindungsenergie des Kerns *(Abbildung 5.4−30)*. Wir können leicht verstehen, daß ein stabiler Kern nur dann zustande kommt, wenn die Energie der Protonen und Neutronen im Kernverband kleiner ist als ihre Gesamtenergie als freie, voneinander unabhängige Teilchen. Beim Aufbau eines Atomkerns wird die Überschußenergie in irgendeiner Form, z. B. als Strahlungsenergie oder als kinetische Energie der aus dem Kern emittierten Teilchen, abgeführt. Nach dem Äquivalenzsatz von Masse und Energie ist die Überschußenergie aber gerade zum Massendefekt proportional, d. h., es gilt $\triangle E = \triangle Mc^2$. Wollen wir den Atomkern nun wieder in seine Bestandteile zerlegen, dann muß diese Energie aufgebracht werden. Als charakteristische Größe wird meist die Bindungsenergie pro Nukleon angegeben, und wir haben den Verlauf dieser Größe in der *Abbildung 5.4−31* dargestellt. Wir sehen, daß sich ihr Wert in einem breiten Bereich des Periodensystems nicht sehr stark ändert und etwa bei 8 MeV liegt, während am Anfang und am Ende des Periodensystems die Bindungsenergie pro Nukleon kleiner ist. Kennen wir die Massen der Teilchen, die an einer Kernreaktion teilnehmen, so erhalten wir daraus sehr nützliche Informationen über die Energie, die bei der Reaktion frei wird oder für sie aufgebracht werden muß. Beachten wir weiter, daß auch für die Kernreaktionen der Impulserhaltungssatz − hier allerdings in seiner relativistischen Form − erfüllt sein muß, dann können wir schon ziemlich viel über die Charakteristiken der verschiedenen Kernreaktionstypen aussagen. In der *Abbildung 5.4−32* finden wir Angaben über bestimmte ausgewählte Kernreaktionen, die von besonderem Interesse sind.

Es ist wesentlich schwieriger, auf die Frage zu antworten, mit welcher Wahrscheinlichkeit eine Kernreaktion stattfindet. Für das Neutron ist das Problem noch relativ einfach, weil vom Kern her auf das ungeladene Neutron keine elektrischen Abstoßungskräfte wirken. Näherungsweise können wir feststellen, daß die Wahrscheinlichkeit, daß ein Neutron eine Kernreaktion auslöst, um so größer ist, je länger sich das Neutron in der Nähe des Kerns aufhält. Ein wenig konkreter: Die Wahrscheinlichkeit für eine Kernreaktion ist in grober Näherung indirekt proportional zur Geschwindigkeit des Neutrons.

Für geladene Teilchen ist die Lage komplizierter. Bleiben wir auch hier bei einer ganz einfachen Beschreibung, so können wir GAMOWS Gedankengang umkehren und annehmen, daß ein positiv geladenes Teilchen auch dann in den Kern eindringen kann, wenn seine Energie nicht ausreicht, um über den *Coulomb-Wall* hinüberzukommen. Die Wahrscheinlichkeit für ein „Durchtunneln" des Walls wird natürlich mit abnehmender Energie der zum Beschuß des Kerns verwendeten Teilchen abnehmen. Die Experimentalphysiker haben den Begriff des Wirkungsquerschnitts für eine Reaktion *(Abbildung 5.4−33)* eingeführt. In einem anschaulichen Bild charakterisiert der Wirkungsquerschnitt die Zielfläche, die ein gegebener Kern für ein bestimmtes Geschoß bei einem gegebenen Reaktionstyp darbietet. Die Experimentalphysiker messen die Wirkungsquerschnitte als Funktion der Energie der einfallenden Teilchen. Die Aufgabe der Theorie ist es, unter Zugrundelegung verschiedener Kernmodelle die gemessenen Abhängigkeiten zu deuten.

Wie wir bereits gesehen hatten, spielen bei der Deutung kernphysikalischer Erscheinungen Energiebetrachtungen eine herausragende Rolle, wobei auf die Masse-Energie-Äquivalenz als wesentliche Stütze zurückgegriffen wird. EINSTEIN hat zwar schon vermutet, daß der Äquivalenzsatz von Masse und Energie auch bei der Erklärung der Erscheinungen der Radioaktivität eine Rolle spielen wird. Betrachten wir zum Beispiel die Emission von α-Teilchen durch Radium, so stellen wir fest, daß die Masse eines Radiumkerns größer ist als die Gesamtmasse der entstehenden Kerne des Radons und des Heliums im Ruhezustand. Oder ein anderes Beispiel: Vereinigen sich zwei Deuteriumkerne zu einem Heliumkern, dann ist die Masse des Heliumkerns kleiner als die Summe der Massen der Deuteriumkerne, aus denen sich der Heliumkern zusammensetzt. Es wurde den Physikern allerdings nur sehr langsam bewußt, daß zwischen den genauen Werten für die Massen der Atomkerne und den Bindungsenergien ein Zusammenhang besteht. Es wird behauptet, daß dieser Gedanke zuerst bei LANGEVIN aufgetaucht ist. Auf alle Fälle hat ASTON noch 1927 als interessant bezeichnet, daß er Kerne gefunden hat, die sich als direkte Summe zweier anderer Kerne verstehen lassen, wobei die Ordnungszahlen und die Massenzahlen der beiden Ausgangskerne sich zur Ordnungszahl und zur Massenzahl des Endkerns zusammensetzen, bei denen aber die Masse des „zusammengesetzten" Kerns kleiner ist als die Summe der Massen der Ausgangskerne *(Abbildung 5.4 – 34)*. Man konnte natürlich die Zahlenwerte für die Kernmassen nicht deuten, solange die wahre Zusammensetzung des Kerns unbekannt war, d. h., solange das Neutron noch nicht entdeckt worden war. Wir wollen hier noch einmal betonen, daß die Verbindung der Energie-Masse-Äquivalenz mit der Kernphysik für die Physiker keineswegs selbstverständlich gewesen ist.

Nach der Entdeckung des Neutrons konnte die Frage, woraus der Atomkern besteht, sofort beantwortet werden. Aus den Bindungsenergien und aus den experimentell bestimmten Kurven für die Wirkungsquerschnitte konnten Hinweise über spontane und induzierte Änderungen in der Struktur der Kerne erhalten werden. Den theoretischen Physikern fiel nun die Aufgabe zu, die experimentell ermittelten Kurven zu deuten. Dazu mußten aber nicht nur die Bestandteile des Kerns bekannt sein, sondern man mußte auch etwas darüber wissen, welche Struktur diese Bestandteile im Atomkern bilden, d. h., es war die Frage nach dem innern Aufbau des Kerns zu beantworten. Mit der Quantenmechanik konnten zu dieser Zeit der Aufbau der Atomhülle bereits sehr genau bestimmt und Aussagen darüber getroffen werden, wie sich die Elektronen im Atom anordnen. Es war jedoch noch offen, ob die gleichen Prinzipien auch zur Untersuchung der Struktur des Atomkerns zu verwenden waren. Zu Beginn der dreißiger Jahre deuteten sehr viele Anzeichen darauf hin, daß die allgemeinen Gesetzmäßigkeiten der Quantenmechanik auch auf den Atomkern anwendbar sein sollten, und diese Annahme ist bis zum heutigen Tage nicht widerlegt worden. Bei der Untersuchung des Atomkerns haben wir es aber mit zwei besonderen Schwierigkeiten zu tun, die bei der Atomhülle nicht auftreten. Zunächst müssen wir die Kräfte zwischen den Bestandteilen des Kerns, den Nukleonen, bestimmen, wobei wir aber auch bei einer Kenntnis der Kernkräfte nicht sehr weit kommen. In der Atomhülle nämlich bewegen sich die Elektronen im dominierenden Kraftfeld des positiv geladenen Atomkerns, und ihre gegenseitige Wechselwirkung kann als kleine Korrektur in Betracht gezogen werden. Im Kern dagegen existiert kein zentrales ausgezeichnetes Kraftfeld, und die einzelnen Teilchen stehen in einer sehr starken Wechselwirkung miteinander. Ungeachtet dieser Schwierigkeiten hat man versucht, das von der Physik der Atomhülle her bekannte Schema auf den Kern zu übertragen.

ELSASSER hat 1934 das erste *Modell unabhängiger Teilchen* geschaffen, wobei sich die Bezeichnung aus der Ausgangsannahme des Modells ergibt: Im Inneren des Atomkerns bildet sich ein mittleres Potential aus, zu dem alle Nukleonen beitragen und in dem sie sich unabhängig voneinander bewegen können. Für ein solches Modell ist die *Schrödinger-Gleichung* lösbar, und die Lösungen können auf die bekannte Weise durch vier Quantenzahlen charakterisiert werden. Man kann dann die Nukleonen unter Berücksichtigung des *Pauli-Prinzips* auf den verschiedenen Energieniveaus anordnen. Auf diese Weise kommt man zu dem einfachsten *Schalenmodell*, bei dem die Nukleonen auf Schalen angeordnet werden, wobei die Energie der Nukleonen auf einer Schale mehr oder weniger gleich ist *(Abbildung 5.4 – 35)*.

Aus diesem Modell läßt sich der Schluß ziehen, daß im Atomkern diskrete Energieniveaus existieren und daß es besonders stabile Atomkerne mit abgeschlossenen Schalen geben sollte. Das Modell gibt aber nur einen Hinweis auf die Existenz der stabilen Kerne, denn tatsächlich finden wir experimentell die besonders stabilen Kerne bei ganz anderen als den vorhergesagten Nukleonenzahlen, und folglich muß auch die Schalenstruktur eine andere sein. Die in der Literatur als *magische Zahlen* bezeichneten Nukleonenzahlen der besonders stabilen Kerne sind

$$2, 8, 20, 50, 82, 126.$$

Die magischen Zahlen und die ihnen zugrundeliegende Schalenstruktur konnten erst mit Hilfe eines modifizierten Schalenmodells gedeutet werden. Dieses Modell wurde 1949 von MARIA GOEPPERT-MAYER sowie von JENSEN

Abbildung 5.4 – 28a
ERNEST ORLANDO LAWRENCE (1901 – 1958): Erfinder des Zyklotrons. Beginn der Lehrtätigkeit an der Yale-Universität, später, ab 1930 Forschung und Lehre an der California University. Seit 1936 daselbst Direktor des Radiation-Laboratory. Hat während des zweiten Weltkriegs die Methode zur elektromagnetischen Isolierung des U-235-Isotops ausgearbeitet. Das Element der Ordnungszahl 103 ist ihm zu Ehren Lawrencium benannt worden.

Idee des Zyklotrons: 1929. Schon 1930 experimentelles Modell, aber erst seit 1932 wichtiges Arbeitsinstrument der modernen physikalischen Forschung. 1937 war schon restlos geklärt, daß mit Zyklotronen konstanter Frequenz gewisse Teilchenenergien nicht überschritten werden können. Die Schranke (etwa 100 MeV/Nukleon) konnte nur durch die Anwendung einer neuen Idee durchbrochen werden. Das neue Arbeitsprinzip (Phasenstabilisierung) haben *W. I. Weksler* (UdSSR, 1944) und *E. M. McMillan* (USA, 1945) unabhängig voneinander angegeben

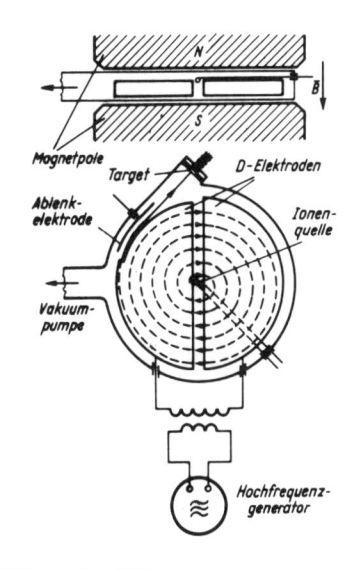

Abbildung 5.4 – 28b
Schema eines Zyklotrons. An die hohlen (D-förmigen) Elektroden wird eine hochfrequente (~ 15 MHz) elektrische Spannung angelegt. Die

Teilchen (z. B. Protonen, Deuteronen) werden von einer Ionenquelle emittiert, im elektrischen Feld zwischen den beiden D-Elektroden beschleunigt und beschreiben dann innerhalb einer D-Elektrode (wo kein elektrisches Feld vorhanden ist) ihre Bahn ohne Energiezuwachs. Die Bahn ist halbkreisförmig, denn senkrecht zu ihrer Ebene wirkt das starke Magnetfeld eines Elektromagneten. Nach einem halben Umlauf gelangen die Teilchen wiederum zum Spalt zwischen den beiden D-Elektroden, wo sie aber jetzt in ein elektrisches Feld entgegengesetzter Richtung geraten und weiter beschleunigt werden. Auf einem Halbkreis etwas größeren Halbmessers umlaufend, gelangen sie wieder zurück zum Spalt und erfahren dort neuerdings einen Energiezuwachs. Dieser Prozeßablauf wiederholt sich, bis der Halbmesser der Bahn so groß wird, daß die Teilchen außerhalb des Magnetfelds geraten. Hier werden sie mit einer Hilfselektrode in Richtung auf das Zielobjekt abgelenkt, wo sie dann die entprechende Reaktion auslösen.

Die Wirkungsweise des Zyklotrons stützt sich auf die Tatsache, daß die Umlaufszeit eines elektrisch geladenen Teilchens $T = 2\pi m/qB$ in einem homogenen Magnetfeld unabhängig ist von seiner Geschwindigkeit bzw. Energie, solange seine Masse m als konstant angesehen werden kann, d. h., solange $v \ll c$ ist. Daher ist es möglich, die Frequenz der Beschleunigungsspannung mit dem Umlauf des Teilchens in Übereinstimmung zu bringen:

$$f = 1/T = qB/2\pi m$$

	Proton	Neutron	Elektron
	$\oplus$	$\bigcirc$	$\ominus$
m: Masse (u)	1,00727661	1,00866520	$5,485930 \cdot 10^{-4}$
(kg)	$1,672614 \cdot 10^{-27}$	$1,674920 \cdot 10^{-27}$	$9,109558 \cdot 10^{-31}$
e: Ladung (As)	$+1,602191 \cdot 10^{-19}$	0	$-1,6021917 \cdot 10^{-19}$
s: Spin	$\frac{1}{2}$	$\frac{1}{2}$	$\frac{1}{2}$
magnetisches Moment	2,79255 Kernmagneton	$-1,91315$ Kernmagneton	1 Bohrsches Magneton

Abbildung 5.4−29
Die Bausteine des Atoms: Proton, Neutron (die zwei Nukleonen) und Elektron

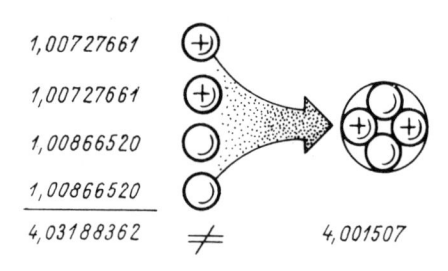

1,00727661 $\oplus$
1,00727661 $\oplus$
1,00866520 $\bigcirc$
1,00866520 $\bigcirc$
4,03188362 $\neq$ 4,001507

$\Delta m = 0{,}0303766 = 28{,}298$ MeV

$\dfrac{\Delta m}{A} = \dfrac{28{,}298}{4} = 7{,}074$ MeV

Abbildung 5.4−30
Der Massendefekt als Maß für die Bindungsenergie

1950 unter der Annahme aufgebaut, daß zwischen den Bahnimpulsen der Teilchen, die sich im mittleren Potential voneinander unabhängig bewegen, und ihren Spins eine sehr starke Kopplung existiert. Auf diese Weise wurde das Schalenmodell nahezu 20 Jahre nach seiner ersten Formulierung in einer etwas modifizierten Form wieder zum Leben erweckt.

Inzwischen aber konnte mit einem anderen Kernmodell, dem *Tröpfchenmodell*, mit größerem Erfolg zur theoretischen Deutung der experimentellen Beobachtungen beigetragen werden. Diesem Modell liegt die Erkenntnis zugrunde, daß nach den experimentellen Daten die Bindungsenergie pro Teilchen in einer gewissen Näherung konstant ist, so daß die totale Bindungsenergie eines Kerns mehr oder weniger linear mit der Nukleonenzahl anwächst. Gleichzeitig aber nimmt der Radius des Atomkerns proportional zur dritten Wurzel aus der Nukleonenzahl zu, und das Volumen des Kerns ist somit zur Nukleonenzahl proportional. Das bedeutet aber, daß alle Atomkerne etwa die gleiche Dichte haben. Alle diese aufgezählten Eigenschaften erinnern uns an die eines Wassertröpfchens, dessen Dichte auch unabhängig von der Größe des Tröpfchens ist, und in dem jedes Teilchen im wesentlichen mit der gleichen Energie an den Tropfen gebunden ist.

Um die Anwendbarkeit und die Grenzen dieses Modells aufzuzeigen, wollen wir hier den Weg verfolgen, auf dem von Weizsäcker die Kurve für die Massendefekte (Abbildungen 5.4−30, 5.4−31) abgeleitet hat.

Ausgehend vom Tröpfchenmodell kann für die genaue Masse des Kernes die folgende halbempirische Formel angegeben werden:

$$M = Zm_p + (A-Z)m_n - \left[a_1 A - a_2 A^{2/3} - a_3 \frac{Z^2}{A^{1/3}} - a_4 \frac{(A/2-Z)^2}{A} \pm \Omega \right].$$

Der Ausdruck in der eckigen Klammer ist der Massendefekt, der die Bindungsenergie des Kerns angibt. Die einzelnen Terme in der Klammer lassen sich wie folgt deuten: Der Term $a_1 A$ gibt die Kohäsionsenergie (Volumenenergie) an, die proportional zur Nukleonenzahl anwächst.

Die Nukleonen an der Kernoberfläche nehmen nicht mit der gleichen Intensität an der Bindung teil, denn nach außen hin fehlen ihnen die Wechselwirkungspartner. Die Existenz der Oberfläche führt somit zu einer Verringerung der Volumenenergie um einen bestimmten Wert, der zur Oberfläche proportional ist (Oberflächenenergie). Wie wir bereits gesehen hatten, ist der Kernradius proportional zu $A^{1/3}$, so daß die Oberfläche und die Oberflächenenergie proportional zu $A^{2/3}$ werden.

Auch die *Coulomb-Energie* hat ein negatives Vorzeichen, d. h., auch sie verringert die gesamte Bindungsenergie. Die Coulomb-Energie ist zum Quadrat der Ladung direkt und zum Kernradius, d. h., zu $A^{1/3}$, umgekehrt proportional.

Der vierte Term schließlich berücksichtigt empirisch die Tatsache, daß die Stabilitätskurve der Kerne im wesentlichen in der Nähe der Geraden $A/2 = Z$ liegt; für große Werte von $(A/2 - Z)$ wird der Kern instabil. Die Instabilität muß aber für große A schwächer werden, weil die empirische Stabilitätskurve hier von der Linie $A/2 = Z$ abweicht, und wir müssen diesen Term folglich noch durch A dividieren.

Der Term Ω ist zur empirischen Korrektur nötig, die die unterschiedliche Stabilität von Kernen mit geraden oder einer ungeraden Nukleonenzahl berücksichtigt.

Zusammenfassend können wir feststellen, daß für größere Kerne der relative Beitrag der Oberflächenenergie abnimmt, weil das Verhältnis der Oberfläche zum Volumen kleiner wird, und die Coulomb-Energie zunimmt. Die Instabilität der schweren Kerne wird deshalb auch vom Coulomb-Term hervorgerufen. Die kleinere Bindungsenergie der leichten Kerne geht zu Lasten der verhältnismäßig großen Oberflächenenergie.

Bohr hat im wesentlichen auf das Tröpfchenmodell zurückgegriffen, um 1936 seine Theorie der Compound-Kerne für die Kernreaktionen zu schaffen. Diese für die theoretische Kernphysik ungemein bedeutsame Theorie gibt die folgende Beschreibung für den Ablauf einer Kernreaktion *(Abbildung 5.4−36, 5.4−37)*: Das Geschoß, das ein geladenes Teilchen oder ein Neutron sein kann, dringt in den Atomkern ein und überträgt seine Energie über die Wechselwirkungsprozesse auf alle Nukleonen des Kerns. Auf diese Weise entsteht ein intermediärer, stark angeregter neuer Kern. In der zweiten Phase der Kernreaktion wird schließlich diese gemeinsame Energie einem einzelnen Teilchen übertragen, das dann den Kern verläßt. Für diesen zweiten Schritt gibt es eine Vielzahl von Möglichkeiten, und bei der Anregung eines gegebenen Kerns mit einem bestimmten Teilchen einer vorgegebenen Energie sind die Wahrscheinlichkeiten für bestimmte Zerfälle oder Streukanäle gut bestimmt.

Das Tröpfchenmodell hat seinen größten Erfolg bei der Deutung der Kernspaltung gehabt, worüber wir weiter unten noch berichten wollen.

Weil aber sowohl das Modell unabhängiger Teilchen (oder Schalenmodell) als auch das Tröpfchenmodell nur einen Teil des experimentellen Materials zu beschreiben gestatten und bei der Deutung anderer Beobachtungen versagten, war man bestrebt, ein kombiniertes Modell zu finden, das

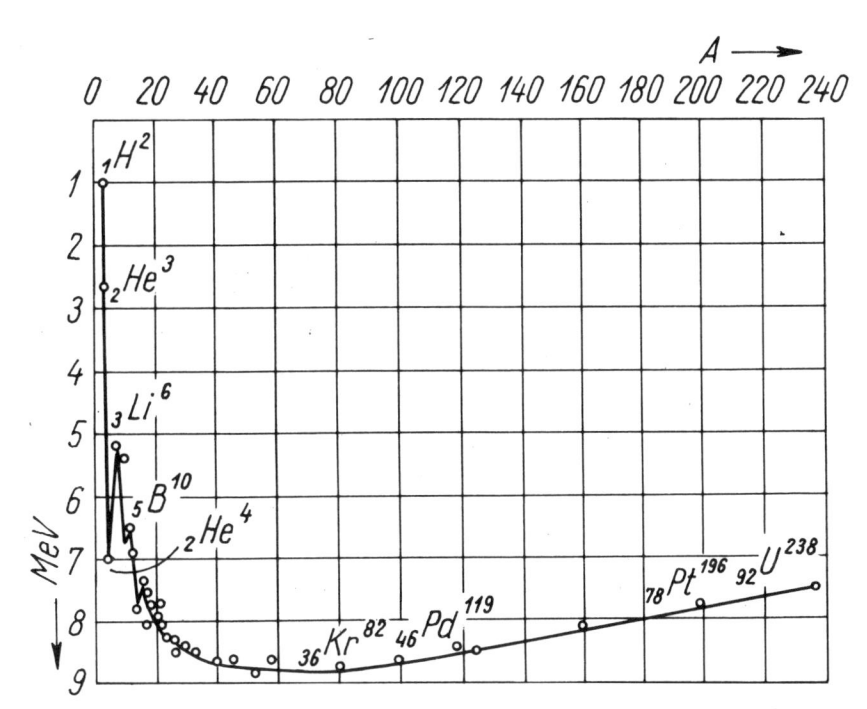

Abbildung 5.4–31
Der Gang der Bindungsenergie pro Nukleon

Abbildung 5.4–32
a) Die erste Reaktion, die mit künstlich beschleunigten Teilchen ausgeführt worden ist (*Cockcroft* und *Walton*, 1932)
b) Unter der Einwirkung der kosmischen Strahlen wird der Stickstoff der Luft in radioaktiven Kohlenstoff umgewandelt, der mit einer Halbwertszeit von 5730±40 Jahren zerfällt. Die Aktivität des in pflanzlichen und danach in tierischen Organismen eingebauten radioaktiven Kohlenstoffs nimmt nach deren Absterben in Übereinstimmung mit dem radioaktiven Zerfallsgesetz ab. Aus dem Zerfallsgrad kann somit auf den Zeitpunkt des Absterbens geschlossen werden (*Willard Frank Libby* [1908–1980] Methode zur Altersbestimmung [1948])
c) Auf diesem Wege hat das *Ehepaar Joliot-Curie* 1932 die ersten künstlichen radioaktiven Isotope hergestellt
d) Ein aktuelles Problem unserer Tage: Bis zu welchen Ordnungszahlen lassen sich Transurane herstellen? In Laboratorien unter der Leitung von *G. Seaborg* und *A. Ghiorso* bzw. von *G. N. Fljorow* wurde zu Beginn der siebziger Jahre die Ordnungszahl 106 erreicht.

Einige Transurane sind auch in der Natur zu finden. Plutonium-244, das Transuran mit der längsten Halbwertszeit ($T_{1/2} = 8 \cdot 10^7$ Jahre) kommt in Spuren in Mineralien vor. In Uranerzen findet man Neptunium-237 ($T_{1/2} = 2,14 \cdot 10^6$ Jahre) und Plutonium-239 ($T_{1/2} = 2,4 \cdot 10^4$ Jahre).

Durch Neutroneneinfangreaktionen gelangt man bis zum Fermium ($Z=100$), durch Beschuß mit energiereichen leichten oder mittelschweren Ionen ist es gelungen, Transurane bis zur Ordnungszahl $Z=109$ herzustellen, wenn auch nur einige Kerne dieser Art nachgewiesen werden konnten.

Spontaner α-Zerfall und spontane Spaltung machen die Existenz der Transurane höherer Ordnungszahl unmöglich. Theoretisch besteht die Möglichkeit, in der Umgebung des „magischen Kerns" mit $Z=114$, $N=184$ eine Insel mit erhöhter Stabilität zu finden. Es sind sogar Kerne mit einer Halbwertszeit von $T_{1/2}=10^8$ Jahren zu erwarten

a) $_1H^1 + {}_3Li^7 = {}_2He^4 + {}_2He^4 + 17,5\ MeV$

b)
$N^{14} + n = C^{14} + p$
$C^{14} \longrightarrow N^{14} + e^- + 0,156\ MeV$

c)
$_2He^4 + {}_{13}Al^{27} = {}_{15}P^{30} + {}_0n^1$
$_{15}P^{30} \longrightarrow {}_{14}Si^{30} + e^+$

d)
$_{10}Ne^{22} + {}_{94}Pu^{242} = {}_{103}Lr^{260} + {}_1H^1 + 3{}_0n^1$

die Vorteile beider Modelle in sich vereint. Diese Aufgabe wurde 1952 von BOHR und MOTTELSON mit dem Kollektivmodell gelöst. Wir müssen an dieser Stelle sofort hinzufügen, daß hier AAGE BOHR, der Sohn NIELS BOHRS, gemeint ist. In der Geschichte der Physik gibt es somit bereits vier Familien, die mehr als einen Nobelpreisträger hervorgebracht haben: das Ehepaar CURIE sowie Tochter und Schwiegersohn, Vater und Sohn BRAGG, die beiden BOHRS – Vater und Sohn – sowie die beiden THOMSONS – ebenfalls Vater und Sohn.

Unter den Kernmodellen muß das optische Modell erwähnt werden, das 1954 von FESHBACH, PORTER und WEISSKOPF aufgestellt worden ist. Dieses Modell, das auch als Kristallkugelmodell bezeichnet wird, ist in erster Linie zur quantitativen Beschreibung von Kernreaktionen geeignet. In ihm wird der Kern durch eine Kugel angenähert, die aus einer Substanz mit einem bestimmten Brechungsindex besteht. Da für den Brechungsindex auch ein Imaginärteil zugelassen wird, streut der Kern nicht nur die auf ihn auftreffenden Wellen, sondern absorbiert sie auch. Die Absorption entspricht dem Einfang von Teilchen.

5.4.10 Die Kernspaltung: experimentelle Evidenz und theoretische Zweifel

Wir wollen hier gesondert über die bedeutendste Entdeckung Ende der dreißiger Jahre, die Spaltung des Atomkerns, berichten. Die Spaltung eines schweren Atomkerns ist eine gänzlich unerwartete Erscheinung gewesen; man hat nach ihrer Bestätigung bei der Sichtung des bereits vorliegenden experimentellen Materials feststellen müssen, daß die Physiker schon früher auf diesen Prozeß gestoßen waren, ihn jedoch völlig anders gedeutet hatten. Wir haben ähnliches schon früher, z. B. bei der Entdeckung des Neutrons, gesehen. Während dort aber der zur RUTHERFORD-Schule gehörende CHADWICK im Geiste gut darauf vorbereitet war, dem theoretisch vorausgesagten Teilchen in der experimentellen Wirklichkeit zu begegnen, haben sich die Forscher bei der Untersuchung der Atomkerne nur sehr widerstrebend der Überzeugungskraft der Experimente gebeugt, die zwangsläufig zur Interpre-

$$_1H^1 + {_3Li^7} =$$

$$1{,}007825 + 7{,}016005 =$$

$$= {_2He^4} + {_2He^4} + 17{,}5 \text{ MeV}$$

$$= 4{,}002604 + 4{,}002604 + 0{,}018622$$

Abbildung 5.4–34
Energiebilanz einer Kernumwandlung

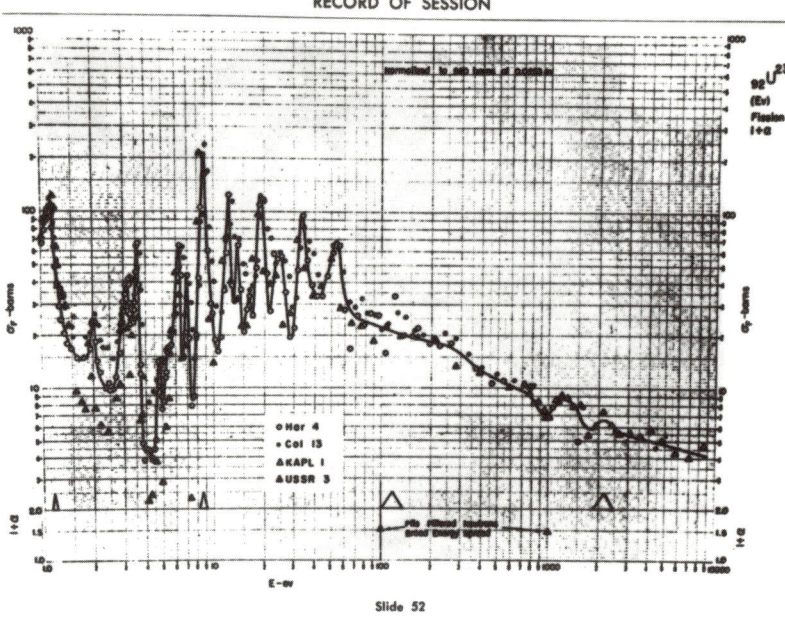

Abbildung 5.4–33
Ein historisches Dokument: Zusammenstellung der Meßwerte des Spaltungs-Wirkungsquerschnitts der U-235-Kerne als Funktion der Energie der die Spaltung auslösenden Neutronen. Diese Werte waren unabhängig voneinander in drei Ländern: Sowjetunion (UdSSR), Großbritannien (Har) und USA (Col, Kapl), gemessen und bis 1955 geheimgehalten worden, da ihre Kenntnis für die Bemessung von Atombomben und Atomkraftwerken unentbehrlich ist.
Proceeding of the International Conference on the Peaceful Uses of Atomic Energy. Vol. 4 (1955) p. 285

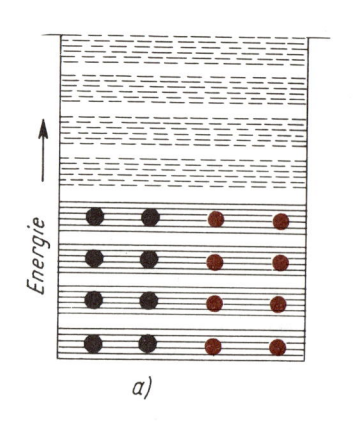

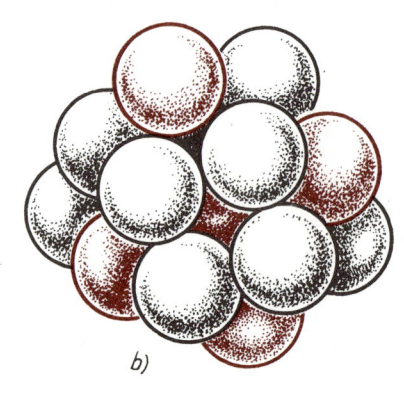

Abbildung 5.4–35
Kernmodelle
 a) einfaches Schalenmodell
 b) Tröpfchenmodell
 c) optisches Modell (nach *Peierls*)

tation des Phänomens als Atomkernspaltung geführt haben, ohne eine andere Deutung zuzulassen. Tatsächlich hat sich BOHR sen., als er von der Kernspaltung hörte, an die Stirn geschlagen und geäußert: Es ist doch die Höhe, wie beschränkt wir doch alle gewesen sind! Aber natürlich, so und nicht anders muß es ja sein!

Nach der Entdeckung des Neutrons war überall in der Welt die Suche nach Kernreaktionen, die von Neutronen ausgelöst werden, aufgenommen worden. Ein besonderes internationales Ansehen bei diesen Arbeiten hat sich das von FERMI *(Abbildung 5.4–38)* geleitete Laboratorium in Rom erworben. Der andere Schwerpunkt der neutronenphysikalischen Forschungen lag in diesen Jahren in Paris bei der Gruppe von JOLIOT-CURIE. Man erwartete interessante Ergebnisse von einem Beschuß schwerer Atomkerne, und hier vor allem von einem Beschuß des schwersten in der Natur vorkommenden Kerns, des Urankerns. Das erklärte Ziel dieser Untersuchungen war es, in der Natur nicht vorkommende Elemente mit einer größeren Ordnungszahl als der des Urans, sogenannte Transurane, zu synthetisieren. Mit dem Einbau eines Neutrons in den Urankern entsteht ein Kern mit einem überschüssigen Neutron, wobei erwartet wurde, daß der Neutronenüberschuß zu einem β-Zerfall Anlaß geben sollte. Ein β-Zerfall bedeutet aber eine Verschiebung des Elements im Periodensystem um einen Platz nach rechts, wobei aus dem Element mit der Ordnungszahl 92 ein Element mit der Ordnungszahl 93 wird. 1934 hat FERMI darüber berichtet, daß es ihm gelungen sei, ein Element mit einer größeren Ordnungszahl als 92 herzustellen. Obwohl er selbst seine Behauptung sehr vorsichtig formuliert hatte, berichtete die italienische Presse bereits, daß FERMI der Königin eine Flasche überreicht habe, die den vom Menschen geschaffenen neuen Stoff enthalten hätte. Von den Wissenschaftlern wurde diese Nachricht mit Zurückhaltung aufgenommen. Noch in demselben Jahr 1934 hat eine deutsche Chemikerin, IDA NODDACK, die Fermische Veröffentlichung mit der Begründung scharf angegriffen, daß FERMI nicht genügend sorgfältig die auftretende Radioaktivität untersucht und eine ganze Reihe von Faktoren unberücksichtigt gelassen habe. Für uns ist der Artikel aber nicht wegen dieser

Angriffe, sondern wegen der folgenden Zeilen von Interesse, wobei wir nicht vergessen dürfen, daß sie im Jahre 1934 geschrieben worden sind:

> Man kann ebensogut annehmen, daß bei dieser neuartigen Kernzertrümmerung durch Neutronen erheblich andere „Kernreaktionen" stattfinden, als man sie bisher bei der Einwirkung von Protonen- und α-Strahlen auf Atomkerne beobachtet hat. Bei den letztgenannten Bestrahlungen findet man nur Kernumwandlungen unter Abgabe von Elektronen, Protonen und Heliumkernen, wodurch sich bei schweren Elementen die Masse der bestrahlten Atomkerne nur wenig ändert, da nahe benachbarte Elemente entstehen. Es wäre denkbar, daß bei der Beschießung schwerer Kerne mit Neutronen diese Kerne in mehrere *größere* Bruchstücke zerfallen, die zwar Isotope bekannter Elemente, aber nicht Nachbarn der bestrahlten Elemente sind.

IDA NODDACK: *Über das Element 93.* Angewandte Chemie (47), Nr. 37, 1934, S. 654

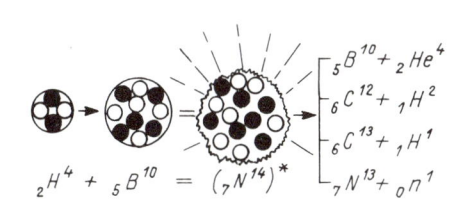

Abbildung 5.4–36
Theorie des intermediären Kerns

Hier taucht zum erstenmal die Vorstellung von einer Spaltung des Atomkerns auf, und es ist vielleicht auch nicht zufällig, daß dieser Gedanke zuerst von einem Chemiker und nicht von einem Physiker geäußert wurde. Einer analogen Erscheinung waren wir bei der Besprechung der natürlichen Radioaktivität begegnet; dort war die Möglichkeit einer Elementenumwandlung zuerst von einem Physiker und nicht von einem Chemiker in Betracht gezogen worden.

Zum Verständnis neuer Beobachtungen sind nämlich Genialität und Fachwissen notwendig, wobei aber das Fachwissen auch Vorurteile bedeuten kann, über die sich in der Nachbardisziplin arbeitende Wissenschaftler leichter hinwegsetzen. Im Falle der Atomkernspaltung waren die Chemiker neuen Erwägungen leichter zugänglich, während sich die Physiker zwar nicht detaillierte, so doch qualitativ sehr bestimmte Vorstellungen über den Ablauf der Kernreaktionen erarbeitet hatten. Für einen Physiker schien es völlig unmöglich zu sein, daß ein Teilchen, das eine größere Ladung als der Atomkern des Heliums hat, durch Tunneleffekt aus dem Atomkern herausgelangen kann. Deshalb ist es verständlich, daß der Noddacksche Gedanke bei den Physikern ohne Resonanz geblieben ist.

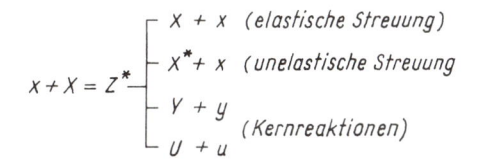

$$x + X = Z^* \begin{cases} X + x & \text{(elastische Streuung)} \\ X^* + x & \text{(unelastische Streuung)} \\ Y + y & \\ U + u & \text{(Kernreaktionen)} \end{cases}$$

Abbildung 5.4–37
Schematische Darstellung verschiedener Kernreaktionstypen

Der folgende dramatische Abschnitt bei der Entdeckung der Kernspaltung ist mit den Namen JOLIOT-CURIE und SAVIĆ verbunden. Um die bei der Bestrahlung des Urans mit Neutronen entstehenden Reaktionsprodukte zu finden, hat man vom Uran den Stoff auf chemischem Wege zu trennen, der für die nach der Bestrahlung auftretende Radioaktivität verantwortlich ist. Diese Separation ist besonders problematisch, weil man es einerseits mit sehr kleinen Mengen zu tun hat und weil sich andererseits die Elemente auf chemischem Wege nur schwer voneinander trennen lassen, die in derselben Spalte des Periodensystems stehen und damit bezüglich ihrer chemischen Eigenschaften einander sehr ähnlich sind. JOLIOT-CURIE und SAVIĆ haben 1938 gefunden, daß der entstandene Stoff chemisch dem Element Lanthan ähnlich ist. Lanthan gehört zu den seltenen Erden, und seine Ordnungszahl ist 57. Im Periodensystem steht Lanthan in einer Spalte mit Aktinium und ist somit hinsichtlich seiner chemischen Eigenschaften mit diesem verwandt. JOLIOT-CURIE und SAVIĆ waren nun überzeugt, daß Aktinium für die Radioaktivität verantwortlich ist, und haben geschlußfolgert, daß unter der Einwirkung der Strahlung das im Periodensystem nahe beim Uran stehende Element Aktinium (Ordnungszahl 89) entsteht. Zur Trennung des Aktiniums und des Lanthans haben sie die bekannte Technik der fraktionierten Kristallisation verwendet, wobei das Lanthan wegen seines geringeren Atomgewichtes zuerst auskristallisiert. Es war für sie überraschend, daß die Radioaktivität dem Lanthan anzuhaften schien. Schließlich glaubten sie jedoch, die Radioaktivität vom Lanthan abtrennen zu können, wobei wir heute jedoch wissen, daß der Hauptteil der von ihnen gemessenen Radioaktivität tatsächlich dem Lanthan zuzuschreiben war und JOLIOT-CURIE und SAVIĆ somit ein Spaltprodukt entdeckt hatten. Die Möglichkeit einer Kernspaltung wurde von ihnen aber nicht in Betracht gezogen, und so haben sie sozusagen entgegen dem eindeutigen experimentellen Befund der beobachteten Erscheinung eine unzutreffende Deutung gegeben.

Es lohnt sich vielleicht an dieser Stelle zu erwähnen, daß das Ehepaar JOLIOT-CURIE hier schon zum zweiten Mal eine experimentelle Beobachtung gemacht hat, deren richtige theoretische Deutung erst später erfolgte, dann aber von grundlegender Bedeutung werden sollte. Wir erinnern uns daran, daß bereits zur Entdeckung des Neutrons von ihnen Vorarbeit mit

Abbildung 5.4–38
ENRICO FERMI (1901–1954): Physikstudium in Rom; nach kurzem Studienaufenthalt in Deutschland 1927 Professor für Theoretische Physik in Rom. Hier Ausarbeitung der nach ihm benannten Fermi-Dirac-Statistik. 1934: ausgereifte Theorie des β-Zerfalls. Ebenfalls in diesem Jahr: künstliche Radioaktivität nach Neutronenbeschuß beobachtet. 1938 nach Empfang des Nobelpreises Übersiedlung in die Vereinigten Staaten, wo er bis zu seinem Tode gearbeitet hat. Sein bekanntestes Ergebnis: Am 2. Dezember 1942 wurde unter seiner Leitung die erste sich selbst aufrechterhaltende Kettenreaktion verwirklicht. Intensive Teilnahme am Atombombenprogramm. Er hat außerdem versucht, die Entstehung der kosmischen Strahlung theoretisch zu deuten (1949), und in der Elementarteilchenphysik sind seine Untersuchungen zu den Resonanzen von Bedeutung.

Fermi ist der einzige Physiker des 20. Jahrhunderts, der sowohl in der experimentellen als auch in der theoretischen Physik herausragende Ergebnisse erzielt hat.

Die Bedeutung *Fermis* kann auch daran ermessen werden, daß man seinem Namen auf verschiedenen Gebieten der Physik begegnet, wobei wir die Fermi-Dirac-Statistik bereits oben erwähnt haben. Fermi: in der Kernphysik verwendete Längeneinheit (10^{-13} cm); Fermi-Energie und Fermi-Kante: bei Fermionen das Energieniveau, bis zu dem bei der Temperatur $T = 0$ K alle Zustände besetzt sind; Fermi-Fläche: die Fläche im Quasiimpulsraum, die bei $T = 0$ K die besetzten und nichtbesetzten Zustände voneinander trennt; Fermium (Fm): Element mit der Ordnungszahl 100 und der Massenzahl 244 − 258, das 1953 entdeckt wurde.

Fermion (Fermi-Teilchen): Teilchen mit halbzahligem Spin. Dazu gehören alle Baryonen (Proton, Neutron, Hyperonen), die Leptonen (Elektron, Myon, Neutrino) sowie die aus einer ungeraden Zahl von Fermionen zusammengesetzten Teilchen (Kerne, Atome, Moleküle). Für die Fermionen gilt das Pauli-Prinzip und die Fermi-Dirac-Statistik.

Spin und magnetisches Moment können als ebensolche charakterische Größen der Elementarteilchen angesehen werden wie Ladung und Masse. In Einheiten von $h/2\pi$ gemessen, kann der Spin ganz- oder halbzahlig sein. Teilchen mit ganzzahligem Spin werden als Bosonen bezeichnet; sie gehorchen der Bose-Einstein-Statistik und ihre Zustandsfunktion ist symmetrisch. Teilchen mit halbzahligem Spin heißen Fermionen; für sie gilt die Fermi-Dirac-Statistik, und ihre Ψ-Funktion ist antisymmetrisch.

Abbildung 5.4 − 39a
OTTO HAHN (1879 − 1968) und F. STRASSMANN (1902 − 1980), die Entdecker der Uranspaltung, vor ihrem historischen Arbeitstisch

der Beobachtung geleistet wurde, daß Neutronen in der Lage sind, auf Protonen eine große Energie zu übertragen, wobei sie jedoch diese Wirkung fälschlicherweise sehr harten γ-Quanten zugeschrieben haben. Aber schließlich kann das Ehepaar JOLIOT-CURIE doch als Beispiel dafür dienen, daß neben Genialität und harter Arbeit das Glück des Zufalls nur eine untergeordnete Rolle spielt, denn das Ehepaar hat 1935 schließlich für seine Arbeiten zu den radioaktiven Isotopen den Nobelpreis verdientermaßen erhalten.

Vom Jahre 1935 an wurde auch in Berlin unter Leitung von OTTO HAHN *(Abbildung 5.4 − 39a)* intensiv an der Untersuchung der Zerfallsprodukte des mit Neutronen bestrahlten Urans gearbeitet. Dem Namen OTTO HAHN und dem seiner Mitarbeiterin, LISE MEITNER, sind wir schon einmal begegnet. STRASSMANN hat sich dieser Gruppe, die ihre Untersuchungen vorwiegend mit chemischen Methoden ausgeführt hat, später angeschlossen. Im Verlauf dieser Untersuchungen wurde zweifelsfrei festgestellt, daß beim Beschuß des Urankerns mit Neutronen eine Reaktion eines völlig neuen Typs abläuft, in deren Verlauf mittelschwere Kerne entstehen. Die entscheidende Veröffentlichung dieses Ergebnisses ist im Januar 1939 in den *Naturwissenschaften* unter dem Titel *Über den Nachweis und das Verhalten der bei der Bestrahlung des Urans mittels Neutronen entstehenden Erdalkalimetalle* erfolgt *(Abbildung 5.4 − 39b)*. Wie sehr die Beteiligten selbst von dem Ergebnis ihrer Versuche überrascht waren, zeigt das ihrer Arbeit entnommene folgende Zitat:

Nun müssen wir aber noch auf einige neuere Untersuchungen zu sprechen kommen, die wir der seltsamen Ergebnisse wegen nur zögernd veröffentlichen. Um den Beweis für die chemische Natur der mit dem Barium abgeschiedenen und als „Radiumisotope" bezeichneten Anfangsglieder der Reihen über jeden Zweifel hinaus zu erbringen, haben wir mit den aktiven Bariumsalzen fraktionierte Kristallisationen und fraktionierte Fällungen vorgenommen, in der Weise, wie sie für die Anreicherung (oder auch Abreicherung) des Radiums in Bariumsalzen bekannt sind.

Bariumbromid reichert das Radium bei der fraktionierten Kristallisation stark an, Bariumchromat bei nicht zu schnellem Herauskommen der Kriställchen noch mehr. Bariumchlorid reichert weniger stark an als das Bromid, Bariumkarbonat reichert etwas ab. Entsprechende Versuche, die wir mit unseren von Folgeprodukten gereinigten aktiven Bariumpräparaten gemacht haben, *verliefen ausnahmslos negativ: Die Aktivität blieb gleichmäßig auf alle Bariumfraktionen verteilt,* wenigstens soweit wir dies innerhalb der nicht ganz geringen Versuchsfehlermöglichkeiten angeben können. Es wurden dann ein paar Fraktionierungsversuche mit dem Radiumisotop ThX und mit dem Radiumisotop MsTh gemacht. Sie verliefen genau so, wie man aus allen früheren Erfahrungen mit dem Radium erwarten sollte. Es wurde dann die „Indikatorenmethode" auf ein Gemisch des gereinigten langlebigen „RaIV" mit reinem, radiumfreiem $MsTh_1$ angewandt: das Gemisch mit Bariumbromid als Trägersubstanz wurde fraktioniert kristallisiert. *Das $MsTh_1$ wurde angereichert, das „RaIV" nicht,* sondern seine Aktivität blieb bei gleichem Bariumgehalt der Fraktionen wieder gleich. Wir kommen zu dem Schluß: Unsere „Radiumisotope" haben die Eigenschaften des Bariums: als Chemiker müßten wir eigentlich sagen, bei den neuen Körpern handelt es sich nicht um Radium, sondern um Barium; denn andere Elemente als Radium oder Barium kommen nicht in Frage.

In der Arbeit, die einen Monat später (Februar 1939) erschienen ist, wird diese schwankende Haltung bereits aufgegeben und die Existenz der Spaltprodukte mit Bestimmtheit festgehalten. Wir können die Entdeckung der Kernspaltung mit der Veröffentlichung der Arbeiten von HAHN und STRASSMANN als belegt ansehen. Beide haben im weiteren hier keine besondere Rolle mehr gespielt, und der Schwerpunkt der Forschungsarbeit hat sich von den Chemikern auf die Physiker, und zwar sowohl auf theoretische als auch Experimentalphysiker, verlagert. Die Bedeutung der Arbeit von HAHN und STRASSMANN besteht in erster Linie darin, die Physiker von ihrer, den weiteren Erkenntnisfortschritt hemmenden, vorgefaßten Meinung befreit zu haben. Überall in der Welt hat man sich sofort in die Untersuchungen eingeschaltet, und noch in der ersten Hälfte des Jahres 1939 konnten alle bei der Uranspaltung auftretenden Erscheinungen geklärt und eine theoretische Deutung angegeben werden. Bevor wir aber dazu übergehen, wollen wir noch einige Worte zur Versuchsanordnung, oder genauer, zu den Hilfsmitteln sagen, mit denen diese Ergebnisse gewonnen worden sind.

Um die Urankerne mit Neutronen beschießen zu können, werden vor

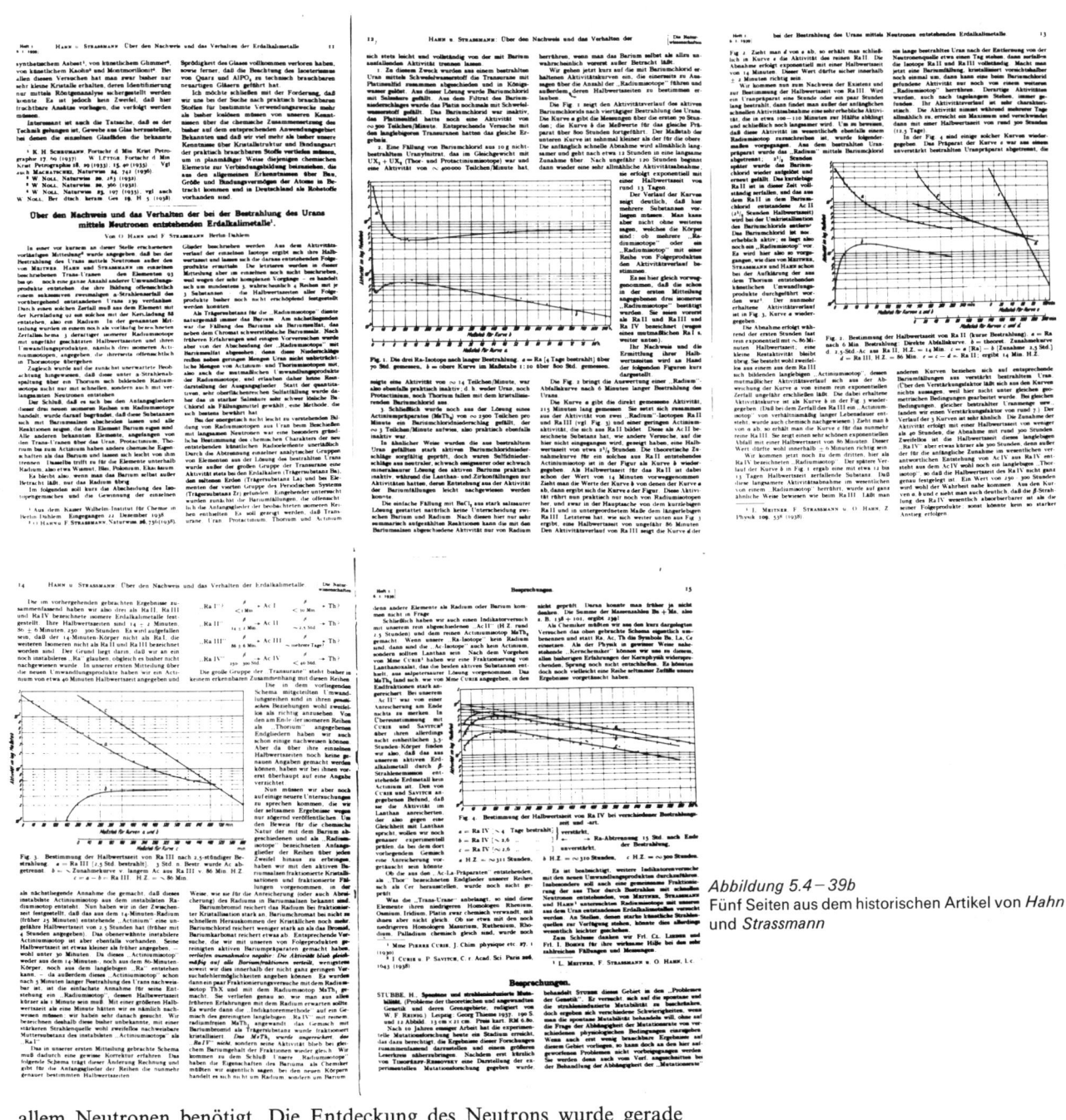

Abbildung 5.4−39b
Fünf Seiten aus dem historischen Artikel von *Hahn* und *Strassmann*

allem Neutronen benötigt. Die Entdeckung des Neutrons wurde gerade dadurch ermöglicht, daß beim Beschuß von Beryllium mit α-Teilchen entsprechend der Reaktion $_4Be^9(\alpha, n)_6C^{12}$ Neutronen emittiert werden. Sowohl FERMI als auch HAHN haben die α-Teilchen aus der α-Strahlung natürlicher radioaktiver Substanzen erhalten. In der *Abbildung 5.4−40* können wir die von FERMI benutzte Neutronenquelle sehen. Sie besteht aus einem Reagenzglas mit Beryllium (in Pulverform), und als α-Strahler dient das Gas Radon, das beim Zerfall des Radiums entsteht. FERMI hat das Radongas, das früher auch als Radium-Emanation bezeichnet wurde, von Zeit zu Zeit als Zerfallsprodukt des Radiums von diesem „abgezapft". Das Radium selbst war in einem geschlossenen Behälter in einem Krankenhaus aufbewahrt und diente therapeutischen Zwecken.

In der Abbildung 5.4−39a ist der überraschend einfache Versuchstisch von HAHN und STRASSMANN zu sehen, der heute in einem Museum gezeigt wird. Auch hier hat ein Radon-Beryllium-Gemisch, das in einem Reagenzglas aufbewahrt wurde, als Neutronenquelle gedient. Weiter sehen wir einfache Instrumente, die zur fraktionierten Destillation und zur fraktionierten Kristallisation benötigt wurden.

In der Folgezeit hat es eine wahre Flut von Ereignissen gegeben, die mit der Kernspaltung in Verbindung stehen. HAHN hat noch im Dezember 1938 die Ergebnisse seiner Forschungen seiner nach Stockholm emigrierten Mit-

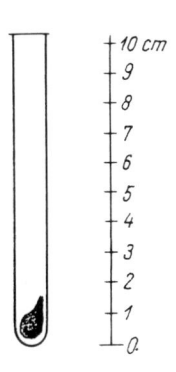

Abbildung 5.4−40
Die von *Fermi* benutzte Neutronenquelle. In einem zugeschmolzenen Glasröhrchen befinden sich Radongas und Berylliumpulver. Die vom Radon emittierten α-Teilchen setzen in der Reaktion $_4Be^9(\alpha, n)_6C^{12}$ aus dem Beryllium Neutronen frei

Abbildung 5.4–41
Gedenktafel zur Erinnerung an die erste Kettenreaktion [0.1]

arbeiterin LISE MEITNER mitgeteilt, und so wurde es möglich, daß bereits im Januarheft des Jahrganges 1939 der Zeitschrift *Nature* ein Artikel von FRISCH und MEITNER erscheinen konnte, in dem klare Vorstellungen über die bei der Spaltung ablaufenden Prozesse auf der Grundlage des Tröpfchenmodells enthalten sind. Auf dem Physikerkongreß in den USA (ebenfalls im Januar 1939) stand diese Thematik, vertreten vor allem durch BOHR, im Mittelpunkt des Interesses. Noch im Verlauf der Tagung ist es mehreren Forschern — jetzt bereits mit den Mitteln der Physik — gelungen, die Tatsache der Spaltung nachzuweisen. BOHR konnte dann im Laufe des Jahres 1939 auf der Grundlage eines — allerdings verbesserten — Tröpfchenmodells zeigen, daß von den beiden Uranisotopen 235 und 238 nur das Uran-235 gespalten wurde.

5.4.11 Die Kettenreaktion und die Freisetzung der Kernenergie im großen Maßstab

Es ist erkannt worden, daß bei der Spaltung des Urankerns neben Atomkernen zweier Elemente mittlerer Ordnungszahl noch freie Neutronen entstehen müssen. Diese Tatsache hat eine entscheidende Bedeutung für das Zustandekommen der Kettenreaktion. Bereits im März 1939 wurde an drei Stellen in der Welt experimentell gezeigt, daß tatsächlich mehrere Neutronen pro Spaltungsprozeß frei werden. Wegen der Wichtigkeit dieser Beobachtung wollen wir hier die Namen aller beteiligten Physiker anführen: HALBAN, JOLIOT und KOWARSKI (Paris); ANDERSON, FERMI und HANSTEIN (Columbia University) sowie SZILÁRD und ZINN (New York University). Die Meßergebnisse waren natürlich noch nicht sehr genau, aber man konnte bereits vermuten, daß pro Spaltungsprozeß im Durchschnitt drei Neutronen freigesetzt werden. Für das Zustandekommen einer Kettenreaktion hat diese Zahl eine so entscheidende Bedeutung, daß sie bis zum Jahre 1955 geheimgehalten und erst dann in der Sowjetunion und in den USA gleichzeitig veröffentlicht wurde. Aus den Messungen folgt, daß im Durchschnitt pro Spaltung 2,47 Neutronen frei werden.

Die Möglichkeit der Realisierung einer Kettenreaktion und die damit im Zusammenhang stehende Möglichkeit, die Atomenergie für friedliche und militärische Zwecke zu nutzen, wurde somit im März 1939 den Physikern in aller Welt bewußt. Deshalb wurden dann auch die entscheidenden

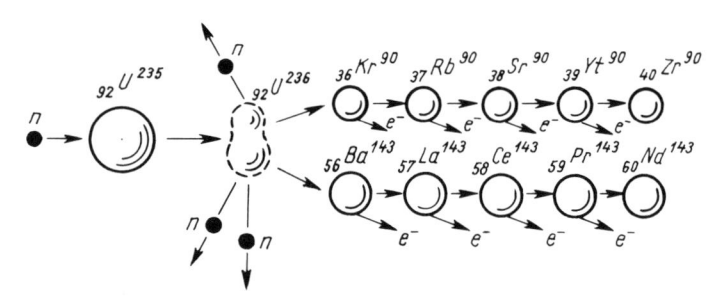

Abbildung 5.4–42
Schematische Darstellung einer Spaltungsreaktion

Arbeiten zur Uranspaltung überall geheim fortgesetzt. So ist es sehr schwer, den Entdeckungen Daten, Namen und Länder zuzuordnen. Besonders hervorheben muß man den 2. Dezember 1942. An diesem Tage ist es unter der Leitung von FERMI zum ersten Mal gelungen, eine sich selbst aufrechterhaltende, kontrollierte Kettenreaktion zu verwirklichen und so aus der Kernenergie eine konstante Leistung zu entnehmen. Die Größe dieser Leistung war 200 Watt *(Abbildung 5.4–41)*.

Es ist aufschlußreich, uns etwas genauer anzuschauen, wie in einer Atombombe oder in einem Atomkraftwerk ein Teil der im Atomkern des Urans gespeicherten Energie in andere Energieformen, vor allem in Wärmeenergie umgeformt wird. Die Umsetzung chemischer Energie in Wärmeenergie, z. B. beim Verbrennungsvorgang, sehen wir im allgemeinen als einen einfachen Vorgang an. Wenn wir uns aber in die Physik dieser Erscheinung hineindenken, stellen wir fest, daß nur die Gewohnheit die Ursache dafür ist, daß uns diese Energieumformung verständlich zu sein scheint. Die Atomenergie erscheint uns hingegen nicht ohne weiteres verständlich. Vom Standpunkt der Physik aus aber kann man die Energiebilanz bei der Spaltung des Urankerns wesentlich einfacher formulieren als die Energiebilanz

kinetische Energie der Spaltprodukte	167 MeV
Energie des β-Zerfalls	5 MeV
Energie des γ-Zerfalls	5 MeV
von Neutrinos abtransportierte Energie	11 MeV
Energie der bei der Spaltung entstehenden Neutronen	5 MeV
die im Moment der Spaltung auftretende Strahlung	5 MeV
insgesamt	198 MeV

Abbildung 5.4–43
Energiebilanz bei der Spaltung

bei einem einfachen Verbrennungsvorgang, z. B. bei der Vereinigung eines Kohlenstoffatoms und zweier Sauerstoffatome. In der *Abbildung 5.4–42* ist der Ablauf eines Spaltungsprozesses dargestellt, der von einem Neutron ausgelöst wird. Sobald das Neutron in den Kern eindringt, überträgt es seine Bindungsenergie auf den Kern, und unter der Einwirkung dieser Energie fängt der gesamte Kern an zu schwingen. Im Verlauf der Schwingung kann der Kern auch eine Hantelform annehmen. Während für einen kugelförmigen Kern die elektrostatischen Abstoßungskräfte durch die Kernkräfte kompensiert werden, stoßen sich bei der Hantelform die beiden Teilkerne mit einer sehr großen Kraft gegenseitig ab. Von diesem anschaulichen Bild ausgehend kann die Kernspaltungsenergie abgeschätzt werden, und nach FRISCH und MEITNER ergibt sich in guter Näherung ein Wert von 200 MeV. Die genaue Energiebilanz ist in der *Abbildung 5.4–43* dargestellt. Die mit einer hohen Geschwindigkeit auseinanderfliegenden Spaltprodukte übertragen ihre Energie über Stoßprozesse an die Atome der Umgebung so lange, bis sie schließlich völlig abgebremst worden sind. Die Bewegungsenergie der Atome in der Umgebung wächst an und wird von uns als Erwärmung wahrgenommen.

Wir hatten bereits darüber gesprochen, daß schwere Kerne immer einen Neutronenüberschuß haben. Dieser ist notwendig, damit die bindenden Kernkräfte die Abstoßungskräfte der positiv geladenen Protonen überkompensieren können. Spaltet sich ein schwerer Kern in zwei Teilkerne auf, dann haben diese einen zu großen Neutronenüberschuß. Es war also zu erwarten, daß bei der Kernspaltung einige dieser überschüssigen Neutronen sofort frei würden. Durch β-Zerfall wird dann die Zahl der überschüssigen Neutronen in den Spaltprodukten weiter herabgesetzt; dieser Prozeß ist für die starke β-Aktivität der Spaltprodukte verantwortlich. Warum haben aber nun die Überschußneutronen eine besondere Bedeutung? RUTHERFORD hat noch 1933 mit Bestimmtheit geäußert, daß es „Nonsens" sei, von einer praktischen Nutzung der bei den Kernreaktionen frei werdenden riesigen Energien zu sprechen. Er hat sich mit vollem Recht darauf berufen, daß die Wahrscheinlichkeit für das Auftreten einer Kernreaktion sehr klein ist und daß viele Millionen Teilchen auf eine große Energie beschleunigt werden müssen, ehe eines von ihnen auf einen Atomkern trifft und die Reaktion auslöst, bei der dann eine große Energie frei wird. Gewinnt man aber bei einer Reaktion das Teilchen (Neutron), von dem die Reaktion ausgelöst wurde, unter Umständen sogar im Überschuß wieder zurück, dann ist es möglich, daß die neu entstehenden Teilchen wieder Reaktionen auslösen. Im Verlauf dieser Reaktionen werden dann wieder Teilchen (Neutronen) im Überschuß freigesetzt, so daß schließlich eine „divergente Kettenreaktion" ablaufen kann, in der Energie bei ständig anwachsender Leistung abgegeben wird. Es bleibt natürlich offen, ob wirklich alle freigesetzten Neutronen in der Lage sind, neue Kernspaltungsprozesse auszulösen, denn es ist möglich, daß sie auch von anderen Substanzen eingefangen werden und so für die Kettenreaktion verlorengehen. Auf die Neutronen lauert tatsächlich eine Vielzahl von Gefahren *(Abbildung 5.4–44)*. Sie können z. B. von verschiedenen Verunreinigungen, die einen sehr großen Wirkungsquerschnitt haben, absorbiert werden, und es war eines der wichtigsten in den ersten Jahren von der Reaktortechnik zu lösenden Probleme, die Substanzen mit der notwendigen Reinheit herzustellen. Wegen der endlichen Abmessungen des Spaltmaterials verlassen auch sehr viele Neutronen die aktive Zone des Reaktors, ohne eine Kernspaltung auszulösen. Daraus folgt, daß sowohl für den zur Energieerzeugung eingesetzten Reaktor als auch für die Kernspaltungsbombe kritische Abmessungen existieren. Werden diese Abmessungen unterschritten, dann kann die Kettenreaktion nicht einsetzen bzw. weiterlaufen.

Wir wollen hier noch eine nützliche Art des Neutroneneinfangs erwähnen: Das Uran-Isotop U-238 geht nach dem Einfang eines Neutrons über zwei Zerfälle in Plutonium, ein langlebiges Element aus der Reihe der Transurane, über. Plutonium spaltet sich bei einem Einfang langsamer Neutronen ebenso wie das U-235 *(Abbildung 5.4–45)*.

Aus der *Abbildung 5.4–46* wird ersichtlich, wie die Kernenergie heute in Kraftwerken zu friedlichen Zwecken verwendet wird; ihren Einsatz zu militärischen Zwecken demonstriert die *Abbildung 5.4–47*.

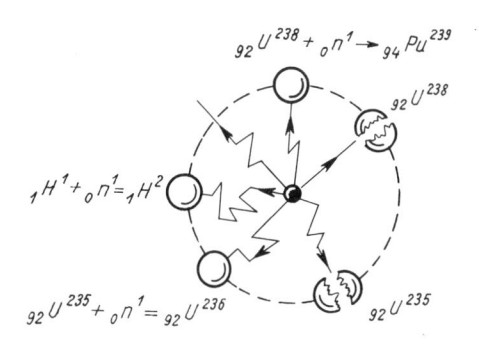

Abbildung 5.4–44
Mögliche Schicksale von Neutronen in einem homogenen Reaktor, der auf der Basis von natürlichem Uran arbeitet

$$_{92}U^{238} + _0n^1 \rightarrow _{94}Pu^{239}$$

$$_1H^1 + _0n^1 = _1H^2$$

$$_{92}U^{235} + _0n^1 = _{92}U^{236}$$

$$U^{238}(n, \gamma) U^{239} \xrightarrow{23 \text{ Minuten}} {}_{93}Np^{239} + e^-$$

$$_{93}Np^{239} \xrightarrow{2,33 \text{ Tage}} {}_{94}Pu^{239} + e^-$$

$$_{94}Pu^{239} \xrightarrow{24\,000 \text{ Jahre}} {}_{92}U^{235} + \alpha$$

Abbildung 5.4–45
Die Erzeugung von Plutonium. Plutonium kann genau so wie U-235 als spaltbares Material verwendet werden

Zitat 5.4–4a
Newton ... Es geht um die Freiheit unserer Wissenschaft und um nichts weiter. Wer diese Freiheit garantiert, ist gleichgültig. Ich diene jedem System, läßt mich das System in Ruhe. Ich weiß, man spricht heute von der Verantwortung der Physiker. Wir haben es auf einmal mit der Furcht zu tun und werden moralisch. Das ist Unsinn. Wir haben Pionierarbeit zu leisten und nichts außerdem. Ob die Menschheit den Weg zu gehen versteht, den wir ihr bahnen, ist ihre Sache, nicht die unsrige.
Einstein Zugegeben. Wir haben Pionierarbeit zu leisten. Das ist auch meine Meinung. Doch dürfen wir die Verantwortung nicht ausklammern. Wir liefern der Menschheit gewaltige Machtmittel. Das gibt uns das Recht, Bedingungen zu stellen. Wir

müssen Machtpolitiker werden, weil wir Physiker sind...
Möbius Unsere Wissenschaft ist schrecklich geworden, unsere Forschung gefährlich, unsere Erkenntnisse tödlich. Es gibt für uns Physiker nur noch die Kapitulation vor der Wirklichkeit. Sie ist uns nicht gewachsen. Sie geht an uns zugrunde. Wir müssen unser Wissen zurücknehmen, und ich habe es zurückgenommen. Es gibt keine andere Lösung, auch für euch nicht...
Nur im Irrenhaus sind wir noch frei. Nur im Irrenhaus dürfen wir noch denken. In der Freiheit sind unsere Gedanken Sprengstoff...
Newton Verrückt, aber weise.
Einstein Gefangen, aber frei.
Möbius Physiker, aber unschuldig.
FRIEDRICH DÜRRENMATT: *Die Physiker*.

Zitat 5.4 – 4b
Mainauer Kundgebung

Wir, die Unterzeichneten, sind Naturforscher aus verschiedenen Ländern, verschiedener Rasse, verschiedenen Glaubens, verschiedener politischer Überzeugung. Äußerlich verbindet uns nur der Nobelpreis, den wir haben entgegennehmen dürfen.

Mit Freuden haben wir unser Leben in den Dienst der Wissenschaft gestellt. Sie ist, so glauben wir, ein Weg zu einem glücklicheren Leben der Menschen. Wir sehen mit Entsetzen, daß eben diese Wissenschaft der Menschheit Mittel in die Hand gibt, sich selbst zu zerstören.

Voller kriegerischer Einsatz der heute möglichen Waffen kann die Erde so sehr radioaktiv verseuchen, daß ganze Völker vernichtet würden. Dieser Tod kann die Neutralen ebenso treffen wie die Kriegführenden.

Wenn ein Krieg zwischen den Großmächten entstünde, wer könnte garantieren, daß er sich nicht zu einem solchen tödlichen Kampf entwickelte? So ruft eine Nation, die sich auf einen totalen Krieg einläßt, ihren eigenen Untergang herbei und gefährdet die ganze Welt.

Wir leugnen nicht, daß vielleicht heute der Friede gerade durch die Furcht vor diesen tödlichen Waffen aufrechterhalten wird. Trotzdem halten wir es für eine Selbsttäuschung, wenn Regierungen glauben sollten, sie könnten auf lange Zeit gerade durch die Angst vor diesen Waffen den Krieg vermeiden. Angst und Spannung haben so oft Krieg erzeugt. Ebenso scheint es uns eine Selbsttäuschung, zu glauben, kleinere Konflikte könnten weiterhin stets durch die traditionellen Waffen entschieden werden. In äußerster Gefahr wird keine Nation sich den Gebrauch irgendeiner Waffe versagen, die die wissenschaftliche Technik erzeugen kann.

Alle Nationen müssen zu der Entscheidung kommen, freiwillig auf die Gewalt als letztes Mittel der Politik zu verzichten. Sind sie dazu nicht bereit, so werden sie aufhören, zu existieren.
Mainau/Bodensee, 15. Juli 1955
KURT ALDER, Köln
MAX BORN, Bad Pyrmont
ADOLF BUTENANDT, Tübingen
ARTHUR H. COMPTON, Saint Louis
GERHARD DOMAGK, Wuppertal
HANS VON EULER-CHELPIN, Stockholm
OTTO HAHN, Göttingen
WERNER HEISENBERG, Göttingen
GEORG V. HEVESY, Stockholm
RICHARD KUHN, Heidelberg
FRITZ LIPMANN, Boston
HERMANN JOSEPH MULLER, Bloomington
PAUL HERMANN MÜLLER, Basel
LEOPOLD RUZICKA, Zürich
FREDERICK SODDY, Brighton
WENDELL M. STANLEY, Berkeley
HERMANN STAUDINGER, Freiburg
HIDEKI YUKAWA, Kyoto

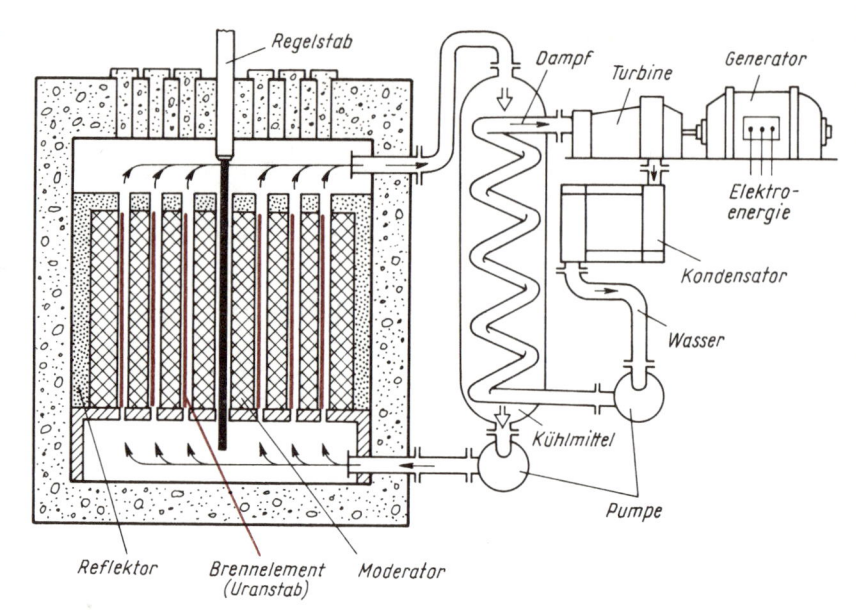

Abbildung 5.4. – 46
Schematische Darstellung eines Kernkraftwerks. Das Heizmaterial des Kernkraftwerks ist natürliches oder mit dem Isotop U–235 angereichertes Uran, eventuell kann auch Plutonium verwendet werden (1 g U-235 liefert rund 24 MWh Wärmeenergie, könnte also 24 Stunden lang eine Wärmeleistung von 1 000 kW abgeben). Werden die neutronenabsorbierenden Regelungsstäbe (die Cadmium oder Bor enthalten) aus dem Reaktor herausgezogen, dann nimmt die Zahl der Neutronen im Reaktorvolumen exponentiell (jedoch mit einer großen Zeitkonstante) zu. Bei einer bestimmten aus der Leistungsvorgabe für den Reaktor folgenden Neutronenzahl kann der Reaktorzustand stabilisiert werden. Zum Abbremsen der bei den Spaltprozessen entstehenden Neutronen dient ein Moderator (Bremssubstanz), auf dessen Atomkerne die Neutronen über Stoßprozesse einen Teil ihrer kinetischen Energie übertragen. Die langsamen Neutronen können mit einer größeren Wahrscheinlichkeit Spaltprozesse der U-235-Kerne auslösen.

Einige Angaben zur Nutzung der Kernenergie in chronologischer Reihenfolge: Entdeckung der Spaltung (1938); nach der Realisierung der ersten gesteuerten Kettenreaktion (1942) zunächst Nutzung der Kernenergie für militärische Zwecke. Eine größere elektrische Leistung (250 kW) wurde fortlaufend erst 1951 erzeugt (USA, Arco), die zur Beleuchtung der Räume des EBR (Experimental Breeding Reactor) verwendet worden ist. Das erste an das elektrische Netz angeschlossene Kernkraftwerk hat 1954 in der Sowjetunion mit einer Leistung von 5 000 kW seinen Betrieb aufgenommen. Das erste Großkraftwerk mit der schon beachtlichen Leistung von 60 MW wurde 1956 in Calder Hall in Betrieb gesetzt. Der Einsatz der Kernenergie in der zivilen Schiffahrt hat 1958 mit dem Eisbrecher „Lenin" begonnen, später folgten dann die „Savannah" (USA, 1961) und das deutsche Schiff „Otto Hahn" (1968)

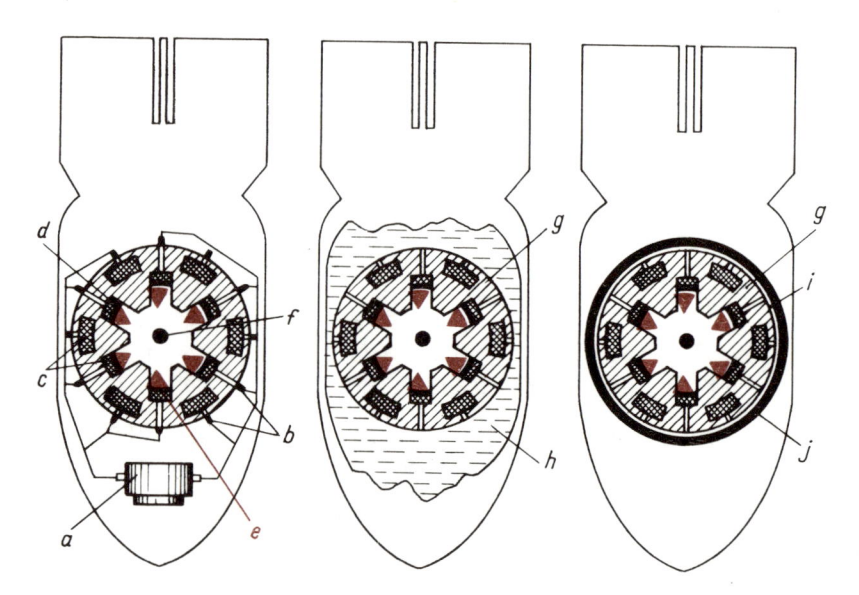

Abbildung 5.4 – 47
Das über der Menschheit hängende Damoklesschwert – die Atombombe: Ein gewöhnlicher Sprengsatz schießt die aus dem Uranisotop U-235 oder aus Plutonium bestehenden Teile zu einer Kugel zusammen. Ihre Masse liegt über dem kritischen Wert, so daß die divergente Kettenreaktion einsetzen kann, bei der explosionsartig eine große Energie freigesetzt wird.

Wird die Kernspaltungsbombe noch mit einem Deuterium-Tritium-Gemisch umgeben, dann erhält man eine Fusions- oder Wasserstoffbombe. Chronologie: 16. Juli 1945 – 1. Test (Alamogordo, USA); 6. August 1945: Hiroshima; 9. August 1945: Nagasaki. Wissenschaftlicher Leiter des amerikanischen Atomprogramms war *J. R. Oppenheimer*. In der Sowjetunion standen die Arbeiten zur Schaffung von Kernbomben unter Leitung von *I. Kurtschatow*, und die erste Explosion erfolgte 1949. Der „Vater" der Wasserstoffbombe ist der aus Ungarn stammende *Edward Teller*, der bereits 1945 den ersten Vorschlag zur Realisierung dieser Bombe gemacht hat. 1951 wurde in den USA, 1953 in der Sowjetunion der erste H-Bombentest durchgeführt. Großbritannien verfügt seit 1952 (Uran-Bombe) und 1957 (H-Bombe) über diese Waffen. Als nächste folgten dann Frankreich (1960), China (1964) und schließlich ein Jahrzehnt später Indien. Die Atomenergie spielt auf militärischem Gebiet außer bei den Kernwaffen auch für den Antrieb von Unterseebooten (Nautilus, 1955) und Flugzeugträgern eine große Rolle.
Bedeutung der Symbole in der Abbildung:
a: Sprengsatz, *b:* Zünder, *c:* klassischer Explosivstoff, *d:* Neutronenreflektor, *e:* Spaltmaterial, *f:* Neutronenquelle, *g:* der Kernspaltungsteil der Bombe entspricht der linken Abbildung, *h:* Deuterium-Tritium-Gemisch, *i:* Deuterium-Lithium-Gemish, *j:* natürliches Uran

$$_1H^2 + {_1H^2} = {_2He^3} + {_0n^1} + 3{,}25 \text{ MeV}$$

$$_1H^2 + {_1H^2} = {_1H^3} + {_1H^1} + 4 \text{ MeV}$$

$$_1H^2 + {_1H^3} = {_2He^4} + {_0n^1} + 17{,}6 \text{ MeV}$$

$$_1H^2 + {_2He^3} = {_2He^4} + {_1H^1} + 18{,}3 \text{ MeV}$$

$$_2He^3 + {_2He^3} = {_2He^4} + 2 \cdot {_1H^1} + 12{,}8 \text{ MeV}$$

$$_3Li^6 + {_1H^2} = 2 \cdot {_2He^4} + 22{,}4 \text{ MeV}$$

$$_3Li^7 + {_1H^1} = 2 \cdot {_2He^4} + 17{,}3 \text{ MeV}$$

Abbildung 5.4–48
Einige möglicherweise zur Energieerzeugung nutzbare Fusionsreaktionen

5.4.12 Die Energieerzeugung durch Kernfusion – die Energiequellen der Sterne in den Händen des Menschen

Nicht nur die bei der Spaltung der schweren Atomkerne frei werdende Energie, die sogenannte Kernspaltungsenergie, kann vom Menschen genutzt werden. Das größte gegenwärtig (1988) zu lösende Problem bezüglich der Nutzung der Kernenergie ist die kontrollierte Freisetzung der thermonuklearen oder Fusionsenergie. Die Fusion (Kernverschmelzung) ist von entgegensetztem Charakter als die Kernspaltung und ähnelt weit mehr als diese den klassischen Verbrennungsprozessen. Aus der in der Abbildung 5.4–31 dargestellten Bindungsenergiekurve entnehmen wir, daß sowohl der Zerfall der schweren Kerne in mittelschwere als auch das Verschmelzen (Fusion) leichter Kerne zu schwereren mit einem Energiegewinn verbunden ist. In der *Abbildung 5.4–48* sind Prozesse dargestellt, bei denen Fusionsenergie frei wird. Diese Prozesse finden statt, wenn die Reaktionspartner mit einer genügend großen Bewegungsenergie zusammenstoßen. In einem Beschleuniger kann man die Teilchen zwar auf eine ausreichend große Geschwindigkeit bringen, der Wirkungsgrad ist aber so schlecht, daß an einen Energiegewinn überhaupt nicht zu denken ist. Erhöhen wir die Geschwindigkeit der Teilchen aber, indem wir das gesamte System auf eine genügend hohe Temperatur bringen, wobei hier von einigen hundert Millionen Grad die Rede ist, dann finden die Kernreaktionen mit einer ausreichenden

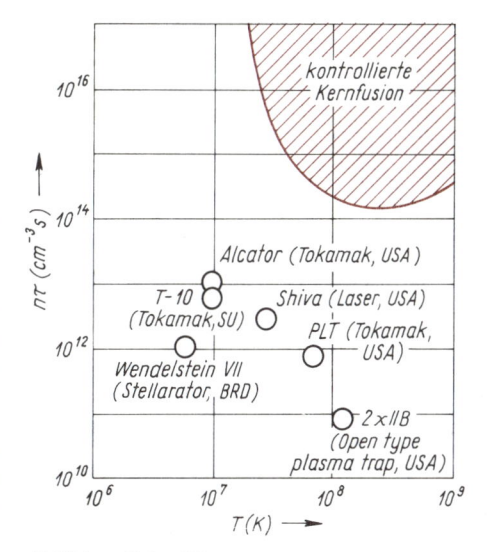

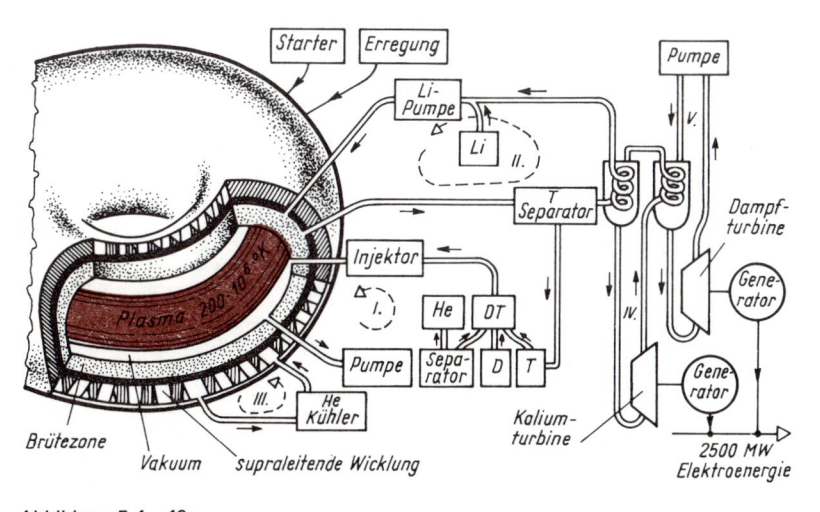

Abbildung 5.4–49b
Um eine kontrollierte Fusion zu erreichen, müssen bei hoher Temperatur große Ionenkonzentrationen (n) und lange Einschlußzeiten (τ) verwirklicht werden. Leider entweicht das heiße Plasma rascher durch das einschließende Magnetfeld, als man es theoretisch erwartet hatte.
Die Abbildung zeigt die bis zu den achtziger Jahren erreichten Ergebnisse [0.41]

Abbildung 5.4–49a
Solche Anlagen könnten dazu dienen, die kontrollierte Kernfusion zur Energieerzeugung nutzbar zu machen (*K. H. Schmitter:* Atomwirtschaft – Atomtechnik 1972).
In dieser Anlage geht die die Energie freisetzende Reaktion zwischen dem Deuterium und

Zitat 5.4–5
Es ist sehr schwer, nach dreißig Jahren zu schreiben – und um so eher, ein Urteil abzugeben – über unsere Empfindungen und Entscheidungen von damals. Es gibt heutzutage viele, die sagen, ein Physiker müsse seine Zeit dazu verwenden, die Wahrheit zu suchen und er dürfe seine Fähigkeiten nicht darauf verwenden, Vernichtungswaffen herzustellen. Das ist leicht gesagt und vielleicht auch richtig. Es waren jedoch sehr wenige, die sich tatsächlich so verhielten. *Pauli* mußte damals Europa verlassen und war in Princeton, dachte aber nie daran, an der Verwirklichung irgendeines militärischen Projekts teilzunehmen. Aber für Leute in meiner Lage und auch andere wäre es sehr schwer gewesen, nicht teilzunehmen. Eigentlich könnte ich nicht sagen, warum ich nach Los Alamos ging. Die Furcht, *Hitler* könnte die Atombombe herstellen, hat sicher dazu beigetragen. Wenn jedoch jemand meint, ich sei bloß deswegen hingegangen, weil jeder es tat, hat er vielleicht auch recht. Die Beurteilung der Wichtigkeit der Physik ist sehr schwierig. Die Physik ist nicht nur Suche nach der Wahrheit; Physik ist auch Möglichkeit, Herrschaft

über die Natur zu erlangen; die beiden Aspekte sind nicht voneinander zu trennen. Es könnte jemand sagen, der Physiker möge bloß die Wahrheit suchen und die Herrschaft über die Natur andern überlassen. Aber diese Attitüde weicht nur dem Problem aus und rechnet nicht mit der Realität. In der Physik und den meisten Naturwissenschaften ist es wesentlich, daß sie nicht nur Naturphilosophie sind, sondern tief in die Sphäre der Handlungen eingreifen, in das Leben, in den Tod, in die Tragödie, in den Mißbrauch und in die komplizierten menschlichen Beziehungen. Ob das nun gut oder schlecht ist – wer ist berufen, dies zu beurteilen? Für beides lassen sich Argumente anführen. Es sind schreckliche Dinge geschehen, seitdem der Mensch die Kernspaltung nutzt. Zwar hätte die erste Bombe dem Krieg ein Ende machen können. Wenigstens hatten wir uns das gedacht. Wir dachten, wir hätten Millionen Menschenleben gerettet. Wir haben vielleicht recht gehabt. Die zweite Bombe ist schon viel schwerer zu verteidigen. Wir haben an all dem Anteil gehabt, und ich will unsere Beteiligung weder verurteilen noch rechtfertigen.

Ich will es nicht leugnen: Jene vier Jahre dort in Los Alamos waren – sowohl vom menschlichen, als auch vom wissenschaftlichen Standpunkt gesehen – ein ganz großes Erlebnis für mich, obwohl sie der Entwicklung der mörderischsten Waffe gewidmet waren, die die Menschheit je geschaffen hat. So sind die Gegensätze des Lebens! Vom Menschlichen her – zusammen zu leben, intellektuell oder sonst irgendwie, mit den hervorragendsten Physikern aus aller Welt (*Niels Bohr, Enrico Fermi, James Chadwick, Robert Peierls, Emilio Segré* und vielen anderen) war an sich schon ein Erlebnis. Unsere Diskussionen über Philosophie, Kunst, Politik, Physik und die zukünftige Welt im Schatten der Superwaffe bleiben mir unvergeßlich. Aber auch vom rein Fachlichen her gesehen: Wir waren mit Problemen konfrontiert, wie sie noch nie von irgend jemand bewältigt wurden. Es war ein großartiges Erlebnis, die Materie unter ungewohnten Umständen untersuchen zu können. Wir haben versucht, ihr Verhalten theoretisch vorauszusagen und dann experimentell zu überprüfen – und das unter Bedingungen, die von den üblichen um Faktoren von tausend abweichen. Ein Stück Metall in der Hand zu halten, das vom Menschen geschaffen ist; aus unmittelbarer Nähe Ereignisse und Prozesse zu untersuchen, die noch nie untersucht worden sind ... All dies war wundervoll.

Und dann kam das große Experiment, die erste Atomexplosion ...

VICTOR WEISSKOPF: *My Life as a Physicist. Physics in the Twentieth Century: Selected Essays.* The MIT Press, p. 14

dem Tritium bei einer Temperatur von 200 Millionen Grad in einem Plasma vor sich. Dieses Plasma wird von einem sehr intensiven Magnetfeld in einem ringförmigen Volumen „eingeschlossen"; das Magnetfeld wird von dem Strom erregt, der in einer supraleitenden (mit flüssigem Helium gekühlten) Spule fließt. Ein Injektor sorgt für das Einbringen des frischen D-T-Gemisches. Derselbe Pumpkreislauf scheidet das als Reaktionsprodukt entstehende Helium aus. Die Kühlung – oder, genauer gesagt, der Abtransport der freigesetzten Energie – erfolgt mit flüssigem Lithiummetall. Diese Energie dient dann – u. U. nach mehreren Stufen des Wärmeaustausches – zur Entwicklung von Dampf für die Turbogeneratoren. Im Lithium wird durch Einfang der entstehenden Neutronen Tritium „gebrütet". Deshalb muß dieses in der Natur nicht vorkommende, teure Isotop nur beim Anfahren der Anlage eingespeist werden. Diese ganze Konstruktion ist vorläufig nur ein vielleicht nie realisierbarer Wunschtraum.

Große Hoffnungen werden auch in Anlagen gesetzt, in denen mit außerordentlich intensiven Laserstrahlen Temperaturen von mehreren Hundert Millionen Grad in *festen* D-T-Gemischen erzeugt werden, um die Reaktion zu zünden.

Häufigkeit statt, um einerseits die Temperatur des Systems konstant halten und andererseits dem System Energie entnehmen zu können. Daß es tatsächlich möglich ist, Energie in großem Maße freizusetzen, beweist die Existenz der Wasserstoffbombe, bei deren Zündung Fusionsreaktionen ablaufen. Die kontrollierte Freisetzung der Fusionsenergie ist jedoch bis zum heutigen Tage nicht verwirklicht worden; im Falle eines Erfolges wäre die Menschheit ihrer Energiesorgen ledig *(Abbildung 5.4–49b)*.

5.4.13 Die Verantwortung des Physikers

Die Tatsache, daß die Ergebnisse der Kernphysik des 20. Jahrhunderts eine ungemein große praktische Bedeutung erlangt haben und dabei auch zur Vernichtung dienen können, wirft die Frage nach der Verantwortung der Wissenschaft, und hier vor allem der Physik und der Physiker, auf. Diesem Thema sind unzählige Artikel, Studien, Bücher, Romane, Gedichte, Theaterstücke und Filme gewidmet *(Zitate 5.4–4a, b, 5.4–5)*. Wir möchten dazu lediglich bemerken, daß ein Physiker ein ebensolches Glied der menschlichen Gesellschaft ist wie jeder beliebige andere Mensch. Die meisten Menschen, und hier vor allem auch die schöpferisch Tätigen, führen ihre Arbeit mit Hingabe und Freude aus und denken oftmals nicht daran, welche weiteren Folgen ihre Bemühungen haben werden. Es lohnt sich, die Erinnerungen von WEISSKOPF an jene Jahre zu lesen, in denen die Atombombe gebaut wurde *(Abbildung 5.4–50)*.

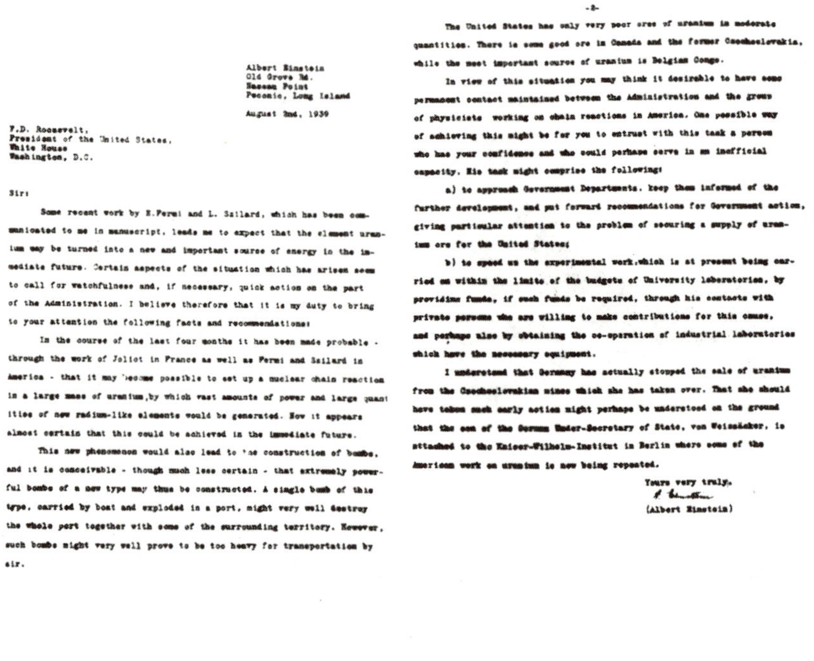

Albert Einstein
Old Grove Rd.
Nassau Point
Peconic, Long Island

August 2nd, 1939

F.D. Roosevelt,
President of the United States,
White House
Washington, D.C.

Sir:

Some recent work by E.Fermi and L. Szilard, which has been communicated to me in manuscript, leads me to expect that the element uranium may be turned into a new and important source of energy in the immediate future. Certain aspects of the situation which has arisen seem to call for watchfulness and, if necessary, quick action on the part of the Administration. I believe therefore that it is my duty to bring to your attention the following facts and recommendations:

In the course of the last four months it has been made probable - through the work of Joliot in France as well as Fermi and Szilard in America - that it may become possible to set up a nuclear chain reaction in a large mass of uranium, by which vast amounts of power and large quantities of new radium-like elements would be generated. Now it appears almost certain that this could be achieved in the immediate future.

This new phenomenon would also lead to the construction of bombs, and it is conceivable - though much less certain - that extremely powerful bombs of a new type may thus be constructed. A single bomb of this type, carried by boat and exploded in a port, might very well destroy the whole port together with some of the surrounding territory. However, such bombs might very well prove to be too heavy for transportation by air.

-2-

The United States has only very poor ores of uranium in moderate quantities. There is some good ore in Canada and the former Czechoslovakia, while the most important source of uranium is Belgian Congo.

In view of this situation you may think it desirable to have some permanent contact maintained between the Administration and the group of physicists working on chain reactions in America. One possible way of achieving this might be for you to entrust with this task a person who has your confidence and who could perhaps serve in an inofficial capacity. His task might comprise the following:

a) to approach Government Departments, keep them informed of the further development, and put forward recommendations for Government action, giving particular attention to the problem of securing a supply of uranium ore for the United States;

b) to speed up the experimental work, which is at present being carried on within the limits of the budgets of University laboratories, by providing funds, if such funds be required, through his contacts with private persons who are willing to make contributions for this cause, and perhaps also by obtaining the co-operation of industrial laboratories which have the necessary equipment.

I understand that Germany has actually stopped the sale of uranium from the Czechoslovakian mines which she has taken over. That she should have taken such early action might perhaps be understood on the ground that the son of the German Under-Secretary of State, von Weizsäcker, is attached to the Kaiser-Wilhelm-Institut in Berlin where some of the American work on uranium is now being repeated.

Yours very truly,
(Albert Einstein)

Abbildung 5.4–50
Einsteins Brief an *F. D. Roosevelt,* den ehemaligen Präsidenten der USA, in dem er dessen Aufmerksamkeit auf die Möglichkeit lenkt, Atombomben herzustellen.

Mein Zutun in Verbindung mit der Atombombe und *Roosevelt* beschränkte sich darauf, einen von *Szilárd* verfaßten Brief an den Präsidenten zu unterschreiben. Dies geschah in Anbetracht der Gefahr, *Hitler* könne als erstem eine Atombombe zur Verfügung stehen. Wenn ich gewußt hätte, daß diese meine Furcht unbegründet war, hätte ich mich keineswegs daran beteiligt, diese Büchse der Pandora zu öffnen, aber auch *Szilárd* hätte es nicht getan. Mein Mißtrauen gegenüber Regierungen war nämlich nicht nur auf Deutschland beschränkt.

An der Protestaktion gegen den Einsatz der Atombombe in Japan hatte ich leider keinen Anteil. Das Verdienst darum ist *James Franck* zuzuschreiben. Hätten wir doch auf ihn gehört!

Brief *Einsteins* an *Laue* vom 19. 03. 1955

5.5 Gesetz und Symmetrie

5.5.1 Probleme des Historikers bei der Darstellung der jüngsten Erfolge und Zielsetzungen der Physik

Im Jahre 1955, auf der ersten Genfer Konferenz zu Fragen der friedlichen Nutzung der Kernenergie, haben sowohl die Sowjetunion als auch die USA bis zu diesem Zeitpunkt geheimgehaltene Ergebnisse ihrer kernphysikalischen Forschungen der Öffentlichkeit vorgestellt. Mit der Veröffentlichung und der weiten Verbreitung der Daten, die sich vor allem unmittelbar auf die Kernspaltung und die für das Zustandekommen der Kettenreaktion wichtigen Neutronen-Wirkungsquerschnitte bezogen, konnte ein wichtiges Teilgebiet der Kernphysik zu einer technischen Wissenschaft werden. Die Projektierung der zur Energieerzeugung vorgesehenen Kernkraftwerke unterscheidet sich nicht von den üblichen ingenieurtechnischen Planungsarbeiten, wobei die Berechnungen von den klassischen Gleichungen für die Diffusion und Neutronenmoderation (Neutronenabbremsung) ausgehen und die kernphysikalischen Phänomene mit Hilfe der tabellarisch zusammengefaßten Wirkungsquerschnitte berücksichtigt werden können.

Zur selben Zeit wurde aber die Kernphysik im Kreis der Wissenschaften, die auf eine Erforschung grundlegender Zusammenhänge der (unbelebten) Natur gerichtet sind, vom ersten Platz verdrängt. Die führende Position ist von der Physik der Elementarteilchen eingenommen worden, wobei die Begleitumstände dieses Überganges ähnlich dramatisch gewesen sind wie 1932 beim Übergang des Forschungsschwerpunktes von der Physik der Atomhülle zur Kernphysik. Wir erwähnen hier nur das *Theta-Tau-Problem* (1955), das den führenden Elementarteilchenphysikern keine Ruhe gelassen hat und bald darauf gelöst werden konnte: Die große Sensation der Jahre 1956 und 1957 war die *Nichterhaltung der Parität*. Weiterhin sind in diesen Jahren die ersten Beschleuniger in Betrieb genommen worden, die Teilchen auf Energien beschleunigten, die denen der kosmischen Strahlung vergleichbar waren. Mit dem Einsatz der Beschleuniger ist es indes nicht gelungen, die Geheimnisse um die bis dahin entdeckten Elementarteilchen zu lüften, die Zahl der offenen Fragen wurde eher noch größer.

Damit sind wir bei der Physik unserer Tage angekommen, und wir sehen uns erneut mit der für den Wissenschaftshistoriker immer wieder aktuellen Frage konfrontiert, was wir nun als Physikgeschichte und als Aufgabe für den Wissenschaftshistoriker anzusehen haben. Die zusammenfassende Darstellung der offenen Probleme und der jüngsten Ergebnisse eines herausgegriffenen Zweiges der Physik, so z. B. der Physik der Elementarteilchen, ist die Aufgabe der in verschiedenen wissenschaftlichen Zeitschriften erscheinenden Übersichtsartikel und Berichte. Zur Zusammenfassung des gegenwärtigen Standes der Elementarteilchenphysik, aus der sich auch Hinweise für weitere Forschungsarbeiten ableiten lassen sollten, sind vor allem hervorragende Vertreter dieses Wissenschaftszweiges selbst berufen. Im allgemeinen wie auch bei dem betrachteten Beispiel sieht sich der Physikhistoriker außerstande, diese Aufgabe zu übernehmen. Er würde vor ihr erst recht zurückschrecken, wenn er sich Situationen aus der Geschichte der Physik vor Augen hält, die mit der heutigen vergleichbar sind. Denken wir z. B. an das im Jahre 1902 vorliegende empirische Material über die natürliche Radioaktivität oder an die 1910 vorliegenden Daten zu den Atomspektren. Dieses empirische Material sowie die dazugehörigen Ad-hoc-Theorien gehören heute nur zu einem sehr geringen Teil zum Standardwissen der Physik und brauchen auch in einer wissenschaftshistorischen Arbeit nicht unbedingt vertreten zu sein. Es sind auch Meinungen laut geworden, nach denen es wenig sinnvoll ist, die Phänomene der Elementarteilchenphysik mit unseren heutigen Vorstellungen verstehen zu wollen; zur Begründung wurde auf die gegen Ende des 19. Jahrhunderts unternommenen fruchtlosen Versuche zur Deutung der elektromagnetischen Erscheinungen mit Hilfe geistvoll konstruierter mechanischer Modelle verwiesen *(Zitat 5.5−1a)*.

Natürlich bleiben experimentelle Fakten auch für die Zukunft experimentelle Fakten, und ihre Aufzählung in chronologischer Reihenfolge kann, wenn wir uns auf das *Wesentliche* beschränken, auch noch in einer Darstellung der Physikgeschichte nützlich sein, die in einem halben Jahrhundert

Zitat 5.5−1a
Aber nach den dreißig fetten Jahren am Beginn unseres Jahrhunderts schleppen wir uns jetzt durch die mageren und unfruchtbaren Jahre und warten auf besseres Glück in den Jahren vor uns. Trotz aller Anstrengungen der großen alten Herren − *Pauli, Heisenberg* u. a. − sowie der jüngeren Generation − *Feynman, Schwinger, Gell-Mann* usw. − hat die theoretische Physik in den letzten drei Jahrzehnten sehr wenig Fortschritte gemacht... Artikel über das Problem der Elementarteilchen sind zu Hunderten geschrieben worden, aber trotzdem umgibt uns Finsternis und Unsicherheit auf diesem Gebiet. Es bleibt nur zu hoffen, daß innerhalb eines oder zweier Jahrzehnte, oder zumindest unmittelbar vor dem Anbruch des XXI. Jahrhunderts die mageren Jahre ein Ende nehmen und gänzlich neue, revolutionäre Gedanken an den Tag kommen, ähnlich denjenigen, die zu Beginn des XX. Jh. auftauchten.
GAMOW: *Thirty years that shook Physics.* p. 161, 163

Die Lage der Forschung in der Physik erscheint mir zutiefst verwandt mit der Lage der Jahre um 1492 bzw. der Zeit, da *Kolumbus* Amerika entdeckte. Die wichtigsten Persönlichkeiten jener Zeit waren die Navigatoren und die Meister des Schiffbaus. Ich möchte sie mit den Physikern und Ingenieuren unserer Zeit, die Beschleuniger planen, vergleichen. Die Experimentalphysiker ähneln den Soldaten und Matrosen, die die Schiffe verließen, an Land gingen und an den neuen Küsten auf neuartige, seltsame − nicht Teilchen! − Pflanzen und Menschen stießen.
Die Theoretiker schließlich sind denjenigen zu vergleichen, die unterdessen bequem in Madrid saßen und *Kolumbus* mitteilten, er sei nach Indien gelangt.
V. WEISSKOPF: Vortrag gehalten an der Eötvös Loránd-Universität, 1976

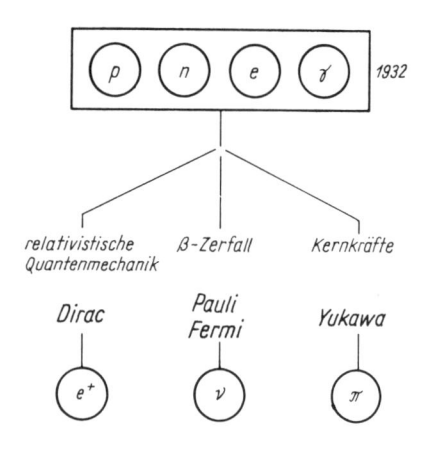

Abbildung 5.5 – 1
Zusätzlich zu den nach dem Stand von 1932 postulierten vier Elementarteilchen forderte die relativistische Quantentheorie die Existenz des Positrons (e^+), die Theorie des β-Zerfalls die des Neutrinos (v) und die Theorie der Kernkräfte die Existenz eines Teilchens mit einer im Vergleich zum Elektron wesentlich größeren Masse (des π-Mesons)

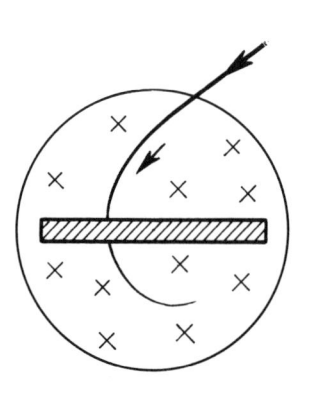

Abbildung 5.5 – 2
Carl Anderson hat die Existenz des Positrons mit einer Nebelkammeraufnahme wie dieser belegt, auf der folgende Spur zu sehen ist: Ein Teilchen verliert im mittleren Absorber Energie, daher ist seine Spur danach im selben Magnetfeld stärker gekrümmt. Es kann eindeutig festgestellt werden, daß das Teilchen im Bild von oben nach unten fliegt. Aus der bekannten Richtung des angelegten Magnetfelds kann auf das positive Vorzeichen der Teilchenladung geschlossen werden

geschrieben werden wird. Das gleiche gilt von den experimentellen Anlagen, den Beschleunigern und Detektoren, sowie deren Entwicklungsgeschichte. Die geforderte Auslese des *Wesentlichen* ist möglich: Es gibt nach unserer Auffassung bereits heute Anhaltspunkte dafür, Wesentliches und Unwesentliches voneinander zu trennen. Zur Stützung dieser Auffassung führen wir die physikalischen Theorien an, die zwar nur Übergangslösungen darstellen und ein begrenztes Feld von Erscheinungen beschreiben, aber dennoch Ordnung in eine Vielzahl von Beobachtungen bringen und einen Überblick vermitteln können. Wir meinen, daß diese Theorien nicht völlig zu ignorieren sind, sondern als Zwischenschritte mit einem begrenzten Gültigkeitsbereich auch dann in die Wissenschaftgeschichte aufgenommen werden sollten, wenn sie bereits nach einer vergleichsweise kurzen Zeit von einer verbesserten Theorie abgelöst worden sind oder werden. Denken wir nur daran, daß das Atommodell von BOHR und SOMMERFELD insgesamt lediglich 10 Jahre das genaueste des existierenden Modelle für die Beschreibung der Erscheinungen in der Atomhülle gewesen ist und dennoch aus der Wissenschaftsgeschichte nicht hinwegzudenken ist.

Im Falle der Elementarteilchenphysik müssen wir besonders über die experimentellen Beobachtungen und die dazugehörigen prinzipiellen Überlegungen sprechen, die althergebrachte und tief verwurzelte Auffassungen in der Physik umgestoßen haben, sowie auf neue Aspekte bei der Untersuchung der Naturgesetze eingehen, bei denen die Symmetrien und die daraus folgenden Erhaltungssätze eine hervorragende Rolle spielen.

5.5.2 Die Entdeckungsgeschichte der Elementarteilchen

Auf die schon im klassischen Griechenland diskutierte Frage nach den Grundbausteinen unserer Welt und den Wechselwirkungen zwischen ihnen sucht die Physik der Elementarteilchen eine Antwort im subatomaren Bereich zu finden. Zunächst glaubte man, in den Atomen der chemischen Elemente die Elementarbausteine gefunden zu haben, dann wurde aber von den Physikern entdeckt, daß auch die „unteilbaren" Atome eine Struktur haben, wobei ein Atomkern und die Elektronen in der Atomhülle unterschieden werden können. Im Rahmen kernphysikalischer Untersuchungen ist es gelungen, auch den Atomkern in seine Bestandteile, die Protonen und die Neutronen, aufzulösen. Haben nun diese Teilchen auch eine Struktur und können sie ebenfalls als Teilchen mit inneren Freiheitsgraden angesehen werden? Diese Frage kann man anschaulich auch als Frage nach noch elementareren Bestandteilen formulieren, aus denen sich diese Teilchen aufbauen lassen. In der Elementarteilchenphysik ist es, wie wir sehen werden, angebracht zu überlegen, ob es hier überhaupt noch sinnvoll ist, eine Frage der Form „Was besteht woraus?" zu stellen.

In der Abbildung 5.5 – 3 sind in chronologischer Reihenfolge Angaben über die Entdeckungsdaten der Elementarteilchen, die Entwicklung der experimentellen Anlagen, die die Entdeckungen ermöglicht haben, sowie die Herausbildung theoretischer Erwägungen über die Natur der Elementarteilchen zusammengestellt. Ausgehend von dieser Abbildung können wir die wesentlichen Etappen dieser Entwicklung wie folgt zusammenfassen:

Bis in die dreißiger Jahre hinein waren unsere Vorstellungen von der Struktur unserer Welt beunruhigend einfach: Anscheinend konnte die Vielzahl der chemischen Elemente aus zwei Grundbausteinen, den Protonen und Elektronen, aufgebaut werden. Wurde dazu noch das Photon als Träger der elektromagnetischen Energie hinzugefügt, dann konnte man von insgesamt drei Elementarteilchen sprechen.

Einer der Gründe für das Aufkommen von Zweifeln war, wie bereits oben erwähnt, die Erkenntnis, daß sich nach der Unbestimmtheitsrelation Elektronen *nicht* innerhalb eines Kerns aufhalten können. In den dreißiger Jahren schien es, als ob diese Bedenken zerstreut werden könnten. Zwar erhöhte sich die Zahl der Elementarteilchen auf vier, doch konnten mit dem Photon (γ), dem Proton (p), dem Neutron (n) und dem Elektron (e) sozusagen alle physikalische Erscheinungen des Alltags — einschließlich der Vorgänge in den später gebauten Kernkraftwerken — gedeutet werden, und das sogar mit Begriffen, die Schülern höherer Klassen der Mittelschule verständlich sind. Die tiefer schürfenden Physiker allerdings sahen sich auf drei Gebieten dazu genötigt, neue Teilchen einzuführen *(Abbildung 5.5 – 1)*:

Zitat 5.5–1b

Es war dies eine sehr faszinierende Zeit. Die Diracsche Gleichung stand im Vordergrund des Interesses. Jedermann war vollständig verblüfft davon, daß Dirac rein intuitiv Gleichungen zusammenbringen konnte, die die Eigenschaften des relativistischen Elektrons vollständig erklärten. Tatsächlich aber beinhaltete die Gleichung viel mehr, als Dirac selbst hineingedacht hatte, nämlich das Positron. Dazu kam es aber erst später. In den Jahren zwischen 1928 und 1931 war ich in Göttingen. Dirac hatte seine Gleichung 1927 veröffentlicht, jedermann diskutierte diese Gleichung sowie die Tatsache, daß sich als gyromagnetische Konstante des Elektrons der Wert zwei ergab. Wie wundervoll!

Ein gutes Beispiel für die Arroganz der Theoretiker — an der sich in den letzten vierzig Jahren nichts geändert hat — gibt folgende Geschichte: Es gab ein Seminar, das von der theoretischen Gruppe in Göttingen abgehalten wurde. Einmal kam Otto Stern von Hamburg nach Göttingen, um von Messungen zu berichten, die mit dem magnetischen Moment des Protons zu tun hatten und die sich eben ihrem Abschluß näherten. Stern gab eine Beschreibung der Meßapparatur, teilte jedoch das Ergebnis nicht mit. Dann nahm er ein Stück Papier, ging zu jedem von uns und fragte: Welchen Wert prophezeien Sie für das magnetische Moment des Protons? — Jeder Theoretiker, von Max Born bis hinab zu Victor Weisskopf, sagte: Nun, natürlich ist das Großartige an der Diracschen Gleichung eben, daß wir mit ihrer Hilfe voraussagen können, daß alle Teilchen mit halbzahligem Spin ein magnetisches Moment von gerade einem Bohr-Magneton haben. — Dann bat er jeden, seine Voraussage zu Papier zu bringen, worauf alle „1 Magneton" niederschrieben. Nach zwei Monaten kam er dann wieder nach Göttingen, um einen Vortrag über die Ergebnisse der abgeschlossenen Meßreihe zu halten: Es hatte sich für das magnetische Moment des Protons der Wert 2,8 ergeben. Der Zettel, auf den wir unsere Prophezeiungen geschrieben hatten, wurde dann in Projektion gezeigt. Es war ein ernüchterndes Erlebnis.

VICTOR WEISSKOPF: *My life as a Physicist. Physics in the Twentieth Century: Selected Essays.* The MIT Press. p. 5, 6

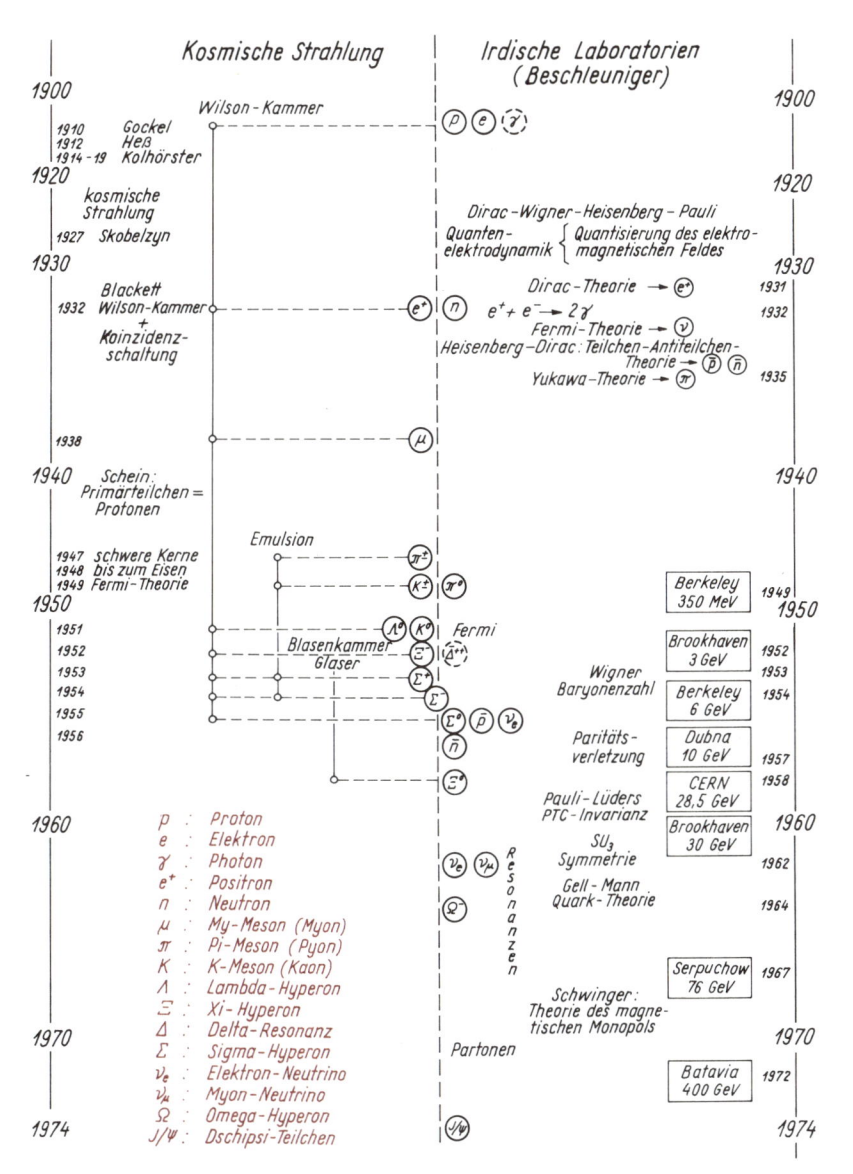

Abbildung 5.5–3
Chronologie des Erkenntnisfortschritts in der Elementarteilchenphysik

DIRACS relativistische Quantenmechanik ließ auf die Existenz eines positiv geladenen, dem Elektron äquivalenten Teilchens schließen *(Zitat 5.5–1b)*; FERMI sah sich dazu veranlaßt, zur Erklärung des β-Zerfalls ein neues Teilchen, das *Neutrino*, einzuführen, und endlich wurde in der Theorie der Kernkräfte die Existenz eines neuen Teilchens endlicher Ruhemasse postuliert. Nehmen wir uns diese Argumente nacheinander vor.

Von der Diracschen Gleichung war schon die Rede. Auf die Existenz des Positrons konnte allerdings aus dieser Theorie nicht eindeutig geschlossen werden, und das Bild rundete sich erst 1931 ab. Völlige Sicherheit haben dann Experimente gebracht (ANDERSON, 1932; *Abbildung 5.5–2*), in denen das erste Antiteilchen gefunden wurde. Im Jahr darauf (1933) erfolgte die Bestätigung weiterer Diracscher Hypothesen, nach denen das γ-Quant zu einem Elektronenpaar (e^- und e^+) umgewandelt werden kann (Paarbildung: JOLIOT-CURIE, ANDERSON, BLACKETT und OCCHIALLINI) bzw. ein Elektronenpaar zu zwei oder mehr Quantenpaaren zerstrahlen kann (JOLIOT-CURIE und THIBAUT, *Abbildung 5.5–4*). Im Jahre 1934 haben HEISENBERG und DIRAC diese Theorie zu einer Teilchen-Antiteilchen-Theorie verallgemeinert. Diese allein aber hat noch nicht zu einer wesentlichen Komplizierung der Vorstellungen, die man sich von den Bausteinen der Welt gemacht hatte, geführt. Die Theorie, nach der jedem Teilchen ein anderes

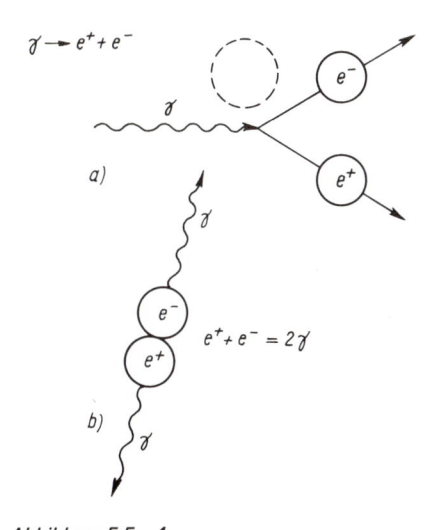

Abbildung 5.5–4
a) Eine Paarerzeugung kann nur in Gegenwart von Materie zustande kommen; im Vakuum kann den Erhaltungssätzen der Energie und des Impulses nicht gleichzeitig Genüge getan werden. b) Im Vakuum kann die Annihilation bei Ausstrahlung zweier Photonen vor sich gehen

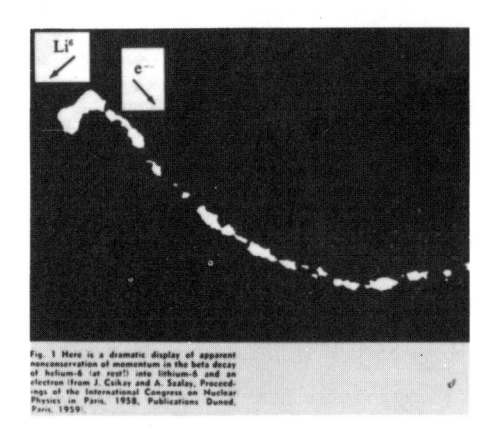

Abbildung 5.5–5
Der fehlende Impuls läßt auf die Existenz des Neutrinos schließen. Diese – in ihrer Anschaulichkeit einzigartige Aufnahme wurde im Rahmen der Untersuchung des Zerfalls $_2\text{He}^6 \rightarrow {_3\text{Li}^6} + e^- + \tilde{v}_e$ durch *Gyula Csikai* und *Sándor Szalay* gemacht. Der zerfallende Atomkern hat eine kleine Massenzahl und die Energie des Elektrons ist beträchtlich (3,5 MeV), daher ist ein gut sichtbarer Effekt zu erwarten. Die Messungen werden dadurch erschwert, daß das Isotop $_2\text{He}^6$ sehr kurzlebig ist ($T_{1/2} = 0,8$ s) und deshalb die Messungen an diesem Kern unmittelbar nach seinem Zustandekommen erfolgen müssen

Abbildung 5.5–6
HIDEKI YUKAWA (1907–1981): Abschluß des Studiums 1929 in Kyoto; dann zunächst Lehramt in Osaka, ab 1939 wieder in Kyoto. 1942–52: Gastprofessor an der Columbia-Universität.
1934 hat *Yukawa* die Mesonentheorie der Kernkräfte geschaffen: Die im Coulomb-Gesetz $\frac{e_1 e_2}{r^2}$ vorkommenden Größen e_1 und e_2 sind bei einer quantenelektrodynamischen Beschreibung der Wechselwirkung ein Maß für die Fähigkeit der Teilchen, die die Kraftwirkung vermittelnden Photonen zu emittieren oder zu absorbieren; $1/r^2$ ist

Teilchen so zugeordnet werden kann, daß bei einer Vereinigung beider ihre Ruhemassen verschwinden und die äquivalente Energie in der Form von γ-Strahlen abgestrahlt wird, entspricht unserem Symmetrieempfinden. Nach dieser Theorie kann es beim Vorhandensein einer entsprechenden Energie auch zur gleichzeitigen Erzeugung eines Teilchen-Antiteilchen-Paars kommen.

Die Existenz eines weiteren neuen Teilchens, des Neutrinos, ist von FERMI zu Beginn der dreißiger Jahre mit seiner Theorie des β-Zerfalls postuliert worden. Wie wir bereits im vorigen Kapitel gesehen haben, besteht eine Besonderheit des β-Zerfalls darin, daß das Energiespektrum der beim Zerfallsprozeß entstehenden Elektronen kontinuierlich ist und keine diskreten Werte aufweist, wie man das erwarten sollte, wenn man von der Existenz wohldefinierter Energiezustände im Kern ausgeht. Bereits 1927 hatte PAULI den Gedanken geäußert, daß ein neues, noch unbekanntes Teilchen, das gleichzeitig mit dem Elektron emittiert wird, für den Ausgleich der Energiebilanz sorgen könnte. FERMI hat dann angenommen, daß dieses Teilchen (genau wie das Elektron) erst beim Zerfallsprozeß entsteht. Anhand von Aufnahmen in der Wilsonschen Nebelkammer (*Abbildung 5.5–5*) konnte gezeigt werden, daß mit der Neutrino-Hypothese auch der Impulserhaltungssatz befriedigt werden kann. Es ist verständlich, daß die Mehrheit der Physiker die reale Existenz eines solchen Teilchens, das nur indirekt nachzuweisen war, angezweifelt und sich nicht mit dem Hinweis zufrieden gegeben hat, daß nur die sehr schwache Wechselwirkung dieses Teilchens für das Fehlen einer direkten Nachweismethode verantwortlich zu machen ist. Tatsächlich ist der experimentelle Nachweis eines Neutrinos durch REINES und COWAN (Abbildung 5.5.–16) erst im Jahre 1955 gelungen.

Wir wollen an dieser Stelle noch anmerken, daß wir aus der Inaktivität der Neutrinos nicht auf einen kleinen Wert der von ihnen transportierten Energie schließen können; bei Kernreaktoren mit einer Leistung von 100 MW geht eine Leistung der Größenordnung von 5 MW in Form von Neutrinos verloren. Infolge der Inaktivität der Neutrinos sollte sich im Kosmos eine große Anzahl von ihnen befinden; und es ist möglich, daß deshalb die mittlere Massendichte unseres Universums weit größer ist als wir sie aus den Sternmassen unmittelbar errechnen können.

Mit der Neutrinohypothese erwiesen sich zwar sehr viele Probleme als lösbar, aber es blieb immer noch die Frage nach dem Ursprung der Kräfte zwischen Proton und Neutron offen. Es ist offensichtlich, daß sich die Protonen im Atomkern mit einer sehr großen Kraft abstoßen, und die Stabilität des Atomkerns verlangt, daß diese Coulomb-Abstoßung von einer intensiven Kraftwirkung mit kleiner Reichweite kompensiert wird. Den ersten Schritt auf dem Wege zu einer theoretischen Erklärung dieser Kraft stellt die 1935 ausgearbeitete Theorie von YUKAWA dar. Als Ausgangspunkt für seine Überlegungen hat YUKAWA (*Abbildung 5.5.–6*) die Vorstellungen über die elektromagnetische Wechselwirkung benutzt, wie sie in der Quantenelektrodynamik mit Erfolg zur Anwendung kommen. Er hat angenommen, daß die Kraftwirkung zwischen den Nukleonen durch Teilchen vermittelt wird, die eine ähnliche Rolle spielen wie die Photonen in der elektromagnetischen Wechselwirkung. Aufbauend auf den empirischen Kenntnissen über die Intensität und die Reichweite der Kernkräfte hat YUKAWA festgestellt, daß im Gegensatz zum Photon diese Mittlerteilchen eine endliche Ruhemasse haben müssen, die etwa das 200fache der Elektronenmasse beträgt. Nachdem 1937 ANDERSON und NEDDERMEYER in der kosmischen Strahlung ein Teilchen dieser Masse entdeckten, das man My-Meson nannte, schien die Übereinstimmung zwischen Theorie und Experiment gesichert zu sein.

Zu Beginn der vierziger Jahre schien das Bild von den Elementarteilchen wieder einfach und überschaubar zu sein, lediglich dem Neutrino konnte kein rechter Platz zugewiesen werden. Die erste Hälfte der vierziger Jahre hat aus verständlichen Gründen gerade auf dem Gebiet der Elementarteilchenphysik nichts überraschend Neues erbracht, da die führenden Physiker in allen entwickelten Industrieländern mit militärischen Aufgaben beschäftigt waren. Nach dem zweiten Weltkrieg hat sich bald herausgestellt, daß das My-Meson nicht das von YUKAWA vorausgesagte Teilchen sein kann, weil weder seine Masse noch seine Lebensdauer den von der Theorie geforderten Werten entsprechen. Der Hauptgrund dafür, daß das My-Meson nicht in der Lage ist, seine ihm zugedachte Rolle als Vermittler der

Kernkräfte zu spielen, ist die geringe Stärke seiner Wechselwirkung mit den anderen Elementarteilchen.

Heute wird es auch nicht mehr zu den Mesonen gezählt und deshalb Myon genannt. 1947 entdeckten LATTES, OCCHIALLINI und POWELL die „richtigen" $\pi^\pm$-Mesonen (Pionen), und zwar zuerst in der kosmischen Strahlung.

Etwas später, nachdem im Jahre 1948 das Synchro-Zyklotron von Berkeley begonnen hatte, Pionen „massenweise zu liefern", konnte die eingehende Untersuchung ihrer Eigenschaften in Angriff genommen werden. So z. B. wurde 1950 die Umwandlung $\pi^\circ \to 2\gamma$ sowohl in der kosmischen Strahlung (CARLSON und Mitarbeiter) als auch am Beschleuniger von BERKELEY (BJORKLUND und Mitarbeiter) beobachtet. Mit der Entdeckung des π-Mesons schien es, als ob Theorie und Experiment im wesentlichen zu übereinstimmenden Aussagen gekommen wären. Die großen Fragen schienen gelöst zu sein und die Theoretiker zur Klärung der Details etwas Zeit gewonnen zu haben (Abbildung 5.5-7). Dann aber, gerade im Jahre 1947, als der erhoffte Abschluß in Sicht kam, wurden in der kosmischen Strahlung neue, schwere Teilchen gefunden (ROCHESTER und BUTLER). 1953 stand endgültig fest, daß Teilchen existieren – Hyperonen genannt –, die schwerer als die Nukleonen sind. Aber auch Teilchen (K-Teilchen oder Kaonen) mit Massenwerten zwischen denjenigen der Nukleonen und der Mesonen wurden entdeckt. Wenn wir einen Blick auf die Abbildung 5.5-1 werfen, sehen wir, was für eine Bewegung in den fünfziger Jahren in die Physik der Elementarteilchen gekommen ist. Experimentell wurde eine Reihe neuer Elementarteilchen, so auch das Antiproton und das Antineutron entdeckt. Auch die Theoretiker waren in diesen Jahren nicht untätig; sie haben zur Charakterisierung der einzelnen Elementarteilchen Quantenzahlen neuen Typs eingeführt und die dazugehörigen Erhaltungssätze formuliert.

Es war zweifellos die Sensation der fünfziger Jahre, als 1956 von LEE und YANG die Spiegelungsinvarianz (Paritätserhaltung) für die schwache Wechselwirkung in Frage gestellt wurde und 1957 durch WU und Mitarbeiter ihre experimentelle Widerlegung erfolgte. Die Bedeutung dieser Entdeckung wird auch daraus ersichtlich, daß den Entdeckern, LEE und YANG, abweichend von dem bisherigen Brauch der Nobelpreis bereits 1957, im Jahr des experimentellen Nachweises der Nichterhaltung der Parität, zuerkannt worden ist.

In den sechziger Jahren sah man sich vor die Aufgabe gestellt, Ordnung in die Fülle des bereits bekannten und sich ständig vermehrenden experimentellen Materials zu bringen. Es ist als ein Erfolg dieser theoretischen Arbeiten zu werten, daß man die Existenz eines neuen Elementarteilchens, des Ω^--Hyperons voraussagen konnte. 1964 wurde dieses Teilchen dann tatsächlich experimentell gefunden. Im Jahre 1964 ist auch die Quark-Hypothese aufgestellt worden, nach der sich die Vielfalt der Elementarteilchen auf drei Grundteilchen zurückführen läßt.

Wenn wir uns die *Abbildung 5.5-8* anschauen, stellen wir fest, daß sich die bisher erwähnten Elementarteilchen mit Hilfe der gut bekannten „klassischen" Kenngrößen – Masse, Spin und Ladung – mehr oder weniger übersichtlich in Gruppen anordnen lassen. Es gibt leichte Teilchen (Leptonen), schwere Teilchen (Baryonen) und schließlich Teilchen mit mittleren Massen (Mesonen). Der Spin dieser Teilchen gibt uns einen Hinweis, bei welchen Massenwerten wir die Grenzen zwischen diesen Teilchengruppen zu ziehen haben: Die Leptonen und die Baryonen haben einen halbzahligen, die Mesonen hingegen einen ganzzahligen Spin (genauer: den Spin 0). Die Mesonen sind deshalb ebenso Bosonen wie das Photon, dessen Spin gleich 1 ist; ihre Ladung ist $+e$ oder $-e$, sie können aber auch neutral sein. Die Einordnung der Baryonen und Mesonen in die Gruppe der Hadronen ergibt sich aus den Wechselwirkungen, die diese Teilchen eingehen: Zu den Hadronen zählen alle die Teilchen, die der starken Wechselwirkung (aber nicht nur dieser) unterworfen sind, für die Leptonen ist die schwache Wechselwirkung charakteristisch. (Weitere Angaben zu den Wechselwirkungen sind in den Abbildungen 5.5-17 und 5.5-18 dargestellt).

Wir können jetzt wahrlich nicht mehr von einer „beunruhigend einfachen" Grundstruktur unserer Welt reden. Die Lage ist aber noch weitaus komplizierter, als wir sie bisher dargestellt haben. FERMI hat bereits zu Beginn der fünfziger Jahre die Wechselwirkung zwischen π-Mesonen und Protonen untersucht und gefunden, daß der Wirkungsquerschnitt, als Funk-

lediglich ein geometrischer Faktor. Wenn wir nach *Yukawa* annehmen, daß zur Vermittlung der Kernkraft Teilchen mit einer endlichen Ruhemasse dienen, dann haben wir an die Stelle von e_1 und e_2 zwei analoge Größen g_1 und g_2 zu setzen, die ein Maß für die Stärke der Emissions- und Absorptionsprozesse dieser Teilchen sind, und der geometrische Faktor muß durch die Exponentialfunktion $e^{-r(mc/\hbar)}$ ergänzt werden. Wir sehen sofort, daß die endliche Masse der Vermittlerteilchen für die kleine Reichweite der Kernkräfte verantwortlich ist. Setzen wir die Reichweite gleich 10^{-13} cm, dann erhalten wir aus $\frac{\hbar}{mc} = 10^{-13}$ cm für die Masse des Vermittlerteilchens einen Wert von einigen hundert Elektronenmassen

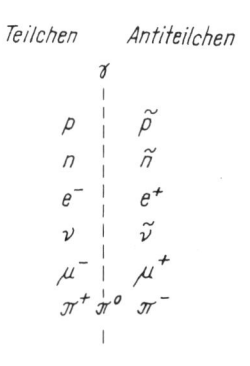

Teilchen	Antiteilchen
γ	
p	$\tilde{p}$
n	$\tilde{n}$
e^-	e^+
ν	$\tilde{\nu}$
μ^-	μ^+
$\pi^+ \quad \pi^0$	π^-

Abbildung 5.5-7
Ein vorübergehend zufriedenstellendes (?) System der Elementarteilchen nach dem Stand von 1947. Das Photon (γ) ist verantwortlich für die elektromagnetische Wechselwirkung. Aus Protonen und Neutronen baut sich der Kern auf, und durch Hinzufügen von Elektronen ergibt sich das Atom. Das Neutrino (ν) spielt beim β-Zerfall eine Rolle, und die π-Mesonen sorgen für die Bindungen der Nukleonen aneinander. Das μ-Meson bleibt ohne Funktion. Von den erwähnten Teilchen sind γ, p, e, ν stabil, die übrigen zerfallen nach folgendem Schema

$$n \xrightarrow{918 \text{ s}} p + e^- + \tilde{\nu}_e \qquad [100\%]$$

$$\pi^+ \xrightarrow{2{,}6 \cdot 10^{-8} \text{ s}} \begin{array}{l} \to \mu^+ + \nu_\mu \quad [99{,}99\%] \\ \to e^+ + \nu_e \quad [0{,}01\%] \end{array}$$

$$\pi^0 \xrightarrow{0{,}83 \cdot 10^{-16} \text{ s}} \begin{array}{l} \to \gamma + \gamma \quad [98{,}85\%] \\ \to \gamma + e^- + e^+ \quad [1{,}15\%] \end{array}$$

$$\pi^- \xrightarrow{2{,}6 \cdot 10^{-8} \text{ s}} \begin{array}{l} \to \mu^- + \tilde{\nu}_\mu \quad [99{,}99\%] \\ \to e^- + \tilde{\nu}_e \quad [0{,}01\%] \end{array}$$

$$\mu^- \xrightarrow{2{,}2 \cdot 10^{-6} \text{ s}} e^- + \tilde{\nu}_e + \nu_\mu \qquad [100\%]$$

$$\mu^+ \xrightarrow{2{,}2 \cdot 10^{-6} \text{ s}} e^+ + \nu_e + \tilde{\nu}_\mu \qquad [100\%]$$

tion der Energie dargestellt, eine Glockenkurve ergibt, d. h. ein Maximum einer bestimmten Breite aufweist, das durch

$$\sigma(E) = \sigma_0 \frac{(\Gamma/2)^2}{(E_0-E)^2+(\Gamma/2)^2}$$

beschrieben werden kann. Abhängigkeiten dieser Form sind auch aus der Kernphysik bekannt und weisen auf Resonanzerscheinungen hin, die mit der Breit-Wigner-Formel beschrieben werden können. Aus der Lage (E_0) des Maximums und aus der für die Breite charakteristischen Größe Γ ($\Gamma\tau \sim h$) ergeben sich die Masse und die Lebensdauer des jeweiligen „angeregten" Teilchens, wobei τ die Größenordnung von 10^{-23} s hat. Man hat die Resonanzen tatsächlich zunächst als angeregte Zustände der eigentlichen nahezu stabilen Elementarteilchen eingestuft (eine Lebensdauer von 10^{-10} s kann man im Vergleich zu 10^{-23} s als unendlich groß ansehen) und große Hoffnungen in ihre Untersuchung gesetzt. Das ist verständlich, denn angeregte Zustände haben bei den Strukturuntersuchungen der Atome und auch der Atomkerne eine wichtige Rolle gespielt. Bei einer näheren Betrachtung hat sich aber gezeigt, daß die Unterscheidung von eigentlichen Teilchen und „angeregten" Elementarteilchen jeder theoretischen Grundlage entbehrt; es ist üblich zu sagen, daß sie dem Prinzip der „Teilchendemokratie" widerspricht. Der Unterschied beider Teilchengruppen resultiert nur aus der Art der Wechselwirkung, die für den Zerfall der Teilchen verantwortlich ist: Die Resonanzen zerfallen über die starke Wechselwirkung, während für den Zerfall der anderen Elementarteilchen die schwache Wechselwirkung verantwortlich ist.

1964 gab es wieder einen Hoffnungsschimmer: Die Möglichkeit einer, wenn auch nicht endgültigen, so doch dauerhaften theoretischen Synthese schien gegeben zu sein. Tatsächlich aber wiederholten sich die Ereignisse des Jahres 1947, insofern nämlich als im selben Jahr sowohl theoretische Argumente als auch experimentelle Ergebnisse bekannt wurden, die eine Weiterentwicklung als notwendig erscheinen ließen. Die grundlegende Idee hat sich jedoch als richtig erwiesen, so daß wir die Zeitspanne bis zum Jahr 1964 gesondert behandeln wollen.

5.5.3 Einige Worte zur kosmischen Strahlung

Abbildung 5.5−3 führt uns die Bedeutung der kosmischen Strahlung für die Erweiterung unserer Kenntnisse über die Elementarteilchen vor Augen. Wir sehen, daß bis zum Jahre 1953 neue Teilchen und Wechselwirkungen vor allem bei der Untersuchung der kosmischen Strahlen gefunden wurden.

Die Erklärung dafür ist sehr einfach. Bei den Wechselwirkungsprozessen der Elementarteilchen haben wir es in den meisten Fällen mit sehr großen Energien, die im Gigaelektronenvolt-Bereich liegen, zu tun. Erst in der zweiten Hälfte des 20. Jahrhunderts wurde es möglich, derartige Teilchenenergien im Labor zu verwirklichen. Aus der Abbildung 5.5−3 sehen wir weiter, daß sich der Schwerpunkt der experimentellen Elementarteilchenphysik tatsächlich erst ab Mitte der fünfziger Jahre zu solchen Untersuchungen hin verschoben hat, für die große Beschleunigungsanlagen erforderlich waren. Die Untersuchung der kosmischen Strahlung ist dennoch bis zum heutigen Tage aus zwei Gründen von Interesse: Zum ersten kann man in ihr Teilchen mit Energien finden, die in naher Zukunft mit Beschleunigern nicht erreicht werden können (man hat schon kosmische Teilchen mit makroskopisch wahrnehmbaren Energien von 10^{18} eV = 0,16 Ws gefunden!), so daß die Beobachtung von Prozessen, die unter der Einwirkung dieser Strahlung ablaufen können, wichtige neue Informationen liefern könnte. Zum anderen geben uns die kosmischen Strahlen als Boten aus dem Kosmos Kunde von den dort ablaufenden Geschehnissen.

Der Vollständigkeit halber haben wir in der Abbildung auch einige Stationen bei der Untersuchung der kosmischen Strahlen angegeben. Es ist üblich, die Entdeckung der kosmischen Strahlen HESS *(Zitat 5.5−2)* zuzuschreiben, der 1912 bei Ballonaufstiegen bis in eine Höhe von 5000 m die Ionisation der Luft gemessen und ihre Zunahme mit wachsender Höhe festgestellt hat. Die Ionisation durch Strahlung, die für die Entladung auch der mit größter Sorgfalt isolierten Elektroskope verantwortlich ist, hatte

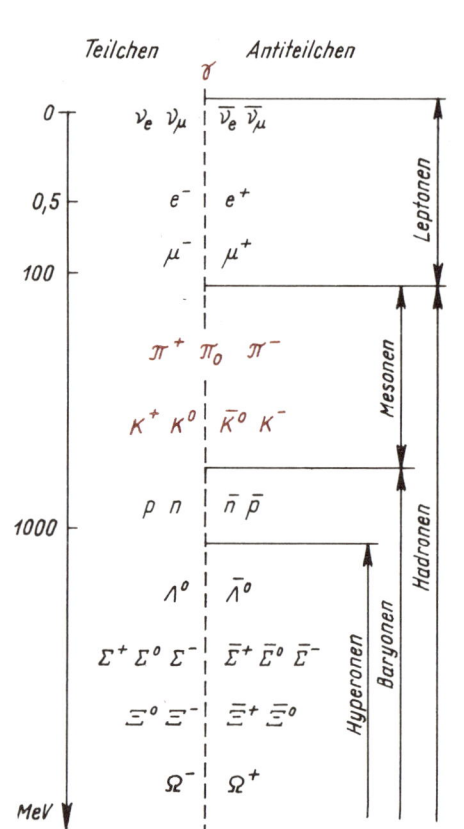

Abbildung 5.5−8
Die Einordnung der vergleichsweise stabilen Elementarteilchen (Lebensdauer 10^{-6}–10^{-20} s) in Gruppen mittels einfacher „klassischer" Prinzipien. Aus Klassifikationsgründen wurde hierzu auch das neutrale Sygmahyperon gezählt, das gegenüber den anderen Teilchen eine sehr kurze Lebensdauer besitzt. Die auf der Ordinate aufgetragenen Massenwerte in Megaelektronenvolt dienen lediglich zur Kennzeichnung der Größenordnungen.

Der Spin der farbig eingetragenen Teilchen ist entweder gleich 1 (Photon) oder 0 (Mesonen). Die Unterscheidung der Leptonen von den Hadronen erfolgt anhand ihrer Wechselwirkungen: Für die Leptonen ist schwache Wechselwirkung, für die Hadronen aber die starke Wechselwirkung charakteristisch, obwohl letztere auch an der schwachen Wechselwirkung teilnehmen. Die Hyperonen haben im Vergleich zu den Nukleonen (Proton und Neutron) wesentlich größere Massen; daher der Name.

Die gestrichelte Linie trennt die Teilchen von den Antiteilchen. Liegt ein Teilchen auf dieser Linie (z. B. π^0, γ), dann ist es mit seinem Antiteilchen identisch. Die Massen und Spins der Antiteilchen stimmen mit den Massen und Spins der entsprechenden Teilchen überein; die elektrischen Ladungen, die Baryonenladungen, die Leptonenzahlen und die Seltsamkeiten haben jedoch entgegengesetzte Vorzeichen.

Das K-Meson hat besondere Eigenschaften: die Seltsamkeit von K^+ und K^0 ist gleich +1, die von K^- und $\bar{K}^0$ gleich −1. Da sich K^0 und $\bar{K}^0$ in ihrer Seltsamkeit unterscheiden, verhalten sie sich bei starken Wechselwirkungsprozessen wie unterschiedliche Teilchen. Bei der schwachen Wechselwirkung aber ist die Umwandlung beider Teilchen ineinander möglich (die Umwandlung anderer Teilchen in ihre Antiteilchen wird von einem streng gültigen Erhaltungssatz verboten), so daß Misch-

man bis dahin der Radioaktivität der Erdoberfläche zugeschrieben. Von der Mitte der zwanziger Jahre an wurde die außerirdische Herkunft der Strahlen allgemein anerkannt und die Bezeichnung kosmische Strahlen gebräuchlich. Erst zu Beginn der vierziger Jahre konnte aber die ungemein wichtige Frage geklärt werden, welche Anteile der kosmischen Strahlen zur Primärkomponente, die unmittelbar aus dem Kosmos zur Erde gelangt, zu rechnen sind und welche Teilchen erst bei Wechselwirkungsprozessen der Primärstrahlen mit der Atmosphäre erzeugt werden *(Abbildung 5.5–9)*. Heute ermöglichen die Messungen mit Hilfe der Erdsatelliten noch eine wesentlich genauere Bestimmung der Primärkomponente der kosmischen Strahlung.

Man hat festgestellt, daß ihre Zusammensetzung der unserer Galaxis nahesteht: Sie besteht vor allem aus Protonen (92%), Heliumkernen (6%), Elektronen (1%), γ-Quanten (0,1%), aber man findet auch Atomkerne schwererer Elemente bis zum Eisen und darüber hinaus. In vernachlässigbarer Menge sind in ihr auch Positronen und Antiprotonen nachweisbar.

Die Zusammensetzung der Primärkomponente schließt schon einige Theorien hinsichtlich des Ursprunges der kosmischen Strahlung aus: Sie kann nicht als irgendeine Reststrahlung des Urknalls gedeutet werden, da die Anwesenheit schwerer Kerne dagegen spricht. Sie kann auch nicht als Folge irgendwelcher energiereicher Explosionen veralteter Sterne gedeutet werden, da dann die Zahl der schweren Kerne größer sein müßte.

Vor dreißig Jahren war die Fermische Theorie der Entstehung der kosmischen Strahlung in Mode: Ihr zufolge hätten die aus den Sternatmosphären stammenden Ionen mittlerer Energie auf ihrer Wanderung durch den Weltraum in „Zusammenstößen" mit den Magnetfeldern bewegter makroskopischer Objekte (Plasmawolken, Stoßwellen von Supernovaexplosionen) stufenweise ihre enorme Energie erlangt.

Heute wird eher angenommen, daß die Teilchen ihre Endenergie in gut lokalisierbaren Regionen des Universums (in Quasars, in Pulsars usw.) durch nicht ganz geklärte Mechanismen (z. B. in sehr starken, schnell veränderlichen Magnetfeldern) erhalten.

5.5.4 Teilchenbeschleuniger und Detektoren

Im Vergleich mit der kosmischen Strahlung haben Beschleuniger als Strahlungsquellen gewaltige Vorteile: Der Experimentator hat die Möglichkeit, die Teilchenenergie zu wählen und zu regeln; die Zahl der Teilchen – genauer gesagt: der Teilchenstrom – ist größer, und damit wächst auch die Häufigkeit der untersuchbaren Phänomene. Schließlich ist auch noch die Möglichkeit von Vorteil, die gesamte Anlage – die Detektoren mit inbegriffen – unter Kontrolle zu haben und die Funktion ihrer Teile aufeinander abstimmen zu können. Große Nachteile hingegen ergeben sich aus den gewaltigen Abmessungen, wobei gleichzeitig höchste Ansprüche an technische Präzision zu stellen sind. All dies ist mit riesigen Kosten verbunden. Verständlicherweise bedeutet die Errichtung und der Betrieb solcher Anlagen eine ernste ökonomische Belastung, selbst für Staaten mit hohem wirtschaftlichem Potential, woraus sich auch soziale Probleme ergeben.

Es fragt sich, warum man nach immer höheren Teilchenenergien strebt. Uns ist schon bekannt, daß die Energie, die die Elektronen im Atomverband hält, die Größenordnung einiger Elektronenvolt hat. Zum Herauslösen aus diesem Verband genügt also die Energie von Teilchen, die mit Spannungen von 10–100 V beschleunigt worden sind. In der Kernphysik hat die entsprechende Energie die Größenordnung von 1 bis 10 Millionen Elektronenvolt. Soll hingegen ein Antiproton entstehen, so muß einem beschleunigten Teilchen mindestens die Ruheenergie eines Antiprotons (etwa tausend Millionen Elektronenvolt, m. a. W. 1 000 Megaelektronenvolt = 1 Gigaelektronenvolt = 1 GeV) mitgeteilt werden. Dieser Minimalwert genügt jedoch aus mehreren Gründen nicht. Erstens können die meisten Elementarteilchen – bedingt durch gewisse Erhaltungssätze der Teilchenphysik – nur paarweise (oder zu dritt, … usw.) zustande kommen. Es gibt aber auch einen „klassischen", aus der Physik des Alltags bekannten Grund. Wenn ein beschleunigtes Teilchen an ein in Ruhe verharrendes anstößt, so kommen nach dem Impulserhaltungssatz auch die neu entstandenen Teilchen in Bewegung. Die

zustände beider Teilchen auftreten können. Der Zustand $K_L^0 = \frac{1}{\sqrt{2}}(K^0 - \bar{K}^0)$ hat eine größere Lebensdauer ($5{,}2 \cdot 10^{-8}$ s) als der Zustand $K_S^0 = \frac{1}{\sqrt{2}}(K^0 + \bar{K}^0)$ ($0{,}88 \cdot 10^{-10}$ s); unten ist je ein charakteristischer Zerfallsprozeß angegeben. Das besondere Verhalten der K-Mesonen spielt bei den Symmetrieverletzungen eine große Rolle (siehe Abschnitt 5.5.9).

Das Zerfallsschema der auf *Abbildung 5.5–7* noch nicht dargestellten Teilchen:

$$K^+ \xrightarrow{1{,}24 \cdot 10^{-8}\,\text{s}} \begin{cases} \pi^+\pi^0 \\ \pi^+\pi^+\pi^- \\ \pi^+\pi^0\pi^0 \\ \mu^+\nu_\mu \\ \pi^0\mu^+\nu_\mu \\ \pi^0 e^+\nu_e \end{cases}$$

$$K_S^0 \xrightarrow{0{,}88 \cdot 10^{-10}\,\text{s}} \begin{cases} \pi^+\pi^- \\ \pi^0\pi^0 \end{cases}$$

$$K_L^0 \xrightarrow{5{,}18 \cdot 10^{-8}\,\text{s}} \begin{cases} \pi^0\pi^0\pi^0 \\ \pi^0\pi^-\pi^+ \\ \pi^+\mu^-\bar{\nu}_\mu \\ \pi^+ e^-\bar{\nu}_e \end{cases}$$

$$\Lambda^0 \xrightarrow{2{,}63 \cdot 10^{-10}\,\text{s}} \begin{cases} p\pi^- \\ n\pi^0 \end{cases}$$

$$\Sigma^0 \xrightarrow{5{,}8 \cdot 10^{-20}\,\text{s}} \Lambda^0\gamma$$

$$\Sigma^+ \xrightarrow{0{,}8 \cdot 10^{-10}\,\text{s}} \begin{cases} p\pi^0 \\ n\pi^+ \end{cases} \qquad \Sigma^- \xrightarrow{1{,}48 \cdot 10^{-10}\,\text{s}} n\pi^-$$

$$\Xi^0 \xrightarrow{2{,}9 \cdot 10^{-10}\,\text{s}} \Lambda^0\pi^0 \qquad \Xi^- \xrightarrow{1{,}65 \cdot 10^{-10}\,\text{s}} \Lambda^0\pi^-$$

$$\Omega^- \xrightarrow{1{,}1 \cdot 10^{-10}\,\text{s}} \begin{cases} \Xi^0\pi^- \\ \Xi^-\pi^0 \\ \Lambda^0 K^- \end{cases}$$

Zitat 5.5–2
Die Ergebnisse der vorliegenden Beobachtungen scheinen am ehesten durch die Annahme erklärt werden zu können, daß eine Strahlung von sehr hoher Durchdringungskraft von oben her in unsere Atmosphäre eindringt und auch noch in deren untersten Schichten einen Teil der in geschlossenen Gefäßen beobachteten Ionisation hervorruft. Die Intensität dieser Strahlung scheint zeitlichen Schwankungen unterworfen zu sein, welche bei einstündigen Ablesungsintervallen noch erkennbar sind. Da ich im Ballon weder bei Nacht noch bei einer Sonnenfinsternis eine Verringerung der Strahlung fand, so kann man wohl kaum die Sonne als Ursache dieser hypothetischen Strahlung ansehen, wenigstens solange man nur an eine direkte γ-Strahlung mit geradliniger Fortpflanzung denkt.
VIKTOR F. HESS: *Über Beobachtungen der durchdringenden Strahlung bei sieben Freiballonfahrten.* Physikalische Zeitschrift, XIII (1912) S. 1084–1091

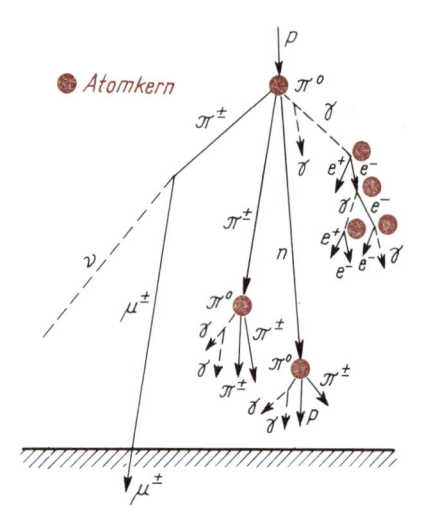

Abbildung 5.5–9
Ein Schauer der kosmischen Strahlung besteht aus vielen Umwandlungsprozessen der Teilchen ineinander

kinetische Energie der Reaktionsprodukte ist jedoch – vom Standpunkt der Erzeugung neuer Teilchen – ein verlorener Posten in der Energiebilanz, der sich wegen des relativistischen Massenzuwachses bei höheren Energien immer ungünstiger auswirkt: Dem beschleunigten Teilchen (mit seiner großen Masse) steht bei einem Zusammenstoß mit dem ruhenden Teilchen (kleiner Masse) nur ein Bruchteil seiner eigenen Energie zur Auslösung der Reaktion zur Verfügung – ein Bruchteil, der bei höheren Energien immer kleiner wird. Diesem Übelstand kann dadurch abgeholfen werden, daß man Stöße gegenläufig beschleunigter Teilchen gegeneinander (Gesamtimpuls null) zustande bringt, wobei die gesamte Energie unserem Zwecke dienen kann.

Von den „klassischen" Beschleunigern der Kernphysik, nämlich den Linearbeschleunigern (Kaskadengeneratoren, Van-de-Graaff-Generatoren) bzw. vom Grundtyp der zyklischen Beschleuniger, dem Zyklotron, war schon die Rede. Wir wissen, daß das Arbeitsprinzip des Zyklotrons auf der (bedingt gültigen) Tatsache beruht, daß die Umlaufzeit eines geladenen Teilchens im Magnetfeld konstant ($T = 2\pi\, m/qB$), d. h. unabhängig von seiner Geschwindigkeit ist. Wenn jedoch im relativistischen Bereich gearbeitet werden soll, wächst die Masse m nach der Formel $m = m_0/\sqrt{1-v^2/c^2}$. Daher gelangt das Teilchen nicht im entsprechenden Takt in das Beschleunigungsfeld (konstanter Frequenz) zwischen den Elektroden und kann daraus keine weitere Energie aufnehmen.

Ein Prinzip, nach dem die Phasenstabilität der zu beschleunigenden Teilchen bis zu höheren Energien aufrechterhalten wird, haben – unabhän-

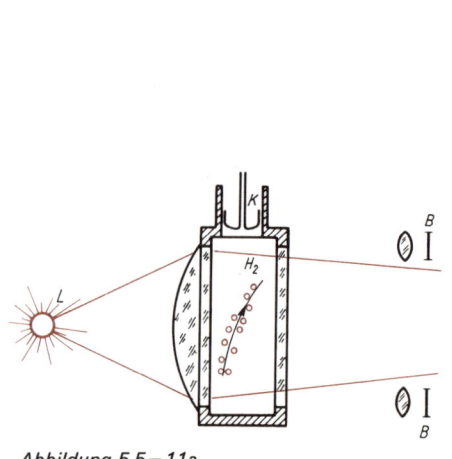

Abbildung 5.5–11a
Schema einer Blasenkammer

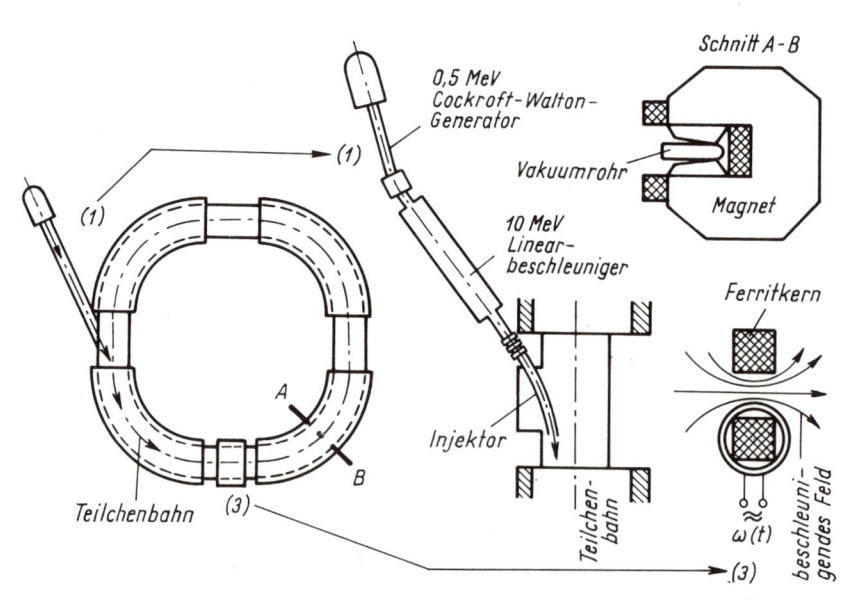

Abbildung 5.5–10
Prinzipielles Schema einer Anlage zur Beschleunigung von Teilchen auf Energien von einigen Gigaelektronenvolt (Bevatron)

Abbildung 5.5–11b
Photographie einer der größten Blasenkammern der Welt

gig voneinander – WEKSLER (UdSSR, 1944) und McMILLAN (USA, 1945) angegeben. Synchro-Zyklotrone, die nach diesem Prinzip arbeiten, sind faktisch frequenzmodulierte Zyklotrone. Man erreicht mit ihnen Energien bis etwa 500 MeV.

Anfang der fünfziger Jahre hat die Entwicklung eine neue Richtung genommen. Nachdem schon 1928 der Schweizer Physiker ROLF WIDERÖE das Arbeitsprinzip des Betatrons (der Elektronenschleuder) angegeben hatte – es sollten damit Elektronen in einem Magnetfeld zeitlich anwachsender Stärke auf Kreisbahnen konstanten Halbmessers beschleunigt werden –, gelangte 1941 KERST die Verwirklichung dieser Idee.

Der Vorstoß bis zu Energien der Größenordnung Gigaelektronenvolt erfolgte dann in den späten fünfziger Jahren durch kombinierte Anwendung der eben erwähnten Prinzipe (zeitlich wechselnde Magnetfelder bzw. elektrische Beschleunigungsspannungen wechselnder Frequenz an den Elektroden) sowie durch Anwendung besonderer Fokussierungsmethoden für die

Teilchenbündel (sog. starke Fokussierung). Einige Daten: Dubna 1957: 10 GeV; CERN 1959: 28 GeV; Serpuchow 1967: 76 GeV; Batavia, USA 1973: 300 GeV; Cern 1976: 400 GeV *(Farbtafel XXIX)* – um nur die bedeutendsten zu nennen.

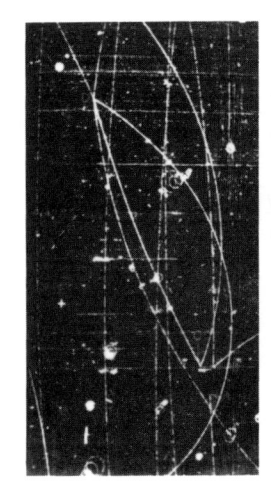

Abbildung 5.5–10 zeigt das Schema eines sog. Cosmotrons (Bevatrons).

Kurz noch über Detektoren für Teilchen hoher Energien. Auf Abbildung 5.5–3 ist neben anderen Angaben auch angeführt, wie die einzelnen Elementarteilchen bei ihrer Entdeckung nachgewiesen wurden. Es ist ersichtlich, daß bis Mitte unseres Jahrhunderts die größte Bedeutung der (Wilsonschen) Nebelkammer zukommt. Als erster hat SKOBELZYN 1927 dieses Instrument bei der Erforschung der kosmischen Strahlung verwendet. Eine vervollkommnete Variante ist die kontinuierlich arbeitende Diffusionskammer, und auch die von GLASER 1952 konstruierte Blasenkammer *(Abbildungen 5.5–11a, b)* kann als Abart der Wilsonschen Kammer bezeichnet werden. Die Spur eines Teilchens wird in ihr als Blasenreihe längs seiner Bahn sichtbar *(Abbildungen 5.5–12, 5.5–13)*. Ein Vorteil gegenüber der gasgefüllten Nebelkammer ist die Verkürzung der Reichweite der Teilchen im dichteren Medium, aber auch die Tatsache, daß die Atomkerne des verflüssigten Wasserstoffs, die Protonen, zugleich die interessantesten Targets für die Elementarteilchenforschung darstellen. *Abbildung 5.5–14* zeigt eine Funkenkammer (KEUFFEL, 1948). Dieser Detektortyp kommt in verschiedenen Varianten neuerdings immer öfter zur Anwendung.

Die chronologisch erste Methode zum Nachweis von Kernstrahlungen, die Schwärzung lichtempfindlicher Platten, ist 1947 zu neuer Blüte gelangt. In Photoemulsionen geeigneter Zusammensetzung und Dicke werden nach entsprechender Entwicklung Teilchenspuren in Form von Silberkörnchen sichtbar. Anhand dieser Spuren können die kompliziertesten Umwandlungen verfolgt werden (POWELL, 1946). Damit kam – wenn auch nur für kurze Zeit – eine ähnliche Arbeitstechnik zur Anwendung wie die seinerzeit bahnbrechende Beobachtung von Szintillationen. Sie war durch mühselige, eintönige visuelle Auswertung gekennzeichnet, die meist von Laboranten bewerkstelligt wurde. Es soll auch der vielseitigen und kombinierten Anwendung von Geiger-Müllerschen Zählrohren sowie von Ionisationskammern gedacht werden. Zwei neuere Zählerarten sind der Szintillationszähler (Szintillatoren, kombiniert mit lichtempfindlichen Sekundärelektronen-Vervielfachern, KALLMAN, 1947) sowie der Tscherenkow-Zähler. Letzterer beruht auf einem Phänomen, das von TSCHERENKOW *(Abbildungen 5.5–15a, b, c)* 1934 entdeckt, von FRANK und TAMM kurz darauf theoretisch gedeutet, aber erst nach dem zweiten Weltkrieg zum Nachweis schneller Teilchen benutzt und schließlich mit dem Nobelpreis gewürdigt wurde. Bewegt sich ein elektrisch geladenes Teilchen in einem durchsichtigen Medium mit einer Geschwindigkeit, die über der Lichtgeschwindigkeit im betreffenden Medium liegt, so wird Licht, die sogenannte Tscherenkow-Strahlung, ausgestrahlt, aus dessen Richtungsverteilung die Geschwindigkeit des Teilchens unabhängig von seinen übrigen Eigenschaften bestimmt werden kann.

Zur rationellen Anwendung obiger Detektoren und zur Erweiterung ihres Arbeitsbereichs haben elektrische Hilfsschaltungen wesentlich beigetragen. Eine bahnbrechende Idee war die erstmals 1932 erfolgte Anwendung von Koinzidenzschaltungen zur Selektion der interessierenden Ereignisse. Nach dem zweiten Weltkrieg haben sich verschiedene Amplitudenanalysatoren zur Auswertung der optischen und elektrischen Signale von Teilchendetektoren als unentbehrlich erwiesen, und in unseren Tagen wird jede Information über Elementarprozesse unmittelbar in Rechner eingespeist, die dann – entsprechend programmiert – die notwendigen Auswertungen durchführen und auch die Parameter der Meßapparatur steuern. *Abbildung 5.5–16* zeigt eine der Höchstleistungen auf dem Gebiet der Meßtechnik in der Teilchenphysik, nämlich die experimentelle Anordnung, die REINES und COWAN 1956 zum direkten Nachweis der Existenz des Neutrinos benutzten.

Abbildung 5.5–12
Selten schöne und saubere Aufnahme aus einer Blasenkammer, obwohl es auch auf ihr einige Spuren gibt, die nicht zum untersuchten Prozeß gehören und als störender Untergrund anzusehen sind. Die Interpretation der hier photographierten Ereignisreihe ist auf der *Abbildung 5.5–20* zu sehen. Wichtige Informationen können unter anderem der Stärke der Spuren sowie der Bahnkrümmung im magnetischen Feld entnommen werden

Abbildung 5.5–13
Man kann die Methoden, die in der Elementarteilchenphysik zur Identifizierung der Elementarteilchen sowie ihrer Umwandlungs- und Wechselwirkungsprozesse verwendet werden, mit dem Spurenlesen eines Jägers vergleichen, denn auch er muß aus den störenden Untergrundspuren die ihn interessierenden Spuren herauslesen. Anhand der Spuren identifiziert er die wechselwirkenden Teilchen (Fuchs und Gans), stellt die Wechselwirkungsgesetze zwischen beiden fest (die Zahl der Gänse nimmt ab; $\Delta G = -1$; die Zahl der Füchse bleibt konstant; $\Delta F = 0$). Aus der Verstärkung der F-Spur nach der Wechselwirkung schließt er auf die Masse von G ($\Delta m_F = m_G$). Der Fuchs gelangt infolge der Wechselwirkung in einen angeregten Zustand (seine Masse hat zugenommen), und er kehrt nach einer bestimmten Zeitkonstanten wieder in seinen Grundzustand zurück. Aus einem Abreißen der Spur schließt der Jäger auf einen neuen Wechselwirkungsprozeß; das neue Teilchen, das keine Spuren hinterläßt, nennt er „Adler". Nach der Wechselwirkung mit dem Menschen (der den Adler abschießt und ihn mitnimmt) kann die Masse des Adlers festgestellt werden ($m_A = \Delta m_M - m_F$).

Der Jäger erkennt die Spiegelsymmetrie der F-G-Wechselwirkung, und er stellt das Gesetz von der Unumkehrbarkeit der Zeitrichtungen auf. Die Entdeckung einiger Vorkommnisse, bei denen diese Gesetze verletzt worden sind (eine bereits erfaßte und hinweggeschleppte Gans hat sich befreit und ist davongelaufen), hat ein großes Aufsehen erregt

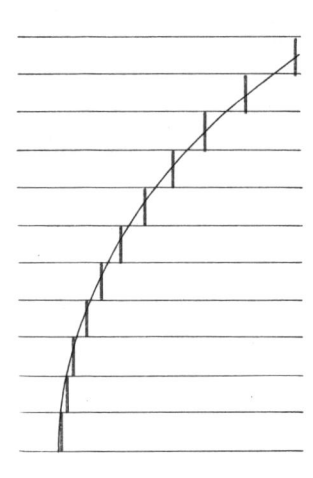

Abbildung 5.5 – 14
Schema des Funkenzählers

Abbildung 5.5 – 15a
PAWEL ALEKSEJEWITSCH TSCHERENKOW (geb. 1904): Studienabschluß an der Universität Woronesch; ab 1930 am Physikalischen Institut der Akademie der Wissenschaften der UdSSR; Professor am Moskauer Ingenieur-Physikalischen Institut.
1934 hat *Tscherenkow* auf eine Anregung von *S. I. Wawilow* hin die γ-Lumineszenz untersucht und dabei eine schwache bläuliche Lichterscheinung mit von der Lumineszenz abweichenden Eigenschaften wahrgenommen. *Wawilow* hat darauf hingewiesen, daß diese Strahlung von den schnellen Compton-Elektronen ausgeht, die als Folge der Zusammenstöße mit den γ-Strahlen im Medium vorhanden sind. In der Sowjetunion wird deshalb diese Strahlung als Tscherenkow-Wawilow-Strahlung bezeichnet. Die theoretische Erklärung, ausgehend von der klassischen Elektrodynamik, wurde 1937 von *I. E. Tamm* und *I. M. Frank* gegeben, 1940 ist *W. L. Ginsburg* unter Verwendung der Quantentheorie zu einem ähnlichen Ergebnis gekommen

5.5.5 Grundlegende Wechselwirkungen

Im folgenden versuchen wir kurz darzustellen, welches Bild wir uns anhand der Meßergebnisse über die Elementarteilchen, ihre Klassifizierung und ihre Wechselwirkungen machen können. Wir beginnen mit den Wechselwirkungen.

Rufen wir uns noch einmal das klassische Bild der Wechselwirkung zweier Teilchen im Streuversuch von RUTHERFORD in das Gedächtnis zurück. Für unsere weiteren Betrachtungen ist es nicht wesentlich, daß wir es bei diesem Streuversuch mit der Bewegung eines α-Teilchens im elektrischen Feld des Atomkerns zu tun haben; wesentlich ist nur, daß eine bestimmten Gesetzen genügende Kraft zwischen den Teilchen existiert, wobei wir es in unserem Beispiel mit der Coulomb-Kraft zu tun haben, die umgekehrt proportional zum Quadrat der Entfernung der Teilchen wirkt. Setzt man die Kraft in die Newtonsche Bewegungsgleichung ein, dann kann man durch eine Integration der Bewegungsgleichungen den Bewegungsablauf, d. h. die Bahnkurve und den Ort des Teilchens auf der Bahnkurve zu jeder beliebigen Zeit bestimmen. Die quantitative Behandlung der Wechselwirkung ist damit auf das Aufstellen eines Kraftgesetzes zurückgeführt.

Von der Wechselwirkung der Elementarteilchen können wir kein solches anschauliches Bild vermitteln, und wir können den Wechselwirkungsprozeß auch nicht in seinen Einzelheiten verfolgen. Das ist auch der Grund dafür, warum wir hier besser den allgemeineren Begriff der Wechselwirkung und nicht den Begriff der Kraft verwenden. Nach unseren heutigen Erkenntnissen gibt es die folgenden vier grundlegenden Wechselwirkungen: *die Gravitationswechselwirkung, die schwache Wechselwirkung, die elektromagnetische Wechselwirkung und die starke Wechselwirkung (Abbildungen 5.5 – 17, 5.5 – 18)*. Unsere Betrachtungen, bei denen wir uns auf den Standpunkt der Elementarteilchenphysik stellen wollen, beginnen wir mit den gut bekannten Wechselwirkungen, der Gravitation und der elektromagnetischen Wechselwirkung, von denen wir bereits oben mehrfach gesprochen haben. Wir schreiben zunächst die Kraftgesetze auf:

$$F_{ik} = G \frac{m_i m_k}{r^2}, \quad F_{ik} = \frac{1}{4\pi\varepsilon_0} \frac{q_i q_k}{r^2},$$

$$G = 6{,}67 \cdot 10^{-11} \, \text{Nm}^2 \, \text{kg}^{-2}, \quad \varepsilon_0 = 8{,}854 \cdot 10^{-12} \, \text{As/Vm}.$$

Wir stellen sofort fest, daß beide Wechselwirkungen auf die gleiche Weise entfernungsabhängig sind und daß man im Prinzip auch bei einem beliebig großen Abstand eine Kraft wahrnehmen müßte. Kräfte dieses Typs bezeichnen wir als Kräfte mit einer unendlichen Reichweite. Damit haben wir bereits ein Charakteristikum der Kräfte und allgemeiner auch der Wechselwirkungen eingeführt: die Reichweite. Ein anderes Charakteristikum der Wechselwirkungen ist ihre Stärke oder Intensität. Auf den ersten Blick scheint es sehr schwer zu sein, die Intensitäten zweier Kräfte zu vergleichen, denn wie groß sollen denn die Ladungen und die Massen zum Vergleich gewählt werden. Hier bieten sich aber die natürliche Ladungseinheit, die Elektronenladung für die Berechnung der elektrischen Kraftwirkung, und die Masse des Protons und die des Elektrons für die Berechnung der Gravitationswirkung an. Wir betrachten also den Fall eines Wasserstoffatoms.

$$F_{Gravitation} = 6{,}67 \cdot 10^{-11} \frac{1{,}67 \cdot 10^{-27} \cdot 9{,}1 \cdot 10^{-31}}{r^2} = \frac{1{,}01 \cdot 10^{-67}}{r^2},$$

$$F_{elektrisch} = \frac{1}{4\pi \cdot 8{,}85 \cdot 10^{-12}} \frac{(1{,}6 \cdot 10^{-19})^2}{r^2} = \frac{2{,}3 \cdot 10^{-28}}{r^2}$$

und für ihr Verhältnis

$$\frac{F_{Gravitation}}{F_{elektrisch}} = \frac{1{,}01 \cdot 10^{-67}}{2{,}3 \cdot 10^{-28}} \approx 4{,}4 \cdot 10^{-40}.$$

Wir sehen, daß die elektrische Wechselwirkung um viele Größenordnungen intensiver ist als die Gravitationswechselwirkung, und daß folglich die Gravitation als eine sehr schwache Wechselwirkung anzusehen ist. Diese Einschätzung scheint nicht mit unserer alltäglichen Erfahrung übereinzustimmen; der anscheinende Widerspruch kann jedoch sehr leicht gelöst werden: Während nämlich die Gravitationskraft nur als Anziehungskraft auftritt, kann die elektrostatische Kraft sowohl anziehend als auch abstoßend sein, da in der Natur zwei Arten von Ladungen existieren. Das bedeutet aber, daß es möglich ist, die elektrische Wechselwirkung abzuschirmen. Die makroskopischen Körper unserer Umgebung sind zumeist elektrisch neutral und üben folglich nach außen hin keine elektrische Kraft aus. Die Gravitationskraft läßt sich jedoch nicht abschirmen, und folglich können wir die Reichweite des Gravitationsfeldes mit Recht als unendlich ansehen, während die Reichweite der elektrischen Kraftwirkungen unter normalen Umständen von der Größenordnung der atomaren Abmessungen, d. h. etwa 10^{-10} m, ist. Wir können somit feststellen, daß die Gravitationswechselwirkung trotz ihrer Kleinheit die im kosmischen Bereich entscheidende Wechselwirkung ist.

Eine charakteristische Eigenschaft der Gravitationswechselwirkung ist ihre Universalität; sie tritt zusätzlich zu anderen Wechselwirkungen immer auf. Für die anderen Wechselwirkungen ist im allgemeinen ihre Selektivität charakteristisch, d. h. ihr Gebundensein an bestimmte Eigenschaften der Grundbausteine unserer Welt, der Elementarteilchen. Die Selektivität ermöglicht eine Klassifizierung der Elementarteilchen, und ihr völliges Fehlen wird als Universalität bezeichnet. So ermöglicht die elektrische Wechselwirkung eine Einteilung der Elementarteilchen in positiv oder negativ geladene und neutrale Teilchen.

Wie wir gesehen haben, spielt die Gravitationswechselwirkung bei der Untersuchung der Elementarteilchen keine Rolle. Das bedeutet natürlich nicht, daß die besonders starken Gravitationsfelder in den großen kosmischen Laboratorien der Natur die Elementarteilchenprozesse nicht beeinflussen würden. In der Abbildung 5.5–17 finden wir bei der Gravitationswechselwirkung ein Fragezeichen, womit angedeutet werden soll, daß wir hier über die grundlegenden Prozesse nichts Bestimmtes aussagen können.

Eine genauere Betrachtung der elektromagnetischen Wechselwirkung oder der Coulomb-Wechselwirkung kann zum Verständnis der anderen Wechselwirkungen förderlich sein. Unsere heutigen Auffassungen zu den Wechselwirkungen haben sich auf einem merkwürdig spiralförmigen Wege herausgebildet. Nach den ältesten Vorstellungen ist eine Wechselwirkung nur bei einer unmittelbaren Berührung möglich. Mit der Aufstellung des Coulomb-Gesetzes, das zunächst als Fernwirkungsgesetz verstanden wurde, schien die Rolle des Übertragungsmediums unwichtig geworden zu sein. Der nächste Schritt wurde von FARADAY mit der Einführung der Kraft- oder Feldlinien getan. Mit Hilfe dieser Vorstellung, nach der die Feldlinien die wechselwirkenden Teilchen wie elastische Fäden miteinander verbinden, kann die Fernwirkung wieder auf eine Nahwirkung zurückgeführt werden. Wie wir wissen, erzeugt jedes geladene Teilchen in seiner Umgebung ein elektrisches Feld, wobei dieses Feld auch losgelöst vom Teilchen existieren kann. Das elektrische Feld kann als Anregungszustand verstanden werden, der die Wechselwirkung vermittelt, und die Ladung folglich als ein Maß für die Fähigkeit, ein Feld zu erzeugen, oder als ein Maß für die Intensität des Feldes. Mit der Erkenntnis, daß beschleunigt bewegte Ladungen elektromagnetische Wellen abstrahlen, und dem experimentellen Nachweis der Teilchennatur der elektromagnetischen Wellen sowie unter Berücksichtigung der Ergebnisse der Quantenelektrodynamik hat sich dieses Bild verändert: Eine bewegte Ladung strahlt Photonen ab, die von einer anderen Ladung absorbiert werden, wobei die Emissions- und Absorptionsprozesse die Wechselwirkung ausmachen. Analog dazu lassen sich in diesem Bild die elektrostatische Wechselwirkung und sogar das elektrostatische Feld auf eine ständige Emission und Absorption von Photonen durch die elektrischen Ladungen zurückführen. Um darauf hinzuweisen, daß es sich um ein anschauliches Bild handelt, spricht man hier von virtuellen Photonen. Die elektrische Ladung kann nun als Maß für die Intensität angesehen werden, mit der ein Teilchen die Quanten des elektromagnetischen Feldes emittiert und absorbiert. Wir wollen hier darauf aufmerksam machen, daß die Ladung eine doppelte Funktion erfüllt. Dies ist gerade deshalb von Interesse, weil es keineswegs notwendig ist, daß bei einer Wechselwirkung eine Größe beide Funktionen übernimmt. Die Ladung bestimmt einerseits die Intensität der Wechselwirkung, erfüllt zum anderen aber auch den Ladungserhaltungssatz. Nach diesem Erhaltungssatz bleibt die algebraische Summe der Ladungen der an einer Reaktion beteiligten Teilchen unverändert. Auch bei den anderen Wechselwirkungen läßt sich eine Größe finden, die die Intensi-

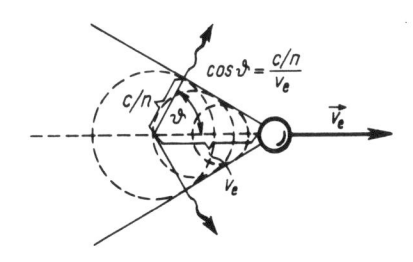

Abbildung 5.5–15b
Die Bedingung für das Auftreten der Tscherenkow-Strahlung ist, daß die Geschwindigkeit des Teilchens größer ist als $u = c/n$, wobei u die Lichtgeschwindigkeit in dem betreffenden Medium und n der Brechungsindex ist. Der Effekt, der unten schematisch dargestellt ist, kann als Analogon zu der Kopfwelle eines mit Überschallgeschwindigkeit bewegten Flugkörpers angesehen werden. Aus der Abbildung können wir die Näherungsformel $\vartheta \approx \arccos(1/n)$ für den Winkel ϑ zwischen der Bewegungsrichtung des Teilchens und der Emissionsrichtung der Strahlung ablesen

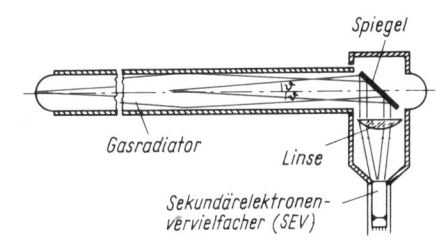

Abbildung 5.5–15c
Die Abbildung zeigt, wie die Tscherenkow-Strahlung zur Teilchenzählung verwendet werden kann. Bei dem 70-GeV-Beschleuniger (Serpuchow) durchläuft das Teilchen, das eine Geschwindigkeit nahe der Lichtgeschwindigkeit hat, ein sehr langes (etwa 10 m) gasgefülltes Rohr: die emittierte Strahlung wird an der verspiegelten Rohrwandung reflektiert und gelangt dann durch ein optisches System, das aus einem Spiegel und einer Linse besteht, auf die Photokathode eines Sekundärelektronenvervielfachers, der das Signal verstärkt und so den Durchgang eines Teilchen anzeigt

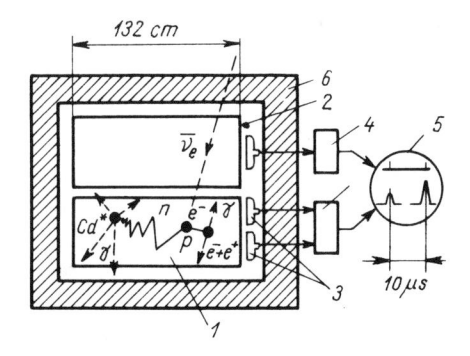

Abbildung 5.5–16
Prinzip des Versuchs von *Reines* und *Cowan* (1958 ausgeführte verbesserte Variante).
1. 1400 Liter flüssiger Szintillationsdetektor zum Nachweis des Antineutrinos; 2. Szintillationsdetektor zum Nachweis der kosmischen (Hintergrund-) Strahlung, wobei 2 in Antikoinzidenz zu 1 geschaltet ist; 3. zwei Photovervielfacher (SEV),

die zueinander in eine verzögerte Koinzidenz geschaltet sind; 4. Elektronik; 5. Zweistrahloszillograph; 6. Schutzschirm aus Blei und Paraffin gegen die Reaktorstrahlung. Das aus dem Reaktor austretende Antineutrino löst an einem Wasserstoffkern des Szintillators 1 die Reaktion $p + \bar{v}_e \to n + e^+$ aus. Das entstehende Positron zerstrahlt (annihiliert) beim Zusammentreffen mit einem Elektron in zwei γ-Quanten, und dieser Prozeß wird von einem der beiden SEV registriert. Das entstehende Neutron aber wird nach einem Irrlauf von durchschnittlich $(5-10)10^{-6}$ s von einem der im Detektormaterial vorhandenen Cadmiumatome absorbiert, und auf diesen Prozeß spricht der andere SEV an. Mit der Antikoinzidenzschaltung wird der Einfluß der kosmischen Strahlung eliminiert, denn der untere Detektor wird automatisch abgeschaltet, wenn der obere ein Ereignis anzeigt. Mit der verzögerten Koinzidenzschaltung aber lassen sich die Ereignisse auswählen, die in der oben beschriebenen zeitlichen Aufeinanderfolge eintreten. Die Messung des Wirkungsquerschnitts liefert einen Wert von $\sigma = (11 \pm 2{,}6)10^{-44}$ cm², der gut mit dem theoretisch vorhergesagten Wert von $\sigma = (10-14)10^{-44}$ cm² übereinstimmt (nach der *Großen Sowjet-Enzyklopädie*)

Abbildung 5.5–17
Zusammenfassung der Charakteristika der verschiedenen Wechselwirkungen.
Die Intensität einer Wechselwirkung wird durch die Kopplungskonstante charakterisiert. Diese Kopplungskonstante steht mit der Wechselwirkungsenergie in engem Zusammenhang. Um eine dimensionslose Zahl zu erhalten, dividiert man sie durch $\hbar c$. So erhält man z. B. für die Intensität der elektromagnetischen Wechselwirkung $e^2/\hbar c$ ($= 1/37$, die Feinstrukturkonstante), und für die der Gravitation $G m_N^2 / \hbar c$ ($\approx 10^{-39}$, m_N die Nukleonenmasse

tät der Wechselwirkung bestimmt, und eine zweite, die bei der Reaktion erhalten bleibt.

Nach der obigen Darstellung läuft eine Wechselwirkung folgendermaßen ab: Elementarteilchen emittieren bzw. absorbieren ein anderes Teilchen, das die Wechselwirkungen vermittelt: Man kann die Wechselwirkungen — auch die statischen — auf die Elementarakte der Erzeugung und Vernichtung zurückführen.

Die Wechselwirkung zwischen den Nukleonen, die starke Wechselwirkung, wird nach dem Schema der Abbildung 5.5–18 von den π-Mesonen vermittelt. Diese Wechselwirkung spielt innerhalb der Atomkerne die entscheidende Rolle, und ihre Bezeichnung als starke Wechselwirkung rührt daher, daß zu einer Veränderung der Kernstruktur eine weitaus größere Energie nötig ist als zu einer Veränderung in der Struktur der Atomhülle.

Wie schon erwähnt, ist es nicht leicht, die schwache Wechselwirkung in dieses Bild einzufügen. Auch die Natur der Teilchen, die für die Wechselwirkung verantwortlich gemacht werden können, war bis in die jüngste Vergangenheit ungeklärt. Es schien möglich zu sein, daß die Wechselwir-

	Gravitation	Schwache Wechselwirkung	Elektromagnetische Wechselwirkung	Starke Wechselwirkung
Makroskopische Erscheinungsform in Energieumwandlern	 Wasserkraftwerk	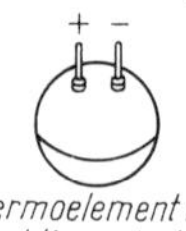 Thermoelement mit β-aktivem Isotop	 Wärmekraftwerk	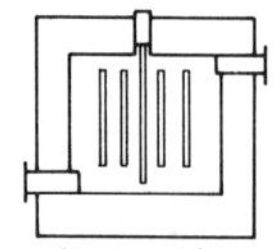 Atomreaktor
Phänomenologische Beschreibung	$F_{ik} = G \frac{M_i M_k}{r_{ik}^2}$	$_{38}Sr^{90} \to {}_{39}Y^{90} + e^-$	$C + O_2 = CO_2$	$_{92}U^{235} + n \to {}_{36}Kr + {}_{56}Ba + 3n$
Grundphänomen	Gravitonen (?)	Vektorbosonen	Photonen	Pionen
		Austausch von		
Reichweite	∞	$< 10^{-16}$ cm	10^{-7} cm (∞)	$< 10^{-13}$ cm
Intensität	10^{-38}	10^{-13}	10^{-2}	1
Charakteristische Zeit	—	$10^{-10} - 10^{+8}$ s	$10^{-20} - 10^{-7}$ s	10^{-23} s
Einteilung der Teilchen		rechtsgängige linksgängige	elektrisch geladene elektrisch neutrale	Hadronen Leptonen
Erhaltungssätze	?	Energie, Impuls, Drehimpuls, elektrische Ladung, Baryonenzahl, Leptonenzahl, CTP		
		Seltsamkeit Parität CP	Seltsamkeit (Strangeness) Parität CP Isospin	

kung lokal ist und ein Vermittlerteilchen nicht benötigt wird. Langsam trat jedoch die Vermittlertheorie der schwachen Wechselwirkung in den Vordergrund des Interesses, nach der die ($W^\pm$, Z_0)-Bosonen die Rolle des Vermittlerteilchens spielen (KLEIN, LEE, WHEELER u. a. 1949, GELL-MANN. FEYNMAN, MARSHAK, SUDARSHAM, SAKURAI 1958).

Ein weiteres wichtiges Charakteristikum dieser Wechselwirkung ist, daß sie im Gegensatz zur starken und elektromagnetischen Wechselwirkung sowie zur Gravitation nicht zwei Teilchen miteinander koppelt, sondern lediglich im Umwandlungsprozeß eine Rolle spielt.

In den Abbildungen 5.5–17, 5.5–18 haben wir auch dargestellt, inwiefern die verschiedenen Wechselwirkungen eine Klassifizierung der Elementarteilchen ermöglichen. Wir sehen, daß die Hadronen an allen Wechselwirkungen teilnehmen können. Das Proton z. B. kann als geladenes Teilchen Partner eines elektromagnetischen Wechselwirkungsprozesses sein, es kann aber — wie z. B. bei den Kernumwandlungen — sowohl mit einem anderen Proton als auch mit einem Neutron stark wechselwirken. Die Reaktion $\bar{v} + p \to n + e^+$, der inverse β-Zerfall, ist ein Beispiel für die schwache Wechselwirkung eines Protons. Wir erwähnen nur nebenbei die nach unserer obigen Bemerkung selbstverständliche Tatsache, daß Protonen auch der universellen Gravitationswechselwirkung unterworfen sind.

Die Leptonen nehmen zwar, wenn sie eine Ladung tragen, an der elektromagnetischen Wechselwirkung teil; die für diese Teilchengruppe typische Wechselwirkung aber ist die schwache Wechselwirkung.

Die γ-Quanten schließlich nehmen außer der Gravitationswechselwirkung nur an der elektromagnetischen und die Neutrinos nur an der schwachen Wechselwirkung teil.

5.5.6 Die Erhaltungssätze

Da vom Ende der vierziger Jahre an eine immer größere Zahl von Teilchen und Wechselwirkungsprozessen beobachtet wurde, hätte man gern eine Aussage darüber gehabt, welche Elementarteilchenprozesse theoretisch zu erwarten sind. Bereits die auch in der Quantenmechanik bewährten Erhaltungssätze — Energieerhaltung, Impulserhaltung und Drehimpulserhaltung — erlauben es, bestimmte Prozesse als unmöglich auszusondern. So verbietet der Energieerhaltungssatz den spontanen Zerfall

$$p \to n + e^+,$$

weil die Gesamtmasse der Reaktionsprodukte größer wäre als die Masse des Ausgangsteilchens. Der Impulserhaltungssatz läßt Einteilchenzerfälle der Form $K^+ \to \pi^+$ nicht zu, da für diesen Prozeß das Zerfallsprodukt den Massenunterschied in Form von kinetischer Energie mit sich tragen müßte; die kinetische Energie aber ist notwendig mit einem Impuls des Teilchens verknüpft, und bei nur einem Zerfallsprodukt kann dieser Impuls nicht durch den Impuls eines weiteren Teilchens zu Null kompensiert werden. An der Unmöglichkeit der erwähnten Einteilchenzerfälle würde sich im übrigen auch nichts ändern, wenn wir zuließen, daß das zerfallende Teilchen vor dem Prozeß bereits eine sehr große Geschwindigkeit hat.

Schließlich ist noch der Erhaltungssatz für die elektrische Ladung zu berücksichtigen, nach dem die Gesamtladung der an einer Reaktion beteiligten Teilchen vor und nach der Reaktion die gleiche sein muß.

Die ausführliche Untersuchung der Elementarteilchenumwandlungen hat gezeigt, daß auch solche Prozesse nicht immer verwirklicht werden, die nach den obigen Überlegungen möglich sein sollten, weil sie allen klassischen Erhaltungssätzen genügen. Ein Beispiel für eine solche Umwandlung ist

$$\pi^- + p \to K^- + \Sigma^+,$$

aber wir können auch ein einfacheres und für die Existenz unserer Welt wesentlich bedeutsameres Beispiel angeben: In der Natur kommt der Zerfall des Protons

$$p \to \pi^+ + \gamma$$

nicht vor, obwohl er keinem der oben erwähnten vier Erhaltungssätze widerspricht. Wäre dieser Zerfall möglich, dann wäre das Proton kein stabiles Teilchen; wir wissen aber, daß das Proton als stabiles Teilchen angesehen werden kann, bzw. daß seine Lebensdauer sicher größer als $2 \cdot 10^{30}$ Jahre ist. Diese Lebensdauer ist aber um viele Größenordnungen größer als das Lebensalter unseres Universums. Die Stabilität des Protons kann folglich als experimentell gesichert angesehen werden, und sie ist auch — zusammen mit der Stabilität des Elektrons — für die stabile Existenz unserer materiellen Welt verantwortlich und damit letzten Endes eine Grundlage für unser Dasein.

Einer der entscheidenden Fortschritte in der Elementarteilchenphysik wurde mit der Erkenntnis erzielt, daß die oben erwähnten Reaktionen deshalb nicht beobachtet werden, weil sie Erhaltungssätze eines neuen Typs verletzen würden. Wir können uns vorstellen, daß die Teilchen Träger bestimmter neuartiger „Ladungen" sind, wobei diese Bezeichnung nur als Hinweis auf die Existenz von Erhaltungssätzen, die eine Ähnlichkeit mit dem Erhaltungsgesetz für die elektrische Ladung haben, zu verstehen sein soll. So wird der oben erwähnte Zerfall des Protons deshalb nicht beobachtet, weil bei ihm das Erhaltungsgesetz für die *Baryonenladung* verletzt würde (WIGNER 1949, STUECKELBERG 1938). Die Baryonenladung des Protons ist $B = 1$ (für das Neutron gilt ebenfalls $B = 1$, während für die entsprechenden Antiteilchen $B = -1$ gesetzt wird), und das π^+-Meson hat die Baryonenladung $B = 0$. Wir sehen nun ein, warum dieser Zerfall nicht stattfindet: Die Baryonenladungen der Teilchen vor und nach dem Zerfall stimmen

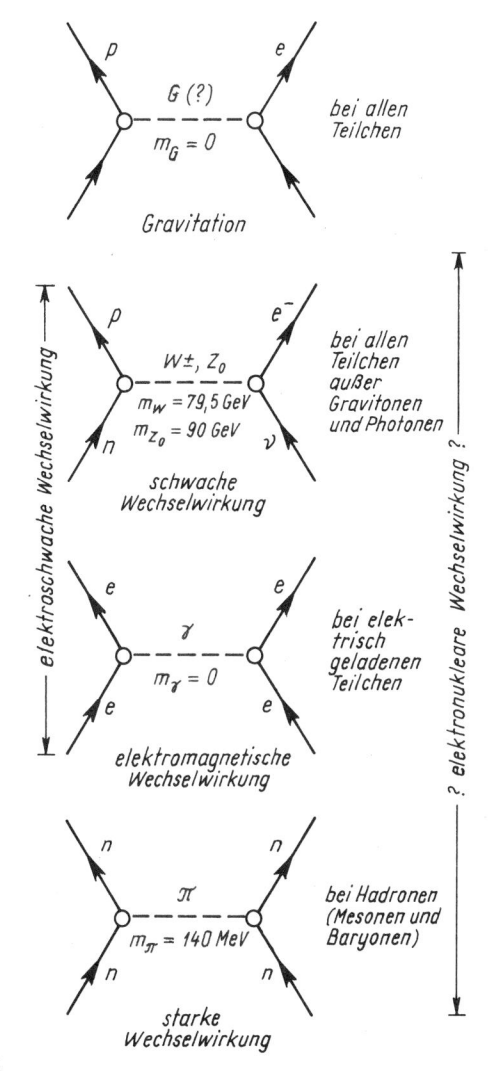

Abbildung 5.5–18
Veranschaulichung der grundlegenden Wechselwirkungen durch Feynman-Diagramme.
Die starke Wechselwirkung wird heute (1987) als eine „Restkraftwirkung" der zwischen den Quarks wirkenden „superstarken" Farbkräfte gedeutet. Die Ausarbeitung der Theorie der elektroschwachen Wechselwirkung war die Aufgabe des letzten Jahrzehnts. Die „Große Vereinheitlichung", also die Ausarbeitung der Theorie der elektronuklearen Wechselwirkung ist die Aufgabe von heute. Die Frage, ob sich alle vier Wechselwirkungen überhaupt in eine einzige Wechselwirkung, in die Supergravitation, zusammenfassen lassen, muß sich in Zukunft klären

a) *Energieerhaltung*

$$m_n > m_p + m_e$$

$$\begin{array}{r} 1{,}00727661 \\ + \; 0{,}000548593 \\ \hline 1{,}00866520 \quad > \quad 1{,}007825203 \end{array}$$

b) *Erhaltung von Impuls und Drehimpuls*

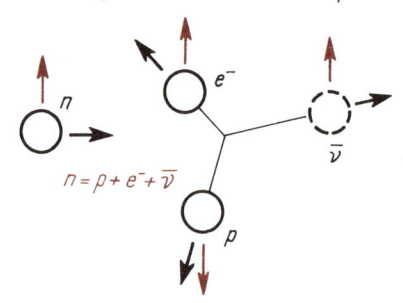

$$n = p + e^- + \bar{\nu}$$

c) *Erhaltung der elektrischen Ladung*

$$0 = +1 - 1 + 0$$

d) *Erhaltung der Baryonenzahl*

$$1 = 1 + 0 + 0$$

e) *Erhaltung der elektronischen Leptonenzahl*

$$0 = 0 + 1 - 1$$

Abbildung 5.5−19
Veranschaulichung der Erhaltungsgesetze am Beispiel des Neutronenzerfalls (Halbwertszeit des Zerfalls ~15 min)

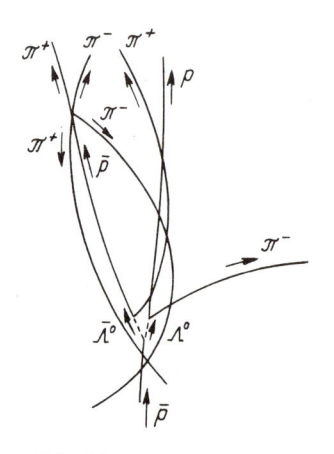

Abbildung 5.5−20
Auswertung der in der Abbildung 5.5−12 dargestellten Blasenkammeraufnahme. Das von unten einlaufende Antiproton ($\bar{p}$) stößt mit einem Wasserstoffatomkern (p) der Blasenkammerfüllung zusammen, wobei nach der Reaktion

$$p + \bar{p} = \Lambda^0 + \bar{\Lambda}^0$$

ein Hyperonenpaar aus einem Lambda-Null (Λ^0) und einem Anti-Lambda-Null ($\bar{\Lambda}^0$)-Teilchen er-

nicht überein. Wir können auch leicht nachprüfen, daß die zur Erzeugung des Antiprotons dienende Reaktion

$$p + p \rightarrow p + p + \bar{p} + p$$

allen Erhaltungssätzen genügt, wenn wir voraussetzen, daß die Energie des bombardierenden Protons größer als 5,6 GeV ist.

Es war nun natürlich, die Frage zu beantworten, welche analogen Erhaltungssätze sich noch aufstellen lassen. Zur elektrischen und zur Baryonenladung kommt noch die *Leptonenladung* hinzu, für die ebenfalls ein Erhaltungssatz gilt (von GYÖRGY MARX, J. B. SELDOWITSCH und E. F. KONOPINSKI 1953 voneinander unabhängig gefunden und von DAVIS 1955 experimentell bestätigt). Dieser Erhaltungssatz mußte aber noch weiter modifiziert werden, um erklären zu können, warum der Zerfall des Myons in ein Elektron und ein Photon nach der Reaktion

$$\bar{\mu} \rightarrow e^- + \gamma$$

nicht beobachtet wird. Diese Frage wurde bis zum Jahre 1962 als μ-$e\gamma$-Rätsel bezeichnet, und erst dann hat es sich herausgestellt, daß es zwei Neutrinos, das Elektronen- und das Myonen-Neutrino, gibt und daß man elektronische und myonische Leptonenladungen unterscheiden muß. Für jede dieser Ladungen gilt ein eigener Erhaltungssatz (LEDERMAN, SCHWARTZ, STEINBERGER).

Schon zu Beginn der fünfziger Jahre wurde bei der Systematisierung der Elementarteilchen eine andere charakteristische Größe, die Seltsamkeit, eingeführt. Mit dem Erhaltungssatz der Seltsamkeit kann verstanden werden, warum bestimmte „seltsame" Teilchen nur paarweise entstehen können (M. GELL-MANN und K. NISHIJIMA).

In der Abbildung 5.5−17 sind die Gültigkeitsbereiche der verschiedenen Erhaltungssätze eingetragen. Wir sehen, daß die Erhaltungssätze für Energie, Impuls und Drehimpuls sowie elektrische, Baryonen- und Leptonenladungen bei beliebigen Wechselwirkungen streng erfüllt sind. Bei der Gravitationswechselwirkung haben wir nur deshalb nichts eingetragen, weil es möglich ist, daß im Kosmos dermaßen starke Gravitationsfelder existieren, daß für sie diese Erhaltungssätze verletzt werden können. Wir stellen weiterhin fest, daß mit zunehmender Stärke der Wechselwirkung die Zahl der zu beachtenden Erhaltungssätze (in einer von dieser Wechselwirkung bestimmten Reaktion) anwächst.

Anhand der *Abbildung 5.5−19* weisen wir an einer sehr einfachen Umwandlung, dem Neutronenzerfall, die Gültigkeit der verschiedenen Erhaltungssätze nach. (Der β-Zerfall des Neutrons wurde 1948 von SNELL und MILLER beobachtet; ROBSON hat 1951 auch seinen Halbzeitwert gemessen.) In der *Abbildung 5.5−20* ist eine Blasenkammeraufnahme zu sehen, die eine komplizierte Folge von Teilchenumwandlungen wiedergibt. Die Bahnspuren weisen auf die Gültigkeit des Impulserhaltungssatzes hin. Identifizieren wir die zu den einzelnen Bahnabschnitten gehörenden Teilchen, so können wir alle oben erwähnten Erhaltungssätze nachprüfen.

5.5.7 Symmetrie − Invarianz − Erhaltung

Die neuen zur Charakterisierung des Elementarteilchenzustandes dienenden Quantenzahlen − Baryonenladung, Leptonenladung u. a. − mögen nach unseren obigen Darlegungen in hohem Maße willkürlich eingeführt erscheinen. Überdenken wir jedoch noch einmal das Vorgehen der Physiker. Auf experimentellem Wege war eine Vielzahl von Elementarteilchen gefunden worden, und man konnte sich sehr viele *mögliche* Umwandlungsprozesse dieser Teilchen ineinander *vorstellen*. Von diesen Umwandlungen wurden erst die gestrichen, die sich mit altbewährten Erhaltungssätzen wie dem Energiesatz nicht vereinbaren lassen. Dann wurde jedoch festgestellt, daß nicht alle nach dem Streichen übrigbleibenden Umwandlungen tatsächlich in der Natur vorkommen. Um die in der Natur nicht realisierten Prozesse aus der Liste der vermeintlich möglichen tilgen zu können, haben sich die Physiker verschiedene Erhaltungsgesetze ausgedacht und angenommen, daß die nicht beobachteten Umwandlungen eben deshalb nicht zustande kommen können, weil sie irgendeinen der neu aufgestellten Erhaltungssätze verletzen.

Wenn wir aber näher untersuchen, welche Betrachtungsweise sich hinter diesen neuen Erhaltungssätzen verbirgt, dann müssen wir feststellen, daß wir es hier wieder mit einem ebenso großartigen, revolutionären Ergebnis der Physik des 20. Jahrhunderts zu tun haben, wie schon im Falle der Relativitätstheorie und der Quantenmechanik.

Wir bemerken, daß bereits die Fragestellung nicht die herkömmliche ist, denn es wird nicht danach gefragt, wie ein in der Natur beobachteter Vorgang abläuft, sondern danach, warum eine bestimmte Erscheinung nicht beobachtet wird oder warum von der Gesamtheit der „möglichen" Umwandlungen ein Teil tatsächlich realisiert wird und ein anderer nicht.

Betrachten wir einmal anhand des in der *Abbildung 5.5 – 21* dargestellten Schemas den Weg etwas genauer, auf dem wir in der klassischen Physik zu den Erhaltungssätzen gelangen. Wir gehen von der Differentialgleichung aus, mit der in der klassischen Physik ein bestimmter physikalischer Vorgang beschrieben wird, und betrachten als Beispiel die Newtonsche Gleichung. Aufgrund dieser Gleichung können wir darauf schließen, daß bestimmte Größen, so z. B. die Energie und der Impuls, im Zeitablauf konstant sind. Wir haben somit aus einer Kenntnis der Veränderungen heraus auf die Konstanz einer Größe geschlossen. In der Elementarteilchenphysik erheben wir keinen Anspruch mehr darauf, den Wechselwirkungsprozessen in ihren Details folgen zu können, und wir streben lediglich danach, Zusammenhänge zwischen den charakteristischen Größen der Ausgangsteilchen und der Endteilchen einer Reaktion aufzufinden. Bei einer derartigen Einschränkung der Aufgabenstellung ist das obige klassische Schema nicht mehr anwendbar. Es bleibt die Frage zu beantworten, ob es möglich ist, den Erhaltungssätzen eine allgemeinere theoretische Grundlage zu geben und eine Herleitung dieser Sätze zu finden, ohne alle Details des Ablaufs der physikalischen Erscheinungen zu kennen.

Wie bereits früher erkannt, aber erst von der Elementarteilchenphysik stärker betont worden war, lassen sich die Erhaltungssätze der klassischen Physik aus einfachen Annahmen über die Struktur des Raumes bzw. der Zeit ableiten. So ist der Impulserhaltungssatz einfach eine Folge der Homogenität des Raumes. Wir verstehen unter Homogenität des Raumes, daß kein Punkt des Raumes vor einem anderen ausgezeichnet ist und physikalische Prozesse an jedem beliebigen Ort stattfinden können. In der Sprache der Mathematik läßt sich dieses Prinzip als Forderung nach einer Invarianz der Gleichungen der klassischen Mechanik gegenüber Translationen des Koordinatensystems formulieren. Noch etwas einfacher formuliert: Messungen eines physikalischen Vorganges in einem Laboratorium müssen zum gleichen Ergebnis führen wie irgendwo anders in einem zweiten. In dieser Formulierung ist die Forderung so trivial, daß wir uns nur schwer vorstellen können, daß man aus ihr eine solche konkrete Gesetzmäßigkeit wie den Impulserhaltungssatz ableiten kann. Wir erinnern uns daran, daß sich eben aus dieser Forderung die Objektivität der Physik als Wissenschaft ergibt. Man kann weiter zeigen, daß die Drehmomentenerhaltung oder der Erhaltungssatz des Drehimpulses in enger Verbindung mit der Isotropie des Raumes steht. Fachgemäß stellen wir fest, daß die Naturgesetze invariant gegenüber einer Drehung des Koordinatensystems sind, bzw. allgemeinverständlich, daß es im Raum keine ausgezeichnete Richtung gibt, auf die man sich bei der Beschreibung eines physikalischen Vorganges in irgendeiner Weise beziehen müßte. Der Energieerhaltungssatz hingegen folgt aus der Homogenität der Zeit, d. h., die Gesetze der Physik müssen invariant sein gegenüber Verschiebungen auf der Zeitachse. Ganz einfach ausgedrückt bedeutet das, daß ein heute als richtig erkanntes physikalisches Gesetz morgen von jedermann nachgeprüft und für gültig befunden werden kann. Auch diese Aussage scheint völlig trivial zu sein.

Es lohnt sich, die obigen Aussagen ein wenig genauer zu untersuchen. Als Beispiel betrachten wir den Impulserhaltungssatz und beschränken uns der Einfachheit halber auf zwei wechselwirkende Teilchen. Die Wechselwirkungsenergie hängt von den Ortsvektoren $\mathbf{r}_1$ und $\mathbf{r}_2$ beider Teilchen ab. Die Forderung, daß die Wechselwirkungsenergie invariant gegenüber einer Translation des Koordinatensystems sein soll, bedeutet, daß sie nur von der Differenz der beiden Ortsvektoren abhängen darf, weil bei der Translation der Ortsvektor $\mathbf{r}_1$ in den neuen Ortsvektor $\mathbf{r}_1 + \mathbf{r}_0$ und $\mathbf{r}_2$ in $\mathbf{r}_2 + \mathbf{r}_0$ übergeht. Die Wechselwirkungsenergie U ist somit nur eine Funktion des Abstandes beider Teilchen: $U = U(\mathbf{r}_1 - \mathbf{r}_2)$. Die auf beide Teilchen wirkenden Kräfte $\mathbf{F}_1$ und $\mathbf{F}_2$ ergeben sich dann zu

$$\mathbf{F}_1 = -\text{grad}_1 U(\mathbf{r}_1 - \mathbf{r}_2); \quad \mathbf{F}_2 = -\text{grad}_2 U(\mathbf{r}_1 - \mathbf{r}_2) = -\mathbf{F}_1.$$

Daraus folgt aber, daß die Summe der Kräfte, die eine Änderung des Gesamtimpulses bewirken kann, verschwindet: $\mathbf{F}_1 + \mathbf{F}_2 = 0$.

Auf eine ähnliche Weise kann auch der Energieerhaltungssatz bewiesen werden.

zeugt wird. Diese Teilchen sind elektrisch neutral und hinterlassen deshalb keine Spur. Das Ergebnis ihres spontanen Zerfalls

$$\Lambda^0 = \pi^- + p,$$
$$\bar{\Lambda}^0 = \pi^+ + \bar{p}$$

ist jedoch zu sehen. Das so entstehende Antiproton stößt wieder mit einem Proton der Blasenkammer zusammen, wobei die Reaktion

$$\bar{p} + p = \pi^+ + \pi^+ + \pi^- + \pi^-$$

abläuft

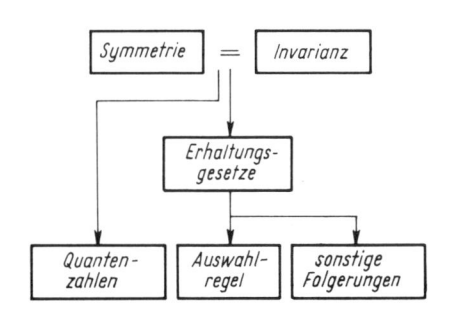

Abbildung 5.5 – 21
Erhaltungssätze der klassischen und der Elementarteilchenphysik

Abbildung 5.5 – 22
Die Entdecker der grundlegenden Symmetrieprinzipe sowie der Symmetrieverletzung
EUGENE PAUL WIGNER (geb. 1902 in Budapest): Studium in Berlin. 1928 – 1930: Lehramt an der Berliner Technischen Universität, dann Emi-

gration in die Vereinigten Staaten nach Princeton. 1939 wurde *Einstein* von ihm, *Leó Szilárd* sowie *Edward Teller* dazu bewegt, den historischen Brief (Abbildung 5.4 – 39b) zu schreiben, mit dem die Arbeiten zur Herstellung der Kernspaltungsbombe angeregt worden sind. Während des Krieges arbeitete er zusammen mit *Fermi* an der Verwirklichung der Kettenreaktion. *Wigner* hat bereits im ersten stürmischen Entwicklungsabschnitt der Quantenmechanik die Struktur der Spektren mit gruppentheoretischen Methoden studiert (*Über nichtkombinierende Terme in der neueren Quantenmechanik.* 1927) und die Symmetrieverhältnisse untersucht. 1936: in Zusammenarbeit mit *Breit* Aufstellung der Dispersionstheorie der Kernreaktionen (Breit-Wigner-Formel); 1952: Paritätserhaltung.

CHIEN-SHIUNG WU (geb. 1912 in China): ging 1936 in die USA zu *Lawrence,* hier 1940 Promotion; ab 1957 Professorin an der Columbia-Universität.

Neben ihrem berühmten Experiment zum Nachweis der Paritätsverletzung hat Frau *Wu* zusammen mit zwei Mitarbeitern 1963 versucht, die von *Feynmann* und *Murray Gell-Mann* 1958 aufgestellte Theorie experimentell zu bestätigen, in der die Erhaltung des Vektorstromes postuliert wird.

CHEN-NING YANG (geb. 1922 in China): Studium in China, ging 1946 als Stipendiat in die Vereinigten Staaten; ab 1949 Mitarbeiter der Universität Princeton (Institute for Advanced Study); seit 1955 Professor und ab 1965 Leiter des „Albert-Einstein-Lehrstuhls" (State University of New York). Der Schwerpunkt seines Schaffens liegt bei der Physik der Elementarteilchen. In der jüngsten Zeit hat er sich mit der Theorie der bei extrem großen Energien stattfindenden Reaktionen beschäftigt.

TSUNG-DAO LEE (geb. 1926 in Shanghai): 1946 an die Universität Chicago zu *Yang,* nach kurzer Unterbrechung wieder Zusammenarbeit mit ihm in Princeton. 1953: Columbia-Universität; 1960: Princeton; 1964: wieder Columbia-Universität. Hat neben der Paritätsverletzung auch die Gültigkeitsgrenzen der Erhaltung der Zeitspiegelungssymmetrie untersucht

Tabelle 5.5 – 1
Zusammenfassung der in den Erhaltungssätzen vorkommenden Größen:

P	Parität
Q	elektrische Ladung
B	Baryonenladungszahl
L_e	elektronische Leptonenzahl
L_μ	myonische Leptonenzahl
S	Seltsamkeit
I	Isospin
I_3	Isospin-„Projektion"
$Y = B + S$	Hyperladung

Zwischen den Quantenzahlen existiert der Gell-Mann-Nishijima-Zusammenhang

$$Q = I_3 + \frac{1}{2}(B+S) = I_3 + \frac{1}{2}Y$$

Die gut bekannten und auf recht umständlichem Wege aus den Bewegungsgleichungen herleitbaren Erhaltungssätze ergeben sich folglich auch unmittelbar aus den Symmetrieeigenschaften des Raumes. EMMY NOETHER (1882 – 1935) hat bereits 1918 mit den nach ihr genannten Sätzen gezeigt, daß jede Symmetrieeigenschaft einen Erhaltungssatz zur Folge hat. In der Physik wird der Begriff Symmetrie allerdings ein wenig anders verstanden als im täglichen Leben. Wir bezeichnen z. B. das menschliche Gesicht als symmetrisch, weil die rechte Gesichtshälfte das Spiegelbild der linken ist. Ein Gebäude sehen wir dann als symmetrisch an, wenn wir eine Ebene finden können, von der ausgehend sich nach beiden Seiten hin die gleiche Anordnung der architektonischen Merkmale ergibt. Natürlich gibt es nicht nur Spiegelsymmetrien in bezug auf Ebenen. Im täglichen Leben wird auch der Begriff der Rotationssymmetrie verwendet. Eine Figur ist rotationssymmetrisch, wenn sie bei einer Drehung um einen bestimmten Winkel wieder in sich selbst übergeht. So fällt z. B. ein Quadrat nach einer Drehung um 90° wieder mit sich selbst zusammen. Der Kreis wurde bereits im klassischen Griechenland als vollkommenste aller Kurven angesehen, weil er unendlich viele Symmetrien aufweist, unter ihnen Drehungen um den Kreismittelpunkt mit beliebigen Drehwinkeln.

Allgemeiner wollen wir im folgenden unter Symmetrie eines Objekts die Invarianz einer seiner Eigenschaften beim Ausführen einer bestimmten Operation verstehen.

Es dürfte bekannt sein, daß eingehendere Untersuchungen der Symmetrieeigenschaften zuerst in der Kristallphysik zur Bedeutung gekommen sind. Diese Untersuchungen beschränkten sich ursprünglich auf geometrische Symmetrien und dienten der Beschreibung der Kristallformen. In der Relativitätstheorie wurde dann bereits erkannt, daß die Symmetrieeigenschaften im weiteren Sinne zu bestimmten einschränkenden Bedingungen hinsichtlich physikalischer Prozesse Anlaß geben. So folgt aus der Isotropie des vierdimensionalen Raumes, in den auch die Zeit eingeht, die Lorentz-Invarianz der Naturgesetze. Bereits POINCARÉ hat festgestellt, daß die im vierdimensionalen Raum ausführbaren Symmetrieoperationen in der Sprache der Mathematik eine Gruppe bilden. Mit den Arbeiten von POINCARÉ ist vielleicht zum ersten Mal die Gruppentheorie als mathematische Methode über die Untersuchung der geometrischen Symmetrien hinaus zur Klärung allgemeiner Gesetzmäßigkeiten der Physik verwendet worden.

Man kann die bei den Umwandlungen der Elementarteilchen gültigen Erhaltungssätze neuen Typs ebenso wie die klassischen Erhaltungssätze auf Symmetrieeigenschaften zurückführen, wobei sich allerdings diese Symmetrien nicht so einfach anschaulich machen lassen. Betrachten wir als einfaches Beispiel den Isospinerhaltungssatz. Der Begriff Isospin ist bereits von HEISENBERG eingeführt worden, um die Ladungsunabhängigkeit der zwischen den Nukleonen wirkenden Kräfte zu beschreiben. Diese Ladungsunabhängigkeit kann theoretisch verstanden werden, wenn man Proton und Neutron als zwei verschiedene Zustände des gleichen Teilchens, des Nukleons, ansieht, die sich in den Werten einer neuen Quantenzahl, der Isospinquantenzahl, voneinander unterscheiden. Die Isospinquantenzahl wird in Analogie zur Spinquantenzahl gebildet; ihr Betrag wird für Nukleonen gleich 1/2 gesetzt, so daß Proton und Neutron die Zustände des Nukleons bei den beiden möglichen Orientierungen des Isospins + 1/2 und – 1/2 sind. Dies erinnert an den gewöhnlichen Spin, dessen Komponente in bezug auf eine ausgezeichnete Richtung auch nur Werte annehmen darf, die sich um eine ganze Zahl unterscheiden. Die beiden möglichen Orientierungen des Isospins beziehen sich auf einen abstrakten Isospinraum.

Auch die Mesonen π^-, π^0, π^+ können als drei verschiedene Zustände eines einzigen Teilchens angesehen werden. Der Isospin dieses Teilchens ist gleich 1 und hat die Einstellungsmöglichkeiten + 1,0 und – 1. Im Falle der Nukleonen sprechen wir von einem Ladungsdublett und bei den π-Mesonen von einem Ladungstriplett. Der Erhaltungssatz des Isospins kann auf die Symmetrieeigenschaften des abstrakten Isospinraumes zurückgeführt werden (GELL-MANN, NISHIJIMA 1953 – 1954), wobei wir jedoch anmerken wollen, daß der Isospinerhaltungssatz nur für die starke Wechselwirkung erfüllt ist. *Tabelle 5.5 – 1* stellt eine Zusammenfassung der den Erhaltungssätzen unterworfenen Quantenzahlen dar.

In der *Tabelle 5.5 – 2* stellen wir die Zusammenhänge zwischen Symmetrietransformationen und Erhaltungssätzen vereinfacht dar, wobei wir uns auf einen Vortrag von T. D. LEE stützen. Ebenfalls nach T. D. LEE betonen

Tabelle 5.5–2
Symmetrietransformationen und dazugehörige Erhaltungssätze (nach TSUNG DAO LEE)

Nicht beobachtbare Erscheinung oder Größe	Symmetrietransformation	Erhaltungsgesetz oder Auswahlregel
Austausch identischer Teilchen	Permutation	Bose-Einstein- und Fermi-Dirac-Statistik
Absolute Lage im Raum	$r \to r+r_0$	Impuls
Absolute Zeit	$t \to t+t_0$	Energie
Absolute Richtung im Raum	Rotation	Drehimpuls
Absolute Geschwindigkeit	Lorentz-Transformation	Forminvarianz der Gleichungen
Absolut rechts (links)	$r \to -r$	Parität
Relative Phase der verschiedenen Ladungszustände	$\Psi \to e^{jQ\Theta}\Psi$	elektrische Ladung
Relative Phase der verschiedenen Baryonenladungszustände	$\Psi \to e^{jB\Theta}\Psi$	Baryonenladung
Relative Phase der verschiedenen Leptonenladungszustände	$\Psi \to e^{jL\Theta}\Psi$	Leptonenladung
Unterschiede in den kohärenten Überlagerungen der Zustände p und n	$\begin{pmatrix}p\\n\end{pmatrix} \to U\begin{pmatrix}p\\n\end{pmatrix}$	Isospin

Tabelle 5.5–3
Quantenzahlen einiger wichtigerer Teilchen

	I_3	B	Q	S	Y	L_e	L_μ
ν_e	0	0	0	0	0	1	0
ν_μ	0	0	0	0	0	0	1
e^-	0	0	−1	0	0	1	0
π^+	1	0	1	0	0	0	0
π^0	0	0	0	0	0	0	0
K^+	½	0	1	1	1	0	0
p	½	1	1	0	1	0	0
n	−½	1	0	0	1	0	0
Σ^+	1	1	1	−1	0	0	0
Ξ^-	−½	1	−1	−2	−1	0	0
Ω^-	0	1	−1	−3	−2	0	0

wir, daß der Ausgangspunkt für diese Betrachtungen immer ein physikalisches Prinzip ist: Nehmen wir an, daß bestimmte Größen prinzipiell nicht beobachtbar sind, dann folgt daraus die Invarianz der physikalischen Gesetze gegenüber bestimmten Symmetrietransformationen, und daraus ergeben sich ihrerseits die Erhaltungssätze.

In der *Tabelle 5.5–3* sind die wichtigsten Kenngrößen einiger Elementarteilchen zusammengefaßt.

5.5.8 Spiegelungssymmetrie

Wir setzen uns nun ein wenig ausführlicher mit dem Gesetz der Paritätserhaltung auseinander. Die in diesem Falle zum Erhaltungssatz führende Symmetrie kann bereits im Rahmen der Quantenmechanik einfach formuliert und anschaulich gemacht werden. 1927 wies WIGNER *(Abbildung 5.5–22)* zum erstenmal darauf hin, daß eine 1924 von LAPORTE aufgestellte empirische Regel, nach der sich die Energieniveaus der komplizierten Atome in zwei Gruppen unterschiedlichen Typs einteilen lassen, als eine Folge der Spiegelungssymmetrie der für die atomare Struktur verantwortlichen elektromagnetischen Kräfte angesehen werden kann. Von diesem Zeitpunkt an hat sich der Paritätsbegriff in der Quantenmechanik eingebürgert. Teilchenzustände haben dann eine gerade Parität, wenn die Wellenfunktionen bei der Transformation $x \to -x$, $y \to -y$ und $z \to -z$ unverändert bleibt; ändert sich das Vorzeichen der Wellenfunktion bei dieser Transformation, dann ist die Parität ungerade. Im ersten Fall wird die Parität gleich $+1$, im zweiten Fall gleich -1 gesetzt. In der Quantenmechanik gilt es als selbstverständlich, daß die Parität bei den verschiedenen Wechselwirkungsprozessen unverändert bleibt.

Wir wollen nun versuchen, die Paritätserhaltung zu veranschaulichen. Sind die Gesetze der Physik spiegelungsinvariant, dann sollte zu jeder in der Natur vorkommenden Erscheinung auch ihr Spiegelbild möglich sein. Die Spiegelungssymmetrie und das Problem von rechts und links war natürlich bereits früher und hier nicht nur im Rahmen der Geometrie, sondern auch der Philosophie behandelt worden *(Zitate 5.5–3a, b)*. Unsere alltägliche Erfahrung scheint die Spiegelungsinvarianz der Natur zu widerlegen, da unter anderem auch der Aufbau des menschlichen Körpers nicht völlig symmetrisch ist (eine der wichtigsten Asymmetrien ist die Lage des Herzens

Zitat 5.5–3a
Da es aber einige gibt, welche behaupten, es gebe ein Rechts und Links an dem Himmelsgebäude, wie nämlich die sogenannten Pythagoreer – denn jene sind es, welche so sprechen –, so ist zu erwägen, ob es sich auf diese Weise verhalte, wie jene sagen, oder ob vielmehr anders, wofern man mit dem Körper des Alls die derartigen Prinzipien überhaupt in Verbindung bringen soll. Sogleich nämlich von vornherein muß man zunächst, falls an ihm das Rechts und das Links stattfindet, annehmen, daß ursprünglicher noch die ursprünglicheren Prinzipien dieser Art an ihm stattfinden.
ARISTOTELES: *Vier Bücher über das Himmelsgebäude* Herausgegeben von *Carl Prantl.* 1857, Buch II, Kap. 2

Zitat 5.5—3b
„... den Unterschied ähnlicher und gleicher, aber doch inkongruenter Dinge (z. B. widersinnig gewundener Schnecken) durch keinen einzigen Begriff verständlich machen können, sondern nur durch das Verhältnis zur rechten und linken Hand, welches unmittelbar auf Anschauung geht.".

Man hat *Kant* so ausgelegt: Wenn Gottes erste Schöpfertat eine linke Hand hinbildete, so besaß diese Hand schon damals, als sie mit nichts verglichen werden konnte, jene nur anschaulich, nicht begrifflich zu fassende Bestimmtheit der Linken (im Gegensatz zur Rechten). Dies ist falsch, wie *Leibniz* betont, wenn damit gesagt sein soll, daß etwas anderes vor sich gegangen wäre, wenn Gott statt der „linken" zuerst eine „rechte" Hand erschaffen hätte. Man muß den Prozeß der Weltentstehung weiter verfolgen, ehe ein Unterschied auftreten kann: Würde Gott, statt zuerst eine linke und dann eine rechte Hand zu machen, erst eine rechte und dann abermals eine rechte geformt haben, so hätte er zwar den Weltplan nicht im ersten, sondern im zweiten Akt geändert, durch den er statt einer zur ersterschaffenen Hand ungleichsinnigen eine zu ihr gleichsinnige hervorbrachte.
WEYL [5.22] S. 80, 97

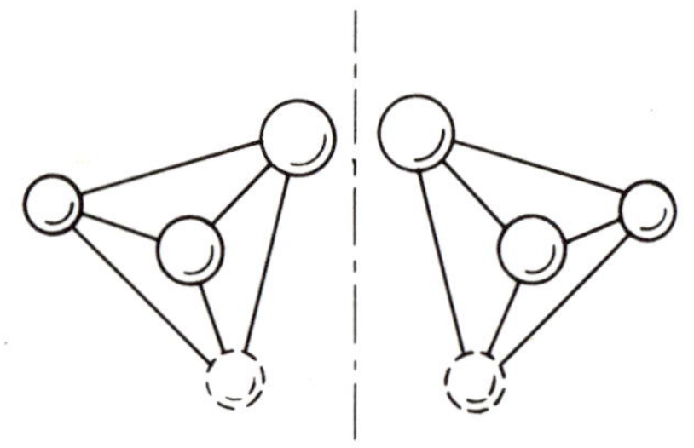

Abbildung 5.5—23
Zwei zueinander spiegelsymmetrische Molekeln, die aus den gleichen Bestandteilen aufgebaut sind

in der linken Körperhälfte), so daß wir beim menschlichen Körper eindeutig rechts und links unterscheiden können. Selbst bei Molekeln einfacher Struktur können wir dem Fehlen der Spiegelungssymmetrie begegnen. Die *Abbildung 5.5—23* zeigt zwei aus gleichen Bausteinen aufgebaute Molekeln, von denen die eine das Spiegelbild der anderen ist. Die Molekeln können mit keiner reellen geometrischen Operation, die in dem von den Molekeln aufgespannten Raum ausgeführt wird, miteinander zur Deckung gebracht werden. (Wir dürfen hier nicht vergessen, daß die Spiegelung eine abstrakte Operation ist.) Es zeigt sich, daß in der Natur, und zwar in der unbelebten Natur, die eine oder die andere der zueinander spiegelsymmetrischen Varianten bevorzugt realisiert ist. Daraus folgt aber, daß auch in den lebenden Organismen meist nur eine Variante genutzt wird. Daß die Natur trotzdem ursprünglich spiegelsymmetrisch ist, kann folgendermaßen verstanden werden: Schon in der zweiten Hälfte des vorigen Jahrhunderts wußte man, daß die Molekeln der Weinsteinsäure im Prinzip in zwei spiegelsymmetrischen Varianten realisiert werden können, von denen eine die Polarisationsebene des Lichts nach rechts und die andere nach links dreht. In der Natur ist nur die Variante verwirklicht, die die Polarisationsebene nach rechts dreht. Als es gelungen war, die Weinsteinsäure synthetisch herzustellen, hat man festgestellt, daß die synthetische Weinsteinsäure die Polarisationsebene des Lichts nicht beeinflußt, da in ihr jede der beiden zueinander spiegelsymmetrischen Varianten mit der gleichen Häufigkeit vorkommt. Mit einem originellen, von PASTEUR ausgeführten Versuch kann dies bestätigt werden: Wir wissen, daß bestimmte Mikroben sich von Weinsteinsäure ernähren und in ihrem Organismus nur die natürlichen, nach rechts drehenden Moleküle verwerten können. Werden die Mikroben mit synthetischer Weinsteinsäure ernährt, dann reichern sich die unverbrauchten, in der Natur nicht vorkommenden Molekeln an, und die synthetische Weinsteinsäure sollte in zunehmendem Maße die Polarisationsebene des Lichts *nach links* drehen. Die Versuche haben die Erwartungen PASTEURS bestens bestätigt und damit die Annahme bewiesen, daß die Natur im Grunde spiegelsymmetrisch ist. Wie können wir aber dann das Zustandekommen von Asymmetrien in der Natur im allgemeinen und in der unbelebten Natur im besonderen erklären? Diese Asymmetrien lassen sich auf zufällige Asymmetrien (Erddrehung, Flüssigkeitsströmungen u. a.) zurückführen, die zu Orten und Zeiten vorhanden waren, als die Molekeln entstanden sind.

Überdenken wir nun unsere bisher gewonnenen Erkenntnisse. Die Wechselwirkungen der Elementarteilchen und ihre Umwandlungsprozesse, die wir als die grundlegenden Geschehnisse in unserer materiellen Welt anzusehen haben, werden von den Erhaltungssätzen beherrscht. Alle Elementarereignisse und Reaktionen, die nach den Erhaltungssätzen erlaubt sind, müssen auch tatsächlich realisiert sein. Wir können diese Aussage auch etwas einfacher formulieren: Was innerhalb der von den Erhaltungssätzen gegebenen Grenzen möglich ist, geschieht auch. Die Erhaltungssätze ergeben sich aber aus den allgemeinen Symmetrieprinzipien, so daß wir schlußfolgern können:

Die Symmetrieprinzipien bestimmen die grundlegenden Geschehnisse in der materiellen Welt.

Zuweilen wird auch angenommen, daß die Erhaltungssätze und damit die Symmetrieeigenschaften auch die Intensität und die Häufigkeit bestimmen, mit der bestimmte Ereignisse auftreten.

Von unserer Welt und den Gesetzmäßigkeiten, die in unserer Welt herrschen, hatte sich somit ein recht einfaches Bild, und wir können heute sagen, ein zu einfaches Bild ergeben. Bedeutet dieses Bild eine Rückkehr zu Ideen PLATONS? Genügt es vielleicht, Symmetrieüberlegungen anzustellen, um die wirkliche Welt kennenzulernen? Erinnert es nicht zu sehr an die Auffassung, daß sich die Himmelskörper auf Kreisen bewegen müssen, weil der Kreis die Kurve mit der höchsten Symmetrie ist? Und wenn es auch so wäre? Vielleicht könnten wir die Situation auch mit dem folgenden Beispiel veranschaulichen: Wir sehen zwei Langstreckenläufer, die zu einem gegebenen Zeitpunkt auf der (kreisförmigen) Achsenbahn nebeneinander laufen. Obwohl sie gerade nebeneinander laufen, kann der eine doch den anderen schon überrundet und letzten Endes einen neuen Weltrekord aufgestellt haben.

Die Natur hat die Physiker nicht lange in dem Glauben an eine übergroße Einfachheit der Naturgesetze belassen. Wir haben gerade deshalb über die Erhaltung der Spiegelungssymmetrie so ausführlich gesprochen, um etwas von der allgemeinen Bestürzung unter den experimentellen und theoretischen Physikern nachempfinden zu lassen, als bekannt wurde, daß die Spiegelungssymmetrie bei der schwachen Wechselwirkung nicht erfüllt ist und die Parität nicht erhalten bleibt.

Die Vorarbeit für die Entdeckung der Paritätsverletzung wurden bereits 1953 von DALITZ und FABRY geleistet, die darauf hingewiesen haben, daß die Parität der neu entdeckten Theta(ϑ)- und Tau(τ)-Mesonen aus den Zerfällen

$$\vartheta \to \pi^+ + \pi^0 \quad \text{und} \quad \tau \to \pi^+ + \pi^0 + \pi^0$$

bestimmt werden kann. Da die Parität des π-Mesons schon von früheren Untersuchungen her zu $P = -1$ bestimmt worden war, ergibt sich aus den obigen Zerfallsprozessen ein Hinweis darauf, daß die Parität des ϑ-Mesons $+1$, die des τ-Mesons aber -1 ist. (Die Gesamtparität mehrerer Teilchen ist gleich dem Produkt der Paritäten der einzelnen Teilchen!) Die genaueren Untersuchungen haben diese Vermutung bestätigt, gleichzeitig hat man aber auch festgestellt, daß sich beide Mesonen in ihren übrigen Eigenschaften nicht voneinander unterscheiden. Dieser Unterschied der Parität bei einer Übereinstimmung aller sonstigen Eigenschaften wurde als *Theta-Tau-Problem* bezeichnet. Im Frühjahr 1956 haben LEE und YANG den Verdacht geäußert, daß man es *hier eigentlich mit nur einem Teilchen zu tun hat, wobei beim Zerfall dieses Teilchens, für den die schwache Wechselwirkung verantwortlich ist, der Paritätserhaltungssatz nicht erfüllt ist.* Bei einer Analyse des vorliegenden experimentellen Materials haben LEE und YANG festgestellt, daß bei den unter der starken Wechselwirkung ablaufenden Elementarteilchenprozessen der Paritätserhaltungssatz streng erfüllt ist, während für die schwache Wechselwirkung dieser Nachweis nicht möglich ist. Im Anschluß daran haben sie im Sommer 1956 eine Reihe von Versuchen vorgeschlagen, mit denen eindeutig über die Gültigkeit des Paritätserhaltungssatzes für den Fall der schwachen Wechselwirkung befunden werden sollte. Die entscheidenden Versuche hat C. S. WU, eine an der Columbia-Universität arbeitende Physikerin chinesischer Herkunft zusammen mit Mitarbeitern des National Bureau of Standards (E. AMBLER, R. W. HAYWARD, D. H. HOPPES und R. P. HUDSON) durchgeführt. Das Wesentliche an diesen Experimenten ist das folgende: WU und Mitarbeiter haben eine das β-aktive Co^{60}-Isotop enthaltende Probe auf eine Temperatur unter 0,1 K abgekühlt und ein so starkes äußeres Magnetfeld angelegt, daß die Spins der Kobalt-Atome in Richtung des Feldes ausgerichtet waren. (Die niedrige Temperatur ist notwendig, um den störenden Einfluß der Wärmebewegung auf die Spinordnung auszuschalten.) Mit Messungen wurde nachgeprüft, ob die beim β-Zerfall emittierten Elektronen mit der gleichen Wahrscheinlichkeit in eine vom Magnetfeld ausgezeichnete Richtung − sagen wir in die Nordrichtung − fliegen wie in die Gegenrichtung. Die Spiegelungssymmetrie verlangt nämlich nach *Abbildung 5.5−24*, daß die Emissionen mit gleicher Wahrscheinlichkeit in die eine wie in die andere Richtung erfolgen, andernfalls stellt das Spiegelbild einen Prozeß dar, der in der Natur nicht verwirklicht ist. Mit den Meßergebnissen konnte eindeutig und bestimmt eine Spiegelungsasymmetrie nachgewiesen werden. Das in der *Abbildung 5.5−25* dargestellte Meßergebnis ist auch in der Hinsicht überraschend, daß die Abweichungen von den bei Vorliegen der Spiegelungssymmetrie zu erwartenden Werten nicht etwa sehr klein sind und in der Nähe der Meßfehler liegen, sondern nahezu 40 Prozent betragen. Das *Zitat 5.5−4* gibt einen Eindruck von der Selbstsicherheit der theoretischen Physiker, wobei ihnen etwas Neugier jedoch nicht abzusprechen ist. Viele Experimentalphysiker haben gezögert, das entscheidende Experiment auszuführen, weil sie den kostspieligen und aufwendigen experimentellen Nachweis eines von der Theorie her nahezu selbstverständlichen negativen Effektes nicht als lohnende Aufgabe angesehen haben.

Die experimentellen Ergebnisse haben nun eindeutig gezeigt, daß der Paritätserhaltungssatz bei der schwachen Wechselwirkung nicht erfüllt ist. Es braucht nicht betont zu werden, daß dieses Resultat vor allem die theoretischen Physiker überrascht hat *(Zitat 5.5−5)*. Während nun, wie eben gesagt, die sensationelle Neuigkeit vor allem von theoretischen Physikern diskutiert und umstritten wurde, hat der Verfasser noch heute einen Experimentalphysiker in lebhafter Erinnerung, den diese Auseinandersetzungen damals offensichtlich kaum berührten. Auf die Frage, warum ihn

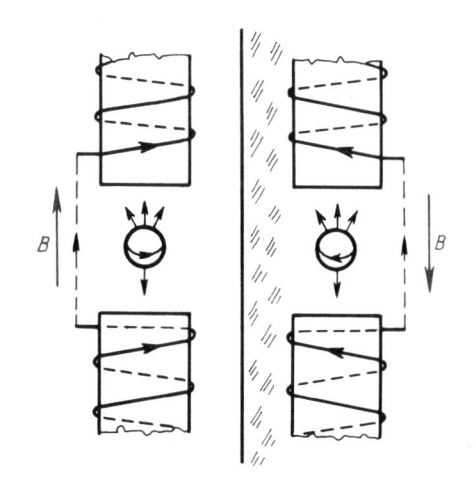

Abbildung 5.5−24
Die Spiegelungssymmetrie verlangt, daß in die Richtung des Magnetfeldes die gleiche Zahl von Teilchen emittiert wird wie in die Gegenrichtung

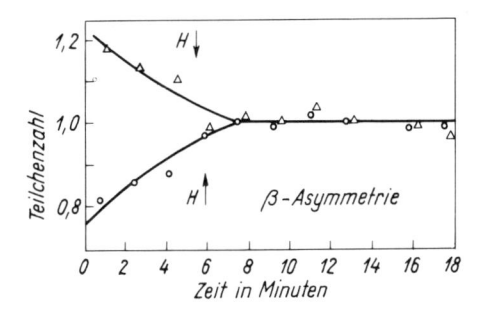

Abbildung 5.5−25
Das Meßergebnis von WU und Mitarbeitern

Zitat 5.5 — 4

Im April 1946 wurde auf der kernphysikalischen Konferenz der Universität Rochester (New York) über das Theta-Tau-Rätsel lebhaft diskutiert und von *Richard Philips Feynman*, Physiker vom California Institute of Technology, die Frage aufgeworfen, ob nicht das Paritätsgesetz vielleicht doch zuweilen ungültig wäre. *Feynman* hat einige Einzelheiten über dieses historische Ereignis mitgeteilt. Sie sind wert, festgehalten zu werden.

Die Frage wurde *Feynman* am Abend zuvor von *Martin Block* gestellt, einem Experimentalphysiker, der mit *Feynman* zusammen im selben Hotelzimmer wohnte. Die Lösung des Theta-Tau-Rätsels — sagte *Block* — ist möglicherweise sehr einfach. Vielleicht ist das uns neue Paritätsgesetz nicht immer gültig. *Feynman* wies darauf hin, daß, wenn dies der Fall wäre, links von rechts unterschieden werden könnte. Er versprach *Block*, auf der Sitzung des folgenden Tages die Frage aufzuwerfen, um zu sehen, ob irgend jemand gewichtige Gegengründe anführen könnte. Er hielt sein Versprechen und leitete seine Frage mit den Worten ein: „Die folgende Frage stelle ich im Namen *Martin Blocks*." *Feynman* hielt die Bemerkung *Blocks* nämlich für dermaßen interessant, daß er mit seinen Worten *Block* das Verdienst, sie gemacht zu haben, sichern wollte, falls sie sich später als richtig erwies.

Chen Ning Yang und sein Freund *Tsung Dao Lee*, zwei hervorragende junge Physiker chinesischer Herkunft, waren bei der Sitzung zugegen. Einer von ihnen gab *Feynman* eine längere Antwort. — Was hat er gesagt? — fragte *Block Feynman* später. — Ich weiß nicht — antwortete *Feynman* — ich habe ihn nicht verstanden.

Später hat man mir das viele übelgenommen — schreibt *Feynman* — und gesagt, ich hätte meine einführenden Worte bezüglich *Martin Blocks* Bemerkung gesagt, um den Anschein zu vermeiden, ich hätte irgend etwas mit einer so verrückten Idee zu tun. Tatsächlich hielt ich den Gedanken für unwahrscheinlich, aber nicht unmöglich, ich sah darin sogar sehr faszinierende Möglichkeiten. Einige Monate später fragte mich ein Experimentalphysiker, *Norman Ramsey*, ob es nach meinem Dafürhalten der Mühe wert wäre, experimentell nachzuprüfen, ob es im ß-Zerfall zur Verletzung der Parität kommt. Ich antwortete mit einem klaren Ja, und daß — obzwar ich es für sicher hielt, daß die Parität nicht verletzt werden könnte — dennoch die Möglichkeit einer Verletzung bestünde, und daß ich es für wichtig hielte, dies experimentell herauszufinden. — Sind Sie willens, 100 Dollar gegen einen dafür zu setzen, daß die Parität nicht verletzt wird? — fragte er mich. — Das nicht, aber 50 Dollar setze ich gern gegen einen. — Das genügt mir vollauf. Ich nehme die Wette an und mache das Experiment. — Leider hatte *Ramsey* damals nicht Zeit genug zur Ausführung des Experiments, und ich glaube, mein Scheck über 50 Dollar war ihm ein schwacher Trost für die verpaßte Gelegenheit...

... Jetzt, wo der erste Schock vorbei ist — schrieb *Pauli* am 27. Januar an *Weisskopf* —, beginne ich zu mir zu kommen. Na ja! ... Es war sehr dramatisch. Am Montag, dem 21. Januar 1957, hätte ich abends um 8 Uhr einen Vortrag über die Neutrino-Theorie halten sollen. Nachmittags um 5 Uhr bekam ich die drei Artikel über die Ergebnisse der Experimente bezüglich der Parität.

... Und es hat mich auch nicht so sehr die Tatsache erschüttert, daß der Herrgott seinen linken Arm bevorzugt, als die, daß er — obzwar Linkshänder — sich immer symmetrisch gibt, wenn er sich „stark" offenbaren will. Kurz gesagt steckt — so scheint es mir — gegenwärtig das eigentliche Problem in der Frage, warum die starke Wechselwirkung die Rechts-Links-Symmetrie zeigt.
MARTIN GARDNER: *The Ambidexterous Universe.* pp. 202, 204, 208

der experimentelle Nachweis der Paritätsverletzung so wenig interessiere, gab er zur Antwort, daß er sich nicht über dieses Ergebnis wundern könne, da er doch nie geglaubt habe, daß die Parität erhalten bleibt. Es lohnt sich schon, diese Erinnerung aufzufrischen, weil aus ihr mehrere Schlüsse gezogen werden können. Um uns darüber wundern zu können, daß ein Gesetz nicht für alle Erscheinungen gültig ist, müssen wir zunächst einmal an seine Allgemeingültigkeit glauben. Vom Standpunkt der Psychologie und der Pädagogik ist es ratsam, erst die Richtigkeit eines Gesetzes zu betonen, um dann den grundlegenden Charakter der Einschränkungen besser verstehen zu lassen. Anderseits heißt das aber auch, daß ein neues Gesetz ohne jede Kenntnis oder Erörterung des alten behandelt werden kann, wenn das alte Gesetz oder die *mit ihm verbundene* Anschauungsweise bereits völlig von der Entwicklung überholt sind.

Wir wollen noch auf einen weiteren Aspekt aufmerksam machen. Der oben erwähnte Experimentalphysiker ist von der „unmittelbaren Anschauung" ausgegangen und hat es als selbstverständlich angenommen, daß eine durch das Magnetfeld *ausgezeichnete* „Spinrichtung" zu einer Asymmetrie bei der Elektronenemission führen muß. Er wäre vom experimentellen Ergebnis dagegen überrascht gewesen, wenn er sich den Spin durch einen Drehsinn veranschaulicht hätte. Meist ordnet man nämlich jeder Drehung eine ausgezeichnete *Richtung* parallel zur Drehachse zu, wobei die Festlegung der positiven oder negativen Richtung aber völlig willkürlich entweder nach der Rechtsschrauben- oder der Linksschraubenregel erfolgt. Das Ergebnis des Versuches zeigt also, daß die Natur zwischen rechtshändigen und linkshändigen Koordinatensystemen unterscheiden kann und ihr ein „Linkssinn" oder ein „Rechtssinn" inhärent ist.

Nach dem experimentellen Nachweis der Paritätsverletzung wurde von verschiedenen Physikern (LANDAU, ABDUS SALAM, LEE und YANG) der Gedanke geäußert, daß die Neutrinos eine bestimmte Helizität haben, wobei man dem Neutrino immer die Helizität einer Linksschraube und dem Antineutrino die Helizität einer Rechtsschraube zuordnen muß (*Abbildungen 5.5—26a, b*). Für die Verletzung der Spiegelungssymmetrie ist demnach allein das Neutrino verantwortlich, und da das Neutrino für die schwache Wechselwirkung von herausragender Bedeutung ist, wird sofort verständlich, warum die Paritätsverletzung nur bei dieser Wechselwirkung beobachtet wird.

5.5.9 „Die kleine Asymmetrie vergrößert das Ästhetikum"

Die Symmetrie der (möglichen) Erscheinungen — so schien es anfänglich — läßt sich aber weitgehend wiederherstellen, wenn man mit der Spiegelung gleichzeitig auch vom Teilchen zum Antiteilchen übergeht. Führt man diese Transformation aus, dann erhält man wieder einen in der Natur realisierten, tatsächlich stattfindenen Prozeß. Den Übergang vom Teilchen zum Antiteilchen nennt man Ladungskonjugation und bezeichnet ihn mit *C*. Die Spiegelung aber wird unter Bezug auf das Wort Parität mit *P* gekennzeichnet, so daß die zweifache Transformation den Namen *CP*-Transformation erhält. Der neue Invarianzsatz läßt sich dann einfach so formulieren: Die Naturerscheinungen sind gegenüber der *CP*-Transformation invariant.

Dieses neue Symmetriegesetz konnte in voller Allgemeinheit nicht lange aufrechterhalten werden, denn es wurden „*CP*-verletzende" Prozesse gefunden. Die kombinierte Spiegelungssymmetrie ist nur in sehr guter Näherung, jedoch nicht streng erfüllt.

Ausgehend von dem allgemeinen Prinzip der Relativitätstheorie, der Lorentz-Invarianz, kann unter Verwendung des Kausalitätsprinzips gezeigt werden, daß man von jedem realen Prozeß zu einem anderen realen Prozeß gelangt, wenn man zur räumlichen Spiegelung und zur Ladungskonjugation noch die Zeitspiegelung hinzunimmt, d. h. das Vorzeichen der Zeit umkehrt. Es ist üblich, diese Operation mit *T* zu kennzeichnen. Wir erwarten folglich von jedem Prozeß, daß er gegenüber der *CPT*-Transformation invariant sein soll.

Um die obigen Ausführungen zu veranschaulichen, betrachten wir nach LEE das folgende Problem:

Nehmen wir an, daß ein Informationsaustausch zwischen unserer Erde und einem fernen Stern möglich wird und daß dabei physikalische Versuchsergebnisse verglichen werden. Setzt man nun die Gültigkeit der *CP*-Invarianz voraus, dann könnte selbst beim Vergleich beliebiger experimenteller Daten nicht entschieden werden, ob die beiden Welten aus den gleichen Teilchen bestehen oder ob sie zueinander „Antiwelten" sind. So könnte man z. B. nicht darüber befinden, ob der Wasserstoffatomkern der einen Welt ein positives Proton und der der anderen Welt ein negativ geladenes Antiproton ist. Selbstverständlich würde in einer derartigen Antiwelt die Rolle des Elektrons vom Positron übernommen werden. Ebensowenig könnten sich Vertreter beider Welten anhand von Versuchsergebnissen darüber einigen, was sie unter rechter und linker Seite verstehen. Bevor Vertreter beider Welten Kontakte aufnehmen, wäre natürlich die Frage nach dem Aufbau der anderen Welt aus Materie oder Antimaterie unbedingt zu beantworten, da beim Zusammentreffen von Materie und Antimaterie beide in Strahlung übergehen.

Der Umstand aber, daß die *CP*-Symmetrie nicht streng erfüllt ist, ermöglicht es, sich über den Aufbau beider Welten zu verständigen. Dazu geht man von den folgenden bekannten Zerfällen des *K*-Mesons aus:

$$K_L^0 \to e^+ + \pi^- + \nu_e \qquad K_L^0 \to e^- + \pi^+ + \bar{\nu}_e.$$

Wir sehen, daß die Zerfallsprodukte in beiden Prozessen zueinander Antiteilchen sind. Aus den Messungen folgt, daß beide Zerfallsprozesse *nicht mit der gleichen Häufigkeit* auftreten, wobei die Abweichung zwar klein ist, aber mit ausreichender Genauigkeit nachgewiesen werden kann. Für das Verhältnis der Zerfallswahrscheinlichkeiten erhält man

$$\frac{W(K_L^0 \to e^+ \, \pi^- \, \nu_e)}{W(K_L^0 \to e^- \, \pi^+ \, \bar{\nu}_e)} \approx 1{,}003.$$

Anhand dieser Tatsache können wir anderen Zivilisationen bereits eindeutig mitteilen, was *wir* unter einer positiven Ladung verstehen. Wir müssen sie darum bitten, die Wahrscheinlichkeiten, mit der beide Zerfälle der K_L^0-Mesonen auftreten, zu messen und den *e*-Teilchen, die bei dem etwas wahrscheinlicheren Prozeß erzeugt werden, ein positives Vorzeichen zu geben.

Auf diese Weise können wir auch rechts und links unterscheiden: Ausgehend von der Helizität des beim Zerfall $\pi^+ \to \mu^+ + \nu$ entstehenden Neutrinos läßt sich die Linksschraube definieren *(Abbildungen 5.5−27a, b)*.

Für den Kulturhistoriker sind gewiß Überlegungen interessant *(Abbildung 5.5−28)*, nach denen es nicht zufällig ist, daß die Verletzung der Spiegelungssymmetrie gerade von chinesischen Wissenschaftlern theoretisch vorhergesagt und experimentell bewiesen wurde. Man kann darauf verweisen, daß weitverbreitete Symbole der westlichen Kultur − Kreuz und fünfzackiger Stern − spiegelungssymmetrisch sind, während das *Yin-Yang-Symbol*, das in der chinesischen Kultur von Bedeutung ist und ebenso wie die erwähnten europäischen Symbole bereits auf einer Nationalflagge dargestellt wurde, diese Spiegelungssymmetrie nicht aufweist.

Setzt man voraus, daß die *CPT*-Symmetrie streng erfüllt ist, dann folgt notwendig aus der Verletzung der *CP*-Symmetrie auch eine Verletzung der Zeitspiegelungssymmetrie. Für die Verletzung der Zeitspiegelungssymmetrie liegen tatsächlich bestimmte experimentelle Hinweise vor.

Aus der Tatsache, daß die Spiegelungssymmetrie nicht streng erfüllt ist, kann nicht der Schluß gezogen werden, daß die Symmetrieprinzipien ihre Bedeutung für die Elementarteilchenphysik verloren hätten. Bei den weiteren Untersuchungen hat es sich herausgestellt, daß sich mit den abstrakten Symmetrien, die unserer Anschauung nicht mehr zugänglich sind und die nur mit Hilfe der Gruppentheorie beschrieben werden können (*SU*-2-, *SU*-3-Symmetrien), die Elementarteilchen so erfolgreich systematisieren ließen, daß sogar neue Erscheinungen vorhergesagt werden konnten *(Abbildung 5.5−29)*. Die Symmetrieprinzipien weisen darauf hin, daß sich die Eigenschaften der Elementarteilchen auf die Eigenschaften einiger weniger „noch elementarerer" Teilchen zurückführen lassen sollten. Mit dieser Vermutung wurde die Quark-Hypothese der Elementarteilchenphysik geboren. In der *Abbildung 5.5−30*, die einer Arbeit eines bekannten theoretischen Physikers entnommen ist, wurde dargestellt, wie sich nach dieser Hypothese die wichtigsten Elementarteilchen aus Quarks aufbauen lassen. Im ersten Moment sind wir von der Einfachheit und Anschaulichkeit des Modells

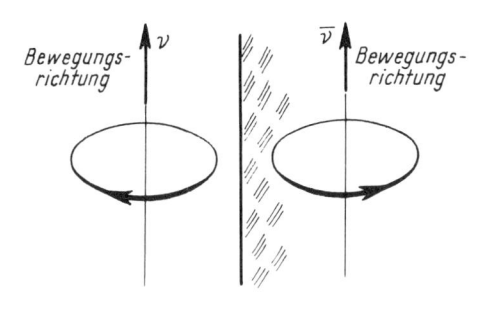

Abbildung 5.5−26a
Die Neutrinos haben einen bestimmten Drehsinn bezüglich ihrer Bewegungsrichtung und sind so für die Paritätsverletzung verantwortlich

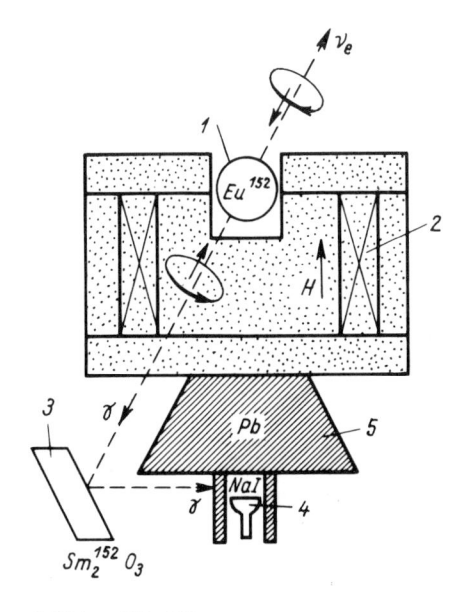

Abbildung 5.5−26b
Der Versuch von *Goldhaber* und Mitarbeitern zum Nachweis der Helizität des Neutrinos: Der Kern des Europiumisotops Eu-152 fängt ein Elektron von einer kernnahen Bahn ein (*K*-Einfang), wobei ein Neutrino emittiert wird und ein angeregter Samarium-Kern entsteht, der unter Emission eines γ-Quants in den Grundzustand übergeht. Wenn das Neutrino und das γ-Quant in entgegengesetzte Richtungen emittiert werden, müssen sie die gleiche Helizität haben. Das γ-Quant durchläuft den aus magnetisiertem Eisen bestehenden magnetischen Analysator 2, mit dem der Polarisationssinn der zirkular polarisierten γ-Strahlen festgestellt werden kann, und erleidet dann eine Resonanzstreuung an einem Sm-Kern, der sich in der Form von Samariumoxid im Strahlengang befindet. (Die Resonanzstreuung ist nur dann möglich, wenn der Rückstoß des Sm-Kerns bei der Emission des γ-Quants klein ist. Diese Bedingung ist aber gerade dann erfüllt, wenn γ-Quant und Neutrino in entgegegesetzte Richtungen emittiert werden.) Mit Hilfe eines aus Natriumjodid (NaJ) bestehenden Szintillationskristalls kann die Größe $(N_- - N_+)/2(N_- + N_+)$ bestimmt werden, wobei N_- bzw. N_+ die Zahl der gestreuten Quanten

für ein Magnetfeld parallel bzw. antiparallel zur Emissionsrichtung des Neutrinos ist. Aus der Theorie ergibt sich ein Wert von +0,025 für das linkshelische Neutrino und ein Wert von −0,025 für das rechtshelische; experimentell wurde 0,17 ± 0,003 gefunden, woraus unter Berücksichtigung der Störeinflüsse eindeutig auf eine Linkshelizität des Neutrinos geschlossen werden kann (nach der *Großen Sowjet-Enzyklopädie*)

verblüfft. Man könnte geradezu versucht sein, aus Quarks etwa ein Neutron drehen, fräsen und dann zusammenschweißen zu lassen; BOLTZMANN und LORD KELVIN würden erfreut sein, endlich auch den Urgrund aller Dinge verstehen und ein mechanisches Modell anfertigen zu können. All das ist aber nur Schein. Wenn wir diese Abbildung überhaupt mit etwas vergleichen wollen, dann dürfen wir nicht auf BOLTZMANN und KELVIN oder die mechanischen Modelle von MAXWELL zurückgreifen, sondern wir müssen zweitausend Jahre weiter zurückgehen, denn diese Abbildung ruft uns weit mehr die Vorstellungen PLATONS (platonische Körper) ins Gedächtnis zurück.

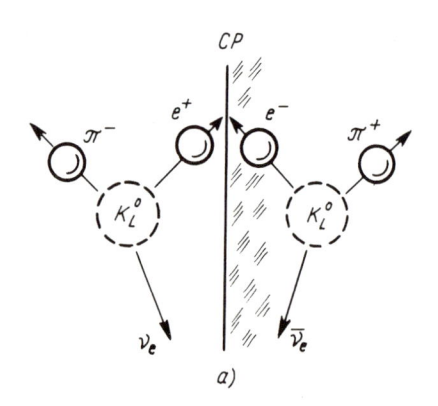

5.5.10 Zurück zum Apeiron?

Wir haben oben Versuche kennengelernt, die auch die in der Elementarteilchenphysik noch offene Frage nach den Bausteinen der Materie beantworten sollten. Zur Lösung des Problems bietet sich ein Verfahren an, das sich bereits bei der Untersuchung der Struktur der Atome und der Atomkerne bewährt hat: Man überträgt auf das Teilchen, dessen Struktur ermittelt werden soll, eine ausreichend große Energie, um es in seine Bestandteile zu zerlegen. Um die Bestandteile der Atomhülle abzutrennen, war es ausreichend, das Atom mit Elektronen oder Protonen einer Energie von einigen Elektronenvolt zu beschießen. Im Falle des Atomkerns mußte das Geschoß schon Energien in der Größenordnung von einigen Millionen Elektronenvolt haben, um einen Kernbaustein (Nukleon) vom Kern abtrennen zu können. Zur Untersuchung der Elementarteilchen ist diese Energie auf wahrlich gigantische Werte zu vergrößern; erst von Energien in der Größenordnung von Gigaelektronenvolt kann man neue Erkenntnisse erwarten. Man muß sich allerdings fragen, ob dieses Verfahren richtig ist und ob man tatsächlich auf diese Weise eine Antwort auf die aufgeworfenen Fragen erhalten kann. HEISENBERG hat auf diese Frage mit einem bestimmten Nein geantwortet. *Wenn wir nämlich darüber sprechen, daß die Protonen, Pionen, Hyperonen usw. aus kleineren, bisher noch nicht beobachteten Teilchen – aus Quarks, Partonen – bestehen, dann vergessen wir, daß der Satz „sie bestehen aus..." nur dann einen annehmbar klaren Sinn hat, wenn es uns gelingt, diese Protonen usw. mit einem kleinen Energieaufwand in Teile zu zerlegen, wobei die Ruhmassen der so entstandenen neuen Teilchen viel größer sind, als der Energieaufwand.*

Wir wollen auf diese Äußerung von HEISENBERG etwas ausführlicher eingehen. Nehmen wir an, daß wir versuchen, eine zusammengesetzte Struktur in der oben beschriebenen Weise in ihre Bestandteile zu zerlegen. Gelingt dies nicht mit einer kleinen Energie, so übertragen wir eine zunehmend größere Energie auf sie, in der Hoffnung, das untersuchte Objekt auf diese Weise doch noch in seine Bestandteile zerlegen zu können. Der Einfachheit halber stellen wir uns vor, daß wir es mit den Strukturen der Abbildung 5.5–30, d. h. den Quark-Modellen der Elementarteilchen zu tun haben. Nehmen wir weiter an, daß es uns schließlich gelungen ist, ein Quark-Teilchen abzutrennen und in einen freien Zustand zu bringen. Natürlich kann man auch jetzt fortfahren, eine Antwort auf die Frage nach der Struktur dieses Teilchens und nach seinen Bestandteilen zu suchen. Wenn wir wieder versuchen wollten, dieses Teilchen in seine Bestandteile zu zerlegen, müßten wir eine riesige Energie darauf übertragen, und wir könnten dann zu unserer größten Überraschung feststellen, daß wir unter den so erhaltenen Bruchstücken z. B. auch Nukleonen finden, d. h. Teilchen, von denen wir die Quarks erst als Bestandteile abgetrennt haben. Dieser Ausgang des Experiments ist möglich, weil sich bei genügend großen Energien die Elementarteilchen – natürlich nur innerhalb der Grenzen, die durch die Erhaltungssätze vorgegeben sind – ineinander umformen lassen.

HEISENBERG wurde dadurch auf den Gedanken gebracht, die Elementarteilchen als verschiedene Erscheinungsformen oder verschiedene Quantenzustände ein und derselben „Ursubstanz" anzusehen. Die Elementarteilchen wären folglich die einzig möglichen Erscheinungsformen unserer Materie. Wegen ihrer Ähnlichkeit zum Urstoff von ANAXIMANDER hat BORN diese Ursubstanz als Apeiron bezeichnet.

Die verschiedenen Elementarteilchen werden unter der Einwirkung der Ursubstanz auf sich selbst realisiert. Eben wegen dieser Selbstwechselwir-

Abbildung 5.5–27
Die *CP*-Verletzung ermöglicht eine *a)* Bestimmung des Ladungsvorzeichens und *b)* eine Unterscheidung von rechts und links

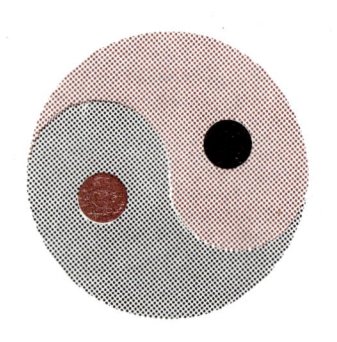

Abbildung 5.5–28
Ein wichtiges Symbol des Ostens, das Yin-Yang-Symbol, ist nicht spiegelsymmetrisch, und vielleicht wurde deshalb auch nicht ganz zufällig die Verletzung der Spiegelungssymmetrie gerade von chinesischen Wissenschaftlern gefunden. *Heisenberg* zitiert *Plato, Tsung Dao Lee* hingegen schreibt in das Gästebuch des Lehrstuhls für Atomphysik an der Universität Budapest die ersten Strophen eines Gedichtes von *Lao-Tze*

kung ist die Grundgleichung der Heisenbergschen einheitlichen Feldtheorie wesentlich nichtlinear. Aus einer Lösung dieser Gleichung sollten die Eigenschaften der Elementarteilchen, so auch ihre Massen, folgen, und die Theorie sollte eine Antwort darauf geben, warum gerade Teilchen mit diesen Eigenschaften existieren.

Es handelt sich bei dieser Grundgleichung um eine nichtlineare Wellengleichung für einen Feldoperator, der als der mathematische Repräsentant der Materie — nicht irgendeiner bestimmten Art von Elementarteilchen oder Wellen — gelten kann. Diese Wellengleichung ist mathematisch äquivalent einem komplizierten System von Integralgleichungen, die, wie der Mathematiker sagt, Eigenwerte und Eigenlösungen besitzen. Diese Eigenlösungen stellen die Elementarteilchen dar. Sie sind also schließlich die mathematischen Formen, die die regulären Körper der Pythagoreer ersetzen. Es sei hier nebenbei erwähnt, daß die Eigenlösungen sich aus der Grundgleichung etwa durch den gleichen mathematischen Prozeß ergeben, durch den man die harmonischen Schwingungen der Saiten der Pythagoreer aus der Differentialgleichung der gespannten Saite ableiten kann.

Die Symmetrie, die eine so zentrale Rolle bei den regulären Körpern der platonischen Philosophie spielt, bildet auch den eigentlichen Kern jener Grundgleichung. Die Gleichung ist im Grunde nur eine mathematische Darstellung einer ganzen Reihe von Symmetrieeigenschaften, die allerdings nicht so anschaulich sind wie die der platonischen Körper. Es handelt sich in der heutigen Physik um Symmetrieeigenschaften, die sich auf Raum und Zeit in gleicher Weise beziehen und die mathematisch ihren Ausdruck finden in der gruppentheoretischen Struktur der Grundgleichung.
HEISENBERG [5.24] S. 57—58

Um dem Leser einen Eindruck zu vermitteln, wie eine solche Weltgleichung aussieht, schreiben wir sie hier explizit auf, allerdings ohne eine Erklärung zu versuchen:

$$\gamma_\nu \frac{\partial \Psi}{\partial x_\nu} \pm l^2 \, \gamma_\mu \gamma_5 \, \Psi(\Psi^* \gamma_\mu \gamma_5 \Psi) = 0.$$

Nach vielversprechenden Anfangserfolgen konnte HEISENBERG dann bis zum Ende seines Lebens die Theorie doch nicht auf ein genügend sicheres Fundament stellen, um die auf Strukturmodelle zurückgehenden Theorien ersetzen zu können.

Von den „Denkstrukturen" unseres Geistes hat die Relativitätstheorie die A-priori-Existenz des Raumes und der Zeit in Frage gestellt, die Quantenmechanik hat neue Erkenntnisse zur Kausalitätsproblematik gebracht, und schließlich läßt uns die Elementarteilchenphysik den Substanzbegriff in einem neuen Licht sehen. Wir wollen hier nicht auf die Auseinandersetzungen zur philosophischen Deutung des Substanzbegriffs eingehen — auch nicht in der oberflächlichen Form, wie wir das bei der Kausalität getan haben — und uns lediglich auf die Feststellung beschränken, daß wir auch beim Substanzbegriff auf einen antropomorphen Ursprung sowie die Antithesen von HUME und KANT *(Zitate 5.5—6, 5.5—7, 5.5—8)* stoßen. Wir merken hier nur an, daß die Ursubstanz mit ihren Erscheinungsformen, den durch Symmetriegruppen darstellbaren Elementarteilchen, mit der Substanz der Aristotelischen Physik verglichen werden kann. Wir verweisen wieder auf WEYL:

Für die Aristotelische Philosophie ist der Stoff (ὕλη, τὸ ὑποκείμενον) das Bestimmbare im Gegensatz zur bestimmenden Form (εἶδος). Stoff ist Möglichkeit des Geformtwerdens. In einem mehrgliedrigen Produktionsprozeß erscheint auf jeder Stufe der Stoff „geformter", der Spielraum der Möglichkeiten weiterer Formung beschränkter. Damit schwindet zugleich der Stoff, die Komponente des nur potentiellen, nicht aktualisierten Seins, immer mehr. Nicht dem Stoffe, sondern den Formen wird Substantialität zugesprochen. Die Formen sind etwas den Stoff von der Möglichkeit zur Wirklichkeit Hinüberdrängendes; der Übergang selbst geschieht in der „Bewegung".
WEYL [5.22] S. 135

Wenn wir auch den Urstoff nicht als „Möglichkeit" ansehen können, der erst durch die Form „zum Leben erweckt" wird, so kann man doch hinter den vielfältigen Erscheinungsformen unserer Welt die bleibenden Strukturen der Materie auffinden, und gerade die Gesetze der Quantenmechanik formen oder — um uns etwas genauer und bescheidener auszudrük-

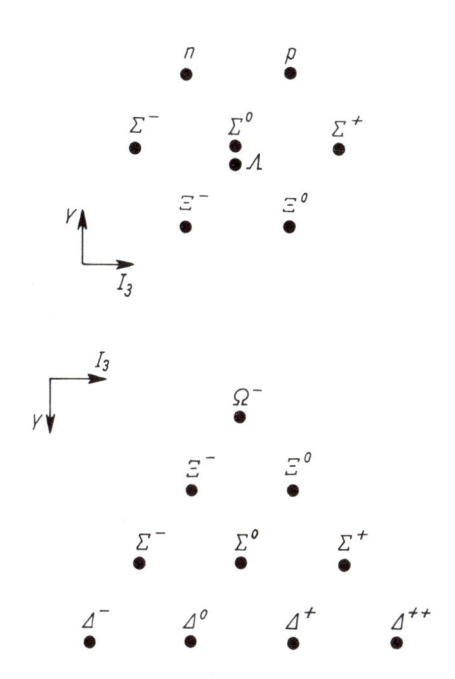

Abbildung 5.5—29
Mit Hilfe der *SU*-3-Symmetrien lassen sich die Elementarteilchen in größere „Familien" oder Super-Multipletts zusammenfassen. Oben ist ein Baryonenoktett, darunter ein $(3/2)^+$-Dekuplett dargestellt (Spin 3/2, Parität +1). Ausgehend von dieser Anordnung haben *Gell-Mann* und *Nishijima* die Existenz des Ω^--Teilchens vorausgesagt. Wir haben bei der unteren Darstellung abweichend von der üblichen Anordnung eine nach unten gerichtete *Y*-Achse gewählt, um die Ähnlichkeit mit der „heiligen" Tetraktys offensichtlicher zu machen.
Die Existenz der *SU*-3-Symmetrie und der Super-Multipletts weist auf die Möglichkeit hin, die Elementarteilchen aus drei Grundbausteinen (Quarks) aufzubauen (*Murray Gell-Mann* und *Yuval Néeman*, 1961)

Zitat 5.5—5
Nach unserer bisherigen Erfahrung sind wir nämlich zum Vertrauen berechtigt, daß die Natur die Realisierung des mathematisch denkbar Einfachsten ist. Durch rein mathematische Konstruktion vermögen wir nach meiner Überzeugung diejenigen Begriffe und diejenige gesetzliche Verknüpfung zwischen ihnen zu finden, die den Schlüssel für das Verstehen der Naturerscheinungen liefern. Die brauchbaren mathematischen Begriffe können durch Erfahrung wohl nahegelegt, aber keinesfalls aus ihr abgeleitet werden. Erfahrung bleibt natürlich das einzige Kriterium der Brauchbarkeit einer mathematischen Konstruktion für die Physik. Das eigentlich schöpferische Prinzip liegt aber in der Mathematik. In einem gewissen Sinne halte ich es also für wahr, daß dem reinen Denken das Erfassen des Wirklichen möglich sei, wie es die Alten geträumt haben.
EINSTEIN [5.4] S. 116 ff.

Zitat 5.5—6
Da ich nun einsehe, daß auch andre Wesen das Recht haben können, „Ich" zu sagen, oder daß man es für sie sagen könnte, so verstehe ich daraus, was man ganz allgemein als Substanz bezeichnet.
LEIBNIZ: *Philosophische Schriften.* VI. S. 502

ken – beschreiben diese Strukturen. So wird bei der Auswertung entsprechender Experimente als selbstverständlich vorausgesetzt, daß alle Atome eines bestimmten Elementes zueinander gleich sind und selbst nach ihrer Zerstörung reproduziert werden können.

Nach *Zitat 5.5–9* sieht NEWTON dieses Vorgehen nur deshalb als möglich an, weil die kleinsten Bausteine der Materie „unzerstörbar" sind. Diese Bausteine sind letztlich eine Verkörperung des klassischen Substanzbegriffes und damit die unveränderlichen Träger bestimmter Erscheinungsformen, der Akzidenzien. Warum kann aber nun nach einem Zusammenstoß zweier Mikrosysteme der ursprüngliche Zustand reproduziert werden? Diese Frage ist berechtigt, wenn wir daran denken, um wieviel anders die Lage z. B. bei einem Zusammenstoß zweier Sonnensysteme wäre. Nach WEISSKOPF sind für das Aufrechterhalten der Charakteristika eines Mikrosystems die quantenmechanischen Gesetzmäßigkeiten, d. h. die Quantisierungsvorschriften verantwortlich.

5.5.11 Energie mit Hilfe von Elementarteilchen?

Es kann natürlich die Frage gestellt werden, ob der experimentellen und theoretischen Untersuchung der Elementarteilchen – einer Forschungstätigkeit, die bekannterweise sowohl in finanzieller als auch in intellektueller Hinsicht höchste Ansprüche stellt – irgendwelche praktische Bedeutung zugemessen werden kann. Eine allgemein gehaltene Antwort könnte etwa lauten: RUTHERFORD selber hatte noch im Jahre 1935 bezweifelt, ob von der Untersuchung des Atomkerns unmittelbarer praktischer Nutzen erwartet werden könnte. Heutzutage wird die praktische Bedeutung der Kernenergie von niemand mehr in Zweifel gezogen. Im letzten Jahrzehnt können wir auch den praktischen Anwendungen der Elementarteilchenphysik immer häufiger begegnen. Im folgenden dazu einige prinzipielle Möglichkeiten bzw. tatsächlich erfolgte Anwendungen.

Im vorigen Kapitel hatten wir festgestellt, daß eine der wichtigsten Methoden zur Nutzbarmachung der Kernenergie darin bestehen könnte, aus Fusionsprozessen Energie zu gewinnen – vorausgesetzt natürlich, diese Prozesse könnten in einer kontrollierten Weise verwirklicht werden. Nun wurde schon 1954, vor drei Jahrzehnten also, von SELDOWITSCH der Gedanke geäußert und 1957 von ALVAREZ experimentell bestätigt, daß Elementarteilchen – im gegebenen Falle das negative Myon – zur Lösung des genannten Problems beitragen könnten. Myonen verhalten sich nämlich – ungeachtet ihrer viel größeren Masse – in vieler Beziehung ähnlich wie Elektronen, sie können demnach manchmal Funktionen dieser Teilchen übernehmen. Wenn zum Beispiel statt eines Elektrons ein Myon einen Deuterium-Atomkern umkreist, so stellt diese Konfiguration ein „lebensfähiges" Atom dar, zum mindesten während der – verhältnismäßig langen – Lebensdauer des μ^--Myons. Im Unterschied zum Atom des gewöhnlichen schweren Wasserstoffs ist der Halbmesser der ersten Bohrschen Bahn viel kleiner. Daraus folgt, daß sich bei einem Zusammenstoß von zwei solchen Atomen die Kerne viel näher kommen können, und dementsprechend ist auch die Wahrscheinlichkeit größer, daß es zu einer Kernreaktion kommt. Tatsächlich wurden solche Vorgänge, die als thermonukleare Fusion qualifiziert werden können, in Blasenkammern beobachtet, obwohl deren Temperatur die des flüssigen Wasserstoffs war *(Abbildung 5.5–31)*.

Ein atomähnliches Gebilde, das aus einem Wasserstoffatom durch Ersatz des Elektrons durch ein Myon zustande kommt, ist nur eines der ständig zahlreicher werdenden Beispiele für sogenannte *exotische Atome*. Zu diesen gehören u. a. auch das *Positronium*, ein System, in dem ein Elektron und ein Positron für 10^{-7} bis 10^{-10} s aneinander gebunden bleiben. Im allgemeinen spricht man jedoch dann von exotischen Atomen, wenn in einem normalen Atom eines seiner Elektronen durch ein verhältnismäßig langlebiges, negativ geladenes Elementarteilchen ersetzt wird. Als solches kommen in Frage: das Myon (μ^-; $2{,}2 \cdot 10^{-6}$ s), das Kaon (K$^-$; $1{,}2 \cdot 10^{-8}$ s), das Antiproton ($\tilde{p}$; stabil), das Σ^--Hyperon ($1{,}5 \cdot 10^{-10}$ s). Ein weiteres wichtiges Beispiel ist das *Myonium*, ein gebundener Zustand eines positiven Myons (μ^+) und eines Elektrons (e^-). Exotische Atome – oft auch Mesonen-Atome genannt –, die auf diese Weise zustande kom-

---

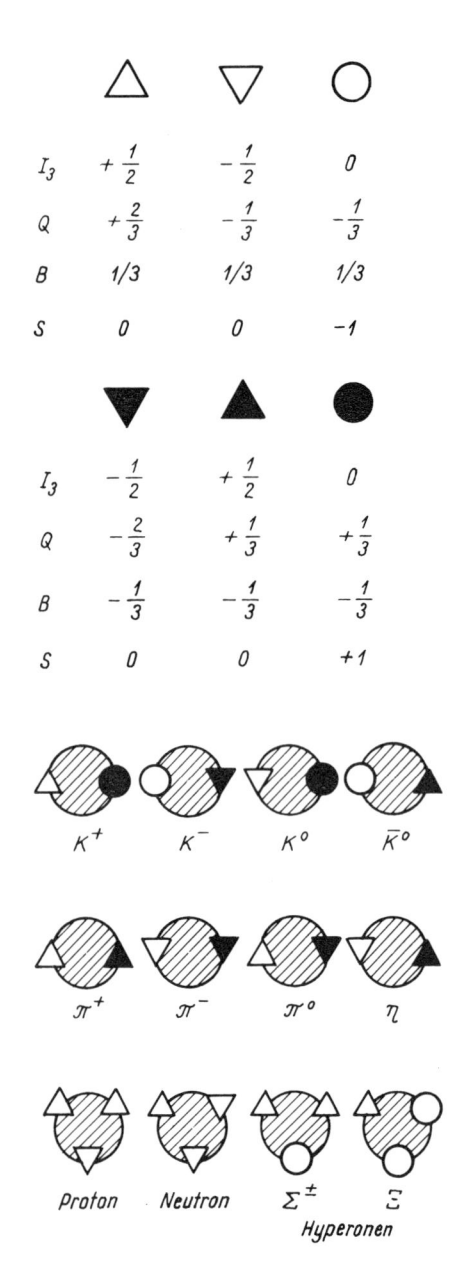

Abbildung 5.5–30
Charakteristika der drei Quarks (**u**p, **d**own, **s**trange), der drei Antiquarks und das Quarkmodell einiger Teilchen (*Gell-Mann* und *Georg Zweig*, 1964)

Zitat 5.5–7
Unser Hang, die Identität mit der Beziehung zu verwechseln, ist groß genug, um den Gedanken in uns entstehen zu lassen, es müsse neben der Beziehung noch etwas Unbekanntes und Geheimnisvolles da sein, das die zueinander in Beziehung stehenden Elemente verbinde. So sieht sich auch hier die Einbildungskraft veranlaßt, ein unbekanntes Etwas oder „eine ursprüngliche Substanz oder Materie" zu erdichten und hierin die Einheit oder den Zusammenhang der Erscheinungen herstellende Prinzip zu sehen.
HUME: *Treatise of Human Nature*, I. Buch, Teil IV. Abschn. 6. WEYL [5.22] S. 137

men, haben Energieniveaus, die im Vergleich zu denen gewöhnlicher Atome merklich verschoben sind: Die tieferen Bohrschen Bahnen verlaufen näher zum Kern, und daher können Effekte, die bei gewöhnlichen Atomen gerade noch nachweisbar sind, ausgeprägter auftreten. So können beispielsweise die Massen der eingebauten Teilchen sehr genau bestimmt und wichtige Aufschlüsse über die Struktur der betreffenden Atome erhalten werden. Messungen der durch Vakuumpolarisation verursachten Lamb-Verschiebung liefern ebenfalls genauere Resultate. Auch in Forschungsberichten über Fragen der Chemie und Festkörperphysik findet man immer öfter Ergebnisse, die unter Anwendung exotischer Atome erhalten wurden.

5.5.12 An der Schwelle des dritten Jahrtausends

Die Hypothese der drei Quarks und des Aufbaus der Welt aus ihnen ist für den interessierten Laien einfach, übersichtlich und zufriedenstellend. Für den Naturforscher hingegen bedeutet sie nur die erste Station auf einem langen − vielleicht sogar endlos langen − Weg. Sie stellt aber eine gute Annäherung dar und birgt die Möglichkeiten der Weiterentwicklung in sich. Die Notwendigkeit der letzteren wurde schon im Jahre 1964 offenbar *(Abbildung 5.5.−32)*, und zwar gleich in zwei Richtungen. Betrachten wir als erstes das Δ^{++}-Teilchen: Sein Spin beträgt 3/2, seine Ladung $Q=2$. Es kann nur aus drei u-Quarks mit gleichsinnig orientiertem Spin aufgebaut werden. Das System ist also symmetrisch gegenüber dem Austausch zweier Teilchen. Die Teilchen mit halbzahligem Spin gehorchen jedoch dem Pauli-Prinzip, daher kann ihr Zustand nur antisymmetrisch sein. Wir müssen demnach annehmen, daß es zur vollständigen Bestimmung der Quarkzustände noch einer Quantenzahl bedarf, mit deren Hilfe die scheinbar symmetrischen Baryonenzustände antisymmetrisch gemacht werden können. Diese neue Quantenzahl wurde von GREENBERG Farbe *(color)* genannt. Wir benötigen drei Farben, etwa Rot, Gelb und Blau. Damit haben wir 9 Quarkzustände: Jedes der drei Quark-Teilchen u, d und s kann rot, gelb oder blau sein.

Der zweite Schritt vorwärts ist die Erweiterung der Anzahl der Quark-Teilchen. Unter Betonung der Symmetrie Lepton − Quark wurde von BJORKEN und GLASHOW im Jahre 1964 die Existenz eines vierten Quarks angenommen. Die Leptonen lassen sich nämlich zwanglos zu zwei Paaren gruppieren: (e, ν_e) und (μ, ν_μ). Genauso natürlich ist die Quark-Paarung (u, d), wobei jedoch das s-Quark ohne Paar bleibt. Das nach dieser Überlegung zu postulierende vierte Quark ist das „charmante" *(charmed)* Quark c, seine charakteristische Quantenzahl heißt „Charm" und hat den Wert $+1$. Damit ist die Zahl der möglichen Quarkzustände auf 12 angewachsen.

Es mußten seither noch rund 10 Jahre vergehen, bis 1974 − unabhängig voneinander − gleich zwei Forschergruppen unter der Führung von TING und RICHTER ein neues Boson entdeckten, das von ihnen J/Ψ (gipsy)-Teilchen genannt wurde und dessen Masse mehr als das Zwanzigfache der Pionenmasse beträgt. Dieses Teilchen paßt ganz und gar nicht in das alte Quark-Schema und kann nur als gebundener Zustand des Charm-Quarks und des Charm-Antiquarks gedeutet werden. Die im Jahre 1977 erfolgte Entdeckung des Y-Teilchens mit der zehnfachen Masse des Protons hat die Einführung eines neuen Quarks, des b-Quarks *(beauty* oder *bottom)* notwendig gemacht. Nach der inzwischen (1975) erfolgten Entdeckung des schweren Leptons τ^- mit der zwanzigfachen Masse des Myons und des dazugehörigen ν_τ-Neutrinos war es mit der Lepton-Quark-Symmetrie vorbei. Zu ihrer Wiederherstellung wird nun angenommen, daß als Paar des b-Quarks das sog. t-Quark *(top, truth)* existiert.

Als eines der bedeutendsten Ergebnisse der letzten zwei Jahrzehnte ist zu werten, daß vielversprechende Fortschritte in der Vereinheitlichung der grundlegenden Wechselwirkungen erzielt worden sind. Im Jahre 1967 wurde von WEINBERG, SALAM und GLASHOW teils unabhängig voneinander, teils in sich wechselseitig ergänzender Arbeit eine einheitliche Theorie der elektromagnetischen und schwachen Wechselwirkungen entwickelt. Nach dieser Theorie sind schwache bzw. elektromagnetische Wechselwirkungen zwei verschiedene Erscheinungsformen ein und derselben Wechselwirkung. Die die Wechselwirkung vermittelnden Teilchen bilden eine Familie; ihre vier Mitglieder sind das uns schon bekannte Photon sowie drei Vektor-Bosonen: das W^+ mit der Ladung $+1$, das W^- mit der Ladung -1 und das neutrale Z^0. Die Theorie liefert experimentell überprüfbare Voraussagen bezüglich

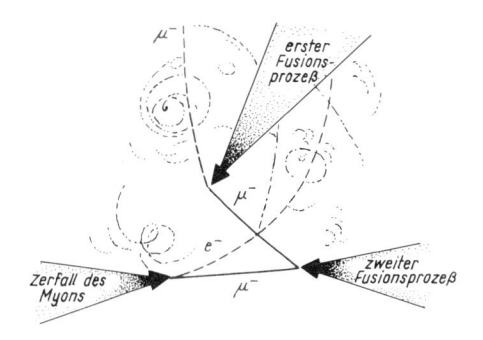

Abbildung 5.5−31
Das Myon (μ) als möglicher Katalysator für die thermonukleare Energieproduktion

Die von den theoretischen Arbeiten sowjetischer Physiker *(E. A. Wesman, S. S. Gerschtein, L. I. Ponomarjow)* angeregten neueren (1987) experimentellen Untersuchungen von *Steven E. Jones* und anderen weisen darauf hin, daß ein einziges Myon bei bedingten Verhältnissen (D-T-Gasmischung bestimmter Dichte und bestimmter Temperatur) einige Hunderte von Fusionsakten katalysieren kann. So scheint sogar die Verwirklichung eines wirtschaftlich arbeitenden Fusionsreaktors dieser Art nicht ganz utopistisch zu sein: Die in einem Beschleuniger auf hohe Energie gebrachten Ionen bombardieren ein Lithium- oder Deuteriumtarget. Die dadurch erzeugten Myonen werden in eine mit D-T-Gasmischung gefüllte Kammer eingeführt, wo sie die Fusion von D- und T-Kernen bewirken. Die freigewordenen Neutronen rufen in dem umgebenden Li-Mantel eine Spaltung hervor. Die Spaltprudukte (T und He) geben ihre Energie durch Stöße als Wärme ab. Bei einem wirtschaftlichen Reaktor muß natürlich die so erhaltene Energie auch die zum Betrieb des Beschleunigers notwendige Energie decken

Zitat 5.5−8
Alle Erscheinungen enthalten das Beharrliche (Substanz) als den Gegenstand selbst und das Wandelbare als dessen bloße Bestimmung, d. i. eine Art, wie der Gegenstand existiert...

Ohne dieses Beharrliche ist also kein Zeitverhältnis. Nun kann die Zeit an sich selbst nicht wahrgenommen werden; mithin ist dieses Beharrliche an den Erscheinungen das Substratum aller Zeitbestimmung, folglich auch die Bedingung der Möglichkeit aller synthetischen Einheit der Wahrnehmungen, d. i. der Erfahrung, und an diesem Beharrlichen kann alles Dasein und aller Wechsel in der Zeit nur als ein modus der Existenz dessen, was bleibt und beharrt, angesehen werden. Also ist in allen Erscheinungen das Beharrliche der Gegenstand selbst, d. i. die Substanz (phaenomenon), alles aber, was wechselt oder wechseln kann, gehört nur zu der Art, wie diese Substanz oder Substanzen existieren, mithin zu ihren Bestimmungen.
KANT: *Kritik der reinen Vernunft. A. Erste Analogie. Grundsatz der Beharrlichkeit der Substanz.*

ihrer Massen (79 GeV für das Paar W^+ und W^- bzw. 90 GeV für das Z^0). Anfang der achtziger Jahre wurden mehrere Anlagen zur Beschleunigung auf diese Energien zur Verfügung gestellt *(Farbtafel XXX)*. Kurz zusammengefaßt ist die wesentliche Aussage der Theorie folgende: Bei sehr hohen Energien können $W^\pm$- und Z^0-Teilchen ebenso leicht entstehen wie Photonen, und die beiden Wechselwirkungen sind identisch. Bei kleineren Energien ist die Trennung in zwei Arten von Wechselwirkungen zu beobachten, ähnlich wie – bildlich gesprochen – der Zerfall eines Materials in zwei Phasen bei tieferen Temperaturen *(Abbildung 5.5–33)*.

Wir verweisen nun noch einmal auf Abbildung 5.5–30, in der der Aufbau der Elementarteilchen aus Quarks dargestellt ist. Wir sehen, daß sich das Bild nicht wesentlich geändert hat, zumindest nicht, was die Interpretation der statischen Eigenschaften eines Hadrons betrifft; es müßte höchstens jedes Quark mit irgendeiner Farbe versehen werden. Beim Studium der Abbildung drängt sich auch die Frage auf, was innerhalb eines Hadrons die Quarks zusammenhält. Die Theorie gibt folgende Antwort: Die Farben spielen eine ähnliche Rolle wie die elektrischen Ladungen; die Quark-Quark-Wechselwirkung ist den Farben zuzuschreiben. Natürlich wird auch in diesem Falle die Wechselwirkung von Teilchen mit bestimmten Eigenschaften, nämlich den Gluonen (farbigen Bosonen mit dem Spin 1 und der Ruhemasse 0) übermittelt. Zur wirklichkeitsgetreuen Beschreibung aller Erscheinungen benötigt die in Analogie zur Quantenelektrodynamik (QED) nun Quantenchromodynamik (QCD) benannte Theorie 8 solche Gluons. Die starke Wechselwirkung wird heute als Restwechselwirkung dieser sehr starken Farbkräfte angesehen, ähnlich, wie die van-der-Waalschen Kräfte als Restkräfte zwischen neutralen Molekülen.

Zur Zusammenfassung unserer vorhergehenden Ausführungen sind auf der Farbtafel XXIX alle zur Zeit bekannten oder postulierten Fundamentalteilchen aufgeführt, mit deren Hilfe die „alten" Elementarteilchen (im alten Sinne) aufgebaut bzw. die Wechselwirkungen gedeutet werden können. Die schon früher erwähnte Lepton-Hadron-Symmetrie wird auf der Abbildung besonders deutlich.

Das Streben nach der großen Synthese, der einheitlichen Theorie der elektromagnetischen, schwachen und starken Wechselwirkungen (elektronukleare Wechselwirkungen = „Great Unification") wirft die Frage nach der Möglichkeit der Quark-Leptonen-Übergänge auf. Damit wäre der nach unserem bisherigen Dafürhalten fest verankerte Erhaltungssatz, der über die Baryonen- und Leptonenzahl, verletzt. In Kenntnis der Stabilität des Protons ergibt die Theorie für die Masse des Vermittlers derartiger Wechselwirkungen 10^{15} Protonenmassen, was schon fast eine makroskopische Größe bedeutet (X-Bosonen). Da an die Erzeugung eines solchen Teilchens nicht einmal gedacht werden kann, bleibt die Suche nach dem indirekten Beweis für seine Existenz, nämlich dem Zerfall des Protons. Trotz der immensen Schwierigkeiten sind die Vorbereitungen zu diesem Experiment im Gange.

Es wird auch die Frage aufgeworfen, ob sich die vier Wechselwirkungen nicht zu einer einzigen vereinheitlichen lassen. Vermutlich wirkte diese Supergravitation unmittelbar nach dem Moment des Urknalls *(Farbtafel XXXI)*.

5.6 Mensch und Kosmos

5.6.1 Neue Informationskanäle

Unabhängig von allen Besonderheiten im Laufe der geschichtlichen Entwicklung sind die Erscheinungen im Kosmos, die gewöhnlich als Erscheinungen am Himmel wahrgenommen werden, für die Menschen unter zwei Gesichtspunkten von Bedeutung gewesen. Zum ersten gehört zu jeder Ideologie auch eine Bestimmung des Verhältnisses des Himmels zur Erde *(Zitat 5.6–1)*, und andererseits ist der Kosmos der Schauplatz physikalischer Phänomene, mit deren Beobachtung und theoretischer Deutung auch ein Fortschritt in der Erkenntnis irdischer Vorgänge verbunden ist. In diesem Sinne können wir den Kosmos als physikalisches Laboratorium ansehen.

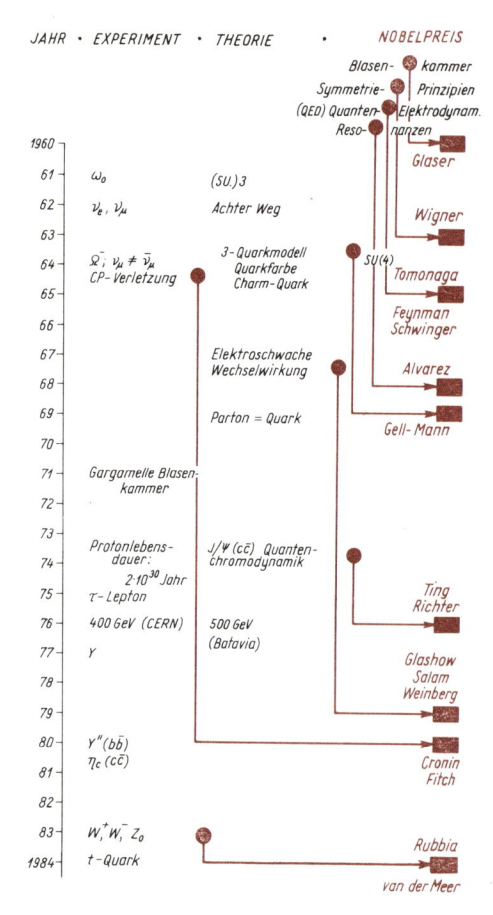

Abbildung 5.5–32
Chronologie der Ergebnisse der Elementarteilchenphysik aus den Jahren 1964 bis 1984

Zitat 5.5–9
Nach allen diesen Betrachtungen ist es mir wahrscheinlich, daß Gott im Anfange der Dinge die Materie in massiven, festen, harten, undurchdringlichen und bewegbaren Partikeln erschuf, von solcher Größe und Gestalt, mit solchen Eigenschaften und in solchem Verhältnis zum Raume, wie sie zu dem Endzwecke führten, für den er sie gebildet hatte, daß ferner diese primitiven Teilchen, weil sie fest sind, unvergleichlich härter sind als irgend welche aus ihnen zusammengesetzte poröse Körper, ja so hart, daß sie nimmer verderben oder zerbrechen können, denn keine Macht von gewöhnlicher Art würde imstande sein, das zu zerteilen, was Gott selbst bei der ersten Schöpfung als Ganzes erschuf. Solange die Teilchen als Ganzes bestehen bleiben, können sie zu allen Zeiten Körper einer und derselben Natur und Bauart zusammensetzen; sollten sie aber abgenutzt werden oder zerbrechen, so würde sich die Natur der von ihnen abhängigen Körper verändern. Wasser und Erde, zusammengesetzt aus alten abgenutzten Partikeln und Bruchstücken von solchen, besäßen nicht dieselbe Natur und Textur wie Wasser und Erde, die beim Anbeginn der Dinge aus ganzen Partikeln zusammengesetzt wären. Damit also die Natur von beständiger Dauer sei, ist der Wandel der körperlichen Dinge ausschließlich in die verschiedenen Trennungen, neuen Vereinigungen und Bewegungen dieser permanenten Teilchen zu verlegen, da zusammengesetzte Körper dem Zerbrechen ausgesetzt sind, nicht etwa mitten unter den festen Teilchen, sondern da, wo diese an einander gelagert sind und sich nur in wenigen Punkten berühren.
NEWTON: *Optik*, Frage 31. Übersetzt von *William Abendroth*. Ostwalds-Klassiker

Die Kalender sind wohl die ersten praktischen Ergebnisse der Beobachtung kosmischer Erscheinungen. Sie sind außerhalb der Schöpfungsmythen entstanden, stehen aber in einer engen Verbindung mit ihnen. Später hat dann die Erkenntnis der Bewegungsgesetze der Planeten unseres Sonnensystems, das als Teilgebiet einer unendlich ausgedehnten Welt angesehen wurde, die Entwicklung der Dynamik auf unserer Erde befruchtet.

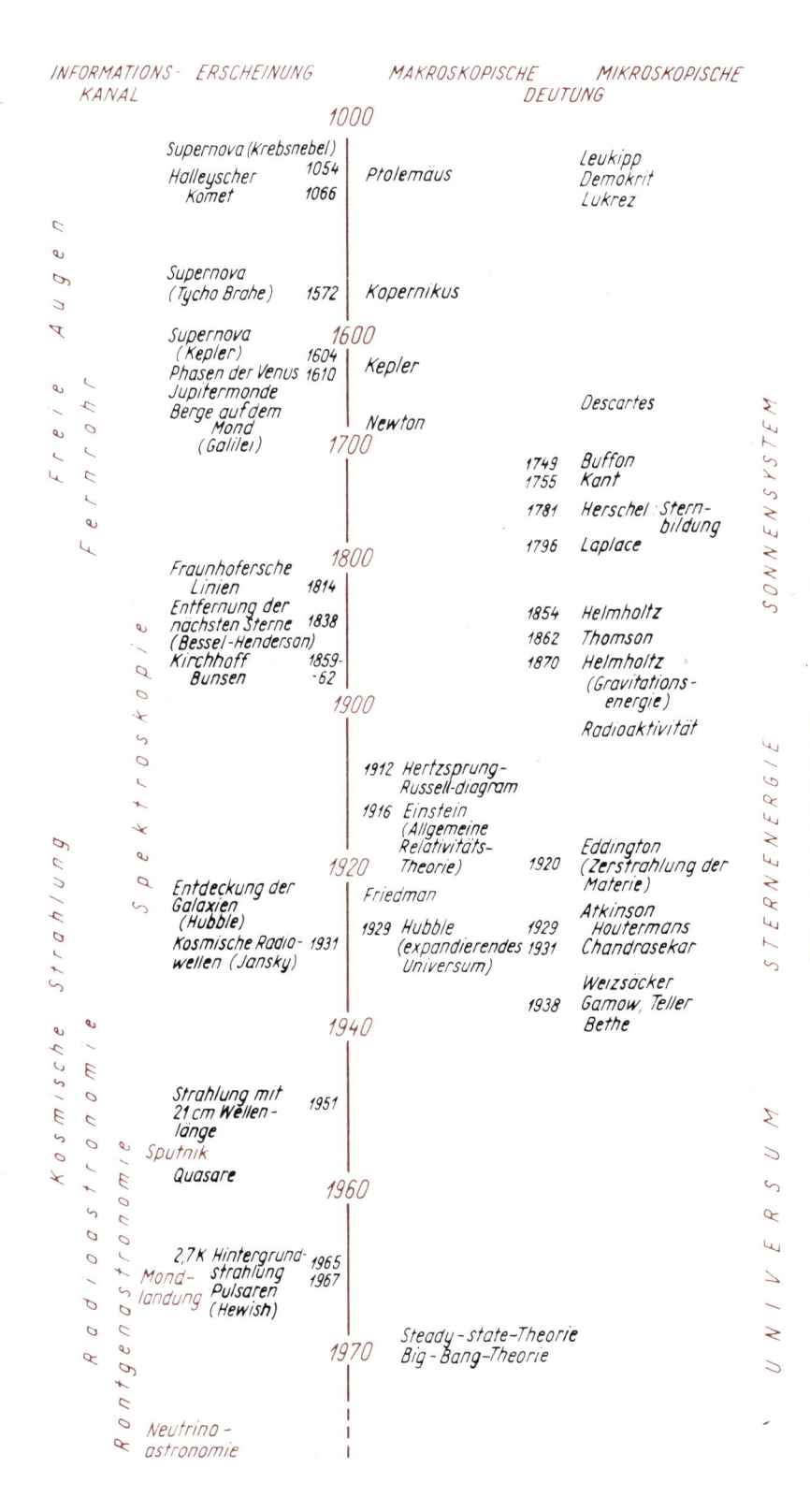

INFORMATIONS- KANAL	ERSCHEINUNG		MAKROSKOPISCHE DEUTUNG		MIKROSKOPISCHE	
		1000				
	Supernova (Krebsnebel)	1054	Ptolemäus		Leukipp	
	Halleyscher Komet	1066			Demokrit	
Freie Augen					Lukrez	
	Supernova (Tycho Brahe)	1572	Kopernikus			
		1600				
	Supernova (Kepler)	1604	Kepler			
Fernrohr	Phasen der Venus Jupitermonde Berge auf dem Mond (Galilei)	1610	Newton		Descartes	
		1700				
			1749	Buffon		
			1755	Kant		
			1781	Herschel Sternbildung		
		1800				
	Fraunhofersche Linien	1814	1796	Laplace		
Spektroskopie	Entfernung der nächsten Sterne (Bessel-Henderson)	1838	1854	Helmholtz		Sonnensystem
	Kirchhoff Bunsen	1859- -62	1862	Thomson		
			1870	Helmholtz (Gravitationsenergie)		
		1900				
				Radioaktivität		
			1912	Hertzsprung-Russell-diagram		
			1916	Einstein (Allgemeine Relativitätstheorie)		
Kosmische Strahlung		**1920**	1920	Friedman	Eddington (Zerstrahlung der Materie)	Sternenergie
	Entdeckung der Galaxien (Hubble)	1929	1929	Hubble (expandierendes Universum)	Atkinson Houtermans	
	Kosmische Radiowellen (Jansky)	1931	1931		Chandrasekar	
					Weizsäcker	
			1938		Gamow, Teller	
		1940			Bethe	
Radioastronomie	Strahlung mit 21cm Wellenlänge	1951				
	Sputnik					
	Quasare					Universum
		1960				
	2,7 K Hintergrundstrahlung	1965				
	Mondlandung	1967				
	Pulsaren (Hewish)					
Röntgenastronomie		**1970**	Steady-state-Theorie Big-Bang-Theorie			
	Neutrinoastronomie					

Abbildung 5.6–1
Chronologie unserer Kenntnisse über das Universum

Abbildung 5.5–33
Nicht nur der Aufwand technischer und wirtschaftlicher Kräfte ist für die Realisierung der Experimente in der Teilchenphysik unvorstellbar groß, sondern auch der der geistigen Kräfte. Hier ist der Artikel über die Entdeckung der $W^\pm$, Z_0 Bosonen zu sehen mit seinen über hundert Verfassern. Mit Recht schreibt *Chen-Ning Yang*:

> Die unausweichbare Verschiebung gegen große Dimensionen ist bedauerlich, da dadurch die freie und individuelle Initiative gehemmt wird. Die Forschung verliert an Intimität, Inspiration und Kontrollierbarkeit. Immerhin, man muß es doch als eine Tatsache des Lebens annehmen; schöpfen wir aber aus der Erkenntnis Mut, daß – trotz ihrer erdrückenden physikalischen Abmessungen – diese Maschinen, Detektoren und in der Tat auch die Experimente selbst auf Ideen basieren, die jene Einfachheit, Intimität und Kontrollierbarkeit besitzen, die die Forschung zu aller Zeiten so mitreißend und inspirierend machten.

Zitat 5.6–1
Zwei Dinge erfüllen das Gemüt mit immer neuer und zunehmender Bewunderung und Ehrfurcht, je öfter und anhaltender sich das Nachdenken damit beschäftigt: der bestirnte Himmel über mir und das moralische Gesetz in mir. Beide darf ich nicht als in Dunkelheiten verhüllt oder im Überschwänglichen, außer meinem Gesichtskreise, suchen und bloß vermuten; ich sehe sie vor mir und verknüpfe sie unmittelbar mit dem Bewußtsein meiner Existenz. Das erste fängt von dem Platze an, den ich in der äußeren Sinnenwelt einnehme, und erweitert die Verknüpfung, darin ich stehe, ins unabsehlich Große mit Welten über Welten und Systemen von Systemen, überdem noch in grenzenlose Zeiten ihrer periodischen Bewegung, deren Anfang und Fortdauer. Das zweite fängt von meinem unsichtbaren Selbst, meiner Persönlichkeit an, und stellt mich in einer Welt dar, die wahre Unendlichkeit hat, aber nur dem Verstande spürbar ist, und

mit welcher (dadurch aber auch zugleich mit allen jenen sichtbaren Welten) ich mich nicht wie dort, in bloß zufälliger, sondern allgemeiner und notwendiger Verknüpfung erkenne. Der erste Anblick einer zahllosen Weltenmenge vernichtet gleichsam meine Wichtigkeit, als eines tierischen Geschöpfs, das die Materie, daraus es ward, dem Planeten (einem bloßen Punkt im Weltall) wieder zurückgeben muß, nachdem es eine kurze Zeit (man weiß nicht wie) mit Lebenskraft versehen gewesen. Der zweite erhebt dagegen meinen Wert als einer Intelligenz, unendlich durch meine Persönlichkeit, in welcher das moralische Gesetz mir ein von der Tierwelt und selbst von der ganzen Sinnenwelt unabhängiges Leben offenbart, wenigstens soviel sich aus der zweckmäßigen Bestimmung meines Daseins durch dieses Gesetz, welche nicht auf Bedingungen und Grenzen dieses Lebens eingeschränkt ist, sondern ins Unendliche geht, abnehmen läßt.

KANT: *Kritik der reinen praktischen Vernunft. Von der Pflicht*

Den Physiker des 20. Jahrhunderts interessiert der Kosmos vor allem als Laboratorium; er hofft, mit einer Deutung der über die unterschiedlichsten Kanäle zu uns gelangenden Informationsmengen Auskunft über das Verhalten der Materie unter extremen Bedingungen erlangen zu können. Aber auch der moderne Laie kann sich nicht dem gewaltigen Eindruck entziehen, den der Kosmos auf ihn macht und der sowohl seine Selbsterkenntnis als auch seine Weltanschauung formt.

Die Astronomie ist ein selbständiger Wissenschaftszweig mit seinen spezifischen theoretischen und praktischen Problemen, und wir wollen getreu unserem bisherigen Vorgehen auch hier keinerlei Versuch machen, die Geschichte der Astronomie abzuhandeln. Wir beschränken uns im weiteren darauf, unter Beachtung der oben erwähnten zwei Gesichtspunkte bestimmte Phänomene aus der Astrophysik auszuwählen, sie in der zeitlichen Reihenfolge ihrer Entdeckung darzustellen und ihre Deutungen anzugeben. Wir wollen uns vor allem mit solchen Fragen der Astrophysik beschäftigen, bei deren Beantwortung wir unmittelbar auf Erkenntnisse der Kern- und Elementarteilchenphysik zurückgreifen können. Wir wollen weiter unsere Aufmerksamkeit auf theoretisch vorhergesagte Erscheinungen richten, die sich zur Zeit unter irdischen Bedingungen nicht realisieren lassen und bei denen die experimentelle Bestätigung oder Widerlegung der Voraussage anhand astronomischer Beobachtungen möglich geworden ist.

Die Untersuchung unserer Welt als Ganzes (einschließlich ihrer Geometrie und ihrer Evolution) ist sowohl unmittelbar für die Erweiterung unserer physikalischen Erkenntnisse als auch für die Vervollständigung unseres Weltbildes von grundlegender Bedeutung.

In der *Abbildung 5.6−1* haben wir unter Berücksichtigung der oben erwähnten Gesichtspunkte versucht, einen Überblick über die Entwicklung der astronomischen Kenntnisse zu geben. Wir möchten die Tatsache hervorheben, daß unser Wissen über das Universum sich in dem Maße vervollkommnet, wie es uns gelingt, Informationen aus einer zunehmenden Zahl von Kanälen zu sammeln. Bis zum Anfang des 17. Jahrhunderts war man im wesentlichen auf die mit bloßem Auge ausgeführten Beobachtungen beschränkt, und deshalb konnte noch an eine ewige und unveränderliche himmlische Ordnung geglaubt werden. Noch PASCAL war von der „ewigen Stille des unendlichen Raumes" beeindruckt, konnte er doch nicht wissen,

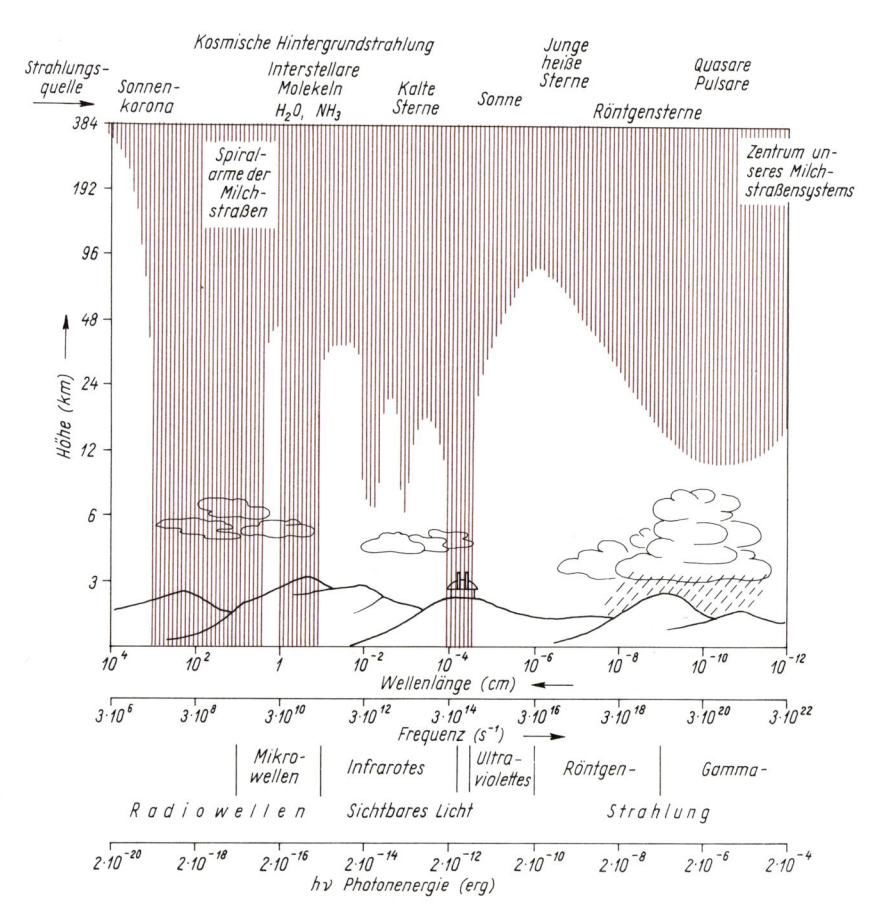

Abbildung 5.6−2a
Elektromagnetische Wellen werden von der Erdatmosphäre in verschiedenem Maße absorbiert bzw. durchgelassen, und zwar in Abhängigkeit von ihrer Frequenz oder Wellenlänge; als Botschafter ferner Gebiete des Universums erreichen sie nur durch schmale „Fenster" unsere Erdoberfläche. Zur Auswertung des ganzen Spektrums müssen Meßapparaturen an Bord von Erdsatelliten stationiert werden

daß sich im Kosmos Kataklysmen abspielen, gegen die sich die Explosion einer Wasserstoffbombe wie das Zerplatzen einer Seifenblase ausnimmt.

Mit der Erfindung des Fernrohrs hat sich der unserer Beobachtung zugängliche Bereich des Universums vervielfacht und die mit Hilfe des Fernrohrs ausgeführten Spektraluntersuchungen haben die Gleichheit von Sternmaterie und irdischer Materie erwiesen.

Die wichtigsten Träger der Information aus dem Weltall sind auch heute noch die elektromagnetischen Wellen, wobei jedoch der genutzte Spektralbereich bereits von den langwelligen Radiowellen über die Mikrowellen bis zum infraroten und sichtbaren Licht sowie darüber hinaus von der ultravioletten bis zur Röntgenstrahlung und zu den harten γ-Strahlen reicht. Nicht bei allen Frequenzen erreicht die Information jedoch die Erdoberfläche, d. h., für den an die Erdoberfläche gebundenen Menschen sind nicht alle „Fenster" zur „Betrachtung" des Universums geöffnet. Mit Raumstationen können aber alle aus dem Weltall einfallenden Signale unmittelbar empfangen und untersucht werden *(Abbildungen 5.6−2a, b)*.

Über das gewöhnliche optische Fernrohr sowie über die Verwendung der Spektralanalyse für astronomische Untersuchungen haben wir bereits gesprochen, und wir wollen uns nun der Radioastronomie zuwenden, die bereits zu einer weitverbreiteten Untersuchungsmethode geworden ist. Außerdem erwähnen wir das „Neutrino-Teleskop", das sicher eine große Zukunft hat *(Abbildung 5.6−3)*.

Als Geburtsjahr der Radioastronomie kann das Jahr 1931 angesehen werden, in dem JANSKY auf einer Wellenlänge von 15 m Signale wahrgenommen hat, die vom Zentrum unserer Milchstraße ausgehen. 1946 konnte dann von J. S. HEY, J. PHILLIPS und S. PARSONS mit der Methode der Radiointerferenz die Lage der Quellen dieser Radiowellen genauer bestimmt werden. Unter diesen Objekten verdienen die von SANDAGE und MATTHEWS 1960 entdeckten Quasare *(quasi stellar source of radio emission)* eine besondere Beachtung. 1963 wurde von M. SCHMIDT festgestellt, daß das Licht der Quasare eine besonders große Rotverschiebung erleidet, so daß die Quasare als die am weitesten von der Erde entfernten Objekte des Universums anzusehen sind. 1967 wurden die Pulsare entdeckt (pulsating source of radio emission), und es hat sich dann gezeigt, daß sie schnell rotierende Neutronensterne mit einer hohen Dichte sind.

Unsere Vorstellungen über die Evolution des Weltalls werden durch eine ungemein wichtige Beobachtung zweier an den Bell-Laboratorien arbeitender Physiker bestimmt: 1965 haben ARNO PENZIAS und ROBERT WILSON eine aus allen Richtungen des Kosmos gleichmäßig einfallende Gleichgewichtsstrahlung entdeckt, die einer absoluten Temperatur von 2,7 K entspricht.

Zwei weitere Informationskanäle, das Studium der kosmischen Strahlung und die sich erst entwickelnde Neutrino-Astronomie, sind noch zu erwähnen. Die Neutrinos sind wegen ihrer sehr schwachen Wechselwirkung mit der Materie in der Lage, uns unmittelbare Kunde aus dem Inneren der Sterne zu bringen, worüber wir sonst nur sehr mittelbar und mit einer astronomisch großen zeitlichen Verzögerung etwas erfahren können. Bei den Neutronensternen können die Wechselwirkungspozesse der Neutrinos wegen der sehr hohen Dichte dieser Sterne sehr intensiv sein, so daß die Neutrinos hier entscheidend die Energiebilanzen beeinflussen. Die Neutrinos können ansonsten jedoch wegen ihrer geringen Wechselwirkung mit der Materie nur schwer beobachtet werden, und es ist nicht einfach, die von ihnen übermittelten Informationen tatsächlich zu erhalten.

Im folgenden wollen wir uns, ausgehend von den irdischen kernphysikalischen Erkenntnissen, die physikalischen Prozesse anschauen, die dem Energiehaushalt der Sterne zugrunde liegen. Kennen wir diese Prozesse, dann können wir auch die Entwicklungsgeschichte der Sterne verstehen, in deren Verlauf solche außerordentlichen Materiezustände auftreten, deren Realisierung unter irdischen Bedingungen völlig ausgeschlossen ist. Schließlich besprechen wir noch die Theorien zur Evolution des Universums, von denen heute angenommen wird, daß sie der Wahrheit am nächsten kommen. In diesem Zusammenhang kommen wir auch zur *Theorie des Big-Bang*, d. h. des „Urknalls", die vor allem durch die oben erwähnten Ergebnisse der Radioastronomie gestützt wird.

Abbildung 5.6−2b
Neben den für den Empfang von Lichtwellen geeigneten Fernrohren kommt den radioastronomischen Anlagen, die über gewaltige Antennen verfügen, eine immer größer werdende Bedeutung bei der Entschlüsselung der Geheimnisse des Kosmos zu. Bad Münstereifel bei Effelsberg (nach *Roland Gööck*)

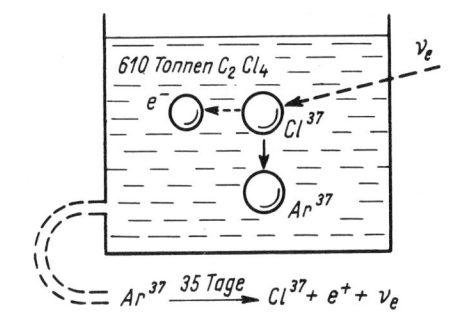

Abbildung 5.6−3
Prinzip eines Neutrino-Teleskops *(R. Davis, 1967)*. Dieses „Fernrohr" hat keinerlei Ähnlichkeit mit einem optischen Fernrohr. Zur Abschirmung gegen Störeinflüsse ist der mit 610 t Perchloräthylen (C_2Cl_4) gefüllte Behälter in einer Tiefe von 1480 m unter der Erdoberfläche angeordnet (Perchloräthylen findet im täglichen Leben auch als Reinigungsmittel Verwendung). Unter der Einwirkung eines Neutrinos mit einer Energie größer als 0,814 MeV entsteht radioaktives Argon, das alle 100 Tage aus dem Behälter „herausgewaschen" und dessen Aktivität gemessen wird. Aus dem Sonneninneren entkommen hochenergetische Neutrinos, die bei der verhältnismäßig seltenen Reaktion $_5B^8 \rightarrow 2\,_2He^4 + e^+ + \nu$ frei werden. Diese Reaktion tritt beim energieproduzierenden pp-Zyklus auf. Im Falle der Sonne ist der Entstehungsort der Neutrinos leicht zu bestimmen, und die Änderungen im Abstand zwischen Sonne und Erde müssen zu Änderungen der Neutrinoaktivität führen. Aus den entsprechenden Messungen folgt, daß das Sonneninnere kälter ist ($13 \cdot 10^6$ K) als theoretisch vorausgesagt wurde ($15 \cdot 10^6$ K).

Der einer Supernova-Explosion vorangehende

Gravitationskollaps kann vielleicht anhand der plötzlich vergrößerten Neutrinoemission wahrgenommen werden. Die Richtung könnte aus einem Vergleich der Meßdaten von Neutrinoteleskopen bestimmt werden, die an verschiedenen Orten der Erde angeordnet sind

5.6.2 Der Energiehaushalt der Sterne

Die Dichter preisen den alles zum Leben erweckenden Sonnenstrahl *(Zitat 5.6−2)*, und die Ingenieure fangen das Sonnenlicht ein, um es dem Menschen nutzbar zu machen: Die von der Sonne auf jeden Quadratzentimeter unserer Erde gelangende Leistung beträgt bei einem senkrechten Stand der Sonne und bei einer Messung außerhalb der Atmosphäre 0,135 W. Wir können in grober Näherung auf jeden Quadratmeter unserer Erdoberfläche mit einer Leistung von 1 kW rechnen. Daraus folgt aber, daß man unter Berücksichtigung des mit Halbleiter-Photoelementen erreichbaren Wirkungsgrades den jetzigen Energiebedarf der Menschheit mit der Energie der Sonnenstrahlung decken könnte, die auf eine Fläche der Größenordnung Ungarns auftrifft. Wir erhalten noch imposantere Zahlen, wenn wir die von der Sonne pro Quadratmeter ihrer Oberfläche abgestrahlte Leistung betrachten. Aus einer gesamten Strahlungsleistung der Sonne von $3,86 \cdot 10^{33}$ erg/s ($3,86 \cdot 10^{23}$ kW) und einem Sonnendurchmesser von $1,392 \cdot 10^6$ km ergibt sich ein Wert von 60 MW, der schon mit der Leistung eines kleineren Kraftwerkes verglichen werden kann.

Woher nimmt die Sonne nun diese riesigen Energien? Diese Frage war unbedingt zu beantworten, nachdem der Energieerhaltungssatz entdeckt worden war. In den siebziger Jahren des vorigen Jahrhunderts hat HELMHOLTZ versucht, eine Antwort zu geben, und angenommen, daß die Energieabstrahlung der Sonne zu Lasten ihrer Gravitationsenergie geht. Die Gravitationsenergie der Sonne läßt sich jedoch ohne besondere Schwierigkeiten abschätzen, und man kann sich überlegen, wie lange die Gravitationsenergie ausreicht, um eine Abstrahlung der zur Zeit beobachteten Größenordnung aufrechtzuerhalten. HELMHOLTZ hat als Ergebnis seiner Betrachtungen einen Zeitraum von 30 Millionen Jahren erhalten. Die Biologen haben aber damals schon konkrete Vorstellungen über die Entstehung des Lebens gehabt, die auf der Darwinschen Evolutionstheorie fußen. Für sie war die von dem Physiker HELMHOLTZ angegebene Zeitspanne zu klein, so groß sie auch im Vergleich zur Lebensdauer eines Menschen erscheinen mag. Sie haben recht behalten, denn aus den radioaktiven Altersbestimmungen ergibt sich in Übereinstimmung mit anderen Methoden ein geschätzes Alter der Erde von 5 Milliarden Jahren. Daraus folgt, daß die Gravitationsenergie ungeachtet ihrer entscheidenden Rolle bei vielen kosmischen Phänomenen, so z. B. bei der Entstehung der Sterne, nicht ausreicht, um den Energieverlust der Sonne zu decken.

Zu Beginn des 20. Jahrhunderts ist nach der Entdeckung der Radioaktivität vermutet worden, daß dieses Phänomen in einem unmittelbaren Zusammenhang mit dem Energiehaushalt der Sterne steht. Auch diese Annahme hat sich als unzutreffend herausgestellt, weil die bei radioaktiven Zerfällen frei werdenden Energien zu klein sind. Wir wollen hier aber anmerken, daß unsere Vorstellungen vom Energiehaushalt der Erde durch die Berücksichtigung der radioaktiven Zerfallsprozesse grundlegend verändert worden sind.

EDDINGTON hat 1920 vermutet, daß im Inneren der Sterne die bei Annihilationsprozessen von Elektronen und Protonen entstehende Strahlung eine Rolle spielt. Bei der Annihilation eines Elektrons und eines Protons sollen nach dieser Hypothese beide Teilchen verschwinden, und ihre Masse, die wir nach der Energie-Masse-Äquivalenz auch in Energie umrechnen können, soll in der Form von Photonen abgestrahlt werden. Nach unseren heutigen Erkenntnissen würde sich einerseits mit dieser Hypothese eine zu große Lebensdauer der Sonne ergeben, zum anderen können sich die Massen der Elektronen und Protonen nicht völlig in Strahlungsenergie umwandeln, da diese Prozesse, wie wir heute wissen und wie auch EDDINGTON bereits vermutet hat, dem Erhaltungssatz der Baryonenladung widersprechen. Dieser Erhaltungssatz aber ist einer der am besten begründeten Sätze der Physik.

ATKINSON und HOUTERMANS haben 1929 den richtigen Weg zur Lösung des Problems aufgezeigt. Danach geht die Energieproduktion der Sonne und aller anderen Sterne zu Lasten der Kernreaktionen, die bei hohen Temperaturen ablaufen. Zu dieser Zeit haben aber die kernphysikalischen Kenntnisse nicht im geringsten dazu ausgereicht, alle Reaktionen, die berücksichtigt werden sollten, aufzufinden und auf dieser Grundlage numerische Abschätzungen anzugeben, die sich mit den vorliegenden Beobachtungen vergleichen lassen.

Zitat 5.6−2
Du erscheinst schön im Horizonte des Himmels, du lebende Sonne, die zuerst lebte.

Du gehst auf im östlichen Horizonte und füllest jedes Land mit deiner Schönheit.

Du bist schön und groß und funkelst und bist hoch über jedem Lande. Deine Strahlen, die umarmen die Länder, so weit du nur etwas geschaffen hast. Du bist Re und du erreichst ihr Ende und bezwingst sie für seinen lieben Sohn. Du bist fern, doch deine Strahlen sind auf Erden. Du bist vor ihrem Antlitz − dein Gehen.

Gehst du unter in westlichen Horizonte, so liegt die Erde im Dunkel, als wäre sie tot. Sie schlafen im Gemache mit verhülltem Haupt, und kein Auge sieht das andere. Würden alle ihre Sachen genommen, die unter ihrem Kopfe liegen, sie merkten es nicht. Jeder Löwe kommt aus seiner Höhle heraus und alle Würmer, die beißen.

Wenn es tagt und du aufgehst im Horizonte und leuchtest als Sonne am Tage, so vertreibst du das Dunkel und schenkst deine Strahlen. Die beiden Länder sind fröhlich und erwachen und stehen auf ihren Füßen, wenn du sie aufgerichtet hast. Sie waschen ihren Leib und nehmen ihre Kleider. Ihre Hände preisen deinen Aufgang. Das ganze Land, es tut seine Arbeit.

Alles Vieh ist zufrieden mit seinem Kraute, die Bäume und Kräuter grünen. Die Vögel fliegen aus ihren Nestern, und ihre Flügel preisen dein Ka. Alles Wild springt auf den Füßen; alles, was fliegt und was flattert, das lebt, wenn du für sie aufgehst.

Die Schiffe fahren herab und fahren wieder hinauf, und jeder Weg ist offen, weil du aufgehst. Die Fische im Strom springen vor deinem Antlitz; deine Strahlen sind innen im Meere. Der du die (Knaben?) in den Frauen erschaffst und den Samen in den Männern bereitest! Der du den Sohn im Leibe seiner Mutter ernährst und ihn beruhigst, so daß er nicht weint, du Amme im Leibe. Der Luft gibt, um alles, was er gemacht hat, am Leben zu erhalten. Kommt er aus dem Leibe zur Erde (?) am Tage, wo er geboren ist, so öffnest du seinen Mund, wenn er reden will (?), und machst das, was es bedarf.
ECHNATONS *Sonnenhymnus*. Adolf Erman: Die Literatur der Ägypter. 1923

Die thermodynamischen Charakteristiken und die Zusammensetzung der Sterne konnten mit Hilfe von allgemeinen energetischen und thermodynamischen Betrachtungen sowie Gleichgewichtsuntersuchungen bestimmt werden. Nach unseren heutigen Kenntnissen herrscht im Mittelpunkt der Sonne eine Temperatur von $15 \cdot 10^6$ K, ein Druck von $2 \cdot 10^{11}$ at und die Dichte beträgt 100 g/cm³. WEIZSÄCKER hat den Gedanken geäußert, daß bei den im Sonneninneren herrschenden Temperaturen in der Größenordnung von 10 Millionen Grad Fusionsreaktionen ablaufen können, in deren Ergebnis aus vier Protonen oder Wasserstoffatomen ein Heliumatom gebildet wird. Die genauen Berechnungen wurden von BETHE und CRITCHFIELD (1938) ausgeführt. Dieser sog. pp-Zyklus besteht aus den folgenden Schritten (Abbildung 5.6−4a):

$$_1H^1 + {_1H^1} = {_1H^2} + e^+ + \nu + 1{,}44 \text{ MeV}$$
$$_1H^2 + {_1H^1} = {_2He^3} + \gamma + 5{,}49 \text{ MeV}$$
$$_2He^3 + {_2He^3} = {_2He^4} + 2{_1H^1} + 12{,}85 \text{ MeV.}$$

Die Temperaturabhängigkeit der bei diesem Zyklus freigesetzten Energie ist in der Abbildung 5.6−5 dargestellt. Summarisch kann der pp-Zyklus als Verbrennung des Wasserstoffs der Sterne zu Helium gekennzeichnet werden.

BETHE hat 1938 einen weiteren Zyklus, den CN-Zyklus oder Kohlenstoff-Stickstoff-Zyklus, angegeben. Das Ergebnis dieses Zyklus ist wieder der Aufbau eines Heliumkerns aus vier Wasserstoffkernen, wobei der Kohlenstoffkern lediglich als Katalysator wirkt. Die einzelnen Schritte des Zyklus sind (Abbildung 5.6−4b):

$$_6C^{12} + {_1H^1} = {_7N^{13}} + \gamma + 1{,}95 \text{ MeV}$$
$$_7N^{13} = {_6C^{13}} + e^+ + \nu + 2{,}22 \text{ MeV}$$
$$_6C^{13} + {_1H^1} = {_7N^{14}} + \gamma + 7{,}54 \text{ MeV}$$
$$_7N^{14} + {_1H^1} = {_8O^{15}} + \gamma + 7{,}53 \text{ MeV}$$
$$_8O^{15} = {_7N^{15}} + e^+ + \nu + 7{,}21 \text{ MeV}$$
$$_7N^{15} + {_1H^1} = {_6C^{12}} + {_2He^4} + 4{,}96 \text{ MeV}$$

In der Abbildung 5.6−5 ist die Temperaturabhängigkeit auch dieser Reaktion dargestellt. Wir sehen, daß bei niedrigeren Temperaturen der einfache pp-Zyklus und bei höheren Temperaturen der CN-Zyklus die größere Leistung liefert.

Bei sehr hohen Temperaturen von etwa 100 Millionen Grad und bei einer ausreichenden Dichte der Heliumkerne kann die 3α- oder Salpeter-Reaktion ablaufen. Bei dieser Reaktion entsteht im Ergebnis des Zusammenstoßes dreier Heliumkerne ein Kohlenstoffkern, wobei Energie freigesetzt wird. Die Wahrscheinlichkeit für den Zusammenstoß dreier Heliumatomkerne ist zwar sehr klein, die Reaktion wird aber durch einen besonderen Umstand begünstigt: Der beim Zusammenstoß zweier Heliumatomkerne entstehende Compound-Kern, der Kern eines Berylliumisotops, hat eine verhältnismäßig große Lebensdauer, und wir können es als wahrscheinlich ansehen, daß der Compound-Kern seinerseits mit einem dritten Heliumkern zusammenstößt. Die Reaktion läuft im einzelnen wie folgt ab:

$$_2He^4 + {_2He^4} = {_4Be^8} + \gamma - 0{,}095 \text{ MeV}$$
$$_4Be^8 + {_2He^4} = {_6C^{12}} + \gamma + 7{,}4 \text{ MeV}$$

In der Abbildung 5.6−5 ist die Temperaturabhängigkeit dieses dritten Reaktionssystems ebenfalls dargestellt. Außerdem ist die Sonne eingezeichnet, die mit ihren Parametern in der Nähe der pp- und CN-Kurve liegt.

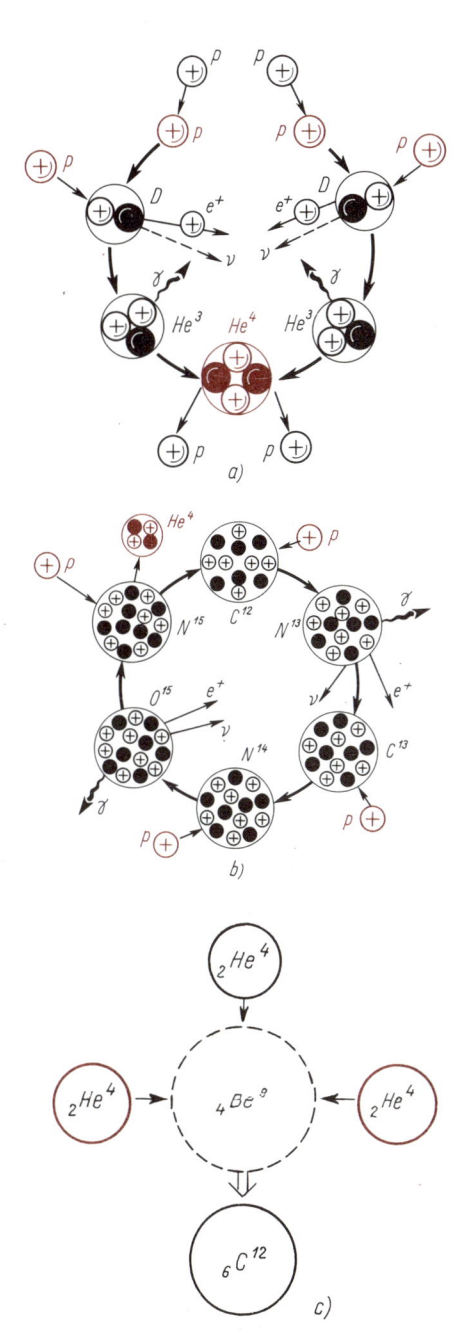

Abbildung 5.6−4
Kernreaktionen zur Energieproduktion der Sterne
a) pp-Zyklus
b) CN-Zyklus
c) Salpeter-Reaktion

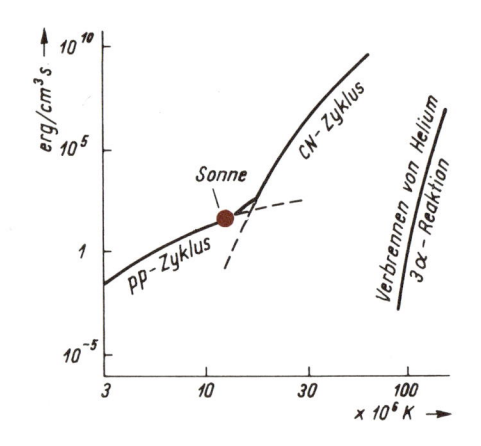

Abbildung 5.6-5
Energieproduktion der im Inneren der Sterne ablaufenden Kernreaktionen als Funktion der Temperatur

5.6.3 Geburt, Leben und Tod in kosmischen Maßstäben

Aus unseren obigen Ausführungen folgt, daß die Sonne gegenwärtig ihren Wasserstoffvorrat „verbrennt", während sich in ihrem Kern als „Asche" des Prozesses Helium anreichert, das seinerseits Rohstoff für einen auf höherer Temperatur ablaufenden Verbrennungsprozeß sein kann. Es taucht die Frage auf, was dann geschieht, wenn im Sonnenkern der Wasserstoff verbraucht ist, und was das weitere Schicksal unserer Sonne sein wird. Bevor wir auf diese Frage eine Antwort zu geben versuchen, wollen wir uns etwas näher anschauen, wie die Sonne in ihren jetzigen Zustand gekommen ist. Wie ist es dazu gekommen, daß ihre Temperatur solch hohe Werte angenommen hat, bei denen im Sonneninneren thermonukleare Reaktionen abzulaufen beginnen konnten? Natürlich läßt sich die Entwicklung eines herausgegriffenen Sterns nicht im Verlaufe eines Menschenlebens und auch nicht in den Zeiträumen, in denen sich die Menschheit entwickelt hat, bis zum Ende verfolgen. Wir haben es hier nicht nur bei den Entfernungen, sondern auch bei den Zeiten mit kosmischen Maßstäben zu tun. Wir werden aber sehen, daß es (zuweilen) zu Veränderungen im Kosmos kommt, die auch nach menschlichen Maßstäben explosionsartig, d. h. in Sekunden, Tagen oder Monaten ablaufen.

Die Katalogisierung der Eigenschaften der existierenden Sterne und ihre Deutung ermöglicht es uns, die Entwicklungsphasen eines einzelnen Sterns bis zu seinem Ende mit einer großen Wahrscheinlichkeit vorherzusagen. Die verschiedenen Sterne, die wir beobachten, befinden sich in unterschiedlichen Stadien ihrer Entwicklung; die einen entstehen gerade, andere sind im Zenit ihrer Entwicklung und die dritten zeigen die Spuren des Alterns. Genauso können wir aus der zu einer bestimmten Zeit erfolgten Untersuchung der Bevölkerung einer Stadt, die sich u. a. aus Säuglingen, Erwachsenen und Greisen zusammensetzt, auf die bei einem Menschen im Verlauf seines Lebens auftretenden Zustände schließen.

Die Anordnung der Kenngrößen der Sterne im Hertzsprung-Russell-Diagramm (1912; *Abbildung 5.6−6)* läßt am ehesten Rückschlüsse auf ihre Entwicklungsstadien zu. In diesem Diagramm wird der Zustand jedes Sterns durch einen Punkt dargestellt, wobei auf der Abszisse des Koordinatensystems die Temperatur und auf der Ordinate die absolute Helligkeit eingetragen werden. Die zeitliche Entwicklung eines herausgegriffenen Sterns kann als Bewegung dieses Punktes in diesem Koordinatennetz dargestellt werden, bei der der Stern verschiedene Sternzustände durchläuft. Das Schicksal eines

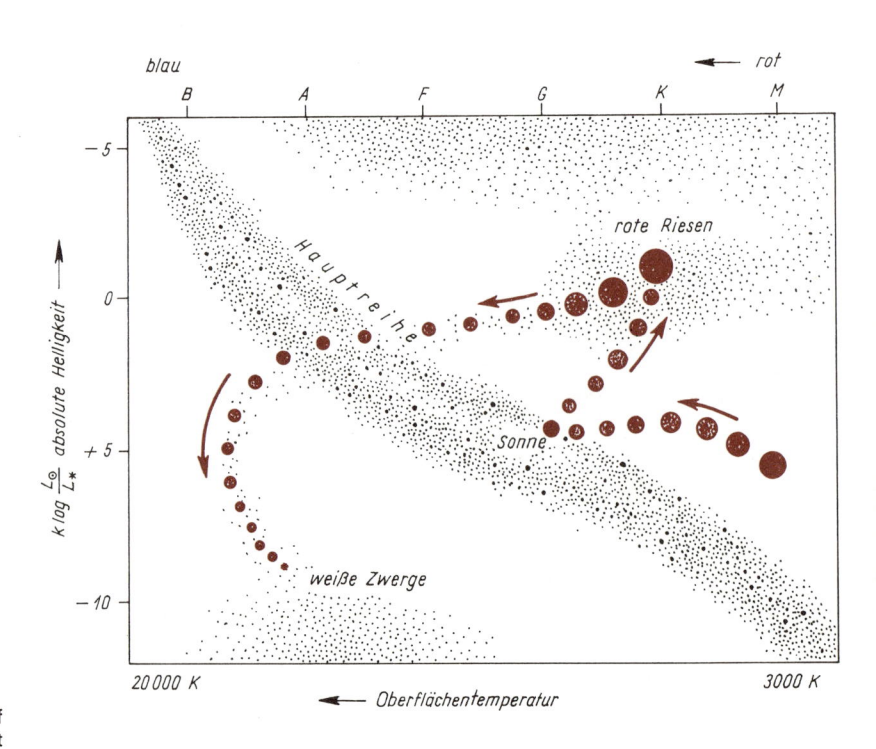

Abbildung 5.6−6
Hertzsprung-Russell-Diagramm. Der Lebenslauf eines Sternes mit der Masse unserer Sonne ist auch eingezeichnet

Sterns mit der Masse der Sonne läßt sich im Hertzsprung-Russell-Diagramm leicht verfolgen: Die Entwicklung des Sterns beginnt mit der Gravitationskontraktion einer kosmischen Gaswolke, die in ihrer ersten Phase zu einer gerichteten Bewegung der Teilchen führt. Die daraus resultierende Vergrößerung der Teilchendichte und der Teilchengeschwindigkeiten führt schließlich zum Herausbilden von Stoßwellen, wodurch die Temperatur des Gases anwächst. Mit der weiteren langsamen Kontraktion des erhitzten Gases erreichen die Temperaturen im Inneren des entstehenden Sternes Werte, bei denen Fusionsprozesse und damit auch Energiefreisetzung stattfinden können.

Die Prozesse in der Anfangsphase der Sternentwicklung laufen in Zeiträumen ab, die mit menschlichen Maßstäben vergleichbar sind. Den größten Teil seines Lebens (nahezu 99 Prozent) befindet sich der Stern in einem Zustand, in dem er den zur Verfügung stehenden Wasserstoff verbraucht. Daraus folgt, daß die meisten Sterne auf der Hauptreihe im Hertzsprung-Russell-Diagramm zu finden sind.

Wir können jetzt auch das weitere Schicksal eines Sterns wie der Sonne, die uns vor allem interessiert, für die Zeit vorhersagen, wenn der Wasserstoff verbraucht sein wird. Wenn die Energieproduktion im Sterninneren aufhört, kann der Strahlungsdruck nicht mehr den Gravitationsdruck kompensieren und es kommt zu einer erneuten Gravitationskontraktion.

Die dabei frei werdende Energie heizt den Stern weiter auf, so daß im Zentrum „Verbrennungsprozesse" des Heliums einsetzen und Wasserstoff auch in den äußeren Schichten umgewandelt werden kann. Da sich dabei die Oberflächenschicht des Sterns ausdehnt und entsprechend abkühlt, wird aus dem Stern ein Roter Riese. Unsere Sonne wird in diesem Zustand einen über die Bahn des Merkurs oder sogar der Venus hinausgehenden Radius haben; es ist sogar möglich, daß auch unsere Erde in das Sonneninnere zu liegen kommt. Sollte dies auch nicht der Fall sein, so wird die Oberflächentemperatur der Erde doch bei 2000 K liegen, so daß alles vertrocknen, verbrennen und schmelzen wird und jedes Leben auf der Erde aufhört.

Nach dem Verbrauch seines Heliumbrennstoffvorrats schrumpft der Stern weiter zusammen, seine Dichte nimmt zu und er wird zu einem Weißen Zwerg. Dabei kann es zu einer Ausdehnung der äußeren Schichten des Sterns über seine Abmessungen als Roter Riese hinaus kommen, und der Stern wird am Himmel als leuchtende „Nova" wahrgenommen.

Der Weiße Zwerg kühlt sich im weiteren langsam ab und existiert als kaltes, graues und unscheinbares Objekt weiter im Universum. Er enthält dann die Endprodukte der Umwandlungsprozesse: Kohlenstoff-Atomkerne sowie die unter Anlagerung von Protonen oder Heliumkernen daraus entstehenden Kerne des Stickstoffs und des Sauerstoffs.

Wesentlich interessanter ist das weitere Schicksal von Sternen mit Massen größer als die Sonnenmasse, wenn ihr Heliumvorrat verbraucht ist. Schon früher war erkannt worden, daß der Zustand eines Weißen Zwerges für Sterne sehr großer Masse nicht stabil sein kann: Bei ihnen geht die Gravitationskontraktion so lange weiter, bis im Sterninneren eine Temperatur von einer Milliarde Grad erreicht ist. Bei dieser Temperatur können über Wechselwirkungsprozesse von Kohlenstoffatomkernen Elemente höherer Ordnungszahl bis zum Eisen entstehen; durch Anlagerung der bei noch höheren Temperaturen frei werdenden Neutronen können schließlich alle Elemente des Periodensystems gebildet werden. Nach HOYLE und Mitarbeitern ist dieser Zustand mit einer hohen Temperatur und einer großen Masse instabil. Die überschüssige Masse wird über eine explosionsartige Expansion der Sternhülle in den Kosmos geschleudert, und es kommt zu einer der bemerkenswertesten im Kosmos zu beobachtenden Erscheinungen – dem Aufleuchten einer Supernova. Sie strahlt, wie ihr Name auch sagt, als neuer Stern am Himmel, der eine überraschend große Helligkeit hat, so daß sie auch am hellichten Tage beobachtet werden kann. Im Verlaufe der Menschheitsgeschichte sind drei Supernovae in unserer Galaxis beobachtet worden. Im Jahre 1054 haben chinesische Astronomen eine Supernova als neuen Stern registriert; seine Überreste bilden den Krebs-Nebel. Von der zweiten, von TYCHO DE BRAHE 1572 entdeckten Supernova haben wir bereits aus einem Zitat erfahren; sie hat in TYCHO DE BRAHE zum ersten Mal Zweifel an der unbeschränkten Gültigkeit der Ideen des ARISTOTELES aufkommen lassen. Die dritte Supernova ist 1604 von KEPLER beschrieben worden. Für uns sind die Supernovae, diese kosmischen Explosionen, aus zwei Gesichtspunkten von Interesse. Zum ersten wollen wir etwas über das Schicksal des

Zitat 5.6 – 3a
Die Geometrie, die in der allgemeinen Relativitätstheorie erörtert wurde, bezog sich nicht auf den dreidimensionalen Raum allein, sondern auf die vierdimensionale Gesamtheit von Raum und Zeit. Die Theorie stellt eine Verbindung zwischen der Geometrie in dieser Gesamtheit und der Verteilung der Massen im Weltall her. Deshalb warf die Theorie in einer neuen Form die alten Fragen über das Verhalten von Raum und Zeit in den größten Dimensionen auf. Sie konnte Antworten vorschlagen, die durch Beobachtungen nachgeprüft werden können.

Man konnte daher sehr alte philosophische Fragen wieder aufgreifen, die den menschlichen Geist seit den frühesten Epochen der Philosophie und der Wissenschaft beschäftigt hatten: Ist der Raum endlich oder unendlich? Was war vor dem Anfang der Zeit? Was wird am Ende der Zeit geschehen? Oder gibt es keinen Anfang und kein Ende der Zeit? Diese Fragen hatten in den verschiedenen Philosophien und Religionen verschiedene Antworten gefunden. In der Philosophie des *Aristoteles* z. B. war der gesamte Raum des Universums endlich, obwohl er unendlich teilbar war. Der Raum entstand durch die Ausdehnung der Körper, er war von den Körpern gewissermaßen ausgespannt. Daher gab es keinen Raum, wo es keine Körper gab. Das Universum bestand aus der Erde und der Sonne und den Sternen, einer endlichen Anzahl von Körpern. Jenseits der Sphäre der Sterne gab es keinen Raum. Deshalb war der Raum des Universums endlich. In der Philosophie *Kants* gehörte diese Frage zu dem, was er „Antinomien" nannte, Fragen, die nicht beantwortet werden können, da zwei verschiedene Argumente zu den entgegengesetzten Ergebnissen führen. Der Raum kann nicht endlich sein, denn wir können uns nicht vorstellen, daß es ein Ende des Raumes gäbe. An welchen Punkt des Raumes auch immer wir kommen mögen, wir müssen uns immer vorstellen, daß wir noch weitergehen können. Der Raum kann aber auch nicht unendlich sein, denn der Raum ist etwas, was wir uns vorstellen können, sonst würde der Begriff Raum gar nicht gebildet worden sein, und wir können uns einen unendlichen Raum nicht vorstellen. Hinsichtlich dieser zweiten Behauptung ist *Kants* Argument nicht wörtlich wiedergegeben worden. Der Satz: „Der Raum ist unendlich" bedeutet für uns etwas Negatives, wir können nicht zu einem Ende des Raumes kommen. Für *Kant* aber bedeutet die Unendlichkeit des Raumes etwas, was wirklich gegeben ist, etwas, was „existiert" in einem Sinn, den wir kaum wiedergeben können. *Kant* kommt zu dem Ergebnis, daß es keine rationale Antwort auf die Frage geben kann, ob der Raum endlich oder unendlich sei, denn das gesamte Universum kann nicht Gegenstand unserer Erfahrung sein.

Ähnlich ist die Lage hinsichtlich des Problems von der Unendlichkeit der Zeit. In den Bekenntnissen *Augustins* z. B. wird die Frage in der Form gestellt: „Was hat Gott getan, bevor Er die Welt schuf?" *Augustin* gab sich nicht zufrieden mit der bekannten Antwort: „Gott war damit beschäftigt, die Hölle herzurichten für Leute, die dumme Fragen stellen." Dies wäre eine zu billige Antwort, meint *Augustin*; und er versucht eine rationale Analyse des Problems: Nur für uns läuft die Zeit ab, nur wir erwarten die Zukunft. Wir sehen die Zeit ab als der gegenwärtige Augenblick, und wir erinnern uns an sie als Vergangenheit. Aber Gott ist nicht in der Zeit. Tausend Jahre sind für Ihn wie ein Tag und ein Tag ist wie tausend Jahre. Die Zeit ist erschaffen worden zusammen mit der Welt, sie gehört also zur Welt, und daher gab es keine Zeit, bevor das Universum existierte. Für Gott ist der ganze Ablauf des Universums auf einmal gegeben. Es gab also keine Zeit, bevor Er die Welt erschaffen hat.

Man erkennt allerdings leicht, daß in solchen Formulierungen der Begriff „geschaffen" sofort alle wesentlichen Schwierigkeiten aufwirft. Dieses

Wort bedeutet, so wie es üblicherweise gebraucht wird, etwas, das entsteht und das vorher nicht bestanden hat, und in diesem Sinne setzt es bereits den Begriff der Zeit voraus. Daher ist es unmöglich, in rationalen Ausdrücken zu definieren, was man mit der Wendung meinen kann, die Zeit sei erschaffen worden. Diese Tatsache erinnert uns wieder an die oft erörterte Lehre, die aus der modernen Physik gezogen werden muß, daß nämlich jedes Wort oder jeder Begriff, so klar er uns auch scheinen mag, doch nur einen begrenzten Anwendungsbereich besitzt.

In der allgemeinen Relativitätstheorie können diese Fragen über die Unendlichkeit von Raum und Zeit gestellt und auch teilweise auf einer empirischen Grundlage beantwortet werden. Wenn die Verknüpfung zwischen der vierdimensionalen Geometrie in Raum und Zeit und der Massenverteilung im Universum durch die Theorie richtig beschrieben wird, dann können uns astronomische Beobachtungen über die Verteilung der Spiralnebel im Raum eine Information über die Geometrie des Universums im Ganzen geben. Man kann dann wenigstens Modelle des Universums konstruieren, kosmologische Bilder, deren Konsequenzen mit den empirischen Tatsachen verglichen werden können.

Unsere gegenwärtige astronomische Kenntnis erlaubt uns nicht, zwischen einigen möglichen Modellen endgültig zu entscheiden. Es kann sein, daß der Raum des Universums endlich ist. Dies würde nicht bedeuten, daß es an irgendeiner Stelle ein Ende des Universums gibt. Es würde nur dazu führen, daß wir dann, wenn wir in einer bestimmten Richtung immer weiter und weiter im Universum voranschreiten, schließlich zu dem Punkt zurückkehren müßten, von dem wir angefangen haben. Die Lage wäre also ähnlich wie in der zweidimensionalen Geometrie auf der Erdoberfläche, wo wir ja auch, wenn wir von einem bestimmten Punkt, sagen wir in östlicher Richtung, immer weiter fortschreiten, schließlich zu diesem Punkt vom Westen her zurückkehren.

HEISENBERG [5.24] S. 113 ff.

Zitat 5.6—3b
Sind nicht voll des alten Irrtums die, die zu uns sagen: Was tat denn Gott, ehe er den Himmel und die Erde schuf? Denn war er müßig, sagen sie, und wirkte nichts, warum dann blieb er so nicht immer und danach auch, so wie er später wieder doch vom Schaffen ließ? Denn wenn in Gott so eine neue Regung und ein neuer Wille war, daß er die Schöpfung bilde, die er zuvor doch nicht gebildet hatte, wie kann er dann in Wahrheit ewig sein, wo doch ein neuer Wille, der zuvor nicht war, erstand?...

So will ich denn denen antworten, die fragen: Was tat Gott, eh er Himmel und Erde schuf? Ich gebe ihnen nicht die Antwort, die einer einst im Scherz gegeben haben soll, der schwierigen Frage auszuweichen: Höllen, sagte der, hat er gemacht für die, die solche Dinge fragen. Ein andres ist, hell zu sehen, ein anderes, zu scherzen. So also will ich nicht antworten. Viel lieber gäbe ich zur Antwort: Was ich nicht weiß, das weiß ich nicht, als daß ich etwas sagte, das den verspottet, der so ernstlich fragt, und dem nur recht gibt, der drauf falsch erwidert...

Wenn aber einer flatterhaft und schwärmerischen Sinnes sich von frühvergangnen Zeiten Bilder und Gedanken macht und nun sich wundert, daß du, Gott, der Allmächtige, der alles schuf und alles hütet, der Künstler dieses Himmels und der Erde, ehbevor du dieses große Werk geschaffen, so lange und unzählige Jahrhunderte müßig warst, der öffne wohl das Ohr und achte wohl, wie er im Irrtum ist mit seinem Staunen! Wie konnten denn

nach der Explosion übrigbleibenden Reststerns wissen. Wie wir erwähnt haben, ist der Zustand eines Weißen Zwerges bei einer genügend großen Masse wegen der Gravitationswechselwirkung nicht stabil. Nach dem Gravitationskollaps werden die Elektronen durch die Gravitationswechselwirkung gleichsam in die Atomkerne hineingepreßt, so daß die Dichte des Sterns vergleichbar mit der Dichte eines Atomkerns wird. Man kann somit diesen Stern, der als Neutronenstern bezeichnet wird, als einen einzigen riesigen Atomkern ansehen. Wegen der gewaltigen Dichte des Neutronen-

10^{-22} g/cm^3
0 Jahr
$T \approx 10$ °K

GRAVITATION

$30 \cdot 10^6$ Jahre
$T = 15 \cdot 10^6$ °K
$\rho = 100$ g/cm^2
$p = 2 \cdot 10^{11}$ at

$5000 \cdot 10^6$ Jahre
(unsere heutige Sonne)
$R = R_\odot$

$H \rightarrow He$ SYNTHESE

$10\,000 \cdot 10^6$ Jahre

GRAVITATION

$5 \cdot 10^6$ Jahre

roter Riese
$R = 100 R_\odot$

$H \rightarrow C$ SYNTHESE

$100 \cdot 10^6$ Jahre
$T \sim 100 \cdot 10^6$ °K

GRAVITATION

$M > 1,4 M_\odot$

weißer Zwerg
$R = \frac{R_\odot}{100}$
$\rho = 10^5$ g/cm^3

Supernova - Explosion
(Entstehung der schweren Elemente
→ Geburt eines neuen Sterns?)

$\sim 1000 \cdot 10^6$ Jahre

Neutronenstern
$\begin{cases} M \sim 2 \cdot 10^{33} \text{ g} \\ R \sim 2 \cdot 10^6 \text{ cm} \\ \quad (20 \text{ km}) \\ \rho = 2 \cdot 10^{14} \text{ g/cm}^3 \\ p = 10^{33} - 10^{34} \text{ din/cm}^2 \\ B = 10^{12} \text{ Gauß} \end{cases}$

GRAVITATION

schwarzes Loch (?)

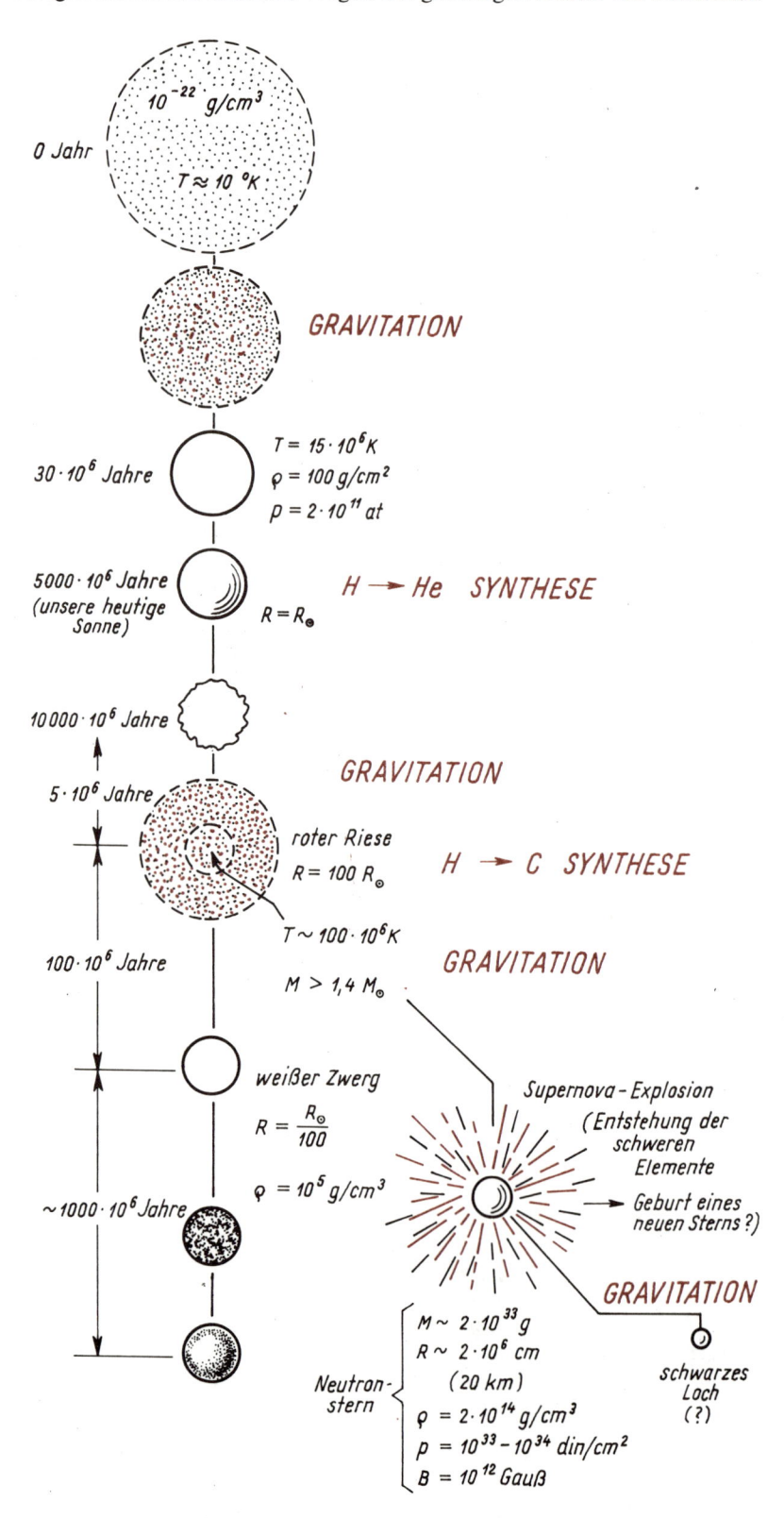

Abbildung 5.6—7
Lebenslauf eines Sterns

sterns kommt vor allem den Neutrinos eine große Bedeutung zu. Die im Sterninneren entstehenden Neutrinos wechselwirken mit der Oberflächenschicht und übertragen auf diese ihre Energie, und vielleicht ist diese Energie in einem bestimmten Maße für die Eruption der Hülle verantwortlich, die wir als Entstehung einer Supernova beobachten. In der *Abbildung 5.6–7* sind dieser Werdegang und charakteristische Daten der Neutronensterne wie ihre Abmessung und ihre Dichte eingezeichnet.

Auf die Möglichkeit der Existenz von Neutronensternen hat LANDAU bereits 1932, d. h. im Entdeckungsjahr des Neutrons, hingewiesen, und ähnliche Auffassungen wurden auch von OPPENHEIMER geäußert. Als dann viel später im Inneren des Krebs-Nebels, der – wie erwähnt – als Überrest einer Supernova anzusehen ist, ein Pulsar gefunden wurde, hat man sofort die Vermutung geäußert, daß die in regelmäßigen zeitlichen Abständen aufeinanderfolgenden Radiosignale von einem Neutronenstern herrühren *(Abbildung 5.6–8)*.

Die Supernova-Explosion ist auch aus einem weiteren Gesichtspunkt heraus von Interesse: Die für das Entstehen der schweren Elemente notwendigen Bedingungen scheinen in den Sternen, die sich in dem Zustand vor der Supernova-Explosion befinden, gegeben zu sein. Bei der Explosion werden diese Elemente im Kosmos verstreut, und aus ihnen kann dann eventuell ein neuer Stern entstehen. In unserem Sonnensystem sind diese Elemente zu finden; ohne sie hätte sich nicht eine solche Vielzahl komplizierter Substanzen bilden können, wie sie die notwendige Voraussetzung für die Entstehung des Lebens ist. Aller Wahrscheinlichkeit nach hat somit ein Teil der unsere Körper aufbauenden Atome bereits an einer Supernova-Explosion teilgenommen.

Vielleicht ist auch der Neutronenstern noch nicht das letzte Stadium im Leben eines Sterns mit großer Masse. Man kann sich eine solche Zusammenballung von Materie vorstellen, daß das Gravitationskraftfeld in ihrer unmittelbaren Nähe stark genug ist, um keinerlei materielle Informationsträger von diesem Objekt nach außen gelangen zu lassen. Da auch die Photonen massebehaftet sind, können sie von einem hinreichend starken Gravitationsfeld wie ein nach oben geworfener Körper abgebremst und wieder zum Zentrum zurückgezogen werden. Diese außergewöhnlichen Objekte unseres Universums werden aus verständlichen Gründen als Schwarze Löcher bezeichnet. Es bleiben dann die Fragen zu beantworten, wie man überhaupt die Schwarzen Löcher beobachten kann und ob solche besonderen Objekte existieren. Ein möglicher Hinweis auf die Existenz Schwarzer Löcher sind Doppelsterne, bei denen ein Partner unsichtbar – ein Schwarzes Loch – ist. Dieses saugt dann das Plasma des benachbarten leuchtenden Sterns auf, wobei γ-Strahlen emittiert werden, die beobachtet werden können.

Die Schwarzen Löcher sind von sehr großer theoretischer Bedeutung. Die Materie ist in ihnen in einem solchen Zustand, daß die ansonsten superschwache Gravitationswechselwirkung eine entscheidende Rolle spielt. Offenbar ist zur Lösung der mit diesen Objekten in Zusammenhang stehenden Fragen die Verschmelzung der allgemeinen Relativitätstheorie mit der Quantenmechanik notwendig.

5.6.4 Die Entstehung des Universums

Die allgemeine Relativitätstheorie bringt die Bestimmungsgrößen der Raumgeometrie, wie z. B. die Metrik und die Krümmungen, mit der (mittleren) Materiedichte in einen unmittelbaren Zusammenhang und legt so den Rahmen fest, in dem sich die kosmischen Objekte zu bewegen haben, ohne ihnen selbst ihr Verhalten vorzuschreiben. Für das Eigenleben der kosmischen Objekte selbst ist in erster Linie die Quantenphysik maßgebend, wobei allerdings zwischen dem allgemeinen Rahmen, dem Geschehen und den Besonderheiten der einzelnen Objekte ein zuweilen enger Zusammenhang besteht, der bis heute noch nicht aufgeklärt ist *(Zitate 5.6–3a, b, c)*.

Wie zu Beginn der zwanziger Jahre von FRIEDMAN gezeigt wurde, haben die Grundgleichungen der allgemeinen Relativitätstheorie nur ein expandierendes oder ein kontrahierendes Weltall zur Lösung *(Abbildung 5.6–9)*. Diese Folgerung aus den Grundgleichungen der allgemeinen Relativitätstheorie tauchte schon früher auf: EINSTEIN selbst hat sie aber als absurd

die langen und unzähligen Jahrhunderte vergehen, die du doch nicht geschaffen, der du der Urgrund bist und Schöpfer aller Zeiten? Oder was wären es für Zeiten denn gewesen, die du nicht geschaffen? Oder wie konnten sie vorübergehen, wenn sie nie gewesen? Wenn also du der bist, durch den die Zeiten sind, und wenn, noch eh' du Himmel schufst und Erde, eine Zeit gewesen, warum dann sagt man, daß du müßig warst? Denn diese Zeit auch hast du ja geschaffen, und keine Zeiten konnten ja vorübergehen, bevor du die Zeiten schufest. Oder aber, wenn vor dem Himmel und der Erde es keine Zeit gegeben, warum dann fragt man, was du damals tatest? Denn wo es keine Zeit gab, gab es auch kein Damals.

AUGUSTIN: *Bekenntnisse*. Übertragen von *Hermann Hefele*. Berlin 1959, S. 358 ff.

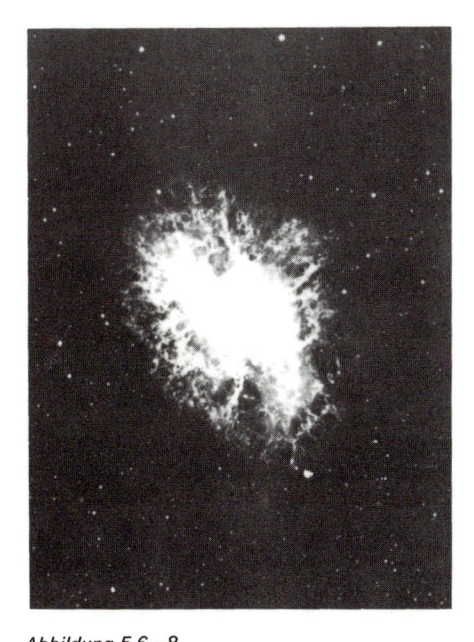

Abbildung 5.6–8
Der Krebsnebel ist ein Überrest der Supernova-Explosion im Jahr 1054; in seinem Zentrum befindet sich ein Neutronenstern. Die Supernova-Explosion ist eines der interessantesten Schauspiele im Universum, das in jeder Galaxis alle 30 bis 50 Jahre einmal zu beobachten ist. Bei der Explosion wird eine Energie von $10^{51} - 10^{52}$ erg frei. Unsere Sonne würde bei ihrer jetzigen Strahlungsleistung von $3{,}86 \cdot 10^{33}$ erg/s eine Zeit von 10^{18} s = 32 Milliarden Jahren dazu benötigen, eine derartige Energie abzustrahlen. Einem noch größeren Energieaufwand begegnen wir nur bei den Quasaren: Die allein im Radiowellenbereich abgestrahlte Leistung liegt bei 10^{52} erg/s. Im Vergleich dazu wird bei einer Atombombenexplosion eine Energie der Größenordnung von $10^{22} - 10^{25}$ erg frei

$$R_{ik} - \frac{1}{2} g_{ik} R = -\varkappa T_{ik}$$

negative Krümmung | positive Krümmung

$R(t)$, $\left|-\frac{1}{R^2}\right|$
Der Raum ist offen und dehnt sich in das Unendliche aus

$R(t)$, $\frac{1}{R^2}$
Der Raum ist geschlossen (ohne Grenzen) und pulsiert

$$H = \frac{1}{R} \frac{dR}{dt}$$
(Hubble-Konstante)

$$\varrho_{krit} = \frac{3c^2 H^2}{G} = 6 \cdot 10^{-30} \, g/cm^3$$

$\varrho \leqq \varrho_{krit}$ | $\varrho > \varrho_{krit}$

$10^{-31} < \varrho < 10^{-29}$

? | ?

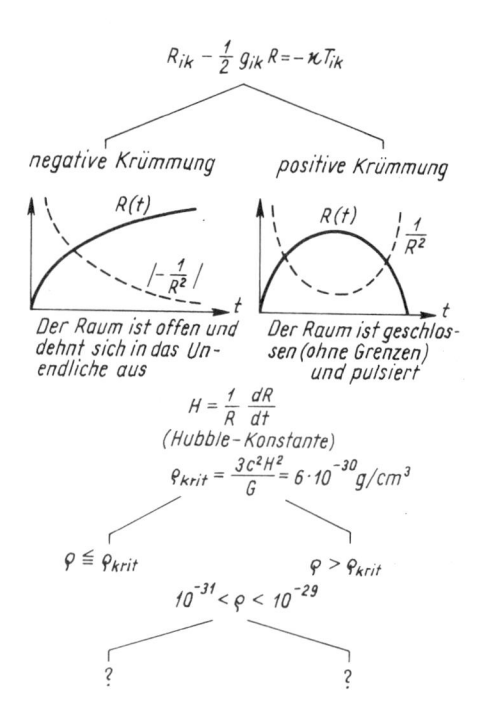

Abbildung 5.6 – 9
Die Grundgleichungen der Einsteinschen allgemeinen Relativitätstheorie stellen einen Zusammenhang zwischen der Materiedichte und der Geometrie des Raumes her. Aus ihnen können wir unter der Voraussetzung einer homogenen und isotropen Materieverteilung in Abhängigkeit vom Wert der (mittleren) Materiedichte ϱ sowohl ein offenes, bis in das Unendliche reichendes Weltmodell mit einer negativen Krümmung als auch ein geschlossenes, aber unbegrenzt pulsierendes (oszillierendes) Weltmodell ableiten. Der beide Lösungen voneinander trennende, zu einer verschwindenden Krümmung (Euklidischer Raum) gehörende Wert ϱ_{krit} hängt nach der in Farbe gedruckten Formel von der Hubble-Konstanten H und der Gravitationskonstanten G ab. H ist eine für die Ausdehnung des Weltalls charakteristische Größe, und c ist die Lichtgeschwindigkeit. Nach den heute vorliegenden Schätzungen der tatsächlichen Dichte ist noch jede beliebige Lösung möglich. In der graphischen Darstellung bedeutet $R(t)$ die Entfernung zweier beliebiger kosmischer Objekte zur Zeit t, und $1/R^2$ ist proportional zur Krümmung

betrachtet und ergänzte die Gleichungen durch ein neues Glied, um das statische Verhalten des Universums zu sichern. *(Mein größter wissenschaftlicher Mißgriff* — bekannte er später.) Die Beobachtungen von HUBBLE im Jahre 1929 haben eindeutig die Expansion des Weltalls bestätigt. Verfolgen wir diese Entwicklung zurück, so muß zu einem bestimmten Zeitpunkt die Materie des Universums einen singulären Zustand angenommen haben. LEMAITRE hat als erster versucht, dieser Annahme einen physikalischen Inhalt zu geben; nach seiner Meinung war die Materie des gesamten Weltalls zu diesem Zeitpunkt in einer Kugel mit unendlich kleinen Abmessungen und einer außerordentlich hohen Temperatur verdichtet und hat dann begonnen, sich auszudehnen. Die Theorie des heißen und expandierenden Weltalls ist von GAMOW genauer formuliert worden. Mit seiner Theorie wollte er eine Erklärung für das Entstehen der schweren Elemente, die sowohl auf der Erde als auch sonst im Universum zu finden sind, geben. Man hatte nämlich gefunden, daß die im Inneren solcher Sterne wie unserer Sonne herrschende Temperatur nicht ausreicht, um die Elemente der zweiten Hälfte des Periodensystems über Kernreaktionen entstehen zu lassen. GAMOW hat deshalb angenommen, daß das Universum in seinem Urzustand „heiß" genug war, um auch die Synthese der schweren Elemente zu ermöglichen. Später haben SELDOWITSCH und andere gezeigt, daß der Grundgedanke des heißen Universums zwar richtig ist, aber nicht zu dem ursprünglich angestrebten Ziel führt, die Existenz der schweren Elemente zu erklären.

In einer etwas vereinfachten Darstellung ist unser heutiges Bild von der Entstehung unseres Universums das folgende *(Abbildung 5.6 – 10):* Das Weltall hat seine Existenz mit einem Urknall (Big-Bang) begonnen. Dieser Urknall könnte etwa vor 10 – 20 Milliarden Jahren stattgefunden haben, und wir müssen im folgenden auch kosmische Zeitmaßstäbe anlegen. Es überrascht uns deshalb um so mehr, daß die Ereignisse unmittelbar nach der Geburt unseres Weltalls mit einer dramatischen Geschwindigkeit abgelaufen sind und daß sich die Temperatur in einer auch nach menschlichen Zeitmaßstäben kurzen Zeitspanne beträchtlich verringert hat. Aus den genaueren Untersuchungen folgt, daß unter den damals herrschenden Bedingungen das Entstehen der schweren Elemente tatsächlich nicht möglich gewesen ist (Abbildung 5.6 – 10 und Farbtafel XXXI). In der Zeitspanne von $10^{-35} – 10^{-5}$ s bestand die Materie aus einer Mischung von Quarks, Gluonen und Leptonen; mit der Kühlung des Universums, d. h. mit dem Absinken der mittleren thermischen Energie konnten sich die Quarks zu Hadronen vereinigen, was später die Bildung von Kernen ermöglichte.

Im Verlaufe eines weiteren Zeitintervalls, das jetzt allerdings schon mit kosmischen Maßstäben gemessen werden muß, war das Universum in einem Zustand, in dem es zu 70 Prozent aus Wasserstoff und zu 30 Prozent aus Helium, beide im ionisierten Zustand, bestand. Zusätzlich zu diesen Teilchen wurde der Raum noch von Photonen und Neutrinos durchschwärmt.

Allerdings bestand 10^{-5} s nach dem Urknall das Universum noch aus einer gleichen Zahl von Teilchen und Antiteilchen, deren Mehrzahl paarweise in Zerstrahlungsprozessen verschwand. Für die spätere Asymmetrie zugunsten der gewöhnlichen Teilchen ist im wesentlichen die *CP*-Verletzung verantwortlich.

Die Materieverteilung im Raum war im wesentlichen homogen und es kam nur zu zufälligen Dichtefluktuationen, denn solange sich Helium und Wasserstoff in einem ionisierten Zustand befinden, ist ihre Wechselwirkung mit den Photonen zu intensiv, um eine weitere Verdichtung von Bereichen höherer Dichte unter dem Einfluß der Gravitationswechselwirkung zu ermöglichen. Die sich verdichtende Materie schließt die Photonen in einem bestimmten Maße ein, so daß diese dann von innen der Gravitationsanziehung entgegenwirken. Kommt es zu einer Verdichtung sehr großen Ausmaßes, dann verliert dieser Effekt an Bedeutung. Nach einer weiteren Abkühlung des Universums auf Temperaturen von 4 000 K haben die Photonen dann überhaupt keine Rolle mehr gespielt, weil bei diesen Temperaturen der Ionisationsgrad bereits sehr klein ist und die Wechselwirkung der neutralen Gase mit den Photonen vernachlässigt werden kann. Es konnte dann unter dem Einfluß der Gravitationskraft zu einer weiteren Kontraktion verdichteter Bereiche kommen, die anfänglich ein Ausmaß von 100 Millionen Lichtjahren hatten. Mit diesen Verdichtungen haben sich die ersten Strukturen im ursprünglich homogenen Universum herausgebildet, die wir als Galaxishaufen (Nebelhaufen) bezeichnen. Aus der Theorie des heißen Universums ergibt sich somit eine Reihenfolge bei der Entstehung der kosmischen Objekte: Zuerst sind die Galaxishaufen, dann die Galaxien, schließlich die Sternhaufen und dann die Sterne entstanden, d. h., durch eine Differenzierung der größeren Einheiten haben sich die kleineren herausgebildet. Diese Reihenfolge ist nicht selbstverständlich, denn auch ihre Umkehrung wäre vorstellbar: Der Urnebel kontrahiert zunächst lokal auf Sterne, die sich dann wegen ihrer Gravitationsanziehung nach und nach zu größeren Einheiten zusammenfügen.

Mit einer detaillierten Untersuchung der Erscheinungen kann sogar die Form der Galaxien, die einem Diskus ähnlich ist, sowie ihre Rotation erklärt werden. Da das Gravitationskraftfeld ein Potentialfeld ist, kann aufgrund der hydrodynamischen Sätze von HELMHOLTZ und KELVIN von diesem keine Drehbewegung ausgelöst werden; mit Hilfe der von den Stoßwellen verursachten Turbulenz läßt sich aber dieses Phänomen befriedigend erklären.

Der Leser wird vielleicht über die Kühnheit der Forscher erstaunt sein, mit der sie Aussagen treffen über Geschehnisse, die vor zehntausend Millionen Jahren im Verlauf einer zehntel- oder gar einer hundertstel Sekunde stattgefunden haben und sich dabei nur auf Kenntnisse, die aus irdischen Laboratorien stammen, sowie auf Beobachtungen der aus dem Weltall zu uns gelangenden Signale stützen, die mit irdischen Instrumenten registriert werden und auf diese längst vergangenen Ereignisse zurückgehen. Sind diese Aussagen denn wirklich glaubhafter als die Schöpfungsmythen? Ich glaube, wir können einer Meinung darüber sein, daß die „Genesis" der Physiker hinsichtlich ihres Phantasiereichtums hinter keinem Schöpfungsmythos zurückbleibt. Die Ergebnisse dieser „Schöpfung" übertreffen jede apokalyptische Vision: schnell rotierende Neutronensterne mit einer Dichte, die milliardenfach größer ist als die des Wassers; Schwarze Löcher, die alles verschlingen, was in ihren Anziehungsbereich gerät und keine Nachricht nach außen gelangen lassen; Quasare, die vom Rande des Universums her aus einer Entfernung von zehn Milliarden Lichtjahren über Geschehnisse Aufschluß geben, die vor zehn Milliarden Jahren stattgefunden haben, als Milliarden Sonnenmassen in einem einzigen Stern konzentriert gewesen sind; ein divergierendes Universum, dessen am weitesten entfernte Objekte sich nahezu mit Lichtgeschwindigkeit von uns fortbewegen.

Wir haben bereits davon gesprochen, daß die Untersuchung einer solchen nur einmal ablaufenden Erscheinung wie der Entwicklung des Universums prinzipielle methodologische Fragen aufwirft. Zum Beweis eines Gesetzes ist eine Reihe von Versuchen durchzuführen, die unter gleichen äußeren Bedingungen immer wieder das gleiche Ergebnis liefern. Erinnern wir uns aber an das von GALILEI angegebene Schema für die naturwissenschaftliche Forschung, nach dem auf eine Hypothese die Vorhersage einer neuen Erscheinung mit Hilfe mathematischer Methoden und schließlich die experimentelle Überprüfung der Vorhersage folgen soll, so stellen wir fest, daß dieses Schema auch hier anwendbar ist. Die Schwierigkeiten liegen aber bei den Randbedingungen, mit denen der Einfluß des Restes der Welt auf das untersuchte System berücksichtigt werden soll. Während sich nämlich bei den üblichen physikalischen (wiederholbaren) Versuchen die Randbedingungen variieren und damit bestimmte Ausgangsannahmen immer besser überprüfen lassen, sind die Randbedingungen beim Weltall als Ganzes (sowohl hinsichtlich des Raumes als auch der Zeit) selber nur Hypothesen. Zum Beweis dient hier nur die richtige Beschreibung der beobachteten Phänomene, wobei allerdings der Einwand geltend gemacht werden kann, daß die Theorie gerade so aufgestellt wurde, daß sie die bekannten Phänomene zusammenfaßt. Sollte sie aber auch neue Beobachtungen richtig erklären oder spezielle Hinweise darauf geben können, wo neue Phänomene zu erwarten sind, dann kann sie als annähernd ebenso glaubwürdig angesehen werden, wie es die Aussagen der klassischen Physik sind.

Schauen wir uns nun an, auf welche experimentellen Grundlagen sich gegenwärtig diese grandiose Weltbeschreibung stützen kann. Wie wir schon gesehen haben, ist die Hauptstütze der Theorie eine von den Radioastronomen 1965 beobachtete Strahlung, die nicht von bestimmten stellaren Objekten aus die Erde erreicht, sondern aus allen Richtungen gleichmäßig einfällt. In der *Abbildung 5.6−11* ist die Intensitätsverteilung dieser Strahlung als Funktion der Wellenlänge dargestellt. Es zeigt sich, daß die experimentellen Werte gut durch die Plancksche Strahlungsformel für die Gleichgewichtsstrahlung dargestellt werden können, wenn wir dieser kosmischen Hintergrundstrahlung eine Temperatur von 2,7 K zuordnen. Auch aus der Theorie

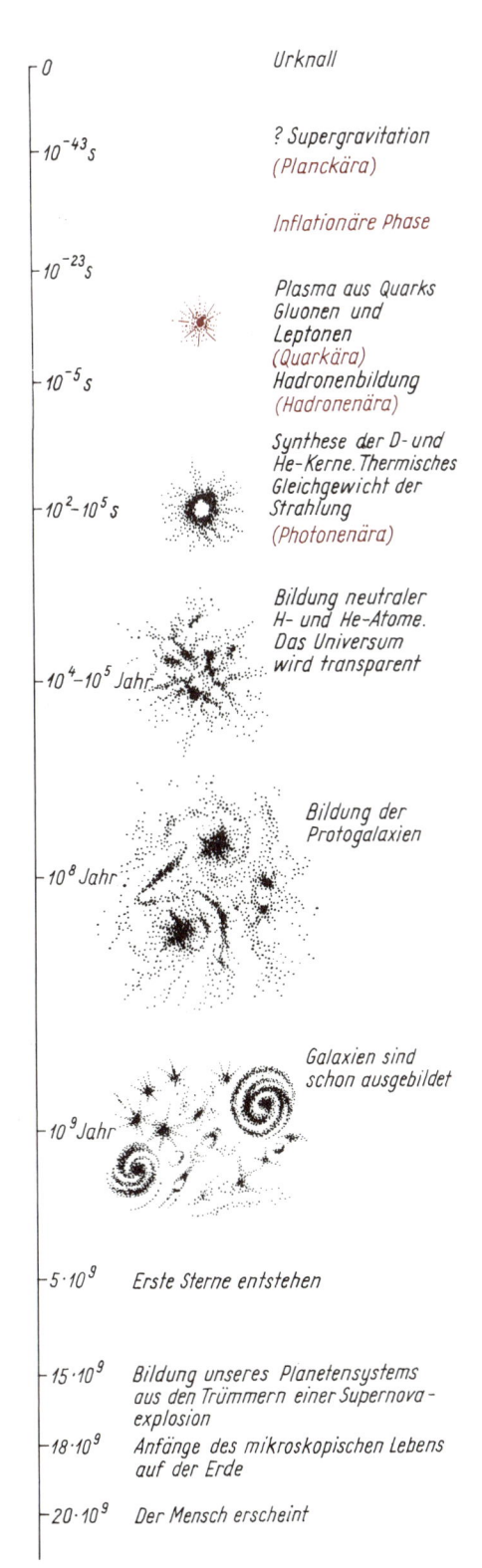

0	Urknall
10^{-43} s	? Supergravitation (Planckära)
	Inflationäre Phase
10^{-23} s	
	Plasma aus Quarks Gluonen und Leptonen (Quarkära)
10^{-5} s	Hadronenbildung (Hadronenära)
$10^2 - 10^5$ s	Synthese der D- und He-Kerne. Thermisches Gleichgewicht der Strahlung (Photonenära)
$10^4 - 10^5$ Jahr	Bildung neutraler H- und He-Atome. Das Universum wird transparent
10^8 Jahr	Bildung der Protogalaxien
10^9 Jahr	Galaxien sind schon ausgebildet
$5 \cdot 10^9$	Erste Sterne entstehen
$15 \cdot 10^9$	Bildung unseres Planetensystems aus den Trümmern einer Supernovaexplosion
$18 \cdot 10^9$	Anfänge des mikroskopischen Lebens auf der Erde
$20 \cdot 10^9$	Der Mensch erscheint

Abbildung 5.6−10
Big-Bang-Theorie der Entstehung des Weltalls. Wir möchten nachdrücklich auf eine Gefahr von Veranschaulichungen wie dieser hinweisen: Sie suggeriert ein (falsches) Bild, wonach eine kleine,

von äußerst dichter Materie erfüllte Kugel in irgendeinem ausgezeichneten Punkt des dreidimensionalen leeren Raumes plötzlich beginnt, sich auszudehnen, während sich die Grenzfläche zwischen dem mit Materie gefüllten Raumteil und dem leeren Raum immer mehr vom Ausgangspunkt, dem Zentrum des Universums, entfernt. Dem ist aber nicht so: Unser dreidimensionaler gekrümmter Raum kann vielmehr mit der zweidimensionalen Kugelfläche modelliert werden. Unserer sich ausdehnenden Welt entspricht die Oberfläche eines Luftballons während des Aufblasens: der Raum selbst ist es, der sich ausdehnt; es gibt also nirgends ein Zentrum, oder umgekehrt, jeder beliebige Punkt kann als Zentrum gewählt werden: Es gibt keine Grenzfläche, das Volumen ist aber dennoch endlich

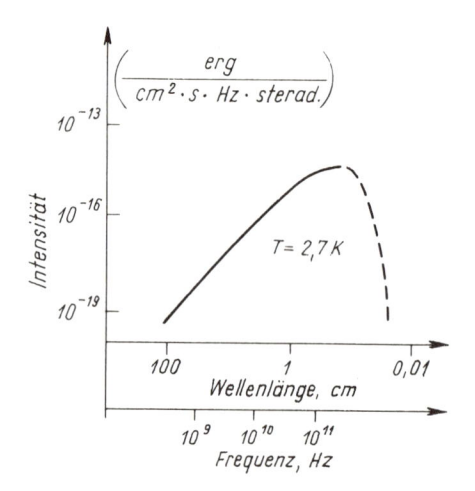

Abbildung 5.6—11
Die Reststrahlung der Urexplosion: eine der Temperatur 2,7 K entsprechende Gleichgewichtsstrahlung

Zitat 5.6—3c
Nachdem aber dieses festgestellt ist, wollen wir hierauf angeben, ob das Himmelsgebäude entstehungslos sei oder ein Entstehen habe und ob es unvergänglich sei oder vergänglich sei, indem wir vorher die Annahmen anderer durchgehen; denn die Beweise des Entgegengesetzten sind Schwierigkeiten betreffs des diesen Entgegengesetzten; zugleich aber möchte man auch von demjenigen, was hierauf gesagt werden soll, mehr überzeugt sein, wenn man vorher die Rechtfertigungen der beiden streitenden Begründungen gehört hat, denn der Schein, als würden wir hierbei als Abwesende den Prozeß verlieren, fiele dann weniger auf uns; es sollen nämlich ja auch Schiedsrichter, und nicht selbst Gegner im Prozesse, diejenigen sein, welche die Wahrheit genügend beurteilen wollen. Entstanden nun, behaupten alle, sei das Himmelsgebäude; aber nachdem es entstanden, sagen die einen, sei es immerwährend, andere, es sei vergänglich wie jedwedes andere unter demjenigen, was durch die Natur gebildet wird, wieder andere aber, es verhalte sich bald so und bald wieder, indem es vergehe, anders, und dies gehe immer so fort, wie nämlich *Empedokles* von Agrigent und *Herakleitos* von Ephesos meinten. Zu behaupten nun, es sei zwar entstanden, aber dann dennoch immerwährend, gehört zu den Unmöglichkeiten; denn man kann doch nur jenes wohlbegründet aufstellen, wovon wir sehen, daß es bei vielem oder bei allem stattfinde, betreffs dieser Behaup-

des heißen und expandierenden Universums kann dieser Wert erhalten werden, da sich die vor zehn Milliarden Jahren zu einer Temperatur von mehreren Millionen Grad gehörende Gleichgewichtsstrahlung infolge der Ausdehnung des Weltalls gerade auf diesen Wert abgekühlt haben müßte. Auch die Abmessungen der Galaxishaufen, die sich aus der Theorie ergeben, stimmen mit den gemessenen Werten überein. Die Expansion des Weltalls ist eine allgemein akzeptierte theoretische Schlußfolgerung, die auf festen experimentellen Grundlagen beruht.

Einige experimentelle Daten weisen aber darauf hin, daß sich die Expansion unseres Weltalls — vielleicht unter dem Einfluß der Gravitationsanziehung — verlangsamt. Man kann sich somit vorstellen, daß nach einer gewissen Zeit, die man theoretisch auf 30 Milliarden Jahre schätzt, die Expansion aufhören und unter der Wirkung der Gravitationskräfte eine Kontraktion einsetzen wird, in deren Verlauf nach weiteren 40 Milliarden Jahren die Materie wieder auf einen sehr kleinen Raum zusammengepreßt sein wird und in einen singulären Zustand gerät, der dann zu einer neuen Explosion führt.

Neben den Theorien, die eine ständige Expansion des Weltalls oder ein zeitliches Oszillieren beschreiben, existieren auch theoretische Vorstellungen (H. BONDI, TH. GOLD, F. HOYLE) von einem zu allen Zeiten ähnlichen *(steady-state)* Kosmos. Nach der Steady-state-Theorie bleibt die Materiedichte im Kosmos im Zeitablauf konstant. Wegen der Ausdehnung des Weltalls muß aber dann die Gesamtmasse des Kosmos zunehmen, weshalb diese Theorie auch als Theorie der „ständigen Schöpfung" bezeichnet wird. Die Zunahme der Materie bedeutet hier, daß pro Jahr in einem Raumbereich von einem Quadratkilometer ein Proton erzeugt werden muß; aber auch damit würde der Satz von der Massenerhaltung, den wir auch als Energieerhaltungssatz bezeichnen können, verletzt werden. Dieser Satz ist wohl einer der allgemeingültigsten Erhaltungssätze der Physik, und wir alle glauben lieber an die ewige Erneuerung eines pulsierenden Weltalls als in Betracht zu ziehen, daß Masse oder Energie aus dem Nichts entstehen kann. In der Abbildung 5.5—1 haben wir jedoch den Gültigkeitsbereich der Erhaltungssätze nicht auf die Gravitationswechselwirkung erstreckt, weil es vorstellbar ist, daß der eine oder andere der Erhaltungssätze in sehr ausgedehnten und sehr starken Gravitationsfeldern verletzt wird. Wir dürfen nämlich nicht vergessen, daß die Aussage *„Aus Nichts wird nichts"* nicht aus philosophischen Erwägungen heraus begründet werden kann, sondern experimentell bewiesen werden muß. Stellen wir uns der Einfachheit halber zwei Teilchen vor, die miteinander in Wechselwirkung treten, so können zur Charakterisierung der Teilchen vor und nach dem Wechselwirkungsprozeß bestimmte Größen, so z. B. ihre Geschwindigkeiten, Impulse, kinetischen Energien, elektrischen Ladungen u. a., angegeben werden. Für einige dieser charakteristischen Größen gelten Erhaltungssätze, andere hingegen können innerhalb der von den Erhaltungssätzen vorgegebenen Grenzen die unterschiedlichsten Werte annehmen. Die Aussage „Aus Nichts wird nichts" ist in der Physik nur bei einer Anwendung auf solche Größen sinnvoll, für die ein Erhaltungssatz aufgeschrieben werden kann. DESCARTES hat z. B. fälschlich angenommen, daß die „Bewegung", die wir heute als Absolutwert des Impulses bezeichnen würden, die Größe ist, deren Wert im Kosmos für alle Zeiten festgelegt ist. Bei der Wechselwirkung zweier Teilchen aber kann diese Größe vor dem Wechselwirkungsprozeß größer, aber auch kleiner sein als nach ihm. Wenn wir an einen Erhaltungssatz für diese Größe glaubten, müßte uns natürlich diese zusätzliche Bewegung beunruhigen. Der nächste Erkenntnisfortschritt würde uns dann die Einsicht vermitteln, daß bei einem Wechselwirkungsprozeß, wenn wir uns der Einfachheit halber auf die elastische Wechselwirkung beschränken, die Summe der kinetischen Energie $1/2\, mv^2$ konstant sein, d. h. beim Zusammenstoß beider Teilchen

$$\sum_i \frac{1}{2} m_i v_i^2 = \sum_i \frac{1}{2} m_i V_i^2$$

gelten muß. Bis zur Aufstellung der Relativitätstheorie war es ein Grund zur Beunruhigung und ein Anlaß, nach den möglichen Ursachen zu fahnden, wenn sich bei einem Stoßprozeß die Summe der kinetischen Energien (d. h. die Summe der Größen $1/2\, mv^2$) nach dem Stoß als größer herausgestellt hat als vor ihm. Dies gilt übrigens auch heute noch in den technischen Wissenschaften, in denen man sich bei einer solchen Beobachtung fragen würde, woher die Energie stammt. Die Relativitätstheorie weist aber darauf hin, daß nicht die Summe der Größen $1/2\, mv^2$, sondern die Summe der Größen $\dfrac{m_{i0}c^2}{\sqrt{1-v_i^2/c^2}}$ vor und nach dem Stoß untersucht werden und die Beziehung

$$\sum_i \frac{m_{i0}c^2}{\sqrt{1-v_i^2/c^2}} = \sum_i \frac{m_{i0}c^2}{\sqrt{1-V_i^2/c^2}}$$

überprüft werden muß. Diese Beziehung umfaßt die Erhaltungssätze von Masse und Energie als zueinander äquivalenter Größen. Nach unseren heutigen Vorstellungen würden wir überrascht sein, wenn sich bei dieser Gleichung auf der rechten Seite ein anderer Wert als auf der linken ergäbe, da wir doch davon überzeugt sind, daß Materie nicht aus dem Nichts entstehen kann. Unsere Überraschung erklärt sich aber vor allem daraus, daß die obige Beziehung ein bewährter Erfahrungssatz ist, der bisher von allen physikalischen Phänomenen bestätigt worden ist. Prinzipiell hat aber jeder Erfahrungssatz einen beschränkten Gültigkeitsbereich, und so wäre es eigentlich nicht verwunderlich, wenn sich der obige Erfahrungssatz als nicht streng gültig herausstellte und neben den paritäts- oder *CP*-verletzenden Erscheinungen auch solche zu beobachten wären, für die der Erhaltungssatz von Energie und Masse nicht aufrechterhalten werden kann.

Wir wollen hier noch hinzufügen, daß ein unmittelbarer Anlaß für solche Befürchtungen vorläufig noch nicht gegeben ist. Die meisten Physiker und Astronomen, aber auch die Meßergebnisse sprechen zugunsten der Big-Bang-Theorie, die von einer strengen Gültigkeit des Energieerhaltungssatzes ausgeht.

Jede neue Theorie gibt in ihren Anfangsstadien ein hoffnungsvolles, einfaches übersichtliches Bild von den Grundvorgängen in einem Teilgebiet der Physik. So war es mit den Kreisbahnen des Kopernikanischen Weltsystems, mit den Energieniveaus in der Bohrschen Theorie des Wasserstoffatoms, und so ist es auch mit der Big-Bang-Theorie des Universums. Aber in dem Maße, wie sich die Beobachtungsdaten häufen, wird es immer schwerer und schwerer, diese in das einfache Schema einzuordnen; es erheben sich zugleich Zweifel an der Richtigkeit der ganzen Theorie und es treten die Alternativlösungen wieder in den Vordergrund. Aus der experimentell bestimmten Hubble-Konstanten folgt, daß der Urknall vor etwa 10 – 20 Milliarden Jahren stattfand – wenn man ein leeres Weltmodell der Rechnungen zugrunde legt. Wenn aber auch die Materie mitberücksichtigt wird, dann vermindert sich das Alter der Welt auf 6 – 13 Milliarden Jahre. Es wurden aber Objekte im Weltraum beobachtet, deren Alter auf 17 – 18 Milliarden Jahre geschätzt wurde. Das stärkste Argument, nämlich die Übereinstimmung der Hintergrund-Strahlung mit einer Planckschen Gleichgewichtsstrahlung wurde auch in Frage gestellt: D. P. Woody und P. L. Richards behaupteten 1980, Abweichungen gefunden zu haben, die die Meßfehler weit überschreiten. Andere Forscher glauben für die Entstehung der Hintergrundstrahlung andere Ursachen gefunden zu haben. Die Anhänger der Steady-state-Theorie haben dagegen neue Argumente zugunsten ihres Standpunktes ersonnen: Es scheint, daß der Satz über die Erhaltung der Energie mit der Theorie in Einklang gebracht werden kann.

Kein Wunder, daß viele, sogar die Schöpfer der Theorien selbst, sich immer skeptischer gegenüber beiden Auffassungen verhalten:

Ich halte es für höchst unwahrscheinlich, daß eine Kreatur, welche sich auf diesem Planeten herausentwickelt hat, nämlich das menschliche Geschöpf, ein Gehirnsystem besitzt, das es befähigt, die Physik in ihrer vollen Gesamtheit zu begreifen. Ich glaube, daß dies schon von vornherein inhärent unwahrscheinlich ist, aber wenn es auch so wäre, halte ich es für äußerst unglaubwürdig, sogar ausgeschlossen, daß dieser Zustand des völligen Begreifens genau 1970 erreicht wurde.

Fred Hoyle: Unesco Courier, 1984

tung aber trifft sich gerade das Gegenteil, denn es zeigt sich, daß alles, was entsteht, auch vergeht. Ferner aber ist es bei demjenigen, was keinen Anfang davon hat, daß es sich so verhält, sondern vorher die ganze Dauer hindurch unmöglich sich anders verhalten konnte, auch unmöglich, daß es sich verändere; denn es müßte ja dann irgend eine Ursache geben, bei deren früherem Stattfinden es möglich gewesen wäre, daß dasjenige sich anders verhalte, was unmöglich sich anders verhalten kann; trat hingegen das Weltall aus Bestandteilen, welche früher sich anders verhielten, zusammen, so wäre es ja gar nicht entstanden, wofern jene immer sich so verhalten hätten und unmöglich sich anders verhalten könnten; wofern es aber wirklich entstanden ist, so müssen klärlich jene notwendig die Möglichkeit haben, sich auch anders zu verhalten und nicht immer so sich zu verhalten, so daß sie sowohl, nachdem sie zusammentraten, sich wieder auflösen werden, als auch vorher aus dem Zustande des Aufgelöstseins zusammengetreten waren, und sonach dieses unbegrenzt vielmal entweder so sich verhielt oder wenigstens möglich war; ist aber dies der Fall, so möchte das Himmelsgebäude wohl nicht unvergänglich sein, weder wenn es wirklich jemals sich anders verhält, noch wenn es bloß möglich ist, daß es sich anders verhalte. Jene Aushilfe aber, welche einige von denjenigen, die sagen, es sei unvergänglich, aber doch ein entstandenes, für sich beizubringen versuchen, ist keine richtige; sie behaupten nämlich, sie hätten es in ähnlicher Weise wie diejenigen, welche geometrische Figuren zeichnen, über die Entstehung gesprochen, nämlich nicht als ob jenes wirklich einmal entstanden sei, sondern nur um des Lehrzweckes willen, da man es eher erkenne, wenn man in gleichsam wie bei einer geometrischen Figur selbst entstehen sehe. Dies aber ist eben, wie wir sagen, nicht das nämliche; denn bei der Ausführung der geometrischen Figur ergibt sich, daß, sobald nur alles festgestellt ist, zugleich nämliche auch schon da ist, bei den Beweisführungen jener aber ist es nicht das nämliche, sondern da ist dieses unmöglich, denn dasjenige, was als das Frühere und als das Spätere genommen wird, ist so ziemlich einander entgegengesetzt; sie behaupten nämlich, daß aus Ungeordnetem einmal Geordnetes entstanden sei, zugleich aber kann das nämliche unmöglich ungeordnet und geordnet sein, sondern notwendig muß ein Werden und eine Zeit dies beides trennen; bei den geometrischen Figuren hingegen ist nichts durch die Zeit getrennt. Daß also nun unmöglich das Himmelsgebäude zugleich ein immerwährendes und ein entstandenes sein könne, ist augenfällig; es aber abwechslungsweise zusammentreten und aufgelöst werden zu lassen, heißt nichts anderes tun als einen positiven Beweisgrund dafür vorbringen, daß es zwar immerwährend sei, aber in seiner Gestaltung sich verändere, gerade wie wenn jemand meinte, es sei ein zeitweiliges Vergehen und zeitweiliges Sein, wenn aus einem Knaben ein Mann und aus dem Manne wieder ein Knabe würde; denn da ist klar, daß auch, wenn die Elemente wieder ineinander zusammentreten, ja nicht jede zufällige Ordnung und Zusammenstellung eintritt, sondern eben die nämliche, zumal gerade nach der Ansicht derjenigen, welche diese Begründung vorgebracht haben, denn diese bezeichnen als Ursache des beiderseitigen Eingerichtetseins eben die Gegensätzliche, so daß, wenn der ganze Körper als ein in sich kontinuierlicher bald so bald anders eingerichtet wird und angeordnet ist, die Zusammenstellung des Ganzen aber das Weltall und das Himmelsgebäude ist, doch wohl nicht das Weltall ist, welches entsteht und vergeht, sondern eben nur das Eingerichtetsein desselben. Daß es aber als ein entstandenes gänzlich vergehe und nicht wieder ins Sein zurückbeuge, ist, wofern es eines ist, eine Unmöglichkeit; denn ehe es entstand, war ja immer die ihm vorhergehende Zusammenstellung vorhanden, von welcher als einer nicht entstandenen wir behaupten, daß sie unmöglich sich verändern könne; hingegen wenn es unbegrenzt viele wären, wäre es eher statthaft; aber auch von diesem nun wird es ja aus dem Späteren klar werden, ob es unmöglich oder möglich sei; es gibt nämlich einige, welchen es statthaft zu sein scheint, sowohl daß irgend ein Entstehungsloses vergehe, als auch daß ein Entstandenes unvergänglich fortbestehe, wie es im Timäos heißt; nämlich dort sagt dessen Verfasser, das Himmelsgebäude sei zwar entstanden, nichtsdestoweniger aber werde es die immerwährende Zeit hindurch sein. Gegen diese nun haben wir hiemit bloß vom physikalischen Standpunkte aus betreffs des Himmelsgebäudes gesprochen; indem wir es aber im Allgemeinen betreffs eines jeden Seienden erwägen, wird es auch in dieser Beziehung klar sein.

ARISTOTELES: *Vier Bücher über das Himmelsgebäude.* Herausgegeben von *Carl Prantl.* 1857, Buch I, Kap. 10

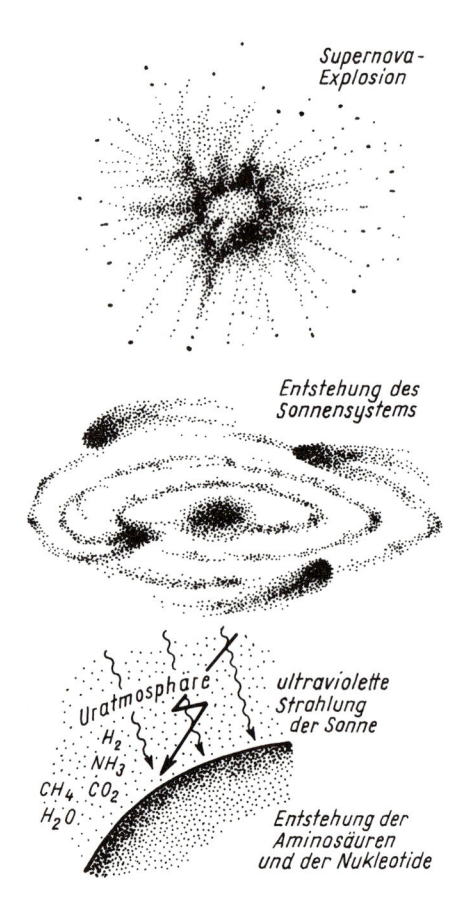

Abbildung 5.6 – 12
Entscheidende Schritte in der kosmischen Entwicklung, die schließlich zu der am höchsten organisierten Form der Materie, dem Leben, geführt hat.

Die schweren Elemente sind (vielleicht) bei einem Supernova-Ausbruch entstanden. In unserem Sonnensystem sind die physikalischen Bedingungen (enger Temperaturbereich, geeignete Drücke und Aggregatzustände usw.) gegeben, um eine Existenz der empfindlichen und äußerst komplizierten Eiweiß-Molekeln, die eine reproduzierbare Konstanz mit der notwendigen Variabilität in sich vereinigen, zu ermöglichen. Zur Entstehung der organischen Grundstoffe haben die in der Ur-Atmosphäre ablaufenden physikalischen Prozesse geführt. Nach der Herausbildung der sich selbst reproduzierenden Systeme wird das Tempo der Weiterentwicklung von den Gesetzen der Biologie bestimmt

5.6.5 „Zwischen Nichts und Unendlich"

Die ewige und unveränderliche Aristotelische Welt, die die Sonne, den Mond, fünf Planeten und die in der Kristallsphäre eingebetteten Sterne umfaßte, hat ihren Platz an ein Universum abtreten müssen, das als ein riesiges dynamisches Laboratorium mit einer Unzahl veränderlicher Objekte angesehen werden kann.

Von einem kleineren Planeten eines mittleren Sterns aus, der sich am Rande einer mittelgroßen Galaxis befindet, beobachtet der Mensch das überwältigende Schauspiel des kosmischen Geschehens. Wir können ruhig behaupten, daß er mit jedem Tropfen seines Blutes an diesen kosmischen Prozessen teil hat. Die Biologen gehen den Ursprüngen des Lebens nach, bis sie auf die Eiweißmoleküle als Ausgangsbausteine stoßen; der in ihnen vorhandene Wasserstoff hat aber auch schon an den Prozessen im Urzustand des Universums teilgenommen, und jeder Eisenatomkern im menschlichen Blut ist im Inneren eines massereichen Sternes entstanden, hat dann eine Supernova-Explosion miterlebt, bevor er über die Entwicklung eines neuen Sterns Bestandteil unserer festen Erde werden und eine wichtige Rolle bei allen Lebensfunktionen spielen konnte *(Abbildung 5.6 – 12).*

Die Größe unserer irdischen Welt verschwindet, schrumpft zu einem Nichts und verliert sich in den großen Prozessen des Kosmos *(Zitat 5.6 – 4):* und doch ist diese irdische Welt nicht ohne Bedeutung, denn neben allen wunderbaren Objekten des Universums, neben Pulsaren, Quasaren und Schwarzen Löchern, hat der große kosmische Schöpfungsprozeß eben hier das menschliche Gehirn und das menschliche Bewußtsein mit seiner Fähigkeit zum Erkennen des unendlich Kleinen und des unendlich Großen hervorgebracht *(Abbildung 5.6 – 13).*

Soweit führt uns die natürliche Erkenntnis. Wenn sie nicht wahr ist, so gibt es im Menschen keine Wahrheit; und ist sie wahr, so findet er darin einen mächtigen Grund, sich zu demütigen und sich auf die eine oder die andere Weise zu beugen. Und da er nicht bestehen kann, ohne an sie zu glauben, so wünsche ich, bevor er größere Untersuchungen der Natur durchführt, er möge diese erst einmal ernstlich und mit Muße betrachten — und er möge sich selbst ebenso ansehen.

Möge demnach der Mensch die ganze Natur in ihrer hohen und vollen Majestät betrachten; möge er seinen Blick von den geringen Dingen, die ihn umgeben, abwenden; möge er auf das glänzende Licht, das wie eine ewige Lampe zur Erleuchtung des Alls hingestellt ist, hinaufschauen; möge die Erde ihm wie ein Punkt erscheinen, im Vergleich zu der weiten Bahn, welche dieses Gestirn beschreibt, und möge er darüber erstaunen, daß diese weite Bahn selbst nur ein sehr kleiner Punkt ist in Beziehung auf die Bahn, welche die andern Gestirne, die am Firmament sich bewegen, umfassen. Aber wenn unser Blick dort verweilt, so möge unsere Einbildung darüber hinausgehen, sie wird viel eher im Erfassen müde als die Natur im Darbieten. Diese ganze sichtbare Welt ist nur ein unbemerkbarer Punkt in dem weiten Bereich der Natur. Keine Vorstellung nähert sich dem. Vergebens dehnen wir unsere Gedanken jenseits der vorstellbaren Räume aus; wir bringen es im Vergleich zu der Wirklichkeit der Dinge nur bis zu Atomen. Es ist eine unendliche Kugel, deren Mittelpunkt überall ist, deren Umkreis nirgends.

Möge der Mensch dann zu sich selbst zurückkehren und betrachten, was er im Vergleich zu dem ist, was ist; möge er sich ansehen als verirrt in diesem abgelegenen Bereich der Natur, und möge er von diesem kleinen Gefängnis aus, wo er sich befindet, ich meine das Weltall, lernen, die Erde, die Reiche, die Städte und sich selbst dem wahren Werte nach zu schätzen.

Was ist der Mensch in der Unendlichkeit des Weltalls? Indes, um ihm ein anderes, ein ebenso in Erstaunen setzendes Wunder zu zeigen, möge er in dem Bereich seiner Kenntnisse die kleinsten Dinge aufsuchen...

Dann möge er in diesen Wundern, die ebenso in ihrer Kleinheit staunenswert sind wie die andern, die wegen ihrer Größe bewundernswürdig sind, sich verlieren; denn wer wird nicht erstaunen, daß unser Körper, der zuvor in dem Weltall kaum wahrnehmbar war, der selbst im Schoße des Alls unbemerkbar ist, jetzt ein Koloß ist, eine Welt oder vielmehr ein All in Beziehung auf das Nichts, zu dem man nicht gelangen kann?

Denn was ist schließlich der Mensch in der Natur? Ein Nichts im Vergleich zum Unendlichen, ein All im Vergleich zu dem Nichts; ein Mittelding zwischen Nichts und All.

Das ist unser wirklicher Zustand. Dies macht uns unfähig, mit absoluter Gewißheit zu wissen und schlechthin nicht zu wissen. Wir bewegen uns auf einer weiten Fläche in der Mitte, stets ungewiß und schwankend, von einer Höhe auf die andere getrieben. Wo wir irgendeinen Halt zu erreichen und uns dort zu befestigen gedenken, da weicht er und verläßt uns; und wenn wir ihm folgen, so entweicht er unter unsern Händen, er entschlüpft und flieht in ewiger Flucht. Nichts hält für uns stand.

Wenn also alle Dinge Wirkung und Ursache, bedingt und bedingend, mittelbar und unmittelbar sind und alle sich gegenseitig durch ein natürliches und unbemerkbares Band, welches die entferntesten und verschiedensten verbindet, erhalten, so halte ich es ebenso für unmöglich, die Teile ohne Erkenntnis des Ganzen zu erkennen, wie das Ganze zu erkennen ohne die besondere Erkenntnis der Teile.

Für den Menschen ist er selbst das unerfaßlichste Wunder der Natur: er vermag es nämlich nicht zu begreifen, was ein Körper ist, noch weniger, was ein Geist, und am wenigsten, wie ein Körper mit einem Geist vereinigt sein kann. Es ist dies für ihn das größte Rätsel und dennoch das Wesen seines menschlichen Seins. *Modus quo corporibus adhaerent spiritus comprehendi ab hominibus non potest et hoc tamen homo est. (Augustinus, De civitate Dei, XXI.10.)*

BLAISE PASCAL: *Gedanken (Pensées)*. Herausgegeben von *Hans Giesecke*. Union Verlag, Berlin 1964, S. 161ff. (mit Ergänzung)

Zitat 5.6 – 4

Daß der Mensch das Ergebnis von Ursachen ist, die nichts zu tun haben mit dem Endziel, dem sie ihn entgegentreiben; daß seine Entstehung, seine Entfaltung, seine Hoffnungen und Ängste, seine Liebe und seine Überzeugungen nichts anderes sind als die Folge zufälliger Anhäufungen von Atomen; daß keine Leidenschaft, kein Heroismus, keine Intensität des Gedankens und des Gefühls das individuelle Leben über das Grab hinaus bewahren kann; daß allen Bemühungen der Epochen, der Hingabe, den Inspirationen, dem heller als die Sonne leuchtenden menschlichen Genius das Erlöschen in dem gigantischen Tod des Sonnensystems beschieden ist und daß der ganze Dom der menschlichen Schöpfungen unausweichlich unter den Trümmern eines Universums begraben wird – alle diese Dinge stehen, wenn auch nicht über jeder Debatte, aber so nahe an der Gewißheit, daß keine Philosophie, die sie verwirft, auf Annahme rechnen kann.

B. RUSSELL: *Mysticism and Logic*. p. 41

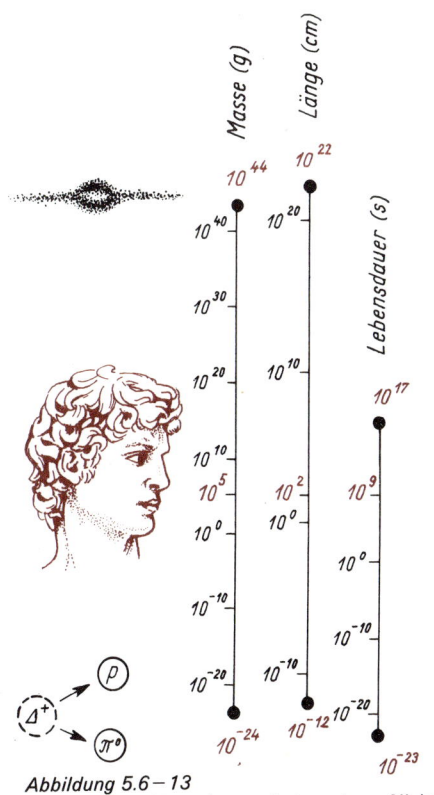

Abbildung 5.6 – 13
Der Platz des Menschen zwischen dem „Nichts" und dem „Unendlich"

Literatur

Allgemeine zusammenfassende Werke

0.1 The Harvard Project Physics Course. Holt, Rinehart and Winston, New York/Toronto 1970
0.2 Mason, St. F.: Geschichte der Naturwissenschaft. Kröner Verlag, Stuttgart 1961
0.3 Taton, R.: Histoire générale des Sciences. Vol. 1-4, Presse Universitaire de France, Paris 1957-1972
0.4 Störig, H. J.: Kleine Weltgeschichte der Wissenschaft. Bd. 1-2, Fischer Bücherei, Frankfurt/Hamburg 1970
0.5a Bernal, J. D.: Science in History. Vols 1-4, Penguin Books Ltd. 1969
0.5b Bernal, J. D.: Die Wissenschaft in der Geschichte. Deutscher Verlag der Wissenschaften, Berlin 1961
0.6 Owen, G. E.: The Universe of the Mind. The Johns Hopkins Press, Baltimore/London 1971
0.7 Sambursky, S.: Der Weg der Physik. Deutscher Taschenbuch-Verlag, München 1978
0.8. Hund, F.: Geschichte der physikalischen Begriffe. Bibliographisches Institut, Mannheim/Wien/Zürich 1972
0.9 Спасский, Б. И.: История физики. Том 1-2, Издательство «Высшая школа», Москва 1977
0.10 Forbes, R. J. - Dijksterhuis, E. J.: A History of Science and Technology. Vols 1-2, Penguin Books Ltd., Harmondsworth 1963
0.11. Dugas, R.: Histoire de la Mécanique. Editions du Griffon, Neuchâtel 1950
0.12 Dijksterhuis, E. J.: Die Mechanisierung des Weltbildes. Springer Verlag, Berlin/Göttingen/Heidelberg 1956
0.13 Pannekoek, A.: A History of Astronomy. Allen and Unwin, London 1961
0.14 Wußing, H. (Hrsg.): Geschichte der Naturwissenschaften. Verlag Edition, Leipzig 1983
0.15 Brush, S. G.: Resources for the History of Physics. The University Press of New England, Hannover/New Hampshire 1972
0.16 Hermann, A.: Lexikon. Geschichte der Physik A-Z. Aulis Verlag Deubner, Köln 1972
0.17 Gilispie, C. C.: Dictionary of Scientific Biography. Vols 1-14, Ch.Schribner's Sons, New York 1970-1977
0.18 Krafft, F. - Meyer-Abich, A. (Hrsg.): Große Naturwissenschaftler. Biographisches Lexikon. Frankfurt 1970
0.19 Newman, J. R. (Ed.): The World of Mathematics. Vols 1-4, Simon and Schuster, New York 1956
0.20 Kline, M.: Mathematical Thought from Ancient to Modern Times. Oxford University Press, Oxford 1972
0.21 Рыбников, К. А.: История математики. Издательство Московского Университета, Москва 1960
0.22 Brentjes, B. - Richter, S. - Sonnenmann, R.: Geschichte der Technik. Verlag Edition, Leipzig 1978
0.23 Kirby, R. Sh. - Withington, S. - Darling, A. B. - Kilgour, F. G.: Engineering in History. McGraw-Hill, New York/Toronto/London 1956
0.24 Durant, N. - Durant, A.: The Story of Civilization. Vols 1-11, Simon and Schuster, New York 1975
0.25 Boekhoff, H. - Winzer, F. (Hrsg.): Kulturgeschichte der Welt. Bd. 1-2, Westermann-Verlag, Braunschweig 1963
0.26 Stegmüller, W.: Neue Wege der Wissenschaftsphilosophie. Springer Verlag, Berlin/Göttingen/Heidelberg 1980
0.27 Popper, K. R.: Objektive Erkenntnis. Hoffman und Campe, Hamburg 1973
0.28 Russell, B.: History of Western Philosophy. Allen and Unwin, London 1946
0.29 Holle, G.: Welt und Kulturgeschichte. Bd. 1-18, Holle-Verlag, Baden-Baden 1970-1975
0.30 Mittelstaedt, P.: Philosophische Probleme der modernen Physik. Bd. I, Wissenschaftsverlag, Mannheim/Wien/Zürich 1972
0.31 Radnitzky, G. - Andersson, G. (Eds): The Structure and Development of Science. Reidel, Dordrecht/Boston/London 1978
0.32 Suppe, F. (Ed.): The Structure of Scientific Theories. University of Illinois Press, Urbana/Chicago/London 1974
0.33 Gingerich, O. (Ed.): The Nature of Scientific Discovery. Smithsonian Inst. Press, Washington 1975
0.34 Kuhn, T. S.: Die Struktur wissenschaftlicher Revolutionen. Suhrkamp-Verlag, Frankfurt/M. 1981
0.35 Kistner, A.: Geschichte der Physik. Bd. 1-2, Sammlung Göschen
0.36 Rosenberg, F.: Die Geschichte der Physik. Bd. 1-2-3. Vieweg, Braunschweig 1882-1890 (Nachdruck 1960)

0.37 Barraclough, G. (Hrsg.): Knaurs Großer Historischer Weltatlas. Droemer-Knaur, München 1979
0.38 Bynum, W. F. – Browne, E. J. (Eds): Dictionary of the History of Science. Macmillan, London/Basingstoke 1982
0.39 Holton, G. – Morison, R. S.: Limits of Scientific Inquiry. W. W. Norton Co., New York 1978
0.40 Döbler, H. F.: Kultur- und Sittengeschichte der Welt. Bd. 1–10, Bertelsmann Kunstverlag, Gütersloh/Berlin/München/Wien 1971
0.41 Физический Энциклопедический Словарь. (Главный ред. А. М. Прохоров). Москва 1983

TEIL 1

1.1 Sarton, G.: A History of Science. Ancient Science through the Golden Age of Greece. Oxford University Press, 1953
1.2 Sarton, G.: A History of Science. Hellenistic Science and Culture in the Last Three Centuries. B. C. Harvard University Press, Cambridge Mass. 1959
1.3 Marshack, A.: The Roots of Scientific Thought. McGraw-Hill, New York 1972
1.4. Brecker, K. – Feirtaf, M. (Eds): Astronomy of the Ancients. Massachusetts Institute of Technology Press, 1979
1.5 Neugebauer, O.: The Exact Sciences in Antiquity. Princeton University Press, 1951
1.6 van der Waerden, B. L.: Science Awakening, Vol. 1. Noordhoff, Groningen 1954
1.7 Sambursky, S.: The Physical World of the Greeks. Routledge and Kegan Paul, London 1956
1.8 Sambursky, S.: The Physical World of Late Antiquity. Routledge and Kegan Paul, London 1962
1.9 Farrington, B.: Greek Science. Its Meaning For Us. Penguin Books Ltd., Harmondsworth 1969
1.10 Santillana, G. de: The Origins of Scientific Thought. From Anaximander to Proclus 600 B. C. to 300 A. D. The University Chicago Press, Chicago 1961
1.11 Lorenzen, P.: Die Entstehung der exakten Wissenschaften. Springer Verlag, Berlin/Göttingen/Heidelberg 1960
1.12 Christianson, G.: This Wild Abyss. The Free Press, New York/London 1978
1.13 Cohen, M. R. – Drabkin, I. E.: A Source Book in Greek Science. Harvard University Press, Cambridge Mass. 1958
1.14 Stückelberger, A. (Hrsg.): Antike Atomphysik. München 1979
1.15 Gille, B.: Les mécaniciens grecs. La naissance de la technologie. Edition du Seuil, Paris 1980
1.16 Hall, M. Boas: The Pneumatics of Hero of Alexandria. A Facsimile of the 1951 Woodcroft Edition. McDonald, London 1971
1.17 Roshanski, I.: Wissenschaften in der Antike. Mir/Urania-Verlag, Moskau/Leipzig/Jena/Berlin 1986
1.18 Jürss, F.: Geschichte des wissenschaftlichen Denkens im Altertum. Akademie-Verlag, Berlin 1982
1.19 Szabó, Á.: Anfänge der griechischen Mathematik. Akadémiai Kiadó, Budapest 1969

TEIL 2

2.1 Duby, G.: L'Europe au Moyen Age. Art Roman, Art Gothique. Arts et Métiers Graphiques, Paris 1979
2.2 Swaan, W.: Die großen Kathedralen. Verlag M. Du Mont Schauberg, Köln 1969
2.3 Banniard, M.: Le haut Moyen Age occidental. Pr. Univ. de France, Paris 1980
2.4 Klemm, L.: Der Beitrag des Mittelalters zur Entwicklung der abendländischen Technik. Steiner Verlag, Wiesbaden 1961
2.5 Crombie, A. C.: Augustine to Galileo. Vols 1–2, William Heineman Ltd., London 1961
2.6 Lindberg, D. C. (Ed.): Science in the Middle Ages. The University of Chicago Press, Chicago 1978
2.7 Grant, E.: Physical Science in the Middle Ages. John Wiley, New York 1979
2.8 Grant, E.: A Source Book in Medieval Science. Harvard University Press, Cambridge Mass. 1974
2.9 Clagett, M. (Ed.): Nicole Oresme and the Medieval Geometry of Qualities and Motions. The University of Wisconsin Press, Madison/Milwaukee/London 1968
2.10 Clagett, M.: Science of Mechanics in the Middle Ages. The University of Wisconsin Press, London/Oxford 1959
2.11 Crombie, A. C.: Robert Grosseteste and the Origin of Experimental Science 1100–1700. Clarendon Press, Oxford 1953
2.12 Garfagnini, G. C.: Cosmologie medievali. Loescher Editore, Torino 1978
2.13 Randles, W. G. L.: De la terre plate au globe terrestre. Une mutation épistémologique rapide (1480–1520). Libraire Armand Colin, Paris 1980
2.14 Corban, A. B.: The Medieval Universities. Methuen and Co., London 1975
2.15 Gibbs-Smith, Ch.: Die Erfindungen des Leonardo da Vinci. Belser, Stuttgart 1978
2.16 Bibliotheca Corviniana. (Hrsg.: Csapodi, Cs., Csapodiné Gárdonyi, K., Szántó, T.) Magyar Helikon 1967
2.17 Nasr, S. H.: Islamic Science. An Illustrated Study. World of Islam Festival Publishing Company Ltd., London 1976
2.18 Maurer, A. A.: Medieval Philosophy. Random House, New York 1962
2.19 Weimar, P. (Hrsg.): Die Renaissance der Wissenschaften im 12. Jahrhundert. Artemis Verlag, Zürich 1981
2.20 Heidelberger, M. – Thiessen, S.: Natur und Erfahrung. Von der mittelalterlichen zur neuzeitlichen Naturwissenschaft. Deutsches Museum, Rowohlt, Reinbek bei Hamburg 1981
2.21 Piltz, A.: The World of Medieval Learning. Barnes and Noble Books, New Jersey 1981

TEIL 3

3.1 Cohen, I. B.: The Birth of a New Physics. Heinemann Press, London 1960
3.2 Butterfield, H.: The Origins of Modern Science 1300–1800. G. Bell, London 1957
3.3 Hall, A. R.: Die Geburt der naturwissenschaftlichen Methode. Bertelsmann Verlag, Gütersloh 1965
3.4 Boas, M.: Die Renaissance der naturwissenschaftlichen Methode. Bertelsmann Verlag, Gütersloh 1965
3.5 Wolf, A.: A History of Science, Technology and Philosophy in the 16th and 17th Century. Allen and Unwin, London 1962
3.6 Dugas, R.: La Mécanique au XVIIe siècle. Editions du Griffon, Neuchâtel 1954
3.7 Koyré, A.: From the Closed World to the Infinite Universe. The John Hopkins Press, Baltimore 1957
3.8 Zinner, E.: Entstehung und Ausbreitung der Copernicanischen Lehre. Zum 200 jährigen Jubiläum der Friedrich-Alexander-Universität zu Erlangen, 1943
3.9 Koestler, A: The Sleepwalker. MacMillan, New York 1959
3.10 Wußing, H.: Nicolaus Copernicus. Leipzig/Jena/Berlin 1973
3.11 Schmeidler, F.: Nikolaus Kopernikus. Wissenschaftliche Verlagsgesellschaft, Stuttgart 1970
3.12 Hemleben, J.: Kepler in Selbstzeugnissen und Bilddokumenten. Rowohlt, Reinbek bei Hamburg 1977
3.13 Caspar, M. – Dyck, W. von: Johannes Kepler in seinen Briefen. Oldenburg Verlag, München/Berlin 1930
3.14 Hemleben, J.: Galileo Galilei in Selbstzeugnissen und Bilddokumenten. Rowohlt, Reinbek bei Hamburg 1969
3.15 Frost, W.: Bacon und die Naturphilosophie. Verlag Ernst Reinhardt, München 1927
3.16 Scott, J. F.: The Scientific Work of R. Déscartes. 1959
3.17 Struik, D. J.: The Land of Stevin and Huygens. D. Reidel Publishing Company, Dordrecht/Boston/London 1981
3.18 Westfall, R. S.: Never at Rest. A Biography of Isaac Newton, Cambridge University Press, Cambridge 1981
3.19 Manuel, F. E.: A Portrait of Isaac Newton. The Belknap Press of Harvard University Press, Cambridge Mass. 1968
3.20 Cohen, I. B.: The Newtonian Revolution. Cambridge University Press, Cambridge 1980
3.21 Herivel, J.: The Background to Newton's Principia. Clarendon Press, Oxford 1965
3.22 Rosenberger, F.: Isaac Newton und seine physikalischen Prinzipien. Leipzig 1895
3.23 Wussing, H.: Isaac Newton. B. G. Teubner Verlag, Leipzig 1977
3.24 Heidelberger, M. – Thiessen, S.: Natur und Erfahrung. Rowohlt 7705, Reinbek bei Hamburg 1981
3.25 Wollgast, S. – Marx, S.: Johannes Kepler. Urania Verlag, Leipzig 1976
3.26 Galileo Galilei. Schriften. Briefe. Dokumente. Bd. I–II, Rütten & Loening, Berlin 1987

TEIL 4

4.1 Hall, A. R.: Philosopher at War. The Quarrel between Newton and Leibniz. Cambridge University Press, Cambridge 1980
4.2 Cohen, I. B.: Franklin and Newton. 1956
4.3 Truesdell, C.: Essays in the History of Mechanics. Springer, 1968
4.4 Szabó, I.: Geschichte der mechanischen Prinzipien und ihrer wichtigsten Anwendungen. Birkhäuser Verlag, Basel/Stuttgart 1979
4.5 Magie, W. F.: A Source Book in Physics. Harvard University Press, Cambridge Mass. 1963
4.6 Григорян – Кузнецов: Механика и цивилизация XVII–XIX вв. Москва 1979
4.7 Frankel, Ch.: The Faith of Reason. The Idea of Progress in the French Enlightenment. New York 1948
4.8 Heilbron, J. L.: Electricity in the 17th and 18th Centuries. A Study of Early Modern Physics. University of California Press, 1979
4.9 Priestley, J.: The History and Present State of Electricity. London 1775
4.10 Whittaker, E.: A History of Aether and Electricity. Vol. I, The Classical Theories. Thomas Nelson and Sons Ltd., London/Edinburgh/New York 1951
4.11 Whittaker, E.: A History of Aether and Electricity. Vol. II, The Modern Theories 1900–1926. Thomas Nelson and Sons Ltd., London/Edinburgh/New York 1953
4.12 Tricker, R. A. R.: Early Electrodynamics. The First Law of Circulation. Pergamon Press, Oxford/New York 1965
4.13 Tricker, R. A. R.: The Contributions of Faraday and Maxwell to Electrical Science. Pergamon Press, Oxford/New York 1966
4.14 Roller, D.: The Early Development of the Concepts of Temperature and Heat. Harvard University Press, Cambridge Mass.
4.15 Brush, S. G.: Kinetic Theory. Vol. 1: The Nature of Gases and Heat. Pergamon Press, Oxford/London 1965
4.16 Brush, S. G.: Kinetic Theory. Vol. 2: Irreversible Processes, Pergamon Press, Oxford/London
4.17 Friedmann, F. L. – Sartori, L.: The Classical Atom. Addison-Wesley, New York/London 1965
4.18 Williams, L. P.: The Origins of Field Theory. Random House, New York 1960
4.19 Harman, P. M.: Energy, Force, Matter. The Conceptual Development of Nineteenth-Century Physics. Cambridge University Press, Cambridge 1982
4.20 Kleinert, A.: Physik im 19. Jahrhundert. Wissenschaftliche Buchgesellschaft, Darmstadt 1980
4.21 Treue, W. – Manel, K.: Naturwissenschaft, Technik und Wirtschaft im 19. Jahrhundert. Van Den Hoek und Ruprecht, Göttingen 1976
4.22 Brush, S. G.: The Temperature of History. Phases of Science and Culture in the 19th Century. Franklin, New York 1978

4.23 Mertz, J. T.: A History of European Thought in the Nineteenth Century. Dover Publications, New York
4.24 Millikan, R. A. — Roller, D. — Warson, E. Ch.: Mechanics, Molecular Physic, Heat and Sound. M. I. T. Press, Cambridge Mass. 1965
4.25 Elliott, R. S.: Electromagnetics. McGraw-Hill, 1966
4.26 Anderson, D. L.: The Discovery of the Electron. Van Nostrand, Princeton/New Jersey 1969

TEIL 5

5.1 Heller, K. D.: Ernst Mach. Wegbereiter der modernen Physik. Springer Verlag, Wien/New York 1964
5.2 Pauli, W.: Relativitätstheorie. In: Enzyklopädie der mathematischen Wissenschaften, Bd. V. 19 (abgeschlossen im Dezember 1920). B. G. Teubner Verlag, Leipzig 1920
5.3 Lorentz, H. A. — Einstein, A. — Minkowski, H.: Das Relativitätsprinzip. B. G. Teubner Verlag, Leipzig/Berlin 1913
5.4 Einstein, A.: Mein Weltbild. (Hrsg.: C. Seelig), Ullstein Bücher, Frankfurt/M. 1959
5.5 Seelig, C.: Albert Einstein. A Documentary Biography. Staples, London 1956
5.6 Schilpp, P. A. (Ed.): Albert Einstein: Philosopher-Scientist. Vol. 1, Harper and Brothers, New York 1959
5.7 Herneck, F.: Albert Einstein. Leipzig 1977
5.8 Holton, G.: Thematic Origins of Scientific Thought. Kepler to Einstein. Harvard University Press, Cambridge Mass. 1973
5.9 Williams, L. P.: Relativity Theory: Its Origins and Impact on Modern Thought. John Wiley and Sons, New York/London 1968
5.10 Jammer, M.: Concepts of Mass in Classical and Modern Physics. Harvard University Press, Cambridge Mass. 1961
5.11 Mehra, J.: Einstein, Hilbert and the Theory of Gravitation. D. Reidel Publishing Co., Dordrecht, Holland/Boston, USA 1974
5.12 Jammer, M.: The Conceptual Development of Quantum Mechanics. McGraw-Hill, New York 1966
5.13 Hund, F.: Geschichte der Quantentheorie. Bibliographisches Institut, Mannheim 1967
5.14 Planck, M.: Physikalische Abhandlungen und Vorträge. Bd. 1—3, Vieweg, Braunschweig 1958
5.15 Bohr, N.: Drei Aufsätze über Spektren und Atombau. Braunschweig 1924
5.16 Broglie, L. de: Continu et discontinu en Physique moderne. Albin Michel, Paris 1941
5.17 Mehra, J. — Rechenberg, H.: The Historical Development of Quantum Theory. Vols 1—4, Springer Verlag, New York/Heidelberg/Berlin 1982
5.18 Hermann, A.: Die Jahrhundert-Wissenschaft. Werner Heisenberg und die Physik seiner Zeit. Deutsche Verlags-Anstalt, Stuttgart 1977
5.19 Hermann, A.: Die neue Physik. Der Weg ins Atomzeitalter. Heinz Moos Verlag, München 1979
5.20 Neumann, J. von: Mathematische Grundlagen der Quantenmechanik. Verlag Julius Springer, Berlin 1932
5.21 Herneck, F.: Bahnbrecher des Atomzeitalters. Buchverlag Der Morgen, Berlin 1970
5.22 Weyl, H.: Philosophie der Mathematik und Naturwissenschaft. Oldenbourg Verlag, Berlin 1927
5.23 Bohr, N.: Atomphysik und menschliche Erkenntnis. Vieweg, Braunschweig 1958
5.24 Heisenberg, W.: Physik und Philosophie. S. Hirzel Verlag, Stuttgart 1978
5.25 Heisenberg, W.: Das Naturbild der heutigen Physik. Rowohlt, Reinbek bei Hamburg 1955
5.26 Heisenberg, W.: Der Teil und das Ganze. Gespräche im Umkreis der Atomphysik. R. Piper und Co. Verlag, München 1969
5.27 Weizsäcker, C. F. von: Die Einheit der Natur. Hanser Verlag, München 1971
5.28 Born, M.: Physik im Wandel meiner Zeit. Vieweg, Braunschweig 1966
5.29 Dummer, G. W. A.: Electronic Inventions and Discoveries. Pergamon Press, London 1978
5.30 Nobel Lectures. Physics. Vols 1—4, Elsevier Publishing Comp., Amsterdam/London/New York 1972
5.31 Boorse, H. A. — Motz, L.: The World of the Atom. Basic Books, New York/London 1966
5.32 Holton, G. (Ed.): The Twentieth-Century Sciences. W. W. Norton Company Inc., New York 1972
5.33 Bunge, M. — Shea, W. R. (Eds): Rutherford and Physics at the Turn of the Century. New York 1979
5.34 Romer, A.: The Discovery of Radioactivity. Dover Publication, New York 1964
5.35 Graetzer, H. G. — Anderson, D. L.: The Discovery of Nuclear Fission: A Documentary History. Van Nostrand Reinhold Comp., New York/London 1971
5.36 Gell-Mann, M. — Ne'eman, Y.: The Eightfold Way. W. A. Benjamin, New York/Amsterdam 1964
5.37 Gardner, M.: The Ambidextrous Universe. Charles Scribner's Sons, New York/London 1964
5.38 Yang, C. N.: Elementary Particles. Princeton University Press, Princeton 1962
5.39 Ryder, L.: Elementary Particles and Symmetries. Gordon and Breach Science Publishers, New York 1975
5.40 Feinberg, G.: What Is the World Made Of? Atoms, Leptons, Quarks and Other Tantalizing Particles. Anchor Books, New York 1978
5.41 Weinberg, S.: The First Three Minutes. Basic Books, New York 1977
5.42 Harwitt, M.: Cosmic Discovery. The Search, Scope and Heritage of Astronomy. The Harvester Press, Brighton 1981
5.43 Silk, J.: The Big Bang. The Creation and Evolution of the Universe. W. H. Freeman and Co., San Francisco 1980
5.44 Pickering, A.: Constructing Quarks. A Sociological History of Particle Physics. Edinburgh University Press 1984

Personenregister

Die lateinischen, griechischen und russischen Personennamen sind in einer Form, die in den neuesten deutschsprachigen enzyklopädischen Wörterbüchern sozusagen kanonisiert ist, sowie auch in ihrer Originalschreibweise angeführt. Für die arabischen Namen wurde hier ihre einfachste und gebräuchlichste Umschrift gewählt, aus drucktechnischen Gründen sind sie auch in arabischen Schriftzeichen in einem separaten Register zusammengestellt.

Die fett gedruckten Zahlen verweisen auf die Seiten, wo die ausführlichen Informationen zu finden sind, die römischen Zahlen beziehen sich auf die Farbtafeln.

fl. (floruit) deutet auf die Schaffensjahre (Lebenshöhe) hin.

A

ABÄLARD, Peter (Pierre Abélard, Petrus Abaelardus) (1079–1142), französischer Theologe, Philosoph 134, 156, XI

ABBE, Ernst Karl (1840–1905), deutscher Physiker 389

ABRAHAM, Max (1875–1922), deutscher Physiker 398

ADAMS, Henry Brooks (1838–1918), US-amerikanischer Historiker XIX

ADELARD von Bath (um 1090–nach 1160), englischer scholastischer Philosoph, Übersetzer 139

ADY, Endre (1877–1919), ungarischer Dichter 478

AEPINUS, Franz Ulrich Maria Theodor (1724–1802), deutscher Physiker, wirkte vor allem in Petersburg 323, 325, 328

AGRICOLA, Georgius (Georg Bauer) (1494–1555), deutscher Arzt, Mineraloge, Metallurge 134, 171, 322

AHMOSE (Ahmes) (fl. um 1700 v. u. Z.), ägyptischer Schreiber, Mathematiker (?), Verfasser des Rhind-Papyrus 46, 47

AISCHYLOS (Αἰσχύλος) (525/24–456/55 v. u. Z.), griechischer Tragiker 43, 58, 109, 423

AKBAR (1542–1605), Großmogul von Indien 173

ALBATENIUS (Albategnius, Al Battani) (vor 858–929), islamischer Astronom, Mathematiker 134, 179

ALBERT von Sachsen (Albertus de Saxonia, Albertus Parvus) (um 1316–um 1390), deutscher scholastischer Philosoph, Rektor der Universität Paris, Begründer und erster Rektor der Universität Wien 152, 156, 162, X, XIII

ALBERTI, Leon Battista (1404–1472), italienischer Baumeister, Schriftsteller, Mathematiker 161, 164

ALBERTUS MAGNUS (Albert der Große) (um 1200–1280), deutscher Universalgelehrter („doctor universalis") 23, 88, 117, 126, 130, 134, 135, **157,** 158, 161, 169, 321, XI

ALDER, Kurt (1902–1958), deutscher Chemiker, Nobelpreisträger (Chemie 1950) 500

ALEMBERT, Jean Le Rond d' (1717–1783), französischer Physiker, Mathematiker 17, 215, 294–299, 303, **304,** 305, 312–314, 316, 332

ALEXANDER der Große (Ἀλέξανδρος) (356–323 v. u. Z.), makedonischer König 46, 47, 57, 58, 87, 106–109, 241

ALEXANDER von Aphrodisias (Ἀλέξανδρος Ἀφροδισιάς) (fl. um 200 u. Z.), griechischer Philosoph, Aristoteles-Kommentator IX

ALEXANDER von Hales (Alexander Halensis) (1170/85–1246), englischer scholastischer Philosoph („doctor irrefragibilis") 126

ALFONS X. (der Weise) (1226–1284), König von Kastilien und Leon, Dichter und Gelehrter, ließ die (astronomischen) Alfonsinischen Tafeln unter der Leitung Jehuda Ben Mose und Isaak ben Sid zusammenstellen 135

ALFRED der Große (848/49–899/901), König der Angelsachsen, Feldherr, Gelehrter, Übersetzer 123, 125

ALFVÉN, Hannes (geb. 1908), schwedischer Physiker, Nobelpreisträger (1970) 475

ALHAZEN (Ibn Al Haitham) (um 965–1040/41), islamischer Naturphilosoph, Mathematiker, Physiker, Optiker 60, 134, 144, 226

ALKUIN (Alcuinus, Alcuin von York) (um 732–804), angelsächsischer Gelehrter, Freund und Lehrer Karls des Großen 125, 126, 134, 136

ALVAREZ, Luis Walter (1911–1981), US-amerikanischer Physiker, Nobelpreisträger (1968) 475, 526, 528

AMBLER, Ernest (geb. 1923), US-amerikanischer Physiker englischer Herkunft 521

AMPÈRE, André Marie (1775–1836), französischer Physiker, Mathematiker 314, 325, **336–340,** 343, 344, 348

ANAXAGORAS (A. von Klazomenai, Ἀναξαγόρας) (500/496–428 v. u. Z.), griechischer Naturphilosoph 58, 59, 60, 67, 81

ANAXIMANDER von Milet (Ἀναξίμανδρος) (um 610–um 546 v. u. Z.), griechischer Naturphilosoph 58, 59, 71, 460, 524

ANAXIMENES von Milet (Ἀναξιμένης) (um 585–um 526 v. u. Z.), griechischer Naturphilosoph 58, 59, 71

ANDERSEN, Hans Christian (1805–1875), dänischer Schriftsteller, 32, 451

ANDERSON, Carl David (geb. 1905), US-amerikanischer Physiker schwedischer Herkunft, Nobelpreisträger (1936) 476

ANDERSON, Herbert Lawrence (geb. 1914), US-amerikanischer Physiker 488, 506

ANDERSON, Philip Warren (geb. 1923), US-amerikanischer Physiker, Nobelpreisträger (1977) 498

ANDRONIKOS von Rhodos (Ἀνδρόνιχος) (fl. um 70 v. u. Z.), griechischer Philosoph, Herausgeber der aristotelischen Schriften 87

ÅNGSTRÖM, Anders Jonas (1814–1874), schwedischer Physiker, Astronom 388

ANSELM von Canterbury (Anselmus de Canterbury) (1033/34–1109), scholastischer Philosoph, Theologe italienischer Herkunft, „Vater der Scholastik" 157, 216

ANTHEMIOS aus Tralles (fl. 6. Jh.), byzantinischer Mathematiker, Bildhauer und Baumeister 137

ANTIPHON (Ἀντιφῶν) (geb. um 480 v. u. Z.), griechischer Philosoph 103

ANTONIUS, Marcus (um 82–30 v. u. Z.), römischer Staatsmann und Feldherr 109

APÁCZAI CSERE, János (1625–1659), ungarischer Pädagoge, Enzyklopädist 223

APIAN, Petrus (Apianus, Peter Bienewitz oder Bennewitz) (1495–1552), deutscher Mathematiker, Astronom, Kartograph 84, 170, 174, 175
APOLLODOROS von Damaskus (fl. 110 u. Z.), römischer Baumeister 59
APOLLONIOS von Perge (Ἀπολλώνιος) (um 262–um 192 v. u. Z.), hellenistischer Mathematiker, Astronom 58, 59, 60, 88, 104, 106, 137, 140, 141, 162, 163, 263, 271
APPLETON, Sir Victor Edward (1892–1965), englischer Physiker, Nobelpreisträger (1947) 474
ARAGO, Dominique François Jean (1786–1853), französischer Physiker, Astronom 335, 353
ARCHIMEDES (Ἀρχιμήδης) (um 285–212 v. u. Z.), griechischer Mathematiker und Physiker aus Syrakus 17, 18, 58, 59, 60, 62, **88–97,** 99, 103, 105, 127, 137, 139, 140, 141, 147, 162, 163, 165, 166, 168, 247, 253, 271, 289, XIII
ARCHYTAS von Tarent (Ἀρχύτας) (um 430–um 345 v. u. Z.), griechischer Mathematiker, Philosoph 58, 59, 60, 91, 103, 104, 162, 163
ARISTARCHOS von Samos (Ἀρίσταρχος) (um 310–um 230 v. u. Z.), hellenistischer Astronom, Mathematiker 58, 59, 60, 81, 82, 83, 85, 88, 99, 100, 101, 168, 179, 184, 186, XV
ARISTOPHANES (Ἀριστοφάνης) (vor 445–um 385 v. u. Z.), griechischer Komödiendichter 58, 66, 67, 68, 110
ARISTOTELES (Der Stagirit, Ἀριστοτέλης) (384–322 v. u. Z.), Universalgelehrter, Begründer (neben Sokrates und Platon) der europäischen philosophischen Tradition 18, 19, 24, 36, 37, 39, 41, 57, 58, 60, 61, 63, 69, 71–77, **79–90,** 104, 110, 117, 132, 135–141, 143, 146, 149, 150, 152, 153, 155, 160–163, 169, 170, 174–176, 178, 183, 198, 201, 209, 211, 213, 235–237, 267, 290, 293, 297, 306, 320, 322, 461, 463, 519, 535, 542, I, III, VI, IX, X, XIII
ARNAUD de Villeneuve (Arnaldus Villanovanus) (um 1240–um 1312), französischer Arzt, Alchemist katalanischer Herkunft 323
ASSURBANIPAL (Aschschur-Bani-Apli, Sardanapal) (fl. um. 650 v. u. Z.), assyrischer König 46
ASTON, Francis William (1877–1945), englischer Physiker, Chemiker, Nobelpreisträger (Chemie 1922) 477, 486, 491
ATKINSON, Robert d'Escourt (geb. 1898), englischer Physiker 529
ATTILA (gest. 453), König der Hunnen, „Gottesgeißel" 58, 266
AUGUSTIN, Aurelius (Hipponensis), AUGUSTINUS (354–430), Kirchenvater, Philosoph, Theologe 19, 58, 111–113, 115, 117, 156, 157, 160, 217, 234, 535, 537, XI, XII
AUGUSTUS, Gaius Julius Caesar Octavianus (63 v. u. Z.–14 u. Z.), römischer Kaiser 58
AVERROËS (Ibn Ruschd) (1126–1198), arabischer Philosoph 134, 139, 140, 142, 143, 161, X

AVICENNA (Ibn Sina) (um 980–1037), islamischer Universalgelehrter tadshikischer Herkunft 134, 139, 140, 143, 169
AVOGADRO, Amadeo dei Quaregne e Ceretto (1776–1856), italienischer Physiker 314, 363

B

BACH, Johann Sebastian (1685–1750), deutscher Komponist 29, 240, 314
BACK, Ernst (1881–1959), deutscher Physiker 474
BACON, Francis (1561–1626), englischer Philosoph und Politiker 21, 24, 158, 213, 214, 215, 216, 223, 225, 240, 266, 271, 291, 304, 313, 315, 316, 365, XVIII, XXI
BACON, Roger (um 1214–1294), englischer Philosoph und Naturforscher („doctor mirabilis") 130, 134, 148, **158,** 159
BAKER, Henry (1698–1774), englischer Naturforscher 488
BALIANI, Giovanni Battista (1582–1666), italienischer Naturforscher 212
BALMER, Johann Jakob (1825–1898), schweizerischer Mathematiker und Physiker 387, 388, 389
BALZAC, Honoré de (1799–1850), französischer Schriftsteller 314, XIX
BARBERINI, Francesco (1597–1679), Kardinal, Neffe von Papst Urban VIII. 424
BARBERINI, Maffeo (1568–1644), Papst (1623–1644) als Urban VIII. 197
BARDEEN, John (geb. 1908), US-amerikanischer Physiker, Nobelpreisträger (1956, 1972) 389, 475, XXIII, XXVII
BARKLA, Charles Glover (1877–1944), englischer Physiker, Nobelpreisträger (1917) 473
BARROW, Isaac (1630–1677), englischer Theologe, Mathematiker und Physiker 285, 287, 288
BARTHOLINUS, Erasmus (1625–1698), dänischer Arzt und Naturforscher 277
BARTÓK, Béla (1881–1945), ungarischer Komponist 478
BASILEOS der Große (Βασίλειος) (330–379), griechischer Theologe, Enzyklopädist 138
BASOW, N. G. (Николай Геннадиевич Басов) (geb. 1922), sowjetischer Physiker, Nobelpreisträger (1964) 389, 475, 476, XXIII, XXVII
BAUER, Edmond Henri (1880–1963), französischer Physiker 470
BAY, Zoltán (geb. 1900), US-amerikanischer Physiker ungarischer Herkunft 488
BECHER, Johann Joachim (1635–1682), deutscher Arzt, Chemiker, Ökonom 238
BECHER, Johannes R. (1891–1958), deutscher Schriftsteller XIV
BECKETT, Samuel (geb. 1906), englischer Schriftsteller irischer Herkunft, Nobelpreisträger (Literatur 1969) 37
BECQUEREL, Henri Antoine (1852–1908), französischer Physiker, Nobel-

preisträger (1903) 314, 380, 381, 473, 476, 477, 479–483, XX
BEDE (Beda Venerabilis) (674–735), englischer Theologe und Geschichtsschreiber 124, 132, 134, 161
BEDNORZ, Johannes Georg (geb. 1950), deutscher Physiker, Nobelpreisträger (1987) 476, XXVII
BEECKMANN, Isaac (1588–1637), niederländischer Naturforscher 210, 211, 233, 240, 254
BEETHOVEN, Ludwig van (1770–1827), deutscher Komponist 314, XIX
BÉLA III. (1148–1196), in Byzanz erzogener ungarischer König 139
BENEDETTI, Giambattista (1530–1590), italienischer Mathematiker und Physiker 163, 241
BENEDIKT von Nursia (480–550), Begründer des abendländischen Mönchtums 129, 130, VII
BENTHAM, Jeremy (1748–1832), englischer Philosoph, Begründer des Utilitarismus 316
BERGSON, Henri (1859–1941), französischer Philosoph, Nobelpreisträger (Literatur 1927) 234
BERKELEY, George (1685–1753), irischer Philosoph und Theologe 269, 292, 311, 314
BERNAL, John Desmond (1901–1971), englischer Physiker und Molekularbiologe 198
BERNOULLI, Daniel (1700–1782), schweizerischer Mathematiker, Physiker, Botaniker, Anatom, Sohn von Johann Bernoulli 236, 254, 283, 296, 298, 314, 365, 366, 377
BERNOULLI, Jakob (Jacob, Jacques) (1654–1705), schweizerischer Mathematiker, Bruder von Johann Bernoulli 240, 289, 298, 304, 309, 312, 314
BERNOULLI, Johann (Jean) (1667–1748), schweizerischer Mathematiker 240, 289, 296, 297, 298, 309, 312, 314
BERTHOLLET, Claude Louis (1748–1822), französischer Chemiker 332
BESSARION, Johannes (1403–1472), Kardinal, Theologe, Humanist byzantinischer Herkunft 168
BESSEL, Friedrich Wilhelm (1784–1846), deutscher Astronom 529
BESSO, Angelo (fl. 1905), schweizerischer Ingenieur, Einsteins Freund 409
BETHE, Hans Albrecht (geb. 1906), US-amerikanischer Physiker deutscher Herkunft, Nobelpreisträger (1967) 475, 529
BINNING, Gerd (geb. 1947), deutscher Physiker, Nobelpreisträger (1986) 476, 480
BIOT, Jean Baptiste (1774–1862), französischer Physiker 336, 337, 338, 350, 353
BIRUNI, AL (Al Beruni) (973–um 1050), islamischer Gelehrter choresmischer Herkunft, Mathematiker, Astronom 143, IX
BISMARCK, Otto, Fürst von (1815–1898), deutscher Staatsmann 314
BLACK, Joseph (1728–1799), schotti-

scher Chemiker, Physiker, Arzt 356, 357–359, 360, 366
BLACKETT, Patrick Maynard Stuart, Lord (1897–1974), englischer Physiker, Nobelpreisträger (1948) 470, 474, 487
BLÁTHY, Ottó Titusz (1860–1939), ungarischer Elektroingenieur 343, XX
BLOCH, Felix (1905–1983), US-amerikanischer Physiker schweizerischer Herkunft, Nobelpreisträger (1952) 474, XXVII
BLOCK, Martin (geb. 1925), US-amerikanischer Physiker 522
BLOEMBERGEN, Nicolaas (geb. 1920), US-amerikanischer Physiker niederländischer Herkunft 476, XXVII
BOCCACCIO, Giovanni (1313–1375), italienischer Schriftsteller 134
BOERHAAVE, Hermann (1668–1738), niederländischer Naturforscher 358
BOËTHIUS, Anicius Manilius Torquatus (480?–524/25), römischer Philosoph und Staatsmann 58, 135, 136, 140, 170, XIII
BOGOLJUBOW, N. N. (Николай Николаевич Боголюбов) (geb. 1909), sowjetischer Physiker, Mathematiker XXVII
BOHM, David Joseph (geb. 1917), US-amerikanischer Physiker 466
BOHR, Aage Niels (geb. 1922), dänischer Physiker, Sohn von Niels Bohr, Nobelpreisträger (1975) 436, 476, 493
BOHR, Harald (1887–1951), dänischer Mathematiker, Bruder von Niels Bohr 436
BOHR, Niels Henrik David (1885–1962), dänischer Physiker, Nobelpreisträger (1922) 24, 34, 387, 388, 407, 426, 430, 433, 435, **436,** 437, 440, 446, 450, 451, 454–458, 466, 470, 472, 478, 485, 492–494, 502, 504, XXV
BÖLL, Heinrich Theodor (1917–1985), deutscher Schriftsteller, Nobelpreisträger (Literatur 1972) 478
BOLTZMANN, Ludwig Eduard (1844–1906), österreichischer Physiker 30, 314, 344, 347, 349, 368, 369, 371, **372,** 374, 375, 377, 388, 393, 394, 396, 426, 427, 431, 478, 524
BOLYAI, Farkas (1775–1856), ungarischer Mathematiker, Vater von J. Bolyai 416
BOLYAI, János (1802–1860), ungarischer Mathematiker 26, 102, 104, 314, 332, 389, 416, 418
BONDI, Sir Hermann (geb. 1919), englischer Mathematiker und Astronom österreichischer Herkunft 540
BORN, Max (1882–1970), deutscher Physiker, Nobelpreisträger (1954) 311, 433, 440–443, 448, 449, 450, 454, 457, 466, 472, 474, 478, 500, 524, XXVI
BORSOS, Miklós (geb. 1906), ungarischer Bildhauer 37
BOSE, Georg Matthias (1710–1761), deutscher Physiker 337
BOSE, Sathiendra Nath (1894–1947), indischer Physiker 434, XXV
BOŠKOVIĆ, Ruđer Josip (Rogerius) (1711?–1787), kroatischer Naturwissenschaftler, Jesuit 306, 307, 314, 343
BOTHE, Walter Wilhelm Georg Franz (1891–1957), deutscher Physiker, Nobelpreisträger (1954) 470, 472, 489
BOTTICELLI, Sandro (Alessandro di Mariano Filipepi) (1444/45–1510), italienischer Maler 134, 155
BOYLE, Robert (1627–1691), irischer Naturforscher 37, 60, 176, **235**–240, 291, 292, 293, 363
BRADLEY, James (1692–1762), englischer Astronom 398, 399, 400
BRADWARDINE, Thomas (um 1290–1349), englischer Mathematiker, Scholastiker 134, 149, 150, 163, XIII
BRAGG, Sir William Henry (1862–1942), englischer Physiker, Nobelpreisträger (1915) 414, 454, 493, XXVII
BRAGG, Sir William Lawrence (1890–1971), englischer Physiker, Sohn von W. H. Bragg, Nobelpreisträger (1915) 381, 414, 471, 472, 473, 493, XXVII
BRAHE, Tycho de (1546–1601), dänischer Astronom 82, 83, 134, 176, 181, 186–192, 194, 195, 222, 224, 240, 271, 529, 535
BRAHMAGUPTA (598–660?), indischer Mathematiker und Astronom 142, 143
BRAHMS, Johannes (1833–1897), deutscher Komponist 314
BRATTAIN, Walter Houser (1902–1987), US-amerikanischer Physiker, Nobelpreisträger (1956) 389, 475, XXIII
BRAUN, Karl Ferdinand (1850–1918), deutscher Physiker, Nobelpreisträger (1909) 351, 473
BREIT, Gregory (geb. 1899), US-amerikanischer Physiker russischer Herkunft 518
BRENNUS (fl. 387 v. u. Z), gallischer Feldherr 59
BREU, Jörg (fl. um 1500), österreichischer Maler VIII
BREUIL, Henri Éduard (1877–1961), französischer Archäologe 45
BREWSTER, Sir David (1781–1868), englischer Physiker 350
BRIDGMAN, Percy Williams (1882–1960), US-amerikanischer Physiker, Nobelpreisträger (1946) 30, 474
BRILLOUIN, Léon (1889–1969), französischer Physiker 426, 427, XXVII
BRILLOUIN, Marcel (1854–1948), französischer Physiker, Vater von L. Brillouin 427
BROGLIE, Louis Victor Prince de (1892–1981), französischer Physiker, Nobelpreisträger (1929) 427, 433, 444, **445,** 446, 454, 459, 470, 472, 474, 478, XXIII
BROGLIE, Maurice de (1875–1960), französischer Physiker, Bruder von L. de Broglie 380, 426, 427, 445, 470
BROWN, Robert (1773–1858), schottischer Arzt und Botaniker, beschrieb erstmals die mit einem Mikroskop beobachtbare regellose Zitterbewegung von kolloidalen oder suspendierten mikroskopischen Teilchen in Gasen und Flüssigkeiten, hervorgerufen durch Zusammenstoßen mit den in Wärmebewegung befindlichen, selbst nicht sichtbaren Molekülen 405, 466
BRÜCHE, Ernst (geb. 1900), deutscher Physiker 480
BRUCKNER, Anton (1824–1896), österreichischer Komponist 373
BRUNELLESCHI, Filippo (1377–1446), italienischer Architekt, Bildhauer, Maler, Goldschmied 164
BRUNO, Giordano (1548–1600), italienischer Naturphilosoph 37, 156, 160, 161, 174, 175, 176, 186, 240, 292, 321, XIV
BRUNS, Heinrich Ernst (1848–1919), deutscher Astronom, Geodät, Mathematiker 310
BRUSH, Stephen G. (geb. 1935), US-amerikanischer Wissenschaftshistoriker 30, 33
BRYSON von Herakleia (Βρύσον) (fl. um 450), griechischer Mathematiker 103
BUCHERER, Alfred Heinrich (1863–1927), deutscher Physiker 415
BUDDHA (um 560–480 v. u. Z.), indischer Religionsstifter 57, 58, 60
BUFFON, Georges-Louis Leclerc de (1707–1788), französischer Naturforscher 313, 529
BUNSEN, Robert Wilhelm (1811–1899), deutscher Chemiker 387, 388
BURIDAN, Jean (Johannes) (um 1300–um 1358), französischer Gelehrter, Rektor der Universität von Paris 134, 149, 150, 151, 153, 176, 198, X
BUSCH, Hans (1884–1973), deutscher Physiker 480
BUTENANDT, Adolf (geb. 1903), deutscher Biochemiker, Nobelpreisträger (Chemie 1939) 500
BUTLER, Clifford Charles (geb. 1922), englischer Physiker 507

C

CABRERA, Blas (1878–1945), spanischer Physiker 470
CAMPANELLA, Tommaso (1568–1639), italienischer Philosoph, Häretiker, Revolutionär, Verfasser der Utopie „La città del sole" 186
CANTON, John (1718–1772), englischer Naturforscher 330
CANTOR, Moritz (1829–1920), deutscher Mathematiker, Verfasser des Standardwerkes „Vorlesungen über Geschichte der Mathematik" (1880–1908) 49
CARDANO, Girolamo (Hyeronimus Cardanus) (1501–1576), italienischer Mathematiker, Naturfoscher, Mediziner 134, 162, 163, XIII
CARLSON, David Emil (geb. 1942), US-amerikanischer Physiker 507
CARLYLE, Thomas (1795–1881), englischer Schriftsteller, Historiograph 24
CARNOT, Lazare Nicolas Marguerite (1753–1823), französischer Mathematiker, Ingenieur, Staatsmann, Vater von S. Carnot 26, 314
CARNOT, Sadi (1796–1832), französi-

scher Ingenieur, Physiker 363, 364, **365,** 366, 375, XV
CÄSAR, Gaius Julius (100–44 v. u. Z.), römischer Feldherr, Staatsmann 52, 58, 108, 109
CASSIODORUS, Flavius Magnus Aurelius (um 490–um 580), römischer Staatsmann, Gelehrter 58, 136
CAUCHY, Augustin Louis (1789–1857), französischer Mathematiker, Physiker 74, 296, 297, 312, 351, 388
CAVENDISH, Henry (1731–1810), englischer Chemiker, Physiker, Astronom 239, 314, 325, 328, 330, 331, XIX
CELSIUS, Anders (1701–1744), schwedischer Physiker, Astronom 357
CERVANTES SAAVEDRA, Miguel de (1547–1616), spanischer Dichter 143, 240
CÉZANNE, Paul (1839–1906), französischer Maler 478
CHADWICK, Sir James (1891–1974), englischer Physiker, Nobelpreisträger (1935) 470, 472, 474, 487–490, 502, XXIII
CHAMBERLAIN, Owen (geb. 1920), US-amerikanischer Physiker, Nobelpreisträger (1959) 475
CHAMBERS, Ephraim (um 1680–1740), englischer Enzyklopädist 313
CHAMPOLLION, Jean-François (1790–1832), französischer Ägyptologe, Entzifferer der Hieroglyphen 352
CHANCOURTOIS, Alexandre Émile Béguyer de (1819–1886), französischer Geologe 389, 390
CHANDRASEKHAR, Subrahmanyan (geb. 1910), US-amerikanischer Physiker indischer Herkunft, Nobelpreisträger (1983) 476, 529
CHARLES, Jaques Alexandre César (1746–1823), französischer Physiker 363
CHASINI, AL (Al-Hazini) (fl. um 1120), islamischer Physiker, Astronom 143
CHAUCER, Geoffrey (1340–1400), englischer Dichter, Staatsmann 134, 135
CHLODWIG (Ludwig, Clovis) (466–511), fränkischer König, Gründer des Frankenreiches 58
CHOPIN, Fryderyk Franciszek (1810–1849), polnischer Komponist 314
CHRISTINE von Schweden (1626–1689), schwedische Königin, Tochter Gustav Adolfs 216, 225, XVII
CHRYSIPPOS (Χρύσιππος) (282–209 v. u. Z.), Schriftsteller, griechischer Philosoph, Stoiker 58
CHWARISMI, AL (um 780–nach 846), persisch-arabischer Mathematiker, Astronom 134, 139, 140, 142, 143
CICERO, Marcus Tullius (106–43 v. u. Z.), römischer Politiker, Schriftsteller 91, 111, 162, 170, XV
CLAGETT, Marshall (geb. 1916), US-amerikanischer Wissenschaftshistoriograph 145, 147, 149, 152, 163
CLAIRAUT, Alexis Claude (1713–1765), französischer Mathematiker, Astronom 266, 298
CLAPEYRON, Benoit Paul Emil (1799–1864), französischer Ingenieur, Physiker 363
CLAUSIUS, Rudolf Julius Emanuel (1822–1888), deutscher Physiker 314, 350, 368–**371**, 377, 390
CLAVIUS, Cristophorus (Christoph Klau) (1537/38–1612), Jesuit, Astronom, Mathematiker deutscher Herkunft 185, XIII
CLEGHORN, Robert (fl. um 1779), englischer Naturforscher 358
CLERSELIER, Claude (1614–1686), französischer Gelehrter, Herausgeber der Werke von Descartes 232
CLIFFORD, William Kingdon (1845–1879), englischer Mathematiker, Philosoph 417, 418, 421
COCKCROFT, John Douglas (1897–1967), englischer Physiker, Nobelpreisträger (1951) 470, 474, 488, 489, 493
COHEN, Bernard (geb. 1914), US-amerikanischer Wissenschaftshistoriograph 184
COLBERT, Jean-Baptiste (1619–1683), französischer Ökonom, Staatsmann 241
COLUMBANUS (543–615), Schriftsteller, Missionar irischer Herkunft 124
COMENIUS (Jan Amos Komenský) (1592–1670), tschechischer Theologe, Pädagoge 224, 225, 240
COMPTON, Arthur Holly (1892–1962), US-amerikanischer Physiker, Nobelpreisträger (1927) 472, 474, 500
COMTE, Auguste (1794–1857), französischer Philosoph 314
CONDON, Edward Uhler (1902–1974), US-amerikanischer Physiker 443
CONDORCET, Marquis de (1743–1794), französischer Mathematiker, Philosoph, Politiker 316, 317
COOK, James (1728–1779), britischer Seeoffizier, Entdecker 319
COOPER, Leon N. (geb. 1930), US-amerikanischer Physiker, Nobelpreisträger (1972) 475, XXVII
CORELLI, Arcangelo (1653–1713), italienischer Komponist 240, 314
CORTEZ (Cortés) Hernando (1485–1547), spanischer Konquistador 134
COTES, Roger (1682–1716), englischer Mathematiker, Astronom 261
COULOMB, Charles Auguste de (1736–1806), französischer Physiker 312, 314, 325, 328–**331**
COUPERIN, François (1668–1733), französischer Komponist 314
COURANT, Richard (1888–1972), US-amerikanischer Mathematiker deutscher Herkunft 444
COWAN, George Arthur (geb. 1920), US-amerikanischer Chemiker 506, 513
CRANACH, Lucas, der Ältere (1472–1553), deutscher Maler XIV
CRITCHFIELD, Charles Louis (geb. 1910), US-amerikanischer Physiker 532
CROMBIE, Alistair Cameron (geb. 1915), englischer Wissenschaftshistoriograph 153, 160, 169
CRONIN, James Watson (geb. 1931), US-amerikanischer Physiker, Nobelpreisträger (1980) 476, 528
CROOKES, Sir William (1832–1919), englischer Physiker, Chemiker 378–380, 485
CSIKAI, Gyula (geb. 1930), ungarischer Physiker 506
CURIE, Eve (geb. 1904), französische Journalistin, Tochter von Marie Curie 481
CURIE, Jacques (1855–1941), französischer Physiker, Bruder von P. Curie 481, 484
CURIE, Marie (geb. Skłodowska) (1867–1934), französische Physikerin und Chemikerin polnischer Herkunft, Nobelpreisträgerin (1903, Chemie 1911) 380, 426, 435, 454, 470, 473, 476, 477, 478, **481–484,** 493
CURIE, Pierre (1859–1906), französischer Physiker, Nobelpreisträger (1903) 380, 473, 476–478, 481, **483**, 484, 486, 493, XXVII
CUSANUS, Nicolaus (Nicolaus von Cues, Nicolaus Chrypffs, Nicolaus Krebs) (1401–1464), deutscher Theologe, Naturforscher, Philosoph 134, 159, 161, 170, 176, XVII
CUVIER, Georges (1769–1832), französischer Naturforscher XIX
CYRANO de Bergerac (1619–1655), französischer Dichter, Satiriker 188

D

DALÉN, Nils Gustaf (1869–1937), schwedischer Ingenieur, Nobelpreisträger (1912) 473, 476
DALITZ, Richard Henry (geb. 1925), englischer Physiker australischer Herkunft 521
DALTON, John (1766–1844), englischer Chemiker, Physiker 312, 314, 363, 377
DANDELIN, Germinal Pierre (1794–1847), belgischer Mathematiker 107
DANTE, Alighieri (1265–1321), italienischer Dichter 134, 155
DARWIN, Sir Charles Galton (1887–1962), britischer Physiker, Enkel von C. R. Darwin 452
DARWIN, Charles Robert (1809–1882), englischer Naturforscher 314, 315, 397
DARWIN, Erasmus (1731–1802), englischer Arzt, Naturforscher, Großvater von Ch. Darwin 315
DAVIS, Robert Houser (geb. 1926), US-amerikanischer Physiker 516, 531
DAVISSON, Clinton Joseph (1881–1958), US-amerikanischer Physiker, Nobelpreisträger (1937) 380, 385, 445, 471, 474
DAVY, Humphrey (1778–1829), englischer Chemiker und Physiker 325, 334, 341, 342, 358, 365, 377
DEBUSSY, Claude Achille (1862–1918), französischer Komponist 478
DEBYE, Peter Joseph Willem (1884–1966), US-amerikanischer Physikochemiker niederländischer Herkunft, Nobelpreisträger (Chemie 1936) 434, 470
DELACROIX, Eugène (1798–1863), französischer Maler 314
DEMARÇAY, Eugène A. (1852–1903), französischer Chemiker 486
DEMOKRIT (Δημόκριτος) (um 460–um 371 v. u. Z.), griechischer Philosoph

41, 58−60, 66, 71, 72, 96, 108, 110, 236, 376, 529

DENNISON, David Matthias (1900−1976), US-amerikanischer Physiker 474

DÉRI, Miksa (1854−1938), ungarischer Elektroingenieur 343, XX

DESAGULIERS, Jean Théophile (1683−1744), englischer Naturforscher französischer Herkunft 323

DESARGUES, Gerard (1593−1662), französischer Mathematiker, Ingenieur 164, 240

DESCARTES, René (Cartesius) (1596−1650), französischer Philosoph, Mathematiker, Naturforscher 24, 37, 39, 102, 111, 149, 157, 160, 176, 190, 211, 213, 216−233, 237, 239, 240−242, 252, 253, 260, 264, 266, 268−273, 277−284, 286, 290−293, 295, 302, 303, 306, 315−317, 321, 323, 348, 380, 388, 394, 395, 529, XIII, XVI, XVII

DEWAR, Sir James (1842−1923), englischer Chemiker und Physiker 471

DICKENS, Charles (1812−1870), englischer Schriftsteller 314

DIDEROT, Denis (1713−1784), französischer Schriftsteller, Philosoph, Enzyklopädist 38, 313, 314, 316, XXI

DIGGES, Thomas (um 1546−1595), englischer Mathematiker, Astronom 185

DIJKSTERHUIS, Eduard Jan (1892−1965), niederländischer Wissenschaftshistoriograph 192, 193, 197, 261, 268

DIOKLETIAN (Gajus Aurelius Valerius Diocletianus) (∼240−313/16), römischer Kaiser illyrischer Herkunft 121

DIOPHANTOS von Alexandria (Διόφαντος) (fl. um 250 u. Z.), hellenistischer Mathematiker 58, 59, 107

DIRAC, Paul Adrien Maurice (1902−1984), englischer Physiker, Nobelpreisträger (1933) 70, 296, 311, 354, 388, 433, 443, 451, 454, 457, **458,** 459, 460, 470, 472, 474, 478, 505, XXIII, XXVII

DIRICHLET, Peter Gustav Lejeune (1805−1859), deutscher Mathematiker französischer Herkunft 407

DOLIWO-DOBROWOLSKI, M. O. (Михаил Осипович Доливо-Добровольский) (1862−1919), russischer Elektrotechniker XX

DOLLOND, John (1706−1761), englischer Optiker 280

DOMAGK, Gerhard (1895−1964), deutscher Pathologe, Bakteriologe, Nobelpreisträger (Physiologie-Medizin 1939) 500

DOMINIS, Marco Antonio (Marko Antonije) (1560−1626), italienischer Mathematiker, Physiker dalmatischer Herkunft, Erzbischof von Dalmatien und Kroatien 279

DONNE, John (1572−1631), englischer Dichter XV

DOPPLER, Christian Johann (1803−1853), österreichischer Physiker, Mathematiker 354

DOSTOJEWSKI (Dostoevskij), F. M. (Фёдор Михайлович Достоевский) (1821−1881), russischer Schriftsteller 314

DREYFUS, Alfred (1859−1935), französischer Offizier jüdischer Abstammung: wurde wegen angeblichen Landesverrats verurteilt, deportiert, begnadigt und endlich 1906 vollkommen rehabilitiert 397

DRUDE, Paul Karl Ludwig (1863−1906), deutscher Physiker 398

DSCHINGIS-CHAN (Temudschin) (1155−1227), Gründer des mongolischen Weltreichs 134

DUFAY, Charles François de Cisternay (du Fay) (1698−1739), französischer Botaniker, Physiker 323−327

DUFY, Raoul (1877−1953), französischer Maler XX

DUGAS, René (1897−1957), französischer Wissenschaftshistoriograph 244

DUHEM, Pierre (1861−1916), französischer Physiker, Wissenschaftshistoriograph 145, 166, 394, 397, X

DUMAS, Jean Baptiste André (1800−1884), französischer Chemiker 389

DUNS SCOTUS, Johannes (1266/70−1308), schottischer Scholastiker („doctor subtilis") 134, 162, 163

DÜRER, Albrecht (1471−1528), deutscher Maler 106, 134, 160, 163, 178

DÜRRENMATT, Friedrich (geb. 1921), schweizerischer Schriftsteller 122, 500

DUSHMAN, Saul (1883−1954), US-amerikanischer Physikochemiker russischer Herkunft 473

DYCK, Anthonis van (1589−1641), niederländischer Maler 240

E

EDDINGTON, Arthur Stanley (1882−1944), englischer Astronom, Physiker 417, 418, 529

EDDY, Mrs Mary Baker- (1821−1910), Gründer der Glaubensgemeinschaft „Christian Science" 61

EDISON, Thomas Alva (1847−1931), US-amerikanischer Erfinder, Industrieller 314, 478, XX, XXI

EHRENFEST, Paul (1880−1933), niederländischer Physiker österreichischer Herkunft 427, 429, 437, 451, 455, 471, 478

EINSTEIN, Albert (1879−1955), schweizerischer, deutscher, US-amerikanischer Physiker, Nobelpreisträger (1921) 18, 26, 31−33, 39, 61, 70, 195, 210, 212, 268, 269, 272, 320, 340, 352, 389, 391, 393, 397, 398, **404**−418, 422−426, 433−435, 437, 438, 440, 443, 444, 446, 449, 450, 454, 455, 456, 458, 465, 466, 469, 472, 473, 474, 476, 478, 499, 502, 518, 525, 529, 537, XX, XXIII, XXIV, XXV

EKHNATON (Amenhotep IV.) (regierte 1364−1347 v. u. Z.), ägyptischer Pharao 46, 532

EKPHANTOS (Ἔκφαντος) (fl. 4. Jahrhundert v. u. Z.), griechischer Philosoph XV

ELISABETH I. (1533−1603), englische Königin, Tochter von Henry VIII. 240, 321

ELLIS, Charles Drummond (geb. 1895), englischer Physiker 470

ELSASSER, Walter Maurice (geb. 1904), US-amerikanischer Physiker, Geophysiker deutscher Herkunft 491

EMPEDOKLES (Ἐμπεδοκλῆς) (um 495−um 435 v. u. Z.), griechischer Philosoph, Dichter, Arzt 58, 59, 71−73, 327, 540

ENGELS, Friedrich (1820−1895), deutscher Philosoph, Politiker 120, 314, 315, 397, XXII

EÖTVÖS, József (1813−1871), ungarischer Schriftsteller, Vater von L. Eötvös 314

EÖTVÖS, Loránd (Roland) von (1848−1919), ungarischer Physiker 418, **421,** 422

EPIKTET (Ἐπίκτητος) (50−138), griechischer Philosoph, Stoiker 58, 107

EPIKUR (Ἐπίκουρος) (341−270 v. u. Z.), griechischer Philosoph 58, 108, XVI

ERASMUS von Rotterdam (Gerhard Gerhards) (1466−1536), niederländischer Humanist 134, 315

ERATOSTHENES von Kyrene (Ἐρατοσθένης) (um 276−um 194 v. u. Z.), griechischer Mathematiker, Geograph 58−60, 91, 96, 100−102

ESAKI, Leo (geb. 1925), japanischer Physiker, Nobelpreisträger (1973) 475

EUDEMOS von Rhodos (Εὔδημος) (fl. 4. Jahrhundert v. u. Z.), Schüler des Aristoteles 81, 87

EUDOXOS von Knidos (Εὔδοξος) (um 408−um 355 v. u. Z.), griechischer Mathematiker, Astronom 58−60, 82−85, 96, 102

EUKLID von Alexandria (Εὐκλείδης) (um 365−um 300 v. u. Z.), griechischer Mathematiker 18, 26, 58−60, 63, 65, 73, 88, 99, 102−104, 106, 135−141, 146, 147, 162, 163, 170, 253, 416, 418, 422, IX, XIII

EULER, Leonhard (1707−1783), schweizerischer Mathematiker, Physiker, Astronom 107, 242, 284, 289, **294−304,** 308, 309, 311, 312, 314, 319, 326, 365, XXI

EULER-CHEPLIN, Hans von (1873−1964), schwedischer Chemiker deutscher Herkunft, Nobelpreisträger (Chemie 1929) 500

EUPALINOS von Megara (Εὐπαλῖνος) (fl. um 530 v. u. Z.), griechischer Ingenieur 105

EURIPIDES (Εὐριπίδης) (480−406 v. u. Z.), griechischer Tragiker 58, 59, 423, II

F

FAHRENHEIT, Gabriel Daniel (1686−1736), deutscher Physiker, Instrumentenbauer 357

FAJANS, Kazimierz (1887−1975), US-amerikanischer Physikochemiker polnischer Herkunft 484, 485

FALLER, James Elliot (geb. 1934), US-amerikanischer Physiker 331

FARABI, AL (Alfarabi, Avennasar, Alpharabius) (um 873−um 950), islamischer Mathematiker, Philosoph türkischer Herkunft 134, 140

FARADAY, Michael (1791−1867), englischer Physiker 18, 31, 38, 312,

314, 323, 325, 330, **339—348,** 378, 389, 513, XX, XXI
FARGHANI, AL (Al-Fargani, Alfraganus) (gest. nach 861), arabischer Astronom 134
FERDAUSI (Firdausi) (um 939—um 1020), persischer Dichter 134
FERDINAND II. (de' Medici) (1610—1670), Herzog von Toskana, Gründer der Accademia del Cimento 356
FERMAT, Pierre de (1601—1665), französischer Mathematiker, Physiker 230—232, 240, 241, 272, 277, 282—287, 295, 302, 303, 439
FERMI, Enrico (1901—1954), italienischer Physiker, Nobelpreisträger (1938) 389, 443, 458, 470, 472, 474, 478, 486, 488, **494—498,** 502, 504, 506, XXIII, XXVII
FESHBACH, Herman (geb. 1917), US-amerikanischer Physiker 493
FEYERABEND, Paul K. (geb. 1924), US-amerikanischer Philosoph österreichischer Herkunft 35
FEYNMAN, Richard Phillips (1918—1988), US-amerikanischer Physiker, Nobelpreisträger (1965) 18, 475, 478, 503, 514, 518, 522, 528, XXIII
FIBONACCI (Leonardo von Pisa) (um 1170—um 1250), italienischer Mathematiker 52, 60, 134, 145, 146
FICHTE, Johann Gottlieb (1762—1814), deutscher Philosoph XIX
FICINUS MARSILIUS (Masiglio Ficino) (1433—1499), italienischer Philosoph, Arzt 161
FISHER, Herbert Albert Laurens (1865—1940), englischer Historiker XII
FITCH, Val Logsdon (geb. 1923), US-amerikanischer Physiker, Nobelpreisträger (1980) 476, 528
FITZGERALD, George Francis (1851—1901), irischer Physiker 354, 398, 404, 408
FIZEAU, Armand Hippolyte Louis (1819—1896), französischer Physiker 351, 352, 353, 398, 400
FJODOROW, I. (Иван Фёдоров) (1510—1583), russischer Buchdrucker 224, 225, XIII
FLAMMARION, Camille (1842—1925), französischer Astronom 371
FLEMING, Paul (1609—1640), deutscher Dichter 174
FLJOROW, G. N. (Георгий Николаевич Флёров) (geb. 1913), sowjetischer Physiker 493
FOK, W. A. (Владимир Александрович Фок) (1898—1975), sowjetischer Physiker, Mathematiker 460
FONTENELLE, Bernard, Le Bovier de (1657—1757), französischer Schriftsteller, Philosoph 270, 272, 275
FOUCAULT, Jean Bernard Léon (1819—1868), französischer Physiker, Astronom 353, 354
FOURIER, Jean Baptiste Joseph (1768—1830), französischer Mathematiker, Physiker 312, 314, 360, **361,** 362, 388
FOWLER, Ralph Howard (1889—1944), englischer Mathematiker, Physiker 452
FOWLER, William Alfred (geb. 1911), US-amerikanischer Physiker, Nobelpreisträger (1983) 476

FRANCESCA, Piero della (um 1420—1492), italienischer Künstler, Geometer 164
FRANCK, James (1882—1964), US-amerikanischer Physiker deutscher Herkunft, Nobelpreisträger (1925) 431, 441, 474, 502
FRANK, I. M. (Илья Михайлович Франк) (geb. 1908), sowjetischer Physiker, Nobelpreisträger (1958) 475, 511, 512
FRANKLIN, Benjamin (1706—1790), US-amerikanischer Naturforscher, Staatsmann 225, 312, 314, 323, 325—330, **XIX,** XX
FRANZ von Assisi (Franziskus) (1182—1226), italienischer Stifter des Ordens der Franziskaner 130
FRAUNHOFER, Joseph von (1787—1826), deutscher Physiker, Optiker, Astronom 354, 387
FREGE, Gottlob (1848—1925), deutscher Philosoph, Logiker 16
FRENKEL, J. I. (Яков Ильич Френкель) (1894—1952), sowjetischer Physiker XXVII
FRESNEL, Augustin Jean (1788—1827), französischer Ingenieur, Physiker 314, 350, 351, **353,** 380
FREUD, Sigmund (1856—1939), österreichischer Arzt, Psychiater 478
FRIDMAN, A. A. (Александр Александрович Фридман) (1888—1925), russischer Mathematiker, Physiker 529, 537,
FIREDRICH II. (1194—1250), König von Sizilien, deutsch-römischer Kaiser 146, 168
FRIEDRICH II. der Große (1712—1786), preußischer König 187, 189, 319, XXI
FRISCH, Otto Robert (1904—1979), österreichischer Physiker 498, 499
FRONTINUS, Sextus Julius (40—113), römischer Baumeister 59, 115

G

GABOR, Sir Dennis (1900—1979), englischer Elektroingenieur ungarischer Herkunft, Nobelpreisträger (1971) 389, 475, 477, XXIII
GAIUS (vollständiger Name unbekannt) (um 140 — um 180), römischer Rechtsgelehrter 59
GALEN, Claudius (Galenus) (129/131—201), römischer Arzt kleinasiatischer Herkunft 58, 117, 169, 174, 211, 323, IX
GALILEI, Galileo (1564—1642), italienischer Physiker, Mathematiker, Astronom 16, 24, 26, 37, 39, 60, 148, 149, 152, 154, 160, 165, 176, 187, **195—213,** 216, 218, 225, 226, 229, 232, 233, 236, 237, 239, 244, 246, 252, 255, 262, 266, 268, 271, 285, 292, 321, 356, 397, 424, 529, 539, XV, XXI
GALVANI, Luigi Aloisio (1737—1798), italienischer Anatom, Naturwissenschaftler 314, 325, 333, 334
GAMOW, George (1909—1968), US-amerikanischer Physiker russischer

Herkunft 425, 451, 470, 484, 488, 490, 503, 529, 538, XXIII
GARRICK, David (1716—1779), englischer Schauspieler 319
GASSENDI, Petrus (Pierre Gassend) (1592—1655), französischer Philosoph, Physiker 72, 236, 237, 292, 332
GAUSS, Carl Friedrich (1777—1855), deutscher Mathematiker, Physiker, Astronom 30, 104, 314, 331, **332,** 388, 416, 417, 418, XX, XXV
GAY-LUSSAC, Louis Joseph (1778—1850), französischer Chemiker, Physiker 314, 337, 338, 362, 363, 377
GEIGER, Hans (1882—1945), deutscher Physiker 472, 486, 488, 489
GEISSLER, Heinrich (1814—1879), deutscher Mechaniker, Physiker 377
GELL-MANN, Murray (geb. 1929), US-amerikanischer Physiker, Nobelpreisträger (1969) 475, 478, 503, 505, 514, 516, 518, 525, 528, XXIII
GEMINOS (Γέμινος) (fl. 1. Jahrhundert v. u. Z.), griechischer Philosoph, Astronom 76
GEORGIOS, Plethon-Gemistos (1355—1452), italienischer Gelehrter byzantinischer Herkunft 138
GEORGIOS von Trapezunt (Georgius Trapezuntius, Γεώργιος Τραπεζούντιος) (1396—1486), italienischer Übersetzer kretischer Herkunft IV
GERBERT von Aurillac (Papst Sylvester II.) (930/45—1003), französischer Geistlicher, Theologe, 145, XI
GERHARD von Cremona (Gherardo de Cremona) (1114—1187), italienischer Gelehrter, Übersetzer arabischer Werke 99, 134, 139
GERLACH, Walter (1889—1979), deutscher Physiker 474
GERMER, Lester Halbert (1896—1971), US-amerikanischer Physiker 445
GERSCHTEIN, S. S. (Семён Соломонович Герштейн) (geb. 1929), sowjetischer Physiker 527
GESNER, Conrad (1516—1565), schweizerischer Naturwissenschaftler, Philosoph, Linguist 175
GEULINCX, Arnold (1624—1669), belgischer Philosoph 291
GHIORSO, Albert (geb. 1915), US-amerikanischer Chemiker 493
GIAEVER, Ivar (geb. 1929), US-amerikanischer Physiker norwegischer Herkunft, Nobelpreisträger (1973) 475
GIBBS, Josiah Willard (1839—1903), US-amerikanischer Mathematiker, Physikochemiker, Ingenieur 314, **375,** 376, 478, XX
GILBERT, William (1544—1603), englischer Hofarzt, Naturforscher 176, 211, 240, 271, 320—323
GINSBURG, V. L. (Виталий Лазаревич Гинзбург) (geb. 1916), sowjetischer Physiker 512, XXVII
GIOTTO di Bondone (1266—1337), italienischer Maler, Architekt 134
GLADSTONE, John Hall (1827—1902), englischer Chemiker 389
GLASER, Donald Arthur (geb. 1926), US-amerikanischer Physiker, Nobelpreisträger (1960) 475, 510, 528
GLASHOW, Lee Sheldon (geb. 1932), US-amerikanischer Physiker, Nobel-

preisträger (1979) 476, 527, 528, XXXI
GOCKEL, Albert Wilhelm Friedrich (1860–1929), deutscher Meteorologe 505
GÖDEL, Kurt (1906–1978), US-amerikanischer Logiker, Mathematiker österreichischer Herkunft 35
GODUNOW, B. F. (Борис Фёдорович Годунов) (1551–1605), russischer Bojar, Regent und später Zar 173
GOEPPERT-MAYER, Maria (1906–1972), US-amerikanische Physikerin deutscher Herkunft, Nobelpreisträgerin (1963) 475, 491
GOETHE, Johann Wolfgang von (1749–1832), deutscher Dichter, Naturforscher 23, 36, 88, 281, 312, 314, II
GOLD, Thomas (geb. 1920), englisch-amerikanischer Astronom österreichischer Herkunft 540
GOLDHABER, Maurice (geb. 1911), US-amerikanischer Physiker österreichischer Herkunft 523
GOLDSCHMIDT, Victor Moritz (1888–1947), norwegischer Mineraloge, Physiker schweizerischer Herkunft 426
GOLDSTEIN, Eugen (1850–1930), deutscher Physiker 378–381
GOODMAN, Nelson (geb. 1906), US-amerikanischer Philosoph, Linguist 29
GORDON, Walter (1893–1939), deutscher Physiker 458
GORGIAS von Leontinoi (Γοργίας) (um 483–um 375 v. u. Z.), griechischer Sophist 58, 67
GORKI, Maxim (A. Peschkow; Максим Горький, А. Пешков) (1868–1936), russischer Schriftsteller 478
GOUDSMIT, Samuel Abraham (1902–1978), US-amerikanischer Physiker niederländischer Herkunft 438, 454, 457, 474
GOYA Y LUCIENTES, Francisco José de (1746–1828), spanischer Maler 314
GRAAFF, Robert Jemison, van de (1901–1967), US-amerikanischer Physiker 489
GRAMME, Zénobe Théophile (1826–1901), belgischer Elektrotechniker 343
GRANT, Edward (geb. 1926), US-amerikanischer Wissenschaftshistoriker 148
GRASSMANN, Hermann Günther (1809–1877), deutscher Mathematiker, Philologe 389, 390
GRAY, Louis Harold (1905–1965), britischer Physiker, Radiologe XXXII
GRAY, Stephen (1666/70–1736), englischer Naturforscher 323–326, 331
GRECO, EL (Theotocopuli Domenico) (um 1541–1613), spanischer Maler griechischer Herkunft 240
GREEN, George (1793–1841), englischer Mathematiker, Physiker 331
GREGORAS, Nikephoros (Γρηγοράς Ηικηφόρος) (1295–1360), byzantinischer Historiker 137
GREGORY, James (1638–1675), schottischer Mathematiker, Astronom 284, 287, XVIII
GRIMALDI, Francesco Maria (1618/19–1663), italienischer Mathematiker, Physiker 241, 279

GROSSETESTE, Robert (1168/75–1253), englischer Gelehrter, Scholastiker 130, 134, 158, 160
GROSSMANN, Marcel (1878–1936), schweizerischer Mathematiker ungarischer Herkunft 418
GROTIUS, Hugo (High de Groot) (1583–1645), niederländischer Jurist, Staatsmann, Humanist 210
GUERICKE, Otto von (1602–1686), deutscher Physiker, Ingenieur, Bürgermeister in Magdeburg 176, 235–237, 321, 324, 325
GUILLAUME, Charles Édouard (1861–1938), schweizerischer Physiker, Nobelpreisträger (1920) 473
GULDIN, Paul (1577–1643), schweizerischer Mathematiker 58
GUSTAV II., Adolf (1594–1632), König von Schweden (1611–1632) 241, XVII
GUTENBERG, Johann (Gensfleisch zur Laden) (1394/99–1468), deutscher Erfinder des Buchdrucks 134, 169, XII
GYARMATI, István (geb. 1929), ungarischer Physiker 370

H

HAAS, Wander Johannes de (1878–1960), niederländischer Physiker 473, 474
HADRIANUS Publius Aelius (76–138), römischer Kaiser (117–138) 58, 99
HAHN, Otto (1879–1968), deutscher Chemiker, Nobelpreisträger (Chemie 1944) 478, 485, 496, 497, 500, XXIII
HALBAN, Hans (1908–1964), deutscher Physiker 498
HALL, Edwin Herbert (1855–1938), US-amerikanischer Physiker 184, 479
HALLEY, Edmond (1656–1742), englischer Astronom 253, 260, 265, 266, 319
HALS, Frans (1580/81–1666), flämischer Maler 241
HAMILTON, Sir William Rowan (1805–1865), irischer Mathematiker, Physiker, Astronom 296, 297, 303, 308, **309,** 310, 312, 314, 376, 390, 445, 446, 455
HAMMURAPI (um 1728–1686 v. u. Z.), babylonischer König 46, 55, 57
HÄNDEL, Georg Friedrich (1685–1759), deutscher Komponist 240, 314
HANNIBAL (246–183 v. u. Z.), karthagischer Heerführer 59
HARALD II. (gest. 1066), letzter angelsächsischer König 124, 135
HARRIOT, Thomas (1560–1621), englischer Mathematiker, Astronom 226
HARRISON, John (1693–1776), englischer Erfinder, Hersteller von Präzisionsuhren 319
HARUN AL RASCHID (um 765–809), Kalif von Bagdad 135
HARVEY, William (1578–1657), englischer Anatom, Arzt, Entdecker des Blutkreislaufs 215, 240
HASENÖHRL, Friedrich (1874–1917), österreichischer Physiker 414, 426, 447
HAUKSBEE, Francis (Hawksbee) (um 1670–um 1713), englischer Physiker 325

HAYDN, Joseph (1732–1809), österreichischer Komponist 314, XIX
HEAVISIDE, Oliver (1850–1925), englischer Physiker, Mathematiker 334
HEGEL, Georg Wilhelm Friedrich (1770–1831), deutscher Philosoph 292, 314, 396, XIX
HEINE, Heinrich (1797–1856), deutscher Dichter 314, XIX
HEINRICH IV. (Henri IV.) (1553–1610), König von Frankreich (als erster Bourbone) 173, 240
HEINRICH VIII. (Henry VIII.) (1491–1547), englischer König, Vater von Elisabeth I. 134
HEISENBERG, August (1869–1930), deutscher Historiker, Byzantinologe, Vater von Werner Heisenberg 138, 440
HEISENBERG, Werner Karl (1901–1975), deutscher Physiker, Nobelpreisträger (1932) 18, 24, 33–35, 39, 73, 75, 138, 171, 296, 297, 311, 387, 388, 391, 426, 433, 437, **440**–444, 449–451, 454, 457, 460, 461, 467–470, 472, 474, 478, 489, 500, 503, 505, 518, 524, 525, 535, VI, XXIII, XXVI, XXVII
HEITLER, Walter Heinrich (1904–1981), schweizerischer Physiker XXVII
HELM, Georg (1851–1923), deutscher Physiker 396
HELMHOLTZ, Hermann Ludwig Ferdinand von (1821–1894), deutscher Physiker, Physiologe 314, 320, 335, 352, 366–**369**, 380, 388, 396, 460, 464, 465, 529, 532, 539, XX
HELVETIUS, Claude Adrien (1715–1771), französischer Philosoph 313, 315, 316
HENRY, Joseph (1797–1878), US-amerikanischer Physiker 343
HERAKLEIDES PONTIKOS (Ἡρακλείδης Ποντικός) (um 388–um 315 v. u. Z.), griechischer Astronom 58, 59, 70, 81–83
HERAKLIT von Ephesus (Ἡράκλειτος) (um 544–um 483 v. u. Z.), griechischer Philosoph 58, 59, 66, 71, 108, 540, XV
HERAPATH, John (1790–1868/69), englischer Naturforscher 365, 368
HERMANN, Grete (fl. 1930–1950), deutsche Philosophin 391
HERMANN, Jakob (1678–1733), schweizerischer Mathematiker 365
HERMES TRISMEGISTOS (Ἑρμῆς Τρισμέγιστος) fiktiver Verfasser astrologischer Schriften, griechischer Name des ägyptischen Gottes Thot 111
HERMLIN, Stephan (geb. 1915), deutscher Schriftsteller XXXIII
HERODOT (Ἡρόδοτος) (um 484–um 425 v. u. Z.), griechischer Historiker 43, 58
HERON von Alexandria (Ἥρων) (fl. um 60 u. Z.), griechischer Mechaniker, Mathematiker 59, 105, 113–115, 147
HERRAD von Landsberg (1125/30–1195), deutsche Äbtissin 132
HERSCHEL, Friedrich Wilhelm (Sir William) (1738–1822), englischer Astronom deutscher Herkunft 529, XIX
HERTZ, Gustav Ludwig (1887–1975), deutscher Physiker, Neffe von H. R.

Hertz, Nobelpreisträger (1925) 405, 431, 435, 441, 474
HERTZ, Heinrich Rudolf (1857–1894), deutscher Physiker 314, 320, 325, 349, **350,** 351, 378–380, 388
HERTZSPRUNG, Ejnar (1873–1967), dänischer Astronom 529
HESS, Victor Franz (1883–1964), US-amerikanischer Physiker österreichischer Herkunft, Nobelpreisträger (1936) 474, 508, 509
HEVELIUS, Johann (Hevel, Hewelke) (1611–1687), deutscher Astronom 179
HEVESY, George de (Hevesy György, Georg von Hevesy) (1885–1966), Physikochemiker ungarischer Herkunft, tätig in Budapest, Freiburg, Kopenhagen und Stockholm, Nobelpreisträger (Chemie 1943) 500
HEWISH, Sir Antony (geb. 1924), englischer Astronom, Nobelpreisträger (1974) 475
HEY, James Stanley (geb. 1909), englischer Physiker 531
HEYTESBURY, William (Wilhelm von Heytesbury) (fl. um 1350), englischer Logiker, Naturphilosoph 149, 162
HILBERT, David (1862–1943), deutscher Mathematiker 414, 443, **444,** 478
HILL, Henry Allen (geb. 1933), US-amerikanischer Physiker 331
HINDEMITH, Paul (1895–1963), US-amerikanischer Komponist deutscher Herkunft 194
HIPPARCHOS von Nizäa (Hipparch, Ἵππαρχος) (um 190–um 125 v. u. Z.), griechischer Astronom 58, 60, 82, 83, 99–101
HIPPIAS von Elis (Ἱππίας) (fl. 5. Jahrhundert v. u. Z.), griechischer Philosoph, Mathematiker 103
HIPPOKRATES von Chios (Ἱπποκράτης) (fl. um 440 v. u. Z.), griechischer Mathematiker 58, 60, 102, 103, 105
HIPPOKRATES von Kos (Ἱπποκράτης) (um 460–um 377 v. u. Z.), griechischer Arzt, Naturforscher 58, 102, 117, 162, 169, 174, 211, 315
HITLER, Adolf (1889–1945), deutscher Politiker, Reichskanzler 428, 441, 470, 472, 501, 502
HITTORF, Johann Wilhelm (1824–1914), deutscher Physikochemiker 378
HOBBES, Thomas (1588–1679), englischer Philosoph 240, 311
HOFSTADTER, Robert (geb. 1915), US-amerikanischer Physiker, Nobelpreisträger (1961) 475
HOLBACH, Paul Henri Dietrich, Baron von (1723–1789), französischer Philosoph deutscher Herkunft 313, 316, 317
HOLBEIN, Hans (der Jüngere) (1497–1543), deutscher Maler 127, 177
HOMER (Ὅμηρος) (fl. um 800 v. u. Z.), altgriechischer Epiker, Schöpfer der Ilias und der Odyssee 56, 70, 294
HONEGGER, Arthur (1892–1955) französisch-schweizerischer Komponist 478

HONNECOURT, Villard de (fl. um 1245), französischer Architekt 129
HOOKE, Robert (1635–1703), englischer Naturforscher 235, 239, 240–242, 275, 276, 279
HORAZ (Quintus Horatius Flaccus) (65–8 v. u. Z.), römischer Lyriker 18, 58
HOUSTON, William (1900–1968), US-amerikanischer Physiker XXVII
HOUTERMANS, Friedrich Georg (1903–1966), US-amerikanischer Physiker polnischer Herkunft 529, 532
HOYLE, Sir Fred (geb. 1915), englischer Astronom 535, 540, 541
HRABANUS MAURUS (776/780–856), deutscher Gelehrter (Primus Germaniae Praeceptor) 126, 134
HUBBLE, Edwin Powell (1889–1953), US-amerikanischer Astronom 529
HUGO de Saint-Victor (um 1097–1141), französischer Theologe 132
HUGO, Victor (1802–1885), französischer Dichter, Schriftsteller 314
HUMBOLDT, Baron Alexander von (1769–1859), deutscher Naturforscher, Entdecker, Polyhistor 362
HUME, David (1711–1776), schottischer Philosoph, Historiker 159, 292, 311, 314, 318, 460, 525, 526
HUNAIN IBN ISHAK (Johannitius, Al Ibadi) (808–873), Arzt, Leiter der Übersetzergruppe in Bagdad 134
HUND, Friedrich (geb. 1896), deutscher Physiker 264
HUXLEY, Aldous (1894–1963), englischer Schriftsteller XVIII
HUYGENS, Christian (1629–1695), niederländischer Mathematiker, Astronom, Physiker 159, 176, 223, **238–252,** 254, 256, 261, 267, 271, 276–279, 281, 282, 284, 289, 290, 293, 299, 304, 306, 316, 348, 350, 380, 398

I

IGNATIUS von Loyola (1491–1556), spanischer Adliger, Stifter des Jesuitenordens (1534) XV
INFELD, Leopold (1898–1968), polnischer Physiker 423
IOFFE, A. F. (Абрам Фёдорович Иоффе) (1880–1960), sowjetischer Physiker 470
ISABELLA I. (1451–1504), Königin von Kastilien, Gemahlin Ferdinands II. (König von Spanien, Doppel-Herrschaft) 134
ISIDOR von Sevilla (Isidorus) (560/70–636), Erzbischof von Sevilla, enzyklopädischer Schriftsteller 134, 136
ISIDOROS von Milet (fl. 6. Jh.), byzantinischer Baumeister 137
IWANENKO, D. D. (Дмитрий Дмитриевич Иваненко) (geb. 1904), sowjetischer Physiker 409

J

JABLOTSCHKOW, P. N. (Павел Николаевич Яблочков) (1847–1894), russischer Elektrotechniker 343, XX
JACOBI, Karl Gustav Jakob (1804–1851), deutscher Mathematiker, Physiker 296, 297, 310, 312, 446

JACOBI, Moritz Hermann von (Борис Семёнович Якоби) (1801–1874), russischer Physiker, Elektrotechniker deutscher Herkunft, Bruder von K. G. Jacobi XX
JADWIGA (Hedwig) (1370–1399), Königin von Polen, Gemahlin des litauischen Großfürsten und späteren Königs von Polen, Jagiello 224
JAGIELLO (1348–1434), Großfürst von Litauen, als Wladislaw II. König von Polen, Begründer der Dynastie der Jagiellonen 224
JAMES, William (1842–1910), US-amerikanischer Philosoph, Psychologe 451
JÁNOSSY, Lajos (1912–1978), ungarischer Physiker 468
JANSEN, Cornelius (Cornelius Jansenius) (1585–1638), niederländischer Theologe, Bischof von Ypres 234
JANSKY, Karl (1905–1950), US-amerikanischer Elektroingenieur 531
JANSSEN, Zacharias (1580–um 1638), Erfinder des Mikroskops, baute mit Hans Lippershey 1608 das erste Teleskop 240
JANUS PANNONIUS (1434–1472), ungarischer Dichter (in lateinischer Sprache), Humanist 134
JAROSLAW Mudry (der Weise, Ярослав Мудрый) (978–1054), Großfürst von Kiew 223
JASPERS, Karl (1883–1969), deutscher Philosoph 397
JAVAN, Ali (geb. 1926), US-amerikanischer Physiker iranischer Herkunft 412
JEANNE d'ARC (Jungfrau von Orleans) (1412–1431), französische Nationalheldin 134
JEANS, James Hopwood (1877–1946), englischer Physiker, Mathematiker, Astronom 426, 427, 429, 431, 432
JEDLIK, Ányos István (1800–1895), ungarischer Physiker, Erfinder 314, 343, XX
JENSEN, Johannes Hans Daniel (1907–1973), deutscher Physiker, Nobelpreisträger (1963) 475, 491
JERMAK (Ермак Тимофеевич) (gest. 1584/85), Kosakenataman 173
JOHANNES (SCOTUS) Eriugena (810–877), irischer Scholastiker, Philosoph 125
JOHANNES de Sacro Bosco (John Holywood) (um 1190–um 1250), Mathematiker, Professor an der Pariser Universität, Verfasser maßgeblicher Lehrbücher, englischer Herkunft 169, XIII
JOHANNES von Damaskus (Ἰωάννης Δαμασκηνος) (um 675–um 754), byzantinischer Theologe 137
JOLIOT-CURIE, Fréderic (1900–1958), französischer Physiker, Nobelpreisträger (Chemie 1935) 470, 478, 483, 489, 490, 493–497
JOLIOT-CURIE, Irène (1897–1956), französische Physikerin, Nobelpreisträgerin (Chemie 1935) 470, 478, 483, 489, 490, 493–496
JORDAN, Ernst Pascual (1902–1980), deutscher Physiker 311, 433, 442, 449, 460
JORDANUS NEMORARIUS (Jordanus

de Nemora; Jordanus Saxo) (fl. um 1220), Verfasser verschiedener Schriften über Geometrie, Arithmetik, Mechanik (wahrscheinlich nicht identisch mit Jordan von Sachsen, Ordensgeneral der Dominikaner) 134, 146–149

JOSEPH II. (1741–1790), Kaiser von Österreich, König von Ungarn 319

JOSEPHSON, Brian David (geb. 1940), englischer Physiker, Nobelpreisträger (1973) 475

JOULE, James Prescott (1818–1889), englischer Physiker 312, 314, 366, 367, **368,** 390, XX

JULIANUS APOSTATA (der Abtrünnige) (331–363), römischer Kaiser, Neuplatoniker 110

JUSTINIAN (Justinianus) (482–565), byzantinischer Kaiser, Schöpfer des Corpus juris civilis 39, 58, 59, 122, 130, 138, VI

K

KALVIN, Johann (Calvin) (1509–1564), Reformator 240

KAMERLINGH-ONNES, Heike (1853–1926), niederländischer Physiker, Nobelpreisträger (1913) 426, 427, 471, 473, XXVII

KANT, Immanuel (1724–1804), deutscher Philosoph, Naturforscher 88, 103, 179, 311, 314, 315, 318–**320,** 321, 332, 391, 396, 460, 520, 525, 527, 529, 530, 535, XIX

KAPIZA, P. L. (Пётр Леонидович Капица) (1894–1984), sowjetischer Physiker, Nobelpreisträger (1978) 476, XXV

KARL der Große (742–814), König der Franken, römischer Kaiser 123–125, 134–136

KARL II. der Kahle (823–877), westfränkischer König, römischer Kaiser 123, 124

KARL V. (1500–1558), spanischer König, letzter deutsch-römischer Kaiser 135, 162

KARL MARTELL (fl. um 730), Hausmeier im Frankreich der Merowinger, Sieger über die Araber bei Poitiers (732) 135

KÁRMÁN, Theodor von (1881–1963), US-amerikanischer Physiker ungarischer Herkunft XXVII

KASCHI, AL (Al-Kāši, Al-Kaschani) (um 1380–1429), persischer Mathematiker und Astronom 43, 144

KASTLER, Alfred (1902–1984), französischer Physiker, Nobelpreisträger (1966) 475

KATHARINA II. die Große (Екатерина II Алексеевна) (1729–1796), russische Zarin, Anhängerin der französischen Aufklärung 319

KAUFMANN, Walter (1871–1947), deutscher Physiker 415

KELVIN, William, Lord K. of Largs (William Thomson) (1824–1907), britischer Physiker 221, 312, 314, 325, 330, 348, 351, 352, 357, 363, 370–**372,** 388, 393, 394, 478, 524, 539

KEPLER, Johannes (1571–1630), deutscher Astronom, Mathematiker 26, 37, 60, 72, 91, 156, 171, 176, 187, **189–196,** 198, 211, 225, 226, 239–241, 260, 261, 268, 271, 283, 286, 316, 321, 529, 535

KERST, Donald William (geb. 1911), US-amerikanischer Physiker 510

KIERKEGAARD, Sören (1813–1855), dänischer Philosoph 451

KINDI, AL (Alkindus) (um 800–870), arabischer Philosoph, Mathematiker, Astronom 134

KIRCHHOFF, Gustav Robert (1824–1887), deutscher Physiker 314, 334, 348, 387, **388,** 390, 395, 424, 426, 428, 460, 529

KLEIN, Oscar Benjamin (geb. 1894), schwedischer Physiker 451, 514

KLEIST, Edwald Jürgen von (1700–1748), deutscher Physiker 324

KLITZING, Klaus von (geb. 1943), deutscher Physiker, Nobelpreisträger (1985) 476, 480

KNELLER, Sir Godfrey (Gottfried Kniller) (1646/49–1723), englischer Maler deutscher Herkunft XVIII

KNOLL, Max (1897–1969), deutscher Elektroingenieur 480

KNUDSEN, Martin (1871–1948), dänischer Physiker, Ozeanograph 426, 427

KOCH, Robert (1843–1910), deutscher Bakteriologe 315

KOHLHÖRSTER, Werner Heinrich Julius (1887–1946), deutscher Physiker 505

KOHLRAUSCH, Rudolf Hermann Arndt (1809–1858), deutscher Physiker 351

KOLUMBUS, Christoph (Columbus, Colombo Christoforo, Cristóbal Colón) (1446/56–1506), italienischer Seefahrer, Entdecker Amerikas 101, 134, 503

KONFUTSE (Konfuzius, Kung-fu-tse) (551–478 v. u. Z.), chinesischer Philosoph, Staatsmann 57, 58, 60

KONOPINSKI, Emil Jan (geb. 1911), US-amerikanischer Physiker 516

KONSTANTIN I., der Große (Constantinus Flavius Valerius Aurelius Claudius) (280?–337), römischer Kaiser 121, VI

KOPERNIKUS, Nikolaus (Nicolaus Copernicus, Coppernicus, Mikołaj Kopernik) (1473–1543), polnischer Astronom, Naturforscher 18, 31, 39, 60, 65, 82, 83, 85, 91, 98, 134, 153, 160, 162, 176, **178–192,** 199, 222, 224, 271, 321, 423, 529, XV

KOWARSKI, Lev (geb. 1907), französischer Physiker russischer Herkunft 498

KOYRÉ, Alexandre (1892–1964), französischer Wissenschaftshistoriker X

KRAMERS, Hendrik Anthony (1894–1952), niederländischer Physiker 442, 451, 470, 472

KRÖNIG, August Karl (1822–1879), deutscher Physiker 368

KTESIBIOS (Κτεσιβιος) (fl. um 250 v. u. Z.), griechischer (alexandrinischer) Mechaniker, Erfinder 59, 106

KUGLER, Franz (1808–1858), deutscher Historiker, Jesuit 53

KUHN, Richard (1900–1967), deutsch-österreichischer Chemiker, Nobelpreisträger (Chemie 1938) 500

KUHN, Thomas Samuel (geb. 1922), US-amerikanischer Wissenschaftshistoriker, Philosoph 30, 31

KURLBAUM, Ferdinand (1857–1927), deutscher Physiker 430, 431

KURTSCHATOW, I. W. (Игорь Васильевич Курчатов) (1903–1960), sowjetischer Physiker 501

KUSCH, Polykarp (geb. 1911), US-amerikanischer Physiker, Nobelpreisträger (1955) 460, 474

KYRILL (Cyrill, Кирилл, Κύριλλος) (827–869), griechischer Missionar, Bruder von Methodios 138

L

LABORDE, A. (fl. 1900), französischer Physikochemiker 483, 486

LAGRANGE, Joseph Louis, Comte de (1736–1813), französischer Mathematiker, Physiker, Astronom 165, 242, 289, 294, 296, 303, 307, **308,** 311, 312, 314, 343, 388, XX

LALANDE, Joseph Jérôme (1732–1807), französischer Astronom 174

LAMARCK, Jean Baptiste de Monet (1744–1829), französischer Naturforscher 315

LAMB, Willis Eugene (geb. 1913), US-amerikanischer Physiker, Nobelpreisträger (1955) 460, 474

LANDAU, L. D. (Лев Давыдович Ландау) (1908–1968), sowjetischer Physiker, Nobelpreisträger (1962) 451, 475, 478, 522, XXVII

LANDÉ, Alfred (1888–1975), US-amerikanischer Physiker deutscher Herkunft 474

LANGEVIN, Paul (1872–1946), französischer Physiker 381, 426, 427, 445, 470, 490, XXVII

LAO TSE (fl. um 500 v. u. Z.), chinesischer Philosoph, Begründer des Taoismus 524

LAPLACE, Pierre Simon, Marquis de (1749–1827), französischer Mathematiker, Physiker, Astronom 38, 273, 314, 320, 331, **332,** 333, 337, 343, 360, 362, 365, 388, 395, 468, 529, XX

LAPORTE, Otto (1902–1971), US-amerikanischer Physiker 519

LASSO, Orlando di (Roland de Lassus) (um 1532–1594), niederländischer Komponist 240

LATTES, Césare Mansueto Giulio (geb. 1924), brasilianischer Physiker 507

LAUE, Max von (1879–1960), deutscher Physiker, Nobelpreisträger (1914) 151, 413, **414,** 437, 469, 473, 502, XXVII

LAVOISIER, Antoine Laurent (1743–1794), französischer Chemiker 31, 239, 314, 357, 376, 377, 390, 477

LAWRENCE, Ernest Orlando (1901–1958), US-amerikanischer Physiker, Nobelpreisträger (1939) 470, 474, 489, **491,** 518

LEDERMAN, Leon Max (geb. 1922), US-amerikanischer Physiker, Nobelpreisträger (1988) 516

LEE, Tsung-Dao (geb. 1926), US-amerikanischer Physiker chinesischer Herkunft, Nobelpreisträger (1957) 475, 478, 507, 514, 518, 519, 521, 522, 529, XXIII

LEEUWENHOEK, Antony von (Antonie van) (1632–1723), niederländischer Naturforscher 240, 241

LEGENDRE, Adrien Marie (1752–1833), französischer Mathematiker 360

LEIBNIZ, Gottfried Wilhelm Freiherr von (1646–1716), deutscher Universalgelehrter 240, 242, 244, 267, 268, 269, 271, 276, 284, 285, 287, **289,** 291–293, 296, 301, 303, 309, 314, 319, 356, 388, 404, 425, 433, XVIII

LEMAITRE, Georges (1894–1966), belgischer Astrophysiker 538

LENARD, Philipp Eduard Anton (1862–1947), deutscher Physiker, Nobelpreisträger (1905) 350, 379, 426, 431, 435, 473

LENIN, W. I. (Владимир Ильич Ленин, В. И. Ульянов) (1870–1924), sowjetischer Politiker 395, 478

LENZ, Heinrich Friedrich Emil (Эмилий Христианович Ленц) (1804–1865), russischer Physiker deutscher Herkunft 343

LEONARDO da VINCI (1452–1519), italienischer Künstler, Naturforscher 50, 134, 144, 160, **165**–167, 178, 397, XII, XXI

LEUKIPP von Milet (Λεύκιππος) (fl. um 460 v. u. Z.), griechischer Philosoph 58, 59, 71, 529

LEWIS, Gilbert Newton (1875–1946), US-amerikanischer Physikochemiker 409

L'HOSPITAL, Guillaume François (1661–1704), französischer Mathematiker 282

LIBBY, Willard Frank (1908–1980), US-amerikanischer Chemiker, Nobelpreisträger (Chemie 1960) 493

LICHTENBERG, Georg Christoph (1742–1799), deutscher Physiker, Schriftsteller 319

LIEBIG, Justus Freiherr von (1803–1873), deutscher Chemiker 366

LIFSCHITZ, E. M. (Евгений Михайлович Лифшиц) (1915–1985), sowjetischer Physiker XXVII

LINCOLN, Abraham (1809–1865), US-amerikanischer Staatsmann, Präsident der USA (1860–1865) 314

LINDEMANN, Ferdinand (1852–1939), deutscher Mathematiker 103, 426, 444

LINNÉ, Karl von (1707–1778), schwedischer Naturforscher 315, 319

LIPMANN, Fritz Albert (1899–1986), US-amerikanischer Biochemiker deutscher Herkunft, Nobelpreisträger (Physiologie-Medizin 1953) 500

LIPPMANN, Gabriel (1845–1921), französischer Physiker, Nobelpreisträger (1908) 473

LISZT, Franz von (1811–1886), Pianist und Komponist ungarischer Herkunft 314

LOBATSCHEWSKI, N. I. (Николай Иванович Лобачевский) (1792–1856), russischer Mathematiker 102, 104, 332, 416, 418, XXV

LOCKE, John (1632–1704), englischer Philosoph 176, 240, 241, 269, 291, **292**–294, 304, 311, 316, 317

LODGE, Sir Oliver Joseph (1851–1940), englischer Physiker 386

LOMONOSSOW, M. W. (Михаил Васильевич Ломоносов) (1711–1765), russischer Universalgelehrter 225, **306,** 307, 314

LONDON, Fritz Wolfgang (1900–1954), deutscher Physiker, Bruder von H. London XXVII

LONDON, Heinz (1907–1970), englischer Physiker deutscher Herkunft XXVII

LOPE de VEGA, Carpio Felix (1562–1635), spanischer Dramatiker 240

LORENTZ, Hendrik Antoon (1853–1928), niederländischer Physiker, Nobelpreisträger (1902) 352, **354,** 355, 397, 398, 404–408, 410, 415, 416, 420, 426, 440, 446, 454, 473, 478, XX, XXIII

LORENZ, Konrad Zacharias (1903–1989), österreichischer Verhaltensforscher, Nobelpreisträger (Physiologie-Medizin 1973) 33

LOSCHMIDT, Joseph (1821–1895), österreichischer Physiker 375

LOTHAR I. (795–855), römischer Kaiser 123, 124

LÜDERS, Gerhardt Klaus Friedrich (geb. 1920), deutscher Physiker 505

LUDOLPH van Ceulen (1539/40–1610), niederländischer Mathematiker 105

LUDWIG I. der Große (von Anjou) (1326–1382), König von Ungarn und Polen, Vater von Jadwiga 223, 224

LUDWIG II. der Deutsche (805–876), ostfränkischer König 123, 124

LUDWIG XIV. (Louis XIV.) (1638–1715), französischer König, „Sonnenkönig" 240

LUKREZ (Titus Carus Lucretius) (um 96–55 v. u. Z.), römischer Dichter, Philosoph 58, 60, 68, 72, 109–111, 136, 140, 161, 236, 321, 529, V

LULLUS, Raimundus (Ramón Lull) (um 1232– um 1315), spanischer Philosoph, Theologe 134, 169

LULLY, Jean Baptiste (Giovanni Battista Lulli) (1632–1687), französischer Komponist italienischer Herkunft 240, 241

LUMMER, Otto (1860–1925), deutscher Physiker 430

LUTHER, Martin (1483–1546), deutscher Reformator, Begründer des deutschen Protestantismus 47, 134, 173, 180, **XIV**

M

MACH, Ernst (1838–1916), österreichischer Physiker, Philosoph 31, 166, 269, 270, 320, **394,** 395, 398, 404, 405, 422, 444, 461, 485

MAC LAURIN, Colin (1698–1746), englischer Mathematiker 362

MAGINUS, Giovanni Antonio (1555–1617), italienischer Mathematiker, Geograph, Astronom 185

MAIER, Annelise, (fl. 1930–1940), Wissenschaftshistorikerin 145

MALEBRANCHE, Nicolas (1638–1715), französischer Philosoph 291, 293

MALESHERBES, Chrétien Guillaume de Lamoignon de (1721–1794), Zensor Ludwigs XV. und XVI., Förderer der Großen Enzyklopädie 313

MALPIGHI, Marcello (1628–1694), italienischer Naturforscher 240

MALTHUS, Thomas Robert (1766–1834), britischer Nationalökonom, Sozialphilosoph 317

MALUS, Étienne Louis (1775–1812), französischer Physiker 350

MANN, Thomas (1875–1955), deutscher Schriftsteller 43, 397, 399, 478

MANUEL I. Komnenos (1120–1180), byzantinischer Kaiser 139

MARCELLUS, Marcus Claudius (um 268–208 v. u. Z.), römischer Feldherr 91, 92

MARCI von Kronland, Jan Marcus (Marcus Marci) (1595–1663), böhmischer Naturforscher 279

MARCONI, Guglielmo Marchese (1874–1937), italienischer Ingenieur, Physiker, Nobelpreisträger (1909) 351, 473

MARICOURT, Pierre de (Pierre Le Pélerin de Maricourt; Petrus Peregrinus Maricurtensis) (fl. um 1250), französischer Gelehrter, Naturforscher 134, 158, 159, 320–322

MARIOTTE, Edmé (um 1620–1684), französischer Physiker 37, 235, 236, 240, 250, 251, 363

MARK AUREL (Marcus Aurelius Antoninus) (121–180), römischer Kaiser, stoischer Philosoph 58, 59, 107, **108,** 109

MARSHAK, Robert (geb. 1916), US-amerikanischer Physiker 514

MARX, György (geb. 1927), ungarischer Physiker 261, 516

MARX, Karl (1818–1883), deutscher Philosoph, Politiker 292, 314, 315, 397, XXXII

MÄSTLIN, Michael (1550–1631), deutscher Astronom 189

MATTHEWS, Paul Taunton (geb. 1919), englischer Physiker 531

MATTHIAS I. CORVINUS (1443–1490), ungarischer König, Humanist, Förderer von Kunst und Wissenschaft 134, 138, 161, 168, 223

MAUPERTUIS, Pierre Louis Moreau de (1698–1759), französischer Mathematiker 153, 156, 160, 232, 269, 295, 296, 299, 302, 303, 312, 314

MAXWELL, James Clerk (1831–1879), britischer Physiker 18, 21, 38, 39, 314, 323, 325, 331, 337–339, 342, **344**–349, 351, 352, 356, 368, 369, 371–374, 376, 377, 381, 388, 393, 394, 399, 405, 406, 430, 466, 524, XX

MAYER, Julius Robert von (1814–1878), deutscher Mediziner, Naturforscher 366, **367,** 370, 390

McKINSEY, John Charles Chenoweth (1908–1953), englischer Physiker 26

McMILLAN, Edwin Mattison (geb. 1907), US-amerikanischer Physikochemiker, Nobelpreisträger (Chemie 1951) 491, 510

MEDICI, Cosimo de (Cosimo der Alte) (1389–1464), Florentiner Bankier, Begründer der politischen Macht der Familie Medici, Begründer der Platonischen Akademie 138, 196, 198

MEER, van der (geb. 1925), niederländischer Physiker, Nobelpreisträger (1984) 476, 528

MEITNER, Lise (1878–1968), schwedische Physikerin österreichischer Herkunft 470, 485, 496, 498, 499

MENAICHMOS (Μέναικμος) (fl. um 350), griechischer Mathematiker 102

MENDEL, Gregor Johann (1822–1884), österreichischer Naturforscher, Abt des Brünner Augustinerklosters, Begründer der modernen Vererbungslehre 315

MENDELEJEW, D. I. (Дмитрий Иванович Менделеев) (1834–1907), russischer Chemiker 314, 315, **382**, 383, 390, 478, XXV

MENELAOS von Alexandria (Μενέλαος) (fl. um 100 u. Z.), hellenistischer Mathematiker 104

MENGS, Anton Raphael (1728–1779), deutscher Maler 319

MENZEL, Adolf (1815–1905), deutscher Maler XXII

MERCATOR, Gerhardus (Gerhard Kremer) (1512–1594), flämischer Geograph, Kartograph 165

MEROWINGER fränkisches Königsgeschlecht (482–751) 123

MERSENNE, Marin (1588–1648), französischer Mathematiker, Musiktheoretiker, Naturphilosoph 218, 229, 240, 271, 332

METHODIOS (Методий, Μεθόδιος) (um 815–885), griechischer Slawenapostel, Bruder von Kyrillos 138

METON von Athen (Μέτων) (fl. um 430 v. u. Z.), griechischer Astronom, Mathematiker 52

MEYER, Julius Lothar (1830–1895), deutscher Chemiker 382, 383, 389, 390

MEZEI, Ferenc (geb. 1942), ungarischer Physiker XXV

MICHELANGELO (Michelagniolo di Buonarotti) (1475–1564), italienischer Bildhauer, Maler, Baumeister, Dichter 37, 134, 160

MICHELL, John (1724–1793), englischer Geologe, Erfinder der Torsionswaage 329

MICHELSON, Albert Abraham (1852–1931), US-amerikanischer Physiker, Nobelpreisträger (1907) 350, 393, 398, **399**–402, 404, 473

MILLER, Daniel Weber (geb. 1926), US-amerikanischer Physiker 516

MILLIKAN, Robert Andrews (1868–1953), US-amerikanischer Physiker, Nobelpreisträger (1923) 385

MILTON, John (1608–1674), englischer Dichter 240

MINKOWSKI, Hermann (1864–1909), deutscher Mathematiker, Physiker 406–408, 413, 414

MOHAMMED (um 570–632), Stifter des Islams 123, 134, 146, 323

MOLIÉRE (Jean-Baptiste Poquelin) (1622–1673), französischer Komödiendichter 240, 241, XVI

MONET, Claude (1840–1926), französischer Maler 295

MONGE, Gaspard (1746–1818), französischer Mathematiker 164, XXI

MONTESQUIEU, Charles de Secondat (1689–1755), französischer Schriftsteller, Staatstheoretiker 295, 313

MONTEVERDI, Claudio (1567–1643), italienischer Komponist 240

MONTGOLFIER, Joseph Michell (1740–1810) und Jaques Étienne (1745–1799), französische Erfinder, Luftpioniere 319

MORLEY, Edward Williams (1838–1923), US-amerikanischer Physikochemiker 398–401, 404

MOSELEY, Henry Gwyn Jeffres (1887–1915), englischer Physiker 385, 386, 388, 485

MÖSSBAUER, Rudolf (geb. 1929), deutscher Physiker, Nobelpreisträger (1961) 475, 478, XXVII

MOTT, Sir Nevill Francis (geb. 1905), britischer Physiker 470, 476

MOTTELSON, Ben Roy (1926–1981), dänischer Physiker, Nobelpreisträger (1975) 476, 493

MOZART, Wolfgang Amadeus (1756–1791), österreichischer Komponist 314, XIX

MULLER, Hermann Joseph (1890–1967), US-amerikanischer Biologe, Nobelpreisträger (Physiologie-Medizin 1946) 500

MÜLLER, Karl Alex (geb. 1927), schweizerischer Physiker, Nobelpreisträger (1987) 476, XXVII

MÜLLER, Paul Hermann (1899–1965), schweizerischer Chemiker, Nobelpreisträger (Physiologie-Medizin 1948) 500

MUSSCHENBROEK, Pieter van (1692–1761), niederländischer Naturforscher 324, 325, 327, 328, 358

MYRON (Μύων) (fl. um 440 v. u. Z.), griechischer Bildhauer 11

N

NAPOLEON I. Bonaparte (1763–1821), Kaiser der Franzosen 332–334, XIX

NAVIER, Claude Louis Marie Henri (1785–1836), französischer Ingenieur 296, 297, 312

NEBUKADNEZAR II. (Nabuchodonosor, Nabu-kudurri-ussur) (gest. 562 v. u. Z.), König des neubabylonischen Reiches (des Chaldäerreiches) 58

NEDDERMAYER, Seth Henry (geb. 1907), US-amerikanischer Physiker 506

NÉEL, Louis Eugéne Felix (geb. 1904), französischer Physiker, Nobelpreisträger (1970) 475

NE'EMAN, Yuval (geb. 1925), israelischer Physiker 525

NELSON, Horatio (1758–1805), englischer Admiral XIX

NERNST, Hermann Walther (1864–1941), deutscher Physikochemiker 370, 426

NEUMANN, Carl Gottfried (1832–1925), deutscher Mathematiker, Physiker, Sohn von F. E. Neumann (Potentialtheorie)

NEUMANN, Franz Ernst (1798–1895), deutscher Mineraloge, Physiker (Induktivitätsformel) 325, 351

NEUMANN, John von (1903–1957), US-amerikanischer Mathematiker ungarischer Herkunft 375, 443, 444, 454, 463, 466, **467**, 472, 478, XXIII

NEWLANDS, John Alexander Reina (1837–1898), britischer Chemiker 390

NEWTON, Sir Isaac (1643–1727), englischer Mathematiker, Physiker, Astronom 18, 21, 29, 31, 37–39, 86, 103, 167, 176, 187, 194, 195, 211, 213, 228, 236, 238–242, **252–272**, 276–289, 291–297, 302, 303, 309, 314, 316, 317, 319, 321, 323, 326, 327, 329, 332, 337, 350, 355, 380, 387, 390, 395, 396, 398, 404, 417, 420, 422, 423, 433, 434, 458, 466, 499, 526, 528, 529, XVIII, XXI, XXV

NIFO, Agostino (um 1470–1538), italienischer Naturphilosoph 162

NIKOLAUS von Autrecourt (Nicole d'Autrecourt) (gest. nach 1350), französischer Philosoph, Theologe 160

NIKOLAUS von Kues → CUSANUS

NIKOLAUS von Oresme (Nicole d'Oresme, Nicolaus Oresmius) (um 1320–1382), französischer Gelehrter 134, 148–154, 198, 285

NISCHIDSCHIMA, Kasuhiko (Nishijima) (geb. 1926), japanischer Physiker 516, 518

NISHINNA, Yoshio (1890–1951), japanischer Physiker 458

NOBEL, Alfred (1833–1896), schwedischer Chemiker, Industrieller 473

NOBLE, Sir Andrew (1831–1915), schottischer Physiker 398, 402, 408

NODDACK, Eva Ida (Tacke-Noddack) (1896–1978), deutsche Chemikerin 494, 495

NOETHER, Emmi (1882–1935), deutsche Mathematikerin 518

NOLLET, Jean Antoine (1700–1770), französischer Physiker 324, 327

NORDHEIM, Lothar Wolfgang (geb. 1899), deutscher Physiker 444

NORMAN, Robert (fl. um 1590), englischer Seefahrer, Mechaniker 175

NORWOOD, Richard (1590–1675), englischer Mathematiker, Astronom 258

O

OCCHIALLINI, Giuseppe Stanislavo Paolo (geb. 1907), italienischer Physiker 507

OCKHAM, Wilhelm von (William Ockham) (um 1285–um 1347), englischer Theologe, Philosoph 134, 160, XI

ODOAKER (Odowakar) (um 430–493), Führer germanischer Söldner, König in Italien 122

OHM, Georg Simon (1789–1854), deutscher Physiker 314, 325, 330, **334**, **335**

OMAR I. (um 592–644), Kalif, Gefährte Mohammeds, Staatsmann, Eroberer 109

OMAR CHAIJAM (1048–1131), persischer Astronom, Mathematiker, Philosoph, Dichter 134, 135, 138, 142, 143, 461

ONSAGER, Lars (1903–1976), US-amerikanischer Chemiker norwegischer Herkunft, Nobelpreisträger (Chemie 1968) 370

OPPENHEIMER, Robert (1904–1967), US-amerikanischer Physiker 458, 501, 537

ORIGENES (Adamantios, Ὠριγένες) (um 185 – um 254), griechischer Theologe IX
ØRSTED, Hans Christian (Oersted, Örsted) (1777–1851), dänischer Physiker, Chemiker 31, 312, 314, 325, 336, 337, 348, XIX
OSIANDER, Andreas (Andreas Hosemann) (1498–1552), lutheranischer Theologe 180, 182, 184
OSTWALD, Wilhelm Friedrich (1853–1932), deutscher Physicochemiker 364, 395, 396, 398, 485
OTTO I., der Große (912–973), deutsch-römischer Kaiser 123
OVIDIUS, Publius Naso (43 v. u. Z.–18 u. Z.), römischer Dichter 58

P

PACINOTTI, Antonio (1841–1912), italienischer Physiker, Elektroingenieur 343
PACIOLI, Luca (um 1445–um 1515), italienischer Mathematiker 146, XIII
PALESTRINA, Giovanni Pierluigi da (1525/26–1594), italienischer Komponist 134, 240
PAPPOS von Alexandria (Pappus; Πάππος) (fl. um 300 u. Z.), griechischer Mathematiker, Geograph 58, 59, 147
PARACELSUS, Philippus Aureolus (Theophrastus Bombastus von Hohenheim) (1493–1541), schweizerischer Arzt, Iatrochemiker schwäbischer Herkunft 162, 237
PARMENIDES von Elea (Παρμενίδης) (fl. um 500 v. u. Z.), griechischer Philosoph 44, 58, 59, 60, 66, 71, 72, 89, 376
PASCAL, Blaise (1623–1662), französischer Mathematiker, Physiker, Philosoph 38, 104, 107, 233, **234**–236, 239, 240, 287, 289, 290, 543
PASTEUR, Louis (1822–1895), französischer Chemiker, Mikrobiologe 314, 315, 526, XX
PATRICK (Magonus Sucatus Patricius) (fl. um 450 u. Z.), Missionar Irlands 124
PAUL III. (Alessandro Farnese) (1468–1549), Papst 181
PAULI, Wolfgang (1900–1958), schweizerischer Physiker österreichischer Herkunft, Nobelpreisträger (1945) 389, 397, 398, 406, 416, 437, 438, 440, 442, 451, 454, **457,** 458, 460, 466, 470, 472, 474, 478, 501, 503–506, 522
PAULUS VENETUS (Paolo Nicoletti) (gest. 1429), italienischer Scholastiker 156
PÁZMÁNY, Péter (1570–1637), ungarischer Kardinal, Gründer der Universität in Nagyszombat (die spätere Budapester Universität), Förderer der ungarischen Literatursprache 213
PEIERLS, Sir Rudolf Ernst (geb. 1907), englischer Physiker deutscher Herkunft 470, 502, XXVII
PEMBERTON, Henry (1694–1771), englischer Physiker 258, 261
PENZIAS, Arno Allen (geb. 1933), US-amerikanischer Astrophysiker deutscher Herkunft 476, 531

PÉRIER, Floriu (1605–1702), französischer Physiker, Schwager von B. Pascal 234
PERIKLES (Περικλῆς) (um 500–429 v. u. Z.), athenischer Staatsmann 57–59
PERRIN, Jean-Baptiste (1870–1942), französischer Physicochemiker, Nobelpreisträger (1926) 426, 470, 474, 485
PETER I., der Große (Пётр Великий) (1672–1725), russischer Zar 240, 307, 319
PETŐFI, Sándor (1823–1849), ungarischer Dichter, Freiheitskämpfer 314
PETRARCA, Francesco (1304–1374), italienischer Dichter, Humanist 134
PETRUS DAMIANI (1007–1072), italienischer Scholastiker, Kirchenlehrer 156
PETRUS HISPANUS (Papst Johannes XXI.) (um 1215–1277), Professor für Medizin in Siena, Arzt, Gelehrter 156
PETRUS LOMBARDUS (um 1095–1160), italienischer scholastischer Theologe, Bischof von Paris, „Magister Sententiarum" 148, 170
PETTENKOFER, Max von (1818–1901), deutscher Hygieniker 389
PEUERBACH, Georg von (Purbach, Peurbach) (1423–1461), österreichischer Mathematiker, Astronom 134, 167, 168
PHIDIAS (Pheidias, Φειδίας) (fl. um 450 v. u. Z.), griechischer Bildhauer 58
PHILIPP II. (1527–1598), spanischer König 135, 173
PHILIPP von Makedonien (382–336 v. u. Z.), makedonischer König, Vater von Alexander des Großen 57
PHILLIPS, John Gardener (geb. 1917), US-amerikanischer Astronom 531
PHILOLAOS von Kroton (Φιλόλαος) (fl. um 450 v. u. Z.), griechischer Philosoph, Astronom 59, 60, 82, 83
PHILON von Alexandria (Philo Judaeus; Φίλων) (15/10 v. u. Z.–45/50 u. Z.), hellenistischer Religionsphilosoph jüdischer Herkunft 58, 59, 110
PHILOPONUS, Johannes (Ἰωάννης Φιλόπονος, Γραμματικός) (fl. um 600 u. Z.), spätgriechischer Theologe, Physiker, Aristoteleskommentator 58, 60, 137, 150
PHOTIOS (Φώτιος) (um 820 – um 890), byzantinischer Gelehrter, Patriarch von Konstantinopel 138
PIAGET, Jean (1896–1980), schweizerischer Psychologe 31
PICASSO, Pablo (Pablo Ruiz y Picasso) (1881–1973), spanischer Maler 478
PICCARD, Auguste (1884–1962), schweizerischer Physiker 470
PICTET, Marcus Auguste (1752–1825), französischer Physiker schweizerischer Herkunft 335
PIXII, Hyppolite (1808–1835), französischer Elektrotechniker, Erfinder 343
PLANCK, Max (1858–1947), deutscher Physiker, Nobelpreisträger (1918) 39, 320, 370, 393, 395, 407, 409, 414–416, 426, **427–435,** 437, 446, 450, 454, 465, 472, 473, 476, 478, XXIII, XXIV
PLATON (Plato; Πλάτων) (427/28–347/48 v. u. Z.), griechischer Philosoph 16, 18, 41, 57–60, 62,

67–76, 83, 87, 88, 91, 97, 102, 103, 110, 136–138, 140, 143, 174, 175, 178, 179, 322, 520, I, VI, IX, XI, XIII, XVI
PLINIUS der Ältere (Gaius Secundus) (23/24–79), Beamter und Schriftsteller, Verfasser der Bücherserie „Naturalis Historia" 99, 108–110, 134, 136, 140, 161, 169, 321, 323
PLINIUS der Jüngere (Gaius P. Caecilius Secundus) (61/62–113), römischer Politiker, Schriftsteller 109
PLOTIN (Πλωτῖνος) (um 205–270), griechischer Philosoph, Begründer des Neuplatonismus 58, 110
PLÜCKER, Julius (1801–1868), deutscher Mathematiker, Physiker 378
PLUTARCH (Mestrius Plutarchus; Πλούταρχος) um 46–um 125), griechischer Historiker, Moralphilosoph 58, 85, 86, 89, 92, 99, XV
POGÁNY, Béla (1887–1943), ungarischer Physiker 400
POINCARÉ, Jules Henri (1854–1912), französischer Mathematiker, Physiker, Philosoph 24, 106, 348, 375, 388, 398, 404, **406–418,** 426, 440, 446, 468, 478, 480, 518, XX, XXIII
POINSOT, Louis (1777–1859), französischer Mathematiker, Physiker 74
POISSON, Siméon Denis (1781–1840), französischer Mathematiker, Physiker 296, 297, 310, 314, 325, 331, 343
POLO, Marco (um 1254–1324), venezianischer Reisender, Kaufmann, Entdecker 134
POMPADOUR, Jeanne Antoinette Poisson, Marquise de (1721–1764), Mätresse Ludwigs XV., Fördererin von Kunst, Wissenschaft, Literatur XIX
PONOMARJOW, L. I. (Леонид Иванович Пономарёв) (geb. 1937), sowjetischer Physiker 527
POPOW, A. S. (Александр Степанович Попов) (1859–1906), russischer Physiker, Elektrotechniker 351, XX
POPPER, Sir Karl Raimund (geb. 1902), englischer Philosoph österreichischer Herkunft 17, 29, 465
PORPHYRIOS von Tyros (Πορφύριος) (um 234 – um 304), griechischer neuplatonischer Philosoph 132
PORTER, Sir Georg (geb. 1920), englischer Physikochemiker, Nobelpreisträger (Chemie 1967) 493
POSEIDONIOS (Posidonius; Ποσειδώνιος) (131–51 v. u. Z.), griechischer Philosoph, Astronom 100, 101, 111
POUSSIN, Nicolas (1594–1665), französischer Maler 241
POWELL, Cecil Frank (1903–1969), englischer Physiker, Nobelpreisträger (1950) 474, 507, 510
PRAXITELES (Πραξιτέλης) (fl. um 350 v. u. Z.), griechischer Bildhauer 58
PRICE, Bartholomew (1818–1862), englischer Mathematiker 330
PRIESTLEY, Joseph (1733–1804), britischer Naturforscher, Chemiker, Elektrotechniker 17, 239, 323–325, 327, 329, 330, 340
PRIGOGINE, Ilya (geb. 1917), belgischer Physikochemiker russischer Herkunft 370

PRINGSHEIM, Ernest (1859–1917), deutscher Physiker 430, 431
PROCHOROW, A. M. (Александр Михайлович Прохоров) (geb. 1916), sowjetischer Physiker, Nobelpreisträger (1964) 389, 475, 476, XXIII, XXVII
PROKLOS (Proclus; Πρόκλος) (um 410–485), griechischer Philosoph, Vertreter des Neuplatonismus 58, 104
PROTAGORAS (Πρωταγόρας) (um 480–421 v. u. Z.), griechischer Philosoph, Sophist 58, 67
PROUST, Joseph Louis (1754–1826), französischer Chemiker 377
PROUT, William (1785–1850), britischer Arzt, Chemiker 382, 486
PSELLOS, Michael (Μιχαήλ Ψελλος) (1018–1078/96), byzantinischer Universalgelehrter 138
PTOLEMAIOS I. Soter (der Retter) (um 366–283 v. u. Z.), Feldherr Alexanders des Großen, König von (hellenistischen) Ägypten, Gründer der Dynastie der Ptolemäer 47, 109
PTOLEMAIOS II. Philadelphos (der Schwesterliebende) (um 308–246 v. u. Z.), Gründer der alexandrinischen Bibliothek 109
PTOLEMÄUS, Claudius (Ptolemaeus, Πτολεμαῖος) (um 100 – nach 160), alexandrinischer Astronom, Geograph 15, 18, 51, 58–60, 82, 83, 97, 98, **99**–101, 112, 135, 137, 139–141, 144, 153, 161, 167–170, 179, 189, 192, 211, 222, 226, 283, 322, 323, 423, 529, IV, IX
PURCELL, Henry (1659–1695), englischer Komponist 240
PURCELL, Mills Edward (geb. 1912), US-amerikanischer Physiker, Nobelpreisträger (1952) 474
PUSCHKIN, A. S. (Александр Сергеевич Пушкин) (1799–1837), russischer Dichter 314
PYRRHON von Elis (Πύρρων) (um 360–um 270 v. u. Z.), griechischer Philosoph, Skeptiker 107
PYTHAGORAS von Samos (Πυθαγόρας) (um 570–um 480 v. u. Z.), griechischer Philosoph, Gründer der religiös-politischen Lebensgemeinschaft der Pythagoreer 41, 58–**61,** 62, 64–66, 82, 95, 103, 162, 170, 178, 197, 201, 268, IX

Q

QUESNAY, François (1694–1774), französischer Nationalökonom 313

R

RABI, Isidor Isaac (1898–1988), US-amerikanischer Physiker polnischer Herkunft, Nobelpreisträger (1944) 474
RACINE, Jean de (1639–1699), französischer Dramatiker 240, 241
RAFFAEL (Raffaello Santi) (1483–1520), italienischer Maler, Baumeister 160
RAINWATER, Leo James (geb. 1917), US-amerikanischer Physiker, Nobelpreisträger (1975) 476
RAMAN, Sir Chandrasekhara Venkata (1888–1970), indischer Physiker, Nobelpreisträger (1930) 474
RAMSEY, Norman Foster (geb. 1915), US-amerikanischer Physiker 522
RANKINE, William John Macquorn (1820–1872), britischer Ingenieur, Physiker 371, XXI
RAYLEIGH, John William Strutt, Lord (1842–1919), britischer Physiker 349, 365, 367, 381, 429, **430,** 431, 432, 434, 473
RÉAUMUR, René Antoine Ferchault de (1683–1757), französischer Naturforscher 327
REGIOMONTANUS (Johannes Müller) (1436–1476), deutscher Astronom, Mathematiker 134, 161, 168, 169, 178, 179
REGIUS, Henricus (1598–1679), niederländischer Philosoph 291
REINES, Frederic (geb. 1918), US-amerikanischer Physiker 506, 513
REISCH, Gregor (um 1472–1523), deutscher Polyhistor 170
REMBRANDT (R. Harmenszoon van Rijn) (1606–1669), niederländischer Maler 240, 241
RENOIR, Pierre Auguste (1841–1919), französischer Maler 478
RETHERFORD, Robert Curtis (geb. 1912), US-amerikanischer Physiker 460
RHAZES (Ar Rasi) (um 854–925/35), persischer Arzt, Philosoph 169
RHETICUS (Georg Joachim von Lauchen, Rhäticus, Rhaeticus) (1514–1576), deutscher Astronom, Mathematiker 179
RHIND, Alexander Henry (1833–1863), schottischer Archäologe 47
RICCIOLI, Giovanni Battista (1598–1671), italienischer Theologe, Astronom 188
RICHARDSON, Sir Owen Williams (1879–1959), englischer Physiker, Nobelpreisträger (1928) 389, 470, 474, 476
RICHMANN, G. W. (Георг Вильгельм Рихман) (1711–1753), russischer Physiker deutscher Herkunft 324, 327
RICHTER, Burton (geb. 1931), US-amerikanischer Physiker, Nobelpreisträger (1976) 476, 527, 528
RIEMANN, Georg Friedrich Bernhard (1826–1866), deutscher Mathematiker 340, 416, 417, 420–422
RILKE, Rainer Maria (1875–1926), österreichischer Dichter 37
RITTER, Johann Wilhelm (1776–1810), deutscher Physiker, Chemiker 387
RITZ, Walter (1878–1909), deutscher Mathematiker, Physiker 388, 426
ROBERT von Chester (Robert de Rétines) (fl. um 1150), englischer Übersetzer arabischer Werke 140
ROBERVAL, Gilles Personne de (1602–1675), französischer Mathematiker 176, 285, 287
ROBISON, John (um 1739–1805), englischer Naturforscher, Herausgeber der Bücher Blacks 329, 357
ROCHESTER, George Dixon (geb. 1908), englischer Physiker 507
ROHRER, Heinrich (geb. 1933), deutscher Physiker, Nobelpreisträger (1986) 476, 480
RØMER, Ole (Olaf Roemer) (1644–1710), dänischer Astronom 230, 277, 278, 399
RÖNTGEN, Wilhelm Conrad (1845–1923), deutscher Physiker, Nobelpreisträger (1901) 314, 380, 381, **382,** 384, 473, 478
ROOSEVELT, Franklin Delano (1882–1945), Präsident der USA 502
ROSCELIN von Compiègne (Roscellinus) (um 1045–um 1120), französische Theologe, Philosoph XI
ROSENFELD, Leon (1904–1974), belgischer Physiker 470
ROUSSEAU, Jean-Jacques (1712–1778), französischer Schriftsteller, Moralphilosoph, Gesellschaftstheoretiker schweizerischer Herkunft 234, 313, 314
RUBBIA, Carlo (geb. 1934), italienischer Physiker, Nobelpreisträger (1984) 476, 528, XXX
RUBENS, Heinrich (1865–1922), deutscher Physiker 240, 426, 430, 431
RUDOLF I., Graf von Habsburg (1218–1291), römischer König 125
RUDOLF II. (1552–1612), König von Ungarn und Böhmen, deutscher Kaiser 189, 190
RUMFORD, Sir Benjamin Thompson, Graf von (1753–1814), britisch-deutscher Militärberater, Organisator sozialer und wissenschaftlicher Institutionen 358, 359, 361
RUSKA, Ernst A. F. (geb. 1906), deutscher Elektroingenieur, Nobelpreisträger (1986) 476, 480
RUSSELL, Bertrand Arthur William, Lord (1872–1970), britischer Mathematiker, Philosoph, Nobelpreisträger (Literatur 1950) 16, 61, 66, 103, 110, 316, 478, 543
RUSSELL, Henry Norris (1877–1957), US-amerikanischer Astronom 529
RUTHERFORD, Ernest (Lord Rutherford of Nelson) (1871–1937), britischer Physiker, Nobelpreisträger (Chemie 1908) 341, 381, 385, 386, 388, 389, 426, 435–437, 470, 472, 477–479, 481–488, 499, 512, 526, XXIII, XXV
RUŽIČKA, Leopold (1887–1976), schweizerischer Chemiker kroatischer Herkunft, Nobelpreisträger (Chemie 1939) 500
RYDBERG, Janne Robert (1854–1919), schwedischer Physiker 388, 426
RYLE, Sir Martyn (1918–1984), britischer Astrophysiker, Nobelpreisträger (1974) 475

S

SACROBOSCO → JOHANNES de Sacro Bosco
SAKURAI, John (geb. 1933), US-amerikanischer Physiker japanischer Herkunft 514
SALAM, Abdus (geb. 1926), englischer Physiker pakistanischer Herkunft, Nobelpreisträger (1979) 476, 522, 527, 528
SALPETER, Edwin Ernest (geb. 1924), US-amerikanischer Astrophysiker 533

SANDAGE, Allan Rex (geb. 1926), US-amerikanischer Astronom 531
SARTON, George Alfred Leon (1884–1956), US-amerikanischer Wissenschaftshistoriker 134
SARTRE, Jean-Paul (1905–1980), französischer Philosoph, Schriftsteller, Nobelpreisträger (Literatur 1964) 478
SAUVEUR, Joseph (1653–1716), französischer Mathematiker, Physiker 241
SAVART, Félix (1791–1841), französischer Physiker 325, 336, 337
SAVIĆ, Pavle (geb. 1909), jugoslawischer Physikochemiker 495
SCARLATTI, Alessandro (1660–1725), italienischer Komponist 314
SCARLATTI, Domenico (1685–1757), italienischer Komponist, Sohn von A. Scarlatti 240
SCHAEFER, Clemens (1878–1968), deutscher Physiker, Pädagoge 433
SCHWALOW, Arthur Leonard (geb. 1921), US-amerikanischer Physiker, Nobelpreisträger (1981) 476
SCHEDEL, Hartmann (1440–1514), deutscher Humanist, Chronist 109
SCHEIN, Marcel (1902–1960), deutscher Physiker 505
SCHEINER, Christoph (1575–1650), deutscher Mathematiker, Astronom, Jesuit 196, 226, 228, 241
SCHELLING, Friedrich Wilhelm Joseph von (1775–1854), deutscher Philosoph 336, 396
SCHILLER, Johann Christoph Friedrich von (1759–1805), deutscher Dichter 314, XIX
SCHMIDT, Gerhard Karl (1865–1949), deutscher Chemiker 482, 485
SCHMIDT, Maarten (geb. 1929), US-amerikanischer Astronom niederländischer Herkunft 531
SCHOOTEN, Franz van (um 1615–1660), niederländischer Mathematiker 284
SCHOPENHAUER, Arthur (1788–1860), deutscher Philosoph 108, 314
SCHOTT, Kaspar (Casparus) (1608–1666), deutscher Mathematiker, Verfasser volkstümlich-wissenschaftlicher Bücher, Jesuit 235, XII
SCHRIEFFER, John Robert (geb. 1931), US-amerikanischer Physiker, Nobelpreisträger (1972) 475, XXVII
SCHRÖDINGER, Erwin (1887–1961), österreichischer Physiker, Nobelpreisträger (1933) 296, 297, 310, 387, 426, 427, 433, 442, 444, 445, **446–451,** 454, 455, 459, 465, 466, 469, 470, 472, 474, 478
SCHUBERT, Franz (1797–1828), österreichischer Komponist 314
SCHUSTER, Arthur (1850–1934), englischer Physiker 379
SCHÜTZ, Heinrich (Henricus Sagittarius) (1585–1672), deutscher Komponist 240, 241
SCHWARTZ, Melvin (geb. 1932), US-amerikanischer Physiker, Nobelpreisträger (1988) 516
SCHWARZSCHILD, Karl (1873–1916), deutscher Astronom 418, 422, 505
SCHWINGER, Julian Seymour (geb. 1918), US-amerikanischer Physiker, Nobelpreisträger (1965) 354, 475, 478, 503, 528
SCOT, Michael (Scotus) (um 1175–um 1235), schottischer Gelehrter, Übersetzer 140
SCOTT, Sir Walter (1771–1832), schottischer Dichter XIX
SEABORG, Glenn Theodore (geb. 1912), US-amerikanischer Chemiker, Nobelpreisträger (Chemie 1951) 493
SEEBECK, Thomas Johann (1770–1831), deutscher Physiker 334
SEGRÈ, Emilio Gino (geb. 1905), US-amerikanischer Physiker italienischer Herkunft, Nobelpreisträger (1959) 443, 475, 502
SELDOWITSCH, J. B. (Яков Борисович Зельдович) (1914–1987), sowjetischer Physiker 516
SELÉNYI, Pál (1884–1954), ungarischer Physiker 444
SENECA, Lucius Annaeus (um 4 v. u. Z.–65 u. Z.), römischer Philosoph, Politiker, Schriftsteller 58, 107, 134, 136, 140, 161, 170
SENGHOR, Léopold (geb. 1906), senegalesischer Politiker, Dichter 35
SEXTUS EMPIRICUS (Σέξτος Ἐμπειρίκος) (fl. um 200 u. Z.), griechischer Philosoph 107
SHAKESPEARE, William (1564–1616), englischer Dichter, Dramatiker 16, 173, 240
SHAW, Georg Bernard (1856–1950), englischer Dramatiker irischer Herkunft, Nobelpreisträger (Literatur 1925) 314
SHELLEY, Percy Bysshe (1792–1822), englischer Lyriker 314, XIX
SHOCKLEY, William Bradford (geb. 1910), US-amerikanischer Physiker, Nobelpreisträger (1956) 389, 479, XXIII, XXVII
SIEGBAHN, Kai Manne Börje (geb. 1918), schwedischer Physiker, Sohn von K. M. G. Siegbahn, Nobelpreisträger (1981) 476
SIEGBAHN, Karl Manne Georg (1886–1978), schwedischer Physiker, Nobelpreisträger (1924) 474
SIEMENS, Werner von (1816–1892), deutscher Elektrotechniker, Erfinder, Unternehmer 314, 343, 388
SIEVERT, Rolf Maximilian (1896–1966) schwedischer Radiologe XXXII
SIGER von Brabant (um 1235–um 1282), scholastischer Philosoph 156
SKOBELZYN, D. W. (Дмитрий Владимирович Скобельцын) (geb. 1892), sowjetischer Physiker 511
SLATER, John Clarke (1900–1976), US-amerikanischer Physiker 457, 472
SLUSE, René-François de (Slusius) (1622–1685), französischer Mathematiker XVIII
SMITH, Adam (1723–1790), schottischer Nationalökonom, Moralphilosoph 315, XXII
SNELL, Arthur (geb. 1909), US-amerikanischer Physiker 516
SNELLIUS, Willebrordus (Willebrord van Snel van Royen) (1580 oder 1591–1626), niederländischer Mathematiker, Physiker, Kartograph 37, 222, 226, 227
SNOW, Lord Charles Percy (1905–1980), englischer Schriftsteller, Politiker, Physiker 16, 406
SODDY, Frederick (1877–1956), britischer Physikochemiker, Nobelpreisträger (Chemie 1921) 477, 483, 485, 487, 500, XXIV
SOKRATES (Σωκράτης) (um 470–399 v. u. Z.), griechischer Philosoph 58–60, **67,** 69, 86, 108, 109
SOLVEY, Ernest (1838–1922), belgischer Chemiker, Unternehmer 426
SOMMERFELD, Arnold (1868–1951), deutscher Mathematiker, Physiker 62, 396, 398, 414, 426, 433, **437,** 440, 441, 457, 478, 504, XXVII
SOPHOKLES (Σοφοκλῆς) (um 496–um 406 v. u. Z.), griechischer Tragiker 58, 183, 423
SOSIGENES (Σωσιγένης) (fl. um 70 v. u. Z.), alexandrinischer Astronom, Mathematiker 52
SOTO, Domingo de (Dominicus de Soto) (1495–1560), spanischer Theologe, Philosoph 162, 163, 166
SPARTAKUS (Spartacus) (gest. 71 u. Z.), römischer Sklave thrakischer Herkunft, Gladiator, Führer des größten Sklavenaufstandes im Römischen Reich 58
SPEUSIPPOS (Σπεύσιππος) (um 408–339), griechischer Philosoph, Platons Neffe 70
SPINOZA, Baruch (Benedictus) de (1632–1677), niederländischer Philosoph 26, 88, 240, 241, 291, 292
STAHL, Georg Ernst (1660–1734), deutscher Arzt, Chemiker 238, 239
STANLEY, Wendell Meredith (1904–1971), US-amerikanischer Biochemiker, Nobelpreisträger (Chemie 1946) 500
STARK, Johannes (1874–1957), deutscher Physiker, Nobelpreisträger (1919) 473
STAUDINGER, Hermann (1881–1965), deutscher Chemiker, Nobelpreisträger (Chemie 1953) 500
STEFAN, Joseph (1835–1893), österreichischer Physiker 372, 427
STEINBERGER, Jack (geb. 1921), US-amerikanischer Physiker, Nobelpreisträger (1988) 516
STEINMETZ, Charles Proteus (1865–1923), US-amerikanischer Elektroingenieur deutscher Herkunft 334
STEPHENSON, Georg (1781–1848), britischer Ingenieur XXI
STERN, Otto (1888–1969), US-amerikanischer Physiker deutscher Herkunft, Nobelpreisträger (1943) 474
STEVIN, Simon (Stevinus; Simon von Brügge) (1548–1620), niederländischer Ingenieur, Mathematiker, Physiker 148, 176, **210,** 240
STIRLING, James (1692–1770), schottischer Mathematiker 433
STOKES, Sir George Gabriel (1819–1903), britischer Mathematiker, Physiker 297, 312, 351, 430, XXV
STONEY, George Johnstone (1826–1911), britischer Physiker 380
STRABON (Strabo; Στράβων) (um 63 v. u. Z.–um 28 u. Z.), griechischer Geograph, Geschichtsschreiber 121, 138, 161

STRASSMANN, Fritz (1902–1980), deutscher Physikochemiker 496, 497, XXIII
STRATON von Lampsakos (Στράτων) (um 340–269/70 v. u. Z.), griechischer Philosoph 85, 86
STRAWINSKI, Igor (Igor Stravinskij; Игорь Фёдорович Стравинский) (1882–1971), US-amerikanischer Komponist russischer Herkunft 478
STUECKELBERG, Ernst Karl Gerlach (geb. 1905), schweizerischer Physiker 515
STUKELEY, William (1687–1765), englischer Arzt, Freund von Newton 257
SUDARSHAM, Ennakal (geb. 1931), US-amerikanischer Physiker indischer Herkunft 514
SULZER, Johann Georg (1720–1779), schweizerischer Philosoph, Pädagoge 334
SUPPES, Patrick Colonel (geb. 1922), US-amerikanischer Pädagoge, Philosoph 26
SWIFT, Jonathan (1667–1745), englischer Schriftsteller irischer Herkunft 240, 295, 314
SWINESHEAD, Richard (fl. um 1350), englischer Mathematiker, Naturphilosoph 134, 149, 162, 163
SYDENHAM, Thomas (1624–1689), englischer Arzt, „englischer Hippokrates" 293
SYRLIN, Jörg, der Ältere (um 1425–1491), deutscher Bildhauer 15
SZALAY, Sándor (1909–1987), ungarischer Physiker 506
SZALAY, Sándor (geb. 1947), ungarischer Physiker, Sohn von S. Szalay (1909–1987) 261
SZILARD, Leo (1898–1964), US-amerikanischer Physiker ungarischer Herkunft 498, 502, 518

T

TAIT, Peter Guthrie (1831–1901), englischer Mathematiker, Physiker 379
TAMM, I. J. (Игорь Евгеньевич Тамм) (1895–1971), sowjetischer Physiker, Nobelpreisträger (1958) 458, 475, 478, 511, 512
TARTAGLIA, Niccolò (Niccolò Fontana) (um 1500–1557), italienischer Mathematiker 134, 162, 163, 285, XIII
TASSO, Torquato (1544–1595), italienischer Dichter 240
TELLER, Edward (Teller Ede) (geb. 1908), US-amerikanischer Physiker ungarischer Herkunft 501, 518, 529
TERTULLIAN (Quintus Septimius Florens Tertullianus) (um 160–nach 220), frühchristlicher Theologe, Schöpfer der lateinischen Kirchensprache 156
TESLA, Nikola (1856–1943), US-amerikanischer Physiker, Elektrotechniker kroatischer Herkunft 343
THABIT IBN KURRA (um 836–901), islamischer Naturforscher, Astronom, Philosoph, Übersetzer syrischer Herkunft 147, XIII
THALES von Milet (Θαλῆς) (um 625–um 547 v. u. Z.), griechischer Mathematiker, Begründer der ionischen Naturphilosophie 57–60, 71, 102, IX, XX
THEAITETOS (Θεαίτητος) (um 410–um 368 v. u. Z.), griechischer Mathematiker 73
THENARD, Louis Jacques (1777–1857), französischer Chemiker 341
THEODERICH der Große (Flavius Theodericus) (um 453–526), König der Ostgoten 122, 135, 136
THEODOROS, Methokhytes (Θεόδωρος) (um 1260–1332), byzantinischer Politiker, Philologe, Enzyklopädist 137, VI
THEODOSIUS I., der Große (374–395), der letzte Kaiser des einheitlichen Römischen Reiches 122, 137
THEOPHRAST (Θεόφραστος) (um 372–287 v. u. Z.), griechischer Philosoph 87, 211
THIBAUT, Jean (1901–1960), französischer Physiker 505
THOMAS von Aquino (Thomas von Aquin, Thomas Aquinas) (1224/25–1274), scholastiker Philosoph, Theologe italienischer Herkunft („doctor angelicus") 19, 34, 37, 39, 84, 88, 117, 130, 134, 139, 143, 156, 157, 161, 169, 294, 321, X, XI
THOMSON, Sir George Paget (1892–1975), englischer Physiker, Nobelpreisträger (1937), Sohn von J. J. Thomson 380, 381, 385, 445, 474, 493
THOMSON, Sir Joseph John (1856–1940), englischer Physiker, Nobelpreisträger (1906) 369, **377–381**, 384, 385, 414, 426, 436, 473, 478, 482, 486, 493, 529, XXIII
THUTMOSIS III. (regierte 1490–1436 v. u. Z.), ägyptischer König (Eroberer-pharao) 48
TING, Samuel Chao Chung (geb. 1936), US-amerikanischer Physiker, Nobelpreisträger (1976), 476, 527, 528
TISSERAND, François Felix (1845–1896), französischer Astronom 340
TIZIAN (Tiziano Vecellio) (1487/90–1576), italienischer Maler 135
TOLMAN, Richard Chace (1881–1948), US-amerikanischer Physikochemiker, Physiker 409
TOLSTOI, L. N. (Лев Николаевич Толстой) (1828–1910), russischer Schriftsteller 314
TOMONAGA, Schinitschiro (1906–1979), japanischer Physiker, Nobelpreisträger (1965), 460, 475, 478, 528
TORRICELLI, Evangelista (1608–1647), italienischer Physiker, Mathematiker 233, 234, 236, 240, 242, 285
TOULMIN, Stephen Edelston (geb. 1922), englischer Philosoph, Wissenschaftshistoriker 31
TOWNES, Charles Hard (geb. 1915), US-amerikanischer Physiker, Nobelpreisträger (1964), 389, 402, 475, 476, XXIII, XXVII
TRAJAN (Marcus Ulpius Traianus) (53–117), römischer Kaiser 109
TRIBONIANUS (gest. um 545), höchster Beamter des byzantinischen Kaisers Justinian I., Rechtsgelehrte 59
TROUTON, Frederic Thomas (1863–1922), englischer Physiker 398, 402, 403, 408
TRUESDELL, Clifford Ambrose (geb. 1919), US-amerikanischer Wissenschaftshistoriker 162, 296
TSCHAIKOWSKI, P. I. (Пётр Ильич Чайковский) (1840–1893), russischer Komponist 314
TSCHERENKOW, P. A. (Павел Алексеевич Черенков) (geb. 1904), sowjetischer Physiker, Nobelpreisträger (1958) 475, 511, **512**
TURGOT, Anne Robert Jaques (1727–1781), französischer Wirtschaftstheoretiker, Staatsmann 316, 317
TURNER, William (1775–1851), englischer Maler XIX
TYNDALL, John (1820–1893), irischer Physiker 427

U

UHLENBECK, George Eugene (geb. 1900), US-amerikanischer Physiker niederländischer Herkunft 438, 454, 457, 474
ULPIANUS, Domitius (um 170–223) römischer Jurist, Staatsmann 59
ULUG BEG (Ulug Bei) (1394–1449), usbekischer Herrscher, Astronom 144, 187

V

VARAHAMIHIRA (Varaha oder Mihira) (505–587), indischer Astronom, Mathematiker, Philosoph 141
VARIGNON, Pierre (1654–1722), französischer Physiker, Mathematiker 296, 297
VARLEY, Cromwell (1828–1883), englischer Physiker 378
VASARI, Giorgio (1511–1574), italienischer Maler, Architekt, Kunsthistoriograph 164
VELÁZQUEZ, Diego Rodríguez de Silva y (1599–1660), spanischer Maler 240, 241
VERDI, Giuseppe (1813–1901), italienischer Komponist 314
VERGIL (Publius Vergilius Maro) (70–19 v. u. Z.), römischer Dichter 18, 58
VERMEER, Jan (Vermeer van Delft) (1632–1675), niederländischer Maler 241
VESAL, Andreas (Vesalius) (1514–1564), flämischer Mediziner deutscher Abstammung 91, 134, 135
VESPASIAN (Titus Flavius Vespasianus) (9–79), römischer Kaiser 108
VICO, Giovanni Battista (1668–1744), italienischer Geschichtsphilosoph 292
VIÈTE, François (Franciscus Vieta) (1540–1603), französischer Mathematiker 134, 240, 282, XIII
VILLALPAND, Francisco (1552–1608), italienischer Baumeister, Statiker 163, 164
VILLARD DE HONNECOURT (fl. um 1245), französischer Baumeister 129
VILLARD, Paul (1860–1934), französischer Physiker 482
VILLON, François (1431–um 1463), französischer Dichter 133–135, 151
VITRUV, (Pollio Marcus Vitruvius) (fl. um 50 v. u. Z.), römischer Baumeister,

Militärtechniker 41, 58, 59, 88, 89, 98, 136, 140
VIVALDI, Antonio (1678–1741), italienischer Komponist, Violinist 240, 314
VIVES, Juan Luis (1492–1540), spanischer Humanist, Philosoph, Pädagoge 162
VIVIANI, Vincenzo (1622–1703), italienischer Mathematiker 233
VLECK, John Hasbrouck van (1899–1980), US-amerikanischer Physiker, Nobelpreisträger (1977) 476
VOIGT, Woldemar (1850–1919), deutscher Physiker 398, 403, 414
VOLTA, Alessandro (1745–1827), italienischer Physiker 312, 314, 322, 325, 333–336, 436
VOLTAIRE (François Marie Arouet) (1694–1778), französischer Schriftsteller, Philosoph 269, 272, 289, 293–295, 313, 314, 316, XXI
VOSSIUS, Isaac (1618–1689), niederländischer Gelehrter 227

W

WAALS, Jan Diderik van der (1837–1923), niederländischer Physiker, Nobelpreisträger (1910), 471, 473
WAGNER, Richard (1813–1883), deutscher Komponist 314
WALLENSTEIN, Albrecht Wenzel von (1583–1634), Feldherr und Staatsmann im Dreißigjährigen Krieg 241
WALLIS, John (1616–1703), englischer Mathematiker 284
WALTHER von der Vogelweide (um 1170–1230), mittelhochdeutscher Dichter 134
WALTON, Ernest Thomas Sinton (geb. 1903), irischer Physiker, Nobelpreisträger (1951) 470, 474, 482, 488, 489, 493
WAN-LI (Shen-Zong) (1563–1620), chinesischer Herrscher 173
WANTZEL, Pierre Laurent (1814–1848), französischer Mathematiker 103
WARBURG, Emil (1846–1914), deutscher Physiker 426, 427
WATERSTON, John James (1811–1883), englischer Physiker 365–368, 377
WATT, James (1736–1819), englischer Ingenieur, Erfinder 314, 357, 363, **364,** XIX
WAWILOW, S. I. (Сергей Иванович Вавилов) (1891–1951) sowjetischer Physiker 512
WEBER, Wilhelm Eduard (1804–1891), deutscher Physiker 325, 339, 344, 351
WEBSTER, David Locke (geb. 1888), US-amerikanischer Physiker 489
WEINBERG, Steven (geb. 1933), US-amerikanischer Physiker österreichischer Herkunft, Nobelpreisträger (1979) 160, 476, 527, 528
WEISS, Pierre Ernest (1865–1940), französischer Physiker XXVII
WEISSKOPF, Victor Frederick (geb. 1908), US-amerikanischer Physiker österreichischer Herkunft 460, 493, 502, 503, 522
WEIZSÄCKER, Karl Friedrich von (geb. 1912), deutscher Physiker 454, 529, 532
WEKSLER, W. I. (Владимир Иосифович Векслер) (1907–1966), sowjetischer Physiker 510
WESMAN, E. A. (Ельмар Августинович Весман) (geb. 1938), sowjetischer Physiker 527
WEYL, Hermann (1885–1955), US-amerikanischer Physiker deutscher Herkunft 520, 525
WHEELER, John Archibald (geb. 1911), US-amerikanischer Physiker 514
WHITEHEAD, Alfred North (1861–1947), englischer Mathematiker, Philosoph 16, 423, XXI
WHITMAN, Walt (1819–1892), US-amerikanischer Dichter 314
WHITTAKER, Sir Edmund Taylor (1873–1956), englischer Mathematiker, Astronom, Wissenschaftshistoriker 397
WIEDEMANN, Gustav (1826–1899), deutscher Physiker 378, 380
WIEDERÖE, Rolf (geb. 1902), schweizerischer Physiker norwegischer Herkunft 510
WIEN, Wilhelm (1864–1928), deutscher Physiker, Nobelpreisträger (1911) 381, 426, 428, 429, 431, 432, 441, 473
WIENER, Norbert (1894–1964), US-amerikanischer Mathematiker 449
WIGNER, Eugene Paul (Wigner Jenő Pál) (geb. 1902), US-amerikanischer Physiker ungarischer Herkunft, Nobelpreisträger (1963) 419, 475, 478, 505, **517–519,** 528
WILHELM I. der Eroberer (William the Conqueror) (um 1027–1087), englischer König 123, 124, 135
WILHELM IV. der Weise (1532–1592), Fürst von Hessen-Kassel, Astronom 179
WILHELM von Moerbeke (um 1215 – vor 1286), flandrischer Dominikaner, Gelehrter, Übersetzer 139
WILSON, Charles Thomson Rees (1869–1959), britischer Physiker, Nobelpreisträger (1927) 381, 474, 476
WILSON, Kenneth Geddes (geb. 1936), US-amerikanischer Physiker, Nobelpreisträger (1982) 476
WILSON, Robert Woodrow (geb. 1936), US-amerikanischer Physiker, Radioastronom, Nobelpreisträger (1978) 531
WINCKELMANN, Johann Joachim (1717–1768), deutscher Archäologe, Kunsthistoriker 319
WISDOM, Arthur John Terence (geb. 1904), englischer Philosoph 320
WITTGENSTEIN, Ludwig (1889–1951), österreichischer Philosoph 451
WOLFF, Christian Freiherr von (1679–1754), deutscher Philosoph, Physiker 306
WOLLASTON, William Hyde (1766–1828), britischer Naturforscher 387
WORDSWORTH, William (1770–1850), englischer Dichter XIX
WU, Chien-Shiung (geb. 1912), US-amerikanische Physikerin chinesischer Herkunft 518, 521

X

XENOPHANES (Ξενοφάνης) (um 565 – um 470 v. u. Z.), griechischer Philosoph, Dichter 58, 59

Y

YANG, Chen Ning (geb. 1922), US-amerikanischer Physiker chinesischer Herkunft, Nobelpreisträger (1975) 475, 507, 518, 521, 522, 529
YOUNG, Thomas (1773–1829), englischer Arzt, Physiker, Linguist 282, 314, 350, **352,** 354, 355, 380
YUKAWA, Hideki (1907–1981), japanischer Physiker, Nobelpreisträger (1949) 331, 474, 478, 500, 504, **509,** XXIII

Z

ZEEMAN, Pieter (1865–1943), niederländischer Physiker, Nobelpreisträger (1902) 354, 386
ZENON von Elea (Ζήνων) (um 490 – um 430 v. u. Z.), griechischer Philosoph, Mathematiker 58
ZENON von Kition (Ζήνων) (um 336 – um 264 v. u. Z.) griechischer Philosoph 58, 59, 66, 107
ZERMELO, Ernst (1871–1953), deutscher Mathematiker 375
ZERNIKE, Frits (1888–1966), niederländischer Physiker, Nobelpreisträger (1953) 474
ZINN, Walter Henry (geb. 1906), US-amerikanischer Physiker 498
ZIPERNOVSZKY, Károly (1853–1942), ungarischer Elektroingenieur 343, XX
ZOLA, Emile (1840–1902), französischer Schriftsteller 478

Register arabischer Namen und Begriffe

Die im folgenden angeführten Namen sind in ihrer einfachsten Form schon in dem Personen- und Sachregister angegeben. Hier geben wir sie in etwas vollständigerer Form in arabischen Schriftzeichen, zusammen mit einer sehr verbreiteten Umschrift, die auf die englische Sprache abgestimmt ist. Die Umschrift der arabischen Namen ist mit inhärenten Schwierigkeiten verbunden, die allgemein kaum zu lösen sind, wie z. B.: Die kurzen Vokale sind im allgemeinen nicht angedeutet; es gibt nur einen einzigen Buchstabentyp, es besteht also eine Unsicherheit, was mit großen und was mit kleinen Buchstaben zu umschreiben ist; der Artikel wird mit dem Hauptwort zusammengeschrieben, ja oft assimiliert oder nicht ausgesprochen; es bedeutet auch eine Schwierigkeit, daß nicht festgelegt ist, wohin ein bestimmter Name alphabetisch einzuordnen ist. Unten geben wir die Reihenfolge nach einer modernen (in Beirut erschienenen) arabischen Enzyklopädie, die Bezeichnung für die Aussprache folgt im wesentlichen der des Buches [2.17] und der Encyclopaedia Britannica (sh = sch; th wie th im englischen Wort think; j = dsch; z wie s im deutschen Wort Sonne; y = j; der Punkt unter einem Konsonanten bezeichnet einen sogenannten emphatischen Laut).

Ibn Rushd (Abū al-Walīd Muḥammad ibn Aḥmad ibn Rushd)   ابن رشد (ابو الوليد محمد بن احمد بن رشد)

Ibn Sīnā (Abū ʿAlī ibn Sīnā)   ابن سينا (ابو علي بن سينا)

Akbar (Abū al-Fataḥ Jalāl ad-Dīn Muḥammad Akbar)   اكبر (ابو الفتح جلال الدين محمد اكبر)

Ulūgh Beg   الغ باك

Al-Battānī (Abū ʿAbdallāh Muḥammad al-Battārī)   البتاني (ابو عبد الله محمد البتاني)

Al-Bīrūnī (Abū Rayḥān al-Bīrūnī)   البيروني (ابو الريحان البيروني)

Thābit ibn Qurrah   ثابت بن قرة

Hunayn ibn Isḥāq   حنين بن اسحق

Al-Khāzinī (ʿAbdar-Raḥman Abū al-Fataḥ al-Khāzinī)   الخازني (عبد الرحمن ابو الفتح الخازني)

Al-Khwārazmī (Muḥammad ibn Mūsā al-Khwārazmī)   الخوارزمي (محمد بن موسى الخوارزمي)

Ar-Rāzī (Abū Bakr Muḥammad ibn Zakariyyāʾ ar-Rāzī)   الرازي (ابو بكر محمد بن زكريا الرازي)

ʿUmar Khayyām   عمر الخيام

Al-Fārābī (Abū Naṣr Muḥammad al-Fārābī)   الفارابي (ابو نصر محمد الفارابي)

Al-Firdawsī   الفردوسي

Al-Farghānī (Abū l-ʿAbbās Aḥmad al-Farghānī)   الفرغاني (ابو العباس احمد الفرغاني)

Al-Kāshānī (Ghiyāth ad-Dīn Jamshid al-Kāshānī)   الكاشني (غياث الدين جمشيد الكاشني)

Al-Kindī (Yaʿqūb ibn Isḥāq al-Kindī)   الكندي (يعقوب بن اسحاق الكندي)

Hārūn ar-Rashīd   هارون الرشيد

Al-Haytham (Abū ʿAlī al-Ḥasan ibn al-Haytham)   الهيثم (ابو علي الحسن بن الهيثم)

ṣifr   صفر

al-Qurʾān   القرآن

qarasṭūn   قرسطون

al-kīmiyāʾ   الكيمياء

al-majesti   المجسطي

al-hijrah   الهجرة

Kitāb al-mukhtaṣar fī ḥisāb al-jabr wa'l-muqābalah   كتاب المختصر في حساب الجبر و المقابلة

Kitāb mīzān al-ḥikmah   كتاب ميزان الحكمة

Sachregister

A

Abakus 145, 146
Abbe-Formel, Abbe-Theorie des Auflösungsvermöges **389**
Aberration des Lichtes 400
Abmessungen der Erde **101**
Abmessungen des griechischen Kosmos **99, 101**
absolute Rotation **269**
absolute Temperatur 357, **363**
absolute Zeit **268, 269,** 404
absoluter Nullpunkt 307, 357
absoluter Raum **268,** 398
Absorptionslinie XXXI
Absorptionsspektrum XXXI
Absorptionsvermögen 426
Abstraktion 23
Académie Royale des Sciences 275
Achilleus und die Schildkröte 66
achromatische Linsen 280
Achtfachwegmodell (Theorie der Elementarteilchen) 528
achtteiliger Pfad (Buddhismus) 59
Acta Eruditorum 276, 290
Actinium 482
Additionsgesetz der Geschwindigkeiten 409
Adiabate 375
Adiabatenhypothese **429**
adiabatische Invariante 429
adiabatische Zustandsänderung 19, 22, 363
Affluvium 324, 325
agens instrumentale 80
agens proximum 79, 80
agens remotum 79, 80
Ägypten 44–46, IX
ägyptische Mathematik **47–49**
ägyptische Schrift 47, 352
Ahmose-Papyrus, Papyrus Rhind, Ahmes-Papyrus 47
Akademien **276**
Akkumulator 314, XX
Akropolis von Athen II
Aktiengesellschaft 174
Aktivität → Radioaktivität
Akustik 241, 335, 430
Akzidens XI
al-dschabr, al-dschebr 142
Alexandria, Alexandrien 59
Alexandrinische Bibliothek **109,** 138
alexandrinische Schule 59, 60
Alfonsinische Tafeln 135
Algebra 142
algebraische Gleichung XIII
Algorithmus 142
Almagest, Almadschest **99,** IV

Alphastrahlung, α-Strahlung 385, 479, 482, 484, **485**
Altersbestimmung, Libby-Methode **493**
Amethyst XXVII
Ampère-Gesetz **337**–339
Ampèresche Kreisströme 340
Analogie zwischen Strahlenoptik und Punktmechanik 447
analytische Geometrie **282–284**
analytische Urteile 319
Anatomie 135
ancilla theologiae 156
angeborene Ideen 293
Annihilation, Vernichtung 505
annus mirabilis 253, XVIII
Anregung 441, 508
antezedente Bedingungen 19
Antielektron → Positron
Antikythera 114
Antimaterie 523
Antineutron 505–507
Antiproton 507, 509
Antisensualismus 66
Antiteilchen 507
Apathie, Apatheia 107
Apeiron 71, 524
Aphel, Aphelium, Sonnenferne 80
Aporie 66
a posteriori, Erkenntnis 318
a priori, Erkenntnis 318
Äquant **98,** 179
Äquator, Himmels- 80
Äquinoktialpunkte 80
Äquipartitionstheorem, Gleichverteilungssatz 366, **369**
Äquivalenz von Masse und Energie **412, 415, XXIV**
Äquivalenz von Wärme und Arbeit 367, 368
arabische Expansion 122
arabische Vermittlung 135–**137**
arabische Wissenschaft IX
arabische Ziffern 141
Arche 66
Arcueil, Schule von 362
aristotelische Dynamik 76–79
aristotelisches Weltbild 84
Arithmogeometrie 63
Ästhetikum der Wissenschaft 36
Astonsche Regel 486
Astrolabium **137**
Astrologie 110, **111**–113
Astronomie, griechische 81–84, 97–102
Astronomie, kopernikanische 178–187
Astronomie, mittelalterliche 147, 151, 152, 167
astronomische Zeichen 54
Astrophysik, kosmische Physik 530

Ataraxie 108
Äther 351, 355, 393, 394, 398
Atmosphäre, Durchsichtigkeit für elektromagnetische Wellen 530
atmosphärische Elektrizität, Luftelektrizität 328
atmosphärischer Druck, Luftdruck 232–235
Atom, exotisches 526
Atom, klassisches **376**
Atom, Mesonen- 526
Atombegriff 71, 378, 486, 487
Atombombe 500
Atomenergie 499, 500, XXV
Atomgewicht 377, 382, 486
Atomhülle, Atomperipherie 385, 393
Atomismus 72
Atomkern → Kern
Atommodelle 378, 384
Atomtheorie von Gassendi 236
Atomuhr, Cäsium- 474
Atomwaffen, Kernwaffen 499, 500
Atomzeitalter 478
Attractio 321
Aufklärung **311**
Auflösungsvermögen 389
Aufspaltung der Spektrallinien (Stark-Effekt, Zeeman-Effekt) 354, 443
Auge, Struktur des menschlichen Auges 226, 229
Ausbildung 316, 389
Ausdehnungskoeffizient der Gase **363**
Ausschließungsprinzip, Pauli- 438, 439
Auswahlregel 437
Avogadro-Gesetz 377
axiomatisches System 28
Axiomatisierung 27

B

babylonische Wissenschaft 50
baccalaureatus, baccalarius, Bakkalaureus 131
Baconsche Plus-Minus-Tabellen **214,** 215
Bagdad 136, 138
Ballonaufstieg von Biot und Gay-Lussac 338
Balmer-Formel 388
Balmer-Serie 388
Bandenspektrum XXXI
Bändermodell der Festkörper XXVII
Bandgenerator, Van-de-Graaff-Generator 329, 489, 510
Barometer 234
Barothermoskop 356
Barrowsches Dreieck 287
Bartholomäusnacht 173

Baryonen 507, 508
Baryonenzahl, Baryonenladung 515
Baseler Schule 365
Basis und Überbau 32
Bayeux-Teppich 124
Beauty-Quark, Bottom-Quark, b-Quark 527, XXIX
Becquerel (Bq), Einheit der Aktivität radioaktiver Strahlungsquellen XXXII
Becquerel-Strahlen 481
Beharrungsgesetz, Trägheitsgesetz 253
Benediktiner 129
Benediktinerregel **VIII**
Bernstein 320
Beschleunigung 149
Betastrahlen, ß-Strahlen 482, **484**
Betatron 510
Betazerfall, ß-Zerfall 486–488
Bethe-Weizsäcker-Formel 492
Bethe-Weizsäcker-Zyklus, B-W-Zyklus, CN-Zyklus 533
Beugung des Lichtes 389, 453
Bevatron 510, 511
Bewegung, gleichförmige, beschleunigte 149, 201, 202
Bewegung in viskoser Flüssigkeit 264, 265
Bewegung, irdische 76–79
Bewegungsgesetze, Descartes' **218**, 219
Bewegungsgleichung, Newtonsche 261
Bewegungsgleichung starrer Körper **300**, 301
Bewertung der Wissenschaftler nach Cardano 163
Bibel, 42zeilige XIII
Biblia pauperum, Armenbibel XII
Bibliotheca Corviniana 161, 223, III, IV, V, XI
Bibliothek des Assurbanipal 46
Big-Bang, Urexplosion, Urknall 529, **538**
Bindungsenergie, Kern- 490, **492**, 493
Binomialkoeffizienten 38, 143
binomischer Lehrsatz 234
biologischer Effekt der Kernstrahlung XXXII
Biot-Savart-Gesetz 336, 337
Blasenkammer, Glaser-Kammer 510
Bleiakkumulator XX
Blitz, magnetische Wirkung 336
Blitzableiter 328
Blutkreislauf 215
Bodh Gaya XXVI
Bodhibaum XXVI
Bohr-Atommodel **435**, 437
Bohr-Frequenzbedingung 436
Bohr-Sommerfeld-Atommodell 437–439
Boltzmann-Gleichung **372**
Boltzmann-Konstante **369**, 434
Boltzmann-Verteilung **373**, 374
Bose-Einstein-Statistik 519
Bosonen **496**, XXIX, XXXI
Boyle-Mariotte-Gesetz 235, 236, 363
b-Quark, Bottom-Quark, Beauty-Quark 524, XXIX
Brachistochrone 206, 309
Bragg-Reflexionsbedingung 471
Brain-drain 470
Brechungsgesetz 228, 277, 285
Brechungsindex 352
Breit-Wigner-Formel 508
Brennpunkt, Fokus 226, 229
Brennstoffelement in der Kerntechnik 500, XXV
Brennstoffzelle 374, XXV

Brewster-Winkel 350
Brille 120
Brillouin-Zonen 165, 427, XXVII
Brown-Molekularbewegung 405, 466
Brustgurt, Siele 127
Brüten von Tritium 503
Buch 140, **XII**
Buchdruck 224, **XII**
Byzanz **137, 138,** VI

C

C-14-Methode der Altersbestimmung 493
calculatores 162
caloricum 21, **357, 358,** 362, 365
camera obscura 158
Candide 289
Capitularien Karls des Großen 125
Carmina Burana X
Carnot-Prozeß 363–364, **375**
Carnot-Wirkungsgrad 363
Cäsium-137, Cs-137 XXXII
Cäsiumuhr 474
causa finalis 38
causa aequat effectum 366
Celsius-Skala 357
CERN, Conseil Européen pour la Recherche Nucléaire XXIX
Chaldäer 52
Charm 527
Chemie, Anfänge der 236–239
chemische Bindung XXVII
chemische Elemente 377, 382
chinesische Kultur 38
chord 100
Chronologie der Antike 58
Chronologie der klassischen Physik 314
Chronologie des Mittelalters 134
Chronologie des 17. Jahrhunderts 240
Chronologie des 20. Jahrhunderts 478
Ci, Einheitenzeichen für Curie XXXII
Clairvaux, Abtei von **VIII**
CN-Zyklus, Bethe-Weizsäcker-Zyklus **533**
Co-60, Kobalt-60 XXV
Codex Justiniani 122, VI
cogito ergo sum 157, **216**
color 527
Commentariolus 179
Compound-Kern, Zwischenkern 492, 495
Compton-Effekt 444, **472**
consensus gentium 107
Corpus Iuris Civilis 59, VI
Cosmotron **510,** 511
Coulomb-Gesetz 329, 330, 331, 341
Coulomb-Gesetz, Gültigkeitsbereich 331
Coulomb-Wall, Coulomb-Barriere 490
CP-Invarianz 522, XXVIII
CP-Verletzung 522–524, 538, XXVIII
CPT-Theorem, PCT-Theorem 522, 523
c-Quark 527, XXIX
credo, quia absurdum 156
credo ut intelligam 157
Crookes-Röhren 378
CTP-Invarianz, PCT-Invarianz 522, 523
Curie (Ci), Einheit der Intensität radioaktiver Strahlungsquellen XXXII

D

D'Alembert-Prinzip 296, 304, 305
Dämonen 112
Dampfmaschine **364**

Dandelinsche Kugel 107
Darwinismus 315
Davisson-Germer-Versuch 445
De aquaeductibus urbis Romae 59
De architectura 59
De-Broglie-Wellen, Materiewellen 445
decemviri 59
De consolatione philosophiae **135, 136**
Deduktion 21
deduktive Methode 19, 21, 28
Deferent **98,** 168
delisches Problem 102
demotische Schrift 56
De rerum natura 72, 109, V
De revolutionibus orbium coelestium 179, **180,** XV
Descartessches Weltsystem 222
Descartes-Snell-Gesetz → Snellius-Cartesius-Gesetz
Detektoren 509–511
Determinismus – Indeterminismus 461
Deuterium-Tritium-Reaktion, DT-Reaktion 501, 503
Dezimalsystem **141,** 142
Dialogo, Galileis 196, **198, 199,** XVI
Diamagnetismus 342, XXVII
Dielektrikum 342, 344
Differentialrechnung **284,** 285
Diffusionsnebelkammer 511
Diktatur des Proletariats XXIII
diophantische Bezeichnungen 104, 107
Diopter des Heron 114
Dirac-Gleichung 457, **458**
Discorsi, Galileis 196, **200**
Discours de la méthode **217**
Dispersion des Lichts, spektrale Zerlegung 280
Disziplinarmatrix 30
Divina Commedia, La 155
divina inspiratio 158
D-Linie 387
doctor angelicus XI
doctor irrefragibilis 126
doctor mirabilis 158
doctor subtilis 134
doctor universalis 158
Dodekaeder 72
dogmatische Erstarrung 170
Domäne XXVII
Dominikaner 130
Don Quijote 143
Doppelbrechung 277, 279
Doppelschicht, magnetische 339, 340
doppelte Wahrheit, duplex veritas 156
Doppler-Effekt 380, 428
Dosis, Strahlen- XXXII
d-Quark 527
Drehbank, Drehmaschine 128
Drehimpuls, Drall, Impulsmoment 436, 437, 473, 474
Drehmoment 300
Drehstrom 343, XX
Drehstrommaschine XX
Drehstromtransformator 343
Dreißigjähriger Krieg 173, 174
Dreiteilung des Winkels, Winkeltrisektion 103, 104
Dreyfusaffäre 397
Dualismus, Welle-Korpuskel 380, 444, 445
duplex veritas 156
Dynamik, Newtonsche 261–263
Dynamik, peripathetische 76, 79
Dynamo 343, XX

E

Ebbe und Flut 111
ebene Welle 349
École Polytechnique XXI
Edikt von Nantes 193
Effluvium 322
Ehrenfest-Theorem 471
eidola 72
Eigenfunktion 448
Eigenwert 448
Eigenwertgleichung 455, 456
Eigenwertproblem 448
Eikonal 310
Einflüssigkeitstheorie 324
Einheit der Kultur 15
einheitliche Theorie der Materie 405
Einstein-de-Haas-Effekt 473
Einsteins Brief an Roosevelt 502
Einsteinsche Gravitationsgleichungen 418, 419, 422, 423, XXXI
Eisenwalzwerk XXII
Ekliptik 80
elastischer Stoß 249, 250, 254
Eleaten, eleatische Philosophie 58, 59
elektrische Einheiten 332, 351
elektrische Entladung 377, 378
elektrische Kraftlinien 344
elektrische Kraftwirkung 513
elektrische Ladung 326–329
elektrischer Strom 333–335
Elektrisiermaschine 324, 327
Elektrochemie 334
elektrochemische Elemente, galvanische Elemente 333, 334
Elektrodynamik, Maxwellsche 345–347
Elektrolyse, Faradaysche Gesetze 341, **342, 344**
Elektromagnet 343
elektromagnetische Lichttheorie 349–353
elektromagnetische Wechselwirkung 512–514
elektromagnetische Wellen 348, **349**
elektromagnetisches Feld **344–348**
Elektrometer 334
Elektromotor 341, 343, XXX
Elektron, Entdeckung **377, 379**
Elektronenemission, thermische 473
Elektronenmikroskop, elektrostatisches 480
Elektronenmikroskop, magnetisches 480
Elektronenoptik 447
Elektronenschalen 439
Elektronenstrahlen, Kathodenstrahlen 378, 379
Elektronentheorie der Metalle 354
Elektronentheorie, Lorentzsche 354–**355**
Elektronenvervielfacher, Sekundärelektronenvervielfacher 488
Elektronenvolt, Elektronvolt 509
Elektron-Phonon-Wechselwirkung XXVII
Elektron-Positron-Paar 458, 459, 505
Elektroskop 334
Elektrostatik 323–333
elektrotonischer Zustand 343, 347
Elementarteilchen, Chronologie der Entdeckung 505
Elemente, chemische 377
Elemente, galvanische 333–335
Elementumwandlung → Kernumwandlung
Ellipse 106
elliptisches Integral 207
Elzevier-Verlag 196, XII

Emanation 484
Emission, induzierte 438, 439
Emission, Photo- → lichtelektrischer Effekt
Emission, spontane 438, 439
Emissionsspektrum XXXI
Emissionsvermögen 426, 427
Energetismus 396
Energie 396
Energiedirektumwandlung, Energiekonversion XXV
Energieerzeugung in Sternen **532–534**
Energie-Lebensdauer-Beziehung 488, 490
Energieniveau 438, 448
Energieoperator 456, 457
Energiequantum **431**
Energieterm 438, 488
Energieversorgung XXV
Entropie 369–371
Enzyklopädie, französische 38, 312, **313**
Enzyklopädisten **316**
Eötvös-Drehwaage 421
Epikureismus 108
Epizykel 98, 168
Erdalkalien 382
Erde, Abmessung der 100, 101
Erde, Gestalt der 65, 153, 154, I
Erde, Luft, Wasser, Feuer 71, **72**
Erde-Mond-Entfernung 100, 101
Erde-Sonne-Entfernung 100, 101
Erdmagnetismus 321
Erdrotation 152
Erfahrung, äußere, innere 158
Ergoden-Hypothese 375
Erhaltungssätze 356, 515–517
Erkenntnistheorie, Epistemologie 68
Erwartungswert **456**
Erzeugungs- und Vernichtungsoperatoren 459
Ethik, Spinozas 291
Etrusker, Kultur der 57
Eudoxos-Modell des Universums 82
euklidische Geometrie 102, 104
euklidischer Raum 417
Euler-Gleichungen für starre Körper 300, 301
Euler-Lagrange-Gleichung 309
eV, Elektronvolt 509
Evolute 247
Evolvente 247
Existentialismus 234
exotische Atome 526
experimentum crucis 280, 378
explanandum 19
explanans 19
extraordinärer Strahl, außerordentlicher Strahl 279
Extremalprinzipien 302, 304
Extremwert, Extremum, Bestimmung von 285, 286
Exzenter 98

F

Fachenzyklopädie 318
Fachwörterbuch 318
Fahrenheit-Skala 357
Fajans-Soddy-Verschiebungssätze 485, 487
Fall, freier **202**, 211, 252
Fallgesetze 202, 203
Falsifikation 28
Faraday-Drehung 343, 345
Faraday-Gesetze der Elektrolyse **342, 344**

Faraday-Induktionsgesetz **340,** 342
Faraday-Konstante 380, 434
Faraday-Rotation, Faraday-Drehung 325
Farben dünner Blättchen 280, 283
Farben, Entstehung der 279, 280
Farbenlehre, Goethes 23, 281
Farbenlehre, Newtons **279–281**
Farbkräfte 528
Feinstrukturkonstante 514
Feldquantisierung, Feldquantelung 458, 459
Fermat-Prinzip **230,** 353
Fermat-Vermutung, großer Fermat-Satz 439
Fermi-Dirac-Statistik 519
Fermi-Energie, Fermi-Niveau 473
Fermi, Längeneinheit 496
Fermionen 496, XXIX
Fermi-Theorie des ß-Zerfalls 488
Fernrohr → Teleskop
Ferromagnetismus XXVII
Festkörperphysik XXVII
Feudalismus 125, **126**
Feueratome 72
Feynman-Diagramme, Feynman-Graphe 515
Fibonacci-Zahlen **146**
Fission, Kernspaltung, Uranspaltung 493–499
Fissionsprodukte, Spaltprodukte 498
Fizeau-Versuch 400
Flächensatz 195, 256
Fluens 288
Fluoreszenz 479
Flußtal-Kulturen 45
Fluxion 288
Fokus, Brennpunkt 226
Foucault-Kreisströme 354
Foucault-Pendelversuch 353
Fourier-Reihe 361, **362**
Fraktionieren 496
Franck-Hertz-Versuch **441**
Fränkisches Reich 122
Franziskaner 130
Fraunhofer-Linien 387, XXXI
freie Weglänge 369
Freiheitsgrad 369, 372
Fremdheitsquantenzahl, Strangeness, Seltsamkeit 516
Fresnel-Gleichungen 350
freundliche Zahlen 63
Frühlingspunkt 80
fünftes Postulat 104
Funkenzähler 511
furor heroicus 324
Fusion, kontrollierte 501, 502
Fusion, Verschmelzung, Kernverschmelzung **501**
Fusionsenergie 501, 527
Fusionsreaktor 501

G

Galaxien 529
Galaxishaufen 538
Galilei-Prozeß 160, 196
Galilei-Relativitätsprinzip 198, 403
Galilei-Transformation 403
galvanisches Element 334
Galvanometer XX
Gamma-Strahlen, γ-Strahlen 482, **484**
Gammatron, Kobaltkanone XXV, XXXII
Gamow-Theorie 487, 489
Gasdruck 365
Gasgesetze 362, 363, 471

569

Gaskonstante, universelle 363, 434
Gasverflüssigung 471
Gay-Lussac-Gesetz 363
Geiger-Müller-Zähler, Geiger-Müller-Zählrohr 486
Geiger-Nuttall-Diagramm 490
Gell-Mann-Nishijima-Gleichung 518
Generator, elektrischer 342, 343
geodätische Linie 419, 422
Geometrie, euklidische **102**, 104
Geometrie, nichteuklidische 332
geostatisches System 176
geozentrisches System 81–85, 97, 98, 155, 170, 180, 181
Germanium 383
Geschwindigkeitsverteilungsfunktion **369,** 373
Gesetz der konstanten Proportionen 377
Gesetz der multiplen Proportionen 377
GeV, Gigaelektronvolt 509
Gibbsches kanonisches Ensemble **376**
Gipsy-Teilchen, J/ψ Teilchen 527, 528
Gitterschwingungen XXVII
Glaselektrizität 324, 326
Gleichgewichtsstrahlung → schwarze Strahlung
Gleichheit der schweren und der trägen Masse 422
Gleichstrommaschine 343
Gleichung vierten Grades XIII
Gleichverteilungssatz, Äquipartitionstheorem 366, 369, 429
gleichzeitig meßbare Größen 457
Gleichzeitigkeit 410
Globus 174
Gluonen 528, XXIX
Gnomon 64
Gödelscher Satz 35
goldene Zahl 66
goldener Schnitt 65
Goodmans Paradoxon 29
Goten 122
Gotik 145
Goudsmit-Uhlenbeck-Hypothese 474
Gravitation 419, 422
Gravitationsfeld 422
Gravitationskonstante 418
Gravitationswechselwirkung 512, 514, 515, XXXI
Gravitonen XXIX
Gray (Gy), Einheit der Strahlendosis XXXII
Gregorianischer Kalender 185
griechische Astronomie **81, 82, 83**
griechische Philosophie 61, 62, 66–71, 81–88, 106–112
griechische Schrift 56
Griechisches Feuer 137
griechisches Zahlensystem 65
Große Vereinheitlichung 528
großer Fermatscher Satz 439
Gruppentheorie 406
G. U. T., Great Unification Theory, Große Vereinheitlichung 528
Gutenbergbibel XIII
gyromagnetisches Verhältnis 473
Gyroskop 354

H

Hadronära 539
Hadronen 508
Hagia Sophia 122, 137
Halbleiter-Photoelement 532
Halbmond, fruchtbarer 45
Halbwertszeit **485**

Hall-Effekt **479**
Hall-Effekt, quantisierter 479
Halley-Komet **265, 266,** 529
Hall-Spannung 479
Hallwachs-Effekt XX
Hall-Widerstand 479
Hamilton-Funktion 309
Hamilton-Gleichungen 296, 309
Hamilton-Jacobi-Theorie 296, 310
Hamilton-Operator 455
harmonia praestabilita 291
harmonices mundi **190, 194**
harmonisches Mittel 64
Harzelektrizität 324
Hastings, Schlacht von 124, 134
Hauptachsen 300
Hauptquantenzahl 437, 438
Hauptsätze der Thermodynamik **369, 370,** 374
Hebel 90, 93, 94, 147
Hedschra, Hidschra 123
Hegelianismus 396
Heiliges Römisches Reich Deutscher Nation 123
Heisenberg-Unschärferelation → Unschärferelation
Heisenberg-Weltformel 525
Heißluftballon **319,** XXVI
Helgoland XXVI
heliostatisches System 176, 184
heliozentrisches System 179–187
Helium, flüssiges 471
Helizität des Neutrinos 523
Hellenismus 58
Herons Dampfmaschine 115
Hertzsprung-Russell-Diagramm 529, **534**
heureka 89
Hexaeder 72, 73
Hexaemeron 137
Hierarchie der Gesetze 21
Hierarchie, kirchliche und weltliche 126
hieratische Schrift 56
Hieroglyphen, Entzifferung der 352
Higgs-Bosonen XXIX
Hilbert-Raum 456
Hintergrundstrahlung 529
Hippokratischer Eid 58
Hiroschima, Hiroshima 501
Historia naturalis von Plinius 103
historischer Materialismus 32
Hohlraumstrahlung, Gleichgewichtsstrahlung → schwarze Strahlung
Hologramm 477
Holographie 477
holographischer Speicher XII
homozentrische Sphären 85
Hooke-Gesetz 280
Horoskop 111–113
horror vacui, Scheu vor dem Leeren 232, 233
hortus deliciarum 132
H-Theorem, Boltzmann-Theorem 372
Hubble-Konstante **538**
Hufeisen 127
Hugenotten 324
Hundertjähriger Krieg 173
Hüttenwesen 134
Huygens-Prinzip 276, 353
Hydrodynamik 298
Hydrostatik, Gesetze der 88, 89
Hyksos 45
Hyperbel 106
Hyperfeinstruktur 441
Hyperladung 518

Hyperonen 507, **508**
hypotheses non fingo 267

I

idea innata 292
Ideen, Platonische 68–71
idola **214**
Ikosaeder 72, 73
illuminatio Dei 157
Impedanz 335
impedimentum 80
Impetus **150, 151**
Impuls 255, 256, 261
Indeterminismus 462, 465
Indikatormethode, Tracermethode XXV
indische Mathematik 141, 142
Induktion, elektromagnetische **342**
Induktionsgesetz, Faradaysche 340, 341
induktive Methode 20, 28, 29, **213**
industrielle Revolution **XXII**
induzierte Emission 438
Inertialsystem 413, 420
inflationäre Phase 539
Influenz 325
Infrarot-Katastrophe 430
Ingenieur-Bildung XXI
Ingenieurwissenschaften XXI
Inkunabel, incunabulum 169, XII
Institutiones 59
Integralrechnung 286–288
Intensität radioaktiver Strahlungsquellen XXXII
Interferenz des Lichts 352, 355
Interferenzversuch von Selényi 444
Interferometer 401
Intersubjektivität 25
Intuitionismus 234
Invarianz 516–518
Ionenquelle 491
Ionisationskammer 511, XXXII
ionische Naturphilosophie 59, 60
Irland, Klöster von 124
irrationale Zahlen 64
irreversible Thermodynamik 370
Islam IX
islamische Wissenschaft IX
Isolator, Isolierstoff 325
Isospin 518
Isospinraum 518
Isotope 479, 486
Isotope, radioaktive, Radio-Isotope XXV

J

Jade 128
Jahr, siderisches **81**
Jahr, tropisches **81**
Jahreszeiten 80, 110
Jánossy-Versuch 468
Jansenismus 234
Jesuiten, Societas Jesu 173, XV
Josephson-Effekt XXVII
Josua 152, **153**
Joule-Gesetz 367
J/ψ-Teilchen, Gipsy-Teilchen 527, 528
Julianischer Kalender 52
Jupiter (Marduk), Planet 52–54
Jupitermonde 196, 278

K

Kalkspat 279
Kanalstrahlen 381
kanonische Bewegungsgleichungen, Hamilton-Gleichungen **309**

Kant-Laplace-Theorie 320
Kaon, K-Meson **508, 509**
Kapitalismus 398
Karolinger 123
karolingische Renaissance 18, 125
Karte, geographische 103
kartesische Koordinaten 283, 286
Karthago 60
Kaskadengenerator, Cockcroft-Walton-Generator 482, XXIX
Kategorien 319
Kathedrale, gotische 145
Kathodenstrahlen **378**
Kausalität **459–466**
Kegelprojektion 103
Kegelschnitte **106, 107**
Keilschrift 50–52
Kelvin-Skala 357
Kepler-Gesetze **193, 195**
Kepler-Konstante 261
keramische Stoffe, supraleitende 476, XXVII
Kern, Atomkern **472–502**
Kernbindungsenergie 492, 493
Kernenergie 499, 500, XXV
Kernfusion **501,** XXV
Kernkräfte 504, **506, 507**
Kernmasse **492**
Kernmodelle **489–493**
Kernphysik 393, 472–493
Kernreaktionen 492, **493, 495**
Kernreaktor XXV
Kernspaltung **493–498**
Kernspin 474
Kernumwandlung, erste künstliche 487
Kernwaffen **500**
Kerr-Zelle XX
Kettenreaktion 498, 499
Kiewer Fürstentum 223
kinetische Gastheorie **368**
kinetische Theorie der Wärme 357, 360, **365,** 366
Kirchhoff-Gesetze, Kirchhoff-Regeln **335**
Klammerausdruck, Poisson-Jacobi- 296, 310, 457
Klassenkampf XXII
Klein-Gordon-Gleichung 447
Klein-Nischinna-Formel 458
Klepshydra, Wasseruhr 55, 115
Klöster **129**
Knotengesetz, Knotenregel 335
Kobalt-Kanone XXV, XXXII
Kodex Hammurapi 57
Kodierung 25
Koinzidenzschaltung 511, 513, 514
Kollektivmodell 493
Kolonisation 174, 397, XIV
Kombinationsprinzip der Spektren 388
Kometen 265, 266
Kommunistisches Manifest XXII
Kommutator 457
Kompaß **128**
Komplementarität **436**
konjugierte Größen, kanonisch- 309, 310
kontinuierliche Strahlung XXXI
Kontinuitätsgleichung **300**
Kontraktionshypothese, Lorentz-Fitzgerald- 354, 404
Konventionalismus 407
Konzeptualismus XI
Koordinaten, Descartes- 282–284
Koordinaten, Fermat- 282–284
Koordinaten, krummlinige 417
Koordinaten, Kugel- 417, 419

Koordinatentransformation, Galileische 403
Koordinatentransformation, Lorentzsche **405**
Kopenhagener Deutung **450–454**
kopernikanische Wendung 179, 320
kopernikanisches System 82, **179–187**
Kopplungskonstante 514
Koran 123, 138
Korpuskularstrahlen → Kanalstrahlen
Korrespondenzprinzip **436**
kosmische Strahlung, Höhenstrahlung 508, 509
Kosmogonie, Descartes- **219, 221**
Kosmos, Abmessungen des griechischen 99–100
Kosmotron → Bevatron
Kraft 77, 80, 149, 150, 253–256, 297
Kraftkomponente 147, 297
Kraftlinien 340, 343–345, 347
Krakau, Universität von 131, 179
Kramers Dispersionstheorie 442
Krebs (Krankheit) XXXI
Krebsnebel 529, 535, 537
Kreisbewegung **251–252,** 253
Kreisfläche 50
Kreisprozeß, Carnot- 363, 364
Kreisquadratur → Quadratur des Kreises
Kreisströme, Ampèresche 339, 340
Kristall XXVII
Kristalloptik 277–278
kritische Masse 499
kritische Temperatur bei Gasverflüssigung 471
kritische Temperatur bei Supraleitfähigkeit XXVII
Krone des Hiero 89
Krümmung des Lichtstrahls 423, 424
Krümmung des Raumes 417
Krümmungsradius 289
Krümmungstensor 418
Kugelvolumen 95, 96

L

Ladung, Baryonen- 515
Ladung, elektrische 512, 513
Ladung, Leptonen- 516
Ladungskonjugation 522
Lagrange-Funktion 308
Lagrange-Gleichungen zweiter Art 396, 308
Lamb-Verschiebung 459, 527
Landé-Faktor 474
Längenkreise, Meridionalkreise 101
Längenmessung, relativistische 410
Laplace-Dämon 322
Laplace-Poisson-Gleichung 331
Laplace-Transformation 325
Laser 402
latente Wärme 357
latitudo 149
Laue-Diagramm 414
lebendige Kraft 298
Lebensdauer, Halbwertszeit 485
Leibeigene 126
Leidener Flasche 324, 325, 327
Leiter 325
Leitfähigkeit 330
Leitfähigkeit der Metalle 330
Leitisotope XXV
Lenzsches Gesetz, Lenz-Regel **343**
Leptonen 508, XXIX
Leptonenladung 516
Lepton-Hadron-Symmetrie 528
Lichtbeugung 389, 453

Lichtbrechung 159, 226–232, **285**
lichtelektrischer Effekt 435
Lichtgeschwindigkeit 28, **278, 279,** 353, 400
Lichtquant 435
Li-Mantel, Lithium-Mantel 501
Linearbeschleuniger XXIX
linearpolarisierte Welle 350–351
Linienspektrum 386, **388**
Links-Rechts-Symmetrie 519, 520
Linse, achromatische 280
Linse, Descartes' perfekte 228
Linse, elektrostatische 480
Linse, Kondensor- 480, 481
Linse, magnetische 480, 481
Linse, Objektiv- 480, 481
Linse, Okular- 480, 481
logarithmische Spirale 146
lokale Zeit 403
longitudinale Masse 409
longitudo 149
Lorentz-Fitzgerald-Kontraktion 354, 404
Lorentz-Gruppe 406
Lorentz-Invariante 409
Lorentz-Kraft 354
Lorentzsche Elektronentheorie 354
Lorentz-Transformation 354, **405,** 406
Loschmidt-Zahl 380, 434
Luftatome 72, 73
Luftdruck **232–236**
Luftelektrizität, Luftpumpe 238
lunula 105

M

Mach-Kegel 395
Machscher Winkel 395
Machsches-Prinzip 395
Mach-Zahl 395
Magd der Theologie 39
Magdeburgsche Halbkugel 235, **237**
magische Zahlen 491
magnetische Quantenzahl 437, 438
magnetisches Moment 457, 473
magnetohydrodynamische Generatoren, MHD-Generatoren XXV
Mainauer Kundgebung 500
Makrozustand 373
Manufakturen 176
Marathonischer Sieg 57
Marduk, Planet → Jupiter, Planet
Mars-Bahn 191, **193**
Marxismus 32
Maschengesetz 335
Masse, Inertial- 212, **422**
Masse, schwere 212, **422**
Massendefekt 490
Massenspektrometrie 301
Massenzahl 486, 487
master of arts 131
Materiewelle 444–445
Matrizenmechanik **439–441**
Matthäus-Passion 29
Maupertuis-Prinzip 302–353
Maxwell-Beziehung **352**
Maxwell-Boltzmann-Statistik 372–375
Maxwellsche Gleichungen **347,** XXXI
Mayflower 225
McLaurin-Reihe 362
mechanisches Wärmeäquivalent 367, 368
Megale syntaxis, Almagest **97,** 99
Mercator-Projektion 165
Merkurs Perihelbewegung 424
Merowingerdynastie 123

Merton-College 149
Merton-Regel 149
Mesonen 508
Mesonen-Atome 526
Mesopotamien 46, 55
Messung der Grundgrößen in Ägypten 54
Meton-Zyklus, Mond-Zyklus 52
MeV, Megaelektronvolt 509
MHD-Generator XXV
Michelson-Versuch 401, 402
Mikrozustand 373
Milchstraßen 538
Millikan-Versuch **385**
minima naturalia 237
Minimalprinzipien 302–304, 309
Minkowski-Welt 413
Mitführung des Äthers 400, 401
Mitführungskoeffizient 400
Mittelwert, arithmetischer 64
Mittelwert, geometrischer 64
Mittelwert, harmonischer 64
mixtio 73
Modellbildung 22
Monadologie 289
Mönchsorden 129, **130**
Mönchtum 129, **130**
Mond, Abmessung 100, 101
Mond-Berge 197
Mond-Beschleunigung 260
Möndchen (lunula) des Hippokrates 105
mongolische Invasion 223
Monopol, magnetischer 354
more geometrico 26
Morse-Alphabet XX
Moseley-Gesetz 385–387
Moskau-Papyrus 47
Mößbauer-Effekt 412, **476**
motor accidentalis 79
motor conjunctus 77, 79, 80
motus a se, motus naturalis 77
motus secundum naturam 77
motus uniformiter difformis 149
motus violentus 77
Multiplikationstabellen in Mesopotamien 52
Museion 109
Mykene 56
Mylepton-Ladung 518, 519
Myneutrino-Ladung 519
Myon, Müon, μ-Meson 506, 507
Myonium, Müoniumatom 526
Mysterium Cosmographicum 189, 191

N

Nabla-Operator 390
Nadelstrahlung, Einsteins 444
Nagasaki 501
Nantes, Edikt von 173
Narratio prima 179
NASA, National Aeronautics and Space Administration I, XVI
Natrium-D-Linien 587
Natura sive Deus 291
Naturkonstanten, universelle **433**
Naturphilosophie, romantische 31, 336, 343, 395
Naumburger Dom 135
Navier-Gleichung 296
Nebelhaufen 538
Nebelkammer, Wilson-Kammer 487, 489, 511
Nebenquantenzahl 437, 438
negative Zahlen 142, 146

Neoplatonismus, Neuplatonismus **110**
Neptunium, Np 499
Nestorianer 138
Netzebene, Gitterebene 471
Neutrino 458, 504–**506**
Neutrino, Ruhmasse 261
Neutrino-Astronomie 529, 531
Neutrino-Teleskop **531**
Neutron 488, **490**
Neutronenquelle von Fermi 497
Neutronenstern **536, 537**
Neutronenzahl 487
Newton-Axiome **262**
Newton-Bewegungsgleichung 261, XXXI
Newton-Gravitationsgesetz **260,** 341
Newton-Ringe 281, 283
Newtonscher Apfel **257**
Newton-Spiegelteleskop 280, 283
Nichterhaltung der Parität 503
Nichtunterscheidbarkeit, Ununterscheidbarkeit 434
Nilschwelle 46
Ninive, Bibliothek von, Bibliothek von Assurbanipal 46
Nobelpreisträger 473–476
Nominalismus XI
Nominalismus-Realismus-Streit XI
Nominalisten XI
Normannen 120, 123, 139
Notre-Dame de Paris 134, 135
Nous, Nus 110
Nova 187, **535**
Nukleonen 492
Nukleonenzahl, Massenzahl 486, 487
Null, Rechnung mit 142
Nullpunkt, absoluter 307, 357
Nullpunktsenergie 459
Nut 55

O

Oberflächenenergie 492
Observatorium von Tycho 187
Observatorium von Ulug Beg 144
Occams razor, Ockhams Rasiermesser 160
Ohm-Gesetz 325, **334, 335**
Okkasionalismus, Occasionalismus 291
ökonomisches Prinzip 395
Oktaeder 72, 73
Oktave 62
Oktettmodell, Achtfachwegmodell 528
Olympia-Sieger 41
Omega-Minus-Teilchen, Ω^--Teilchen 525
Omne quod movetur ab alio movetur 77
Operatoren 454–457
Optik von Newton 276
optisches Kernmodell 494
Orbis sensualium pictus **224,** 225
Orden, klösterliche Gemeinschaften 129
Ordnungszahl 385, 486, 487
Organon, Organum 213
orphische Mysterienkulte 62
Ort-Matrix 441
Osmanisches Reich 173
Oströmisches Reich, Byzantinisches Reich 122
Oszillatoren, Energie der 431, 432
oszillierendes Universum 538
Oxford 148
Oxygenium, Sauerstoff, Entdeckung von 323

P

Paarbildung, Paarerzeugung 505
Paarvernichtung, Annihilation 505
Pacemaker, Herzschrittmacher XXV
Palimpsest 17
panem et circenses 120
panta rhei 66
Papier, Herstellung von XII
Papyrus, Papyros 46, 51
Papyrus-Rollen 109
Parabel 106
Parabelsegmentfläche **92–95**
parabolische Bahn 201, 207
Paradigma, Kuhn- 30
Paradoxon, Goodman- 29
Paradoxon, Raben- 28
Parallaxe 186
Paramagnetismus 342, XXVII
Paris ist eine Messe wert, Paris vaut bien une messe 173
Paris, Universität von 126, 131, X
Parität 518, 519
Paritätsverletzung 521, 522
Parthenon II
Partherreich 121
Partonen 505, 524
Pascal, Einheit des Druckes 234
Pascal-Dreieck 38, 234
Pascal-Rechenmaschine 315
passum 212
Patent XXI
Pauli-Lüders-Theorem, PCT-Theorem 505
Pauli-Prinzip 438
PC-Invarianz 522–524, XXVIII
PCT-Invarianz 522–524
PCT-Theorem 522–524
Peloponnesischer Krieg 57
Pendel, einfaches **201**
Pendel, mathematisches **243, 244**
Pendel, physikalisches **247, 248,** 305
Pendel, zykloidales **245, 246**
Penduluhr 241
Pentagramm, Fünfstern 65
Pergamon, Bibliothek von 109
Perihel, Perihelium, Sonnennähe 80
Periheldrehung, Perihelverschiebung 423, 424
Periodensystem der chemischen Elemente **382,** 383, 389, 393, 439
periodisches Potential XXVII
Periodisierung der Physikgeschichte 17
peripatetische Dynamik **76–79**
peripatetische Schule 87
Permeabilität 352, 354
Perpetuum mobile, erster Art 322, 364
Persisches Reich 57
Perspektive 164
petitio principii XXIV
Pferdegeschirr 127
Pflug 127
Phantasia kataleptike 107
Phase, Licht- 355
Phasenraum 373
Phlogistontheorie **238, 239**
Phöniker, Phönizier 55
phönikische Schrift 55, 56
Phononen, Schallquanten XXVII
Phononen-Gas XXVII
Photoeffekt, lichtelektrischer Effekt 435
Photon, Lichtquant 435, XXIX
Photonen-Gas 434, XXVII
π (pi) 48, 50, 103, **105,** 141, 241
P-Invarianz XXVIII
Pion, Pimeson, π-Meson 504, **507**

Pisa, schiefer Turm von 79, 210
Plagiat-Streit, Descartes-Fermat- 283
Plagiat-Streit, Newton-Leibniz- 289
Planckära 539
Planck-Konstante **432,** 436
Planck-Masse XXXI
Planck-Strahlungsformel **433—434,** 539—540
Planck-Strahlungsgesetz 428—434
Planck-Wirkungsquantum **432**
Planeten, Zeichen der 54
Planetenbewegung 82, 97, 98, 195, 268, 423
Planetensysteme 82, 97
Plasma 501—502
Platonische Akademie 69, 70
platonische Körper 72
Plus-Minus-Tabellen von Bacon 215
Plutonium 499
Plutoniumbombe 500
Pneuma 107
p-n-Kontakt XXII
Poisson-Jacobischer Klammerausdruck 296, 310, 457
Poitiers, Schlacht von 123, 134, 135
Polarisation 353
Polarisationsebene 353
Polarisator-Analysator 281
Polyeder, reguläre 72, 74
Polygonalzahlen 63
Positivismus 304
Positron 458, 459, 488, **504**
Positronium 526
Postulate der Euklidischen Geometrie 104
potentia motrix 289
Potentialfunktion 331
Potentialgleichung 331
Potentialschachtel, eindimensionale 449
Potentialtopf 448
Potentialwall, Potentialwand 449
potentielle Energie 249, 308, 309
pp-Zyklus **533**
Prädestination XI
prayer-test 33
Präzession der Erdachse 83
Preßburg, Universität von 131, 168, 223
Princeps mathematicorum 332, 418
Principia mathematica philosophiae naturalis 21, 260
Principia Philosophiae **217**
Prinzip der kürzesten Zeit 230
Prinzip der Ökonomie 395
Prinzip der virtuellen Verrückungen, Prinzip der virtuellen Arbeit 297
Prinzip des kleinsten Zwanges 332
Prioritätsstreit, Newton-Leibniz- **289**
Prisma 230, 279, 280
Produktionsverhältnisse 32, XXII
projektive Geometrie 164
Prokrustesbett 32
Proton 486, 492
Proton, Struktur des Protons XXVIII
Protonensynchrotron, PS XXX
Protonenzahl 486, 487
Proton-Proton-Reaktion 533
Psifunktion, ψ-Funktion, Wellenfunktion **446—450**
Ptolemäisches Weltsystem **97, 98**
Pulsar 509
Punische Kriege 58
punktförmige Kraftzentren 306, 307
Pumpe, Luft- 238, 377
Pumpen bei Lasern 475
p-V-Diagramm 375

Pyramidenstumpf, abgestumpfte Pyramide 49
Pythagoreer 62
pythagoreischer Lehrsatz **65,** 417
pythagoreisches Zahlentripel 48, 439

Q

qarastun 147
QCD, Quantenchromodynamik 528
Quadrant, astronomisches Instrument 144, 187
Quadratrix 103
Quadratur des Kreises **103**
Quadrivium 132
Qualität — Quantität 39
Quantelung, zweite 459
Quantenbedingungen 436—438
Quantenelektrodynamik QED 454, 458, 459
Quantenelektronik 438
Quantenfeldtheorie 458, 459, XXXI
Quantengenerator XXVII
Quantenmechanik 393, 439—444
Quantenstatistik 496, XXVII
Quantentheorie **425—472**
Quantenzahl, azimutale 438, 439
Quantenzahl, Haupt- 438, 439
Quantenzahl, magnetische 438, 439
Quantenzahl, Neben- 438, 439
Quantenzahl, Spin- 439
Quantisierung als Eigenwertproblem 442, 448
Quarks 523, 524, 526, XXIX
Quark-Lepton-Übergang 528
Quark-Quark-Wechselwirkung 528
Quasar, quasistellare Radioquelle 505, 531
Quasi-Ergoden-Hypothese 375
Quaternionen 389, 390
Quecksilber 233
quinta essentia 84
Quinte 62

R

Rabenparadoxon 28
Rad, Radiation Absorbed Dosis XXXII
Radar-Astronomie 488
radioaktive Abfälle XXV
radioaktive Isotope, Anwendung XXV
Radioaktivität, künstliche 493
Radioaktivität, natürliche 393, 481, 482
Radio-Astronomie 531
Radiocarbonmethode, C-14-Methode, Libby-Methode **493**
Radiographie XXV
Radiospektroskopie 460
Radioteleskop 531
Radioübertragung 351, XX
Radium 482
Radon 485, 497
Randbedingungen, Grenzbedingungen 407, 447, 448
raptus 158
Rasiermesser von Ockham 160
ratio et experientia 223
ratio vel experientia 290
rationale, irrationale Zahl 64
Raum, gekrümmter 417
Raumkrümmung **538**
Raumspiegelung, Paritätstransformation 519, 520, XXVIII
Raum-Zeit-Welt 414, 420, 421
Rayleigh-Jeans-Strahlungsgesetz 429, 430

Re, Ra, Sonnengott 55
Reaktor, Kernreaktor 500, XXV
Realisten — Nominalisten XI
Rechenmaschine, Pascals 315
rechts und links 520
reductio ad absurdum **91**
Referenzstrahl (Holographie) 477
Reflexion 294
Reformation 170, XIV
Regenbogen 228—230, 282
reguläre Körper, nichtkonvexe 74
reguläre Körper, reguläre Polyeder 72
Reibungselektrisiermaschine 321, 324
Reibungselektrizität 322, 323
Reihenentwicklung 362
Reines-Covan-Versuch 513
Rektor der Universität 131
Relativitätsprinzip von Poincaré 404
Relativitätstheorie, allgemeine **416—425**
Relativitätstheorie, spezielle 354, **397—416**
Relaxationsprozesse 23
Religionskriege 173
rem, Röntgen-equivalent-man XXXII
Renaissance 18, **160—162**
res animata 80
res cogitans **217,** 219
res extensa **217,** 219
Resonanzen in der Physik der Elementarteilchen 508
Restkraftwirkung, Restwechselwirkung 528
Reststrahlung des Urknalls 540
reversibler Kreislauf 369
Rhind-Papyrus 46, 47
Richardson-Dushman-Formel **473**
Riemann-Christoffel-Krümmungstensor 418
Riemann-Geometrie 417, 418
Riemann-Metrik 417
Ritterorden 224
Ritz-Kombinationsprinzip 388
romantische Naturphilosophie 31, 336
römische Literatur 18
römische Zahlen 145, 146
römisches Recht 18
Röntgen, Einheit der Strahlendosis XXXII
Röntgendosimetrie XXXII
Röntgenstrahlen, X-Strahlen 380, 382, 383
Rosette, Stein von 352
rote Riesen 534, 535
Rotverschiebung 423, 424
Royal Institution 358
Royal Society 275
Rubinlaser **475**
Ruhenergie 415
Ruhmasse 415
Ruhmasse des Neutrinos **261**
Ruhmasse des Photons 331
Rumfordsuppe 359
russische Schrift 56
Russisches Reich 173
Rutherford, Einheit der Intensität radioaktiver Strahlungsquellen XXXII
Rutherford-Streuformel 60, 385, 387
Rydberg-Konstante 388

S

Sachsenspiegel 126
Saitenschwingungen 62
Salamis, Seeschlacht bei 57
Salpeter-Prozeß **533**
Samarkand 122, 144

Samos 59, 61
Sampi, Sampei 65
Sandzähler, Der 83, 90
Satelliten, künstliche 265
Saturnring 241
Sauerstoff → Oxygenium
Schalenmodell des Atomkerns 491
Schallgeschwindigkeit **332,** 333
schiefe Ebene 166, **201**
Schießpulver 158
Schleuse 128
Schmiegkreis, Krümmungskreis 244, 289
Scholastiker 138, X, XI
Schrödinger-Gleichung 447, 455, 457, 467, XXXI
Schrödingers Katze 455
schwache Wechselwirkung 512–515
schwarze Strahlung 393, **425**–**434**
schwarzer Körper 393, **427,** 429
schwarzes Loch **537**
Schwefelsäure 129
schwere Masse – träge Masse 212, 265, 422
Schwerkraft **260**
Seebeck-Effekt 335
Seelenwanderung 65
Segelschiff im Mittelalter 128
Seilspanner, Harpenodapter 43, 46
Sekundär-Elektronen-Vervielfacher, SEV, Multiplier 488
Sekunde, Definition **28**
selbstkonsistente Struktur 25
Selényi-Versuch 444
Seleukiden 52, 53
seltsame Teilchen, strange particles 516
Seltsamkeit, Strangeness 518
Sensation 294
Sentenzen 170
septem artes liberales **132**
septem artes mechanicae 133
Serapis-Tempel, Serapeion 109
Sexagesimalsystem 51
si enim fallor, sum 157
Sic et non 156
Sidereus Nuncius 196, **197**
siderische Umlaufzeit, siderisches Jahr 81
Sieben Freie Künste **132**
Sievert, Einheit der Äquivalentdosis radioaktiver Strahlen XXXII
sifr 142
Sinustabellen 143
Skalarprodukt 390
Skeptiker 106, 107
Skeptizismus 106, **107**
Sklavenhaltergesellschaft 119–120
Skythen 57
Snellius-Cartesius-Gesetz **226**–**228**
Soddy-Fajans-Verschiebungssatz 485, 487
Solipsismus 311
Solvay-Konferenzen 426, 454, 470
Sommerfeldsches Ellipsenmodell 437–439
Sonnenhymne 130, 532
Sonnenwende, Solstitium 80
Sophisten 67
Sothis, Sirius 52
Sothis-Periode, Sothis-Zyklus 52
Spaltung, Uranspaltung, Kernspaltung 479, **493**–**498**
Spaltprodukte 498
Spaltquerschnitt 494
Speicherring XXX
Spektralanalyse 387

Spektroskopie XXXI
Spektrum XXXI
spezifische Ladung des Elektrons 381
spezifische Wärme 357, 368, 393
spezifisches Gewicht 143
Sphärenharmonie, Sphärenmusik 62
sphärische Geometrie 418, 419
sphärische Trigonometrie 104
sphärischer Spiegel 144
Spiegelfernrohr 283
Spiegelsymmetrie 521, XXVIII
Spin 438, 474
Spinecho XXV
Spinmatrix 458
Spinnrad 129
Spitzenentladung 328, 329
spontane Emission 438
spontane Spaltung 493
SPS, Super-Proton-Synchrotron XXIX
s-Quark 527, XXIX
Sr-90, Strontium-90 XXXII
Stabilität schwimmender Körper 96
Stadium **100**
Stammbruch 49
ständige Schöpfung **540**
Stark-Effekt 443
starke Wechselwirkung 512–515
Statik **297**
Statik, Archimedessche Axiome der 90
Statistik, Bose-Einstein- 496, XXVII
Statistik, Fermi-Dirac- 496, XXVII
Statistik, Maxwell-Boltzmann- 372–375
statistische Deutung der Quantenmechanik **449**
Steady-state-Theorie 529, 541
Stefan-Boltzmann-Gesetz 427
Stefan-Boltzmann-Konstante 427
Stellarator 501
Stellenwertssystem 51
stereographische Projektion 146
Stern-Gerlach-Versuch 474
Sternkataloge 101
Stirling-Formel 374
STM-Mikroskop, Scanning-Tunneling-Microscope 480
Stoa 107
Stoa Poikile 107
Stoizismus **107**
Stokes-Integralsatz 351, XXV
Stokessches Reibungsgesetz 79
Stoß, Frontal- 254
Stoßgesetze, Huygens 249–251
Stoßprozeß 254
storage ring, Speicherring XXIX, XXX
Strahl, außergewöhnlicher 277, 279
Strahl, gewöhnlicher 277, 279
Strahlendosis XXXII
Strahlung des schwarzen Körpers 393, 425–433
Strange particles 516
Strangeness, Seltsamkeit, Fremdheitquantenzahl 508, 516, 518, 519
Straßburger Eid 124
Strom, elektrischer 333, 334
Stromkreis 334, 335
Stromstärke 334
SU-3-Symmetriegruppe 523
Subjekt-Objekt-Problem 25, 451
sublunare Welt 84, 85
Substanzbegriff 525
Suda-Lexikon 138
Supergravitation 528, XXXI
Supernova-Explosion 529, **535**–**536,** 542
Superpositionsprinzip 207

Supraleitfähigkeit XXVII
Supraleitung XXVII
Supraleitung keramischer Stoffe XXVII
Symmetrie 75, **503, 516**–**518**
Symmetrie, Spiegel- 519–522
Symmetriegruppe 525
Symmetrietransformation 519
Synchrozyklotron 510
synodische Umlaufzeit, synodische Periode 53
synthetische Urteile 319
Syrakusae, Belagerung von 90–92
Szintillationszähler, Leuchtstoffzähler 488
Szintilloskop 485

T

tabula rasa 292
Tag, Sonnen- 81
Tag, Sternen- 81
Tangentenkonstruktion nach Roberval 287
Tatareneinfall 134
Tausendundeine Nacht 135
Technik XXI
technische Hochschulen und Universitäten XXI
technische Revolution im Mittelalter **127,** VIII
Teilchen-Antiteilchen-Theorie 505
Teilchenbeschleuniger 482, 489, 491, 509, 510
Teilchendetektor, Teilchenzähler 486–488, 510, 511
Teilchen-Welle-Dualismus 444, 445
Telegraphengleichung 348
Telegraphie XX
Teleskop, Fernrohr 190, 196, 241, 280, 283
Temperatur-Entropie-Diagramm, T-S-Diagramm 370, 375
Temperaturskala **357**
Term, Energie- 388
Tesla-Transformator 343
Tetrabiblos 112
Tetraeder 72, 73
Tetraktys 63
Thales, Satz des 102
Theodizee 285
Theorie und Erfahrung **26**–**28**
thermische Elektronenemission, glühelektrischer Effekt 473
Thermodynamik 369–371, 393
thermodynamische Wahrscheinlichkeit 373
Thermoelektrizität 335
Thermoelement 335
Thermometer **355**–**357**
thermonukleare Energie 501–502, 527
Theta-Tau-Rätsel 503, **521**
Thomas-Kuhnsche Summenformel 442
Thomson-Formel 372
Thomsonsche Parabelmethode 381, 486
Thorium 482
Tierkreis, Zodiakus 52, 54
Tigris, Fluß in Vorderasien 44
Timaios, Platons 73–75
τ-Lepton 528
Töpferei 44, 46
Töpferscheibe, Drehscheibe 46
Topologie 407
Topquark XXIX
Torricellische Leere **233**
Torricellische Röhre 233
Torsionswaage 329, 331

Totalreflexion 226
Totenbuch 23
Totentanz 127
t-Quark 527
Tracer → Leitisotop
träge Masse 212
Trägheitsmoment, Drehmasse 249, 301
Transformator 342, 343, XX
Transistor 475, XXVII
Transparenz 221
Transurane **493**
transversale Masse 409
Transversalität 351
Transversalwellen, Querwellen 349, 350, 352
transzendente Zahl 103
tres impostores 146
Tria prima 237
Trigonometrie, ebene 100
Trigonometrie, sphärische 100, 104
trigonometrische Funktionen 100
trigonometrische Reihe, Fourier-Reihe 362
Trinity-College 269
Trisektion, Dreiteilung des Winkels 103
Tritium 501, 502
Trivium 132
Tröpfchenmodell, Flüssigkeitsmodell 492
Trouton-Noble-Versuch 402, 403
Tscherenkow-Strahlung **513**
Tscherenkow-Zähler 488, 512, **513**
Tschernobyl, Reaktorunfall von XXXII
Tumordiagnostik XX, XXV
Tunneleffekt 448, 449, 480
Tyche 108
Tychosches System **187**, 188
Tychos Supernova 188

U
Überbau 32
Überschallgeschwindigkeit 395
Übersetzer, mittelalterliche 139–141
Übersetzung arabischer Werke 138–141
U-förmige Röhre 239
Uhren, Synchronisation von 403
Ulm, Münster von 15
Ultraviolettkatastrophe 430
Ultraviolettstrahlung 542
Umkehrbarkeit der Bewegungen 243
Umkehrsatz von Poincaré 375
Umweltstrahlung XXXII
Unendlichkeit des Universums 538, XVII
Ungarneinfälle 123
Ungenauigkeitsrelation 449
uniformiter difformis 162, 163
Universalienstreit XI
Universitas citramontanorum 131
Universitas Magistrorum et Scholarium 131
Universitas ultramontanorum 131
Universitäten, Gründung von 130, **131**
Universitäten, Rolle der 389, X
Universum → Weltall
Unschärferelation = Unbestimmtheitsrelation, Ungenauigkeitsrelation = Unsicherheitsrelation **457**
Upquark, u-Quark 527, XXIX
Uran 482
Uranspaltung, Energiebilanz der 490
Uranspaltung, Kernspaltung 493, **496**–498
Uratmosphäre 542
Urknall, Big-Bang 538, XXXI
Urmensch 43

Ursache und Wirkung 460, 461
Urstoff 71, 524, 525

V
Vae victis! 59
Vakuum 72, **232–235**
Vakuumpolarisation 459
Vakuumpumpe 238, 377
Valenz, Wertigkeit 342
Van-de-Graaff-Generator 489
Van-der-Waals-Kräfte 471
Van-der-Waals-Zustandsgleichung 471
Variationsprinzip **302**, 303
Variationsrechnung 309
Vasall 126
Vasenmalerei 44
Vektor 389, 390
Vektorboson 527, 528
Vektorpotential 346
Vektorrechnung 390
Vellum-Handschrift 258, 259
Venus, Phasenwechsel der 197
verallgemeinerte Koordinaten 308, 309
verallgemeinerter Impuls 309
Verantwortlichkeit der Physiker 500, 502
verborgene Parameter **463**, **465**
Verbrennung 238, 239
Verbrennungsmotor von Huygens 241
Verifikation 28
Vernichtungsstrahlung 505
Verschiebung der Spektrallinien, Rotverschiebung 424
Verschiebungsgesetz von Soddy-Fajans 487
Verschiebungsstrom 347
Verschiebungsstromdichte **348**
Vertauschbarkeit, Kommutierbarkeit 457
Vertauschungsrelation 441
Verteilungsfunktion → Geschwindigkeitsverteilungsfunktion
verticitas 321
Vertrag von Verdun 123
Vesuv (Ausbruch) 109
vierte Dimension 418, 420
virtuelle Arbeit 297
virtuelle Verschiebung 297
virtus movens 80
vis viva 289, 298
vita activa 129
vita contemplativa 129
Voigt-Transformation **403**
Völkerwanderung 122, 123
vollkommene Zahl 63
Volta-Säule 334, 335, 364
Volumen der Kugel 95, 96
Volumen des Kegels 95, 96
Volumen des Pyramidenstumpfes 49
Volumen des Zylinders 95, 96
Volumen, spezifisches 97
Vorbeschleuniger, Booster XXIX
vorherbestimmte Harmonie, Harmonia praestabilita 301, 302
Vortex-Atommodell 369

W
Waage 23
Wagen, Räderfahrzeug 46
Wahrscheinlichkeit, Entropie und 371
Wärme 355–376
Wärme, kinetische Theorie der **358**, 360
Wärmeäquivalent 367, 368, 370
Wärmeausdehnung 363
Wärmebewegung 358–360, 365
Wärmefluß, Wärmestrom 361, 362

Wärmeleitung **360–362**
Wärmepumpe 375
Wärmestrom 361, 362
Wärmesubstanz, Caloricum **360**
Wärmetod 371
Wasserleitungsnetz 106
Wassermühle 128
Wasserstoffatom 387, 388, 438
Wasserstoffbombe, H-Bombe, Kernfusionsbombe 500, 501
Wasserstoffspektrum 387, 443, XXXI
Wasseruhr, Klepshydra 115
Wasserversorgung 106
Waste-book 253, 256
Wattstundenzähler XX
W-Bosonen 527, 529, XXX
Webers Verallgemeinerung des Ampère-Gesetzes 339
Webstuhl 129
Wechselstromgenerator 343
Wechselstromwiderstand, Impedanz 335
Wechselwirkung, elektromagnetische **512–515**, XXXI
Wechselwirkung, elektronukleare 515, XXXI
Wechselwirkung, elektroschwache 515, XXXI
Wechselwirkung, Gravitations- **512–515**, XXXI
Wechselwirkung, schwache **512–515**, XXXI
Wechselwirkung, starke **512–515**, XXXI
weiße Zwerge 534, 535
Wellengleichung 402, 447
Wellenmechanik **444–449**
Wellennatur der Materie 444, 445
Welle-Teilchen-Dualismus 380, 444, 445
Weltall, Kosmos, Universum 55, 82, 84, 219, 220, 528, 530, 537, 540
Weltchronik, Schedelsche 109
Weltgleichung 525, XXIII
Weltlinie 412
Weströmisches Reich 122
Widerstand 330
Wiegendrucke, Inkunabeln XII
Wien-Strahlungsformel 428
Wien-Verschiebungsgesetz 428
Willensfreiheit XI
Wilson-Kammer, Nebelkammer 487, 489, 505, 511
Windmühle 128
Winkeldreiteilung 103
Wirbelbewegung, Descartessche **221**
Wirbelströme 354
Wirbeltheorie, Descartes- 325
Wirklichkeit, Realität 25
Wirkungsfunktion 310
Wirkungsgrad 363, 364, 374
Wirkungsquantum, Planck-Wirkungsquantum 432
Wirkungsquerschnitt **490**, 494, 503
Wissenschaftstheorie 24–29
Wu-Experiment 521
Wurfbewegung **201**
Würfeldoppelung 103
W-Teilchen, intermediäre Bosonen, Vektorbosonen 514, 515

X
X-Bosonen 528
X-Strahlen → Röntgenstrahlen

575

Y

Yin-Yang-Symbol 524
Ypsilonteilchen, Y-Teilchen, Ypsilonmeson 527, 528
Yukawa-Theorie der Kernkräfte 506, 507

Z

Zahl, irrationale 64, 65
Zahl, natürliche 62, 63
Zahl, negative 142, 146
Zahl, transzendente 103
Zahlenebene, Gaußebene 332
Zahlenmystik 63, 178
Zahlensystem, dezimales 141
Zähler, Teilchendetektor, Zählrohr 486, 488
Zahnrad 105
Z_0-Boson 527, 529, XXX
Zeeman-Effekt 354, 386
Zeit, absolute 268, 269
Zeit, Augustin über die 113
Zeit, lokale 403
Zeitmessung **410**
Zeitschriften, wissenschaftliche 290, 318
Zeitspiegelung, Zeitumkehr 523
Zellen im Phasenraum 373
Zentralfeuer 65, 82
Zentralkraft 255
Zentrifugalkraft, Fliehkraft, Schwungkraft 251, 258
Zentripetalkraft 256, 264
Zerfallsgesetz 482, **485**
Zerfallskonstante, Abklingkonstante 485
Zerstrahlung, Vernichtungsstrahlung 459, 505
Zionismus 425
zirkular polarisierte Welle 351
Zodiakus, Tierkreis 54, 80
Zunft 126
Zustandsgleichung 162, **363**
zwei Kulturen, Die 15
Zweiflüssigkeitstheorie der Elektrizität 324
Zweistromland → Mesopotamien
Zweite Quantelung 459
Zwischenkern, Compoundkern 492, 495
Zwischenstromland → Mesopotamien
Zwölftafelgesetz 59
Zykloide 245, 246, 247
Zykloidenpendel 245, 246
Zyklotron **491, 492**